PSSC
PHYSIK

Aus dem Vorwort der amerikanischen Ausgabe

Große Teile des vorliegenden Buches „PSSC-College-Physics" sind der zweiten Auflage des PSSC-Lehrganges „Physics" entnommen. Wesentliche Abschnitte wurden hinzugefügt, andere Teile der früheren Auflage fortgelassen. Teilweise sind die neu aufgenommenen Texte früher als „Ergänzungen für Fortgeschrittene" innerhalb des PSSC-Lehrganges erschienen. Einige neue Kapitel wurden eigens für dieses Buch geschrieben. Der gesamte Inhalt wurde neu zusammengestellt, so daß nunmehr der Zusammenhang besser hervortritt. Die Aufgaben enthalten viele leichte Probleme, jedoch findet auch der anspruchsvolle Leser reichlich Übungsstoff.

Die Experimente werden ausführlich beschrieben und in Photographien und Zeichnungen dargestellt. Das kann allerdings kein Ersatz für eigenes Experimentieren sein.

Zusammenfassend läßt sich sagen: Das Buch bildet mit den Versuchsanleitungen nach Ziel und Inhalt die Leitlinie für einen wohldurchdachten, fundamentalen und modernen Kurs zur Einführung in die Physik.

Dank des Herausgebers

Die neuen Texte für diese Ausgabe sowie die Änderungen besorgten *Judson B. Cross, John H. Dodge, James A. Walter* und ich als Mitglieder des Education Development Center. Unterstützt wurde unsere Arbeit von *Ingemar Bartholdson,* Stockholm, *K. G. Friskoll,* Örebro, und *Goren Lindahl,* Vesteras, von Schweden und von hier aus. Die Leitung hatte *Benjamin T. Richards.* Die Verantwortung für die Stoffauswahl und die Anordnung lag bei mir.

Die Arbeit an diesem Buch stützt sich unmittelbar auf das Werk jener, die für die zweite Auflage des PSSC-Lehrganges-Physik und der Ergänzungen für Fortgeschrittene verantwortlich zeichneten. Außer den Mitgliedern des EDC-Kollegiums sind hier zu nennen Professor *Robert Estin,* Roosevelt University, *Bruno Ferretti,* University of Bologna, Italien, *Kerson Huang,* M.I.T., *Arthur Kerman,* M.I.T., *Derek Livesey,* University of British Columbia, *Stefan Machlup,* Western Reserve University, *Philip Morrison,* M.I.T., *Melba Philips,* University of Chicago, und *Byron L. Youtz,* Reed College, dem Herausgeber der zweiten Auflage.

Es ist verständlich, daß diese Ausgabe nicht ohne die tatkräftige Hilfe der Gründungsmitglieder des Physical Science Study Committee unter der Führung von Professor *Jerrold R. Zacharias* und seinem Nachfolger Professor *Francis L. Friedman* zustande gekommen ist.

Uri Haber-Schaim

Newton, Massachusetts

Vorwort zur deutschen Ausgabe

Das vorliegende Buch ist hervorgegangen aus einer über ein Jahrzehnt währenden Unterrichtsentwicklung und Curriculumforschung des „Physical Science Study Committee“ in den USA. Zu dieser Vereinigung schlossen sich Mitte der Fünfziger Jahre sechzig namhafte Forscher und Lehrer aus Universität und Schule zusammen, beunruhigt über den Stand der amerikanischen Forschung und Lehre in den Naturwissenschaften, speziell der Physik, und entwickelten mit großzügiger finanzieller Unterstützung privater Stiftungen und unter Beteiligung von 3 000 Physiklehrern und 10 000 Schülern in wenigen Jahren ein Curriculum für den Physikunterricht der amerikanischen Sekundarschulen. Kernstück des Unterrichtslehrganges ist das Lehrbuch „Physics“; daneben entstanden Experimentiergeräte, Anleitungen, Lehrerhandbücher, Unterrichtsfilme und Monographien.

Ende der Sechziger Jahre entstand als Fortentwicklung für einen Physik-Lehrgang zwischen Schule und Hochschule das vorliegende Buch, das nunmehr als „PSSC Physik“ in deutscher Übersetzung vorliegt. Es ist kein Lehrbuch der Physik im üblichen Sinne, vielmehr eine in Aufbau und Darstellung einzigartige Einführung in eine physikalische Betrachtungsweise unserer Welt und in die Denkweise der physikalischen Wissenschaft.

Die Physik ist in diesem Buch als Problemphysik entwickelt, ohne daß der Systemcharakter der Wissenschaft vernachlässigt ist. Technik und Anwendungen treten demgegenüber zugunsten der Entfaltung der tragenden Ideen zurück.

Eine Stärke des Buches liegt in der Betonung grundlegender physikalischer Strukturen. Basierend auf den grundlegenden Konzepten der Physik wird ein Gedankengang entwickelt, der beispielhaft das experimentelle Vorgehen bei der Untersuchung von Sachverhalten, das Wechselspiel zwischen Experiment und Theorie, den Aufbau eines Begriffssystems und die Anwendung physikalischer Erkenntnisse darstellt.

Im Zentrum steht der Energiebegriff, der die Klammer über verschiedene Sachbereiche hinweg bildet. An mehreren Beispielen wird die fundamentale Bedeutung der Erhaltungssätze beim Aufbau des physikalischen Begriffssystems herausgearbeitet.

Die zum Teil speziell für diesen Lehrgang entworfenen Experimente sind in ihren Aussagen und in ihren Voraussetzungen voll durchschaubar. Sie klären ein gestelltes Problem und geben vielfachen Ausblick auf weitere Fragen.

Charakteristisch ist für das Buch die Integration von moderner und klassischer Physik. Was bei manchen Physikbüchern als Anhängsel erscheint, ist hier wichtiger Bestandteil der gesamten Darstellung. Schon zu Beginn bei der Diskussion von Länge und Zeit werden die Ergebnisse der Relativitätstheorie einbezogen. Ebenso treten quantenphysikalische Aussagen an geeigneten Stellen und immer in verständlicher Weise auf.

Das Buch gibt in sehr betonter Weise einen Einblick in den Modellcharakter der Physik. An anschaulichen Beispielen werden die Modelle an der Erfahrung überprüft, abgeändert, ergänzt oder verworfen. Das Buch vermittelt Verständnis für Sinn und Tragweite physikalischer Prinzipien und beantwortet überzeugend, weshalb sich so und nicht anders physikalische Forschung entfalten mußte.

Die mathematischen Hilfsmittel sind auf elementare Algebra und Geometrie beschränkt. Werden einmal anspruchsvollere Ansätze gebraucht, so werden sie eigens hergeleitet. Vorkenntnisse an „höherer“ Mathematik sind nicht erforderlich.

Der Aufbau des Buches vollzieht sich in so kleinen Schritten und methodisch so ausgefeilt, daß jeder folgen kann, der mitzudenken bereit ist. Dem Leser, vor allem wenn er sich eingehend mit den zahlreichen Aufgaben beschäftigt, die nach jedem Kapitel in geschickter Auswahl angeboten werden, wird beim Studium des Buches ein überzeugender Einblick in die heutige Physik und ihre Denkweise vermittelt.

Verlag und Übersetzer der deutschen Ausgabe sind der Ansicht, daß das Buch eine wertvolle Bereicherung für den Physikunterricht in den oberen Klassen der Sekundarstufe, besonders in der Studien- bzw. Kollegstufe, und für die Anfängervorlesungen im tertiären Bereich darstellt.

Braunschweig, im Sommer 1973

Joachim Grehn
Gerd Harbeck
Peter Wessels

Inhaltsverzeichnis

Einleitung

Früher fürchtete sich der Mensch, wenn plötzlich die Sonne verschwand und die Erde sich verdunkelte. Später lernte er den Zusammenhang zwischen einer Sonnenfinsternis und der Mondbewegung kennen. Bald konnte man den Lauf des Mondes zuverlässiger vorhersagen als das Wetter des nächsten Tages. Seit Urzeiten umkreist der Mond unseren Planeten. Auch Satelliten, die der Mensch entworfen und gebaut hat, können über lange Zeiten ohne Propeller, Düsenantrieb oder Flügel die Erde umrunden, gleichsam als künstliche Monde. Es erheben sich Fragen: Wie werden der Mond und die Satelliten auf ihrer Bahn gehalten? Wie läßt sich ihre Bahn vorherbestimmen? Wie kann der Mensch auf den Mond gelangen?

Die Physik beantwortet diese Fragen. Sie ermöglicht uns Vorhersagen und Entwürfe, sie erlaubt Vorstöße ins Unerforschte. Durch physikalische Erkenntnisse lassen sich neue Dinge entwickeln. Es zeigt sich: Mit jeder Antwort ergeben sich in der Physik stets neue Fragen. Viele Probleme wären gar nicht erst aufgetaucht, wenn die Ergebnisse der Physik nicht Anwendung gefunden hätten.

Der Physiker verwendet Werkzeuge verschiedenster Art. Sein wertvollstes Hilfsmittel ist – wie für alle Tätigkeiten des Menschen – sein Verstand. Daneben braucht er die Sprache, um sich und anderen seine Gedanken, seine Handlungen und seine Vorhaben darzulegen. Weiter dient die Mathematik dem Physiker als wichtiges Rüstzeug. Sie kann als außerordentlich klare und anwendungsfähige internationale Fachsprache von den Beziehungen und Größen aufgefaßt werden. Wichtig sind für den Physiker seine Augen, seine Ohren und seine Hände. Sie sind die ersten Werkzeuge, mit denen er sich über die Vorgänge in der Welt informiert, um sie zu verstehen und zu beherrschen. Mit einer Vielzahl weiterer Hilfsmittel, mit Instrumenten, Apparaten und sonstigen Vorrichtungen unterstützt der Physiker seine Sinne und schafft sich selbst Gegebenheiten, die er untersuchen will.

Vor 350 Jahren gab es noch kein astronomisches Fernrohr. *Galilei* fügte zwei Linsen zu einem Teleskop zusammen und entdeckte damit vier Monde, die den Jupiter umkreisen. Bessere Fernrohre wurden entwickelt. Mit ihnen entdeckte man weitere Himmelskörper wie zum Beispiel die Asteroiden. Das sind die zahlreichen kleinen Planeten, die zwischen den Bahnen von Mars und Jupiter die Sonne umkreisen.

Mit diesen Entdeckungen tauchen neue Fragen auf: Wie lassen sich die verwickelten Bewegungen der Jupitermonde und der Asteroiden erklären? Es entstand die Mechanik als mathematischer Zweig der Physik. Zu Beginn des achtzehnten Jahrhunderts machte sie große Fortschritte in der Erforschung der Bewegung von Körpern unter dem Einfluß zusammengesetzter Kräfte. Die neuen Erkenntnisse der Mechanik führten wiederum zur Konstruktion besserer Instrumente. So läßt sich sagen: Ohne die Fernrohre hätte sich die Mechanik viel langsamer entwickelt.

Ein Beispiel aus neuerer Zeit für das Wechselspiel zwischen Theorie und Anwendung bietet die Erforschung des Atoms. Die neue Erkenntnisse der Atomlehre führten vor etwa siebzig Jahren zur Entwicklung von Vakuumpumpen, deren Leistung alle bis dahin bekannten Pumpen übertraf. Mit ihnen konnte man ein höheres Vakuum leicht über längere Zeit aufrecht erhalten. Ein gutes Vakuum machte wiederum Experimente möglich, die den Forschern einen tiefen Einblick in die Welt der Atome und Elektronen gaben. Verschiedenartigste praktische Errungenschaften wie Radio- und Fernsehröhren, wie die Konservierung von Orangensaft oder wie die Atomenergie gäbe es nicht, wenn man kein Hochvakuum erzeugen könnte und wenn man folglich nicht über die dabei gewonnenen Erkenntnisse verfügte. Die Atomforschung trug außerdem zum Verständnis der Grundlagen der Chemie bei. Nun ließ sich verstehen, warum Atome eine Bindung eingingen oder sich nicht verbanden

So wuchs die Physik. Sie gleicht einem riesigen Bauvorhaben, an dem ständig weiter gebaut wird, und nicht einem fertigen Gebäude. Man bedarf eines guten Führers, um alle Teile kennenzulernen. Etliche Abschnitte des Bauwerks sind fast fertiggestellt, viele sind von großem Nutzen und von großer Schönheit. Andere Teile sind erst halb vollendet. Wieder andere sind kaum entworfen. Unsere Generation wird wieder neue Abschnitte des Baues beginnen und vollenden. Hin und wieder kommt es vor, daß in dem Aufbau der Physik ein fertiger Abschnitt als einsturzgefährdet oder als zu eng für neue Entdeckungen erkannt wird. Dann wird dieser Gebäudeteil aufgegeben oder völlig umgebaut. Die Grundmauern der Physik aber sind fest gefügt und stehen auf sicherem Grund. Sie bleiben unangetastet, auch wenn auf ihnen beständig Veränderungen und Erweiterungen vorgenommen werden.

Es ist die Absicht dieses Buches, den Plan für den Aufbau der Physik zu erklären und zu zeigen, was die Baumeister bisher geschaffen haben. Der Leser soll an die Stellen geführt werden, an denen heute gearbeitet wird, und gelegentlich soll er auch erfahren, wo der Entwurf noch unvollkommen ist.

1. Zeit, Raum und Materie

Der Mensch verfügt in seinem Körper über „Instrumente“, die mit physikalischen Geräten vielseitigster Art vergleichbar sind. Das Auge nimmt die meisten Informationen über die Umwelt auf. Nicht minder wichtig ist das Ohr, das alle möglichen Laute empfängt. Eine Fülle verschiedenartiger Eindrücke erhält der Mensch durch den Tastsinn: Mit den äußerst feinfühligen Fingerspitzen betastet und ergründet man die Beschaffenheit von Gegenständen, mit Hilfe des Muskelgefühls schätzt man beim Heben und Stoßen ihr Gewicht. Man beurteilt durch Berühren, ob ein Körper heiß oder kalt ist, und vergleicht mit beiden Händen die Gewichte verschiedener Körper. Die Fähigkeiten zu schmecken und zu riechen gehören zwar eher in das Gebiet der Chemie als in das der Physik, beide aber sind ebenfalls wichtige Quellen für die Kenntnis von der Außenwelt. Diese Organe, die dem Menschen laufend Informationen über seine Umwelt zuführen, nennt man seine *Sinne*. Der Mensch nimmt jedoch nicht nur passiv seine Umgebung wahr. Ständig wirkt er auch mit seiner Muskelkraft auf sie ein.

Die fünf Sinnesorgane sind nicht die einzigen Hilfsmittel, mit denen die Natur den Menschen ausgestattet hat. Mit seinem Gehirn und seinem Nervensystem besitzt der Mensch ein äußerst kompliziertes System hochentwickelter Fähigkeiten. Wie beides funktioniert, ist ein noch ungelöstes Rätsel der Wissenschaft. Eine Vorstellung davon, wie diese Organe arbeiten, kann man sich aber machen, wenn man das Verhalten einfacherer Lebewesen beobachtet, deren Sinnes- und Nervensystem nicht so hoch entwickelt ist. Ein Beispiel dafür ist der gemeine Krake. Dieses Ungeheuer mit seinen acht Armen ist ein sehr lebhaftes, behendes und geschicktes Tier, dem man sogar einfache Aufgaben stellen kann. Man hält ihm z.B. einen Gegenstand hin und bewegt ihn, damit er danach greift. Macht er es richtig, belohnt man ihn mit einem Futterhappen, sonst bestraft man ihn mit einem elektrischen Schlag. Er lernt dann schnell, bestimmte Gegenstände zu ergreifen und andere unberührt zu lassen. Ein blinder Krake tastet mit seinen Saugröhren seine Umgebung ab. Dabei zeigt er sich äußerst gelehrig. Er unterscheidet einen glatten Stock von einem anderen mit rauher Oberfläche ebenso wie einen Würfel von einer Kugel mit gleichem Durchmesser. Dagegen wird er es niemals lernen, zwei Stäbe gleicher Größe und Gestalt auseinanderzuhalten, von denen der eine im Wasser zehnmal so schwer wie der andere ist. Man erkennt deutlich, wie er seine Muskeln anspannen muß, um den schwereren Stab zu halten. Doch sein Gehirn erfährt nichts von dem Gewichtsunterschied. Man hat den Eindruck, daß er sich überhaupt nicht bewußt ist, wo sich seine acht Arme befinden, in welchem Grade sie angespannt sind und auf welche Weise sie sich bewegt haben. Ihm fehlt ein Übermittlungssystem; normalerweise erkennt er seinen Weg nur mit Hilfe seines Sehsinns. Daß dagegen der Mensch unbewußt Stellung und Anstrengung seiner Finger, seiner Hände und seiner Arme wahrnimmt, ist äußerst wichtig für komplizierte Fertigkeiten wie Geigen- und Tennisspielen.

Die Sinne lassen sich täuschen. Vertraut sind optische Täuschungen. Eine solche liegt vor, wenn man eine Bewegung im Film sieht. Bekanntlich setzt sich ein Filmstreifen aus einer Reihe von Bildern zusammen, die sich von Aufnahme zu Aufnahme nur wenig voneinander unterscheiden. Folgen die Bilder schnell genug aufeinander, so sieht sie das Auge in fließendem Übergang und meint, einen Bewegungsvorgang zu erkennen. Ähnlich läßt sich das Wärmeempfinden täuschen: Hält man die eine Hand in ein Gefäß mit heißem Wasser und die andere in kaltes Wasser und taucht dann abwechselnd beide in lauwarmes Wasser, so empfindet die „kalte“ Hand das Wasser als warm, die „warme“ aber dasselbe Wasser als kalt. (Wer es noch nicht probiert hat, möge es untersuchen!)

Die Täuschung bei der Wahrnehmung von kalt und warm ist sicherlich angeboren. Das hängt mit dem Aufbau der Nerven und des Gehirns zusammen. Andere Sinnestäuschungen sind nicht so offensichtlich von Geburt an vorhanden. Sie beruhen auf unseren Erfahrungen von Normen und Regeln – seien sie Menschenwerk oder naturgegeben. Die bekannte „Raumforke“ in Bild 1.1 stellt diese Art optische Täuschung dar. Hier wird in gewisser Weise ein Scherz mit Linien statt mit Worten getrieben. Jede Linie bildet einerseits eine Kante des kubischen Klotzes und begrenzt zum anderen eine Zinke gegenüber ihrer Umgebung. Dadurch daß jede Linie beides bedeutet, entsteht der Eindruck jener mysteriösen Forke. Legt man einen Finger über die drei Zinken, so ist die Illusion zerstört. Sie kommt dadurch zustande, daß sich das Auge durch Bildgehalt und Linienführung verwirren läßt.

Wie die Sinne lassen sich auch die *Instrumente des Physikers* täuschen. Das gilt gerade für die genauesten und empfindlichsten Geräte wie hoch empfindliche Waagen, elektronische Meßgeräte und Zeitmesser. Für alle gibt es Grenzen, innerhalb derer sie richtig anzeigen. Genauso wie man jeden Sinneseindruck erst einmal anzuzweifeln hat, so muß der Physiker stets die Anzeige seiner Instrumente überprüfen, bevor er seine Schlüsse daraus ziehen kann. Aber gerade diese sorgfältige Kontrolle gibt ihm das Vertrauen in seine Geräte, ähnlich wie uns unser Tastsinn bestätigen hilft, was wir zu sehen meinen.

Die Meßinstrumente können den Physiker zu irrtümlichen Aussagen verleiten, ähnlich wie es einem beim Anblick der „Raumforke“ geschehen kann. Naturgesetze, die man glaubt heranziehen zu dürfen, können

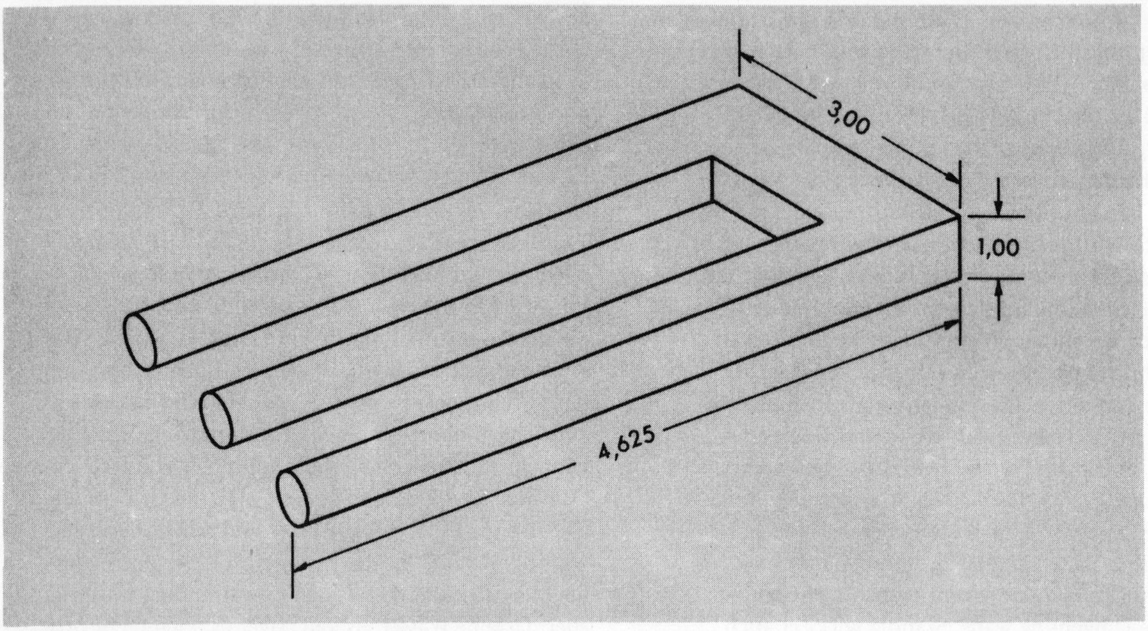

Bild 1.1. Eine optische Täuschung. Welche Teile der Zeichnung stellen das Material und welche die Zwischenräume dar? (Längenangaben in m)

sich bei ausgefallenen und ungewohnten Anwendungen als ungültig erweisen. Wie man den Ausschlag eines Instruments deutet, hängt von einer Reihe von Annahmen ab. Die Gesamtaussage ist nicht begründeter als jede einzelne dieser Annahmen. Schritt für Schritt hat der Physiker solche Fallgruben kennengelernt, und in jedem Experiment kämpft er mit neuen. Auf diese Weise aber hat der Physiker ein großartiges und ständig sich erweiterndes Bild der Welt aufgebaut, das allerdings nicht ohne Lücken ist. Hinter diesem Bild steht beides: die Meßdaten, die er aufzeichnet, und die Theorien, mit denen er die Experimente interpretiert. So sind Theorie und Experiment eng miteinander verflochten und verbunden; beide zusammen machen die Physik aus.

1.1. Zeit und Zeitmessung

Die *Größen,* die man *in der Physik* mißt, variieren in einem sehr viel größeren Bereich als jene, mit denen man es im täglichen Leben zu tun hat. Nur innerhalb eines begrenzten Ausschnittes kann man sie direkt erfassen.

Die Tabelle 1 gibt die Größenordnung der Dauer verschiedener Ereignisse in Sekunden wieder. Viele dieser Zeitintervalle sind nur ungefähr angegeben. Es hätte zum Beispiel keinen Sinn, die Spanne eines menschlichen Lebens oder die Zeit, die das Licht zum Durchlaufen eines Zimmers braucht, genauer anzugeben. Die Tabelle soll lediglich die Größenordnungen aufzeigen. Sie läßt weiter den ungeheuren Spielraum erkennen – vom längsten Zeitintervall mit einer Trillion Sekunden bis zum kürzesten von weniger als einer Trillionstel Sekunde. Üblicherweise vergleicht man solche unterschiedlichen Zeiträume durch ihre Zehnerpotenzen. Der Tabelle entnimmt man, daß der Tag acht Zehnerpotenzen größer ist als die Zeit, die eine Fliege für einen Flügelschlag braucht, und folglich 10^8 mal so lange dauert.

Die Zeiten, die wir Menschen persönlich erfahren können, liegen innerhalb von zehn Zehnerpotenzen, nämlich von 10^{-1} Sekunden, dem kleinsten direkt erfaßbaren Zeitintervall, bis zu einigen 10^9 Sekunden, die das menschliche Leben währt. Weitere zwei Zehnerpotenzen bis zu 10^{11} Sekunden schließen die gesamte geschichtlich überlieferte Zeit ein, die ja nur einige hundert Generationen umfaßt.

Die Lebensdauer eines Menschen oder längere historische Zeiten kann man dadurch messen, daß man die Anzahl der Umdrehungen der Erde um die Sonne zählt. Die Menschen sind dazu seit prähistorischen Zeiten in der Lage gewesen, indem sie den gesetzmäßigen Ablauf der Jahreszeiten beobachteten. Aus dem Auf- und Untergang der Sonne, hervorgerufen durch die Drehung der Erde um ihre eigene Achse, kommt man zu dem Tag als einer kleineren Zeiteinheit. Den Tag mißt man normalerweise mit Uhren und teilt ihn in Stunden, Minuten und Sekunden ein. Zeitintervalle von

Tabelle 1: Größenordnungen von Zeiten

Zeitintervall in Sekunden	Ereignis
10^{18}	Alter der Sonne und der Sterne
10^{17}	Alter des ältesten Gesteins; Zeit seit dem ersten Auftreten von Lebewesen auf dem Land
10^{16}	Umdrehungszeit der Sonne innerhalb der Milchstraße
10^{15}	Zeit seit Auftreten der Dinosaurier
10^{13}	Zeit seit Auftreten der ersten Menschen
10^{11}	Zeit seit Beginn des Ackerbaus; Zeit seit dem Auftreten erster Schriftzeichen; Zeit seit Christi Geburt
10^{9}	Lebensdauer eines Menschen
10^{8}	Zeit zwischen Geburt und Schulzeit
10^{7}	Umlaufszeit der Erde um die Sonne (Jahr)
10^{6}	Monat
10^{5}	Umdrehungszeit der Erde um ihre eigene Achse (Tag)
10^{3}	Laufzeit des Lichts von der Sonne zur Erde
10^{2}	Minute
10^{0}	Zeit zwischen zwei Herzschlägen (Sekunde)
10^{-1}	Flugzeit einer Gewehrkugel über einen Fußballplatz
10^{-3}	Dauer des Flügelschlags einer Biene
10^{-4}	Schwingungsdauer des höchsten hörbaren Tones
10^{-5}	Dauer der Explosion von Feuerwerk
10^{-6}	Laufzeit eines schnellen Geschosses, das an einem Druckbuchstaben vorbeifliegt
10^{-7}	Laufzeit des Elektronenstrahls in der Fernsehröhre
10^{-8}	Laufzeit des Lichtes durch ein Zimmer
10^{-9}	Zeit, in der ein Atom Licht aussendet
10^{-11}	Laufzeit des Lichts durch eine Fensterscheibe
10^{-12}	Zeit, in der sich ein Luftmolekül einmal dreht
10^{-15}	Umlaufszeit eines Elektrons in einem Wasserstoffatom
10^{-20}	Umlaufszeit eines Elektrons auf der innersten Bahn in den schweren Atomen
10^{-23}	Laufzeit des Lichts über den Durchmesser eines Atomkerns

einigen Zehntelsekunden Dauer bis zu einigen zehn Minuten Länge mißt man am einfachsten mit der Stoppuhr. Für die Messung kürzerer als auch längerer Zeitintervalle muß man besondere indirekte Methoden ersinnen.

Das Alter von Gesteinen, Fossilien und Werkzeugen der frühesten Zivilisation kann man nach den Gesetzen des radioaktiven Zerfalls bestimmen. Radioaktive Elemente zerfallen innerhalb ganz bestimmter Zeiten, die sich nur für die verschiedenen Elemente unterscheiden, in andere Elemente. Aus der Messung der Zerfallsrate kennt man zum Beispiel die Zeit von $4{,}5 \cdot 10^9$ Jahren, innerhalb der eine bestimmte Uranprobe zur Hälfte in andere Elemente zerfallen sein wird. Mißt man das Verhältnis der Masse des Urans zur Masse seiner Zerfallsprodukte in uranhaltigem Gestein, so erhält man das Alter dieses Gesteins.

Man kann zwar mit einer Uhr, deren Werk durch eine Feder angetrieben wird, kürzere Zeiten als eine Zehntelsekunde messen, aber man kann zur verläßlichen Messung kleinerer Zeiträume solche Uhren nicht mehr präzise genug starten und stoppen.

Zeitintervalle, die kleiner als eine Zehntelsekunde sind, mißt man zum Beispiel mit einem *Stroboskop.* Es besteht aus einer großen Kreisscheibe, auf deren Umfang in gleichen Abständen Schlitze angebracht sind. Bild 1.2 zeigt ein einfaches Stroboskop, mit dem man die Bewegung einer rollenden Kugel leicht beobachten kann. Dreht sich die Scheibe mit konstanter Geschwindigkeit, so laufen die Schlitze gleichmäßig vor dem Auge vorbei, und der Beobachter kann das Objekt in seiner Bewegung für den winzigen Bruchteil einer Sekunde in gleichbleibenden zeitlichen Abständen

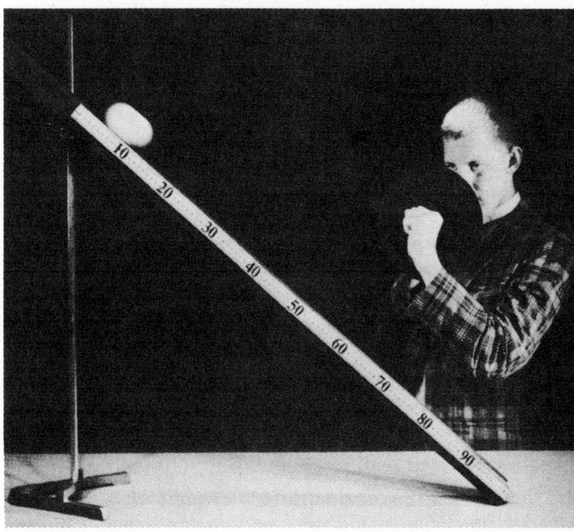

Bild 1.2. Ein Stroboskop im Gebrauch. Mit sechs Schlitzen lassen sich Zeiten messen, die sechsmal so klein wie die Umlaufszeit des Stroboskops sind.

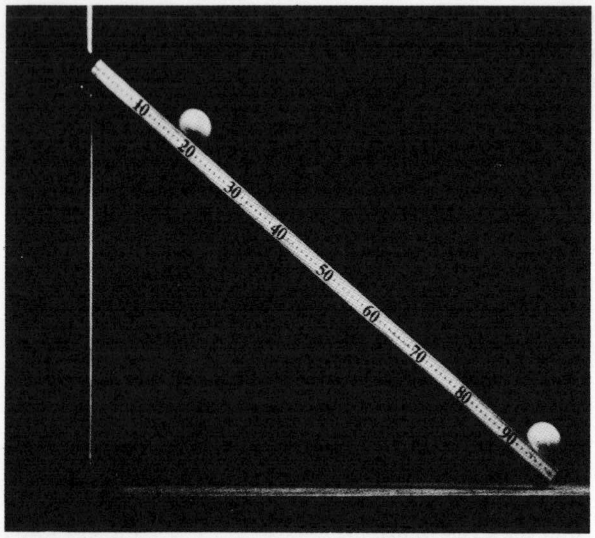

a)

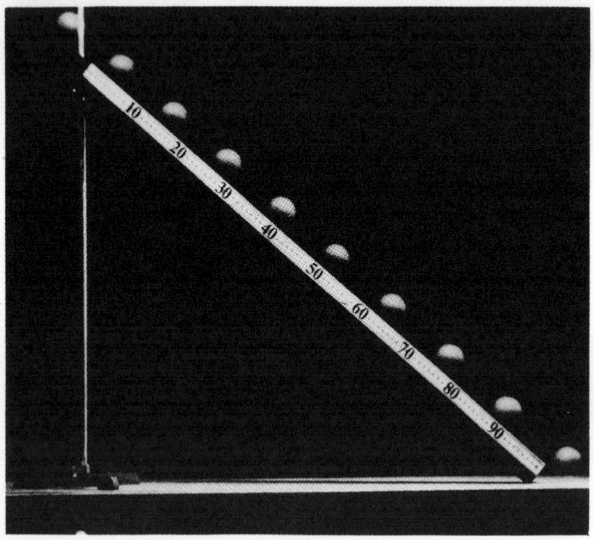

b)

Bild 1.3. Die Zeitaufnahme ist mit Hilfe der Versuchsanordnung in Bild 1.2 gemacht. In (a) besitzt die Scheibe nur einen Schlitz, sie dreht sich fünfmal in der Sekunde. Die Kugel wird in Abständen von 0,2 Sekunden abgebildet. Mit solch einer Darstellung kann man kaum etwas über die Bewegung aussagen. Die Kugel könnte sich mit konstanter Geschwindigkeit bewegen, sie könnte auch schneller oder langsamer werden. In (b) weist die Scheibe sechs Schlitze auf und dreht sich fünfmal in der Sekunde, so daß die Kugel alle 0,033 Sekunden beleuchtet wird. Nun kann man deutlich sehen, daß sie ihre Geschwindigkeit vergrößert, während sie die schiefe Ebene herabrollt.

wahrnehmen. Besitzt die Scheibe drei Schlitze und dreht sie sich pro Sekunde einmal, so sieht man die Kugel jede Drittelsekunde. Damit kann man ihre Lage in Abständen von einer Drittelsekunde angeben. Ist die Anzahl der Schlitze größer, so zeigt sich die Kugel bei gleicher Drehzahl in kürzeren Zeitabständen. Hat die Scheibe zum Beispiel zwölf Schlitze und dreht sie sich einmal in der Sekunde, so sieht man die Kugel jede Zwölftelsekunde.

Mit diesem einfachen Stroboskop kann man die Lageänderung der Kugel qualitativ beobachten. Aber es bleibt in den schnell aufeinanderfolgenden Augenblicken keine Zeit, die Positionen der Kugel zu vermessen; das Gehirn arbeitet nicht schnell genug. Verwendet man anstelle des Auges eine Kamera, so zeichnet sie die aufeinanderfolgenden Stellungen der Kugel vollständig auf. Dazu braucht man einen dunklen Hintergrund, eine helle Kugel und einen Fotoapparat, der auf „Zeit" eingestellt ist. Ein Elektromotor versetzt die Scheibe in gleichmäßige Drehung. Bild 1.3a zeigt eine stroboskopische Aufnahme von der Bewegung einer Kugel, bei der sich die Scheibe mit einem Schlitz fünfmal in der Sekunde dreht. Bild 1.3b wurde bei der gleichen Geschwindigkeit von 5 Umdrehungen in der Sekunde mit einer Scheibe von sechs Schlitzen aufgenommen.

Mit dem Stroboskop kann man sogar die Umlaufdauer eines Gegenstandes messen, der sich mit viel größerer Geschwindigkeit als das Stroboskop dreht. Das soll am Beispiel eines Ventilators erläutert werden. Wir markieren einen Flügel des Ventilators mit weißer Farbe und beobachten dann den sich drehenden Flügel. Rotiert das Stroboskop schnell genug, so wird der markierte Flügel immer wieder nach einer ganzen Umdrehung an der selben Stelle zu sehen sein. Der laufende Ventilator scheint dann still zu stehn. Wenn das Stroboskop zwölf Schlitze besitzt und drei Umdrehungen in der Sekunde macht, so kann man die Marke $12 \cdot 3 = 36$ mal in der Sekunde sehen. Folglich beträgt die Umdrehungszeit des Ventilators 1/36 Sekunde.

Wie jedes andere Instrument hat auch das Stroboskop seine Grenzen. Dreht sich die Scheibe zu schnell oder sind die Schlitze zu zahlreich vorhanden oder sind sie zu klein, so kann nur wenig Licht durch den Schlitz hindurchtreten, und man kann nicht mehr genau genug beobachten. Die Geschwindigkeit eines mit der Hand angetriebenen Stroboskops läßt sich sehr einfach messen. Man braucht nur die Anzahl der Umdrehungen, die es in einer Minute macht, auszuzählen. Aber wie kann man die Drehgeschwindigkeit eines Stroboskops bestimmen, das mit einem Elektromotor angetrieben wird und mit dem man sehr kurze Zeiten messen möchte? Bei vielen Experimenten braucht man die Geschwindigkeit der Scheibe nicht zu kennen. Solange man sich darauf verlassen kann, daß sich das Stroboskop mit gleicher Geschwindigkeit dreht, kann man das Zeitintervall zwischen dem Auftreten der Schlitze als Zeiteinheit benutzen. Will man jedoch den Zeitraum in Bruchteilen einer Sekunde angeben, so könnte man die Methode heranziehen, die wir oben zur Drehzahlbestimmung des Ventilators beschrieben haben. Dazu setzt man das Stroboskop mit der unbekannten Geschwindigkeit an die Stelle des Ventilators. (Es sollte eine weiße Marke erhalten, deren Stellung man dann beobachten kann.) Ist erst einmal seine Drehgeschwindigkeit bekannt, so kann man dieses Stroboskop zur Messung immer kürzerer Zeiten verwenden, bis die Intensität des Lichts, das durch den Schlitz fällt, dem Beobachten eine natürliche Grenze setzt.

Bei sehr schnellen Bewegungen verwendet man zur Messung noch kürzerer Zeitintervalle, als man mit dem einfachen Stroboskop bestimmen kann, ein anderes, ähnliches Verfahren, nämlich die Aufnahme mit dem Elektronenblitz.

Eine Kamera wird in einem verdunkelten Raum aufgestellt. Während der Verschluß geöffnet ist, beleuchtet ein intensiver Elektronenblitz während einer äußerst kurzen Zeitspanne das Objekt. Der Film hält den Gegenstand nur während der Zeit fest, in der er angestrahlt wird. Die Photographie gibt folglich Ereignisse wieder, die sich in einer äußerst kurzen Zeit zugetragen haben (Bild 1.4). Man kann mit der Blitzlichttechnik auch viele Aufnahmen in gleichen Zeitabständen auf demselben Film machen, ähnlich wie man es mit dem Stroboskop tut (Bild 1.3).

Zeiten bis zu 10^{-5} Sekunden, die jenseits der direkten Wahrnehmbarkeit liegen, reichen für die Registrierung aller normalen Bewegungen und schnell ablaufender Vorgänge, die Menschen erzeugen können – wie etwa Explosionen –, noch völlig aus. Zeiten noch kleinerer Größenordnungen werden mit Hilfe von elektronischen Schwingungen gemessen, in denen die sehr viel schneller reagierenden Elektronen als die beweglichen Teile einer Uhr fungieren und Zeitdifferenzen messen, die kürzer als 10^{-10} Sekunden sind. Unterhalb dieser Intervalle bis hin zu den kürzesten Zeiten, die physikalisch noch von Interesse sind und die mehr als zehn Zehnerpotenzen kleiner als die elektronisch bestimmbaren Zeiten sind, befindet man sich im Bereich des Atomaren. Hier kann man nur auf indirektem Wege auf die Zeiten schließen und mit ihrer Hilfe Mutmaßungen anstellen über das, was sich in dieser Welt der kürzesten Zeiten und der kleinsten Objekte abspielt.

Die Beantwortung der Frage, wieso eigentlich eine Uhr die genaue Zeit angibt, ist schwierig. Es geht dabei nicht nur einfach um den Aufbau des komplizierten Uhrwerks etwa der Taschen- oder Armbanduhr. Es ist mehr die Frage nach der Zeit selbst. Hier soll die Feststellung genügen, daß ein Pendel, das sich sorgfältig geschützt bewegen kann, oder eine der neueren elektronischen Uhren, deren Gang von den Schwingungen eines dünnen Quarzkristalls abhängt, Zeiten genau messen können.

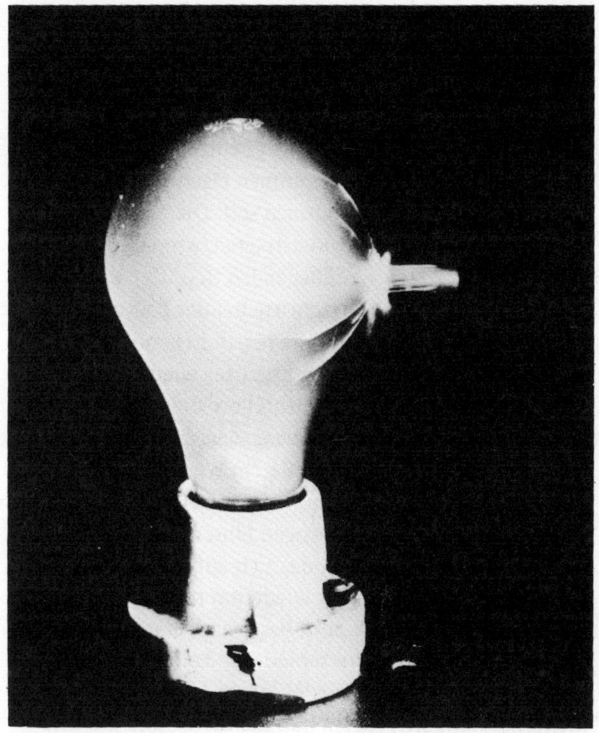

Bild 1.4. Die Blitzlichtaufnahme zeigt den Augenblick, in dem das Geschoß in eine Glühlampe eindringt. Die Dauer des Blitzes beträgt weniger als eine Millionstel Sekunde. Man beachte die Führungsrillen auf dem Geschoß und die Bruchlinien auf der Glühlampe. (Aufnahme: *Harald E. Edgerton.*)

Man hat solche Zeitmeßgeräte über viele Jahre genau miteinander verglichen, und immer stimmten sie auf der ganzen Welt mit hoher Präzision überein. Es werden immer bessere Uhren konstruiert, wie jene, bei denen man bestimmte Atomschwingungen zur Zeitmessung verwendet. Niemand weiß, ob nicht geringe Unterschiede zwischen den verschiedenen Methoden zur Zeitmessung bestehen könnten. Man weiß lediglich, daß keine solche Differenzen groß genug waren, um nachgewiesen zu werden.

1.2. Raum und Längenmessung

Die Zeit ist einer der Grundbegriffe der Physik. Wir haben diesen Grundbegriff daher eingehend diskutiert. Dabei ist dem Leser sicher aufgefallen, daß sich die Diskussion nicht auf die Zeit allein beschränkte. Wir haben auch von Positionen und Entfernungen, von Bewegungen und von der Materie gesprochen. Dies sind ebenfalls grundlegende Begriffe der Physik. Alle hängen eng miteinander zusammen. Man kann unmöglich eine Grundgröße gesondert behandeln, ohne auch die anderen in die Untersuchung einzubeziehen. Will man die Grundbegriffe klar darstellen, so muß man einen nach dem anderen abhandeln, obwohl sie in Wirklichkeit nicht unabhängig, sondern stets miteinander verknüpft auftreten.

Zu einem tieferen Verständnis der Grundgrößen führt nur eine sorgfältige Klärung jedes einzelnen Begriffes. Dabei weiß man streng genommen eigentlich nicht, an welcher Stelle man beginnen soll. Die Geschichte der Physik lehrt, daß es am erfolgreichsten und zweckmäßigsten ist, diese grundlegenden Begriffe wechselseitig zu erforschen, Fortschritte bei der Klärung eines Begriffes festzuhalten und die neuen Erkenntnisse dann bei der Klärung des anderen Begriffes wieder anzuwenden. Unsere vorläufige Kenntnis über den *Raum* haben wir so beim Studium der *Grundgröße* Zeit benutzt. Nun wenden wir uns mit größerem Wissen über die Zeit der Erörterung des Raumes zu. Bei diesem Vorgehen sollten wir uns stets vor Augen führen, daß die Physik ein unteilbares Ganzes ist, das sich auf die gesamte Welt bezieht, von der wir selbst wiederum nur ein Teil sind. Wir gliedern die Physik zum besseren Verständnis in eine Reihe begrifflich verschiedener Teilgebiete auf, aber nur um sie später wieder zusammenzufügen. Mit Sicherheit läßt sich sagen, daß die Länge und die Entfernung als Teile des Raumes die Struktur dieser Welt ebenso bestimmen wie die Zeit.

Der Bereich räumlicher Entfernungen, soweit man sie messen kann, überdeckt wie der Bereich der Zeiten ebenfalls auch etwa vierzig Zehnerpotenzen (Tabelle 2). Im folgenden sind einige Methoden dargestellt, die man zur Messung großer und kleiner Entfernungen heranzieht.

Das Verfahren, genormte Längen nacheinander abzutragen, wendet man bei der Messung durchaus beachtlicher Entfernungen auf der Erdoberfläche an. Bei der Landvermessung geht man häufig in dieser Weise vor. Doch kann dieses Meßverfahren auch zu umständlich werden. Will man die Entfernung über einen Fluß oder die Höhe eines Berges, vielleicht auch gar die Entfernung zu einem Stern messen, so bedient man sich einer indirekten Methode. Sie beruht auf der Geometrie des Dreiecks und heißt daher *Triangulation.* Das Verfahren besteht darin, in einer maßstabsgerechten Zeichnung ein verkleinertes Bild eines großen Dreiecks zu konstruieren, dessen eine Seite die gesuchte Entfernung ist. Fährt man zum Beispiel auf einer Straße und erblickt am Horizont den Sendemast einer Funkstation, deren Entfernung man gerne wissen möchte, so hält man seinen Wagen an irgendeiner Stelle A an und bestimmt für diesen Punkt den Winkel zwischen der Richtung zum Sendemast und dem Verlauf der Straße. Dann fährt man vielleicht 2 Kilometer weiter bis zu einem Punkt B und mißt wiederum den Winkel zum Sendemast. Aus diesen Angaben zeichnet man ein Dreieck, wie es Bild 1.5 zeigt, in dem 1 Zentimeter 0,5 Kilometern entspricht. Mißt man in diesem Bild die Strecke $\overline{AC}$ aus, so kann man sehr einfach die Entfernung vom Punkt A bis zum Sendemast ausrechnen. In unserem Fall sind es 2,7 Kilometer.

Tabelle 2: Größenordnungen von Längen

Länge in Metern	Entfernung
10^{25}	Abstand zum entferntesten Photo-Objekt einer Galaxie
10^{22}	Entfernung zum Andromedanebel (nächste Galaxie)
10^{20}	Entfernung der Sonne von der Mitte der Milchstraße
10^{19}	Entfernung zum Polarstern
10^{18}	Reichweite der Entfernungsbestimmung durch Paralaxen
10^{17}	Entfernung zum erdnächsten Stern
10^{13}	Entfernung Sonne – Neptun
10^{11}	Entfernung Erde – Sonne
10^{10}	Entfernung Sonne – Merkur
10^{9}	Radius der Sonne
10^{8}	Größte Entfernung Erde-Mond; Durchmesser des Jupiters
10^{7}	Radius der Erde; Luftlinie Paris – New York
10^{6}	Radius des Mondes
10^{2}	Länge eines Fußballplatzes
10^{-3}	Dicke einer Fensterscheibe
10^{-4}	Dicke eines Stück Papiers
10^{-5}	Durchmesser eines Blutkörperchens
10^{-6}	Durchschnittlicher Flugweg eines Moleküls zwischen zwei Zusammenstößen in Luft (freie Weglänge)
10^{-7}	Dicke einer Seifenhaut, die gerade noch Farben zeigt
10^{-9}	Durchmesser eines Ölmoleküls
10^{-10}	Mittlerer Atomabstand im Kristall
10^{-12}	Mittlerer Abstand von Atomen im Innern der dichtesten Sterne
10^{-14}	Durchmesser des schwersten Atomkerns
10^{-15}	Durchmesser des Protons

Einige Instrumente, mit denen man die Winkel eines solchen Dreiecks ausmißt, geben automatisch die Entfernungen an. Der Entfernungsmesser, der in allen besseren Kameras eingebaut ist, ist ein solches Gerät zur Triangulation. Die Basis des Entfernungsmessers (ihr entspricht die Strecke $\overline{AB}$ in Bild 1.5) kann nicht größer sein als die Breite des Fotoapparates. Daher erscheinen Gegenstände, die weit entfernt sind, von den beiden Enden der Basis aus fast unter dem gleichem Winkel. Der Kreuzungspunkt beider Linien ist daher nur sehr ungenau bestimmbar. Aus diesem Grunde kann man an dem Entfernungsmesser der Kamera auch nur die Abstände zu näher liegenden Objekten ablesen.

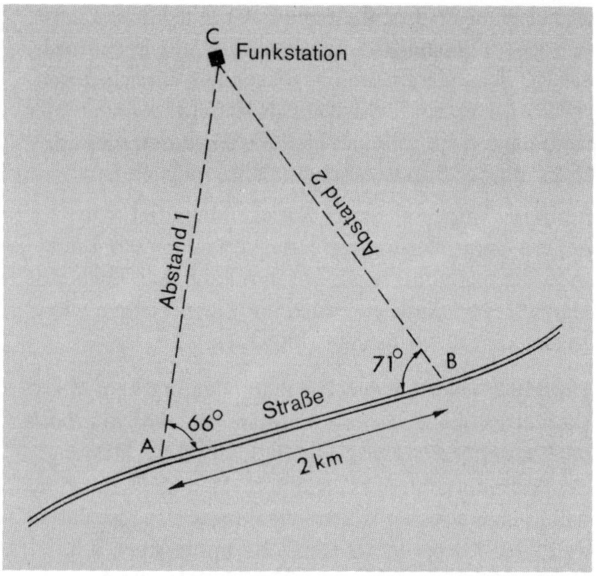

Bild 1.5. Aus den Winkeln bei A und B und der Strecke $\overline{AB}$ läßt sich die Entfernung $\overline{AC}$ finden.

Wenn man aber die Basis des Entfernungsmessers vergrößert, so lassen sich die Winkel zu weit entfernten Gegenständen leichter einstellen und damit auch größere Entfernungen genau messen.

Zur Bestimmung der Planetenentfernungen legen die Astronomen die Basis über die halbe Erde. Bei der Entfernungsmessung naher Sterne wählt man den Durchmesser der Erdbahn als Basis. Darunter versteht man die Entfernung eines Punktes der Erdbahn zu einem zweiten, der ein halbes Jahr später beim Umlauf der Erde um die Sonne erreicht wird. Größere Strecken als den Erdbahndurchmesser kann man für die astronomische Triangulation nicht heranziehen, so daß man auf diese Weise nur die Entfernungen zu einigen hundert Sternen bestimmt hat, die nicht allzuweit von der Erde entfernt sind. Für größere Distanzen im Universum bedient man sich indirekter Methoden.

Auch zur Bestimmung kleinerer Längen kann man anfangs noch geometrische Methoden benutzen. Die Dicke eines Papierblattes mißt man einfach so, daß man mehrere Blätter, etwa hundert, aufeinanderlegt und mit dem Lineal die Dicke des ganzen Stapels ermittelt. Auf dem Lineal kann man dann die hundertfache Dicke eines einzelnen Blattes ablesen. Diese Methode ist äußerst einfach und durchsichtig und wird daher auch oft in der Physik angewandt. Sind die Blätter verschieden dick, so liefert das Ergebnis natürlich nicht die Dicke eines bestimmten Blattes, sondern stellt nur einen Durchschnittswert dar. Für viele Zwecke ist dies ausreichend. Man erhält die Dicke eines Blattes unter der Voraussetzung,daß alle Blätter gleich dick sind.

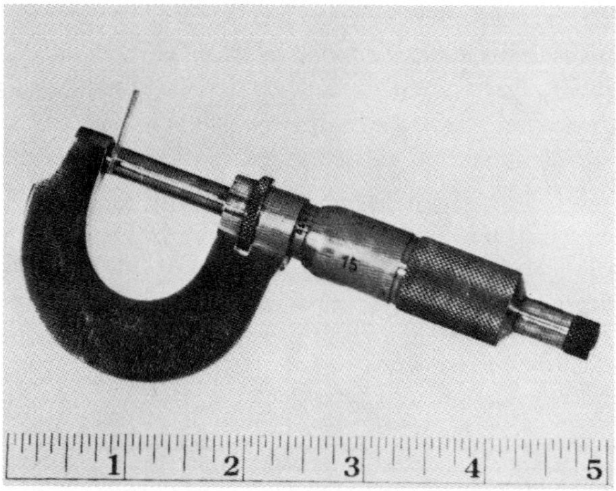

Bild 1.6a. Bügelmeßschraublehre. Mit ihr lassen sich sehr kleine Längen, wie zum Beispiel die Dicke eines Blattes, messen.

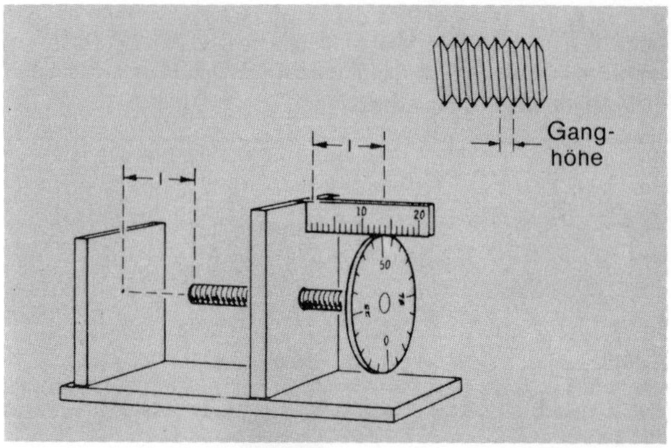

Bild 1.6b. Das Wesentliche einer Bügelmeßschraublehre ist hier in vereinfachter Form dargestellt. Die kreisförmige Scheibe entspricht der drehbaren Skala in Bild 1.6a, auf der man die Bruchteile einer Drehung ablesen kann.

Die diesem Beispiel zugrunde liegende Idee des Zählens und Messens bei der Dickenmessung kann man auf die Bestimmung kleiner Strecken übertragen. Ein anderes Verfahren zur Messung kleiner Distanzen benutzt die Windungen einer Schraube: die Bügelmeßschraublehre, mit der sich – so könnte man es ausdrücken – auf geometrischem Weg kleinste Entfernungen vervielfachen lassen. Dreht man die Schraube gegenüber einer festen Marke gerade einmal herum, so rückt die Schraube um den Abstand zweier aufeinanderfolgender Windungen – diesen Abstand nennt man die Ganghöhe der Schraube – weiter. Unterteilt man die volle Drehung beispielsweise in 50 Abschnitte, so hat man damit die Ganghöhe der Schraube sehr einfach in 50 gleiche Teile unterteilt. Das ist das Grundprinzip, nach dem die Bügelmeßschraublehre arbeitet (Bild 1.6a). In Bild 1.6b erkennt man an einem vereinfachten Modell, wie kleine Abstände ver-

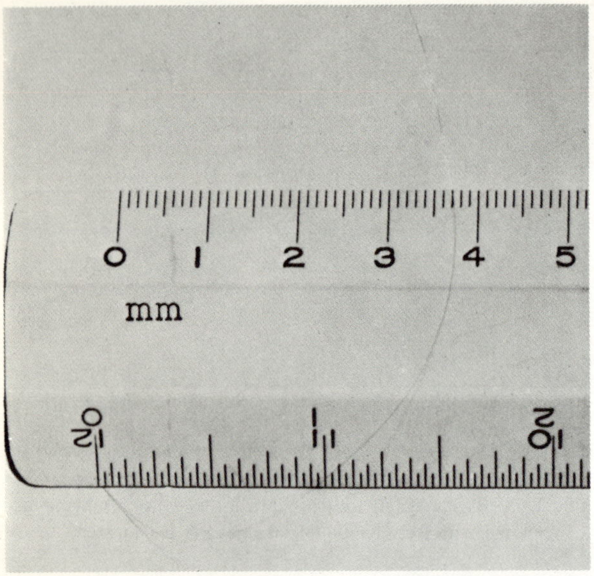

Bild 1.7a. Die Dicke des menschlichen Haares. Das Haar paßt ohne weiteres zwischen zwei Millimeterstriche. Wieviel Haare müßte man wohl nebeneinander legen, um den Platz zwischen zwei Millimeterstrichen auszufüllen?

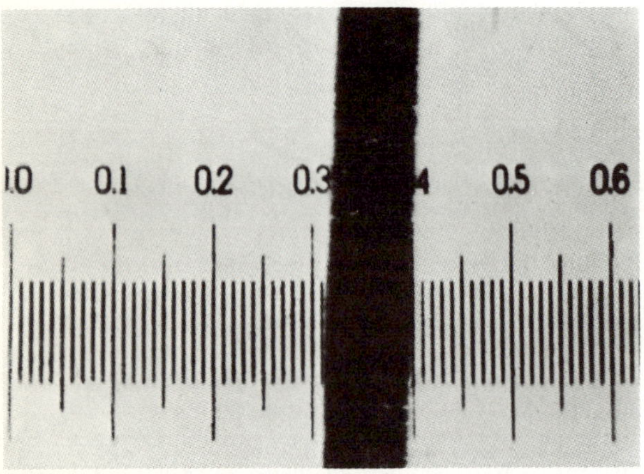

Bild 1.7b. Hier ist das Haar vor einem sehr kleinen Maßstab aufgenommen. Jeder Abstand zwischen zwei Teilstrichen bedeutet einen hundertstel Millimeter. Mit dem Mikroskop kann man die Dicke des Haares bestimmen. Man vergleiche, wie genau die Schätzung in Bild 1.7a ausgefallen ist.

größert werden können. Bei einer Ganghöhe von 0,1 Millimeter kommt die Schraube nur um 0,01 Millimeter voran, wenn man sie um $\frac{5}{50}$ einer ganzen Umdrehung dreht. Solch eine Entfernung ist einer direkten Messung schon nicht mehr zugänglich. Durch die Schraubendrehung wird die kleine Distanz dagegen in einen bestimmten Bruchteil einer ganzen Umdrehung der Bügelmeßschraublehre übersetzt. Man kann die Schraube also als eine Art Hebel ansehen, der eine kleine Länge sehr genau in eine größere verwandelt, die leicht meßbar ist. Bei anderen ähnlich wirkenden Vorrichtungen wird oft auch ein Lichtstrahl als Hebel verwendet. Man kann dann noch sehr viel kleinere Distanzen messen, als es mit der Bügelmeßschraublehre möglich ist.

Im Bereich noch kleinerer Strecken benötigt man bessere Vergrößerungsapparate, von denen das *Mikroskop* der bekannteste ist. Mit ihm kann man noch sehr kleine Gegenstände erkennen und sie mit einem winzigen „Lineal" ausmessen (Bild 1.7).

Unterhalb jener Längen, die man noch mit dem Mikroskop erreichen kann, benutzt man *indirekte Methoden der Längenbestimmung.* Als Beispiel sei die Messung des Atomdurchmessers angeführt. Man kann annehmen, daß in einem festen Körper die Atome sich „berühren", weil feste Körper in der Regel inkompressibel, d.h. nicht weiter zusammendrückbar, sind. Ist die Anzahl der Atome bekannt, die in einem bestimmten Volumen eines festen Körpers enthalten sind (Abschnitt 1.3), so teilt man das Volumen durch die Anzahl der Atome unter der Annahme, daß jedes Atom das gleiche Volumen einnimmt. Aus der Kubikwurzel dieses Volumens erhält man den Atomdurchmesser. Das bedeutet natürlich nicht, daß die Atome würfelförmige Gestalt besitzen. Die Methode führt lediglich zu einer vernünftigen Abschätzung des Atomdurchmessers.

Um eine Vorstellung von der Größe der Atomkerne zu erhalten, greift man auf die folgende indirekte Methode zurück: Angenommen es seien viele kleine Kugeln über eine bestimmte Fläche verteilt. (Solange sie sich nicht gegenseitig verdecken, brauchen die Kugeln nicht einmal in der gleichen Ebene zu liegen.) Man schießt nun senkrecht auf die Fläche mit vielen kleinen Geschossen. Einige Geschosse treffen die Kugeln und werden aus ihrer ursprünglichen Richtung abgelenkt, andere gehen ohne Zusammenstoß in gerader Richtung durch die Fläche hindurch. Dividiert man die Anzahl der aus ihrer Richtung abgelenkten Geschosse durch die Gesamtzahl aller Geschosse, die überhaupt auf die Fläche abgeschossen werden, so liefert der Quotient ein Maß für das Verhältnis des Gesamtquerschnittes aller kleinen Kugeln zur Gesamtfläche, auf die die Kügelchen abgeschossen worden sind (Bild 1.8). Kennt man die Anzahl der in der Fläche vorhandenen Kugeln, so kann man damit ihren Querschnitt und folglich auch ihren Durchmesser bestimmen.

Diese Methode ist um einiges indirekter als die vorher aufgeführten, weil die Anzahl der aus ihrer Bahn abgelenkten Geschosse nicht nur von der Größe der Kugeln, sondern auch von der Größe der Geschosse abhängt. Mit anderen Worten: Die Größe der Kugeln, die wir bestimmen wollen, ist eine Kombination aus

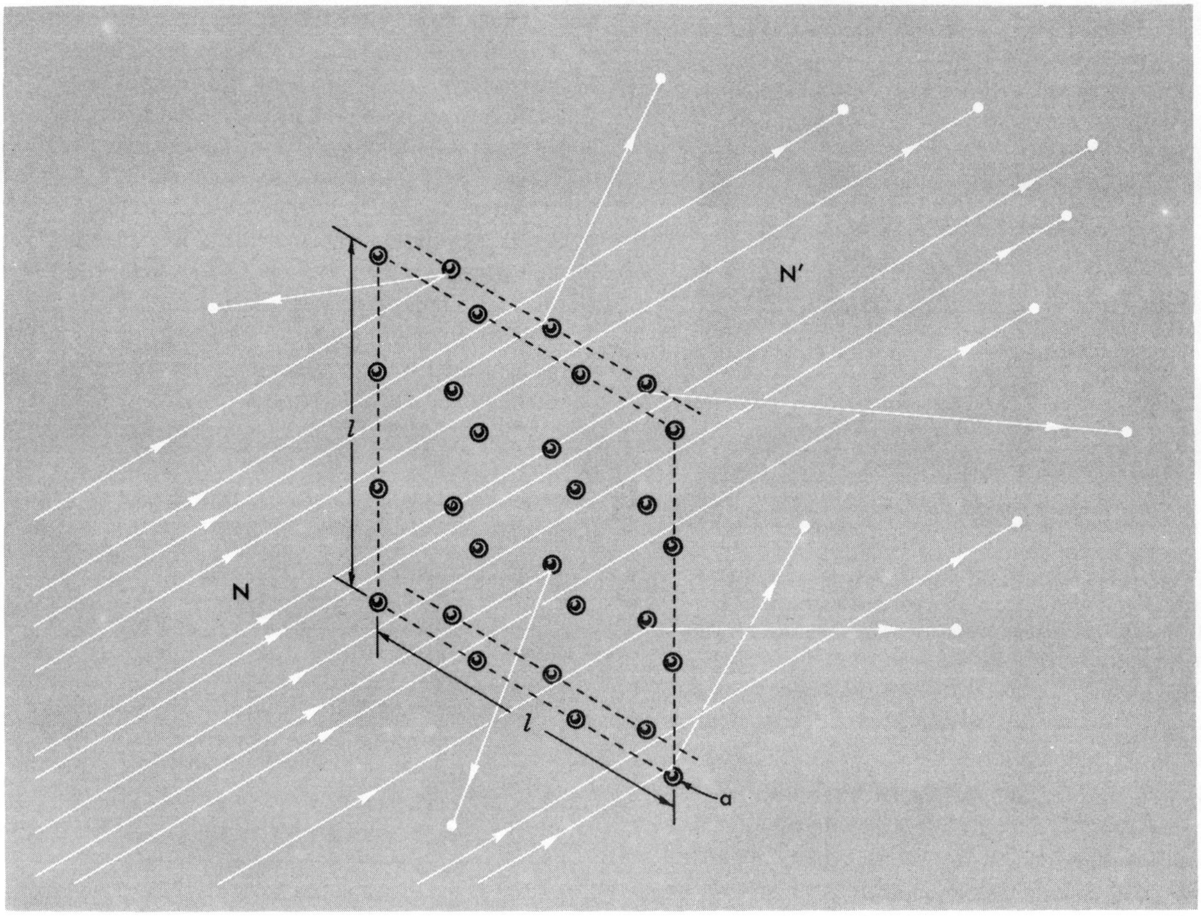

Bild 1.8. Dividiert man die Anzahl der abgelenkten Geschosse durch die Gesamtzahl der Geschosse, die auf die Fläche abgeschossen werden, so gibt der Quotient $\frac{N - N'}{N}$ (N' ist die Anzahl der ohne Ablenkung durch die Fläche hindurchgehenden Teilchen) den Anteil der Querschnittsflächen der Kugeln an der Gesamtfläche l^2 an. Die Querschnittsfläche einer Kugel ist daher $A = \frac{N - N'}{Nn} l^2$, wobei n die Anzahl der Kugeln innerhalb der Fläche sein soll.

der Größe dieser Kugeln und der Geschosse. Ihre Größenangabe ist also nicht gleichzusetzen mit den Größen, die wir normalerweise nennen, wenn man etwa den Durchmesser eines Tennisballs bestimmt. Die Vorstellung, daß die Gegenstände eine wohl bestimmte Ausdehnung unabhängig von der Meßmethode besitzen, ist charakteristisch für makroskopische Bereiche. In der mikroskopischen Welt nuklearer Dimensionen muß man bei Größenangaben immer das Verfahren berücksichtigen, nach dem sie bestimmt wurden. In dieser Weise sind auch die kleinsten Entfernungen, die in Tabelle 2 aufgeführt sind, zu deuten.

1.3. Materie und Masse

Der dritte wichtige *Grundbegriff der Physik* ist der Begriff der Substanz oder des Stoffes, allgemeiner der Begriff *der Materie.* Es ist eine der größten Erfolge der Physik unserer Zeit, daß der innere Aufbau der Materie zum größten Teil bekannt ist. Man weiß, daß alle Substanzen, auch die unterschiedlichsten, wie die Haut, die Knochen, das Blut, das Gestein, der Stahl, das Nylon, die Luft, ja auch die Sonne aus denselben kleinen Bausteinen, die wir Atome nennen, zusammengesetzt sind. Verschiedene Kombinationen dieser Atome bringen die Gegenstände der so vielseitigen Welt, in der wir leben, ebenso hervor wie die vielfältigen Teile des menschlichen Körpers. So wie die sechsundzwanzig Buchstaben des Alphabets alle Bücher ausmachen, die jemals in deutscher Sprache geschrieben worden sind, so entstehen durch die Kombinationen einiger weniger Bausteine alle Stoffe in ihrer großen Mannigfaltigkeit. Für die unendliche Verschiedenartigkeit der Materie ist, wie sich zeigen wird, die Masse das universale Maß.

Bild 1.9. Ultra-Mikrowaage. Für manche Anwendungen ist die empfindliche Analysenwaage noch nicht empfindlich genug. Die mit einem Quarzfaden ausgerüstete Waage kann zum Wägen von Massen bis zu $5 \cdot 10^{-11}$ kg Genauigkeit mit einer Gesamtmasse von $2 \cdot 10^{-4}$ kg benutzt werden.

Die *Waagen,* die man *zum Messen der Masse* benutzt, galten lange Zeit als die genauesten und vielseitigsten Geräte. Eine analytische Waage vermag Körper, die einige hundert Gramm wiegen und sich dabei nur um ein Millionstel ihrer Masse unterscheiden, noch auseinanderzuhalten. In Tabelle 3 sind die Massen einiger allgemein bekannter Objekte aufgeführt, um eine Vorstellung vom Bereich der bekannten Massen zu geben. Die empfindlichste Mikrowaage eines Laboratoriums (Bild 1.9) stellt noch Unterschiede fest, die kleiner als 10^{-10} Kilogramm sind, allerdings nur für Körper von der Masse einer Briefmarke. Große Waagen, die robust gebaut sind und oftmals wesentlich kompliziertere Teile als die normalen gleicharmigen Waagen besitzen, gestatten noch Massen bis zu einer Tonne genau zu messen.

Große Objekte, z.B. die ganze Erde, sind zu groß, als daß man sie auf eine Waage legen könnte. Sie besitzen aber selbstverständlich auch eine Masse. Solche Massen bestimmt man auf indirektem Wege. Kennt man beispielsweise das Volumen eines Körpers und seine Dichte – den Quotienten aus Masse und Volumen –, so kann man die Masse des Körpers ausrechnen.

Auf der Oberfläche der Erde findet man eine Fülle von Materialien verschiedenster Zusammensetzung und Dichte vor. An einigen Stellen der Erde, wie im Grand Canon, kann man einige Kilometer in die Erde hineinsehen und entdeckt auch in dieser Tiefe ähnliches Gestein wie an der Erdoberfläche. Man nimmt daher an, daß auch die tieferen Schichten der Erde, die unter einem erheblichen Druck stehen, dieselbe Dichte von etwa $3 \cdot 10^3$ kgm^{-3} wie das Gestein an der Erdoberfläche besitzen. Aus diesem Wert und dem bekannten Erdradius von $6 \cdot 10^6$ m, mit dessen Hilfe man das Volumen der Erde bestimmt, läßt sich die Masse der Erde ungefähr zu $3 \cdot 10^{24}$ kg abschätzen. Interessant ist es, diesen Schätzwert mit dem sehr viel genaueren Wert von $5{,}98 \cdot 10^{24}$ kg zu vergleichen, der in einem späteren Kapitel angegeben wird. Der zweite Wert beruht auf einer anderen indirekten Methode, bei der man die Massenanziehung im Laboratorium bestimmt. Aus dem Vergleich beider Werte schließt man, daß das unzugängliche Innere der Erde Materie von größerer Dichte als das Gestein an der Erdoberfläche enthalten muß.

Tabelle 3: Größenordnungen der Massen bekannter Objekte

Masse in Gramm	Gegenstand
Wägung mit der Waage	
10^{-6}	Punkt, mit Tinte geschrieben
10^{-4}	Insektenflügel
10^{-2}	Briefmarke
10^{1}	Geldstück
10^{2}	Taschenbuch
10^{3}	ein Liter Wasser
10^{5}	Mensch
10^{6}	eine Tonne (t); ein Auto
Wägung mit indirekten Methoden	
10^{-27}	Elektron
10^{-22}	Sauerstoffmolekül
10^{-19}	Molekül des Eiweißes
10^{-10}	Blutkörperchen
10^{-8}	Bakterie
10^{8}	Haus
10^{10}	Schiff
10^{18}	Mont Blanc
10^{26}	Mond
10^{28}	Erde
10^{33}	Sonne

Auch bei der Bestimmung sehr kleiner Massen benutzt man indirekte Methoden. Viele dieser Verfahren bedienen sich elektrischer und magnetischer Kräfte. Eine andere Methode, die im grundsätzlichen sehr einfach ist, führt auf die Massen radioaktiver Stoffe. Man wägt die Masse einer genügend großen Stoffprobe und bestimmt die Anzahl der Atome der Probe, indem man die Anzahl der Zerfälle mit dem Zählrohr ermittelt, während die Probe zerfällt. Die Masse eines einzelnen Atoms findet man dann, indem man die Masse der gesamten Probe durch die Anzahl der darin enthaltenen Atome dividiert.

1.4. Grenzen des Messens

Alles Messen läuft nach einem einfachen Schema ab. Um den Wert einer physikalischen Größe – etwa einer Länge, einer Zeit oder einer Masse – zu bestimmen, wählt man zuerst eine beliebige Länge, Zeit oder Masse als Einheit. Ist dann eine Größe zu messen, die größer als die Einheit ist, so zählt man ab, wie oft die Einheit in der zu messenden Größe enthalten ist. So verfährt man normalerweise mit dem Lineal, der Uhr und der Waage. Bleibt beim Abtragen der Einheiten auf der zu vermessenden Größe etwas übrig oder sind Größen zu messen, die kleiner als die Einheit sind, so unterteilt man die Einheit in gleiche Teile und kommt damit zu kleineren Untereinheiten. Auf diese Weise fährt man fort, bis man die Größe vollständig gemessen hat. Beim Ausmessen eines Kastens bestimmt man beispielsweise die Kantenlänge zu etwas mehr als 20 cm. Man teilt dann den Zentimeter in Zehntel, also in Millimeter ein und sieht nun, daß der Rest der Kante drei Untereinheiten enthält: Der Kasten ist also 20,3 cm lang. Nach dieser Methode kann man jede beliebige Länge bestimmen. Man wählt die Unterteilungen immer kleiner, bis die Unregelmäßigkeit an den Enden des zu messenden Objektes dem Übergang zu noch kleineren Einheiten ein Ende setzen.

Bei manchen Messungen kann man den Prozeß, immer weiter zu unterteilen, um zu größerer Genauigkeit zu gelangen, nicht anwenden. Die Anzahl der Menschen in einem Raum wird durch eine ganze Zahl angegeben. Die Einzelperson ist hier die natürliche Zähleinheit. Nach kleineren Einheiten kann man in diesem Fall nicht mehr fragen. Manche physikalische Größen scheinen tatsächlich eine solche natürliche Einheit zu besitzen. Ob Raum oder Zeit auch solche naturgegebenen Einheiten besitzen, weiß man jedoch nicht. Fest steht nur, daß sie bisher noch nicht gefunden sind. Solange aber solche Einheiten noch nicht entdeckt sind (wobei die Frage offen bleibt, ob es überhaupt derartige Einheiten gibt), wird man weiterhin die Einheiten von Raum und Zeit irgendwie festlegen und diese dann in verschiedene abgeleitete Einheiten unterteilen.

Damit ist ein Problem erörtert worden, das mit dem Messen als einem Zählvorgang grundlegend verknüpft ist. In der Praxis erhebt sich beim Messen ein zweites Problem. *Indirekte Meßverfahren* beruhen stets auf einigen speziellen Annahmen. Mißt man die Dicke von Papierblättern, so heißt beispielsweise die Annahme: Jedes Blatt ist gleich dick. Bei der Bestimmung größerer Entfernungen mit Hilfe der Dreiecksberechnung unterstellt man – um ein weiteres Beispiel zu nehmen –, daß sich das Licht geradlinig ausbreitet. Nur wenn das Licht sich so verhält, wie wir es auch für unsere nähere Umgebung stets annehmen, führt die Triagulation zu brauchbaren Ergebnissen. Ob ein Brett gerade ist, prüfen wir dadurch, daß wir an der Kante entlangsehen. Wir setzen dabei die Geradlinigkeit des Lichtweges voraus. Natürlich könnten wir uns täuschen, was ja auch oft genug geschieht. Das Flimmern über einem warmen Heizkörper oder auf einem sonnenbeschienenen Dach kann man sich so erklären, daß sich das Licht hier nicht geradlinig ausbreitet, sondern in der erwärmten Luft ständig seine Richtung ändert. Will man also größere Entfernungen nach der Dreiecksmethode zuverlässig bestimmen, so darf das Licht von diesen fernen Objekten nicht durch heiße Luftschichten hindurchlaufen. Die Entfernung zu einem Stern kann man daher nicht in jenen Nächten messen, in denen die Sterne funkeln, weil sich dann die erwärmten Luftschichten über der Erdoberfläche dauernd umschichten. Man muß eine stille, klare Nacht abwarten, in der die Sterne ruhig am Himmel stehen.

Des weiteren setzt man beim Messen großer Entfernungen die Richtigkeit der geometrischen Axiome voraus. Denkbar zumindestens wäre, daß sie auf die Wirklichkeit nicht zutreffen. Alle Annahmen, die man auch unausgesprochen beim Messen macht, müssen sorgfältig überprüft werden. Die Gesetze der Geometrie und die Geradlinigkeit der Lichtausbreitung sind genau überprüft worden, nicht zuletzt durch den Erfolg des Gedankengebäudes, das die Physik als Bild unserer Welt entworfen hat. Aber dennoch heißt es, stets auf der Hut zu sein. Man muß immer wieder fragen, ob die hergebrachten Annahmen noch stimmen, besonders wenn man Objekte,die weit außerhalb der täglichen Erfahrung liegen, nach indirekten Methoden mißt.

Sogar die Verwendung normierter Längenmeßgeräte ist nicht ohne Problematik. Bei exakten Messungen im Gelände stellt man beispielsweise Meter für Meter die Temperatur des Stahlbandmaßes fest und berücksichtigt seine Temperaturausdehnung. Hier ist also auch die direkte Methode sorgfältig zu überprüfen, weil Objekte verwendet werden, die physikalischen Einwirkungen unterliegen.

Experimente und die meistens mit ihnen verbundenen Messungen bilden die Grundlage der Physik. Ein Teil der dabei gewonnenen Ergebnisse ist allerdings – wie nunmehr klar geworden ist – nicht „rein". Man kann noch weiter gehen: Welches Experiment man auch durchführt, welches Gerät man auch benutzt, immer stehen dahinter einige Annahmen und Prinzipien, ohne die man keine Erkenntnisse gewinnen kann. Schon das bloße Auge und erst recht das vollendetste Spektrometer sind Instrumente, für die das gleichermaßen gilt. Man gewinnt immer neue Erkenntnisse über die Welt, indem man einerseits Experimente anstellt und Messungen durchführt und andererseits zu ihrer Deutung Theorien heranzieht und sie mit den Experimenten verbindet. Dieses enge Ineinanderverwobensein von Handeln und Denken ist nicht auflösbar. Der rechte Gebrauch in der Mischung beider macht den Fortschritt in der Physik aus.

1.5. Fehler beim Messen

In den bisherigen Abschnitten wurden die physikalischen Größen Zeit und Länge mit Hilfe von Zahlen angegeben. Oft sind die Zahlen genau bekannt, beispielsweise in der Definition des Zentimeters als einem Hundertstel der Grundeinheit Meter. Häufig sind die Angaben aber auch recht grob und ziemlich unbestimmt, wenn man etwa die Weite des Grand Canon mit 10^4 m oder die Masse des Mont Blanc mit 10^{12} t angibt. Diese Zahlen sind sicherlich nützlich, veranschaulichen sie doch die Größenordnungen von Längen und Massen in den gebräuchlichen Einheiten. Soll die Angabe eines Meßergebnisses dagegen mehr als nur die Zehnerpotenz liefern, so ist es außerordentlich wertvoll, wenn zusätzlich zum Meßergebnis die Genauigkeit des Wertes vermerkt ist. Vielfach schließt man dazu das Ergebnis in Grenzen ein, innerhalb derer der Wert liegen wird. Beim Messen der eigenen Körpergröße etwa stellt man sich an die Wand und markiert auf irgendeine Weise die höchste Stelle des Kopfes. Das Ergebnis könnte 178,1 cm sein. Diesen Wert wird man jedoch kaum für exakt halten, denn bei einer Wiederholung der Messung wird man sicherlich nicht denselben Wert erwarten dürfen. Die Messung auf eine Genauigkeit von einem Millimeter hängt doch sehr davon ab, wie man sich vor die Wand gestellt hat. Man könnte also protokollieren: Körpergröße 178,1 cm, bestimmt nicht mehr als 178,6 cm, aber auch nicht kleiner als 177,6 cm. Üblicherweise gibt man dann die Körpergröße kurz mit (178,1 ± 0,5) cm an und liest: „178,1 plus oder minus 0,5 Zentimeter“. So sollte also eine Genauigkeitsangabe gemacht werden. Mißt man mit der Bügelmeßschraube den Durchmesser einer Stahlkugel, so könnte das Meßergebnis (2,143 ± 0,002) cm lauten, falls man feststellt hat, daß die Marke bei verschiedenen Einstellungen der Klemmbacken um ein oder zwei tausendstel Zentimeter variiert. Selbstverständlich muß man beim Rechnen mit solchen Zahlenwerten ein wenig überlegen. Balanciert man die Stahlkugel auf dem Kopf, so wird man als Gesamthöhe nun nicht 180,243 cm angeben, wie sich aus der Addition von 178,1 cm und 2,143 cm ergäbe. Die vielen Stellen hinter dem Komma sind sinnlos. Denn die Gesamthöhe wird etwa um 0,5 cm ungenau sein, weil der Fehler der Bügelmeßschraube gegenüber der Ungenaugikeit in der Körpergröße zu vernachlässigen ist. Es muß also heißen: Gesamthöhe (180,2 ± 0,5) cm! Die *Fehlergrenzen* sagen dem Leser, welche Zuverlässigkeit er dem Zahlenwert beimessen kann.

Oft wird der Fehler in Prozenten oder in Bruchteilen des gemessenen Wertes angegeben. Ein Geodät möge die Größe einer genau vermessenen Distanz mit 100,132 m ± 0,3 cm bezeichnet haben. Seine Messung ist dann sehr viel genauer, als wenn man die Breite einer Buchseite mit einem Lineal auf den Millimeter genau mißt, obwohl der absolute Fehler von 0,3 cm dreimal so groß ist wie der absolute Fehler von 1 mm, den man beim Messen der Buchbreite macht. Daher drückt man häufig den Fehler einer Messung oder die *Toleranz* der Messung in Prozenten oder Bruchteilen des gemessenen Wertes aus. Der Geodät würde also die Länge mit 100,132 m ± 0,003 % und die Breite der Buchseite mit 20,1 cm ± 0,5 % angeben. Diese relativen Zahlen könnte man jederzeit wieder in absolute Werte umrechnen, die als Fehler zum Ergebnis hinzugezählt oder von ihm abgezogen werden müßten. Mit der Zeit werden uns solche Angaben immer vertrauter werden, je häufiger wir von Experimenten hören werden. Kein Verfahren ist in der Physik wichtiger, als physikalische Größen mit dem Zahlenwert in Zehnerpotenzen, mit der benutzten Einheit und mit der Fehlerabschätzung anzugeben.

1.6. Verwendung von "black boxes"

Dem aufmerksamen Leser wird aufgefallen sein, daß wir oft physikalische Geräte benutzt haben, ohne ihre Wirkungsweise zu kennen. Wir haben die Waage und die Anziehungskraft der Erde zur Massenbestimmung herangezogen, ohne vorher die Theorie der Gravitation studiert zu haben. Wir haben Fernrohre und Entfernungsmesser benutzt, ohne uns vorher mit den Gesetzen der Optik befaßt zu haben. Wir haben Zeiten auf Uhren abgelesen, ohne sie reparieren oder ihren Mechanismus erklären zu können. Dieses Vorgehen ist aber bei den Physikern gang und gäbe. Es geht auch nicht anders; niemand hat es jemals anders gemacht. Das Vorgehen ist zwar typisch für die Physik, jedoch nicht für die Mathematik. Der logisch vorgehende Mathematiker baut sich seine Welt aus genauen Definitionen und nach strengen Beweisen auf und nimmt nur ein Minimum als unbewiesen an[1]).

Der Physiker ist in einer Hinsicht glücklicher dran als der Mathematiker, in anderer aber wiederum nicht.

[1]) Es ist eines der überraschendsten Ergebnisse moderner Mathematik (von *Gödel* 1932 entdeckt), daß sogar der Mathematiker nicht ausschließlich nach den Gesetzen der Logik vorgehen kann, wenn er für jede Feststellung nachweisen will, ob sie wahr oder falsch sei; es bleibt immer ein Rest von logisch nicht Beweisbarem.

Denn die Welt ist vorhanden, der Physiker braucht sie nicht erst zu erfinden. Er muß sie nur mit den verfügbaren Mitteln, d.h. mit seinen Sinnen, seinem Denkvermögen und mit seinen von ihm entworfenen Instrumenten, erforschen. Seine Instrumente muß er verstehen, wenn seine Arbeit voll und ganz begründet sein soll. Aber an welcher Stelle soll er beginnen? Denn wenn er nicht eher über die Masse sprechen will, bevor er nicht die Gravitationstheorie kennengelernt hat, wird er ein sehr schweigsamer Wissenschaftler bleiben. Er muß es also lernen, *black boxes, „schwarze Kästen"*, zu benutzen. Diese Sprechweise soll zunächst erläutert werden.

Wir werfen einen Blick in die Funkkabine eines Passagierflugzeuges. Man sieht eine Ansammlung schwarzer Kästen. Drähte führen in die Kästen, verbinden sie miteinander, laufen zur Antenne oder zur Steckdose, gehen zu einem Lautsprecher oder zu einem Meßgerät. Öffnet man das Abdeckblech eines Kastens, so steht man vor einem Gewirr bunter Leitungen und elektronischer Schaltelemente. Wahrscheinlich würde man den Zweck jedes einzelnen Teils nicht erraten. Und doch könnte man die Geräte einschalten und die Anlage bedienen.

Solche Erfahrungen führen zu der häufig gebrauchten und recht eindrucksvollen Redeweise: Ein physikalisches System beliebiger Art heißt dann "black box", wenn man das System anwendet, ohne seine Funktionsweise erklären zu wollen oder zu können. Mit einiger Vorsicht kann man fast jedes Instrument in dieser Weise als "black box" bezeichnen.

Ein treffendes *Beispiel* für einen solchen „schwarzen Kasten" ist das *Auge*. Aus unzähligen Beobachtungen weiß man, wie man mit ihm Licht und Dunkelheit unterscheidet, wie man erkennen kann, was groß oder klein, langsam oder schnell ist. Seine Grenzen sind einem ebenfalls geläufig. Auch das *Mikroskop* ist für die Leser dieses Buches bisher ein „schwarzer Kasten". Trotzdem haben wir uns wahrscheinlich nicht geirrt, als wir das Mikroskop benutzten. Wir beobachteten einfach ein Haar vor einem Maßstab und lasen an ihm seine Breite ab. So wie wir es beim normalen Sehen gewohnt sind, lasen wir auch in diesem Fall die Dicke des Haares mit derselben Sicherheit auf dem Lineal ab, obwohl wir Haar und Maßstab durch das Mikroskop beobachteten. Für uns ist im Augenblick also das Mikroskop ein „schwarzer Kasten", und trotzdem arbeiten wir mit ihm und vertrauen dem Gerät.

Gewöhnlich untersucht man die Wirkungsweise „schwarzer Kästen" beim Studium bekannter Objekte wie etwa bei jenem kleinen Maßstab im Mikroskop. Mit dem Entfernungsmesser einer Kamera bestimmt man Abstände, auch wenn man seine Funktionsweise nicht erklären kann. Im Sucher werden die beiden Teile eines Objekts zusammengeführt, und gleichzeitig stellt sich die Linse der Kamera automatisch so ein, daß das Objekt auf den Film scharf abgebildet wird – so lehrt es uns ständig die Erfahrung. Der Umgang mit solchen „schwarzen Kästen" in Situationen, die uns physikalisch verständlich sind, versetzt uns in die Lage, sie auch auf neue, noch nicht bekannte Situationen anzuwenden. Ist ihre Wirkungsweise erst einmal bekannt, so kann man sie auch bei neuen Messungen verwenden. Auf Grund von Erfahrungen können wir entscheiden, welche Informationen eines Instrumentes – sei es nun ein „schwarzer Kasten" oder nicht – den physikalischen Größen, die wir zu messen wünschen, entsprechen. Zur Eichung überprüft man die Wirkungsweise an schon Bekanntem. Man eicht gewöhnlich Meßinstrumente so, wie wir es bei der Mikrowaage oder beim Mikroskop beschrieben haben.

Die Physik ist ein großes Vorhaben der Menschheit. Keiner kann die gesamte Physik beherrschen, keiner kann alles erforschen. Wir alle benutzen "black boxes". Alle Instrumente sind – zumindestens teilweise – für jeden „schwarze Kästen". Das Prinzip der gleicharmigen Waage ist leicht verständlich. Generationen von Konstrukteuren und Experimentatoren haben die Form der Waagebalken so entwickelt, daß sie sich nicht biegen, haben die Lager der Stützen so gebaut, daß die Waagschalen stets senkrecht hängen, und haben für tausend andere Dinge gesorgt. Für jeden Benutzer außer diesen erfahrenen Waagenbauern bleibt das meiste an der Waage ein „schwarzer Kasten". Und selbst für den Konstrukteur der Waage wird der Achat, auf dem die Schneide lagert, eine "black box" sein. Er schätzt wahrscheinlich den Achat als hart und widerstandsfähig, wird aber den Grund dafür kaum nennen können. Diese Eigenschaft des Achats hängt von seiner molekularen Struktur ab, und das wird für den Techniker ein „schwarzer Kasten" sein. Wir haben das Mikroskop als „schwarzen Kasten" behandelt. Irgendwelche Menschen müssen seine Wirkungsweise aber genau verstehen. Die meisten Geräte, die Menschen hergestellt haben, sind nicht vollkommen „schwarze Kästen", da es ja immer jemanden geben wird, der sie konstruiert hat. Sie sind nur insoweit "black boxes", als wir vieles nur wahrnehmen, was wir noch genauer verstehen müßten.

Die Neugierde, „schwarze Kästen" zu „öffnen", führt zum tieferen Verständnis der Physik. Doch muß man auch beurteilen können, wann und wo man sich auf „schwarze Kästen" verlassen kann. Das Vertrauen in einen „schwarzen Kasten" wächst, wenn man ihn eicht, wenn man mit ihm experimentiert und seine Ergebnisse überprüft, wenn man schließlich „seinen Deckel öffnet" und seine Wirkungsweise erforscht. Was heute für uns ein „schwarzer Kasten" sein mag, kann in einer Generation allen vertraut und verständlich sein. Aber gerade dieses Verstehenlernen ist die Voraussetzung für den richtigen Gebrauch aller Arten „schwarzer Kästen", wie wir noch sehen werden.

Aufgaben

1. Man vergleiche in Bild 1.10 die Pfähle 1, 2 und 3. Welche Beziehung besteht in Wirklichkeit zwischen ihren Längen? Wie kann man den scheinbaren Eindruck mit einem Hilfsmittel überprüfen?
2. Ein Stroboskop aus undurchsichtigem Material besitze 10 Schlitze. Bei welcher Drehzahl pro Sekunde scheint der Klöppel einer Türklingel stillzustehen, wenn der Klöppel beim Läuten 10 Hin- und Herbewegungen in der Sekunde ausführt?
3. Durch den Schlitz eines Stroboskops beobachtet man eine Kreisscheibe, auf der ein Radius deutlich markiert ist. Während sich Kreisscheibe und Stroboskop etwa mit gleicher Geschwindigkeit drehen, beobachtet man, wie sich der Radius langsam rückwärts zu drehen scheint. Rotiert danach das Stroboskop schneller oder langsamer als die Kreisscheibe?

4.* Was sieht man, wenn man durch eine rotierende Stroboskopscheibe ihr Bild in einem Spiegel betrachtet?

5. Wieviel mal in der Sekunde leuchtet ein Blitzlicht auf, mit dessen Hilfe ein Geschoß, das sich mit 1000 m/s bewegt, alle 10 cm aufgenommen wird?
6. Ein scharf begrenztes Lichtbündel fällt durch eine rotierende Scheibe, die teilweise aus lichtdurchlässigem Material besteht (Bild 1.11), und wird dadurch in eine Reihe von Lichtblitzen zerlegt. Die Scheibe dreht sich 30 mal in der Sekunde.
   a) Wie lange leuchtet ein einzelner Lichtstrahl auf?
   b) Wie groß ist die Zeitspanne vom Beginn des Aufleuchtens bis zum nächsten Aufleuchten?

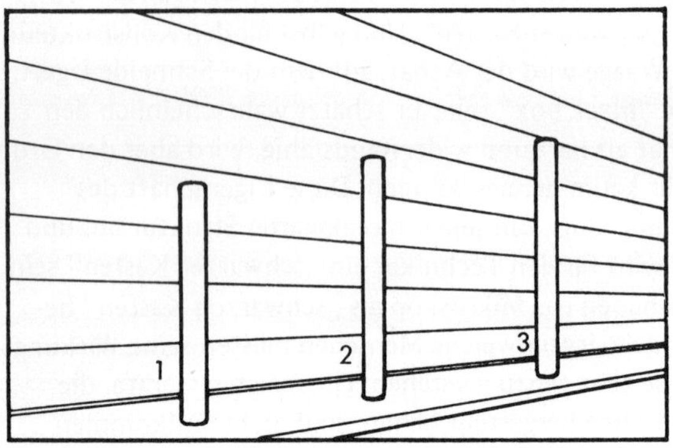

Bild 1.10. Zur Aufgabe 1

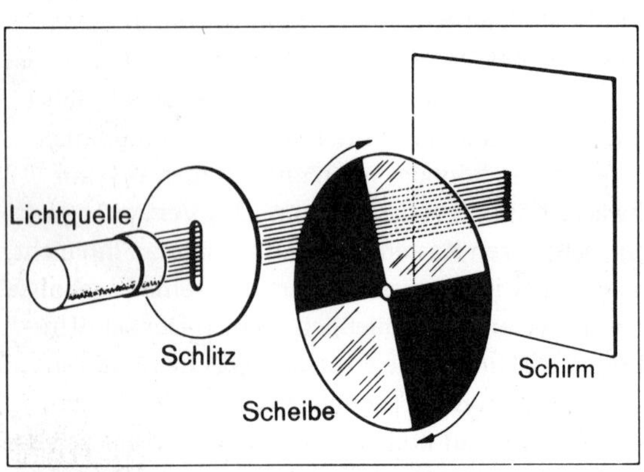

Bild 1.11. Zur Aufgabe 6

7. In einem Film wird das Wachsen von Pflanzen und Blüten im Zeitraffer mit einer Geschwindigkeit vorgeführt, die der Bewegung von Tieren gleicht. Der Film soll die Wachstumsperiode einer Pflanze von 50 Tagen innerhalb von 10 Minuten zeigen. Wie groß muß man dann den Abstand zwischen zwei aufeinanderfolgenden Aufnahmen wählen? (Man rechnet, daß der Film mit 24 Bildern pro Sekunde vorgeführt wird.)
8. Ein Vorschlag für den Selbstbau einer „Uhr": *Galilei* führte seine Experimente über den freien Fall aus, als es noch keine exakten Uhren gab. Die sehr kurzen Zeiten in diesen Experimenten las er an einer „Uhr" ab, die sich wie folgt beschreiben läßt: In den Boden einer Blechdose bohrt man mit einer Nadel ein feines Loch, füllt die Dose mit Wasser und mißt zur Eichung die Wassermenge, die in 10s, 20s und 30s ausläuft.
   Was an dieser Vorrichtung könnte den größten Fehler verursachen?
   Wie kann man diesen Fehler einschränken?
   Galilei hat eine solche Uhr benutzt, als er die Bewegungsgesetze entdeckte. In seinem Buch „Zwei neue Wissenschaften" hat er die Zeitmessung beschrieben.

9.* Wie groß ist die Zehnerpotenz des Bruches, den man aus dem Durchmesser eines Ölmoleküls und dem des größten Atomkerns bilden kann (Tabelle 2)?

10. Man schätze größenordnungsmäßig:
    a) Die Anzahl der Wassertropfen in einer Badewanne.
    b) Die Dicke eines Blattes dieses Buches.
    c) Die Oberfläche der Erde.
    d) Das Volumen der Erde.
11. Man wähle als Längeneinheit einmal die Länge des ersten Daumengliedes und dann die Länge eines Fingernagels. Aus diesen Einheiten fertige man sich am Rand eines Papierbogens jeweils eine Skala an und messe Länge und Breite dieser Seite. Wie groß ist jeweils der Quotient von Länge und Breite? In welchen Einheiten muß man den Bruch angeben? Man vergleiche die Quotienten, die mit verschiedenen Einheiten gewonnen werden. Wie hängt das Ergebnis von den verschiedenen Einheiten ab?
12. Der Führer eines Motorbootes will die Entfernung vom Ufer nur mit Hilfe seiner Uhr und aus der bekannten Geschwindigkeit seines Bootes bestimmen. Dazu markiert er sich Linien im Winkel von 45° und von 90° zur Achse des Schiffes (Bild 1.12). Der Bootsführer hält nun einen geraden Kurs mit konstanter Geschwindigkeit von 6 m/s. Für die Beobachtungen befinde sich eine zweite Person an Bord. Welche Beobachtungen und Berechnungen muß man anstellen, um die kürzeste Entfernung zu einem Gebäude am Strand zu bestimmen?

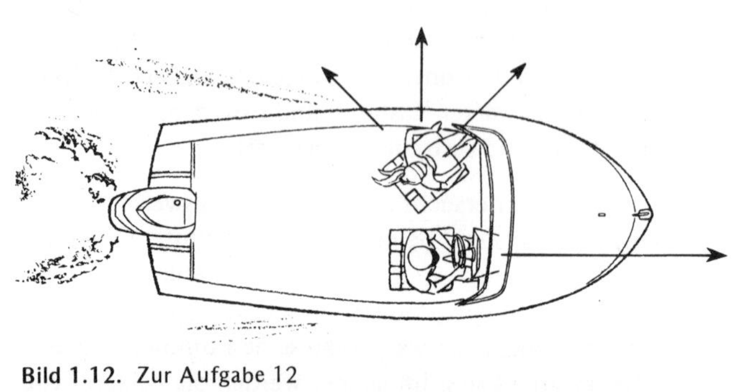

Bild 1.12. Zur Aufgabe 12

13.* Ein Student kann mit seinem Füllhalter gerade dann einen Sendemast verdecken, wenn er seinen Arm ausstreckt. Die Entfernung vom Auge zum Füllhalter betrage 60 cm, und der Füllhalter sei 15 cm lang. Weiter möge dem Studenten die Höhe des Senders mit 75 m bekannt sein. Wie weit ist er dann vom Sendemast entfernt?

14. Den Durchmesser des Mondes kann man mit Hilfe der Entfernung Erde-Mond ($3{,}8 \cdot 10^5$ km) auf folgende Weise bestimmen: Man klebt zwei undurchsichtige Papierstreifen in 2 cm Abstand auf eine Fensterscheibe und beobachtet die Mondscheibe durch den Schlitz eines Kartons. Dann stellt man sich so auf, daß die Mondscheibe genau zwischen die Streifen paßt, und mißt den Abstand zwischen Karton und Fensterscheibe. Aus den Ähnlichkeitssätzen der Geometrie berechnet man dann den Durchmesser des Mondes. (Man darf nach dieser Methode nicht den Sonnendurchmesser bestimmen, denn das direkte Sonnenlicht schadet dem Auge!) Kann man dieses Verfahren auch zur Größenbestimmung der Sterne heranziehen?

15.* Wie dick ist das Haar in Bild 1.7?

16.* Ist das Massenverhältnis von Sonne und Erde größer als das von einem Sauerstoffmolekül und einem Elektron?

17. Wie kann man mit Hilfe einer gleicharmigen Waage und eines 1-kg-Stückes Wägestücke von einem halben Kilogramm Masse abwiegen?

18. Es sei ein 1-kg-Stück und eine gleicharmige Waage zum Vergleichen gleichgroßer Massen vorhanden. Der Genauigkeit der Waage kann man allerdings nicht recht trauen. Man legt nun das 1-kg-Stück auf die eine Waagschale und auf die andere einen solchen Körper, daß die Waage im Gleichgewicht ist.

a) Wie kann man erkennen, ob beide Waagebalken gleich lang und daher beide Körper auch von gleicher Masse sind? Wie merkt man, wenn die Balken unterschiedlich lang und folglich auch die Massen nicht gleich sind?

b) Kann man erkennen, welcher Arm länger und welcher Körper schwerer ist? Lassen sich die Waagebalken und die Massen der Körper abgleichen?

19. Bekanntlich ist die Gestalt der Erde eine leicht abgeplattete Kugel, deren Durchmesser von Pol zu Pol um 40 km kleiner als in der Äquatorebene ist. Kommt damit die Erde der idealen Kugelgestalt näher als ein Fußball?

20. Zur Überprüfung des Zeitgefühls schätze man, in welchem Zeitraum 1/2 min, 1 min oder 3 min verflossen sind.

a) Man protokolliere für jede Aufgabe den Fehler.

b) Sind die Fehler wesentlich unterschiedliche Bruchteile der gemessenen Zeiten?

21. Die Länge eines Holzstückes betrage 6,3 cm, seine Breite 12,1 cm und seine Höhe 0,84 cm.

a) Wie groß ist das Volumen des Holzklotzes?

b) Länge und Breite seien genau vermessen. Wie wirkt sich dann ein Fehler von 0,01 cm in der Höhe auf das Volumen aus?

c) Wie groß ist der prozentuale Fehler, bezogen auf das gesamte Volumen?

22. Ein Beutel enthalte 25 gleichgroße Kugeln, deren jede ein Volumen von 1,76 cm^3 besitzt. Wie groß ist das Volumen aller Kugeln?

23. Jemand berichtet, er habe eine fliegende Untertasse von 50 m Länge in einer Höhe von 2000 m mit einer geschätzten Geschwindigkeit von 3000 km/h gesehen. Wie genau wird diese Beobachtung gewesen sein?

24. Man fertige sich aus einer Schnur und einem kleinen Körper ein Pendel an und gleiche seine Länge so ab, daß es für eine vollständige Schwingung (hin und her) gerade eine Sekunde braucht. Wie groß ist die Abweichung des Pendels von dem Sollwert im Laufe einer Minute? Welchen Bruchteil der gesamten Zeit macht der Fehler aus?

25. a) Einen einfachen Entfernungsmesser kann man sich aus zwei Meterstäben herstellen. Man legt sie so nebeneinander, daß sie in der Verlängerung auf das Objekt zeigen. Die Abweichung von der Parallelen ist dann ein Maß für die Entfernung des angepeilten Gegenstandes. Wie groß ist der Abstand, wenn die Meterstäbe mit der Grundlinie gleiche Winkel bilden und wenn sie an der dem Beobachter zugewandten Seite 1 m und an der anderen 0,96 m voneinander entfernt sind?

b) Stehen die Meterstäbe nicht genau gerade, so ist die Messung von Entfernungen mit ihnen fehlerhaft. Welcher Unterschied ergibt sich, wenn vorne 96,2 cm statt 96,0 cm abgelesen wird? Hinten bleibe 1 m. Man gebe den Fehler in Prozenten an.

c) Wenn die Stäbe fast parallel zueinander liegen, so wird der Fehler beim Peilen größer werden. Man vergleiche die Fehler, wenn vorne der Abstand der Stäbe 99,0 cm und 99,2 cm beträgt, während hinten der Abstand 1 m bleibt.

26. Bild 1.13 zeigt die unscharfe Aufnahme einer Kreisscheibe. Wie genau kann man aus der Photographie den Durchmesser des Kreises bestimmen?

27. Läßt sich der Durchmesser der Erde einschließlich der Atmosphäre genau bestimmen?

28. Man befestige eine Spiralfeder an der Decke, hänge daran verschiedene Körper nacheinander auf und bringe sie in Schwingungen. Mit der Uhr stoppe man die Anzahl der Schwingungen pro Minute. Auf diese Weise führe man eine Reihe von Versuchen durch, deren Ergebnisse man wie folgt beschreiben kann:

Die Schwingungsdauer für gleiche Körper an verschieden Federn ist unterschiedlich.

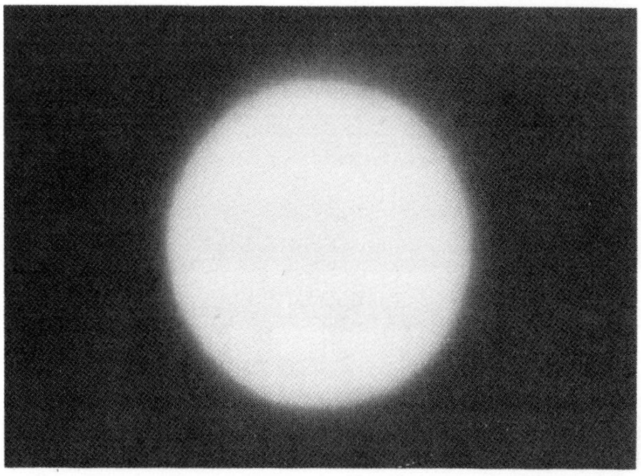

Bild 1.13. Zur Aufgabe 26

Je größer die Masse des Körpers ist, der an ein und derselben Feder aufgehängt wird, umso kleiner sind die Schwingungszeiten.

Vervierfacht man die Masse bei gleicher Feder, so sinkt die Schwingungsdauer auf die Hälfte, wenn die Masse groß ist; bei Körpern mit kleiner Masse geht die Schwingungsdauer kaum zurück.

Wie kann man die Beobachtungen erklären? Ist man dazu nicht in der Lage, so stellt die Versuchanordnung einen „schwarzen Kasten" dar.

a) Kann man diesen „schwarzen Kasten" zur Massenbestimmung verwenden?

b) In welchem Bereich kann man die Massen von Körpern mit dieser Vorrichtung messen?

29. Man stelle sich ein Amperemeter zur Stromstärkemessung her und versehe es mit einer beliebigen Skaleneinteilung von Null bis Zehn. Vergleichsmessungen mit einem geeichten Amperemeter zeigen einen Skalenwert von 2,3 bei 3,0 A und von 4,8 bei 6,0 A. Wie groß ist die Stromstärke bei einem Ausschlag von 3,5 Skalenteilen?

30. a) Wie kann man das Wärmeausdehnungsgerät in Bild 1.14 eichen?

b) Kann man das Gerät als Thermometer eichen?

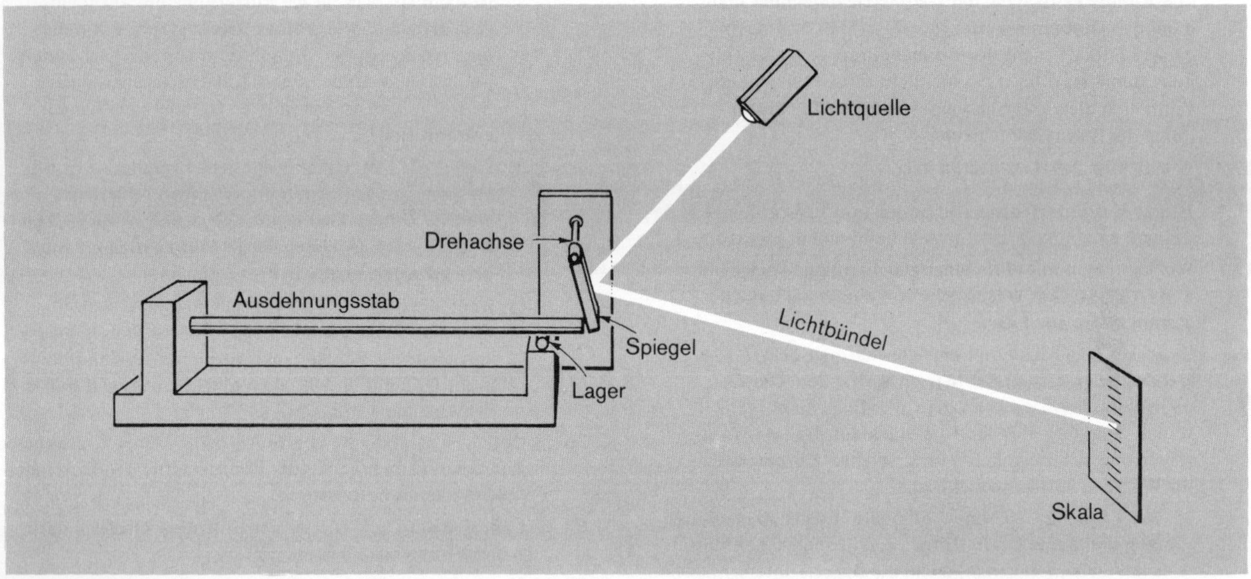

Bild 1.14. Zur Aufgabe 30

2. Meßwerte, Graphen und Funktionen

Im ersten Kapitel haben wir schon einige Gesetze der Geometrie und der Arithmetik benutzt. Jetzt soll gezeigt werden, wie man mit Hilfe von Tabellen und Kurven die im Labor gewonnenen Ergebnisse auswerten und mit ihrer Hilfe sogar gelegentlich die Resultate von weiteren Experimenten voraussagen kann. Weiterhin werden wir lernen, den *mathematischen Zusammenhang zwischen gemessenen Größen* aus den Zeichnungen abzulesen. Aus der Funktion zwischen diesen Größen läßt sich dann voraussagen, wie sich die Werte der physikalischen Größen verhalten, wenn man die Größen über den Erfahrungsbereich hinaus vergrößert oder verkleinert. Wir beginnen mit der Besprechung eines Experiments, in dem wir die Schwingungszeiten einer Klingel mit dem Stroboskop messen.

2.1. Tabellen und Graphen

In dem Versuch wird der Klöppel einer Klingel verschieden belastet und die Anzahl der Schwingungen pro Sekunde, also die Frequenz, gemessen. Die Meßergebnisse sind – wie man es üblicherweise macht – in den beiden Spalten der Tabelle 1 aufgeführt. Man kann aus ihr mit einem Blick zu jedem Wert der einen Größe den zugehörigen Wert der anderen Größe entnehmen, soweit die Werte in der Tabelle enthalten sind. Wie findet man aber den zugehörigen Wert zu einem Wert, der nicht in der Übersicht aufgeführt ist, beispielsweise die Frequenz bei einer Belastung von 3 g? Welche Voraussage läßt sich nach den Tabellenwerten machen? Nach der Tabelle sinkt die Frequenz im gesamten Bereich, solange die Belastung steigt. Man erwartet daher bei einer Belastung von 3 g eine Frequenz, die zwischen 39 und 35 Schwingungen pro Sekunde liegen muß. Der genaue Wert läßt sich allerdings schwer vorhersagen. In erster Näherung wird man die Frequenz für 3 g Belastung genau zwischen den in der Tabelle aufgeführten Werten 39 und 35 angeben, also mit 37 Schwingungen pro Sekunde. Wir hätten damit die Frequenz der genannten Belastung als Mittelwert der Frequenzen bestimmt, die zu den Belastungen von 2 g und von 4 g gehören. Diese Art der Interpolation – so bezeichnet man das Aufsuchen eines Wertes zwischen zwei gegebenen Meßwerten – läßt sich auch zeichnerisch durchführen: Man trägt die gemessenen Werte auf Millimeterpapier auf und verbindet jeweils die aufeinanderfolgenden Punkte durch gerade Strecken. Für alle Belastungen bis zu 25 g kann man dann aus dieser Zeichnung oder, wie man auch sagt, aus diesem Graph die zugehörige Frequenz ablesen (Bild 2.1a).

Dieses Verfahren, die Meßpunkte einfach durch gerade Linien zu verbinden, befriedigt vor allem deshalb nicht, weil die Kurve an jedem Meßpunkt einen Knick aufweist. Hätte man denselben Versuch mit anderen

Tabelle 1

Belastung in g	Frequenz in Schwingungen pro Sekunde
0	45
2	39
4	35
5	34
7	29
9	28
11	26
13	23
17	21
22	17
25	15

Belastungen ausgeführt, so hätte der Graph an anderen Stellen als in Bild 2.1a Ecken gehabt. Diese Ecken können daher dem tatsächlichen Verlauf der Beziehung zwischen Frequenz und Belastung nicht entsprechen. Man könnte nun den Kurvenverlauf korrigieren und den Graph ohne Ecken durch die Meßpunkte ziehen (Bild 2.1b). Aber auch in dieser Zeichnung käme jedem Meßpunkt mehr Bedeutung bei, als es der Wirklichkeit entspricht.

Die Werte der Tabelle 1 sind auf ganze Gramm und auf ganze Umdrehungen pro Sekunde abgerundet. Wir schließen daher die Meßpunkte auf dem Millimeterpapier in kleine Rechtecke ein, deren Breite einem Gramm und deren Höhe einer Umdrehung pro Sekunde entsprechen (Bild 2.1c).

Bei genaueren Messungen würden dann die Meßpunkte in diese Rechtecke fallen, sie brauchten aber nicht genau in deren Mitte zu liegen. Natürlich läßt sich ohne solche Messungen die genaue Lage der Meßpunkte nicht angeben. In diesem Zustand teilweiser Unkenntnis vermeiden wir beim Zeichnen Ecken und Ausbuchtungen und ziehen den Graphen möglichst glatt durch die Rechtecke, so daß die Kurve die Frequenz des Klöppels als Funktion der Belastung ohne Unregelmäßigkeiten wiedergibt (Bild 2.1d).

Beim *Interpolieren* zwischen den gemessenen Werten mit einer solchen gekrümmt verlaufenden Kurve wie in Bild 2.1d zieht man nicht nur die beiden benachbarten Werte, sondern mehrere zugleich heran. Auf diese Weise läßt sich zuverlässiger als aus einer Tabelle interpolieren. Das gilt vor allem dann, wenn die Kurve wie in Bild 2.2 genau durch die Meßpunkte verläuft. Dort sind aus sorgfältigen Messungen die Massen von Aluminiumwürfeln in Abhängigkeit ihrer Kantenlänge (Tabelle 2) eingezeichnet. Nach der Tabelle liefert die lineare Interpolation für einen Würfel mit der Seitenlänge 3,00 cm eine Masse von $21{,}6\ \text{g} + \frac{1}{2}\,(173{,}0 - 21{,}6)\ \text{g} = 97{,}3\ \text{g} \pm 0{,}05\ \text{g}$. Die graphische Interpolation berücksichtigt dagegen die Krümmung der Kurve zwischen den beiden Meßpunkten;

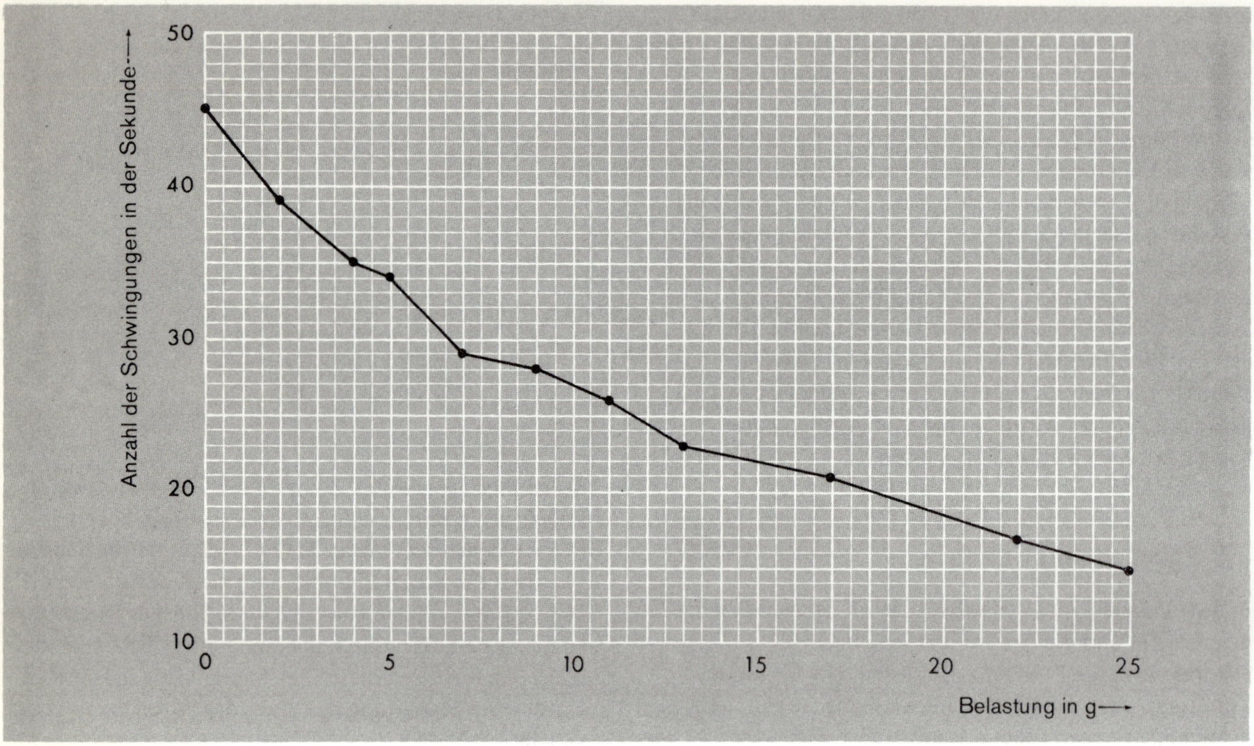

Bild 2.1a. Die Meßpunkte der Tabelle 1 sind durch gerade Strecken verbunden

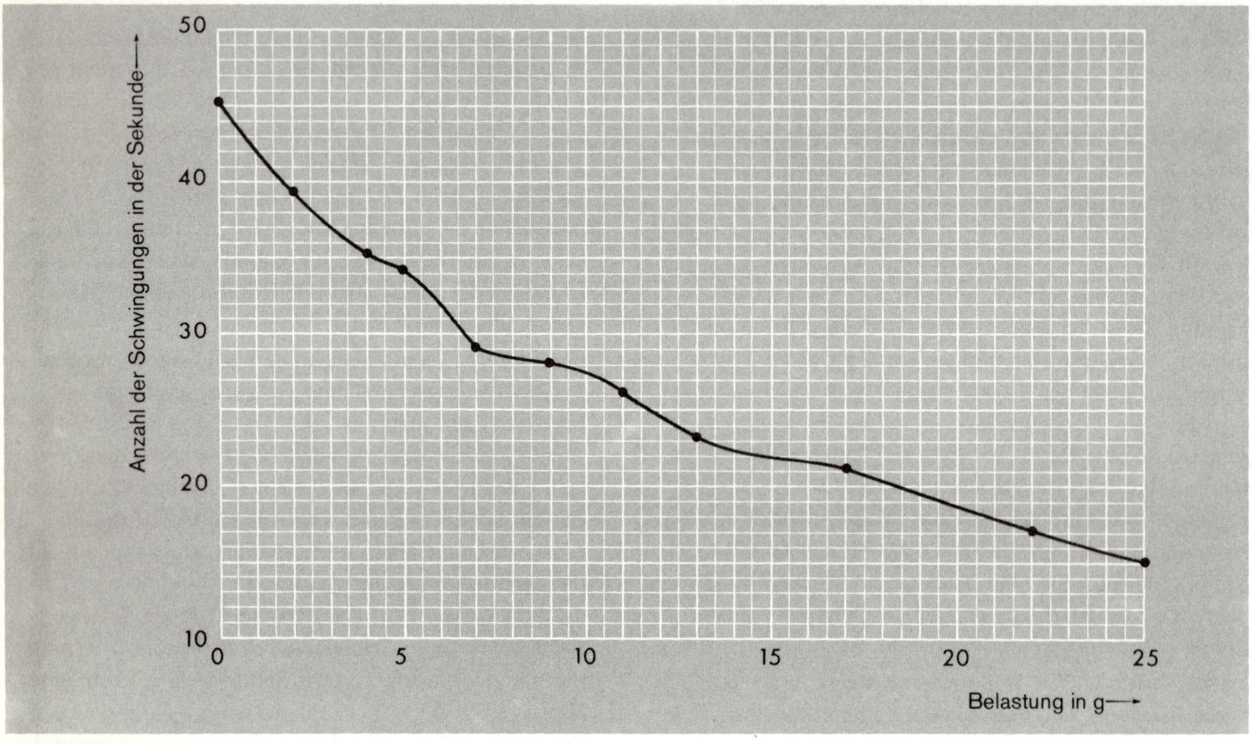

Bild 2.1b. Dieselben Meßpunkte wie in Bild 2.1a sind punktweise durch eine in den Meßpunkten abgerundete Kurve verbunden.

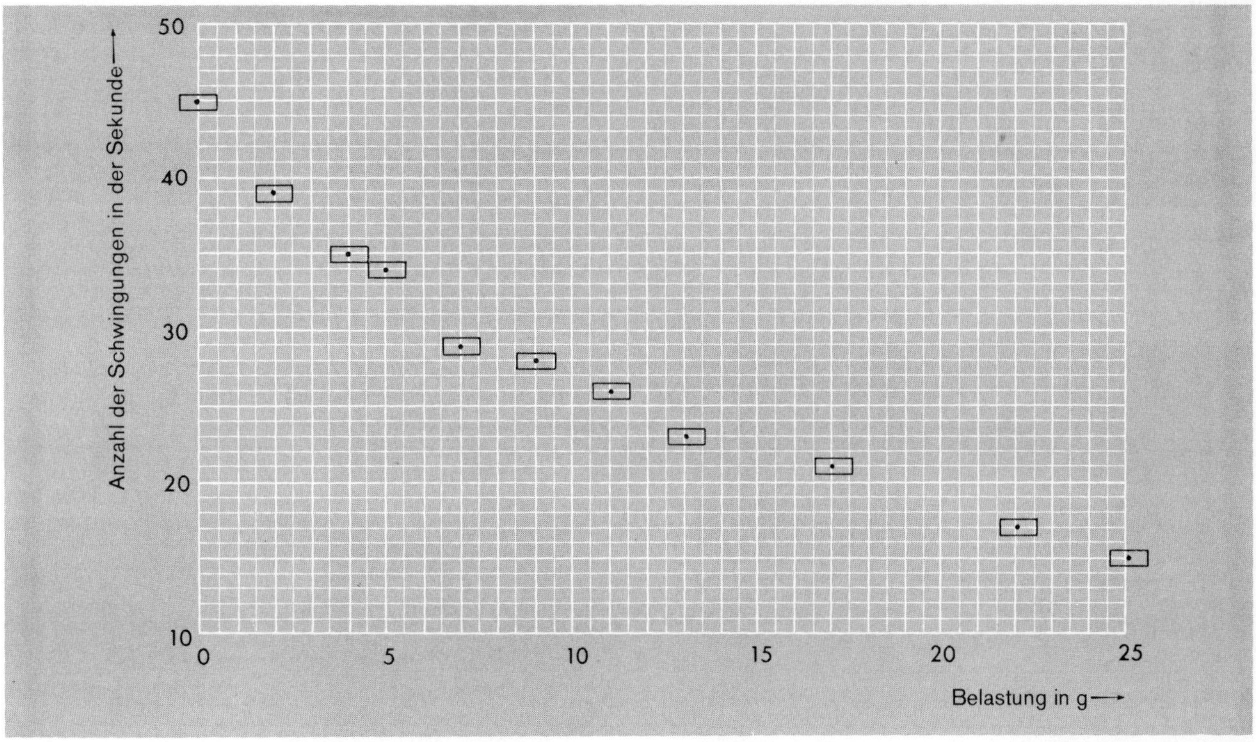

Bild 2.1c. Darstellung der Meßpunkte und ihrer Toleranzen

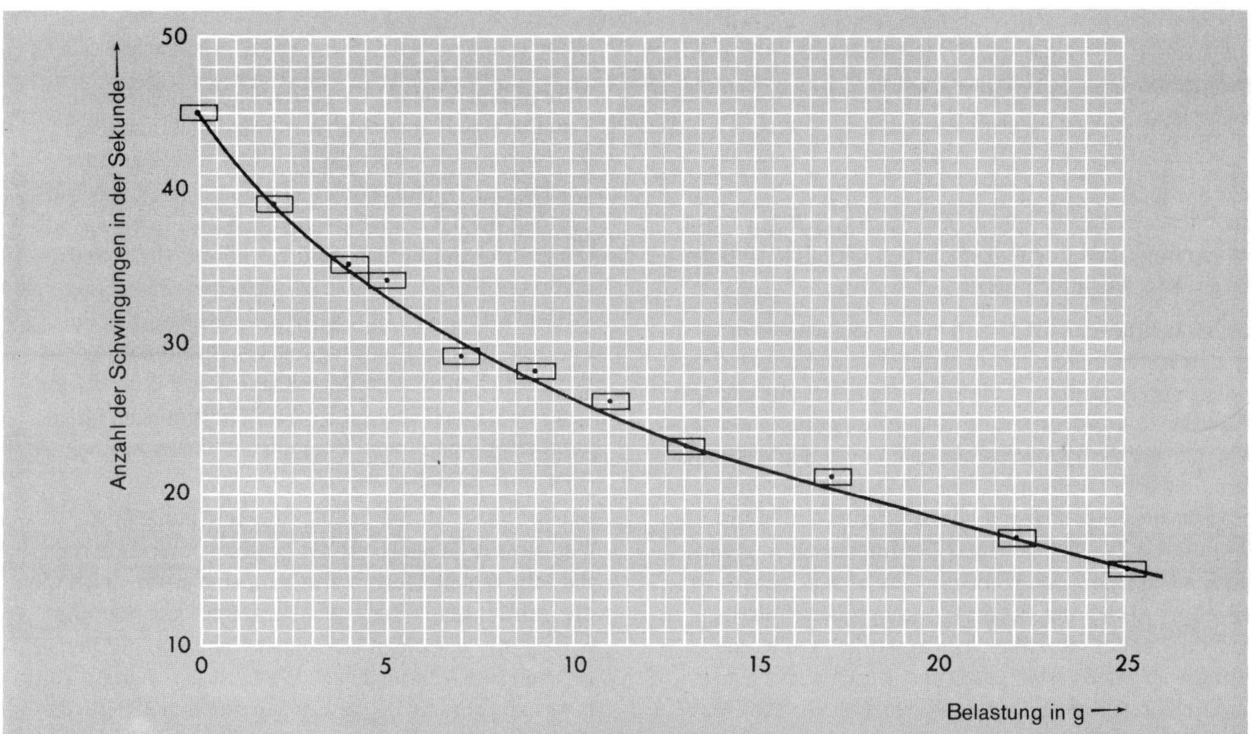

Bild 2.1d. Ein glatter Kurvenzug verbindet ausgleichend alle Ergebnisse des Experiments.

Tabelle 2

Seitenlänge in cm	Masse in g
2,00	21,6
4,00	173,0
6,00	583,1
8,00	1381,0
10,00	2700,2

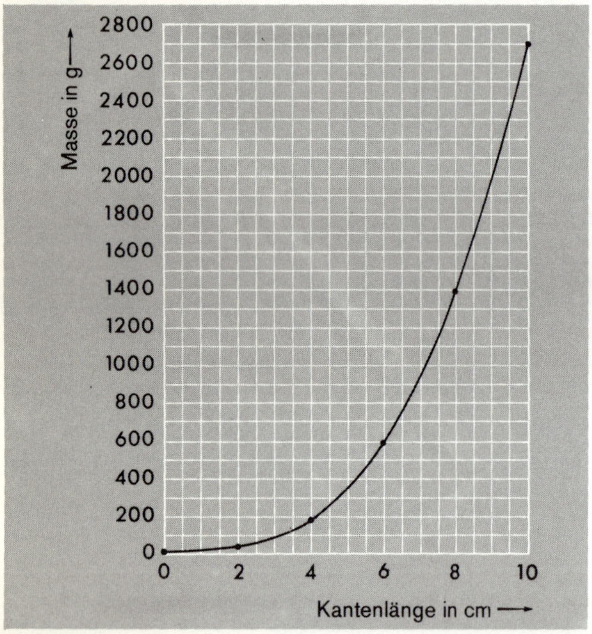

Bild 2.2. Die Masse eines Aluminiumwürfels als Funktion seiner Kantenlänge

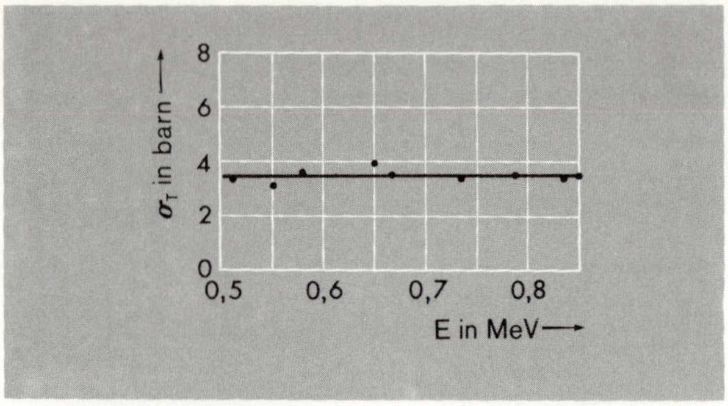

Bild 2.3. Schaubild der Wirkungsquerschnitte von Berylliumkernen als Funktion der Energien von Neutronen, die von den Kernen gestreut werden

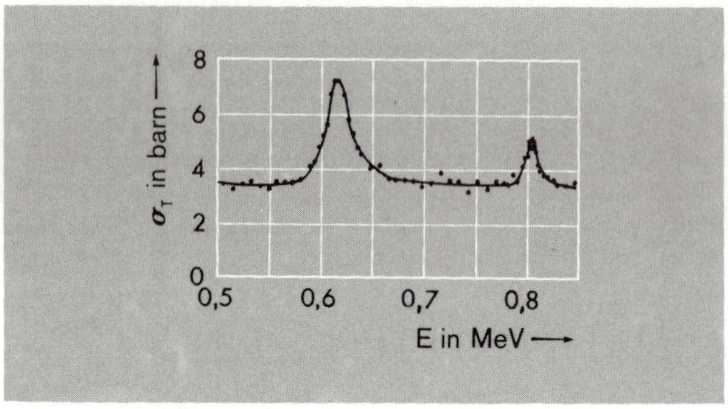

Bild 2.4. Dasselbe Schaubild wie in Bild 2.3, das jedoch eine größere Anzahl von Meßpunkten enthält

man liest aus dem Graphen eine Masse von 70 g ± 5 g ab und kommt damit dem direkt experimentall bestimmbaren Wert wesentlich näher.

Die Annahme, daß ein Graph immer so glatt wie möglich verlaufen müßte, führt gelegentlich zu Fehlern. Das ist besonders dann der Fall, wenn die Kurve aus wenigen Punkten zu konstruieren ist. Bild 2.3 zeigt beispielhaft, wie man vernünftigerweise aus den schwarzen Meßpunkten die Kurve konstruiert. (Die Bedeutung der Symbole für die aufgetragenen physikalischen Größen ist für unseren Zweck belanglos.) Die Interpolation ergibt für E = 0,62 MeV den Wert σ_T = 3,5 barn (1 barn = 10^{-22} m^2 ist das Maß für den Wirkungsquerschnitt). In Bild 2.4, das mit Hilfe einer wesentlich größeren Anzahl von Meßwerten gezeichnet ist, entdeckt man den Fehler. Die neue Zeichnung liefert für E = 0,62 MeV statt 3,5 barn 7,2 barn. Solche Funktionen sind zwar ungewöhnlich, man sollte sich aber beim Interpolieren an solche Kurven erinnern.

Während man beim Interpolieren aus Graphen und Tabellen schon vorsichtig verfahren muß, erfordert das *Extrapolieren* über das Ende von Tabellen oder Zeichnungen hinaus noch mehr Überlegung. Das wird deutlich bei der Verlängerung der Kurve in Bild 2.1d! Die gestrichelte Linie in Bild 2.5 könnte die Extrapolation der Kurve in Bild 2.1d darstellen. Zwei eingetragene Messungen (mit gestrichtelten Rechtecken) sind jedoch keinesfalls in guter Übereinstimmung mit der gestrichelt gezeichneten Kurve. Die Extrapolation von Funktionen über einige Größenordnungen hinaus kann zu völlig falschen Ergebnissen führen, wie wir in Abschnitt 2.8 sehen werden.

Bei der Skaleneinteilung für eine Zeichnung muß man auf die Genauigkeit der gegebenen Werte achten. Für sehr genaue Werte wählt man eine große Zeichnung, die fast das ganze Blatt ausfüllt. Dann kann man die Größen mit derselben Genauigkeit ablesen, mit der sie gegeben sind. Für ungenaue Werte ist keine große Zeichnung erforderlich, da die Größen nur angenähert richtig abgelesen werden können. Beispielsweise erfordern die Daten von Bild 2.6 keine größere Zeichnung als angegeben.

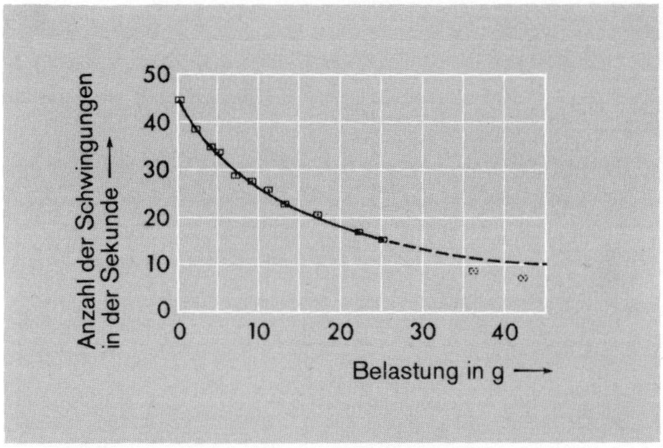

Bild 2.5. Extrapolation des Graphen von Bild 2.1d. Die gestrichelte Linie ergibt sich als Extrapolation der in Bild 2.1d dargestellten Kurve, die gestrichelten Rechtecke schließen Meßpunkte ein, die zur Kontrolle experimentell ermittelt wurden.

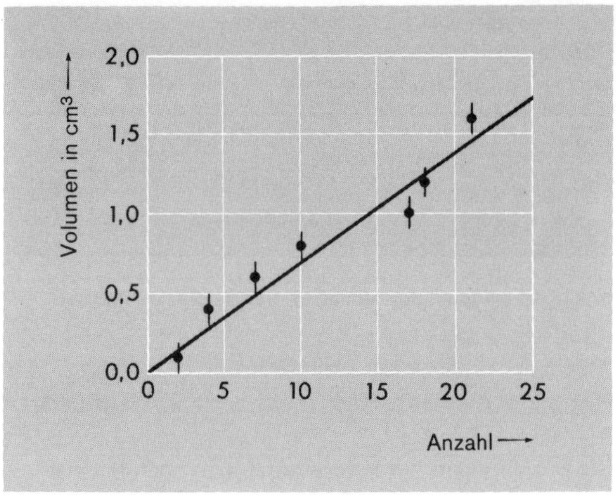

Bild 2.6. Unterschiedliche Anzahlen kleiner Stahlkugeln werden in einen mit Wasser gefüllten Meßzylinder getaucht, und aus dem Volumen des verdrängten Wassers wird ihr Volumen bestimmt. Der Graph zeigt die experimentell ermittelten Werte. Da die Anzahl der Kugeln stets genau bekannt ist, wird der Fehler der Messungen nicht als Rechteck, sondern nur durch eine vertikal verlaufende Strecke angegeben.

Um die Fehler beim Interpolieren und Extrapolieren möglichst klein zu halten, ohne sie aber ganz auszuschließen, sucht man für den mathematischen Zusammenhang zweier voneinander unabhängiger Größen eine Gleichung zu finden. Läßt sich solch eine Beziehung aufstellen und für eine größere Anzahl von experimentellen Daten bestätigen, so kann man die Zwischenwerte mit großer Zuverlässigkeit und erstaunlicher Genauigkeit angeben. Im Abschnitt 2.6 wird gezeigt, wie man solche mathematischen Gleichungen als Verallgemeinerungen experimentell gewonnener Zuordnungen aufstellt. *Die meisten physikalischen Gesetze gibt man am zweckmäßigsten in Form mathematischer Gleichungen an.* Daher werden wir in diesem Buch auch stets nach solchen Beziehungen suchen. In den folgenden Abschnitten wird gezeigt, welche einfachen Abhängigkeiten zwischen verschiedenen Größen bestehen können.

2.2. Direkte Proportionalität und lineare Abhängigkeit

Die einfachste Funktion, die häufig in der Physik auftritt, *ist die direkte Proportionalität $y = k\,x$.* Als Beispiel sei die direkte Proportionalität zwischen dem Volumen eines Körpers und seiner Masse untersucht. In einer einfachen Versuchsreihe messen wir Masse und Volumen für verschieden große Metallstücke aus Eisen und aus Aluminium und stellen die Ergebnisse in Tabelle 3 zusammen. Der Graph ist in Bild 2.7 zu sehen. Als Kennzeichen der direkten Proportionalität erhält man für beide Metalle jeweils eine gerade Linie, die genau durch den Nullpunkt verläuft. Der Quotient $\frac{m}{V}$ ist für jede Metallart unabhängig von der Größe des Stückes konstant. Es gilt also $\frac{m}{V} = k$. Daraus ergibt sich $m = k\,V$ als Funktion der direkten Proportionalität zwischen m und V.

Tabelle 3

Eisen: Volumen in cm³	Eisen: Masse in g
1	11
3	25
5	36
8	63
10	75
11	88
13	100
17	126
18	136
20	151
21	162
25	189
26	201
28	214
29	226

Aluminium: Volumen in cm³	Aluminium: Masse in g
2	4
3	8
5	12
7	21
9	25
10	29
12	33
15	42
17	46
18	50
20	54
22	63
25	71
27	75

Die Größe k heißt *Proportionalitätskonstante.* Aus Bild 2.7 liest man für Eisen $k_{Fe} = 7{,}7\ \frac{g}{cm^3}$ ab; physikalisch entspricht dieser Wert der Dichte ρ des Eisens. Als Verallgemeinerung des aus wenigen Meßpunkten konstruierten Graphen läßt sich aus der Zeichnung die Funktion $m = 7{,}7\ \frac{g}{cm^3}\ V$ gewinnen, die für jedes beliebige Stück

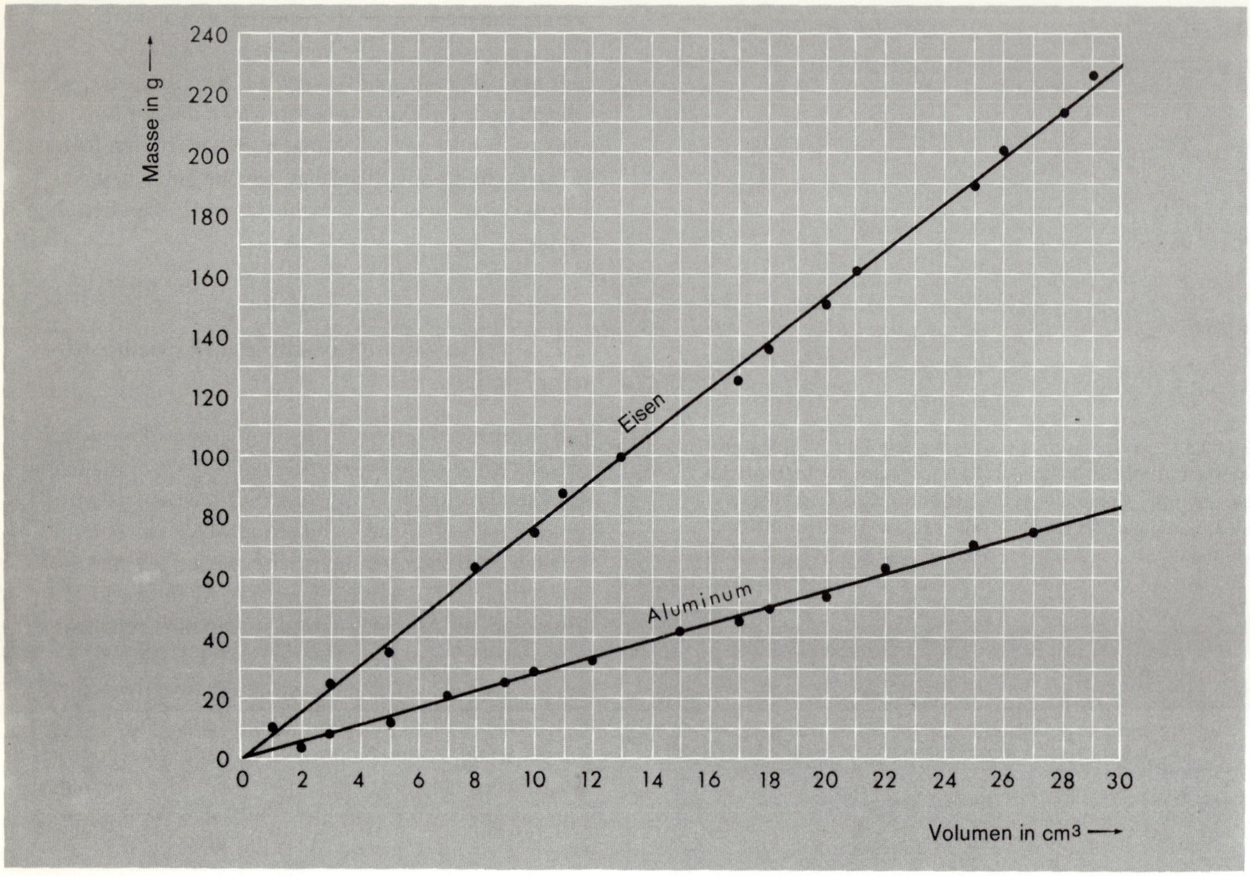

Bild 2.7. Die Masse verschieden großer Stücke Eisen bzw. Aluminium in Abhängigkeit von ihrem Volumen. Die Wertepaare sind der Tabelle 3 entnommen

Eisen gilt. Darin bedeuten m seine Masse und V sein Volumen. Für Aluminium lautet die entsprechende Gleichung $m = 2{,}7\ \frac{g}{cm^3}\ V$. Ganz allgemein läßt sich für einen beliebigen homogenen Stoff schreiben:

$$m = \rho\ V,$$

wobei ρ die Dichte des Stoffes bezeichnet. Sie wird in den Einheiten angegeben, die bei der Messung von Masse und Volumen benutzt werden.

Die Darstellung des Zusammenhangs zwischen Masse, Volumen und Dichte in Form einer Gleichung weist gegenüber einer zeichnerischen Darstellung erhebliche Vorteile auf. Wollte man die Beziehungen, die zwischen Masse und Volumen aller möglichen Stoffe bestehen, in einer einzigen Zeichnung darstellen, so müßte man viele Geraden zeichnen, und das Schaubild würde sehr unübersichtlich wirken. Neben der Relation $m = \rho\ V$ benötigt man jedoch nur eine Tabelle der Dichten der verschiedenen Stoffe und kann dann für jede Stoffart zu jedem Volumen die Masse berechnen.

Die Beziehung $m = \rho\ V$ verwendet man noch in einer anderen Form. Man benutzt dabei die Tatsache, daß bei direkter Proportionalität zwischen Masse und Volumen der Quotient beider Größen konstant ist. Dividiert man die Masse eines Eisenstücks durch sein Volumen, so kommt man zum gleichen Ergebnis, als wenn man dasselbe für ein anderes Eisenstück ausführt:

$$\left(\frac{m}{V}\right)_{\text{Eisenstück A}} = \left(\frac{m'}{V'}\right)_{\text{Eisenstück B}} = \rho_{\text{Eisen}}$$

oder kurz

$$\frac{m}{V} = \frac{m'}{V'}\ .$$

Nicht alle Graphen mit gradlinigem Verlauf stellen direkte Proportionalitäten dar. Dazu sei der Zusammenhang zwischen Volumen und Temperatur einer bestimmten Gasmenge betrachtet. Ein Kolbenprober mit

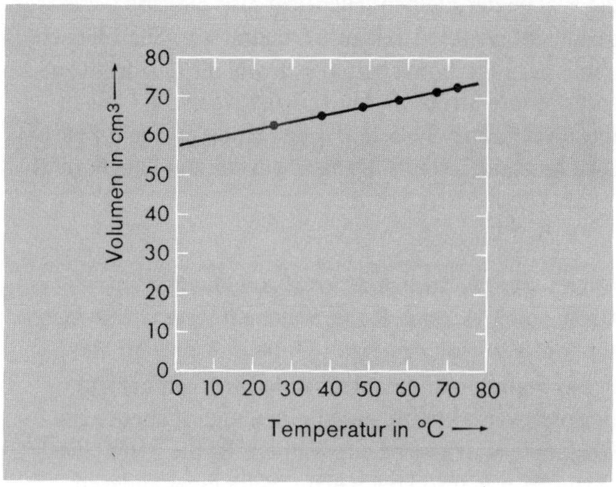

Bild 2.8. Volumen einer Gasmenge als Funktion der Temperatur

einem beweglichen Kolben wird in ein heißes Wasserbad getaucht (Bild 2.9). Das Volumen des Gases liest man an der Stellung des Kolbens ab, die Temperatur mißt man mit einem in das Wasserbad getauchten Thermometer. Die Meßpunkte liefern in Bild 2.8 eine Gerade, die jedoch nicht durch den Nullpunkt verläuft. Bei 0 °C beträgt das Volumen 58 cm^3. Folglich liegt keine direkte Proportionalität vor. Die Gleichung dieser Funktion lautet

$$V = 58\,cm^3 + 0{,}22\,\frac{cm^3}{°C}\,\vartheta ,$$

wobei V das Volumen der eingeschlossenen Gasmenge und ϑ die Temperatur bedeuten, während die Größe 58 cm^3 das Volumen bei der Temperatur 0 °C ist. Die Konstante $0{,}22\,\frac{cm^3}{°C}$ gibt die Steigung der Geraden an.

Das Volumen und die Temperatur sind nicht direkt proportional zueinander, sondern erst die *Änderung* des Volumens ist der *Änderung* der Temperatur direkt proportional.

Relationen, deren Graphen Geraden sind, heißen *lineare Funktionen.* Sie besitzen die allgemeine Gleichungsform

$$y = y_0 + k\,x ,$$

wobei y_0 und k Konstanten sind, deren Werte von den physikalischen Gegebenheiten abhängen. Jede lineare Funktion läßt sich in eine Funktion der direkten Proportionalität umformen, wenn man den Koordinatenursprung in den Punkt $(0/y_0)$ verlegt.

2.3. Potenzgesetze und ähnliche Figuren

Auf einen anderen Gleichungstyp stößt man, wenn eine Größe quadratisch von einer anderen abhängt. Beispielsweise ist die Fläche A eines Quadrats gleich dem Quadrat seiner Seite a:

$$A = a^2 .$$

Mißt man die Seitenlänge a in Metern (m), so erhält man die Fläche A in Quadratmetern (m^2). Ähnlich gilt für die Fläche A eines Kreises mit dem Radius r

$$A = \pi r^2 .$$

Beide Gleichungen zeigen, daß sich eine Fläche mit dem Quadrat einer Länge ändert.

Alle Kreise sind *ähnliche Figuren:* Sie haben dieselbe Form. Alle Vergrößerungen und Verkleinerungen sind

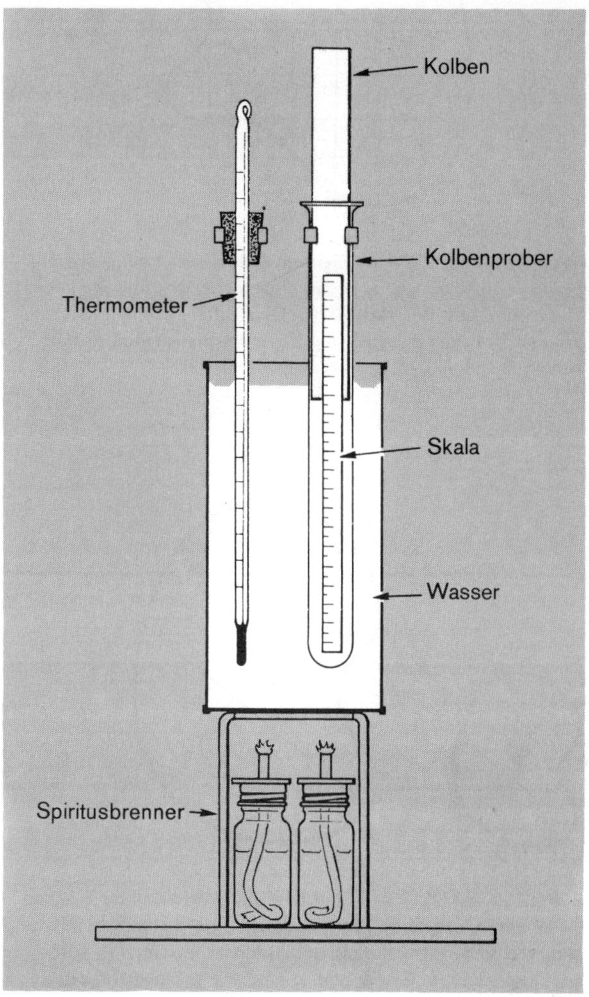

Bild 2.9. Gerät zur Bestimmung der Meßwerte von Bild 2.8

Kopien voneinander. Ebenso sind alle Quadrate untereinander ähnlich. Dies sind aber nicht die einzigen ähnlichen Figuren. Von sämtlichen Figuren lassen sich größere und kleinere Kopien herstellen. Die beiden Figuren in Bild 2.10 sind ebenfalls ähnlich. Die eine ist aus der anderen durch Verdreifachung jeder linearen Abmessung hervorgegangen. Jede Quadratseite in der größeren Figur ist dreimal so groß wie in der kleineren. Die Fläche der großen Quadrate ist folglich neunmal so groß wie die der kleinen. Folglich ist die gesamte Fläche der großen Figur gerade neunmal so groß wie

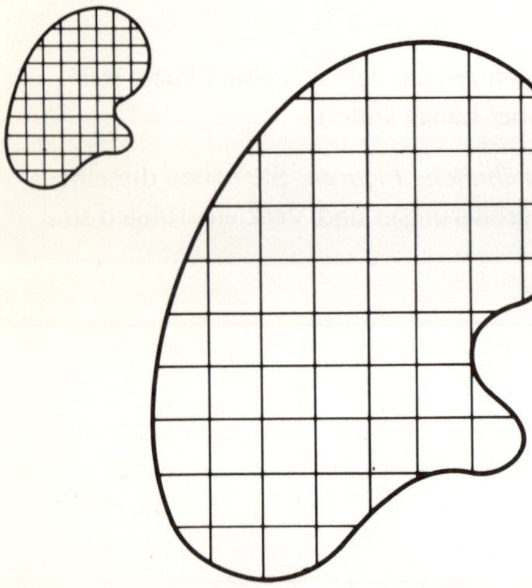

Bild 2.10. Zwei ähnliche Figuren: Jede Strecke der größeren Figur ist dasselbe Vielfache der entsprechenden Strecke in der kleineren Figur. Wie man an den Quadraten nachmessen kann, sind die Strecken der größeren Figur dreimal so groß wie die entsprechenden Strecken der kleineren Figur.

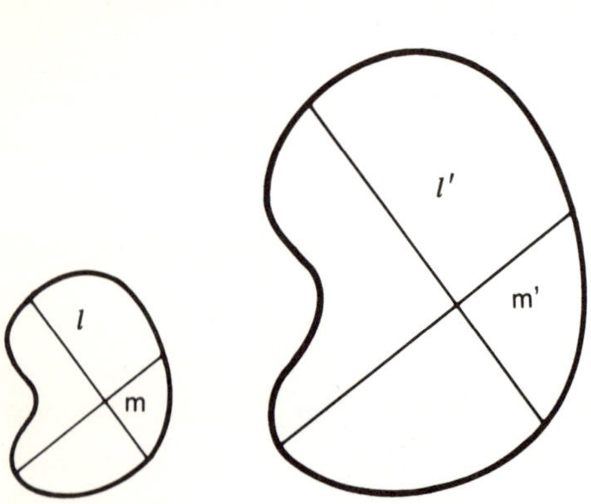

Bild 2.11. Für ähnliche Figuren ist der Quotient ihrer Flächen gleich dem Quadrat des Verhältnisses zweier beliebiger, sich entsprechender Strecken. In dem Bild ist l' zweimal so groß wie l (m' ist ebenfalls doppelt so groß wie m), und folglich ist die Fläche der größeren Figur das Vierfache der Fläche der kleineren Figur.

die Fläche der kleinen. Hier liegt also dieselbe Gesetzmäßigkeit wie bei Kreis und Quadrat vor: Die Flächen ähnlicher Figuren verhalten sich wie die Quadrate entsprechender Strecken. Multipliziert man die Längen mit dem Faktor 3, so sind die Flächen mit dem Faktor 9 zu multiplizieren. Allgemein gilt für ähnliche Figuren

$$A \sim l^2 .$$

(Man liest: „A ist proportional zu l Quadrat".)
Dabei spielt es keine Rolle, welche lineare Größe man für l einsetzt, solange man sich beim Vergleich ähnlicher Figuren auf entsprechende Strecken bezieht. Beispielsweise könnte man beim Quadrat ebenso die Diagonale statt einer Seite wählen. Ist die Seite eines Quadrats n mal so lang wie die Seite eines anderen Quadrats, so stehen auch die Diagonalen im selben Verhältnis. Die Fläche des einen Quadrats ist dann n^2 mal so groß wie die Fläche des anderen. Derselbe Zusammenhang gilt auch für entsprechende Längen anderer ähnlicher Figuren (Bild 2.11).

Nicht alle Figuren, die den gleichen Namen tragen, sind auch ähnlich. Beispielsweise sind nicht alle Rechtecke ähnlich. Denn zwei Rechtecke mit der gleichen Basis b können durchaus verschiedene Höhen h aufweisen. Die Fläche ergibt sich als Produkt zweier Strecken: $A = b\,h$. Obwohl die Rechtecke und viele andere Figuren untereinander nicht ähnlich sind, haben sie mit den ähnlichen Figuren die Eigenschaft gemeinsam, daß ihre Flächen auch in Einheiten angegeben werden, die sich als Quadrat einer Länge darstellen. Verwendet man für die Strecken die Einheit Meter, so heißt die Flächeneinheit Quadratmeter.

Genauso wie sich jede Fläche als Produkt zweier Längen berechnen läßt, so wird jedes Volumen als Produkt dreier Längen angegeben. Wieder müssen wir unterscheiden zwischen Körpern allgemeiner Art wie etwa den Zylindern, die zwar gleiche Grundflächen besitzen, sich aber in den Höhen unterscheiden können, und der Gruppe der ähnlichen Körper, zu denen Kugel und Würfel zählen und bei denen sich alle entsprechenden Strecken stets um denselben Faktor vergrößern oder verkleinern. Ändern sich die linearen Ausmaße ähnlicher Körper um den Faktor n, so vergrößert sich das Volumen um den Faktor n^3. Das Volumen einer Kugel ist beispielsweise durch

$$V = \frac{4\pi}{3} r^3$$

gegeben, wobei r der Radius der Kugel ist. Eine Kugel mit dem Radius $r' = nr$ hätte dann das Volumen

$$V' = \frac{4\pi}{3} (r')^3 \quad = \quad \frac{4\pi}{3} n^3 r^3 \quad = \quad n^3 V.$$

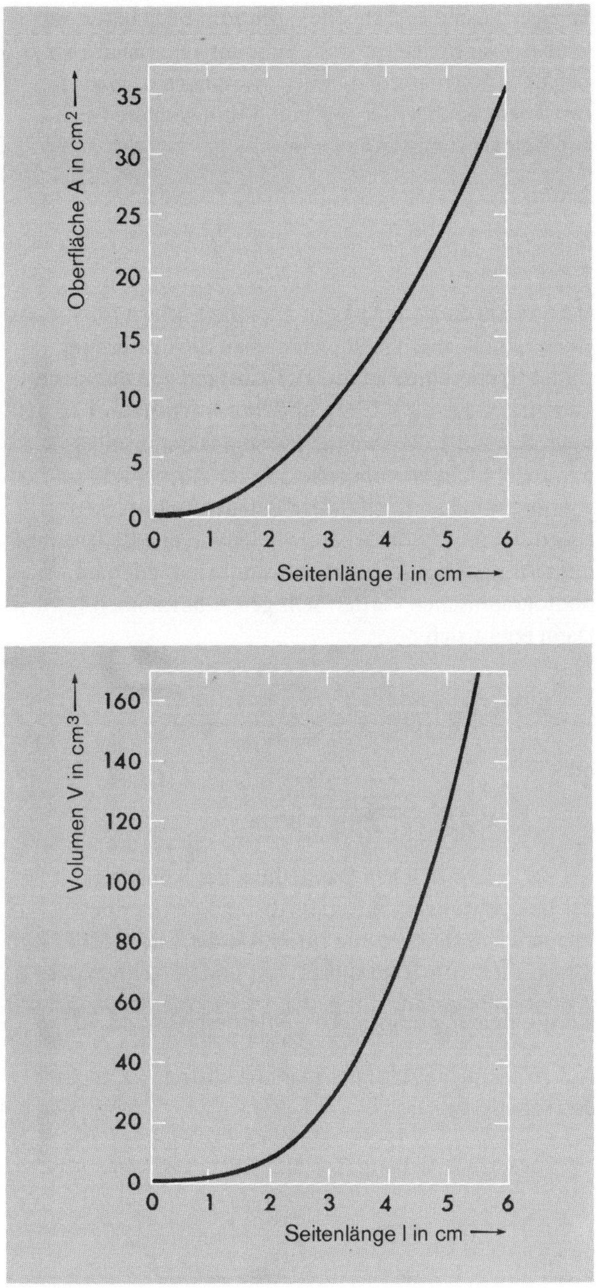

Bild 2.12. Graphen, in denen jeweils die Oberfläche bzw. das Volumen eines Würfels als Funktion seiner Kantenlänge dargestellt sind.

Das Ergebnis ist ein Beispiel für die allgemein gültige Regel: Der Quotient der Volumina ähnlicher Körper ist gleich der dritten Potenz des Quotienten entsprechender Strecken.

Relationen, in denen eine Größe proportional zu der Potenz einer anderen Größe ist, etwa zu dem Quadrat, der dritten Potenz usw., treten häufig in der Physik auf. Sie heißen *Potenzfunktionen.* Dazu gehören neben den Funktionen der ersten, zweiten, dritten Potenz wie

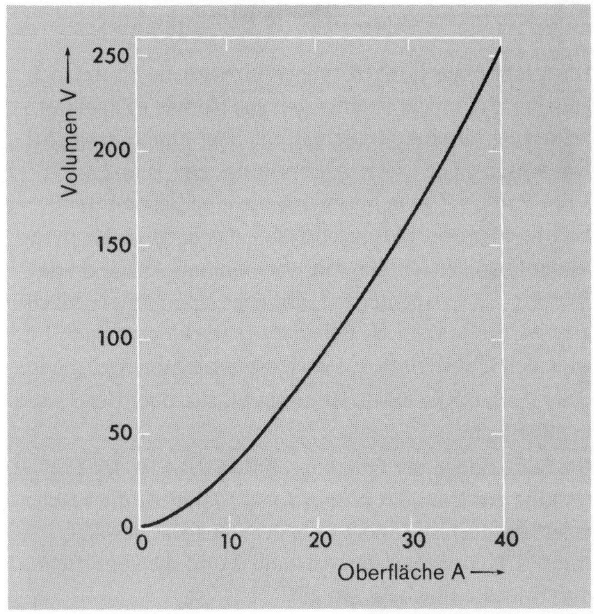

Bild 2.13. Das Volumen eines Würfels als Funktion der Oberfläche

$m = \rho V$, $A = k l^2$, $V = k l^3$ auch Funktionen mit negativen Potenzen wie $E = \frac{k}{d^2}$. Nach diesem Gesetz ist die Intensität des Lichtes umgekehrt proportional der zweiten Potenz des Abstandes von der Lichtquelle. Funktionen mit reziproker quadratischer Abhängigkeit werden im nächsten Abschnitt diskutiert.

Es erweist sich gerade bei der Zusammenfassung zweier Gesetze als vorteilhaft, wenn die Gesetze in Gleichungsform formuliert sind. Den Zusammenhang zwischen dem Volumen und der Oberfläche eines Würfels kann man zum Beispiel den Graphen des Bildes 2.12 entnehmen, die Volumen und Oberfläche als Funktion der Kantenlänge darstellen. Allerdings läßt sich die Abhängigkeit des Volumens von der Fläche aus den Kurven über die gemeinsame Kantenlänge nur sehr mühsam gewinnen. Viel einfacher gelingt das mit Hilfe der beiden Funktionsgleichungen, die Fläche und Volumen in Abhängigkeit von der Kantenlänge wiedergeben. Man löst beide Gleichungen nach l auf

$$l = \sqrt{A} \text{ und } l = \sqrt[3]{V}$$

und erhält durch Gleichsetzen

$$\sqrt[3]{V} = \sqrt{A}$$

schließlich

$$V = (\sqrt{A})^3 = A^{\frac{3}{2}}.$$

Den Graph dieser Funktion zeigt Bild 2.13.

2.4. Reziprok-quadratische Abhängigkeit

Das Licht einer punktförmigen Lichtquelle breitet sich gleichmäßig in alle Richtungen aus (so wie es in erster Näherung für eine Straßenlaterne oder einen Stern gilt). Das Wesentliche dieser Ausbreitung zeigt Bild 2.14. Vom Punkte P gehe beispielsweise eine bestimmte Lichtmenge aus und durchstrahle das dargestellte pyramidenförmige Gebilde. Mit wachsendem Abstand von P breitet sich danach das Licht über eine größere Fläche aus. Wir definieren als Beleuchtungstärke oder auch Intensität den Quotienten aus derjenigen Lichtmenge, die in einer Zeiteinheit eine bestimmte Fläche durchsetzt, und dieser Fläche.

Die Seitenlänge der Quadrate in Bild 2.14 ist der Entfernung zur Quelle P proportional. Daher ist die Fläche jedes Quadrates proportional dem Quadrat des Abstandes. Nennt man den Abstand d und die vom Licht durchflutete Fläche A, so gilt

$$A \sim d^2 .$$

Infolgedessen ist die Beleuchtungsstärke E des Lichts umgekehrt proportional zum Quadrat der Entfernung d von der Lichtquelle, also

$$E \sim \frac{1}{d^2} .$$

Die *reziprok-quadratische Abhängigkeit* läßt sich auch durch die Gleichung

$$\frac{E'}{E} = \frac{(d)^2}{(d')^2} = \left(\frac{d}{d'}\right)^2$$

wiedergeben. Diese Gleichung enthält die Abstände d und d' von einer einzigen Lichtquelle. Sie gilt aber auch für zwei gleiche Lichtquellen, die vom Beobachter verschieden weit entfernt sind. Beispielsweise seien zwei gleiche Straßenlaternen in den Abständen d_1 und d_2 von einem Beobachter gegeben. Dann verhalten sich ihre Beleuchtungsstärken wie

$$\frac{E_1}{E_2} = \frac{d_2^2}{d_1^2} .$$

Nach dieser Beziehung kann man die Entfernung von der einen Lampe abschätzen, wenn man die Entfernung zur anderen Lampe kennt. Der Abstand von der einen Lampe betrage $d_1 = 10$ m, und ihre Intensität sei 16 mal so groß wie die der zweiten Lampe. Diese strahle genausoviel Licht wie die erste aus, ihr Abstand d_2 sei aber nicht bekannt. (Relative Beleuchtungsstärken lassen sich mit Photozellen, wie sie von den Belichtungsmessern der Photoapparate bekannt sind, oder auf photographischen Platten sehr genau bestimmen.)
Dann ergibt sich

$$16 = \frac{E_1}{E_2} = \frac{d_2^2}{(10\ \text{m})^2}$$

oder

$$d_2 = \sqrt{16 \cdot (10\ \text{m})^2} = 40\ \text{m}.$$

Bei der zeichnerischen Darstellung der Abhängigkeit der Beleuchtungsstärke vom Abstand der Lampe setzen wir willkürlich die Intensität der Lichtquelle im Abstand von 10 m mit E_1 fest und berechnen daraus die Beleuchtungsstärke $\frac{E_1}{16}$ für den Abstand 40 m.

Auf ähnliche Weise findet man die übrigen Wertepaare der Tabelle 4.

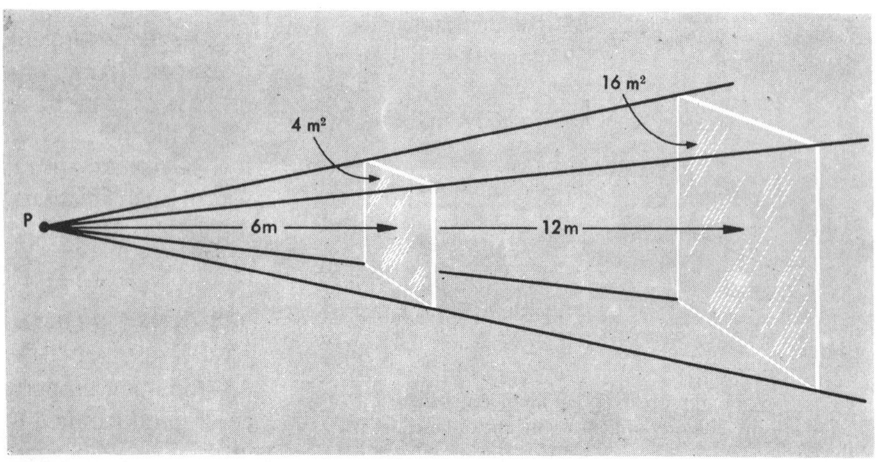

Bild 2.14. Die reziprok-quadratische Abhängigkeit. Das Licht geht vom Punkt P in alle Richtungen aus und durchstrahlt im doppelten Abstand eine vierfache Fläche. Seine Beleuchtungsstärke sinkt also auf den vierten Teil, wenn die Entfernung verdoppelt wird. Die Beleuchtungsstärke ist folglich umgekehrt proportional zum Quadrat des Abstandes.

Tabelle 4: Die Beleuchtungsstärke des Lichts als Funktion des Abstandes von der Lampe

Entfernung in m	Beleuchtungsstärke in Bruchteilen von E_1
10	E_1
20	$\frac{1}{4} E_1$
30	$\frac{1}{9} E_1$
40	$\frac{1}{16} E_1$
50	$\frac{1}{25} E_1$

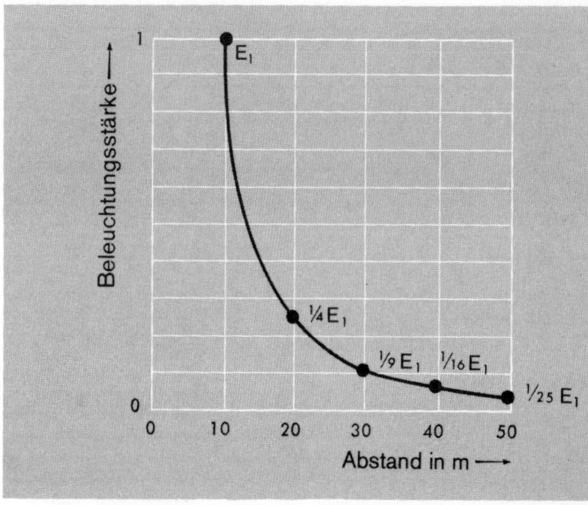

Bild 2.15. Graph einer reziprok-quadratischen Abhängigkeit: die Beleuchtungsstärke des Lichtes als Funktion des Abstandes von der Lampe

Der zugehörige Graph ist in Bild 2.15 dargestellt.

Diese Methode, mit der man die relative Entfernung zweier Straßenlaternen berechnen kann, läßt sich auf die *Bestimmung der Entfernungen von Sternen* übertragen, die von der Erde zu weit entfernt sind, als daß man den Durchmesser der Erdbahn als Basis für eine Triangulation verwenden könnte. Dazu photographiert man sowohl den weit entfernten Stern als auch einen nahen Stern, der vermutlich dieselbe Lichtmenge aussendet, und vergleicht die Intensitäten der beiden Sterne. Das Verfahren kann man bei der Entfernungsbestimmung des erdnächsten Sternes, des α Centauri A, testen, dessen Entfernung man auch auf geometrischem Wege berechnen kann. Nach seiner Farbe und Masse ist dieser Stern der Sonne sehr ähnlich. Nur ist die Intensität der Sonnenstrahlung hier auf der Erde 10^{11} mal so groß wie die Intensität von α Centauri A. Nach der genannten Beziehung muß deshalb die Entfernung dieses Sternes von der Erde $\sqrt{10^{11}} = 3 \cdot 10^5$ mal so groß wie der Abstand der Sonne von der Erde sein. Die Sonne ist aber $1{,}5 \cdot 10^{11}$ m von der Erde entfernt, und folglich muß der Abstand von α Centauri A $4{,}5 \cdot 10^{16}$ m betragen. Dieser Wert stimmt recht genau mit der Entfernung überein, die man auf trigonometrischem Wege gewinnt. Beide Methoden liefern also bei der Entfernungsbestimmung naher Sterne praktisch die gleichen Ergebnisse. Daraus leitet man die Berechtigung ab, mit der optischen Methode auch die Entfernung von Sternen zu bestimmen, die mit dem trigonometrischen Verfahren nicht mehr erreicht werden können. Die optische Methode liefert allerdings im günstigsten Falle nur grobe Werte, da man für zwei verschiedene Sterne kaum voraussetzen kann, daß sie gleich stark leuchten. Doch kommt man mit dieser groben Methode sehr viel weiter als mit der Triangulation und kann so wenigstens die Größenordnung der Abstände zu sehr weit entfernten Sternen angeben.

Die Grenzen der Entfernungsbestimmung nach dem reziprok-quadratischen Gesetz sind anderer Art. Die Methode läßt sich nicht anwenden, wenn das Licht auf dem Wege von der Lichtquelle zum Beobachter abgelenkt oder teilweise absorbiert wird. Kosmische Nebel können die Intensität verringern und somit der Methode die Grundlage ihrer Anwendung entziehen.

Das genannte Gesetz gilt für alle physikalischen Vorgänge, bei denen sich irgendetwas, wie beispielsweise Licht, Teilchen oder elektrische Feldlinien, gleichmäßig von einem Punkt in alle Richtungen ausbreitet. Das Gesetz eröffnet ein ausgezeichnetes Verfahren, große Entfernungen zu messen. Eine ganze Reihe anderer mathematischer Beziehungen könnte ebenso zur Aussage über die Welt und ihre physikalischen Eigenschaften herangezogen werden. Wir haben hier dieses Gesetz als ein eindrucksvolles Beispiel für den Nutzen mathematischer Beziehungen in der Physik diskutiert. Damit haben wir nicht die Eigenschaften des Lichtes untersuchen wollen. Das ist einem späteren Kapitel vorbehalten.

2.5. Exponentielle Abhängigkeit

Lebende Zellen besitzen die wichtige Eigenschaft, sich durch Teilung fortzupflanzen und ihre Anzahl auf diese Weise zu vermehren. Die Zahl der Zellen, die sich in einer bestimmten Zeit bilden, hängt dabei von der Zahl der Zellen zu Beginn der Teilung ab. Mit anderen Worten: Die Zahl der sich in einer bestimmten Zeit bildenden Zellen ist proportional der Zahl der vorhandenen Zellen. Beispielsweise wachse in einer Bakterienkultur die Anzahl um zehn Prozent in der Stunde. Geht man von 100 Bakterien zu einem bestimmten Zeitpunkt aus, so

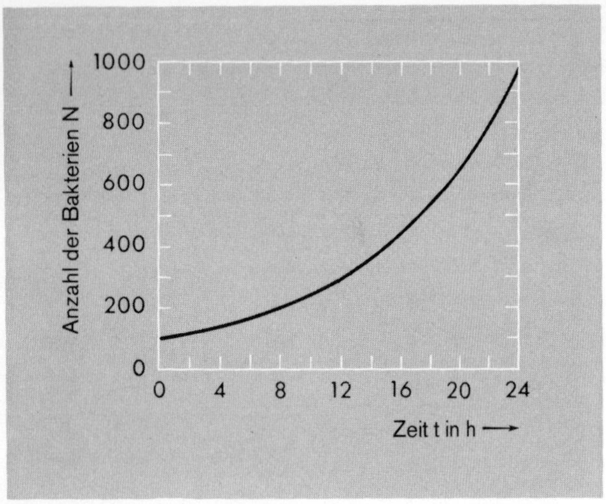

Bild 2.16. Wachstumskurve: Anzahl der Bakterien einer ungehindert wachsenden Population von Mikroorganismen als Funktion der Zeit

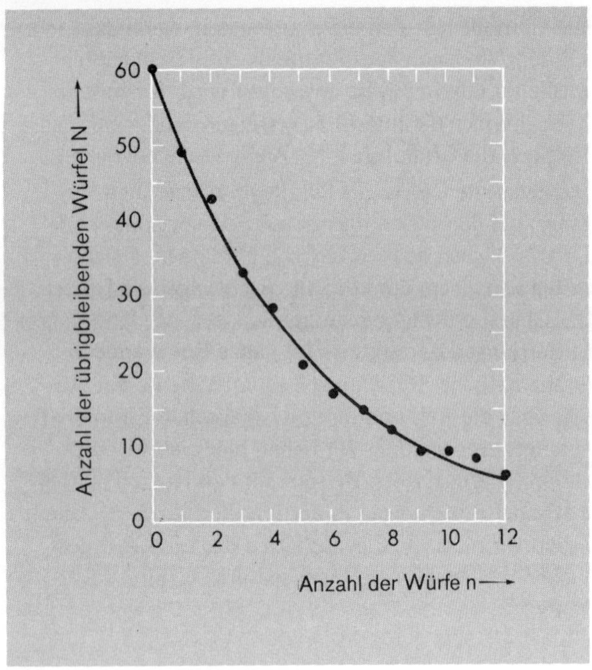

Bild 2.17. Kurvenverlauf eines Experiments mit Würfeln

sind es nach einer Stunde 110 Bakterien, nach zwei Stunden $110 + \frac{1}{10} \cdot 110 = 121$ usw. Nach 12 Stunden sind es 315, nach 25 Stunden 985 Bakterien. In Bild 2.16 gibt der Graph die Individuenzahl der Bakterienkolonie als Funktion der Zeit an. Man sieht deutlich, wie die Größe der Kolonie sehr schnell mit der Zeit wächst und sich jede 7,3 Stunden verdoppelt. Natürlich wird sich diese Verdopplung nicht unbegrenzt alle 7,3 Stunden fortsetzen. Schon bald wird die verfügbare Nahrungsmenge dem weiteren Wachstum eine Grenze setzen, die Population wird sich nicht weiter vergrößern.

Auch in vielen physikalischen Abläufen vollzieht sich die Änderung einer Größe in einer bestimmten Zeit proportional zu dem Wert derselben Größe im Anfangszustand. In Bild 2.17 ist der Graph eines Experiments dargestellt, in dem 60 Würfel in einen Kasten getan und dann auf den Tisch geworfen werden. Alle Würfel, die eine Fünf zeigen, sucht man heraus, der Rest wird wieder in den Kasten geworfen. Dann beginnt das Spiel von neuem, die Würfel werden auf den Tisch geworfen, die Fünfen wieder ausgesondert. Zwölf Würfe werden gemacht. Bild 2.17 gibt die Anzahl der Würfel an, die nach jedem Wurf übrigbleiben.

Die in Bild 2.16 und Bild 2.17 dargestellten Funktionen heißen *Exponentialfunktionen.* Ihre Gleichung lautet

$$y = y_0 \, a^{kx},$$

wobei y_0 der Anfangswert von y, k eine durch die Rate der Veränderung gegebene Zahl und a eine Konstante ist. a kann jede positive Zahl außer 1 sein, doch wählt man in der Mathematik dafür aus Gründen der Einfachheit die Basis der natürlichen Logarithmen e = 2,718 . . . (der Buchstabe e wird allgemein zur Darstellung dieser Zahl verwendet). Damit läßt sich die einfache Exponentialgleichung in der Form

$$y = y_0 \, e^{kx}$$

schreiben. Aus welchem Grunde man die Zahl e = 2,718 . . . als *Basis der Exponentialfunktion* wählt, sieht man in Bild 2.18. Hier ist der Verlauf der Funktion $y = a^x$ für verschiedene Werte von a aufgetragen. Obwohl alle Kurven sehr viel steiler anzusteigen beginnen, wenn x wächst, verlaufen alle Kurven für kleine Werte von x fast geradlinig. Ein besonderes Verhalten zeigt die Kurve für a = e. Für kleine Werte von x kann man nämlich $y = e^x \approx 1 + x$ setzen. Geht man auf beiden Seiten der Gleichung zu natürlichen Logarithmen über, so kommt man zu $\ln e^x = x \ln e \approx \ln (1 + x)$. (Für natürliche Logarithmen schreibt man „ln" zum Unterschied von der Bezeichnung „lg" für die Logarithmen der Basis 10.) Da e nach der Definition die Basis der natürlichen Logarithmen ist, erhält man mit ln e = 1,000

$$\ln (1 + x) \approx x.$$

Diese Annäherung natürlicher Logarithmen an Zahlen, die in der Nähe von 1 liegen, werden wir später benutzen.

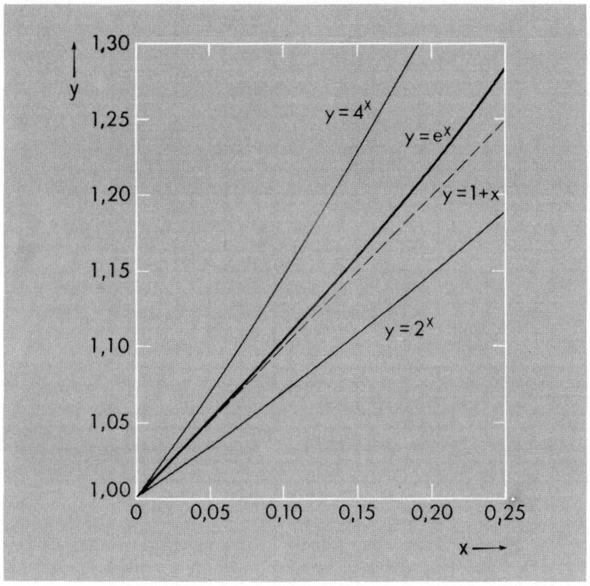

Bild 2.18. Darstellung von $y = a^x$ für kleine Werte von x und verschiedene Werte von a. Der Graph $y = e^x$ mit e = 2,718 . . . stimmt für kleine Werte von x fast mit der Geraden $y = 1 + x$ überein.

2.6. Halblogarithmische Darstellung der Exponentialfunktion

Häufig schreibt man Exponentialgleichungen in logarithmischer Form. Durch Logarithmieren beider Seiten von $y = y_0\, e^{kx}$ kommt man zu

$$\ln y = \ln y_0 + k\,x.$$

Trägt man ln y als Funktion von x auf, so ergibt sich eine Gerade. Dies gilt auch, wenn man Logarithmen der Basis 10 statt der natürlichen Logarithmen benutzt, da die Logarithmen einer bestimmten Basis proportional zu den Logarithmen einer anderen Basis sind. Daher wird ln y als Funktion von x ebenso wie lg y als Gerade dargestellt, wenn auch mit unterschiedlicher Steigung. Das ist wichtig für das Aufsuchen eines analytischen Ausdrucks für einen Graphen aus experimentell gefundenen Daten. Erwartet man eine Exponentialfunktion, so trägt man versuchsweise den Logarithmus der einen Variablen als Funktion der anderen Variablen auf und erhält, wenn die Vermutung sich bestätigt, eine Gerade.

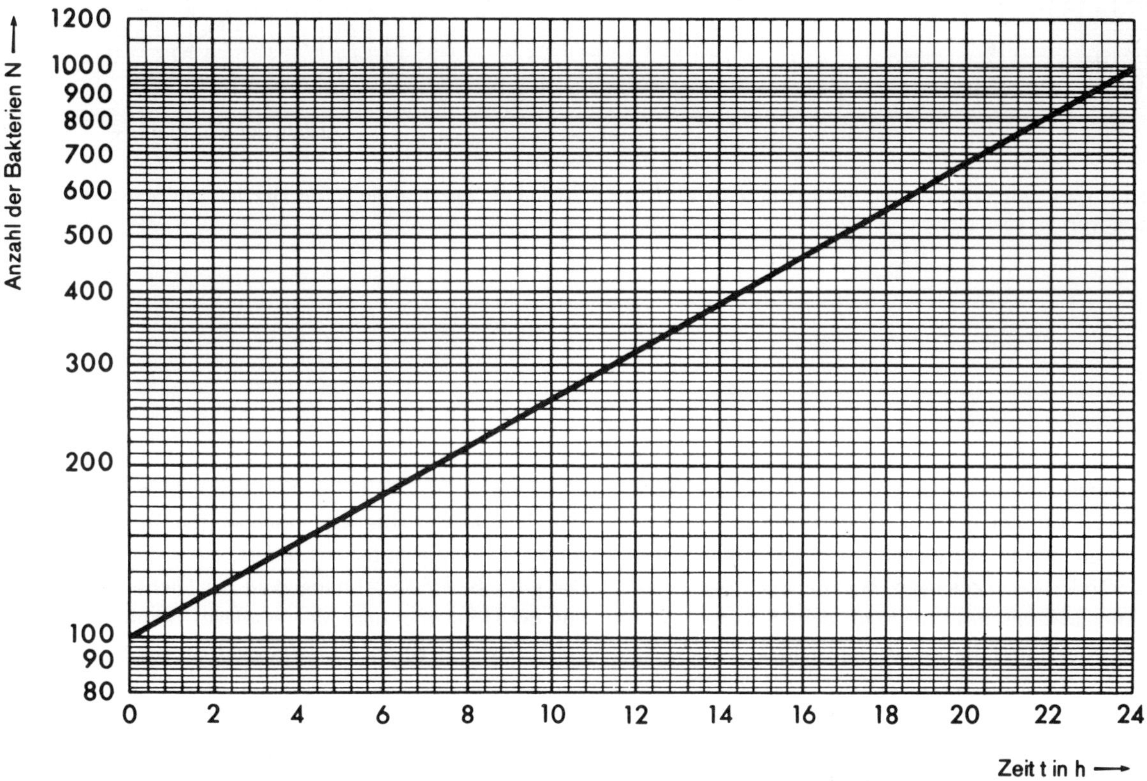

Bild 2.19. Die halblogarithmische Darstellung der Anzahl von Bakterien, die sich in einer Population ungehindert fortpflanzen können, als Funktion der Zeit liefert eine Gerade.

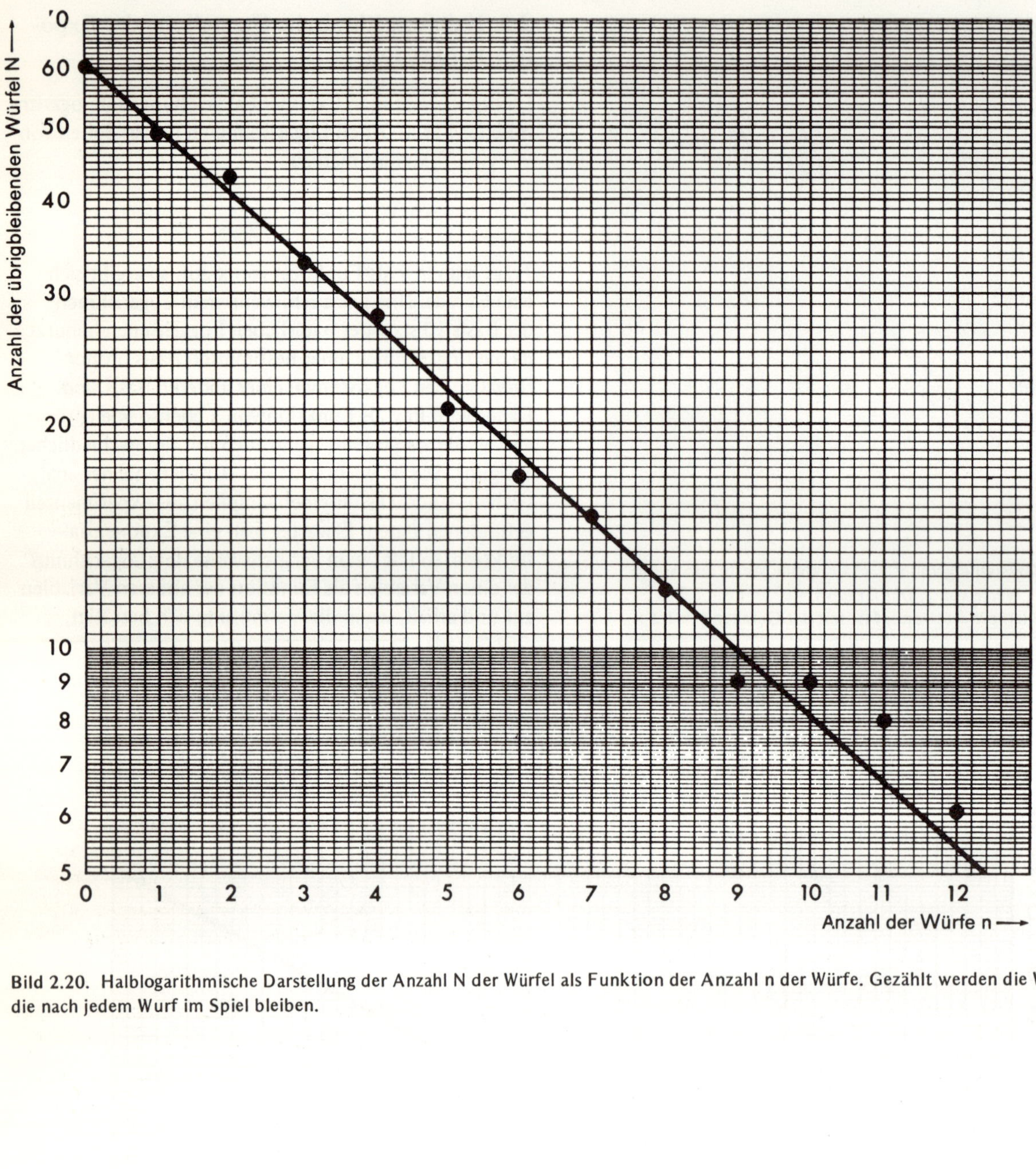

Bild 2.20. Halblogarithmische Darstellung der Anzahl N der Würfel als Funktion der Anzahl n der Würfe. Gezählt werden die Würfel, die nach jedem Wurf im Spiel bleiben.

Glücklicherweise kann man solche *halblogarithmischen* Darstellungen auch ohne Aufsuchen der Logarithmen der einen Veränderlichen zeichnen. Man benutzt sogenanntes halblogarithmisches Papier, auf dem die eine Achse logarithmisch und die andere Achse linear eingeteilt ist. Die Bilder 2.19 und 2.20 sind die halblogarithmischen Darstellungen der Bilder 2.16 und 2.17.

Die halblogarithmische Darstellung verwendet man auch noch zu einem anderen Zweck. Gelegentlich sollen Funktionen zeichnerisch dargestellt werden, bei denen sich die eine Variable über einen weiten Bereich von mehreren Zehnerpotenzen ändert, die andere aber nicht. Das gilt z.B. für die Abhängigkeit der Dichte der Luft von der Höhe über dem Meeresspiegel, die in der üblichen Weise in Bild 2.21 dargestellt ist. Bis zu Höhen von 20 km kann man die Werte der Luftdichten ablesen, über 40 km ist die Zeichnung völlig unbrauchbar. In Bild 2.22 sind mit denselben Daten die Dichten auf einer logarithmischen Skala abgetragen, und nunmehr kann man für jede Höhe aus der Zeichnung die Dichte entnehmen.

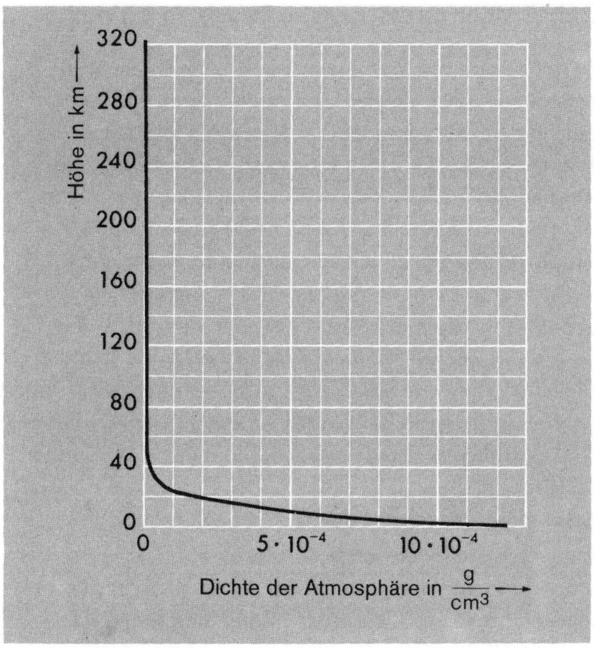

Bild 2.21. Dichte der Atmosphäre als Funktion der Höhe über der Erdoberfläche. Der Graph ist für Höhen über 40 km praktisch unbrauchbar.

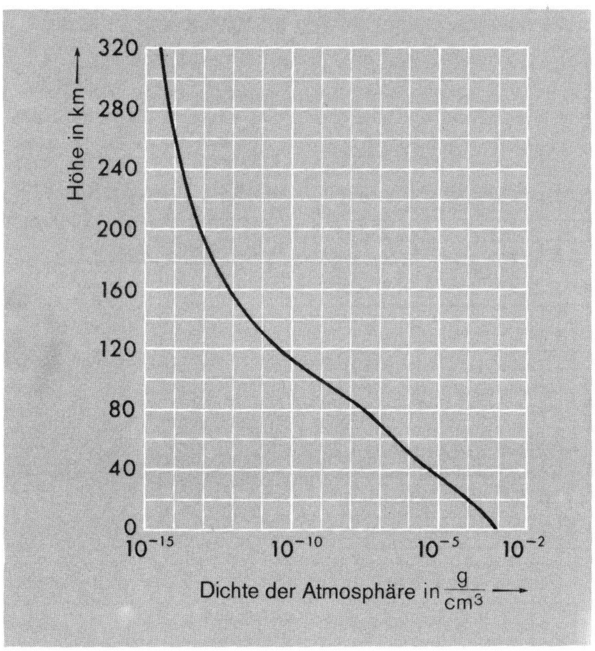

Bild 2.22. Die Daten aus Bild 2.21 sind in einer halblogarithmischen Darstellung bis zu Höhen von 320 km gut abzulesen.

2.7. Doppeltlogarithmische Darstellung der Potenzfunktion

In den Abschnitten 2.2 bis 2.4 diskutierten wir einige Beziehungen, in denen sich eine Größe direkt oder reziprok mit der Potenz einer anderen ändert. Diese Potenzfunktion kann man allgemein durch die Gleichung

$$y = k\,x^n$$

beschreiben, wobei der Exponent n eine positive oder negative Zahl ist. Vermutet man zwischen den Größen eines Experiments einen Zusammenhang nach einem Potenzgesetz, so kann man sehr schwer aus der Zeinung direkt entnehmen, ob eine solche Abhängigkeit vorliegt und – wenn ja – mit welcher speziellen Potenz man es zu tun hat, wie groß also n in der Gleichung $y = k\,x^n$ ist. Verhältnismäßig einfach findet man dagegen n, wenn man Logarithmen benutzt. Logarithmiert man nämlich beide Seiten der *allgemeinen Potenzgleichung* $y = k\,x^n$, so erhält man

$$\lg y = \lg k + n \lg x.$$

Nach dieser Gleichung liegt eine lineare Beziehung zwischen lg y und lg x vor. Der Graph ist eine Gerade mit der Steigung n. Ähnlich wie bei halblogarithmischen Darstellungen braucht man auch hier nicht die Logarithmen der beiden Größen x und y aufzusuchen, wenn man sogenanntes doppeltlogarithmisches Papier (log-log-Papier) verwendet, auf dem beide Achsen logarithmisch eingeteilt sind.

Als Beispiel ist in Bild 2.23 die Schwingungsdauer eines einfachen Pendels in Abhängigkeit von seiner Länge dargestellt. Aus der Zeichnung kann man kaum ablesen, ob die Beziehung eine Potenzfunktion ist und schon gar nicht, welchen Grad die Potenz oder welche Größe die Konstante k hat. Zeichnet man jedoch die Schwingungsdauer T als Funktion der Pendellänge *l* auf log-log-Papier (Bild 2.24), dann erhält man eine Gerade und weiß, daß zwischen beiden Größen ein Potenzgesetz gilt. Durch Ausmessen der Strecken a und b in Bild 2.24 in Zentimetern ermittelt man die Steigung der Geraden zu $m = \frac{a}{b} = \frac{1}{2}$. Damit ist der Wert von n in der Gleichung $\lg T = \lg k + n \lg l$ gefunden. Es gilt also $T = k\,l^{\frac{1}{2}} = k\sqrt{l}$. Die Proportionalitätskonstante k bestimmt man schließlich durch Einsetzen eines Wertepaares l_1 und T_1 mit Hilfe der Beziehung

$$k = \frac{T_1}{\sqrt{l_1}}\ .$$

Potenz- und Exponentialfunktionen treten häufig in der Physik auf. Daneben existieren viele andere Funktionen, die bei logarithmischer Darstellung keine Geraden ergeben. Dennoch ist es in vielen Fällen eine große Hilfe, experimentell ermittelte Werte logarithmisch aufzutragen.

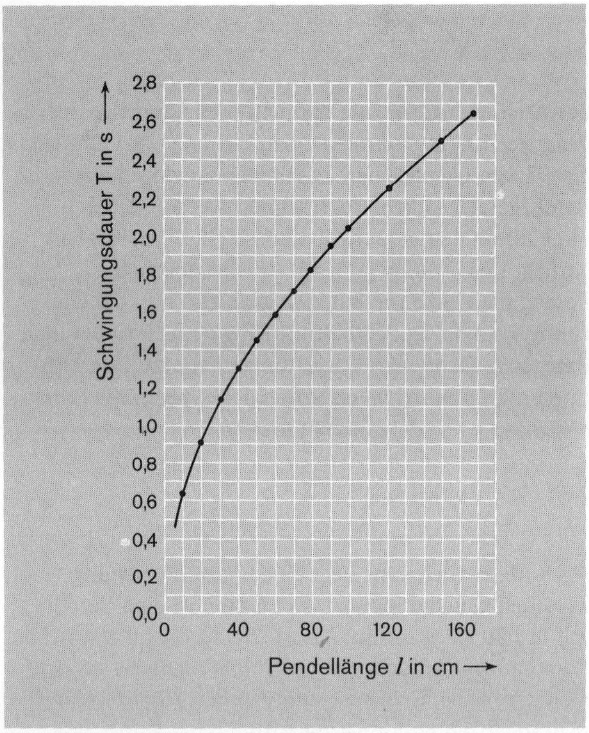

Bild 2.23. Schwingungsdauer T eines einfachen Pendels als Funktion seiner Länge *l*

2.8. Größenverhältnisse – Physik in Liliput

In der bekannten *Satire von Swift* hält sich der Weltreisende Gulliver längere Zeit im Königreich Liliput auf, in dem alles, was lebt, – Menschen, Katzen, Bäume, Gras – genau unserer Welt nachgebildet und im Maßstab 1 : 10 verkleinert ist. Die Liliputaner sind durchschnittlich nicht größer als 20 cm und in ihren Proportionen genau wie wir gewachsen. Gulliver besucht aber auch das Land der Riesen. Sie gleichen ebenfalls in allem den Menschen, nur sind sie 10 mal so groß wie sie. In beiden Königreichen spielt sich das tägliche Leben wie bei uns – im achtzehnten Jahrhundert – ab. *Swifts* Bemerkungen über menschliches Verhalten sind noch heute lesenswert. Aus biologischen Gründen können jedoch die Menschen dieser Größe, wie sie Swift beschreibt, nie gelebt haben.

Lange vor *Swift* hat schon *Galilei* darauf hingewiesen, daß sehr kleine und ebenso sehr große Menschen nicht lebensfähig seien. Aber anscheinend hat *Dean Swift* Galileis Werke nie zu Gesicht bekommen. In *Galileis* „*Unterredungen über . . . zwei neue Wissenschaften. .*" sagt die eine Hauptperson: „Da nun . . . in der Geometrie . . . die Größe allein nicht bestimmend ist, kann ich nicht einsehen, weshalb die Eigenschaften von Kreisen, Zylindern, Kegeln und anderen räumlichen Figuren sich mit ihrer Größe ändern sollen." Darauf antwortet der Physiker: „Die landläufige Meinung ist hier völlig falsch." Die Begründung dafür sollen die folgenden Überlegungen liefern.

Zu Beginn betrachten wir die Festigkeit von Tauwerk. Wenn ein kräftiger Mann ein bestimmtes Seil gerade noch nicht zerreißen kann, so werden zwei solche Seile der Kraft zweier Männer ebenfalls noch widerstehen. Ein

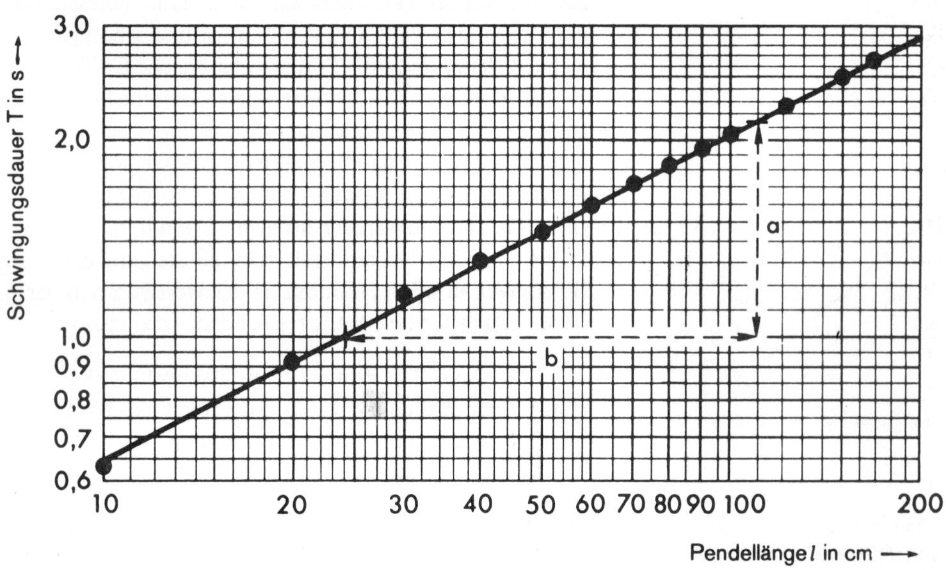

Bild 2.24. Darstellung der Ergebnisse aus Bild 2.23 auf doppeltlogarithmischem Papier

dickes Seil, dessen Querschnittsfläche gleich der Summe der Flächen beider Seile wäre, würde sich genau so verhalten, da es doppelt soviele Fäden wie ein Seil allein besitzt. Die Zerreißfestigkeit von Stahltrossen und Tauwerk ist also proportional der Querschnittsfläche oder proportional dem Quadrat des Durchmessers. Erfahrung und Theorie stimmen hierin überein. Dieses Gesetz gilt nicht nur für die Zugfestigkeit von Seilen und Kabeln, sondern auch für die Tragfähigkeit von Säulen und Balken. Säulen aus gleichem Material können Lasten tragen, deren Gewichte proportional zum Säulenquerschnitt sind.

Auch der Körper eines Menschen oder eines Tieres wird von Säulen und Streben, nämlich von seinem Skelett, gestützt und von verschiedenartigen Seilen und Kabeln, nämlich von Muskeln und Sehnen, zusammengehalten. Das Gewicht, das dabei getragen werden muß, ist proportional der Masse von Fleisch und Knochen und damit proportional dem Volumen des Körpers.

Wir wollen nun Gulliver mit den Riesen seiner Entdeckungsreise vergleichen. Da der Riese genauso wie Gulliver gebaut ist, sind seine Abmessungen 10 mal so groß wie die von Gulliver. Größe und Durchmesser beider Körper stehen im gleichen Verhältnis. Da die Festigkeit des Knochengerüstes proportional den Querschnittsflächen der einzelnen Knochen ist und beim Riesen alle Flächen 10^2 mal so groß sind wie bei Gulliver, so hält das Knochengerüst des Riesen im Vergleich zu Gulliver die 10^2 fache Belastung aus. Da aber das Körpervolumen des Riesen 10^3 mal so groß wie Gullivers Volumen ist und das Gewicht proportional zum Volumen wächst, so wird der Riese 10^3 mal soviel wie Gulliver wiegen. Damit ist das Verhältnis von Tragfähigkeit des Skeletts zum Körpergewicht 10 mal so klein wie beim Menschen normaler Größe. Allein um sein eigenes Gewicht zu tragen, wird der Riese sich also genau so mühen müssen, als wenn wir neun Menschen unserer Größe huckepack tragen müßten.

In Wirklichkeit existieren Gullivers Zwerge und Riesen natürlich nicht. Verschiedene Größenverhältnisse kann man aber in der Natur beim Vergleich ähnlich gebauter Tiere, die nur unterschiedlich groß sind, gut studieren. Das kleinere Tier ist nie ein maßstabsgetreues Bild des größeren. In Bild 2.25 sind die gleichen Knochen zweier engverwandter Tiere aus der Familie der Hirsche, nämlich von der Gazelle und vom Bison, abgebildet. Der Knochen des größeren Tieres weist deutlich andere geometrische Verhältnisse als der Knochen des kleineren auf. Im Vergleich zu seiner Länge ist der Knochen des Bisons sehr viel dicker als der der Gazelle. Damit weichen die Maße beider Knochen deutlich von einem maßstabsgerechten Größenverhältnis ab. Bei maßstabsgetreuer Nachbildung wäre der große Knochen viel zu schwach.

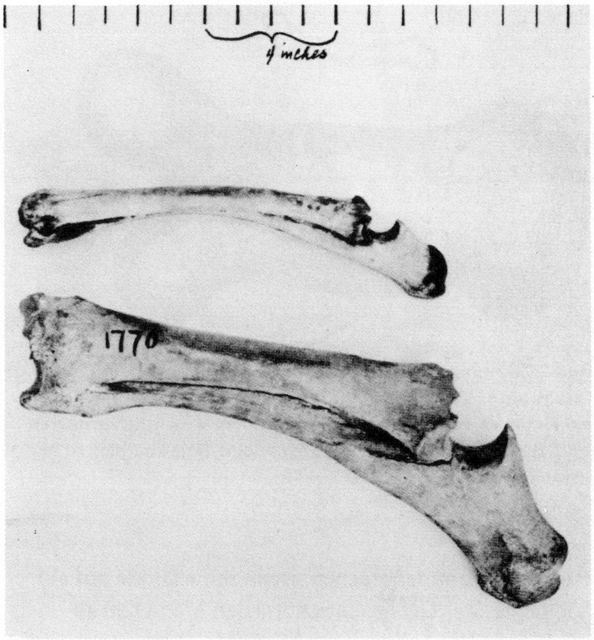

Bild 2.25a. Beinknochen von Bison und Gazelle. Die Tiere sind verwandt, die Gazelle ist jedoch viel zierlicher als der Bison. Die Abbildung gibt näherungsweise die Größenverhältnisse wieder.

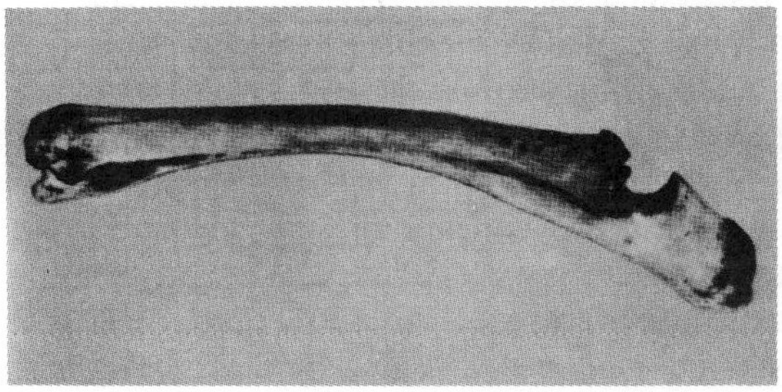

Bild 2.25b. Der Beinknochen der Gazelle ist auf die Größe des Bisonknochens in Bild 2.25a vergrößert. Der Knochen des größeren Tieres ist wesentlich dicker als der der Gazelle. Das kleinere Tier ist leichter und graziler gebaut. Man kann sich ausmalen, wie sehr sich ein Liliputaner von einem Menschen normaler Größe unterscheiden müßte.

Galilei bemerkt ausdrücklich an dieser Stelle, an der er die Lebensfähigkeit von menschenähnlichen Riesen widerlegt: „. . . Wenn die Gliedmaßen eines Riesen im selben Verhältnis zueinander stehen sollen wie bei einem normalen Menschen, dann müssen die Knochen entweder aus einem festeren und härteren Stoff gebildet sein, oder es würde sein Körperbau erheblich schwächer als der eines Menschen mittlerer Statur sein. Daher wird der Riese unter dem Gewicht seines eigenen

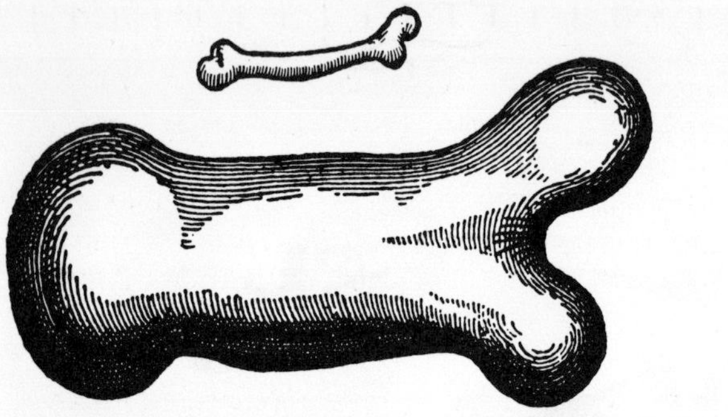

Bild 2.26. Eine Zeichnung *Galileis* zur Illustration der Größenverhältnisse. Vor 300 Jahren traf *Galilei* die Feststellung, daß ein Knochen von größerer Länge in einem wesentlich größeren Verhältnis dicker sein müßte, um dieselbe Belastbarkeit zu besitzen.

Körpers zusammenbrechen, wenn seine Größe auf ein Vielfaches der Größe eines normalen Menschen anwächst. Ist das Lebewesen aber sehr viel kleiner als ein normaler Mensch, so wird sein Körperbau nicht in gleichem Maße schwächer. Denn je kleiner der Körper ist, um so größer ist seine relative Belastbarkeit. Ein Hund kann drei Hunde gleicher Größe tragen, aber ein Pferd kaum ein gleichgroßes." *Galileis* Illustration zu diesem Text ist in Bild 2.26 wiedergegeben.

Ein Elefant ist schon so groß, daß seine Glieder unförmig dick sind. Der Wal als das größte aller Tiere wiegt vierzigmal so viel wie ein Elefant. Doch sind seine Knochen nicht entsprechend dicker. Sie sind aber kräftig genug, solange das Gewicht des Wals vom Wasser getragen wird. Daher brechen auch seine Rippen, sobald er auf den Strand geworfen wird. Viele Dinosaurier waren Lebewesen von der Größe des Wals. Wie konnten sie sich bewegen?

Auf den Spuren *Galileis* haben wir die Größenverhältnisse von Riesen untersucht. Wir wollen uns nun den Problemen der Liliputaner zuwenden.

Steigen wir naß aus der Badewanne, so bedeckt ein dünner Film aus Wasser unsere Haut. Hände und Füße sind gleich naß. Die Dicke der Wasserschicht ist überall auf dem Körper gleich groß. In erster Näherung ist also die Wassermenge, die man aus der Badewanne herausträgt, proportional zur Körperoberfläche. Das Wasser könnte gerade ein Glas füllen, sein Gewicht beträgt etwa 1 Prozent unseres Körpergewichts. Ein Liliputaner, der uns vollkommen ähnlich gebaut und $\frac{1}{10}$ mal so groß ist wie wir, besitzt ein Gewicht, das $(\frac{1}{10})^3$ so groß wie unser Gewicht ist. Seine Oberfläche wäre jedoch $(\frac{1}{10})^2$ der unsrigen. Daher hat er eine Wassermenge aus der Badewanne zu tragen, die $(\frac{1}{10})^2$ so groß wie unsere ist. Für den Liliputaner ist also das Verhältnis von Wassermenge zu Körpergewicht 10 mal so groß wie für uns. Er würde mit 10 Prozent seines Körpergewichts gerade so viel tragen, als ob er schwere Winterkleidung angezogen hat.

Noch wichtiger ist folgender Unterschied: Unser Körper verliert ständig Wärme durch seine Haut, daneben geringfügig Wärme beim Atmen. Wie man leicht einsehen und auch ohne Schwierigkeiten experimentell nachweisen kann, ist die Wärmeabgabe proportional zur Körperoberfläche, falls man Temperatur und Hautbeschaffenheit als gleichbleibend annimmt. Dieser Wärmeverlust wird durch Nahrungsaufnahme ausgeglichen. Bewegt man sich außerdem noch, so muß man auch mehr essen. Die Nahrungsmenge, die ein Mensch als Minimum braucht, ist daher proportional zur Körperoberfläche. Gulliver würde wahrscheinlich mit einer Lammkeule und einem Laib Brot ein oder zwei Tage auskommen. Ein Liliputaner braucht nur ein Hundertstel der Menge. Aber die Lammkeule aus der Welt des Liliputaners wäre nur $(\frac{1}{10})^3$ mal so schwer. Deshalb müßte er zehn Keulen und zehn Brote verzehren, um sich nach dem Essen genau so gesättigt wie Gulliver zu fühlen. Der Liliputaner hätte ständig Hunger und wäre immer auf Nahrungssuche. Bei kleinen Tieren wie Mäusen kann man dies durchaus beobachten.

Bekanntlich gibt es keine Warmblüter, die wesentlich kleiner als Mäuse sind. Fische, Frösche und Insekten können sehr viel kleiner von Gestalt sein, da ihre Körpertemperaturen nicht viel höher als die ihrer Umgebung sind. Aus dem Vergleich von Oberfläche und Volumen bei verschiedenen Größen ergibt sich, daß kleine Warmblüter verhältnismäßig viel Nahrung benötigen. Sehr kleine Exemplare könnten weder solche Unmengen von Nahrung aufspüren noch sie verdauen. Das Königreich der Liliputaner könnte also von der Landwirtschaft, die Swift beschreibt, nicht versorgt werden.

Diese Überlegungen zeigen: Weder die Riesen noch die Liliputaner aus Gullivers Reisen könnten maßstabsgetreu in unserer Welt existieren. Man kann sich nun aber fragen, was diese Betrachtungen mit Physik zu tun haben.

Wir beginnen mit der Welt des Großen. Vergrößern wir ein System maßstabsgetreu, so kann eventuell die Belastung die Belastbarkeit übersteigen. Diese Gesetzmäßigkeit gilt nicht nur für Lebewesen, sondern auch für jedes physikalische System. Bauwerke können deshalb größer als Lebewesen sein, weil ihr Material stabiler als die Knochen der Lebewesen ist, weil ihre Formen anders gestaltet sind und weil sie sich nicht zu bewegen brauchen. Diese Besonderheit drückt man in der Gleichung

$$\text{Tragfähigkeit} = k\,(\text{Durchmesser})^2$$

durch die Konstante k aus. Im übrigen gilt für Bauwerke das gleiche Gesetz wie für Lebewesen. Man kann kein

Gebäude errichten, das in seiner Form dem Empire State Building ähnlich und höher als ein Berg von zehntausend Meter Höhe ist. Berge sind massive Gebilde ohne große Hohlräume. So wie die Knochen der Riesen unverhältnismäßig dick sein müssen, so müßte ein Gebäude von Bergeshöhe wahrscheinlich massiv gebaut oder aus einem Material von jetzt noch unbekannter Festigkeit errichtet sein.

Diese Betrachtungen gelten nicht nur für die Verhältnisse auf der Erdoberfläche. Man kann sich Gebilde weit außen im Weltall vorstellen, die sich außerhalb der Gravitationskraft der Erde befinden. Die Belastungen in diesem System würden also nicht mehr durch die Anziehungskraft der Erde verursacht. Da aber alle Materieteilchen einander anziehen, wie wir noch hören werden, so werden die äußeren Schichten eines solchen Gebildes bald unvorstellbaren Kräften unterliegen, wenn die Größe des Systems immer mehr wächst. Das Innere, das aus gleicher Materie bestehen soll, ist dann einem gewaltigen Druck ausgesetzt. Größere Erhebungen auf der Oberfläche würden eingeebnet werden oder einsinken. Schließlich würde ein solch riesiges Gebilde wie ein Planet geformt sein und bei genügender Größe angenähert Kugelgestalt annehmen. Eine andere Form kann nicht beständig sein. Dies ist der entscheidende Grund, weshalb die Planeten und die Sonne zur Kugelgestalt tendieren. Die Gravitationskräfte sind sicherlich für uns auf der Erde wichtig. *In größeren Dimensionen aber übertreffen die Massenanziehungskräfte alle anderen Kräfte bei weitem.* Nur Bewegung kann dann den Zustand eines Systems ändern. So ändern die großen kosmischen Nebel mit der Zeit ihre Formen. Das Gesetz, nach dem große Strukturen von einfacher Gestalt sein müssen, gilt für sie nur modifiziert.

In der Welt des Kleinen verlieren die Gravitationskräfte ihre Bedeutung. Wie bei den Liliputanern werden Effekte, die von der Oberfläche abhängen, wichtig. Geht man zu immer kleineren Gebilden über, so ist die Oberfläche nicht mehr glatt, sondern von unregelmäßiger Gestalt, so daß sie sich schwer abgrenzen läßt. Daher muß man solche Systeme auf andere Weise beschreiben. Es überrascht deshalb nicht, daß in der Welt des Kleinsten, in der Welt der Atome, Kräfte wirken, die man in der Welt der täglichen Erfahrungen nur indirekt beobachten kann.

Diese Folgerungen gelten für die gesamte Physik. Genau so wie die Meßverfahren von der Größenordnung abhängen, so sind auch die Folgerungen höchst unterschiedlich, die man bei der Untersuchung physikalischer Systeme zieht. Es ist oftmals äußerst wichtig, im einzelnen zu untersuchen, wie sich das Verhalten eines Systems ändert, wenn sich die Größenordnungen seiner Abmessungen, seiner Bewegung usw. ändern.

Es ist geradezu dem Studium von physikalischen Systemen, die nach ungewöhnlichen Maßstäben aufgebaut sind, zu verdanken, daß die Physiker unerwartete Beziehungen aufdeckten. Wenn sich die Größenordnung ändert, so kann ein Aspekt der physikalischen Welt in den Vordergrund treten, ein anderer mag an Bedeutung verlieren. Auf diese Weise entdeckt man Sachverhalte und gewinnt eine vertiefte Einsicht in Zusammenhänge, die man in der täglichen Erfahrung kaum beachten würde. Aus diesem Grunde ist es von großer Bedeutung, wenn die Physiker die Welten des Großen und Kleinen, des Langsamen und Schnellen, des Heißen und Kalten, und alle anderen ungewöhnlichen Umstände, die man sich ausdenken kann, prüfen und untersuchen. Indem man erforscht, was unter solchen Bedingungen geschieht, benutzt man die physikalischen Geräte einmal, um ungewöhnliche Bedingungen herzustellen, und zum anderen, um den Bereich unserer Sinne zu erweitern.

Man kann nicht deutlich genug darauf hinweisen, daß seine eigenen Größenverhältnisse den Menschen in der Art und Weise beeinflussen, wie er die Welt sieht. Die Physik hat es immer als eine ihrer wichtigsten Aufgaben angesehen, ein Bild von der Welt zu entwerfen, das nicht davon abhängt, wie der Mensch zufälligerweise geschaffen ist. Wir können uns nur sehr schwer den Wirkungen unserer Größenverhältnisse entziehen. Der Mensch baut breite Straßen und gewaltige Brücken, weitgespannte Wunderwerke der Technik, die aber im eigentlichen Sinn nicht als dreidimensional gelten können. Das Größte, was von Menschenhand an wirklich Dreidimensionalem errichtet wird, sind Gebäude und größere Schiffe. Ihre linearen Abmessungen bleiben aber weit unter dem Tausendfachen der Größe eines Menschen.

Auf der anderen Seite kann der Mensch weder eine Uhr noch ein Radio bauen, die so klein sind wie das 10^{-4}–fache seiner Körpergröße. In diesem Größenbereich spielt sich die Technik ab. Der Physiker überschreitet diese Grenzen, wenn er sich dem Studium der Galaxien, der fernen Welteninseln, einerseits und dem Studium des Atomkerns andererseits zuwendet. Daß die Ingenieurkunst sich dem Kleinen und dem gewaltig Großen widmet, liegt noch in der Zukunft. Kraftwerke von Kilometerhöhe oder Rundfunksender von der Größe einer Nadelspitze würden der Technik neue großartige Möglichkeiten eröffnen.

Gerade für den gegenwärtigen Stand der Technik sind die Betrachtungen über Größenverhältnisse von Bedeutung. Wenn man ein großes Objekt nach den Vorlagen von kleinen entwickelt, wird man ganz andere Effekte bedenken müssen, die bei normalen Abmessungen zu klein sind, um entdeckt zu werden, die im großen Maßstab aber ausschließlich von Wichtigkeit werden können.

Man kann also nicht ohne weitere Überlegung die Maßstäbe nur geometrisch verändern. Wenn man die Dinge physikalisch betrachtet, kann man aber voraussehen, was geschieht, wenn sie in kleinen oder großen Abmessungen auftreten. Zum Entwurf eines Flugzeuges kann man z.B. diese Erkenntnisse über Größenverhältnisse heranziehen. Man wird dann keine Düsenmaschine entwerfen, die einer Biene gleicht – und die dennoch fliegen soll.

Aufgaben

1. 500 Blatt einer bestimmten Papiersorte seien 40 mm dick. Man setze voraus, daß alle Blätter von gleicher Dicke sind, und fertige einen Graph für die Dicke des gesamten Papierstoßes in Abhängigkeit von der Blattzahl an. Aus dieser Zeichnung bestimme man die Dicke von 200, 300 und 600 Blatt.

2. Ein Buch habe insgesamt 600 Seiten oder 300 Blätter (zwei Seiten gehören zu einem Blatt).
   a) Man drücke die Dicke des Buches durch die Dicke der einzelnen Blätter aus.
   b) Man trage die Dicke des Buches als Funktion der Dicke der einzelnen Blätter unter der Annahme auf, daß ein Blatt zwischen 0,060 mm und 0,120 mm dick ist.
   c) Das Papier sei nur in bestimmten Dicken greifbar. Diese seien Vielfache von 0,005 mm zwischen den in b) gegebenen Grenzen. Kann man unter diesen Voraussetzungen die Punkte des Graphen durch eine gerade Linie verbinden? Begründung?

3. Erwärmt man Wasser in einem Behälter und mißt alle Zehntel Minuten die Temperatur, so erhält man folgende Tabelle:

Zeit t in min	Temperatur in °C
0,0	29,4
0,1	30,7
0,2	31,9
0,3	33,2
0,4	34,5
0,5	35,8
0,6	37,2
0,7	38,3
0,8	40,0
0,9	40,8
1,0	42,1
1,1	43,4

   a) Man zeichne den Graph für die Temperatur als Funktion der Zeit.
   b) Eine Ablesung scheint falsch zu sein. Welche Temperatur müßte wohl für die betreffende Zeit angegeben werden?
   c) Welche Temperatur kann man nach 1,2 Minuten erwarten?

4. a) Die Siedetemperatur einer Flüssigkeit – diejenige Temperatur, bei der die Flüssigkeit siedet oder „kocht", – hängt vom Luftdruck ab, dem die Oberfläche ausgesetzt ist. Man zeichne die Siedetemperatur des Wassers in Abhängigkeit vom Luftdruck nach folgender Tabelle auf. (Eine Atmosphäre at ist der Luftdruck in Meereshöhe.)

Luftdruck in at	Temperatur in °C
$6{,}05 \cdot 10^{-3}$	0
$1{,}21 \cdot 10^{-2}$	10
$2{,}30 \cdot 10^{-2}$	20
$4{,}20 \cdot 10^{-2}$	30
$7{,}50 \cdot 10^{-2}$	40
$1{,}22 \cdot 10^{-1}$	50
$1{,}97 \cdot 10^{-1}$	60
$3{,}12 \cdot 10^{-1}$	70
$4{,}67 \cdot 10^{-1}$	80
$6{,}92 \cdot 10^{-1}$	90
1,00	100
1,43	110
1,96	120
2,67	130

   b) Man sieht, daß die Zeichnung für kleine Drücke die Werte nicht wiedergibt. Man fertige eine Zeichnung für die Temperaturen bis 60 °C an. Was beobachtet man?
   c) Kartoffeln werden bei Temperaturen unter 90 °C nicht gar. Bei welchem Luftdruck ließen sich Kartoffeln in einem offenem Topf noch gar kochen?

5.* Es gelte W = k V. – Wie wirkt sich eine Verdreifachung von V auf W aus?

6.* Wie sieht der Graph der Funktion W = k V aus?

7. Ein Kupferdraht von 0,60 m Länge und 0,070 cm Durchmesser wird mit Gewichtsstücken verschiedener Masse belastet. Die Tabelle zeigt die Ausdehnung des Drahtes:

Belastung in kg	Ausdehnung in cm
0,0	$0{,}0 \cdot 10^{-2}$
0,5	$1{,}0 \cdot 10^{-2}$
1,0	$2{,}2 \cdot 10^{-2}$
1,5	$3{,}2 \cdot 10^{-2}$
2,0	$4{,}2 \cdot 10^{-2}$
2,5	$5{,}3 \cdot 10^{-2}$
3,0	$6{,}3 \cdot 10^{-2}$
3,5	$7{,}3 \cdot 10^{-2}$
4,0	$8{,}3 \cdot 10^{-2}$
4,5	$9{,}7 \cdot 10^{-2}$
5,0	$11{,}3 \cdot 10^{-2}$
5,5	$15{,}3 \cdot 10^{-2}$

   a) Man zeichne den Graph für die Ausdehnung des Drahtes in Abhängigkeit von der Belastung.

b) Innerhalb welcher Grenzen sind Ausdehnung und Belastung proportional? Wie groß ist für dieses Intervall die Proportionalitätskonstante?

c) Wie groß ist die Ausdehnung, wenn die Belastung 3,3 kg beträgt? Was kann man für eine Belastung von 20 kg voraussagen?

8.* Die gesamte Oberfläche eines Würfels ergibt sich aus der Summe der sechs einzelnen Flächen. Welche Auswirkung auf die Bestimmung der Oberfläche hat ein Fehler bei der Ausmessung der einzelnen Flächen?

9.* Wieviel Kartenblätter vom Maßstab 1 : 1 000 000 braucht man, um damit gerade das Gebiet zu überdecken, das auf dieser Karte dargestellt ist?

10. Das Volumen eines Zylinders ist achtmal so groß wie das Volumen eines anderen ähnlichen Zylinders.

a) Wie groß ist der Umfang des größeren Zylinders, wenn der des kleineren 0,5 m beträgt?

b) Welchen Umfang der Grundfläche besitzt ein anderer Zylinder, der auch das achtfache Volumen besitzt, dessen Höhe aber so groß ist wie die des kleinen Zylinders?

11. Die Wanddicke einer hohlen Metallkugel beträgt 2 cm. Wanddicke und Durchmesser werden um denselben Faktor vergrößert, so daß das Volumen dreimal so groß wird. Wie dick ist dann die Wand der Kugel?

12.* Wie groß ist in der Pyramide nach Bild 2.14 die quadratische Querschnittsfläche, deren Abstand von P 10 m beträgt?

13. An welcher Stelle zwischen zwei völlig identischen Lampen, die 60 cm voneinander entfernt sind, müßte man einen Schirm aufstellen, so daß die Beleuchtungsstärke auf der einen Seite des Schirms viermal so groß ist wie auf der anderen?

14. Von einer bestimmten Menge Polonium wird stets nach 138 Tagen die Hälfte zerfallen sein. Man fertige eine Zeichnung an, aus der man für den Zeitraum eines Jahres die Menge radioaktiven Poloniums entnehmen kann, die von einer gegebenen Menge nach einer gewissen Anzahl von Tagen übrig geblieben ist. Welcher Prozentsatz einer Menge Polonium ist am Ende eines Jahres noch nicht zerfallen?

15. Eine bestimmte Art einzelliger Lebewesen möge sich durch Zellteilung, bei der aus einer Zelle durch Teilung zwei neue entstehen, alle dreißig Minuten zahlenmäßig verdoppeln, falls genügend Nährstoffe vorhanden und andere Bedingungen erfüllt sind. Dabei möge jede Zelle vor der Teilung einen Durchmesser von 10^{-5} m erreichen.

a) Man fertige eine Zeichnung der gesamten Population als Funktion der Zeit an und beginne dabei mit einer Zelle.

b) Man gebe einen Ausdruck für die Größe der Population an, die sie nach n Zeiträumen von je dreißig Minuten erreicht hat.

c) Kann man durch Extrapolation den Zeitpunkt finden, an dem die Population aus null Lebewesen bestanden hat? Läßt sich im Graph zwischen den Punkten interpolieren?

d) Kann man den Graph auf 50 Stunden im voraus extrapolieren? Würde solch eine Vorausberechnung sinnvoll sein? (Hinweis: Man berechne Anzahl und Volumen aller Zellen.)

16. a) Aus einer Tafel der natürlichen Logarithmen und Zehnerlogarithmen entnehme man für folgende Werte von y die Logarithmen lg y und ln y und zeichne in ein gemeinsames Schaubild lg y und ln y als Funktion von x. Gegeben sind:

x	y
1,0	0,5
2,0	2,0
6,0	18,0

b) Wie groß ist das Verhältnis der Steigung $\frac{\Delta \lg y}{\Delta \lg x}$ zur Steigung $\frac{\Delta \ln y}{\Delta \ln x}$?

c) Welche Beziehung ergibt sich zwischen y und x?

17. Für den Zerfall eines radioaktiven Präparats gilt die Gleichung $y = y_0\, e^{-kt}$. Man zeige, daß das radioaktive Präparat in der Zeit $t_2 = 2\, t_1$ auf ein Viertel der ursprünglichen Menge zerfallen ist, wenn es in der Zeit t_1 gerade auf den halben Wert zur Zeit t = 0 sich verringert hat.

18. Man zeichne auf log-log-Papier den Graph, der zur Tabelle 2 gehört.

19. Die logarithmische Form für die Gleichung des allgemeinen Potenzgesetzes $y = k\, x^n$ heißt $\lg y = \lg k + n \lg x$, wobei lg k der Wert von lg y für x = 1 ist (lg 1 = 0). Mit Hilfe des Ausdrucks

$$n = \frac{\lg y - \lg k}{\lg x}$$

bestimme man aus Bild 2.27 den Wert von n.

a) Man vergleiche diesen Wert mit der Steigung, die man mit Hilfe des Verhältnisses $\frac{a}{b}$ erhält, wobei a und b in cm gemessen werden.

b) Wie lautet die mathematische Beziehung zwischen y und x?

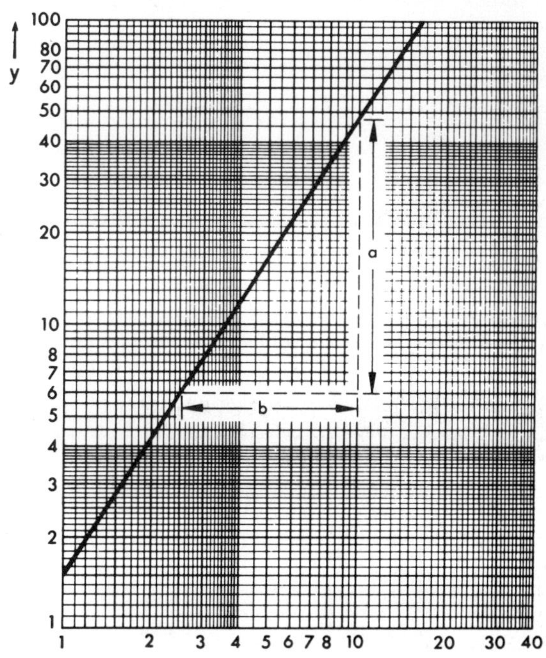

Bild 2.27. Zur Aufgabe 19

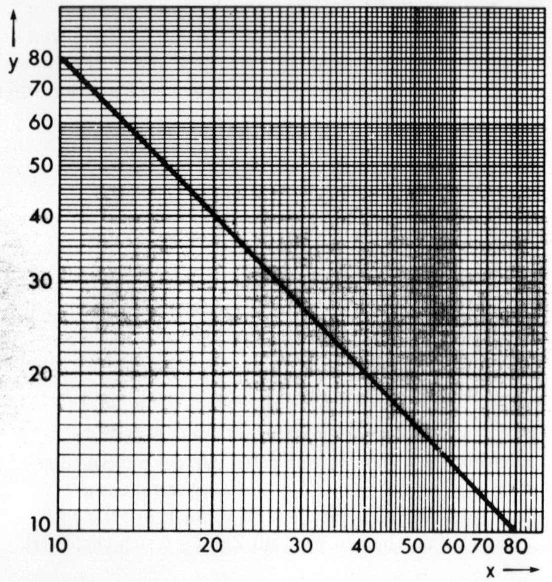

Bild 2.28. Zur Aufgabe 21

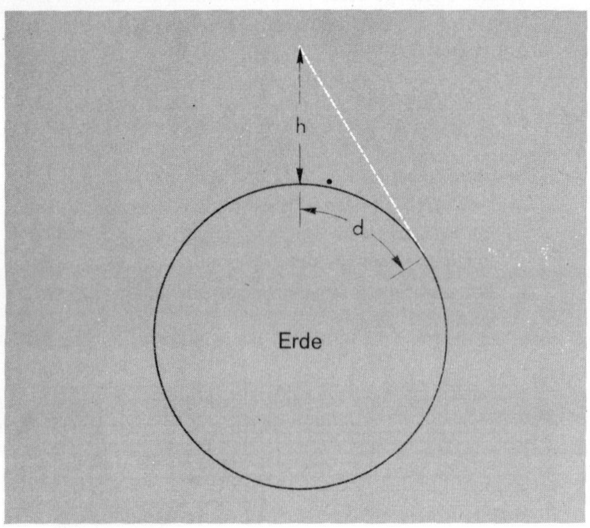

Bild 2.29. Zur Aufgabe 22

20. Die folgende Tabelle enthält für einige Planeten ihre Umlaufszeiten T und die großen Halbachsen R ihrer Bahnen um die Sonne.

	große Halbachse R in m	Umlaufzeit T in s
Venus	$1{,}08 \cdot 10^{11}$	$1{,}94 \cdot 10^{7}$
Erde	$1{,}49 \cdot 10^{11}$	$3{,}16 \cdot 10^{7}$
Mars	$2{,}28 \cdot 10^{11}$	$5{,}94 \cdot 10^{7}$
Jupiter	$7{,}78 \cdot 10^{11}$	$3{,}74 \cdot 10^{8}$
Saturn	$1{,}43 \cdot 10^{12}$	$9{,}30 \cdot 10^{8}$

a) Man trage die Umlaufzeit als Funktion der großen Halbachse auf. Welche Funktion vermutet man?

b) Man zeichne dieselben Daten auf log-log-Papier. Auf welche Beziehung zwischen T und R kann man schließen?

21. Man bestimme die Gleichung zwischen x und y aus dem Graph von Bild 2.28.

22. Aus der folgenden Tabelle kann man entnehmen, wie weit man von der Höhe h aus die Erdoberfläche bis zum Horizont überblicken kann, wobei diese Entfernung vom Fußpunkt der Höhe aus gemessen sein soll (Bild 2.29).

a) Über welche Entfernung kann die Beziehung zwischen h und d durch ein Potenzgesetz zwischen beiden Größen ausgedrückt werden?

b) Welche Form hat dieses Potenzgesetz?

c) Wie groß ist der Fehler (in Prozent), wenn man dieses Gesetz zur Berechnung von d für die Höhe $h = 1{,}00 \cdot 10^7$ m benutzt?

lg h; h in m	lg d; d in km
0,50	0,78
2,00	1,52
3,00	2,02
5,00	3,02
6,00	3,51
7,00	3,87
8,00	3,98
9,00	4,00

23. Die folgende Tabelle ist das Ergebnis eines Experiments, in dem die Temperatur einer bestimmten Wassermenge gemessen ist, die erwärmt wurde und sich nun abkühlt. Die Differenz $\Delta\vartheta$ zwischen den Temperaturen des Wassers und der Umgebung läßt sich als Funktion der Zeit t, in der sich das Wasser abkühlt, darstellen.

Zeit t in min	Temperaturdifferenz $\Delta\vartheta$ in °C
2	37
4	34
6	31
8	29
13	23
18	19
24	16
28	13
33	11
38	9
48	6

a) Kann man die Funktion durch ein Potenzgesetz beschreiben?

b) Ist die Funktion eine Exponentialfunktion?

c) Man bestimme den genauen mathematischen Ausdruck für die Beziehung zwischen $\Delta\vartheta$ und t.

24. Wie heißt die Funktion zwischen N und t zum Graph in Bild 2.19?

25. Man vergleiche die Graphen in den Bildern 2.6, 2.16 und 2.17. Welche der aufgetragenen Größen sind exakt bekannt und welche müssen als nicht genau gelten, weil sie gemessen sind?

26. Man verwende den Graph, den man zur Beantwortung der Aufgabe 7 zeichnen muß, um die Ausdehnung als Funktion der Belastung aufzuzeichnen, falls gegeben ist

a) ein Kupferdraht von 120 cm Länge und 0,070 cm Durchmesser,

b) ein Kupferdraht von 60 cm Länge und 0,035 cm Durchmesser.

27. Alle linearen Maße eines Stahldrahtes sollen um den Faktor drei vergrößert werden. Um welchen Faktor ändern sich dann folgende Größen:

a) Volumen,

b) Masse,

c) Oberfläche,

d) Zerreißfestigkeit (Belastbarkeit)?

28. Die Beinknochen eines Lebewesens seien zweimal so dick wie die eines anderen, das von ähnlicher Gestalt ist.

a) Wie groß ist vermutlich das Verhältnis der Größen beider Lebewesen?

b) Wie groß ist das Verhältnis ihrer Gewichte?

29. In einem Zoo verbraucht nach Auskunft des Wärters ein Elefant von $4 \cdot 10^3$ kg Masse $3{,}4 \cdot 10^2$ mal soviel Futter wie ein Meerschweinchen von 0,70 kg Masse. Beide Tiere sind Warmblüter, Pflanzenfresser, ähnlich gestaltete Tiere. Man bestimme das Verhältnis ihrer Oberflächen, das etwa dem Verhältnis ihrer Wärmeverluste entspricht, und vergleiche es mit dem gegebenen Verhältnis ihrer Futtermengen.

30. In Horror-Filmen treten häufig spinnenähnliche Wesen auf, die groß genug sind, um auch Menschen zu fressen. Können solche Wesen existieren? Begründung!

31. Eine Eisenkugel hängt an einem 0,1 cm dicken Eisendraht, der gerade stark genug ist, ihr Gewicht zu tragen. Wie groß muß der Durchmesser eines Drahtes gewählt werden, der eine ähnliche Eisenkugel tragen soll, die

a) ein fünfmal so großes Volumen besitzt,

b) einen fünfmal so großen Durchmesser hat?

32. Ein rechteckiger Wasserbehälter ruhe auf vier 5 m langen Pfeilern von 20 cm Durchmesser. Welchen Durchmesser müssen die Pfeiler besitzen, wenn der Behälter zehnmal so lang, so breit und so tief gemacht wird? Wieviel mal so groß ist die Wassermenge, die dann der Behälter fassen kann? Das Gewicht der Pfeiler kann man vernachlässigen.

3. Ausbreitung des Lichts

Die meisten Informationen, die der Mensch von seiner Umwelt empfängt, erreichen ihn über das Auge. Vom Anbeginn der Geschichte an haben daher die Menschen das *Geheimnis des Lichts,* das vom Auge aufgenommen wird, zu entschlüsseln versucht. Sie stellten Fragen, die wir uns heute wahrscheinlich in fast der gleichen Weise stellen: Was ist Licht? Wie breitet es sich aus? Mit welcher Geschwindigkeit pflanzt es sich fort? Ist das Wahrgenommene auch in Wirklichkeit so, wie es uns erscheint? Wie kommt es, daß einige Dinge farbig, andere weiß und wieder andere schwarz sind?

3.1. Lichtquellen

Sonne, Sterne, alle Lampen und auch die Leuchtkäfer senden Licht aus. Man nennt sie daher *selbstleuchtende Körper.* Daneben gibt es andere Gegenstände, wie Bäume, Gras, die Seiten dieses Buches, die nicht selbst leuchten. Man sieht sie nur deshalb, weil sie von einer anderen Lichtquelle Licht empfangen und dieses Licht in unser Auge zurückwerfen.

Ob ein Körper selbst leuchtet oder nicht, hängt ebenso von den Bedingungen ab, denen er ausgesetzt ist, wie vom Material, aus dem er besteht. Ändert man die Bedingungen, so kann man viele gewöhnliche Materialien zum Leuchten bringen oder auch nicht leuchten lassen. Die Wendel der elektrischen Glühlampe, die aus einem feinen Draht gewickelt ist, sendet kein Licht aus, solange der elektrische Strom den Draht nicht erhitzt. Ein Stück Eisen von Zimmertemperatur läßt sich dadurch zum Leuchten bringen, daß man es über einem Kohlefeuer erhitzt, so daß es nacheinander erst rot, dann gelb und schließlich hellweiß erglüht. Erwärmt man feste Körper oder Flüssigkeiten aus geschmolzenen Metallen auf Temperaturen über 800 °C, so werden sie zu Lichtquellen. Solche erhitzten Stoffe bezeichnet man als *Temperaturstrahler.*

Untersucht man eine brennende Kerze genauer, so erkennt man, daß das Licht von den vielen kleinen, heißen Kohleteilchen stammt, die in der Flamme verbrennen. Aus diesem Grunde rechnet die Kerze ebenfalls zu den Temperaturstrahlern. Viele dieser Kohleteilchen verbrennen allerdings nicht vollständig in der eigentlichen Flamme. Sie werden von der aufsteigenden Luft aus dem Bereich der Flamme fortgetragen und kühlen sich ab. Damit erlischt auch ihr Leuchten; als Rußteilchen bilden sie dann den Hauptteil des aufsteigenden Rauchs.

Nicht alle Lichtquellen sind Temperaturstrahler. Neonröhren und Leuchtstofflampen gleichen zwar darin den elektrischen Glühlampen, daß sie helles Licht aussenden, solange sie von elektrischem Strom durchflossen werden. Beim Berühren dieser Lichtquellen merkt man jedoch sofort, daß das Licht in ihnen auf andere Weise erzeugt wird als in den Glühlampen. Neonröhren und Leuchtstofflampen bleiben nämlich kalt, während die Temperaturstrahler sich so stark erwärmen, daß man sie nicht mehr anfassen kann. Auf der Suche nach weiteren Unterschieden findet man, daß die Helligkeit der Temperaturstrahler mit wachsender Stromstärke zunimmt und daß sich mit der Helligkeit auch die Farbe des Lichtes ändert. Zuerst leuchtet das Licht dunkelrot, wechselt dann in ein helles Gelb über und strahlt schließlich, wenn die Stromstärke groß genug ist, weißglühend wie erhitztes Eisen. Erhöhen wir dagegen die Stärke des durch eine Leuchtstofflampe fließenden Stromes, so leuchtet sie zwar auch heller, ihre Farbe ändert sich jedoch nicht. Damit haben wir einen grundlegenden Unterschied zwischen Temperaturstrahlern und den anderen Lichtquellen entdeckt. Im ersten Fall scheinen Helligkeit, Temperatur und Farbe eng zusammenzuhängen, während im anderen Fall die Farbe der Lichtquelle nur vom Material der Lampe abhängt und sich mit der Helligkeit nicht ändert.

Ein großer Teil des Lichts gelangt auf dem Weg über nicht selbstleuchtende Körper in unsere Augen. Wollen wir uns davon überzeugen, brauchen wir uns nur vorzustellen, daß alle Wände und die Decke schwarz angestrichen sind, so daß kein Licht von ihnen reflekiert wird. Die Lampen erschienen dann als hell leuchtende Flächen vor einem völlig dunklen Hintergrund. Besäße die Erde keine Atmosphäre, in der das Sonnenlicht gestreut und reflektiert wird, so würde man Sonne und Sterne vor einem pechschwarzen Himmel sehen. Weiße Wände und helle Decken reflektieren und zerstreuen einen großen Teil des Lichtes, das auf sie fällt. Auf diese Weise werden Räume erhellt. Soll ein Raum indirekt beleuchtet werden, so bringt man alle Lichtquellen versteckt an. Das Licht kann das Auge dann nur nach einer Reflexion an Wänden und Decken erreichen. Im größeren Ausmaß ist der Mond, der uns oft des Nachts als Lichtquelle dient, in Wirklichkeit nichts weiter als ein indirekt beleuchteter Körper, der sein Licht von der Sonne erhält und es zur Erde reflektiert.

3.2. Durchsichtige, farbige und undurchsichtige Stoffe

Betrachtet man durch ein Fenster eine Szenerie draußen im hellen Sonnenlicht, so wird man sich kaum bewußt sein, daß man durch Glas hindurchsieht. Stoffe, die das Licht in dieser Weise durchlassen, nennt man *durchsichtig.* Durch dasselbe Fenster blicke man am Abend bei beginnender Dämmerung aus dem hell erleuchteten Raum nach draußen. Dann überlagern sich den Gegenständen draußen die Spiegelbilder der Einrichtung im Zimmer. Das Licht, in dem man sich selbst erkennt, muß aus dem Zimmer kommen. Es dringt nicht durch die Glasscheiben nach draußen, sondern fällt zurück in unser Auge. Das Licht wird offenbar reflektiert.

Wir fragen nun, ob die Dicke des lichtdurchlässigen Körpers einen Einfluß auf die durchgelassene Lichtmenge hat. Eine einzelne Glasscheibe scheint das Licht vollständig durchzulassen. Legt man aber zehn oder zwanzig Glasscheiben aufeinander, so wird ein beträchtlicher Teil des Lichts *absorbiert*, und das Licht, das hindurchgelassen wird, sieht trübe und ein wenig gefärbt aus. Offensichtlich nehmen wir klare und durchsichtige Stoffe wie Plastik, Glas und Wasser deshalb wahr, weil diese Körper einen Teil des Lichts reflektieren oder hindurchlassen und weil sie einen anderen Teil absorbieren.

Bisher haben wir von farblosen und fast völlig durchsichtigen Stoffen gesprochen. Bekanntlich gibt es sehr viele durchsichtige Materialien, die gefärbt sind. Man kann durch sie hindurch sehr wohl Gegenstände erkennen, doch erscheinen diese in verschiedenen Farben. Diese Stoffe müssen offenbar in irgendeiner Weise auf das hindurchgehende Licht einwirken. Die Frage ist, ob sie diesem Licht etwas hinzufügen oder ihm etwas wegnehmen. Im ersten Augenblick scheint die Frage sehr schwierig zu sein. Doch läßt sie sich mit einigen einfachen Versuchen beantworten.

Dazu betrachten wir als erstes durch ein rotes Glas ein weißes Blatt Papier, das von der Sonne oder dem Licht einer elektrischen Lampe beleuchtet wird. Das Papier erscheint dann rot. Weißes Licht hat das Papier verlassen, doch das rote Glas bewirkt, daß das Licht rot erscheint. Wir halten nun ein zweites rotes Glas zwischen das erste und unser Auge, so daß das Licht beide passieren muß. Fügt das Glas dem Licht etwas hinzu, so müßte das Papier jetzt in einem kräftigeren Rot zu sehen sein. Nimmt das Glas dagegen dem Licht etwas fort, so darf man erwarten, daß das meiste davon schon durch das erste Glas zurückbehalten ist. Das zweite Glas hätte daher auf das Aussehen des Papiers nur geringen Einfluß. Diesen zweiten Fall findet man bestätigt, wenn man zwei rote Gläser in den Lichtweg bringt.

Die kleine Farbänderung läßt sich damit erklären, daß das erste Glas nicht sämtliche nichtroten Anteile des Lichtes verschluckt hat. Ein Rest wird hindurchgelassen, den dann aber das zweite Glas nicht mehr passieren läßt. Daher scheint das Rot, das wir durch die beiden Gläser betrachten, etwas intensiver zu sein. Dasselbe Experiment kann man mit zwei grünen Gläsern anstellen. Wie erwartet, hat die zweite grüne Glasscheibe nur einen geringen Einfluß auf die Farbe des betrachteten Gegenstandes; das Papier wird nur ein bißchen grünlicher aussehen. Was aber geschieht, wenn man nun das rote und das grüne Glas gleichzeitig vors Auge hält? Da *durch das rote Glas* alles, *was nicht rot,* und durch das grüne alles, *was nicht grün ist,* herausgefiltert wird, so müßte nach unser Erwartung das durchfallende Licht weder rot noch grün sein. In diesem Stadium unserer Untersuchungen wissen wir noch nicht genug über den Vorgang der Farbsubtraktion und können daher die Farbe nicht voraussagen. Wir dürfen dagegen als sicher annehmen, daß die beiden Glasscheiben sehr viel weniger Licht als eine einzelne Scheibe durchlassen. Das Experiment zeigt auch deutlich, daß die Helligkeit des Papiers erheblich geschwächt ist. Es scheint weder rot noch grün, sondern vielmehr schmutzig gelb oder braun zu sein. Das Versuchsergebnis bestätigt die Richtigkeit der Annahme, daß Licht „subtrahiert“ wird.

Was wird nun vom weißen Licht abgezogen, so daß es farbig erscheint? Die Antwort auf diese Frage müssen wir zurückstellen, bis wir wesentlich mehr über das Licht erfahren haben. Vielleicht können wir uns im Augenblick mit der Feststellung begnügen, daß weißes Licht komplexer ist als das Licht einer bestimmten Farbe. Wir werden leider in diesem Buch diese und viele andere Fragen über die Farben nicht klären können. Jeder Maler würde uns sagen, daß die Farben, die wir sehen, von der Eigenart des beleuchteten Gegenstandes ebenso wie von der Beschaffenheit des Lichtes, das diesen Gegenstand beleuchtet, abhängen. Sie sind aber auch vom jeweiligen Zustand unserer Augen und von den gleichzeitig wahrgenommenen Gegenständen bestimmt.

Rote und grüne Gläser zusammen filtern fast das ganze weiße Licht heraus. Die meisten Stoffe verhalten sich darüber hinaus so, daß sie alle Anteile des weißen Lichtes entweder reflektieren oder absorbieren, sie lassen also kein Licht hindurch. Durch dünne Metallbleche, durch Holz, durch Pappe oder durch schwere Kleiderstoffe kann man nicht hindurchsehen. Solche Stoffe nennt man *undurchsichtig.* Die undurchsichtigen Körper reflektieren teilweise das Licht, das auf sie fällt, und absorbieren den Rest, so daß kein Licht diese Körper durchdringt.

3.3. Reflexion

Alle durchsichtigen und undurchsichtigen Körper reflektieren mehr oder weniger das auffallende Licht: Sie senden einen Teil des Lichtes zur selben Seite der Gegenstände zurück, von der das Licht gekommen ist. Die Oberfläche der meisten Körper zeigt *diffuse Reflexion:* Das Licht wird in alle möglichen Richtungen zurückgeworfen. Auf Grund der diffusen Reflexion können wir beleuchtete Körper überhaupt erst erkennen, können ihre Beschaffenheit und Farbe feststellen und können sie von ihrer Umgebung unterscheiden.

Bild 3.1. Eine fast vollkommene Reflexion. Man fragt sich, ob das Bild richtig herum steht. Wo sind tatsächlich die Boote und wo ihre Spiegelbilder?

Auf Hochglanz polierte Oberflächen von Silber, Aluminium, Stahl und anderen Stoffen absorbieren nur einen geringen Anteil des weißen Lichtes und reflektieren den Rest sehr viel regelmäßiger, als es bei Körpern mit rauher Oberfläche der Fall ist.

Weil glatte Oberflächen das Licht regelmäßig reflektieren, können Bilder entstehen. Bild 3.1 zeigt Bootshäuser und Boote sowie ihre Spiegelbilder im Wasser. Unwillkürlich fragt man sich, ob das Bild richtig herum gedruckt ist. Zur Probe drehe man das Bild herum und betrachte es sorgfältig. An einigen Einzelheiten läßt sich erkennen, ob das Bild so der Aufnahme entspricht oder auf den Kopf gestellt ist.

Was läßt sich durch einfache Beobachtung über Spiegelbilder aussagen? Wir betrachten unser eigenes Bild im Spiegel. Ist der Eindruck, den wir durch unser Spiegelbild erhalten, derselbe, den andere Leute von uns gewinnen? Wir heben die rechte Hand. Bewegt das Spiegelbild die rechte oder die linke Hand? Man stelle einen Gegenstand, etwa einen Füllhalter, vor einem Spiegel auf. Dann halte man einen ähnlichen daneben in der Hand und beobachte die Spiegelbilder. Sieht man das Bild des Füllhalters in der Hand neben dem anderen vor dem Spiegel oder hinter dem Spiegel? Was ergibt sich aus dem Größenvergleich der Bilder? Wie groß ist der Abstand des Bildes vom Spiegel verglichen mit der Entfernung des Halters in der Hand vom Spiegel? In Kapitel 4 werden die Gesetze der Reflexion untersucht. Dann wird genauer auseinandergesetzt, warum und auf welche Weise Spiegelbilder an glatten reflektierenden Oberflächen entstehen.

3.4. Nachweis des Lichts

Es ist noch nicht die Frage geklärt, wie man überhaupt erkennen kann, ob Licht vorhanden ist und welche Farbe es besitzt. Wir haben uns zufrieden gegeben, daß der Mensch dazu über ein wunderbares Organ, nämlich das Auge, verfügt. In einer eingehenden Untersuchung des Auges müßte geklärt werden, wie das Licht gebrochen wird, so daß es auf die Nervenzellen der Netzhaut im hinteren Teil des Augapfels fällt, wie sich das Auge den veränderten Bedingungen anpaßt, um Gegenstände in verschiedenen Entfernungen bei unterschiedlicher Beleuchtung klar zu erkennen, oder wie man sich die Empfindung bestimmter Farben vorstellt. Ebenfalls müßte untersucht werden, wie sich unser Gesichtssinn täuschen läßt. Diese Untersuchungen würden leicht ein volles Jahr in Anspruch nehmen. Wir müssen hier in diesem Kurs mit der Bemerkung zufrieden sein, daß das Licht auf seinem Weg durch den vorderen Teil des Augapfels *gebrochen* wird. Es wird so aus seiner ursprünglichen Richtung abgelenkt, daß auf der Netzhaut ein Bild des betrachteten Gegenstandes entsteht. In der Netzhaut gehen dann chemische Umsetzungen vor sich, als deren Folge elektrische Impulse zum Gehirn geleitet werden.

Es gibt viele *Instrumente*, die wie das Auge auf Lichtreize mit chemischen oder elektrischen Prozessen antworten. Diese Instrumente verwendet man meistens bei der Untersuchung des Lichtes im Labor. Denn mit ihnen läßt sich das Licht bequemer oder genauer als bei visueller Beobachtung untersuchen. Die bekanntesten *lichtempfindlichen* Substanzen sind chemische Verbindungen, die Silber enthalten. Aus solchen Verbindungen besteht auch die lichtempfindliche Schicht photographischer Filme. Der vollständige Prozeß von der Belichtung des Films bis zu seiner Entwicklung ist außerordentlich verwickelt. Wichtig ist vor allem, daß diejenigen Stellen des Films, auf die Licht gefallen ist, nach chemischer Behandlung mit einem Niederschlag von fein verteiltem Silber versehen sind. In diesem Zustand erscheint das Silber nicht als hell glänzendes Metall, sondern die Silberteilchen sind undurchsichtig und von dunkler Farbe. Sie bilden die schwarzen Stellen in einem Negativ. Diejenigen Teile des Films, die dem Licht nicht ausgesetzt waren, werden klar und durchsichtig. Farbfilme sind den verschiedenen Farben des Lichtes gegenüber unterschiedlich empfindlich. Man stellt sie aus verschiedenen Farbstoffen her, die in bestimmter Weise angeordnet sind.

Dann gibt es weiter eine Reihe von Geräten, die einen elektrischen Strom erzeugen, sobald Licht auf sie fällt, ohne daß sich chemisch etwas verändert. An erster Stelle sind die *Photozellen* zu nennen, die wir später untersuchen werden. Die Stärke des elektrischen Stromes in einer Photozelle ist proportional zur Lichtintensität.

3.5. Unsichtbares Licht

Photozellen, photographische Filme und andere lichtempfindliche Geräte zeigen manchmal auch dann Licht an, wenn das Auge nichts mehr sieht. Bild 3.2 zeigt die Aufnahme eines gewöhnlichen Bügeleisens, die in einem vollkommen dunklen Raum mit einem Spezialfilm gemacht wurde. Offenbar sendet das Bügeleisen „Licht" aus, obwohl wir keinen leuchtenden Körper sehen können. Man kann vermuten, daß dieses ausgesandte Licht mit der Wärme zusammenhängt, die man mit der Hand in der Nähe des heißen Bügeleisens spürt.

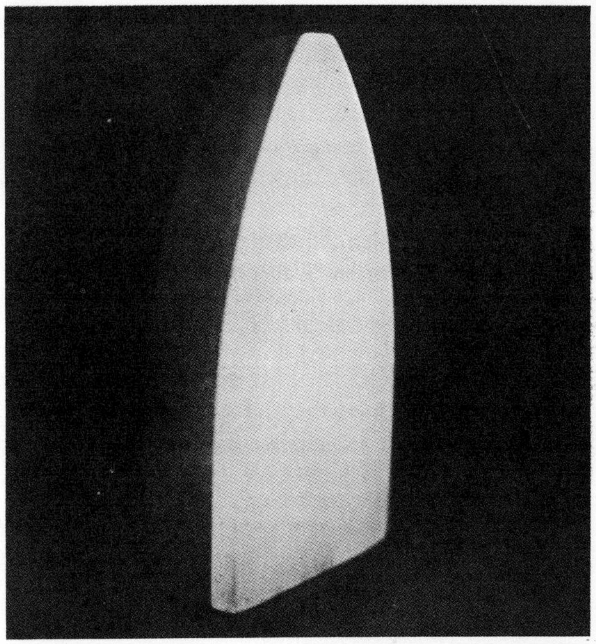

Bild 3.2. Aufnahme eines heißen Bügeleisens in seinem eigenen unsichtbaren „Licht". Wie nennt man das unsichtbare Licht?

Wie wir später sehen werden, besteht diese Vermutung zu Recht: *Wärme*strahlen sind tatsächlich eine Art Licht. Man nennt sie *infrarote* Strahlung. Ein Drittel der Strahlung, die uns von der Sonne erreicht, besteht aus Wärmestrahlung. Fast der ganze Rest ist sichtbares Licht.

Eine gewöhnliche Photozelle kann die Wärmestrahlung ebenso wenig registrieren wie die Netzhaut des Auges. Das kann man zeigen, wenn man die Photozelle in einem dunklen Raum dem heißen Bügeleisen nähert. Obwohl wir von der Aufnahme her wissen, daß das Eisen Wärmestrahlen aussendet, spricht die Photozelle nicht an. Ein anderes Resultat ergibt sich, wenn man als Lichtquelle eine Quecksilberdampflampe verwendet. Gut gebrauchen lassen sich für diesen Zweck die kleinen Lampen, die man in Kühlschränken zur Sterilisation benutzt. (Diese Lampen sind mit einer besonderen Glassorte, nämlich mit Quarzglas, ausgestattet.) Stellt man die Photozelle in der Nähe einer solchen Lampe auf, so wächst die Stromstärke in der Photozelle mit der Intensität des Lichtes. Hält man gewöhnliches Fensterglas, das für sichtbares Licht fast vollkommen durchsichtig ist, zwischen Lampe und Photozelle, so geht die Stromstärke deutlich zurück. Aus diesem einfachen Vorgang läßt sich vieles erkennen. Wir selbst beobachten keinen Unterschied im Licht der Lampe, wenn wir durch die Glasscheibe blicken. Die Photozelle jedoch reagiert unterschiedlich. In dem Licht der Lampe muß offenbar ein Anteil enthalten sein, den das Auge nicht sehen kann und der vom Fensterglas absorbiert wird. Das Spezialglas der Lampe läßt natürlich diese Strahlung hindurch. Sonst würde sie ja nicht auf die Photozelle fallen. Wir werden sehen, daß die Quecksilberlampe *ultraviolettes* Licht zusammen mit sichtbarem Licht aussendet. Diese Strahlung ist nicht nur unsichtbar, sie ist auch gefährlich für das menschliche Auge. Man sollte deshalb vermeiden, in Lichtquellen hineinzusehen, die ultraviolettes Licht erzeugen.

3.6. Geradlinige Ausbreitung des Lichts

Sonne und Sterne sind etwas so Alltägliches für uns, daß wir nur selten an die großen Entfernungen denken, durch die sie von uns getrennt sind. Die Sonne ist $1{,}5 \cdot 10^{11}$ Meter von der Erde entfernt, der nächste Stern ist schon dreihunderttausend mal so weit entfernt, und unzählige Sterne sind über Entfernungen hinweg zu sehen, die für uns unvorstellbar sind. Alle Informationen, denen wir die Kenntnis des Universums verdanken, kommen zu uns als „schnelle Reiter auf Lichtstrahlen“. Das Licht muß also große Entfernungen durchlaufen und sich durch den leeren Raum hindurch bewegen können.

Genauso vertraut wie die Sonne ist der Schatten, den ihre Strahlen werfen. Was lehrt er uns über das Licht? Wenn wir an einem sonnigen Tage gehen oder laufen, so begleitet uns ständig unser Schatten. Diese einfache Erfahrung zeigt, daß sich das Licht schneller bewegen muß, als wir laufen können, denn der Schatten unseres Kopfes müßte sonst gerade um das Stück hinter uns zurückbleiben, um das wir vorwärts gekommen sind, während sich das Licht vom Kopf bis zum Boden bewegt. Auch die Form des Schattens offenbart einiges über die Natur des Lichtes. In Bild 3.3 sind einige Schattenpunkte mit den entsprechenden Stellen des Gegenstandes verbunden. Die Linien verlaufen fast parallel zueinander und weisen alle auf die Lichtquelle hin. Offensichtlich *breitet sich das Licht geradlinig aus.*

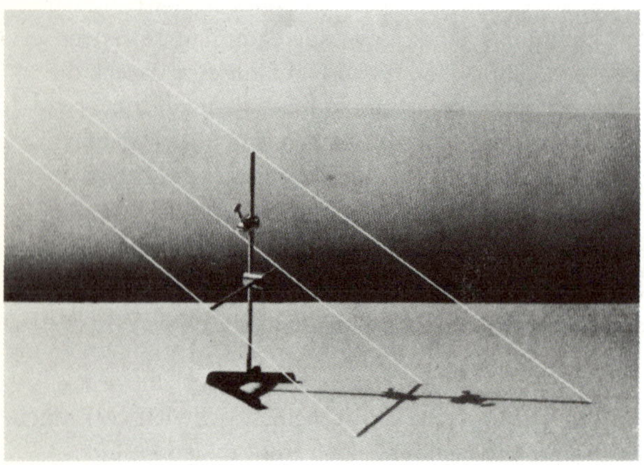

Bild 3.3. Schattenwurf. Die Linien, die Punkte des Schattens mit den entsprechenden Stellen des Gegenstandes verbinden, verlaufen nahezu parallel. Alle Linien zeigen zur Lichtquelle.

3.7. Die Lichtgeschwindigkeit

Fast jeder hat irgendwann einmal den Lärm eines Düsenflugzeugs vernommen, das hoch am Himmel dahinfliegt. Instinktiv blickt man in die Richtung, aus der der Schall kommt. Meistens entdeckt man dann das Flugzeug an einer Stelle, die in Flugrichtung weit voraus vor jener Richtung liegt, aus der der Schall kommt. Soll man nun entscheiden, wo sich das Flugzeug wirklich befindet, so traut man den Augen eher als den Ohren. Und weshalb glauben wir den Augen mehr? Es ist bekannt, daß der Schall einige Zeit braucht, um größere Entfernungen zurückzulegen, und daß sich das Licht sehr viel schneller als der Schall bewegt. Wir nehmen nicht an, daß das Flugzeug die Stelle, an der wir es am Himmel sehen, schon wieder hinter sich gelassen hat. Denn wir sind durch vielerlei Erfahrung davon überzeugt, daß das Licht sich ungeheuer schnell ausbreitet.

Galilei schlug zur *Bestimmung der Lichtgeschwindigkeit* ein Verfahren vor, das Ähnlichkeit mit der Methode zur Messung der Schallgeschwindigkeit besitzt. Zwei mit Lampen ausgerüstete Männer stellten sich nachts in einer abgemessenen Entfernung auf. Der erste ließ seine Lampe aufleuchten und setzte zu gleicher Zeit eine Uhr in Gang; sobald der zweite das Licht erblickt hatte, sollte auch er seine Lampe aufblitzen lassen.

Der erste wiederum stoppte nun seine Uhr, sobald er seinerseits die Lampe des zweiten Mannes aufleuchten sah. Damit – so meinte *Galilei* – hätte er die Zeit gemessen, die das Licht brauchte, um die gesamte Strecke hin und zurück zu durchlaufen. Das Experiment brachte jedoch kein vernünftiges Ergebnis, weil sich das Licht viel zu schnell ausbreitet. Aber es war wiederum auch nicht völlig ergebnislos. Der Mißerfolg hatte gezeigt, daß die Lichtgeschwindigkeit zu groß war, als daß man sie über kurze Entfernungen mit den damals verfügbaren Mitteln messen konnte.

Eine erfolgreiche Methode zur Bestimmung der Lichtgeschwindigkeit wurde zuerst von *Olaf Roemer* im Jahre 1676 vorgeschlagen. Für dieses Verfahren benötigte man keine Präzisionsuhr zur Messung kleiner Zeitspannen. Größere Zeiten lassen sich leichter bestimmen. *Roemer* verlängerte die Zeiten dadurch, daß er den Weg vervielfachte, den das Licht zurückzulegen hatte. Er benutzte astronomische Meßverfahren zur

Bestimmung der Zeit, die das Licht zum Durchlaufen des Erdbahndurchmessers benötigt. *Roemer* beobachtete nämlich die Zeiten, zu denen sich die *Jupitermonde* verdunkelten, sobald sie bei ihrem Umlauf um den Planeten in dessen Schatten eintraten. Die Verdunklungen traten in regelmäßigen Abständen auf. Der hellste Satellit des Jupiters durchläuft seine Bahn in wenig mehr als sieben Tagen und verschwindet einmal während jedes Umlaufs. Als *Roemer* die Durchschnittszeit für einen Umlauf bestimmte, entdeckte er, daß die Verdunklung um 11 Minuten früher eintrat, wenn der Jupiter der Erde am nächsten stand, und wieder um 11 Minuten später, wenn der Jupiter am weitesten von der Erde entfernt war. Dann hatte das Licht die ganze Erdbahn zusätzlich zu durchlaufen. *Roemer* fand aus diesen Beobachtungen keinen sehr guten Wert der Lichtgeschwindigkeit. Seine Zeitmessungen waren sehr ungenau. Außerdem war der Durchmesser der Erdbahn zu seiner Zeit noch nicht genau bekannt. Die große Leistung *Roemers* aber war der Beweis, daß das Licht eine meßbare Zeit braucht, um die Erdbahn zu durchlaufen, daß sich das Licht also mit endlicher Geschwindigkeit ausbreitet.

Spätere Messungen der Verzögerung bei der Verdunklung des Jupitermondes ergaben 16 Minuten und 20 Sekunden, die das Licht für den Erdbahndurchmesser benötigt. Diese Zeit ist sehr viel kleiner als die 22 Minuten, die *Roemer* gemessen hatte. Die durchschnittliche Entfernung der Erde von der Sonne ist bekanntlich $1{,}47 \cdot 10^{11}$ m. Daher ergibt sich als Lichtgeschwindigkeit

$$c = \frac{2 \cdot 1{,}47 \cdot 10^{11}\ \mathrm{m}}{980\ \mathrm{s}} = 3{,}00 \cdot 10^{8}\ \frac{\mathrm{m}}{\mathrm{s}}\ .$$

Die erste *Bestimmung der Lichtgeschwindigkeit* über Entfernungen, die *auf der Erdoberfläche* vermessen waren, führte *Armand Fizeau* im Jahre 1848 durch. Dazu mußte eine Vorrichtung erfunden werden, mit der man sehr kurze Zeiten genau messen konnte. Wir werden das Verfahren von Fizeau in Kapitel 5 kennenlernen.

3.8. Lichtbündel und Lichtstrahlen

Bild 3.4 zeigt eine Lichtquelle, die auf ein Stück Papier gerichtet ist. Wir wissen, daß das Licht aus der Lampe stammt, und wir sehen, wie es vom Papier reflektiert wird, aber wir können das Licht nirgends auf dem Wege zwischen Lichtquelle und Papier entdecken. In Bild 3.5 sind kleine Rauchteilchen in den Raum zwischen Lampe und Schirm geblasen. Nunmehr kann man genau den Weg des Lichts erkennen. Die geraden Begrenzungen des Lichtbündels zwischen der Lichtquelle und dem Umriß des Lichtflecks bestärken unsere Vermutung, daß sich das Licht geradlinig ausbreitet. Die Tatsache, daß wir das Lichtbündel ohne den Rauch nicht sehen konnten, ist offenbar ein Hinweis darauf, daß Licht nur dann in unser Auge fällt, wenn wir direkt in die Lichtquelle hineinsehen oder wenn Gegenstände im Weg des Lichtes angeleuchtet werden, die das Licht dann direkt in unsere Augen reflektieren. Im obigen Fall wird das Licht sowohl vom Papier als auch von den Rauchteilchen reflektiert. Beide wirkten wie eine neue Lichtquelle, von der das Licht dann geradlinig in unsere Augen gelangt.

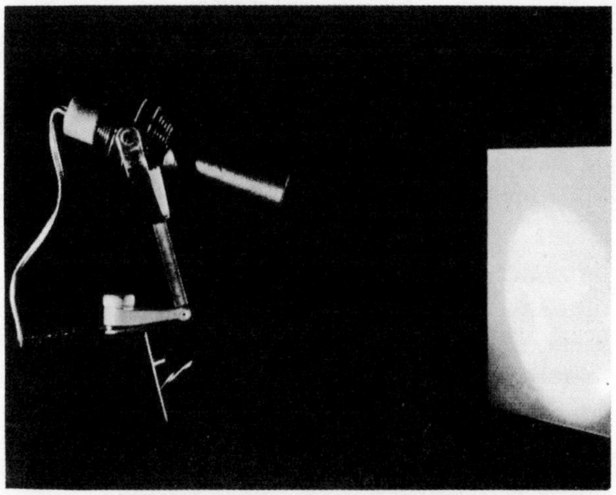

Bild 3.4. Lichtstrahlen sind unsichtbar. Hier sieht man die Lichtquelle und den hellen Fleck auf dem weißen Karton in der Reflexion, aber man erkennt kein Licht zwischen Lichtquelle und Objekt.

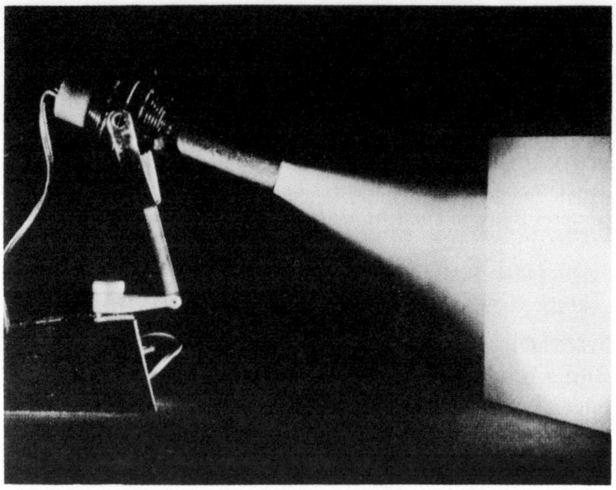

Bild 3.5. Enthält die Luft kleine Staubteilchen, so kann man das Lichtbündel auf diesem Wege von der Lichtquelle zum Karton deutlich sehen. Man vergleiche die Aufnahme mit Bild 3.4.

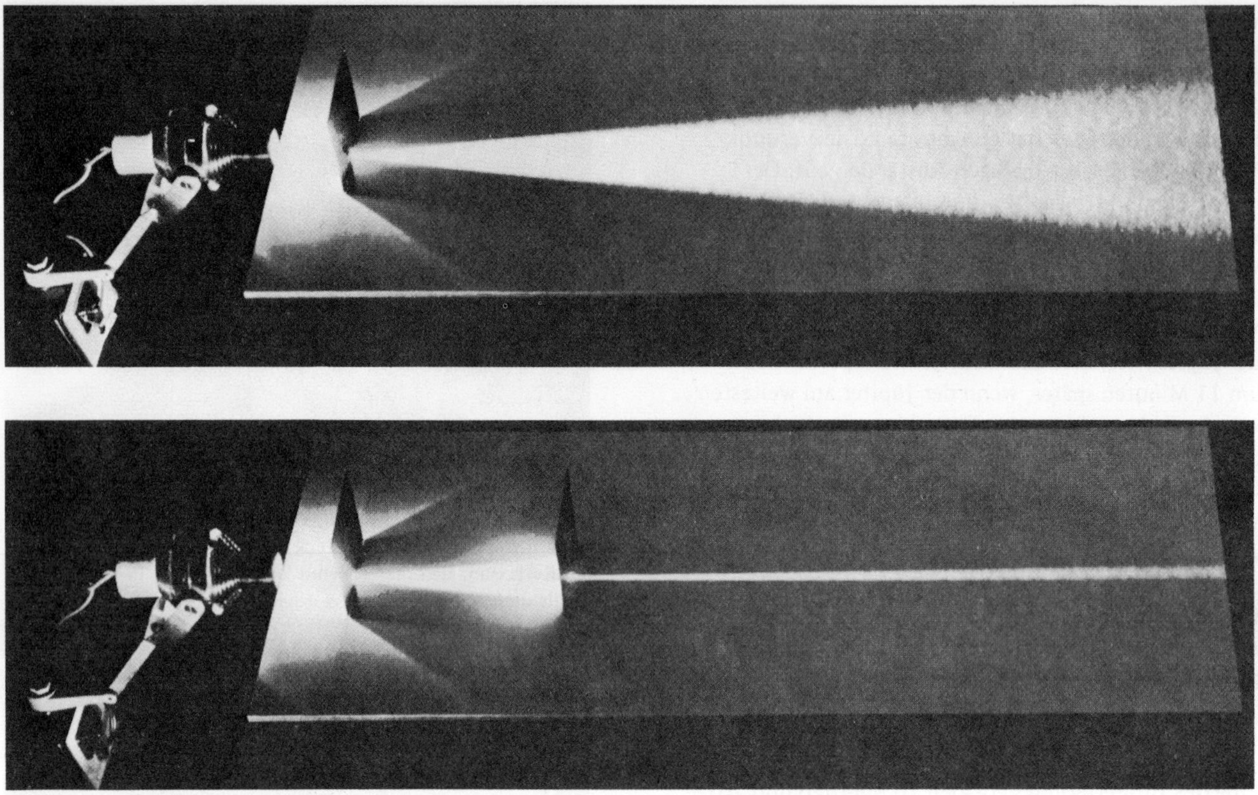

Bild 3.6. Lichtbündel und Lichtstrahl. Im oberen Bild fällt Licht aus einer punktförmigen Lichtquelle auf einen Schirm und bildet nach dem Durchgang durch ein enges Loch ein kegelförmiges Lichtbündel. Läßt man das Bündel zum zweiten Male eine enge Öffnung passieren (unteres Bild), so entsteht im Zusammenwirken mit der ersten Öffnung ein dünner Lichtstrahl.

Bild 3.6 (oben) zeigt ein *Lichtbündel,* das durch ein enges Loch, eine Blende, gebildet wird. Wir sehen im oberen Bild, wie sich ein kegelförmiges Lichtbündel ausbildet. Man überlege, weshalb sich ein Kegel und kein Zylinder ergibt. Die Kegelachse verläuft durch den Mittelpunkt der Lichtquelle und den Mittelpunkt der Blendenöffnung. (Die Kegelachse ist die Linie, die die Spitze des Kegels mit dem Mittelpunkt seiner Basisfläche verbindet.)

Stellt man zwei Schirme mit engen Blenden hintereinander auf (Bild 3.6 unten), so erhält man ein sehr enges Lichtbündel, das man als *Lichtstab* bezeichnen könnte. Zur Vereinfachung stellt man sich den Lichtstab schmaler und dünner vor, als man ihn in Wirklichkeit erzeugen kann. Der feinste Lichtstab, den wir uns vorstellen können, ist eine gerade Linie. Diesen Grenzfall des Lichtstabs bezeichnet man als *Lichtstrahl.*

Häufig zieht man mit einigen Strahlen den Lichtweg nach, durch den beispielsweise in Bild 3.3 der Schatten gebildet wird. Im Licht, das offenbar von der Oberfläche der Lichtquelle ausgeht und sich in alle Richtungen ausbreitet, sind diese gezeichneten Strahlen natürlich nicht zu erkennen. Sie sind aber in ähnlichem Sinne nützlich wie die Konstruktionslinien in der Zeichnung eines Architekten, doch „sind" sie ebensowenig Licht, wie die Linien des Architekten Wände oder Fenster sind. *Das Licht selbst besteht nicht aus Strahlen, sie sind unsere gedankliche Schöpfung.* Mit ihrer Hilfe beschreiben wir den Weg des Lichtes.

Treffen Lichtstrahlen oder Lichtbündel auf Gegenstände, die das Licht reflektieren, so wirken diese Gegenstände wie neue Lichtquellen. Das Licht tritt also in Wechselwirkung mit den Objekten, die auf seinem Wege liegen. Das Licht wirkt auf die Materie, und die Materie hat Einfluß auf das Verhalten des Lichts. Daher ist nun die Frage, ob sich auch Lichtstrahlen gegenseitig beeinflussen können. Bild 3.7 zeigt die Antwort: Die Lichtbündel zweier verschiedener Lichtquellen gehen durch dieselbe Öffnung. Jedes Bündel verhält sich dabei so, als ob das andere nicht vorhanden wäre.

Im allgemeinen werden sich die Lichtbündel von zwei oder mehr Lichtquellen so ausbreiten, als ob jeweils das andere nicht existiert. Diese Unabhängigkeit in

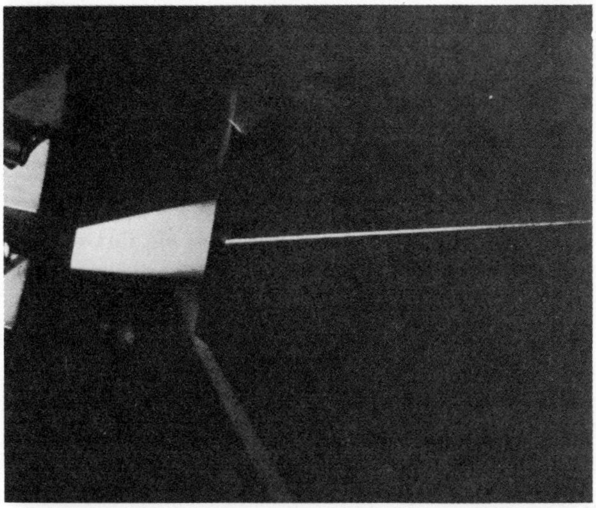

Bild 3.7. Zwei Lichtstrahlen durchsetzen sich gegenseitig, ohne sich dabei zu behindern.

der Ausbreitung des Lichts ist sehr wichtig. Sonst wäre die Untersuchung von Lichtstrahlen, die von verschiedenen Lichtquellen oder von verschiedenen Teilen einer Lichtquelle stammen, von geringem Wert. Zeichnet man zum Beispiel die Richtungen zweier Wasserstrahlen nach, so kann man daraus nicht schließen, wie sich die beiden Strahlen verhalten, wenn sie sich treffen. Licht aus mehreren Lichtquellen breitet sich unabhängig voneinander aus, als ob es allein vorhanden wäre. Den Schatten, den das Licht zweier Lichtquellen wirft, kann man daher in der Weise konstruieren, daß man jeweils für das Licht der beiden Lichtquellen unabhängig voneinander die Lichtstrahlen zeichnet.

3.9. Orten von Gegenständen

Man kann immer die Lage einer punktförmigen Lichtquelle angeben, wenn man die Richtung einiger Lichtstrahlen kennt, die von der Lichtquelle stammen. Man verlängert zwei oder mehrere der Strahlen rückwärts. Dort, wo sie sich schneiden, liegt die Lichtquelle. Trifft ein Lichtkegel aus einer solchen punktförmigen Lichtquelle auf unser Auge, so verändern wir sofort unbewußt die Form unserer Augenlinse, so daß die Strahlen fokussiert werden und wir das Bild der Lichtquelle klar erkennen. Dieser Vorgang, den man als Akkomodation bezeichnet, gibt dieselbe Information, als wenn man die Strahlen nach rückwärts verlängert. Unter bestimmten Umständen benutzen wir diese Information, ohne uns dessen bewußt zu werden, und schätzen so die Entfernung zur Lichtquelle ab.

Entfernungen kann man mit zwei Augen besser als mit einem schätzen. Man überzeugt sich davon leicht durch folgenden Versuch (Bild 3.8): Ein Partner hält ein dünnes Drahtstück so, daß sich in der Nähe keine anderen Gegenstände befinden. Dann versuche man mit einem gleichen Draht die Spitze des anderen Drahts zu berühren. Beide Personen stehen soweit auseinander, daß sie sich noch gut erreichen können. Die Erfahrung zeigt, daß der Versuch mit bemerkenswerter Genauigkeit gelingt. Nun wiederholt man das Experiment und verdeckt dabei das eine Auge. Erfahrungsgemäß ist es nun sehr viel schwerer, die beiden Enden zur Berührung zu bringen.

Einer der Gründe, weshalb man leichter mit beiden Augen Entfernungen schätzen kann, wird durch diesen Versuch deutlich. Das Licht kommt von der Spitze des Drahtes und erreicht beide Augen aus verschiedenen Richtungen (Bild 3.9). Hier liegt also eine einfache Triangulation vor, von der in Kapitel 1 die Rede war.

Bild 3.8. Ein Versuch, in dem man die Fähigkeit testen kann, mit einem Auge allein Entfernungen abzuschätzen.

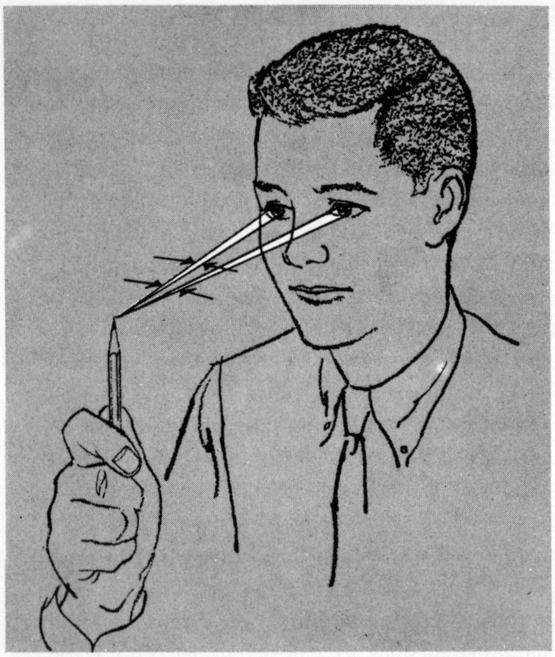

Bild 3.9. Räumliches Sehen. Man schätzt Entfernungen einmal mit Hilfe des Winkels, unter dem beide Augen auf den Gegenstand gerichtet sind, und zum anderen anhand des Öffnungswinkels, den der Kegel des in ein Auge fallenden Lichts bildet.

Deren Basis ist der Abstand beider Augen. Stellt man sich statt der beiden Augen zwei verschiedene Personen vor, so können sie die Entfernung zu einem Objekt dadurch ermitteln, daß sie die Basislinie aufzeichnen, die Winkel zwischen der Basis und den Sehstrahlen, die zum Objekt zeigen, antragen und die Entfernung der Zeichnung entnehmen oder sie mit Hilfe der Trigonometrie berechnen. Natürlich rechnet das Gehirn nicht etwa die Entfernung aus. In langer Erfahrung ist der gesamte Vorgang, beide Augen auf das Objekt zu richten, die Augen zu fixieren und jedes Auge für sich scharf auf den Gegenstand einzustellen, sie also zu fokussieren, immer wieder überprüft. So verbindet man mit dem Vorgang des Fixierens und Fokussierens ein erworbenes Wissen von der Lage des Objekts. Man kann mit zwei Augen die Entfernung genauer angeben als nur mit einem.

Befinden sich andere Gegenstände in der Nähe des Objekts, dessen Entfernung man schätzen will, so kann man den Abstand leichter bestimmen. Benutzt man statt der beiden Drähte in Bild 3.8 Klötze, so kann man sie eher zusammenführen. In diesen Situationen macht sich das Gehirn andere Tatsachen zunutze. So entsteht z.B. von einem Holzstück im Gegensatz zu den Drähten dadurch ein dreidimensionales Bild, daß beide Augen von dem Holzstück eine wenn auch nur geringfügig voneinander abweichende Ansicht gewinnen. Die Bilder in beiden Augen unterscheiden sich umso mehr, je näher die Gegenstände heranrücken. Auch Größe und Lage von Dingen in der Umgebung der zu vermessenden Objekte helfen dem Gehirn, die Entfernung des Drahtes leichter anzugeben.

Es gibt eine Reihe von Anhaltspunkten wie die Größe von bekannten Objekten, ihren Schatten oder ihre Bewegung, die Schlüsse auf die Entfernung eines Gegenstandes zulassen. Sind solche Hilfen vorhanden, ist es nicht so wichtig, mit jedem einzelnen Auge den Gegenstand genau zu erfassen und daraus sowie aus der Stellung der Augen zueinander auf die Entfernung zu schließen. Nur bei kurzen Abständen verläßt man sich gerne auf diese mehr physikalischen Methoden zur Entfernungsbestimmung.

Aufgaben

1.* Welche der folgenden Gegenstände sind unter normalen Bedingungen selbstleuchtend?

Photoapparat	Chromteile des Autos
Leuchtkäfer	Elektrischer Heizofen
Blitzlichtlampe	Diamant
Spiegel	

2.* Wie kann man feststellen, ob ein Körper selbstleuchtend ist oder nicht?

3. Man untersuche, ob das Licht, das von einer farbigen Glasplatte reflektiert wird, die Farbe des Glases annimmt.

4.* Der Gegenstand A erscheint im weißen Licht weiß, der Gegenstand B im selben Licht grün. Wie sehen beide im roten Licht aus?

5. Wie wir gesehen haben, läßt Glas nicht alles einfallende Licht durch, obwohl es durchsichtig ist, sondern absorbiert einen Teil.

   Gilt das auch für Wasser? Bei der Beantwortung führe man Beobachtungen an, die die Behauptung stützen.

6. Die Farbe der Sonne ändert sich scheinbar. Bei Sonnenuntergang erscheint sie roter als am Mittag. Welchen Schluß kann man aus dieser Beobachtung ziehen, wenn man berücksichtigt, daß das Sonnenlicht die Atmosphäre durchdringen muß. Kann man dieses Phänomen mit der Tatsache in Beziehung bringen, daß der Himmel blau ist?

7. Bild 3.5 zeigt deutlich, daß der Staub das Licht in unser Auge lenkt, selbst wenn das Licht in seiner ursprünglichen Ausbreitungsrichtung unser Auge nicht erreichen könnte. Davon ausgehend ist zu überlegen, weshalb eine dichte Rauchwolke über uns eher schwarz als hell erscheint.

8. In Kapitel 3 war festgestellt worden, daß die Farbe ein sehr kompliziertes Phänomen ist. Sie hängt von mancherlei Umständen ab, nicht zuletzt von der Beleuchtung des farbigen Gegenstandes und von seiner Oberfläche. Davon kann man sich leicht überzeugen: Man schneide aus hellgrauem Papier oder aus einer Postkarte ein

Quadrat von 2,5 cm Seitenlänge aus und lege es auf ein großes, weißes Papierstück. Dann betrachte man es bei heller Beleuchtung im Abstand von 50 cm.

a) Man beschreibe Farbe und Helligkeit.

b) Man lege das Quadrat in die Mitte eines großen hellroten Papierstücks und beobachte Farbe und Helligkeit unter denselben Bedingungen. Ergibt sich dasselbe wie vorher?

c) Schließlich lege man das Quadrat auf schwarzes Papier. Wie sieht es nun aus?

9. Wie wir sahen, erzeugt ein heller Gegenstand auf einem Film beim Entwickeln einen schwärzlichen Niederschlag aus Silber. Auf diese Weise entsteht das Negativ. Welches Bild entsteht nun nach Entwicklung eines anderen Films, auf den man durch das Negativ hindurch Sonnenlicht fallen ließ?

10. Man bewege dieses Buch auf sich zu, während ein Auge geschlossen gehalten wird. Sobald der Punkt erreicht ist, bei dem die Buchstaben undeutlich werden, messe man die Entfernung. Dann wiederhole man das Experiment mit dem anderen Auge. Sind beide Entfernungen annähernd gleich? Man führe diese Versuche mit Personen verschiedenen Alters durch und stelle die Ergebnisse nach dem Alter zusammen.

a) Gibt es für das Auge eine Grenze, unterhalb der es nicht mehr deutlich zu erkennen vermag?

b) Ist diese Grenze für alle Personen gleich?

c) Ändert sich die Grenze mit dem Alter der Personen?

11.* Warum erscheint in Bild 3.2 die Unterseite des Plätteisens heller als die anderen Teile?

12.* Die Sonnenbräune entsteht durch die ultravioletten Strahlen der Sonne. Kann man in einer Glasveranda braun werden?

13.* „Licht breitet sich geradlinig aus.“ Man nenne Umstände, unter denen diese Aussage nicht stimmt.

14. Wie man sich erinnert, sieht man den Mond durch reflektiertes Sonnenlicht. Wie kann man erklären, daß

a) der um Mitternacht im Osten aufgehende Mond kein Vollmond sein kann,

b) der Neumond nicht lange nach dem Dunkelwerden zu sehen ist.

Man fertige Zeichnungen an, aus denen die gegenseitige Stellung von Sonne, Erde und Mond bei den verschiedenen Mondphasen hervorgeht.

15. Gleichgültig ob man große oder kleine Entfernungen mißt, immer geht man von der Annahme aus, daß sich Licht geradlinig ausbreitet.

a) Beschreiben Sie einen Versuch, welcher beweist, daß das Licht sich geradlinig ausbreitet.

b) Können Sie den Versuch so abändern, daß das unter bestimmten Bedingungen nicht der Fall ist?

16. Man kann gelegentlich totale und gelegentlich ringförmige Sonnenfinsternisse, die durch den Mond erzeugt werden, beobachten. Bei der ringförmigen Sonnenfinsternis bleibt um den Mond herum ein ringförmiges Stück der Sonne zu sehen.

a) Man überlege sich anhand einer Zeichnung von Erde, Mond und Sonne, wie die beiden verschiedenen Arten der Sonnenfinsternis zustande kommen. Bleiben die Abstände von Erde und Mond und von Erde und Sonne immer gleich?

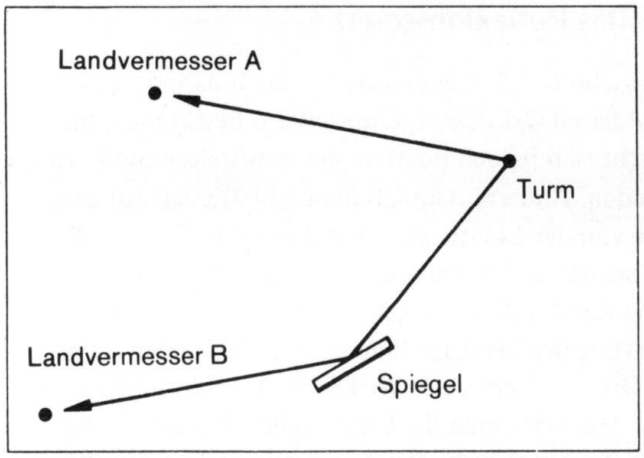

Bild 3.10. Zur Aufgabe 18

b) Der Mond ist etwa 380 000 km von der Erde entfernt, die Sonne ungefähr 150 000 000 km. Wie groß ist schäzungsweise der Durchmesser der Sonne, wenn der Mond einen Durchmesser von etwa 3400 km hat?

17. Künstliche Satelliten kann man häufig als hell beleuchtete Objekte hoch am Himmel noch lange nach Sonnenuntergang erkennen. Welche Höhe hat ein Satellit, wenn er sich über dem Äquator bewegt und noch zwei Stunden nach Sonnenuntergang genau über dem Beobachter zu sehen ist?

18.* Zwei Landvermesser bestimmen den Ort eines Turmes mit Hilfe einer Triangulation. Einer von ihnen wird durch einen Spiegel getäuscht, wie man in Bild 3.10 sehen kann. An welchem Ort vermuten sie den Turm?

19. a) Wie lange braucht das Licht von der Sonne bis zur Erde?

b) Wie groß ist die Entfernung zum nächsten Stern, dessen Licht die Erde in 4,3 Jahren erreicht?

c) Warum ist es bequemer, die Entfernung der Sterne in Lichtjahren und nicht in Metern oder Kilometern auszudrücken?

20. Radiowellen durchqueren den leeren Raum oder die Luft mit derselben Geschwindigkeit wie das Licht.

a) Welche Zeit braucht ein Funksignal für die $4{,}8 \cdot 10^3$ km lange Strecke von New York nach San Franzisko?

b) Ein Radargerät, das Radiowellen besonderer Art aussendet, empfängt 2,7 s nach Aussenden das vom Mond reflektierte Signal. Wie kann man aus diesem Experiment die Entfernung Erde-Mond berechnen?

21. a) Wie macht sich bei einer Unterhaltung zwischen einem Weltraumfahrer auf dem Mond und der Bodenstation auf der Erde bemerkbar, daß Radiowellen 2,7 s für den Weg zum Mond und zurück benötigen?

b) Man überlege das gleiche für einen Astronauten auf dem Mars, einmal wenn der Planet der Erde am nächsten steht und dann wenn er am weitesten von der Erde entfernt ist. (Die Entfernung von der Erde zur Sonne beträgt $1{,}5 \cdot 10^{11}$ m, die von der Sonne zum Mars ist $2{,}3 \cdot 10^{11}$ m.)

c) Wie sieht dasselbe für einen Weltraumfahrer aus, der zum nächsten Fixstern gefahren ist, von dem uns das Licht in 4,3 Lichtjahren erreicht?

4. Reflexion und Brechung

4.1. Das Reflexionsgesetz

In Abschnitt 3.9 ging es ausschließlich darum, den *scheinbaren Ort einer Lichtquelle* zu bestimmen. Sie braucht sich jedoch nicht an der ermittelten Stelle zu befinden. Ändern nämlich die Lichtstrahlen auf dem Wege von der Lichtquelle zum Auge ihre Richtung, weil sie beispielsweise unterwegs reflektiert werden (siehe Kapitel 3), so erhält man bei rückwärtiger Verlängerung der ins Auge fallenden Lichtstrahlen nicht den Ort, von dem sie in Wirklichkeit ausgegangen sind. Trotzdem sieht man die Lichtquelle offenbar an der Stelle, an der sich die Verlängerungen schneiden. Was man dort aber wahrnimmt, ist nur das Bild der Lichtquelle, nicht die Lichtquelle selbst.

In Kapitel 3 haben wir nur kurz die *Spiegelbilder* behandelt. Nun sollen die *Gesetze der Reflexion* untersucht werden, nach denen sich die Lage des Spiegelbildes angeben läßt. Bild 4.1a zeigt ein Lichtbündel, das auf eine polierte Metalloberfläche fällt; das Bündel ist durch Rauch sichtbar gemacht. Als erstes bemerkt man, daß das reflektierte Bündel PR fast genau so scharf begrenzt ist wie der *einfallende* Strahl IP. Polierte Metalle, Flüssigkeitsoberflächen und Glasflächen, die in dieser Weise einfallende Lichtstrahlen gebündelt in einer Richtung reflektieren, nennen wir kurz Spiegel. Sie zeigen *regelmäßige Reflexion.* Dagegen zeigen weißes Papier und andere Körper *diffuse Reflexion* (Bild 4.1b).

Zur Untersuchung der *regelmäßigen Reflexion* bringt man ein weißes Stück Pappe in der Weise in den Strahlengang, daß einfallender und reflektierter Strahl wie in Bild 4.2 seine Oberfläche streifen. Dazu muß man die Pappe senkrecht zur Oberfläche des Spiegels halten. Wiederholt man mehrmals den Versuch und ändert dabei die Richtung, unter der der einfallende Strahl die Pappe streift, so erhält man immer wieder das gleiche Ergebnis: Die Pappe (und damit auch die Ebene beider Strahlen) steht immer senkrecht zur reflektierenden Oberfläche.

Als nächstes ziehen wir eine Linie durch die Mitte des rechteckigen Stücks Pappe im rechten Winkel zur unteren Kante. Dann stellen wir die Pappe so senkrecht auf die Oberfläche des Spiegels, daß die Linie in dem Punkt endet, in dem der Lichtstrahl auf den Spiegel trifft. Da sich die Linie auf dem Karton befindet, steht sie in derselben Ebene wie die beiden Lichtstrahlen und damit ebenfalls senkrecht zur Spiegeloberfläche. Diese Beobachtung fassen wir im ersten Teil des Reflexionsgesetzes zusammen:

Wird ein Lichtstrahl an einem ebenen Spiegel reflektiert, so liegen einfallender Strahl, reflektierter Strahl und

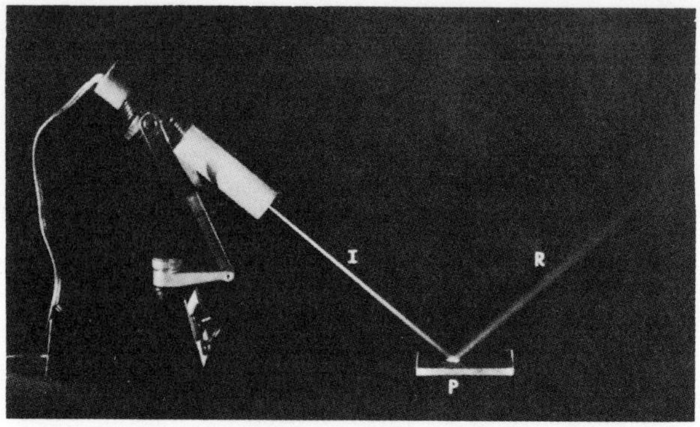

Bild 4.1a. Regelmäßige Reflexion. Ein Lichtbündel trifft auf eine spiegelnde Metalloberfläche und erzeugt ein scharf begrenztes reflektiertes Bündel.

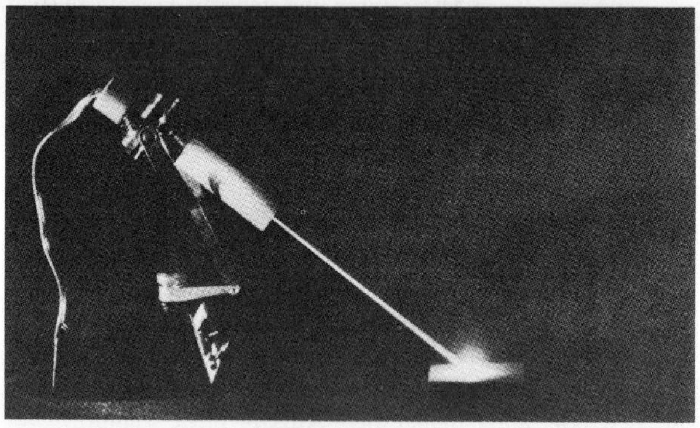

Bild 4.1b. Diffuse Reflexion. Trifft ein Lichtbündel auf ein Stück weißes Papier, so wird das Licht in alle Richtungen zurückgeworfen.

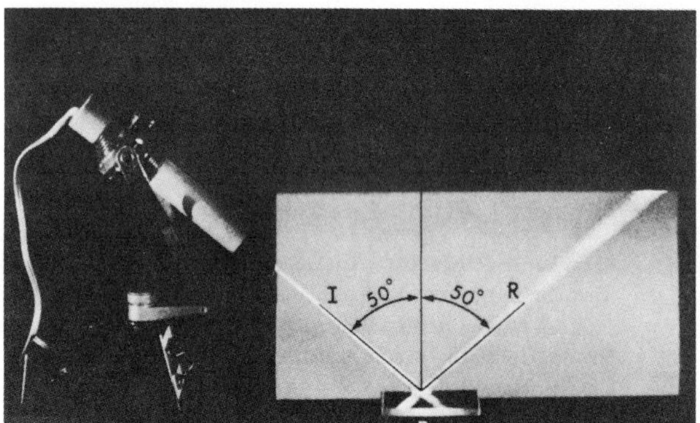

Bild 4.2. Ein Experiment zum Reflexionsgesetz. Einfallender und reflektierter Strahl scheinen sich zu kreuzen. Man sieht aber nur im Spiegel die Bilder der Strahlen auf dem Karton.

Einfallslot (das senkrecht zur Spiegeloberfläche an der Stelle errichtet ist, an der der einfallende Strahl den Spiegel trifft) *in einer Ebene.*

Nun messen wir die Winkel zwischen den Strahlen und dem Einfallslot (Bild 4.2). Es zeigt sich, daß der Winkel zwischen dem reflektierten Strahl und dem Einfallslot, der *Reflexionswinkel,* und der Winkel zwischen dem einfallenden Strahl und dem Einfallslot, der *Einfallswinkel,* immer gleich groß sind. Damit können wir den zweiten Teil des Reflexionsgesetzes formulieren:

Der Reflexionswinkel ist immer gleich dem Einfallswinkel.

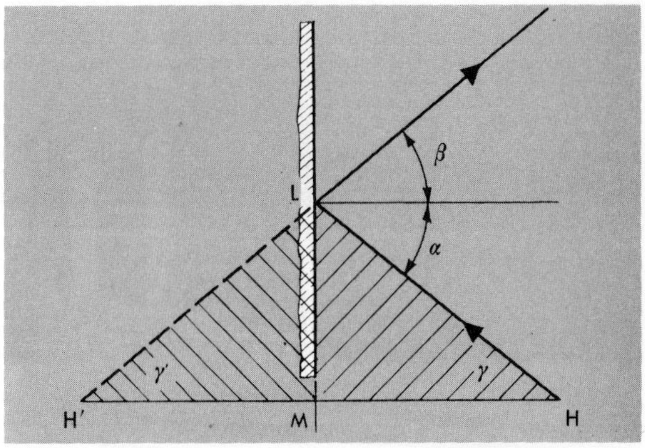

Bild 4.4. Die geometrischen Gesetzmäßigkeiten eines reflektierten Strahls und seiner Verlängerung

4.2. Bilder in ebenen Spiegeln

Die Frage ist, ob man mit Hilfe des Reflexionsgesetzes den Ort und die Art der Bilder in gewöhnlichen Spiegeln auffinden und ihre Eigenschaften vorhersagen kann. In Bild 4.3 ist der Pfeil HT vor einem Spiegel aufgestellt. Wie kommt es nun, daß die Lichtstrahlen, die von einem beliebigen Punkt, z.B. von der Pfeilspitze H, ausgehen, nach der Reflexion im Spiegel ebenfalls von einem einzigen Punkt zu kommen scheinen? Die reflektierten Strahlen wurden genau nach dem Reflexionsgesetz konstruiert. Wie das Bild zeigt, gelangen sie so ins Auge, als ob sie vom Punkt H′ herkämen. Daher vermeint man die Spitze des Pfeils in H′ zu sehen. Ähnlich erkennt man an den weiß eingezeichneten Strahlen, daß der Punkt T am unteren Ende des Pfeils scheinbar in T′ liegt.

Würde nun auch ein dritter Strahl, der von H ausgeht, scheinbar von H′ kommen? Wie würde es mit einem vierten Strahl sein? Wir werden mit Hilfe des Reflexionsgesetzes zeigen, daß alle von H ausgehenden Strahlen scheinbar von H′ herkommen.

Dazu betrachten wir einen bestimmten von H ausgehenden Strahl. Nach dem Reflexionsgesetz liegen dieser Strahl, das Einfallslot und der reflektierte Strahl

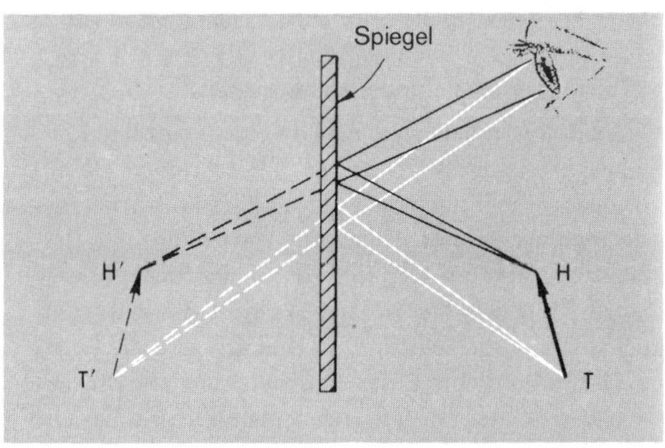

Bild 4.3. Konstruktion des virtuellen Bildes an einem ebenen Spiegel

in einer Ebene. Bild 4.4, das diese Ebene wiedergibt, zeigt den Einfallswinkel α und den gleich großen Reflexionswinkel β. Die Ebene wiederum steht senkrecht zur Spiegeloberfläche. Folglich ist in derselben Ebene auch das Lot von H auf die Spiegeloberfläche enthalten, das im Bild durch die Linie HM dargestellt wird. Die rückwärtige Verlängerung des reflektierten Strahls schneidet die Verlängerung des Lotes im Punkt H′, der auch in derselben Ebene liegt.

Die Winkel γ und γ' in den beiden Dreiecken sind gleich, weil γ und α Wechselwinkel und γ' und β Stufenwinkel an Parallelen sind. Daher stimmen die beiden Dreiecke in den entsprechenden Winkeln überein. Sie besitzen außerdem eine gemeinsame Seite $\overline{LM}$ gegenüber den entsprechenden Winkeln γ und γ'. Darum sind auch die Seiten $\overline{H'M}$ und $\overline{HM}$ gleich. Folglich befindet sich der Punkt H′ ebenso weit hinter dem Spiegel auf dem Lot von H, wie H vor dem Spiegel liegt.

Diese Überlegungen können wir für einen zweiten Strahl wiederholen, der H in anderer Richtung verläßt. Der Punkt L liegt dann an einer anderen Stelle, aber die Punkte H und M bleiben die gleichen. Folglich wird das rechtwinklige Dreieck HML wieder zu dem rechtwinkligen Dreieck H′ML kongruent sein. Somit liegt der Punkt H′ an derselben Stelle wie vorher. Diese Überlegung läßt sich nun auf einen dritten und auf viele weitere Strahlen übertragen. Alle Strahlen, die von H ausgehen und vom Spiegel reflektiert werden, scheinen von H′ zu kommen. Der Punkt H′ ist also das Bild des Punktes H. Dieses Bild H′ liegt auf der Verlängerung des Lotes, das man von H auf den Spiegel fällt. Es liegt genauso weit hinter der Spiegeloberfläche wie H davor.

Bild 4.5. Ortsbestimmung des virtuellen Bildes. Mit diesem Experiment lassen sich die Folgerungen aus dem Reflexionsgesetz überprüfen

Bild 4.6. Mehrfache Reflexion an zwei Spiegeln. Eine Kerze und ihre drei Spiegelbilder. Wie kommen die Bilder zustande?

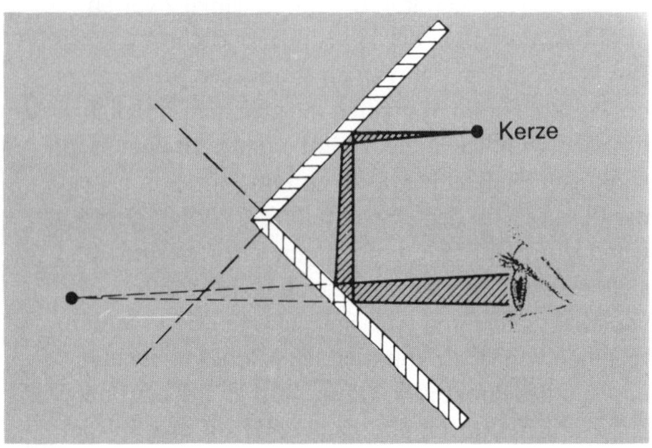

Bild 4.7. Konstruktion eines Bildes bei zweifacher Reflexion

Fassen wir das Ergebnis zusammen: Alle Strahlen, die von einem Punkt H ausgehen und vom Spiegel reflektiert werden, scheinen von dem Punkt H' des Lotes von H auf den Spiegel zu kommen. Der Punkt H' liegt ebenso weit hinter dem Spiegel wie H davor. Für das Auge scheint sich in H' eine punktförmige Lichtquelle zu befinden. Diesen Punkt H' nennt man den *Bildpunkt* von H.

Mit derselben Überlegung lassen sich die Bilder für alle Punkte eines Pfeils finden. Damit ist dann das vollständige Bild des Pfeils angegeben. Jeder Punkt des Bildes liegt genau dem zugehörigen Punkt des Gegenstandes gegenüber und ist gleichweit vom Spiegel entfernt. Bild und Gegenstand sind also von genau gleicher Größe und Gestalt.

Bei dieser Konstruktion des Bildes haben wir die reflektierten Strahlen nach rückwärts hinter den Spiegel verlängert. Selbstverständlich würde man aber das Licht, das vom Gegenstand kommt, hinter dem Spiegel nicht nachweisen können. Der Spiegel bewirkt also, daß die Strahlen von den Punkten des Bildes zu kommen scheinen. Da dies in Wirklichkeit nicht der Fall ist, sprechen wir von einem *virtuellen Bild*. Wir gebrauchen diesen Ausdruck zur Unterscheidung von dem *reellen Bild*, das wir später kennenlernen.

Den scheinbaren Ort des virtuellen Bildes haben wir mit Hilfe des Reflexionsgesetzes ermittelt. Das Ergebnis dieser Herleitung kann man leicht durch ein Experiment bestätigen. Ein kleiner Spiegel steht senkrecht auf einem Tisch. Vor ihn stellt man einen Gegenstand auf, der höher als der Spiegel ist (Bild 4.5). Einen zweiten Gegenstand von gleicher Gestalt und gleicher Höhe bewegt man dann hinter dem Spiegel solange hin und her, bis sein oberer Teil, der über dem Spiegel hinweg zu sehen ist, als Fortsetzung des Bildes erscheint, ganz gleich aus welcher Richtung man Bild und Gegenstand auch betrachtet. Der Gegenstand hinter dem Spiegel befindet sich dann an derselben Stelle wie das virtuelle Bild. Durch Nachmessen kann leicht bestätigt werden, daß dieser Ort dem mit dem Reflexionsgesetz gefundenen entspricht.

Wir sind nun in der Lage, die von einem einzelnen Spiegel erzeugten Bilder genau zu beschreiben. Damit können wir aber auch die Spiegelbilder konstruieren, falls mehrere Spiegel gleichzeitig vorhanden sind. Beispielsweise erkennt man in Bild 4.6 eine Kerze und ihre drei Spiegelbilder in zwei Spiegeln, die senkrecht zueinander aufgestellt sind. In Bild 4.7 wird die Lage des Bildes konstruiert, dessen Entstehung am schwierigsten zu verstehen ist. Verlängert man die Strahlen, die unser Auge treffen, rückwärts und wendet das Reflexionsgesetz an, so sieht man, daß die Strahlen tatsächlich von der Kerze ausgehen.

4.3. Brechung

Zur Untersuchung der Reflexion hatten wir eine Versuchsanordnung aufgebaut, in der wir die Lichtbündel einzeln verfolgen konnten. Durch systematische Beobachtung und Überlegung gelangten wir zum Reflexionsgesetz. Auf Grund dieses Gesetzes können wir nun umgekehrt die Bildentstehung in ebenen Spiegeln erklären. Damit haben wir einen großen Bereich von Erscheinungen auf ein einfaches Gesetz zurückgeführt und ihre Vielfältigkeiten vereinfacht. Das Gesetz stellt ein leistungsfähiges Hilfsmittel dar, mit dem sich Voraussagen machen lassen. Es wäre sehr schwierig und mühsam, die Eigenschaften der unendlich vielen Bilder, die man mit ebenen Spiegeln bei den verschiedensten Stellungen des Objektes erzeugen kann, aufzuschreiben und zu behalten. Weiß man jedoch, wie das Reflexionsgesetz anzuwenden ist, so kann man bis ins einzelne das Bild beschreiben, das von einer beliebigen Kombination ebener Spiegel erzeugt wird.

Eine ähnliche Untersuchung soll nun eine ebenso einfache Erklärung für eine zweite Gruppe von optischen Erscheinungen liefern. Tritt Licht in einen durchsichtigen Stoff ein oder verläßt es ihn, so ändern die Lichtstrahlen im allgemeinen ihre Richtung. Daß das einzelne Lichtbündel beim Übergang von einem zum anderen Stoff geknickt wird, bezeichnet man als *Brechung* des Lichtes.

In Bild 4.8 ist ein Meterstab in einen Behälter mit klarem Wasser getaucht. Der scheinbare Knick des Stabes an der Eintrittsstelle ins Wasser deutet darauf hin, daß mit dem Licht auf dem Wege vom Stab zum Photoapparat einiges geschehen ist. Ein anderes Beispiel für die gleiche Erscheinung ist in Bild 4.9a zu sehen. Rechts liegt eine Münze in einem leeren Gefäß, links dagegen befindet sich eine vollkommen gleiche Münze auf dem Boden eines ebenfalls gleichgroßen und mit Wasser gefüllten Behälters. Beide Münzen sind nacheinander photographiert (Bild 4.9b). Die im Wasser liegende Münze scheint nicht so weit vom Photoapparat entfernt zu sein als die andere. Die Erscheinungen der „schwimmenden" Münze und des „geknickten" Stabes sind darauf zurückzuführen, daß das Licht immer dann seine Richtung ändert, wenn es von einer Stoffart – hier ist es das Wasser oder das Glas – kommt und in ein anderes Medium – hier die Luft – eintritt. Die Wirkung der Lichtbrechung wird zwar in diesen Beispielen sehr anschaulich gezeigt, doch kann man aus beiden Versuchen wenig über den Weg eines einzelnen Lichtstrahls entnehmen. Wir vereinfachen daher die Untersuchung, indem wir eine Versuchsanordnung benutzen, bei der wir den Lichtweg eines einzelnen schmalen Lichtbündels verfolgen können (Bild 4.10).

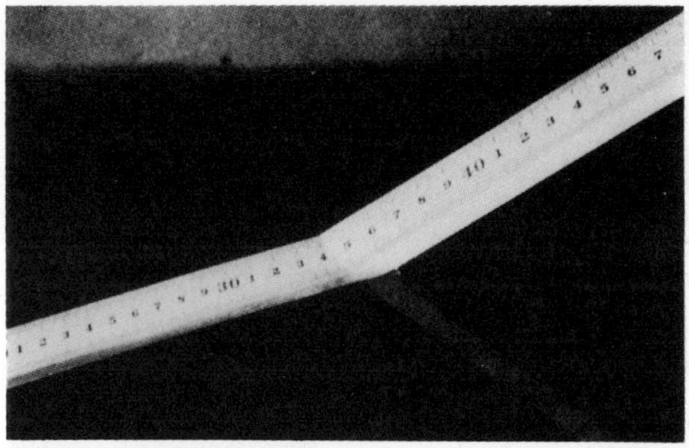

Bild 4.8. Auf dieser Photographie ist deutlich die Brechung zu sehen, die scheinbar der Meterstab beim Eintritt ins Wasser erfährt. Der graue Streifen nach rechts unten entsteht durch Reflexion.

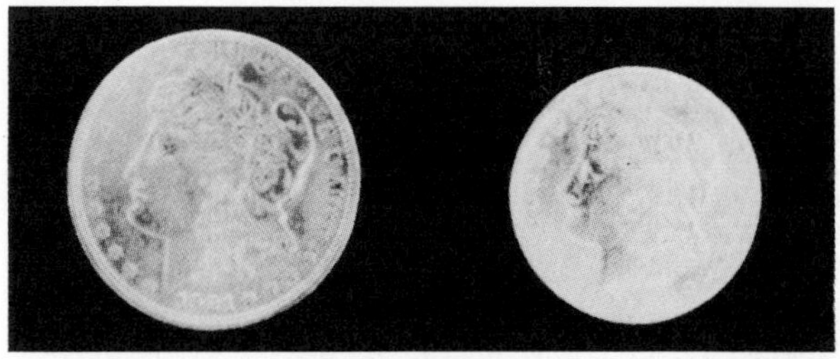

Bild 4.9a. Die „schwimmende" Münze, aufgenommen mit der Apparatur nach Bild 4.9b

Bild 4.9b. Stellung von Kamera und Behälter bei der Aufnahme der „schwimmenden" Münze (siehe Bild 4.9a)

Bild 4.10. Ein Lichtbündel beim Übergang von Luft in Wasser

Die Photographie zeigt ein Lichtbündel, das aus der Luft in das Wasser eines Glasbechers eintritt. Man erkennt, daß der Strahl unmittelbar an der Wasseroberfläche seine Richtung ändert und daß ein Teil des Lichtes an der Oberfläche reflektiert wird.

Den ankommenden Strahl bezeichnet man als *einfallenden* Strahl. Der Winkel zwischen diesem Strahl und dem Einfallslot, der Normale auf der Wasseroberfläche im Auftreffpunkt, heißt *Einfallswinkel.* Den nach der Brechung in das Wasser eintretenden Strahl nennt man *gebrochenen Strahl.* Der Winkel, den der gebrochene Strahl mit der Normalen bildet, heißt *Brechungswinkel.*

Stellt man wie in Bild 4.10 einen Winkelmesser aus weißem Plastik in das Aquarium, so kann man die Strahlen genauer verfolgen. Steht der Winkelmesser senkrecht zur Wasseroberfläche, so daß der einfallende Strahl ihn streifend berührt, so geht auch der gebrochene Strahl eben an der Fläche des Winkelmessers entlang. Wir wiederholen dieses Experiment unter verschiedenen Einfallswinkeln und mit verschiedenen Stoffen. In den meisten Fällen kommen wir zum gleichen Ergebnis, das wir in einem ersten Teil des *Brechungsgesetzes* zusammenfassen:

Einfallender Strahl, gebrochener Strahl und Einfallslot liegen in einer Ebene[1]).

[1]) In einigen kristallinen Stoffen liegen einfallender Strahl, gebrochener Strahl und Einfallslot nicht in einer Ebene.

4.4. Messende Versuche zur Brechung

Der zweite Teil des Reflexionsgesetzes sagt aus, daß Einfallswinkel und Reflexionswinkel gleich groß sind. Wir fragen nun, ob aus Experimenten eine ähnliche Beziehung zwischen dem Einfallswinkel und dem Brechungswinkel zu gewinnen ist.

Will man zu einigermaßen genauen Messungen beider Winkel kommen, so braucht man dünnere Lichtbündel als in Bild 4.10, durch die einzelne Strahlen angenähert werden. Man muß den Einfallswinkel in einem weiten Bereich ändern und dazu die Brechungswinkel messen. Schließlich muß man verschiedene Stoffe benutzen, um ein allgemeines Gesetz zu formulieren.

Bild 4.11 zeigt, wie man die Versuche mit den beiden Stoffen Luft und Glas ausführt. Man baut eine Lichtquelle so auf, daß man sie leicht um einen Winkel von 90° drehen kann. Sie muß so justiert sein, daß das schmale Lichtbündel die Oberfläche des Winkelmessers streift, damit der Lichtweg deutlich zu sehen ist. Ein halbkreisförmiges Stück Glas wird in den Weg des Lichtbündels gebracht und dient als zweites Medium. Seine Rückseite ist leicht angerauht und weiß gestrichen, so daß man den Lichtstrahl auch auf seinem Weg durch das Glas erkennen kann. Der Halbzylinder ist so auf einer Scheibe mit Winkeleinteilung angebracht, daß sich die Mittelpunkte des Halbkreises und der Scheibe decken und die Normale auf die ebene Seite des Halbzylinders durch den Nullpunkt der Winkeleinteilung läuft. Der einfallende Strahl ist genau auf das gemeinsame Zentrum gerichtet. Infolgedessen kann man den Einfallswinkel und den zugehörigen Brechungswinkel auf der Winkelteilung ablesen. In den Abbildungen ist auch der reflektierte Strahl zu sehen. Man überprüft mit seiner Hilfe die genaue Einstellung der Versuchsanordnung.

Mit dieser experimentellen Anordnung der optischen Scheibe sind die Versuche mit den Einfallswinkeln 0°, 10°, . . . , 70° und 80° aufgenommen worden. Einige dieser Aufnahmen zeigt Bild 4.11. Die Ergebnisse sind in der Tabelle 1 (Seite 56) festgehalten. Man betrachte sorgfältig die Aufnahmen und die Tabelle der Meßwerte und versuche die folgenden Ergebnisse zu begründen:

1. Der Brechungswinkel des Lichtes, das von Luft in Glas übergeht, ist immer kleiner als der Einfallswinkel, außer wenn dieser 0° beträgt.
2. Für den reflektierten Strahl gilt das Reflexionsgesetz.
3. Auf dem Wege durch das Glas läuft der Lichtstrahl längs eines Radius und trifft deshalb senkrecht auf die Grenzfläche des Halbzylinders. Er wird daher an dieser Grenzfläche nicht gebrochen,sondern geht in gerader Richtung in Luft weiter.

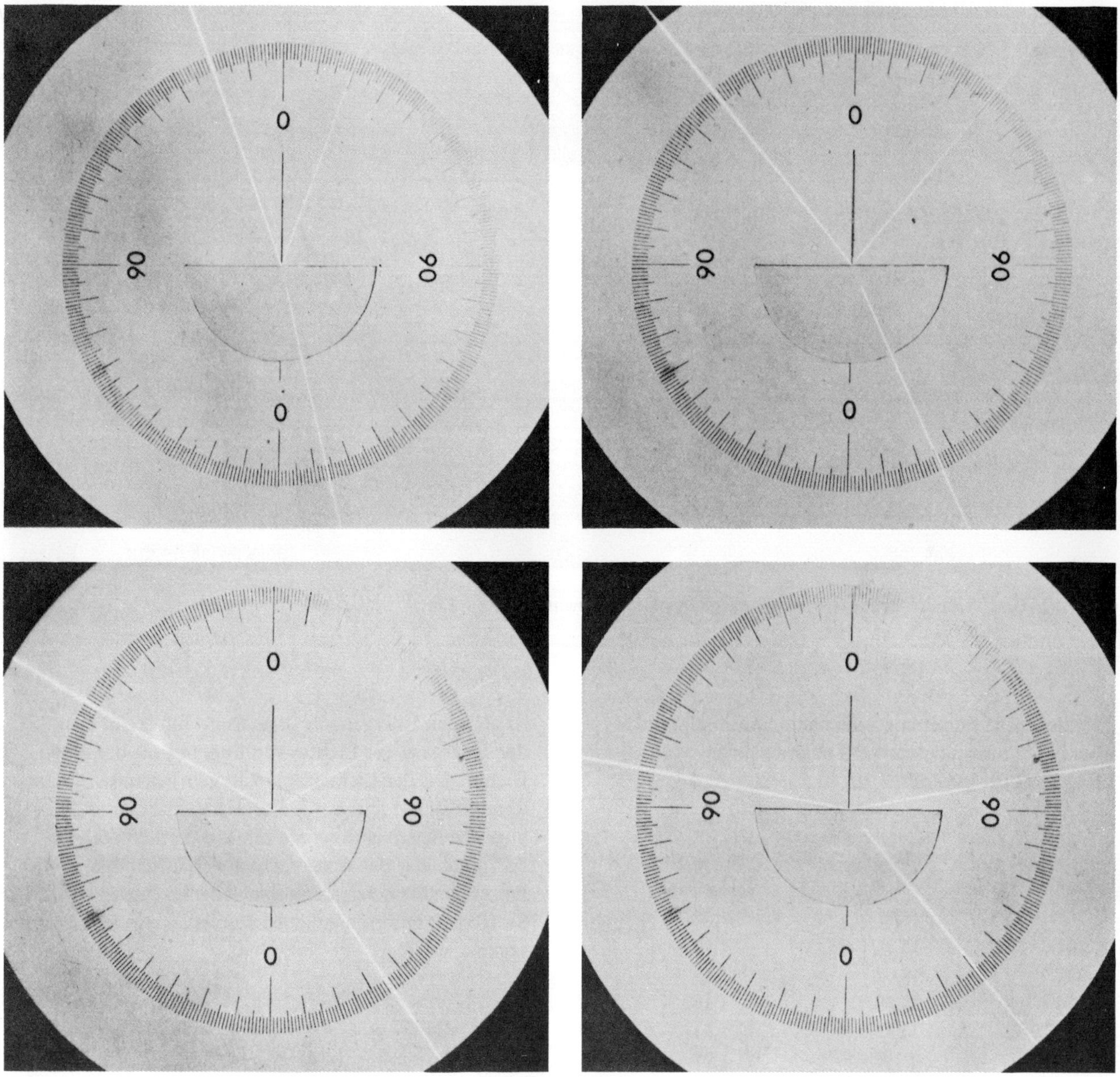

Bild 4.11. Brechung eines Lichtstrahls unter verschiedenen Einfallswinkeln

Jede der drei Feststellungen kann besonders wichtig sein. Im Augenblick wollen wir uns auf die erste konzentrieren und die Beziehung zwischen den Winkeln näher betrachten. Die Tabelle 1 enthält die gemessenen Werte von Einfallswinkel α und Brechungswinkel β. Ohne Frage ist der Brechungswinkel β kleiner als der entsprechende Einfallswinkel α. Man kann nun untersuchen, ob der Quotient $\frac{\alpha}{\beta}$ konstant ist. Wie in der letzten Spalte der Tabelle 1 zu sehen ist, ändert sich der Quotient von 1,5 bei kleinen Winkeln bis auf über 1,9, wenn $\alpha = 80^\circ$ ist. Der Quotient ist also nicht konstant, jedoch wächst der Brechungswinkel in regelmäßiger Weise mit dem Einfallswinkel. Das wird durch den Graph im Bild 4.12 deutlich. Hier ist der Brechungswinkel β in Abhängigkeit vom Einfallswinkel α aufgetragen. Der Graph entsteht, wenn man die Meßpunkte der Tabelle 1 in einem durchgehenden Kurvenzug miteinander verbindet.

Die Kurve läßt sich benutzen, um den Brechungswinkel bei gegebenem Einfallswinkel abzulesen. Beispielsweise kann man dem Graph den Brechungswinkel für den Einfallswinkel 45° entnehmen. Aus der Zeichnung

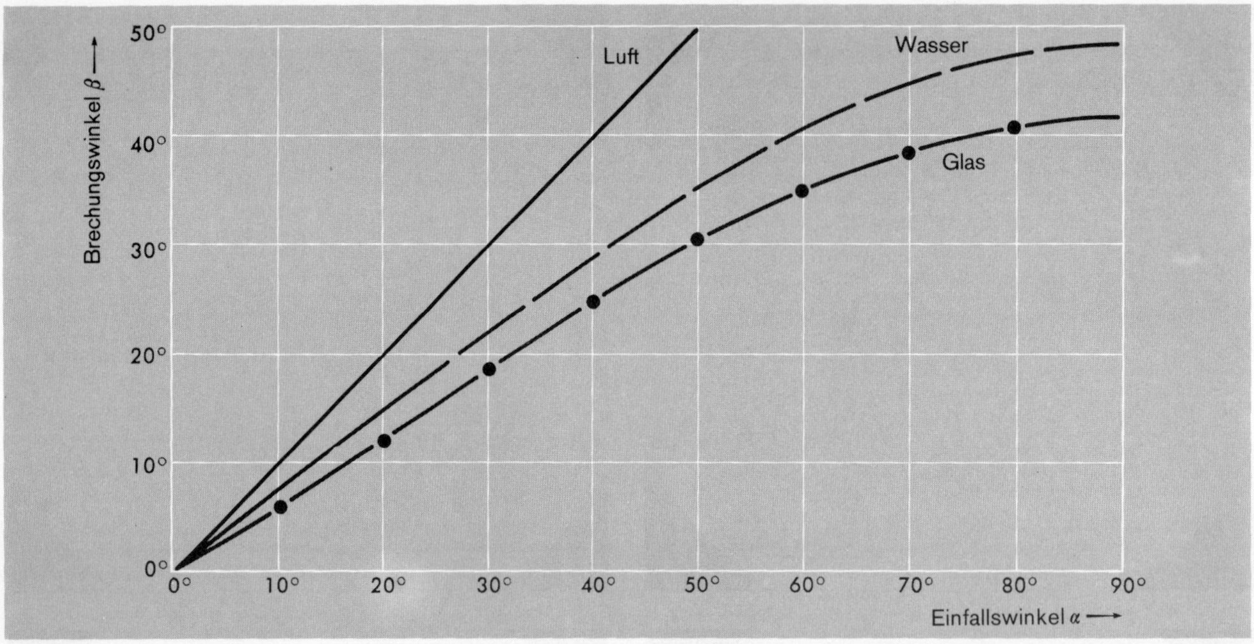

Bild 4.12. Graphische Darstellung der Abhängigkeit des Brechungswinkels β vom Einfallswinkel α

Tabelle 1: Die Beziehung zwischen dem Einfallswinkel α und dem Brechungswinkel β beim Übergang von Licht aus Luft in Glas

Einfallswinkel α	Brechungswinkel β	Quotient $\frac{\alpha}{\beta}$
0°	0 °	unbestimmt
10°	6,7°	1,50
20°	13,3°	1,50
30°	19,6°	1,53
40°	25,2°	1,59
50°	30,7°	1,63
60°	35,1°	1,71
70°	38,6°	1,81
80°	40,6°	1,97

lesen wir $\beta = 27{,}8^\circ$ ab. Führen wir mit der Versuchsanordnung, mit der wir auch die Daten der Tabelle 1 gewonnen haben, den entsprechenden Versuch durch, so erhalten wir $\beta = 27{,}6^\circ$ in guter Übereinstimmung mit dem Erwartungswert.

Nun erhebt sich natürlich die Frage, ob die gezeichnete Kurve für alle Kombinationen zweier Stoffe oder nur für den Übergang des Lichtes von Luft in Glas gilt. Dazu machen wir einen weiteren Versuch mit einem anderen Stoffpaar. Die gestrichelte Linie in Bild 4.12 gibt die Meßwerte für den Übergang des Lichtes von Luft in Wasser wieder. Man sieht, daß für einen bestimmten Einfallswinkel α hier der Brechungswinkel β immer größer ist als beim Übergang in Glas. Weiterhin ergibt sich für den Übergang des Lichtes von Luft in Luft derselben Dichte, daß der Lichtstrahl nicht gebrochen wird. Für diesen Fall gilt also $\alpha = \beta$. Man erhält statt einer gebogenen Kurve eine gerade Linie, die im Winkel von 45° gegenüber der Waagerechten verläuft. Insgesamt führen die Messungen an verschiedenen Paaren von Stoffen zu unterschiedlichen Kurven, wenn man β gegen α aufträgt.

4.5. Das Brechungsgesetz

Man kann nun Reihen von ähnlichen Experimenten durchführen und viele verschiedene Stoffe untersuchen. Man wird dann eine ganze Folge ähnlicher Kurven wie in Bild 4.12 zeichnen können. Man könnte mit den Zeichnungen ein Buch füllen und so beschreiben, wie das Licht beim Übergang von irgendeinem Stoff in irgendeinen anderen Stoff gebrochen wird. Aber ein solches Verfahren ist bei weitem nicht so bequem wie ein einziges Gesetz, das die Eigenschaften zusammenfaßt.

Wir haben schon den Quotienten $\frac{\alpha}{\beta}$ untersucht und gefunden, daß er nicht für alle Winkel gleich bleibt. Bild 4.13 zeigt allerdings, daß der Quotient für kleine Winkel praktisch konstant ist. Der Wert des Quotienten beträgt 1,5 für Glas und 1,33 für Wasser. Für größere Winkel geht die Konstanz verloren, der Quotient wächst.

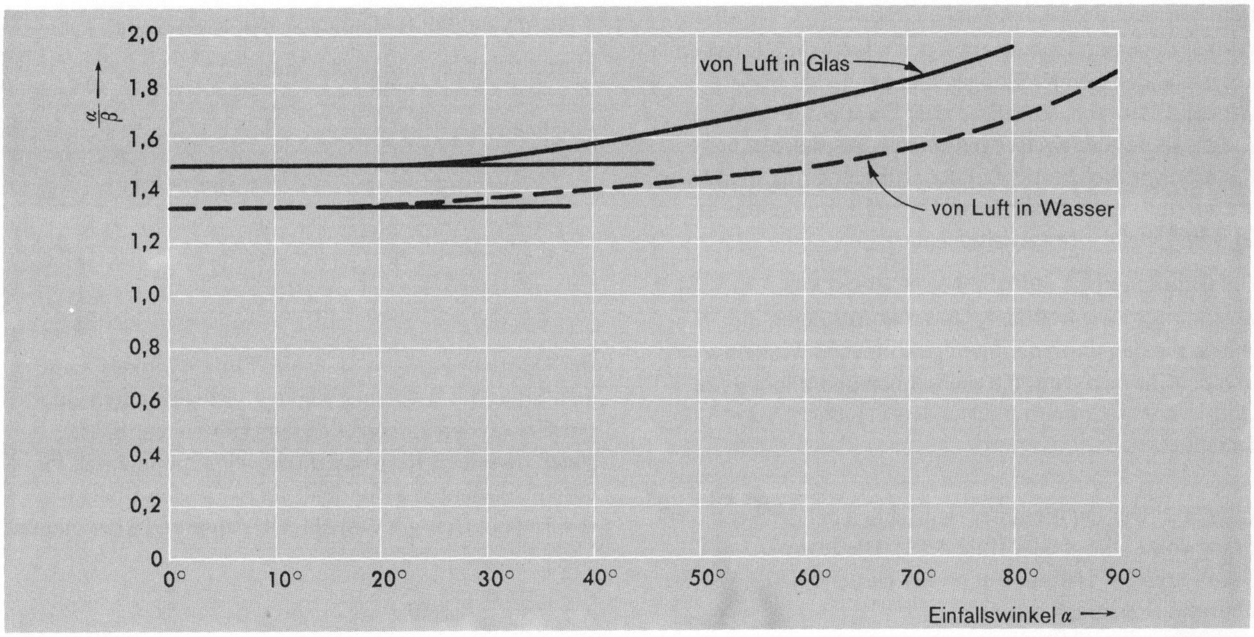

Bild 4.13. Graphische Darstellung der Abhängigkeit des Quotienten aus Einfallswinkel α und Brechungswinkel β vom Einfallswinkel α

Eine Möglichkeit, zu einer allgemeinen Beziehung zwischen α und β zu kommen, besteht darin, einfache Funktionen von α und β zu suchen, deren Quotient für alle Winkel konstant bleibt.

Wir müssen also nach Funktionen fahnden, deren Werte für kleine Winkel den Winkeln proportional sind und für größere Winkel das Anwachsen des Quotienten ausgleichen. Daß solche Funktionen existieren, ist vorläufig noch nicht sicher. Und in der Tat waren Tabellen zur Brechung des Lichtes schon *Ptolemäus* bekannt und tausend Jahre in Gebrauch, bevor das einfache Brechungsgesetz gefunden wurde. Erst 1621 entdeckte *Willebrord Snellius* einen eleganten Weg, mit dem er die Beziehung zwischen den beiden Winkeln beschreiben konnte. Der gleiche Zusammenhang wurde 1638 in der Form, wie wir sie heute benutzen, von *Descartes* veröffentlicht.

Die Entdeckung von *Snellius* und *Descartes* erklären wir anhand von Bild 4.14. In der Figur kommt ein Lichtstrahl aus der oberen Hälfte des Bildes, tritt bei Punkt P ins Glas ein und wird dabei gebrochen. In der Ebene beider Strahlen sei ein Kreis mit dem Mittelpunkt P eingezeichnet. Ebenfalls eingetragen sei die Normale auf der Glasoberfläche als Einfallslot. Die Kreisbögen $\widehat{AB}$ und $\widehat{ED}$ sind proportional zu den Winkeln α und β. Daher gilt

$$\frac{\alpha}{\beta} = \frac{\widehat{AB}}{\widehat{ED}} .$$

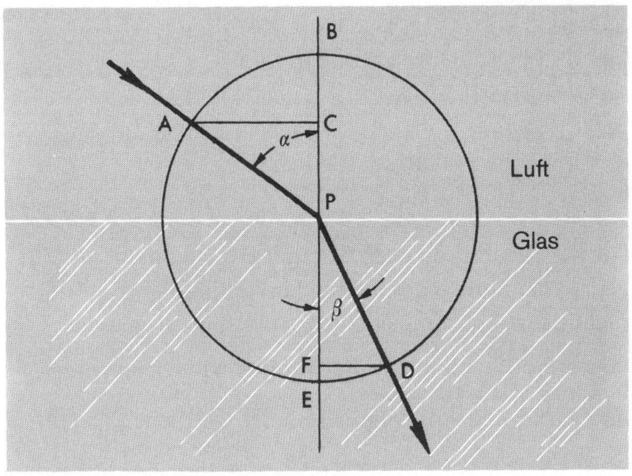

Bild 4.14. Konstruktion zum Brechungsgesetz

Dies ist der Quotient, der in Bild 4.13 aufgetragen wurde und der für kleine Winkel nahezu konstant war, für große dagegen von der Konstanten abwich.

Descartes und *Snellius* schlugen nun vor, eine Beziehung zwischen den beiden Winkeln α und β über den Quotienten der Halbsehnen $\overline{AC}$ und $\overline{DF}$ herzustellen. Sie bildeten für eine Reihe von Winkeln statt $\frac{\widehat{AB}}{\widehat{ED}}$ den Quotienten $\frac{\overline{AC}}{\overline{DF}}$. Für kleine Winkel stimmte der Quotient mit dem der beiden Winkel $\frac{\alpha}{\beta}$ überein, da für kleine Winkel Bogen und Sehne etwa gleich groß sind. Dagegen unterscheiden sich Kreisbogen und Sehne für große Winkel wesentlich, so daß sich der Quotient der Sehnen anders als der der Kreisbögen verhält. Als Beispiel betrachten wir die Quotienten der Halbsehnen für die Werte, die wir aus dem Versuch beim Übertritt des Lichtes in Glas in Tabelle 1 festgehalten haben.

Die Quotienten $\frac{\overline{AC}}{\overline{FD}}$ entnehmen wir einer Folge von Zeichnungen wie in Bild 4.14. Wir konstruieren die Bilder aus den im Experiment gewonnenen Winkeln α und β. Mißt man dann die Halbsehnen und bildet ihren Quotienten, so kommt man zu den Ergebnissen der Tabelle 2.

Tabelle 2: Der Quotient der Halbsehnen bei der Brechung von Licht in Glas (Bild 4.14). Die Konstanz des Quotienten der Halbsehnen (in der letzten Spalte) stellt das Brechungsgesetz dar.

α	$\overline{AC}$ in cm	β	$\overline{DF}$ in cm	$\frac{\overline{AC}}{\overline{DF}}$
10°	3,47	6,7°	2,30	1,50
20°	6,84	13,3°	4,60	1,49
30°	10,00	19,6°	6,71	1,49
40°	12,83	25,2°	8,52	1,51
50°	15,32	30,7°	10,20	1,50
60°	17,32	35,1°	11,50	1,51
70°	18,79	38,6°	12,50	1,50
80°	19,69	40,6°	13,02	1,51

Die Messungen von α, β, $\overline{AC}$ und $\overline{DF}$ sind nicht absolut genau; die Zahlen der letzten Spalte sind daher gewiß nicht ganz fehlerfrei. Nichtsdestoweniger liegen die Werte für $\frac{\overline{AC}}{\overline{DF}}$ für alle Einfallswinkel nahe beieinander, und es hat den Anschein, als ob der Quotient $\frac{\overline{AC}}{\overline{DF}}$ konstant sei. Der Wert dieser Konstanten liegt für die benutzte Glassorte offenbar zwischen 1,49 und 1,51, wahrscheinlich sehr nahe an 1,50. Nehmen wir an, daß wir es wirklich mit einer Konstanten zu tun haben, und wählen wir als ihren Wert 1,50, so sind alle Messungen in der Tat miteinander vereinbar. Alle stimmen mit 1,50 innerhalb der experimentellen Genauigkeit überein. Bessere Versuche mit geringeren experimentellen Fehlern bestätigen, daß der Wert der Konstanten bei 1,50 liegt.

Zu demselben Quotienten kommt man auch, wenn man die Sinuswerte für die Winkel heranzieht. Aus Bild 4.14 ergibt sich

$$\sin\alpha = \frac{\overline{AC}}{\overline{AP}} \quad \text{und} \quad \sin\beta = \frac{\overline{DF}}{\overline{DP}} .$$

Weil $\overline{AD}$ und $\overline{DP}$ Radien desselben Kreises sind, kann man für $\sin\beta$ auch $\frac{\overline{DF}}{\overline{AP}}$ schreiben.

Folglich gilt

$$\frac{\sin\alpha}{\sin\beta} = \frac{\frac{\overline{AC}}{\overline{AP}}}{\frac{\overline{DF}}{\overline{AP}}} = \frac{\overline{AC}}{\overline{DF}} .$$

Der Quotient aus dem Sinus des Einfallswinkels α und dem Sinus des Brechungswinkels β ist gleich dem Quotienten aus den entsprechenden Halbsehnen. Er ist gleich derselben Konstanten, die wir experimentell für deren Quotienten gefunden haben. Für den Übergang von Luft in Glas gilt deshalb nach unseren Experimenten

$$\frac{\sin\alpha}{\sin\beta} = 1{,}50 .$$

Weil die Werte der Sinusfunktion für alle möglichen Winkel tabelliert sind, ist diese Form des Gesetzes bequemer als der Ausdruck mit den Halbsehnen. Man braucht diese nicht für eine Reihe von Winkeln zu zeichnen und auszumessen. Stattdessen entnimmt man lediglich die Werte der Sinusfunktion einer Tabelle.

Benutzt man für die beiden Winkel α und β ihre Sinuswerte, so läßt sich eine Beziehung angeben, die für kleine und große Winkel gleichermaßen einen konstanten Quotienten liefert. Damit haben wir das gesteckte Ziel erreicht und ein einfaches Gesetz für die Brechung entdeckt. Es beschreibt den Übergang des Lichts von Luft in Glas für jeden Winkel.

Die nächste Frage ist, ob der Quotient $\frac{\sin\alpha}{\sin\beta}$ auch dann unabhängig vom Einfallswinkel ist, wenn das Licht aus der Luft in ein anderes Medium eintritt. Für viele Stoffe kann die Frage bejaht werden. Für Wasser ist beispielsweise der Quotient konstant, sein Wert ist 1,33. Wir hätten diesen Wert erwarten können, da wir wissen, daß für kleine Winkel der Quotient $\frac{\alpha}{\beta}$ etwa 1,33 ist und daß der Quotient der Winkel angenähert mit dem Quotienten der Sinuswerte für kleine Winkel übereinstimmt (Bild 4.13). Für andere Stoffe hat der konstante Quotient $\frac{\sin\alpha}{\sin\beta}$ andere Werte. Der Wert dieser Konstanten für einen bestimmten Stoff ist genauso charakteristisch für ihn wie zum Beispiel seine Siede- oder Schmelztemperatur. Die Konstante kann durchaus dazu dienen, die Stoffart festzustellen. Man nennt sie den *Brechungsindex* des Stoffes oder, wenn man etwas sorgfältiger formulieren will, den Brechungsindex des Lichts, das von Luft in diesen Stoff eintritt. Einige Brechungsindizes sind in Tabelle 3 aufgeführt.

Das Gesetz, daß *der Quotient* $\frac{\sin \alpha}{\sin \beta}$ *für alle Einfallswinkel konstant* ist, ist der zweite Teil des *Brechungsgesetzes.* Es vereinfacht außerordentlich die Beschreibung der Brechung. Will man wissen, wie das Licht beim Eintritt aus der Luft in ein bestimmtes Medium gebrochen wird, so braucht man lediglich den Brechungsindex dieses Stoffes zu kennen. Eine Zusammenstellung der Indizes fast aller wichtigen Substanzen kann leicht auf einer Buchseite untergebracht werden und kann daher viele Bücher mit Zeichnungen, wie sie in Bild 4.12 dargestellt sind, ersetzen. Weiter braucht man bei der Entwicklung einer Theorie des Lichts oder bei der Aufstellung eines Modells für das Licht, wie es in Kapitel 5 geschehen soll, nur ein einfaches und allgemein gültiges Gesetz über das Verhalten des Lichts bei der Brechung durch die Theorien zu erklären. Jedes Modell kann dann daran geprüft werden, ob es das Brechungsgesetz erklärt.

Tabelle 3: Brechungsindizes des Lichts, das von Luft in die genannte Stoffart eintritt

Stoffart	Brechungsindex
Glas[1])	1,5 . . . 1,9
Diamant	2,42
Quarzglas	1,46
Quarzkristall	1,54
Glyzerin	1,47
Schwefelkohlenstoff	1,63
Ölsäure	1,46
Wasser	1,33

4.6. Absoluter Brechungsindex

Es sollte aufgefallen sein, daß alle Aufnahmen sich auf Versuche beziehen, in denen das Licht aus der *Luft* in ein anderes Medium eintritt, beispielsweise in Glas oder in Wasser. Welcher Brechungsindex ergibt sich nun, wenn das Licht aus dem *Vakuum* in Glas übergeht? Bei der begrenzten Genauigkeit unserer experimentellen Verfahren würde man keinen Unterschied feststellen und denselben Quotienten erhalten. Das war auch zu erwarten, da die Luft eine sehr geringe Dichte besitzt. Jedoch liefern Messungen mit Präzisionsinstrumenten einen geringfügig größeren Brechungsindex für den Übergang vom Vakuum in Glas als für den von Luft in Glas. Für die gleiche Glassorte, die den Index 1,50 00 für Luft besitzt, ist der Index für Vakuum 1,50 44.

[1]) Der Brechungsindex von Glas hängt von der Zusammensetzung des Glases ab. Die gewöhnlichen Glassorten haben meistens einen Index um 1,5.

Der Brechungsindex eines Stoffes beim Übergang des Lichts aus dem Vakuum heißt der absolute Brechungsindex. Der Wert des Brechungsindex von Luft in einen Stoff liegt so nahe bei dem Wert des absoluten Brechungsindex, daß man im allgemeinen nicht zwischen beiden zu unterscheiden braucht.

4.7. Übergang des Lichts von Glas (oder Wasser) in Luft; Umkehrung des Lichtweges

Bisher interessierten wir uns für das Verhalten des Lichts, das aus Luft in Glas oder in einen anderen Stoff eintrat. Nunmehr wollen wir untersuchen, wie das Licht in umgekehrter Richtung, also zum Beispiel von Glas in Luft, läuft. Wir hatten schon herausgefunden, daß das Licht bei senkrechtem Auftreffen die Grenzfläche ohne Brechung passiert. Um nun das Verhalten des Lichts zu erforschen, das unter einem beliebigen Winkel auf die Glasoberfläche trifft, verwenden wir eine planparallele Glasplatte (Bild 4.15). Das Lichtbündel tritt auf der einen Seite in das Glas ein und verläßt es auf der anderen Seite parallel zur Einfallsrichtung. Beim Übergang vom Glas in Luft wird daher der Lichtstrahl in genau umgekehrter Weise wie beim Übergang von Luft in Glas gebrochen.

In Bild 4.16 ist der Weg eines Lichtstrahls aufgezeichnet. Das Licht bewegt sich in Pfeilrichtung. Beim Übergang von Luft in Glas heißt der Einfallswinkel ϑ_{Luft} und der Brechungswinkel ϑ_{Glas}. Die beiden Winkel hängen nach dem Brechungsgesetz zusammen:

$$\frac{\sin \vartheta_{\text{Luft}}}{\sin \vartheta_{\text{Glas}}} = n_{\text{Glas}};$$

Bild 4.15. Licht geht durch eine planparallele Platte hindurch

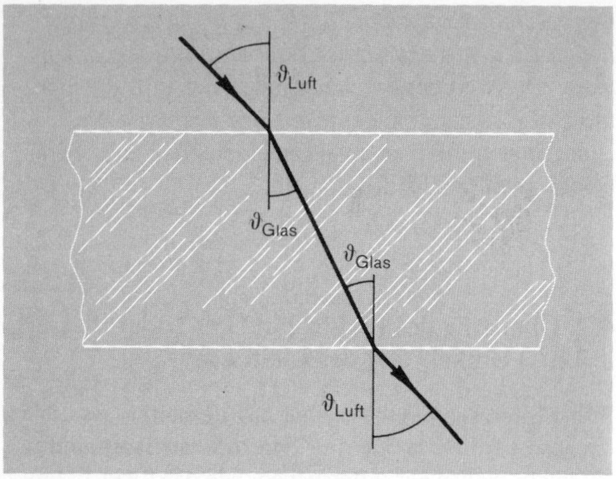

Bild 4.16. Die Winkel beim Durchgang von Licht durch eine planparallele Platte

n_{Glas} ist dabei der Brechungsindex des Lichts beim Eintritt von Luft in Glas, der nur wenig vom absoluten Brechungsindex des Glases abweicht. Gelangt das Licht auf seinem Weg durch das Glas an die zweite Grenzfläche, so heißt der Einfallswinkel ϑ_{Glas}, weil die beiden Grenzflächen parallel zueinander verlaufen. Experimentell ergibt sich weiter, daß der ursprüngliche Einfallsstrahl und der Lichtstrahl, der das Glas wieder verläßt, parallel zueinander verlaufen. Da die beiden Lote parallel sind, stimmen auch die beiden Winkel in Luft miteinander überein. Folglich verläßt der Lichtstrahl das Glas unter dem Winkel ϑ_{Luft}. Beim Austritt des Lichts aus Glas in Luft hängen Einfallswinkel ϑ_{Glas} und Brechungswinkel ϑ_{Luft} durch folgende Beziehung zusammen

$$\frac{\sin\alpha}{\sin\beta} = \frac{\sin\vartheta_{Glas}}{\sin\vartheta_{Luft}} = \frac{1}{n_{Glas}} .$$

Das stimmt wiederum mit dem Brechungsgesetz überein: Der Quotient aus dem Sinus des Einfallswinkel α und dem Sinus des Brechungswinkel β ist konstant. Der Brechungsindex des Lichts, das von Glas in Luft übertritt, ist gerade der reziproke Wert des Brechungsindex des Lichts für den Übergang von Luft in Glas. Da also der eine Brechungsindex der Kehrwert des anderen ist, braucht man nicht zwei Brechungsindizes zu kennen, nämlich für den Übergang von Luft in Glas und für den Übergang von Glas in Luft, sondern nur einen. Man verwendet den Brechungsindex von Luft in Glas und schreibt die Beziehung zwischen den Winkeln für den Übergang von Luft in Glas oder von Glas in Luft in der für beide Fälle gültigen Form

$$\sin\vartheta_{Luft} = n_{Glas} \sin\vartheta_{Glas} .$$

Aus Experimenten, in denen das Licht von anderen Medien in Luft eintritt, läßt sich schließen, daß das Brechungsgesetz beide Fälle gleich exakt beschreibt. Es ist gleichgültig, ob das Licht in ein Medium eintritt oder das Medium verläßt. Üblicherweise schreibt man daher das *Brechungsgesetz in der allgemein gültigen Form*

$$\sin\vartheta_{Luft} = n_m \sin\vartheta_m .$$

n_m ist der Brechungsindex des Lichts, das von der Luft in den Stoff eintritt, ϑ_m ist der Winkel zwischen dem Einfallslot, das senkrecht auf der Grenzfläche steht, und dem Lichtstrahl innerhalb des Mediums. Der Buchstabe m steht für den Namen des Mediums. Geht das Licht beispielsweise durch einen Diamanten hindurch, so nimmt die Gleichung die Form

$$\sin\vartheta_{Luft} = n_{Diamant} \sin\vartheta_{Diamant}$$

oder

$$\sin\vartheta_{Luft} = 2{,}42 \sin\vartheta_{Diamant}$$

an.

Die allgemeine Formulierung $\sin\vartheta_{Luft} = n_m \sin\vartheta_m$ drückt die Tatsache aus, daß die durch das Brechungsgesetz beschriebenen Lichtwege umkehrbar sind. In dieser Hinsicht verhält sich das Licht genauso wie bei der Reflexion. Man kann sich leicht durch Experimente davon überzeugen, daß der Lichtweg umkehrbar ist: Eine Person befinde sich unter Wasser, eine andere über der Wasseroberfläche (Bild 4.17). Jeder sieht dem andern ins Auge. Nach der allgemeinen Form des Brechungsgesetzes wird der Weg des Lichts beim Durchgang durch die Wasseroberfläche durch die Gleichung

$$\sin\vartheta_L = 1{,}33 \sin\vartheta_W$$

beschrieben, unabhängig davon ob ϑ_L oder ϑ_W der Einfallswinkel ist. Das Licht nimmt also immer denselben Weg, gleichgültig ob es vom Auge der einen Person in das Auge der anderen Person verläuft oder umgekehrt. Nun kommt der Test. Wir stellen einen Pappdeckel mit einer kleinen Öffnung zwischen beide Personen (Bild 4.17), so daß die Frau außerhalb des Wassers gerade in das Auge des Mannes blicken kann. Dann kann bei dieser Stellung des Pappstücks der Mann unter Wasser auch gerade der Frau ins Auge sehen. Im übrigen bestätigen zahlreiche Experimente mit den verschiedensten Stoffen die Aussage des Brechungsgesetzes und des Reflexionsgesetzes: Der Lichtweg ist umkehrbar.

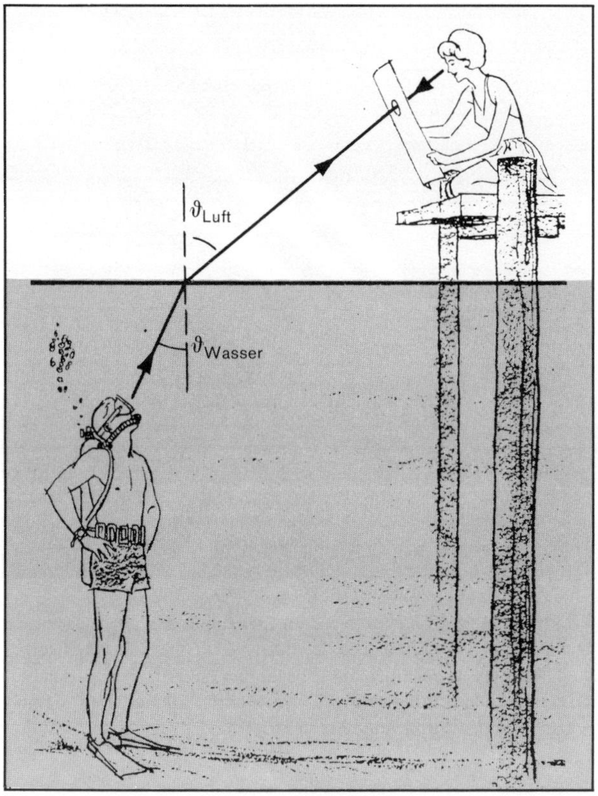

Bild 4.17. Zur Umkehrung des Lichtweges

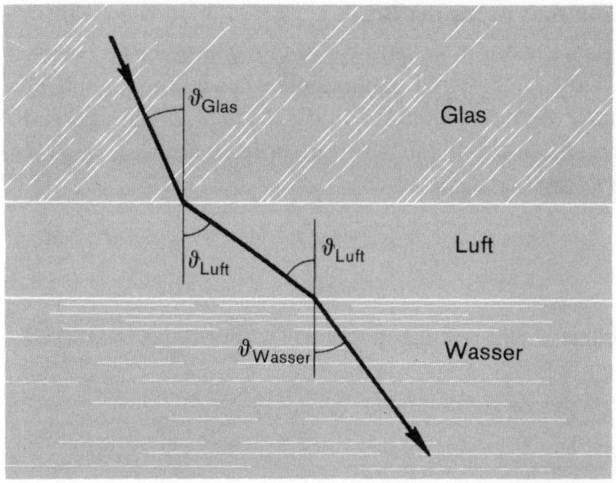

Bild 4.18. Licht durchsetzt beim Übergang aus Glas in Wasser eine Luftschicht.

4.8. Übergang des Lichts von Glas in Wasser

Nach dem Brechungsgesetz kann man auch den Weg des Lichts beim Übergang aus Glas direkt ins Wasser vorhersagen. Dazu nehmen wir vorläufig an, daß sich zwischen den beiden paralleln Grenzflächen von Glas und Wasser eine Luftschicht befindet (Bild 4.18). Dann gilt für den Übergang des Lichts aus Glas in Luft die Beziehung

$$\sin \vartheta_{Luft} = n_{Glas} \sin \vartheta_{Glas} .$$

Als nächstes tritt der Lichtstrahl ins Wasser ein und durchquert es in Richtung des Winkels ϑ_{Wasser}, für den die Beziehung

$$\sin \vartheta_{Luft} = n_{Wasser} \sin \vartheta_{Wasser}$$

gilt. Daraus folgt

$$n_{Glas} \sin \vartheta_{Glas} = n_{Wasser} \sin \vartheta_{Wasser} .$$

Diese Gleichung stellt die Beziehung zwischen den beiden Winkeln ϑ_{Wasser} und ϑ_{Glas} her. Sie ist unabhängig von der Dicke der Luftschicht zwischen Glas und Wasser. Folglich dürfen wir erwarten, daß die Beziehung auch bestehen bleibt, wenn die Dicke der Luftschicht null ist. Das ist dann der Fall, wenn Glas und Wasser sich direkt berühren. In der Tat zeigt das Experiment, daß diese Beziehung auch in diesem Fall gilt. Sie ist im übrigen nicht beschränkt auf das Verhalten des Lichts an der Grenzfläche zwischen Glas und Wasser. Das Brechungsgesetz gilt in der Form

$$n_1 \sin \vartheta_1 = n_2 \sin \vartheta_2$$

ganz allgemein für den Übergang von einem Medium 1 in ein anderes Medium 2, gleichgültig welche Richtung des Übergangs vorliegt. Durch die Symmetrie in dieser Form des Brechungsgesetzes kommt zum Ausdruck, daß der Lichtweg beim Durchgang durch eine Grenzfläche umkehrbar ist.

Scheinbar haben wir durch die Umwandlung der Gleichung

$$\frac{\sin \alpha}{\sin \beta} = \text{konstant}$$

zu der Gleichungsform

$$n_1 \sin \vartheta_1 = n_2 \sin \vartheta_2$$

das Brechungsgesetz abgeändert. Daß das nicht der Fall ist, kann man an einer leichten Umformung der letzten Gleichung erkennen. Beim Übergang des Lichts aus dem Medium 1 in das Medium 2 ist ϑ_1 der Einfallswinkel und ϑ_2 der Brechungswinkel. Unsere allgemeine Beziehung kann dann wie folgt gelesen werden:

$$\frac{\sin \alpha}{\sin \beta} = \frac{\sin \vartheta_1}{\sin \vartheta_2} = \frac{n_2}{n_1} .$$

Die Gleichung besagt, daß der Quotient aus dem Sinus des Einfallswinkel und dem Sinus des Brechungswinkel konstant ist, da der Bruch $\frac{n_2}{n_1}$ konstant ist. Diese Konstante nennt man den *relativen Brechungsindex* zweier Medien oder den Brechungsindex des Lichtes beim Übergang aus dem Medium 1 in das Medium 2. Man schreibt ihn oft auch in der Form n_{12} (gelesen als $n_{\text{eins-zwei}}$). Die Schreibweise

$$\frac{\sin \vartheta_1}{\sin \vartheta_2} = n_{12}$$

führt wieder auf die ursprüngliche Form des Gesetztes zurück.
Da der Zusammenhang

$$n_{12} = \frac{n_2}{n_1}$$

gilt, kann man den relativen Brechungsindex zweier Stoffarten durch ihre absoluten Brechungsindizes ausdrücken. Aus wenigen absoluten Brechungsindizes können also alle relativen Brechungszahlen berechnet werden. Zum Beispiel ist der relative Brechungsindex beim Übergang von Licht aus Wasser in Glas

$$n_{WG} = \frac{n_G}{n_W} = \frac{1{,}50}{1{,}33} = 1{,}13\,.$$

4.9. Totalreflexion

Wendet man ohne weitere Überlegung das Brechungsgesetz auf alle möglichen Fälle an, so tauchen bald Zweifel an seiner Gültigkeit auf. Eine Schwierigkeit ergibt sich bei der Berechnung der Brechung, wenn ein Lichtstrahl von einem Medium mit einem größeren Brechungsindex in ein solches mit einem kleineren Brechungsindex übertritt. Betrachten wir beispielsweise Licht, das aus dem Medium Glas mit dem Brechungsindex $n_{\text{Glas}} = 1{,}50$ unter dem Einfallswinkel $\vartheta_{\text{Glas}} = 41{,}8^\circ$ in Luft eintritt. Der Sinus dieses Winkels ist 0,667. Nach dem Brechungsgesetz ist der Sinus des Brechungswinkels

$$\sin \vartheta_{\text{Luft}} = n_{\text{Glas}} \sin \vartheta_{\text{Glas}}\,.$$

Damit ergibt sich

$$\sin \vartheta_{\text{Luft}} = 1{,}50 \cdot 0{,}667 = 1{,}00\,.$$

Ist $\sin \vartheta = 1$, so ist $\vartheta = 90^\circ$ und damit $\vartheta_{\text{Luft}} = 90^\circ$.
Mit anderen Worten: das gebrochene Licht verläßt das Glas in Richtung der Grenzfläche, es läuft also streifend an der Grenzfläche entlang. Dieser Brechungswinkel ist der größte, der möglich ist. Die Frage ist, was geschieht, wenn ein Lichtbündel die Grenzfläche unter einem Winkel trifft, der größer als 41,8° ist.

Bild 4.19. Von links unten treten Lichtbündel in ein Glasprisma. Die beiden Lichtbündel, die der Basis des Prismas am nächsten sind, werden an der horizontal liegenden Grenzfläche zwischen Glas und Luft total reflektiert. Die anderen Bündel werden teilweise reflektiert und teilweise gebrochen.

Das folgende Experiment gibt darüber Auskunft. Wir können es mit der Versuchsanordnung von Bild 4.19 durchführen. Dort treten mehrere divergierende Lichtbündel von links unten in das Glasprisma ein. Nach der Brechung an der ersten Grenzfläche treffen sie unter verschiedenen Winkeln auf die zweite Grenzfläche des Prismas. Man sieht, daß die beiden Lichtstrahlen ganz rechts nicht gebrochen werden. Sie werden vollständig in das Glas zurückgeworfen. Diese Erscheinung nennt man *Totalreflexion.* Der kleinste Winkel, unter dem die Totalreflexion noch auftritt, heißt der *Grenzwinkel* ϑ_0 *der Totalreflexion.* Mißt man die beiden Einfallswinkel der beiden rechten Lichtstrahlen, so findet man, daß sie größer als 41,8° sind.
Allgemein erhält man den Grenzwinkel der Totalreflexion beim Übergang des Lichtes vom Medium 1 in das Medium 2 aus dem Ansatz $\vartheta_2 = 90^\circ$. Aus dem Brechungsgesetz

$$n_1 \sin \vartheta_1 = n_2 \sin \vartheta_2$$

erhält man dann mit $\vartheta_1 = \vartheta_0$

$$n_1 \sin \vartheta_0 = n_2$$

oder

$$\sin \vartheta_0 = \frac{n_2}{n_1}\,.$$

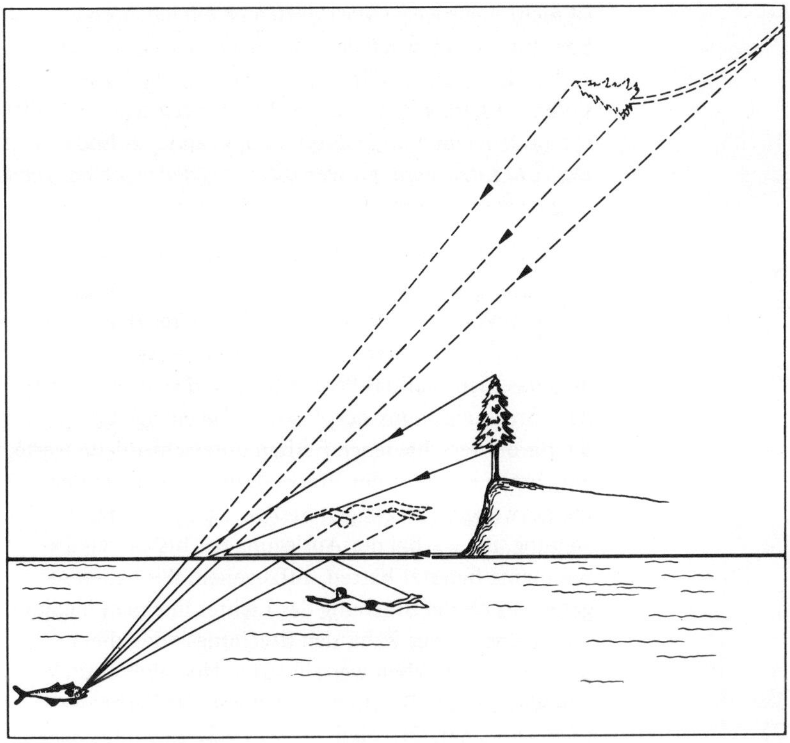

Bild 4.20. Die Wirkung der Brechung und Totalreflexion auf das Sichtfeld eines Fisches. Die Lichtstrahlen des Baumes scheinen von dem virtuellen Bild hoch am Himmel zu stammen. Da das Bild in großer Ferne erscheint, wird der Fisch nicht bemerken, daß der Stamm sich ins Unendliche erstreckt. Von seinem Standpunkt aus ist der Stamm verkürzt dargestellt. Der Fisch kann den Erdboden außerhalb des Wassers kaum erkennen, da das Ufer in einen äußerst kleinen Winkelausschnitt zusammengedrängt ist. (Die Bilder von Baum und Schwimmer sind nicht nur mit Hilfe jeweils eines Strahles konstruiert worden, es wurde jedoch von jedem Punkt nur ein Lichtstrahl eingezeichnet.)

Es ist verständlich, daß Totalreflexion nur eintreten kann, wenn n_1 größer als n_2 ist (weil sonst der Sinus größer als 1 wäre).

Es mag seltsam erscheinen, daß das Licht plötzlich nicht mehr gebrochen, sondern vollständig reflektiert wird, wenn der Winkel der Totalreflexion erreicht ist. In Wirklichkeit geschieht dieser Übergang nicht plötzlich. In Bild 4.19 kann man deutlich erkennen, daß umso mehr Licht reflektiert wird (helles Lichtbündel) und umso weniger Licht gebrochen wird (schwächeres Lichtbündel), je größer der Einfallswinkel ist. Ist dann der Grenzwinkel der Totalreflexion erreicht, so wird alles Licht reflektiert, und kein Licht tritt mehr durch die Grenzfläche.

Mit Hilfe der Totalreflexion ist es sogar möglich, Licht in einer Röhre „um die Ecke" zu leiten. Die „Lichtröhre" besteht aus einem zylindrischen Stab aus durchsichtigem Kunststoff. Das Licht tritt an dem einen Ende senkrecht zur Oberfläche in die Röhre ein. Alles Licht, das auf die Innenwände der Röhre trifft, besitzt einen größeren Einfallswinkel als den Winkel der Totalreflexion. Es kann infolgedessen nicht durch die Grenzfläche aus der Röhre entweichen. Stattdessen tritt das Licht nach mehrmaliger Totalreflexion in dem biegsamen Stab schließlich am anderen Ende wieder aus.

Ein anderes interessantes Beispiel einer Totalreflexion zeigt Bild 4.20. Wenn ein Fisch in einem großen Teich oder See, dessen Wasseroberfläche völlig ruhig ist, nach oben sieht, so erblickt er die Bäume, die am Ufer stehen, innerhalb eines kleinen Kreises über sich. Der Kreis ist von einer spiegelnden Fläche eingeschlossen, die beispielsweise den Mann beim Schwimmen am Ufer so abbildet, als ob er über der Wasseroberfläche schwebt.

4.10. Brechung in Prismen; Dispersion

Schickt man Licht durch eine planparallele Glasplatte, so verlassen die Strahlen die Platte parallel zum einfallenden Licht. Man kann jedoch die Richtung des Lichtbündels ändern, wenn man Glas mit zwei nichtparallelen Oberflächen, also ein Prisma, benutzt (Bild 4.21).

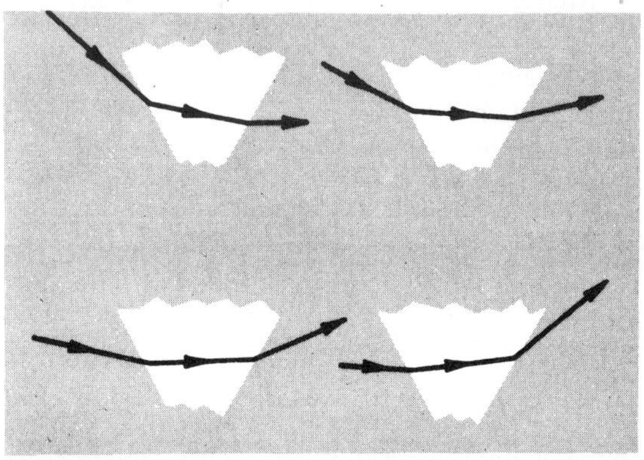

Bild 4.21. Licht wird beim Durchgang durch ein Prisma gebrochen.

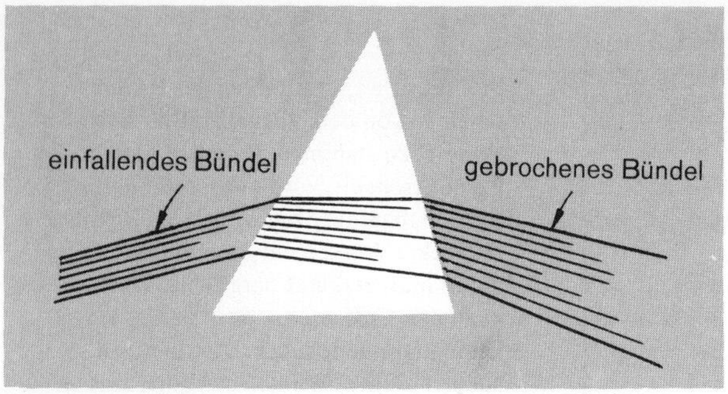

Bild 4.22. Ein gleichbreites Bündel weißen Lichts wird nach dem Durchgang durch ein Prisma aufgefächert. Die Öffnung des Lichtbündels ist übertrieben dargestellt.

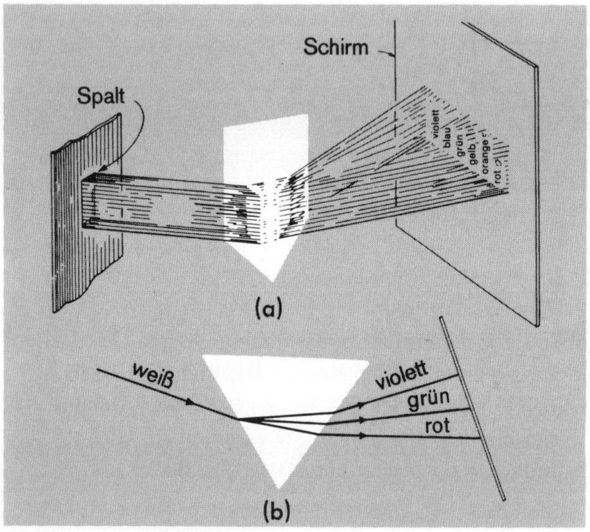

Bild 4.23. Zerlegung des weißen Lichts in seine Spektralfarben beim Durchgang durch ein Prisma

Untersucht man den Vorgang genauer, so erkennt man, daß die Strahlen, die parallel zueinander auf die eine Seite auftreffen, beim Verlassen des Prismas auf der anderen Seite auseinanderlaufen (Bild 4.22). Dieses Auseinanderlaufen der Lichtstrahlen scheint mit dem Brechungsgesetz nicht ganz vereinbar zu sein. Wir fangen daher das Licht in einer beträchtlichen Entfernung hinter dem Prisma auf, wobei wir ein sehr dünnes Lichtbündel verwenden, das sich im Vergleich zu seinem Durchmesser weit auseinanderzieht. Eine einfache Versuchsanordnung ist in Bild 4.23a angegeben. Das weiße Licht einer in einigem Abstand aufgestellten Lichtquelle – man kann das Licht der Sonne oder einer selbstleuchtenden Glühlampe benutzen – trifft durch eine Öffnung eines undurchsichtigen Hindernisses. Diese Blende erzeugt ein schmales Lichtbündel. In einiger Entfernung vom Prisma steht ein Schirm. Das auf ihn fallende Licht ist nicht mehr weiß. Statt dessen ist ein leuchtendes Spektrum von Farben über den Schirm ausgebreitet – violett, blau, grün, gelb, orange und rot. Die Farben sind dieselben, wie wir sie im Regenbogen sehen, nämlich rot an dem einen und violett an dem anderen Ende. *Das rote Licht wird am wenigsten aus der ursprünglichen Richtung abgelenkt, das violette am stärksten.*

Wie stark das Licht beim Durchgang durch das Prisma aus seiner ursprünglichen Richtung abweicht, hängt von dem Winkel zwischen den beiden Grenzflächen des Prismas ab, weiter von dem Einfallswinkel, unter dem das Licht auf das Prisma fällt, und schließlich von dem Brechungsindex des Prismas. Die einzige Größe, die für die verschiedenen Farben unterschiedliche Werte annehmen kann, ist der Brechungsindex. Wir sind daher gezwungen, an einigen Stellen die einfache Darstellung, die wir bei der Auslegung der bisherigen Experimente benutzt hatten, aufzugeben. Wir haben so getan, als ob die Brechung des Lichtes in einem Medium durch eine einzige Zahl, den Brechungsindex dieser Stoffart, beschrieben werden kann. Nun aber entdekken wir, daß der Brechungsindex von der Farbe des Lichts abhängt. Offenbar ist das weiße Licht aus dem Licht verschiedener Farben zusammengesetzt. Und ein Stoff wie beispielsweise Glas besitzt unterschiedliche Brechungsindizes für die verschiedenen Farben.

Wenn diese Auslegung richtig ist, müßte auch bei einigen früheren Brechungsversuchen das weiße Licht in die Spektralfarben zerlegt worden sein. Untersucht man den gebrochenen Strahl in den beiden Experimenten nach Bild 4.11 und Bild 4.15 genauer, so kann man in der Tat eine geringe Farbzerlegung erkennen. Dazu untersucht man im ersten Versuch das Licht in beträchtlicher Entfernung des Halbzylinders; im zweiten Versuch muß man eine möglichst dicke Glasplatte verwenden. In beiden Fällen beobachtet man die Zerlegung um so besser, je größer der Einfallswinkel ist. Wichtig ist jedoch, daß der Effekt vorhanden ist. Die Farbzerlegung scheint dabei vom Brechungsindex, nicht von der besonderen Form des Prismas abzuhängen. Das Prisma hat lediglich den Vorteil, daß mit dieser Form des brechenden Glases die Erscheinung der Farbzerlegung leichter sichtbar ist.

Wird ein Bündel weißen Lichts im Prisma gebrochen, wie es Bild 4.23b zeigt, so wird das violette Licht am stärksten abgelenkt, während das rote Licht am wenigsten von seiner ursprünglichen Richtung abweicht. Welchen Weg das Licht im einzelnen auch immer beim Durchgang von Luft in ein anderes Medium nimmt, stets wird nach dem Brechungsgesetz der Brechungswinkel umso größer sein, je größer der Brechungsindex ist. Daraus läßt sich folgern, daß der Brechungsindex von Glas für violettes Licht größer als für rotes Licht ist.

Die Änderung des Brechungsindex mit der Farbe zeigt Tabelle 4 für eine Glassorte, die beim Herstellen von Linsen viel gebraucht wird.

Tabelle 4: Brechungsindex von Kronglas

Farbe	violett	blau	grün	gelb	orange	rot
Brechungsindex	1,532	1,528	1,519	1,517	1,514	1,513

Der Brechungsindex des Glases für violettes Licht unterscheidet sich nach der Tabelle nur um 0,019 von dem für rotes Licht. Das ist nur wenig mehr als ein Prozent des durchschnittlichen Brechungsindex. Daher ist es erklärlich, daß die geringen Farbabweichungen in den ersten Experimenten nur schwer zu erkennen waren. Wenn man nicht besonders auf die Farbzerlegung achten muß, kann man aus dem gleichen Grund die Berechnungen in guter Übereinstimmung mit dem Experiment auch so ausführen, als ob das Licht für alle Farben nur einen einzigen Brechungsindex hat.

Die Zerlegung des Lichtes in ein Spektrum heißt *Dispersion.* Sie ist zuerst von *René Descartes* und Sir *Jsaak Newton* im siebzehnten Jahrhundert untersucht worden. *Newton* prüfte in einem weiterführenden Versuch, ob die Teile des Spektrums noch weiter zerlegt werden könnten, indem er z.B. in das Lichtbündel der roten Farbe ein weiteres Prisma setzte. Das rote Licht wird dabei lediglich ein wenig aufgefächert (Bild 4.24a), bleibt aber rot. Im Gegensatz zum ursprünglichen weißen Licht wird es nicht in ein vollständiges Spektrum zerlegt.

Die reine *Spektralfarbe* kann also nicht weiter zerlegt werden; sie ist grundlegend und einfach in einer Weise, wie es das weiße Licht nicht ist. Das gelbe Licht eines Spektrums wird immer denselben Weg durch das Prisma nehmen. Es wird stets weniger als das grüne Licht und mehr als das rote abgelenkt werden (Bild 4.24b), gleichgültig welches Prisma wir benutzen. Ein Farbenblinder könnte an der Ablenkung die Farben identifizieren.

Diese Überlegungen stützte *Newton* durch ein weiteres Experiment, mit dem er bewies, daß sich das weiße Licht aus dem Licht einiger Farben zusammensetzen läßt. Er vereinigte die Spektralfarben und erzeugte damit wieder weißes Licht. In einem entsprechenden Experiment (Bild 4.24c) zerlegen wir Licht durch ein Prisma in sein Spektrum und stellen in das Spektrum ein zweites Prisma, das einen größeren Winkel zwischen seinen Prismenflächen besitzt. Weil der brechende Winkel des zweiten Prismas größer als der des ersten ist, werden die verschiedenen Farben stärker als im ersten abgelenkt. Folglich wird das Licht wieder vereinigt. Die verschieden farbigen Lichtstrahlen überlagern sich an einer bestimmten Stelle ihres Weges, und an dieser Stelle erscheint das Licht auf einem Schirm wieder weiß. Genau das fand auch *Newton,* und jeder kann sein Experiment mit zwei Prismen aus Glas oder Plexiglas wiederholen.

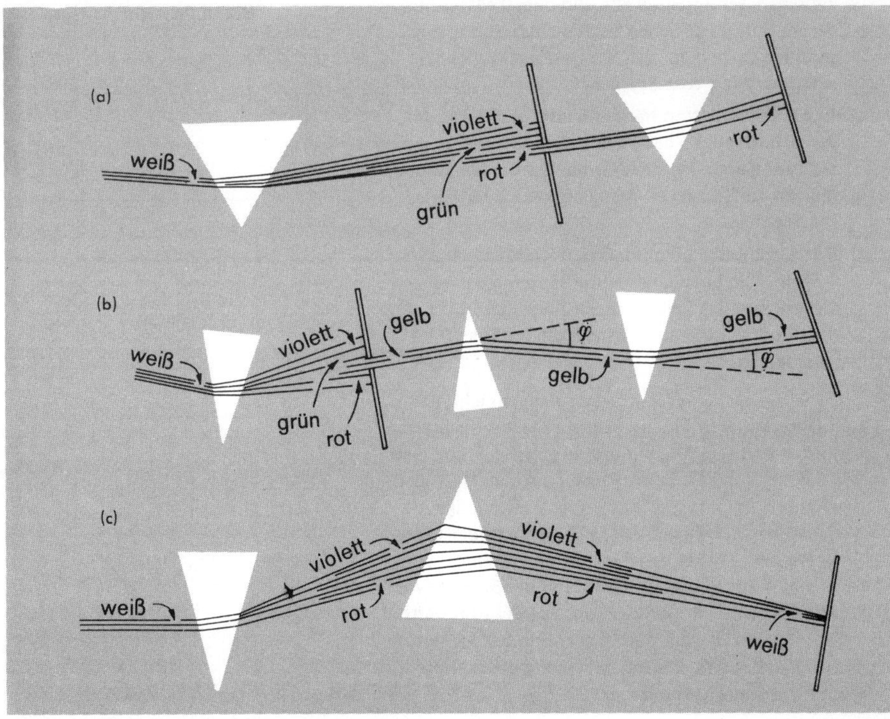

Bild 4.24. Experimente mit mehreren Prismen.
a) Das Licht einer Spektralfarbe läßt sich nicht weiter zerlegen.
b) Das Licht einer bestimmten Spektralfarbe wird beim Durchgang durch gleiche Prismen immer um denselben Winkel abgelenkt (bei gleichen Eintrittswinkeln).
c) Die Vereinigung der Spektralfarben ergibt weißes Licht.

Aufgaben

1.* Nenne bei Bild 4.25 den Einfallswinkel und den Reflexionswinkel?

2.* Wieviele verschiedene Strahlen können einen Spiegel an derselben Stelle unter demselben Einfallswinkel treffen?

3.* Wieviele reflektierte Strahlen gibt es, wenn ein einfallender Strahl einen Spiegel trifft?

4. Wenn ein Beobachter in einem komplizierten Spiegelsystem einer anderen Person in die Augen sieht, kann dann auch diese Person die Augen des Beobachters ausmachen?

5. Man kann einen Lichtstrahl als „optischen Hebel" benutzen und damit kleine Bewegungen vergrößern. Das ist beispielsweise in Bild 1.14 zu sehen, wo die Ausdehnung eines Rohres bei Erwärmung durch einen Spiegel angezeigt wird, der sich um eine Achse drehen kann.
   a) Welchen Winkel überstreicht der reflektierte Strahl, wenn sich der Spiegel um einen Winkel von 6° dreht? Welchen Bruchteil von 360° stellt dieser Winkel dar?
   b) Welche Strecke auf der Skala überstreicht der Strahl, wenn der Abstand zwischen Spiegel und Skala 2 m ist?
   c) Welchen Einfluß auf die Vergrößerung hat es, wenn man den Standort der Lichtquelle verändert?

6. Ein ebener Spiegel von etwa 30 ... 40 cm Höhe sei mit seinem Mittelpunkt in Augenhöhe aufgehängt. Man halte dann einen Meterstab senkrecht vor das Gesicht, so daß sich die Stabmitte ebenfalls in Augenhöhe befindet, und stelle sich so vor dem Spiegel auf.
   a) Man bewege sich zum Spiegel hin und von ihm weg. Ändert sich bei dieser Bewegung das Stück, das man vom Meterstab im Spiegel sehen kann?
   b) Man formuliere eine Regel über den Zusammenhang zwischen der Spiegelgröße und dem Teil des Stabes, der im Spiegel zu sehen ist. An einer Skizze mit Strahlen zeige man, daß die Gesetzmäßigkeit für jeden Abstand vom Spiegel gilt.
   c) In Textilgeschäften hängen häufig große Spiegel, die sich bis zum Fußboden erstrecken und in denen sich der Kunde in voller Größe betrachten kann. Müssen die Spiegel zu diesem Zweck wirklich so groß sein?
   d) Die Augenhöhe beim kleinsten Kunden betrage 1,50 m. Wie hoch über dem Fußboden darf die Unterkante des Spiegels höchstens angebracht sein, damit der Kunde noch seine Füße im Spiegel betrachten kann?

7. Der Rückspiegel eines Autos sei so angebracht, daß Ober- und Unterkante des rechteckigen Spiegels waagerecht verlaufen und sein Mittelpunkt in gleicher Höhe liegt wie die Mitte des hinteren Fensters. Auch die Augen des Fahrers seien in gleicher Höhe. Weiter möge die Verbindungslinie Auge – Spiegelmitte mit der Linie Spiegelmitte – Mitte des Fensters einen Winkel von 30° (Bild 4.26) bilden. Der Abstand des Spiegels vom Auge betrage 60 cm und der vom Spiegel zum Fenster 2,40 m. Wie breit muß der Spiegel mindestens sein, damit man das Rückfenster in seiner ganzen Weite von 90 cm überblicken kann?

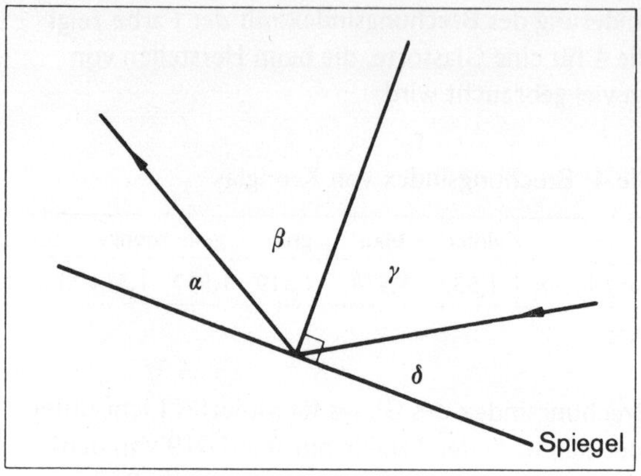

Bild 4.25. Zur Aufgabe 1

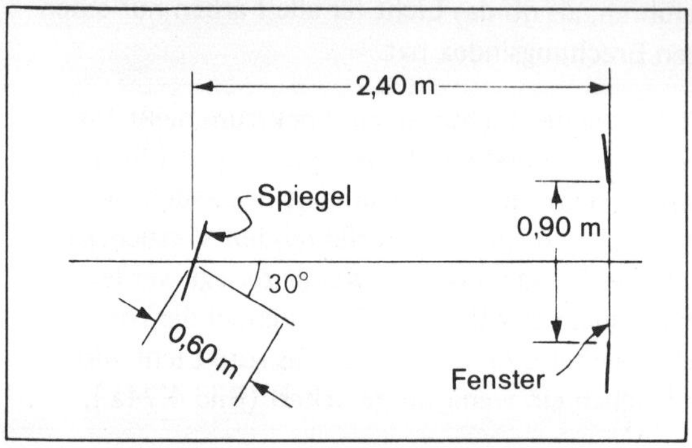

Bild 4.26. Zur Aufgabe 7

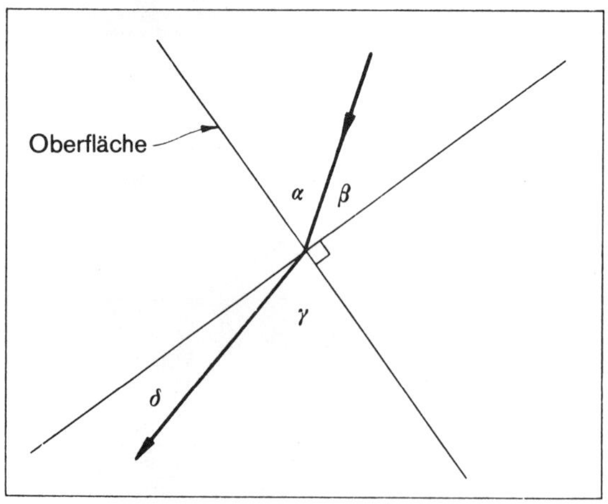

Bild 4.27. Zur Aufgabe 8

8.* Nenne bei Bild 4.27 den Einfallswinkel und den Brechungswinkel.

9. Ein Sehrohr kann man sich aus zwei ebenen Spiegeln herstellen, die man an den Enden eines Rohres montiert (Bild 4.28). Beide Spiegeloberflächen verlaufen parallel zueinander und schließen mit der Achse des Rohres einen Winkel von 45° ein. Gegenüber der Mitte des unteren Spiegels ist ein Guckloch im Rohr, eine größere Öffnung befindet sich gegenüber dem zweiten Spiegel im oberen Teil des Rohres. Der Abstand beider Spiegel beträgt 1,20 m. Mit diesem Sehrohr blickt man über einen Zaun nach einem Mann von 1,80 m Größe, der sich in einer Entfernung von 15 m aufgestellt habe.
   a) Wie groß muß die Öffnung im oberen Teil der Röhre mindestens sein?
   b) Wie groß muß der obere Spiegel mindestens sein?
   Hinweis: Man zeichne die Strahlen, die vom Mann in das Auge des Beobachters gehen, und benutze dabei die Eigenschaften ähnlicher Dreiecke.

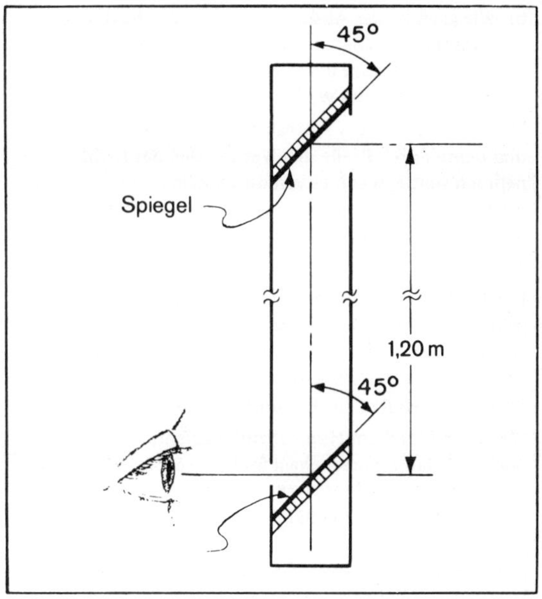

Bild 4.28. Zur Aufgabe 9

10.* Man vergleiche Bild 4.10 mit der rechten oberen Photographie von Bild 4.11. In welchem Bild wird der Lichtstrahl stärker gebrochen?

11. Können Sie begründen, weshalb einfallender Strahl, Einfallslot und gebrochener Strahl in einer Ebene liegen? Kann man sich ein Medium vorstellen, in dem das nicht der Fall ist?

12.* Bild 4.29 zeigt den Weg eines Lichtbündels beim Übergang von Luft in Glas. Befindet sich das Glas auf der linken oder auf der rechten Seite der Zeichnung?

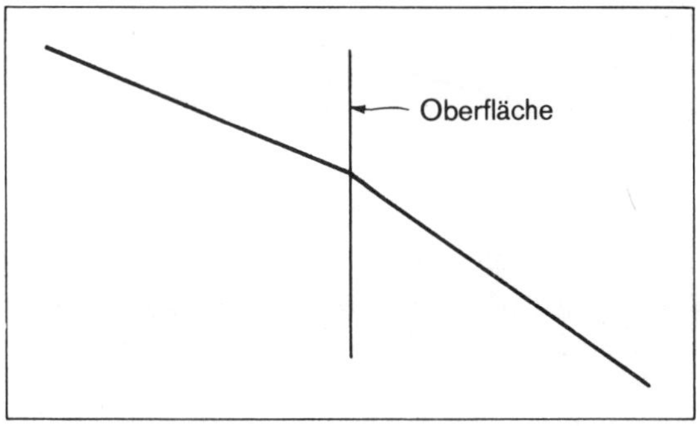

Bild 4.29. Zur Aufgabe 12

13.* Welche Beziehung zwischen den beiden Winkeln α und β ergibt sich für den fast geraden Teil der Kurven von Bild 4.12?

14.* Wie groß ist nach Bild 4.30 der Brechungsindex des Lichts, das von Luft in eine Stoffart X geht?

15.* Verhalten sich einfallender und gebrochener Strahl in Bild 4.10 so, wie es sein müßte, wenn das brechende Medium Wasser wäre? Kann das Medium nur Wasser sein?

16.* Welche in Tabelle 3 aufgeführte Stoffart liefert jeweils den größten Brechungswinkel bei gleichem Einfallswinkel? (Der Einfallswinkel Null sei ausgeschlossen.)

17. Ein rechtreckiger Wasserbehälter sei 8 cm tief mit Wasser gefüllt. Auf seine Oberfläche trifft direkt an einer Wand des Behälters ein Lichtstrahl, der nach der Brechung den Boden des Behälters im Abstand von 3 cm von dieser Wand erreicht.
   a) Wie groß sind der Sinuswert des Brechungswinkels β und der Brechungswinkel β?
   b) Wie groß sind der Sinuswert des Einfallswinkels α und der Einfallswinkel α?
   c) Der Behälter werde mit einer anderen Flüssigkeit gefüllt. Bei gleichem Lichtweg in der Flüssigkeit beträgt der Einfallswinkel 31°. Wie groß ist der Brechungsindex der Flüssigkeit?

18. Ein schmales Lichtbündel trifft die Wasseroberfläche eines rechteckigen Aquariums unter dem Einfallswinkel von 40°. Der gebrochene Strahl fällt auf den Boden des Aquariums, trifft dort auf einen horizontal liegenden Spiegel, wird zurück zur Wasseroberfläche reflektiert und an der Grenzfläche zur Luft gebrochen.
   a) Wie groß ist der Winkel zwischen dem einfallenden Strahl und der Richtung, unter der das Licht wieder die Wasseroberfläche verläßt?

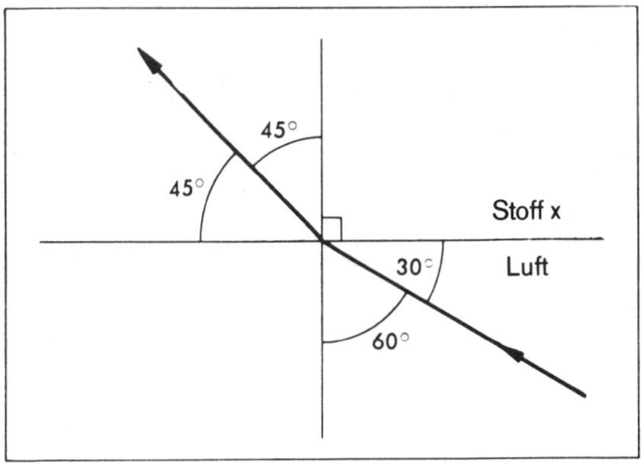

Bild 4.30. Zur Aufgabe 14

b) Wie groß ist der Abstand zwischen den beiden Punkten, in denen der einfallende und der reflektierte Lichtstrahl durch die Wasseroberfläche stoßen, wenn das Wasser 10 cm tief ist?

19.* Man zeichne eine der Aufnahmen in Bild 4.11 nach und deute durch Pfeile den Weg an, den das Licht nehmen würde, wenn es von unten käme.

20. Blieben die beiden Strahlen an der oberen Bildkante von Bild 4.15 parallel, wenn der Einfallswinkel sich änderte?

21. Das Licht der untergehenden Sonne fällt entlang einer gekrümmten Bahn durch die Atmosphäre in unser Auge, so daß die Sonne höher am Himmel zu stehen scheint, als es in Wirklichkeit der Fall ist. Wie erklärt sich das? Man benutze zur Erläuterung eine Zeichnung.

22. Wenn der Mond am Himmel entlangzieht, kommt es auch vor, daß er dabei einen Stern verdeckt. Was würde man dabei beobachten, wenn der Mond eine Atmosphäre wie die Erde besäße?

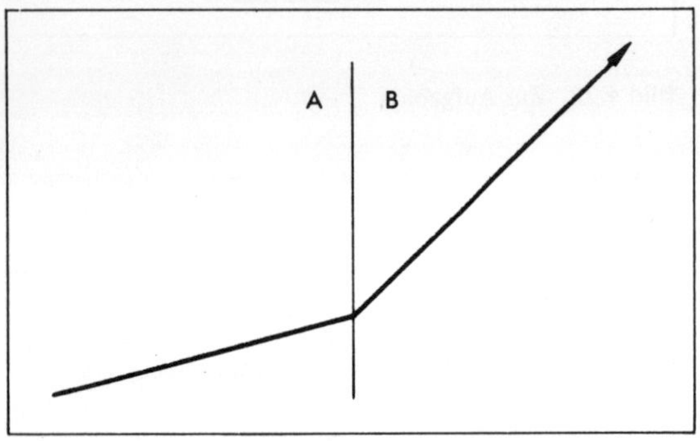

Bild 4.31. Zur Aufgabe 23

23.* Ist in Bild 4.31 der relative Brechungsindex des Lichts, das vom Medium A in das Medium B eintritt, größer oder kleiner als 1?

24. Wie groß ist der absolute Brechungsindex von Diamant, wenn der relative Brechungsindex für den Übergang von Glas in Diamant 1,61 und der absolute Brechungsindex von Glas 1,50 ist?

25. Wie groß ist der absolute Brechungsindex der Ölsäure, wenn der relative Brechungsindex der Ölsäure gegenüber Wasser 0,91 und der absolute Brechungsindex des Wassers 1,33 betragen?

26. Was sieht man, wenn man auf ein Stück Quarzglas blickt, das in Ölsäure getaucht ist? (Man beachte die Tabelle 3.)

27. Man kann Schwefelkohlenstoff, Wasser und Ölsäure aufeinander schichten, so daß sich die Flüssigkeiten nicht mischen. Auf dem Boden eines Gefäßes, in dem sich drei gleich dicke Schichten dieser Flüssigkeiten befinden, sei eine Lichtquelle angebracht. Von ihr geht ein Lichtstrahl aus, der zu Beginn mit der Senkrechten einen Winkel von 5° bildet.

a) Man berechne den Brechungswinkel, unter dem der Strahl schließlich die Ölsäure-Schicht verläßt.

b) Würde der Lichtstrahl denselben Weg in umgekehrter Richtung vom Ölsäure durch das Wasser in den Schwefelkohlenstoff nehmen?

c) Der Behälter sei nun vollständig mit Wasser gefüllt. Man vergleiche die Richtung des Strahls, der jetzt die Wasseroberfläche verläßt, mit der oben berechneten Austrittsrichtung.

28.* Welches ist der Winkel der Totalreflexion, wenn Licht von Glas in Wasser übergeht?

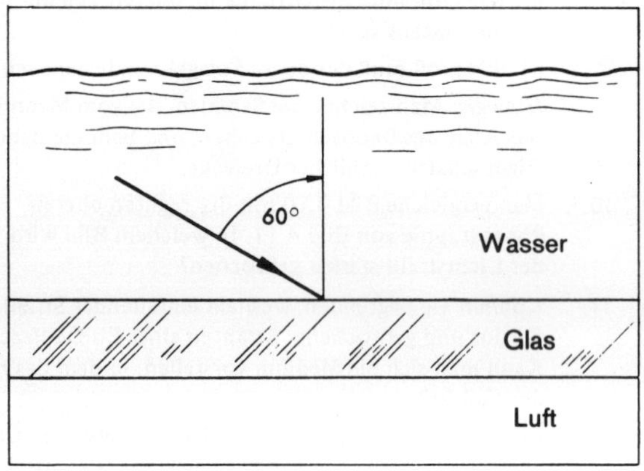

Bild 4.32. Zur Aufgabe 29

29. Man vervollständige in Bild 4.32 den Lichtweg bis zum Austritt des Strahles aus dem Glas.

30. Schwefelkohlenstoff mit dem Brechungsindex 1,63 steht 10 cm hoch in einer großen Glasflasche. In der Mitte des Bodens ist eine kleine Lichtquelle angebracht. Man berechne die Fläche in der Oberfläche des Schwefelkohlenstoffs, durch die das Licht die Flüssigkeit verläßt.

31.* Es gibt Filter, die alles Licht bis auf das grüne hindurchlassen. Ebenso gibt es Filter, die nur das rote Licht nicht absorbieren. Das Licht erscheint dem menschlichen Auge in beiden Fällen rot. Kann man zwischen den beiden Lichtarten unterscheiden, wenn man ein Prisma zur Untersuchung heranzieht?

32. Weshalb kann man die Dispersion in einem Prisma besser beobachten als in einem Halbzylinder wie in Bild 4.11?

33. In Bild 4.33 tritt ein paralleles Lichtbündel von monochromatischem Licht von links in einen Kasten. Man zeichne in jeden Kasten die Vorrichtungen ein, die den eingezeichneten Effekt ergeben könnten. Am Einzel- und am Doppelpfeil kann man erkennen, welche Seiten des eintretenden und des austretenden Bündels einander entsprechen. Die Begrenzungen, die ohne Pfeile sind, stellen die anderen Seiten der austretenden Bündel dar.

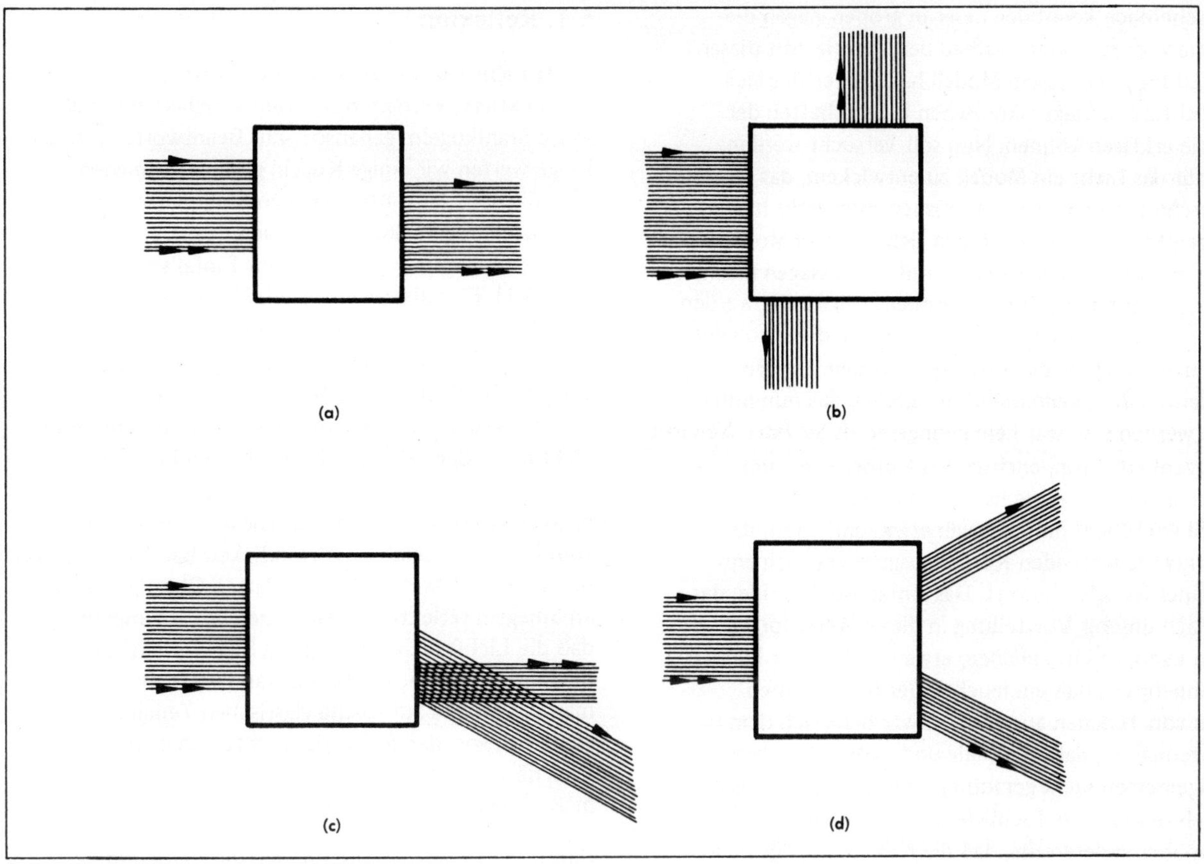

Bild 4.33. Zur Aufgabe 33

5. Teilchenmodell des Lichts

Wahrscheinlich kennt der Leser in groben Zügen die Theorie vom atomaren Aufbau der Materie. Mit dieser Vorstellung oder diesem Modell hat man erfolgreich die wichtigsten makroskopischen Eigenschaften der Materie erklären können. Nun soll versucht werden, auch für das Licht ein Modell zu entwickeln, das seine Eigenschaften, soweit wir sie bisher untersucht haben, erklären kann. Genauso werden sich aus dem Modell des Lichts Folgerungen ziehen und Voraussagen machen lassen, die durch weitere Experimente überprüft werden können. Dabei folgen wir Vorstellungen, die schon vor einigen Jahrhunderten entwickelt wurden. Der Begründer des *Teilchenmodells des Lichts*, das nun untersucht werden soll, war kein geringerer als *Sir Isaac Newton.*

Licht geht stets von leuchtenden Körpern aus und breitet sich im wesentlichen geradlinig aus. Jedes Modell vom Licht muß deshalb etwas enthalten, das von einem leuchtenden Körper ausgeht und sich entlang einer Geraden bewegt. Das einfachste Gebilde, das sich nach unserer Vorstellung in dieser Weise fortbewegen kann, ist ein *Teilchen,* etwa ein Ball. Wir können also annehmen, daß ein leuchtender Körper einen Strom von Teilchen aussendet. Zwar ließe sich dem entgegenhalten, daß sich Bälle und andere Teilchen im allgemeinen nicht geradlinig, sondern auf gebogenen Bahnen bewegen und schließlich zur Erde fallen. Wir wissen aber andererseits, daß die Krümmung der Bahn eines Balles mit zunehmender Geschwindigkeit geringer wird. Daher kann man annehmen, daß die Bahnen von Lichtteilchen, da sie sich mit einer Geschwindigkeit von $c = 3 \cdot 10^8 \frac{m}{s}$ ausbreiten, kaum von der Anziehungskraft der Erde beeinflußt werden. Mit dem Teilchenmodell des Lichtes läßt sich also ohne Schwierigkeiten erklären, daß sich das Licht *geradlinig ausbreitet.*

Natürlich müssen sich die Lichtteilchen wesentlich von Bällen unterscheiden. Im Gegensatz zu Bällen behindern sie sich zum Beispiel gegenseitig nicht, wie wir in Abschnitt 3.8 als Eigenschaft des Lichtes gefunden hatten. Daß die Wechselwirkung ausbleibt, läßt sich damit erklären, daß die Teilchen außerordentlich klein sind. Sie müssen so klein sein, daß selbst beim Zusammentreffen zweier intensiver Lichtbündel die Wahrscheinlichkeit äußerst gering ist, daß ein Teilchen des einen Bündels mit einem Teilchen des anderen zusammenstößt. Auf diese Weise kann man das Ausbleiben der *Wechselwirkung von Licht mit Licht* im Teilchenmodell erklären. Die hypothetischen Lichtteilchen unterscheiden sich also durch ihre hohe Geschwindigkeit und durch ihre geringe Größe von normalen Teilchen wie etwa Bällen. Wenn man sich dieser Unterschiede stets bewußt bleibt, kann man versuchen, andere Eigenschaften von Lichtbündeln vorherzusagen, indem man das Verhalten von Bällen oder Kugeln untersucht.

5.1. Reflexion

Trifft Licht auf die Oberfläche eines Körpers, so wird es reflektiert. Verhalten sich nun Teilchen, beispielsweise Stahlkugeln, genauso? Zur Beantwortung dieser Frage werfen wir einige Kugeln gegen verschiedene Oberflächen. An glatten, ebenen Stahlplatten prallen die Kugeln regelmäßig unter einem Reflexionswinkel ab, der annähernd so groß wie ihr Einfallswinkel ist (Bild 5.1). Einfallsweg und Reflexionsweg liegen in einer Ebene mit der Normalen zur Oberfläche; auch ändert sich die Geschwindigkeit nach dem Auftreffen auf die Oberfläche nicht. Sind aber Kugeln und Oberflächen weniger elastisch als Stahl, so springt der Ball nicht unter dem gleichen Reflexionswinkel zurück. In solchen Fällen ist auch die Geschwindigkeit der Kugel nach der Reflexion kleiner als vorher – im Unterschied zum Licht, das seine Geschwindigkeit bei der Reflexion nicht ändert. Da das Licht an glatten Oberflächen wie an Spiegeln reflektiert wird, haben wir anzunehmen, daß die Lichtteilchen wie ideale Bälle reflektiert werden, die man gegen eine elastische Wand wirft. Beschränkt man das Modell auf solche elastischen Teilchen und stellt sich vor, daß Stöße der Lichtteilchen gegen die Oberfläche elastisch erfolgen, so läßt sich die regelmäßige Reflexion erklären.

Damit macht das Teilchenmodell die *Reflexion des Lichts* an Spiegeln hinreichend verständlich. Das Modell ist aber

Bild 5.1. Eine Stahlkugel wird von einer Stahlplatte reflektiert (Zeitaufnahme). Der Reflexionswinkel stimmt mit dem Einfallswinkel überein.

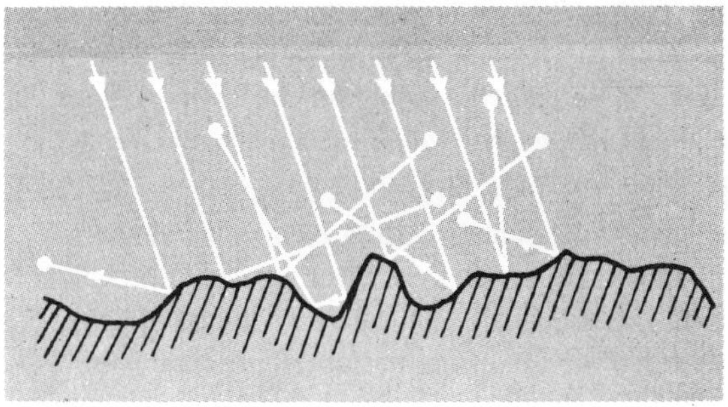

Bild 5.2. Diffuse Reflexion von Teilchen tritt auf, sobald die Unebenheiten der Oberfläche größer sind als die Teilchen.

auch in der Lage, die diffuse Reflexion des Lichts zu erklären. Bild 5.2 zeigt es. Für die einzelnen Teilchen sind auch jetzt Einfallswinkel und Reflexionswinkel gleich groß. Da aber die Oberfläche nicht eben ist, sind die Einfallswinkel unterschiedlich groß, und die reflektierten Teilchen werden in die verschiedensten Richtungen abgelenkt. Daher zerstreut die Oberfläche insgesamt das Licht diffus. Man kann nun fragen, wie glatt die Oberfläche sein muß, wenn sie die Teilchen wie ein Spiegel überwiegend regelmäßig reflektieren soll. Sicherlich müssen dann die Unebenheiten im Vergleich zur Größe der auftreffenden Teilchen klein genug sein. Denn eine Oberfläche, die völlig glatt zu sein scheint, wenn Bälle an ihr abprallen, kann rauh und uneben erscheinen, wenn die winzigen Lichtteilchen an ihr reflektiert werden. Man kann daher verstehen, weshalb Metall erst auf Hochglanz poliert werden muß, bis seine Oberfläche die Eigenschaften eines Spiegels annimmt.

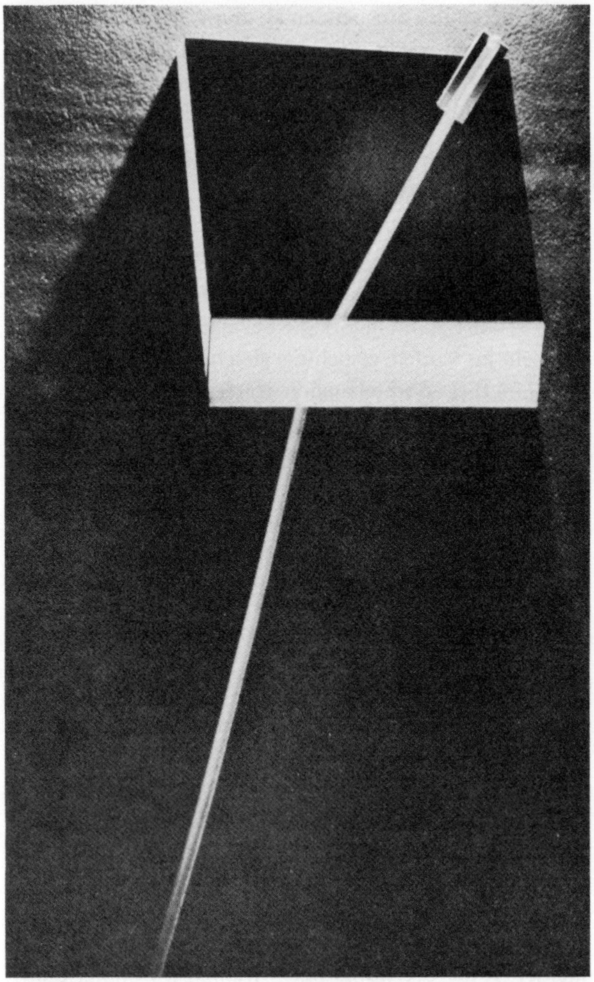

Bild 5.3. Eine Kugel rollt von einer höher gelegenen Ebene auf eine tiefer gelegene (Zeitaufnahme). Die Änderung der Bewegungsrichtung der Kugel zeigt die „Brechung".

5.2. Brechung

Kann man mit dem Teilchenmodell des Lichts die Brechung genauso gut erklären wie die Reflexion?
Bei der Brechung werden die Teilchen aus ihrer Bahn durch die Luft auf eine neue Bahn durch das brechende Medium abgelenkt. Gibt es ein Experiment, in dem rollende Stahlkugeln nach einem Stoß ihre Bahn in ähnlicher Weise ändern?

Nehmen wir an, daß eine Kugel auf einer horizontalen Ebene rollt und dann einen steilen Abhang herunter auf eine niedriger gelegene Ebene fällt. Solange die Kugel sich auf der höher gelegenen Ebene befindet, rollt sie mit konstanter Geschwindigkeit geradeaus. Diese Ebene entspricht nach unserer Annahme dem Medium Luft, durch das sich die Lichtteilchen mit konstanter Geschwindigkeit in gerader Richtung bewegen. Erreicht die Kugel den steilen Abhang, so erfährt sie einen Impuls senkrecht zu der Begrenzung des Hanges. Die Zone, die durch den Abhang gebildet wird, kann der Grenzzone eines brechenden Mediums zugeordnet werden. In dieser Grenzschicht zwischen Luft und Glas erhalten die Lichtteilchen nach unserer Annahme also einen Stoß, der senkrecht zur Oberfläche des Glases in das brechende Medium hinein gerichtet ist. Um herauszufinden, was mit den Lichtteilchen geschieht, die die Grenzfläche passieren, sehen wir uns Bild 5.3 an. Es zeigt die Bahn der Kugel, die die steile Kante herabgerollt ist. Man sieht, daß die Kugel senkrecht zur Richtung der Stufe beschleunigt wird und daß sich damit die Richtung ändert, in der die Kugel weiter rollt. Bei ihrer Bewegung in der oberen Ebene trifft die Kugel die Kante unter einem bestimmten Winkel; entfernt sie sich dann in der unteren Ebene von der Kante, so rollt sie in einer anderen Richtung fort. Diese liegt näher zur Normalen hin. Die untere Ebene, auf der der Ball entlang läuft, entspricht dem Inneren des brechenden Mediums. Hier bewegt sich die Kugel wieder mit konstanter Geschwindigkeit in gerader Richtung und verhält sich damit genauso wie das Licht bei seiner Bewegung durch das Glas.

Mit dem Modell von der rollenden Kugel kann man auch den Zusammenhang zwischen dem Brechungswinkel und dem Einfallswinkel untersuchen. Wenn tatsächlich die Brechung durch einen Schub verursacht wird, den das Licht beim Eintritt in das brechende Medium erfährt, dann müßte die Beziehung zwischen den Winkeln im Modellversuch die gleiche wie beim Licht sein. Um dies zu untersuchen, starten wir die Kugel auf der oberen Ebene stets mit gleicher Geschwindigkeit, weil sich ja auch die Lichtteilchen im Vakuum stets mit gleicher Geschwindigkeit ausbreiten. Die Messungen einer ganzen Reihe von Winkeln ergeben: Für die „Brechung der Kugelbahnen" gilt das Brechungsgesetz

$$\frac{\sin \vartheta_o}{\sin \vartheta_u} = \text{konstant.}$$

Dabei ist ϑ_o der Winkel zwischen der Bahn der Kugel und der Normalen in der oberen Ebene und ϑ_u der entsprechende Winkel in der unteren Ebene. Die Konstante im oben angegebenen Brechungsgesetz hängt von dem Höhenunterschied der beiden Ebenen und von der Anfangsgeschwindigkeit der Kugel ab. Je größer der Höhenunterschied, desto größer ist der Brechungsindex. Je größer die ursprüngliche Geschwindigkeit, desto kleiner ist der Brechungsindex. Wählen wir immer dieselbe Anfangsgeschwindigkeit, so können wir Stoffe verschiedener Brechungsindizes durch Ebenen mit unterschiedlicher Höhendifferenz darstellen. Beispielsweise muß für die Veranschaulichung der Lichtbrechung beim Übergang von Luft in Wasser die Höhe der Zone, in der die Kugel beschleunigt wird, kleiner sein als für die Brechung des Lichtes beim Übergang von Luft in Glas. In jedem Fall bestätigen die Modellversuche das Brechungsgesetz. Durch die Änderung der Höhendifferenz erreicht man jeden beliebigen Brechungsindex.

Bei der Betrachtung des Kugelmodells sind wir uns durchaus bewußt, daß das Licht nicht aus rollenden kleinen Kügelchen besteht, die von irgendwelchen Erhebungen herablaufen. Der entscheidende Punkt in dieser von *Newton* ersonnenen Modellvorstellung ist der Gedanke, die Brechung damit zu erklären, daß die Lichtteilchen an der Grenzfläche brechender Medien einen Kraftstoß erhalten. Dieser Gedanke leuchtet ein. Im Innern eines Glasstücks oder eines anderen brechenden Materials ist das Lichtteilchen nach allen Seiten von demselben Stoff umgeben; daher wird es im Innern der Stoffe in keiner Richtung beschleunigt. Nur an der Grenzfläche ist die Lage völlig anders. Hier ist eine Kraftwirkung, die in das Innere des brechenden Stoffes gerichtet ist, sehr wohl erklärlich. *Die Brechung läßt sich also verstehen, wenn man annimmt, daß das Licht wie die Kugel im Modellversuch an der Grenzfläche einen Kraftstoß erfährt.*

Soweit ist das Modell also erfolgreich zu verwenden. Es soll daher nun auf weitere Eigenschaften untersucht werden. Die Beziehung zwischen der Geschwindigkeit auf der oberen und der auf der unteren Ebene kann man mit Hilfe stroboskopischer Aufnahmen bestimmen (Bild 5.4). Untersucht man die Bahnen einiger Kugeln, die mit unterschiedlichen Winkeln auf den Hang treffen, so entdeckt man, daß die Kugeln, die auf der oberen Ebene mit derselben Geschwindigkeit v_o starten, in der unteren Ebene immer eine ganz bestimmte Geschwindigkeit v_u annehmen. Auf diese Geschwindigkeit v_u hat der Einfallswinkel keinen Einfluß. Weiter findet man aus den Messungen an stroboskopischen Aufnahmen (Bild 5.4), daß stets $v_o \sin \vartheta_o = v_u \sin \vartheta_u$ oder

$$\frac{\sin \vartheta_o}{\sin \vartheta_u} = \frac{v_u}{v_o}$$

ist. Das Brechungsgesetz gilt also auch hier, und der Brechungsindex stimmt gerade mit dem Verhältnis $\frac{v_u}{v_o}$ beider Geschwindigkeiten überein.

Man kann natürlich in allen Versuchen ebenso die Kugel mit der Geschwindigkeit v_u in der unteren Ebene starten lassen. Dann findet man erwartungsgemäß bestätigt, daß alles umgekehrt abläuft. Die Kugeln erreichen die obere Ebene mit der Geschwindigkeit v_o, und das Brechungsgesetz gilt für diese Umkehrung, wie es auch beim Licht der Fall war.

Damit besitzen wir ein Teilchenmodell des Lichts, das auch die Brechung erklärt. Dieses Modell veranlaßt nun eine Reihe weiterer Versuche, wie es gewöhnlich bei der Entwicklung eines Modells geschieht. Zum Beispiel besagt unsere Modellvorstellung, daß die *Lichtgeschwindigkeit in einem brechenden Medium* unabhängig vom Einfallswinkel und *größer als die Lichtgeschwindigkeit im Vakuum* ist. Wir müßten daher die Lichtgeschwindigkeit in brechenden Stoffen messen und im einzelnen untersuchen, ob die Messungen die Folgerungen aus unserem Modell

$$\frac{v_m}{c} = n_m$$

bestätigen, wobei v_m die Geschwindigkeit im brechenden Material, c die Lichtgeschwindigkeit im Vakuum und n_m den Brechungsindex bedeuten. Solche Messungen werden im Abschnitt 5.7 diskutiert. Weiter müßten wir

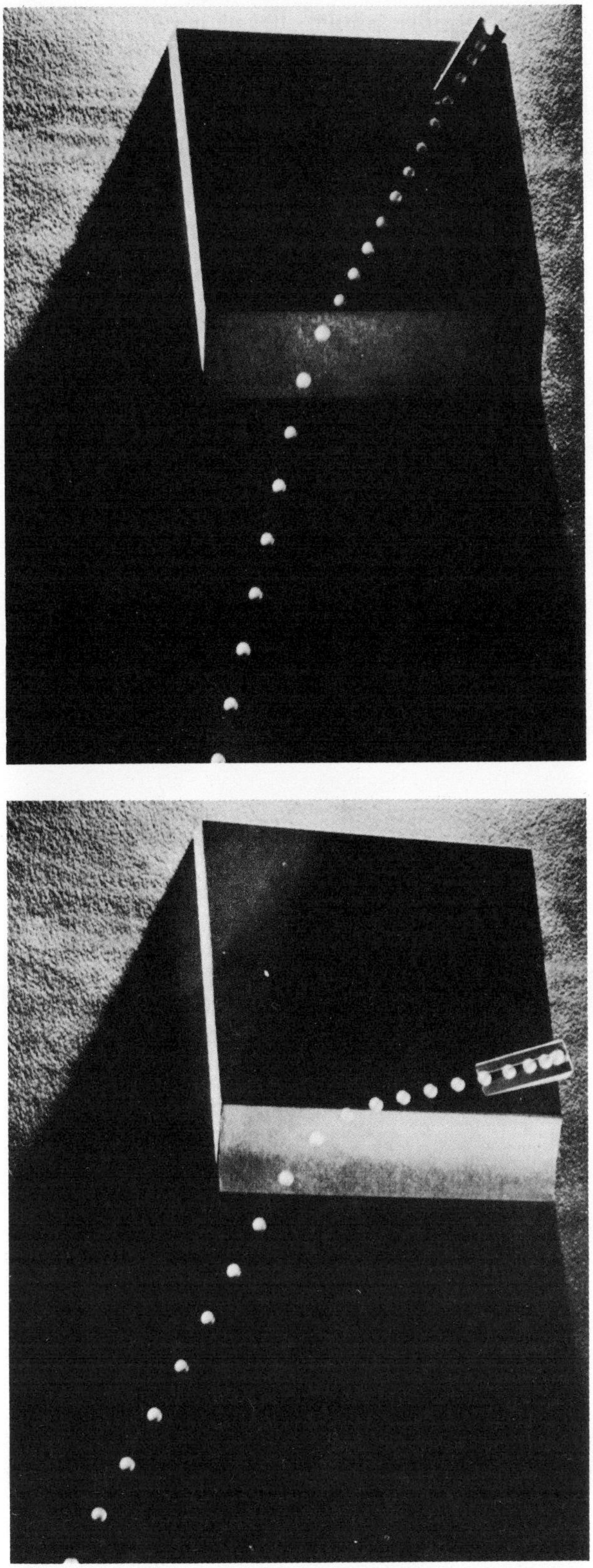

Bild 5.4. Die beiden stroboskopischen Aufnahmen zeigen die Bewegung der Kugel nach Bild 5.3. In beiden Bildern stimmt die Geschwindigkeit auf der höher gelegenen Ebene überein, da die Stahlkugel stets von derselben Höhe gestartet wird. Man erkennt, daß auch die Geschwindigkeit in der tiefer gelegenen Ebene gleich bleibt, obwohl die Einfallswinkel in beiden Bildern verschieden sind.

überprüfen, ob die Lichtgeschwindigkeit im Vakuum unabhängig von dem früheren Weg des Lichts ist. Nach der Modellvorstellung verlangsamt ein Lichtteilchen seine Bewegung, wenn es aus einem brechenden Medium ins Vakuum tritt. Umgekehrt wird es schneller werden, sobald es aus dem Vakuum in ein brechendes Medium fällt. Die Konstanz der Lichtgeschwindigkeit im Vakuum – unabhängig woher das Licht gerade kommt – wäre also ein weiterer Prüfstein für die Erklärung der Brechung durch das Teilchenmodell.

5.3. Lichtstärke und Beleuchtungsstärke

Das Verhältnis der Entfernungen zweier ähnlicher Sterne bestimmt man nach Kapitel 2 mit Hilfe des Gesetzes $E = \frac{k}{r^2}$: Die Beleuchtungsstärke E ist umgekehrt proportional dem Quadrat der Entfernung r von der Lichtquelle. Der Proportionalitätsfaktor k muß offenbar mit der Lichtstärke des Sterns zusammenhängen. Nun sollen Lichtstärke und Beleuchtungsstärke etwas genauer betrachtet werden.

Zur *Messung der Beleuchtungsstärke* verwendet man Photozellen oder andere Belichtungsmesser, wie sie die Photographen benutzen. In diesen Belichtungsmessern ist ein Zeiger angebracht, der über eine Skala läuft. Größere Skalenwerte entsprechen bedeutend höheren Beleuchtungsstärken, als man mit dem Auge schätzen würde. Wir werden als erstes eine Methode entwickeln müssen, nach der wir die Skala eichen können.

Dazu verschaffen wir uns zunächst eine Reihe gleicher Lichtquellen. „Gleich" heißt hier, daß das Meßgerät denselben Ausschlag anzeigt, wenn wir die Lichtquellen in gleicher Entfernung r_0 vor dem Lichtmesser in einem sonst dunklen Raum mit schwarzen Wänden (um die Reflexion auszuschalten) aufstellen. Wir unterstellen, daß dann von jeder Lichtquelle die gleiche Anzahl von Teilchen in einer bestimmten Zeit auf die lichtempfindliche Schicht des Photometers auftrifft.

Nach der Teilchenvorstellung des Lichts müßten nun zweimal soviel Lichtteilchen in der Sekunde auf das Meßgerät fallen, wenn wir in derselben Entfernung r_0 zwei gleiche Lichtquellen aufstellen. Greifen wir in beliebiger Weise jeweils zwei Lichtquellen heraus und stellen sie in der angegebenen Entfernung auf, so schlägt der Zeiger stets gleich weit aus. Dieser Ausschlag gibt an, daß die Beleuchtung stärker ist, als wenn wir nur eine Normlichtquelle in der Entfernung r_0 aufgestellt hätten.

Zur Eichung markieren wir auf der Skala unseres Belichtungsmessers die Stelle, an der der Zeiger stand, als wir das Gerät mit einer Lichtquelle aus der Entfernung r_0 beleuchteten. An diese Stelle der Skala schreiben wir eine 1. Die Zahl 2 setzen wir an jene Stelle der

Skala, an der der Zeiger steht, wenn zwei Lichtquellen in der Standardentfernung r_0 aufgestellt sind. Dasselbe machen wir mit drei Lichtquellen, die wir ebenfalls in der Entfernung r_0 vor dem Belichtungsmesser aufbauen. Auf diese Weise eichen wir unser Gerät in Vielfachen derjenigen Beleuchtungsstärke, die durch eine Normlichtquelle in Entfernung r_0 gegeben ist. Messen wir nun die Beleuchtungsstärke einer Normlichtquelle mit unserem Belichtungsmesser in einer anderen Entfernung als r_0, so gibt unsere Skala genau an, wieviel Normlichtquellen wir in der Entfernung r_0 aufstellen müßten, um dieselbe Beleuchtungsstärke zu erhalten.

Wir nehmen an, daß zu Beginn die festgelegte Entfernung r_0 groß im Vergleich zur Ausdehnung der Lichtquelle und zu den Abmessungen der lichtempfindlichen Schicht des Belichtungsmessers gewählt wurde. Nun stellen wir eine der genormten Lichtquellen in kürzeren Entfernungen als r_0 vor dem Belichtungsmesser auf und untersuchen, wie sich jetzt die Beleuchtungsstärke auf der lichtempfindlichen Schicht durch Verkleinern der Entfernung zum Belichtungsmesser geändert hat. Die Ergebnisse solcher Messungen sind in Tabelle 1 aufgeführt.

Tabelle 1: Die Beleuchtungsstärke E in verschiedenen Entfernungen von der Lichtquelle

r in *m*	E	Er^2
1,20	1,0	1,4
1,00	1,5	1,5
0,80	2,3	1,5
0,70	3,2	1,6
0,60	4,3	1,5
0,50	5,4	1,4
0,40	8,5	1,4
0,30	17,7	1,6
0,25	23,5	1,5
0,20	33,3	1,3

Die dritte Spalte zeigt das Produkt aus der Beleuchtungsstärke und dem Quadrat des Abstandes. Das Produkt ist fast konstant, wie es nach dem reziprok-quadratischen Abstandsgesetz zu erwarten war. Die Daten der Tabelle sind in Bild 5.5 eingetragen.

Daß sich die *Beleuchtungsstärke E umgekehrt proportional zum Quadrat des Abstandes* r von der punktförmigen Lichtquelle ändert, entspricht genau dem,

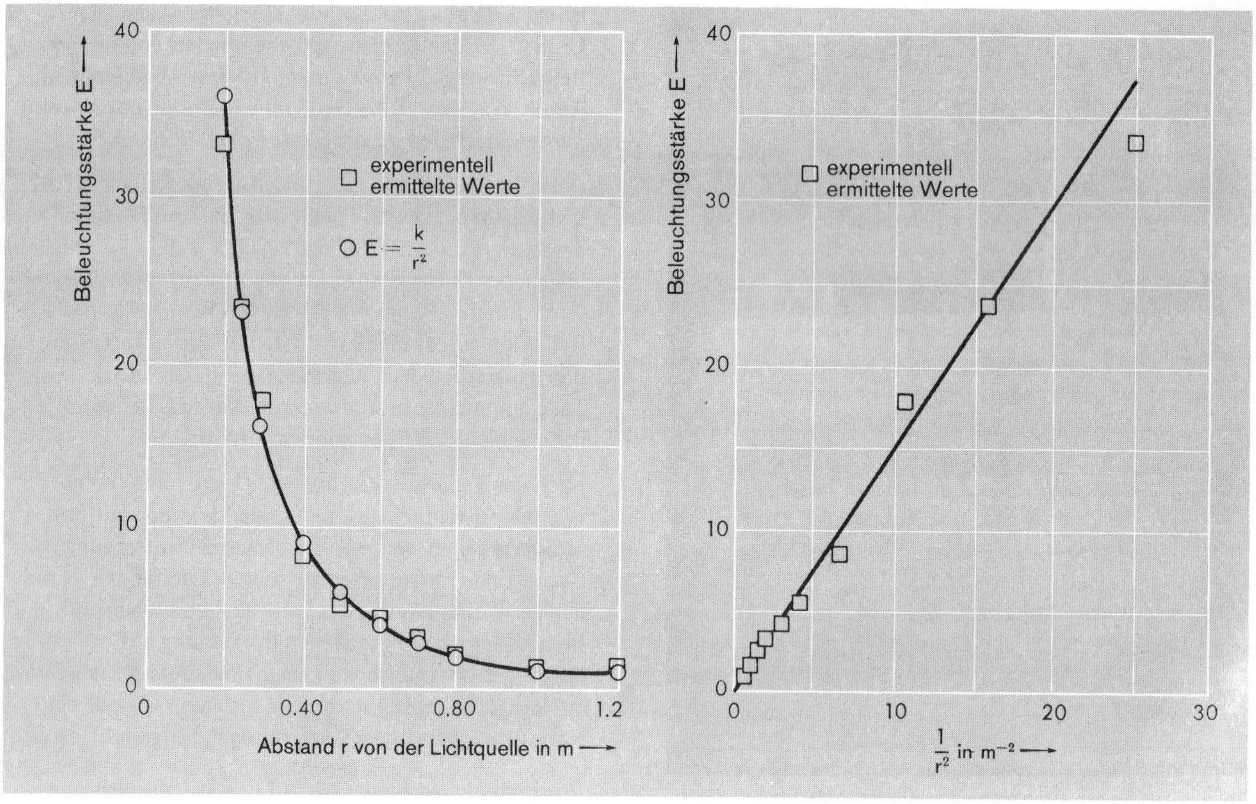

Bild 5.5. Der Graph links zeigt die Beleuchtungsstärke in verschiedenen Entfernungen von der Lichtquelle. Die experimentell gewonnenen Punkte stimmen fast mit den rechnerisch ermittelten überein. Der Graph rechts zeigt die fast völlige Übereinstimmung an einer geraden Linie, bei der die Beleuchtungsstärke als Funktion von $\frac{1}{r^2}$ abgetragen ist.

was man nach dem Teilchenmodell des Lichtes erwarten muß. Wir nehmen an, daß die Beleuchtungsstärke direkt proportional der Anzahl der Teilchen ist, die in einer Sekunde auf eine Flächeneinheit fallen. Die Teilchen bewegen sich von der Lichtquelle in allen Richtungen nach außen und beschreiben gerade Linien. Wir nehmen an, daß keine auf ihrem Wege verloren gehen. In der Entfernung r von der punktförmigen Lichtquelle haben sich die Teilchen über eine Kugelfläche mit dem Radius r und einer Fläche $4\pi r^2$ verteilt (Bild 5.6). In der Entfernung 2r werden daher die Teilchen auf eine Fläche $4\pi(2r)^2 = 16\pi r^2$ verteilt sein. Damit beträgt die Anzahl der Teilchen pro Flächeneinheit in der Entfernung 2r nur ein Viertel der Teilchenzahl in der Entfernung r. Folglich wird die Beleuchtungsstärke in dieser Entfernung auf den vierten Teil gesunken sein.

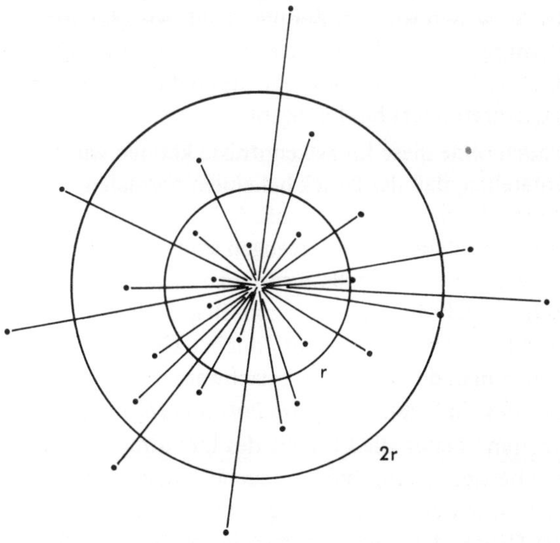

Bild 5.6. Durchsetzen Teilchen in der Entfernung vom Radius r eine Fläche von $4\pi r^2$, so verteilen sie sich in einer Entfernung vom doppelten Radius, also 2r, über die Fläche $16\pi r^2$. Daher ist die Beleuchtungsstärke in der Entfernung 2r nur mehr ein Viertel der Beleuchtungsstärke in der Entfernung r von der Lichtquelle.

Diese theoretische Herleitung des reziprok-quadratischen Abstandsgesetzes stimmt genau mit jener im Kapitel 2 überein, nur daß anstelle einer „Lichtmenge", die eine immer größere Fläche zu durchsetzen hat, jetzt eine bestimmte Anzahl von Teilchen anzunehmen ist.

Wenn nun die Lichtquelle und der Belichtungsmesser, der die Teilchen auffängt, verglichen mit ihrer Größe sehr nahe beeinander stehen, können die Lichtteilchen unter sehr unterschiedlichen Winkeln auf die Oberfläche der lichtempfindlichen Schicht auftreffen. Sie werden dann nicht nur mehr auf Bahnen entlang fliegen, die fast parallel zueinander und senkrecht zur Schicht des Belichtungsmessers verlaufen. Man ist daher nicht überrascht, größere Abweichungen von dem reziprok-quadratischen Abstandsgesetz zu finden, sobald die Entfernung zwischen Lichtquelle und Belichtungsmesser klein wird.

Genauso wie die Einheit der Länge oder der Zeit willkürlich festgesetzt ist, so bildet auch die Normlichtquelle eine willkürliche Einheit der Lichtstärke. Lichtstärken wurden schon seit langer Zeit systematisch vermessen, und fast genau so lange verwendete man als Einheit die Kerze. In Deutschland war bis 1948 die Hefnerkerze, benannt nach dem Physiker *Hefner-Alteneck*, die übliche Einheit. Sie wurde von einer mit Amylazetat gespeisten Lampe geliefert, deren Flamme über einem genau vorgeschriebenem Docht 40 mm hoch brennen soll. Diese Vorschrift gewährleistet, daß die Flamme überall auf der Erde gleich hell brennt.

Inzwischen wurde die *Normallichtquelle* international neu vereinbart; der Name der Lichtstärkeeinheit heißt Candela (cd). Der Grundgedanke ist geblieben. Die Einheit der Lichtstärke ist definiert durch das Licht, das ein $\frac{1}{60}$ mm² großes Loch aussendet, hinter dem ein Platinkörper auf seine Schmelztemperatur von 1770 °C erwärmt wird[1]). Die neue Normallichtquelle läßt sich leichter als die alte reproduzieren. Für die Überlegungen an dieser Stelle ist es jedoch einfacher, von einer eigens für diese Versuche definierten Normallichtquelle auszugehen.

Auf der Einheit cd der Lichtsträke basiert die Einheit Lux der Beleuchtungsstärke. Eine Lichtquelle der Lichtstärke 1 cd erzeugt auf einer Fläche in 1 m Abstand die Beleuchtungsstärke 1 Lux.

5.4. Lichtdruck

Wer von einem Stein oder einem Ball getroffen wird, fühlt einen Stoß. Treffen die Moleküle eines Gases auf die Wandungen eines Behälters oder auf die Haut, so erzeugen ihre Stöße einen Druck. Üben nun die Lichtteilchen ebenso einen Lichtdruck aus, wenn sie auf einen Spiegel auftreffen? Die Teilchentheorie des Lichtes legt diese Vermutung nahe. Leider kann das bisher entwickelte Modell des Lichtes noch keine Angaben über die Größe des Lichtdruckes liefern, den man von einem vorgegebenen Lichtstrom erwarten

[1]) Die gesetzliche Definition der Basiseinheit Candela lautet: 1 Candela ist die Lichtstärke, mit der $\frac{1}{600000}$ m² der Oberfläche eines schwarzen Strahles bei der Temperatur des beim Druck 101 325 N/m² erstarrende Platins senkrecht zu seiner Oberfläche leuchtet.

müßte. So wissen wir zum Beispiel nicht, wie groß die Beleuchtungsstärke ist, wenn eine bestimmte Anzahl von Lichtteilchen in der Sekunde durch die Fläche eines Quadratmeters hindurchgeht.

Aber auch ohne diese Einzelkenntnisse können wir uns vorstellen, daß der Druck bei einem normalen Lichtbündel sehr gering sein muß, falls das Licht überhaupt einen solchen Druck erzeugen sollte. Eine Feder z.B. bewegt sich keinesfalls, wenn man sie plötzlich mit hellem Licht bestrahlt. Bis zum Beginn dieses Jahrhunderts fehlte es an empfindlichen Geräten, mit denen man den Lichtdruck nachweisen konnte, bis *Lebedew* in Rußland und *Nichols* und *Hull* in den Vereinigten Staaten die Existenz des Lichtdrucks experimentell bewiesen. Aus ihren Versuchen wissen wir, daß der Lichtdruck der hellen Mittagssonne genauso groß ist wie der Druck, den eine monomolekulare Schicht Ölsäure auf eine horizontale Oberfläche ausübt. Dieser Druck ist sehr klein. Jedoch ist der Lichtdruck nicht immer so gering. Experimente bestätigen die Voraussage der Teilchentheorie, daß der Lichtdruck mit der Beleuchtungsstärke wächst. Auf der Sonnenoberfläche ist der Lichtdruck schon um einige Größenordnungen stärker als der Druck, den das Sonnenlicht auf die Erde ausübt. Auf der Oberfläche mancher Sterne kann der Lichtdruck außerordentlich große Werte annehmen.

5.5. Absorption und Erwärmung

Ein guter Reflektor, der das Licht größtenteils zurückwirft, erwärmt sich nicht merklich, wenn er von der Sonne beschienen wird. Umgekehrt kann eine dunkle, das Licht absorbierende Oberfläche sehr warm werden, wenn sie den Sonnenstrahlen ausgesetzt wird. In der unmittelbaren Umgebung dunkler Erdbrocken, die auf dem Schnee liegen, schmilzt der Schnee sofort, wenn die Sonne scheint. Als ausgezeichneter Absorber erwärmt sich die schwarze Erde und bringt den in ihrer Nachbarschaft befindlichen Schnee schneller zum Schmelzen, als es die Sonne vermag, wenn sie direkt auf den Schnee strahlt, der mit seiner weißen Farbe die Sonnenstrahlen reflektiert.

Kann man dieses Verhalten mit dem Teilchenmodell erklären? Wenn die Teilchen weder reflektiert noch durchgelassen werden, dann müssen sie gebremst werden. Die Frage ist, ob der Körper sich erwärmt, wenn die Teilchen weder ihn durchdringen noch von ihm zurückgeworfen werden. Die Erwärmung durch Teilchen kann man ziemlich einfach nachweisen. Ein Hammer übernimmt die Rolle des Teilchens, ein Bleiblock die der absorbierenden Materie. Wir schlagen mehrmals kräftig auf den Block, was dem Auftreffen mehrerer Teilchen entspricht. Der Hammer prallt nicht zurück – die Teilchen werden nicht reflektiert –, und der Block erwärmt sich. Um nachzuweisen, daß dieser Effekt nicht bei jedem Teilchenbeschuß auftritt, ersetzen wir den Bleiblock durch ein schweres Stahlstück. Nun federt der Hammer bei jedem Schlag zurück – die Teilchen werden reflektiert –, und der Stahl erwärmt sich nicht. Falls sich die Lichtteilchen wie Partikel gewöhnlicher Materie verhalten, erwarten wir, daß sie jedes Material erwärmen, in dem sie gebremst werden. Das Teilchenmodell des Lichts stimmt also mit der Beobachtung überein, daß *Materie, die Licht absorbiert, sich erwärmt,* und daß Materie, die Licht reflektiert oder hindurchläßt, dabei kaum wärmer wird.

Absorbierende Materie ist nicht völlig schwarz. Sie reflektiert einen Teil des auftreffenden Lichts und kann gleichzeitig einen Teil hindurch lassen. Wie kann man sich eine Substanz vorstellen, die aus demselben Lichtbündel einen Teil der Lichtteilchen regelmäßig reflektiert und einen anderen absorbiert? Man kann sich denken, daß der Körper an zahlreichen kleinen Bezirken die Teilchen bremst, wobei Wärme entsteht, während an anderen Stellen die Lichtteilchen reflektiert werden, ohne den Körper zu erwärmen. Auch die besten Reflektoren wie beispielsweise Spiegel erwärmen sich ein wenig, wenn sie dem vollen Sonnenlicht ausgesetzt sind. Daraus schließen wir, daß die Spiegeloberfläche verstreut Stellen aufweisen muß, an denen das Licht absorbiert wird. Durchsichtige Substanzen wie Glas müssen ebenfalls absorbierende Zonen enthalten, da die Beleuchtungsstärke zurückgeht, wenn man z.B. Glas in ein Lichtbündel hält. Wie zu erwarten, erwärmt sich das Glas ein wenig.

5.6. Unzulänglichkeiten des Teilchenmodells

Das Teilchenmodell des Lichts erklärt sowohl die regelmäßige als auch die diffuse Reflexion, es gibt das Brechungsgesetz richtig wieder, und es macht die Abnahme der Beleuchtungsstärke mit dem Quadrat der Entfernung verständlich. Das Teilchenmodell legt weiter die Annahme nahe, daß Licht einen Druck ausüben und daß es bei Absorption zur Erwärmung führen kann. Die beiden letzten Eigenschaften, die in früheren Kapiteln nicht behandelt wurden, sind experimentell bestätigt worden. Sie mögen als Beispiele gelten, welchen Wert eine Theorie als Anregung für neue Entdeckungen besitzt. In einem Modell lassen sich mit Erfolg viele schon bekannte Eigenschaften zusammenfassen, indem es ein Bild liefert, in das unser Wissen paßt. Es legt andererseits auch nahe, an Eigenschaften zu denken, von denen wir vorher keine Ahnung gehabt haben. Es liefert den Schlüssel zur Entdeckung unerwarteter Erscheinungen, die dem Modell nach vorhanden sein müßten, wie das Beispiel mit dem Lichtdruck zeigte.

Damit ergibt sich die Möglichkeit, das Modell zu überprüfen, indem man im Experiment die Natur mit den Vorhersagen des Modells vergleicht.

Bisher hat sich das Teilchenmodell des Lichts gut bewährt. Gibt es nun irgendwelche Eigenschaften, bei deren Deutung das Modell nicht so erfolgreich ist? Existieren etwa Eigenschaften des Lichts, die nur schlecht durch das Modell beschrieben werden oder sogar im Widerspruch dazu stehen?

In diesem Zusammenhang wollen wir die *Brechung des Lichts* genauer untersuchen. Wie läßt sich mit dem Teilchenmodell, das die Reflexion und die Brechung einzeln sehr wohl deuten kann, die Tatsache erklären, daß ein Lichtbündel beim Auftreffen auf die Oberfläche des brechenden Mediums teilweise reflektiert und teilweise gebrochen wird? Bei der regelmäßigen Reflexion erhalten die Lichtteilchen an der Oberfläche einen Stoß in eine ganz bestimmte Richtung; bei der Brechung muß ein Schub in der entgegengesetzte Richtung wirken. Auf welche Weise entscheidet sich nun für ein einzelnes Teilchen, in welcher Richtung der Stoß erfolgt? Diese Frage beschäftigte *Newton* sehr. Er versucht die teilweise Reflexion und teilweise Brechung von Licht durch die Annahme zu erklären, daß die Lichtteilchen Eigenschaften besitzen, die sich periodisch mit der Zeit ändern. Was mit dem Teilchen im einzelnen dann geschieht, hängt von dem Augenblick ab, in dem es die Oberfläche des Stoffes erreicht.

Eine andere Erklärung für die Aufspaltung des Lichtbündels könnte darin bestehen, daß man sich die Oberfläche in kleine Bezirke aufgeteilt denkt, in denen das Licht entweder reflektiert oder gebrochen wird. Jede dieser Ergänzungen zum Teilchenmodell kann ein bestimmtes Verhältnis zwischen Reflexion und Brechung begründen. Aber beide lassen sie unbeantwortet, weshalb das Verhältnis des gebrochenen Lichtes zu dem reflektierten abnimmt, wenn der Einfallswinkel wächst. Vielleicht ließe sich diese Schwierigkeit überwinden, doch würde dadurch das Modell sicherlich komplizierter werden. Sobald man also das Modell zu sehr präzisiert, tauchen doch einige Zweifel an seiner Richtigkeit auf.

5.7. Lichtgeschwindigkeit und Brechung

Nach der Teilchentheorie muß die Lichtgeschwindigkeit v_m im brechenden Medium größer als die Lichtgeschwindigkeit c im Vakuum sein. Im Abschnitt 5.2 fanden wir die Beziehung $v_m = c\, n_m$, in der n_m den Brechungsindex des brechenden Mediums bedeutet. Das ist ein quantitatives Ergebnis des Modells; es kann nachgeprüft werden, falls man in der Lage ist, die Lichtgeschwindigkeit über eine kurze Entfernung in einem anderen Medium, z.B. in einem wassergefüllten Tank, zu messen.

Zu *Newtons* Zeiten waren solche Messungen technisch nicht möglich. Die ersten erfolgreichen *Bestimmungen der Lichtgeschwindigkeit* auf der Erde wurden 1849 von *Fizeau* ausgeführt. Seine Meßmethode beruhte auf derselben Idee, die auch den Messungen mit dem Stroboskop zugrunde liegt. Kurze Lichtimpulse werden jeweils hindurch gelassen, wenn das Lichtbündel die Öffnung in der drehenden Scheibe trifft. Diese Lichtimpulse läßt man auf einen Spiegel fallen, so daß sie zu dem Stroboskop zurückgeworfen werden (Bild 5.7). Bei seiner Rückkehr kann ein Lichtimpuls nur dann das Stroboskop passieren, wenn sich die Öffnung wieder in der richtigen Stellung befindet.

Besäße ein Stroboskop nur eine Öffnung in der Scheibe, so müßte sich die Scheibe gerade einmal in der Zeit gedreht haben, die das Licht für den Weg zum Spiegel und

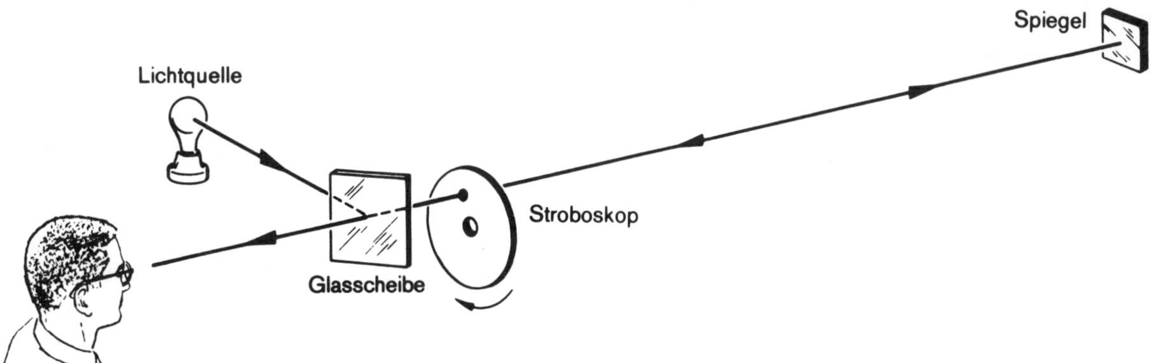

Bild 5.7. Zeitmessung an einem Lichtimpuls mit einem Stroboskop. Das Licht der Lichtquelle wird an der Glasplatte reflektiert und fällt durch das Loch des Stroboskops auf einen entfernten Spiegel. Der reflektierte Lichtimpuls geht durch das Stroboskop und fällt durch die Glasplatte auf das Auge des Beobachters.

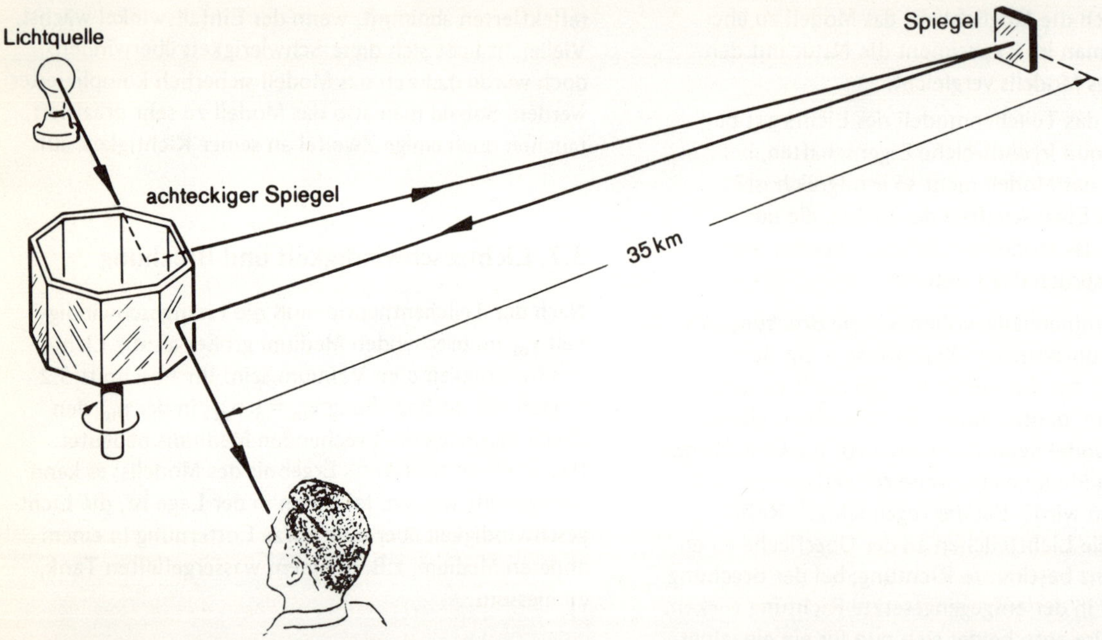

Bild 5.8. Bei dem Experiment von Michelson wurde das Licht an einem achtseitigen Spiegel reflektiert. Mit dieser Anordnung hat Michelson die Geschwindigkeit des Lichts genauestens vermessen.

wieder zurück benötigt. Mißt man also die Drehgeschwindigkeit, während das Licht beide Wege durchläuft, so kann man die Zeit ausrechnen, die das Licht für den Weg vom Stroboskop zum Spiegel und zurück braucht. Da die Weglänge bekannt ist, kann man die Lichtgeschwindigkeit ermitteln.

Ein normales Stroboskop dreht sich allerdings nicht schnell genug. Durch die Konstruktion eines besonders hochtourigen Stroboskops gelang es *Fizeau,* die Lichtgeschwindigkeit in Luft zu messen. Andere Physiker verbesserten Fizeaus Methode, unter ihnen der französische Physiker *Cornu.* Sein Stroboskop hatte 200 Öffnungen und machte 54 000 Umdrehungen in der Minute. Während er die Geschwindigkeit von Null auf ihren höchsten Wert anwachsen ließ, beobachtete er 28 Verfinsterungen und Aufhellungen, wobei das Licht von einem 23 Kilometer entfernten Spiegel reflektiert wurde. *Foucault* in Frankreich und später *Michelson* in den USA verbesserten die Genauigkeit dieser Methode (Bild 5.8), indem sie einen Drehspiegel statt der Scheibe benutzten. *Michelson* konnte die Lichtgeschwindigkeit mit einer Genauigkeit von 3 $\frac{km}{s}$, also mit einem relativen Fehler von 1 zu 10^5, bestimmen.

Für diese äußerst genaue Messung benötigte *Michelson* eine sehr lange Strecke. Seine Methode läßt sich aber auch auf kürzeren Strecken ausführen, wenn es zum Beispiel darum geht, die Lichtgeschwindigkeit in Wasser oder in anderen Flüssigkeiten zu messen. Allerdings muß man sich dann mit einer geringeren Genauigkeit zufrieden geben. 1862 ermittelte *Foucault* die Lichtgeschwindigkeit in Wasser zu etwa $v = 2{,}23 \cdot 10^8 \frac{m}{s}$. Diese entsprach fast genau drei Vierteln der Lichtgeschwindigkeit in Luft. Einige Jahre später gelang ihm die Messung der Lichtgeschwindigkeit in Schwefelkohlenstoff, einer Flüssigkeit mit dem Brechungsindex $n = 1{,}63$, zu $v = 1{,}71 \cdot 10^8 \frac{m}{s}$.

Vergleicht man diese Ergebnisse mit den Aussagen der Teilchentheorie, so stellt sich eine unüberwindliche Schwierigkeit heraus. Nach dem Brechungsgesetz müßte man folgern, daß die Lichtgeschwindigkeit in brechenden Medien größer als im Vakuum ist. Nach Newtons Teilchenmodell erwarten wir $v_{Wasser} = n_{Wasser}\, c$. Infolgedessen sollte die Lichtgeschwindigkeit im Wasser $\frac{4}{3}$ der Geschwindigkeit in Luft sein und in Schwefelkohlenstoff etwa $\frac{5}{3}$ von der in Luft. Die gemessenen Werte sind fast genau $\frac{3}{4}$ und $\frac{3}{5}$ von der Geschwindigkeit in Luft. *Damit liefern die Messungen keinesfalls die Verhältnisse der Geschwindigkeiten, die man nach der Teilchentheorie zu erwarten hat.* Sie zeigen, daß die Quotienten gerade umgekehrt sind. Unser Teilchenmodell des Lichtes scheint also zu versagen.

5.8. Die Stellung des Teilchenmodells

In diesem Kapitel haben wir versucht, ein Modell des Lichts zu entwickeln, das auf dem Verhalten von Teilchen aufbaut. Dieser Versuch war solange von Erfolg gekrönt, solange wir nur *einige* bekannte optische Erscheinungen betrachteten und solange wir nicht genaue zahlenmäßige Übereinstimmung zwischen der Vorhersage der Theorie und den Ergebnissen der Experimente verlangten. Schließt man in die Betrachtung jedoch alle Phänomene ein und fordert auch ihre quantitative Bestätigung, dann versagt unser Modell in wesentlichen Zügen. Weil das Teilchenmodell nicht mehr mit der Wirklichkeit übereinstimmt, muß es aufgegeben oder abgeändert werden.

Wir befinden uns damit in einer Situation, die bei Physikern häufig auftritt. Von Zeit zu Zeit versagt eine Theorie bei der Erklärung einer neuen Beobachtung, während sie bis dahin mit Erfolg eine Reihe von experimentellen Ergebnissen und Beobachtungen zusammenfassend beschrieben hatte. Dann muß man die Theorie abändern oder fallen lassen und versuchen, eine neue zu entwickeln. Meistens sind aber die Anstrengungen, die man in das nun überholte Modell hineinsteckte, nicht unnötig gemacht worden. Die Teilchentheorie hat zwei Ziele erreicht: Sie hat einerseits gezeigt, daß man eine Reihe von Beobachtungen in der Tat aufeinander beziehen kann; und sie hat andererseits neue Experimente veranlaßt. Die Teilchentheorie, die hier als unzureichend für die Erklärung des Lichts erscheint, hat einen bedeutungsvollen Platz in der Geschichte der Physik eingenommen. Sie trägt noch heute zu unserem Verständnis des Lichts bei. Darüber wird später mehr zu sagen sein. Im Augenblick legen wir sie beiseite und versuchen, ein neues Modell zu entwickeln.

Aufgaben

1.* Warum muß eine Tischtennisplatte glatter sein als ein Tennisplatz?

2. Man betrachte den Kasten in Bild 5.9. Seine Innenwandungen reflektieren das Licht vollständig. Was geschieht, wenn man ein Lichtbündel in den Kasten lenkt? (Für die Antwort benutze man das Teilchenmodell des Lichtes.)

3.* Unter welchem Einfallswinkel wird die Kugel auf der unteren Ebene (Bild 5.4) die größte Geschwindigkeit erreichen, wenn ihre Anfangsgeschwindigkeit in der oberen Ebene durch gleiche Startbedingungen immer konstant gehalten wird?

4.* Was kann man aus dem Modellversuch über die Brechung für die Geschwindigkeit des Lichtes in einem Material schließen, das bei unseren Versuchen zur Lichtbrechung nicht erwähnt ist?

5. Der Brechungsindex von Schwefelkohlenstoff ist ungefähr $n = 1{,}63$. Welche Geschwindigkeit müßte das Licht in dieser Flüssigkeit nach der in Abschnitt 5.2 entwickelten Teilchentheorie besitzen?

6. Die Lichtgeschwindigkeit sei in einem bestimmten Medium zu $c = 2 \cdot 10^8 \frac{m}{s}$ gemessen.
   a) Wie groß müßte nach dem Teilchenmodell der Brechungsindex des Lichts sein?
   b) Welchen Weg würde ein Lichtstrahl nach dem in a) berechneten Brechungsindex einschlagen, der unter einem Einfallswinkel von 30° in dieses Medium eintritt?

7. Gelegentlich ereignet sich am Himmel eine Sternexplosion, bei der eine sogenannte Super Nova erzeugt wird. Dabei wird ein Stern plötzlich um ein Vielfaches heller als vorher. Bekanntlich sind die Sterne soweit von uns entfernt, daß ihr Licht viele Jahre braucht, um zu uns zu gelangen. Beobachten wir also eine solche Sternexplosion, so muß sie schon vor vielen Jahren stattgefunden haben. Seitdem muß das Licht zu uns unterwegs sein. Wir beobachten die Explosion aber als

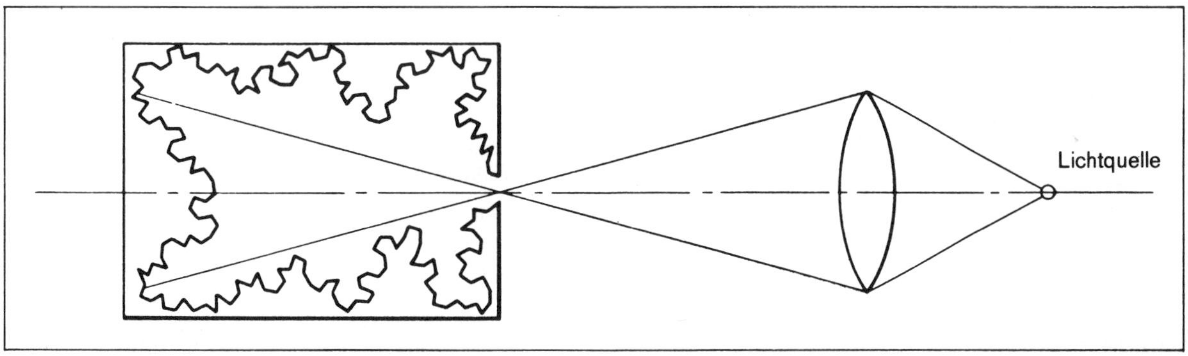

Bild 5.9. Zur Aufgabe 2

helles weißes Leuchten und nicht als eine Folge verschiedener Farben, die uns zu verschiedenen Zeiten erreichen.

a) Was kann man daraus über die Geschwindigkeit der verschiedenen Farben des Lichts schließen?

b) Man versuche, ein Teilchenmodell für die Dispersion im Prisma zu entwickeln, die mit der Tatsache in Einklang steht, daß alle Farben im Vakuum die gleiche Geschwindigkeit besitzen.

8.* Wie kann man verschiedene Lichtquellen daraufhin untersuchen, ob sie gleiche Lichtstärken besitzen?

9.* Angenommen ein Belichtungsmesser zeigt die Beleuchtungsstärke 1 an, wenn er in der Entfernung r von der Lampe aufgestellt wird. In welcher Entfernung von der Lampe wird der Belichtungsmesser die Beleuchtungsstärke 2 anzeigen?

10. Kann man die verschiedenen Lichtstärken von Lichtquellen durch unterschiedlich große Teilchen erklären? Wie könnte man in dieser Theorie die Abnahme der Beleuchtungsstärke erklären, wenn man in den Lichtstrahl eine Scheibe mit einem teilweise absorbierenden Material hält? Können auch verschiedene Beleuchtungsstärken bei unterschiedlichem Abstand auf diese Weise erklärt werden?

11. Welche Voraussetzungen muß man machen, wenn man mit dem reziprok-quadratischen Abstandsgesetz die Entfernungen von Sternen bestimmen will?

12. Welche Aussage macht die Teilchentheorie über die Beleuchtungsstärke, die von einer extrem schwachen Lichtquelle herrührt. Die Lichtquelle sei so schwach, daß sie pro Sekunde nur ein paar Teilchen aussendet. Wie kann man die Voraussage überprüfen?

13. Eine Lampe von der Lichtstärke 40 Candela, die 3 Meter von einem Belichtungsmesser entfernt ist, erzeuge denselben Zeigerausschlag wie eine andere Lichtquelle unbekannter Stärke in einer Entfernung von 1,2 Metern.

a) Welchen Wert hat die Lichtstärke der zweiten Lichtquelle?

b) Wie groß ist die Beleuchtungsstärke, die der Belichtungsmesser anzeigt?

14.* Wie weit nach links ist die Lampe in Bild 5.10 vom Punkt A entfernt, wenn sie in A eine Beleuchtungsstärke von 8 Lux und in B von $\frac{1}{2}$ Lux hervorruft?

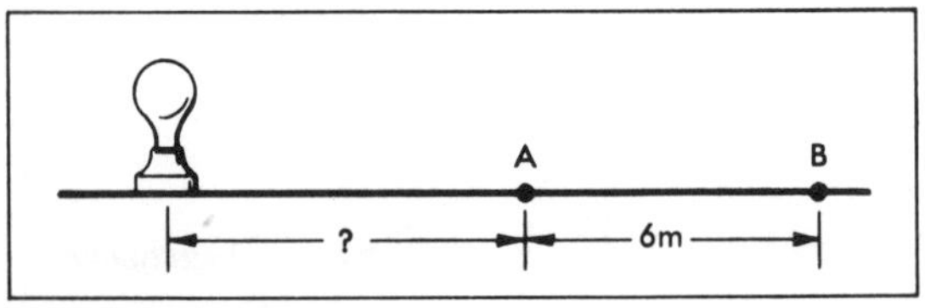

Bild 5.10. Zur Aufgabe 14

15. Ein Belichtungsmesser, der in Lux geeicht ist, sei 50 cm von einem Spiegel entfernt. Eine kleine Lichtquelle mit 25 Candela Lichtstärke stehe in der Mitte zwischen Spiegel und Belichtungsmesser. Was liest man auf dem Belichtungsmesser ab?

16. Beim Radar wird ein Strahlungsbündel von einem Sender ausgesandt. Ein Bruchteil davon fällt auf einen entfernten Gegenstand, beispielsweise auf ein Flugzeug, wird reflektiert und an seinem Ausgangspunkt aufgefangen. Die Radarstrahlen verhalten sich wie Lichtstrahlen. Berücksichtigt man, daß der Radarsender mit einer punktförmigen Lichtquelle vergleichbar ist und daß das Objekt als diffus reflektierender Körper wirkt, kann man nachweisen, daß die Intensität der reflektierten Strahlung sich mit der vierten Potenz der Entfernung zwischen Sender und Objekt ändert. Man führe den Beweis durch!

17. Auf welchen Körper übt Licht einen größeren Druck aus, auf eine klare Glasscheibe oder auf einen gleichgroßen Spiegel?

18. Ein empfindliches Thermometer, das man an die verschiedenen Stellen des Spektrums eines Prismas bringt, zeigt dort einen Temperaturanstieg. Damit ist nachgewiesen, daß Licht aller Farben bei Absorption Wärme erzeugt. Das Thermometer zeigt jedoch auch eine Erhöhung der Temperatur an, wenn es über beide Enden des sichtbaren Spektrums hinaus verschoben wird. Wie kann die Teilchentheorie diese Beobachtung erklären?

19. Ein Thermometer wird in ein Lichtbündel gestellt, das von einer Lampe kommt. Die Thermometersäule steigt dabei an und bleibt auf 26 °C stehen. Schiebt man eine Glasscheibe in den Strahlengang zwischen Lampe und Thermometer, so sinkt die Temperatur auf 23 °C.

a) Was kann man daraus über die Eigenschaft des Lichtes folgern, das aus der Lampe stammt?

b) Ersetzt man das Fensterglas durch ein Quarzglas (siehe Abschnitt 3.5), wird sich eine andere Temperatur einstellen. Wird sie über oder unter 23 °C, über oder unter 26 °C liegen?

c) Kann man beide Antworten gleich sicher geben?

20. Ein geeichter Belichtungsmesser zeigt, daß eine Glasplatte 80 % des Lichtes einer bestimmten Lichtquelle hindurchläßt.

a) Welcher Bruchteil des Lichtes wird von zwei, drei usw. Glasplatten derselben Sorte hindurchgelassen?

b) Man fertige eine Zeichnung von dem Bruchteil des hindurchgelassenen Lichtes in Abhängigkeit der Plattenzahl an.

c) Trage die Logarithmen der Bruchteile des Lichtes, das jeweils hindurchgelassen wird, als Funktion der Anzahl der Platten auf.

d) Wieviele Platten braucht man, damit 90 % des Lichts absorbiert werden?

e) Man überlege sich den Einfluß der Reflexion auf die Genauigkeit der Ergebnisse.

21.* Warum kann man immer Licht durch das Loch des Stroboskops in Bild 5.7 erblicken, wenn sich die Scheibe ganz langsam dreht?

22. Im Abschnitt 5.7 wurde der Versuch beschrieben, den *Cornu* in Abwandlung der Fizeauschen Methode zur Bestimmung der Lichtgeschwindigkeit durchführte. Danach bestimme man die kürzeste Entfernung zwischen der rotierenden Scheibe und dem Spiegel, für die der Lichtstrahl bei seiner Rückkehr durch die Öffnung fällt, die unmittelbar auf jene folgt, die er auf seinem Hinweg zum Spiegel passiert hat.

23. In der Methode zur Bestimmung der Lichtgeschwindigkeit nach Michelson-Foucault benutzt man statt der Scheibe einen Spiegel (Bild 5.8). Der Spiegel drehe sich 500 mal in der Sekunde. Er sei 10 Kilometer von dem feststehenden Spiegel entfernt. Man zeige, daß sich dann eine Spiegelfläche um 12° dreht, bevor sie den Strahl ein zweites Mal reflektiert, und daß der Winkel zwischen dem reflektierten Strahl und der ursprünglichen Richtung daher 24° beträgt.

24. Man könnte sich vorstellen, daß bei jeder Reflexion die Geschwindigkeit des Lichtes ein wenig abnimmt. Unter der Voraussetzung, daß man die Geschwindigkeit des Lichts messen kann (Abschnitt 5.7), entwickle man ein experimentelles Verfahren zur Prüfung der Behauptung, daß die Reflexion die Lichtgeschwindigkeit nicht ändert.

25. Wie kann man das Experiment zur Lösung der Frage 24 abändern, um die Behauptung zu prüfen, daß die Lichtgeschwindigkeit im Vakuum unabhängig von voraufgehenden Brechungen des Lichts ist?

26. Jemand behaupte, der Schall bestände aus kleinen, sich schnell bewegenden Teilchen, die von der Schallquelle ausgesandt werden und die man hört, sobald sie auf das Ohr treffen. Welche überzeugenden Gründe kann man zur Stützung oder Ablehnung dieser These heranziehen?

27. Wir haben gesagt, daß die Lichtteilchen sehr klein sein müßten. Man denke sich ein Experiment aus, das beweist, daß die Teilchen auch eine sehr kleine Masse haben müßten.

28. Könnte die Verringerung der Lichtgeschwindigkeit beim Übergang aus Vakuum in ein lichtdurchlässiges Medium auf eine Art Reibung zurückzuführen sein?

29.* Weshalb erheben sich aufgrund der Lichtgeschwindigkeitsmessungen in Wasser Zweifel an der Richtigkeit des Partikelmodells, das in diesem Kapitel entwickelt worden ist?

6. Eigenschaften von Wellen

6.1. Was ist eine Welle?

Im letzten Kapitel haben wir uns mit einem Teilchenmodell des Lichts beschäftigt; das Licht sollte danach aus einem Strom von Teilchen oder Korpuskeln bestehen. Dieses Modell konnte jedoch nicht alle beobachteten Eigenschaften des Lichts zufriedenstellend erklären. Daher stehen wir nun vor folgender Wahl: Entweder müssen wir ein verbessertes Teilchenmodell entwerfen, das auch jene Eigenschaften deutet, bei deren Erklärung das alte Modell versagte, oder wir müssen uns nach einem völlig neuen Modell umsehen. Wir werden den letzteren Weg einschlagen.

Der entscheidende Ausgangspunkt für *jedes* Modell des Lichts ist die Tatsache, daß sich das Licht im Raum ausbreitet. Bei der Suche nach einem neuen Modell muß man also zuerst fragen, ob sich außer einem Teilchen oder einem Strom von Teilchen auch etwas anderes von einem Punkt aus fortbewegen kann. Die Frage kann man bejahen. Man stelle sich beispielsweise vor, ein Stein werde in einen spiegelglatten Teich geworfen. Dann breitet sich von der Einwurfstelle ein kreisrundes Muster aus. Die Störung der Wasseroberfläche nennt man *Welle.* Beobachtet man das Wasser genauer, während die Welle über die Oberfläche hinweg geht, so sieht man, daß sich das Wasser keineswegs mit der Welle vorwärtsbewegt, obwohl es an Ort und Stelle kräftig auf und ab bewegt wird. Ganz deutlich erkennt man dies an einem Stück Holz oder an einem Ölfleck, der auf dem Teich schwimmt. Das Holz oder der Ölfleck bewegen sich auf und nieder, wenn die Welle unter ihnen hindurchläuft. Beide bewegen sich aber nicht mit der Welle weiter. Mit anderen Worten: Eine Welle kann sich über weite Entfernungen ausbreiten, aber sobald sie einen Ort passiert hat, nimmt das Wasser wieder genau die Lage ein, die es vor dem Durchgang der Welle inne hatte.

In unserer Umgebung findet man alle möglichen *Beispiele für Wellen.* Man betrachte etwa eine Flagge, die im Winde an der Fahnenstange flattert. Ständig laufen kleine Wellen über das Flaggentuch. Die einzelnen Stellen der Fahne bleiben jedoch immer an Ort und Stelle, während die Bewegung über sie hinweggeht. Genauso wie sich das Wasser nicht mit den Wasserwellen fortbewegt, so bleiben auch die einzelnen Stellen der Fahne praktisch immer an derselben Stelle, wenn die Wellen über die Fahne hinweglaufen.

Viele Wellen verhalten sich periodisch oder fast periodisch: Die Bewegung des von der Welle ergriffenen Materials wiederholt sich immer wieder. Nicht alle Wellen besitzen jedoch diese Eigenschaft. Schlägt man zum Beispiel die Tür zu einem Zimmer zu, so staut sich plötzlich die Luft in der Nähe der Tür; eine einzelne kurze Druckwelle wandert als Störung durch den Raum, so daß die Gardinen vor den Fenstern kurz hin und her flattern. Eine Wellenbewegung solch kurzer Dauer nennt man *Wellenimpuls* oder auch *Stoßwelle.*

Ein anderes Beispiel für einen Wellenimpuls ist folgendes: Ein halbes Dutzend Billardkugeln wird in einer Reihe nebeneinander gelegt, wobei eine Kugel die nächste berührt. Dann läßt man eine weitere Kugel auf diese Reihe zulaufen, so daß sie die erste in Richtung der anderen Kugeln trifft. Die Folge ist, daß die Kugel an dem anderen Ende der Reihe mit offenbar der gleichen Geschwindigkeit davon rollt, während die dazwischenliegenden Kugeln liegen bleiben. Ähnlich wie bei der Wellenbewegung auf dem Wasser und auf dem Flaggentuch läuft auch hier ein Wellenimpuls durch die Reihe der Kugeln von einem zum anderen Ende. Jede Kugel wird dabei angestoßen, und diese Störung breitet sich durch die ganze Kette der Kugeln aus. Aber keine Kugel hat sich dabei von einem Ende bis zum anderen bewegt.

Eine weitere Wellenbewegung kann man täglich beobachten, wenn Autos vor einer Ampel halten und auf „Grün" als Zeichen zur Weiterfahrt warten. Kurz nachdem die Ampel auf Grün schaltet, fährt das erste Auto an. Einen Augenblick später sieht der zweite Fahrer, wie sich das vor ihm stehende Auto in Bewegung setzt, so daß er nun auch startet. Danach fährt wiederum um einiges später der dritte Fahrer an, und so startet ein Fahrzeug nach dem anderen. Man sieht förmlich, wie sich eine „Startwelle" durch die Fahrzeugreihe bewegt. Bemerkenswert ist dabei, daß sich diese Welle entgegengesetzt zur Fahrtrichtung der Autos ausbreitet.

Die Geschwindigkeit, mit der sich diese Startwelle durch die Reihe der Autos bewegt, hängt von der Reaktionsgeschwindigkeit der Fahrer und von den Fahreigenschaften ihrer Wagen ab. Angenommen die Fahrer besäßen gleiche Reaktionszeiten und beschleunigten ihre Fahrzeuge in gleicher Weise, dann würde sich auch die Startwelle mit gleichbleibender Geschwindigkeit rückwärts über die Reihe der haltenden Fahrzeuge ausbreiten.

Das Gemeinsame aller Beispiele besteht nun in folgendem: Stets breitet sich eine Störung in einem Medium aus. In einem Fall ist dieses Medium das Wasser, im anderen das Fahnentuch, oder es sind die Billardkugeln oder die Reihe der Autos. In keinem Fall jedoch bewegt sich das Medium selbst mit der Störung weiter. Störungen mit diesen Eigenschaften meinen wir also, wenn wir von Wellen sprechen. Und damit läßt sich auch die Frage beantworten, die wir zu Beginn dieses Kapitels gestellt hatten: Kann sich etwas anderes außer Materie – seien es Teilchen oder Kugeln – von einer Stelle zu einer anderen bewegen? *Eine Welle breitet sich sich von Ort zu Ort aus, ohne daß sich dabei ein materielles Teilchen vorwärts bewegt.*

6.2. Wellen auf Schraubenfedern

Nun gilt es zu untersuchen, ob sich Wellen wirklich wie Licht verhalten. Dazu müssen wir mehr über sie erfahren. Erst wenn man ihre Eigenschaften kennt, kann man ihr Verhalten mit dem des Lichts vergleichen und kann feststellen, ob gemeinsame Eigenschaften bestehen. Die vielfältigen Beispiele für Wellenbewegungen lassen es aber auch sonst sinnvoll erscheinen, daß wir die Wellen gründlich untersuchen.

Gewöhnlich beginnt man dabei mit Seilwellenversuchen[1]). In Bild 6.1 ist eine Serie von Aufnahmen wiedergegeben, auf denen man die Bewegung eines „Wellenberges" verfolgen kann. Die Aufnahmen sind mit einer Filmkamera mit einer Bildfolge von 24 Bildern pro Sekunde gemacht worden.

Die Form des Wellenberges ändert sich offensichtlich während der Bewegung nicht. Abgesehen davon, daß sich der Wellenberg ständig verschiebt, gleicht jedes Bild dem anderen. Die Welle ist von Bild zu Bild um die gleiche Strecke vorgerückt. Sie bewegt sich also mit konstanter Geschwindigkeit die Feder entlang.

In ihrer Gesamtheit erfährt die Feder beim Durchlaufen des Wellenberges keine bleibende Änderung. Was geschieht aber mit den einzelnen Teilen des Seils? Um die Bewegung einer bestimmten Stelle besser verfolgen zu können, markieren wir sie durch ein weißes Band (Bild 6.2). Wird dann durch eine kurze Auslenkung des Seils eine Welle erzeugt, läßt sich die Bewegung der gekennzeichneten Stelle leicht beobachten. Als Ergebnis stellen wir fest, daß ihre *Auslenkung* oder *Elongation* senkrecht zur Feder und damit senkrecht zur Bewegungsrichtung der Welle erfolgt.

Die anderen Federstücke bewegen sich in gleicher Weise. Man kann aus dem Vergleich zweier Bilder, die zeitlich kurz aufeinander folgen, genau erkennen, welche Teile des Seils gerade in Bewegung sind und in welcher Richtung sie ausgelenkt werden. Zwei solche Aufnahmen sind Bild 6.2 entnommen und zu Bild 6.3 vereinigt. Es hat den Anschein, als wäre der Film zweimal kurz hintereinander belichtet worden. Unterhalb der Aufnahme ist der Wellenberg in seiner ersten Stellung gezeichnet, die graue Linie gibt seine Lage kurze Zeit später an. Während der Wellenberg sich von rechts nach links ausbreitet, bewegen sich die Punkte der Feder in der rechten Hälfte des Wellenberges nach unten und die Seilpunkte in der linken Hälfte des Wellenberges nach oben.

Das Umgekehrte gilt, wenn sich der Wellenberg von links nach rechts bewegt. Bild 6.4 zeigt den Wellenberg schematisch; das ist einfacher, weil man die Zeit

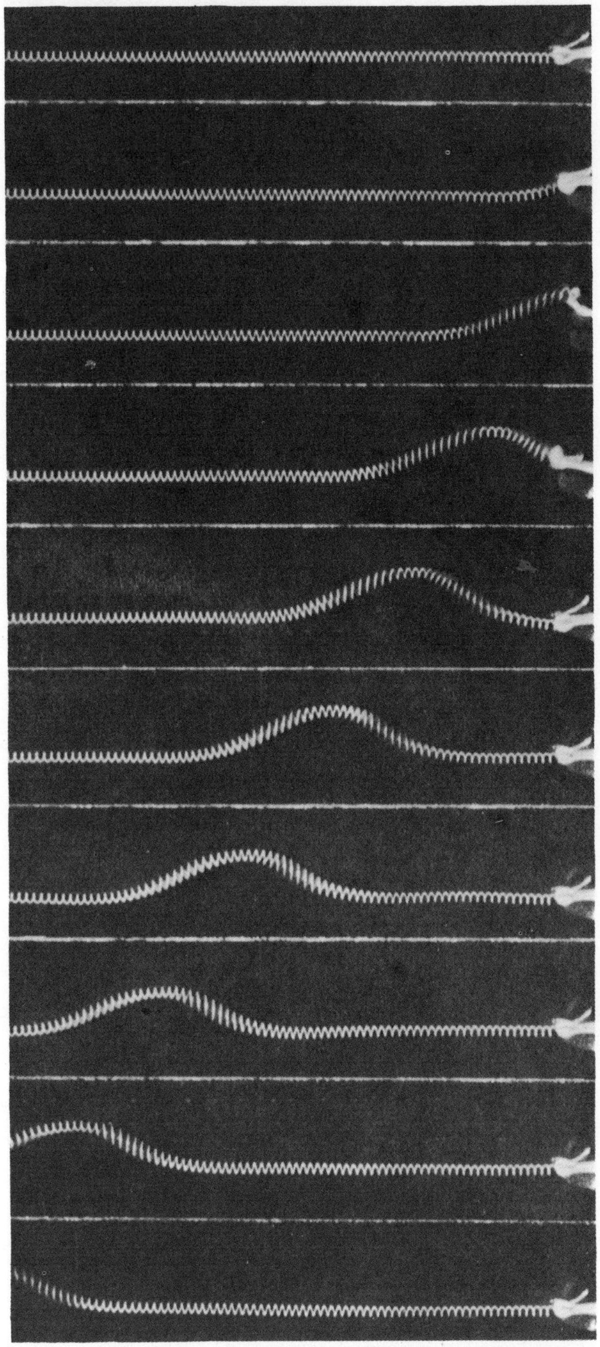

Bild 6.1. Die Entstehung und Bewegung eines Wellenberges auf einem Seil, dargestellt durch eine Folge von Filmaufnahmen

[1]) Falls kein Schraubenfederseil zur Verfügung steht, kann man auch einen Gummischlauch oder eine flexible Wäscheleine benutzen. Ein Ende befestigt man an einem Türgriff, das andere Ende nimmt man in die Hand und bewegt es auf und ab. Ist das Gummiseil schwer genug, so bewegen sich die Wellen genügend langsam, und man kann sie leicht beobachten.

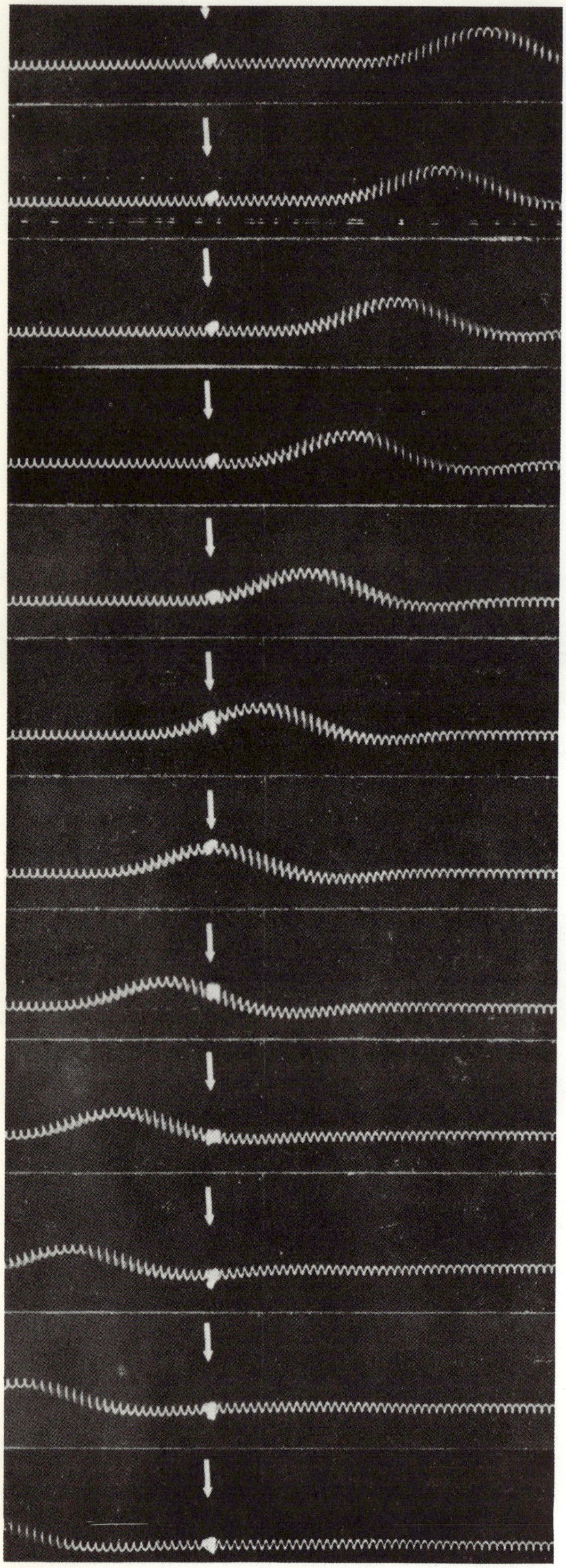

Bild 6.2. Die Bewegung eines Wellenberges auf einem Federseil, das an einer Stelle mit einem weißen Band gekennzeichnet ist. Das Band bewegt sich auf und ab, während der Wellenberg vorüberläuft. Es bewegt sich nicht in Richtung der Wellenbewegung.

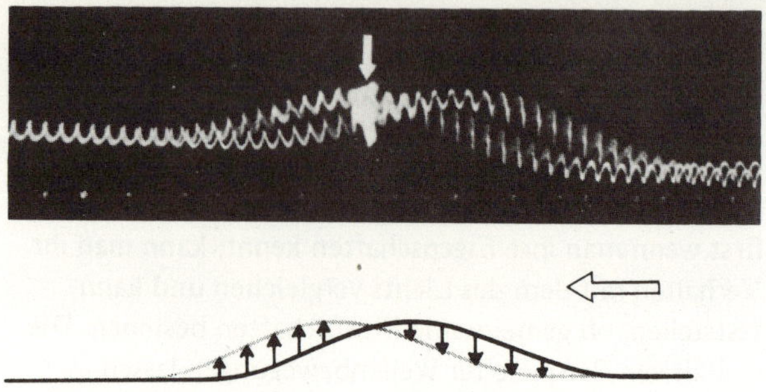

Bild 6.3. Der Zusammenhang zwischen der Bewegung eines Wellenberges von rechts nach links und der Bewegung des Seiles. Die Aufnahme zeigt den Wellenberg in zwei aufeinanderfolgenden Stellungen. Die kleinen Pfeile der Zeichnung geben die Bewegung der Seilstücke beim Durchgang der Welle an. Der große helle Pfeil zeigt die Bewegungsrichtung des Wellenberges.

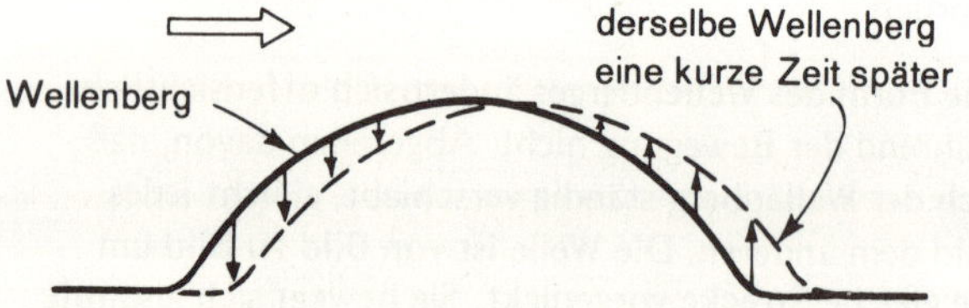

Bild 6.4. Der Zusammenhang zwischen der Bewegung eines Wellenberges, der von links nach rechts läuft, und der Bewegung des Federseils.

zwischen zwei Stellungen beliebig kurz wählen kann. Auf diese Weise findet man die Momentanbewegung des Seils heraus. Ist die Ausbreitungsrichtung eines Wellenberges bekannt, so läßt sich die Bewegung jedes Punktes in den verschiedenen Phasen angeben. Kennt man andererseits die Bewegung der einzelnen Punkte der Feder, so kann man daraus auf die Richtung der Wellenbewegung schließen.

Damit ist die Bewegung eines einzelnen Federstücks genau bekannt, obwohl in keinem Bild die Bewegung direkt zu sehen ist. An den Bildern läßt sich beobachten:

1. Ein Wellenberg bewegt sich ungestört und mit konstanter Geschwindigkeit über die Feder hinweg.
2. Das Seil selbst bewegt sich dabei nur senkrecht zur Ausbreitungsrichtung der Welle auf und ab.

Aus beiden Informationen zusammen läßt sich das Verhalten jedes Federstücks zu jeden beliebigen Zeitpunkt angeben. Natürlich werden hier nur einfache Wellenbewegungen betrachtet. Was wir dabei festgestellt haben, muß nicht für alle Wellen gelten. Es läßt sich auch nicht ausschließen, daß eine genauere Untersuchung der betrachteten Wellen leichte Abweichungen von der Beschreibung ergeben kann. Aber die hier entwickelte Vorstellung wird für uns von Nutzen sein. Mit leichten Abänderungen läßt sie sich auf viele andere Wellenbewegungen übertragen.

6.3. Überlagerung von Wellen

Bisher haben wir nur das Verhalten eines einzelnen Wellenberges beobachtet, der sich in einer Richtung ausbreitet. Was geschieht nun, wenn zur selben Zeit ein Wellenberg von links nach rechts und ein zweiter Wellenberg von rechts nach links über das Seil laufen? Laufen sie aneinander vorbei oder löschen sie sich gegenseitig aus?

Der Versuch soll entscheiden. Zwei Wellenberge werden zur selben Zeit von den Enden der Feder gestartet und laufen aufeinander zu (Bild 6.5). Auf den oberen Aufnahmen nehmen sich die Wellenberge so aus, als ob jeder die Feder für sich allein hätte. Wo sie sich treffen, bildet sich aus beiden eine komplizierte Wellenform aus. Nach dem Zusammentreffen nehmen beide wieder ihre ursprüngliche Form an und laufen über die Feder, als sei nichts geschehen. Das kann man auf den unteren Bildern erkennen. Der nach links laufende Wellenberg setzt seine Bewegung nach links in ursprünglicher Form fort. Der nach rechts laufende bewegt sich ebenfalls in ursprünglicher Gestalt nach rechts weiter. Das Experiment könnte man wiederholen; auch bei anders geformten Wellenbergen lieferte es stets das gleiche Ergebnis.

Daß zwei Wellenberge übereinander hinweglaufen, ohne dabei ihre Form zu ändern, ist eine fundamentale Eigenschaft der Wellenbewegung. Wirft man zwei Bälle gegeneinander, so ändert sich ganz entschieden ihre Bewegungsrichtung. Es sind demnach zwei völlig verschiedene Vorgänge, ob sich zwei Wellenzüge begegnen oder ob zwei Teilchenströme aufeinandertreffen.

Das Zusammentreffen zweier Wellenzüge soll nun genauer untersucht werden (Bild 6.5). Die Überlagerungsfiguren besitzen scheinbar keinerlei Ähnlichkeit mit den ursprünglichen Wellenbergen. Den Zusammenhang erkennt man jedoch, wenn man sich jede einzelne Welle in der Gestalt vorstellt, die sie allein annehmen würde, und wenn man dann die Auslenkungen jeweils addiert. Die gesamte Auslenkung an jedem einzelnen Punkt des Federseils erhält man als Summe der Auslenkungen, die von den Einzelwellen unabhängig voneinander bewirkt würden. Das Verfahren zur Bestimmung der gesamten Auslenkung ist in Bild 6.6 dargestellt. Es läßt sich für zwei beliebige Wellen anwenden. Aber es kann auch auf die Überlagerung von mehr als zwei Wellen übertragen werden: Man kann die Auslenkungen jeder beliebigen Anzahl von Wellen addieren.

Als Ergebnis halten wir fest: *Zur Bestimmung der Form der Gesamtwellen in einem beliebigen Zeitpunkt addiert man an jeder Stelle die Auslenkungen*, die der betreffende Punkt von den einzelnen Wellen erfahren würde, wenn sich diese unabhängig voneinander durch den

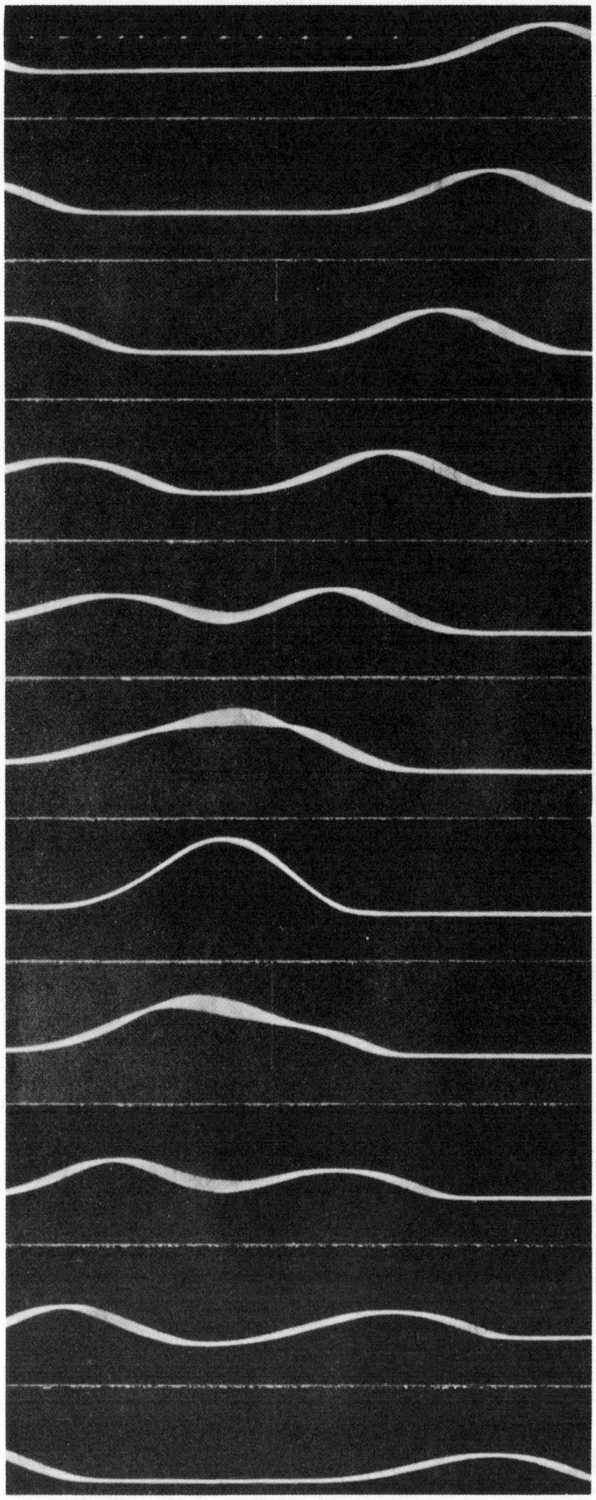

Bild 6.5. Zwei Wellenberge überkreuzen sich. Man achte auf die verschiedene Form der Wellenberge. Dabei sieht man, daß die rechts einlaufende Welle links verschwindet und umgekehrt.

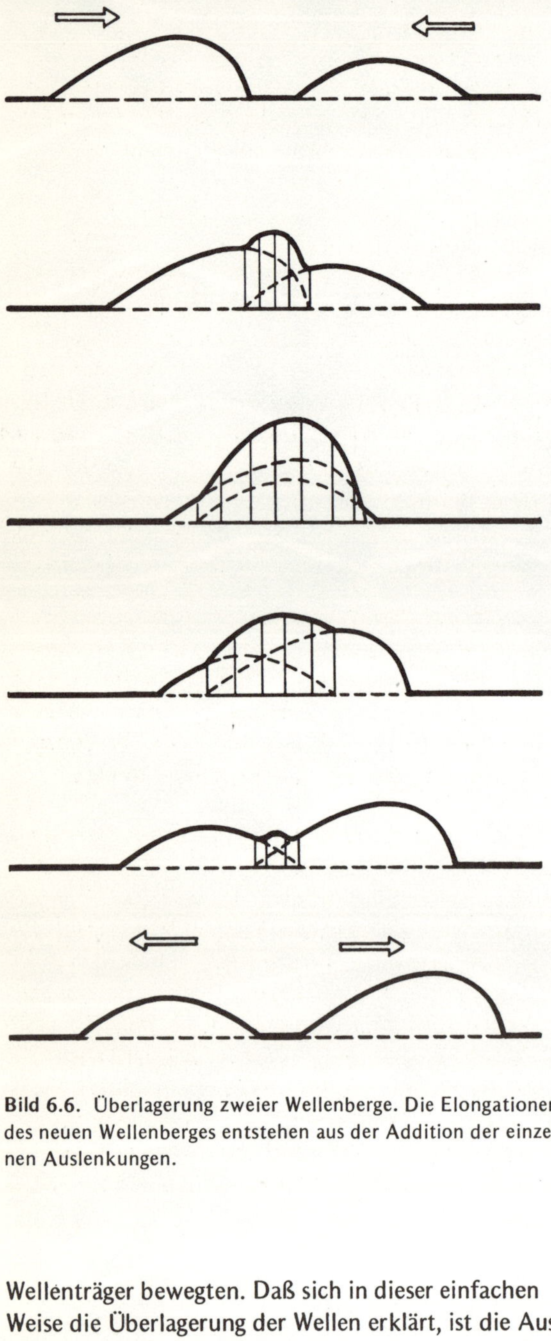

Bild 6.6. Überlagerung zweier Wellenberge. Die Elongationen des neuen Wellenberges entstehen aus der Addition der einzelnen Auslenkungen.

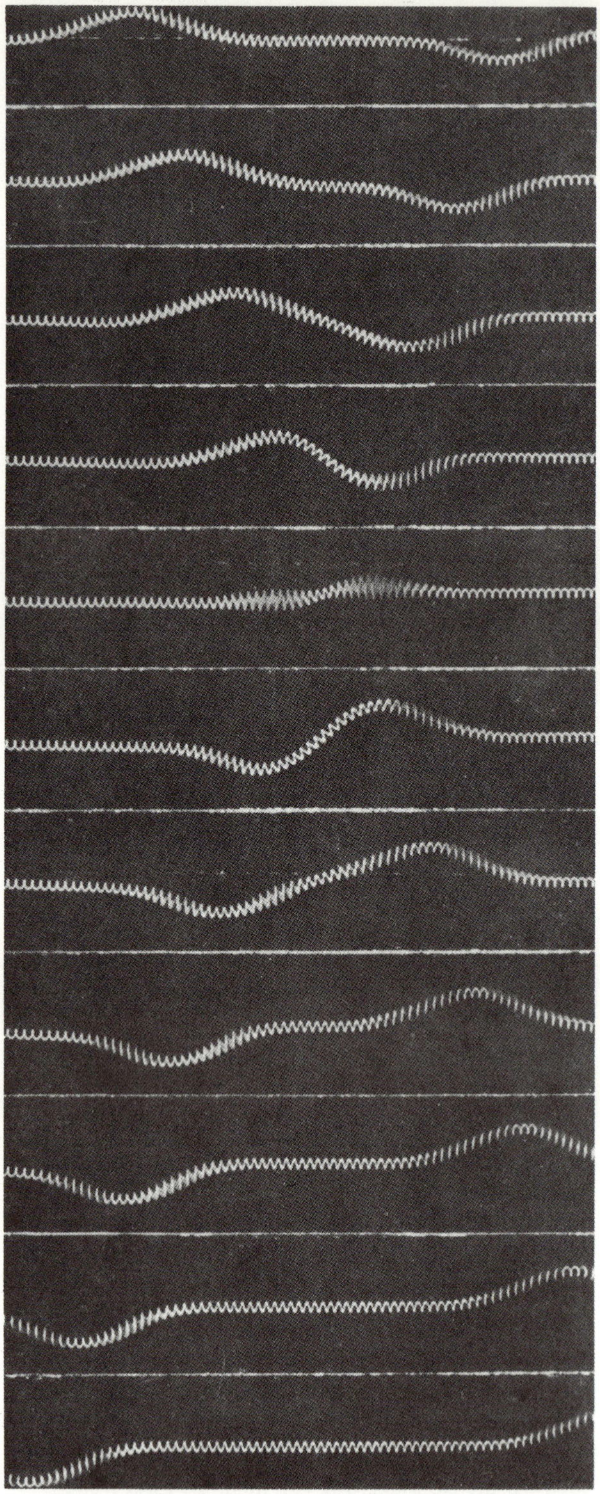

Bild 6.7. Die Überlagerung zweier gleicher, aber entgegengesetzt gerichteter Wellenzüge auf einem Federseil. Im fünften Bild von oben löschen sich die Störungen fast gänzlich aus.

Wellenträger bewegten. Daß sich in dieser einfachen Weise die Überlagerung der Wellen erklärt, ist die Aussage des *Überlagerungsprinzips.*

Das Überlagerungsprinzip soll nun auf zwei Sonderfälle angewandt werden. Als erstes betrachten wir den Versuch, der in Bild 6.7 dargestellt ist. Zwei Wellenzüge überlagern sich, von denen der eine das Federseil nach unten auslenkt und von rechts nach links läuft, während der andere es nach oben auslenkt und sich von links nach rechts über das Seil bewegt. Beide Wellenberge sollen dieselbe Form und Größe besitzen und vollkommen symmetrisch sein. Auf dem einen Bild führt die Addition der Auslenkungen nach unten (negativ

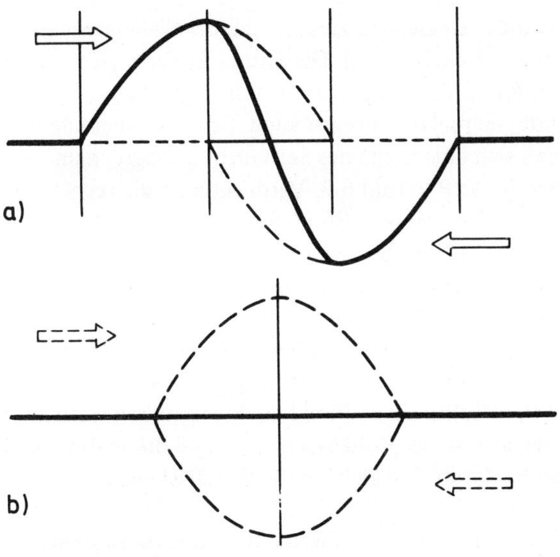

Bild 6.8. Überlagerung zweier gleicher, aber entgegengerichteter Wellenberge
a) vor der vollständigen Auslöschung,
b) während der vollständigen Auslöschung

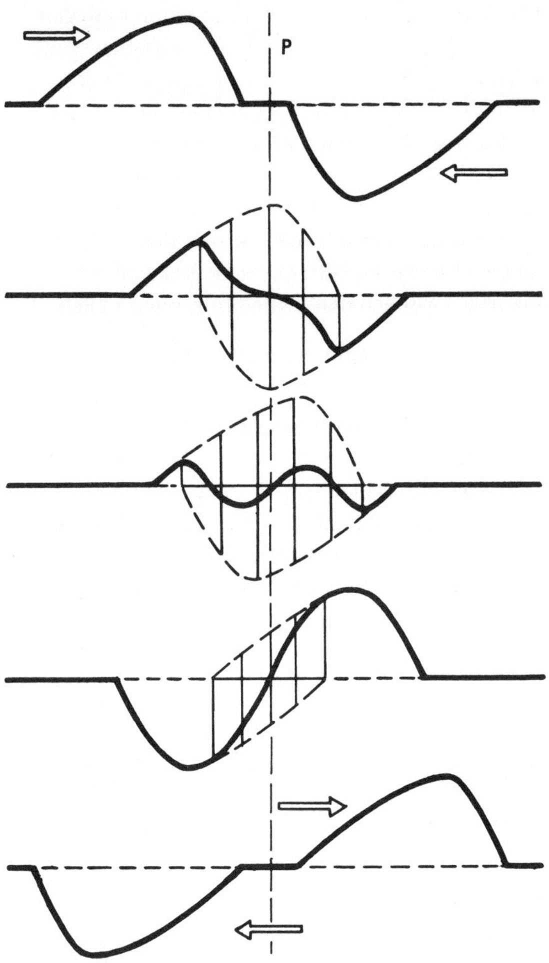

Bild 6.9. Überlagerung zweier asymmetrischer Wellenberge von gleicher Form und Größe. Der Punkt in der Mitte bleibt ständig in Ruhe.

gerechnet) und nach oben (positiv gerechnet) zu einem Zustand, in dem die Auslenkung des Seils praktisch überall Null ist. Das ist offenbar gerade dann der Fall, wenn sich die beiden Wellenberge treffen und das Seil sich in einem ungestörten Zustand zu befinden scheint. (Man beachte die Zeichnungen in Bild 6.8.) Warum sieht die Feder in dieser Aufnahme anders aus, als wenn sie sich in Ruhe befände? Man muß den Unterschied zwischen folgenden Zuständen beachten: Einmal nämlich ist das Seil nicht ausgelenkt, weil sich zwei Wellenzüge gleicher Größe, aber mit entgegengesetzten Auslenkungen gerade aufheben. Im anderen Fall bewegt sich überhaupt keine Welle über das Seil, und sämtliche Punkte sind dauernd in Ruhe. Im ersten Fall geht das Seil nur für einen kurzen Moment durch die Ruhelage, wenn sich die beiden Wellenberge begegnen. Es bewegt sich aber dennoch in diesem Augenblick. Die Bewegung erkennt man an den verwischten Stellen in den Aufnahmen. Ähnlich sind auf Photographien schnell bewegte Fahrzeuge meistens verschwommen dargestellt.

Den zweiten Sonderfall zeigt Bild 6.9. Man sieht zwei gleiche Wellenzüge von links und von rechts ankommen. Die Auslenkungen sind wieder einmal nach oben und einmal nach unten gerichtet. Die Wellen unterscheiden sich von denen in Bild 6.7 darin, daß beide Wellenberge zwar gleich groß, aber asymmetrisch geformt sind.

Wegen der Asymmetrie ihrer Gestalt löschen sie sich nie ganz aus. Jedoch gibt es einen Punkt P der Feder, der stets in seiner Ruhelage verharrt. Dieser Punkt liegt genau in der Mitte zwischen den beiden Wellenzügen. Wenn die Wellen aufeinander treffen, so hebt sich in diesem Punkt gerade die höchste Auslenkung des einen mit der tiefsten Auslenkung des anderen Wellenberges auf. Dieselbe Überlegung kann man für jedes andere Paar sich entsprechender Auslenkungen anstellen. Sie erreichen die Mitte zu gleicher Zeit und würden das Seil um das gleiche Stück nach unten und nach oben auslenken. Folglich bleibt der Punkt in der Mitte immer in Ruhe.

6.4. Reflexion und Ausbreitung der Wellen

Erreicht ein Wellenberg auf dem Federseil ein festes Ende, so wird er zurückgeworfen. Diese Umkehrung der Bewegungsrichtung nennt man *Reflexion;* die zurücklaufende Welle bezeichnet man als *reflektierte Welle.* In Bild 6.10 ist das Seil am linken Ende befestigt. Der *anlaufende Wellenberg,* der sich nach links bewegt, ist nach oben ausgelenkt. Die Auslenkung der zurücklaufenden Welle erfolgt nach unten. Die Störung kommt also als Wellenberg an und wird mit umgekehrter Auslenkung, als *Wellental* von gleicher Form, reflektiert.

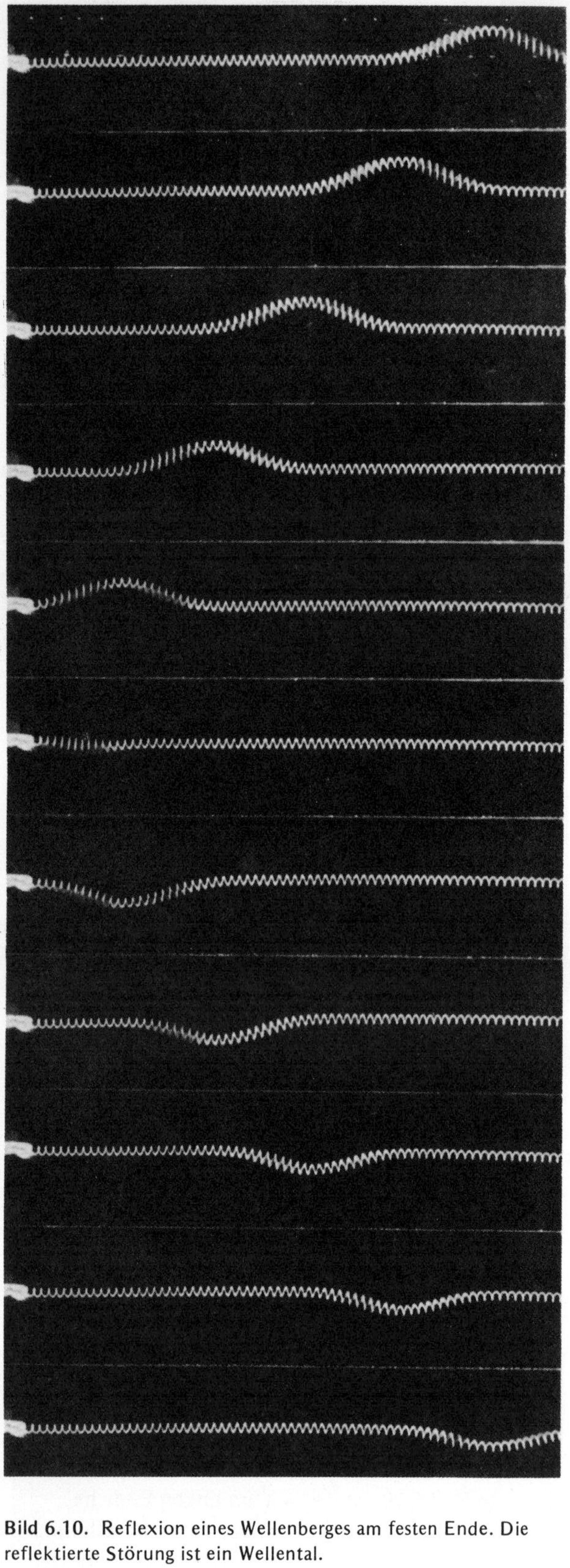

Bild 6.10. Reflexion eines Wellenberges am festen Ende. Die reflektierte Störung ist ein Wellental.

Es scheint überraschend zu sein, daß der Wellenberg als Wellental reflektiert wird. Der Grund ist darin zu sehen, daß ein Punkt der Feder, nämlich das festgehaltene Seilende, sich nicht bewegen kann. Schon einmal sahen wir, daß sich eine Stelle des Seils nicht bewegte, nämlich der Punkt P in Bild 6.9. Verdeckt man die rechte Hälfte der Zeichnung in Bild 6.9, so kommt der Wellenberg von links, wird bei der Annäherung an den Punkt P flacher und läuft schließlich als Wellental wieder nach links zurück. An der Vorderseite eines Wellenberges wird die Feder immer nach oben ausgelenkt, wie wir in Bild 6.3 sahen. Gelangt der Wellenberg an den Punkt P, so sollte dieser Punkt auch angehoben werden. Aber da er in seiner Ruhelage bleibt, muß die Aufwärtsbewegung durch eine gleichgroße Abwärtsbewegung ausgeglichen werden. Der einzige Unterschied zwischen den Situationen in den Bildern 6.9 und 6.10 besteht darin, daß sich in Bild 6.9 die dazu notwendige Abwärtsbewegung durch das von rechts kommende Wellental erzeugt wird. Dagegen muß sich die Feder in Bild 6.10 ganz einfach deshalb nach unten bewegen, weil ihr Ende festgehalten wird. Da sich nämlich das Ende der Feder weder nach oben noch nach unten bewegen kann, wird durch die ankommende Aufwärtsbewegung des Wellenberges wieder eine Abwärtsbewegung erzeugt. Der von links kommende Wellenberg bewegt sich nach der Reflexion als Wellental nach rechts.
Als nächstes soll das Ende der Schraubenfeder nicht festgehalten, sondern stattdessen mit einem Federseil verbunden werden, das schwerer ist und sich deshalb nicht so leicht bewegen läßt. Die neue Versuchsanordnung liegt zwischen den beiden folgenden Fällen:

a) Das Federseil wird am Ende befestigt und ist damit begrenzt,

b) das Federseil wird durch ein gleichartiges Federstück verlängert.

Im Fall a) wird der Wellenberg als Wellental reflektiert. Im Fall b) läuft der Wellenberg als Wellenberg weiter. Daher dürfen wir bei der neuen Anordnung erwarten, daß ein Teil der Störung mit umgekehrter Auslenkung *reflektiert* und ein anderer durch die Verbindungsstelle – wie wir uns ausdrücken wollen – *hindurchgelassen* wird. Bild 6.11 zeigt den Versuch. Ein Wellenberg kommt von rechts, das schwerere Seil befindet sich auf der linken Seite. An der Verbindungsstelle, also an der Grenze der beiden Seilstücke, die den beiden Medien entsprechen, in denen sich die Wellen ausbreiten, spaltet sich der Wellenberg in zwei Teile, in ein reflektiertes Wellental und einen durchgelassenen Wellenberg. Diese Aufspaltung in eine Wellenbewegung, die reflektiert wird, und in eine andere, die durchgelassen wird, ist eine ebenso typische Welleneigenschaft wie die Überlagerung zweier Wellen nach dem Überlagerungsprinzip.

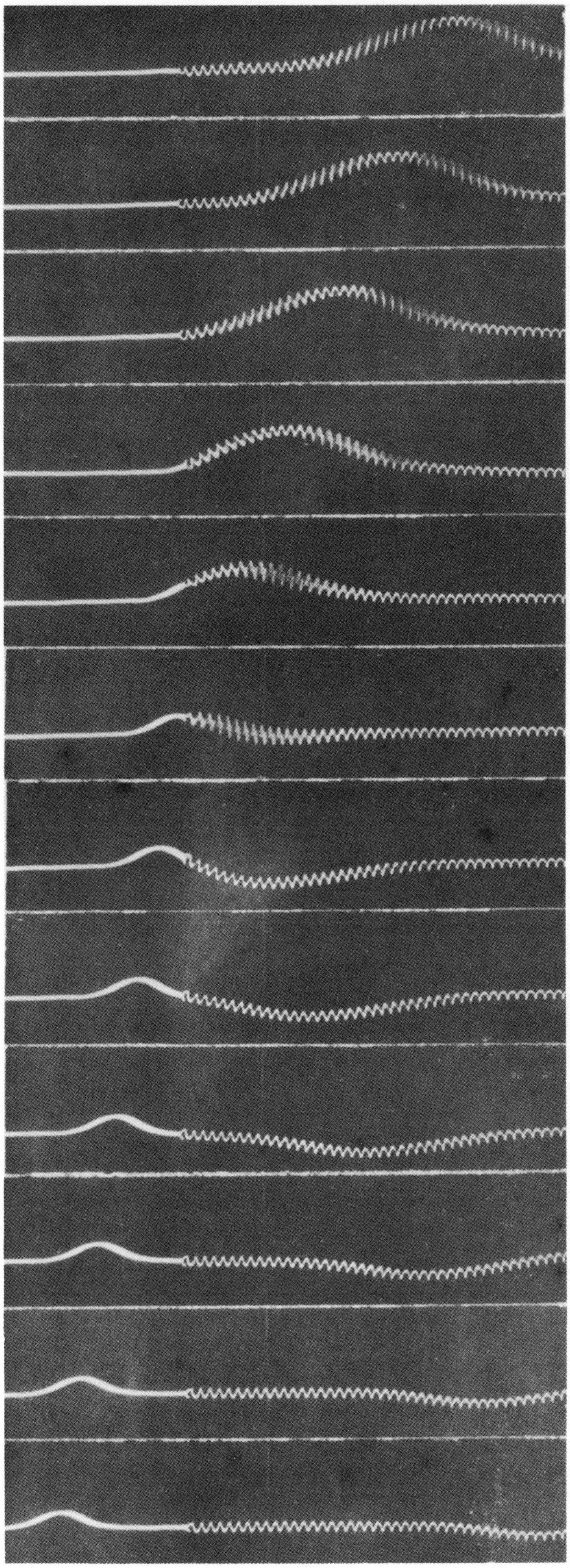

Bild 6.11. Ein Wellenberg bewegt sich von einem leichten (rechts) zu einem schweren Seilstück. An der Verbindungsstelle wird die Störung teilweise hindurchgelassen und teilweise reflektiert. Der reflektierte Teil wird zur anderen Seite ausgelenkt.

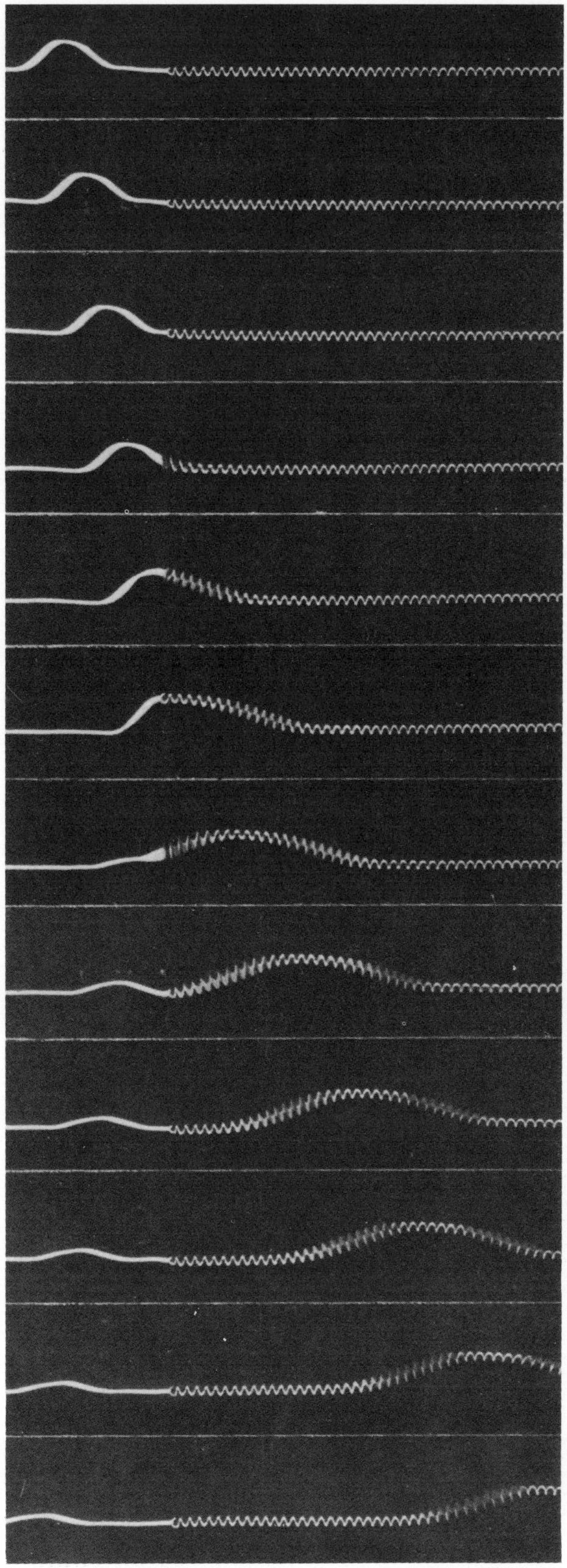

Bild 6.12. Ein Wellenberg bewegt sich von einem schweren Seil (links) zu einem leichteren. An der Verbindungsstelle wird die Störung teilweise durchgelassen und teilweise reflektiert. Die reflektierte Störung wird hier zur gleichen Seite ausgelenkt.

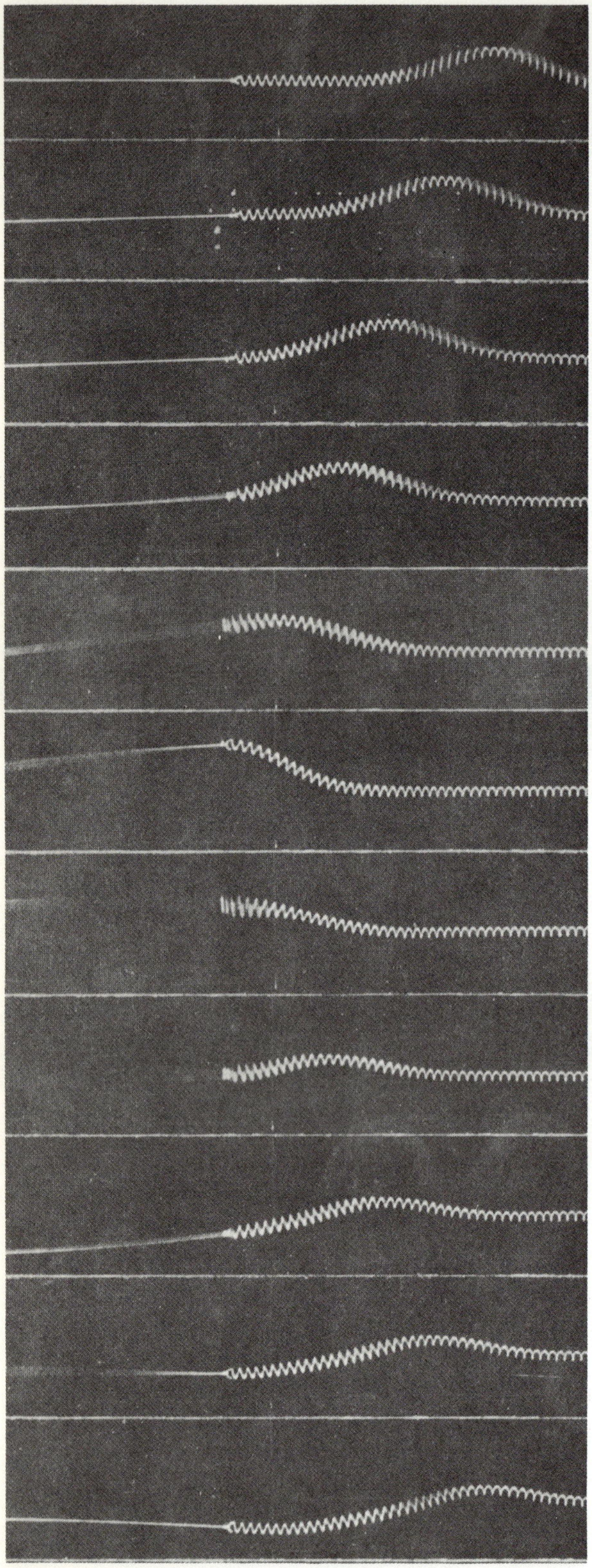

Bild 6.13. Ein Wellenberg auf einem Seil wird an der Verbindungsstelle mit einem sehr leichten Band reflektiert. Die Störung läuft als Wellenberg auf der gleichen Seite zurück. In der mittleren Aufnahme erscheint der Faden verwischt, weil sich der gesamte Faden mit hoher Geschwindigkeit bewegt, während die Welle reflektiert wird. Läßt sich die Bewegungsrichtung in jeder Aufnahme angeben?

Jetzt soll in der gleichen Anordnung eine Störung von der anderen Seite kommen. Ein Wellenberg nähert sich von links der Grenze. Das Ergebnis ist nicht so leicht vorauszusagen, weil man sich das Verhalten der Welle nicht mehr aus dem Verhalten in zwei schon bekannten Situationen zusammensetzen kann. Die Antwort muß also das Experiment geben. In Bild 6.12 kommt ein Wellenberg von links auf dem schwereren Seilstück. An der Verbindungsstelle wird wie beim Versuch in Bild 6.11 ein Teil der Wellenbewegung hindurchgelassen und ein Teil reflektiert, aber diesmal hat sich die Richtung der Auslenkung im reflektierten Teil nicht geändert.

Zusammenfassend läßt sich feststellen: Bewegt sich eine Störung auf dem Federseil und läuft auf eine Verbindungsstelle mit einem zweiten Seil zu, so wird die gesamte Störung nach der anderen Seite reflektiert, wenn das zweite Seil bedeutend schwerer als das erste ist. Wird das zweite Seilstück durch immer leichtere ersetzt, so wird der reflektierte Teil immer kleiner, und ein immer größerer Teil der Störung läuft über die Verbindungsstelle hinweg. Ist das zweite Seilstück schließlich genauso schwer wie das erste, so wird kein Teil der Welle reflektiert und die ursprüngliche Welle wird vollständig durchgelassen. Ist nun das zweite Seil leichter als das erste, so wird wieder ein Teil reflektiert, aber diesmal zur gleichen Seite ausgelenkt. Je leichter das zweite Seilstück wird, um so größer ist der reflektierte Teil der Welle. Wenn man schließlich die Masse des zweiten Seils vernachlässigen kann, dann hat die reflektierte Welle fast dieselbe Höhe wie die ursprüngliche. Man kann diesen Fall demonstrieren, indem man ein schweres Seil an ein leichtes Nylonband hängt (Bild 6.13).

6.5. Idealfall und Wirklichkeit

Bei der Untersuchung der Wellenberge, die sich längs eines Seils ausbreiteten, wurde festgestellt, daß sich ihre Größe und Gestalt während der Bewegung nicht änderten. Tatsächlich erkennt man bei genauerer Betrachtung von Bild 6.1 kaum eine Änderung des Wellenberges, während er über das Seil hinwegläuft. Andererseits wird man schon bemerkt haben, daß ein Wellenberg allmählich doch kleiner wird und schließlich nach mehreren Reflexionen völlig verschwindet. Dürfen wir einfach vernachlässigen, daß die Höhe des Wellenberges langsam abnimmt? Oder enthält unsere Beschreibung über das Verhalten von Wellen einen grundsätzlichen Fehler?

Zur Beantwortung dieser Frage knüpfen wir an die Beobachtung an, daß die Zeit, innerhalb der eine Welle verschwindet, offenbar von den äußeren Umständen abhängig ist. Taucht man das Wellenseil beispielsweise in Wasser, dann verschwindet die Wellenbewegung eher als in Luft. Das Wasser bietet der Bewegung des Seils einen größeren Widerstand als die Luft. Eine Wellenbewegung müßte sich im Vakuum länger als in der Luft halten. Versuche bestätigen diese Erwartung. Die Ausführung dieser Versuche ist allerdings nicht einfach.

Aber auch im Vakuum kann die Wellenbewegung langsam zum Erliegen kommen. Im Seil sind nämlich innere Widerstände zu überwinden. Die Größe dieser inneren Kräfte hängt von den Materialeigenschaften des Federseils ab. Bei einigen Stoffen sind die Widerstände sehr klein, so daß die Wellenbewegung für längere Zeit erhalten bleibt.

Wir stellen uns nun ein Seil im Vakuum ohne innere Reibungskräfte vor. Auf diesem gedachten Seil hält sich eine Wellenbewegung beliebig lange. Wir lassen das langsame Schwächerwerden der Wellenbewegung außer acht und idealisieren somit das Seil der Wirklichkeit. Für das ideale Federseil nehmen wir an, daß innere und äußere Reibungskräfte vollständig fehlen. Solange man die Wellenbewegung nur über Zeitspannen betrachtet, in denen kaum eine Änderung der Wellenform festzustellen ist, darf man so verfahren. Für solche Zeiten kann man das ideale, von inneren Reibungskräften freie Federseil in guter Näherung statt eines realen Seils betrachten. Wir beziehen nun unsere Überlegungen auf ein solches ideales Seil. Das hat für unsere Untersuchungen den großen Vorteil: Das Verhalten des idealen Seils läßt sich sehr viel leichter angeben als das eines realen Seils.

Eine ähnliche *Idealisierung* nahmen wir vor, als wir die Überlagerungen zweier Störungen untersuchten. Dabei ergab sich, daß man die Überlagerungsfigur durch punktweise Addition der Elongationen beider Wellen konstruieren kann. Sind jedoch die Störungen zu kräftig, so erhält man eine Überlagerungsfigur, die niedriger ist, als sich aus der Summe der Elongationen der einzelnen Wellen ergibt. Wenn wir diese Abweichung von der ungestörten Überlagerung vernachlässigen, so betrachten wir auch hier das Verhalten eines idealen und nicht das eines realen Federseils. Wir entwerfen eher ein vereinfachtes Bild, als daß wir die tatsächlichen Verhältnisse genau beschreiben. Aber solange die Auslenkungen so gering sind, daß man die Abweichungen kaum bemerkt, ist das ideale Seil für die Annäherung an die Wirklichkeit brauchbar. Es hat vor allem den Vorteil, ein einfaches Verhalten zu zeigen.

Idealisierungen und Annäherungen verwenden wir häufig völlig unbewußt. Was meint man beispielsweise, wenn man sagt, ein Stück Land habe die Fläche von 100 Hektar? Normalerweise erhält man die Fläche, indem man Länge und Breite mißt und dann die Fläche ausrechnet. Dabei setzt man stillschweigend voraus, daß das vermessene Stück *vollkommen* eben ist. Wir ignorieren also, daß das Land Erhebungen und Senken besitzt und daß die Fläche in Wirklichkeit Teil der Oberfläche einer Kugel ist. Wir ersetzen in Gedanken die komplizierte Oberfläche des Gebietes durch ein einfaches ebenes Rechteck. Wir dürfen so verfahren, solange keine großen Höhenunterschiede in dem Landteil vorhanden und solange die Ausmaße klein im Vergleich zum Erdradius sind. Unter diesen Umständen stellt das idealisierte ebene Land eine gute Näherung der Wirklichkeit dar.

Die meisten Probleme, die die Wissenschaft in Angriff nimmt, sind ungeheuer kompliziert. Um sie zu verstehen, muß man das Wichtige vom Unwichtigen scheiden: Man muß idealisieren. In diesem Kapitel haben wir die Wellen studiert. Das Studium des tatsächlichen Verhaltens eines Federseils ist sehr verwickelt. Ersetzt man aber in Gedanken das wirkliche Seil durch ein ideales, so trennt man auch hier das Wichtige vom Unwichtigen und vereinfacht das Problem, so daß es sich leichter verstehen läßt. Die richtigen Vereinfachungen zu finden, sind die Kunst und das Geheimnis des erfolgreichen Wissenschaftlers.

6.6. Ein Wellenmodell für das Licht?

In diesem Kapitel haben wir zwei Eigenschaften der Wellen kennengelernt, aufgrund derer ein *Wellenmodell* des Lichts *gegenüber dem Teilchenmodell* Vorteile hätte: Als *erstes* fanden wir, daß Wellen sich ungestört überlagern können. Kreuzen sich die Lichtbündel zweier Taschenlampen, so breitet sich jedes Bündel hinter dem Kreuzungspunkt so aus, als ob das andere nicht vorhanden gewesen wäre (siehe Bild 3.7). Aus ähnlichen Gründen können wir auch diese Seite lesen, obwohl sich Licht in allen möglichen Richtungen zwischen uns und dem Buch ausbreitet. Das bedeutet aber doch, daß das Zusammentreffen von Lichtbündeln dem Zusammentreffen von Wellen eher ähnelt als dem von Teilchenströmen.

Die *zweite* wichtige Welleneigenschaft bestand darin, daß Wellen an Grenzflächen teilweise reflektiert und teilweise hindurchgelassen werden. Wir erinnern uns an die Beobachtung beim Übergang des Lichts von einem Medium in ein anderes – etwa von Luft in Glas. Ein Teil des Lichts wird durchgelassen, und ein Teil wird reflektiert, wie es in Bild 4.11 zu sehen war. Genauso verhalten sich die Wellen. Teilchenströme spalten sich dagegen nicht in dieser Weise auf.

Diese zwei Eigenschaften des Lichts sind Grund genug, ein Wellenmodell des Lichts zu entwerfen. Aber damit sind wir zur Zeit noch weit entfernt von der Behauptung, daß das Wellenbild ein adäquates Modell des Lichts darstellt. Wie zum Beispiel erklärt das Modell für ein Lichtbündel, das auf eine Glasoberfläche trifft, daß der Einfallswinkel gleich dem Ausfallswinkel ist und daß die Richtung des gebrochenen Strahls nach dem Brechungsgesetz beschrieben wird? Nach dem bisherigen Stand können wir nicht sagen, ob das Wellenmodell die Richtungsänderungen richtig erklären kann. Die Wellen können sich auf dem Federseil nur auf einer geraden Linie oder – wie man auch sagt – in einer Dimension bewegen. Daher haben sie keine Möglichkeit, ihre Ausbreitungsrichtung zu ändern, es sei denn, sie kehrten sie um. Um zu entscheiden, ob Wellen die Eigenschaften des Lichts beschreiben können, müssen wir sie im Raum oder mindestens in der Ebene untersuchen. Dann erst können wir Licht und Wellen unmittelbar miteinander vergleichen. Das soll im nächsten Kapitel geschehen. Dort wird das Verhalten von Wellen auf der Wasseroberfläche untersucht.

Aufgaben

1.* Worin ähneln sich die Beispiele für Wellen aus Abschnitt 6.1?

2. Jemand blickt aus dem Fenster und sieht seinen Nachbarn jenseits der Straße in seiner Veranda sitzen. Wie kann er sich dem Nachbarn bemerkbar machen? Welche der Möglichkeiten laufen auf eine Bewegung von Körpern und welche auf eine Bewegung von Wellen hinaus?

3.* An welcher Stelle befindet sich das Seil in Bild 6.4 gerade in Ruhe?

4.* In Bild 6.2 bewegt sich das Band erst nach oben und dann nach unten, während die Welle von rechts nach links läuft. Würde bei der gleichen Wellenbewegung von links nach rechts dasselbe Band zuerst nach unten oder zuerst nach oben ausgelenkt?

5. In Bild 6.2 ist die Elongation eines Punktes zu sehen, während eine Welle ihn passiert. Man fertige eine Zeichnung an, die die Elongation des Punktes als Funktion der Zeit darstellt. Die Auslenkungen trage man in Richtung der y-Achse und die Zeit in Richtung der x-Achse auf. Als Abstände der Zeit wähle man $\frac{1}{24}$ Sekunde, denn in diesen Intervallen wurden auch die Aufnahmen gemacht.

6. Man beschreibe die Bewegung des Seils in Bild 6.14.

7.* Zwei Wellenberge, die Auslenkungen zur selben Seite hervorrufen, laufen auf einem Federseil aufeinander zu. Können sie sich beim Begegnen gegenseitig auslöschen?

8.* Zwei Wellenberge haben nach oben die größten Auslenkungen von 3 cm und 4 cm. Wie groß ist die maximale Elongation, wenn sich beide Wellen treffen?

9. Man bestimme Größe und Form des gemeinsamen Wellengebildes, das sich aus den beiden Wellenbergen des Bildes 6.15 ergibt. Dasselbe führe man auch für mehrere andere Zeiten durch.

10. Die siebente Aufnahme von oben in Bild 6.5 stellt den Augenblick dar, in dem sich die beiden Störungen begegnen. Man kennzeichne die Teile des Seils, die sich bewegen, und gebe die Richtung der Bewegung an.

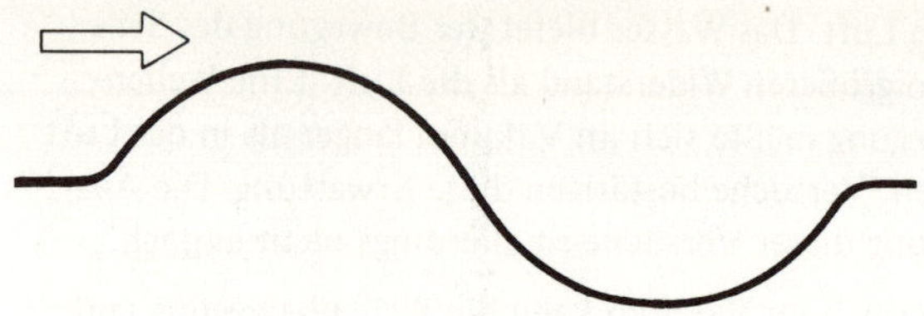

Bild 6.14. Zur Aufgabe 6. Eine Welle bewegt sich nach rechts.

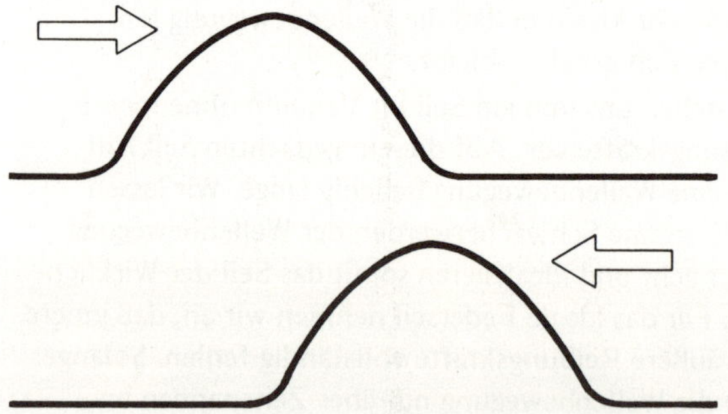

Bild 6.15. Zur Aufgabe 9. Zwei gleiche Wellenberge laufen aufeinander zu.

Bild 6.16. Zur Aufgabe 12

11. In der fünften Aufnahme von oben in Bild 6.7 gebe man an, welche Punkte in Bewegung sind und in welcher Richtung sie sich bewegen.

12.* Eine Störung bewegt sich nach Bild 6.16 auf einem Seil nach rechts. Wie muß ein von rechts kommender Wellenberg aussehen, der für einen Augenblick die von links kommende Störung gerade auslöschen soll?

13. In der sechsten Photographie von oben in Bild 6.17 überlagern sich zwei gleiche Wellenberge, die beide symmetrisch zu ihrer Mittellinie sind.
   a) Da keine verwischten Seilstücke zu erkennen sind, ist das Seil offenbar in diesem Moment nicht in Bewegung. Man erkläre dies aus dem Überlagerungsprinzip.
   b) Was geschieht, wenn man das Seil zu Beginn in derselben Weise wie im sechsten Photo auslenkt?

14. Das sechste Photo in Bild 6.10 stellt das Seil in einem Augenblick dar, in dem es fast gerade ist. Man erläutere, warum das nur für einen Moment der Fall ist.

15. Man betrachte in Bild 6.6 die von links kommende asymmetrische Wellenbewegung. Wie sieht die Form der Welle nach einer Reflexion an einem festen Ende aus?

16.* Hat in Bild 6.11 der einfallende oder der durchgelassene Wellenberg die größere Auslenkung?

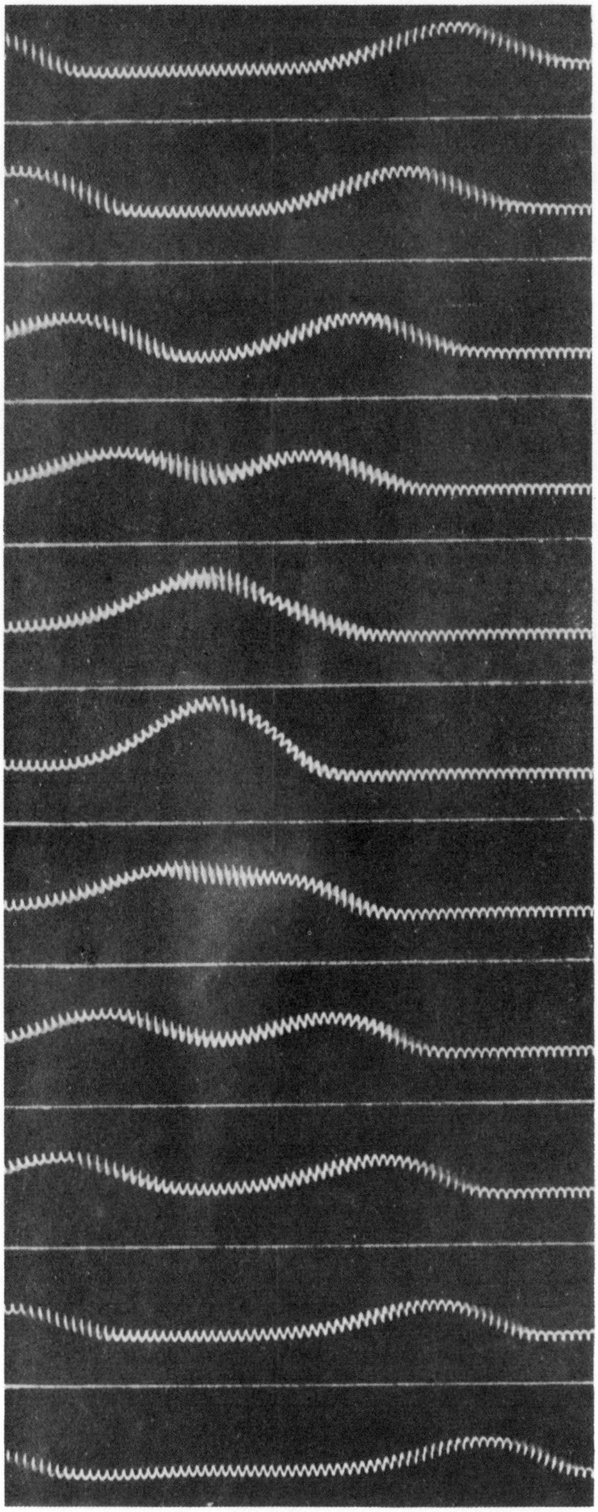

Bild 6.17. Zur Aufgabe 13. Überlagerung zweier symmetrischer Wellenberge von gleicher Gestalt

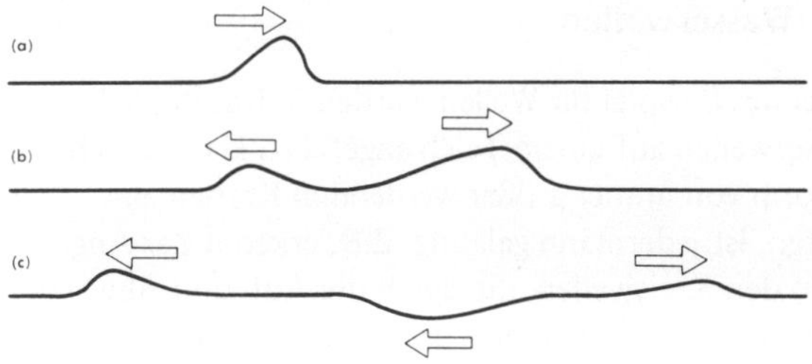

Bild 6.18. Zur Aufgabe 19

17.* Welches ist nach Bild 6.11 das Verhältnis der Geschwindigkeiten der Wellenbewegung auf dem leichteren zu der auf dem schwereren Seil?

18. Von einem Ende eines Federseils geht ein Wellenberg aus und kehrt als Wellental mit kleineren Auslenkungen zurück. Was läßt sich dann über die Geschwindigkeit der Wellenbewegung auf dem Seilstück aussagen, das am anderen Ende des ersten Seils angebracht ist?

19. In der Zeichnung a) von Bild 6.18 breitet sich ein Wellenberg auf einem Federseil aus, das aus Abschnitten verschiedener Dichte besteht. Die Zeichnungen b) und c) zeigen dasselbe Seil in gleichen Zeitabständen danach. Wo grenzen die verschiedenen Seilstücke aneinander und welches sind die relativen Dichten der Seilstücke?

20. Tritt Licht aus der Luft in Wasser ein oder umgekehrt, so wird ein Teil des Lichts reflektiert. Diese Situation werde mit dem Übergang eines Wellenberges von einem Seilstück auf ein anderes verglichen. In welchem Fall müßte die Auslenkung der Lichtwelle auf die entgegengesetzte Seite reflektiert werden?

21. Das eine Ende eines Seils wird mit der Hand gehalten, während das andere an einem Haken befestigt ist. Man blickt nun am Seil entlang und erzeugt währenddessen eine Welle, indem man die Hand schnell dreimal im Uhrzeigersinn dreht.
   a) Man beschreibe die entstehende Welle.
   b) Man beschreibe die reflektierte Welle.
   c) Man beschreibe die Bewegung eines Seilstückes während des Hin- und Herlaufens der Welle.

22.* Woran kann man in Bild 6.10 erkennen, daß die Aufnahmen von oben nach unten und nicht von unten nach oben aufeinander folgen?

23. Ein Wellenberg, der sich auf einem Seil bewegt, wird dauernd kleiner.
   a) Unter welchen Voraussetzungen kann man die Abnahme der Auslenkung vernachlässigen?
   b) Welcher Vorteil liegt darin, die Abnahme der Wellenhöhe zu vernachlässigen?

24. Wie stellt man sich nach der Darstellung dieses Kapitels ein ideales Seil vor?

25. Die Meeresoberfläche kann annäherungsweise als eben angesehen werden. Man nenne einige Beispiele, für die diese Näherung gut ausreicht, und einige, für die sie schlecht ist.

7. Wellen und Licht

7.1. Wasserwellen

Als erstes Beispiel für Wellen wurden in Kapitel 6 die Wasserwellen auf einem Teich angeführt. Daß sie sich in Form von immer größer werdenden Kreisen ausbreiten, ist jedermann geläufig. Z.B. erkennt der Angler an den Kreiswellen, die durch die Auf- und Abwärtsbewegung des Schwimmers der Angel entstehen, daß ein Fisch angebissen hat.

Da sich die Wellen nur auf der Oberfläche des Wassers ausbreiten und nicht merkbar in die Tiefe reichen, nennt man sie *Oberflächenwellen.* Der Leser wird vielleicht schon beobachtet haben, daß die Fische im Aquarium von der Wellenbewegung auf dem Wasser nicht erfaßt werden. Der Kommandant eines U-Bootes braucht Stürme nicht in dem Maße wie der Kapitän eines Überwasserschiffes zu fürchten. Sein Schiff kann tauchen und unbehelligt von der stürmischen See unter Wasser seine Fahrt fortsetzen.

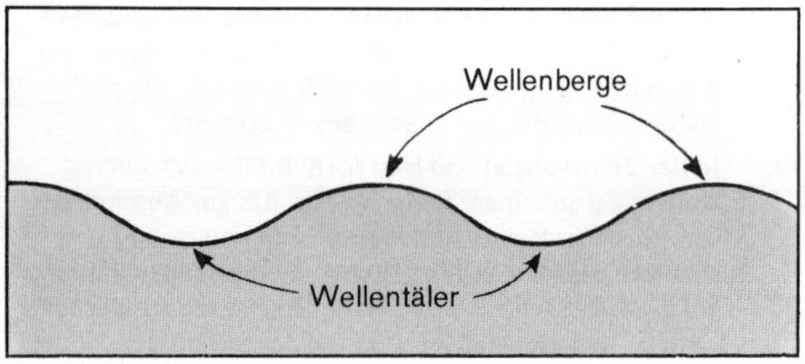

Bild 7.1. Zeichnerische Darstellung von Wasserwellen

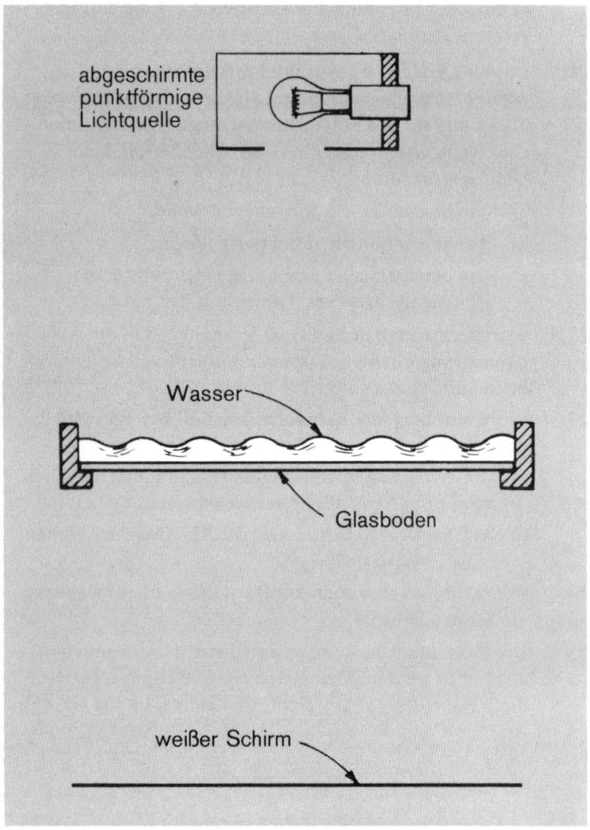

Bild 7.2. Wellenwanne

Im Aquarium lassen sich von der Seite aus Form und Gestalt der Wasserwellen gut erkennen. Mit kleinen Unterschieden sehen alle Wellen ähnlich aus (Bild 7.1). Die höheren Abschnitte der Wellen heißen *Wellenberge* und die tieferen *Wellentäler.* Im Labor erzeugt man Wellen in der sogenannten *Wellenwanne,* in der sich ihre Eigenschaften recht einfach studieren lassen. Die Wellenwanne (Bild 7.2) hat einen durchsichtigen Boden aus Glas, durch den man Bilder der Wellen auf einen Schirm projizieren kann. Die Bilder entstehen dadurch, daß die Wellenberge als Sammellinsen wirken und das von der Lampe stammende Licht bündeln, während die Wellentäler wie Zerstreuungslinsen das Licht in alle Richtungen verteilen. Daher erscheinen die Berge als helle und die Täler als dunkle Streifen auf dem Schirm.

7.2. Gerade und kreisförmige Wellen

Gerade Wellen, wie man sie beispielsweise als Bugwellen vorüberfahrender Schiffe beobachten kann, erzeugt man in der Wellenwanne am einfachsten mit einem Lineal, das man in die Oberläche des Wassers eintauchen läßt. Die Störung pflanzt sich dann als Wellenfront stets parallel zur Stellung des Lineals fort. Den Abstand zwischen den parallel verlaufenden Wellenbergen mißt man senkrecht zu diesen Linien; die Senkrechte zu den Wellenbergen gibt auch die Richtung an, in der sich die Wellen ausbreiten, sie heißt *Wellennormale.* In Bild 7.3 ist der Ort der Wellenberge durch eine ausgezogene weiße Linie markiert. Ihre Lage zu einer späteren Zeit ist durch die gestrichelte Linie wiedergegeben. Die *Ausbreitungsrichtung* ist durch den Pfeil gekennzeichnet. Im folgenden soll die Ausbreitungsrichtung einer geraden Wellenfront stets durch einen kleinen Pfeil angegeben sein.

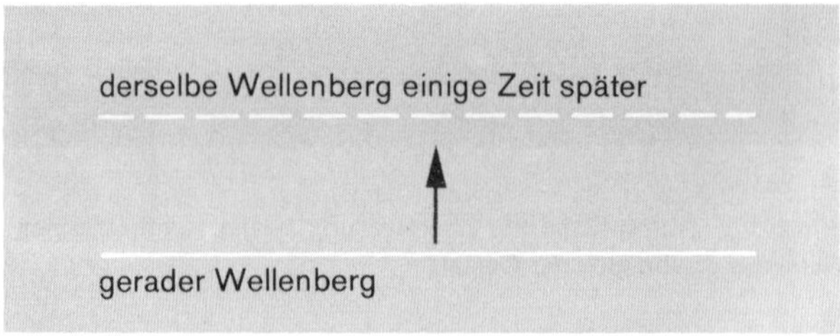

Bild 7.3. Eine gerade Wellenfront bewegt sich im rechten Winkel zum Wellenkamm. Der Pfeil gibt die Ausbreitungsrichtung an.

Man kann natürlich in der Wellenwanne ebenso einfach kreisförmige Wellen erzeugen, dazu braucht man nur kurz den Finger ins Wasser zu tauchen. In Bild 7.4 ist eine solche Wellenbewegung zu zwei verschiedenen Zeiten gezeichnet. Während der Zwischenzeit hat sich die Welle zu einem größeren Kreis ausgeweitet. Eine bestimmte Richtung für die Ausbreitung der gesamten Kreiswelle läßt sich nicht angeben, denn die Welle breitet sich nach allen Richtungen aus. Betrachtet man dagegen einen Ausschnitt der Kreiswelle, der klein genug ist und daher praktisch als gerade angesehen werden kann (Bild 7.5), so läßt sich eine Ausbreitungsrichtung angeben. Die Welle breitet sich an dieser Stelle vom Mittelpunkt entlang des Radius aus, und damit steht die *Ausbreitungsrichtung* wie bei den linearen Wellen *senkrecht zur Wellenfront.*

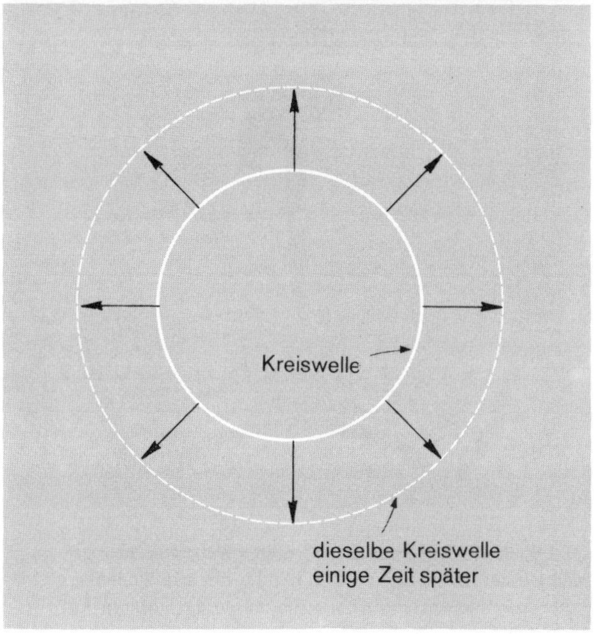

Bild 7.4. Ausbreitung einer Kreiswelle

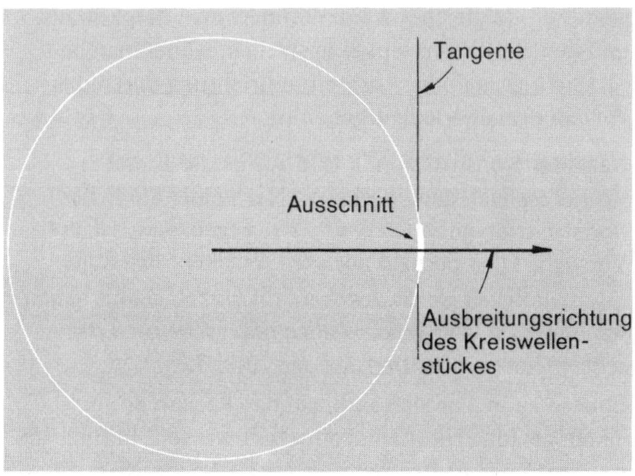

Bild 7.5. Ein kleiner Ausschnitt aus einer kreisförmigen Welle. Er wirkt wie eine gerade Welle und bewegt sich in Richtung des Radius vom Kreismittelpunkt weg.

7.3. Reflexion

Seilwellen können bekanntlich reflektiert werden. Es ist zu erwarten, daß es auch bei Wasserwellen eine Reflexion gibt. Eine gerade Welle möge sich vom Lineal weg in Richtung auf die entgegengesetzte Seite der Wellenwanne bewegen. Zu ihrer Reflexion stellen wir in der Mitte der Wanne ein Hindernis parallel zum Lineal auf. Die Welle erreicht das Hindernis und kehrt in die Richtung, aus der sie gekommen war, wieder zurück. Die Wasserwellen verhalten sich genau wie Seilwellen.

Nun ändern wir die Stellung des reflektierenden Hindernisses; Wellenfront und Hindernis sollen nicht mehr parallel zueinander sein. In Bild 7.6 nähert sich eine Wellenfront dem Hindernis, während eine zweite schon reflektiert worden ist. Der Winkel zwischen der einlaufenden Wellenfront und dem Hindernis ist i′ genannt, während entsprechend der Winkel zwischen der

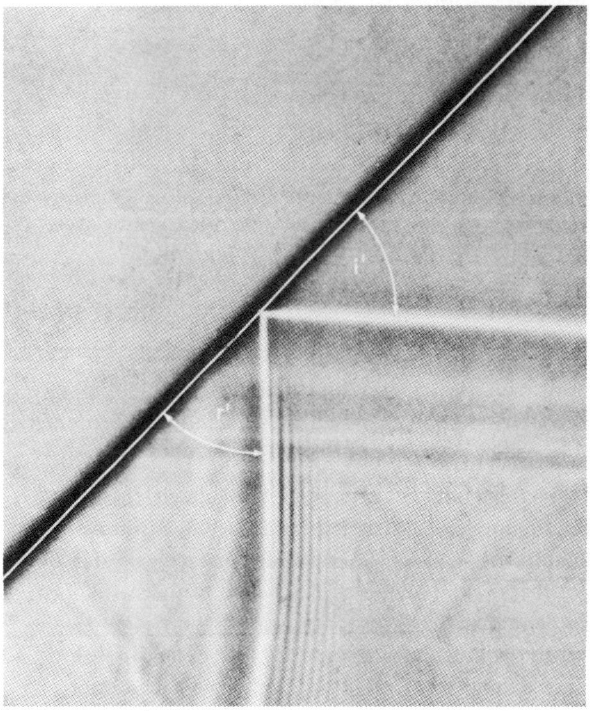

Bild 7.6. Eine gerade von unten kommende Wellenfront wird an einem schräg liegenden Hindernis reflektiert. Der reflektierte Teil der Welle läuft nach rechts.

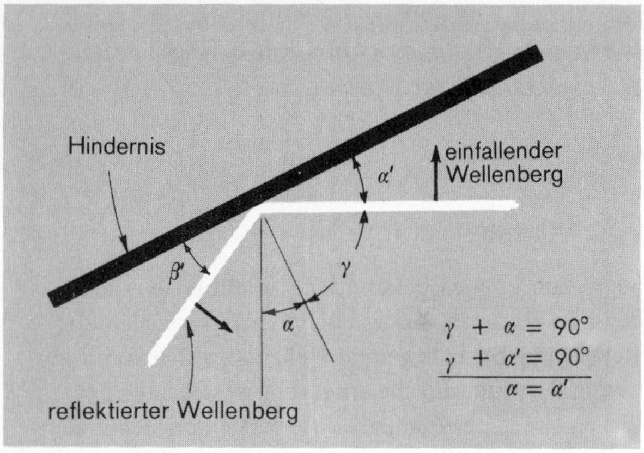

Bild 7.7. Eine gerade Wellenfront trifft auf ein Hindernis. Der Einfallswinkel α ist gleich dem Winkel α', den die Wellenfront mit dem Hindernis bildet.

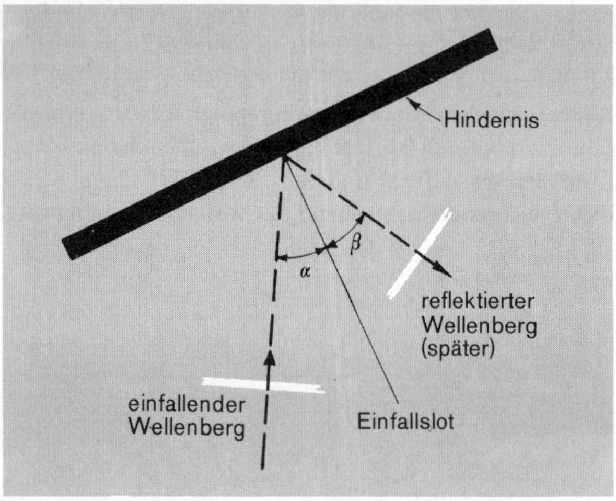

Bild 7.8. Reflexion einer geraden Welle an einem geraden Hindernis. Wie beim Licht gilt auch hier: Reflexionswinkel gleich Einfallswinkel.

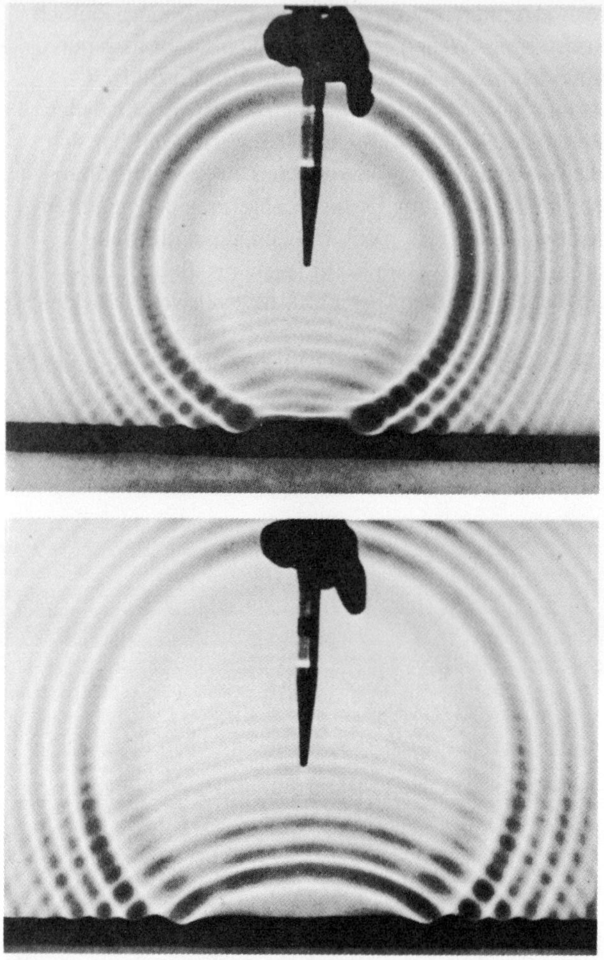

Bild 7.9. Reflexion einer kreisförmigen Welle an einem geraden Hindernis. Im oberen Bild hat der höchste Wellenberg gerade das Hindernis erreicht, während auf der unteren Aufnahme ein Teil der Kreiswelle schon reflektiert ist.

reflektierten Wellenfront und dem Hindernis r′ heißt[1]). Mißt man die beiden Winkel i′ und r′, so findet man, i′ = r′. Wiederholt man den Versuch mit verschiedenen Winkeln i′, so wird immer das Ergebnis i′ = r′ bestätigt.

Diese Beziehung zwischen den Winkeln gleicht dem Reflexionsgesetz von Licht an Spiegeln, das in Abschnitt 4.1 nachgewiesen wurde. Danach galt, daß der Reflexionswinkel immer gleich dem Einfallswinkel ist. In den optischen Versuchen wurden die Winkel zwischen der Ausbreitungsrichtung und dem Einfallslot, das senkrecht zur reflektierenden Oberfläche steht, gemessen. In gleicher Weise definiert man den Einfalls- und den Reflexionswinkel für Wellen, wobei man berücksichtigt, daß die Ausbreitungsrichtung durch die Wellennormale wiedergegeben ist.

Nach der Konstruktion in Bild 7.7 ist der Einfallswinkel α gleich dem Winkel α'. Nach einer ähnlichen Konstruktion gilt auch $\beta = \beta'$. Das Ergebnis $\alpha' = \beta'$ der Versuche kann deshalb auch $\alpha = \beta$ heißen: der Reflexionswinkel ist gleich dem Einfallswinkel. Damit haben wir bewiesen, daß *Wasserwellen und Licht nach demselben Gesetz reflektiert werden* (Bild 7.8).

Ebenso kann eine sich ausbreitende Kreiswelle von einem geraden Hindernis reflektiert werden. In Bild 7.9 sieht man das Auftreffen und die Reflexion einer solchen Wellenbewegung. Der reflektierte Teil der Kreiswelle ist offensichtlich ein Kreisbogen. Der Mittelpunkt dieses Kreisbogens ist der Punkt P′, der sich genauso

[1]) Die Bezeichnungen i′ und r′ wurden aus technischen Gründen gewählt. Im folgenden werden dann die allgemeinen gebräuchlichen Bezeichnungen α' und β' benutzt.

weit hinter dem Hindernis befindet, wie der Ausgangspunkt P der Kreiswelle davor liegt. Der reflektierte Teil scheint also von P′ zu kommen. Dies entspricht genau den Verhältnissen in der Optik, wenn man dort eine punktförmige Lichtquelle vor den Spiegel stellt. Das reflektierte Licht scheint vom Bildpunkt hinter dem Spiegel zu kommen (siehe Bild 4.3 und 4.4). Verwendet man ein gebogenes Hindernis oder mehrere gerade Barrieren, so beobachtet man in der Wellenwanne sämtliche Phänomene der Reflexion, wie sie in der Optik vorkommen. So wie man die Bildentstehung im Spiegel aus dem Reflexionsgesetz folgern kann, so läßt sich entsprechend das Entstehen der Bilder an „Spiegeln" in der Wellenwanne erklären.

7.4. Ausbreitungsgeschwindigkeit und periodische Wellen

Wellen breiten sich in verschiedenen Medien mit unterschiedlichen Geschwindigkeiten aus. Beispielsweise laufen die Wellen auf einem Federseil schneller, wenn man das Seil stärker spannt. Entsprechend verlangsamen sich die Wellen auf einem Gummischlauch, sobald man den Schlauch mit Wasser füllt. In diesem Abschnitt werden wir erfahren, wie man die Wellengeschwindigkeit zahlenmäßig (quantitativ) ermitteln kann. Für solche Messungen gibt es verschiedene Verfahren.

Einmal kann man eine einzige gerade Wellenfront erzeugen und die Zeit t stoppen, die sie braucht, um eine bestimmte Strecke s zurückzulegen. Die Geschwindigkeit v ist dann gleich dem Quotienten aus der zurückgelegten Strecke und der dazu benötigten Zeit:

$$v = \frac{s}{t}.$$

Zum anderen kann man zwei Wellenfronten nacheinander erzeugen. Wenn nach der Zeit t die zweite Wellenfront entsteht, hat die erste schon die Strecke s zurückgelegt. Von diesem Zeitpunkt ab breiten sich beide Wellenfronten mit gleicher Geschwindigkeit aus, und der Abstand s zwischen bleibt stets gleich. Den Abstand kann man mit dem Lineal messen und erhält wiederum

$$v = \frac{s}{t}.$$

Diese Methoden sind im Prinzip sehr einfach, doch in der Praxis ist es ziemlich schwierig, den Abstand zwischen den Wellenfronten sowie die benötigte Zeit zu messen.

Nach einer dritten Methode erzeugt man in gleichen Zeitintervallen eine Wellenfront nach der anderen. Dazu muß der Wellenerreger seine Bewegung in gleichen Zeiten T wiederholen. Solche Bewegungen heißen *periodisch,* die Zeit T zwischen den Bewegungen nennt man *Periode* oder *Schwingungsdauer.* Man kann die Periode T der Wellenbewegung auch dadurch beschreiben, daß man angibt, wie oft der Wellenerreger seine Bewegungen in einer bestimmten Zeit wiederholt. Das ist seine *Frequenz* ν. Wenn sich beispielsweise die Bewegung jede $\frac{1}{10}$s wiederholt, so ist die Frequenz $\nu = 10\,s^{-1}$. Allgemein gilt

$$T = \frac{1}{\nu} \quad \text{oder} \quad \nu = \frac{1}{T}$$

als *Zusammenhang zwischen der Periode T und der Frequenz* ν.

Wir betrachten nun einen bestimmten Punkt in der Wellenwanne. Die Wellenberge, die der Erreger erzeugt hat, bewegen sich auf den Punkt zu. Sie laufen über ihn mit derselben Frequenz hinweg, mit der sie den Erreger verlassen haben. Wenn zehn Wellenberge in der Sekunde den Erreger verlassen, so werden zehn Wellenfronten in der Sekunde den Punkt passieren. Die *Frequenz der Welle* ist daher auch durch $\nu = \frac{1}{T}$ gegeben, wobei T die Zeit ist, in der zwei aufeinanderfolgende Wellenberge den festgelegten Punkt passieren. Der Abstand zwischen den Wellenbergen ist während der ganzen Bewegung stets gleich; man nennt ihn die *Wellenlänge* λ. Die so beschriebene Wellenform nennt man eine periodische gerade Welle (Bild 7.10).

Die Geschwindigkeit einer periodischen Welle erhält man auf ähnliche Weise wie bei zwei Wellenfronten.

Bild 7.10. Gerade periodische Wellen bewegen sich durch die Wellenwanne.

Zwei Wellenberge besitzen stets den Abstand λ, und jeder Wellenberg folgt dem anderen im gleichen zeitlichen Abstand T. Daher ist die *Ausbreitungsgeschwindigkeit der Welle*

$$v = \frac{\lambda}{T} .$$

Setzen wir für $T = \frac{1}{\nu}$, so erhalten wir die Beziehung

$$v = \lambda \nu .$$

Die Geschwindigkeit einer periodischen Welle ist gleich dem Produkt aus ihrer Frequenz und ihrer Wellenlänge. Die soeben hergeleitete Beziehung ist nicht auf die Wellen in der Wellenwanne beschränkt. Sie gilt für jede periodische Welle. Daß es sich um lineare Wellen handelt, daß die Wellen in der Wellenwanne erzeugt werden oder daß es Wasserwellen sind, ging nicht in die Überlegungen ein, die zu diesem Ergebnis führten. Insbesondere könnte man dieselben Überlegungen auch für Kreiswellen anstellen und würde dann ebenso die Beziehung $v = \lambda\nu$ finden. In diesem Fall müßte man die Wellenlänge längs eines Radius messen (Bild 7.11). Die Wellenlänge wäre übrigens unter sonst gleichen Umständen genauso groß wie die Wellenlänge von geraden Wellen gleicher Frequenz. Die Geschwindigkeit von geraden Wellen und von Kreiswellen ist daher im gleichen Medium gleichgroß. Dieselbe Beweisführung läßt sich auf jede andere Art von periodischen Wellen anwenden, beispielsweise auch auf periodische Seilwellen. Die Beziehung $v = \lambda\nu$ gilt allgemein.

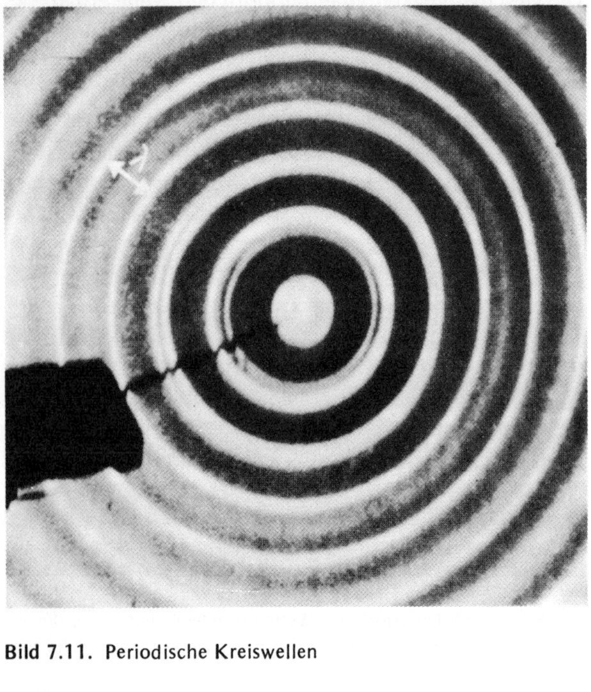

Bild 7.11. Periodische Kreiswellen

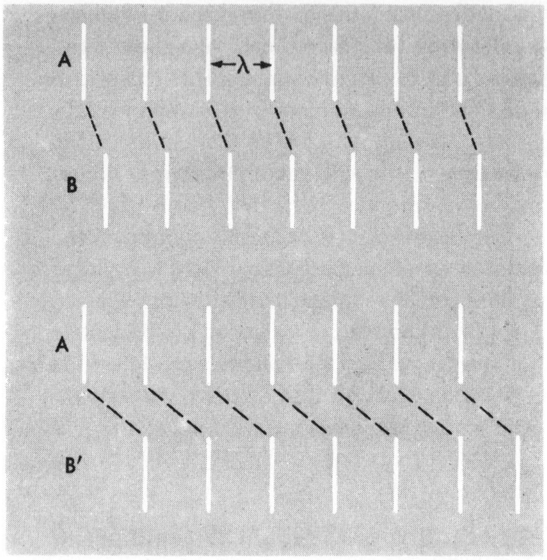

Bild 7.12. Dargestellt sind die Wellenberge periodischer Wellen, wie man sie im Stroboskop zu zwei aufeinander folgenden Augenblicken A und B beobachtet. In der oberen Zeichnung ist die Frequenz des Stroboskops größer als die der Welle, in der unteren Zeichnung sind beide gleich. Die gestrichelten Linien kann man natürlich nicht sehen.

Diese Beziehung läßt sich vorteilhaft zur Bestimmung der Geschwindigkeit einer Welle heranziehen. Anstatt die Wellenbewegung dauernd zu beobachten, betrachtet man die Wellen durch eine Blende, die die meiste Zeit geschlossen ist und periodisch kurzfristig geöffnet wird. Dazu eignet sich zum Beispiel das Stroboskop aus Kapitel 1. Wenn die Blende zum ersten Mal freigegeben ist, sieht man die Wellenberge in einer bestimmten Stellung. Während der Verschlußzeit der Blende bewegen sich die Wellenberge um ein Stück weiter, das sich als Produkt aus der Wellengeschwindigkeit und der Verschlußzeit ergibt (Bild 7.12).

Blickt man durch die Blende, die sich periodisch öffnet und schließt, so wird die Welle im allgemeinen in Bewegung erscheinen. Nun aber soll die Periode des Öffnens und Schließens der Blende mit der Periode der Welle in Übereinstimmung gebracht sein. Dann ist während der Verschlußzeit der Blende jede Wellenfront gerade an die Stelle vorgerückt, an der sich die vorhergehende Wellenfront befand. Man sieht beim Öffnen der Blende immer das gleiche Bild der Welle. Das heißt, man erhält ein stehendes Bild der gesamten Wellenbewegung, so daß sich sehr einfach die Wellenlänge ausmessen läßt. Zählt man nun noch, wie oft sich in einer bestimmten Zeit der Verschluß öffnet, so ergibt sich daraus die Frequenz der Welle, die ja mit der Frequenz des Öffnens und Schließens der Blende übereinstimmt.

Auf diese Weise ermittelt man ν und λ und kann mit der Gleichung $v = \lambda\nu$ die Ausbreitungsgeschwindigkeit v der Welle berechnen.

7.5. Brechung

Es wurde schon erwähnt, daß die Wellengeschwindigkeit von den Eigenschaften des Mediums abhängt, in dem sich die Wellen ausbreiten. Die Geschwindigkeit der Oberflächenwellen wird durch die Wassertiefe beeinflußt. Daher kann man Wasser mit zwei verschiedenen Tiefen als Modell für zwei verschiedene Medien ansehen. Dies ist äußerst nützlich, da sich die Wassertiefe in verschiedenen Teilen der Wellenwanne auf sehr einfache Weise ändern läßt und man so das Verhalten der Wellen beim Übergang von einem Medium in ein anderes untersuchen kann.

Will man beobachten, wie die Ausbreitungsgeschwindigkeit von der Wassertiefe abhängt, so legt man in die eine Hälfte der Wanne eine dicke Glasplatte und teilt dadurch die Wanne in zwei Bereiche unterschiedlicher Wassertiefe. Die Grenzlinie zwischen den beiden Teilen soll parallel zu den Wellenfronten verlaufen. Die Wellen betrachtet man durch das Stroboskop. Man stellt es auf die Wellenfrequenz ein und beobachtet, daß sich die Wellenfronten in *beiden* Teilen der Wellenwanne nicht bewegen. Die Frequenz der Wellen ist also in beiden Bereichen gleich groß; sie hängt nicht von der Wassertiefe ab. Dagegen ist nach Bild 7.13 die Wellenlänge λ_2 im flacheren Gebiet kleiner als die Wellenlänge λ_1 im tieferen Wasser [1]). Da die Ausbreitungsgeschwindigkeiten das Produkt aus der gemeinsamen Frequenz und der jeweiligen Wellenlänge sind, ergibt sich für den flacheren Teil, in dem die Wellenlänge kürzer ist, eine geringere Geschwindigkeit als im tieferen Teil. Es gilt also für die Geschwindigkeit $v_2 < v_1$. Innerhalb jedes Bereiches der Wanne ist die Geschwindigkeit in allen Richtungen gleich groß, wie schon im vorigen Abschnitt gezeigt wurde.

Nun wiederholen wir das Experiment mit einer anderen Glasplatte, die so geschnitten ist, daß die Grenzlinie zwischen beiden Abschnitten in der Wanne einen Winkel mit der Wellenfront bildet. Die Geschwindigkeit im flacheren Teil ist wieder geringer als im tieferen Wasser. Aber das ist nicht die einzige Veränderung, die sich im Wellenbild ergibt. In Bild 7.14 erkennt man deutlich,

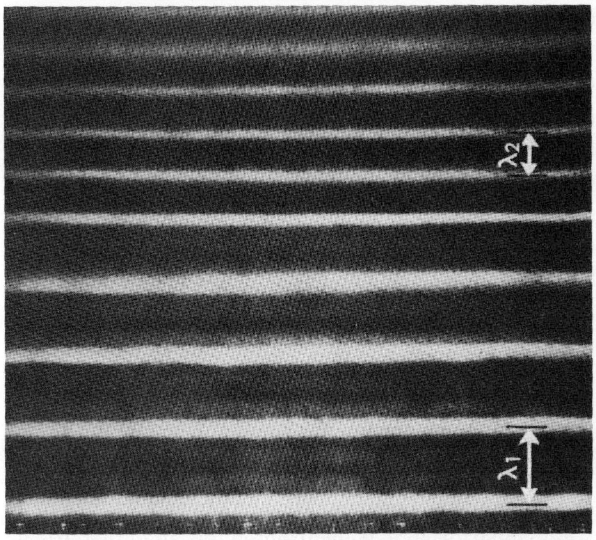

Bild 7.13. Wellen laufen aus dem tieferen ins flachere Wasser. Oben im Bild ist das flache und unten das tiefe Wasser. Die Wellenlänge ist im flachen Wasser deutlich kleiner.

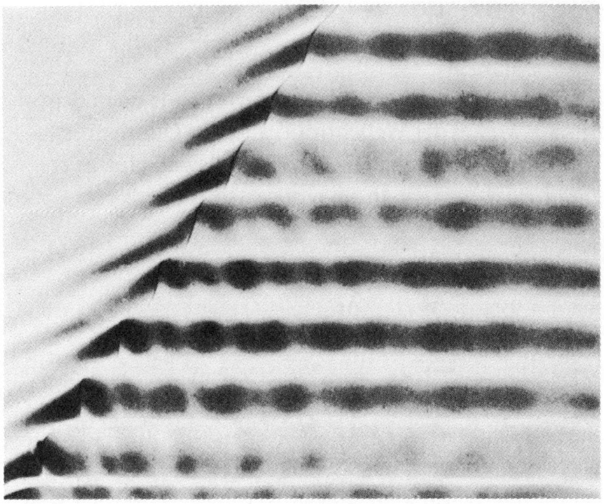

Bild 7.14. Brechung von Wasserwellen an der Grenze zwischen tiefem und flachem Wasser in der Wellenwanne. Man erkennt auch ganz schwach die reflektierten Wellen.

daß die geraden Wellenfronten auch nach Erreichen der Grenzlinie zwar gerade bleiben, jedoch ihre Ausbreitungsrichtung ändern. Die neue Richtung ist stärker zur Normalen der Grenzfläche gerichtet als die ursprüngliche Ausbreitungsrichtung. Wir erinnern uns, daß dies auch in der Optik beim Übergang des Lichtes von einem Medium in ein anderes mit kleinerer Geschwindigkeit gilt (Abschnitte 4.4 und 5.7). Die Brechung des Lichts wird quantitativ durch das Brechungsgesetz beschrieben. Die folgende Frage stellt sich nun von selbst: Gilt

---

[1]) Man wird bemerken, daß die Wellen am Ende des flachen Bereichs verbreitert erscheinen. Sie lösen sich langsam auf, weil hier keine idealen Verhältnisse vorliegen und weil sich die zu untersuchenden Erscheinungen nicht voneinander trennen lassen. Wie beim Federseil existieren auch bei den Wasserwellen Reibungskräfte, die die Wellenbewegung stören und die Wellen schließlich ganz zum Verschwinden bringen.

das Brechungsgesetz auch für die Wellen in der Wellenwanne, wenn sie von einem Medium in ein anderes eintreten?

Dieser Frage kann man auf zweierlei Weise nachgehen. Man mißt eine Reihe von Einfallswinkeln und Brechungswinkeln in der Wellenwanne und rechnet dann nach, ob sie dem Gesetz genügen. Man kann aber auch überlegen, ob sich das Brechungsgesetz theoretisch aus dem Verhalten der Wellen, soweit es uns schon bekannt ist, voraussagen läßt. Hier soll der zweite Weg eingeschlagen werden.

Nach Abschnitt 7.3 ist der Einfallswinkel gleich dem Winkel zwischen der einfallenden Wellenfront und dem Hindernis. Ebenso ist der Brechungswinkel genauso groß wie der Winkel zwischen der Wellenfront nach der Brechung und dem Hindernis. Wir konstruieren nun zwei aufeinanderfolgende Wellenfronten, die an der Grenzlinie gebrochen werden (Bild 7.15). (Man braucht die Wellennormale nicht einzutragen, da die Winkel α und β an anderer Stelle in der Zeichnung erscheinen.) Nach der Definition der Sinusfunktion ist

$$\sin\alpha = \frac{\lambda_1}{\overline{AB}} \quad \text{und} \quad \sin\beta = \frac{\lambda_2}{\overline{AB}}.$$

Die Werte von $\sin\alpha$ und $\sin\beta$ ändern sich je nach dem Einfallswinkel der Wellenfront, aber ihr Quotient ist konstant und unabhängig vom Einfallswinkel. Das erkennt man, wenn man $\sin\alpha$ durch $\sin\beta$ dividiert:

$$\frac{\sin\alpha}{\sin\beta} = \frac{\dfrac{\lambda_1}{\overline{AB}}}{\dfrac{\lambda_2}{\overline{AB}}} = \frac{\lambda_1}{\lambda_2} = \text{konstant.}$$

Die Beziehung $\frac{\sin\alpha}{\sin\beta}$ = konstant stellt aber das Brechungsgesetz dar, diesmal für Wellen. Man bezeichnet die Konstante wiederum als Brechungsindex und schreibt sie wie in der Optik als n_{12}. Somit gilt

$$\frac{\sin\alpha}{\sin\beta} = n_{12} \quad \text{und} \quad n_{12} = \frac{\lambda_1}{\lambda_2}.$$

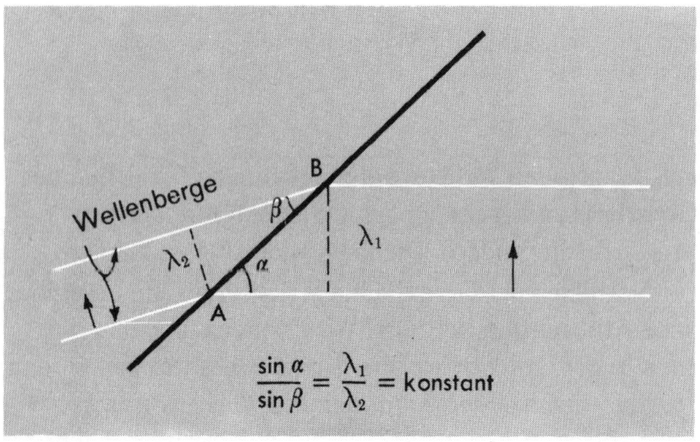

Bild 7.15. Die geometrischen Verhältnisse bei der Brechung zweier aufeinanderfolgenden Wasserfronten.

Der Wert von n_{12} läßt sich mit Hilfe der Wellengeschwindigkeiten in den beiden Medien ausdrücken. Allgemein gilt für die Wellengeschwindigkeit $v = \nu\lambda$. Hier kann man dann schreiben:

$$\lambda_1 = \frac{v_1}{\nu} \quad \text{und} \quad \lambda_2 = \frac{v_2}{\nu}.$$

Daher wird

$$n_{12} = \frac{\lambda_1}{\lambda_2} = \frac{\dfrac{v_1}{\nu}}{\dfrac{v_2}{\nu}} = \frac{v_1}{v_2}.$$

Nach dieser Gleichung ist *der Brechungsindex gleich dem Quotienten aus den Geschwindigkeiten* v_1 *im ersten Medium und* v_2 *im zweiten Medium.*

Wir sind somit durch eine theoretische Überlegung zum Brechungsgesetz und zu einer Beziehung zwischen dem Brechungsindex und den Wellengeschwindigeiten gekommen. Man kann zum gleichen Ergebnis auch durch direkte Messungen gelangen. Zuerst müßte man eine Reihe von Winkelpaaren α und β messen und daraus den Quotienten $\frac{\sin\alpha}{\sin\beta}$ berechnen. Danach müßte man die Geschwindigkeiten in beiden Medien ermitteln und daraus ebenfalls $n_{12} = \frac{v_1}{v_2}$ berechnen. Solche Messungen wurden bereits viele Male durchgeführt; sie stimmen durchaus mit dem Ergebnis der theoretischen Überlegungen überein.

Man erinnere sich: Das *Teilchenmodell* des Lichts, das *Newton* 1669 entwickelt hat, erklärt ebenfalls die Existenz eines konstanten Brechungsindex für einen bestimmten Übergang. Aber es sagt voraus, daß der Brechungsindex $n_{12} = \frac{v_2}{v_1}$ ist (Abschnitte 5.2 und 5.7): Das *Wellenmodell,* von *Huygens* 1677 entwickelt, nennt dagegen als Brechungsindex $n_{12} = \frac{v_1}{v_2}$, also gerade den reziproken Wert von *Newton.* Die Position des Wellenmodells konnte zu Beginn des neunzehnten Jahrhunderts durch verschiedene Experimente gestärkt werden. Doch die hier besprochene Teilfrage hat man fast zwei Jahrhunderte nicht entscheiden können. Erst 1862 maß *Foucault* die Lichtgeschwindigkeit in Wasser und fand, daß sie kleiner war als die Lichtgeschwindigkeit in Luft. Das genaue Verhältnis beider Geschwindigkeiten $\frac{v_1}{v_2} = 1{,}33$ ist 1883 von *Michelson* durch sorgfältige Messungen bestimmt worden. Dieser Quotient stimmt mit dem vom Wellenmodell vorausgesagten Wert überein, da der Brechungsindex des Wassers n = 1,33 ist (Kapitel 4).

Ein Punkt muß noch geklärt werden: Nicht alles Licht, das auf die Grenzfläche zweier Medien trifft, wird gebrochen. Ein Teil des Lichts wird reflektiert, wenn beide Medien durchlässig sind. Das gleiche gilt für Wellen. In Bild 7.14 ist die reflektierte Welle zwar sehr klein, aber man erkennt sie doch bei genauerer Betrachtung. Abschließend läßt sich sagen: Soweit es die Brechung betrifft, besitzen die Wellen genau die Eigenschaften, die wir auch zur Erklärung für das Verhalten des Lichts brauchen.

7.6. Dispersion

Der Abschnitt 7.5 befaßte sich mit der Brechung periodischer Wellen, die von einem Medium ins andere übergehen. Der Brechungsindex – so fanden wir – ist gleich dem Quotienten der Ausbreitungsgeschwindigkeit in beiden Medien: $n_{12} = \frac{v_1}{v_2}$. Die Frequenz der Wellen haben wir nicht bestimmt, weil – wie wir vorher sahen – nur die Ausbreitungsgeschwindigkeit abhängig von den Medien ist. Danach müßten wir denselben Brechungsindex erhalten, wenn die Versuche mit anderen Frequenzen in denselben Medien, also etwa in Wasser von gleicher Tiefe, wiederholt werden.

Die Ergebnisse zeigen die Bilder 7.16 und 7.17. Die Brechung von Wellen mit kleinerer Frequenz, also mit größeren Wellenlängen, ist in Bild 7.16 dargestellt. Die Richtung der gebrochenen Wellen zeigt der Stab an, der auf den Schirm der Wellenwanne gelegt ist. Der Stab verläuft im Bild genau parallel zu den Wellenfronten. Wir wiederholen nun den Versuch mit Wellen größerer Frequenz, wobei die Wellenlänge kleiner wird, lassen aber den Stab liegen. In Bild 7.17 sieht man, daß der Stab dabei nicht mehr parallel zu den gebrochenen Wellen ist. Wellen höherer Frequenz werden in eine Richtung gebrochen, die sich ein wenig von der Ausbreitungsrichtung der Wellen mit geringerer Frequenz unterscheidet, obwohl der Einfallswinkel in beiden Fällen der gleiche ist. Damit aber hängt der Brechungsindex der beiden Medien irgendwie von der Frequenz der Wellen ab. Diese Erscheinung nennt man in Anlehnung an das entsprechende Phänomen der Optik *Dispersion* (Abschnitt 4.10). Da der Brechungsindex nun gleich dem Quotienten der Geschwindigkeiten in den beiden Medien ist, muß folglich die Geschwindigkeit mindestens in einem Medium auch von der Frequenz abhängen. Auf andere Weise läßt sich die Abhängigkeit des Verhältnisses $\frac{v_1}{v_2}$ von der Frequenz nicht deuten. Ein Medium, in dem sich die Wellengeschwindigkeit mit der Frequenz ändert, heißt *dispergierendes* Medium.

Die Geschwindigkeit von periodischen Wellen mit unterschiedlichen Frequenzen kann man in der Wellenwanne

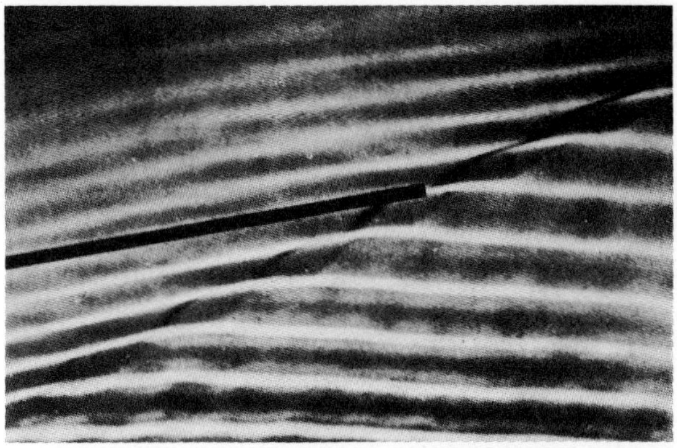

Bild 7.16. Brechung von Wellen mit geringer Frequenz. Der schwarze Schatten verläuft parallel zur gebrochenen Welle.

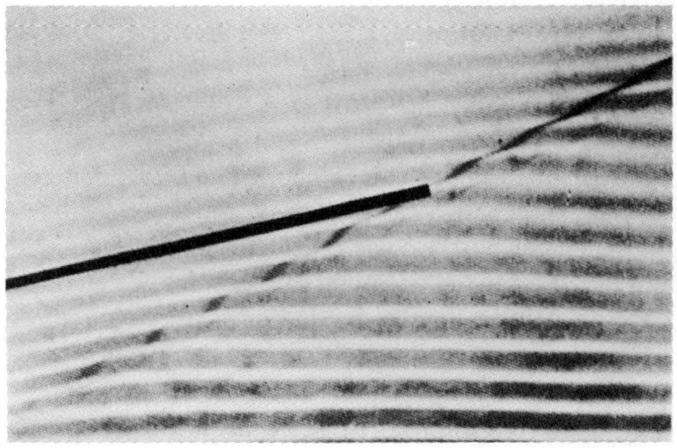

Bild 7.17. Brechung von Wellen hoher Frequenz. Die gebrochenen Wellen verlaufen nicht mehr parallel zur Markierung von Bild 7.16.

direkt messen (Abschnitt 7.4). Man erkennt unmittelbar, daß sich die Geschwindigkeit mit der Frequenz ändert, vorausgesetzt man mißt sorgfältig genug. Die oft gehörte Feststellung, daß die Wellengeschwindigkeit nur vom Medium abhängt, ist daher eine Idealisierung. Diese Idealisierung stellt sicherlich eine gute Näherung an die wirklichen Verhältnisse dar, falls es auf geringfügige Änderungen der Geschwindigkeit nicht ankommt (Abschnitt 6.5).

Eine ähnliche Idealisierung wurde in Kapitel 4 bei der Untersuchung der Lichtbrechung vorgenommen. Anfangs schien der Brechungsindex des Lichts nur von den beiden Medien abzuhängen, durch die sich das Licht bewegte; als Beispiel wählten wir damals den Übergang des Lichts von Luft in Glas. Zur näheren Untersuchung der Brechung zogen wir Prismen heran, und es zeigte sich dann, daß sich der Brechungsindex auch mit der Farbe ändert; er ist für violett ein wenig größer als für rot.

Die bisherigen Versuche mit Wellen zeigen: Der Brechungsindex hängt in geringem Maße von der Frequenz ab. Aber auch der Brechungsindex des Lichts hängt ein wenig von der Farbe des benutzten Lichts ab. Besteht vielleicht ein Zusammenhang zwischen der Abhängigkeit des Brechungsindex für Wellen von der Frequenz und der Abhängigkeit des Brechungsindex für Licht von der Farbe? Es liegt nahe anzunehmen, daß Licht eine periodische Wellenerscheinung ist und daß den Farben des Lichts Wellen verschiedener Frequenz entsprechen. Im Augenblick können wir zwar diese Vermutung nicht auf ihre Richtigkeit überprüfen, doch werden wir im nächsten Kapitel erfahren, wie man die Wellenlänge von Licht verschiedener Farbe messen kann. Wir können dann die zugehörigen Frequenzen bestimmen und werden tatsächlich feststellen, daß Lichtwellen verschiedener Frequenz unserem Auge als Licht verschiedener Farbe erscheinen[1]).

7.7. Beugung

Bei der Untersuchung von Brechung und Dispersion wurde deutlich, daß das Wellenbild vom Licht gerade dort erfolgreich ist, wo das Teilchenmodell versagt. Auf der anderen Seite kann das Teilchenmodell genau erklären, daß das Licht sich geradlinig ausbreitet und scharfe Schatten wirft. Die Frage ist, ob das Wellenmodell diese Eigenschaften ebenfalls zu erklären vermag. Wiederum kann uns bei der Untersuchung ein Versuch in der Wellenwanne weiterhelfen. Wir benutzen einen geraden Wellenerreger und zwei dazu parallele Hindernisse, die eine Öffnung bilden (Bild 7.18). Diese Hindernisse würden einen scharfen Schatten werfen, wenn Licht aus der Richtung des Wellenerregers auf die Öffnung fiele. Nun werden periodische Wellen mit der Wellenlänge λ auf das Hindernis geschickt (Bild 7.19). In der Mitte des Bildes unmittelbar hinter der Öffnung sind die Wellen fast gerade. An den Seiten jedoch sind sie gekrümmt. Man hat den Eindruck, als ob Kreiswellen von den Ecken der Öffnung ausgehen. Das bedeutet, daß sich nach dem Passieren der Öffnung nicht die ganze Welle in der ursprünglichen Richtung ausbreitet. Ein Teil verändert seine Richtung. Diese Erscheinung wird *Beugung* genannt. Wegen dieser Beugung der Wellen

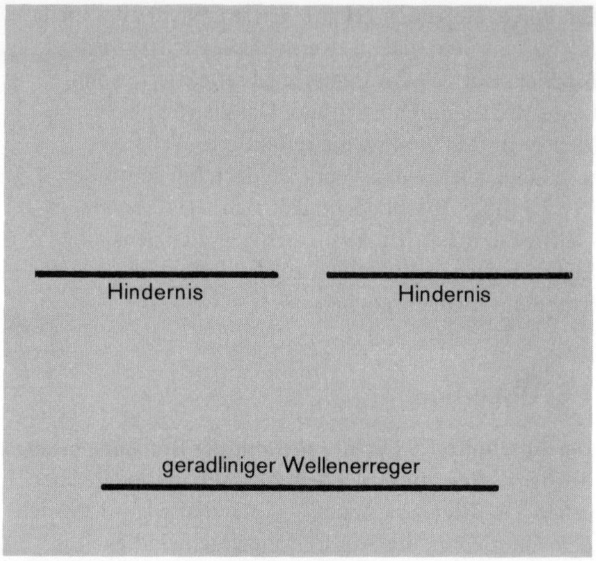

Bild 7.18. Die Anordnung in der Wellenwanne für den Versuch von Bild 7.19

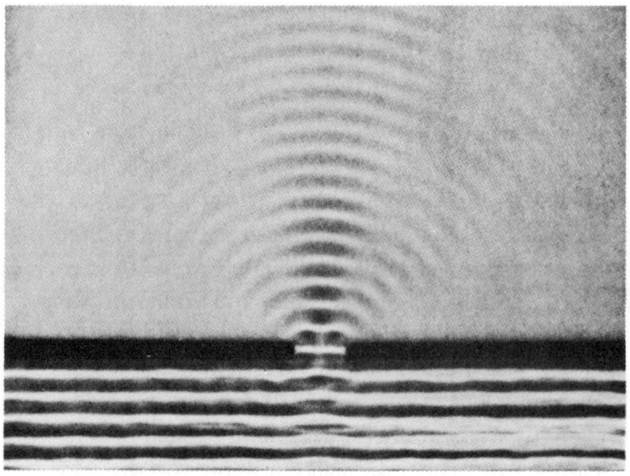

Bild 7.19. Gerade Wellen laufen durch eine enge Öffnung. Seitlich breiten sich die Wellen kreisförmig von den Ecken der Öffnung aus.

läßt sich nur schwer einsehen, wie das Wellenmodell die geradlinige Ausbreitung des Lichts erklären kann. Wenn Licht eine Wellenerscheinung ist, dann müßte ein Teil des Lichts beim Durchgang durch eine Öffnung gebeugt werden, anstatt sich geradlinig auszubreiten. In einem Wellenmodell des Lichts müßte zumindestens ein gradueller Unterschied zwischen Lichtwellen und Wasserwellen bestehen.

Worin könnte dieser Unterschied liegen? Die Wellenlänge λ der Wasserwellen ist bekannt. Die Wellenlänge des Lichts kennen wir noch nicht. Beide können sich

---

[1]) Vergleicht man die Brechung der Wellen in den Bildern 7.16 und 7.17 mit der Dispersion des Lichts in Glas (siehe Bild 4.23), so könnte man zu dem Schluß kommen, daß die Wellenlänge des violetten Lichts größer als die des roten Lichts ist. Das blaue Licht wird jedoch nicht in allen Medien stärker als das rote gebrochen. In einigen Stoffen ist es genau umgekehrt. Daher kann man vom Studium der Dispersion von Wellen nicht ohne weiteres auf die Beziehung zwischen Farbe und Wellenlänge des Lichts schließen.

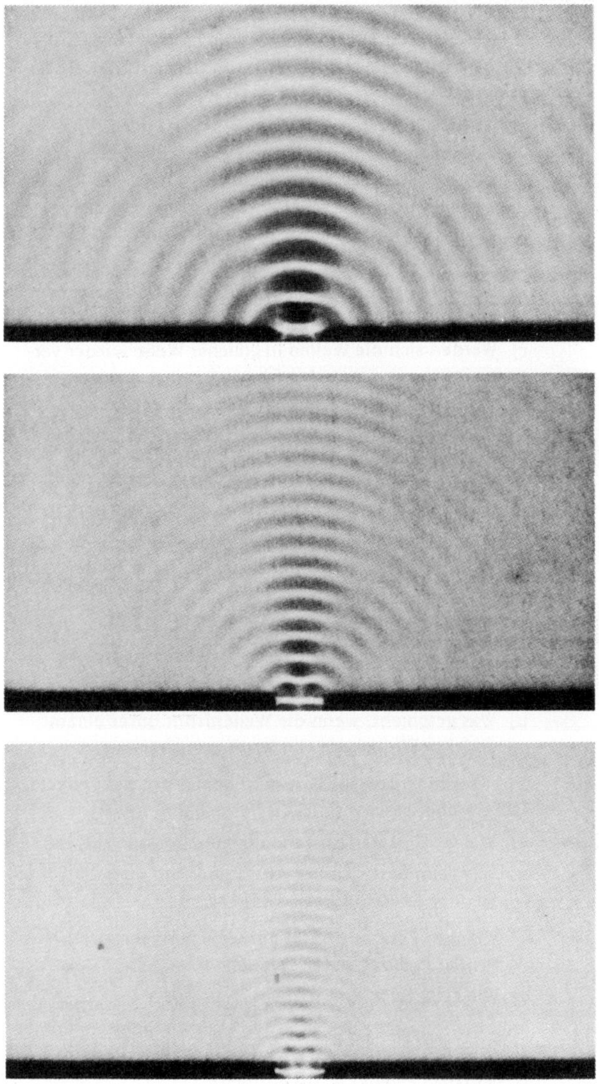

Bild 7.20. Drei Aufnahmen von Wellen, die dieselbe Öffnung in einem Hindernis passieren. Die Beugung ist bei kleinen Wellenlängen geringer.

sehr unterscheiden. Daher untersuchen wir nun die Beugung von Wasserwellen verschiedener Wellenlänge. In Bild 7.20 sind drei Aufnahmen mit Wellen verschiedener Wellenlänge wiedergegeben, die alle dieselbe Öffnung passieren. Man beobachtet eine bestimmte Tendenz. Im oberen Bild beträgt die Wellenlänge $\frac{7}{10}$ der Spaltbreite. Der Anteil der geraden Wellen, der durch die Öffnung geht, ist fast vollständig in eine kreisförmige Welle übergegangen. Mit anderen Worten: Sobald gerade Wellen auf die Öffnung treffen, wirkt diese als Quelle von Kreiswellen. Im mittleren Bild beträgt die Wellenlänge $\frac{5}{10}$ der Spaltbreite. In diesem Fall ist die durchgehende Welle nicht ganz so stark gebeugt wie im oberen Bild. In der Mitte sieht man einen Streifen von fast geraden Wellen, daneben aber auch noch Wellen, die durch Beugung entstanden sind. Auf dem unteren Bild beträgt die Wellenlänge $\frac{1}{10}$ der Spaltbreite. Hier verschwinden die gebeugten Wellen schon dicht neben der geraden Richtung; man beobachtet einen fast scharfen Schatten. Ließe man die Breite der Öffnung konstant, so würde eine weitere Verringerung der Wellenlänge die Schatten noch schärfer machen. Ebenso könnte man natürlich auch die Wellenlänge festhalten und die Spaltbreite ändern. Dabei würde sich zeigen, daß die Stärke der Beugung nicht von der Wellenlänge λ und von der Spaltbreite d allein abhängt, sondern nur durch den Quotienten $\frac{\lambda}{d}$ bestimmt wird. Ergebnis: *Wellen werden stark gebeugt, wenn sie auf eine Öffnung treffen, die vergleichbar mit der Wellenlänge ist.* Die Beugung ist kaum bemerkbar, wenn die Wellenlänge klein im Vergleich mit der Breite der Öffnung ist.

Jeder weiß, daß Licht, das durch ein Schlüsselloch fällt, nicht gebeugt wird. Es scheint sich weiter in der ursprünglichen Richtung auszubreiten. Wenn das Licht eine Wellenerscheinung ist, so muß seine Wellenlänge sehr viel kleiner als die Größe des Schlüssellochs sein. Aber um sicher zu sein, daß Licht eine periodische Wellenerscheinung ist, müßte durch ein Experiment die Beugung des Lichts nachgewiesen werden.

Wir betrachten eine Lichtquelle durch den engen Spalt zwischen zwei Fingern. Ist der Spalt einen halben Zentimeter breit, so sehen wir die Lichtquelle in normaler Gestalt. Verengen wir jedoch den Spalt auf etwa $\frac{1}{10}$ Millimeter, dann ist die Lichtquelle senkrecht zur Längsrichtung des Spaltes stark verbreitert. Man kann die Finger in beliebige Richtungen halten, stets erscheint die Lampe senkrecht zum Spalt in die Breite gezogen. Dies ist ein klarer Beweis für die Tatsache, daß das Licht an dem Spalt gebeugt wird.

Man kann noch mehr aus den Experimenten über das Licht erfahren, wenn man nochmals Bild 7.20 betrachtet. Das Studium des Bildes 7.20 legt nämlich die Vermutung nahe, daß alle Schatten – auch die von großen Objekten – ein wenig durch die Beugung verwischt sind. Auch im unteren Bild, für das das Verhältnis $\frac{\lambda}{d}$ etwa $\frac{1}{10}$ ist, sind die Wellenfronten an den Kanten etwas gebeugt. Beobachtet man diese Wellen in größerer Entfernung vom Spalt, so hat sich die Beugungserscheinung auf den ganzen Bereich ausgedehnt, der von der Welle erfaßt wird. Da wir nun bei unseren Experimenten mit den Fingern die Beugung des Lichts gerade eben erkennen können, wenn die Öffnung $\frac{1}{10}$ Millimeter breit ist, müssen wir daraus schließen, daß die Wellenlänge des Lichts bestimmt kleiner sein wird.

Das Ergebnis dieses Kapitels können wir kurz so zusammenfassen: *Licht kann beschrieben werden als Wellenerscheinung mit sehr kleiner Wellenlänge.*

Aufgaben

1.* Ein zehn Zentimeter langer Stab werde horizontal in die Wellenwanne nach Bild 7.2 gelegt. Wie lang ist sein Schatten?

2.* Wie groß ist in Bild 7.7 der Winkel β, wenn der Einfallswinkel $\alpha = 20°$ ist?

3.* In Bild 7.21 stellen die schwarzen Linien die Wellenberge dar, während die Pfeile die Ausbreitungsrichtung angeben.

a) Welches ist die einfallende, welches die reflektierte Wellenfront?

b) Wie groß ist der Einfallswinkel?

4. Eine gerade Wellenfront trifft unter einem Winkel von 30° auf ein Hindernis. In welcher Richtung breitet sich die Front nach der Reflexion aus? Man stelle den Vorgang in einer Zeichnung dar.

5. Wo liegt in Bild 7.9 das tatsächliche Erregerzentrum? Wo befindet sich die virtuelle Wellenquelle?

6. Wie bewegen sich unter idealen Verhältnissen die Wellen, wenn man einen Finger in die Mitte einer kreisrunden Wellenwanne taucht. Wie würde unter idealen Verhältnissen die Bewegung ablaufen?

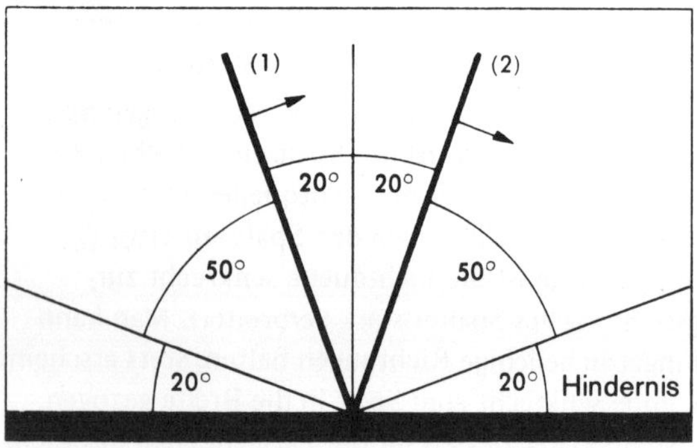

Bild 7.21. Zur Aufgabe 3

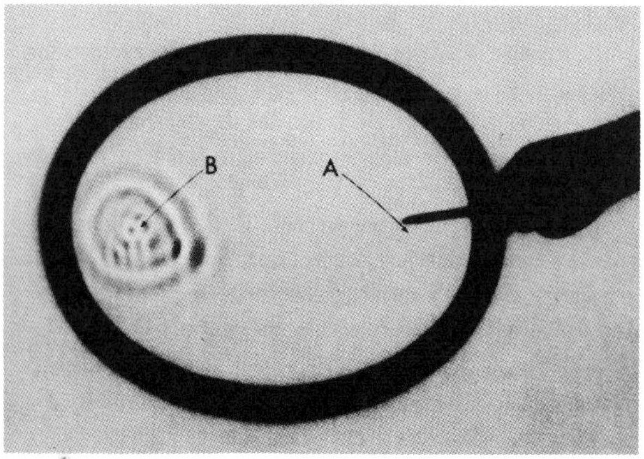

Bild 7.22. Reflexion an einem elliptischen Hindernis. Der Wellenzug wurde in A erzeugt; die Aufnahme zeigt, wie er sich in B zusammenzieht.

7. In einer Wellenwanne sei ein ellipsenförmiges Hindernis aufgestellt (Bild 7.22). Eine im Punkt A erzeugte kreisförmige Wellenbewegung wird so reflektiert, daß sie im Punkte B zusammenläuft.

a) Auf welche geometrische Eigenschaft der Ellipse kann man aus diesem Experiment schließen? (Zur Lösung: Man betrachte einen Ausschnitt der Kreiswellen, die in A erzeugt wird, und überlege sich, wie die Ellipse gestaltet sein muß, damit alle Teile zur selben Zeit den Punkt B erreichen.)

b) Wie verläuft der Versuch, wenn eine Welle in B erregt wird?

c) Werden sich die Wellen in gleicher Weise wieder vereinigen, wenn man den Finger an einer anderen Stelle, also nicht in A oder B, ins Wasser taucht?

8. Eine Kreiswelle, die im Brennpunkt einer Parabel erzeugt wird, wird als gerade Welle reflektiert. Was kann man daraus über die Geometrie der Parabel schließen? (Zur Lösung: Man betrachte einen Ausschnitt der Kreiswelle und überlege sich, wie die Parabel geformt sein muß, damit sich nach Reflexion eine gerade Wellenfront ergibt.)

9. Eine gerade Wellenfront erreicht in Bild 7.23 ein rechtwinkliges Hindernis unter einem Winkel von 45°.

a) Wie wird sie reflektiert?

b) Was geschieht, wenn die Wellenfront unter einem anderen Winkel das Hindernis erreicht?

10.* Ein Maschinengewehr feuert 10 Schuß pro Sekunde ab. Die Geschoßgeschwindigkeit betrage 850 ms^{-1}.

a) Wie groß ist der Abstand der Geschosse in der Luft?

b) Wie verändert sich der Abstand, wenn man die Schußfrequenz vergrößert?

11.* a) Welche Periode besitzt ein Wellenerreger, der 12 Wellen in 3 Sekunden erzeugt?

b) Wie groß ist seine Frequenz?

12.* Muß die Frequenz des Wellenerregers zu- oder abnehmen, wenn durch ihn in der Wellenwanne Wellen größerer Wellenlänge erzeugt werden sollen?

13. a) In einer Wellenwanne wird jede $\frac{1}{10}$ s eine Welle erzeugt; die Wellenlänge beträgt 3 cm. Wie groß ist dann die Ausbreitungsgeschwindigkeit?

b) In dem gleichen Medium entstehen zwei Wellenberge im zeitlichen Abstand von $\frac{1}{2}$ s. Wie groß ist ihr Abstand voneinander?

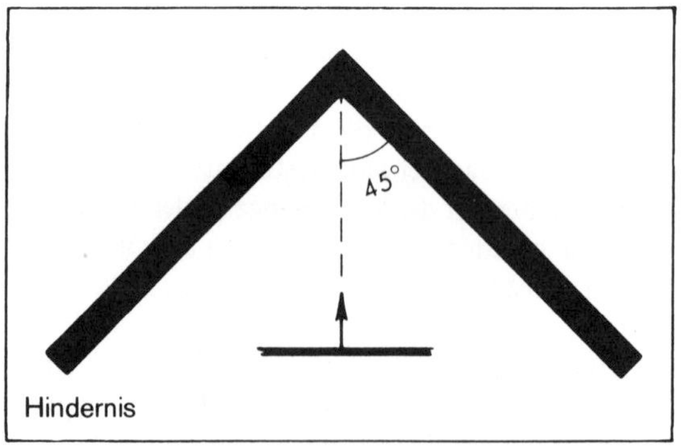

Bild 7.23. Eine gerade Wellenfront läuft auf ein rechtwinkliges Hindernis zu.

14. Eine periodische Welle von der Frequenz $\nu = 4 s^{-1}$ wird durch ein Stroboskop mit zwei Schlitzen beobachtet. Was sieht man voraussichtlich, wenn das Stroboskop mit einer Frequenz von 1, 2 oder 4 Umdrehungen pro Sekunde rotiert?

15. Eine punktförmige Quelle in der Wellenwanne erzeugt kreisförmige Wellen. Durch ein Stroboskop beobachtet man die scheinbar stillstehenden Wellen und mißt zwischen dem ersten und dem sechsten Wellenberg einen Abstand von 10 cm.
   a) Wie groß ist die Wellenlänge?
   b) Warum kann man die Wellenlänge nicht aus dem Radius etwa der fünften Kreiswelle allein berechnen?
   c) Warum benutzt man die angegebene Methode zur Wellenlängenbestimmung lieber, als daß man die Wellenlänge aus benachbarten Wellenbergen ausmißt?

16. Kreiswellen werden in der Wellenwanne durch Wassertropfen erzeugt, die in gleichmäßigen Zeitabständen auf das Wasser fallen. Die Wellenlänge beobachtet man zu 1,2 cm. Das Experiment wiederholt man nun, indem man den Wellenerreger mit konstanter Geschwindigkeit geradlinig von einem Ende der Wellenwanne zum anderen bewegt. Ein Beobachter an der Seite der Wanne, auf die sich die Quelle zubewegt, mißt die Wellenlänge und findet 0,8 cm als Wellenlänge.
   a) Wie groß ist das Verhältnis der Wellengeschwindigkeit zu der Geschwindigkeit des Wellenerregers?
   b) Welche Wellenlänge würde ein Beobachter am Ausgangspunkt des Erregers messen, wenn sich die Quelle ein Stück von ihm entfernt hat?

17.* Wo verläuft in Bild 7.13 die Grenze zwischen dem tiefen und dem flachen Wasser?

18.* Wie groß ist der Brechungsindex der Wellen, die in Bild 7.13 vom tiefen ins flache Wasser laufen?

19. Man bestimme den Brechungsindex in Bild 7.14 einmal auf die Weise, die in der vorigen Aufgabe angegeben ist, und einmal durch das Verhältnis der Sinuswerte der entsprechenden Winkel. Man vergleiche die Ergebnisse miteinander!

20.* Kann ein Stroboskop die Wellen zu gleicher Zeit stillstehend erscheinen lassen, wenn sich die Frequenz periodischer Wellen beim Übergang aus tiefem in flaches Wasser änderte?

21. In einer Wellenwanne läuft eine Welle von einer seichten Stelle in ein Gebiet mit tieferem Wasser unter dem Einfallswinkel von 45° und dem Brechungswinkel von 60°.
   a) Welches ist das Verhältnis der Geschwindigkeiten in beiden Teilen der Wellenwanne?
   b) Wie groß ist die Geschwindigkeit der Welle im flachen Teil, wenn sie im tiefen Wasser 25 cm s^{-1} zurücklegt?

22. a) Der Reifen eines Autos hat den äußeren Umfang von 2,10 Meter. Wie groß ist die Geschwindigkeit des Autos, wenn sich das Rad 200 mal pro Minute dreht?
   b) Eine Lichtwelle mit der Frequenz $\nu = 6{,}0 \cdot 10^{14} s^{-1}$ läuft durch eine Flüssigkeit. Innerhalb der Flüssigkeit mißt man die Wellenlänge zu $\lambda = 3{,}0 \cdot 10^{-7}$ m. Wie groß ist die Lichtgeschwindigkeit in der Flüssigkeit?
   c) Wie groß ist die Wellenlänge im Vakuum, die zur angegebenen Frequenz gehört?
   d) Wie groß ist der Brechungsindex dieser Flüssigkeit für Licht der angegebenen Frequenz?

Bild 7.24. Gerade Wellen werden gebeugt, wenn das Wasser zur einen Seite hin immer flacher wird.

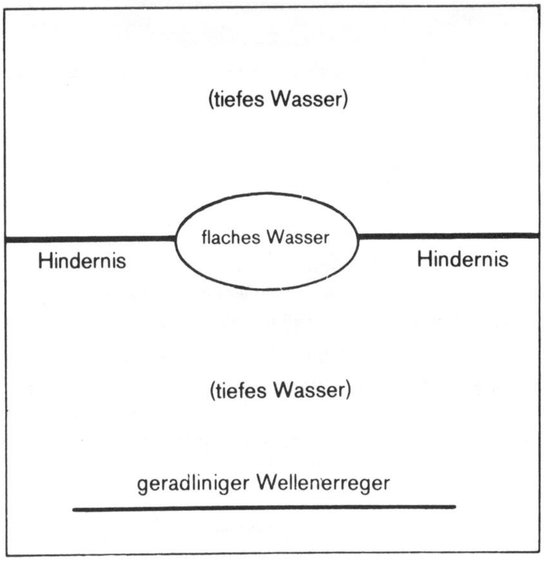

Bild 7.25. Die Anordnung in der Wellenwanne für den Versuch nach Bild 7.26. Im ovalen Gebiet zwischen dem Hindernis ist das Wasser flacher als in den übrigen Teilen der Wellenwanne.

23. Die Wellenwanne ist so aufgestellt, daß das Wasser gleichmäßig zu einer Seite hin flacher wird. Daher ist auch die Wellengeschwindigkeit an beiden Seiten der Wanne verschieden groß. Folglich sind die Wellenfronten gekrümmt (Bild 7.24). In den Abbildungen laufen die Wellen nach oben.
   a) Welches ist die flachere Seite der Wanne?
   b) Gibt es ein ähnliches Phänomen beim Licht?

24. Wasserwellen bewegen sich in tiefem Wasser mit der Geschwindigkeit von v_1 = 34 cm s^{-1}. Sie treffen unter dem Winkel α = 60° auf die Grenzlinie zu einem

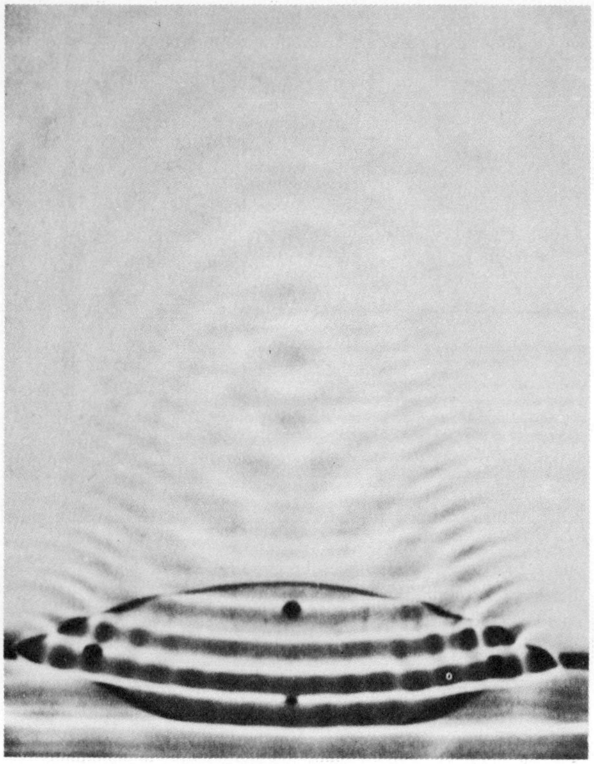

Bild 7.26. Wellenbild bei einem Versuch nach Bild 7.25

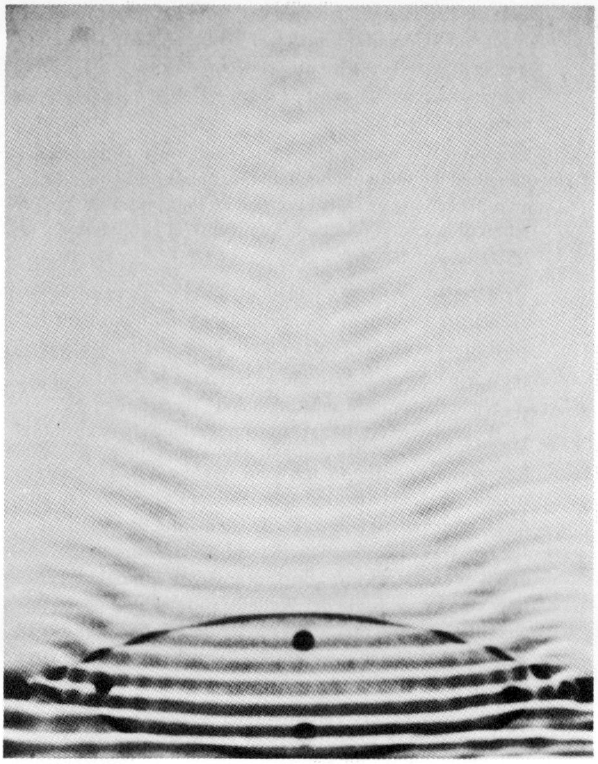

Bild 7.27. Wellenbild wie in Bild 7.26, nur mit Wellen kleinerer Wellenlänge

flacheren Teil. Im flachen Teil der Wanne bewegen sich alle Wellen mit der Geschwindigkeit $v_2 = 24$ cm s^{-1}. Erhöht man die Frequenz ein wenig, so bewegen sich die Wellen im tieferen Teil mit $v_1' = 32$ cm s^{-1}.

a) Man berechne für beide Fälle den Brechungswinkel.

b) Ist es einfacher, in der Wellenwanne zwei Geschwindigkeiten zu messen und damit ihren Unterschied direkt zu bestimmen oder diesen Unterschied indirekt zu bestimmen, indem man die Winkeldifferenz aus a) verwendet?

c) Wie kann man geringe Unterschiede in der Lichtgeschwindigkeit nachweisen?

25. Die Wellenwanne sei wie in Bild 7.25 hergerichtet. Wie periodische gerade Wellen verhalten, zeigt Bild 7.26.

a) Erklären Sie die Vorgänge.

b) Welcher optische Aufbau entspricht dem Versuch?

26. Bild 7.27 zeigt eine Aufnahme desselben Versuchs wie in Aufgabe 25, nur sind hier kürzere Wellenlängen benutzt.

a) Worin unterscheiden sich beide Aufnahmen?

b) Was kann man aus dem Unterschied schließen?

27. Das ovale Gebiet in Bild 7.25 sei jetzt tiefer als die flachere Umgebung.

a) Wie verlaufen nunmehr die Wellen?

b) Für welche optische Anordnung liefert das Experiment einen Modellversuch?

28. Woraus kann man schließen, daß die Wellenlänge des Lichts kleiner als ein Zentimeter ist?

29. Man stelle sich vor, daß die Augen nur Licht der Wellenlänge $\lambda = 0{,}1$ mm empfangen könnten? Wie würde diese Tatsache unser Sehvermögen beeinflussen? Könnte man einen Faden in eine Nadel einfädeln?

30. Es werde vorausgesetzt, daß Schall eine Wellenerscheinung ist. Wie kann man die Erfahrung erklären, daß man „um die Ecke hören" kann?

31. Schallwellen breiten sich in Luft normalerweise mit einer Geschwindigkeit von 330 ms^{-1} aus. Hörbare Töne haben einen Frequenzbereich von 30 bis 15 000 Schwingungen in der Sekunde. Welchen Bereich überdecken die Wellenlängen dieser Töne?

8. Interferenz

In Kapitel 7 wurde das Verhalten von Wellen untersucht. Es sollte geprüft werden, ob man mit ihnen die gewöhnlichen Eigenschaften des Lichts erklären kann. Wir wußten bereits, in welcher Weise Licht von einem Spiegel reflektiert wird, und fanden nun heraus, daß die Wellen nach eben demselben Gesetz zurückgeworfen werden. Wir hatten weiterhin untersucht, wie das Licht gebrochen wird, wenn es von einem Medium in ein anderes tritt. Dabei entdeckten wir, daß die Brechung der Wellen dem gleichen Gesetz wie die Brechung des Lichts genügt.

Im letzten Abschnitt des vorherigen Kapitels untersuchten wir die geradlinige Ausbreitung des Lichts und die Schattenbildung. Wir führten dazu einige Versuche in der Wellenwanne durch und entdeckten, daß die Wellen gebeugt werden, wenn sie durch eine Öffnung hindurchgehen. Die Stärke der Beugung nimmt zwar mit kleiner werdenden Wellenlängen ab, sie läßt sich aber nie ganz beseitigen. Daher änderten wir unsere Fragestellung und kehrten zur Untersuchung des Lichts zurück. Wir fanden, daß auch das Licht gebeugt wird, wenn es durch einen sehr engen Spalt hindurchgeht. Damit war in überzeugender Weise die Wellennatur des Lichts nachgewiesen. In diesem Kapitel soll in gleicher Weise vorgegangen werden: Es werden zunächst Eigenschaften der Wellen untersucht und im nächsten Kapitel die entsprechenden Versuche mit Licht ausgeführt.

8.1. Interferenz auf einem Federseil

Ein entscheidenes Ergebnis der Versuche des Kapitels 6 auf dem Federseil bestand darin, daß zwei aufeinanderzulaufende Wellenbewegungen sich gegenseitig auf einfache Weise durchsetzen. Die Auslenkung des Seils ergibt sich nach dem *Überlagerungsprinzip* durch einfache Addition der Auslenkungen der einzelnen Wellenberge. Bild 6.9 zeigt die aufeinanderfolgenden Auslenkungen des Seils, wenn ein Wellenberg und ein Wellental aufeinander zulaufen. Dabei bleibt der Punkt P in der Mitte zwischen den Wellen stets in Ruhe, weil sich bei der Addition die einzelnen Auslenkungen an dieser Stelle in jedem Augenblick gerade gegenseitig aufheben. Daß sich zwei entgegengesetzte Wellenbewegungen gerade so verhalten, ist bei einzelnen Wellenbergen ziemlich schwer zu erkennen, weil man diesen Punkt im Moment des Zusammentreffens genau beobachten muß. Benutzt man dagegen periodische Wellen, so kann man die Auslöschung an dieser Stelle leichter erkennen.

Wandert eine periodische Welle auf einem Federseil, das an dem einen Ende befestigt ist, auf das Seilende zu, so wird jeder Wellenberg als Wellental reflektiert. Wie wir wissen, überlagert sich die reflektierte Welle der ankommenden, sobald sich die Wellen begegnen.

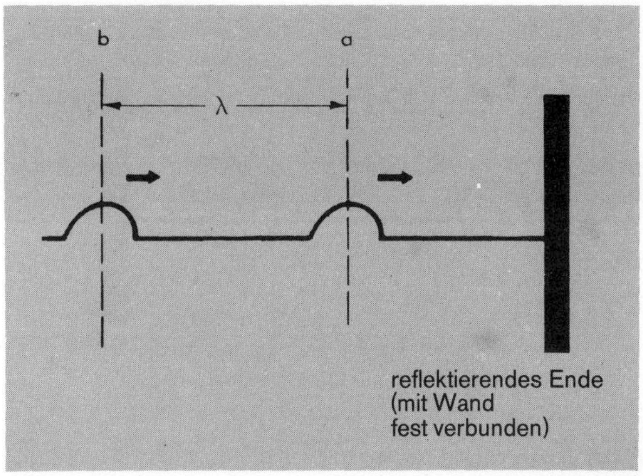

Bild 8.1. Zwei Wellenberge bewegen sich gegen das reflektierende Ende eines Schraubenfederseils.

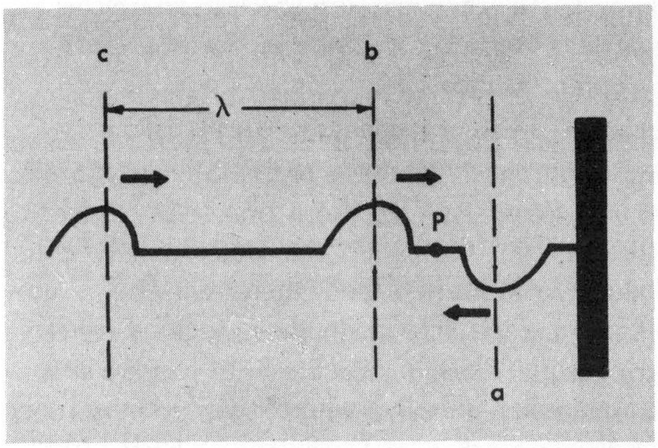

Bild 8.2. Der erste Wellenberg auf dem Federseil ist reflektiert worden. Der reflektierte Wellenberg a ist dabei in ein Wellental verkehrt und bewegt sich nun in umgekehrter Richtung gegen den anlaufenden Wellenberg b. Ein dritter Wellenberg c nähert sich im Abstand einer Wellenlänge hinter b.

Betrachten wir zuerst nur zwei Wellenberge a und b, die sich im Abstand einer Wellenlänge dem Seilende nähern (Bild 8.1). Nach einiger Zeit wird die erste Welle reflektiert sein und auf die zweite Welle treffen. Dabei wird sich im Punkt P mitten zwischen den beiden Wellen vollständige Auslöschung ergeben (Bild 8.2). Bild 8.3 zeigt, wie sich die beiden Wellen gerade überlagern. Da sie ursprünglich den Abstand λ voneinander hatten, muß dieser Punkt vom Seilende den Abstand $\frac{\lambda}{2}$ besitzen. Der nächste Wellenberg c erreicht den Punkt P später und wird sich dort mit dem Wellenberg b überlagern, so daß sie sich in P auf gleiche Weise auslöschen. Da die Wellenbewegung sich periodisch wiederholt, wird sich im Punkt P ständig das gleiche ereignen. Obwohl die Bewegung des Federseils insgesamt sicherlich recht kompliziert ist, bleibt der Punkt P immer in Ruhe. Solch einen Punkt bezeichnet man als *Knotenpunkt* oder *Knoten.* Weitere

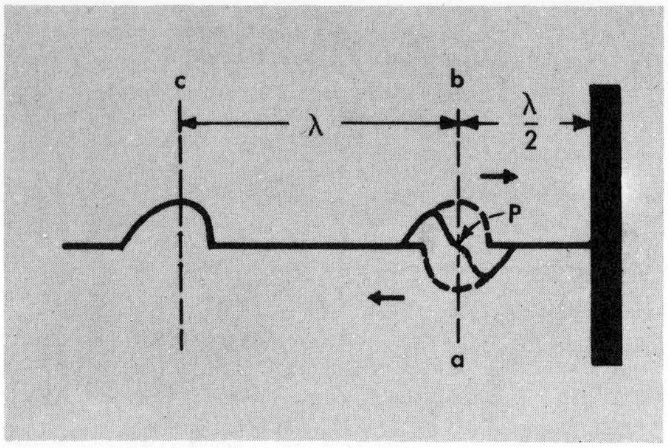

Bild 8.3. Die beiden Wellenberge a und b der Bilder 8.1 und 8.2 begegnen sich im Punkte P.

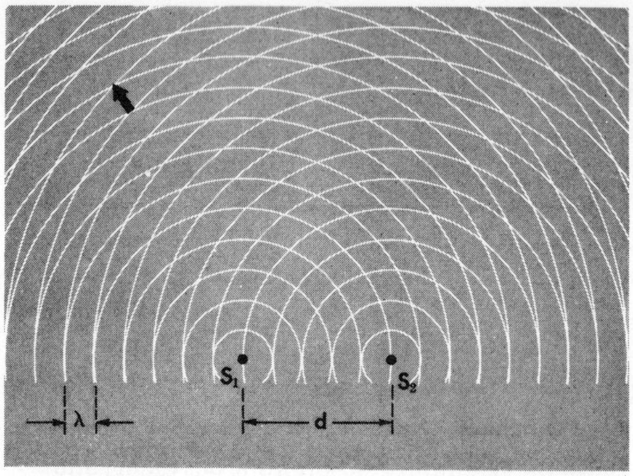

Bild 8.4. Die Kreise stellen die Wellenberge dar, die von den beiden Erregerzentren S_1 und S_2 stammen. Die Erreger besitzen den Abstand d. Sie schwingen periodisch und phasengleich. Der schwarze Pfeil deutet auf eine Stelle, die in Bild 8.7 näher untersucht wird.

Knoten treten in Abständen von $\frac{\lambda}{2}$ auf. Man überzeugt sich davon leicht, wenn man sich überlegt, an welcher Stelle sich die folgenden Wellenberge – wie beispielsweise a und c – auslöschen.

Es leuchtet ein, daß man ebenso Knoten erhält, wenn man auf einem langen Seil geeignete periodische Wellen aufeinander zulaufen läßt. Daß wir für unsere Versuche ein Seil mit einem festen Ende benutzt haben, geschah lediglich aus Gründen der Bequemlichkeit.

Die oben beschriebene Erscheinung, nämlich die Überlagerung von zwei periodischen Wellen, um eine Reihe von Knotenpunkten zu erzeugen, heißt *Interferenz.* Bevor wir die entsprechenden Erscheinungen beim Licht aufzufinden suchen, soll systematisch die Interferenz von Wasserwellen in der Wellenwanne untersucht werden. Danach erst werden wir uns für die Interferenz des Lichts interessieren.

8.2. Interferenz zweier Kreiswellensysteme

Zum Studium der Interferenz in der Wellenwanne benutzt man zwei *punktförmige Wellenerreger,* die kreisförmige Wellen erzeugen. Diese beiden punktförmigen Erreger mögen den Abstand d voneinander besitzen und sich mit derselben Frequenz auf und ab bewegen. Außerdem sollen sie zur selben Zeit ins Wasser eintauchen, so daß jeder Erreger zur gleichen Zeit einen Wellenberg erzeugt. Die Erreger schwingen dann *in Phase.* Die erzeugten Wellen kann man in einer Zeichnung ganz einfach durch zwei Scharen von konzentrischen Kreisen darstellen, deren Mittelpunkte den Abstand d besitzen (Bild 8.4). Die Kreise stellen die Wellenberge dar, die sich von den beiden Erregerzentren ausbreiten. Da sich die Erreger periodisch auf und ab bewegen, besitzen die Wellenberge auch stets den gleichen Abstand voneinander, nämlich den einer Wellenlänge.

Der Abstand der Kreise ist in beiden Kreisscharen gleich, da die Wellenlängen beider Wellensysteme ebenfalls übereinstimmen. Weiter sind die Radien entsprechender Kreiswellen in beiden Systemen gleich groß, denn die Erreger schwingen in Phase.

Was geschieht nun, wenn sich die Wellen überlagern? Wir wollen versuchen, das Ergebnis nach dem Überlagerungsprinzip vorauszusagen. Wo zwei Wellenberge aufeinander treffen, wird sich ein „doppelter Wellenberg" ergeben. Solche „doppelten Wellenberge" erzeugen auf dem Schirm unter der Wellenwanne helle Stellen. In Bild 8.5a sind diese Stellen weiß hervorgehoben. Wo ein Wellenberg des einen Erregers auf ein Wellental des anderen Erregers trifft, wird das Wasser praktisch ungestört bleiben. Auf dem Schirm sieht diese Stelle gleichmäßig grau aus. In Bild 8.5a haben wir diese Bereiche weiß punktiert, um sie in leichtem Grau erscheinen zu lassen. Endlich werden sich auf dem Schirm dort, wo zwei Wellentäler aufeinandertreffen, dunkle Stellen ergeben. Diese Stellen sind in Bild 8.5a grau gelassen. Läßt man die Konstruktionslinien fort, so daß allein das Muster, das wir als Ergebnis der Überlagerung erwarten, zurückbleibt, erhält man Bild 8.5b. Die Überlagerung der Wellen von Bild 8.4 wird also auf dem Schirm eine Figur ähnlich wie in Bild 8.5b ergeben. Eine Aufnahme der Kreiswellen, die von zwei Erregerzentren ausgesandt werden, bestätigt diese Voraussage (Bild 8.6).

Damit wurde eine Interferenzfigur konstruiert, die sich bei der Überlagerung zweier Kreiswellensysteme ergibt. Es zeigte sich: Für einen Zeitpunkt stimmt die Beobachtung mit der Vorhersage überein. Nun soll untersucht werden, wie sich die Wellen in dieser Figur bewegen.

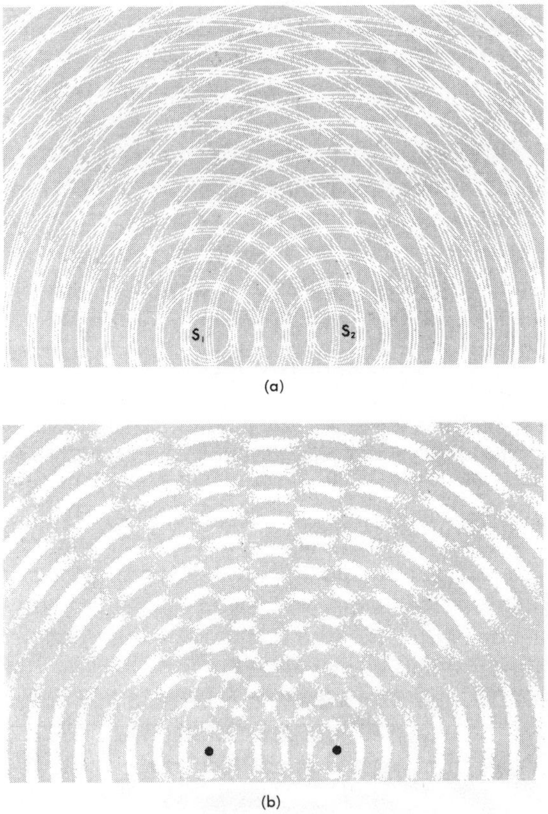

Bild 8.5. Die Interferenzfigur läßt sich vorhersagen, indem man das Überlagerungsprinzip auf die Wellen der beiden Erregerzentren von Bild 8.4 anwendet. Die hellen Stellen geben die Treffpunkte der Wellenberge an; an den gepunkteten Stellen treffen Wellenberge und Wellentäler aufeinander, dort bleibt das Wasser in Ruhe; an den dunklen Stellen treffen sich die Wellentäler.

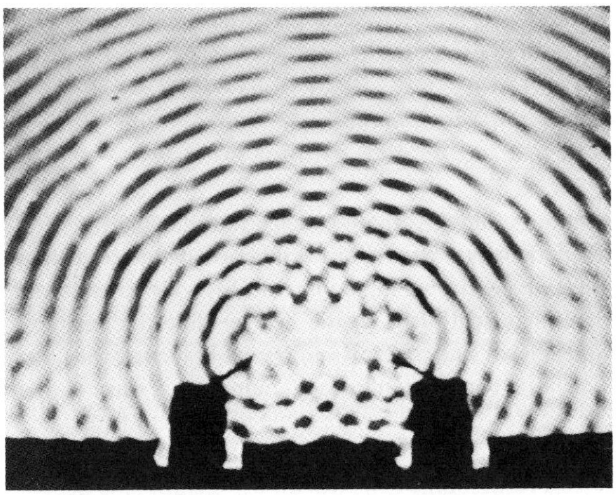

Bild 8.6. Aufnahme einer Interferenzfigur, die von zwei in Phase schwingenden Erregerzentren erzeugt wird. Man sieht, wie die Knotenlinien strahlenförmig nach außen verlaufen.

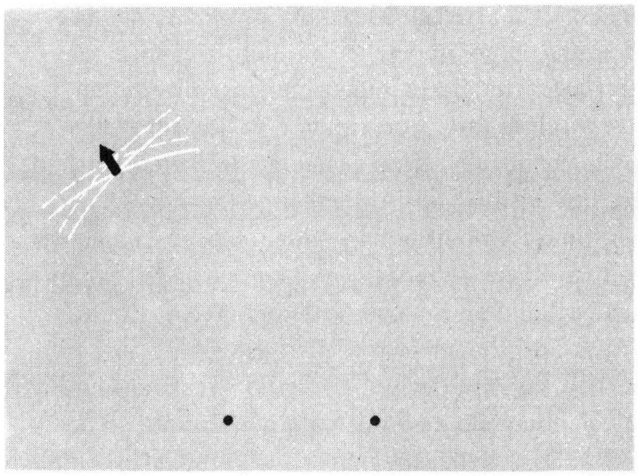

Bild 8.7. An den ausgezogenen weißen Linien liest man ab, daß sich die Wellenberge am Angriffspunkt des schwarzen Pfeiles in Bild 8.4 verstärken. Die gestrichelten Linien zeigen die Lage der Wellenberge einen Augenblick später an. Die beiden schwarzen Punkte stellen die Erregerzentren dar.

Zuerst betrachten wir einen „doppelten Wellenberg". In Bild 8.7 sind die beiden Wellenfronten dargestellt, die bei Überlagerung den doppelten Wellenberg am Angriffspunkt des Pfeils in Bild 8.4 bilden. Die gestrichelten Kreisbögen stellen die Wellenfronten einige Zeit später dar. Jede Wellenfront hat sich von ihrem Erregerzentrum fortbewegt; dabei ist der Kreuzungspunkt in Richtung des Pfeils vorangekommen. Läßt man die Zeit T, eine Periode, verstreichen, so haben sich die Wellen von jedem Erregerzentrum um eine ganze Wellenlänge λ entfernt, und der doppelte Wellenberg hat die Spitze des Pfeils in Bild 8.4 erreicht. Die doppelten Wellenberge und die doppelten Wellentäler breiten sich überall in der Wellenwanne in der gleichen Weise aus. Folglich bewegt sich jede Reihe von doppelten Wellenbergen und doppelten Wellentälern aus dem Gebiet der Erregerzentren heraus, während in der Umgebung der Erreger neue Überlagerungen von Wellenbergen mit Bergen und Wellentälern mit Tälern entstehen. Jede Reihe ist ein Zug hintereinander herlaufender Wellen.

Was geht nun in den grau gezeichneten Gebieten vor sich, die sich zwischen den Wellenzügen bilden? Hier treffen Wellenberge in jedem Augenblick auf Wellentäler, so daß sich die Wasseroberfläche nicht bewegt. Um das einzusehen, wollen wir in einem bestimmten Augenblick die Linie zwischen den Wellenzügen betrachten. Wir greifen uns in Bild 8.5a eine der grau gepunkteten Stellen heraus. Dort möge sich gerade ein Wellenberg befinden, der von dem Erregerzentrum S_1 ausgegangen ist. Weil er hier mit einem Wellental des Erregers S_2 zusammentrifft, bleibt die Wasseroberfläche in Ruhe. Sie wird in der Umgebung dieser Stelle praktisch also nicht bewegt. Nun wollen wir uns in Gedanken innerhalb dieses Gebietes von den beiden Erregerzentren weg bewegen. Dabei steigen wir vom Wellenberg, der von S_1 stammt, herab, und gehen aus dem Wellental, das S_2 hervorgerufen hatte, hinaus. Solange die Wellen symmetrisch in ihrer Form sind, d.h. daß ein Wellenberg wie ein auf den Kopf gestellten Wellental aussieht, ergibt die Addition der Auslenkungen beider Wellen immer die Gesamtauslenkung Null. Dabei gelangen wir schließlich in ein Tal von S_1 und an der selben Stelle auf einen Berg von S_2. Die Auslenkungen nach unten und nach oben heben sich wieder gegenseitig auf. Wir sehen also, daß auf der Linie, die die Kreuzungspunkte von Wellenbergen und Wellentälern verbindet, in der Tat die Wasseroberfläche immer vollkommen still bleibt. In Bild 8.6 – oder noch besser bei einem tatsächlichen Versuch mit der Wellenwanne – sieht man, wie die Linien, auf denen das Wasser nicht bewegt wird, aus der Umgebung der Erregerzentren austreten und wie sie die Züge der Wellenbewegung, in denen sich die Wellentäler und Wellenberge gegenseitig verstärken, voneinander trennt. In Analogie zu den Knotenpunkten auf dem Federseil nennt man diese Linien gegenseitiger Auslöschung *Knotenlinien* oder *Interferenzlinien.* In Bild 8.8 sind sie als dicke schwarze Linien eingezeichnet.

Diese Interferenzfigur ändert sich bei anderer Wellenlänge oder bei einem anderen Abstand der Erregerzentren nur in Einzelheiten; der allgemeine Aufbau der Interferenzfigur bleibt. In Bild 8.9 ist eine Interferenzfigur mit einer größeren Wellenlänge zu sehen. Wiederum erkennt man die Knotenlinien und sieht, wie sich zwischen ihnen die Wellen bewegen. Die Wellen erscheinen etwas verwaschen, weil der Film mit $\frac{1}{50}$ s belichtet wurde und weil sich die Wellen in dieser Zeit um einen merkbaren Bruchteil ihrer Wellenlänge vorwärtsbewegt haben.

Wir betrachteten bei unseren Untersuchungen nur Wasserwellen, ohne aber irgendeine besondere Eigenschaft der Wasserwellen zu den Schlüssen benutzt zu haben. Herangezogen wurde nur das Überlagerungsprinzip, das für alle Wellen gilt. Damit sind die gefundenen Ergebnisse für alle Arten von Wellen gültig.

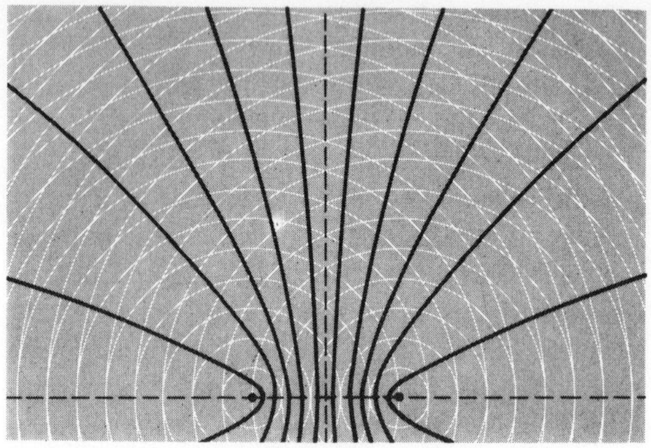

Bild 8.8. Die Knotenlinien von zwei Erregern. Zwischen den Knotenlinien bewegen sich doppelte Wellenberge und doppelte Wellentäler.

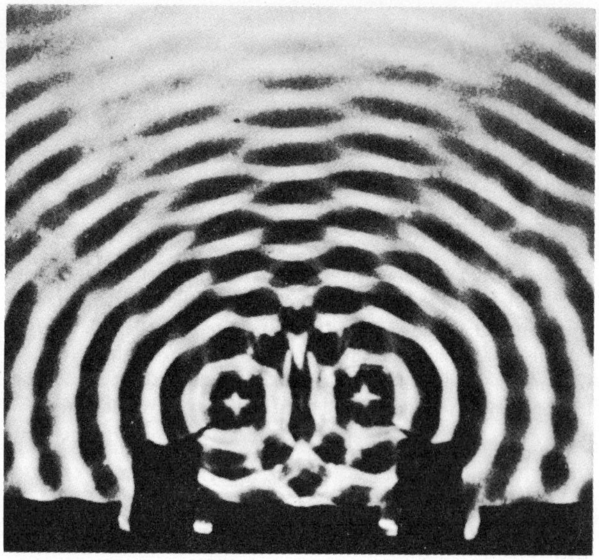

Bild 8.9. Eine Interferenzfigur, wie in Bild 8.6 von den Wellensystemen zweier Zentren erzeugt, jedoch mit größerer Wellenlänge

8.3. Verlauf der Knotenlinien

Untersucht man die Bilder 8.8 und 8.9, so bemerkt man, daß die Knotenlinien in der Umgebung der Erregerzentren gekrümmt sind, während sie mit wachsender Entfernung von den Erregern fast zu Geraden werden. Weiter fällt auf, daß die Anzahl der Knotenlinien mit größer werdender Wellenlänge abnimmt.

Um die weitere Diskussion zu vereinfachen, wollen wir die einzelnen Knotenlinien numerieren, so daß wir uns bequem darauf beziehen können. Dazu sehen wir uns nochmals Bild 8.8 an und stellen fest, daß die Interferenzfigur symmetrisch ist. Links von der gestrichelten Mittellinie sieht die Figur genauso aus wie rechts davon. Dies überrascht nicht, da die Zentren links und rechts völlig gleich sind. Aus diesem Grund brauchen wir nur die Hälfte der Knotenlinien zu numerieren, etwa die der rechten Seite. Die erste Linie neben der Mittellinie nennen wir die erste Knotenlinie. Die nächste heißt die zweite Knotenlinie usw. Wollen wir uns auf eine der Knotenlinien beziehen und möchten dabei nicht eine bestimmte angeben, so sprechen wir von der n. Knotenlinie, wobei n eine ganze Zahl darstellt (n = 1, 2, 3, . . .).

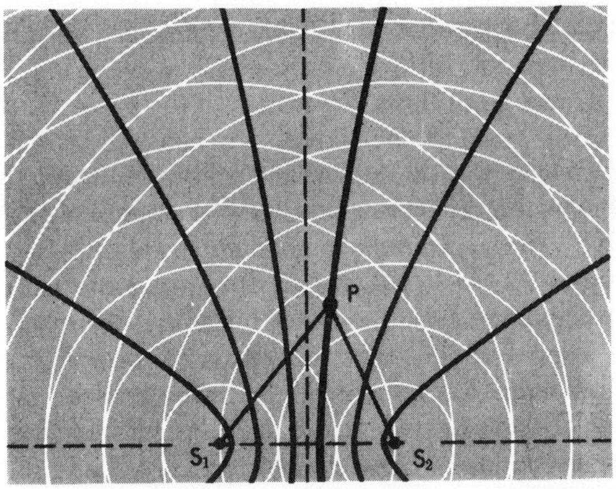

Bild 8.10. Die erste Knotenlinie. Für jeden Punkt dieser Linie beträgt die Differenz der Weglängen von den beiden Zentren S_1 und S_2 gerade eine halbe Wellenlänge.

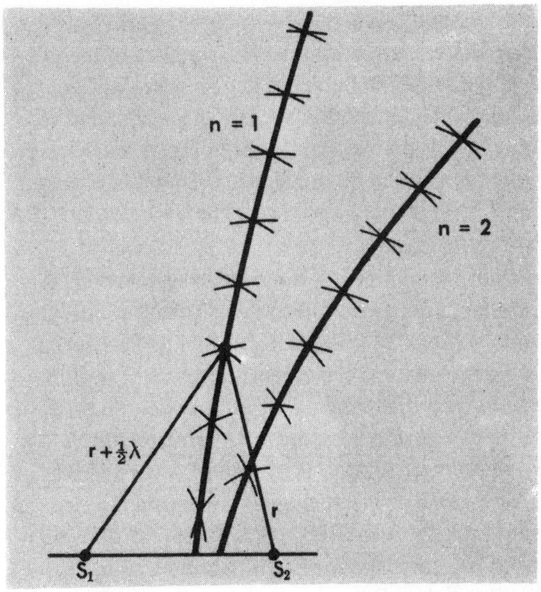

Bild 8.11. Konstruktion der Knotenlinien. Dazu sind Kreisbögen mit den Radien r und $r + (n - \frac{1}{2})\,\lambda$ um die beiden Zentren geschlagen. Die Knotenlinie geht durch ihre Schnittpunkte. Dargestellt sind die erste und zweite Knotenlinie: n = 1 und n = 2.

Wir greifen nun den Punkt P auf der 1. Knotenlinie heraus und verbinden ihn durch die Strecken $\overline{PS_1}$ und $\overline{PS_2}$ mit den beiden Zentren (Bild 8.10). Man nennt diese Strecken die Weglängen von P nach S_1 bzw. von P nach S_2. Zählen wir in der Zeichnung die Wellenberge, so stellen wir für den betrachteten Punkt leicht fest, daß $\overline{PS_1} = 3\,\lambda$ und $\overline{PS_2} = 2\frac{1}{2}\,\lambda$ ist. Die Differenz der Weglängen ist

$$\overline{PS_1} - \overline{PS_2} = \frac{1}{2}\lambda.$$

Hätten wir einen anderen Punkt auf der 1. Knotenlinie betrachtet, so wäre als Differenz der Weglängen wiederum $\frac{1}{2}\,\lambda$ gemessen worden. Man kann also sagen, daß die 1. Knotenlinie sich aus denjenigen Punkten zusammensetzt, für die die Differenz der Weglängen $\frac{1}{2}\,\lambda$ ist. Dort treffen immer ein Wellenberg und ein Wellental zu gleicher Zeit zusammen.

Die zweite Knotenlinie kann ähnlich charakterisiert werden. Ist P ein Punkt dieser zweiten Knotenlinie, so ist die Differenz der Weglängen gerade

$$\overline{PS_1} - \overline{PS_2} = \frac{3}{2}\lambda,$$

wie man ebenfalls in Bild 8.10 erkennen kann. Setzt man dieses Verfahren fort, so kommt man zu einer Beziehung, durch die die n. Knotenlinie beschrieben wird:

$$\overline{PS_1} - \overline{PS_2} = \left(n - \frac{1}{2}\right)\lambda.$$

Mit Hilfe dieser Beziehung können wir die Knotenlinien konstruieren, indem wir die Schnittpunkte der Kreise mit dem Radius r um S_2 mit den Kreisen mit dem Radius $r + (n - \frac{1}{2})\,\lambda$ um S_1 verbinden, wobei r für jeden Punkt der Knotenlinie einen unterschiedlichen Wert besitzt, während n für eine bestimmte Knotenlinie konstant gehalten wird (Bild 8.11).

8.4. Bestimmung der Wellenlänge

In der Wellenwanne kann man die Weglängen zu jedem Punkt einer Knotenlinie ausmessen und über die Beziehung

$$\overline{PS_1} - \overline{PS_2} = \left(n - \frac{1}{2}\right)\lambda$$

die Wellenlänge bestimmen. Bei dieser Messung braucht man die Bewegung nicht anzuhalten. Während der Zeit der Messung verändern die Knotenlinien ihre Lage nicht.

Oft ist es bequemer oder sogar notwendig, die Messungen an einem Punkt P vorzunehmen, der von den beiden Erregerzentren S_1 und S_2 verhältnismäßig weit entfernt ist. Mißt man dann aber die beiden großen Weglängen

$\overline{PS_1}$ und $\overline{PS_2}$ und bildet aus ihnen die im Verhältnis dazu kleine Differenz, so wird die Messung kaum mehr genau genug sein. Die Fehler in der Messung wirken sich bei der Differenzenbildung sehr stark aus, und vielleicht bleibt nur der Meßfehler übrig. Daher suchen wir nach einer genaueren Methode, die Differenz der Weglängen oder – wie man auch sagt – den *Gangunterschied* zu bestimmen.

Ist der Punkt P weit genug von den Erregerzentren entfernt, so hängt der Unterschied der Weglängen oder der Gangunterschied $\overline{PS_1} - \overline{PS_2}$ von dem Winkel zwischen $\overline{PS_1}$ und dem Abstand der Erregerzentren ab. In Bild 8.12a sieht man die beiden Zentren und den Punkt P, der im Vergleich zum Abstand d der Erreger von S_1 und S_2 weit entfernt ist. Der Abstand $\overline{PA}$ wird gleich $\overline{PS_2}$ gewählt, so daß die beiden Winkel α und β gleich groß sind und daß weiter $\overline{PS_1} - \overline{PS_2} = \overline{AS_1}$ ist. Je weiter P entfernt ist, umso mehr nähern sich die Linien $\overline{PS_1}$ und $\overline{PS_2}$ Parallelen. Betrachten wir nur Punkte P, die einen genügend großen Abstand von den Zentren besitzen, so kann man die Linien $\overline{PS_1}$ und $\overline{PS_2}$ praktisch als parallel ansehen. Dieser Fall ist in Bild 8.12b gezeichnet. Weil dann α und β rechte Winkel sind, ist das Dreieck AS_1S_2 ein rechtwinkliges Dreieck. Daher gilt

$$\frac{\overline{AS_1}}{d} = \sin\varphi .$$

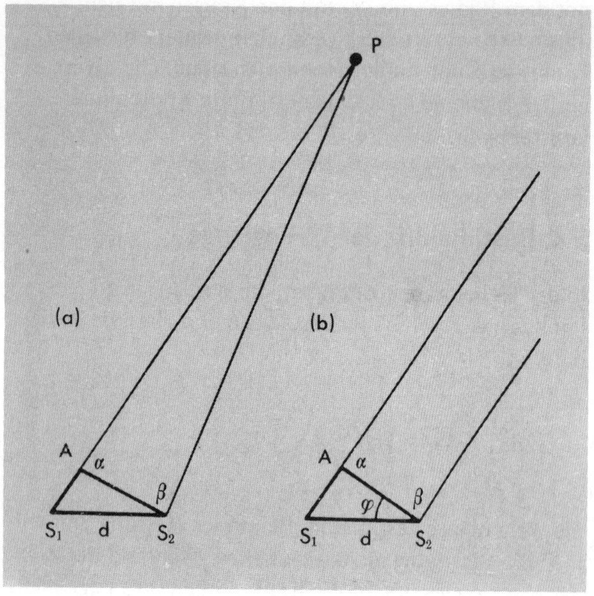

Bild 8.12.
a) Der Gangunterschied $\overline{AS_1}$ läßt sich durch den Abstand d der Erregerzentren und einen Winkel ausdrücken
b) Ist der Punkt P weit von den Erregerzentren entfernt, so gilt $\overline{AS_1} = d \sin\varphi$

$\overline{AS_1}$ ist der Gangunterschied, so daß man für ihn erhält

$$\overline{PS_1} - \overline{PS_2} = d \sin\varphi .$$

Diese Gleichung drückt den Gangunterschied durch den Abstand der Erregerzentren und durch einen Winkel aus. Der Winkel φ gibt an, in welcher Richtung von den Erregerzentren aus der Punkt P zu suchen ist. Ist beispielsweise $\varphi = 90°$, so liegt P nach rechts auf der Geraden, die beide Zentren miteinander verbindet. Ist $\varphi = 0°$, so liegt P in Bild 8.12b in der Richtung senkrecht nach oben.

Wenn nun P auf der n. Knotenlinie liegt, so gilt

$$\overline{PS_1} - \overline{PS_2} = \left(n - \frac{1}{2}\right)\lambda .$$

Infolgedessen kann man schreiben

$$\left(n - \frac{1}{2}\right)\lambda = d \sin\varphi_n$$

oder

$$\sin\varphi_n = \frac{(n - \frac{1}{2})\lambda}{d} ,$$

solange P weit genug von S_1 und S_2 entfernt ist. Nebenbei liest man aus dieser Beziehung ab, daß unter den genannten Bedingungen die Knotenlinie ihre Richtung kaum ändert. Sie ist durch den Winkel φ_n bestimmt. In großer Entfernung von den Erregerzentren müssen daher die Knotenlinien gerade verlaufen, wie wir auch schon am Schluß des letzten Abschnitts festgestellt hatten. Verlängert man die geraden Teile der Knotenlinien nach rückwärts, so gehen sie durch den Mittelpunkt der Verbindung zwischen den beiden Wellenzentren.

Im letzten Abschnitt bemerkten wir, daß die Anzahl der Knotenlinien wächst, wenn die Wellenlänge abnimmt. Wir beziehen diese Beobachtung auf unsere Gleichung über die Richtung der Knotenlinien. Da $\sin\varphi_n$ nicht größer als 1 sein kann, so kann auch der Ausdruck $(n - \frac{1}{2})\lambda/d$ nicht größer als 1 werden. Der größte Wert von n, der dieser Bedingung genügt, gibt die Anzahl der Knotenlinien auf jeder Seite der Symmetrieachse an. Diese Zahl hängt ausschließlich von λ/d ab und wächst, wenn λ kleiner wird. Damit könnte man näherungsweise die Wellenlänge bestimmen, indem man die Anzahl der Knotenlinien bestimmt.

Um aber die Wellenlänge λ genau anzugeben, mißt man den Winkel φ_n, der durch die Richtung der n. Knotenlinie gegeben ist, und berechnet dann λ aus der Beziehung $\sin\varphi_n = (n - \frac{1}{2})\lambda/d$. In der Wellenwanne kann man

φ_n bequem bestimmen. Das ist aber nicht bei allen Wellen so. Daher soll noch ein anderer Weg gezeigt werden, wie man sin φ_n bestimmen kann, ohne den Winkel φ_n selbst zu messen. In Bild 8.13 sei der Punkt P von den Wellenzentren weit genug entfernt, so daß die Linien $\overline{CP}$ und $\overline{S_1P}$ praktisch parallel zueinander verlaufen und beide senkrecht auf $\overline{AS_2}$ stehen. Da die Symmetrieachse senkrecht auf d steht, gilt $\varphi_n = \varphi'_n$. Weiter ergibt sich aus dem Bild $\sin \varphi'_n = x_n/l$, wobei l der Abstand $\overline{PC}$ ist und x_n den Abstand des Punktes P von der Symmetrieachse darstellt. Dann gilt

$$\frac{(n-\frac{1}{2})\,\lambda}{d} = \sin\varphi = \sin\varphi' = \frac{x}{l}$$

oder

$$\lambda = \frac{d\,\frac{x}{l}}{n-\frac{1}{2}},$$

wobei wir den Index n bei φ, φ' und x fortgelassen haben. Man muß jedoch daran denken, daß φ, φ' und x zur n. Knotenlinie gehören.

An einem Beispiel soll gezeigt werden, wie einfach dieses Verfahren zur Bestimmung der Wellenlänge ist. Wir nehmen an, daß die Wellenzentren 10 cm Abstand besitzen. Dann wählen wir uns einen Punkt auf der 3. Knotenlinie und messen seinen Abstand l vom Mittelpunkt zwischen den beiden Zentren und seinen Abstand x von der Symmetrieachse. Beispielsweise liegen folgende Meßwerte vor: $l = 80$ cm und x = 48 cm. Daraus ergibt sich $\frac{x}{l} = 0{,}6$. Wir können nun die Genauigkeit der Messung überprüfen, indem wir für andere Punkte der dritten Knotenlinie den Quotienten $\frac{x}{l}$ bestimmen. Für alle Punkte, die weit genug von S_1 und S_2 entfernt sind, ergibt sich der gleiche Wert 0,6.

Da nun die Punkte auf der dritten Knotenlinie liegen (n = 3), müssen wir $n - \frac{1}{2} = \frac{5}{2}$ setzen. Damit ergibt sich mit d = 10 cm

$$\lambda = \frac{d\,\frac{x}{l}}{n-\frac{1}{2}} = \frac{10\text{ cm}\cdot 0{,}6}{\frac{5}{2}} = 2{,}4\text{ cm}$$

Benutzt man andere Knotenlinien zur Messung, so erhält man eine Reihe von Werten für die Wellenlänge. Stimmen alle Werte weitgehend überein, so ist das sowohl für unsere Überlegungen als auch für unsere Berechnungen eine hinreichende Kontrolle.

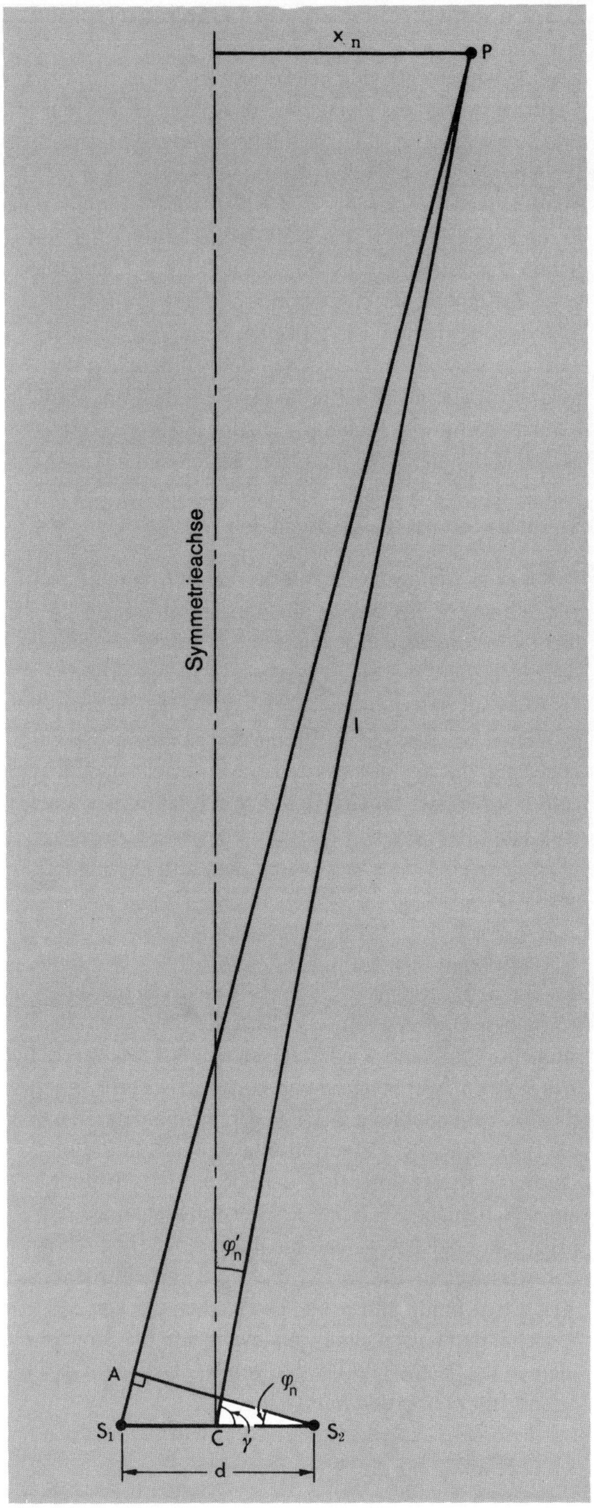

Bild 8.13. Für große Entfernungen von den Erregerzentren gilt $\varphi_n + \gamma = 90°$. Da weiter $\varphi'_n + \gamma = 90°$ ist, gilt folglich $\varphi'_n = \varphi_n$. Damit folgt aus $\sin\varphi'_n = \frac{x_n}{l}$ dann $\sin\varphi_n = \frac{x_n}{l}$.

8.5. Phasenverschiebung und Gangunterschied

Zwei Wellenerreger gleicher Periode schwingen *in Phase*, wenn sie immer zur gleichen Zeit ins Wasser tauchen und so zur gleichen Zeit Wellenberge erzeugen. Zwei Wellenerreger mit gleicher Periode brauchen aber *nicht* phasengleich zu schwingen. Beispielsweise kann der eine Erreger jeweils etwas später als der andere mit der zeitlichen Verzögerung t ins Wasser tauchen. Da die natürliche Zeiteinheit für eine periodische Bewegung die Schwingungsdauer T ist, gibt man bequemerweise die zeitliche Verzögerung zwischen dem Eintauchen der beiden Erreger als Bruchteil p der Periode T an. Man benutzt damit den Bruch $p = \frac{t}{T}$ zur Messung der Zeitverschiebung der Schwingungen. Tauchen die Wellenerreger jede $\frac{1}{6}$ s ins Wasser und bleibt S_2 immer $\frac{1}{18}$ s hinter S_1 zurück, so hat dieser Bruch den Wert $p = \frac{1}{3}$.

Wenn zwei Wellenerreger mit derselben Frequenz nicht zur selben Zeit ins Wasser tauchen, so schwingen sie *nicht phasengleich*. Der Quotient p drückt die *Phasenverschiebung*[1]) des einen Erregers in Bezug auf den anderen aus. Die zeitliche Verzögerung jedoch ist nie größer als die Periode T. Wir messen nunmehr die Verzögerung, mit der der zweite Erreger jeweils nach dem ersten ins Wasser taucht. Das aber erfolgt immer innerhalb einer Periode. Daher ist die Phasenverschiebung nie größer als 1. Der Wert von p liegt also zwischen 0 und 1.

Wir werden nun zwei punktförmige Erreger benutzen, bei denen S_2 gegenüber S_1 eine Phasenverschiebung von p hat. Die Frage ist, wie dann die Interferenzfigur aussieht. Man kann wieder versuchen, auf zeichnerischem Wege durch zwei Scharen von konzentrischen Kreisen, die die Wellenberge beider Erregerzentren darstellen, die Interferenzfigur zu ermitteln. Wie in Bild 8.4 besitzen die Kreise untereinander wieder den Abstand einer Wellenlänge λ. Beide Erreger schwingen jedoch nicht phasengleich, so daß die Radien der entsprechenden Kreiswellen, die von S_1 und S_2 ausgehen, nicht gleich groß sind (Bild 8.14). Die Radien der von S_2 ausgehenden Kreiswellen sind jeweils um die Strecke l kleiner als die entsprechenden von S_1. Dabei entspricht l dem Bruchteil p der Wellenlänge λ:

$$l = p\,\lambda.$$

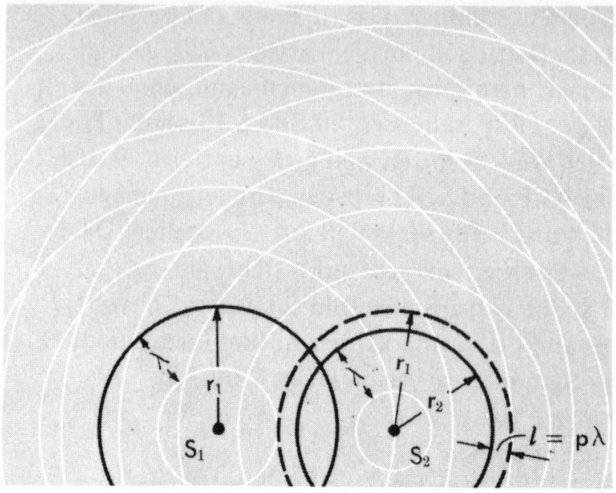

Bild 8.14. Die beiden punktförmigen Erreger schwingen nicht in Phase. Gegenüber dem Zentrum S_1 besitzt der Erreger S_2 eine Phasenverschiebung p. Die Differenz der Radien entsprechender Kreiswellen ist der Abstand $l = r_1 - r_2 = p\lambda$.

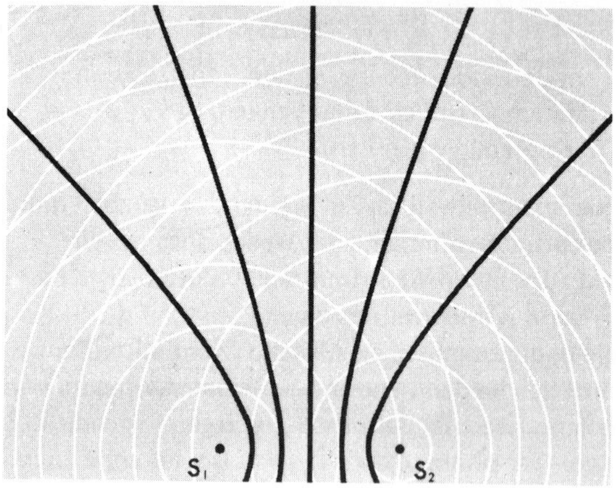

Bild 8.15. Verlauf der Knotenlinien bei einer Phasenverzögerung von $p = \frac{1}{2}$

Beträgt die Verzögerung von S_2 gerade den dritten Teil einer Periode, so sind die zu S_2 konzentrischen Kreise gerade um den dritten Teil der Wellenlänge kleiner als die zugehörigen Kreise um S_1.

Beispielsweise möge der Wellenerreger S_2 im Abstand von einer halben Periode nach dem Erreger S_1 schwingen. Dann ist der Abstand l eine halbe Wellenlänge, und die Phasenverschiebung beträgt $p = \frac{1}{2}$. In Bild 8.15 ist diese Situation wiedergegeben; die Knotenlinien sind dadurch konstruiert, daß die Schnittpunkte von Wellenberg und Wellental miteinander verbunden wurden. Man sieht, daß sich die Lage der Knotenlinien von dem Fall unterscheidet, bei dem die beiden Erregerzentren in Phase schwingen. Bei dem Quotienten $\frac{\lambda}{d} = \frac{1}{2}$ liegen die Knotenlinien dort, wo sich vorher

[1]) *Anmerkung der Übersetzer:* Wissenschaftlich korrekt ist die Phasenverschiebung $\Delta\varphi$ durch die Differenz der Phasenwinkel der beiden zu vergleichenden Schwingungen gegeben. Da hier der Begriff des Phasenwinkels nicht eingeführt ist, wird in der Übersetzung der Einfachheit halber $p = \frac{t}{T}$ als Phasenverschiebung bezeichnet. $\Delta\varphi$ und p sind durch die Beziehung $\Delta\varphi = 2\pi p$ verbunden.

die Wellenberge verstärkten, und entsprechend trifft man die Überlagerungsstellen zweier Wellenberge jetzt dort an, wo vorher die Knotenlinien lagen. Dazu vergleiche man Bild 8.15 mit Bild 8.10. Für beide Interferenzfiguren gilt $\lambda = \frac{1}{3}$ d; in Bild 8.10 sind jedoch die Erreger in Phase, während in Bild 8.15 die Phasenverschiebung $p = \frac{1}{2}$ beträgt.

Die Aufnahme in Bild 8.16 wurde bei einer Phasenverschiebung von $p = \frac{1}{2}$ zwischen beiden Erregerzentren aufgenommen. Man sieht beispielsweise, daß hier eine Knotenlinie entlang der Symmetrieachse zu den beiden Wellenzentren verläuft, auf der sich in den Bildern 8.6 und 8.9 die Wellenberge gerade gegenseitig verstärkt haben.

Damit haben wir als Beispiele für Interferenzfiguren die beiden Fälle einer Phasenverschiebung mit $p = 0$ und $p = \frac{1}{2}$ dargestellt. Wir könnten natürlich jede Phasenverschiebung zwischen 0 und 1 wählen und würden in jedem Fall eine andere Interferenzfigur erhalten. Die Reihe der Aufnahmen in Bild 8.17 gibt die Interferenzfigur wieder, die sich in der Wellenwanne bei verschiedenen Phasenverschiebungen von S_2 gegenüber S_1 ergeben haben. Ändert man diese Phasenverschiebung, so wandern die Knotenlinien in ganz bestimmter Weise in eine Richtung. Wächst die Phasenverschiebung von S_2 gegenüber S_1, so bleiben die Radien der Kreise, die sich um S_2 ausbilden, gegenüber den Kreisen von S_1 um wachsende Distanz $l = p\lambda$ zurück. Folglich schwenken die Knotenlinien nach S_2 hin ein und von der Symmetrieachse fort. Gerade das läßt sich in den Aufnahmen erkennen. Bezieht man den Abstand $l = p\lambda$ in die Berechnung des Gangunterschiedes ein, der sich

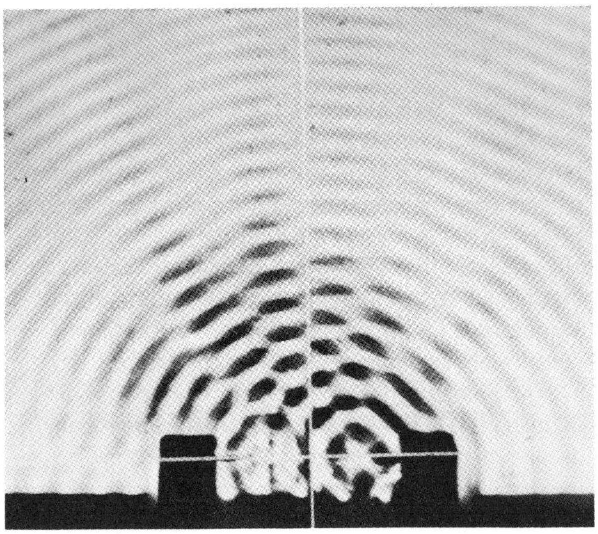

Bild 8.16. Aufnahme vom Schirm einer Wellenwanne, in der zwei punktförmige Erreger mit der Phasenverschiebung $p = \frac{1}{2}$ schwingen

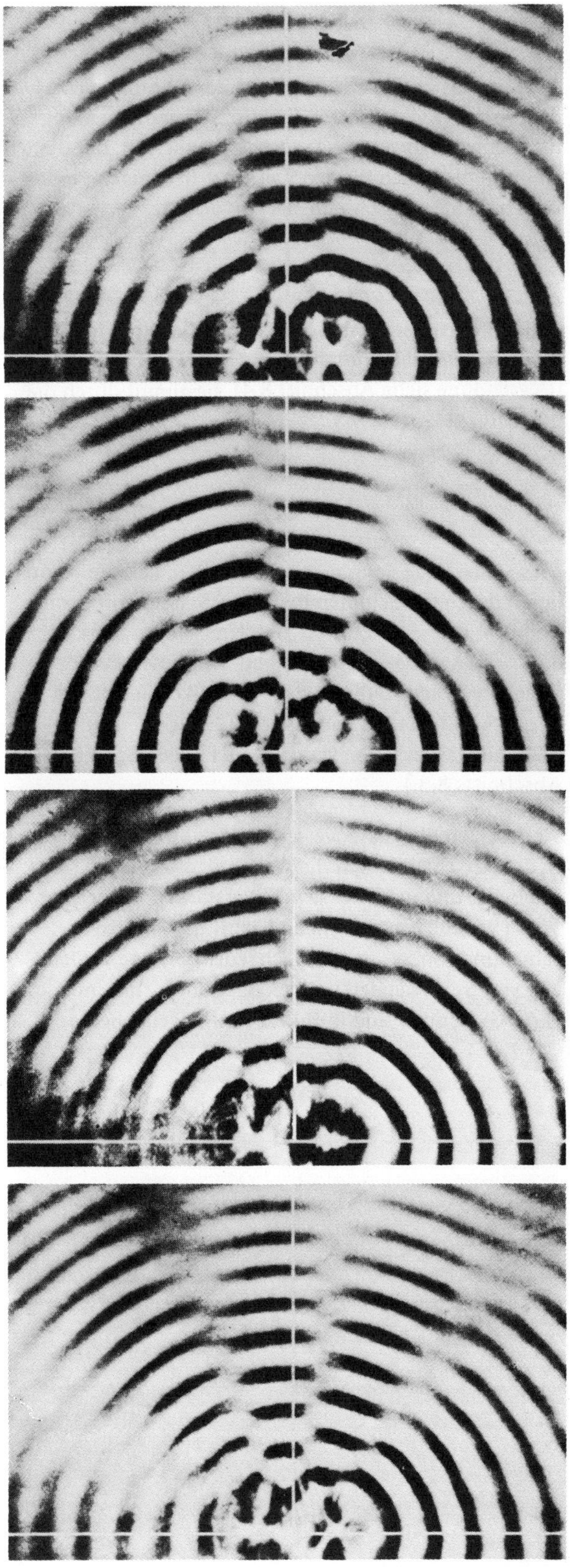

Bild 8.17. Interferenzfiguren der Wellensysteme zweier punktförmiger Erregerzentren mit unterschiedlicher Phasendifferenz p. Im oberen Bild sind die Erreger in Phase: $p = 0$. In den folgenden Bildern wächst die Phasendifferenz des rechten Erregers gegenüber dem linken; im dritten Bild ist gerade $p = \frac{1}{2}$.

aus den Abständen eines Punktes der Knotenlinie zu den beiden Wellenzentren S_1 und S_2 ergibt, so kann man einen allgemeinen Ausdruck entwickeln, der die Knotenlinien auch für den Fall einer beliebigen Phasenverschiebung p beschreibt. Es gilt

$$\overline{PS_1} - \overline{PS_2} = (p + n - \tfrac{1}{2})\,\lambda\,,$$

und daher ist der Winkel, durch den die Richtung der geraden Teile der Knotenlinien wiedergegeben werden (Begründung siehe Abschnitt 8.4), bestimmt durch die Beziehung

$$\sin\varphi_n = (p + n - \tfrac{1}{2})\,\frac{\lambda}{d}\,.$$

Diese Gleichung kann man so verstehen, daß die Knotenlinien durch die Schnittpunkte von Kreisen mit dem Radius $r + (n - \frac{1}{2})\,\lambda$ um S_1 und Kreisen mit dem Radius $r - p\,\lambda$ um S_2 bestimmt sind. An diesen Punkten gelangen gerade stets von dem einen Wellenzentrum Berge, während dort vom anderen Erregerzentrum Täler eintreffen. (Man vergleiche dazu den Schluß des Abschnitts 8.3.)

Ändert sich die Phasenverschiebung von S_2 gegenüber S_1, so verschieben sich die Wellenzüge, an denen sich die Berge und die Täler jeweils verstärken, in gleicher Weise wie die Knotenlinien. Wächst die Phasenverschiebung von S_2, so wird sich jeder einzelne Wellenzug von S_1 abwenden und langsam um S_2 herumlegen. Als Beispiel sind in Bild 8.18 die Wellenberge

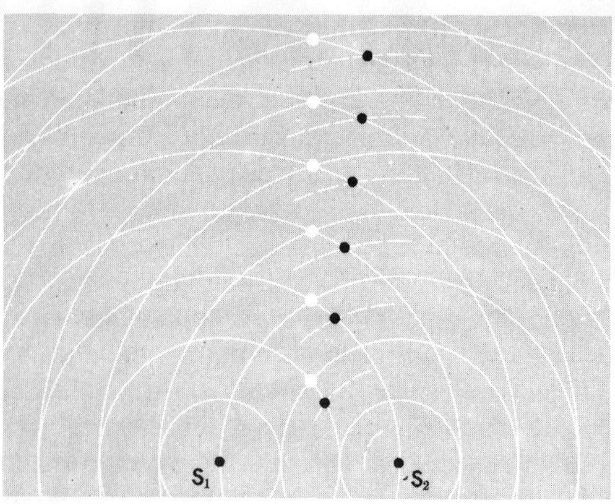

Bild 8.18. Die Reihe weißer Punkte stellt die Linie dar, auf der sich die Wellenberge der in Phase schwingenden Erreger überlagern. Die schwarzen Punkte zeigen die Überlagerungsstellen an, wenn das Erregerzentrum S_2 gegenüber S_1 eine Phasenverschiebung aufweist. Die gegenüber der ersten Darstellung verzögerten Wellen des Zentrums S_2 sind als gestrichelte Kreise dargestellt.

zweier Wellenzentren eingetragen, die einen Abstand von drei Wellenlängen besitzen. Die weißen Kreise bilden sich aus, wenn beide Erreger in Phase schwingen. Die gestrichelten Kreise um S_2 dagegen entstehen, sobald S_2 gegenüber S_1 eine Phasenverschiebung aufweist. Man beachte, daß die Reihe der Überlagerungspunkte zweier Wellenberge nach S_2 hin gebogen sind, wenn die Phasenverschiebung einsetzt. Ohne Phasenverschiebung bildet sich ein Wellenzug genau auf der Symmetrielinie aus. Wenn S_2 in der Phase hinter S_1 zurückbleibt, bewegt sich der Wellenzug nach rechts. Alle anderen Wellenzüge verhalten sich ähnlich.

8.6. Zusammenfassung und Abschluß

Die Interferenzfigur, die sich bei zwei punktförmigen Erregern in der Wellenwanne ausbildet, ist gekennzeichnet durch eine Anzahl von Linien, längs denen das Wasser in Ruhe bleibt, – den Knotenlinien. Sind die beiden Wellenerreger in Phase, so verlaufen die Linien symmetrisch zur Symmetrieachse der Erregerzentren, die sich als Mittelsenkrechte zwischen den beiden Zentren konstruieren läßt. In unmittelbarer Nachbarschaft der Zentren sind die Linien gekrümmt, aber schon in einiger Entfernung von den Erregern nähern sie sich immer mehr Geraden an. Verlängert man die geraden Teile der Linien rückwärts, so gehen sie durch die Mitte zwischen beiden Wellenzentren. Die Anzahl der Knotenlinien und der Winkel zwischen einer Knotenlinie und der Verbindungslinie $\overline{S_1 S_2}$ sind bestimmt durch den Quotienten $\frac{\lambda}{d}$, dem Verhältnis aus der Wellenlänge und dem Abstand der Erregerzentren. Das bedeutet, man kann d oder λ bestimmen, wenn man die andere Größe kennt.

Hält man die Wellenlänge und den Abstand zwischen den Wellenerregern fest, so kann man zu verschiedenen Interferenzfiguren kommen, wenn die Phasendifferenz p unterschiedliche Werte annimmt. Schwingen beide Erreger in Phase, so sind die Linien symmetrisch zur Mittelsenkrechten angeordnet. Erzeugt der Erreger S_2 dagegen die Wellen später als S_1, wobei die zeitliche Verzögerung $t = p\,T$ betragen möge, dann besitzen sämtliche Kreise um S_2 kleinere Radien als die um S_1. Die Radien entsprechender Kreise unterscheiden sich um $l = p\,\lambda$. Ein Ergebnis ist, daß die Punkte, in denen sich die Wellenberge von S_2 mit denen von S_1 treffen, näher an S_2 liegen. Die Knotenlinien sind also von S_1 fortgebogen und schmiegen sich an S_2 an. Die Interferenzfigur wird asymmetrisch. Nur bei $p = \frac{1}{2}$ entsteht wiederum eine symmetrische Figur. Dann liegt gerade eine Knotenlinie auf der Symmetrieachse zu den beiden Wellenzentren.

Ist der Abstand der Wellenzentren vorgegeben und erzeugt man Wellen einer einzigen Wellenlänge, so hängt die Interferenzfigur nur von der Phasendifferenz zwischen den beiden Erregern ab. Infolgedessen muß die Phasendifferenz konstant bleiben, wenn die Interferenzfigur sich nicht ändern soll. Zwei Erreger, die mit derselben Frequenz schwingen, besitzen auch immer eine konstante Phasendifferenz. Wenn aber einer der Wellenerreger unregelmäßig an- und abgeschaltet wird, ändert sich auch die Phasenverschiebung. Damit gewinnt aber auch die Interferenzfigur ein anderes Aussehen. Diese Änderung der Interferenzfigur wird von größter Bedeutung sein, wenn im nächsten Kapitel die Interferenz von Lichtwellen untersucht wird.

Aufgaben

1.* Eine periodische Welle, deren einzelne Abschnitte die Form wie in Bild 8.19 besitzen, bewege sich längs eines Seils. Wie müssen die Abschnitte einer zweiten geeigneten periodischen Welle gestaltet sein, die der ersten entgegen laufen soll, so daß bei Überlagerung Knoten entstehen?

2.* In welcher Entfernung von der Wand wird die Welle c in Bild 8.3 bei Begegnung mit der Welle a den nächsten Knoten erzeugen?

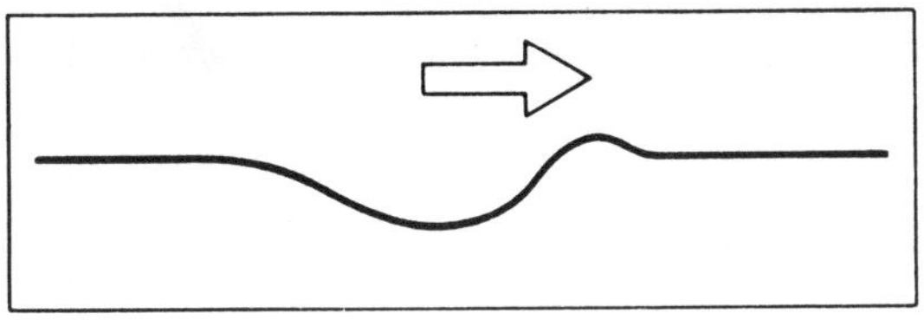

Bild 8.19. Zur Aufgabe 1

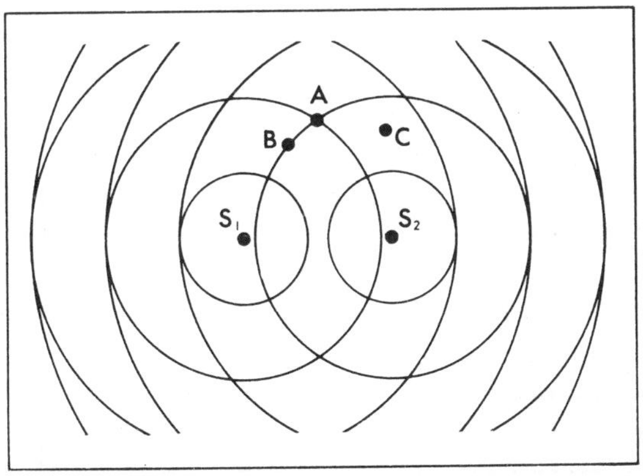

Bild 8.20. Zur Aufgabe 4

3. Im Text zu den Bildern 8.1, 8.2 und 8.3 wurde auseinandergesetzt, daß sich im Punkt P, der eine halbe Wellenlänge vom festen Ende entfernt ist, das Seil nicht bewegt. Dort bildet sich also ein Knoten, falls sich auf dem Federseil periodische Wellen bewegen. Man zeige nun des weiteren, daß auch im Punkte P_2 in der Entfernung $\frac{3}{2}\lambda$ vor der Wand ein Knoten entsteht.

4.* In Bild 8.20 stellen die Kreise Wellenberge dar, die von den Erregern S_1 und S_2 erzeugt werden. Bildet sich in A, in B oder in C ein „doppelter Wellenberg", ein „doppeltes Wellental" oder ein Knotenpunkt aus?

5. Man konstruiere aus einer Reihe konzentrischer Kreise diejenige Interferenzfigur, die zwei Wellenerreger im Abstand $d = 5\lambda$ zu folgenden Zeiten erzeugen:
   a) wenn die Erreger gerade Wellenberge ausbilden,
   b) wenn sie gerade die folgenden Wellentäler erzeugen.
   Wie verschieben sich in der Zwischenzeit die Stellen, an denen sich je zwei Wellenberge überlagern?

6. Man zeichne die Interferenzfigur zweier Wellenzentren für den Abstand $d = 5\lambda$ auf ein Stück Papier, das groß genug ist, um die geraden Teile der Knotenlinien erkennen zu lassen. Diese geraden Teile verlängere man bis zu den Wellenzentren und zeige, daß sie alle durch die Mitte zwischen beiden Erregern hindurchlaufen.

7.* Bildet sich in Bild 8.4 auf der Mittelsenkrechten zur Verbindungslinie $\overline{S_1S_2}$ eine Knotenlinie aus?

8. Zwei Streifen aus festem Papier mit Strichen von 2 cm Abstand werden gefaltet und wie in Bild 8.21 gehalten. Die Linien stellen die Wellenberge, die Fingerspitzen die Erregerzentren dar. Man beachte, wie sich die Wellenberge der beiden Zentren addieren. Wo entstehen nun Knotenlinien und solche Streifen, auf denen sich die Wellen bewegen, wenn man die beiden freien Enden langsam auseinander schiebt?

9. Man betrachte die Interferenzfigur, die von zwei Erregern erzeugt wird. Was spielt sich auf den Knotenlinien ab, wenn man noch einen genau gleichen dritten Wellenerreger hinzufügt, der in der Mitte zwischen den beiden anderen steht?

10.* Welche Knotenlinie in Bild 8.10 enthält alle diejenigen Punkte, für die $\overline{PS_2} - \overline{PS_1} = \frac{3}{2}\lambda$ gilt?

11.* Die Entfernungen eines Punktes auf einer Knotenlinie zu den beiden Erregerzentren in einer Wellenwanne sind gegeben. Was müßte man außerdem noch kennen, um die Wellenlänge bestimmen zu können?

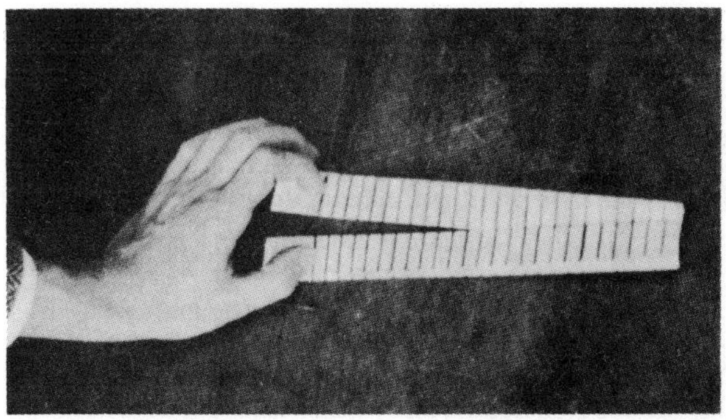

Bild 8.21. Zur Aufgabe 8

12. Man konstruiere die Knotenlinien für zwei Wellenzentren mit dem Verhältnis $\frac{\lambda}{d} = \frac{1}{3}$ nach dem Verfahren von Bild 8.11. Unterscheidet sich dieses Konstruktionsverfahren von dem in Aufgabe 6 geschilderten?

13. Wie verändern sich die Knotenlinien, wenn einer der Wellenerreger immer schwächere Wellen erzeugt und die Schwingungsbewegung aufhört?

14.* Ist es möglich, daß zwei punktförmige Wellenerreger mit dem Abstand d für einen bestimmten Bereich von Wellenlängen Interferenzfiguren ohne Knotenlinien erzeugen?

15. Zwei Wellenerreger S_1 und S_2 im Abstand von 6,0 cm schwingen in Phase und erzeugen Wellen mit einer Wellenlänge von 1,5 cm. Man zeichne die Knotenlinien in großer Entfernung der Zentren. Man bestimme ihre Lage, indem man die entsprechenden Kreise um beide Punkte zum Schnitt bringt. Man messe den Winkel zwischen der zweiten Knotenlinie und der Mittelsenkrechten der Strecke $\overline{S_1S_2}$. Den Sinus dieses Winkels vergleiche man mit $(n - \frac{1}{2})\frac{\lambda}{d}$.

16. Man denke sich einen Interferenzversuch aus, durch den nachgewiesen werden kann, daß der Schall Wellencharakter besitzt. Wie kann man mit einem solchen Experiment die Wellen länge des Schall bestimmen?

17. a) Man bestimme in den Bildern 8.6 und 8.9 das Verhältnis $\frac{\lambda}{d}$, indem man die Gleichung $\sin\varphi_n = (n - \frac{1}{2})\frac{\lambda}{d}$ benutzt.
    b) Die Maße in der Aufnahme betragen ein Viertel der wirklichen Größe. Aus der Messung von d schätze man den tatsächlichen Wert der Wellenlänge λ ab.

18. Man informiere sich über die Definition der Hyperbel und zeige, daß die Knotenlinien Hyperbeln sind.

19. In Bild 8.22 seien $l = 50$ cm, $d = 10$ cm und $\alpha = 30°$. Wie groß sind γ und β? Wie groß wären γ und β, wenn $l = 500$ cm wäre? Lassen Sie sich dadurch überzeugen, daß man als Näherung $\alpha \approx \beta \approx \gamma$ setzen kann, wenn l sehr viel größer als d ist?

20. Ein roter und ein blauer Wagen fahren auf einer kreisrunden Rennstrecke von 5,0 km Umfang. Sie bewegen sich mit konstanter Geschwindigkeit. Jedes Fahrzeug braucht 2,5 min für eine Runde. Das blaue Auto ist stets 0,50 min hinter dem roten Wagen.
    a) Wie groß ist die Phasenverschiebung p des blauen Fahrzeugs gegenüber dem roten?
    b) Wie groß sind die Geschwindigkeiten der Fahrzeuge?
    c) Würden sich die Antworten zu a) und b) ändern, wenn die Rennstrecke 4,0 km lang wäre?

21.* In Bild 8.14 sind $l = 0{,}25$ cm und $\lambda = 0{,}70$ cm. Wie groß ist die Phasendifferenz?

22.* Bedeutet die Phasendifferenz 0 physikalisch dasselbe wie die Phasendifferenz 1?

23. Man zeige, daß bei zwei Wellenzentren, die die Phasendifferenz p besitzen, die erste Knotenlinie nach der Gleichung Gangunterschied $l = (p + \frac{1}{2})\lambda$ bestimmt werden kann.

24. Eine Interferenzfigur werde aus großer Entfernung l betrachtet. Dabei werde der Abstand x von der Symmetrieachse bestimmt. Wenn $x = 0{,}008\,l$ und $\lambda = 0{,}01$ d sind, wie groß ist dann die Phasenverschiebung der beiden Erreger (vgl. Bild 8.13)? Wie groß ist die Phasenverschiebung, wenn $\lambda = 0{,}016$ d ist?

25. Zwei punktförmige Wellenerreger erzeugen Wellen gleicher Wellenlänge λ. Sie sind in einer Wellenwanne im Abstand von $d = 5\lambda$ aufgestellt.
    a) Welchen Winkel φ bildet der gerade Teil der ersten Knotenlinie mit der Symmetrieachse, wenn sie in Phase schwingen?
    b) Wie groß ist φ, wenn der Phasenunterschied $p = \frac{1}{2}$ beträgt?
    c) Wieviele Knotenlinien werden erzeugt?

26. Will man in der Radioastronomie in verschiedene Richtungen des Himmels „sehen", so benutzt man eine Methode, die in gewisser Weise eine Umkehrung der Phasenbestimmung zweier punktförmiger Wellenerreger darstellt.
    Die Antennen A und B werden auf ein und dieselbe Wellenlänge abgestimmt und in einer bestimmten Entfernung voreinander aufgestellt. Die empfangenen Signale werden einem Verstärker zugeführt, nachdem eines von ihnen durch einen Phasenschieber gelaufen ist (Bild 8.23). Wenn beide Signale phasengleich bei C und D in den Verstärker eintreten, dann hat man maximalen Empfang.
    Der Phasenschieber ändert die Phase dadurch, daß die Länge des Übertragungskabels zwischen A und C variiert wird. Stimmt das Kabel zwischen A und C in der Länge mit dem Kabel von B nach D überein, so treffen alle Signale, die von Punkten direkt oberhalb der Anordnung ausgehen, phasengleich im Verstärker ein. Will man in die Richtung α „sehen", so muß das Kabel AC verlängert werden. Welche Phasendifferenz

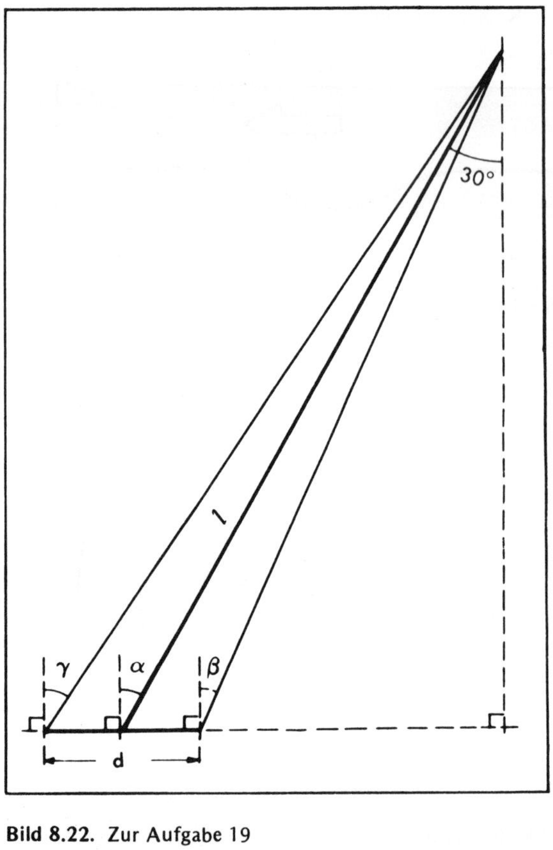

Bild 8.22. Zur Aufgabe 19

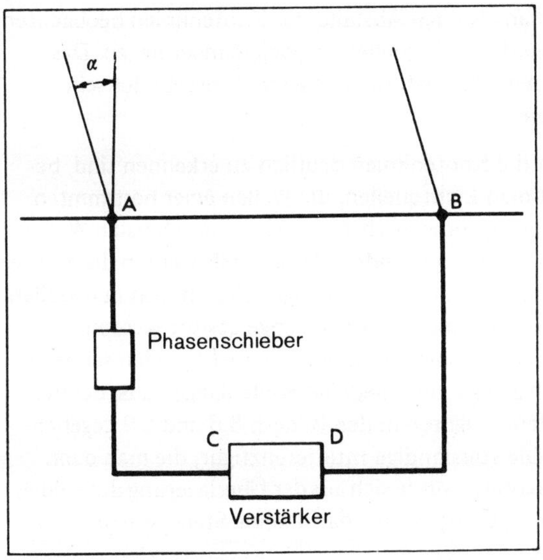

Bild 8.23. Zur Aufgabe 26

muß eingestellt werden, wenn ein Radiostern in einer Richtung von 5° zur Vertikalen beobachtet werden soll? Dazu sei die Entfernung $\overline{AB}$ als 100 m angenommen, und die Frequenz, auf die die beiden Empfänger abgestimmt sind, betrage 20 MHz¹).

27. Rundfunkstationen arbeiten auf Wellenlängen von 200 ... 600 m. Die gebräuchlichen Antennen sind Sendemasten, die sich wie punktförmige Wellenzentren auf der Erdoberfläche verhalten.
   a) Wie müßte man zwei punktförmige Sendestationen anordnen, um in einer Stadt, die sich an einer Küste entlang zieht, einen möglichst guten Empfang zu erreichen, so daß nur ein Minimum an Energie ungenutzt über das Meer oder unbesiedeltes Gebiet ausgestrahlt wird?
   b) Wenn sich diese Stadt nun ins Landinnere ausbreitet, wie kann man es erreichen, daß die Empfangsmöglichkeiten in den neubesiedelten Gebieten verbessert werden?

28. In einer Wellenwanne schwingen zwei Wellenerreger mit 15 Hz und mit 16 Hz. Man beschreibe die Formen der sich dabei ergebenden Knotenlinien.

29. Wie verändert sich das Aussehen der Interferenzfigur, wenn die Phasendifferenz zwischen zwei punktförmigen Erregern plötzlich verändert wird?

---

¹) Als Einheit für die Frequenz benutzt man häufig 1 Hz = 1 s^{-1}; daraus leitet sich her 1 MHz (Megahertz) = 10^6 s^{-1}.

9. Lichtwellen

9.1. Kann man Interferenzen beim Licht wahrnehmen?

Im letzten Kapitel haben wir uns mit den Interferenzfiguren beschäftigt, die zwei punktförmige Wellenerreger in der Wellenwanne hervorrufen. Jetzt sollen ähnliche Experimente zur Untersuchung der Frage durchgeführt werden, ob das Licht alle Eigenschaften von periodischen Wellen besitzt.

Wenn man sich ein Experiment für die Interferenz des Lichts ausdenkt, muß man einige wesentliche Unterschiede in der Beobachtung von Wasserwellen und von Lichtwellen beachten. Die Wasserwellen kann man von jeder Stelle aus betrachten, an der das reflektierte Licht unser Auge erreicht. Eine Knotenlinie kann man sehr leicht in der Wellenwanne verfolgen, da man ja sehen kann, wo das Wasser unbewegt bleibt. Wie kann man jedoch erkennen, ob es Stellen gibt, an denen sich die Lichtwellen zweier punktförmiger Lichtquellen auslöschen, die also den Knotenlinien in der Wellenwanne entsprechen? In der Wellenwanne sind die Wellen zu sehen, aber man kann keinesfalls beim Betrachten eines Lichtbündels Lichtwellen entdecken. (Man betrachte z.B. Bild 3.4.) Um das Licht wahrzunehmen, muß man die Augen direkt in den Lichtweg bringen oder einen Schirm, der das Licht reflektiert, in den Lichtweg stellen.

Einen Eindruck von der Problematik, Interferenzen beim Licht zu entdecken, erhält man, wenn man sich vorstellt, man solle die Interferenz von Wasserwellen in einem völlig dunklen Raum untersuchen, in dem man nicht einmal das Wasser sehen kann. Man könnte in diesem Fall die Knotenlinien ertasten, indem man den Finger vorsichtig über die Wasseroberfläche führt. An den meisten Stellen wird man dann spüren, wie die Wellen sich auf- und abwärts bewegen; kommt man jedoch an eine Knotenlinie, so ist keine Bewegung zu merken. Ähnlich müssen wir bei der Beobachtung der Lichtwellen vorgehen; wir müssen entweder unser Auge oder einen Schirm in den Lichtweg bringen. *Wo die Lichtwellen sich verstärken, zeigt sich auf dem Schirm* Licht, also *Helligkeit. Wo eine Knotenlinie den Schirm schneidet, herrscht Dunkelheit.*

Unter welchen Winkeln kann man diese hellen und dunklen Linien vermuten? Aus dem Studium der Erscheinungen in der Wellenwanne ist bekannt, daß bei den Interferenzfiguren, die von zwei punktförmigen Wellenerregern erzeugt werden, die Winkel zwischen den Knotenlinien von dem Verhältnis λ/d abhängen. Die Winkel wachsen, wenn bei gegebener Wellenlänge λ der Abstand d beider Zentren kleiner wird. Wir wissen schon, daß die Wellenlänge des Lichts sehr viel kleiner als ein Zehntel Millimeter ist (Abschnitt 7.7).

Will man also den Abstand der Knotenlinien beobachten, müssen die Lichtquellen eng beieinander liegen. Das aber bedeutet, daß sie sehr schmal ausgebildet sein müssen.

Damit die Knotenlinien deutlich zu erkennen sind, benötigt man Lichtquellen, die Wellen einer bestimmten Wellenlänge oder höchstens aus einem schmalen Wellenlängenbereich aussenden. Andernfalls würden die Knotenlinien, die zu einer Wellenlänge gehören, von den Wellenbergen einer anderen Wellenlänge gestört werden. Man stelle sich beispielsweise vor, die Lichtquellen sendeten Wellen zweier verschiedener Wellenlängen aus, deren Interferenzfiguren in den Bildern 8.6 und 8.9 gegeben sind. Die vollständige Interferenzfigur, die man dann beobachtete, würde sich aus der Überlagerung der beiden Bilder ergeben; es gäbe darin keine Stelle, die ungestört bliebe.

In den folgenden Überlegungen wollen wir annehmen, daß das beobachtete Licht aus einem so schmalen Wellenlängenbereich stammt, daß sich die Knotenlinien nicht gegenseitig überdecken, auch wenn sie eventuell ein wenig verschwommen sein werden.

Es seien nun zwei kleine Lichtquellen in sehr geringem Abstand d voneinander aufgestellt; in großer Entfernung l vor ihnen steht ein Schirm, wie es in Bild 9.1 zu sehen ist. Diese Anordnung ähnelt derjenigen der Wellenwanne, in der zwei Erreger kreisförmiger Wellen nahe beieinander aufgebaut sind. Infolgedessen müßte man nach den Überlegungen der Abschnitte 8.4 und 8.5 auf dem Schirm helle und dunkle Streifen erwarten. Die hellen Streifen müßten dort auftreten, wo sich die Wellen der beiden Lichtquellen verstärken, die dunklen an jenen Stellen, an denen sich die Wellen auslöschen. In der Mitte des Schirmes müßte ein heller Streifen

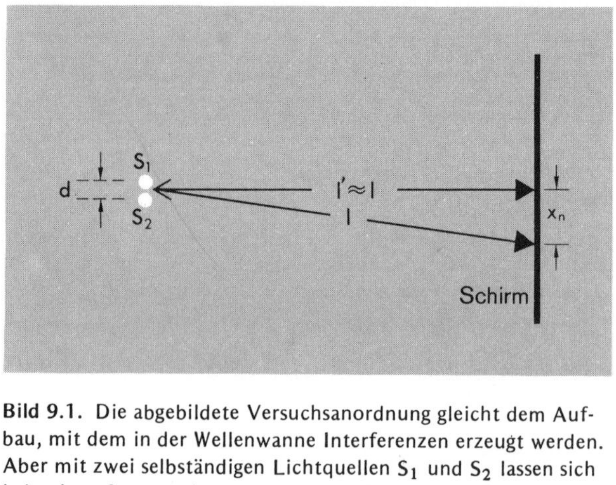

Bild 9.1. Die abgebildete Versuchsanordnung gleicht dem Aufbau, mit dem in der Wellenwanne Interferenzen erzeugt werden. Aber mit zwei selbständigen Lichtquellen S_1 und S_2 lassen sich keine Interferenzen hervorbringen. Auf dem Schirm sind keine Streifen zu sehen. Verwendet man stattdessen zwei spezielle Lichtquellen, nämlich Laser mit festen Phasenbeziehungen, dann lassen sich die Streifenmuster darstellen (Abschnitt 9.3).

zu sehen sein (also eine große Welle), wenn beide Lichtquellen ihre Wellen phasengleich aussenden, wie wir es in der Wellenwanne gesehen haben. Zu beiden Seiten dieser hellen mittleren Zone müßten dunkle Streifen auftreten, wo die ersten Knotenlinien den Schirm treffen. Geht man dann weiter von der Mitte weg, so müßten sich helle und dunkle Streifen abwechseln.

In diesem Muster von hellen und dunklen Streifen müßte der n-te dunkle Streifen von der Mitte der Figur um die Strecke $x_n = (n - \frac{1}{2})\, l \frac{\lambda}{d}$ entfernt sein; dabei dürfte x_n sehr viel kleiner als l sein, so daß $l \approx l'$ ist. Infolgedessen müßte der Abstand zweier benachbarter dunkler Streifen $\Delta x = l \frac{\lambda}{d}$ betragen. Wie in der Wellenwanne müßten sich die Streifen aus der Mitte heraus schieben, wenn die eine Lichtquelle Wellen aussendet, die gegenüber der anderen eine Phasenverschiebung p aufweisen. Dabei sollten sich die Streifen seitlich um den p-ten Teil des Abstandes zweier benachbarter dunkler Streifen verschieben.

Läßt sich nun diese Interferenzfigur beobachten? Wir wissen schon: Wenn Licht eine Wellenerscheinung ist, muß seine Wellenlänge sehr viel kleiner als ein Zehntel Millimeter sein. Daher wäre das Verhältnis $\frac{\lambda}{d}$ für reale Lichtquellen ein sehr kleiner Bruch. Man kann jedoch den Abstand l zum Schirm sehr groß wählen. Dann müßte es möglich sein, die hellen und dunklen Streifen zu beobachten.

Führt man jedoch das soeben beschriebene Experiment aus, so entdeckt man auf dem Schirm keine Interferenzerscheinungen. Wie groß man d und l auch wählt, der Schirm erscheint stets an allen Stellen gleich hell beleuchtet.

Bedeutet das Ausbleiben von Interferenzen nun, daß das Wellenmodell des Lichtes nicht zutreffend ist? Dieser Schluß ist nicht unbedingt zwingend. Nach der bisher angegebenen Beweisführung könnte das Wellenmodell durchaus versagt haben. Aber es ist auch eine andere Auslegung möglich: Wie erwähnt, hängt die von zwei Wellenzentren erzeugte Interferenzerscheinung von λ, von d und auch von der Phasenverschiebung p ab. Wenn sich die Phasenverschiebung zwischen den Lichtquellen schnell ändert, verschieben sich die Knotenlinien und mit ihnen die dunklen Streifen auf dem Schirm ebenfalls sehr schnell. Das Auge kann diesen schnellen Veränderungen nicht folgen, so daß der Schirm überall gleichmäßig hell erscheint. Mit anderen Worten: Die Interferenzfigur könnte sehr wohl entstanden sein, nur können wir sie nicht beobachten, weil sie sich zu schnell ändert.

9.2. Der Interferenzversuch von Young

Man kann nun zeigen, daß nur wegen des schnellen Wechsels der Phasenverschiebung in dem soeben beschriebenen Experiment keine Interferenzen zu beobachten sind. Dazu benutzt man einen Kunstgriff, den *Thomas Young* 1801 zum ersten Male angewandt hat. Er ersann ein einfaches Verfahren, die Phasen der beiden Lichtquellen so miteinander zu koppeln, daß sich die

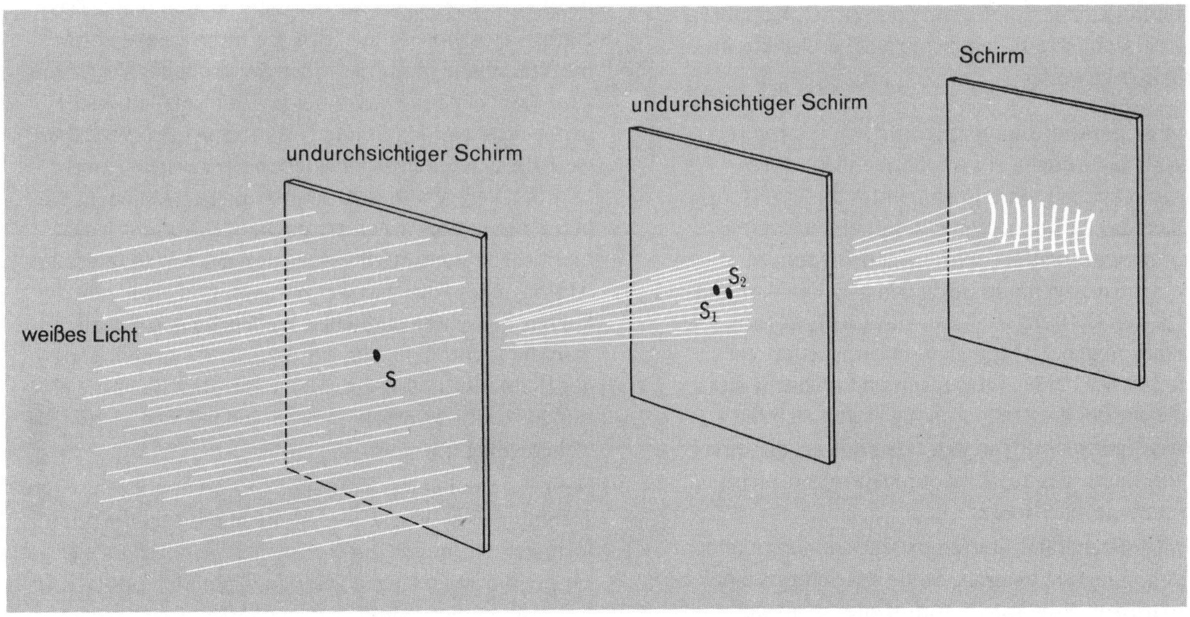

Bild 9.2. Das Youngsche Experiment. Das Sonnenlicht fällt durch die stecknadelgroße Öffnung S auf die beiden gleich großen Löcher S_1 und S_2. Auf dem Schirm ist eine Interferenzfigur zu sehen.

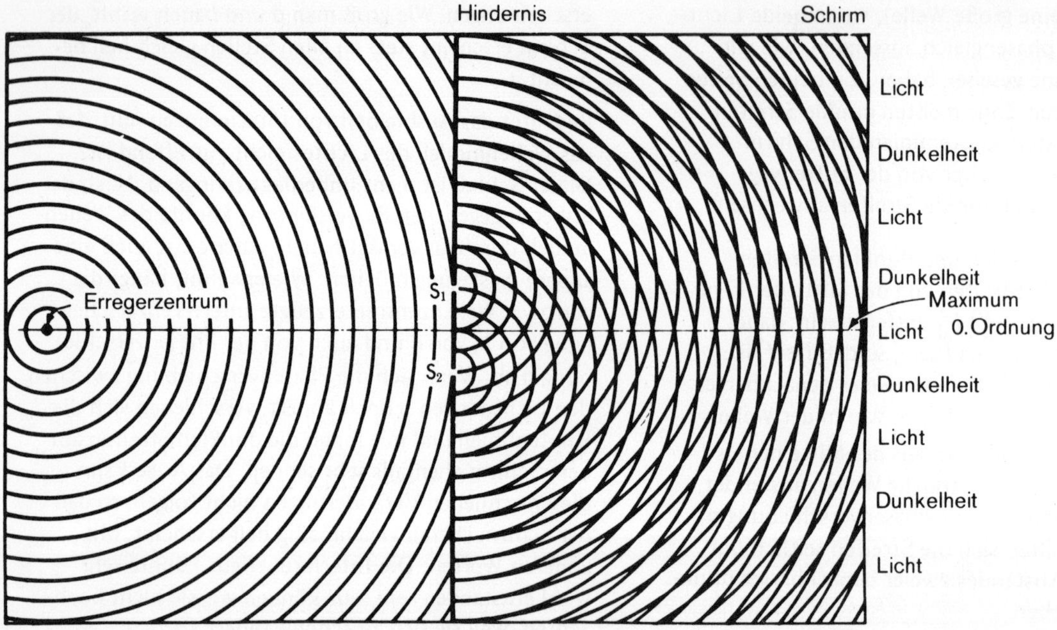

Bild 9.3. Die Wellen, die sich hinter den beiden Spalten S_1 und S_2 ausbilden und die von einer linienförmigen Lichtquelle stammen, überlagern sich und erzeugen helle und dunkle Streifen auf dem Schirm. In dieser idealisierten Zeichnung ist die Spaltbreite kleiner als eine Wellenlänge.

Interferenzfiguren nicht ständig ändern. Der Kunstgriff besteht darin, nur eine einzige Lichtquelle zu verwenden und ihr Licht in zwei Teile aufzuspalten. Diese beiden Anteile verhalten sich so, als ob sie von zwei phasengleich schwingenden Lichtquellen stammten. Die Anteile werden wieder zusammengebracht und interferieren miteinander. Nach dem Youngschen Verfahren läßt sich tatsächlich auf dem Schirm die erwartete Interferenzfigur nachweisen.

Die Youngsche Anordnung zeigt Bild 9.2. *Young* verwendete als Lichtquelle ein von Sonnenlicht durchstrahltes stecknadelgroßes Loch. Hinter dieser Öffnung breitet sich das Licht aus und fällt auf einen zweiten Schirm mit zwei ebenfalls sehr kleinen Öffnungen, die eng beieinander liegen und beide den gleichen Abstand von der ersten Öffnung besitzen. Das Licht, das aus der punktförmigen Lichtquelle stammt, passiert zur gleichen Zeit die beiden Öffnungen und ist damit stets phasengleich. Bei dieser Anordnung ändert sich die Interferenzfigur nicht. Man kann also mit ihr die Interferenz von Licht, das aus zwei punktförmigen Lichtquellen stammt, nachweisen.

Die dabei entstehende Interferenzfigur kann man photographieren, indem man an die Stelle des Schirms eine Kamera aufbaut. Eine solche Aufnahme ist auf der Farbtafel gegenüber der Seite 128 in Bild 9.A wiedergegeben.

9.3. Phasenbedingung bei Lichtinterferenzen

Man kann die Wellenerreger in der Wellenwanne so miteinander koppeln, daß sie stets denselben Phasenunterschied besitzen; man versetzt sie dann in Schwingungen und läßt sie beliebig lange laufen. Über diese Kopplungsmöglichkeit verfügen wir bei Lichtquellen nicht. Das ergibt sich schon daraus, daß die Interferenzen ohne die Youngsche Methode (oder ein ähnliches Verfahren zum Koppeln der Phasen beider Lichtquellen) nicht beobachtet werden können. Man kann auch verstehen, weshalb sich die Phasenbeziehungen zwischen zwei Lichtquellen gewöhnlich sehr schnell verschieben. Wir betrachten dazu zwei Lichtquellen. Das Licht jeder Lichtquelle stammt von einer riesigen Anzahl einzelner Atome; jedes Atom sendet nur während einer sehr kurzen Zeit einen endlichen Wellenzug aus. Schaltet man die Lichtquelle ein, so setzt der Gesamtvorgang der Lichtaussendung ein. Man kann aber nicht die einzelnen Atome kontrollieren, sie senden ihre Lichtwellen völlig unregelmäßig aus.

Heute kann man das Youngsche Experiment sehr einfach ausführen. Man ersetzt das Sonnenlicht und die punktförmige Lichtquelle durch eine hell leuchtende Glühlampe, die einen langen geraden Glühfaden besitzt. Anstelle der beiden punktförmigen Öffnungen versieht man den Schirm mit zwei engen Spalten. Die Spalte müssen dicht beieinander (etwa $\frac{1}{10}$ mm entfernt) und parallel zum Glühfaden liegen. Bild 9.3 stellt eine idealisierte Zeichnung der Interferenzfigur dar, wie man sie in Längsrichtung der Spalte und des Glühfadens sehen müßte. Die Ähnlichkeit mit der Figur in der Wellenwanne ist offenkundig. Hält man die Zeichnung in Höhe der Augen und blickt dabei von rechts in Richtung auf die Lichtquelle, so erkennt man deutlich die Knotenlinien. Das sind die Gebiete, in denen keine Wellenbewegung stattfindet und in die daher kein Licht fällt. Sie zeichnen sich durch dunkle Stellen auf dem Schirm aus, den wir in den Lichtweg bringen. Auf dem Schirm selbst sieht man abwechselnd dunkle und helle Streifen verschiedenster Farben. Die Streifen verlaufen parallel zu den Spalten. Sie sind in der Mitte entsprechend der Voraussage des Wellenmodells ein wenig heller als zu den Seiten hin.

Um ihren Einfluß auf das Zustandekommen der Interferenzen zu untersuchen, wollen wir ein Paar Atome, je ein Atom in jeder Lichtquelle, näher betrachten. Wahrscheinlich werden diese Atome – als Lichtquellen betrachtet – irgendeine Phasenverschiebung p_1 aufweisen. Die Lichtwellen dieser Atome erzeugen eine Interferenzfigur, die von dieser Phasenverschiebung p_1 abhängt. Wenig später haben diese Atome die Abstrahlung von Licht eingestellt. Wir beobachten nun zwei andere Atome, die zufällig jetzt Wellen aussenden. Da wir ihr Verhalten nicht beeinflussen können, werden wahrscheinlich auch diese Atome nicht phasengleich senden, sondern eine Phasenverschiebung p_2 aufweisen. Infolgedessen erzeugen sie eine andere Interferenzfigur als die beiden ersten Atome. Wenig später betrachten wir ein drittes Paar von Atomen und so weiter. Die Zeit, während der die Atome Licht aussenden, beträgt etwa 10^{-9} s. Betrachtet man immer nur ein strahlendes Atom in jeder Lichtquelle, so müßte man alle 10^{-9} s ein anderes Atom ansehen, um eine kontinuierliche Strahlung zu erhalten. Daher müßten sich auch alle 10^{-9} s die Interferenzfiguren in unregelmäßiger Weise ändern. Da es aber völlig unmöglich ist, diesem schnellen Wechsel mit den Augen zu folgen, dürfte man insgesamt überhaupt keine Interferenzen erkennen können.

In Wirklichkeit senden viele Atome zur gleichen Zeit Wellen aus. In jedem Moment wird die Interferenzfigur daher durch die Überlagerung der Lichtwellen aller dieser Atome bestimmt. Nun sollen alle Atome, die in einem bestimmten Moment von einer Lichtquelle Wellen aussenden, betrachtet werden. Sie beenden ihre Ausstrahlung nach etwa 10^{-9} s. Nach dieser Zeit strahlt eine andere Gruppe von Atomen das Licht von der Lichtquelle aus. Infolgedessen ändert sich die Phase ganz zufällig, so wie wir es bei der Betrachtung einzelner Atome gesehen haben. Die Phasenlage ändert sich daher in jeder Lichtquelle innerhalb von etwa 10^{-9} s, und die Interferenzfigur bewegt sich in dieser Zeit erheblich. Daher ist es kein Wunder, daß man keine Interferenzen sehen kann.

Benutzen wir dagegen die Youngsche Methode, so erhalten wir eine einzige Interferenzfigur: Die Lichtwellen, die jedes Atom der Lichtquelle aussendet, gehen nämlich durch beide Spalte. Die beiden Spalte sind soweit von der Lichtquelle entfernt, daß die Wellen jedes Atoms der Lichtquelle die beiden Spalte mit dem gleichen Gangunterschied erreichen (Bild 9.4). Als Ergebnis verlassen alle Lichtwellen, die durch die Spalte gehen, diese mit der gleichen Phasenverschiebung. Wenn nämlich die Ebene der Spalte senkrecht zu der Verbindungslinie zwischen Lichtquelle und der Mitte zwischen beiden Spalten steht, wirken die beiden Spalte als Wellenerreger mit festen Phasenbeziehungen. Auf dem Schirm erhält man die erwartete Interferenzfigur.

In den letzten Jahren ist eine Gruppe gänzlich neuer Lichtquellen entwickelt worden. In diesen Lichtquellen werden die Atome von festen Körpern oder von Gasen zur Lichtaussendung angeregt. Dabei strahlt das einzelne Atom nicht zufällig, sondern immer mit den anderen phasenverbunden. Die Phasenkonstanz kann über Zeiten,

Bild 9.4. Da die Lichtquelle klein und weit entfernt vom Doppelspalt aufgestellt ist, sind die Entfernungen zu den beiden Spalten für alle Atome der Lichtquelle fast gleich.

die mehr als tausend mal so lang sind wie 10^{-9} s, aufrecht erhalten werden, also wesentlich länger, als ein einzelnes Atom im Glühfaden Licht aussendet. Diese neuen Lichtquellen heißen *Laser* (nach Light Amplification by Stimulated Emission of Radiation). Beim Laser wird ein Prinzip ausgenutzt, daß in den verschiedensten Formen verwirklicht werden kann.

1963 wurde ein Experiment mit zwei unabhängigen Lasern durchgeführt, die wie zwei Lichtquellen mit fester Phasenlage arbeiteten, so daß die Interferenzstreifen deutlich zu sehen waren. Sie entsprachen ganz und gar dem Interferenzbild, das von zwei unabhängigen Wellenerregern in der Wellenwanne erzeugt wird. Eine technische Schwierigkeit verhinderte allerdings die leichte Ausführbarkeit des Experiments. Obwohl die Phasenkonstanz ausgezeichnet war, konnte man nicht genau gleich lange Wellenlängen erhalten. Das hatte zur Folge, daß die Streifen immer sehr schnell über den Schirm wanderten. Dies entspricht dem Wandern der Interferenzfigur, wenn die beiden Wellenerreger in der Wellenwanne mit etwas unterschiedlicher Frequenz arbeiten. Die Interferenzstreifen der Laser verschwanden so schnell, daß sie mit extrem auflösender Fernsehtechnik in einem „Schnappschuß" aufgenommen werden mußten.

Heute ist es den Physikern möglich, Laser mit genau gleicher Wellenlänge zu konstruieren. Die Interferenzerscheinungen sind dann ebenso leicht zu sehen und zu verstehen wie jene, die wir in der Wellenwanne betrachtet haben.

9.4. Farbe und Wellenlänge des Lichts

Die Aufnahme in Bild 9.A (Farbtafel gegenüber der Seite 128) ist dadurch entstanden, daß weißes Licht einer schmalen Lichtquelle durch zwei eng beieinander liegende Spalte hindurchtritt. Das Licht, das sich hinter den beiden Spalten ausbreitet, wird von der Linse der Kamera gesammelt, so daß die Interferenzfigur auf dem Film abgebildet wird. Man beachte, daß der helle Streifen in der Mitte, den man das Maximum 0. Ordnung nennt, weiß ist und daß die Ränder der hellen Streifen höherer Ordnung farbig sind.

Wie wir wissen, setzt sich das weiße Licht aus verschiedenen Farben zusammen. Die farbigen Ränder der hellen Streifen legen also die Vermutung nahe, daß die verschiedenen Farben in der Interferenzfigur unter verschiedenen Winkeln abgelenkt werden. Der Gedanke, daß sich verschiedene Farben in verschiedenen Richtungen auslöschen, schließt die Folgerung ein, daß zwischen der Wellenlänge des Lichts und seiner Farbe eine Beziehung besteht. Schon früher vermuteten wir eine solche Verbindung, als wir die Dispersion untersuchten.

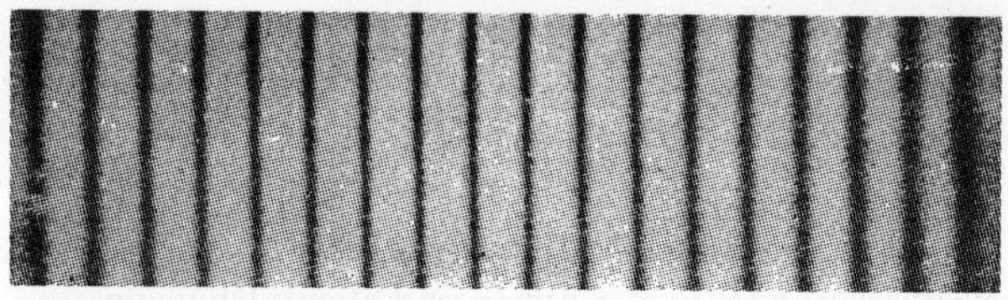

Bild 9.5. Interferenzfigur mit rotem Licht. Farbig ist diese Aufnahme im oberen Teil von Bild 9.B auf der Farbtafel gegenüber der Seite 128 zu sehen.

Nun können wir diese Frage durch weitere Versuche zur Interferenz entscheiden. Daher wollen wir als erstes die Interferenzfiguren von einfarbigem Licht betrachten. In Bild 9.5 sieht man die Interferenzfigur in rotem Licht. Die Figur besteht aus abwechselnd hellen und dunklen Streifen. Der Abstand der Streifen auf der Photographie hängt von dem Abstand d der beiden Spalte, von der Entfernung l zwischen den Spalten und dem Film und von der Wellenlänge des Lichts ab. Kennt man die Entfernungen l und d, so kann man aus den Abständen der Streifen die Wellenlänge λ des Lichtes auf der Photographie bestimmen. Wie in Abschnitt 9.1 hergeleitet wurde, ist der Abstand zweier benachbarter dunkler Streifen durch den Ausdruck

$$\Delta x = l \frac{\lambda}{d}$$

gegeben. Formt man diese Gleichung um, so erhält man die Wellenlänge

$$\lambda = \frac{d}{l} \Delta x.$$

Mißt man mehrere dunkle Streifen aus, so kommt man für den Abstand Δx zwischen zwei dunklen Streifen zu einem verhältnismäßig exakten Wert, aus dem man dann die Wellenlänge λ berechnen kann. Für rotes Licht ergibt sich dabei

$$\lambda_{rot} = 6{,}5 \cdot 10^{-7}\ \mathrm{m}\,.$$

Dasselbe kann man nun mit dem Licht jeder anderen Farbe machen. Stellt man zum Beispiel ein blauviolettes Filter in den Lichtweg, so erhält man eine Wellenlänge von

$$\lambda_{blau} = 4{,}5 \cdot 10^{-7}\ \mathrm{m}.$$

Weitere Wellenlängen sind in der Tabelle 1 wiedergegeben. Die Annahme, daß die Farbe des Lichts mit seiner Wellenlänge zusammenhängt, ist damit durch das Experiment bestätigt.

Die Farben, die jeweils einer bestimmten Wellenlänge entsprechen, sind als *Spektralfarben* bekannt. Es sind dieselben Farben, die man im Regenbogen beobachten kann. Doch nicht alle Farben sind von dieser Art. Zum Beispiel ist Purpur keine Spektralfarbe. Untersucht man

Tabelle 1: Wellenlängen des Lichts im Vakuum

A. Die Wellenlängen der Farben des Spektrums sind in nm = 10^{-9} m (nm = Nanometer) wiedergegeben. Das sichtbare Spektrum reicht von etwa 400 nm im tiefen Violett bis etwa 750 nm im dunklen Rot.

Violett	<450 nm
Blau	450 ... 500 nm
Grün	500 ... 570 nm
Gelb	570 ... 590 nm
Orange	590 ... 610 nm
Rot	>610 nm

B. Die Wellenlängen einiger heller Linien von bekannten Gasen im sichtbaren Spektrum.

Lithium	Neon	Natrium
610,36 nm	540,06 nm	589,0 nm
670,78 nm	583,25 nm	589,6 nm
	585,25 nm	
	640,22 nm	

Quecksilber	Kalium
435,84 nm	404,4 nm
546,07 nm	404,7 nm

in einem Interferenzversuch das Licht, das durch ein Purpurfilter gegangen ist, so findet man, daß es sich aus blauem und aus rotem Licht zusammensetzt. Die Entstehung der Farben ist in der Tat recht verwickelt. Wir meinen oftmals, reine Spektralfarben vor uns zu haben, aber in Wirklichkeit sind sie aus Licht verschiedener Wellenlängen zusammengesetzt. Durch die Untersuchung des Lichts mit Hilfe der Maxima und Minima in den Interferenzfiguren sind wir in der Lage, das Licht genau durch die Wellenlängen zu kennzeichnen. So erweitern die Interferenzfiguren unser Wissen weit über das hinaus, was wir mit bloßem Auge entdecken können.

Die beschriebenen Experimente kann jeder selbst ausführen. Man kann die Messungen der Wellenlängen von rotem und blauem Licht leicht kontrollieren, indem man einige Messungen an dem Bild 9.B vornimmt. Diese Aufnahme ist mit einer einzelnen Lichtquelle, die weißes Licht aussendet, und zwei Spalten gemacht worden. Die beiden Bilder sind dadurch entstanden, daß nacheinander ein Rotfilter und ein Blau-Violett-Filter in den Strahlengang des Lichts zwischen Lichtquelle und Film gestellt wurde. Beim Ausmessen der Aufnahmen stellt man fest, daß die roten Streifen stärker als die blau-violetten voneinander getrennt sind, und zwar gerade um den Faktor 1,4. Dies vergleichen wir mit den Wellenlängen beider Farben, die unabhängig voneinander bestimmt wurden. Das Verhältnis beträgt

$$\frac{\lambda_{rot}}{\lambda_{blau}} = \frac{6{,}5 \cdot 10^{-7}\ \mathrm{m}}{4{,}5 \cdot 10^{-7}\ \mathrm{m}} \approx 1{,}4 .$$

Jedermann kann selbst alle Versuche ausführen und die Wellenlängen des Lichts bestimmen. Dazu fertigt man sich zwei Schlitze an und benutzt das Auge statt der Kamera. Die Schlitze zieht man auf einer berußten Glasplatte mit zwei Rasierklingen, die man eng aneinander preßt. Außerdem benötigt man eine sehr schmale Lichtquelle und einige Farbfilter aus Plastik oder Glas. Als Lichtquelle kann man eine Lampe, wie sie z.B. zur Beleuchtung von Schaufenstern verwendet wird, wählen. Ihr gerader Glühfaden eignet sich für diese Versuche vorzüglich (Bild 9.6).

Damit ist es gelungen zu zeigen, daß die Spektralfarben des Lichts direkt von der Wellenlänge im Vakuum abhängen. Wir haben dabei die Wellenlänge von Licht einer bestimmten Farbe aus den Abständen der Streifen, die sich in der Interferenzfigur hinter zwei Spalten ergaben, ermittelt. Diese Anordnung stellt ein einfaches

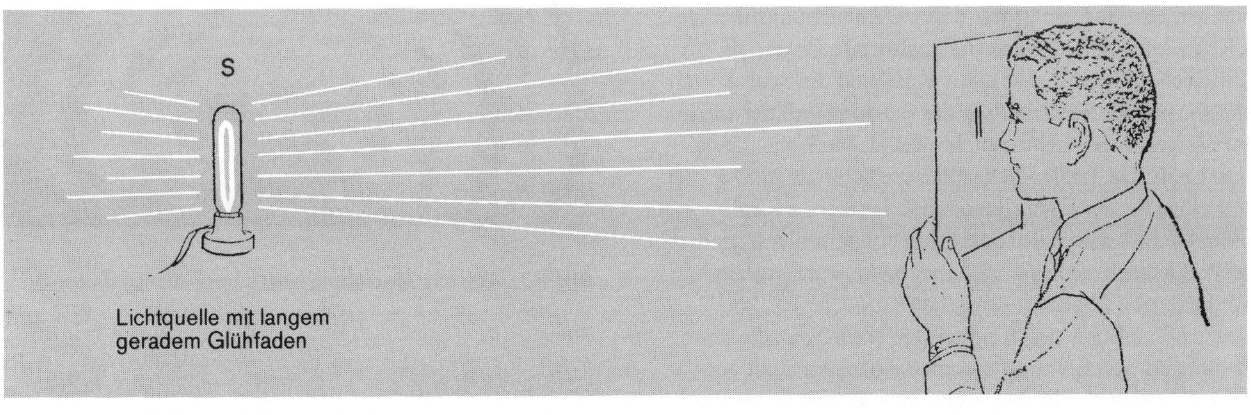

Bild 9.6. Beobachtung der Interterenz am Doppelspalt. Die Linse unseres Auges vereinigt das Licht der beiden Spalte auf der Netzhaut des Auges, so daß dort die Interferenzfigur entsteht.

Spektroskop dar, dessen Wirkungsweise damit ebenfalls erklärt ist.

Ein wirksameres Spektroskop, das die Farben des Lichts durch Interferenz besser trennt, verwendet viele Spalte in gleichen Abständen. Durch die Wirkung vieler Spalte verstärkt sich das Licht, das die Spalte in einer Richtung verläßt. Die Maxima jeder Wellenlänge werden schärfer. Man nennt diese Geräte *Gitterspektroskope.* Sie werden gewöhnlich benutzt, wenn man Licht in seine verschiedenen Wellenlängen zerlegen will. Für manche Zwecke sind diese Spektroskope denen überlegen, in denen Prismen ein Spektrum entwerfen.

9.5. Beugung und Interferenz am einzelnen Spalt

Kratzt man nur einen Spalt mit der Rasierklinge auf das berußte Glas (man kann auch mit Hilfe einer Nadel einen etwas breiteren Spalt erhalten) und blickt durch diesen Spalt auf die Lichtquelle, so sieht man eine ähnliche Erscheinung, wie Bild 9.C auf der Farbtafel zeigt. Ein heller breiter Streifen ist von farbigen Zonen geringerer Intensität umgeben. In einfarbigem Licht ist das Bild ähnlich aufgebaut. Bild 9.D stellt das Ergebnis bei Verwendung von rotem Licht dar: ein heller Mittelstreifen, dann wechseln dunkle Streifen mit farbigen ab, die nach außen hin rasch schwächer werden. Obwohl sich das entstehende Muster von hellen und dunklen Streifen von der Youngschen Interferenzfigur unterscheidet, sieht es verdächtig nach Interferenzen aus. Im einfarbigen Licht sieht man Knoten und Maxima; die farbigen Effekte entstehen bei weißem Licht. Weil diese Interferenzerscheinung schon bei *einem* Spalt auftritt, könnte es scheinen, als sei die Erklärung der Youngschen Interferenzen in Frage gestellt. Um dieses Problem zu klären, soll das Verhalten des Lichts beim Durchgang durch einen Spalt genauer untersucht werden.

Beim Rückgriff auf frühere Überlegungen zur Beugung an einem Spalt (Abschnitt 7.7) erinnern wir uns, daß sich ein einzelner Spalt nur dann wie eine punktförmige Lichtquelle verhält, wenn die Spaltbreite kleiner als eine Wellenlänge ist. Normalerweise sind die Spalte, die wir bei der Beobachtung der Beugung und der Interferenz des Lichts benutzen, breiter als die Wellenlänge von Licht. Die beiden benachbarten Schlitze, die wir mit einer Rasierklinge ritzen, und erst recht der mit einer Nadel hergestellte Spalt sind einige Wellenlängen weit. Vielleicht sind sie 10^{-1} mm breit, während die Wellenlängen des Lichts zwischen 4 und $7 \cdot 10^{-7}$ m liegen. Eine Erklärung für die Interferenzfigur, die beim Durchgang von Licht durch einen einzelnen Spalt auftritt, läßt sich nur finden, wenn man sorgfältig das Verhalten des Lichts untersucht, während es den mindestens einige Wellenlängen breiten Spalt passiert.

In Bild 7.19 waren gerade Wellen zu sehen, die in einer Wellenwanne durch eine enge Öffnung laufen und dabei gebeugt werden. Alle Wellen hinter dem Hindernis stammen von den Wellenbergen und Wellentälern, die durch die Öffnung hindurchkommen. Anstatt nun diese Wellenberge und Wellentäler dadurch im Spalt zu erzeugen, daß man gerade Wellen gegen das Hindernis anlaufen läßt, könnte man sie auch dadurch hervorbringen, daß man eine Reihe von punktförmigen Erregern innerhalb des Spaltes aufstellt und sie gleichzeitig auf und ab bewegt. Zur Probe nehmen wir das Hindernis mit dem Spalt fort und ersetzen es durch

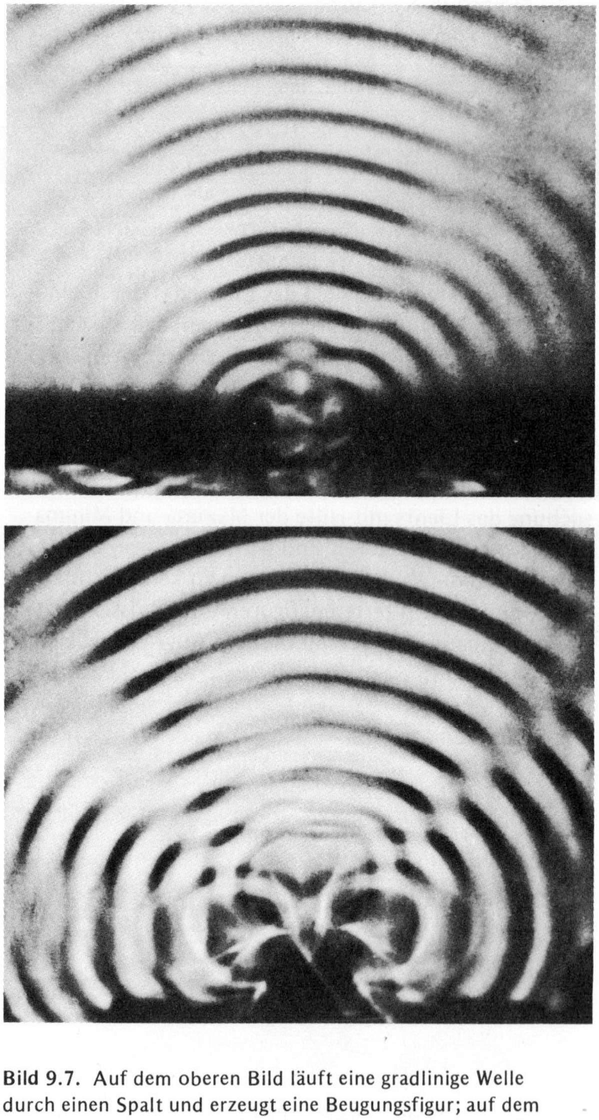

Bild 9.7. Auf dem oberen Bild läuft eine gradlinige Welle durch einen Spalt und erzeugt eine Beugungsfigur; auf dem unteren Bild entsteht die Interferenzfigur durch eine Reihe von punktförmigen Erregern, die nebeneinander in regelmäßigen Abständen über die Spaltbreite verteilt sind. In der Nähe der Erreger führt der unterschiedliche Aufbau zu einigen Abweichungen zwischen der oberen und unteren Figur. In größerer Entfernung stimmen die Figuren überein.

eine Reihe sehr kleiner Erreger, die jeweils nur einen Bruchteil der Wellenlänge voneinander entfernt sind. Wir wählen eine genügend große Anzahl von Wellenzentren, so daß die Breite des ursprünglichen Spaltes ganz von ihnen ausgefüllt wird. Wenn diese Wellenerreger nun phasengleich mit derselben Frequenz wie die ursprüngliche Welle schwingen, so entsteht eine Interferenzfigur (Bild 9.7), die wie die Beugungsfigur eines Spaltes aussieht.

Es scheint in der Ordnung zu sein, daß die Interferenzfigur, die durch die Beugung von geraden Wellen hinter dem Spalt entsteht, ähnlich geformt ist wie die Interferenzfigur von vielen Wellenzentren, die über die Breite eines Spaltes verteilt sind. Wir nehmen an, beide Interferenzfiguren seien gleich, und versuchen damit die Interferenzen hinter einem einzelnen Spalt durch die Überlagerung der Wellen vieler punktförmiger Erregerzentren zu erklären. Dieses allgemeine Prinzip, die Wellenausbreitung so zu verstehen, daß man die Wellenfronten als Ausgangspunkte neuer Kreiswellen ansehen kann, hat *Huygens* auf eine Reihe von Problemen einschließlich der Reflexion und Brechung erfolgreich anwenden können. Es wird ihm zu Ehren *Huygenssches Prinzip* genannt.

9.6. Theorie der Beugung am Spalt

Bei der Untersuchung von Interferenzen vieler punktförmiger Erreger, die eng nebeneinander die Spaltbreite ausfüllen, wird die Interferenzfigur nur in solchen Entfernungen betrachtet, die sehr groß im Vergleich zur Spaltbreite sind. Die Wellen erreichen einen solchen entfernt liegenden Punkt von ihren Erregerzentren auf fast parallelen Wegen (Bild 9.8). Zuerst betrachten wir die Welle, die von allen Erregern erzeugt worden ist und die sich in einem entfernten Punkt direkt vor dem Spalt befindet. Die Wege von allen Zentren zu diesem Punkt sind fast gleichlang, so daß die Wellenberge dort gleichzeitig von allen Erregern ankommen. Die Verstärkung aller Wellen bedeutet, daß entlang der Symmetrieachse eine starke Wellenbewegung vom Spalt ausgeht.

Als nächstes greifen wir uns einen Punkt P heraus, der nicht auf der Symmetrieachse liegt, so daß der Winkel φ zwischen der Achse und der Verbindung $\overline{BP}$ nicht mehr Null ist (Bild 9.8). Weil $\overline{PB}$ im wesentlichen parallel zu $\overline{PA}$ verläuft, ist der Winkel zwischen $\overline{PA}$ und der Symmetrieachse ebenfalls gleich φ. $\overline{PA}$ steht wiederum senkrecht zur Wellenfront, und die Mittelsenkrechte senkrecht zur Reihe der Erreger. Daher beträgt der Winkel zwischen der Wellenfront und der Reihe der Wellenzentren ebenfalls φ. Die Wege von verschiedenen Erregern aus zum Punkt P sind aber nicht mehr als gleichlang anzusehen. $\overline{PC}$ ist zum Beispiel kürzer als $\overline{PA}$. Die einzelnen Wellen erreichen nicht

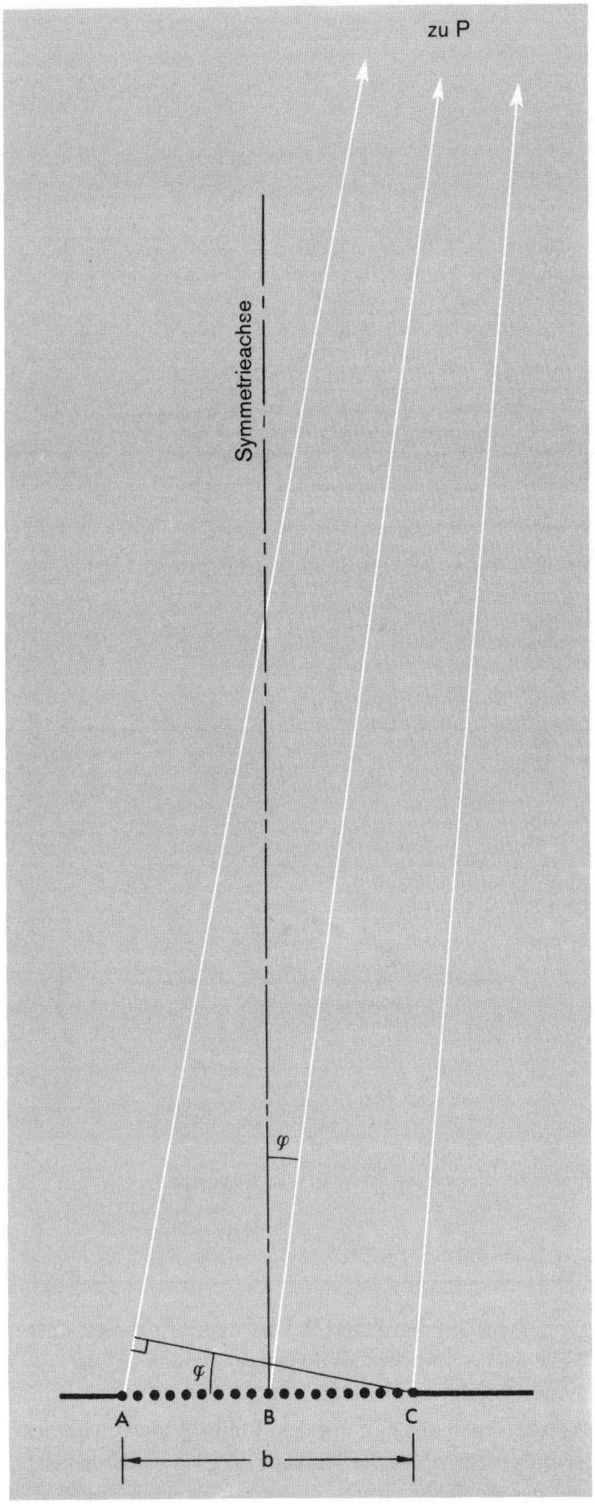

Bild 9.8. Die von den verschiedenen punktförmigen Lichtquellen stammenden Lichtstrahlen erreichen den weit entfernten Punkt P (oben außerhalb des Bildes) fast parallel. Die Weglängen zu dem weit entfernten Punkt sind jedoch verschieden, wenn dieser nicht auf der Symmetrieachse liegt.

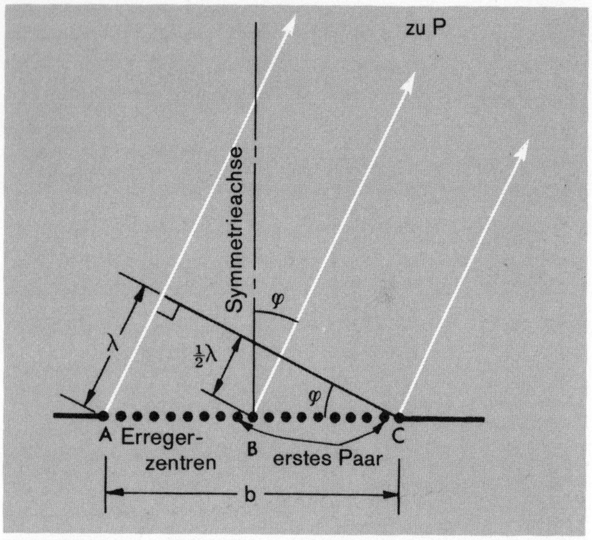

Bild 9.9. Für sin $\varphi = \frac{\lambda}{b}$ löschen sich die Wellen der Lichtquellen gegenseitig aus.

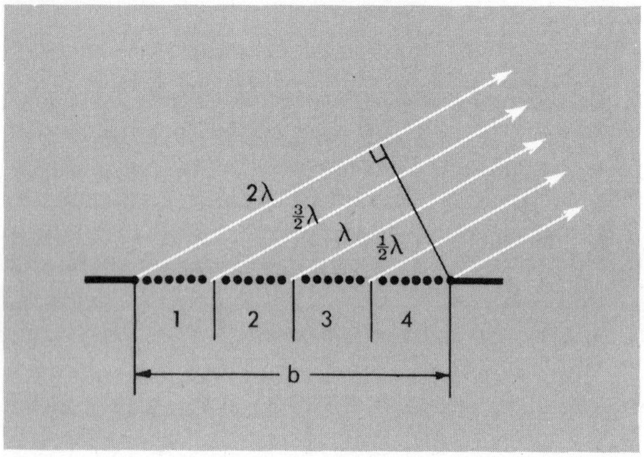

Bild 9.10. Für sin $\varphi = \frac{2\lambda}{b}$ erhält man Auslöschung.

zur selben Zeit den Punkt P. Und damit ist die gesamte Welle auch schwächer als diejenige, die sich auf der Symmetrieachse ausbreitet.

Wir entfernen uns nun mit dem Punkt P soweit von der Symmetrielinie, bis der Winkel φ so groß geworden ist, daß der Weglängenunterschied zu den beiden Enden des Spaltes gleich einer Wellenlänge ist:

$$\overline{PA} - \overline{PC} = \lambda \,.$$

Für diesen Punkt P gilt $\sin\varphi = \frac{\lambda}{b}$, wie man in Bild 9.9 sieht. Weiter zeigt die Figur, daß $\overline{PB} - \overline{PC} = \frac{\lambda}{2}$ ist. Nun läßt sich sagen: Die Wellen, die unter diesem Winkel den entfernt liegenden Punkt P erreichen, löschen sich gegenseitig aus, so daß die Gesamtintensität in dieser Richtung Null ist. Um einzusehen, daß sich die Wellen auslöschen, faßt man die Wellenzentren in Paaren zusammen. Man betrachte zunächst die Erreger C und B. Die von ihnen erzeugten Wellenberge kommen in P im Abstand einer halben Wellenlänge an. Mit anderen Worten: Es trifft immer ein Wellental von dem einen Erreger auf einen Wellenberg vom anderen; beide löschen sich gegenseitig aus. Betrachtet man nun das zweite Paar von Wellenzentren, die als nächstes neben den Punkten C und B liegen, so geschieht mit ihren Wellen dasselbe. Dasselbe Ergebnis erhält man für das dritte Paar von Wellenzentren, ebenso für das vierte Paar und für alle folgenden Paare. Man hat damit die Wellenbewegungen aller Wellenzentren aufsummiert; sie löschen sich paarweise aus. Der Punkt P bleibt in Ruhe. Es spielt keine Rolle, in welcher Reihenfolge und Zusammenstellung man die Wellenbewegungen aller Erreger addiert. Man kommt stets zum gleichen Ergebnis. Wenn man die Wellenerreger paarweise zusammenfaßt, läßt sich das Ergebnis besonders leicht einsehen. Damit haben wir gezeigt, daß in Richtung des Winkels φ mit $\sin\varphi = \frac{\lambda}{b}$ vollständige Auslöschung eintritt

Vergrößert man den Winkel φ, so ist die Auslöschung nicht mehr vollständig; die Intensität steigt wieder an. Sie durchläuft ein Maximum und geht dann wieder auf Null zurück, wenn $\sin\varphi = \frac{2\lambda}{b}$ gilt. Man liest aus Bild 9.10 ab, daß sich die Wellen unter diesem Winkel wieder auslöschen. Alle Wellenzentren im Bereich 1 können mit entsprechenden aus dem Bereich 2 zusammengefaßt werden, so daß sich die Wellen paarweise aufheben; ebenso kann man den Zentren im Bereich 3 jeweils ein Zentrum im Bereich 4 zuordnen, deren Wellen sich ebenfalls paarweise auslöschen. Die gesamte Intensität in dieser Richtung ist also Null.

Es leuchtet ein, daß man das Maximum in der Mitte zwischen den Winkeln mit $\sin\varphi = \frac{\lambda}{b}$ und mit $\sin\varphi = \frac{2\lambda}{b}$ etwa bei $\sin\varphi = \frac{3\lambda}{2b}$ erwarten kann. Für diesen Winkel kann man die Wellenzentren in drei Bereiche einteilen, wobei die Wellen von den Endpunkten jeweils den Gangunterschied $\frac{\lambda}{2}$ besitzen (Bild 9.11). Ordnet man die Zentren in den beiden rechten Bereichen paarweise einander zu, so löschen sie sich nach den obigen Überlegungen gegenseitig aus. Nur der dritte Bereich bleibt übrig. Die Wellen der Erreger an den beiden Enden des dritten Bereichs heben sich zwar auch gegenseitig auf. Aber andere Erreger innerhalb des dritten Bereichs kann man nicht in dieser Weise paarweise zusammenfassen. Folglich kommt es zu einer teilweisen Verstärkung. Wir schließen, daß dieses positive Resultat der Überlagerungen unter dem Winkel $\sin\varphi = \frac{3\lambda}{2b}$ auftritt; aber die Intensität wird geringer sein als die, die man von einem Drittel der Wellenerreger im Spalt auf

Bild 9.A. Interferenzfigur im Doppelspaltversuch bei Verwendung von weißem Licht.

Bild 9.B. Interferenzfigur im Doppelspaltversuch bei Verwendung von rotem bzw. blau-violettem Licht. Versuch und Aufnahmebedingungen entsprechen den Verhältnissen in Bild 9.A.

Bild 9.C. Beugungsfigur im Einzelspaltversuch bei Verwendung von weißem Licht.

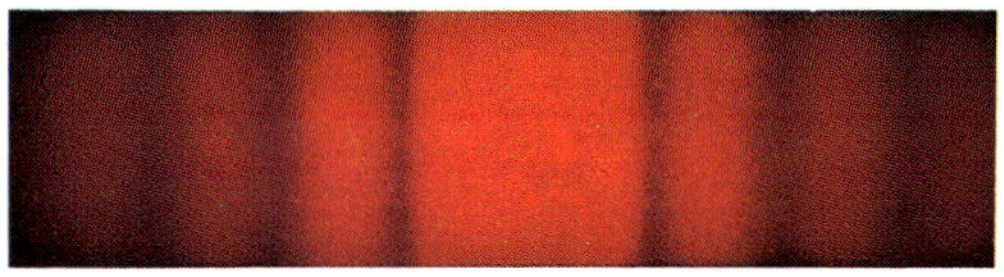

Bild 9.D. Beugungsfigur im Einzelspaltversuch wie in Bild 9.C bei Verwendung von rotem statt von weißem Licht.

Bild 9.E. Interferenzen in der Reflexion an einer dünnen Seifenhaut bei Verwendung von weißem Licht. Die Seifenhaut überspannt eine kreisförmige Drahtschlinge. Die Aufnahme wurde gemacht, kurz nachdem sich die Dicke der Seifenhaut im oberen Teil der Fläche auf weniger als ein Viertel aller benutzten Wellenlängen verringert hatte.

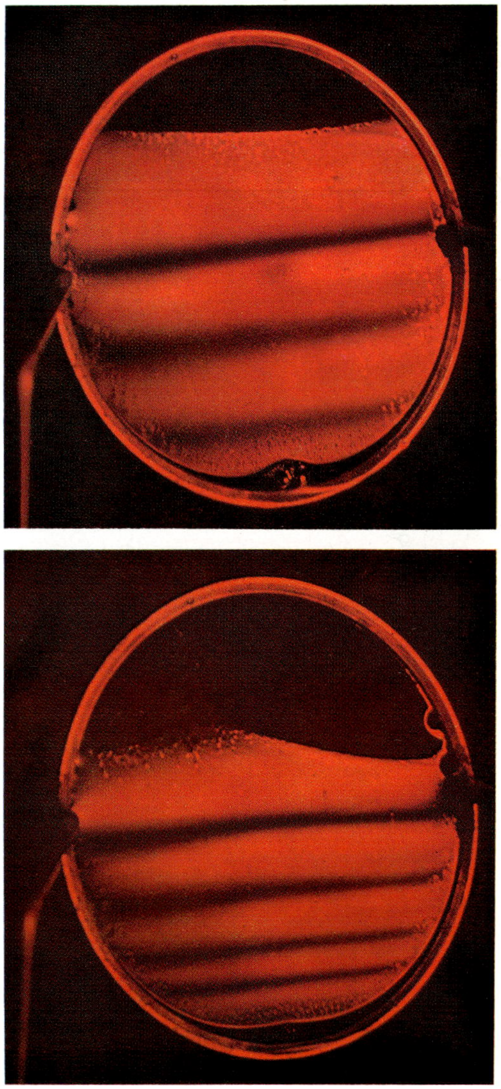

Bild 9.F. Interferenzen in reflektiertem rotem Licht an derselben Seifenhaut wie in Bild 9.E. Im oberen Bild stimmt der Zustand der Seifenhaut fast genau mit dem in Bild 9.E überein. Das untere ist wenig später aufgenommen. Da die Seifenhaut unterdessen dünner geworden ist, hat sich der dunkle Bereich weiter nach unten ausgedehnt.

Bild 9.G. Interferenzstreifen bei Reflexion an den beiden Flächen eines Luftkeils, erzeugt mit dem Licht einer Spektralfarbe. Den Keil bilden zwei Glasplatten, zwischen die links im Bild ein Blatt Papier geschoben wurde.

Wie die Farben in der Beugungsfigur bei Verwendung von weißem Licht entstehen

Bild 9.H zeigt von oben nach unten die Beugungsfiguren in demselben Einzelspaltversuch bei Verwendung von rotem, grünem, blauem und weißem Licht. Auf der Symmetrielinie der Aufnahmen erreicht jede Spektralfarbe ihr Maximum an Intensität. Die Überlagerung aller Spektralfarben ergibt den breiten weißen Streifen in der Mitte der unteren Aufnahme. Nunmehr betrachten wir die Beugungserscheinungen entlang der Linie AA. Die rote Spektralfarbe ist hier noch verhältnismäßig kräftig. Das Grün ist schon sehr viel schwächer als in der Mitte der Figur. Blau fehlt auf dieser Linie. Daher sieht die Beugungsfigur bei Verwendung von weißem Licht an dieser Stelle rötlich aus. Links neben der Linie AA tritt zu dem roten Licht in stärkerem Maße grünes und gelbes Licht, so daß in der Beugungsfigur des weißen Lichts ein gelber Streifen zu sehen ist. Rechts neben der Linie AA verschwindet die rote Spektralfarbe, während die Intensität des blauen Lichts zunimmt. Welche Farbe sieht man an dieser Stelle der Beugungsfigur bei Verwendung von weißem Licht?

Wir wenden uns der Linie BB zu, die auf derselben Seite wie die Linie AA, aber weiter von der Symmetrielinie entfernt verläuft. Auf ihr fehlt die rote Spektralfarbe fast völlig, während hier das grüne Licht kräftig strahlt und das blaue fast ganz verschwunden ist. Als Ergebnis taucht in der Beugungsfigur des weißen Lichts eine gelbliche Farbe auf, die im Spektrum im gelb-grünen Gebiet liegen könnte.

Man verfolge längs anderer Linien die Intensität der Farben von oben nach unten und erkläre die Farbe der Beugungsfigur bei Verwendung von weißem Licht.

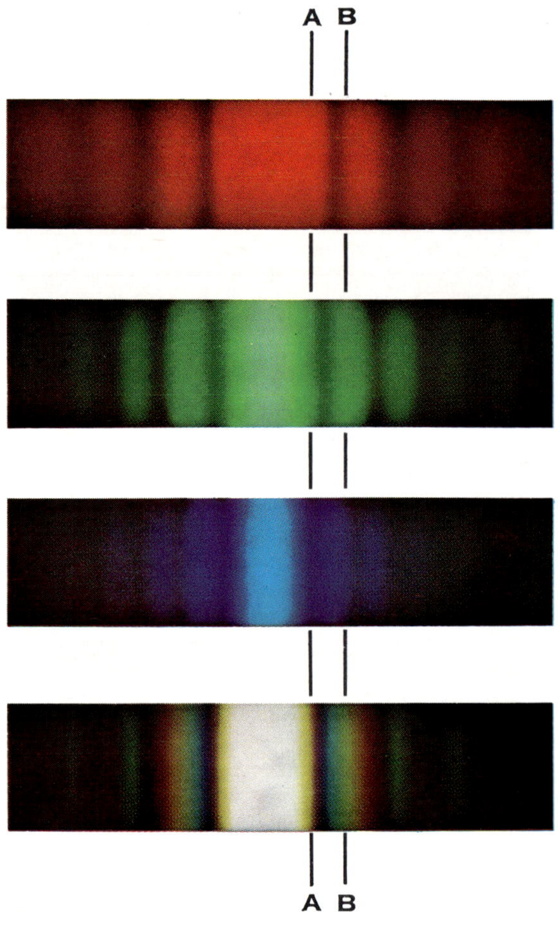

Bild 9.H. Entstehung der Farben einer Beugungsfigur im weißen Licht aus den Beugungsfiguren in den Spektralfarben.

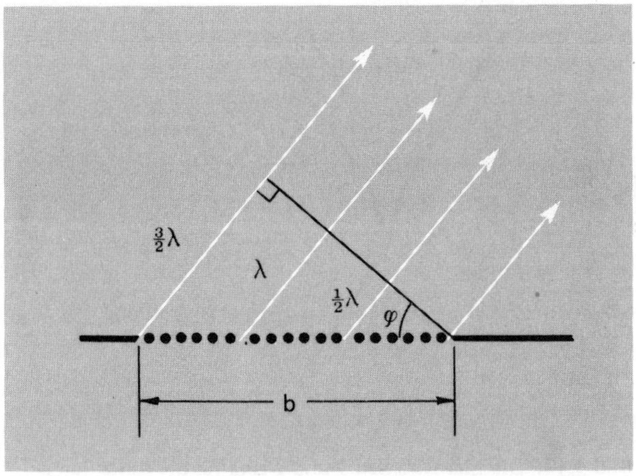

Bild 9.11. Für $\sin\varphi = \frac{3\lambda}{2b}$ verstärken sich die Wellen teilweise.

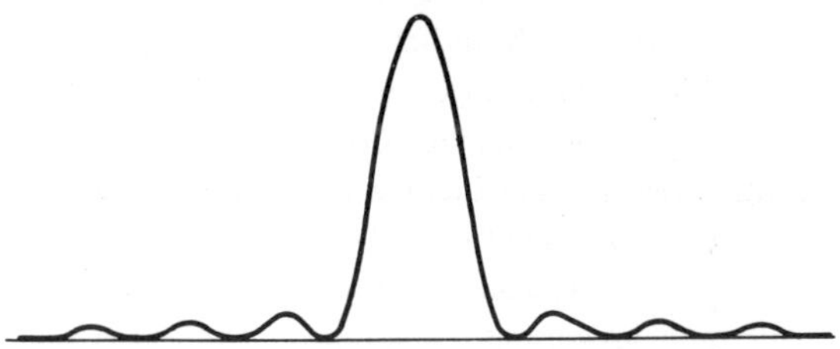

Bild 9.12. Beugungsfigur am einfachen Spalt im Licht einer einzelnen Wellenlänge. Die Intensität des Lichtes ist nach oben als Funktion des Abstandes von der Mitte aufgetragen.

der Symmetrielinie zu erwarten hätte. Das Maximum ist daher beträchtlich schwächer als das Maximum auf der Symmetrieachse, wo sich alle Wellen des Spaltes vollständig verstärken.

Außerhalb der Knotenlinie in Richtung von φ mit $\sin\varphi = \frac{2\lambda}{b}$ wird bei weiterer Vergrößerung des Winkels φ die Intensität wieder ein noch schwächeres Maximum etwa bei $\sin\varphi = \frac{5\lambda}{2b}$ erreichen und danach bei $\sin\varphi = \frac{3\lambda}{b}$ wieder auf Null zurückgehen. Die Reihe des Maxima und Minima setzt sich dann fort, wobei die Maxima immer schwächer werden, wie es Bild 9.12 zeigt.

9.7. Experimentelle Überprüfung

Wir sind nunmehr im Besitz einer Theorie, die das Auftreten der Beugungserscheinungen am Spalt mit der Spaltbreite b und der Wellenlänge λ des Lichts verknüpft. Erklärt diese Theorie nun auch die tatsächlichen Beobachtungen? Zur Prüfung muß man Spalte von genau bekannter Weite herstellen und die Abstände von der Symmetrieachse bis zu den dunklen Streifen ausmessen, die bei Verwendung von einfarbigem Licht auftreten. Die Messungen ergeben, daß die Abstände zwischen den Knotenlinien an den Seiten der Interferenzfigur konstant sind. Auch ist – wie erwartet – der Abstand der beiden Minima links und rechts vom mittleren hellen Streifen doppelt so groß wie der zwischen den anderen Minima. (Man messe die Strecken in Bild 9.D selbst nach.) Ferner nimmt auch die Intensität der Maxima mit der Entfernung vom Zentrum ab, wie es die Theorie voraussagt. Daher hat man allen Grund zu der Annahme, daß die Theorie hinreichend gut ist.

Schließlich kann man aus der Bestimmung des Abstandes der ersten Knotenlinie vom Zentrum die Wellenlänge berechnen. Mit Hilfe der Beziehung

$$\frac{x}{l} = \sin\varphi = \frac{\lambda}{b}$$

läßt sich die Wellenlänge jeder Farbe angeben. Die Werte stimmen mit denen überein, die man aus den Experimenten mit dem Doppelspalt oder mit dem Gitter gewonnen hat. Die Erklärung sowohl des Youngschen Doppelspaltversuchs als auch der Beugung am Spalt ist damit aller Wahrscheinlichkeit nach einwandfrei.

Man kann nun auch verstehen, weshalb man sich bei der Erklärung des Youngschen Doppelspaltversuchs nicht um die Beugungserscheinungen am einfachen Spalt zu kümmern brauchte. Der Younsche Versuch wurde mit sehr schmalen Spalten durchgeführt. (Wir hatten sie mit zwei Rasierklingen geritzt.) Für solche Spaltöffnungen geht der helle Mittelstreifen der Beugungsfigur eines jeden Spaltes über einen verhältnismäßig großen Winkelbereich. In genügend großer Entfernung vom Doppelspalt überlagern sich diese Bereiche, und in diesem hellen Überlagerungsgebiet beobachtet man die einfache Interferenzfigur des Doppelspalts. Die anderen Maxima aus der Beugung am einfachen Spalt liegen zu beiden Seiten außerhalb dieser Figur. Sie sind zu schwach, als daß man sie ohne weiteres beobachten könnte. Dazu müßten die Spalte breiter sein (Bild 9.13).

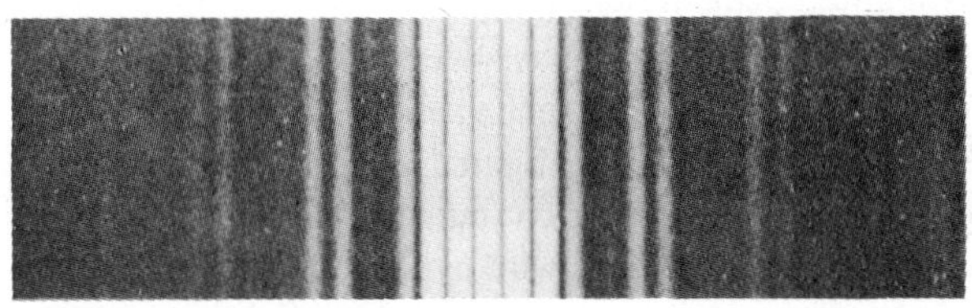

Bild 9.13. Verwendet man zwei gleiche und verhältnismäßig breite Spalte, deren gegenseitiger Abstand vergleichbar mit ihrer Breite ist, dann entsteht eine Figur, die sich aus der Beugung am einfachen Spalt und der Interferenz am Doppelspalt zusammensetzt. (Entnommen: *Bruno Rossi* „Optics", Addison-Wesley Publishing Co., 1957.)

9.8. Interferenz an dünnen Schichten

Unter den vielen Interferenzerscheinungen sind am häufigsten diejenigen zu beobachten, die bei *Reflexion des Lichts an dünnen Seifenhäutchen* entstehen. Wenn weißes Licht auf eine dünne Schicht fällt, gibt es leuchtende Farberscheinungen (Bild 9.E der Farbtafel gegenüber der Seite 128).

Um diese Farberscheinungen zu untersuchen, beschäftigen wir uns zunächst mit den Mustern, die sich im einfarbigem Licht ergeben (Bild 9.F). Im reflektierten Licht sieht man oben einen größeren Bereich völliger Dunkelheit. In diesem Bereich ist die Seifenhaut sehr dünn, weil das Wasser auf Grund seines Gewichtes nach unten gezogen wird. Es bleibt nur eine Schicht von der Dicke einiger zusammenhängender Moleküle zurück. Nach unten hin nimmt die Dicke zu. Schließlich wird die Seifenhaut so dick, daß das reflektierte Licht deutlich zu sehen ist. Darunter erscheint bei offenbar noch größerer Dicke wieder ein Bereich völliger Dunkelheit; die Reflexion bleibt aus. Das setzt sich so fort: Dunkle und helle Bereiche folgen aufeinander, wobei ihre Breite immer mehr zunimmt.

Daß die Beobachtung der hellen und dunklen Streifen auch wirklich von der Dicke der Seifenhaut abhängt, ergibt sich aus der Betrachtung der Streifen, wenn eine neu gebildete Haut herunterzulaufen beginnt. Sobald das obere Ende eine bestimmte Dicke erreicht hat, entsteht dort eine dunkle Zone. Verdünnt sich die Seifenhaut nun weiter, so läuft diese dunkle Zone auf der Schicht herab, und ein neuer dunkler Streifen bildet sich im oberen Teil. Streifen nach Streifen ziehen von oben nach unten über den Film, jeder gebunden an seine entsprechende Dicke. Schließlich breitet sich von oben ein dunkles Gebiet aus, wenn die Seifenhaut dünn genug geworden ist.

Versuche mit Keilen – beispielsweise Luftschichten zwischen Glasplatten – zeigen die Abhängigkeit von der Dicke deutlicher (Bild 9.G der Farbtafel gegenüber der Seite 129). Wird der Keilwinkel verkleinert, so wandern die Streifen, die in diesem Experiment stets gleiche Abstände untereinander besitzen, auseinander. Denn jeder Streifen gehört zu einer bestimmten Schichtdicke des Keils.

Wie kann man diese abwechselnd hellen und dunklen Streifen erklären? Sie sehen ähnlich aus wie die Youngschen Interferenzfiguren, und ihre Deutung ist fast die gleiche. Fällt Licht durch eine Schicht eines brechenden Stoffes, so wird ein Teil des Lichtes beim Auftreffen auf die erste Grenzfläche reflektiert, ein anderer Teil wird an der zweiten Grenzfläche zurückgeworfen. Man betrachte dazu Bild 4.15 oder erinnere sich an die Spiegelbilder, die im Fenster zu sehen sind, wenn man bei dunkler Nacht in einem hell erleuchteten Raum sitzt. Ist das Glas dick genug, so sind die beiden

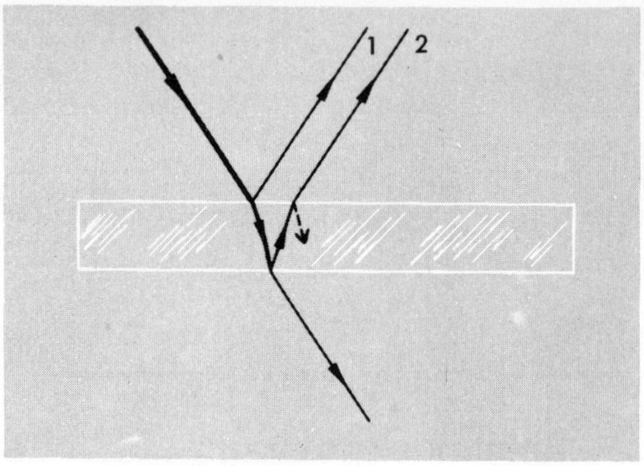

Bild 9.14. Die Lichtstrahlen 1 und 2 sind für die Reflexion an dünnen Schichten die wichtigsten.

reflektierten Bündel weit genug auseinander, und man kann sie unterscheiden. Natürlich wird ein geringer Teil des an der Unterseite reflektierten Lichtes wieder an der Oberseite reflektiert werden und nicht aus der Scheibe austreten. Einiges Licht wird auch mehrmals innerhalb der Glasscheibe hin und her geworfen. Aber bei schwach reflektierenden Stoffen wie Glas oder Seifenhaut zählt im wesentlichen nur die Reflexion beim Eintritt des Lichts und beim ersten Auftreffen auf die rückseitige Grenzfläche (Bild 9.14). Die beiden stärksten reflektierten Lichtbündel durchlaufen verschiedene Wege. Dies gilt sowohl für ein dünnes Seifenhäutchen als auch für eine dicke Glasplatte. Das erste Bündel, das an der äußeren Grenzfläche reflektiert wird, bezeichnen wir mit 1; das Bündel, das die Schicht durchdringt und dann an der zweiten Grenzfläche zurückgeworfen wird, erhält die Nummer 2. Die Interferenz zwischen diesen beiden Bündeln bringt die hellen und dunklen Streifen im reflektierten Licht einer einzelnen Farbe und die Farbeffekte bei Verwendung von weißem Licht zustande.

Man versteht das Zustandekommen der Interferenzfiguren leicht, wenn man den Sonderfall betrachtet, daß das Licht senkrecht zur Oberfläche der Schicht eintrifft und reflektiert wird. In den Bildern 9.15 bis 9.19, auf die wir uns hier beziehen, sind die Strahlen unter einem geringen Winkel zum Lot einfallend gezeichnet worden, damit man sie besser auseinanderhalten kann. (Natürlich zeigen die „Normal"-Strahlen keine Brechung, da sie senkrecht durch die Grenzfläche gehen.) Wir beginnen mit der Betrachtung einer sehr dünnen Schicht, wie sie etwa oben in der Seifenhaut von Bild 9.F zu sehen ist. Wie man aus Experimenten mit einmolekularen Schichten weiß, ist die Seifenhaut in diesem Bereich, selbst wenn sie viele Moleküldurchmesser dick ist, im Vergleich zur Wellenlänge des

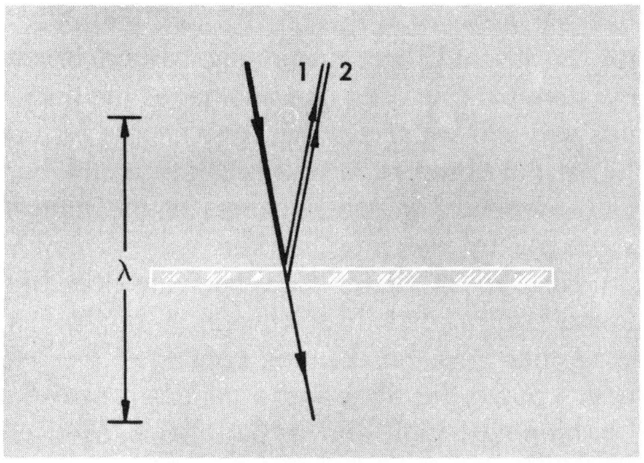

Bild 9.15. Obwohl die Wegdifferenz zwischen dem Lichtbündel 1, das an der Oberfläche der äußerst dünnen Schicht reflektiert wird, und dem Lichtbündel 2, das von der unteren Innenfläche zurückgeworfen wird, vernachlässigbar klein ist, löschen sich die beiden Bündel bei der Reflexion aus.

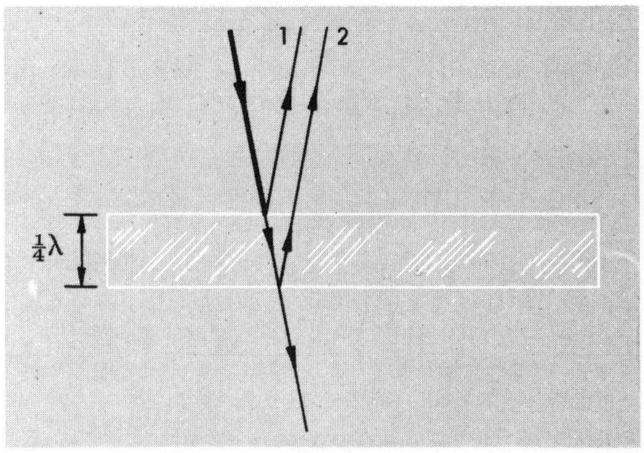

Bild 9.16. Reflexion an der Ober- und Innenseite einer $\frac{\lambda}{4}$ dicken Schicht. Da das Bündel 2 einen um $\frac{\lambda}{2}$ längeren Weg zurückzulegen hat und da die Wellenberge des Bündels 1 bei der Reflexion in Wellentäler verwandelt werden und umgekehrt, verstärken sich die beiden Bündel gegenseitig.

Lichts sehr dünn. Die Wellenlänge des gelben Lichts liegt bei $6 \cdot 10^{-7}$ m, während eine Schicht von 100 Atomen nur 10^{-8} m dick ist. Eine solche dünne Schicht ist in Bild 9.15 dargestellt. Weil die Dicke sehr viel kleiner ist als die Wellenlänge des Lichts, so ist der Gangunterschied zwischen beiden Bündeln im Vergleich zur Wellenlänge sehr gering. Man kann daher erwarten, daß in den beiden reflektieren Bündeln die Wellenberge des einen sich mit den Wellenbergen des anderen überlagern. Das reflektierte Licht sollte daher zu sehen sein. Stattdessen ist von einer Reflexion nichts zu erkennen. Der ganze obere Teil der Seifenhaut bleibt dunkel. Offenbar haben sich die Wellen der beiden reflektierten Bündel gegenseitig ausgelöscht, anstatt sich zu verstärken. Daß das Licht ausgelöscht wird, mag im ersten Augenblick verwirren. Wenn man sich jedoch an das Verhalten der Wellen bei Reflexion am Federseil erinnert, wird man es leichter verstehen. Bewegt sich ein Wellenberg auf einem Seil und wird dabei von einem anschließenden schwereren Seilstück, auf dem die Geschwindigkeit der Wellenbewegung kleiner ist, reflektiert, so verwandelt sich der Berg in ein Wellental. Trifft dagegen ein Wellenberg auf ein leichteres Seilstück, auf dem die Geschwindigkeit größer ist, so wird er als Wellenberg reflektiert (Abschnitt 6.4). Beim Licht ist die Situation entsprechend. Das Lichtbündel trifft an der äußeren Grenzfläche der Seifenhaut auf einen Stoff mit einem größeren Brechungsindex, in dem sich die Wellen mit geringerer Geschwindigkeit ausbreiten. An der zweiten Grenzfigur im Inneren der Seifenhaut trifft das Lichtbündel auf Luft, in der sich wegen des kleineren Brechungsindex das Licht schneller bewegt. Vielleicht können wir das Medium mit dem größeren Brechungsindex mit dem schwereren Seil vergleichen. Dann werden die Lichtwellen an der Außenseite der Seifenhaut so reflektiert, daß die Berge im Bündel 1 in Täler verwandelt werden und umgekehrt. Ein einfallender Wellenberg läuft als Wellental zurück. Andererseits werden die Wellenberge an der Innenseite der Seifenhaut im Bündel 2 als Wellenberge zurückgeworfen. Weil sich bei der einen Welle die Auslenkungsrichtung umkehrt, bei der anderen aber nicht, löschen sich die beiden Wellen gegenseitig aus, und man kann kein reflektiertes Licht wahrnehmen.

Wir wollen nun überlegen, was geschieht, wenn die Schicht dicker wird. Das Bündel 2 muß auf seinem Hin- und Rückweg die Schicht durchqueren und legt einen größeren Weg zurück als das andere Bündel, das an der Oberseite reflektiert wird. Die Berge im Bündel 2 bleiben daher immer mehr zurück, wenn die Schichtdicke wächst. Beträgt die Dicke gerade eine Viertelwellenlänge, so ist der Lichtweg in der Schicht insgesamt eine halbe Wellenlänge lang. Die Wellenberge dieses Bündels bleiben also um eine halbe Wellenlänge hinter denen des ersten Bündels zurück (Bild 9.16). Statt nun mit den Wellentälern des Bündels 1 zusammenzufallen, wie es bei der dünnen Schicht der Fall war, sind sie jetzt soweit verschoben, daß sie gerade mit den Wellenbergen zusammentreffen. Die Wellenberge beider Bündel summieren sich also, und die gesamte Intensität des reflektierten Lichts erreicht ein Maximum[1]).

Lassen wir die Schichtdicke weiter anwachsen, so bleiben die Wellenberge des an der Innenseite reflektierten Lichts noch weiter zurück. Beträgt die Schichtdicke eine halbe Wellenlänge, so beträgt der Lichtweg

[1]) Natürlich ist hier immer von der Wellenlänge innerhalb der Seifenhaut die Rede, nicht von der Vakuumwellenlänge.

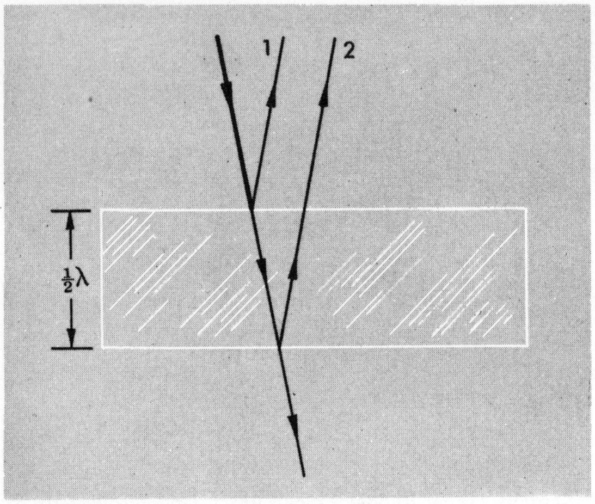

Bild 9.17. Reflexion an einer Schicht von der Dicke einer halben Wellenlänge. Der Gangunterschied beträgt eine Wellenlänge, und die Wellen vom Bündel 1 werden bei der Reflexion umgedreht. Folglich löschen sich beide Bündel aus.

auf dem Hin- und Herweg in der Schicht gerade eine Wellenlänge. Da die Wellenberge des Bündels 2 nun um eine ganze Wellenlänge zurückbleiben, fallen sie mit den Wellentälern des Bündels 1 zusammen, wie es auch schon bei der sehr dünnen Schicht der Fall war (Bild 9.17). Die Wellenberge und Wellentäler der beiden Strahlen löschen sich gegenseitig aus. Man sieht bei dieser Schichtdicke im reflektierten Licht einen dunklen Streifen. Bei weiterer Vergrößerung der Schichtdicke kommt man nach jeder Zunahme um eine Viertelwellenlänge von einem Bereich, in dem keine Reflexion stattfindet, in einen solchen, bei dem das Licht in maximaler Weise reflektiert wird, oder umgekehrt. Das Licht wird nicht reflektiert, wenn die Schichtdicke $\frac{1}{2}\lambda$, λ, $\frac{3}{2}\lambda$, usw. beträgt. Ein Maximum der Reflexion ist für die Schichtdicke $\frac{1}{4}\lambda$, $\frac{3}{4}\lambda$, $\frac{5}{4}\lambda$ usw. zu erwarten. Das ist auch der Grund dafür, daß die hellen und dunklen Streifen bei einem Keil gleiche Abstände aufweisen. Die Dicke des Keils wächst nämlich gleichmäßig an, so daß die Streifen in konstanten Abständen wechseln.

9.9. Interferenz beim Durchgang durch dünne Schichten

Die Intensität des von einer dünnen Schicht reflektierten Lichts ändert sich mit der Schichtdicke. Was geschieht nun mit dem durchgelassenen Licht? Wird kein Licht reflektiert, so erwartet man, daß die Intensität des durchgelassenen Lichts gleich der des einfallenden ist. Experimente bestätigen diese Vermutung. Bei Schichtdicken $\frac{1}{2}\lambda$, λ, $\frac{3}{2}\lambda$ usw. wird das gesamte Licht hindurchgelassen. Die Intensität des durchgelassenen

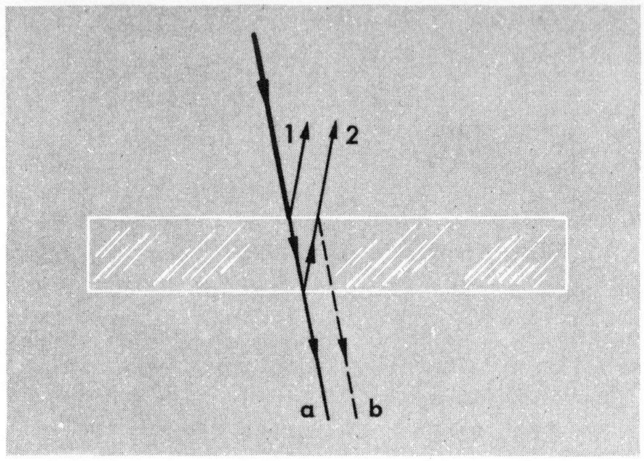

Bild 9.18. Im durchfallenden Licht überlagern sich der unreflektierte Strahl a und der zweimal reflektierte Strahl b.

Lichts ist ferner bei solchen Schichtdicken, bei denen Reflexion erfolgt, sehr viel geringer als die des reflektierten Lichts.

Mit Hilfe der Interferenz läßt sich verstehen, weshalb das durchgelassene Licht schwächer wird, wenn die Intensität des reflektierten Lichts ansteigt. Wie das reflektierte Licht besteht auch das durchgelassene aus zwei miteinander interferierenden Lichtbündeln. Es ist einmal das Licht, das ohne Reflexion die Schicht durchläuft, und dann das Licht, das zweimal im Innern der Schicht reflektiert wird (Bild 9.18). Weitere Reflexionen schwächen das Licht zu sehr, als daß es dann noch von Bedeutung wäre.

Nun soll untersucht werden, wie sich die beiden Bündel a und b in Bild 9.18 für zwei verschiedene Schichtdicken überlagern, nämlich einmal bei einer Schichtdicke, bei der keine Reflexion erfolgt, und dann bei einer anderen Schichtdicke, bei der das Licht maximal zurückgeworfen wird. Eine Reflexion findet nicht statt, wenn die Schicht $\frac{1}{2}\lambda$ dick ist. In diesem Fall (Bild 9.19) ist die zweimal reflektierte Welle b um eine ganze Wellenlänge infolge des Hin- und Herlaufens in der Schicht gegenüber der unreflektierten Welle a zurückgeblieben. Ein Wellenberg der zweimal reflektierten Welle wird deshalb an der Unterseite der Schicht mit einem Wellenberg der hindurchgehenden Welle zusammentreffen. Die beiden Wellenberge addieren sich. Die Wellenberge sind im durchgelassenen Licht höher als im unreflektierten Licht.

Hat andererseits die Reflexion ein Maximum erreicht, wie es z.B. bei einer Schichtdicke von $\frac{1}{4}\lambda$ der Fall ist, muß die zweimal reflektierte Welle im Vergleich mit der direkt durchgelassenen Welle zusätzlich einen Weg von $\frac{1}{2}\lambda$ zurücklegen. Ein Wellenberg von a trifft deshalb mit einem Wellental von b zusammen, und die Überlagerung der beiden Wellen a und b hat Wellenberge und Wellentäler von geringerer Amplitude im

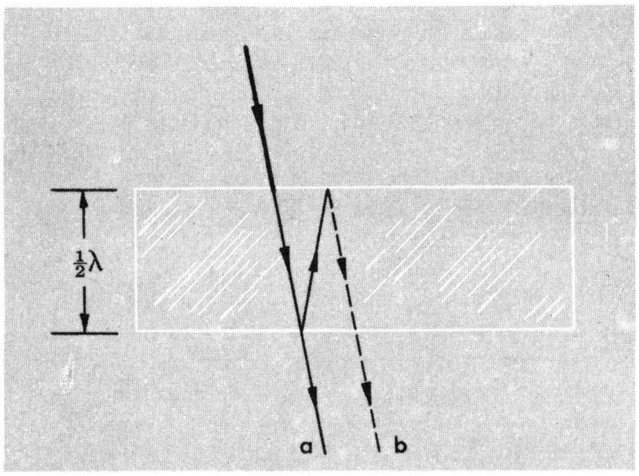

Bild 9.19. Der durchgelassene Lichtstrahl a und der zweifach reflektierte Strahl b besitzen bei einer Schichtdicke von $\frac{\lambda}{2}$ einen Gangunterschied von λ und verstärken sich daher.

durchfallenden Licht zur Folge. Man sieht: Wenn das Licht nicht von der Schicht reflektiert wird, so ist das durchgelassene Bündel intensiver; wenn dagegen die Reflexion ein Maximum erreicht, dann ist das durchgelassene Licht schwächer. Rechnet man die Einzelheiten durch, so findet man, daß die Summe der Intensitäten des durchgelassenen und des reflektierten Lichts gleich der Intensität des einfallenden Lichts ist.

9.10. Farberscheinungen bei Interferenz

Die bisherigen Erklärungen haben sich auf solche Interferenzerscheinungen beschränkt, die durch das Licht einer bestimmten Farbe erzeugt werden. Wir kommen nun zurück auf die Interferenzfiguren von weißem Licht, die auf der Farbtafel (gegenüber den Seiten 128 und 129) zu sehen sind, und wollen die vielen leuchtenden Farben der Interferenzen erklären. Man überlegt sich die Interferenzfigur für jede Spektralfarbe gesondert. Für jede Stelle läßt sich angeben, welche Spektralfarbe auftritt und welche fehlt. Damit kann man für jede Stelle die Farbwirkung angeben, die man dort bei Verwendung von weißem Licht sehen kann. Fehlt beispielsweise an einer Stelle das blaue Licht und ist dort das rote Licht besonders kräftig, so wird man dort eine Farbe erwarten dürfen, die zum roten Ende des Spektrums gehört, also ein Gelb oder ein Rot. Treten an einer anderen Stelle dagegen nur die Farben Rot und Blau auf, so wird dort Purpur zu sehen sein. Dieser Vorgang ist in Bild 9.H und in dem begleitenden Text dargestellt. Als Beispiel ist dort die Farbaddition bei der Beugung am Einfachspalt beschrieben. Man kann in gleicher Weise die Farben bei den Youngschen Interferenzfiguren, bei den Interferenzen an dünnen Schichten und bei allen anderen Interferenzerscheinungen erklären.

9.11. Abschließender Überblick

In den letzten Kapiteln wurde das *Verhalten des Lichts* untersucht. Wir begannen mit den einfachsten Eigenschaften, der *Ausbreitung* im Vakuum, mit der *Reflexion* und der *Brechung.* Wir versuchten, diese Eigenschaften mit dem Teilchenmodell des Lichts zu erklären. Wir sind dann zu den charakteristischen Welleneigenschaften des Lichts übergegangen und haben die *Beugungs-* und *Interferenz*erscheinungen studiert. In der Wellenwanne konnten wir das Verhalten der Wellen direkt beobachten.

Es hat sich herausgestellt, daß sich das Licht wie eine Wellenerscheinung verhält. Es wird nicht nur wie eine Welle reflektiert und gebrochen, es weist auch die typischen Interferenzerscheinungen auf. Reflexion und Brechung konnte man noch mit dem Teilchenmodell erklären, die Interferenzerscheinungen sind aber charakteristisch für Wellen. Nach dem experimentellen Nachweis von Interferenzen bei Licht ist die Wellennatur des Lichts nie mehr bezweifelt worden. Obwohl das Licht schon seit langem das Interesse der Forscher gefunden hat, werden noch immer neue Eigenschaften des Lichts entdeckt. Zu Beginn unseres Jahrhunderts konnte man nachweisen, daß die Röntgenstrahlen Lichtwellen sind. Ihre Wellenlänge hat man mit Hilfe von Interferenzen bestimmt. Man hat aber auch entdeckt, daß das Licht Teilcheneigenschaften besitzen muß. Unter gewissen Bedingungen kann man sogar diese Teilchen zählen, wie wir später noch sehen werden. *Man beginnt heute zu verstehen, wie man sowohl Welleneigenschaften als auch Teilcheneigenschaften des Lichts durch eine einheitliche Theorie beschreiben kann.*

Wahrscheinlich sind für den Leser manche Fragen über das Licht unbeantwortet geblieben. Zum Beispiel die, in welcher Weise die Intensität des Lichts von der Höhe der Welle, ihrer Amplitude, abhängt. Wir wollen hier darauf nicht antworten, doch man könnte die Antwort sehr wohl geben. Wahrscheinlich haben sich andere Leute auch schon mit den meisten Fragen beschäftigt, die man selbst stellen möchte. Einiges davon ist sicherlich schon geklärt. Eine ganze Reihe von Fragestellungen hat zu großartigen Entwicklungen geführt. Ein Beispiel ist die *Frage nach dem Medium,* das Licht zu seiner Ausbreitung benötigt. Die Ausbreitung des Lichts wird in verschiedenster Weise von den einzelnen Stoffen beeinflußt. Das Licht breitet sich aber auch im Vakuum aus. Wenn man die Existenz eines Mediums für die Ausbreitung im Vakuum voraussetzt (man nannte dieses Medium *Äther*), dann wird sich zeigen, daß man diesen Äther nicht nachweisen kann. Der Fehlschlag der Experimente, die zum Nachweis des Äthers entworfen wurden, war für *Einstein* einer der wichtigsten Gründe, seine Relativitätstheorie zu entwickeln.

Man kann noch manches mehr über das Licht erfahren, und man kann auch die Wellen im allgemeinen sehr viel gründlicher studieren. Der Zusammenhang zwischen der Amplitude einer Welle und der Intensität des Lichts ist in der Tat ein wichtiges Problem. So steht es auch mit vielen anderen Fragen. Um das ein wenig auszuführen, bringen wir zum Abschluß dieses Kapitels ein letztes Beispiel.

Vielleicht hat der Leser es schon selbst einmal erfahren oder zumindestens davon gehört, daß in einigen Räumen, besonders in solchen mit glatten ungegliederten Wandflächen, sogenannte „Totzonen" existieren können. In ihnen kann man einen Ton von bestimmter Frequenz nicht hören. In der Nachbarschaft ist der Ton deutlich vernehmbar. Man kann diesen Effekt am einfachsten mit einem Pfeifton höherer Frequenz nachweisen. Die Erscheinung tritt durch die Interferenz zwischen den von der Schallquelle ankommenden und den an den Wänden reflektierten Wellen ein. Bei einer bestimmten Frequenz bilden sich Knoten und Bäuche im Raum aus, die man gewöhnlich als *stehende Wellen* bezeichnet.

Bei Wellenwannenversuchen kann man beobachten, wie Wellen senkrecht auf ein Hindernis treffen und dann in umgekehrter Richtung zurücklaufen. Sind die einfallenden und die reflektierten Wellenberge etwa von gleicher Größe, dann kann man in der Nähe des Hindernisses in regelmäßigen Abständen Stellen beobachten, an denen sich das Wasser in Ruhe befindet. Sie wechseln sich mit anderen Stellen ab, in denen sich die Wasseroberfläche wahrscheinlich ständig auf und ab bewegt. Man hat nicht den Eindruck, daß sich die Wellen weiter bewegen. Wir haben es also wieder mit einem Beispiel stehender Wellen zu tun. Stehende Wellen treten bei allen möglichen Wellenerscheinungen auf. Bei der Untersuchung von Materiewellen werden wir kurz auf sie zurückkommen.

Aufgaben

1*. In einer Wellenwanne von der Größe eines Sees werden lange Wellen erzeugt. Wie kann man bei Dunkelheit in einem Boot sitzend die Knotenlinien finden?

2. Warum läßt sich im Licht zweier Glühlampen keine Interferenz beobachten?

3. Weißes Licht geht durch einen Doppelspalt, bei dem der Spaltabstand 0,2 mm beträgt. In der entstehenden Interferenzfigur ist der Abstand der benachbarten schwarzen Streifen 0,32 cm. Die Entfernung zum Schirm, auf dem die Interferenzfigur aufgefangen wird, wird zu 130 cm vermessen. Man bestimme die durchschnittliche Wellenlänge des weißen Lichts.

4. Eine rote Lichtquelle erzeugt am Doppelspalt (Spaltabstand 0,01 cm) eine Interferenzfigur. In welcher Entfernung vom Doppelspalt werden benachbarte dunkle Streifen einen Abstand von einem Zentimeter besitzen? Wie groß wird an dieser Stelle der Abstand der Linien bei violettem Licht sein?

5. Im Doppelspaltversuch werde Licht der Wellenlänge λ benutzt, der Abstand der Spalte sei d. Unter welchen Winkeln wird man nach diesen Voraussetzungen die Intensitätsmaxima der Interferenzfigur beobachten können?

6. Man kann sich zwei spaltförmige Lichtquellen, die wie beim Doppelspaltversuch eng beieinander liegen und Wellen in konstanter Phasenbeziehung aussenden, leicht dadurch verschaffen, indem man das Licht eines Spaltes einmal direkt auffängt und es mit dem Licht überlagert, das von derselben Lichtquelle kommt und an einer Glasplatte reflektiert wird, wie es Bild 9.20 zeigt. Die Interferenzstreifen beobachtet man mit einem einfachen Vergrößerungsglas, das man auf den Rand der Glasplatte fokussiert. Man sieht dabei, daß die dunklen Streifen über der Glasplatte gleiche Abstände besitzen.
   a) Was sagt dieses Versuchsergebnis über die Phasenbeziehungen zwischen den beiden Lichtquellen aus?

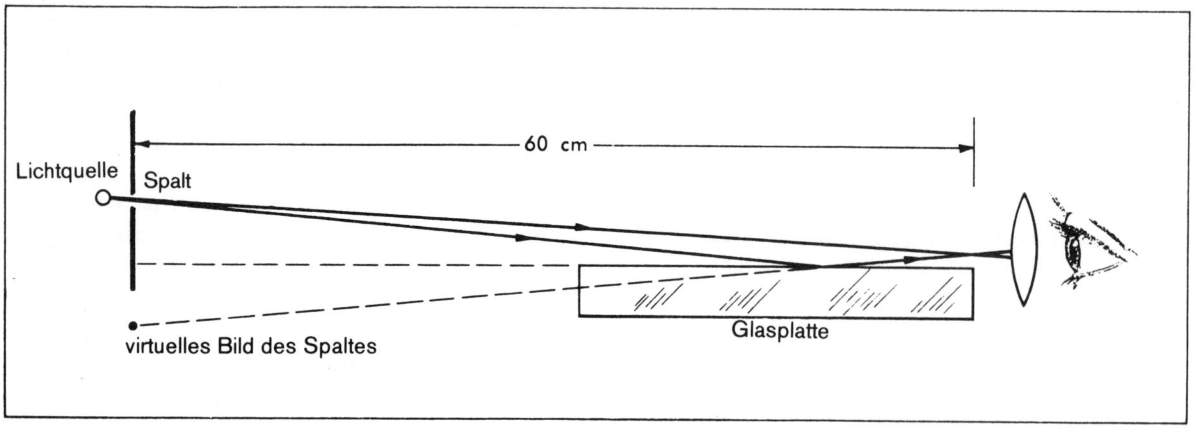

Bild 9.20. Zur Aufgabe 6

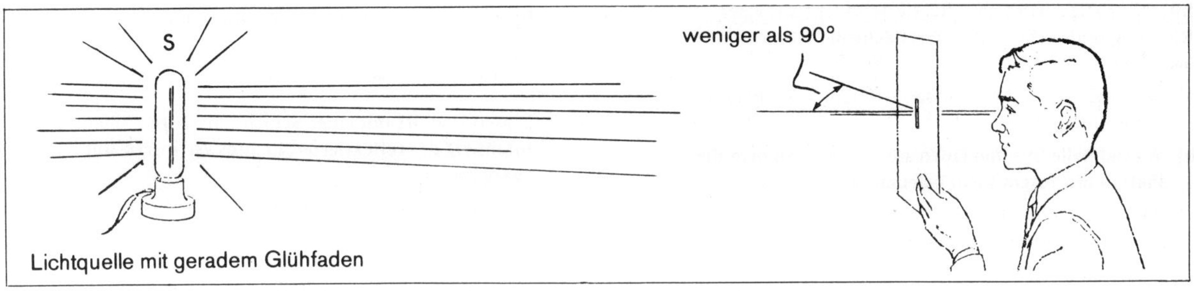

Bild 9.21. Zur Aufgabe 12. Die Lichtstrahlen fallen schräg durch einen einfachen Spalt.

b) Der Abstand zwischen der Spaltebene und der vorderen Kante der Glasplatte beträgt 60 cm. Bei einer Wellenlänge von 540 nm des benutzten Lichts sind die schwarzen Streifen 0,9 mm voneinander entfernt. Wie weit ist der Lichtspalt von der (verlängerten) Ebene der Glasplatte entfernt?

7*. Wie weit breitet sich Licht während $3 \cdot 10^{-9}$s in Luft aus?

8. Man berechne die Periode des gelben Lichts. Wieviel Wellenlängen gehören zu einem einzelnen Wellenzug, den ein Atom während eines Emissionsvorgangs ausstrahlt?

9*. In der Interferenzfigur am Doppelspalt, die mit dem gelben Licht des Natriums entworfen wird, beträgt der Abstand der Knotenlinien 1,0 mm. Welchen Abstand hätten die Linien des violetten Lichts einer Kaliumlampe bei der gleichen Anordnung?

10*. Wie groß ist das Verhältnis der Abstände der Knotenlinien in Bild 9.H (gegenüber der Seite 129) zwischen dem roten und dem blauen Licht?

11. Durch welche optische Methode läßt sich die Weite eines engen Spaltes ausmessen?

12. Wie ändert sich die Beugungsfigur am Einfachspalt, wenn man den Spalt wie in Bild 9.21 dreht, so daß die Spaltebene nicht mehr senkrecht zur Verbindungslinie Spalt-Lichtquelle steht? Begründung.

13.* Warum ist die teilweise Verstärkung in der Richtung, die das Bild 9.11 angibt, bei der Interferenzfigur am Einfachspalt soviel geringer als im mittleren Maximum desselben Spalts?

14. a) Unter welchen Winkeln findet man die ersten drei Knotenlinien der Beugungsfigur, wenn gelbes Licht durch einen 1 mm weiten Spalt fällt?
b) Die Spaltbreite sei 10 mal so groß.
c) Sie sei $\frac{1}{10}$ mal so groß.

15. Welchen Einfluß hat es auf die Beugungsfigur, wenn man in Bild 9.8
a) die rechte Hälfte der Wellenzentren verdeckt?
b) das äußere linke und äußere rechte Viertel abdeckt?

16. Man zeige, daß man bei Verwendung von drei parallelen Spalten, die jeweils um die Strecke d voneinander entfernt sind, die Intensitätsmaxima in der gleichen Richtung wie beim Doppelspalt mit gleichem Spaltabstand erhält, wenn man Licht derselben Wellenlänge benutzt.

17. Drei Lautsprecher senden phasengleich den gleichen Ton von 1000 Hz aus. Die Schallquellen stehen jeweils im Abstand von 2 m.
a) In welcher Richtung hört man keinen Ton? (Die Schallgeschwindigkeit beträgt etwa 300 $\frac{m}{s}$.)
b) Wie wird das Experiment verlaufen, wenn man es in einem Raum mit glatten festen Wänden durchführt?

18. Welche dunklen Streifen in Bild 9.13 stammen von der Beugung am Einfachspalt und welche sind auf die Interferenz am Doppelspalt zurückzuführen?

19.* Wie ändern sich in Bild 9.G (gegenüber der Seite 129) die Streifenabstände, wenn man rotes Licht statt des grünen benutzt?

20.* Wie groß ist die Wellenlänge des grünen Lichts in Wasser? Die Wellenlänge im Vakuum werde mit 560 nm angenommen, die Lichtgeschwindigkeit in Wasser beträgt $\frac{3}{4}$ c.

21.* Aus verschiedenen Materialien seien dünne Schichten von $\frac{1}{4}$ λ Dicke – sogenannte Viertelwellenlängen-Blätter – für rotes Licht von 610 nm angefertigt. Haben alle Schichten die gleiche Dicke?

22.* Wie wirkt es sich auf die Interferenzfigur von Bild 9.G (gegenüber Seite 129) aus, wenn man links zwischen die beiden Glasplatten zwei Blätter Papier statt eines Blatts schiebt?

23. Unter Benutzung der Aufnahmen in Bild 9.F stelle man die Schichtdicke der Seifenhaut in Abhängigkeit vom vertikalen Abstand zeichnerisch dar.

24. Zwei Glasplatten von 10 cm Länge bilden einen Luftkeil wie in Bild 9.G. Die Platten sollen dabei an einem Ende durch ein menschliches Haar mit einem Durchmesser von 0,09 mm auseinander gehalten werden. Die

Interferenzfigur wird im reflektierten Licht aus einer Richtung senkrecht zu der Oberfläche der Glasplatten beobachtet.

a) Wie groß ist der Abstand der Streifen, wenn blaues Licht einfällt?

b) Wieviel helle Streifen fallen auf 1 cm, wenn man die Platten mit rotem Licht beleuchtet?

c) Befindet sich am Ende des Keils, wo sich die Platten berühren, ein Maximum oder ein Minimum der Reflexion?

d) Beschreiben Sie, bei welchen Wellen in diesem Experiment nach der Reflexion Wellental und Wellenberg vertauscht sind.

25. Man betrachte Bild 9.19.

a) Wie groß ist der Gangunterschied zwischen den Bündeln a und b?

b) Wie oft werden die Wellen umgeklappt?

c) Welcher Phasenunterschied besteht zwischen den Wellen der Bündel a und b?

26. Linsen sind oft mit einer Schicht überzogen, die die Intensität des reflektierten Lichtes verringern soll (Vergütung).

a) Wie groß ist die kleinste Dicke einer Schicht mit dem Brechungsindex 1,3, die bei gelbem Licht ein Minimum der Reflexion bewirkt?

b) Weshalb zeigen diese Linsen häufig im reflektierten Licht eine purpurne Farbe?

27. Können Sie begründen, weshalb man keine Interferenzen beobachten kann, wenn Licht an den beiden Oberflächen einer Fensterscheibe reflektiert wird?

10. Angewandte Optik

In den vorangehenden Kapiteln wurden die grundlegenden Gesetze erörtert, durch die das Verhalten des Lichts am besten beschrieben wird. Zur Ermittlung dieser Gesetze haben wir mit dem Licht unter einfachsten Bedingungen experimentiert: Wir beobachteten die Reflexion des Lichts an einem ebenen Spiegel; wir untersuchten die Brechung des Lichts an der Grenzfläche zweier Medien, und wir betrachteten die Interferenz beim Durchgang des Lichts durch einen Doppelspalt. Im Zusammenspiel von Theorie und Experiment ließen sich die Ergebnisse neuer Experimente voraussagen. Stets hatten wir dabei jedoch nur das eine Ziel vor Augen, nämlich das Verhalten des Lichts noch genauer zu verstehen.

In diesem Kapitel stellen wir uns eine andere Aufgabe: Aus den bisherigen Kenntnissen über die Gesetzmäßigkeiten des Lichts sollen Geräte entwickelt werden, die für den Menschen von Nutzen sein können. Aus der Kenntnis des Reflexions- und des Brechungsgesetzes und aus dem Verständnis für die Wellennatur des Lichts lassen sich Geräte wie Fernrohr und Mikroskop entwickeln, mit denen dann schon äußerst spezialisierte Aufgaben durchgeführt werden können.

10.1. Parabolspiegel

Französische Forscher untersuchten auf dem Gipfel des Pic du Midi in den französischen Pyrenäen die Wirkungen hoher Temperaturen. Es gelang ihnen, das Sonnenlicht mit Hilfe von Spiegeln so zu bündeln, daß man Stahl „kochen" konnte. In Indien benutzen die Hausfrauen billige „Spiegelöfen", mit deren Hilfe sie das Essen kochen. Die Astronomen verwenden in ihren Fernrohren riesige Spiegel, um das schwache Licht von weit entfernten Sternen aufzufangen und zu sammeln. Auf diese Weise lassen sich auch Sterne photographieren, die man mit bloßem Auge nicht sehen kann. Wie sind nun die Spiegel geformt, die das Licht sammeln?

Mit einem ebenen Spiegel läßt sich das Licht nicht bündeln; denn durch einen ebenen Spiegel wird das Licht zerstreut – es scheint dabei von einer (virtuellen) Lichtquelle hinter dem Spiegel herzukommen. Nimmt man aber mehrere ebene Spiegel zur Hilfe, so kann man mehrere Lichtbündel von ein- und derselben Lichtquelle an einer Stelle zur Überlagerung bringen. Die Lichtquelle sei sehr weit entfernt – wir wählen beispielsweise einen Stern –, dann treffen die Lichtbündel parallel auf die Spiegel. Je weiter die Lichtquelle entfernt ist, um so kleiner ist der Winkel zwischen den einzelnen Lichtbündeln. Das Licht eines Sterns erreicht also die Erde praktisch parallel. In Bild 10.1 sind 25 Spiegel auf einem Grundbrett um kleine Winkel

Bild 10.1. Ein Parabolspiegel ist angenähert aus einzelnen ebenen Spiegeln zusammengesetzt.

verkantet angebracht. Das parallel ankommende Licht geht nach der Reflexion durch einen engen Bereich. Diese Stelle ist gut zu erkennen, weil das Licht der sich dort kreuzenden Lichtbündel an Rauchteilchen gestreut wird. Der übrige Raum ist zwar auch von Rauch erfüllt, bleibt aber dunkler, weil dorthin nur wenig Licht gelangt. Die Lichtbündel überlagern sich nur in einem kleinen Bereich und laufen danach unbeeinflußt von den anderen auseinander.

Man kann das Licht noch stärker konzentrieren, wenn man die Spiegel kleiner macht und ihre Anzahl erhöht. Jeder der fünfundzwanzig Spiegel werde beispielsweise geviertelt, und die Teile werden ebenfalls leicht verkantet. Dann nimmt jedes Bündel nur ein Viertel des Raumes ein, an dem sich die Bündel kreuzen. Das Licht wird also in einem wesentlichen kleineren Bereich konzentriert. Durch nochmalige Teilung läßt sich der Bereich, in dem sich die Bündel überlagern, weiter verkleinern. Bei jeder Teilung werden die Strahlenbündel schmaler. Damit schrumpft der Bereich, in dem sie sich alle überlagern, ebenfalls zusammen. Setzt man das Verfahren fort, so werden schließlich die Spiegel so klein wie nur möglich. Immer aber fangen sie zusammen die gleiche Lichtmenge wie die ersten fünfundzwanzig Spiegel auf. Sie reflektieren ebenfalls alles Licht und schikken es durch eine einzige sehr kleine Stelle vor dem Spiegel.

In Wirklichkeit ist es natürlich sehr schwierig, die Spiegel immer wieder zu zerschneiden und sie so anzubringen, daß sie das gesamte Licht nur durch einen Punkt reflektieren. Man kann das Verfahren auf einfachere Weise demonstrieren, indem man paralleles

Bild 10.2.
a) Das Licht wird durch 5 ebene Spiegeln gebündelt.
b) Erhöht man die Zahl der Spiegel auf 10, so schneidet sich das Licht in einem kleineren Bereich.

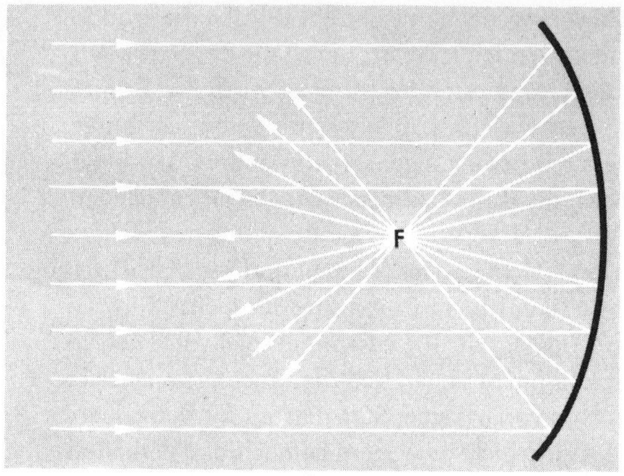

Bild 10.3. Ein gewölbter Spiegel sammelt das Licht in einem Punkt.

Licht auf einer Strecke statt in einem Punkt konzentriert. Zwei Schritte auf diesem Wege sind in Bild 10.2 dargestellt. Man kann sich leicht vorstellen, daß sich bei einem entsprechenden räumlichen Verfahren alles Licht in einem einzigen Punkt kreuzt.

Werden die ebenen Spiegel immer weiter unterteilt und entsprechend Bild 10.1 räumlich angeordnet, nähert sich diese Konstruktion immer mehr einer bestimmten Spiegelform, bei der die Oberfläche schließlich kontinuierlich gekrümmt ist. Man kann sich daher vorstellen, daß ein leicht gekrümmter, glatter Spiegel entsteht, der paralleles Licht in einem Punkt sammelt. Die Form der gekrümmten Oberfläche wird als Teil eines Rotationsparaboloids durch das Konstruktionsverfahren bestimmt. Den Spiegel selbst nennt man *Parabolspiegel.* Der Punkt F, durch den das reflektierte Licht gebündelt wird, heißt *Brennpunkt* des Parabolspiegels (F Focus = Brennpunkt). Bild 10.3 gibt den Schnitt durch den Brennpunkt parallel zum einfallenden Licht wieder. Die eingezeichneten Strahlen zeigen, wie das Licht reflektiert wird. Nach dem Reflexionsgesetz verlaufen sie auch nach der Spiegelung in der Einfallsebene, und daher sind auch in der Zeichnung Einfalls- und Reflexionswinkel gleich groß. Die dargestellte Kurve, die sich als Schnitt des Parabolspiegels mit einer Ebene ergibt, heißt *Parabel.* Die Form des Spiegels ist ein Rotationsparaboloid, weil man sie sich durch Rotation der Parabel um die Symmetrieachse entstanden denken kann.

Bei der Herstellung eines Parabolspiegels geht man gewöhnlich von einer gekrümmten Oberfläche aus, die schon näherungsweise parabolisch verläuft. Diese Form verändert man solange durch Schleifen und Polieren, bis schließlich das parallel zur Achse einfallende Licht genau durch einen Punkt, den Brennpunkt F, reflektiert wird.

10.2. Scheinwerfer

Das gesamte Licht, das parallel zur Achse auf einen Parabolspiegel fällt, wird so reflektiert, daß es durch den Brennpunkt geht. Da das Licht einen vorgegebenen Weg in beiden Richtungen durchlaufen kann, so kann man auch, wenn man eine kleine, aber sehr kräftige Lichtquelle in den Brennpunkt des Parabolspiegels stellt, einfallende und reflektierte Strahlen miteinander vertauschen. Das vom Brennpunkt ausgehende Licht breitet sich nach der Reflexion parallel zur Achse des Spiegels aus. Nach diesem Prinzip sind viele Scheinwerfer konstruiert (Bild 10.4). Da sämtliches Licht, soweit es auf die Spiegeloberfläche trifft, parallel reflektiert wird, reicht das intensive Lichtbündel des Scheinwerfers über große Entfernungen. Innerhalb des Kegels AFB trifft das von der Lichtquelle ausgesandte Licht nicht auf den Spiegel. Aber auch dieses Licht kann zu dem Lichtbündel des Scheinwerfers beitragen, indem

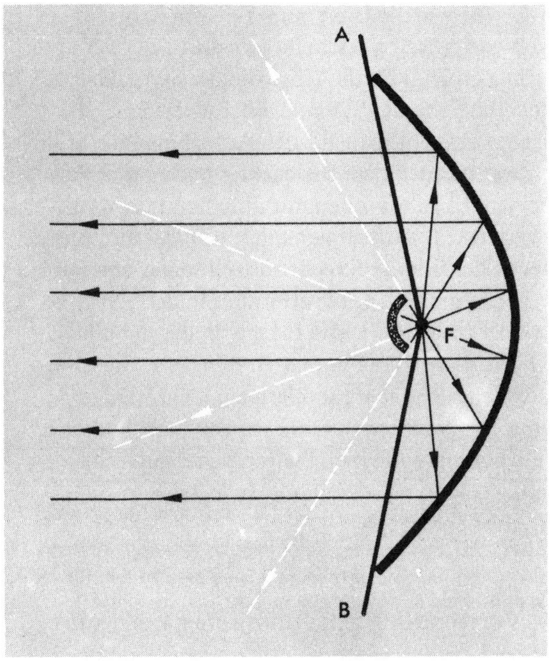

Bild 10.4. Strahlengang in einem Scheinwerfer. Die schwarz eingezeichneten Strahlen werden parallel reflektiert. Die weißen werden durch einen kleinen, grau eingezeichneten Kugelspiegel in sich reflektiert und gelangen dadurch ebenfalls auf den Parabolspiegel.

man einen kleinen sphärischen Spiegel (in Bild 10.4 grau gesprenkelt eingezeichnet) so vor der Lichtquelle anbringt, daß der Mittelpunkt des Kugelausschnittes mit der Lichtquelle zusammenfällt. Solch ein sphärischer Spiegel wirft das Licht in den Brennpunkt zurück, weil die Strahlen immer senkrecht auf die Spiegeloberfläche treffen und damit auf demselben Wege zum Parabolspiegel zurückgeschickt werden. Selbstverständlich wird durch den kleinen Kugelspiegel ein Teil aus dem Zentrum des Parabolspiegels abgedeckt. Jedoch ist dieser Lichtverlust nicht allzu bedeutend, falls der sphärische Spiegel nur klein genug gegenüber dem Parabolspiegel ist und möglichst in der Nähe der Lichtquelle beim Brennpunkt F aufgestellt ist.

Die Breite des parallelen Strahlenbündels, das vom Scheinwerfer ausgesandt wird, hängt nur von der Öffnung des Parabolspiegels ab. Ferner ist die Konstruktion des Spiegels durch den Abstand zwischen dem Brennpunkt und dem Mittelpunkt auf der Spiegeloberfläche bestimmt. Durch diesen Abstand ist die Form des Spiegels eindeutig festgelegt. Der Abstand des Brennpunktes F vom Spiegelzentrum ist daher besonders wichtig. Man hat ihm einen besonderen Namen gegeben und bezeichnet ihn als *Brennweite* des Parabolspiegels. Für die Brennweite verwendet man den Buchstaben f.

10.3. Astronomisches Fernrohr

Parabolspiegel besitzen also die Eigenschaft, alles parallel zur Achse einfallende Licht im Brennpunkt zu vereinigen. Umgekehrt wird alles Licht, das von einer im Brennpunkt befindlichen Lichtquelle stammt, parallel zur Achse ausgesandt. Was geschieht nun mit dem Licht, das nicht parallel zur Achse einfällt? Oder mit dem Licht, das von einer nicht im Brennpunkt stehenden Lichtquelle ausgeht? Die Antwort auf diese Fragen führt zum Verständnis des *astronomischen Fernrohres* und des Rasierspiegels.

Man kann auf zweierlei Weise an das Problem herangehen. Entweder stellt man mit Parabolspiegeln Experimente an, oder man geht vom Reflexionsgesetz aus und entwickelt theoretisch, was mit schräg einfallenden Strahlen geschieht. Sinnvoll erscheint es, beide Wege einzuschlagen und beide Methoden wechselseitig zu benutzen. Auf jeden Fall ist es notwendig, die Ergebnisse der theoretischen Überlegungen durch Messungen zu überprüfen.

Wir untersuchen zunächst wieder, welchen Weg das Licht eines Sternes nimmt, das auf den Spiegel fällt. Jedoch sollen dieses Mal die Lichtbündel nicht parallel zur Achse des Spiegels einfallen, sondern mit der Achse den Winkel α einschließen. Die Zeichenebene in Bild 10.5 enthält die Achse des Spiegels und einige Strahlen, die die Einfallsrichtung des vom Stern kommenden Lichts angeben. Durch genaue Konstruktion der reflektierten Strahlen, für die der Ausfallswinkel gleich dem Einfallswinkel sein muß, findet man die Stelle, an der das Bild des Sternes zu erwarten ist. Das Bild 10.5 zeigt: Die verschiedenen Strahlen gehen durch einen eng begrenzten Bereich in der Nähe des Brennpunktes, der vom Stern aus gesehen auf der anderen Seite der Achse liegt. Sie gehen aber nicht durch einen einzigen Punkt; das ist nur für parallel zur Achse einfallende Strahlen der Fall. Aber bei sorgfältiger Konstruktion oder Rechnung erkennt man, daß die Strahlen

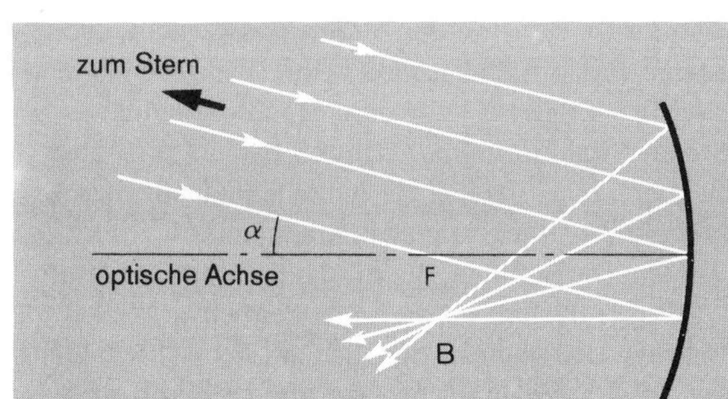

Bild 10.5. Die Bildkonstruktion für einen Stern, der nicht auf der optischen Achse steht.

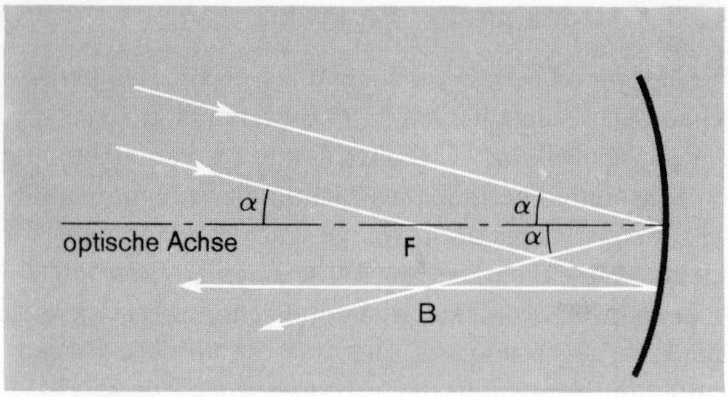

Bild 10.6. Eine vereinfachte Konstruktion zu Bild 10.5, mit der man die Lage des Bildes leicht bestimmen kann.

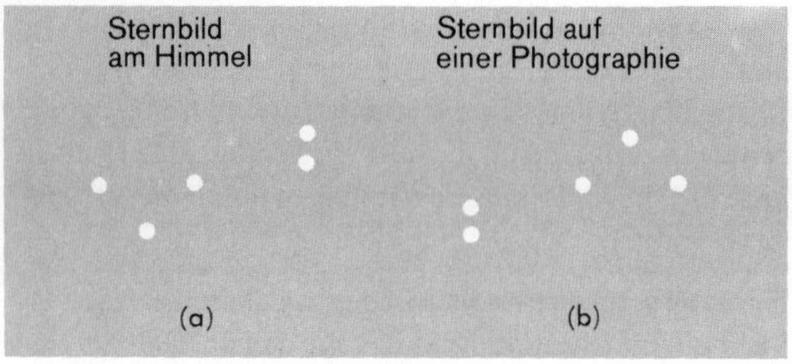

Bild 10.7. Eine Gruppe von Sternen
a) wie man sie direkt am Himmel beobachtet
b) wie man sie durchs Fernrohr sieht.
Man betrachte die Bilder auch bei auf dem Kopf gestellten Buch.

immerhin annähernd durch einen Punkt verlaufen. Das gilt auch für diejenigen Strahlen, die nicht in der Zeichenebene einfallen. Der Spiegel entwirft daher einen leicht verwaschenen Lichtfleck an der Stelle, wo das Licht gesammelt wird. Aufnahmen von nicht auf der Achse liegenden Sternen, die mit Parabolspiegeln gemacht sind, zeigen daher leicht verschwommene Bilder.

Angenähert kann man diese Stelle B (siehe Bilder 10.5 und 10.6) mit Hilfe zweier bestimmter Strahlen konstruieren. Dazu werden Strahlen ausgewählt, deren weiterer Verlauf sich besonders einfach angeben läßt. So wird zum Beispiel jeder durch den Brennpunkt F führende Strahl (*Brennpunktstrahl*) parallel zur Achse reflektiert. Jeder parallel zur Achse einfallende Strahl (*Parallelstrahl*) wird durch den Brennpunkt F zurückgeworfen. Die Strahlen, die auf das Symmetriezentrum des Spiegels treffen, werden unter demselben Winkel reflektiert, den sie beim Einfallen mit der Achse bilden. Zwei dieser Strahlen reichen aus, um das Bild B zu finden. In Bild 10.6 wurde B mit Hilfe des Brennpunktstrahls und unter Verwendung des Strahls, der auf das Spiegelzentrum fällt, konstruiert. Das Bild B ist fast genauso weit wie der Brennpunkt F vom Zentrum des Spiegels entfernt. Es erscheint von dort aus zwar unter dem gleichen Winkel zur Achse wie der Stern, aber auf der anderen Seite der Symmetrieachse des Spiegels. Infolgedessen sieht man auf den Aufnahmen die Sternbilder, wie sie auch dem Beobachter ohne Fernrohr erscheinen. Es ist nur oben mit unten und rechts mit links vertauscht. Aufnahmen mit einem Parabolspiegel, bei denen der Film senkrecht zur Achse des Spiegels steht, geben die relativen Entfernungen der Sterne genau wieder (Bild 10.7). Die Fläche, in der die Bilder am schärfsten sind, nennt man *Brennebene*. Sie ist in Wirklichkeit nicht eben, sondern ein klein wenig gekrümmt. Bei Präzisionsaufnahmen von Sternbildern sind die photographischen Platten daher auch stets ein wenig gekrümmt, damit alle Teile des Films in der Brennebene liegen.

10.4. Verwendung astronomischer Fernrohre

Ein langbrennweitiger Parabolspiegel von großem Durchmesser, in dessen Brennebene das Bild auf einer photographischen Platte aufgefangen wird, stellt ein sehr brauchbares astronomisches Fernrohr dar. Es empfängt das Licht ferner Galaxien, von Sternen und von Planeten und sammelt das Licht etwa an den Stellen, die in verkleinertem Maßstab der Lage jener Objekte am Himmel entsprechen.

Belichtet man einen Film über längere Zeit, so erhält man auch noch Bilder von lichtschwachen Objekten, die dem menschlichen Auge unsichtbar bleiben. Man erhält auch eine bleibende Aufzeichnung der relativen Helligkeiten und der Lage der Bilder von Sternen. Die großen astronomischen Fernrohre sollen in den seltensten Fällen die Bilder direkt dem menschlichen Auge liefern, da das Auge nicht empfindlich genug ist und außerdem auch wesentlich unzuverlässiger als ein Gerät registriert. Am zweckmäßigsten ist es, eine Aufnahme zu machen und den entwickelten Film unter dem Mikroskop zu untersuchen. Auf diese Weise erreicht man nicht nur eine höhere Vergrößerung, man kann auch mit Hilfe eingebauter Meßskalen die relativen Positionen von Sternen und Planeten sowie die Größe der Planeten und ihrer Monde genau ausmessen. Zusätzlich kann man den Film leicht mit Photozellen abtasten und so die relativen Helligkeiten der Himmelsobjekte aus den aufgenommenen Bildern bestimmen.

Die leistungsfähigsten astronomischen Fernrohre besitzen Parabolspiegel mit großem Durchmesser und großer Brennweite. Mit dem Durchmesser wächst die von einem entfernten Stern aufgenommene Lichtmenge. Das Bild wird heller, als wenn es mit einem Spiegel von sehr kleinem Durchmesser gewonnen wäre.

Ebenso wählt man lange Belichtungszeiten, um auf diese Weise von den lichtschwachen Sternen und Galaxien so viel Licht wie möglich auf die photographische Platte zu bannen. Die großen Teleskope fangen auf hochempfindlichen Filmen bei langen Entwicklungszeiten soviel Licht auf, daß Objekte bis in Entfernungen von 10^{22} km registriert werden können. Das Licht, das in den großen Fernrohren gesammelt wird, reicht sogar aus, um es durch ein Spektroskop zu schicken und das Spektrum dann zu photographieren. Auf diese Weise untersucht man Sternspektren und erhält Aussagen über die Zusammensetzung der Sterne. Derartige Untersuchungen haben gezeigt, daß die Sterne aus den gleichen Elementen wie Erde und Sonne bestehen.

Spiegelteleskope mit großem Durchmesser haben noch eine weitere Eigenschaft, die genauso wichtig ist wie die Fähigkeit, Licht zu sammeln. Sie hängt mit der Beugung des Lichts zusammen. Im Abschnitt 7.7 wurde gezeigt, daß Licht beim Durchgang durch eine enge Öffnung gebeugt wird, sich somit also nicht mehr geradlinig ausbreitet. Als Folge entsteht ein verschwommenes Bild der Öffnung. Dieser Öffnung entspricht beim Parabolspiegel die gesamte Spiegelfläche. Obwohl die „Öffnung" sehr groß ist, wird das Licht ferner Himmelsobjekte doch merklich gebeugt, so daß Bildeinzelheiten verschwommen erscheinen. Es kann sogar sein, daß zwei nahe beieinander stehende Sterne nicht mehr optisch getrennt werden können, wenn ihre Bilder infolge der Beugung ineinander übergehen. *Ein Fernrohr von großem Durchmesser zeigt nur geringe Beugung und hat daher ein besseres Auflösungsvermögen,* so daß auf den Aufnahmen selbst feine Einzelheiten zu erkennen sind.

Je größer die Brennweite des Spiegels ist, um so größer werden die Bilder, die in der Brennebene entstehen, und um so besser lassen sich Einzelheiten auf dem

Bild 10.8. Das Hale-Teleskop des Mount Palomar-Observatoriums. Der Pfeil (Mitte unten) zeigt auf den Spiegel.

Mond und den Planeten erkennen, um so leichter kann man auch Sterne trennen, die am Himmel nahe beieinander stehen. Hohe Vergrößerungen durch große Brennweiten nützen aber wenig, wenn nicht gleichzeitig durch einen möglichst großen Durchmesser das Auflösungsvermögen groß genug gewählt ist.

Das größte Fernrohr der Welt ist das *Hale-Teleskop* auf dem Mount Palomar in Kalifornien. Das Herz des Instruments ist ein Parabolspiegel von 5 m Durchmesser. Ein metallisches Rahmenwerk trägt den Spiegel; er ist auf mehreren Achsen montiert und so gehaltert, daß es auf jeden Punkt des Himmels gerichtet werden kann. Bild 10.8 gibt eine Vorstellung von der Konstruktion des Fernrohrs. Die Einstellung des Fernrohrs läßt sich automatisch nachführen, so daß das Teleskop der scheinbaren Bewegung der Sterne von Ost nach West folgt, während der Film über eine längere Zeit belichtet wird.

10.5. Prismensatz als Linsenmodell

Mit einem Parabolspiegel läßt sich das Licht bündeln und in eine bestimmte Richtung lenken. Vorrichtungen, die dasselbe mit Hilfe der Brechung erreichen, nennt man *Linsen.* Um ihre Wirkungsweise zu verstehen, wollen wir das Verhalten des Lichts untersuchen, das durch eine Kombination von einer planparallelen Platte und zwei aufgesetzten Prismen (Bild 10.9a) hindurchgeht. Fallen parallele Lichtbündel von links auf dieses System, verlaufen sie so, wie in der Zeichnung angedeutet. Das Licht, das in der Mitte der Glasplatte auftrifft, setzt seinen Weg in der ursprünglichen Richtung fort, da der Einfallswinkel 0° beträgt. Das Licht, das auf das obere Prisma trifft, wird nach unten um einen Betrag abgelenkt, der vom Winkel der brechenden Kante abhängt. Entsprechend wird das Licht, das auf das untere Prisma fällt, nach oben gebrochen. Das gesamte von der planparallelen Platte und von den Prismen aufgefangene Licht geht also durch das in der Zeichnung schraffierte Gebiet.

Die Zusammenführung der Parallelbündel auf ein begrenztes Gebiet durch die Platte und die beiden Prismen erinnert an die Bündelung des Lichts durch eine Reihe von Spiegeln in Abschnitt 10.1. Dort ließ sich der Bereich, in dem die Bündel nach der Reflexion zur Überlagerung gebracht werden, dadurch verkleinern, daß die Anzahl der Spiegel erhöht, ihre Fläche aber verkleinert wurde. Ähnlich kann man auch hier vorgehen. In Bild 10.9b sind Teile der planparallelen Platte in der Mitte und der beiden Prismen durch Teile neuer Prismen ersetzt. Das schraffierte Gebiet, indem sich nunmehr die Bündel überlagern, ist merklich kleiner geworden.

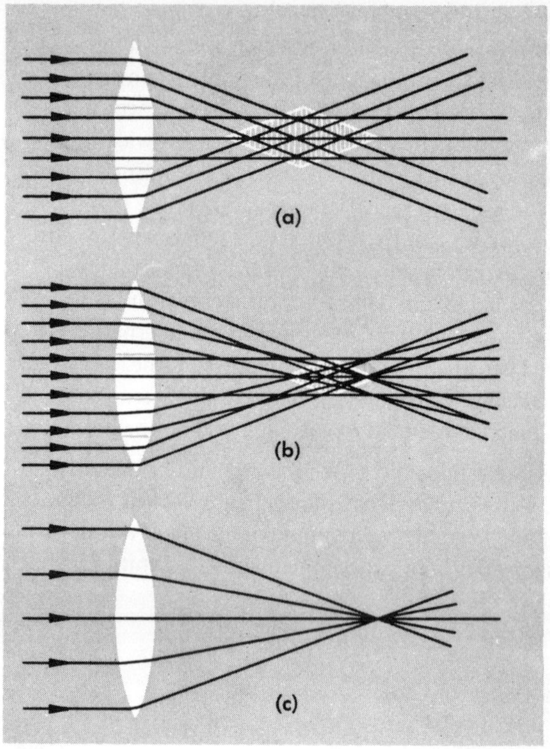

Bild 10.9. Der Aufbau einer Sammellinse aus immer weiter unterteilten Prismenabschnitten.

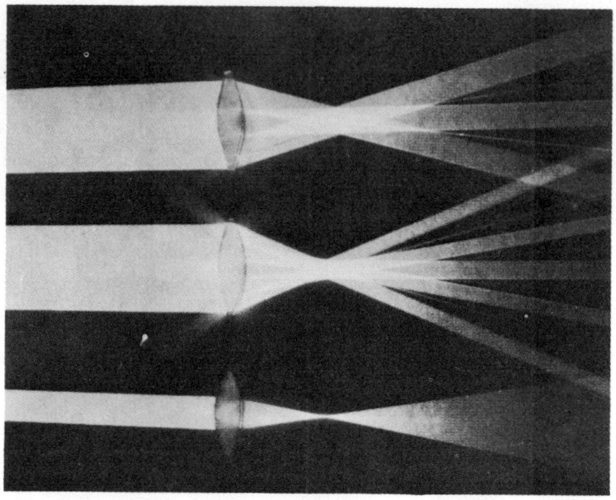

Bild 10.10. Die Experimente zu den Zeichnungen in Bild 10.9

Setzt man das Verfahren fort und ersetzt wiederum Teile der Prismen durch neue mit kleinerem Öffnungswinkel, so entsteht allmählich ein Glasstück mit einer gleichmäßig gekrümmten Oberfläche (Bild 10.9c). Die Zeichnung stellt den Grenzfall dar, den man bei ständig fortgesetzter Teilung der Prismen erreichen kann. Der

Bild 10.11. Eine Zylinderlinse wie in Bild 10.10 sammelt paralleles Licht. Man beachte, daß sich das Licht entlang einer Strecke schneidet!

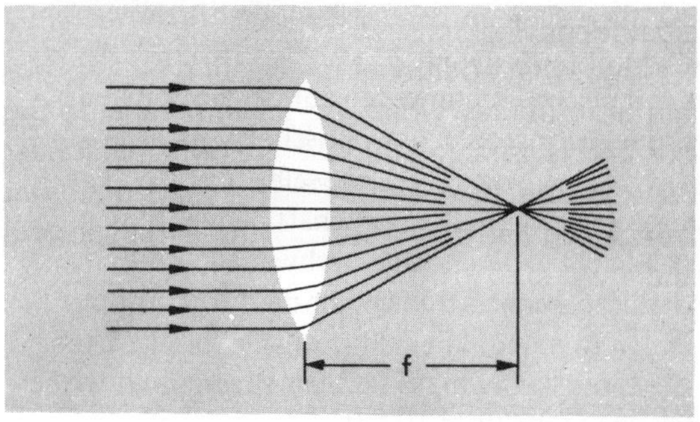

Bild 10.12. Eine Linse mit zwei verschieden stark gekrümmten Kugeloberflächen

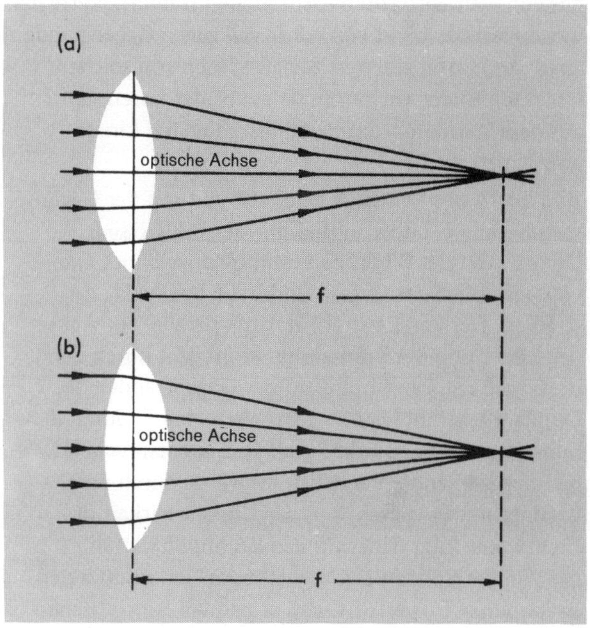

Bild 10.13. Der Brennpunkt einer Linse. Bei dünnen Linsen ist die Brennweite gleichgroß unabhängig davon, ob das Licht parallel auf der Seite
a) mit kleinem Krümmungsradius oder
b) mit großem Krümmungsradius einfällt.

Parabolspiegel in Bild 10.3 bildet das Gegenstück, das man bei immer weiterer Verkleinerung der Spiegel anstrebte. Bild 10.10 zeigt die experimentelle Überprüfung der Konstruktionen nach Bild 10.9. Die bei dem geschilderten Verfahren entstehende Linse sammelt alles parallele Licht auf einer Strecke, wie im Bild 10.11 zu erkennen ist.

10.6. Linsen

Das Glasstück, das wir soeben entwickelt haben, wird *Zylinderlinse* genannt. Man beachte, daß dabei keine Definition der Oberflächenform gegeben wurde. Es wurde lediglich verlangt, daß die Linse aus einer ins Unendliche wachsenden Anzahl von Prismenstücken derart zusammengesetzt sein soll, daß das Licht gebündelt wird. Es läßt sich nun zeigen, daß die Oberfläche fast genau die Form eines Kreiszylinders annimmt. Anders ausgedrückt: Die Linien, die in Bild 10.9c die Oberfläche wiedergeben, sind Kreisbögen. Die ideale Oberflächenform der Linse und die Oberfläche dieses Kreiszylinders unterscheiden sich kaum, wenn zwei Bedingungen erfüllt sind: 1. die Dicke der Linse muß beträchtlich kleiner als ihr Durchmesser sein, 2. der Durchmesser der Linse muß bedeutend kleiner sein als der Abstand der Linse zu jener Strecke, auf der die Parallelstrahlen gebündelt werden.

Zylinderlinsen sammeln das Licht einer weit entfernten punktförmigen Lichtquelle auf einer „Brennstrecke". Für die meisten Zwecke möchte man das Licht einer punktförmigen Lichtquelle wieder in einem Punkt vereinigen. Das läßt sich erreichen, indem man Linsen herstellt, deren Oberflächen in allen Richtungen gleichmäßig gekrümmt sind. Ihre Oberflächen sind Teile einer Kugelfläche. Die meisten Linsen werden von zwei Kugelschalen begrenzt.

Als *optische Achse* der Linse bezeichnet man die Linie, die durch den Mittelpunkt der Linse geht und auf der auch die Mittelpunkte beider Kugelflächen liegen. Der Achsenpunkt, in dem sich die parallel zur Achse einfallenden Bündel schneiden, heißt *Brennpunkt* F. Den Abstand des Brennpunktes von der Linsenmitte nennt man die *Brennweite* f der Linse.

Die beiden Oberflächen einer Linse brauchen nicht denselben Radius zu besitzen. Die Linse in Bild 10.12 beispielsweise weist auf der rechten Seite eine Oberfläche mit einem größeren Kugelradius als links auf.

Ist eine Linse dünn im Vergleich zu ihrer Brennweite, so kommt es nicht darauf an, von welcher Seite das Licht einfällt. Die Brennweiten auf beiden Seiten der Linse sind gleich groß. Diese optische Symmetrie ist auch vorhanden, wenn die Linse selbst nicht symmetrisch geformt ist. Diese Eigenschaft dünner Linsen läßt sich leicht experimentell nachweisen, indem man die parallelen Sonnenstrahlen mit der Linse auffängt und in den Brennpunkt ein Stück Papier bringt. Dreht man die Linse dann um, so fällt der Brennpunkt wieder auf dieselbe Stelle (Bild 10.13).

10.7. Linsenbilder

Bisher wurde die Bündelung des Lichtes untersucht, das von weit entfernten Lichtquellen stammt. Normalerweise wird das Licht von näher gelegenen Gegenständen ausgesandt, und jeder weiß, daß Linsen von solchen Objekten Bilder entwerfen. Diese Bilder lassen sich aus dem Verhalten von Parallelstrahlen bei Linsen konstruieren.

Bild 10.14 zeigt eine Linse, ein Objekt mit der Gegenstandsgröße G und sein Bild mit der Bildgröße B. Um den Ort des Bildes zu bestimmen, zeichnet man von der Spitze des Gegenstandes die beiden Hauptstrahlen. Der Parallelstrahl verläuft parallel zur Achse der Linse, und der Brennpunktstrahl geht durch den Brennpunkt F_2 der Linse auf der Gegenstandsseite. Der Parallelstrahl wird so gebrochen, daß er durch den bildseitigen Brennpunkt F_1 läuft. Ein entsprechend von rechts kommender Parallelstrahl würde durch den Brennpunkt F_2 gehen. Aus der Umkehrbarkeit des Lichtweges folgt daher für den Brennpunktstrahl, der von der Spitze des Gegenstandes G aus durch den Brennpunkt F_2 verläuft, daß er parallel zur optischen Achse gebrochen wird. Alle anderen Strahlen, die von der Spitze des Gegenstandes ausgehen, werden nun nahezu in demselben Punkt vereinigt, in dem sich die beiden oben genannten Strahlen schneiden. Dieser Punkt ist das reelle Bild der Gegenstandsspitze.

Man sieht deshalb hier ein Bild der Spitze, weil das Licht auf verschiedenen Wegen durch diesen Bildpunkt läuft und von dort aus in verschiedenen Richtungen in unsere Augen oder in den Photoapparat fällt, ganz so als ob sich die Spitze des Gegenstandes an dieser Stelle befände. Der Schnittpunkt beider Strahlen bestimmt nicht nur den Abstand des Bildes von dem Brennpunkt F_1, sondern auch die Größe B des Bildes von der Achse bis zur Spitze. Zeichnet man die beiden Strahlen maßstabsgerecht ein, so läßt sich damit angeben, was das Brechungsgesetz über die Lage und die Größe des Bildes aussagt.

Selbstverständlich kann man auch jeden anderen Punkt des Gegenstandes herausgreifen und sein Bild auf dieselbe Weise konstruieren. Würde man das für eine Reihe von Punkten machen, dann hätte man das Bild vollständig gezeichnet, wie es in der Figur zu sehen ist.

Wahrscheinlich wird dem Leser aufgefallen sein, daß wir bei der Konstruktion der beiden Strahlen den genauen Weg durch die Linsen nicht berücksichtigt haben, sondern daß die Strahlen in der Mitte der Linsen plötzlich geknickt sind. Diese angenäherte Konstruktion reicht für unsere Zwecke vollständig aus, weil die Angabe der beiden Brennpunkte exakt ist, solange die Dicke der Linse (in der Mitte) klein genug gegenüber der Brennweite ist. Die Konstruktion gilt daher nur für *dünne Linsen.* Für die Zeichnung des Strahlenganges denkt man sich solche Linsen durch Kreisbögen senkrecht zur Achse begrenzt.

Das zeichnerische Verfahren ist so einfach, daß es kaum notwendig ist, näher auf Einzelheiten einzugehen. Aber auf die Dauer wäre es lästig, immer Zeichnungen anzufertigen. Da die Zeichnung so einfach ist, liegt der

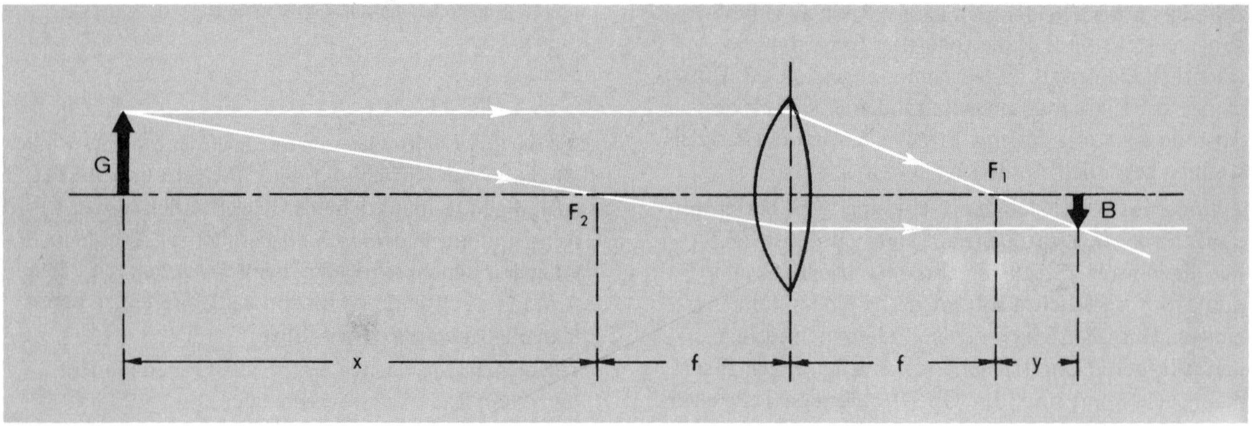

Bild 10.14. Konstruktion des reellen Bildes einer Sammellinse

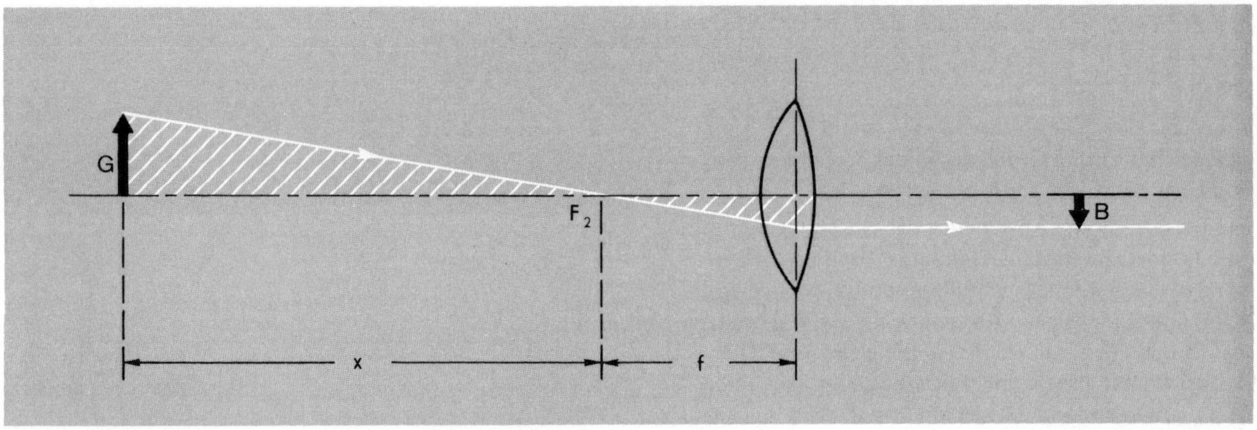

Bild 10.15. Bestimmung des Quotienten aus Bildgröße B und Gegenstandsgröße G mittels zweier ähnlicher Dreiecke. Der Strahl, der von der Spitze des Gegenstandes aus durch den Brennpunkt F_2 geht, bildet die Hypotenuse zweier ähnlicher rechtwinkliger Dreiecke. Aus ihnen liest man den Zusammenhang zwischen B und G sowie x und f ab: G : B = x : f.

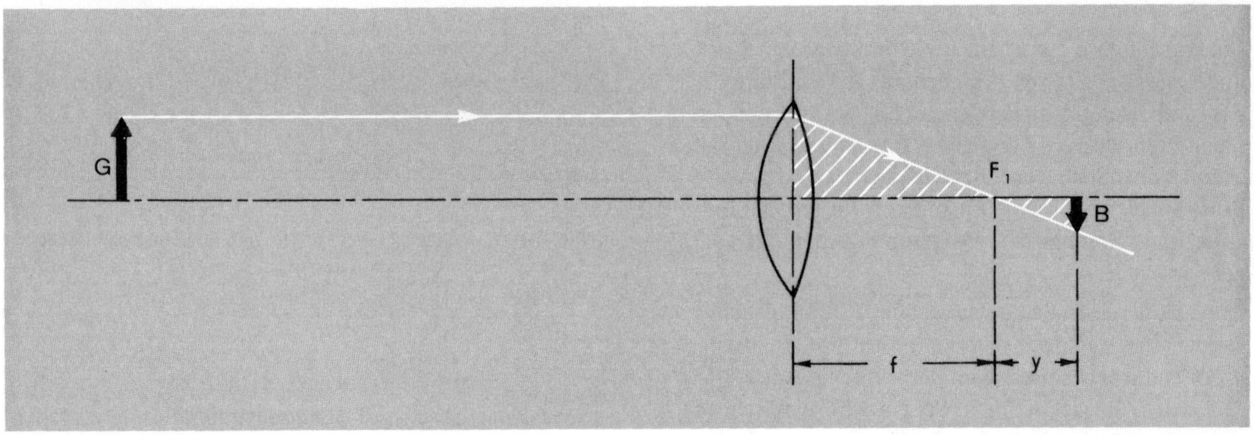

Bild 10.16. Eine zweite Beziehung findet man aus den Dreiecken, die durch den Strahl gebildet werden, der die Spitze des Gegenstandes parallel zur optischen Achse verläßt und dann durch den Brennpunkt F_1 gebrochen wird. Hier gilt G : B = f : y.

Gedanke nahe, daß sich das Ergebnis auch in einfachen Formeln für zahlenmäßige Berechnungen ausdrücken läßt. Zunächst soll eine Beziehung zwischen Gegenstands- und Bildgröße gesucht werden.

In Bild 10.15 ist nur der Strahl von der Spitze des Gegenstandes durch den Brennpunkt eingezeichnet. Weil dieser Strahl parallel zur Achse gebrochen wird und dabei durch die Spitze des Bildes geht, müssen Bildspitze und gebrochener Strahl den gleichen Abstand von der Achse besitzen. Die Bildgröße B ist daher gleich der Länge des Lotes von der Linsenmitte auf den gebrochenen Strahl. Damit läßt sich das Verhältnis von Bildgröße B zu Gegenstandsgröße G unmittelbar aus den gestrichelten ähnlichen Dreiecken ablesen. Weil f und x die Grundseiten und B und G die entsprechenden Höhen in den beiden Dreiecken sind, erhält man

$$\frac{B}{G} = \frac{f}{x}\,.$$

Das Verhältnis von Bildgröße zu Gegenstandsgröße ist also durch den Quotienten aus der Brennweite und dem Abstand des Gegenstandes vom Brennpunkt bestimmt.

Weitere Informationen liefert die Zeichnung des Strahls, der parallel zur optischen Achse einfällt und durch den bildseitigen Brennpunkt geht. Dazu betrachte man die beiden schraffierten Dreiecke in Bild 10.16. Aus ihnen liest man das Verhältnis

$$\frac{B}{G} = \frac{y}{f}$$

ab. Da außerdem die Beziehung $\frac{B}{G} = \frac{f}{x}$ gilt, erhält man $\frac{f}{x} = \frac{y}{f}$ oder

$$xy = f^2\,.$$

Der Abstand y des Bildes von dem bildseitigen und der Abstand x des Gegenstandes von dem gegenstandsseitigen Brennpunkt sind indirekt proportional zuein-

ander. Bewegt sich der Gegenstand auf die Linse zu, so entfernt sich das Bild von ihr, da das Produkt xy stets gleich f^2 sein muß.

Aus den beiden Gleichungen $y = \frac{f^2}{x}$ und $B = \frac{f}{x}G$ kann man leicht Ort und Größe des Bildes berechnen, das von einer beliebigen Linse entworfen wird.

Ein Beispiel für die Anwendung der Gleichung $xy = f^2$ ist besonders interessant. Gefragt ist nach der Entfernung des Gegenstandes vom Brennpunkt, wenn Gegenstand und Bild gleichen Abstand von der Linse besitzen. Das ist dann der Fall, wenn x und y gleich sind. Die Antwort heißt also: x und y müssen gleich f sein, oder Bild und Gegenstand müssen um 2f von der Linse entfernt sein. Bild und Gegenstand besitzen dann außerdem die gleiche Größe, denn aus

$$B = \frac{f}{x}G \quad \text{folgt} \quad B = G\,.$$

Die Beziehungen zwischen Größe und Lage von Bild und Gegenstand lassen sich ebenfalls auf die Bilder des Parabolspiegels anwenden. Im Fall des astronomischen Fernrohres ist beispielsweise x für alle praktischen Zwecke unendlich. Nach der Gleichung $xy = f^2$ müßte daher y gleich Null sein. Mit anderen Worten, das Bild entsteht im Brennpunkt, wie schon im Abschnitt 10.3 gezeigt wurde.

Nun soll für einen Parabolspiegel der Fall untersucht werden, daß sich der Gegenstand nicht wie ein Stern im Unendlichen, sondern auf der Achse im Abstand 2f vor dem Spiegel befindet. Bei einer Linse wäre unter diesen Umständen x gleich y. Ist der Gegenstand sehr klein, so wird durch den Spiegel das Licht in einen Bereich reflektiert, der sich in unmittelbarer Umgebung des Objektes befindet. Die Vorstellung, daß das Licht, das auf einen Parabolspiegel trifft, in denselben Punkt zurückgeworfen werden kann, aus dem es kommt, mag im ersten Augenblick überraschen. Bei der Untersuchung des Scheinwerfers sahen wir, daß ein sphärischer Spiegel alles Licht, das vom Mittelpunkt der Kugelschale kommt, wieder in diesem Punkt sammelt. Offenbar gleicht der wirksame Teil eines Parabolspiegels weitgehend dem Teil eines Kugelspiegels. Ein Parabolspiegel mit der Brennweite f ist also in seinem wichtigsten Teil wie eine Kugelschale vom Radius 2f geformt.

Dieser Zusammenhang ist in Bild 10.17 dargestellt. Durch den Mittelpunkt der Spiegeloberfläche sind ein Kreis mit dem Mittelpunkt M und eine Parabel mit dem Brennpunkt F konstruiert. Nur in größerem Abstand von der Achse sind Abweichungen erkennbar, weil sich erst dort die Kugel langsam wieder schließt, während sich das Paraboloid weiter öffnet. Benutzt man nur den inneren Teil des Spiegels, so kann man einen kugelförmigen Spiegel ebenso gut wie einen Parabolspiegel benutzen. Tatsächlich ist es viel billiger, einen Teil

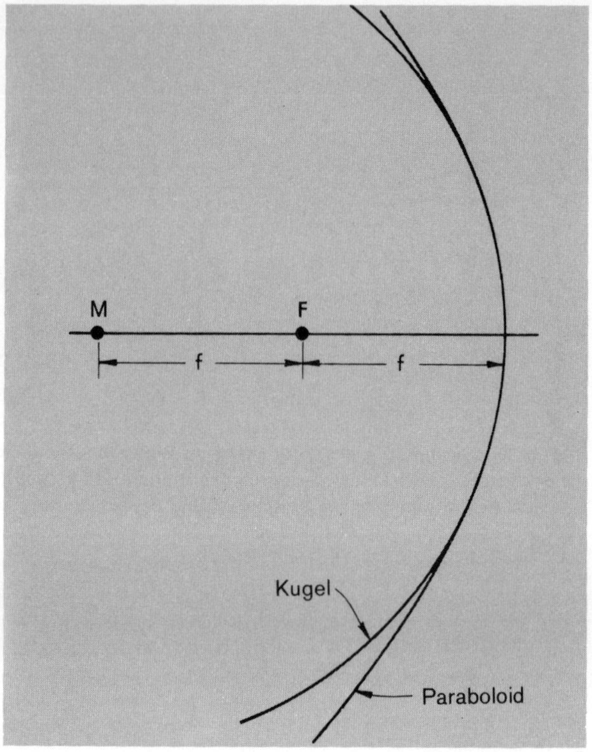

Bild 10.17. Vergleich eines sphärischen und eines parabolischen Spiegels. F ist der gemeinsame Brennpunkt, M der Mittelpunkt der Kugel.

einer Kugel als einen Teil eines Paraboloids herzustellen. Daher verwendet man häufig sphärische Spiegel mit dem Radius 2f als Spiegel, deren Brennweite f betragen soll.

10.8. Reelle und virtuelle Bilder

Das Bild des Mondes, das in der Brennebene eines Parabolspiegels entsteht, ist ein *reelles Bild.* Das Licht wird nämlich wirklich in diesem Punkt gesammelt und fällt von dort in unsere Augen. Es ist zu unterscheiden von dem *virtuellen Bild,* das man etwa in einem ebenen Spiegel sehen kann. Kein Lichtstrahl läuft hier tatsächlich durch die Punkte des virtuellen Bildes. Durch ein reelles Bild geht das Licht aber wirklich, so daß man das Bild auch photographieren kann, indem man den Film an diese Stelle hält, wie wir schon vom astronomischen Fernrohr her wissen. Es würde demgegenüber kaum etwas nützen, einen Film an den Ort des virtuellen Bildes hinter einem ebenen Spiegel zu halten.

Aus weiteren Untersuchungen werden wir die Bedingungen kennenlernen, unter denen Linsen und Hohlspiegel reelle oder virtuelle Bilder erzeugen. Den Schlüssel dazu liefern die bisher durchgeführten Überlegungen. Nach der Beziehung $xy = f^2$ entfernt sich

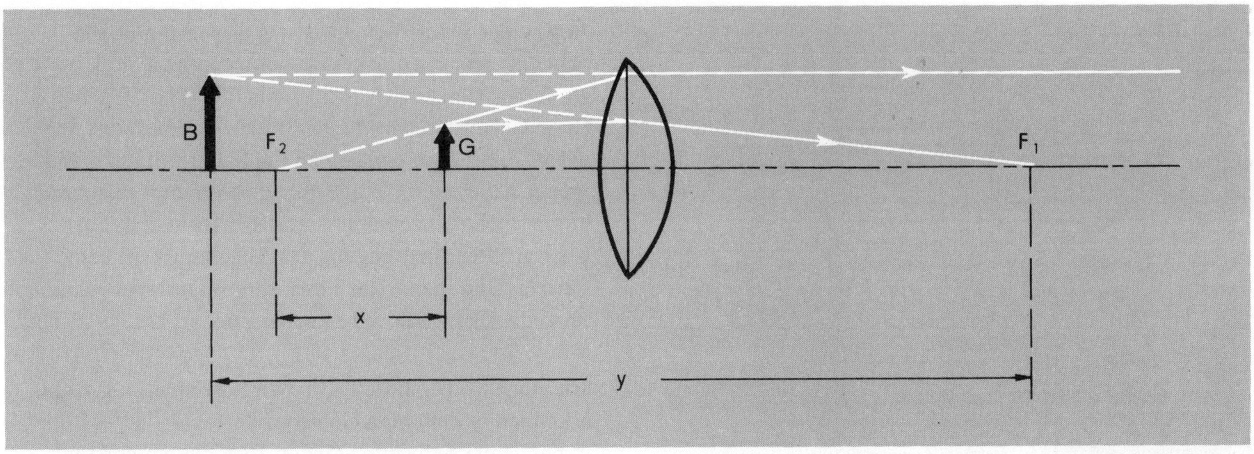

Bild 10.18. Konstruktion des virtuellen Bildes bei einer Konvexlinse. Der Gegenstand steht zwischen Linse und Brennpunkt. Mit Hilfe der Hauptstrahlen findet man die Lage des Bildes.

das Bild immer mehr, je näher der Gegenstand dem Brennpunkt rückt. Wird x sehr klein, so wird der Abstand y des Bildes vom Brennpunkt immer größer. Geht der Gegenstand durch den Brennpunkt, so verschwindet das reelle Bild in unbestimmbarer Entfernung von der Linse.

Schiebt man nun den Gegenstand noch weiter an die Linse heran, so wird man kaum überrascht sein, daß auf der anderen Seite der Linse ein virtuelles Bild erscheint und sich aus dem Unendlichen der Linse nähert, wenn der Gegenstand weiter an die Linse herangebracht wird. Es erreicht die Linse gleichzeitig mit dem Gegenstand.

Aus einer Konstruktion mit nur zwei Strahlen erkennt man leicht, daß ein virtuelles Bild entstehen muß, wenn der Gegenstand zwischen Brennpunkt und Linse steht (Bild 10.18). Wir benutzen wieder die beiden Strahlen, die man Hauptstrahlen nennt, von denen der eine parallel zur optischen Achse verläuft und dann durch den Brennpunkt gebrochen wird, während der andere in Richtung vom Brennpunkt her auf die Linse fällt und dann parallel zur optischen Achse weiterläuft. Nach ihrer Brechung scheinen die Strahlen von einem Schnittpunkt zu kommen, der hinter dem Gegenstand liegt (Bild 10.18). Das Bild erscheint immer größer als das Objekt. Mit weiteren Strahlen lassen sich dann auch die Einzelheiten des Bildes konstruieren. Zur experimentellen Überprüfung dieser Überlegungen genügt eine einfache Linse oder ein Vergrößerungsglas.

Mit Hilfe einer Konvexlinse läßt sich ein Bild der Sonne erzeugen. Da die Sonne sehr weit entfernt ist, entsteht das Bild praktisch in der Brennebene, wo man es auf einem Stück Papier auffangen kann. Sind die Gegenstände nicht so weit entfernt, so liegen die Bilder hinter dem Brennpunkt. Um sie auf Papier oder auf einem Film aufzufangen, muß man lediglich den Abstand zwischen Linse und Papier oder Film geeignet einstellen. So besteht ein einfacher *Photoapparat* aus einem lichtundurchlässigen Kasten mit einer Linse, deren Abstand zum Film man verändern kann (Bild 10.19). Die Lage der Linse wird so eingestellt, daß der Gegenstand scharf auf dem Film abgebildet wird.

Ein *Projektionsapparat* arbeitet umgekehrt wie ein Photoapparat. Man könnte einen solchen Apparat herstellen, indem man den Deckel der Kamera entfernt und an die Stelle des Films ein Diapositiv bringt. Das Bild wird mit einer hellen Lampe ausgeleuchtet. Die Linse entwirft dann ein erheblich vergrößertes Bild in einigem Abstand vor dem Photoapparat, wo man es auf einem Schirm auffangen kann.

Bei Photoapparaten, Projektionsgeräten und anderen optischen Apparaten erhält man stets dadurch scharfe Bilder, daß man die Stellung der Linse zum Gegenstand ändert. Das menschliche Auge verfährt wesent-

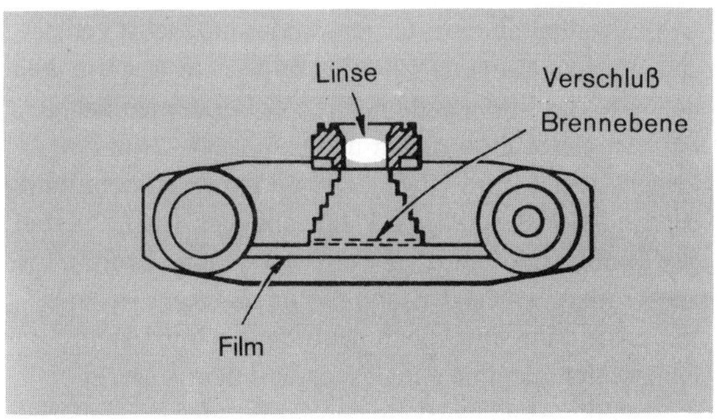

Bild 10.19. Photoapparat. Die Entfernung zwischen Linse und Film läßt sich zur Scharfeinstellung des Bildes auf dem Film verändern.

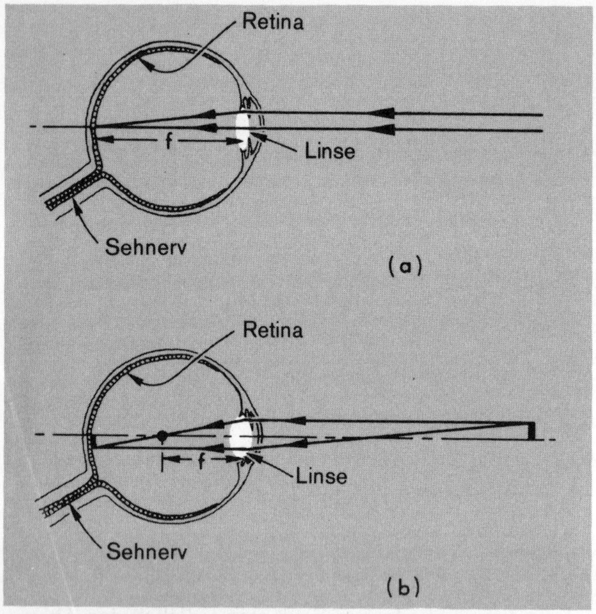

Bild 10.20. Die Brennweite der Augenlinse kann durch geeignete Krümmung der Linse verändert werden, so daß man ferne oder nahe Gegenstände scharf sieht.

lich differenzierter: Es entwirft scharfe Bilder auf der Netzhaut, indem es die Krümmung der Linse verändert und damit deren Brennweite passend einstellt. Ist ein Gegenstand sehr weit vom Auge entfernt, so treten die Strahlen fast parallel ins Auge ein, und das Bild entsteht in der Brennebene (Bild 10.20a). Sieht man auf ein näher liegendes Objekt, so entsteht das Bild hinter dem Brennpunkt; die Augenmuskeln verändern dann die Krümmung der Augenlinse, so daß die Brennweite kleiner wird und ein reelles Bild auf die Netzhaut fällt (Bild 10.20b).

10.9. Lupe

Um Einzelheiten eines Gegenstandes möglichst genau erkennen zu können, nähert man ihn dem Auge so weit, daß man das Bild gerade noch scharf erkennen kann. Auf der Netzhaut entsteht dann ein großes Bild des Gegenstandes (Bild 10.21). Die Bildgröße ist dem Winkel α proportional, solange α klein genug ist, wie es hierbei gewöhnlich der Fall ist. Es gibt jedoch eine Grenze, bis zu der man den Gegenstand nur an das Auge heranführen und ihn doch noch deutlich erkennen kann. Nähert sich nämlich der Gegenstand dem Auge, so müssen die Augenmuskeln den Radius der Augenlinse verkleinern; denn nur wenn die Brennweite kleiner wird, kann das Bild noch auf der Netzhaut abgebildet werden. Dabei ist aber bald eine Grenze erreicht. Das Auge eines Erwachsenen vermag Gegenstände, die näher als 25 cm an das Auge herangebracht sind, ohne große Anstrengungen nicht mehr deutlich zu sehen. Diese Gegenstandsweite nennt man die *deutliche Sehweite.* Führt man etwa einen Füllhalter mit der Hand immer näher an das Auge heran, so erkennt man zwar immer mehr Einzelheiten, schließlich entsteht aber trotz größter Anstrengung der Augenmuskeln kein scharfes Bild mehr. Der Leser kann so untersuchen, ob seine deutliche Sehweite kleiner oder größer als 25 cm ist.

Mit einer Konvexlinse kann man Einzelheiten genauer erkennen, indem man ein vergrößertes virtuelles Bild in bequemer Sehweite erzeugt. Von diesem entsteht dann auf der Netzhaut ein größeres reelles Bild, als man es ohne Linse erhält. Zur Bestätigung betrachten wir in Bild 10.22a den Gegenstand G im Abstand der deutlichen Sehweite s und sein Bild B auf der Netzhaut. Stellt man eine Linse mit der Brennweite f zwischen Auge und Objekt derart, daß der Gegenstand gerade innerhalb der einfachen Brennweite liegt, so entsteht auf der Netzhaut nach Bild 10.22b ein vergrößertes Bild B'. Die Bildgröße B' ist entsprechend dem Verhältnis

$$\frac{B'}{B} = \frac{\beta}{\alpha}$$

größer als B. Der Bruch $\frac{\beta}{\alpha}$ wird als *Vergrößerung* der Linse bezeichnet, die in der angegebenen Weise als *Lupe* oder – wie man auch sagen könnte – als einfaches Mikroskop benutzt wird.

Der Bruch $\frac{\beta}{\alpha}$ hängt nach Bild 10.22 nur von der Brennweite f der Linse ab, wie aus dem Vergleich der Seiten $\overline{A_1C_1}$ und $\overline{A_2C_2}$ in den Dreiecken $A_1C_1B_1$ und $A_2C_2B_2$ zu erkennen ist. Sind die Winkel α und β klein genug, so gilt für die Vergrößerung

$$\frac{\beta}{\alpha} = \frac{\overline{A_1C_1}}{\overline{A_2C_2}} = \frac{s}{f},$$

wobei s als deutliche Sehweite normalerweise gleich 25 cm gesetzt wird.

Man sieht, daß der Winkel β und damit auch die Vergrößerung gleich bleiben, solange sich der Gegenstand innerhalb der einfachen Brennweite der Linse befindet und damit die Linse ein virtuelles Bild erzeugt. Stellt man dagegen das Objekt so dicht an die Linse, daß auch das vergrößerte virtuelle Bild nicht mehr im Abstand der deutlichen Sehweite erscheint, so kann auch das Auge kein scharfes Bild mehr auf der Netzhaut erzeugen. Das vermeidet man, indem man das Objekt in die Nähe der einfachen Brennweite bringt und damit ein stark vergrößertes virtuelles Bild erzeugt. Unter diesen Umständen braucht allerdings das Auge nicht im Brenn-

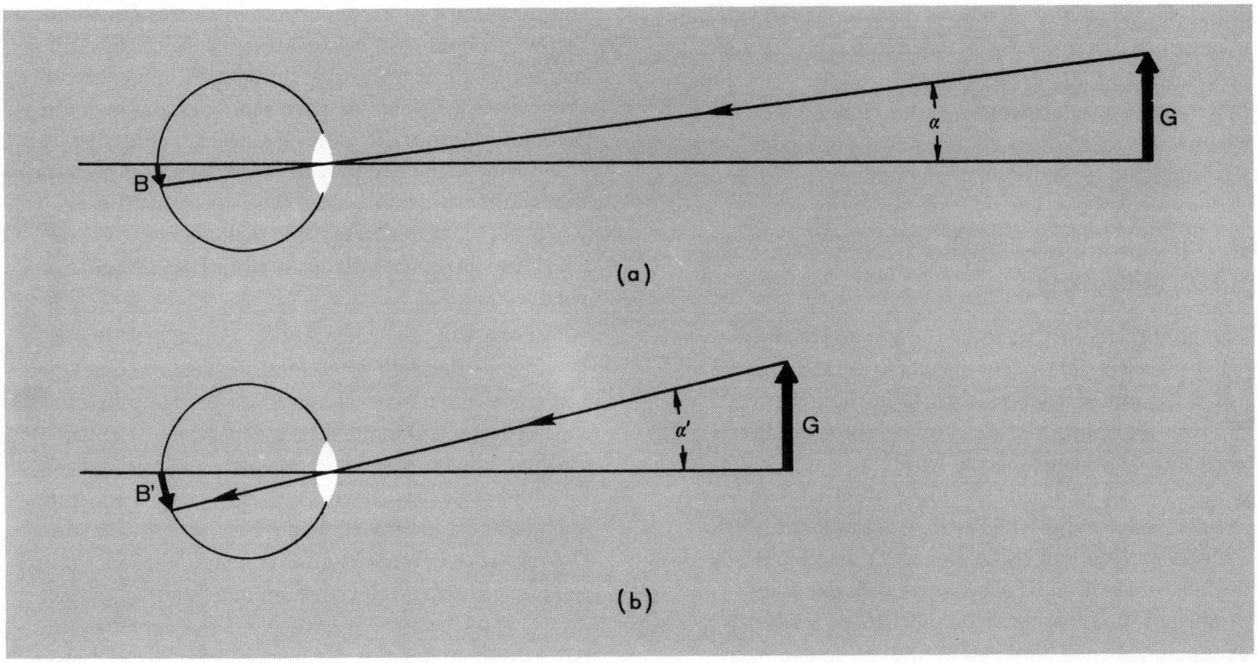

Bild 10.21. Die Größe des reellen Bildes auf der Netzhaut des Auges wächst, wenn sich der betrachtete Gegenstand dem Auge nähert. Ist der Sehwinkel α klein genug, so ist die Bildgröße B proportional diesem Winkel. (Die Größe des Auges ist übertrieben dargestellt, um Einzelheiten zeigen zu können.)

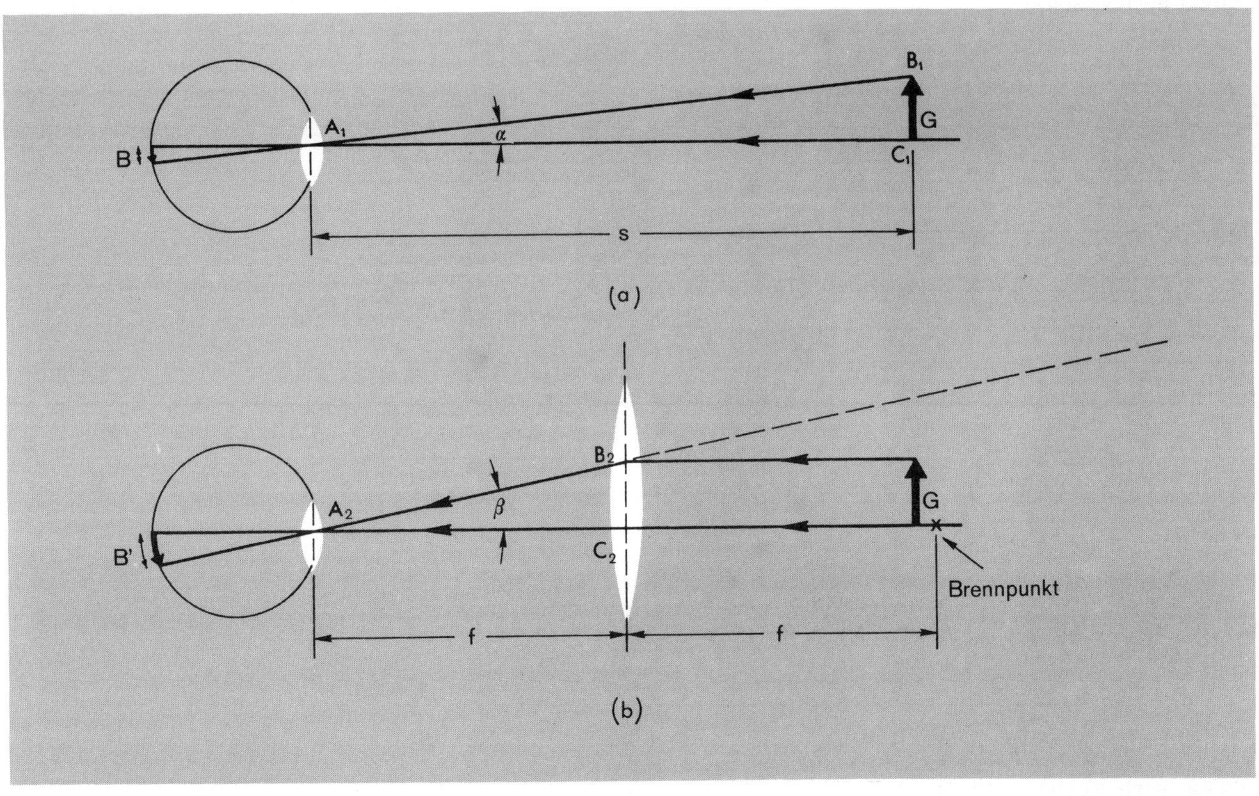

Bild 10.22. Eine Sammellinse zwischen einem nahen Gegenstand und dem Auge vergrößert das reelle Bild auf der Netzhaut. (In diesem Bild ist wie in Bild 10.21 das Auge zu groß gezeichnet, damit man im Auge noch Einzelheiten des Strahlenganges erkennen kann.)

punkt der Linse zu sein; die Vergrößerung bleibt gleich, solange der Abstand des virtuellen Bildes im Vergleich zum Abstand zwischen Auge und Linse groß genug ist. In der Praxis wählt man Linsen mit einer kleineren Brennweite als 25 cm und hält sie nahe ans Auge, um ein möglichst großes Bild zu erhalten.

10.10. Mikroskop

Man könnte denken, daß sich die Vergrößerung beliebig erhöhen läßt, indem man einfach eine Vergrößerungslinse mit genügend kleiner Brennweite benutzt. Überlegt man aber, von welchen Faktoren die Brennweite einer Linse abhängt, so wird klar, daß der Vergrößerung mit einer einzigen Linse praktisch Grenzen gesetzt sind. In Bild 10.23 sind zwei Linsen mit verschiedenen Krümmungsradien r und r′ dargestellt. Der Einfallswinkel α' in Bild b), unter dem der obere Strahl auf die Linsenoberfläche trifft, ist größer als der entsprechende Winkel α in Bild a), so daß nach dem Brechungsgesetz der Strahl in b) stärker als in a) zur optischen Achse hin gebrochen wird. Man sieht also, daß die Linse mit dem kleineren Krümmungsradius auch die kleinere Brennweite besitzt. Entsprechend wird auch beim Austreten aus der Linse der Strahl in b) stärker gebrochen, so daß sich der Effekt noch verstärkt.

Die Linse in b) ist kleiner als die in a). Die Zunahme der Vergrößerung ist erkauft worden durch die Abnahme der Lichtmenge, die durch die Linse geht, und durch eine Verkleinerung des Sehfeldes, das man mit der Linse überblicken kann. Wollte man versuchen, eine kleine Linse dadurch zu vergrößern, daß man statt zweier aneinander gesetzter Kugelabschnitte eine ganze Kugel als Linse benutzte, so kämen andere störende Einflüsse hinzu, über die in Abschnitt 10.12 berichtet wird.

Allerdings kann bei vorgegebener Größe der Linse die Brennweite dadurch verkleinert werden, daß man die Linse aus einem Material mit einem höheren Brechungsindex herstellt. Denn dann werden die einfallenden Strahlen, die unter einem bestimmten Winkel auf die Linsenoberfläche auftreffen, stärker gebrochen. Aber auch das hilft nicht viel, da der Brechungsindex von Diamant, das den höchsten Brechungsindex aller durchsichtigen Stoffe besitzt, nur um den Faktor $\frac{4}{3}$ größer als der von Glas ist.

Als Ausweg bietet sich die Verwendung zweier Linsen an: Die erste erzeugt ein reelles Bild des Gegenstandes, das dann mit der zweiten Linse als Lupe betrachtet wird (Bild 10.24). Die Gesamtvergrößerung ist dann das Produkt der Vergrößerung durch das *Objektiv* – so nennt man die Linse, die das reelle Bild erzeugt, – und durch das *Okular* – so heißt die Linse, die als Lupe vom reellen Bild des Objekts ein virtuelles Bild erzeugt.

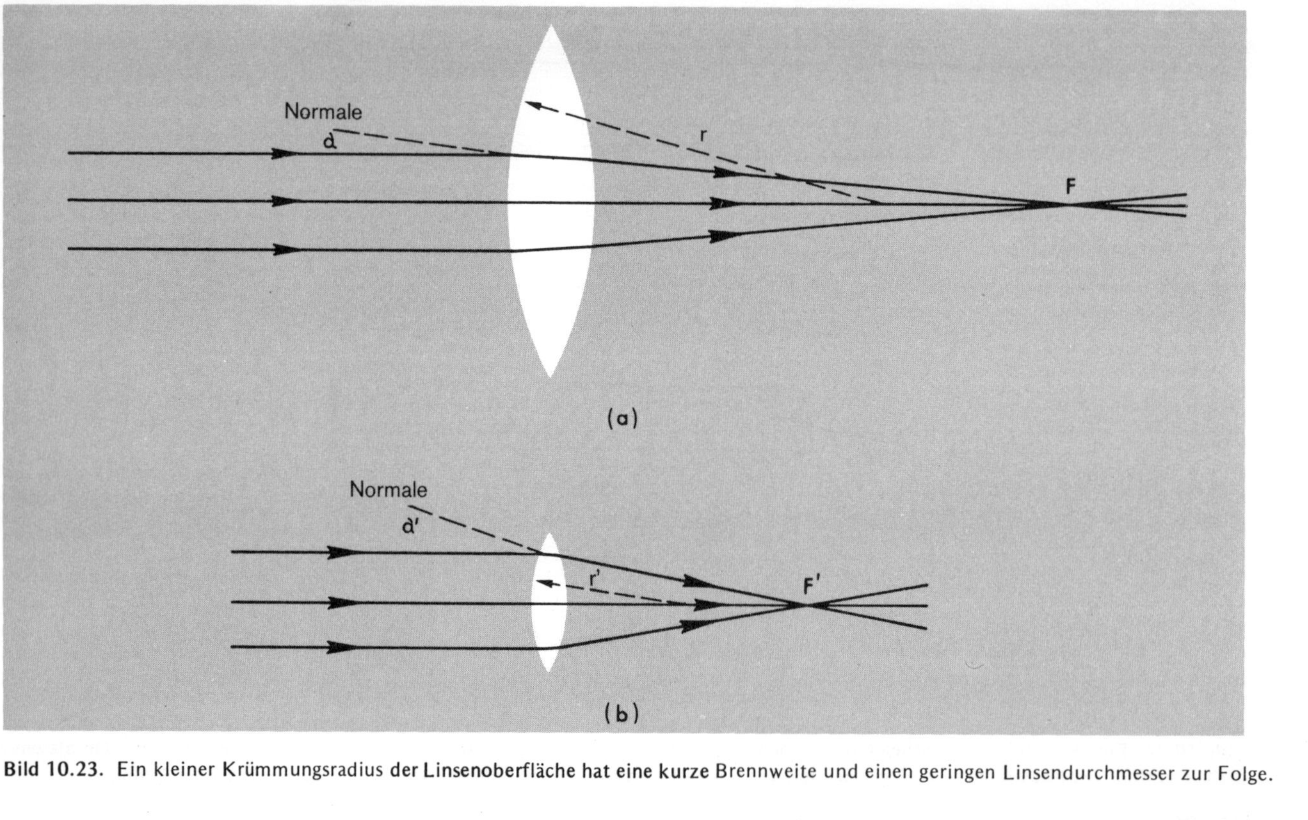

Bild 10.23. Ein kleiner Krümmungsradius der Linsenoberfläche hat eine kurze Brennweite und einen geringen Linsendurchmesser zur Folge.

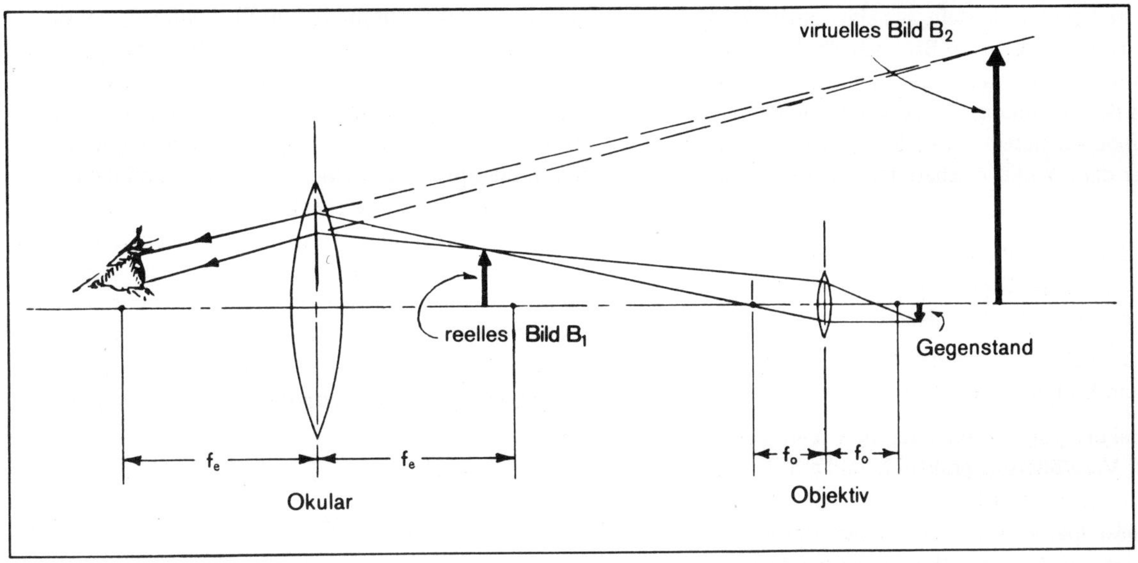

Bild 10.24. Mikroskop. Objektiv und Okular sind an den beiden Enden des Tubus angebracht. Aus der Zeichnung entnimmt man die Bildkonstruktion.

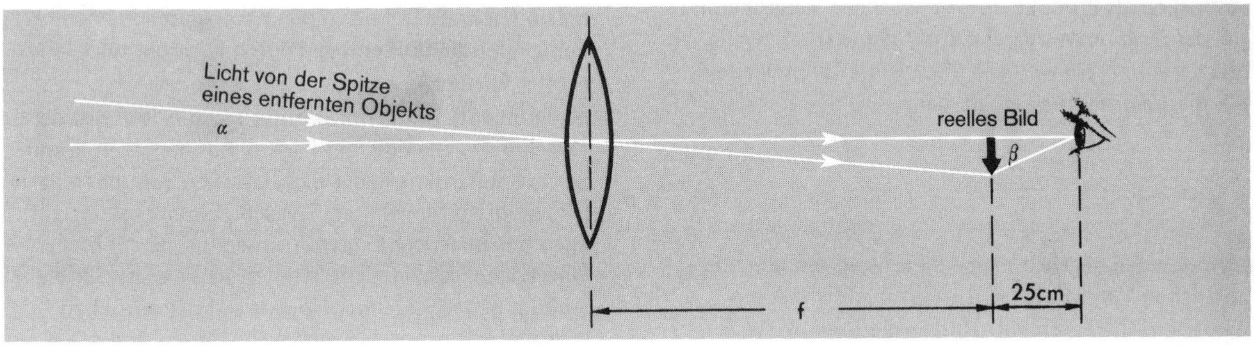

Bild 10.25. Bildkonstruktion in einem einlinsigen Fernrohr

Diese Linsenkombination heißt *Mikroskop.* Ein solches Mikroskop besteht im wesentlichen aus einer langen Röhre, dem *Tubus,* und zwei Konvexlinsen an beiden Enden. Die untere Linse, das Objektiv, besitzt eine kleine Brennweite. Das Mikroskop ist richtig eingestellt, wenn der Gegenstand gerade außerhalb der einfachen Brennweite des Objektivs steht, so daß die Linse ein stark vergrößertes reelles Bild B_1 erzeugt. Dieses Bild befindet sich innerhalb der einfachen Brennweite so weit vom Okular entfernt, daß im Abstand der deutlichen Sehweite ein virtuelles Bild B_2 entsteht. Das Okular wirkt also als Lupe, durch die man das vergrößerte reelle Bild des Objektivs betrachtet.

10.11. Linsenfernrohr

In Abschnitt 10.9 sahen wir, daß das Bild eines Gegenstandes im Auge umso größer wird und daß man umso mehr Einzelheiten erkennen kann, je mehr man sich dem Objekt nähert. Wenn man aber an ein entferntes Objekt, etwa an einen Berggipfel, nicht weiter herankommen kann, so läßt sich mit Hilfe einer Konvexlinse ein größeres Bild auf der Netzhaut des Auges erreichen. Linsenkombinationen, die auf solche Weise größere Bilder von entfernten Objekten herstellen, heißen *Linsenfernrohre.*

Das einfachste Fernrohr besteht aus einer einzigen Linse wie in Bild 10.25. In der Brennebene der Linse entsteht vom weit entfernten Gegenstand ein reelles Bild. Wie man aus der Zeichnung abliest, würde ein Beobachter mit unbewaffnetem Auge die Spitze des Gegenstandes unter dem Winkel α sehen. Die Vergrößerung $\frac{\beta}{\alpha}$ beträgt also $\frac{f}{25\ \text{cm}}$, wobei f die Brennweite der Linse ist. Obwohl das reelle Bild in der Brennebene der Linse sehr viel kleiner als der Gegenstand in der Ferne ist, erscheint doch das Bild auf der Netzhaut des Auges bei Verwendung der Linse um den Faktor $\frac{\beta}{\alpha}$ vergrößert gegenüber dem Bild, das man ohne Linse erhalten würde.

Genau wie bei der Lupe ist auch bei diesem einfachen Fernrohr der Vergrößerung praktisch bald eine Grenze gesetzt. Wollte man eine 100 fache Vergrößerung erzielen, so müßte man eine Linse mit einer Brennweite $f = 100 \cdot 25\ \text{cm} = 2500\ \text{cm} = 25\ \text{m}$ benutzen. Das Fernrohr wäre 25 m lang und deshalb völlig unhandlich. Daher wendet man einen ähnlichen Kunstgriff wie beim Mikroskop an. Man ergänzt die erste Linse um eine Lupe, durch die man das reelle Bild vergrößert. Die gesamte Vergrößerung ergibt sich dann wie beim einfachen Mikroskop als Produkt aus den einzelnen Vergrößerungen der *langbrennweitigen Objektivlinse* (Brennweite f_1) und der *kurzbrennweitigen Okularlinse* (Brennweite f_2). Für die *Vergrößerung* erhält man

$$v = \frac{f_1}{25\ \text{cm}} \quad \frac{25\ \text{cm}}{f_2} = \frac{f_1}{f_2} \quad .$$

Auf diese Weise erhält man ein Fernrohr mit einer beachtlichen Vergrößerung, das ein Objektiv von vernünftigen Ausmaßen besitzt, falls die Brennweite des Okulars entsprechend klein genug gewählt wird.

Andererseits hat ein Fernrohr mit einem Objektiv von großer Brennweite den Vorteil, daß der Krümmungsradius der Linsenoberfläche auch sehr groß ist und daß man daher den Linsendurchmesser ebenfalls verhältnismäßig groß wählen kann. Diese Tatsache ist für ein astronomisches Fernrohr von großem Nutzen, soll es doch möglichst viel Licht auffangen, damit man auch die entfernten und daher lichtschwachen Objekte am Himmel erkennen kann. Man kann ein einlinsiges Teleskop als riesigen Photoapparat verwenden, indem man in die Brennebene einen Film bringt und dann das Fernrohr über längere Zeit auf einen bestimmten Stern richtet. Auf diese Weise kann das Licht von Sternen, die zu fern sind und zu schwach leuchten, als daß man sie direkt mit dem Fernrohr beobachten kann, den Film belichten. Der Film wird dann nach seiner Entwicklung unter dem Mikroskop untersucht, so daß sich auf diese Weise die Vergrößerung noch steigern läßt.

10.12. Leistungsgrenzen optischer Instrumente

Photoapparat, Mikroskop und Fernrohr haben Grenzen der Leistungsfähigkeit, durch die ihre Verwendbarkeit eingeschränkt ist. Mit den Gesetzen der Reflexion und der Brechung haben wir optische Geräte für besondere Zwecke entworfen. Sie erweitern die naturgegebenen Sinne des Menschen wesentlich. Aber man kann weder beliebig scharfe Details in den Photographien noch beliebig hohe Vergrößerungen durch Fernrohr oder Mikroskop erwarten.

Nach Bild 10.17 durften wir nur einen Ausschnitt der Kugeloberfläche oder des Paraboloids benutzen, wenn wir mit sphärischen oder parabolischen Spiegeln scharfe Bilder entwerfen wollten. Dieselbe Einschränkung gilt auch für sphärische Linsen. (Linsen mit parabolischer Oberfläche werden nicht benutzt, da sie selbst für die Abbildung fernliegender Objekte auf der optischen Achse nicht so gut wie sphärische Linsen sind.) Daß die Bilder verschwommen werden, falls die Linsen aus zu großen Kugelabschnitten bestehen, sieht man an Bild 10.26. Darin wird der Strahlengang achsennaher und achsenferner Parallelstrahlen dargestellt. Die Schnittpunkte liegen wie beim sphärischen Spiegel für beide Strahlen an verschiedenen Stellen. Dadurch ent-

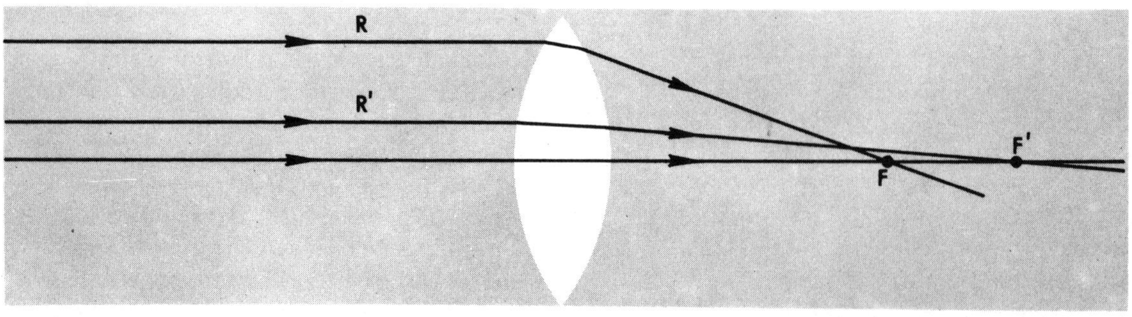

Bild 10.26. Strahlengang in einer Linse mit sphärischer Aberration

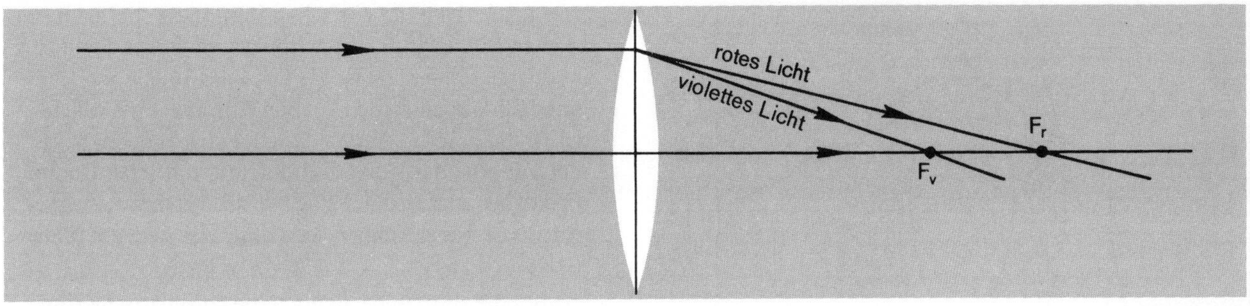

Bild 10.27. Brechung weißen Lichtes in einer Linse mit chromatischer Aberration

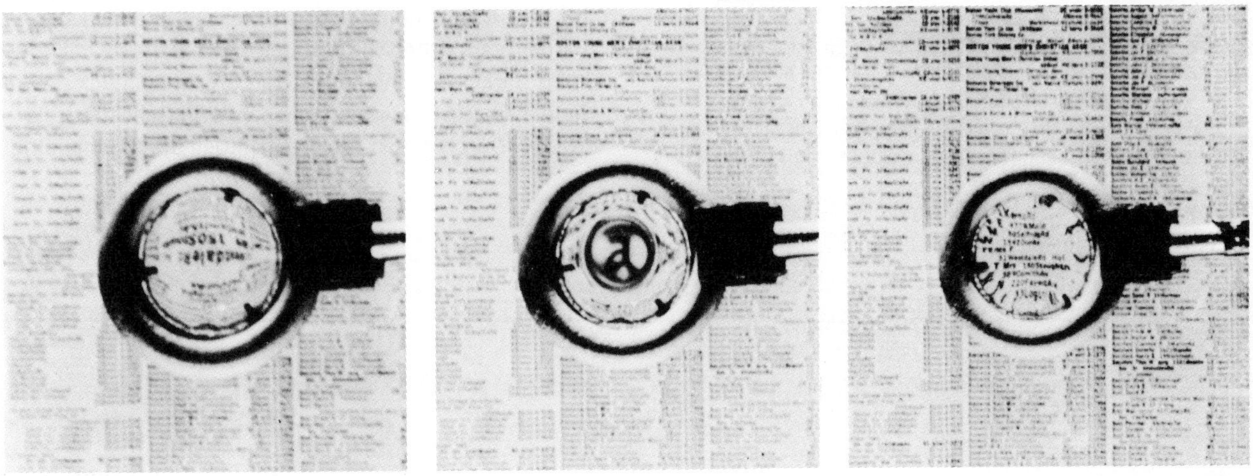

Bild 10.28. Verzerrungen durch die Lupe. Die drei Aufnahmen sind mit derselben Linse gemacht. Links liegt die abgebildete Seite des Telephonbuches außerhalb der einfachen Brennweite, im mittleren Bild liegt die Seite in der Brennebene, und rechts ist der Abstand zwischen Lupe und Buchseite etwas kleiner als die Brennweite. Man beachte die Verzerrungen der Bilder.

stehen die Teilbilder durch die verschiedenen Oberflächenteile der Linse an etwas unterschiedlichen Stellen mit unterschiedlicher Vergrößerung. Diesen Fehler bei sphärischen Spiegeln und bei Linsen nennt man *sphärische Aberration.* Die sphärische Aberration führt zu verschwommenen und verzerrten Bildern. Die achsennahen Parallelstrahlen schneiden sich fast genau in einem gemeinsamen Punkt; anders ist es für die achsenfernen. Benutzt man nur einen kleinen Ausschnitt der Linse, indem man die Randstrahlen abblendet, so erhält man klare und scharfe Bilder.

Linsen haben noch einen weiteren Fehler. Er ist eine Folge der Tatsache, daß der Brechungsindex von der Wellenlänge des Lichtes abhängt. In Bild 10.27 sieht man, daß die Dispersion in Glas zu verschiedenen Brennpunkten für Licht unterschiedlicher Farbe führt und daher je nach der Farbe scharfe Bilder an verschiedenen Stellen liefert. Wie die sphärische so läßt sich auch die *chromatische Aberration* vermindern, indem man nur den mittleren Teil einer Linse zur Abbildung benutzt. Beim Photoapparat erreicht man dies, indem man eine *Blende* in den Strahlengang einbaut, so daß nur die mittleren Teile der Linse zur Abbildung beitragen. Das setzt jedoch eine gute Beleuchtung voraus. Bei schlechten Lichtverhältnissen muß man den größten Teil der Linse zur Abbildung ausnutzen, um den Film genügend zu belichten. Unter diesen Bedingungen verliert dann die Aufnahme an Schärfe.

Beide *Linsenfehler* kann man durch folgende einfache Experimente demonstrieren:

Wird eine Lupe dicht auf diese Buchseite gehalten, so sieht man ein klares, unverzerrtes und vergrößertes Bild der Buchstaben. Jetzt entferne man die Lupe vom Buch, wobei der Abstand zwischen Auge und Linse ebenfalls wachsen möge. Dann erscheint bei bestimmten Stellungen ein verzerrtes Bild. Sind die Augen weit genug von der Linse entfernt, so kann man außerdem die Regenbogenfarben in der Lupe erkennen, wenn man auf den Rand der Buchseite sieht. Drei Stellungen sind in Bild 10.28 wiedergegeben. Dabei wurde immer dieselbe Linse benutzt. Im ersten Bild wird die Lupe so gehalten, daß sich die Seite des Telephonbuches ein

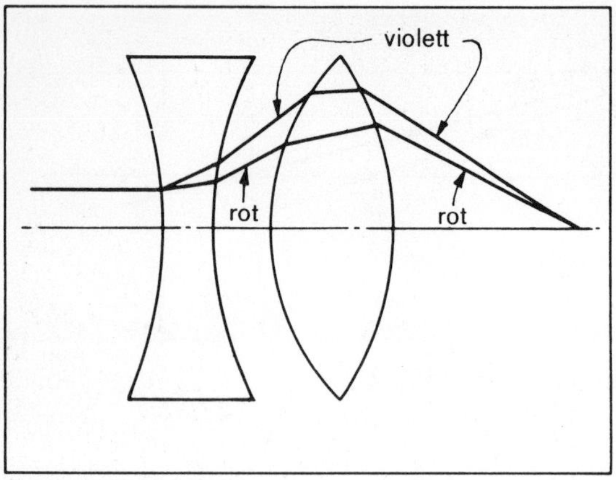

Bild 10.29. Linsenkombination zum Ausgleich der verschiedenen Brennweite für verschiedenfarbiges Licht. Die beiden einander zugewandten Oberflächen der Kombination erhalten häufig die gleiche Form und werden dann zusammengeklebt. Man nennt diese Linsenkombination einen Achromaten.

wenig außerhalb der einfachen Brennweite befindet; im zweiten Bild liegt die Buchseite gerade in der Brennebene; im dritten schließlich ist die Seite des Telephonbuches innerhalb der einfachen Brennweite. Jedesmal weicht das Bild der Seite deutlich von der abgebildeten Seite selbst ab. Bei der Konstruktion guter optischer Geräte wird daher auch große Mühe auf die Verringerung geometrischer Verzerrungen verwandt, wie sie diese Bilder so deutlich zeigen.

Sowohl die sphärische als auch die chromatische Aberration kann man größtenteils unterdrücken, indem man zusätzlich eine schwach divergierende Linse, eine Zerstreuungslinse, verwendet. Man stellt sie aus Glas her, dessen Brechungsindex sich für die verschiedenen Farben stark unterscheidet, und kombiniert sie mit einer starken Sammellinse, deren Brechungsindex sich für die einzelnen Farben nicht sehr unterscheidet (Bild 10.29). Durch diesen Kunstgriff liegen die Brennpunkte

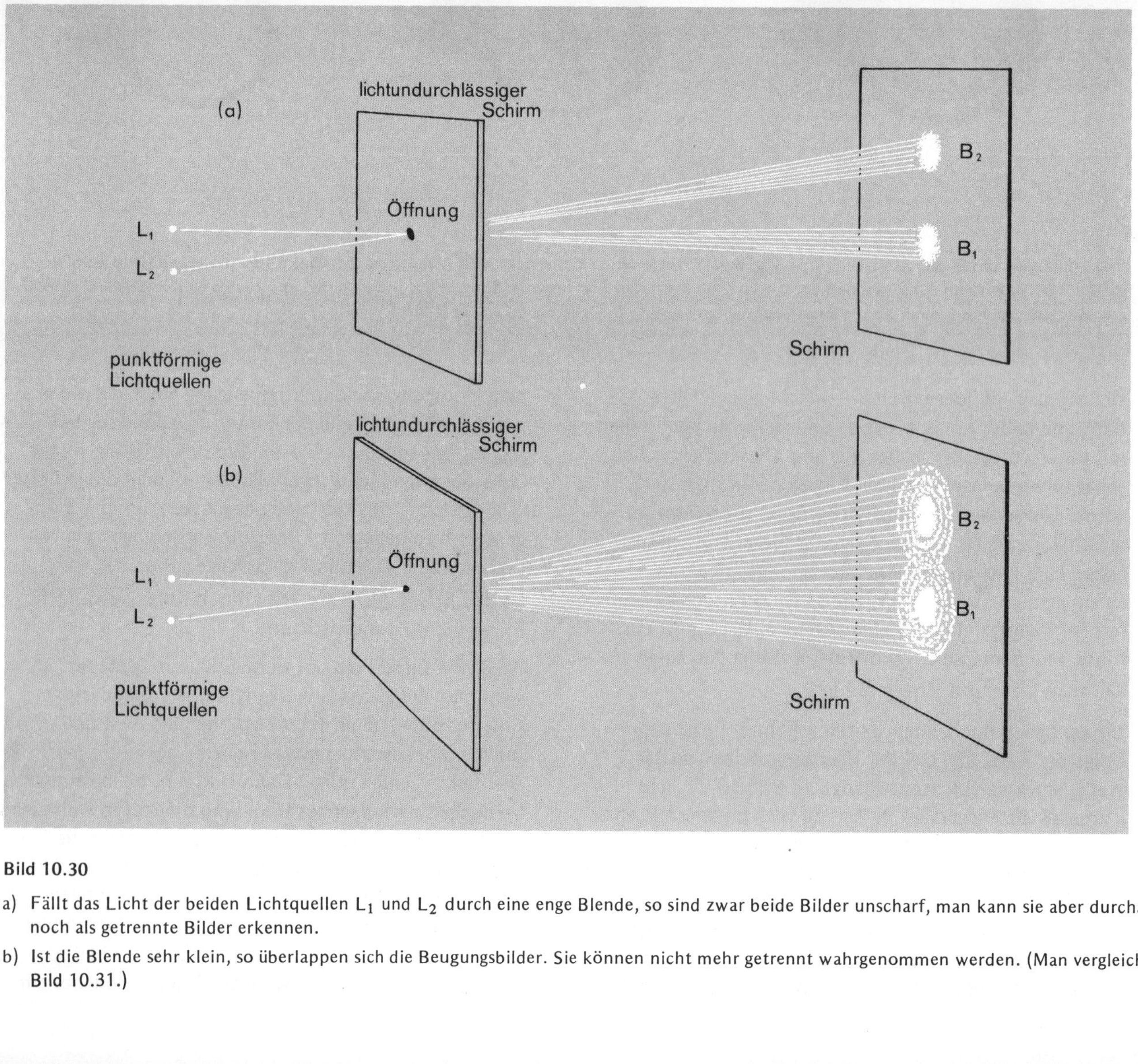

Bild 10.30

a) Fällt das Licht der beiden Lichtquellen L_1 und L_2 durch eine enge Blende, so sind zwar beide Bilder unscharf, man kann sie aber durchaus noch als getrennte Bilder erkennen.

b) Ist die Blende sehr klein, so überlappen sich die Beugungsbilder. Sie können nicht mehr getrennt wahrgenommen werden. (Man vergleiche Bild 10.31.)

des gesamten Linsensystems für alle Farben nahe beieinander.

Aus den Untersuchungen über die Beugung des Lichtes am Spalt ist bekannt, daß das Licht einer punktförmigen Lichtquelle beim Durchgang durch einen engen Spalt oder durch ein stecknadelgroßes Loch gebeugt wird. Man erhält ein Bild, das größer als die Öffnung der Blende ist. Je enger die Öffnung ist, umso größer ist das Beugungsbild. Diese Beugung an engen Öffnungen ist von großer Bedeutung für die Konstruktion von Mikroskopen und Fernrohren. Sie bestimmt das Auflösungsvermögen dieser Instrumente.

Um zu verstehen, warum die Beugung die Vergrößerung begrenzt, betrachten wir zwei eng benachbarte punktförmige Lichtquellen, deren Licht durch eine enge Kreisblende auf einen Schirm fällt. In Bild 10.30a stellen B_1 das Bild der Lichtquelle L_1 und B_2 das von L_2 dar. Die Bilder entstehen in Wirklichkeit durch die Beugung des Lichtes, sie heißen daher Beugungsbilder; sie sind verschwommen und durchaus nicht klein. In Bild 10.30b werden dieselben Lichtquellen benutzt, nur ist die Blende jetzt noch kleiner. Die Beugung ist nun so stark, daß sich die Beugungsbilder überlappen. Betrachtet man den Bildschirm, so kann man schwer entscheiden, ob das Bild von zwei unabhängigen Lichtquellen oder von einer einzigen, seltsam geformten stammt. Ist die Blende so klein oder liegen die Lichtquellen so nahe beieinander, daß man die Bilder nicht mehr getrennt erkennen kann, so sagt man, die Lichtquellen seien nicht mehr aufgelöst. Lassen sie sich unterscheiden, so sind sie *auflösbar.* Das *Auflösungsvermögen* optischer Instrumente ist ein Maß für ihre Fähigkeit, nahe beieinander liegende Objekte getrennt abzubilden.

Wird die Blende durch eine Linse ersetzt, so läßt sich das Licht der beiden punktförmigen Lichtquellen bündeln. Untersucht man jetzt die Schärfe der Bilder, so zeigt sich, daß die Zerstreuung des Lichts infolge der Beugung auch bei Verwendung von Linsen nicht zu vermeiden ist. Das Licht, das von der Linse aufgefangen wird, geht durch eine Öffnung von begrenzter Weite hindurch. Bild 10.31 zeigt eine Reihe von Photographien einer Lichtquelle, die aus drei einzelnen punktförmigen Lichtquellen besteht; bei den Aufnahmen wurden Linsen von gleicher Brennweite, aber verschieden großem Durchmesser benutzt. Im oberen Bild fällt das Licht durch eine Linse von kleinem Durchmesser; im zweiten Bild ist der Linsendurchmesser größer, im dritten dann am größten. Im oberen Bild kann man die Bilder nicht auflösen. *Je größer der Linsendurchmesser, umso geringer ist der Einfluß der Beugung und umso besser ist das Auflösungsvermögen.* Schließlich sind bei der Linse mit dem größten Durchmesser die Bilder der beiden punktförmigen Lichtquellen deutlich getrennt. Sie könnten noch näher beieinander stehen, und ihre Bilder wären immer noch aufzulösen.

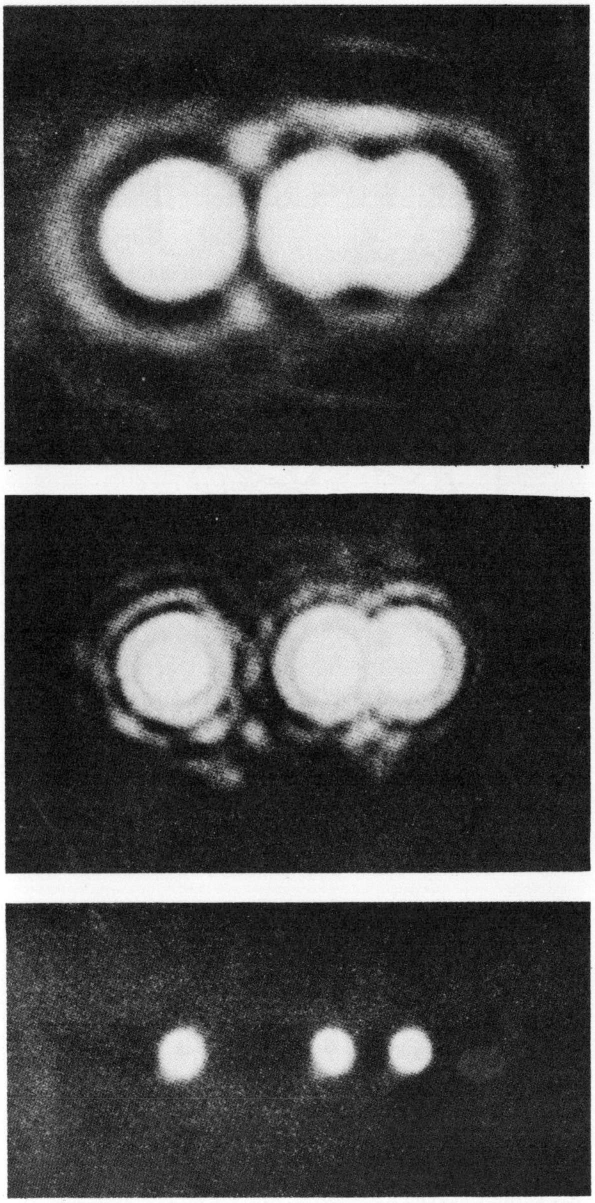

Bild 10.31. Beugungsbilder dreier punktförmiger Lichtquellen, erzeugt durch Linsen verschiedenen Durchmessers. Wächst der Linsendurchmesser, so verbessert sich das Auflösungsvermögen (unteres Bild). (Bildnachweis: Francis Sears "Principles of Physics III", Addison-Wesley Publishing Co.)

Das gilt auch für das Fernrohr: Je größer der Durchmesser der Linse oder des Spiegels, umso besser ist das Auflösungsvermögen. Das große Hale-Teleskop auf dem Mount Palomar besitzt ein derart gutes Auflösungsvermögen, daß im Andromedanebel noch einzelne Sterne zu erkennen sind; kleine Fernrohre können das nicht leisten.

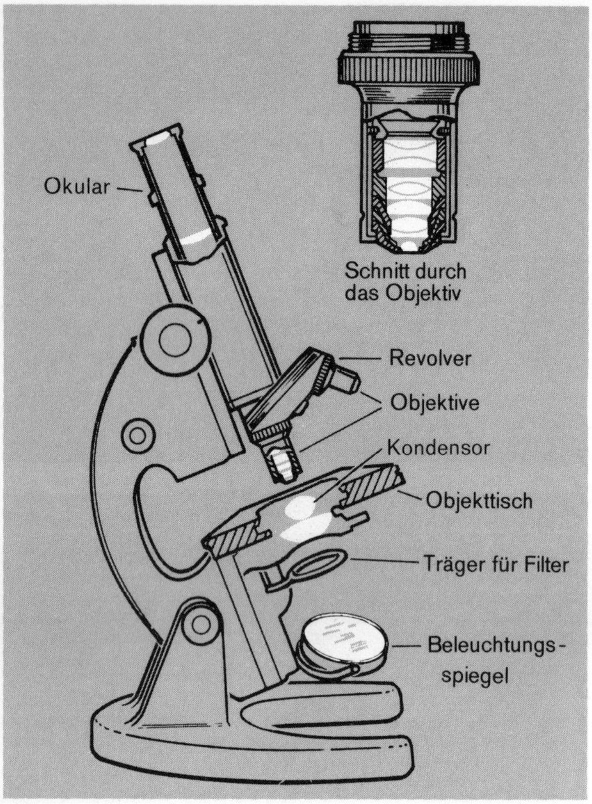

Bild 10.32. Ein modernes Mikroskop

Genauso wichtig ist die Beugung für das Mikroskop, bei dem das Licht durch ein enges Objektiv geht. Man kann die Vergrößerung so weit treiben, bis die Beugung die Auflösung benachbarter Objektpunkte unmöglich macht. Eine weitere Vergrößerung würde zwar das Bild ebenfalls vergrößern, doch würden dadurch nahe beieinander liegende Punkte nicht zusätzlich aufgelöst werden. Das *Auflösungsvermögen eines Mikroskops* läßt sich selbst mit den besten Linsen nicht über jenen Punkt hinaus erhöhen, von dem ab sich wegen der Beugung die Bildpunkte nicht mehr trennen lassen.

Linsensysteme mit größtem Auflösungsvermögen und geringster Verzerrung und Aberration zu konstruieren und zu entwickeln, ist eine äußerst schwierige Aufgabe. Eine Vorstellung davon vermittelt die Abbildung eines modernen Mikroskops in Bild 10.32. Die Schwierigkeiten entstehen bei der Anwendung des Brechungsgesetzes im Einzelfall, neue Gesetze benötigt man nicht. Eine weitere Erörterung der dabei auftretenden Probleme würde jedoch unser Verständnis für die grundlegenden Erscheinungen der Optik nicht erweitern. Daher soll hier darauf verzichtet werden.

Aufgaben

1.* a) Man bestimme die Brennweite des Parabolspiegels in Bild 10.3.
   b) Welche Brennweite besitzt ein ebener Spiegel?

2.* Wie verlaufen die Strahlen im Parabolspiegel (Bild 10.3), falls im Brennpunkt ein kleiner ebener Spiegel mit der spiegelnden Fläche zum Mittelpunkt des Parabolspiegels aufgestellt wird?

3.* Warum braucht man in Bild 10.6 lediglich zwei Strahlen, um das Bild des Sternes zu ermitteln?

4. Eine einfachste Sammellinse könnte man aus zwei Prismen mit den Winkeln 30°, 60° und 90° sowie aus einer planparallelen Glasplatte herstellen (Bild 10.33).
   a) Welche Brennweite besäße diese „Linse"?
   b) Könnte diese „Linse" ein scharfes Bild erzeugen? (Begründung)

5. Warum lassen sich mit zwei 45°-Prismen aus Glas mit dem Brechungsindex 1,50 (Bild 10.34) parallele Strahlen nicht bündeln? Was geschieht bei dieser Anordnung mit dem von links einfallenden Licht?

6.* Eine Linse wird nacheinander in drei verschiedene Flüssigkeiten getaucht. In Bild 10.35 ist jeweils der Weg dreier Parallelstrahlen eingezeichnet. Es soll in allen drei Fällen der Brechungsindex der Flüssigkeiten mit dem des Glases verglichen werden.

7. Ein 4 cm langer Nagel steht 15 cm vom Brennpunkt einer Konvexlinse entfernt, die eine Brennweite von f = 10 cm besitzt. Wie groß ist das Bild?

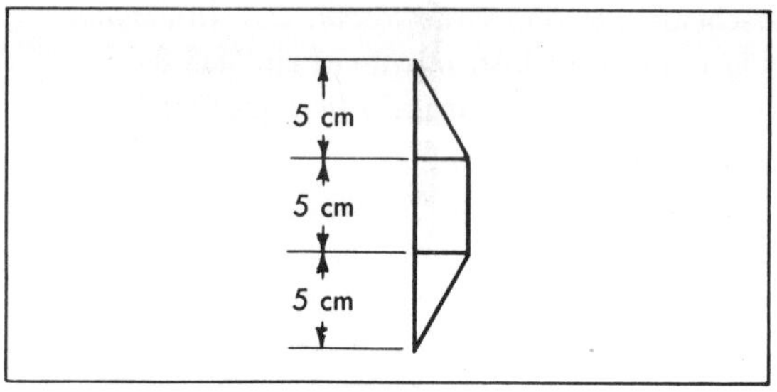

Bild 10.33. Zur Aufgabe 4

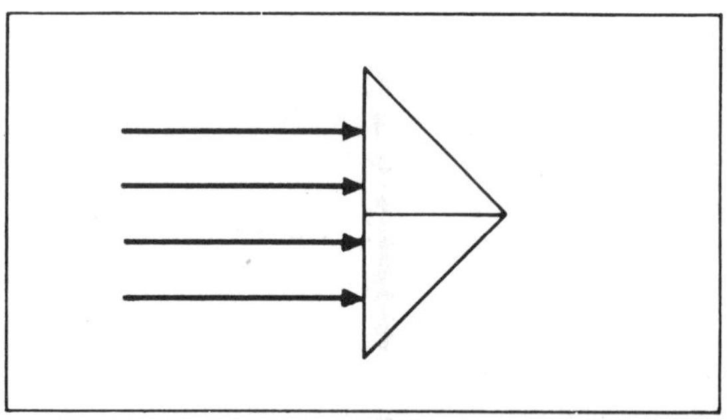

Bild 10.34. Zur Aufgabe 5

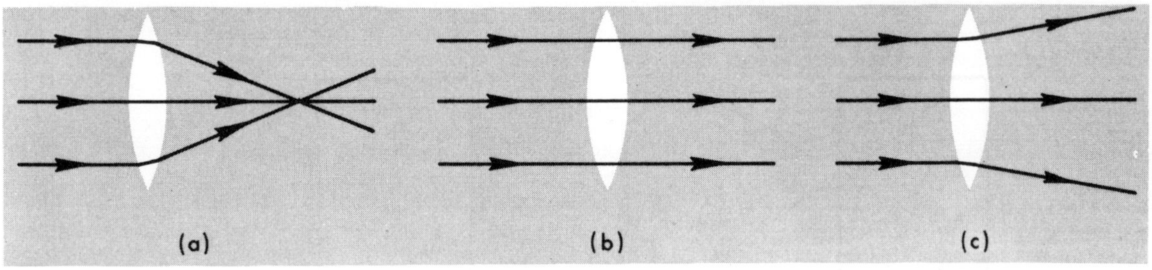

Bild 10.35. Zur Aufgabe 6

8. Die Abstände von Gegenstand und Bild werden häufig statt auf die beiden Brennpunkte auf den Linsenmittelpunkt bezogen. Für die Gegenstandsweite g (Abstand des Gegenstandes vom Linsenmittelpunkt) und die Bildweite b (Abstand des Bildes vom Linsenmittelpunkt) gelten die Beziehungen $x = g - f$ und $y = b - f$. Man zeige, daß aus der Gleichung $xy = f^2$ die sogenannte Linsenformel

$$\frac{1}{g} + \frac{1}{b} = \frac{1}{f}.$$

hergeleitet werden kann.

9. Das Bild einer Kerze sei 30 cm von der Linse entfernt (Bildweite b = 30 cm). Die Kerze selbst ist 10 cm groß, ihre Bildgröße beträgt 5 cm. Wie groß ist die Brennweite der Linse?

10. Wie groß ist das Bild der Sonne im Mount Palomar-Fernrohr? (Brennweite f = 18 m, Sonnendurchmesser $d = 1{,}4 \cdot 10^9$ m, Entfernung Erde-Sonne $e = 1{,}5 \cdot 10^{11}$ m)

11. Man vergleiche den Verlauf der Parallelstrahlen im Parabolspiegel (Bild 10.3), die nach der Reflexion durch den Brennpunkt gehen, mit dem Verhalten gleicher Strahlen im sphärischen Spiegel (Bild 10.17). Warum gehen nicht alle Strahlen, die auf die Kugelfläche treffen, nach der Reflexion durch den Brennpunkt F?

12. Man erörtere im einzelnen, wie sich Bildweite und Bildgröße ändern, wenn man einen Gegenstand vor einer Sammellinse auf der optischen Achse aus dem Unendlichfernen bis zur Linse bewegt?

13.* Kann das reelle Bild des Parabolspiegels jemals größer als das abgebildete Objekt sein?

14. Das Objektiv eines Photoapparats mit 5 cm Brennweite kann mittels eines Schraubengewindes verstellt werden. Wie groß muß der Bewegungsspielraum sein, wenn man mit dem Apparat Objekte von 1 m Abstand bis zu unendlich großen Entfernungen scharf abbilden will?

15. Eine einzelne dünne Linse von 30 cm Brennweite wird unmittelbar vor einer Kamera aufgebaut, die auf „unendlich“ eingestellt ist. An welche Stelle muß man einen Gegenstand bringen, der mit der Zusatzlinse auf dem Film der Kamera scharf abgebildet werden soll?

16. Wenn man eine Kamera scharf auf einen punktförmigen Gegenstand in einem bestimmten festen Abstand einstellt, so liefern andere punktförmige Objekte, deren Gegenstandsweiten größer oder kleiner sind, kleine runde Flecken als Bilder.

a) Man erkläre diesen Effekt für Punkte, die auf der optischen Achse liegen, anhand einer Zeichnung.

b) Sind die Flecken größer als 0,25 mm im Durchmesser, so verwischen sich allmählich die Bilder der einzelnen Punkte. Die Brennweite der Linse sei f = 10 cm, sie habe einen Durchmesser von 3 cm, und das scharf abgebildete Objekt befinde sich 5,1 m vor der Linse. Wie groß ist der kürzeste und weiteste Abstand, innerhalb derer der Gegenstand Bilder mit den angegebenen Toleranzen liefert? (Man vergleiche das Ergebnis möglichst mit den Angaben zur „Tiefenschärfe“ auf einer Kamera.)

17. Eine Linse der Brennweite f = 10 cm ergibt in einem Dia-Projektor auf einem 6 m entfernten Schirm ein reelles Bild.

a) Welche Vergrößerung liegt vor?

b) Wie groß ist der Abstand zwischen Linse und Diapositiv?

18. a) Aus dem Strahlengang von Bild 10.36 leite man die Beziehung $xy = f^2$ für eine Zerstreuungslinse her. Man beachte, von welchen Brennpunkten die Brennpunktsabstände x und y zu messen sind.

b) Was geschieht, wenn man den Gegenstand auf die Linse zu bewegt? Kann y jemals größer als x werden? Kann das Bild größer als das Objekt werden?

c) Wie kann man experimentell die Brennweite einer Zerstreuungslinse bestimmen?

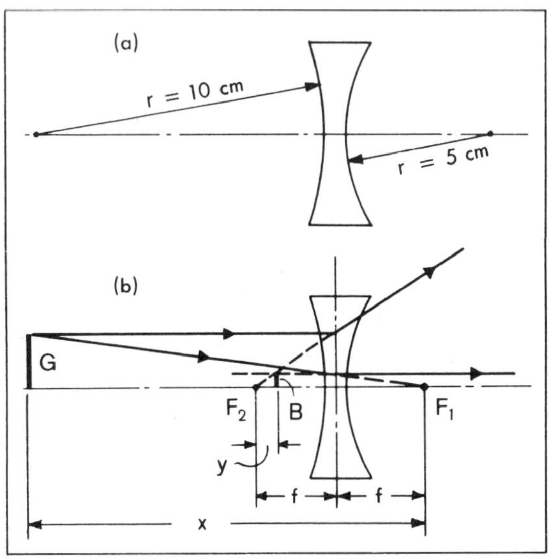

Bild 10.36. Zur Aufgabe 18

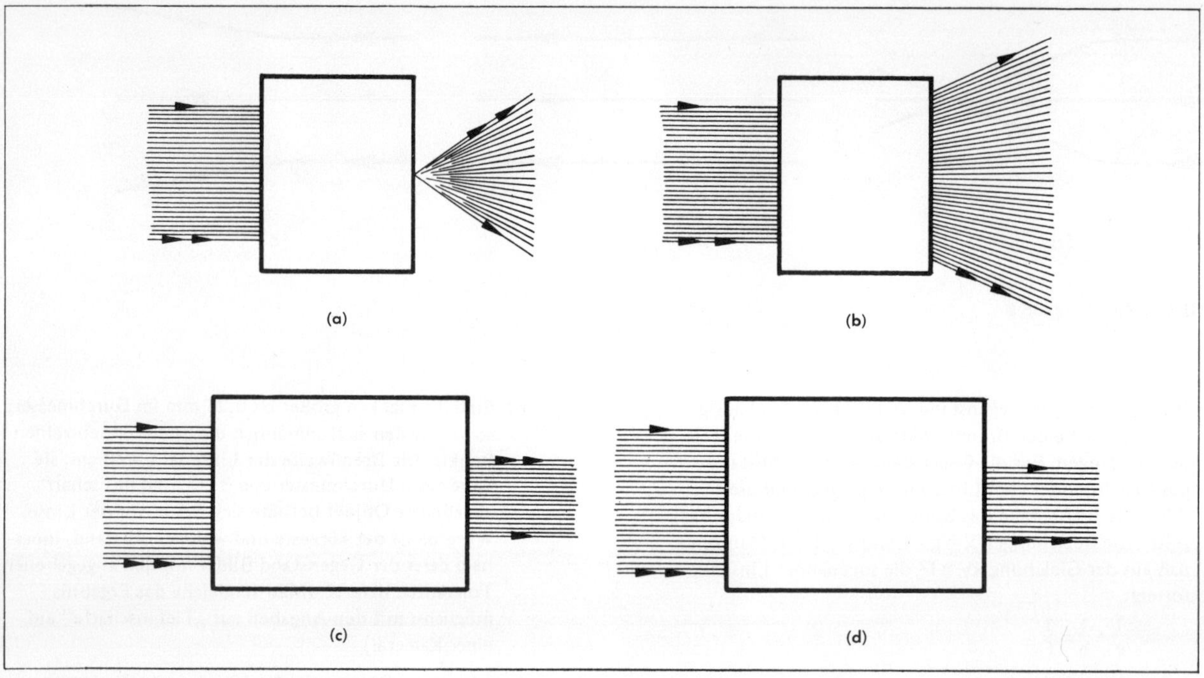

Bild 10.37. Zur Aufgabe 19

19. In Bild 10.37 treten von links parallele monochromatische Lichtbündel in schwarze Kästen ein. Gesucht sind die optischen Einrichtungen, die im Kasten die rechts austretenden Lichtbündel erzeugen können. Einzel- und Doppelpfeil geben an, welche Seiten der Bündel einander entsprechen.

20. a) Wie groß ist der Sehwinkel, unter dem ein 12 m hoher Baum in 100 m Entfernung erscheint?
    b) Hängt der Sehwinkel, unter dem der Baum erscheint, von der Augenhöhe des Beobachters ab?

21. Jemand bewegt sich auf einen Beobachter vom ursprünglichen Abstand 60 m bis auf 20 m heran. Wie groß ist der Quotient der beiden Sehwinkel für den Beobachter?

22. Jemand kann Gegenstände, die sich dichter als 80 cm vor seinem Auge befinden, nicht mehr deutlich und bequem erkennen. Er möchte mit einer Brille, deren Gläser sich im Abstand von 1,5 cm vor dem Auge befinden, ein Buch lesen, das 25 cm vor die Augen gehalten wird. Welche Brennweite müssen die Brillengläser besitzen?

23. Zur Bestimmung der Brennweite einer dünnen Linse hält ein Beobachter die Linse im Abstand von 4 cm vor liniertes Papier, wobei das Papier 25 cm von den Augen entfernt ist. Er kann das Papier auch direkt sehen (Bild 10.38).
    Welche Brennweite stellt er fest?

24. Die Vergrößerung einer Lupe ist durch $\frac{s}{f}$ gegeben, wobei s die deutliche Sehweite bedeutet. Falls man seine Augen auf 15 cm akkommodieren kann, hat man s = 15 cm einzusetzen, so daß sich als Vergrößerung der Lupe für diese Person $\frac{15\text{ cm}}{f}$ ergibt. Kann man erst in einem Abstand von d = 35 cm genau sehen, so lautet die Formel für die Vergrößerung $\frac{35\text{ cm}}{f}$. Warum erhöht sich die Vergrößerung für Leute, die schlecht auf kurze Entfernungen akkommodieren können? Können sie mehr Einzelheiten erkennen als andere, die auf kleinere Entfernungen akkommodieren können?

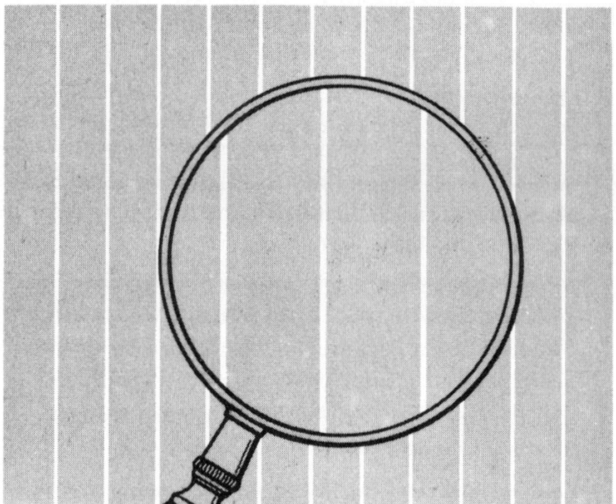

Bild 10.38. Zur Aufgabe 23

25. Die deutliche Sehweite betrage in einem bestimmten Fall s = 25 cm. Ein Mikroskop besitzt ein Okular von 2,0 cm Brennweite und ein Objektiv von 4,0 mm Brennweite. Der Abstand zwischen Objektiv und Okular beträgt 22,3 cm. Welche Vergrößerung besitzt das Mikroskop?

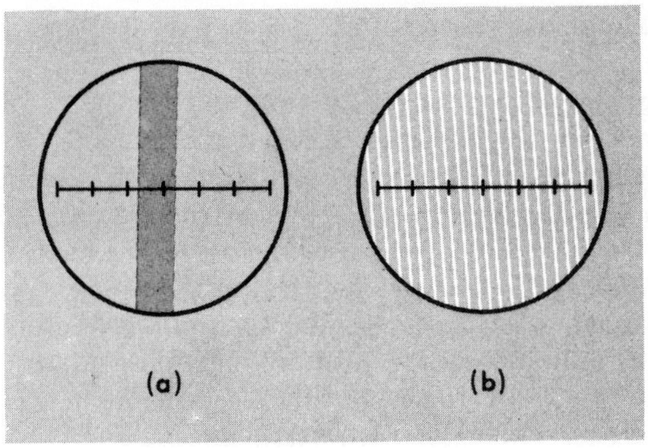

Bild 10.39. Zur Aufgabe 27

26. Mit dem Mikroskop der Aufgabe 25 wird eine Amöbe beobachtet. Auf einem Maßstab, den man vor das eine Auge im Abstand der deutlichen Sehweite hält, während man mit dem anderen ins Mikroskop sieht, bestimmt man die Größe des virtuellen Bildes der Amöbe zu 10 cm. Wie groß ist die Amöbe in Wirklichkeit?

27. Der Durchmesser eines dünnen Fadens soll bestimmt werden. Dazu betrachtet man den Faden unter einem Mikroskop, das eine Skaleneinteilung besitzt. Die Skala ist so angebracht, daß man Faden und Skala gleichzeitig deutlich erkennen kann (Bild 10.39a).

a) An welcher Stelle im Mikroskop muß die Skala angebracht sein?

Danach legt man unter das Mikroskop ein Gitter (Bild 10.39b). Mit diesem Gitter würde in einem Spektroskop das Maximum 2. Ordnung von monochromatischem Licht der Wellenlänge $\lambda = 590$ nm um $26°$ abgelenkt werden.

b) Wie dick ist der Faden?

28. Durch ein Fernrohr wird der Mond beobachtet. Das Objektiv besitzt eine Brennweite von 30 cm, das Okular eine solche von 5 cm. Man vergleiche die Größe des Mondbildes auf der Netzhaut des Auges mit der Beobachtung ohne Fernrohr.

29. Die Photographie eines weit entfernten Objektes wurde durch eine Kamera mit der extrem großen Brennweite von $f = 25$ cm aufgenommen. Den entwickelten Film untersucht man mit Hilfe einer Linse mit $f_2 = 2{,}0$ cm Brennweite, die man sich dicht ans Auge hält. Wieviel mal größer ist bei dieser Beobachtungsart der Sehwinkel, als wenn man den Gegenstand direkt beobachtet?

30. Sonnenflecken kann man schon bequem erkennen, wenn das auf einem Schirm aufgefangene Bild der Sonne einen Durchmesser von 10 cm hat. Wo müßte man den Schirm und die beiden Linsen L_1 und L_2 mit den Brennweiten $f_1 = 30$ cm und $f_2 = 1{,}0$ cm aufstellen, um ein solches Bild zu erzeugen? (Die Sonne erscheint unter einem Sehwinkel von $0{,}54°$ oder unter 0,0094 rad.)

31. Drei Linsen, zwei mit der Brennweite $f_1 = 5$ cm und eine mit $f_2 = 25$ cm, seien gegeben.

a) Wie müßte man die drei Linsen zusammenstellen, um mit ihnen die Landschaft aufrecht und vergrößert beobachten zu können?

b) Warum braucht man zum Bau eines Himmelsfernrohres nur zwei Linsen?

32. Die Temperatur eines Backofens werde durch ein Thermometer angezeigt, das man im Abstand von 0,5 m noch deutlich ablesen kann. Wenn der Ofen jedoch seine normale Backtemperatur erreicht hat, kann man sich ihm nicht dichter als auf 4,0 m nähern.

a) Welche Vergrößerung müßte ein Fernrohr zum Ablesen des Thermometers besitzen?

b) Genügt ein Fernrohr von siebenfacher Vergrößerung? (Die Angabe „siebenfach" gibt die Vergrößerung für den Fall an, daß das Fernrohr auf unendlich eingestellt ist, Gegenstand und Bild also im Unendlichen liegen.)

33.* Man vergleiche die Vergrößerung des Fernrohrs in der oberen Photographie von Bild 10.31 mit der in der unteren Photographie.

34. Man bestimme die Bildgröße eines Satelliten, der einen Durchmesser von 53 cm besitzt und der sich in 3500 km Höhe befindet, wenn man zur Aufnahme einen Photoapparat mit 10 cm Brennweite benutzt.

Würde man für eine wirkliche Aufnahme ein kleineres oder ein größeres Bild gegenüber dem berechneten erwarten?

35. Zwei Bilder kann man gerade dann noch auflösen, wenn das Maximum 0.ter Ordnung des ersten in das erste Minimum des zweiten Beugungsscheibchens fällt.

a) Man zeige, daß das Auflösungsvermögen eines engen Spaltes von dem Quotienten $\frac{\lambda}{d}$ abhängt, wobei d die Spaltbreite ist.

b) Wie nahe beieinander kann man zwei linienförmige Lichtquellen aufstellen, so daß man sie noch auflösen kann, wenn man sie durch einen Spalt von $d = 0.01$ cm Breite betrachtet und wenn der Spalt in $e = 3{,}0$ m Entfernung vor den Lichtquellen steht?

36. Mikroskope, die mit ultraviolettem Licht arbeiten, besitzen ein höheres Auflösungsvermögen als solche, bei denen sichtbares Licht benutzt wird.

a) Wie kann man diese Tatsache erklären?

b) Wie kann man die Bilder sichtbar machen, die mit (unsichtbarem) ultraviolettem Licht erzeugt werden?

c) Aus welchem Material muß man die Linsen eines derartigen Mikroskop herstellen? (Glas ist für ultraviolettes Licht undurchlässig.)

37. Sterne photographiert man häufig mit einem Blaufilter. Warum?

11. Geradlinige Bewegung

Mit einer Geschwindigkeit von 60 Kilometern in der Stunde rollt ein Güterzug über die Gleise. Da taucht hinter ihm aus dem Nebel, kaum zwei Kilometer entfernt, ein Schnellzug auf, der mit 110 Kilometern in der Stunde fährt. Der Führer des Schnellzuges zieht die Bremsen. Drei Kilometer beträgt der Bremsweg. Kommt es zum Zusammenstoß? – Es geht hier um die Vorausberechnung, wo sich beide Züge zu aufeinanderfolgenden Zeiten befinden, insbesondere aber, ob sie irgendwann zu gleicher Zeit am selben Ort sein werden. Verallgemeinert man das Problem, so ist nach dem *Zusammenhang zwischen Geschwindigkeit, Ort und Zeit* gefragt.

Die Wissenschaft derartiger Beziehungen heißt *Kinematik*. Es wird allerdings in der Kinematik nicht untersucht, warum der Zug gerade drei Kilometer bis zum Halten benötigt. Dazu müßte man im einzelnen den genauen Bremsvorgang studieren. Wir werden dieses Problem später untersuchen. In diesem und im nächsten Kapitel sollen lediglich die Bewegungsformen beschrieben werden. Wir beginnen mit der Erörterung der geradlinigen Bewegung und dehnen die Untersuchungen dann auf Bewegungen auf beliebiger Bahn aus.

In beiden Kapiteln müssen wir Ort und Zeit messen, denn jede Bewegung besteht in Veränderung des Ortes mit der Zeit. Normalerweise denkt man nicht ausdrücklich an die Bestimmung von Ort und Zeit, aber ohne ihre Messung würden unsere Ausführungen über die Bewegungen ohne Sinn bleiben.

11.1. Ort und Weg auf einer Geraden

Soll eine Bewegung untersucht werden, so muß man zunächst den *Ort* eines sich bewegenden Körpers angeben. Wir stellen uns ein Auto vor, das auf einer schnurgerade von Ost nach West verlaufenden Straße fährt. Um die Frage „Wo ist das Auto?“ zu beantworten, müßte man seinen Aufenthaltsort auf irgendeinen festen Punkt beziehen. Als Bezugspunkt oder Ausgangspunkt für die Ortsmessung könnte irgendein markanter Punkt an der Straße dienen. Welchen Punkt man dafür wählt, ist gleichgültig, solange er eindeutig festgelegt und jedermann leicht mitgeteilt werden kann. Dann muß man angeben, wie weit und in welcher Richtung, ob nach Osten oder nach Westen, das Auto vom Bezugspunkt entfernt ist. Damit ist die Ortsangabe vollständig. Beispielsweise kann das Auto gerade „5 Kilometer westlich des Stadtzentrums“ oder „3 Kilometer östlich der Großen Brücke“ sein. Die Information „5 Kilometer vom Stadtzentrum“ allein genügt nicht; man wüßte dann nicht, ob 5 Kilometer nach Osten oder 5 Kilometer nach Westen gemeint sind.

Ähnlich kann man in einer Zeichnung den Ort eines Punktes auf einer geraden Linie angeben. Man wählt wieder einen Punkt der Geraden als Bezugspunkt und bestimmt die Entfernung und die Richtung relativ zu diesem „Nullpunkt“. Die Richtung kann hier natürlich nicht Osten und Westen heißen, denn die Gerade kann ja auch ganz anders orientiert sein. Man könnte es mit rechts und links versuchen. Doch wie soll jemand diese Richtungsangabe deuten, der auf der anderen Seite der Geraden steht? Üblicherweise kennzeichnet man zur Festlegung der Richtung die eine Seite der Geraden vom Nullpunkt aus als positiv, die andere als negativ. Dann kann man den Ort auf der Geraden durch positive oder negative Zahlen ausdrücken, die sowohl die Entfernung vom Bezugspunkt in einer gebräuchlichen Einheit als auch die Richtung erkennen lassen. Die Zahlen (mit Vorzeichen und Einheit) heißen *Koordinaten* des Punktes. Ist die Gerade die x-Achse, so schreibt man für die Koordinaten x_1, x_2, x_3 usw. (Bild 11.1).

Will man die Bewegung eines Gegenstandes entlang der Koordinatenachse beschreiben, so trägt man gewöhnlich in einem Graphen den Ort in Abhängigkeit von der Zeit auf. In den Darstellungen gibt man normalerweise die Zeit auf der waagerechten und den Ort auf der senkrechten Achse an. Ein Beispiel für einen solchen Graphen zeigt Bild 11.2. Viele qualitative Eigenschaften der Bewegung kann man dem Graphen unmittelbar entnehmen.

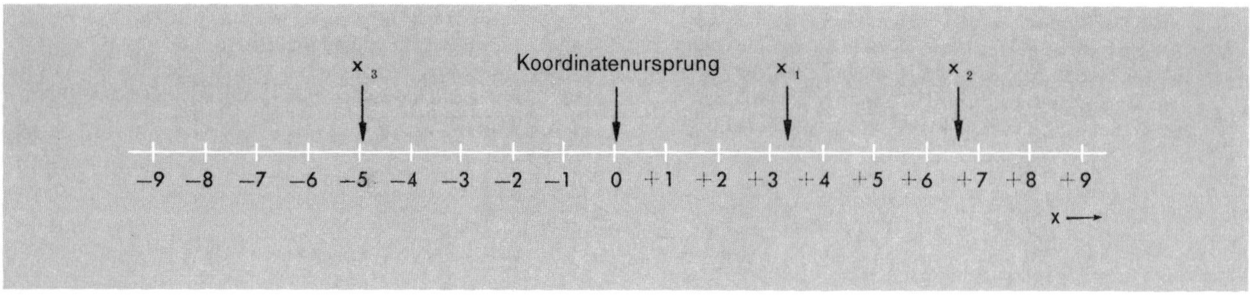

Bild 11.1. Die x-Achse

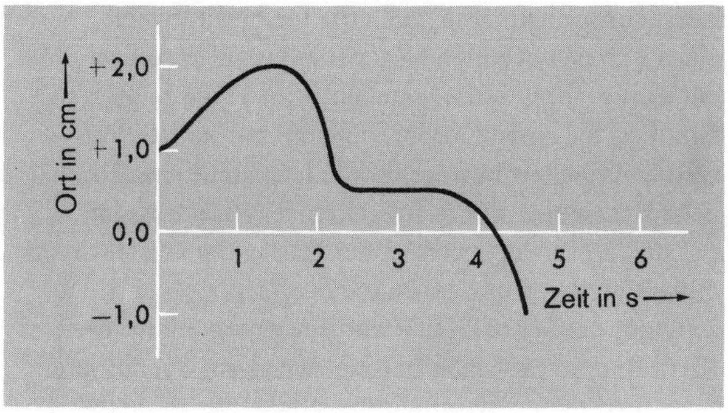

Bild 11.2. Weg-Zeit-Diagramm einer Bewegung entlang der x-Achse

Der Körper befindet sich am Ort $x_0 = 1{,}0$ cm zu einer Zeit, die hier mit $t_0 = 0$ s angenommen wird. Über seinen früheren Ort ist nichts bekannt. Zwischen den Zeitpunkten $t_0 = 0$ s und $t_1 = 1{,}5$ s bewegt sich der Körper zum Punkt $x_1 = 2{,}0$ cm, den er zur Zeit $t_1 = 1{,}5$ s erreicht. Dann kehrt sich die Bewegungsrichtung um. Zum Zeitpunkt $t_2 = 2{,}5$ s erreicht der Gegenstand den Punkt $x_2 = 0{,}5$ cm und bleibt dort bis zum Zeitpunkt $t_3 = 3{,}5$ s. Schließlich setzt er sich wieder in Bewegung, passiert den Ursprung zur Zeit $t_4 = 4{,}2$ s und gelangt zum Ort $x_5 = -1{,}0$ cm. Hier hört der Graph auf; weitere Informationen werden nicht mehr gegeben.

Häufig möchte man bei einer Bewegung die *Änderung des Ortes* oder, wie man auch sagt, den *Weg* wissen. Bewegt sich der Körper vom Ort x_1 zum Ort x_2, so ist der zurückgelegte Weg $s = x_2 - x_1$. Der Weg kann positiv oder negativ sein. Positiv ist er, wenn x_2 größer als x_1 ist, negativ, wenn x_2 kleiner als x_1 ist. Aus Bild 11.3 liest man ab, daß das Vorzeichen des Weges nur von der Richtung der Ortsveränderung abhängt, nicht aber davon, auf welcher Seite des Ursprungs die beiden Punkte liegen. Die Pfeile geben die Richtungen der Wege an. Die Wege s_2 und s_3 verlaufen in positiver Richtung; ihr Wert ist positiv und gleich groß. Die Wege s_1 und s_4 zeigen in negative Richtung; sie sind negativ und wieder gleich groß.

11.2. Geschwindigkeit

Angenommen man geht stets geradeaus. Will man voraussagen, wo man sich zu einer bestimmten Zeit aufhält, muß man wissen, wo man sich im Augenblick befindet, mit welcher Geschwindigkeit man sich vorwärts bewegt und in welcher Richtung man geht. Die Größe, die Schnelligkeit und Richtung der Bewegung bestimmt, heißt *Geschwindigkeit.*

Man definiert die Geschwindigkeit v eines Körpers, der sich gleichmäßig bewegt, als *Quotient aus dem zurückgelegten Weg* s *und der dazu benötigten Zeit* t, also

$$v = \frac{x_2 - x_1}{t_2 - t_1} = \frac{s}{t}.$$

Da die Zeit stets wächst, ist das Zeitintervall t immer positiv. Folglich hängt das Vorzeichen der Geschwindigkeit nur vom Vorzeichen des Weges ab. Ist der Weg positiv, erfolgt die Bewegung also in positiver Richtung, so ist die Geschwindigkeit ebenfalls positiv. Das gilt unabhängig von der Stelle auf der Koordinatenachse, an der sich der Körper gerade befindet. Ist umgekehrt der Weg negativ, so wird auch die Geschwindigkeit negativ gerechnet: Der Körper bewegt sich in negativer Richtung.

Betrachten wir ein einfaches Beispiel: Alle Wege in Bild 11.3 mögen innerhalb der Zeit $t = 0{,}4$ s zurückgelegt werden. Bezeichnet man die Geschwindigkeiten, die zu den Wegen s_1, s_2, s_3 und s_4 gehören, mit v_1, v_2, v_3 und v_4, so erhält man aus $v = \frac{s}{t}$

$$v_1 = \frac{-2\text{ cm}}{0{,}4\text{ s}} = -5\,\frac{\text{cm}}{\text{s}}\,,$$

$$v_2 = \frac{+2\text{ cm}}{0{,}4\text{ s}} = +5\,\frac{\text{cm}}{\text{s}}\text{ usw.}$$

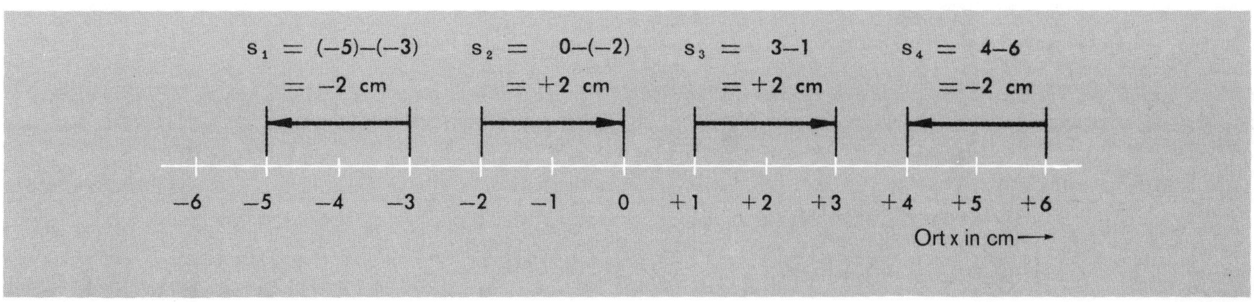

Bild 11.3. Das Vorzeichen des Weges hängt nur von der Richtung des Weges ab, nicht aber von dem Abschnitt der x-Achse, auf dem die Bewegung erfolgt.

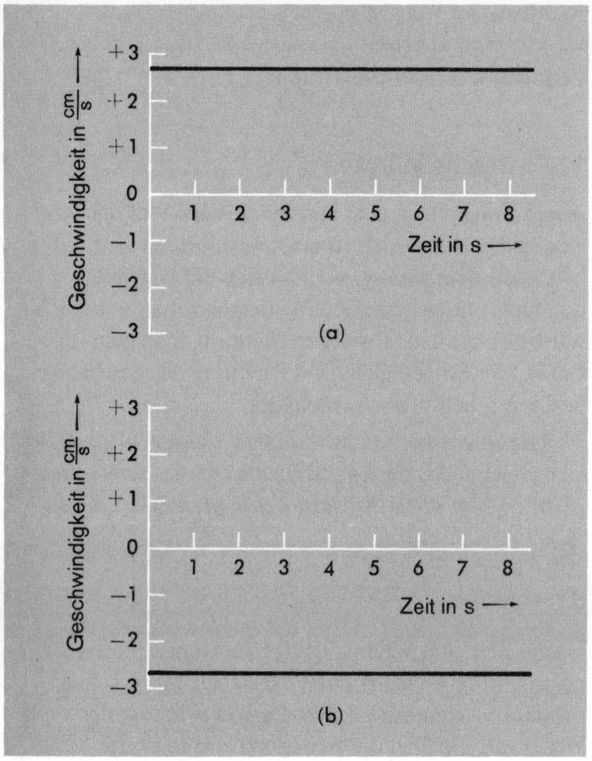

Bild 11.4. Die Geschwindigkeit eines Körpers, der sich immer gleich schnell bewegt, wird im Geschwindigkeit-Zeit-Diagramm als horizontale Gerade dargestellt:

a) zeigt eine Bewegung in Richtung wachsender x-Werte,

b) stellt die Bewegung mit gleichem Geschwindigkeitsbetrag in umgekehrter Richtung dar.

Es ist oft zweckmäßig, auch die Geschwindigkeit eines sich bewegenden Gegenstandes als Funktion der Zeit graphisch darzustellen. Bild 11.4a zeigt den Graphen für einen Körper, der sich mit konstanter Geschwindigkeit bewegt. Bild 11.4b stellt eine ähnliche Bewegung, nur in umgekehrter Richtung dar. Bei beiden Bewegungen ist der Betrag der Geschwindigkeit gleich. Der *Geschwindigkeitsbetrag* kennzeichnet die Schnelligkeit der Bewegung, nicht ihre Richtung. So liest man beispielsweise am Tachometer des Autos diesen Geschwindigkeitsbetrag ab unabhängig davon, in welcher Richtung man fährt.

Nun soll ein komplizierterer Bewegungsvorgang graphisch untersucht werden. Ein Auto bewegt sich auf einer geraden Straße nach den Angaben der Tabelle 1. Innerhalb der Intervalle a, b, c, d und e fährt das Auto mit konstanter Geschwindigkeit, deren Betrag jedoch für die verschiedenen Intervalle verschieden groß ist. Den Weg, der innerhalb des ersten Zeitintervalls $t = 0{,}1$ h zurückgelegt wird, berechnet man aus der Beziehung $s = vt$ zu $s = 3{,}0$ km. Entsprechend ergeben sich die in den anderen Intervallen zurückgelegten Wege. Addiert man die Ergebnisse, so erhält man als insgesamt zurückgelegten Weg die Strecke 53 km. Die Bewegung wird in Bild 11.5 dargestellt. In Wirklichkeit fährt allerdings kein Auto so, wie es dem Graphen entspricht. Die Geschwindigkeit läßt sich nicht plötzlich um solche Beträge ändern. Zwar kann die Geschwindigkeit eines Autos relativ schnell erhöht oder verringert werden, und insofern

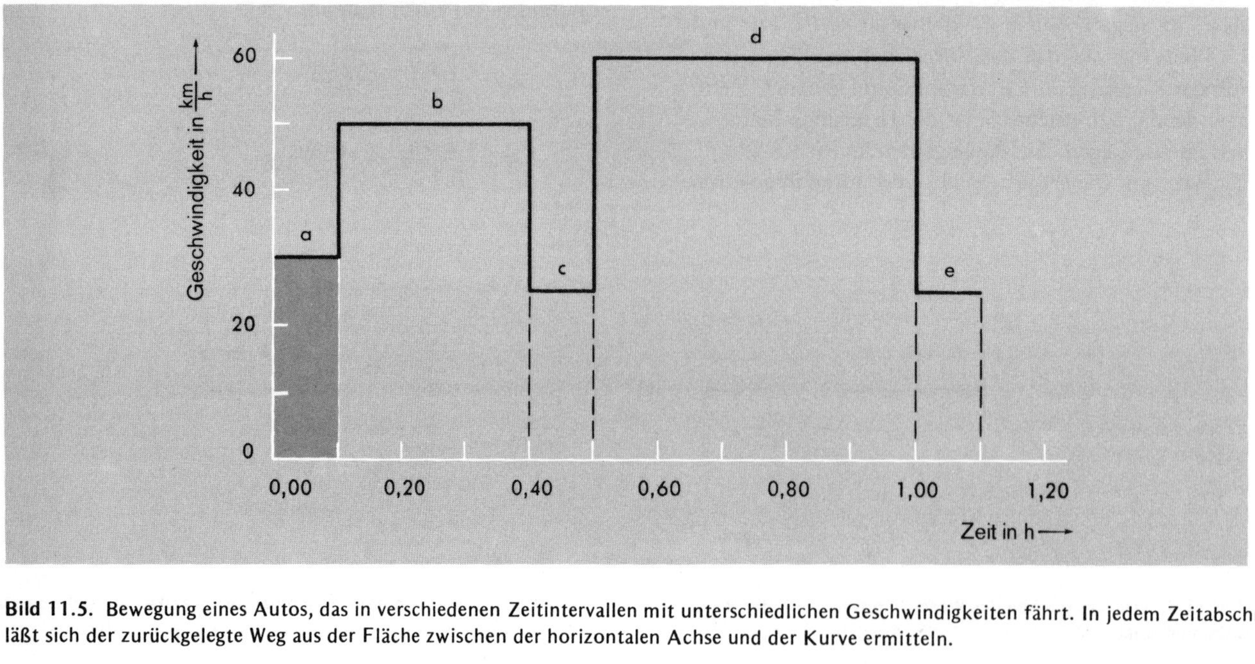

Bild 11.5. Bewegung eines Autos, das in verschiedenen Zeitintervallen mit unterschiedlichen Geschwindigkeiten fährt. In jedem Zeitabschnitt läßt sich der zurückgelegte Weg aus der Fläche zwischen der horizontalen Achse und der Kurve ermitteln.

Tabelle 1: Bewegung eines Autos mit unterschiedlichen Geschwindigkeiten

Bezeichnung des Zeitintervalls	Dauer des Intervalls in h	Geschwindigkeit innerhalb des Intervalls in $\frac{km}{h}$	Wege in km
a	0,10	30	3,0
b	0,30	50	15,0
c	0,10	25	2,5
d	0,50	60	30,0
e	0,10	25	2,5

kommt der Graph seiner Bewegung dem Bild 11.5 schon recht nahe. Obwohl solche sprunghaften Änderungen der Geschwindigkeit in Wirklichkeit nicht vorkommen, wollen wir bei dieser Idealisierung bleiben, da sich dann der Graph einfacher auswerten läßt.

Ein großer Vorteil der graphischen Darstellung besteht darin, daß man sofort erkennen kann, wann das Auto schnell oder langsam fährt und in welcher Richtung es sich bewegt. Größere positive Geschwindigkeiten entsprechen „hohen" Kurvenstücken in dem Geschwindigkeit-Zeit-Diagramm. Man kann aus dem Graphen auch den Weg für jedes Intervall ablesen. In allen fünf Intervallen ist der Weg durch den Ausdruck s = vt gegeben. Innerhalb eines Intervalls gibt die Höhe des Graphen über der Zeitachse die jeweilige Geschwindigkeit v an, die Intervallbreite stellt die Zeit t dar. Das Produkt vt gibt somit als Produkt aus Höhe und Breite den „Flächeninhalt" des Rechtecks an. Das Rechteck des ersten Intervalls in Bild 11.5 ist dunkelgrau getönt. Die Einheiten der „Flächen" unter der Kurve unterscheiden sich von den bekannten Flächeneinheiten cm^2 und m^2. Denn die eine Seite wird in Stunden (h), die andere in Kilometern durch Stunden ($\frac{km}{h}$) gemessen.

Das Produkt hat folglich die Einheit $h \cdot \frac{km}{h} = km$.
Da die Höhe und die Länge der Geschwindigkeitsstrecken des Graphen proportional den tatsächlichen Geschwindigkeiten und den zugehörigen Zeiten sind, so sind auch die Rechtecksflächen in der Zeichnung proportional den tatsächlich zurückgelegten Wegen. Daher kann man vielfach schon mit einem Blick übersehen, in welchem Zeitintervall die größte Strecke zurückgelegt wurde. In Bild 11.5 ist augenscheinlich das Rechteck, das zum Intervall d gehört, größer als jedes andere. Ohne Rechnung erkennt man bereits, daß das Auto im Intervall d den größten Weg zurückgelegt hat.

Den gesamten Fahrweg des Autos in den 1,10 h erhält man, in dem man die „Flächen" aller Intervalle von Bild 11.5 zusammenzählt.

In Bild 11.6 sind im Geschwindigkeit-Zeit-Diagramm positive und negative Geschwindigkeiten dargestellt.

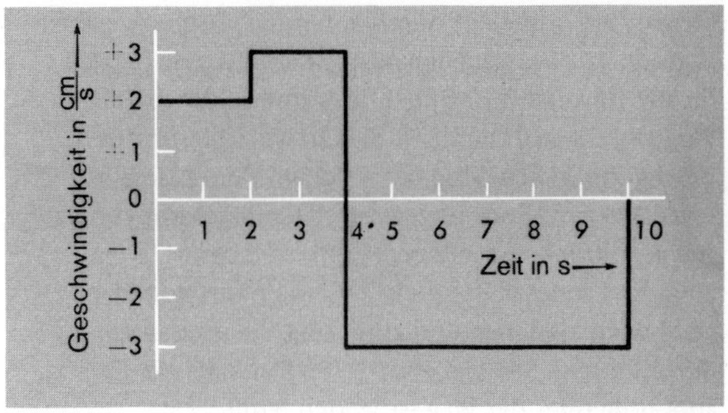

Bild 11.6. Geschwindigkeit-Zeit-Diagramm mit positiver und negativer Geschwindigkeit

Die Frage ist, wie sich hier aus den Rechtecksflächen der Gesamtweg gewinnen läßt. Während der ersten vier Sekunden ergibt sich der zurückgelegte Weg als Summe der beiden ersten Rechtecksflächen

$$s_{12} = +2\,\frac{cm}{s} \cdot 2\,s + 3\,\frac{cm}{s} \cdot 2\,s = +10\,cm.$$

Während der nächsten sechs Sekunden bewegt sich der Körper mit negativer Geschwindigkeit, also in Richtung auf den Ausgangspunkt. Sein Weg ist negativ. Berechnet man die Fläche des dritten Rechtecks, so erhält man den negativen Wert

$$s_3 = -3\,\frac{cm}{s} \cdot 6\,s = -18\,cm.$$

Der insgesamt zwischen 0 s und 10 s zurückgelegte Weg ist also

$$s = s_{12} + s_3 = (+10\,cm) + (-18\,cm) = -8\,cm.$$

Zusammenfassend kann man die Bewegung wie folgt beschreiben: Während der ersten 4 s bewegt sich der Körper um 10 cm in positiver Richtung; dann kehrt er seine Bewegungsrichtung um und durchläuft während der nächsten 6 s einen Weg von 18 cm in negativer Richtung. Die Bewegung endet an einem Punkt, der −8 cm vom Ausgangspunkt entfernt ist.

Das Geschwindigkeit-Zeit-Diagramm gibt Auskunft über den Weg, den ein Körper innerhalb einer bestimmten Zeit zurücklegt. Man kann jedoch aus der Zeichnung nicht den Ort des Körpers zu verschiedenen Zeiten entnehmen. Will man den Ort eines Gegenstandes am Ende eines Zeitintervalls voraussagen, so muß man seinen Ort zu Beginn dieser Zeit kennen. Den Ort, an dem sich ein Körper am Ende seiner Bewegung befindet, erhält man, wenn man zur Koordinate des Ausgangsortes den Gesamtweg hinzuzählt.

Man darf den Weg innerhalb eines Zeitabschnitts nicht mit der Strecke verwechseln, die man während dieser Zeit insgesamt durchlaufen hat. Beide Angaben können sehr verschieden sein. Beispielsweise beträgt für die Bewegung in Bild 11.6 während der 10 s der Weg s = − 8 cm. Damit ist die Ortsveränderung der Bewegung, gleichgültig bei welchem Punkt sie einsetzt, bis zum Ende angegeben. Die insgesamt zurückgelegte Strecke ist jedoch 10 cm + 18 cm = 28 cm lang. Ein anderes Beispiel: Für eine Fahrt von Hamburg nach München und zurück ist die insgesamt durchfahrene Strecke etwa 1 500 km lang, die Ortsänderung oder der Weg ist jedoch Null!

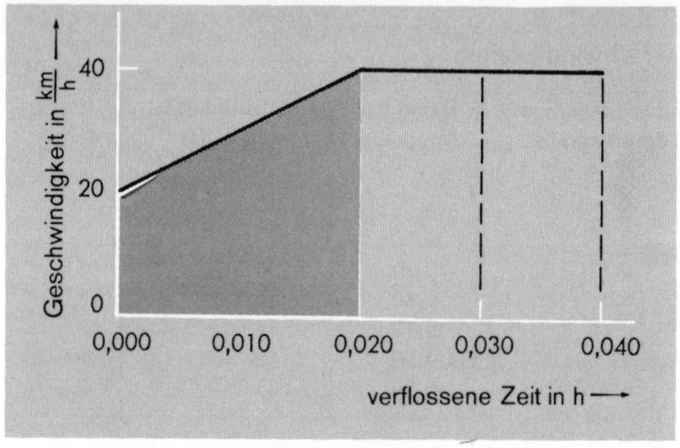

Bild 11.7. Geschwindigkeit-Zeit-Diagramm eines Autos, das während eines Teils der Fahrt seine Geschwindigkeit ändert. Stellt auch hier die dunkelgrau getönte Fläche die Änderung des Ortes von der Anfangszeit 0,00 h bis zur Zeit 0,020 h dar?

11.3. Veränderliche Geschwindigkeit

Mit Hilfe des graphischen Verfahrens soll nun ein wesentlich schwierigeres Problem gelöst werden. In Bild 11.7 ist die Geschwindigkeit eines Autos in Abhängigkeit von der Zeit aufgetragen. Will man den Weg innerhalb der ersten 0,020 h berechnen, so könnte man wieder versuchen, die Geschwindigkeit mit der Zeit zu multiplizieren. Doch gibt es in diesem Zeitintervall keine bestimmte Geschwindigkeit. Andererseits kann man aber auch hier dieselbe Methode wie im Falle konstanter Geschwindigkeiten anwenden und den Weg mit Hilfe der Fläche unter der Geschwindigkeitskurve ermitteln. Seine rechnerische Bestimmung ist aber einstweilen für uns noch zu schwierig.

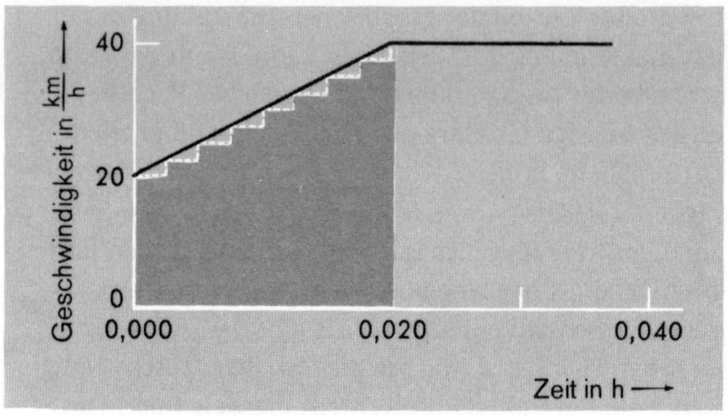

Bild 11.8. In dieser Zeichnung ändert ein gedachtes Auto immer wieder sprunghaft seine Geschwindigkeit, ohne dabei jemals schneller zu fahren als das „wirkliche" Auto in Bild 11.7. Wenn die sprunghafte Geschwindigkeitserhöhung häufig genug erfolgt, dann ist die dunkelgetönte Fläche fast genauso groß wie die Fläche in Bild 11.7.

Der graphische Lösungsweg erscheint gangbar, weil man den schräglaufenden Graph in Bild 11.7 durch die treppenförmige Kurve aus Bild 11.8 ersetzen kann. Ein imaginärer Wagen, der sich nach dieser Treppenkurve bewegte, würde zur selben Zeit wie der Wagen von Bild 11.7 starten; er müßte jedoch seine Geschwindigkeit stets schrittweise in mehreren Stufen ändern. Zum Beginn jedes Zeitabschnittes stimmte die Geschwindigkeit des gedachten Wagens mit der des „wirklichen" Wagens in Bild 11.7 überein. Während aber in der folgenden Zeitspanne die Geschwindigkeit des gedachten Wagens gleichbleibt, nimmt die Geschwindigkeit des „wirklichen" Wagens ständig zu. Am Ende des betrachteten Intervalls springt die Geschwindigkeit des gedachten Wagens plötzlich wieder auf die Geschwindigkeit des „wirklichen" Wagens. Der imaginäre Wagen überholt zwar niemals das wirkliche Auto, da dieses seine Geschwindigkeit ja ständig steigert. Verkleinert man jedoch die Stufen und vergrößert infolgedessen ihre Anzahl, so werden sich die Geschwindigkeiten beider Fahrzeuge nie sehr unterscheiden. Der „wirkliche" Wagen wird dem gedachten also nicht weit davonfahren. Auf diese Weise wird also die dunkelgrau getönte Fläche, die nach Abschnitt 11.2 den zurückgelegten Weg des imaginären Wagens wiedergibt, dem Weg des „wirklichen" Fahrzeuges sehr nahe kommen. Sieht man genügend viele

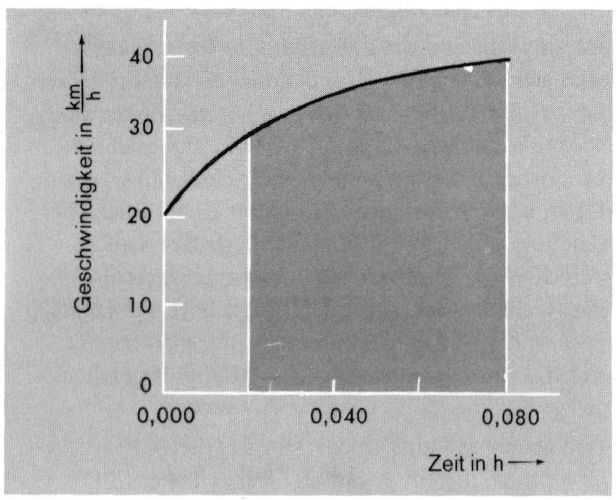

Bild 11.9. Als Verallgemeinerung gilt: Der Weg wird durch die Fläche unter der Geschwindigkeit-Zeit-Kurve gegeben, auch wenn sich die Geschwindigkeit ändert.

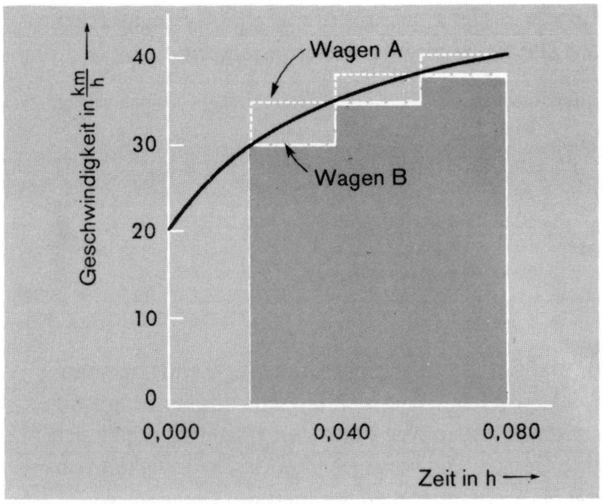

Bild 11.10. Der Weg, den das Fahrzeug in Bild 11.9 zurückgelegt hat, läßt sich durch die Wege eingrenzen, die zwei gedachte Wagen A und B mit verschiedenen Geschwindigkeiten hinter sich bringen.

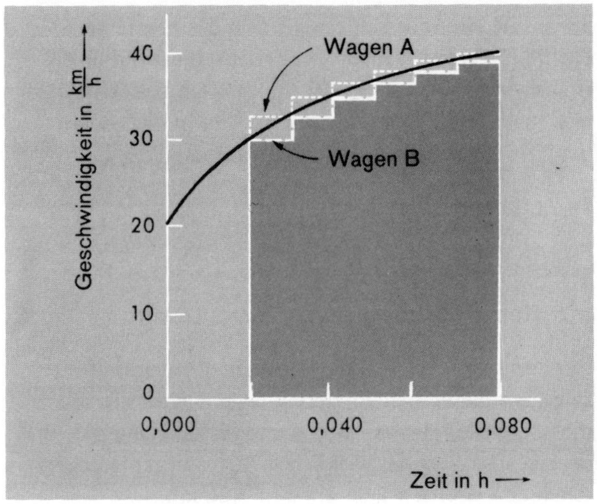

Bild 11.11. Wenn die beiden Wagen von Bild 11.10 ihre Geschwindigkeit des öfteren ändern, ist die Annäherung an die Bewegung des „wirklichen" Autos besser.

Stufen vor, so ist diese Fläche praktisch gleich der Fläche in Bild 11.7. Wir erkennen: Der Weg, den der Wagen in Bild 11.7 zurücklegt, wird durch die Fläche unter der Geschwindigkeitskurve dargestellt.

Unter dem ansteigenden Teil der Geschwindigkeitskurve in Bild 11.7 liegt ein Trapez mit der Höhe 0,020 h, der Grundseite + 20 $\frac{km}{h}$ und der dazu parallelen Seite + 40 $\frac{km}{h}$. Daraus ergibt sich die Fläche und folglich der Weg zu

$$s = \frac{20\,\frac{km}{h} + 40\,\frac{km}{h}}{2} \cdot 0{,}020\ h = 0{,}60\ km.$$

(Man kommt zum gleichen Ergebnis, wenn man das Trapez in ein Rechteck und ein Dreieck zerlegt und deren Flächen addiert.)

Ganz allgemein entspricht bei Geschwindigkeit-Zeit-Kurven die Fläche unter dem Graphen dem zurückgelegten Weg, auch wenn sie nicht mehr so einfach wie in Bild 11.9 gestaltet ist. Der während des Intervalls von 0,02 h bis 0,08 h zurückgelegte Weg wird durch die getönte Fläche dargestellt. Der Beweis wird im Abschnitt 11.3.1 gegeben.

Falls sich die Flächen nicht nach einer Formel berechnen lassen, kann man den Weg noch auf andere Art näherungsweise ermitteln. Man kann zum Beispiel in den meisten Fällen die Bewegung genügend genau durch schmale Rechtecke annähern. Die Gesamtfläche kann dann als Summe der Rechtecksflächen berechnet werden. Eine andere Möglichkeit besteht darin, die Fläche in kleine Quadrate zu zerlegen und die Anzahl der Flächen auszuzählen, soweit sie unter der Kurve liegen. Die von der Kurve geschnittenen Quadrate schätzt man ab. Dann multipliziert man die Gesamtzahl der Quadrate mit dem Weg, den ein einzelnes Quadrat repräsentiert. Mit Hilfe einer dieser Methoden, zu denen noch das in Abschnitt 11.3.1 angegebene Verfahren kommt, läßt sich der Weg in einem Zeitintervall ziemlich genau ermitteln.

● 11.3.1. Der Weg als Fläche unter dem Geschwindigkeit-Zeit-Graphen

Im folgenden wird bewiesen: Der Weg, den ein Wagen in einem bestimmten Zeitabschnitt zurücklegt, ist unabhängig vom Verlauf der Kurve gleich der Fläche unter der Geschwindigkeit-Zeit-Kurve.

Der Weg eines wirklichen Autos kann eingegrenzt werden durch die Wege zweier gedachter Fahrzeuge, die ihre Geschwindigkeit wie in Bild 11.10 in großen Schritten ändern. Das Fahrzeug B besitzt zur Anfangszeit t = 0,020 h die gleiche Geschwindigkeit wie das wirkliche Auto. Während des ersten Zeitabschnittes von 0,020 h Dauer bewegt es sich mit einer Geschwindigkeit von 30 $\frac{km}{h}$, während in Wirklichkeit das Fahrzeug seine Geschwindigkeit von 30 $\frac{km}{h}$ auf 35 $\frac{km}{h}$ steigert; in den nächsten 0,020 Stunden fährt das Auto B mit 35 $\frac{km}{h}$, und im letzten Zeitabschnitt von 0,020 h ist seine Geschwindigkeit gleichbleibend

$38 \frac{km}{h}$. Währenddessen bewegt sich das zweite gedachte Fahrzeug A im ersten Zeitabschnitt mit einer Geschwindigkeit von $35 \frac{km}{h}$, im zweiten Abschnitt mit $38 \frac{km}{h}$ und im letzten mit $40 \frac{km}{h}$. In der gesamten Zeit von 0,060 h legt das Auto B den Weg

$$0{,}60 \text{ km} + 0{,}70 \text{ km} + 0{,}76 \text{ km} = 2{,}06 \text{ km}$$

zurück. Das Fahrzeug A fährt

$$0{,}70 \text{ km} + 0{,}76 \text{ km} + 0{,}80 \text{ km} = 2{,}26 \text{ km}.$$

Der zurückgelegte Weg des wirklichen Autos muß zwischen diesen beiden Werten liegen, da es sich niemals schneller als das Auto A und nie langsamer als B bewegt. Der Weg des wirklichen Autos liegt also zwischen den Grenzen 2,06 km und 2,26 km.

Nun werden die Stufen verkleinert, und damit wird ihre Anzahl erhöht (Bild 11.11). Berechnet man jetzt die Wege, die die Wagen A und B zurücklegen, indem man wieder die Fläche unter den Treppenkurven ausrechnet, so kommt man auf 2,12 km und 2,22 km. Der Unterschied zwischen oberer und unterer Grenze ist also geringer als vorher. Die Differenz zwischen der oberen und unteren Grenze läßt sich weiter verkleinern, wenn man die Geschwindigkeit von A und B in immer kürzeren Zeitabschnitten ändert. Damit nähert sich die Fläche, die die obere Grenze des durchlaufenen Weges darstellt, immer mehr der Fläche, die der unteren Grenze entspricht. Beide Flächen unterscheiden sich immer weniger von der Fläche unter der gekrümmten Kurve. Setzt man in Gedanken den Prozeß bis zu einer sehr großen Anzahl von sehr kleinen Stufen fort, so wird erkennbar, daß die Fläche unter der Geschwindigkeit-Zeit-Kurve tatsächlich den vom Auto zurückgelegten Weg wiedergibt. ●

11.4. Weg-Zeit-Diagramme

Bewegt sich ein Körper gleichförmig, d.h. mit konstanter Geschwindigkeit, so ist der zurückgelegte Weg der benötigten Zeit proportional: $s = vt$. Mit anderen Worten: Wenn die Geschwindigkeit konstant ist, so ist die Fläche im Geschwindigkeit-Zeit-Diagramm rechteckig und damit direkt proportional zur Zeit. Bei einer Geschwindigkeit von $v = 0{,}60 \frac{m}{s}$ zum Beispiel beträgt der zurückgelegte Weg in $t = 10$ s gerade $s = +6$ m, oder in $t = 20$ s dann $s = +12$ m. Diese Angaben sind in der Tabelle 2 wiedergegeben. Man kann sie in einem Diagramm veranschaulichen, indem man den Weg s als Funktion der Zeit t aufträgt. Der Beginn wurde so gewählt, daß zur Zeit $t = 0$ der Körper gerade durch den Nullpunkt des Koordinatensystems geht.

Tabelle 2: Der zurückgelegte Weg in Abhängigkeit von der Zeit bei konstanter Geschwindigkeit

verflossene Zeit t in s	zurückgelegter Weg s in m
10	6
20	12
30	18
40	24
50	30

In Bild 11.12 ist das zugehörige Weg-Zeit-Diagramm wiedergegeben. Da es sich um eine direkte Proportionalität zwischen Weg s und Zeit t handelt, ergibt sich eine Gerade. Der vorgegebenen Geschwindigkeit von $+0{,}60 \frac{m}{s}$ entspricht die Steilheit der Geraden. Wie steil die Gerade verläuft, hängt nicht von ihrem Anfangspunkt, sondern nur von der Geschwindigkeit der Bewegung ab. Betrüge die Geschwindigkeit zum Beispiel $v = +0{,}80 \frac{m}{s}$, so verliefe die Gerade steiler; derselbe Weg würde in kürzerer Zeit zurückgelegt werden. Bild 11.13 stellt die Bewegung eines Körpers dar, der sich ebenfalls mit der Geschwindigkeit $v = +0{,}60 \frac{m}{s}$ bewegt, der aber zur Zeit $t = 0$ s schon den Weg $s = 10$ m zurückgelegt hat. Der zweite Körper bewegt sich also mit derselben Geschwindigkeit wie der erste in Bild 11.12. Beide Kurven besitzen daher auch die gleiche Steigung. Beginnen beide Bewegungen zu gleicher Zeit, so wird das zweite Fahrzeug vor dem ersten stets einen Vorsprung von 10 m besitzen. Der Vorsprung wird sich im Laufe der Bewegung weder verringern noch vergrößern.

Eine andere Situation ergibt sich aus Bild 11.14. Die Gerade beginnt ebenfalls mit dem Weg $s = +10$ m zur Zeit $t = 0$. Sie *fällt*, statt zu steigen, jeweils in 10 s um 6,0 m. Nach den ersten 10 s befindet sich der Körper an der Ortsmarke $x_1 = +4$ m, nach 20 s bei

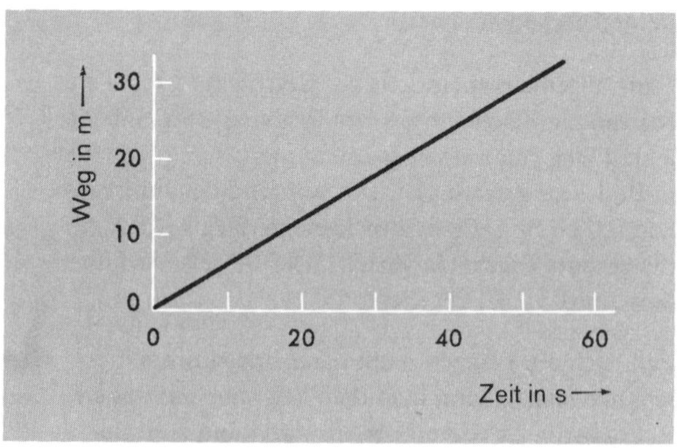

Bild 11.12. Das Weg-Zeit-Diagramm einer gleichförmigen Bewegung, d.h. einer Bewegung mit konstanter Geschwindigkeit, ist eine Gerade.

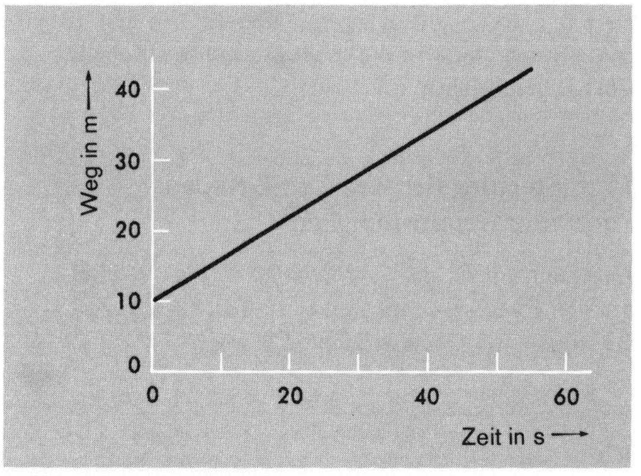

Bild 11.13. Die Geschwindigkeit ist genauso groß wie in Bild 11.12, nur der Ausgangspunkt der Bewegung ist ein anderer.

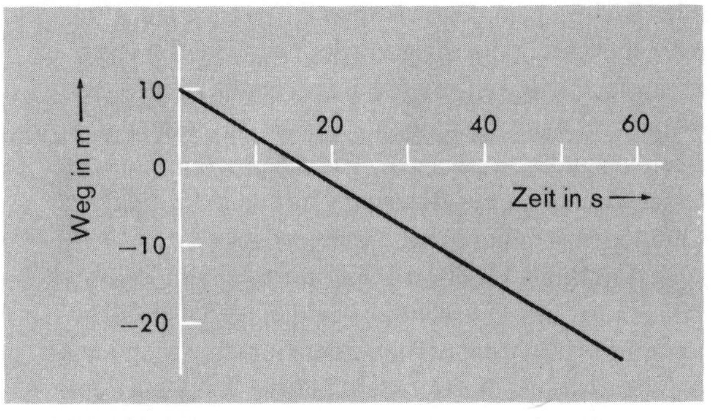

Bild 11.14. Darstellung einer gleichförmigen Bewegung in negativer Richtung der x-Achse

$x_2 = -2$ m usw. Der Körper bewegt sich in der negativen Richtung der x-Achse, so daß für die Geschwindigkeit gilt: $v = -0{,}60\,\frac{m}{s}$.

Wir betrachten nunmehr Bild 11.15 und fragen, welcher Körper die größere Geschwindigkeit besitzt. Die Antwort ist einfach. Die eine Gerade steigt steiler als die andere an. Bei der steileren Kurve ist der in gleicher Zeit zurückgelegte Weg also größer als bei der flachen. Da der Körper mit der größeren Geschwindigkeit in einer gegebenen Zeit auch den größeren Weg zurücklegt, so entspricht eine größere Geschwindigkeit auch einer steileren Geraden. Der Körper A besitzt also eine größere Geschwindigkeit als der Körper B. Tatsächlich erkennt man aus dem Diagramm, daß der Körper A den Körper B nach 40 s überholt.

Beide Geschwindigkeiten lassen sich mit Hilfe der Zeichnung berechnen: Der Körper A legt in $t = 10$ s den Weg vom Ort $x_1 = 0{,}0$ m bis zum Ort $x_2 = 5{,}0$ m zurück, also ist der Weg $s_A = +\,5{,}0$ m. Die Geschwindigkeit errechnet sich somit zu $v_A = 0{,}5\,\frac{m}{s}$. In den nächsten 10 s ändert er seinen Ort um 5 m, nämlich von $x_2 = 5{,}0$ m bis zu $x_3 = 10{,}0$ m. Seine Geschwindigkeit beträgt also nach wie vor $v_A = 0{,}5\,\frac{m}{s}$. Da der Weg-Zeit-Graph eine Gerade ist, sind die Wege für jedes Intervall von 10 s gleichlang. Folglich ist auch die Geschwindigkeit stets gleich $v_A = +\,0{,}5\,\frac{m}{s}$. Der Körper B bewegt sich ebenfalls mit konstanter Geschwindigkeit. Er ändert seinen Ort in jeweils 10 s um 2,5 m, nämlich in den ersten 10 s von $x_1 = 10{,}0$ m bis $x_2 = +\,12{,}5$ m, in den nächsten 10 s von $x_2 = 12{,}5$ m bis zu 15,0 m. Seine Geschwindigkeit beträgt also gleichbleibend $v_B = +\,0{,}25\,\frac{m}{s}$.

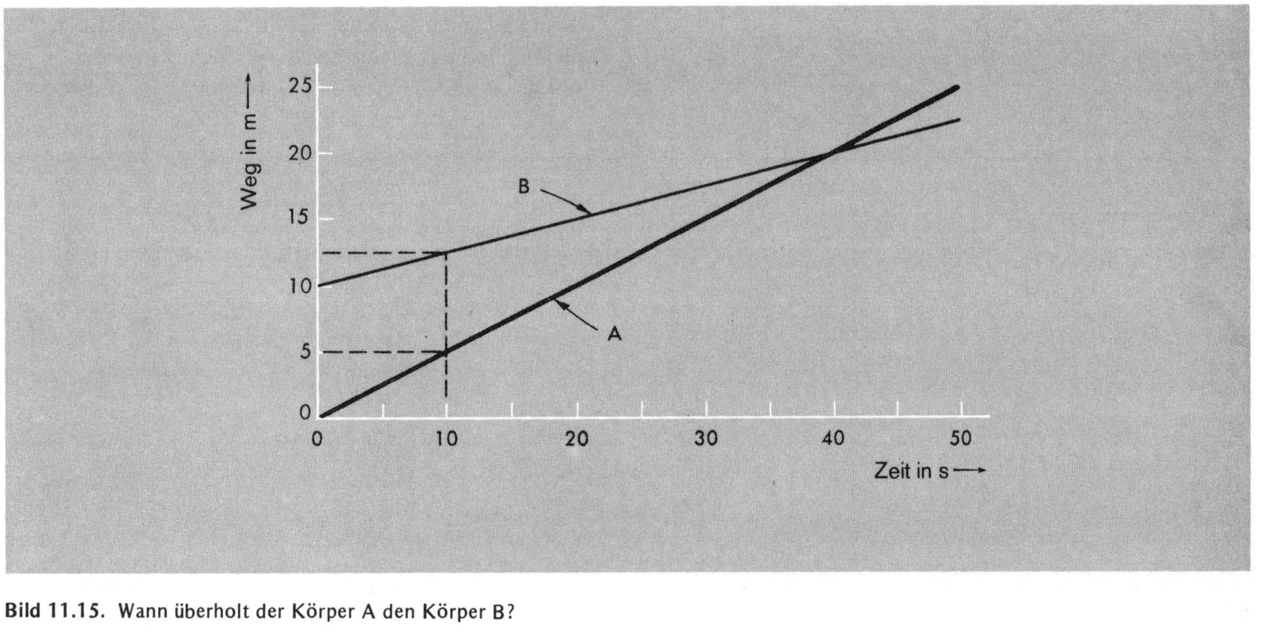

Bild 11.15. Wann überholt der Körper A den Körper B?

Außerdem zeigt die Darstellung, daß B gegenüber A zu Beginn einen Vorsprung von 10 m hat. Der Abstand zwischen den beiden Körpern nimmt im Laufe der Bewegung ab, bis sie schließlich auf gleicher Höhe sind. Danach entfernen sich die Körper wieder voneinander. 10 s nach dem Start ist A bei 5,0 m und B bei 12,5 m. Der Körper A ist dann nur noch 7,5 m von B entfernt. Nach 40 s befinden sich beide am selben Ort, nämlich bei 20,0 m. Nach insgesamt 50 s hat A den Körper B überholt und passiert gerade den Ort 25,0 m, während B sich erst bei 22,5 m befindet.

Aus einem Geschwindigkeit-Zeit-Diagramm (siehe Abschnitt 11.2) kann man auf einen Blick ablesen, zu welcher Zeit die Geschwindigkeit ihren höchsten Wert erreicht hat. In je größerem Abstand von der Zeitachse die Kurve verläuft, umso größer ist die Geschwindigkeit. Jetzt haben wir es mit einer ganz anderen Darstellung zu tun, nämlich mit der Abhängigkeit des Ortes von der Zeit. Die Geschwindigkeit ist nur indirekt in der Zeichnung enthalten, sie ist nicht aus der Höhe der Kurve über die Zeitachse zu erkennen. In Bild 11.15 verläuft die Kurve des Körpers B innerhalb der ersten 40 s stets über derjenigen des Körpers A, obwohl B während dieser Zeit eingeholt wird und auf jeden Fall der langsamere Körper ist. Die Geschwindigkeit ergibt sich also in dem Weg-Zeit-Diagramm lediglich aus der Steilheit der Geraden.

Bild 11.16 zeigt deutlich den Zusammenhang zwischen der Geschwindigkeit und der Steigung der Geraden. Die ausgezogene Linie gehört zu einem Körper, der sich mit der Geschwindigkeit $v = +2{,}5\ \frac{m}{s}$ bewegt. Man erkennt, daß er in 4 s eine Strecke von 10 m zurücklegt. Ein anderer Körper mit der Geschwindigkeit

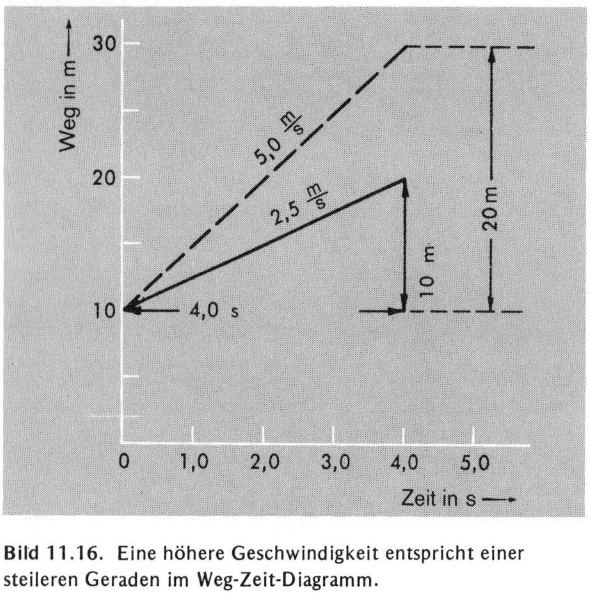

Bild 11.16. Eine höhere Geschwindigkeit entspricht einer steileren Geraden im Weg-Zeit-Diagramm.

$v = 5{,}0\ \frac{m}{s}$ durchläuft dagegen in der gleichen Zeit 20 m. Seine Bewegung wird durch die steilere, gestrichelte Gerade beschrieben.

11.5. Steigung der Weg-Zeit-Geraden – konstante Geschwindigkeit

Allgemein gilt für die *Geschwindigkeit eines Körpers,* der sich vom Ort x_1 zur Zeit t_1 zum Ort x_2 zur Zeit t_2 mit konstanter Geschwindigkeit bewegt,

$$v = \frac{x_2 - x_1}{t_2 - t_1} \quad .$$

Diese Gleichung läßt sich geometrisch deuten. In Bild 11.17 seien A und B irgendwelche Punkte des Graphen. Dann gibt die Differenz $x_2 - x_1$ den Abstand zwischen beiden Punkten in vertikaler Richtung und die Zeitdifferenz $t_2 - t_1$ den Abstand in horizontaler Richtung an. Diese beiden Differenzen bestimmen vollständig die Steigung der Geraden. Sie legen genau fest, wie weit man von dem ersten Punkt nach rechts und dann nach oben zu gehen hat, um zu dem zweiten Punkt zu gelangen. Wir sahen schon, daß die Geschwindigkeit der Bewegung mit dem Anstieg der Geraden zusammenhängt. Andererseits wird der Anstieg durch den Weg bestimmt, der zu einem Zeitintervall gehört. Der Quotient aus beiden ist daher ein geeignetes Maß für die Steilheit der Geraden; man nennt ihn die *Steigung* der Geraden. Für die Weg-Zeit-Funktion in Bild 11.17 ist die Steigung gleich dem Quotienten aus dem Weg $x_2 - x_1$ in vertikaler Richtung und dem Zeitintervall $t_2 - t_1$ in horizontaler Richtung. *Die Steigung der Weg-Zeit-Kurve gibt die Geschwindigkeit des Körpers an.*

Die Steigung der Geraden in Bild 11.17 wurde durch den Weg und das Zeitintervall zwischen den beiden Punkten A und B bestimmt. Wählt man zwei andere

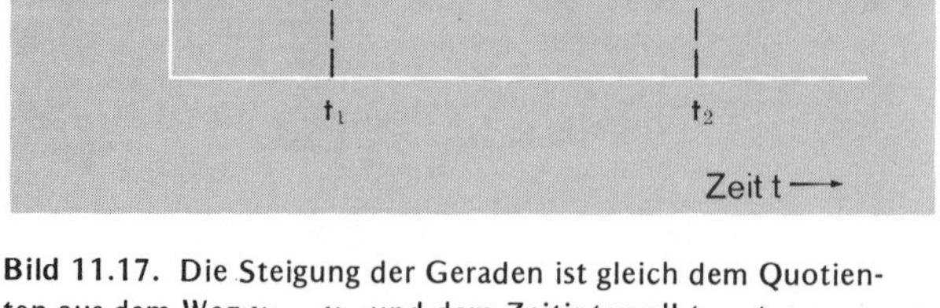

Bild 11.17. Die Steigung der Geraden ist gleich dem Quotienten aus dem Weg $x_2 - x_1$ und dem Zeitintervall $t_2 - t_1$.

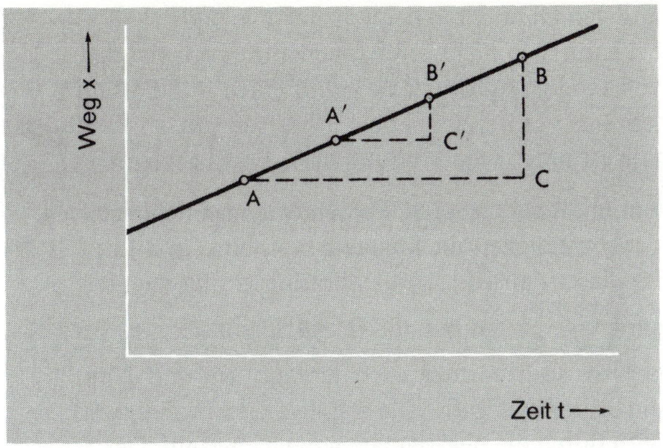

Bild 11.18. Eine Gerade besitzt überall die gleiche Steigung.

Punkte A′ und B′ (Bild 11.18), so ergibt sich aus der Ähnlichkeit der beiden rechtwinkligen Dreiecke, daß die Quotienten der zusammengehörigen Wege und Zeitintervalle genau übereinstimmen. Somit kann man die Steigung einer Geraden durch zwei beliebige Punkte bestimmen.

Zu bemerken ist: Der Winkel zwischen der Geraden und der Horizontalen besitzt keine besondere physikalische Bedeutung, obwohl die Steigung mit der „Steilheit" zusammenhängt. Man kann nämlich durch Änderung des Maßstabes auf den Achsen den Steigungswinkel ändern, ohne daß dadurch der Quotient einen anderen Wert annimmt (Bild 11.19). Nur wenn man Bewegungen wie in Bild 11.15 im gleichen Koordinatensystem darstellt oder wenn man in verschiedenen Zeichnungen gleiche Maßstäbe benutzt, kann man aus den Winkel zwischen Gerade und Horizontale vergleichende Aussagen über die Geschwindigkeiten gewinnen. Normalerweise aber mißt man die Differenzen zweier Punkte in horizontaler und vertikaler Richtung und berechnet daraus den Quotienten in entsprechenden Einheiten – etwa in $\frac{m}{s}$ wie in Bild 11.19.

Die Untersuchung der Steigung ist nicht auf die Darstellung von Weg-Zeit-Funktionen beschränkt. Wir werden bald die Bedeutung der Steigung im Geschwindigkeit-Zeit-Diagramm kennenlernen. Man hat es so oft mit Steigungen zu tun, daß es angebracht erscheint, eine kürzere Schreibweise dafür einzuführen. Im Weg-Zeit-Diagramm geben beispielsweise alle Quotienten aus den Wegen $(x_2 - x_1)$ und den zugehörigen Zeitintervallen $(t_2 - t_1)$ die Steigung der Geraden an. Der griechische Buchstabe Δ (Delta) steht in diesen Fällen als Abkürzung für „Differenz" oder „Intervall". Δ ist das große griechische D, das Differenz, Veränderung, Zuwachs, Intervall bedeuten soll. Δx ist also eine Ortsdifferenz, Δt eine Zeitdifferenz oder ein Zeitintervall. Man liest „Delta x" bzw. „Delta t".

Das *mathematische Zeichen* Δ kann man mit anderen mathematischen Symbolen vergleichen. So bedeutet $\sqrt{}$ „Wurzel aus". In dem Ausdruck $\sqrt{a}$ steht das Zeichen a für eine Zahl (oder für eine physikalische Größe). Das Zeichen „$\sqrt{}$" gibt an, was mit der für die Leerstelle a einzusetzenden Zahl zu tun ist. Ähnlich bezeichnet man mit t in Δt die physikalische Größe, während Δ auf die Differenzbildung hinweist. Es sagt: „Nimm ein Intervall der Zeit t", oder: „Bilde die Differenz zwischen zwei Werten der Zeit t".

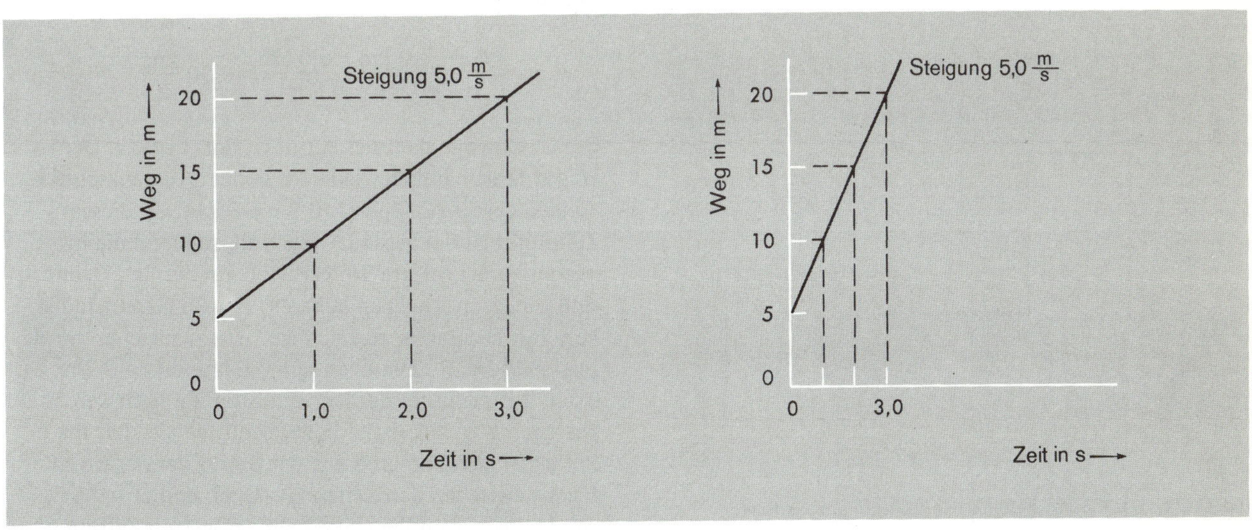

Bild 11.19. Die Steigungen der beiden Geraden sind gleich, obwohl sie scheinbar voneinander abweichen. Sie erscheinen sofort als gleich, wenn man auf beiden Achsen die gleichen Einheiten als Längenmaß verwendet.

Handelt es sich um den Quotienten zweier Differenzen wie bei der Bestimmung der Geschwindigkeit, dann schreibt man den Quotienten gewöhnlich als Bruch. Dabei setzt man stillschweigend voraus, daß das Intervall des Zählers in dem Intervall des Nenners „stattfindet".

Man liest den Ausdruck

$$v = \frac{\Delta x}{\Delta t}$$

als „v ist gleich Delta x durch Delta t". Die Geschwindigkeit soll also auf die folgende Weise errechnet werden: Man bestimme eine Ortsdifferenz Δx, dann die dazugehörige Zeitdifferenz Δt, innerhalb der die Änderung des Ortes stattgefunden hat, und bilde den Quotienten beider Differenzen.

Allgemein bedeutet $\frac{\Delta a}{\Delta b}$, daß man zu einem gewissen Intervall Δa das zugehörige Intervall Δb bestimmen und den Quotienten beider Intervalle bilden soll. Dabei kann man nicht etwa Δ von a trennen; erst der vollständige Ausdruck Δa ergibt einen wohlbestimmten Sinn: Er bezeichnet ein „Intervall von a". Keinesfalls ist mit Δa ein Produkt aus Δ und a gemeint.

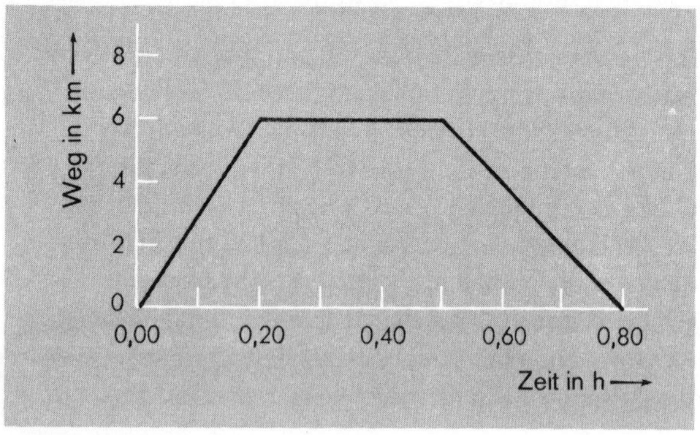

Bild 11.20. Weg-Zeit-Diagramm einer Autofahrt. Zwischen welchen Zeiten fuhr das Auto am schnellsten?

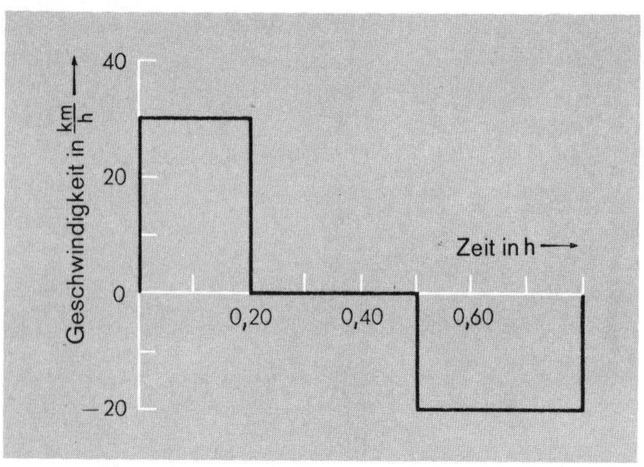

Bild 11.21. Das Geschwindigkeit-Zeit-Diagramm der Bewegung von Bild 11.20. Das Kurvenstück unterhalb der Zeitachse deutet darauf hin, daß sich das Auto nun entgegengesetzt zu seiner ursprünglichen Fahrtrichtung bewegt.

Nun muß noch geklärt werden, wie man bei negativer Geschwindigkeit die Steigung bestimmt. In Bild 11.14 lag dieser Fall vor. Laut Definition gilt für die Steigung $\frac{x_2 - x_1}{t_2 - t_1}$. Ist nun die Ortsdifferenz $\Delta x = x_2 - x_1$ negativ, so ist mit Δx auch der Quotient und damit die Steigung negativ. Die negative Geschwindigkeit wird durch die negative Steigung dargestellt. Der Zusammenhang zwischen Geschwindigkeit und Steigung bleibt auch für diesen Fall bestehen. Die Bedeutung der Steigung für den Zusammenhang zwischen dem Weg-Zeit-Diagramm und dem Geschwindigkeit-Zeit-Diagramm soll am Beispiel des Weg-Zeit-Diagramms eines Autos veranschaulicht werden (Bild 11.20). Der Nullpunkt des Koordinatensystems ist so gewählt, daß er mit dem Beginn der Bewegung übereinstimmt. Während der ersten 0,2 h fährt der Wagen mit konstanter Geschwindigkeit in positiver Richtung. Dabei wurde die positive Richtung der x-Achse als Bewegungsrichtung gewählt. Die Geschwindigkeit in diesem Intervall ergibt sich aus der Steigung der Geraden:

$$v_1 = \frac{\Delta x}{\Delta t} = \frac{6{,}0\ \text{km} - 0{,}0\ \text{km}}{0{,}2\ \text{h} - 0{,}0\ \text{h}} = 30\ \frac{\text{km}}{\text{h}}\,.$$

In der Zeit von $t_1 = 0{,}2$ h bis $t_2 = 0{,}5$ h ändert der Wagen seinen Ort nicht, Δx ist Null. Die Steigung der Weg-Zeit-Kurve ist Null, und damit ist auch die Geschwindigkeit Null: Der Wagen hält. Zwischen den Zeiten $t_2 = 0{,}5$ h und $t_3 = 0{,}8$ h errechnet man für die Steigung

$$v_2 = \frac{\Delta x}{\Delta t} = \frac{0{,}0\ \text{km} - 6{,}0\ \text{km}}{0{,}8\ \text{h} - 0{,}5\ \text{h}} = -20\ \frac{\text{km}}{\text{h}}\,.$$

Die Geschwindigkeit des Autos ist dort negativ. Der Wagen fährt nämlich wieder zu seinem Ausgangspunkt zurück, den er zur Zeit $t = 0{,}8$ h erreicht. Zu diesem Zeitpunkt ist der gesamte Weg Null, während die insgesamt zurückgelegte Strecke 12,0 km beträgt. Damit sind genügend Angaben bekannt, um ein Geschwindigkeit-Zeit-Diagramm zu zeichnen. Wie es aussehen würde, zeigt Bild 11.21. Zwischen $t_0 = 0{,}0$ h und $t_1 = 0{,}2$ h ist die Fläche unter der Kurve positiv, sie stellt den positiven Weg innerhalb dieses Zeitintervalls dar. Ihr Betrag ist genau so groß wie der Betrag der negativen Fläche zwischen den Zeiten $t_3 = 0{,}5$ h und $t_4 = 0{,}8$ h, die den negativen Weg innerhalb des letzten Zeitintervalls darstellt. Auch in diesem Diagramm erkennt man, daß der gesamte Weg Null ist.

11.6. Momentangeschwindigkeit – Steigung der Tangente

Bisher haben wir nur Bewegungen betrachtet, für die die Geschwindigkeit während der gesamten Zeit oder auch innerhalb bestimmter Zeitabschnitte konstant blieb. Das Weg-Zeit-Diagramm bestand aus einzelnen geraden Linien. Die meisten Bewegungen laufen nun aber nicht mit konstanter Geschwindigkeit ab. In Bild 11.22 ist das Weg-Zeit-Diagramm wiedergegeben, das dem Ablauf einer wirklichen Bewegung gerechter wird als die bisher besprochenen. Die Frage stellt sich, wie man nunmehr die Geschwindigkeit für einen beliebigen Zeitpunkt bestimmen kann.

Die Kurve verläuft jetzt nicht mehr geradlinig, und daher kann man die bisherigen Methoden nicht mehr anwenden. Man kann lediglich die Richtung der Geschwindigkeit sehr einfach aus dem Graphen bestimmen. Da die Ortskoordinaten mit der Zeit zunehmen, bewegt sich das Fahrzeug in positiver Richtung entlang der x-Achse; die Steigung ist überall positiv. Würden dagegen die Wegkoordinaten mit wachsender Zeit abnehmen, so wäre die Steigung immer negativ, und die Bewegung erfolgte in negativer Richtung. Das Problem besteht nun darin, den Betrag der Geschwindigkeit aus der Zeichnung zu entnehmen. Zur Lösung dieses Problems betrachten wir den Zeitpunkt 50 s nach dem Start.

Dazu vergrößern wir zehnfach den Kurventeil, der im gestrichelten Rechteck eingeschlossen ist (Bild 11.23). Vergleicht man diese Zeichnung mit Bild 11.22, so fällt einem auf, daß die Kurve jetzt wesentlich weniger gekrümmt ist. Eine nochmalige zehnfache Vergrößerung der Kurvenstücke 0,5 s vor und 0,5 s nach dem Zeitpunkt 50 s nach dem Start ergibt Bild 11.24. Aus dieser Zeichnung können wir die Geschwindigkeit durch Bestimmung der Steigung der fast geraden Linie errechnen. Dazu wählen wir zwei Punkte in der Nähe der 50-s-Zeitmarke, etwa die Punkte P_1 und P_2 in Bild 11.24. Wir finden

$$t_1 = 49{,}86\ \text{s}, \qquad x_1 = 38{,}42\ \text{m},$$
$$t_2 = 50{,}16\ \text{s}, \qquad x_2 = 38{,}58\ \text{m}.$$

Folglich ergibt sich die Steigung zu

$$\frac{\Delta x}{\Delta t} = \frac{x_2 - x_1}{t_2 - t_1} = \frac{+0{,}16\ \text{m}}{0{,}30\ \text{s}} = +0{,}53\ \frac{\text{m}}{\text{s}}.$$

Dieser Wert gibt recht gut die Geschwindigkeit 50 s nach dem Beginn der Bewegung an. Man kann also sagen: Die Geschwindigkeit des Autos zur Zeit $t = 50$ s beträgt $v = 0{,}53\ \frac{\text{m}}{\text{s}}$ in positiver Richtung.

Der vergrößerte Teil der Kurve sieht „gerader" als die ganze Kurve aus, weil man in der Vergrößerung nur einen kleinen Ausschnitt der ursprünglichen Kurve betrachtet. Wählt man die Vergrößerung genügend stark, so sieht man nur ein kleines Intervall von x und t. Man kann also die Steigung eines kleines Kurvenausschnittes bestimmen, wenn man für den Bruch

$$\frac{\Delta x}{\Delta t} = \frac{x_2 - x_1}{t_2 - t_1}$$

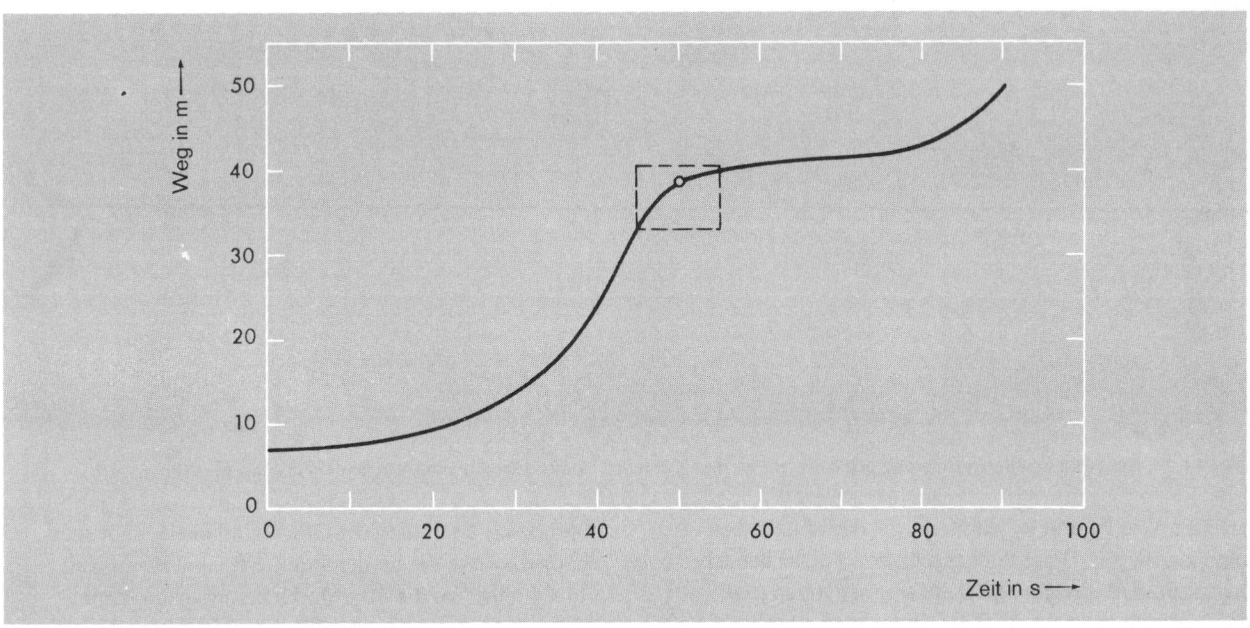

Bild 11.22. Weg-Zeit-Diagramm eines Körpers, der ständig seine Geschwindigkeit ändert

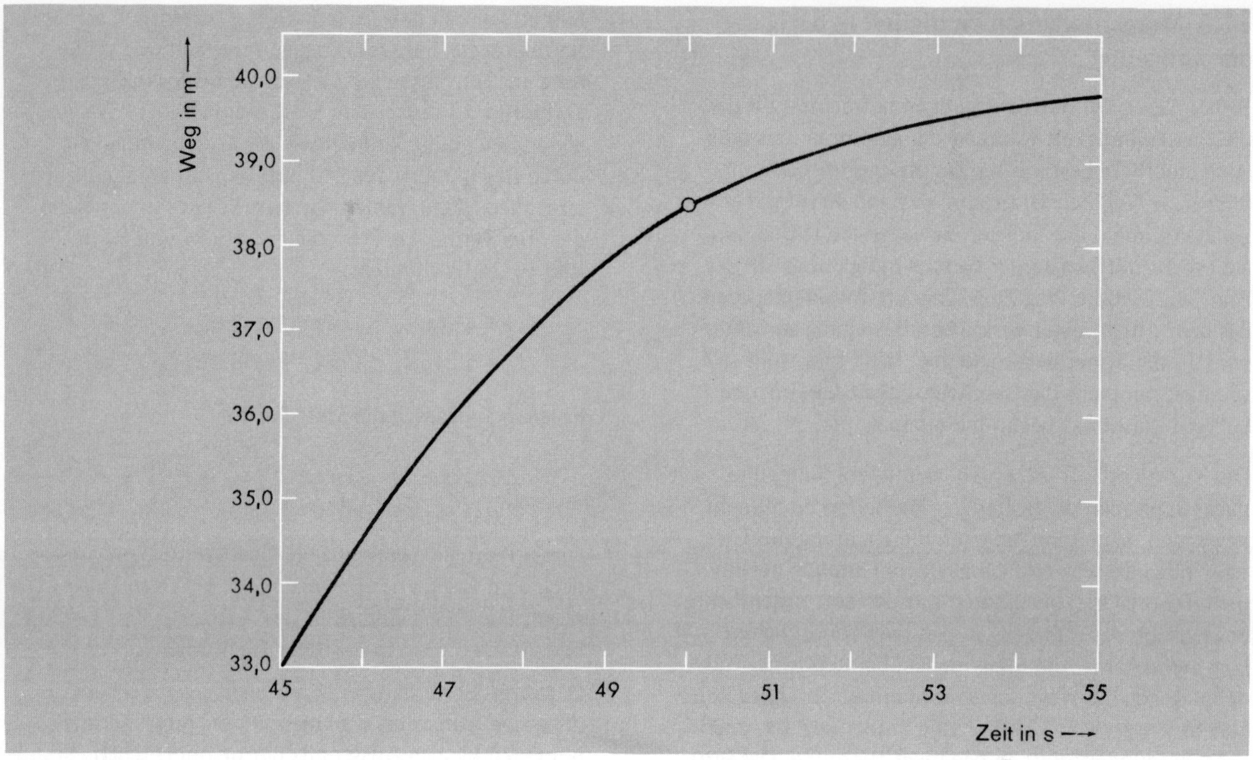

Bild 11.23. Das Bild zeigt den 10-fach vergrößerten Teil der Kurve, der in Bild 11.22 gestrichelt eingerahmt ist.

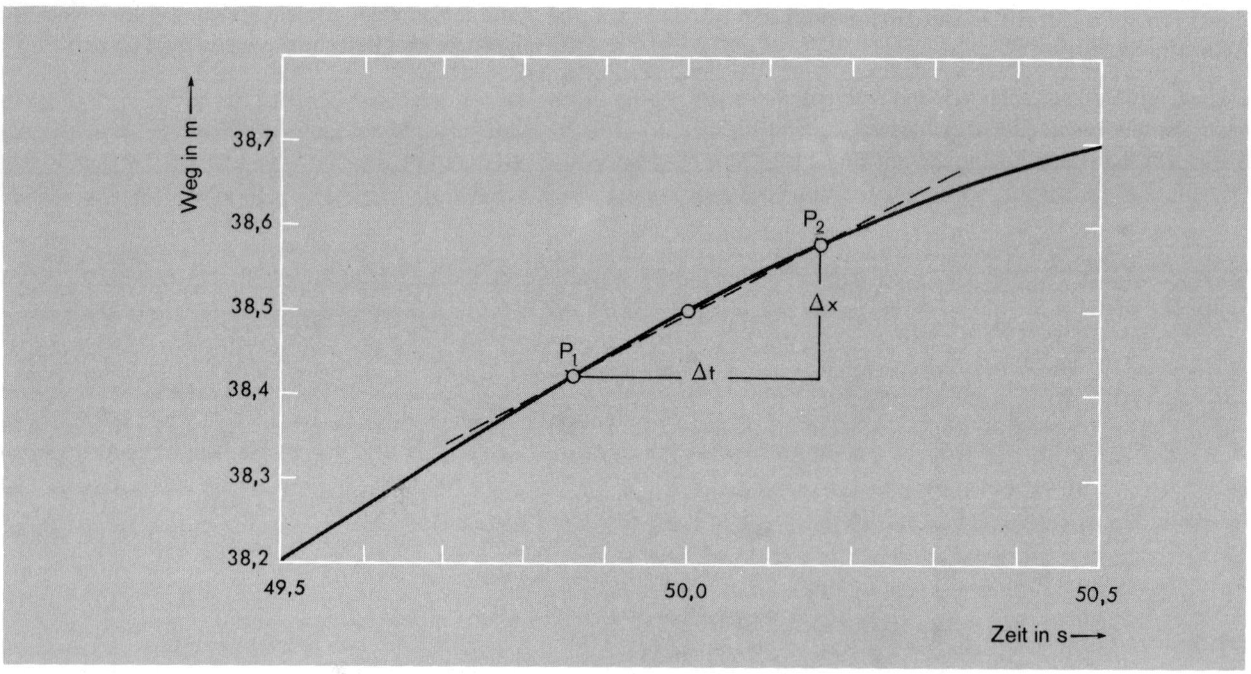

Bild 11.24. Bei 100-facher Vergrößerung erscheint ein kleines Kurvenstück aus dem Ausschnit in Bild 11.22 fast geradlinig.

zwei Punkte P_1 und P_2 wählt, die genügend nahe beieinander liegen. Diese Punkte müssen so dicht benachbart sein, daß das Kurvenstück zwischen ihnen praktisch geradlinig verläuft. Dann findet man unabhängig von der Wahl der Punkte stets fast dieselbe Steigung und damit auch dieselbe Geschwindigkeit. Läßt man beispielsweise die beiden Punkte P_1 und P_2 im Bild 11.24 näher an die 50 s Marke heranrücken, ergibt sich wieder fast dasselbe Resultat wie vorher. Dabei liegen die Punkte umso näher beieinander, je kürzer die zugehörige Zeitdifferenz Δt ist. Ist Δt klein genug, so nimmt der Quotient $\frac{\Delta x}{\Delta t}$ in der Umgebung des betrachteten Punktes einen festen Wert an, wenn die Kurve glatt verläuft. Man sagt daher: *Die Geschwindigkeit ist durch den Grenzwert von* $\frac{\Delta x}{\Delta t}$ *für* Δt *„gegen Null" gegeben.* Δt gegen Null heißt, Δt wird immer kleiner. Symbolisch schreibt man

$$v = \lim_{\Delta t \to 0} \frac{\Delta x}{\Delta t}.$$

(Man liest „ $\lim\limits_{\Delta t \to 0}$ " als „Grenzwert von $\frac{\Delta x}{\Delta t}$, falls Δt gegen Null geht".) Das Wort „Grenzwert" steht hier für das Ergebnis, das man erhält, wenn man die Differenz Δt klein genug wählt, so daß eine weitere Verringerung von Δt den Wert des Quotienten nicht mehr merkbar ändert. Wir machen das Intervall Δt immer kleiner, bis – wie man sagt – man als Grenzwert einen bestimmten Wert erhält. Das Verfahren steht im Mittelpunkt einer Rechenart, die die Mathematiker Differentialrechnung nennen.

Es kann jedoch Fälle geben, in denen dieses Verfahren kaum oder überhaupt nicht anwendbar ist. Ein Weg-Zeit-Diagramm, das von einem gradlinigen Kurvenstück plötzlich in ein anderes gradliniges Stück übergeht, besitzt in dem Punkt, in dem die beiden Strecken zusammenstoßen, keine Steigung. An diesem Knick ist eine Geschwindigkeit nicht definiert. In Wirklichkeit ändert sich aber bei allen Bewegungen, die man beobachtet, die Geschwindigkeit gleitend und stetig, wenn auch manchmal recht schnell. Deshalb ändert sich die Steigung der Weg-Zeit-Funktion nicht sprunghaft. Wählt man das Zeitintervall klein genug, so kann man für jeden Zeitpunkt die Geschwindigkeit bestimmen.

Für das geschilderte Verfahren benötigt man ein vergrößertes Bild der Weg-Zeit-Kurve. Man erhält es beispielsweise, wenn man die Kurve an der entsprechenden Stelle durch eine Lupe betrachtet. Es gibt aber noch ein einfacheres Verfahren, die Geschwindigkeit ohne eine solche Vergrößerung zu bestimmen. Man legt die Tangente an die Kurve und mißt deren Steigung. In Bild 11.25 ist die (geradlinige) Tangente im Zeitpunkt t = 50 s an die Kurve von Bild 11.22 eingezeichnet. In dieser Zeichnung kann man die Kurve und die Tangente leicht unterscheiden. Aber in hundertfacher Vergrößerung (Bild 11.26) sind Tangente und Kurve in der Nähe des Berührpunktes nicht mehr auseinanderzuhalten. In diesem Bereich besitzen Tangente und Kurve dieselbe Steigung. Durch die Steigung der Tangente kann folglich die Steigung der Kurve in einem Punkt festgelegt werden. In Bild 11.25 sieht man, wie die Geschwindigkeit zur Zeit t = 50 s

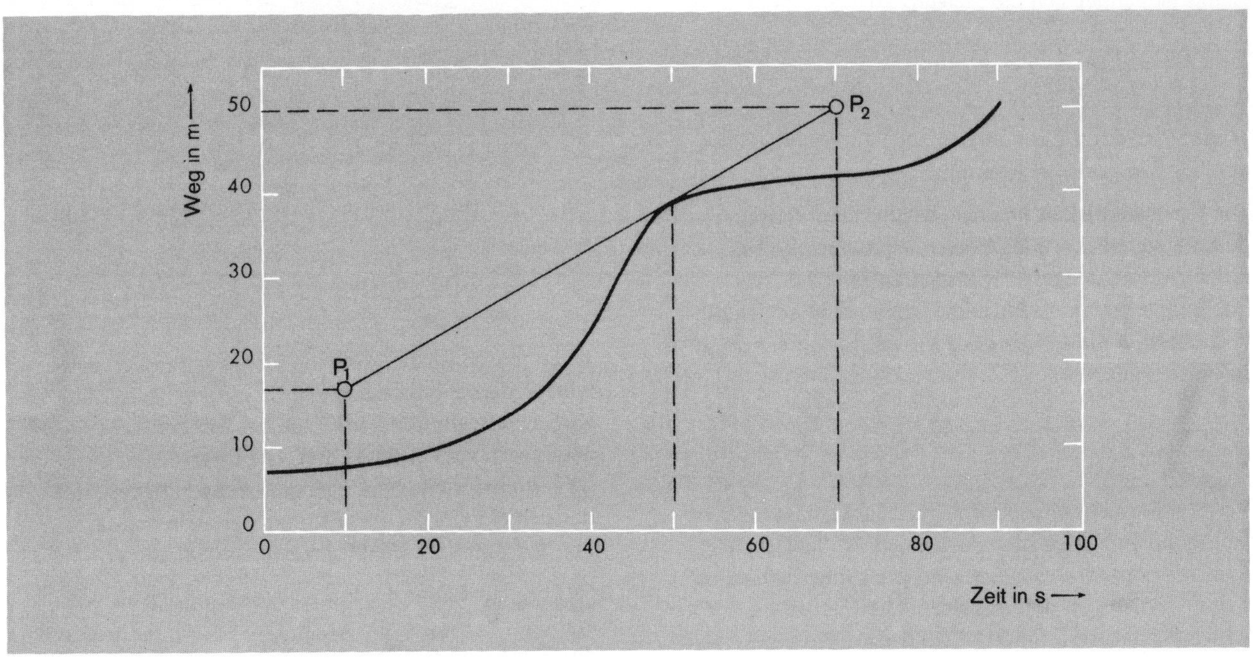

Bild 11.25. Zur Bestimmung der Momentangeschwindigkeit zeichnet man die Tangente in dem betrachteten Punkt der Kurve. Dann wählt man zwei beliebige Punkte der Tangente und berechnet daraus die Steigung. Die Steigung der Tangente stellt die Geschwindigkeit dar.

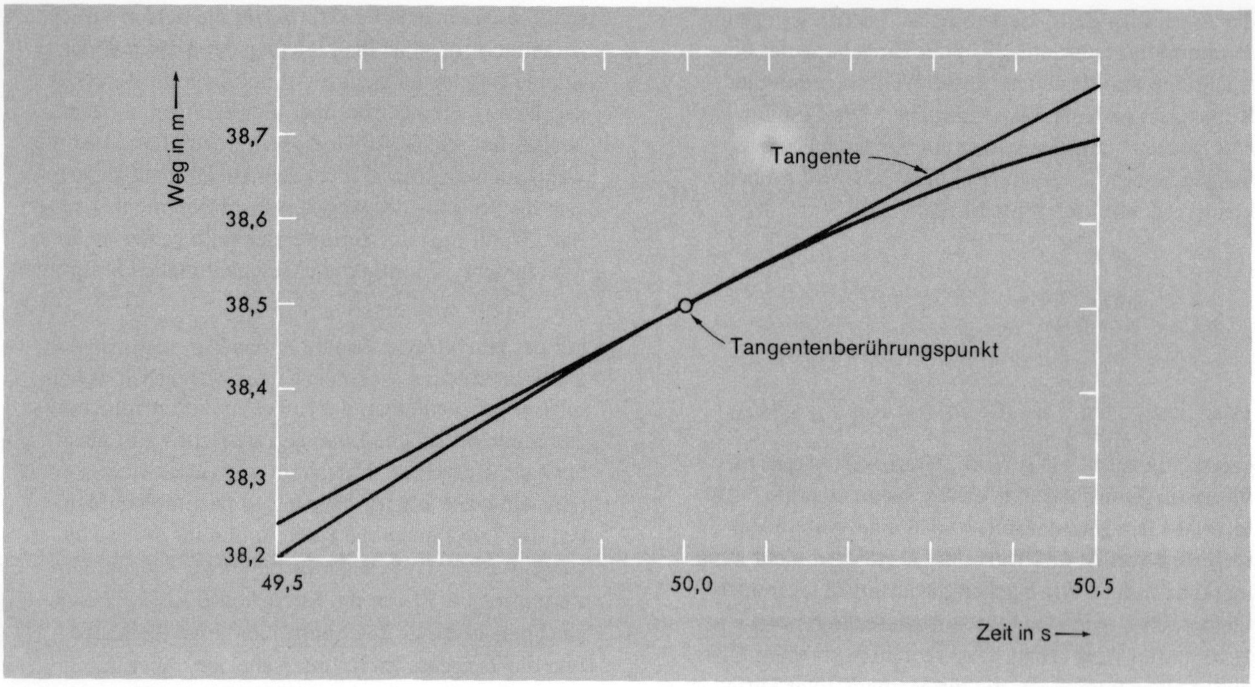

Bild 11.26. Bei 100-facher Vergrößerung der Kurve in Bild 11.25 sind Kurve und Tangente in der Umgebung des Berührpunktes nicht auseinander zu halten.

mit Hilfe der Tangente zu berechnen ist. Wir wählen zwei passende Punkte P_1 und P_2 auf der Tangente. Aus den Werten x_1, x_2, t_1 und t_2 findet man

$$\Delta x = +32\ \text{m und } \Delta t = 60\ \text{s}.$$

Damit berechnet sich die Steigung zu

$$\frac{x_2 - x_1}{t_2 - t_1} = \frac{+32\ \text{m}}{60\ \text{s}} \approx 0{,}53\ \frac{\text{m}}{\text{s}}.$$

Nach 50 s besitzt das Fahrzeug die Geschwindigkeit von 53 $\frac{\text{m}}{\text{s}}$ in positiver Richtung.

Die Geschwindigkeit in einem bestimmten Zeitpunkt heißt Augenblicks- oder *Momentangeschwindigkeit.* Solche Momentangeschwindigkeiten zeigt z.B. das Tachometer im Auto an. Diese Momentangeschwindigkeit haben wir mit Hilfe des Steigungsverfahrens ermittelt, es gilt also

$$v = \lim_{\Delta t \to 0} \frac{\Delta x}{\Delta t}.$$

Von der Momentangeschwindigkeit als Geschwindigkeit in einem bestimmten Augenblick ist die Durchschnitts- oder *Intervallgeschwindigkeit* innerhalb eines Zeitabschnittes zu unterscheiden. Die Intervallgeschwindigkeit ist definiert durch den Ausdruck

$$v_{\text{Intervall}} = \frac{\Delta x}{\Delta t}.$$

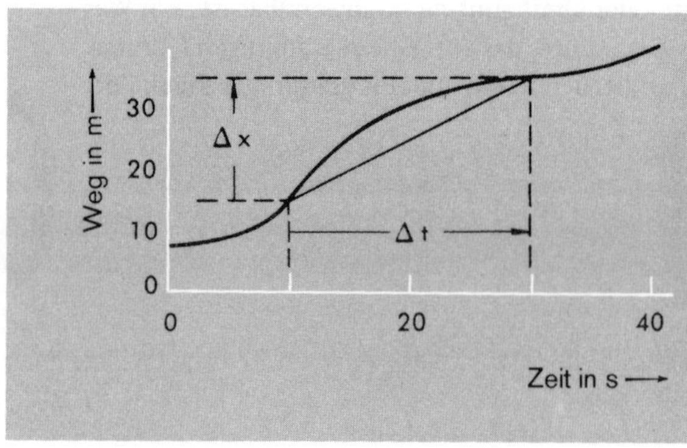

Bild 11.27. Die Steigung der Geraden (der Sekante zur Kurve) ist $v_{\text{Intervall}} = \frac{\Delta x}{\Delta t}$.

Zeichnerisch ist sie durch die Steigung der Geraden wiedergegeben, die die beiden Punkte der Weg-Zeit-Kurve zu Beginn und am Ende des Intervalls miteinander verbindet (Bild 11.27). Die Intervallgeschwindigkeit entspricht gerade jener Geschwindigkeit, mit der sich ein Körper gleichförmig bewegen müßte, um in der Zeit Δt die Strecke Δx zurückzulegen.

Gewöhnlich hängt die Intervallgeschwindigkeit von der Wahl des Zeitintervalls Δt ab. Nach Bild 11.25 stimmt die Durchschnittsgeschwindigkeit im Intervall von 0 s bis zu 60 s keinesfalls mit der Intervallgeschwindigkeit zwischen 40 s und 60 s überein.

Die Momentangeschwindigkeit ändert sich während eines Zeitintervalls im allgemeinen ständig; sie weicht dabei meistens von der Durchschnittsgeschwindigkeit des Intervalls ab. Manchmal ist sie größer, manchmal kleiner als die Intervallgeschwindigkeit. Nur wenn die Tangente der Weg-Zeit-Kurve parallel zur Verbindungsgeraden der Intervallgeschwindigkeit verläuft, stimmen beide Geschwindigkeiten überein. In der Kurve von Bild 11.27 ist dies zum Zeitpunkt t = 18 s der Fall. Die Momentangeschwindigkeit kann man als Durchschnittsgeschwindigkeit eines Zeitintervalls auffassen, das so klein ist, daß darin die Geschwindigkeitsänderungen vernachlässigt werden können. Wir haben aber auch Bewegungen kennengelernt, bei denen die Momentangeschwindigkeit stets mit der Intervallgeschwindigkeit übereinstimmt: bei der gleichförmigen Bewegung. Hier ist es gleich, ob man ein kürzeres oder längeres Zeitintervall wählt, die Durchschnittsgeschwindigkeit ist stets gleich groß. Daher unterscheidet sie sich auch nicht von der Momentangeschwindigkeit. In der Zeichnung erkennt man dies, wenn man z.B. in Bild 11.18 die beiden Punkte A' und B' immer weiter zusammenrücken läßt.

11.7. Beschleunigung

Ein Auto erreicht aus dem Stand innerhalb von 10 s die Geschwindigkeit 50 $\frac{km}{h}$. Der Fahrer spricht dann von der *Beschleunigung* seines Wagens. Damit wird angegeben, wie schnell sich die Geschwindigkeit des Autos ändert. Bild 11.28 stelle das zugehörige Geschwindigkeit-Zeit-Diagramm dar. Zur Vereinfachung beginnen wir mit einer Geraden. In Wirklichkeit würde die Kurve wohl nicht geradlinig verlaufen, doch solche komplizierteren Kurven sollen erst später betrachtet werden. Aus Bild 11.28 liest man ab, daß das Auto in 10 s um 50 $\frac{km}{h}$ oder in jeder Sekunde um 5,0 $\frac{km}{h}$

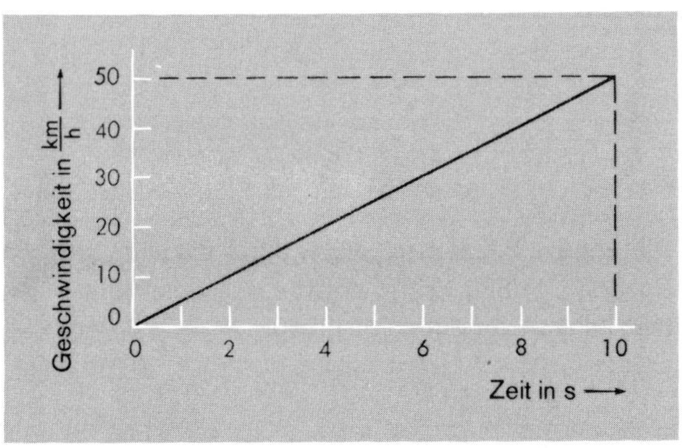

Bild 11.28. Geschwindigkeit-Zeit-Diagramm bei einer Beschleunigung von 5,0 $\frac{km}{hs}$

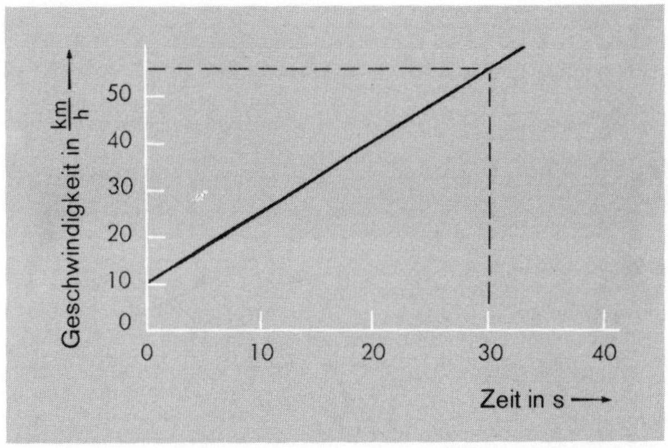

Bild 11.29. Geschwindigkeit-Zeit-Diagramm eines Autos, das sich zur Zeit t = 0 schon in Bewegung befindet. Wie groß ist seine Beschleunigung?

beschleunigt wird. (Wir schreiben dafür 5,0 $\frac{km}{h}$/s oder 5,0 $\frac{km}{hs}$ und lesen „5,0 Kilometer durch Stunde durch Sekunde".) Die Angabe 50 $\frac{km}{h}$ in 10 s oder 5,0 $\frac{km}{h}$ in einer Sekunde ist ein Maß für die *Beschleunigung.*

Bild 11.29 zeigt das Geschwindigkeit-Zeit-Diagramm eines anderen Wagens, der zur Zeit Null schon die Geschwindigkeit 10 $\frac{km}{h}$ besitzt und sich nach 30 s mit der Geschwindigkeit von 55 $\frac{km}{h}$ bewegt. Seine Geschwindigkeit ist also in 30 s um 45 $\frac{km}{h}$ angewachsen. Die Beschleunigung a beträgt somit 45 $\frac{km}{h}$ in 30 s oder a = 1,5 $\frac{km}{hs}$.

Ersetzt man die bestimmten Größen durch Symbole, so kann man für die Berechnung der Beschleunigung einen algebraischen Ausdruck angeben. Sind t_1 und t_2 zwei Zeiten und v_1 sowie v_2 die Geschwindigkeiten zu diesen Zeiten, so ist die *Beschleunigung* a *definiert durch* den Ausdruck

$$a = \frac{v_2 - v_1}{t_2 - t_1} = \frac{\Delta v}{\Delta t}.$$

Dabei hat Δ dieselbe Bedeutung wie in Abschnitt 11.5.

Die geometrische Deutung dieses Ausdrucks ist einfach. Wie $\frac{\Delta x}{\Delta t}$ die Steigung der Weg-Zeit-Kurve, so stellt $\frac{\Delta v}{\Delta t}$ die Steigung der Geschwindigkeit-Zeit-Kurve dar. Die Beschleunigung wird also durch die Steigung der Geschwindigkeit-Zeit-Kurve wiedergegeben.

Verläuft der Graph wie in Bild 11.30, so nimmt die Geschwindigkeit ständig ab. Zu Anfang bei t = 0 s beträgt sie 40 $\frac{km}{s}$, 50 s später nur noch 10 $\frac{km}{h}$. Während des Intervalls Δt = 50 s ändert sich die Geschwindigkeit um Δv = − 30 $\frac{km}{h}$. Daher ergibt sich für die Beschleunigung

$$a = \frac{-30\,\frac{km}{h}}{50\,s} = -0{,}60\,\frac{km}{hs}.$$

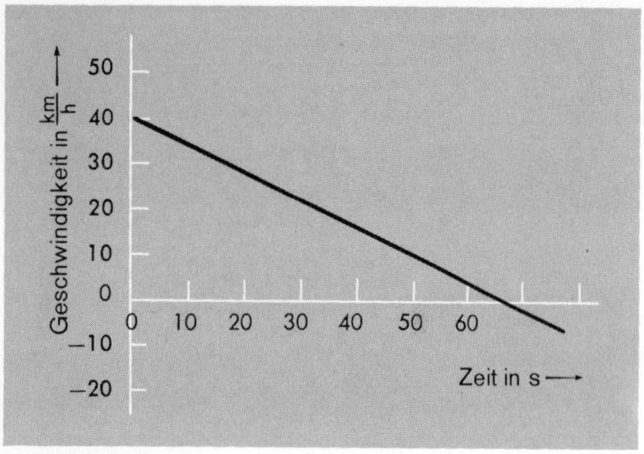

Bild 11.30. Eine negative Beschleunigung oder Verzögerung zeigt sich im Geschwindigkeit-Zeit-Diagramm an der negativen Steigung der Kurve.

a)

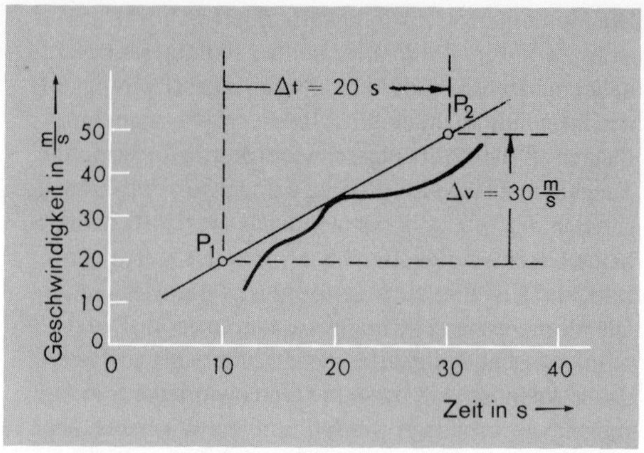

b)

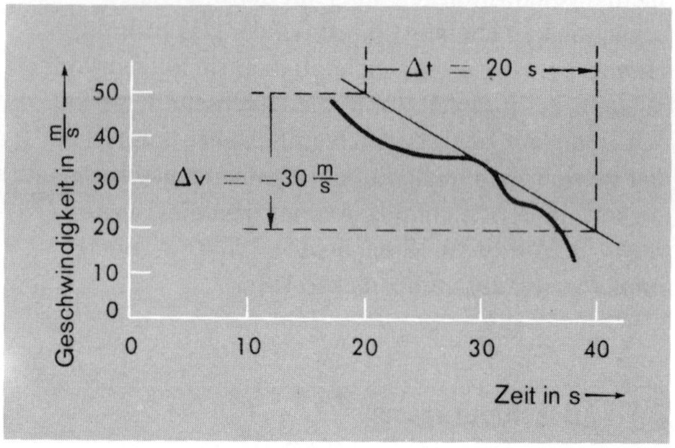

Bild 11.31. Die Momentanbeschleunigung erhält man aus der Steigung der Tangente, die man in dem betrachteten Punkt an die Kurve legt.

a) Positive Beschleunigung

b) negative Beschleunigung

Ein Minuszeichen im Ausdruck $\frac{\Delta x}{\Delta t}$ bedeutet, daß die Bewegung in negativer Richtung erfolgt. Welche Bedeutung hat ein negatives Vorzeichen der Beschleunigung? Für das in Bild 11.30 dargestellte Beispiel heißt das, daß im Zeitraum von 0 s bis 67 s das Auto ständig langsamer in positiver Richtung fährt und daß es sich in der Zeit von 67 s bis 80 s nach dem Start mit wieder zunehmender Geschwindigkeit in negativer Richtung bewegt. Ganz allgemein bedeutet das negative Vorzeichen, daß die Geschwindigkeitsänderung Δv negativ ist. Das ist dann der Fall, wenn ein Körper, der sich entlang der x-Achse in positiver Richtung bewegt, langsamer wird oder wenn ein Körper bei Bewegung in Richtung der negativen x-Achse seine Geschwindigkeit steigert. Ein in positiver Richtung fahrendes Auto, dessen Beschleunigung negativ ist, wird sich immer langsamer bewegen, wird dann für einen Augenblick halten, sich dann schließlich in umgekehrter Richtung wieder in Bewegung setzen und mit ständig steigendem Geschwindigkeitsbetrag wieder dieselbe Strecke durchfahren.

Soviel zur Bewegung mit konstanter Beschleunigung – wenn sich also die Geschwindigkeit in gleichen Zeiten um gleiche Beträge ändert. In Bild 11.31a ist nun ein allgemeiner Geschwindigkeit-Zeit-Verlauf dargestellt. Wie groß ist die Beschleunigung 20 s nach dem Start? Anders ausgedrückt: Wie groß ist die Momentanbeschleunigung zur Zeit t = 20 s?

Wie wir wissen, verläuft die Kurve in der Umgebung des Punktes mit t = 20 s bei genügender Vergrößerung fast geradlinig. Die Steigung dieses geradlinigen Kurvenstückes stellt dann die Momentanbeschleunigung dar. Wir könnten natürlich auch die Tangente in diesem Punkt für t = 20 s an die Kurve legen und die Kurvensteigung mit Hilfe der Steigung der Tangente berechnen. In jedem Fall ist nach der Definition der Steigung die Momentanbeschleunigung zur Zeit t gleich der Steigung der Geschwindigkeit-Zeit-Kurve in diesem Zeitpunkt. In Bild 11.31a bestimmt man durch zwei Punkte (P_1 und P_2) auf der Tangente die Momentanbeschleunigung zur Zeit t = 20 s:

$$a = \frac{v_2 - v_1}{t_2 - t_1} = \frac{50\,\frac{m}{s} - 20\,\frac{m}{s}}{30\,s - 10\,s}$$

$$= 1{,}5\,\frac{m}{s^2}\,.$$

Die Angabe $\frac{m}{s^2}$ liest man „Meter durch Sekunde zum Quadrat". In Bild 11.31b erhält man für die Momentanbeschleunigung zur Zeit t = 30 s

$$a = \frac{20\,\frac{m}{s} - 50\,\frac{m}{s}}{40\,s - 20\,s}$$

$$= -1{,}5\,\frac{m}{s^2}\,.$$

In der Ausdrucksweise von Abschnitt 11.6 läßt sich für die *Momentanbeschleunigung* schreiben

$$a = \lim_{\Delta t \to 0} \frac{\Delta v}{\Delta t}.$$

Neben der Momentanbeschleunigung in einem Zeitpunkt definieren wir wieder eine Durchschnitts- oder *Intervallbeschleunigung* für das Intervall Δt als

$$a_{\text{Intervall}} = \frac{\Delta v}{\Delta t}.$$

Sie gibt die gesamte Geschwindigkeitsänderung im Zeitintervall Δt an. Für ein genügend kleines Zeitintervall Δt, das den Zeitpunkt t einschließt, ist die Momentanbeschleunigung zur Zeit t gleich der Durchschnittsbeschleunigung. Ändert sich die Beschleunigung nicht mit der Zeit, so sind Momentan- und Intervallbeschleunigung in jedem Augenblick gleich groß. Man nennt die Bewegung gleichmäßig beschleunigt.

11.8. Gesetze der gleichmäßig beschleunigten Bewegung

Für die gleichmäßig beschleunigte Bewegung lassen sich mit Hilfe der entwickelten Methoden einige wichtige Beziehungen herleiten. Wir denken uns einen Körper, dessen Geschwindigkeit gleichmäßig mit der Zeit wächst (Bild 11.32), und untersuchen seine Bewegung während eines bestimmten Zeitintervalls. Die Geschwindigkeit zu Anfang dieses Zeitintervalls sei v_0, die entsprechende Zeit t_0. Die Geschwindigkeit am Ende des Intervalls heiße v_e, die Zeit t_e. Da die Beschleunigung konstant ist, gilt

$$v_e - v_0 = a\,(t_e - t_0) = at. \qquad (1)$$

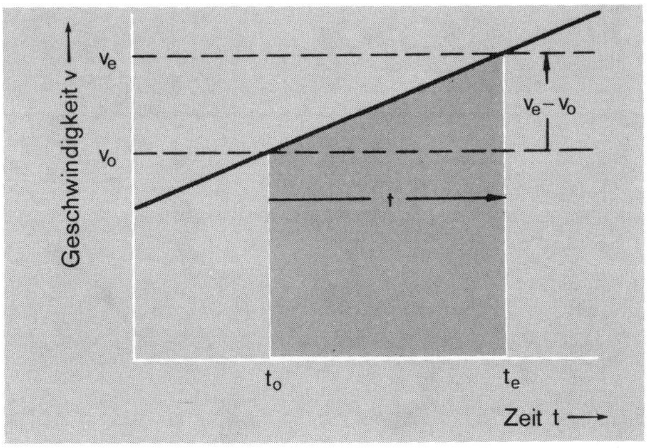

Bild 11.32. Geschwindigkeit-Zeit-Diagramm einer Bewegung mit konstanter Beschleunigung. Die Steigung $\frac{v_e - v_0}{t_e - t_0}$ des Graphen gibt die Beschleunigung an, und die Fläche unter der Kurve stellt den zurückgelegten Weg dar.

Dabei ist t die Dauer der Zeit zwischen Beginn und Ende des Intervalls, also $t = t_e - t_0$. Der während dieser Zeit zurückgelegte Weg läßt sich aus der dunkel getönten Fläche durch Addition der einzelnen Flächen $v_0 t$ und $\frac{1}{2}(v_e - v_0)\,t$ berechnen zu

$$s = \frac{1}{2}(v_e + v_0)\,t. \qquad (2)$$

Damit haben wir eine Gleichung zwischen dem zurückgelegten Weg s, den Anfangs- und Endgeschwindigkeiten v_0 und v_e und der Zeit t erhalten.

Ebenso kann man eine Gleichung zwischen den Geschwindigkeiten, dem Weg und der Beschleunigung herleiten. Dazu löst man die Gleichung (1) nach t auf

$$t = \frac{v_e - v_0}{a}.$$

Diese Beziehung setzt man für t in (2) ein:

$$s = \frac{1}{2}(v_e + v_0)\,\frac{(v_e - v_0)}{a}.$$

Nach Multiplikation mit dem Nenner ergibt sich

$$2\,a\,s = v_e^2 - v_0^2$$

oder

$$v_e^2 = v_0^2 + 2\,a\,s. \qquad (3)$$

Da die Geschwindigkeiten nur quadratisch auftreten, gilt diese Gleichung für eine Bewegung sowohl in positiver (positive Geschwindigkeit) als auch in negativer Richtung. Die Gleichung enthält nur die Geschwindigkeitsquadrate v_e^2 und v_0^2, den Weg s und die (konstante) Beschleunigung a. Wir werden sie später bei der Behandlung der kinetischen Energie benutzen.

Lösen wir Gleichung (1) nach der Endgeschwindigkeit v_e auf und setzen den Ausdruck in (2) ein, so erhalten wir eine Beziehung zwischen dem zurückgelegten Weg s, der Zeit t des Intervalls, der Anfangsgeschwindigkeit v_0 und der Beschleunigung a

$$s = v_0 t + \frac{1}{2}\,a\,t^2. \qquad (4)$$

Diese Beziehung läßt sich auf einfache Weise deuten: Der Term $v_0 t$ beschreibt den Weg, den der Körper bei gleichförmiger Bewegung mit der Geschwindigkeit v_0 während der Zeit t zurücklegen würde, während der zweite Term $\frac{1}{2}\,a\,t^2$ den Weg angibt, den der Körper bei gleichmäßig beschleunigter Bewegung durchfahren hätte, wenn er aus dem Ruhezustand gestartet wäre. Das sieht man leicht ein, wenn man einmal $a = 0$ und zum anderen $v_0 = 0$ in Gleichung (4) einsetzt.

Einige Beispiele sollen die Anwendungen der Gleichungen zeigen. Ein Sportwagen erhöhe seine Geschwindigkeit mit konstanter Beschleunigung in 6,0 s von

$+10\,\frac{m}{s}$ auf $+28\,\frac{m}{s}$. Wie groß ist seine Beschleunigung und wie weit kommt der Wagen in der angegebenen Zeit?

Nach Gleichung (1) findet man

$$a = \frac{v_e - v_0}{t_e - t_0} = \frac{28\,\frac{m}{s} - 10\,\frac{m}{s}}{6{,}0\,s - 0{,}0\,s} = +3{,}0\,\frac{m}{s^2}.$$

Den Weg bestimmt man mit Hilfe von Gleichung (4):

$$s = 10\,\frac{m}{s} \cdot 6{,}0\,s + \frac{1}{2} \cdot (3{,}0\,\frac{m}{s^2}) \cdot 36\,s^2 = +114\,m.$$

Man kann das Ergebnis mit Hilfe der Gleichung (3) überprüfen.

Ein anderes Beispiel: Ein Auto wird aus der Ruhe mit $+2\,\frac{km}{hs}$ beschleunigt und durchfährt dabei eine Strecke von $\frac{1}{9}$ km. Welche Geschwindigkeit besitzt es am Ende der Strecke, und in welcher Zeit wird es sie durchfahren haben?

In der Aufgabe sind zwei verschiedene Einheiten für die Zeit, nämlich Stunden und Sekunden, angegeben. Gewöhnlich beschränkt man sich der Einfachheit halber auf eine. Wir werden die Zeiten in Stunden ausdrücken. Zu diesem Zweck schreiben wir

$$a = +2\,\frac{km}{hs} = 2\,\frac{1\,km}{1h\;1s}$$

und ersetzen 1 s durch $\frac{1}{3600}$ h:

$$a = +2\left(\frac{1\,km}{1\,h\;\frac{1}{3600}h}\right) = 7200\,\frac{km}{h^2}.$$

Aus Gleichung (3) bestimmen wir mit $v_0 = 0\,\frac{km}{h}$ die Endgeschwindigkeit zu

$$v_e^2 = 2\,as.$$

Das Ergebnis lautet

$$v_e^2 = 2 \cdot (7200\,\frac{km}{h^2}) \cdot \frac{1}{9}\,km = 1600\,\frac{km^2}{h^2}$$

oder

$$v_e = 40\,\frac{km}{h}.$$

Die Richtung der Geschwindigkeit v_e ist dieselbe wie die der Beschleunigung a, da der Start aus dem Stand erfolgt. Die Zeit berechnen wir aus Gleichung (1), in der wir für $v_e = a\,t_e$, $v_0 = 0$ und $t_0 = 0$ setzen.

$$t_e = \frac{+40\,\frac{km}{h}}{+7200\,\frac{km}{h^2}} = \frac{1}{180}\,h \text{ oder } t_e = 20\,s.$$

Bei der Anwendung der Gleichung ist zu beachten: Zu Beginn des Abschnittes hoben wir als Bedingung hervor, daß die Beschleunigung konstant sein sollte. Diese Gleichungen gelten also *nur* für den Fall konstanter Beschleunigung. Sie stellen in abgekürzter Weise dieselben Beziehungen dar, die wir auf geometrische Weise aus den Zeichnungen ermittelt haben. Hat man es mit veränderlichen Beschleunigungen zu tun, so müssen weiterreichende graphische Methoden herangezogen werden.

11.9. Zusammenfassung

In diesem Kapitel wurde für die geradlinige Bewegung der Zusammenhang von Ort und Zeit untersucht. Zuerst wurde definiert, was unter dem Ort eines Körpers zu verstehen ist und wie der Weg den Übergang von einem zum anderen Ort beschreibt. Dann untersuchten wir eine einfache Bewegung mit konstanter Geschwindigkeit. Für diesen Fall war der Weg das Produkt aus der Zeit und der Geschwindigkeit. Diese einfache Beziehung ließ sich nicht heranziehen, wenn die Geschwindigkeit nicht konstant blieb. Denn dann wußte man nicht, welche der vielen verschiedenen Geschwindigkeiten mit der Zeit zu multiplizieren war. Den Weg konnten wir dann jedoch mit Hilfe des Graphen bestimmen, der wie in Bild 11.33 die Geschwindigkeit als Funktion der Zeit darstellt. Dort gibt die grau getönte Fläche die während der Zeit $t_2 - t_1$ zurückgelegte Strecke an.

Der Graph läßt sich aber noch in anderer Weise interpretieren. Legt man in einem bestimmten Zeitpunkt t die Tangente an die Kurve, so kann man die Steigung der Kurve in diesem Punkt ermitteln. Diese Steigung entspricht der Momentanbeschleunigung, durch die die Änderung der Geschwindigkeit bestimmt wird. Nach Bild 11.33 ergibt sich die Momentanbeschleunigung zur Zeit t als

$$a = \lim_{\Delta t \to 0} \frac{\Delta v}{\Delta t} = \frac{v_2 - v_1}{t_2 - t_1}.$$

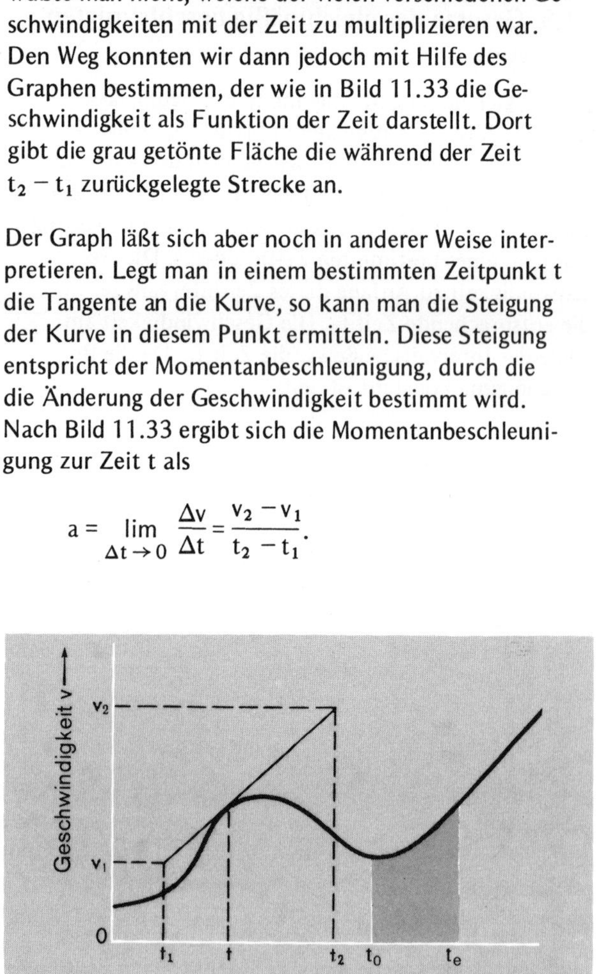

Bild 11.33. Auswertung eines Geschwindigkeit-Zeit-Diagramms

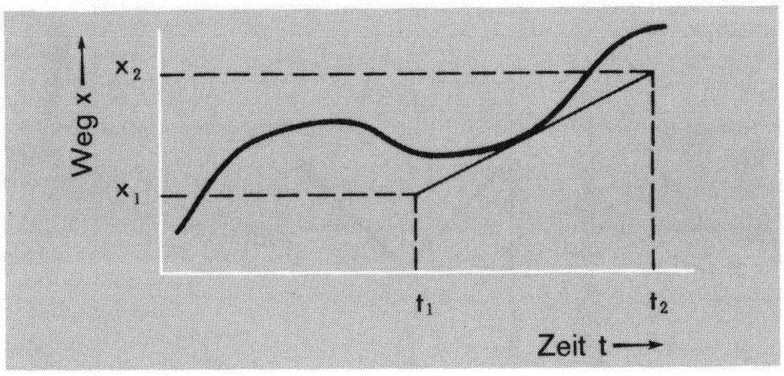

Bild 11.34. Die Geschwindigkeit läßt sich aus dem Weg-Zeit-Diagramm bestimmen.

Ist der Graph eine Gerade wie rechts im Bild 11.33, dann ist die Beschleunigung konstant. Unter diesen Umständen kann man die Fläche unter der Kurve leicht berechnen. Daraus kann man dann durch einfache algebraische Umformungen die Gesetze der geradlinigen Bewegung mit konstanter Beschleunigung gewinnen. Der Nutzen dieser Zeichnung beschränkt sich jedoch nicht nur auf diesen einfachen Fall. Anhand der Zeichnungen lassen sich sehr allgemein Bewegungen untersuchen.

Eine andere wichtige Zeichnung erhält man, wenn man den Ort als Funktion der Zeit aufträgt (Bild 11.34). Aus diesem Graphen kann man sowohl die Wege als auch die Geschwindigkeiten ablesen. Die Steigung der Kurve in einem Zeitpunkt entspricht hier der Geschwindigkeit

$$v = \lim_{\Delta x \to 0} \frac{\Delta x}{\Delta t} = \frac{x_2 - x_1}{t_2 - t_1}.$$

Obwohl wir damit schon weit in die Kinematik eingedrungen sind, bleiben noch viele Fragen unbeantwortet. Im nächsten Kapitel werden wir uns nicht mehr auf Bewegungen entlang einer geraden Linie beschränken. Wir werden die in diesem Kapitel eingeführten Begriffe auf Bewegungen übertragen, die keine festen Richtungen besitzen. Damit lassen sich dann viele Bewegungen beschreiben, die in der Natur vorkommen.

Aufgaben

1. Welchen Weg legt ein Auto bei einer Geschwindigkeit von 40 $\frac{km}{h}$
   a) in drei Stunden,
   b) in einer halben Stunde zurück?

2. Ein Volkswagen und ein Mercedes fahren dieselbe Strecke von 130 Kilometer. Der VW fährt dauernd mit 100 $\frac{km}{h}$. Der Mercedes, der zur selben Zeit startet, hält stets 140 $\frac{km}{h}$ ein. Sein Fahrer macht jedoch nach einer halben Stunde Fahrt eine Pause von 10 min.
   a) Wie sieht der Graph der Geschwindigkeit-Zeit-Funktion beider Fahrzeuge aus?
   b) Welcher Wagen erreicht zuerst den Zielort?

3. Die folgende Tabelle zeigt Fahrzeiten und Geschwindigkeiten eines Autos:

Zeitintervall	Dauer des Intervalls in h	Geschwindigkeit in $\frac{km}{h}$
1	0,10	20
2	0,40	60
3	0,20	20

   a) Wie weit fährt das Auto im ersten Intervall?
   b) Welchen Weg legt es insgesamt zurück?
   c) Zeichnen Sie das Geschwindigkeit-Zeit-Diagramm für diese Fahrt.
   d) Wieviel Zeit braucht das Auto für die ersten 14 km?
   e) Die Fläche unter der Kurve, die diesen ersten 14 km entspricht, ist einzuzeichnen.

4. Die Geschwindigkeit der Delphine hat man in Marineland (USA) auf folgende Weise bestimmt. Eine Filmkamera wurde hinter dem Fenster in der Seitenwand des Bassins aufgestellt, an dem die Delphine kurz vor dem Sprung vorbeizuschwimmen pflegten. Auf einem Bild der Folge war gerade das Maul auf der linken Seite des Bildausschnittes zu sehen. Acht Bilder später befand sich der Schwanz an derselben Stelle. Die Bildfolge der Filmkamera betrug 24 Bilder pro Sekunde. Die Länge des Delphins wurde zu 1,90 m gemessen.
   a) Wie groß ist die Geschwindigkeit des Tieres?
   b) Wie groß wäre seine Geschwindigkeit gewesen, wenn sich das Tier nicht senkrecht zur optischen Achse der Kamera, sondern in einem Winkel von 60° dazu bewegt hätte?

5.* Welche Kurve von Bild 11.35 stellt die Geschwindigkeit-Zeit-Funktion eines Steines dar, der zur Zeit $t = 0$ senkrecht in die Höhe geworfen wird und zur Zeit $t = t_e$ wieder die Erde erreicht?

6. Die folgenden Angaben beziehen sich auf die Momentangeschwindigkeit eines Autos in Abständen von 1 s. Aus dem Geschwindigkeit-Zeit-Diagramm beantworte man folgende Fragen:
   a) Wie schnell fährt das Auto nach 2,6 s und nach 4,8 s?
   b) Welchen Weg legt das Auto zwischen den beiden Zeiten der Frage a) zurück?

Zeit in s	Geschwindigkeit in $\frac{m}{s}$
0,0	10,0
1,0	12,4
2,0	14,8
3,0	17,2
4,0	19,6
5,0	22,0
6,0	24,4

7. Die beschleunigte Fahrt eines Zuges ist in dem Geschwindigkeit-Zeit-Diagramm von Bild 11.36 registriert. Wie weit fährt der Zug in den ersten sechs Minuten?

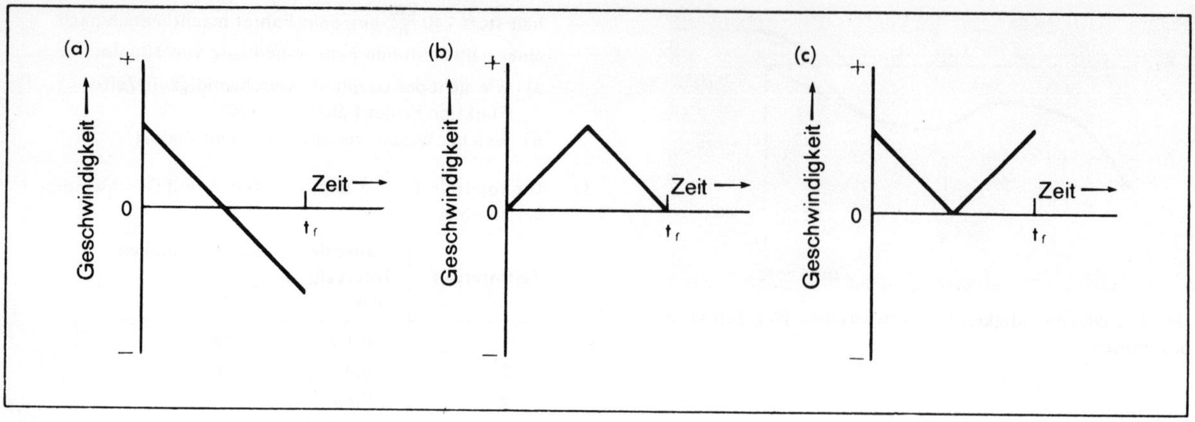

Bild 11.35. Zur Aufgabe 5

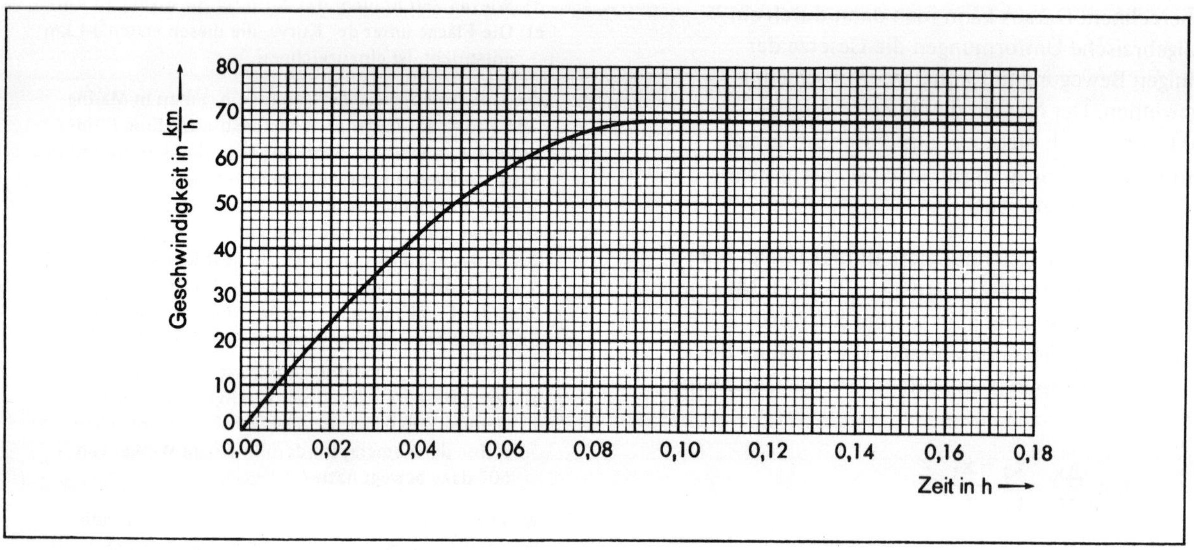

Bild 11.36. Zur Aufgabe 7

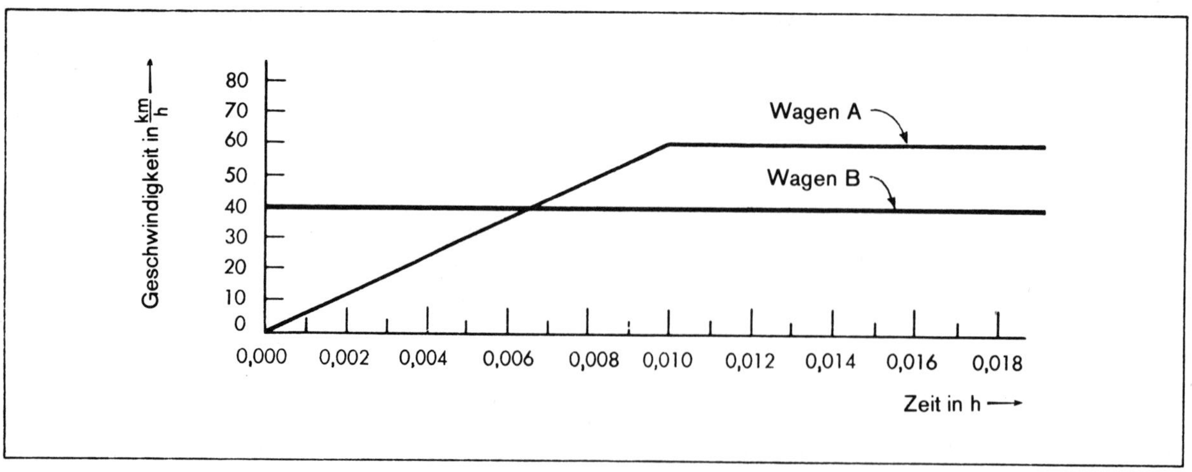

Bild 11.37. Zur Aufgabe 8

8. Das Auto A hält an einer Verkehrsampel. Das Licht springt auf Grün, und A fährt an. In diesem Augenblick wird es von dem Auto B überholt, das mit konstanter Geschwindigkeit vorüberfährt. Die Geschwindigkeit-Zeit-Kurven sind in Bild 11.37 aufgetragen.
   a) Wie lange dauert es, bis A so schnell wie B fährt?
   b) Welchen Vorsprung besitzt zu dieser Zeit B vor A?
   c) Welcher Wagen liegt nach 0,010 h vorne?
   d) In welcher Zeit holt das Auto A den anderen Wagen ein?
   e) Welchen Weg, von der Ampel gerechnet, haben beide Fahrzeuge dann gerade zurückgelegt?

9. Ein Auto fährt mit gleichbleibender Geschwindigkeit auf der Autobahn. Es fährt an einem Polizeiwagen vorbei, der neben der Fahrbahn hält. Das Polizeiauto startet, beschleunigt und holt das mit Höchstgeschwindigkeit fahrende Auto ein. Die Polizisten geben das Zeichen zum Anhalten. Das Geschwindigkeit-Zeit-Diagramm für die beiden Wagen soll gezeichnet werden.

10.* Entspricht die Darstellung einer Autofahrt in Bild 11.38 einem Vorgang, der tatsächlich so ablaufen kann? Erläutern Sie ihre Antwort.

11. Jemand geht zum Briefkasten, steckt einen Brief ein und kehrt wieder zurück. Das Geschwindigkeit-Zeit-Diagramm und das Weg-Zeit-Diagramm sind zu zeichnen.

12. In Bild 11.39 sollen die Steigungen der verschiedenen Geraden in den entsprechenden Einheiten angegeben werden.

13. Das Weg-Zeit-Diagramm eines Autos, das auf einer Straße fährt, stellt Bild 11.40 dar. Daraus soll das Geschwindigkeit-Zeit-Diagramm konstruiert werden.

14. Ein Junge fährt so schnell wie möglich auf seinem Fahrrad zu seinem Freund. Nach kurzer Zeit fährt er so schnell, wie er kann, wieder zurück. Bild 11.41 zeigt das Weg-Zeit-Diagramm. Zu zeichnen ist das Geschwindigkeit-Zeit-Diagramm. Welche Aussage kann man über die Straße zwischen den Wohnungen der beiden Freunde aus dem gegebenen Diagramm und der verlangten Zeichnung machen?

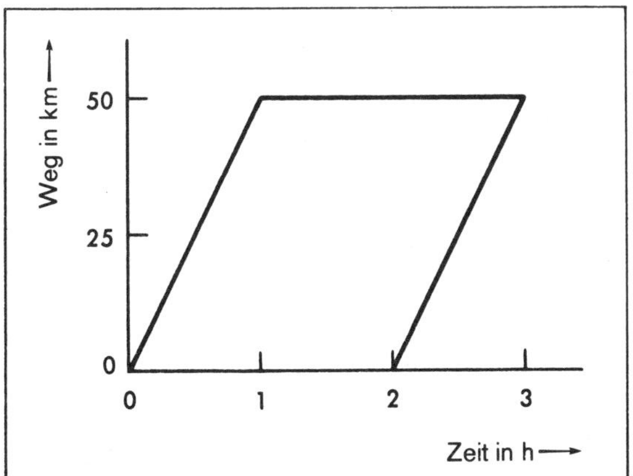

Bild 11.38. Zur Aufgabe 10

15.* Wie groß ist die Durchschnittsgeschwindigkeit innerhalb der ersten 90 s nach Bild 11.25?

16. Bild 11.42 ist das Weg-Zeit-Diagramm eines Autos.
   a) Zu welchem Zeitpunkt besitzt das Auto seine größte Geschwindigkeit?
   b) Wie schnell fährt es zu dieser Zeit?
   c) Wie groß ist seine Geschwindigkeit 0,70 h nach dem Start?
   d) Welches ist die Durchschnittsgeschwindigkeit innerhalb der ersten 0,70 h?

17. Ein Zug bewegt sich 0,52 h mit einer Geschwindigkeit von 100 $\frac{km}{h}$, dann 0,42 h mit 50 $\frac{km}{h}$ und schließlich für 0,71 h mit 110 $\frac{km}{h}$. Wie groß ist für die gesamte Fahrt die Durchschnittsgeschwindigkeit?

18.* Ist zu irgendeiner Zeit die Geschwindigkeit oder die Beschleunigung während der in Bild 11.30 dargestellten Bewegung Null?

19. Ein Auto, das sich auf einer Fernstraße bewegt, geht mit seiner Geschwindigkeit herunter, als es durch eine kleine Stadt kommt. Es hält in der Stadtmitte vor einer Ampel, fährt aus der Stadt heraus und beschleunigt wieder seine Fahrt. Nacheinander trage man die Geschwindigkeit, den Weg und die Beschleunigung als Funktion der Zeit in einer Zeichnung auf.

20. Ein Wagen wird von 20 $\frac{km}{h}$ innerhalb von 6 s auf 60 $\frac{km}{h}$ beschleunigt. Wie groß ist die mittlere Beschleunigung?

21. Aus dem Geschwindigkeit-Zeit-Diagramm in Bild 11.43 entnehme man die Angaben für das Beschleunigung-Zeit-Diagramm.

22. Für den Bewegungsvorgang aus Aufgabe 21 ist der Ort als Funktion der Zeit aufzuzeichnen.

23.* Auf welchen Abschnitt der Kurve von Bild 11.33 kann man die Gleichungen des Abschnitts 11.8 anwenden?

24. Ein Rennschlitten hat vom Start ab eine gleichbleibende Beschleunigung von 2,0 $\frac{m}{s^2}$.
   a) Wie schnell fährt er nach 5,0 s?
   b) Welchen Weg hat er in dieser Zeit zurückgelegt?
   c) Wie groß ist seine Durchschnittsgeschwindigkeit in den ersten 5 s?
   d) Wie weit ist er gefahren, wenn seine Geschwindigkeit auf 40 $\frac{m}{s}$ angewachsen ist?

25. Ein Auto fährt anfangs mit gleichbleibender Geschwindigkeit und wird dann 12 s lang mit $a = 1{,}0\ \frac{m}{s^2}$ beschleunigt. Wie groß ist die Geschwindigkeit zu Beginn des Beschleunigungsvorganges, wenn das Auto während der 12 s den Weg 190 m zurücklegt?

26. Der Schnellzug, von dem zu Beginn dieses Kapitels die Rede war, bremse mit gleichbleibender (negativer) Beschleunigung.
   a) Wie lange dauert es, bis er zum Halten kommt?
   b) Wie groß ist die Bremsbeschleunigung?
   c) Aus dem Weg-Zeit-Diagramm für beide Züge beantworte man die Frage, ob die Züge zusammenstoßen oder nicht.

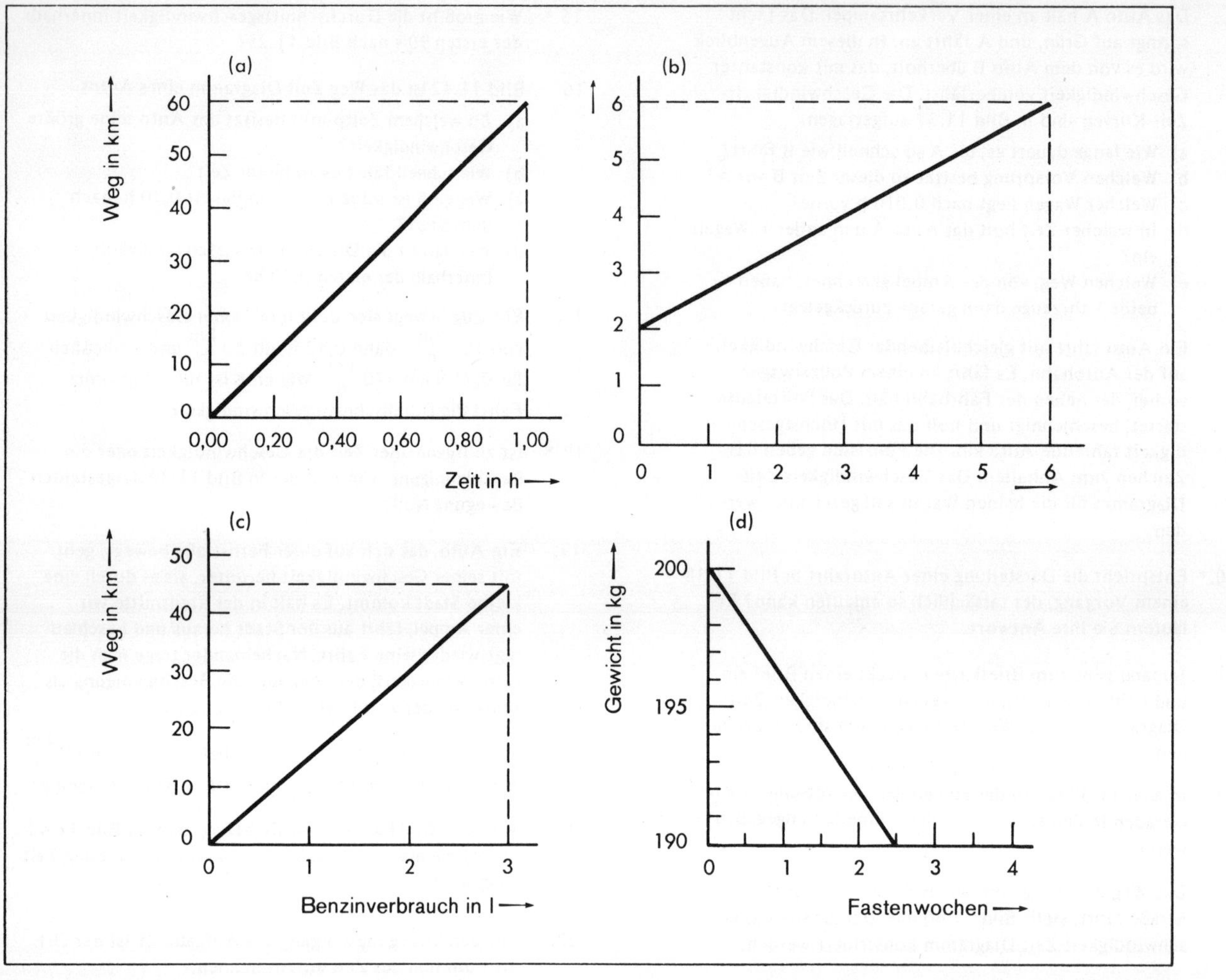

Bild 11.39. Zur Aufgabe 12

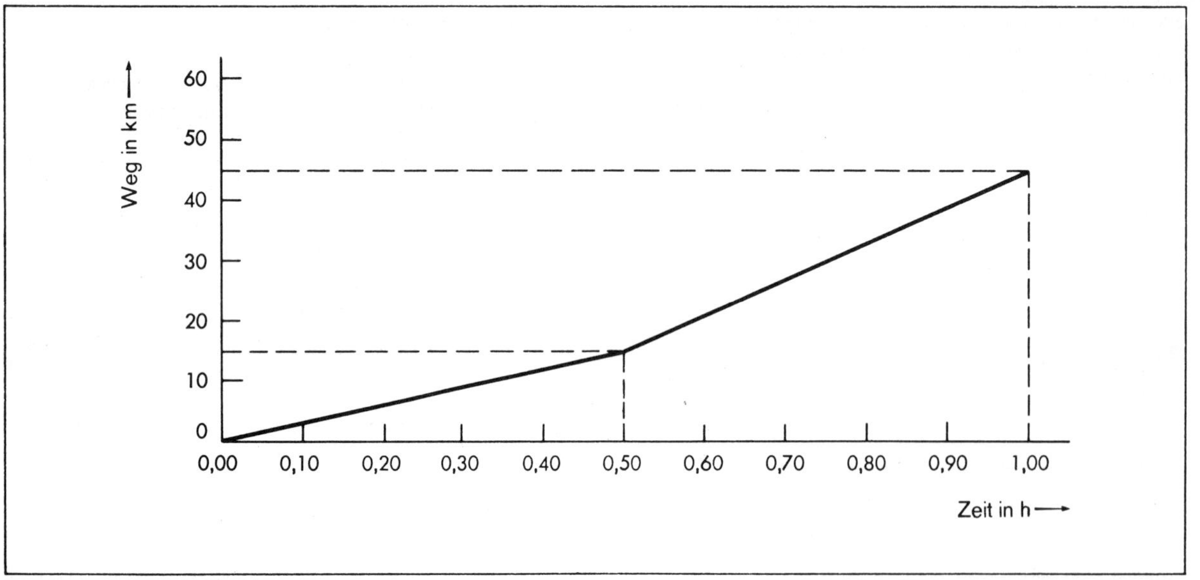

Bild 11.40. Zur Aufgabe 13

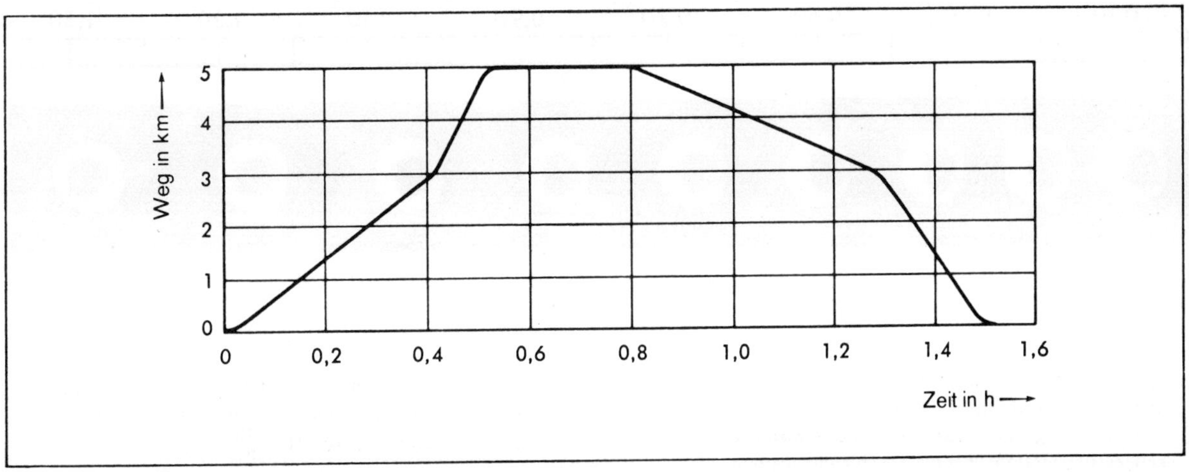

Bild 11.41. Zur Aufgabe 14

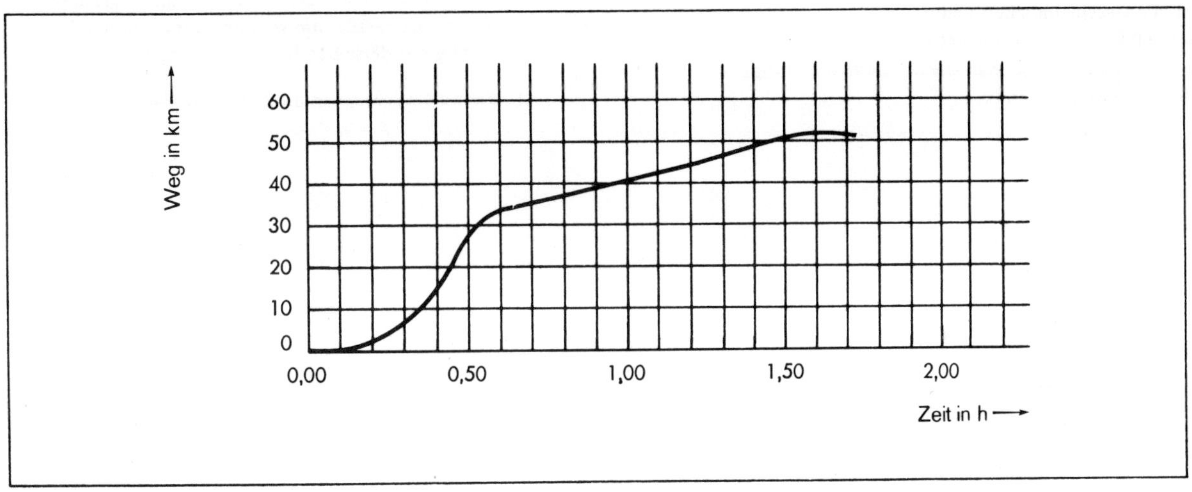

Bild 11.42. Zur Aufgabe 16

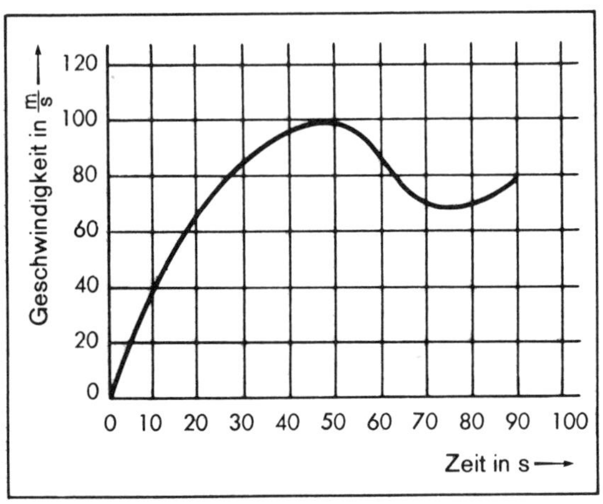

Bild 11.43. Zur Aufgabe 21

27. Ein Fußgänger läuft, so schnell er kann, mit $6{,}0\ \frac{m}{s}$ hinter einem Bus her, der an der Haltestellte wartet. Als er noch 25 m vom Bus entfernt ist, setzt sich der Wagen mit konstanter Beschleunigung $a = 1{,}0\ \frac{m}{s^2}$ in Bewegung. Zeichnerisch soll ermittel werden,

a) wie weit entweder der Fußgänger noch laufen muß, um den Bus zu erreichen, oder

b) auf wieviel Meter er an den Bus herankommt, ohne ihn einzuholen. (Gesucht ist die kürzeste Entfernung.)

28. In Bild 11.44 ist die Bewegung einer Kugel in Abständen von $\frac{1}{30}$ s mit einem Stroboskop aufgenommen. Die Kugel bewegt sich von links nach rechts, der Anfangspunkt der Entfernungsskala liegt am rechten Rand der ersten Lage der Kugel.

a) Gesucht ist das Weg-Zeit-Diagramm. Was für eine Bewegung liegt vor?

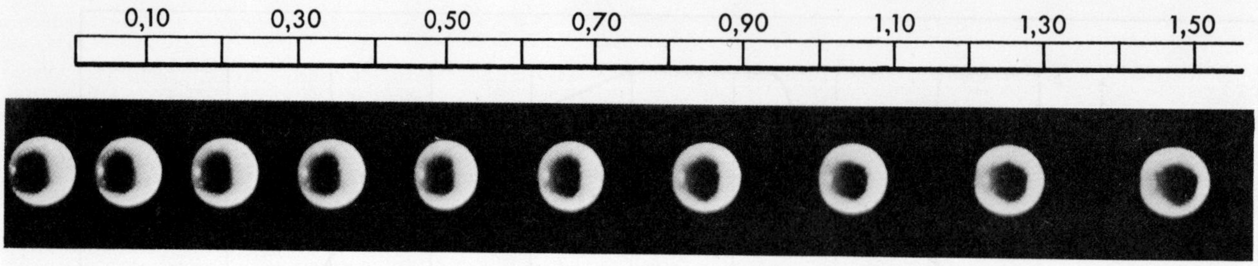

Bild 11.44. Zur Aufgabe 28

b) Nach dem Weg-Zeit-Diagramm (Frage a) konstruiere man das Geschwindigkeit-Zeit-Diagramm.
c) Welche Aussage kann man aus dem Geschwindigkeit-Zeit-Diagramm über die Beschleunigung der bewegten Kugel machen?

29. Ein Auto wird vom Start aus 10 s lang mit $a = 3{,}0\ \frac{m}{s^2}$ beschleunigt. Auf Millimeterpapier konstruiere man
a) die Beschleunigung,
b) die Geschwindigkeit und
c) den Ort als Funktion der Zeit.

30. Die Aufgabe 29 löse man erneut, diesmal auf doppeltlogarithmischem Papier.

31. Eine Rakete, die einen Satelliten auf eine Kreisbahn bringen soll, erreicht innerhalb von 2,05 min eine Geschwindigkeit von $2{,}90 \cdot 10^4\ \frac{km}{h}$.
a) Wie groß ist die Durchschnittsbeschleunigung, angegeben in $\frac{km}{hs}$ und in $\frac{m}{s^2}$?
b) Welche Geschwindigkeit hätte die Rakete eine Stunde nach dem Start erreicht, wenn sie genügend Brennstoff besäße, um während der gesamten Zeit ständig mit derselben Beschleunigung zu steigen?
c) Wie weit würde sie in dieser Stunde fliegen?

12. Bewegung im Raum

Im letzten Kapitel haben wir die Bewegung entlang einer Geraden, also eine *eindimensionale Bewegung* betrachtet. Die Vektoren der Wege, Geschwindigkeiten und Beschleunigungen lagen alle auf einer Geraden; sie konnten je nach der besonderen Situation größere oder kleinere Beträge besitzen. Immer jedoch waren sie an eine feste Richtung gebunden. Natürlich lassen sich die meisten Probleme nicht in solche engen Grenzen zwängen. Man denke etwa an einen Schwimmer in einem Fluß oder an ein Flugzeug bei stürmischem Wetter oder an einen Satelliten bei der Erdumkreisung. Solche Bewegungen können nicht mehr mit den Methoden des vorigen Kapitels behandelt werden, weil Richtungsänderungen auftreten. Man muß die Verfahren ausbauen, um auch Wege, Geschwindigkeiten und Beschleunigungen in verschiedenen Richtungen, die gleichzeitig auftreten können, zu berücksichtigen. Es gilt also, die *Bewegung in einer dreidimensionalen Welt* zu beschreiben. Der entscheidende Schritt ist dabei schon beim Übergang von einer Dimension zur Beschreibung der Bewegung in zwei Dimensionen getan. Daher beginnen wir mit der Bewegung in einer Ebene.

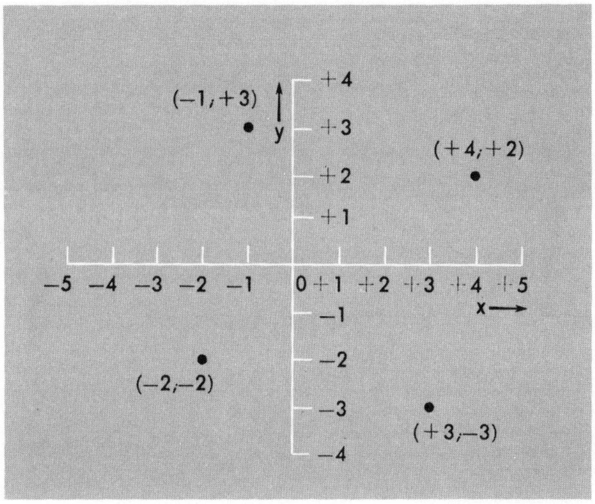

Bild 12.1a. Der Ort eines Punktes in einer Ebene ist durch zwei Zahlen, die Koordinaten des Punktes, gegeben: Die erste Zahl, Abszisse genannt, gibt den Abstand vom Nullpunkt in x-Richtung an; die zweite, die Ordinate, beschreibt den Abstand von der x-Achse parallel zur y-Achse.

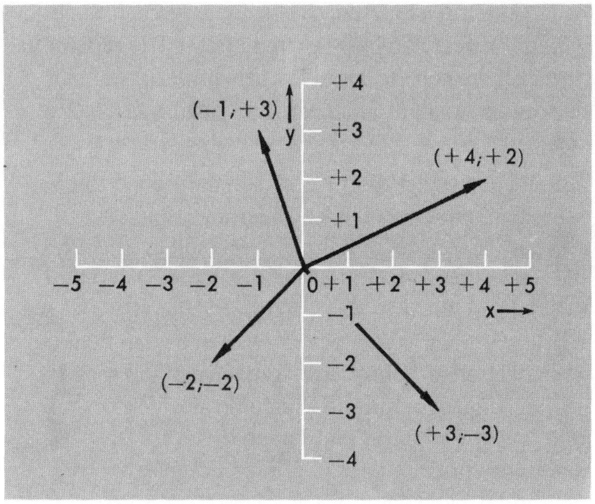

Bild 12.1b. Der Ort eines Punktes kann auch durch eine gerichtete Strecke vom Nullpunkt zum betreffenden Punkt, nämlich durch den Ortsvektor, beschrieben werden.

12.1. Ortsvektoren

Bei der Bewegung entlang einer Geraden beschreibt man den Ort eines Körpers, indem man seine Entfernung von einem bestimmten festen Punkt und die Richtung angibt. So heißt es etwa: „Das Auto befindet sich 5 km westlich vom Stadtzentrum". Wir brauchen dabei nur zwei Richtungen in Betracht zu ziehen, die nach Osten und die nach Westen. Will man nun zulassen, daß sich das Auto von der Hauptstraße entfernen und auch die Nebenstraßen befahren kann, dann läßt sich sein jeweiliger Standort in ähnlicher Weise angeben. Man kann z. B. sagen, daß sich das Auto „5,5 km westlich und 1,2 km nördlich vom Stadtzentrum" befindet. Damit wird seine Lage durch zwei Koordinaten festgelegt. Diese werden in zwei senkrecht zueinander verlaufenden Richtungen gemessen. Allgemeiner beschreibt man die beiden Richtungen durch zwei senkrecht aufeinander stehende Koordinatenachsen, durch eine x- und eine y-Achse. Sie gehen beide von einem gemeinsamen Nullpunkt in positiver und negativer Richtung aus und sind in geeignete Einheiten unterteilt. Der Ort eines Punktes in der Ebene ist dann durch zwei Zahlen, die Koordinaten des Punktes, gegeben. Die erste Zahl ist immer die x-Koordinate, die zweite die y-Koordinate. Verschiedene Punkte unterscheiden sich durch ihre Koordinaten (Bild 12.1a).

Eine andere Möglichkeit, um den Ort eines Punktes zu kennzeichnen, besteht darin, den Nullpunkt des Koordinatensystems mit diesem Punkt zu verbinden (Bild 12.1b). Die Länge der Verbindungsstrecke entspricht der Entfernung zwischen dem Koordinatenursprung und dem Punkt. Unter der Richtung der Verbindungsstrecke versteht man die Richtung vom Ursprung zum Punkt. Diese gerichtete Strecke, die durch die Angabe

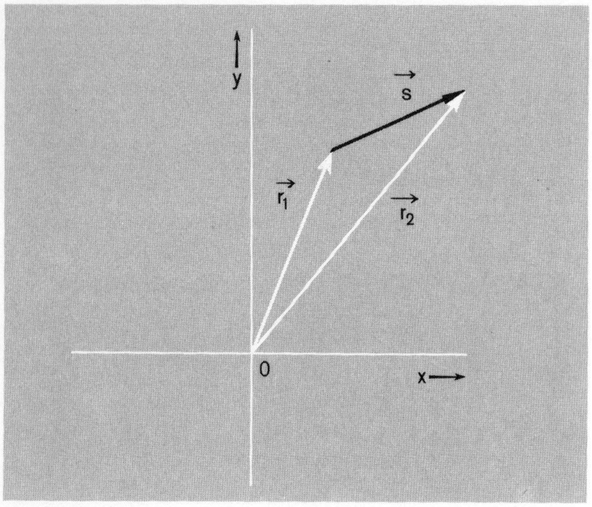

Bild 12.2. Die Ortsveränderung vom Punkt mit dem Ortsvektor $\vec{r}_1$ bis zum Punkt mit dem Ortsvektor $\vec{r}_2$ wird dargestellt durch den Weg $\vec{s}$, der direkt vom Anfangspunkt zum Endpunkt gerichtet ist.

sowohl des Betrages als auch der Richtung einer physikalischen Größe gegeben ist, heißt *Vektor.* Ein Vektor wird gekennzeichnet durch einen lateinischen Buchstaben mit einem darübergesetzten Pfeil[1]). Die gerichtete Strecke, die den Ort eines Körpers in Bezug auf den Ursprung des Koordinatensystems angibt, heißt *Ortsvektor* $\vec{r}$.

Um die *Bewegung* eines Körpers in der Ebene zu beschreiben, muß man die Veränderung seines Ortes mit der Zeit angeben. Beispielsweise soll in Bild 12.2 die Bewegung vom Ortsvektor $\vec{r}_1$ bis zum Ortsvektor $\vec{r}_2$ erfolgen. Wie man sieht, läßt sich dafür eine gerichtete Verbindungsstrecke zwischen beiden Punkten ziehen, also ein Vektor eintragen. Dieser Vektor hat seinen Ausgangspunkt im Endpunkt des Vektors $\vec{r}_1$ und seinen Endpunkt im Endpunkt von $\vec{r}_2$. Die Ortsänderung entspricht genau dem zurückgelegten Weg (s. Kapitel 11). Dieser Weg wird durch den *Verschiebungsvektor* $\vec{s}$ beschrieben. Damit lassen sich die Definitionen des vorherigen Kapitels auf die Bewegung in der Ebene übertragen. Vorher müssen jedoch die Eigenschaften von Vektoren untersucht und muß das Rechnen mit ihnen entwickelt werden.

12.2. Addition und Subtraktion von Vektoren

Die Wege längs einer Geraden sind durch positive und negative Zahlen gegeben. Sollen Wege addiert werden, so hat man nur die Regeln der gewöhnlichen Algebra

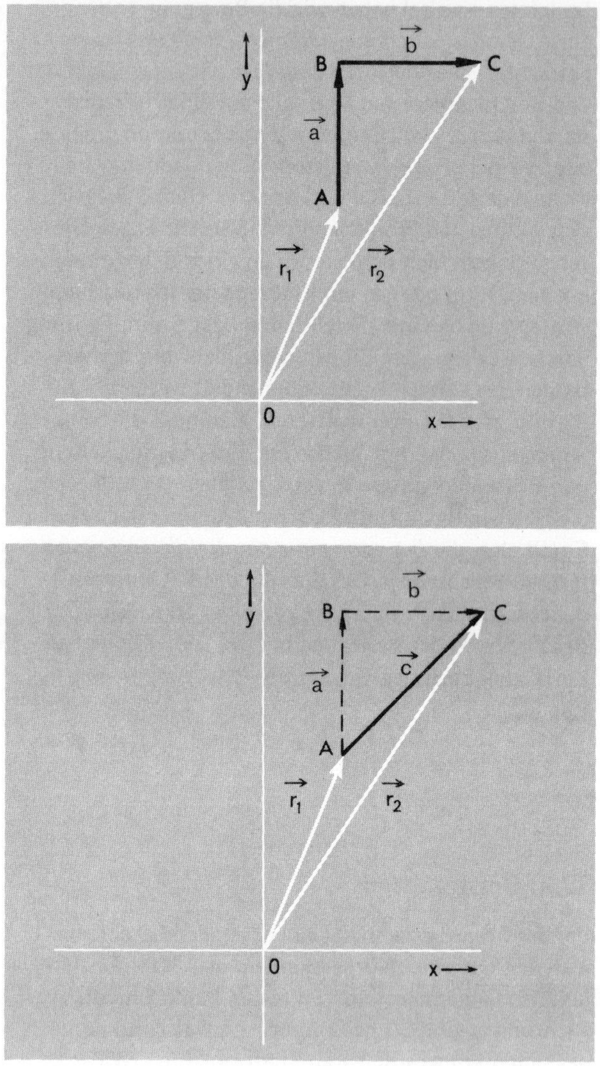

Bild 12.3. Den Weg $\vec{b}$ vom Punkt A zum Punkt B kann man zusammensetzen mit der Verschiebung $\vec{a}$ von B nach C zur Gesamtverschiebung $\vec{c}$ von A nach C:
$\vec{a} + \vec{b} = \vec{c}$.

zu beachten. Das *Addieren von Wegen* in der Ebene ist dagegen ein neues Problem. In Bild 12.3a starten wir im Punkt A, der durch den Ortsvektor $\vec{r}_1$ beschrieben wird, gehen 5,0 cm in positiver y-Richtung zum Punkt B und von dort 5,0 cm in positiver x-Richtung zum Punkt C. Der Weg direkt von A nach C ist genau so groß (Bild 12.3b), wie wenn man die Verschiebungen in Bild 12.3a hintereinander ausführt. Man kann also schreiben:

$$\text{Weg } \overrightarrow{AB} + \text{Weg } \overrightarrow{BC} = \text{Weg } \overrightarrow{AC}.$$

In Vektorschreibweise bezeichnet man die Verschiebungen mit $\vec{a}$, $\vec{b}$ und $\vec{c}$ und schreibt

$$\vec{a} + \vec{b} = \vec{c} \quad .$$

[1]) Häufig wird aus satztechnischen Gründen in der neueren Literatur auf den Pfeil verzichtet und dafür der Buchstabe fett gesetzt.

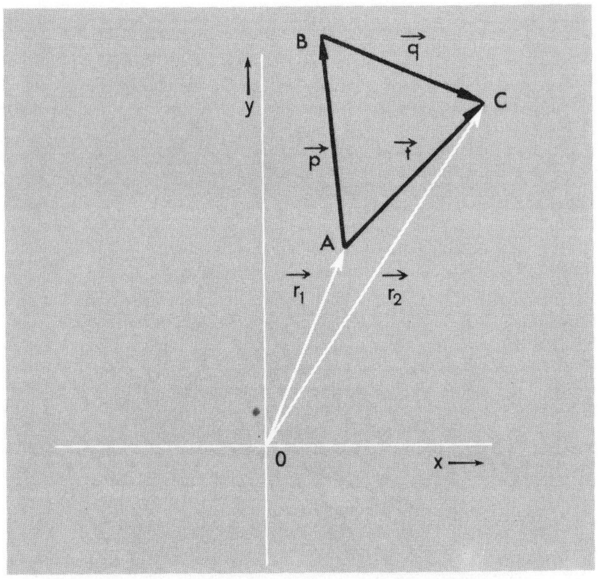

Bild 12.4. Zwei Wege können auch dann vektoriell addiert werden, wenn sie keinen rechten Winkel einschließen. Es gilt $\vec{p} + \vec{q} = \vec{t}$.

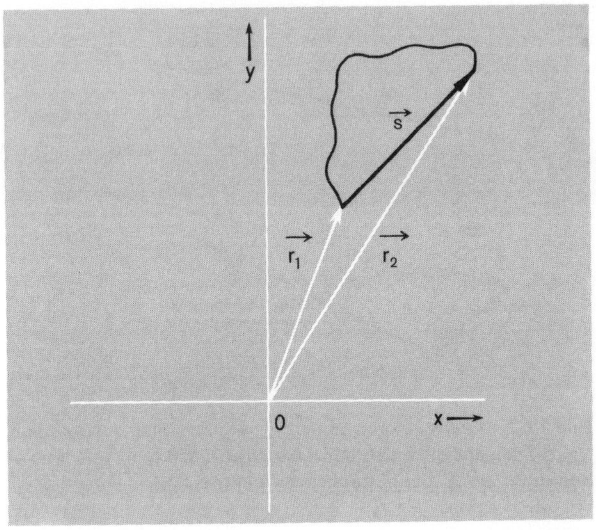

Bild 12.5. Der Weg zwischen zwei Punkten hängt nicht von der tatsächlich durchlaufenen Bahn ab.

Die einzelnen Wege brauchen natürlich nicht unbedingt einen rechten Winkel miteinander zu bilden; sie können auch beliebige Winkel miteinander einschließen (Bild 12.4). In jedem Falle kann man auf diese Weise Wege „addieren". Man sieht, daß die Regeln der Addition im zweidimensionalen Fall von der Geometrie abhängen, während im eindimensionalen Fall lediglich die Regeln der Arithmetik gelten.

Die Anwendbarkeit des Wegvektors ist nicht auf Bewegungen längs einer Geraden beschränkt. Da man die Ortsänderung nur durch Angabe von Anfangs- und Endpunkt beschreibt, hängt der Wegvektor zwischen zwei Punkten nicht von der Bahn ab, die der Körper bei der Bewegung vom Anfangs- bis zum Zielpunkt durchlaufen haben mag. Das war in den Bildern 12.3 und 12.4 der Fall, und das zeigt verallgemeinert Bild 12.5.

Häufig sollen zwei Wege miteinander verglichen werden, auch wenn keine gemeinsamen Punkte vorhanden sind. Die Definition des Weges als Änderung des Ortes macht auch das möglich. In Kapitel 11 sahen wir, daß bei der geradlinigen Bewegung weder der Betrag noch die Richtung davon abhängen, auf welchem Abschnitt der Geraden die Bewegung erfolgt. Entsprechendes gilt auch für die Bewegung in der Ebene. In Bild 12.6 sind Anfangs- und Endpunkt des Verschiebungsvektors $\vec{s}$ durch zwei Paare verschiedener Ortsvektoren beschrieben; $\vec{r}_1$ und $\vec{r}_2$ sind vom Koordinatenursprung 0 und $\vec{r}\,'_1$ und $\vec{r}\,'_2$ vom Ursprung 0′ aus abgetragen. Es leuchtet unmittelbar

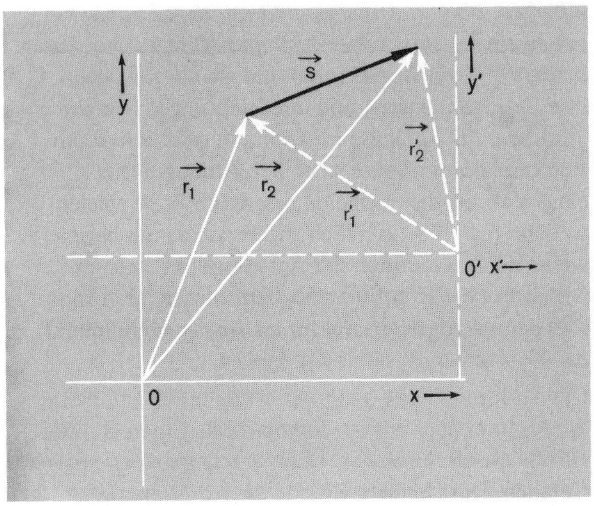

Bild 12.6. Der Weg hängt nicht von der Wahl des Ursprungs ab, von dem die Ortsvektoren der beiden Punkte ausgehen.

ein, daß der Weg $\vec{s}$ unabhängig von der Wahl des Koordinatenursprungs ist. Der Vektor $\vec{s}$ hängt nur von der Änderung des Ortes ab. Trägt man beispielsweise ein Buch erst einen Meter nach Osten und dann einen Meter nach Norden, so wird es sich insgesamt schließlich $\sqrt{2}$ m nördöstlich von seinem Ausgangspunkt befinden. Das hängt nicht von der Lage des Ausgangspunktes und auch nicht von der Wahl des Koordinatenursprungs ab.

Einen Weg kann man also kennzeichnen, ohne die Endpunkte anzugeben. Wege werden addiert, indem

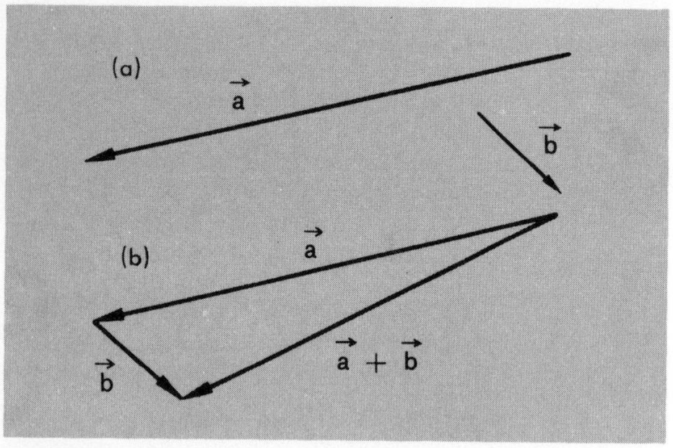

Bild 12.7. Zwei Vektoren addiert man, indem man den zweiten Vektor so parallel zu sich selbst verschiebt, daß sein Anfangspunkt auf den Endpunkt des ersten Vektors fällt.

man wie in Bild 12.4 den Anfangspunkt des zweiten Vektors an den Endpunkt des ersten setzt. Will man *die „Summe" zweier Vektoren* bilden (Bild 12.7a), so kann man *den einen Vektor so weit parallel verschieben, bis sein Anfangspunkt mit dem Endpunkt des zweiten Vektors übereinstimmt* (Bild 12.7b). Das bedeutet: Zwei Wegvektoren sind gleich lang, wenn ihre Beträge (Längen) und ihre Richtungen übereinstimmen. Ihr Anfangspunkt kann in ganz beliebigen Punkten liegen. Sollte aber der Anfangspunkt eines Vektors dennoch eine besondere Rolle spielen, so kann man ihn zusätzlich angeben. So muß beispielsweise bei Ortsvektoren der Anfangspunkt stets im Nullpunkt des Koordinatensystems liegen. Man kann sich demnach den Ortsvektor als Weg vom Nullpunkt des Koordinatensystems aus denken.

Die Addition zweier Vektoren ist damit eingeführt. Wie steht es aber mit der *Subtraktion?* Einen Hinweis gibt die Subtraktion von Teilwegen längs einer einzigen Geraden. Dort fanden wir, daß die Addition zweier Wege mit entgegengesetzter Richtung auch als Subtraktion angesehen werden kann, da diese beiden Teilwege entgegengesetztes Vorzeichen besitzen. Die Addition zweier Wege von gleichem Betrag, aber entgegengesetzter Richtung ergibt insgesamt den Weg Null, man kehrt also zum Ausgangspunkt zurück. Diese Regeln sollen nun auch bei der Subtraktion von Wegen in der Ebene berücksichtigt werden.

Wir wollen die *Differenz zwischen den beiden Wegen* $\vec{a}$ und $\vec{b}$ in Bild 12.8 angeben. Der zu $\vec{b}$ entgegengesetzte Vektor ist $-\vec{b}$, dargestellt durch einen Pfeil gleicher Länge, aber umgekehrter Richtung. Wir subtrahieren $\vec{b}$ von $\vec{a}$, indem wir zu $\vec{a}$ den Gegenvektor $-\vec{b}$ addieren (Bild 12.8).

Eine andere Methode, um $\vec{b}$ von $\vec{a}$ zu subtrahieren, besteht darin, den fehlenden Vektor in der Gleichung $\vec{a} = \vec{b} + \vec{x}$ zu bestimmen. In Bild 12.9 gehen wir von

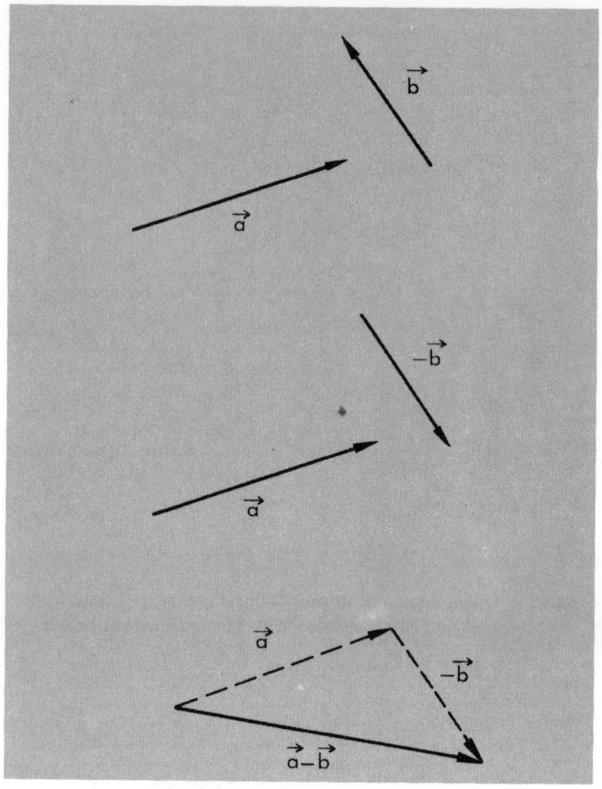

Bild 12.8. Um die Differenz von zwei Vektoren zu bestimmen, addiert man zu dem ersten Vektor den zum zweiten entgegengesetzten (negativen) Vektor.

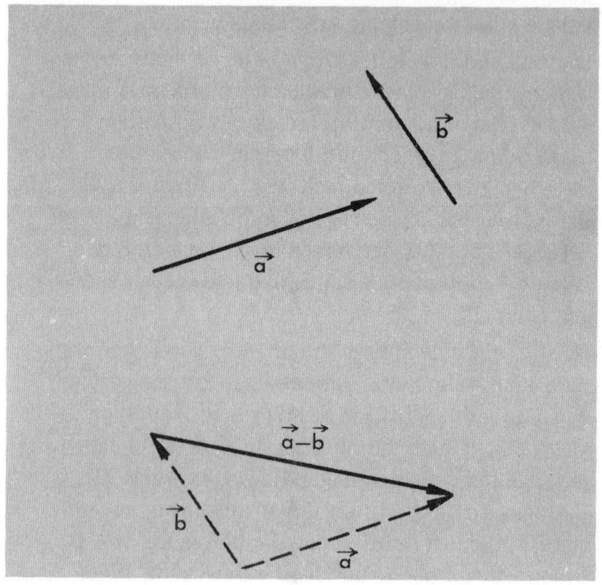

Bild 12.9. Die Differenz $\vec{a} - \vec{b}$ läßt sich auch so konstruieren, daß man beide Vektoren in denselben Anfangspunkt schiebt. Das Ergebnis ist dann der Vektor vom Endpunkt von $\vec{b}$ zum Endpunkt von $\vec{a}$. Man überprüft das Ergebnis nach der Gleichung $\vec{b} + (\vec{a} - \vec{b}) = \vec{a}$

denselben Vektoren wie in Bild 12.8 aus. Zu sehen ist der Vektor $\vec{a} - \vec{b}$. Augenscheinlich muß man diese Differenz zu $\vec{b}$ addieren, um $\vec{a}$ zu erhalten. Man sieht, daß die Differenz $\vec{a} - \vec{b}$ in Bild 12.9 dieselbe Länge und Richtung wie der entsprechende Vektor in Bild 12.8 besitzt. Daher stimmen die Ergebnisse überein. Beide Methoden liefern dasselbe Ergebnis, und man wird jeweils die einfachste Methode vorziehen.

Mit Hilfe der zweiten Methode läßt sich zeigen, daß der Wegvektor $\vec{s}$ gerade die Differenz aus den Ortsvektoren ist, die zum Anfangs- und zum Endpunkt des Weges gehören. Bild 12.2 kann man beispielsweise auch so auffassen: Gesucht ist der Verschiebungsvektor $\vec{s}$, den man zum Ortsvektor $\vec{r}_1$ addieren muß, um den Ortsvektor $\vec{r}_2$ zu erhalten:

$$\vec{r}_1 + \vec{s} = \vec{r}_2.$$

Dafür kann man auch

$$\vec{s} = \vec{r}_2 - \vec{r}_1$$

schreiben.

Die Wege und ihre Addition stehen beispielhaft für die neuen Größen, die man Vektoren nennt. Bei unseren Untersuchungen werden sich viele physikalische Größen als Vektoren erweisen. *Vektoren sind alle Größen, die man wie Wege addieren und subtrahieren kann.* Vektoren werden stets durch gerichtete Strecken dargestellt, deren Länge dem Betrag der Größen proportional ist und deren Richtung durch die Richtung der Pfeilspitze angegeben wird. Man beachte, daß *vektorielle Größen* nicht schon durch eine einzige Zahl festgelegt sind. Im Gegensatz dazu sind *Skalare* solche physikalischen Größen, die man durch eine einzige Zahl und die entsprechende Maßeinheit kennzeichnet. Ein Beispiel für eine skalare Größe ist die Temperatur.

12.3. Multiplikation von Vektoren mit skalaren Größen

Ein Vektor $\vec{a}$ sei gegeben. Was bedeutet dann $2\vec{a}$? Da die Multiplikation einer Größe mit 2 als die Addition der Größe mit sich selbst aufgefaßt werden kann, wird man logischerweise festlegen:

$$2\vec{a} = \vec{a} + \vec{a}.$$

Der Vektor $2\vec{a}$ ist doppelt so lang wie der Vektor $\vec{a}$ und zeigt in dieselbe Richtung wie $\vec{a}$ (Bild 12.10a). Entsprechend bedeutet $\frac{1}{4}$ x eine Zahl, die man viermal addieren muß, um x zu erhalten. Folglich definieren wir $\frac{1}{4}\vec{a}$ als einen Vektor, der nach viermaliger Addition den Vektor $\vec{a}$ ergibt. Der Vektor $\frac{1}{4}\vec{a}$ besitzt also

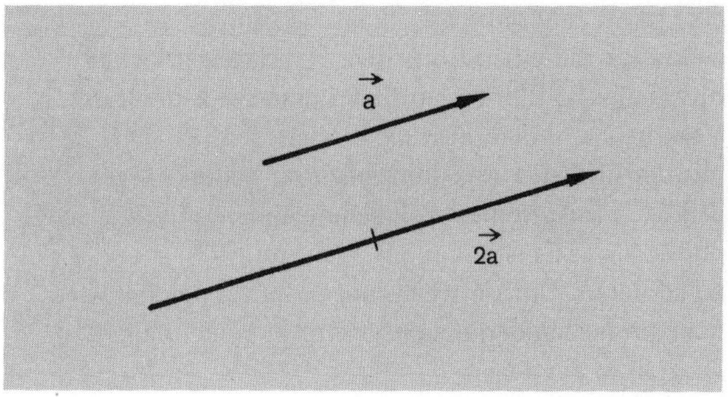

Bild 12.10a. Multiplikation des Vektors $\vec{a}$ mit dem Skalar k = 2

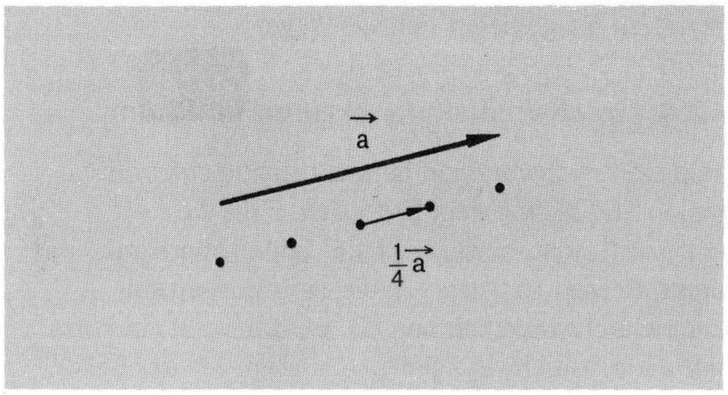

Bild 12.10b. Multiplikation des Vektors $\vec{a}$ mit dem Skalar $k = \frac{1}{4}$

ein Viertel des Betrages von $\vec{a}$ und dieselbe Richtung wie $\vec{a}$ (Bild 12.10b). Man beachte, daß die Multiplikation von $\vec{a}$ mit $\frac{1}{4}$ dasselbe wie die Division von $\vec{a}$ durch 4 ist. Daher muß man bei der Division eines Vektors durch eine Zahl dieselben Regeln wie bei der Multiplikation mit einer Zahl beachten. Allgemein ist $k\vec{a}$, wobei k eine positive Zahl sein soll, ein Vektor, der parallel zu $\vec{a}$ verläuft und die k-fache Länge besitzt. Was gilt nun für den Fall, daß k negativ ist?

Wenn man einen *Vektor mit einer Zahl multipliziert* oder ihn durch eine Zahl dividiert, so bedeutet das, daß man seinen Betrag mit dem absoluten Betrag[1]) dieser Zahl multipliziert oder durch den absoluten Betrag dividiert. Die Richtung des neuen Vektors bleibt ungeändert, wenn die Zahl positiv ist. Der Vektor kehrt seine Richtung um, wenn die Zahl negativ ist.

Nunmehr erweitern wir diese Regel auf den Fall, daß Skalar k und Vektor $\vec{a}$ physikalische Größen sind und folglich Einheiten wie Sekunde, Kilometer, 1/Sekunde oder Kilometer/Sekunde besitzen. Ist k

[1]) Der absolute Betrag einer Zahl ist die Zahl ohne ihr (algebraisches) Vorzeichen. Der absolute Betrag ist also immer positiv. So ist 3,5 der absolute Betrag von – 3,5.

eine reine Zahl ohne physikalische Einheit, so besitzen $\vec{a}$ und $k\vec{a}$ dieselben Einheiten. Hat dagegen k eine physikalische Einheit, so findet man die Einheit des Vektors $k\vec{a}$, indem man die Einheit des Skalars k mit der Einheit von $\vec{a}$ multipliziert. Anders ausgedrückt: $k\vec{a}$ ist in diesem Fall eine andere physikalische Größe als $\vec{a}$. Es ist dann z.B. nicht möglich, $\vec{a}$ und $k\vec{a}$ zu addieren. Um Verwechslungen zu vermeiden, wird man am besten den neuen Vektor in einem neuen Diagramm auftragen.

Diese Regeln werden uns beim Nachweis helfen, daß Geschwindigkeit, Beschleunigung und viele andere physikalische Größen als Vektoren aufgefaßt werden können, weil sie den Gesetzen der Vektoraddition genügen: Sie addieren sich wie Wege.

12.4. Geschwindigkeitsvektoren im Raum

Man stelle sich vor, man befindet sich in einem Freiballon 500 m über dem Erdboden. Falls die Luft völlig still steht, bewegt sich der Ballon überhaupt nicht. Bewegt sich dagegen die gesamte Luft mit einer Geschwindigkeit von 10 $\frac{km}{h}$, d.h. weht ein Wind mit dieser Geschwindigkeit, so bewegt sich der Ballon mit der Luft zusammen. Nur wenn die Luft ihre Geschwindigkeit ändert, bläst der Wind gegen den Ballon und erhöht oder erniedrigt seine Geschwindigkeit, bis er sich wieder gleich schnell wie die Luft bewegt.

Angenommen wir befinden uns in einem großen Ballon, der von einem Landeplatz abhebt. Der Ballon steigt dabei mit einer konstanten Geschwindigkeit von 5 $\frac{m}{s}$, wie man am Höhenmesser ablesen kann. Außerdem weht ein Wind aus westlicher Richtung mit der Geschwindigkeit 3 $\frac{m}{s}$. Die Bewegung des Ballons ergibt sich nun als Resultierende aus der Bewegung der Luft und dem Aufsteigen des Ballons.

Der Weg des Ballons relativ zur Erde soll bestimmt werden. Wehte kein Wind, so würde sich der Ballon senkrecht von A entlang der Linie $\overline{AB}$ erheben (Bild 12.11a) und würde nach B gelangen. Während aber der Ballon im Zeitintervall Δt um das Stück 5 $\frac{m}{s}$ Δt von A nach B aufsteigt, hat die Luft ihn um die Strecke 3 $\frac{m}{s}$ Δt nach Osten verschoben, so daß der Ballon zur Stelle C gelangt.

Die Addition der beiden Wege $\overrightarrow{AB}$ und $\overrightarrow{BC}$ ergibt den Vektor $\overrightarrow{AC}$, der die Ortsveränderung des Ballons relativ zur Erde angibt. Diese drei Vektoren bilden ein Dreieck. Dividiert man alle drei Vektoren durch die Zeit Δt, so erhält man ein ähnliches Dreieck, das die entsprechenden Geschwindigkeiten darstellt. (Vektoren, die man durch Skalare teilt, stellen Größen in derselben Richtung dar. Sie können sich nur im Betrag und in den Einheiten von den ursprünglichen Vektoren unterscheiden.) Man sieht: Die Geschwindigkeiten

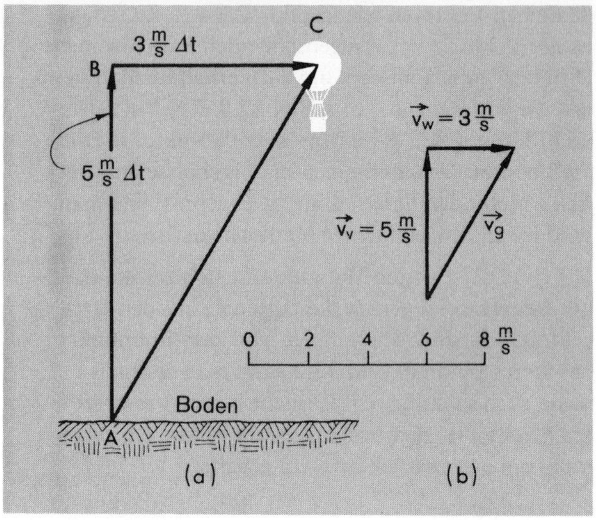

Bild 12.11. In

a) ist der Weg $\overrightarrow{AC}$ dargestellt, der aus dem Vektor $\overrightarrow{AB}$ der Vertikalbewegung des Ballons und aus dem Vektor $\overrightarrow{BC}$ der Bewegung des Windes zusammengesetzt ist. Teilt man die Wege durch die dabei verflossene Zeit, so erhält man die Geschwindigkeitsvektoren der Figur.

b) Die Geschwindigkeit des Ballons über dem Grund ist die Summe der Geschwindigkeit, mit der der Ballon aufsteigt, und der Windgeschwindigkeit relativ zum Erdboden.

addieren sich wie Wege. Damit ist der *Vektorcharakter der Geschwindigkeit* nachgewiesen.

In Bild 12.11b ist das Geschwindigkeitsdiagramm zu sehen, das zum Wegdiagramm 12.11 gehört. Die Vertikalgeschwindigkeit $\vec{v}_v$ des Ballons relativ zur Erde weist in dieselbe Richtung wie der Weg $\overrightarrow{AB}$. Der Vektor $\vec{v}_v$ wird dargestellt durch eine senkrechte Strecke mit einer Länge proportional zu 5 $\frac{m}{s}$. Zu dieser Geschwindigkeit ist die Geschwindigkeit des Windes $\vec{v}_w$ = 3 $\frac{m}{s}$ in östlicher Richtung zu addieren. Man erhält damit die Geschwindigkeit $\vec{v}_g$ des Ballons relativ zur Erde. Ihren Betrag und ihre Richtung kann man unmittelbar aus der Zeichnung entnehmen.

Da $\vec{v}_v$ und $\vec{v}_w$ in diesem Fall einen rechten Winkel bilden, läßt sich der Betrag der Geschwindigkeit einfach bestimmen. Nach dem Satz des Pythagoras ergibt sich

$$v_g = \sqrt{v_v^2 + v_w^2}$$
$$= \sqrt{(5\,\tfrac{m}{s})^2 + (3\,\tfrac{m}{s})^2}$$
$$\approx 5{,}8\,\tfrac{m}{s}.$$

Die verschiedenen Beträge sind mit v_e, v_v und v_w bezeichnet, also mit demselben Buchstaben wie die Geschwindigkeitsvektoren, nur daß bei ihnen der Pfeil für die Vektorbezeichnung fehlt. Diese Schreibweise ist sehr bequem und allgemein üblich.

Da nachgewiesen wurde, daß die Geschwindigkeit eine vektorielle Größe ist, soll nun in vektorieller Schreibweise die Geschwindigkeit allgemein definiert werden. Aus dem Weg $\overrightarrow{\Delta s}$ innerhalb des Zeitintervalls Δt erhält man die *Durchschnittsgeschwindigkeit*

$$\vec{v}_{\text{Intervall}} = \frac{\overrightarrow{\Delta s}}{\Delta t}.$$

$\vec{v}_{\text{Intervall}}$ hat natürlich dieselbe Richtung wie $\overrightarrow{\Delta s}$. Sie ist für kleine Intervalle nahezu tangential zur Bahn gerichtet. Wählt man das Zeitintervall kleiner und kleiner, so erhält man als Grenzwert die *Momentangeschwindigkeit*

$$\vec{v} = \lim_{\Delta t \to 0} \frac{\overrightarrow{\Delta s}}{\Delta t}.$$

Die Richtung von $\vec{v}$ ist innerhalb eines kleinen Zeitintervalls dieselbe wie die von $\overrightarrow{\Delta s}$. $\vec{v}$ zeigt deshalb in die Richtung der Tangente der Bahn, die der Körper durchläuft.

Im Beispiel mit dem Ballon nahmen wir konstante Geschwindigkeiten für das Steigen des Ballons und für den Wind an. Infolgedessen ist auch die Momentangeschwindigkeit konstant. Damit die Momentangeschwindigkeit konstant genannt werden kann, müssen ihr Betrag und ihre Richtung konstant sein. Ein Körper, dessen Bewegung durch einen konstanten Geschwindigkeitsvektor beschrieben wird, bewegt sich daher entlang einer Geraden mit konstantem Geschwindigkeitsbetrag.

12.5. Komponentendarstellung von Vektoren

Ein Schwimmer möchte einen $\frac{1}{4}$ km breiten Fluß durchqueren. Das Wasser strömt mit der Geschwindigkeit $\frac{1}{2}\ \frac{\text{km}}{\text{h}}$ zu Tal. Der Schwimmer kann eine Viertelstunde lang mit einer Durchschnittsgeschwindigkeit von $1\ \frac{\text{km}}{\text{h}}$ schwimmen. In welcher Richtung schwimmt er am besten durch den Fluß?

Als erstes nehmen wir an, daß er seinen Körper beim Schwimmen immer rechtwinklig zur Uferlinie hält. Der Schwimmer bewegt sich also senkrecht zur Strömungsrichtung durch das Wasser. Die Strömung treibt ihn inzwischen gleichmäßig talwärts. Wie groß ist seine Geschwindigkeit relativ zum Ufer? Trägt man die Geschwindigkeit durch das Wasser $\vec{v}_w$ senkrecht zur Uferlinie und die Geschwindigkeit $\vec{v}_f$ des Flusses in Stromrichtung ab, so erhält man die Geschwindigkeit über dem Grund $\vec{v}_g$ nach Bild 12.12.

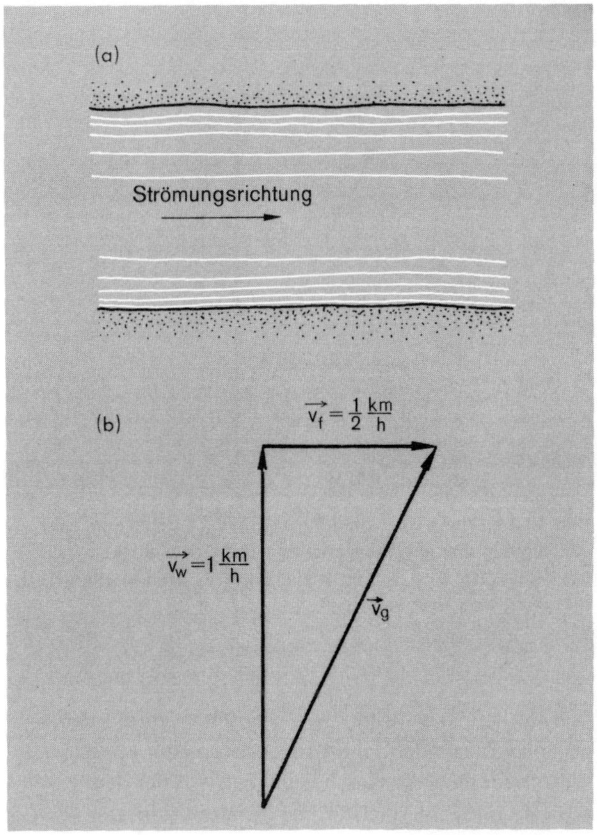

Bild 12.12. Wenn man einen Fluß mit der Geschwindigkeit $\vec{v}_w$ relativ zum Wasser durchschwimmt, während dieser mit $\vec{v}_f$ strömt, ergibt sich die Gesamtgeschwindigkeit $\vec{v}_g$ gegenüber dem Ufer. Trägt die Strömung des Flusses dazu bei, das andere Ufer schneller zu erreichen?

Man sieht sofort: Der Betrag von $\vec{v}_g$ ist größer als der von $\vec{v}_w$. Das bedeutet aber nicht, daß er den Fluß in kürzerer Zeit durchschwimmt. Denn die Bewegung des Schwimmers senkrecht zum Ufer, durch die die Zeit der Überquerung des Flusses bestimmt ist, bleibt dieselbe. Der Schwimmer kann also gerade den Fluß durchschwimmen. Aus der Geschwindigkeit $\vec{v}_g$ ersieht man dagegen, daß er das Ufer weiter flußabwärts erreichen wird, als dies ohne Strömung der Fall wäre.

Der Geschwindigkeitsvektor $\vec{v}_g$ besteht aus zwei Anteilen, die senkrecht aufeinander stehen. Man nennt sie die rechtwinkligen Vektorkomponenten von $\vec{v}_g$. In diesem Fall bestimmt nur die Vektorkomponente $\vec{v}_w$ senkrecht zum Ufer die Zeit, die man zum Überqueren braucht. Die andere Komponente trägt zum Durchschwimmen des Flusses nicht bei. Die *rechtwinkligen Komponenten* sind voneinander unabhängig; sie beeinflussen sich nicht. Ganz gleich wie groß der Vektor $\vec{v}_f$ ist, man braucht in jedem Fall 15 min zum Erreichen des Gegenufers.

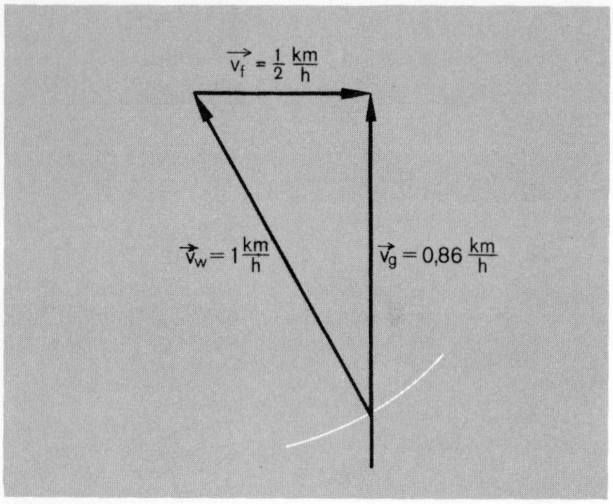

Bild 12.13. Wenn die Komponente von $\vec{v}_w$ parallel zum Ufer gleich groß, aber entgegengerichtet zur Geschwindigkeit $\vec{v}_f$ des Flusses ist, wird die Geschwindigkeit $\vec{v}_g$ des Schwimmers senkrecht zum Ufer stehen.

Schwieriger ist es, wenn der Schwimmer, direkt den gegenüberliegenden Punkt am anderen Ufer erreichen will. Dann muß die Geschwindigkeit $\vec{v}_g$ über dem Grund senkrecht zur Uferlinie gerichtet sein. Das bedeutet, daß die Vektorkomponente von $\vec{v}_g$ parallel zum Ufer Null sein muß. Der Schwimmer muß dann seinen Körper beim Schwimmen stromaufwärts richten, damit die rechtwinklige Vektorkomponente von $\vec{v}_w$ (Bild 12.13) parallel zum Ufer gleichgroß und entgegengesetzt gerichtet wie $\vec{v}_f$ ist.

Dann aber beträgt in unserem Beispiel die Geschwindigkeit quer durch den Fluß nur noch etwa $0{,}86 \frac{km}{h}$, und der Schwimmer erreicht innerhalb einer Viertelstunde das Ufer nicht. Vielleicht sollte er lieber ein Stück flußaufwärts gehen und von dort aus schwimmen.

Wir haben gesehen, daß es für den Schwimmer schwer ist, das andere Ufer zu erreichen, wenn er sich stromaufwärts hält. Was würde geschehen, wenn er stromabwärts durch den Fluß schwimmt? Natürlich will sich der Schwimmer nicht ins Meer treiben lassen, sondern den Fluß überqueren. Es ist daher am besten, wenn er sich beim Schwimmen genau senkrecht zur Strömungsrichtung hält.

Bei der Addition von Geschwindigkeiten macht man eine wichtige Annahme, die in einigen Fällen leicht zu Irrtümern führen kann. Wenn man etwa flußabwärts mit der Geschwindigkeit $1 \frac{km}{h}$ *gegenüber dem Wasser* rudert und der Fluß mit der Geschwindigkeit von $2 \frac{km}{h}$ *gegenüber dem Ufer* dahinströmt, ergibt sich als Gesamtgeschwindigkeit die *Summe* der beiden Geschwindigkeiten $1 \frac{km}{h} + 2 \frac{km}{h} = 3 \frac{km}{h}$. Rudert man unter einem bestimmten Winkel zum fließenden Wasser immer in derselben Richtung, wird man wiederum die Geschwindigkeit über Grund aus der vektoriellen Addition der Geschwindigkeit $\vec{v}_w$ gegenüber dem fließenden Wasser und aus der Strömungsgeschwindigkeit $\vec{v}_f$ des Flusses gewinnen. Alle Experimente werden diese Rechnungen bestätigen, solange man es mit Geschwindigkeiten etwa von Flüssen und Booten zu tun hat. In einem späteren Kapitel wird gezeigt, daß diese einfache Vektoraddition zweier Geschwindigkeiten in *zueinander bewegten Bezugssystemen* nur annähernd gilt und sogar völlig falsch wird, wenn der Betrag einer der Geschwindigkeiten mit der Lichtgeschwindigkeit vergleichbar wird. Die Geschwindigkeiten von Autos, Flugzeugen, Raketen und Geschossen liegen noch weit unter der Lichtgeschwindigkeit, so daß man auf sie die Vektoraddition noch sicher anwenden kann.

Für den aufsteigenden Ballon, dessen Geschwindigkeiten in vertikaler und horizontaler Richtung auf ein und dasselbe Bezugssystem bezogen wurden, ist unsere Rechnung völlig korrekt. Sie bliebe sogar dann richtig, wenn *jede* der beiden Geschwindigkeiten mit der Lichtgeschwindigkeit vergleichbar wäre.

Soweit die Bemerkungen über die Komponenten eines Geschwindigkeitsvektors. Genauso kann man *jeden* anderen *Vektor* $\vec{a}$ *in der Ebene in zwei* rechtwinklig zueinander verlaufende *Vektorkomponenten zerlegen.* Als erstes muß man zwei senkrechte Richtungen vorgeben, z.B. die x- und die y-Achse in Bild 12.14. Dann zieht man durch den Endpunkt des Vektors je eine Parallele zur x- und zur y-Achse. Danach kann man vom Anfangspunkt des Vektors $\vec{a}$ die beiden Komponenten des Vektors jeweils parallel zu den beiden Achsen konstruieren. Die Vektorkomponente in Richtung der x-Achse heißt $\vec{a}_x$, die in

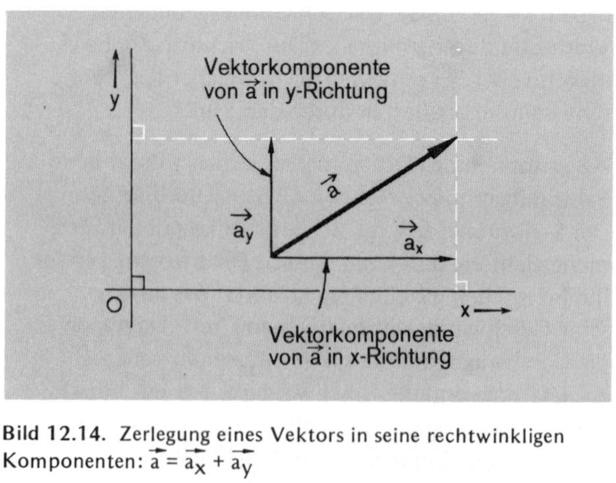

Bild 12.14. Zerlegung eines Vektors in seine rechtwinkligen Komponenten: $\vec{a} = \vec{a}_x + \vec{a}_y$

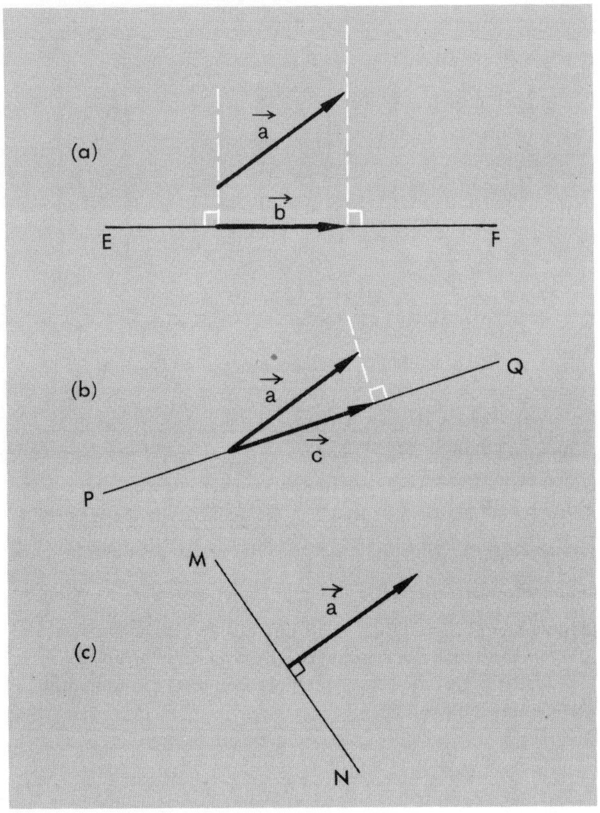

Bild 12.15. Beispiele für die Zerlegung eines Vektors in rechtwinklige Komponenten.

a) $\vec{b}$ ist die rechtwinklige Komponente von $\vec{a}$ in Richtung EF.

b) $\vec{c}$ ist die Komponente von $\vec{a}$ in Richtung PQ.

c) Die Komponente von $\vec{a}$ in Richtung MN ist Null.

Richtung der y-Achse $\vec{a}_y$ (Bild 12.14). In der Vektorschreibweise gilt dann $\vec{a} = \vec{a}_x + \vec{a}_y$. Einige Beispiele zur Konstruktion solcher rechtwinkligen Vektorkomponenten sind in Bild 12.15 dargestellt.

Die Lage eines Punktes in der Ebene haben wir im Abschnitt 12.1 durch die beiden Koordinaten des Punktes (x_1, y_1) oder durch den Ortsvektor, der vom Nullpunkt des Koordinatensystems zum Punkt führt, festgelegt. Aus den Koordinaten kann man ablesen, wie weit man vom Koordinatenursprung in x-Richtung (x_1) und wie weit man dann in Richtung der y-Achse (y_1) gehen muß.

Man nennt x_1 und y_1 die *skalaren Komponenten* (nicht Vektorkomponenten) des zu dem Punkt gehörigen Ortsvektors, zeichnet also über diese Zahlen keinen Pfeil. Man greift immer dann auf die skalaren Komponenten zurück, wenn man sich nur für die Projektion der Bewegung auf eine Achse interessiert. Die beiden skalaren Komponenten x_1 und x_2 zweier Vektoren kann man einfach addieren, eine Addition von x_1 und y_1 ist dagegen nicht möglich.

Zur Darstellung der Bewegung in einer Ebene kann man die Ortsänderung durch die Änderung der Komponenten des Ortsvektors beschreiben. Da die rechtwinkligen Komponenten unabhängig voneinander sind, wie wir uns am Beispiel des Schwimmers überlegt haben, läßt sich jede Komponente einzeln als geradlinige Bewegung auffassen. Damit ergeben sich zwei graphische Darstellungen: x als Funktion der Zeit t und y als Funktion von t. Auf jeden Graphen, also auf jede Bewegungskomponente, lassen sich alle Ergebnisse des Kapitels 11 anwenden. Berechnet man die Steigung der Weg-Zeit-Kurven der Komponenten, kommt man zur Geschwindigkeit-Zeit-Funktion dieser Komponenten. Aus ihnen wiederum kann man die Beschleunigung-Zeit-Funktion für jede Komponente ermitteln. Eine Anwendung auf ein besonderes Problem wird im nächsten Abschnitt untersucht.

In der *Ebene,* also im *zweidimensionalen Raum,* benötigt man nur zwei Komponenten, um einen Vektor vollständig zu beschreiben. *Im dreidimensionalen Raum wird ein Vektor durch drei Vektorkomponenten* in Richtung der drei jeweils senkrecht aufeinanderstehenden Koordinatenachsen *vorgegeben.* Bild 12.16 zeigt, wie man aus den drei rechtwinklig zueinander stehenden Vektorkomponenten den Vektor aufbauen kann: $\vec{r} = \vec{r}_o + \vec{r}_n + \vec{r}_v$. Für die Darstellung einer Bewegung im Dreidimensionalen benötigt man nach den Methoden des Kapitels 11 drei Graphen, aus denen die Abhängigkeit der Koordinaten von der Zeit hervorgeht. Ein Geschwindigkeitsvektor besitzt

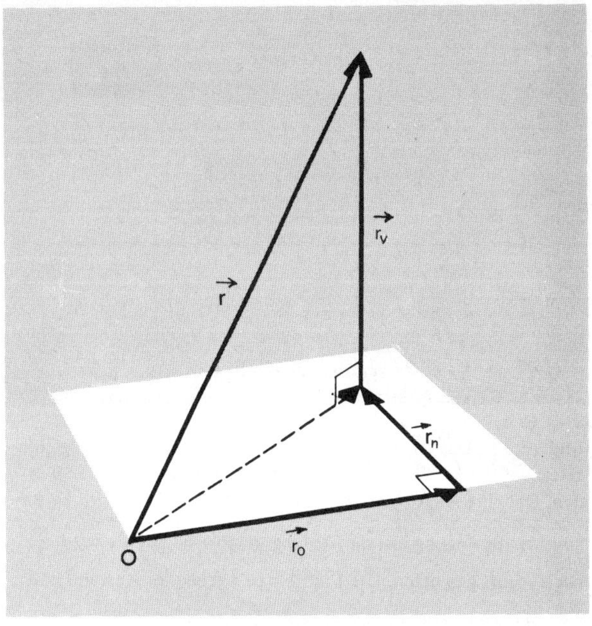

Bild 12.16. $\vec{r}_o$, $\vec{r}_n$ und $\vec{r}_v$ sind die Ost-, Nord- und Vertikalkomponente des Vektors $\vec{r} = \vec{r}_o + \vec{r}_n + \vec{r}_v$.

beispielsweise die drei Komponenten v_x, v_y und v_z, die jeweils positiv oder negativ sein können. Zur Komponente v_x kann natürlich nur eine andere Geschwindigkeitskomponente in x-Richtung addiert werden und nicht eine Komponente in y- oder in z-Richtung.

12.6. Geschwindigkeitsänderung und konstante Beschleunigung

Bild 12.17 zeigt die stroboskopische Aufnahme zweier Kugeln, die zur selben Zeit ihre Bewegung beginnen. Die linke Kugel führt eine reine Fallbewegung aus; die rechte wird mit einer Anfangsgeschwindigkeit $v_0 = 2{,}0\ \frac{m}{s}$ in waagerechter Richtung geworfen. Die Bewegung der beiden Kugeln soll nun mit Hilfe der Geschwindigkeitsvektoren intervallweise untersucht werden. Beginnen wir mit der linken Kugel.

Für ein bestimmtes Intervall kann man die Durchschnittsgeschwindigkeit berechnen, indem man den Abstand zweier aufeinanderfolgender Bilder der fallenden Kugel durch die Zeit, die zwischen zwei Aufnahmen verstreicht, dividiert. Auf diese Weise erhält

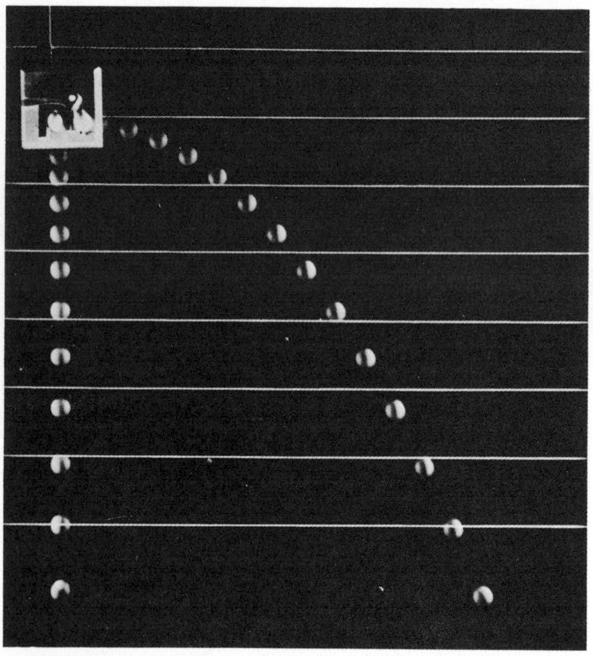

Bild 12.17. Das stroposkopische Bild zweier Kugeln, die gleichzeitig von einem Wurf- und einem Fallapparat freigegeben werden. Die eine Kugel fällt frei nach unten, die rechte wird zu Beginn der Bewegung mit der Anfangsgeschwindigkeit $v = 2{,}0\ \frac{m}{s}$ nach rechts geworfen. Die Lichtblitze werden im Abstand von $\frac{1}{30}$ s ausgelöst. Die weißen Linien sind Schnüre, die im Abstand von 15 cm hinter den Kugeln aufgespannt sind. Weshalb liegen diese Schnüre scheinbar vor den Kugeln?

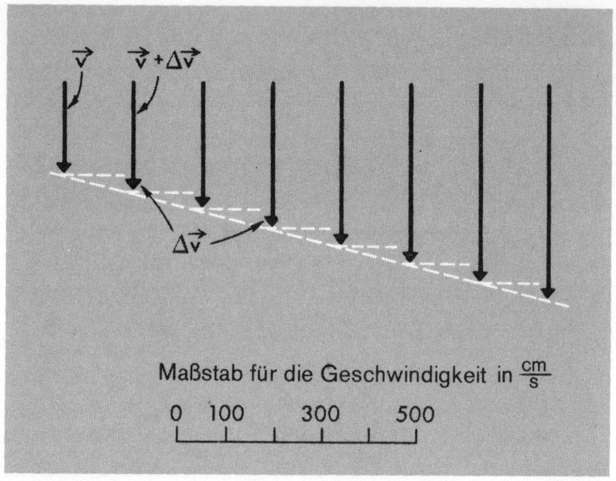

Bild 12.18. Diese Pfeile sind $2\frac{1}{2}$ mal so lang wie die Wege der linken Kugel in Bild 12.17 während der ersten acht aufeinanderfolgenden Intervalle von $\frac{1}{30}$ s Dauer. Aus dem Abstand der weißen Linien in Bild 12.17 und der Zeit zwischen zwei Blitzen kann man die Geschwindigkeitsvektoren errechnen. Der Maßstab gibt die Länge der Vektoren direkt in Einheiten der Geschwindigkeit an.

man den Betrag des Vektors der Durchschnittsgeschwindigkeit. Seine Richtung ist die Richtung des Weges der Kugel von einem Bild zum folgenden. In Bild 12.18 sind die aufeinanderfolgenden Wege nebeneinander aufgetragen worden. Die weißen Linien in Bild 12.17 haben einen Abstand von 15 cm, die Zeit zwischen zwei aufeinanderfolgenden Aufnahmen beträgt $\frac{1}{30}$ s. Daraus läßt sich ein Maßstab berechnen, so daß man die Vektoren direkt als Geschwindigkeitsvektoren ansehen kann.

Nach Bild 12.18 nimmt der Vektor der Durchschnittsgeschwindigkeit der linken Kugel gleichmäßig zu. In jedem Zeitintervall wächst der Vektor um den gleichen Betrag. Der Betrag der Geschwindigkeitsänderung ist folglich konstant. Da sich die Durchschnittsgeschwindigkeit jeweils um den gleichen Betrag ändert, darf man annehmen, daß sich auch der Vektor der Momentangeschwindigkeit während des Bewegungsablaufs gleichmäßig ändert. Zum Beweis könnte man eine Reihe stroboskopischer Aufnahmen der fallenden Kugeln machen. Dabei müßte die Intervallzeit immer kleiner gewählt werden, um eine Annäherung an den Grenzwert für $\Delta t \to 0$ zu erhalten. Doch auch ohne diese Aufnahmeserien erscheint die Schlußfolgerung berechtigt. Folglich können wir die Momentangeschwindigkeit beim n-ten Lichtblitz durch die Gleichung $\vec{v}_n = \vec{v}_0 + n\Delta\vec{v}$ beschreiben. $\vec{v}_0$ ist der Vektor der Momentangeschwindigkeit, mit der die

Bewegung beginnt. $\vec{\Delta v}$ ist die konstante Geschwindigkeitsänderung in jedem Intervall. Fügt man das n-fache dieser Geschwindigkeitszunahme zur Anfangsgeschwindigkeit hinzu, so erhält man die Geschwindigkeit nach n Intervallen.

Die Gleichung $\vec{v}_n = \vec{v}_0 + n\,\vec{\Delta v}$ formen wir um und schreiben sie in der Weise, die wir für die Untersuchung der Bewegung längs einer Geraden entwickelt haben. (Siehe dazu in Kapitel 11 besonders die Abschnitte 11.8 und 11.9.) Dort wurde die Bahnbeschleunigung als $a = \frac{\Delta v}{\Delta t}$ definiert. Hier wird in entsprechender Weise der Beschleunigungsvektor $\vec{a}$ durch $\vec{a} = \frac{\vec{\Delta v}}{\Delta t}$ definiert. Die Umformung der oben genannten Gleichung ergibt nun:

$$\vec{v}_n = \vec{v}_0 + n\,\Delta t\,\frac{\vec{\Delta v}}{\Delta t}$$

$$= \vec{v}_0 + \vec{a}\,t.$$

In der letzten Zeile ist n Δt durch t ersetzt worden. t gibt die Zeit an, während der sich die Geschwindigkeit vom Anfangswert $\vec{v}_0$ auf jene nach n Zeitintervallen geändert hat.

Damit ist die Bewegung der fallenden Kugel in der Vektorsprache ausgedrückt. Da sich die Kugel nur senkrecht nach unten bewegt, hätte man auch ohne Vektoren auskommen können. Man hätte die Fallbewegung mit den in Kapitel 11 entwickelten Methoden beschreiben können. Die Vorzüge der Vektorschreibweise kommen erst bei der Analyse komplizierterer Bewegungsformen zum Tragen. Als Beispiel wollen wir die Bewegung der rechten Kugel in Bild 12.17 untersuchen.

Die rechte Kugel in Bild 12.17 bewegt sich sowohl nach rechts als auch nach unten. Aus der Tatsache, daß der Abstand der Kugel in zwei aufeinanderfolgenden Bildern, die mit stroboskopischer Beleuchtung aufgenommen sind, von Aufnahme zu Aufnahme größer wird, schließen wir, daß ihre Geschwindigkeit wächst. Da die Bahn der Kugel nicht geradlinig ist, ändert sich auch die Richtung des Geschwindigkeitsvektors ständig. Wir wollen nun die Momentangeschwindigkeit der Kugel für die verschiedenen Punkte ihrer Bahn mit Hilfe des Bildes 12.17 untersuchen[1]).

[1]) Um die Momentangeschwindigkeit zu bestimmen, kann man davon ausgehen, daß die Horizontalkomponente der Geschwindigkeit konstant ist. Das erkennt man an den konstanten Wegen in horizontaler Richtung während der einzelnen Zeitabschnitte. Daraus und aus der Überlegung, daß in jedem Zeitpunkt der Geschwindigkeitsvektor $\vec{v}$ tangential zur Bahn gerichtet ist, erhält man dann den Vektor der Momentangeschwindigkeit (Bild 12.19).

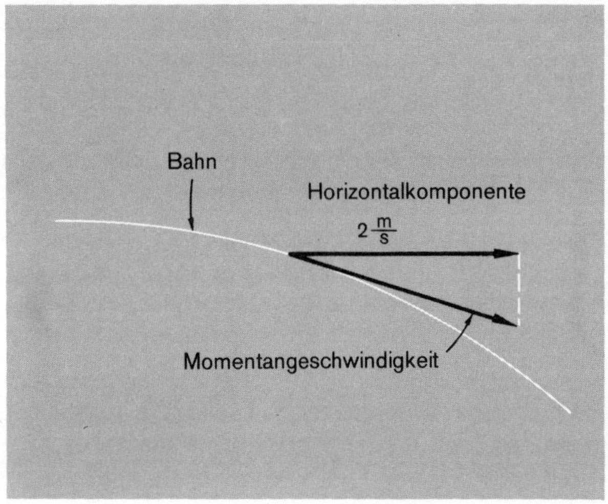

Bild 12.19. Der Vektor der Momentangeschwindigkeit. Er verläuft tangential zur Wurfbahn. Seine Länge ist so bemessen, daß seine Horizontalkomponente die Anfangsgeschwindigkeit in vertikaler Richtung wiedergibt.

Das Ergebnis zeigt Bild 12.20. Dort sind sowohl die Lage der Kugel als auch ihre Momentangeschwindigkeit in Abständen von $\frac{1}{10}$ s eingetragen. An den beigefügten Maßstäben können die Geschwindigkeit und der Weg abgelesen werden.

Bild 12.21 stellt lediglich die aufeinanderfolgenden Geschwindigkeitsvektoren dar, die hier von einem gemeinsamen Angriffspunkt aus abgetragen sind. Man erkennt, daß jeder folgende Geschwindigkeitsvektor aus dem vorhergehenden durch die Addition eines Geschwindigkeitsvektors hervorgeht, der immer nach unten gerichtet ist und stets etwa den Betrag von 1 $\frac{m}{s}$ (genauer 0,98 $\frac{m}{s}$) besitzt. Diese Gesetzmäßigkeit läßt sich in Gleichungsform schreiben. Die Horizontalkomponente der Geschwindigkeit $v_h = 2{,}00\ \frac{m}{s}$ nach rechts bleibt während der ganzen Bewegung konstant. Die Vertikalkomponente ist zur Zeit t = 0,0 s ebenfalls Null und wächst dann in jedem Intervall $\Delta t = \frac{1}{10}$ s um $\Delta v = 0{,}98\ \frac{m}{s}$. Damit beträgt die Beschleunigung stets $\frac{\Delta v}{\Delta t} = -9{,}8\ \frac{m}{s^2}$, so daß man für die nach unten gerichtete Komponente

$$v_v = -9{,}8\ \frac{m}{s^2}\ t$$

schreiben kann, wobei t die gesamte Zeit bedeutet.

Aus den beiden rechtwinkligen Vektorkomponenten kann man nun mit Hilfe der zeichnerischen Verfahren von Kapitel 11 die Komponenten der Beschleunigung und des Weges ermitteln (Bild 12.22).

Man kann die Bewegung auch mit Hilfe der Geschwindigkeitskomponenten ganz in der Vektorschreibweise

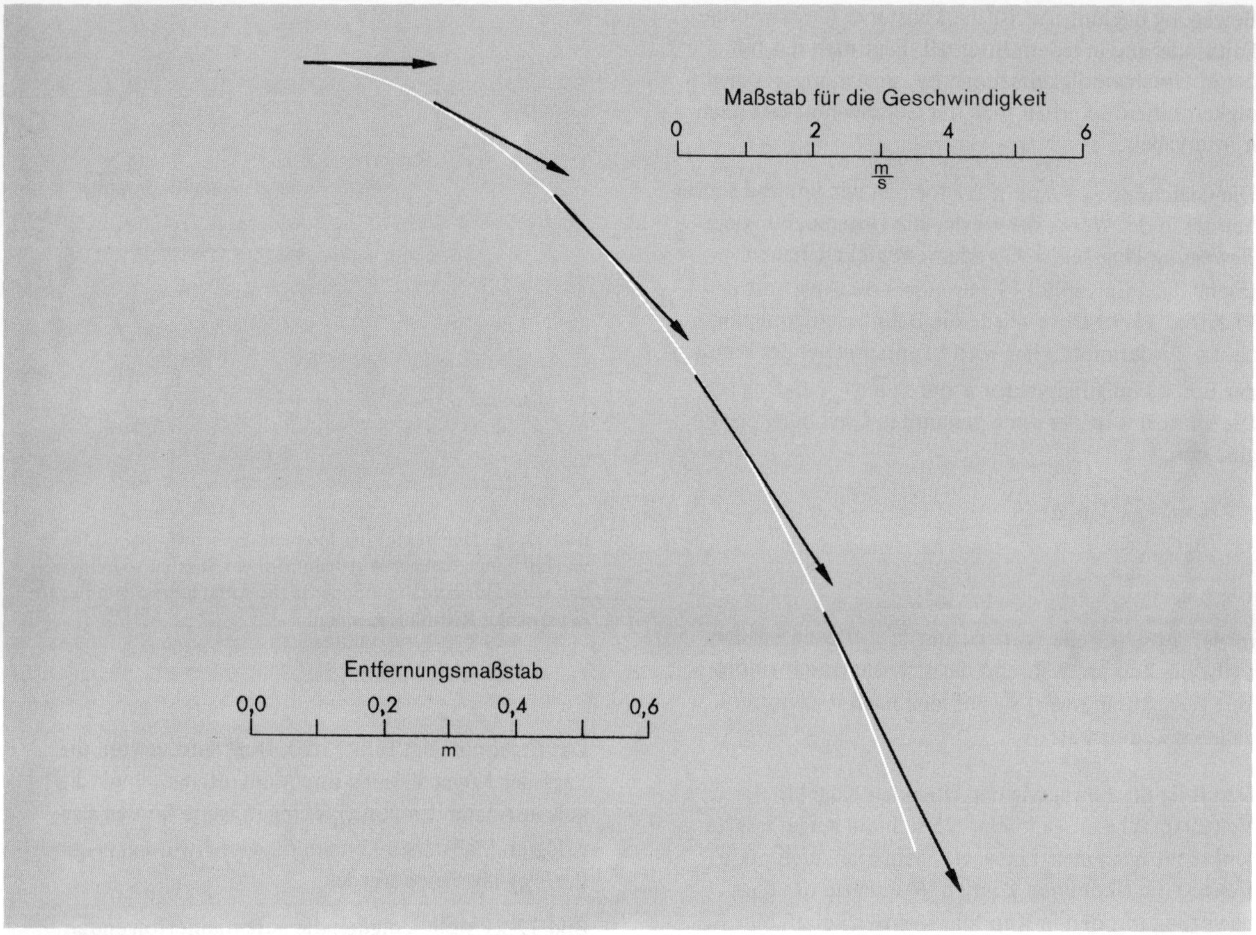

Bild 12.20. Ort und Geschwindigkeit der geworfenen Kugel nach Bild 12.17 sind hier in einer einzigen Zeichnung zusammengefaßt.

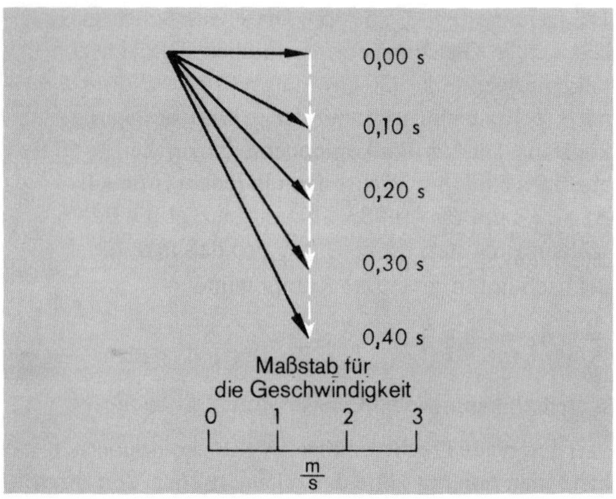

Bild 21.21. Die Folge der Geschwindigkeitsvektoren aus Bild 12.20. Jeder folgende Vektor entsteht aus dem vorhergehenden durch Addition eines konstanten, nach unten gerichteten Vektors.

ausdrücken. Faßt man beide Vektorkomponenten zusammen, so läßt sich der Geschwindigkeitsvektor zu jeder beliebigen Zeit wie folgt angeben:

$$\vec{v}_t = \vec{v}_r + \vec{v}_u = (2{,}0\ \tfrac{m}{s}\ \text{nach rechts}) + (9{,}8\ \tfrac{m}{s^2}\ t\ \text{nach unten}).$$

Man kann die Bewegungsgleichung der nach rechts geworfenen Kugel in eine Form bringen, die der Bewegungsgleichung für die fallende Kugel entspricht. Die Anfangsgeschwindigkeit $\vec{v}_0$ ist hier durch die Angabe (2,0 $\frac{m}{s}$ nach rechts) beschrieben, die konstante Beschleunigung $\vec{a}$ durch (9,8 $\frac{m}{s^2}$ nach unten). Damit erhält man wiederum die Gleichung $\vec{v}_t = \vec{v}_0 + \vec{a}\,t$. Man sieht, daß die Beschleunigung in beiden Fällen gleich groß ist. Die Fallbewegung ist somit für beide Kugeln gleich. Das kann man übrigens sehr schön in der Photographie erkennen: Beide Kugeln verlieren

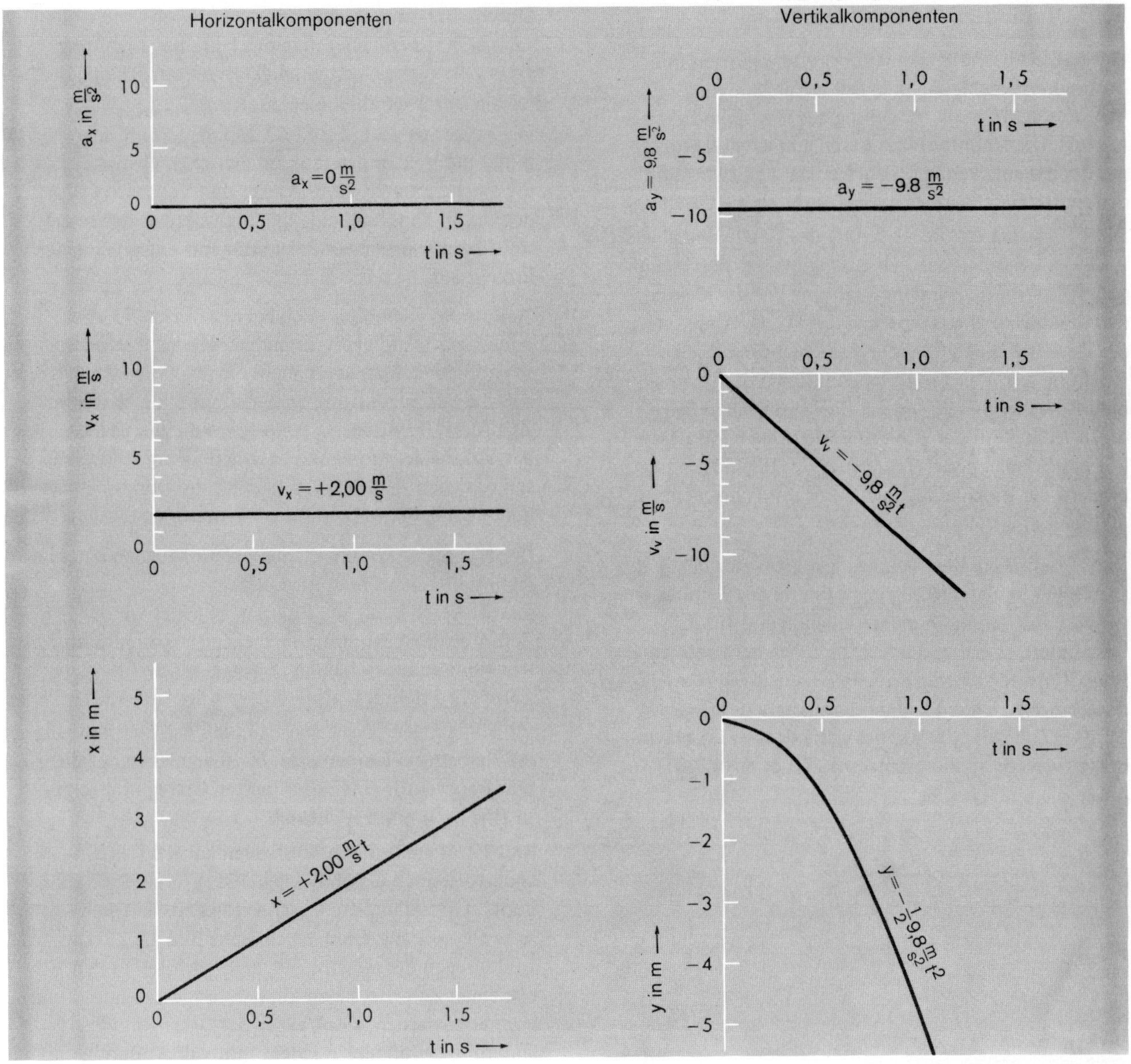

Bild 12.22. Horizontal- und Vertikalkomponente der Bewegung der rechten Kugel von Bild 12.17 wurden mit den graphischen Methoden des Kapitels 11 untersucht. Die positive x-Achse muß man sich in Bild 12.17 nach rechts verlaufend vorstellen, die positive y-Achse entsprechend nach oben. Die Horizontalbewegung folgt der Weg-Zeit-Funktion $x = 2,0 \frac{m}{s} t$; die Vertikalbewegung der Funktion $y = \frac{1}{2}(-9,8 \frac{m}{s^2}) t^2$. Eliminiert man aus diesen beiden Gleichungen t, so erhält man die Gleichung der Bahnkurve, nämlich y als Funktion von x.

von Zeitabschnitt zu Zeitabschnitt immer um den gleichen Betrag an Höhe. Beide Bewegungsgleichungen unterscheiden sich lediglich in der Anfangsgeschwindigkeit $\vec{v}_0$. Der Beschleunigungsvektor ist für beide Kugeln gleich.

Im Kapitel 11 fanden wir: Die Gleichung $v_t = v_0 + a t$ beschreibt die Geschwindigkeit einer gleichmäßig beschleunigten Bewegung auf einer Geraden. Die Gleichung $\vec{v}_t = \vec{v}_0 + \vec{a} t$ gibt zu jeder Zeit den Geschwindigkeitsvektor für eine Bewegung entlang einer beliebigen Bahn an, solange die Beschleunigung nach Betrag und Richtung konstant ist. Man beachte, daß der Beschleunigungsvektor, wie im Beispiel der rechten Kugel von Bild 12.17, nicht in Richtung der Bahn zu zeigen braucht. Weiter kann $\vec{a}$ irgend ein konstanter Vektor sein. Die Größe $-9,8 \frac{m}{s^2}$, die sich bei dem Versuch mit den beiden Kugeln ergeben hat, besitzt einen speziellen Betrag, der nur bei freier Bewegung auf der Oberfläche der Erde auftritt. Bei der Untersuchung anderer Bewegungen findet man andere konstante Werte für $\vec{a}$, ebenso aber auch Beschleunigungsvektoren, die sich mit der Zeit ändern. Stößt man eine Kugel an, so kann man jeden beliebigen Vektor $\vec{a}$ erhalten.

12.7. Veränderliche Beschleunigung

Der letzte Abschnitt handelte von Bewegungen mit *konstanter* Beschleunigung. Der Beschleunigungsvektor beschreibt die Änderung des Geschwindigkeitsvektors. Die Definition des Beschleunigungsvektors gilt auch dann, wenn er nicht konstant ist. Wir definieren den Beschleunigungsvektor durch die Gleichung $\vec{a} = \frac{\overrightarrow{\Delta v}}{\Delta t}$, wobei $\overrightarrow{\Delta v}$ die Änderung des Geschwindigkeitsvektors $\vec{v}$ während der Zeit Δt angibt. Der Beschleunigungsvektor $\vec{a}$ hat dieselbe Richtung wie der Vektor der Geschwindigkeitsänderung $\overrightarrow{\Delta v}$. Da die Änderung der Geschwindigkeit $\overrightarrow{\Delta v}$ durchaus nicht in dieselbe Richtung wie $\vec{v}$ zu zeigen braucht, kann der Beschleunigungsvektor $\vec{a}$ während der Bewegung einen beliebigen Winkel mit der Bewegungsrichtung bilden. Denn wie das Beispiel der rechten Kugel im Bild 12.17 zeigte, braucht der Beschleunigungsvektor durchaus nicht in die Bewegungsrichtung zu zeigen.

Der so definierte Beschleunigungsvektor gibt die Durchschnittsbeschleunigung während des Zeitintervalls Δt an. Wenn sich die Beschleunigung mit der Zeit ändert, so hängt der Vektor $\vec{a}$ von dem betrachteten Zeitintervall ab. Dazu ein Beispiel: Ein Rennboot bewegt sich entlang der Bahnkurve des Bildes 12.23a. Zur Zeit t_1 bewegt es sich mit dem Geschwindigkeitsvektor $\vec{v}_1$, zur (späteren) Zeit t_2 mit $\vec{v}_2$. Die

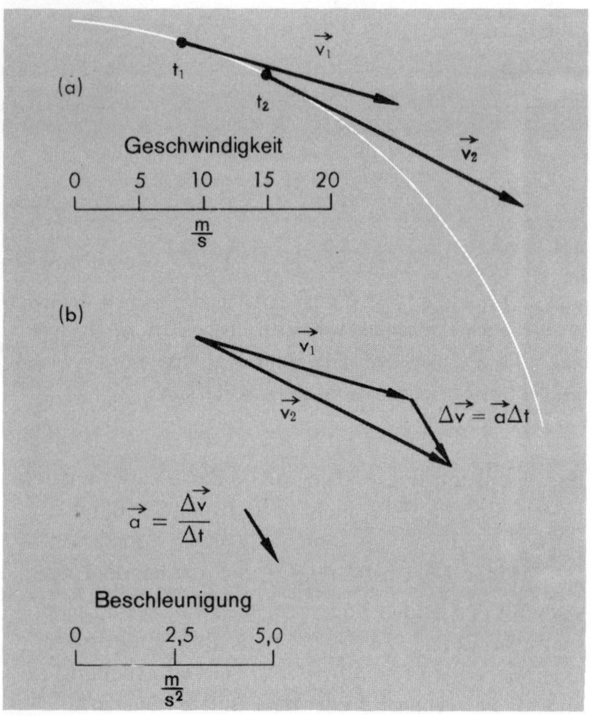

Bild 12.23. Die Intervallbeschleunigung $\vec{a}$ findet man durch Division der Vektordifferenz $\overrightarrow{\Delta v} = \vec{v}_2 - \vec{v}_1$ durch die Zeit des Intervalls $\Delta t = t_2 - t_1$. Das Ergebnis ist der Vektor $\vec{a}_{\text{Intervall}}$, den man mit Hilfe des angegebenen Maßstabes zeichnen kann.

Durchschnittsbeschleunigung während des Intervalls $\Delta t = t_2 - t_1$ berechnet man mit Hilfe der Änderung $\overrightarrow{\Delta v} = \vec{v}_2 - \vec{v}_1$ des Geschwindigkeitsvektors. Dann gilt für die Durchschnittsbeschleunigung $\vec{a}_{\text{Intervall}} = \frac{\overrightarrow{\Delta v}}{\Delta t}$. Dieser Vorgang ist in Bild 12.23b dargestellt. Man bildet die Vektordifferenz $\overrightarrow{\Delta v}$ zwischen $\vec{v}_2$ und $\vec{v}_1$, dividiert $\overrightarrow{\Delta v}$ durch Δt und trägt den Vektor $\vec{a}_{\text{Intervall}}$ der Durchschnittsbeschleunigung während des Intervalls Δt in einer neuen Zeichnung mit entsprechender Einheit auf.

Ändert das Rennboot auch bei der weiteren Fahrt seine Geschwindigkeit, so ändert sich auch seine Beschleunigung. Man kann aber keinesfalls erwarten, daß die Beschleunigung immer so groß bleibt wie im Zeitintervall zwischen t_1 und t_2. In diesem Fall ist der Vektor der Momentanbeschleunigung zu den verschiedensten Zeiten t wichtiger als die Durchschnittsbeschleunigung während verschiedener Zeitabschnitte.

Den Vektor der Momentanbeschleunigung zu einer bestimmten Zeit t findet man, indem man die Durchschnittsbeschleunigung für immer kleiner werdende Zeitintervalle bestimmt, die die Zeit t einschließen. Die Momentanbeschleunigung zu einer bestimmten Zeit t wird definiert als Grenzwert der Intervallbeschleunigungen $\frac{\overrightarrow{\Delta v}}{\Delta t}$ für den Fall, daß das Zeitintervall Δt kleiner und kleiner wird. Im allgemeinen hat dieser Grenzvektor einen bestimmten Betrag und zeigt in eine bestimmte Richtung.

Bild 12.24 stellt die in Intervallen von 10 s aufeinanderfolgenden Geschwindigkeitsvektoren des Rennboots. Läßt man diese Geschwindigkeitsvektoren im selben Punkt angreifen, so entsteht Bild 12.25. Die Änderungen der Geschwindigkeitsvektoren in den einzelnen Zeitintervallen können in dieser Figur direkt abgelesen werden. Der Vektor der Geschwindigkeitsänderung $\overrightarrow{\Delta v}$ ändert in jedem Intervall Δt Betrag und Richtung. Da die Intervalle Δt gleich sind, bedeutet das, daß sich die Vektoren der Intervallbeschleunigung unterscheiden.

Hätte man Intervalle von 2 s statt von 10 s Dauer gewählt, wäre das Bild 12.26 entstanden. Da man in diesem Bild nur schwer Einzelheiten erkennen kann, sind die Vektoren der ersten 10 s in Bild 12.27 in fünffacher Vergrößerung dargestellt. Alle fünf Vektoren der Geschwindigkeitsänderung stimmen in Betrag und Richtung besser überein als jene in Bild 12.25b.

Wählt man die Zeitintervalle noch kürzer als 2 s, so gleichen sich die aufeinanderfolgenden Geschwindigkeitsänderungen noch mehr. Normalerweise kann man die Zeitintervalle so kurz wählen, daß sich die Beschleunigung nach Betrag und Richtung beim Übergang von einem Intervall zum nächsten nicht

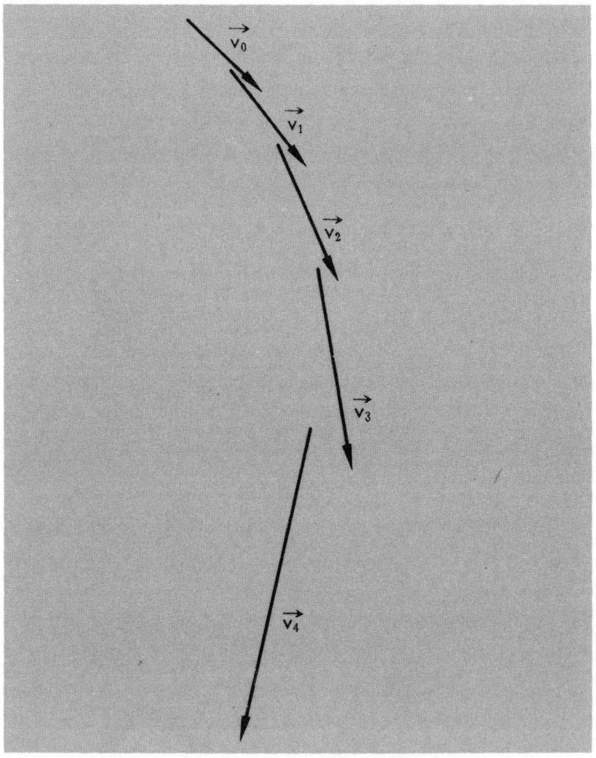

Bild 12.24. Aufeinander folgende Geschwindigkeitsvektoren des Rennbootes. Die zeitlichen Abstände betragen 10 s.

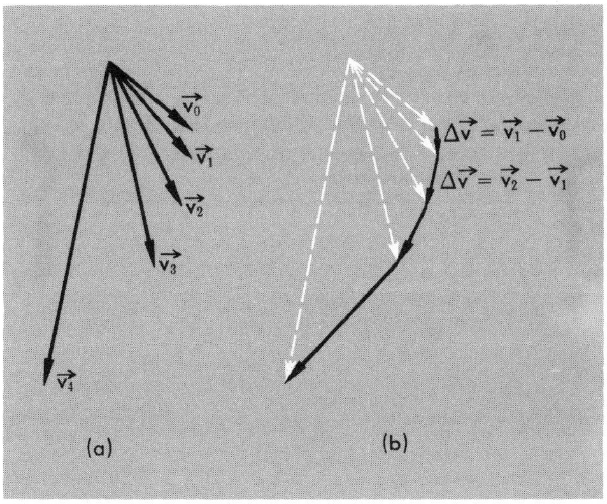

Bild 12.25.

a) Die Geschwindigkeitsvektoren von Bild 12.24 sind von einem Punkt aus abgetragen.

b) Die Beschleunigung ist weder im Betrag noch in der Richtung konstant.

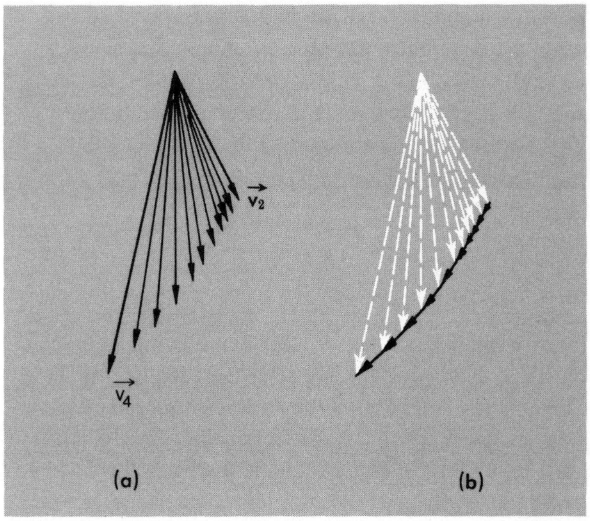

Bild 12.26. Wählt man einen zeitlichen Abstand von 2 s, ergibt sich für die Vektoren des Bildes 12.24 diese Figur, in der wieder die Geschwindigkeitsvektoren von einem Punkt aus abgetragen sind. Wählt man kürzere Zeiten, so gleichen sich die Änderungen der Geschwindigkeiten immer mehr.

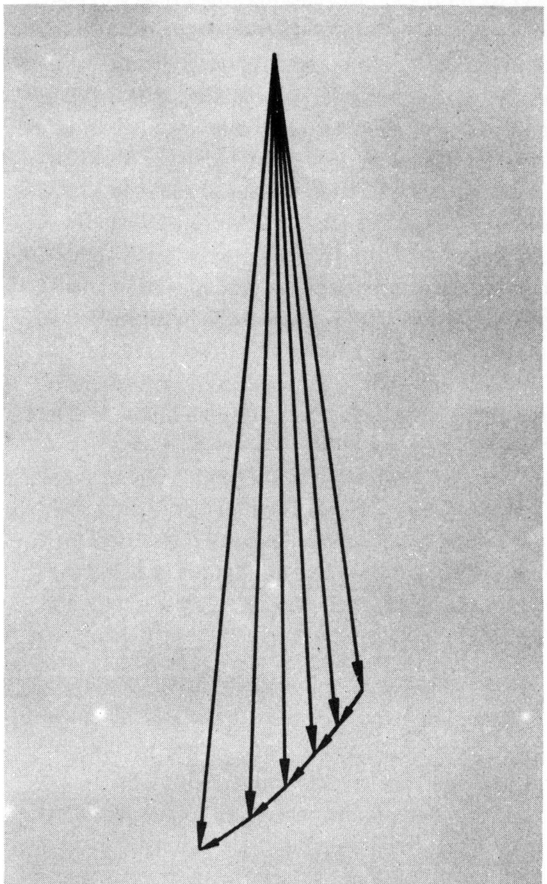

Bild 12.27. Bei sehr kurzen Zeitabständen ist die Änderung aufeinanderfolgender Geschwindigkeitsvektoren fast gleich nach Betrag und Richtung. Dargestellt sind die Vektoren der ersten 10 s von Bild 12.26 in 5facher Vergrößerung.

wesentlich ändert. In dieser Bedeutung von „beliebig kurz" ist der Vektor der Momentanbeschleunigung zur Zeit t gleich dem Vektor der Intervallbeschleunigung für das beliebig kurze Zeitintervall Δt, das die Zeit t einschließt. Die Momentanbeschleunigung ist folglich der Grenzwert der Quotienten $\frac{\overrightarrow{\Delta v}}{\Delta t}$, falls Δt gegen Null geht:

$$\vec{a} = \lim_{\Delta t \to 0} \frac{\overrightarrow{\Delta v}}{\Delta t}.$$

Beim Vergleich der vektoriellen Beschleunigung mit der Beschleunigung entlang einer Geraden ist die Tatsache neu, daß eine *Änderung der Richtung* der Geschwindigkeit schon das Auftreten einer Beschleunigung bedeutet. Bewegt sich ein Körper entlang einer gekrümmten Bahn mit konstantem Geschwindigkeitsbetrag, so erfährt er dabei eine Beschleunigung. Das einfachste und wichtigste Beispiel bietet die Bewegung auf einer Kreisbahn mit konstantem Geschwindigkeitsbetrag. Es liegt eine beschleunigte Bewegung mit einer veränderlichen Beschleunigung vor. In Bild 12.28a ist für die Kreisbewegung eine Folge von Geschwindigkeitsvektoren in gleichen Zeitintervallen dargestellt. Die Vektoren besitzen zwar alle den gleichen Betrag, aber jeder zeigt in eine andere Richtung. Konstruiert man das Geschwindigkeitsdiagramm (Bild 12.28b), in dem die Geschwindigkeitsvektoren von einem gemeinsamen Punkt aus abgetragen sind, so erkennt man, daß auch die Vektoren $\overrightarrow{\Delta v}$ der Geschwindigkeitsänderung gleich lang sind, sich aber in der Richtung unterscheiden. Weil die aufeinanderfolgenden Geschwindigkeitsänderungen nicht parallel zueinander sind, kann der Beschleunigungsvektor, der die Änderung der Geschwindigkeit mit der Zeit angibt, nicht konstant sein. Wählt man immer kleinere Zeitintervalle (Bild 12.28c), so sieht man, daß der Vektor der Momentanbeschleunigung in jedem Augenblick senkrecht zu dem Geschwindigkeitsvektor steht. Da der Betrag des Beschleunigungsvektors konstant ist *und* der Winkel zwischen ihm und dem Geschwindigkeitsvektor immer 90° beträgt, drehen sich beide mit gleicher Winkelgeschwindigkeit.

Bewegt sich ein Körper mit veränderlicher Geschwindigkeit auf gekrümmter Bahn, so wird der Beschleunigungsvektor in jedem Augenblick einen anderen Winkel mit dem Geschwindigkeitsvektor bilden (Bild 12.29). Zerlegt man den Beschleunigungsvektor in zwei Komponenten parallel (tangential) und senkrecht zur Bahn wie in Bild 12.30a, kann man getrennt den Einfluß der beiden Komponenten während der Zeit Δt auf die Geschwindigkeit angeben. Die tangential zur Bahn verlaufenden Komponente des Vektors $\vec{a}\Delta t$ gibt die Änderung des Geschwindigkeitsbetrages an, während die dazu senkrechte Komponente die Richtungsände-

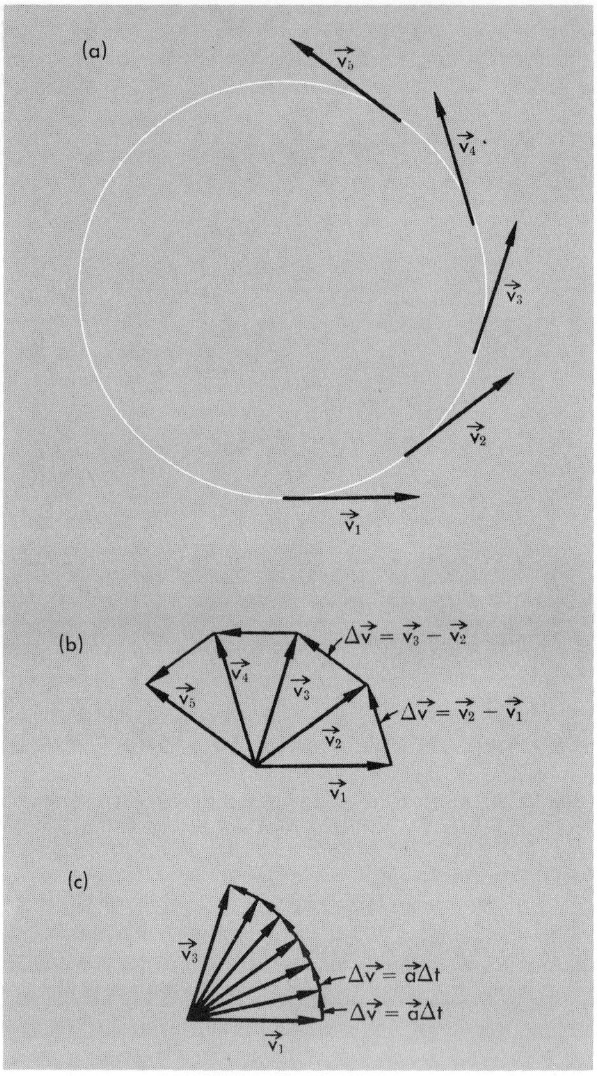

Bild 12.28. In a) bewegt sich ein Körper mit konstantem Geschwindigkeitsbetrag auf einem Kreis. In b) sind die Geschwindigkeitsvektoren von einem Punkt aus abgetragen. Sie unterscheiden sich in der Richtung. Wählt man kürzere Zeitabstände (c), dann steht der Beschleunigungsvektor fast senkrecht auf den Geschwindigkeitsvektoren.

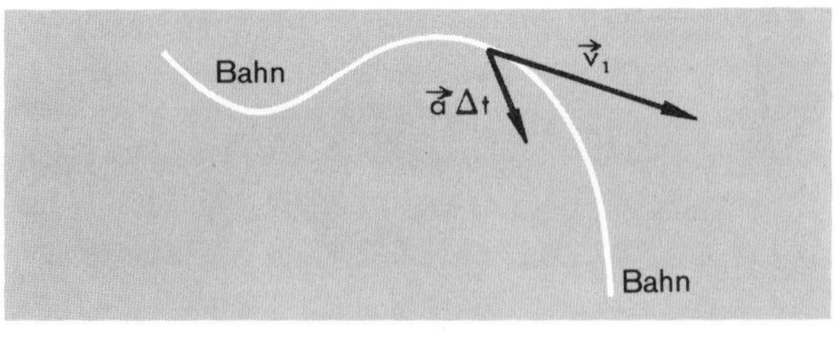

Bild 12.29. Der Beschleunigungsvektor steht in einem beliebigen Winkel zum Geschwindigkeitsvektor, wenn die Bewegung längs einer gekrümmten Bahn mit veränderlichem Geschwindigkeitsbetrag erfolgt.

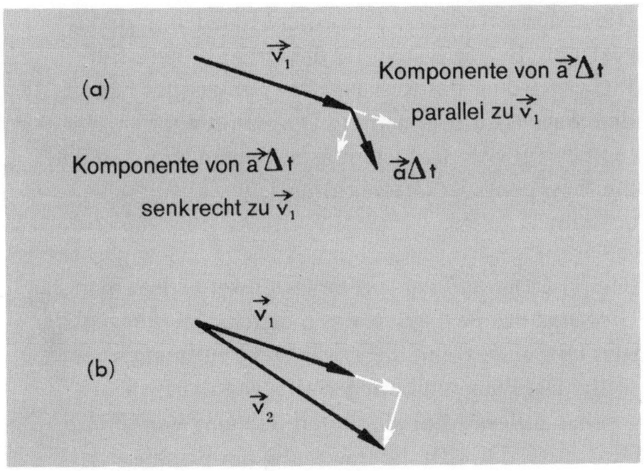

Bild 12.30

a) Man kann den Vektor $\vec{a}\Delta t$ in zwei Komponenten zerlegen, so daß man die Wirkungen der Beschleunigung aus Bild 12.29 während des Intervalls Δt erkennt. Die Komponente von $\vec{a}\Delta t$ in Richtung von $\vec{v}_1$ beschreibt die Änderung des Geschwindigkeitsbetrages v_1. Die Komponente senkrecht zu $\vec{v}_1$ bestimmt die Änderung der Richtung von $\vec{v}$.

b) Die neue Geschwindigkeit $\vec{v}_2$ am Ende des Zeitintervalls ist durch $\vec{v}_1 + \vec{a}\Delta t$ gegeben.

rung des Geschwindigkeitsvektors beschreibt. Folglich kann man Betrag und Richtung des Geschwindigkeitsvektors am Ende des Zeitintervalls voraussagen (Bild 12.30b). Da sich der Vektor der Beschleunigung ebenfalls ändert, muß man im allgemeinen das Zeitintervall klein genug wählen, da man sonst den neuen Geschwindigkeitsvektor nach Betrag und Richtung nicht genau genug vorausberechnen kann.

Man kann sich Bewegungen vorstellen, bei denen der Geschwindigkeitsbetrag konstant und die Bahn gekrümmt ist, aber keinen Kreis bildet. So kann das Rennboot, das in diesem Abschnitt das als Beispiel diente, eine solche Bahn beschreiben. Was kann man über den Zusammenhang zwischen Beschleunigung und Geschwindigkeit aussagen? Wie fällt der Vergleich mit einer Kreisbewegung konstanter Bahngeschwindigkeit aus? Weil sich der Betrag der Geschwindigkeit nicht ändert, besitzt der Vektor der Momentanbeschleunigung keine Komponente tangential zur Bahn. Somit steht der Beschleunigungsvektor senkrecht zum Geschwindigkeitsvektor und damit in allen Punkten senkrecht zur Bahn. Der Betrag des Beschleunigungsvektors kann sich jedoch dauernd ändern. Er wird größer, wenn die Bahn stärker gekrümmt ist, und kleiner bei schwacher Bahnkrümmung. Die gleichmäßige Kreisbewegung ist daher nur ein Sonderfall einer Bewegung, in der Geschwindigkeitsvektor und Beschleunigungsvektor einen rechten Winkel bilden. Die Kreisbewegung zeichnet sich dadurch aus, daß der Betrag des Beschleunigungsvektors konstant ist.

12.8. Die Beschreibung einer Bewegung; Bezugssysteme

Vektoren wurden vor allem zur Beschreibung von Bewegungen eingeführt. Mit ihrer Hilfe wurden die aufeinanderfolgenden Orte eines Körpers im Raum und seine Geschwindigkeit in den einzelnen Bahnpunkten angegeben. Die anmutigen Bewegungen von Händen, Füßen und vom ganzen Körper eines Tänzers beim Walzer ließen sich mit Vektoren vollständig beschreiben. Die Tanzmusik liefert dazu den Takt, eine Art Zeitmaß. Zu jeder Note gehört eine bestimmte Tanzfigur und zu jeder Note eine bestimmte Zeit.

Die *einfachste und wichtigste Bewegungsform* bezieht sich auf die Bewegung eines einzelnen Objekts, dessen Teile man nicht zu unterscheiden braucht, weil man entweder solche Teile nicht beobachten kann oder weil die einzelnen Teile des Objekts starr miteinander verbunden sind. Ein Planet, etwa der Jupiter, bewegt sich am Himmel. Seine Lage kann man zu jeder Zeit durch den Vektor angeben, den man sich von der Erde zum Planeten gezeichnet denkt. Ein Flugzeug zieht am Himmel seine Bahn zu seinem Bestimmungsort. Seine jeweilige Lage kann ebenfalls durch Vektoren gekennzeichnet werden (Bild 12.31). Weder das Flugzeug noch der Planet stellen einen winzigen Punkt dar. Wollten wir wissen, was sich in ihrem Innern abspielt, müßte neben den Ortsvektoren eine Fülle weiterer

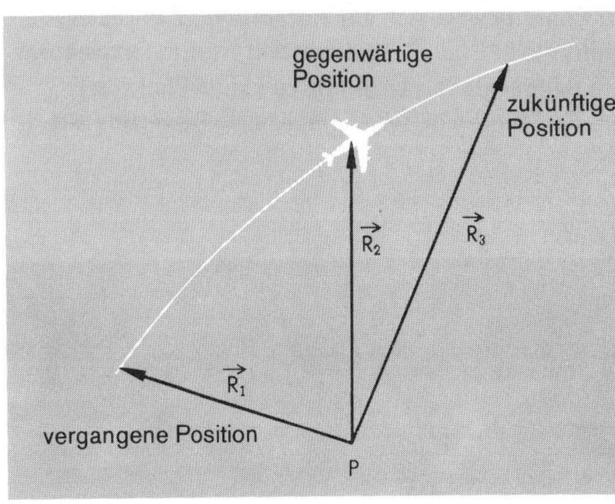

Bild 12.31. Der Ort eines Flugzeugs relativ zu einem Punkt P wird durch Ortsvektoren festgelegt, die Abstand und Richtung angeben.

Informationen zur Verfügung stehen. Aber für die meisten Aufgaben von Astronomie und Navigation genügt es, sich den Planeten oder das Flugzeug als Punkt an der Spitze des Ortsvektors vorzustellen. Wie sich der Planet und das Flugzeug bewegen, so bewegen sich die Ortsvektoren und ändern dabei ihren Betrag und ihre Richtung.

In beiden Beispielen führt der *Ortsvektor* von einem bestimmten Punkt zu dem bewegten Objekt, von der Erde zum Jupiter oder vom Kontrollturm zum Flugzeug. Allgemein wird eine Bewegung stets auf ein bestimmtes Bezugssystem bezogen. Die Bewegung des Flugzeugs wird ebenso wie die Bewegung der Kugeln beim Fall in Bild 12.17 auf die Erdoberfläche bezogen.

Die Bewegung eines Flugzeugs sieht von einem anderen Flugzeug ganz anders aus, als wenn man den Flug auf die Erde als Bezugssystem bezieht. Die Bewegung der geworfenen Kugel in Bild 12.17 stellt sich von der linken Kugel aus gesehen als eine gleichförmige Bewegung (mit konstanter Geschwindigkeit) dar. Die Bewegung des Jupiters erscheint einfacher, wenn man sie von der Sonne statt von der Erde aus betrachtet. Der Fahrer eines Autos schreibt einem Regentropfen, der senkrecht auf die Erde fällt, eine fast horizontale Bewegung zu. *Wie man eine Bewegung darstellt, hängt von dem Bezugssystem ab, auf das man die Bewegung bezieht.*

Im Normalfall möchte man eine Bewegung möglichst einfach beschreiben. Man versetzt sich deshalb in Gedanken in ein Bezugssystem, von dem aus die Bewegung leicht zu beschreiben ist. Die Ortsvektoren, die die Lage des Körpers angeben, trägt man von einem geeigneten Punkt aus ab. Dies soll ein Beispiel verdeutlichen. Die Bewegung eines Punktes auf dem Umfang eines sich langsam fortbewegenden Rades am Auto soll vom festen Erdboden aus betrachtet werden. Der Punkt bewegt sich auf einer Kurve, Zykloide genannt, die in Bild 12.32 dargestellt ist. Ein Ortsvektor vom Beobachter als Ursprung zu einem Punkt auf dem Rad führt eine sehr komplizierte Bewegung aus.

Die Erdoberfläche ist daher nicht in jedem Fall das geeignete Bezugssystem für die Ortsvektoren. Einfacher wird es, das Rad aus dem Fenster des fahrenden Wagens zu beobachten. Der Punkt auf dem Autorad bewegt sich dann ständig auf einem Kreis, so daß die Bewegung der Ortsvektoren sehr viel einfacher aussieht.

Bei der *Beschreibung von Bewegungen* verlegt man den Ursprung des Bezugssystems möglichst an den günstigsten Ort, auch wenn dieser gar nicht zugänglich sein sollte. Die Planeten bewegen sich von der Erde aus gesehen auf sehr komplizierten Bahnen. *Kopernikus* entdeckte, daß sich die Bewegung der Planeten viel einfacher beschreiben läßt, wenn man die Ortsvektoren auf den Sonnenmittelpunkt bezieht. Seit *Kopernikus* die Bedeutung des Bezugssystems aufgezeigt hat, ist die Wahl eines passenden Koordinatenursprungs in allen technischen und physikalischen Untersuchungen von größter Bedeutung.

12.9. Kinematik und Dynamik

Das hier behandelte Teilgebiet der Physik heißt *Kinematik* (nach dem griechischen Wort *kinein* für Bewegen). Es ist derjenige Teil unserer Untersuchungen, der sich auf die Beschreibung der Bewegungen bezieht, ohne daß nach den Gegenständen oder nach den Ursachen der Bewegung gefragt ist. Die Mechanik wie auch andere Teile der Physik bestehen zum großen Teil aus dem Studium von Bewegungsabläufen. Diese Untersuchungen werden aber erst abgerundet durch das Gebiet der Physik, das nach dem griechischen Wort *dynamis* (Kraft) *Dynamik* genannt wird. In der Dynamik werden die Ursachen der Bewegung und der Einfluß der bewegten Körper auf die Bewegung untersucht. In der Kinematik sind lediglich Ort und Zeit zu messen. In der Dynamik müssen Stoß und Zug berücksichtigt werden, durch die die Bewegungen hervorgerufen oder gehemmt werden.

Bild 12.32. Die Bahn eines Punktes auf dem Reifen eines rollenden Rades. Diese Kurve, eine Zykloide, zeigt die Bahn, wie sie einem feststehenden Beobachter erscheint. Dazu ist eine kleine Lampe auf dem Umfang des Rades und eine andere auf der Achse montiert. Die Kamera wird während des Vorgangs geöffnet gehalten.

Eine Bewegung kann einfach sein oder sehr kompliziert ablaufen. Die Physik geht nun immer so vor, daß sie zuerst die einfacheren Fälle untersucht, aus ihnen soviel wie möglich zu ergründen versucht und erst dann zu immer verwickelteren Problemen übergeht. Niemand wird daher annehmen, daß ein kurzes Grundstudium der Physik schon ein Verständnis etwa für die Brandung an der Küste, für die Bahn eines Düsenflugzeugs am Himmel oder für den komplizierten Bewegungsablauf in einem Dieselmotor liefern könnte. Aber solche Bewegungen und viele andere kann man verstehen, wenn man dieselben Untersuchungsmethoden benutzt, die wir hier herangezogen und in einfachen Fällen dargelegt haben. Wenn sich nämlich nicht ein einzelner Gegenstand wie ein Stein oder ein Auto, sondern ein Teilchenstrom in einer Wasser- oder Gasmenge bewegt, dann wird sogar die kinematische Beschreibung äußerst schwierig. Die Wirbel, die sich hinter einer rotierenden Luftschraube oder hinter einem scharf geschlagenen Tennisball bilden (Bild 12.33), sind in der Tat sehr verwickelt. Ihre Untersuchung läuft auf das Lösen von Gleichungen mit vielen Unbekannten hinaus und erfordert eine Verarbeitung vieler Daten, um den Weg jedes einzelnen Teilchens zu verfolgen. Weitreichende mathematische Methoden müssen herangezogen werden. Doch die *Grundgedanken,* mit denen auch diese Probleme zu lösen sind, entspringen denselben Überlegungen, die in diesem Buch dargestellt sind. Die zugrundeliegenden Gesetze unterscheiden sich nicht.

Man wird sich selbstverständlich vor einer zu einfachen Erklärung hüten, wenn ein Bewegungsvorgang offensichtlich kompliziert ist. Man kann nicht Flugzeuge konstruieren oder das Wettergeschehen interpretieren, ohne Theorien experimentell zu prüfen oder ohne experimentelle Ergebnisse theoretisch zu deuten. Man wird bei der Untersuchung komplizierterer Bewegungsvorgänge ständig von der Theorie zum Experiment und vom Experiment wieder zur Theorie übergehen. Auf diese Weise hat man in der Vergangenheit große Fortschritte erzielt und wird auch in Zukunft weitere Erfolge erringen. Nirgends im gesamten Bereich der Natur, auf der Erde und am Himmel, in den vielerlei Maschinen und Fahrzeuge sind jemals Bewegungen aufgetreten, auf die sich die Gesetze der Mechanik nicht anwenden lassen. Man kommt langsam voran, wenn die kinematische Beschreibung schwierig ist. Es geht schneller, wo sie nicht so anspruchsvoll ist. Hier wollen wir nur die Grundlagen verstehen, möchten aber nicht den falschen Eindruck erwecken, daß es keine weiteren interessanten Probleme gibt. Probleme existieren vor allem in der Technik, also in den Anwendungsgebieten. Ingenieurwissenschaften und Technologie sind bestrebt, zum Nutzen des Menschen naturwissenschaftliche Ergebnisse anzuwenden. In der Physik ist es das Ziel, Naturgesetze zu verstehen und Abläufe vorherzusagen. In der Physik sucht man nach dem Einfachen und überprüft es, auch wenn es kostspielig ist und nur schwer erreicht werden kann. In der Technik werden die grundlegenden Methoden, die in der Forschung entwickelt werden, sorgfältig und oft in überraschender Weise zu sehr viel komplizierteren Vorhaben verwendet, die wesentlichen Nutzen für den Menschen haben. Der Ausweitung der Wissenschaften liegen immer das Einfache und das Wohlverstandene zugrunde.

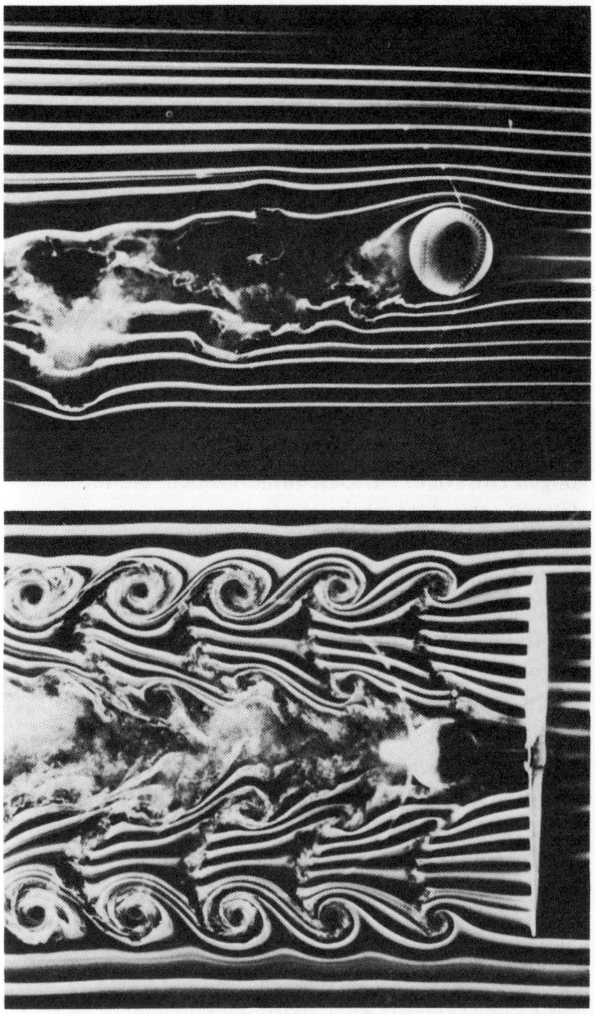

Bild 12.33. *Oben:* Die Luftströmung hinter einem schnell rotierenden Ball, der „angeschnitten" wurde, ist das Beispiel einer sehr verwickelten Bewegung.
Unten: Luftwirbel hinter einem Propeller, der sich mit 4080 Umdrehungen pro Minute dreht: ein weiteres Beispiel einer komplizierten Bewegung (Aufnahme F. N. M. Brown)

12.10. Die Lichtgeschwindigkeit

Wir haben früher gezeigt, daß man von der täglichen Erfahrung ausgehen und sie auf große Bereiche übertragen kann. Entsprechend haben wir unsere Untersuchungen der Bewegungen in diesem Kapitel auf den Vorstellungen über Raum und Zeit aufgebaut, die wir aus unserer Erfahrung gewonnen haben. Aber wenn man solche Prinzipien zu weit ausdehnt, kann ihre Extrapolation zu Fehlern führen. Immer wieder müssen die Grundlagen überprüft werden. Vor 70 Jahren fand man heraus, daß unsere gewöhnlichen Vorstellungen von Zeit und Raum nur ausreichen für Bewegungen, mit denen wir es täglich zu tun haben, daß sie aber nicht mehr für äußerst schnelle Bewegungen zutreffen. Für Geschwindigkeiten, die vergleichbar mit der Lichtgeschwindigkeit sind, wird die Kinematik äußerst schwer verständlich. Das hängt mit der fundamentalen Erfahrungstatsache zusammen, daß die Lichtgeschwindigkeit nicht unendlich groß ist. Addiert man sehr hohe Geschwindigkeiten, so lassen sich nicht mehr die normalen Regeln für die Addition von vektoriellen Größen anwenden. *Es gibt eine naturgebundene Grenze für Geschwindigkeiten, die nicht überschritten werden kann.* Diese Geschwindigkeitsgrenze ist die *Lichtgeschwindigkeit im Vakuum*, die bekanntlich nahe bei $3 \cdot 10^8 \frac{m}{s}$ liegt. Die Geschwindigkeit der schnellsten Rakete geht z.Z. nicht über $2 \cdot 10^4 \frac{m}{s}$ hinaus. Bis zu $10^5 \frac{m}{s}$ reichen die Geschwindigkeiten der Planeten und Meteore unseres Sonnensystems.

Nur kleine Teilchen wie Elektronen und andere Elementarteilchen bewegen sich bedeutend schneller. Sie erreichen fast die Lichtgeschwindigkeit. Ihre Bewegungen versteht man nur mit Hilfe der relativistischen Kinematik. Aber für die meisten Gebiete – für die Astronomie unseres Sonnensystems, für die Technik, für die Makrophysik – ist die Kinematik, so wie sie bisher dargestellt wurde und wie sie *Newton* begründet hat, völlig ausreichend. Dieses Gebiet der Physik bietet ein anschauliches Beispiel dafür, wie man mit vertrauten Vorstellungen beginnen kann, die sich über einen weiten Bereich bewähren, und wie schließlich die Grenzen der Theorie sichtbar werden, wenn man gewisse Größenordnungen überschreitet. Daß gängige Theorien abgeändert werden müssen, um auch extremen Verhältnissen angepaßt zu werden, mindert nicht ihren Wert und ihre Bedeutung in dem Größenbereich, für den sie ursprünglich entwickelt und in dem sie hinreichend überprüft sind. Die Newtonsche Bewegungslehre stellt eine völlig ausreichende Näherung der relativistischen Kinematik dar, solange die Geschwindigkeiten verglichen mit der Lichtgeschwindigkeit klein genug bleiben.

Aufgaben

1.* Die folgenden drei Entfernungen können in den angegebenen Richtungen in beliebiger Reihenfolge zurückgelegt werden:
   a) 3 m nach Westen,
   b) 2 m nach Norden,
   c) 3 m nach Osten.

   Bei welcher Kombination ist man zum Schluß am weitesten von seinem Ausgangspunkt entfernt?

2. Man zeige, daß der Summen- und der Differenzvektor zweier senkrecht aufeinanderstehender Vektoren von gleicher Länge ebenfalls senkrecht aufeinanderstehen und auch gleiche Länge besitzen.

3. Auf einem Sportplatz geht man von einem festen Punkt aus 4 m nach Osten, dann 3 m nach Norden, 3 m nach Osten, 6 m nach Süden, 3 m nach Westen, weiter 3 m nach Süden, 2 m nach Osten, 2 m nach Süden, 8 m nach Westen, 6 m nach Norden und zum Schluß 2 m nach Osten. In welcher Richtung vom Ausgangspunkt steht man zum Schluß, und wie weit ist man dann von ihm entfernt?

4. 3 Stäbe von 0,40 m, 0,50 und 0,60 m Länge werden an den Enden so miteinander verbunden, daß sie jeweils einen rechten Winkel miteinander bilden.
   a) Bei welcher Reihenfolge ist der Abstand der beiden freien Enden am größten?
   b) Vektoren kann man in beliebiger Reihenfolge addieren, ohne daß sich ihre Summe ändert. Weshalb hängt in dieser Aufgabe der Abstand zwischen den beiden freien Enden dennoch von der Reihenfolge ab?

5.* Was ist der Unterschied zwischen den folgenden Größen:
   a) $5 \cdot (6 \frac{km}{h}$ nach Westen),
   b) $5\ h \cdot (6 \frac{km}{h}$ nach Westen)?

6. a) Welches ist die Summe der Vektoren (2 cm nach Osten) und (3 cm nach Nordwesten)?
   b) Gesucht ist die Summe von (8 cm nach Osten) und (12 cm nach Nordwesten)?
   c) Vergleichen Sie die Ergebnisse aus a) und b) und formulieren Sie einen Satz über die Addition zweier Vektoren, die Vielfache eines zweiten Paares sind. Beweisen Sie das Ergebnis allgemein.

7.* In welcher Richtung weht eine Flagge aus leichtem Tuch, die man aus einem Freiballon heraushält, während dieser mit dem Winde mit konstanter Geschwindigkeit dahertreibt?

8. Ein Flugzeug beschreibt einen Kreis von 20 km Umfang mit einer konstanten Geschwindigkeit von $200 \frac{km}{h}$.
   a) Wie groß ist die Geschwindigkeitsänderung, nachdem ein Viertel des Kreises durchflogen ist?
   b) Wie groß ist die Geschwindigkeitsänderung nach einer halben Umdrehung?

9. Ein Flugzeug fliegt mit einer Geschwindigkeit von $900 \frac{km}{h}$ auf genau südlichen Kurs. Es durchfliegt dabei eine Luftströmung, die sich mit $400 \frac{km}{h}$ in östlicher Richtung bewegt.
   a) In welcher Richtung bewegt sich das Flugzeug tatsächlich (Kurs über dem Grund)?

b) Wie groß ist seine Geschwindigkeit relativ zum Boden?
c) Welche Entfernung legt das Flugzeug in 15 min über dem Boden zurück?

10. Ein Flugzeug startet nach einem 400 km entfernten Bestimmungsort, der genau östlich vom Startplatz liegt. Es weht ein Wind von Nordwesten mit der Geschwindigkeit von 60 $\frac{km}{h}$. Der Pilot möchte in 40 min sein Ziel erreichen.
a) Welchen Kurs muß er halten?
b) Mit welcher Geschwindigkeit muß das Flugzeug fliegen?

11. Ein Dampfer liegt mit einer Geschwindigkeit von 25 $\frac{km}{h}$ auf genau südlichem Kurs. Es weht ein Süd-West-Wind von 18 $\frac{km}{h}$ Stärke. Welchen Winkel (rechtweisend) bildet der Rauch mit der Nordrichtung?

12. Ein Mann rudert ein Boot mit 4,0 $\frac{km}{h}$ über den Fluß und hält dabei das Boot stets senkrecht zur Strömungsrichtung. Der Fluß fließt mit einer Geschwindigkeit von 6,0 $\frac{km}{h}$; er ist 0,20 km breit.
a) In welcher Richtung bewegt sich das Boot tatsächlich?
b) In welcher Zeit überquert es den Fluß?
c) Wie weit flußabwärts liegt sein Landeplatz von seinem Startplatz?
d) Wieviel Zeit würde er zur Überquerung brauchen, wenn das Wasser nicht strömte?

13. Ein Lotse, der mit seinem Lotsenboot den Hafen A verläßt (Bild 12.34), will das Schiff S erreichen, das von A den Abstand $\vec{r}$ besitzt und sich mit der Geschwindigkeit $\vec{v}$ bewegt. Es herrscht Windstille, und es geht kein Strom (d.h. das Wasser bewegt sich nicht). Das Lotsenboot entwickelt eine Geschwindigkeit vom Betrag u (in $\frac{km}{h}$) durchs Wasser.
a) Welche Fahrtrichtung muß der Lotse mit seinem Boot einschlagen?
b) An welcher Stelle wird er das Schiff erreicht haben?
c) Wie läßt sich die Zeit errechnen, die der Lotse dafür braucht?

14.* Die Achsen eines Koordinatensystems zeigen nach Norden und Osten. Konstruieren Sie die Komponenten des Geschwindigkeitsvektors, der nach S 30° W gerichtet ist und den Betrag 100 $\frac{km}{h}$ besitzt; bestimmen Sie die skalaren Komponenten.

15.* Wie groß ist die y-Komponente eines Vektors, der mit der Länge 2 in die x-Richtung zeigt (x- und y-Achse stehen senkrecht aufeinander)?

16. Welchen Betrag besitzt ein Weg, dessen Komponenten längs der x-, y- und z-Achse 4,00 m, 2,50 m und 8,50 m betragen?

17. Die Komponenten zweier Vektoren seien (x_1, y_1) und $(-x_1, -y_1)$. Fertigen Sie eine Zeichnung der Vektorkomponenten beider Vektoren an.

18.* Jemand behauptet, das Bild 12.17 stelle zwei Kugeln dar, die nach oben geworfen werden. In welcher Weise müßte dann Bild 12.21 abgeändert werden, um der Bewegung der rechten Kugel zu entsprechen?

19. a) Fertigen Sie auf doppelt-logarithmischem Papier eine Zeichnung der Weg-Zeit-Funktion der Vertikalbewegung der nach rechts geworfenen Kugel aus Bild 12.17 an.
b) Was zeigt der Graph des gesamten Weges als Funktion der Zeit auf doppelt-logarithmischem Papier?

20.* Ist eine Bewegung mit konstantem Geschwindigkeitsbetrag nur auf gerader Bahn oder auch auf einem Kreis möglich?

21.* Kann eine Bewegung mit konstantem Geschwindigkeitsbetrag beschleunigt sein?

22. Eine Kugel rollt auf horizontaler Ebene entlang der in Bild 12.35 angegebenen Bahn. Die Reibung werde vernachlässigt.
a) Ändert sich der Geschwindigkeitsbetrag der Kugel?
b) Ändert sich der Vektor der Geschwindigkeit?
c) In welcher Richtung erfolgt die Beschleunigung?
d) Ist der Betrag der Beschleunigung immer gleich?

23. Ein Körper bewegt sich auf einem Kreis mit konstantem Geschwindigkeitsbetrag von 2,0 $\frac{m}{s}$ und ändert dabei seine Bewegungsrichtung innerhalb von 3,0 s um 30°.
a) Wie groß ist die Geschwindigkeitsänderung?
b) Wie groß ist die durchschnittliche Beschleunigung während der 3,0 s?

24. Der Sekundenzeiger einer Uhr ist 2,0 cm lang.
a) Wie groß ist die Geschwindigkeit der Spitze des Zeigers?
b) Zeichnen Sie den Geschwindigkeitsvektor zur Zeit 0,0 s und den zur Zeit 15,0 s?

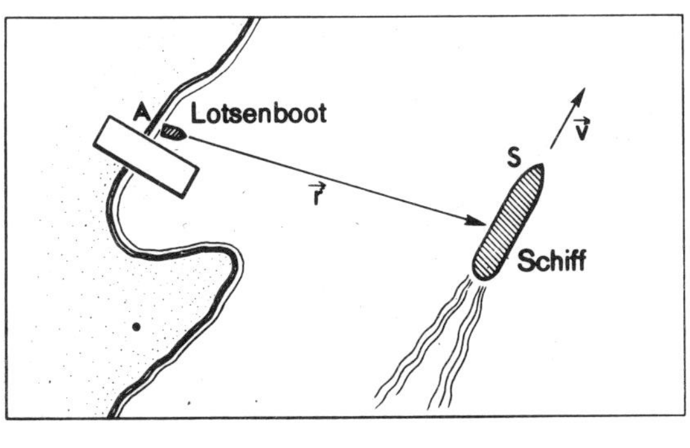

Bild 12.34. Zur Aufgabe 13

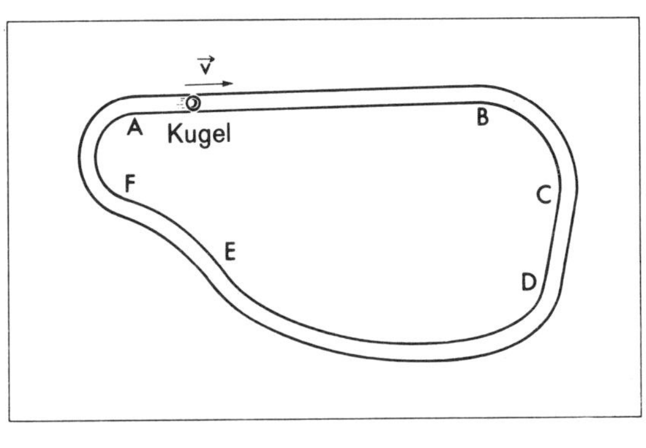

Bild 12.35. Zur Aufgabe 22

c) Berechnen Sie seine Änderung zwischen der 0. und der 15. Sekunde.
d) Berechnen Sie die Intervallbeschleunigung innerhalb dieser Zeit.

25.* Man beschreibe die Bewegung einer Schaukel in Bezug auf eine gleiche Schaukel, die zur gleichen Zeit in der gleichen Richtung angestoßen wird.

26.* Wie erscheint die Bewegung der linken Kugel in Bild 12.17 für eine Fliege, die auf der rechten Kugel sitzt?

27. Ein Käfer bewegt sich von der Mitte einer Schallplatte mit konstanter Geschwindigkeit auf einen Punkt am Rande des Plattentellers zu. Man beschreibe die Bewegung des Käfers, wenn der Plattenspieler 16 Umdrehungen in der Minute macht und das Insekt 15 s benötigt, um vom Mittelpunkt zum Rand der Schallplatte zu gelangen.

28. Der Radius der Marsbahn um die Sonne ist 1,5 mal so groß wie der Radius der Erdbahn. Die Umlaufzeit des Mars ist etwa doppelt so groß wie die der Erde.
a) Man zeichne maßstabgerecht das „Sonnensystem" aus diesen beiden Planeten und der Sonne und konstruiere die Ortsvektoren der Erde zum Mars im Abstand von jeweils einem halben Erdmonat für zwei vollständige Umläufe der Erde um die Sonne.
b) Man zeichne mit Hilfe dieser Vektoren die Bahnkurve des Mars relativ zur Erde.
c) Wie oft scheint sich innerhalb von 2 Jahren der Mars von der Erde aus gesehen rückläufig zu bewegen?

29. Ein Flugzeug, das mit einer Geschwindigkeit von $320\ \frac{\text{km}}{\text{h}}$ genau nordwärts fliegt, kreuzt den Kurs eines anderen Flugzeugs, das sich nach Osten mit $260\ \frac{\text{km}}{\text{h}}$ bewegt.
a) Wie sehen die Horizontalkomponenten des Wegvektors des zweiten Flugzeugs relativ zum ersten Flugzeug 20 min und 50 min nach dem Zusammentreffen aus?
b) Welches ist die Horizontalkomponente des Geschwindigkeitsvektors des nach Osten fliegenden Flugzeugs relativ zu dem ersten?
c) Ändert sich die Richtung dieses Geschwindigkeitsvektors relativ zur Erde?

30. Ein Flugzeug startet von einem Flugplatz in südlicher Richtung und hält die Geschwindigkeit von $4{,}0\ \frac{\text{km}}{\text{min}}$ über Grund ein, während es um $0{,}30\ \frac{\text{km}}{\text{min}}$ steigt. Nach 0,50 min Flugzeit dreht es nach Osten und steigt weiter mit derselben Geschwindigkeit und derselben Steigrate. Für das Ende der ersten Minute nach dem Start soll beantwortet werden:
a) Wie hoch ist das Flugzeug?
b) In welcher Richtung vom Flugplatz befindet es sich?
c) Wie weit ist der Punkt auf dem Boden unterhalb des Flugzeugs vom Startplatz entfernt?
d) Wie groß ist die Entfernung Flugzeug-Startplatz?

31. Ein Marineflieger befindet sich 600 sm südlich seines Flugzeugträgers. Der Träger steuert mit einer Geschwindigkeit von 25 kn (1 Knoten = 1 Seemeile pro Stunde) auf dem Kurs N 15° O. Der Wind weht aus N 70° W mit 40 kn. Welchen Kurs muß der Pilot einschlagen und wie groß muß seine Geschwindigkeit gegenüber der Luft sein, wenn er in genau zwei Stunden den Träger erreichen will?

32. Ein Ozeandampfer fährt mit einer Geschwindigkeit von $18\ \frac{\text{km}}{\text{h}}$. Ein Passagier wandert auf dem Deck mit $4\ \frac{\text{m}}{\text{s}}$ zum Heck. Nach 30 m wendet er sich nach rechts und geht mit gleicher Geschwindigkeit auf die Reeling zu, die er nach 12 m Weg erreicht.
a) Wie groß ist seine Geschwindigkeit gegenüber dem Wasser auf dem Wege zum Heck und auf dem Wegstück zur Reeling?
b) Man zeichne die Wegvektoren für seinen Spaziergang an Bord relativ zum Wasser. Wie groß ist der Gesamtweg vom Ausgangspunkt?

13. Grundgesetz der Mechanik

Wagen bewegen sich auf der Autobahn, sie fädeln sich in den Verkehrsstrom ein und scheren wieder aus. Verkehrsflugzeuge ziehen hoch über uns ihre Bahn. Künstliche Satelliten umkreisen die Erde. Die Sterne vollführen ihre regelmäßigen Bewegungen. Was liegt all diesen Bewegungen zugrunde? Was setzt einen Gegenstand in Bewegung? Gibt es eine allen Bewegungen gemeinsame Ursache? Ist überhaupt eine Ursache erforderlich?

Bisher haben wir uns in der Physik vorwiegend damit befaßt, eine Methode zu entwickeln, wie man physikalische Erscheinungen beschreiben und untersuchen kann. Es wurden die räumlichen Ausdehnungen von Atomen und die Entfernungen zu den Sternen bestimmt sowie die zeitliche Dauer von Vorgängen gemessen. Wir haben gelernt, wie man den Winkel der Reflexion vorhersagen und das Bild der Interferenz von Wellen deuten kann. Innerhalb der Untersuchung von Bewegungen nennt man diese systematische Beschreibung der beobachteten Vorgänge *Kinematik* (Kapitel 11). In der Kinematik werden die Bewegungen beschrieben, ohne daß man nach ihrer Entstehung fragt. Eine solche Beschreibung erlaubt die Berechnung von Bahnen. Damit läßt sich aber noch kein Gegenstand in Bewegung setzen, keine Bewegung steuern; auch die Hintergründe des Geschehens können nicht erkannt werden. In dem folgenden Teil des Buches soll der nächste Schritt getan werden: Wir werden die Ursachen der Bewegungen oder der Bewegungsänderungen untersuchen. Dieses Gebiet bezeichnet man als *Dynamik*.

Newtons Bewegungsgesetz, das als *Grundgesetz der Dynamik* bezeichnet wird, geht über die kinematische Beschreibung hinaus. Man wendet es beispielsweise an, wenn man den Antrieb einer Rakete berechnet und einen künstlichen Satelliten startet. Wir werden das Grundgesetz nach seiner Herleitung auf die Bewegungen des Mondes und der Planeten anwenden. Dadurch wird sich eine schon von *Newton* entdeckte Beziehung zwischen der Umlaufzeit eines Planeten um die Sonne und der Gravitationsanziehung zwischen materiellen Körpern ergeben. Später wird das gleiche Gesetz bei der Untersuchung elektrischer Kräfte helfen und einen Zugang zum Verständnis atomarer Vorgänge eröffnen. *Ein* Gesetz beherrscht die Bewegung in all diesen Bereichen.

In der Vielfalt der Bewegungen zusammengesetzter Körper werden sich Ansätze zum Vereinfachen zeigen. Mit Hilfe des Grundgesetzes der Dynamik lassen sich in den verschiedenartigen Bewegungen (Fliegen, Fallen, Schwingen, . . .) Eigenschaften finden, die unverändert bleiben. Neue Größen werden eingeführt, die erhalten bleiben, auch wenn sich alles andere ändert. Diese *Erhaltungsgesetze* führen über den Bereich der Mechanik hinaus. Man kann mechanische Energie beispielsweise in elektrische Energie umwandeln. Doch um den Begriff der Energie zu verstehen, beginnen wir mit dem Grundgesetz der Mechanik.

13.1. Vorstellungen über Kraft und Bewegung

Schon vor zweieinhalb Jahrtausenden machte sich der Mensch Gedanken über die Ursache von Bewegungen. Doch unsere heutigen Vorstellungen entwickelten sich erst in der Zeit von *Galilei* (1564 bis 1642) und *Newton* (1642 bis 1727).

Wir wollen im Bereich unserer eigenen persönlichen Erfahrung beginnen. Was ist mit der „Ursache einer Bewegung" gemeint? Zunächst denkt man an Ziehen oder Stoßen mit Hilfe unserer Muskeln (Bild 13.1). Um ein Klavier durch ein Zimmer zu bewegen, muß man es kräftig schieben. Um ein Blatt Papier vom Tisch zu bewegen, genügt ein geringer Anstoß. Ziehen, Schieben und Stoßen lassen sich zusammenfassend als „Kraftanwendung" bezeichnen. Der in der Physik gebrauchte *Kraftbegriff* hat sich sicher in dieser Weise herausgebildet. Mit zunehmendem Verständnis erweiterte sich dann der Begriff der Kraft und schloß alle Ursachen von Bewegungen ein. Die anziehende Wirkung eines Magneten auf einen Nagel ist eine Kraft; sie kann die Bewegung des Nagels in der gleichen Weise ändern wie eine Muskelkraft.

Die Beziehung zwischen *Kraft* und *Bewegung* soll nun genauer untersucht werden. Nehmen wir an, ein Tisch soll durch das Zimmer geschoben werden. Dann muß

Bild 13.1. Wenn man zieht oder schiebt, übt man eine „Kraft" aus.

Bild 13.2. Gleichförmige Bewegung scheint eine gleichmäßig wirkende Kraft zu erfordern.

ständig eine Kraft wirken, um den Tisch in Bewegung zu halten. Entsprechend muß ein Pferd ständig den Wagen ziehen, damit er mit konstanter Geschwindigkeit rollt. Die tägliche Erfahrung führt offenbar zu dem Schluß, daß zur Aufrechterhaltung einer Bewegung ständig eine Kraft wirken muß.

Um eine geradlinige Bewegung mit konstanter Geschwindigkeit zu bewirken, muß scheinbar eine konstante Krafteinwirkung vorhanden sein (Bild 13.2). *Aristoteles* (384 bis 322 v. Chr.) hatte diese Tatsache bereits bemerkt. Er schloß: Man braucht eine konstante Kraft, um eine konstante Geschwindigkeit zu erzielen. Infolgedessen würden Körper zur Ruhe kommen, wenn keine Kraft auf sie einwirkt.

Diese Hypothese, daß Körper beim Fehlen äußerer Kräfte zur Ruhe kommen und in Ruhe bleiben, erleichtert das Verständnis vieler beobachteter Bewegungsabläufe. Aber sie erklärt nicht alle in der Natur vorkommenden Bewegungen. Beispielsweise nahmen die Griechen wahr, daß ein Körper, auf den keine sichtbare äußere Kraft wirkt, mit wachsender Geschwindigkeit zur Erde fällt. Ihnen waren die Bewegungen von Sonne, Mond und Gestirnen vertraut, die ohne Ziehen oder Schieben vor sich gehen. Somit gab es scheinbar drei unterschiedliche Bewegungsarten. Eine Erklärung darf sich aber nicht auf die Bewegung gezogener oder geschobener Körper auf der Erdoberfläche beschränken. Wir müssen auch die Bewegung der fallenden Körper und die ständige Bewegung der Himmelskörper erklären können. *Aristoteles* erklärte: Gewöhnliche Materie fällt in Richtung auf die Erde. Diese ist das Zentrum der Welt, auf das sich die Materie naturnotwendig hin bewegt. Er nahm an: Materie der Himmelskörper ist grundlegend von der Materie auf der Erde verschieden. Daher gelten für sie andere Gesetze. Nach der Vorstellung von *Aristoteles* hat die himmlische Materie die ihr innewohnende Eigenschaft, daß sie von innen heraus die zum Beibehalten der Bewegung nötige Kraft liefern kann.

Man sollte diese getrennten Erklärungen für die drei verschiedenen Arten der beobachteten Bewegungen nicht für töricht halten. Wir machen es oft ganz genau so. Zieht ein metallischer Gegenstand eiserne Nägel an, so bezeichnen wir ihn als Magneten. Wir unterscheiden ihn beispielsweise vom Holz als eine besondere Art der Materie. Das magnetische Verhalten können wir völlig getrennt vom nichtmagnetischen Verhalten untersuchen. Wenn ein Kamm unser Haar anzieht, so bezeichnen wir ihn als elektrisch. Wir können sein elektrisches Verhalten unabhängig von seinem gewöhnlichen mechanischen Verhalten betrachten. Wie auch die Griechen versuchen wir alle unsere Beobachtungen zu erklären. Doch setzen wir uns dabei ein anderes Ziel. Wir möchten möglichst viele Erscheinungen durch möglichst wenige Annahmen erklären. Nicht für jede neue Beobachtung soll ein neues Modell entworfen werden. Beispielsweise werden wir Holz, Magnete und elektrische Kämme mit einem einzigen Modell beschreiben, das so einfach wie möglich ist. In gleicher Weise versuchen wir, alle Bewegungsvorgänge in einer Theorie (und nicht in drei verschiedenen) zu erklären.

Ein moderner Aristoteles würde die unaufhörliche Bewegung der Himmelskörper kaum durch die Annahme einer ganz andersartigen Materie deuten. Wir können unsere irdische Materie in den Weltraum senden. Die Bewegungen auf der Erde und die Bewegungen der Planeten lassen sich nicht mehr voneinander trennen. Die künstlichen Satelliten liefern den Beweis, daß man zwischen irdischer und außerirdischer Materie nicht unterscheiden sollte. Die Bewegung fallender

Körper und die Bewegung außerirdischer Körper werden durch das gleiche Gesetz beschrieben wie die Bewegung der Körper, die man auf der Erdoberfläche zieht oder schiebt. Ein einziges fundamentales Gesetz beschreibt alle Bewegungen. Nach diesem Gesetz entwirft, baut und startet der Mensch die Satelliten. Ihr Verhalten ist einer von vielen Beweisen, daß *Newtons* Bewegungsgesetz die drei von *Aristoteles* angegebenen Bewegungsarten umfaßt.

13.2. Kräftefreie Bewegung

Zweitausend Jahre lang bestimmten die Vorstellungen von *Aristoteles* das Denken der Physiker. Die offensichtliche Verschiedenheit zwischen der Bewegung am Himmel und auf der Erde verhinderte wesentliche Fortschritte in der Dynamik. Im 17. Jahrhundert unternahm dann *Galilei* den ersten großen Schritt in Richtung auf eine einheitliche Erklärung beider Bewegungsarten. Er behauptete: „Ein Körper behält die ihm einmal erteilte Geschwindigkeit unverändert bei, so lange keine Ursachen für eine Beschleunigung oder Verlangsamung vorhanden sind. Diese Bedingung ist angenähert nur auf horizontalen Ebenen erfüllt, wenn die Reibung weitgehend ausgeschaltet wurde." Diese Feststellung enthält das *Trägheitsgesetz* von *Galilei: Wenn auf einen Körper keine Kraft ausgeübt wird, so bleibt er in Ruhe oder bewegt sich geradlinig mit konstanter Geschwindigkeit.*

Wie kam *Galilei* zu der überraschenden und der täglichen Erfahrung scheinbar widersprechenden Hypothese, daß eine gleichförmige Bewegung keine Kraft erfordert? Er untersuchte die Bewegungen verschiedener Körper auf einer geneigten Ebene. Dabei bemerkte er: „Ist die Ebene abwärts geneigt, so liegt eine Ursache für eine Beschleunigung vor. Ist die Ebene aufwärts geneigt, so findet eine Verzögerung statt" (Bild 13.3). Aus dieser Erfahrung folgerte er: Wenn die Ebene weder auf- noch abwärts geneigt ist, dann sollte weder Beschleunigung noch Verzögerung auftreten. Oder: „Die Bewegung auf einer horizontalen Ebene sollte eine konstante Geschwindigkeit haben." Natürlich wußte *Galilei*, daß solche horizontalen Bewegungen in Wirklichkeit nicht gleichförmig sind. Doch er beobachtete, daß sich bei einer Verringerung der Reibung die Körper eine längere Zeit mit nahezu konstanter Geschwindigkeit bewegen. Deshalb war er überzeugt, daß die Reibung eine Kraft ist, die den Körper bei der horizontalen Bewegung abbremst. Beim Fehlen aller Kräfte würde sich der Körper unaufhörlich weiter bewegen. Er formulierte somit sein Ergebnis für den idealisierten Fall, in dem keine Kräfte wirken.

In einer zweiten Serie von Versuchen stellte *Galilei* zwei geneigte Ebenen einander gegenüber (Bild 13.4 oben). Eine Kugel startet aus der Ruhe und rollt die erste Ebene hinunter. Sie rollt dann die zweite Ebene hinauf, bis sie fast ihre ursprüngliche Höhe erreicht. Die Reibung hindert sie daran, die volle Höhe zu erreichen. Doch *Galilei* erkannte, daß diese Höhe die Grenze für die Bewegung darstellt. Er überlegte: Verringert man die Neigung der zweiten, ansteigenden Ebene (Bild 13.4 Mitte), wird die Entfernung wachsen, die der Körper zum Erreichen der ursprünglichen Höhe auf der zweiten Ebene zurücklegt. Geht die Neigung auf Null zurück (Bild 13.4 unten), so daß die zweite Ebene horizontal liegt, dann wird der Körper nie seine Anfangshöhe erreichen. Er wird sich unaufhörlich weiterbewegen. *Galilei* folgerte daraus: „Die Bewegung auf einer horizontalen Ebene bleibt fortwährend erhalten."

Galileis Experimente sind nicht schwer auszuführen. Es gibt auch keinen Hinweis darauf, daß er dabei sehr genau gewesen ist. Einige waren keine „wirklichen"

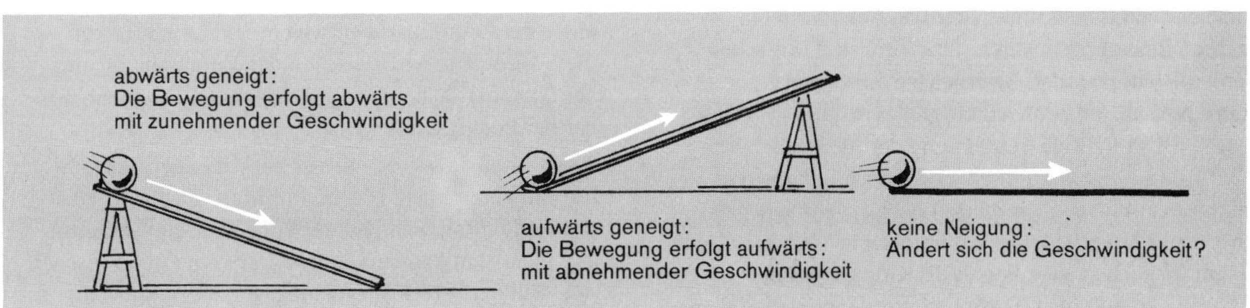

Bild 13.3. Aus der Beobachtung der Bewegung auf geneigten Ebenen schloß *Galilei*, daß die Bewegung auf einer horizontalen Ebene gleichförmig sein müsse.

Rollt die Kugel nach unten, so nimmt ihre Geschwindigkeit zu. Rollt die Kugel nach oben, so nimmt ihre Geschwindigkeit ab. Rollt die Kugel weder nach unten noch nach oben, wie ändert sich dann ihre Geschwindigkeit?

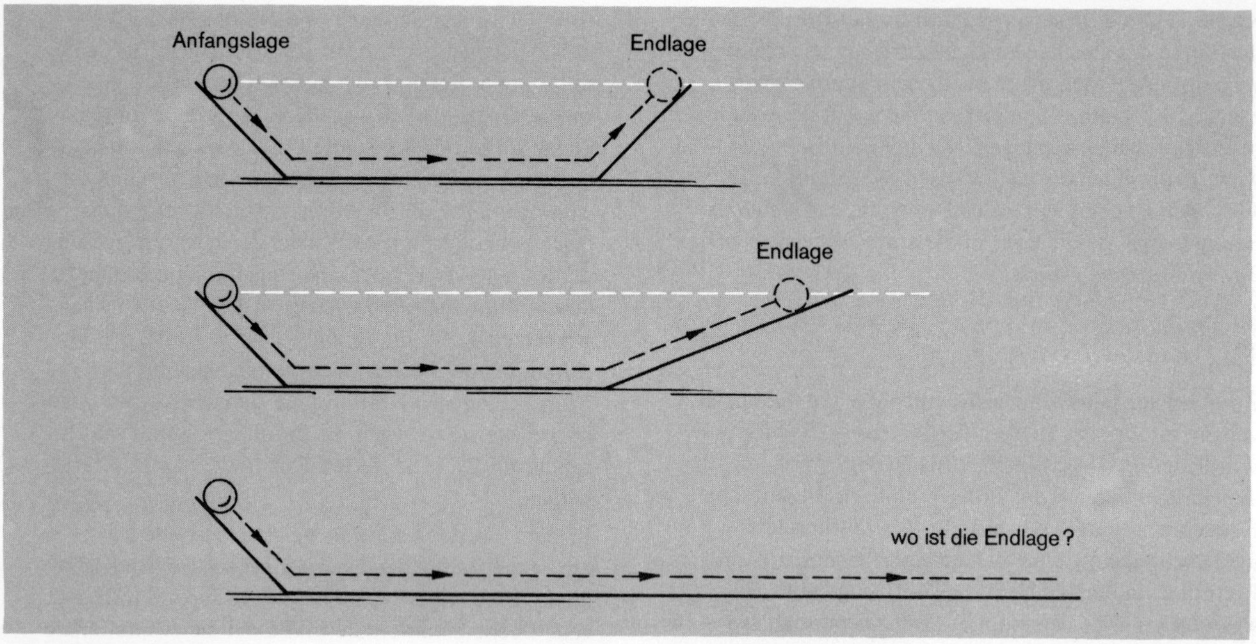

13.4. *Galilei* beobachtete, daß eine Kugel auf der gegenüberliegenden schiefen Ebene zur gleichen Höhe hochrollt, auf der sie sich vorher befand. Die erreichte Höhe hängt nicht von der Neigung der schiefen Ebene ab. Nimmt man nun die Neigung Null, so kann die ursprüngliche Höhe nie erreicht werden. Daher müßte die Bewegung auf einer horizontalen Ebene unaufhörlich andauern.

Experimente, wie etwa die Fortführung des Versuchs nach Bild 13.4 bis zum idealisierten Fall der fortwährenden Bewegung. Es handelte sich um Gedankenexperimente. Aber sie basierten auf sicheren Tatsachen. Gerade diese Verbindung zwischen Denken und Erfahrungstatsachen zeichnet *Galileis* Werk aus. Sie ließ ihn die brauchbare Idealisierung aus der Vielfalt der beobachteten Bewegungen herausfinden. Sein Trägheitsprinzip erbrachte den großen Durchbruch, auf dem *Newton* die heutige Dynamik aufbauen konnte.

Viele der von *Galilei* und später von *Newton* untersuchten Bewegungen waren stark idealisiert. Sie scheinen nur wenig mit den Bewegungen wirklicher Systeme, wie wir sie beobachten, gemein zu haben. Doch gerade die sorgfältige Betrachtung der Idealfälle führte *Galilei* und *Newton* zu ihren großartigen Beiträgen in der Mechanik. Auch wir müssen die ganz einfachen und idealisierten Bewegungen untersuchen, um zu einem wirklichen Verständnis der Grundlagen der Dynamik zu kommen. Dann und nur dann werden wir in der Lage sein, die Dynamik auf verwickeltere Probleme unserer Umwelt anzuwenden.

Mit modernen Geräten kann man Versuche ausführen, die fast *Galileis* Idealfall der Bewegung ohne Einfluß von Kräften verwirklichen. Um die Stroboskop-Aufnahme von Bild 13.5a zu erhalten, wurde ein scheibenförmiger Körper mit Trockeneis, ein „Puck", verwendet, der auf einem Gaspolster über eine Glasscheibe gleitet. Auf dem tragenden Gaspolster verläuft die Bewegung fast reibungsfrei. Bild 13.5b zeigt den verwendeten Puck. Er besteht aus einer schweren Metallscheibe, die an der Unterseite gut poliert ist und die einen Behälter trägt, in den Stücke Trockeneis eingefüllt werden. Dies feste Kohlendioxid verwandelt sich allmählich in Gas, das durch eine kleine Düse in der Mitte der Grundplatte entweicht (Bild 13.5c). Auf diese Weise entsteht zwischen der Metallscheibe und der Glasoberfläche ständig eine dünne Gasschicht, auf der der Puck gleitet.

Das Bild 13.5a wurde mit stroboskobischer Beleuchtung aufgenommen. Das Licht blitzte 24 mal in 10 s (also jede $\frac{10}{24}$ s), während der Puck über die Glasunterlage glitt. Man kann erkennen: Der vom Puck zwischen zwei Blitzen zurückgelegte Weg ist nahezu konstant. Die Geschwindigkeit ändert sich kaum. Aus solchen Versuchen läßt sich berechnen, daß der Puck etwa einen halben Kilometer weit gleiten würde, wenn er mit einer Anfangsgeschwindigkeit von 10 $\frac{km}{h}$ auf einer (genügend langen) ebenen Glasfläche startete.

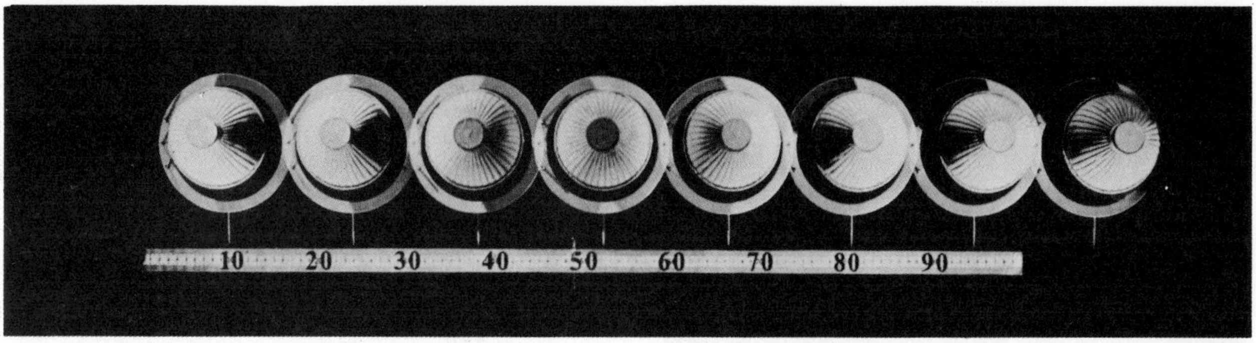

Bild 13.5a. Bewegung eines Trockeneispucks. Der Puck bewegte sich von links nach rechts, während die Stroboskoplampe 24 mal in 10 s, also jede 10/24 s blitzte. Die Angaben des Meßstabes bedeuten Zentimeter. Dieser Versuch stellt eine gute Annäherung an den Idealfall der kräftefreien Bewegung dar. Der Puck legt in gleichen Zeiten angenähert die gleichen Wege zurück.

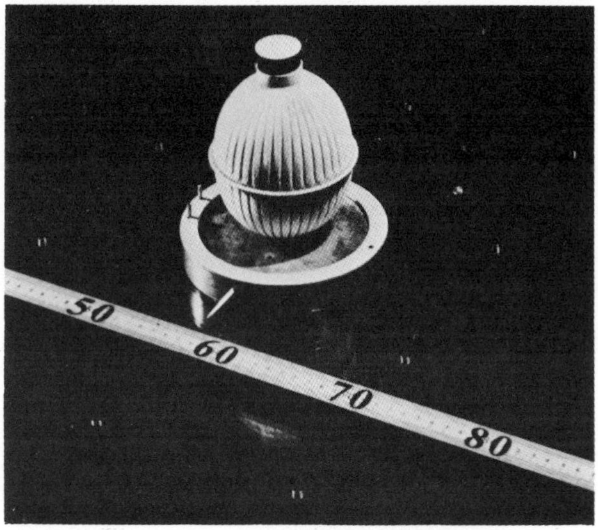

Bild 13.5b. Ein Trockeneispuck, wie er für die Versuche verwendet wurde, ruht auf einer glatten Glasfläche. Mit ihm läßt sich eine fast reibungsfreie Bewegung untersuchen.

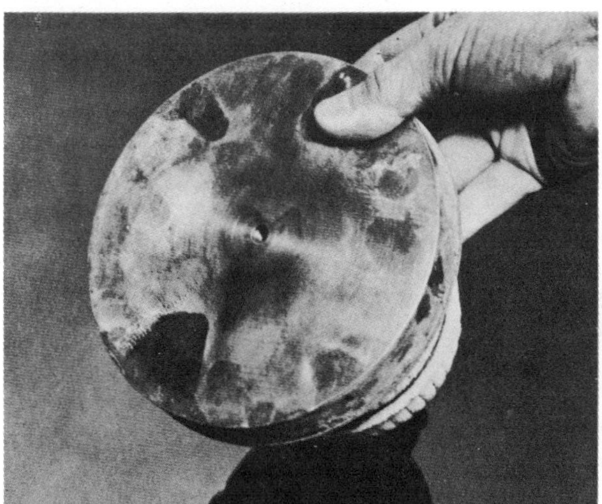

Bild 13.5c. Das Trockeneis im Innern verdampft, und das entstehende Gas strömt durch das Loch in der Bodenplatte.

13.3. Geschwindigkeitsänderung unter Einwirkung einer konstanten Kraft

Galileis Trägheitsgesetz besagt: Ein Körper, auf den keine Kraft wirkt, bewegt sich mit unveränderter Geschwindigkeit. Ändert sich nun die Geschwindigkeit des Körpers, so können wir daraus auf das Einwirken einer Kraft schließen. Welche Beziehung besteht zwischen der Änderung der Geschwindigkeit und der wirkenden Kraft?

Die Untersuchung dieser Frage soll mit dem denkbar einfachsten Versuch beginnen: Auf einen einzigen Körper wirkt eine einzige Kraft. Um andere Einflüsse auszuschalten, verwenden wir wieder die Trockeneispucks auf der Glasscheibe, mit denen wir die kräftefreie Bewegung untersucht haben. Dann ist die von uns ausgeübte Kraft die einzige, die wir berücksichtigen müssen.

Wir brauchen ein Verfahren, mit dem sich feststellen läßt, ob die ausgeübte Kraft konstant ist. Zu diesem Zweck verwendet man einen federnden Ring und befestigt ihn am Puck (Bild 13.6a). Es ist eine Erfahrungstatsache, daß die von einer Feder ausgeübte Kraft in bestimmter Weise mit der Ausdehnung der Feder anwächst. Wenn man nun eine bestimmte Feder nimmt und sie immer um einen bestimmten Betrag auszieht, dann wird sie dabei stets die gleiche Kraft ausüben. Wir machen folgende Annahme: Die von der Feder ausgeübte Kraft ist gleich groß, wenn die Feder die gleiche Ausdehnung erfährt (Bild 13.6b). Nun ziehen wir den Puck so, daß die Feder immer um den gleichen Betrag gedehnt ist, und registrieren die Bewegung durch eine Stroboskop-Aufnahme. Das Ergebnis eines solchen Versuchs zeigt Bild 13.7. Die Lichtblitze erfolgen in Abständen von $\frac{10}{24}$ s. Der jeweilige Ort des Pucks ist gut zu erkennen. An der Form des Federrings sieht man, daß die Dehnung der Feder konstant blieb. Der Puck startete aus der Ruhe und bewegte sich geradlinig in Richtung der

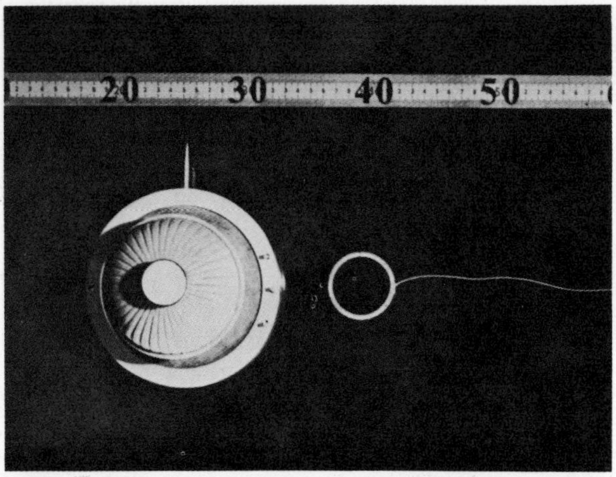

a)

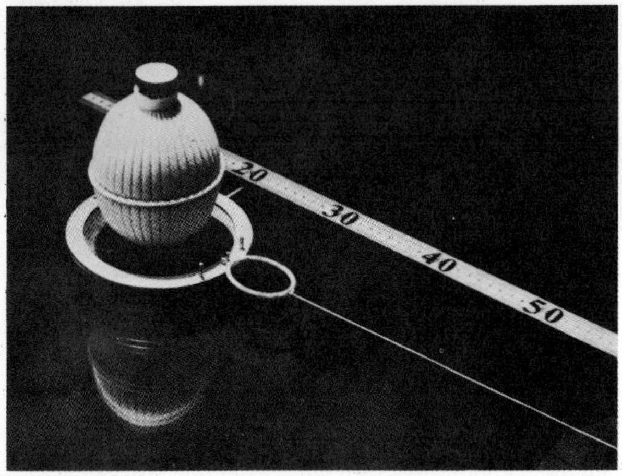

b)

Bild 13.6.

a) Ungespannter Federring vor der Befestigung am Puck;

b) Gespannter Federring. Wenn die Feder bis zum gleichen bestimmten Betrag ausgezogen ist, scheint sie die gleiche Kraft auszuüben.

Tabelle 1: Versuchsergebnisse nach Bild 13.7

Intervall	Ort x in cm	Intervallgeschwindigkeit $v_m = \frac{\Delta x}{\Delta t}$ in $\frac{\text{cm}}{\text{Blitzintervall}}$	Änderung Δv der Intervallgeschwindigkeit in $\frac{\text{cm}}{\text{Blitzintervall}}$
1	4,1	4,1	
2	10,4	6,3	2,2
3	19,2	8,8	2,5
4	30,4	11,2	2,4
5	44,0	13,6	2,4
6	60,1	16,1	2,5
7	78,6	18,5	2,4

Der Nullpunkt der x-Achse wurde in den Ort des Pucks beim ersten Lichtblitz gelegt. Von diesem Punkt aus wird der Ort x am Ende des betrachteten Intervalls gemessen. Wenn wir die Intervallgeschwindigkeit in $\frac{\text{cm}}{\text{Blitzintervall}}$ angeben, dann stimmt ihr Zahlenwert mit dem des im Intervall zurückgelegten Weges überein. Die letzte Spalte gibt die Änderung der Intervallgeschwindigkeit Δv von einem Intervall bis zum nächsten an. Man erkennt, daß Δv innerhalb der Grenzen der Meßgenauigkeit bei unserem Versuch konstant ist. Der Wert beträgt $\Delta v = 2{,}4 \frac{\text{cm}}{\text{Blitzintervall}}$. Da ein Blitzintervall die Dauer $\frac{10}{24}$ s hat, ergibt sich $\Delta v = 2{,}4 \frac{\text{cm}}{\frac{10}{24}\,\text{s}} = 5{,}8 \frac{\text{cm}}{\text{s}}$ als Änderung der Intervallgeschwindigkeit im Zeitintervall $\Delta t = \frac{10}{24}$ s.

ausgeübten Kraft. Daher läßt sich die Bewegung mit den Hilfsmitteln aus Kapitel 11 näher untersuchen. In die Bewegungsrichtung des Pucks wird die positive Richtung der x-Achse eines Koordinatensystems gelegt. Offensichtlich wächst der in gleichen Zeitinter-

Bild 13.7. Die Stroboskop-Aufnahme zeigt den Puck, der von links nach rechts gezogen wird. Die Lichtblitze hatten einen Abstand von 10/24 s. Die wirkende Kraft wurde dadurch konstant gehalten, daß man die Federdehnung konstant hielt. Die vom Puck in jedem Zeitintervall zurückgelegten Wege wurden gemessen und in Tabelle 1 aufgetragen.

vallen Δt (zwischen zwei Blitzen) zurückgelegte Weg Δx an. Daher hat auch die Intervallgeschwindigkeit $v_m = \frac{\Delta x}{\Delta t}$ des Pucks (nach rechts hin) in jedem Zeitintervall größere Werte. Mißt man die jeweiligen Wege Δx, so läßt sich die Änderung der Intervallgeschwindigkeit quantitativ erfassen.

Aus der Erläuterung der Tabelle 1 entnimmt man, daß in jedem Zeitintervall $\Delta t = \frac{10}{24}$ s nach Beginn der Bewegung die Intervallgeschwindigkeit um etwa $\Delta v = 5{,}8\ \frac{cm}{s}$ angewachsen ist. Diese Geschwindigkeitsänderung ist innerhalb der Grenzen der Meßgenauigkeit konstant. Teilt man nun die Änderung Δv durch die Dauer Δt eines Intervalls, so erhält man

$\frac{\Delta v}{\Delta t} = \frac{5{,}8\ \frac{cm}{s}}{\frac{10}{24}\ s} = 14\ \frac{cm}{s^2}$. Die Intervallgeschwindigkeit änderte sich mit der konstanten Rate $\frac{\Delta v}{\Delta t} = 14\ \frac{cm}{s^2}$.

Wenn sich die Intervallgeschwindigkeit während der Bewegung mit einer konstanten Rate ändert, so kann man sicher annehmen, daß sich die Momentangeschwindigkeit v mit der gleichen konstanten Rate ändert. Daher ist die Änderung der Geschwindigkeit v in jedem Zeitintervall Δt gleich

$$\Delta v = 14\ \frac{cm}{s^2}\ \Delta t.$$

Setzt man für die Zeit Δt einen bestimmten Wert ein, so erhält man den zugehörigen Geschwindigkeitszuwachs Δv des Pucks.

Der Wert $14\ \frac{cm}{s^2}$ ergab sich bei diesem Versuch, weil ein bestimmter Körper mit einer bestimmten Kraft gezogen wurde. Übt man auf andere Körper z.B. durch Ziehen andere Kräfte aus, so erhält man andere Werte des Proportionalitätsfaktors. Doch stimmen alle Versuche mit dem beschriebenen darin überein: *Wirkt auf den Körper eine konstante Kraft, so ist die Geschwindigkeitsänderung Δv proportional zur Zeitdauer Δt der Krafteinwirkung.*

13.4. Abhängigkeit der Geschwindigkeitsänderung von der Kraft

Was geschieht nun, wenn auf den gleichen Körper unterschiedliche, aber jeweils konstante Kräfte wirken? Wir wollen zunächst die Kraft verdoppeln. Diese einfache Forderung wirft ein neues Problem auf. Durch die Verwendung des Federrings hat man die subjektive Beurteilung der Kraft ausgeschaltet. An der stets gleichen Dehnung des Ringes ließ sich erkennen, daß die Kraft während des Versuches konstant geblieben war. Doch wie kann man am Ring erkennen, ob die Kraft gerade doppelt so groß ist?

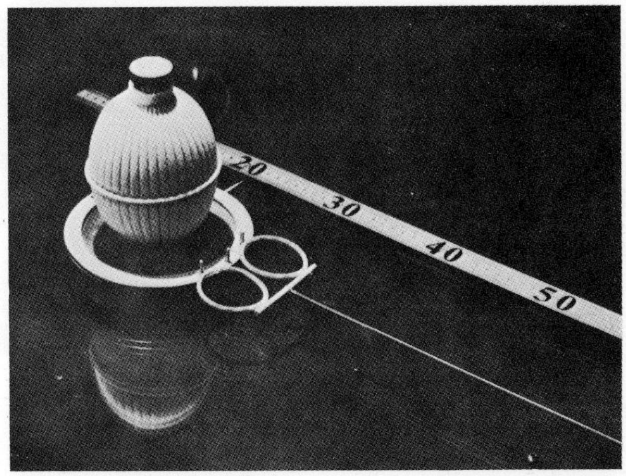

Bild 13.8. Um die doppelte Kraft auf den Puck auszuüben, befestigt man zwei gleiche Federn am Puck.

Ein einfaches Verfahren zur Verdoppelung der Kraft liefert die folgende vertraute Tatsache: Zwei Männer können stärker ziehen als ein einziger. Beispielsweise können zwei Männer einen festgefahrenen Wagen anschieben, den einer allein nicht bewegen konnte.

Entsprechend kann man zwei Federn am Puck anbringen, um die doppelte Kraft einer Feder zu erreichen. Wir benötigen dazu eine zweite Feder, die mit der ersten möglichst vollkommen übereinstimmt. Zieht man die zweite Feder um das gleiche Stück aus, so soll sie die gleiche Kraft ausüben. Davon kann man sich überzeugen, indem man den Versuch des Bildes 13.7 mit der zweiten Feder wiederholt. Wenn die Kraft die gleiche wie bei der ersten Feder ist, so nimmt die Geschwindigkeit des Pucks in gleicher Weise zu. Dadurch läßt sich experimentell zeigen, daß die zweite Feder die gleiche Kraft wie die erste ausübt.

Nun können wir die doppelte Kraft auf den Puck einwirken lassen. Wir haken beide Federringe nebeneinander an den Puck und ziehen beide in gleicher Richtung (Bild 13.8). Wir sorgen dafür, daß jede Feder um den gleichen Betrag ausgedehnt wird wie beim ersten Versuch mit einer Feder. Die Bewegung des Pucks wird wieder durch eine Stroboskop-Aufnahme festgehalten (Bild 13.9). Wir haben bei diesem Versuch die Kraft auf den Puck verdoppelt, während alle anderen Bedingungen ungeändert bleiben. Die Ergebnisse wurden aus Bild 13.9 entnommen und in die Tabelle 2 eingetragen.

Anstelle von $\Delta v = 14\ \frac{cm}{s^2}\ \Delta t$ erhält man nun $\Delta v = 28\ \frac{cm}{s^2}\ \Delta t$. Setzen wir die Dauer Δt der Krafteinwirkung in s ein, so erhalten wir die Geschwindigkeitszunahme in $\frac{cm}{s}$.

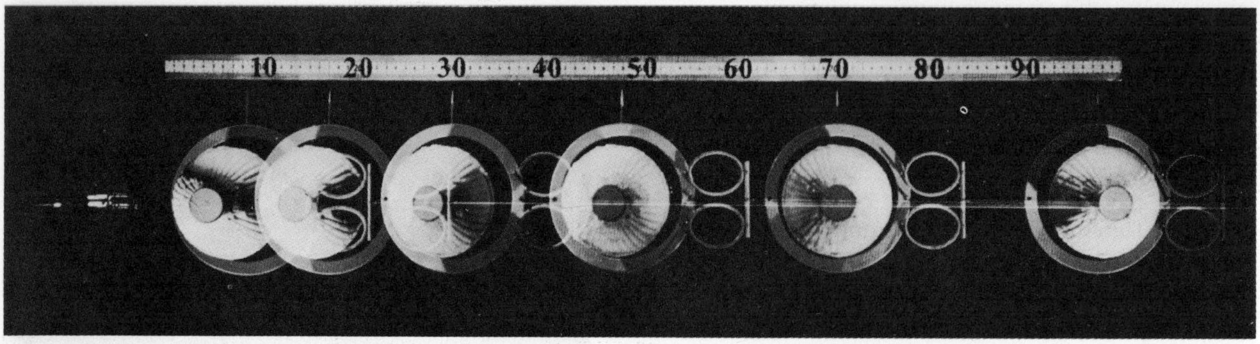

Bild 13.9. Der Puck des ersten Versuchs wird mit einer Kraft beschleunigt, die doppelt so groß wie vorher ist. Das Zeitintervall zwischen den Blitzen beträgt wieder 10/24 s.

Tabelle 2: Ergebnisse des Versuchs nach Bild 13.9

Intervall	Ort x in cm	Intervall-geschwindigkeit $v_m = \frac{\Delta x}{\Delta t}$ in $\frac{\text{cm}}{\text{Blitzintervall}}$	Änderung Δv der Intervallgeschwindigkeit in $\frac{\text{cm}}{\text{Blitzintervall}}$
1	8,4	8,4	
2	21,5	13,1	4,7
3	39,3	17,8	4,7
4	61,9	22,6	4,8
5	89,3	27,4	4,8

Dieses sind die Ergebnisse eines Versuches, bei dem bei sonst gleichen Versuchsbedingungen die ausgeübte Kraft doppelt so groß war wie im ersten Versuch (Tabelle 1). Die Zeit zwischen den Blitzen betrug wieder $\frac{10}{24}$ s. Man erkennt, daß die Änderung der Intervallgeschwindigkeit und damit auch die Änderung der Momentangeschwindigkeit gerade doppelt so groß ist wie vorher.

Weitere Experimente zeigen, daß sich dieses Ergebnis verallgemeinern läßt. Immer wenn die Kraft auf einen Körper verdoppelt wird, verdoppelt sich auch die Rate, in der sich die Geschwindigkeit ändert. Verdreifacht man die Kraft, indem man drei gleiche Federringe nebeneinander einhakt, so verdreifacht sich auch die Rate der Geschwindigkeitszunahme. Als Ergebnis vieler derartiger Versuche läßt sich aussagen: Die Änderung Δv der Geschwindigkeit eines Körpers in einer bestimmten Zeit Δt ist der Kraft F proportional, die auf den Körper einwirkt.

Damit haben wir zwei Ergebnisse erhalten:

1. Die Geschwindigkeitsänderung Δv ist der Dauer Δt der Einwirkung einer konstanten Kraft F proportional.
2. Die Geschwindigkeitsänderung Δv in einer bestimmten Zeit Δt ist der einwirkenden Kraft F proportional.

Diese Ergebnisse lassen sich in einer Aussage zusammenfassen: *Die Geschwindigkeitsänderung* Δv *ist dem Produkt aus der Kraft* F *und der Zeit* Δt *ihres Einwirkens proportional:* $\Delta v \sim F\,\Delta t$.

13.5. Träge Masse

Die Geschwindigkeitsänderung Δv, die durch eine gegebene Kraft F in der Zeit Δt bewirkt wird, hängt auch vom Körper ab, auf den die Kraft wirkt. Läßt man die gleiche Kraft für die gleiche Zeit auf einen Fußball und auf einen Elefanten einwirken, so ändert sich die Geschwindigkeit des Elefanten weniger als die des Fußballs.

Weil größere Körper weniger leicht durch Kräfte beschleunigt werden, schreibt man die Proportionalität zwischen $F\,\Delta t$ und Δv in der Form:

$$F\,\Delta t = m\,\Delta v.$$

Die Proportionalitätskonstante m hängt vom beschleunigten Körper ab. Ihr Wert wächst mit der Größe des Körpers, zumindest wenn die Körper aus dem gleichen homogenen Stoff bestehen.

Die Konstante m wird die „träge Masse" des Körpers genannt. Durch Umformen der obigen Gleichung erhält man als Definition der trägen Masse eines gegebenen Körpers:

$$m = \frac{F\,\Delta t}{\Delta v}.$$

Dieser Ausdruck ist nach den Versuchsergebnissen für einen Körper konstant. Sein Wert sagt aus, wie schwer es ist, die Geschwindigkeit des Körpers zu ändern. Bekanntlich kann man für das Verhältnis $\frac{\Delta v}{\Delta t}$ den Betrag der Beschleunigung a einsetzen. (Die Beschleunigung hat die gleiche Richtung wie die Kraft.) Damit kann die träge Masse geschrieben werden als $m = \frac{F}{a}$. Je größer die Kraft F ist, die man zum Erreichen einer bestimmten Beschleunigung a ausüben muß, desto größer ist die träge Masse m des Körpers.

Ist nun die träge Masse m, d.h. das Maß für die Schwierigkeit, einen Körper zu beschleunigen, eine neue Eigenschaft von Körpern? Besteht keinerlei Beziehung zu schon Bekanntem? Ist sie eine bekannte Eigenschaft in einem neuen Gewand? Oder läßt sie sich aus bekannten Eigenschaften zusammensetzen? Um diese Fragen beantworten zu können, untersuchen wir den Zusammenhang zwischen der trägen Masse m eines Körpers und seiner Form, seiner Größe, seiner chemischen Zusammensetzung, kurz mit jeder anderen bekannten Eigenschaft des Körpers.

Dabei gehen wir natürlich nicht planlos vor. Das Beispiel vom Elefanten und Fußball zeigt, daß wir vernünftigerweise mit der Größe beginnen sollten. Allerdings ist das Volumen allein nicht entscheidend. Ein aufgeblasener Gummielefant (beispielsweise auf einem Wagen des Karnevalszuges) ist nicht so schwer zu beschleunigen wie ein echter Elefant. Wir sollten daher mit Körpern unterschiedlicher Größe beginnen, die aber aus dem gleichen Stoff zusammengesetzt sind. Es soll untersucht werden, wie sich die Verdoppelung der Größe des Körpers auswirkt, wobei die stoffliche Zusammensetzung erhalten bleibt. Das ist besonders einfach zu verwirklichen, wenn man zwei gleiche Pucks verwendet. Ob sie wirklich gleich sind, läßt sich dadurch entscheiden, daß die gleiche Kraft über eine gleiche Zeit auf jeden der beiden Körper ausgeübt wird. Wenn dann beide die gleiche Geschwindigkeit erreichen, haben sie die gleiche träge Masse m.

Nun ziehen wir die nebeneinandergesetzten gleichen Pucks, indem wir auf jeden die gleiche Kraft durch gleiche Federringe ausüben. Die beiden Pucks bewegen sich gemeinsam und erreichen gleiche Geschwindigkeitszunahmen Δv. Als nächstes verbinden wir die beiden Pucks fest miteinander und ziehen sie mit beiden nebeneinander gespannten Federn. Wir erwarten, daß die verbundenen Pucks sich in gleicher Weise bewegen wie vorher. Die Versuche bestätigen diese Vorhersage. Ziehen wir nun die verbundenen Pucks mit nur einer Feder, so wirkt nur noch die halbe Kraft. Und nach unseren bisherigen Kenntnissen erwarten wir für den doppelten Puck nur die Hälfte der Geschwindigkeitszunahme. Wieder bestätigt der Versuch diese Erwartung. Mit anderen Worten: Wenn wir eine bestimmte Kraft auf zwei Pucks wirken lassen, wird der verdoppelte Puck nur halb so stark beschleunigt.

In allen Versuchen mit dem doppelten Puck ist auch der Quotient $\frac{F}{a}$ doppelt so groß. Dieser Quotient wurde als träge Masse m des Körpers definiert. Es ergibt sich also die doppelte träge Masse, wenn man zwei gleiche Pucks zusammenkoppelt. Die Versuche zeigen: *Die träge Masse ist bei Körpern mit der gleichen stofflichen Zusammensetzung dem Volumen proportional.* Weitere Versuche, in denen unterschiedliche Anzahlen von Stücken aus gleichem Material verwendet werden, bestätigen diese Aussage.

Die Pucks auf dem Gaspolster haben nichts Geheimnisvolles an sich. Die Abhängigkeit der trägen Masse von der Anzahl der Stücke läßt sich auch untersuchen, wenn man gleiche beladene Wagen einer Modelleisenbahn verwendet. Deren Achsen müssen aber sorgfältig gelagert sein, damit nur wenig Reibung auftritt. Ein solcher Versuch kommt zwar dem Ideal der kräftefreien Bewegung nicht sehr nahe, doch läßt sich die Proportionalität der trägen Masse zur Anzahl der Wagen deutlich zeigen.

Diese Ergebnisse sind nicht sehr überraschend, wenn es sich um gleiche Körper handelt. Ein echtes Problem entsteht, wenn man Körper aus verschiedenem Material betrachtet. Ein Stück Silber kann nicht „gleich" sein mit einem Stück Gold. Aber es lassen sich Stücke finden, die die gleiche träge Masse haben, bei denen sich der gleiche Quotient $\frac{F}{a}$ ergibt. Solche Stücke stimmen sicher nicht im Volumen oder in der Zusammensetzung überein. Demnach ist die träge Masse nicht vollständig durch das Volumen zu bestimmen.

Was ergibt sich, wenn man ein Stück Silber mit einem Stück Gold gleicher Masse zusammenkoppelt? Um die träge Masse des Gesamtkörpers zu bestimmen, zieht man ihn mit verschiedenen Kräften F über bestimmte Zeiten Δt. Dabei ergibt sich, daß der Quotient $\frac{F}{a}$, also die träge Masse m des neuen Körpers, gerade doppelt so groß ist wie die träge Masse der einzelnen Stücke. Wenn man die Stücke miteinander verbindet, dann addieren sich ihre trägen Massen. Man kann tatsächlich beliebige Stücke Silber und Gold nehmen und ihre trägen Massen m_1 und m_2 bestimmen. Verbindet man dann die beiden Körper miteinander, so ergibt sich für die träge Masse m des Gesamtkörpers die Summe der beiden ursprünglichen Massen: $m = m_1 + m_2$. Das gleiche gilt für Körper aus anderen Stoffen: *Die trägen Massen setzen sich additiv zusammen.*

Bei dieser Schlußfolgerung haben wir gleichzeitig gefolgert, daß die träge Masse unabhängig von der Form des Körpers oder der chemischen Zusammensetzung ist. Wir haben keine Angaben darüber gemacht, wie das Stück Silber mit dem Stück Gold verbunden werden sollte, und wir brauchten das auch nicht zu tun. Wenn man einen Körper schmilzt und ihn in eine beliebige andere Form gießt, so wird der Quotient $\frac{F}{a}$ davon nicht berührt.

Wir gehen noch einen Schritt weiter. Angenommen wir haben die träge Masse einer Blitzlichtlampe bestimmt. Dann blitzen wir, wobei sich Magnesium und

Bild 13.10. Eine Anordnung, mit der sich zeigen läßt, daß die träge Masse in chemischen Reaktionen nicht geändert wird.

Sauerstoff zu Magnesiumoxid verbinden. Von dieser chemischen Reaktion wird jedoch die träge Masse nicht berührt. Oder wir nehmen Lösungen von Natriumkarbonat und Calciumchlorid getrennt in ein geschlossenes Puckgefäß (Bild 13.10). Wir messen die träge Masse dieses Systems. Dann kippen wir das Gefäß, so daß die Substanzen miteinander reagieren. Es bildet sich Calciumkarbonat (ein unlöslicher weißer fester Stoff) und eine Lösung von Kochsalz. Messen wir nun erneut die träge Masse, so zeigt sich kein Unterschied zu vorher.

Zusammenfassend ergeben sich folgende Erkenntnisse über die träge Masse: Die träge Masse wächst proportional zur Menge der Substanz in einem Körper. Vereinigt man zwei Körper, so addieren sich ihre trägen Massen ohne Rücksicht auf den chemischen Aufbau der beteiligten Körper. Die träge Masse bleibt bei chemischen Reaktionen unverändert erhalten.

13.6. Träge und schwere Masse

Die Eigenschaften der trägen Masse erinnern an die Eigenschaften der Masse, die mit der Waage gemessen wird (Kapitel 1). Wenn sich eine Waage im Gleichgewicht befindet, so sind die Massen auf beiden Seiten gleich. Die mit der Waage gemessene Masse bezeichnet man auch genauer als *schwere Masse* des Körpers. Beim Gleichgewicht zieht die Schwerkraft der Erde beide Seiten gleichstark an. Dabei ist die Erde nicht wichtig. Die gemessene Eigenschaft ist eine Eigenschaft des betrachteten Körpers. Die Waage arbeitet genau so gut auf dem Gipfel eines Berges, wo die Erde alle Körper nicht mehr so stark anzieht wie in Meereshöhe. Sie würde ebenso gut auf dem Mond arbeiten, von dem die Körper noch viel weniger angezogen werden. Beim Messen der schweren Masse ist nur wichtig, daß man die Gravitationsanziehung auf die Körper vergleicht, wenn sie sich am gleichen Ort relativ zu der anderen Materie des Alls befinden.

Zwischen den Meßverfahren für die schwere und für die träge Masse besteht kein Zusammenhang. Um die träge Masse eines Körpers zu bestimmen, übt man eine Kraft auf ihn aus und mißt seine Beschleunigung. Dabei ist die Gravitation ohne Bedeutung. Die schwere Masse des Körpers mißt man dagegen, indem man eine Waage unter dem Einfluß von Gravitationskräften ins Gleichgewicht bringt. Dabei tritt keine Bewegung des Körpers auf. Die beiden Meßverfahren unterscheiden sich also wesentlich. Und trotzdem fallen die Gemeinsamkeiten zwischen der schweren und der trägen Masse auf. Auch die schwere Masse eines Körpers ist proportional zur Menge des Stoffes. Auch die schweren Massen addieren sich, wenn man die Körper vereinigt. Auch die schwere Masse bleibt bei chemischen Reaktionen unverändert.

Die Additivität beider Arten der Masse und die Erhaltung beider Arten bei chemischen Reaktionen deuten darauf hin, daß die schwere und die träge Masse für alle Körper zueinander proportional sind. Diese Proportionalität kann geprüft werden, indem man für viele verschiedene Körper die träge und die schwere Masse bestimmt. Tatsächlich hat man solche Versuche ausgeführt und oft wiederholt. Innerhalb der Grenzen der Meßgenauigkeit ergab sich für alle Körper: *Die träge Masse ist der schweren Masse proportional.*

Die experimentell nachgewiesene Proportionalität bezeichnet man auch als *Äquivalenz von schwerer und träger Masse.* Wegen dieser Äquivalenz ist es üblich und bequem, die gleiche Einheit für beide Massen einzuführen. Man wählte die Masse des im Institut für Maße und Gewichte in Sèvres aufbewahrten Zylinders aus einer Platinlegierung als Einheit und bezeichnet sie als *Kilogramm* (kg). Um die träge Masse m eines Körpers zu bestimmen, beschleunigt man den Körper und einen Vergleichskörper der Masse $m_v = 1$ kg mit der gleichen Kraft. Aus der bekannten Beziehung $m = \frac{F}{a}$ und entsprechend $m_v = \frac{F}{a_v}$ ergibt sich

$$ma = m_v a_v$$

und

$$m = \frac{a_v}{a}\, m_v.$$

Da $m_v = 1$ kg ist, erhält man die Maßzahl der gesuchten Masse durch das Verhältnis $\frac{a_v}{a}$ der Beschleunigungen. Beispiel: Wenn eine bestimmte Kraft den Vergleichskörper ($m_v = 1$ kg) mit $a_v = 0{,}6\ \frac{m}{s^2}$ und den betrachteten Körper mit $a = 2{,}0\ \frac{m}{s^2}$ beschleunigt, dann ist die gesuchte Masse $m = 0{,}3$ kg.

Es ist oft schwierig, die idealisierten Bedingungen herzustellen, bei denen nur eine einzelne Kraft auf einen Körper wirkt und man sicher sein kann, daß keine unbekannten Kräfte die Bewegung beeinflussen. Doch braucht man die träge Masse eines Körpers jetzt nicht mehr auf diese Weise zu bestimmen. Wegen der Äquivalenz zwischen träger und schwerer Masse ergibt die Messung der schweren Masse auch die träge Masse des Körpers. Normalerweise braucht man sich um die Unterscheidung zwischen beiden nicht zu kümmern. Wir werden einfach von der „Masse" sprechen, wenn wir eine der beiden Arten meinen.

13.7. Dynamische Messung der Kraft

Die Beziehung $F\Delta t = m\Delta v$ sagt aus, wie die Geschwindigkeitsänderung Δv von der trägen Masse m des Körpers, von der Kraft F als Ursache der Bewegung und von der Einwirkungszeit Δt der Kraft auf den Körper abhängt. Diese Beziehung ist das *Grundgesetz der Mechanik* [1]).

Kennt man die Masse eines Körpers, so kann das Grundgesetz der Mechanik in zweierlei Weise angewendet werden: Man kann die Geschwindigkeitsänderung Δv vorhersagen, wenn die Kraft F und die Zeit Δt ihres Einwirkens bekannt sind. Oder man kann die Kraft F bestimmen, wenn man die dem Körper in einer Zeit Δt vermittelte Geschwindigkeitsänderung Δv bestimmt. Wenn man die Beschleunigung eines Körpers beobachtet und daraus die Größe der wirkenden Kraft berechnen will, dann schreibt man das Gesetz in der Form

$$F = m\frac{\Delta v}{\Delta t} \quad \text{oder} \quad F = ma.$$

In dieser Schreibweise erkennt man besonders deutlich, daß die Kraft F der Beschleunigung a des Körpers proportional ist. Die Ursache der Bewegung steht auf der einen Seite der Gleichung, während die träge Masse m und die Beschleunigung a des Körpers auf der anderen stehen.

Angenommen wir beobachten den gleichen Körper in zwei verschiedenen Versuchen. Beim zweiten Versuch möge er dreimal so stark beschleunigt werden wie beim ersten. Daraus läßt sich folgern, daß auch die Kraft beim zweiten Versuch dreimal so groß ist wie beim ersten. Mit anderen Worten: Die Beschleunigung $a = \frac{\Delta v}{\Delta t}$ eines gegebenen Körpers läßt sich als Maß für die Kraft benutzen. Das haben wir früher schon im Sonderfall zur Begründung der Gleichheit von Kräften verwendet: Die Federn übten eine gleiche Kraft aus, wenn sie den gleichen Körper gleich stark beschleunigten.

Mit dem *dynamischen Verfahren* zur Bestimmung träger Massen lassen sich auch Kräfte messen. Wir verwenden unseren Vergleichskörper mit der Masse $m_v = 1$ kg. Die Kraft, die diesen Körper mit $a = 1\ \frac{m}{s^2}$ beschleunigt, führen wir als Einheit der Kraft ein. Sie wird als ein *Newton* (N) bezeichnet. Um die Masse eines anderen Körpers zu bestimmen, mißt man die Beschleunigung a, die eine Kraft von 1 N bei ihm hervorruft. Nach der Definition ist die Masse der Quotient aus der Kraft und der Beschleunigung: $m = \frac{F}{a}$. In diesem Sonderfall F = 1 N ergibt sich die Maßzahl der Masse als Kehrwert der Maßzahl der Beschleunigung, wenn diese in $\frac{m}{s^2}$ angegeben wird. Wir haben somit einen Vergleichskörper ($m_v = 1$ kg) verwendet, der uns die Maßeinheit N für die Kraft lieferte. Dann haben wir die Einheit der Kraft angewendet, um mit der Beziehung $m = \frac{F}{a}$ die Masse anderer Körper zu bestimmen.

Die gleiche Beziehung läßt sich benutzen, um andere Kräfte zu bestimmen. Aus $F = ma$ erhält man die auf einen Körper bekannter Masse wirkende Kraft, wenn man die erreichte Beschleunigung a mißt. Geben wir die Beschleunigung in $\frac{m}{s^2}$ und die Masse in kg an, so ergibt das Produkt die Kraft unmittelbar in N.

13.8. Das Grundgesetz der Mechanik bei veränderlicher Kraft

Das Grundgesetz der Mechanik wurde unter Bedingungen hergeleitet, die sehr speziell erscheinen. Der Einfachheit halber haben wir den Körper aus der Ruhe mit einer konstanten Kraft beschleunigt. Gilt nun die zwischen der Kraft und der Beschleunigung aufgefundene Beziehung auch dann, wenn sich der Betrag der Kraft während der Bewegung des Körpers ändert?

Angenommen wir schieben einen Körper, der sich zunächst in Ruhe befindet, während einer bestimmten Zeit mit einer konstanten Kraft. Seine Geschwindigkeit nimmt solange zu, wie wir ihn schieben. Wird er nicht mehr geschoben, so wird er auch nicht mehr beschleunigt. Der Körper bewegt sich dann mit konstanter Geschwindigkeit weiter. Schiebt man ihn erneut, so wird er wieder beschleunigt. Angenommen man übt nun eine Kraft in der Richtung aus, die der Bewegung entgegengesetzt ist. Auch dann erwarten wir eine Beschleunigung in Richtung der Kraft. Da sie in

[1]) Was wir Grundgesetz der Mechanik nennen, bezeichnet man vielfach auch als zweites Newtonsches Gesetz. Das Galileische Trägheitsprinzip, das sich als Sonderfall des allgemeinen Gesetzes herausstellt, wird erstes Newtonsches Gesetz genannt. Die Bezeichnung der Gesetze ändert nichts an ihrem Inhalt. Doch sollte man sie kennen, um Bemerkungen wie die folgende zu verstehen: „Nach dem ersten Newtonschen Gesetz . . . ".

Gegenrichtung wirkt, sollte sich die Bewegung des Körpers verlangsamen statt schneller zu werden. Versuche ergeben, daß das Abbremsen im Verhältnis $\frac{F}{m}$ erfolgt, wobei F die Kraft und m die träge Masse des Körpers sind.

Dabei ist es gleichgültig, ob ein Körper in Ruhe ist oder sich mit $v = 10^5 \frac{m}{s}$ durch den Raum bewegt. Als Beschleunigung ergibt sich stets $a = \frac{F}{m}$. Dieses Ergebnis ist unabhängig davon, welche Geschwindigkeit der Körper vorher hatte und wodurch diese Geschwindigkeit hervorgerufen wurde. Unabhängig von der „Geschichte" der Bewegung und dem gegenwärtigen Bewegungszustand des Körpers bewirkt eine gegebene Kraft (die in Richtung der Bewegung ausgeübt wird) die gleiche Beschleunigung a. Die Gleichung $F\Delta t = m\Delta v$ hebt hervor: Man kann eine beliebige Zeitdauer Δt (lang oder kurz) herausgreifen. Für diese Zeit Δt ergibt sich eine bestimmte Geschwindigkeitsänderung Δv, die nur von der trägen Masse m und der einwirkenden konstanten Kraft F abhängt. Dabei spielt es keine Rolle, was vorher mit dem Körper geschehen ist oder was später geschehen wird.

Die Ergebnisse dieses Abschnitts sind experimentell mit außerordentlich hoher Genauigkeit gewonnen worden. Doch wenn man Körper mit zunehmend größeren Geschwindigkeiten untersucht, zeigen sich leichte Abweichungen zwischen dem beobachteten und dem durch das Grundgesetz vorausgesagten Verhalten. Wachsen die Geschwindigkeiten auf $v = 10^8 \frac{m}{s}$ an, beträgt die Abweichung bereits einige Prozent. Die Gleichung $F\Delta t = m\Delta v$ kann das Verhalten nicht mehr adäquat beschreiben. Will man die Beobachtungen auf diese Geschwindigkeitsbereiche ausdehnen, so muß das Grundgesetz der Mechanik modifiziert werden. Es muß so erweitert werden, daß es in seiner neuen Form auch über Körper mit hohen Geschwindigkeiten zutreffende Aussagen macht, aber nach wie vor für niedrige Geschwindigkeiten Gültigkeit hat. *Einstein* und andere haben die erforderliche Erweiterung des Gesetzes für sehr hohe Geschwindigkeiten formuliert. Diese Änderung stürzt nicht das Grundgesetz der Mechanik, sie schließt es ein und erweitert seinen Anwendungsbereich.

13.9. Zusammensetzen von Kräften

Bisher wurde die Bewegung eines Körpers untersucht, auf den eine einzige Kraft wirkt. Was geschieht nun, wenn zwei oder mehr Kräfte gleichzeitig am gleichen Körper angreifen? Dieser Fall lag beispielsweise schon vor, als der Puck durch zwei nebeneinander gespannte Federringe gezogen wurde. Bei dieser Anordnung war die Kraft auf den Puck doppelt so groß wie bei einer Feder. Die dadurch bewirkte Beschleunigung war

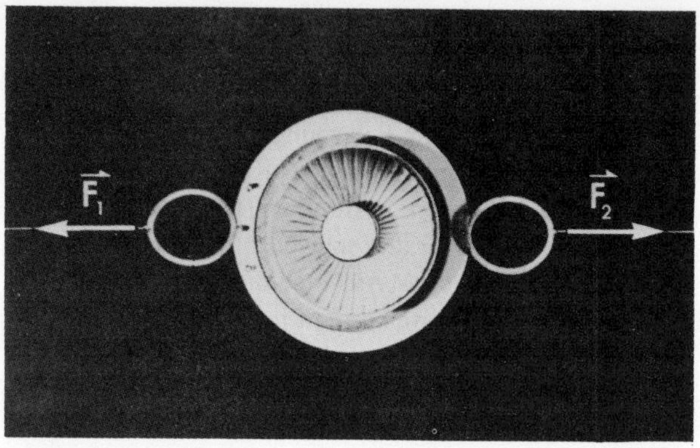

Bild 13.11. Zwei Kräfte von gleichem Betrag und entgegengesetzter Richtung wirken auf den Puck. Die resultierende Kraft ist Null, denn die beobachtete Beschleunigung ist Null.

dann auch doppelt so groß wie bei einer Feder. Die Beschleunigung ist in diesem Falle proportional zur Summe der beiden Einzelkräfte.

Man kann nun auch zwei gleiche Federn in entgegengesetzte Richtungen ziehen lassen und beide um den gleichen Betrag ausdehnen (Bild 13.11). Die Beschleunigung ist dann Null. Ziehen beispielsweise zwei Jungen gleich stark, aber in entgegengesetzter Richtung an einem Buch, dann setzt sich das Buch nicht in Bewegung. Weil die gleich großen Kräfte auf das Buch entgegengesetzt gerichtet sind, heben sie sich gerade auf. Offensichtlich erhält man die resultierende Kraft (die Kraft, die die Bewegung ändert) auf die gleiche Weise, wie es beim Zusammensetzen von Wegen oder Vektoren geschieht. Hinsichtlich ihrer Wirkung auf die Bewegung heben sich zwei Kräfte von gleichem Betrag und entgegengesetzter Richtung gerade auf, sie kompensieren sich. Jede von ihnen kann als die negative Kraft (Kompensationskraft) der anderen betrachtet werden.

Allgemeiner: Läßt man Kräfte in entgegengesetzter Richtung auf einen Körper wirken, dann ist die Beschleunigung proportional zur Summe der Kräfte, wobei die entgegengesetzte Richtung durch ein Minuszeichen gekennzeichnet werden muß. Wenn eine Kraft $F_1 = 1$ N nach links und eine Kraft $F_2 = 3$ N nach rechts auf den Puck wirkt, dann wird der Puck beschleunigt, als ob nur eine einzige Kraft $F_g = 2$ N nach rechts angreift. Die resultierende Kraft $F_g = 2$ N ist die „Summe" der beiden Einzelkräfte (Bild 13.12). Auch wenn noch mehr Einzelkräfte auf den Körper wirken, zeigt sich die Gültigkeit des Grundgesetzes der Mechanik. Die Beschleunigung wird dann durch die resultierende Kraft hervorgerufen.

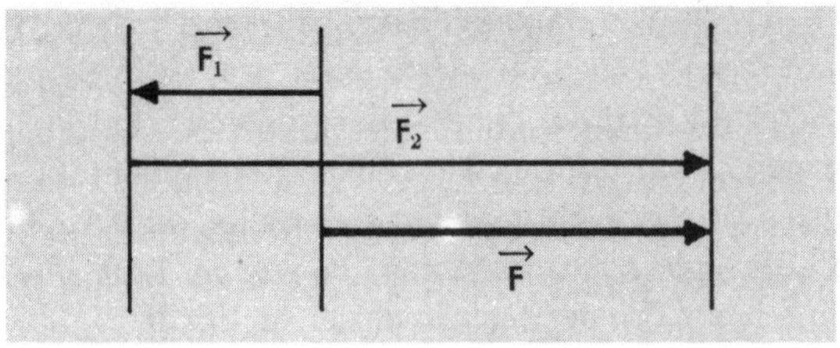

Bild 13.12. Eine Kraft F_2 = 3 N wirkt nach rechts, eine zweite F_1 = 1 N nach links. Setzt man sie wie Vektoren zusammen, so erhält man F_g = 2 N als „Summe". Dies ist die resultierende Kraft, die im Grundgesetz der Mechanik auftaucht.

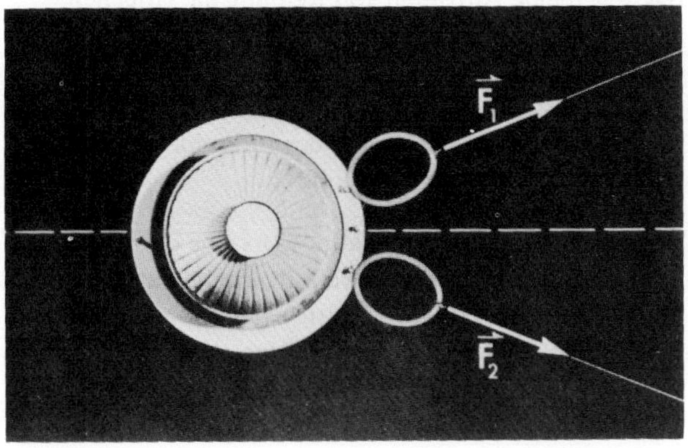

Bild 13.13. Zwei Kräfte von gleichem Betrag wirken in einem Winkel zueinander. Der Körper wird entlang der gestrichelten Linie beschleunigt, die den Winkel zwischen den Kraftrichtungen halbiert. In diese Richtung wirkt auch die resultierende Kraft.

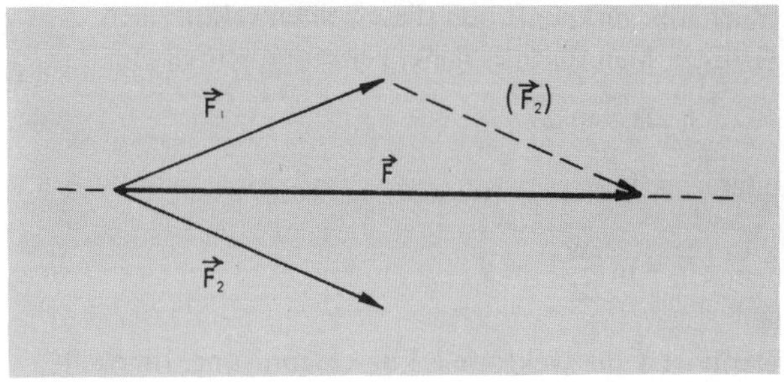

Bild 13.14. Vektorielle Addition der beiden Kräfte aus Bild 13.13. Die Summe ist die resultierende Kraft, die Betrag und Richtung der Beschleunigung eines Körpers bestimmt.

Zwei Kräfte brauchen nun aber nicht in gleicher oder in entgegengesetzter Richtung zu wirken. Sie können miteinander einen beliebigen Winkel bilden. Wie ergeben sich dann die Richtung und der Betrag der resultierenden Kraft? Angenommen man zieht mit zwei gleichen Federn gleich stark an einem Körper (Bild 13.13). Dann wird der Körper in Richtung der Winkelhalbierenden des Winkels zwischen den beiden Kräften beschleunigt (im Bild gestrichelt eingezeichnet). Offensichtlich wirkt eine resultierende Kraft in Richtung der Winkelhalbierenden. Daraus ergibt sich die Folgerung, daß die resultierende Kraft die *vektorielle Summe* der beiden Einzelkräfte ist. Diese Folgerung wird durch weitere Versuche bestätigt. Die von den beiden Federn im Versuch nach Bild 13.13 bewirkte Beschleunigung ergibt sich aus $F = m a$, worin F der Betrag der resultierenden Kraft ist. Man erhält diese Kraft, indem man die Einzelkräfte vektoriell addiert (Bild 13.14). Auch wenn die beiden Kräfte nicht den gleichen Betrag haben oder wenn mehr als zwei Kräfte angreifen, ergeben sich Betrag und Richtung der resultierenden Kraft durch vektorielle Addition der Einzelkräfte. Diese resultierende Kraft bestimmt die Beschleunigung des Körpers gemäß der Beziehung $a = \frac{F}{m}$.

Zusammenfassend läßt sich sagen: Anfangs untersuchten wir die Beschleunigung von Körpern aus der Ruhe unter dem Einfluß einer einzigen Kraft. Wir erhielten das Grundgesetz der Mechanik. Dann betrachteten wir einen Körper, der sich schon in Bewegung befand, und ließen eine Kraft in Bewegungsrichtung oder entgegengerichtet einwirken. Das Gesetz ließ sich auch auf diesen Fall anwenden. Dann ließen wir mehrere Kräfte zugleich auf einen Körper einwirken. Wieder galt das Grundgesetz der Mechanik. Der Körper verhält sich so, als ob nur eine einzige Kraft, die resultierende Kraft, auf ihn einwirkt. Die resultierende Kraft ist die vektorielle Summe aller Einzelkräfte.

13.10. Vektoreigenschaft der Kraft

Das Grundgesetz der Mechanik gilt sogar noch allgemeiner, als es bisher angegeben wurde. Die resultierende Kraft griff nur in Richtung der Bewegung des Körpers oder entgegengesetzt dazu an. Die resultierenden Kräfte änderten zwar den Betrag der Geschwindigkeit des Körpers, jedoch nicht seine Bewegungsrichtung. Kräfte können aber auch in andere Richtungen ausgeübt werden. Man kann einen Ball aus seiner Bewegungsrichtung bringen, indem man ihn senkrecht zu seiner Bahn anstößt. Im allgemeinen ändern Kräfte nicht nur den Betrag der Geschwindigkeit, sondern auch ihre Richtung. Die Geschwindigkeit ist eine vektorielle Größe, die die Bewegung eines Körpers nach Betrag und Richtung beschreibt. Auch die Kraft ist, wie wir gesehen haben, eine vektorielle Größe. Das Grundgesetz der

Mechanik verknüpft nun diese beiden vektoriellen Größen. Man sollte es daher vektoriell schreiben:

$$\vec{F}\,\Delta t = m\,\overrightarrow{\Delta v}$$

oder

$$\vec{F} = m\,\frac{\overrightarrow{\Delta v}}{\Delta t} = m\,\vec{a}\,.$$

Darin ist $\vec{a}$ die (vektorielle) Beschleunigung. Im nächsten Kapitel werden wir auf den Nachweis des vektoriellen Charakters der Kraft näher eingehen und einige Anwendungen besprechen.

13.11. Kräfte in der Natur

Wenn wir einen Körper ziehen, so wissen wir normalerweise nicht, ob die von uns ausgeübte Kraft die einzige auf den Körper wirkende Kraft ist (Bild 13.15).

Häufig ist die Herkunft der Kräfte auf einen Körper nicht unmittelbar zu erkennen. Es können auch Kräfte durch die Bewegung des Körpers entstehen. Beispielsweise kann der Wind, der auf die Oberfläche eines Ballons drückt, eine Kraft ausüben. Wir müssen den Ballon in die entgegengesetzte Richtung ziehen, um ihn davor zu bewahren, fortgeblasen zu werden. Auch wenn die Luft still ist, kann sie eine Kraft ausüben. Zieht man den Ballon hindurch, so verursacht die Luft eine Kraft entgegengerichtet zur Bewegung. Wenn sich der Ballon bewegt, ist seine Beschleunigung nicht durch die von uns ausgeübte Kraft sondern durch die resultierende Kraft bestimmt. Ist die resultierende Kraft Null, dann ist auch die Beschleunigung Null, und der Ballon bewegt sich mit konstanter Geschwindigkeit.

Die Kraft, die Wind von gleichbleibender Stärke auf den Ballon ausübt, läßt sich einfach messen. Man hängt in das Band, das den Ballon in Ruhe hält, eine Feder und mißt ihre Verlängerung. Diese Kraft wächst mit der Geschwindigkeit des Windes. Bei größeren Windgeschwindigkeiten ruft der Wind bekanntlich größere Wirkungen hervor. Zieht man nun den Ballon durch ruhige Luft hindurch, so muß man die von der Luft ausgeübte Kraft von der eigenen abziehen, um die resultierende Kraft zu erhalten, die für die Beschleunigung maßgeblich ist.

Bild 13.15. Die von uns ausgeübte Kraft ist möglicherweise nicht die einzige auf den Körper wirkende Kraft.

Reibungskräfte treten in Erscheinung, wenn wir einen Körper auf einer Unterlage bewegen. Im Gegensatz zur abbremsenden Kraft der Luft auf den bewegten Ballon sind Reibungskräfte oft fast unabhängig von der Geschwindigkeit des Körpers. Zweifellos führte das allgemeine Auftreten von Reibung die Griechen zu dem Schluß, daß eine Kraft zum Aufrechterhalten einer konstanten Bewegung erforderlich ist. Die benötigte Kraft ist gleichgroß und entgegengerichtet zu den Kräften der Reibung und des Luftwiderstandes. Die resultierende Kraft ist Null.

Die Auffassung von der Kraft als Ursache der Bewegung ist daher so wertvoll, weil sie ermöglicht, die in einer gegebenen Situation auftretende Bewegung vorherzusagen. In der gleichen Situation treten immer wieder die gleichen Kräfte auf. Einige Kräfte sind unabhängig vom Bewegungszustand, beispielsweise die Gravitationskraft oder das Gewicht eines Körpers. Im nächsten Kapitel wird gezeigt, daß diese Kraft unabhängig davon ist, ob der Körper sich in Ruhe befindet oder sich bewegt. Die Anziehungskraft hängt nur vom Standort auf der Erde ab. Ist sie bekannt, so läßt sich die Bewegung eines fallenden Körpers vorhersagen. Andere Kräfte hängen davon ab, wie sich ein Körper relativ zu einem anderen bewegt. Es ist eine wichtige Aufgabe, die in der Natur vorkommenden Kräfte kennenzulernen. Dann lassen sich aus den beobachteten Kräften Vorhersagen über die Bewegung machen. Die Kenntnis der Kräfte ist Grundlage für den Entwurf und den Bau von Maschinen.

Aufgaben

1.* Worin unterscheiden sich Kinematik und Dynamik?

2.* Mußte *Galilei* bei seiner Extrapolation, die ihn zum Trägheitsgesetz führte, Zeiten messen?

3. Eine Kugel wird in einer Anordnung nach Bild 13.4 auf der linken Ebene in einer Höhe von 10 cm über dem tiefsten Punkt aus der Ruhe freigegeben.
   a) Wie hoch (in der Vertikalen) steigt sie auf der rechten Seite, wenn keine Reibung vorhanden ist?

b) Die rechte Böschung steigt um 1 cm je 10 cm horizontaler Entfernung an. Wie weit (in der Horizontalen) rollt die Kugel darauf?

c) Wie weit rollt die Kugel (in der Horizontalen), wenn die Ebene 0,5 cm auf je 10 cm horizontaler Entfernung ansteigt?

4.* Wenn man eine Plastilinkugel im Innern einer Schale herumlaufen läßt, kommt sie bald in der Mitte zur Ruhe. Eine Stahlkugel macht einige Umläufe mehr, bevor sie in der Mitte zur Ruhe kommt. Wie würde die „ideale" Bewegung einer Kugel in einer Schale aussehen?

5. Warum ist es besonders gefährlich, auf einer vereisten Straße zu fahren?

6.* Eine Kugel rollt mit einer Geschwindigkeit $v = 20\,\frac{cm}{s}$, ohne daß eine Kraft auf sie einwirkt. Wie groß ist ihre Geschwindigkeit nach 5 s?

7.* Geben Sie für die Tabelle 1 die Intervallgeschwindigkeit an, die im achten Zeitintervall zu erwarten ist, wenn der Puck weiter mit der Feder gezogen wird?

8.* Ein Puck vergrößert seine Geschwindigkeit: Die Anfangsgeschwindigkeit $v_0 = 10\,\frac{cm}{s}$ wird nach einer Sekunde auf $v_1 = 12\,\frac{cm}{s}$, nach einer weiteren Sekunde auf $v_2 = 14\,\frac{cm}{s}$ erhöht usw. Was kann man über die auf den Puck wirkende Kraft sagen?

9. Ein Körper wird durch eine Feder über eine glatte horizontale Fläche gezogen. Die Feder wird immer gleich weit ausgezogen. Man stellt fest, daß der Körper mit $a = 15\,\frac{cm}{s^2}$ beschleunigt wird. Wie wird der Körper beschleunigt, wenn er von zwei Federn gezogen wird, die einander gleich sind und um den gleichen Betrag ausgezogen werden wie vorher die eine Feder? (Bild 13.8)

10. Ein Körper gleitet auf einem Lager geringer Reibung und wird mit einer konstanten Kraft F_1 gezogen. In dem Zeitintervall $\Delta t = 0{,}3$ s ändert sich die Geschwindigkeit von $v_1 = 0{,}2\,\frac{m}{s}$ auf $v_2 = 0{,}4\,\frac{m}{s}$. In einem zweiten Versuch wird der gleiche Körper mit einer anderen Kraft F_2 gezogen. Im gleichen Zeitraum ändert sich die Geschwindigkeit nun von $v_1 = 0{,}5\,\frac{m}{s}$ auf $v_2 = 0{,}8\,\frac{m}{s}$.

a) In welchem Verhältnis stehen die beiden Kräfte F_2 und F_1?

b) Wie ändert sich die Geschwindigkeit, wenn der Körper 0,9 s lang mit der zweiten Kraft beschleunigt wird?

(Die Kräfte wirken in Richtung der Bewegung.)

11. Ein Klotz wird durch 2, 4, 6 und 8 parallele Gummibänder auf einer horizontalen Ebene gezogen. Die Bänder sind gleich und sie werden bei allen Versuchen um das gleiche Stück gedehnt. Der Graph des Bildes 13.16 zeigt die sich ergebenden Beschleunigungen in Abhängigkeit von der Anzahl der Bänder.

a) Was kann man aus der Tatsache schließen, daß die Darstellung eine gerade Linie ergibt?

b) Was gibt der Abschnitt an, den die Gerade auf der horizontalen Achse bildet?

c) Kann man aus dem Graph die Beschleunigung ablesen, die ein einziges Gummiband (bei gleicher Ausdehnung) dem Klotz verleiht?

d) Der Versuch wird auf einer anderen Unterlage wiederholt. Wie wird sich der Graph ändern?

12.* Angenommen die Photographie in Bild 13.7 stellt einen Körper dar, der sich von rechts nach links bewegt. In welche Richtung würde die Kraft in diesem Fall wirken?

13.* Ein Wagen kann mit $a = 3\,\frac{m}{s^2}$ beschleunigt werden. Welches ist seine größte Beschleunigung, wenn er einen zweiten (gleichen) Wagen zieht?

14. Warum muß die Flasche im Versuch nach Bild 13.10 geschlossen sein?

15. Warum unterscheidet man so sorgfältig zwischen schwerer und träger Masse, statt nur von Masse zu sprechen? Beide sind doch äquivalent.

16.* Zwei Körper werden getrennt mit der gleichen Kraft beschleunigt. Körper A wird mit $a_1 = 20\,\frac{cm}{s^2}$, Körper B mit $a_2 = 60\,\frac{cm}{s^2}$ beschleunigt. In welchem Verhältnis stehen

a) ihre trägen Massen und

b) ihre schweren Massen?

17.* Ein Kasten wird auf einer Waage durch zwei gleiche Dosen im Gleichgewicht gehalten. Eine bestimmte Kraft beschleunigt den Kasten mit $a = 2\,\frac{m}{s^2}$. Wie stark beschleunigt die gleiche Kraft eine der Dosen?

18.* Ein Körper mit der Masse $m = 0{,}5$ kg wird mit $a = 4\,\frac{m}{s^2}$ beschleunigt. Wie groß ist die wirkende Kraft?

19.* Ein Junge gibt einem Ball der Masse $m = 0{,}5$ kg in der Zeit $\Delta t = 0{,}2$ s aus der Ruhe eine Geschwindigkeit $v = 6\,\frac{m}{s}$. Welche mittlere Kraft übt er auf den Ball aus?

20. Eine Kraft $F = 5$ N vermittelt einem Körper der Masse m_1 eine Beschleunigung $a_1 = 8\,\frac{m}{s^2}$ und einem Körper der Masse m_2 eine Beschleunigung $a_2 = 24\,\frac{m}{s^2}$. Welche Beschleunigung würde die Kraft dem Körper geben, der durch Kopplung der beiden entsteht?

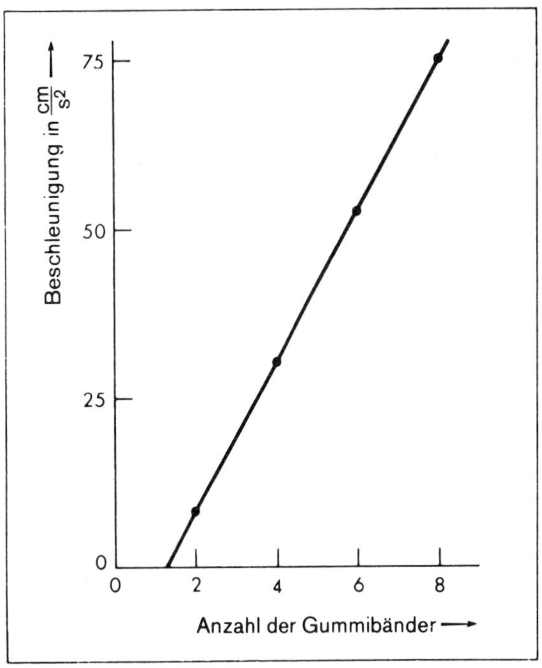

Bild 13.16. Zur Aufgabe 11

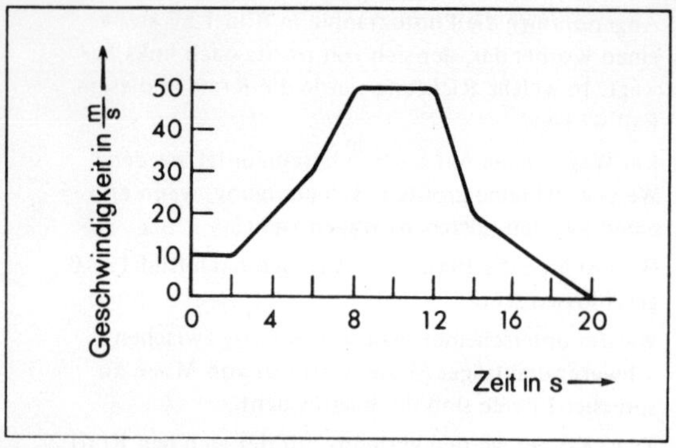

Bild 13.17. Zur Aufgabe 21

21. Der Graph in Bild 13.17 stellt die Geschwindigkeit v eines Körpers der Masse m = 2 kg bei einer geradlinigen Bewegung in Abhängigkeit von der Zeit dar. Daraus kann man den Graph zeichnen, der die Kraft F in Abhängigkeit von der Zeit darstellt.

22. Ein Klotz der Masse m = 3,0 kg bewegt sich mit einer Geschwindigkeit v_0 auf einer glatten horizontalen Unterlage. Auf ihn wird eine Kraft F = 18 N entgegengesetzt zur Bewegungsrichtung ausgeübt. Auf einer Strecke von 9,0 m verlangsamt diese Kraft den Klotz auf die Hälfte seiner ursprünglichen Geschwindigkeit.
   a) Wie lange dauert dieser Vorgang?
   b) Wie groß war die Anfangsgeschwindigkeit v_0?

23. Im Bild 13.18 sind zwei Körper mit den Massen m_1 und m_2 dargestellt. Zur Zeit t = 0 ruht der erste Körper, während sich der zweite mit einer Geschwindigkeit v_0 bewegt. Ist es möglich, die beiden Körper auf die gleiche Geschwindigkeit zu bringen, indem man eine (nach Betrag und Richtung) gleiche Kraft eine gleiche Zeit auf beide Körper wirken läßt? Zunächst sollte man dies Problem durch eine qualitative Begründung lösen und dann die erforderlichen Gleichungen hinschreiben. Es sind drei Fälle zu unterscheiden: $m_1 < m_2$, $m_1 = m_2$ und $m_1 > m_2$.

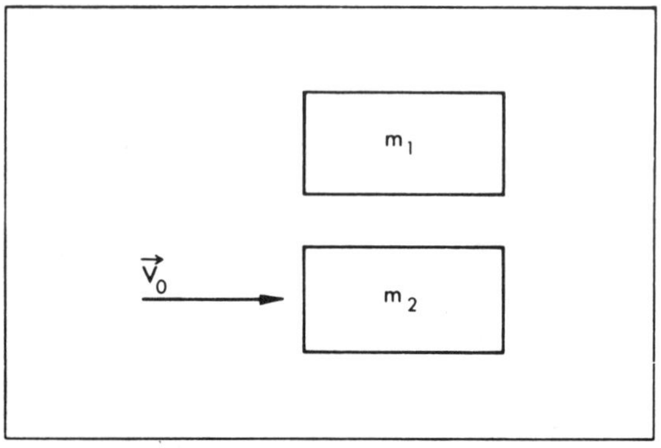

Bild 13.18. Zur Aufgabe 23

24. Ein Körper legt bei seiner Bewegung Wege zurück, die proportional zur dritten Potenz der Zeit wachsen: $s \sim t^3$.
   a) Was kann man über die Beschleunigung sagen, ist sie konstant, nimmt sie zu, nimmt sie ab, ist sie Null?
   b) Was kann man über die Kräfte aussagen?

25.* Mehrere Kräfte verschiedener Beträge und Richtungen wirken auf einen Körper. In welcher Richtung wird er beschleunigt?

26.* In der Anordnung nach Bild 13.11 wirken auf den Puck der Masse m = 0,50 kg die beiden Kräfte F_1 = 10 N und F_2 = 6 N. Welche Beschleunigung ergibt sich daraus?

27.* Zwei Kräfte $F_1 = F_2$ = 2,0 N bilden einen Winkel von 90° miteinander (Bild 13.13). Welches ist die resultierende Kraft?

28. Ein Klotz der Masse m = 8,0 kg wird aus der Ruhe auf einer horizontalen Tischfläche mit einer konstanten Kraft F = 2,0 N gezogen. Man stellt fest, daß der Körper den Weg s = 3,0 m in der Zeit t = 6 s zurücklegt.
   a) Welche Beschleunigung erfährt der Körper?
   b) In welchem Verhältnis steht die Kraft F zur Masse m?
   c) Die Antwort zur Frage b) stimmt nicht mit der zu a) überein. Was kann man daraus über die Bewegung schließen? Diese Folgerung sollte man möglichst zahlenmäßig belegen.

29. Zwei Männer wollen einen Baum fällen, indem sie ein Seil in seiner Spitze befestigen. Wenn sie nur ein Seil verwenden, wird der Baum genau auf sie fallen. Um dies zu verhindern, befestigen sie zwei 10 m lange Seile im gleichen Punkt und stellen sich zum Ziehen auf dem Boden 10 m voneinander entfernt auf. Beide ziehen mit einer Kraft F = 300 N. Welche Kraft wird auf den Baum ausgeübt?

30. Zwei Männer und ein Junge ziehen ein Boot einen Kanal entlang. Die beiden Männer ziehen mit den Kräften $\vec{F}_1$ und $\vec{F}_2$, deren Beträge und Richtungen in Bild 13.19 angegeben sind. Welches sind Betrag und Richtung der kleinsten Kraft, mit der der Junge das Boot in der Mitte des Kanals halten kann?

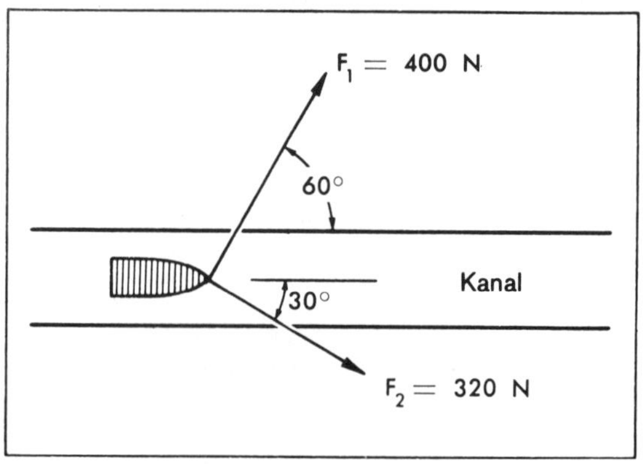

Bild 13.19. Zur Aufgabe 30

31. Zwei kleine gleiche Raketen A und B (Bild 13.20) werden auf einem großen Trockeneis-Puck der Masse m befestigt. Dieser wird auf eine glatte Fläche gestellt.

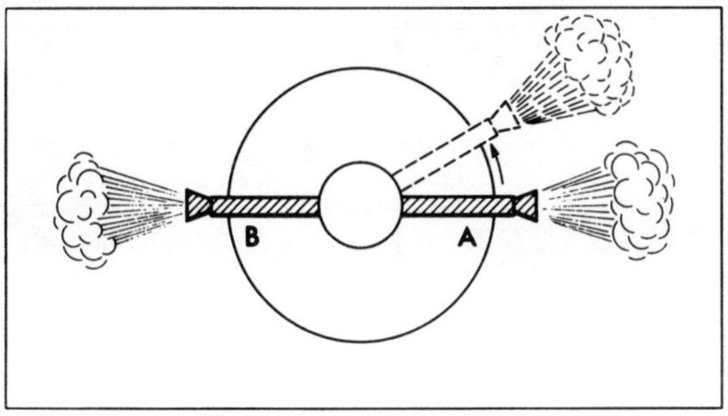

Bild 13.20. Zur Aufgabe 31

Die Raketen werden in der gezeichneten Lage gezündet und bewirken keine Bewegung. Nach dem Zünden wird Rakete A durch einen Mechanismus gegen den Uhrzeigersinn gleichmäßig einmal herumgedreht, während B die Richtung beibehält.

a) In einem Vektordiagramm soll die resultierende Beschleunigung in Abständen von $\frac{1}{8}$ der Umlaufdauer T gezeichnet werden.

b) Vom gezeichneten Vektordiagramm soll die Endgeschwindigkeit des Pucks in Abhängigkeit von der durch eine Rakete bewirkte Beschleunigung a und von der Umlaufdauer T der Rakete A angegeben werden.

32.* Um einen Kühlschrank mit konstanter Geschwindigkeit über den Boden rutschen zu lassen, muß man ihn mit einer Kraft F = 200 N schieben. Wie groß ist die Reibungskraft auf den Kühlschrank?

33. Die bremsende Kraft des Luftwiderstandes auf einen Ballon ist proportional zum Quadrat der Geschwindigkeit. Für einen bestimmten Ballon (bis zu einer bestimmten Größe aufgeblasen) wird diese Kraft durch $F = 0{,}2\,\frac{\text{kg}}{\text{m}}\,v^2$ gegeben. (Wenn man die Geschwindigkeit v in $\frac{\text{m}}{\text{s}}$ einsetzt, ergibt sich die Kraft in N.) Der Ballon und die eingeschlossene Luft haben zusammen die Masse m = 10 g.

a) Wie sieht der Graph aus, der die Beschleunigung a des Ballons in Abhängigkeit von der Geschwindigkeit v darstellt, wenn man mit einer Kraft $F_1 = 1{,}8$ N und dann mit einer Kraft $F_2 = 7{,}2$ N zieht?

b) Welche maximale Geschwindigkeit erreicht der Ballon in jedem der Fälle?

c) Wie würde es sich auf die maximale Geschwindigkeit auswirken, wenn die Masse nur 5 g betrüge?

d) Welche Bedeutung würde es für die maximale Geschwindigkeit haben, wenn man den Ballon zu einem größeren Volumen aufblasen würde?

34. *Aristoteles* lehrte, daß eine konstante Kraft benötigt wird, um eine konstante Geschwindigkeit zu halten. Daraus folgerte er: Ein Körper kommt zur Ruhe, wenn keine Kraft auf ihn einwirkt.

a) Welche Beispiele lassen sich nennen, in denen eine konstante Kraft eine konstante Geschwindigkeit zu bewirken scheint?

b) Wie lassen sich die Beispiele unter a) im Lichte des Grundgesetzes der Mechanik erklären?

35. Wie müßte man eine Einheit der Masse definieren, wenn statt des Massenstandards (Zylinder aus Platinlegierung) ein Kraftstandard (beispielsweise eine bestimmte Feder) in Sevres aufbewahrt würde?

14. Bewegung in Erdnähe

In diesem Kapitel wird die Untersuchung der in der Natur vorkommenden Kräfte begonnen. Sie lassen sich entweder aus der Bewegung der Körper, auf die sie einwirken, ermitteln, oder man kompensiert die unbekannten Kräfte durch bekannte. Auf der Oberfläche der Erde ist die Gravitationskraft, die alle Körper zum Erdmittelpunkt hin zieht, allen vertraut. Diese Anziehungskraft soll zuerst untersucht werden.

14.1. Gewicht; Gravitationsfeld der Erde

Gegenstände auf der Erdoberfläche werden in Richtung auf den Erdmittelpunkt angezogen. Unterschiedliche Gegenstände werden durch Gravitationskräfte von verschiedenem Betrag angezogen. Die Kraft auf einen Körper wird als *Gewicht* des Körpers bezeichnet. Man kann es messen, indem man den Körper an eine zur Kraftmessung geeichte Feder hängt.

Nimmt man einen Massenstandard ($m = 1$ kg) und mißt sein Gewicht irgendwo auf der Erdoberfläche, so findet man einen Wert von ungefähr 9,8 N. In Wirklichkeit ist aber das Gewicht eines Körpers nicht an allen Orten auf der Erdoberfläche gleich groß. Es ändert sich mit dem Ort. Die relative Änderung des Gewichts ist für alle Körper die gleiche. Beispielsweise wiegt ein Körper der Masse $m = 1$ kg am Nordpol 9,83 N und am Äquator 9,78 N. Ein Körper der Masse $m = 2$ kg wiegt am Pol 19,66 N und am Äquator 19,56 N. Beide Körper verringern ihr Gewicht um 0,5 %, wenn sie vom Pol zum Äquator gebracht werden. Das Gewicht des zweiten Körpers ($m = 2$ kg) ist am gleichen Ort stets doppelt so groß wie das des ersten ($m = 1$ kg). Die Gravitationskraft $\vec{F}$, die auf einen Körper mit der schweren Masse m_g wirkt, ist proportional zur Masse m_g. Daher kann man sie ausdrücken durch

$$\vec{F} = m_g \vec{g}.$$

Darin ist $\vec{g}$ der Proportionalitätsfaktor zwischen der Kraft und der schweren Masse. Die Masse ist unabhängig vom Ort auf der Erdoberfläche. (Wenn sich zwei Körper an einem Ort der Erde auf einer gleicharmigen Waage das Gleichgewicht halten, dann trifft das auch an allen anderen Orten zu.) Daher muß sich der Proportionalitätsfaktor $\vec{g}$ mit dem Ort ändern. Am jeweiligen Ort ist er aber für alle Körper gleich groß.

Der Proportionalitätsfaktor $\vec{g}$ stimmt in Richtung und Betrag mit der Kraft überein, die ein Körper der Masse 1 kg erfährt. Er ist eine vektorielle Größe mit der Maßeinheit $\frac{N}{kg}$. Sein Betrag läßt sich für verschiedene Orte der Erdoberfläche bestimmen, und die Ergebnisse kann man tabellieren. Wenn man jedem Punkt einen bestimmten Wert einer Größe zuschreiben kann, so spricht der Physiker von einem *Feld.* So spricht man auch von dem *Gravitationsfeld* der Erde, in dem jedem Punkt ein Wert von g zugeordnet ist. Das Bild 14.1 stellt einen Teil des Gravitationsfeldes der Erde dar. Man nennt die vektorielle Größe $\vec{g}$ die *Feldstärke* des Gravitationsfeldes. Im Bild ist sie durch einige Pfeile dargestellt. In der Tabelle 1 sind für einige Orte ihre Beträge angegeben.

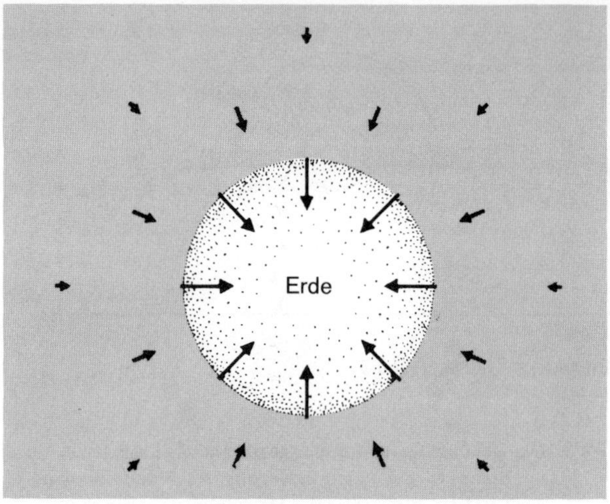

Bild 14.1. Das Gravitationsfeld der Erde. Die inneren Pfeile stellen den Betrag und die Richtung der Gravitationsfeldstärke auf der Erdoberfläche dar. Die mittleren Pfeile geben die Werte in einer Höhe von $3 \cdot 10^6$ m an, die äußeren in einer Höhe von $6 \cdot 10^6$ m. (Der Erdradius beträgt $6 \cdot 10^6$ m.)

Tabelle 1: Gravitationsfeldstärken für einige Orte

Ort	Breite	Höhe in m	Gravitationsfeldstärke in $\frac{N}{kg}$
Nordpol	90°	0	9,832
Grönland	70°	20	9,825
Stockholm	59°	45	9,818
Brüssel	51°	102	9,811
Schneekoppe	51°	1603	9,805
New York	41°	38	9,803
Palermo	38°	114	9,800
Panama	9°	6	9,782
Java	6° S	7	9,782
Neuseeland	37° S	3	9,800

14.2. Freier Fall

Wie bewegt sich ein Körper im Gravitationsfeld der Erde? Wenn man ihn losläßt, dann hängt seine Bewegung von seiner trägen Masse und von der tatsächlich auf ihn wirkenden Kraft ab. Die resultierende Kraft $\vec{F}$ ist beim fallenden Körper die vektorielle Summe aus der Anziehungskraft der Erde $\vec{F}_g = m_g \vec{g}$ (dem Gewicht des Körpers) und dem Luftwiderstand $\vec{F}_w$:

$$\vec{F} = \vec{F}_w + m_g \vec{g}.$$

Nach dem Grundgesetz der Mechanik ist die Beschleunigung des Körpers proportional zur resultierenden Kraft und umgekehrt proportional zur trägen Masse m_i des Körpers:

$$\vec{a} = \frac{\vec{F}}{m_i} = \frac{\vec{F}_w + m_g \vec{g}}{m_i}.$$

Für Körper mit großer Dichte ist der Luftwiderstand bei kleinen Geschwindigkeiten relativ klein. Er kann gegenüber dem Gewicht vernachlässigt werden. Dann ist nur die Gravitationskraft von Bedeutung. Die Beschleunigung des Körpers wird also

$$\vec{a} = \frac{m_g}{m_i} \vec{g}$$

sein. Dieses Ergebnis ist bemerkenswert. Wie in Kapitel 13 festgestellt wurde, ist der Quotient $\frac{m_g}{m_i}$ für alle Körper gleich groß. Infolgedessen hängt die Beschleunigung des fallenden Körpers nicht von seiner Masse ab. Wir haben die träge Masse m_i und die schwere Masse m_g auf den gleichen Massenstandard ($m_i = m_g = 1$ kg) bezogen; daher ist der Wert des Quotienten $\frac{m_g}{m_i} = 1$. Für den frei fallenden Körper ergibt sich somit

$$\vec{a} = \vec{g}.$$

In anderen Worten: Wir sagen voraus, daß alle Körper, die sich im gleichen Punkt des Gravitationsfeldes nur unter dem Einfluß der Gravitationskraft bewegen, in gleicher Weise beschleunigt werden. Weiterhin könnten wir die Feldstärke $\vec{g}$ des Gravitationsfeldes in einem bestimmten Punkt dadurch bestimmen, daß wir dort die Beschleunigung $\vec{a}$ eines beliebigen Körpers messen.

Wird diese Voraussage durch das Experiment bestätigt? Alle Körper mit genügend großer Dichte (Verhältnis von Masse zu Volumen) fallen tatsächlich am gleichen Ort mit der gleichen Beschleunigung. Die Beschleunigung hat an allen Orten der Erdoberfläche recht genau den Wert 9,8 $\frac{m}{s^2}$. Es spielt dabei keine Rolle, ob wir sie in einem Physikraum im ersten Stock eines Gebäudes oder im Dachgeschoß messen, ob der Körper aus der Ruhe startet oder mit einer beträchtlichen vertikalen Geschwindigkeit geworfen wurde.

Eine Stroboskop-Aufnahme eines fallenden Körpers zeigt Bild 14.2. Mißt man sie sorgfältig aus, so erhält man die in Tabelle 2 zusammengestellten Ergebnisse.

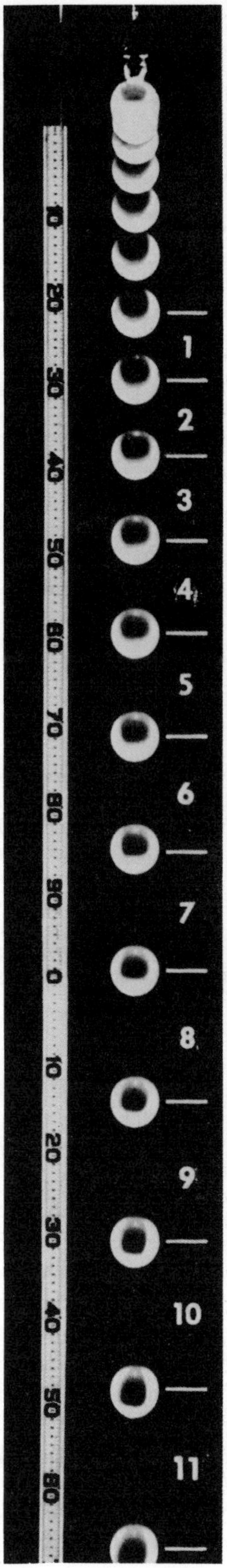

Bild 14.2. Stroboskop-Aufnahme einer fallenden Billardkugel. Der Meßstab ist in cm eingeteilt, und das Zeitintervall zwischen zwei Blitzen ist 1/30 s. Die Meßergebnisse sind in Tabelle 2 eingetragen.

Die Lichtblitze erfolgten in Intervallen von $\frac{1}{30}$ s. Die Ergebnisse bestätigen, daß das Gravitationsfeld in der Nähe der Erdoberfläche eine Beschleunigung von etwa 9,8 $\frac{m}{s^2}$ in Richtung auf den Erdmittelpunkt bewirkt.

Tabelle 2: Auswertung der Aufnahme von Bild 14.2

Intervall	Teilweg Δx in cm	Intervallgeschwindigkeit $v = \frac{\Delta x}{\Delta t}$ in $\frac{cm}{s}$	Änderung der Intervallgeschwindigkeit Δv in $\frac{cm}{s}$	Beschleunigung $a = \frac{\Delta v}{\Delta t}$ in $\frac{cm}{s^2}$
1	7,70	231		
			32	9,6
2	8,75	263		
			31	9,3
3	9,80	294		
			32	9,6
4	10,85	326		
			34	10,2
5	11,99	360		
			33	9,9
6	13,09	393		
			32	9,6
7	14,18	425		
			32	9,6
8	15,22	457		
			32	9,6
9	16,31	489		
			35	10,5
10	17,45	524		
			32	9,6
11	18,52	556		
			Mittlere Beschleunigung	9,8

Die berechneten Werte der Beschleunigung sind innerhalb der Grenzen unserer Meßgenauigkeit konstant. Obwohl ein fein unterteilter Meßstab an die Kugeln der Aufnahme angelegt wurde, ist die letzte Ziffer der Teilwege Δx unsicher, die Bruchteile von mm sind nur geschätzt worden. Sie wurden jedoch mit aufgeschrieben, um die nachfolgenden Fehler klein zu halten. Diese hätten sich stark bemerkbar gemacht, wenn zu früh gerundet worden wäre. In der Spalte der Geschwindigkeiten wurden nur drei geltende Ziffern beibehalten.

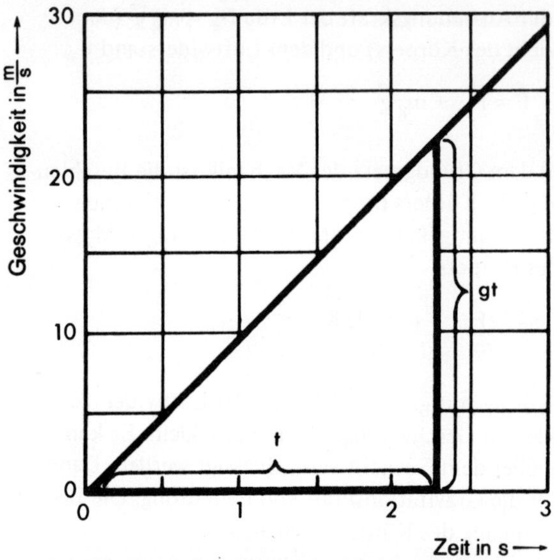

Bild 14.3. Geschwindigkeit-Zeit-Diagramm eines frei fallenden Körpers. Der vertikale Weg (Fallweg) wird durch die Fläche unter der Kurve dargestellt. Die Fläche des Dreiecks mit der Grundseite t und der Höhe g t ist $\frac{1}{2}gt^2$.

Bisher haben wir uns auf kompakte, dichte Körper beschränkt. Nur dann ist der Reibungswiderstand der Luft hinreichend klein zu halten. Betrachtet man nun einen Tischtennisball, so zeigt dieser ein anderes Verhalten. Der Ball fällt nur eine kurze Strecke frei, bis der Luftwiderstand die Gravitationskraft kompensiert. Dann bewegt sich der Ball mit konstanter Geschwindigkeit. Im allgemeinen wächst der Luftwiderstand mit der Geschwindigkeit des Körpers. Wenn ein Körper lange genug fällt, wird seine Geschwindigkeit so groß, daß der Luftwiderstand gleich dem Gewicht wird. Dann fällt der Körper mit konstanter Geschwindigkeit weiter. Diese konstante Geschwindigkeit wird als *Endgeschwindigkeit* des fallenden Körpers bezeichnet. (Problem: Was geschieht, wenn man eine Glühlampe mit größerer Geschwindigkeit nach unten wirft, als ihre Endgeschwindigkeit beträgt?)

Man kann zeigen, daß die geschilderten Abweichungen vom freien Fall tatsächlich auf den Luftwiderstand zurückzuführen sind. Dazu führt man Versuche im luftleeren Raum aus. Sie ergeben: Wenn man die Luft entfernt, fallen alle Körper (unabhängig von Form oder Dichte) an einem bestimmten Punkt der Erdoberfläche mit der gleichen Beschleunigung. Die Feldstärke $\vec{g}$ ändert ihre Richtung und ihren Betrag nicht nennenswert, wenn man nicht Strecken vergleichbar mit den Abmessungen der Erde zurücklegt. Daher ist die Beschleunigung aller fallenden Körper innerhalb eines Gebäudes, einer Stadt oder sogar eines kleinen Landes nahezu gleich. In einem Bereich, in dem die Gravitationsfeldstärke $\vec{g}$ praktisch konstant und in dem nur die Gravitation von Bedeutung ist, fallen alle Körper mit konstanter Beschleunigung $\vec{a} = \vec{g}$. Fallen sie aus der Ruhe, so gewinnen sie in der Zeit t die abwärts gerichtete Geschwindigkeit

$$v = gt.$$

Dabei legen sie den Weg

$$s = \frac{1}{2}gt^2$$

zurück. Dieser wird im Graph des Bildes 14.3, in dem die Geschwindigkeit v gegen die Zeit t aufgetragen wurde, durch die Fläche unter der Kurve dargestellt. An der Stroboskop-Aufnahme des Bildes 14.2 läßt sich zeigen, daß man den Gesamtweg aus der Gleichung $s = \frac{1}{2}gt^2$ erhält.

14.3. Wurfbewegung; Unabhängigkeitsprinzip

Körper, die nur unter dem Einfluß der Gravitation nach unten fallen, werden alle im gleichen Maße beschleunigt. Erfahren nun auch solche Körper die gleiche Beschleunigung, die sich in einer anderen Richtung im Gravitationsfeld bewegen? Bild 14.4 zeigt noch einmal die Stroboskop-Aufnahme von zwei Kugeln aus Kapitel 12. Die erste Kugel beginnt ihre Fallbewegung aus der Ruhe in dem Moment, in dem die zweite horizontal geworfen wird. Man erkennt, daß die Vertikalbewegungen der beiden Kugeln übereinstimmen, obwohl sich die Horizontalbewegungen unterscheiden. Weiter erkennt man, daß die Horizontalbewegung mit konstanter Geschwindigkeit erfolgt, wie es bei einer Bewegung ohne den Einfluß einer Kraft der Fall ist. Das Auftreten der nach unten gerichteten Kraft beeinflußt die horizontale Bewegung nicht, und die Existenz der horizontalen Bewegung ändert nicht die Wirkung der nach unten gerichteten Kraft auf die Vertikalbewegung. Die Beobachtung zeigt: *Die horizontale und die vertikale Bewegung des Körpers sind voneinander unabhängig.* Jede der beiden Bewegungen ist durch die zugehörige Komponente des Kraftvektors bestimmt. Die Vertikalkomponente ist $\vec{F}_v = m\vec{g}$, also ist die Vertikalbewegung eine Fallbewegung. Die Horizontalkomponente ist $\vec{F}_h = 0$, also erfolgt die Horizontalbewegung ohne Beschleunigung.

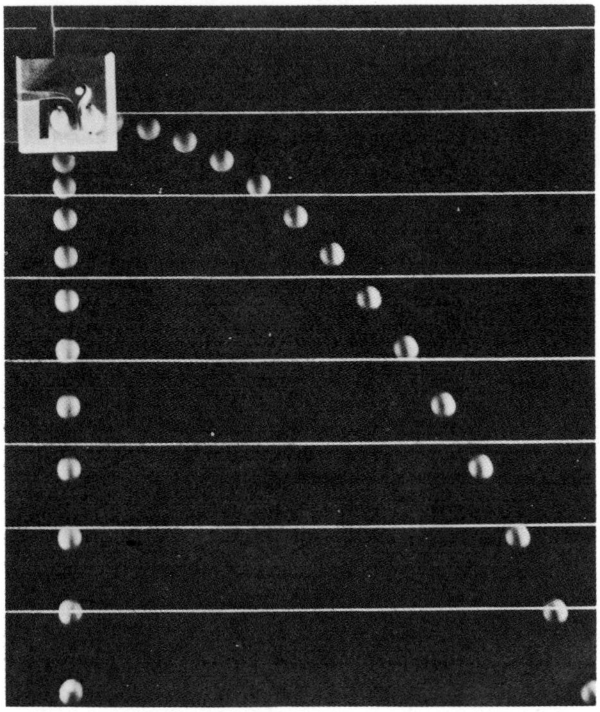

Bild 14.4. Stroboskop-Aufnahme zweier Kugeln, von denen die eine zur gleichen Zeit horizontal abgeschlossen wird, wenn die andere zu fallen beginnt. Die weißen Linien haber einen Abstand von 15 cm, das Zeitintervall zwischen den Lichtblitzen ist 1/30 s. (Die Aufnahme stimmt mit Bild 12.17 überein.)

Am Schluß des letzten Kapitels wurde festgestellt, daß die resultierende Kraft $\vec{F}$ eine vektorielle Größe ist. Aus Kapitel 12 ist bekannt, daß die Beschleunigung ebenfalls eine vektorielle Größe ist. Das Grundgesetz der Mechanik läßt sich daher in vektorieller Form schreiben. Wenn die Kraft $\vec{F}$ in Richtung der Bewegung wirkt, so ergibt sich die zugehörige Beschleunigung $\vec{a}$ aus $\vec{F} = m\vec{a}$. Wir haben aber im letzten Kapitel noch keine Bewegung untersucht, bei der die Kraft $\vec{F}$ mit der Geschwindigkeit $\vec{v}$ des Körpers einen Winkel bildete. Es bleibt also die Frage zu klären: Gilt das Gesetz auch dann, wenn die Kraft $\vec{F}$ und die Geschwindigkeit $\vec{v}$ unterschiedliche Richtungen haben? Hat die Beschleunigung dann immer noch die Richtung der Kraft? Ergibt sich eine gleich große Beschleunigung $\vec{a}$ für eine Kraft gleichen Betrages?

Die Wurfbewegung ist der erste Fall, in dem die Kraft $\vec{F}$ und die Geschwindigkeit $\vec{v}$ verschiedene Richtungen haben. Aus dem Versuch hat sich ergeben, daß die vertikale Gravitationskraft $\vec{F}$ bei beiden Kugeln die gleiche vertikale Beschleunigung hervorruft. Es spielt keine Rolle, ob gleichzeitig eine Horizontalbewegung vorhanden ist oder nicht. Natürlich ist diese Beobachtung kein hinreichender Beweis für die allgemeine Gültigkeit des Gesetzes $\vec{F} = m\vec{a}$. Sie stützt aber die Vermutung, daß das Gesetz in dieser einfachen Form unabhängig von der Bewegungsrichtung gültig ist. Wenn wir die Bahn bei der Wurfbewegung untersucht haben, werden wir weitere Versuche durchführen, in denen die Kräfte senkrecht zur Bewegungsrichtung angreifen. Es wird sich zeigen, daß auch dann das vektorielle Gesetz $\vec{F} = m\vec{a}$ gilt.

14.4. Berechnung der Wurfbahn

Bei der Untersuchung der Wurfbewegung stellt sich ein neues Problem. Bisher haben wir in der Dynamik nur die geradlinige Bewegung von Körpern betrachtet, auf die eine resultierende Kraft in Richtung ihrer Bewegung einwirkte. Die zweite Kugel in Bild 14.4 bewegte sich jedoch auf einer gekrümmten Bahn. Eine der wichtigsten Aufgaben der Dynamik besteht darin, in solchen Fällen die *Bahn* der Bewegung zu ermitteln.

Kennt man den Ort und die Geschwindigkeit eines Körpers zu einem bestimmten Zeitpunkt, so läßt sich nach dem Grundgesetz der Mechanik aus der Kraft auf den Körper seine Bahn in Abhängigkeit von der Zeit vollständig beschreiben. Im Fall der Wurfbewegung brauchen wir aber nicht auf das Grundgesetz

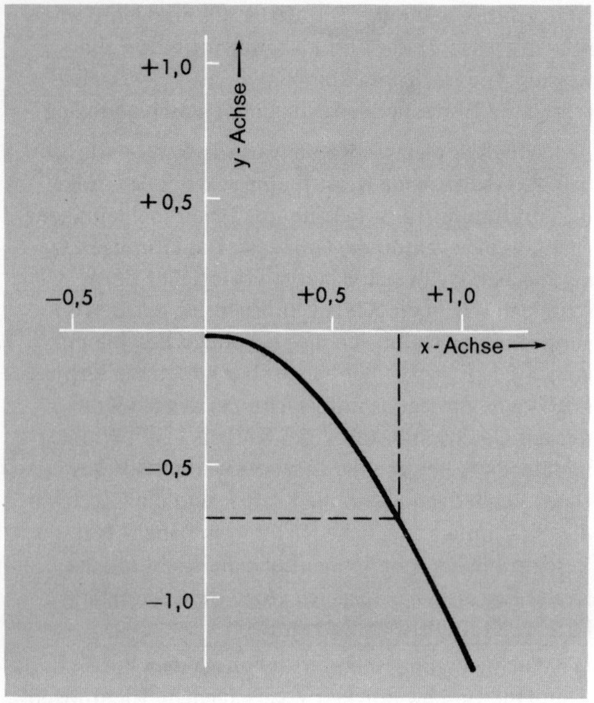

Bild 14.5. Die Bahn der zweiten Kugel aus Bild 14.4 wird in ein Koordinatenkreuz eingetragen. Die Zahlen auf den Achsen geben den zurückgelegten Weg in m an. Der Weg in x-Richtung ist zur Zeit t $x = v_0\, t$ (mit $v_0 = 2$ m/s) und der Weg in y-Richtung $y = -\frac{1}{2} g\, t^2$. Z. B. ist zur Zeit t = 0,38 s x = 0,75 m und y = - 0,70 m.

und die Gravitationskraft zurückzugehen. Die Bahn läßt sich aus den bekannten horizontalen und vertikalen Bewegungen zusammensetzen. Im letzten Abschnitt wurde gezeigt, daß beide Bewegungen unabhängig voneinander ausgeführt wurden. Zur Beschreibung der Bahn wird eine horizontale Achse (x-Achse) und eine vertikale Achse (y-Achse) festgelegt. Der Ursprung (x = 0 und y = 0) des Achsenkreuzes wird in den Punkt gelegt, in dem der geworfene Körper startet (Bild 14.5). Die Kugel werde mit einer horizontalen Geschwindigkeit v_0 geworfen. Dann bewegt sie sich in der x-Richtung gleichförmig mit dieser Geschwindigkeit. Nach einer Zeit t ist daher die x-Koordinate ihres Ortes $x = v_0 t$. In der Vertikalen bewegt sich die Kugel wie beim freien Fall. Für die gleiche Zeit t ergibt sich somit die y-Koordinate $y = -\frac{1}{2} g\, t^2$. (Das Minuszeichen gibt an, daß sich die Kugel nach unten, also in Richtung der negativen y-Achse bewegt.) Diese beiden Gleichungen enthalten alle Angaben über Körper, die mit einer Anfangsgeschwindigkeit v_0 horizontal geworfen werden. Der in den Gleichungen gemeinsame Wert der Zeit t ordnet sie der Bewegung eines einzigen Körpers zu. Sie beschreiben nicht die Bewegungen zweier verschiedener Körper.

Die Bahn des Körpers ist eine gekrümmte Kurve. Diese können wir durch eine Gleichung beschreiben, in der die Ordinate y und die Abszisse x im gleichen Zeitpunkt t einander zugeordnet sind. Um diese Gleichung aufzustellen, eliminieren wir die Zeit t aus den beiden Gleichungen $y = -\frac{1}{2} g\, t^2$ und $x = v_0 t$. Aus der zweiten erhalten wir $t = \frac{x}{v_0}$. Diesen Ausdruck setzen wir für t in die erste Gleichung ein und erhalten

$$y = -\frac{1}{2} g\, t^2 = -\frac{1}{2} g \left(\frac{x}{v_0}\right)^2 = -\frac{g}{2v_0^2}\, x^2 \ .$$

Die Gleichung

$$y = -\frac{g}{2v_0^2}\, x^2$$

ist die *Bahngleichung* des Körpers. Wie man in Bild 14.5 sieht, ist die Bahn eine nach unten geöffnete Parabel, deren Scheitel in dem Punkt liegt, in dem sich der Körper horizontal bewegt.

In Bild 14.6 sind mehrere mögliche Bahnen dargestellt, die zu unterschiedlichen Werten der Anfangsgeschwindigkeit v_0 gehören. Man erkennt: Ist die Anfangsgeschwindigkeit groß, ergibt sich eine weit geöffnete Parabel. Der Körper bewegt sich eine große Strecke zur Seite, bevor er ein nennenswertes Stück fällt. Kleine Werte der Anfangsgeschwindigkeit ergeben stark gekrümmte Parabeln. Der Körper bewegt sich jetzt ein kurzes Stück in der Horizontalen, während er eine bestimmte Höhe durchfällt.

Damit ist die Frage beantwortet, wie sich ein horizontal abgeschossener Körper verhält. Der allgemeinere Fall eines Geschosses, dessen Anfangsgeschwindigkeit $\vec{v}_0$ einen bestimmten Winkel mit der x-Achse bildet, kann in gleicher Weise behandelt werden. Dabei macht man wieder von der Tatsache Gebrauch, daß die Horizontal- und die Vertikalbewegung unabhängig voneinander sind. Die Anfangsgeschwindigkeit $\vec{v}_0$ wird in ihre Horizontal- und Vertikal-Komponente zerlegt. Die Horizontalkomponente ändert sich bei der Bewegung nicht. Die Vertikalkomponente dagegen wird sich nach der Beziehung $\frac{\Delta v_y}{\Delta t} = -g$ gleichmäßig ändern. Rechnet man diesen Fall im einzelnen durch, dann ergibt sich wieder eine parabolische Bahn. Ihre Öffnung ist durch den Wert der Anfangsgeschwindigkeit v_0 bestimmt. Der einzige Unterschied besteht darin, daß der Scheitelpunkt der Parabel nun nicht mehr mit dem Abschußpunkt zusammenfällt.

Die Ergebnisse dieses Abschnittes über die Wurfbewegung gleichen dem, was schon in Kapitel 12 gefunden wurde. Und doch besteht ein wesentlicher Unterschied. In den vorangehenden Kapiteln ging es nur um die Bewegung (Kinematik). Jetzt wurde die

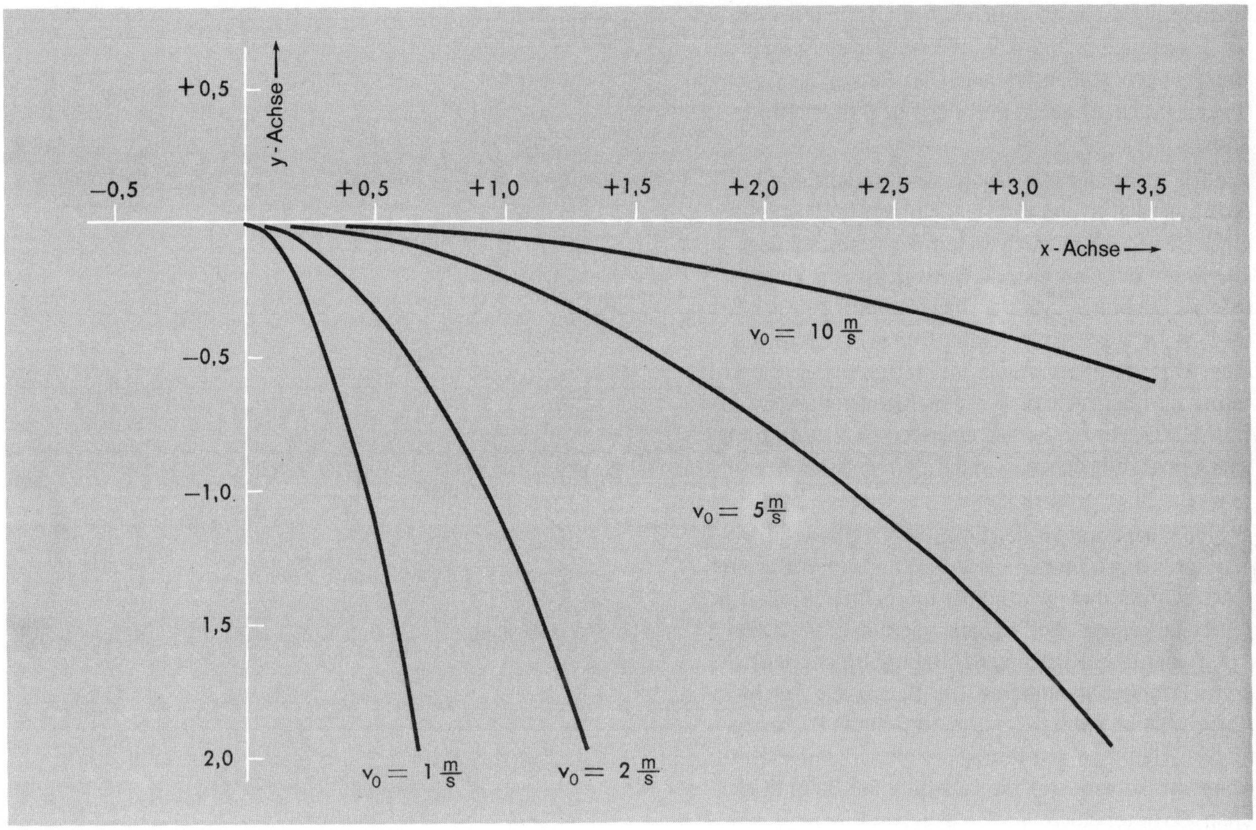

Bild 14.6. Mehrere mögliche Bahnen für einen horizontal geworfenen Körper. Die Form der Parabel hängt von der horizontalen Geschwindigkeit v_0 ab.

Kraft, die die Bewegung verursacht, in die Überlegungen einbezogen (Dynamik). Mit Hilfe der Gravitationskraft $\vec{F}_g = m\,\vec{g}$ und dem Grundgesetz der Mechanik in vektorieller Form läßt sich das Geschehen sowohl vorhersagen als auch beschreiben. Bei der dynamischen Untersuchung weiterer Bewegungen werden wir uns eng an die kinematischen Beschreibungen anlehnen. Die nächsten Abschnitte dieses Kapitels sind leichter zu verstehen, wenn man vorher die Abschnitte 12.6 bis 12.8 wiederholt.

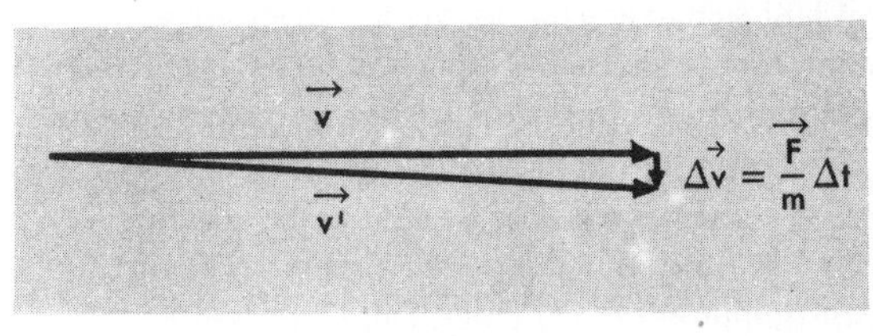

Bild 14.7. Die Geschwindigkeitsänderung eines Körpers, auf den eine Kraft senkrecht zur Bahn wirkt. Eine solche Kraft ändert die Richtung der Bewegung, nicht aber den Betrag der Geschwindigkeit. Der Betrag v' nach Einwirkung der Kraft im Zeitintervall Δ t ist gleich dem Betrag v vor der Kraftwirkung.

14.5. Zentralkraft und Kreisbewegung

Ein Körper bewegt sich auf einer gekrümmten Bahn, wenn die auf ihn wirkende Kraft eine zur Bewegungsrichtung senkrechte Komponente besitzt. Eine Komponente der Kraft in Richtung der Bahn ändert den Betrag der Geschwindigkeit, nicht aber ihre Richtung. Andererseits versetzt eine Kraft senkrecht zur Bewegungsrichtung den Körper zur Seite, so daß sich die Bahn krümmt. Sie bewirkt eine *Normalbeschleunigung*, durch die die Richtung, nicht aber der Betrag des Geschwindigkeitsvektors geändert wird (Bild 14.7).

Während sich das Geschoß auf seiner parabolischen Bahn bewegt, hat die auf ihn wirkende Gravitationskraft Komponenten sowohl in Richtung der Bahn als auch senkrecht dazu. Die Richtung der Geschwindigkeit ändert sich, da die Komponente der Kraft senkrecht zur Bahn eine Normalbeschleunigung bewirkt. Der Betrag der Geschwindigkeit ändert sich, da die Komponente der Kraft in Richtung der Bahn eine Bahnbeschleunigung hervorruft.

In diesem Abschnitt wollen wir uns auf die Änderung der Richtung beschränken. Wir werden Beispiele für Bewegungen wählen, in denen der Betrag der Geschwindigkeit konstant bleibt und sich nur ihre Richtung ändert.

Die Richtung einer Bewegung ist die Richtung ihres Geschwindigkeitsvektors. Das einfachste Beispiel einer Bewegung mit sich ändernder Richtung liegt vor, wenn der Geschwindigkeitsvektor eine gleichmäßige Drehung ausführt. Die *gleichmäßige Kreisbewegung* ist allgemein bekannt. Der Sekundenzeiger einer Uhr, der Plattenteller im Plattenspieler, die Erde selbst sind Beispiele für gleichmäßige Drehungen. In Bild 12.27 wurden bereits eine Reihe von Vektoren gezeichnet, mit denen man die gleichmäßige Kreisbewegung beschreiben kann.

Wie wird eine solche gleichmäßige Kreisbewegung erzeugt? Angenommen wir drücken gleichmäßig auf einen Körper und zwar immer im rechten Winkel zu seiner Bewegung. Weil es dabei niemals eine Kraftkomponente in Richtung der Bahn gibt, entsteht keine Bahnbeschleunigung. Der Betrag der Geschwindigkeit bleibt konstant, während sich die Richtung ändert. Hält man den Betrag der einwirkenden Kraft konstant, so wird sich die Richtung der Bahn in gleichen Zeitintervallen um den gleichen Betrag ändern.

Die Bahn muß ein Kreis sein. Auf diesem Kreis bewegt sich der Körper mit konstantem Geschwindigkeitsbetrag. Der Geschwindigkeitsvektor dreht sich jedesmal gleichmäßig um 360°, während der Körper die Kreisbahn einmal durchläuft.

Damit läßt sich eine wichtige Schlußfolgerung gewinnen: Wirkt auf einen Körper eine konstante Kraft stets senkrecht zur Bewegungsrichtung, dann bewegt sich der Körper mit konstantem Geschwindigkeitsbetrag auf einem Kreis. Die Kraft und die von ihr verursachte Beschleunigung des Körpers sind zum Kreismittelpunkt hin gerichtet. Der Geschwindigkeitsvektor hat in jedem Punkt die Richtung der Tangente an den Kreis. Der vom Kreismittelpunkt zum Körper führende Ortsvektor $\vec{r}$ hat eine konstante Länge, den Radius des Kreises (Bild 14.8).

Wir wollen nun zwei nützliche mathematische Ausdrücke für die Beschleunigung bei der gleichmäßigen Kreisbewegung herleiten. Der Körper legt den Kreisumfang $u = 2\pi r$ in der Umlaufzeit T zurück. Seine konstante Geschwindigkeit ist somit

$$v = \frac{2\pi r}{T}.$$

Die Zeit T wird auch die *Periode* der Bewegung genannt. In der gleichen Zeit T hat sich die Bewegungsrichtung einmal vollständig gedreht, die Bewegung zeigt dann wieder in die ursprüngliche Richtung. Die

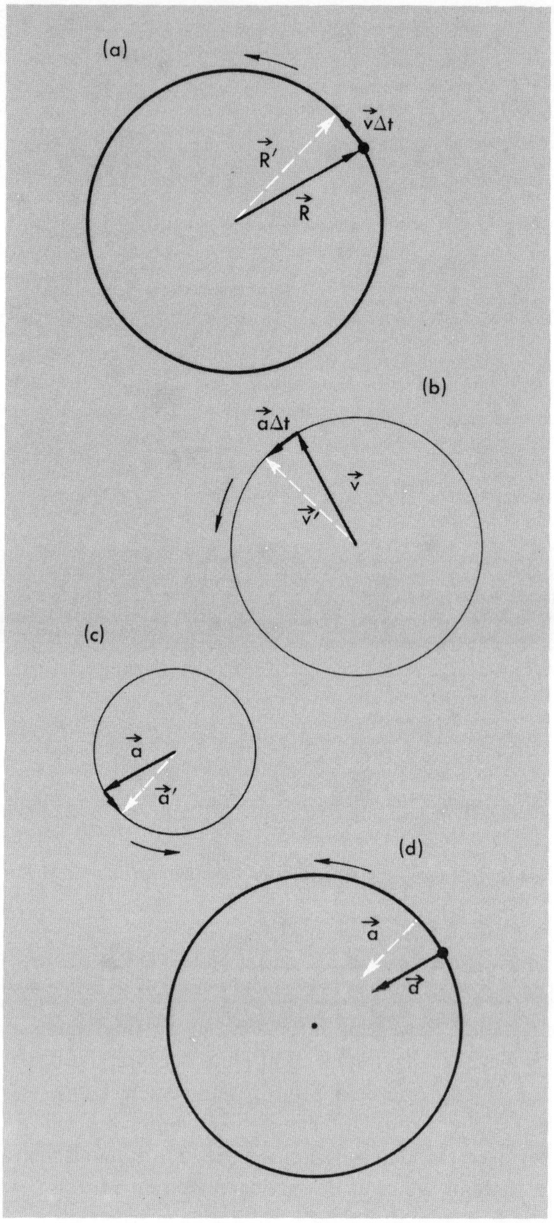

Bild 14.8

a) Die Bahn eines Körpers, der sich mit konstanter Geschwindigkeit auf einem Kreis bewegt. Sein Ortsvektor $\vec{r}$ rotiert gleichmäßig. Während einer Periode T legt der Körper auf dem Kreis den Weg $vT = 2\pi r$ zurück.

b) Der sich ändernde Geschwindigkeitsvektor des Körpers T $\vec{v}$ rotiert mit der gleichen Geschwindigkeit wie $\vec{r}$, steht aber stets senkrecht dazu. In einem kurzen Zeitintervall Δt hat die Geschwindigkeitsänderung den Betrag $a\,\Delta t$. Während einer Periode T durchläuft die Spitze des Geschwindigkeitsvektors den Kreis mit dem Radius v, also $aT = 2\pi v$.

c) Der sich ändernde Beschleunigungsvektor. Er steht stets senkrecht zur Geschwindigkeit.

d) Die Kreisbahn des Körpers, in die die Beschleunigungsvektoren aus c) eingezeichnet wurden. Der Beschleunigungsvektor zeigt stets in Richtung auf den Kreismittelpunkt.

Richtung der Geschwindigkeit, die immer senkrecht zum Ortsvektor steht, dreht sich gleichmäßig, während ihr Betrag ungeändert bleibt. Der Geschwindigkeitsvektor läuft also mit der gleichen Periode gleichmäßig um (Bild 14.8b).

In Bild 14.8b läßt sich erkennen (was schon in Kapitel 12 festgestellt wurde): Der Geschwindigkeitsvektor wird durch eine zu ihm senkrechte Beschleunigung auf dem Kreis herumgeführt, wie der Ortsvektor durch eine zu ihm senkrechte Geschwindigkeit herumgeführt wird. Die Spitze des Geschwindigkeitsvektors beschreibt einen Kreis mit dem Radius v. Sie legt den Umfang $u = 2\pi v$ dieses Kreises in der Zeit T zurück. Die Beschleunigung, die diese Änderung des Geschwindigkeitsvektors hervorruft, hat den Betrag

$$a = \frac{2\pi v}{T}\,.$$

Die beiden Gleichungen für v und a lassen sich zusammenfassen, indem man entweder T oder v eliminiert. Dann ergibt sich für die Beschleunigung entweder

$$a = \frac{v^2}{r}$$

oder

$$a = \frac{4\pi^2 r}{T^2}\,.$$

Diese Ausdrücke sind von großer Bedeutung für die Untersuchung der Satellitenbewegung, des Planetensystems und des Atomaufbaus.

Der Beschleunigungsvektor $\vec{a}$ steht senkrecht zum Geschwindigkeitsvektor $\vec{v}$. Und der Geschwindigkeitsvektor $\vec{v}$ steht senkrecht zum Ortsvektor $\vec{r}$. Die beiden rechten Winkel addieren sich zu einem Winkel von 180°. Daher ist der Beschleunigungsvektor $\vec{a}$ zum Ortsvektor $\vec{r}$ entgegengerichtet (Bild 14.8d). Diese Aussage über die Richtung der Beschleunigung kann mit der Gleichung für den Betrag zusammengefaßt werden. Die Beschleunigung der gleichmäßigen Kreisbewegung ist

$$\vec{a} = -\frac{4\pi^2\vec{r}}{T^2}\,.$$

Denkt man sich $\vec{a}$ mit seinem Anfangspunkt am Körper befestigt, dann zeigt die Spitze immer auf den Mittelpunkt der Bahn. Daher wird die sie Beschleunigung auch *Zentripetalbeschleunigung* genannt.

Durch welche Kraft wird diese Zentripetalbeschleunigung verursacht? Das Grundgesetz $\vec{F} = m\vec{a}$ gibt allgemein den Zusammenhang zwischen der Beschleunigung und der Kraft an. Der Ausdruck für die Beschleunigung in Abhängigkeit vom Radius r der Bewegung und ihrer Periode T liefert daher auch den Ausdruck für die Kraft. Es ergibt sich

$$\vec{F} = m\vec{a} = -\frac{m\,4\pi^2}{T^2}\,\vec{r}.$$

Der Betrag der Kraft kann auch durch den Radius r und die Geschwindigkeit v ausgedrückt werden als

$$F = \frac{m v^2}{r}\,.$$

Die Kraft ist nach innen, zum Kreismittelpunkt hin gerichtet. Daher bezeichnet man sie auch als *Zentripetalkraft.* Die letzte Gleichung gilt auch für allgemeinere Bewegungen. Dann bedeuten F die ablenkende Kraft und r den Radius der Bahnkurve im betrachteten Punkt (d.h. den Radius des Kreises, der sich in diesem Punkt an die Kurve anschmiegt).

Die zuletzt abgeleiteten Gleichungen lassen sich experimentell prüfen. Bild 14.9 zeigt eine dazu geeignete Versuchsanordnung mit einem Trockeneis-Puck. Der Puck liegt auf einer horizontalen Glasplatte. Die eine Seite der Schnur ist an einer Halterung in der Mitte der Platte befestigt. An der anderen Seite wird der am Puck eingehakte Federring angebunden.

In dem Versuch wurde der Puck gerade so in Bewegung versetzt, daß er sich auf einem Kreis bewegt. Bild 14.10 zeigt eine Stroboskop-Aufnahme dieser Bewegung. Das Licht blitzte 2,4 mal in der Sekunde. Kurz vor Vollendung eines ganzen Umlaufs wurde die Belichtung abgebrochen. Die gleichen Abstände zwischen aufeinanderfolgenden Bildern des Pucks zeigen, daß der Geschwindigkeitsbetrag im wesentlichen konstant bleibt. Der Federring ist verformt, was man gut im Vergleich zu Bild 14.9 erkennen kann. Die Verformung bleibt während der ganzen Bewegung gleich groß. Aus ihrem Betrag läßt sich der Betrag der Kraft ermitteln, die den Puck auf der Kreisbahn hält.

Aus der gemessenen Ausdehnung der Feder ergibt sich eine Kraft von 2,4 N. Um 10 Intervalle der Aufnahme zu durchlaufen, braucht der Puck die Zeit $10 \cdot \frac{1}{2{,}4}\,\text{s} = 4{,}2\,\text{s}$. In dieser Zeit überstreicht der Puck einen Winkel von 286°. Damit ergibt sich die Zeit T für einen vollen Umlauf als

$$T = \frac{360^\circ}{286^\circ} \cdot 4{,}2\,\text{s} = 5{,}2\,\text{s}.$$

Der Radius war $r = 0{,}44$ m und die Masse des Pucks $m = 3{,}9$ kg. Setzt man diese Werte in den Ausdruck für die Zentripetalkraft ein, so erhält man für die Kraft, die den Puck auf der Kreisbahn hält,

$$F = \frac{m\,4\pi^2 r}{T^2} = \frac{3{,}9\,\text{kg} \cdot 4\pi^2 \cdot 0{,}44\,\text{m}}{(5{,}2\,\text{s})^2} = 2{,}5\,\text{N}.$$

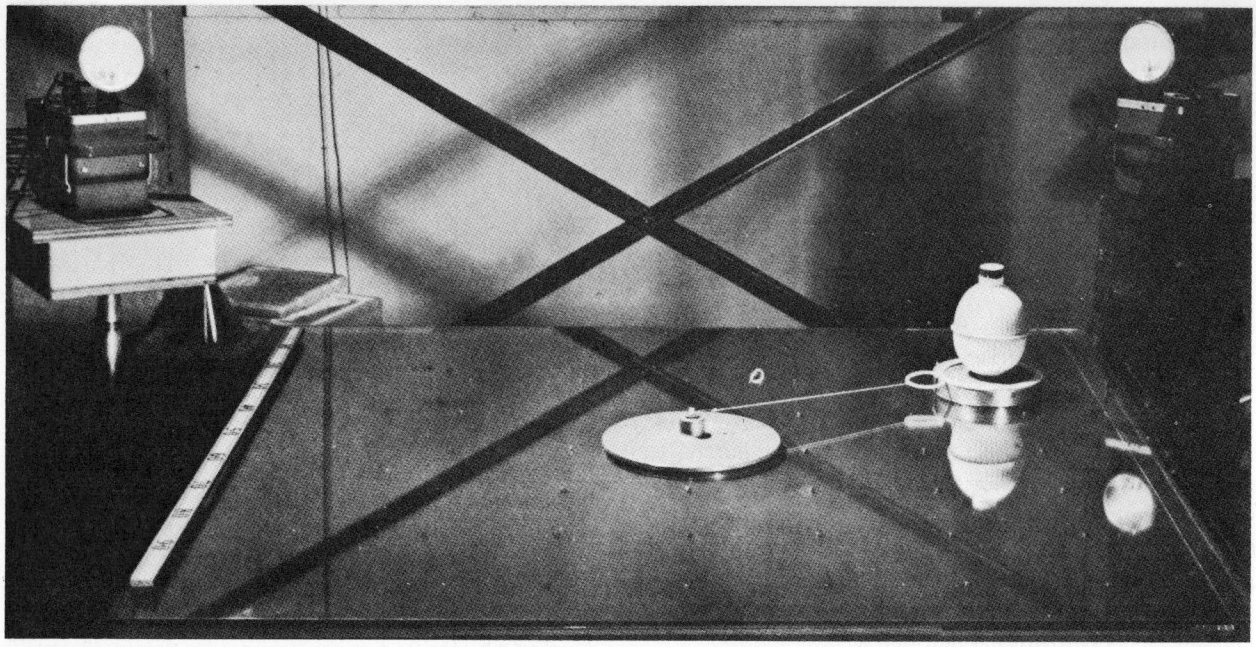

Bild 14.9. Eine Versuchsanordnung, mit der man die Zentripetalkraft messen kann, die auf einen Körper auf einer Kreisbahn wirkt. Der Puck ruht, es wirkt keine Kraft, der Federring am Puck ist nicht ausgedehnt.

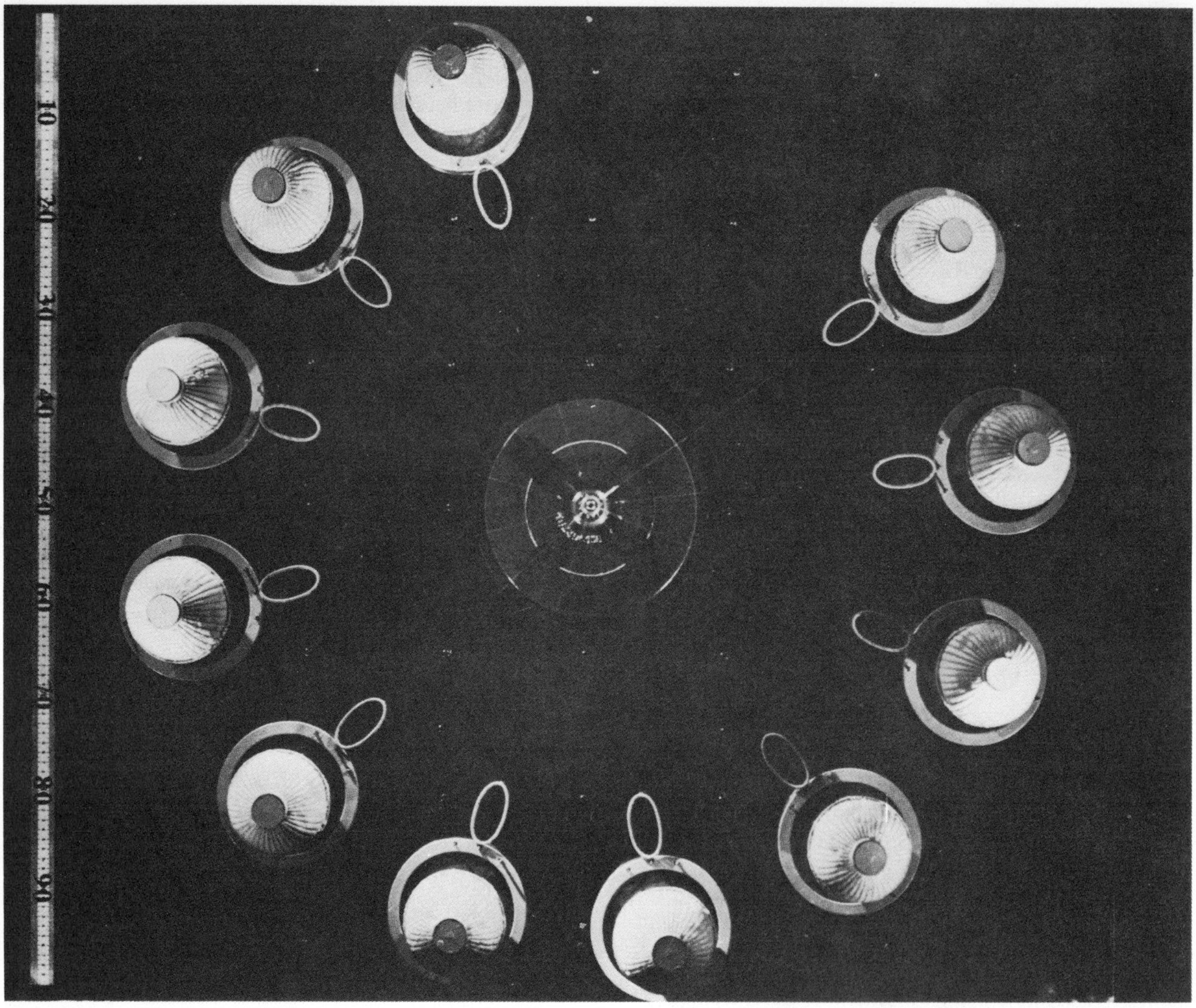

Bild 14.10. Der Puck bewegt sich mit gleicher Geschwindigkeit auf einer Kreisbahn. In jeder Stellung ist der Federring gleich weit ausgedehnt. Dadurch wird angezeigt, daß eine konstante Kraft wirkt.

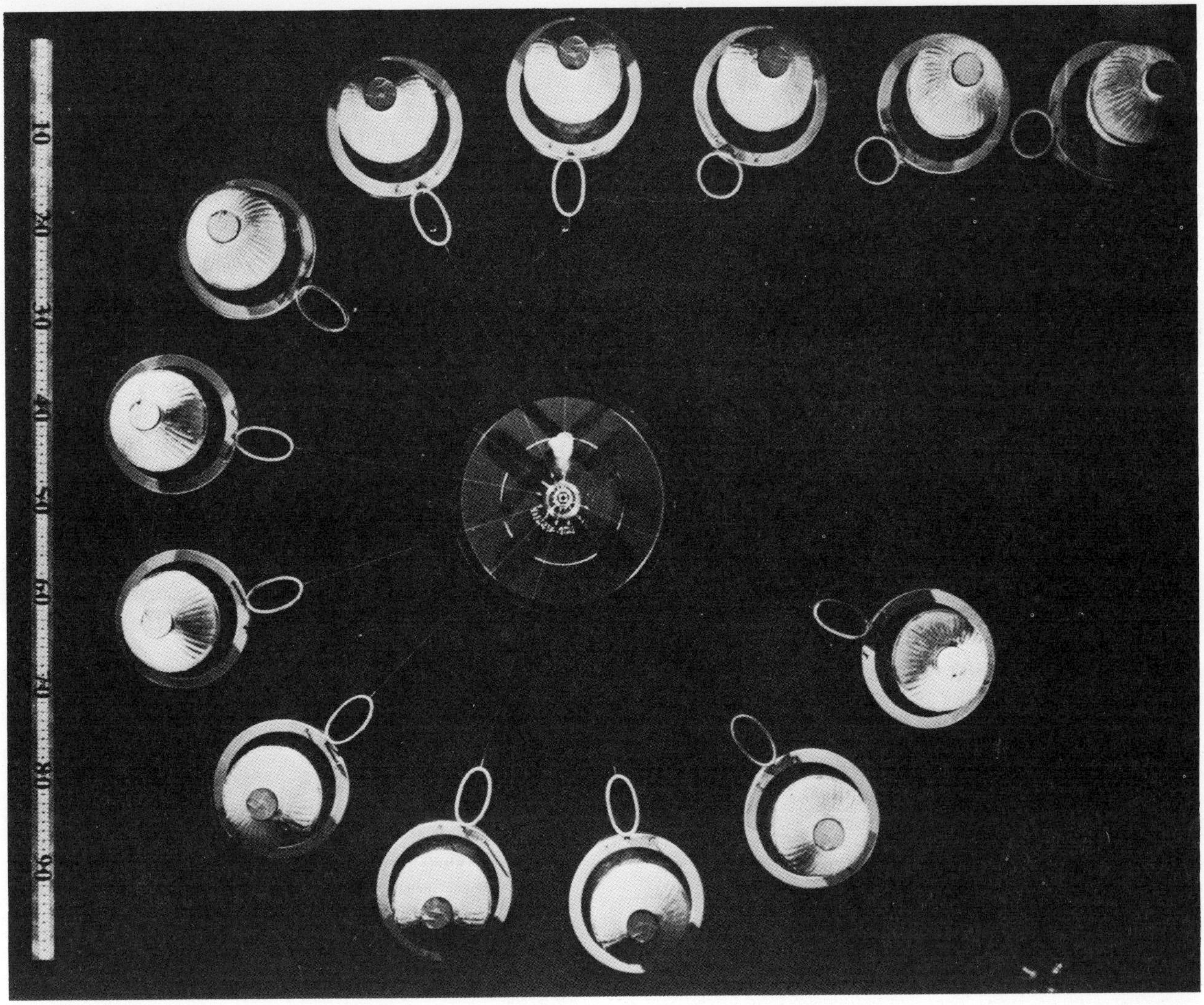

Bild 14.11. Ein Puck auf einer Kreisbahn, Stroboskop-Aufnahme mit 2,4 Blitzen in der Sekunde. Als der Puck den obersten Punkt erreichte, wurde die ihn haltende Schnur durchgebrannt. Darauf bewegte er sich geradlinig mit der Geschwindigkeit weiter, die er im Zeitpunkt des Durchbrennens hatte.

Das Experiment bestätigt also den Ausdruck für die Zentripetalkraft im Rahmen der Meßgenauigkeit.

Was geschieht nun, wenn die Schnur während des Versuchs reißt? – Der Puck bewegt sich dann nicht weiter auf einem Kreis, da die Zentripetalkraft nicht mehr auf ihn wirkt. Da nun keine äußere Kraft mehr am Puck angreift, bewegt er sich mit konstanter Geschwindigkeit geradlinig weiter. Diese Bewegung zeigt Bild 14.11. Die Schnur wurde bei der Aufnahme durch eine Gasflamme durchgebrannt. Man beachte, daß sich der Puck nach dem Durchbrennen der Schnur entlang einer Tangente des ursprünglichen Kreises bewegt, nicht in radialer Richtung.

14.6. Erdsatelliten

Das Gewicht eines Körpers ist nach Betrag und Richtung nur konstant, wenn er Entfernungen zurücklegt, die klein gegenüber dem Erdradius sind. Wird ein Geschoß so stark beschleunigt, wie es mit Raketen möglich ist, dann bewegt es sich so weit, daß die Änderung der Gravitationskraft nicht mehr vernachlässigt werden darf. Die Erde hat angenähert Kugelform. Die Gravitationskraft ist stets zu ihrem Mittelpunkt hin gerichtet. Für das Feld der Erde gilt: Die Richtung der Gravitationskraft ist für verschiedene Punkte in der Umgebung der Erde völlig unterschiedlich (Bild 14.1).

Wenn ein Geschoß horizontal mit der richtigen Anfangsgeschwindigkeit v_0 gestartet wird, dann bewegt es sich mit konstanter Geschwindigkeit auf einer Kreisbahn um die Erde. Es ist jedoch nicht leicht, einen Körper mit einem ganz bestimmten Geschwindigkeitsbetrag in eine ganz bestimmte Richtung abzuschießen. Daher durchlaufen künstliche Satelliten in Wirklichkeit keine Kreisbahn, sondern elliptische Bahnen (s. nächstes Kapitel). Hier soll zunächst der Spezialfall einer kreisförmigen Satellitenbahn betrachtet werden, da sie mathematisch relativ einfach zu beschreiben ist.

Zum Start von Erdsatelliten verwendet man mehrstufige Raketen. Die letzte Stufe wird in großer Höhe, wo der Luftwiderstand gering ist, in horizontaler Lage gezündet. Es gibt hinsichtlich des physikalischen Verhaltens keinen Unterschied zwischen einem vom Menschen hergestellten Satelliten und einem natürlichen Satelliten wie dem Mond. Sie unterscheiden sich aber im Radius ihrer Bahn und infolgedessen auch in der Periode T, der Dauer einer Erdumkreisung.

Wir wollen die Umlaufdauer T eines Satelliten beim Umkreisen der Erde berechnen. Für die gleichmäßige Kreisbewegung ist der Betrag der Beschleunigung $a = \frac{v^2}{r}$. Da die Zentripetalkraft in diesem Fall die Gravitationskraft ist, muß die Beschleunigung gleich der Feldstärke g des Gravitationsfeldes sein. Daraus ergibt sich die Geschwindigkeit des Satelliten mit

$$\frac{v^2}{r} = g \quad \text{oder} \quad v^2 = g\,r.$$

Darin ist r der Radius der Kreisbahn und g der Betrag der Gravitationsfeldstärke am Ort des Satelliten. Ein Satellit kreise 400 km über der Erdoberfläche. Dann ist der Bahnradius $r = r_E + 400\ \text{km} = 6{,}8 \cdot 10^6\ \text{m}$. Die Gravitationsfeldstärke beträgt dort etwa $g = 8{,}6\ \frac{\text{N}}{\text{kg}} = 8{,}6\ \frac{\text{m}}{\text{s}^2}$. Mit diesen Werten erhält man

$$v^2 = g\,r = 8{,}6\ \frac{\text{m}}{\text{s}^2} \cdot 6{,}8 \cdot 10^6\ \text{m}$$

und

$$v = 7{,}6 \cdot 10^3\ \frac{\text{m}}{\text{s}}.$$

Das ist eine Geschwindigkeit von etwa 30 000 $\frac{\text{km}}{\text{h}}$.

Die Periode T bestimmt man aus der Tatsache, daß der Satellit den Kreisumfang $u = 2\pi r$ mit der konstanten Geschwindigkeit v in der Zeit T durchläuft. Damit ergibt sich

$$2\pi r = v\,T$$

und

$$T = \frac{2\pi r}{v}.$$

Setzt man in diese Gleichung $r = 6{,}8 \cdot 10^6$ m und die berechnete Geschwindigkeit $v = 7{,}6 \cdot 10^3\ \frac{\text{m}}{\text{s}}$ ein, so erhält man

$$T = \frac{2\pi \cdot 6{,}8 \cdot 10^6\ \text{m}}{7{,}6 \cdot 10^3\ \frac{\text{m}}{\text{s}}} = 5{,}6 \cdot 10^3\ \text{s}.$$

Die Umlaufdauer beträgt etwa 93 min oder $1\frac{1}{2}$ h.

Die Berechnung der Periode T und der Geschwindigkeit v eines Satelliten erwies sich als erforderlich, als man den ersten künstlichen Satelliten auf seine Umlaufbahn schickte. Schon *Newton* wies darauf hin, daß man einen Satelliten erhalten könne, wenn man einen Körper von einem hohen Berg mit einer Geschwindigkeit von etwa 8 $\frac{\text{km}}{\text{s}}$ abschießen würde. Er

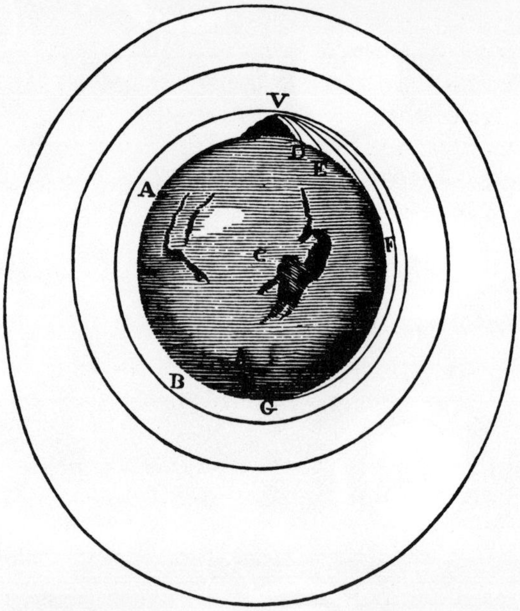

Bild 14.12. Eine Zeichnung aus *Newtons* „Weltsystem" (die späteren Ausgaben der „Prinzipia" beigefügt wurde). Sie zeigt die Bahnen eines Körpers, den man mit verschiedenen Geschwindigkeiten horizontal von einem hohen Berg abschießen würde. Man erkennt, daß *Newton* bemerkt hatte, daß der Körper bei genügend großer Geschwindigkeit eine Kreisbahn um die Erde beschreiben würde. Die Bahnen, die von V ausgehen und in D, E, F und G enden, gelten für Geschosse mit zunehmend größerer horizontaler Geschwindigkeit. *Newton* erkannte weiter, daß der Luftwiderstand die Geschosse in Erdnähe daran hindern würde, diese „idealen" Bahnen zu beschreiben oder eine längere Zeit einzuhalten. Er führte aus, daß sich Satelliten unaufhörlich auf den äußeren Kreisbahnen bewegen könnten.

unterstützte seinen Vorschlag durch die Zeichnung in Bild 14.12. Einer der Höhepunkte der von *Galilei, Newton* und anderen entwickelten Dynamik bestand darin, daß man solche Projekte im Vertrauen auf ihre schließliche Realisierbarkeit diskutieren konnte.

Nun kann man fragen, warum denn der erste Satellit nicht schon im 17. Jahrhundert auf eine Umlaufbahn gebracht wurde. Die Antwort ist nicht schwer. Es gab keine genügend leistungsfähigen Kanonen oder Raketen. Des Menschen Verständnis weitreichender Naturgesetze läuft oft der technologischen Entwicklung voraus. Die Anwendung naturwissenschaftlicher Kenntnisse erfordert viel Zeit und Arbeit.

Oft hat auch umgekehrt die Technologie einen Vorsprung vor der Wissenschaft. Jetzt hat die Technik künstliche Satelliten geschaffen, nun werden wir neue Beobachtungen aus dem Weltraum erhalten. Einige dieser Beobachtungen waren bisher wegen der Störungen durch die Erdatmosphäre unmöglich. Die neuen Beobachtungsergebnisse werden neue Kenntnisse über die kosmische Strahlung und die Dichte der Materie im interplanetarischen Raum vermitteln. Sie werden dazu beitragen, unsere Vorstellungen vom Universum zu formen. Auf lange Sicht gesehen arbeiten Grundlagenforschung und technische Anwendung Hand in Hand. Die eine unterstützt die andere.

14.7. Bewegung des Mondes

Der Mond ist ein Satellit der Erde. Wir können seine Zentripetalbeschleunigung aus den folgenden Beobachtungsdaten berechnen: Die Umlaufdauer des Mondes beträgt 27,3 Tage oder $2{,}3 \cdot 10^6$ s. Die Entfernung des Mondes von der Erde beträgt etwa $3{,}8 \cdot 10^8$ m. Damit ergibt sich

$$a = \frac{4\pi^2 r}{T^2} = \frac{4\pi^2 \cdot 3{,}8 \cdot 10^8 \text{ m}}{(2{,}3 \cdot 10^6 \text{ s})^2} = 2{,}8 \cdot 10^{-3} \frac{\text{m}}{\text{s}^2}$$

als Beschleunigung des Mondes in Richtung auf die Erde. Diese Beschleunigung ist viel kleiner als die Beschleunigung eines Satelliten in der Nähe der Erdoberfläche. Vergleicht man den Wert mit $9{,}8 \frac{\text{m}}{\text{s}^2}$, so erkennt man eine Abnahme um den Faktor $3 \cdot 10^{-4}$. Die Abnahme der Gravitationskraft mit zunehmender Entfernung von der Erde führte *Newton* zum Gravitationsgesetz, das im nächsten Kapitel besprochen wird.

14.8. Harmonische Schwingung

Zieht man eine Feder aus, so zieht sie mit einer Kraft zurück, die zur Elongation proportional ist. Drückt man eine Feder zusammen, so drückt sie mit einer Kraft dagegen, die ebenfalls zur Elongation proportional ist (Bild 14.13). Befestigt man einen Körper an einer gedehnten Feder und läßt ihn los, so schwingt er wegen der Federkräfte immer hin und her. Für kleine Elongationen (d.h. solange wir im geradlinigen Bereich des Graphen bleiben) kann man die Kraft angeben durch

$$\vec{F} = -D\vec{x}.$$

Darin ist D eine positive Konstante, die *Direktionskonstante*, und x die *Elongation*, d.h. die Entfernung des Körpers aus der Ruhelage, der Lage bei nicht ausgezogener Feder. Die Elongation x wird positiv gemessen, wenn die Feder verlängert wird, negativ beim Zusammendrücken. Das Minuszeichen in der Gleichung gibt an, daß die Kraft $\vec{F}$ zur Elongation $\vec{x}$ entgegengerichtet ist. Es handelt sich also um eine Rückstellkraft, die das System in die Gleichgewichtslage zurückzieht.

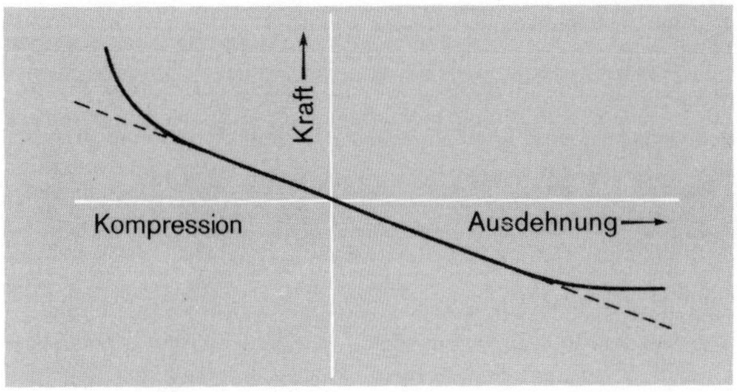

Bild 14.13. Die von einer Feder ausgeübte Kraft in Abhängigkeit von ihrer Ausdehnung bzw. ihrer Kompression. Wenn die Verformung der Feder nicht zu groß wird, ist die rücktreibende Kraft proportional zur Elongation. In diesem Bereich kann die Kurve durch eine Gerade angenähert werden, nach außen ist sie gebogen.

Lineare Rückstellkräfte wie diese bewirken immer gleichartige Hin- und Herbewegungen. Man nennt sie *einfache harmonische Schwingungen*. Diese harmonische Schwingung sollen nun genauer untersucht werden. Wollte man das Grundgesetz der Mechanik unmittelbar auf diese Bewegung anwenden, so würden sich beträchtliche mathematische Schwierigkeiten ergeben. Man kann die harmonische Schwingung aus der Kreisbewegung herleiten; denn die Kreisbewegung in einer Ebene sieht wie eine Hin- und Herbewegung aus, wenn man sie vom Rand der Ebene aus betrachtet. Davon kann man sich leicht überzeugen, wenn man mit dem Daumen eine gleichmäßige Kreisbewegung in Höhe der Augen ausführt. Dabei beobachtet man eine geradlinige Bewegung, die wie eine harmonische Schwingung erfolgt. Das wird deutlich erkennbar, wenn man eine Kreisbewegung mit der Bewegung eines Körpers zwischen zwei Federn vergleicht (Bild 14.14).

Um die Bewegung von der Kreisbewegung her zu erschließen, geht man von der Grundeigenschaft vektorieller Größen aus. Sie gestattet, jede Bewegung in der Ebene als Zusammensetzung aus zwei Bewegungen in zueinander senkrechten Richtungen aufzufassen. So läßt sich auch die gleichmäßige Kreisbewegung in zwei senkrechte Komponenten zerlegen. Die eine der beiden Komponenten werden wir genauer untersuchen und werden die Kraft bestimmen, die zu der untersuchten Komponente der Bewegung gehört.

Bild 14.15 zeigt einen Kreis, auf dem sich ein Körper der Masse m mit konstanter Geschwindigkeit v bewegt. Die Horizontalkomponente dieser Bewegung soll nun untersucht werden. In Bild 14.16 ist ein rechtwinkliges Dreieck herausgezeichnet worden, das aus dem Ortsvektor $\vec{r}$ und seiner Komponente $\vec{x}$ in der Horizontalen gebildet wird. Daneben wurde das ähnliche Dreieck mit der Zentripetalkraft $\vec{F}$ und der

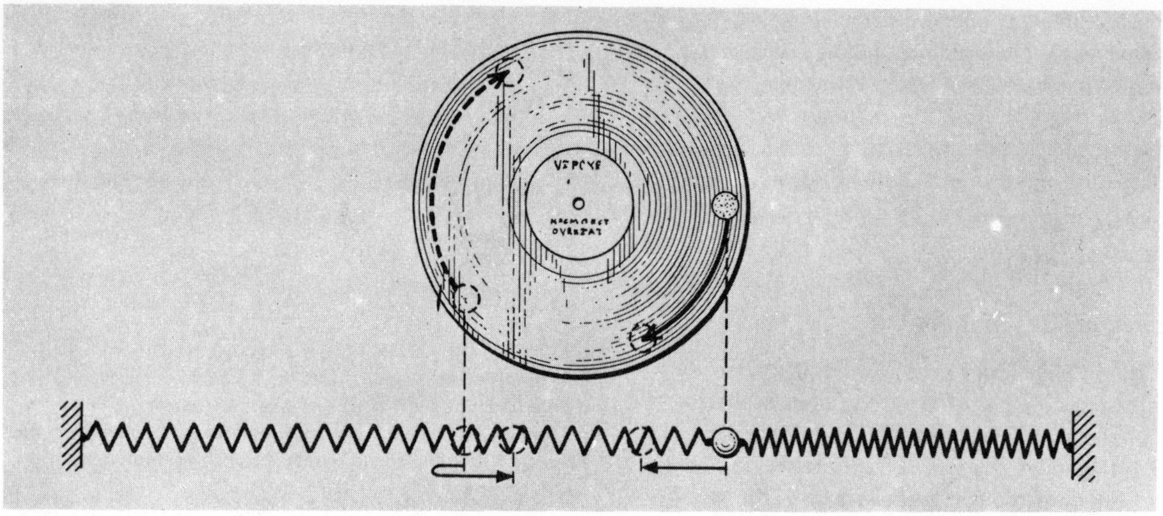

Bild 14.14. Die Hin- und Herbewegung eines Körpers zwischen zwei Federn verläuft synchron mit der horizontalen Komponente eines Körpers auf einer Kreisbahn, wenn man den Bahnradius und die Umlaufdauer passend wählt.

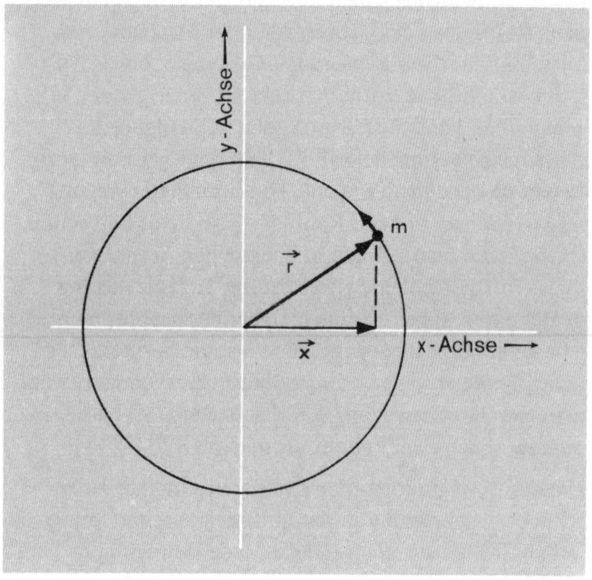

Bild 14.15. Ein Körper der Masse m bewegt sich mit konstanter Geschwindigkeit auf einer Kreisbahn. Man kann diese Bewegung aus zwei senkrechten Komponenten – einer horizontalen und einer vertikalen – zusammengesetzt denken. Die horizontale x-Komponente soll näher betrachtet werden.

Komponente dieser Kraft in x-Richtung $\vec{F}_x$ wiedergegeben. Aus der Ähnlichkeit der Dreiecke folgt, daß F_x und x im gleichen Verhältnis zueinander stehen wie F und r.

Mit

$$F = -m\,\frac{4\pi^2}{T^2}\,r$$

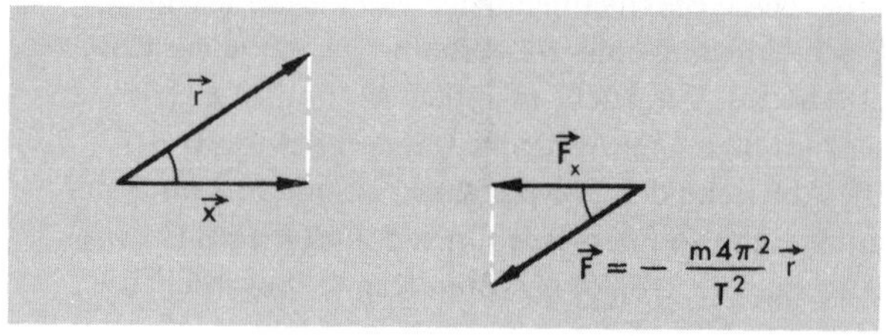

Bild 14.16. Der Ortsvektor $\vec{r}$ und seine Horizontalkomponente $\vec{x}$ bilden ein rechtwinkliges Dreieck. Ein zweites rechtwinkliges Dreieck entsteht durch die Zentripetalkraft $\vec{F}$ und ihre Horizontalkomponente $\vec{F}_x$. Die beiden Dreiecke sind ähnlich, da die Winkel zwischen $\vec{r}$ und $\vec{x}$ und zwischen $\vec{F}$ und $\vec{F}_x$ übereinstimmen. ($\vec{r}$ ist parallel zu $\vec{F}$ und $\vec{x}$ parallel zu $\vec{F}_x$.)

(vgl. Abschnitt 14.5) ergibt sich

$$F_x = -m\,\frac{4\pi^2}{T^2}\,x.$$

Weiter erkennt man, daß F_x und x immer entgegengerichtet sind. Daher kann man vektoriell schreiben

$$\vec{F}_x = -m\,\frac{4\pi^2}{T^2}\,\vec{x}.$$

(Diese Gleichung ist die x-Komponente der Gleichung $\vec{F} = -m\,\frac{4\pi^2}{T^2}\,\vec{r}$.)

Da die Masse m und die Periode T für eine bestimmte Bewegung konstant sind, ist auch $m\,\frac{4\pi^2}{T^2}$ eine Konstante. Daher kann die Gleichung einfacher geschrieben werden als

$$\vec{F}_x = -k\,\vec{x}.$$

Darin ist k eine Abkürzung für $m \frac{4\pi^2}{T^2}$, Proportionalitätskonstante zwischen F_x und x. Somit ist gezeigt, daß die Kraft $\vec{F}_x = -k\vec{x}$ die Hin- und Herbewegung auf der x-Achse erzeugt. Da die Bewegung entlang der x-Achse nur von der Kraft in x-Richtung abhängt, bewirkt jede solche Kraft eine Bewegung, die der Bewegung des Punktes N auf der x-Achse entspricht, während der Punkt P eine gleichmäßige Kreisbewegung ausführt (Bild 14.17).

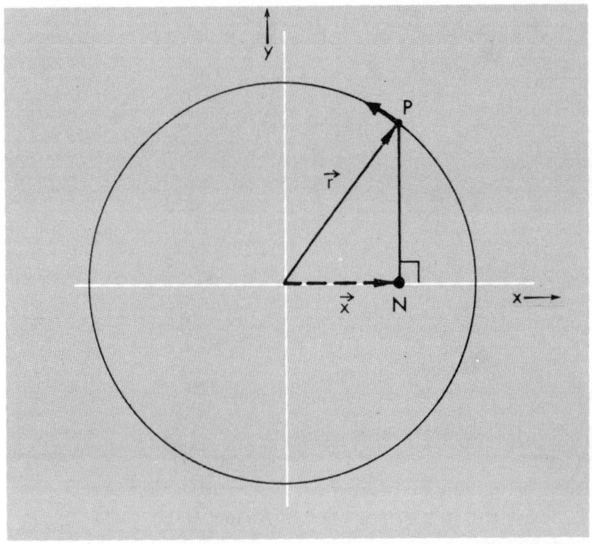

Bild 14.17. Der Körper in N war ursprünglich aus dem Ursprung um r auf der x-Achse ausgelenkt. Wirkt auf ihn eine Kraft $\vec{F}_x = -k\vec{x}$, so bewegt er sich zurück entlang der x-Achse. Seine Bewegung stimmt überein mit der x-Komponente eines Punktes P, der sich gleichförmig auf dem Kreis mit dem Radius r bewegt.

Wir haben nun die x-Komponente der gleichmäßigen Kreisbewegung mit der Bewegung eines Körpers gekoppelt, auf den die Kraft $\vec{F} = -k\vec{x}$ wirkt. Dabei spielt die Ursache der Kraft keine Rolle. Durch diese Verbindung wird es möglich, die Periode T zu berechnen. Bewegt sich ein Körper der Masse m unter dem Einfluß einer Kraft $\vec{F} = -k\vec{x}$, dann läßt sich immer eine geeignete Kreisbewegung denken, von der die beobachtete Bewegung eine Komponente ist. Die Periode der wirklichen Bewegung stimmt mit der Periode der gedachten Kreisbewegung überein.

Nun können wir das Problem wieder aufgreifen, für die Bewegung nach dem Kraftgesetz $\vec{F} = -D\vec{x}$ die Periode zu bestimmen, mit der der Körper hin- und herschwingt. Die Periode hängt nur von der Masse m des schwingenden Körpers und der Direktionskonstante D ab. Mit $k = \frac{4\pi^2 m}{T^2}$ und k = D ergibt sich

$$T = 2\pi\sqrt{\frac{m}{D}}$$

für die Periode der harmonischen Schwingung. Dieser Ausdruck kann durch Überlegungen geprüft werden. Wenn die Rückstellkraft stark mit der Elongation anwächst (d.h. die Konstante D groß ist), dann wird der Körper schnell zurückgezogen: Die Schwingungsdauer T wird klein. Ist andererseits die Masse m groß, so reagiert der Körper träger auf die Kraft: Die Periode T ist groß. Ein Ergebnis unserer Herleitung mag erstaunlich erscheinen: Die Schwingungsdauer T hängt nicht von der Amplitude r der Bewegung ab. Dieses Ergebnis läßt sich sehr leicht experimentell bestätigen.

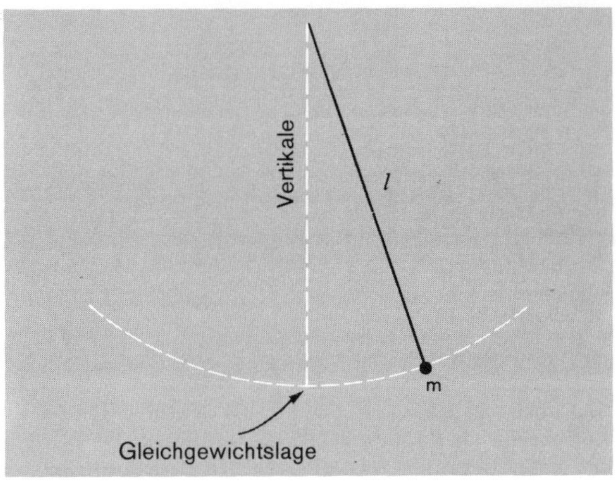

Bild 14.18. Ein einfaches Pendel. Ein Körper der Masse m hängt an einem Faden der Länge *l* und bewegt sich auf dem Bogen eines Kreises.

Ein weiteres Beispiel: Ein einfaches *Pendel* besteht aus einem Körper der Masse m, der an einem Band der Länge *l* aufgehängt wird (Bild 14.18). Man beschreibt die Entfernung des Körpers aus seiner Gleichgewichtslage durch den Vektor $\vec{s}$. Die horizontale Komponente von $\vec{s}$ ist $\vec{d}$ (Bild 14.19). d mißt die horizontale Abweichung des Körpers aus der Gleichgewichtslage.

Die Bewegung des Pendelkörpers ist mit großer Annäherung eine einfache harmonische Schwingung. Das läßt sich durch den Nachweis zeigen, daß eine lineare Rückstellkraft wirksam ist. Sie muß proportional zur (negativen) Entfernung aus der Ruhelage sein. Die rücktreibende Kraft ist beim Pendel eine Komponente des Gewichts. Wie Bild 14.20 zeigt, kann man das Gewicht des Pendelkörpers $m\vec{g}$ in zwei zueinander senkrechte Komponenten zerlegen. Eine Komponente (im Bild gestrichelt) zeigt in Richtung des Fadens. Diese hält den Faden gespannt. Die andere Komponente steht senkrecht zum Faden, sie zeigt in Richtung der Kreisbahn und zieht den Körper in die Gleichgewichts-

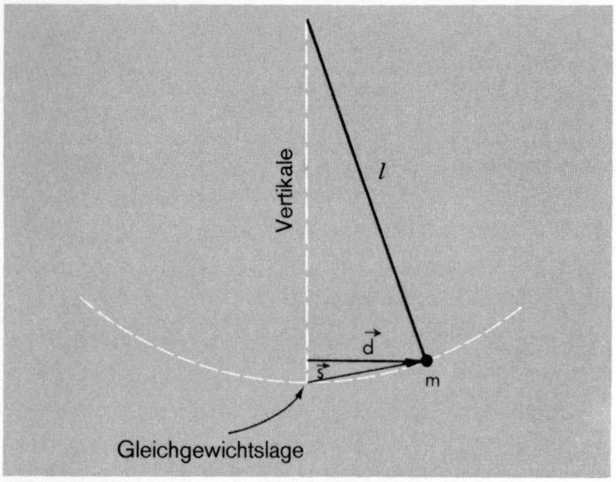

Bild 14.19. Wird der Körper ein kleines Stück aus seiner Ruhelage entfernt, dann ist nur ein kleiner Unterschied zwischen dem wirklichen Weg $\vec{s}$ und der horizontalen Komponente $\vec{d}$ des Weges. (In Wirklichkeit ist der Weg im Verhältnis zur Pendellänge viel kleiner als im Bild.)

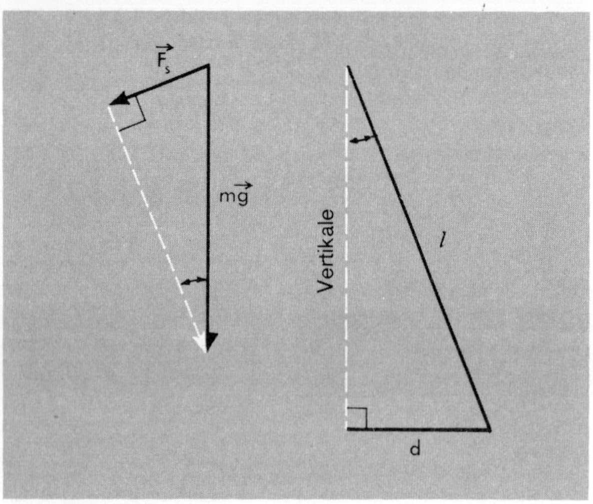

Bild 14.20. Im linken Dreieck wurde das Gewicht $m\vec{g}$ in die Komponenten in Richtung des Bandes (gestrichelte Linie) und senkrecht dazu (F_s) zerlegt. Das andere Dreieck wird gebildet aus der Pendellänge l, der horizontalen Auslenkung d des Körpers aus der Ruhelage und der vertikalen Symmetrieachse. Die beiden rechtwinkligen Dreiecke sind ähnlich, da $\vec{F}_s$ senkrecht zu l und $m\vec{g}$ senkrecht zu d stehen.

lage zurück. Aus den ähnlichen Dreiecken in Bild 14.20 ergibt sich der Betrag dieser zweiten Komponente

$$\frac{F_s}{mg} = \frac{d}{l} \quad \text{oder} \quad F_s = \frac{mg}{l}\, d.$$

Solange d und s klein gegenüber der Pendellänge l sind, unterscheiden sich d und s nur wenig. Dann läßt sich schreiben:

$$F_s = \frac{mg}{l}\, s.$$

Die Richtung von $\vec{s}$ ist angenähert senkrecht zum Faden, wenn s sehr klein ist. Damit ist $\vec{s}$ angenähert parallel zu $\vec{F}_s$, aber entgegengerichtet. Man kann vektoriell schreiben

$$\vec{F}_s = -\frac{mg}{l}\vec{s}.$$

Es wirkt tatsächlich eine lineare Rückstellkraft von der Form $\vec{F}_s = -k\vec{s}$, die Vorbedingung für eine einfache harmonische Schwingung. Aus der Proportionalitätskonstante $k = \frac{mg}{l}$ ergibt sich die Schwingungsdauer T des Pendels. Durch Einsetzen in

$$T = 2\pi\sqrt{\frac{m}{k}}$$

erhält man

$$T = 2\pi\sqrt{\frac{l}{g}}\ .$$

Die Schwingungsdauer T hängt nur von der Länge l des Pendels und von der Gravitationsfeldstärke g ab. Wie immer in den Fällen, in denen die Gravitationskraft zugrundeliegt, spielt die Masse keine Rolle. Auch die Amplitude oder Schwingungsweite ist ohne Einfluß, solange sie so klein bleibt, daß s und d angenähert gleich sind. Mit Hilfe eines Pendels genau bekannter Länge und mit einer guten Uhr kann man die Gravitationsfeldstärke g exakt messen.

14.9. Bezugssysteme

Wenn man sich herumdreht, dreht sich der Raum offensichtlich im umgekehrten Sinn. Die Ecke des Zimmers beschreibt einen Kreis, ebenso eine auf dem Tisch liegende Kugel. Aber es ist keine Kraft $F = m\frac{v^2}{r}$ erforderlich, während die Kugel sich auf ihrer Kreisbahn bewegt. Es gibt keine resultierende Kraft, die auf die Kugel wirkt. Beschreiben wir ihr Verhalten in Bezug auf das Zimmer, so befindet sie sich in Ruhe. Sie scheint aber (zentripetal) beschleunigt zu sein, wenn man ihr Verhalten auf den sich drehenden Beobachter bezieht.

Angenommen man sitzt in einem Wagen, der beschleunigt anfährt. Man sieht durch das Fenster einen Ball, der durch die Luft fliegt. Er scheint Kurven in der Horizontalebene zu beschreiben, obwohl man sich darüber klar ist, daß er sich gegenüber seiner Umgebung geradlinig bewegt. Wenn man die Bewegung des Balles in Bezug auf den Wagen beschreibt, scheint er Beschleunigungen unterworfen zu sein. Diese lassen sich aber nicht feststellbaren Kräften zuordnen. In Kapitel 12 wurde im Zusammenhang mit der Beschreibung von Bewegungen, d.h. in der Kinematik, über

Bezugssysteme gesprochen. Als wesentlich wurde dort hervorgehoben, daß man jedes beliebige Bezugssystem zur einwandfreien Beschreibung einer Bewegung verwenden kann. Es kommt nur darauf an, das System zu finden, in dem diese Beschreibung besonders einfach wird. Mit anderen Worten: Man hat in der Wahl des Systems vollständige Freiheit und kann diese Freiheit benutzen, um sich das Leben so einfach wie möglich zu machen.

Wie steht es nun in der Dynamik? Besteht dort die gleiche Freiheit? Es ist bedauerlich aber wahr, daß man in der Dynamik nicht mehr jedes beliebige Bezugssystem verwenden und dabei das Grundgesetz der Mechanik beibehalten kann. Das Gesetz gilt nicht in allen Bezugssystemen. Eine dynamische Beschreibung der Vorgänge erfordert in manchen Systemen kompliziertere Gesetze. Wodurch zeichnen sich nun die Bezugssysteme aus, in denen das Grundgesetz gültig ist? Die Antwort heißt: Die Systeme kann man durch experimentelle Beobachtungen herausfinden. Man erinnere sich an die Herleitung von Galileis Trägheitsprinzip und vom Grundgesetz der Mechanik. Da wir durch Versuche auf der Erde zum Grundgesetz gelangten, muß jedes System, das starr mit der Erde verbunden ist, brauchbar sein, — zumindestens innerhalb unserer Meßgenauigkeit. (Man beachte, daß jede Folgerung aus experimentellen Beobachtungen immer nur innerhalb der Meßgenauigkeit gilt.) Andererseits ist ein anfahrender Wagen kein Bezugssystem, in dem das Grundgesetz der Mechanik gilt.

14.10. Scheinkräfte in beschleunigten Systemen

Jeder hat schon Kräfte wahrgenommen, die dann auftreten, wenn die Bewegung in bestimmten Bezugssystemen beobachtet wird. Fährt man in einem geschlossenen Wagen auf einer geraden glatten Straße, dann wirken keine anderen Kräfte, als wenn man ruhig im Sessel sitzt. Durchfährt das Auto aber eine Kurve (besonders mit hoher Geschwindigkeit), so spürt man eine Kraft. Die Seitenwand des Wagens drückt auf den Körper. Durchdenkt man diese Erfahrung, die jeder schon im Bezugssystem Auto gemacht hat, so ergeben sich interessante Fragen. Es wirkt eine Kraft auf den Körper des Beobachters, aber er bewegt sich nicht (in Bezug auf den Wagen). Man wird vielleicht sagen, daß eine andere Kraft wirkt, die den Körper gegen die Wagenwand drückt und dort hält. Diese neue *Zentrifugalkraft* (sie wirkt vom Zentrum der Kurve weg nach außen) kompensiert gerade die von der Wand auf den Körper ausgeübte Kraft. Auf diese Weise könnte man erklären, warum man sich nicht relativ zum Wagen bewegt. Aber hier taucht eine ernste Schwierigkeit auf: Wie kann die Änderung der Bewegung eines Bezugssystems (des Wagens) ganz neue Kräfte hervorbringen? Ist diese Zentrifugalkraft eine reale Kraft?

Zur Untersuchung dieser Fragen beginnen wir mit einem einfachen Versuch. Wir nehmen beispielsweise einen Trockeneis-Puck, halten ihn auf einer ebenen reibungsfreien Fläche in Ruhe und geben ihn dann frei. Es geschieht gar nichts. Der Puck bleibt in Ruhe, und wir schließen aus dieser Beobachtung, daß keine resultierende Kraft auf ihn wirkt. Insbesondere wirkt keine Kraft in der Horizontalen.

Nun führen wir den gleichen Versuch auf einem reibungsfreien Tisch aus, der auf einem großen rotierenden Karussell steht. Unser ganzer Versuchsraum rotiert in Bezug auf die Erde. Was beobachten wir nun, wenn wir den Puck freigeben? Der Puck bleibt nicht in Ruhe, sondern bewegt sich relativ zu uns, d.h. relativ zum Karussell, und beschreibt eine Kurve, wie sie in Bild 14.21 dargestellt ist. Man nennt sie eine Evolvente. Nun geraten wir in ziemliche Schwierigkeiten. Unsere Beobachtung zeigt, daß sich ein Körper in Abwesenheit von Kräften nicht auf einer Geraden mit konstanter Geschwindigkeit, sondern auf einer (gekrümmten) Evolventen bewegt. Welch ein Widerspruch zu Galileis Trägheitsprinzip! Wie lassen sich diese Beobachtungen in Einklang mit dem Trägheitsgesetz bringen? Wir könnten sagen: Es ist ein Irrtum zu denken, daß keine Kraft auf den Puck wirkt. Die Bewegung zeigt doch, daß eine komplizierte Kraft vorhanden ist. Aber welche Ursache hat diese Kraft? Es läßt sich keine Quelle der Kraft entdecken. Und damit stecken wir wieder in der anfänglichen Verlegenheit.

Nun wollen wir die ganze Lage vom Standpunkt eines Beobachters ansehen, der neben dem Karussell auf dem Boden steht. Er sieht uns eine Kreisbewegung mit konstanter Geschwindigkeit ausführen. Wir halten

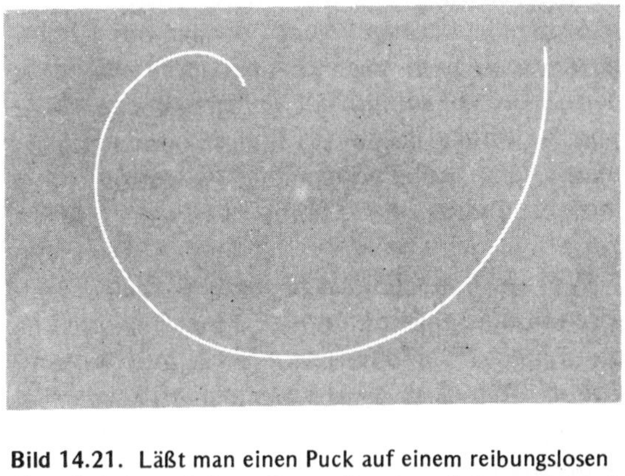

Bild 14.21. Läßt man einen Puck auf einem reibungslosen Tisch frei, der auf einem Karussell steht, scheint er sich auf einer gekrümmten Bahn (einer sogenannten Evolventen) zu bewegen.

einen Puck, der sich mit uns im Kreis dreht. Wenn wir den Puck freigeben, dann bewegt er sich geradlinig auf einer Tangente zum Kreis weiter, wie er sich nach dem Trägheitsgesetz verhalten muß. Der außenstehende Beobachter versteht unsere Schwierigkeiten. Er macht uns klar, daß sie nicht auf ein Versagen der Gesetze der Dynamik zurückzuführen sind. Sie rühren vielmehr daher, daß wir unsere Beobachtungen in einem rotierenden Bezugssystem machen. Das rotierende System ist ein beschleunigtes System. Wir können alle unsere Probleme lösen, wenn wir die Bewegung unseres rotierenden Systems mit berücksichtigen. Nun kennen wir die Ursache unserer Schwierigkeiten. Die offenbare Verletzung des Trägheitsprinzips und des Grundgesetzes der Mechanik ist auf die Beschleunigung des rotierenden Systems relativ zum Erdboden zurückzuführen.

Der Beobachter auf dem Karussell möge den Puck relativ zu sich selbst in Ruhe halten. Er merkt, daß er dabei ständig eine Kraft auf den Puck ausüben muß. Diese Kraft hat einen konstanten Betrag und ist nach innen auf einen bestimmten Punkt gerichtet. Er überlegt: Da der Puck (relativ zu ihm) in Ruhe ist, muß es eine gleichgroße und entgegengerichtete Kraft geben, die auf den Puck nach außen wirkt. Diese ziemlich mysteriöse Kraft nennt er Zentrifugalkraft. Andererseits stellt der Beobachter, der außen auf dem Boden steht, fest, daß der Puck in Richtung auf den Mittelpunkt des Karussells beschleunigt wird und daß der mitbewegte Beobachter die dafür erforderliche Zentripetalkraft aufwendet. Der außenstehende Beobachter hat eine Zentrifugalkraft zur Erklärung nicht nötig.

Gehen wir noch einmal auf die Kraft ein, die man in einem Wagen wahrnimmt, wenn dieser durch eine Kurve fährt. Von der Seitenwand des Wagens wird eine Kraft ausgeübt. Diese Kraft ist durchaus real, sie kann nur geheimnisvoll erscheinen, wenn man vergißt, daß der Wagen eine Kurve durchfährt. Im Bezugssystem der Erde ist alles zu erklären. Die Wand des Wagens muß auf uns eine Zentripetalkraft ausüben, damit wir durch die Kurve fahren und nicht etwa geradeaus. In diesem Beispiel führt der Wagen bezogen auf das System, in dem das Grundgesetz der Mechanik gilt, eine beschleunigte Bewegung aus. Die Beschleunigung wird von realen Kräften bewirkt. Der Wagen (und wir darinnen) bewegt sich nicht durch die Kurve, wenn er nicht seitliche Kräfte von der Straße erfährt. Die Zentrifugalkraft ist dagegen keine reale Kraft. Wäre sie es, dann wäre die resultierende Kraft Null, und wir würden nicht um die Kurve fahren. Die Zentrifugalkraft ist eine *fiktive* Kraft. Wir haben sie erfunden, um das Grundgesetz der Mechanik auch im Bezugssystem des Wagens anwenden zu können.

Wir halten fest: Die Zentrifugalkraft ist keine Kraft in dem Sinne, wie sie von einem Körper auf den anderen durch Ziehen oder Stoßen ausgeübt wird. Sie ist eine fiktive oder eine *Scheinkraft.* Wir haben sie eingeführt, um die Beschleunigung unseres Bezugssystems in Rechnung zu stellen.

Man verwendet den Begriff der Zentrifugalkraft häufig, ohne ihn voll verstanden zu haben. Will man ihn überhaupt benutzen, so muß man daran denken: Die Zentrifugalkraft ist eine Erfindung, mit der man die dynamische Beschreibung von Bewegungen in rotierenden Bezugssystemen richtigstellen kann. In einem System, in dem das Grundgesetz der Mechanik gilt, existiert sie nicht.

14.11. Die Erde als beschleunigtes Bezugssystem

Nun ergibt sich ein anderes Problem. Wir wissen, daß sich die Erde einmal am Tag (relativ zur Sonne oder zu den Fixsternen) um ihre Achse dreht. Befinden wir uns in einem rotierenden Bezugssystem oder drehen sich die Sonne und die Fixsterne um die Erde? Mit anderen Worten: Gilt das Grundgesetz wirklich, wenn wir die Erde als Bezugssystem benutzen? Oder trifft es genauer zu in einem Bezugssystem, relativ zu dem sich die Erde dreht? Man kann experimentell entscheiden, ob das Grundgesetz der Mechanik besser auf ein außerirdisches Bezugssystem anzuwenden ist. Dann müssen sich auf der Erde Bewegungen feststellen lassen, die nur durch die Einführung von Scheinkräften (wie beispielsweise der Zentrifugalkraft) zu erklären sind. Diese Scheinkräfte können nur klein sein, sonst hätten sie sich bereits bei unseren Versuchen bemerkbar machen müssen. Auch weil sie mit der täglichen Drehung der Erde zusammenhängen müssen, sind nur sehr kleine Kräfte zu erwarten. Um einen Körper der Masse m an einem Tag auf dem Äquator herumzuführen, braucht man eine Zentripetalkraft (s. Abschnitt 14.5)

$$F = \frac{m\,4\pi^2 r}{T^2} = 3 \cdot 10^{-2}\,\frac{N}{kg}\,m,$$

das ist etwa $\frac{1}{300}$ der Gravitationskraft. Ein Versuch, mit dem man zeigen wollte, daß $\frac{1}{3}$ % des Gewichts mg verwendet wird, um die Kreisbewegung zu bewirken, muß sehr viel genauer sein als unsere Versuche, mit denen wir das Grundgesetz der Mechanik hergeleitet haben.

Der französische Physiker *Foucault* führte einen berühmten Versuch aus, um nachzuweisen, daß sich die Erde gegenüber einem System dreht, in dem das Grundgesetz der Mechanik gilt. Zur Nachahmung seines Versuches verwenden wir ein besonderes Pendel. Eine schwere Kugel wird an einem langen Draht an der

Decke aufgehängt. Setzt man das Pendel in Bewegung, so schwingt es lange hin und her. Falls die Amplitude nicht zu groß ist, führt die Kugel eine einfache harmonische Schwingung aus, wie in Abschnitt 14.8 besprochen wurde.

Um die Kugel in Bewegung zu setzen, kann man sie beispielsweise seitlich aus der Gleichgewichtslage herausheben und dort freigeben. Sie schwingt dann in einer fast geradlinigen Bewegung. Befindet sich das Pendel in einem Bezugssystem, in dem das Grundgesetz der Mechanik gilt, so müßte seine Bewegung unbegrenzt in der Ebene vor sich gehen, die von der Schwingungsbahn und dem Aufhängepunkt gebildet wird (s. Bild 14.18). Es gibt keine Kraftkomponente senkrecht zu dieser Ebene und das Pendel hat zu Beginn der Bewegung auch keine Geschwindigkeitskomponente senkrecht zur Ebene. Nach dem Grundgesetz der Mechanik müßte somit das Pendel in der Ebene, in der die Schwingung begonnen hat, unbegrenzt weiterschwingen. Dies wird in einem *Inertialsystem* (das ist ein System, in dem das Grundgesetz gilt) sicher so geschehen.

Führt man den Versuch nun wirklich aus, so verhält sich das Pendel zunächst entsprechend der Voraussage. Es scheint in der anfänglichen Schwingungsebene fortzuschwingen und erfüllt das Grundgesetz zufriedenstellend. Wartet man jedoch lange genug (Stunden statt Minuten), dann zeigt sich langsam, doch unaufhaltsam eine Drehung der Schwingungsebene gegenüber der Anfangslage. Würde man den Foucaultschen Pendelversuch am Nordpol ausführen, so würde sich die Schwingungsebene des Pendels in genau 24 Stunden um 360° drehen (Bild 14.22). Damit ist durch einen Versuch auf der Erde experimentell nachgewiesen worden, daß sich die Erde dreht und daß jedes mit der Erde starr verbundene Bezugssystem ein rotierendes Bezugssystem ist. Der Versuch zeigt aber weiter, wie wenig wir im allgemeinen von Wirkungen der Erddrehung in unseren sonstigen Versuchen bemerken. Ein Pendel mit der Schwingungsdauer $T = 1$ s schwingt etwa 10^5 mal am Tag. Falls die Reibungskräfte auf das Pendel so gering wären, daß es vollständig frei im Inertialsystem schwingen könnte, würde sich bei jeder Schwingung die Schwingungsebene scheinbar um 10^{-3} Grad drehen (am Nordpol).

Geeignete Versuche zeigen, daß die Erde in Wirklichkeit ein rotierendes Bezugssystem ist, in dem das Grundgesetz der Mechanik nicht exakt gilt. Doch für fast alle Versuche (mit Ausnahme von Präzisionsexperimenten) darf man die Wirkungen der Erddrehung vernachlässigen. Will man jedoch so genau wie möglich vorgehen, so muß man sich auf das Bezugssystem beziehen, das von den Fixsternen festgelegt wird, und nicht auf das der Erde.

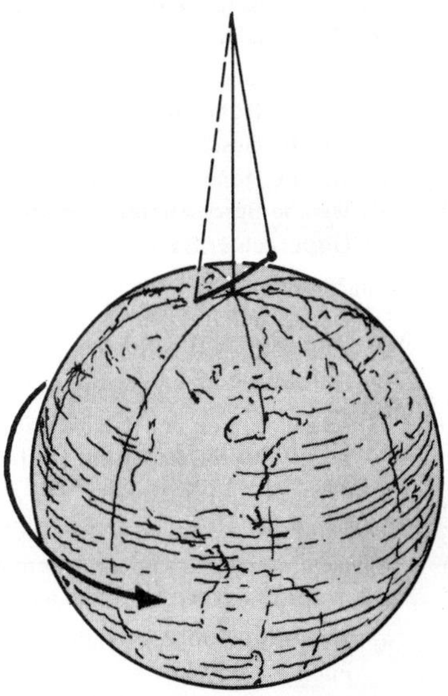

Bild 14.22. Ein Foucault-Pendel am Nordpol. Der Pendelkörper schwingt in einer nahezu geradlinigen Bewegung, während sich die Erde unter ihm dreht. Für einen Beobachter, der auf der Erde steht scheint sich die Ebene der Pendelbewegung zu drehen.

Aufgaben

1.* In einem Punkt des Gravitationsfeldes mit der Feldstärke 9,80 $\frac{N}{kg}$ beträgt die Gravitationskraft auf einen Körper 49,0 N. Welche Masse m besitzt der Körper?

2.* Die Gravitationsfeldstärke auf der Oberfläche des Mondes beträgt ein Sechstel des Wertes auf der Erdoberfläche.
   a) Wieviel wiegt ein Mann (m = 70 kg) auf dem Mond und auf der Erde?
   b) Welche Masse hat er auf der Erde und auf dem Mond?

3. Welche beiden Orte der Tabelle 1 kann man herausgreifen, um eine Abhängigkeit der Gravitationsfeldstärke g von der Höhe zu untersuchen?

4.* Welchen Wert hat die Gravitationsfeldstärke der Erde an einem Ort, in dem die Fallbeschleunigung 9,81 $\frac{m}{s^2}$ beträgt?

5. Wenn sich für verschiedene Körper unterschiedliche Verhältnisse von träger zu schwerer Masse ergäben, würden sie im Gravitationsfeld der Erde in gleichem Maße beschleunigt?

6.* Im Versuch nach Bild 14.2 soll die Kugel über 30 Zeitintervalle photographiert werden. Wie lang muß die Meßskala angelegt werden? Die Kugel soll aus der Ruhe starten.)

7. Welche Beschleunigung erfährt ein fallender Ball (m = 0,2 kg), wenn die Gravitationsfeldstärke g = 9,80 $\frac{N}{kg}$ und der Luftwiderstand F_W = 0,5 N betragen?

8. Ein Ball wird mit einer Geschwindigkeit $v_0 = 15\ \frac{m}{s}$ senkrecht nach oben geworfen.
   a) Welche Geschwindigkeit hat er nach 1,2 s?
   b) Welche Höhe über dem Boden hat er dann erreicht?
   c) Welche Geschwindigkeit besitzt er nach 2,3 s?
   d) Welche Höhe hat er dann erreicht?
   e) Welche Beschleunigung erfährt der Ball auf dem Gipfel seiner Bahn?

9. Ein Stein wird von einem Turm der Höhe h fallengelassen. Im gleichen Moment wird ein Ball vom Fußpunkt des Turmes mit der Anfangsgeschwindigkeit v_0 senkrecht nach oben geworfen.
   a) Angenommen der Ball wird stark genug geworfen. Zu welchem Zeitpunkt t treffen sich der Stein und der Ball?
   b) Steigt der Ball noch, wenn sie sich treffen?

10. Zwei 0,5 kg-Pucks sind auf einem ebenen Tisch mit einem Band zusammengebunden.
   a) Welche gesamte Gravitationskraft wirkt auf die Pucks?
   b) In welchem Maße würden sie beschleunigt werden, wenn die unter a) berechnete Kraft in der Horizontalen wirken würde?
   c) Ein Puck bleibt auf der Tischplatte, und der andere hängt über die Kante. Welche Beschleunigung erfahren die Pucks?

11. Ein Körper der Masse m bewegt sich reibungsfrei auf einer Ebene, die um 30° zur Horizontalen geneigt ist.
   a) Welche resultierende Kraft wirkt auf ihn?
   b) Wie groß ist seine Beschleunigung bei der Abwärtsbewegung?

12. Ein Stein fällt von der Dachkante herunter. Man beobachtet, daß er zum Vorbeifliegen an einem 2,0 m hohen Fenster genau 0,10 s benötigt. Wie hoch ist der Dachrand über der Fensteroberseite?

13.* Woraus kann man erkennen, daß bei der horizontal geworfenen Kugel (Bild 14.4) die Horizontalkomponente der Geschwindigkeit konstant ist und die Vertikalkomponente sich ändert?

14. Ein geworfener Ball bleibt vom Abwurf bis zum Auftreffen gerade 3,0 s in der Luft. Welche vertikale Höhe hat er erreicht? (Der Luftwiderstand soll vernachlässigt werden.)

15. Ein Körper wird unter einem Winkel von 45° zur Horizontalen mit einer Anfangsgeschwindigkeit $v_0 = 10\ \frac{m}{s}$ geworfen. Welche Wurfbahn kann man zeichnen?

16. Zeigen Sie, daß der Ausdruck $\frac{v^2}{r}$ für die Zentralbeschleunigung die Einheit einer Beschleunigung hat?

17.* Welche Zentripetalkraft braucht man, um einen Körper (m = 3,0 kg) auf einem Kreis (r = 2,0 m) mit einer Geschwindigkeit $v = 4{,}0\ \frac{m}{s}$ zu bewegen?

18.* Welche Wirkung auf den Betrag und die Richtung der Geschwindigkeit eines Körpers hat eine Kraft, die senkrecht zu seiner Bahn angreift?

19.* Welche Geschwindigkeit besitzt der Puck beim Versuch nach Bild 14.10 im untersten Punkt der aufgenommenen Bahn?

20.* Welche Beschleunigung erfährt der Puck beim Versuch nach Bild 14.10 im untersten Punkt der aufgenommenen Bahn?

21. Ein Flugzeug fliegt einen Looping mit dem Radius r = 1,0 km. Welche Geschwindigkeit besitzt es, wenn der Pilot im obersten Punkt des Kreises weder vom Sitz noch vom Sicherheitsgurt eine Kraft erfährt? Man sagt oft, der Pilot habe in diesem Punkt „kein Gewicht".

22. Man sagt oft, daß der Pilot beim Abfangen eines Sturzfluges „ein Mehrfaches seines Gewichtes" wiegt. Man sagt, daß der gleiche Pilot „kein Gewicht" besitzt, wenn er vor dem Öffnen des Fallschirms frei fällt.
   a) Sind diese Sprechweisen sinnvoll angesichts unserer Definition des Gewichts als der Gravitationskraft auf einen Körper?
   b) Was soll durch „ein Mehrfaches seines Gewichtes" und „kein Gewicht" ausgedrückt werden?

23. Ein Band von 5,0 m Länge und einem Durchmesser d = 2,0 mm trägt gerade, ohne zu reißen, eine hängende Kugel.
   a) Wenn die Kugel in Schwingungen versetzt wird, reißt das Band. Grund?
   b) Welchen Durchmesser müßte ein Band des gleichen Materials haben, wenn die Kugel im untersten Punkt die Geschwindigkeit $v = 7{,}0\ \frac{m}{s}$ besitzt?

24. Ein Elektron ($m = 9{,}1 \cdot 10^{-31}$ kg) bewegt sich im Einfluß eines magnetischen Feldes auf einem Kreis von 2,0 cm Radius mit einer Geschwindigkeit $v = 3{,}0 \cdot 10^6\ \frac{m}{s}$. Welche Geschwindigkeit würde ein Proton ($m = 1{,}6 \cdot 10^{-27}$ kg) haben, wenn es von der gleichen Kraft auf der gleichen Kreisbahn bewegt wird?

25. Auf einen Körper, der sich mit der Geschwindigkeit v bewegt, wirkt eine Kraft stets senkrecht zur Bewegung. Der Betrag der Kraft nimmt stetig zu.
   a) Wie sieht die Bahn des Körpers aus?
   b) Bleibt der Geschwindigkeitsbetrag gleich, nimmt er zu oder ab?

26.* Wie muß sich die Kraft auf einen Körper mit der Elongation ändern, damit eine einfache harmonische Schwingung entsteht?

27.* In welchen Punkten der Kreise in Bild 14.17 hat der Punkt P die gleiche Geschwindigkeit wie der Punkt N?

28.* Welche Masse muß ein angehängter Körper haben, damit an einer Feder mit der Direktionskonstante $D = 8\ \frac{N}{m}$ eine Schwingungsdauer T = 1 s entsteht?

29.* Welche Länge muß ein einfaches Fadenpendel erhalten, damit seine Schwingungsdauer eine Sekunde beträgt?

30. Ein Klotz der Masse m ruht auf einer horizontalen Plattform. Die Plattform vollführt in der Vertikalen eine harmonische Schwingung mit der Amplitude 0,098 m. Im obersten Punkt der Bahn hebt sich der Klotz gerade von der Unterlage ab, d.h. die Beschleunigung der Unterlage beträgt in diesem Punkt gerade $9{,}8\ \frac{m}{s^2}$ nach unten.
   a) Welche Periode T hat die harmonische Schwingung?
   b) Welche Beschleunigung erfährt der Klotz im untersten Punkt der Bahn?
   c) Welche Kraft übt die Plattform im untersten Punkt auf den Klotz aus?

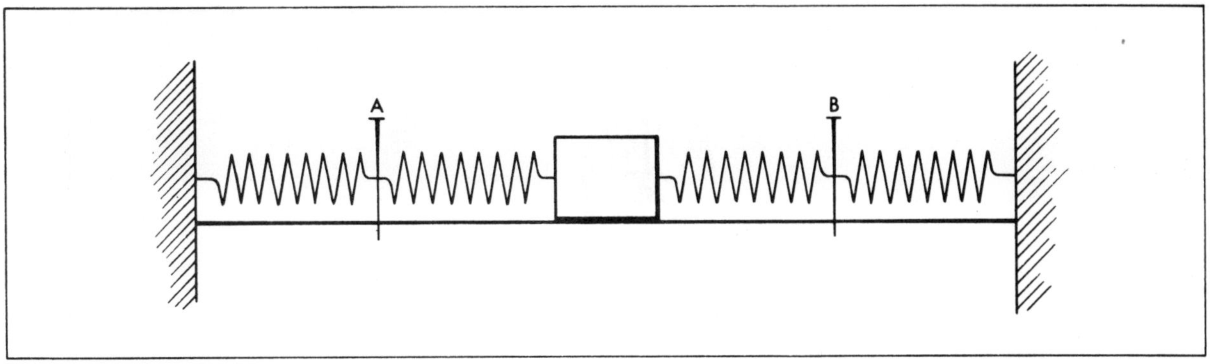

Bild 14.23. Zur Aufgabe 33

31. Ein Pendel besteht aus einem Körper ($m = 2{,}0$ kg) an einem leichten Faden der Länge $l = 2{,}4$ m.
   a) Welche Periode hat die Schwingung des Pendels, wenn die Gravitationsfeldstärke $g = 9{,}8 \frac{N}{m}$ beträgt?
   b) In einem Punkt des Gravitationsfeldes soll mit dem gleichen Pendel g bestimmt werden. Man mißt eine Periode $T = 3{,}0$ s.

32. Eine Kugel ($m = 2$ kg) hängt an einer Feder. Wird sie in der Vertikalen ausgelenkt, dann schwingt sie harmonisch mit einer Frequenz von 4 Schwingungen pro Sekunde.
   a) Welche Periode hat die Schwingung?
   b) Wie groß ist die nach oben gerichtete Kraft genau in der Mitte der Auf- und Abbewegung, also beim Durchgang durch die Ruhelage?
   c) Wie weit hat sich die Feder ausgedehnt, als die Kugel (vor Beginn der Schwingung) an ihrem Ende angehängt wurde?

33. Ein Trockeneis-Puck auf horizontaler Unterlage wird an vier gleichen Federn befestigt, wie Bild 14.23 zeigt. Die Punkte A und B werden durch Stifte festgehalten, wenn der Puck in der Mitte ruht. Dann wird der Puck in Richtung auf A um den Betrag d verschoben und dort freigegeben. Er schwingt mit der Periode T und der Amplitude d. Während er durch die Ruhelage schwingt, werden die Stifte bei A und B entfernt. Der Puck kann nun unter dem Einfluß aller vier Federn weiterschwingen.
   a) In welcher Beziehung steht die Federkonstante D' zweier gleicher in Serie geschalteter Federn zur Konstante D einer einzigen?
   b) Welche neue Schwingungsdauer T' ergibt sich?
   c) Ändert sich die Geschwindigkeit beim Durchgang durch die Ruhelage?
   d) Welche Amplitude hat die neue Schwingung?

34. Auf einem Wagen, der sich horizontal mit einer Geschwindigkeit $v = 4 \frac{m}{s}$ bewegt, wird ein Ball mit einer Anfangsgeschwindigkeit $v_0 = 24 \frac{m}{s}$ senkrecht nach oben geworfen. Welche Bahn beobachtet a) ein mitfahrender und b) ein außenstehender Beobachter?

35. Ein Bus fährt auf einer waagerechten geraden Straße. Auf dem Boden des Busses lassen wir eine Kugel quer von einer Seite zur anderen rollen. Die Bahn ist relativ zum Bus eine gerade Linie. Später lassen wir sie erneut rollen. Es ergibt sich eine Parabel, die in die Fahrtrichtung geöffnet ist. Welche Bewegung führt der Bus in jedem der Fälle aus?

36. Für einige Versuche in einem bewegten System wird ein glatter waagerechter Tisch auf eine Plattform gestellt (Bild 14.24). Diese dreht sich gleichmäßig mit einer Umlaufzeit von $T = 12$ s. Durch den Mittelpunkt des Tisches (und der Drehung) werden zwei zueinander senkrechte Geraden gezogen, die einen Kreis von $r = 1{,}20$ m in den Punkten A', B', C' und D' schneiden. Zwei Beobachter H' und I' sitzen auf der Plattform an entgegengesetzten Enden des Tisches bei A' und C'. Ein dritter Beobachter J befindet sich über dem Tisch und kann von dort die Bewegung des Pucks in einem ruhenden Bezugssystem beobachten. Er kann sich an vier Marken auf dem Boden orientieren, die zwei senkrechte Bezugsachsen $\overline{AC}$ und $\overline{BD}$ durch den Mittelpunkt bilden. (In der Zeichnung befindet sich B hinter dem Tisch.)
   a) H' hält den Puck bei A in der Hand. Welche Geschwindigkeit hat der Puck im Bezugssystem von J, wenn A' die Achse $\overline{AC}$ kreuzt?
   b) Wenn H' an A vorbeigeht, gibt er dem Puck einen plötzlichen Stoß, so daß er sich auf AC mit einer Geschwindigkeit $v = 0{,}40 \frac{m}{s}$ bewegt. Durch ein Vektordiagramm läßt sich ermitteln, welche Geschwindigkeit H' dem Puck im Bezugssystem von J gegeben hat.
   c) In einer Zeichnung kann man den Ort des Pucks und des Punktes A' im Bezugssystem von J nach 1, 2, 3, 4, 5 und 6 Sekunden darstellen.
   d) Aus dieser Zeichnung ergibt sich eine Darstellung der Bewegung des Pucks auf dem Tisch, wie sie von H' und I' wahrgenommen wird. (Hinweis: Sehr einfach bekommt man die Bahnkurve, wenn man durchscheinendes Papier verwendet. Man legt es über die Zeichnung der Bahn im festen System und dreht es um jeweils 15 Grad, bevor man den nächsten Ort des Pucks überträgt.)

37. Die Versuchsanordnung ist die gleiche wie in Aufgabe 36.
   a) H' soll den Puck in A so in Bewegung setzen, daß ihn I' auffängt, wenn er D passiert. Man zeichne die Bewegung des Pucks im Bezugssystem von J. Welche Geschwindigkeit hat der Puck in diesem System?

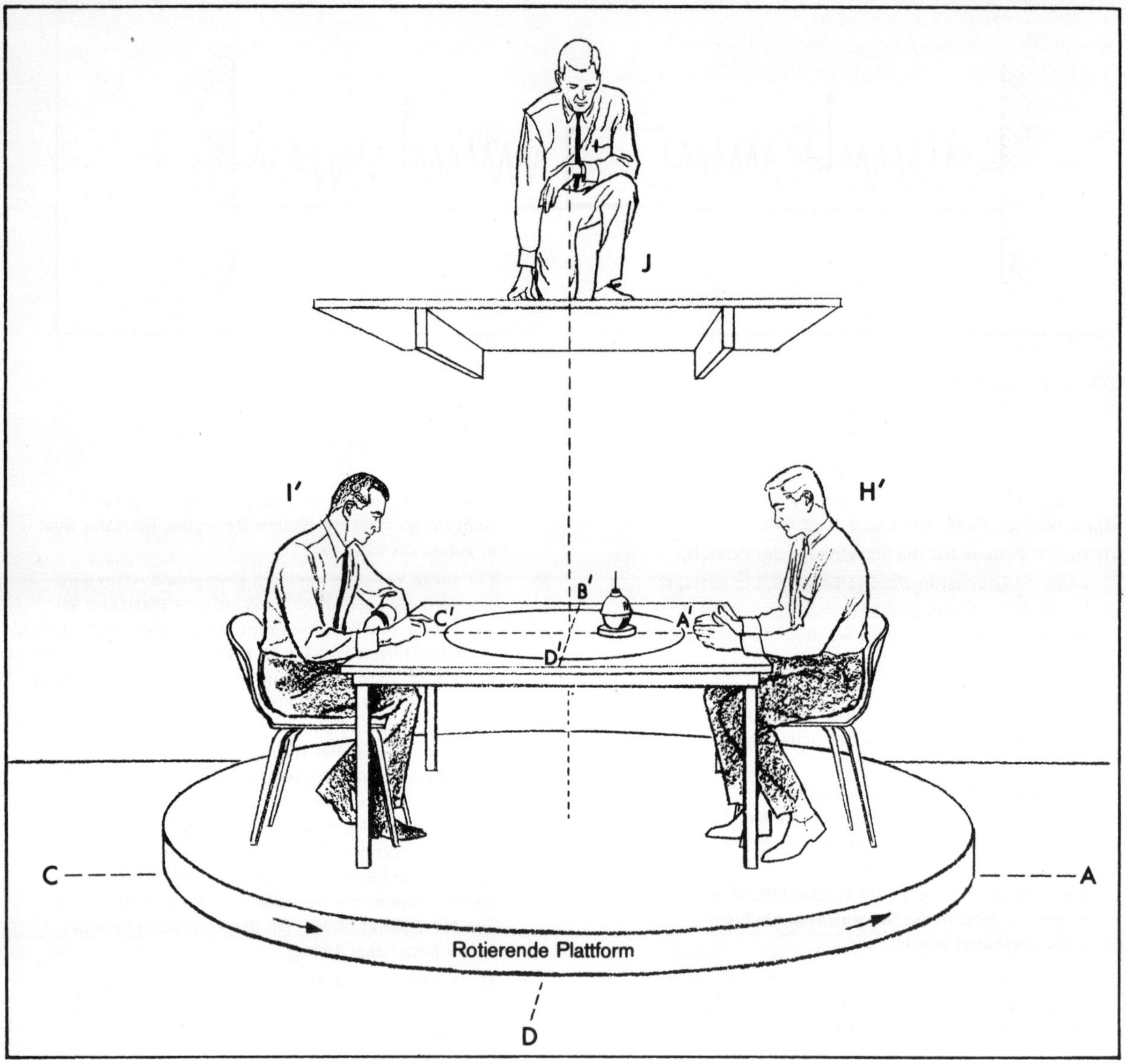

Bild 14.24. Zur Aufgabe 36

b) Aus der unter a) gezeichneten Bahnkurve kann man die Bewegung des Pucks auf dem Tisch zeichnen, wie sie von H' und I' gesehen wird.

c) Man zeichne ein Vektordiagramm, aus dem die Geschwindigkeit zu ermitteln ist, die H' dem Puck für die beschriebene Bewegung geben mußte.

38. Die Versuchsanordnung ist die gleiche wie in Aufgabe 36.

a) Mit welcher Geschwindigkeit und in welche Richtung muß H' den Puck bei A in Bewegung setzen, damit (in der Sicht von J) der Puck in A bleibt?

b) Welche Bewegung führt der Puck in der Sicht von H' und I' aus?

c) Der Puck hat eine Masse $m = 0{,}50$ kg. Welche Kraft wirkt auf ihn (in Bezug auf J), wenn H' ihn freigegeben hat? Welche Kraft wirkt auf ihn in Bezug auf H' und I', damit er sich so in ihrem Bezugssystem bewegt, wie sie es wahrnehmen?

39. Auf der nördlichen Halbkugel der Erde ist ein weitreichendes Geschütz aufgestellt. Es soll ein Punkt getroffen werden, der genau nördlich davon liegt. In welche Richtung sollte man das Geschütz einstellen?

15. Gravitation und Sonnensystem

Die meisten Menschen kennen den Großen Bären am nächtlichen Himmel. Auffallend und bemerkenswert ist die Tatsache, daß die Konstellation der Sterne am Himmel unverändert erhalten bleibt. Man kann Gruppen von Sternen zu Sternbildern wie den Großen Bären zusammenfassen. Die Sterne bewegen sich, als ob sie an der Innenfläche einer riesigen Kugel (Sphäre) angeheftet sind. Wir beobachten sie vom Zentrum dieser Himmelssphäre aus (Bild 15.1). Vor diesem Hintergrund der Fixsterne bewegen sich die Sonne und der Mond, als ob sie an anderen Kugeln befestigt wären, die sich verschieden schnell um die Erde drehen. In diesem Weltbild steht die Erde groß und unbeweglich im Zentrum des Universums. Dies besteht aus himmlischer Materie und dreht sich um die Erde. Solch ein Weltbild nennt man *geozentrisch* (die Erde bildet den Mittelpunkt).

Den Menschen im Altertum waren sieben Himmelskörper bekannt, die sich relativ zu den Fixsternen bewegten. Sonne und Mond, Merkur, Venus, Mars, Jupiter und Saturn wurden *Planeten* (nach dem griechischen Wort für „Wanderer") genannt. Mit Ausnahme von Sonne und Mond schien die Bewegung dieser Wandelsterne unregelmäßig zu sein, wenn man sie über längere Zeiträume verfolgte (Bild 15.2). Die regellose Bewegung der Planeten erregte im Altertum die Aufmerksamkeit der Menschen. Die Planeten leuchteten auch heller als die übrigen Sterne. Ihre Helligkeit änderte sich, also schien ihr Abstand von der Erde nicht fest zu sein. Man dichtete ihnen menschliche Bestrebungen und Gefühle an. (Die Venus war der Stern der Liebe, der Mars symbolisierte den Krieg, usw.) Die Planeten bildeten gleichsam die Vermittler zwischen der unwandelbaren Vollkommenheit der Sterne und der ruhelosen Unvollkommenheit der Erde. Später sahen die Astrologen in Planetenkonstellationen Vorzeichen für den künftigen Lebensweg eines Menschen.

Die Astronomen des Altertums bemühten sich unentwegt, eine vernünftige Erklärung für die eigenartige Bewegung der Planeten zu finden. Nach der Überlieferung soll der griechische Philosoph *Platon* (427 bis 347 v. Chr.) seinen Schülern folgende Aufgabe gestellt haben: Wir sehen, daß sich die Sterne in vollkommenen Kreisbahnen um die Erde bewegen. Dagegen scheinen die Planeten unregelmäßige Bahnen zu beschreiben. Wie läßt sich die beobachtete Bahn der Planeten aus vollkommenen Kreisbahnen zusammensetzen? In der Aufgabenstellung offenbart sich eine besondere Einschätzung des Kreises. Man hielt den Kreis für die vollkommenste aller Kurven. Und nur der Kreis allein war „würdig", die Bewegungen am Himmel zu beschreiben. Viele Jahrhunderte lang richtete sich das Bemühen der Astronomen darauf, diese Aufgabe zu lösen.

Bild 15.1. Eine Kamera wurde auf den Polarstern gerichtet und der Film eine Stunde lang belichtet. Die Kreisbögen zeigen die scheinbare Bewegung der Sterne. Wegen dieser Kreisbewegung nahmen die Griechen an, daß die Sterne an einer Kugel befestigt sind, die um die Erde rotiert. (Bild: Yerkes Observatorium)

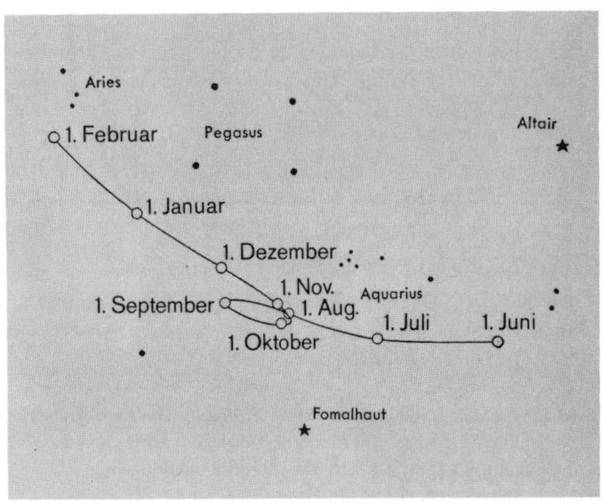

Bild 15.2. Die sonderbare scheinbare Bewegung des Planeten Mars relativ zu den Fixsternen. An manchen Stellen scheint Mars die Richtung seiner Bewegung umzukehren, er bewegt sich rückläufig. (Bild: R. H. Baker „Astronomie ', D. van Norstrand Co., Inc.)

15.1. Geozentrische Weltsysteme

Platons Schüler *Eudoxos* versuchte, die Planetenbewegung durch ein System rotierender Kugeln wiederzugeben, deren Mittelpunkte auf der Erde lagen. Jeder Planet war an der Oberfläche einer Kugel befestigt, die sich gleichmäßig um eine Achse drehte. Diese war wiederum in zwei diametralen Punkten einer größeren Kugel gelagert (Bild 15.3). Während sich die innere Kugel gleichmäßig um ihre Achse drehte, wurde die Achse ihrerseits durch eine gleichmäßige Drehung der äußeren Kugel herumgeführt. Die Achse der äußeren Kugel konnte dann wiederum in der Oberfläche einer noch größeren Kugel befestigt sein. So war es möglich, die Anzahl der Kugeln zu vergrößern und auch schwierigere Bewegungen darzustellen. Das ganze System drehte sich schließlich innerhalb der Himmelssphäre, die die Fixsterne trug. Mit einer genügenden Anzahl ineinander rotierender Kugeln erhielt *Eudoxos* eine gute Näherung für die Bahn eines Planeten. Seine Nachfolger verbesserten die Genauigkeit seines Modells, indem sie immer mehr Kugeln hinzunahmen. Im Laufe der Geschichte

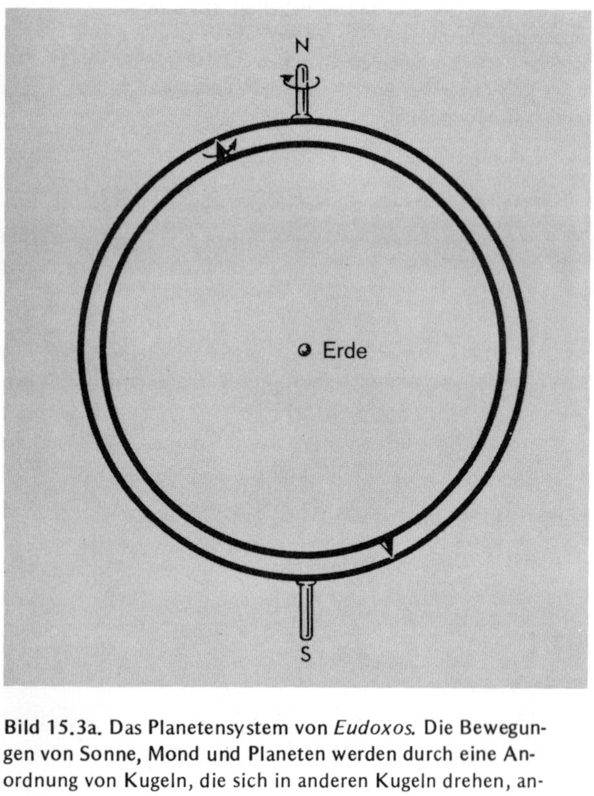

Bild 15.3a. Das Planetensystem von *Eudoxos.* Die Bewegungen von Sonne, Mond und Planeten werden durch eine Anordnung von Kugeln, die sich in anderen Kugeln drehen, angenähert beschrieben. Die äußerste Kugel ist die Fixstern-Sphäre. Sie rotiert einmal in 24 Stunden von Osten nach Westen um eine Achse, die durch den Nordpol und den Südpol der Erde geht. Die Achse der inneren Kugel ist in zwei Punkten an der äußeren befestigt. In einem Punkt ihrer Kugelfläche befindet sich die Sonne. Die innere Kugel rotiert einmal im Jahr um ihre Achse.

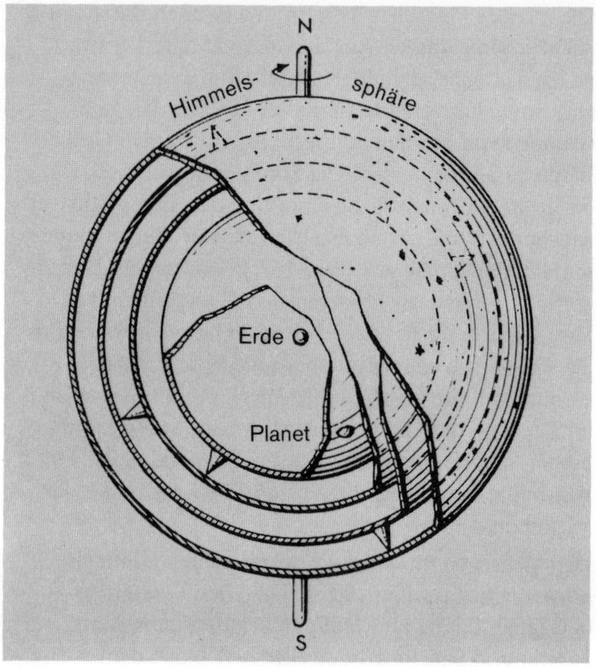

Bild 15.3b. Ein Planet ist auf der Kugelfläche der innersten Kugel angebracht. Wählt man für die Achsen der Kugeln passende Winkel und nimmt man geeignete Geschwindigkeiten und passende Drehsinne an, so kann man die Bewegung eines Planeten vor dem Hintergrund der Fixsterne gut der von der Erde aus beobachteten annähern.

wurden viele Planetensysteme entwickelt, die auf dem Grundgedanken ineinander rotierender Kugeln beruhten. Man verwendete jeweils beträchtliche Anzahlen von Kugeln. In einem dieser Systeme brauchte man beispielsweise allein 13 Kugeln für die Darstellung der Bahn des Merkur.

Andere griechische Astronomen beschritten bei der Lösung der Aufgabe andere Wege. Zum Beispiel entwickelten *Apollonius* und *Hipparch* (drittes und zweites Jahrhundert v. Chr.) ein System, in dem der Planet einen Kreis beschrieb, dessen Mittelpunkt sich auf einem anderen Kreis bewegte. Der Entwurf dieser frühen griechischen Astronomen wurde ausgebaut zum System von *Claudius Ptolemäus,* der im zweiten Jahrhundert n. Chr. in Alexandrien lebte. Sein System von Kreisen, die sich auf anderen Kreisen bewegen, gab die beobachtete Bewegung der Planeten hinreichend genau wieder (Bild 15.4). Aber die Kurven, mit denen er die Bahnen der Planeten beschrieb, waren sehr verwickelt. Es gab manche Klagen bei denen, die sich in ein Verständnis hineinarbeiten wollten. *Alfons X* (um 1200 König von Kastilien) soll gesagt haben: Wenn man ihn bei der Schöpfung um Rat gefragt hätte, würde er die Welt nach einem einfacheren und besseren Plan geschaffen haben. Bild 15.5 zeigt vereinfachend, wie sich nach *Ptolemäus* die Bahn eines Planeten (stark ausgezogen) aus Kreisbewegungen zusammensetzt.

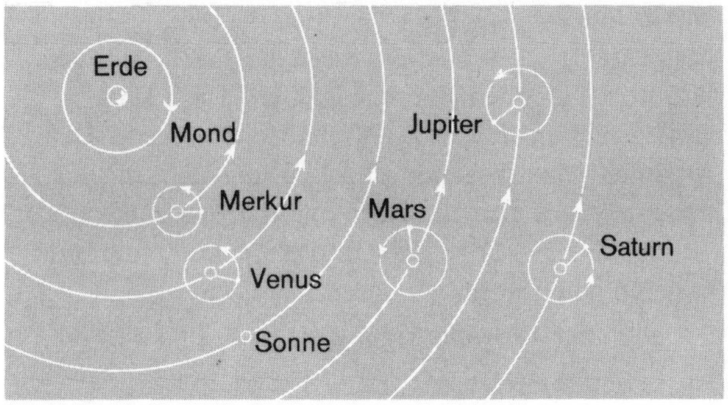

Bild 15.4. Eine vereinfachende Zeichnung des Ptolemäischen Systems der Planetenbewegung auf Kreisen

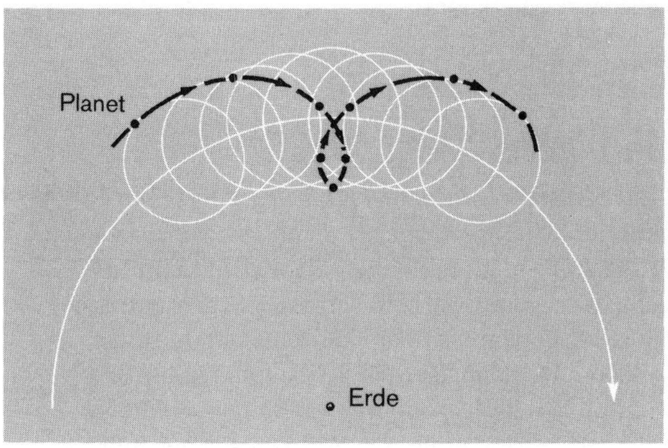

Bild 15.5. Bewegung eines einzelnen Planeten im Ptolemäischen System. Der Planet bewegt sich auf einem kleinen Kreis, dessen Mittelpunkt sich auf einer Kreisbahn um die Erde bewegt.

15.2. Das Kopernikanische Weltbild

Der Astronom *Nikolaus Kopernikus* (geboren 1473) war überzeugt, daß das ptolemäische System zu verwickelt war. Die Einfachheit der von *Platon* geforderten gleichmäßigen Kreisbewegung war von komplizierten Konstruktionen verdeckt worden. Die Wahrheit, dachte *Kopernikus*, müsse sich einfacher sagen lassen. Er machte einen neuen Ansatz zur Lösung der platonischen Aufgaben, indem er einen anderen Mittelpunkt für das System der Kreise wählte.

Kopernikus überlegte sich (wie schon andere vor ihm), daß man die Bewegung der Fixsterne auch durch eine Drehung der Erde erklären könne[1]). Unsere Situation

[1]) Im Gegensatz zu der Hauptströmung der griechischen (und mittelalterlichen) geozentrischen Vorstellung vertrat *Heraklid* (um 370 v. Chr.) die Meinung, daß die Erde um eine Achse rotiere. *Aristarch* (drittes Jahrhundert v. Chr.) stellte sich vor, daß sich die Erde um die Sonne bewegt.

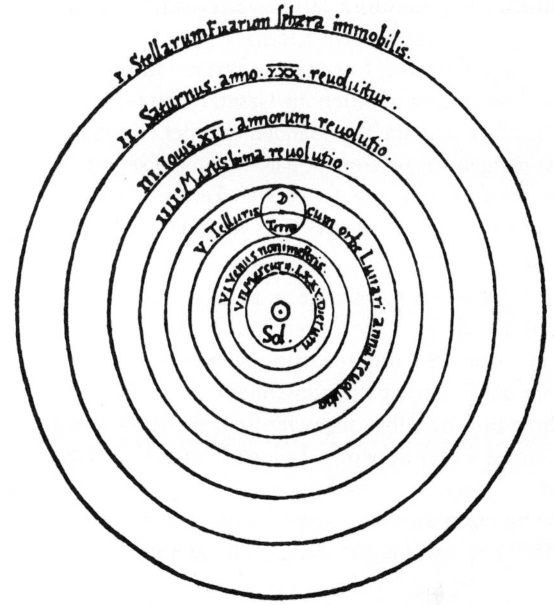

Bild 15.6. Die Umlaufbahnen der Planeten im Kopernikanischen Planetensystem

als Beobachter des Himmels gleicht der eines Passagiers in einem Flugzeug. Kreist das Flugzeug über einer großen Stadt, so scheinen sich die Straßen und Gebäude zu drehen. Ebenso scheinen sich die Sterne zu bewegen, wenn sich die Erde um eine Achse dreht.

Aufbauend auf der Vorstellung von der täglichen Drehung der Erde fand *Kopernikus* eine einfachere Erklärung für die Bahn der Planeten. Dazu wählte er die Sonne statt der Erde als Mittelpunkt des Planetensystems. Die Erde stände demnach nicht im Zentrum und befände sich nicht in Ruhe. Vielleicht gehört sie auch zu den Planeten und dreht sich wie die anderen um die Sonne. Bild 15.6 zeigt, wie einfach die Bahnen der Erde und der Planeten werden, wenn man sie sich nach *Kopernikus* um die Sonne kreisend vorstellt.

Kopernikus rechtfertigte seine Annahme einer Bewegung der Erde folgendermaßen: „ . . . fing auch ich an, über die Beweglichkeit der Erde nachzudenken, und obgleich die Ansicht widersinnig schien, so tat ich's doch, weil ich wußte, daß schon anderen vor mir die Freiheit vergönnt gewesen war, beliebige Kreisbewegungen zur Ableitung der Erscheinungen der Gestirne anzunehmen. Ich war der Meinung, daß es auch mir wohl erlaubt wäre, zu versuchen, ob unter Voraussetzung irgendeiner Bewegung der Erde zuverlässigere Ableitungen für die Kreisbewegung der Himmelsbahnen gefunden werden könnten als bisher. . . . Durch viele und lange fortgesetzte Beobachtungen habe ich endlich gefunden: Wenn die Bewegung der übrigen Wandelsterne auf den Kreislauf der Erde übertragen und dieser dem Kreislauf jedes Gestirns zugrundegelegt wird, folgen nicht nur die Erscheinungen jener daraus. Auch die Gesetze und Größen der Gestirne und alle ihre Bahnen und der Himmel selbst hängen so zusammen, daß in keinem seiner Teile, ohne Verwirrung der übrigen Teile und des ganzen Universums, irgend etwas verändert werden könnte."

Auch *Kopernikus* nahm eine große unbewegte Kugel an, auf der die Fixsterne ihren Platz haben. Darüber sagt er: „Die erste und höchste aller Sphären ist die Sphäre der Fixsterne. Sie umschließt alle anderen Sphären und ist selbst abgeschlossen; sie ist unbeweglich; sie ist sicher derjenige Teil des Himmels, auf den die Bewegungen und die Stellungen aller anderen Gestirne bezogen werden müssen. Wenn auch Menschen der Meinung sein mögen, daß sich diese Sphäre bewegt, wir sind gegenteiliger Ansicht . . . " Dann beschreibt er die Sphären der Planeten und ihre Umlaufzeiten. Die Erde erscheint in diesem System als einer von sechs Planeten, während der Mond deutlich als Satellit der Erde bezeichnet wird. Er schließt: „Im Mittelpunkt des Ganzen verharrt die Sonne unbeweglich. Wer würde denn auch in diesem herrlichen Gottesbau den Lichtspender woanders hinsetzen als in den Mittelpunkt, von wo er alle anderen Teile erleuchten kann? . . . "

15.3. Einwände gegen das Kopernikanische System

Man muß sich deutlich vor Augen führen: Um seine vereinfachten Bahnen zu erhalten, mußte *Kopernikus* das gesamte Weltbild umstürzen, das seit der Zeit des *Aristoteles* entwickelt worden war. Ob sich die Erde bewegt oder nicht, war eine bedeutungsschwere Frage. Die gesamte mittelalterliche Kosmologie und Physik beruhte auf der Vorstellung, daß die Erde im Zentrum des Universums ruhe. Es gehörte zur inneren Überzeugung des Menschen, daß seine Erde die Mitte aller Dinge sein müsse. Außerdem konnte man gute Gründe für die Sonderstellung der Erde anführen. Wer sollte beispielsweise eine Bewegung der Erde aufrechterhalten? Warum spürt man nichts von einer solchen Bewegung? Warum fallen die Steine in Richtung auf die Erde, wenn nicht sie das Zentrum der Welt ist? *Kopernikus* war auf ernste Kritik gefaßt. Er schob die Veröffentlichung seines Buches immer wieder hinaus. Das erste gedruckte Exemplar bekam er an seinem Todestag zu sehen. Vielen der zu erwartenden Einwände versuchte er im voraus zu begegnen. Auf das Argument, die sich um ihre Achse so schnell drehende Erde müsse bersten wie ein zu schnell gedrehtes Rad, antwortete er: „Warum befürchten die Befürworter des geozentrischen Systems nicht das gleiche Schicksal für ihre rotierenden Himmelssphären? Diese sind größer, müssen sich also viel schneller bewegen." Dem Argument, daß fliegende Vögel hinter einer schnell bewegten Erde zurückbleiben müßten, begegnete er mit dem Hinweis, daß die Atmosphäre durch die Erde mitgenommen werde.

Es gab in der Tat viele Argumente dafür und dagegen. Die kopernikanische Lehre wurde geächtet als „falsch und insgesamt im Widerspruch zur Heiligen Schrift". *Martin Luther* brandmarkte *Kopernikus* als einen Narren und Ketzer. Der Streit über sein kühnes neues Weltbild tobte mehr als 100 Jahre lang. Erst dann war die Vorstellung, daß sich die Erde bewegen könne, allgemein anerkannt.

15.4. Tycho Brahe

Der dänische Astronom *Tycho Brahe* (geboren 1546) konnte sich ungeachtet der damit verbundenen Vereinfachung nicht der kopernikanischen Lehre anschließen. Er entwarf ein verbessertes geozentrisches System, in dem die Sonne die Erde umkreist, die anderen Planeten aber die Sonne umkreisen (Bild 15.7a). Um die astronomischen Modelle prüfen zu können, begann er mit der Aufnahme einer äußerst genauen Karte der Fixsternpositionen und mit der Bestimmung der von der Erde beobachteten Planetenörter über einen langen Beobachtungszeitraum. Er führte zunächst seine Beobachtungen mit einem Instrument durch, das im wesentlichen aus einem Paar verbundener Stäbe bestand. Der eine Schenkel wurde auf einen Fixstern gerichtet, der andere auf einen Planeten. Auf diese Weise konnte er ihren Winkelabstand messen. Später konstruierte er große Sextanten und Kompasse, mit denen er hervorragend genaue Beobachtungswerte erhielt (Bild 15.7b). Er katalogisierte den Ort von 777 Sternen so genau, daß seine Beobachtungen noch heute verwendet werden. Seine Winkelmessungen bei der Aufnahme der Planetenbahnen über einen Zeitraum von 20 Jahren enthalten keinen Fehler, der größer als 4 Winkelminuten (eine Winkelminute ist $\frac{1}{60}$ Grad) wäre. Von der Größe dieses Winkels kann man sich ein Bild machen, wenn man eine Stecknadel auf Armlänge vor das Auge hält. Der Winkel, unter dem man den Kopf der Stecknadel sieht, entspricht etwa dieser Meßgenauigkeit.

Tychos Meßwerte der Planetenörter waren erheblich genauer als das Material, das *Kopernikus* zur Verfügung stand. Es zeigte sich bald, daß die kopernikanischen Bahnen nur grob stimmten. Man begann nach einer genaueren Beschreibung der Bahnen zu suchen. Dieses

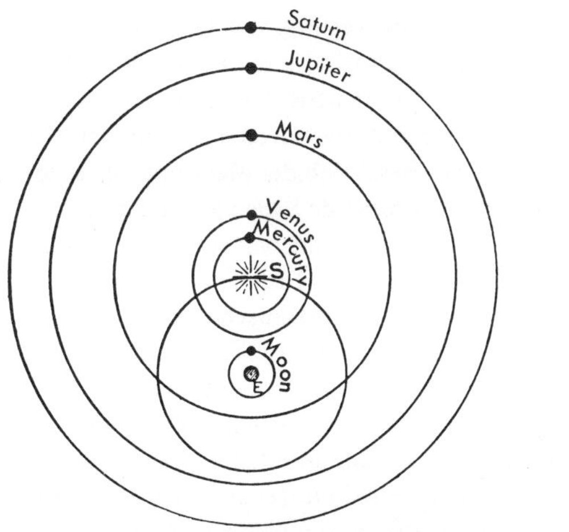

Bild 15.7a. Geozentrisches System von *Tycho Brahe*

Bild 15.7b. Mauerquadrant von *Tycho Brahe.* Ein Messingbogen von über 2 m Radius wurde auf einem gemauerten Viertelkreis montiert und mit beweglicher Visiereinrichtung versehen. Ein Beobachter (oben rechts) visiert einen Stern durch ein Loch in der Wand links an. Beobachtungsassistenten lesen die Zeit ab und notieren den Winkel. Der vom Messingbogen eingeschlossene Kreisquadrant ist mit einer Zeichnung ausgefüllt, die *Tycho Brahe* und Einblicke in sein Werk darstellt.

Ziel wurde nach dem Tode von *Tycho Brahe* von dem Astronomen *Kepler* erreicht, der in den letzten anderthalb Lebensjahren *Tycho Brahes* in dessen Sternwarte gearbeitet hatte.

15.5. Johannes Kepler

Johannes Kepler (geboren 1571) war in vielem das Gegenteil von *Tycho Brahe.* Dieser besaß hervorragende mechanische Geschicklichkeit und Fertigkeit, aber relativ wenig Interesse an der Mathematik. *Kepler* war als Experimentator ungeschickt, er war fasziniert von der Macht der Mathematik. In seiner Hochachtung vor der Macht der Zahlen war er den alten Griechen verwandt. Ihn reizten auch Zahlenspiele und -magie.

Nachdem *Kepler* sich die Grundlagen der Astronomie angeeignet hatte, nahm ihn das Problem gefangen, ein dem Planetensystem zugrundeliegendes Zahlenschema zu finden. Er schrieb: „Ich brütete mit der ganzen Kraft meines Geistes über diesem Gegenstand". *Kepler* verschrieb sein Leben der Auswertung der Planetentafeln, die ihm *Tycho Brahe* hinterlassen hatte. Beim Übersetzen der Meßdaten von *Tycho Brahe* in eine mathematische Beschreibung der Planetenbewegung ging *Kepler* wie jeder heutige Wissenschaftler vor. Dieser wird stets versuchen, Versuchsergebnisse in Form einfacher *mathematischer Gesetze* statt in reinen *Zahlentabellen* wiederzugeben. Mit Hilfe mathematischer Gesetze lassen sich nicht nur beobachtete Werte reproduzieren. Man kann darüberhinaus Ergebnisse von Beobachtungen, die noch nicht gemacht wurden, vorhersagen. Auch können mathematische Gesetze leichter als Zahlentabellen im Gedächtnis gespeichert und an andere weitergegeben werden.

In seinem ersten Buch beschreibt *Kepler* seine Bemühungen, zu verstehen, warum es genau sechs Planeten im Sonnensystem gibt. Er fand einen Zusammenhang zwischen den sechs Bahnen und den fünf regulären Körpern der Geometrie[1]) (Bild 15.8). Seine Konstruktion ergab Verhältnisse von Radien, die einigermaßen mit den damals bekannten Werten der Planetenbahnen übereinstimmten.

Kepler war begeistert. Er schrieb: „Die tiefe Freude, die ich über die Entdeckung empfand, kann nicht in Worten ausgedrückt werden. Ich achtete nicht mehr auf den Ablauf der Zeit, keine Arbeit konnte mich ermüden, ich scheute keine Mühe bei der Berechnung, am Tage und in der Nacht, bis ich erkennen konnte,

[1]) Unter einem regelmäßigen Körper versteht man einen symmetrischen Körper mit lauter gleichen ebenen Begrenzungsflächen. Man kann nur fünf reguläre Körper (Tetraeder, Würfel, ...) angeben.

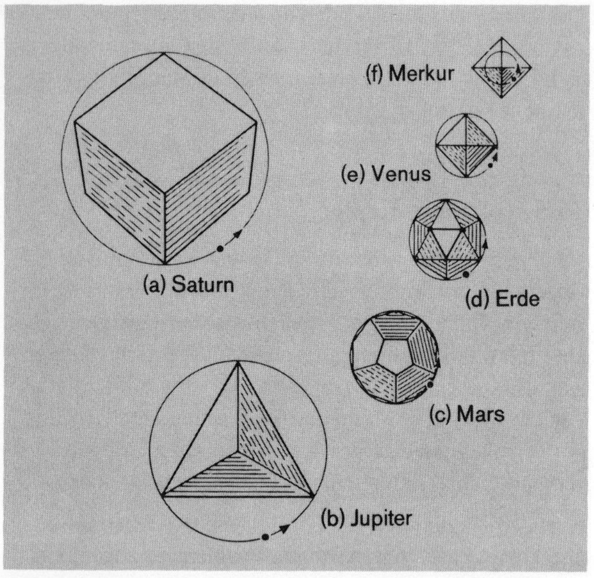

Bild 15.8. *Kepler* gründete sein Gesetz der Planetenbahnen auf den fünf regulären Körpern. In a) wird einem Würfel eine Kugel umbeschrieben, deren Radius gleich dem Bahnradius des Saturn ist. Die dem Würfel einbeschriebene Kugel hat den Bahnradius des Jupiter. In b) wird der Bahnkugel des Jupiter das regelmäßige Tetraeder einbeschrieben. Die dem Teraeder einbeschriebene Kugel hat den Radius, der gleich dem Marsbahnradius ist. In c) wird der Marsbahnkugel das regelmäßige Dodekaeder einbeschrieben. Die diesem einbeschriebene Kugel hat den Erdbahnradius d). Diesen Prozeß des wechselseitigen Einbeschreibens von Kugeln und regelmäßigen Polyedern kann man mit dem Ikosaeder (20 Flächen) und dem Oktaeder (8 Flächen) fortsetzen und erhält die Bahnen für Venus e) und Merkur f). *Kepler* betrachtete die regelmäßigen Körper als Brücken und Abstandshalter zwischen den Planetenbahnen. Da es nur fünf regelmäßige Körper gibt, konnte Kepler seine Regel nur für 6 Planeten angeben.

ob meine Hypothese mit den Bahnen von *Kopernikus* übereinstimmte oder ob sich meine Freude in Nichts auflösen würde."

Die Beziehung zwischen den Radien der Planetenbahnen ist kennzeichnend für die Art der Ergebnisse, die *Kepler* aus *Tycho Brahes* Meßdaten zu gewinnen hoffte. Es geschieht jedoch immer wieder, daß sich vielversprechende Beziehungen zwischen den Meßdaten als von keiner tieferen Bedeutung für die Erklärung der Zusammenhänge erweisen. Heute ist diese Entdeckung von *Kepler* so gut wie vergessen. Sein System wurde durch die Tatsache zerstört, daß es mehr als sechs Planeten gibt. Doch wurde ein siebenter Planet erst viele Jahre nach seinem Tod entdeckt.

Kepler entdeckte weitere mathematische Beziehungen, die in der Prüfung durch spätere Beobachtungen Bestand hatten. Er begann seine großartige Auswertung der Meßdaten *Tycho Brahes* mit einer erschöpfenden Untersuchung der Marsbewegung. Was für eine Kurve hatte der Mars in den zwanzig Jahren der Beobachtung durch *Tycho Brahe* beschrieben? Die Beobachtungen der Planetenörter waren notwendigerweise von der Erde aus gemacht worden. Beschrieb der Mars eine einfache Kurve, wenn man eine ruhende Erde voraussetzte? Oder war die Beschreibung einfacher, wenn man wie *Kopernikus* eine Bewegung der Erde annahm? – *Kepler* machte sich die kopernikanische Vorstellung zu eigen, daß sich die Erde um ihre Achse dreht, während sie sich auf einer Bahn um die Sonne bewegt. Indem er der Tradition folgte, versuchte er zunächst einen Ansatz mit Kreisen auf anderen Kreisen, um eine mögliche Bahn zu erhalten. Jeder seiner zahllosen Versuche erforderte lange und mühevolle Rechnungen. *Tycho Brahe* hatte die Winkel zwischen dem Mars und Fixsternen gemessen. Diese Meßwerte mußten in einem Ort des Planeten im Raum in Bezug auf eine feste Sonne, um die sich die Erde bewegte, umrechnet werden.

Nach etwa siebzig Versuchen mit einem „exzentrischen Kreis" als Bahnkurve fand *Kepler* eine Form, die recht gut mit den Meßwerten übereinstimmte. Dann stellte sich jedoch zu seiner Enttäuschung heraus, daß bei einer Extrapolation über den Bereich der verwendeten Daten hinaus eine Abweichung zu anderen Meßwerten auftrat, die *Tycho Brahe* vom Mars aufgenommen hatte.

Die Abweichung zwischen den Meßwerten von *Tycho Brahe* und den Berechnungen *Keplers* betrug etwa 8 Winkelminuten ($\frac{2}{15}$ Grad). (Einen Winkel dieser Größe legt der Sekundenzeiger einer Uhr in 0,02 s zurück.) Könnte sich nicht *Tycho Brahe* um diesen kleinen Betrag geirrt haben? Könnten nicht in der Kälte einer Winternacht die froststarren Finger versagt haben? *Kepler* kannte die Meßverfahren von *Tycho Brahe* und die dabei beachtete peinliche Sorgfalt. Die Messung konnte keinen Fehler, nicht einmal von einem solch kleinen Betrag, aufweisen. Daher verwarf *Kepler* aufgrund der Meßergebnisse die von ihm konstruierte Kurve. Welch eine Anerkennung für das experimentelle Geschick von *Tycho Brahe!*

Kepler sagte, auf diesen acht Minuten würde er noch eine Theorie des Universums bauen, und begann von neuem. Er setzte sich über den tief verwurzelten und lang gehegten Glauben an eine gleichmäßige Bewegung hinweg und durchdachte mögliche Änderungen der Geschwindigkeit, während der Planet seine Bahn um die Sonne beschrieb. Nun machte er seine erste große Entdeckung. Er fand, daß die Verbindung von der Sonne zum Planeten in gleichen Zeitintervallen gleiche Flächen überstrich. Dies ist heute als Keplers zweites Gesetz bekannt (Bild 15.9).

Nach der Entdeckung seines zweiten Gesetzes gab *Kepler* schließlich alle Versuche auf, die Planetenbe-

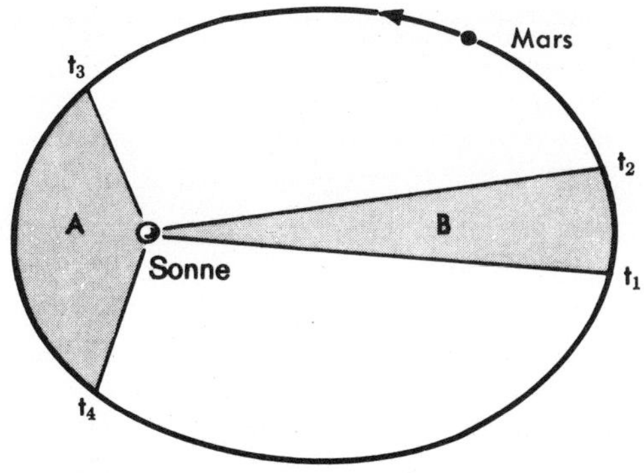

Bild 15.9. Keplers Gesetz der gleichen Flächen. Der Mars bewegt sich auf seiner Bahn mit unterschiedlicher Geschwindigkeit. Er bewegt sich am schnellsten, wenn er der Sonne am nächsten ist. *Kepler* fand: In gleichen Zeiten ($t_2 - t_1 = t_4 - t_3$) werden von der Verbindung Sonne–Planet gleiche Flächen überstrichen (Fläche B = Fläche A). In der Zeichnung ist die Exzentrizität der Ellipse stark vergrößert worden, um den Flächensatz deutlicher darstellen zu können.

wegung aus gleichmäßigen Kreisbewegungen zusammenzusetzen. Er begann, verschiedene Ovale als mögliche Bahnkurve zu probieren. Nach vielen arbeitsreichen Rechnungen erzielte er schließlich eines seiner bedeutendsten Ergebnisse, heute als erstes Keplersches Gesetz bekannt: Jeder Planet bewegt sich auf einer elliptischen Bahn, in deren einem Brennpunkt die Sonne steht. *Keplers* Freude und Genugtung waren unermeßlich. Nach Jahren harten Mühens hatte er schließlich eine einfache Kurve gefunden, welche die Bewegung der Planeten beschrieb.

Darauf machte sich *Kepler* an die Arbeit, einen Zusammenhang der Abmessungen der Planetenbahn und der Zeit eines Umlaufes um die Sonne zu finden. Nach manchen ergebnislosen Versuchen fand er die gesuchte Beziehung: Für alle Planeten ergibt sich das gleiche Verhältnis zwischen der dritten Potenz des Bahnradius und dem Quadrat der Umlaufzeit[1]). Durch einen Zufall gelangte *Kepler* zu diesem Verhältnis, bei dem sich eine überzeugende Regelmäßigkeit zeigte (Tabelle 1). Die Konstanz des Verhältnisses $\frac{r^3}{T^2}$ wird als drittes Gesetz von Kepler bezeichnet.

Die Werte für die Bahnradien und die Perioden in dieser Tabelle wurden von *Kepler* verwendet. Zur Zeit *Keplers* waren die Radien nur in Einheiten des Erdbahnradius bekannt. Man nennt den Erdbahnradius eine astronomische Einheit (AE) der Länge .

[1]) Der Radius r einer Bahn wird definiert als halbe Summe der kürzesten und der längsten Entfernung des Planeten von der Sonne. Da sich die Planetenbahnen nicht sehr von der Kreisform unterscheiden, kann man meistens die Entfernung der Sonne zu einem beliebigen Punkt der Bahn nehmen.

Tabelle 1: Keplers drittes Gesetz

Planet	Radius r der Planetenbahn in AE	Periode T des Umlaufs in Tagen	$\frac{r^3}{T^2}$ in $\frac{(AE)^3}{d^2}$	Moderne Werte $\frac{r^3}{T^2}$ in $\frac{m^3}{s^2}$
Merkur	0,389	87,77	$7{,}64 \cdot 10^{-6}$	$3{,}354 \cdot 10^{18}$
Venus	0,724	224,70	7,52	3,352
Erde	1,000	365,25	7,50	3,354
Mars	1,524	686,98	7,50	3,354
Jupiter	5,200	4332,62	7,490	3,355
Saturn	9,510	10759,20	7,430	3,353

Die nahezu konstanten Werte von $\frac{r^3}{T^2}$ veranschaulichen *Keplers* drittes Gesetz. Die letzte Spalte enthält Werte, die auf heutigen genauen Meßwerten für Bahnradius und Umlaufdauer beruhen.

Im Triumph über seinen Erfolg schrieb *Kepler:* „Was ich vor sechzehn Jahren als anzustrebendes Ziel herausgestellt habe, . . . , weswegen ich mich *Tycho Brahe* anschloß, . . . zuletzt habe ich es ans Licht gebracht und finde seine Wahrheit über meine schönsten Hoffnungen hinaus bestätigt . . . Der Würfel ist gefallen, das Buch ist geschrieben, um jetzt oder durch die Nachwelt gelesen zu werden. Mich kümmerts nicht, es mag ruhig ein Jahrhundert auf einen Leser warten, wie Gott sechstausend Jahre auf einen Beobachter hat warten müssen."

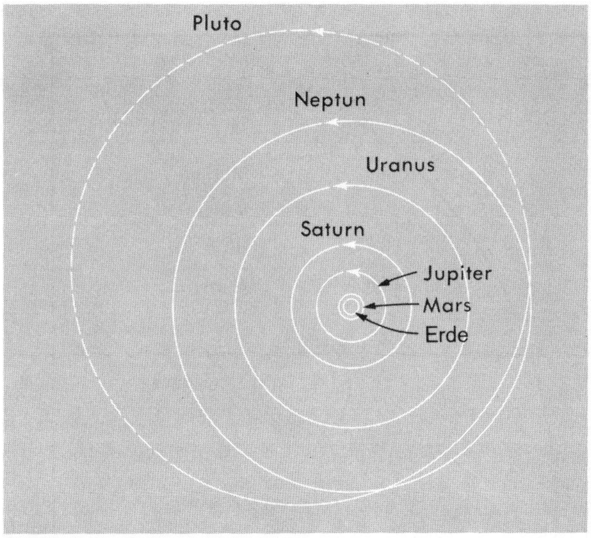

Bild 15.10. Angenäherte Bahnen der wichtigsten Planeten. (Die Bahnen von Merkur und Venus sind zu klein, als daß man sie in dieser Zeichnung erkennen könnte). Die Bahnen sind nahezu kreisförmig (mit Ausnahme der Plutobahn) und liegen fast in einer Ebene. Nur genaue Messungen zeigen, daß es sich um Ellipsen handelt. Die Bahnen von Merkur und Pluto weichen am stärksten von der Kreisform ab. Die Ebene der Plutobahn ist um etwa 17° gegenüber der Ebene der anderen Bahnen geneigt. Der Teil der Plutobahn, der unterhalb der Zeichenebene liegt, wurde gestrichelt gezeichnet.

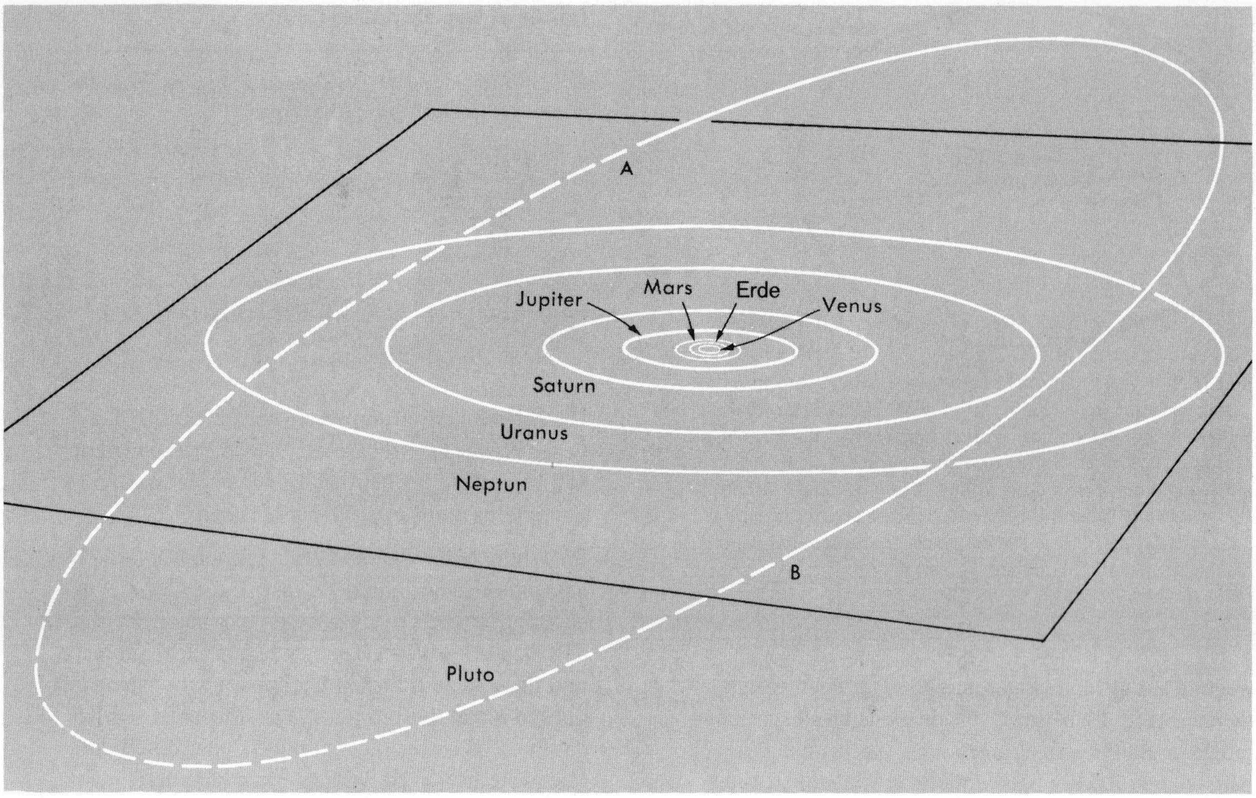

Bild 15.11. Die Bahnen der bekannten Planeten unter einem Winkel gesehen. Man erkennt, daß alle Planeten mit Ausnahme des äußersten in einer Ebene um die Sonne kreisen. Die Plutobahn bildet zu dieser Ebene einen Winkel von etwa 17°. Die Bahn von Merkur wurde wegen ihrer Kleinheit nicht gezeichnet.

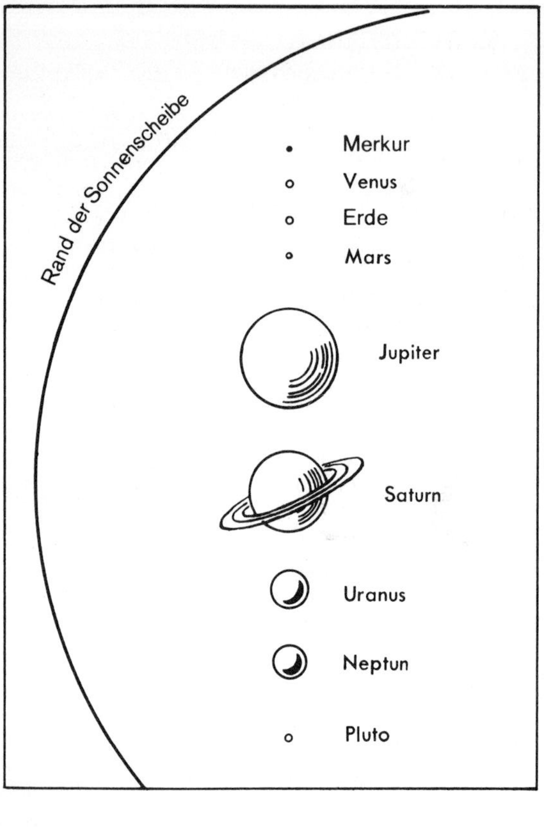

Kepler hat die Astronomie einen bedeutsamen Schritt vorangebracht. Er hat die großartigen Meßtabellen von *Tycho Brahe* in ein einfaches System von Kurven und Regeln „übersetzt". Seine Leistung trug ihm den Ehrennamen „Gesetzgeber des Himmels" ein.

Wir fassen die Aussagen der *drei Keplerschen Gesetze* zusammen:

1. *Jeder Planet beschreibt eine elliptische Bahn, in deren einem Brennpunkt die Sonne steht.*
2. *Die Verbindung zwischen der Sonne und dem Planeten überstreicht in gleichen Zeiten gleiche Flächen.*
3. *Das Verhältnis* $\frac{r^3}{T^2}$ *ist für alle Planeten gleich groß. Kürzt man dieses konstante Verhältnis mit* K *ab, so kann man das dritte Gesetz schreiben als*

$$\frac{r^3}{T^2} = K.$$

Bild 15.12. Größenverhältnis von Planeten und Sonne. Die Zeichnung stellt die Radien der Planeten im Vergleich zum Sonnenradius dar. Die gesamte Masse aller Planeten beträgt nur das $1{,}34 \cdot 10^{-3}$ fache (also etwa ein Tausendstel) der Sonnenmasse.

Keplers drei Gesetze stellten die Planetenbahnen genauer dar als das Ptolemäische oder das Kopernikanische System mit deren komplizierten Gebilden von Kreisen auf Kreisen.

15.6. Kinematik der Planeten und ihre dynamische Deutung

Keplers Gesetze bilden die Kinematik des Planetensystems. Sie geben eine einfache und genaue Beschreibung der Planetenbewegung, liefern aber keine Erklärung für die Entstehung der Bewegungen durch Kräfte. Die Ptolemäische Beschreibung der Planetenbewegung ist ebenfalls rein kinematisch. Worin besteht nun der wesentliche Unterschied dieser beiden kinematischen Beschreibungen?

Tabelle 2: Das Sonnensystem

Körper	Masse in kg	Radius in m	Umdrehungszeit in s	Mittl. Bahnradius in m	Umlaufdauer in s
Sonne	$1{,}98 \cdot 10^{30}$	$6{,}95 \cdot 10^{8}$	$2{,}14 \cdot 10^{6}$		
Merkur	$3{,}28 \cdot 10^{23}$	$2{,}57 \cdot 10^{6}$	$7{,}60 \cdot 10^{6}$	$5{,}79 \cdot 10^{10}$	$7{,}60 \cdot 10^{6}$
Venus	$4{,}83 \cdot 10^{24}$	$6{,}31 \cdot 10^{6}$	$2{,}6 \cdot 10^{6}$ (?)	$1{,}08 \cdot 10^{11}$	$1{,}94 \cdot 10^{7}$
Erde	$5{,}98 \cdot 10^{24}$	$6{,}38 \cdot 10^{6}$	$8{,}61 \cdot 10^{4}$	$1{,}49 \cdot 10^{11}$	$3{,}16 \cdot 10^{7}$
Mars	$6{,}37 \cdot 10^{23}$	$3{,}43 \cdot 10^{6}$	$8{,}85 \cdot 10^{4}$	$2{,}28 \cdot 10^{11}$	$5{,}94 \cdot 10^{7}$
Jupiter	$1{,}90 \cdot 10^{27}$	$7{,}18 \cdot 10^{7}$	$3{,}54 \cdot 10^{4}$	$7{,}78 \cdot 10^{11}$	$3{,}74 \cdot 10^{8}$
Saturn	$5{,}67 \cdot 10^{26}$	$6{,}03 \cdot 10^{7}$	$3{,}60 \cdot 10^{4}$	$1{,}43 \cdot 10^{12}$	$9{,}30 \cdot 10^{8}$
Uranus	$8{,}80 \cdot 10^{25}$	$2{,}67 \cdot 10^{7}$	$3{,}88 \cdot 10^{4}$	$2{,}87 \cdot 10^{12}$	$2{,}66 \cdot 10^{9}$
Neptun	$1{,}03 \cdot 10^{26}$	$2{,}48 \cdot 10^{7}$	$5{,}69 \cdot 10^{4}$	$4{,}50 \cdot 10^{12}$	$5{,}20 \cdot 10^{9}$
Pluto	?	?	?	$5{,}9 \cdot 10^{12}$	$7{,}82 \cdot 10^{9}$
Mond	$7{,}34 \cdot 10^{22}$	$1{,}74 \cdot 10^{6}$	$2{,}36 \cdot 10^{6}$	$3{,}8 \cdot 10^{8}$	$2{,}36 \cdot 10^{6}$

Beide Beschreibungen sind hinlänglich genau. Beide gestatten eine Vorhersage, wo ein bestimmter Planet zu einem bestimmten Zeitpunkt beobachtet werden kann. Der Unterschied liegt im Standpunkt des Beobachters. *Keplers* Beschreibung erscheint uns einfacher. Er wählte wie *Kopernikus* die Fixsterne als Bezugssystem für die Planetenbewegungen. Und wie *Kopernikus* verwendete er die Sonne als Bezugskörper für die Messung der Planetenörter. Es ist einfacher, die Planetenbewegungen zu beschreiben, wenn man die Sonne als Ursprung wählt, als wenn man sie so beschreibt, wie sie von der Erde aus gesehen werden. Und aus der einfachen Beschreibung kann man auf die von der Erde beobachteten Bewegungen leicht schließen.

Andererseits macht man keinen Fehler, wenn man die Bewegung eines Planeten unmittelbar mit der

Tabelle 3: Ein Modell zur Veranschaulichung der Abmessungen im Sonnensystem

Man kann nicht in einer einzigen Zeichnung sowohl die relativen Größen als auch die Abstände der Planeten von der Sonne wiedergeben. Die folgende Tabelle soll die Abmessungen und Abstände durch Vergleich mit vertrauten Gegenständen veranschaulichen. Um die wirklichen Entfernungen im Sonnensystem zu erhalten, muß man die Tabellenwerte mit $4{,}4 \cdot 10^9$ multiplizieren.

Körper im Sonnensystem	Körper im Modell	Abstand von der „Sonne"
Sonne	Basketball	
Merkur	halber Stecknadelkopf	13 m
Venus	Apfelkern	25 m
Erde	Apfelkern	34 m
Mars	kleiner Apfelkern	52 m
Jupiter	Tennisball	180 m
Saturn	Tischtennisball	320 m
Uranus	Murmel	650 m
Neptun	Murmel	1,0 km
Pluto	?	1,3 km
Nächster Fixstern	Basketball	8000 km

Erde als Ursprung beschreibt. Sie ist nur schwierig und verwirrend, weil uns die Bewegung kompliziert und unregelmäßig erscheint. Die Wahl des in der Kinematik verwendeten Bezugssystems wird allein durch Gründe der Zweckmäßigkeit – nicht durch Sachzwang – entschieden.

Man kann die Situation folgendermaßen veranschaulichen: Ein Beobachter verfolgt vom Straßenrand die Bewegung eines Punktes auf dem Reifen eines vorbeifahrenden Wagens (Kapitel 12). Er stellt fest, daß sich der Punkt auf einer Zykloide bewegt. Dabei variiert die Geschwindigkeit von Null bis zu einem Maximalwert. Ein zweiter Beobachter beschreibt die Bewegung des Punktes in Bezug auf die Radachse. Er stellt fest, daß sich der Punkt mit konstanter Geschwindigkeit auf einem Kreis bewegt. Beide Beobachter haben recht. Und wenn wir die Bewegung der Achse in bezug auf den Boden berücksichtigen, sind die beiden Beschreibungen gleichwertig. Genauso können eine geozentrische und eine heliozentrische Beschreibung des Planetensystems gleichwertig sein. Das ist beispielsweise für die Systeme von *Tycho Brahe* und von *Kopernikus* (Bilder 15.6 und 15.7) der Fall. Welches wir übernehmen, ist eine reine Frage der Zweckmäßigkeit. Für die Navigation wird man ein erdbezogenes System vorziehen. Dort interessiert nicht, wie einfach die Bewegungen von der Sonne her erscheinen. Wir möchten unseren Standort auf der Erde berechnen, wenn wir die Planeten zu bestimmten Zeiten in bestimmten Richtungen beobachten. Folgerichtig verwendet man die geozentrische Sprechweise in der astronomischen Navigation von Schiffen und Flugzeugen auch heute noch.

Eine andere Situation liegt vor, wenn wir die Planetenbewegungen erklären wollen. Wir werden sicher vermuten dürfen, daß man umso leichter eine dynamische Erklärung erreichen und verstehen kann, je einfacher die Beschreibung der Bewegung ist. Zum anderen wissen wir bereits, daß das Grundgesetz der Mechanik nur in bestimmten Bezugssystemen angewendet werden kann. Sogar die gleichförmige Bewegung, die ein Körper beim Fehlen einer resultierenden Kraft ausführt, wird für einen Beobachter, der wie ein Kreisel herumwirbelt, nicht gleichförmig erscheinen. In diesem Fall treten bekanntlich komplizierte Scheinkräfte auf, und wir können keine einfache dynamische Erklärung finden. Somit ist für den Übergang von der Kinematik zur Dynamik ein bevorzugtes Bezugssystem wichtig, in dem keine Scheinkräfte verwirren können.

Um die Planetenbewegung dynamisch zu erklären, muß ein geeignetes Bezugssystem gewählt werden. Läßt es sich so legen, daß die Erde darin ruht? Diese Frage muß anscheinend verneint werden. In einem solchen System deuten die Bewegungen der Planeten auf unregelmäßige Kräfte hin, für die man keine dynamische Erklärung findet. Wir müßten dann zum Standpunkt von *Aristoteles* zurückkehren, daß Planeten aus einer anderen Materie bestehen und sich nach eigenen Gesetzen bewegen.

Auf diesem Standpunkt baute das ptolemäische System auf. Es paßte in eine geozentrische Dynamik für irdische Körper. Aus ihm erwuchs die Vorstellung, daß die Planetenbahnen besonders einfach erschienen, wenn man sie von der Erde als Zentrum ansah (und nicht als Bewegung um einen anderen Punkt). Die einfachere Beschreibung der Planetenbahnen in *Keplers heliozentrischem System* bringt somit das ganze Aristotelische Weltbild ins Wanken.

Im heliozentrischen System erscheint die Erde als ein Planet unter anderen Planeten. Es liegt kein Grund mehr vor, eine besondere geozentrische Dynamik zu entwickeln. Stattdessen kann man Ausschau halten nach einer einzigen Dynamik, die für die Bewegungen von Körpern auf der Erde und die aller Planeten (einschließlich unseres eigenen) gilt. Tatsächlich lieferte das heliozentrische System den Schlüssel, mit dem sich eine dynamische Erklärung der Planetenbewegung erschließen ließ.

Im Rest dieses Kapitels soll gezeigt werden, wie das heliozentrische System in die neue Dynamik von *Galilei* und *Newton* hineinpaßt. Dabei werden wir in die Fußstapfen von *Newton* treten. Wir werden die heliozentrische Beschreibung und ein mit den Fixsternen verbundenes Bezugssystem zugrundelegen. Dabei wird sich zeigen, daß ein einfaches Gesetz über die Kraft zwischen materiellen Körpern zu einem Verständnis der beobachteten Planetenbewegungen führt. Es erklärt alle Bewegungen auf der Grundlage der gleichen Dynamik, die wir auf der Erde anwenden. Seit der Zeit, als *Newton* dieses Gesetz der Gravitationskraft postulierte, ist es auch für kleine materielle Körper auf der Erde experimentell geprüft worden. Es ist hier genau so gültig wie über astronomische Entfernungen. Damit war die Suche nach einer Dynamik, in der die Bewegungen hier und am Himmel gleichermaßen erklärt werden konnten, von Erfolg gekrönt. In einem geozentrischen Weltbild ist eine solche einheitliche Erklärung nicht möglich.

15.7. Isaac Newton

Isaac Newton wurde 1642, dem Todesjahr *Galileis*, geboren. Er vereinigte die Entdeckungen in der Astronomie und der Dynamik von *Kopernikus*, *Kepler*, *Galilei* und anderen, fügte seine eigenen Entdeckungen hinzu und verschmolz alles in einer Form, die bis heute als eine der größten Leistungen der Naturwissenschaften Bestand hat. *Newton* durchschaute und verstand die Dinge so tief, daß er in der Lage war, sein Grundgesetz der Mechanik erfolgreich auf eine erstaunliche Anzahl von Erscheinungen anzuwenden, von der Bewegung der Planeten bis hin zum Steigen und Fallen der Gezeiten.

Bild 15.13. Sir *Isaac Newton*

Seit *Kepler* hatte eine große Veränderung im wissenschaftlichen Denken stattgefunden. Im Anschluß an das Werk *Galileis* wuchs die Überzeugung, daß es *universelle* Gesetze geben müsse, von denen die Bewegung der Körper beherrscht werden, und daß man diese Gesetze sowohl auf Bewegungen am Himmel als auch auf der Erde anwenden könne. Die Diskussionen der Royal Society in London kreisten oft um die Frage: „Welche Art von Kraft übt die Sonne auf die Planeten aus, so daß sie gezwungen werden, sich nach den von *Kepler* entdeckten Gesetzen zu bewegen?" Geleitet von den Keplerschen Gesetzen beantwortete *Newton* diese Frage. Er schuf eine *Dynamik der Planeten.* Sie war so erfolgreich, daß die Naturwissenschaftler viele Jahre lang bedauerten, es sei nichts mehr zu tun übriggeblieben.

Zuerst bemühte sich *Newton* bei dem Versuch, die Planetenbewegung zu verstehen, um die Bewegung des Mondes. Er wußte: Wenn keine Kraft auf den Mond wirkte, würde er sich auf einer geraden Linie mit konstanter Geschwindigkeit bewegen. Der Mond beschreibt jedoch (von der Erde aus gesehen) eine fast kreisförmige Bahn. Infolgedessen mußten eine Beschleunigung in Richtung auf die Erde und eine Kraft, die sie verursacht, vorhanden sein. Er stellte fest: „Ohne eine solche Kraft könnte der Mond nicht in seiner Kreisbahn gehalten werden. Wäre diese Kraft zu klein, könnte sie den Mond nicht genügend aus einem geradlinigen Kurs herausdrehen. Wäre sie zu groß, so würde sie zu stark wirken und den Mond aus seiner Bahn heraus auf die Erde ziehen."

Welches ist nun die Kraft, die den Mond auf seiner Bahn um die Erde hält? *Newton* sagte selbst, daß er die Antwort auf diese Frage gefunden habe, als er in einem Garten saß. Er dachte gerade über diese Frage nach, als ein Apfel vom Baum zum Boden fiel. Da kam ihn der Gedanke, daß die Kraft, mit der die Erde den Apfel anzog, auch auf den Mond ausgeübt werde. Auch der Mond könnte ein fallender Körper sein.

In Kapitel 14 berechneten wir die Beschleunigung des Mondes in Richtung auf die Erde. Wir erhielten einen Wert von etwa $2{,}8 \cdot 10^{-3}\ \frac{m}{s^2}$, der keineswegs in der Größenordnung der Beschleunigung von $9{,}8\ \frac{m}{s^2}$ lag, mit der die Körper auf der Erdoberfläche beschleunigt werden. *Newton* führte im wesentlichen die gleiche Berechnung aus. Anfangs hatte er noch keinen genauen Wert für den Radius der Mondbahn zur Verfügung. Ihm war jedoch bekannt, daß dieser etwa sechzig mal so groß wie der Radius der Erde war. Mit einem rohen Wert für den Erdradius erhielt er ungefähr den Radius der Mondbahn und daraus die Beschleunigung des Mondes. Angesichts der Kleinheit der Mondbeschleunigung muß sich *Newton* Fragen wie die folgende gestellt haben: Warum ist die Beschleunigung eines fallenden Apfels so viel größer als die des Mondes? Nimmt die Kraft, mit der die Erde einen Körper anzieht, ab, wenn sich der Körper immer weiter von der Erde entfernt? Wenn das zutrifft, welche Beziehung besteht zwischen der Kraft und der Entfernung?

Newton hatte angenommen, daß die Erde den Mond in der gleichen Weise anzieht wie den fallenden Apfel. Falls diese Annahme belegt werden konnte, mußte ein Gesetz für die Kraft gefunden werden. Dieses mußte die Beschleunigung g eines Körpers auf der Erdoberfläche und den sehr viel kleineren Wert der Beschleunigung des Mondes ergeben. *Newton* erklärte viele Jahre später, daß er zum richtigen Kraftgesetz geführt worden sei, indem er vom dritten Keplerschen Gesetz rückwärts schloß. Er verließ zeitweise die von der Erde ausgeübten Kräfte und betrachtete stattdessen die von der Sonne auf die Planeten wirkenden Kräfte. Diese hielten als Zentripetalkräfte die Planeten bei ihrer Bewegung auf der Bahn. *Newton* wollte erforschen, wie die Kraft auf einen Planeten von dem Radius seiner Bahn abhängt. Wir werden im folgenden eine Möglichkeit zeigen, diese Kraft zu berechnen.

Einer der Erfolge *Keplers* war seine Beschreibung der Planetenbahnen als Ellipsen. Jedoch sind diese Bahnen fast kreisförmig. Zur Vereinfachung wollen wir sie daher als Kreise annehmen, in deren gemeinsamen Mittelpunkt die Sonne steht. Wir betrachten einen Planeten, der sich mit der Periode T auf einer Kreisbahn mit dem Radius r um die Sonne bewegt. Nach Abschnitt 14.5 ist die Zentripetalbeschleunigung bei der gleichmäßigen Kreisbewegung (eines Körpers oder eines Planeten)

$$a = \frac{4\pi^2 r}{T^2}.$$

Daher ergibt sich die Zentripetalkraft

$$F = ma = \frac{m\,4\pi^2 r}{T^2}$$

auf den Planeten. Darin ist m die Masse des Planeten, auf den die Kraft wirkt.

Um die Periode T zu eliminieren und die Kraft nur durch die Masse m und den Bahnradius r auszudrücken, verwendete *Newton* das dritte Keplersche Gesetz $\frac{r^3}{T^2} = K$ oder $T^2 = \frac{r^3}{K}$. Setzt man diesen Ausdruck für T^2 in die Gleichung der Zentripetalkraft ein, so erhält man

$$F = 4\pi^2 K \frac{m}{r^2}.$$

Diese Kraft auf den Planeten ist proportional zu seiner Masse m und umgekehrt proportional zum Quadrat seines Abstandes von der Sonne (Bild 15.14).

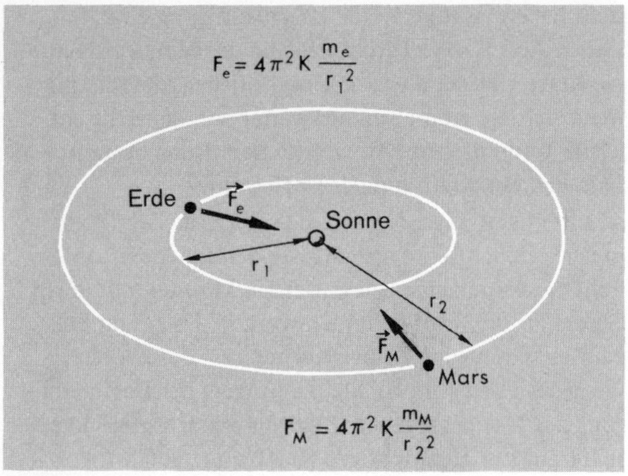

Bild 15.14. Die von der Sonne auf einen Planeten ausgeübte Gravitationskraft ist der Masse des Planeten proportional und dem Quadrat des Abstandes von der Sonne umgekehrt proportional.

Schließlich konnte *Newton* zeigen: Jeder Körper, der sich unter Einwirkung dieser Kraft bewegt, muß eine elliptische Bahn beschreiben, in deren einem Brennpunkt die Sonne steht. Und die Verbindung des Körpers mit der Sonne überstreicht in gleichen Zeiten gleiche Flächen. Weiterhin ergibt sich aus dem Verfahren, wie das Kraftgesetz hergeleitet wurde, daß auch das dritte Keplersche Gesetz daraus folgt. Das ganze System der Planetenbewegung, wie sie von Keplers Gesetzen beschrieben wird, ergibt sich somit aus diesem Kraftgesetz und aus dem Grundgesetz der Mechanik[1]).

15.8. Gravitationsgesetz

Der Faktor $4\pi^2 K$ in dem Gesetz für die Kraft zwischen der Sonne und einem Planeten geht aus dem Gesetz über die Umlaufzeiten und Bahnradien hervor. Man kann ihn für jeden Planeten jeder Masse auf jeder Bahn um die Sonne verwenden. Sein Wert $4\pi^2 K$ hängt somit nur von den Eigenschaften der Sonne ab. Er ist ein Maß für die Wirkung der Sonne als Quelle der Anziehungskraft.

Die Kraft zwischen der Sonne und einem Körper der Masse m ist

$$F = 4\pi^2 K_S \frac{m}{r^2},$$

worin sich $4\pi^2 K_S$ auf die Sonne bezieht und r der Abstand zwischen der Sonne und dem Körper der Masse m ist. Vielleicht kann die Kraft zwischen der Erde und einem Körper der Masse m durch

$$F = 4\pi^2 K_E \frac{m}{r^2}$$

ausgedrückt werden, worin $4\pi^2 K_E$ die „Stärke" der Erde als Quelle der Anziehungskraft beschreibt und r den Abstand des Körpers von der Erde angibt. Mit diesem Ansatz wandte sich *Newton* wieder dem Problem der Bewegung des Mondes um die Erde zu. Für einen auf der Erdoberfläche fallenden Körper ergibt sich die Beschleunigung (oder die Feldstärke des Gravitationsfeldes) als

$$g = \frac{F}{m} = \frac{4\pi^2 K_E}{r_E^2} .$$

Darin bedeutet r_E den Abstand des Körpers vom Erdmittelpunkt, also den Erdradius. Die Gravitationsfeldstärke in der Entfernung des Mondes oder die Beschleunigung des Mondes in Richtung auf die Erde ist entsprechend

$$a_M = \frac{4\pi^2 K_E}{r_M^2},$$

worin r_M der Abstand zwischen dem Mittelpunkt der Erde und dem des Mondes ist. Dividiert man diese Gleichung durch die vorhergehende, so erhält man

$$\frac{a_M}{g} = \frac{r_E^2}{r_M^2} \text{ oder } a_M = g \frac{r_E^2}{r_M^2} .$$

Mit $r_M = 60\, r_E$ und $g = 9{,}8\,\frac{m}{s^2}$ erhielt *Newton* den Wert $a_M = 2{,}7 \cdot 10^{-3}\,\frac{m}{s^2}$ für die Beschleunigung des Mondes. Dies ist angenähert der gleiche Wert, den er aus dem Bahnradius und der Periode des Mondes errechnet hatte (Abschnitt 15.7).

Nun hatte *Newton* die Beschleunigung des Mondes auf zwei verschiedenen Wegen erhalten: Erstens aus dem Bahnradius r_M und der Periode T des Mondumlaufes ohne jede Beziehung zum Kraftgesetz, zweitens aus dem Wert der Beschleunigung g an der Erdoberfläche unter Zugrundelegung des Kraftgesetzes und dem Verhältnis $(\frac{r_E}{r_M})^2$. Die angenäherte Übereinstimmung der erhaltenen Werte unterstützte seinen Ansatz, daß die Kraft zwischen Erde und Mond von der gleichen Art sei wie die Kraft zwischen der Sonne und den Planeten. Beides sind ebenso Gravitationskräfte wie die Kraft auf den fallenden Apfel.

Vermutlich zeigte *Newton* erst einige Jahre nach seinen ersten Entdeckungen, daß alle drei Gesetze

[1]) *Huygens* und *Hooke* verwendeten ebenfalls Keplers drittes Gesetz und das Grundgesetz der Mechanik, um herzuleiten, daß die Kraft F proportional zu $\frac{1}{r^2}$ ist. Sie zeigten jedoch nicht, daß die anderen Gesetze *Keplers* dann gefolgert werden konnten. *Newton* lieferte das Grundgesetz, fand das Kraftgesetz und zeigte auch, daß sich aus ihm die Keplersche Beschreibung der Planetenbewegung ergab.

Keplers aus dem Gravitationsgesetz folgen. Er entdeckte das Kraftgesetz und wendete es auf die Mondbewegung an, als er vierundzwanzig Jahre alt war. Über diese Zeit schrieb *Newton* später: „Und im gleichen Jahr begann ich nachzudenken, wie man die Gravitation auf die Mondbahn ausdehnen könne, ... und von Keplers Regel (drittes Gesetz) ... leitete ich ab, daß die Kräfte, die die Planeten auf ihren Bahnen halten, sich umgekehrt wie die Quadrate der Abstände vom Zentrum, um das sie kreisen, verändern müssen. Damit verglich ich die Kraft, die den Mond auf der Bahn hält, mit der Gravitationskraft auf einen Körper an der Erdoberfläche. Die Ergebnisse stimmten erfreulich gut überein. All dies geschah in den beiden Krankheitsjahren 1665 und 1666. Damals war ich auf dem Höhepunkt einer Periode der Entdeckungen, und der Mathematik und der Philosophie widmete ich mich stärker als je seither."

Newton vermutete sicherlich, daß das Gesetz der Anziehungskraft (mit dem umgekehrten Quadrat der Entfernung) nicht allein auf die Systeme Sonne-Planet oder Erde-Mond angewendet werden kann, sondern auch auf zwei beliebige materielle Gebilde. Diese Vermutung führt unmittelbar zu der Frage: Welche Eigenschaft eines Körpers bestimmt seine Gravitationsanziehung auf andere Körper? Welche Eigenschaft der Erde bestimmt die Größe des Faktors $4\pi^2 K_E$ im Kraftgesetz? Was bestimmt $4\pi^2 K_S$ für die Sonne? Vielleicht hängt der Faktor $4\pi^2 K$ von einer neuen Eigenschaft der Körper ab. Die Gravitationsanziehung ist eine Eigenschaft aller Körper. Daher ist die Annahme vernünftig, daß $4\pi^2 K$ von der Menge der Materie im Körper abhängt. Der einfachste Ansatz besteht in der Annahme einer Proportionalität zur Masse des Körpers. Dann muß $4\pi^2 K_E = \gamma m_E$ für die Erde und $4\pi^2 K_S = \gamma m_S$ für die Sonne angesetzt werden, wobei γ der Proportionalitätsfaktor zwischen $4\pi^2 K$ und der Masse m des jeweiligen Körpers ist.

Newton machte diese Annahme. Er erhielt damit den Ausdruck

$$F_{1-2} = 4\pi^2 K_1 \frac{m_2}{r^2} = \gamma m_1 \frac{m_2}{r^2}$$

für den Betrag der Kraft, mit der ein Körper der Masse m_1 einen zweiten der Masse m_2 über eine Entfernung r anzieht. Weiterhin erhält man, da jeder materielle Körper jeden anderen anzieht,

$$F_{2-1} = 4\pi^2 K_2 \frac{m_1}{r^2} = \gamma m_2 \frac{m_1}{r^2}$$

als Betrag der Kraft, mit der der zweite Körper (m_2) den ersten (m_1) über die Entfernung r anzieht.

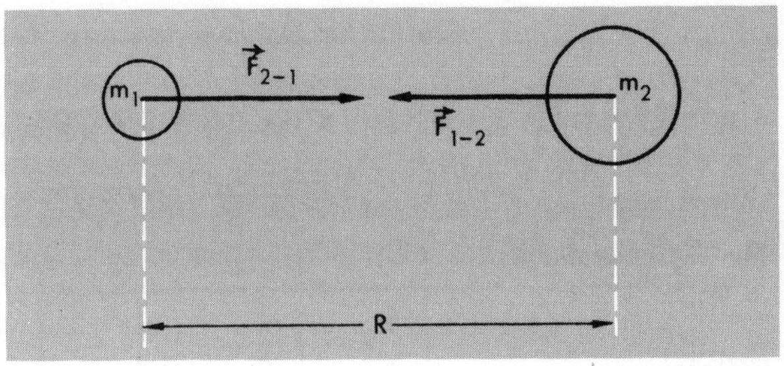

Bild 15.15. Die Gravitationskraft $\vec{F}_{1-2}$ eines Körpers (m_1) auf einen anderen (m_2) ist gleich groß und entgegengerichtet der Kraft $\vec{F}_{2-1}$ des zweiten Körpers auf den ersten.

Die beiden Kräfte stimmen somit im Betrag überein, sind jedoch entgegengesetzt gerichtet (Bild 15.15). Der Ausdruck $F = \gamma \frac{m_1 m_2}{r^2}$ für den Betrag der Anziehungskraft faßt Newtons *Gesetz der universellen Gravitation* zusammen: *Zwei Körper ziehen einander mit Kräften an, die direkt proportional zu den Massen der beiden Körper und umgekehrt proportional zum Quadrat des gegenseitigen Abstandes sind.* Die universelle Gravitationskonstante γ hängt nicht davon ab, welche Körper betrachtet werden, wo sie sich befinden und wie sie sich bewegen.

Uns ist nicht genau bekannt, wie *Newton* zu dem Gesetz der allgemeinen Gravitation gelangte. Zusätzlich zu der von uns angeführten Begründung, die das Gesetz plausibel erscheinen lassen sollte, mag eine Anzahl weiterer Überlegungen das gleiche Ergebnis nahegelegt haben. Beispielsweise könnte *Newton* davon ausgegangen sein, daß die zwischen zwei Körpern wirkenden Kräfte immer gleich groß und entgegengerichtet sind (s. nächstes Kapitel). Dies mag ihm schon vorgeschwebt haben, als er das Gravitationsgesetz formulierte. Doch nicht die Schritte sind wichtig, durch die *Newton* zum Gesetz gelangte. Schließlich steht und fällt das Gesetz mit der Übereinstimmung zwischen den damit gemachten Vorhersagen und dem tatsächlichen Verhalten der Natur. Auf der Grundlage dieses Gesetzes gelangen *Newton* große Fortschritte beim Aufbau eines theoretischen Verständnisses des Universums.

15.9. Anwendungen des Gravitationsgesetzes

Newton wendete das Gravitationsgesetz auf eine Vielfalt von Problemen an. So leitete er alle drei von *Kepler* empirisch gefundenen Gesetze aus dem Gravitationsgesetz her. Er untersuchte die Gezeiten und erklärte sie durch die vom Mond ausgeübte Gravitationskraft auf die Erde und auf das Wasser der Meere. Er

Satellitum tempora periodica.

1d. 18h. $28'\frac{3}{5}$. 3d. 13h. $17'\frac{9}{10}$. 7d. 3h. $59'\frac{3}{5}$. 16d. 18h. $5'\frac{1}{5}$.

Distantiæ Satellitum à centro Jovis.

Ex Obſervationibus	1.	2	3	4	
Caſſini	5.	8.	13.	23.	
Borelli	$5\frac{2}{3}$.	$8\frac{2}{3}$.	14.	$24\frac{2}{3}$.	
Tounlei *per Micromet.*	5,51.	8,78.	13,47.	24,72.	Semidiam.
Flamſtedii *per Microm.*	5,31.	8,85.	13,98.	24,23.	Jovis.
Flamſt. *per Eclipſ. Satel.*	5,578.	8,876.	14,159.	24,903.	
Ex temporibus periodicis.	5,578.	8,878.	14,168.	24,968.	

Hypoth. VI. *Planetas quinque primarios Mercurium, Venerem, Martem, Jovem & Saturnum Orbibus ſuis Solem cingere.*

Mercurium & Venerem circa Solem revolvi ex eorum phaſibus lunaribus demonſtratur. Plenâ facie lucentes ultra Solem ſiti ſunt, dimidiatâ è regione Solis, falcatâ cis Solem; per diſcum ejus ad modum macularum nonnunquam tranſeuntes. Ex Martis quoque plena facie prope Solis conjunctionem, & gibboſa in quadraturis, certum eſt quod is Solem ambit. De Jove etiam & Saturno idem ex eorum phaſibus ſemper plenis demonſtratur.

Hypoth. VII. *Planetarum quinque primariorum, & (vel Solis circa Terram vel) Terræ circa Solem tempora periodica eſſe in ratione ſeſquialtera mediocrium diſtantiarum à Sole.*

Hæc à *Keplero* inventa ratio in confeſſo eſt apud omnes. Eadem utique ſunt tempora periodica, eædemq; orbium dimenſiones, ſive Planetæ circa Terram, ſive iidem circa Solem revolvantur. Ac de menſura quidem temporum periodicorum convenit inter Aſtronomos univerſos. Magnitudines autem Orbium *Keplerus* & *Bullialdus* omnium diligentiſſimè ex Obſervationibus determinaverunt: & diſtantiæ mediocres, quæ temporibus periodicis reſpondent, non

Aaa 2 diffe-

Bild 15.16. Eine Seite aus *Newtons* „philosophiae naturalis principia mathematica" (London, 1687). Oben auf der Seite werden die Umlaufzeiten der vier größten Jupitermonde gegeben. Die Tabelle enthält die Radien der Mondbahnen, wie sie von verschiedenen Beobachtern gemessen wurden. Die letzte Zeile der Tabelle nennt die Radien, wie man sie mit Hilfe der Umlaufdauer durch das dritte Keplersche Gesetz berechnet.

begann, die Unregelmäßigkeiten (Störungen) der Planetenbahnen zu analysieren. Diese kleinen Abweichungen der Planeten von ihrer vorherberechneten elliptischen Bahn können durch die geringe Gravitationswechselwirkung zwischen den Planeten selbst erklärt werden. Die Erde wird nicht allein von der Sonne angezogen, sondern (in unterschiedlichem Maße) von jedem der anderen Planeten. Diese Anziehungskräfte sind nur schwach, da die Masse der anderen Planeten klein ist im Vergleich mit der Masse der Sonne. Aber ihre Wirkungen können beobachtet werden, und sie werden von Newtons Theorie präzise vorausgesagt.

Später führte die Störungstheorie zur Entdeckung eines neuen Planeten. Im 19. Jahrhundert kannte man sieben Planeten. Davon verhielten sich sechs, wie man es erwartete. Aber der siebente, der von *Herschel* 1781 entdeckte Uranus, verhielt sich nicht ganz so wie vorhergesagt. Auch als die von den anderen Planeten hervorgerufenen Störungen seiner Bahn berechnet waren, stimmte das Ergebnis nicht mit den Einzelheiten der Beobachtung überein. Die Astronomen *Adams* und *Leverrier* gelangten unabhängig zu dem Schluß, daß es einen anderen, noch unentdeckten Planeten geben müsse. Dieser müsse noch weiter von der Sonne entfernt sein, aber noch nahe genug, um die Bewegung des Uranus zu beeinflussen. Am 23. September 1846 fand der Astronom *Galle* den neuen Planeten genau an der Stelle, die ihm *Leverrier* bezeichnet hatte. Dieser neue Planet wurde Neptun genannt.

Unter den vielen anderen Problemen, auf die *Newton* das Gesetz der universellen Gravitation anwendete, ist eines besonders interessant. Es betrifft die Berechnung der Mondbeschleunigung aus dem Wert der Fallbeschleunigung auf der Erdoberfläche mit Hilfe des reziprok-quadratischen Abstandsgesetzes (Abschnitt 15.8). Bei seiner ersten Berechnung benutzte *Newton* die Entfernungen r_E und r_M vom Mittelpunkt der Erde. Der Erdmittelpunkt bot sich als von der Natur ausgezeichneter Punkt an, von dem die Abstände zu messen waren. *Newton* war jedoch nicht sicher, ob es auch der richtige Punkt sei. Denn er vermutete, daß das Anziehungsgesetz auch auf zwei ganz beliebige Materiestücke angewendet werden könne. *Newton* überlegte, daß die Kraft, mit der die Erde einen Körper anzieht, die Resultierende aus allen Anziehungskräften sein könne, mit der die einzelnen Teile der Erde den Körper anziehen.

Die verschiedenen Materieteile der Erde haben von einem Körper auf der Erdoberfläche ganz unterschiedliche Abstände. Bewirken sie alle zusammen die gleiche Kraft, als ob die Materie im Erdmittelpunkt zusammengefaßt wäre? Nimmt die Kraft mit $\frac{1}{r^2}$ ab, auch wenn sich der Körper in der Nähe der Erdoberfläche befindet? Um diese Fragen beantworten zu können, mußte *Newton* ein mathematisches Problem lösen. Alle Kräfte, die von den materiellen Teilen der Erde ausgeübt werden, mußten aufsummiert werden. Dann mußte bewiesen werden, daß diese Vektorsumme außerhalb der Erdoberfläche das Gesetz des reziproken Abstandsquadrats ergab.

Heute kann man dies Problem durch einen eleganten mathematischen Kalkül (die Integralrechnung) lösen. Doch zur Zeit *Newtons* waren der Kalkül und seine Voraussetzungen noch unbekannt. *Newton* selbst erfand die mathematischen Hilfsmittel, mit denen sich diese und ähnliche Aufgaben lösen lassen. Das Ergebnis seiner Berechnungen zeigte, daß seine ursprüngliche Annahme richtig war. Wenn die von jedem Materiestück ausgeübte Kraft mit dem Quadrat der Entfernung abnimmt, dann ziehen sich kugelförmige Körper an, als ob ihre gesamte Materie in ihrem Mittelpunkt vereinigt ist.

15.10. Experimentelle Bestimmung der Gravitationskonstante

Will man unmittelbar sehen, ob das Gravitationsgesetz mit dem Verhalten aller Materie übereinstimmt, dann muß man die Gravitationskraft zwischen zwei Körpern experimentell messen. Wir müßten die Anziehung zwischen zwei Körpern nachweisen und die Kraft auf jeden der beiden messen. Es müßten Körper aus verschiedenen Stoffen verwendet werden, um zu zeigen, daß die Anziehung nur von der Masse abhängt. Falls das Gesetz und die Ergebnisse der Messungen übereinstimmen, läßt sich dann auch die *universelle Proportionalitätskonstante* γ ermitteln.

Solche Versuche sind nicht leicht auszuführen. Selbst wenn man zwei Steine dicht nebeneinander legt, läßt sich keine Anziehung nachweisen. Wir können auch den Grund dafür nennen, wenn wir den Wert von γ grob abschätzen. Nach dem Gravitationsgesetz ist die Anziehungskraft auf einen Körper der Masse m auf der Erdoberfläche gegeben durch

$$F = \gamma \frac{m_E m}{r_E^2} .$$

Die Gravitationsfeldstärke ist somit

$$g = \frac{F}{m} = \gamma \frac{m_E}{r_E^2} .$$

In dieser Gleichung kennen wir $g = 9{,}8\ \frac{m}{s^2}$ und den Radius der Erde $r_E = 6{,}38 \cdot 10^6$ m. *Newton* kannte dafür einen angenäherten Wert. Um γ bestimmen zu können, braucht man nur die Masse der Erde m_E abzuschätzen.

Newton führte eine solche Abschätzung durch. Er nahm einen vernünftigen Wert für die mittlere Dichte der Erde an: den fünffachen Wert der Dichte des Wassers. Diesen multiplizierte er mit dem Volumen der Erde. Damit ergibt sich für die Masse der Erde der Schätzwert $6 \cdot 10^{24}$ kg und die Größenordnung $10^{-10}\ \frac{m^3}{kgs^2}$ für γ. Heute kennen wir γ genau. Die Konstante hat den Wert $\gamma = 0{,}667 \cdot 10^{-10}\ \frac{m^3}{kgs^2}$. Wendet man dieses Ergebnis auf zwei Steine von je 1 kg Masse in 0,1 m Entfernung an, dann ergibt sich eine Anziehungskraft von etwa 10^{-8} N. Das ist der milliardenste Teil (das 0,000 000 001-fache) der Kraft, mit der sie von der Erde angezogen werden. *Newton* schloß, daß „die Gravitation (zwischen solchen Steinen) weit geringer sein müsse, als daß wir sie mit unseren Sinnen wahrnehmen können". Daher richtete er seine Aufmerksamkeit auf die Gravitationswechselwirkung zwischen den Planeten und ihren Satelliten (s. letzten Abschnitt).

Erst 100 Jahre später (1798) gelang es Lord *Cavendish*, die Gravitationswechselwirkung zwischen zwei Körpern im Labor zu messen. Er verwendete eine Anordnung, wie sie in Bild 15.17 skizziert ist. Zwei kleine Kugeln wurden auf die Enden eines leichten 2 m langen Stabes gesetzt. Der Stab hing horizontal, wobei sein Mittelpunkt unter einem dünnen vertikalen Aufhängedraht lag. *Cavendish* brachte Meßstäbe aus Elfenbein an den Enden des Drehstabes und an den Seiten des einschließenden Gehäuses an. Wenn nun zwei Körper großer

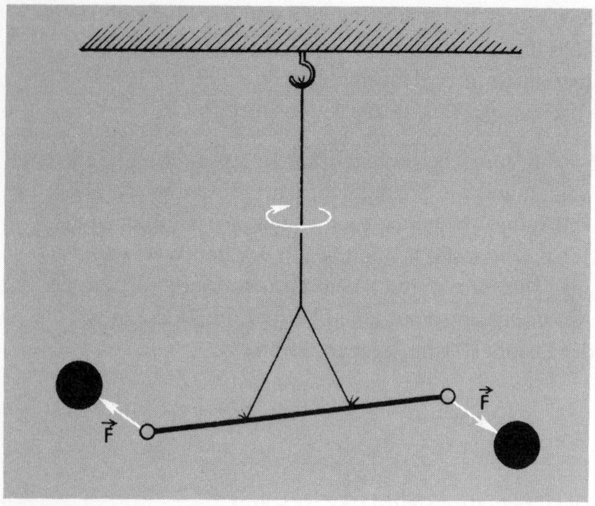

Bild 15.17. Eine vereinfachte Zeichnung der Versuchsanordnung von *Cavendish* zum Nachweis der Gravitationsanziehung zwischen zwei Körpern und zur Bestimmung der Gravitationskonstante

Masse in die Nähe der kleinen Kugeln gebracht wurden, dann wurden die kleinen Kugeln in Richtung auf diese Körper gezogen und der Aufhängedraht verdrillt.

Cavendish hielt die Stellung des Stabes fest, wenn die großen Körper in der Weise, wie es Bild 15.17 zeigt, herangeführt worden waren. Dann bewegte er beide Körper in die symmetrische Lage auf der anderen Seite der beiden Kugeln. Die Gravitationsanziehung verdrillte den Draht in die andere Richtung, und er maß die neue Stellung des Stabes. Wenn *Cavendish* nun noch die Drehung des Stabes bestimmte, die bei Einwirkung bekannter Kräfte auf die kleinen Kugeln auftrat, dann konnte er die Größe der Anziehungskräfte zwischen den kleinen Kugeln und den Körpern großer Masse ermitteln[1]).

Cavendish führte zahlreiche Experimente aus. Er mußte mögliche äußere Einflüsse ausschalten, wie etwa auf geringen Temperaturunterschied beruhende Konvektionsströmungen der Luft. Er wollte sichergehen, daß nicht magnetische Kräfte irrtümlich mitgemessen wurden. Viele Versuche waren notwendig, um die Reproduzierbarkeit seiner Ergebnisse nachzuweisen und die Grenzen der Genauigkeit anzugeben. Mit diesen Versuchen bestimmte *Cavendish* die Konstante γ. Er drückte sein Ergebnis in Form einer mittleren Dichte der Erde aus. Sein Ergebnis war: Die Erde hat die $5\frac{1}{2}$-fache Dichte des Wassers. Dieser Wert liegt sehr nahe bei *Newtons* ursprünglichem Schätzwert.

Wir können den Versuch von *Cavendish* modifizieren, indem wir verschiedene Stoffe für die beteiligten Körper nehmen. Dadurch läßt sich zeigen, daß allein die

1) Man kann die Kraft für die verschiedenen Verdrillungswinkel auch dynamisch bestimmen. Man läßt den Stab mit den beiden Kugeln in der Horizontalebene Schwingungen ausführen. Die Bewegung des Stabes hängt dabei ab von der bekannten Masse der Kugeln und von der Rückstellkraft des verdrillten Aufhängedrahtes. Der Betrag dieser Kraft kann also aus der Bewegung ermittelt werden. Wurden nun die großen Körper seitlich herangeführt, kommt das System mit verdrilltem Aufhängedraht zur Ruhe. Dann muß die resultierende Kraft auf jede Kugel Null sein. Die resultierende Kraft ist die Summe aus der Anziehungskraft zwischen Kugel und Körper und der Kraft, die den verdrillten Draht zurückstellt. Die Gravitationskraft hat somit den gleichen Betrag und die entgegengesetzte Richtung wie die vom Draht ausgeübte Kraft. Da man die Kraft des Drahtes angeben kann, ist auch die Gravitationskraft bekannt.

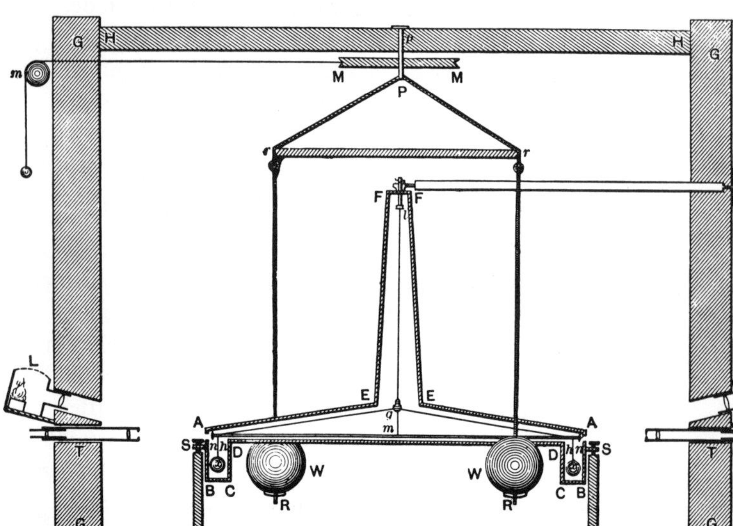

Bild 15.18. Skizze der Versuchsanordnung aus der Originalarbeit von *Cavendish.* Die beiden Körper großer Masse sind mit W beschriftet, die kleineren mit x. Man erkennt: Die gesamte Anordnung ist in einem großen Gehäuse untergebracht, in das man von außen zum Drehen der großen Körper und zum Justieren des horizontalen Stabes eingreifen kann. Skalen bei A vor dem Stabende werden durch die Lampen L beleuchtet und durch Teleskope T beobachtet.

Masse die Gravitationsanziehung bestimmt. Indem wir die Abstände der schweren Körper von den kleinen Kugeln ändern, können wir die Gültigkeit des reziprok-quadratischen Abstandsgesetzes bei Laborentfernungen (statt planetarischer Abmessungen) überprüfen. Viele Modifikationen des Cavendish-Versuchs hat man inzwischen ausgeführt. Bisher zeigte sich stets eine Übereinstimmung der Versuchsergebnisse mit dem Gravitationsgesetz.

15.11. Eine kleine Abweichung

Seit *Newtons* Arbeiten über die Gravitation sind drei Jahrhunderte verstrichen. In dieser Zeit wurde das Gesetz durch ins einzelne gehende Berechnungen der Bahnen der Planeten und ihrer Monde getestet. In fast allen Fällen ergaben die Berechnungen Bahnen, die mit der Beobachtung übereinstimmten. Es gibt jedoch eine Ausnahme: Die Bahn des Planeten Merkur weist eine außerordentlich kleine Unregelmäßigkeit auf, die nicht durch das Newtonsche Gravitationsgesetz vorhergesagt wird. Obwohl diese Abweichung nur sehr klein ist, ist eine neue Theorie zu ihrer Erklärung erforderlich.

Solch eine Theorie lieferte *Albert Einstein* in seiner *allgemeinen Relativitätstheorie.* Den Kern dieser Theorie bildet die bemerkenswerte Äquivalenz zwischen schwerer und träger Masse. *Einstein* faßte die beiden als eine einzige Wesenheit auf. Seine Theorie stützte sich auf die Gravitationstheorie von *Newton,* wie *Newton* auf dem Werk von *Galilei* und *Kepler* aufbaute. Aus der Relativitätstheorie ergeben sich alle Ergebnisse der Newtonschen Theorie, nur sind die Rechnungen schwieriger. Wenn wir sagen, daß die gleichen Ergebnisse herauskommen, so meinen wir damit folgendes: Die Unterschiede zwischen der Vorhersage in Einsteins Gravitationstheorie und in Newtons Mechanik sind gewöhnlich so klein, daß sie sich einer Beobachtung entziehen. Nur unter besonderen Umständen sind die vorherberechneten Unterschiede meßbar. Die Bahn des Merkur ist eine dieser seltenen Ausnahmen. Hier steht Einsteins Voraussage der Bahn in Einklang mit der Beobachtung.

Aufgaben

1. Drei Glühwürmchen X, Y und Z sitzen auf einem Fahrrad, das durch die Nacht fährt. X befindet sich im Mittelpunkt einer Radachse, Y auf der Felge des Rades und Z auf dem Rahmen außerhalb des Radumfanges. Man zeichne Skizzen von folgenden Bewegungen und beschreibe sie mit wenigen Worten:
   a) die Bewegungen von X und Y, wie sie Z sieht;
   b) die Bewegungen von Y und Z, wie sie X sieht;
   c) die Bewegungen von X und Z, wie sie Y sieht und
   d) die Bewegung aller drei Glühwürmchen, wie sie ein außenstehender Beobachter sieht.

2.* a) Wie verhält sich nach Bild 15.4 der größte Abstand des Mars von der Erde zu dem kleinsten?
   b) Welches Verhältnis ergibt sich aus Bild 15.7a?

3. Für einen Beobachter auf der Erde laufen die Fixsterne in einem Tag einmal um. Wie lange dauert die scheinbare Umdrehung in den folgenden Fällen?
   a) Die Umdrehung der Fixsternsphäre für einen Beobachter auf dem Mond. (Der Mond wendet der Erde immer die gleiche Seite zu.)
   b) Die Umdrehung der Erde um den Mond für einen Beobachter auf dem Mond.
   c) Die Umdrehung der Sonne für einen Beobachter auf dem Mond. Erscheint die Bewegung der Sonne wie die eines Fixsterns? Scheint ihre Bewegung schneller oder langsamer zu sein? (Für die Antwort sollte man bedenken, daß die Erde und der Mond die Sonne in einem Jahr umkreisen.)

4. Trägt das geozentrische System von *Tycho Brahe* der Tatsache Rechnung, daß man von der Erde aus einen größten Winkel zwischen der Venus und der Sonne beobachten kann?

5. Die Bahn der Erde um die Sonne ist nahezu kreisförmig. Der Mond bewegt sich angenähert auf einem Kreis um die Erde. Der Radius der Erdbahn beträgt $1{,}5 \cdot 10^{11}$ m und der Radius der Mondbahn $4 \cdot 10^{8}$ m.
   a) Wie oft steht der Mond zwischen Erde und Sonne?
   b) Wie weit hat sich der Mond in dem Zeitintervall zwischen zwei aufeinanderfolgenden Stellungen zwischen Erde und Sonne um die Sonne bewegt?
   c) Man skizziere die Bahn, auf der sich die Erde um die Sonne bewegt, und in der gleichen Zeichnung die Bahn des Mondes um die Sonne.
   d) Zeigt der Mond für einen Beobachter auf der Sonne eine rückläufige Bewegung? (Als rückläufig bezeichnet man eine Bewegung wie die in Bild 15.2 dargestellte.)

6.* Welche Fläche wird vom Fahrstrahl Sonne-Jupiter überstrichen, wenn Jupiter ein Viertel seines Umlaufs um die Sonne ausführt? (s. Tabelle 2).

7. Wie schnell (in $\frac{m^2}{s}$) wird die Fläche überstrichen
   a) von der Verbindung Sonne-Erde,
   b) von dem Radius Erde-Mond?

8.* Bild 15.10 zeigt die Planetenbahnen um die Sonne. In welchen Punkten bewegt sich Pluto
   a) am schnellsten und
   b) am langsamsten?

9.* Die Tabelle 1 enthält nicht den Uranus, den Neptun und den Pluto. Welchen Wert für das Verhältnis $\frac{r^3}{T^2}$ kann man für jeden dieser Planeten voraussagen?

10.* Angenommen man würde einen Planeten entdecken, dessen Abstand von der Sonne achtmal so groß wie der Abstand Sonne-Erde ist. Wieviel mal so lange würde sein Umlauf um die Sonne dauern?

11. Zwischen dem 21. September und dem 21. März gibt es drei Tage weniger als zwischen dem 21. März und dem 21. September. An diesen Tagen sind Tag und Nacht gleichlang, und zwischen ihnen beschreibt die Erde einen Winkel von 180° auf ihrer Bahn um die Sonne. Mit dem Keplerschen Gesetz über die überstrichene Fläche kann man angeben, in welcher Jahreszeit die Erde der Sonne am nächsten steht.

12. Die Astronomen haben den Halleyschen Kometen lange beobachtet. Er hat eine Periode von 75 Jahren, seine kürzeste Entfernung zur Sonne beträgt $8{,}9 \cdot 10^{10}$ m, seine größte Entfernung kann nicht gemessen werden, da der Komet dann nicht sichtbar ist. Aus den gemachten Angaben kann man (unter Verwendung der zweiten Fußnote in Abschnitt 15.5) seinen größten Abstand von der Sonne berechnen. (*Newton* teilte *Halley* mit, wie man die Bahn eines Kometen berechnen kann. *Halley* fand und berechnete die Bahn und die Periode des nach ihm benannten Kometen.)

13.* Der Radius der Mondbahn ist 60 mal so groß wie der Erdradius. Wieviel mal so groß ist die Beschleunigung eines auf der Erdoberfläche fallenden Körpers wie die Beschleunigung des Mondes in Richtung auf die Erde?

14.* a) Man berechne die Konstante K_E aus der Tabelle 2.
b) Mit dem errechneten Wert und dem Wert der Konstante K_S aus Tabelle 1 kann man das Verhältnis der Masse der Erde zur Masse der Sonne berechnen.

15.* In welcher Höhe über der Erdoberfläche erfährt eine Rakete die Hälfte der Anziehungskraft wie auf Meeresspiegelhöhe? (Am einfachsten gibt man das Ergebnis in Einheiten des Erdradius an.)

16. a) In welcher Höhe wird ein Satellit, der sich in der Äquatorebene der Erde bewegen möge, über einem Punkt der Erde stillstehen? Man kann die Antwort finden, wenn man beispielsweise vom Mond ausgeht. Dieser ist 59,5 Erdradien vom Erdmittelpunkt entfernt und hat eine Umlaufdauer von 27 Tagen.
b) Wie stark wird dieser Satellit gegen die Erde beschleunigt?
c) Mit dem reziprok-quadratischen Abstandsgesetz ($F \sim \frac{1}{r^2}$) und dem Wert von g auf der Erdoberfläche kann man die Gravitationsfeldstärke in Höhe des Satelliten bestimmen. (Man vergleiche mit dem Ergebnis zu b).)

17. Welches Gewicht besitzt ein Mensch (m = 100 kg) auf dem Jupiter?

18. Ein Junge (m = 70 kg) steht 1 m entfernt von einem Mädchen (m = 60 kg). Berechnen Sie die Kraft der Anziehung (Gravitation) zwischen ihnen.

19. Ein Satellit umkreist die Erde einmal in 98 min in einer mittleren Höhe von 500 km. Berechnen Sie daraus die Masse der Erde. Man berechnet die Masse der Planeten tatsächlich aus der Bewegung ihrer Satelliten. Ein Grund für den Start künstlicher Satelliten besteht auch darin, daß man den Wert für die Masse der Erde verbessern möchte.

20. T sei die Umlaufdauer eines Satelliten, der sich gerade über der Oberfläche eines Planeten mit der mittleren Dichte ρ bewegt.
a) Man zeige, daß $\rho\, T^2$ eine universelle Konstante ist.
b) Welchen Wert hat die Konstante?

21. Auf die Erde wirkt die Gravitationsanziehung der Sonne. Warum fällt die Erde nicht in die Sonne hinein?

22.* a) Mit welcher Geschwindigkeit bewegt sich der Mond um die Sonne, vergleichen wir mit der Geschwindigkeit der Erde auf ihrer Bahn um die Sonne?
b) Wir setzen den Fall, daß man die Erde plötzlich anhalten könnte, ohne dabei die Bewegung des Mondes zu stören. Welche Bahn würde der Mond danach beschreiben?
c) In welchem Verhältnis steht die Anziehungskraft der Sonne auf den Mond zur Anziehungskraft der Erde auf den Mond?
d) Warum fängt die Sonne nicht den Mond ein, indem sie ihn von der Erde fortzieht?

23. Angenommen die Erde sei vollkommen rund und habe einen Radius von 6400 km.
a) Wieviel weniger wiegt ein Mensch (m = 100 kg) auf dem Äquator (im Vergleich zum Pol) aufgrund der Drehung der Erde?
b) Wie schnell müßte sich die Erde drehen, damit er am Äquator keine Kraft auf die Waage ausüben würde?
c) Wieviel mal so groß ist die unter b) berechnete Geschwindigkeit im Vergleich zur wirklichen?

24. Ein Raumschiff (m = 10 000 kg) befinde sich auf der Fahrt in die Außenbezirke des Sonnensystems. Es hat einen kleinen Satelliten ausgesandt, der es in 120 m Abstand im Einfluß der gegenseitigen Gravitationsanziehung umkreist.
a) Welche Umlaufdauer hat der Satellit?
b) Welche Bahngeschwindigkeit besitzt er?

25. Ein Astronom beobachtet einen Planeten, den ein Satellit auf einer kreisförmigen Bahn mit dem Radius r in der Periode T umkreist.
a) Welche Masse hat der Planet?
b) Welche Beschleunigung erfährt der Satellit in Richtung auf den Planeten?
c) Welche Gravitationskraft wirkt auf den Satelliten?
d) Der Astronom stellt fest, daß der Radius des Planeten gerade $\frac{1}{10}$ des Radius der Satellitenbahn ist. Welche Feldstärke besitzt das Gravitationsfeld auf der Oberfläche des Satelliten?

26. Zwei Körper verschiedener Masse m_1 und m_2, die sich frei im Raum bewegen, ziehen sich mit der Gravitationskraft $F = \gamma \frac{m_1 m_2}{r^2}$ an. Welche Beschleunigung erfahren die beiden Körper? Widerspricht das gefundene Ergebnis der berechtigten Erwartung, daß ein Beobachter auf dem ersten Körper den zweiten mit der gleichen Beschleunigung näherkommen sieht, wie ein Beobachter auf dem zweiten den ersten?

27. Astronomische Beobachtungen lassen darauf schließen, daß die Sonne eine Kreisbewegung um den Mittelpunkt des Milchstraßensystems (Galaxis) ausführt. Der Bahnradius beträgt etwa 30 000 Lichtjahre ($= 2{,}7 \cdot 10^{20}$ m) und die Umlaufdauer etwa 200 Millionen Jahre. Bei dieser Bewegung wirkt auf die Sonne die Gravitationsanziehung der Riesenmenge von Sternen, die innerhalb der Bahn liegen.
a) Welche Gesamtmasse haben diese Sterne (nach den Angaben für r und T)?
b) Welcher Anzahl von Sternen entspricht dies, wenn man annimmt, daß die Sterne durchschnittlich die gleiche Masse ($m = 2 \cdot 10^{30}$ kg) wie die Sonne haben?

16. Bewegungsgröße und ihre Erhaltung

16.1. Der Impuls

Ein Fußball und ein Medizinball sollen auf die gleiche Geschwindigkeit gebracht werden. Jeder weiß, daß der Medizinball erheblich schwerer in Bewegung zu setzen ist. Wendet man eine konstante Kraft $\vec{F}$ über eine Zeit Δt an, so wird die Änderung der Geschwindigkeit nach dem Grundgesetz der Mechanik durch $m\overrightarrow{\Delta v} = \vec{F}\Delta t$ gegeben. Um die gleiche Geschwindigkeitsänderung $\overrightarrow{\Delta v}$ zu erreichen, muß das Produkt $\vec{F}\Delta t$ umso größer sein, je größer die Masse des beschleunigten Körpers ist.

Um einen Medizinball aus der Ruhe in Bewegung zu versetzen und ihm die gleiche Endgeschwindigkeit zu verleihen wie einem Fußball (auch aus der Ruhe), muß man entweder kräftiger oder eine längere Zeit stoßen. Es kommt auf das Produkt $\vec{F}\Delta t$ an. Dieses Produkt $\vec{F}\Delta t$ ist ein natürliches Maß dafür, wie kräftig und wie lange man auf einen Körper einwirken muß, um seine Bewegung zu ändern. Man nennt es den *Impuls* der Kraft (oder den *Kraftstoß*).

Ein bestimmter Impuls läßt sich auf viele unterschiedliche Weisen ausüben: z. B. mit einer großen Kraft eine kurze Zeit, mit einer kleineren Kraft eine längere Zeit oder sogar mit einer veränderlichen Kraft über einen entsprechenden Zeitraum. In Bild 16.1 ist eine konstante Kraft $\vec{F}$ gegen ihre Wirkungszeit t aufgetragen. Die Darstellung ergibt eine horizontale Gerade im Abstand F von der Zeitachse innerhalb des Intervalls $\Delta t = t_2 - t_1$, in dem die Kraft wirkt. Die Fläche des Rechteckes unter der Geraden ist $F\Delta t$, sie veranschaulicht die Größe des Impulses im Zeitintervall Δt. (Die Richtung des Impulses ist gleich der Richtung der Kraft.) Für jede konstante Kraft ergibt sich der Betrag des Impulses in jedem Zeitintervall Δt durch die Fläche unter der Kraft-Zeit-Kurve für dieses Zeitintervall. Die Richtung des Impulses erhält man aus der Richtung der Kraft.

Nun wollen wir annehmen, daß sich die Kraft von $\vec{F}_1$ auf $\vec{F}_2$ ändert. Die konstante Kraft $\vec{F}_1$ wirkt zunächst während der Zeit Δt_1. Der in dieser Zeit ausgeübte Impuls ist $\vec{F}_1\Delta t_1$. Er verändert die Bewegung um $m\overrightarrow{\Delta v_1}$. Dann nimmt die Kraft den konstanten Wert $\vec{F}_2$ für das Zeitintervall Δt_2 an. In diesem zweiten Zeitintervall bewirkt der Impuls $\vec{F}_2\Delta t_2$ eine Veränderung $m\,\overrightarrow{\Delta v_2}$ der Bewegung. Es gilt

$$\vec{F}_1\Delta t_1 = m\overrightarrow{\Delta v_1}$$

und

$$\vec{F}_2\Delta t_2 = m\overrightarrow{\Delta v_2}.$$

Addieren wir diese beiden Gleichungen vektoriell, so erhalten wir

$$\vec{F}_1\Delta t_1 + \vec{F}_2\Delta t_2 = m\overrightarrow{\Delta v_1} + m\overrightarrow{\Delta v_2} = m(\overrightarrow{\Delta v_1} + \overrightarrow{\Delta v_2}).$$

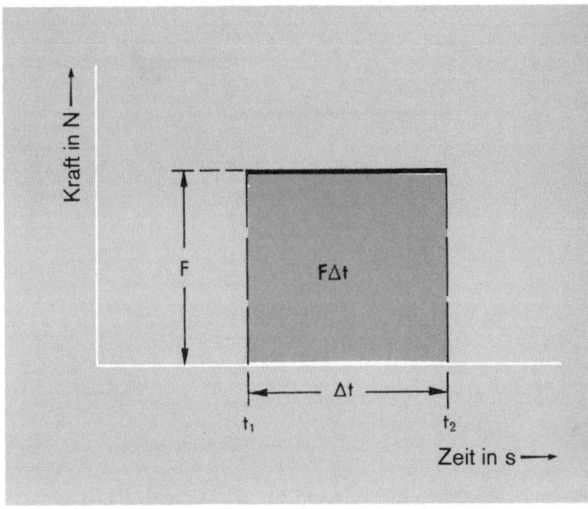

Bild 16.1. Eine konstante Kraft wird in Abhängigkeit von der Zeit aufgetragen. Im Zeitintervall $\Delta t = t_2 - t_1$ gibt die Fläche unter der Geraden den Impuls $F\,\Delta t$ an.

Der gesamte Impuls während des Zeitintervalles $\Delta t = \Delta t_1 + \Delta t_2$ ist somit gleich dem Produkt aus der Masse und der gesamten Änderung der Geschwindigkeit $\overrightarrow{\Delta v} = \overrightarrow{\Delta v_1} + \overrightarrow{\Delta v_2}$ in diesem Intervall.

Hat man es mit einer sich ständig ändernden Kraft zu tun, so kann man immer noch den gesamten Impuls durch Addition aller Teilimpulse in den entsprechenden kurzen Zeitintervallen erhalten. Die Zeitintervalle lassen sich so klein machen, daß die Kraft $\vec{F}$ darin im wesentlichen konstant ist. Dann ergibt der gesamte Impuls, der als Summe aller Intervallimpulse $\vec{F}\Delta t$ herauskommt, die gesamte Änderung $m\overrightarrow{\Delta v}$ der Bewegung.

Wenn die Kraft ihren Betrag ändert, aber ihre Richtung beibehält, dann kann man die Summe der Impulse durch die Fläche unter der F, t-Kurve bestimmen. Einen einfachen Fall zeigt Bild 16.2, und ein Beispiel mit kontinuierlich veränderter Kraft Bild 16.3. Ändert jedoch die Kraft auch die Richtung, so läßt sich die graphische Methode nicht anwenden. Man muß dann die Teilimpulse $\vec{F}\Delta t$ vektoriell addieren, um den gesamten Impuls zu erhalten. Der erste Teilimpuls möge zur Zeit t auf den Körper der Geschwindigkeit $\vec{v}$ ausgeübt werden. Der letzte Teilimpuls geschehe zur Zeit t′, wenn der Körper die Geschwindigkeit v′ angenommen hat. (Wir werden den Strich ′ häufig verwenden, um den Wert einer Größe zu einem späteren Zeitpunkt von dem Wert zu einem früheren Zeitpunkt zu unterscheiden.) Dann ist der gesamte Impuls $m\vec{v}' - m\vec{v} = m(\vec{v}' - \vec{v})$.

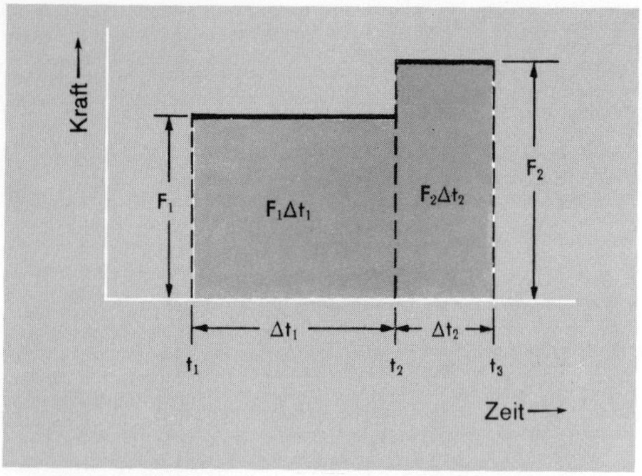

Bild 16.2. Im ersten Zeitintervall Δt_1 wirkt die Kraft F_1, im zweiten Δt_2 hat sie ihren Betrag auf F_2 geändert. Wenn sich die Kraftrichtung nicht ändert, dann ist der gesamte Impuls in der Zeit $\Delta t = \Delta t_1 + \Delta t_2$ die Summe $F_1\,\Delta t_1 + F_2\,\Delta t_2$. Er wird durch die getönte Fläche der beiden Rechtecke dargestellt.

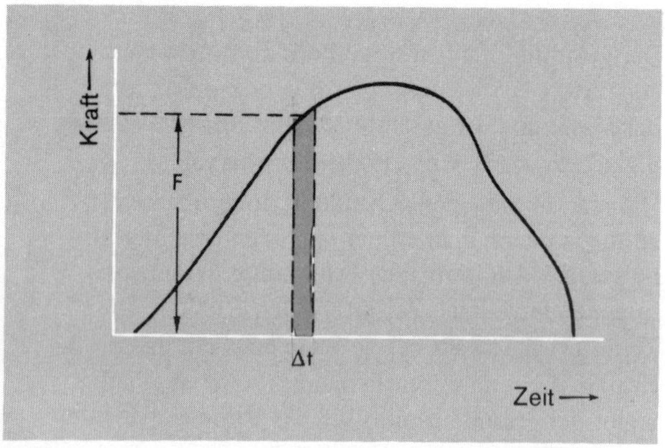

Bild 16.3. Die Kraft ändert sich stetig mit der Zeit. Man kann die Fläche zwischen der Kurve und der Zeitachse in eine große Anzahl von Streifen zerlegen, die man nahezu als Rechtecke betrachten kann. Diese Streifen stellen Impulse $F\,\Delta t$ dar (siehe die getönte Fläche). Der gesamte Impuls ergibt sich als Summe aller Teilimpulse. Daher stellt die gesamte Fläche unter der Kurve den gesamten Impuls dar.

Oft wirkt eine große Kraft nur in einem kurzen Zeitintervall. Man denke etwa an den Schlag eines Tennisschlägers auf den Ball oder an den Stoß zweier Stahlkugeln. Ohne eine aufwendige Ausstattung mit Geräten kann man kaum angeben, welche Beträge die Kraft während des Stoßes hat. Aber der gesamte Impuls der Kraft kann leicht gefunden werden, indem man die insgesamt bewirkte Änderung der Größe $m\vec{v}$ bestimmt. Solche Kräfte, die nur für eine kurze Zeit wirken und für die man nur das Produkt $\vec{F}\Delta t$ kennt, nennt man auch *Stoßkräfte.*

Bild 16.4. Kurzzeitaufnahme eines bekannten Beispiels für eine Stoßkraft. Man beachte die starke Verformung des Tennisschlägers und des Balles. (Bild: Harold E. Edgerton)

16.2. Die Bewegungsgröße

Nun wollen wir den gleichen Impuls auf zwei unterschiedliche Körper, beispielsweise wieder auf einen Fußball und einen Medizinball, einwirken lassen, die sich zu Beginn in Ruhe befinden. Der Anfangswert der Größe $m\vec{v}$ ist infolgedessen in beiden Fällen Null. Da gleiche Impulse angewendet werden, stimmen auch die Endwerte $m\vec{v}'$ für den Fußball und den Medizinball überein. Weil jedoch die Masse des Medizinballs sehr viel größer ist als die Masse des Fußballs, wird seine Endgeschwindigkeit entsprechend sehr viel kleiner sein als die des Fußballs. Das Produkt $m\vec{v}$ bietet demnach eine ganz andere Möglichkeit, die Bewegung zu beschreiben, als die Geschwindigkeit $\vec{v}$ allein. Es wird sich als äußerst wichtige Größe in der Physik erweisen. Man nennt $m\vec{v}$ die *Bewegungsgröße* des Körpers und gibt sie in $\frac{\text{kgm}}{\text{s}}$ an. Da diese Größe oft vorkommt, führen wir zur Abkürzung für die Bewegungsgröße eines Körpers das Symbol $\vec{p}$ ein:

$$\vec{p} = m\vec{v}.$$

Die Geschwindigkeit $\vec{v}$ und die Bewegungsgröße $\vec{p}$ sagen, obwohl sie miteinander zusammenhängen, verschiedene Dinge aus. Aus der Kenntnis der Geschwindigkeit läßt sich nur angeben, wie schnell und in welche Richtung sich ein Körper bewegt. Sie sagt nichts darüber aus, wie schwer man den Körper in Bewegung setzen oder ihn aus der Bewegung abbremsen kann. Die Bewegungsgröße dagegen sagt nicht, wie schnell sich in Körper bewegt (sie gibt allerdings die Bewegungsrichtung an). Aber sie bestimmt den Impuls, der den Körper in Bewegung setzte, und den zum Abbremsen nötigen Impuls. Kurz: Die Geschwindigkeit ist eine kinematische Größe, sie gibt die geometrische Beschreibung nach Ort und Zeit. Dagegen ist die Bewegungsgröße der Dynamik zugehörig. Sie ist mit dem Impuls verbunden und damit auch mit den Ursachen der Bewegungsänderungen von Körpern.

Man beachte, daß die Bewegungsgröße nicht davon abhängt, wie der Körper seine gegenwärtige Bewegung erhielt. Die Gleichung $\vec{p} = m\vec{v}$ enthält nichts außer der Masse m und der Geschwindigkeit $\vec{v}$ des Körpers. Der Impuls, der den Körper in Bewegung versetzte, kann auf vielfältige Weise übertragen worden sein (s. letzten Abschnitt). Der Körper kann sich aber auch schon immer mit dieser Bewegungsgröße $\vec{p}$ bewegen, solange wir ihn untersuchen. Entsprechend kann der abbremsende Impuls auf verschiedene Weise oder auch gar nicht ausgeübt werden. Die gegenwärtige Bewegungsgröße kann nur sagen, wie groß dieser Impuls sein müßte. Man würde einen Bremsimpuls $-m\vec{v}$ brauchen, um den Körper zu stoppen. Dabei spielt es keine Rolle, ob eine große Kraft eine kurze Zeit oder eine kleine Kraft eine längere Zeit auf den Körper wirkt.

Der Zusammenhang zwischen der Bewegungsgröße und dem Impuls ergibt sich aus dem Grundgesetz $\vec{F}\Delta t = m\Delta\vec{v}$. Daher darf man erwarten, daß sich die neue Größe glatt in die Newtonsche Dynamik einfügt. Tatsächlich drückte *Newton* das Grundgesetz der Mechanik durch die Bewegungsgröße, die er Quantität der Bewegung nannte, aus. Man kann im Gesetz die Änderung der Geschwindigkeit leicht in eine Änderung der Bewegungsgröße umformen:

$$\vec{F}\Delta t = m\Delta\vec{v} = m(\vec{v}' - \vec{v}).$$

Darin sind $\vec{v}$ und $\vec{v}'$ die Geschwindigkeiten des Körpers vor und nach dem Impuls $\vec{F}\Delta t$. Die rechte Seite kann man weiter schreiben als

$$m(\vec{v}' - \vec{v}) = m\vec{v}' - m\vec{v} = \vec{p}' - \vec{p} = \Delta\vec{p}.$$

Damit ergibt sich

$$\vec{F}\Delta t = \Delta\vec{p}.$$

In Worten: *Der Impuls ist gleich der Änderung der Bewegungsgröße des Körpers.* Daraus läßt sich die mittlere Kraft $\vec{F}$ ermitteln, die in dem Zeitintervall Δt den erforderlichen Impuls ausübte. Man erhält

$$\vec{F} = \frac{\Delta\vec{p}}{\Delta t}.$$

Ist die wirkende Kraft veränderlich, so kann man ihren Momentanwert bestimmen, falls man die Änderung der Bewegungsgröße mit der Zeit kennt. Man läßt das Zeitintervall Δt kleiner und kleiner werden, bis man einen Wert von $\frac{\Delta\vec{p}}{\Delta t}$ findet, der sich mit weiterer Abnahme von Δt nicht mehr merklich ändert. Dieser Prozeß läßt sich abkürzend mit dem Symbol $\lim\limits_{\Delta t \to 0}$ (Grenzwert für immer kleiner werdende Zeitintervalle) schreiben:

$$\vec{F} = \lim_{\Delta t \to 0} \frac{\Delta\vec{p}}{\Delta t}.$$

Die Kraft ist gleich der zeitlichen Änderung der Bewegungsgröße. In dieser Form hat *Newton* ursprünglich das Grundgesetz der Mechanik ausgesprochen, noch nicht in der Form $\vec{F} = m\vec{a}$.

Für die Diskussion der Bewegung eines einzigen Körpers sind beide Formen des Grundgesetzes gleichermaßen zweckmäßig. Die große Bedeutung der Bewegungsgröße wird in den nächsten Abschnitten offenbar werden, wenn wir die Bewegungen zweier Körper untersuchen, die aufeinander Kräfte ausüben.

16.3. Änderung der Bewegungsgröße bei Wechselwirkung zweier Körper

Ein Junge und ein Mann stehen sich auf Schlittschuhen auf einer glatten Eisfläche gegenüber. Stößt sich der Junge vom Mann ab, setzen sich beide in Bewegung. Sie gleiten in entgegengesetzter Richtung auseinander, wobei sich der Junge etwas schneller als der Mann bewegt. Wir können weitere Versuche ausführen, bei denen zwei Leute zunächst in Ruhe sind und einer sich vom anderen abstößt. Immer setzen sich beide in entgegengesetzter Richtung in Bewegung. Darüberhinaus findet man, daß sich ihre dabei erzielten Geschwindigkeiten umgekehrt proportional zu ihren Massen verhalten. Stößt beispielsweise ein Junge (m_1 = 50 kg) einen Mann (m_2 = 80 kg) so stark, daß dieser eine Geschwindigkeit $v_2 = 0{,}25\ \frac{\text{m}}{\text{s}}$ erhält, dann stellt man beim Jungen eine Geschwindigkeit $v_1 = 0{,}40\ \frac{\text{m}}{\text{s}}$ (in Gegenrichtung) fest (Bild 16.5).

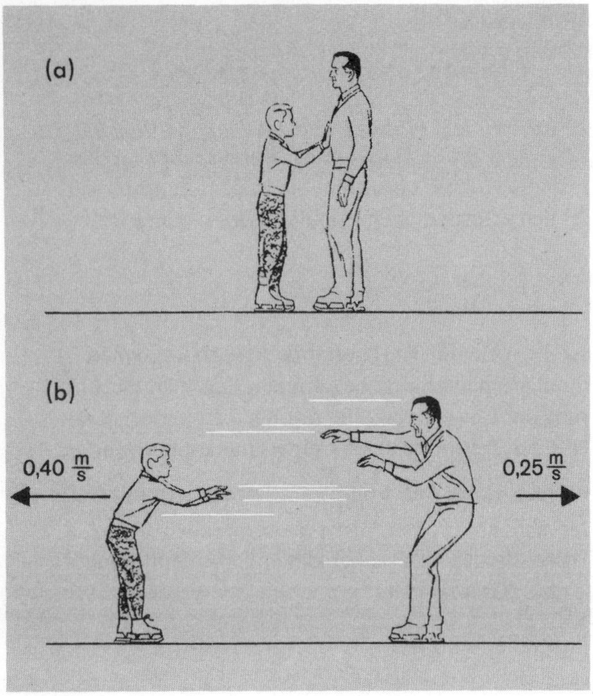

Bild 16.5. Auf einer Eisfläche stößt ein Junge (m = 50 kg) einen Mann (m = 80 kg) so stark ab, daß er ihm die Geschwindigkeit $0{,}25\ \frac{m}{s}$ erteilt. Dann bewegt sich der Junge nach der anderen Seite mit einer Geschwindigkeit $0{,}40\ \frac{m}{s}$.

Diese experimentellen Ergebnisse können leicht mit Hilfe der Bewegungsgrößen p_2 des Mannes und p_1 des Jungen ausgedrückt werden. Die Bewegungsgröße des Mannes ist

$$p_2 = m_2 v_2 = 80\ \text{kg} \cdot 0{,}25\ \frac{m}{s} = 20\ \frac{\text{kgm}}{s}\ .$$

Die Bewegungsgröße des Jungen in umgekehrter Richtung ist

$$p_1 = m_1 v_1 = 50\ \text{kg} \cdot 0{,}40\ \frac{m}{s} = 20\ \frac{\text{kgm}}{s}\ .$$

Bild 16.6. Anordnung zur Untersuchung einer kleinen „Explosion". Eine zusammengedrückte Feder wird zwischen zwei Trockeneis-Pucks angebracht. Sie ist am größeren Puck befestigt und zunächst durch einen Faden an der Ausdehnung gehindert.

Nach dem Abstoßen sind ihre Bewegungsgrößen im Betrage gleich und entgegengesetzt gerichtet.

Mit Trockeneis-Pucks lassen sich Vorgänge dieser Art experimentell genauer untersuchen. Man schraubt eine Seite einer Blattfeder an den Rand eines Pucks. Dann biegt man die Feder und bindet die Enden mit einem Faden zusammen (Bild 16.6). Ein zweiter Puck wird, wie es das Bild zeigt, dicht neben den ersten gesetzt. Wenn der Faden reißt, springt die Feder auseinander und schiebt den zweiten Puck fort. Wir führen diesen Versuch aus, indem wir den Faden zwischen den beiden sich auf einer horizontalen Glasplatte in Ruhe befindlichen Puck durchbrennen. Bild 16.7 zeigt die anschließende Bewegung der Pucks in einer Stroboskop-Aufnahme.

Bei diesem Versuch war die Masse des großen Pucks (einschließlich der daran befestigten Feder) $m_1 = 3{,}9$ kg, die des kleinen Pucks $m_2 = 2{,}0$ kg. Das Bild zeigt, daß

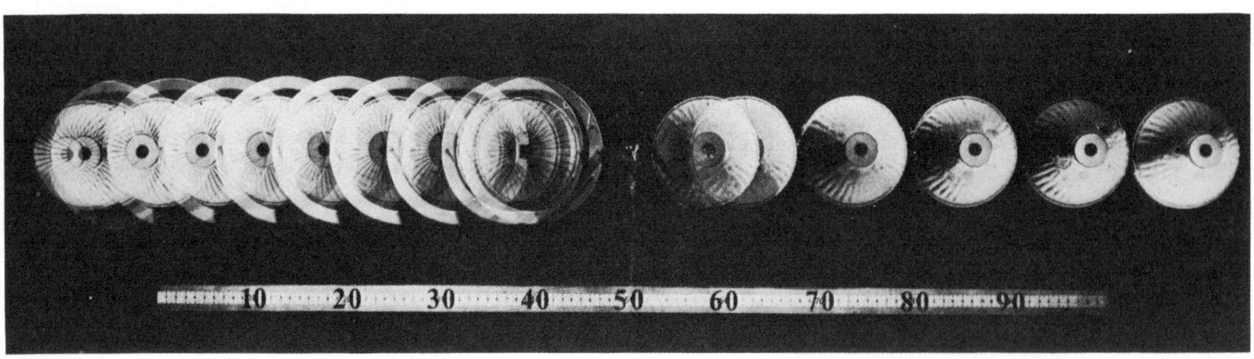

Bild 16.7. Wird der Faden durchgebrannt, so drückt die Feder die beiden Pucks auseinander. Die Aufnahme wurde mit einer Stroboskoplampe mit 4 Blitzen pro Sekunde gemacht, der Meßstab ist in Zentimeter geteilt.

sich die Pucks in entgegengesetzte Richtungen bewegen. In jedem Intervall Δt zwischen den Lichtblitzen legt der kleinere Puck einen größeren Weg zurück als der große. Der kleinere Puck hat somit eine größere Geschwindigkeit erhalten. Indem man die Wege im Bild ausmißt, kann man die Geschwindigkeiten bestimmen. Der kleine Puck bewegt sich nach dem Stoß mit $v_2 = 0{,}48\,\frac{m}{s}$ und der große mit $v_1 = 0{,}24\,\frac{m}{s}$. Die Bewegungsgröße des kleinen Pucks ist damit
$p_2 = m_2 v_2 = 2{,}0\text{ kg} \cdot 0{,}48\,\frac{m}{s} = 0{,}96\,\frac{kgm}{s}$ (nach rechts).
Die Bewegungsgröße des großen Pucks ist
$p_1 = m_1 v_1 = 3{,}9\text{ kg} \cdot 0{,}24\,\frac{m}{s} = 0{,}94\,\frac{kgm}{s}$ (nach links).
Innerhalb der experimentellen Genauigkeit stimmen die Beträge der Bewegungsgrößen überein. Ihre Richtungen sind entgegengesetzt.

Immer wenn man die Bewegungen zweier Körper beobachtet, die aus der Ruhe starten und wechselseitig aufeinander wirken, findet man das gleiche Ergebnis: *Die Änderungen der Bewegungsgrößen sind gleich groß und entgegengerichtet.* Es spielt keine Rolle, wie die Wechselwirkungskraft erzeugt wird. Sie kann von unseren Muskeln, von einer gespannten Feder oder von einer Explosion stammen.

Wir betrachten die Explosion als weiteres Beispiel. Feuert man ein Gewehr ab, üben die Explosionsgase starke Kräfte innerhalb des Laufes aus. Das Geschoß wird in die eine Richtung gedrückt, das Gewehr in die entgegengesetzte. Es läßt sich zeigen, daß die Bewegungsgrößen vom Geschoß und vom Gewehr gleich groß und entgegengerichtet sind. Dazu wird das Gewehr an langen Bändern aufgehängt und die Geschoßgeschwindigkeit aus Stroboskop-Aufnahmen bestimmt. Die erheblich geringere Geschwindigkeit des zurückgestoßenen Gewehrs kann man durch gewöhnliche Zeitmessung erhalten. Beim normalen Schießen wird die Rückstoßgeschwindigkeit des Gewehrs schnell durch einen Impuls der Schulter auf das Gewehr verringert. Dann zeigt eine spätere Messung der Bewegungsgröße nicht mehr unmittelbar die Gleichheit des Betrages und die Gegenrichtung.

Bisher haben wir nur Fälle betrachtet, bei denen die wechselwirkenden Körper ursprünglich in Ruhe waren. Was kann man nun über die Änderungen der Bewegungsgrößen sagen, wenn einer der wechselwirkenden Körper oder beide sich vorher bewegten?

Bild 16.8 zeigt einige Momentaufnahmen vom Stoß einer bewegten Billardkugel auf eine ruhende gleicher Masse (von links nach rechts). Die stoßende Kugel kommt zur Ruhe und die gestoßene bewegt sich mit der Geschwindigkeit fort, mit der die erste auf sie stieß. Da die beiden Kugeln die gleiche Masse haben, ist die Bewegungsgröße der zweiten Kugel nach dem Stoß genau so groß wie die Bewegungsgröße der ersten Kugel vor dem Stoß. Die stoßende Kugel hat

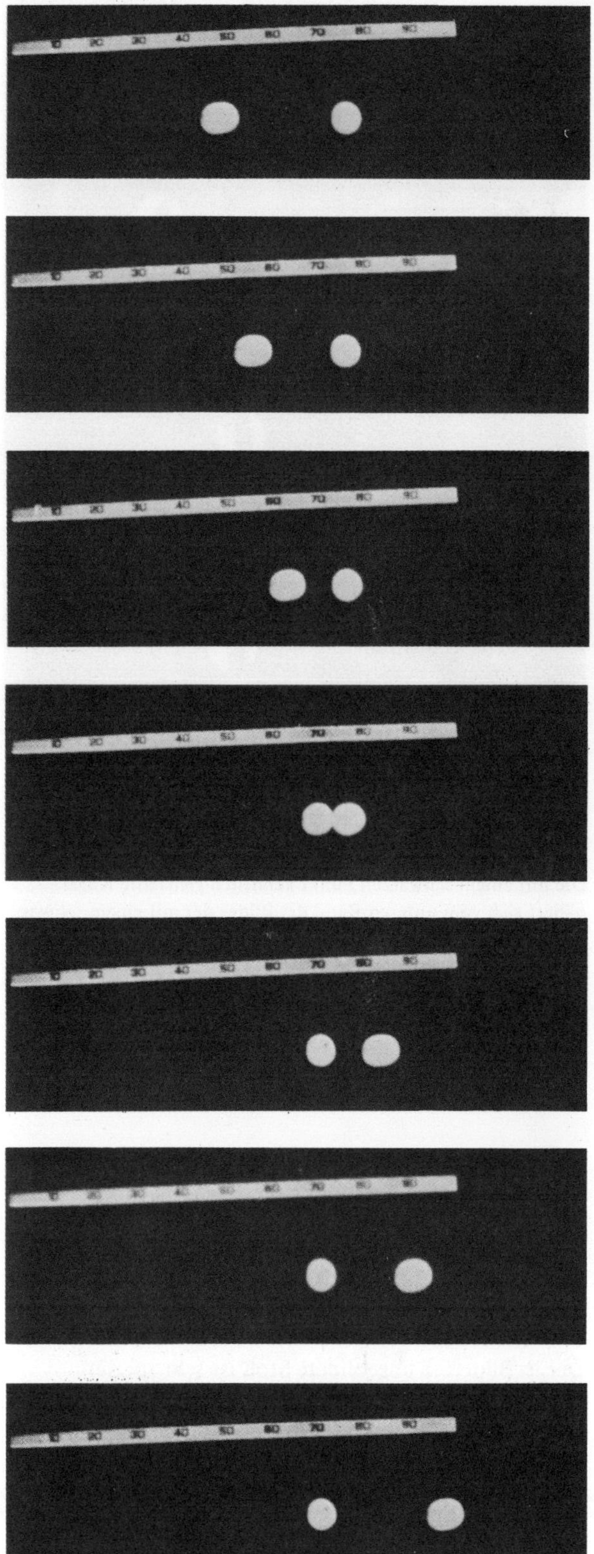

Bild 16.8. Folge von Filmaufnahmen, die den Stoß einer Billardkugel auf eine zweite (gleicher Masse) zeigen. Die Zeit zwischen zwei Aufnahmen beträgt 1/48 s, die Skala ist in Zentimeter geteilt. Man erkennt, daß die gesamte Bewegungsgröße der stoßenden Kugel auf die vorher ruhende gestoßene Kugel übergeht.

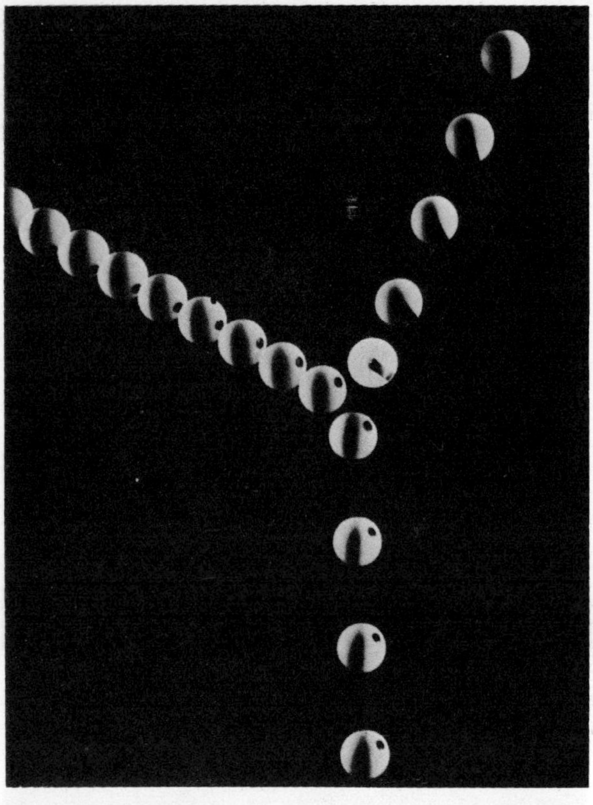

Bild 16.9. Stroboskop-Aufnahme (30 Blitze pro Sekunde) eines nichtzentralen Stoßes zwischen zwei Kugeln mit je 173 g Masse. Die mit einem schwarzen Punkt kenntlich gemachte Kugel nähert sich vom unteren Rand des Bildes der mit einem schwarzen Streifen versehenen ruhenden Kugel. (Die Kugeln bewegen sich in der Horizontalen). Man erhält die Geschwindigkeiten und Bewegungsgrößen aus der Aufnahme, wenn man den an der Kugelgröße ablesbaren Abbildungsmaßstab benutzt. Alle Strecken der Aufnahme betragen 12 % der wirklichen Länge. Die Auswertungsergebnisse sind in Bild 16.10 dargestellt. Ist der Schluß $\Delta p_1 = -\Delta p_2$ vom Abbildungsmaßstab abhängig?

ihre gesamte Bewegungsgröße abgegeben. Die gestoßene Kugel hat genau die Bewegungsgröße aufgenommen, die die stoßende abgegeben hat. Die Änderungen der Bewegungsgrößen sind auch hier gleich groß und entgegengerichtet.

Der in Bild 16.8 abgebildete Stoß ist sehr speziell. Die stoßende Kugel trifft die ruhende genau von vorn (zentral). Normalerweise trifft eine Billardkugel eine andere irgendwie seitlich. Dann gehen die Kugeln in verschiedene Richtungen auseinander. Solch einen Stoß zeigt Bild 16.9. Im Bild kam die bewegte Kugel von unten. Nach dem Stoß geht (wie zu erwarten ist) eine Kugel nach rechts und die andere nach links.

Die Stroboskop-Aufnahme zeigt die Geschwindigkeiten und die Richtungen der Kugeln sowohl vor als auch nach dem Stoß. Man kann die Beträge der Geschwindigkeiten aus den zwischen den Lichtblitzen zurückgelegten Wegen der Kugeln berechnen. Aus den berechneten Beträgen und den beobachteten Richtungen lassen sich die Geschwindigkeitsvektoren angeben: $\vec{v}_1$ und $\vec{v}'_1$ sind die Geschwindigkeiten der stoßenden Kugel vor und nach dem Stoß. $\vec{v}'_2$ ist die Geschwindigkeit der gestoßenen nach dem Stoß. Die vektoriellen Bewegungsgrößen erhalten wir, indem wir die Geschwindigkeiten mit der Masse multiplizieren: $\vec{p} = m\vec{v}$. Da hier die Massen der Kugeln gleich sind, bedeutet der Übergang von $\vec{v}$ zu $\vec{p}$ nur eine Änderung der Skaleneinteilung. In Bild 16.10a wurden die Bewegungsgrößen $\vec{p}_1$, $\vec{p}'_1$ und $\vec{p}'_2$ vektoriell aufgetragen. (Da sich die zweite Kugel vorher in Ruhe befand, war ihre Bewegungsgröße $\vec{p}_2$ Null.) Aus der Zeichnung läßt sich erkennen, ob sich die Bewegungsgrößen der beiden Kugeln um den gleichen Betrag und in entgegengesetzter Richtung ändern.

In Bild 16.10b wurde $\Delta\vec{p}_1$ graphisch gewonnen: Man zeichnet $-\vec{p}_1$ von der Spitze des Vektors $\vec{p}'_1$. Der Vektor $\Delta\vec{p}_1$ ist die Resultierende aus $\vec{p}'_1$ und $-\vec{p}_1$. Sein Pfeil reicht vom Anfang des Vektors $\vec{p}'_1$ bis zur Spitze des angefügten Vektors $-\vec{p}_1$. Man erkennt, daß $\Delta\vec{p}_1$ gleich groß und entgegengerichtet zu $\Delta\vec{p}_2 = \vec{p}'_2$, zur Änderung der Bewegungsgröße der gestoßenen Kugel, ist. Die Änderung der Bewegungsgröße der stoßenden Kugel wird durch eine gleich große und entgegengerichtete Änderung der Bewegungsgröße der gestoßenen kompensiert:

$$\Delta\vec{p}_1 = -\Delta\vec{p}_2.$$

16.4. Der Satz von der Erhaltung der Bewegungsgröße

Im letzten Abschnitt haben wir Vorgänge betrachtet, in denen zwei Körper aufeinander einwirken. Beide Körper ändern ihre Bewegung, und die Änderung der Bewegungsgröße des einen Körpers ist gleich groß und entgegengerichtet zur Änderung der Bewegungsgröße des anderen. Wir werden im folgenden eine Vielzahl von Beispielen dafür kennenlernen. Natürlich kann man durch Beispiele nicht allgemein beweisen, daß sich die Änderungen der Bewegungsgrößen immer so verhalten müssen. Doch legt unsere Erfahrung mit der Wechselwirkung zweier Körper (unter den verschiedensten Umständen) sehr nahe, daß dabei als allgemeines Naturgesetz gilt: *Die Änderungen der Bewegungsgrößen zweier aufeinander einwirkender Körper sind gleich groß und entgegengerichtet.*

Dieses Naturgesetz kann in einer anderen Form ausgesprochen werden. Wir führen dazu die gesamte Bewegungsgröße $\vec{p} = \vec{p}_1 + \vec{p}_2$ des Systems der beiden Körper ein. Weil die Änderungen der beiden einzelnen

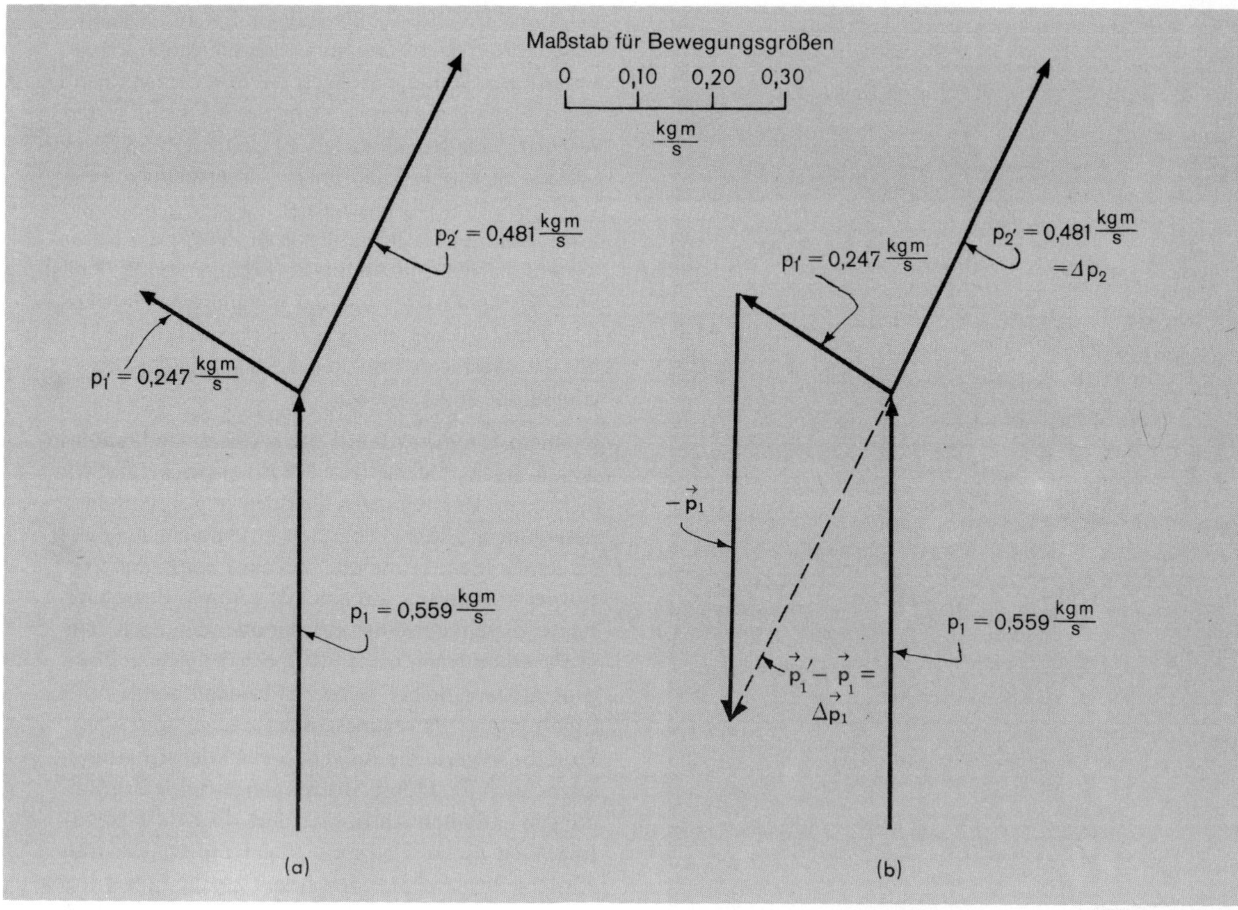

Bild 16.10.

a) Die Pfeile stellen die Bewegungsgrößen der Kugeln dar, deren Stoß Bild 16.9 zeigt. $\vec{p_1}$ ist die Bewegungsgröße der stoßenden Kugel vor dem Stoß, $\vec{p_1}'$ ihre Bewegungsgröße nach dem Stoß. Die anfangs ruhende Kugel hat nach dem Stoß die Bewegungsgröße $\vec{p_2}'$.

b) Man erhält $\Delta \vec{p_1} = \vec{p_1}' - \vec{p_1}$ graphisch, indem man von der Spitze des Pfeiles $\vec{p_1}'$ den Pfeil von $-\vec{p_1}$ abträgt und die Resultierende zeichnet (gestrichelter Pfeil). Man bemerkt: Die Änderung $\Delta \vec{p_1}$ der Bewegungsgröße des stoßenden Körpers ist gleich groß und entgegengerichtet der Änderung $\Delta \vec{p_2} = \vec{p_2}'$ beim gestoßenen Körper.

Bewegungsgrößen $\vec{p}_1$ und $\vec{p}_2$ gerade entgegengesetzt zueinander sind, ändert sich die gesamte Bewegungsgröße nicht: $\Delta\vec{p}$ ist Null oder $\vec{p}$ ist konstant. Die Aussage, daß die gesamte Bewegungsgröße des Systems konstant bleibt, bezeichnet man als den *Satz von der Erhaltung der Bewegungsgröße.*

Wir wollen die Erhaltung der Bewegungsgröße prüfen, wenn zwei Kugeln verschiedener Masse und verschiedener Geschwindigkeit aufeinander stoßen. Einen solchen Stoß zeigt Bild 16.11. Mißt man die Wege der Kugeln zwischen zwei Lichtblitzen, so kann man ihre Geschwindigkeiten berechnen. Die Geschwindigkeitsvektoren für das Beispiel sind in Bild 16.12a aufgetragen worden. Die Massen der beiden Kugeln sind $m_1 = 85{,}4$ g und $m_2 = 201{,}1$ g. Multipliziert man die Geschwindigkeiten mit diesen Massen, so erhält man die zugehörigen Bewegungsgrößen der Kugeln vor und nach dem Stoß (Bild 16.12b). In Bild 16.12c wurden die Bewegungsgrößen vor dem Stoß zur gesamten Bewegungsgröße $\vec{p}$ des Systems vor dem Stoß vektoriell addiert (links). Entsprechend wurden die beiden Bewegungsgrößen nach dem Stoß zu $\vec{p}'$ addiert (rechts). Man erkennt, daß die beiden Gesamtbewegungsgrößen fast genau gleich sind. Der Versuch bestätigt somit den Satz von der Erhaltung der Bewegungsgröße.

Wir wollen noch einen anderen Stoßversuch untersuchen. Dabei sollen die beiden stoßenden Körper nach dem Stoß zusammenhaften. Bild 16.13 zeigt den Stoß zwischen einem Golfball und einer (anfangs ruhenden) Plastilinkugel (Knetwachskugel). Der Golfball hat die Masse $m_1 = 45{,}7$ g und die Plastilinkugel die Masse $m_2 = 69{,}7$ g. Der durch Vereinigung beider Körper entstehende Gesamtkörper hat somit die Masse $m = m_1 + m_2 = 115{,}4$ g. Diese Gesamtmasse ist 2,53 mal so groß wie die Masse des stoßenden Körpers. Mißt man nun die Anfangsgeschwindigkeit

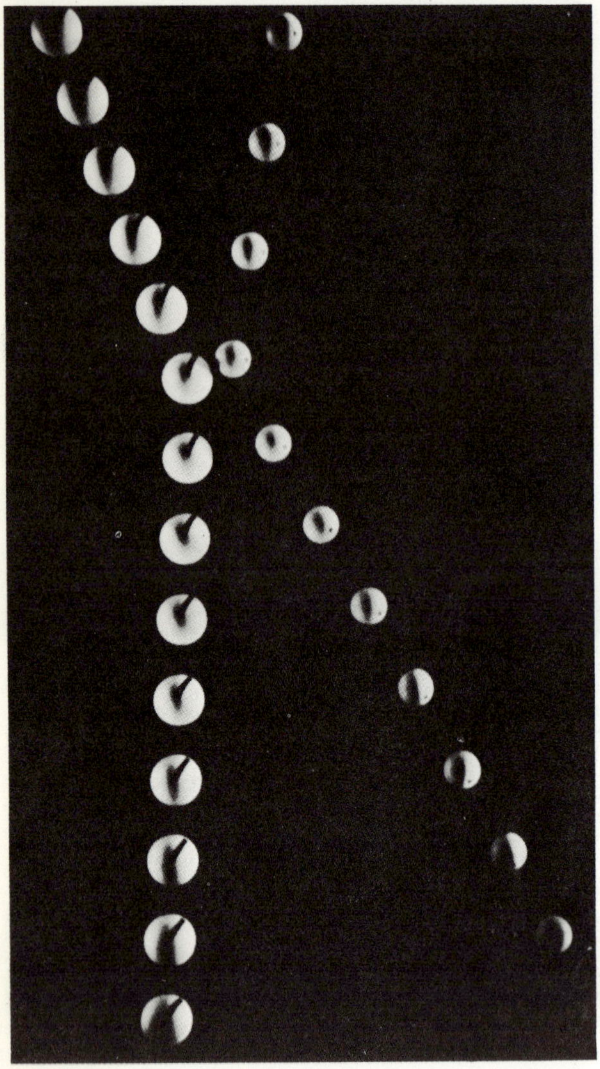

Bild 16.11. Stroboskop-Aufnahme eines Stoßes zwischen zwei Kugeln. Die erste hat die Masse $m_1 = 201{,}1$ g und ist durch einen schwarzen Streifen gekennzeichnet, die zweite ($m_2 = 85{,}4$ g) durch einen schwarzen Punkt. Beide bewegen sich in der Horizontalen und stoßen (am oberen Bildrand eintretend) schräg aufeinander. Die Blitzfrequenz beträgt 30 s^{-1}. Die Meßwerte zu dieser Aufnahme sind in Bild 16.12 eingezeichnet.

des stoßenden Körpers und die Endgeschwindigkeit des Gesamtkörpers in der Stroboskop-Aufnahme, so ergibt sich für die Anfangsgeschwindigkeit etwa der 2,53 fache Wert der Endgeschwindigkeit. Die Bewegungsgröße des Gesamtkörpers nach dem Stoß war gleich der Anfangsbewegungsgröße.

Von nun ab werden wir den Satz von der Erhaltung der Bewegungsgröße bei der Wechselwirkung zweier Körper als gültig annehmen. Wir fassen ihn als allgemeines, auf Erfahrung beruhendes Gesetz auf. Die in unserer Herleitung verwendeten Erfahrungsmerkmale führten auch zur ersten Aufstellung des Erhaltungssatzes. Weil die Stoßgesetze von solch eminenter Bedeutung für die Entwicklung der Mechanik waren, veranlaßte die Royal Society of London 1668 (damals bestand sie gerade 8 Jahre) eine Untersuchung dieser Vorgänge. Drei Wissenschaftler lieferten ganz ähnliche Lösungen: der Mathematiker *John Wallis*, der Naturwissenschaftler und Architekt (Erbauer von St. Pauls) Sir *Christopher Wren* und der holländische Physiker *Christian Huygens*. *Wallis* war der erste, ihm wird somit das allgemeine Prinzip der Erhaltung der Bewegungsgröße zugeschrieben.

In einem 1669 veröffentlichten Aufsatz und später in seinem Buch „Mechanika" (1670) entwickelte *Wallis* recht klare Vorstellungen über den Impuls und die Bewegungsgröße und über den Zusammenhang dieser beiden Größen. Er meinte, daß ein Impuls, der einen Körper in Richtung auf einen anderen in Bewegung setzte, diesem einzelnen Körper oder den nach dem Stoß verbundenen beiden Körpern die gleiche Bewegungsgröße verleihen würde. Er gelangte somit zur Erhaltung der Bewegungsgröße für einen speziellen Stoß. Er folgerte die Anwendbarkeit des Erhaltungssatzes auch für andere Stoßvorgänge. Seine Begründungen enthalten Annahmen über die Kräfte bzw. Impulse zwischen den stoßenden Körpern. Der französische Physiker *Mariotte* bestätigte die Folgerungen durch eine Reihe von Pendelversuchen, bei denen die Pendelkörper aufeinander stießen. *Huygens* führte ähnliche Versuche aus. Weiter ließ er in einer geraden Rinne eine rollende Kugel auf dicht nebeneinander gelegte harte Kugeln stoßen. *Newton* beschrieb in seinen „Prinzipia" diese und seine eigenen sorgfältigen Versuche. Der Satz von der Erhaltung der Bewegungsgröße bildete eine wesentliche Stütze beim Aufbau der modernen Physik.

16.5. Massenschwerpunkt

Wir betrachten eine Feuerwerksrakete, die während ihrer Bewegung durch die Luft in viele Teile zerplatzt. Würde man die Einzelteile nach der Explosion alle auf einer Seite der Bahn sehen, so würde dies nicht ganz „mit rechten Dingen zugehen". Man erwartet intuitiv, daß sich die Teile der explodierenden Rakete nach allen Seiten ausbreiten und daß sich eine mittlere Bewegung der Teile entlang der ursprünglichen Bahn ergibt. Untersucht man solche Explosionen genauer, so findet man einen besonderen Punkt, der sich konstant fortbewegt, ob eine Explosion stattfindet oder nicht.

Die Bruchstücke einer explodierenden Feuerwerksrakete zu betrachten, ist für den Anfang zu schwierig.

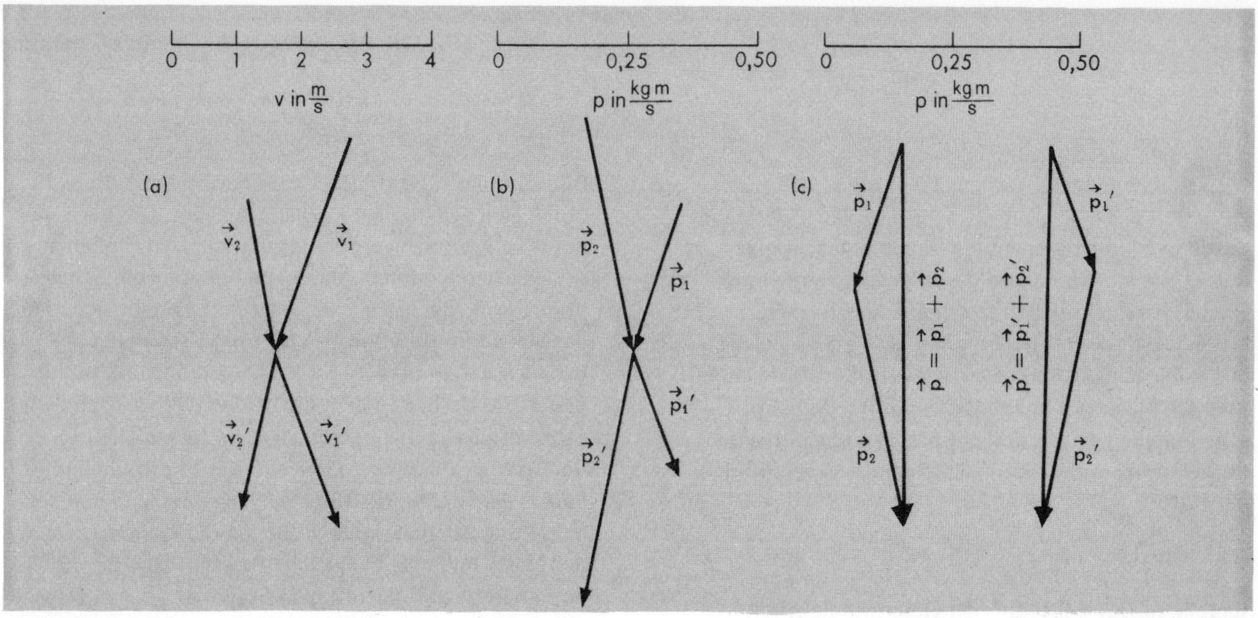

Bild 16.12.

a) Die aus Bild 16.11 abgelesenen Geschwindigkeitsvektoren der beiden Kugeln vor und nach dem Stoß. Der Index 1 gehört zur kleineren Kugel, der Index 2 zur größeren.

b) Die Bewegungsgrößen der Kugeln vor und nach dem Stoß.

c) Links wurden die beiden Bewegungsgrößen vor dem Stoß addiert, rechts die Bewegungsgrößen nach dem Stoß. Man erkennt: $p_1 + p_2 = p_1' + p_2'$.
In der Originalzeichnung stimmten die beiden Gesamtbewegungsgrößen innerhalb 0,5 % miteinander überein.

Bild 16.13. Stroboskop-Aufnahme des Stoßes zwischen einem Golfball und einer Platilinkugel (Knetwachskugel). Der Ball bewegt sich von links nach rechts und stößt auf die ruhende Plastilinkugel. Dann bewegen sich beide Körper die nach dem Stoß aneinander haften, gemeinsam nach rechts weiter. Die Geschwindigkeiten des Balles vor dem Stoß und der beiden Körper nach dem Stoß lassen sich aus der Aufnahme entnehmen.

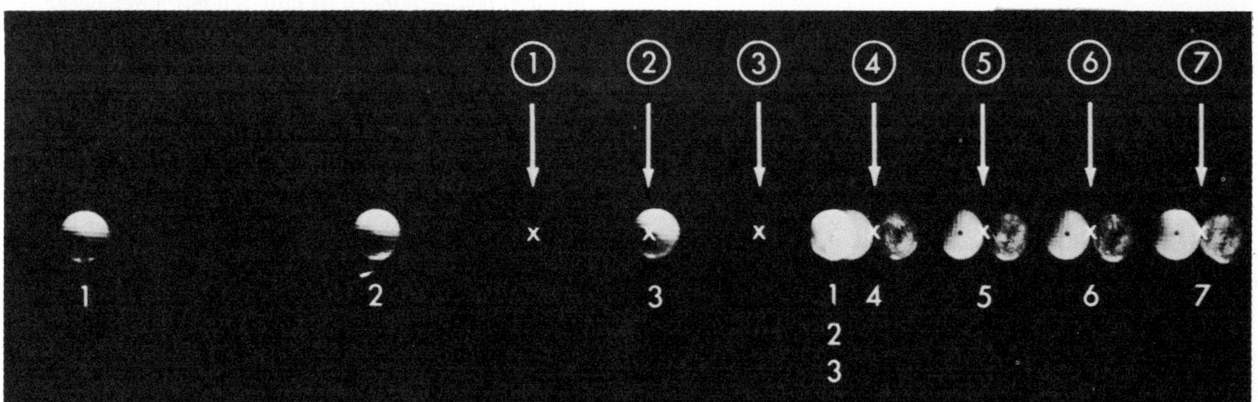

Bild 16.14. In die Aufnahme des Stoßes (Bild 16.13) wurde die Lage des Schwerpunktes eingezeichnet. Seine Lage wurde aus der Beziehung $m_a x_a = m_b x_b$ (siehe die Angaben im Text) berechnet. Die Zahlen 1, 2, . . . geben die Lage des Balles, der Kugel und des Schwerpunktes beim 1., 2., . . . Blitz an.

Wir gehen von der einfachen „Explosion" aus, die wir schon diskutiert haben: Zwei Trockeneis-Pucks werden von einer gespannten Feder auseinandergedrückt. Durch Ausmessen des Bildes 16.7 ergab sich: Die beiden Pucks haben trotz ganz verschiedener Massen nach dem Durchbrennen des Fadens gleiche und entgegengerichtete Bewegungsgrößen. Bezeichnet man die Masse des linken Pucks mit m_1 und seine Geschwindigkeit mit $\vec{v}_1$ und entsprechend beim rechten Puck mit m_2 und $\vec{v}_2$, dann läßt sich das Ergebnis in der Form

$$m_1\vec{v}_1 = -m_2\vec{v}_2$$

schreiben. Das Verhältnis der Geschwindigkeiten ist gleich dem umgekehrten Verhältnis der zugehörigen Massen:

$$\frac{v_1}{v_2} = \frac{m_2}{m_1}\ .$$

Wir wollen annehmen, daß die „Explosion" in einer sehr kurzen Zeit geschieht. Dann ist die Bewegung der beiden Körper vom Beginn ab praktisch gleichförmig. Nach einer Zeit Δt haben sie die Wege $x_1 = v_1 \Delta t$ und $x_2 = v_2 \Delta t$ zurückgelegt. Diese beiden Wege sind direkt proportional zu den Geschwindigkeiten der beiden Körper:

$$\frac{x_1}{x_2} = \frac{v_1}{v_2} = \frac{m_2}{m_1}\ .$$

Während der gesamten Bewegung teilt daher der Startpunkt den Abstand zwischen den beiden Körpern im umgekehrten Verhältnis ihrer Massen. Man nennt den Punkt, der den Abstand zweier Körper im umgekehrten Verhältnis der Massen teilt, den *Massenschwerpunkt* oder kurz den *Schwerpunkt* der beiden Körper. Der Startpunkt ist in diesem Fall der Massenschwerpunkt der beiden Pucks.

Wir wollen nun das Verhalten des Schwerpunktes bei einigen nicht ganz so einfachen Wechselwirkungen zweier Körper betrachten: bei den in diesem Kapitel behandelten Stoßvorgängen. In Bild 16.14 sehen wir noch einmal den Stoß zwischen einem Golfball und einer Plastilinkugel (Bild 16.13). Die Massen betrugen $m_1 = 45{,}7$ g für den Golfball und $m_2 = 69{,}7$ g für die Plastilinkugel. Nach der Definition der Lage des Schwerpunktes ergibt sich für diesen Fall

$$\frac{x_1}{x_2} = \frac{69{,}7\ \text{g}}{45{,}7\ \text{g}} \approx \frac{3}{2}.$$

Der Schwerpunkt teilt den Abstand zwischen den beiden Körpern angenähert im Verhältnis $\frac{3}{2}$. Er liegt bei jeder Momentaufnahme rechts vom Golfball auf etwa $\frac{3}{5}$ der Strecke zwischen den beiden Körpern. Im Bild sind die zugehörigen Lagen der beiden Körper durch gleiche Nummern gekennzeichnet. Die Lage des jeweiligen Schwerpunktes markiert ein Pfeil mit der gleichen Nummer. Man kann nun die vom Schwerpunkt zurückgelegten Wege messen. Es ergibt sich, daß der Schwerpunkt seine gleichförmige Bewegung beibehält, ganz als ob kein Stoß stattgefunden hätte. Für diesen Sonderfall, in dem die beiden Körper nach dem Stoß verbunden bleiben, ist die Geschwindigkeit $\vec{v}_s$ des Schwerpunktes gerade gleich der Endgeschwindigkeit $\vec{v}'$ der vereinigten Kugeln. Nach dem Satz von der Erhaltung der Bewegungsgröße hat der Gesamtkörper der Masse $m_1 + m_2$ die gleiche Bewegungsgröße wie der auftreffende Ball vor dem Stoß:

$$\vec{p}' = (m_1 + m_2)\vec{v}' = m_1\vec{v}_1\ .$$

Mit $\vec{v}' = \vec{v}_s$ kann man weiter schreiben:

$$(m_1 + m_2)\vec{v}_s = m_1\vec{v}_1\ .$$

Somit ist das Produkt aus der Gesamtmasse $m_1 + m_2$ und der Geschwindigkeit des Schwerpunktes gleich der gesamten Bewegungsgröße. Wir werden bald erkennen, daß dies auch dann gilt, wenn die beiden wechselwirkenden Körper nach dem Stoß nicht zusammenbleiben. *Der Massenschwerpunkt bewegt sich so, als ob in ihm die Massen vereinigt sind.*

Einen interessanteren Stoßvorgang zeigt Bild 16.15. Es handelt sich um den schon in Bild 16.11 dargestellten Stoß zwischen zwei Kugeln der Massen $m_1 = 85{,}4$ g und $m_2 = 201{,}1$ g. Wieder wurde die Lage des Schwerpunktes für jeden Lichtblitz markiert. Auch in diesem komplizierteren Fall behält der Schwerpunkt über den Stoß hinaus seine geradlinige Bewegung mit konstanter Geschwindigkeit bei.

Der Massenschwerpunkt ist ein sehr bemerkenswerter Punkt. Wir wollen ein Bezugssystem einführen, das mit ihm fest verbunden ist und sich mit ihm bewegt. Von dort aus beobachten wir die Bewegungen der beiden am Stoß beteiligten Körper. Um die Geschwindigkeiten der Körper in Bezug auf den Schwerpunkt zu erhalten, muß man von der aus der Aufnahme ermittelten Geschwindigkeit jeweils die Geschwindigkeit des Schwerpunkts subtrahieren. Bild 16.16a zeigt, daß die Geschwindigkeiten $\vec{V}_1$ und $\vec{V}_2$ der Körper vor dem Stoß in Bezug auf den Schwerpunkt gerade aufeinander zu gerichtet sind. Ihre Beträge verhalten sich umgekehrt wie die Massen. Das gleiche gilt für die Geschwindigkeiten $\vec{V}_1'$ und $\vec{V}_2'$ nach dem Stoß. Multipliziert man die Geschwindigkeiten V (in Bezug auf den Schwerpunkt) mit den zugehörigen Massen, so erhält man die Darstellung der Bewegungsgrößen nach Bild 16.16b. Man erkennt deutlich, daß die Bewegungsgrößen der beiden Körper jeweils gleich

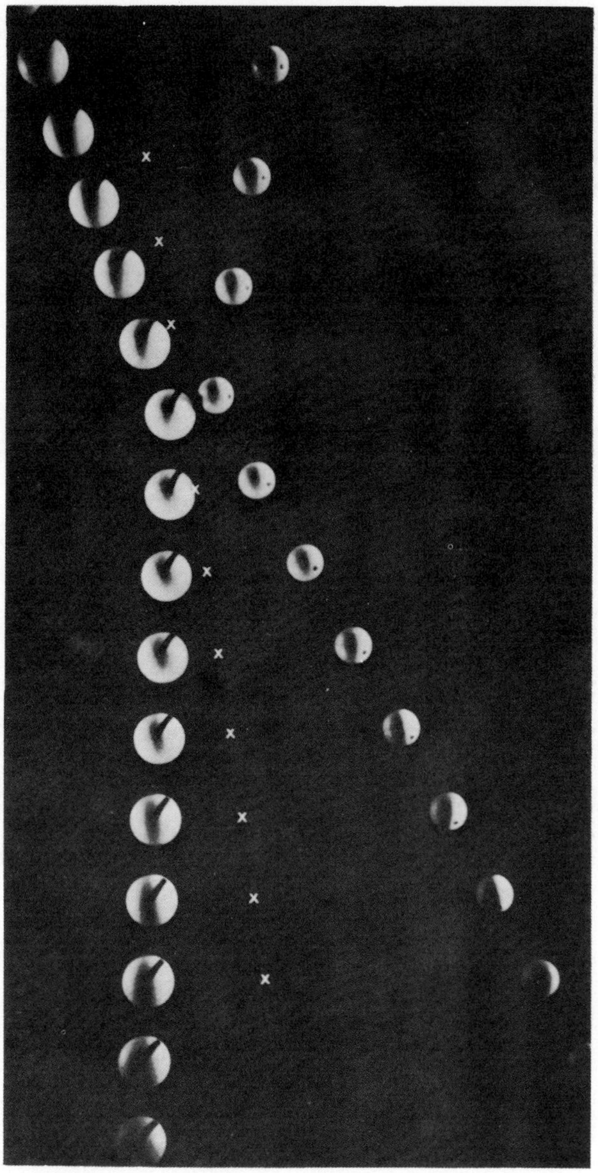

Bild 16.15. In die Aufnahme des Stoßes (Bild 16.11) wurde die Lage des Massenschwerpunktes für die einzelnen Lichtblitze eingezeichnet. Die beiden Kugeln hatten ein Massenverhältnis von etwa 7 : 3, daher sind die Abstände zwischen den Kugeln im Verhältnis 3 : 7 unterteilt worden. Wieder bewegt sich der Schwerpunkt mit einer konstanten Geschwindigkeit, völlig ungestört durch den Stoß der Kugeln.

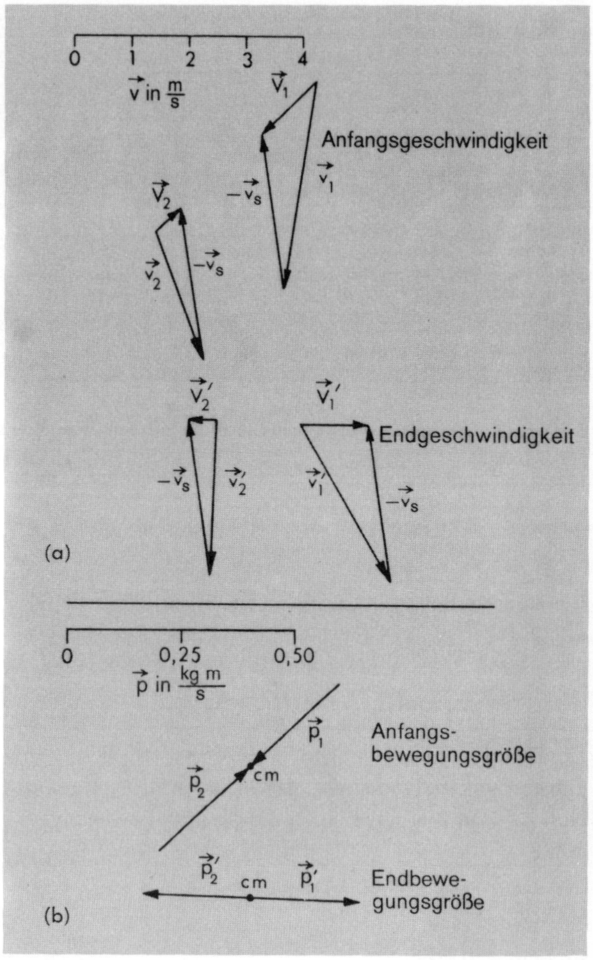

Bild 16.16.

a) Die Geschwindigkeiten der beiden Kugeln (Bild 16.15) werden durch Pfeile dargestellt. Der Index 1 bezieht sich auf die kleinere Kugel, der Index 2 auf die größere. Mit großen Buchstaben V wurden die Geschwindigkeiten im Bezugssystem, das mit dem Schwerpunkt verbunden ist, bezeichnet. Man erhält sie, indem man die Geschwindigkeit des Schwerpunktes von der Geschwindigkeit der Kugeln abzieht. $\vec{V}_1$ und $\vec{V}_2$ besitzen entgegengesetzte Richtung, das Verhältnis ihrer Beträge ist umgekehrt gleich dem Verhältnis der Massen der zugehörigen Kugeln.

b) Die Produkte m $\vec{V}$, die Bewegungsgrößen relativ zum Schwerpunkt, werden durch Pfeile dargestellt. Sie besitzen den gleichen Betrag und entgegengesetzte Richtung. Das gilt sowohl für die Zeit vor dem Stoß wie auch nach dem Stoß. Die gesamte Bewegungsgröße relativ zum Massenschwerpunkt ist stets Null.

groß und entgegengerichtet sind. *Die gesamte Bewegungsgröße ist im Bezugssystem des Schwerpunktes stets gleich Null.*

Nun gehen wir vom Bezugssystem des Schwerpunktes zu einem mit der Erde verbundenen zurück. Für einen Beobachter auf der Erde (beispielsweise die aufnehmende Kamera) setzt sich die beobachtete Geschwindigkeit $\vec{v}_1$ aus der Geschwindigkeit $\vec{v}_s$ des Schwerpunktes und der Geschwindigkeit $\vec{V}_1$ des Körpers in Bezug auf den Schwerpunkt zusammen:

$$\vec{v}_1 = \vec{v}_s + \vec{V}_1 .$$

Entsprechend ist

$$\vec{v}_2 = \vec{v}_s + \vec{V}_2 .$$

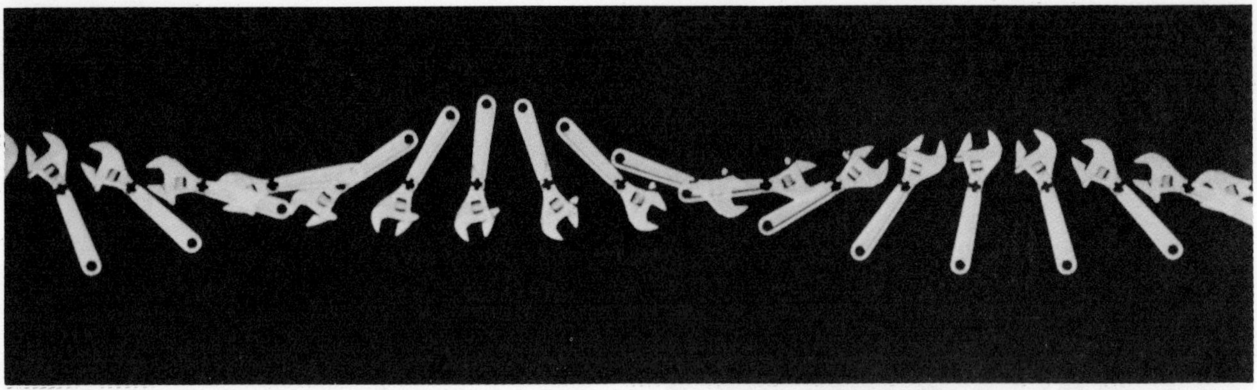

Bild 16.17. Stroboskop-Aufnahme (30 Blitze pro Sekunde) eines bewegten Schraubenschlüssels. Das schwarze Kreuz markiert seinen Schwerpunkt.

Die gesamte Bewegungsgröße in Bezug auf die Erde ist

$$\vec{p} = m_1\vec{v}_1 + m_2\vec{v}_2 = m_1(\vec{v}_s + \vec{V}_1) + m_2(\vec{v}_s + \vec{V}_2)$$
$$= (m_1 + m_2)\vec{v}_s + m_1\vec{V}_1 + m_2\vec{V}_2 .$$

Durch unsere Überlegungen im Bezugssystem des Schwerpunktes fanden wir, daß $m_1\vec{V}_1 + m_2\vec{V}_2$ stets Null ist. Damit ergibt sich für die gesamte Bewegungsgröße

$$\vec{p} = (m_1 + m_2)\vec{v}_s .$$

Es zeigt sich erneut: Die gesamte Bewegungsgröße ist gerade so groß, als ob sich die gesamte Masse im Schwerpunkt vereinigt bewegt.

Die Teile eines Körpers können sich relativ zueinander bewegen. Sie können sich um den Schwerpunkt drehen, sich vom Schwerpunkt entfernen oder sich ihm nähern. Diese inneren Bewegungen spielen keine Rolle. Der Schwerpunkt des Körpers bewegt sich so, als ob die gesamte Masse des Körpers in ihm vereinigt ist (Bild 16.17).

Treten zwei Körper nur miteinander in Wechselwirkung, dann bleibt die gesamte Bewegungsgröße ungeändert. Daraus ergibt sich, daß die Geschwindigkeit des Schwerpunktes ebenfalls unverändert bleibt. Der Schwerpunkt verhält sich wie ein einzelner Körper, auf den keine resultierende Kraft wirkt. Er bewegt sich entsprechend dem Trägheitsprinzip von *Galilei*. Da keine Kraft von außen auf das System wirkt (es treten nur innere Wechselwirkungen auf), steht dieses Verhalten im Einklang mit den Erwartungen.

16.6. Allgemeine Erhaltung der Bewegungsgröße

Wir haben bisher viele Beispiele für die Erhaltung der Bewegungsgröße zweier Körper kennengelernt. Die Erhaltung der Bewegungsgröße gilt nun gleichermaßen für eine größere Anzahl von Körpern, die in Wechselwirkung stehen. In diesem Abschnitt werden wir einem Gedankengang folgen, der die allgemeine Erhaltung der Bewegungsgröße auf den Fall der Erhaltung der Bewegungsgröße bei zwei Körpern zurückführt. Im nächsten Abschnitt wird ein anderer Gedankengang skizziert, der sich auf den einfachen Fall „Newtonscher" Kräfte bezieht. Die Überzeugung, daß die Erhaltung der Bewegungsgröße allgemein gilt, beruht nicht allein auf diesen Beweisführungen. Sie wird von den Ergebnissen zahlloser Experimente gestützt.

In Bild 16.18 sind zwei Körper gezeichnet. Der erste ist eine einzelne Kugel, der zweite besteht aus zwei mit einer leichten Spiralfeder verbundenen Kugeln. Der zweite Körper möge zuerst ruhen. Auf ihn trifft der erste mit der Bewegungsgröße $\vec{p}_1$. Nach dem Stoß bewegt sich die erste Kugel mit der Bewegungsgröße $\vec{p}'_1$ fort, der verbundene Körper mit $\vec{p}'_2$.

Aus den bisher diskutierten Versuchen ist bekannt, daß die Bewegungsgröße zweier aufeinander wirkender Körper erhalten bleibt. In diesem Fall ist die gesamte Bewegungsgröße $\vec{P}$ vor dem Stoß gerade gleich der Bewegungsgröße $\vec{p}_1$ der stoßenden Kugel. Nach dem Stoß ist die gesamte Bewegungsgröße $\vec{P}' = \vec{p}'_1 + \vec{p}'_2$. Infolgedessen ist

$$\vec{p}_1 = \vec{p}'_1 + \vec{p}'_2 .$$

Alles bisher Gesagte folgt aus der Betrachtung der beiden Körper, von denen der zweite hier aber zusammengesetzt ist. Der zweite Körper besteht aus den Kugeln 2a und 2b. Vom letzten Abschnitt her ist bekannt, daß die Bewegungsgröße $\vec{p}'_2$ des Schwerpunkts gleich der Summe der Bewegungsgrößen der Teile ist:

$$\vec{p}'_2 = \vec{p}'_{2a} + \vec{p}'_{2b} .$$

Bild 16.18. Der erste Körper (eine einzelne Kugel) stößt mit einem zweiten (zwei mit einer Feder verbundene Kugeln) zusammen.

Setzt man diesen Ausdruck für $\vec{p}'_2$ in die vorhergehende Gleichung ein, so ergibt sich

$$\vec{p}_1 = \vec{p}'_1 + \vec{p}'_{2a} + \vec{p}'_{2b}.$$

Diese Überlegung zeigt, daß die gesamte Bewegungsgröße auch für drei Körper (1, 2a und 2b) erhalten bleibt, zumindestens wenn zwei von ihnen zusammengebunden sind. Doch ist die Tatsache eigentlich ohne Bedeutung, denn die verbindende Spiralfeder ging in die Überlegungen nirgendwo ein. Die Bewegungsgröße $\vec{p}'_2$ des Schwerpunkts ist konstant und gleich der Summe der einzelnen Bewegungsgrößen $\vec{p}'_{2a}$ und $\vec{p}'_{2b}$, ob die Kugeln durch eine Feder zusammengehalten werden oder nicht.

Der gerade diskutierte Versuch unterscheidet sich in nichts von den anderen betrachteten Versuchen. Bild 16.9 zeigte den Stoß eines bewegten Körpers auf einen ruhenden. Sieht man es genauer an, so erkennt man, daß der gestoßene Körper zusätzlich zu seiner (Translations-)Bewegung noch eine Drehung ausführt. Die für ihn gemessene Bewegungsgröße war in Wirklichkeit die Bewegungsgröße seines Schwerpunktes. Auch hier können wir (wie im Beispiel nach Bild 16.18) von einem Stoß dreier Körper sprechen. Dazu brauchen wir den gestoßenen Körper in Gedanken nur in zwei Hälften zu unterteilen (beispielsweise die eine Hälfte mit der schwarzen Marke und die andere ohne Marke). Da die beiden Hälften durch Kräfte miteinander verbunden sind, handelt es sich um miteinander in Wechselwirkung stehende Körper. Im Grunde können wir frei entscheiden, was wir „einen" Körper nennen. Man kann ein Gebilde aus Beinen, Armlehne, Sitz usw. einen Stuhl nennen, man kann ihn aber auch in acht einzelne Körper aufspalten.

Sieht man die Kugeln 1, 2a und 2b in Bild 16.18 als System dreier Körper an, dann würde bei Wechselwirkung zwischen ihnen die Bewegungsgröße erhalten bleiben. Die gesamte Bewegungsgröße bleibt also bei drei Körpern ebenso wie bei zwei Körpern erhalten. Nun läßt sich zeigen, daß die Erhaltung der Bewegungsgröße nicht von der Anzahl der wechselwirkenden Körper abhängt. Nimmt man irgendein System, dessen Teile nur untereinander in Wechselwirkung stehen (ein „abgeschlossenes" System), so kann man es in jede beliebige Anzahl von Einzelkörpern unterteilen. Der gleiche Gedankengang wie eben ergibt, daß sich die gesamte Bewegungsgröße nicht ändert. (Die Aussage des Satzes kann nicht davon abhängen, was man als Körper bezeichnet.) Die Erhaltung der Bewegungsgröße gilt für jedes abgeschlossene System. Es handelt sich offenbar um ein ganz allgemeines Gesetz. Alle Versuche mit Wechselwirkungen jeder Art zwischen Körpern jeder Zahl stützen diese Schlußfolgerung.

16.7. Wechselwirkungskräfte

Das allgemeine Gesetz von der Erhaltung der Bewegungsgröße läßt sich auch auf andere Weise aus dem Sonderfall für zwei Körper herleiten. Dieser Gedankengang bezieht die wirkenden Kräfte ein. Man zeigt, daß die bei einer Wechselwirkung zweier Körper auftretenden Kräfte gleich groß und entgegengerichtet sind. Dann betrachtet man eine beliebige Anzahl von Körpern, die miteinander in Wechselwirkung stehen. Für jedes Paar dieser Körper gilt die Aussage, daß die Kräfte gleichgroß und entgegengerichtet sind. Daraus ergibt sich dann, daß die gesamte Bewegungsgröße aller Körper erhalten bleibt.

Bei jeder Wechselwirkung zwischen zwei Körpern bleibt die Bewegungsgröße erhalten. Was der eine Körper abgibt, nimmt der andere auf: $\Delta\vec{p}_1 = -\Delta\vec{p}_2$.

Wir bezeichnen nun die Kraft, die der Körper 1 auf den Körper 2 ausübt, mit $F_{1\text{-}2}$ und entsprechend mit $F_{2\text{-}1}$ die Kraft des zweiten auf den ersten. Nach dem Zusammenhang zwischen dem Impuls $F\Delta t$ und der Änderung der Bewegungsgröße können wir schreiben:

$$\Delta\vec{p}_1 = \vec{F}_{2\text{-}1}\,\Delta t \quad \text{und} \quad \Delta\vec{p}_2 = \vec{F}_{1\text{-}2}\,\Delta t.$$

Die Stoßzeit Δt muß für beide Körper gleich sein. Nur so lange, wie die stoßende Kugel auf die zweite einwirkt, übt diese auch auf die erste eine Kraft aus. Aus $\Delta\vec{p}_1 = -\Delta\vec{p}_2$ oder

$$\vec{F}_{2\text{-}1}\,\Delta t = -\vec{F}_{1\text{-}2}\,\Delta t$$

folgt somit

$$\vec{F}_{2\text{-}1} = -\vec{F}_{1\text{-}2}.$$

Wechselwirkungskräfte zwischen zwei Körpern sind gleich groß und entgegengerichtet. Das stellte schon *Newton* im Anschluß an seine Versuche zur Erhaltung der Bewegungsgröße fest: „Zu jeder actio gibt es eine gleich große reactio in Gegenrichtung. Oder: Die gegenseitigen Einwirkungen zweier Körper aufeinander sind gleich groß und entgegensetzt gerichtet.“ Diese Aussage (actio = reactio) wird oft als drittes Newtonsches Gesetz bezeichnet.

Eine besondere Wechselwirkungskraft haben wir schon näher untersucht. Im letzten Kapitel erkannten wir, daß die Gravitationsanziehung zwischen zwei Körpern wechselseitig wirkt. Jeder der beiden Körper zieht den anderen mit der gleichen Kraft (in Gegenrichtung) an. Die Kraft, mit der die Sonne die Erde anzieht, ist gleich groß und entgegengerichtet zu der Kraft, mit der die Erde die Sonne anzieht. Die von der Erde auf den Mond ausgeübte Kraft ist entgegengesetzt gleich der vom Mond auf die Erde ausgeübte Kraft. Kräfte dieser einfachen Form werden uns noch häufig begegnen. Man bezeichnet sie als *Wechselwirkungskräfte.*

Wir wollen nun annehmen, daß Newtons drittes Gesetz für die Kräfte zwischen je zwei Körpern auch dann gilt, wenn mehrere Körper miteinander in Wechselwirkung stehen. Darauf läßt sich eine zweite Herleitung des allgemeinen Gesetzes von der Erhaltung der Bewegungsgröße aufbauen. Wir denken uns eine beliebige Anzahl von beliebig bewegten Körpern in einem abgeschlossenen System. Sie üben untereinander verschiedene Kräfte aus. Da alle Kräfte paarweise vorkommen mit $\vec{F}_{1\text{-}2} = -\vec{F}_{2\text{-}1}$, sind ihre Wirkungen auf die Bewegungsgrößen der Körper ebenfalls paarweise gleich groß und entgegengesetzt gerichtet. Wenn ein Körper eine bestimmte Bewegungsgröße gewinnt, verliert ein anderer den gleichen Wert. Und im ganzen abgeschlossenen System kann keine Änderung der gesamten Bewegungsgröße auftreten.

Aus der Gültigkeit des dritten Newtonschen Gesetzes folgt die Erhaltung der Bewegungsgröße. Es bleibt jedoch die Möglichkeit, daß der Erhaltungssatz auch dann gilt, wenn die vorkommenden Kräfte keine Wechselwirkungskräfte sind. Tatsächlich werden wir in späteren Kapiteln einige solche Kräfte kennenlernen.

Hier ein Beispiel, in dem die Kräfte keine Wechselwirkungskräfte zu sein scheinen. Immer wieder einmal leuchtet irgendwo im Weltall ein erstaunlich helles Licht auf – eine Supernova. Die Lichtstärke nimmt exponentiell wieder ab. Es geht in 55 Nächten jeweils auf die Hälfte der größten Helligkeit zurück. (Diese Abnahme zeigt die gleiche Halbwertszeit wie das neue radioaktive Element Californium.) Im Vergleich zu den Millionen von Jahren, die das Licht auf dem Weg von der Supernova zu uns braucht, dauert das Abklingen nur eine sehr kurze Zeit. Die Supernova ist längst ausgebrannt, bevor das Licht zu uns gelangt.

Wenn das Licht der Supernova bei uns ankommt, übt es auf die Erde einen kleinen Stoß aus. Nun würde aber niemand auf den Gedanken kommen, daß im gleichen Moment der toten Supernova ein Rückstoß erteilt würde. Wenn wir also an Wechselwirkungskräfte zwischen der Supernova und uns denken, kann man sie vernünftigerweise nicht als gleich groß und entgegengerichtet erwarten.

Trotzdem gilt die Erhaltung der Bewegungsgröße. Man braucht nur das Licht als einen der Körper in die Beschreibung mit einzubeziehen. Als das Licht ausgesendet wurde, gab ihm der Stern einen Stoß und erhielt von ihm einen Rückstoß. Ein Teil des Lichts gelangt Millionen Jahre später zur Erde und bringt eine Bewegungsgröße mit. Das auftreffende Licht gibt der Erde einen Stoß und erhält von ihr einen Rückstoß. Bei der Absorption wird seine Bewegungsgröße auf die Erde übertragen.

Diese Beschreibung erscheint nicht mehr so weit hergeholt, wenn man das Beispiel der beiden Eisläufer etwas modifiziert. Wir stellen uns vor, daß sie mit einem Ball spielen. Der Mann wirft den Ball dem Jungen zu. Beim Abwerfen gibt er ihm eine Bewegungsgröße in der einen Richtung und erhält eine gleiche in der Gegenrichtung. Der Junge fängt den Ball. Dabei wird die Bewegungsgröße des Balles auf ihn übertragen. (Seine Masse vergrößert sich um die des Balles.) Die Änderungen der Bewegungsgrößen des Mannes und des Jungen (einschließlich Ball) sind gleich groß und entgegengerichtet. Und die Wechselwirkung zwischen dem Mann und dem Jungen geschieht mit einer Zeitverzögerung. Dieser Zeitverzug ist beträchtlich kürzer als der zwischen der Emission des Lichts durch die Supernova und der Absorption auf der Erdoberfläche. Er ist jedoch abzuschätzen oder sogar zu messen. Berücksichtigt man den Ball nicht, scheinen keine

Wechselwirkungskräfte vorzuliegen. Die Bewegungsgröße scheint für die Zeit, in der der Ball durch die Luft fliegt, verloren zu sein. Doch ergibt sich eine sinnvolle Beschreibung, wenn man den Ball in die Beschreibung einbezieht. In gleicher Weise wird auch die Beschreibung der Lichtaussendung und Absorption sinnvoll, wenn das Licht hinzugenommen wird.

Vergleicht man das Licht mit dem Ball, der vom Mann zum Jungen geworfen wird, dann erscheint die Zeitverzögerung der Wechselwirkung weniger geheimnisvoll. Man erhält das Gefühl der Sicherheit, daß für die gesamten Vorgänge der Wechselwirkung die Bewegungsgröße erhalten bleibt. Die Vorgänge beim Ballwerfen stellen ein „Modell" für die Ausbreitung des Lichts dar. In diesem Modell können wir mit Wechselwirkungskräften arbeiten. In Wirklichkeit kann man das Verhalten des Lichts natürlich nicht voll mit dem eines Balls gleichsetzen. Bälle entstehen nicht im Moment des Abwerfens und verschwinden nicht, wenn sie gefangen werden. Das aber geschieht beim Licht. Daher darf man das Modell nicht zu „wörtlich" nehmen. Wenn später Wechselwirkungen mit Licht, magnetischen Feldern usw. untersucht werden, könnten wir fortfahren, Modelle zu entwerfen, um die Wechselwirkungskräfte deutlich sichtbar zu machen. Doch sind die Modelle voraussichtlich recht kompliziert und erscheinen gekünstelt. Man verzichtet normalerweise darauf und nimmt die allgemeine Erhaltung der Bewegungsgröße als gegeben an.

In späteren Kapiteln werden wenigstens einige Erscheinungen bei der Emission und Absorption von Licht untersucht. Dabei wird sich herausstellen, daß der Gedanke, Licht besitze eine bestimmte Bewegungsgröße, die Modellvorstellungen vom Licht abrundet. Man kann (und muß sogar) den Satz von der Erhaltung der Bewegungsgröße über die Wechselwirkungen hinaus auf den Fall erweitern, daß eine Bewegungsgröße nicht nur an materielle Körper gebunden ist. Man muß die Bewegungsgröße einbeziehen, die von Strahlung übertragen wird. Die Ungleichheit der Kräfte zwischen der Erde und der Supernova ist solange vorhanden, wie die Bewegungsgröße mit der Strahlung wandert. Dafür gibt es viele ähnliche Beispiele. Das gleiche geschieht, wenn Strahlung (Licht) von einem Atom emittiert und von einem anderen absorbiert wird. Wird die Bewegungsgröße der Strahlung einbezogen, dann umfaßt die Erhaltung der Bewegungsgröße das gesamte Universum.

16.8. Raketen

Mit dem Gesetz der Erhaltung der Bewegungsgröße läßt sich die Bewegung einer Rakete verstehen. Man kann einige der Bedingungen angeben, die erfüllt sein müssen, wenn man einen Satelliten auf eine Umlaufbahn um die Erde bringen will.

Eine Rakete bewege sich weit draußen im Weltraum. Es wirken auf sie keine Kräfte von außen. Während der Zeit, in der die Rakete beschleunigt wird, möge sich die Geschwindigkeit der Erde nicht merkbar ändern (diese Annahme ist für eine kurze Zeitdauer gut erfüllt). Für diesen Fall ist die Anfangsgeschwindigkeit $\vec{v}_0$ der Rakete in Bezug auf die Erde konstant.

Nun wird das Triebwerk der Rakete gezündet, es stößt einen Gasstrom mit einer hohen Geschwindigkeit $\vec{v}_a$ relativ zur Rakete nach hinten aus. Ist diese Geschwindigkeit $\vec{v}_a$ zur vorherigen Geschwindigkeit $\vec{v}_0$ entgegengerichtet, so hat das Gas nach dem Ausströmen eine kleinere Geschwindigkeit gegenüber der Erde und damit eine kleinere Bewegungsgröße als vorher, als es sich mit der Geschwindigkeit $\vec{v}_0$ bewegte. In der gleichen Zeit gewinnt die Rakete Bewegungsgröße in der Richtung der ursprünglichen Bewegung.

Nun sollen die Bewegungsgrößen der Rakete und des Gases am Anfang und am Ende eines kleinen Zeitintervalls dt bestimmt werden. Zu Beginn des Intervalls ist die gesamte Bewegungsgröße des Systems die Summe aus der Bewegungsgröße der Rakete (Masse m_r) und der Bewegungsgröße des in der Zeit dt ausströmenden Gases (Masse dm_g), das zu Beginn das Intervall noch mit der Rakete vereint ist. Beide bewegen sich mit der Geschwindigkeit $\vec{v}$ relativ zur Erde (Bild 16.19a),

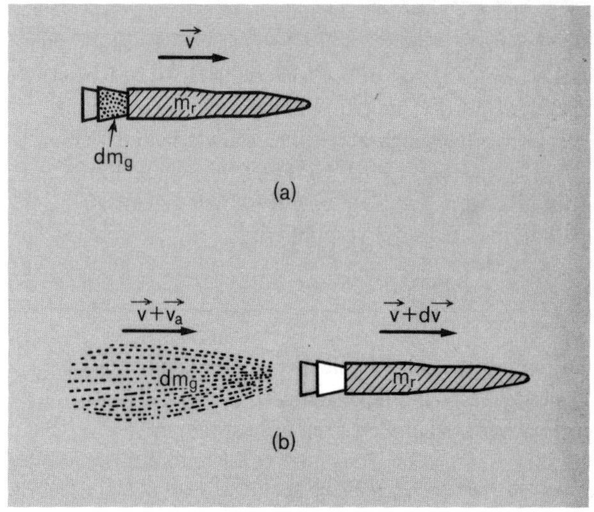

Bild 16.19. Anfangs bewegen sich das Antriebsgas (Masse dm_g), das dann in einer kurzen Zeit dt ausgestoßen wird, und die Rakete (Masse m) mit der Geschwindigkeit $\vec{v}$ relativ zur Erde. Nach der Ausströmzeit dt bewegt sich die Rakete mit einer größeren Geschwindigkeit $\vec{v} + d\vec{v}$, das ausgeströmte Gas bewegt sich mit einer kleineren Geschwindigkeit $\vec{v} + \vec{v}_a$. (Das Gas wird mit der Geschwindigkeit $\vec{v}_a$ aus den Düsen nach hinten ausgestoßen. Daher ist $\vec{v}_a$ entgegengerichtet zur Anfangsgeschwindigkeit $\vec{v}$.)

die Bewegungsgröße ist daher zu Beginn des Zeitintervalls $(m_r + dm_g)\vec{v}$. Am Ende des Intervalls dt bewegt sich die Rakete mit der Geschwindigkeit $\vec{v} + d\vec{v}$, das ausgeströmte Gas hat sich auf die Geschwindigkeit $\vec{v} + \vec{v}_a$ verlangsamt. ($\vec{v}_a$ ist zu $\vec{v}$ entgegengerichtet.) Die gesamte Bewegungsgröße am Ende des Intervalls beträgt daher $m_r(\vec{v} + d\vec{v}) + dm_g(\vec{v} + \vec{v}_a)$. Aus dem Satz von der Erhaltung der Bewegungsgröße folgt, daß diese Bewegungsgröße gleich der am Anfang vorhandenen ist:

$$m_r(\vec{v} + d\vec{v}) + dm_g(\vec{v} + \vec{v}_a) = m_r\vec{v} + dm_g\vec{v}$$

oder

$$d\vec{v} = \vec{v}_a \frac{-dm_g}{m_r}\ .$$

Dabei ist zu beachten, daß dm_g die Masse des ausgestoßenen Gases und m_r die Masse der Rakete ist. dm_g ist also nicht das Differential der Größe m_r, sondern der Größe $m_0 - m_r$, d.h. der gesamten bis zur Zeit t ausgestoßenen Gasmenge. (m_0 ist die ursprüngliche Masse von Gas und Rakete zusammen.) Daher muß vor dem Integrieren eine Substitution der Variablen vorgenommen werden. Die Änderung dm_r der Masse der Rakete ist im Betrage gleich, aber im Vorzeichen verschieden von der Änderung dm_g der Gasmasse. (Die Masse der sich mit der Geschwindigkeit $\vec{v}$ bewegenden Rakete nimmt ab, während die Menge des sich mit der Geschwindigkeit $\vec{v} + \vec{v}_a$ bewegenden Gases zunimmt.) Daher ist $dm_g = -dm_r$ und

$$d\vec{v} = \vec{v}_a \frac{dm_r}{m_r}\ .$$

Beim Übergang zur Betragsgleichung ist zu beachten, daß der Betrag v_a negativ ist, wenn das Gas nach hinten (also entgegengesetzt zur Geschwindigkeitsrichtung) ausgestoßen wird. Mit einer Massenabnahme (negatives dm_r) ist dann eine Geschwindigkeitszunahme (positives dv) verbunden:

$$dv = v_a \frac{dm_r}{m_r}\ .$$

Durch Integration läßt sich aus dieser Gleichung die gesamte Geschwindigkeitsänderung von der Zeit $t_0\ (m_0, v_0)$ bis zur Zeit t (m, v) bestimmen:

$$\int_{v_0}^{v} dv = v_a \int_{m_0}^{m} \frac{dm_r}{m_r}\ ,$$

$$v - v_0 = v_a(\ln m - \ln m_0) = v_a \ln \frac{m}{m_0}\ .$$

Die Änderung der Geschwindigkeit hängt von der Massenänderung der Rakete, nachdem das Triebwerk gezündet hat, ab.

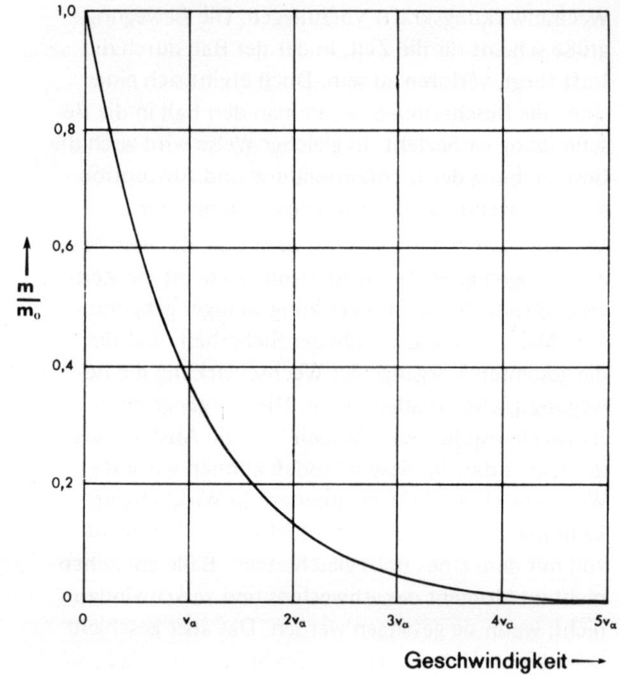

Bild 16.20. Eine Rakete erhöht ihre Geschwindigkeit, indem sie Gas nach hinten ausstößt. Sie verliert dabei an Masse. Der Bruchteil, der von der ursprünglichen Masse noch vorhanden ist, wird in Abhängigkeit von der erreichten Geschwindigkeit aufgetragen.

Schreibt man den Zusammenhang in exponentieller Form, so erhält man

$$\frac{m}{m_0} = e^{\frac{v - v_0}{v_a}}$$

Bild 16.20 zeigt den Graph einer solchen Funktion für einen negativen Betrag v_a[1]).

Nun läßt sich abschätzen, welcher Teil der Masse einer Rakete ausgestoßen werden muß, damit ein Erdsatellit auf seine Umlaufbahn gebracht wird. Wir haben schon gefunden, daß der Satellit eine Geschwindigkeit von etwa 8 $\frac{km}{s}$ erhalten muß, damit er sich auf einer Kreisbahn um die Erde bewegt. Um diese Geschwindigkeit mit der geringsten Massenabnahme zu erreichen, wird

[1]) Die Gleichung und die Kurve zeigen die Beziehung zwischen dem Massenbruchteil $\frac{m}{m_0}$ und der erreichten Geschwindigkeit v. Sie sagen nichts aus über die erforderliche Zeit. Die Endgeschwindigkeit hängt nur von der Ausstoßgeschwindigkeit v_a und dem Bruchteil der von der ursprünglichen Masse verbliebenen Restmasse ab. Man kann sich klarmachen, daß die Zeit, in der der Brennstoff verbrennt, die erreichte Endgeschwindigkeit nicht beeinflußt. Wird beispielsweise das Triebwerk eine Weile ausgeschaltet, dann gleitet in dieser Zeit die Rakete weiter, ohne ihre Geschwindigkeit zu ändern.

man die Ausstoßgeschwindigkeit v_a der Verbrennungsgase so hoch wie möglich wählen. Wie groß kann man v_a machen? Die Antwort darauf hängt von der Arbeit des Treibstoffs ab. Bei chemischen Treibstoffen läßt sich maximal eine Ausströmungsgeschwindigkeit von $3 \frac{km}{s}$ erreichen. Der folgenden Rechnung wird (realistischerweise) ein Wert $v_a = 2 \frac{km}{s}$ zugrundegelegt. Dies entspricht einer Gastemperatur von über 3000 °C. Daher muß eine geschickte Düsenanordnung verhindern, daß das Gas auf die Raketenhülle trifft und sie beschädigt.

Mit $v_a = 2000 \frac{m}{s}$ ist das Verhältnis $\frac{v}{v_a}$ für eine Rakete auf einer Erdumlaufbahn $\frac{8}{2} = 4$. Aus Bild 16.20 kann man entnehmen, daß dieses Geschwindigkeitsverhältnis dem Massenverhältnis $\frac{m}{m_0} = 0{,}02$ entspricht. 98 % der ursprünglichen Masse müssen also ausgestoßen werden, damit die restlichen 2 % eine Geschwindigkeit von $8000 \frac{m}{s}$ erreichen. Zusätzlich muß die Rakete gegen die Anziehungskraft der Erde in ihre Bahn gehoben und gegen den Luftwiderstand beschleunigt werden. Das bedeutet, daß man einen noch größeren Anteil der Masse ausstoßen muß, als es die vereinfachte Rechnung ergibt. Nur etwa $\frac{1}{200}$ der ursprünglichen Masse geht in die Umlaufbahn. Daran erkennt man, warum man tonnenschwere Raketen starten muß, um einen Satelliten von einigen kg Masse auf die Umlaufbahn zu bringen.

Aufgaben

1.* Man stößt einen Körper während 0,5 s mit einer Kraft F = 3 N. Welchen Impuls erfährt der Körper?

2.* Welcher Impuls gibt einem Körper (m = 8,0 kg) eine Geschwindigkeitsänderung $\Delta v = 4{,}0 \frac{m}{s}$?

3.* Man wirft einen Ball gegen eine Wand und fängt ihn bei der Rückkehr auf.
   a) Wieviel Impulse hat der Ball erfahren?
   b) Welcher Impuls war der größte?

4. Ein Körper (m = 3 kg) wurde durch eine konstante Kraft F = 12 N von $v_1 = 10 \frac{m}{s}$ auf $v_2 = 18 \frac{m}{s}$ beschleunigt.
   a) Welcher Impuls wurde dem Körper vermittelt?
   b) Wie lange wirkte die Kraft?

5. Eine konstante Kraft bewegt einen Körper (m = 2,0 kg) aus der Ruhe in 2,0 s um den Weg 4,0 m. Welcher Impuls wurde auf den Körper ausgeübt?

6. Ein Güterwagen ($m = 5{,}0 \cdot 10^4$ kg) rollt mit einer Geschwindigkeit $v = 0{,}30 \frac{m}{s}$ auf einem ebenen Schienenstrang. Er zieht ein Seil hinter sich her.
   a) Wenn man am Seil zieht, so kann man schätzungsweise eine Kraft F = 250 N auf den Wagen zum Abbremsen ausüben. Wie lange dauert es, bis der Wagen zum Stehen kommt?
   b) Zehn Meter vom Punkt, in dem man zu ziehen beginnt, steht ein anderer Wagen. Kommt es zu einem Zusammenstoß?

7. Ein Gewehrgeschoß (m = 10 g) trifft mit $v = 850 \frac{m}{s}$ auf einen Sandsack. Es durchschlägt 20 cm Sand.
   a) Wie groß ist die auf das Geschoß wirkende (Reibungs-)Kraft? (Man darf annehmen, daß sie konstant ist.)
   b) In welcher Zeit wird das Geschoß ganz abgebremst?

8.* Welche mittlere Kraft ist erforderlich, um einen Hammer mit der Bewegungsgröße $p = 25 \frac{kgm}{s}$ in 0,05 s abzustoppen?

9. Ein Mann steht in der Mitte eines zugefrorenen Sees auf vollkommen reibungslosen Eis. Wie kann er ans Ufer gelangen?

10. Ein Körper (m = 10 kg) bewegt sich geradlinig mit der Geschwindigkeit $v_1 = 10 \frac{m}{s}$. Dann wirkt eine konstante Kraft 4,0 s lang auf ihn ein und gibt ihm die Geschwindigkeit $v_2 = -2 \frac{m}{s}$.
   a) Welcher Impuls hat auf den Körper gewirkt?
   b) Welchen Betrag und welche Richtung hatte die Kraft?
   c) Welche Bewegungsgröße hatte der Körper vor und nach dem Einwirken der Kraft?

11. Zwei Körper ($m_1 = 2{,}0$ kg und $m_2 = 0{,}50$ kg) werden mit einem leichten Band zusammengebunden und bilden einen Gesamtkörper (Bild 16.21a). Dieser wird aus der Ruhe auf einem reibungslosen Tisch in Bewegung gesetzt, indem man einen Impuls von 10 Ns auf ihn ausübt. Unglücklicherweise reißt das Band während der Einwirkung der Kraft (Bild 16.21b). Der zweite Körper geht mit großer Geschwindigkeit davon, während der erste nur $v_1 = 0{,}20 \frac{m}{s}$ erhalten hat.
   a) Welchen Impuls erhielt der erste Körper?
   b) Welchen Impuls erhielt der zweite Körper?
   c) Welche Endgeschwindigkeit erhielt der zweite Körper?

12.* Ein Impuls wird auf einen bewegten Körper unter einem Winkel von 120° (in Bezug auf seinen Geschwindigkeitsvektor) ausgeübt. Welchen Winkel bildet der Impuls $\vec{F}\Delta t$ mit der Änderung der Bewegungsgröße $\Delta\vec{p}$?

13.* Wie wurde in Bild 16.12 die Zeichnung b) aus a) gewonnen?

14.* Zwei anfangs ruhende Trockeneis-Pucks wurden durch eine Explosion mit den Geschwindigkeiten $v_1 = 5 \frac{m}{s}$ und $v_2 = -2 \frac{m}{s}$ auseinandergetrieben. In welchem Verhältnis stehen ihre Massen zueinander?

15. Ein Rollwagen (m = 20 kg) bewegt sich mit einer Geschwindigkeit $v = 2{,}0 \frac{m}{s}$. Ein Junge (m = 60 kg) springt während der Fahrt ab. Beim Auftreffen auf den Boden
   a) bewegt er sich mit der gleichen Geschwindigkeit wie der Wagen,
   b) bewegt er sich nicht relativ zum Boden,
   c) bewegt er sich mit der doppelten Anfangsgeschwindigkeit des Wagens.

   Wie ändert sich in jedem der Fälle die Geschwindigkeit des Wagens?

16. Zwei schwere reibungslose Wagen stehen in Ruhe. Sie werden durch ein Band zusammengehalten, während zwischen ihnen eine Spiralfeder gespannt ist (Bild 16.22). Wird das Band durchgebrannt, so entspannt sich die Feder von 2 cm auf 3 cm und die Wagen rollen auseinander. Sie treffen im gleichen Moment auf zwei Klötze, die auf dem Tisch aufgestellt wurden. Doch Wagen A

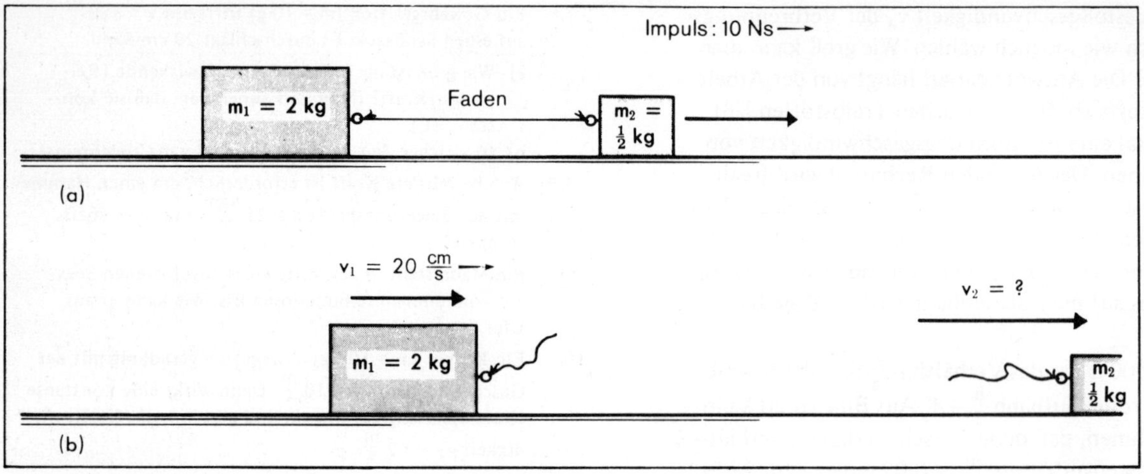

Bild 16.21. Zur Aufgabe 11

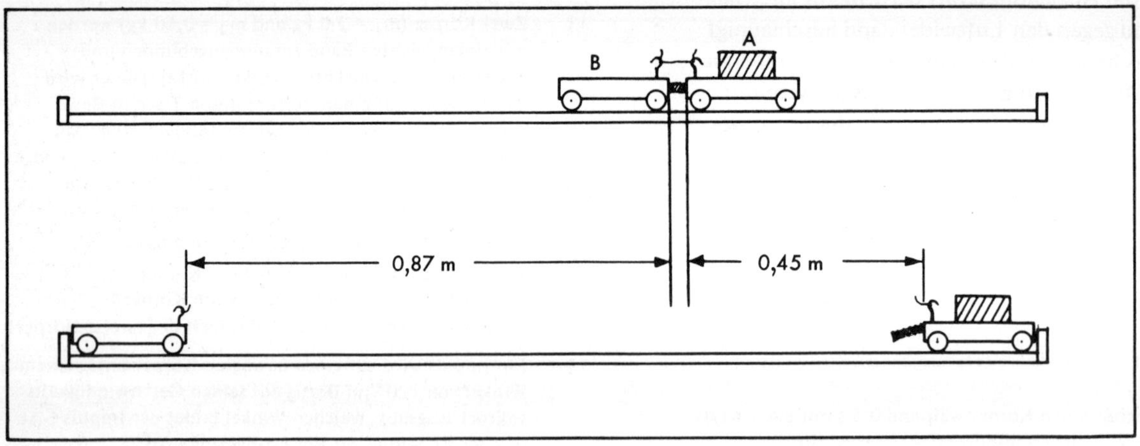

Bild 16.22. Zur Aufgabe 16

legte 0,45 m zurück, während B 0,87 m durchlief. In welchem Verhältnis stehen

a) die Geschwindigkeiten der Wagen nach der Wechselwirkung,
b) ihre Massen,
c) die auf sie ausgeübten Impulse,
d) die Beschleunigungen der Wagen während des Ausdehnens der Feder?

17. Ein Proton ($m = 1{,}67 \cdot 10^{-27}$ kg) stößt mit einer Geschwindigkeit $v = 1{,}0 \cdot 10^7 \frac{m}{s}$ auf einen unbewegten Heliumkern und prallt mit einer Geschwindigkeit $v' = -6 \cdot 10^6 \frac{m}{s}$ zurück. Der Heliumkern bewegt sich infolge des Stoßes mit einer Geschwindigkeit $v_{He} = 4 \cdot 10^6 \frac{m}{s}$.

a) Kann man aus diesen Angaben die Masse des Heliumkerns bestimmen? Wenn ja, welcher Wert ergibt sich?
b) Kann man die während des Stoßes wirkende Kraft berechnen? Was erhält man?
c) Begründen Sie die Antworten zu a) und b), insbesondere wenn ein „nein" auftaucht.

18. Ein stehender Kühlwagen ($m = 2{,}0 \cdot 10^4$ kg) wird durch einen beladenen Güterwagen ($m = 3{,}0 \cdot 10^4$ kg) gerammt. Welche Geschwindigkeit ergibt sich, wenn die Wagen nach dem Aufprall verhakt bleiben und der Güterwagen eine Geschwindigkeit $v = 1{,}0 \frac{m}{s}$ hatte?

19. Ein Raketenversuchswagen wird durch gebogene Wasserrohre, die in eine Wasserrinne tauchen, abgebremst. Die Rohre (Bild 16.23) sind so geformt, daß sie das Wasser im rechten Winkel zur Bewegung ausstoßen und daß das Wasser die Rohre gerade mit der jeweiligen Geschwindigkeit des Wagens verläßt.

a) Welche Änderung der Bewegungsgröße erfährt eine Wassermenge (m), wenn sich der Wagen mit einer Geschwindigkeit v bewegt?
b) Wie ändert sich die Bewegungsgröße des Wagens durch jede aufgenommene Wassermenge der Masse m?
c) Bietet es einen Vorteil, wenn man die Hälfte des Wassers nach jeder Seite ausstößt? Warum läßt man nicht alles Wasser nach einer Seite ausströmen?

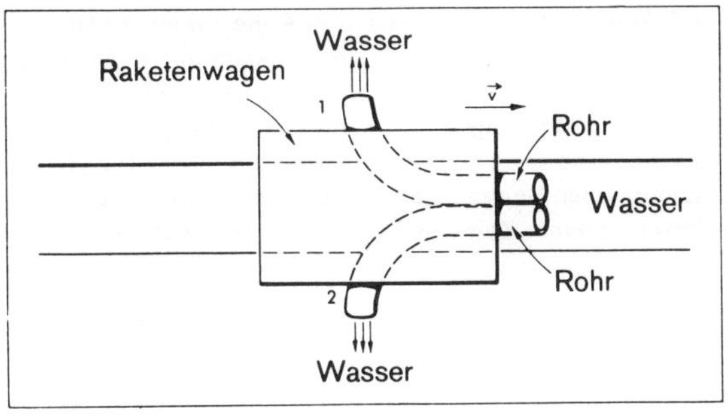

Bild 16.23. Zur Aufgabe 19 (Rakete ist nicht eingezeichnet)

20. Ein Raumfahrer mit der gesamten Masse M (einschließlich der Ausrüstung) ist durch einen Unfall von seinem Raumschiff getrennt worden und befindet sich relativ zu ihm in Ruhe in einem Abstand d. Sein Sauerstoffbehälter enthält die Masse m_0 ($m_0 \ll M$) Sauerstoff. Er ist mit einer Düse versehen, durch die das Gas sehr rasch mit einer mittleren Geschwindigkeit v ausströmen kann. Er muß Sauerstoff ausströmen lassen, um zum Schiff zurückgetrieben zu werden. Er braucht aber auch Sauerstoff zum Atmen und zwar in jeder Sekunde die Menge Δm.
   a) Welche Geschwindigkeit V wird er erreichen, wenn er eine Sauerstoffmenge m abläßt? Wie lange wird er damit brauchen, zum Schiff zurückzukehren?
   b) Wie lange kann er mit dem restlichen Sauerstoff atmen?
   c) Wenn er heil zum Raumschiff zurückkehren will, dann muß seine Atemzeit t_A gleich der (oder größer als die) Rückkehrzeit t_R sein. Welche Bedingung ergibt das für die Masse m?
   d) Wieviel Sauerstoff kann der Astronaut für den Antrieb ablassen, wenn M = 100 kg, m_0 = 0,5 kg, d = 45 m, v = 50 $\frac{m}{s}$ und $\Delta m = 2{,}5 \cdot 10^{-4}$ kg gegeben sind?

21.* In welcher Richtung bewegt sich der Massenschwerpunkt der Kugeln in Bild 16.9 nach dem Stoß?

22. Zwei Wagen ($m_1 = m_2 = 1$ kg) bewegen sich gemeinsam mit einer Geschwindigkeit v = 0,5 $\frac{m}{s}$. Nachdem eine Feder sie auseinandergedrückt hat, fährt einer von ihnen mit $v_1' = 0{,}7\ \frac{m}{s}$ in der gleichen Richtung weiter.
   a) Welche Geschwindigkeit hat der Schwerpunkt nach Einwirken der Feder?
   b) Welche Geschwindigkeit hat der zweite Wagen dann?

23. Eine Rakete befindet sich im freien Raum. Indem sie Verbrennungsgase ausstößt, erhöht sich ihre Geschwindigkeit zur anderen Seite. Was geschieht mit dem Schwerpunkt der gesamten Masse, der ausgestoßenen und der in der Rakete verbleibenden?

24. In Bild 16.24 kam die große Kugel von oben und die kleine von unten. In der Mitte fand ein Zusammenstoß statt.
   a) Zeichnen Sie die Vektoren, die die Änderungen der Geschwindigkeiten jeder Kugel darstellen. Stellen Sie diese im gleichen Maßstab dar und überprüfen Sie die Richtung.

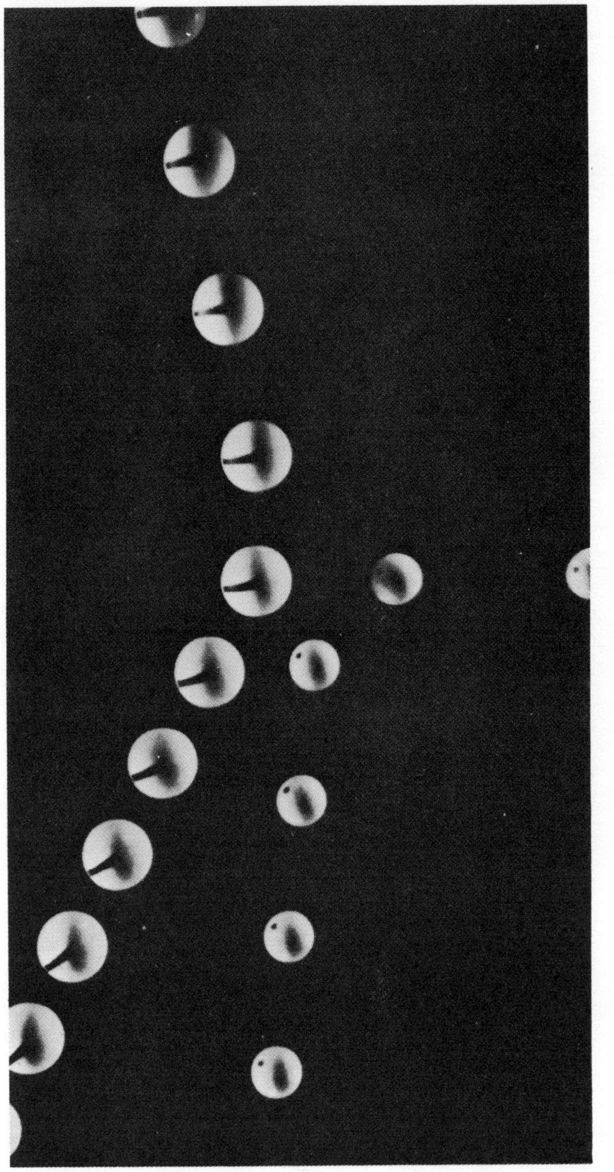

Bild 16.24. Zur Aufgabe 24

   b) Sind die Änderungen der Geschwindigkeiten entgegengerichtet?
   c) Sind die Beträge gleich?
   d) In welchem Verhältnis stehen die Änderungen, wenn sie nicht dem Betrag nach gleich sind?
   e) Die Masse der großen Kugel ist 201 g. Welche Masse hat die kleine?

25. Ein Ziegelstein (m_Z = 2,0 kg) wird ohne Horizontalgeschwindigkeit auf einen Wagen (m_W = 2,0 kg) gelegt, der sich mit $v_W = 0{,}40\ \frac{m}{s}$ über eine reibungslose Unterlage bewegt.
   a) Wie ändert sich die Geschwindigkeit des Wagens?
   b) Welche Geschwindigkeit hat der Schwerpunkt des Systems von Wagen und Ziegelstein, bevor der Stein auf den Wagen gelegt wird?

26. Eine Explosion zersprengt einen Stein in drei Teile. Zwei Stücke fliegen im rechten Winkel zueinander fort, das erste (m_1 = 1,0 kg) mit $v_1 = 12\,\frac{m}{s}$ und das zweite (m_2 = 2,0 kg) mit $v_2 = 8{,}0\,\frac{m}{s}$. Das dritte fliegt mit $v_3 = 40\,\frac{m}{s}$ fort.
   a) Zeichnen Sie ein Diagramm und ermitteln Sie daraus die Richtung des dritten Stückes.
   b) Welche Masse besitzt es?

27. Das in Bild 16.25 dargestellte System besteht aus einer gerahmten Glasscheibe (m = 5,0 kg), auf der zwei Körper (m_1 = 1,0 kg und m_2 = 4,0 kg) liegen. An beiden Seiten des Rahmens wurde Plastilin zum Abbremsen angebracht. Der Rahmen und die beiden Körper sind auf Trockeneis-Pucks gelagert. (Die Masse des Trockeneises ist in den angegebenen Werten enthalten.) Der Schwerpunkt des Systems liegt im Mittelpunkt des Rahmens. Eine Explosion stößt die beiden Körper auseinander. Der erste entfernt sich mit der Geschwindigkeit $v_1 = 12\,\frac{m}{s}$. Jeder der Körper kann im Plastilin steckenbleiben.
   a) Welche Geschwindigkeit hat der zweite Körper nach der Explosion?
   b) Wo liegt der Schwerpunkt des ganzen Systems nach 1 s, nach 2 s?
   c) Welche Geschwindigkeit haben der Rahmen und die daraufgelegten Körper nach 100 s?
   d) Welche Bewegung spielt sich in dieser Zeit ab?
   e) Wie weit bewegt sich der Rahmen?

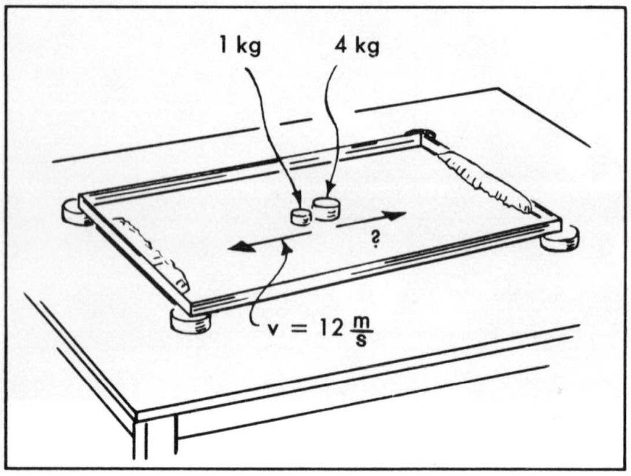

Bild 16.25. Zur Aufgabe 27

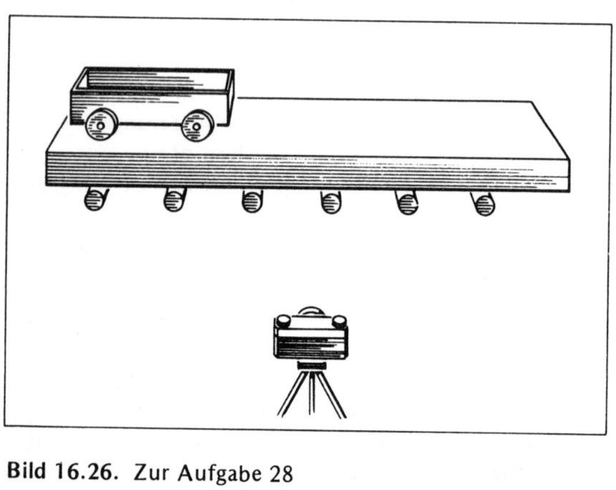

Bild 16.26. Zur Aufgabe 28

28. Ein Wagen (m_W = 20 kg) steht in Ruhe auf einer Plattform (m_P = 80 kg) (Bild 16.26). Er kann durch einen Motor auf der Plattform angetrieben werden. Diese ist auf Rollen gelagert und kann sich reibungsfrei bewegen. Eine stroboskopische Kamera zeichnet alle vorkommenden Bewegungen auf. Der Motor wird angelassen. In einer Zeit von 3,0 s erreicht die Plattform die Geschwindigkeit $v_P = 0{,}30\,\frac{m}{s}$.
   a) Welche Geschwindigkeit erreicht der Wagen in dieser Zeit?
   b) Welche Kraft haben die Räder des Wagens auf die Plattform ausgeübt?
   c) Welche Geschwindigkeit hat der Wagen relativ zur Plattform nach 3,0 s?
   d) Angenommen, man kennt nur diese relative Bewegung des Wagens auf der Plattform. Welche Kraft würde man dann berechnen, die dem Wagen diese (relative) Geschwindigkeit in 3,0 s verleiht? Warum unterscheidet sich dieser Wert von dem unter b) berechneten?

29. Ein Körper der Masse m_1 bewegt sich mit der Geschwindigkeit $\vec{v}_1$ auf einen ruhenden Körper der Masse m_2 zu. Die gesamte Bewegungsgröße beider Körper ist $m_1\vec{v}_1$. So wird die Situation in dem Bezugssystem beschrieben, in dem der zweite Körper ruht.
   a) Nun betrachten wir ein zweites Bezugssystem, das sich relativ zum ersten mit der Geschwindigkeit $\vec{u}$ bewegt. Wie muß $\vec{u}$ gewählt werden, damit die gesamte Bewegungsgröße im zweiten System gleich Null ist? (Dann ist das zweite System das Schwerpunktssystem.)
   b) Die beiden Körper stoßen (nicht unbedingt zentral) zusammen. Läßt sich der Winkel zwischen ihren Bewegungsgrößen nach dem Stoß im ersten Bezugssystem angeben? Läßt sich der Winkel im Schwerpunktssystem angeben?

30.* Was geschieht mit der Bewegungsgröße eines bewegten Wagens, wenn er zum Stehen gebracht wird?

31. Ein Doppelstern besteht aus zwei Körpern großer Masse, die sich durch ihre Gravitationskräfte anziehen. Durch Beobachtung der Bewegung beider Körper kann man feststellen, daß sie umeinander rotieren.
   a) Was geschieht mit der Bewegungsgröße jedes der beiden Teilsterne im Ablauf der Zeit?
   b) Wenn man den hellen Sirius sorgfältig beobachtet, kann man ein Schwanken (statt einer gleichförmigen Bewegung seines Massenschwerpunktes) wahrnehmen. Daraus (und aus weiteren Anzeichen) vermuten die Astronomen, daß Sirius einen dunklen Begleiter besitzt. Er ist in Wirklichkeit ein Doppelstern. Wie erklärt dies die beobachtete eigenartige Bewegung?

32.* Wir betrachten einen Zusammenstoß zwischen zwei Teilchen, bei dem Licht in einer bestimmten Richtung emittiert wird. Da das Licht einen Druck ausübt, muß es eine Bewegungsgröße besitzen. Wenn die gesamte Bewegungsgröße (einschließlich der des Lichts) erhalten bleibt, sind dann die Wechselwirkungskräfte zwischen den beiden Teilchen gleich groß und entgegengerichtet?

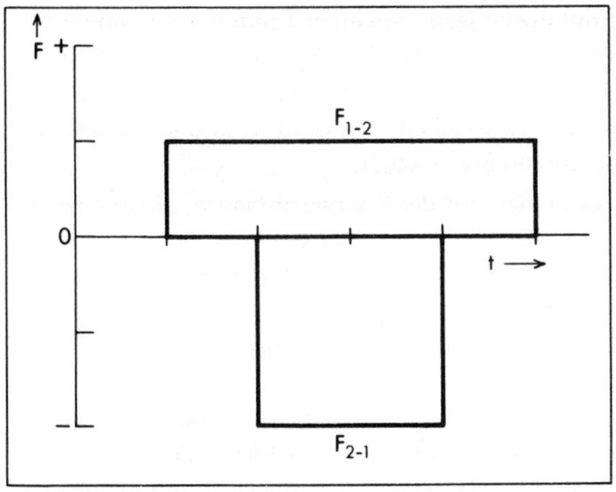

Bild 16.27. Zur Aufgabe 33

33. Bild 16.27 zeigt einen hypothetischen Kraft-Zeit-Graphen zwischen zwei Körpern. F_{1-2} und F_{2-1} sind die Kräfte, mit denen die Körper aufeinander wirken.
   a) Ist die am Schluß vorhandene gesamte Bewegungsgröße von der am Anfang vorhandenen verschieden?
   b) Bleibt die Bewegungsgröße während der Wechselwirkung ständig erhalten?

34. a) Man verwende den Graphen in Bild 16.20 und zeichne auf geeignetem Papier die Kurve, die das Verhältnis $\frac{m}{m_0}$ in Abhängigkeit von v für eine Rakete mit der konstanten Ausstoßgeschwindigkeit $v_a = 2\,\frac{km}{s}$ darstellt, in dreifacher Vergrößerung.
   b) Aus der Zeichnung in a) soll der Bruchteil der Masse angegeben werden, der verbleibt, wenn die Geschwindigkeit der Rakete auf $12\,\frac{km}{s}$ angestiegen ist.

17. Arbeit und kinetische Energie

Man kann den Begriff „Energie" nur schwer definieren, und doch ist Energie allen vertraut. Wir benötigen Energie zum Leben und zum Arbeiten. Sie wird durch die Nahrung geliefert. Wir benötigen Brennstoffe wie Holz, Erdgas, Heizöl, Benzin, um damit unser Essen zu kochen, die Wohnung zu wärmen und das Auto anzutreiben. Durch Jahrtausende verwendete der Mensch die aus den Brennstoffen freigesetzte Energie zum Wärmen und in nur geringem Maße als Hilfe bei handwerklicher oder künstlerischer Tätigkeit. Bis in die jüngste Vergangenheit hinein wurde alle schwere Arbeit durch (menschliche oder tierische) Muskeln ausgeführt. Seit der (ersten) industriellen Revolution jedoch gewann der Mensch immer mehr Energie aus anderen Quellen. Heute liefert die Verbrennung von festen oder flüssigen Brennstoffen den größten Teil der Energie, die unsere landwirtschaftlichen Maschinen betreibt, Züge, Wagen, Schiffe und Flugzeuge in Bewegung setzt und Industriewerke in Gang hält. Ohne die aus den Brennstoffen gewonnene Energie kann unsere heutige technische Gesellschaft nicht bestehen. Will man den technologischen Entwicklungsstand und den Wohlstand eines Landes abschätzen, so gibt der mittlere Energieverbrauch (pro Einwohner und Jahr) dafür einen guten Anhalt.

In der Umgangssprache benutzt man das Wort „Energie" oft in folgender Weise: Man fühlt sich „voller Energie" oder „energiegeladen", wenn man morgens ausgeschlafen an die Arbeit geht. Nach einigen Stunden Arbeit haben wir „unsere Energie verloren". Wir gewinnen sie durch Schlaf oder kräftige Nahrung zurück. Diese umgangssprachliche Verwendung des Wortes „Energie" ist eng verwandt mit der fachsprachlichen. Wir wollen nun den physikalischen Begriff der Energie entwickeln. Dabei gehen wir aus von der engen Beziehung der Energie zu den Brennstoffen, die Muskeln oder Maschinen die Fähigkeit vermitteln, „etwas Nützliches zu tun". Als vorläufige Definition wollen wir sagen: Energie muß beim Verrichten von Arbeiten unbedingt vorhanden sein. Beim Arbeiten wird Energie nicht erzeugt oder verbraucht, sondern nur von einer Form in eine andere umgewandelt.

17.1. Energieübetragung

Beim Arbeiten wird Energie von einer Form in eine andere und von einem Ort zu einem anderen übergeführt. Beispielsweise wandelt sich beim Anfahren die (chemische) Energie des Dieselöls in Energie des fahrenden Zuges um. Die Wärmeenergie des Heizkörpers geht in Wärmeenergie der Luft über. Eine gegebene Menge Brennstoff enthält eine bestimmte Menge Energie. Wir werden später sehen, daß Energie niemals und nirgends neu erzeugt oder auch vernichtet wird. Sie wird nur übertragen (von einer Form in eine andere oder von einem Körper auf einen anderen). In einer anschaulichen Analogie kann man die Energie mit Geldbesitz vergleichen. Das Geld wechselt den Besitzer, wenn jemand etwas kauft.

Was kann man mit der Energie anfangen, die in einer Benzinmenge gespeichert ist? Wir können das Benzin im Motor eines Wagens verbrennen. Dabei wird die Energie auf die Räder übertragen, so daß der Wagen beispielsweise einen Berg hochfährt. Oder wir verbrennen das Benzin in einem Dampferzeuger. Der Dampf expandiert und bewegt einen Kolben, der eine Last gegen die Erdanziehung hochhebt. Die Last ist durch ein Seil, das über eine Rolle läuft, mit einem Wagen verbunden. Läßt man sie wieder fallen, so zieht sie den Wagen den Berg hoch. Wieder ist Energie übertragen worden, wobei auch diesmal von der Energie aus dem Benzin ausgegangen wurde, um den Wagen anzuheben. Doch geschah dies im zweiten Beispiel auf eine umständlichere Weise. Wir müssen nun ein genaues Verfahren angeben, wie man solche Übertragung der Energie messend erfassen kann. Es wird sich zeigen, daß Energie nicht gewonnen oder verloren werden kann. Sie bleibt bei der Umwandlung erhalten.

17.2. Arbeit als Maß der Energieübertragung

Wir betrachten nun die Umwandlung der Energie bei einem Vorgang, bei dem Benzin verbrennt. Die Übertragung der Energie läßt sich auf verschiedene Weise erfassen:

a) durch die Anzahl von verrichteten Arbeitseinheiten (beispielsweise die Anzahl von gemähten Rasenflächen oder die Anzahl von erwärmten Häusern) oder
b) durch die Menge des verbrauchten Benzins (beispielsweise die Anzahl der Liter oder der Kanister).

In den bisher genannten Beispielen werden Kräfte ausgeübt und Körper bewegt. Man sagt, daß bei solchen Energieübertragungen „Arbeit" verrichtet wird. Der *Begriff der Arbeit* soll nun entwickelt werden, damit ein genaues und zuverlässiges *Maß für die Energieübertragung* bereitsteht. Im Augenblick werden wir von „Arbeit" sprechen, wenn wir die ausgeführte Tätigkeit oder wenn wir den Benzinverbrauch messen wollen. Man beachte, daß diese beiden Maße der Energieübertragung miteinander übereinstimmen. Das erkennt man an Beispielen: Bei jeder Verrichtung ist die Anzahl der ausgeführten Arbeitseinheiten der Menge des verbrauchten Benzins proportional. Will man zwei gleiche Dinge tun, so benötigt man doppelt so viel Benzin wie für eines. Beispielsweise kann man mit zwei Liter Benzin die doppelte Rasenfläche mähen wie mit einem Liter.

Nun soll eine Verknüpfung zwischen der Kraft und der Bewegung hergestellt werden, die als Maß für die Energieübertragung dienen kann. Wir suchen nach einem solchen Ausdruck, der proportional zur verbrauchten Benzinmenge und proportional zur Anzahl der verrichteten Tätigkeitseinheiten ist. Diesen zusammengesetzten Ausdruck werden wir „Arbeit" nennen.

Nehmen wir einmal an, ein Benzinmotor zieht Wagen einer Drahtseilbahn auf den Gipfel eines Berges. Wie hängt die dazu benötigte Benzinmenge von der Kraft ab, die vom Zugseil ausgeübt wird? Man braucht eine bestimmte Benzinmenge, um einen einzigen Wagen den Berg hochzuziehen. Dabei zieht der Motor das Zugseil mit einer bestimmten Kraft entlang eines bestimmten Weges. Die gleiche Benzinmenge braucht man wieder, um einen zweiten gleichen Wagen nach oben zu ziehen. Der Benzinverbrauch ist also für zwei Wagen doppelt so groß wie für einen. Man könnte diese Wagen auch zur gleichen Zeit nach oben ziehen, wenn man zwei gleiche Motoren über zwei getrennte Zugseile angreifen ließe. Auf diese Weise könnte man die Wagen gemeinsam hochziehen und würde dabei die doppelte Kraft und die doppelte Benzinmenge benötigen, wie bei einem Wagen. Man könnte die beiden Seile auf der ganzen Länge fest miteinander verbinden, ohne daß es einen Unterschied machen würde. Dieses Verbundseil könnte man durch ein einzelnes für beide Wagen ersetzen und auch die beiden Motoren durch einen einzigen, der natürlich mehr Benzin verbrauchen würde als einer. Die zum Hochziehen der beiden Wagen benötigte Benzinmenge würde immer noch doppelt so groß wie bei einem Wagen sein. Die erforderliche Menge des Benzins verdoppelt sich, wenn die vom Seil ausgeübte Kraft sich verdoppelt. Daher legen wir fest: Die Arbeit, die wir als Maß für die Energieübertragung verwenden wollen, ist proportional zur ausgeübten Kraft (Bild 17.1).

Nun soll untersucht werden, wie der Benzinverbrauch von dem Weg abhängt, den der Wagen den Berg hinauf gezogen werden muß (Bild 17.2). Wir heben den Wagen zunächst bis zur halben Höhe und dann auf den Gipfel. In beiden Fällen übt der Motor die gleiche Kraft auf den Wagen aus und zieht ihn die gleiche Strecke. Er verrichtet zweimal das gleiche, daher braucht er auch doppelt so viel Benzin für den gesamten Weg wie für den halben. Die Menge des verbrauchten Benzins verdoppelt sich, wenn sich der zurückge-

Bild 17.1. Will man zwei gleiche Wagen einer Seilbahn den Berg hinaufziehen, so braucht man die doppelte Menge Benzin wie für einen. Die Kraft ist ebenfalls verdoppelt. Daraus erkennt man, daß die Arbeit proportional zur Kraft ist.

Bild 17.2. Man braucht zweimal so viel Benzin, den Wagen bis zum Gipfel hinaufzuziehen, wie für die Hälfte des Weges. Die Arbeit ist proportional zum zurückgelegten Weg.

legte Weg verdoppelt. Daher legen wir weiter fest: Die Arbeit ist proportional zum zurückgelegten Weg. Durch Zusammenfassen dieser beiden Festlegungen ergibt sich die Definition der Arbeit: *Die Arbeit* W *ist gleich dem Produkt aus der wirkenden Kraft* F *und dem zurückgelegten Weg* s. Aus der Untersuchung vieler weiterer Beispiele kann man schließen, daß die so definierte Größe „Arbeit" gut geeignet ist, die Übertragung von Energie zu messen.

Die Maßeinheit der Arbeit ergibt sich als Produkt aus den Maßeinheiten N der Kraft und m des Weges, also als Nm. Man nennt diese zusammengesetzte Einheit für die Arbeit auch ein *Joule* (J) nach dem britischen Physiker *James P. Joule* (1818 bis 1889). Dieser führte einige der ersten sorgfältigen Versuche aus, in denen er die Energieübertragung zur Begründung der Erhaltung der Energie maß. Zieht man einen Körper eine Strecke $s = 10$ m mit einer Kraft $F = 2$ N, dann verrichtet man die Arbeit $W = Fs = 2\text{ N} \cdot 10\text{ m} = 20$ J.

Wenn wir (in unserem Ausgangsbeispiel) den Wagen sehr schnell den Berg hochziehen, brauchen wir praktisch die gleiche Menge Benzin, wie wenn wir langsam ziehen. Die Zeit, in der etwas gemacht wird, hat nichts mit der dabei verrichteten Arbeit zu tun. Man könnte den Wagen auch heute etwa die Hälfte der Strecke hochziehen und erst morgen die andere. Der Benzinverbrauch wäre immer der gleiche.

Nun ziehen wir die Bremse an und stoppen den Motor. Der Wagen steht still, es wird keine Energie mehr vom Benzin auf ihn übertragen. Obwohl weiterhin eine Kraft auf dem Wagen wirkt, die ihn hält, wird keine Arbeit verrichtet, denn er legt keinen Weg zurück.

Andererseits kann Energie aus dem Benzin entnommen werden, ohne daß etwas Nützliches getan wird. So können wir das Seil vom Motor lösen und ihn dann laufen lassen. Jetzt wird Benzin verbraucht, ohne daß ein Wagen hochgezogen wird. Das Benzin liefert Energie für die Bewegung der Kolben. Diese legen einen Weg zurück, wobei auf sie Kräfte entgegengesetzt den Reibungskräften ausgeübt werden. Auf diese Weise wird durch die Energie des Benzins der Motor erwärmt. Auch jetzt wird die Energie vom Benzin in anderen Formen und auf andere Körper übertragen, obwohl keine Energie mehr zum Ziehen des Wagens gebraucht wird. Auch wenn der Motor den Wagen am Seil hochzieht, wird ein Teil der Brennstoffenergie für die genannten Zusatzdinge verwendet. Die Menge des tatsächlich verbrannten Benzins kann daher von Fahrt zu Fahrt differieren. Beispielsweise wird man mehr Benzin brauchen, wenn auf einer Fahrt die Kolben schlecht geschmiert sind. Schließt man jedoch diese Nebeneffekte aus, so wird beim Hochziehen des Wagens immer die gleiche Benzinmenge verbraucht.

17.3. Ergänzung zur Definition der Arbeit

Wir entwickelten die Definition der Arbeit als Produkt aus Kraft und zurückgelegtem Weg am Beispiel der Seilbahn. Das Zugseil übt auf den Wagen eine Kraft aus, und dieser bewegt sich in Richtung der Zugkraft. Wirkt die Kraft in der Richtung der Bewegung, findet eine Energieübertragung statt, es wird Arbeit verrichtet. Andererseits wird keine Energie übertragen, wenn eine Kraft auf einen Körper senkrecht zu seiner Bewegungsrichtung wirkt. Wir betrachten als Beispiel einen Stein, der am Ende einer Schnur um einen festen Stab kreist (Bild 17.3). Der Stein dreht sich immer wieder herum, ohne daß seine Geschwindigkeit abnimmt. Immer wieder bewegt er sich mit der gleichen Geschwindigkeit durch den gleichen Punkt. Seine Energie ist daher auch unverändert. Am anderen Ende der Schnur steht der unbewegte Stab. Er verbraucht kein Benzin und überträgt keine Energie auf die Schnur. Somit erhält diese keine Energie vom Stab und gibt auch keine an den Stein ab. Sie verrichtet beim Ziehen keine Arbeit.

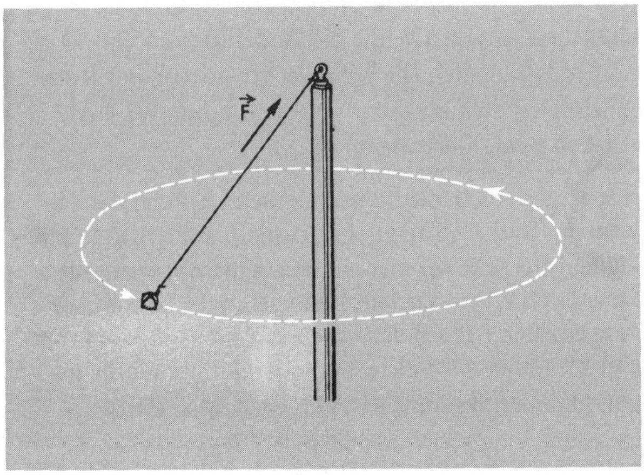

Bild 17.3. An einer reibungslos drehbaren Halterung an der Spitze eines Stabes wird eine Schnur befestigt, an deren Ende ein Stein hängt. Dreht sich der Stein um den Stab, so wird keine Arbeit verrichtet und keine Energie auf den Stein übertragen. Die auf den Stein wirkende Kraft hat keine Komponente in Richtung der Bewegung.

Was geschieht nun, wenn eine Kraft in einem anderen Winkel zur Bewegung des Steins wirkt? Dann hat die Kraft eine Komponente in Richtung der Bewegung. Diese Komponente beschleunigt den Stein. Danach kann der Stein aufgrund seiner größeren Geschwindigkeit mehr Arbeit verrichten, indem er beispielsweise beim Abbremsen etwas anderes zieht. Er hat somit mehr Energie. Die Komponente der Kraft in Richtung der Bewegung hat am Stein Arbeit verrichtet, hat Energie der Bewegung auf ihn übertragen.

Kurz: Die Komponente einer Kraft senkrecht zur Bewegung des Körpers verrichtet keine Arbeit. *Die an einem Körper verrichtete Arbeit* W *ist gleich dem Produkt aus der Komponente* F_s *der Kraft in Richtung der Bewegung und dem zurückgelegten Weg* s.

17.4. Kinetische Energie

Die Arbeit wurde durch die Kraft und den unter der Einwirkung dieser Kraft zurückgelegten Weg definiert. Die Definition wurde so gestaltet, daß sie mit der Vorstellung in Einklang ist: Gleiche Benzinmengen liefern gleiche Beträge an Energie. Gestattet diese Definition der Arbeit nun auch eine Aussage über die Energie, die ein bewegter Körper besitzt? Der Wert der Definition der Arbeit hängt davon ab, ob sich diese und ähnliche Fragen damit beantworten lassen.

Ein Körper steht auf einer reibungslosen Tischfläche. Auf ihn wird eine Kraft ausgeübt. Der Körper wird dadurch beschleunigt und erreicht eine bestimmte Geschwindigkeit. Indem wir eine Kraft auf den Körper einwirken lassen, verrichten wir Arbeit und übertragen damit auf ihn Energie. Die verrichtete Arbeit ist das Produkt aus dem Weg, den der Körper zurücklegt, und der auf ihn wirkenden Kraft. Diese Arbeit ist gleich der auf den Körper übertragene Energie. Damit ergibt sich ein Ausdruck für die Energie der Bewegung des Körpers. Man nennt sie auch die *kinetische Energie* des Körpers. Sie soll durch Größen ausgedrückt werden, die die Bewegung des Körpers beschreiben, etwa durch seine Geschwindigkeit v. Es wird sich zeigen, daß man außer v noch die Masse m des Körpers berücksichtigen muß, sonst aber keine anderen Größen.

Wir starten den Körper aus der Ruhe und ziehen ihn mit der (konstanten) Kraft $\vec{F}$ über eine Entfernung x (Bild 17.4). Die dabei übertragene Energie ist Fx. Da sich der Körper anfangs in Ruhe befand, war seine Bewegungsenergie Null. Daher ist seine am Schluß vorhandene Energie der Bewegung gleich der ihm übertragenen Energie. Wie kann man nun Fx in Abhängigkeit von v und m ausdrücken? Mit F = m a ergibt sich

$$W = F x = m a x.$$

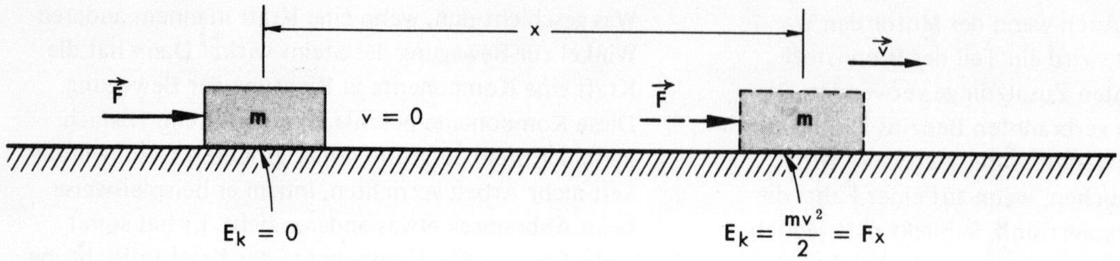

Bild 17.4. Auf einen Körper der Masse m wird eine Kraft F ausgeübt. Unter ihrem Einfluß bewegt sich der anfangs ruhende Körper um den Weg x. Die ihm dabei übertragene Energie ist Fx. Sie ist durch $\frac{1}{2}mv^2$ auszudrücken; diesen Ausdruck nennt man die kinetische Energie des Körpers.

Da die Kraft F konstant ist, ist auch die Beschleunigung a konstant. Man kann daher die Gesetze der gleichmäßig beschleunigten Bewegung (Abschnitt 11.8, Gleichung (3)) anwenden:

$$v^2 = 2\,a\,x$$

oder

$$a\,x = \frac{1}{2}\,v^2.$$

Damit ergibt sich

$$W = F\,x = m\,a\,x = \frac{1}{2}\,m\,v^2.$$

Beim Beschleunigen des Körpers mit der Masse m aus der Ruhe auf die Geschwindigkeit v wurde die Arbeit W = F x verrichtet. Sie ist gleich der Größe $\frac{1}{2}\,m\,v^2$. Oder mit anderen Worten: Die Energie $\frac{1}{2}\,m\,v^2$ wird auf den Körper übertragen, wenn er in Bewegung gesetzt wird. Wir bezeichnen sie als die kinetische Energie E_k des Körpers:

$$E_k = \frac{1}{2}\,m\,v^2.$$

Man beachte, daß die kinetische Energie $E_k = \frac{1}{2}\,m\,v^2$ nur durch die Masse m des Körpers und seine Geschwindigkeit v ausgedrückt wird. Die Kraft, mit der dem Körper die Energie übertragen wurde, und der zurückgelegte Weg treten nicht mehr auf. Der auf den Körper übertragene Energiebetrag hängt nicht davon ab, auf welche Weise er auf den Körper übertragen wurde. Kennt man die Masse des Körpers, dann kann man seine kinetische Energie berechnen, indem man seine Geschwindigkeit bestimmt. Mit anderen Worten: Der Ausdruck für die kinetische Energie hängt vom Bewegungszustand des Körpers ab, nicht aber von der Entstehung dieses Zustandes. Immer wenn sich der Körper im gleichen Bewegungszustand befindet, hat er die gleiche kinetische Energie $\frac{1}{2}\,m\,v^2$. Man kann leicht erkennen, daß die Arbeit stets gleich ist, die einem aus der Ruhe beschleunigten Körper eine bestimmte kinetische Energie $\frac{1}{2}\,m\,v^2$ vermittelt. Wirkt etwa die doppelte Kraft auf dem halben Weg, dann erhält man den gleichen Wert $\frac{1}{2}\,m\,v^2$ für die gleiche Arbeit. Setzen wir einmal den Fall, daß sich der Betrag der Kraft ändert, wenn der Körper sich schon mit der Geschwindigkeit v_1 bewegt. Dann ist die Arbeit $W_1 = \frac{1}{2}\,m\,v_1^2$ schon verrichtet worden. Von nun ab wird der Körper mit einer anderen konstanten Beschleunigung a_2 beschleunigt. Nach dem zusätzlichen Weg Δx wird dann die Geschwindigkeit (entsprechend Abschnitt 11.8) gegeben durch

$$v^2 = v_1^2 + 2\,a_2\,\Delta x.$$

Multipliziert man mit $\frac{m}{2}$, so erhält man die kinetische Energie am Ende der zweiten Beschleunigung:

$$\frac{1}{2}\,m\,v^2 = \frac{1}{2}\,m\,v_1^2 + m\,a_2\,\Delta x.$$

Da $m\,a_2$ die neue Kraft F_2 ist, ist $m\,a_2\,\Delta x = F_2\,\Delta x$ die zusätzliche Arbeit ΔW. Diese Gleichung zeigt, daß die zusätzliche Arbeit ΔW die kinetische Energie von $\frac{1}{2}\,m\,v_1^2$ auf $\frac{1}{2}\,m\,v^2$ vergrößert. Die gesamte Arbeit ist somit die Summe aus der Arbeit W_1 (die die Energieübertragung von Null auf $\frac{1}{2}\,m\,v_1^2$ angibt) und der zusätzlichen Arbeit ΔW (die die Änderung von $\frac{1}{2}\,m\,v_1^2$ auf $\frac{1}{2}\,m\,v^2$ angibt). Die gesamte Arbeit (von der Ruhe bis zur Geschwindigkeit v), die jetzt durch $W_1 + \Delta W$ gegeben wird, führt wieder zu $\frac{1}{2}\,m\,v^2$.

Ändert sich die Kraft kontinuierlich während der Bewegung (Bild 17.5 zeigt ein Beispiel), kann man immer kleine Intervalle nehmen, in denen ihr Wert nahezu konstant bleibt. In jedem Intervall ergibt (wie wir gerade gesehen haben) die Arbeit ΔW die Änderung von $\frac{1}{2}\,m\,v^2$. Daher wird die gesamte Arbeit immer die gesamte Änderung von $\frac{1}{2}\,m\,v^2$ ergeben. Man erhält sogar, wenn eine Kraft in eine andere Richtung als die Bewegung weist, immer noch das gleiche Resultat. Allerdings geht nur die Komponente der Kraft in Richtung der Bewegung in die Berechnung der Arbeit ein. Und nur die Komponente der Kraft in Richtung der Bewegung ändert den Betrag der Geschwindigkeit. Folglich gilt für unsere Definition der kinetischen

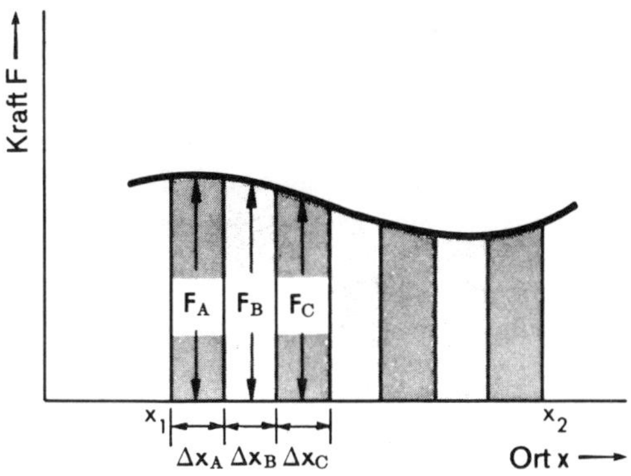

Bild 17.5. Eine Kraft ändert ständig ihren Betrag, behält aber die Richtung der Bewegung bei. Dann kann die gesamte verrichtete Arbeit bestimmt werden, indem man die Summe der Flächen berechnet. Die Flächen lassen sich bei genügend kleiner Streifenbreite Δx als Rechtecke mit der Höhe F auffassen. Bewegt sich der Körper von x_1 nach x_2, so stellt die getönte Fläche die gesamte Arbeit dar. Sie gibt die gesamte Änderung der kinetischen Energie an.

Energie: *Der gleiche Betrag der verrichteten Arbeit ergibt stets die gleiche Änderung der kinetischen Energie* $\frac{1}{2}$ m v^2.

Bewegt sich ein Körper der Masse m mit der Geschwindigkeit v, so beträgt seine kinetische Energie $E_k = \frac{1}{2} m v^2$. Dieser Energiebetrag mußte auf ihn übertragen werden, um ihn aus der Ruhe auf die Geschwindigkeit v zu beschleunigen. Wirkt nun eine abbremsende Kraft auf den Körper, so nimmt seine kinetische Energie ab. Energie wird von der kinetischen Energie des Körpers auf das System übertragen, das die Bremskraft ausübt. Die Arbeit $F_x \Delta x$ (worin F_x die verzögernde Kraft ist) mißt die Energie, die der abgebremste Körper abgibt. Wendet man die gleichen Überlegungen wie oben an, dann erkennt man: Der Körper mit der kinetischen Energie $\frac{1}{2} m v^2$ kann gerade diesen Betrag an Arbeit verrichten, bevor er zur Ruhe kommt. Es spielt keine Rolle, wie er abgebremst wird.

Zusammenfassend läßt sich sagen: Wird Arbeit verrichtet, indem eine Kraft auf einen Körper in Richtung seiner Bewegung wirkt, so nimmt die kinetische Energie des Körpers zu. Durch die Arbeit wird die von außen zugeführte und als kinetische Energie auf den Körper übergegangene Energie gemessen. Wirkt eine Kraft der Bewegung entgegen, so findet der Energieübergang in entgegengesetzter Richtung statt. Die Arbeit mißt die Energie, die aus kinetischer Energie des Körpers in Energie eines anderen Systems übergeht. Man kann die kinetische Energie eines Körpers der Masse m unmittelbar durch die bewegungsbeschreibende Größe Geschwindigkeit v ausdrücken: $E_k = \frac{1}{2} m v^2$.

17.5. Übertragung von kinetischer Energie beim Stoß

Bisher wurden Vorgänge untersucht, bei denen ein einziger Körper kinetische Energie aufnimmt oder abgibt. Diese Aufnahme und Abgabe wird durch die Arbeit gemessen, die verrichtet wird, wenn die Energie auf den Körper oder von ihm auf ein anderes System übertragen wird. Die auf den Körper übertragene Energie kommt irgendwoher und die von ihm abgegebene geht irgendwohin. Trifft beispielsweise eine Kugel auf eine andere ruhende Kugel, dann überträgt die erste Energie auf die zweite. Bild 17.6 zeigt eine Stroboskop-Aufnahme von einem Stoß einer Billardkugel auf eine andere. Indem man die zwischen den Lichtblitzen zurückgelegten Wege mißt, kann man die Geschwindigkeit und mit der Masse auch die kinetische Energie der Kugel mit dem Punkt bestimmen, die von links anrollt. Man kann ihre kinetische Energie nach dem Stoß bestimmen, wenn sich die Kugel langsamer nach rechts unten bewegt. Und man kann die kinetische Energie der Kugel ohne Punkt ermitteln, die sich nach dem Stoß nach rechts oben in Bewegung setzt. Es ergibt sich, daß die kinetische Energie der zweiten Kugel fast genau gleich dem Verlust an kinetischer Energie der ersten Kugel ist.

Wie geht die Übertragung der Energie bei einem Stoß der Billardkugeln nun wirklich vor sich? Bei der Annäherung der Kugeln werden noch keine Kräfte ausgeübt. Erst wenn sie sich so nahe kommen, daß sie sich berühren, dann setzt eine Wechselwirkung ein. Jede Kugel übt auf die andere eine Kraft aus. Diese Kräfte ändern ihre Beträge, sie wachsen zunächst an

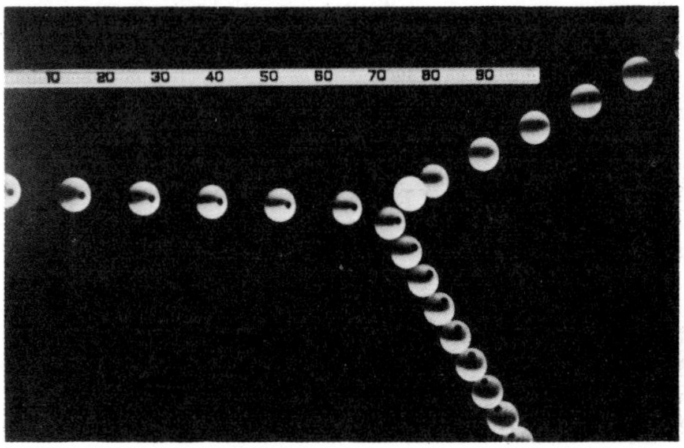

Bild 17.6. Stroboskop-Aufnahme eines Stoßes zwischen zwei Billardkugeln. Die Masse jeder Kugel beträgt 173 g, der Abstand zwischen den Lichtblitzen betrug 1/30 s. Die Kugel mit dem Punkt kam von links und stieß auf die andere ruhende Kugel. Diese erscheint auf dem Bild heller, wo sie in Ruhe lag und während mehrerer Blitze photographiert wurde.

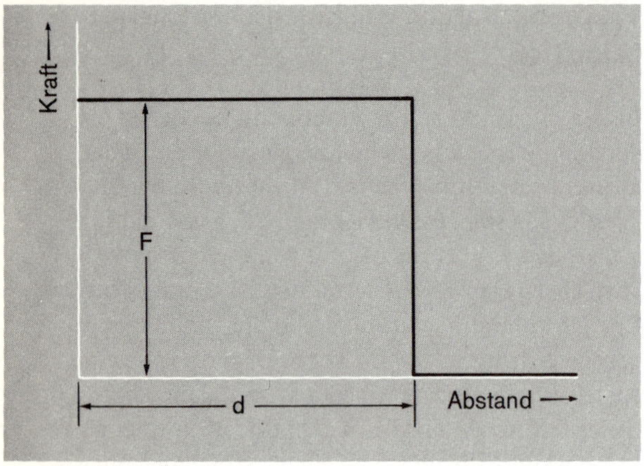

Bild 17.7. Darstellung der Kraft bei der Wechselwirkung zwischen zwei Körpern in Abhängigkeit von ihrem Abstand. Die Kraft ist Null, wenn der Abstand größer als d ist. Sie hat einen konstanten Betrag, wenn der Abstand geringer ist.

und nehmen dann wieder ab, wenn die Kugeln einander verformen und schließlich auseinanderstoßen. Die Energieübertragung ist besser zu verstehen, wenn wir mit einem leichteren Beispiel beginnen, in dem die Kraft ein einfacheres Verhalten zeigt. Haben wir dies einfachere Beispiel durchschaut, können wir zu den Billardkugeln zurückkehren.

Für diese Voruntersuchung nehmen wir einen künstlich vereinfachten Fall an: Die beiden beteiligten Körper üben keine Kräfte aufeinander aus, bevor sie einen Abstand d voneinander haben. Innerhalb dieses Abstandes wirkt eine konstante abstoßende Kraft F. Die Kraft wird wieder Null, wenn der Abstand beim Trennen wieder d erreicht (Bild 17.7).

Wir nehmen weiter an, daß der Stoß zentral, d.h. auf einer geraden Linie erfolgt. Der erste Körper (m_1) bewegt sich mit der Geschwindigkeit v_1 auf den zweiten, ruhenden Körper (m_2) zu. Es geschieht nichts, bevor er den Abstand d vom zweiten erreicht. Ist dieser Abstand erreicht, wird der zweite Körper mit der konstanten Kraft F angetrieben. Der erste wird mit der gleichen Kraft abgebremst. Der zweite gewinnt Geschwindigkeit, während der erste verlangsamt wird. Da sich der Körper 1 bewegte und der Körper 2 ruhte, als die abstoßende Kraft einsetzte, werden sich die Körper noch für eine Zeit näher kommen. Doch bald wird ein Stadium eintreten, in dem sie ihren kleinsten Abstand haben und sich mit der gleichen Geschwindigkeit bewegen. (Wenn Körper 1 immer noch schneller wäre, würde sich der Abstand noch weiter verkleinern. Wäre Körper 2 schneller, würden sie auseinandergehen.) Da die gegenseitigen Kräfte immer noch wirken, nimmt die Geschwindigkeit des ersten Körpers weiter ab, die

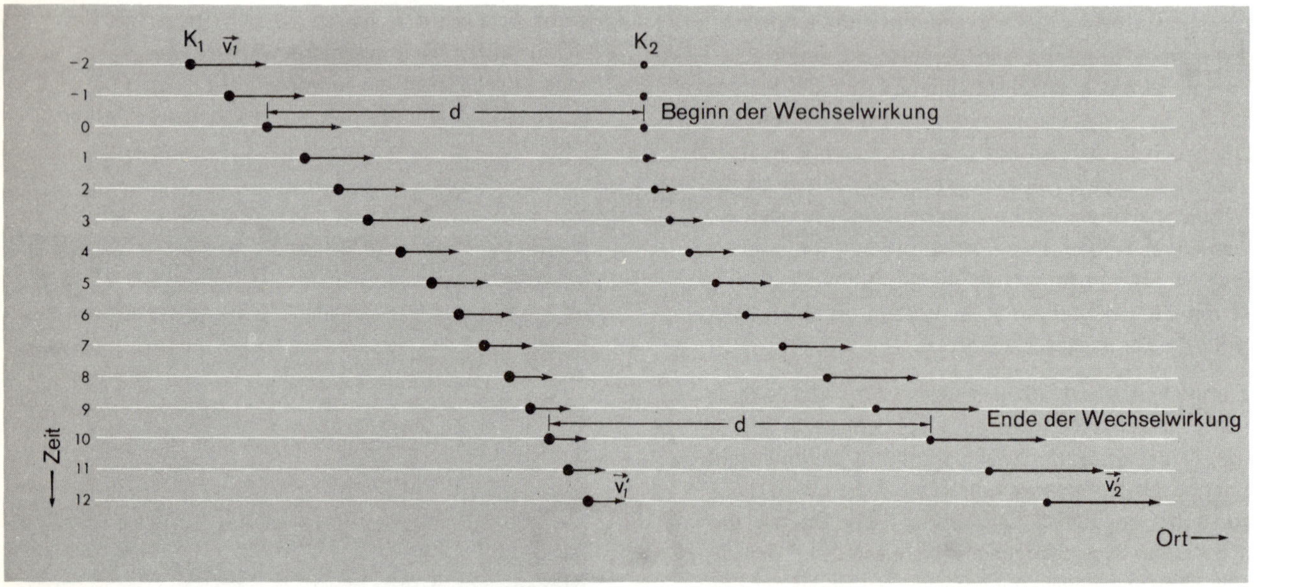

Bild 17.8. Lagen und Geschwindigkeiten zweier Körper, die auf einer geraden Linie mit einer Wechselwirkungskraft nach Bild 17.7 stoßen. Die Körper werden in gleichen Zeitabständen dargestellt, der erste nähert sich von links dem ruhenden zweiten bis auf den Abstand d,ohne auf ihn einzuwirken. Ist dann der Abstand kleiner als d, so verlangsamt sich der stoßende Körper, während sich der gestoßene in Bewegung setzt. Seine Geschwindigkeit wird immer größer und der Abstand, der sich zunächst noch weiter vermindert hat, wächst wieder an. Nach 10 Zeitintervallen (in dieser Zeichnung) ist der Abstand wieder größer als d und die Kraft geht auf Null zurück. Die beiden Körper bewegen sich mit der erreichten Geschwindigkeit gleichförmig weiter. Die vom gestoßenen Körper während der gesamten Wechselwirkung gewonnene kinetische Energie ist gleich dem Verlust der kinetischen Energie des stoßenden Körpers.

des zweiten weiter zu. Der Abstand zwischen den Körpern wird größer und erreicht wieder den Wert d. Dann wirkt keine Kraft mehr. Die Körper bewegen sich mit den gerade erreichten Geschwindigkeiten gleichförmig weiter, wobei sich der Abstand noch weiter vergrößert. Die Wechselwirkung ist vorbei, beide Körper besitzen bestimmte kinetische Energien, die sich nicht mehr ändern.

Bei diesem Zusammenstoß mit sprunghaft einsetzender Kraft läßt sich die Bewegung der beiden Körper genau verfolgen. Dies wurde mit Hilfe des Grundgesetzes der Mechanik für den Fall $m_1 = 3\,m_2$ gemacht und die Ergebnisse in Bild 17.8 dargestellt. Man braucht nicht die Bewegung im einzelnen zu berechnen, wenn man feststellen will, ob die Energieabnahme des ersten Körpers gleich der Energiezunahme des zweiten ist. Da die Kraft F während der Wechselwirkung konstant blieb, kann man die auf den zweiten Körper übertragene Energie als Produkt aus der Kraft F und dem Weg s_2, den der zweite Körper während des Stoßvorganges zurücklegte, berechnen. Auch die vom ersten Körper abgegebene kinetische Energie ergibt sich als Produkt aus der Kraft F und dem Weg s_1, den er in der gleichen Zeit zurücklegte. (Der erste Körper verliert kinetische Energie, da die auf ihn wirkende Kraft seiner Bewegung entgegengerichtet ist.) Falls sich zeigen läßt, daß die von den beiden Körpern während der Wechselwirkung zurückgelegten Wege übereinstimmen, dann ist damit auch gezeigt, daß die vom ersten Körper abgegebene kinetische Energie gleich der vom zweiten aufgenommenen ist. Die Gleichheit der Wege s_1 und s_2 läßt sich in Bild 17.9 erkennen. Dort wurde die Lage der beiden Körper zum Zeitpunkt des Beginns und zum Zeitpunkt des Aufhörens der Wechselwirkung eingezeichnet. Die Summe aus dem Abstand d und dem Weg s_2 des zweiten Körpers zwischen diesen

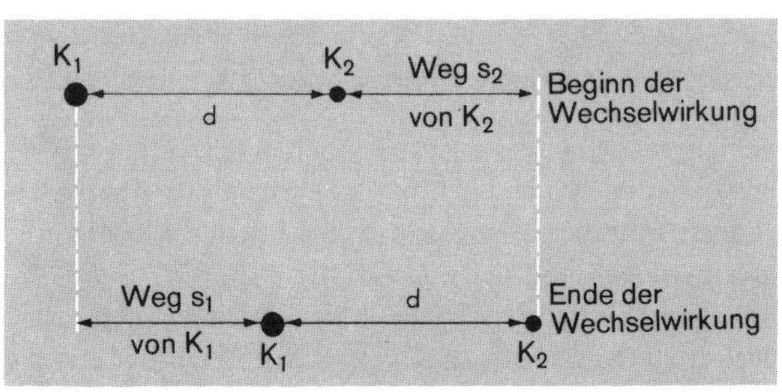

Bild 17.9. Die Lage der beiden Körper zu Beginn (oben) und am Ende (unten) des Stoßes von Bild 17.8. (Der Maßstab ist verkleinert worden.) Durch Vergleich der beiden Momentaufnahmen erkennt man: Die Summe aus dem Abstand d und dem vom gestoßenen Körper zurückgelegten Weg s_2 ist gleich der Summe aus d und dem Weg s_1 des stoßenden Körpers. Daher legen beide Körper in der Zeit der Wechselwirkung den gleichen Weg zurück.

Zeitpunkten (oben) ist gleich der Summe aus dem Weg s_1 des ersten Körpers und dem Abstand d (unten). Daher sind die von den beiden Körpern zurückgelegten Wege s_1 und s_2 gleich lang. Auch das Produkt aus der Kraft und dem zurückgelegten Weg stimmt demnach bei beiden Körpern überein. Damit ist die Vorhersage bestätigt: Die vom ersten Körper abgegebene kinetische Energie geht in kinetische Energie des zweiten Körpers über.

17.6. Weitere Untersuchung des einfachen Stoßes

Man kann den im letzten Abschnitt beschriebenen Sonderfall noch in einer etwas anderen Weise betrachten. Dadurch werden die Vorgänge bei einem wirklichen Stoß mit komplizierterem Kraftverlauf leichter durchschaubar. Um den wirklichen Stoß untersuchen zu können, soll folgende Frage vorher geklärt werden: Welche Art von Kräften muß wirken, damit die gesamte vom ersten Körper abgegebene kinetische Energie vom zweiten aufgenommen wird? Um die Natur dieser Kräfte zu ermitteln, soll unmittelbar die Summe der beiden kinetischen Energien statt jeder einzelnen untersucht werden. Ist die Summe am Ende die gleiche wie zu Beginn, dann muß der Verlust an kinetischer Energie des einen Körpers gleich dem Zuwachs des anderen sein.

Damit ist nichts über die dazwischen liegende Zeit ausgesagt. Eine genauere Untersuchung der Änderung der kinetischen Energien während der Dauer der Wechselwirkung zeigt: In der Zwischenzeit bedeutet ein Verlust an kinetischer Energie beim ersten Körper nicht einen gleichgroßen Gewinn an kinetischer Energie beim zweiten.

Um zu ermitteln, wie sich die gesamte kinetische Energie während eines Stoßes ändert, wird ein kurzes Zeitintervall während eines Stoßes zwischen zwei Körpern K_1 und K_2 betrachtet (Bild 17.10). Zu Beginn des Intervalls mögen die Körper den Abstand s haben. Am Schluß des Intervalls beträgt der Abstand $s + \Delta s$. Legt der zweite Körper im betrachteten Intervall den Weg Δx_2 zurück, dann vergrößert sich der Abstand um Δx_2. In der gleichen Zeit legt aber der erste Körper den Weg Δx_1 zurück. Da dieser Weg in der gleichen Richtung (also auf den zweiten zu) zurückgelegt wird, vermindert sich der Abstand um Δx_1. Daher wird die Abstandsänderung Δs gegeben durch die Differenz der Wege der beiden Körper:

$$\Delta s = \Delta x_2 - \Delta x_1 .$$

Wenn sich der zweite Körper um das Stück Δx_2 vom ersten entfernt, vergrößert sich der Abstand um dieses Stück. Wenn sich der erste Körper um das Stück Δx_1

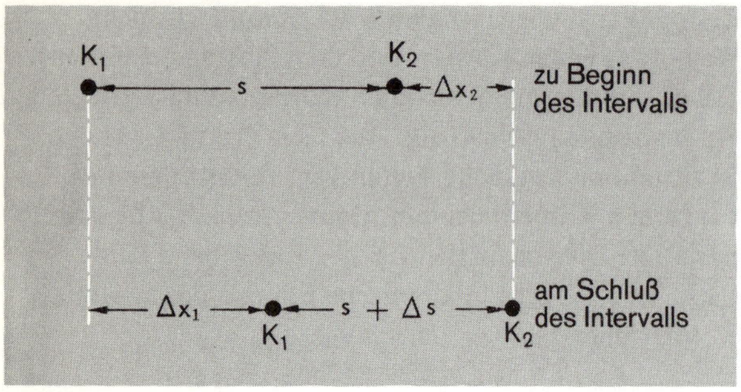

Bild 17.10. Während eines kurzen Zeitintervalls beim Stoß der beiden Körper K_1 und K_2 legt K_1 den Weg Δx_1 und K_2 den Weg Δx_2 zurück. Der Abstand zwischen den Körpern ist zu Beginn des Intervalls s, am Ende $s + \Delta s$. Die Änderung des Abstandes in der Zeit Δt ist somit Δs. Aus dem Vergleich der oberen mit der unteren Zeichnung erhält man $s + \Delta x_2 = \Delta x_1 + (s + \Delta s)$. Subtrahiert man auf beiden Seiten $s + \Delta x_1$, so ergibt sich $\Delta s = \Delta x_2 - \Delta x_1$.

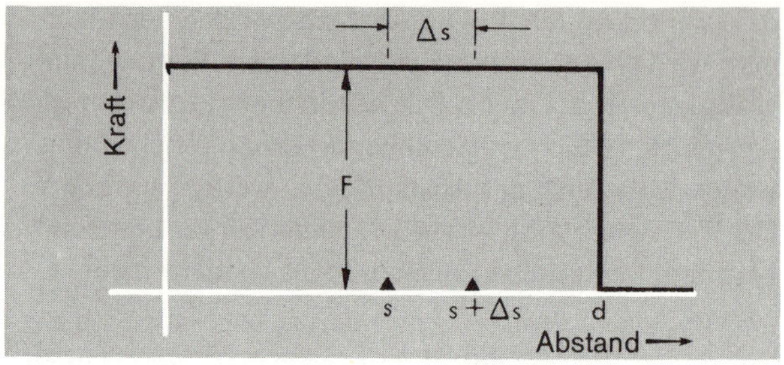

Bild 17.11. Die dunkel getönte Fläche gibt die gesamte Änderung der kinetischen Energie an, wenn sich der Abstand der beiden Körper von s auf $s + \Delta s$ ändert.

in der gleichen Richtung bewegt, dann nähert er sich um dieses Stück dem zweiten Körper und der Abstand wird verringert.

Die Wechselwirkungskraft F wirkt in diesem Intervall als Abstoßungskraft. Die von ihr verrichtete Arbeit $F\Delta x_2$ gibt die auf den zweiten Körper übertragene kinetische Energie an. Entsprechend ist die vom ersten Körper abgegebene kinetische Energie gegeben durch $F\Delta x_1$. Diese Energie gibt der erste Körper ab, da die auf ihn wirkende Kraft seinem Weg Δx_1 entgegengerichtet ist. Die Änderung der gesamten kinetischen Energie im betrachteten Intervall wird somit gegeben durch

$$\Delta E_{k\,ges} = F\Delta x_2 - F\Delta x_1 = F(\Delta x_2 - \Delta x_1).$$

Mit $\Delta x_2 - \Delta x_1 = \Delta s$ ergibt sich

$$\Delta E_{k\,ges} = F\Delta s.$$

Wenn sich der Abstand der beiden Körper von s auf $s + \Delta s$ ändert, dann ändert sich die gesamte kinetische Energie um das Produkt $F\Delta s$. In Bild 17.11 wird diese Änderung der kinetischen Energie durch die dunkel getönte Fläche mit der Höhe F und der Breite Δs dargestellt.

Aus dem Ergebnis $\Delta E_{k\,ges} = F\Delta s$ läßt sich nun weiter entnehmen: Die Änderung der gesamten kinetischen Energie in einem beliebigen Intervall hängt nur von der Wechselwirkungskraft F und der Abstandsänderung Δs ab. Nur diese Größen sind in die Rechnung eingegangen. Man braucht nicht anzugeben, wo sich die Körper in Bezug auf andere befinden. Es spielt auch keine Rolle, wie groß die Wechselwirkungskraft bei einem anderen Abstand der Körper sein mag. Daher kann die bei anderen Abständen wirkende Kraft ruhig andere Werte haben als im betrachteten Intervall. Aus diesem Grunde lassen sich die Ergebnisse auch auf andere Stoßvorgänge anwenden, bei denen die Wechselwirkungskraft irgendwie nur vom Abstand der Körper abhängt. Wie man dann die Beziehung $E_{k\,ges} = F\Delta s$ verwenden kann, wird im nächsten Abschnitt gezeigt. Jetzt wollen wir mit Hilfe dieser Gleichung zeigen, daß bei dem vereinfachten Stoß (s. letzter Abschnitt) die kinetische Energie erhalten bleibt.

Für einen Stoß mit dem in Bild 17.11 dargestellten Kraftverlauf (konstante Kraft F für alle Abstände kleiner als d, keine Kraft für größere Abstände) nimmt die gesamte kinetische Energie zu Beginn der Wechselwirkung ab. Hat der erste Körper den Abstand d zum zweiten erreicht, bewegt er sich auf den zweiten zu, während dieser still steht. Im nächsten Zeitintervall bewegt sich der erste beträchtlich schneller als der zweite (wie man auch in Bild 17.8 erkennen kann). Da die auf die beiden Körper wirkenden Kräfte gleich groß und entgegengerichtet sind, ist die vom ersten abgegebenen, kinetische Energie größer als die vom zweiten aufgenommene. Das bedeutet eine Abnahme der gesamten kinetischen Energie. Dieses Ergebnis folgt auch aus $\Delta E_{k\,ges} = F\Delta s$. Da sich der Abstand zwischen den beiden Körpern verringert hat, ist $F\Delta s$ also negativ.

So lange sich der erste Körper noch dem zweiten nähert, verringert sich die kinetische Energie. Schließlich jedoch wird die gesamte kinetische Energie wiedergewonnen. Während sich nämlich der erste Körper verlangsamt, nimmt die Geschwindigkeit des zweiten weiter zu. Ist der zweite Körper schneller als der erste geworden, dann wächst der Abstand wieder. Ist er wieder auf d angewachsen, dann ist der Wert von Δs (bezogen auf den Beginn des Stoßes) Null. Infolgedessen ist auch $\Delta E_{k\,ges} = F\Delta s = 0$. Die kinetische Energie, die beim Annähern der beiden Körper verloren ging, ist wiedergewonnen worden. Danach entfernen sich die beiden Körper noch weiter voneinander, aber es wirkt keine Kraft mehr auf sie. Daher bleibt die kinetische Energie $E_{k\,ges}$ gleich groß. Der Stoß ist abgeschlossen, der bleibende Endwert der kinetischen Energie ist gleich dem Wert zu Beginn des Stoßes.

Man kann die Übertragung der kinetischen Energie bei diesem Stoß noch etwas anders betrachten. Aus dem letzten Kapitel ist bekannt, daß sich der gemeinsame Schwerpunkt der beiden Körper während des Stoßes so bewegt, als ob nichts geschieht. In Hinblick auf die Bewegungsgröße bewegt sich der Schwerpunkt, als ob die gesamte Masse des Systems in ihm vereinigt ist. Und die gesamte Bewegungsgröße in Bezug auf den Schwerpunkt ist Null. Gibt es ein ähnliches Verhalten des Schwerpunktes hinsichtlich der kinetischen Energie?

In jedem Zeitpunkt des Stoßes (dargestellt in Bild 17.8) bewegen sich die Körper 1 und 2 mit Geschwindigkeiten v_1 und v_2 auf einer Geraden. Der Schwerpunkt bewegt sich auf derselben Geraden mit der Geschwindigkeit v_s. Die beiden Körper haben relativ zum Schwerpunkt die Geschwindigkeiten V_1 und V_2. Die Geschwindigkeit v_1 des ersten Körpers ergibt sich als Summe der Geschwindigkeit V_1 bezüglich des Schwerpunktes und der Schwerpunktgeschwindigkeit v_s als $v_1 = V_1 + v_s$. Entsprechend ergibt sich für den zweiten Körper $v_2 = V_2 + v_s$. (Dabei können die Geschwindigkeiten je nach der Richtung auf der Geraden positiv und negativ sein.) Die gesamte kinetische Energie der beiden Körper ist dann

$$\begin{aligned} E_k &= \frac{1}{2} m_1 v_1^2 + \frac{1}{2} m_2 v_2^2 \\ &= \frac{1}{2} m_1 (V_1 + v_s)^2 + \frac{1}{2} m_2 (V_2 + v_s)^2 \\ &= \frac{1}{2} m_1 V_1^2 + \frac{1}{2} m_2 V_2^2 + (m_1 V_1 + m_2 V_2)\, v_s \\ &\quad + \frac{1}{2} (m_1 + m_2)\, v_s^2. \end{aligned}$$

In Abschnitt 16.5 haben wir gefunden, daß die gesamte Bewegungsgröße relativ zum Schwerpunkt Null ist: $m_1 V_1 + m_2 V_2 = 0$. Damit ergibt sich

$$E_k = \left(\frac{1}{2} m_1 V_1^2 + \frac{1}{2} m_2 V_2^2\right) + \frac{1}{2} (m_1 + m_2)\, v_s^2.$$

Der letzte Ausdruck gibt gerade die kinetische Energie an, die mit der Bewegung des Schwerpunktes verbunden ist. Es ist die kinetische Energie eines Körpers, dessen Masse die Summe der beiden Massen ist und der sich mit der Geschwindigkeit v_s des Schwerpunktes bewegt. Man nennt sie die *Schwerpunktsenergie* des Systems. Sie bleibt während des ganzen Stoßvorganges ungeändert. Der erste Ausdruck hängt andererseits von den Geschwindigkeiten V_1 und V_2 ab, die die beiden Körper relativ zum Schwerpunkt haben. Er stellt die kinetischen Energien der Körper dar, wie sie vom Schwerpunkt aus ermittelt werden. Es ist die *innere kinetische Energie* des Systems. Diese ändert sich im Verlaufe des Stoßes, nimmt während des ersten Teiles ab, ist Null, wenn der Abstand seinen kleinsten Wert hat ($v_1 = v_2 = v_s$ ergibt für diesen Zeitpunkt $V_1 = V_2 = 0$), und wächst dann wieder auf ihren ursprünglichen Wert am Ende der elastischen Wechselwirkung an.

Diese Aufspaltung der kinetischen Energie in zwei Teilenergien ist nicht auf den Fall begrenzt, daß sich zwei Körper auf einer geraden Linie bewegen. Man kann sie für eine beliebige Anzahl von Körpern, die sich in beliebige Richtungen bewegen, entsprechend vornehmen. Auf den Begriff der inneren Energie werden wir zurückgreifen, wenn in Kapitel 20 über Wärme und Molekularbewegung gesprochen wird.

17.7. Erhaltung der kinetischen Energie beim elastischen Stoß

Bei dem Stoßvorgang, den wir in den letzten Abschnitten untersuchten, wurde die kinetische Energie ohne Verlust von dem einen Körper auf den anderen übertragen. Dieses Ergebnis hängt nicht von der Reichweite d oder dem Betrag F der Wechselwirkungskraft zwischen den beiden Körpern ab. Bei jeder Wechselwirkung mit beliebiger Reichweite d und jedem Betrag F der konstanten Kraft ergibt sich am Schluß die gleiche gesamte kinetische Energie wie am Anfang des Zusammenstoßes. Dies Ergebnis läßt sich stärker verallgemeinern, als man hätte voraussagen können. Wie allgemein gilt es?

Wir werden jetzt zeigen, daß die gesamte kinetische Energie am Schluß des Stoßes immer gleich der zu Beginn vorhandenen ist, wenn die Kraft nur vom jeweiligen Abstand der beiden Körper abhängt[1]). Die gleich großen und entgegengerichteten Kräfte F auf die beiden Körper können beliebig vom gegenseitigen Abstand s abhängen. Außerhalb eines bestimmten Bereichs ist die Kraft Null, so daß wir es mit einer abgeschlossenen Wechselwirkung zu tun haben. Sie beginnt damit, daß die Körper weiter als die Reichweite der Kraft voneinander entfernt sind. Sie endet, wenn der Abstand wieder größer als die Reichweite geworden ist (Bild 17.12a).

Das Ergebnis $\Delta E_{k\,ges} = F\Delta s$ läßt sich auf jede Wechselwirkungskraft anwenden, die nur vom Abstand abhängt, beispielsweise auf die in Bild 17.12a darge-

[1]) Diese Bedingung bedeutet, daß sich die Kraft beim Annähern der beiden Körper und beim Entfernen jeweils gleich verhält. Sie schließt Kräfte wie beispielsweise Reibungskräfte aus, die sich im Punkt des kleinsten Abstandes umkehren, so daß sie jeweils „gegen die Bewegung" gerichtet sind.

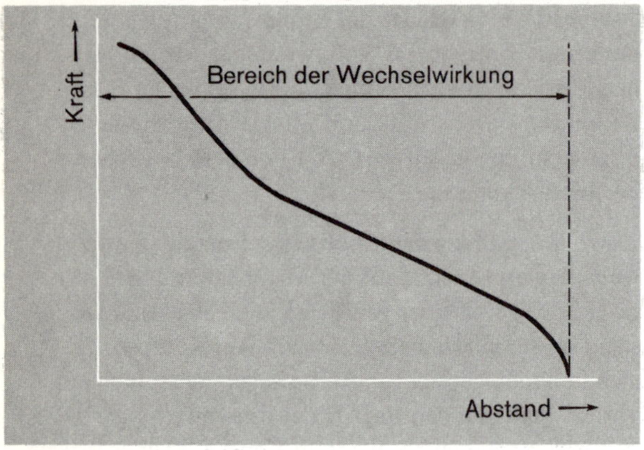

Bild 17.12a. Graph einer Kraft, die vom Abstand der beiden Körper abhängt. Die Kraft ist Null außerhalb des Bereichs der Wechselwirkung.

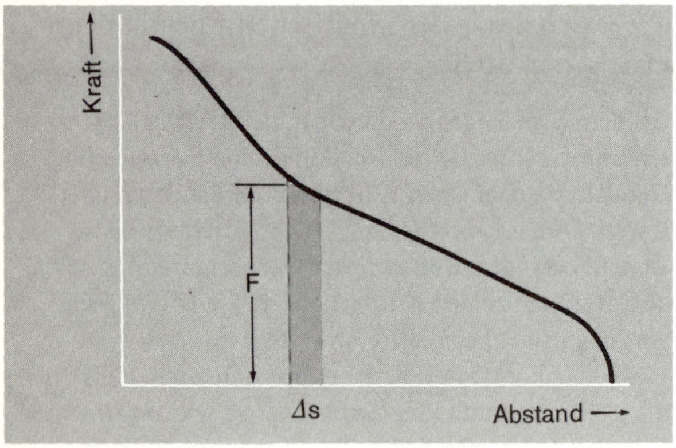

Bild 17.12b. Ändert sich während eines Stoßes der Abstand um Δ s, so ändert sich die kinetische Energie um F Δ s (dargestellt durch die dunkel getönte Fläche unter der Kurve).

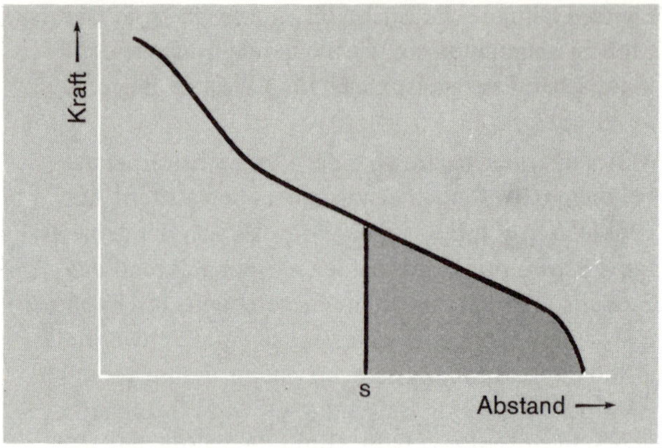

Bild 17.13. Nähern sich zwei Körper aus einem großen Abstand bis zu einem Abstand s, verlieren sie einen Betrag an kinetischer Energie. Dieser wird durch die dunkel getönte Fläche dargestellt. Gehen sie danach wieder auseinander, so gewinnen sie den gleichen Betrag an kinetischer Energie zurück. Dafür ist nur Voraussetzung, daß die Kraft beim Nähern und beim Entfernen in gleicher Weise vom Abstand abhängt.

stellte Kraft. Wir nehmen an, daß es sich um eine abstoßende Kraft handelt. Zunächst betrachten wir die Änderung der gesamten kinetischen Energie, wenn sich der Abstand zwischen den Körpern um Δs verringert (Bild 17.12b). Die Kraft kann als nahezu konstant angesehen werden. Der Ausdruck $F\Delta s$ gibt die Abnahme der gesamten kinetischen Energie an. (Sie wird durch die dunkel getönte Fläche veranschaulicht.) Wenn sich nachher die beiden Körper um das gleiche Stück Δs wieder voneinander entfernen, wächst die gesamte kinetische Energie um den gleichen Betrag $F\Delta s$ wieder an. Daraus kann man erkennen (Bild 17.13): Nähern sich zwei Körper aus größerer Entfernung auf den Abstand s, so verringert sich die gesamte kinetische Energie um einen Betrag, der von der Fläche unterhalb der Kurve, die die Kraft in Abhängigkeit vom Abstand zeigt, dargestellt wird. Danach gewinnen sie beim Auseinandergehen die gesamte kinetische Energie, die von der gleichen Fläche dargestellt wird. Am Ende der Wechselwirkung haben sie die gleiche kinetische Energie wie am Beginn. Dabei muß nur gewährleistet sein, daß die Kraft in gleicher Weise wie bei der Annäherung vom Abstand abhängt, wenn die Körper sich wieder trennen. Somit ist der Satz von der Erhaltung der kinetischen Energie (für den abgeschlossenen Stoß) auf eine beliebige Wechselwirkung erweitert, bei der die Kraft nur vom gegenseitigen Abstand der beiden Körper abhängt. Eine derartige Wechselwirkung bezeichnet man als *elastische Wechselwirkung* oder als *elastischen Stoß.*

Die Wechselwirkungen in unserer Umwelt, beispielsweise der Stoß zwischen zwei Billardkugeln oder der Stoß zwischen einem Tennisball und einem Schläger, sind nie vollkommen elastisch. Aber einige sind es mit großer Annäherung. Wie in Abschnitt 17.5 gezeigt wird, geht beim Stoß einer Billardkugel auf eine andere praktisch keine kinetische Energie verloren. In der Physik der Atome und Elementarteilchen werden wir Stöße kennenlernen, die noch besser elastisch sind. Stößt ein Elektron auf ein anderes, ist normalerweise kein Verlust an kinetischer Energie festzustellen, obwohl bei Zusammenstößen zwischen sehr schnellen Elektronen ein beachtlicher Energiebetrag abgestrahlt werden kann.

17.8. Kinetische Energie und Bewegungsgröße

Wenn zwei Körper miteinander in elastische Wechselwirkung treten, so ändern sich (über den gesamten Stoßvorgang gesehen) ihre kinetischen Energien um gleich große und entgegengesetzte Beträge:

$$\Delta E_{k2} = -\Delta E_{k1}.$$

Dies muß richtig sein, da sich keine Änderung in der gesamten kinetischen Energie $E_{k1} + E_{k2}$ ergibt. Wie in Kapitel 16 hergeleitet wurde, sind auch die Änderungen der Bewegungsgrößen der beiden Körper gleich groß und entgegengerichtet:

$$\Delta\vec{p}_2 = -\Delta\vec{p}_1 .$$

Diese vektorielle Beziehung ist stets erfüllt, wenn die beiden Körper ein abgeschlossenes System bilden. Insbesondere gilt sie daher für elastische Stöße.

Die Analogie zwischen der Änderung der Bewegungsgröße und der Änderung der kinetischen Energie läßt sich weiterführen. Eine Änderung der Bewegungsgröße wird durch einen Impuls $F\Delta t$ gegeben, der ein Maß für die Übertragung der Bewegungsgröße von einem Körper auf einen anderen ist. Analog wird die Übertragung der Energie durch die Arbeit $F_x \Delta x$ gegeben.

Aus der Tatsache, daß weder Bewegungsgröße noch kinetische Energie bei dieser Übertragung verloren gehen, kann man die Bewegung der beiden Körper nach dem Stoß genau vorhersagen. Die beiden Gleichungen reichen aus, um die Endgeschwindigkeiten $\vec{v}_1$ und $\vec{v}_2$ zu bestimmen. Für den Sonderfall, daß die Bewegung entlang einer Geraden erfolgt und daß sich der zweite Körper anfangs in Ruhe befindet ($v_2 = 0$), ergibt sich

$$v_1' = \frac{m_1 - m_2}{m_1 + m_2} v_1$$

und

$$v_2' = \frac{2 m_1}{m_1 + m_2} v_1 .$$

Der Herleitung dieser Ausdrücke für die Geschwindigkeiten nach dem Stoß findet man im Abschnitt 17.8.1 auf Seite 296. Wenn der Stoß nicht zentral erfolgt, dann braucht man mehr Angaben. Dann muß man wissen, wie weit entfernt vom Zentrum der Stoß erfolgt und in welche Richtungen sich die Körper nach dem Stoß bewegen.

Bei der Zeichnung 17.8 wurde vorausgesetzt, daß die Kraft F innerhalb der Reichweite d konstant und daß $m_1 = 3\ m_2$ sein sollte. Aus dem Grundgesetz der Mechanik ergab sich $v_1' = \frac{1}{2} v_1$ und $v_2' = \frac{3}{2} v_1$, wie man auch der Zeichnung entnehmen kann. Werden die Geschwindigkeiten v_1' und v_2' der beiden Körper nach dem Stoß mit den angegebenen Gleichungen berechnet, dann erhält man die gleichen Ergebnisse. Dabei wurde die Erhaltung der Bewegungsgröße und der kinetischen Energie vorausgesetzt.

Die Ergebnisse müssen stets übereinstimmen, ob man das Grundgesetz der Mechanik oder die Erhaltungssätze heranzieht. Aber es ist nicht immer leicht, das Grundgesetz unmittelbar anzuwenden. Wenn F in komplizierter Weise vom Abstand abhängt, kann man nur mit mühsamen rechnerischen Verfahren die Bewegung ermitteln. Oft weiß man auch nicht genau, wie die Kraft vom Abstand abhängt. Es läßt sich leichter ermitteln, daß die gesamte kinetische Energie vor und nach dem Stoß übereinstimmt. In solch einem Fall können wir die Bewegung nicht vollständig beschreiben. Aber die Erhaltungssätze liefern einen großen Teil der gesuchten Auskünfte.

Auch Stöße von Billardkugeln gehören zu dieser Art Stöße. Einzelheiten über die Kräfte zwischen stoßenden Kugeln sind nicht bekannt. Aber die Beobachtung zeigt, daß die kinetische Energie der Kugeln nach dem Stoß fast gleich der vorher vorhandenen ist. Daher müssen die Kräfte nur von der Entfernung der Kugelmittelpunkte abhängig sein. Die Kräfte sind Null, wenn die Mittelpunkte weiter als einen Durchmesser voneinander entfernt sind. Für diesen Stoß lassen sich also die Gleichungen anwenden, in die man sogar als besondere Bedingung $m_1 = m_2$ einsetzen kann. Damit wird der zentrale Stoß zweier Billardkugeln, von denen eine vor dem Stoß ruht, vollständig beschrieben. Man erhält für diesen Fall $v_1' = 0$ und $v_2' = v_1$. Mit anderen Worten: Stößt eine bewegte Billardkugel zentral auf eine ruhende, dann bleibt die erste in Ruhe liegen, während die zweite mit der Geschwindigkeit der ersten weiterrollt. Daß die erste Kugel stoppt und die zweite sich mit v_1 weiterbewegt, haben wir schon im Versuch nach Bild 16.8 beobachtet.

Die gleichen Untersuchungsbedingungen liegen oft in der modernen Hochenergiephysik vor. Dabei treten als Stoßpartner subatomare Teilchen wie Protonen, Neutronen, Mesonen oder Hyperonen auf. Für manche ihrer Wechselwirkungen kennt man die Kräfte nicht in Einzelheiten. Aber oft lassen sich die elastischen Stöße daran erkennen, daß man die kinetischen Energien vor und nach dem Stoß bestimmt.

Oft stoßen Teilchen, deren Bahnen beispielsweise durch Nebelspuren sichtbar gemacht werden können, mit Teilchen zusammen, die sich nicht beobachten lassen. Nimmt man an, daß die Erhaltung der kinetischen Energie und der Bewegungsgröße gilt, und kennt man Masse, Anfangs- und Endgeschwindigkeit der beobachtbaren Teilchen, dann lassen sich Masse und Geschwindigkeiten des „unsichtbaren" Stoßpartners bestimmen.

Auf diese Weise entdeckte *James Chadwick* 1932 das *Neutron.* Bei seinen Versuchen wurden ruhende Protonen durch unbekannte unsichtbare Teilchen getroffen. Diese stammten aus einer Berylliumschicht, die durch α-Teilchen des Poloniums beschossen wurde. Nach dem Stoß konnte man die Spuren der Protonen sehen und daraus die kinetische Energie der Protonen berechnen. *Chadwick* untersuchte eine Vielzahl solcher

Stöße. Er gelangte zu dem Schluß, daß alle Beobachtungen durch die Annahme der Existenz eines Teilchens erklärt würden, dessen Masse fast gleich der Protonenmasse ist. Auch wenn das unsichtbare Teilchen auf Atome traf, ergab sich eine Energieübertragung, die man aus dieser Annahme erwarten konnte. Das von *Chadwick* auf diese Weise entdeckte Teilchen wird Neutron genannt. Es ist einer der Bausteine, aus denen die Atome zusammengesetzt sind. Seine Existenz war schon vor *Chadwicks* Arbeiten vermutet worden. Einer der Versuche *Chadwicks* wird ausführlicher in 17.8.2 beschrieben.

● 17.8.1. Herleitung der Formeln für die Endgeschwindigkeiten v_1' und v_2'

Für einen zentralen Stoß, bei dem die Bewegungen (wie in Abschnitt 17.5) auf einer geraden Linie erfolgen, können wir die Geschwindigkeiten nach dem Stoß berechnen. Wir gehen von den Gleichungen

$$\Delta E_{k2} = -\Delta E_{k1} \quad \text{und} \quad \Delta p_2 = -\Delta p_1$$

aus. (Für Vektoren auf einer Geraden lassen wir den Pfeil weg und geben die Richtung wie in Kapitel 11 durch ein Vorzeichen an.) Drückt man die kinetische Energie durch $E_k = \frac{1}{2} m v^2$ aus, so ergibt sich

$$\frac{1}{2} m_2 v_2'^2 - 0 = -\left(\frac{1}{2} m_1 v_1'^2 - \frac{1}{2} m_1 v_1^2\right).$$

Die Ausdrücke der beiden Seiten kann man faktorisieren und erhält

$$(m_2 v_2' - 0)\frac{v_2' + 0}{2} = -(m_1 v_1' - m_1 v_1)\frac{v_1' + v_1}{2}$$

Jede Seite dieser Gleichung ist das Produkt aus der Änderung der Bewegungsgröße und der Mittelwert aus Anfangs- und Endgeschwindigkeit des Körpers. Da die Änderungen der Bewegungsgrößen entgegengesetzt gleich sind: $m_2 v_2' - 0 = -(m_1 v_1' - m_1 v_1)$, ergibt sich nach Division

$$v_2' = v_1' + v_1$$

Setzt man diesen Ausdruck für v_2' in die Gleichung der Erhaltung der Bewegungsgröße

$$m_2 v_2' = -(m_1 v_1' - m_1 v_1)$$

ein, dann erhält man

$$m_2 v_1' + m_2 v_1 = m_1 v_1 - m_1 v_1'$$

und

$$v_1' = \frac{m_1 - m_2}{m_1 + m_2} v_1.$$

Die Erhaltungssätze der kinetischen Energie und der Bewegungsgröße führen somit zur Vorhersage der Geschwindigkeit des ersten Körpers nach dem Stoß, wenn seine Anfangsgeschwindigkeit bekannt ist. Setzt man diesen Ausdruck für v_1' in die Gleichung $v_2' = v_1' + v_1$ ein, so ergibt sich

$$v_2' = \frac{2 m_1}{m_1 + m_2} v_1.$$

Damit ist auch die Geschwindigkeit des zweiten Körpers berechnet.

Um die Formeln für die Endgeschwindigkeiten herzuleiten, waren nur wenige Voraussetzungen erforderlich. Wichtig war die Voraussetzung, daß die Bewegungen auf einer Geraden (der Stoß also zentral) erfolgen sollen. Würde sich ein Körper nicht auf das Zentrum des anderen zubewegen (Bild 17.6), dann würde die Aufgabe schwieriger. Dann hätte man eine Angabe über die Abweichung vom Zentrum haben müssen, um sie zu lösen. Weiter wurde als Voraussetzung benutzt, daß sich der zweite Körper anfangs in Ruhe befindet ($v_2 = 0$). Man darf daher diese Gleichungen nicht anwenden, wenn sich auch der zweite Körper zu Beginn der Wechselwirkung bewegt. Die Gleichungen für diesen allgemeineren Fall kann man aber leicht nach dem gleichen Verfahren herleiten.

Weiterhin wurde bei der Herleitung der Formeln stillschweigend die Annahme gemacht, daß sich die Bewegungsgröße überhaupt ändert. Man kann nämlich noch eine andere Lösung der Aufgabe angeben: Wenn $v_1' = v_1$ und $v_2' = 0$ gilt, dann sind die Ausgangsgleichungen auch erfüllt. Dann bleibt die Bewegungsgröße unverändert, und es findet keine Energieübertragung von dem einen auf den anderen Körper statt. Doch brauchen wir uns um diese mögliche Lösung nicht zu kümmern. Beim zentralen Stoß müßte dann der erste Körper durch den zweiten hindurchgehen, ohne ihn im mindesten zu beeinflussen.

17.8.2. Die Entdeckung des Neutrons

Dies ist ein Überblick über einen der Versuche, die *Chadwick* zur Entdeckung des Neutrons führten. Eine Probe Beryllium wurde mit α-Teilchen aus radioaktivem Polonium beschossen. Das Beryllium gab seinerseits, wie man feststellte, unsichtbare unbekannte Teilchen ab (Bild 17.14).

Diese unsichtbaren Teilchen ließ *Chadwick* auf ruhende Wasserstoff- bzw. Stickstoffatome auftreffen. Als Ergebnis des Stoßes wurden Protonen bzw. Stickstoffkerne herausgeschlagen, und *Chadwick* bestimmte ihre Geschwindigkeiten.

Bei Beobachtungen im Bereich H (Bild 17.14) wählen wir zentrale Stöße aus. Wir nehmen an, daß es sich

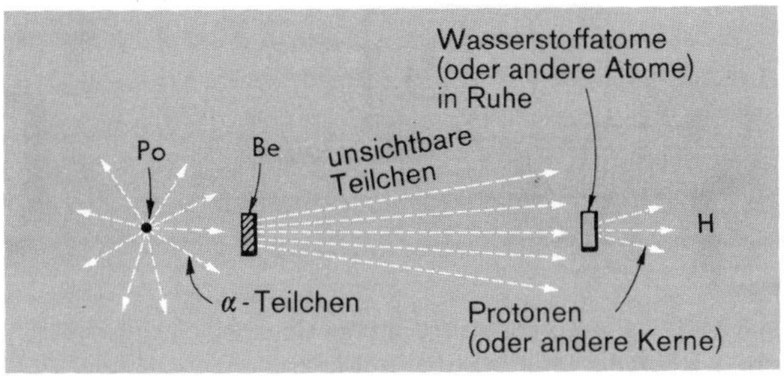

Bild 17.14. Skizze der Versuchanordnung von *Chadwick*

um elastische Stöße handelt. Mit m_p bezeichnen wir die (bekannte) Masse eines Protons und mit v_p seine gemessene Geschwindigkeit. Entsprechend bezeichnen wir mit m und v die Masse und die Geschwindigkeit der unsichtbaren Teilchen. Dann ergibt sich mit den oben hergeleiteten Gleichungen

$$v'_p = \frac{2\,m}{m + m_p}\,v.$$

Entsprechend ergibt sich für den Stoß mit den Stickstoffkernen (m_s und v_s)

$$v'_s = \frac{2\,m}{m + m_s}\,v.$$

In dieser Gleichung können wir m_s durch 14 m_p ersetzen. (Die Masse des Stickstoffkerns beträgt etwa 14 atomare Masseneinheiten (ME) und die des Protons etwa 1 ME.) Nach Ersetzen von m_s durch 14 m_p dividieren wir die erste Gleichung durch die zweite. Dadurch wird die unbekannte Geschwindigkeit der unsichtbaren Teilchen eliminiert. Es ergibt sich

$$\frac{v'_p}{v'_s} = \frac{m + 14\,m_p}{m + m_p}.$$

Durch seine Versuche hatte *Chadwick* herausgefunden, daß das Geschwindigkeitsverhältnis etwa den Wert $\frac{v'_p}{v'_s} = 7{,}5$ besaß. Daraus ergibt sich

$$\frac{m + 14\,m_p}{m + m_p} = 7{,}5$$

oder

$$m \approx 1{,}00\,m_p.$$

Chadwick wiederholte den Versuch mit anderen Stoffen anstelle von Wasserstoff oder Stickstoff. Wieder ergab sich, daß die Annahme eines Teilchens, dessen Masse etwa gleich der Protonenmasse war, die Versuchsergebnisse erklärte. Er führte eine Vielzahl anderer Versuche aus. Nie ergab sich ein Widerspruch. In einem seiner Versuche bestimmte *Chadwick* die Masse des neuen Teilchens auf weniger als 1 % genau. Er hatte nachgewiesen, daß das Neutron existiert. ●

17.9. Arbeit und kinetische Energie beim Zusammenwirken mehrerer Kräfte

Bisher wurde in diesem Kapitel der Zuwachs und die Abnahme der kinetischen Energie eines Körpers untersucht, auf den eine einzige äußere Kraft wirkt. Auch als die Wechselwirkung zweier Körper behandelt wurde, wirkte auf jeden der beiden eine einzige Kraft. Nun wollen wir mehr als zwei Körper betrachten. Auf jeden der Körper wirken die Wechselwirkungskräfte mit jedem der anderen Körper. Wie lassen sich dann die Änderungen der kinetischen Energie der verschiedenen Körper bestimmen?

Wir greifen einen der Körper heraus. Wie hängt die Arbeit, durch die kinetische Energie auf den Körper übertragen oder von ihm fortgenommen wird, von allen Kräften ab, die auf ihn wirken? Wie hängt sie vom Weg ab, den der Körper zurücklegt?

Man kann auf zwei Wegen zur Lösung dieses Problems gelangen. Erstens kann man alle auf den Körper wirkenden Kräfte addieren und die resultierende Kraft bestimmen. Diese resultierende Kraft bewirkt (allein) die gleiche Beschleunigung des Körpers (bzw. des Schwerpunktes) wie alle Teilkräfte zusammen. Alle Aussagen über die Arbeit und die kinetische Energie treffen auch hier zu, wenn man nur die resultierende Kraft benutzt. Die auf diese Weise ermittelte kinetische Energie ist die Bewegungsenergie des gesamten Körpers. Nicht darin enthalten ist die Energie der inneren Bewegungen wie Schwingungen und Drehungen der Teile um den Schwerpunkt.

Zweitens kann man die Arbeit berechnen, die von jeder der wirkenden Kräfte während eines bestimmten Bewegungsabschnittes verrichtet wird. Die Beträge der einzelnen Arbeiten müssen dann addiert werden. Ihre Summe ist gerade gleich der Arbeit, die von der resultierenden Kraft verrichtet wird. Um zu erkennen, wie dieses Ergebnis herauskommt, nehmen wir einmal an, daß die Bewegung des Körpers entlang der x-Achse erfolgt. Dann ergeben sich die Teilarbeiten der einzelnen Kräfte F_a, F_b, . . . , wenn der Körper den Weg Δx zurücklegt, als

$$W_a = F_{ax}\Delta x, \quad W_b = F_{bx}\Delta x, \ldots .$$

In jedem Fall wurde das Produkt aus der Komponente der Kraft in x-Richtung und dem vom Körper zurückgelegten Weg Δx gebildet. Die gesamte Arbeit erhält man dann durch Addition der Teilarbeiten:

$$\begin{aligned} W &= W_a + W_b + \ldots \\ &= (F_{ax} + F_{bx} + \ldots)\,\Delta x \\ &= F_x\,\Delta x. \end{aligned}$$

Darin ist F_x die Komponente der resultierenden Kraft in Richtung der x-Achse, also in Richtung der Bewegung.

In physikalischer Sprechweise stellt jede Kraft einen äußeren Einfluß auf den bewegten Körper dar. Wirkt die Kraft in Richtung der Bewegung, dann gibt die von dieser Kraft verrichtete Arbeit die Übertragung der Energie von der äußeren Energiequelle auf den bewegten Körper an. Wirkt die Kraft entgegengerichtet zur Bewegung, so geschieht die Übertragung vom Körper auf die äußere Quelle. Das Gesamtergebnis des Vorganges wird davon abhängen, ob die resultierende Kraft in Richtung der Bewegung oder entgegengesetzt wirkt. Im ersten Fall wird auf den Körper mehr Energie übertragen, als er abgibt. Im zweiten Fall wird dem bewegten Körper mehr Energie entnommen, als ihm geliefert wird. In dieser Weise lassen sich die Ergebnisse dieses Kapitels auf so viele Körper oder so viele äußere Kräfte, wie in einer komplexen Situation vorkommen, verallgemeinern.

17.10. Verlust an kinetischer Energie durch Reibung

Wirkt eine Reibungskraft auf einen Körper, so hängt die Kraft nicht nur vom Abstand der beiden Körper ab. In diesem Fall wird die Energie offenbar in irgendeine andere Form umgewandelt. Die gesamte kinetische Energie der wechselwirkenden Körper nimmt ab und wird schließlich Null.

Die Bewegung eines Körpers, der über die Tischplatte gleitet, ist nicht reibungsfrei. Die von der Tischplatte auf den Körper ausgeübte Reibungskraft bremst den Körper ab. Die dabei verrichtete Arbeit ergibt sich als Produkt aus der Kraft und dem Weg, den der Körper beim Abbremsen zurückgelegt hat. Da die Kraft der Bewegung entgegengerichtet ist, wird dem Körper Energie entnommen. Daher nimmt die kinetische Energie des Körpers um den übertragenen Betrag ab.

Wohin wurde die Energie übertragen? Der Körper übt eine gleich große und entgegengerichtete Kraft auf den Tisch aus. Doch setzt sich der Tisch nicht unter dem Einfluß dieser Kraft in Bewegung. Infolgedessen verrichtet die Kraft des Körpers an dem Tisch praktisch keine Arbeit. Die kinetische Energie des Tisches nimmt nicht merkbar zu. Die kinetische Energie wird vom

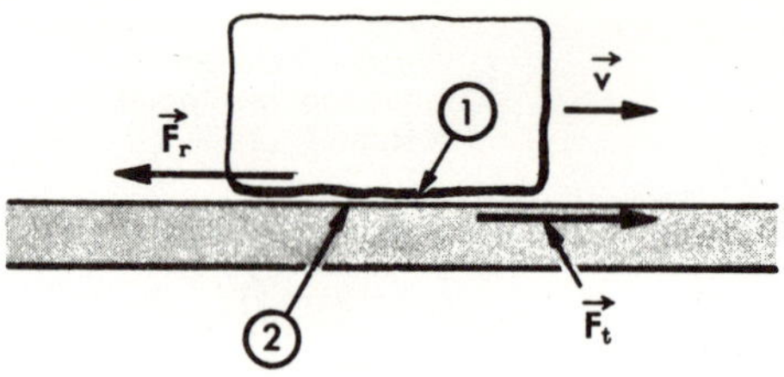

Bild 17.15. Ein Körper gleitet mit der Geschwindigkeit v über eine Tischplatte. Im Bereich ① wirkt eine horizontale Reibungskraft F_r auf die Grundfläche des Körpers und vermindert seine kinetische Energie. Der Verlust an kinetischer Energie wird durch die Arbeit angegeben, die bei der Bewegung des Körpers verrichtet wird, während er infolge der Reibung langsamer wird. Eine Reibungskraft F_t wird im Bereich ② auf die Oberfläche des Tisches ausgeübt. Da sich der Tisch nicht bewegt, wird keine Arbeit verrichtet. Der Tisch gewinnt keine kinetische Energie.

Wo bleibt dann die Energie? – Offensichtlich wird sie im Bereich der berührenden Flächen gespeichert. Dort beobachtet man eine Zunahme der Temperatur.

Körper abgegeben, geht aber nicht in kinetische Energie des Tisches über (Bild 17.15).

Man kann jedoch beobachten, daß sich die Oberflächen des Körpers und des Tisches, die sich berühren, bei der Bewegung erwärmen. Die Abnahme der Energie des bewegten Körpers ist begleitet von einer Zunahme der Temperatur. Zwischen dieser Temperaturerhöhung und dem Fehlbetrag an kinetischer Energie läßt sich ein Zusammenhang erkennen, wenn man daran denkt, daß die Temperatur eines Gases dem mittleren mv^2 seiner Moleküle proportional ist (vgl. Kapitel 20). Demnach bedeutet das Erwärmen eines Körpers, das Erhöhen seiner Temperatur, eine Zunahme der kinetischen Energie seiner Molekularbewegung. Die kinetische Energie, die nicht als kinetischer Energie einer Bewegung des Tisches als Gesamtheit erscheint, kann somit als Energiezuwachs bei der Bewegung der Moleküle in den erwärmten Teilen der Tischplatte und des Körpers auftreten.

Wir wollen ein anderes Beispiel einer Wechselwirkung mit Reibung betrachten. Wenn wir eine Plastilinkugel fallenlassen, beginnt die Wechselwirkung zwischen Kugel und Boden im Moment der Berührung. Kräfte wirken auf die Kugel und bremsen sie ab. Auch die Form der Kugel ändert sich. Daher hört die Wechselwirkung beim Rückprall schon auf, wenn die „Kugel" noch näher am Boden ist als zu Beginn der Wechselwirkung (Bild 17.16). Die Kraft zwischen Kugel und Boden ist in dieser Stellung nun schon Null, während beim Herunterfallen in diesem Punkt die Kraft nicht Null war. Daraus folgt, daß die kinetische Energie nach dem Stoß kleiner als vorher ist. Die Plastilinkugel prallt mit einer kleineren Geschwindigkeit zurück. Sie scheint fortwährend kinetische Energie zu verlieren.

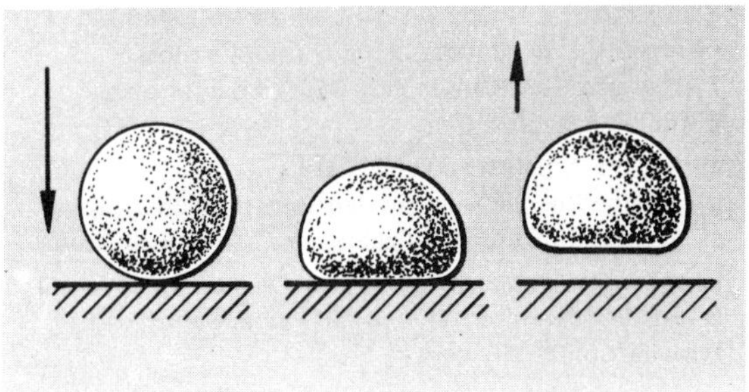

Bild 17.16. Ein unelastischer Stoß. Die Wechselwirkung beginnt, wenn die Plastilinkugel den Boden berührt. Dann wird die Kugel immer weiter deformiert. Beim Rückprall endet die Wechselwirkung daher schon, bevor die Kugel den gleichen Abstand wie zu Beginn der Wechselwirkung hatte. Daraus ergibt sich: Die Geschwindigkeit beim Rückprall ist geringer als beim Auftreffen.

Doch zeigt sich, daß die Kugel nach dem Aufprall auf dem Boden wärmer als vorher ist. Diese Wechselwirkung ist ganz ähnlich der zwischen dem gleitenden Körper und der Tischplatte. In diesem Beispiel findet die Reibung jedoch innerhalb des Körpers statt, wenn sich Teile der Kugel gegenüber anderen Teilen dieser Kugel verschieben.

Einen Stoßvorgang, bei dem die Kräfte kleiner sind, wenn die Körper wieder auseinandergehen, als bei der Annäherung, nennt man einen *unelastischen Stoß.* Nach unelastischen Stößen beobachtet man gewöhnlich einen Temperaturanstieg. In Kapitel 20 wird untersucht, wie dieser Temperaturanstieg mit Energie in anderer Form in Beziehung steht. Im Augenblick wollen wir uns auf Vorgänge beschränken, in denen Reibung und Erwärmung vernachlässigt werden können.

17.11. Zusammenfassung

Die wichtigsten Ergebnisse dieses Kapitels sollen noch einmal zusammengestellt werden. Zunächst: Wirkt eine Kraft auf einen bewegten Körper, so wird die auf den Körper übertragene Energie durch die Arbeit angegeben. Diese ist gleich dem Produkt aus der Kraftkomponente in Richtung der Bewegung und dem Weg, den der Körper unter dem Einfluß dieser Kraft zurücklegt. Wirkt die Kraft entgegengerichtet zur Bewegung, dann verringert sich die Energie des Körpers. Wirkt die Kraft in Richtung der Bewegung, so nimmt die Energie des Körpers zu. Wirken mehrere Kräfte auf den Körper, dann bestimmt die resultierende Kraft die Änderung der Bewegung. Entsprechend ist die gesamte Arbeit ein Maß für die Änderung der kinetischen Energie.

Treten zwei Körper miteinander in Wechselwirkung und hängt die Wechselwirkungskraft nur vom Abstand zwischen ihnen ab, dann ist die gesamte kinetische Energie nach Abschluß der Wechselwirkung die gleiche wie vor ihrem Beginn. Der Stoß der beiden Körper ist elastisch.

Die gleiche Aussage läßt sich machen, wenn viele Körper miteinander in Wechselwirkung treten. Sind sie zu Beginn so weit voneinander entfernt, daß die Wechselwirkungskräfte Null sind, und haben sie sich nach Abschluß wieder voneinander entfernt, dann ist die gesamte kinetische Energie am Anfang gleich der nach dem Stoßvorgang. Einige Körper mögen kinetische Energie gewonnen haben, andere welche verloren, doch die Summe erreicht wieder den Anfangswert. Diese Aussage über die Gleichheit der gesamten kinetischen Energie am Beginn und am Ende eines vollständig abgeschlossenen Stoßvorganges wird in ihrer Allgemeinheit im nächsten Kapitel geprüft werden. Hier sollte betont werden, daß die Aussage nur dann korrekt ist, wenn die Wechselwirkungskräfte nur vom Abstand der Körper abhängen. Mit anderen Worten: Wenn sich die Körper einander nähern, müssen die gleichen Kräfte auftreten, wie wenn sie auseinandergehen.

Wechselwirkungskräfte sind nicht immer nur vom Abstand abhängig. Die Beispiele des auf der Tischplatte gleitenden Körpers oder der fallenden Plastilinkugel zeigten: Hängen die Kräfte nicht nur von der Entfernung ab, scheint sich die kinetische Energie des bewegten Körpers dauernd zu ändern. Doch wenn die kinetische Energie verschwindet, wird gewöhnlich eine Temperaturzunahme beobachtet. Wir werden später ermitteln, wie dieser Temperaturanstieg anzeigt, daß die kinetische Energie in eine andere Form umgewandelt wurde.

Auch im Laufe des elastischen Stoßes scheint die kinetische Energie zeitweise verloren zu gehen. Es zeigte sich, daß diese verlorene kinetische Energie schließlich wiedergewonnen werden kann. Solange die Wechselwirkungskräfte nur von der relativen Lage der Körper abhängen, ist die „verlorene" kinetische Energie in Wirklichkeit im System gespeichert. Diese *gespeicherte* Energie nennt man *potentielle Energie.* Im nächsten Kapitel werden wir uns mit potentieller Energie beschäftigen.

Aufgaben

1. In einem Kraftwerk wird Kohle zur Dampferzeugung verbrannt. Der Dampf treibt eine Turbine, die mit einem elektrischen Generator gekoppelt ist. Das Wasserwerk einer Stadt benutzt den elektrischen Strom

für einen Elektromotor, der Wasser aus einer Quelle in einen Hochbehälter pumpt. Welche Energieübergänge finden statt?

2. Ein Zugseil zieht einen Wagen mit einer Kraft $F = 4 \cdot 10^3$ N einen Berg hinauf. Bei einer Geschwindigkeit $v = 5\ \frac{m}{s}$ dauert es 5 min, bis der Wagen oben ankommt.
   a) Wie groß ist die beim Hochziehen verrichtete Arbeit?
   b) Welche Arbeit müßte man verrichten, um den gleichen Wagen mit der Geschwindigkeit $v_2 = 2{,}5\ \frac{m}{s}$ auf den Berg zu ziehen?

3. Ein Bootsmotor liefert in jeder Sekunde eine Energie von 3000 J (Leistung von 3000 W). Er treibt das Boot mit einer konstanten Geschwindigkeit $v = 9\ \frac{km}{h}$ an. Welches ist die Kraft, die der Bewegung entgegenwirkt?

4.* Ist es möglich, eine Kraft auszuüben und doch keine Energie zu übertragen?

5. Ein Meterstab (m = 0,20 kg) liegt auf dem Tisch neben zwei 10 cm hohen Klötzen (Bild 17.17).
   a) Man hebt den Stab an, indem man ihn horizontal hält, und legt ihn auf die Klötze. Wie groß ist die dabei verrichtete Arbeit?
   b) Nun hebt man den Stab, indem man erst das eine Ende auf den Klotz legt und dann das andere (Bild 17.17b und c). Welche Arbeit hat man jetzt verrichtet?

6.* Welche kinetische Energie besitzt ein Hammer (m = 1 kg), der sich mit $v = 20\ \frac{m}{s}$ bewegt?

7.* Wie ändert sich die kinetische Energie eines Wagens, wenn sich seine Geschwindigkeit verdoppelt?

8.* Zwei Körper unterschiedlicher Masse haben die gleiche kinetische Energie und bewegen sich in der gleichen Richtung. Auf beide wird eine gleiche abbremsende Kraft ausgeübt. Was kann man über die Bremswege sagen?

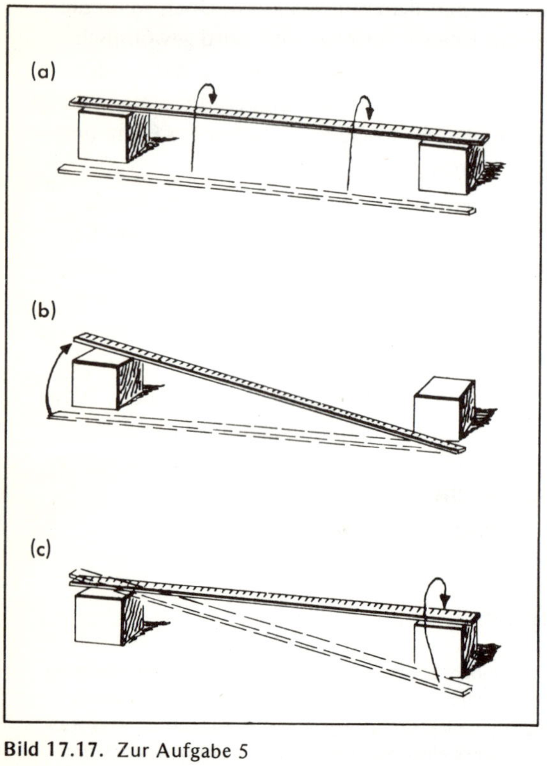

Bild 17.17. Zur Aufgabe 5

9. Eine Kraft F = 10,0 N wirkt auf einen Rollschuh (m = 2,0 kg), der anfangs auf einer reibungslosen Fläche ruht. Der Rollschuh bewegt sich unter dem Einfluß der Kraft 3,0 m.
   a) Welche Arbeit wird verrichtet?
   b) Welche Energie wird auf den Rollschuh übertragen?
   c) Welche Endgeschwindigkeit erreicht der Rollschuh?

10. Es sollen die kinetischen Energien zweier Körper A und B verglichen werden, die sich nur in einer einzigen Eigenschaft unterscheiden:
   a) Körper A hat eine doppelt so große Geschwindigkeit wie Körper B.
   b) A bewegt sich nach Norden, B nach Süden.
   c) A bewegt sich auf einem Kreis, B auf einer geraden Linie.
   d) A ist ein vertikal fallendes Geschoß. B ist ein Geschoß, das sich mit der gleichen Geschwindigkeit vertikal nach oben bewegt.
   e) A besteht aus zwei getrennten Stücken, die durch eine leichte Schnur verbunden sind. Jeder der Teile hat die Masse von B.

   Außer in den genannten Eigenschaften sollen die beiden Körper A und B völlig übereinstimmen.

11. Eine Kraft F = 30 N beschleunigt einen Körper (m = 2,0 kg) aus der Ruhe auf einer Strecke von 3,0 m auf einer ebenen reibungslosen Unterlage. Dann ändert die Kraft ihren Betrag auf $F' = 15$ N und wirkt weitere 2,0 m.
   a) Welche kinetische Energie besitzt der Körper danach?
   b) Wie schnell bewegt er sich dann?

12. Man schätze die kinetische Energie ab, die ein Radfahrer auf ebener Straße erreicht.

13. Ein Stein (m = 2,0 kg) wirbelt am Ende einer Schnur (l = 0,50 m) mit einer Frequenz von 2,0 Umdrehungen in der Sekunde herum.
   a) Welche kinetische Energie besitzt er?
   b) Welche Zentripetalkraft wirkt auf ihn?
   c) Wie groß ist die von der Zentripetalkraft bei einer Umdrehung verrichtete Arbeit?

14.* Stoßen sich die beiden Körper des Versuchs nach Bild 17.8 ab, oder ziehen sie sich an?

15. Ein Körper (m = 10,0 kg) bewegt sich 2,0 m gegen eine Widerstandskraft, die linear um 4,0 N zunimmt, wenn sich der Körper 3,0 m bewegt (Bild 17.18). Wieviel kinetische Energie verliert der Körper, wenn die Kraft zu Beginn Null ist?

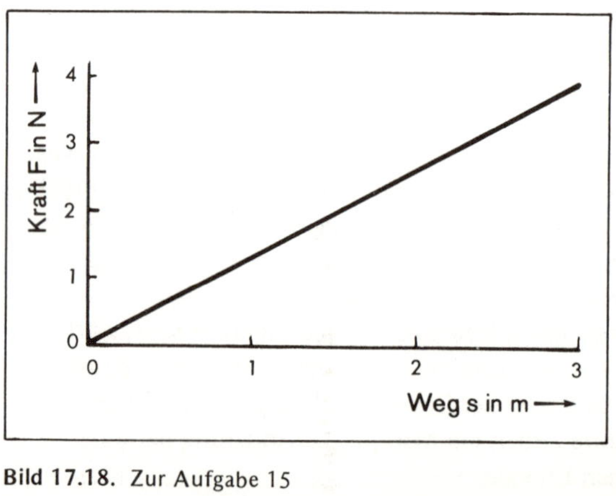

Bild 17.18. Zur Aufgabe 15

16.* Wann nennt man einen Stoß elastisch?

17.* Eine Plastilinkugel wird an eine Wand geworfen und bleibt dort haften. Hängt die Kraft zwischen der Wand und der Kugel nur vom gegenseitigen Abstand ab?

18.* Eine Kugel ($m_1 = 3$ kg) stößt mit $v_1 = 6\,\frac{m}{s}$ auf eine zweite ($m_2 = 3$ kg), die sich mit $v_2 = 6\,\frac{m}{s}$ in entgegengesetzter Richtung bewegt. Nach dem Stoß hat jede Kugel eine Geschwindigkeit von gleichem Betrag, aber in Gegenrichtung wie vorher. Ist dies ein elastischer Stoß?

19. Ein schnell bewegter Körper (m_1) stößt zentral und elastisch auf einen zweiten ruhenden Körper (m_2). Wie groß ist m_1 im Vergleich zu m_2, wenn der erste Körper sehr langsam auf seiner Bahn zurückkommt?

20. Zwei Körper stoßen zusammen. Wenn sie sich von 10 cm auf 5 cm nähern, möge die abstoßende Kraft konstant 3 N betragen. Wenn sie von 5 cm auf 10 cm auseinandergehen, betrage die konstante abstoßende Kraft nur 1 N. Wie ändert sich die gesamte kinetische Energie vom Beginn bis zum Ende des gesamten Vorgangs?

21. Ein Geschoß eines Panzerabwehrgeschützes (das keine explosive Ladung enthält) hat die Masse $m_1 = 10$ kg und die Geschwindigkeit $v_1 = 10^3\,\frac{m}{s}$. Ein Güterwagen hat auf dem Rangierbahnhof die Masse $m_2 = 10^4$ kg und die Geschwindigkeit $v_2 = 1\,\frac{m}{s}$.

a) Welche Bewegungsgrößen haben die Körper?
b) Welche kinetischen Energien besitzen sie?
c) Warum richtet das Geschoß beim Auftreffen mehr Schaden an als der Güterwagen?

22. Zwei Körper ($m_1 = m_2 = 3{,}0$ kg) treten in Wechselwirkung. Zu einem gegebenen Zeitpunkt bewegt sich der erste mit $v_1 = 0{,}50\,\frac{m}{s}$ nach rechts und der zweite mit $v_2 = 0{,}30\,\frac{m}{s}$ ebenfalls nach rechts. Somit ist in diesem Moment die Annäherungsgeschwindigkeit (des einen Körpers in Bezug auf den anderen) $v = 0{,}20\,\frac{m}{s}$. Die abstoßende Wechselwirkungskraft beträgt in diesem Moment 0,10 N. In welchem Maße nimmt die gesamte kinetische Energie in diesem Zeitpunkt ab (Angabe in $\frac{J}{m}$)?

23. Ein Körper ($m = 1{,}5$ kg) befindet sich in Ruhe. Er wird zentral von einem zweiten ($m = 0{,}50$ kg) getroffen, der sich mit $v_2 = 0{,}20\,\frac{m}{s}$ bewegt. Die Wechselwirkungskraft hängt nur vom Abstand der beiden Körper ab.

a) Welche Geschwindigkeit hat jeder Körper nach dem Stoß?
b) In welche Richtung bewegt sich jeder nach dem Stoß?

24. Ein Körper (m_1) stößt mit der kinetischen Energie E_k zentral auf einen ruhenden Körper (m_2). Die Wechselwirkungskraft hängt nur vom gegenseitigen Abstand ab. Welche kinetische Energie wird in den folgenden Fällen übertragen?

a) $m_2 = 0{,}01\,m_1$,
b) $m_2 = m_1$,
c) $m_2 = 100\,m_1$.

In welchem Verhältnis stehen die Massen, wenn die Übertragung der kinetischen Energie

d) einen maximalen Wert annimmt,
e) sehr klein ist?

(Anmerkung: Um diese Beziehungen deutlicher zu erkennen, kann man die übertragene Energie für zusätzliche Werte von m_2 bestimmen und eine Zeichnung anfertigen.)

25. Ein Körper ($m_1 = 5{,}0$ kg) befindet sich in Ruhe. Ein zweiter ($m_2 = 10$ kg) nähert sich ihm mit $v_2 = 0{,}20\,\frac{m}{s}$. Die Wechselwirkungskraft ist Null, wenn der Abstand größer als 0,10 m ist. Sie beträgt 4,0 N, wenn der Abstand kleiner als 0,10 m ist. (Man kann einige der Lösungen dieser Aufgabe leichter erhalten, wenn man den Satz von der Erhaltung der Bewegungsgröße anwendet.)

b) Welche kinetische Energie hat jeder von ihnen nach dem Stoß?
c) Welche kinetische Energie hat jeder von ihnen, wenn der Abstand am kleinsten ist? (Beachten Sie, daß dann die Geschwindigkeiten gleich groß sind.)
d) Welches ist der kleinste Abstand? (Die Antwort zu c) gibt den gesamten Verlust der kinetischen Energie für den kleinsten Abstand an.)

26. Eine Flugabwehrgranate hat eine kinetische Energie E_k und eine Bewegungsgröße $\vec{p}$. Dann explodiert sie. Was kann man aussagen über

a) die Bewegungsgröße der Teile,
b) die kinetische Energie der Teile?

27. In einem seiner Versuche, die *Chadwick* zur Bestimmung der Masse des Neutrons führten, maß er die Geschwindigkeit von Protonen, die zentral von den Neutronen getroffen worden waren. Die Geschwindigkeit der Protonen betrug $v_p = 3{,}3 \cdot 10^7\,\frac{m}{s}$.

a) Welche Geschwindigkeit hatten die Neutronen vor und nach dem Stoß mit den Protonen?
b) *Chadwick* maß auch die Geschwindigkeit von Stickstoffatomen, die zentral von den gleichen Neutronen getroffen wurden. Welche Geschwindigkeit ergab sich dabei?
c) Welche Geschwindigkeit hatten die Neutronen nach diesem Stoß?

28. Ein leerer Güterwagen A ($m_A = 2{,}5 \cdot 10^4$ kg = 25 t) rollt auf einer horizontalen Schiene mit $v_A = 2{,}0\,\frac{m}{s}$, bis er an einen stehenden Wagen B ($m_B = 5{,}0 \cdot 10^4$ kg) angekoppelt wird. Die Reibung ist sehr klein, die Bremsen sind gelöst.

a) Welche Bewegungsgröße hat Wagen A am Anfang?
b) Mit welcher Geschwindigkeit bewegen sich die beiden zusammengekoppelten Wagen nach dem Stoß auf der Schiene?
c) Welches ist die gesamte kinetische Energie vor und nach dem Stoß? Liegt ein Beispiel für einen elastischen Stoß vor?

29. Auf einen Trockeneis-Puck wirken zwei Kräfte $\vec{F}_1$ und $\vec{F}_2$, wie Bild 17.19 zeigt. Der Körper startet aus der Ruhe. Berechnen Sie die verrichtete Arbeit, wenn der Körper 2 m zurücklegt und

a) $F_1 = 10$ N und $F_2 = 0$ wirken,
b) $F_1 = 0$ und $F_2 = 10$ N wirken,
c) $F_1 = 10$ N und $F_2 = 10$ N wirken.

30. Ein Trockeneis-Puck hat eine Masse $m = 5$ kg. Auf ihn wirkt 2 s lang eine konstante Kraft $\vec{F}$ unter einem Winkel von 60° zur Horizontalen (Bild 17.20).

a) Der Puck startet aus der Ruhe. Welche Änderung erfährt seine Bewegungsgröße in diesen 2 s?

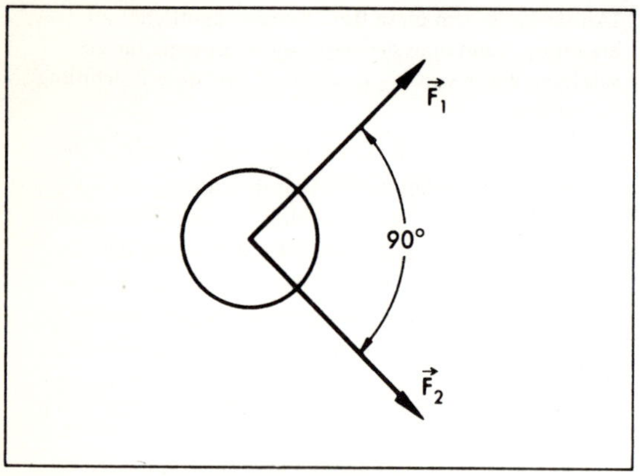

Bild 17.19. Zur Aufgabe 29

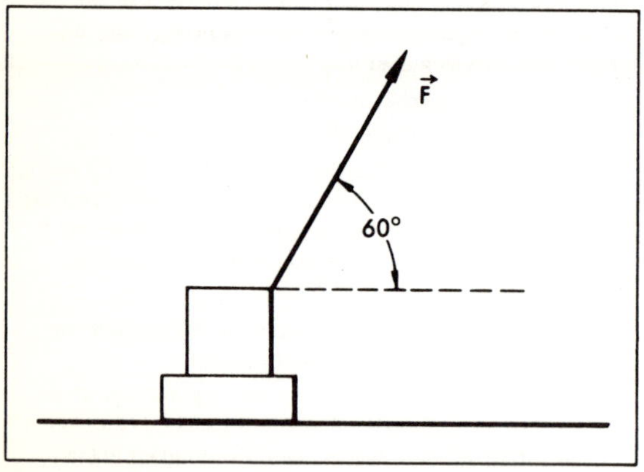

Bild 17.20. Zur Aufgabe 30

b) Welche Arbeit wird in dieser Zeit verrichtet? (Anmerkung: $E_k = \frac{1}{2} m v^2 = \frac{(m v)^2}{2 m} = \frac{p^2}{2 m}$.)

c) Was würde geschehen, wenn die Kraft verdoppelt würde?

31. Ein Stein (m = 100 g) wird von einem hohen Turm fallengelassen. Er erreicht nach einem Fallweg von 100 m die Geschwindigkeit $v = 20 \frac{m}{s}$. Welche Energie ist etwa an die Luft übertragen worden?

Bild 17.21. Zur Aufgabe 33

32. Man möchte die Kraft bestimmen, mit denen Fahrradbremsen auf das Rad wirken (ohne daß es rutscht). Die Bremsen greifen an den Felgen des Rades an. Zur Verfügung stehen ein Meßband zur Längenmessung und eine Straße bekannter konstanter Steigung. Man kennt das Gesamtgewicht von Fahrrad und Fahrer. Eine Uhr ist nicht vorhanden. Wie kann man vorgehen?

33. Ein Hufeisenmagnet der Masse m steht mit seinen Polen auf einer reibungslosen Fläche. Eine Stahlkugel der gleichen Masse rollt auf den Magneten zu, durch die Pole hindurch und auf der anderen Seite weiter (Bild 17.21). Die Anziehungskraft zwischen Magnet und Kugel ändert sich mit dem Abstand. Sie hat vor und hinter dem Magneten den gleichen Betrag.
   a) Welche Endgeschwindigkeit hat die Kugel?
   b) Welche Endgeschwindigkeit hat der Magnet?
   c) Welche Erscheinungen kann man im Verlauf des Durchrollens beobachten?

34. Nachdem der Versuch von Aufgabe 33 mit einer Anfangsgeschwindigkeit v ausgeführt wurde, wiederholt man ihn mit einer größeren Anfangsgeschwindigkeit v' ($v' > v$). Zeigt sich in der Bewegung des Magneten ein Unterschied?

35. Eine Kugel (m = 2,0 kg) bewegt sich auf einem Kreis von 1,0 m Radius 300 mal in der Minute. Welche kinetische Energie hat die Kugel? Nun wird die Kugel in vier gleiche Teile geteilt, die auf dem Bahnkreis gleichmäßig (je 90° versetzt) angeordnet werden. Diese Stücke führen die gleiche Bewegung wie vorher die Kugel aus. Welche kinetische Energie hat das System? Würde sich die kinetische Energie ändern, wenn die Kugel in einen kontinuierlichen Ring von 2,0 m Durchmesser umgeformt würde, der sich mit der gleichen Frequenz dreht?

18. Potentielle Energie

Im letzten Kapitel wurde die Übertragung von kinetischer Energie von einem bewegten Körper auf einen anderen untersucht. Dabei ergab sich: Bei elastischen Stößen innerhalb eines abgeschlossenen Systems ist die von einem Körper abgegebene kinetische Energie gleich der Zunahme der kinetischen Energie der anderen Körper. Dies gilt, wenn die Wechselwirkungskräfte allein vom Abstand zwischen den Körpern abhängen. Dann lassen sich mit dem Satz von der Erhaltung der kinetischen Energie und dem Satz von der Erhaltung der Bewegungsgröße Vorhersagen treffen. So wurden für den zentralen Stoß zweier Körper die Geschwindigkeiten nach dem Stoß aus den Anfangsgeschwindigkeiten ermittelt.

Bei diesen Anwendungen sehen die beiden Erhaltungssätze $\Delta\vec{p}_2 = -\Delta\vec{p}_1$ und $\Delta E_{k2} = -\Delta E_{k1}$ ganz ähnlich aus. Es besteht aber ein wesentlicher Unterschied. Die Änderungen der Bewegungsgrößen sind in jedem Zeitintervall des Stoßvorganges gleich groß und entgegengerichtet. Die Bewegungsgröße bleibt also in jedem Zeitpunkt des Stoßes in ursprünglicher Größe erhalten. Dagegen ist auch bei elastischen Stößen die gesamte kinetische Energie nicht in allen Stadien des Stoßvorganges gleich groß. Nur am Ende der Wechselwirkung nimmt sie wieder den Anfangswert an. Im Verlauf des Stoßes nimmt die gesamte kinetische Energie zunächst ab und wächst dann wieder an. Zwischendurch ist einige kinetische Energie verschwunden.

Wo bleibt diese verlorene kinetische Energie? Da sie am Schluß wieder vorhanden ist, muß sie irgendwo im wechselwirkenden System gespeichert worden sein. Diese gespeicherte Energie bezeichnet man als *potentielle Energie* E_p des Systems.

18.1. Der Federpuffer

An einem einfachen Beispiel soll die gespeicherte Energie untersucht werden. Wir betrachten einen Körper, der mit konstanter Geschwindigkeit über eine horizontale reibungsfreie Tischfläche gleitet (Bild 18.1). Der Körper stößt auf einen „Puffer". Dieser besteht aus einer Spiralfeder, die an einem großen und unbeweglichen Gegenstand, z.B. dem Tisch, befestigt wurde. Wenn der Körper auf die Feder trifft, so wird diese zusammengedrückt. Sie übt dabei umgekehrt eine Kraft auf den Körper aus, die ihn verlangsamt. Die kinetische Energie des bewegten Körpers nimmt ab, bis die Geschwindigkeit Null ist. Dann ist die kinetische Energie des Körpers ganz verschwunden, und die Feder ist um die größte Strecke zusammengedrückt. Die gesamte Energie ist als potentielle Energie E_p in der Feder gespeichert. Danach nimmt der Körper Geschwindigkeit in der Gegenrichtung auf. Schließlich verläßt er die Feder mit seiner ursprünglichen Geschwindigkeit und seiner ursprünglichen kinetischen Energie. Die gesamte kinetische Energie ist nun wieder vorhanden. Bei den zwischen den Extremen liegenden Elongationen der Feder kommt sowohl kinetische als auch potentielle Energie vor.

Im letzten Kapitel stellten wir fest: Die kinetische Energie wird vollständig wiedergewonnen, wenn die Kraft nur vom Abstand abhängt. Hier spielt die Elongation der Feder die Rolle des Abstandes. Aus der Tatsache, daß die kinetische Energie gespeichert und in voller Höhe zurückgewonnen wird, ergibt sich eine Vermutung über die von der Feder ausgeübte Kraft: Die Federkraft muß beim Nähern des Körpers, wenn die Feder zusammengedrückt wird, die gleiche sein wie beim Entfernen, wenn sich die Feder wieder entspannt.

Messungen der Kraft in Abhängigkeit von der Elongation bestätigen diese Vermutung. Nach Kapitel 14 sieht eine typische Kurve für die Rückstellkraft einer guten Feder so aus, wie es Bild 18.2 zeigt. Die von der Feder ausgeübte Kraft hängt nicht von der Entstehung der Dehnung ab. Bei einer bestimmten Elongation hat sie den gleichen Wert, ob wir die Feder gerade so weit eingedrückt haben oder ob wir sie weiter eingedrückt und dann wieder entspannt hatten. Die Kraft der Feder hängt auch nicht von der Geschwindigkeit des Körpers ab. Da sie für die gleiche Elongation immer den gleichen Wert hat, läßt sie sich durch eine einfache Kurve darstellen. In Bild 18.2 kann man erkennen, daß zu jeder Elongation genau ein Wert der Rückstellkraft gehört.

Bei einer schlechten Feder, beispielsweise einer Kupferspirale, spielt die Entstehung der Dehnung eine Rolle. Die Kräfte unterscheiden sich dort beim Zusammendrücken und beim anschließenden Auseinandergehen. Wenn ein Körper auf eine solche Feder trifft, dann prallt er mit einer kleineren Geschwindigkeit, als er vorher hatte, zurück. Eine Kupferspirale ist unelastisch, ähnlich wie Plastilin. Sie erwärmt sich bei der Kompression und der anschließenden Expansion. Daher erhält man hier keine einfache Kurve, wenn man die Kraft in Abhängigkeit von der Elongation aufträgt.

Der Vorgang, daß ein Körper auf die Feder trifft, diese zusammendrückt und dabei kinetische Energie verliert, soll nun genauer untersucht werden. Der Übergang von kinetischer Energie des Körpers in potentielle Energie, die in der Feder gespeichert ist, wird durch die verrichtete Arbeit gemessen. Diese Arbeit wird durch die Fläche unter der Kraft-Elongation-Kurve von Null (wo die Feder noch nicht zusammengedrückt ist) bis zur Elongation x (den Weg, den das Ende der Feder zurücklegt) dargestellt (Bild 18.3). Hat man es mit einer guten Feder zu tun, bei

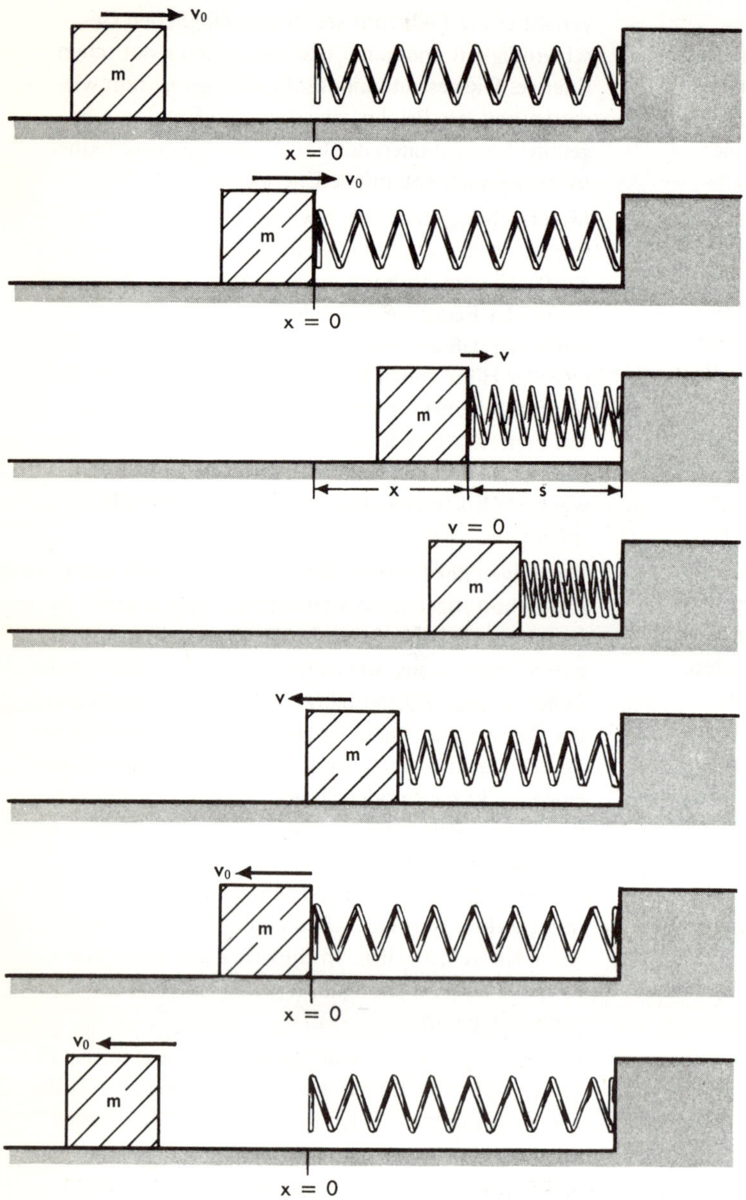

Bild 18.1. Stoß zwischen einem Körper der Masse m und einer Feder, die an einem Körper so großer Masse befestigt ist, daß er sich nicht merkbar bewegt.

Ein Körper der Masse m nähert sich mit der Geschwindigkeit v_0 einer Feder.

Er trifft auf die Feder und beginnt sie zusammenzudrücken.

Wenn die Feder um das Stück x auf die Länge s zusammengedrückt wurde, hat sich die Geschwindigkeit des stoßenden Körpers auf v verringert. Der Körper hat kinetische Energie verloren, die als potentielle Energie in der zusammengedrückten Feder gespeichert wurde.

Die Feder ist am stärksten zusammengedrückt, der Körper ist zur Ruhe gekommen. Seine kinetische Energie ist verschwunden.

Durch die Ausdehnung der Feder gewinnt der Körper erneut Geschwindigkeit und kinetische Energie.

Der Körper hat den Punkt erreicht, in dem er am Anfang die Feder berührte. Er besitzt nun wieder seine Anfangsgeschwindigkeit v_0 und seine ursprüngliche kinetische Energie. Die Wechselwirkung ist beendet.

Der Körper bewegt sich gleichförmig mit der Geschwindigkeit v_0 von der Feder fort. Er besitzt seine ursprüngliche kinetische Energie.

der die Kraft durch eine einfache Kurve dargestellt wird, dann ist die verrichtete Arbeit für eine bestimmte Dehnung immer die gleiche. Sie ist nicht abhängig von der ursprünglichen kinetischen Energie des Körpers. Kommt der Körper mit einer größeren kinetischen Energie an, so wird er beim Passieren der Elongation x auch noch eine größere kinetische Energie besitzen. Aber die Änderung ΔE_k zwischen Null und x ist gleich. Dieser Verlust an kinetischer Energie, diese beim Zusammendrücken der Feder verrichtete Arbeit, ist die in der Feder gespeicherte potentielle Energie E_p.

Es spielt keine Rolle, ob ein bewegter Körper die Feder zusammendrückt oder ob wir es tun. Wenn wir die Feder mit der Hand um das Stück x zusammendrücken, den Körper an ihrem Ende aufstellen und dort freigeben, dann schnellt die Feder den Körper davon. Seine kinetische Energie ist dabei gleich der Arbeit, die wir mit der Hand verrichtet haben. Die potentielle Energie E_p der Feder wird wieder durch die Fläche unter der Kraft-Elongation-Kurve dargestellt. Sie ist eine Eigenschaft der Federdehnung allein und hängt nicht von dem bewegten Körpern ab.

Für eine Feder mit bekannter Kraft-Elongation-Kurve läßt sich die potentielle Energie E_p in Abhängigkeit von der Elongation x bestimmen. Man ermittelt die Flächen unter der Kurve zwischen Null und verschiedenen Werten von x. Trägt man diese Flächen gegen x auf, so erhält man einen Graph der potentiellen

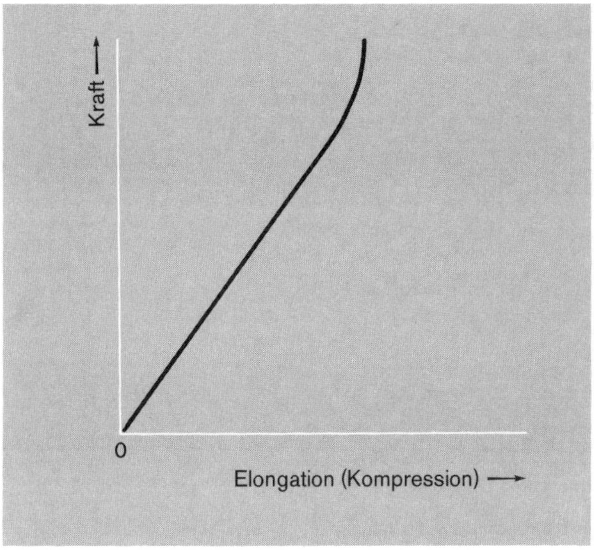

Bild 18.2. Die Rückstellkraft F einer elastischen Feder in Abhängigkeit von ihrer Elongation beim Zusammendrücken

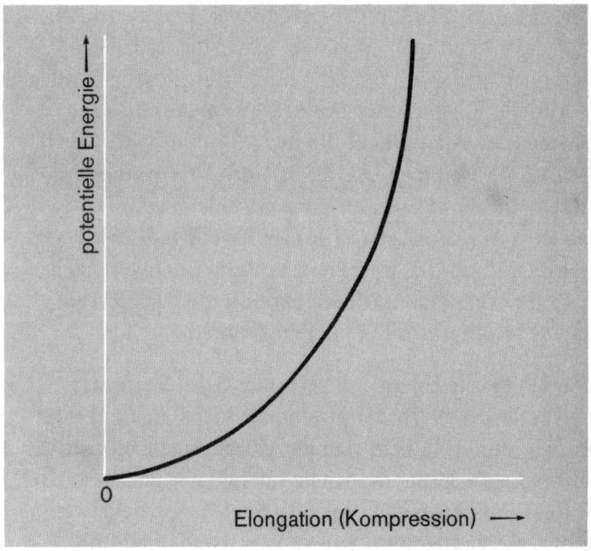

Bild 18.4. Darstellung der potentiellen Energie einer Feder in Abhängigkeit von ihrer Elongation beim Zusammendrücken (Kraftkurve von Bild 18.2)

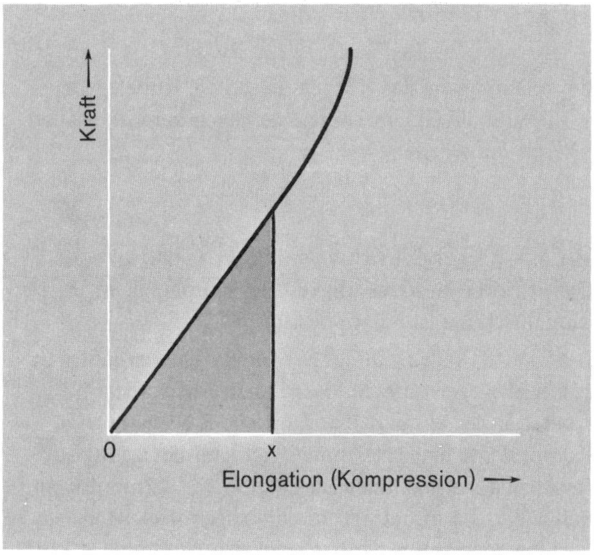

Bild 18.3. Die beim Zusammendrücken einer Feder verrichtete Arbeit wird durch die Fläche unter der Kurve von Null bis zur Elongation x dargestellt. Sie gibt die von der Feder gespeicherte potentielle Energie an.

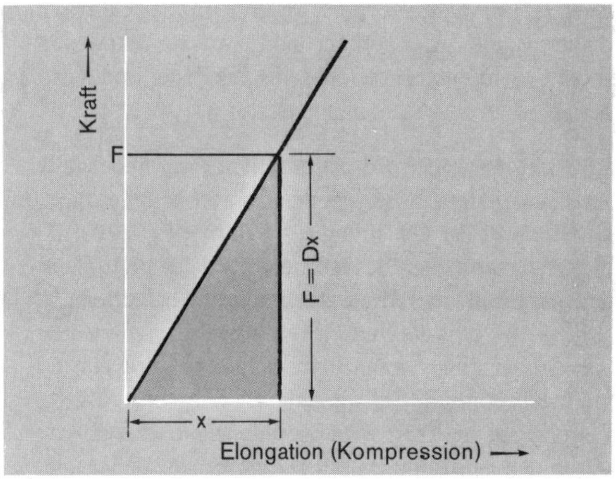

Bild 18.5. Darstellung der Rückstellkraft F einer Feder in Abhängigkeit von der Elongation x bei linearem Kraftgesetz F = Dx. Die Fläche unter der Kurve ist ein Dreieck mit der Grundseite x und der Höhe Dx. Seine Fläche (und damit die potentielle Energie) wird durch den Ausdruck $\frac{1}{2}$ Dx^2 berechnet.

Energie E_p. Bild 18.4 zeigt eine solche Darstellung der potentiellen Energie für die Feder, deren Kraft-Elongation-Kurve Bild 18.2 zeigt.

Hat die Kraft-Elongation-Kurve eine einfache Form, so läßt sich eine Gleichung angeben, mit der die potentielle Energie E_p aus der Elongation x berechnet werden kann. Bild 18.5 zeigt: Wenn die Kraft F der Elongation x proportional ist, F = D x, dann ist die Fläche unter der Kurve ein Dreieck mit der Grundseite x und der Höhe D x. Die potentielle Energie ist daher (dargestellt durch die Fläche des Dreiecks)

$$E_p = \frac{1}{2}(D\,x)\,x = \frac{1}{2}D\,x^2.$$

Diese Gleichung gibt die potentielle Energie für eine Feder mit linearer Rückstellkraft (F = D x) an.

Man kann den Graph der potentiellen Energie in Abhängigkeit von der Elongation experimentell überprüfen (gleichgültig ob man ihn durch Berechnungen oder durch die Fläche unter der Kraft-Elongation-Kurve erhalten hat). Man drückt die Feder um unterschiedliche Stücke x zusammen und läßt sie beim Expandieren einen Körper bekannter Masse beschleunigen. Die dabei vom Körper erreichte Geschwindigkeit wird gemessen und daraus seine kinetische Energie berechnet. Ihr Wert muß mit dem der potentiellen Energie bei der Kompression x übereinstimmen.

Die kinetische Energie des Körpers beim Verlassen der Feder ist gleich der potentiellen Energie der Feder in dem Punkt, in dem sich der Körper nicht bewegt. Denn die gesamte potentielle Energie wird bei der Expansionsbewegung in kinetische Energie umgewandelt. In Zwischenpunkten ist der Zuwachs an kinetischer Energie gleich der Abnahme an potentieller Energie. Die Summe aus beiden ist stets konstant $\frac{1}{2} m v^2 + E_p = E$. E ist gleich der potentiellen Energie $E_{p\,max}$ der Feder im Punkt stärkster Kompression, wenn v = 0 ist. Sie ist ebenfalls gleich der kinetischen Energie $\frac{1}{2} m v_0^2$ des Körpers, wenn er mit der Geschwindigkeit v_0 die Feder verläßt und $E_p = 0$ ist. Man nennt E die Gesamtenergie des Systems aus Feder und Körper.

Befestigt man einen Körper am Ende einer Feder und setzt das System in Bewegung, dann schwingt es hin und her. Mit der Gleichung $E = \frac{1}{2} m v^2 + E_p$ läßt sich die Geschwindigkeit des Körpers aus der potentiellen Energie E_p in jeder Phase der Bewegung berechnen (Bild 18.6). Übt die Feder beispielsweise eine lineare Rückstellkraft aus, dann führt der Körper eine einfache harmonische Schwingung aus (Abschnitt 14.8). Für eine solche Kraft wird die potentielle Energie durch den Ausdruck $E_p = \frac{1}{2} D x^2$ gegeben. Daher gilt für die einfache harmonische Schwingung

$$\frac{1}{2} m v^2 + \frac{1}{2} D x^2 = E.$$

Betrachten wir zum Beispiel eine Feder mit der Federkonstante $D = 2 \frac{N}{m}$. Wir befestigen daran einen Körper mit der Masse m = 8 kg und ziehen die Feder um 1 m aus der Ruhelage aus. Dann geben wir den Körper frei. Mit welcher Geschwindigkeit geht er durch die Ruhelage? Mit welcher Periode (Schwingungsdauer) schwingt er hin und her? Um die erste Frage zu beantworten, gehen wir davon aus, daß sich der Körper im Moment der Freigabe in Ruhe befindet. Seine kinetische Energie ist dann Null, und die Gesamtenergie ist gleich der potentiellen Energie $\frac{1}{2} D x_m^2$. Mit $D = 2 \frac{N}{m}$ und $x_m = 1$ m ergibt sich

$$E = \frac{1}{2} D x_m^2 = 1 \text{ J}.$$

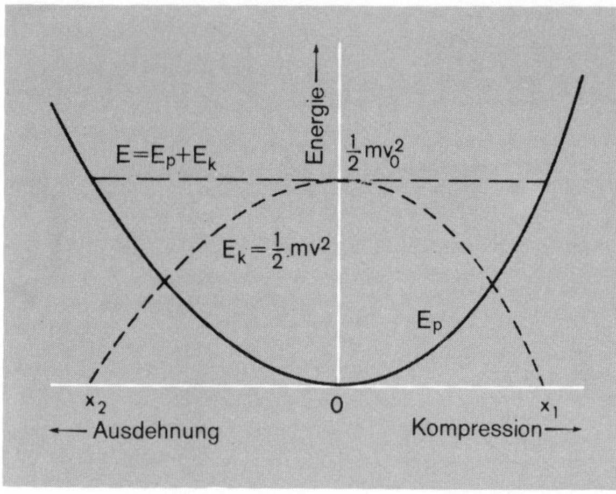

Bild 18.6. Darstellung der potentiellen Energie E_p einer Feder und der kinetischen Energie $E_k = \frac{1}{2} m v^2$ eines daran befestigten Körpers. Die Summe E der Energien wird durch eine horizontale Gerade dargestellt, sie ist konstant. Der Körper besitzt gerade so viel kinetische Energie, daß er die Feder bis x_1 zusammendrücken und bis x_2 ausziehen kann.

Beim Durchgang des Körpers durch die Ruhelage ist x = 0, und die Gesamtenergie ist gleich der kinetischen Energie des Körpers:

$$E = \frac{1}{2} m v_0^2 = 1 \text{ J}.$$

Mit m = 8 kg ergibt sich $v_0^2 = 0{,}25 \left(\frac{m}{s}\right)^2$ und $v_0 = 0{,}5 \frac{m}{s}$. Damit ist die Geschwindigkeit des Körpers beim Durchgang durch die Ruhelage bestimmt.

Die zweite Frage nach der Schwingungsdauer läßt sich auf zwei Wegen einfach lösen. Nach Abschnitt 14.8 kann man die einfache harmonische Bewegung als Komponente einer gleichmäßigen Kreisbewegung auffassen. Da die maximale Elongation der harmonischen Schwingung 1 m beträgt, hat die zugehörige Kreisbewegung den Radius r = 1 m oder den Umfang u = 2πm. Da die größte Geschwindigkeit der harmonischen Schwingung nach obiger Rechnung $v_0 = 0{,}5 \frac{m}{s}$ beträgt, ist die konstante Geschwindigkeit der zugehörigen Kreisbewegung ebenfalls $v = 0{,}5 \frac{m}{s}$. Folglich ist die Umlaufdauer

$$T = \frac{u}{v} = \frac{2\pi m}{0{,}5 \frac{m}{s}} = 4\pi \text{ s}.$$

Dieses Ergebnis für die Schwingungsdauer können wir durch ein zweites Verfahren überprüfen. Nach Abschnitt 14.8 ist die Periode gegeben durch

$$T = 2\pi \sqrt{\frac{m}{D}}.$$

Daraus ergibt sich für diesen Fall $T = 2\pi\sqrt{\frac{8\ \mathrm{kg}}{2\frac{\mathrm{N}}{\mathrm{m}}}} = 4\pi\ \mathrm{s}$.

Dieser Wert für die Schwingungsdauer der harmonischen Schwingung stimmt mit dem Ergebnis des ersten Weges überein.

18.2. Potentielle Energie zweier Körper, die in Wechselwirkung stehen

Wir betrachten einen Körper, der zentral (wie in Kapitel 17) auf einen zweiten stößt. Der Körper A bewege sich auf den ruhenden Körper B zu (Bild 18.7). Es wurde schon in Abschnitt 17.5 gezeigt: Wenn A den Bereich d der Wechselwirkung erreicht, beginnt er sich zu verlangsamen und kinetische Energie zu verlieren. B setzt sich in Bewegung und nimmt an Geschwindigkeit zu. Aber B gewinnt nicht soviel kinetische Energie, wie A abgibt. Es verschwindet kinetische Energie. Wenn A und B ihren kleinsten Abstand haben, bewegen sie sich mit der gleichen Geschwindigkeit, und die gesamte kinetische Energie hat ihren kleinsten Wert. Wir stellen uns vor, daß genau in diesem Moment ein leichter Käfig (von vernachlässigbarer Masse) über A und B gestülpt wird, um zu verhindern, daß sie sich wieder voneinander entfernen. Dann bewegt sich das ganze System (aus den beiden Körpern und dem Käfig) mit unveränderter Geschwindigkeit und konstanter kinetischer Energie weiter. Es wird sich solange mit der kleinsten kinetischen Energie bewegen, bis der Käfig wieder entfernt wird. Im Zustand der kleinsten kinetischen Energie scheint das System weniger Energie zu besitzen als zu Beginn. Entfernt man jedoch den Käfig, so daß A und B auseinander getrieben werden, erhält man die ursprüngliche kinetische Energie zurück. Dabei wird vorausgesetzt, daß die Wechselwirkungskräfte nur vom Abstand abhängen. Hier betrachten wir nur solche Wechselwirkungen, bei denen für den gleichen Abstand die gleiche Kraft auftritt, ob sich die Körper nähern oder voneinander entfernen. Solche Kräfte bewirken elastische Stöße.

Während die beiden Körper durch den Käfig zusammengehalten werden, ist die kinetische Energie des Systems kleiner als am Anfang. Die fehlende kinetische Energie ist als potentielle Energie gespeichert. Man kann sie beliebig lange speichern. Entfernt man dann von den beiden Körpern, die in Wechselwirkung stehen, den Käfig, so daß sie sich wieder getrennt bewegen können, so wird die kinetische Energie um genau den Betrag anwachsen, der beim Einschließen in den Käfig gespeichert wurde.

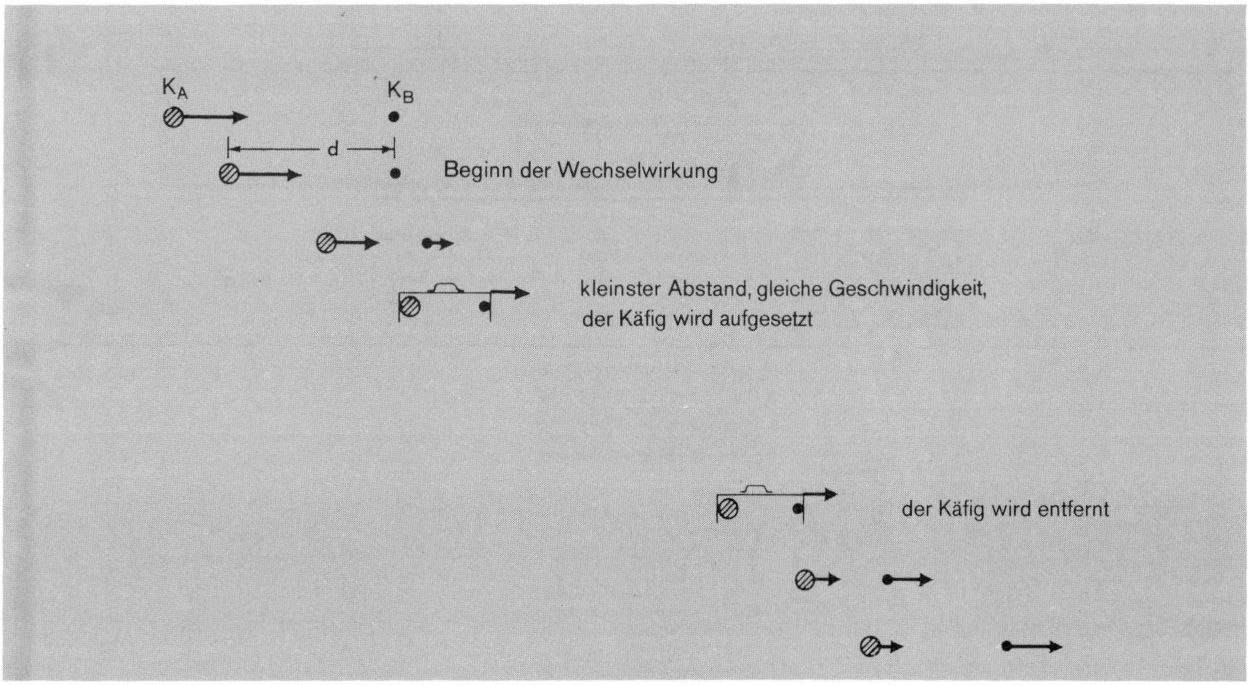

Bild 18.7. Eine Wechselwirkung zwischen zwei Körpern, die in einem Abstand d beginnt. Im Moment der stärksten Annäherung, wenn die beiden Körper die gleiche Geschwindigkeit besitzen, wird ein leichter „Käfig" übergestülpt. Die beiden Körper bewegen sich dann zusammen mit der gleichen Geschwindigkeit weiter, ihre kinetische Energie hat einen kleinsten Wert. Später wird der Käfig wieder entfernt. Dann entfernen sich die Körper wieder voneinander und gewinnen die ursprüngliche kinetische Energie zurück.

Immer wenn die beiden Körper in einem bestimmten Abstand gehalten werden, gibt es eine bestimmte potentielle Energie. Diese hängt nicht davon ab, wie schnell sich das System bewegt oder auf welche Weise die Körper auf diesen Abstand gebracht wurden. Aber die gesamte Energie wird sich in kinetische Energie umwandeln, wenn die Körper frei gegeben werden. Die ganze Anordnung entspricht völlig dem Federpuffer. Dort konnte man die potentielle Energie speichern, indem man die Feder einrasten läßt und gespannt hält. Hier gibt es keine sichtbare Feder, sondern nur Kräfte zwischen den Körpern. Man sagt, daß die potentielle Energie in dem Kraftfeld der Wechselwirkung gespeichert ist. Das Kraftfeld verhält sich wie eine unsichtbare Feder.

Eigentlich sollte man die Dinge gerade andersherum formulieren: In einer Feder ist die potentielle Energie in Wirklichkeit in den Kraftfeldern der Wechselwirkung zwischen ihren Atomen gespeichert. Die sichtbare Gestalt der Feder gibt nur an, wo sich ihre Atome befinden.

Um noch genauer zu durchdenken, was im Bereich der Atome geschieht, betrachten wir zwei große Körper, die mit einem Knall zusammenstoßen. Wenn sie „in Berührung" kommen, dann nähern sich Atome des einen Körpers den nächstgelegenen des anderen so stark, daß große Wechselwirkungskräfte entstehen. Es wird Energie im interatomaren Kraftfeld beider Körper gespeichert. Man könnte den Zusammenstoß zweier Güterwagen durch den Zusammenstoß von Paketen interatomarer Federn veranschaulichen (Bild 18.8a und b). Eine bessere Darstellung müßte die Atome ohne reale Federn zeigen, sondern nur mit ihren Kraftfeldern, in denen Energie gespeichert werden kann (Bild 18.8c).

Offenbar läßt sich nur bei einigen Stößen, bei denen sich die Körper berühren, etwa beim Stoß von Gummibällen und von Stahlkugeln, die Energie in einer Form speichern, aus der sie zurückgewonnen werden kann. Andere Stöße rufen in den atomaren Systemen lebhafte Bewegungen hervor. Die großen Körper werden erwärmt und bewegen sich mit geringerer „sichtbarer" kinetischer Energie auseinander. Der Stoß ist unelastisch. Betrachten wir einen Körper, der unelastisch mit einem anderen zusammenstößt: Die Kräfte sind bei der Trennung nach dem Stoß nicht die gleichen wie beim Annähern. Ein Teil der kinetischen Energie des Körpers verschwindet für immer. Weil sich diese verlorene kinetische Energie nicht unmittelbar zurückgewinnen läßt, kann man sie nicht als potentielle Energie ansehen.

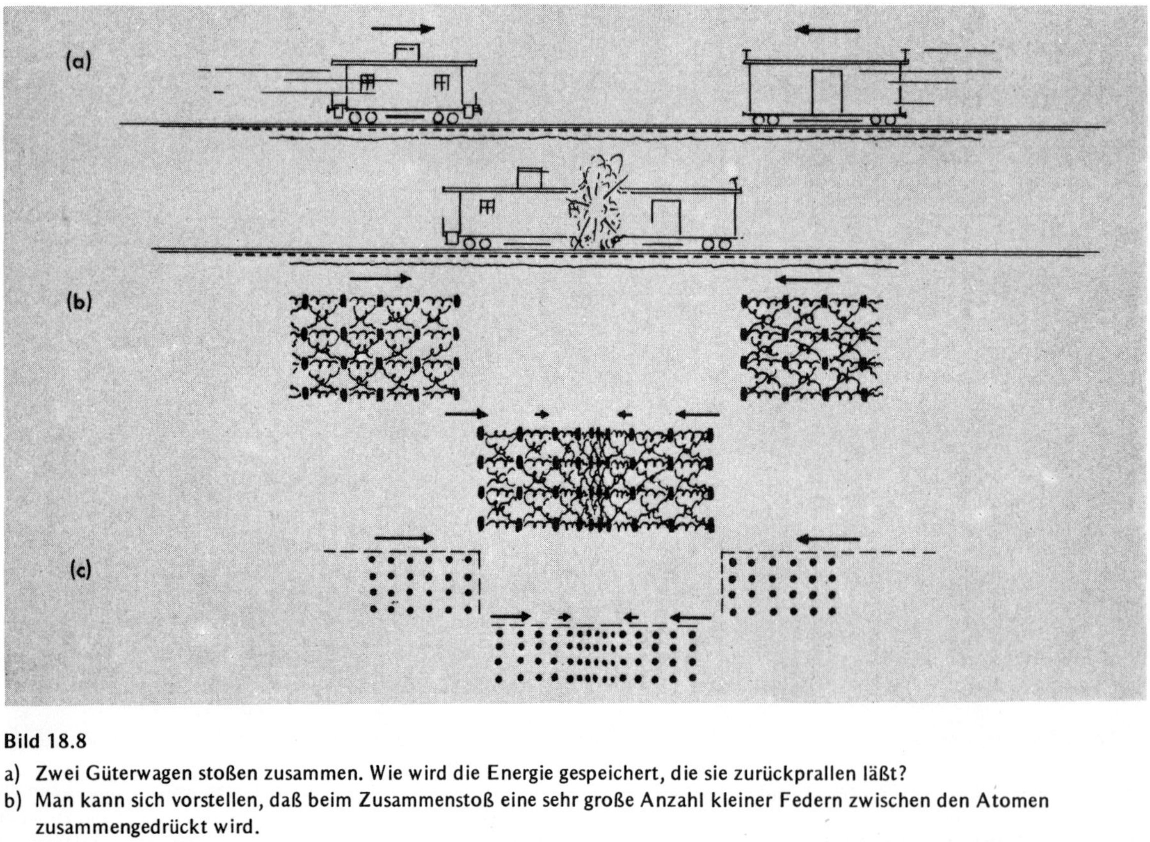

Bild 18.8

a) Zwei Güterwagen stoßen zusammen. Wie wird die Energie gespeichert, die sie zurückprallen läßt?

b) Man kann sich vorstellen, daß beim Zusammenstoß eine sehr große Anzahl kleiner Federn zwischen den Atomen zusammengedrückt wird.

c) Eine bessere Darstellung würde keine Federn zwischen den Atomen zeigen. Die Energie ist in den Kraftfeldern zwischen den Atomen gespeichert.

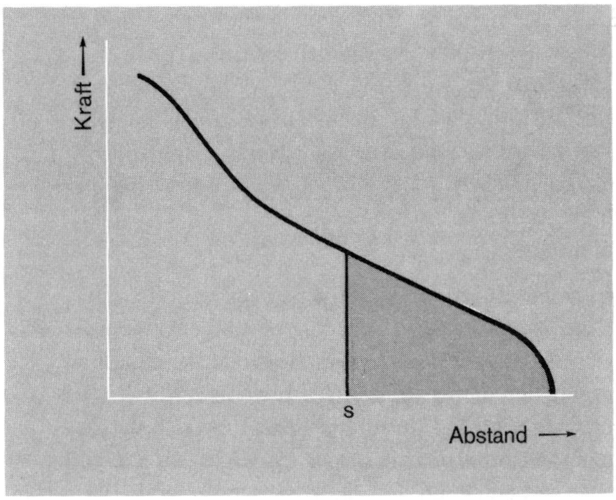

Bild 18.9. Die Kraft zwischen zwei Körpern in Abhängigkeit von ihrem Abstand. Die dunkel getönte Fläche stellt die Arbeit dar, die man verrichten muß, um die Körper einander auf den Abstand s zu nähern. Sie gibt an, welche potentielle Energie sie in diesem Abstand besitzen.

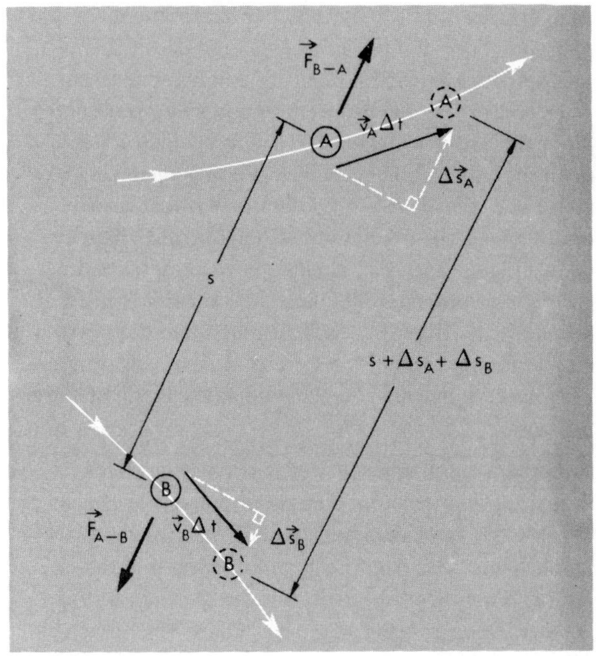

Bild 18.10. Ein elastischer Stoß zwischen zwei Körpern A und B. Wird das Zeitinterval! genügend klein gewählt, so kann man die Kraft auf den Körper als konstant ansehen. Die an ihm verrichtete Arbeit ist das Produkt aus der Kraft F und der Komponente des Weges in Richtung der Kraft. Sie ist gleich der vom Kraftfeld abgegebenen potentiellen Energie und gleich der vom Körper aufgenommenen kinetischen Energie.

Bei elastischen Stößen hängt die potentielle Energie nur vom Abstand s zwischen den beiden Körpern A und B ab. Sie wird durch die Arbeit angegeben, die erforderlich ist, um die Körper aus einer Entfernung, die größer als die Reichweite der Wechselwirkung ist, auf diesen Abstand zusammenzudrücken. Sie wird durch die Fläche unter der Kraft-Abstand-Kurve, wie sie Bild 18.9 zeigt, veranschaulicht. Da die potentielle Energie nur vom Abstand abhängt, hat das Verfahren, wie man die Körper auf den Abstand bringt, keinen Einfluß. Wir sahen bereits, daß man die Körper mit beliebiger kinetischer Energie zentral zusammenstoßen lassen oder sie mit der Hand zusammenschieben kann. Die resultierende potentielle Energie ist gleich groß.

Der Begriff der potentiellen Energie ist deswegen so brauchbar, weil die potentielle Energie nur vom Zustand eines Systems und nicht von dessen Entstehung abhängt. Wegen der Unabhängigkeit von der Entstehung braucht man sich nicht auf die Stöße zu beschränken, die längs einer Geraden erfolgen. So weit die Wechselwirkungskräfte zwischen den beiden Körpern nur vom Abstand abhängen, gehört zu jedem vorgegebenen Abstand eine bestimmte potentielle Energie. Die Körper können sich dabei in beliebigen Richtungen bewegen.

Ein solcher Fall verschiedener Bewegungsrichtungen soll nun betrachtet werden. Die Bewegung jedes der beiden Körper in einem kurzen Zeitintervall Δt kann in zwei Komponenten aufgespalten werden, eine in Richtung der Verbindung der Körper und eine senkrecht dazu (Bild 18.10). Die erste Komponente hat die Richtung der auf den Körper wirkenden Kraft, die andere steht senkrecht dazu. Aus Kapitel 17 ist bekannt, daß keine Arbeit verrichtet wird, wenn die Kraft und die Bewegung senkrecht aufeinander stehen. Somit sind die Komponenten der Bewegung senkrecht zur Verbindungslinie nicht an einer Energieübertragung beteiligt. Andererseits wird Arbeit verrichtet, wenn Kraft und Bewegung gleichgerichtet sind, es wird Energie übertragen. Die Wechselwirkungskräfte haben den gleichen Betrag ($F_{A\text{-}B} = F_{B\text{-}A}$) und sind mit den Wegkomponenten $\Delta\vec{s}_A$ und $\Delta\vec{s}_B$ gleichgerichtet. Daher ergibt das Produkt aus dem Betrag der Kraft und dem in Δt erreichten Abstandsunterschied die Übertragung von potentieller in kinetische Energie, genau wie beim zentralen Stoß.

In gleicher Weise können wir ein beliebiges abgeschlossenes System von Körpern behandeln. Wenn alle Kräfte als Wechselwirkungskräfte zwischen je zwei Körpern gleich groß und entgegengerichtet sind und nur vom gegenseitigen Abstand abhängen, zeigt sich das gleiche Ergebnis. Unter den genannten Bedingungen kann die potentielle Energie angegeben werden. *Die gesamte mechanische Energie (die Summe aus kinetischer und potentieller Energie) bleibt in einem abgeschlossenen System konstant.*

Man erkennt nun einen möglichen Zusammenhang zwischen der potentiellen Energie und der in Brennstoffen, etwa in Benzin oder in Atomkernen, gespeicherten Energie. Bei der Verbrennung wird die Energie nicht dadurch freigesetzt, daß man einen Käfig entfernt. Aber unter geeigneten Bedingungen läßt sich ein wesentlicher Teil der im Brennstoff gespeicherten Energie in kinetische Energie großer Körper umwandeln. Oder man kann sie in die kinetische Energie regellos bewegter Moleküle umwandeln. Unter Verwendung der Begriffe der kinetischen und der potentiellen Energie lassen sich viele komplexe Umformungen der Energie verstehen, wie sie in der Natur ständig ablaufen.

Mit einem anschaulichen Vergleich lassen sich die Begriffe potentielle und kinetische Energie erläutern. Wenn ein Mann einem anderen eine Anzahl von Markstücken auszahlt, dann ist er anschließend um diesen Betrag ärmer. Der zweite ist um den gleichen Betrag reicher. Der Übergang von Markstücken vom ersten Mann auf den zweiten ist zu vergleichen mit der Übertragung von kinetischer Energie von einem Körper auf einen anderen.

Nun stellen wir uns vor, daß die beiden Männer eine Kassette haben, in die sie Markstücke legen und aus der sie wieder Markstücke entnehmen können. Der erste Mann legt einige Stücke in die Kassette. Sie liegen dort eine Weile, bevor der zweite sie herausnimmt. Inzwischen ist die Anzahl der Markstücke in den Taschen der Männer um den Betrag geringer, der in der Kassette liegt. Doch können die Männer den Betrag später wieder der Kassette entnehmen. Der in der Kassette liegende Betrag kann mit der potentiellen Energie verglichen werden. Diese wirkt wie ein Energiespeicher, aus dem man später kinetische Energie entnehmen kann.

Steckt in unserem Bild der erste Mann schneller Markstücke in die Kassette hinein als der zweite entnehmen kann, dann wächst der Betrag darin an. Analog kann einer der wechselwirkenden Körper schneller kinetische Energie abgeben, als der andere sie aufnimmt. Dann vergrößert sich die potentielle Energie. In beiden Fällen wird nichts verloren: Die Markstücke liegen in der Kassette und können von dort entnommen werden. Die potentielle Energie ist immer noch verfügbar. Die Gesamtsumme bleibt gleich groß.

18.3. Potentielle Energie im Gravitationsfeld (Erdnähe)

Nun soll die potentielle Energie untersucht werden, die mit der Gravitationsanziehung zwischen der Erde und anderen Körpern verbunden ist. Wir betrachten das System aus der Erde und einem Körper, dessen Masse m sehr klein gegenüber der Erdmasse M ist. Hebt man den Körper von der Erdoberfläche hoch und läßt ihn dort los, dann fällt er zurück. Gleichzeitig wird sich die Erde (sehr wenig) dem Körper entgegenheben. Jeder Körper gewinnt kinetische Energie, während die potentielle Energie des Systems abnimmt.

In jedem Zeitpunkt sind die Bewegungsgrößen der Erde und des Körpers gleich groß und entgegengerichtet: $m\,v = M\,V$. Die Geschwindigkeit V der Erde ergibt sich damit aus der Geschwindigkeit v des Körpers als $V = \frac{m}{M}\,v$. Aus dieser Beziehung läßt sich auch das Verhältnis der kinetischen Energie von Erde und Körper berechnen. Für die kinetische Energie der Erde ergibt sich

$$E_{kE} = \frac{1}{2} M\,V^2 = \frac{1}{2} M \left(\frac{m}{M}\,v\right)^2 = \frac{m}{M}\left(\frac{1}{2} m\,v^2\right).$$

Da $\frac{1}{2}\,m\,v^2$ die kinetische Energie des Körpers ist, ergibt sich als Verhältnis zwischen der kinetischen Energie der Erde und der kinetischen Energie des kleinen fallenden Körpers stets

$$\frac{E_{kE}}{E_k} = \frac{m}{M}.$$

Daher kann die kinetische Energie der Erde gegenüber der des Körpers vernachlässigt werden, wenn seine Masse m sehr klein gegenüber der Erdmasse M ist. Fällt der kleine Körper auf die Erde zu, wird praktisch die gesamte im System Erde-Körper gespeicherte potentielle Energie in kinetische Energie des Körpers übergeführt.

Wir nehmen an, daß der Körper einen Weg durchfällt, der klein gegenüber dem Erdradius ist. Das trifft sicher für jeden Laborversuch zu. Dann hat die Anziehungskraft zwischen Erde und Körper einen konstanten Betrag $F = mg$. Auch ihre Richtung ist konstant, sie zeigt vertikal nach unten.

Unter dem Einfluß dieser Kraft nimmt die Geschwindigkeit des fallenden Körpers mit einer konstanten, nach unten gerichteten Beschleunigung g zu. Wir haben in Abschnitt 11.8 entwickelt: Wenn der fallende Körper am Anfang des Fallweges d die Geschwindigkeit v und am Ende die Geschwindigkeit v′ hat, so besteht der Zusammenhang

$$v'^2 - v^2 = 2\,gd.$$

Die Änderung der kinetischen Energie ist dann

$$E'_k - E_k = \frac{m}{2}\,(v'^2 - v^2) = mgd.$$

Die linke Seite dieser Gleichung gibt die Änderung der kinetischen Energie an. Die rechte Seite ist die

Arbeit (das Produkt aus der Kraft mg und dem Weg d), die den Übergang von potentieller Energie in kinetische Energie angibt, wenn sich der Abstand zwischen dem Körper und dem Erdmittelpunkt um das Stück d verringert.

Fällt der Körper aus der Höhe h über der Erdoberfläche bis zur Höhe h′, legt er den Weg d = h − h′ zurück. Die potentielle Energie ändert sich um

$$E_p' - E_p = -mgd = -mg(h - h') = mg(h' - h).$$

(Das Minuszeichen in −mgd zeigt, daß die potentielle Energie um den Betrag mgd abnimmt, um den die kinetische Energie wächst.) Mit diesem Ergebnis könnte man vermuten, daß die potentielle Energie in der Höhe h gegeben ist durch

$$E_p = mgh.$$

Dieser Ansatz liefert tatsächlich das richtige Ergebnis für die Änderung der potentiellen Energie. Mit $E_p = mgh$ und $E_p' = mgh'$ erhält man

$$E_p' - E_p = mg(h' - h),$$

also den oben hergeleiteten Wert für die Änderung. Man erhält jedoch auch die richtige Änderung der potentiellen Energie, wenn man zum obigen Ausdruck für E_p eine beliebige Konstante E_{po} addiert. Mit

$$E_p = E_{po} + mgh \quad \text{und} \quad E_p' = E_{po} + mgh'$$

ergibt sich auch

$$E_p' - E_p = mg(h' - h).$$

Der Wert von E_{po} fällt bei der Berechnung der Änderung der potentiellen Energie heraus.

Bei physikalischen Problemen hat man es nur mit Änderungen der potentiellen Energie zu tun. Der Wert E_{po} kann so gewählt werden, wie es am bequemsten ist. In der Nähe der Erdoberfläche ist es zweckmäßig, für $E_{po} = 0$ zu setzen. Dann hat die potentielle Energie auf der Erdoberfläche den Wert Null. Bei diesem Vorgehen müssen wir noch genauer vereinbaren, was wir unter der Erdoberfläche verstehen wollen. Ist es das Dach eines Gebäudes, die Straßenhöhe, der Boden einer Ausschachtung oder Meeresspiegelhöhe (Bild 18.11)? Wir können jede Höhe festlegen, die für das betrachtete Problem zweckmäßig erscheint. Hat man mit Satelliten zu tun, die sich weiter von der Erde entfernen, legt man gewöhnlich den Nullpunkt der potentiellen Energie unendlich weit von der Erde entfernt. Die Wahl spielt grundsätzlich keine Rolle.

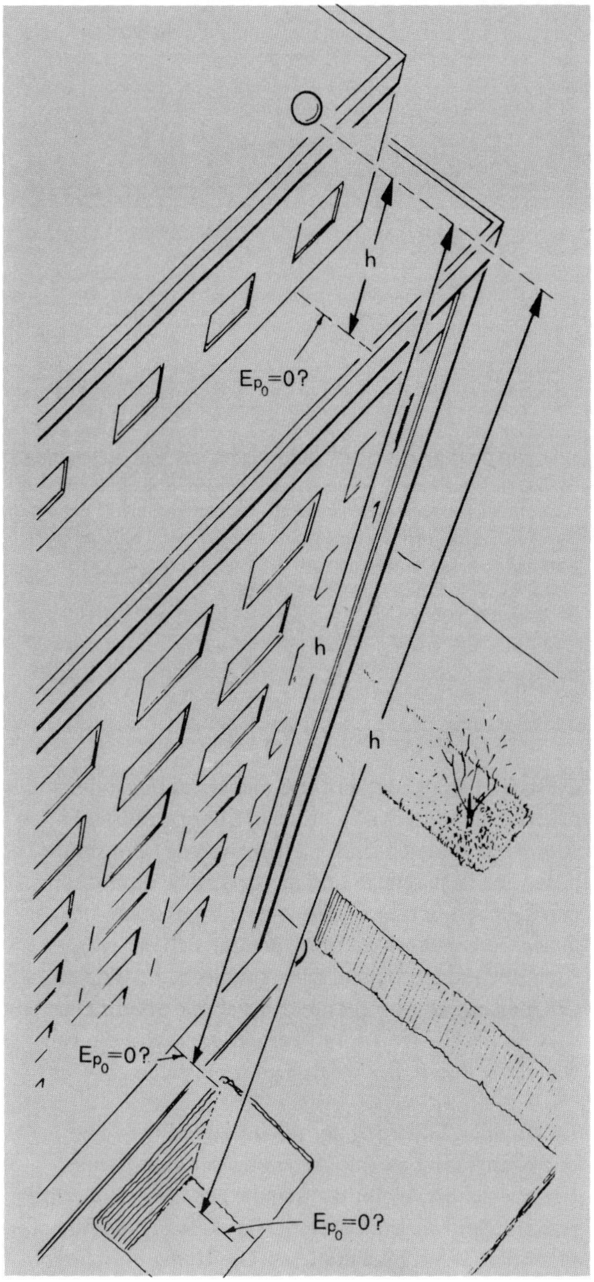

Bild 18.11. Man kann den Nullpunkt der potentiellen Energie beliebig festlegen. Der Bezugspunkt mit $E_p = 0$ kann deswegen frei gewählt werden, weil man es nur mit Änderungen der potentiellen Energie zu tun hat.

In der Gleichung

$$E_p' - E_p = mg(h' - h) = -mgd$$

ist mgd das Produkt aus der abwärts gerichteten Kraft mg auf den Körper der Masse m und dem Fallweg d. Dieser Ausdruck gibt die Änderung der kinetischen Energie an, wenn der Körper von h bis h′ fällt:

$$mgd = E_k' - E_k.$$

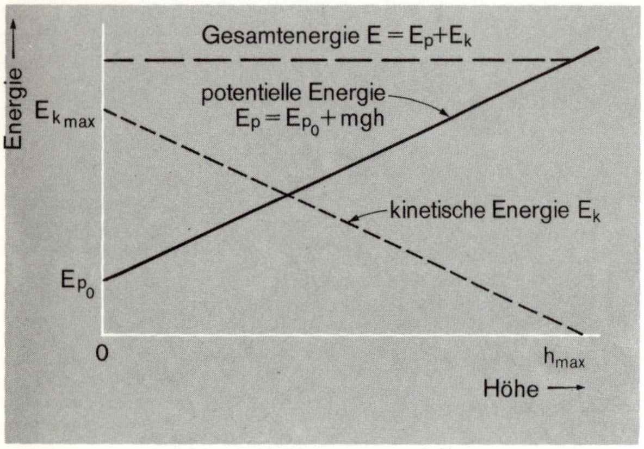

Bild 18.12. Darstellung der potentiellen, der kinetischen und der gesamten Energie, wenn sich ein Körper in Erdnähe bewegt. Auf ihn wirke nur die Schwerkraft. Die potentielle Energie des Systems Erde-Körper ist E_{p0} für h = 0. Die vom Körper erreichbare Höhe h_{max} ergibt sich aus der Gesamtenergie. In dieser Höhe ist seine kinetische Energie Null.

Folglich ist

$$E'_p - E_p = -mgd = -(E'_k - E_k).$$

Diese Gleichung sagt aus, daß die Änderungen der potentiellen und der kinetischen Energie genau entgegengesetzt gleich sind. Fällt der Körper, nimmt die potentielle Energie ab und die kinetische nimmt um den gleichen Betrag zu. *Die Arbeit* mgd *ist ein Maß für die Energieumwandlung.* Bewegt sich der Körper nach oben, dann nimmt seine kinetische Energie um den gleichen Betrag ab, um den sich die potentielle Energie des Systems vergrößert. Wieder wird die Umwandlung durch die Arbeit mgd gemessen.

Da zu jeder Änderung der potentiellen Energie eine entgegengesetzt gleiche Änderung der kinetischen Energie gehört, bleibt die Summe aus kinetischer und potentieller Energie konstant. Das läßt sich deutlich erkennen, wenn man die letzte Gleichung umschreibt:

$$E_p + E_k = E'_p + E'_k.$$

Die linke Seite der Gleichung gibt die Gesamtenergie E zu einem Zeitpunkt t an, die rechte Seite die Gesamtenergie E' zu einer anderen Zeit t'. Die Gleichung sagt aus, daß die Gesamtenergie

$$E = E_p + E_k$$

in beliebigen Zeitpunkten gleich groß ist. Sie ist konstant, auch wenn sich die Werte von E_p und E_k ändern mögen. Dieser *Erhaltungssatz* gilt für den Fall, daß das System gegen äußere Einflüsse abgeschlossen ist. Solche äußeren Einflüsse können die Gesamtenergie eines Systems ändern. Man muß sich jeweils vergewissern, daß keine anderen Kräfte wirken. Die Beziehung zwischen der Gesamtenergie, der potentiellen und der kinetischen Energie zeigt Bild 18.12.

Wählt man $E_{p0} = 0$, so läßt sich die Gesamtenergie schreiben als

$$E = E_p + E_k$$
$$= mgh + \frac{1}{2} mv^2.$$

Diese Gleichung erweist sich oft als nützlich. Sie läßt Aussagen über die Geschwindigkeit des Körpers in bestimmten Punkten zu, ohne daß die Bewegung des Körpers bis zu diesem Punkt in die Überlegungen eingeht. Beispielsweise hat ein Geschoß beim Steigen in der Höhe h die gleiche Geschwindigkeit v, die es bei der Rückkehr in der gleichen Höhe hat. Das muß richtig sein, da der Wert von mgh beim Steigen der gleiche ist wie beim Fallen. Die Gesamtenergie E bleibt stets gleich, also muß auch $\frac{1}{2} mv^2$ den gleichen Wert haben, obwohl sich die Richtung der Bewegung umgekehrt hat.

Es soll ein spezielles Beispiel als Anwendung der Beziehung

$$E = mgh + \frac{1}{2} mv^2$$

durchgerechnet werden. Ein Körper der Masse m = 1,0 kg bewegt sich in beliebiger Richtung mit einer Geschwindigkeit $v = 1{,}0\ \frac{m}{s}$ in einer Höhe h = 3,0 m über der Erde. Welche Geschwindigkeit wird er besitzen, wenn er nur noch 2 m über der Erde ist?

Diese Geschwindigkeit läßt sich berechnen, wenn man die kinetische Energie kennt. Da sich die Gesamtenergie nicht ändert, ist die kinetische Energie für h' = 2 m gleich der Differenz aus dieser Gesamtenergie und der potentiellen Energie in h' = 2 m. Die Gesamtenergie ist die Summe aus kinetischer und potentieller Energie in h = 3 m. Die kinetische Energie beträgt dort

$$E_k = \frac{1}{2} mv^2 = \frac{1}{2} \cdot 1{,}0\ kg \cdot (1{,}0\ \frac{m}{s})^2 = 0{,}50\ J,$$

die potentielle Energie

$$E_p = mgh = 1{,}0\ kg \cdot 9{,}8\ \frac{m}{s^2} \cdot 3{,}0\ m = 29{,}4\ J.$$

Damit erhalten wir als Gesamtenergie des Körpers

$$E = E_p + E_k = 29{,}4\ J + 0{,}5\ J = 29{,}9\ J.$$

In der Höhe h' = 2,0 m ist die potentielle Energie

$$E'_p = mgh' = 1{,}0\ kg \cdot 9{,}8\ \frac{m}{s^2} \cdot 2{,}0\ m = 19{,}6\ J.$$

Daraus ergibt sich dort die kinetische Energie

$$E'_k = \frac{1}{2} mv'^2 = E - E'_p = 29{,}9\ J - 19{,}6\ J = 10{,}3\ J.$$

Setzen wir m = 1,0 kg ein und lösen nach v' auf, so erhalten wir

$$v' = 4{,}5\,\frac{m}{s}.$$

In jeder der beschriebenen Bewegungen bleibt die Gesamtenergie E immer konstant, solange die Gravitationskraft die einzige wirkende Kraft ist. Es wird sich aber die Gesamtenergie ändern, wenn auf den Körper eine andere Kraft einwirkt und dabei Arbeit verrichtet. Gibt man ihn danach frei, dann bewegt sich der Körper mit einem neuen konstanten Wert der Gesamtenergie E.

In diesem Abschnitt ließ sich (genau wie im Beispiel des auf den Federpuffer stoßenden Körpers) eine potentielle Energie angeben, die nur von der Lage des Körpers abhängt. Diese potentielle Energie nimmt um genau den Betrag ab, um den die kinetische Energie anwächst. Wie im Fall des Federpuffers bleibt die Summe aus potentieller und kinetischer Energie konstant.

Zwei Beispiele sollen die große Bedeutung der potentiellen Energie im Gravitationsfeld illustrieren. Bei einer Ramme erhöhen wir die potentielle Energie, indem wir einen schweren Körper anheben. Wird er freigegeben und fällt herunter, dann wandelt sich die potentielle Energie in kinetische um. Diese Energie treibt beispielsweise Pfähle in die Erde.

Durch einen Dammbau kann man das Wasser in einem größeren Abstand vom Mittelpunkt der Erde halten, als es sonst der Fall wäre. Läßt man dann das Wasser von der Dammkrone zu einem tieferliegenden Punkt herunterlaufen, so wandelt sich potentielle Energie in andere Energieformen um. Man kann damit Mühlen antreiben oder elektrische Energie erzeugen, mit der man dann Motore laufen oder Lampen leuchten lassen kann. Jedes Kilogramm Wasser, das die Höhe 10 m durchfällt, kann die Arbeit $W = mgh = 1\text{ kg} \cdot 9{,}8\,\frac{m}{s^2} \cdot 10\text{ m} = 98\text{ J}$ verrichten. Läßt man ein Kilogramm Wasser in jeder Sekunde diese Höhe durchfallen, so kann man damit eine gewöhnliche Glühlampe (100 W) betreiben.

Ein normales Arbeitspferd[1]) kann eine Arbeit W = 750 J in einer Sekunde verrichten. Wenn drei von ihnen in Schichten arbeiten, können sie ein paar Glühlampen das ganze Jahr für ein paar hundert Mark am Leuchten halten. Das Kraftwerk kann das aber für ein Zehntel der Kosten leisten, indem es die potentielle Energie von gestautem Wasser oder von Kohle ausnutzt.

[1]) Die Leistung von Arbeitspferden wurde von *James Watt* bestimmt, um einen Vergleich mit der Leistung seiner Dampfmaschinen vornehmen zu können. Sein Standardwert beträgt (etwas genauer) $736\,\frac{J}{s}$ und wurde bisher eine „Pferdestärke" (PS) genannt. (Nach dem Einheitengesetz nicht mehr als Einheit zulässig.) Ein $\frac{J}{s}$ wird zu Ehren von *Watt* ein Watt (W) genannt.

Bild 18.13. Während der Kunstspringer vom Sprungbrett ins Wasser springt, finden dauernd Übergänge von kinetischer in potentielle Energie und umgekehrt statt. (Bild: Harold E. Edgerton.)

18.4. Potentielle Energie im Gravitationsfeld (allgemein)

Im letzten Abschnitt bestimmten wir die potentielle Energie im Gravitationsfeld, wenn sich ein Körper nahe der Erdoberfläche befindet. Dann blieb die Stärke des Gravitationsfeldes konstant. Wird der Abstand zwischen den Körpern größer, dann ändert sich die Gravitationskraft zwischen ihnen. Welcher Ausdruck beschreibt in diesem allgemeineren Fall die potentielle Energie des Gravitationsfeldes? Wie groß ist beispielsweise die potentielle Energie des Systems, das aus der Erde und einem Satelliten besteht?

Aus Kapitel 15 ist bekannt, daß die Anziehungskraft zwischen der Erde (M) und einem Satelliten (m) angegeben wird durch

$$F = \gamma\,\frac{mM}{r^2}.$$

Darin ist r der Abstand des Satelliten vom Erdmittelpunkt und γ die universelle Gravitationskonstante. Bild 18.14 stellt die Kraft-Abstand-Kurve dieser Kraft dar.

Die Fläche unter dieser Kurve zwischen zwei verschiedenen Abständen gibt die Arbeit an, die bei der Ab-

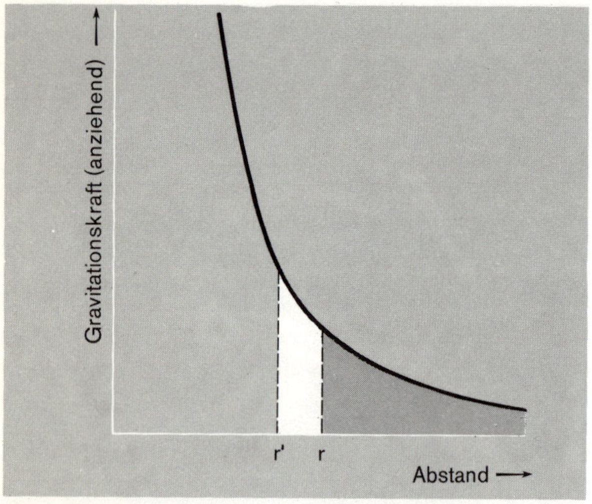

Bild 18.14. Darstellung der Anziehungskraft im Gravitationsfeld in Abhängigkeit vom Abstand zum Erdmittelpunkt. Die weiße Fläche gibt die Arbeit an, die man verrichten muß, um den Abstand zwischen der Erde und dem Körper von r' auf r zu vergrößern. Die dunkle Fläche stellt die Arbeit dar, die man aufwenden muß, um den Körper vom Abstand r ins Unendliche zu bringen.

standsänderung verrichtet wird. Beispielsweise stellt die weiße Fläche die Arbeit dar, die bei der Vergrößerung des Abstandes von r' auf r verrichtet wird. Man kann die Fläche unter der Kurve von einem beliebigen Wert r bis ins Unendliche bestimmen (s. 18.4.1). Das ist die dunkel getönte Fläche, die sich von r nach rechts unbegrenzt erstreckt:

$$A = \gamma \frac{mM}{r} \quad .$$

Dieser Ausdruck gibt dann auch die Arbeit an, die man verrichtet, wenn man den Körper vom Abstand r unendlich weit entfernt. Diese Arbeit ist ein Maß für die Energie, die bei der Trennung der beiden Körper in potentielle Energie umgewandelt wird. Daher ist die Arbeit gleich der Differenz $E_{p\infty} - E_{pr}$ zwischen der potentiellen Energie bei unendlich großem Abstand und der potentiellen Energie beim Abstand r:

$$E_{p\infty} - E_{pr} = \gamma \frac{mM}{r} \; .$$

Löst man diese Gleichung nach E_{pr} auf, so erhält man die potentielle Energie beim Abstand r:

$$E_{pr} = E_{p\infty} - \gamma \frac{mM}{r} \; .$$

Setzt man nun die potentielle Energie bei unendlich großem Abstand gleich Null, dann erhält man

$$E_{pr} = -\gamma \frac{mM}{r} \; .$$

Mit dem Ausdruck für die potentielle Energie läßt sich nun die Gesamtenergie E durch Addition der kinetischen Energie E_k erhalten:

$$E = E_k + E_{pr} = E_k - \gamma \frac{mM}{r} \; .$$

Wie schon für Körper unter dem Einfluß von Federn und für Körper in der Nähe der Erdoberfläche festgestellt wurde, bleibt auch hier die Gesamtenergie konstant. Für jede Bewegung allein unter dem Einfluß der Gravitationsanziehung gilt: Jeder Gewinn an potentieller Energie bei Vergrößerung des Abstandes wird durch eine Abnahme der kinetischen Energie erkauft. Bewegt sich beispielsweise ein Satellit um die Erde, dann hat er eine kleinste Geschwindigkeit, wenn er am weitesten von der Erde entfernt ist. Er bewegt sich am schnellsten im erdnächsten Punkt seiner Bahn. Für die Bewegung der Erde um die Sonne gilt das gleiche.

● 18.4.1. Herleitung des Ausdruckes für die im Gravitationsfeld verrichtete Arbeit

Die weiße Fläche in Bild 18.14 sei dadurch entstanden, daß der Abstand des Satelliten von der Erde um ein sehr kleines Stück dr = r' − r vergrößert wurde. Für diese Abstandsänderung dr kann man die Gravitationskraft F_g als konstant betrachten, so daß die dabei verrichtete Arbeit durch

$$dW = F dr = \gamma \frac{mM}{r^2} dr$$

gegeben wird.

Durch Integration erhält man die Arbeit, die man verrichten muß, um die beiden Körper vom Abstand r unendlich weit auseinander zu ziehen:

$$W = \gamma mM \int_r^\infty \frac{dr}{r^2} = \gamma mM \left[-\frac{1}{r}\right]_r^\infty = \gamma \frac{mM}{r} \quad .$$

●

18.5. Fluchtenergie und Bindungsenergie

Mit welcher Energie muß man eine Rakte abschießen, damit sie sich ganz aus dem Gravitationsfeld der Erde entfernen kann? Im letzten Abschnitt wurde der Ausdruck

$$E_{pr} = -\gamma \frac{mM}{r}$$

für die potentielle Energie hergeleitet, wenn sich der Körper der Masse m im Abstand r vom Erdmittelpunkt befindet. Darin ist M die Masse der Erde, und der Nullpunkt der potentiellen Energie liegt im Unendlichen. Die Rakete soll von der Erdoberfläche

($r = r_E$) abgeschossen werden. Die Energie soll ausreichen, sie in sehr große Entfernung von der Erde zu bringen (ohne daß Energie übrig bleibt). Dann muß sie beim Abschuß eine Anfangsenergie (in Form von kinetischer Energie) von

$$E_k = +\gamma \frac{mM}{r_E}$$

erhalten. Die Änderung ihrer kinetischen Energie von $+\gamma \frac{mM}{r_E}$ auf Null ist gerade entgegengesetzt gleich der Änderung der potentiellen Energie von $-\gamma \frac{mM}{r_E}$ auf Null:

$$\Delta E_k = -\Delta E_p.$$

Dieser Betrag der kinetischen Energie ist der kleinstmögliche. Damit kann die Rakete gerade die Anziehung der Erde überwinden. Man erkennt, daß diese *Fluchtenergie* $E_k = \gamma \frac{mM}{r_E}$ proportional zur Masse des Satelliten ist. Will man eine schwerere Rakete starten, so braucht man (wie zu erwarten war) mehr Energie. Wir setzen nun die Zahlenwerte der Gravitationskonstante γ, der Erdmasse M und des Erdradius r_E (aus Kapitel 15) ein. Dann ergibt sich, daß man für jedes Kilogramm der Rakete eine Fluchtenergie von $6{,}24 \cdot 10^7$ J benötigt. Damit eine Rakete (m = 1000 kg) aus der Erdanziehung entkommen kann, muß sie eine Energie $E_k = 6{,}24 \cdot 10^{10}$ J erhalten.

Wir können nun auch die Anfangsgeschwindigkeit bestimmen, die eine Rakete besitzen muß, um aus dem Erdfeld zu entkommen. Mit dem Ausdruck $\frac{1}{2} mv^2$ für die kinetische Energie läßt sich die Fluchtenergie schreiben als

$$E_k = \gamma \frac{mM}{r_E} = \frac{1}{2} mv_F^2.$$

Wir dividieren beide Seiten der Gleichung durch m und lösen nach v_F^2 auf:

$$v_F^2 = 2\gamma \frac{M}{r_E} = 12{,}5 \cdot 10^7 \frac{J}{kg}.$$

Dieses Ergebnis ist unabhängig von der Masse des Satelliten. Daraus erhält man

$$v_F = \sqrt{1{,}25 \cdot 10^8 \frac{m^2}{s^2}} = 1{,}12 \cdot 10^4 \frac{m}{s}.$$

(Bei der Berechnung ist zu beachten: $J = Nm = \frac{kg\, m^2}{s^2}$.)
Mit der Geschwindigkeit $v_F = 11{,}2 \frac{km}{s}$ kann der Satellit das Erdfeld verlassen. Man bezeichnet diesen Wert als *Fluchtgeschwindigkeit* des Satelliten. Sie hängt nicht von der Masse des Satelliten ab. Diese Anfangsgeschwindigkeit muß jedem Körper gegeben werden, damit er sich ganz von der Erde entfernen kann und nicht zurückkehrt.

Viele der abgeschossenen Raketen sollen jedoch nicht den Bereich der Erdanziehung verlassen, sondern einen Satelliten auf eine Bahn heben, auf der er einige hundert Kilometer über der Erdoberfläche um die Erde kreist. Es ist sehr interessant, die Energie, die man braucht, um den Satelliten auf seine Bahn zu bringen, mit der zugehörigen Fluchtenergie zu vergleichen. Um die Rechnung zu vereinfachen, wollen wir zwei (durchaus berechtigte) Annahmen machen: Erstens wollen wir die Satellitenbahn als kreisförmig annehmen. Dies erfordert sehr diffizile Kontrollen der Abschußbedingungen, kann aber erreicht werden. Zweitens nähern wir den Bahnradius durch den Erdradius r_E an. Wenn sich der Satellit eben außerhalb der Atmosphäre befindet (wie es bei bemannten Satelliten der Fall ist), unterscheiden sich die Radien nur um zwei bis drei Prozent.

Um sich auf einer kreisförmigen Bahn mit dem Radius r_E zu bewegen, braucht der Satellit eine Zentripetalkraft $F_z = \frac{mv^2}{r_E}$. Diese wird durch die Anziehungskraft der Erde geliefert: $F_g = \gamma \frac{mM}{r^2}$. Damit erhält man

$$\frac{mv^2}{r_E} = \gamma \frac{mM}{r_E^2}$$

oder

$$mv^2 = \gamma \frac{mM}{r_E}.$$

Als kinetische Energie des Satelliten auf seiner Bahn ergibt sich

$$E_k = \frac{1}{2} m v^2 = \frac{1}{2} \gamma \frac{mM}{r_E}.$$

Dies ist gerade die Hälfte der Fluchtenergie des Satelliten. Mit anderen Worten: Um einen Satelliten auf eine Umlaufbahn eben außerhalb der Erdatmosphäre zu bringen, braucht man nur halb so viel Energie, als wenn man ihn ganz aus dem Anziehungsbereich der Erde entfernen will.

Nun befindet sich ein kreisender Satellit immer noch im Gravitationsfeld der Erde. Daher besitzt er nicht nur kinetische Energie, es ist auch eine potentielle Energie $E_p = -\gamma \frac{mM}{r_E}$ beim Abstand r_E vom Erdmittelpunkt vorhanden. Die Gesamtenergie des Systems Erde-Satellit läßt sich somit schreiben als

$$E = E_k + E_p = \frac{1}{2} \gamma \frac{mM}{r_E} + -\gamma \frac{mM}{r_E}$$
$$= -\frac{1}{2} \gamma \frac{mM}{r_E}$$

Was bedeutet das Minuszeichen vor diesem Ausdruck? Im vorigen Abschnitt wählten wir den Bezugspunkt der potentiellen Energie so, daß sich die potentielle Energie Null im Unendlichen ergab. Ist im Unendlichen auch die kinetische Energie des Satelliten Null, so hat er dort auch die Gesamtenergie Null. Die negative Gesamtenergie sagt aus, daß wir Arbeit verrichten oder Energie in das System hineinstecken müssen, um den Satelliten in den Zustand der Gesamtenergie Null (das heißt: sehr weit entfernt und ohne Geschwindigkeit) zu versetzen. Wenn ein Satellit weniger Energie besitzt als zum Verlassen des Erdfeldes erforderlich ist, dann bleibt er an die Erde gebunden. Die Energie, die ihm zur Überwindung der Bindung zugeführt werden muß, damit der Satellit aus dem Erdfeld entkommen kann, wird als *Bindungsenergie* bezeichnet. Dem Satelliten, der die Erde eben oberhalb der Atmosphäre umkreist, muß man eine solche Energie zuführen, daß seine Gesamtenergie Null wird. Daher ist seine Bindungsenergie

$$E_b = +\frac{1}{2}\gamma\frac{mM}{r_E}.$$

Für einen Satelliten ($m = 1000$ kg) auf einer erdnahen Bahn ergibt sich die Bindungsenergie $E_b = 3{,}12 \cdot 10^{10}$ J. Für den gleichen Satelliten, der auf der Erdoberfläche ruht, bevor er abgeschossen wird, ist die Gesamtenergie gerade gleich der potentiellen Energie:

$$E = E_p = -\gamma\frac{mM}{r_E}.$$

Daher beträgt die Bindungsenergie in diesem Fall

$$E_b = +\gamma\frac{mM}{r_E}$$

und im betrachteten Beispiel $E_b = 6{,}24 \cdot 10^{10}$ J. Dieser Wert ist gerade doppelt so groß wie für den kreisenden Satelliten. Die Bindungsenergie eines Menschen auf der Erdoberfläche beträgt etwa $4 \cdot 10^9$ J. Diese Energie ist erforderlich, ihn in den Raum zu senden.

Wir können auch die Bindungsenergie der Erde an die Sonne berechnen:

$$E_b = +\gamma\frac{m_S\, m_E}{2\, r_0}.$$

Darin ist r_0 der Radius der Erdbahn um die Sonne. Die Herleitung geschieht in gleicher Weise wie für den Satelliten, der die Erde umkreist. Setzt man die aus Kapitel 15 bekannten Werte ein, so ergibt sich eine Bindungsenergie der Erde an die Sonne von etwas über $2 \cdot 10^{33}$ J. Das ist eine unvorstellbar große Energie.

Allgemein: Wenn ein Körper im Gravitationsfeld eine negative Gesamtenergie

$$E = \frac{1}{2}mv^2 - \gamma\frac{mM}{r}$$

besitzt, dann ist er im Feld gebunden. Die Bindungsenergie beträgt

$$E_b = -E = \gamma\frac{mM}{r} - \frac{1}{2}mv^2.$$

Auch in der Atomphysik treten Bindungsenergien auf. Beispielsweise ist das Elektron eines Wasserstoffatoms im Feld des Protons gebunden. Die Größenordnung der dort auftretenden Bindungskräfte ist jedoch eine andere. Die Bindungskräfte beruhen auf elektrischen Kräften und nicht auf der Gravitation. Die atomaren Bindungsenergien werden später genauer untersucht.

18.6. Summe der mechanischen Energien

In diesem Kapitel wurde bisher die potentielle Energie von Systemen untersucht, deren Teile aufeinander einwirkten. Die Wechselwirkungskräfte waren gleich groß und auf der Verbindungslinie der Schwerpunkte entgegengerichtet. Die Teile verhielten sich wie Punktmassen. Das heißt: Jeder Körper verhielt sich so, als ob seine Masse im Schwerpunkt vereinigt wäre. Sogar die Gravitationsanziehung der Erde auf einen nicht weit entfernten Körper scheint vom Mittelpunkt der Erde zu kommen. Es ist jedoch ungeklärt, ob alle mechanischen Systeme nur solch einfache Wechselwirkungskräfte enthalten und ob ihre Teile als punktförmig betrachtet werden können. Was geht in Systemen vor, in denen wir nicht diese Art von Wechselwirkung voraussetzen können?

Um diese Frage beantworten zu können, stellen wir uns ein Spielzeug-Karussell vor (Bild 18.15). Es wird durch ein Gewichtsstück über eine Rolle angetrieben. Einige Windungen einer Schnur werden um die Achse gelegt. Dann geht die Schnur über eine Rolle hinunter zum Antriebskörper A. Gibt man das Karussell frei, so beginnt es sich zu drehen. Die Geschwindigkeit nimmt zu, während der Körper A herabsinkt. Niemand würde versuchen, dieses System zu zergliedern, indem er auf die Wechselwirkungskräfte zwischen den Atomen zurückgeht. Betrachtet man aber das Karussell als eine Zusammensetzung kleiner Körper und bestimmt deren Geschwindigkeit, dann kann man die kinetische Energie jedes Teilstückes berechnen. Addiert man sie, so erhält man die gesamte kinetische Energie des drehenden Karussells. Man kann ebenfalls die Strecke messen, die der Körper A durchfallen hat, und damit die von ihm gewonnene kinetische Energie berechnen. Führt man einen solchen Versuch mit einem Karussell (auf fast reibungslosem Lager) aus, so ergibt sich: Die vom Karussell und vom Antriebskörper gewonnene kinetische Energie ist gleich der Abnahme der potentiellen Energie beim Herabsinken des Körpers. Schließlich haben sich die Windungen der Schnur abgewickelt, doch das Karussell fährt fort, sich zu drehen. Dabei wickelt sich die Schnur im anderen Sinn auf der Achse auf. Der Antriebskörper hebt sich und das Karussell verlangsamt sich. Wenn es zur Ruhe kommt, hat der Körper A seine ursprüngliche Höhe fast wieder erreicht.

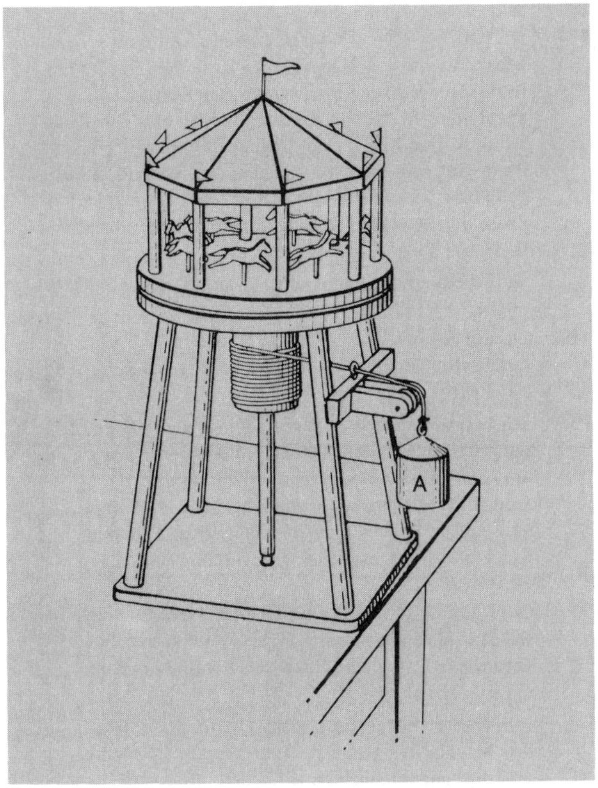

Bild 18.15. Ein Spielzeugkarussell wird von einem herabsinkenden Körper A angetrieben. Gibt man den Körper frei, so beginnt sich das Karussell immer schneller zu drehen. Der rotierende Teil und der sinkende Körper gewinnen kinetische Energie. Diese ist gleich der Abnahme der potentiellen Energie des Systems Erde-Körper.

Nur weil durch die Reibungskräfte Energieumwandlungen in andere Formen vorkommen, erreicht er nicht wieder genau die gleiche Lage wie am Anfang.

Entsprechend lassen sich immer kompliziertere mechanische Systeme betrachten. Ohne die Wechselwirkungskräfte im einzelnen angeben zu können, läßt sich die kinetische Energie und die potentielle Energie berechnen. Ihre Summe bildet dann die gesamte mechanische Energie des Systems. Sind die Reibungskräfte nur klein, so kann die Energie zwischen kinetischer und potentieller wechseln, aber die gesamte mechanische Energie bleibt ungeändert.

Doch oft gerät man in Schwierigkeiten: Die Reibungskräfte können häufig nicht so klein gemacht werden, daß man sie vernachlässigen darf. Dann beobachtet man, daß die gesamte mechanische Energie abnimmt und daß die Teile des Systems erwärmt werden. Im nächsten Kapitel wird untersucht, wie man auch die Energie ermitteln kann, die in Wärme übergeht. Dann wird verständlich, warum man den Satz von der Erhaltung der Energie für überall und stets gültig hält.

Aufgaben

1.* Wo ist die Beschleunigung des Klotzes in Bild 18.1 am größten?

2.* Wie kann man die Federkonstante D der Feder in Bild 18.5 bestimmen?

3. Ein Körper ($m = 4{,}0$ kg) gleitet mit der Geschwindigkeit $v = 3{,}0\ \frac{m}{s}$ über eine horizontale reibungsfreie Tischplatte. Er stößt auf einen besonders gearteten Federpuffer. Dieser übt eine konstante Kraft $F = 12$ N auf den Körper aus, wenn er eingedrückt wird. Die gleiche Kraft übt er bei der Expansion bis zum Ausgangspunkt aus.
   a) Liegt ein elastischer Stoß vor? Wie kann man das entscheiden?
   b) Wie groß ist die kinetische Energie zu Beginn der Wechselwirkung?
   c) Wie weit wird die Feder eingedrückt?
   d) In welchem Verhältnis stehen die kinetische und die potentielle Energie zueinander, wenn die Feder 10 cm eingedrückt wurde?

4. Ein Körper ($m = 3{,}0$ kg) bewegt sich mit $v = 2{,}0\ \frac{m}{s}$ und stößt auf einen Federpuffer. Dieser übt eine Kraft $F = 100\ \frac{N}{m} \cdot x$ auf ihn aus, wobei x die Dehnung (Elongation) der Feder bedeutet.
   a) Man zeichne den Graph der Kraft F in Abhängigkeit von der Elongation x von $x_1 = 0$ bis $x_2 = 0{,}40$ m.
   b) Welche potentielle Energie ist in der Feder für $x_3 = 0{,}10$ m gespeichert? Welche kinetische Energie hat der Körper in diesem Punkt?
   c) Was geschieht, wenn die Feder 0,10 m mit der Hand eingedrückt wird, der Körper ($m = 3{,}0$ kg) davorgestellt und die Feder dann freigegeben wird?

5. Bild 18.16 zeigt die Kraft-Elongation-Kurve einer Feder.
   a) Wie groß ist die Arbeit, die man beim Zusammendrücken um 0,3 m verrichtet?
   b) Welche potentielle Energie besitzt die Feder, wenn sie um dies Stück zusammengedrückt wurde?
   c) Man stellt einen Körper ($m = 2$ kg) vor die um 0,3 m eingedrückte Feder und gibt sie dann frei. Welche kinetische Energie besitzt der Körper, wenn er den Punkt passiert, in dem die Feder um 0,2 m gedehnt ist?

6. Es stehen zwei Federn unterschiedlicher Länge zur Verfügung. Wie kann man sie zusammensetzen, so daß die Kraft-Elongation-Kurve des Systems wie in Bild 18.16 aussieht?

7. Ein Körper ($m = 1{,}0$ kg) bewegt sich mit $v = 10\ \frac{m}{s}$ und stößt gegen eine Feder. Diese wird um 0,20 m zusammengedrückt. Der Körper wird mit $v' = 8{,}0\ \frac{m}{s}$ zurückgeworfen.
   a) Welchen Verlust an kinetischer Energie erleidet der Körper?
   b) Was geschieht mit der verlorenen kinetischen Energie?
   c) Welche der in Bild 18.17 gezeichneten Kraft-Elongation-Kurven könnte für die Feder zutreffen?

8. Eine elastische Feder mit linearem Kraftgesetz ($F = Dx$) wird durch eine Kraft $F = 20$ N um 0,2 m zusammengedrückt.
   a) Welche Federkonstante D hat die Feder?

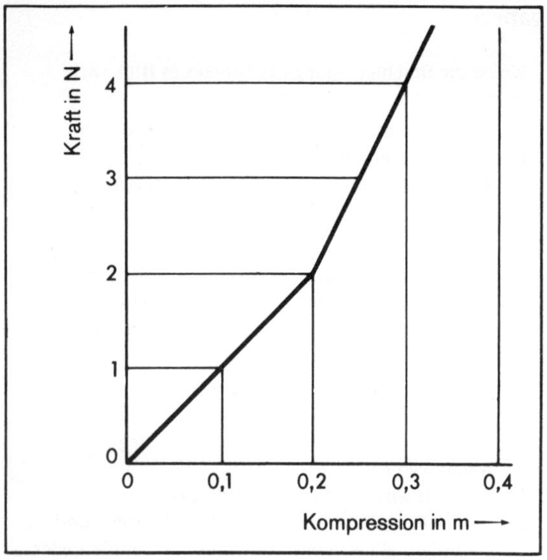

Bild 18.16. Zur Aufgabe 5

b) Durch welchen Ausdruck wird die in der Feder gespeicherte potentielle Energie in Abhängigkeit von der Ausdehnung x angegeben?

9.* Bild 18.10 stellt die Bewegung zweier Körper dar, die einen bestimmten Betrag potentieller Energie im Abstand s gespeichert haben und sich nach rechts bewegen. Wir halten die beiden Körper in der gezeichneten Lage fest und geben sie dann frei. Wie würden sie sich dann bewegen?

10. Bild 18.18 zeigt einen Rollschuh und einen daraufgesetzten besonderen Körper. Dieser besteht aus einem Klotz, der mit vier Sägeblättern auf einem Sockel befestigt wurde. Der Klotz hat die gleiche Masse wie Sockel und Rollschuh zusammen. Man hält den Rollschuh fest und zieht den Klotz weit nach links aus. Dann gibt man das ganze System frei. Welche Bewegung führt es aus und was läßt sich in der einzelnen Phase der Bewegung über die Energieformen sagen?

11. Was geschieht, wenn sich der Körper (m = 3,0 kg) der Aufgabe 4 an der Feder verhakt und daran verhaftet bleibt?

12. Warum gewinnt die große Kugel in Bild 18.7 nicht an kinetischer Energie, während die Kraft des Käfigs auf sie wirkt?

13. Wir betrachten eine Federbüchse wie die in Bild 18.19 dargestellte. Sie besitzt einen Kolben der Masse m, der am Ende einer leichten Feder (Federkonstante D) befestigt ist. Mit ihm wird eine Kugel der Masse M abgeschossen. Beim Laden wird der Kolben um das Stück d in den Lauf hineingezogen und am Abzug eingerastet.
Die Reibung soll zur Vereinfachung vernachlässigt werden. Wird die gesamte in der Feder gespeicherte potentielle Energie in kinetische Energie der Kugel umgewandelt?

14. Eine Feder (Federkonstante D) wird zusammengedrückt zwischen zwei Trockeneis-Pucks (Massen m_1 und m_2) angebracht. Diese werden mit einem Band zusammengebunden, wenn die Feder um das Stück x komprimiert wurde. Das ganze System befindet sich anfangs in Ruhe.

a) Welches ist die gesamte kinetische Energie beider Pucks, wenn die Schnur durchgebrannt wird?

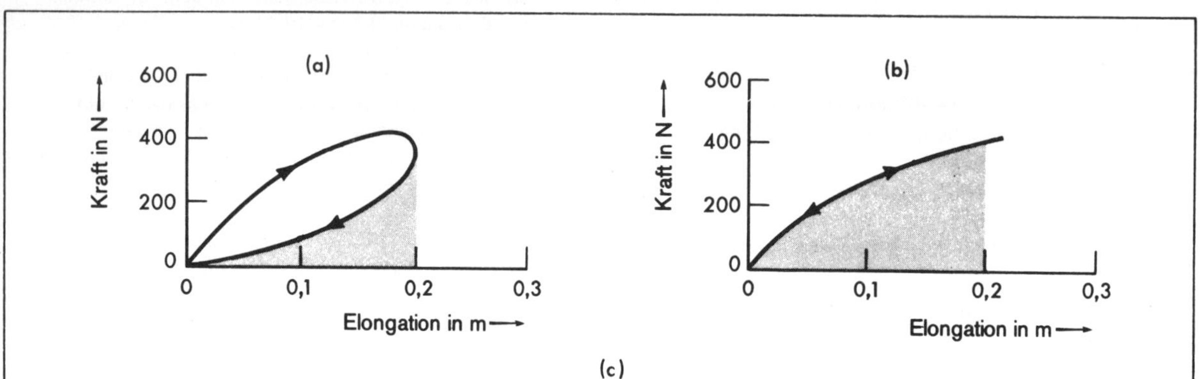

Bild 18.17. Zur Aufgabe 7

Bild 18.18. Zur Aufgabe 10

b) Welche Bewegungsgrößen besitzen die Pucks und in welchem Verhältnis stehen sie zueinander?

c) Welche kinetische Energie besitzt jeder Puck in Abhängigkeit von seiner Bewegungsgröße und seiner Masse?

d) Welchen Bruchteil der Gesamtenergie nimmt jeder Puck auf? In welchem Verhältnis stehen diese Anteile?

15. Ein Federpuffer mit der Rückstellkraft $F = 200\ \frac{N}{m} x$ wird um $x = 0{,}10$ m zusammengedrückt. Ein Körper ($m = 0{,}50$ kg) wird vor ihr Ende gesetzt, und sie wird dann freigegeben.

a) Mit welcher Bewegungsgröße verläßt der Körper die Feder?

b) Das gleiche geschieht mit anderen Körpern ($m_2 = 0{,}125$ kg, $m_3 = 2{,}0$ kg und $m_4 = 8{,}0$ kg). Welche Bewegungsgröße hat jeder beim Verlassen der Feder?

c) Welche kinetische Energie hat jeder der Körper beim Verlassen der Feder?

16. Bild 18.20 zeigt den Abstand zwischen zwei wechselwirkenden Körpern ($m_1 = 3$ kg und $m_2 = 1$ kg) in Abhängigkeit von der Zeit.

a) Welche kinetische Energie hat der erste Körper am Anfang?

b) Welche kinetische Energie hat er am Ende der Wechselwirkung?

c) Welche kinetische Energie hat der zweite Körper am Ende?

d) Welches ist die kleinste gesamte kinetische Energie?

e) Welches ist die größte potentielle Energie?

17.* Ein Junge ($m = 70$ kg) klettert 5 m an einem Seil hoch. Wie groß ist der Zuwachs an potentieller Energie?

18. Eine Kugel ($m = 0{,}25$ kg) bewegt sich auf einer reibungsfreien Schiene der Form, wie sie Bild 18.21 zeigt.

a) Die Kugel startet an der linken Seite mit der Geschwindigkeit $v = 2{,}0\ \frac{m}{s}$ nach rechts. Welche Art von Bewegung führt sie aus? Wie weit wird sie an der schiefen Ebene der rechten Seite emporsteigen?

b) Die Kugel wird im Punkt P freigegeben. Welche Bewegung führt sie aus? Wie hoch steigt sie auf der rechten Seite? Wie groß ist die Bindungsenergie der Kugel? (Hinweis: Die Bindungsenergie ist hier die Energie, die man der Kugel zuführen muß, damit sie die Vertiefung verlassen kann.)

c) Wie groß ist ihre Bindungsenergie in Frage a)?

19. Eine Feder mit der Federkonstante $D = 40\ \frac{N}{m}$ hängt vertikal und trägt einen Körper ($m = 0{,}8$ kg) in Ruhe. Der Körper wird dann eine Strecke $x = 0{,}15$ m heruntergezogen und dort freigegeben.

a) Wie hoch wird er steigen?

b) Wie groß ist seine größte Geschwindigkeit?

c) Wie würden sich die Antworten zu a) und b) ändern, wenn der Versuch auf dem Mond ausgeführt würde?

20. Man wirft einen Stein ($m = 0{,}20$ kg) von einem Punkt P, der 20,0 m über der Erdoberfläche liegt, unter einem Winkel von 60° (zur Horizontalen) mit einer Anfangsgeschwindigkeit $v_0 = 20{,}0\ \frac{m}{s}$ nach oben.

a) Wie groß ist seine Gesamtenergie?

b) Wie groß wird seine Gesamtenergie sein, wenn er sich 15,0 m über der Erdoberfläche befindet?

c) Welche Geschwindigkeit hat er dann?

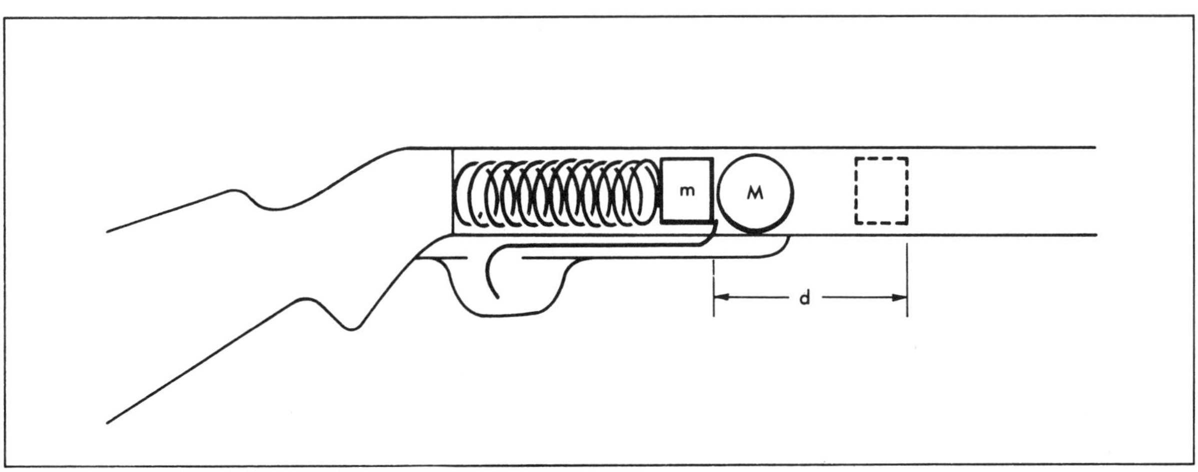

Bild 18.19. Zur Aufgabe 13

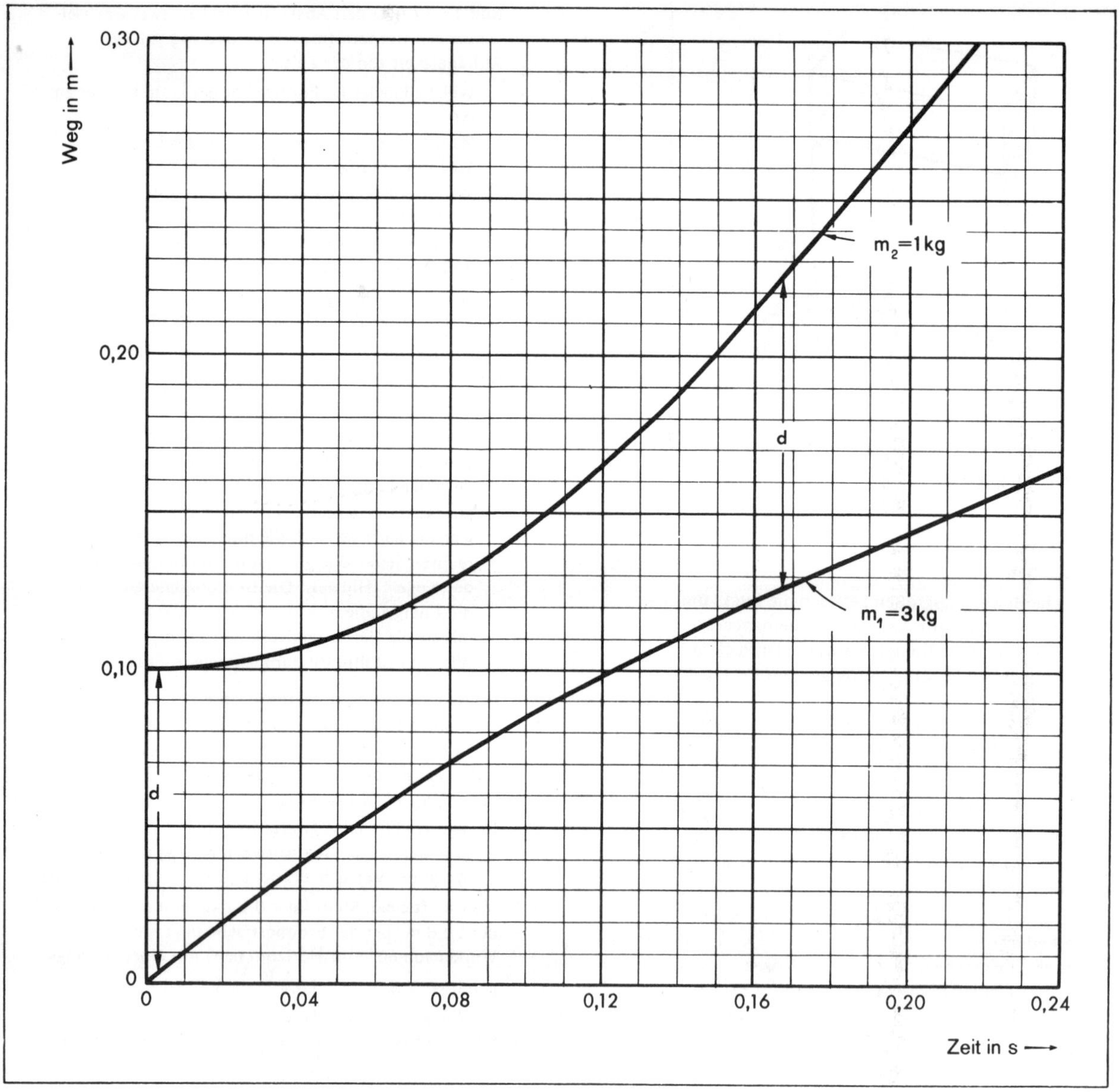

Bild 18.20. Zur Aufgabe 16

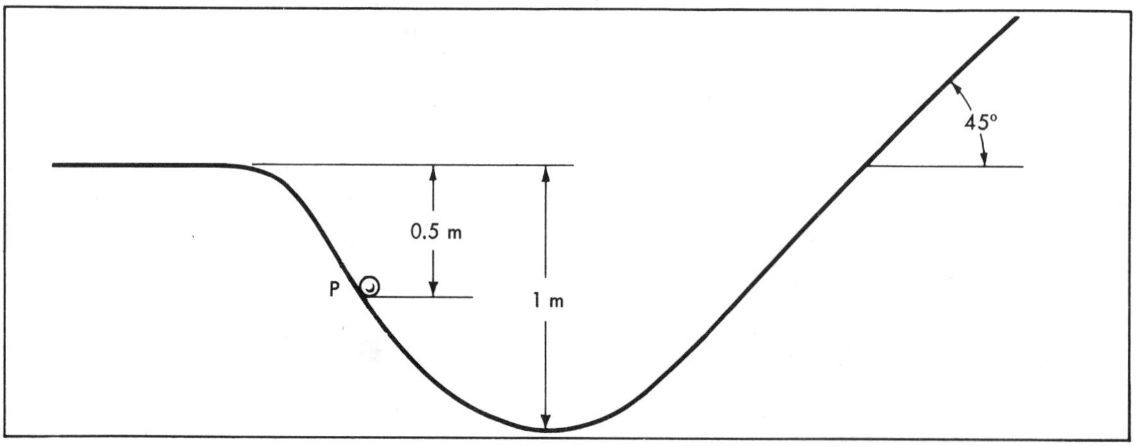

Bild 18.21. Zur Aufgabe 18

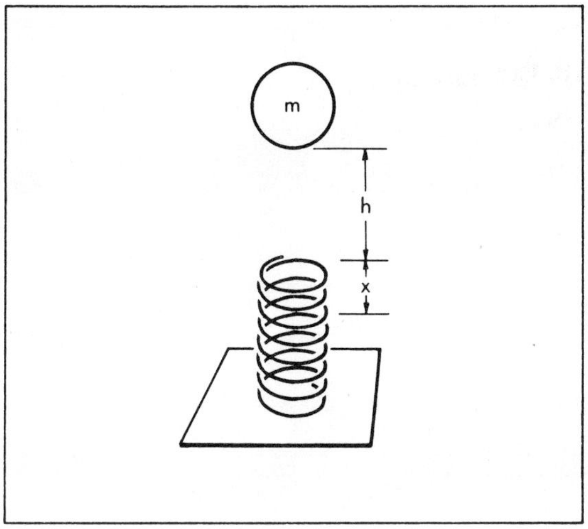

Bild 18.22. Zur Aufgabe 21

21. Eine Kugel (Masse m) wird aus der Höhe h fallengelassen und drückt eine Feder (Federkonstante D) um das Stück x zusammen (Bild 18.22). Die Masse der Feder kann man gegenüber der Masse der Kugel vernachlässigen.
   a) Wie kann man die maximale Kompression x der Feder in Abhängigkeit von m, h und D ausdrücken?
   b) Welchen Wert erhält man mit m = 4 kg, h = 3 m und $D = 500 \frac{N}{m}$?

22. Wenn sich ein Körper (m) im Gravitationsfeld der Erde vom Abstand r nach r' bewegt, dann ändert sich die potentielle Energie um $\Delta E_p = -\gamma m M (\frac{1}{r'} - \frac{1}{r})$, worin γ die Gravitationskonstante und M die Erdmasse ist. Man zeige: Wenn sich der Körper um ein Stück $\Delta r = r' - r$ (das klein gegenüber dem Abstand vom Erdmittelpunkt ist) von der Erde entfernt, dann reduziert sich der obige Ausdruck auf

$$\Delta E_p = m g \Delta r.$$

23. Zwischen zwei Protonen wirkt eine abstoßende Wechselwirkungskraft. Wächst die potentielle Energie an oder nimmt sie ab, wenn die Protonen einander genähert werden?

24.* Ein Satellit auf einer kreisförmigen Bahn um die Erde hat die kinetische Energie E_k. Welche Energie ist erforderlich, damit er das Kraftfeld der Erde verlassen kann?

25.* Eine Rakete (Masse m) steigt so lange, bis sie den Abstand 10 r_E vom Erdmittelpunkt erreicht hat. Wieviel mehr Energie wäre erforderlich gewesen, um sie ganz aus dem Erdfeld entkommen zu lassen?

26.* Man vergleiche die Fluchtgeschwindigkeit eines Sandkorns (m_1 = 10 mg) und einer Rakete ($m_2 = 10^3$ kg). Die Wirkungen des Luftwiderstandes werden dabei vernachlässigt.

27. Welche Bindungsenergie tritt im Wasserstoffatom auf? Das Elektron und das Proton ziehen sich mit einer Kraft $F = 2{,}3 \cdot 10^{-28}\ N\, m^2 \frac{1}{r^2}$ an und sind $r = 0{,}5 \cdot 10^{-10}$ m voneinander entfernt. Bei der Berechnung ist zu beachten: Das Elektron steht nicht still, sondern beschreibt eine Kreisbahn um das Proton.

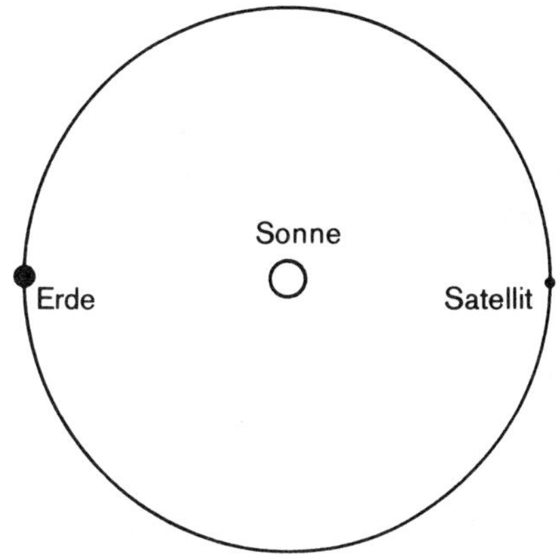

Bild 18.23.
Zur Aufgabe 30

28. Welche Bindungsenergie gegenüber der Erde besitzt a) ein Mann (m = 70 kg) und b) der Mond?

29. Würde die kinetische Energie, die man am Äquator aufgrund der Erddrehung besitzt, den Wert der Bindungsenergie nennenswert beeinflussen?

30. Ein Satellit (m = 1kg) soll von der Erde abgeschossen werden, so daß er sich auf der Erdbahn, aber immer auf der entgegengesetzten Seite wie die Erde bewegt (Bild 18.23).
   a) Welche Arbeit ist dazu erforderlich?
   b) Welche Arbeit wird benötigt, damit der Satellit von diesem Punkt aus das Sonnensystem verlassen kann?
   c) In welchem Verhältnis steht die Energie, die für einen von der Erde abgeschossenen Satelliten zum Verlassen des Sonnensystems erforderlich ist, zu der Energie, die zum Verlassen des Erdfeldes benötigt wird?

31.* Gegeben ist ein komplizierter Mechanismus mit Hebeln und Rädern. Man weiß, daß innen kein Motor enthalten und daß die Reibung sehr gering ist. An jeder Seite des Apparates kommt eine Schnur heraus. Um einen Körper an der rechten Schnur 0,10 m hochzuziehen, muß man an der linken 6,0 m ziehen. Mit welcher Kraft muß man an der linken Schnur ziehen, wenn das Gewicht des Körpers an der rechten 12 N beträgt?

32. Ein leicht abwärts geneigtes Abflußrohr ragt aus einer Böschungsmauer am Straßenrand. Man wirft einen Ball in das Rohr hinauf. Er kommt mit einer Geschwindigkeit zurück, die größer ist als die Anfangsgeschwindigkeit. Warum ist das überraschend? Was könnte man zur Erklärung vermuten?

33. Ein Versuchswagen (versehen mit einem Federpuffer) rollt mit der Geschwindigkeit v_0 über den Tisch und stößt gegen einen anderen, ruhenden Wagen gleicher Masse. Die Federkonstante des Puffers ist D. Wir nehmen an, daß die Reibung in den Rädern und dem Puffer so gering ist, daß die mechanische Energie erhalten bleibt. Welche Elongation hat die Feder des Puffers, wenn die beiden Wagen sich am nächsten sind? (Hinweis: Diese Elongation x kann in Abhängigkeit von der Anfangsgeschwindigkeit v_0 der ersten Wagen, der Masse m jedes der Wagen und der Federkonstante D angegeben werden. Es ist zu empfehlen, das Problem in einem Koordinatensystem zu lösen, das mit dem Schwerpunkt verbunden ist. Dann betrachtet man alle Bewegungen in einem Bezugssystem, in dem die gesamte Bewegungsgröße der beiden Wagen stets Null ist.)

19. Der Drehimpuls und seine Erhaltung

19.1. Der Flächensatz

Bisher wurden mehrere Beispiele von Drehbewegungen untersucht: die gleichmäßige Kreisbewegung, die elliptische Bewegung der Planeten um die Sonne und die Bewegung eines Pendels, das auf einer elliptischen Bahn schwingt. Auf die bewegten Körper wirkten ganz verschiedene Kräfte. Diese hatten aber eine Eigenschaft gemeinsam: Es handelt in allen Fällen um *Zentralkräfte;* das bedeutet, die Kraft ist jeweils auf einen festen Punkt im Raum gerichtet. Bei der Kreisbewegung ist dies der Mittelpunkt des Kreises, bei den elliptischen Bewegungen einer der beiden Brennpunkte oder der Mittelpunkt der Ellipse. Für alle genannten Bewegungen ergab sich die Gültigkeit des *Keplerschen Flächensatzes:* In gleichen Zeitintervallen überstreicht der Ortsvektor, der vom festen Kraftzentrum zum bewegten Körper zeigt, gleiche Flächen.

Bild 19.1 zeigt zwei Beispiele der Bewegung eines an der Decke aufgehängten Stabmagneten im Feld eines festen Stabmagneten. Die Einzelheiten der Anordnung sind in Bild 19.2 zu erkennen. Führt man die erforderlichen Messungen auf den Bildern aus, kann man die Gültigkeit des Flächensatzes auch für diese Fälle bestätigen.

Die Vermutung liegt sehr nahe, daß der Flächensatz für alle Bewegungen unter dem Einfluß einer Zentralkraft gilt. Tatsächlich läßt sich zeigen, daß dies unmittelbar aus dem Grundgesetz der Mechanik folgt. Dazu betrachten wir zunächst die Bewegung eines Körpers, auf den eine Kraft in regelmäßigen Abständen jeweils nur für eine sehr kurze Dauer wirkt. Beispielsweise können wir uns einen bewegten Körper vorstellen, der jede Sekunde einen kurzen kräftigen Stoß enthält. Alle diese Stöße sind auf ein festes Zentrum gerichtet, haben aber beliebige Größe.

Eine mögliche Bahnkurve, die ein Körper unter den genannten Bedingungen durchläuft, zeigt Bild 19.3. Der Körper startet bei A und bewegt sich mit konstanter Geschwindigkeit in einem Zeitintervall Δt bis B. Dort erhält er einen Stoß in Richtung auf das Zentrum O und bewegt sich danach mit einer geänderten konstanten Geschwindigkeit bis C. Bei C erhält er wieder einen Stoß in Richtung auf O und bewegt sich dann bis D. Da die Stöße in gleichen Zeitintervallen erteilt werden, läßt sich der Geschwindigkeitsmaßstab so wählen, daß die Vektoren $\overrightarrow{AB}$, $\overrightarrow{BC}$ usw. die Geschwindigkeit des Körpers in den verwendeten Einheiten darstellen. Die gestrichelt gezeichneten Pfeile stellen die Änderungen $\Delta\vec{v}$ der Geschwindigkeiten dar, die durch die Kraftstöße bei B, C usw. bewirkt werden.

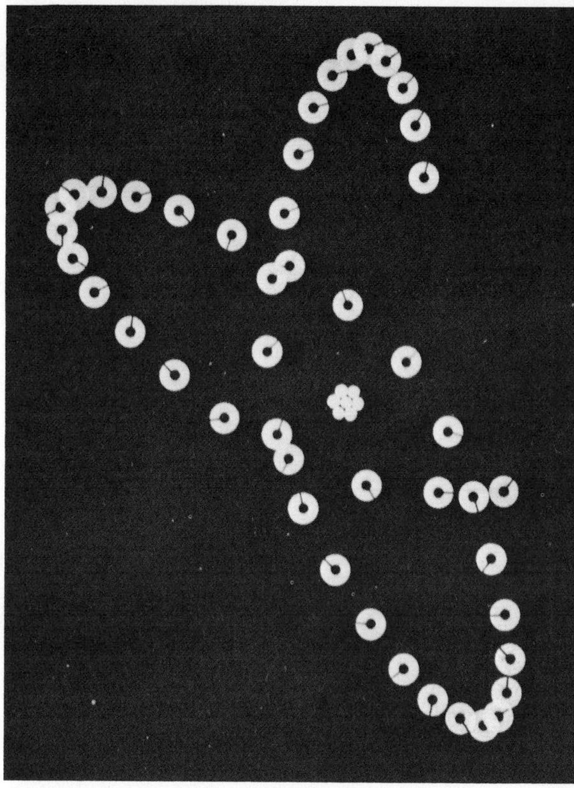

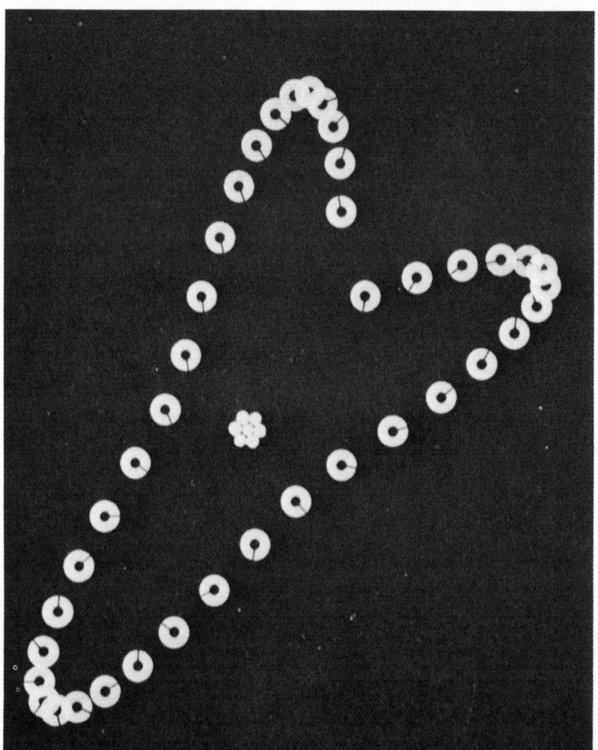

Bild 19.1. Stroboskop-Aufnahmen von der Bewegung eines Stabmagneten, der an einem langen Faden im Feld eines festen Magneten hängt. Einzelheiten zeigt Bild 19.2.

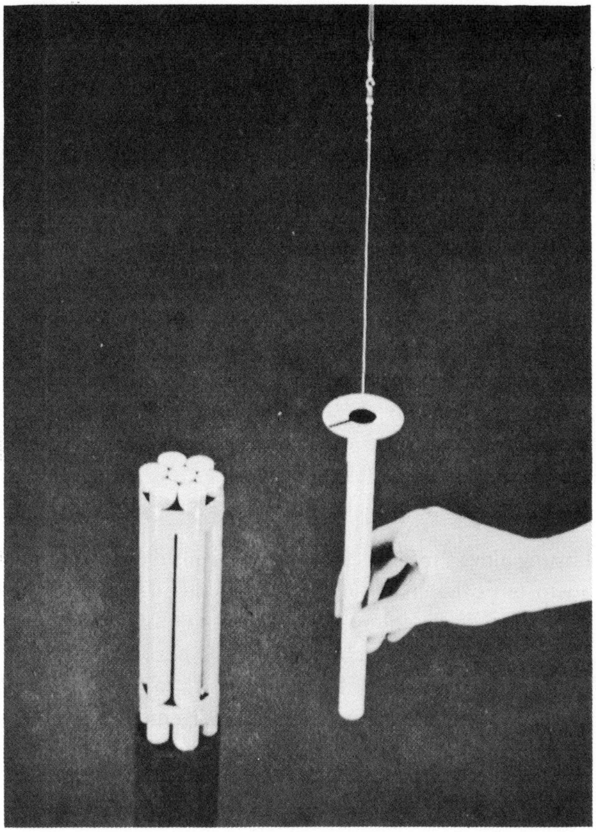

Bild 19.2. Nahaufnahme der Magneten, die in Bild 19.1 von oben photographiert wurden

Da der Kraftstoß bei B auf den Körper in Richtung O erfolgt, läßt er die Komponente der Geschwindigkeit $\overrightarrow{AB}$, die senkrecht zu $\overrightarrow{BO}$ gerichtet ist, ungeändert. Das heißt: Die Komponente $\overrightarrow{AP}$ der Geschwindigkeit $\overrightarrow{AB}$ vor dem Stoß ist gleich der Komponente $\overrightarrow{QC}$ der Geschwindigkeit $\overrightarrow{BC}$ nach dem Stoß. Entsprechend ist die Komponente $\overrightarrow{BR}$ der Geschwindigkeit $\overrightarrow{BC}$ vor dem Stoß bei C gleich der Komponente $\overrightarrow{SD}$ nach dem Stoß.

Die vom Ortsvektor in den Zeiteinheiten überstrichenen Flächen sind die Flächen der Dreiecke OAB, OBC, OCD usw. Wir vergleichen zunächst die Dreiecke OAB und OBC. Sie haben die Grundseite $\overline{OB}$ gemeinsam, und es wurde gerade gezeigt, daß ihre Höhen $\overline{AP}$ und $\overline{QC}$ gleich sind. Daher haben die beiden Dreiecke den gleichen Flächeninhalt. Entsprechend haben die Dreiecke OBC und OCD die gemeinsame Grundseite $\overline{OC}$ und gleiche Höhen $\overline{BR}$ und $\overline{SD}$, also auch gleiche Flächen. In gleicher Weise kann man die Gleichheit der Fläche aller folgender Dreiecke mit der Fläche der vorhergehenden Dreiecke und damit die Gleichheit aller Dreiecksflächen beweisen. Für diesen Sonderfall gilt der Flächensatz.

Der entscheidende Schritt des Beweises beruht auf der Tatsache, daß alle Stöße zentral (also in Richtung auf O) erfolgen. Wieviel Stöße in einer Sekunde erteilt werden oder wie stark sie sind, spielt keine Rolle. Die Stöße bei B, C und D in unserem Beispiel wurden verschieden angenommen, bei D hat er zufällig den

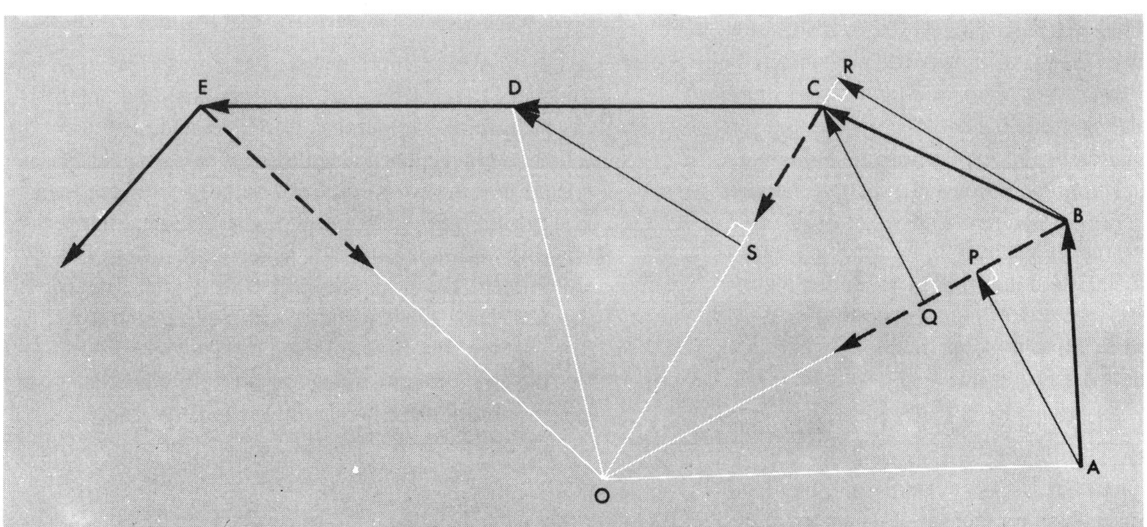

Bild 19.3. Bewegung eines Körpers, auf den mehrere zentrale Impulse wirken. Die durch die Impulse bewirkten Geschwindigkeitsänderungen sind durch dicke, unterbrochene Pfeile dargestellt. Bei D war der Impuls Null.

Betrag Null. Daß die Kräfte stets in Richtung auf O wirken, reicht hin für die Folgerung, daß die Komponente der Geschwindigkeit senkrecht zur Verbindungslinie vom Körper zum Zentrum ungeändert bleibt.

Nun hat man es in der Wirklichkeit mit kontinuierlich wirkenden Kräften zu tun. Unter ihrem Einfluß beschreibt der Körper keine aus Strecken zusammengesetzte Linie, sondern eine gekrümmte Bahn. Doch kann man eine solche Bahn stets durch viele kleine Strecken annähern, und auf diesen Streckenzug läßt sich unser Beweis anwenden. Macht man die Strecken immer kürzer, so kann man sich der wirklichen Bahnkurve beliebig nahe anschmiegen. Daher läßt sich folgern, daß der Flächensatz auch für den Fall kontinuierlich wirkender Zentralkräfte gilt.

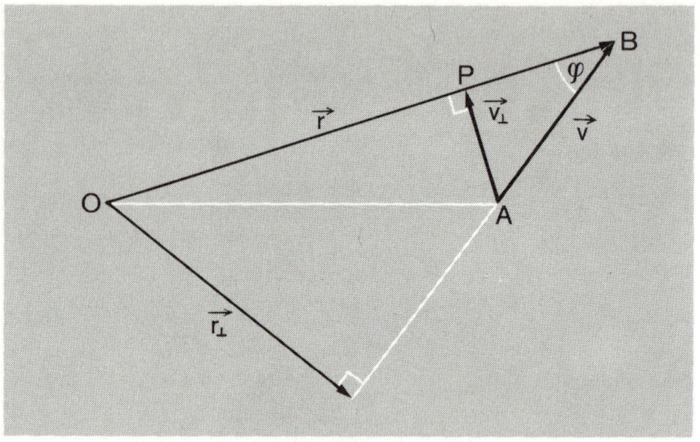

Bild 19.4. Das Produkt $rv_\perp = r_\perp v = rv \sin\varphi$ gibt die doppelte Fläche des Dreiecks OAB an.

19.2. Der Drehimpuls

Man kann den Flächensatz als eine Erweiterung des Trägheitsgesetzes von *Galilei* auffassen. Dieses sagt aus: Die Geschwindigkeit eines Körpers bleibt konstant, wenn keine (unkompensierte) Kraft auf ihn wirkt. Greift eine Zentralkraft an dem Körper an, dann ändert sich die Geschwindigkeit, doch bleibt das Produkt aus dem Ortsvektor r vom Kraftzentrum zum Körper und der darauf senkrecht stehenden Geschwindigkeitskomponente $v_\perp$ konstant: $rv_\perp = \text{const.}$ (Diese Konstante ist doppelt so groß wie die in der Zeiteinheit überstrichene Fläche.) Die Masse des bewegten Körpers geht in keines der beiden Gesetze ein.

Man benutzt Größen wie die Geschwindigkeit v und das Produkt $rv_\perp$ zur Beschreibung der Bewegung eines Körpers. Sollen der Bewegung Kräfte zugeordnet werden, dann wird die Masse m wichtig. Wir führten die Bewegungsgröße $\vec{p} = m\vec{v}$ ein und fanden, daß die gesamte Bewegungsgröße bei der Wechselwirkung von Körpern erhalten bleibt. Dagegen ist die Summe der Geschwindigkeiten nicht konstant. Entsprechend führen wir jetzt die Größe $L = rp_\perp = mrv_\perp$ ein, die man als *Drehimpuls* bezeichnet. Es wird sich zeigen (Abschnitt 19.6), daß unter bestimmten Bedingungen auch der gesamte Drehimpuls bei der Wechselwirkung von Körpern erhalten bleibt. Dies gilt nicht für die Summe der Produkte $rv_\perp$.

Aus Bild 19.4 läßt sich entnehmen, daß das Produkt $rv_\perp$ gleich dem Produkt $r_\perp v$ ist. Beide geben die doppelte Fläche des Dreieckes OAB an. Daher kann man das gleiche Produkt einfach als $rv \sin\varphi$ schreiben, wobei φ den Winkel zwischen den Vektoren $\vec{r}$ und $\vec{v}$ bezeichnet. Damit läßt sich der Drehimpuls schreiben als $L = mrv_\perp = mr_\perp v = mrv \sin\varphi$. (Bei der Lösung eines Problems kann man jeweils die bequemste Form auswählen.) Man beachte, daß die Definition des Drehimpulses den Ortsvektor $\vec{r}$ enthält, der auf einen gegebenen Punkt O bezogen ist. Daher hat ein einzelner Körper, der sich mit konstanter Geschwindigkeit bewegt, im allgemeinen verschiedene Drehimpulse L. Die Werte hängen von der Wahl des Bezugspunktes ab.

19.3. Energie, Drehimpuls und Bahnkurve

Die gesamte (kinetische und potentielle) Energie eines Körpers, der sich im Feld einer Zentralkraft bewegt, bleibt in allen Punkten seiner Bahnkurve konstant. Das gleiche gilt für den Drehimpuls des Körpers in Bezug auf das Kraftzentrum. Für andere Werte der Energie und des Drehimpulses kann man andere Bahnkurven erwarten.

Als Beispiel betrachten wir die Bewegung eines α-Teilchens (des Kerns eines Heliumatoms) im Feld des Kerns eines Goldatoms. In der Nähe des Kerns erfährt das α-Teilchen eine abstoßende Zentralkraft. Nähert es sich dem Kern, dann nimmt seine kinetische Energie ab, während die potentielle Energie zunimmt. Wie dicht kann nun das α-Teilchen an den Kern herankommen? Der Satz von der Erhaltung der Energie sagt aus: Das α-Teilchen kann sich nur so weit dem Kern nähern, bis seine anfängliche kinetische Energie (die es in großer Entfernung vom Kern besaß) ganz in potentielle Energie umgewandet wurde:

$$\frac{1}{2} m v_a^2 = E_p .$$

In diesem Abstand ist das α-Teilchen zur Ruhe gekommen. Es besitzt dort infolgedessen auch keinen Drehimpuls. Der Satz von der Erhaltung des Drehimpulses sagt nun aus: Das α-Teilchen hatte zu Be-

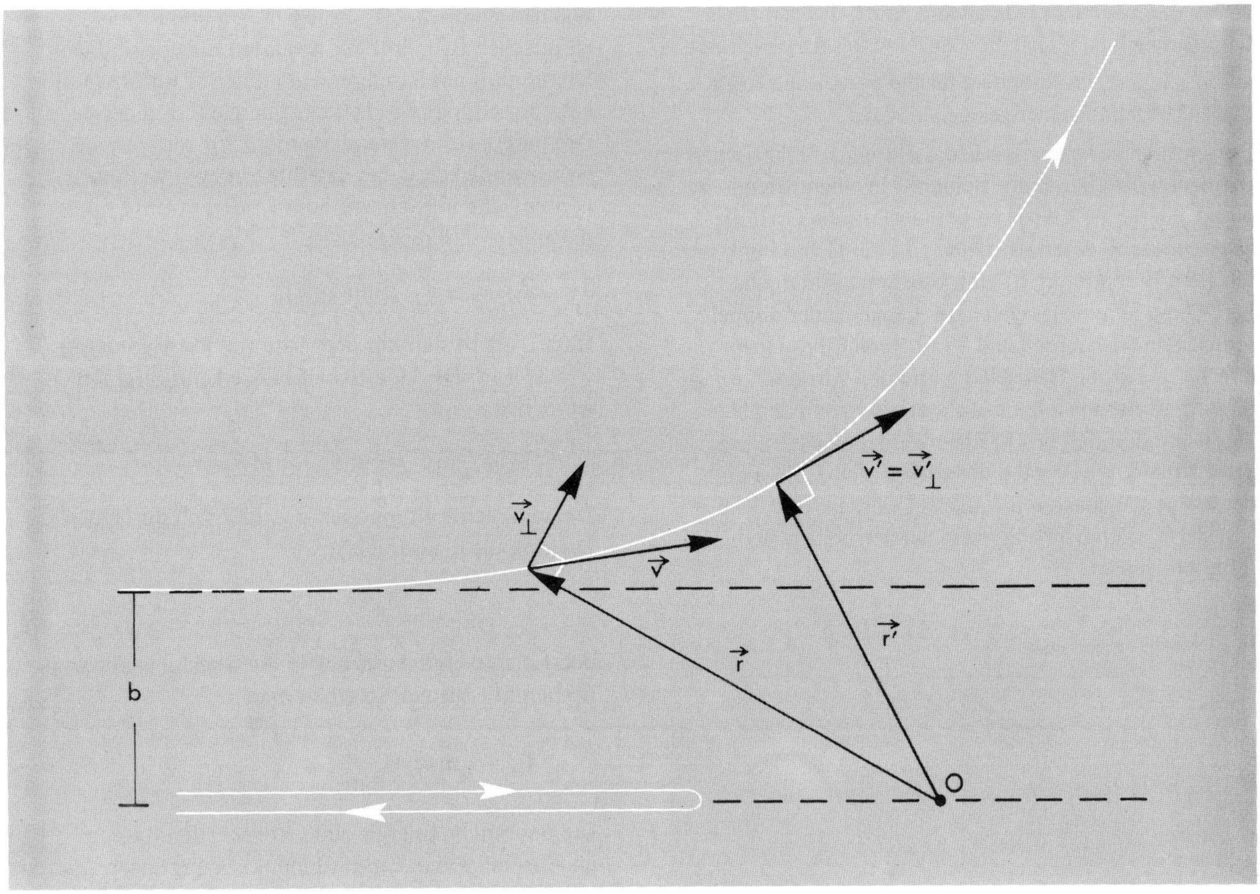

Bild 19.5. Zwei Bahnkurven (weiße Linien) von α-Teilchen in der Nähe eines Kerns, der sich in O befindet. Die Anfangsgeschwindigkeit stimmt in beiden Fällen überein. Der kürzeste Abstand zum Kern ist bei der unteren Bahn geringer als bei der oberen.

ginn auch keinen Drehimpuls: $L_a = mr_a v_{a\perp} = 0$. Da r_a ungleich Null ist, muß die Komponente der Anfangsgeschwindigkeit senkrecht zu r gleich Null sein. Das α-Teilchen hat sich geradlinig in Richtung auf den Goldkern bewegt (Bild 19.5). Bewegte sich das α-Teilchen am Anfang zwar mit dem gleichen Geschwindigkeitsbetrag, aber nicht in Richtung auf den Kern, dann besitzt es ein bestimmtes Drehmoment in Bezug auf den Kern. Führt seine Bewegungsrichtung in der Entfernung b am Kern vorbei, dann ist das Drehmoment

$$L = mrv_\perp = mvr_\perp = mv_a b.$$

Man erkennt unmittelbar, daß das α-Teilchen nicht so nahe an den Kern herankommt wie beim ersten Fall. Denn beim Erreichen des kürzesten Abstandes r′ muß noch eine Geschwindigkeit $\vec{v}'_\perp$ vorhanden sein, so daß $mv'v'_\perp = mv_a b$ gilt. Infolgedessen besitzt das α-Teilchen immer noch kinetische Energie. Das bedeutet für eine abstoßende Kraft, daß die potentielle Energie nicht so groß und der Abstand nicht so klein wie im Falle L = 0 wird (Bild 19.5). Man erkennt, daß zwei α-Teilchen, die sich dem Kern in der gleichen Richtung und mit der gleichen kinetischen Energie nähern, ganz unterschiedliche Bahnkurven beschreiben. Die Form der Bahn hängt vom Drehmoment des Teilchens in Bezug auf den Kern ab.

19.4. Ein Sonderfall: Satellitenbewegung

Im vorhergehenden Abschnitt wurde der Zusammenhang zwischen der Energie, dem Drehmoment und der Bahnkurve eines im Felde einer Zentralkraft bewegten Körpers qualitativ diskutiert. Für den Fall der Satellitenbewegung läßt sich dieser Zusammenhang genauer und in den Einzelheiten untersuchen. Für die Berechnungen braucht man nur die Tatsache, daß die Gravitationskraft mit dem Quadrat des Abstandes abnimmt. Die Folgerungen und Ergebnisse gelten dann auch für jede andere Kraft, die sich nach dem reziprok-quadratischen Abstandsgesetz ($\frac{1}{r^2}$-Kraftgesetz) ändert, insbesondere für die elektrische Kraft in der Umgebung einer geladenen Kugel.

Bekanntlich bewegen sich Erdsatelliten auf elliptischen Bahnen, wobei der Erdmittelpunkt in einem Brennpunkt liegt. Eine Ellipse ist definiert als die Ortslinie aller Punkte P, deren Abstände zu zwei festen Punkten (den Brennpunkten) eine konstante Summe haben. Diese Summe ist gleich der Länge 2a der doppelten großen Halbachse (Bild 19.6). Jede Ellipse kann durch diese große Halbachse a und den Abstand 2e (e wird als Brennweite bezeichnet) zwischen den beiden Brennpunkten beschrieben werden. Eine Ellipse kann auch durch Angabe der großen Halbachse a und der kleinen Halbachse b festgelegt werden. Bild 19.6 gibt den Zusammenhang zwischen den beiden Beschreibungen an.

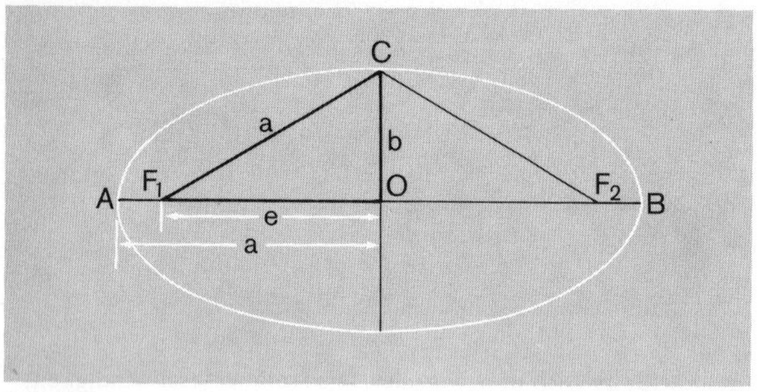

Bild 19.6. Da A auf der Ellipse liegt, gilt $\overline{AF_1} + \overline{AF_2} = 2a$. Aus Symmetriegründen ist $\overline{AF_1} = \overline{BF_2}$. Daher ist $\overline{AB} = 2a$, und die größere Halbachse hat die Länge a. C liegt ebenfalls auf der Ellipse, es gilt $CF_1 + CF_2 = 2a$. Aus der Symmetrie folgt $\overline{CF_1} = \overline{CF_2}$ und $\overline{CF_1} = a$. Weil das Dreieck OCF_1 rechtwinklig ist, kann man nach dem Satz von Pythagoras berechnen: $b^2 = a^2 - e^2$.

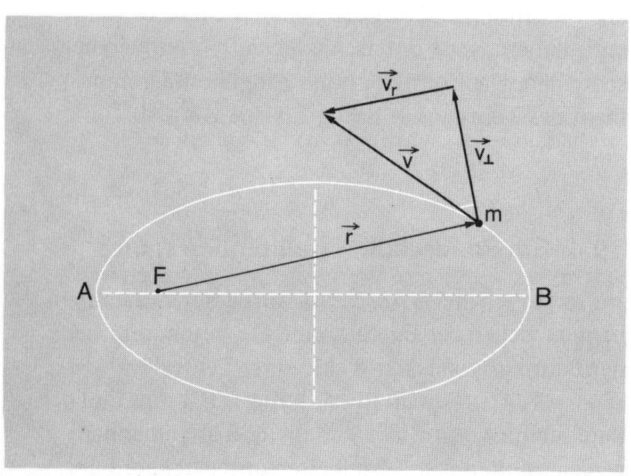

Bild 19.7. Die Geschwindigkeit $\vec{v}$ läßt sich in eine Komponente $\vec{v}_r$ parallel zu $\vec{r}$ und eine Komponente $\vec{v}_\perp$ senkrecht zu $\vec{r}$ zerlegen.

Wie hängen die beiden Halbachsen a und b einer elliptischen Bahn mit der gesamten Energie und dem Drehimpuls des Satelliten zusammen? Zunächst soll eine Beziehung zwischen der Energie E und dem Drehimpuls L hergeleitet werden. Wir zerlegen die Geschwindigkeit $\vec{v}$ des Satelliten in zwei Komponenten, eine in Richtung zum Kraftzentrum F und die andere senkrecht dazu:

$$\vec{v} = \vec{v}_r + \vec{v}_\perp \text{ (Bild 19.7).}$$

Daraus ergibt sich mit dem Satz von Pythagoras $v^2 = v_r^2 + v_\perp^2$. Die kinetische Energie kann geschrieben werden als

$$E_k = \frac{1}{2} m v^2 = \frac{1}{2} m v_r^2 + \frac{1}{2} m v_\perp^2.$$

Die senkrechte Komponente $v_\perp$ läßt sich durch den Drehimpuls L ausdrücken:

$$v_\perp = \frac{L}{mr}.$$

Setzt man diesen Ausdruck in die Gleichung der kinetischen Energie ein, so erhält man

$$E_k = \frac{1}{2} m v_r^2 + \frac{1}{2} \frac{L^2}{mr^2}.$$

Die potentielle Energie eines Körpers der Masse m im Abstand r vom Erdmittelpunkt beträgt nach Abschnitt 18.4

$$E_{pr} = -\gamma \frac{Mm}{r}.$$

(Das negative Vorzeichen ergibt sich daraus, daß der Bezugspunkt unendlich weit entfernt gelegt wurde.) Damit erhalten wir als gesamte Energie des Körpers

$$E = E_k + E_{pr} = \frac{1}{2} m v_r^2 + \frac{1}{2} \frac{L^2}{mr^2} - \gamma \frac{Mm}{r}.$$

Darin bedeuten M die Masse der Erde, m die Masse des Körpers und γ die Gravitationskonstante. Dieser Ausdruck für die Gesamtenergie E gilt für alle Punkte der Bahn.

Für den erdfernsten Punkt *(Apogäum)* und im erdnächsten Punkt *(Perigäum)* der Bahn gilt $v_r = 0$. Für die beiden Abstände $r_1 = r_2$ gilt somit die Gleichung

$$E = \frac{L^2}{2mr_{1/2}^2} - \gamma \frac{Mm}{r_{1/2}}.$$

Multipliziert man beide Seiten mit $\frac{r_{1/2}^2}{E}$, so erhält man die Normalform einer quadratischen Gleichung für $r_{1/2}$:

$$r_{1/2}^2 + \gamma \frac{Mm}{E} r_{1/2} - \frac{L^2}{2mE} = 0.$$

Aus Bild 19.6 läßt sich ablesen:

$$r_1 = a + e \quad \text{und} \quad r_2 = a - e.$$

Weiterhin sind aus der Behandlung der quadratischen Gleichungen die Wurzelsätze von Viëta bekannt:

Die Summe der beiden Lösungen ist gleich dem negativen Faktor von $r_{1/2}$, in diesem Fall also

$$(a + e) + (a - e) = -\gamma \frac{Mm}{E}.$$

Das Produkt der beiden Lösungen ist gleich dem absoluten Glied:

$$(a + e)(a - e) = -\frac{L^2}{2mE}.$$

Aus der ersten Gleichung erhalten wir

$$2a = -\gamma \frac{Mm}{E} \quad \text{oder} \quad a = -\gamma \frac{Mm}{2E}.$$

Aus der zweiten Gleichung ergibt sich

$$a^2 - e^2 = -\frac{L^2}{2mE}$$

und mit $a^2 - e^2 = b^2$ nach dem Ziehen der Wurzel

$$b = \frac{L}{\sqrt{-2mE}}.$$

(Da der Satellit gebunden ist, hat seine gesamte Energie ein negatives Vorzeichen. Daher muß die Wurzel aus einer positiven Zahl gezogen werden. Vgl. Abschnitt 18.5.)

Diese Beziehungen zeigen die Abhängigkeit der Form der elliptischen Bahn von der Energie und dem Drehimpuls des Satelliten. Man beachte, daß die große Halbachse der Ellipse nur von der Energie abhängt. Wird ein Satellit auf seine Umlaufbahn gebracht, dann hängt deren große Halbachse nur davon ab, in welcher Höhe der Satellit von der Trägerrakete gelöst wird und wie groß seine Geschwindigkeit in diesem Moment ist. Von seiner Bewegungsrichtung ist a unabhängig.

Dagegen hängt die kleine Halbachse b von der Bewegungsrichtung im Augenblick des Ablösens ab. Da b für eine bestimmte Energie E proportional zu L ist, ergibt sich ein größter Wert für b, wenn die Geschwindigkeit im Augenblick des Ablösens senkrecht zum Ortsvektor steht. (Für feste Werte von v und r ist $L = mvr \sin\varphi$ für $\varphi = 90°$ am größten.)

Der Abstand des Satelliten im erdnächsten Punkt ist

$$r_2 = a - e = a - \sqrt{a^2 - b^2}.$$

Ist b klein, dann liegt der Wert der Wurzel nahe an a und r_2 ist auch klein. In diesem Fall ist die Ellipse sehr flach, ihre Brennpunkte liegen in der Nähe der Endpunkte der großen Achse. Wird b größer, dann nimmt auch r_2 zu. Der größte Wert für b, der für eine geeignete Energie und beim Ablösen mit $v \perp r$ erreicht wird, ist a. Dann ist auch $r_2 = a$, und die Ellipse hat die Sonderform eines Kreises. Ihre beiden Brennpunkte fallen im Kreismittelpunkt zusammen. Für den Fall der Kreisbahn hat der Satellit wegen $b \sim L$ seinen größten Drehimpuls.

19.5. Drehimpuls als vektorielle Größe

Im letzten Abschnitt hat sich ergeben: Die Form der elliptischen Bahn eines Satelliten ist durch seine Energie E und seinen Drehimpuls L festgelegt. Doch wird die Bahn nicht allein durch diese Form der Ellipse vollständig beschrieben. Die Ellipse liegt in einer Ebene, aber die Energie und die Größe $rp_\perp$ sagen nichts darüber aus, wie die Ebene im Raum orientiert ist. Brauchen wir zusätzliche Informationen, um die Orientierung der Ebene im Raum festzulegen oder haben wir einfach noch nicht alle verfügbaren Informationen ausgeschöpft? Das letztere ist der Fall.

Der Ortsvektor $\vec{r}$ und der Vektor $\vec{p}$ der Bewegungsgröße spannen stets eine Ebene auf. Diese Ebene enthält die gesamte Bahnkurve des Satelliten. Denn die Kraft, durch die $\vec{p}$ geändert wird, hat stets die Richtung von $\vec{r}$; also erhält die Bewegungsgröße niemals eine Komponente aus der Ebene heraus. Die Bahnkurve würde genauer festgelegt, wenn man den Betrag der Energie, den Betrag des Drehimpulses und die Orientierung der die Bahn enthaltenden Ebene angeben würde. Diese Orientierung läßt sich eindeutig durch die Richtung einer zur Ebene senkrechten Geraden angeben. Alle Senkrechten zur Ebene sind zueinander parallel.

Die Richtung einer solchen Geraden ist senkrecht zum Ortsvektor $\vec{r}$ und auch zur Bewegungsgröße $\vec{p}$. Weiterhin ist der Betrag des Drehimpulses $L = rp_\perp$. Es bietet sich an, diese Richtung und den Betrag zu einem Vektor zusammenzufassen. Vektorielle Größen sind solche Größen, die sich wie Wege „addieren" und „subtrahieren" lassen. Insbesondere muß jeder Vektor in Komponenten (beispielsweise in die Achsenrichtungen eines rechtwinkligen Koordinatensystems) zerlegt werden können. Trifft dies für eine Größe zu, die den Betrag $rp_\perp$ hat und die senkrecht zu $\vec{r}$ und zu $\vec{p}$ liegt? Man wird sich erinnern, daß $rp_\perp$ das Produkt aus 2m und der von $\vec{r}$ in der Zeiteinheit überstrichenen Fläche ist. Wenn diese Fläche die Eigenschaften eines Vektors besitzt, dann müssen sich ihre Projektionen

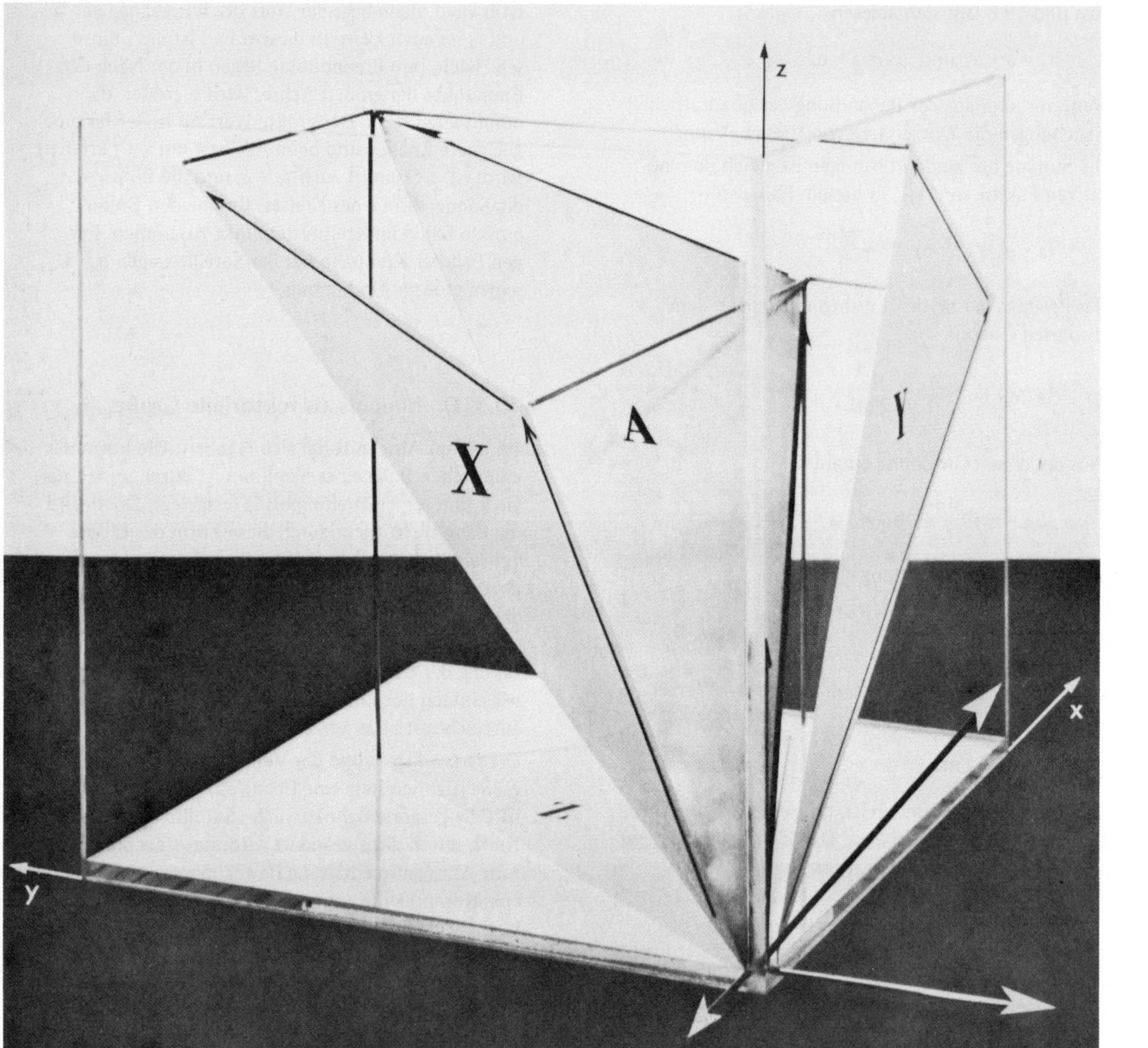

Bild 19.8. Die Dreiecksfläche X ist die Projektion der Dreiecksfläche A auf die y, z-Ebene. Entsprechend ist Y die Projektion auf die x, z-Ebene und Z die Projektion auf die x, y-Ebene. Messungen bestätigen die Beziehung $X^2 + Y^2 + Z^2 = A^2$.

auf drei zueinander senkrechte Ebenen wie die Komponenten eines Vektors addieren. Die Summe der Quadrate der Flächenprojektionen muß gleich dem Quadrat der Gesamtfläche sein. Bild 19.8 zeigt ein Dreieck, das auf drei zueinander senkrechte Ebenen projiziert wurde. Genaue Messungen ergeben, daß die Flächen der drei Projektionen tatsächlich der Bedingung genügen: $X^2 + Y^2 + Z^2 = A^2$. Darin bedeuten X, Y und Z die Flächen der Projektionen, A die Fläche des ursprünglichen Dreiecks. Für andere Dreiecke mit geänderter Orientierung gilt die gleiche Beziehung. Wir haben die *Vektoreigenschaft des Drehimpulses* anschaulich und auf empirischem Wege nachgewiesen, um eine bessere Vorstellung von diesem Vektor zu vermitteln.

Ein weiterer Punkt muß geklärt werden. Die Vektoren $\vec{r}$ und $\vec{p}$ spannen eine Ebene auf, die durch die Richtung einer zu ihr senkrechten Geraden festgelegt werden kann. Doch ein Vektor hat eine bestimmte Richtung, während eine Gerade zwei Richtungen besitzt. Welche der Richtungen der Senkrechten zur Ebene ist die Richtung des Drehimpulses? Wir können eine der beiden Richtungen auswählen. Dabei müssen wir nur folgerichtig stets in gleicher Weise vorgehen. Das folgende Verfahren wird allgemein verwendet: Hält man den Daumen der rechten Hand in Richtung des Ortsvektors $\vec{r}$ und den Zeigefinger in Richtung der Bewegungsgröße $\vec{p}$, dann gibt der senkrecht zu beiden abgespreizte Mittelfinger die Richtung des Drehimpulses $\vec{L}$ an.

Man bezeichnet diese Verknüpfung der Vektoren $\vec{r}$ und $\vec{p}$ zu einem neuen Vektor $\vec{L}$ als „vektorielle Multiplikation". Der Drehimpuls ist das vektorielle Produkt aus dem Ortsvektor $\vec{r}$ und der Bewegungsgröße $\vec{p}$. Das Produkt wird mit einem Kreuz geschrieben:

$$\vec{L} = \vec{r} \times \vec{p}.$$

(Daher ist auch die Bezeichnung „Kreuzprodukt" gebräuchlich.)

Allgemein versteht man unter dem vektoriellen Produkt oder dem Kreuzprodukt zweier beliebiger Vektoren $\vec{a}$ und $\vec{b}$ einen Vektor

$$\vec{c} = \vec{a} \times \vec{b},$$

dessen Betrag

$$c = ab_{\perp} = a_{\perp}b$$

ist und der senkrecht zur Ebene steht, die von $\vec{a}$ und $\vec{b}$ aufgespannt wird. Die *Dreifingerregel der rechten Hand* läßt die Richtung finden: Zeigt der Daumen in die Richtung von $\vec{a}$ und der Zeigefinger in die Richtung von $\vec{b}$, dann gibt der abgespreizte Mittelfinger die Richtung des Produktvektors $\vec{c}$ an.

19.6. Erhaltung des Drehimpulses beim Stoß

Wenn zwei Körper miteinander in Wechselwirkung treten, ändern sich ihre Bewegungsgrößen. Doch die Summe ihrer Bewegungsgrößen bleibt konstant, wenn keine äußere Kraft wirkt. Nun soll untersucht werden, ob ähnliches für die Drehimpulse gilt. Bild 19.9 zeigt die Stroboskop-Aufnahme zweier kreisender Körper, eines Golfballes und einer Plastilinkugel gleicher Masse. Die beiden Körper stoßen zusammen und haften aneinander. Der Ortsvektor der Plastilinkugel überstreicht anfangs in der Zeiteinheit eine bestimmte Fläche. Der Golfball bewegt sich anfangs geradlinig durch das Kraftzentrum (das durch einen schwarzen Punkt im weißen Kreis markiert ist) hindurch. Sein Ortsvektor überstreicht keine Fläche,

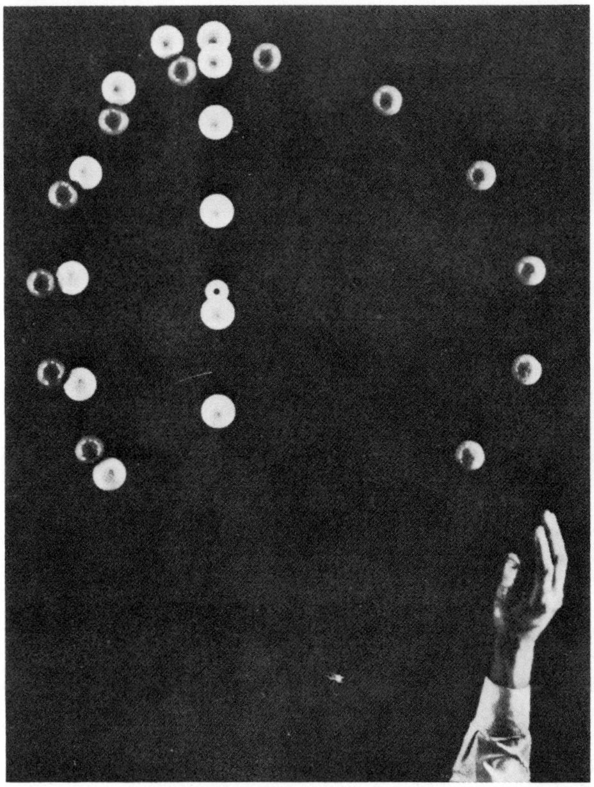

Bild 19.9. Ein weißer Golfball und eine dunkle Plastilinkugel von gleicher Masse hängen beide an einem langen Faden. Der Golfball bewegt sich zunächst geradlinig (im Bild nach oben), die Kugel auf einem Kreis (von der Hand freigegeben). Oberhalb des Zentrums (schwarzer Punkt) stoßen sie zusammen. Vor dem Stoß besitzt der Golfball keinen Drehimpuls in Bezug auf das Zentrum.

der Golfball hat somit keinen Drehimpuls in Bezug auf das Kraftzentrum. Nach dem Stoß drehen sich die zusammenhängenden Körper umeinander. Doch hat diese Eigenrotation nur wenig Einfluß auf den Ort jedes der beiden Körper. Wir können ihren Anteil an der überstrichenen Fläche bei diesen Versuchen vernachlässigen und den Massenschwerpunkt des Doppelkörpers für die Messungen verwenden. Sorgfältige Messungen ergeben, daß der Ortsvektor vom Kraftzentrum zum Schwerpunkt nach dem Stoß fast genau die halbe Fläche in der Zeiteinheit überstreicht, die vor dem Stoß vom Ortsvektor der Plastilinkugel überstrichen wurde. Da sich nach dem Stoß die Masse des bewegten Körpers verdoppelt hat, bleibt der Drehimpuls demnach ungeändert.

Bild 19.10 zeigt die Stroboskopaufnahme eines entsprechenden Versuchs. Hier überstreichen aber vor dem Stoß die Ortsvektoren beider Körper in der Zeiteinheit bestimmte Flächen. Man kann in der Aufnahme die Flächen ausmessen, die jeder der Körper vor

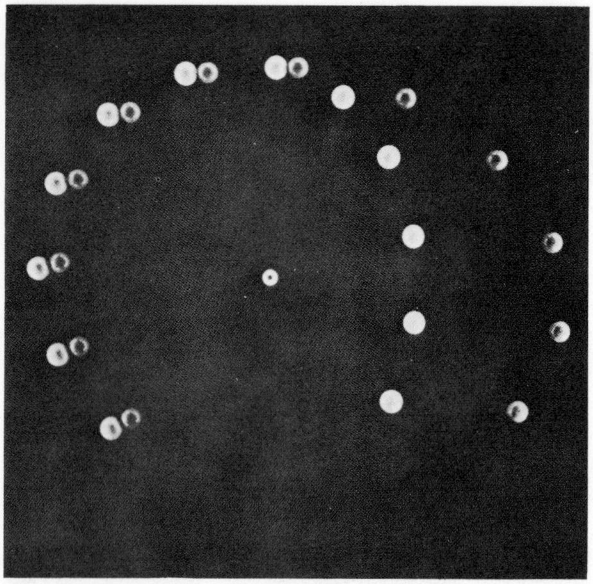

Bild 19.10. Eine ähnliche Anordnung wie in Bild 19.9. Hier haben aber beide Körper vor dem Stoß einen Drehimpuls in Bezug auf das Zentrum (schwarzer Punkt).

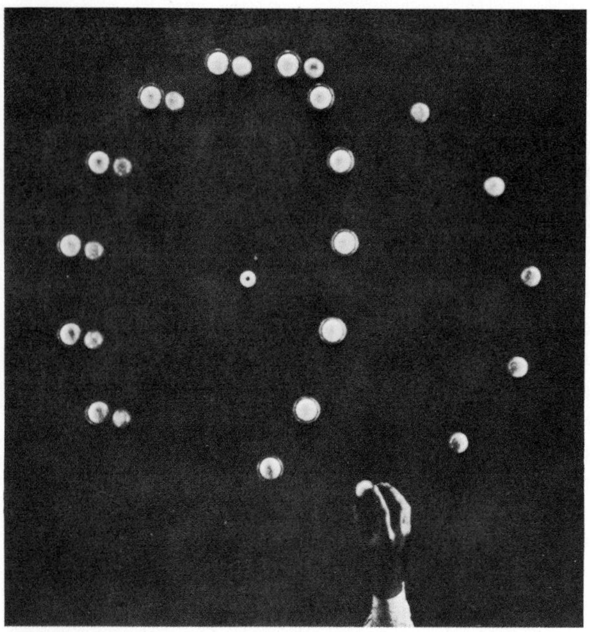

Bild 19.11. Der Golfball wird mit einem Ring aus Plastilin versehen, so daß seine Masse 1,5 mal so groß ist wie die der Plastilinkugel.

dem Stoß und der verbundene Körper nach dem Stoß überstreichen. Es ergibt sich die Gleichheit des Drehimpulses nach dem Stoß mit der Summe der Drehimpulse vor dem Stoß.

Nun soll der Stoß zweier Körper mit verschiedener Masse untersucht werden. Bild 19.11 zeigt einen Stoß, der entsprechend den eben beschriebenen verläuft. Jetzt ist der Golfball aber mit einem Plastilinring umgeben worden, so daß seine Masse 1,5 mal so groß wie die der Plastilinkugel ist. Die Versuchsdaten wurden in Tabelle 1 zusammengestellt. Die Summe der Drehimpulse vor dem Stoß ist (in geeigneten Einheiten für den Abstand r, die Geschwindigkeit v und die Masse m): $1{,}5 \cdot 2{,}51 + 1{,}0 \cdot 7{,}90 = 11{,}7$. Nach dem Stoß ist der Drehimpuls des verbundenen Körpers $(1{,}5 + 1{,}0)\, 4{,}65 = 11{,}6$. Man erkennt: Die Summe der Drehimpulse vor dem Stoß ist gleich der Summe der Drehimpulse nach dem Stoß. Man beachte, daß beide Körper sich in der gleichen Ebene und im gleichen Umlaufsinn bewegen. Daher liegen ihre Drehimpulsvektoren parallel.

Tabelle 1

vor dem Stoß						nach dem Stoß		
Golfball			Plastilinkugel			verbundene Körper		
r	$v_\perp$	$rv_\perp$	r	$v_\perp$	$rv_\perp$	r	$v_\perp$	$rv_\perp$
3,31	0,76	2,52	4,24	1,87	7,93	3,81	1,21	4,61
2,52	0,99	2,49	4,78	1,66	7,93	3,75	1,25	4,69
1,78	1,40	2,49	5,13	1,53	7,85	3,50	1,32	4,62
1,87	1,34	2,51	5,13	1,53	7,85	3,22	1,45	4,67
2,62	0,96	2,52	4,77	1,66	7,92	3,07	1,51	4,64
$\overline{rv_\perp} = 2{,}51$			$\overline{rv_\perp} = 7{,}90$			$\overline{rv_\perp} = 4{,}65$		

Viele weitere Versuche mit elastischen oder teilweise elastischen Stößen, bei denen sich die stoßenden Körper auch in unterschiedlichen Ebenen bewegen, erbringen ähnliche Ergebnisse. Daher läßt sich allgemein sagen: Die vektorielle Summe der Drehimpulsvektoren bleibt beim Stoß der Körper erhalten (vgl. Abschnitt 19.10).

19.7. Rotation fester Körper

Bisher haben wir Bewegungen von Körpern untersucht, bei denen die Bahnen lang waren im Vergleich zu den Abmessungen des Körpers. Nur unter dieser Voraussetzung sind wir berechtigt, zu vernachlässigen, daß die einzelnen Teile des Körpers etwas unterschiedliche Bahnkurven durchlaufen. (Die Eigenbewegung des Körpers wird durch einen schwarzen Strich erkennbar, z.B. in Bild 19.1.) Sind die Abmessungen des Körpers vergleichbar mit den Abmessungen der Bahnkurve, so darf man die Unterschiede nicht mehr vernachlässigen. Die Beschreibung der Bewegung wird dann im allgemeinen schwieriger.

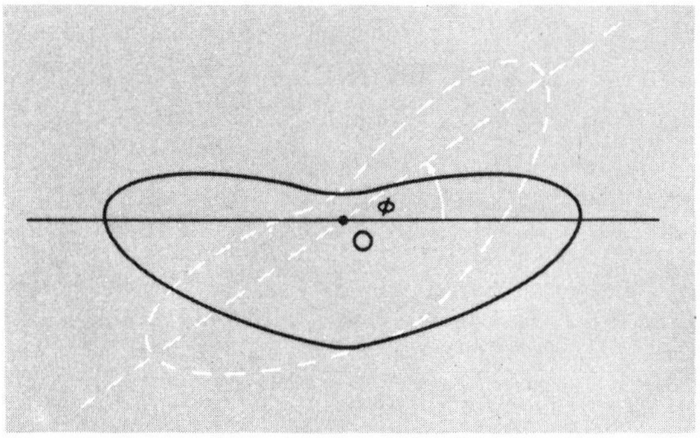

Bild 19.12. Ein starrer Körper dreht sich um den Winkel ϕ um eine feste Achse durch O, die senkrecht zur Zeichenebene steht.

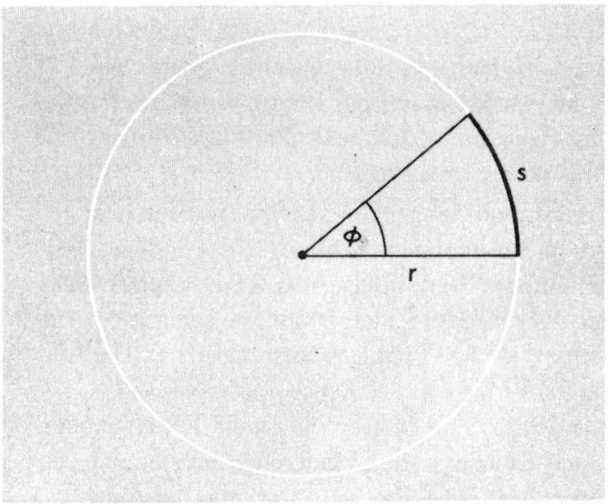

Bild 19.13. Das Bogenmaß eines Winkels ϕ ist der Quotient aus der Länge s des Bogens und dem Radius r des Kreises: $\phi = \frac{s}{r}$ oder $s = r\phi$. Ändert sich der Winkel mit der Zeit, so ändert sich s ebenfalls, doch r bleibt ungeändert. Daher ergibt sich

$$v = \frac{\Delta s}{\Delta t} = \frac{r\Delta\phi}{\Delta t} = r\omega,$$

wobei ω die Winkelgeschwindigkeit ist.

In diesem Abschnitt soll ein anderer Sonderfall betrachtet werden: Der Körper dreht sich um eine Achse, die durch ihn hindurch geht und fest bleibt. Die Punkte auf dieser Rotationsachse bewegen sich nicht. Die anderen Punkte des Körpers bewegen sich umso schneller, je weiter sie von der Achse entfernt sind. Jetzt darf man die Unterschiede zwischen den Bewegungen der einzelnen Teile natürlich nicht mehr vernachlässigen. Trotzdem wird die Beschreibung der Bewegung einfach, wenn man sich auf Körper beschränkt, deren Form praktisch erhalten bleibt, also auf starre Körper.

Wir betrachten beispielsweise einen Holzklotz, der um eine feste Achse rotiert. Unterschiedliche Teile des Klotzes bewegen sich mit verschiedenen Geschwindigkeiten, je nach ihrem Abstand von der Achse. Daher bieten die einzelnen Geschwindigkeiten keine geeignete Grundlage, die Bewegung des Körpers in seiner Gesamtheit zu beschreiben. Man denke sich nun eine gerade Linie, die durch die Achse geht und senkrecht zu ihr steht, mit dem Körper fest verbunden (Bild 19.12). Dreht sich der Körper, dann dreht sich die Gerade mit. Den Betrag der Drehung kann man durch den Winkel ausdrücken, der zwischen ihrer ursprünglichen Lage und der Lage nach einer Zeit t entsteht. Bei einem festen Körper ändert sich die Lage aller Bestandteile des Körpers zu der geraden Linie nicht. Jeder dieser Teile dreht sich somit um den gleichen Winkel ϕ (Bild 19.12). Der Drehwinkel ϕ beschreibt die Drehung des gesamten Körpers in der Zeit t.

Rotiert der Körper, dann ändert sich der Winkel ϕ in der Zeit Δt durchschnittlich um den Betrag $\Delta\phi$. Man kann die Drehung durch die durchschnittliche Winkelgeschwindigkeit des Körpers beschreiben, die als Quotient aus der dem überstrichenen Winkel $\Delta\phi$ und der dazu benötigten Zeit Δt definiert ist:

$$\omega_m = \frac{\Delta\phi}{\Delta t}.$$

Entsprechend wie bei der linearen Geschwindigkeit definiert man den Momentanwert der Winkelgeschwindigkeit als Grenzwert der durchschnittlichen Winkelgeschwindigkeiten für $\Delta t \to 0$:

$$\omega = \lim_{\Delta t \to 0} \frac{\Delta\phi}{\Delta t}.$$

Den Drehwinkel ϕ mißt man zweckmäßigerweise im Bogenmaß, das heißt, durch das Verhältnis des durchlaufenden Kreisbogens s zum Radius r des Kreises (Bild 19.13). Dann kann man den von einem Punkt des Körpers durchlaufenen Weg durch $s = r\phi$ ausdrücken. Dabei ist r sein Abstand von der Achse. Die Geschwindigkeit des Körpers ist damit $v = r\omega$.

Die Winkelgeschwindigkeit ω bezieht sich wie der Winkel ϕ auf den gesamten Körper. Die Verhältnisse sind nicht so einfach, wenn man statt des starren Körpers einen anderen nehmen würde, dessen Einzelteile sich gegeneinander verschieben, wenn man beispielsweise statt des Holzklotzes einen gallertartigen Würfel nähme. Verschiedene Punkte des gallertartigen Würfels hätten bei der Drehung nicht nur unterschiedliche Geschwindigkeiten, sondern auch verschiedene Winkelgeschwindigkeiten. Da es sich um keinen starren Körper handelt, ändern sich die Form und die gegenseitige Lage seiner Teile bei der Drehung.

19.8. Drehimpuls fester Körper; Trägheitsmoment

Man denkt sich einen festen Körper aus vielen kleinen Materieteilchen zusammengesetzt, die ihre gegenseitige Lage beibehalten. Der gesamte Drehimpuls des Körpers ist die Summe der Drehimpulse all dieser Teilchen. Bild 19.14 zeigt eine dünne kreisförmige Scheibe, die um eine Achse rotiert, die senkrecht durch ihren Mittelpunkt hindurchgeht. Welcher Zusammenhang besteht zwischen ihrem Drehimpuls in Bezug auf den Mittelpunkt und ihrer Winkelgeschwindigkeit? Wir betrachten zunächst ein Teilchen der Scheibe mit der Masse Δm, das sich im Abstand r von der Achse befindet. Seine Geschwindigkeit $v = r\omega$ steht senkrecht zu $\vec{r}$. Der Drehimpuls des Teilchens hat den Betrag $\Delta L = \Delta mrv = \Delta mr^2\omega$, seine Richtung ergibt sich nach der Dreifingerregel der rechten Hand in Richtung der Drehachse (Bild 19.14).

Nun nehmen wir ein zweites Teilchen mit der Masse $\Delta m'$ hinzu, das den gleichen Abstand r von der Achse haben möge. Der Betrag seines Drehimpulses ist $\Delta L' = \Delta m' r^2 \omega$. Da es sich in der gleichen Ebene im gleichen Umlaufsinn dreht, stimmt die Richtung ebenfalls mit der Achsenrichtung überein. Bei der Addition der beiden Drehimpulse kann man also ihre Beträge addieren. Als Summe ergibt sich

$$\begin{aligned} \Delta L + \Delta L' &= \Delta mr^2\omega + \Delta m' r^2 \omega \\ &= (\Delta m + \Delta m')\, r^2 \omega. \end{aligned}$$

Nimmt man immer weitere Teile mit gleichem Achsenabstand hinzu, so erhält man schließlich den Drehimpuls des ganzen Ringes (Bild 19.15). Sein Drehimpuls hat den Betrag $m_r r^2 \omega$, wobei m_r für die Masse des

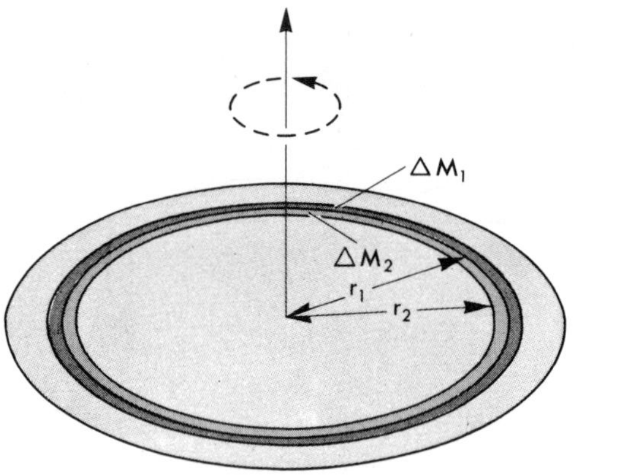

Bild 19.15. Der Ring der Masse ΔM_1 und der Ring der Masse ΔM_2 haben die gleiche Winkelgeschwindigkeit ω, aber verschiedene Radien r_1 und r_2.

Ringes steht. Man erhält das gleiche Ergebnis, wie wenn die gesamte Masse des Ringes in einem Punkt im Abstand r vereinigt wäre und mit der Winkelgeschwindigkeit ω rotierte.

Der Drehimpuls der ganzen Scheibe läßt sich nun finden, indem man sie in schmale Ringe zerlegt (Bild 19.15) und die Drehimpulse aller Ringe addiert. Der einzige Faktor, der in allen Drehimpulsen gemeinsam vorkommt, ist die Winkelgeschwindigkeit ω. Die Abstände der Ringe von der Achse und ihre Massen sind verschieden. Um die Massen der Ringe von denen der einzelnen Teile zu unterscheiden, bezeichnen wir sie mit $\Delta M_1, \Delta M_2, \ldots$, ihre Abstände von der Achse mit $r_1, r_2, \ldots$.

Der Drehimpuls der gesamten Kreisscheibe hat dann den Betrag

$$\begin{aligned} L &= \Delta M_1 r_1^2 \omega + \Delta M_2 r_2^2 \omega + \ldots \\ &= (\Delta M_1 r_1^2 + \Delta M_2 r_2^2 + \ldots)\, \omega. \end{aligned}$$

Man erkennt, daß der Drehimpuls aus zwei Faktoren zusammengesetzt ist, aus der Winkelgeschwindigkeit ω und einem zweiten Faktor, der unabhängig von ω ist. Dieser enthält die Masse der Scheibe, aber nicht als einfache Summe der Massen aller Ringe, aus denen sie sich aufbaut. Der Anteil jeder Masse M eines Ringes wächst mit dem Quadrat seines Abstandes vom Zentrum der Scheibe.

Wir haben den Drehimpuls der dünnen Scheibe in Bezug auf ihren Mittelpunkt berechnet. Welchen Drehimpuls hat nun die gleiche Scheibe, wenn man als Bezugspunkt einen Punkt der Achse außerhalb der Scheibe wählt (Punkt 0′ in Bild 19.16)? Wir betrachten wieder zuerst einen Teil mit der Masse Δm (auf der rechten Seite des Bildes), der den Abstand r von der Achse hat. Der Ortsvektor dieses Teiles in Bezug auf

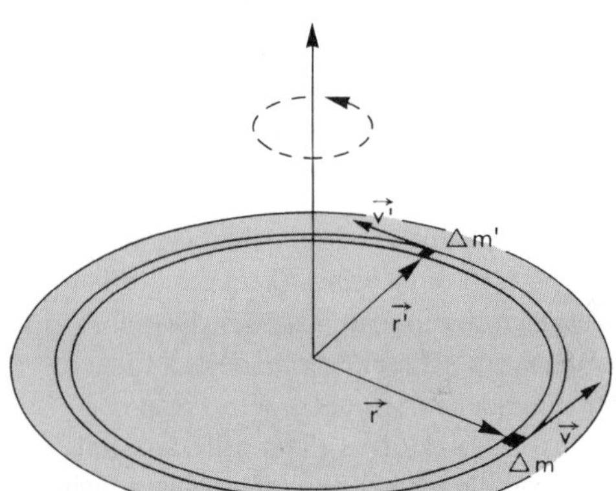

Bild 19.14. Im (dunklen) Ring liegen alle Massenelemente, die den Abstand r vom Mittelpunkt der rotierenden Scheibe haben. Jedes dieser Massenelemente hat die gleiche Geschwindigkeit $r\omega$.

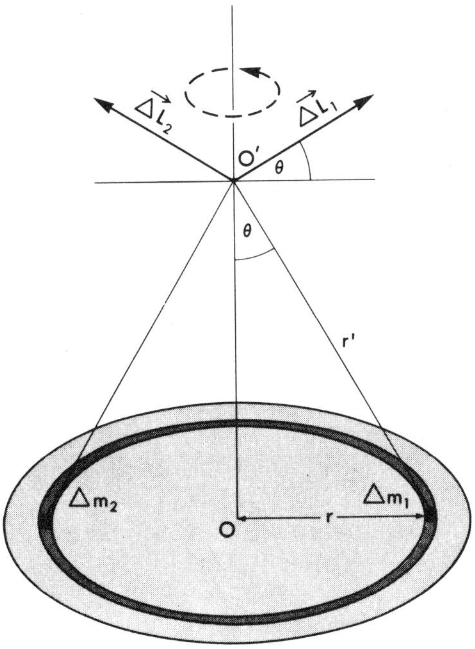

Bild 19.16. Der Drehimpuls $\overrightarrow{\Delta L_1}$ des Massenelementes Δm_1 in Bezug auf den Punkt O' auf der Achse und der Drehimpuls $\overrightarrow{\Delta L_2}$ eines zweiten (gleichen) Massenelementes Δm_2, das auf der entgegengesetzten Seite desselben Ringes liegt.

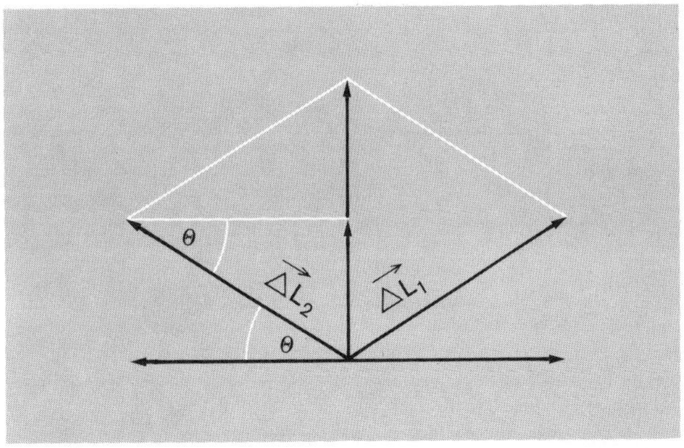

Bild 19.17. Die horizontalen Komponenten der Drehimpulse $\overrightarrow{\Delta L_1}$ und $\overrightarrow{\Delta L_2}$ heben sich auf, während sich die vertikalen Komponenten addieren.

0' hat die Länge $r' = \frac{r}{\sin\theta}$, wobei θ der Winkel zwischen r' und der Achse ist. Sein Geschwindigkeitsvektor zeigt in die Zeichenebene hinein und hat den Betrag $v = r\omega$ wie vorher. Der Drehimpuls des Teiles hat somit den Betrag

$$\Delta L = \frac{\Delta m r^2 \omega}{\sin\theta}.$$

Seine Richtung steht senkrecht zu r' in der Zeichenebene. Aus Gründen der Symmetrie hat das Teilchen auf der linken Seite einen Drehimpulsvektor von gleichem Betrag und gleichen Neigungswinkel zur Achse wie das Teilchen auf der rechten Seite. Man erkennt, daß sich die Komponenten der beiden Drehimpulse, die senkrecht zur Achse gerichtet sind, gerade aufheben. Die parallel zur Achse gerichteten Komponenten addieren sich (Bild 19.17). Die achsenparallelen Komponenten haben den Betrag $\Delta L \sin\theta$. Setzt man für ΔL den oben hergeleiteten Ausdruck ein, dann erhält man

$$\Delta L \sin\theta = \Delta m \frac{r^2\omega}{\sin\theta} \sin\theta = \Delta m r^2 \omega.$$

Die Summe der Drehimpulse der beiden betrachteten Teile in Bezug auf den Punkt 0' ist gleich der Summe der Drehimpulse der gleichen Teile in Bezug auf 0.

Da der Punkt 0' beliebig auf der Achse angenommen worden war, gilt diese Folgerung für jeden Achsenpunkt. Weiterhin gilt unser Ergebnis für je zwei Teilchen, die gleiche Massen besitzen und symmetrisch zur Drehachse liegen.

Da jedes Teilchen der Scheibe einen Partner hat, der auf der entgegengesetzten Seite der Achse in gleichem Abstand liegt, kann man weiter folgern: Der Drehimpuls der gesamten Scheibe in Bezug auf einen beliebigen Achsenpunkt ist gleich ihrem Drehimpuls in Bezug auf den Mittelpunkt.

Daraus lassen sich zwei wichtige Schlüsse ziehen: Erstens brauchen wir unsere Betrachtungen nicht mehr auf dünne Scheiben zu beschränken. Man kann sich eine dicke Scheibe stets in dünne zerlegt denken. Da bei einer Drehung um die Symmetrieachse der Drehimpuls jeder dünnen Scheibe in Bezug auf jeden Achsenpunkt gleich groß ist, ist der Drehimpuls des Gesamtkörpers ebenfalls unabhängig vom Punkt der Achse, in Bezug auf den wir ihn berechnen. Das gilt für jeden Körper, für den die Drehachse eine Symmetrieachse ist, etwa für einen Quader, dessen Drehachse senkrecht zu einer Seitenfläche durch den Mittelpunkt geht. Für solche Körper hat der Drehimpuls die Richtung der Drehachse und den Betrag

$$L = (\Delta M_1 r_1^2 + \Delta M_2 r_2^2 + \ldots)\,\omega.$$

Der Ausdruck in der Klammer ist die Summe der Produkte aus den Teilmassen ΔM und dem Quadrat der zugehörigen Abstände r von der Drehachse. Man bezeichnet allgemein den Ausdruck als das *Trägheitsmoment* des Körpers und kürzt ihn durch J ab. Damit läßt sich der Drehimpuls schreiben als

$$L = J\,\omega.$$

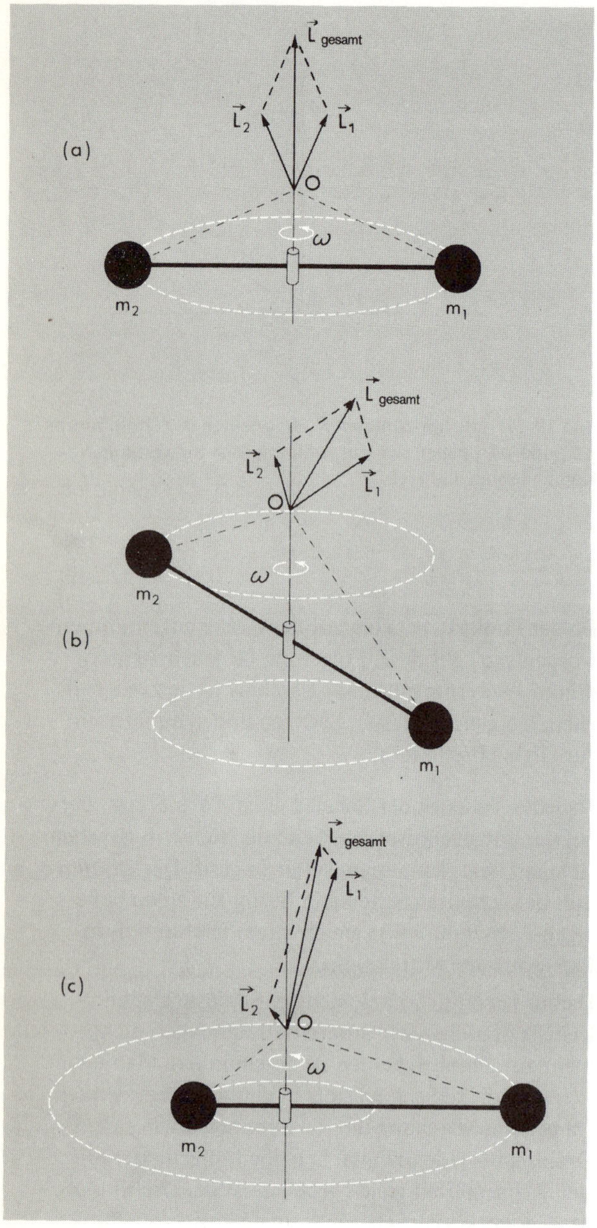

Bild 19.18. Ein hantelförmiger Körper rotiert a) um eine Symmetrieachse, b) um eine unsymmetrische Achse durch den Massenschwerpunkt und c) um eine nicht-symmetrische Achse, die nicht durch den Schwerpunkt geht. Die Drehimpulsvektoren (in Bezug auf den Punkt O) liegen für den dargestellten Zeitpunkt gerade in der Zeichenebene.

Das Trägheitsmoment eines Körpers hängt von seiner Masse, seiner Form und der Lage der Drehachse ab. Es kann experimentell bestimmt und – für nicht zu schwierige Formen – auch berechnet werden. Beispielsweise erhält man für das Trägheitsmoment einer Kreisscheibe den Ausdruck $J_s = \frac{1}{2} mr^2$, wenn die Drehachse senkrecht durch den Mittelpunkt geht. Darin bedeuten m die Masse und r den Radius der Scheibe.

Ein Ring mit gleicher Masse und gleichem Radius wie die Scheibe hat das Trägheitsmoment $J_r = mr^2$. Es ist doppelt so groß wie das der Scheibe. Wenn beide mit gleicher Winkelgeschwindigkeit rotieren, dann hat der Ring den doppelten Drehimpuls.

Zweitens betrifft es Körper, bei denen die Drehachse nicht Symmetrieachse ist. Dann gibt es zumindestens einige Teile des Körpers, die keine korrespondierenden Teile auf der anderen Seite der Drehachse haben. Daher zeigt der Drehimpulsvektor im allgemeinen nicht in die Richtung der Drehachse. Weiter können der Betrag und die Richtung des Drehimpulses von dem Punkt der Achse abhängen, auf den man ihn bezieht. Als Beispiel betrachten wir einen hantelförmigen Körper, den wir uns idealisiert durch zwei punktförmige Körper gleicher Masse vorstellen, die auf den Enden einer starren masselosen Stange sitzen. Dieser Körper rotiere, wie Bild 19.18 zeigt, um verschiedene Achsen. Die Drehung erfolgt bei a) um eine Achse, die auch Symmetrieachse ist. Bei b) geht die Achse unsymmetrisch durch den Mittelpunkt des Körpers und bei c) unsymmetrisch am Mittelpunkt vorbei. Die Drehimpulse der beiden Teilkörper und des Gesamtkörpers wurden für einen beliebigen Bezugspunkt O gerade für einen Zeitpunkt gezeichnet, für den der Körper in der Zeichenebene lag.

Rotiert die Hantel mit konstanter Winkelgeschwindigkeit, dann bleibt der Betrag des gesamten Drehimpulses in allen drei Fällen konstant. Aber in den Fällen b) und c) ändert sich seine Richtung kontinuierlich. Die Spitze des Drehimpulsvektors bewegt sich auf einem Kreis, dessen Mittelpunkt auf der Drehachse liegt. Er zeigt niemals in Richtung der Achse. Für diese Drehungen um unsymmetrisch liegende Achsen ist der Drehimpuls nicht gleich $(m_1 r_1^2 + m_2 r_2^2)\,\omega$. Dieser Ausdruck gilt nur für die Komponente des Drehimpulses entlang der Drehachse (s. Aufgabe 32). Diese Schlußfolgerungen gelten für alle Körper, die sich um Achsen drehen, die nicht Symmetrieachsen sind.

19.9. Drehmoment und Änderung des Drehimpulses

Bisher ist bei den betrachteten Fällen der Drehimpuls konstant geblieben. Er bleibt jedoch nicht gleich groß, wenn beispielsweise der Körper in Rotation versetzt oder aus der Drehung abgebremst wird. Wodurch wird in diesen Fällen die Änderung des Drehimpulses bestimmt? Wir untersuchen zuerst wieder den einfachen Fall, daß die Abmessungen der Bahn groß gegenüber denen des Körpers sind. Dann lassen sich die Unterschiede in den Bewegungen der einzelnen Teile vernachlässigen. Weiterhin soll zunächst eine idealisierte

Bewegung angenommen werden, bei der die Kräfte nur ganz kurzdauernd in regelmäßigen Abständen wirken (vgl. mit dem Vorgehen zu Beginn des Kapitels).

In dem festen Zeitintervall bewegt sich der Körper von A nach B (Bild 19.19). Die vom Ortsvektor überstrichene Fläche ist das Dreieck OAB. Im Punkt B wirkt für eine kurze Zeit Δt eine Kraft $\vec{F}$ in der Richtung $\overrightarrow{BN}$. Diese fällt nicht mit $\overrightarrow{BO}$ zusammen, liegt aber in der Zeichenebene. Der Kraftstoß bewirkt eine Änderung $\Delta\vec{v} = \vec{F}\,\frac{\Delta t}{m}$ der Geschwindigkeit, die in der Zeichnung durch den Vektor $\overrightarrow{BK}$ dargestellt wird. Im nächsten Zeitintervall kommt der Körper nach C, wobei die Fläche des Dreiecks OBC überstrichen wird. Um diesen Punkt C zu konstruieren, trägt man an den Vektor $\overrightarrow{BK}$ den Vektor $\overrightarrow{KC}$ an, der mit $\overrightarrow{AB}$ übereinstimmt.

Nun soll der Unterschied der in der zweiten Zeiteinheit überstrichenen Fläche (Dreieck OBC) zu der in der ersten Zeiteinheit überstrichenen Fläche (Dreieck OAB) mit dem Kraftstoß $\vec{F}\Delta t$ in Beziehung gebracht werden. Aus Abschnitt 19.1 ist bekannt: Wenn die Kraft $\vec{F}$ auf O gerichtet wäre, dann würde sich die Fläche nicht ändern. Daher zerlegt man zweckmäßigerweise die Kraft $\vec{F}$ in zwei Komponenten, eine in Richtung BO und die zweite senkrecht dazu:

$$\vec{F} = \vec{F}_r + \vec{F}_\perp.$$

Entsprechend wird die Geschwindigkeitsänderung zerlegt:

$$\Delta\vec{v} = \Delta\vec{v}_r + \Delta\vec{v}_\perp.$$

Nach dem Grundgesetz der Mechanik ergibt sich

$$\Delta\vec{v}_r = \frac{\vec{F}_r\,\Delta t}{m} \quad \text{und} \quad \Delta\vec{v}_\perp = \frac{\vec{F}_\perp\,\Delta t}{m}.$$

Würde nur $\vec{F}_r$ wirken, dann würde sich der Körper in der zweiten Zeiteinheit nach C′ bewegen. Aus 19.1 ist bekannt, daß

$$A_{OBC'} = A_{OAB}.$$

Damit ergibt sich für die gesuchte Flächendifferenz:

$$\Delta A = A_{OBC} - A_{OAB} = A_{OBC} - A_{OBC'}.$$

Sie läßt sich schreiben als

$$\Delta A = \frac{1}{2}\,\overline{OB}\;\;\overline{CC'}.$$

Darin bedeuten $\overline{OB} = r$ den Abstand des Körpers im Augenblick der Krafteinwirkung und $\overline{CC'} = \Delta v_\perp = \frac{F_\perp \Delta t}{m}$ die Änderung der Geschwindigkeit senkrecht dazu. Damit läßt sich die Flächenänderung ausdrücken als

$$\Delta A = \frac{r\,F_\perp\,\Delta t}{2m}.$$

Multipliziert man beide Seiten mit $\frac{2m}{\Delta t}$, dann ergibt sich

$$\frac{2m\,\Delta A}{\Delta t} = r\,F_\perp.$$

Auf der linken Seite ergibt sich gerade die Änderungsgeschwindigkeit $\frac{\Delta L}{\Delta t}$ des Drehimpulses L, auf der rech-

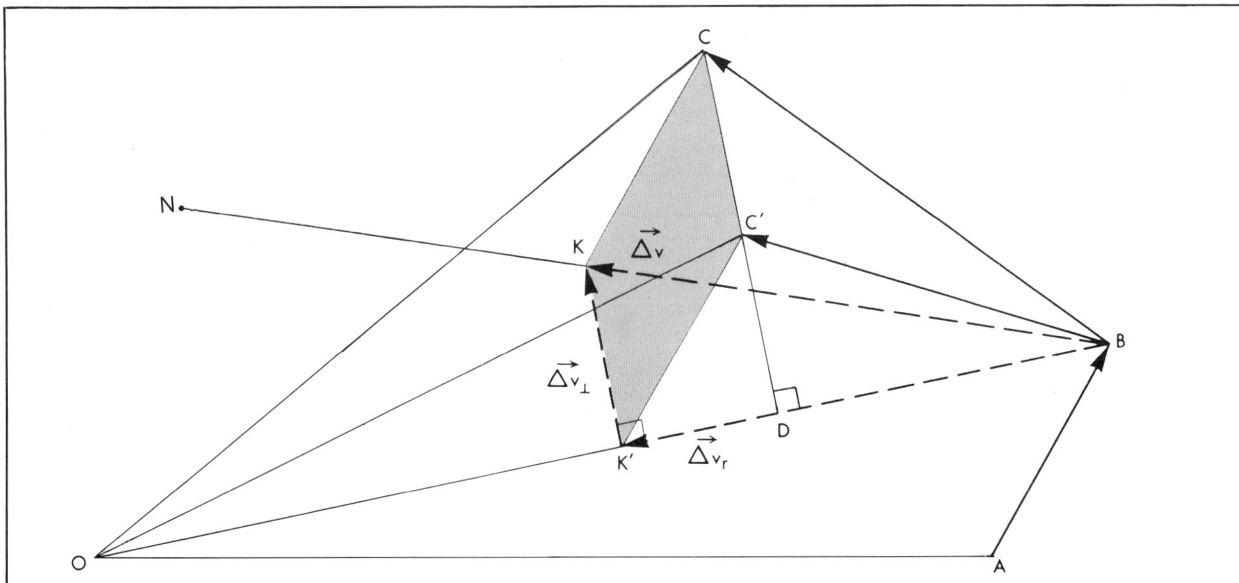

Bild 19.19. Die Pfeile $\overrightarrow{AB}$ und $\overrightarrow{BC}$ stellen die Geschwindigkeiten des Körpers dar, bevor und nachdem er einen Impuls in Richtung auf N erhält. Mit $\overrightarrow{KC} = \overrightarrow{K'C'} = \overrightarrow{AB}$ ist die getönte Fläche ein Parallelogramm und $\overrightarrow{CC'} = \overrightarrow{KK'} = \Delta\vec{v}_\perp$.

ten Seite das Produkt aus dem Ortsvektor r und der dazu senkrechten Kraftkomponente $F_\perp$:

$$\frac{\Delta L}{\Delta t} = r\,F_\perp .$$

Man bezeichnet das Produkt $r\,F_\perp$ als Drehmoment der Kraft und bezeichnet es mit M. Man beachte, daß das Drehmoment (wie der Drehimpuls) das Produkt aus dem Betrag eines Vektors und dem Betrag der dazu senkrechten Komponente eines anderen Vektors ist. Man kann daher das Drehmoment auch schreiben als $r_\perp F$ oder $r\,F \sin\theta$, wobei θ der Winkel zwischen den beiden Vektoren ist. Weiter darf man vermuten, daß man das Drehmoment als Vektor auffassen kann, dessen Betrag $r\,F_\perp$ ist und dessen Richtung senkrecht zu $\vec{r}$ und zu $\vec{F}$ steht. Es stellt sich die Frage, ob die Gleichung $\frac{\Delta L}{\Delta t} = M$ die Betragsgleichung der Vektorgleichung $\frac{\Delta \vec{L}}{\Delta t} = \vec{M}$ ist.

Zunächst werde wieder der Sonderfall des Bildes 19.19 betrachtet. Die Geschwindigkeitsvektoren vor und nach dem Stoß bei B liegen wie der Kraftvektor in der Zeichenebene. Entsprechend der Dreifingerregel der rechten Hand ergibt sich für den Drehimpulsvektor vor und nach dem Stoß die Richtung senkrecht aus der Zeichenebene heraus. Da der Drehimpuls durch den Kraftstoß vergrößert wurde, hat die Änderung $\Delta\vec{L}$ des Drehimpulses die gleiche Richtung. Um zu prüfen, ob die vermutete Vektorgleichung gilt, brauchen wir nur die Dreifingerregel auf das Drehmoment anzuwenden. Zeigt der Daumen der rechten Hand in Richtung von $\vec{r}$, der Zeigefinger in Richtung von $\vec{F}$, dann gibt der abgespreizte Mittelfinger die Richtung des Drehmomentvektors $\vec{M}$ an. In der (in Abschnitt 19.5 eingeführten) Vektorschreibweise ist

$$\vec{M} = \vec{r} \times \vec{F}$$

das Kreuzprodukt aus $\vec{r}$ und $\vec{F}$. Die Richtung von $\vec{M}$ stimmt mit der Richtung von $\Delta\vec{L}$ überein.

Man kann die Herleitung der Vektorgleichung vom betrachteten Sonderfall auf den Fall einer kontinuierlich wirkenden Kraft F verallgemeinern. Dabei geht man vor, wie es für den Fall der Zentralkraft in Abschnitt 19.1 geschehen ist.

Eine weitere Verallgemeinerung muß vorgenommen werden: Bisher wurde nur der Fall betrachtet, daß das Drehmoment den Betrag, nicht aber die Richtung des Drehimpulses änderte. Es läßt sich zeigen, daß die Vektorgleichung

$$\frac{\Delta\vec{L}}{\Delta t} = \vec{M}$$

auch gilt, wenn das Drehmoment nicht parallel zum Drehimpuls gerichtet ist. Dann ändert es die Richtung des Drehimpulses (vgl. Aufgabe 40).

19.10. Bahndrehimpuls und Spin

Wir haben zwei besondere Fälle der Bewegung eines Körpers untersucht: Einmal bewegte sich der Körper auf einer Bahn, deren Abmessungen groß gegenüber denen des Körpers waren. Zum anderen drehte sich ein Körper um eine feste Achse. Im ersten Fall hat der Drehimpuls des Körpers den Betrag $mrv_\perp$ und steht senkrecht zu $\vec{r}$ und zu $\vec{v}$. Im zweiten Fall beschränkten wir uns auf den Fall der Drehung um eine Symmetrieachse. Dann hat der Drehimpuls den Betrag $J\,\omega$ und zeigt in Richtung der Drehachse. Diese beiden Ergebnisse sollen jetzt bei der Untersuchung der Bewegung eines Körpers auf einer Bahn helfen, deren Ausdehnung vergleichbar mit der Länge des Körpers ist.

Bild 19.20 zeigt die Stroboskop-Aufnahme der Bewegung eines Stabes. Damit man die beiden Enden unterscheiden kann, wurde auf der einen Seite durch einen dunklen Klebestreifen der Eindruck einer Spitze hervorgerufen. In Wirklichkeit ist der Stab symmetrisch. Er wurde in seinem Schwerpunkt aufgehängt, der durch einen schwarzen Punkt kenntlich gemacht wurde. Die Bewegung des Stabes kann so beschrieben werden, als ob sie aus zwei Anteilen zusammengesetzt ist, aus einer Bewegung des Schwerpunktes auf der Bahnkurve und aus einer Drehung des Stabes um eine Achse durch den Schwerpunkt. Das ist nicht die einzige Möglichkeit, die Bewegung des Stabes zu beschreiben. Man kann sie beispielsweise auch zerlegen in eine Bewegung eines Stabendes auf einer Bahn und eine Drehung des Stabes um eine Achse durch den Punkt. Die Wahl des Schwerpunktes bietet einen wichtigen Vorteil: Der Drehimpuls des Stabes in Bezug auf einen beliebigen Raumpunkt kann additiv zerlegt werden in den Drehimpuls aufgrund der Bewegung des Schwerpunktes und den Drehimpuls aufgrund der Bewegung um den Schwerpunkt *(Steinerscher Satz).* Der erste Anteil wird allgemein *Bahndrehimpuls* genannt, der zweite *Spindrehimpuls* oder kurz *Spin.*

Ein Beweis dieser Zerlegung des Drehimpulses wird im Abschnitt 19.12 geführt. Hier soll er durch die Analyse der Bewegung des Bildes 19.20 nur bestätigt werden. Als Stab wurde ein Stabmagnet verwendet, der an der Decke hing. Zusätzlich zur Gravitationskraft wirkt auf ihn die Kraft eines Magneten, der in senkrechter Lage unterhalb des Aufhängepunktes fest aufgestellt wurde. Das obere Ende des festen Magneten befindet sich in gleicher Höhe wie die horizontale Bewegungsebene des aufgehängten Magneten (Bild 19.21).

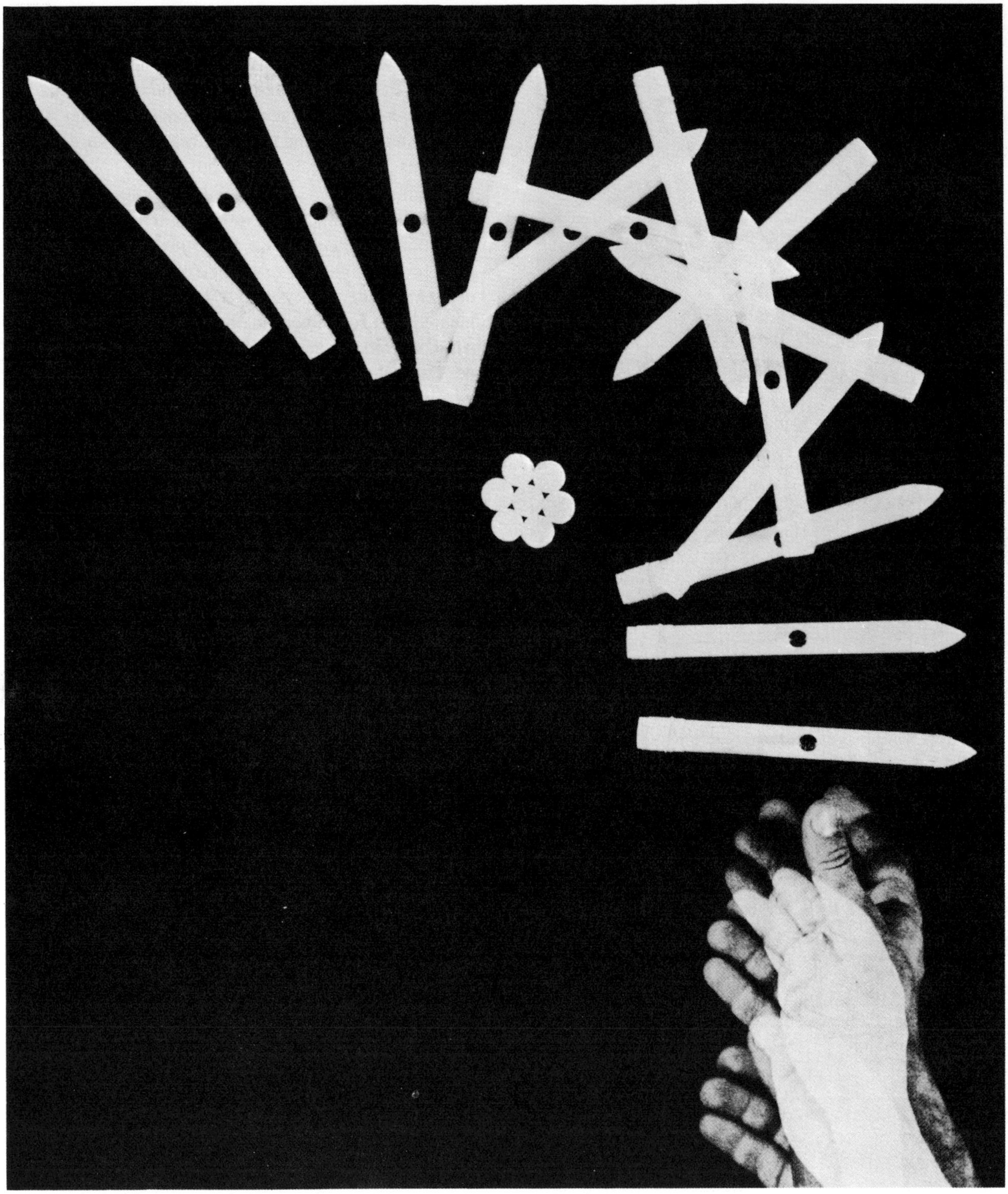

Bild 19.20. Ein aufgehängter Stabmagnet bewegt sich im Feld eines festen Magneten. Der schwarze Punkt auf dem Stabmagneten gibt seinen Schwerpunkt an. Einzelheiten werden in Bild 19.21 dargestellt.

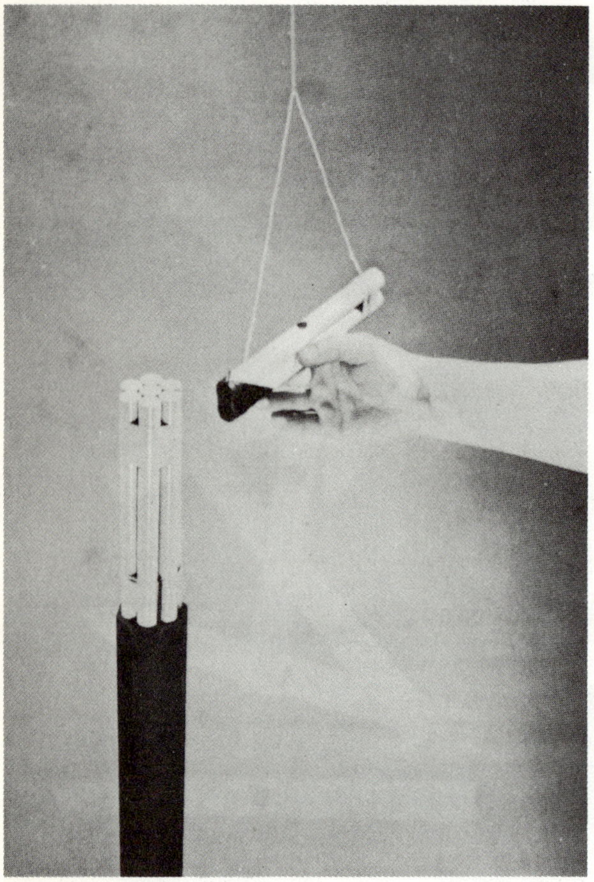

Bild 19.21. Nahaufnahme der Magnete, die in Bild 19.20 verwendet wurden

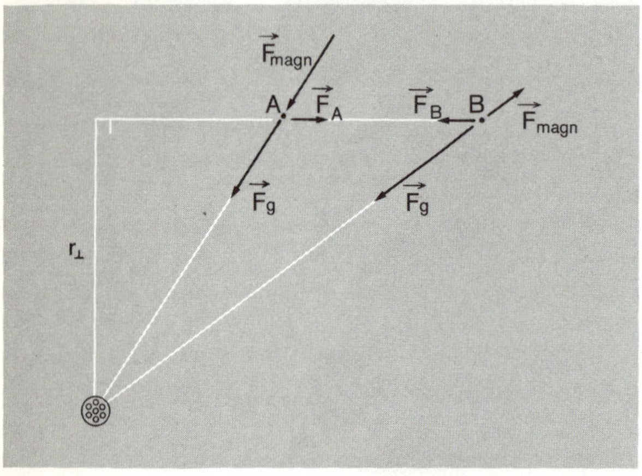

Bild 19.22. Die auf einen idealisierten Magneten (er bestehe nur aus den beiden Polen A und B) wirkenden Kräfte

Bekanntlich stoßen sich gleichnamige Pole zweier Magnete ab (also beispielsweise der Nordpol des einen den Nordpol des anderen Magneten). Ungleichnamige Pole ziehen sich an. In unserem Fall brauchen wir nur die Kraft zu beachten, die vom oberen Pol des festen auf den bewegten Magneten ausgeübt wird. Der untere Pol ist zu weit entfernt, als daß er eine bemerkbare Wirkung hervorrufen könnte. Das kann man auch daran erkennen, daß der bewegte Stabmagnet in der Aufnahme stets die gleiche Länge beibehält. Er wurde nicht aus der Ebene herausgekippt.

Man muß noch eine weitere Kraft beachten: Die einzelnen Teile des Magneten werden durch innere Kräfte zusammengehalten. Um das Bild zu vereinfachen, kann man ihn sich einmal aus zwei „Polhälften" bestehend denken. Diese „Pole" A und B werden durch eine innere Kraft zusammengehalten. Alle auf die „Pole" wirkenden Kräfte zeigt Bild 19.22 schematisch. Aus der Darstellung läßt sich entnehmen: Während die Gravitationskraft und die magnetische Kraft des festen Magneten Zentralkräfte sind, gilt dies nicht für die innere Kraft. Die auf den „Pol" A wirkende innere Kraft F_A übt ein Drehmoment $r_\perp F_A$ aus, das gleich der Änderungsgeschwindigkeit des Drehimpulses L_A von A ist. Entsprechend übt die auf den „Pol" B wirkende Kraft F_B ein Drehmoment $r_\perp F_B$ aus, das gleich $\frac{\Delta L_B}{\Delta t}$ ist. Nun sind die einen festen Körper zusammenhaltenden Kräfte Gegenkräfte. Sie haben den gleichen Betrag und wirken in entgegengesetzter Richtung auf der Verbindungslinie der Teile. Daher gilt $\vec{F}_A = -\vec{F}_B$, die Drehmomente auf A und B sind also gleichgroß und entgegengerichtet. Daher hat die Änderung des Drehimpulses von A das entgegengesetzte Vorzeichen der Änderung des Drehimpulses von B, aber den gleichen Betrag. Das bedeutet, daß die Summe der Drehimpulse beider „Pole" durch die inneren Kräfte nicht geändert wird. Die zentralen Kräfte aber ändern den Drehimpuls ebenfalls nicht. Daraus läßt sich schließen, daß der gesamte Drehimpuls des vereinfacht gedachten Magneten erhalten bleibt. Dieser Beweisgedanke kann auf jede beliebige Anzahl von Stücken ausgedehnt werden, aus denen man den Magneten bestehend denkt. Er gilt daher auch für den wirklichen Magneten.

Wir können also vorhersagen: Der Drehimpuls des Magneten, dessen Bewegung in Bild 19.20 dargestellt wird, bleibt während der gesamten Bewegung erhalten. Nun soll die Aufnahme im einzelnen ausgewertet werden. Dazu wählen wir die Masse des bewegten Magneten als Masseneinheit und messen $rv_\perp$ für die Schwerpunktsbewegung. Damit erhalten wir den jeweiligen Bahndrehimpuls. Die Ergebnisse wurden in der ersten Spalte der Tabelle 2 aufgetragen. Der Bahndrehimpuls bleibt offensichtlich nicht erhalten. Zum gesamten Drehimpuls trägt aber auch der Spin bei.

Um den Spin zu bestimmen, wurde die Winkelgeschwindigkeit bei der Drehung des Stabes um seinen Schwerpunkt gemessen und mit dem Trägheitsmoment des Stabes multipliziert (Abschnitt 19.8). Das Trägheitsmoment eines Stabes der Länge l in Bezug auf eine Achse, die senkrecht zu ihm durch den Mittelpunkt geht, ist $J_{st} = \frac{1}{12} m l^2$. (Da die Masse des Stabes als Einheit gewählt wurde, braucht praktisch die Winkelgeschwindigkeit nur mit $\frac{1}{12} l^2$ multipliziert zu werden.) Die Ergebnisse wurden in der zweiten Spalte der Tabelle 2 aufgetragen. Der Spin ändert sich während der Bewegung ebenfalls. Die dritte Spalte zeigt die Summe aus dem Bahndrehimpuls und dem Spin. Innerhalb der Meßgenauigkeit ist diese Summe konstant. Damit können wir die Frage wieder aufnehmen und als Ergebnis unserer Auswertung feststellen: Der gesamte Drehimpuls des Stabes kann zerlegt werden in den Bahndrehimpuls des Schwerpunktes und den Spin bei der Drehung um den Schwerpunkt.

Tabelle 2

Bahndrehimpuls	Spin	Gesamtdrehimpuls
6,1	0,2	6,3
5,7	0,6	6,3
4,9	1,3	6,2
4,4	2,0	6,4
4,0	2,3	6,3
3,8	2,6	6,4
3,7	2,6	6,3
3,9	2,5	6,4
4,3	2,0	6,3
4,7	1,6	6,3
5,4	0,9	6,3
5,7	0,6	6,3
5,8	0,3	6,1
6,1	0,3	6,4

Für makroskopische Körper mag die Trennung des Drehimpulses in Bahndrehimpuls und Spin lediglich zweckmäßig erscheinen. Schließlich ist der Spin nichts als ein normaler Drehimpuls von Materiestücken, die sich auf Kreisen um eine Achse bewegen. Tatsächlich geht die Unterscheidung jedoch tiefer. Die Untersuchung von Elementarteilchen wie Elektronen und Protonen erweist, daß sie ebenfalls einen Bahndrehimpuls und einen Spin besitzen. Sie verhalten sich wie winzige Kreisel. Aber ihr Spin kann nicht mehr (wie bei makroskopischen Körpern) als eine Art von Kreisbewegung um ihren „Schwerpunkt" aufgefaßt werden.

19.11. Allgemeine Erhaltung des Drehimpulses

Der letzte Abschnitt hat gezeigt: Der gesamte Drehimpuls eines Systems zweier Körper (in Bezug auf einen beliebigen Punkt) bleibt erhalten, wenn die wirkenden Kräfte paarweise (als Kraft und Gegenkraft) auftreten. Aber bei einigen Kräften in der Natur treten keine Gegenkräfte auf. Besonders wichtig sind die für die Lichtaussendung verantwortlichen Kräfte. Im Abschnitt 16.7 wurde darauf hingewiesen, daß bei Prozessen unter Einschluß der Emission oder Absorption von Licht die Bewegungsgröße dann nicht erhalten bleibt, wenn man die Bewegungsgröße des Lichts übersieht. Die betreffenden Kräfte sind nicht gleich groß und entgegengerichtet, sie zeigen nicht in Richtung der Verbindungslinie zwischen den wechselwirkenden Körpern. Es kann (auf der Grundlage des vorangehenden Abschnittes) nicht überraschen, daß der Drehimpuls (Bahndrehimpuls und Spin) der wechselwirkenden Körper nicht erhalten bleibt, wenn Licht emittiert wird. Jedoch besitzen das emittierte oder absorbierte Licht ebenfalls einen Drehimpuls. Dadurch wird die *allgemeine Erhaltung des Drehimpulses* sichergestellt.

Der Satz von der Erhaltung des Drehimpulses, wenn kein äußeres Drehmoment vorhanden ist, scheint ein grundlegendes Naturgesetz zu sein. Man kann ihn mit dem Satz der Erhaltung der Bewegungsgröße beim Fehlen äußerer Kräfte vergleichen. In einigen Fällen schien er verletzt zu sein. Doch dann stellte sich heraus, daß man etwas übersehen hatte: Ein Teilchen war dem Nachweis entgangen und hatte die fehlenden Drehimpulse „entführt".

19.12. Abtrennung der Schwerpunktsbewegung

Der Drehimpuls des in Bild 19.23 dargestellten Körpers in Bezug auf den Punkt O ist die Summe der Drehimpulse seiner Teile. Man drückt dies üblicherweise folgendermaßen aus: Man nimmt einen Teil der Masse m_i mit der Geschwindigkeit v_i und dem Abstand r_i als Vertreter aller Teile. Den Drehimpuls

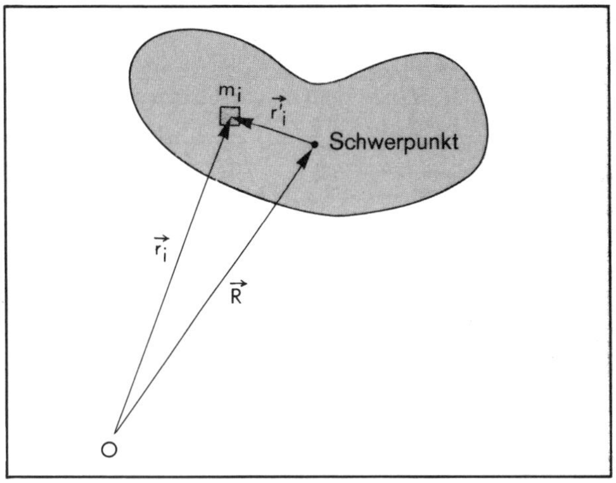

Bild 19.23. Ein beliebiger Teil des Körpers (Masse m_i) wird betrachtet.

des gesamten Körpers schreibt man mit dem Buchstaben Σ (sigma):

$$\vec{L} = \sum_i m_i \vec{r}_i \times \vec{v}_i$$

als Abkürzung für die Summe

$$m_1 \vec{r}_1 \times \vec{v}_1 + m_2 \vec{r}_2 \times \vec{v}_2 + \dots .$$

In jedem Zeitpunkt kann man den Ortsvektor $\vec{r}_i$ in den Ortsvektor $\vec{R}$ des Schwerpunktes und den Vektor r'_i vom Schwerpunkt zum betrachteten Teilchen zerlegen:

$$\vec{r}_i = \vec{R} + \vec{r}'_i .$$

Entsprechend kann man den Geschwindigkeitsvektor $\vec{v}_i$ in die Geschwindigkeit $\vec{V}$ des Schwerpunktes in Bezug auf den Punkt O und die Geschwindigkeit $\vec{v}'_i$ des Teilchens in Bezug auf den Schwerpunkt zerlegen:

$$\vec{v}_i = \vec{V} + \vec{v}'_i.$$

Setzt man diese Ausdrücke für $\vec{r}_i$ und $\vec{v}_i$ in die Summe für $\vec{L}$ ein, erhält man

$$\vec{L} = \sum_i m_i (\vec{R} + \vec{r}'_i) \times (\vec{V} + \vec{v}'_i).$$

Durch Ausmultiplizieren der Klammern ergeben sich vier Summen:

$$\vec{L} = \sum_i m_i (\vec{R} \times \vec{V}) + \sum_i m_i (\vec{r}'_i \times \vec{V}) + \sum_i m_i (\vec{R} \times \vec{v}'_i) + \sum_i m_i (\vec{r}'_i \times \vec{v}'_i) .$$

Jede Summe soll einzeln untersucht werden. In der ersten Summe bezieht sich $\vec{R} \times \vec{V}$ auf den Schwerpunkt und nicht auf das einzelne Teilchen. Es kann aus dem Summenzeichen herausgenommen (ausgeklammert) werden:

$$\sum_i m_i (\vec{R} \times \vec{V}) = (\sum_i m_i) (\vec{R} \times \vec{V}) = M (\vec{R} \times \vec{V}).$$

Darin ist M die Masse des Körpers. Der erste Ausdruck ist gerade der Drehimpuls der Schwerpunktsbewegung in Bezug auf O.

Im zweiten Glied kann man $\vec{V}$ aus der Summenbildung herausnehmen:

$$\sum_i m_i (\vec{r}'_i \times \vec{V}) = (\sum_i m_i \vec{r}'_i) \times \vec{V} .$$

Da $\vec{r}'_i$ der Ortsvektor des Teilchens in Bezug auf den Schwerpunkt ist, ist die Summe $\sum_i m_i \vec{r}'_i$ gleich Null.

Dies ist die Verallgemeinerung des Falles zweier Körper, für deren Schwerpunkt

$$\frac{r'_1}{r'_2} = \frac{m_2}{m_1}$$

oder vektoriell $m_1 \vec{r}'_1 + m_2 \vec{r}'_2 = 0$ gilt.

Im dritten Glied steht die Summe

$$\sum_i m_i (\vec{R} \times \vec{v}'_i) = \vec{R} \times (\sum_i m_i \vec{v}'_i).$$

Die Summe $\sum_i m_i \vec{v}'_i$ ist gleich der Änderungsgeschwindigkeit der Summe $\sum_i m_i \vec{r}'_i$, die ständig Null ist. Daher ist auch $\sum_i m_i \vec{v}'_i = 0$. Es bleibt das letzte Glied

$$\sum_i m_i \vec{r}'_i \times \vec{v}'_i.$$

In dieser Summe sind die Geschwindigkeit $\vec{v}'_i$ und der Ortsvektor $\vec{r}'_i$ auf den Schwerpunkt bezogen. Dieses Glied stellt somit den Drehimpuls der Bewegung des Körpers um seinen Schwerpunkt dar, also den Spin. Damit ist gezeigt, daß sich der gesamte Drehimpuls des Körpers aus dem Bahndrehimpuls und dem Spin additiv zusammensetzen läßt. ●

Aufgaben

1.* Man betrachte die beiden Aufnahmen in Bild 19.1. An welchen Stellen wirkte die resultierende Kraft auf den Körper
   a) anziehend,
   b) abstoßend?
   c) Aus welchen Kräften setzte sie sich zusammen?

2.* Ein Körper bewege sich auf einer geraden Linie mit konstanter Geschwindigkeit. Überstreicht der Ortsvektor zu einem beliebigen Punkt in gleichen Zeiten gleiche Flächen?

3. Es sei keine Angabe darüber gemacht, wie die Aufnahme in Bild 19.1 hergestellt wurde. Kann man aussagen, ob auf den bewegten Körper die Kräfte kontinuierlich oder in Zeitabständen gewirkt haben?

4. Die Stroboskop-Aufnahme von Bild 19.24 soll ausgewertet werden. Es ist kaum möglich, die Geschwindigkeit des Körpers an den entfernten Stellen der Bahn aus der Aufnahme zu entnehmen. Wie kann man mit Hilfe der Geschwindigkeit im Punkt der größten Annäherung diese Schwierigkeit überwinden?

5.* In Bild 19.4 betrachte man den Zeitpunkt, in dem sich der Körper in B befindet, der Ortsvektor also $\vec{r} = \overrightarrow{OB}$ ist. Eine gewisse Zeit vorher war der Ortsvektor $\overrightarrow{OA}$. Welchen Drehimpuls besaß der Körper in Bezug auf O, als er sich in A befand?

6.* Zwei Körper haben die gleiche Bewegungsgröße $\vec{p}$. Müssen sie nun auch den gleichen Drehimpuls in Bezug auf den gleichen Punkt haben?

7. Ein Körper bewegt sich mit konstanter Geschwindigkeit auf einer geraden Linie. Was kann man über seinen Drehimpuls in Bezug auf einen beliebigen Raumpunkt aussagen? Gilt das Ergebnis auch für einen Körper, der eine gleichmäßige Kreisbewegung ausführt?

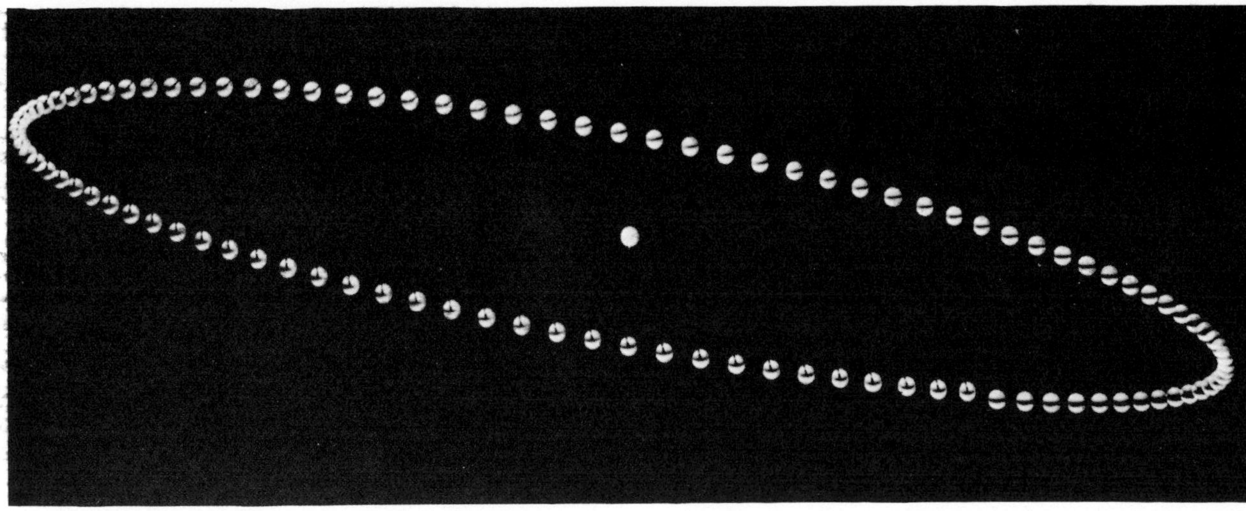

Bild 19.24. Zur Aufgabe 4

8. Ein Junge läßt sein Motorflugmodell (m = 5,0 kg) auf einem Kreis (Leinenlänge 15,0 m) mit einer Geschwindigkeit $v = 18{,}0\,\frac{m}{s}$ fliegen.
   a) Welche Fläche überstreicht die Linie in einer Sekunde?
   b) Welchen Drehimpuls besitzt das Flugmodell?
   c) Welche Kraft muß die (horizontale) Leine auf das Flugzeug ausüben, damit es auf dem Kreis fliegt? (Dabei sollen Störungen wie etwa Steuerungswirkungen vernachlässigt werden.)
9. Zwei Fahrzeuge bewegen sich auf parallelen Straßen mit gleicher Geschwindigkeit in entgegengesetzter Richtung.
   a) Welchen Drehimpuls besitzt das erste in Bezug auf einen festen Punkt der eigenen Straße?
   b) Welchen Drehimpuls besitzt es in Bezug auf einen festen Punkt der anderen Straße?
   c) Welchen Drehimpuls hat es in Bezug auf das andere Fahrzeug?
10. Ein Junge wirbelt einen Gummistopfen an einer Schnur über seinem Kopf herum (Bild 19.25). Er verkürzt langsam den Radius auf die Hälfte, indem er die Schnur mit der anderen Hand einzieht.
   a) Wie wirkt sich dies auf den Drehimpuls des Stopfens aus?
   b) Der Faden reißt. Warum?
11.* Zwei Alphateilchen begegnen sich in Richtung auf einen Kern. Sie haben die gleiche Zielabweichung b (s. Bild 19.5), kommen aber aus verschiedenen Richtungen. Können sie in Bezug auf den Kern den gleichen Drehimpuls besitzen?
12.* Ein Alphateilchen bewegt sich an einem Atomkern vorbei (Bild 19.5). In welchem Punkt seiner Bahn (in der Nähe des Kerns) ist sein Drehimpuls gleich dem Produkt aus seiner Bewegungsgröße und seinem Abstand vom Kern?
13.* a) In welchem Punkt einer elliptischen Erdsatellitenbahn (Bild 19.7) ist $\vec{v}_r$ gleich Null?

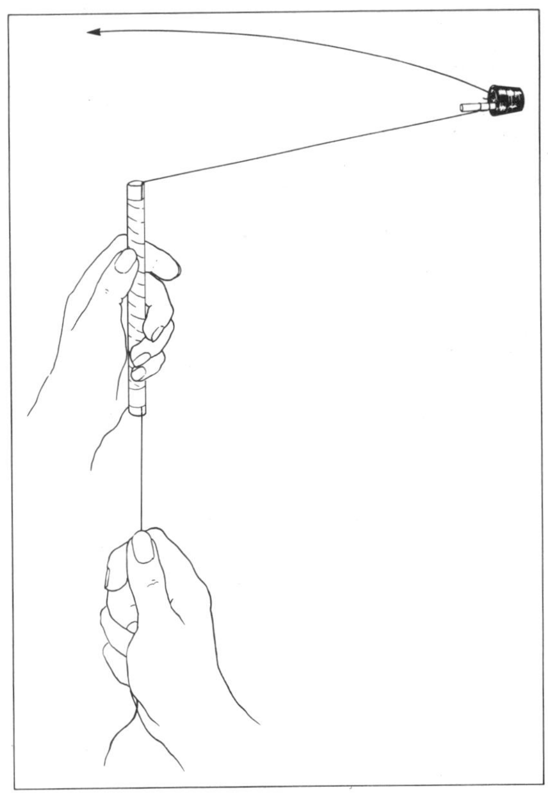

Bild 19.25. Zur Aufgabe 10

   b) Wie verhalten sich die senkrechten Komponenten $\vec{v}_\perp$ des Geschwindigkeitsvektors in diesen Punkten zueinander?
14.* x_1 und x_2 seien die beiden Lösungen der quadratischen Gleichung

$$ax^2 + bx + c = 0.$$

Die Lösungen gibt man in der Form

$$x_{1/2} = \frac{1}{2a}\left(-b \pm \sqrt{b^2 - 4ac}\right)$$

an, wobei das positive Zeichen zu x_1, das negative zu x_2 gehört. Man zeige, daß die Summe der Lösungen $x_1 + x_2 = -\frac{b}{a}$ und ihr Produkt $x_1 x_2 = \frac{c}{a}$ ist.

15. Die potentielle und die kinetische Energie eines Planeten, der sich in den Endpunkten der kleinen Achse seiner elliptischen Bahn befindet, kann allein durch seine gesamte Energie E ausgedrückt werden.

16. Man baue selbst ein langes Pendel auf und versuche, eine Kreisbahn zu erhalten.
   a) Warum ist es einfacher, elliptische Bahnen zu erreichen?
   b) Warum beschreiben Satelliten häufiger elliptische als kreisförmige Bahnen?

17. Bei kleinen Auslenkungen aus der Ruhelage ist die rücktreibende Kraft auf ein Pendel proportional zur horizontalen Auslenkung des Pendelkörpers.
   a) Wie hängt die potentielle Energie des Pendelkörpers von der Auslenkung ab?
   b) Mit dem Ergebnis von a) kann man einen Zusammenhang finden zwischen der großen und der kleinen Achse der Ellipse und dem Drehimpuls des Pendelkörpers in Bezug auf das Kraftzentrum. (Hinweis: Das Kraftzentrum ist der Mittelpunkt der Ellipse.)

18. Bild 19.26 zeigt zwei mögliche Satellitenbahnen, eine kreisförmige und eine elliptische. Die große Halbachse der Ellipse ist gleich dem Radius des Kreises.
   a) Wie verhalten sich die Gesamtenergien zweier gleicher Satelliten auf diesen Bahnen zueinander?
   b) Wie verhalten sich ihre Drehimpulse?

19.* Bild 19.27 zeigt ein Quadrat der Fläche $A = 10\ \text{cm}^2$, das um einen Winkel von 30° gegen die x, y-Ebene geneigt ist. Man berechne die Projektionen der Fläche auf die x, y-Ebene und auf die y, z-Ebene und zeige, daß die Summe der Quadrate der Projektionen gleich dem Quadrat der ursprünglichen Fläche ist (Vektoreigenschaft der Fläche).

20.* Welche Richtung hat der Drehimpuls in Bezug auf das Kraftzentrum
   a) des α-Teilchens in Bild 19.5,
   b) des Satelliten in Bild 19.7?

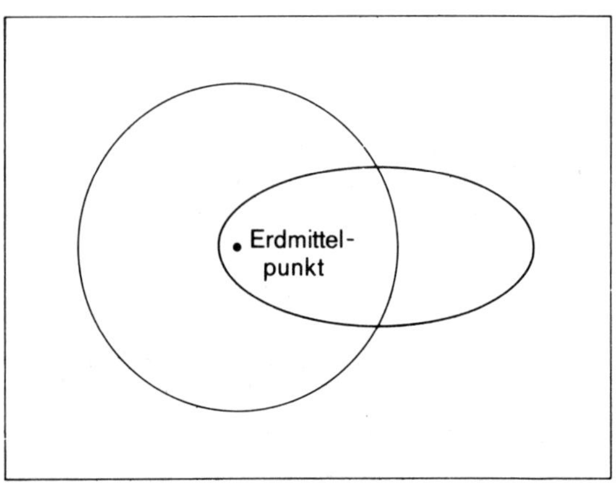

Bild 19.26. Zur Aufgabe 18

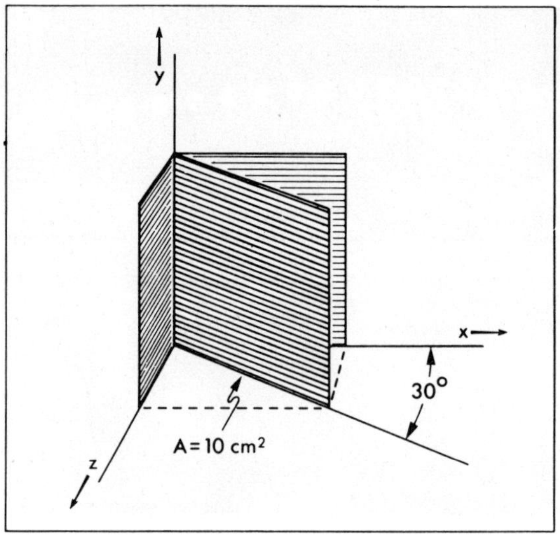

Bild 19.27. Zur Aufgabe 19

21. Ein Körper bewegt sich am Ende einer Schnur auf einem horizontalen Kreis.
   a) Man zeichne den Drehimpulsvektor in Bezug auf einen Punkt oberhalb des Kreismittelpunktes für die beiden Fälle, daß der Körper sich an den Endpunkten eines Durchmessers (in der Zeichenebene) befindet.
   b) Bleibt der Drehimpulsvektor konstant?

22. Bild 19.28 zeigt die Stroboskop-Aufnahme des Stoßes zwischen einem Golfball ($m_1 = 46$ g) und einer großen Holzkugel ($m_2 = 102$ g). Beide sind an einem Punkt oberhalb des schwarzen Punktes im weißen Ring aufgehängt. Man vergleiche die Drehimpulse der beiden Körper (in Bezug auf das Kraftzentrum) vor und nach dem Stoß.

23. Ein Golfball und eine Plastilinkugel sind so aufgehängt, wie es Bild 19.9 zeigt. Sie treffen mit gleichgroßer und entgegengerichteter Geschwindigkeit aufeinander.
   a) Welche Bewegung führen sie zusammen nach dem Stoß aus?
   b) Bleibt der Drehimpuls bei diesem Stoß erhalten?

24.* Welche Winkelgeschwindigkeit besitzt eine Stroboskop-Scheibe, die sich in 10 s 15 mal dreht?

25. a) Wie kann man vorgehen, um den gesamten Drehimpuls des Pucks (Bild 14.11) in Bezug auf das Kraftzentrum zu bestimmen, kurz bevor der Faden durchbrennt?
   b) Bleibt der Gesamtdrehimpuls nach dem Durchbrennen erhalten? Wie kann man das feststellen?

26. Gelegentlich wird in Science-fiction-Erzählungen der Vorschlag gemacht, die Erdrotation zu ändern. Es solle eine große Zahl von Autos aufgestellt und gleichzeitig nach Osten hin beschleunigt werden. Angenommen der Versuch wird mit $50 \cdot 10^6$ Wagen mit je $1{,}6 \cdot 10^3$ kg Masse durchgeführt, die in der Nähe des Äquators in 10 s auf $30\ \frac{\text{m}}{\text{s}}$ beschleunigt werden.
   a) Welches Drehmoment würde auf die Erde übertragen werden?
   b) Könnte man eine Änderung der Drehung der Erde beobachten?

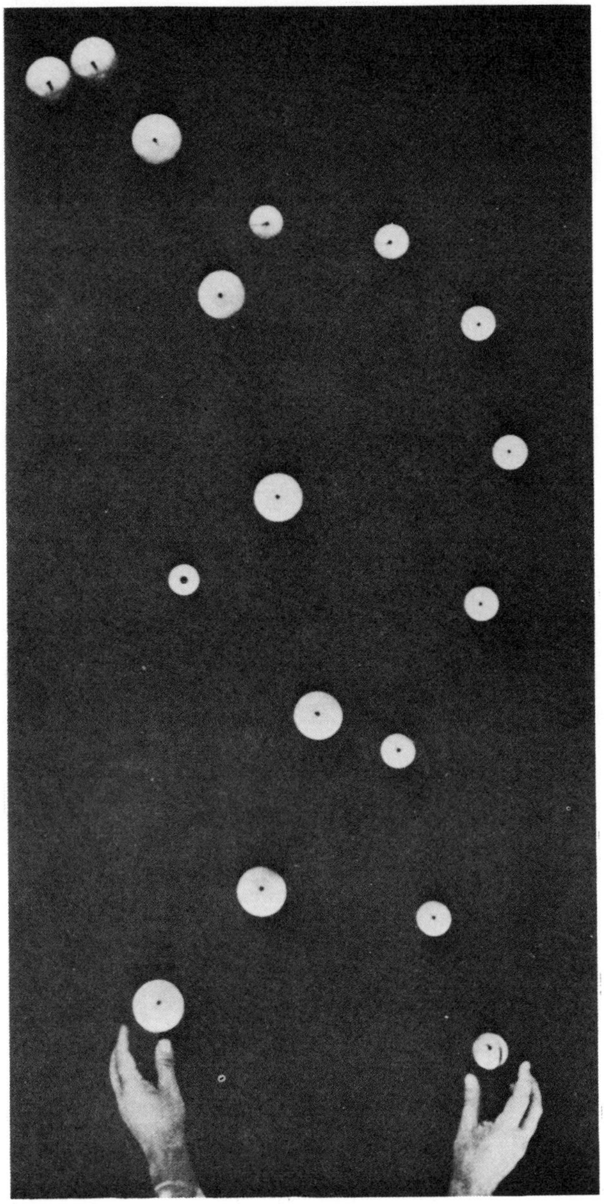

Bild 19.28. Zur Aufgabe 22

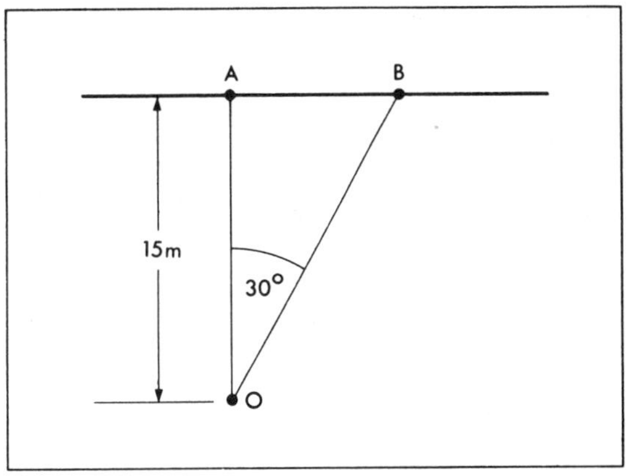

Bild 19.29. Zur Aufgabe 28

27.* Eine dünne rechteckige Metallplatte ($a = 6{,}0$ cm, $b = 8{,}0$ cm) dreht sich zweimal in der Sekunde um eine Achse, die senkrecht durch den Mittelpunkt der Platte geht. Welche Geschwindigkeit hat einer der Eckpunkte?

28.* a) Ein Körper bewegt sich auf einem Kreis ($r = 15$ m) mit der konstanten Geschwindigkeit $v = 3{,}0\ \frac{m}{s}$. Welche Winkelgeschwindigkeit besitzt er in Bezug auf den Kreismittelpunkt?

b) Bild 19.29 zeigt einen Körper, der sich mit $v = 3{,}0\ \frac{m}{s}$ auf einer geraden Linie bewegt. Welche Winkelgeschwindigkeit besitzt er in Bezug auf O, wenn er sich in A (in B) befindet?

29.* Ein hantelförmiger Körper sei aus zwei gleichen Körpern (Masse m) und einer Stange (Länge l, Masse vernachlässigbar klein) aufgebaut. Welches Trägheitsmoment besitzt der Körper in Bezug auf eine Achse, die senkrecht durch den Mittelpunkt der Stange hindurchgeht?

30.* Welchen Radius muß ein Ring haben, damit er das gleiche Trägheitsmoment besitzt wie eine Scheibe gleicher Masse (Radius R)?

31.* Man zeichne die Drehimpulsvektoren der drei Hanteln in Bild 19.18 ein, wenn sich die Körper gegenüber der gezeichneten Stellung um 180° gedreht haben.

32. Man berechne die Drehimpulse der drei hantelförmigen Körper in Bild 19.18 in Bezug auf den Schnittpunkt der Achse mit der Stange. Stimmt der berechnete Drehimpuls mit dem in der Zeichnung angegebenen (in Bezug auf O) überein?

33. Das Trägheitsmoment eines dünnen gleichförmigen Stabes der Länge l und der Masse m beträgt $J_{St} = \frac{1}{12} m l^2$, wenn die Achse senkrecht durch den Mittelpunkt des Stabes geht. Das kann mit Hilfe der Integralrechnung hergeleitet werden. Ohne Integralrechnung soll ein Näherungswert bestimmt werden:

a) Als erste Näherung denke man sich den Stab aus zwei Teilen bestehend, die jeder die Masse $\frac{1}{2}$m haben und symmetrisch zur Achse im Abstand $\frac{1}{4}l$ von ihr angeordnet sind. Welches Trägheitsmoment besitzt diese Näherung?

b) Als zweite Näherung denke man sich den Stab aus vier Teilen (je mit der Masse $\frac{1}{4}$m) zusammengesetzt, die symmetrisch zur Achse angeordnet werden, je zwei im Abstand $\frac{1}{8}l$ und die anderen im Abstand $\frac{3}{8}l$. Was ergibt diese zweite Annäherung?

c) Schließlich berechne man das Trägheitsmoment des Körpers, der aus n Teilen (je mit der Masse $\frac{1}{n}$m) zusammengesetzt ist. Sie sind symmetrisch zur Achse angeordnet, je zwei in den Abständen $\frac{1}{2n}l$, $\frac{3}{2n}l$ usw.
(Hinweis: $1^2 + 2^2 + 3^2 + \ldots + (n-1)^2 = \frac{n(n-1)(n+1)}{6}$).

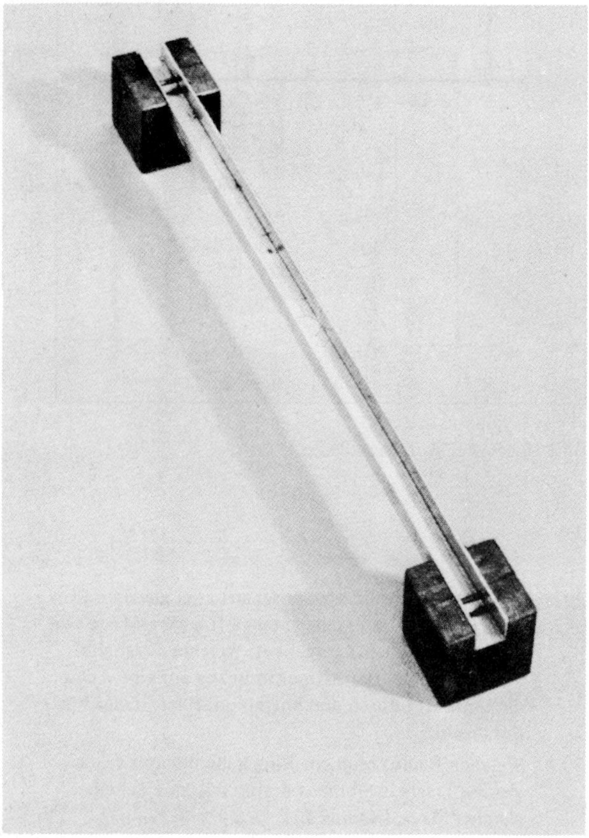

Bild 19.30. Zur Aufgabe 36

34. Der Ausdruck für das Trägheitsmoment einer homogenen Kugel (Radius R und Masse m) muß hinsichtlich einer Achse durch ihren Mittelpunkt die Form $J_k = k\ m\ R^2$ haben, worin k eine reine Zahl ist. Warum? Mit dem bekannten Trägheitsmoment einer Scheibe kann man den Faktor k abschätzen.

35. a) Eine Eiskunstläuferin kann sich mit 240 Umdrehungen in der Minute drehen, wenn sie ihre Arme anzieht. Welchen Drehimpuls besitzt sie, wenn ihre Masse m = 50 kg beträgt? Welche Annahmen legt man der Rechnung zugrunde?
c) Nun möge die Eiskunstläuferin die Arme heben und horizontal ausstrecken. Was läßt sich über die neue Rotationsfrequenz aussagen?

36. Zwei Bleiwürfel sind (wie Bild 19.30 zeigt) an den Enden einer Aluminiumstange befestigt. Der gesamte Körper kann sich horizontal um eine Achse drehen, die durch das Loch in der Mitte der Stange hindurchgeht. Um wieviel Prozent weicht (schätzungsweise) das Trägheitsmoment des Körpers ab von dem des idealisierten Körpers, bei dem gleichwertige „Punktmassen" in den Mittelpunkten der Bleiwürfel angebracht sind?

37. Auf ein Schwungrad, das zunächst in Ruhe ist, wird 5 s lang ein konstantes Drehmoment von 30 N m ausgeübt. Die Frequenz beträgt danach 120 Umdrehungen in der Minute.
a) Welches Trägheitsmoment besitzt das Schwungrad?
b) Das Schwungrad wird anschließend durch Reibungskräfte in 5 min zur Ruhe gebracht. Welches Drehmoment erfährt es dabei?

38. Ein Mann (Masse m = 80 kg) steht am Rande einer kreisförmigen Scheibe (Radius r = 2,5 m), die um eine vertikale Achse durch den Mittelpunkt reibungslos rotieren kann. Ihr Trägheitsmoment beträgt $J = 1000\ \text{kg m}^2$. Der Mann beginnt nun mit einer Geschwindigkeit $v = 2{,}0\ \frac{\text{m}}{\text{s}}$ gegenüber der Erde um ihren Rand herumzuwandern. Welche Wirkung hat dies auf die Kreisscheibe? Wie lange braucht der Mann, bis er den Ausgangspunkt auf der Scheibe wieder erreicht?

39. Ein Versuchsbus, den man in der Schweiz für relativ kurze Strecken eingesetzt hat, verwendet die in einem Schwungrad gespeicherte Energie. Das Schwungrad wird an den Haltestellen durch einen Elektromotor in Bewegung gesetzt. Durch eine besondere Kupplung ist das Schwungrad über ein Getriebe mit der Antriebswelle verbunden. Aus den folgenden Daten soll die Winkelgeschwindigkeit berechnet werden, die das Schwungrad beim Verlassen der Haltestelle mindestens haben muß:
Masse des Bus m = 5000 kg, gesamte Widerstandskräfte bei normaler Geschwindigkeit ($v = 40\ \frac{\text{km}}{\text{h}}$) F = 2 500 N, Masse des ringförmigen (torusförmigen) Schwungrades m = 500 kg (die Masse der Speichen kann vernachlässigt werden), Radius des Schwungrades r = 1 m, Abstand zwischen den Haltestellen a = 10 km. Man berechne 50 % mehr als für eine Bewegung mit gleichmäßiger Geschwindigkeit erforderlich wäre, damit der Bus zusätzliche Energie zum Anfahren, zum Überwinden von Höhenunterschieden usw. zur Verfügung hat.
Die Richtung der Achse des Schwungrades ist wichtig. Wie würden verschiedene Achsenrichtungen auf das Steuern und Handhaben des Fahrzeuges einwirken?

40. Eine leichte Kreisscheibe wird auf einem Nagel horizontal in Drehungen versetzt. Was geschieht, wenn man eine Seite durch einen Strohhalm von oben anbläst? Wie kann man die Beobachtung mit Hilfe der Beziehung $\frac{\Delta \vec{L}}{\Delta t} = \vec{M}$ erklären?

41.* Hat bei der Bewegung des Stabmagneten in Bild 19.20 der Spin die gleiche Richtung wie der Bahndrehimpuls?

42. In welcher Einheit sind die Drehimpulse der Tabelle 2 angegeben? Untersuche eine Angabe für den Bahnimpuls und für den Spin.

43. a) Welchen Drehimpuls besitzt die Erde bei ihrer Umdrehung um die eigene Achse? Ihre Masse beträgt $m_E = 6{,}0 \cdot 10^{24}$ kg und ihr Radius $r_E = 6{,}4 \cdot 10^6$ m. Welche Annahme legt man der Berechnung zugrunde?
b) Welchen Drehimpuls besitzt der Mond bei seiner Bewegung um die Erde? Die Masse des Mondes ist $m_M = 7{,}3 \cdot 10^{22}$ kg, sein Abstand von der Erde $r_M = 3{,}8 \cdot 10^8$ m und seine Umlaufdauer T = 28 d.

c) Eine alte astronomische Theorie stellte die Hypothese auf, der Mond sei ursprünglich ein Teil der heißen und flüssigen Erde gewesen. Um diese Hypothese zu prüfen, nehme man einmal an, daß der Mond zu einer bestimmten Zeit ein großer „Tropfen" auf der Erdoberfläche gewesen sei. Er beginne sich gerade aufgrund der Zentrifugalkraft (im Bezugssystem der Erde) abzulösen. Wie lang muß ein Tag (die Umlaufdauer der Erde) im Augenblick des Ablösens gewesen sein? Läßt dieses Ergebnis die Theorie als richtig erscheinen?

44. Bild 19.31 zeigt die Bewegung eines Stabmagneten, die in gleicher Weise wie die in Bild 19.20 aufgenommen wurde. Der Nordpol des festen Magneten liege oben in der Bewegungsebene des bewegten Stabmagneten. Wo liegen Nord- und Südpol des Stabmagneten? Wo wirkt die resultierende Kraft aus den magnetischen Kräften abstoßend? In welchem Punkt beginnt sie anziehend zu wirken? Ist das Drehmoment auf den bewegten Stabmagneten in Bezug auf seinen Schwerpunkt in diesem Punkt gleich Null?

45. Mit einem Bleistift, der auf eine glatte Tischfläche gelegt wird, soll ein kleiner Versuch gemacht werden: Man faßt mit Daumen und Zeigefinger den Bleistift beiderseits des Schwerpunktes an, gibt ihm einen kräftigen Drall und zieht die Hand zurück. Was geschieht mit dem Bleistift? Man wiederhole diesen Vorgang mehrfach, wobei der Daumen und der Zeigefinger auf der gleichen Seite (vom Schwerpunkt gesehen) angreifen. Die Beobachtungen stelle man durch Zeichnungen dar, die die Bewegung des Bleistiftes vor dem Loslassen, im Augenblick des Loslassens und danach wiedergeben. In welche Richtung bewegt sich der Schwerpunkt? In welche Richtung bewegen sich die Enden des Bleistiftes?

46. Zwei Körper gleicher Masse sind an eine Schnur geknotet, der eine am Ende, der andere in der Mitte. Man faßt die Schnur am freien Ende an und schleudert die Körper auf einem horizontalen Kreis herum. Dann läßt man die Schnur plötzlich los. Welche Bewegung führen die beiden Körper danach aus?

47. Bild 19.32a zeigt einen hantelförmigen Körper in der Lage der Zeichnung 19.18b. Er ist auf einem Stab drehbar gelagert, so daß er um eine feste vertikale Achse rotiert, wie die Zeitaufnahme 19.32b zeigt. Mit einer Schnur kann der Körper während des Rotierens von der Lagerung abgehoben werden (Bild 19.32c). Bild 19.32d zeigt eine Zeitaufnahme der Bewegung, die der Körper nach dem Abheben vom Stab ausführt, wenn er nur noch von der Schnur getragen wird. Wie läßt sich die Änderung der Bewegung des Körpers nach der Abtrennung von der Drehachse erklären?

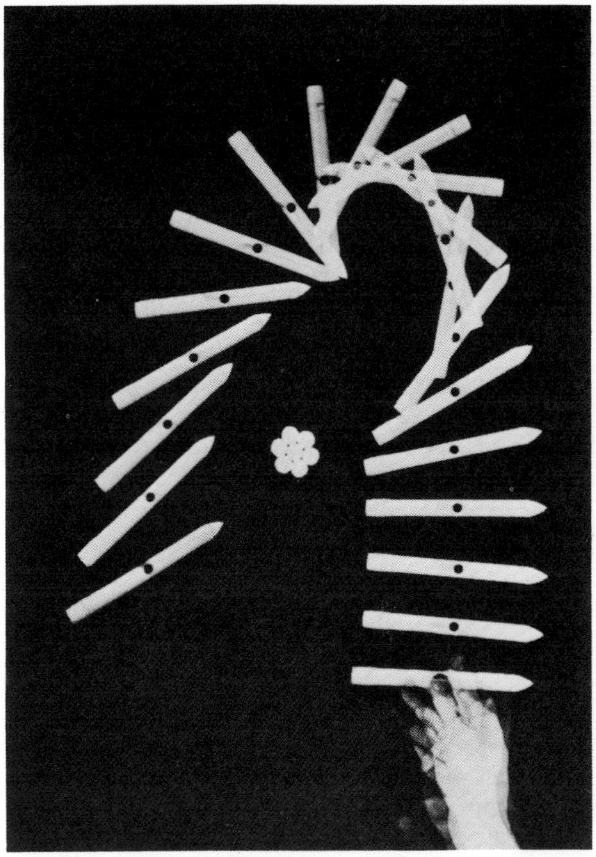

Bild 19.31. Zur Aufgabe 44

48. a) Zwei Körper A und B wirken mit gleichen und entgegengerichteten Kräften (in Richtung der Verbindungslinie) aufeinander. Man zeige, daß das gesamte Drehmoment, das sie in Bezug auf einen beliebigen Raumpunkt aufeinander ausüben, gleich Null ist. Was sagt diese Tatsache über die Summe ihrer Drehimpulse aus?
   b) Könnte man den gleichen Schluß ziehen, wenn die Kräfte auch gleichgroß und entgegengerichtet wären, aber nicht in Richtung der Verbindung zwischen den Körpern wirkten? Ist es wahrscheinlich, daß solche Kräfte, die nur vom gegenseitigen Abstand der Körper abhängen, in der Natur vorkommen? Begründung?

49. Der Körper (Masse m) eines Pendels schwingt auf einer Kreisbahn um das Lot durch den Aufhängepunkt. Allmählich kommt er zur Ruhe und hängt lotrecht unter dem Aufhängepunkt. Was geschieht mit seinem Drehimpuls?

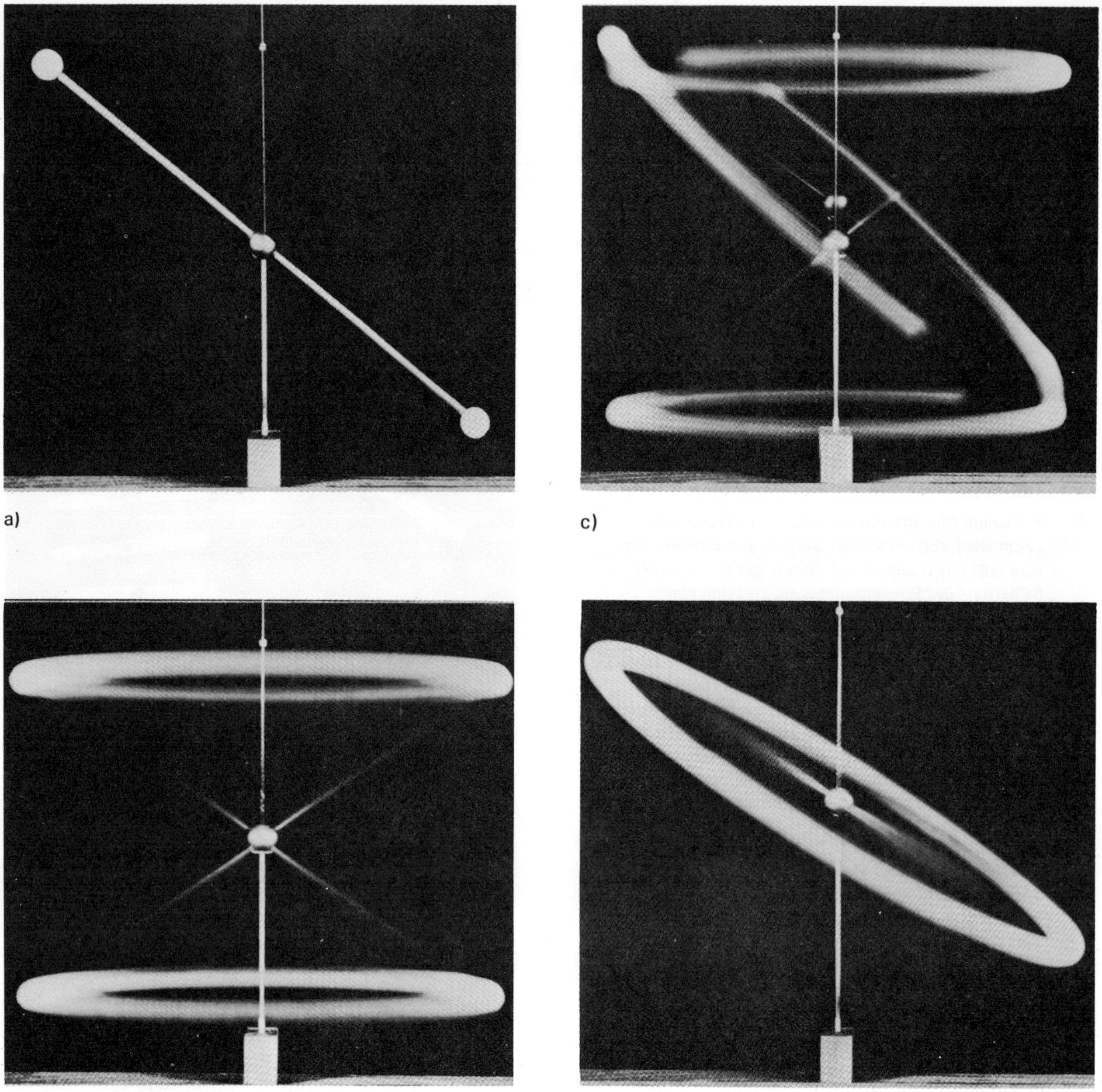

a) c)

b) d)

Bild 19.32. Zur Aufgabe 47

20. Wärme, Molekularbewegung und Energieerhaltung

Ein Buch rutscht über den Tisch, wird langsamer und kommt schließlich zur Ruhe. Energie scheint verschwunden zu sein, aber das Buch und der Tisch sind dabei etwas erwärmt worden. Wir pumpen einen Fahrradreifen auf. An der Pumpe wird eine beachtliche Arbeit verrichtet, ohne daß sie in einer der bisher untersuchten Formen der mechanischen Energie in Erscheinung tritt. Aber die Luft im Reifen, der Reifen selbst und besonders die Pumpe werden dabei erwärmt. Wir zerkleinern etwas Eis in einem Beutel, indem wir mehrfach mit dem Hammer daraufschlagen. Wieder wird Arbeit verrichtet, man erhält aber keine Temperaturerhöhung. Es zeigt sich jedoch, daß etwas Eis durch das Schlagen geschmolzen ist. Man könnte eine lange Liste ähnlicher Fälle aufzählen, in denen die an einem System verrichtete Arbeit nicht mit den Änderungen der mechanischen Energie des Systems im Gleichgewicht zu stehen scheint. Die mechanische Energie scheint zu verschwinden. Doch gilt für alle solchen Fälle: Wenn wir genau genug beobachten und sorgfältig genug messen, dann stellen wir fest, daß sich andere Eigenschaften des Systems geändert haben. Wir werden zeigen, daß diese Änderungen auf andere Formen der Energie, als wir sie bisher betrachtet haben, bezogen werden können. Es wird sich zeigen, daß (unter Einschluß dieser zusätzlichen Energieformen) die Vorstellung, daß die Energie erhalten bleibt, beibehalten werden kann. Es soll mit einem einfachen System begonnen werden, einem Gas.

20.1. Druck in Gasen; Boltzmannsche Konstante

Zwei der bemerkenswertesten Eigenschaften eines Gases sind:

1. Man kann ein Gas leichter als Flüssigkeiten oder feste Körper zusammendrücken.
2. Die Temperaturerhöhung eines eingeschlossenen Gases erhöht den Druck, den das Gas auf die Wände des Behälters ausübt.

Diese Eigenschaften können in einer mathematischen Beziehung zusammengefaßt werden, die man experimentell an Gasen herleiten kann, die unter niedrigem Druck stehen und deren Temperatur genügend hoch über dem Kondensationspunkt ist. Für eine beliebige Gasmenge ergibt sich

$$p = \frac{KT}{V}$$

für den Druck. Darin ist T die absolute Temperatur des Gases (Temperatur der Celsiusskala plus 273 °C) und V sein Volumen.

Aus der Gleichung läßt sich erkennen, daß für einen festen Druck und eine feste Temperatur der Wert von K dem Volumen V der Gasmenge proportional ist. Mit anderen Worten: Der Wert von K ist proportional zur Stoffmenge und daher proportional zur Zahl N der Moleküle im Gas. Der Ausdruck läßt sich damit umschreiben zu

$$p = kT\left(\frac{N}{V}\right) \quad \text{mit } K = kN.$$

In dieser Form ist besser erkennbar, daß der Druck proportional zur absoluten Temperatur T und zur Anzahl der Moleküle in der Volumeneinheit ist.

Löst man nach k auf, so erhält man

$$k = \frac{p}{T\frac{N}{V}} \; .$$

Kennt man die Dichte eines Gases und die Masse seiner Moleküle, so läßt sich die Anzahl der Moleküle in einer Volumeneinheit leicht errechnen. (Eine Methode zur Bestimmung der Masse von Molekülen wird in Kapitel 28 beschrieben.) Die Ergebnisse solcher Rechnungen für mehrere Gase bei 0 °C und Normaldruck sind in Tabelle 1 zusammengestellt. Als bemerkenswertes Ergebnis erkennt man, daß die Anzahl der Moleküle pro Volumeneinheit für alle Gase übereinstimmt.

Tabelle 1

Gas	Dichte ρ in $\frac{g}{cm^3}$	Molekülmasse in g	Anzahl der Moleküle in cm^3
Kohlendioxid (CO_2)	$1{,}977 \cdot 10^{-3}$	$73{,}1 \cdot 10^{-24}$	$2{,}68 \cdot 10^{19}$
Chlor (Cl_2)	$3{,}214 \cdot 10^{-3}$	$117 \cdot 10^{-24}$	$2{,}67 \cdot 10^{19}$
Helium (He)	$0{,}1785 \cdot 10^{-3}$	$6{,}65 \cdot 10^{-24}$	$2{,}68 \cdot 10^{19}$
Wasserstoff (H_2)	$0{,}0899 \cdot 10^{-3}$	$3{,}35 \cdot 10^{-24}$	$2{,}68 \cdot 10^{19}$
Stickstoff (N_2)	$1{,}251 \cdot 10^{-3}$	$46{,}6 \cdot 10^{-24}$	$2{,}69 \cdot 10^{19}$
Sauerstoff (O_2)	$1{,}429 \cdot 10^{-3}$	$53{,}2 \cdot 10^{-24}$	$2{,}68 \cdot 10^{19}$

Da die Anzahl der Moleküle pro Volumeneinheit für alle Gase bei gleichem Druck und gleicher Temperatur gleich groß ist, muß k eine universelle Konstante sein, gleich groß für alle Gase. Man nennt sie *Boltzmannsche Konstante.*

Daß gleiche Volumina verschiedener Gase bei gleichem Druck und gleicher Temperatur die gleiche Anzahl von Molekülen enthalten, wurde zuerst 1811 von *Avogadro* als Hypothese geäußert. Er ging von der Beobachtung bei chemischen Reaktionen zwischen Gasen aus. Damals war es noch nicht möglich, die Molekülzahl einer Gasmenge zu bestimmen.

Heute läßt sich der Wert der Boltzmannschen Konstanten aus Meßwerten ermitteln. Aus der Tabelle 1 entnimmt man: Bei Normaldruck und 0 °C (273 K)[1]) sind $2{,}68 \cdot 10^{19}$ Moleküle in einem Kubikzentimeter

[1]) K (Kelvin) ist die Einheit der absoluten Temperatur (-skala). Für den Vergleich mit den Celsius-Temperaturen (Einheit °C) gilt Eispunkt 0 °C = 273 K, Siedepunkt des Wassers 100 °C = 373 K. Die Temperaturskala in Kelvin heißt deshalb absolute Temperatur, weil 0 K = − 273 °C die tiefste Temperatur ist, die existieren kann.

eines beliebigen Gases enthalten oder $2{,}68 \cdot 10^{25}$ in einem Kubikmeter. Daraus ergibt sich

$$k = \frac{p}{T\frac{N}{V}} = \frac{1{,}01 \cdot 10^5 \, \frac{N}{m^2}}{273\,K \cdot 2{,}68 \cdot 10^{19}\, m^{-3}}$$

$$= 1{,}38 \cdot 10^{-23} \, \frac{J}{K}.$$

20.2. Kinetische Theorie der Gase

Nun sollen die Gesetze der Dynamik auf die Bewegung einzelner Moleküle in einem Gas angewendet werden. Wir betrachten ein einzelnes Molekül, das sich geradlinig mit der Geschwindigkeit $\vec{v}$ auf eine Wand zu bewegt. Hat das Molekül die Masse m, so ist seine Bewegungsgröße $m\vec{v}$. Wir nehmen nun an, daß das Molekül von der Wand elastisch zurückprallt. In einem betrachteten Zeitintervall Δt treffen n solche Moleküle auf die Wand und prallen zurück. Die gesamte Änderung der Bewegungsgröße ist $n\,\Delta\,(m\vec{v}) = n\,m\,\Delta\vec{v}$. Bei elastischem Stoßverhalten ergibt sich $\Delta\vec{v} = -\,2\,\vec{v}$ und damit $n\,m\,\Delta\vec{v} = -\,2\,n\,m\vec{v}$. Der gesamte, senkrecht auf die Wand übertragene Impuls ist dann $2\,n\,m\vec{v}$. Ist die Anzahl n der stoßenden Moleküle groß genug, so wirken die Stöße auf die Wand wie eine gleichmäßige Kraft. Das Produkt aus dieser Kraft $\vec{F}$ und dem Zeitintervall Δt ist ein zweiter Ausdruck für den Impuls. Folglich ist

$$\vec{F}\Delta t = 2\,n\,m\vec{v}.$$

Aus dieser Gleichung ergibt sich der Betrag der (mittleren) Kraft als

$$F = \frac{2\,n\,m\,v}{\Delta t} \quad .$$

Dieser Ausdruck für die Kraft eines Molekülstroms auf eine Wand soll zu der Kraft in Beziehung gesetzt werden, die durch das Auftreffen der Gasmoleküle auf ein Flächenelement ausgeübt wird. Dazu muß man die Anzahl der Moleküle in einem kleinen Raumbereich vor der Wand kennen, durch die der betrachtete Effekt hervorgerufen wird (Bild 20.1). Diese Zahl läßt sich angeben, wenn man das Volumen kennt, aus dem die Moleküle stammen.

Alle Moleküle, die im Zeitintervall Δt auf eine Fläche A der Wand treffen, müssen aus einem kleinen Volumen mit der Grundfläche A und der Höhe $v\,\Delta t$ gekommen sein. Ein Molekül, das zu Beginn des Zeitintervalls weiter als $v\,\Delta t$ von der Wand entfernt war, kann diese nicht in der Zeit Δt erreichen. Denn $v\Delta t$ ist der in der Zeit Δt zurückgelegte Weg. Starten die Moleküle weiter entfernt von der Wand, so können sie nicht in der Zeit Δt an dieser ankommen. Alle Moleküle, die in einem kleineren Abstand gestartet sind, müssen auf die Wand treffen, denn sie legen den kürzeren Weg zur Wand in einer Zeit zurück, die kürzer als Δt ist. Daraus läßt sich schließen: Zu Beginn

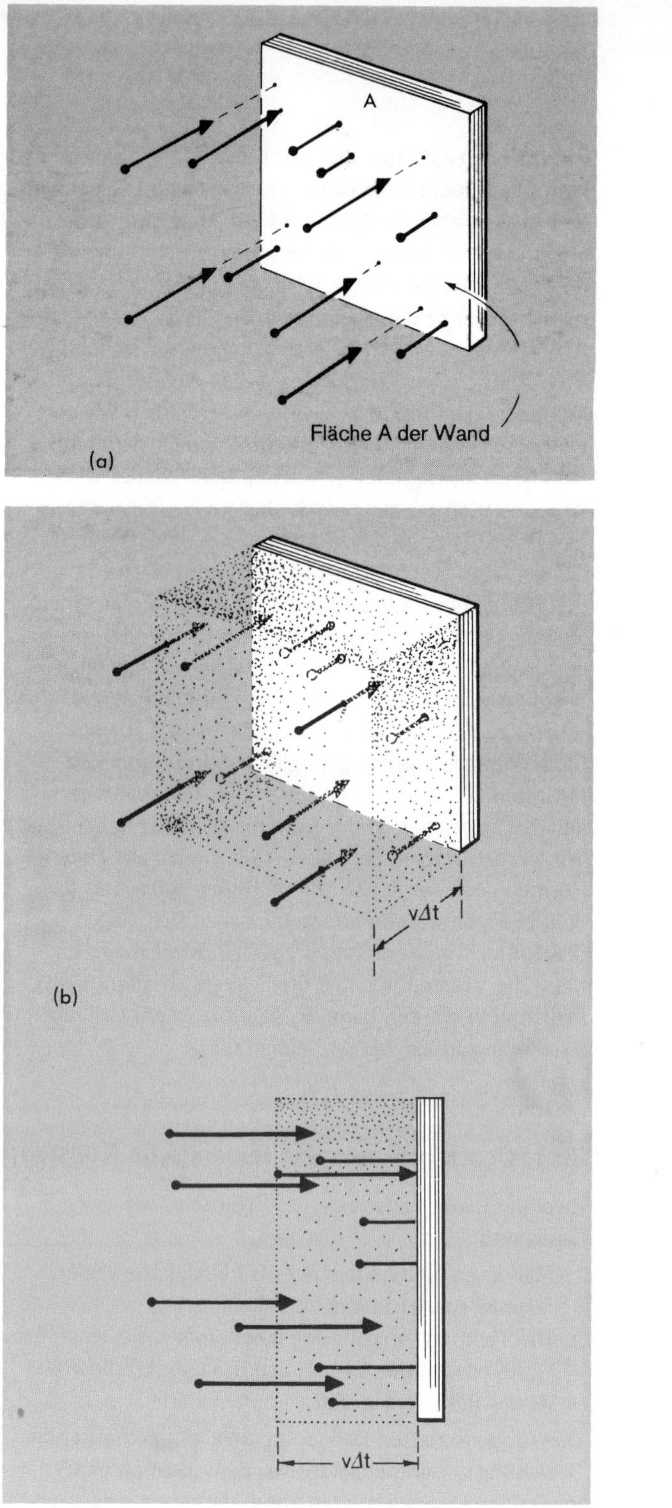

Bild 20.1.

a) Die Moleküle bewegen sich mit der Geschwindigkeit v in Richtung auf die Wand. Aus welchem Raum kommen die Moleküle, die in der Zeit Δt die Fläche A der Wand erreichen?

b) Die Punkte geben die ursprüngliche Lage der Moleküle, die Pfeilspitzen den nach der Zeit Δt erreichten Punkt an (wenn sie nicht vorher die Wand getroffen haben). Alle Moleküle, deren Abstand von der Wand kleiner als $v\Delta t$ war, erreichen in Δt die Wand. Waren sie zu Beginn weiter entfernt, treffen sie nicht auf die Wand. Die Moleküle, die in der Zeit Δt auf die Wand treffen, kommen aus dem Volumen der Grundfläche A und der Höhe $v\Delta t$.

des Zeitintervalls Δt haben die stoßenden Moleküle das Volumen $\Delta V = v\,\Delta t\,A$ eingenommen. Das Verhältnis aus der Anzahl der stoßenden Moleküle und dem Volumen ist daher

$$\frac{\text{Anzahl}}{\text{Volumen}} = \frac{n}{v\,\Delta t\,A}\;.$$

Doch n ist nur die halbe Gesamtzahl der Moleküle in dem Volumen. Denn es bewegen sich im Mittel genau so viel Moleküle von der Wand weg wie auf die Wand zu.

In einem Gas mit einheitlicher Temperatur enthalten gleiche Volumina (die nicht zu klein sein dürfen) die gleiche Anzahl von Molekülen. Für eine Gasmenge, die in einem Gefäß eingeschlossen ist, wird das Verhältnis von Anzahl zu Volumen durch das Verhältnis der Gesamtzahl N der Moleküle zum Volumen V des Gefäßes gegeben: $\frac{N}{V}$. Für die stoßenden Moleküle im Volumen $v\,\Delta t\,A$ vor der Wand gilt daher

$$\frac{n}{v\,\Delta t\,A} = \frac{1}{2}\,\frac{N}{V}$$

und

$$n = \frac{1}{2}\,v\,\Delta t\,A\left(\frac{N}{V}\right).$$

Diese Gleichung gibt den Zusammenhang der Anzahl n der Moleküle, die in der Zeit Δt auf die Fläche A der Wand treffen, mit dem Verhältnis $\frac{N}{V}$ der Moleküle im Gas. Sie liefert die gesuchte Beziehung. Setzt man den Ausdruck für n in den Ausdruck $F = \frac{2nmv}{\Delta t}$ für die Kraft auf die Wandfläche A ein, so erhält man

$$F = \frac{2mv}{\Delta t}\;\frac{v\,\Delta t\,A\,N}{2V} = m\,v^2\,A\,\frac{N}{V}\,.$$

Der Quotient aus der mittleren Kraft F und der Fläche A wird *Druck* genannt und mit p bezeichnet. Im betrachteten, vereinfachten Gasmodell wird der Druck durch

$$p = \frac{F}{A} = m\,v^2\,\frac{N}{V}$$

gegeben[1]).

[1]) Es erscheint verwunderlich, daß die skalare Größe Druck als Quotient der vektoriellen Größe Kraft und der Fläche ausgedrückt wird. Hier haben wir natürlich nur mit den Beträgen zu tun, doch die Gleichung $F = p\,A$ gilt auch als eine Vektorgleichung, wenn man nämlich die Fläche als vektorielle Größe auffaßt. Der Flächenvektor hat als Betrag den Flächeninhalt, seine Richtung steht senkrecht zur Fläche. Dann steht die Kraft $p\,A$ ebenfalls senkrecht zur Fläche, es gilt die Vektorgleichung

$$\vec{F} = p\,\vec{A}.$$

Dieses Ergebnis ist für die Überlegungen besonders vorteilhaft, da die Gleichung den Gasdruck p durch die Anzahl der Moleküle in der Volumeneinheit und durch die kinetische Energie eines Moleküls ausdrückt.

Bei der Herleitung der Gleichung

$$p = m\,v^2\,\frac{N}{V}$$

wurden alle wesentlichen Faktoren eines molekularen Modells für den Gasdruck berücksichtigt. Jedoch sind noch zwei abschließende Verbesserungen am Modell anzubringen. Wir wollen zulassen, daß die Moleküle in alle Richtungen fliegen, statt ihre Bewegungen auf die Richtung senkrecht zur Wand zu beschränken. Wir wollen auch zulassen, daß die Beträge der Geschwindigkeiten unterschiedlich sind, statt alle als gleich schnell zu betrachten.

In einem Gas stoßen die Moleküle aufgrund ihrer zufälligen Wärmebewegung gegen die Wände. Sie treffen dort unter allen Winkeln auf, nicht nur senkrecht. Dadurch ergibt sich eine resultierende Wirkung von $\frac{1}{3}\,m\,v^2$ statt $m\,v^2$. (Das wird im Abschnitt 20.2.1 hergeleitet.) Man könnte es so sagen: Nur ein Drittel der Moleküle bewegt sich senkrecht zur Wand, die anderen beiden Drittel bewegen sich parallel zur Wand (und senkrecht zueinander). Infolgedessen ist der Gasdruck

$$p = \frac{1}{3}\,m\,v^2\,\frac{N}{V}\,.$$

Setzt man für $\frac{1}{2}\,m\,v^2$ die kinetische Energie E_k eines Moleküls ein, so kann man

$$\frac{1}{3}\,m\,v^2 = \frac{2}{3}\left(\frac{1}{2}\,m\,v^2\right) = \frac{2}{3}\,E_k$$

schreiben. Damit erhält man als Ausdruck für den Druck

$$p = \frac{2}{3}\,E_k\,\frac{N}{V}\,.$$

Diese Gleichung sagt aus, daß der Druck eines Gases, das Produkt aus $\frac{2}{3}$ der kinetischen Energie eines Moleküls und der Dichte der Moleküle $\frac{N}{V}$ (Anzahl in der Volumeneinheit) ist. Sie betont die Rolle der molekularen kinetischen Energie für den Druck des Gases.

Schließlich ist noch zu beachten, daß in einem Gas die Geschwindigkeiten der Moleküle nicht gleich groß sind und daß diese in verschiedenen Gasen oder Gasgemischen unterschiedliche Massen haben können. Auch für diesen allgemeineren Fall bleibt die letzte Gleichung anwendbar. Wählt man einen genügend langen Zeitraum für die Mittelwertbildung, dann trägt jedes Molekül im Verhältnis seiner kinetischen Energie zum Druck bei. Dieselbe Gleichung gibt daher den Druck an, wenn wir E_k als mittlere kinetische Energie aller Moleküle auffassen. Multipliziert man den Mittelwert mit der Anzahl der Moleküle, so erhält man das gleiche Ergebnis wie durch Addieren aller einzelnen Anteile.

Es ist wichtig, daran zu erinnern, daß die in die Druckberechnung eingehende kinetische Energie eine mit der Bewegung der Schwerpunkte der Moleküle verbundene kinetische Energie ist. Es handelt sich nicht um solche kinetische Energie, die bei der Bewegung von Teilen (Schwingungen oder Drehungen um den Schwerpunkt) auftritt. Daß es nur auf die kinetische Energie der Schwerpunktsbewegung ankommt, läßt sich daran erkennen, daß der Ausdruck $m v^2$ aus der Bewegungsgröße $m v$ des ganzen Moleküls und der Geschwindigkeit v, mit der sich das Molekül auf die Wand zubewegt, entstanden ist.

Die Geschwindigkeit v der Moleküle in Richtung auf die Wand ist maßgebend dafür, wieviel Moleküle in einer bestimmten Zeit auf die Wand treffen und welchen Impuls jedes dort abgibt. Dabei handelt es sich nur um die Schwerpunktsbewegung; der Gasdruck hängt daher von der mittleren kinetischen Energie dieser Bewegung ab.

20.2.1. Berücksichtigung der Richtungsverteilung in der Molekularbewegung

Im Abschnitt 20.2 wurde gezeigt: Ein Strom von Molekülen trifft senkrecht auf eine Wand und übt dabei einen Druck

$$p = m v^2 \frac{N}{V}$$

aus. Wird die Wand mit Molekülen beschossen, die in allen Richtungen auftreffen, dann ist der Druck

$$p = \frac{1}{3} m v^2 \frac{N}{V}.$$

Man kann den Faktor $\frac{1}{3}$ für den allgemeineren Fall in folgender Weise herleiten: Erstens tragen die Komponenten der molekularen Bewegung, die parallel zur Wand liegen, nicht zu einer Kraft auf die Wand bei. Auf jeder Geraden parallel zur Wand bewegen sich gleichviel Moleküle in der einen und in der entgegengesetzten Richtung. Daher treffen gleiche Anzahlen von Molekülen die Wand mit parallelen Komponenten in der einen und in der entgegengesetzten Richtung. Damit darf man die parallelen Komponenten außer acht lassen. Nun betrachten wir die senkrechten Komponenten. Anstelle der Bewegungsgröße $m v$ muß man nun ihre Komponente $m v_\perp$ senkrecht zur Wand nehmen. An die Stelle von $m v^2$ tritt $m v_\perp^2$. Mit anderen Worten: Das Quadrat der Komponente der

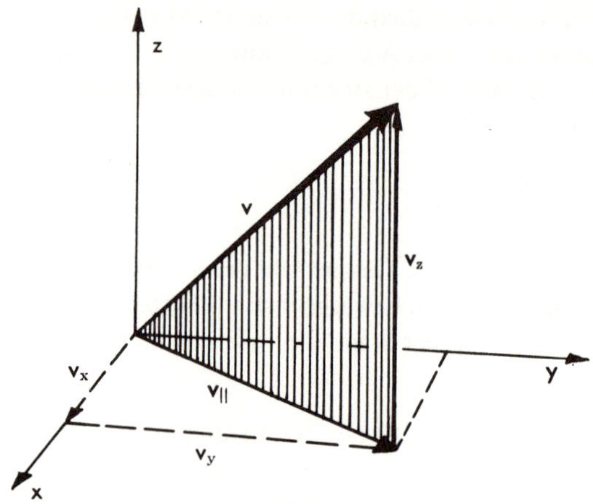

Bild 20.2. Mit dem Satz von Pythagoras ergibt sich im schraffierten rechtwinkligen Dreieck $v^2 = v_\|^2 + v_z^2$. Aus dem rechtwinkligen Dreieck mit den Seiten v_x, v_y und $v_\|$ ergibt sich entsprechend $v_\|^2 = v_x^2 + v_y^2$. Setzt man ein, so erhält man

$$v^2 = v_x^2 + v_y^2 + v_z^2.$$

Geschwindigkeit senkrecht zur Wand tritt an die Stelle des Geschwindigkeitsquadrates.

In einem Gas müssen die Geschwindigkeiten der Moleküle gleich oft in alle Richtungen zeigen. Für eine solche Gleichverteilung gilt es, die Beziehung zwischen dem Mittelwert des Quadrates der Komponente $v_\perp$ zu dem Quadrat der Gesamtgeschwindigkeit v zu finden. Dazu drückt man v^2 durch die Quadrate der drei Komponenten in einem rechtwinkligen Koordinatensystem aus. Dieses legen wir so, daß die z-Achse senkrecht zur Wand liegt. Wie Bild 20.2 zeigt, ergibt sich $v^2 = v_x^2 + v_y^2 + v_z^2$. Wenn die Geschwindigkeiten gleich oft in alle Richtungen zeigen, müssen die mittleren Werte von v_x^2, v_y^2 und v_z^2 übereinstimmen: $\overline{v_x^2} = \overline{v_y^2} = \overline{v_z^2}$. (Der Strich gibt an, daß der Mittelwert der Größe gemeint ist.) Somit ist

$$v^2 = \overline{v_x^2} + \overline{v_y^2} + \overline{v_z^2} = 3\,\overline{v_z^2}.$$

Da v_z die Komponente $v_\perp$ senkrecht zur Wand ist, erhält man

$$v^2 = 3\,\overline{v_\perp^2} \quad \text{und} \quad \overline{v_\perp^2} = \frac{1}{3} v^2.$$

Dieser Faktor $\frac{1}{3}$ zwischen $v_\perp^2$ und v^2 kennzeichnet den Unterschied zwischen dem Druck, der von einem Molekülstrom senkrecht zur Wand, und dem Druck, der durch in alle Richtungen auftreffende Moleküle erzeugt wird. Da sich die Moleküle eines Gases in alle Richtungen gleichmäßig bewegen, ist der Gasdruck

$$p = \frac{1}{3} m v^2 \frac{N}{V}.$$

20.3. Temperatur und Molekülbewegung; innere Energie

Das molekulare Modell sagt, wie im letzten Abschnitt hergeleitet wurde, für den Druck

$$p = \frac{2}{3} E_k \frac{N}{V}$$

voraus. Darin ist $E_k = \frac{1}{2} m v^2$ die mittlere kinetische Energie der Schwerpunktsbewegung eines Moleküls im Gas. Das stimmt genau mit der Beziehung überein, die zu Beginn des Kapitels diskutiert wurde:

$$p = kT \frac{N}{V}.$$

Der gefundene Ausdruck geht aber darüber hinaus, indem er aussagt, daß der Faktor kT gleich $\frac{2}{3}$ der mittleren kinetischen Energie eines Gasmoleküls ist:

$$kT = \frac{2}{3} E_k.$$

Da kT für alle Gase gleicher Temperatur gleich groß ist, muß auch die mittlere kinetische Energie unabhängig von der Molekülmasse übereinstimmen.
Daraus läßt sich eine wichtige Folgerung ziehen: Für

$$E_k = \frac{3}{2} kT$$

erhält man mit dem Wert für k die mittlere kinetische Energie eines Moleküls:

$$E_k = \frac{3}{2} \cdot 1{,}38 \cdot 10^{-23} \frac{J}{K} T$$

$$= 2{,}07 \cdot 10^{-23} \frac{J}{K} T.$$

Bei Zimmertemperatur hat ein Molekül bei seiner Schwerpunktsbewegung beispielsweise etwa $6 \cdot 10^{-21}$ J kinetische Energie.

Die Temperatur T *ist ein Maß für die mittlere kinetische Energie eines Moleküls, für die kinetische Energie seiner Schwerpunktsbewegung.* Damit läßt sich die gesamte kinetische Energie aller Moleküle eines Gases berechnen. Ein Kubikzentimeter eines beliebigen Gases enthält bei 0 °C und Normaldruck $2{,}68 \cdot 10^{19}$ Moleküle, also bei der Temperatur T die kinetische Energie

$$E_k = 2{,}68 \cdot 10^{19} \cdot 2{,}07 \cdot 10^{-23} \frac{J}{K} T = 5{,}54 \cdot 10^{-4} \frac{J}{K} T.$$

In jedem Gas haben die Moleküle diese Energie und vielleicht zusätzlich andere Energieformen.

Einem Gas läßt sich Energie in verschiedener Weise zuführen. Man kann es beispielsweise mit einem Schaumschläger schlagen, oder man kann das Gefäß reiben und die dabei entstehende Wärme ins Innere übergehen lassen. (Es hat dagegen keinen Zweck, eine gasgefüllte Flasche durch den Raum zu werfen. Damit erhält man kinetische Energie des ganzen Körpers. Wir aber wollen Energie in das Innere des Gases einführen, ohne den gesamten Behälter zu bewegen.) Führt man einem einatomigen Gas Energie zu, so scheint sie ganz in Energie der Schwerpunktsbewegung der Moleküle überzugehen. Führt man einem Kubikzentimeter Helium (oder einem anderen einatomigen Gas) bei 0 °C und Normaldruck die Energie $5{,}54 \cdot 10^{-4}$ J zu, so erhöht sich die Temperatur um 1 K. Dieses Ergebnis hängt nicht davon ab, in welcher Weise die Energie übertragen wird. Die zugeführte Energie wird vollständig von der verstärkten Schwerpunktsbewegung der Moleküle aufgenommen.

Die Moleküle der einatomigen Gase (He, Ar, Ne, usw.) sind besonders einfach gebaut. Sie bestehen aus einzelnen Atomen. Komplizierter aufgebaute Moleküle (wie O_2, N_2, CH_4, die aus zwei oder mehr Atomen bestehen) verhalten sich nicht in gleicher Weise. Um ihre Temperatur um 1 K zu erhöhen, sind mehr als $5{,}54 \cdot 10^{-4}$ J je cm^3 erforderlich. Das Erhöhen der Temperatur erfordert mehr Energie, da die Atome eines zusammengesetzten Moleküls Schwingungen ausführen und sich um den Schwerpunkt drehen (Bild 20.3). Führt man einem solchen Gas Energie zu, so tritt sie nur teilweise als Erhöhung der Energie der Schwerpunktsbewegung in Erscheinung. Der Rest vergrößert die Energie der Schwingung und der Drehung. Da die Temperatur nur ein Maß für den Teil der Energie ist, der sich in der Schwerpunktsbewegung niederschlägt, muß dem Gas mehr Energie zugeführt werden, um eine bestimmte Temperaturerhöhung zu bewirken, als bei einatomigen Gasen.

Man nennt die Energie der Schwerpunktsbewegung und die Energie der Drehung und Schwingung der Atome in einem Molekül die *innere Energie* des Gases. In Wirklichkeit ist nicht alle innere Energie notwendigerweise kinetische Energie. Es kann auch gegenseitige potentielle Energie der Atome darin enthalten sein, die sich durch Änderung des Abstandes der Atome im Molekül ergibt.

Wird einem Gas Energie zugeführt, so kann ein Teil davon in innere potentielle Energie (innerhalb des Moleküls) übergehen. Liegen die Moleküle (wie in einem festen oder einem flüssigen Körper) dicht beieinander, so üben sie ständig beachtliche Kräfte aufeinander aus. Dann tritt zusätzlich zu ihrer kinetischer Energie eine mittlere gegenseitige potentielle Energie der Wechselwirkung zwischen den Molekülen auf. Führt man Energie von außen zu, macht sich ein Teil als Änderung der potentiellen Energie der wechselwirkenden Moleküle bemerkbar. Die innere Energie

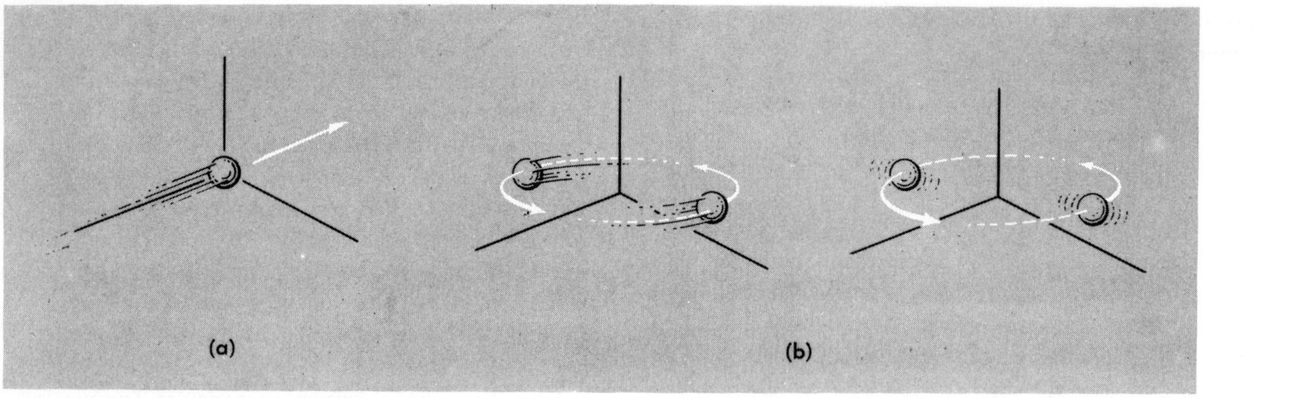

Bild 20.3. a) In einem einatomigen Gas geht die gesamte zugeführte Energie in kinetische Energie der Schwerpunktsbewegung über. Zusammengesetzte Moleküle wie in b) können auch noch rotieren und schwingen. Daher geht ein Teil der zugeführten Energie in Rotations- und Schwingungsenergie über und trägt nicht zur Temperaturerhöhung bei.

enthält dann auch potentielle Energie der molekularen Wechselwirkung.

Die Unterscheidung zwischen der Temperatur und der inneren Energie eines Gases ist damit geklärt. Die Temperatur ist nur ein Maß für die mittlere Energie der Schwerpunktsbewegung, sie gibt die Schwerpunktsenergie eines Moleküls an. Die innere Energie schließt darüber hinaus die Energie aller anderen inneren Bewegungen und sogar die potentielle Energie ein. Diese ändert sich, wenn sich die Moleküle mit ändernder Temperatur weiter voneinander entfernen oder näher beieinander bewegen. Die innere Energie kann daher in zwei Gasmengen durchaus unterschiedlich sein, auch wenn die Temperatur übereinstimmt. Beispielsweise bleibt die Temperatur beim Sieden von Wasser konstant, aber man muß einen großen Betrag an Energie liefern, um die Moleküle voneinander zu trennen. Wenn Wasserdampf kondensiert, lagern sich die Moleküle ohne nennenswerte Änderung ihrer kinetischen Energie aneinander an. Aber ein großer Betrag innerer Energie (auch „latente Wärme" genannt) wird frei und muß abgeführt werden, während der mittlere Abstand der Moleküle und damit die mittlere zwischenmolekulare potentielle Energie abnimmt. Die latente Wärme bedeutet keine Änderung der Energie der Schwerpunktsbewegung der Moleküle, da, wie man sieht, die Temperatur ungeändert bleibt.

20.4. Bewegungsenergie des Gesamtsystems und innere Energie

Treten Körper in einem abgeschlossenen System miteinander in Wechselwirkung, so ändert sich ihre gesamte Bewegungsgröße nicht. Die Bewegungsgröße des Systems bleibt (wie in Kapitel 16 gezeigt wurde) erhalten. Die mechanische Energie der Körper bleibt jedoch nur erhalten, wenn keine dissipativen Kräfte wie die Reibung auftreten. Treten Reibungskräfte auf, die von anderen Größen als vom Abstand der Körper abhängen, dann nimmt die mechanische Energie der Körper ab. Das auf dem Tisch rutschende Buch ist dafür ein Beispiel. Ist das Gesetz von der Erhaltung der Energie im Gegensatz zum Gesetz von der Erhaltung der Bewegungsgröße wirklich nur eingeschränkt gültig? Oder hat die Energie nur ihre Form und ihren Ort geändert, so daß ihr Vorhandensein nicht mehr sichtbar in Erscheinung tritt?

Wir betrachten einmal einen geschlossenen Kasten, in dem sich zwei Kugeln gleicher Masse m immer hin und her bewegen. Wir nehmen an, daß die eine Kugel die Geschwindigkeit $\vec{V}$ besitzt, wenn sich die andere mit $-\vec{V}$ bewegt. Sie begegnen einander im Mittelpunkt des Kastens. Das System hat zu keiner Zeit eine von Null verschiedene Bewegungsgröße. Von außen läßt sich keine Bewegung erkennen. Man kann erst feststellen, daß kinetische Energie vorhanden ist, wenn man den Kasten öffnet. Nun denken wir uns das ganze System aus Kasten und Kugeln bewegt. Die Geschwindigkeit, die mit $\vec{V}$ gleichgerichtet ist, sei $\vec{v}$. Im Kasten bewegen sich die Kugeln mit den Geschwindigkeiten $\vec{V}$ und $-\vec{V}$ relativ zum Kasten hin und her. Die nach außen erkennbare kinetische Energie ist $\frac{1}{2}\,Mv^2$, wobei M die Summe der Massen von Kasten und Kugeln ist: $M = m_K + 2\,m$. $\frac{1}{2}\,Mv^2$ ist aber nur ein Teil der gesamten kinetischen Energie. Diese besteht aus der kinetischen Energie des Kastens, der sich mit der Geschwindigkeit v bewegt, und der kinetischen Energie der beiden Kugeln. Wäre der Kasten durchsichtig, so könnte man eine Kugel sich mit der

Geschwindigkeit v + V und die andere mit v – V bewegen sehen. Die gesamte kinetische Energie ist somit

$$E_{k\,ges} = \frac{1}{2} m_K v^2 + \frac{1}{2} m (v + V)^2 + \frac{1}{2} m (v - V)^2$$
$$= \frac{1}{2} M v^2 + 2 \cdot \frac{1}{2} m V^2.$$

Wie der letzte Ausdruck der rechten Seite zeigt, kann die gesamte Energie zusätzlich zur kinetischen Energie des Gesamtkörpers jeden beliebigen Betrag an Energie der inneren Bewegung enthalten. Diese Energie kann normalerweise nicht von außen erkannt werden.

Andererseits ist die von außen erkennbare Bewegungsgröße auch die gesamte Bewegungsgröße. Durch Addition der einzelnen Bewegungsgrößen ergibt sich die Bewegungsgröße des ganzen Körpers bei seiner sichtbaren Bewegung:

$$m_K \vec{v} + m(\vec{v} + \vec{V}) + m(\vec{v} - \vec{V}) = (m_K + 2\,m)\,\vec{v} = M\vec{v}.$$

Diese Gleichungen ähneln denen, die in den Abschnitten 16.5 und 17.6 bei der Besprechung des Schwerpunktes entwickelt wurden. In der Tat läßt das jetzt behandelte Beispiel erkennen, daß die Geschwindigkeit $\vec{v}$ des Kastens mit der Schwerpunktsgeschwindigkeit des Systems übereinstimmt. Die Geschwindigkeiten $\vec{V}$ und $-\vec{V}$ der Kugeln sind gerade ihre Geschwindigkeiten relativ zum Schwerpunkt.

Dieses einfache Beispiel veranschaulicht eine ganz allgemeine Situation. Energie ist oft in einer Form vorhanden, die nicht wie die kinetische Energie bewegter Körper sichtbar erscheint. Die Bewegungsgröße dagegen tritt meistens offen in Erscheinung. Als ein besonderes Beispiel dafür soll noch einmal der Stoß zwischen einem Golfball (m_1 = 45,7 g) und einer Plastilinkugel (m_2 = 69,7 g) betrachtet werden (Bild 16.14). Wir erkannten, daß bei dem Stoß die Bewegungsgröße der Kugeln erhalten bleibt. Vor dem Stoß hatte der Golfball eine Bewegungsgröße $m_1\vec{v}_1$. Nach dem Stoß besaßen die beiden zusammenhaftenden Körper eine Bewegungsgröße $(m_1 + m_2)\,\vec{v}'$. Es gilt mit $\vec{v}' = \vec{v}_s$

$$m_1 \vec{v}_1 = (m_1 + m_2)\,\vec{v}_s.$$

Der Golfball besaß vor dem Stoß eine kinetische Energie $E_k = \frac{1}{2} m_1 v_1^2$. Nach dem Stoß beträgt die kinetische Energie des Gesamtkörpers nur $E'_k = \frac{1}{2}(m_1 + m_2)\,v_s^2$.

Wie man durch Einsetzen von $v_s = \frac{m_1}{m_1 + m_2} v_1$ (aus der Gleichung der Bewegungsgrößen) erkennt, ist diese kinetische Energie E'_k weit kleiner als die ursprüngliche. Man erhält

$$E'_k = \frac{m_1}{m_1 + m_2} E_k.$$

Mit den gegebenen Massen ergibt sich

$$E'_k = \frac{45{,}7\ \text{g}}{115{,}4\ \text{g}} E_k = 0{,}4\ E_k.$$

Die am Schluß vorhandene kinetische Energie beträgt nur 40 % der ursprünglich vorhandenen. 60 % der Anfangsenergie treten nicht mehr in Erscheinung.

Was geschah mit dieser Energie? Man kann sich vorstellen, daß der Golfball beim Stoß auf die Plastilinkugel die Moleküle (beider Körper) in schnellere Bewegung versetzt. Auch wird die Form der Plastilinkugel dauernd geändert, wobei sich die potentielle Energie der Moleküle ändert. Ein großer Teil der kinetischen Energie des Golfballes ist in die Energie der regellosen Bewegung der Atome und Moleküle und in Änderungen der potentiellen Energie zwischen ihnen übergegangen. Dabei handelt es sich um innere Energie, die für uns nicht sichtbar ist. Wir können diesen Teil der Energie nicht verfolgen und sehen nur den Bruchteil, der noch in der Schwerpunktsbewegung des Systems vorliegt.

Man würde gern glauben, daß in Wirklichkeit keine Energie verloren ging. Doch wenn nur ein sehr kleiner Teil der gesamten Energie erkennbar ist, wie läßt sich dann erfahren, ob die gesamte Energie noch vorhanden ist? Wir müssen ein Verfahren finden, wie wir die Energie messen können, die in innere Bewegungen oder in Änderungen der Atomabstände übergegangen ist. Grundsätzlich könnte man vielleicht die Lage und die Bewegung jedes mikroskopischen und submikroskopischen Materieteilchens betrachten. Für die Praxis braucht man aber einen Weg, die in Körpern aufgespeicherte Energie zu berechnen, ohne sich auf mikroskopische Untersuchungen einzulassen.

Deshalb soll jetzt die bisherige Vorstellung von der Erhaltung der Energie wesentlich erweitert werden. Man benötigt ein Meßverfahren für Änderungen der inneren Energie, das auf üblichen Messungen wie der Temperatur oder des Volumens beruht. Dieses wird ermöglichen, den Satz von der Erhaltung der Energie auf ganz neue Bereiche auszudehnen. Mit einem solchen Meßverfahren lassen sich Energieänderungen ermitteln, ohne die wirkliche Lage und Bewegung aller Teilchen des betrachteten Körpers zu kennen.

Wir besitzen bereits einen Zugang zur Berechnung der Energie, die in innerer Bewegung und gegenseitiger Lage gespeichert ist. Stößt der Golfball mit der Plastilinkugel zusammen und bleibt daran haften, dann nimmt die Temperatur beider Körper zu. Wenn ein Wagen plötzlich gebremst wird, dann nimmt man eine Abnahme der kinetischen Energie wahr, aber die Bremsen erwärmen sich dabei. Verlangsamt sich die Bewegung eines Meteors in der Erdatmosphäre, dann wird er so heiß, daß er gewöhnlich vollständig verdampft. Wo Energie der Bewegung sichtbarer Körper oder potentielle Energie eines Systems sichtbarer Körper verschwindet, ist häufig ein Anstieg der Temperatur festzustellen.

Die Temperatur eines Gases ist ein Maß für die mittlere kinetische Energie $\frac{1}{2}$ m v^2 seiner Moleküle. Mindestens im Fall einatomiger Gase mißt das Produkt aus der Anzahl der beteiligten Moleküle und der Temperatur die Energie, die in die regellose innere Bewegung eingeführt oder daraus entnommen wurde. Bei anderen Stoffen (für deren Moleküle kein so einfaches Modell besteht) kann die zugeführte Energie ebenfalls in Änderungen der inneren potentiellen Energie (wenn die Abstände der Atome vergrößert werden) oder in die regellose Bewegung übergehen. Auf jeden Fall darf man erwarten, wenn das Volumen des Körpers gleich groß bleibt, daß eine Zunahme der inneren Energie als Temperaturerhöhung sichtbar wird. Ein heißerer Körper enthält mehr innere Bewegung als ein kälterer.

Nun ist ein kurzer Rückblick auf die geschichtliche Entwicklung des Gedankens der inneren Energie angebracht. *Bacon, Galilei, Boyle, Hooke, Newton* und andere stellten sich vor, daß die Temperatur eines Körpers in Beziehung zu dem „Grad der Bewegung" seiner Teilchen steht. *Boyle* veranschaulichte dies mit der Bewegung eines Nagels, der in ein Brett getrieben wird. Wenn der Kopf ein weiteres Eindringen und damit eine weitere Bewegung des Nagels verhindert, dann dienen wiederholte Schläge des Hammers zur Erwärmung des Nagels. Die Bewegung des Hammers kann nicht mehr auf den Nagel als Ganzes übertragen werden, sagte *Boyle.* Daher wird sie auf die „Korpuskeln" im Nagel übertragen. Diese bewegen sich schneller, und so wird der Nagel erwärmt.

Viele Forscher haben zum vollständigen experimentellen Nachweis beigetragen, daß die innere Energie in die gesamte Energiebilanz einbezogen werden muß. Graf *Rumford* beobachtete, daß sich die Temperatur des Kupfers erhöhte, als er den Lauf von Kanonen bohrte. Die von Pferden gelieferte mechanische Energie verursachte unmittelbar den Temperaturanstieg. Bald darauf zeigte die Verwendung von Dampfmaschinen sehr deutlich, daß man zumindestend einen Teil der in Brennstoffen gespeicherten inneren Energie in mechanische Energie umwandeln kann. Quantitative Untersuchungen der Äquivalenz zwischen verschiedenen Energieformen wurden von *Julius Robert Mayer* (1814 bis 1878) und *James Prescott Joule* (1818 bis 1889) ausgeführt[1]).

[1]) *Mayer* war ein Arzt, dessen Interesse an der Ursache tierischer Energie ihn zu einer Untersuchung der Energie im allgemeinen führte. *Joule*, Eigentümer einer gutgehenden Brauerei, war Schüler von *Dalton.* Er trug in hervorragender Weise zur naturwissenschaftlichen Entwicklung bei, besonders durch seine Untersuchungen zur Elektrizität und zur Energieerhaltung.

Zur Zeit von *Mayer* und *Joule* gab es schon eine Reihe von Vorgängen der Energieumwandlung: mechanische in innere Energie, mechanische in elektrische Energie, innere in mechanische Energie, elektrische in innere Energie u.a. *Joule* stellte Messungen zu vielen solcher Umwandlungen an. In jedem Versuch drückte er seine Ergebnisse durch mechanische Energie (gemessen durch das Heben einer Last gegen die Gravitationskraft) und durch innere Energie, damals „Wärme" genannt, (gemessen durch die Temperaturerhöhung einer bestimmten Wassermenge) aus. Die Konstanz des Umrechnungsfaktors zwischen diesen beiden Meßwerten über den ganzen Bereich seiner Versuche begründete die „innere Energie" fest als eine wirkliche Energieform. Wir werden eines dieser Experimente im einzelnen beschreiben, um die *Äquivalenz zwischen mechanischer Energie und innerer Energie* zu zeigen.

20.5. Umwandlung mechanischer Energie in innere Energie

James Prescott Joule zeigte: In einer bestimmten Menge Wasser ändert sich die Temperatur immer um den gleichen Betrag (das entspricht einer gleichen Änderung der inneren Energie), wenn gleich große Beträge mechanische Energie darin verloren gehen. Wir nehmen an, daß sich das Wasser in einem isolierten Gefäß, beispielsweise in einem großen Thermosgefäß, befindet. In das Wasser setzt man ein Schaufelrad, das durch herabsinkende Körper (Masse m) angetrieben werden kann (Bild 20.4). Wenn die Lager des Schaufelrades gut geschmiert sind, dann ist die von der Gravitationskraft am Körper verrichtete Arbeit ein Maß für die übertragene Energie. Die potentielle Energie des Körpers im Gravitationsfeld nimmt ab und wird verwendet, das Wasser durchzuwirbeln. Wird der Körper gestoppt, so hört auch die Bewegung des Schaufelrades auf, und das Wasser beruhigt sich. Schließlich befindet es sich wieder in Ruhe, aber man stellt fest, daß seine Temperatur zugenommen hat. Betrachtet man Beginn und Schluß des Versuchs, so haben sich nur zwei Dinge geändert. Der Körper ist langsam um die Höhe h gesunken, so daß die Gravitationsenergie mgh verschwunden ist, und das Wasser hat sich erwärmt.

Wenn mechanische Energie und innere Energie äquivalente Energieformen sind, wird sich stets der gleiche Temperaturanstieg ergeben, wenn ein gegebener Arbeitsbetrag zum Erwärmen einer bestimmten Wassermenge verrichtet wird. Tatsächlich hat man eine Reihe verschiedener Versuche ausgeführt, die alle zeigen: Der Temperaturanstieg hängt nur von der übertragenen

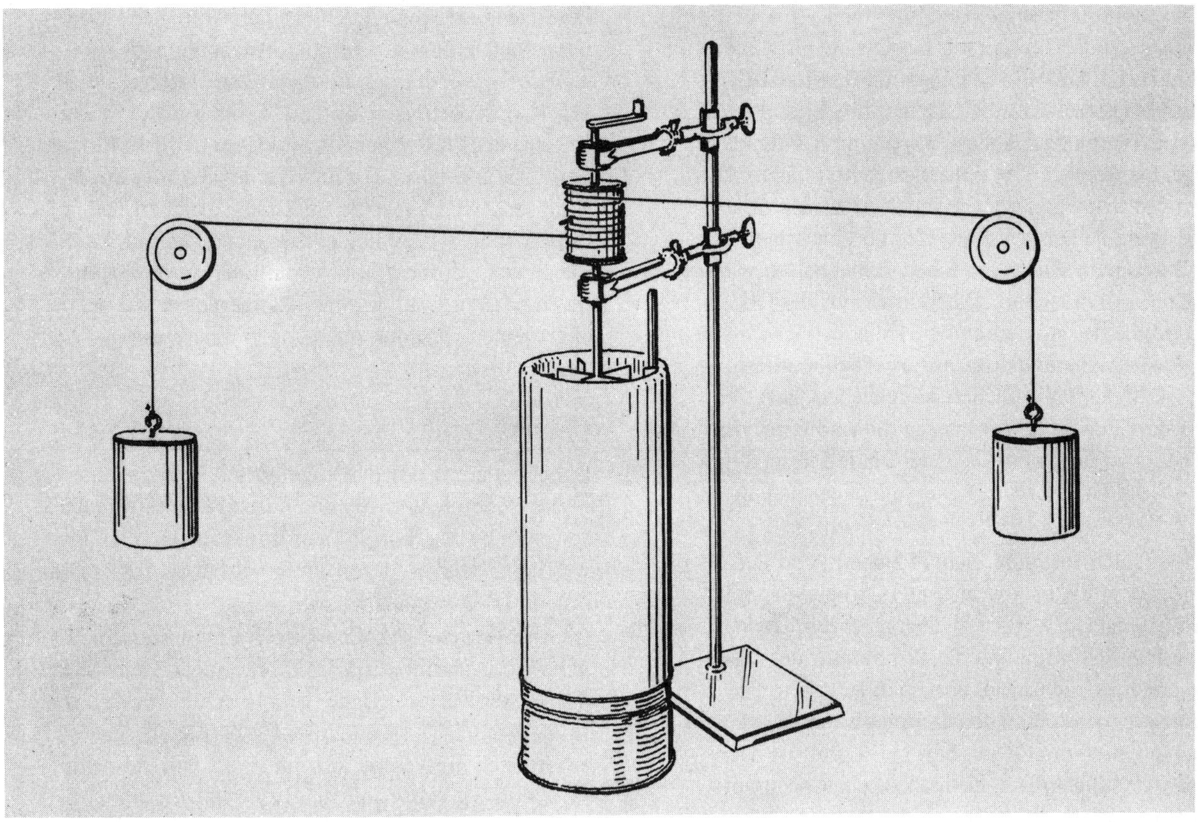

Bild 20.4. Versuchsanordnung nach *Joule* zur Umwandlung von mechanischer Energie in innere Energie. Wenn die beiden Körper heruntersinken, dreht sich das Schaufelrad und wirbelt das Wasser auf. Sind die Körper um die Höhe h gesunken, so ist die potentielle Energie mgh verschwunden, und das Wasser ist wärmer geworden (m ist die Masse beider Körper). Es ist zu beachten, daß die Sinkgeschwindigkeit der Körper so klein bleibt, daß ihre kinetische Energie vernachlässigt werden kann.

Energie ab und nicht von der Kraft, dem zurückgelegten Weg oder der Gestalt des Schaufelrades. Verdoppelt man beispielsweise die Masse des herabsinkenden Körpers und läßt ihn nur die halbe Höhe sinken, dann ist die von der Gravitationskraft verrichtete Arbeit ebenso groß wie vorher. Dabei ergibt sich auch die gleiche Temperaturerhöhung des Wassers, obwohl der Vorgang beträchtlich schneller verlaufen ist.

20.6. Wärmestrom

Sind Reibungskräfte vorhanden, dann erhöht sich unter Verlust mechanischer Energie die Temperatur eines Körpers. Doch gibt es noch andere Verfahren, einen Körper zu erwärmen. Man kann die Hände erwärmen, indem man sie aneinander reibt oder indem man sie in heißes Wasser taucht. Wenn sie sich im heißen Wasser befinden, wird die Energie von der lebhaften Molekülbewegung des Wassers auf die langsamere Molekülbewegung der kalten Haut übertragen. Solch eine Energieübertragung von einem wärmeren auf einen kälteren Körper bezeichnet man auch als *Wärmestrom* (oder *Wärmefluß*) vom ersten zum zweiten Körper.

Ein bestimmter Energiebetrag kann auf zwei Wegen aus mechanischer Energie in innere Energie eines Körpers umgewandelt werden: Die Energie kann aus mechanischer Energie gleich in innere Energie des Körpers übergehen. Sie kann aber auch zunächst irgendwo anders in innere Energie umgewandelt werden und dann durch Wärmestrom auf den Körper übergehen. Durch Versuche läßt sich zeigen, daß es nicht auf den Weg ankommt. In beiden Fällen entwickelt sich der gleiche Betrag innerer Energie im betrachteten Körper.

Wir nehmen zwei Gefäße. In dem einen befindet sich wie im Jouleschen Experiment eine bestimmte Wassermenge. Das andere enthält eine andere Menge einer anderen Flüssigkeit, beispielsweise Öl. Wir führen den im letzten Abschnitt beschriebenen Jouleschen Versuch getrennt für jede Flüssigkeit durch. Dabei ergibt sich: Man braucht x J Arbeit, um das Wasser um ein

Grad Celsius zu erwärmen. Und man muß y J Arbeit verrichten, um die Temperatur des Öls um ein Grad Celsius zu erhöhen. Nun beginnen wir den Versuch erneut, wobei Wasser und Öl die ursprüngliche gemeinsame Temperatur haben. Wir rühren das Wasser so lange, bis wir (x + y) J Arbeit verrichtet haben. Die Temperatur des Wassers steigt um mehr als ein Grad Celsius. Dann stellen wir einen Kontakt zwischen dem Ölgefäß und dem Wassergefäß her. Dabei halten wir das ganze System isoliert. Die Temperatur des Öls steigt und die des Wassers sinkt. Schließlich ist ein Gleichgewichtszustand erreicht. Die Temperaturen beider Flüssigkeiten erreichen den gleichen Wert und bleiben dort konstant. Wir messen die Endtemperatur des Wassers und des Öls. Sie ist für beide Flüssigkeiten genau um ein Grad Celsius höher, als sie zu Beginn war.

Daraus läßt sich folgender Schluß ziehen: Von den (x + y) J der am Wasser verrichteten Arbeit sind y J durch Wärmestrom auf das Öl übergegangen. Denn es sind genau y J nötig, um die Temperatur der Ölmenge um ein Grad Celsius ansteigen zu lassen. Die verbleibenden x J haben den Temperaturanstieg des Wassers um ein Grad Celsius bewirkt. Damit ist nachgewiesen, daß die Arbeit, die man zu einer bestimmten Temperaturerhöhung in einer bestimmten Flüssigkeitsmenge verrichten muß, unabhängig davon ist, ob die Energie durch Wärmestrom auf die Flüssigkeit übertragen wird oder ob die mechanische Energie direkt der Flüssigkeit zugeführt wird.

20.7. Energiezufuhr und Temperaturerhöhung

Nun soll der Energiebetrag, der dem Wasser zugeführt werden muß, damit die Temperatur von 1 g Wasser um 1 °C steigt, genau bestimmt werden. Bei der Umwandlung von mechanischer Energie ergab sich eine Energie von 4,2 J. In einem zweiten Verfahren kann man die Energie durch Wärmestrom von heißem Öl auf das Wasser übergehen lassen. Durch einen Jouleschen Versuch läßt sich das heiße Öl „eichen", das heißt, es läßt sich der Zusammenhang zwischen der verrichteten Arbeit und der Temperaturdifferenz des Öls feststellen. Dabei ergibt sich: Das Öl muß 4,2 J durch Wärmestrom abgeben, um das Wasser zu erwärmen. Es kommt nicht auf den Weg der Umwandlung an. Stets erhöht eine Energie von 4,2 J die Temperatur von 1 g Wasser um 1 °C.

Die beiden Wege der Erwärmung lassen sich auch kombinieren. Man nimmt 1 g Wasser und umgibt es mit einem Ölbad (alles gut isoliert von der Umgebung). Eine kleine isolierte Welle führt zu einem Schaufelrad im Wasser. Nun wird 1 J mechanischer Energie dem Wasser zugeführt, indem man die Schaufeln wirbeln läßt. Dann läßt man 3,2 J aus dem Öl in das Wasser übergehen, wobei die Temperaturabnahme des umgebenden Ölbades den Energiebetrag anzeigt. Die insgesamt übertragene und zur Erhöhung der inneren Energie der Wassermenge von 1 g verwendete Energie beträgt 4,2 J. Dies wird durch einen Temperaturanstieg von 1 °C angezeigt, durch den gleichen Temperaturanstieg wie bei beiden Versuchen vorher, bei denen 4,2 J durch Wärmestrom oder durch Zufuhr mechanischer Energie allein übergegangen waren. Im allgemeinen wird der Übergang in innere Energie gegeben durch

$$\Delta W + \Delta Q.$$

Dabei bedeutet ΔW den zugeführten Betrag an mechanischer Energie und ΔQ den durch Wärmestrom übertragenen Betrag. Für die Wirkung spielt es keine Rolle, welchen Anteil an der gesamten übertragenen Energie ΔW und ΔQ ausmachen.

Dem Wasser läßt sich Energie auf ganz unterschiedliche Weise zuführen. (Man könnte sogar Steine in das Wasser werfen.) Das Ergebnis ist stets das gleiche. Immer wenn 4,2 J Energie in 1 g Wasser übergehen, erhöht sich die Temperatur um 1 °C. Um die Temperatur von 2 g Wasser um 1 °C zu erhöhen, braucht man gerade die doppelte Energie. Entsprechend: Immer wenn 12,4 J Energie in 4 g Helium übergehen, steigt die Temperatur um 1 °C. Wie die Beispiele zeigen, ist die Temperaturerhöhung für verschiedene Stoffe unterschiedlich groß. Aber für jede einzelne Substanz erhält man immer die gleichen Ergebnisse (im gleichen Temperaturbereich).

Genaue Messungen ergeben, daß 4,185 J erforderlich sind, um die Temperatur von 1 g Wasser um 1 °C (von 14,5 °C auf 15,5 °C) zu erhöhen. Dieser Betrag der Energie wurde bisher als eine *Kalorie* (cal) bezeichnet[1]). Die Kalorie ist einfach eine andere Einheit der Energie. Man könnte die kinetische Energie eines Körpers genau so gut in Kalorien angeben wie in Joule. Beispielsweise hat ein Körper der Masse $m = 3$ kg, der sich mit der Geschwindigkeit $v = 2\,\frac{m}{s}$ bewegt, die kinetische Energie $E_k = \frac{1}{2}\,m\,v^2 = 6$ J. Mit $1\ J = \frac{1}{4{,}185}$ cal ergibt sich $E_k = \frac{6}{4{,}185}$ cal = 1,43 cal als kinetische Energie. Die Einheit J hängt aber unmittelbar mit den Einheiten für die Kraft und den Weg zusammen, daher ist sie zweckmäßiger. Wir werden nur die Einheit Joule verwenden.

1) Einheiten wie die Kalorie kamen sehr früh in der Entwicklung der Wärmelehre in Gebrauch. Man kann den durch Wärmestrom übertragenen Energiebetrag leicht angeben, wenn man bei einer bestimmten Wassermenge die Temperaturerhöhung mißt. Aufgrund des neuen Einheitengesetzes darf diese Einheit jedoch ab 1.1.1978 nicht mehr verwendet werden.

20.8. Erhaltung der Energie

Bei der Umwandlung mechanischer Energie in Wärme ergibt der gleiche Energiebetrag immer die gleiche Erwärmung. Leiten wir die Wärme beispielsweise in eine Standard-Wassermenge, dann erhalten wir stets den gleichen Temperaturanstieg. Aber der Joulesche Versuch und Versuche zum Wärmestrom können noch nicht alle Fragen beantworten, die sich zum Zusammenhang zwischen Wärme und mechanischer Energie stellen. Läßt sich Wärme zu dem gleichen „Wechselkurs" in mechanische Energie umwandeln, zu dem mechanische Energie in Wärme übergeht? Erhält man insbesondere die mechanische Energie 4,2 J, wenn die Temperatur von 1 g Wasser um 1 °C sinkt? Unsere früheren Versuche lassen vermuten, daß wir 4,2 J erhalten, doch wir brauchen den unmittelbaren Nachweis. Viele Dinge (beispielsweise eine Türklinke) wirken auf eine bestimmte Weise, wenn eine bestimmte Richtung gewählt wird, aber ganz anders in der umgekehrten Richtung.

Um die Umwandlung von innerer Energie in mechanische Energie zu prüfen, müßte man einfach folgendermaßen vorgehen: Man läßt einen bekannten Betrag ΔQ an Wärme in eine Wärmekraftmaschine einströmen und mißt die von der Maschine verrichtete Arbeit ΔW. Dabei muß aber sichergestellt sein, daß die Maschine zum Schluß die gleiche Energie wie am Anfang besitzt. Sonst müßte man wissen, wieviel zusätzliche Energie die Maschine zurückbehalten oder wieviel sie aus ihrem ursprünglichen Vorrat abgegeben hat.

Um sicherzustellen, daß die Maschine nichts von ihrer eigenen Energie beisteuert, bringt man sie gewöhnlich am Schluß in genau den gleichen Zustand, den sie zu Beginn hatte. Es stellt sich dann heraus, daß die Maschine nicht einfach Wärme aufnimmt und Arbeit liefert. Sie nimmt die Wärme ΔQ_1 auf, verrichtet Arbeit und gibt wieder Wärme ΔQ_2 ab. Will man untersuchen, ob innere Energie in mechanische Energie verwandelt werden kann, muß man den „Netto"betrag des Wärmestroms (Differenz aus zugeführter und abgegebener Wärme) mit der verrichteten Arbeit vergleichen. Folglich muß man die gesamte zugeführte Wärme und die gesamte abgegebene Wärme ermitteln, etwa durch die Temperaturänderung der Umgebung. Dann läßt sich die Differenz mit der Arbeit vergleichen, die sich als Produkt aus Kraft und Weg bestimmen läßt. Solche Versuche hat man ausgeführt. Der Franzose *Hirn* untersuchte die gesamte Wärme und die gesamte Arbeit der Dampfmaschine einer Textilfabrik (beim Eintritt und beim Ausstoß). Ergebnis: Die Wärme wandelt sich in mechanische Energie zum gleichen „Kurs" um. Führt man 4,2 J Wärme in mechanische Energie über, so erhält man 4,2 J mechanische Energie.

Damit ist das Energieäquivalent zwischen innerer und mechanischer Energie vervollständigt, es ist das gleiche wie in der anderen Richtung des Übergangs. Und doch besteht zwischen den Übergängen in den beiden Richtungen ein wesentlicher Unterschied. Man kann leicht den gesamten Vorrat an mechanischer Energie in Wärme verwandeln. Doch läßt sich nur ein Bruchteil der verfügbaren inneren Energie in mechanische Energie überführen, ohne daß irgendwelche andere Veränderungen des Systems vor sich gehen. Man gibt die Wärme bei einer hohen Temperatur in eine Maschine hinein und erhält normalerweise einen Teil davon bei einer niedrigeren Temperatur zurück. Der Rest verwandelt sich zum vollen Wert in mechanische Energie. Immer wenn Energie umgewandelt wird, so erfolgt die Umwandlung zum vollen Wert. Das ist eine Aussage des *ersten Hauptsatzes der Thermodynamik.* Die Frage, ob eine Umwandlung erfolgen und welcher Bruchteil der Wärme umgewandelt werden kann, wird vom *zweiten Hauptsatz der Thermodynamik* beantwortet. Dieser wird in Kapitel 22 entwickelt.

Man darf nun überzeugt sein, daß innere Energie und mechanische Energie einfach verschiedene Formen von Energie sind. Es geht keine Energie verloren, und es kann keine Energie gewonnen werden, wenn die eine in die andere Form übergeht. Energie bleibt wie die Bewegungsgröße stets erhalten. Um zu erkennen, daß sich der Betrag der Energie nicht ändert, mußte eine Möglichkeit entwickelt werden, den Wärmestrom zu messen. Es mußte der Energiebetrag, der in Form innerer Energie gespeichert ist, wie auch die Energie bewegter oder gehobener Körper messend erfaßt werden. Kein einzelner Versuch kann allein schlüssig beweisen, daß Energie erhalten bleibt. Es ist zunächst eine Hypothese, daß für alle Arten physikalischer und chemischer Vorgänge die Erhaltung der Energie gilt. Unzählige solcher Vorgänge geschehen Tag für Tag: Bei chemischen Reaktionen wird Wärme freigegeben, diese treibt Maschinen an. Jedes Mal stimmt die Energiebilanz. Wenn irgend ein wesentlicher Energiebetrag verloren ginge, hätte man den Verlust schon längst bemerkt. Gäbe es irgendwelche geheimnisvollen Quellen, aus denen Energie hinzukommt, so wäre der Gewinn ebenfalls schon festgestellt worden. Diese immerwährende Überprüfung der Energieerhaltung stützt ebenso wie zahllose gezielte Versuche zu allen Umwandlungsarten die Überzeugung, daß die Energie stets erhalten bleibt.

Indem wir den Wärmestrom zur mechanischen Arbeit hinzunahmen, haben wir die Erhaltung der Energie über einfache mechanische Systeme hinaus ausgedehnt. Diese Erweiterung geschah durch Einschluß neuer Umwandlungsmechanismen. Der Wärmestrom war der erste neue Übertragungsvorgang, der zur Arbeit hinzugenommen werden mußte. Doch sind noch andere Mechanismen einzubeziehen. Beispielsweise erreicht uns die Energie der Sonne weder durch mechanische Arbeitsverrichtung noch durch einen Wärmestrom, wie er zwischen einem heißen und einem kalten Körper bei Berührung geschieht. Die Energie wird durch *Strahlung* übertragen – durch sichtbares und unsichtbares Licht. Will man die Erhaltung der Energie als umfassendes Prinzip auffassen, dann muß die Energie der Strahlung berücksichtigt werden. Ganz entsprechend mußte die Bewegungsgröße der Strahlung einbezogen werden, als es das Verhalten von Körpern bei der Emission oder Absorption von Strahlung zu erklären galt.

Experiment und Theorie sagen übereinstimmend aus, daß die Energie auch bei Einschluß der Strahlung erhalten bleibt. Während jedoch die Übertragung von Energie durch gewöhnlichen Wärmestrom als mikroskopische Version der Energieübertragung durch Arbeit betrachtet werden kann, handelt es sich bei der Übertragung durch Strahlung um einen andersartigen Vorgang. Dieser läßt sich nicht hinreichend verstehen, bevor wir die Strahlung genauer untersucht haben. Daher werden wir hier nicht auf Einzelheiten eingehen. Jedoch läßt sich schon sagen: Um die Strahlung in die Erhaltung der Energie einzubeziehen, sind Versuche erforderlich. Diese müssen denen entsprechen, mit denen wir den Wärmestrom einbezogen haben. Man kann mit einem bekannten Energiebetrag eine Zeitlang eine Lichtquelle betreiben und die emittierte Strahlung von einer schwarzen Fläche absorbieren lassen. Die Fläche erwärmt sich. Dabei kann man die zur Erwärmung verwendete Energie und die in der Lichtquelle zurückbleibende Wärmeenergie messen. Die Summe aus beiden stimmt mit der zugeführten Energie überein. Ein Teil der Energie ist von der Lichtquelle auf den absorbierenden Körper übergegangen, und bei diesem Übergang ging nichts verloren und wurde nichts gewonnen.

Die Strahlung braucht nicht sichtbar zu sein. Beispielsweise können wir einen heißen und einen kalten Körper in einen guten Strahlungsreflektor hineinstellen (Bild 20.5). Das Innere evakuieren wir so gut, daß kein gewöhnlicher Wärmestrom auftreten kann. Trotzdem verliert der heiße Körper Energie, und der kalte nimmt Energie auf. Die Energie geht durch Strahlung von dem einen zum anderen über. Man findet: *Die gesamte Energie bleibt erhalten.*

Wie die Übertragung der Bewegungsgröße erfordert auch die Energieübertragung durch Strahlung Zeit. Das Licht von der Sonne überträgt seine Energie und seine Bewegungsgröße 8,3 min später, nachdem es die

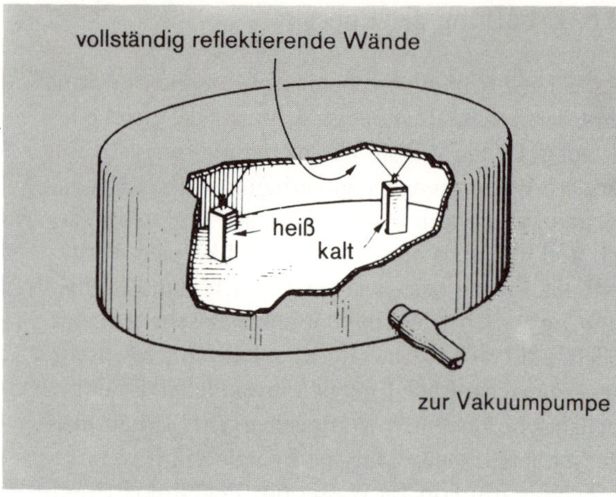

Bild 20.5. Ein heißer und ein kalter Körper werden in einen Behälter mit reflektierenden Wänden gestellt. Der Behälter ist so gut evakuiert, daß keine Energie durch Luftmoleküle übertragen wird. Trotzdem kühlt der heiße Körper ab und wird der kalte wärmer. Es wird Energie durch Strahlung übertragen.

Sonne verlassen hat, auf die Erde. Soweit bekannt ist, bewegt sich nichts auf der Welt schneller als dieser Energietransport durch Licht. Die Energieübertragung durch einen anderen Mechanismus geschieht langsamer. Doch gewöhnlich sind die dabei auftretenden Entfernungen so klein, daß wir den Zeitverzug nicht entdecken.

Für viele mechanische Systeme (beispielsweise für zusammenstoßende Billardkugeln, für die um die Sonne kreisende Erde, oder auch beim Betrieb einer Dampfmaschine) ist die Rolle der Strahlung bei der Energieübertragung sehr gering. Man kann sie gewöhnlich vernachlässigen. Doch muß die Strahlung nicht nur bei der Energieübertragung von Sternen betrachtet werden. Bei der Untersuchung von Atomen, die Licht emittieren oder absorbieren, ist die Strahlung die wesentliche Form der Energieübertragung.

Alle physikalischen Vorgänge (von der Entwicklung eines Sternes bis zum Leben eines Glühwürmchens) sind im wesentlichen Energieumwandlungen von einer Form in eine andere. Sogar in den kosmischen Größenordnungen können wir den Energiefluß verfolgen. Heute kennen die Physiker auch die Kernenergie, aus der die Strahlungsenergie der Sterne gespeist wird. Nach unserem physikalischen Wissen gilt die Erhaltung der Energie universell. Die gesamte Energie eines Bereiches ändert sich nur, wenn ein Austausch zwischen diesem Bereich und der Umgebung geschieht. Demnach läßt sich erwarten, daß im gesamten Universum keine Änderung der Gesamtenergie vorkommt. Denn das Universum hat per Definition keine Umgebung. Diese Annahme, daß die Gesamtenergie des Universums konstant bleibt, liegt den meisten kosmologischen Theorien zugrunde. Doch liegt darin eine gewagte Verallgemeinerung unserer begrenzten Erfahrung. Wir leben in einem kleinen Bereich des Universums. Und wir haben die Gültigkeit unserer physikalischen Gesetze nur über einen sehr begrenzten Zeitraum prüfen können. Man könnte sich vorstellen, daß diese Gesetze (einschließlich des Gesetzes von der Erhaltung der Energie) nicht streng gelten. Von unserer begrenzten Warte aus bleibt die Energie mit großer Genauigkeit erhalten. Aber ein winziger Anteil an vernichteter oder neugeschaffener Energie kann unseren Feststellungen entgangen sein. Wenn sich beispielsweise die Energie des Universums im Laufe mehrerer Milliarden Jahre verdoppelt hätte, würden wir vermutlich diese Änderung nicht bemerken. Tatsächlich nehmen einige kosmologische Theorien eine ständige Erzeugung neuer Energie an.

Damit haben wir eine der brennenden Fragen der heutigen Wissenschaft erreicht. Die Kosmologen bemühen sich intensiv um die Lösung der Frage, ob Energie über das ganze Universum vollständig erhalten bleibt. Und gerade heute zeichnet sich zum ersten Mal eine Möglichkeit ab, durch Versuche zwischen den rivalisierenden Theorien entscheiden zu können.

Aufgaben

1.* Ein Molekül der Masse m und der Geschwindigkeit v trifft senkrecht auf eine Wand und wird mit $-v$ zurückgeworfen. Welcher Impuls wird dabei auf die Wand übertragen?

2. Ein Maschinengewehr feuert eine Salve von 10-g-Geschossen mit 400 Schuß pro Minute ab. Die Geschosse treffen mit einer Geschwindigkeit $v = 300\ \frac{m}{s}$ auf eine feste Steinwand und werden dort abgestoppt.
   a) Wie groß ist die Kraft auf die Wand?
   b) Welche kinetische Energie geben die Geschosse in einer Minute an die Wand ab?
   c) Welche kinetische Energie besitzen die Geschosse in einem 1 m langen Stück des Geschoßstroms, wenn sie sich der Wand nähern? (Vergleiche mit der Antwort zu a).)

3.* Welcher Druck p wirkt auf eine Wand der Fläche A, wenn auf sie die Kraft F ausgeübt wird?

4. Warum ist der Druck eines Gases zur Anzahl der Moleküle (bei festem Volumen) proportional?

5.* Wie hängt die gesamte kinetische Energie der Schwerpunktsbewegung der Moleküle in einer Gasmenge von der Anzahl N der Moleküle, dem Volumen V und dem Druck p des Gases ab?

6. Ein in einem Zylinder eingeschlossenes Gas drückt einen Kolben heraus und vergrößert dabei sein Volumen um ΔV. Das Gas übt einen Druck p auf die Stirnfläche A des Kolbens aus. Die vom Gas ausgeübte Kraft bewegt den Kolben um das Stück Δx, dabei wird die Energie $F\,\Delta x$ auf eine äußere Maschine übertragen. Man zeige: Die Arbeit $F\Delta x$ ist gleich $p\Delta V$. (Hinweis: Dieser Ausdruck läßt sich zweckmäßig für die Arbeit verwenden, wenn wir mit einem Gas oder einer Flüssigkeit zu tun haben, die auf einen Kolben wirken. Die Arbeit ist das Produkt aus dem Druck p und der Volumenänderung ΔV.)

7.* Die Temperatur eines Gases in einem Stahlzylinder erhöht sich von 25 °C auf 100 °C. Um welchen Betrag ändert sich der Druck?

8.* Eine Gasmenge wird von 25 °C auf 100 °C erwärmt. Um wieviel ändert sich die mittlere kinetische Energie der Schwerpunktsbewegung der Moleküle?

9.* 10^{20} Atome Helium von 60 °C werden mit 10^{20} Atomen Argon von 30 °C gemischt. Welche Mischungstemperatur stellt sich ein?

10.* 10^{20} Atome Helium von 100 °C werden mit 10^{20} Molekülen eines anderen Gases X von 20 °C gemischt. Als Mischungstemperatur ergibt sich 50 °C. Kann ein Molekül des Gases X aus nur einem Atom bestehen?

11. In einem bestimmten Gas sind $\frac{2}{5}$ der Energie der Moleküle in der Drehung der Atome umeinander enthalten. Die anderen $\frac{3}{5}$ stecken in der Schwerpunktsbewegung der Moleküle.
   a) Welches ist die mittlere kinetische Energie der Schwerpunktsbewegung eines Moleküls bei einer Temperatur von 300 K?
   b) Welche Energie muß $6{,}02 \cdot 10^{23}$ Molekülen (einem Mol) eines Gases zugeführt werden, damit sich die Temperatur um 1 °C erhöht?

12. $6{,}02 \cdot 10^{23}$ Moleküle eines idealen einatomigen Gases (beispielsweise Helium oder Argon) werden in einem Zylinder bei der Temperatur 273 K eingeschlossen. Das Gas steht unter Atmosphärendruck $p = 1{,}02 \cdot 10^5\ \frac{N}{m^2}$. Bei diesem Druck und dieser Temperatur nimmt das Gas $22{,}4 \cdot 10^{-3}\ m^3$ ein. Ein Kolben wird hineingeschoben und verkleinert das Volumen um $2{,}45 \cdot 10^{-4}\ m^3$.
   a) Welche mechanische Arbeit muß beim Hineinschieben des Kolbens verrichtet werden? (Die Druckänderung ist zu vernachlässigen.)
   b) Welche Temperatur hat das Gas nach der Volumenverkleinerung? (Der Behälter ist vollkommen isoliert. Bei der Rechnung sollte man sich erinnern, daß 12,4 J Energie die Temperatur um ein Grad erhöht.)
   c) Um welchen Bruchteil seines ursprünglichen Wertes ändert sich der Druck?

13. a) 32 g Sauerstoff nehmen bei Zimmertemperatur (20 °C) beim Druck von einer Atmosphäre $p = 1{,}02 \cdot 10^5\ \frac{N}{m^2}$ den Raum $V = 2{,}4 \cdot 10^{-2}\ m^3$ ein. Welche Geschwindigkeit haben die Sauerstoffmoleküle angenähert?
   b) Im gleichen Volumen sind bei gleicher Temperatur und gleichem Druck 2 g Wasserstoff enthalten. Welche mittlere Geschwindigkeit besitzen die Wasserstoffmoleküle bei Zimmertemperatur?
   c) Aus der Antwort zu a) schätze man die mittlere Geschwindigkeit von Stickstoffmolekülen bei Zimmertemperatur auf 10 % genau ab.

d) Welche mittlere Geschwindigkeit (auf 10 % genau) haben Luftmoleküle bei Zimmertemperatur?
e) Welche Geschwindigkeit haben Sauerstoffmoleküle bei Zimmertemperatur unter einem Druck von zwei Atmosphären?

14.* Welche gesamte Bewegungsgröße haben die Moleküle von einem Gramm Heliumgas in einem Gefäß bei der Temperatur von 300 K?

15. An einem Baum hängt an einem langen Seil ein Beutel voll Sand. Ein Junge schießt ein Geschoß hinein, das darin stecken bleibt.
a) Welche Energieumwandlungen finden statt?
b) Ein Geschoß (m = 10 g) trifft mit der Geschwindigkeit $v = 300\,\frac{m}{s}$ auf den Sandsack (m = 1990 g). Man berechne die kinetische Energie, die das Geschoß vor dem Stoß besaß, die Geschoß und Sandsack nach dem Stoß besitzen und die beim Stoß verschwunden ist.
c) Welcher Bruchteil der ursprünglichen kinetischen Energie des Geschosses geht in Wärme über?

16.* Warum müssen die Antriebskörper beim Jouleschen Versuch nach Bild 20.4 langsam heruntersinken?

17. In einem seiner berühmten Versuche wirbelte *Joule* das Wasser durch ein Schaufelrad, das durch zwei Körper (je 14 kg) angetrieben wurde. Die Körper senkten sich um 2 m. Es wurden etwa 7 kg Wasser erwärmt, Nach jedem Rühren zog er die Körper wieder hoch und ließ sie erneut heruntersinken. Welchen Temperaturanstieg wird *Joule* nach 20 dieser Versuchsabläufe erwarten können? (Hinweis: Bei der Berechnung muß man das Ergebnis von *Joules* großem Versuch schon verwenden: 4,2 J erwärmen stets ein Gramm Wasser um 1 °C. *Joule* wollte dies erst ermitteln.)

18.* Ein Stück Blei wird wiederholt mit einem Hammer geschlagen. Nimmt seine innere Energie zu? Fließt Wärme von außen in das Bleistück?

19.* Ein heißer Stein wird in einen Eimer mit kaltem Wasser gelegt. Verrichtet der Stein Arbeit am Wasser?

20.* Der Eimer der vorhergehenden Aufgabe sei vollständig wärmeisoliert. Was geschieht mit der gesamten inneren Energie des Steines und des Wassers, wenn sich der Stein abkühlt und das Wasser erwärmt?

21.* Welche Energie (in J) wird benötigt, um die Temperatur von 50 g Wasser um 5 °C zu erhöhen?

22. 18 g Wasser (ein Mol) werden am Siedepunkt (100 °C) in Dampf verwandelt. Den Dampf fangen wir in einem Zylinder auf, der durch einen leichten reibungslosen Kolben abgeschlossen wird. Während des ganzen Versuchs bleibt das Gas unter Normaldruck (eine Atmosphäre).
a) Welches Volumen wird der Wasserdampf einnehmen, wenn er sich wie ein ideales Gas verhält? (Wasserdampf ist kein ideales Gas. Aber der Fehler aufgrund der vereinfachenden Annahme ist kleiner als 10 %.)
b) Welche Arbeit muß gegen den äußeren Druck verrichtet werden, wenn der Kolben beim Verdampfen nach außen geschoben wird?
c) Man braucht 2,24 k J, um 1 g Wasser bei 100 °C aus dem flüssigen in den gasförmigen Zustand zu überführen. Welche Energie ist erforderlich, das Wasser in Dampf zu verwandeln und den Kolben nach außen zu schieben?
d) Welcher Bruchteil der gesamten erforderlichen Wärmeenergie wird in Arbeit verwandelt, um den Kolben nach außen zu schieben?

23. 4 g (ein Mol) Helium von 24 °C wird (isoliert von der Umwelt) in Berührung mit Wasser von 26 °C gebracht. Die gemeinsame Endtemperatur beträgt 25 °C. Wieviel Wasser war beteiligt?

24. Ein Wettschwimmer braucht 120 000 J Energie bei einem Rennen von einer halben Minute Dauer. Drei Viertel der Energie gibt er durch Wärmestrom ab, der Rest wird durch Hand- und Beinbewegungen als mechanische Arbeit verteilt.
a) In 30 s schwimmt er 50 m. Welche mittlere Kraft wirkt seiner Bewegung entgegen?
b) Wie ändern sich die Energieformen während des Schwimmens?
c) Wo und in welcher Form befindet sich die freigegebene Energie nach Abschluß des Schwimmens?

25. Wir stellen uns zwei große Kästen vernachlässigbar kleiner Masse vor. Kasten A enthält $6 \cdot 10^{23}$ Moleküle Helium von 60 °C. Kasten B enthält $6 \cdot 10^{23}$ Moleküle Argon von 10 °C.
a) Die beiden Kästen werden berührend aneinandergestellt, wobei die Außenflächen gegen die Umwelt isoliert sind. Nach einiger Zeit befinden sich beide Gase auf gleicher Temperatur. Welches ist diese Temperatur?
b) Statt die Kästen aneinanderzustellen, vereinigt man sie in einer Weise, daß ein großer Kasten (ohne Volumenänderung) daraus gemacht wird. Die Gase mischen sich. Welche Mischungstemperatur stellt sich dabei ein?
c) Der zweite Kasten B enthalte $6 \cdot 10^{23}$ Moleküle Stickstoff von 10 °C statt Argon. Das heißt, Helium und der kalte Stickstoff können sich wie unter b) mischen. Wird die Mischungstemperatur die gleiche sein wie dort, höher oder niedriger?
d) Man gebe für die Antwort zu c) eine klare Begründung.

26.* Warum werden die Bremstrommeln heiß, wenn ein Wagen mit konstanter Geschwindigkeit einen langen steilen Weg herunterfährt?

27. Wenn man die Hände kräftig aneinander reibt, erwärmen sie sich. Schließlich erreichen sie eine höchste Temperatur, die auch durch weiteres Reiben nicht mehr erhöht wird. Wie kann man das Erwärmen und das schließliche Aufhören der Temperaturerhöhung erklären?

28. Ein Amateurphotograph hat in seiner Dunkelkammer einen elektrischen Ventilator. Dieser soll ihn kühlen, wenn er dort mit heißem Wasser arbeitet. Er setzt den Ventilator zwei Stunden vor Beginn seiner Arbeit im geschlossenen Raum in Betrieb. War das klug gehandelt?

29. Ein Bergsteiger kann etwa 500 m Höhenunterschied in einer Stunde überwinden.
a) Welche Energie gewinnt der Bergsteiger als potentielle Energie in einer Klettertour von 5 Stunden?
b) Der menschliche Körper ist eine chemisch-mechanische Maschine von kleinem Wirkungsgrad. Die Muskeln liefern höchstens 25 Prozent der hineingesteckten chemischen Energie als verwendbare

mechanische Energie. Die anderen 75 Prozent werden durch Wärmestrom abgegeben. Wieviel chemische Energie braucht der Bergsteiger in 5 h, wenn wir den angegebenen Wirkungsgrad voraussetzen?

c) Wir nehmen an, daß er (neben dem Bergsteigen) in 24 h $9{,}21 \cdot 10^6$ J benötigt. Welche Gesamtenergie sollte er mit seiner Nahrung täglich zu sich nehmen, wenn er diese Klettertour jeden Morgen macht?

d) Der Bergsteiger steigt jeden Nachmittag den Berg wieder herab und verliert dabei die gewonnene potentielle Energie. Warum kann er daraufhin nicht die tägliche Nahrungsmenge wieder verkleinern?

30. Eine Rakete ist mit isolierten Behältern ausgerüstet, die mit sehr heißem Gas statt mit Brennstoffen gefüllt sind. Das aus Düsen ausströmende Gas treibt die Rakete vorwärts.

a) Woher kommt die Bewegungsgröße, die die Rakete erhält?

b) Woher stammt die kinetische Energie der Rakete?

c) Beim Start der Rakete wird das ausgestoßene Gas in einem Behälter auf dem Boden aufgefangen. Wenn die Rakete fortgeflogen ist, wird die Temperatur des aufgefangenen Gases gemessen. Was ist zu erwarten. Ist die Temperatur höher, niedriger oder gleich der Temperatur des in der Rakete gespeicherten Gases?

31. a) Ein Zylinder mit Heliumgas wird durch einen reibungsfrei beweglichen Kolben abgeschlossen. Ein Mann schiebt den Kolben schnell hinein und komprimiert das Helium. Das Helium erwärmt sich dabei. Wie kann man diese Erwärmung aus der Vorstellung des molekularen Verhaltens erklären?

b) Ein Zylinder mit beweglichem Kolben enthält komprimiertes Helium. Der Kolben wird freigegeben, das Helium drückt ihn heraus und kühlt sich dabei ab. Wie kann man diese Abkühlung erklären?

c) Ein großer, gut evakuierter Behälter enthält eine kleine Flasche mit komprimiertem Helium. Mit einem Griff kann man von außen den Verschluß der Heliumflasche entfernen. Wenn das Helium aus der Flasche ausströmt, kann keine Änderung der Temperatur beobachtet werden. Wie läßt sich aus der Molekulartheorie erklären, warum das Helium seine Temperatur nicht ändert, während es den großen evakuierten Raum ausfüllt?

d) Das Helium zeigt am Ende der Ausdehnung in den großen Raum keine Temperaturänderung. Andere Gase zeigen eine beträchtliche Abkühlung, nachdem sie sich von hohem Druck in das Vakuum ausgedehnt haben. Was sagt diese Beobachtung über die anderen Gase aus?

21. Irreversible Prozesse

21.1. Einige Beispiele

In einem Film wird folgender Vorgang gezeigt: Viele einzelne Glasstücke bewegen sich, kommen zusammen und vereinigen sich zu einer heilen Fensterscheibe. Zur gleichen Zeit zieht sich ein Geschoß von der Scheibe zur Mündung eines Gewehres zurück. Solch ein Vorgang war in Wirklichkeit noch nie zu beobachten. Man würde zweifellos schließen, daß ein Film rückwärts gelaufen ist, in dem ein Geschoß eine Fensterscheibe zersplittert hat.

Aus Erfahrung kennt man viele Vorgänge, deren zeitlicher Ablauf nur in einer Richtung erfolgt, nicht aber in der umgekehrten. Man nennt sie gewöhnlich *irreversible Prozesse.* Für solche nicht umkehrbaren Vorgänge sollen einige Beispiele gegeben werden.

Zwei Kugeln gleicher Massen führen einen zentralen Stoß mit einer bestimmten Relativgeschwindigkeit aus. Nach dem Stoß gehen sie mit einer kleineren Relativgeschwindigkeit auseinander. Die verlorene mechanische Energie haben die Kugeln in Form innerer Energie aufgenommen, ihre Temperatur hat sich erhöht. Der umgekehrte Prozeß, bei dem die Temperatur während des Stoßes abnimmt und die Kugeln mit größerer Relativgeschwindigkeit auseinanderlaufen, als sie vor dem Stoß hatten, wurde noch nie beobachtet.

Ein heißer und ein kalter Metallblock werden in Berührung gebracht. Allmählich gleichen sich ihre Temperaturen an. Den umgekehrten Vorgang, daß zwei Metallblöcke mit der gleichen Anfangstemperatur spontan ihre Temperatur ändern, wobei der eine Block kälter und der andere wärmer wird, hat man noch nie beobachtet.

Ein Gefäß ist gasdicht in zwei Abteilungen unterteilt. Eine enthält ein Gas, die andere ist evakuiert. In der Trennwand zwischen den beiden Abteilungen wird eine Öffnung freigegeben. Das Gas dehnt sich frei aus und füllt bald das gesamte Gefäß. Man hat nie beobachtet, daß sich diese Ausbreitung von selbst umkehrte, so daß sich das Gas wieder nur noch in der einen Abteilung des Gefäßes befindet.

Für alle in der Natur vorkommenden Prozesse gilt der Satz von der Erhaltung der Energie. Auch die Umkehrvorgänge der genannten Beispiele könnten ablaufen, ohne daß der Satz von der Erhaltung der Energie verletzt würde. Sie brauchten auch nicht gegen einen anderen der Erhaltungssätze zu verstoßen, etwa gegen den Satz von der Erhaltung der Bewegungsgröße oder gegen den Satz von der Erhaltung des Drehimpulses. Wenn aber diese Umkehrprozesse nicht den Erhaltungssätzen wiedersprechen, warum geschehen sie dann nicht?

Das zuletzt genannte Beispiel, die Expansion eines Gases in einen leeren Raum, ist ein besonders einfaches Beispiel irreversiblen Verhaltens. Es soll als Prototyp aller irreversibler Prozesse herangezogen werden. Wenn man die Begründung der Irreversibilität an diesem Musterbeispiel verstanden hat, dann sind nur geringfügige Erweiterungen erforderlich, um die anderen Beispiele ebenso gut zu verstehen.

Die Tatsache, daß irreversible Prozesse nicht gegen einen der bekannten Erhaltungssätze verstoßen, bedeutet wohl, daß die Umkehrprozesse prinzipiell möglich sind. Aber aus bestimmten Gründen ist die Wahrscheinlichkeit ihres Auftretens so gering, daß sie vollständig vernachlässigt werden kann. Es soll nun die Richtigkeit dieser Vorstellung gezeigt werden. Daß die Wahrscheinlichkeit der Umkehrprozesse so gering ist, soll als Folge der Tatsache gedeutet werden, daß ein makroskopisches System eine riesige Anzahl von Atomen enthält.

21.2. Ein Kugelexperiment

Ein noch einfacheres Beispiel soll in die Grundgedanken einführen, die zum Verständnis von irreversiblen Erscheinungen notwendig sind. Das in Bild 21.1 dargestellte Gerät hat zwei Kammern und zwei Rinnen, die genau symmetrisch gebaut sind. Man kann es über die in der Mitte befindliche Achse so kippen, daß die Kugeln sich entweder in den Kammern oder in den Rinnen befinden. Durch ein „Fenster" mit verstellbarer Öffnungsweite können die Kugeln von der einen in die andere Kammer übergehen. So kann man die Kugeln in den beiden Rinnen vermischen, indem man das Gerät einmal hin und her kippt. Ändert man die Öffnungsweite des Fensters, so ergibt sich dadurch eine unterschiedliche Beeinflussung der ursprünglichen Verteilung der Kugeln auf die beiden Rinnen. Anders gesagt: Man kann das „Gedächtnis" des Gerätes verändern. Die Rinnen sind gerade so weit, daß eine Kugel darin rollen kann. Die Kugeln reihen sich auf und können leicht gezählt werden. Die Verteilung der Kugeln wird angegeben durch die Zahl N_1 der Kugeln in der ersten Rinne und die Zahl N_2 in der zweiten. Die Gesamtzahl der Kugeln beträgt $N_1 + N_2 = N$. Da diese Gesamtzahl konstant bleibt, braucht man nur die Zahl N_1 anzugeben, um die Verteilung zu kennzeichnen.

Wir unternehmen nun einen Versuch mit 100 Kugeln. Anfangs befinden sich alle Kugeln in der ersten Rinne, das heißt $N_1 = N = 100$. Dann werden die Kugeln vermischt, indem das Gerät einmal hin und zurück gekippt wird. Am Ende der ersten Mischung ist die Verteilung durch einen neuen Wert von N_1 gekennzeichnet, den wir in einer Tabelle festhalten. Wird dieses Verfahren wiederholt ausgeführt, so erhält man eine Folge von *Verteilungen.* Diese kann man anschaulich

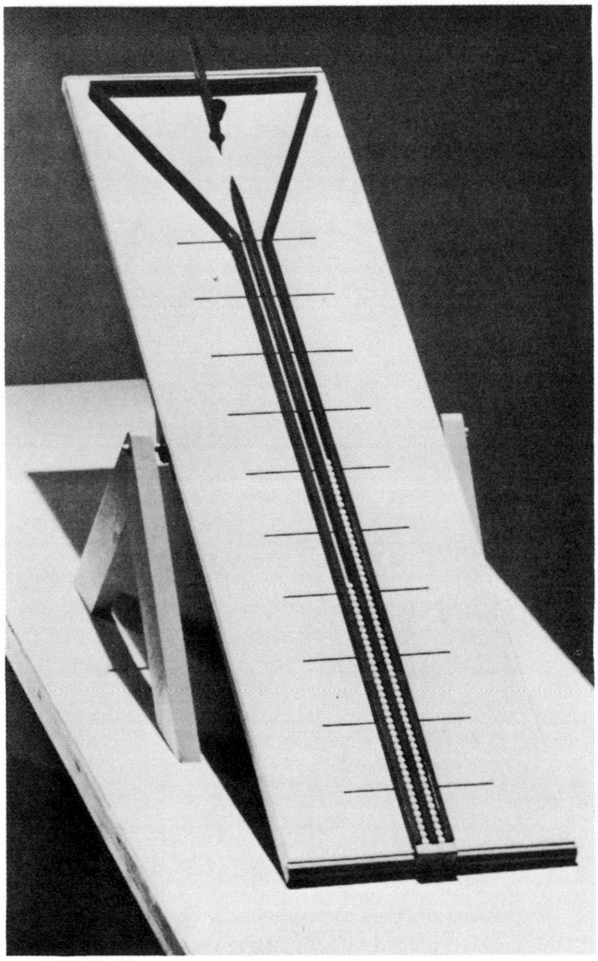

Bild 21.1. Das Kugelgerät. Man erkennt oben die beiden Kammern und darunter die Kugeln in den beiden Rinnen. Das „Fenster", durch das die Kugeln von einer Kammer in die andere gelangen, kann verschieden weit geöffnet werden.

darstellen, indem man das Verhältnis $\frac{N_1}{N}$ in Abhängigkeit von der ganzen Zahl n (Anzahl der Mischungen) aufträgt. Man kann n auch als Zeit deuten, wenn man die Durchmischungen in festen Zeitintervallen, beispielsweise in Sekundenabstand, vornimmt.

Ist das Fenster zwischen den beiden Kammern verschlossen, dann erhält man stets $N_1 = N$ oder $\frac{N_1}{N} = 1$. Für verschiedene Öffnungsweiten erwartet man unterschiedliche Versuchsergebnisse. Sie sind in Bild 21.2 für drei Weiten des Fensters angegeben. Die Versuchsergebnisse zeigen: Ist für die Kugeln der Übergang von einer Kammer zur anderen möglich, dann wird die ursprüngliche Verteilung in Richtung auf eine *Gleichverteilung* abgeändert. In welcher Zeit sich die Gleichverteilung einstellt, hängt von der Größe des Fensters ab. Nachdem sich die Gleichverteilung eingestellt hat, wird sie (abgesehen von kleinen unregelmäßigen Schwankungen) durch weiteres Mischen nicht mehr geändert. Der Übergang von der anfangs ungleichen Verteilung zur schließlich erreichten Gleichverteilung ist irreversibel.

Bild 21.3 zeigt etwas genauer, wie es zur Gleichverteilung kommt. Kombiniert man die Werte von drei unabhängigen Versuchsausführungen, dann liegen die Werte angenähert auf einer glatten Kurve. Dadurch wird deutlich, daß die Gleichverteilung in einer bestimmten, reproduzierbaren Weise angenähert wird, wenn man von kleinen Schwankungen absieht.

Was würde geschehen, wenn man den Versuch beispielsweise mit 75 Kugeln in der ersten Rinne ($N_1 = 75$) beginnen würde? Auch ohne den Versuch wirklich auszuführen, kann man das Ergebnis vorhersagen. Auch bei dieser Anfangsverteilung wird es schließlich zu einer Gleichverteilung kommen. Wählt man die gleiche Fensteröffnung wie bei dem Versuch zu Bild 21.3, dann erhält man die gleiche Annäherungskurve. Man muß nur den Anfangspunkt der Abszissenachse nach rechts bis zum Ordinatenwert 0,75 verschieben.

Die gefundenen Ergebnisse lassen sich durch folgende empirische Regel zusammenfassen: Unabhängig von der Anfangsverteilung und der Fensteröffnung (Fensteröffnung $\geqslant$ 1 Kugeldurchmesser) strebt die Verteilung der Kugeln auf die beiden Rinnen einer Gleichverteilung (abgesehen von kleinen unregelmäßigen Schwankungen) zu. Die Anfangsverteilung und die Fensteröffnung bestimmen nur die Zeit, in der sich die Gleichverteilung einstellt.

21.3. Deutung des Kugelexperiments

Eine Verteilung kann durch das Mischungskippen geändert werden, da Kugeln dabei von einer Kammer in die andere übergehen können. Im einzelnen ist der Vorgang jedoch sehr kompliziert. Die Kräfte auf jede Kugel haben ihren Ursprung in der Gravitation, der Reibung, in Stößen mit anderen Kugeln, Stößen mit den Wänden usw. In welche Rinne die Kugel nach dem Kippen rollt, ist durch all diese Kräfte bestimmt, von denen wir im einzelnen keine Kenntnis haben. Selbst wenn wir diese Kräfte genau kennen würden, könnten wir das exakte Ergebnis wohl auch nicht voraussagen. Die Kompliziertheit der Kräfte würde eine mathematische Behandlung des Problems praktisch unmöglich machen. Daher darf man nicht hoffen, die Kurven in Bild 21.2 in allen Einzelheiten zu erklären. Wohl aber besteht begründete Hoffnung, eine Erklärung dafür zu finden, daß sich immer wieder Gleichverteilung einstellt. Das wird auch ohne eine detaillierte Kenntnis der Kräfte möglich sein, da dieses Streben

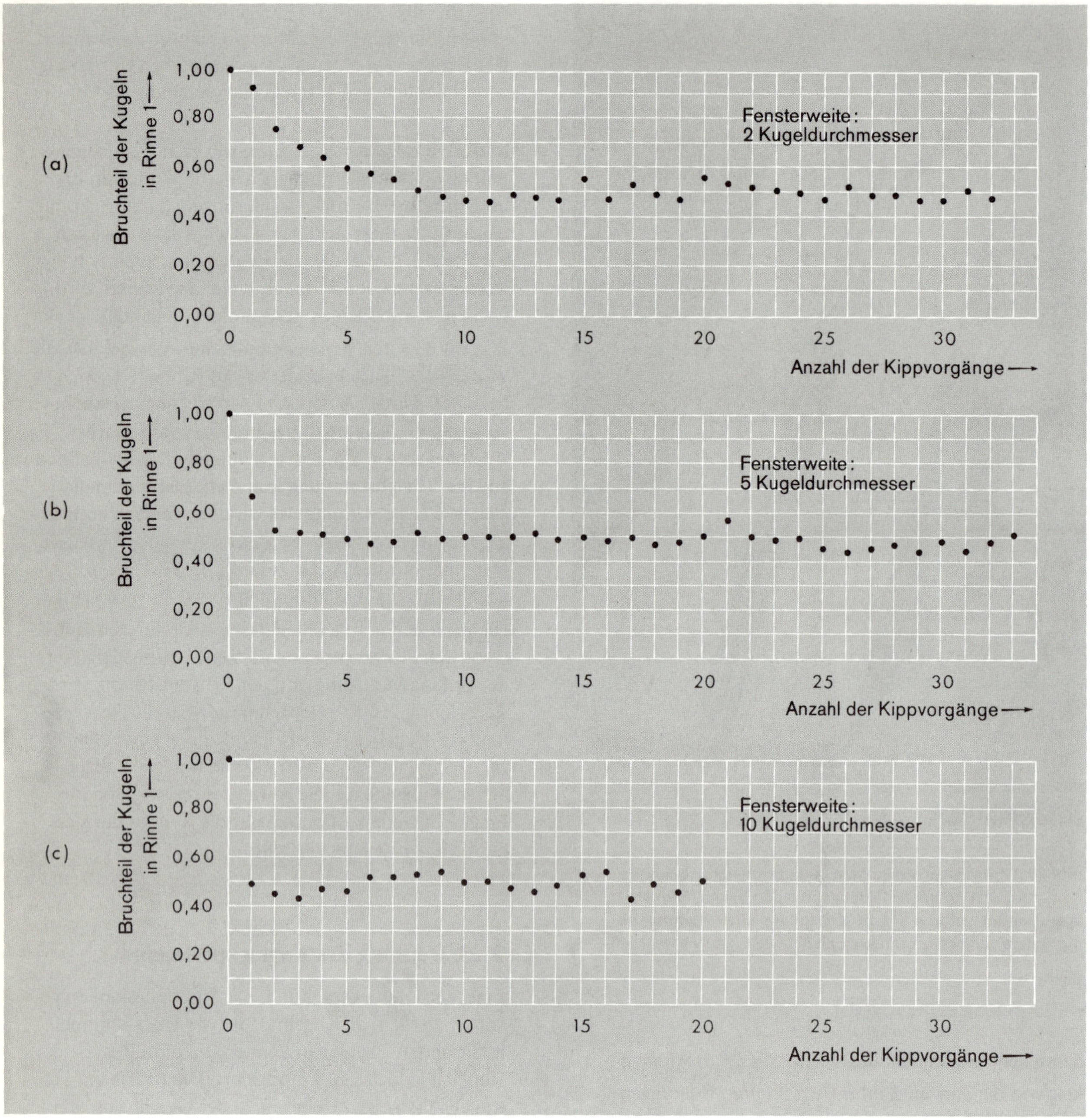

Bild 21.2. Die Ergebnisse von drei Versuchsreihen, die sich lediglich durch die Öffnung des Fensters unterscheiden. In jedem der drei Versuche waren zu Beginn 100 Kugeln in der ersten Rinne.

nach Gleichverteilung unabhängig von Einzelheiten wie der Fenstergröße oder der Anfangsverteilung beobachtet werden kann. Mit einer Erklärung für das Streben nach Gleichverteilung hätten wir auch unser Ziel erreicht: Wir wollten das irreversible Verhalten verstehen.

Eine qualitative Erklärung läßt sich leicht geben. Am Anfang befinden sich alle Kugel in der ersten Rinne. Da die Rinnen und die Kammern geometrisch gleich gebaut sind, liegt die einzige Unsymmetrie in der größeren Kugelzahl in Rinne 1. Nach dem ersten Kippen des Gerätes werden wahrscheinlich einige Kugel in Rinne 2 sein. Denn jede ursprünglich in 1 befindliche Kugel kann während des Überkippens nach 2 hinübergehen. Natürlich kann die Anzahl der Kugeln in 1 nicht zunehmen, da sich in 2 keine Ku-

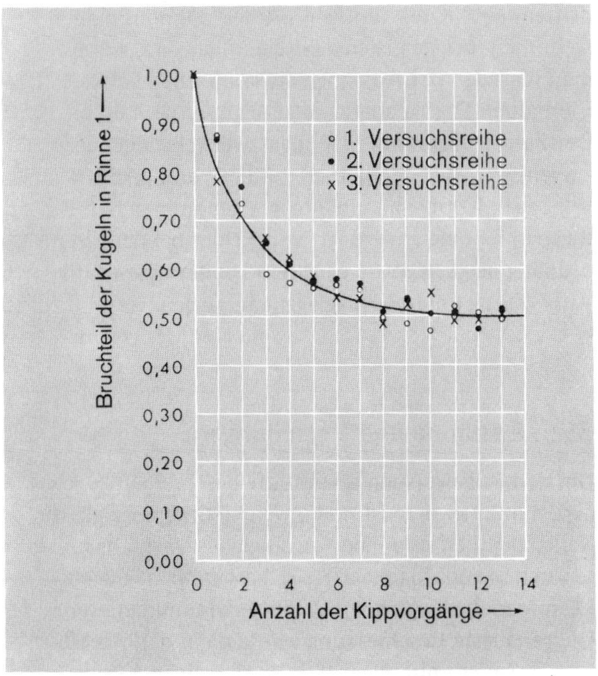

Bild 21.3. Zusammengesetzte Darstellung von drei Versuchsreihen nach Bild 21.2a. Jedesmal wurden 100 Kugeln zunächst in eine Rinne gelegt. Die Fensteröffnung betrug 2 Kugeldurchmesser.

geln befanden. Beim nächsten Kippvorgang werden wahrscheinlich einige weitere Kugeln von 1 nach 2 übergehen, und vielleicht werden auch einige der jetzt in 2 befindlichen Kugeln nach 1 zurückgehen. Da die Anzahl in 1 größer als die in 2 ist, darf man erwarten, daß mehr Kugeln 1 verlassen als 2. Insgesamt wird sich also die Anzahl in 1 weiter verringern, während sie in 2 zunimmt. So wird mit jedem Kippvorgang wahrscheinlich eine Verminderung der Anzahl der Kugeln in 1 und eine Vergrößerung der Anzahl in 2 eintreten. Das geht solange, bis sich eine Gleichverteilung ergibt. Danach wird weiteres Kippen die Gleichverteilung nicht mehr ändern. Denn mit der gleichen Kugelzahl in 1 und 2 ist die Wahrscheinlichkeit, daß 1 Kugeln verliert, nicht mehr größer als die Wahrscheinlichkeit, welche von 2 zu bekommen.

Diese qualitative Erklärung zeigt: Eine anfangs ungleichmäßige Verteilung strebt zur Gleichverteilung. Und eine anfangs gleichmäßige Verteilung strebt nach Beibehaltung der Gleichverteilung. Will man den Versuch jedoch zufriedenstellend quantitativ auswerten, dann reicht die Erklärung der Tatsache, daß das Verhältnis $\frac{N_1}{N}$ gegen den mittleren Wert $\frac{1}{2}$ strebt, nicht aus. Es muß auch geklärt werden, warum die unregelmäßigen Schwankungen nur klein sind.

21.4. Grundvorstellungen zur Wahrscheinlichkeit

Bevor man den Kugelversuch quantitativ diskutieren kann, müssen die Vorstellungen vom Zufall und von der Wahrscheinlichkeit geklärt werden. Der Zufall spielt beispielsweise bei „Kopf oder Adler" eine Rolle. Wirft man eine Münze sehr oft (nach dem Zufall) und notiert, ob der Kopf oder der Adler oben liegt, dann wird man finden: Die Anzahl, Kopf zu werfen, unterscheidet sich nicht sehr von der Anzahl, Adler zu werfen. Wirft man die Münze beispielsweise tausendmal, dann kann man praktisch sicher sein, daß die *relative Häufigkeit* von „Kopf" (das ist das Verhältnis der Anzahl der Fälle, in denen der Kopf oben lag, zur Gesamtzahl der Würfe) sich von 0,5 um weniger als 0,1 unterscheidet. Nimmt man noch größere Wurfzahlen, dann wird der Unterschied zu 0,5 immer kleiner sein. Bei einer außerordentlich großen Anzahl von Würfen werden die zu erwartenden Unterschiede der relativen Häufigkeit von 0,5 vernachlässigbar klein. Man drückt diese Tatsache aus, indem man sagt: Die *Ausgangswahrscheinlichkeiten* für „Kopf" und „Adler" sind gleich groß.

Beim wiederholten Werfen einer Münze kann man noch etwas erkennen: Man betrachte beispielsweise eine Reihe von vier Würfen, bei denen die ersten drei „Kopf" ergeben haben. Wie wird der vierte Wurf ausgehen? Greift man eine große Anzahl von Reihen mit vier Würfen heraus, bei denen die ersten drei „Kopf" ergaben, dann findet man für den vierten Wurf angenähert die gleiche Zahl für „Kopf" wie für „Adler". Das gleiche geschieht, wenn man den Ausgang des n-ten Wurfs betrachtet, wobei die vorangehenden n-1 Würfe ein vorgegebenes Ergebnis hatten. Man kann diese Tatsache folgendermaßen ausdrücken: *Die Wahrscheinlichkeit für den Ausgang eines jeden Wurfs ist unabhängig von den Ergebnissen aller vorhergehenden Würfe.* Verschiedene Würfe bewirken unabhängige Ereignisse.

Mit diesen Ergebnissen lassen sich verschiedene Fragen zu „Kopf oder Adler"-Spielen beantworten. Betrachten wir beispielsweise Paare von Würfen. Mit welcher relativen Häufigkeit erhält man zwei Adler? Uns ist bekannt, daß in guter Annäherung bei der Hälfte aller Paare beim ersten Wurf ein „Adler" auftritt. In der Menge dieser Paare wird etwa die Hälfte der zweiten Würfe „Adler" ergeben, die andere Hälfte „Kopf". Somit wird bei etwa $\frac{1}{4}$ aller Wurfpaare der Fall eintreten, daß beide Würfe „Adler" zeigen. Man sagt: Die Wahrscheinlichkeit, in einem Paar zwei „Adler" zu werfen, ist $\frac{1}{4}$. Entsprechend ist die Wahrscheinlichkeit dafür, in einem Paar erst „Adler" und dann „Kopf" zu werfen, auch $\frac{1}{4}$. Das gleiche gilt, wenn in dem Paar zuerst „Kopf" und dann „Adler" geworfen werden soll.

Wie groß ist nun aber die Wahrscheinlichkeit, in zwei aufeinanderfolgenden Würfen einmal „Kopf" und einmal „Adler" (unabhängig von der Reihenfolge) zu werfen? Bei einer (sehr großen) Zahl N von Paaren von Würfen werden angenähert $\frac{N}{4}$ Paare vorkommen, in denen „Adler" auf „Kopf" folgt. Auch $\frac{N}{4}$ Paare kommen vor, in denen „Kopf" auf „Adler" folgt. Daher gibt es etwa $\frac{N}{4} + \frac{N}{4} = \frac{N}{2}$ Paare von Würfen mit einem „Kopf" und einem „Adler". Die Wahrscheinlichkeit dieses Ereignisses ist daher $\frac{1}{2}$.

Die Überlegungen, mit denen wir diese Ergebnisse hergeleitet haben, kann man folgendermaßen verallgemeinern:

1. *Betrachtet man zwei mögliche Ereignisse* A *und* B, *die sich gegenseitig ausschließen (das bedeutet: Wenn* A *eintritt, dann kann* B *nicht eintreten und umgekehrt), dann ist die Wahrscheinlichkeit dafür, daß* A *oder* B *eintritt, die Summe aus der Wahrscheinlichkeit für* A *und der Wahrscheinlichkeit für* B.
2. *Die Summe der Wahrscheinlichkeiten aller möglichen, sich gegenseitig ausschließenden Ereignisse eines Experiments ist* 1, *da eins der Ereignisse in jedem Experiment eintreten muß.*
3. *Die Wahrscheinlichkeit dafür, daß zwei unabhängige Ereignisse zugleich eintreten, ist das Produkt der Wahrscheinlichkeiten der einzelnen Ereignisse.*

Mit diesen Regeln für das Rechnen mit Wahrscheinlichkeiten läßt sich der folgende Schluß ziehen: Hat ein Experiment n (und nur n) mögliche verschiedene Ausgänge und weiß man, daß diese eine gleiche Ausgangswahrscheinlichkeit besitzen, dann muß die Wahrscheinlichkeit eines bestimmten Ausgangs gleich $\frac{1}{n}$ sein. Teilt man die Ausgänge eines solchen Experiments in zwei Klassen ein, wobei die Anzahl der Ausgänge in der ersten gleich m ist, dann ist die Wahrscheinlichkeit dafür, daß ein zur ersten Klasse gehöriger Ausgang eintritt, gleich $\frac{m}{n}$.

Es ist aber zu beachten, daß der Begriff der Gleichwahrscheinlichkeit von Ereignissen aus der Erfahrung hergeleitet werden muß. Wenn man einmal alle verschiedenen und sich gegenseitig ausschließenden Ereignisse derart eingeteilt hat, daß sie gleiche Ausgangswahrscheinlichkeiten besitzen, dann kann man die Regeln für das Rechnen mit Wahrscheinlichkeiten anwenden. Das Schlüsselproblem ist daher, zu erkennen, welche Ereignisse die gleiche Ausgangswahrscheinlichkeit besitzen. Hier muß man sehr sorgsam vorgehen, um Fehler zu vermeiden.

Als Beispiel sei noch einmal der Ausgang bei einem Paar von Würfen im „Kopf oder Adler"-Spiel betrachtet. Man kann der Meinung sein, daß es nur drei Ausgänge gibt: Zweimal „Kopf", zweimal „Adler" und drittens ein „Kopf" und ein „Adler". Nimmt man weiter an, daß sie gleichwahrscheinlich sind, würde man für jeden der Ausgänge die Wahrscheinlichkeit $\frac{1}{3}$ erhalten. Das ist aber, wie gezeigt wurde, falsch. Der Fehler liegt darin, daß man zwei verschiedene Ereignisse („Kopf" folgt auf „Adler" und „Adler" folgt auf „Kopf") als ein einziges genommen hat. Ein Beispiel für eine andere Art von Fehler bei der Einordnung der Ereignisse wird sich bei der quantitativen Auswertung unseres Kugelversuchs zeigen.

21.5. Zustände und Verteilungen

Um den Kugelversuch quantitativ beschreiben zu können, muß man herausfinden, welche Ereignisse gleichwahrscheinlich sind. Die Ausgänge des Versuchs lassen sich in verschiedener Weise beschreiben. Zuerst kann man die Kugeln von 1 bis N durchnumerieren. Die genaueste Beschreibung würde dann darin bestehen, daß nicht nur angegeben wird, welche Kugeln sich in jeder Rinne befinden, sondern sogar die Reihenfolge der Kugeln in jeder Rinne. Man nennt eine solche Beschreibung auch eine *Anordnung.* Zweitens kann man damit zufrieden sein anzugeben, welche Kugeln in jeder Rinne (unabhängig von der Reihenfolge) sind. Man spricht dann von einem *Zustand.* Drittens kann man einfach die Anzahlen der Kugeln in jeder Rinne (unabhängig von ihrer Identität) angeben. Dann spricht man von der *Verteilung* (Bild 21.4). Man beachte, daß

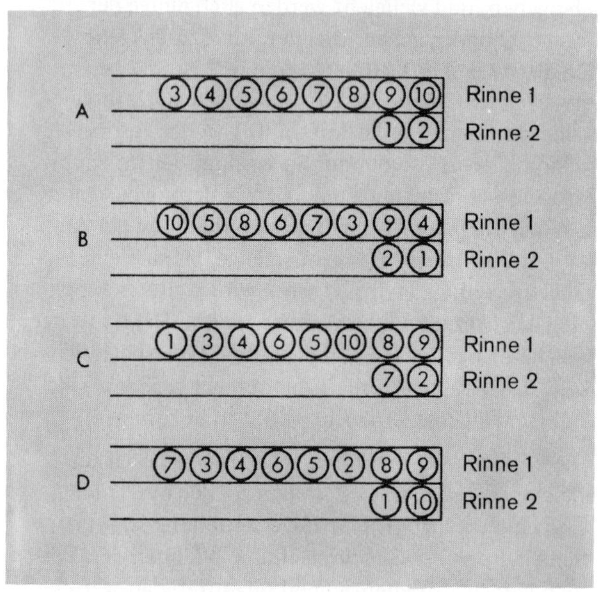

Bild 21.4. Alle vier Anordnungen haben die gleiche Verteilung von Kugeln auf die beiden Rinnen. Entsprechend unserer Definition liegt bei A und B der gleiche Zustand vor. Von ihm sind die Zustände bei C und D verschieden; auch diese unterscheiden sich voneinander.

mehrere Anordnungen zu dem gleichen Zustand gehören können. Ebenso können viele Zustände zur gleichen Verteilung gehören. Als Ereignis des Versuchs können wir die Verwirklichung einer Anordnung, eines Zustandes oder einer Verteilung ansehen. Aus der Versuchsreihe mit dem wiederholten Kippen des Gerätes ist schon bekannt, daß nicht alle möglichen Verteilungen gleichwahrscheinlich sind. Daher müssen wir untersuchen, ob die Zustände oder die Anordnungen gleichwahrscheinliche Ereignisse sind. Dazu betrachten wir zunächst das Verhalten einer einzelnen herausgegriffenen Kugel, das experimentell untersucht werden soll.

Zu diesem Zweck wiederholen wir den Kugelversuch. Diesmal ist eine der Kugeln, die in allen sonstigen Eigenschaften mit den anderen übereinstimmt, durch eine Farbe hervorgehoben. (Man kann sicher sein, daß die Farbe keinen Einfluß auf die Ergebnisse des Versuchs hat.) Die gefärbte Kugel wird bei einer genügend großen Anzahl von Durchmischungen verfolgt. Dabei ergeben sich in der langen Versuchsreihe zwei Tatsachen: Die Wahrscheinlichkeit für das Auftreten der farbigen Kugel in einer gegebenen Rinne ist $\frac{1}{2}$. Diese Wahrscheinlichkeit ist davon unabhängig, wie die anderen (ungefärbten) Kugeln auf die beiden Rinnen verteilt sind. Das läßt sich durch eine Überlegung bestätigen: Die gefärbte Kugel sei zu Beginn in Rinne 1. Wird sie nach n aufeinanderfolgenden Kippvorgängen in 1 oder in 2 sein. Ist das Fenster eng, dann ist es für n = 1 sehr wahrscheinlich, daß die Kugel sich (noch) in 1 befindet. Für n = 2 wird die Aussage weniger sicher, da es teilweise vom Ergebnis des ersten Durchmischens abhängt, ob sie sich jetzt in 2 befindet. Der erste Ausgang ist also schon unsicher.

Wenn n zunimmt, wächst ebenfalls die Unsicherheit der Vorhersage. Wo sich die Kugel nach n Kippvorgängen befindet, hängt vom Ergebnis aller vorangehenden Vorgänge ab, die selbst nicht sicher angegeben werden können. Wenn n genügend groß ist, können wir die gefärbte Kugel mit gleicher Wahrscheinlichkeit in 1 oder in 2 vorfinden. Das gleiche gilt für jede der anderen Kugeln, und da die verschiedenen Zustände dadurch bestimmt sind, welche Kugeln in welcher Rinne sind, haben alle Zustände die gleiche Ausgangswahrscheinlichkeit.

Es soll noch einmal deutlich hervorgehoben werden: Das Schicksal einer gegebenen Kugel ist nach n Durchmischungen im Prinzip vollständig determiniert. Es hängt jedoch kritisch von jeder kleinen Einzelheit beim Kippvorgang ab, etwa davon, welche anderen Kugeln die betrachtete Kugel treffen, welche Wand sie berührt, wie die Luft ins Gerät strömt. Eine geringe Änderung in einer dieser Einzelheiten könnte den Ausgang ändern. Je größer n wird, desto kritischer werden diese Einzelheiten. Sie sind uns nicht nur unbekannt, sondern auch außerhalb unserer Kontrolle. Wenn wir beispielsweise das Gerät kippen, dann gelingt es uns nicht, jederzeit mit genau der gleichen Geschwindigkeit zu kippen. Berücksichtigt man die Symmetrie des Gerätes, kann man vernünftigerweise annehmen, daß eine Kugel nach einer hinreichend großen Anzahl von Kippvorgängen mit der gleichen Wahrscheinlichkeit in 1 oder in 2 enthalten ist. Es hängt von der Größe des Fensters und anderen Einzelheiten ab, was man als hinreichend große Zahl ansieht. Sie kann 10 oder 100 betragen.

Man beachte, daß bei diesem Versuch die Wahrscheinlichkeiten der folgenden Mischungsergebnisse nicht unabhängig von den vorangehenden sind, wie es etwa beim „Kopf oder Adler"-Spiel der Fall war. In unserem besonderen Gerät erreicht man eine praktisch vollkommene Unabhängigkeit nur durch vielfache Wiederholungen. Die Ergebnisse von unmittelbar aufeinander folgenden Mischungen sind nicht unabhängig. Betrachtet man aber die Ergebnisse von insgesamt je hundert Kippvorgängen, dann läßt sich das Kugelexperiment mit dem „Kopf oder Adler"-Spiel vergleichen. Man kann tatsächlich die erste Rinne K (Kopf) und die zweite A (Adler) nennen und das Hineinlaufen verschiedener Kugeln als verschiedene Würfe einer einzigen Münze auffassen.

Nun sind im „Kopf oder Adler"-Spiel für N Würfe alle möglichen Aufeinanderfolgen von „Kopf" und „Adler" gleichwahrscheinlich. Beispielsweise entspricht für fünf Würfe einer Münze die Folge KKAAK in dem Kugelexperiment dem Ausgang: Kugel 1, 2 und 5 in K (Rinne 1) und Kugel 3 und 4 in A (Rinne 2). Diese Beschreibung des Ausgangs des Kugelexperiments haben wir Zustand genannt. Diese Entsprechung zum Münzenversuch bestätigt unsere frühere Folgerung, daß alle Zustände beim Kugelversuch die gleiche Ausgangswahrscheinlichkeit besitzen.

Hätten wir angenommen, daß alle Anordnungen die gleiche Ausgangswahrscheinlichkeit besitzen, so stände dies nicht in Einklang mit den experimentellen Gegebenheiten. Denn es gibt für Zustände, die zu verschiedenen Verteilungen gehören,durchaus unterschiedliche Zahlen möglicher Anordnungen.

21.6. Wahrscheinlichste Verteilung

Welche Verteilung der Kugeln wird sich nun nach einer großen Anzahl von Kippvorgängen einstellen? Eine Verteilung, die nur durch die Zahl N_1 der Kugeln in 1 gekennzeichnet ist, stimmt im allgemeinen nicht eindeutig mit einem Zustand überein. Viele verschiedene Zustände können zur gleichen Verteilung gehören. Beispielsweise haben die Zustände C und D in

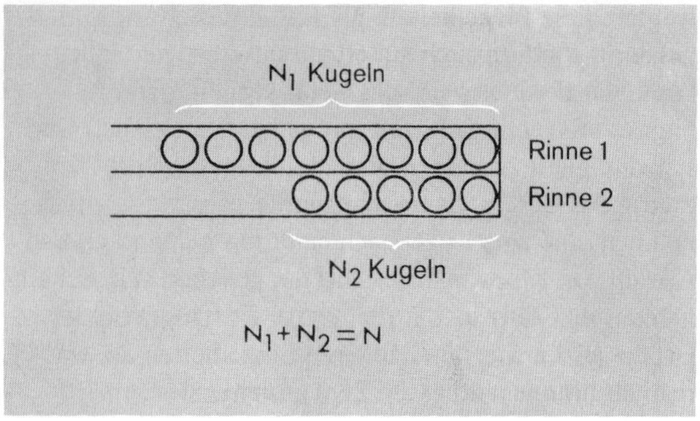

Bild 21.5. Eine Verteilung mit N_1 Kugeln in Rinne 1.

Bild 21.4 die gleiche Verteilung ($N_1 = 8$), obwohl sie verschiedene Zustände darstellen. Entsprechend der Annahme gleicher Ausgangswahrscheinlichkeiten für die Zustände ergibt sich als *wahrscheinlichste Verteilung* diejenige, zu der die größte Anzahl von Zuständen gehört. Denn alle Zustände sind gleichwahrscheinlich.

Mit $W(N_1)$ sei die Zahl der Zustände bezeichnet, bei denen die Verteilung durch N_1 gegeben ist. Um diese Zahl zu berechnen, betrachten wir Bild 21.5. Dort wird eine durch N_1 gekennzeichnete Verteilung dargestellt.

Hat man einen Zustand mit der Verteilung N_1 herausgegriffen, dann kann man sehr leicht einen anderen Zustand mit der gleichen Verteilung herstellen. Man vertauscht die Lage der N Kugeln in Bild 21.5. Doch nicht alle Vertauschungen (Permutationen) führen zu einem anderen Zustand. Werden beispielsweise nur die Kugeln innerhalb einer Rinne vertauscht, dann bleibt der Zustand ungeändert. Man erhält die Zahl der Permutationen, die zu einem neuen Zustand führen, wenn man die Zahl aller möglichen Permutationen durch die Zahl der Permutationen dividiert, die den Zustand nicht ändern.

Wieviel Permutationen sind bei m Gegenständen möglich? Unter einer Permutation versteht man eine Umstellung der m Gegenstände bezüglich einer gegebenen Ausgangsstellung. Für die Wahl, welchen Gegenstand man als ersten stellen will, hat man m Möglichkeiten. Wenn die erste Stelle besetzt ist, dann gibt es für die Besetzung der zweiten nur noch m-1 Auswahlmöglichkeiten, und so fort. Für die Besetzung der letzten Stelle bleibt nur noch ein Gegenstand übrig. Daraus ergibt sich: Die Gesamtzahl aller möglichen Umstellungen ist das Produkt $m(m-1)(m-2)\ldots 2\cdot 1$, das man mit m! abkürzt und als „m Fakultät" bezeichnet. Demnach ist $5! = 5\cdot 4\cdot 3\cdot 2\cdot 1 = 120$, $6! = 720$ usw. Es wird definiert, daß $0! = 1$ ist.

Für die Kugeln in Bild 21.5 ist die Anzahl aller möglichen Permutationen N!. Die Zahl der Permutationen, die nur die Kugeln in 1, nicht aber in 2 umstellen, ist $N_1!$. Die entsprechende Zahl für 2 ist $N_2!$. Da man die Kugeln in jeder Rinne unabhängig umordnen kann, ergibt sich die gesamte Zahl der Permutationen, die die Kugeln nur in einer Rinne umstellen, als Produkt $N_1!\,N_2!$. Daraus ergibt sich die Anzahl der Permutationen, die nichts an der Verteilung N_1, wohl aber den Zustand ändern, als

$$W(N_1) = \frac{N!}{N_1!\,N_2!}\ .$$

Im Abschnitt 21.6.1 wird gezeigt, daß $W(N_1)$ am größten ist, wenn $N_1 = \frac{N}{2}$ ist. Das bedeutet: Wählen wir nach dem Zufall einen Zustand aus, dann ist als zugehörige Verteilung $N_1 = \frac{N}{2}$ am wahrscheinlichsten. Das ist aber nichts anderes als die Gleichverteilung. Aus diesem Grunde bezeichnet man die Gleichverteilung als die wahrscheinlichste Verteilung.

Es ist jedoch keineswegs sicher, daß man bei einer Zufallsauswahl eines Zustandes die wahrscheinlichste Verteilung erhält. Es besteht nur eine größere Chance, sie und nicht eine andere zu erhalten. Die Wahrscheinlichkeit, die Ausgangsverteilung $N_1 = N$ zu erhalten, ist sehr klein, aber nicht Null. Für eine Verteilung N_1 läßt sich die Wahrscheinlichkeit errechnen als

$$\mathcal{p}(N_1) = \frac{\text{Zahl der Zustände mit der Verteilung } N_1}{\text{Gesamtzahl aller möglichen Zustände}} = \frac{1}{2^N}\,\frac{N!}{N_1!\,N_2!}\ .$$

Die Wahrscheinlichkeit, daß sich der ursprüngliche Zustand mit $N_1 = N$ (und $N_2 = 0$) einstellt, ist

$$\mathcal{p}(N) = \frac{1}{2^N}\ .$$

Sie nimmt mit zunehmendem N stark ab. Bei 10 Kugeln ist diese Wahrscheinlichkeit $\frac{1}{1024}$. Das kann man so veranschaulichen: Bei einem Versuch mit 10 Kugeln kann man begründet erwarten, daß bei 1024 Kippvorgängen einmal alle Kugeln in der Rinne 1 zusammenkommen. Führt man in jeder Sekunde einen Kippvorgang aus, dann wird die ursprüngliche Verteilung im Durchschnitt alle 17 min auftreten. Bild 21.6 zeigt das Ergebnis einer tatsächlich ausgeführten Versuchsreihe mit 10 Kugeln. Man erkennt, daß die Verteilungen um den Mittelwert $\frac{N_1}{N} = 0{,}5$ schwanken, die Schwankungen sind ziemlich stark. Die Anfangsverteilung $N_1 = N$ kehrt bei diesem besonderen Versuch schon beim 34. Kippvorgang wieder. Dies widerspricht nicht der obigen Vorhersage von 1024. Diese war die Voraussage für das durchschnittliche Verhalten bei

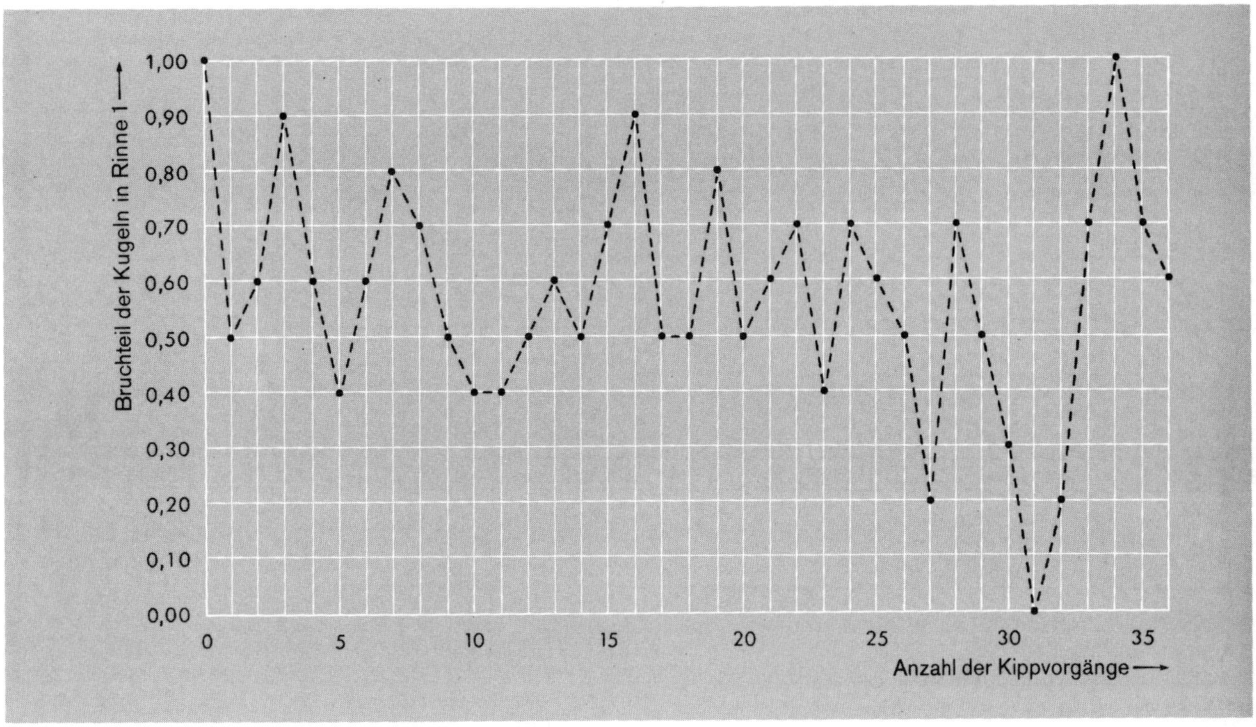

Bild 21.6. Das Ergebnis eines Versuches mit 10 Kugeln. Der Bruchteil der Kugeln, die sich in Rinne 1 befinden, ist gegen die Anzahl der Kippvorgänge aufgetragen.

einer großen Anzahl von aufeinanderfolgenden Vorgängen.

Bei unserem Versuch mit 100 Kugeln müßten wir im Mittel 2^{100} mal kippen, bevor wir alle Kugeln wieder in 1 erwarten dürfen. Bei einer Geschwindigkeit von 1 Kippvorgang in einer Sekunde würde dies 2^{100} s = 10^{23} a dauern. Diese Zeit ist so lang, daß man das Ergebnis der Rechnung als physikalisch bedeutungslos auffassen muß. Denn das Alter des Universums wird auf nur 10^{10} Jahre geschätzt. Schon lange bevor die Anfangsverteilung wieder auftreten würde, wäre das Gerät in Staub zerfallen, wäre die Sonne erkaltet, hätten sich vielleicht die Gesetze der Physik verändert. Daher läßt sich sagen: Bei 100 Kugeln ist die Chance, die Anfangsverteilung $N_1 = N$ wiederherzustellen, nicht gegeben. Der Übergang von der anfangs ungleichen Verteilung zur Gleichverteilung ist für alle praktischen Belange irreversibel. Natürlich ist es durchaus möglich, daß sich der Anfangsstand $N_1 = N$ nach nur wenigen Kippvorgängen wieder einstellt. Dies müßte als Laune des Zufalls angesehen werden, es verletzt aber kein uns bekanntes Naturgesetz. Betrachtet man es jedoch nur von der Wahrscheinlichkeit aus, dann läßt sich dieses Ereignis praktisch ausschließen. Jede Versicherungsgesellschaft würde den Experimentator gern dagegen versichern, daß diese Anfangsverteilung $N_1 = N$ wieder eintritt. Und das zu einer Quote von einer Mark gegen alle Reichtümer der Welt.

Es gibt einen zweckmäßigen Weg, alle bisherigen Erkenntnisse zusammenzufassen: Man trägt die Wahrscheinlichkeit $\wp(N_1)$ der Verteilung N_1 gegen das Verhältnis $\frac{N_1}{N}$ für verschiedene Werte von N_1 auf. Das ist für N = 10 in Bild 21.7 geschehen. Die theoretisch berechneten Werte wurden durch kleine schwarze Punkte gekennzeichnet, die aus 2000 Kippvorgängen experimentell erhaltenen Werte durch Kreuze. Man darf erwarten, daß die Übereinstimmung zwischen ihnen noch besser wird, wenn man die Anzahl der Versuche erhöht. Es sei empfohlen, eine entsprechende Darstellung des Unterschiedes zwischen Theorie und Versuch einmal für N = 100 anzufertigen.

Trägt man $N\wp(N_1)$ gegen $\frac{N_1}{N}$ auf, dann kann man gut den Unterschied zwischen den Fällen N = 10 und N = 100 herausstellen. Außerdem kann man dadurch die Abhängigkeit der Schwankungen von der Gesamtzahl N verdeutlichen. Das ist für N = 10 und N = 100 geschehen. Beide Fälle wurden in Bild 21.8 in das gleiche Koordinatensystem eingezeichnet. Stellt man sich die aufeinanderfolgenden Punkte durch eine Kurve verbunden vor, dann stimmen die Flächen unter beiden Kurven überein. Beide Kurven haben ihren

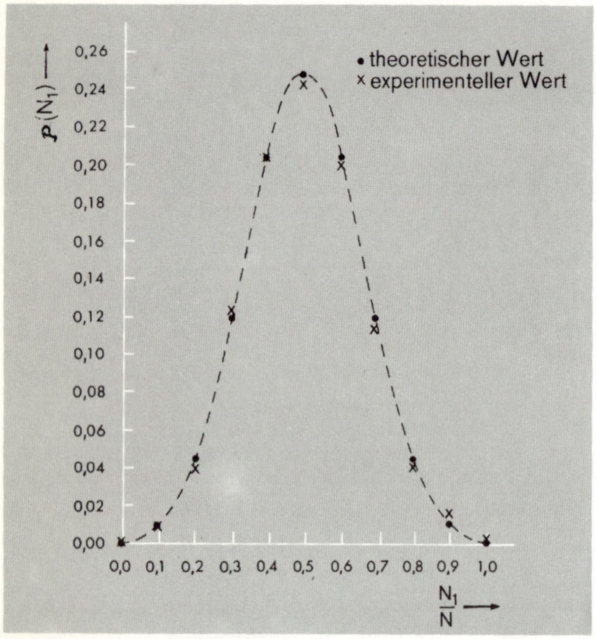

Bild 21.7. Die Wahrscheinlichkeit dafür, daß sich N_1 Kugeln in Rinne 1 befinden, für den Fall von 10 Kugeln. Die Punkte (•) geben theoretisch ermittelte Werte an. Die Kreuze (X) markieren die Werte, die sich aus 2000 Kippvorgängen mit dem Kugelgerät ergaben.

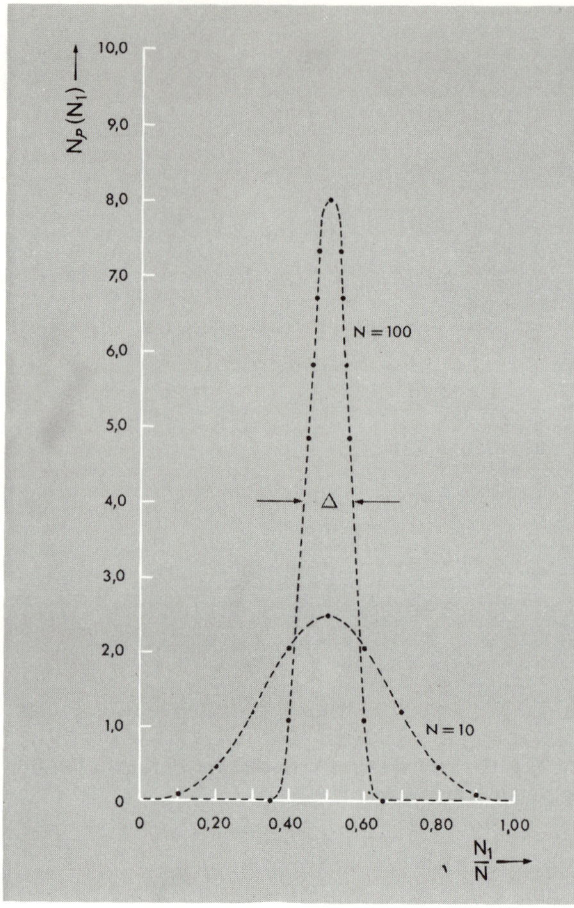

Bild 21.8. Die Wahrscheinlichkeit dafür, daß sich N_1 Kugeln in der ersten Rinne befinden, multipliziert mit der Gesamtzahl N der Kugeln. Die Fläche unter beiden Kurven stimmt überein. Die „Weite" Δ der Kurve ist ein Maß für die Streuung um den wahrscheinlichsten Wert $N_1 = \frac{N}{2}$.

Höchstpunkt bei der wahrscheinlichsten Verteilung $N_1 = \frac{N}{2}$, aber im Falle N = 100 liegt der Punkt höher und ist die Kurve schmaler oder schärfer. Die Schärfe der *Verteilungskurve* kann durch die Weite der Kurve im halben Maximalwert gemessen werden. In der Zeichnung ist diese Weite mit Δ (Delta) für N = 100 eingezeichnet. Es läßt sich zeigen (s. Abschnitt 21.6.2), daß im allgemeinen

$$\Delta = \frac{1{,}3}{\sqrt{N}}$$

ist. Daher ist die Weite der Kurve für N = 100 etwa $\frac{1}{3}$ so groß wie für N = 10. Für jede Verteilungskurve liegt der Hauptteil der Fläche innerhalb der Weite Δ der Kurve. Das bedeutet: Eine Verteilung, die auf der Abszissenachse innerhalb eines Abstandes $\frac{\Delta}{2}$ von der wahrscheinlichsten Verteilung liegt, besitzt eine große Wahrscheinlichkeit. Die außerhalb dieses Bereiches liegenden Verteilungen sind sehr unwahrscheinlich. Besonders wahrscheinlich ist das Vorkommen der Verteilungen, die nahe an der wahrscheinlichsten Verteilung liegen. Denn ihre Wahrscheinlichkeit unterscheidet sich nur wenig von der der wahrscheinlichsten. Dieses zeigt sich bei unserem Versuch in den unregelmäßigen Schwankungen, wie sie Bild 21.2 zeigt. Die Schwankungen können verkleinert werden, wenn man N vergrößert. Doch kann man sie nicht ganz ausschalten, wenn N endlich ist.

Unsere Diskussion hat sich auf das langfristige Verhalten der Kugeln bei wiederholtem Kippen des Gerätes beschränkt, das heißt auf das Verhalten nach einer genügend großen Anzahl von Kippvorgängen. Das kurzzeitige Verhalten ist schwieriger zu übersehen. Es hängt von den Einzelheiten des Gerätes, etwa der Fenstergröße, und von der Art der Stöße ab. Obwohl dieses nicht im einzelnen berechnet werden kann, etwa durch Anwendung der entwickelten einfachen Vorstellungen, lassen sich die allgemeinen Grundzüge verstehen. Eine Untersuchung der Ergebnisse in Bild 21.2 zeigt, daß (ohne Rücksicht auf die Fenstergröße) die Zahl N_1 in Richtung auf den Wert $\frac{N}{2}$ abnimmt. Dies bedeutet: Die Verteilung strebt von einem weniger wahrscheinlichen Wert zu einem wahrscheinlicheren, wenn immer mehr Kippvorgänge ausgeführt werden. Das stimmt mit der Vorstellung überein, daß die Kugeln immer stärker vom Zufall auf die beiden Rinnen verteilt werden.

21.6.1. Das relative Maximum von $W(N_1)$

Wir betrachten das Verhältnis

$$\frac{W(N_1+1)}{W(N_1)} = \frac{N!}{(N_1+1)!\,(N-N_1-1)!} \cdot \frac{N_1!\,(N-N_1)!}{N!} = \frac{N-N_1}{N_1+1}\,.$$

Solange dieses Verhältnis größer als 1 ist, steigt $W(N_1)$ noch an und hat seinen höchsten Wert noch nicht erreicht. Hat das Verhältnis den Wert 1, dann hat $W(N_1)$ den höchsten Wert erreicht. Der Wert nimmt wieder ab, wenn das Verhältnis kleiner als 1 wird. Dies geschieht für

$$N - N_1 \leqslant N_1 + 1$$

oder

$$N_1 \geqslant \frac{N}{2} - \frac{1}{2}\,.$$

$W(N_1)$ nimmt den größten Wert für die kleinste ganze Zahl N_1 an, die der Beziehung genügt. Wenn N eine gerade Zahl ist, dann ist $\frac{N}{2} - \frac{1}{2}$ keine ganze Zahl. Die gesuchte kleinste ganze Zahl ist $N_1 = \frac{N}{2}$. Ist N ungerade, dann ist $\frac{N}{2} - \frac{1}{2}$ eine ganze Zahl. Die kleinste ganze Zahl, die der Beziehung genügt, ist $N_1 = \frac{N}{2} - \frac{1}{2}$. Doch gibt in diesem Fall die nächste ganze Zahl $\frac{N}{2} + \frac{1}{2}$ den gleichen Wert für $W(N_1)$. Damit ergibt sich: Ist N gerade, dann hat $W(N_1)$ einen maximalen Wert für $N_1 = \frac{N}{2}$. Ist N ungerade, dann ergeben sich zwei gleiche Maxima für $N_1 = \frac{N}{2} - \frac{1}{2}$ und $N_1 = \frac{N}{2} + \frac{1}{2}$. Man beachte jedoch: Wenn N sehr groß ist, dann kann man den Unterschied zwischen $\frac{N}{2}$ und $\frac{N}{2} \pm \frac{1}{2}$ vernachlässigen. Es kann demnach gesagt werden: $W(N_1)$ nimmt für $N_1 = \frac{N}{2}$ einen maximalen Wert an.

21.6.2. Berechnung von Δ für großes N

Die Ergebnisse der Kugelversuche wurden in Bild 21.8 aufgetragen. Man erkennt, daß (zumindestens für N = 10 und N = 100) die Weite Δ der Wahrscheinlichkeitskurve mit zunehmendem N abnimmt. Gleichzeitig nimmt ihre Höhe $N\,p\,(\frac{N}{2})$ zu, während die Fläche unter der Kurve den Wert 1 beibehält. Die Fläche muß aber angenähert gleich dem Produkt aus Weite Δ und Höhe sein, da man die Kurve in erster Annäherung als gleichschenkliges Dreieck mit der Höhe $N\,p\,(\frac{N}{2})$ und der Grundseite 2Δ auffassen kann. Somit erhält man für die Weite angenähert

$$\Delta \approx \frac{1}{N\,p\,(\frac{N}{2})} = \frac{2^N\,[(\frac{N}{2})!]^2}{N \cdot N!}$$

Damit man den Ausdruck weiter untersuchen kann, wird N! angenähert durch

$$N! \approx N^N\,e^{-N}\,\sqrt{2\pi N} \quad \text{(Stirlings Formel)}$$

ausgedrückt. (e = 2,718 ... ist eine Konstante, die Basis der natürlichen Logarithmen.) Damit ist eine gute Annäherung gegeben in dem Sinne, daß das Verhältnis von N! zu $N^N\,e^{-N}\,\sqrt{2\pi N}$ gegen 1 geht, wenn N gegen Unendlich geht. Setzt man den Näherungsausdruck in den Ausdruck für Δ ein, dann erhält man

$$\Delta \approx \frac{2^N\,[(\frac{N}{2})^{\frac{N}{2}}\,e^{-\frac{N}{2}}\,\sqrt{\pi N}]^2}{N^{N+1}\,e^{-N}\,\sqrt{2\pi N}} = \sqrt{\frac{\pi}{2N}}$$

oder

$$\Delta \approx \frac{1,3}{\sqrt{N}}\,.$$

21.7. Freie Expansion eines Gases

Zu Beginn dieses Kapitels erwähnten wir die Expansion eines Gases in einen leeren Raum als Beispiel eines irreversiblen Prozesses. Man stelle sich das Gas als eine Ansammlung von Molekülen vor, die durch vollkommen reflektierende Wände abgegrenzt ist. Die Moleküle stoßen häufig miteinander zusammen und gegen die Wände. Dabei verhalten sie sich wie vollkommen elastische Kugeln. Eine schematische Darstellung in Bild 21.9 zeigt, wie sich ein Gas frei in eine zweite Kammer hinein ausdehnt. Als Volumen des gesamten Behälters wählen wir 22,4 *l*, um

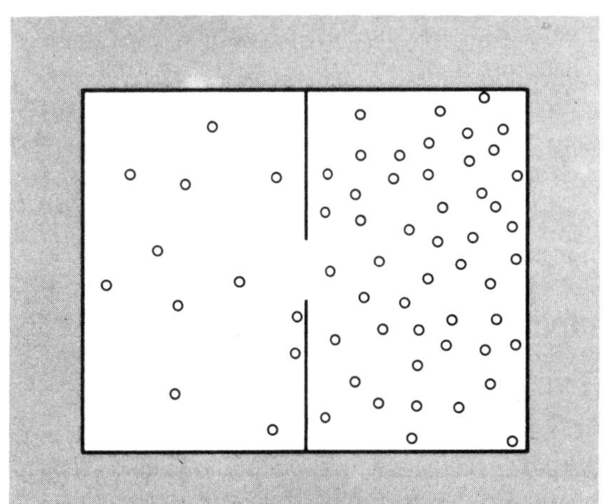

Bild 21.9. Ein Gas expandiert frei in einen ursprünglich leeren Raum.

eine Aussage über die Höhe der Zahlen machen zu können. Dann ist die Gesamtzahl der Moleküle in dem Behälter von Bild 21.9 etwa $6 \cdot 10^{23}$. (Ein Mol eines Gases erfüllt unter Normalbedingungen gerade 22,4 *l*.) Sie fliegen mit einer mittleren Geschwindigkeit von 500 $\frac{m}{s}$ (für Luft) umher, und jedes Molekül stößt in einer Sekunde angenähert 10^9 mal mit anderen und mit der Wand zusammen. Da die Energie bei diesen Stößen erhalten bleibt, hört die molekulare Bewegung nicht auf. Die gesamte Energie des Gases bleibt konstant.

Bei der freien Expansion eines Gases haben wir es nur mit der räumlichen Verteilung des Gases, nicht mit der Geschwindigkeit der Moleküle zu tun. Es besteht eine deutliche Parallele zwischen dem betrachteten Gas und den Kugeln bei unserem Versuch. Beim Versuch begannen wir mit allen Kugeln in einer Rinne. Wir beobachteten, daß sie sich allmählich gleichmäßig auf die beiden Rinnen verteilten. Beim Gas sind zu Beginn alle Moleküle in der einen Abteilung. Wir beobachten, daß sie sich gleichmäßig auf die beiden Abteilungen verteilen. Abgesehen von der Tatsache, daß unser Kugelgerät 100 Kugeln, das Gas dagegen $6 \cdot 10^{23}$ Moleküle enthält, besteht ein Unterschied nur im Mechanismus, der den Zustand ändert. Beim Kugelversuch haben wir das Gerät hin und zurück gekippt. Beim Gas wird eine Änderung des Zustands durch Stöße der Moleküle untereinander und gegen die Wände erreicht. Diese Stöße führen zu einer Zick-Zack-Bewegung der Moleküle, wodurch ein Molekül gelegentlich auch durch das Fenster in die andere Abteilung übergehen kann. Weil die Fälle ganz ähnlich sind, lassen sich die beim Kugelversuch gewonnenen Erkenntnisse verwenden, um die Expansion des Gases zu verstehen.

Zunächst soll qualitativ überlegt werden, was mit den Molekülen in der ersten Abteilung nach Öffnung des Fensters geschieht. Nach einer kurzen Zeit sind einige Moleküle in die andere Abteilung übergewechselt, die Anzahl in der ersten Abteilung beginnt abzunehmen. Einige der Moleküle, die in die andere Abteilung gelangt sind, können durch das Fenster in die erste zurückkehren. Doch werden mehr Moleküle von der ersten in die zweite übergehen. Die Chance für das einzelne Molekül, durch das Fenster hindurchzutreten, ist in beiden Richtungen gleich groß. Doch wenn in der ersten Abteilung mehr Moleküle als in der anderen sind, dann können dort auch mehr Moleküle die Chance wahrnehmen. Man darf, gestützt auf die Überlegungen zur Übergangschance, eine stetige Abnahme der Molekülzahl in der ersten Abteilung und einen damit verbundenen Anstieg der Zahl in der anderen Abteilung erwarten. Diese Entwicklung hält an, bis schließlich in beiden Abteilungen die gleiche Anzahl an Molekülen ist. Danach bleiben sie auch gleich. Aufgrund dieser Überlegungen darf man auch erwarten, daß die Geschwindigkeit der Angleichung zu Beginn am größten ist und dann allmählich abnimmt, wenn die Gleichverteilung angenähert wird.

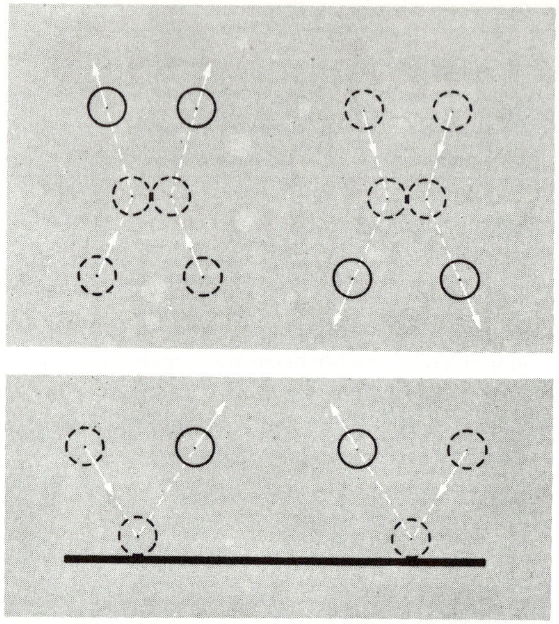

Bild 21.10. Die beiden oberen Zeichnungen veranschaulichen, daß der Stoß zwischen zwei Molekülen reversibel verläuft. Daß die Reflexion eines Moleküls von der Wand reversibel geschieht, zeigen die unteren Bilder.

Die eben entwickelten qualitativen Überlegungen beruhen auf Wahrscheinlichkeitsbetrachtungen. Sie schließen nicht aus, daß unter ganz besonderen Umständen alle Moleküle gleichzeitig in die erste Abteilung zurückgehen. Die dafür erforderlichen Umstände sind jedoch so ungewöhnlich, daß wir ihre Möglichkeit außer acht lassen können. Das soll etwas eingehender untersucht werden: Wir betrachten die Bewegung eines einzelnen Moleküls. Sie wird bestimmt durch die Stöße, die das Molekül mit anderen und gegen die Wand ausführt. Die Stoßvorgänge selbst sind nicht irreversibel. Wenn ein einzelner Stoß stattfinden kann, dann kann er auch in der umgekehrten Richtung ablaufen. Das veranschaulicht Bild 21.10 für einzelne Stöße. Entsprechend gilt: Wenn eine ganze Folge von Stößen möglich ist, dann ist die umgekehrte Folge ebenfalls möglich. Beim Übergang eines Moleküls aus der ersten in die zweite Abteilung kann sein Weg wie die Verbindung der Punkte O und O′ in Bild 21.11 aussehen. Jeder Knick des Weges stellt einen Stoß mit einem anderen Molekül oder mit der Wand dar. Es ist durchaus wahrscheinlich, daß ein einzelnes Molekül bald in

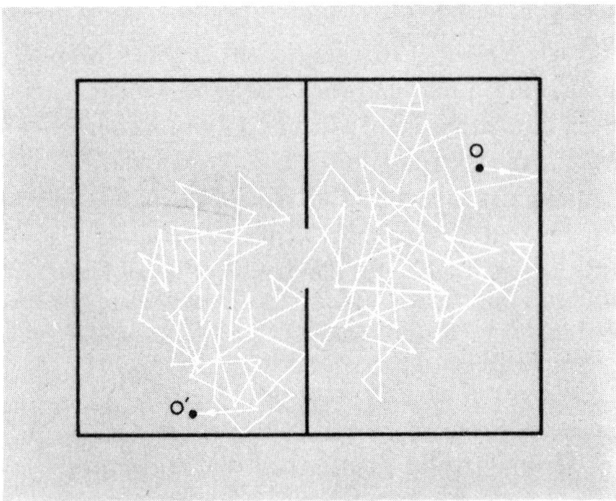

Bild 21.11. Auf einem solchen Zick-Zack-Weg gelangt ein Molekül von O der einen Kammer in die andere nach O'. Jeder Knick des Weges ist auf einen Stoß mit einem anderen Molekül oder mit der Wand zurückzuführen. (Die Zeichnung ist nicht maßstabsgerecht.)

die erste Abteilung zurückkehrt. Denn es braucht dabei nicht den Weg O'O genau zurückzuverfolgen. Es steht eine riesige Anzahl von Wegen frei. Bei seinem Rückweg erfährt das Molekül wieder viele Stöße, durch die dann die Bewegung der Stoßpartner beeinflußt wird. Damit die gesamte Menge der Moleküle gleichzeitig in die Ausgangsabteilung zurückkehrt, müssen die Moleküle in einer ganz besonderen Weise zusammenstoßen. Es läßt sich keine Zufallsabfolge denken, bei der die gleichzeitige Rückkehr aller Moleküle wahrscheinlich ist. Von allen möglichen Arten, wie die Stöße stattfinden können, ergeben nur wenige eine Umkehrung der Expansion. Dagegen führt fast jede Stoßfolge, die man sich vorstellen kann, zu einer angenähert gleichen Verteilung der Moleküle in den beiden Abteilungen.

21.8. Quantitative Betrachtungen

Nun soll das Problem quantitativ behandelt werden. Der Kugelversuch kann dafür die Richtung weisen. Anders als beim Kippen des Kugelgerätes erfolgen im Gas nicht alle Stöße gleichzeitig auf ein bestimmtes Signal. Sie geschehen ständig im gesamten Gasraum. Es steht uns jedoch frei, den Zustand des Gases nur in regelmäßigen Zeitabständen zu betrachten. Wir wählen eine Zeit, die für molekulare Stöße kennzeichnend ist. Das ist die mittlere Zeit zwischen zwei Stößen eines Moleküls. Sie beträgt etwa 10^{-9} s. Damit ergibt sich eine zeitliche Abfolge von Zuständen, von denen sich jeder aus dem vorangehenden Zustand in der Zeit 10^{-9} s entwickelt. Da ein Molekül im Schnitt einen Stoß in dieser Zeit ausgeführt hat, haben in der gesamten Gasmenge insgesamt etwa $3 \cdot 10^{23}$ Stöße stattgefunden. (Zu einem Stoß gehören zwei Partner!) Zwischen einem Zustand und dem nachfolgenden sind daher die Moleküle völlig durcheinandergerührt. Man muß vernünftigerweise annehmen, daß ein Molekül, das zu Beginn in der Abteilung 1 war, nach einer genügend langen Zeit gleich wahrscheinlich in beiden Abteilungen vorgefunden werden kann. Das bedeutet für die Zustände: Nach einer hinreichend langen Zeit gilt die Annahme der gleichen Ausgangswahrscheinlichkeit. Das heißt, Zustand des Gases kann gleichwahrscheinlich jeder aller möglichen Zustände sein. Die Dauer der dazu erforderlichen Zeit hängt von der Größe des Fensters und von den Gesetzen der Stöße ab. Man kann sie nicht durch einfache Überlegungen erhalten.

In mathematischer Hinsicht ist das Problem der Gasexpansion nun auf das Problem der Kugeln zurückgeführt. In beiden Fällen stimmt die Definition des Zustandes und die Annahme gleicher Ausgangswahrscheinlichkeiten der Zustände überein. Daher darf man alle oben gewonnenen Ergebnisse übernehmen.

Eine hinreichend lange Zeit nach Öffnung des Fensters in die Wahrscheinlichkeit, daß sich N_1 Moleküle in der einen Abteilung (gleichgültig welche von beiden) befinden, gleich dem oben angegebenen Ausdruck $\mathcal{P}(N_1)$. Darin muß für $N = 6 \cdot 10^{23}$ eingesetzt werden. Die Wahrscheinlichkeit, daß sich alle Moleküle wieder in der ursprünglichen Abteilung zusammenfinden, ist

$$\mathcal{P}(N) = 2^{-6 \cdot 10^{23}} \approx 10^{-2 \cdot 10^{23}} .$$

Dieser Wert ist so klein, daß es praktisch niemals in einer physikalisch sinnvollen Zeitdauer geschieht. Würden wir in einer Darstellung $N\mathcal{P}(N_1)$ gegen $\frac{N_1}{N}$ auftragen, dann erhielten wir eine Kurve der gleichen allgemeinen Form, wie sie Bild 21.8 zeigt. Aber die Kurve

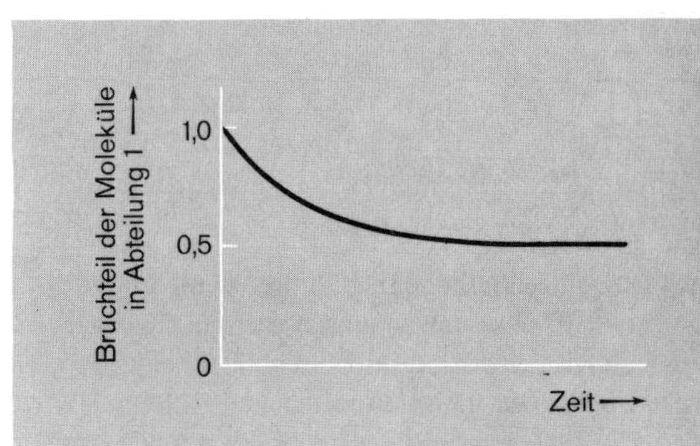

Bild 21.12. Der Bruchteil der Gasmoleküle in der ursprünglichen Kammer in Abhängigkeit von der Zeit, die vergangen ist, nachdem ein Fenster geöffnet wurde, durch das das Gas in die zweite gleichgroße Kammer expandieren kann.

wäre bei $\frac{N_1}{N} = 0{,}5$ nadelscharf. Sie hätte die Weite $\Delta = 10^{-12}$, also praktisch Null. Der zeitliche Verlauf der räumlichen Verteilung der Moleküle wird in Bild 21.12 (qualitativ) dargestellt. Die Kurve entspricht derjenigen von Bild 21.2. Nur sind jetzt die Schwankungen zu klein, als daß man sie wahrnehmen könnte.

21.9. Dichteschwankungen

Nach einiger Zeit werden die Anzahlen der Moleküle in beiden Abteilungen gleich groß sein. Diese Aussage enthält eine weitere: Die Moleküle füllen beide Abteilungen mit einer gleichen Dichte. Um das einzusehen, denken wir uns eine Abteilung aus zwei Unterabteilungen bestehend. Zwischen ihnen befinde sich keine Wand, das heißt die „Wand" ist überall „Fenster". Nun kann man die gleichen Überlegungen auf die beiden Unterabteilungen anwenden. Es ergibt sich, daß in ihnen gleiche Zahlen von Molekülen enthalten sind. Führt man die Unterteilung in immer kleinere Unterabteilungen (in Gedanken) ständig weiter, dann gelangt man zu dem Schluß, daß die Moleküle den Raum mit gleicher Dichte erfüllen.

Natürlich kann der Prozeß der Unterteilung des Raumes nicht unbegrenzt fortgeführt werden. Denn die Anzahl der Moleküle ist zwar sehr groß, doch endlich. Man muß aufhören, wenn man einen Teilraum mit nur relativ wenigen Molekülen erreicht. Ein solcher Teilraum hat mikroskopische Ausmaße. Beispielsweise hat der Raum, in dem sich noch 10^4 Moleküle befinden, ein Volumen von etwa 10^{-15} cm^3. Die Anzahl der in jedem dieser Teilräume befindlichen Moleküle ist nicht konstant. Es treten Schwankungen in der Größenordnung von $\sqrt{10^4} = 10^2$ Molekülen, das ist 1 % von der Gesamtzahl, auf. Dieser Raum ist jedoch zu klein, als daß man ihn mit bloßem Auge erkennen könnte. Der kleinste Raum, den wir mit unseren Sinnen wahrnehmen können, ist wesentlich größer, etwa 10^{-9} cm^3 groß. In ihm würden noch 10^7 der mikroskopisch kleinen Teilräume liegen. In einem solchen relativ großen Volumen ist die prozentuale Schwankung in der Dichte der Moleküle so gering, daß uns die Dichte als stets gleich erscheint.

Obwohl also unsere Sinne nicht hinreichend empfindlich sind, die Dichteschwankungen der Moleküle wahrzunehmen, gibt es doch physikalische Erscheinungen, die darauf beruhen. Beispielsweise ist eine Lichtwelle mit einer Wellenlänge von einigen hundert nm in der Lage, die Wirkungen solcher Schwankungen zu „spüren" Wenn eine Lichtwelle durch die Atmosphäre hindurchgeht, kann sie durch die mikroskopischen Dichteschwankungen gestreut werden. Die Streuung tritt stärker auf für eine Lichtwelle kürzerer Wellenlänge, da sie ein kleineres Volumen der Atmosphäre „sondieren" kann. Daher reagiert blaues Licht stärker auf Dichteschwankungen als rotes Licht und wird infolgedessen auch stärker in der Atmosphäre gestreut. Es gibt weitere gleichwichtige elektromagnetische Faktoren, die auf die Streuung des Lichts Einfluß haben. Doch die eben beschriebene Streuung durch Dichteschwankungen ist teilweise verantwortlich für die blaue Farbe des Himmels.

21.10. Unelastische Stöße und Wärmeleitung

Unsere bisherigen Überlegungen versetzen uns in die Lage, eine qualitative Erklärung für die beiden anderen Beispiele irreversibler Vorgänge zu geben, die am Anfang des Kapitels genannt wurden. Bei beiden handelt es sich um eine Änderung der Temperatur zweier makroskopischer Körper, die sich berühren.

In Kapitel 20 wurde entwickelt, daß die Temperatur eines makroskopischen Körpers ein Maß für die mittlere kinetische Energie der ungeordneten Bewegung seiner Moleküle ist. Führt man dem Körper Energie zu, so kann sie teilweise in die kinetische Energie des Gesamtkörpers und teilweise in die Energie der ungeordneten Molekülbewegung übergehen. Beim zweiten Teil spricht man von innerer Energie, deren Erhöhung sich als Temperaturerhöhung des Körpers bemerkbar macht.

Beispielsweise wurde bei einem unelastischen Stoß zweier Körper ein Teil der vom anderen Körper abgegebenen kinetischen Energie in der Form innerer Energie aufgenommen. Die Temperatur des Körpers erhöhte sich. Der umgekehrte Vorgang, daß ein Körper durch Abgabe innerer Energie an einen anderen dessen kinetische Energie erhöht, ist nie beobachtet worden.

Zum Beispiel der Wärmeleitung: Die regellose Molekularbewegung des einen Körpers ist stärker als im anderen. Wenn nun die Körper einander berühren, gleichen sich die Bewegungen der Moleküle in beiden Körpern an. Der umgekehrte Vorgang würde mit zwei Körpern gleich starker Molekularbewegung beginnen. Bei Berührung würde sich die Bewegung in dem einen Körper verstärken auf Kosten der des anderen. Dieser Vorgang ist nie beobachtet worden.

Um diese Beispiele zu verstehen, muß man einsehen, warum die Stärke der Molekularbewegung stets nach einer gleichmäßigen Verteilung über den gesamten Körper strebt. Im Gegensatz zu der freien Expansion eines Gases handelt es sich nun um das Problem der Verteilung von Energie (in ihren verschiedenen Formen), nicht mehr um die Verteilung von Molekülen im Raum.

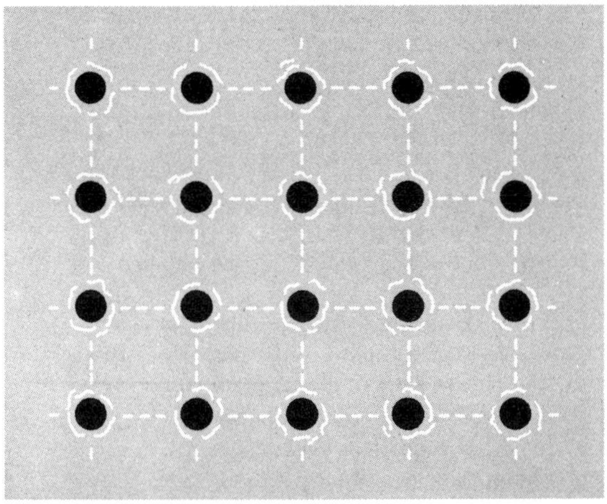

Bild 21.13. Atome bilden in einem Festkörper ein Kristallgitter. Sie schwingen (zittern) unregelmäßig um ihre Gleichgewichtslagen. Die Stärke dieser Schwingungen wird durch die Temperatur angegeben. Führt man dem Körper Wärmeenergie zu, so nimmt das Zittern zu und damit steigt die Temperatur.

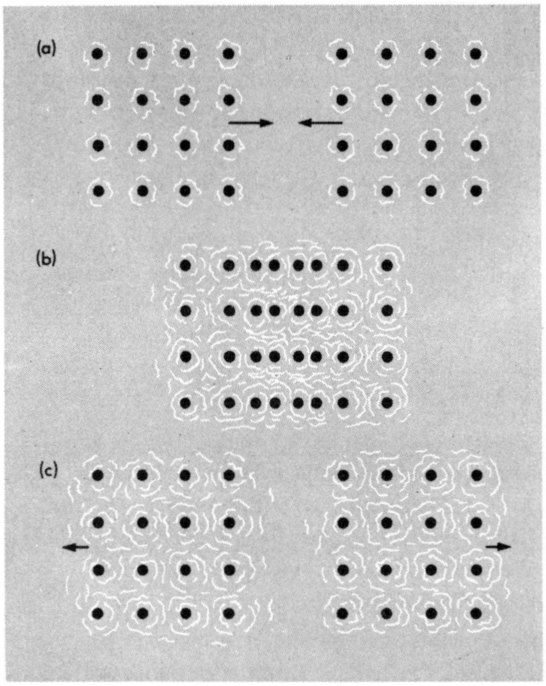

Bild 21.14. Stark vergrößerte Darstellung eines unelastischen Stoßes zwischen zwei festen Körpern. In a) nähern sich die Körper mit einer bestimmten Relativgeschwindigkeit. Beim Zusammenstoß b) wird die kinetische Energie zu einem Teil in potentielle Energie umgewandelt, indem sich die Kristallebenen dichter lagern, zum anderen Teil in Energie der Zufallsbewegung der Atome. Trennen sich die Körper wieder c), so wird ein Teil der kinetischen Energie zurückgewonnen. Aber der Teil, der die regellosen Bewegung der Atome verstärkt hat, läßt sich nicht wieder in kinetische Energie der Gesamtkörper überführen. Die Körper haben nun eine höhere Temperatur und eine kleinere Geschwindigkeit als in a).

Die Moleküle eines festen Körpers sind gewöhnlich in der Form eines Kristallgitters angeordnet. Bild 21.13 zeigt den zweidimensionalen Ausschnitt eines solchen Gitters. Die Moleküle werden durch zwischenmolekulare Kräfte in einer Gleichgewichtslage gehalten. Man kann sie untereinander durch Spiralfedern (wie bei Matratzen) verbunden denken. Die unregelmäßigen Schwingungen, die sie um ihre Gleichgewichtslage ausführen, soll Bild 21.13 durch die pulsierenden Kurven um jedes Atom veranschaulichen. Die Temperatur des Körpers ist ein Maß für die Heftigkeit dieser Bewegungen. Tatsächlich kann das „Zittern" der Atome so heftig werden, daß Atome aus dem Kristallverband herausbrechen. Dies geschieht, wenn der Kristall bei einer genügend hohen Temperatur schmilzt.

Bewegt sich der Körper in einer gleichförmigen Bewegung, dann bewegt sich das ganze Kristallgitter von Bild 21.13, ohne daß die molekularen Schwingungen davon berührt würden. Die Geschwindigkeit jedes Atoms setzt sich dann aus zwei Komponenten zusammen, aus einer festen Translationsgeschwindigkeit des Gesamtkörpers und einer veränderlichen Geschwindigkeit aufgrund der regellosen Schwingungen um die (bewegte) Gleichgewichtslage. Die erste Komponente trägt zur kinetischen Energie des Körpers bei, während sich die zweite in der Temperatur bemerkbar macht.

Was geschieht nun beim Zusammenstoß zweier makroskopischer fester Körper? Die Folge der Bilder 21.14a, b und c zeigt den Ablauf des Vorganges. Die anfangs vorhandene kinetische Energie der Körper (a) wird hauptsächlich in potentielle Energie umgewandelt, die in den zusammengepreßten Gitterebenen gespeichert ist (b). Aber ein Teil regt die Atome zu einer heftigeren Schwingungsbewegung an. Dann federn die Gitterebenen wieder in ihre ursprünglichen Abstände zurück (c). Die beiden Körper entfernen sich voneinander mit zurückverwandelter kinetischer Energie. Doch ist diese stets kleiner als die ursprüngliche kinetische Energie, weil ein Teil davon in die Temperaturerhöhung des Körpers eingegangen ist. Sollte der Umkehrvorgang stattfinden, so müßte folgendes geschehen: In der Phase (b) des Stoßes müßten alle Atome jedes Körpers zufällig im Gleichklang zur gleichen Zeit in die gleiche Richtung schwingen. Dann könnten die beiden Körper mit einer größeren kinetischen Energie, als sie vorher hatten, auseinanderprallen. Ein solcher Vorgang würde nicht die Sätze von der Erhaltung der Energie und der Bewegungsgröße verletzen. Aber die Chance für diesen Vorgang ist gleich Null, da er einen zu hohen Grad an Übereinstimmung (oder Ordnung) in der Zufallsbewegung der Atome erforderte. Anders ausgedrückt: Der Umkehrprozeß ist in höchstem Maße unwahrscheinlich. Von der fast unbegrenzten Anzahl der Arten, wie die Atome schwingen können, würden nur ganz wenige zu dem Umkehrprozeß führen. Alle anderen führen zu dem Verhalten, das wir gewöhnlich beobachten. Eine quantitative Formulierung dieser Gedankengänge könnte ganz entsprechend zu der Untersuchung der freien Ausdehnung eines Gases geschehen. Sie wäre aber in diesem Falle deswegen schwieriger, weil die quantitative Behandlung der Energieverteilung genaue Kenntnisse über die mechanischen Eigenschaften eines Kristallgitters voraussetzt.

Auch die Irreversibilität der Wärmeausbreitung kann mit entsprechenden Gedankengängen qualitativ erklärt werden. Dabei hat man mit zwei Gittern zu tun, die einander ohne Druck auf die Gitterebenen berühren. Aber die Atome des einen Gitters schwingen heftiger als die des anderen.

Eine genaue Untersuchung von Vorgängen, in denen die Verteilung von Energie auf eine Vielzahl von Molekülen wichtig ist, wird Gegenstand des nächsten Kapitels sein.

Aufgaben

1. In einem Film wird das Schlagen eines Eies in einem elektrischen Mixer gezeigt. Der Film beginnt in dem Augenblick, in dem Eigelb und Eiweiß schon vollständig vermischt sind. Kann man entscheiden, ob der Film vorwärts oder rückwärts läuft?

2.* Bild 21.3 zeigt: Wenn man mit 100 % der Kugeln in Rinne 1 den Versuch beginnt, dann ist nach 8 Kippvorgängen der Anteil in 1 auf etwa 50 % zurückgegangen. Welchen prozentualen Anteil der Kugeln wird man nach 8 Kippvorgängen in 1 erwarten dürfen, wenn man mit 50 % der Kugeln in 1 beginnt?

3.* In der ersten Rinne seien 50 rote Kugel vorhanden, in der zweiten 50 blaue. Dann wird das Gerät 10 mal gekippt.
   a) Wieviel Kugeln werden sich dann in Rinne 1 befinden?
   b) Wieviel rote Kugeln werden dort noch zu finden sein?

4.* Eine Münze wird zweimal geworfen. Welche möglichen Abfolgen gibt es für den Ausgang? Man verwende K für „Kopf" und A für „Adler" beim Aufschreiben der Möglichkeiten.

5.* Arnold hat mit einer Münze gerade die Folge KKKK geworfen. Welche Wahrscheinlichkeit besteht dafür, daß er nun wieder K wirft?

6.* Wie groß ist die Wahrscheinlichkeit dafür, daß man beim Würfeln
   a) eine 1 bei einem einzigen Wurf,
   b) eine 2 und eine 5 (in beliebiger Reihenfolge) bei zwei Würfen erhält?

7. Man zieht eine Karte aus einem Kartenspiel (mit 32 Karten). Wie groß ist die Wahrscheinlichkeit dafür,
   a) eine rote Karte,
   b) eine Kreuzkarte,
   c) die Herzdame zu ziehen?

8. Zwei lange Stäbe mit dreieckigem Querschnitt wurden so gefärbt, daß eine Seite rot, eine blau und die dritte grün ist. Sie werden gleichzeitig fallengelassen. Welche Wahrscheinlichkeit besteht dafür, daß eine rote Seite sichtbar ist?

9.* In der Anordnung A der Kugeln (Bild 21.4) werden die beiden Kugeln 1 und 7 miteinander ausgetauscht, so daß sich eine neue Anordnung A' ergibt.
   a) Gehört A' zum selben Zustand wie A?
   b) Gehört A' zum selben Zustand wie B?
   c) Gehört A' zum selben Zustand wie C?

10.* In dem Film „Zufallsereignisse" (PSSC) wird ein Gerät verwendet, das aus 16 Quadraten besteht. Jedes Quadrat hat eine schwarze und eine weiße Fläche.
   a) Wie würde man einen Zustand dieses Systems charakterisieren?
   b) Wie könnte man eine Verteilung dieses Systems kennzeichnen?

11. In Abschnitt 21.5 werden drei verschiedene Ausdrücke im Zusammenhang mit dem Kugelversuch verwendet: Anordnung, Zustand, und Verteilung. Bild 21.15 zeigt sechsmal dreizehn Spielkarten. Man ordne die einzelne Karte der einzelnen Kugel und die Farben den Rinnen zu.
   a) Wieviel verschiedene Anordnungen,
   b) wieviel Zustände und
   c) wieviel Verteilungen treten auf?

12.* Ein Gedankenversuch: Es seien 10 000 gleichartige Kugelgeräte nebeneinander auf der gleichen Kippachse befestigt. Bei jedem Kippvorgang werden alle Geräte gleichzeitig gekippt. Jedes Gerät enthält 10 Kugeln. Man kippt so oft, daß man sicher sein darf, daß jedes Gedächtnis ausgelöscht ist. Dann läßt man die Kugeln in die Rinnen zurückrollen. In wieviel Geräten wird man eine Gleichverteilung der Kugeln finden?

13.* $\mathcal{P}(N_1)$ sei die Wahrscheinlichkeit dafür, daß N_1 Kugeln (von insgesamt N Kugeln) in der ersten Rinne zu finden sind. N_1 kann die Werte 1, 2, . . . , N annehmen.
   a) Was bedeutet der Ausdruck
   $$\sum_{N_1=0}^{N} \mathcal{P}(N_1)?$$
   b) Kann man seinen Wert angeben, ohne ihn im einzelnen zu berechnen?

14. Welche Gesamtzahl von Zuständen gehört zu der in Bild 21.4 dargestellten Verteilung?

15. Man beweise: Verteilt man N Kugeln auf zwei Rinnen, dann ist die Gesamtzahl der Zustände 2^N.

16. Es wurde gesagt, daß die Fläche unter jeder Kurve in Bild 21.8 den Betrag 1 hat. Man nähere jede von den Kurven eingeschlossene Fläche durch zwei rechtwinklige Dreiecke flächengleich an. (Die von den Dreiecken nicht mit eingeschlossene Kurvenfläche muß etwa gleich der vom Dreieck zusätzlich eingeschlossenen Fläche sein.) Wie nahe an 1 liegt die Fläche der Dreiecke?

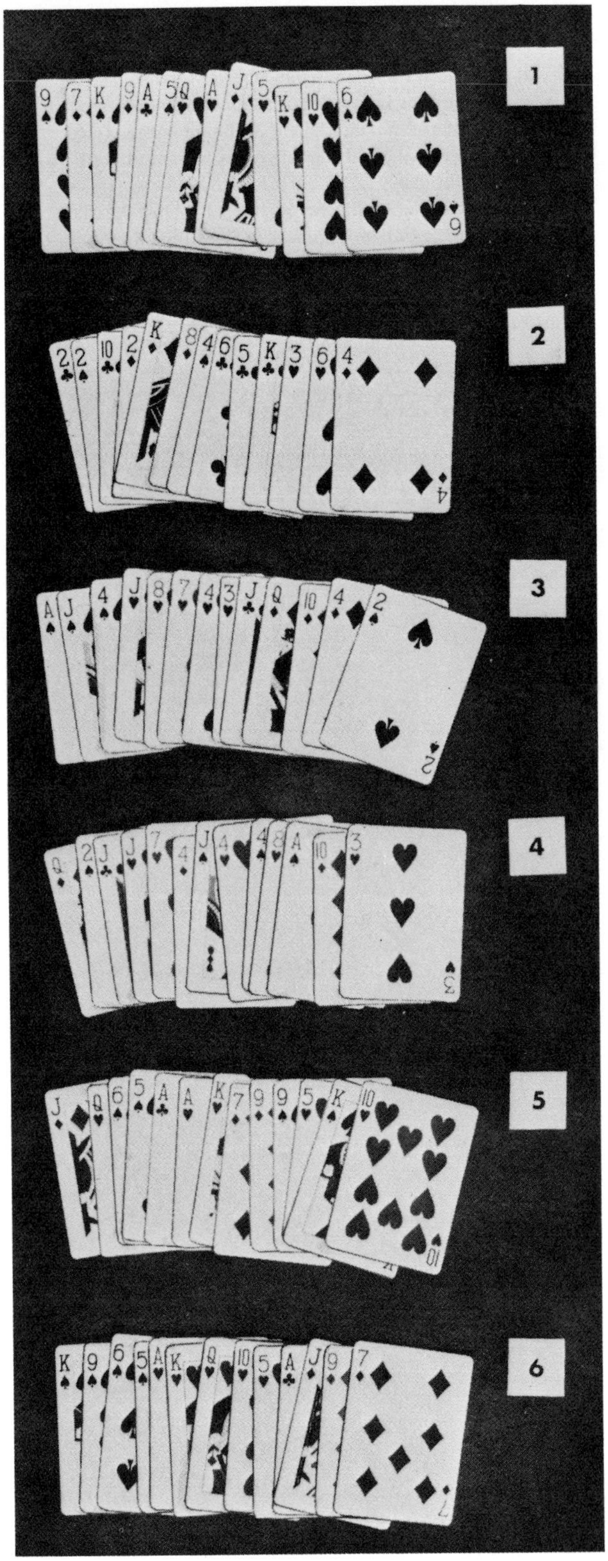

Bild 21.15. Zur Aufgabe 11

17. a) Entwickle den Ausdruck $(p + q)^N$ und zeige im einzelnen, daß der Koeffizient des Gliedes $p^{N_1}q^{N-N_1}$ dabei gleich dem im Abschnitt 21.6 definierten Ausdruck $W(N_1)$ ist.
    b) Indem man spezielle Werte für p und q einsetzt, läßt sich mit der Entwicklung von a) beweisen, daß $W(1) + W(2) + \ldots + W(N) = 2^N$ ist.

18. Ein Kugelgerät enthält N Kugeln. $W(N_1)$ stelle die Zahl der Zustände dar, bei denen sich N_1 Kugeln in der ersten Rinne befinden. $W(N - N_1)$ stellt die Anzahl der Zustände dar, bei denen $N - N_1$ Kugeln darin sind.
    a) Welcher Zusammenhang besteht zwischen $W(N_1)$ und $W(N - N_1)$?
    b) Wie müßte die Antwort zu a) geändert werden, wenn das Gerät eine Neigung zu Rinne 1 hin aufwiese?

19. Aus den Versuchsdaten in Bild 21.6 berechne man den durchschnittlichen Prozentsatz der in der ersten Rinne befindlichen Kugeln, nachdem die Anfangsverteilung „vergessen" wurde. Unterteilen Sie die Werte in vier gleich starke Gruppen und berechnen Sie den Mittelwert jeder Gruppe. Welche Schlüsse lassen sich aus den Ergebnissen ziehen?

20. Man hört manchmal folgendes Beispiel: Wenn ein Affe an einer Schreibmaschine sitzt und ständig nach dem Zufall auf die Tasten drückt, dann wird er irgendwann einmal auch ein vollständiges Manuskript von Shakespeares „Hamlet" erzeugen. Man schätze einmal ab, wie lange es dauern würde, bis der Affe allein die Worte „Sein oder Nichtsein" geschrieben hätte. (Man nehme an, daß die Maschine 32 Tasten hat und daß in jeder Sekunde eine Taste angeschlagen wird.)

21. Man kann mit bloßem Auge etwa 6 000 Sterne erkennen. Die Sterne mögen im Mittel gleichmäßig verteilt sein. In wieviel Teilbereiche könnte man (in Gedanken) das Himmelsgewölbe unterteilen, wenn man sicher sein wollte, daß die Anzahl der Sterne in zwei Teilbereichen nicht mehr als 10 Prozent voneinander abweicht?

22.* Ein Biologe teilt (in Gedanken) eine kreisförmige Glasschale (Radius r) durch einen Kreis mit dem Radius $\frac{r}{2}$ um den Mittelpunkt in zwei Abteilungen. Er füllt Wasser in die Schale und setzt im Mittelpunkt eine Menge von Organismen aus, die sich im Wasser frei bewegen können. Welcher Prozentsatz der Organismen wird nach einer gewissen Zeit im äußeren Ring gefunden?

23. Ein Aquarium enthält je 15 Fische zweier Arten, die voneinander in zwei gleichen Abteilungen getrennt sind. Die Fische schwimmen regellos und unabhängig voneinander hin und her. Zur Vereinfachung sei angenommen, daß dabei nach Fortnahme der Trennwand in jeder Sekunde ein Fisch von der einen in die andere Abteilung überwechselt.
    a) Wie lange würde es dauern, bis alle Fische der einen Art wieder in ihrer ursprünglichen Abteilung zusammenkämen?
    b) Wie lange würde es dauern, bis die Fische wieder nach Arten getrennt in den beiden Abteilungen vorgefunden werden?

24. Ein Gas dehnt sich frei von einem Behälter in einen anderen aus. Welche Daten würden den Zustand und die Verteilung des Gases in einem bestimmten Augenblick vollständig kennzeichnen?

25. In einem Behälter sind $6 \cdot 10^{23}$ Moleküle eines Gases enthalten. Man nehme einmal an, daß die Anzahl der Moleküle in beiden Hälften des Behälters in jedem Moment bestimmt werden könnte. Um wieviel würde sich die Anzahl von einer Zählung bis zur nächsten verändern?

26. Zwei verbundene Gefäße gleichen Volumens enthalten Luft bei Normaldruck. Die Gesamtzahl der Moleküle sei 10^{24}. Mit einer guten Pumpe kann man das Gas bis auf einen Druck von 10^{-12} bar herauspumpen. Man vergleiche die Weite Δ der Kurven, die man beim Auftragen von $N \mathcal{P}(N_1)$ gegen $\frac{N_1}{N}$ erhält (Bild 21.8), für diese beiden Bedingungen.

27. Ein Wohnzimmer hat ein Volumen $V = 100\ \mathrm{m}^3$. Es soll die Wahrscheinlichkeit dafür abgeschätzt werden, daß ein kleiner Teilraum mit $V_1 = 1\ \mathrm{cm}^3$ ohne äußeren Eingriff von allen Luftmolekülen entleert wird. N sei die Anzahl aller Luftmoleküle im Raum. Man stelle alle Annahmen explizit zusammen.

a) Welche Wahrscheinlichkeit besteht dafür, daß ein bestimmtes Luftmolekül zu einem bestimmten Zeitpunkt in dem kleinen Teilraum enthalten ist?
b) Mit welcher Wahrscheinlichkeit wird es dort nicht angefunden?
c) Mit welcher Wahrscheinlichkeit ist keins der N Moleküle in dem Teilraum? (Geben Sie die Antwort in Abhängigkeit von V, N und V_1.)
d) Man schätze N ab und berechne die Antwort zu c) zahlenmäßig. Dabei verwende man folgende mathematische Zusammenhänge: Für jede positive Zahl $x \ll 1$ gilt

$$(1+x)^k = 10^{k \lg(1+x)} = 10^{k \ln(1+x) \lg e}$$

$$\approx 10^{k\,x \lg e} \approx 10^{0,4\,kx}.$$

e) Wie groß ist die Wahrscheinlichkeit für den Fall, daß der Teilraum ein Würfel mit der Kantenlänge 10^{-10} m ist?

22. Entropie

22.1. Makroskopischer Zustand

Im vorangehenden Kapitel betrachteten wir mehrere Beispiele für Vorgänge, die spontan in einer Richtung verlaufen, nicht aber in der anderen. Um eine Erklärung für solche Prozesse zu finden, analysierten wir ein Experiment mit Kugeln. Dabei zeigte sich: Wie die Anfangsverteilung der hundert Kugeln auf die beiden Rinnen auch aussah, nach einer hinreichend großen Anzahl von Kippvorgängen blieb die Verteilung nahezu gleichmäßig. Dies ließ sich folgendermaßen begründen: Alle Zustände der Kugeln sind gleichwahrscheinlich. Zur Gleichverteilung gehört die größte Anzahl dieser Zustände, sie ist daher die wahrscheinlichste Verteilung. Während man zur Beschreibung eines Zustandes wissen muß, welche Kugel in welcher Rinne enthalten ist, braucht man zur Kennzeichnung einer Verteilung nur die Anzahlen der Kugeln in jeder Rinne.

In gleicher Weise ließ sich die freie Expansion eines Gases von einem Behälter in einen anderen beschreiben. Doch ist diese Beschreibung einfacher, wenn man dazu die Dichte und den Druck des Gases in jedem Behälter verwendet. Diese Größen sind einer direkten Messung zugänglich. Will man irreversible Prozesse, z.B. den unelastischen Stoß zwischen zwei Plastilinkugeln, untersuchen, beschreibt man das System ebenfalls durch direkt meßbare Größen wie Temperatur und kinetische Energie des Gesamtkörpers. Man spricht bei der Beschreibung durch solche direkt meßbaren Größen vom makroskopischen Zustand. Dieser ist vom mikroskopischen Zustand zu unterscheiden, für den die Angabe des Ortes und der Energie jedes einzelnen Atoms erforderlich ist. (Wenn im folgenden nur vom „Zustand“ gesprochen wird, ist immer der mikroskopische Zustand gemeint.)

In diesem Kapitel wird es unsere Aufgabe sein, ein Maß für den Vergleich verschiedener makroskopischer Zustände eines Systems zu finden. Damit soll beispielsweise angegeben werden, um wieviel wahrscheinlicher es ist, daß zwei in Wärmekontakt befindliche Metallblöcke die gleiche Temperatur beibehalten, als daß einer sich von selbst erwärmt, während sich der andere abkühlt.

Um dieses Ziel zu erreichen, werden wir zunächst reversible Prozesse untersuchen, das heißt Prozesse, die in beiden Richtungen ablaufen können. Bei solchen Prozessen können sich die makroskopischen Zustände des Systems erheblich voneinander unterscheiden. Aber alle makroskopischen Zustände müssen im wesentlichen gleich wahrscheinlich sein, wie sich aus der Tatsache ergibt, daß der Prozeß reversibel verläuft.

22.2. Reversibler Prozeß

Wir betrachten ein System, das aus vielen Atomen besteht, etwa aus L Atomen[1]), und darin vorkommende Prozesse. Diese Prozesse verlaufen nahezu reversibel, so lange die innere Bewegung der Atome praktisch nicht berührt wird. Die Planetenbewegung ist ein Beispiel für einen fast reversiblen Prozeß. Sieht man einen Film über die Bewegung der Erde auf ihrer Bahn um die Sonne, kann man nicht entscheiden, ob der Film vorwärts oder rückwärts läuft. Als weiteres Beispiel läßt sich die Bewegung eines Pendels nennen. Bei einer vollen Schwingung beginnt es links in einer bestimmten Höhe, schwingt dann nach rechts und wieder zurück nach links. Wenn es praktisch reibungsfrei aufgehängt ist und wenn der Pendelkörper so schwer ist, daß sich der Luftwiderstand kaum bemerkbar macht, dann wird bei der Rückkehr fast genau die gleiche Höhe wie zu Beginn erreicht. Bei einem Film, der eine volle Pendelschwingung zeigt, läßt sich nicht entscheiden, ob er die wirkliche Bewegung zeigt oder rückwärts läuft.

Läßt man das Pendel mehrere Schwingungen ausführen und trägt den Ort des Pendelkörpers in Abhängigkeit von der Zeit auf, dann erhält man die Schwingungskurve in Bild 22.1. Sie ist (für alle praktischen Anwendungen) nicht von einer Sinuskurve zu unterscheiden. Würde man von dem Moment an, der in Bild 22.1 durch die gestrichelte Linie markiert ist, den Ort des Pendelkörpers auftragen wie er in einem rückwärtslaufenden Film über die Bewegung bis zu diesem Zeitpunkt vorkommt, dann erhielte man die gleiche Kurve, wie sie der wirklichen Bewegung entspricht. Dagegen ist eine stark gedämpfte Schwingung offensichtlich irreversibel. Eine Darstellung des Pendelortes in Abhängig-

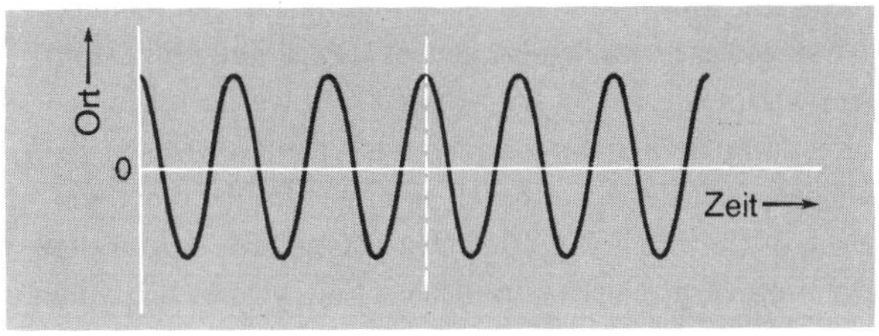

Bild 22.1. Schwingungskurve eines praktisch reibungsfrei schwingenden Pendels. Die Schwingungen links von der gestrichelten Linie wurden rechts noch einmal aufgetragen. Sie geben wieder, was man in einem rückwärts laufenden Film sehen würde. Es zeigt sich kein Unterschied zwischen den beiden Teilkurven; die Bewegung ist reversibel.

---

[1]) Die Loschmidt-Zahl $L = 6{,}03 \cdot 10^{23}$ gibt die Anzahl der Moleküle in einem Mol an. Mit ihrer Hilfe lassen sich Erscheinungen des atomaren Bereichs einfacher beschreiben. Wir werden L von nun an gelegentlich benutzen.

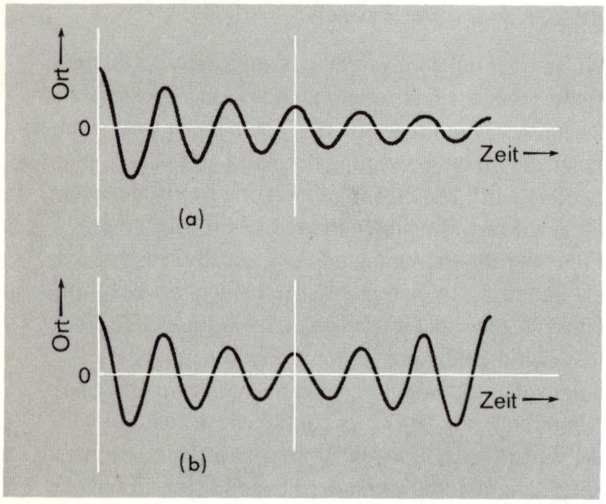

Bild 22.2. Sind die Schwingungen des Pendels stark gedämpft, so sieht die Kurve der wirklichen Bewegung in a) rechts von der gestrichelten Linie nicht überein mit der Kurve in b), die sich dadurch ergibt, daß man einen Film der bis dahin ausgeführten Bewegung rückwärts ablaufen läßt. In diesem Fall ist die Bewegung nicht reversibel.

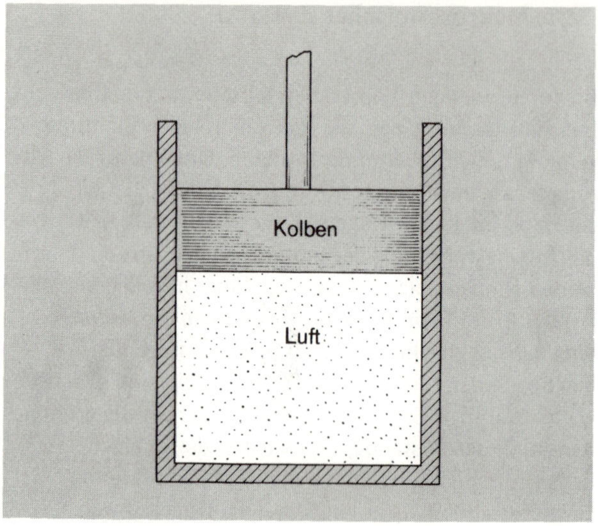

Bild 22.3. Zieht man den Kolben nach außen oder drückt ihn nach innen, dann veranlaßt ihn eine rücktreibende Kraft zu Schwingungen um seine Ruhelage. Diese Kraft ergibt sich aus der Änderung des Luftdruckes.

keit von der Zeit würde wie die Kurve in Bild 22.2a aussehen. Ersetzen wir in dieser Kurve den Teil rechts von der gestrichelten Linie spiegelbildlich durch den Teil, der die Bewegung bis zu diesem Zeitpunkt beschreibt, so erhalten wir die Kurve in Bild 22.2b. Man hat bisher keine freie Schwingung beobachtet, die durch eine solche Kurve dargestellt wird.

In Wirklichkeit gibt es kein Pendel, das sich vollständig reibungsfrei bewegt. Alle Pendelbewegungen sind (über längere Zeit gesehen) gedämpft und daher irreversibel. Als geeignetes Maß für den Grad der Irreversibilität einer Pendelschwingung läßt sich die Zeit verwenden, in der die Amplitude der Schwingung auf den halben Anfangswert zurückgegangen ist. Diese Zeit soll *Dämpfungszeit* oder *Halbwertszeit* genannt werden. Eine ungedämpfte Schwingung läßt sich dann auffassen als der idealisierte Grenzfall einer gedämpften Schwingung mit unendlich großer Dämpfungszeit. Beim Extrapolieren vom realen zum idealen Fall wird es bequemer sein, den Kehrwert der Dämpfungszeit, die sogenannte *Dämpfungskonstante* zu verwenden. Die ungedämpfte Schwingung hat dann die Dämpfungskonstante Null.

22.3. Ein Gas-Oszillator

Im idealen , reibungsfreien Fall wird die innere Bewegung der Atome des Pendelkörpers nicht durch seine Gesamtbewegung beeinflußt. Die Pendelbewegung läßt sich durch die Angabe des Ortes in Abhängigkeit von der Zeit beschreiben. Kann nun auch ein System, in dem sich die innere Bewegung der Atome ändert, eine nahezu ungedämpfte Schwingung ausführen? Diese Frage soll mit Hilfe eines Versuches beantwortet werden. Wir betrachten einen luftgefüllten Zylinder, in dem sich ein schwerer Kolben bewegen kann (schematische Darstellung in Bild 22.3). Zieht man den Kolben aus seiner Gleichgewichtslage und gibt ihn dann frei, so führt er Schwingungen aus. Die rücktreibende Kraft dieser Schwingung ergibt sich aus dem Druck des Gases auf den Kolben, geht also auf die innere Bewegung der Atome zurück. Es soll nun untersucht werden, ob die Schwingung praktisch ungedämpft verläuft, wenn nur die Reibung zwischen dem Kolben und dem Zylinder hinreichend klein ist.

Es ist nicht leicht, die Kolbenreibung zu verringern und dabei einen luftdichten Abschluß zwischen Kolben und Zylinder zu erhalten. Wir erreichen dieses, indem wir zwischen Zylinder und Kolben eine elastische Gummimembran spannen. Diese besitzt eine sehr kleine innere Reibung und geringe rücktreibende Kräfte. Daher ist die Kraft auf den Kolben, der aus seiner Gleichgewichtslage gezogen wurde, auf die Änderung des Gasdrucks im Zylinder zurückzuführen. Diese Kraft und nicht die Spannung der Gummimembran beschleunigt den Kolben.

Wird das Gas im Zylinder zusammengedrückt, so steigen sein Druck und seine Temperatur. Expandiert das Gas, so fallen Druck und Temperatur. Will man sicher sein, daß zu jedem Zeitpunkt sowohl Druck als auch Temperatur in dem gesamten System den gleichen

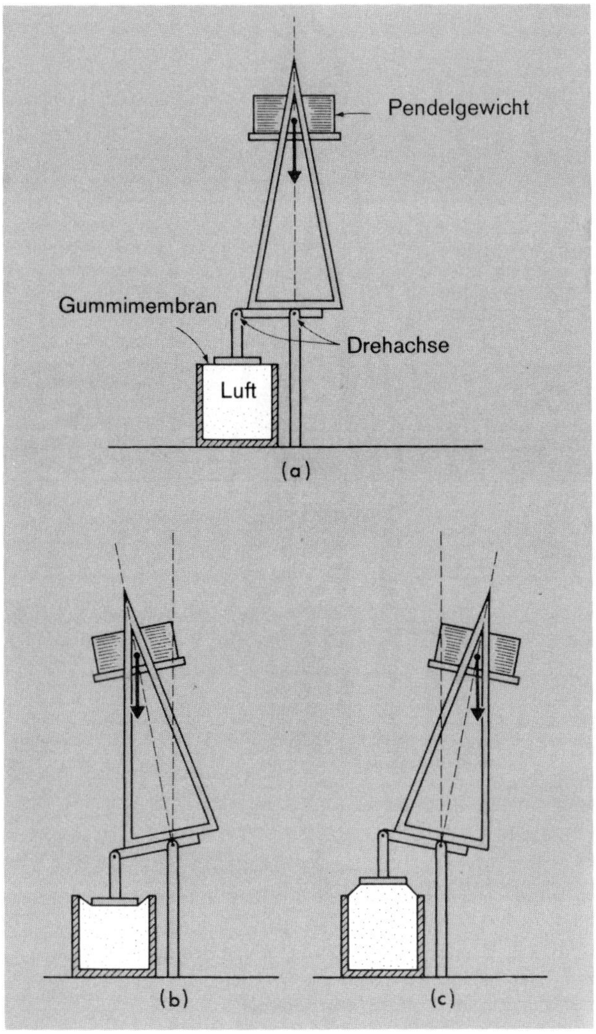

Bild 22.4

a) Das „umgekehrte" Pendel besteht aus einem Gestänge, an dessen Spitze ein schwerer Körper befestigt ist. Es kann sich um eine Drehachse drehen, die sich oben in einer festen Auflage befindet. Durch eine weitere Achse ist das umgekehrte Pendel mit dem Kolben des luftgefüllten Zylinders verbunden.

b) und c). Wenn sich der Kolben auf- und abbewegt, schwingt das umgekehrte Pendel nach rechts und nach links. Eine elastische Gummimembran zwischen Zylinder und Kolbenrand schließt die Luft im Zylinder ab, ohne die Reibung des Systems merklich zu vergrößern.

Wert haben, dann muß die Bewegung des Kolbens sehr langsam erfolgen. Dies könnte man dadurch erreichen, daß man den Kolben sehr schwer macht, er würde dadurch aber sehr unhandlich werden. Man erzielt den gleichen Effekt und hält die Masse des schwingenden Kolbens in vernünftigen Grenzen, wenn man eine Kraft ausübt, die der rücktreibenden Kraft des Gases entgegenwirkt. Dies kann man durch ein „umgekehrtes" Pendel erreichen (Bild 22.4). Befindet sich der Kolben in der Gleichgewichtslage (a), so wirkt das Gewicht des Pendelkörpers nur auf das Auflager. Wird nun die Luft zusammengepreßt und übt eine Kraft aus, die den Kolben nach oben bewegt (b), dann ist das Pendel aus seiner Ruhelage gebracht und ein Teil des Gewichtes wirkt nach unten auf den Kolben. Befindet sich der Kolben oberhalb seiner Gleichgewichtslage (c), so ist der Luftdruck im Innern des Zylinders geringer als außen. Daraus ergibt sich eine Kraft, die den Kolben nach unten bewegt. Doch nun neigt sich das Pendel nach der anderen Seite und ein Teil seines Gewichts zieht den Kolben nach oben, vermindert also wieder die rücktreibende Kraft. Ein Gerät, das diesen Gedanken verwirklicht, ist in Bild 22.5 abgebildet. Alle Meßwerte, die in diesem Abschnitt diskutiert werden, wurden mit diesem Gerät gewonnen.

Die erste Messung wurde zur Bestimmung der Dämpfungszeit vorgenommen. Wie man erwarten kann, ist sie endlich. Es ergab sich ein Wert von 7,6 T, wobei T die Dauer einer Schwingung ist. Das bedeutet, daß die Amplitude nach 7,6 vollen Schwingungen auf den halben Anfangswert zurückgeht. Dies entspricht einem Dämpfungskoeffizienten von $0{,}13\ T^{-1}$. Man könnte geneigt sein, die mechanische Reibung für die gesamte Dämpfung verantwortlich zu machen. Doch konnte man die Wirkung der Reibung direkt prüfen, indem man den Zylinder durch zwei Stahlfedern ersetzte. Mit ihnen erzeugte man Schwingungen der gleichen Schwingungsdauer wie beim Gas (Bild 22.6). Bei diesem Kontrollversuch ergab sich, daß die Reibung in den Lagern und der Luftwiderstand nur den Wert $0{,}04\ T^{-1}$ für die Dämpfungskonstante ergeben. Woher stammen die restlichen $0{,}09\ T^{-1}$?

Zur Beantwortung dieser Frage soll der Prozeß der Kompression und der Expansion der Luft genauer untersucht werden. Wird Luft komprimiert, so steigt ihre Temperatur. Haben die Luft und der Zylinder vor Beginn des Versuchs die gleiche Temperatur, dann wird während der Kompressionsphase des Schwingungsvorganges die Luft wärmer als der umgebende Zylinder. Etwas Wärmeenergie geht von der Luft auf den Zylinder über, um diesen Betrag wird die mechanische Energie des Pendels vermindert.

Aus der Erfahrung wissen wir, daß ein solcher Wärmestrom ein irreversibler Prozeß ist. Daher hat der Kolben beim Durchgang durch seine Gleichgewichtslage etwas kinetische Energie verloren. Seine größte Auslenkung nach oben wird kleiner als die erste Auslenkung nach unten sein. Die Schwingung ist gedämpft.

Der Wert der größten Temperaturdifferenz zwischen dem Gas und dem Behälter (und damit der Betrag des irreversiblen Wärmestroms) hängt von der Fläche ab, mit der das Gas den Behälter berührt. Ist die Fläche

Bild 22.5. Ein Gas-Oszillator, der nach der Zeichnung in Bild 22.4 gebaut wurde. Eine feste Lichtquelle wurde rechts oberhalb der Zentralachse angebracht. Von dort fällt ein feiner Lichtstrahl auf einen Spiegel, der sich oben unterhalb der Plattform mit dem Bleikörper befindet. Der reflektierte Lichtstrahl trifft auf einen dünnen Draht, der (nicht sichtbar im Bild) unten rechts im Gestänge eingespannt ist. Der Schatten dieses Drahtes bewegt sich bei den Schwingungen des Pendels über ein weißes Papier, das auf dem Betonklotz rechts neben dem Zylinder liegt. Dadurch werden die Amplituden der Schwingung meßbar.

Bild 22.6. Ersetzt man den Zylinder und den Kolben durch zwei Stahlfedern, dann kann die Wirkung der Reibung im Lager und in der Luft gemessen werden.

groß, so wird die Wärme schnell übertragen und die größte Temperaturdifferenz zwischen dem Gas und dem Behälter bleibt klein. Daher sind auch die Temperaturänderungen innerhalb des Gases während der Schwingung nur klein. Wie macht sich dies auf die Dämpfung bemerkbar?

Ein einfacher Weg, die Kontaktfläche zum Behälter zu vergrößern, besteht darin, eine große Zahl von dünnen Aluminiumfolien in den Zylinder einzuführen. Dadurch wird das Gasvolumen nur geringfügig und der sich bewegende Teil des Oszillators überhaupt nicht geändert. Die Anordnung der Folien zeigen die Bilder 22.7 und 22.8. Die Aluminiumfolien haben zusammen mit dem Zylinder und dem Kolben eine sehr große Wärmekapazität. Das heißt, sie können eine große Wärmeenergie aufnehmen, ohne daß sich ihre Temperatur merklich ändert.

Aus den Versuchen ergaben sich die in Tabelle 1 zusammengestellten Werte für die größte Temperaturdifferenz bei verschiedenen Folienzahlen, die zugehörigen Dämpfungszeiten und Dämpfungskoeffizienten. Die Temperatur des Gases wurde durch ein Widerstandsthermometer gemessen. Die Anfangsamplitude war in allen Fällen gleich groß. Die gesamte Oberfläche von Zylinder und Kolben stimmte mit der Fläche von 3,5 Folien überein. Der Dämpfungskoeffizient, der auf die mechanische Reibung zurückgeht, wurde unabhängig von der Folienzahl zu etwa 0,04 T^{-1} bestimmt. Dieser Wert wurde von dem Wert subtrahiert, der aus der beobachteten Dämpfungszeit berechnet wurde. Dadurch ergab sich die letzte Spalte der Tabelle 1.

Bild 22.7. Die Kontaktfläche zwischen Behälter und Luft kann beträchtlich vergrößert werden, ohne das Volumen merklich zu ändern. Man legt Schichten gewellter Aluminiumfolien in den Zylinder. Das Bild zeigt den Fall, daß 25 Schichten im Zylinder angeordnet sind. Um sie sichtbar zu machen, wurde der Zylinder entfernt.

Bild 22.8. In dem Zylinder befinden sich jetzt 400 Aluminiumfolien.

Tabelle 1

Oberfläche Anzahl n der Folien	Temperaturdifferenz $\Delta\vartheta$ in willkürlichen Einheiten	Dämpfungszeit t_d in Schwingungsdauern T	Dämpfungskoeffizienten α in T^{-1} $\alpha = \frac{1}{T}$	$\alpha' = \alpha - 0{,}04\ T^{-1}$
3,5	4,1	7,6	0,13	0,09
28,5	–	1,57	0,64	0,60
53,5	–	1,35	0,74	0,70
103,5	1,00	2,3	0,44	0,40
203,5	0,54	4,1	0,24	0,20
303,5	0,33	5,0	0,20	0,16
403,5	0,25	6,3	0,16	0,12

Man erkennt aus Tabelle 1, daß die größte Temperaturdifferenz des Gases mit zunehmender Zahl von Aluminiumfolien abnimmt. Der (reduzierte) Dämpfungskoeffizient α' wächst zunächst stark an und nimmt dann langsam wieder ab. Bild 22.9 zeigt die Abhängigkeit des Dämpfungskoeffizienten α' von der Folienzahl.

Die verschiedenen Teile der Kurve auf beiden Seiten des Maximums sollen genauer diskutiert werden. Links verläuft die Kurve in Richtung auf den Ursprungspunkt. Dieser Punkt kann nicht experimentell bestätigt werden, da man kein Gas komprimieren kann, ohne es in einen Behälter einzuschließen. Und die Wände des Behälters haben eine endliche Oberfläche. Trotzdem hat der Punkt eine physikalische Bedeutung. Wenn die Oberfläche des Behälters abnimmt, dann nimmt auch die Wärmemenge ab, die von der Luft auf den Behälter übergeht. Geht die Fläche gegen Null, so geht auch die übertragene Wärmemenge gegen Null. Im Grenzfall wird zwar mechanische Energie des Systems in innere Energie der Luft umgewandelt, doch die innere Energie des Behälters erhöht sich nicht. Dehnt sich das Gas aus, wird der gleiche Betrag an innerer Energie wieder in mechanische Energie zurückverwandelt. Falls sich die Reibung vollständig beseitigen ließe, würden die Schwingungen ungedämpft erfolgen, der Prozeß verliefe reversibel.

Um den Verlauf der Kurve in Richtung größer werdender Fläche zu verfolgen, tragen wir sowohl die Temperaturdifferenz $\Delta\vartheta$ als auch die (reduzierten) Dämpfungskoeffizienten α' in Abhängigkeit vom Kehrwert $\frac{1}{n}$ der Fläche auf (Bilder 22.10 und 22.11). Man erkennt, daß beide Kurven durch den Ursprungspunkt gehen. Da der Grenzwert $\lim\limits_{n \to \infty} \frac{1}{n} = 0$ einer unendlich großen Oberfläche entspricht, ergibt sich für den Grenzfall keine Temperaturänderung im Gas während der Schwingung. Ein Teil der mechanischen Energie des Systems wird während der Kompression und der Expansion von der Aluminiumfolie absorbiert

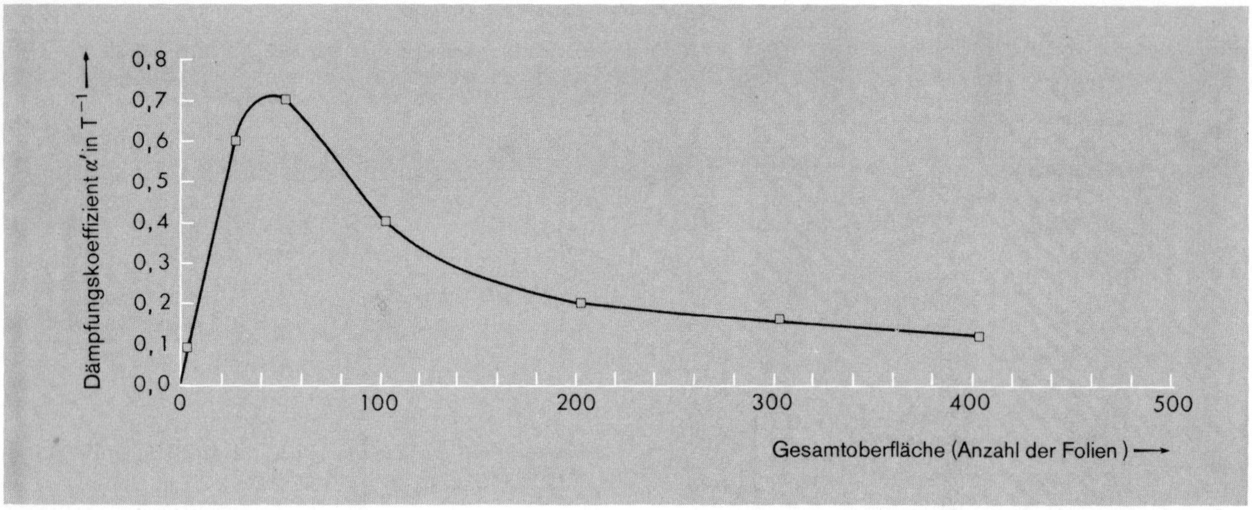

Bild 22.9. Der Dämpfungskoeffizient, der sich aufgrund des Wärmeaustausches ergibt, in Abhängigkeit von der Größe der Kontaktfläche. Die Werte wurden mit dem in Bild 22.5 dargestellten Gerät gemessen.

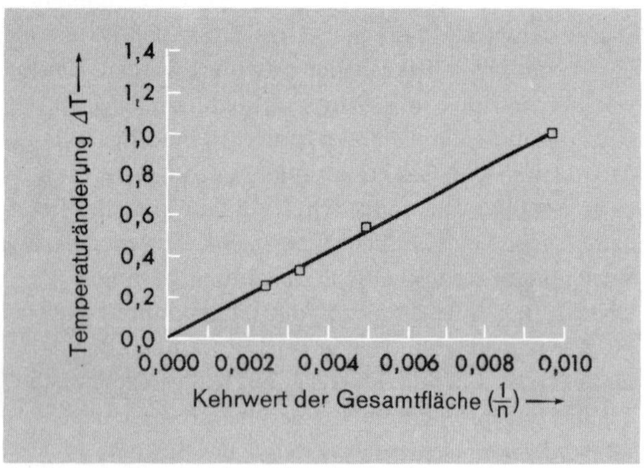

Bild 22.10. Die Temperaturdifferenz der eingeschlossenen Luft während einer Schwingungsdauer wurde in Abhängigkeit vom Kehrwert der Kontaktfläche aufgetragen. Man kann die Kurve durch die Meßpunkte in den Ursprungspunkt hinein verlängern. Das heißt: Wenn die Kontaktfläche unendlich groß wird, dann bleibt die Temperatur der Luft konstant.

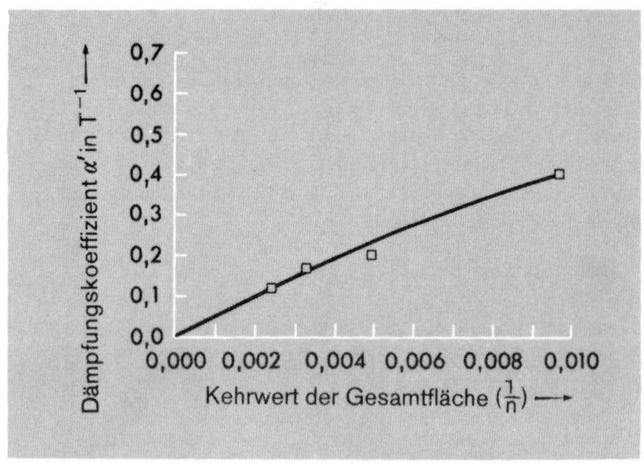

Bild 22.11. Auch die Kurve, die den Dämpfungskoeffizienten α' in Abhängigkeit vom Kehrwert der Kontaktfläche darstellt, kann man in den Ursprungspunkt verlängern. Wäre die Kontaktfläche unendlich groß, dann würde aufgrund des Wärmeaustausches keine Dämpfung erfolgen.

und zurückgegeben, ohne daß sich die Temperatur des Gases ändert. Wegen $\alpha' = 0$ würden die Schwingungen (ohne Reibung) auch ungedämpft erfolgen; der Prozeß wäre auch in diesem Fall reversibel.

22.4. Adiabatische und isotherme Prozesse

Der vorangehende Abschnitt ergab, daß sich der Gas-Oszillator, den Bild 22.5 zeigt, in zwei Richtungen dem Grenzfall ungedämpfter Schwingungen nähert. Der erste Fall ist dadurch gekennzeichnet, daß die Kontaktfläche gleich Null ist. Dann ergibt sich eine große Temperaturdifferenz im Gas, doch findet keine Wärmeübertragung vom Gas an den Behälter oder umgekehrt statt. Im zweiten Fall ist die Oberfläche unendlich groß. Dann entsteht keine Temperaturdifferenz, doch ein starker Wärmestrom. Diese beiden Fälle sollen nun genauer untersucht werden.

Im ersten Fall wird mit dem Behälter keine Wärme ausgetauscht. Man nennt solche Prozesse, bei denen keine Wärme in das System hinein oder aus dem System heraus fließt, *adiabatische Prozesse*. Aus unseren

Überlegungen erhebt sich nun die Frage, ob alle adiabatischen Prozesse notwendigerweise reversibel verlaufen. Betrachten wir beispielsweise einen Oszillator, wie er in Bild 22.5 dargestellt ist, aber mit einer beträchtlich stärkeren rücktreibenden Kraft. Der Kolben werde hochgehoben und dann freigegeben. Wenn der Kolben sich nach unten bewegt, komprimiert er die Luft in seiner Nähe und erhöht dabei ihre Temperatur. Nun kann es Wirbel geben, und für eine Zeit wird die Luft in der Nähe des Kolbens wärmer sein als die Luft weiter unten im Zylinder. Wärme wird vom wärmeren Gebiet in das kältere übergehen, die Temperaturen gleichen sich aus. Dabei wirkt die Luft, die sich weiter unten im Zylinder befindet, wie die Wand eines imaginären Behälters. Die Schwingungen werden gedämpft erfolgen, sogar in dem Grenzfall, daß keine Wärme durch die Wände des wirklichen Behälters übertragen wird. Die Wärme wird sich nur dann nicht von einem wärmeren zu einem kälteren Gebiet ausbreiten, wenn sich der Kolben hinreichend langsam bewegt. Dann steigt die Temperatur im gesamten Innenraum zugleich an. Es ist daher zu erwarten, daß nur solche adiabatischen Prozesse reversibel verlaufen, bei denen infolge des langsamen Ablaufs die Temperatur zu jedem Zeitpunkt im gesamten System die gleiche ist.

Der Oszillator werde nun mit etwa 50 Aluminiumfolien im Zylinder versehen. Wieder wird der Kolben gehoben und dann freigegeben. Auch wenn sich der Kolben ganz langsam bewegt und das Gas gleichmäßig erwärmt wird, geht Wärmeenergie von dem Gas auf das Aluminium über. Daher entsteht wie im Falle der schnellen Bewegung ein Wärmestrom von einem wärmeren in einen kälteren Bereich. Die Schwingung erfolgt somit gedämpft. Erhöht man nun die Anzahl der Aluminiumfolien, kann sich das Gas kaum noch erwärmen. Die innere Energie, die es beim Niedergehen des Kolbens zusätzlich erhält, teilt es sofort mit den Aluminiumfolien; die Temperatur erhöht sich nicht. Bewegt sich danach der Kolben langsam wieder nach oben, so fließt die Wärme (bei großer Anzahl der Folien) von dem Aluminium zurück in das Gas, bevor es abkühlen kann. Im Grenzfall unendlich großer Oberfläche bleiben das Gas und die Aluminiumfolien ständig auf der gleichen Temperatur, die Wärme fließt gleichmäßig gut in beiden Richtungen, und ein Teil der mechanischen Energie des Kolbens kann in innere Energie der Aluminiumfolien verwandelt werden und umgekehrt. Da während der gesamten Schwingung keine Änderung der Temperatur stattfindet, spricht man von einem *isothermen Prozeß*.

Hier ist ein Wort der Vorsicht am Platz. Ein isothermer Prozeß verläuft nicht notwendigerweise reversibel. In Kapitel 21 untersuchten wir die freie Expansion eines idealen Gases. Wenn ein ideales Gas von einem Behälter in einen anderen, der vorher leer war, expandiert, dann ändert sich die Temperatur des Gases nicht. Der Prozeß ist aber nicht reversibel, selbst wenn der Übergang ganz langsam durch ein sehr kleines Loch erfolgt. Obwohl die Hauptmenge des Gases in beiden Behältern in Ruhe bleibt und sich die Temperatur nicht ändert, hat das Gas in der Nähe der Öffnung eine Driftgeschwindigkeit und befindet sich daher in einem wesentlich anderen Zustand als der übrige Teil. Offensichtlich müssen im gesamten Gas die gleichen Bedingungen herrschen, damit ein isothermer Prozeß reversibel verläuft. Die reversible Schwingung muß nicht nur ganz langsam verlaufen, es ist ein guter Wärmekontakt zu einem Körper mit großer Wärmekapazität erforderlich, damit im ganzen System die gleichen Bedingungen vorhanden sind. In dieser Hinsicht sind die Aluminiumfolien gut geeignet, stellen aber nicht die einzige Möglichkeit dar. Man hätte genau so gut eine große Anzahl dünner Kupferstreifen gleichmäßig verteilen können. Jeder derartigen Anordnung, die eine große Wärmekapazität und einen guten Wärmekontakt liefert, wird ein *Wärmebad* genannt.

22.5. Freie Expansion und isotherme Expansion eines idealen Gases

Die freie Expansion eines idealen Gases ist ein irreversibler Prozeß. Kein mechanisches Gesetz verbietet es, doch ist es außerordentlich unwahrscheinlich, daß ein Gas, das im Gleichgewicht ein Volumen V_2 einnimmt, aufgrund der regellosen Bewegung seiner Atome später ein kleineres Volumen $V_1 < V_2$ hat. Diese Beobachtung ist auf ein im Gleichgewicht befindliches Gas beschränkt. Das ist ein Gas mit einheitlicher Dichte, Temperatur und ohne eine Gesamtbewegung. Sind diese Bedingungen nicht erfüllt, hat beispielsweise das Gas eine hohe Strömungsgeschwindigkeit in einer bestimmten Richtung und wird der Strom plötzlich unterbrochen, dann ist es möglich, daß ein Bereich ohne Gas entsteht, zumindestens für eine kurze Zeit.

Um die Wahrscheinlichkeit zu berechnen, mit der man alle Moleküle eines Gases in einem Volumen V_1 oder V_2 antrifft, benutzt man zweckmäßigerweise ein Bezugsvolumen V_0. Dieses enthält alle Gasmoleküle und ist größer als V_1 oder V_2. Befindet sich das Gas im Gleichgewicht, besteht für ein Molekül die gleiche Wahrscheinlichkeit, sich in einem beliebigen Teil des Volumens V_0 zu befinden. Die Wahrscheinlichkeit, das Molekül in V_0 anzutreffen, ist 1. Die Wahrscheinlichkeit für das Antreffen in V_1 ist V_1/V_0. In einem idealen Gas ist der Ort eines Moleküls unabhängig vom Ort der anderen. Daher ist die Wahrscheinlichkeit, zwei Moleküle in V_1 anzutreffen, gleich dem Produkt

$$\frac{V_1}{V_0}\frac{V_1}{V_0} = \left(\frac{V_1}{V_0}\right)^2.$$

Für das Antreffen aller N Moleküle in V_1 ist die Wahrscheinlichkeit

$$\mathcal{P}_1 = \left(\frac{V_1}{V_0}\right)^N.$$

Entsprechend ist die Wahrscheinlichkeit, alle Gasmoleküle im Volumen V_2 zu finden,

$$\mathcal{P}_2 = \left(\frac{V_2}{V_0}\right)^N.$$

Das Verhältnis $\mathcal{P}_1/\mathcal{P}_2 = (V_1/V_2)^N$ dieser Wahrscheinlichkeiten ist unabhängig vom Bezugsvolumen V_0. Beträgt das Volumenverhältnis $V_1/V_2 = 1/2$, dann ergibt sich $\mathcal{P}_1/\mathcal{P}_2 = \mathcal{P} = (1/2)^N$ in Übereinstimmung mit Abschnitt 21.6.

Diese Wahrscheinlichkeiten sollen nun für makroskopische Mengen eines Gases abgeschätzt werden. Wir nehmen $V_1 = 0{,}99\ V_2$ und $N = 10^{24}$. Dann ist $\mathcal{P}_1/\mathcal{P}_2 = 0{,}99^{10^{24}}$ praktisch gleich Null. Um zu erkennen, wie klein der Wert ist, wird auf beiden Seiten der Logarithmus gebildet:

$$\begin{aligned}\lg(\mathcal{P}_1/\mathcal{P}_2) &= 10^{24} \cdot \lg 0{,}99\\ &\approx 10^{24} \cdot (-0{,}01).\end{aligned}$$

Damit ergibt sich $\mathcal{P}_1/\mathcal{P}_2 \approx 10^{-10^{22}}$. Daher wird ein Gas, das frei von V_1 nach V_2 expandiert, niemals von selbst nach V_1 zurückgehen. Wie lassen sich dann die isothermen reversiblen Schwingungen erklären, bei denen das Volumen des Gases periodisch bei konstanter Temperatur größer und kleiner wird? Offenbar muß beim isothermen reversiblen Expandieren etwas geschehen, wodurch die riesige Änderung der Wahrscheinlichkeit kompensiert wird.

In dem Gas-Oszillator lassen sich zwei Teile unterscheiden, das Gas und das Wärmebad. Das Gas reagiert nicht chemisch mit dem Wärmebad und wird nicht von ihm absorbiert, die Temperaturen des Gases und des Wärmebades stimmten stets überein. Dann ändert die Tatsache, daß ein Wärmekontakt besteht, weder den Zustand des Gases noch den des Wärmebades. Das bedeutet, daß die Wahrscheinlichkeiten der Zustände des Gases und des Wärmebades als unabhängig betrachtet werden können.

Daraus folgt: Wenn die Wahrscheinlichkeit des makroskopischen Zustandes des Gases $\mathcal{P}_{Gas}$ und die Wahrscheinlichkeit des makroskopischen Zustandes des Wärmebades $\mathcal{P}_{Bad}$ ist, dann ist die Wahrscheinlichkeit des makroskopischen Zustandes des ganzen System

$$\mathcal{P}_{System} = \mathcal{P}_{Gas}\ \mathcal{P}_{Bad}.$$

Expandiert das Gas isotherm von einem Volumen V_1 auf ein Volumen V_2, so ändert sich seine innere Energie nicht. Aber die Wahrscheinlichkeit des makroskopischen Zustandes des Gases ändert sich von $\mathcal{P}_{1\,Gas}$ auf $\mathcal{P}_{2\,Gas}$. Es fließt Wärmeenergie aus dem Wärmebad durch das Gas und erhöht die kinetische Energie von Kolben und Pendel. Dadurch ändert sich die Wahrscheinlichkeit des makroskopischen Zustandes des Wärmebades auf $\mathcal{P}_{2\,Bad}$. Da der Prozeß reversibel verläuft, muß die Gesamtwahrscheinlichkeit des Systems im wesentlichen ungeändert bleiben:

$$\mathcal{P}_{1\,System} = \mathcal{P}_{2\,System}.$$

Aus der Gleichung

$$\mathcal{P}_{1\,Gas}\ \mathcal{P}_{1\,Bad} = \mathcal{P}_{2\,Gas}\ \mathcal{P}_{2\,Bad}$$

folgt die Proportion

$$\frac{\mathcal{P}_{2\,Gas}}{\mathcal{P}_{1\,Gas}} = \frac{\mathcal{P}_{1\,Bad}}{\mathcal{P}_{2\,Bad}}.$$

Das Verhältnis $\mathcal{P}_{2\,Gas} : \mathcal{P}_{1\,Gas}$ ist für die isotherme reversible Expansion ebenso groß wie für die freie Expansion. In beiden Fällen bleibt nämlich die Temperatur des Gases fest und die innere Energie ändert sich nicht. Damit ergibt sich für die isotherme reversible Expansion

$$\frac{\mathcal{P}_{1\,Bad}}{\mathcal{P}_{2\,Bad}} = \frac{\mathcal{P}_{2\,Gas}}{\mathcal{P}_{1\,Gas}} = \left(\frac{V_2}{V_1}\right)^N.$$

Diese Beziehung gibt an, wie sich die Wahrscheinlichkeit des makroskopischen Zustandes des Wärmebades bei dem reversiblen Prozeß ändert. Sie hat sich geändert, weil eine bestimmte Wärmeenergie Q aus dem Wärmebad herausgeströmt ist. Dabei ist es unerheblich, ob diese Wärmeenergie von einem expandierenden Gas aufgenommen und an das Pendel weitergegeben wurde oder ob sie in anderer Weise ausgenutzt wurde. Mit anderen Worten: Man müßte die Änderung der Wahrscheinlichkeit des Wärmebades durch die Größen ausdrücken können, die die Änderung im Wärmebad beschreiben, also durch die Wärmeenergie Q und die absolute Temperatur T. Tatsächlich kann man das Verhältnis V_2/V_1 durch Q und T ausdrücken: Da die Temperatur des Gases während der Expansion konstant bleibt, wird die Wärmeenergie Q aus dem Bad vollständig in mechanische Energie des Kolbens verwandelt. Diese Zunahme der mechanischen Energie ist gleich der Arbeit, die vom expandierenden Gas am Kolben verrichtet wird.

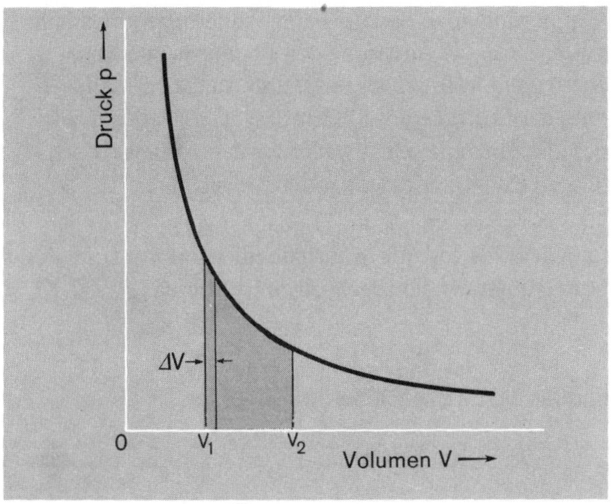

Bild 22.12. Expandiert ein Gas bei konstanter Temperatur, dann verrichtet es am Kolben Arbeit. Diese wird durch die Fläche unter der Kurve $p = NkT/V$ von V_1 bis V_2 dargestellt.

Die Kraft auf den Kolben erhält man als Produkt aus dem Gasdruck p und der Kolbenfläche A. Bliebe der Druck während der Expansion konstant, dann wäre die verrichtete Arbeit W das Produkt aus Kraft und Weg:

$$W = F\Delta s = pA\Delta s = p\Delta V.$$

Darin ist ΔV die Zunahme des Gasvolumens. Nun nimmt aber der Druck p während der Expansion gemäß der Beziehung $p = Nk\frac{T}{V}$ ab, wobei k die Boltzmann-Konstante ist. Die verrichtete Arbeit wird durch die Fläche unter der Kurve dargestellt, die den Druck in Abhängigkeit vom Volumen zeigt (Bild 22.12). Durch Integration erhält man für die Fläche und damit für die Arbeit den Ausdruck

$$W = N\,kT \ln\frac{V_2}{V_1}.$$

(Die Rechnung ist in 22.5.1 wiedergegeben.) Die so berechnete Arbeit ist gleich der Wärmeenergie Q, die vom Wärmebad übertragen worden ist. Somit erhält man

$$Q = N\,kT \ln\frac{V_2}{V_1} = kT \ln\left(\frac{V_2}{V_1}\right)^N.$$

Die Beziehung

$$\frac{\mathcal{P}_{1\,\text{Bad}}}{\mathcal{P}_{2\,\text{Bad}}} = \left(\frac{V_2}{V_1}\right)^N,$$

die oben hergeleitet wurde, kann in die Gleichung für die Wärmeenergie eingesetzt werden. Dann ergibt sich

$$Q = kT \ln\frac{\mathcal{P}_{1\,\text{Bad}}}{\mathcal{P}_{2\,\text{Bad}}}$$

und

$$\ln\frac{\mathcal{P}_{1\,\text{Bad}}}{\mathcal{P}_{2\,\text{Bad}}} = \frac{Q}{kT}.$$

Damit ist die gesuchte Beziehung gefunden. Das Verhältnis der Wahrscheinlichkeiten von Anfangs- und Endzustand des Wärmebades wird durch die Wärmeenergie Q, die aus dem Bad strömt, und durch die absolute Temperatur T des Wärmebades ausgedrückt.

Man beachte, daß in dieser Beziehung nicht zum Ausdruck kommt, auf welche Weise das Wärmebad hergestellt wird. Es spielt keine Rolle, ob die Wärmemenge aus einer großen Anzahl von Aluminiumfolien, aus einem Eisenblock oder aus einem Behälter mit Wasser und Eis stammt. Es ist nur erforderlich, daß der Körper, der als Wärmebad dient, eine genügend große Wärmekapazität besitzt. Er muß eine Wärmemenge Q abgeben oder aufnehmen können, ohne daß sich seine Temperatur merkbar ändert. Der Körper darf außerdem mit seiner Umgebung nicht in Wechselwirkung stehen.

● 22.5.1. Die Arbeit, die von einem Gas verrichtet wird, das sich bei konstanter Temperatur ausdehnt

Wir betrachten einen Teilabschnitt der Expansion, in dem sich das Volumen um ΔV vergrößert. Ist ΔV klein im Vergleich zu V, dann bleibt der Druck p praktisch konstant, und die verrichtete Arbeit ist

$$\Delta W = p\Delta V.$$

Die Gesamtarbeit bei der Expansion von V_1 auf V_2 ist die Summe aller Teilarbeiten ΔW

$$W = \sum_{V_1}^{V_2} p\Delta V.$$

Sie wird durch die Fläche unter der Kurve in Bild 22.12 von V_1 bis V_2 dargestellt.

Da sich der Druck p während dieser großen Volumenänderung wesentlich ändert, ersetzen wir p durch $Nk\frac{T}{V}$ und erhalten

$$W = \sum_{V_1}^{V_2} Nk\frac{T}{V}\Delta V.$$

Da sich N, k und T nicht ändern, kann man sie vor das Summenzeichen schreiben:

$$W = NkT\sum_{V_1}^{V_2}\frac{\Delta V}{V}.$$

Durch Integration ergibt sich die Fläche unter der Kurve genau als

$$W = N\,kT \int_{V_1}^{V_2} \frac{dV}{V}.$$

Integriert man zwischen den Grenzen V_1 und V_2, so erhält man

$$W = N\,kT \ln \frac{V_2}{V_1}\,.$$

22.6. Entropie

Wenn man angeben will, um wieviel wahrscheinlicher ein makroskopischer Zustand als ein zweiter ist, dann sucht man nach einem Verhältnis von Wahrscheinlichkeiten. Im letzten Abschnitt hat sich ergeben, daß man zweckmäßigerweise den natürlichen Logarithmus dieses Verhältnisses verwendet. Dieser ist nach den Gesetzen der Logarithmenrechnung gleich der Differenz der Logarithmen der Wahrscheinlichkeiten. Für die beiden Fälle, die wir genauer untersuchten, ergab sich

$$\ln \frac{\mathcal{P}_{2\,\mathrm{Gas}}}{\mathcal{P}_{1\,\mathrm{Gas}}} = \ln \mathcal{P}_{2\,\mathrm{Gas}} - \ln \mathcal{P}_{1\,\mathrm{Gas}} = N \ln \frac{V_2}{V_1}$$

für die freie Expansion eines Gases bei konstanter Temperatur und

$$\ln \frac{\mathcal{P}_{1\,\mathrm{Bad}}}{\mathcal{P}_{2\,\mathrm{Bad}}} = \ln \mathcal{P}_{1\,\mathrm{Bad}} - \ln \mathcal{P}_{2\,\mathrm{Bad}} = \frac{Q}{kT}$$

für die Abgabe der Wärmeenergie Q durch ein Wärmebad bei der absoluten Temperatur T. Wir werden den natürlichen Logarithmus der Wahrscheinlichkeit des makroskopischen Zustandes eines Systems *Entropie* [1]) nennen und mit dem Buchstaben S bezeichnen:

$$S = \ln \mathcal{P}\,.$$

Dann lassen sich die beiden ersten Gleichungen dieses Abschnittes kürzer schreiben als

$$\Delta S_{\mathrm{Gas}} = N \ln \frac{V_2}{V_1}$$

und

$$\Delta S_{\mathrm{Bad}} = -\frac{Q}{kT}\,.$$

Man beachte, daß die meßbaren Änderungen in einem System, wie die Änderung des Volumens oder die übertragene Wärmeenergie Q, unmittelbar die Änderung der Entropie des Systems ergeben. Dagegen läßt sich die Entropie selbst weder für den Anfangs- noch für den Endzustand des Systems angeben.

Sind zwei Systeme A und B unabhängig voneinander, so gilt für die gesamte Wahrscheinlichkeit $\mathcal{P} = \mathcal{P}_A \mathcal{P}_B$. Daraus folgt für die zugehörigen Entropien

$$S = S_A + S_B$$

und für die Entropieänderungen

$$\Delta S = \Delta S_A + \Delta S_B\,.$$

Bei einem reversiblen Prozeß bleibt die Gesamtwahrscheinlichkeit und damit auch die Gesamtentropie ungeändert:

$$\Delta S = 0 \quad \text{und} \quad \Delta S_A = -\Delta S_B\,.$$

Dieses soll am isothermen reversiblen Schwingen des Gas-Oszillators veranschaulicht werden: Die Zunahme der Entropie des Gases während der Expansion ist gleich der Abnahme der Entropie des Wärmebades bei der Abgabe von Wärmeenergie an das Gas.

22.7. Realisierung eines Wärmebades

Beim Gas-Oszillator konnten wir die Temperaturänderungen verkleinern, indem wir die Anzahl der Aluminiumfolien erhöhten. Wollte man die Temperaturdifferenz wirklich auf Null halten, so müßte man unendlich viele Folien verwenden. Das ist natürlich unmöglich. Trotzdem läßt sich ein reales Wärmebad herstellen, das bei der Aufnahme und Abgabe endlicher Wärmeenergien auf konstanter Temperatur bleibt. Eine Mischung von Wasser und Eis erfüllt diese Bedingung bei 0 °C oder 273 K, so lange nicht alles Wasser gefroren oder alles Eis geschmolzen ist. Hätten wir die Eis-Wasser-Mischung als Wärmebad bei dem Gas-Oszillator verwendet, so wäre die Temperatur auf 273 K geblieben. Dabei setzen wir voraus, daß der Behälter ein so guter Wärmeleiter ist, daß die Temperatur beim Auf- und Abbewegen des Kolbens konstant bleibt.

Was geht im Wärmebad vor, wenn der Kolben bei seiner reversiblen Bewegung Wärme hineingibt und wieder herauszieht? Beim Heruntergehen des Kolbens schmilzt etwas Eis und beim Hochgehen gefriert es wieder. Da sich die Temperatur nicht ändert, nimmt die Entropie des Bades zuerst um Q/kT zu und dann um den gleichen Betrag wieder ab.

Für dieses System läßt sich angeben, womit die Änderung der Entropie verknüpft ist. Nimmt die Entropie

[1]) In den meisten Physikbüchern wird die Entropie als Produkt aus der Boltzmannkonstante k und dem natürlichen Logarithmus der Wahrscheinlichkeit $\ln \mathcal{P}$ definiert. Hier wird dagegen die Entropie als reine Zahl verwendet.

zu, so schmilzt Eis zu Wasser. Nimmt die Entropie ab, so gefriert Wasser. Entropie geht verloren, wenn Eis gebildet wird. Dies stimmt mit der Einführung der Entropie als Logarithmus der Wahrscheinlichkeit überein. Offensichtlich ist die schöne geordnete Kristallstruktur des Eises weit weniger wahrscheinlich als die zufällige Verteilung der Moleküle im Wasser. Dabei kann die Temperatur durchaus übereinstimmen.

22.8. Entropieänderung beim unelastischen Stoß

Nimmt ein Körper mit großer Wärmekapazität bei der absoluten Temperatur T eine Wärmeenergie Q auf, so ist sein Zuwachs an Entropie

$$\Delta S = \frac{Q}{kT} .$$

Da die Entropieänderung nur vom Anfangs- und vom Endzustand des Systems abhängt, spielt es keine Rolle, wie die Wärme auf den Körper übertragen wurde. Sie kann durch Kontakt mit einem anderen Körper höherer Temperatur aufgenommen werden, oder sie kann durch Umwandlung aus mechanischer Energie erzeugt werden.

Wir betrachten zwei Plastilinkugeln der gleichen Masse m, die mit der Geschwindigkeit v zentral zusammenstoßen und nach dem Stoß aneinander haftend liegen bleiben. Bei diesem Stoß ist der Zuwachs an innerer Energie genau so groß, als ob eine Wärmeenergie $Q = m v^2$ den Körpern zugeführt worden wäre. Ist die Wärmekapazität der Körper genügend groß, so ist die Temperaturzunahme unerheblich. Wie wahrscheinlich ist es nun, daß nach dem Stoß eine solche Schwankung der Bewegungsgrößen der Atome auftritt, die den Zuwachs an innerer Energie wieder zurück in die ursprüngliche kinetische Energie der beiden Kugeln verwandelt, so daß sie mit ihrer Anfangsgeschwindigkeit auseinander fliegen?

Für diesen Vorgang wäre die Entropieänderung

$$\Delta S = -\frac{Q}{kT} = -\frac{m v^2}{kT} .$$

Um sie berechnen zu können, nehmen wir als Masse der stoßenden Kugeln m = 1 kg und als ihre Geschwindigkeit $v = 1 \frac{m}{s}$ an. Dann ist $m v^2 = 1$ J. Bei der Temperatur T = 300 K ergibt sich mit $k = 1{,}4 \cdot 10^{-23} \frac{J}{K}$

$$\Delta S \approx -10^{20}.$$

Dies ist eine sehr große Entropieabnahme. Doch entspricht ihr, weil die Änderung der Entropie gleich dem Logarithmus des Verhältnisses der Wahrscheinlichkeiten ist, eine sehr geringe Änderung der Wahrscheinlichkeit. Das Verhältnis $\mathcal{P}_1/\mathcal{P}_2$ hat den Wert $e^{-10^{20}} \approx 10^{-10^{20}}$, und das ist nur eine umständliche Umschreibung für den Wert Null.

Man beachte: Im Ausdruck $\Delta S = N \ln (V_2/V_1)$ für die Entropieänderung bei der Expansion eines Gases erscheint die Anzahl N der Atome. Dagegen scheint sie in dem Ausdruck für die Entropieänderung bei Wärmeübertragung zu fehlen. Tatsächlich kommt die Anzahl der Atome jedoch auch darin vor, wenn auch versteckt. Drückt man die Masse der stoßenden Kugel als Produkt aus der Zahl N der Atome und der Masse m_a eines Atoms aus, dann ergibt sich

$$\Delta S = -N \frac{m_a v^2}{kT} .$$

Für Zimmertemperatur und Atome mittlerer Masse ergibt sich

$$\frac{m_a v^2}{kT} \approx 10^{-5}.$$

Mit $N \approx 10^{25}$ ergibt sich

$$\Delta S \approx -10^{20},$$

also das gleiche Ergebnis wie vorher.

22.9. Entropieänderung durch Wärmezufuhr bei konstantem Volumen

Ein großer isolierter Behälter sei durch eine gläserne Trennwand in zwei gleiche Abteilungen unterteilt. Wir füllen die beiden Abteilungen mit Wasser gleicher Masse, aber unterschiedlichen Temperaturen T_1 und T_2 (dabei sei $T_1 < T_2$), und rühren das Wasser gleichmäßig um. Dann wird die Temperatur in jedem Teil des Behälters einheitlich sein, während die Wärme durch die Wand hindurchdringt. Es soll nun die Entropieänderung berechnet werden, wenn eine kleine Wärmemenge vom wärmeren in den kälteren Teil übergeht. Die Temperaturänderung sei dabei vernachlässigbar klein. Das kältere Wasser erhält die Wärmeenergie Q bei einer Temperatur T_1; daher ändert sich seine Entropie um Q/kT_1. Gleichzeitig verliert das wärmere Wasser die Wärmeenergie Q bei einer Temperatur T_2; seine Entropie ändert sich um $-Q/kT_2$. Die gesamte Entropieänderung ist somit

$$\Delta S = \frac{Q}{kT_1} - \frac{Q}{kT_2} = \frac{Q(T_2 - T_1)}{kT_1 T_2} .$$

Da T_2 größer ist als T_1, ist die Entropieänderung ΔS immer positiv. Eine Zunahme der Entropie bedeutet nach der Definition eine Vergrößerung der Wahrscheinlichkeit des makroskopischen Zustandes des Systems. Daran erkennt man, daß der Wärmestrom von einem wärmeren zu einem kälteren Körper irreversibel ist. Wärme geht nicht von selbst von einem kälteren auf einen wärmeren Körper über.

Die Entropieänderung läßt sich auch dann bestimmen, wenn die auf einen Körper übertragene Wärmeenergie groß genug ist, eine merkbare Temperaturänderung hervorzurufen. Das Verfahren ist ähnlich wie bei der Berechnung der Arbeit, die ein Gas beim Expandieren von V_1 auf V_2 am Kolben verrichtet. Wir betrachten einen Körper mit konstantem Volumen, dessen Wärmekapazität C unabhängig von der Temperatur ist. Geht Wärme auf ihn über, dann erhöhen gleiche Wärmeenergien ΔQ seine Temperatur um gleiche Beträge $\Delta T = \Delta Q/C$. Jede kleine Temperaturänderung ändert die Entropie um

$$\frac{\Delta Q}{kT} = \frac{C\,\Delta T}{kT}.$$

Die gesamte Entropieänderung, wenn sich die Temperatur des Körpers von T_1 auf T_2 ändert, ist dann angenähert gleich der Summe

$$\Delta S = \sum_{T_1}^{T_2} \frac{C\,\Delta T}{kT} = \frac{C}{k} \sum_{T_1}^{T_2} \frac{\Delta T}{T}.$$

Dies ist die gleiche Form der Summe, wie wir sie in 22.5.1 durch Integration berechnet haben. Man erhält als genauen Wert für die Entropieänderung

$$\Delta S = \frac{C}{k} \ln \frac{T_2}{T_1}.$$

Dieses Ergebnis läßt sich anwenden, um die Entropieänderung zu berechnen, wenn zwei gleiche Wassermengen im Behälter, wie er zu Beginn dieses Abschnittes beschrieben wurde, so lange in Wärmekontakt bleiben, bis sich ihre Temperaturen ausgeglichen haben. Die Anfangstemperaturen der Wassermengen seien $T + \Delta T$ und $T - \Delta T$, ihre Endtemperatur T. Die gesamte Änderung der Entropie ist dann

$$\Delta S = \frac{C}{k}\left[\ln \frac{T}{T - \Delta T} + \ln \frac{T}{T + \Delta T}\right].$$

Der erste Term ist wegen $\frac{T}{T - \Delta T} > 1$ positiv. Er stellt den Entropiezuwachs des zu Beginn kälteren Körpers dar. Der Logarithmus von $\frac{T}{T + \Delta T}$ ist negativ, da $\frac{T}{T + \Delta T} < 1$. Dies gibt die Entropieabnahme des anfangs wärmeren Körpers an.

Schreibt man den Ausdruck für ΔS nach den Gesetzen der Logarithmenrechnung um, so erhält man

$$\Delta S = \frac{C}{k} \ln \frac{T^2}{(T - \Delta T)(T + \Delta T)} = \frac{C}{k} \ln \frac{T^2}{T^2 - \Delta T^2}.$$

Der Zähler T^2 ist größer als der Nenner $T^2 - \Delta T^2$. Daher ist der Logarithmus positiv, und die Entropie nimmt zu. Damit zeigt sich erneut, daß der makroskopische Zustand mit gleicher Temperaturverteilung für ein System am wahrscheinlichsten ist.

Ein Beispiel für ein System mit einer konstanten Wärmekapazität ist ein ideales einatomiges Gas von konstantem Volumen. Seine innere Energie ist $E = \frac{3}{2} NkT$, seine Wärmekapazität ist als Quotient aus der Änderung der inneren Energie und der zugehörigen Temperaturänderung $C = \frac{3}{2} Nk$. Ändert sich nun die Temperatur des idealen Gases von T_1 auf T_2, dann ist die Entropieänderung

$$\Delta S = \frac{3}{2} N \ln \frac{T_2}{T_1}.$$

Kühlt sich die eine Gasmenge von $T + \Delta T$ auf T ab und erwärmt sich eine gleiche Gasmenge, die mit ihr in Wärmekontakt steht, von $T - \Delta T$ auf T, dann ist die gesamte Entropieänderung

$$\Delta S = \frac{3}{2} N \ln \frac{T^2}{T^2 - \Delta T^2}.$$

Man erkennt wieder, daß die Anzahl der Atome explizit in dem Ausdruck für die Entropieänderung vorkommt. Für jede makroskopische Gasmenge ist auch bei kleinster meßbarer Temperaturdifferenz die Entropieänderung ΔS sehr groß (s. Aufgabe 23).

Für jeden Stoff, ob flüssig, fest oder gasförmig, ist die Wärmekapazität C natürlich der Anzahl der Atome proportional. Im allgemeinen ist die Wärmekapazität pro Atom nicht konstant, doch ist sie nie sehr verschieden von der Boltzmannkonstante k. Daher gilt der Ausdruck für die Entropieänderung

$$\Delta S \approx N \ln \frac{T^2}{T^2 - \Delta T^2}$$

auch für flüssige und feste Körper, wenn zwei Körper gleicher Masse sich in Wärmekontakt befinden und auf die gleiche Temperatur kommen.

22.10. Entropie eines idealen Gases bei Änderung von Temperatur und Volumen

Wir betrachten eine Menge von N Atomen eines idealen einatomigen Gases. Zu einer Zeit t_1 habe das Gas das Volumen V_1 und die Temperatur T_1, zu einer späteren Zeit t_2 das Volumen V_2 und die Temperatur T_2. Wie groß ist die gesamte Entropieänderung? Es werde weiter angenommen, daß zu beiden Zeiten Gleichgewicht herrscht. Das heißt, daß im ganzen Raum gleiche Temperatur und gleicher Druck herrschen und daß keine Gesamtbewegung (Wirbel) vorkommt. Dann ist die Wahrscheinlichkeit, daß ein Atom eine bestimmte kinetische Energie besitzt, unabhängig von seinem Ort. Weiterhin ist, da in einem idealen Gas keine Kräfte zwischen den Atomen wirken, die Wahrscheinlichkeit dafür, daß ein Atom eine gegebene kinetische Energie besitzt, unabhängig davon, ob andere Atome in der Nähe sind oder nicht. Daher ist der Teil $\mathcal{P}_T$ der Wahrscheinlichkeit des makroskopischen Zustandes des Gases, der von der Temperatur abhängt, unabhängig vom Anteil $\mathcal{P}_V$, der von dem Volumen abhängt. Mit anderen Worten: Man kann die beiden Teilwahrscheinlichkeiten behandeln, als ob sie zu zwei unabhängigen Systemen gehören. Die gesamte Wahrscheinlichkeit ist

$$\mathcal{P} = \mathcal{P}_V \; \mathcal{P}_T.$$

Für die gesamte Entropie des Gases folgt dann (nach Abschnitt 22.6)

$$S = S_V + S_T$$

und für die Entropieänderung

$$\Delta S = \Delta S_V + \Delta S_T.$$

Unsere Herleitungen haben schon getrennte Ausdrücke für ΔS_V und ΔS_T ergeben:

$$\Delta S_V = N \ln \frac{V_2}{V_1} \quad \text{und} \quad \Delta S_T = \frac{3}{2} N \ln \frac{T_2}{T_1}.$$

Damit ergibt sich

$$\Delta S = N \ln \frac{V_2}{V_1} + N \ln \left(\frac{T_2}{T_1}\right)^{\frac{3}{2}} = N \ln \frac{V_2 T_2^{\frac{3}{2}}}{V_1 T_1^{\frac{3}{2}}}$$

als Ausdruck für die gesamte Entropieänderung in einem idealen einatomigen Gas, wenn sich das Volumen von V_1 auf V_2 und zugleich die Temperatur von T_1 auf T_2 ändern.

Für einen adiabatischen reversiblen Prozeß gilt $\Delta S = 0$, daher gilt für das einatomige Gas

$$V_2 T_2^{\frac{3}{2}} = V_1 T_1^{\frac{3}{2}}$$

oder anders ausgedrückt

$$V T^{\frac{3}{2}} = \text{const.}$$

Wendet man das allgemeine Gasgesetz $pV = NkT$ an, so kann man die Temperatur ersetzen und erhält

$$V \left(\frac{pV}{Nk}\right)^{\frac{3}{2}} = \text{const}$$

oder

$$pV^{\frac{5}{3}} = \text{const.}$$

Diese letzte Gleichung wird normalerweise als Zusammenhang zwischen den Zustandsgrößen bei der Expansion eines idealen einatomigen Gases angegeben. Sie wird *adiabatisches Gasgesetz* genannt. Man kann dies Gesetz natürlich auch ohne den Entropiebegriff herleiten. Wir kennen ja die Änderung der inneren Energie des Gases, wenn es von einer Temperatur zu einer anderen übergeht. Diese Änderung muß gleich sein mit der an dem Kolben verrichteten Arbeit. Und daraus lassen sich die obigen Gleichungen herleiten.

22.11. Diffusion; Entropie eines idealen Gases

Im Abschnitt 22.5 wurde die freie Expansion eines idalen Gases untersucht. Nun sollen die Ergebnisse auf die freie Expansion eines Gases in ein anderes angewendet werden, also auf die Diffusion eines Gases in ein anderes. Man kann die Entropieänderung bei diesem Prozeß berechnen und daraus mehr über die Entropie eines idealen Gases erfahren.

Wir stellen uns einen geschlossenen Behälter des Volumens V vor, der durch eine Trennwand in zwei gleiche Abteilungen mit $\frac{V}{2}$ unterteilt wird. Die eine Hälfte ist mit N Argonatome gefüllt, und die andere enthält N Neonatome. Da sich die Masse der Argonatome von der Masse der Neonatome unterscheidet, stimmt die Dichte in den beiden Teilen nicht überein. Was geschieht nun, wenn die Trennwand entfernt wird? Natürlich beginnt ein Mischungsprozeß, und nach einer Weile sind beide Gase gleichmäßig über den ganzen Raum verteilt. Jedes Gas ist in das andere hineindiffundiert, in beiden Hälften herrscht die gleiche Dichte. Es erscheint ebenso selbstverständlich, daß sich die beiden verschiedenen Gase nicht wieder in die beiden Abteilungen hinein trennen werden, so daß in der einen reines Argon und in der anderen reines Neon vorhanden ist. Mit anderen Worten: Während des Diffusionsvorganges hat die Entropie stark zugenommen.

Um die Änderung der Entropie berechnen zu können, muß man sich den Vorgang genau vergegenwärtigen. Jedes Gas hat sich frei auf das doppelte Volumen ausgedehnt. Da die Atome des Neon und des Argon keine Wechselwirkungen miteinander ausüben, ist die Summe der Entropieänderungen der beiden Gase gleich der gesamten Entropieänderung:

$$\Delta S = \Delta S_{Argon} + \Delta S_{Neon}.$$

Da in diesem Fall $V_2 = 2\,V_1$ gilt, erhält man

$$\Delta S = N \ln \frac{2\,V_1}{V_1} + N \ln \frac{2\,V_1}{V_1} = 2\,N \ln 2.$$

Dies ist für jede makroskopische Gasmenge eine riesige Entropieänderung.

Stellen wir uns nun vor, daß beide Abteilungen des Behälters am Anfang Neon enthielten. Was geschieht dann mit der Entropie, wenn die Trennwand entfernt wird? Wie vorher werden die Atome jeder Hälfte sich über den ganzen Raum ausbreiten. Aber wir können den Atomen nicht ansehen, aus welcher Hälfte sie kommen, da alles Neonatome sind. Daher können wir keine Veränderung bemerken, nachdem die Trennwand herausgenommen wurde. Die Dichte bleibt erhalten, und falls das Gas eine Färbung hätte, würde sich auch daran nichts ändern. Kurz gesagt: Das Gas befindet sich nach der Entfernung der Trennwand im gleichen makroskopischen Zustand wie vorher. Und da sich keine Änderung im makroskopischen Zustand ergibt, kann sich auch die Entropie nicht geändert haben. Die Entropie der gesamten Gasmenge nach Öffnen der Trennwand muß gleich der Summe der Entropien der beiden Hälften vor dem Öffnen sein. Doch wenn wir die Änderung der Entropie in der gleichen Weise berechnen, wie es bei der Diffusion zweier verschiedener Gase geschah, dann erhalten wir das gleiche Ergebnis wie vorher: $\Delta S = 2\,N \ln 2$. Das kann aber nicht richtig sein. Es gilt nun, eine Form für die Entropie-Funktion zu finden, mit der wir die richtige Lösung für diesen Fall wie auch für den Fall verschiedener Gase finden.

Eine mögliche Lösung des scheinbaren Widerspruchs erkennt man, wenn man das mittlere Volumen berücksichtigt, das von einem Atom der Gase in den beiden Prozessen eingenommen wird. Beim Prozeß der Mischung von Neon und Argon war das mittlere Volumen pro Atom in jeder Abteilung vor dem Mischen gleich groß:

$$\left(\frac{V_1}{N}\right)_{\text{Neon}} = \left(\frac{V_1}{N}\right)_{\text{Argon}} .$$

Doch nach der Durchmischung nahm jedes Gas ein Volumen $V_2 = 2\,V_1$ ein, und das mittlere Volumen für ein Atom jeden Gases war $\frac{2V_1}{N}$. Das mittlere Volumen hatte sich vergrößert, und in diesem Fall ergab sich eine Zunahme der Entropie.

Im zweiten Fall, als beide Abteilungen mit dem leichten Gas gefüllt waren, war das mittlere Volumen pro Atom vor dem Herausnehmen der Trennwand ebenfalls $\frac{V_1}{N}$. Nach dem Entfernen der Trennwand war das mittlere Volumen pro Atom, da nur eine Gasart vorhanden war $\frac{V_2}{2N} = \frac{2V_1}{2\,N} = \frac{V_1}{N}$. Es hat sich also nicht verändert, und in diesem Fall ergab sich keine Änderung der Entropie. Durch diese Überlegung wird man dazu geführt, die Entropie und die Wahrscheinlichkeit durch das mittlere Volumen auszudrücken, das von einem einzelnen Atom eingenommen wird. Der Ausdruck für die Entropie eines frei expandierenden Gases soll nun mit Hilfe des mittleren Volumens pro Atom $\frac{V}{N}$ neu formuliert werden.

Im Abschnitt 22.5 ergab sich für die Wahrscheinlichkeit des makroskopischen Zustandes eines Gases, das das Volumen V einnimmt, $\mathscr{P} = (V/V_0)^N$. Dabei war V_0 ein großes Bezugsvolumen. Ersetzt man in diesem Ausdruck V durch das mittlere Volumen V/N, so ergibt sich die Wahrscheinlichkeit

$$\mathscr{P} = \left(\frac{V}{N\,V_0}\right)^N$$

und die Entropie

$$S = \ln \mathscr{P} = N \ln \frac{V}{N\,V_0} .$$

Wendet man diesen Ausdruck auf den Prozeß der Mischung von Neon und Argon an, so hat man in

$$\Delta S = \Delta S_{\text{Argon}} + \Delta S_{\text{Neon}}$$

einzusetzen. Da die Änderung der Entropie des Argons gleich der des Neons ist, ergibt sich

$$\Delta S = 2\left(N \ln \frac{2\,V_1}{N\,V_0} - N \ln \frac{V_1}{N\,V_0}\right) = 2\,N \ln 2.$$

Es ergibt sich das gleiche Ergebnis wie oben.

Für den Fall, daß in beiden Abteilungen gleiches Gas eingefüllt wird, ergibt sich

$$\begin{aligned} S &= S_2 - S_1 , \\ &= (2N) \ln \frac{2\,V_1}{2N\,V_0} - 2\left(N \ln \frac{V_1}{N\,V_0}\right), \\ &= 0. \end{aligned}$$

Dies mußte nach unserer Überlegung auch herauskommen.

Eine weitere Bemerkung über den volumenabhängigen Teil der Entropie eines idealen Gases bezieht sich auf die Schreibweise. Wir können den Ausdruck $S = N \ln \frac{V}{N V_0}$ in der folgenden Form schreiben:

$$S = N \ln \frac{V}{V_0} - N \ln N.$$

Dieses ist die richtige Entropiegleichung, wenn ein Gas nur sein Volumen ändert. Die Gleichung enthält eine Konstante, die von der Volumenänderung unabhängig ist, aber von der Teilchenzahl N im System abhängt.

Abschließend soll darauf eingegangen werden, warum wir bisher diese Konstante nicht brauchten. Das liegt daran, daß bei den früheren Prozessen die Anzahl der Atome einer Art in jedem System ungeändert blieb. Und da stets Entropiedifferenzen berechnet wurden, fiel die Konstante N ln N heraus. Erst beim letzten Beispiel änderte sich die Anzahl. Wir begannen mit zwei Systemen, die je N Atome der gleichen Art enthielten. Das Gesamtsystem enthielt dann 2 N Atome der gleichen Art.

22.12. Der zweite Hauptsatz der Thermodynamik

Zu Beginn des vorangehenden Kapitels wurde eine Vielfalt irreversibler Prozesse beschrieben. In diesem Kapitel hat sich herausgestellt, daß all diese Prozesse eines gemeinsam haben: In allen Prozessen nahm die Entropie des Systems zu. In bestimmten Grenzfällen ergaben sich in guter Näherung reversible Prozesse. Bei ihnen blieb die Entropie im wesentlichen erhalten. Die Verallgemeinerung dieser Beobachtungen spricht der *zweite Hauptsatz der Thermodynamik* aus: *Bei Prozessen, die von selbst ablaufen, nimmt die Entropie des Systems abgesehen von kleinen Schwankungen niemals ab* [1]).

Bei der Anwendung dieses Gesetzes muß man sorgsam vorgehen und in das System jeden Teil des Universums einschließen, der vom jeweiligen Prozeß berührt wird. Betrachten wir beispielsweise das Gefrieren von Wasser. Die Entropie des Wassers nimmt ab, wenn es seine Schmelzwärme an die Umgebung abgibt. Daher muß die Umgebung mit in das System einbezogen werden, und wir wissen bereits, daß in diesem Fall die Entropie zunimmt, da Wärme vom Wasser bei 0 °C auf die kältere Umgebung übergeht.

In manchen Fällen, in denen die Entropie eines Teiles des Systems abnimmt, ist nicht so einfach zu erkennen, daß die gesamte Entropie zunimmt, wie etwa für den Fall, daß Wasser an einem kalten Tag gefriert. Betrachten wir zum Beispiel den elektrischen Kühlschrank. Schalten wir ihn an, so nimmt die niedrigere Temperatur im Innern weiter ab, während die höhere Außentemperatur weiter ansteigt. Die Entropie von Kühlschrank und Raum nimmt ab. Aber der Kühlschrank arbeitet natürlich nicht von selbst. Er wird durch einen Elektromotor betrieben, der an die Energieversorgung angeschlossen werden muß. Und im Kraftwerk wird in einer chemischen Reaktion Brennstoff verbrannt und dadurch Dampf erzeugt, der die Turbinen antreibt. Um die gesamte Änderung der Entropie zu verfolgen, muß man auch den chemischen Prozeß mit einbeziehen. Tut man das, so ergibt sich, daß die Entropie des Gesamtsystems zunimmt.

[1]) Der erste Hauptsatz der Thermodynamik erweitert das Gesetz von der Erhaltung der mechanischen Energie und schließt innere Energie ein (s. Abschnitt 20.8).

Eine zweite Erweiterung des Begriffes der Entropie ist erforderlich, wenn man Prozesse berechnen will, bei denen die Wärmeübertragung durch Strahlung die Wärmeleitung überwiegt. Dabei erinnern wir uns, daß der Satz von der Erhaltung der Bewegungsgröße verletzt zu sein schien, als wir bei Prozessen, in denen Licht absorbiert oder emittiert wurde, nur die Bewegungsgrößen der materiellen Teilchen betrachteten (s. Abschnitt 16.7). Als wir die Bewegungsgröße des Lichts einbezogen, war die Gültigkeit des Satzes wiederhergestellt. Ähnliche Ergebnisse erhielten wir bei der Erhaltung des Drehimpulses (Abschnitt 19.11) und bei der Erhaltung der Energie. Bei der Entropie ist die Lage ganz ähnlich. Sterne geben Riesenbeträge von Energie ab. Schließlich müssen sie abkühlen und ihre Entropie nimmt ab. Liegt darin eine Verletzung des zweiten Hauptsatzes der Thermodynamik?

Wenn der Stern abkühlt, so breitet sich immer mehr Strahlung durch den Raum aus. Schließt man die Zunahme der Entropie der Strahlung in die Rechnung ein, dann ergibt sich, daß die gesamte Entropie im Einklang mit dem zweiten Hauptsatz zunimmt.

Das Wachstum von lebenden Organismen auf unserer Erde scheint eine Verletzung des zweiten Hauptsatzes zu bedeuten. Die Entropie des Wassers und der Mineralien in der Erde und des Kohlendioxids nimmt ab, wenn daraus der Teil einer Pflanze gebildet wird. Die Pflanze stellt einen viel stärker geordneten und daher weniger wahrscheinlichen Zustand dar als der Zustand, in dem sich die Baustoffe vorher befanden. Einerseits kann dieser Prozeß nur unter Einfluß der Strahlung von der heißen Sonne erfolgen. Andererseits kann die Erde Wärme von der Sonne aufnehmen, ohne ihre Temperatur zu erhöhen, da sie Wärme in den kälteren Raum ausstrahlt. Wenn wir die Entropie der Strahlung, die von der Erde absorbiert und emittiert wird, ebenso wie die Entropie der wachsenden Pflanze und ihrer Umgebung in Rechnung stellen, dann ergibt sich wiederum, daß die gesamte Entropie zunimmt.

Aufgaben

1.* Wie kann man den makroskopischen Zustand der Kugelmaschine beschreiben, die im vorangehenden Kapitel diskutiert wurde?

2.* Fünfhundert Leute besuchen ein großes Festessen. Welche der folgenden Angaben beschreiben den „makroskopischen Zustand" im Festzelt und welche den „mikroskopischen Zustand"?

a) Die Anzahl der Herren und die Anzahl der Damen.
b) Die Namen der Leute an dem Prominententisch.
c) Die Menge an Sekt, die von jeder Person getrunken wird.
d) Die mittlere Sektmenge pro Person.

3.* In Luft habe ein bestimmtes Pendel die Dämpfungszeit T. Würde die Dämpfungszeit im Vakuum größer oder kleiner sein?

4. Die Bewegung eines gedämpften Pendels ist irreversibel. Aus der täglichen Beobachtung sollen mehrere Beispiele für irreversible und für nahezu reversible Prozesse genannt werden.

5.* Warum besteht eine Temperaturdifferenz zwischen dem Gas und dem Behälter beim Gas-Oszillator?

6.* Welche Grenzbedingung für die Oberfläche bewirkt eine größte Temperaturdifferenz zwischen unterster und oberster Lage des Kolbens beim Gas-Oszillator?

7.* Angenommen die Wände des Zylinders im Gas-Oszillator bestehen aus einem Stoff, der praktisch keine Wärmeleitfähigkeit besitzt, und es werden keine Aluminiumfolien in den Zylinder gelegt. Wie groß ist dann der Dämpfungskoeffizient?

8. Aluminium ist ein guter Wärmeleiter. Statt der Aluminiumfolien verwendet man im Zylinder des Gas-Oszillators Folien aus Plastik, die Wärme schlecht leiten, aber eine gleiche Wärmekapazität besitzen. Welche Wirkung hätte dies für den Dämpfungskoeffizienten?

9. Der Zylinder des in Abschnitt 22.3 beschriebenen Gas-Oszillators enthielt etwa 29 g Luft. Jede Aluminiumfolie hat eine Masse von etwa 4,8 g.
   a) Welche Energie ist erforderlich, die Temperatur der Luft im Zylinder um 1 °C zu erhöhen? (Man braucht etwa 1 J, um die Temperatur von 1 g Luft um 1 °C zu erhöhen.)
   b) Welche Temperaturänderung würde die Energie, durch die die Luft im Zylinder um 1 °C erwärmt wird, hervorrufen, wenn sie von 400 Aluminiumfolien absorbiert wird? (Man braucht etwa 1 J, um die Temperatur von 1 g Aluminium um 1 °C zu erhöhen.)

10. Gibt man dem Kolben in Bild 22.3 einen Stoß, so beginnt er zu schwingen. Wir nehmen an, daß keine Wärme durch die Wand hindurchdringt und daß keine Wärme von der Wand absorbiert wird. Welche Energieumwandlungen spielen sich während einer vollen Schwingung ab?
   a) Es befinden sich keine Aluminiumfolien im Zylinder.
   b) Es sind genügend Aluminiumfolien vorhanden, um eine beträchtliche Dämpfung zu bewirken.

11. Ergänzung zur Aufgabe 10: Stimmt die Lage, in der der Kolben im Fall b) zur Ruhe kommt, mit der Mittellage der Schwingung in Fall a) überein?

12.* a) In einem Volumen V_0, das ein Teilvolumen V einschließt, befinden sich N Moleküle. Wie groß ist die Wahrscheinlichkeit dafür, keins der Moleküle in V anzutreffen?
   b) Unter welcher Bedingung ist diese Wahrscheinlichkeit größer als die Wahrscheinlichkeit, alle Moleküle in V anzutreffen?

13.* Ein System sei im Gleichgewicht. Wie groß ist die Wahrscheinlichkeit dafür, daß seine Entropie von selbst um ΔS abnimmt?

14. Ein gängige Radioröhre hat ein Volumen von 10 cm^3 und einen Gasdruck von nur 10^{-8} bar. Wie groß wäre die Abnahme der Entropie des Gases, wenn es aufgrund der regellosen Molekülbewegung nur 0,999 des Volumens einnähme? Wie oft müßte man die Röhre untersuchen, wenn man Aussicht haben wollte, eine solche Schwankung zu beobachten?

15.* Es werde eine bestimmte Menge eines Stoffes bei gleicher Temperatur in flüssigem und im dampfförmigen Zustand betrachtet. In welcher Form liegt im allgemeinen die höhere Entropie vor?

16.* Wie ändert sich die Entropie, wenn in einer Eis-Wasser-Mischung 20 g Eis schmelzen? (Man braucht etwa 335 J, um 1 g Eis zu schmelzen.)

17. In Abschnitt 22.8. wurde die Wahrscheinlichkeit dafür berechnet, daß zwei Plastilinkugeln (m = 1 kg), die sich bei Zimmertemperatur berühren, von selbst mit einer Geschwindigkeit $v = 1\ \frac{m}{s}$ auseinanderfliegen. Es ergab sich $\mathscr{p} = 10^{-10^{20}}$. Wenn man diese Zahl ohne Zehnerpotenzen schreiben wollte, so würde dies viele, viele Bücher füllen. Eine große Bücherei, die etwa 10^7 Bücher enthält, könnte nur 10^{13} Zeichen speichern. Wieviel solcher Büchereien würden benötigt, wenn man die Zahl $10^{-10^{20}}$ ohne Zehnerpotenzen schreiben würde?

18.* Ein einfaches Pendel der Masse m und der Länge l wird am Anfang um einen kleinen Winkel θ ausgelenkt. Um welchen Wert nimmt die Entropie der umgebenden Luft zu, wenn die Schwingungen durch Luftreibung zur Ruhe gekommen sind?

19. Ein kleiner Schneeball fällt auf den Boden. Bei diesem Stoß wird seine kinetische Energie in innere Energie umgewandelt: Wäre seine Geschwindigkeit groß genug, so könnte der Schneeball dadurch vollständig schmelzen. Wie ändert sich die Entropie bei diesem Prozeß? Welche Annahmen muß man bei der Berechnung machen? Welche Wahrscheinlichkeit besteht dafür, daß die entstandene Wassermenge plötzlich gefriert und den Boden mit der Geschwindigkeit verläßt, mit der der Schneeball aufgetroffen ist?

20. Eine Person werde aufgrund der Schwankungen der Bewegungsgrößen der Körperatome um 1 cm aus dem Stuhl hochgehoben. Welche Abnahme an Körpertemperatur wäre damit verbunden? Man schätze ab, wie wahrscheinlich dieser Vorgang ist.

21. Wir nehmen an, daß 2 kg Wasser von 300,3 K in Wärmekontakt mit 1 kg Wasser von 300,0 K sind.
   a) Welche Änderung der Entropie wird auftreten?
   b) Es sei das Wärmegleichgewicht erreicht. Welche Wahrscheinlichkeit besteht dafür, daß eine große Schwankung auftritt, durch die 2 kg Wasser wieder auf 300,3 K erwärmt und 1 kg Wasser wieder auf 300,0 K abgekühlt werden? (Die spezifische Wärme von Wasser beträgt etwa $4\ \frac{J}{gK}$.)

22. Ein Stück Eisen soll von der Temperatur T auf $T - \Delta T$ abgekühlt werden. Bei welcher der folgenden Möglichkeit ist die Entropiebilanz günstiger?
   a) Man bringt das Eisen in Kontakt mit einem Wärmebad der Temperatur $T - \Delta T$.
   b) Man berührt das Eisenstück mit einem zweiten gleicher Masse, das die Temperatur $T - 2\Delta T$ besitzt.

23. Von einem idealen einatomigen Gas befinden sich 2 N Teilchen bei der Temperatur T in einem Volumen 2 V.
   a) Wie ändert sich die Entropie des Gases, wenn sich die eine Hälfte um ΔT erwärmt, die andere um ΔT abgekühlt?

b) Man berechne die Entropieänderung für den Sonderfall mit $\frac{\Delta T}{T} \ll 1$. (Es gilt näherungsweise $\ln(1 + x) \approx x$ für $x \ll 1$.)

c) Die Anzahl betrage $N = 10^{24}$. Wie klein muß $\frac{\Delta T}{T}$ sein, damit die Wahrscheinlichkeit nicht viel kleiner als 1 ist?

d) Es sei $\frac{\Delta T}{T} = 10^{-3}$. Für welche Anzahl N ist die Wahrscheinlichkeit nicht viel kleiner als 1? Welchem Volumen entspricht dies bei Zimmertemperatur und Normaldruck?

24. In einem isolierten Behälter werden zwei Abteilungen durch eine Wand getrennt. In einer befindet sich eine Mischung von flüssigem und festem Naphthalin bei 80 °C (Schmelzpunkt des Naphthalins). In der anderen befindet sich eine Mischung von Eis und Wasser bei 0 °C. Was geschieht im Verlaufe der Zeit?

25. Auf welche Prozesse eines idealen einatomigen Gases wendet man das Gesetz

$$p\, V^{\frac{5}{3}} = \text{const},$$

auf welche das Gesetz

$$p\, V = \text{const}$$

an?

26. Bei einer adiabatischen Expansion eines idealen einatomigen Gases ist die Beziehung zwischen Druck und Temperatur unabhängig vom Volumen. Wie heißt die Beziehung?

27. Über eine Gebirgskette, die sich von Norden nach Süden erstreckt, bläst ein Westwind. Die Luft steigt am Gebirge empor und sinkt im Osten auf die ursprüngliche Höhe ab. Beim Aufsteigen expandiert sie wegen des geringeren Druckes in größerer Höhe. Dabei wird aber keine Wärme mit umgebenden Luftmassen ausgetauscht.

a) Wie ändert sich die Temperatur der Luft, wenn sie im Westen aufsteigt und dann im Osten wieder absinkt?

b) Ist der Prozeß reversibel?

28. Ergänzung zu Aufgabe 27: Die Luft enthalte so viel Wasserdampf, daß beim Annähern an den Gipfel Kondensation auftritt und Regen niederfällt.

a) Wie ändern sich Entropie und Temperatur der Luft, wenn sie im Westen aufsteigt und im Osten absinkt (qualitativ)?

b) Ist der Prozeß reversibel?

29. Von einem Gas befinden sich 2N Moleküle in einem Volumen 2V. Normalerweise würden sich N Moleküle in jeder Hälfte befinden.

a) Die Wahrscheinlichkeit soll berechnet werden, daß sich das Gas in diesem Zustand befindet. Dabei soll der allgemeine Ausdruck

$$\mathcal{P} = \left(\frac{V}{N\, V_0}\right)^N$$

verwendet werden, der für jedes Volumen und jede Anzahl gilt.

b) In der einen Hälfte des Volumens sollen sich N + n Moleküle, in der anderen N − n Moleküle befinden. Vergleichen Sie die Wahrscheinlichkeit dieses Zustandes mit dem Ergebnis von a).

c) Aus dem Verhältnis der Wahrscheinlichkeiten soll die Änderung der Entropie beim Übergang vom Zustand a) in den Zustand b) mit $\frac{n}{N} \ll 1$ berechnet werden. (Es gilt die Näherung $\ln(1 + x) \approx x$, wenn $x \ll 1$.)

d) Die Anzahl der Moleküle sei $N = 10^{24}$. Wie groß kann n werden, ohne daß das Verhältnis der Wahrscheinlichkeiten viel kleiner als 1 wird? Wie groß wäre für solche Werte von n das Verhältnis der Dichten in den beiden Hälften?

30. Eine Gasmenge vom Volumen V werde auf n Abteilungen aufgeteilt. Wie groß ist die Entropie des Gases, wenn man sie als Summe der Entropien der n Abteilungen ausdrückt?

31. Zwei durch eine Trennwand getrennte Behälter enthalten Luft von Zimmertemperatur und Normaldruck. Das Volumen des einen beträgt V, das des anderen 2V.

a) Wie ändert sich die Entropie der Luft, wenn die Trennwand entfernt wird?

b) Wie würde sich die Entropie ändern, wenn die Behälter verschiedene Gasarten enthielten?

32. Drei verschiedene Gase befinden sich in getrennten Behältern gleichen Volumens bei gleicher Temperatur und gleichem Druck. Wie ändert sich die Entropie, wenn sich die Gase nach Herausnehmen von Trennwänden miteinander vermischen?

23. Grundlegende Erscheinungen der Elektrizität

Wir wissen, daß jeder materielle Körper jeden anderen materiellen Körper anzieht. Zwischen ihnen wirkt die Gravitationskraft. Die Gravitationsanziehung macht sich praktisch nur bemerkbar, wenn mindestens einer der wechselwirkenden Körper eine sehr große Masse besitzt, etwa die eines ganzen Planeten. Nun sind aber die Gravitationskräfte nicht die einzigen Kräfte, die über eine Entfernung zwischen materiellen Körpern wirken. Andere Kräfte können sogar bedeutend stärker sein. Beispielsweise hebt ein kleiner Magnet einen eisernen Nagel vom Tisch gegen die Gravitationskraft der gesamten Erde hoch. Ein am Ärmel geriebener Kamm kann Papierstücke in die Höhe ziehen. Diese Beispiele zeigen das Wirken von *magnetischen* und von *elektrischen* Kräften.

Die Wirkungen dieser Kräfte sind seit alters her bekannt. Doch erst in der Renaissance begann eine systematische Untersuchung der Elektrizität und des Magnetismus. Und erst gegen Ende des letzten Jahrhunderts gelangten die Physiker zu einem vollen Verständnis dieser Erscheinungen. Selten hat eine wissenschaftliche Leistung derart umwälzende und weitreichende Folgen gezeitigt. Die praktischen Anwendungen lassen sich kaum zählen. Die Nutzbarmachung der elektrischen Energie und die Entwicklung des elektrischen Nachrichtenwesens haben unsere gesamten Lebensumstände gewandelt. Im Bereich der Naturwissenschaften haben wir erkannt, daß elektrische Kräfte den Aufbau von Atomen und Molekülen bestimmen. Viele biologische Vorgänge sind mit elektrischen verbunden, – beispielsweise die Tätigkeit unserer Nerven und des Gehirns.

23.1. Anziehung und Abstoßung zwischen geladenen Körpern

Die grundlegenden Tatsachen des elektrischen und magnetischen Verhaltens sollen nun untersucht und ihre Deutung diskutiert werden. Wir beginnen mit einem einfachen elektrischen Versuch: Man reibt einen Glasstab mit einem Stück Seide und hängt ihn an einem seidenen Faden horizontal auf. Dann reibt man einen zweiten Glasstab und bringt ihn in die Nähe des ersten. Die beiden Stäbe stoßen sich gegenseitig ab.

Wir wiederholen diesen Versuch mit zwei Plastikstäben, die mit einem Katzenfell gerieben werden. Auch diese beiden Stäbe stoßen sich wie die Glasstäbe ab (Bild 23.1).

Schließlich wird ein Glasstab mit Seide und ein Plastikstab mit Katzenfell gerieben. Der eine von beiden wird in der beschriebenen Weise aufgehängt, der andere wird ihm genähert. Dabei zeigt sich, daß sich beide Stäbe anziehen.

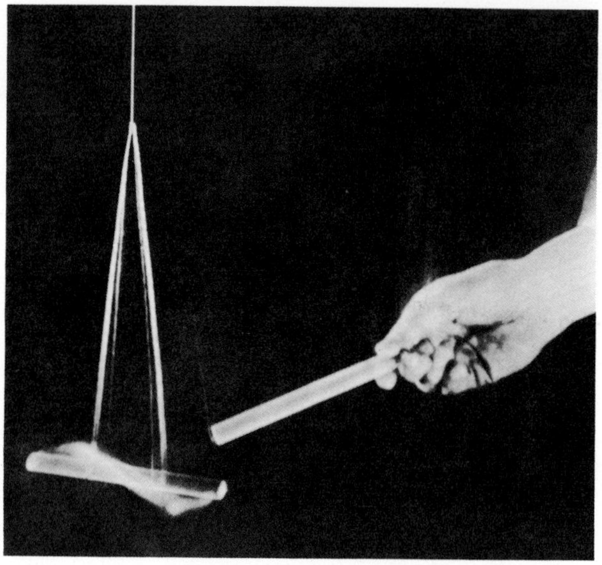

Bild 23.1. Zwei geriebene Plastikstäbe stoßen sich ab, wenn sie einander genähert werden. Die Aufnahme wurde so lange belichtet, daß man die Bewegung des aufgehängten Stabes erkennen kann. Das Ende, dem der zweite Stab genähert wird, bewegt sich unter dem Einfluß der abstoßenden Kraft fort.

Man kann ähnliche Versuche mit Stäben aus anderen Stoffen ausführen. Stäbe des gleichen Stoffes, die durch das gleiche Verfahren elektrisch geladen wurden, stoßen sich immer ab. Stäbe können sich anziehen oder abstoßen, wenn sie auf unterschiedliche Weise geladen wurden.

Man findet durch diese Versuche: Elektrisch geladene Körper lassen sich in zwei Gruppen einordnen. Es gibt nur zwei „elektrische Zustände", einer entspricht dem des Glasstabes und der andere dem des Plastikstabes aus dem geschilderten Versuch. In der Bezeichnung der beiden Zustände folgen wir dem Sprachgebrauch, der auf *Benjamin Franklin* zurückgeht: Wir nennen den geladenen Glasstab und alle anderen Körper, die sich wie der Glasstab verhalten, *positiv geladen.* Entsprechend nennen wir den geriebenen Plastikstab und alle anderen Körper, die sich wie dieser verhalten, *negativ geladen*[1]). Je zwei positiv geladene Körper stoßen sich ebenso wie zwei geriebene Glasstäbe ab. In gleicher Weise stoßen sich zwei negativ geladene Körper ab. Jeder positiv geladene Körper zieht jeden anderen negativ geladenen Körper an.

---

1) Die Bezeichnungen „positiv" und „negativ" lassen sich durch folgende Beobachtung begründen. Nähert man einen positiv geladenen und einen negativ geladenen Körper einem dritten Körper, so können sich die darauf ausgeübten Kräfte aufheben.

23.2. Elektrische Kräfte zwischen den Bausteinen der Materie

Es ist bekannt, daß die Materie aus Atomen aufgebaut ist. Die Atome wiederum sind aus noch kleineren Teilchen zusammengesetzt. Aber bisher haben wir in diesem Buch noch nicht die Frage aufgeworfen, ob es irgendwelche kleinste Bausteine gibt, aus denen alle Atome bestehen. Zu dieser Frage wird die Untersuchung der Elektrizität wichtige Aufschlüsse geben.

Es ist einleuchtend sich vorzustellen, daß die Kraft zwischen zwei Körpern die vektorielle Summe der Kräfte ist, die zwischen ihren Bausteinen wirken. Ziehen sich zwei elektrisierte Körper an oder stoßen sie sich ab, darf man ähnliche Anziehungs- oder Abstoßungskräfte zwischen einigen der Teile annehmen, aus denen die Körper zusammengesetzt sind. Es gibt elektrisch positiv und negativ geladene Körper. Daher kann man unter den Bausteinen der Materie zwei Teilchenarten annehmen: elektrisch positiv und elektrisch negativ geladene Teilchen. Zwei Teilchen des gleichen Vorzeichens stoßen sich ab und zwei Teilchen mit entgegengesetztem Vorzeichen ziehen sich an. Einige Bausteine der Materie gehören jedoch in eine dritte Gruppe. Beispielsweise verhalten sich Neutronen (Abschnitt 17.8) weder wie positive noch wie negative elektrische Teilchen.

Die elektrischen Kräfte zwischen zwei Teilchen sind erheblich größer als die Gravitationskräfte. Trotzdem treten keine merkbaren elektrischen Kräfte auf, wenn zwei gewöhnliche „ungeladene" Materiestücke einander genähert werden. Diese Tatsache zwingt aber nicht zur Aufgabe der Vorstellung, daß in der Materie positive und negative elektrische Teilchen vorhanden sind. Da positive und negative Teilchen auf ein drittes geladenes Teilchen Kräfte in entgegengesetzter Richtung ausüben, können sich die Kraftwirkungen der beiden Teilchenarten aufheben. Wenn sich die Wirkungen der positiven und der negativen Teilchen genau aufheben, nennen wir den Körper *ungeladen* oder *elektrisch neutral.* Auch ein neutrales Atom kann man sich auf diese Weise entstanden denken [1]).

Fügt man einem elektrisch neutralen Körper einige positive Teilchen zu, so ist das Gleichgewicht gestört. Die Wirkung aller positiven Teilchen ist dann größer als die aller negativen. Man bezeichnet den Körper als positiv geladen. Man kann einen Körper auch positiv laden, indem man einige negative Teilchen entfernt. Dadurch bleibt ein Überschuß an positiven Teilchen. Entsprechend kann man einen neutralen Körper negativ laden, indem man entweder negative Teilchen zuführt oder positive fortnimmt.

Wir haben festgestellt, daß ein Glasstab durch Reiben mit Seide elektrisch positiv wird. Was geht dabei vor? Zwei Möglichkeiten sind denkbar: Vielleicht gehen positive Teilchen von der Seide auf das Glas über, vielleicht fließen auch negative Teilchen vom Glas auf die Seide. In jedem Fall muß die Seide elektrisch negativ werden, wenn das Glas positiv wird. Wir können diese Folgerung prüfen, indem wir die Seide in die Nähe des aufgehängten Glasstabes bringen. Es zeigt sich, daß der Stab durch die Seide angezogen wird. Einen negativ geladenen Plastikstab stößt die Seide ab.

23.3. Leiter und Nichtleiter

Manche Stoffe bezeichnet man als *elektrische Leiter,* andere als *Isolatoren.* Diese Klassifizierung der Stoffe beruht auf Versuchen, wie sie jetzt besprochen werden. Wir hängen eine leichte metallüberzogene Kugel an einem Seidenfaden auf. Dann legen wir einen Metallstab auf einen Glas- oder Plastikständer, so daß ein Ende die Kugel berührt. Mit einem elektrisch geladenen Glasstab berühren wir dann das andere Ende des Metallstabes und reiben ihn daran. Dabei entfernt sich die Metallkugel von der anderen Seite des Metallstabes und bleibt in einer bestimmten Entfernung schweben. Wiederholen wir den Versuch mit einem Plastikstab anstelle des Metallstabes, so bewegt sich die Kugel nicht (Bild 23.2). Man erkennt daraus, daß sich der Metallstab und der Plastikstab unterschiedlich verhalten.

Will man diesen Unterschied erklären, so braucht man nur anzunehmen, daß in einem Metall einige elektrische Teilchen sich frei von einer Stelle zur anderen bewegen können. Dagegen können sich in dem Plastikstab keine elektrischen Teilchen frei bewegen. Nehmen wir beispielsweise an, die im Metall frei beweglichen Teilchen seien negativ. Berührt der positiv geladene Glasstab den neutralen Metallstab, zieht das Glas einige der frei beweglichen negativen Teilchen vom Metallstab und der Kugel fort. Stab und Kugel werden daher beide positiv geladen, sie stoßen sich ab. Auch wenn der Glasstab wieder entfernt wird, bleibt ein Mangel an negativen Teilchen auf Kugel und Metallstab. Sie stoßen sich daher weiterhin ab.

---

[1]) Wenn jeder kleine Teilbereich eines Körpers neutral ist, so ist die resultierende Kraft aller elektrischer Teilchen des Körpers auf einen anderen elektrisch geladenen Körper Null. Ein Körper kann jedoch im Mittel neutral sein und trotzdem örtliche Ladungskonzentrationen enthalten. Dann erfährt ein äußeres geladenes Teilchen in der Nähe solcher Ladungskonzentrationen eine Kraft.

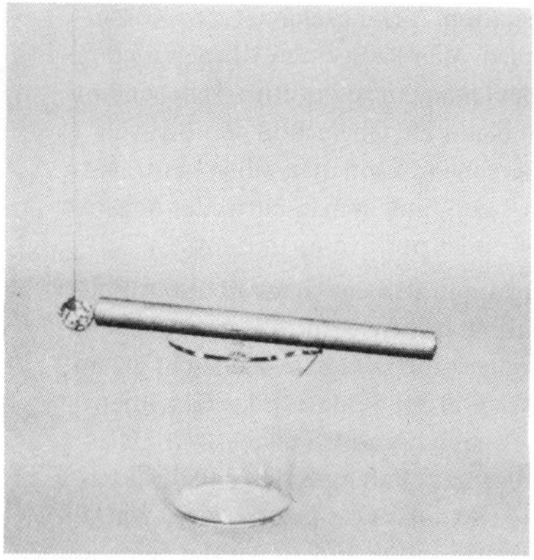

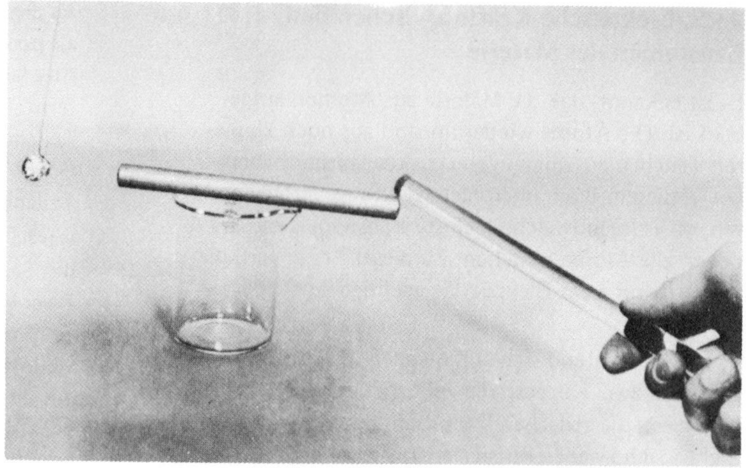

Bild 23.2

a) Ein Metallstab liegt auf einem Becherglas und berührt eine leichte, metallüberzogene Kugel.

b) Berührt man das freie Ende des Metallstabes mit einem geladenen Stab, so wird die Kugel auf der anderen Seite abgestoßen.

Wir können genau so gut annehmen, daß die frei beweglichen Teilchen positiv geladen sind. Wenn der Glasstab den Metallstab berührt, gehen positive Teilchen vom Glas auf das Metall über und breiten sich darin bis zur Kugel aus. Wieder werden Stab und Kugel beide positiv geladen, sie stoßen sich ab.

Nun wollen wir die Vorgänge beim zweiten Versuch deuten, bei dem wir den Metallstab durch einen Plastikstab ersetzten. Im Kunststoff können sich weder positive noch negative Teilchen frei bewegen. Daher erhält nur der Teil des Stabes, der in direkten Kontakt mit dem herangeführten Glasstab kommt, einen Überschuß an positiven Teilchen. Der restliche Stab bleibt genau wie die Kugel elektrisch neutral. Infolgedessen tritt keine Kraft auf, die die Kugel vom Stab entfernen könnte.

Stoffe, die sich in diesem Versuch wie das Metall verhalten, bezeichnet man als *Leiter.* Stoffe, die sich wie Plastik verhalten, heißen *Isolatoren.* Alle Leiter enthalten frei bewegliche elektrische Teilchen, die Isolatoren nicht.

Am Schluß dieses Kapitels werden wir sehen, wie man das Vorzeichen der frei beweglichen Teilchen in verschiedenen Arten von Leitern bestimmen kann. Es wird sich ergeben, daß in leitenden Flüssigkeiten und Gasen sowohl positive als auch negative Teilchen beweglich sind. Die Leitfähigkeit von Metallen beruht jedoch auf der Beweglichkeit von negativen Teilchen. Um die Deutung der Versuchsergebnisse abzukürzen, werden wir in den nächsten Abschnitten von der Annahme ausgehen, daß sich nur negative Teilchen bewegen.

23.4. Versuche mit einem Elektroskop

Mit einem Elektroskop kann man die Anwesenheit elektrischer Ladungen nachweisen. Die einfachste Ausführung dieses Gerätes ist ein altmodisches *Goldblatt-Elektroskop.* Es besteht aus zwei dünnen Goldblättchen, die in einem Glasgefäß an einem Metallstab hängen (Bild 23.3). Seine Arbeitsweise soll nun erklärt werden.

Wenn wir die Metallkugel am oberen Ende des Metallstabes mit einem geladenen Plastikstab berühren, spreizen sich die Goldblättchen auseinander. Was ist geschehen? Elektrisch negative Teilchen sind vom Plastikstab auf das Metall übergegangen und breiten sich sofort bis in die Blättchen aus. Diese stoßen sich ab, da beide elektrisch negativ sind. Da die Blättchen sehr leicht sind, reicht eine kleine Ladung schon aus, ein wahrnehmbares Spreizen hervorzurufen. – Die Blättchen würden auch auseinandergehen, wenn wir einen mit Seide geriebenen Glasstab statt des Plastikstabes verwendeten. In diesem Fall würden die Blättchen jedoch positiv geladen sein.

Ein Elektroskop wird aufgeladen. Dann wird sein „Knopf" mit einer ungeladenen Metallkugel auf einem Isolierstab berührt (Bild 23.4). Die Blätter fallen ein wenig zusammen, da die Kugel einen Teil der Ladung übernimmt. Die Ladung wurde zwischen dem Elektroskop und der Kugel aufgeteilt. Wiederholt man den Versuch mit einer größeren Kugel, dann fallen die Blätter stärker zusammen. Die größere Kugel übernimmt einen größeren Anteil der Ladung. Das gleiche geschieht, wenn man den Knopf des Elektroskops und die große Kugel mit einem Draht verbindet. Ein Teil

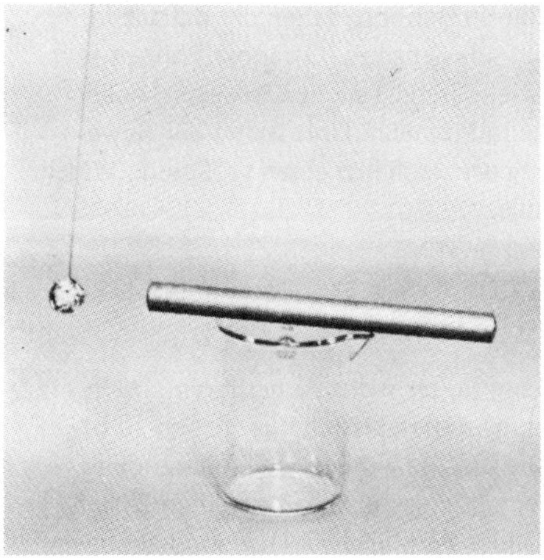

c) Entfernt man den geladenen Stab wieder, so bleibt die Abstoßung der Kugel durch den Metallstab erhalten.

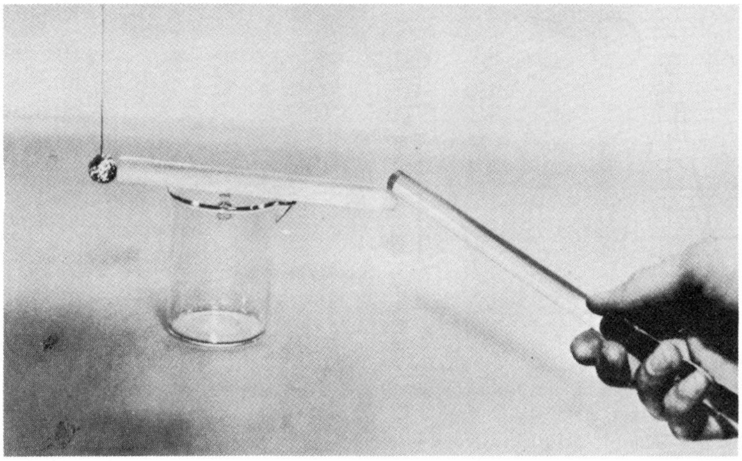

d) Wiederholt man den gleichen Versuch mit einem Plastikstab anstelle des Metallstabes, dann bleibt die Kugel unbeeinflußt in Ruhe.

Bild 23.3. Ein Goldblatt-Elektroskop. Die Blätter spreizen sich, da sie gleichartig geladen sind.

der Ladung fließt durch den leitenden Draht zur Kugel. Nimmt man eine sehr große Kugel, dann geht praktisch die gesamte Ladung auf die Kugel über. Auf dem Elektroskop verbleibt eine so geringe Ladung, daß die Blättchen völlig zusammenfallen. Als größte verfügbare Kugel können wir die Erde verwenden. Verbinden wir ein geladenes Elektroskop leitend mit der Erde, so geht praktisch die gesamte Ladung auf die Erde über. Es bleibt zu wenig zurück, als daß sie nachgewiesen werden könnte. Diesen Vorgang der Ladungsteilung zwischen Gerät und Erde bezeichnet man oft als „Erden" des Gerätes[1]).

Obwohl der Mensch nicht so groß ist wie die Erde, so wirkt er doch genau wie eine leitende Kugel. Wenn er den Knopf eines geladenen Elektroskops berührt, geht der Ausschlag der Blättchen zurück. Bestand vorher auf dem Metallstab und den Blättchen des Elektroskops ein Überschuß an negativ geladenen Teilchen, so müssen einige dieser Teilchen auf den menschlichen Körper übergegangen sein. Sie können durch den Körper hindurch auf die Erde geleitet worden sein. Doch auch wenn die Schuhe isolieren, geht der Ausschlag der Blättchen zurück. In diesem Fall teilt der menschliche Körper die Ladung mit dem viel kleineren Elektroskop.

[1]) Auf der Erdoberfläche findet man viele nichtleitende Stoffe, beispielsweise Wüstensand oder Gesteine. Doch darunter befindet sich genügend gut leitendes Material, so daß sich die Ladung sehr schnell über die ganze Erde verteilt. Mit einem Metallrohr (etwa der Wasserleitung) stellt man eine sichere Verbindung zu dem leitenden Untergrund her.

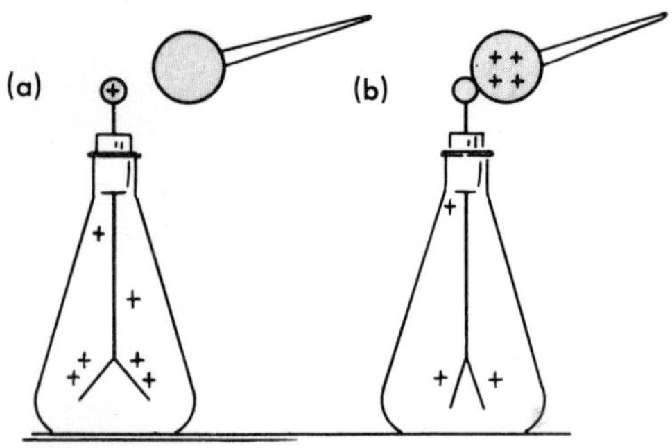

Bild 23.4

a) Ein geladenes Elektroskop, dessen Blätter sich stark abstoßen.
b) Der „Knopf" des Elektroskops wird mit einer ungeladenen Metallkugel auf Isoliergriff berührt. Die Ladung wird dabei auf das Elektroskop und die Kugel verteilt. Die Blätter fallen etwas zusammen.

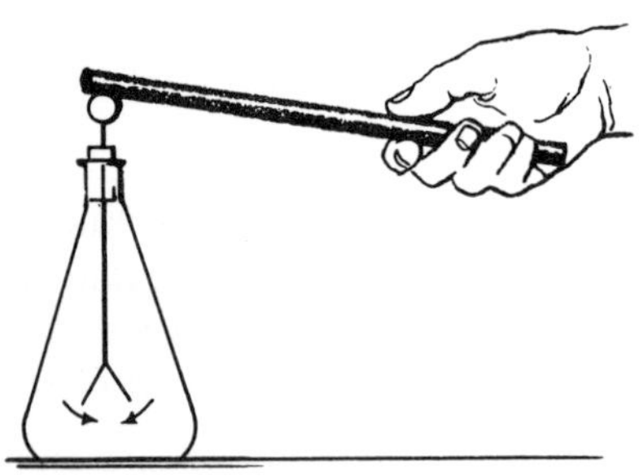

Bild 23.5. Berührt man den Knopf eines geladenen Elektroskops mit einem Graphitstift (Bleistiftmine), so fallen die Blätter ganz zusammen. Graphit und der menschliche Körper gehören zu den Leitern.

Ist das Elektroskop positiv geladen, entlädt man es ebenfalls durch die Berührung des Knopfes mit der Hand. Negative Teilchen müssen dann vom Körper auf das Elektroskop übergegangen sein und dabei die positive Ladung der Blättchen neutralisiert haben. Auf jeden Fall läßt sich aus diesen Versuchen erkennen, daß der menschliche Körper ein elektrischer Leiter ist.

Nun läßt sich auf einfache Weise feststellen, welche anderen Stoffe zu den Leitern gehören. Man lädt das Elektroskop auf und berührt den Knopf entsprechend Bild 23.5 beispielsweise mit einem Stück Graphit (Bleistiftmine). Die Blättchen fallen sofort zusammen, Graphit ist somit ein Leiter. Andererseits bewegen sich die Blättchen des geladenen Elektroskops nicht, wenn wir den Knopf mit ungeladenem Glas, Hartgummi, Porzellan oder Plastik berühren. Diese Stoffe sind elektrische Isolatoren. Berührt man den Knopf mit einem Streichholz, fallen die Blättchen zusammen, doch sehr langsam. Offenbar können sich im Holz einige elektrische Teilchen bewegen, doch nicht so frei wie in Metallen. Holz bietet der Bewegung der elektrischen Teilchen einen größeren „Widerstand" als Metalle.

23.5. Elektrische Influenz

Man braucht einen Leiter nicht zu berühren, um in ihm eine Bewegung der elektrischen Teilchen zu bewirken. Zwei Metallstäbe werden auf isolierenden Ständern so aneinandergestellt, daß sie einen langen Leiter bilden (Bilder 23.6 und 23.7). Dann nähern wir einen positiv geladenen Glasstab dem einen Ende des Leiters. Die positive Ladung des Glasstabes zieht negativ geladene Teilchen des Leiters an und stößt positiv geladene ab. Dadurch ergibt sich auf dem zugewandten Ende des Leiters ein Überschuß negativ geladener Teilchen, während das abgewandte Ende positiv geladen zurückbleibt. Nun trennen wir die beiden Metallstäbe, indem wir die Ständer auseinander ziehen, während der geladene Glasstab in der Nähe bleibt. Der ihm zugewandte Stab müßte negativ geladen sein, der andere positiv. Diesen Schluß können wir bestätigen, indem wir den Glasstab fortnehmen und eine leichte positiv geladene Kugel an einem Band aufhängen. Diese wird vom zugewandten Metallstab angezogen, vom anderen abgestoßen. Die Trennung von positiven und negativen Ladungen auf einem Leiter unter dem Einfluß eines genäherten geladenen Körpers bezeichnet man als elektrische *Influenz.* Die örtlichen Überschüsse von positiver und negativer Ladung, die sich in verschiedenen Bereichen des Leiters ansammeln, nennt man *Influenzladungen.*

Elektrische Influenz ermöglicht es, ein Elektroskop zum Nachweis von Ladungen zu verwenden, ohne daß sie auf das Elektroskop übergehen müßten. Ja, wir können sogar das Vorzeichen der Ladung ermitteln. Dazu laden wir das Elektroskop beispielsweise positiv auf. Dann bringen wir den unbekannt geladenen Körper in die Nähe des Knopfes. Ist seine Ladung positiv, wird negative Influenzladung in den Knopf gezogen. Dadurch wächst die positive Aufladung der Blättchen, ihre Spreizung wird größer (Bild 23.8a). Ist die unbekannte Ladung jedoch negativ, geschieht eine Influenz gerade in umgekehrtem Sinne. Die positive Aufladung der Blättchen verringert sich durch die abgestoßenen negativen Teilchen, die Spreizung geht zurück (Bild 23.8b).

Elektrische Influenz liefert auch das Verständnis für die Anziehungskraft, die von einem elektrisierten Körper auf einen neutralen leitenden Körper ausgeübt wird. Nehmen wir an, daß der elektrisch geladene

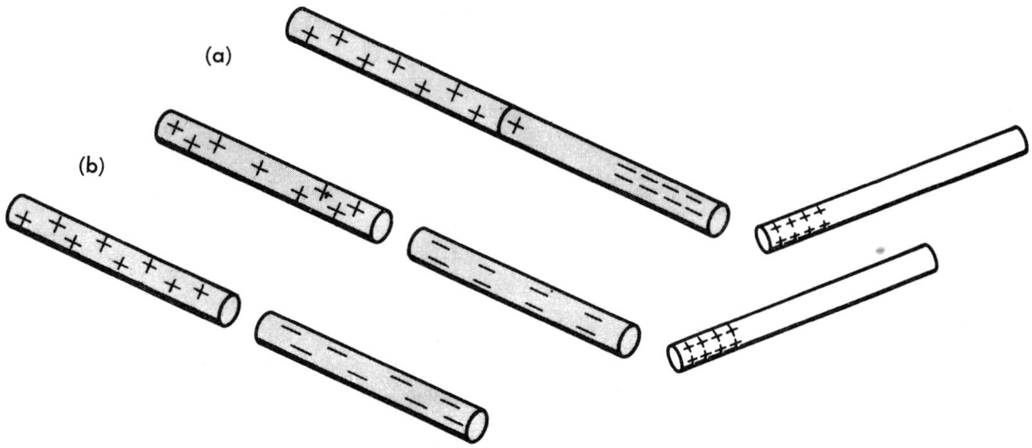

Bild 23.6. Elektrische Influenz.

a) Zwei Metallstäbe berühren sich; ein positiv geladener Körper wird genähert. Negative Teilchen der Metallstäbe werden nach rechts gezogen und lassen links positive Ladung überwiegen.
b) Die Metallstäbe werden voneinander getrennt, wobei der geladene Körper in der Nähe bleibt. Der rechte Stab besitzt nun eine negative, der linke eine positive Ladung.
c) Die Stäbe behalten ihre Ladung auch dann, wenn der geladene Körper entfernt wird.

Körper A positiv ist (Bild 23.9). Dann wird auf dem nächstgelegenen Teil des Leiters eine negative, auf dem entfernten Teil eine positive Ladung influenziert.

Die negative Influenzladung wird von der positiven Ladung des Körpers A angezogen, die positive abgestoßen. Diese Abstoßung ist jedoch schwächer als die Anziehung, da die positive Influenzladung weiter von A entfernt ist als die negative. Es ergibt sich also eine resultierende Kraft, die den Leiter in Richtung auf A zieht.

Eine ähnliche (allerdings kleinere) Kraft zieht auch einen neutralen Nichtleiter an einen genäherten geladenen Körper. In einem Nichtleiter können sich weder positive noch negative Teilchen frei von ihren Atomen fortbewegen. Doch können sie über kleinere Bereiche gezogen oder verschoben werden. Beispielsweise können wir uns vorstellen, daß ein Isolator aus positiv geladenen Teilchen aufgebaut ist, die ihren festen Platz im Isolator behalten, und aus negativ geladenen Teilchen, die durch (elastische) Kräfte in der

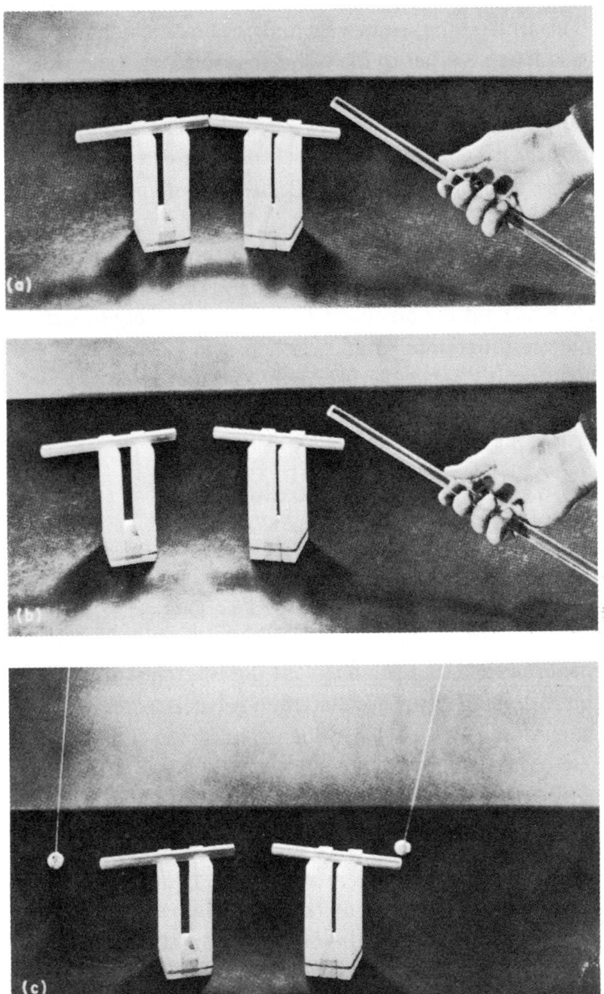

Bild 23.7. Elektrische Influenz.

a) Metallstäbe in Kontakt, ein geladener Körper wird genähert.
b) Die Stäbe werden getrennt.
c) Die Ladung der Stäbe wird dadurch geprüft, daß man eine positiv geladene Kugel in ihre Nähe bringt. Der linke Stab stößt sie ab, er ist positiv geladen. Der rechte zieht die Kugel an, er ist negativ geladen.

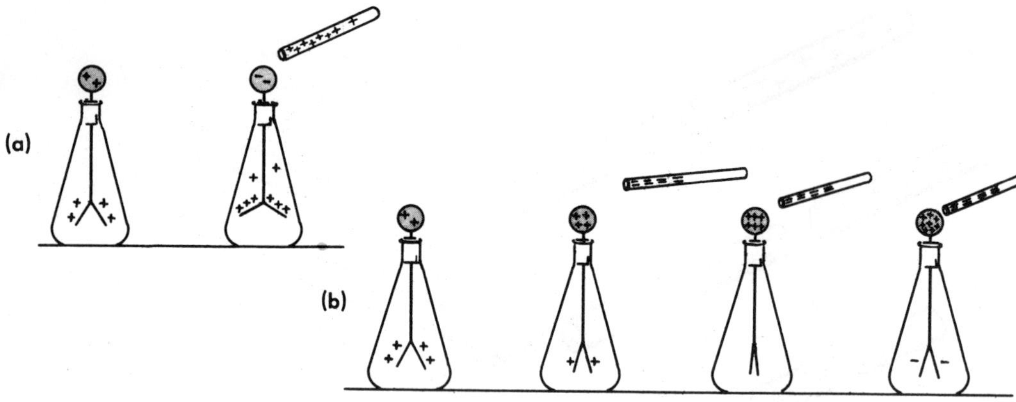

Bild 23.8. Mit einem Elektroskop läßt sich eine Ladung nachweisen und ihr Vorzeichen bestimmen.
a) Ein positiv geladener Körper wird in die Nähe eines positiv geladenen Elektroskops gebracht. Die Blätter spreizen sich noch weiter als vorher.
b) Ein negativ geladener Körper wird immer näher an den Knopf eines positiv geladenen Elektroskops gebracht. Immer mehr negativ geladene Teilchen werden in Richtung auf die Blätter abgestoßen, die Spreizung geht zurück. Schließlich können sogar, wenn ein stark negativ geladener Körper sehr nahe kommt, so viele negativ geladene Teilchen in die Blätter abgedrängt werden, daß dort ein Überschuß an negativer Ladung entsteht. Dann spreizen sie sich erneut.

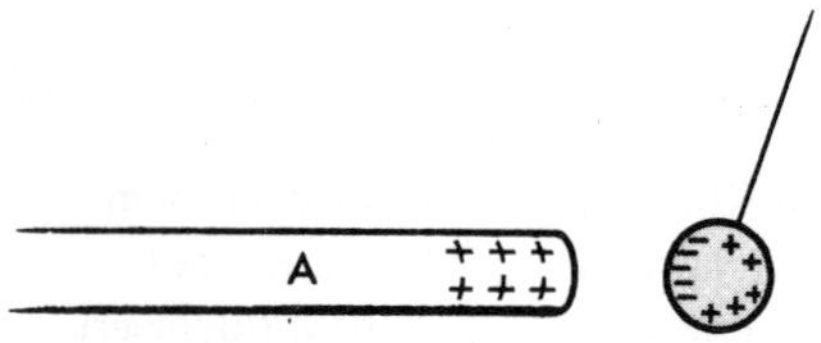

Bild 23.9. Anziehung eines neutralen Leiters. Einer neutralen Metallkugel wird ein positiv geladener Körper genähert. Auf die ihm zugewandte Seite werden negative Teilchen gezogen. Die abgewandte Seite bleibt positiv geladen. Da sich die negative Influenzladung näher am positiv geladenen Körper befindet, ergibt sich eine Anziehung als resultierende Kraft.

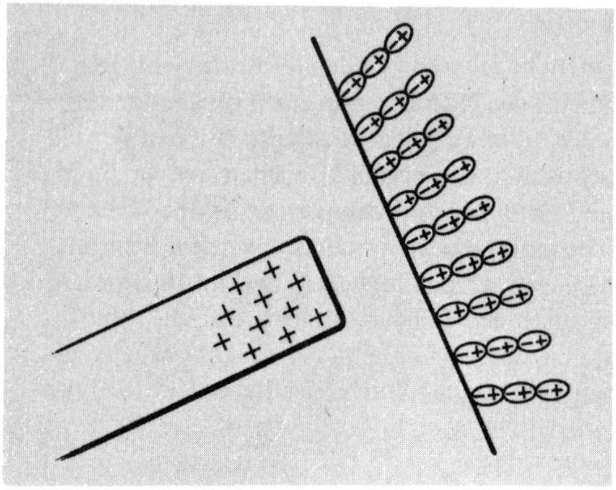

Bild 23.10. Anziehung eines neutralen Isolators. Ein positiv geladener Körper befindet sich in der Nähe eines ungeladenen Isolators. Es gibt keine Teilchen, die sich frei durch den Isolator bewegen können, aber die positiven und negativen Teilchen in jedem Molekül können ein wenig gegeneinander verschoben werden. Die negativen Teilchen sind daher alle ein wenig näher am positiv geladenen Körper. Es ergibt sich wieder eine resultierende Anziehungskraft. Man beachte, daß die Moleküle und ihre geladenen Teilchen sehr klein sind. Die Zeichnung gibt keineswegs die wirklichen Verhältnisse wieder.

Nähe der positiven gehalten werden. Die Kräfte hindern die negativen Teilchen daran, sich über eine größere Entfernung zu bewegen. Bringt man einen positiv geladenen Körper in die Nähe des Isolators, dann werden die negativen Teilchen von ihm angezogen. Dadurch bewegen sie sich eine kleine Strecke von den positiven Teilchen fort in Richtung auf den äußeren anziehenden Körper (Bild 23.10). Weil die negativen Teilchen dem positiv geladenen Körper um ein geringes näher sind als ihre positiven Partner, ist die Anziehungskraft auf sie etwas größer als die abstoßende Kraft auf die positiven Teilchen. Somit ergibt sich eine resultierende Kraft zwischen dem Isolator und dem positiv geladenen Körper.

23.6. Verbesserte Elektroskope und Elektrometer

Beim einfachsten Elektroskop hängen die Goldblättchen in einem Glasgefäß (Bild 23.3). Dieses Elektroskop spricht auf beliebige Ladungen an, die man ihm nähert. Die Ladungen üben auf die Blättchen sowohl unmittelbar (wenn die Blättchen geladen werden) als auch durch elektrische Influenz Kräfte aus. Für viele Zwecke braucht man jedoch ein Elektroskop, das nur auf Ladungen anspricht, die auf die Blättchen gebracht werden oder die sich in der Nähe des Knopfes befinden.

Ungewollte elektrische Wirkungen lassen sich ausschließen, indem man das Glasgefäß durch ein metallisches Gehäuse ersetzt. Ein isolierender Ring trennt das Gehäuse elektrisch von den Blättchen (Bild 23.11).

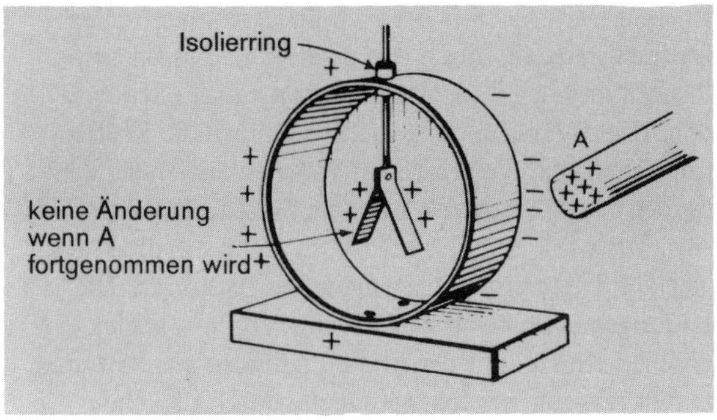

Bild 23.11. Nähert man einen geladenen Körper einem abgeschirmten Elektroskop, so werden Ladungen im Gehäuse influenziert. Innerhalb des Gehäuses heben die Kräfte, die von den Influenzladungen ausgeübt werden, gerade die Kräfte der äußeren Ladung auf.

Bild 23.12. Aus einer Kaffeedose läßt sich ein einfaches abgeschirmtes Elektroskop herstellen. Statt der dünnen Metallblättchen wurde als empfindlicher Teil ein metallüberzogener Trinkstrohhalm drehbar in einem Rahmen aufgehängt.

Angenommen man bringt einen positiv geladenen Körper A in die Nähe eines Elektroskops mit Metallgehäuse. Die Ladung von A zieht negativ geladene Teilchen auf die zugewandte Seite des Metallgehäuses (Influenz), während positiv geladene auf der abgewandten Seite überwiegen. Es zeigt sich: Wenn das Elektroskop gänzlich von einer Metallabschirmung umgeben ist, werden die Blättchen von außen genäherten Ladungen überhaupt nicht beeinflußt. Die Influenzladungen üben Kräfte auf die Blättchen aus. Diese kompensieren offenbar gerade die Kräfte, die vom positiv geladenen Körper A ausgeübt werden. Ein abgeschirmtes Elektroskop ist damit ein weit zuverlässigeres Gerät als das in einem Glasgefäß eingebaute. Es ist unempfindlich gegen unerwünschte äußere Einflüsse. Man kann sich ein abgeschirmtes Elektroskop wie in Bild 23.12 selbst herstellen.

Oft sind Ladungen nachzuweisen, die zu klein sind, als daß sie das Goldblatt-Elektroskop merkbar ansprechen ließen. Man braucht also weit empfindlichere Elektroskope. Dazu muß man den Aufbau anders gestalten. Beispielsweise kann man ein gut leitendes Band als beweglichen Teil benutzen, kann die Form des Trägers ändern und kann die Abmessungen kleiner machen. Jedes dieser empfindlichen Geräte besitzt zur Abschirmung ein Metallgehäuse und im Innern einen Anzeigeteil, der die Rolle des Stabes und der Goldblättchen in unserem einfachen Gerät spielt. Dieses Anzeigeglied nennt man das *Meßwerk* des Elektroskops. Mit einem gut konstruierten Meßwerk in einer guten metallischen Abschirmung kann man den tausendsten Teil der Ladung messen, die man mit dem gewöhnlichen Goldblatt-Elektroskop nachweisen kann. Manche empfindliche Elektroskope sind mit Skalen versehen, mit denen man die Ladung quantitativ untersuchen kann. Solche Elektroskope nennt man *Elektrometer*.

Bei der Verbesserung des Elektroskops wurde eine metallische Abschirmung verwendet. Über diese Anwendung hinaus hat die Beobachtung, daß eine metallische Abschirmung den Raum elektrisch in zwei Teile unterteilt, weitreichende Bedeutung. Die beobachtete Ausschaltung der Wirkungen einer Ladung, die sich außerhalb des Metallgehäuses befindet, gibt uns Aufschluß über die elektrischen Kräfte. Durch genauere Überlegungen läßt sich zeigen, daß sich nur solche Kräfte vollständig ausschalten lassen, für die das quadratische Abstandsgesetz gilt[1]). Der Versuch von Coulomb, den wir im nächsten Kapitel besprechen werden, zeigt unmittelbar, daß elektrische Kräfte mit dem Quadrat des Abstandes abnehmen.

23.7. Elektrische Energiequellen

Nicht nur durch das Reiben zweier Körper (beispielsweise eines Plastikstabes mit Wolle) kann man elektrisch positiv geladene Teilchen von negativ geladenen trennen. *Batterien* (und andere elektrische Generatoren) sind Maschinen zum Trennen von Ladungen.

Ein Goldblatt-Elektroskop kann die Ladungstrennung nachweisen, die von mehreren Batterien erzeugt wird (Bild 23.13). Die von einer Batterie auf ein Elektroskop gebrachte Ladung ist von der gleichen Art, wie

---

[1]) Hier sollen diese Überlegungen nicht ausgeführt werden. Man kann die Art zu argumentieren an der Besprechung des Coulombschen Gesetzes im Abschnitt 24.3.1 erkennen.

die von einem geriebenen Glasstab oder einem anderen geladenen Körper entnommene Ladung. Verbindet man den Pluspol einer Batterie mit dem Knopf eines Elektroskops und den Minuspol mit seinem Metallgehäuse, dann wird der Knopf mit der gleichen Ladungsart aufgeladen, die wir vom geriebenen Glas erhalten, mit positiver Ladung. Verbindet man die Batterie in entgegengesetzter Weise, dann wird der Knopf negativ geladen. Diese negativen Ladungen können durch einen kleinen Teil der positiven Ladung eines geriebenen Glasstabes ausgeglichen werden.

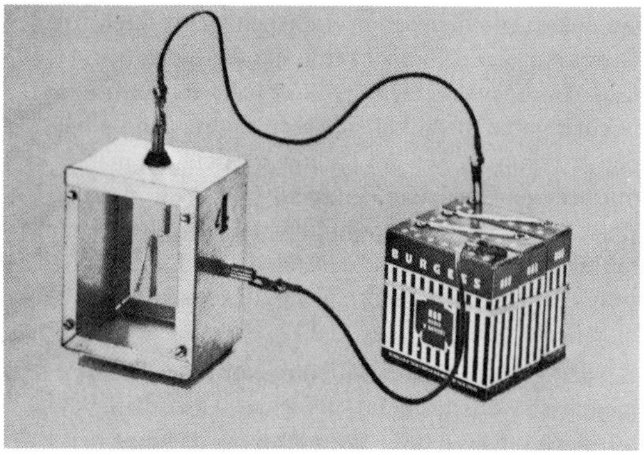

Bild 23.13. Man kann ein Elektroskop mit Batterien aufladen. Die drei Radiobatterien, durch die diese Spreizung der Blättchen hervorgerufen wurde, entsprechen etwa 180 in Reihe geschalteten Taschenlampenbatterien. Die Wirkung einer einzelnen Taschenlampenbatterie ließe sich nicht nachweisen.

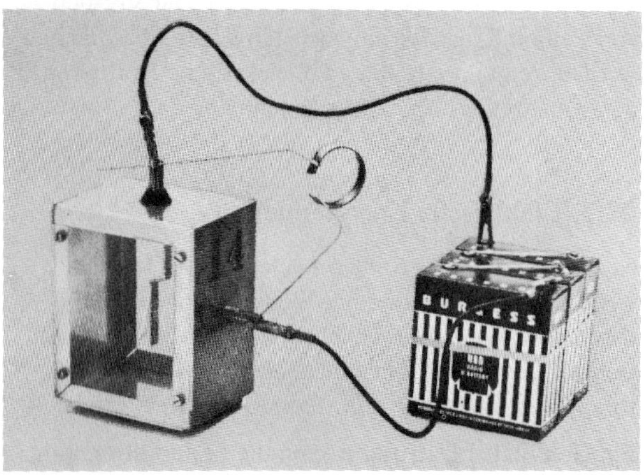

Bild 23.14. Ein mit einer Batterie verbundenes Elektroskop bleibt geladen, selbst wenn man seinen Meßwerk und sein Gehäuse durch einen Draht mit hohem Widerstand verbindet. Da der Widerstandsdraht sehr dünn ist und sehr lang sein muß, ist er auf einem ringförmigen Träger zu einer Spule gewickelt worden. Löst man den Anschluß zur Batterie, dann entlädt sich das Elektroskop.

In einer Batterie läuft ein komplizierter chemischer Mechanismus ab, durch den positive Ladungen zum Pluspol und negative zum Minuspol verschoben werden. Diese Verschiebung geschieht gegen die Kräfte, mit denen sich die geladenen Teilchen anziehen. Verbindet man die Batterie mit dem Metallgehäuse und dem Meßwerk eines Elektroskops, dann erhalten Meßwerk und Gehäuse entgegengesetzte Ladungen. Die Ladungen nehmen schnell so lange zu, bis die elektrischen Kräfte, mit denen die Ladungen zur Batterie zurückgezogen werden, gerade die durch den chemischen Vorgang ausgeübten Kräfte kompensieren, durch die sie aus der Batterie herausgetrieben werden.

23.8. Elektrischer Strom

Man kann also ein Elektroskop aufladen, indem man kurzfristig Meßwerk und Gehäuse mit den Polen einer Batterie verbindet. Löst man dann die Verbindungen zur Batterie, so bleibt das Elektroskop geladen. Doch wenn man dann das Meßwerk mit dem Metallgehäuse durch einen Metalldraht verbindet, entlädt sich das Elektroskop sehr schnell. Elektrische Teilchen müssen durch den Draht zwischen Meßwerk und Gehäuse gewandert sein. Wir nehmen an, daß es sich um negativ geladene Teilchen handelt.

Nun soll die Verbindung zwischen Batterie und Elektroskop bestehen bleiben. Verbindet man dann das Meßwerk des Elektroskops mit dem Gehäuse durch einen schlecht leitenden Draht (Bild 23.14), so bleibt das Elektroskop teilweise geladen[1]). In dem Draht fließen ständig elektrische Teilchen. Erreichen diese negativen Teilchen den Pluspol der Batterie, dann gleichen sie dort einige der positiven Ladungen aus. Wenn sie den Minuspol verlassen, entziehen sie ihm negative Ladung. Die Batterie ihrerseits sorgt für einen Nachschub von Ladungen für die Pole. Chemische Vorgänge treiben innerhalb der Batterie ständig negative Teilchen vom positiven zum negativen Pol (oder positive Teilchen in der anderen Richtung). Die Geschwindigkeit, mit der die Batterie die Ladungen bewegt, richtet sich nach der Geschwindigkeit, mit der die Ladungen außerhalb der Batterie durch den Draht fließen und sich ausgleichen.

Das Fließen von elektrisch geladenen Teilchen in einem Leiter bezeichnet man als *elektrischen Strom.* Insbesondere nennt man den durch eine Batterie verursachten gleichmäßigen Fluß einen Gleichstrom. Elektrische Ströme haben verschiedene Wirkungen.

---

[1]) Für diesen Versuch eignet sich beispielsweise ein langer dünner Draht aus einer Chrom-Nickel-Legierung.

Beispielsweise erwärmt sich ein metallischer Draht, durch den ein starker Strom fließt. Man kann Geräte bauen, mit denen man diese Wirkungen nachweisen und damit elektrische Ströme messen kann. In den nächsten Abschnitten und im Kapitel 25 findet sich eine genauere Besprechung des elektrischen Stroms und der Messung seiner Stärke.

23.9. Leitfähigkeit von Gasen; Ionisierung

Ein Elektroskop wird aufgeladen, indem z.B. das Meßwerk mit dem Pluspol und das Gehäuse mit dem Minuspol einer Batterie kurzzeitig verbunden werden. Im Innern des Elektroskops befindet sich selbstverständlich Luft. Was würde nun geschehen, wenn einige der Luftmoleküle elektrisch positiv und einige elektrisch negativ geladen wären? Die positiven Moleküle würden vom negativ geladenen Gehäuse angezogen werden, und die negativen Moleküle würden sich in Richtung auf das Meßwerk bewegen. Das Auftreffen der elektrisch negativ geladenen Moleküle würde den Überschuß von positiver Ladung auf dem Meßwerk neutralisieren, so daß sich das Elektroskop allmählich entlädt (Bild 23.15).

Nichts derartiges geschieht. Unter normalen Bedingungen bleibt das Elektroskop über eine lange Zeit geladen. Das darin befindliche Gas ist ein guter Isolator. Daraus läßt sich schließen, daß die Moleküle der Luft elektrisch neutral sind. Füllt man das Elektroskop mit anderen Gasen, etwa mit Kohlendioxid, Helium, Argon usw., so findet man immer das gleiche Ergebnis, auch wenn die Gase einatomig sind. Es ergibt sich: Ein vollständiges Molekül ist elektrisch neutral, auch wenn es aus einem einzelnen Atom besteht.

Bringt man nun einen radioaktiven Stoff in die Nähe des geladenen Elektroskops oder bestrahlt es mit Röntgenstrahlen, dann entlädt sich das Elektroskop allmählich. Entfernt man das radioaktive Präparat (oder schaltet die Röntgenröhre aus), bevor das Elektroskop seine gesamte Ladung verloren hat, dann hört die Entladung auf.

Wir können diese Ergebnisse durch folgende Annahme deuten: Die Röntgenstrahlen und die radioaktive Strahlung brechen die Gasmoleküle in elektrisch geladene Bestandteile auseinander. Einige dieser Bruchteile können mit den von uns schon erwähnten letzten Bausteinen der Materie identisch sein. Andere sind vielleicht aus mehreren solcher Teilchen zusammengesetzt. Einige können dadurch gebildet werden, daß sich ein elektrisch geladenes Bruchstück eines Moleküls an ein neutrales anlagert. Dadurch entsteht ein schwereres geladenes Teilchen. Man bezeichnet die geladenen Bruchteile eines Moleküls und die zusammengesetzten Ladungsträger als *Ionen.* Ein Gas, das Ionen enthält, nennt man *ionisiert*

Gewöhnliches Gas ist ein Isolator, dagegen verhält sich ein ionisiertes Gas wie ein Leiter. Taucht man einen positiv geladenen Körper in ein ionisiertes Gas, so zieht er die negativen Ionen an. Ein negativ geladener Körper zieht die positiven Ionen an. In beiden Fällen neutralisieren die Ionen bei der Berührung mit dem Körper allmählich seine ursprüngliche Ladung.

Es lassen sich viele Versuche ausführen, mit denen man zeigen kann, daß die Leitfähigkeit von Gasen auf Ionisierung beruht. Beispielsweise läßt sich sicher nachweisen, daß die Entladung eines Elektroskops unter dem Einfluß von Röntgenstrahlen nicht auf eine Wirkung der Röntgenstrahlen auf das Meßwerk des Elektroskops zurückzuführen ist. Das in Bild 23.16

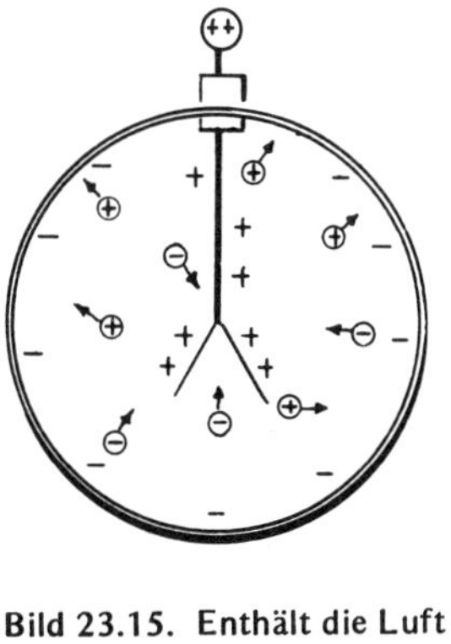

Bild 23.15. Enthält die Luft elektrisch positiv und negativ geladene Teilchen, dann wird die Ladung des Elektroskops sehr schnell ausgeglichen. Normalerweise ist das nicht der Fall, aber die Luft kann ionisiert werden.

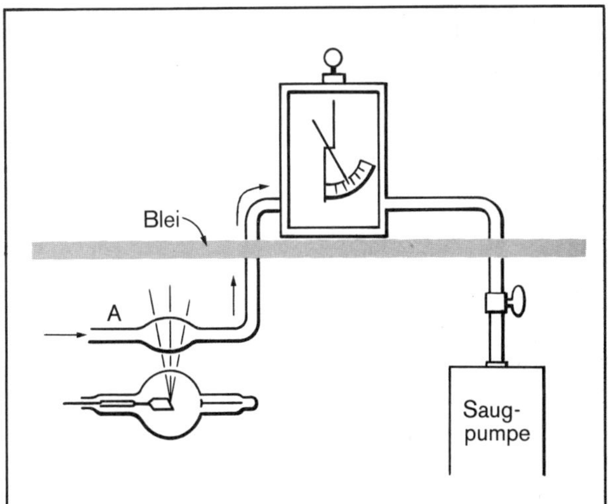

Bild 23.16. Röntgenstrahlen ionisieren die Luft bei A. Erreicht diese Luft mit den Ionen das Elektroskop, dann fallen die Blätter zusammen.

dargestellte Experiment zeigt, daß die Röntgenstrahlen nur auf das Gas einwirken. Bei diesem Versuch pumpen wir Luft durch einen Schlauch, von dem ein Stück bestrahlt werden kann, in das Elektroskop. Wir laden das Elektroskop, schalten die Pumpe ein und bestrahlen dann den Schlauch mit dem Röntgengerät. Das Elektroskop beginnt sich daraufhin zu entladen. Durch die Röntgenstrahlen gebildete Ionen werden mit der bewegten Luft in das Elektroskop transportiert. Ohne die Bestrahlung zu unterbrechen, schalten wir die Pumpe aus. Der Luftstrom hört auf, und die im Schlauch gebildeten Ionen erreichen nicht mehr das Elektroskop. Das Elektroskop entlädt sich nicht weiter.

Am Anfang dieses Abschnittes wurde gesagt, daß Gase normalerweise gute Isolatoren sind. Man kann sagen, daß sie vollkommen isolieren, wenn keine ionisierende Strahlung vorhanden ist. Tatsächlich ist jedoch überall eine geringe Strahlung vorhanden. Die meisten der uns umgebenden Stoffe enthalten sehr kleine Spuren radioaktiver Substanzen. Auch wenn wir diese Strahlung ausschalten können, dann werden doch Ionen durch die kosmische Strahlung erzeugt. Selbst außerordentlich dicke Abschirmungen aus Stoffen, die von radioaktiven Spuren frei sind, bilden einen nur unvollständigen Schutz gegen diese durchdringende Strahlung, die außerhalb der Erdatmosphäre entsteht. Daher sind Gase immer geringfügig ionisiert und leitfähig. Diese Leitfähigkeit ist jedoch so gering, daß sie nur mit ganz feinen Geräten nachgewiesen werden kann.

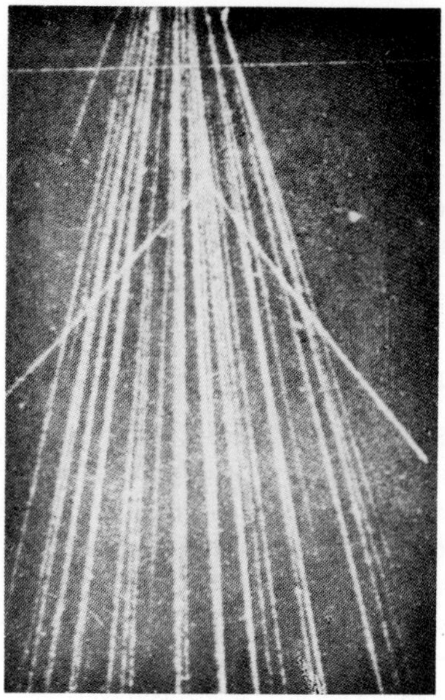

Bild 23.17. Eine Nebelkammeraufnahme. Die Spuren zeigen die Wege, die α-Teilchen in einer Heliumgefüllten Kammer zurücklegen. (Bild von P. M. S. Blackett, in Procaedings of the Royal Society, 107 A, 349: 1925).

23.10. Nebelkammer

In einer *Nebelkammer* kann man die Bahnen geladener Teilchen in Gasen „sehen" (Bild 23.17). Die Teilchen hinterlassen eine Spur von positiven und negativen Ionen. Die Wirkungsweise der Nebelkammer beruht auf der Tatsache, daß Dampf leichter an solchen Ionen als im ionenfreien Raum kondensiert.

Bild 23.18. Eine einfache Nebelkammer. Die Kammer ist eine zylindrische Plastikschachtel. Sie wird auf einen großen Block Trockeneis gestellt. Ein dunkles Filzband, das innen am oberen Rand angebracht ist, wird mit einer leicht verdunstenden Flüssigkeit (z. B. Mischung aus Alkohol und Wasser) getränkt. Ein kleines radioaktives Präparat ist auf der Spitze einer Nadel befestigt, die in die Kammer hineinragt. Die Nadel wird durch einen Korken, der ein Loch in der Wand abschließt, gehalten. Der Boden der Kammer ist schwarz gefärbt, damit sich die weißen Nebelspuren gut abheben, wenn man von der Seite beleuchtet und von oben beobachtet.

Bild 23.18 zeigt eine besondere Ausführung einer Nebelkammer, die als Diffusionskammer bezeichnet wird. In einfacher Bauweise besteht sie aus einer flachen zylindrischen Kammer, deren Boden kalt gehalten wird, während sich die durchsichtige Deckplatte auf höherer Temperatur befindet. An den Innenwänden der Kammer ist ein Streifen aus Filz oder Löschpapier befestigt, der mit Alkohol getränkt wurde. Der Alkohol verdampft ständig von dem Streifen und kondensiert auf dem kalten Kammerboden. Dicht über dem Boden ist eine Schicht, in der der Alkoholdampf nicht von selbst kondensiert, wohl aber dann, wenn sich dort Ionen befinden. Durchquert nun ein

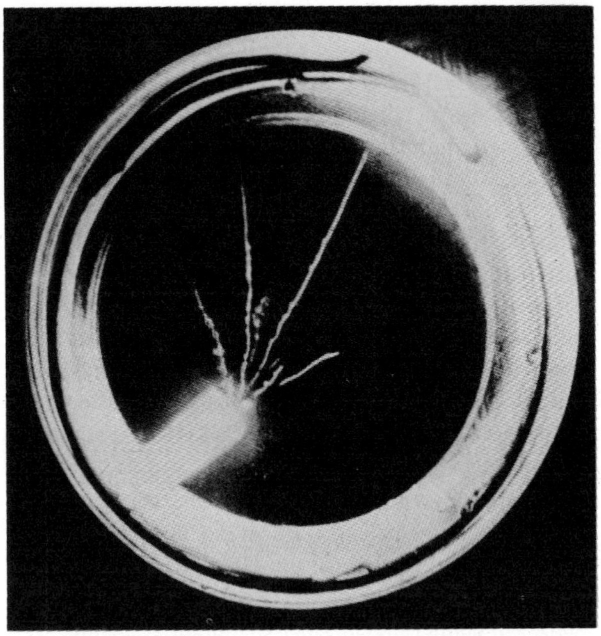

Bild 23.19. Spuren von α-Teilchen in der Diffusionsnebelkammer

geladenes Teilchen diese Schicht, dann dienen die von ihm erzeugten Ionen als Kondensationskeime, und die Spur wird sichtbar. Diese Nebelkammer kann billig hergestellt werden, und sie arbeitet kontinuierlich. Mit ihrer Hilfe kann man den gelegentlichen Durchgang eines Teilchens der kosmischen Strahlung sehen. Geben wir ein radioaktives Präparat in die Kammer, dann können wir die Spuren der geladenen Bruchstücke sehen, die beim radioaktiven Zerfall ausgesandt werden (Bild 23.19).

23.11. Leitfähigkeit von Lösungen

Einige Flüssigkeiten sind elektrische Leiter, andere Isolatoren. Das Verhalten von Wasser und von wäßrigen Lösungen ist besonders interessant. Mit einer Anordnung, wie sie in Bild 23.20 gezeigt wird, kann dieses Verhalten experimentell untersucht werden. Eine Metallplatte, ein Strommesser, eine Batterie und eine zweite Metallplatte werden in Serie geschaltet. Dann steckt man die Metallplatten (die man bei diesem Versuch *Elektroden* nennt) in ein mit Wasser gefüllten Glas.

Handelt es sich um reines Wasser, zeigt der Strommesser keinen Strom an. Da sich die Moleküle in einer Flüssigkeit frei bewegen können, ergibt sich daraus: Die Wassermoleküle sind elektrisch neutral.

Lösen wir nun etwas Kochsalz im Wasser, dann zeigt das Meßinstrument einen Strom an. Das gleiche beobachtet man bei vielen anderen chemischen Verbindungen wie Salzsäure, Schwefelsäure, Kupfersulfat, Kaliumchlorid usw. Die Leitfähigkeit dieser Lösungen kann man deuten, wenn man annimmt, daß sich die Moleküle des Kochsalzes (oder der anderen gelösten Substanzen) in positiv und negativ geladene Teile aufspalten. Sie werden wieder als positive oder

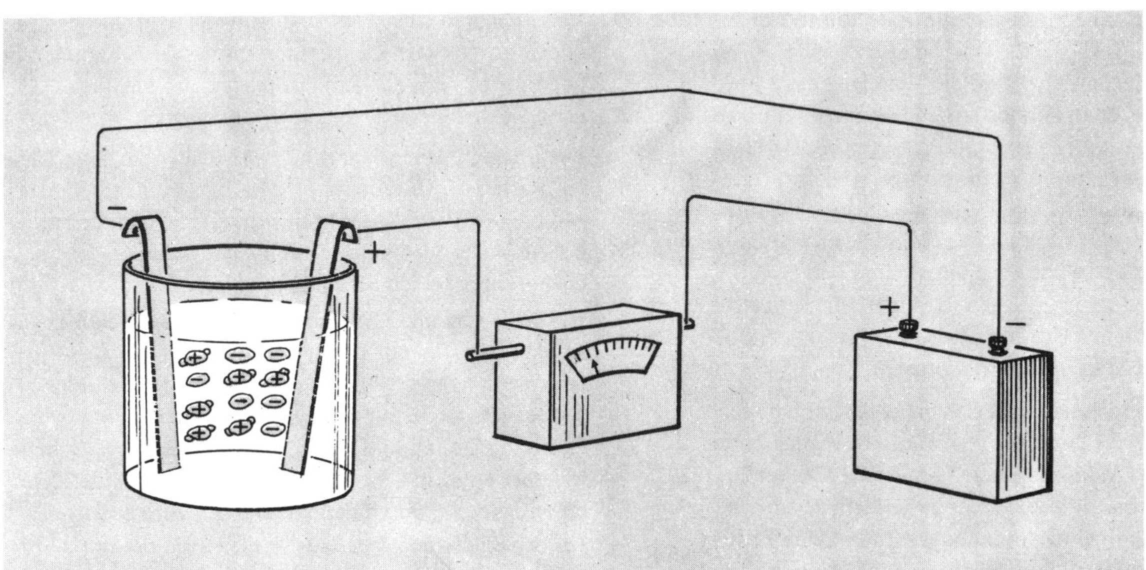

Bild 23.20. Aufbau zur Untersuchung der elektrischen Leitung in einer Flüssigkeit. Wird Salz im Wasser gelöst, dann zeigt das Meßgerät einen Strom an. Die Ladung wird in der Lösung von positiven und negativen Ionen transportiert.

negative Ionen bezeichnet. Diese Deutung gleicht weitgehend der Erklärung der elektrischen Leitfähigkeit der Gase. In Flüssigkeiten ist jedoch im Gegensatz zu den Gasen kein ionisierender Einfluß von außerhalb des Systems erforderlich. Die Ionen scheinen sich ganz von selbst aus den gelösten Substanzen zu bilden.

Diese Erklärung der elektrischen Leitfähigkeit von Lösungen wird überzeugend gestützt durch die Beobachtung der Erscheinungen an den Elektroden. Wir betrachten den Fall, daß ein Kupfersalz (beispielsweise Kupfersulfat) gelöst wurde. Es zeigt sich: Beim Fliessen des elektrischen Stromes überzieht sich die negative Elektrode allmählich mit einer Schicht aus Kupfer. Nimmt man die Lösung eines Silbersalzes (beispielsweise Silbernitrat), dann überzieht sich die negative Elektrode mit einer Silberschicht. Dies legt folgende Vermutung nahe: Wenn sich die Moleküle vom Kupfersulfat oder vom Silbernitrat in der Lösung in Ionen aufspalten, dann werden die Metallatome von den positiven Ionen transportiert. Die Bewegung dieser Ionen ist mit einem nachweisbaren Transport von Materie verbunden.

Die beschriebenen Erscheinungen bezeichnet man als *Elektrolyse.* Sie wird vielfach genutzt, um Gegenstände mit einer Metallschicht zu überziehen (Galvanisieren). Bei manchen industriellen Verfahren wendet man sie an, etwa um reines Kupfer zu gewinnen, um Wasserstoffgas herzustellen oder um Aluminium abzuscheiden. In Abschnitt 25.3 wird gezeigt, wie man die Elektrolyse zur Messung der Stärke eines elektrischen Stromes verwenden kann.

23.12. Elektronen in Metallen

Die wichtigsten Leiter sind die Metalle. Welche elektrischen Teilchen können sich in Metallen frei bewegen und somit ihre Leitfähigkeit bewirken. Handelt es sich um negative oder um positive Teilchen (oder um beide Arten)? Es gibt keinen einzelnen Versuch, der diese Frage in solch klarer Weise beantworten kann, wie es im Falle der Flüssigkeiten und Gase möglich war. Doch gibt die folgende Beobachtung einen deutlichen Hinweis. Zusammen mit anderen Indizien liefert sie eine Antwort.

Man darf annehmen, daß sich die elektrischen Teilchen in Metallen im Zustand einer Wärmebewegung befinden wie die Moleküle eines Gases (siehe Kapitel 20). Und doch hält, wie Versuche zeigen, ein geladenes Metallstück in einem evakuierten Raum seine Ladung unbegrenzt lange. Daraus läßt sich schließen, daß die elektrischen Teilchen unter normalen Bedingungen das Metall nicht verlassen können Man kann weiter folgern: Wenn die Teilchen bei ihrer Bewegung in die Nähe der Metalloberfläche kommen, dann erfahren sie eine Kraft, die sie zurück ins Metall zieht und ihr Entkommen verhindert.

Nun wird das Metall erhitzt. Wenn die Temperatur anwächst, nimmt auch die Geschwindigkeit der Teilchen zu, wie wir es bei den Gasmolekülen schon festgestellt haben. Steigt die Temperatur hoch genug, dann müßte ein merkbarer Teil der elektrischen Teilchen eine zum Austritt aus der Metalloberfläche ausreichende Geschwindigkeit besitzen. Wie Raketen, die sich schnell genug bewegen, um aus dem Gravitationsfeld zu entkommen, würden diese sehr schnellen Teilchen nicht in das Metall zurückfallen. Sie könnten aus der Reichweite der anziehenden Kräfte herausgelangen.

Was beim Erhitzen des Metalls geschieht, läßt sich experimentell untersuchen. Dazu ist die in Bild 23.21 dargestellte Anordnung geeignet. Das Kernstück der Anordnung ist ein hohler Metallzylinder, in dessen Achse ein dünner metallischer Glühdraht gespannt ist Der Zylinder und der Glühdraht befinden sich abgeschlossen in einem Glaskolben, der vollständig evakuiert wurde. Um den Glühdraht zu erhitzen, verbinden wir ihn mit einer Batterie (im Bild mit A bezeichnet). Der Glühdraht wird über einen Strommesser mit dem Minuspol einer weiteren Batterie B verbunden Der Pluspol dieser Batterie wird an den Zylinder angeschlossen.

Bei normaler Temperatur des Glühdrahtes fließt im Kreis der Batterie B kein Strom. Steigert man jedoch allmählich die Temperatur des Drahtes, dann zeigt der Strommesser schließlich einen Strom an. Elektrische Teilchen haben offenbar den leeren Raum zwischen dem Glühdraht und dem Zylinder durchquert. Erhöht man die Temperatur des Glühdrahtes noch weiter, von der Rotglut bis hin zur Weißglut, dann wächst dieser Strom sehr schnell an.

Der Versuch wird wiederholt, wobei aber die Anschlüsse zur Batterie B vertauscht werden. Nun ist der Zylinder negativ und der Glühdraht positiv geladen. In diesem Fall zeigt der Strommesser selbst bei Weißglut des Glühdrahtes keinen Strom an.

Was bedeuten diese Ergebnisse? Nehmen wir einmal an, daß der glühende Draht negative Teilchen aussendet. Werden der Glühdraht negativ und der Zylinder positiv geladen, dann werden diese Teilchen vom Glühdraht abgestoßen und vom Zylinder angezogen. Daher wandern sie vom Glühdraht hinüber zum Zylinder. Von dort fließen sie durch den Metalldraht zum positiven Pol der Batterie und dann vom negativen Pol durch die Leitung zurück zum Glühdraht. Der Austritt negativer Teilchen aus dem glühenden Draht überbrückt so den Zwischenraum zwischen Glühdraht und Zylinder. Im Kreis kann ein Gleichstrom beobachtet werden.

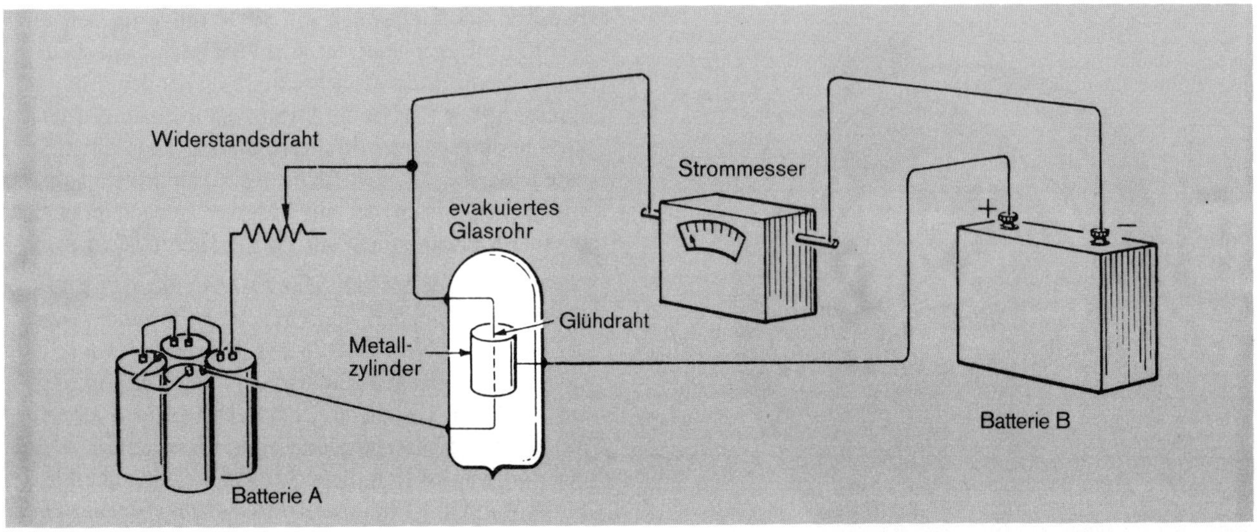

Bild 23.21. Aufbau zur Untersuchung elektrischer Leitung in Metallen. Der elektrische Strom der Batterie A erhitzt einen dünnen Draht, der im evakuierten Glasrohr gespannt ist. Man kann die Temperatur des Drahtes erhöhen, indem man den Widerstandsdraht im Stromkreis herausnimmt. Der mit der Batterie verbundene Strommesser zeigt an, wann ein Strom durch den Raum zwischen Heizdraht und umgebendem Zylinder fließt.

Nehmen wir im Gegensatz dazu an, daß der Glühdraht positive Teilchen emittiert. Diese könnten den Zwischenraum überbrücken, wenn der Glühdraht positiv, der Zylinder negativ ist. In diesem Fall müßten wir einen Strom im Kreis der Batterie B beobachten. Aus der Tatsache, daß kein Strom fließt, sobald der Glühdraht positiv geladen ist, läßt sich eindeutig schließen, daß der Glühdraht keine positiven Teilchen aussendet. Daraus folgt, daß alle von einem heißen Metall emittierten elektrisch geladenen Teilchen negativ geladen sind.

Bei diesem Versuch sind die gleichen Teilchen, die im Innern des Metalls beweglich sind, aus der Metalloberfläche in das Vakuum ausgetreten. Diese Teilchen nennt man *Elektronen.* Die Emission von Elektronen aus dem Metall nennt man den *glühelektrischen Effekt.* Weitere Versuche zeigen, daß in allen Metallen die gleichen Elektronen vorkommen. Im beschriebenen Experiment kann man den Glühdraht und den Zylinder aus verschiedenen Metallen herstellen, beispielsweise aus Wolfram und Nickel. Dann läßt man eine lange Zeit Elektronen austreten und einen Strom fließen. Die Temperatur möge dabei noch nicht so hoch sein, daß das Wolfram verdampft. Man findet anschließend keine Spur von Wolfram auf dem Zylinder, wie lange auch immer Elektronen gewandert sind. Weder beim Zylinder noch beim Glühdraht ändert sich die chemische Zusammensetzung. Die aus dem Wolfram austretenden Elektronen unterscheiden sich nicht von den im Nickel schon vorhandenen.

Diese Folgerung wird durch einen ähnlichen Nachweis bei einander berührenden Metallen gestützt. Man kann einen Nickeldraht an die Messingpole einer Batterie anschließen und über viele Tage einen starken Strom fließen lassen. Anschließend bemerkt man keinerlei Veränderung im Nickeldraht oder in den Polen der Batterie. Ungeheuer viele Elektronen sind an der Berührungsstelle von dem einen Metall ins andere übergegangen, doch bewirken sie keine chemische Änderung im Nickel oder im Messing. Die Elektronen des Nickels lassen sich nicht von denen des Messings unterscheiden.

Das führt zu dem Schluß, daß Elektronen zu den letzten Bausteinen aller Metallatome und sogar aller Atome gehören. Heute gibt es keinen Zweifel an der Richtigkeit dieser Schlußfolgerung. Die späteren Kapitel werden weitere Beweise dafür liefern.

23.13. Anwendung des glühelektrischen Effekts

Der glühelektrische Effekt wird vielfach praktisch eingesetzt. Eine der wichtigsten Anwendungen stellen *Rundfunkröhren* dar. Das Gerät, mit dem der glühelektrische Effekt gezeigt wurde, ist eine einfache Form einer Rundfunkröhre, die man *Diode* nennt (Bild 23.22). In der Sprache der Elektronik wird der glühende Draht, aus dem die Elektronen austreten, als *Kathode* bezeichnet. Die Elektrode, zu der die Elektronen wandern, nennt man *Anode.* In einer Diode

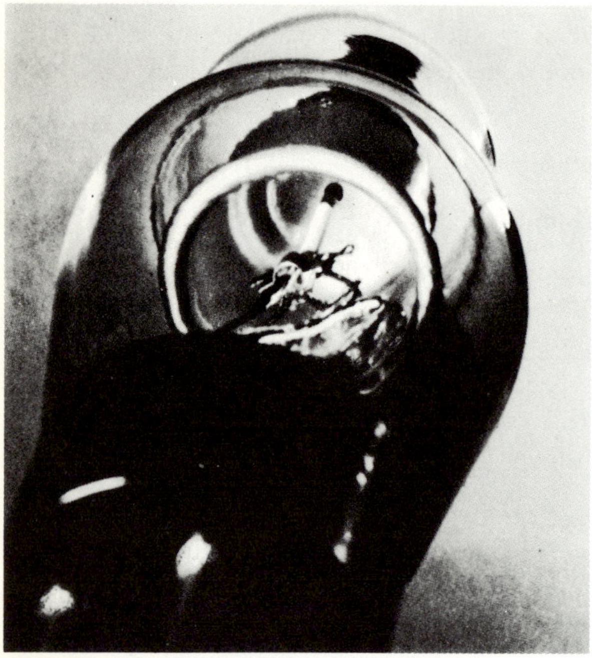

Bild 23.22. Aufnahme vom Inneren einer Diode. Das dünne weiße Metallrohr in der Mitte wird durch einen Heizdraht zum Glühen gebracht und emittiert Elektronen. Lädt man es negativ gegenüber dem äußeren Zylinder auf, dann bewegen sich die Elektronen durch den Raum zum Zylinder.

bewegen sich Elektronen von der Kathode zur Anode, nicht in entgegengesetzter Richtung. Man kann sie daher als Ventil (oder Gleichrichter) verwenden. Ein *Wechselstrom* (das ist ein Strom, der in einem Stromkreis periodisch seine Richtung ändert) kann durch eine Diode nur in einer Richtung hindurchfließen. Es entsteht ein Strom, der mit Unterbrechungen immer in einer Richtung fließt, ein *pulsierender Gleichstrom.*

Aus einer Diode entsteht eine *Elektronenquelle* oder Elektronenschleuder, wenn man in den Anodenzylinder ein Loch bohrt (Bild 23.23). Die meisten vom Glühdraht emittierten Elektronen treffen die Anode. Doch die in Richtung des Loches wandernden gehen hindurch und bewegen sich weiter, bis sie auf die Wand der Röhre auftreffen. Bedeckt man die gegenüberliegende Wand mit Fluoreszenzfarbe, dann erscheint dort, wo die Elektronen auftreffen, ein heller Punkt.

Mit einer weiteren Änderung wird aus der beschriebenen Röhre ein *Kathodenstrahloszillograph.* Man setzt zwei kleine horizontale Metallplatten in die Röhre, so daß der Elektronenstrahl zwischen ihnen hindurchläuft (Bild 23.24). Wird die eine Platte positiv und die andere negativ aufgeladen, dann werden die Elektronen senkrecht zur Bewegungsrichtung zur positiven Platte hin abgelenkt. Sie treffen den Fluoreszenzschirm in einem anderen Punkt. Schon eine einzelne Taschenlampenbatterie bewirkt eine sichtbare Auslenkung des Punktes, wenn man sie mit den Ablenkplatten ver-

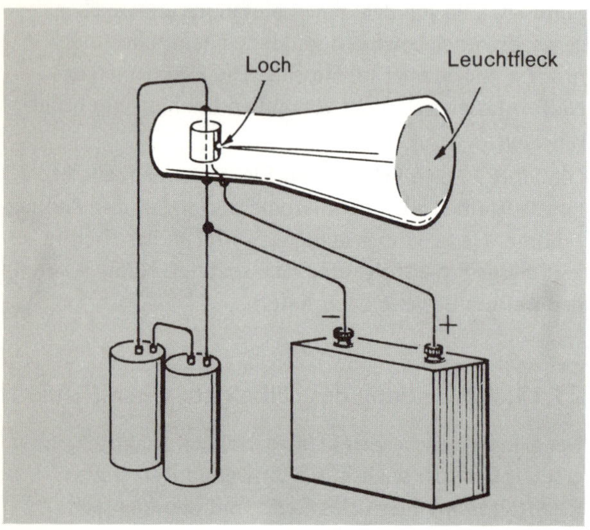

Bild 23.23. Eine einfache Diode läßt sich so abwandeln, daß Elektronenstrahlen erzeugt werden. Man bohrt in den Zylinder ein Loch und verwendet ein längeres Glasrohr. Die Stirnfläche des Glasrohres wird mit einem fluoreszierenden Stoff versehen. Dieser Schirm leuchtet an der Stelle auf, wo der Elektronenstrahl auftrifft.

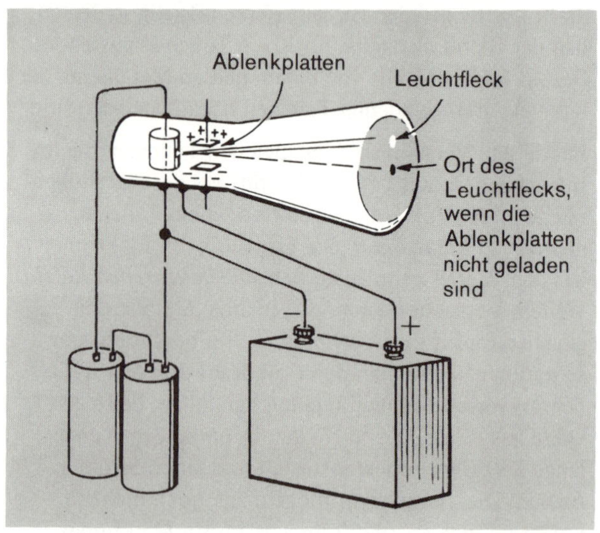

Bild 23.24. Das Elektronenstrahlrohr kann als Elektrometer verwendet werden. Vor dem Austrittsloch wird ein Paar horizontaler Platten angebracht. Wird z. B. die obere Platte positiv gegenüber der unteren aufgeladen, dann wird der Elektronenstrahl nach oben abgelenkt. Die Entfernung des Leuchtpunktes von seiner Anfangslage ist ein Maß für die Ladung der Platten.

bindet. Daher läßt sich dieser Oszillograph als Elektrometer verwenden. Nimmt man einen Verstärker (wie er im Rundfunkgerät vorkommt) hinzu, dann erhält man ein Gerät, das viel empfindlicher ist als die vorher beschriebenen Elektrometer.

Neben seiner hohen Empfindlichkeit als Elektrometer hat der Kathodenstrahloszillograph eine noch wichtigere Eigenschaft: Er spricht praktisch sofort an. Bei einem gewöhnlichen Elektrometer dauert es wegen der Masse der bewegten Teile eine beträchtliche Zeit, bis sich nach der Aufladung der Gleichgewichtszustand einstellt. Die Elektronen haben dagegen eine im Vergleich zu den leichtesten mechanischen Teilen außerordentlich kleine Masse. Daher wird ein Elektronenstrahl praktisch augenblicklich abgelenkt. Mit dem Kathodenstrahloszillographen läßt sich somit ein sehr schneller Wechsel der Aufladung zeigen. Das leisten gewöhnliche Elektrometer nicht.

Mit dem Kathodenstrahloszillographen läßt sich sogar in allen Einzelheiten verfolgen, wie ein schneller Ladungswechsel mit der Zeit verläuft. Zu diesem Zweck rüstet man den Oszillographen mit einem zweiten Plattenpaar aus. Diese ordnet man so an, daß der Strahl horizontal abgelenkt werden kann (Bild 23.25). Ein *Zeitablenkkreis* lädt dieses Plattenpaar allmählich auf und entlädt es dann plötzlich wieder. Dann beginnt die Aufladung von neuem. Während der allmählichen Aufladung wandert der helle Fleck auf dem Schirm (in dem die Elektronen auftreffen) mit konstanter Geschwindigkeit über die ganze Schirmbreite. Dann kehrt er bei der plötzlichen Entladung sehr schnell zum Ausgangspunkt zurück. Unterdessen bewirkt das erste Plattenpaar eine vertikale Ablenkung des Strahls entsprechend seiner Aufladung. Als Resultat beider Ablenkungen beschreibt der Leuchtpunkt eine Kurve.

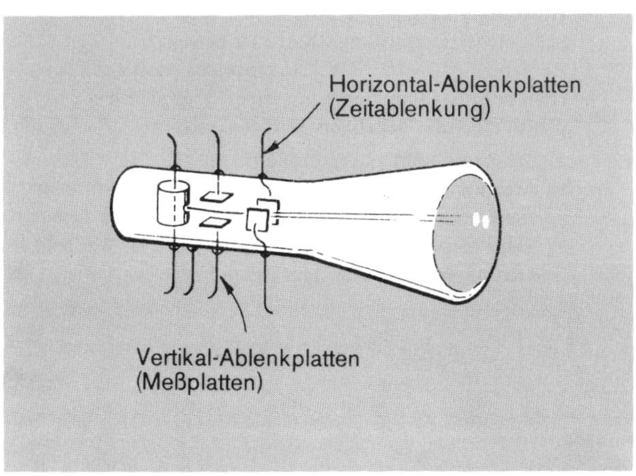

Bild 23.25. Ein Oszillograph hat ein zweites Plattenpaar, um den Elektronenstrahl horizontal abzulenken. Lädt man diese Platten auf, dann bewegt sich der Leuchtpunkt horizontal über die Stirnfläche des Rohrs.

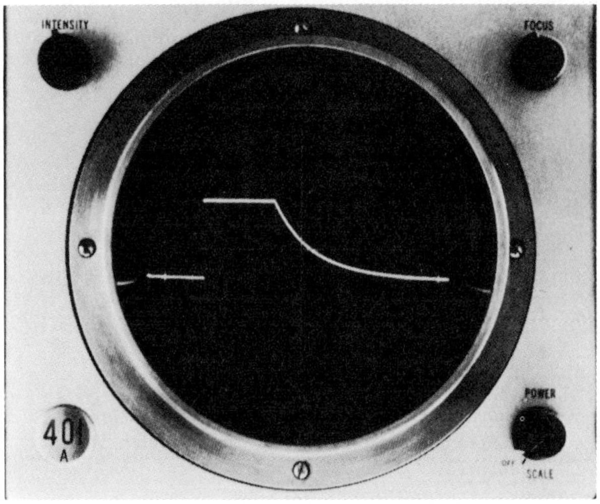

Bild 23.26. Aufnahme von einer Spur auf dem Leuchtschirm eines Oszillographen. Der Strahl wird durch einen Ablenkkreis von links nach rechts bewegt. In einem bestimmten Zeitpunkt lädt eine Batterie zwei Metallplatten, die mit dem vertikalen Ablenkplattenpaar verbunden sind, sehr schnell auf. Einen Augenblick später wird die Verbindung zur Batterie gelöst, und die Platten können sich über einen Draht mit hohem Widerstand langsam entladen.

Diese gibt eine graphische Darstellung davon, wie sich die Ladung der Vertikalplatten mit der Zeit ändert (Bild 23.26).

Man wendet den Kathodenstrahloszillographen in vielen Bereichen an. Fernsehröhren und Radarröhren sind besondere Ausführungen von Kathodenstrahlröhren. Auf ihnen werden die Bilder durch einen Elektronenstrahl geschrieben, der horizontal und vertikal über den Schirm abgelenkt wird. Dabei wird die Stärke des Strahls verändert. Der Schirm leuchtet hell oder bleibt dunkel, wie es den Signalen von der Fernsehkamera entspricht.

Aufgaben

1.* Man stellt fest: Körper A stößt Körper B ab, A zieht C an und C stößt D ab. Es ist bekannt, daß D positiv geladen ist. Welche Ladungsart besitzt B?

2.* Müssen alle negativen Ladungen entfernt werden, damit ein Stab positiv geladen wird?

3.* a) Warum kann man einen Metallstab nicht durch Reiben aufladen, während man ihn in der Hand hält?

b) Was kann man tun, um einen Metallstab durch Reiben zu laden?

4. Beim Auftanken eines Flugzeuges wird das metallische Mundstück des Benzinschlauches immer sorgfältig durch einen Draht mit dem Metall des Flugzeuges verbunden, bevor man es in den Tank steckt. Warum geht man so vor und was erreicht man damit?

5. a) Wenn man an einem trockenen Wintertag einen metallischen Gegenstand (beispielsweise einen Türgriff) berührt, dann beobachtet man gelegentlich einen Funken und verspürt einen leichten Schlag. Man erklärt dies gewöhnlich mit einer statischen Aufladung des menschlichen Körpers. Wie kann man das Vorzeichen dieser Ladung feststellen?
   b) Ein Mensch mit einer statischen Ladung berührt den hölzernen Türrahmen. Er nimmt keinen Funken auf und keinen Schlag wahr, wie sie beim Berühren des metallischen Türgriffes auftreten. Warum nicht?
   c) Man beobachtet auch keinen Funken oder Schlag, wenn man zuerst den Holzrahmen und dann den Metallgriff berührt. Hätte man zuerst die Klinke berührt, dann hätte man beides beobachtet. Womit läßt sich das erklären?

6.* Was geschieht, wenn man zugleich die Knöpfe zweier gleichgebauter und gleichstark geladener Elektroskope berührt,
   a) wenn beide positiv geladen sind,
   b) wenn beide negativ geladen sind,
   c) wenn das eine negativ und das andere positiv geladen ist?

7.* Man bringt einen geladenen Stab in die Nähe eines negativ geladenen Elektroskops. Die Goldblättchen beginnen zusammenzufallen. Welche Ladung besitzt der Stab?

8.* Man bewegt einen geladenen Stab auf ein positiv geladenes Elektroskop zu. Die Blättchen fallen zunächst zusammen und spreizen sich dann wieder. Welche Ladung ist auf dem Stab?

9. Drei sich berührende Metallklötze ruhen auf einer Tischplatte aus Plastik. Man bringt zwei stark positiv geladene Körper dicht an die Klötze heran, jedoch ohne sie zu berühren, je einen an jedes Ende der Klotzreihe. Während die positiv geladenen Körper in der Nähe liegen, trennt man die drei Klötze mit einem ungeladenen Isolatorstab. Schließlich entfernt man die beiden positiv geladenen Körper.
   a) Welche Ladung befindet sich nun auf den einzelnen Klötzen?
   b) Wie kann man die Aufladung der Klötze erklären, wenn man die negativen Teilchen als beweglich annimmt?

10. Man setzt zwei Metallkugeln gleicher Größe auf Isolierständer. Wie kann man mit Hilfe eines Plastikstreifens und eines Stückes Baumwolltuchs den Kugeln gleichgroße Ladungen geben
   a) von gleichem Vorzeichen,
   b) von entgegengesetzten Vorzeichen?

11. a) Wie kann man ein Elektroskop durch Influenz positiv laden?
   b) Welche Bewegung führen die negativ geladenen Teilchen während des Aufladevorganges aus?

12. Man ist der Meinung, daß die Erde eine geringe elektrische Ladung besitzt. Wie kann man vorgehen, um das zu prüfen?

13.* Was geschieht mit den Elektroskopblättchen, wenn beim Versuch nach Bild 23.14 der Widerstandsdraht bleibt und der Kontakt zur Batterie gelöst wird?

14.* Warum entlädt sich ein Elektroskop im Vakuum langsamer als in der Luft?

15. Wir haben festgestellt, daß elektrische Ladung durch bestimmte Lösungen hindurchgeht, beispielsweise durch eine Kupfersulfatlösung. Dabei scheidet sich Kupfer auf der negativen Elektrode ab. Welche Erklärung haben wir dafür gegeben (s. Abschnitt 23.11)? Wie könnte man diesen Vorgang anwenden, um damit die Stärke des fließenden Stromes zu messen.

16.* Im Stromkreis von Bild 23.21 werde der gesamte Batteriekreis B durch ein positiv geladenes Elektroskop ersetzt. Sein Knopf wird mit dem Metallzylinder, das Gehäuse mit dem Glühdraht verbunden. Was geschieht bei der Erhitzung des Glühdrahtes?

17. Wir betrachten eine große Zahl gleicher Teilchen. Je zwei stoßen sich bei einer Entfernung von 10 cm mit einer Kraft $F = 3 \cdot 10^{-10}$ N ab.
   a) Wie stark wird ein Teilchen abgestoßen, das sich 10 cm von einer Gruppe von n Teilchen entfernt befindet?
   b) Mißt man unter diesen Bedingungen die Kraft $F = 6 \cdot 10^{-6}$ N, dann läßt sich daraus die Anzahl n der Teilchen angeben.

18. Wir betrachten eine große Anzahl positiv oder negativ geladener Teilchen. Sie stimmen in allen Eigenschaften außer dem Ladungsvorzeichen überein. Anziehung bzw. Abstoßung zwischen je zwei Teilchen ist gleich stark bei gleicher Entfernung. Die Kraft beträgt bei 10 cm Abstand $F = 3 \cdot 10^{-10}$ N. Ein einzelnes positives Teilchen befindet sich 10 cm von einer Gruppe mit p positiven und n negativen Teilchen entfernt.
   a) Wie stark wird es abgestoßen?
   b) Man kann die Anzahl der Teilchen nicht bestimmen, kann aber die Kraft auf das einzelne positive Teilchen messen. Die Kraft ist $F = 6 \cdot 10^{-6}$ N. Was läßt sich daraus über p und n folgern?

24. Das elektrische Feld; die Elementarladung

Bisher wurden die elektrischen Kräfte nur qualitativ untersucht. Die Ergebnisse waren Anhaltspunkte für folgende Annahme: Anziehung und Abstoßung zwischen geladenen Körpern lassen sich auf Anziehung und Abstoßung zwischen den subatomaren Teilchen, aus denen sie aufgebaut sind, zurückführen. Nun sollen Versuche diskutiert werden, die quantitative Aussagen über die elektrischen Kräfte liefern.

24.1. Abhängigkeit der Kraft vom Abstand

Wie Abstoßung oder Anziehung zwischen geladenen Körpern von ihrem Abstand abhängt, wurde 1785 vom französischen Physiker *Charles Coulomb* experimentell untersucht. Bei seinem Versuch verwendete *Coulomb* eine ähnliche Torsionswaage, wie sie *Cavendish* bei der Untersuchung der Gravitationsanziehung benutzte (s. Abschnitt 15.10). Das Gerät ist in Bild 24.1 skizziert. Stellt man die geladene Kugel A auf ihren Platz, dann übt sie eine elektrische Kraft auf die geladene Kugel B aus. Der horizontale Arm dreht sich, der Aufhängefaden wird verdrillt und übt dadurch eine entgegenwirkende Kraft aus. Der Arm kommt zur Ruhe, wenn die Torsionskraft die elektrische Kraft gerade kompensiert. Je stärker die Aufhängung verdrillt wurde, desto größer muß die Kraft sein. Aus dem Verdrillungswinkel konnte *Coulomb* daher die elektrische Kraft messen. Durch Änderung des Abstandes zwischen den geladenen Kugeln bestimmte er die Abhängigkeit der Kraft vom Abstand.

Die Ladungen sind nicht in einem Punkt konzentriert, sondern über die ganze Kugel verteilt. Daher müssen die Kugeln so weit voneinander entfernt sein, daß sich die kleinen Unterschiede in Abstand und Richtung nicht bemerkbar machen[1]).

Coulomb arbeitete mit positiv und negativ geladenen Kugeln. Er zeigte, daß die elektrische Kraft F immer umgekehrt proportional zum Quadrat des Abstandes r zwischen den geladenen Körpern ist: $F \sim \frac{1}{r^2}$. Dieses Ergebnis ermittelte er mit einer Genauigkeit von etwa 3 %. Spätere Nachprüfungen mit indirekten Verfahren, bei denen man die abschirmende Wirkung von Leitern verwendete, bestätigten das Ergebnis mit weit höherer Genauigkeit. *Cavendish* erreichte 1 % Genauigkeit. *Maxwell* sicherte in der zweiten Hälfte des 19. Jahrhunderts den Exponenten 2 (das Quadrat in der Abstandsabhängigkeit) innerhalb von eins zu 40 000. Heute kennt man ihn mit einer Genauigkeit von eins zu 10^9. Bemerkenswert ist: *Elektrische Kräfte und Gravitationskräfte hängen in genau der gleichen Weise vom Abstand ab.* Man kennt keine Erklärung für diese Gleichartigkeit, doch lassen sich damit einige der elektrischen und Gravitationserscheinungen in der gleichen Weise verstehen.

Man muß sich vorstellen, daß die Kraft, mit der ein geladener Körper einen anderen anzieht oder abstößt,

1) Wenn geladene Körper einen im Vergleich mit ihrer Ausdehnung großen Abstand haben, spricht man von *Punktladungen.* Die Lage der einzelnen geladenen Teilchen auf den Körpern ist dann unwichtig.

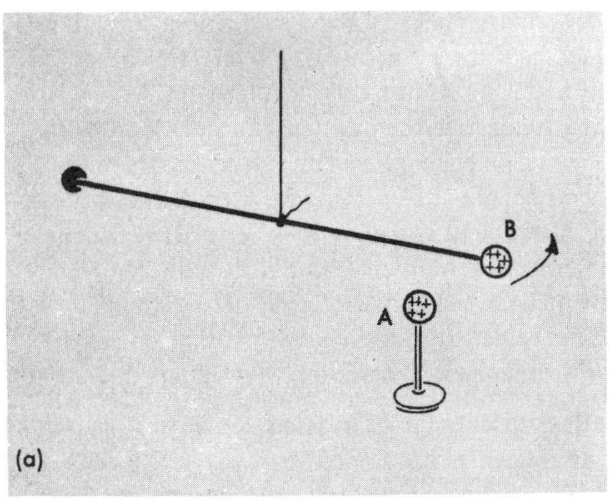

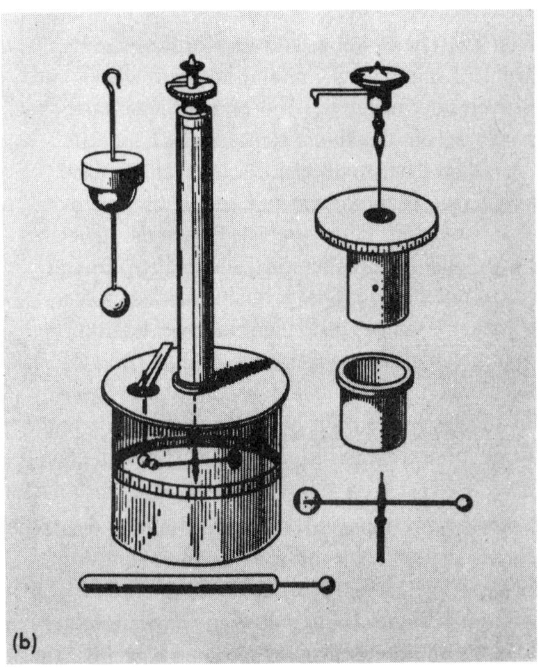

Bild 24.1.
a) Schematische Zeichnung einer Coulombschen Torsionswaage.
b) Skizze des Gerätes von *Coulomb* aus seiner Originalarbeit.

die vektorielle Summe aller Kräfte ist, die die geladenen Teilchen des ersten Körpers auf die des zweiten ausüben. In allen Versuchen ergibt sich, daß die Kraft umgekehrt proportional mit dem Quadrat des Abstandes abnimmt. Das legt den Schluß nahe, daß auch die Kraft eines einzelnen elektrischen Teilchens auf ein anderes sich umgekehrt mit dem Quadrat ihres Abstandes ändert. Es gilt das gleiche wie für die anderen von uns untersuchten Wechselwirkungskräfte, die vom Abstand abhängen: Die Kraft eines geladenen Teilchens auf ein anderes ist entgegengesetzt gleich der vom zweiten auf das erste ausgeübten Kraft.

Seit 1910 hat man viele Versuche mit subatomaren Teilchen ausgeführt. Man kann sie auf gleichartige Teilchen oder auf geladene Atomkerne schießen. Auch diese Experimente zeigen, wie wir später sehen werden, daß sich die elektrischen Kräfte zwischen den Teilchen umgekehrt mit dem Quadrat des Abstandes ändern. Es gilt das reziprok-quadratische Abstandsgesetz.

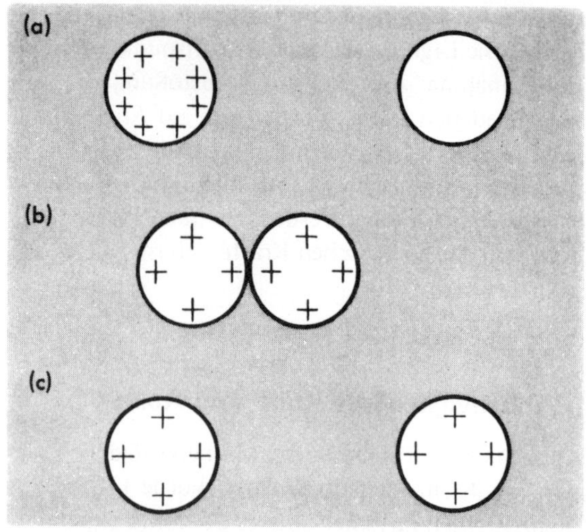

Bild 24.2. Aufteilung von elektrischer Ladung. Berührt eine geladene Kugel eine gleichartige ungeladene, dann verteilt sich der Überschuß an geladenen Teilchen gleichmäßig auf beide Kugeln. Die am Schluß erreichte Verteilung der Ladung ist symmetrisch.

24.2. Elektrische Ladung und elektrische Kraft; Coulombsches Gesetz

In einem elektrisch neutralen Körper heben sich die Wirkungen der positiv und der negativ geladenen Teilchen auf. Ein positiv geladener Körper enthält unausgeglichene positive Teilchen, ein negativ geladener Körper einen Überschuß von negativen Teilchen. Ein Körper erscheint geladen, wenn er einen Überschuß an positiven oder negativen Teilchen (bezogen auf den neutralen Zustand) besitzt.

Die Kraft zwischen zwei geladenen Körpern hängt von ihrem Abstand ab. Sie nimmt mit dem Überschuß an positiven oder negativen Teilchen auf jedem der beiden Körper zu. Doch in welcher Weise hängt die Kraft von dem Überschuß elektrischer Teilchen ab? Um diese Frage beantworten zu können, brauchen wir zunächst ein Verfahren, mit dem man den Überschuß der Teilchen in bekannte Teile (Hälfte, Drittel usw.) unterteilen kann. Dies erreicht man mit folgendem Versuch: Man berührt eine geladene Metallkugel mit einer gleich großen ungeladenen Kugel (Bild 24.2). Die elektrischen Teilchen werden sich solange bewegen, bis sie gleichmäßig auf beide Kugeln verteilt sind. Jede Kugel besitzt dann die Hälfte der ursprünglichen Ladung.

Was geschieht mit den elektrischen Kräften bei dieser Teilung der Ladung? Wir messen die Abstoßungskraft zwischen zwei geladenen Kugeln A und C bei einem bestimmten Abstand. Dann halbieren wir die Ladung von A durch Berühren mit einer gleichen Kugel B. Die abstoßende Kraft zwischen A und C beträgt (bei gleichem Abstand) jetzt nur noch die Hälfte. Weiterhin erhält man die gleiche Kraft, wenn man die Kugel A durch die zur Ladungsteilung benutzte gleiche Kugel B ersetzt. Offenbar ist die Kraft der Ladung proportional; dies Ergebnis entspricht den Vermutungen.

Derartige Experimente eröffnen einen Weg zum quantitativen Vergleich von Ladungen. Zwei Ladungen sind gleich, wenn ein dritter geladener Körper in jeweils gleichem Abstand auf beide die gleiche Kraft ausübt. Eine Ladung ist doppelt so groß wie eine andere, wenn sie bei sonst gleichen Versuchsbedingungen die doppelte Kraft erfährt. Halbiert man eine Ladung durch Ladungsteilung, so wird auch die vom dritten Körper auf sie ausgeübte Kraft halbiert. Allgemein: Man vergleicht Ladungen durch das Verhältnis der Kräfte, die von einem beliebigen geladenen Körper in einem gegebenen Abstand auf sie ausgeübt werden. Dieses Verhältnis hängt nicht von der Größe der dritten Ladung und nicht vom gewählten Abstand ab (Bild 24.3). Entsprechend ließe sich das Verhältnis der Kräfte, die durch die beiden zu vergleichenden Ladungen auf den dritten Körper ausgeübt werden, verwenden.

In mathematischer Sprache lassen sich diese Aussagen kurz zusammenfassen: *Die elektrische Kraft* F *auf einen Körper der Ladung* Q *ist proportional zur Ladung:* $F \sim Q$. Wird diese Kraft als Wechselwirkungskraft von einem zweiten (kleinen) Körper mit der Ladung Q_2 ausgeübt, dann ist die Kraft auch proportional zur zweiten Ladung. Die Proportionalität zu beiden

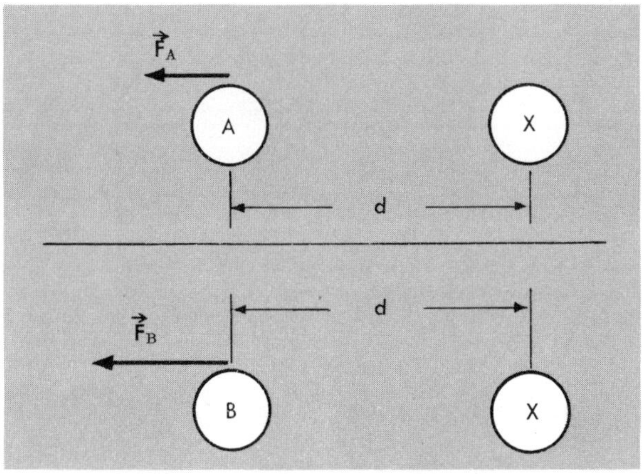

Bild 24.3. Will man zwei Ladungen A und B miteinander vergleichen, so stellt man sie nacheinander im gleichen Abstand vor einem beliebigen geladenen Körper X und mißt die Kräfte. Das Verhältnis der beiden Kräfte ist gleich dem Verhältnis der Ladungen: $Q_A : Q_B = F_A : F_B$. Was läßt sich über das Verhältnis der Kräfte sagen, die auf X ausgeübt werden?

Ladungen Q_1 und Q_2 läßt sich zusammenfassen zu $F \sim Q_1 Q_2$.

Damit wurde definiert, was unter Ladung zu verstehen ist, und wir kennen den Zusammenhang zwischen der elektrischen Kraft und der Ladung. Dieser Zusammenhang läßt sich nun durch die Ergebnisse der Coulombschen Versuche ergänzen. Diese sagen aus, daß die Kraft umgekehrt proportional zum Quadrat des Abstandes r zwischen den geladenen Körpern ist. So ergibt sich der vollständige Ausdruck für die Wechselwirkungskraft zwischen zwei geladenen Körpern. Der Betrag der Kraft auf jeden der beiden Körpern ist

$$F = k \frac{Q_1 Q_2}{r^2} .$$

Der Proportionalitätsfaktor k hängt nur von den Einheiten ab, in denen die Kraft, der Abstand und die Ladung gemessen werden. Wenn Q_1 und Q_2 das gleiche Vorzeichen haben, handelt es sich um eine Abstoßung. Die Kraft auf jeden der beiden Körper weist in Richtung der Verbindungslinie nach außen. Haben dagegen Q_1 und Q_2 entgegengesetztes Vorzeichen, so liegt eine Anziehung vor. Die Kräfte zeigen entlang der Verbindungslinie nach innen. Man nennt diesen Ausdruck für den Betrag der Kraft das *Coulombsche Gesetz.* Die Kräfte selbst werden *Coulombsche Kräfte* genannt.

Als wir zuerst von elektrischen Ladungen sprachen, hatte das Wort nur eine qualitative Bedeutung. Eine elektrische Ladung entstand einfach durch Hinzufügen oder durch Fortnehmen einiger positiver oder negativer elektrischer Teilchen von einem neutralen Körper. Nun aber wurde ein Verfahren eingeführt, wie man Ladungen vergleichen kann. Damit lassen sich auch die Ladungen der einzelnen Teilchen selbst angeben. Man wird sagen: Zwei Teilchen besitzen die gleiche Ladung, wenn sie auf ein drittes Teilchen im gleichen Abstand die gleiche Kraft ausüben. Sind die ausgeübten Kräfte verschieden, so verhalten sich die Ladungen der Teilchen genau wie die Kräfte.

Ein letzter Schritt fehlt noch. Es fehlt eine Einheit für die Ladung und ein reproduzierbares Meßverfahren. Man muß auch Ladungen, die weit voneinander entfernt sind, mit der Einheit vergleichen können. Für diesen Zweck hat man viele verschiedene willkürliche Einheiten verwendet. Glücklicherweise liefert die Natur selbst, wie wir in Abschnitt 24.5 sehen werden, eine ausgezeichnete Grundeinheit für die Ladung.

24.3. Elektrostatisches Feld

Ein kleiner geladener Körper wird fest aufgestellt. Ihm nähern wir einen positiv geladenen Probekörper in verschiedene Abstände. Die auf den Probekörper ausgeübte Kraft ändert sich umgekehrt mit dem Quadrat des Abstandes und weist in Richtung der Verbindungslinie zwischen den Körpern. Trägt man den Betrag und die Richtung der Kraft auf den Probekörper für eine Reihe von Punkten in der Umgebung des festen Körpers auf, dann ergibt sich eine Übersicht über die Kraftvektoren in der Umgebung des kraftausübenden Körpers. Bild 24.4 zeigt eine solche Menge von Kraftvektoren, wenn der Körper positiv und wenn er negativ geladen ist. Die Darstellung ist der Darstellung von Vektoren im Gravitationsfeld der Erde (Bild 14.1) sehr ähnlich. Der einzige Unterschied besteht darin, daß die Vektoren im Gravitationsfeld der Erde immer zur Erde hin gerichtet sind. Hier zeigen die Vektoren vom festen geladenen Körper fort, wenn eine Abstoßung vorliegt, und zu ihm hin, wenn der Probekörper angezogen wird. Die Menge der Kräfte, die in allen Punkten auf den geladenen Probekörper ausgeübt werden, stellen das *Kraftfeld* in der Umgebung der festen Ladung dar. Es liefert in jedem Punkt den Wert der Kraft, die dort auf den Probekörper ausgeübt wird. Man beachte jedoch, daß der Betrag dieser Kraft von der Größe der Ladung des Probekörpers und daß die Richtung der Kraft vom Vorzeichen abhängt. Die Zeichnungen in diesem Abschnitt zeigen die Richtung der Kraft, die auf einen positiv geladenen Probekörper wirkt. Ist er negativ geladen, so sind alle Kraftvektoren entgegengerichtet.

Nun betrachten wir eine Zusammenstellung mehrerer geladener Körper, die sich an verschiedenen Stellen befinden. Sie üben auf einen Probekörper an einer beliebigen Stelle eine Kraft aus. Diese Kraft ist die vek-

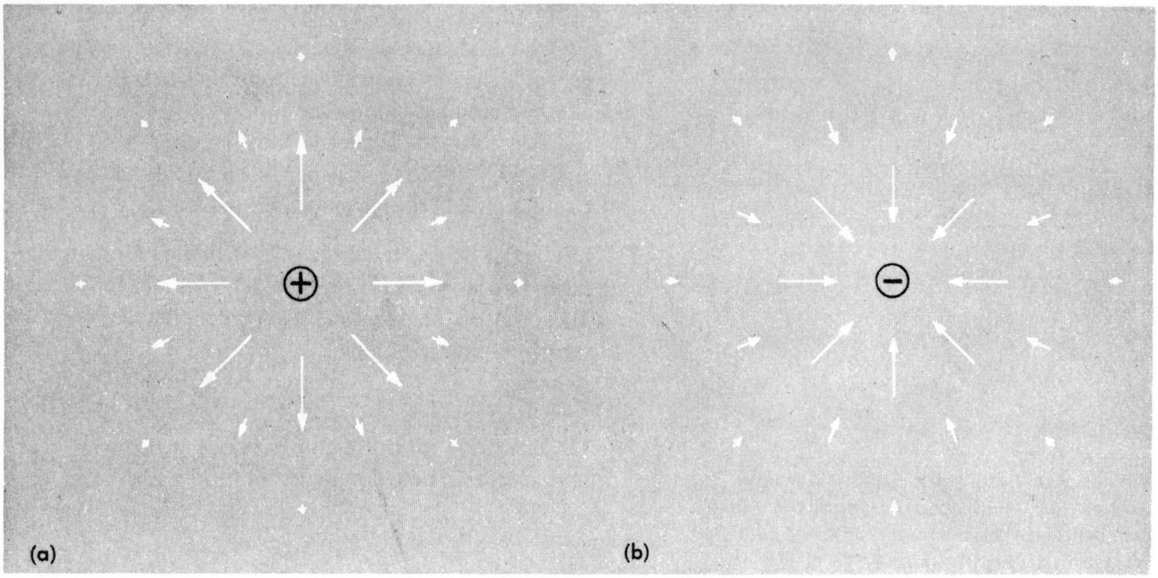

Bild 24.4. Das elektrische Feld. Die gezeichneten Pfeile geben die Kräfte an, die in der Umgebung a) einer festen positiven und b) einer festen negativen Ladung auf einen positiv geladenen Probekörper ausgeübt werden.

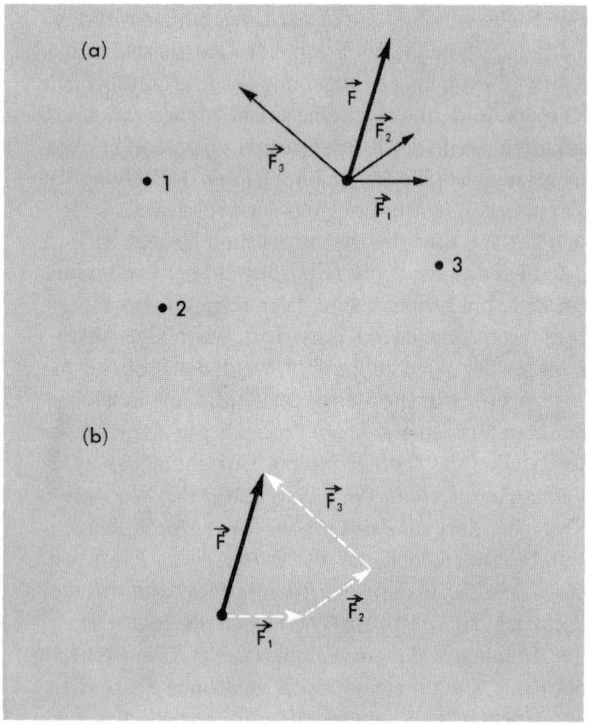

Bild 24.5

a) Drei feste Ladungen 1, 2 und 3 üben Kräfte auf eine Probeladung aus.

b) Die resultierende Kraft $\vec{F}$ ergibt sich als vektorielle Summe der drei Kräfte $\vec{F}_1$, $\vec{F}_2$ und $\vec{F}_3$.

torielle Summe der Kräfte, die von den einzelnen festen Ladungen allein ausgeübt werden (Bild 24.5). Die resultierende Kraft auf den Probekörper ändert sich in diesem Fall nicht mit dem Quadrat des Abstandes von *einem* der felderzeugenden Körper. Aber man kann die Gesamtkraft berechnen, indem wir die Einzelkräfte vektoriell addieren. Man kann sie auch experimentell messen. Diese Kräfte können wir für eine Reihe von Punkten graphisch darstellen und erhalten damit eine Darstellung des Kraftfeldes der Gesamtheit der felderzeugenden Ladungen.

Ein besonderer Fall liegt dann vor, wenn eine große Anzahl von geladenen Körpern gleichmäßig auf einer großen ebenen Fläche verteilt ist. Dann ergibt sich ein überraschendes Ergebnis: Die resultierende Kraft wächst nicht merkbar an, wenn man den Probekörper näher an die Ebene heranbewegt. Man kommt dabei zwar näher an die Ladungen heran, die von ihnen ausgeübten Kräfte weisen jedoch zunehmend mehr in entgegengesetzte Richtungen und werden insgesamt weniger stark wirksam (Bild 24.6). Addiert man alle Kräfte vektoriell, dann ergibt sich, daß sich die resultierende Kraft beim Annähern an die Ebene weder im Betrag noch in der Richtung ändert. Das Kraftfeld ist *homogen.* (Ein Beweis wird im Abschnitt 24.3.1 skizziert.) Haben die Ladungen auf der Ebene und auf dem Probekörper das gleiche Vorzeichen, dann weist die Kraft im homogenen Feld senkrecht von

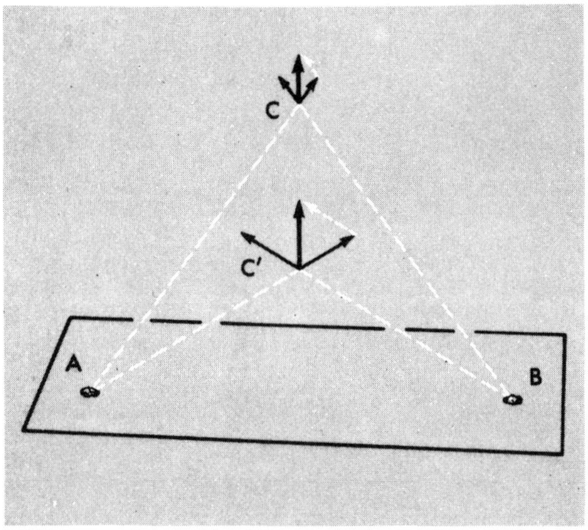

Bild 24.6. Zwei feste Ladungen A und B auf einer Ebene üben Kräfte auf eine bewegliche Probeladung C aus. Bewegt sich C näher an die Ebene heran, dann heben sich die beiden Kräfte teilweise auf. Daher nimmt die resultierende Kraft nicht in dem Maße zu, wie man erwarten könnte. Wie groß ist die Summe der von A und B auf C ausgeübten Kräfte, wenn sich C genau zwischen ihnen befindet?

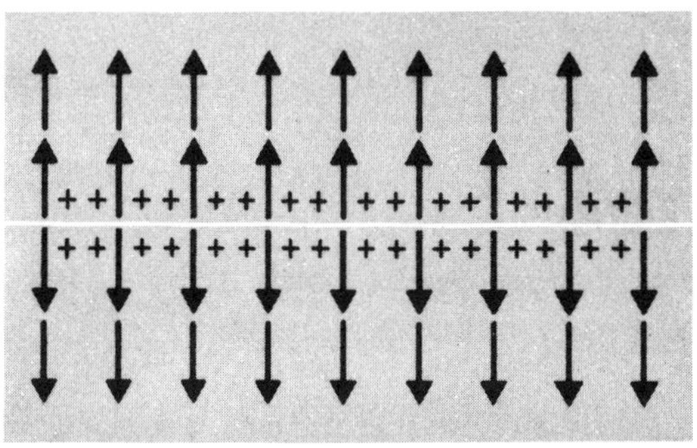

Bild 24.7. Das elektrische Feld in der Umgebung einer gleichmäßig geladenen Ebene

der Ebene fort. Bild 24.7 stellt dieses Feld dar. Ein experimenteller Nachweis für die Homogenität wird im nächsten Abschnitt besprochen.

Bisher haben wir das elektrische Kraftfeld dargestellt, indem wir eine Reihe resultierender Kraftvektoren zeichneten. Man stellt das Kraftfeld häufig durch eine Anzahl von *Feldlinien* dar. Eine Feldlinie wird dadurch konstruiert, daß man einen Punkt ständig in der Richtung der Kraft bewegt, die auf einen beweglichen Probekörper ausgeübt wird. Ändert die Kraft ihre Richtung, so gilt dies auch für die Feldlinie. Die Gestalt der elektrischen Feldlinien in der Umgebung eines einzelnen geladenen Körpers und im Bereich mehrerer geladener Körper zeigt Bild 24.8. Die Richtung der Feldlinien gibt die Richtung der Kraft an, die auf einen positiv geladenen Probekörper wirkt, den man an diese Stelle setzt. Man kann die elektrischen Feldlinien experimentell sichtbar machen, indem man die Tatsache ausnutzt, daß sich kleine längliche Körper auf ihnen aufreihen. Beispielsweise kann man Grassamen in einer isolierenden Flüssigkeit verwenden. Setzt man geladene Körper in die Flüssigkeit und erzeugt damit ein elektrisches Feld, dann bilden die Teilchen Ketten und vermitteln ein Bild des Feldes. Bild 24.9 zeigt Photographien der Grassamenmuster in verschiedenen Feldern. Man vergleiche beispielsweise den Innenraum von Bild 24.9f mit der Zeichnung in Bild 24.7.

Die geladenen Körper in Bild 24.9 sind metallische Leiter. Man erkennt, daß die elektrischen Feldlinien senkrecht zu ihrer Oberfläche auftreffen. Das läßt sich leicht verstehen. In einem metallischen Leiter können sich Elektronen frei innerhalb des Metalls bewegen, können aber nicht leicht die Leiteroberfläche verlassen. Wenn die Kräfte, die auf die Elektronen in der Metalloberfläche wirken, eine Komponente parallel zur Oberfläche haben, dann bewegen sich die Elektronen unter ihrem Einfluß. Diese Bewegung der Elektronen stellt einen Strom dar. Der Strom dauert so lange an, bis sich die Elektronen so angeordnet haben, daß die elektrischen Feldlinien überall senkrecht zur Metalloberfläche stehen. Diese Umordnung erfordert nur einen kleinen Bruchteil einer Sekunde. In unseren Versuchen können wir immer nur den Zustand feststellen, der sich nach Abschluß der Ladungsverschiebung einstellt.

Im nächsten Abschnitt werden wir eine besondere Anordnung verwenden. Wir werden einen kleinen Probekörper in das Feld bringen, das von zwei entgegengesetzt geladenen Platten, die sich nahe gegenüberstehen, erzeugt wird (Bild 24.10). Abgesehen von den Rändern verteilt sich die Ladung jeder Platte gleichmäßig über die innere Oberfläche. Folglich muß das Feld zwischen den Platten homogen sein, die Feldlinien müssen senkrecht von einer Platte zur anderen zeigen. Befindet sich ein kleiner Probekörper nicht zu dicht an den Rändern der Platten, dann muß die auf ihn wirkende Kraft in allen Punkten gleich sein. Diese Kraft ist proportional zur Ladung auf den Platten.

24.3.1. Die elektrische Kraft auf einen Probekörper über einer gleichmäßig geladenen Ebene

Der Beobachter möge sich auf dem geladenen Probekörper befinden. Unter ihm befindet sich die Ebene. Er schaut unter einem bestimmten Winkel zur Vertikalen auf sie herab, wobei er ein enges kegelförmiges Rohr (etwa ein langes dünnes Megaphon) benutzt (Bild 24.11). Die Fläche des beobachteten Stückes

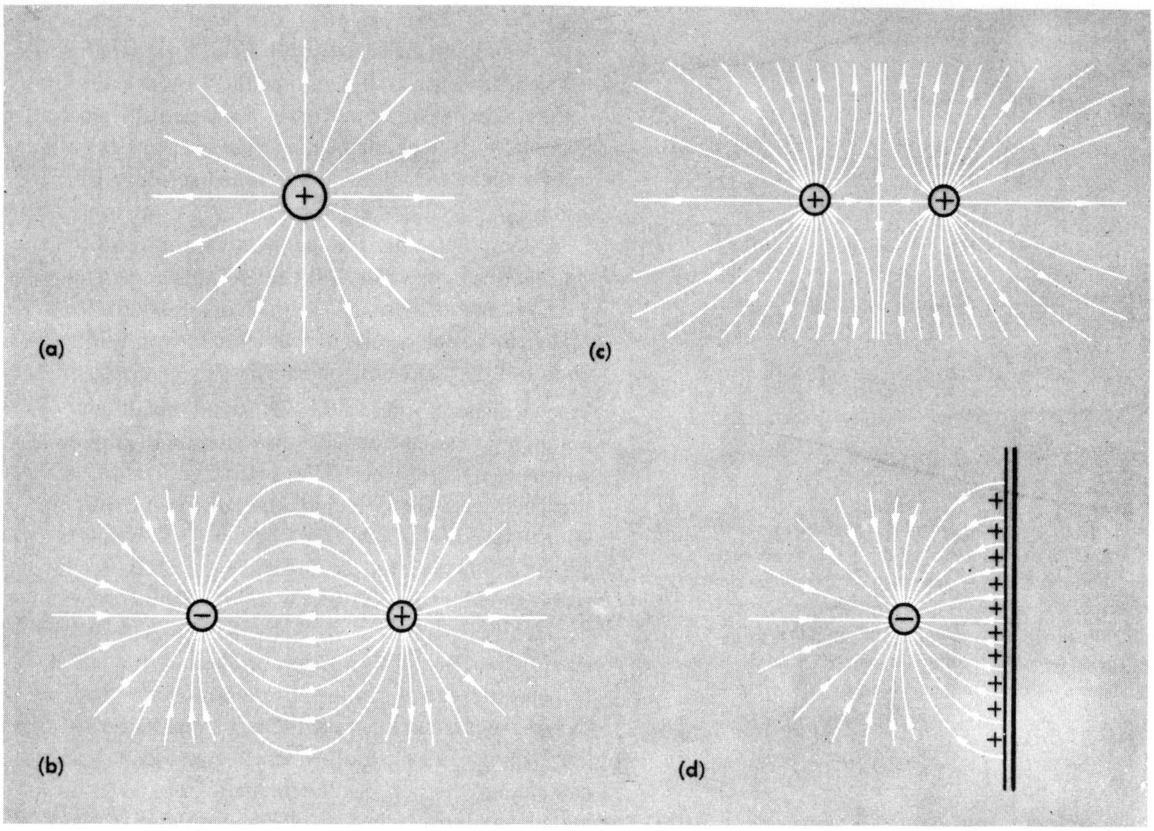

Bild 24.8. Elektrisches Feld

a) in der Umgebung einer einzelnen positiv geladenen Kugel,
b) in der Umgebung von zwei entgegengesetzt geladenen Kugeln,
c) in der Umgebung von zwei gleichartig geladenen Kugeln und
d) in der Umgebung einer negativ geladenen Kugel, die einer ausgedehnten positiv geladenen Ebene gegenübersteht.

Man beachte: Geringer Abstand zwischen den Feldlinien kennzeichnet ein Gebiet mit großer Feldstärke. Gehen die Feldlinien auseinander, so wird das Feld schwächer.

der Ebene wächst mit dem Quadrat der Höhe über der Ebene an. Bewegt er sich beispielsweise in die doppelte Höhe, dann kann er ein Stück der doppelten Länge und der doppelten Breite überblicken. Das Stück hat die vierfache Fläche des ursprünglichen. Daher ist die Ladung des Stückes auch viermal so groß wie die ursprünglich unter dem gleichen Winkel wahrgenommene. Diese Ladung ist doppelt so weit vom Beobachter entfernt wie die des ersten Stückes. Daher hat die von einer bestimmten Ladung ausgeübte Kraft nur noch ein Viertel des Betrages der ursprünglichen Kraft. Das Verhältnis der Kraft in einem bestimmten Winkel zur ursprünglichen Kraft im gleichen Winkel wird durch zwei Faktoren beeinflußt. Die vierfache Ladung ergibt eine Vervierfachung der Kraft und die Verdoppelung des Abstandes ergibt den vierten Teil der Kraft. Die beiden Änderungen heben sich gerade auf, so daß die resultierende Kraft in diesem Winkel ebenso groß ist wie vorher.

Die Abnahme der Kraft, die von einer bestimmten Ladungsgröße ausgeübt wird, und die Zunahme der Ladung, die man durch den Kegel sieht, heben sich immer auf. Die erste ist proportional zu $\frac{1}{r^2}$, die zweite proportional zu r^2. Daher ist die in eine bestimmte Richtung weisende Kraft in allen Höhen über der Ebene gleich, solange man nicht über einen Rand der geladenen Fläche hinwegschaut.

Schließlich ist auch die resultierende Gesamtkraft gleich groß, wenn alle Kräfte in jeder Richtung gleich bleiben. Sie hängt nicht von der Höhe über der Ebene ab. Man beachte dabei, daß zur Herleitung das reziprok-quadratische Abstandsgesetz der Kraft verwendet wurde. Nur wenn sich die Kraft umgekehrt mit dem Quadrat des Abstandes ändert, wird die Abnahme der Kraft in größerer Höhe durch die Zunahme der dabei beobachteten Ladung gerade ausgeglichen. Nur bei diesem Kraftgesetz ergibt sich über der Ebene ein homogenes Kraftfeld. Infolgedessen bestätigt die

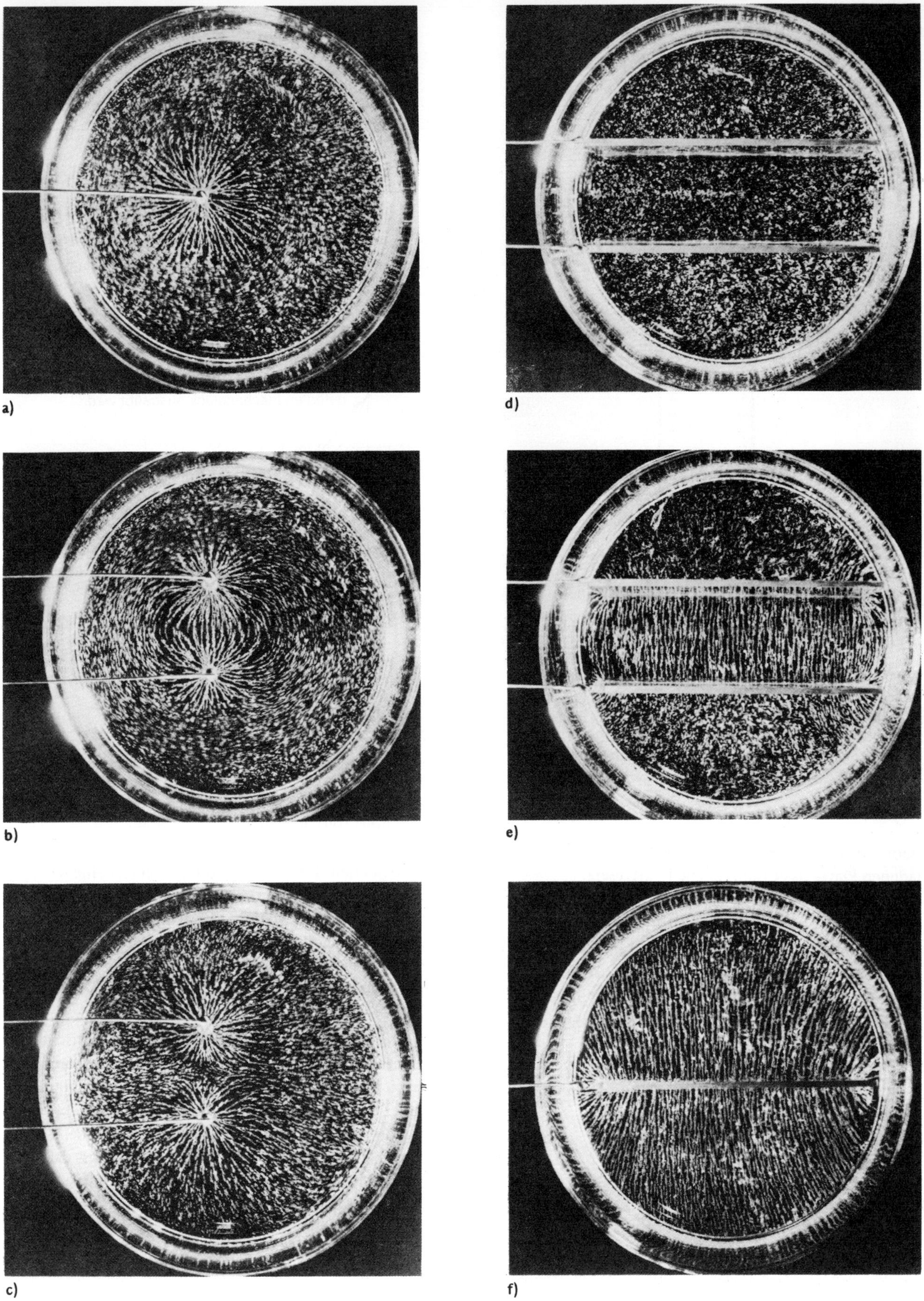

Bild 24.9. Aufnahmen von elektrischen Feldern, deren Feldlinien durch Ketten von Grassamen in nichtleitenden Flüssigkeiten veranschaulicht werden.

a) Ein einzelner geladener Stab
b) Zwei Stäbe mit gleichgroßer, aber entgegengesetzter Ladung
c) Zwei Stäbe mit gleicher Ladung
d) Zwei parallele Platten ohne elektrisches Feld
e) Zwei parallele Platten, die entgegengesetzt geladen sind
f) Eine einzelne geladene Metallplatte

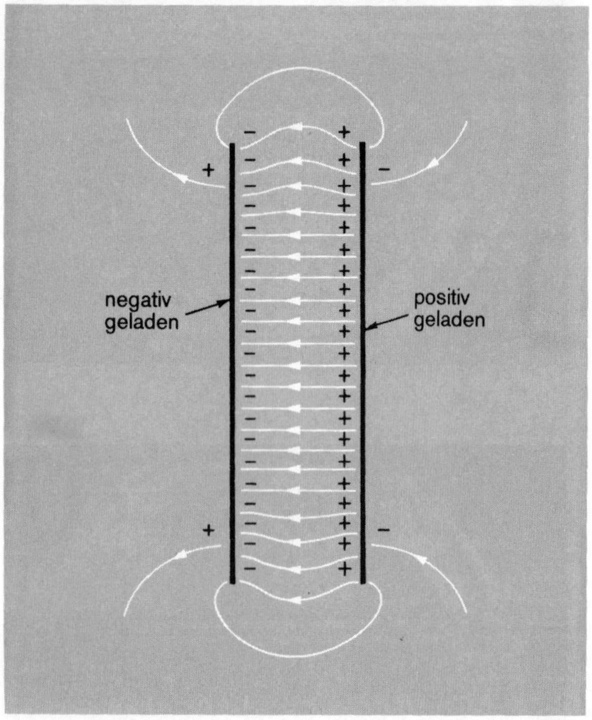

Bild 24.10. Das elektrische Feld zwischen zwei parallelen, entgegengesetzt geladenen Metallplatten. Auf einen positiv geladenen Probekörper wirkt in allen Punkten des Feldes die gleiche Kraft in Richtung der gezeichneten Pfeilspitze. Nur am Rand der Platten ändern sich Richtung und Betrag der Kraft.

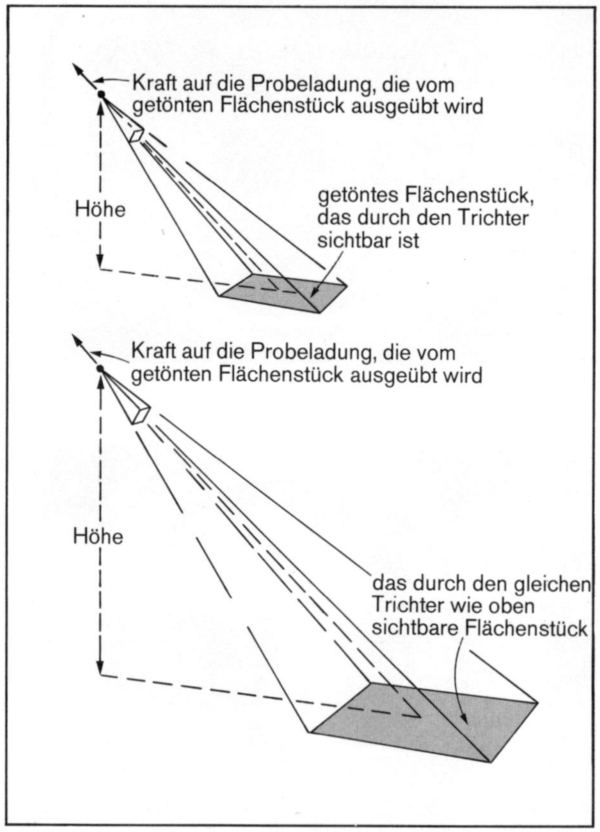

Bild 24.11. Sieht man aus verschiedenen Entfernungen unter dem gleichen Winkel durch einen engen Trichter auf eine Ebene, so überblickt man verschieden große Flächen. Die Fläche hängt von der Höhe über der Ebene ab.

Beobachtung eines homogenen Feldes über der geladenen Platte das Coulombsche Kraftgesetz.

Geladene Flächen sind in Wirklichkeit nicht unbegrenzt. Entfernt man sich so weit von der Fläche, daß die gesamte Fläche als Punkt erscheint, dann nimmt die Kraft natürlich umgekehrt mit dem Quadrat des Abstandes ab. Die Kraft sinkt merkbar, wenn man sich um etwa $\frac{1}{20}$ der kleinsten Ausdehnung des geladenen Bereiches entfernt. ●

24.4. Messung kleiner elektrischer Kräfte

Wir werden später sehen, daß Ionen Ladungen von nur wenigen Teilchen tragen, oft nur einen Überschuß von einem oder zwei geladenen Teilchen. Aus den Untersuchungen wird sich ergeben, daß alle elektrischen Teilchen Ladungen der gleichen Größe besitzen. Die elektrische Ladung tritt „gequantelt" auf. Jedes *Quant*, positiv oder negativ, hat die gleiche Größe.

Die Gleichheit der Teilchenladungen liefert eine natürliche Einheit für die Ladung (wie auch die Gleichheit der Atome der Materie eine natürliche Masseneinheit ergibt). Die Entdeckung dieser Ladungseinheit ist einer der Marksteine an der Grenze der klassischen Physik zur modernen. Man kann damit die Ladung eines Körpers bestimmen, indem man die elektrischen Teilchen zählt, die nicht durch Teilchen des anderen Vorzeichens ausgeglichen werden. Unsere Vorstellung von der elektrischen Ladung wird dadurch sehr vereinfacht. Aus der Tatsache, daß die Ladungen der Teilchen gleich sind, folgt natürlich keineswegs, daß sie auch in anderen Eigenschaften übereinstimmen müssen. Es gibt Teilchen ganz verschiedener Masse, die alle die gleiche Ladung besitzen.

Nun sollen die elektrischen Kräfte untersucht werden, die auf Ionen wirken. Mit ihrer Hilfe soll dann die Einheit der Ladung bestimmt werden. Die auf Ionen ausgeübten Kräfte sind nur klein. Sie können normalgroße Körper nicht beschleunigen oder Federn merkbar dehnen. Man kann keine einzelnen Ionen an einer Feder befestigen oder auch nur sicher sein, daß sich nur ein einziges Ion auf einem Körper sichtbarer Größe befindet. Es muß ein Weg gefunden werden, mit winzigen Körpern umzugehen, auf denen sich ein Überschuß von nur wenigen elementaren elektrischen Teilchen befindet. In diesem Abschnitt werden wir ein Verfahren besprechen, wie man mit solchen Körpern experimentiert und wie man die sehr kleinen Kräfte bestimmen kann, die auf sie wirken. Dadurch werden die Hilfsmittel bereitgestellt, mit denen im nächsten Abschnitt der Nachweis der natürlichen Einheit der Ladung geführt werden kann.

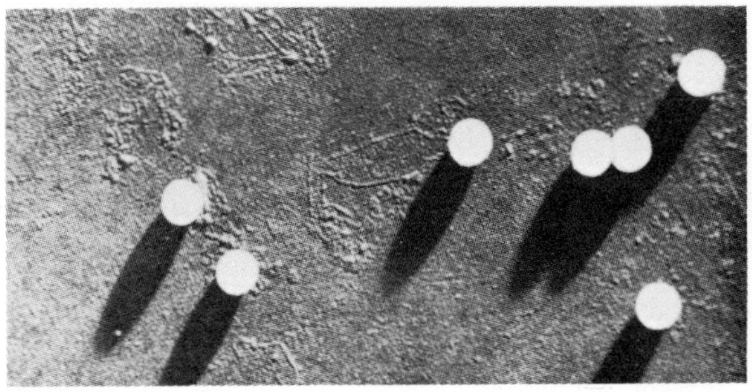

Bild 24.12. Eine Aufnahme von mehreren Plastikkugeln mit dem Elektronenmikroskop (Vergrößerung etwa 2500 fach)

Benötigt werden Körper, die wesentlich größer als Ionen oder Gasmoleküle sind. Sie müssen aber doch klein genug sein, daß sie von den Kräften beschleunigt werden können, die normalerweise auf Ionen wirken. Die Körper, die man mit bloßem Auge erkennen kann, sind für unseren Zweck zu groß. Mikroskopisch kleine Plastikkugeln von etwa 10^{-6} m Durchmesser erweisen sich als geeignet (Bild 24.12). Man kann sie unter einem optischen Mikroskop als Lichtpunkte wahrnehmen, ihre Masse beträgt nur 10^{-15} kg (das ist der millionste Teil eines millionstel Gramm). Diese Kugeln werden hergestellt, damit man die Abmessungen der unter einem Elektronenmikroskop gesehenen Gegenstände mit ihnen vergleichen kann. Man kann fast völlig gleiche Kugeln (Latexkugeln) in großer Zahl beschaffen.

Diese Kugeln bewegen sich in der Luft ziemlich langsam. Wie man bei der Beobachtung unter dem Mikroskop erkennt, fallen sie gleichförmig (Bild 24.13), also ohne erkennbare Beschleunigung. Im Mittel muß die resultierende Kraft auf die Kugel Null sein. Die Gravitationskraft, die die Kugel nach unten zieht, wird durch die entgegengerichtete Kraft des Luftwiderstandes gerade kompensiert. Beginnt die Kugel zu fallen, dann ist der Luftwiderstand zunächst Null. Aber je schneller die Kugel fällt, desto größer wird der Luftwiderstand. Die Bremskraft der Luft wächst schnell an, bis sie die geringe Gravitationskraft gerade aufhebt. Von diesem Zeitpunkt an bewegt sich die Kugel mit konstanter Geschwindigkeit, die man ihre Endgeschwindigkeit nennt.

Bringt man einige dieser Plastikkugeln zwischen zwei geladene Platten, dann wirkt auf die Kugeln zusätzlich zur Gravitationskraft eine elektrische Kraft. Einige der Kugeln bewegen sich nach oben, andere fallen nach unten. Diese Beobachtung zeigt, daß die Kugeln eine elektrische Ladung tragen. Beginnt die Kugel sich unter dem Einfluß der resultierenden Antriebskraft (der vektoriellen Summe aus Gravitationskraft und elektrischer Kraft) zu bewegen, ändert sich der Luftwiderstand, bis sich die Kugel wieder mit konstanter Geschwindigkeit bewegt. Diese Endgeschwindigkeit

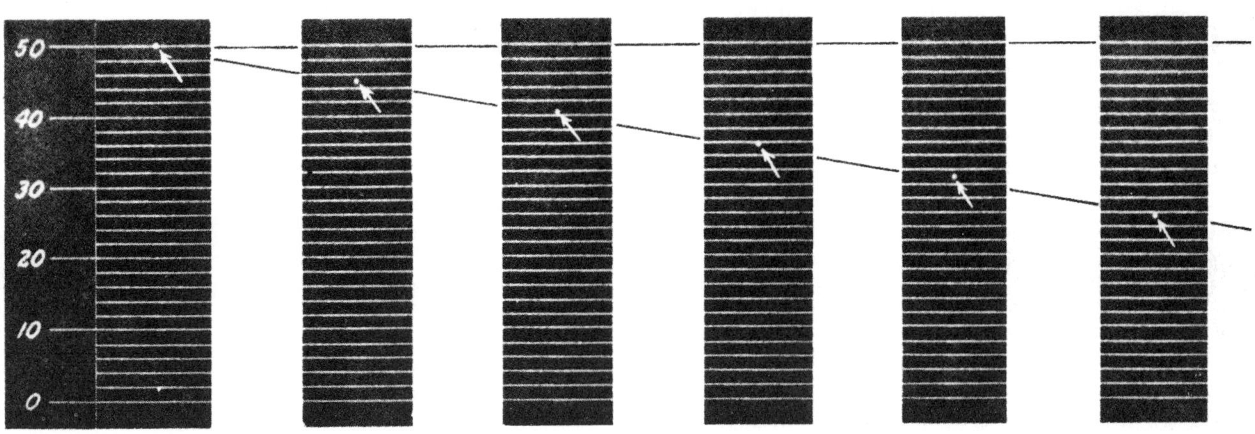

Bild 24.13. Aufnahme der Bewegung einer Plastikkugel unter dem Einfluß der Gravitationskraft. Durch ein Mikroskop wird die Kugel in Abständen von 1 s vor einem Gitter von etwa 1 mm Länge fotografiert. In jedem Zeitintervall fällt die Kugel angenähert um die gleiche Strecke.

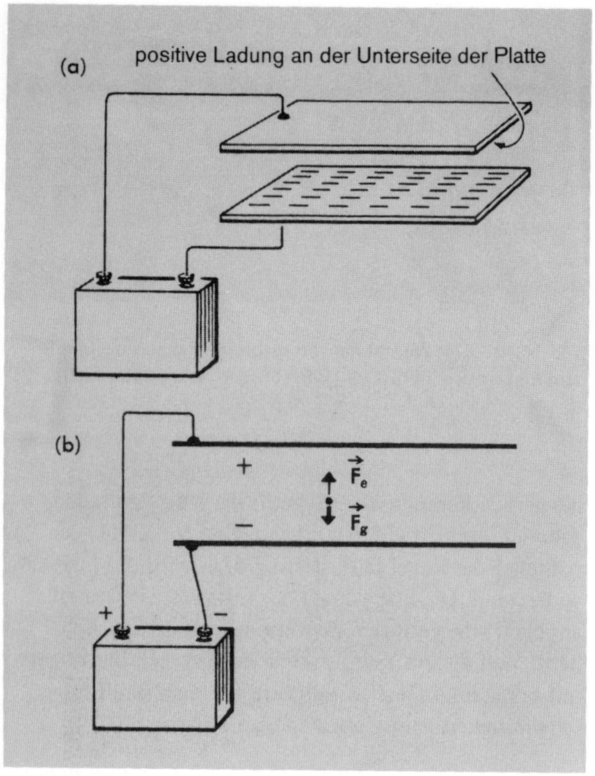

Bild 24.14. Wählt man die richtige Batterie und den richtigen Plattenabstand, dann kann man eine Plastikkugel zwischen den Platten in Ruhe halten. Die elektrische Kraft muß die Gravitationskraft gerade aufheben.

a) Anordnung der Batterie und der Platten,
b) schematische Darstellung der Versuchsanordnung.

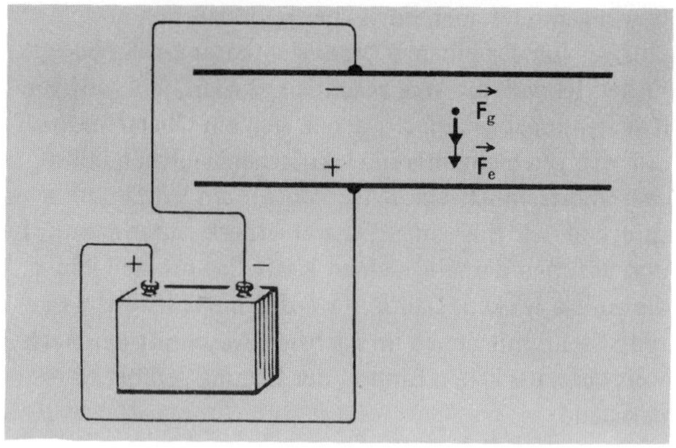

Bild 24.15. Vertauscht man die Anschlüsse der Batterie, dann wirkt auch die elektrische Kraft nach unten. Die resultierende Kraft ist doppelt so groß wie die Gravitationskraft.

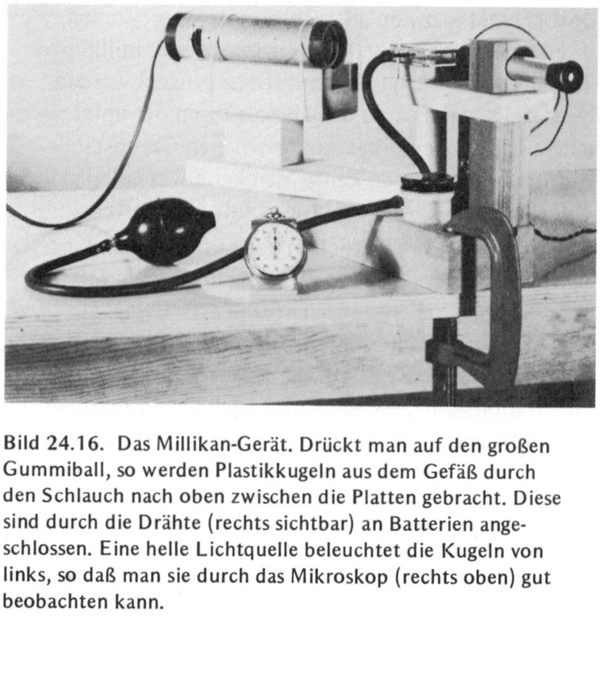

Bild 24.16. Das Millikan-Gerät. Drückt man auf den großen Gummiball, so werden Plastikkugeln aus dem Gefäß durch den Schlauch nach oben zwischen die Platten gebracht. Diese sind durch die Drähte (rechts sichtbar) an Batterien angeschlossen. Eine helle Lichtquelle beleuchtet die Kugeln von links, so daß man sie durch das Mikroskop (rechts oben) gut beobachten kann.

Bild 24.17. Nahaufnahme vom Millikan-Gerät. Das Mikroskop wurde entfernt, damit man die Lage der Platten und ihren Anschluß an die Batterien besser erkennen kann.

wird von der Endgeschwindigkeit verschieden sein, die sie allein unter dem Einfluß der Gravitationskraft erreicht.

Wie hängt die Endgeschwindigkeit von der treibenden Kraft ab? Wir betrachten eine Kugel zwischen zwei geladenen Platten (wie Bild 24.14 zeigt), die an eine Batterie angeschlossen sind. Indem wir die elektrische Ladung der Platten ändern, können wir die auf die Kugel wirkende elektrische Kraft verändern. Wählt man eine geeignete Batterie und den entsprechenden Plattenabstand, so kann man erreichen, daß die elektrische Kraft entgegengerichtet gleich der Gravitationskraft ist. Dann wird die Kugel zwischen den Platten in gleicher Höhe schweben. Nun vertauschen wir an der Batterie die Anschlüsse der beiden Platten (Bild 24.15). Die elektrische Kraft stimmt im Betrag immer noch mit der Gravitationskraft überein, hat aber nun die gleiche Richtung. Damit ist die treibende Kraft jetzt doppelt so groß wie die Gravitationskraft allein. Messen wir nun die Endgeschwindigkeit der Kugel, so ergibt sich, daß die Endgeschwindigkeit gerade doppelt

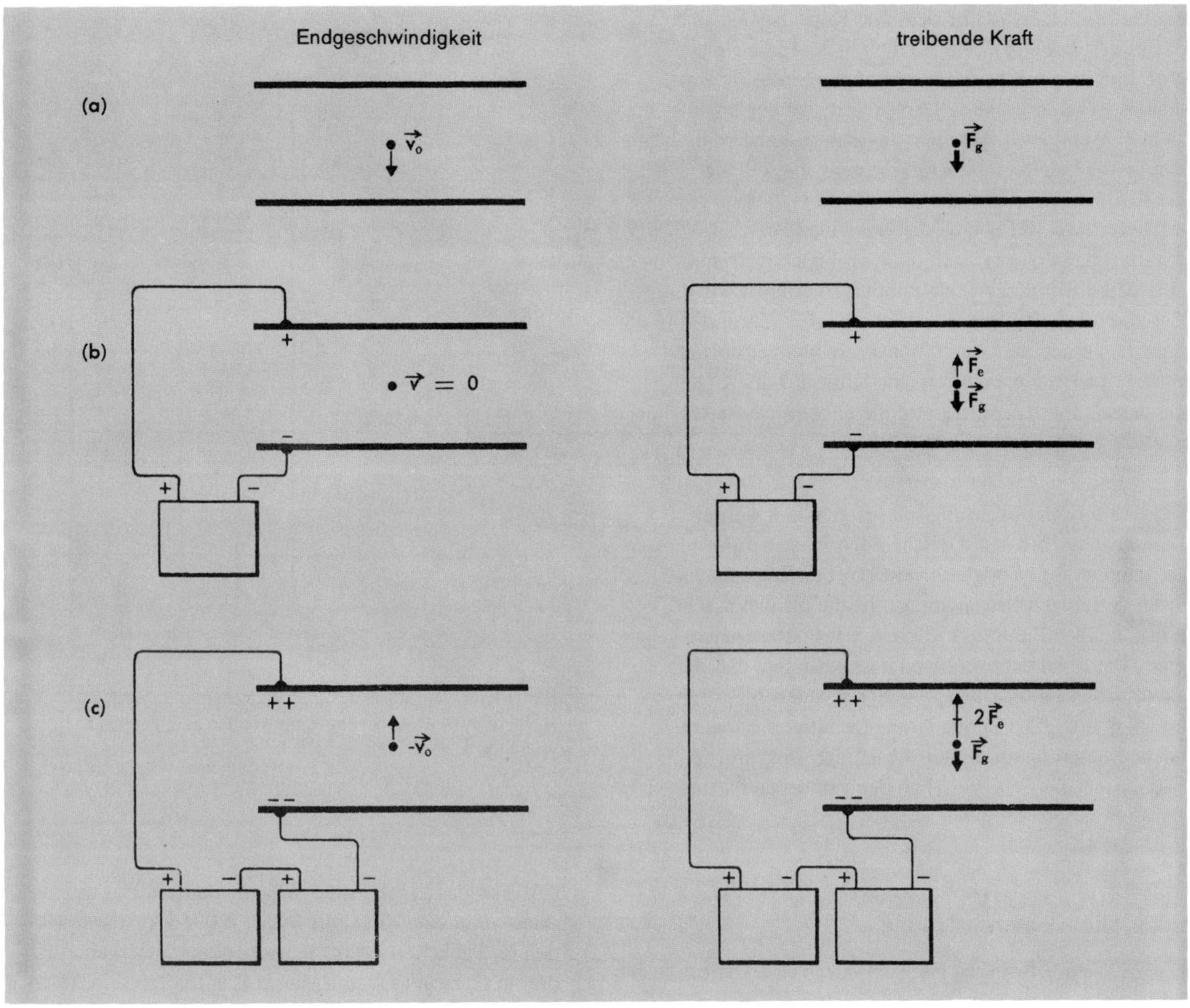

Bild 24.18. Es läßt sich zeigen, daß die elektrische Kraft auf eine Kugel proportional zur Anzahl der in Reihe geschalteten Batterien ist:

a) Man mißt die Endgeschwindigkeit, wenn keine elektrische Kraft wirkt.

b) Man kompensiert die Gravitationskraft durch eine gleichgroße, entgegengerichtete elektrische Kraft.

c) Man mißt die Endgeschwindigkeit, nachdem man eine zweite gleiche Batterie in Reihe geschaltet hat. Die Endgeschwindigkeit ist genau so groß, aber entgegengerichtet zu a). Daran erkennt man, daß die elektrische Kraft auf die Kugel nun den doppelten Betrag der Gravitationskraft hat.

so groß ist, wie wenn sich die Kugel nur unter dem Einfluß der Gravitationskraft bewegt. Dadurch wird folgende Abhängigkeit nahegelegt: Die Endgeschwindigkeit der Kugel ist direkt proportional zur treibenden Kraft. Man hat diese Beziehung genauer geprüft, sie gilt über einen weiten Geschwindigkeitsbereich.

Die Bilder 24.16 und 24.17 zeigen ein Gerät, mit dem der Versuch wirklich ausgeführt wird. Mit diesem Gerät läßt sich die Gravitationskraft, die auf eine Kugel mit der Masse von 10^{-15} kg wirkt, durch eine elektrische Kraft aufheben. Man könnte das Gerät als eine außerordentlich empfindliche Waage auffassen. Nach seinem Erbauer wird es als *Millikan-Gerät* bezeichnet.

Mit dem Millikan-Gerät läßt sich zeigen, daß die elektrische Kraft proportional zur Anzahl der (identischen) Batterien ist, die in Serie an die Platten geschaltet werden. Dazu bestimmt man zunächst die Endgeschwindigkeit einer Plastikkugel, wenn keine elektrische Kraft darauf wirkt (Bild 24.18a). Dann wählt man die Batterie und den Plattenabstand derart, daß die elektrische Kraft gerade die Gravitationskraft kompensiert. Die Endgeschwindigkeit ist Null (Bild 24.18b). Nun schließt man eine zusätzliche Batterie in Serie an die Platten. Dabei ergibt sich: Die Kugel bewegt sich nach oben mit einer Endgeschwindigkeit, die gleichgroß und entgegengerichtet zur ersten Sinkgeschwindigkeit ist (Bild 24.18c). Daraus läßt sich der Schluß ziehen: Wenn zwei Batterien angeschlossen werden, dann ist die elektrische Kraft doppelt so groß wie die Kraft bei nur einer Batterie. Wenn man noch eine dritte Batterie in Serie zu den beiden anderen einschaltet, dann bewegt sich die Kugel nach oben mit einer Geschwindigkeit, die doppelt so groß ist wie die Geschwindigkeit ohne elektrische Kraft. Während eine Batterie gerade die Gravitationskraft kompensiert, erzeugen die beiden weiteren eine Kraft auf die Kugel, die den doppelten Betrag und die entgegengesetzte Richtung der Gravitationskraft hat.

Eine weitere Beobachtung soll festgehalten werden: Bewegt sich die Kugel zwischen den Platten auf und ab, dann ist ihre Endgeschwindigkeit unabhängig von ihrem jeweiligen Ort. Demnach ist die die elektrische Kraft an allen Punkten zwischen den Platten gleich groß. Damit ist experimentell nachgewiesen, daß die elektrischen Feldstärken zwischen geladenen Platten konstant sind. Die Beobachtung bestätigt die theoretische Folgerung im letzten Abschnitt. Dort wurde behauptet, das Feld zwischen den geladenen Platten müsse homogen sein.

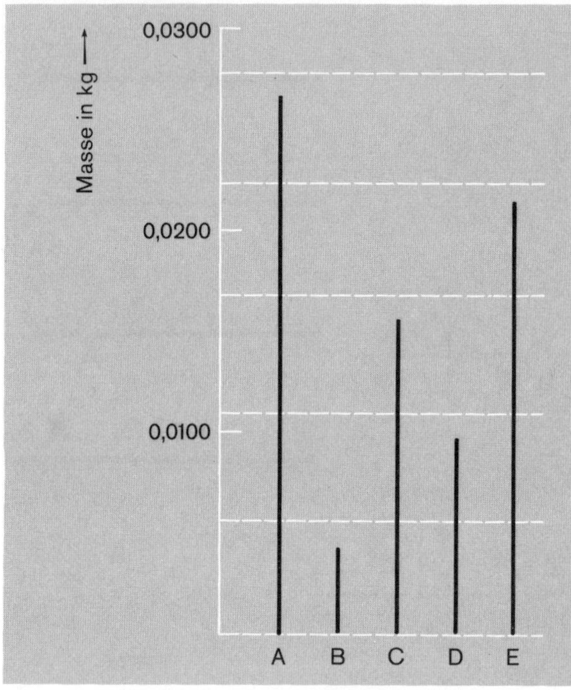

Bild 24.19. Die Masse der fünf Päckchen mit Kugeln. Die waagerechten gestrichelten Linien sollen den Vergleich erleichtern.

24.5. Die Elementarladung

Das zu lösende Problem läßt sich durch eine Denkaufgabe veranschaulichen: Jemand erhält mehrere versiegelte Päckchen, in denen verschiedene Anzahlen von Kugeln enthalten sind. Es soll festgestellt werden, ob alle verpackten Kugeln gleich sind und wieviel Kugeln sich in den einzelnen Päckchen befinden. Dabei darf das Siegel aber nicht verletzt werden! Diese Aufgabe läßt sich mit Hilfe einer Waage lösen. Man wägt die Päckchen und erhält die in Tabelle 1 angegebenen Massen. Trägt man diese Massen wie in Bild 24.19 auf, so erkennt man deutlich, daß alle Massen Vielfache von 0,0056 kg sind. Aufgrund dieses Ergebnisses wird man sagen können, daß die Kugeln in den Päckchen die gleiche Masse haben. Denn durch diese Annahme läßt sich das Ergebnis der Wägung deuten. Hat beispielsweise eine Kugel die Masse 0,0056 kg, dann würden im Päckchen A fünf Kugeln, eine im Päckchen B, drei in C, zwei in D und vier in E enthalten sein. (Man könnte vielleicht Päckchen B schütteln, um zu erkennen, ob die Annahme richtig ist.)

Tabelle 1

Päckchen	Masse der Kugeln	Vermutete Anzahl	Masse einer Kugel
A	0,0280 kg		
B	0,0056 kg		
C	0,0168 kg		
D	0,0112 kg		
E	0,0224 kg		

Befinden sich sehr viele Kugeln in den Päckchen, dann wird man wahrscheinlich nicht angeben können, ob alle Kugeln die gleiche Masse besitzen. Findet man beispielsweise für die Päckchen die Massen 5,76 kg, 6,27 kg, 3,24 kg, 4,82 kg usw., dann sind darin etwa 1030, 1120, 580, 860 Kugeln enthalten. Mit solchen Massenwerten wird man die Vermutung, daß alle Kugeln gleich sind, kaum überzeugend stützen können. Um sicher nachzuweisen, daß für alle Päckchen ganzzahlige Vielfache der Masse einer Kugel herauskommen, müßte man die Masse einer einzelnen Kugel sehr genau messen. Sehr genau heißt hier, daß man 1 Teil von 10 000 noch unterscheiden, also auf 0,01 % genau wägen muß. Das ist eine sehr schwierige und kaum überzeugende Wägung. Ist die Anzahl der beteiligten gleichartigen Objekte noch größer, etwa die Anzahl der Moleküle in einem Kubikzentimeter Wasser, so läßt sich die Aufgabe in dieser Weise nicht mehr lösen.

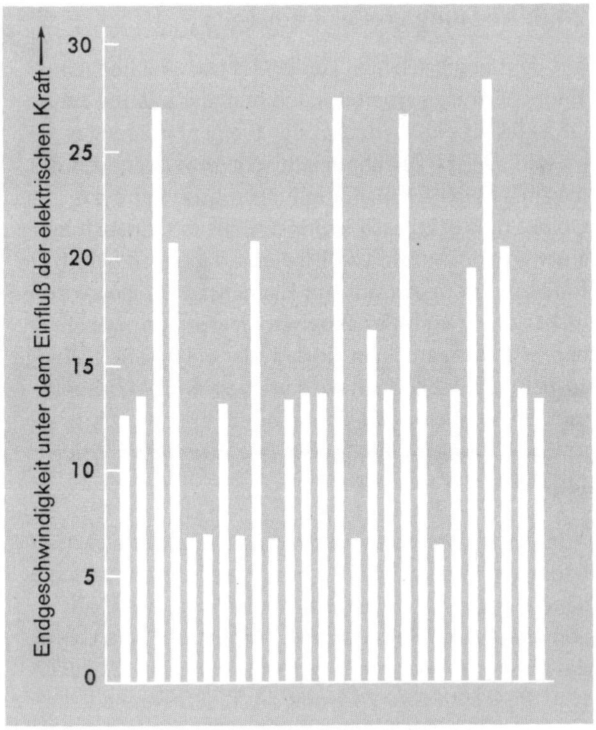

Bild 24.20. Die Endgeschwindigkeiten mehrerer Kugeln (in geeigneten Einheiten). Es wurde nur der Teil der Endgeschwindigkeit aufgetragen, der auf den elektrischen Anteil der Antriebskraft zurückgeht. Die auf dem Gravitationsanteil beruhenden Geschwindigkeiten wurden von den beobachteten Werten abgezogen.

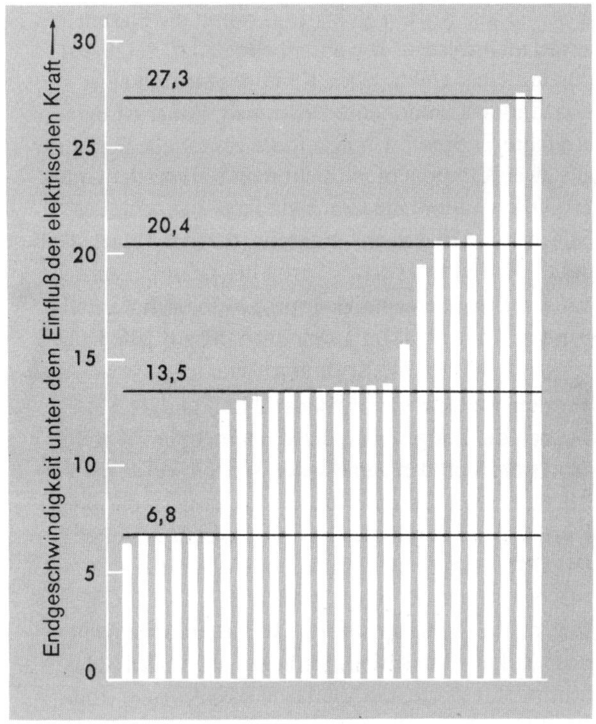

Bild 24.21. Die Endgeschwindigkeiten von Bild 24.20 wurden erneut und zwar nach der Größe geordnet aufgetragen. Es fällt auf, daß die Geschwindigkeitsbeträge sich um bestimmte Werte häufen. Diese sind ganzzahlige Vielfache des kleinsten Wertes.

Die Anzahl der Atome ist selbst in einer sehr kleinen Probe außerordentlich groß. Daher wurde die Masse der Atome nicht durch das eben beschriebene Verfahren bestimmt, sondern durch eine weniger direkte Methode. Aus dem gleichen Grund wurde auch die elementare Einheit der elektrischen Ladung nicht dadurch gefunden, daß man größere Ladungen maß und dann prüfte, ob sie sich als Vielfache einer Einheitsladung darstellen lassen. Die Ladungen, mit denen man normalerweise zu tun hat, enthalten riesige Anzahlen von elektrischen Elementarladungen. Man kann unmöglich das Hinzukommen oder das Fortgehen einer weiteren Ladung entdecken. Infolgedessen erhielt man die ersten Hinweise auf die Existenz einer elektrischen *Elementarladung* auf indirektem Wege im 19. Jahrhundert. Weil diese indirekten Hinweise mit anderen Vorstellungen der Atomtheorie zusammenhängen, sollen sie erst im Abschnitt 25.3 besprochen werden. Hier soll gleich das Nachweisverfahren betrachtet werden, das zu Beginn dieses Jahrhunderts verfügbar wurde. Damals wurden die im letzten Abschnitt beschriebenen hochempfindlichen Waagen entwickelt, mit denen sich die Ladung von Ionen messen ließ. Im Jahre 1909 baute *R. A. Millikan* sein Gerät und führte damit eine Reihe von Versuchen aus, mit denen die Existenz der elektrischen Elementarladung nachgewiesen wurde. Während wir Plastikkugeln bekannter Masse verwendeten, arbeitete Millikan mit winzigen Öltropfen. Deren Masse mußte er gleichzeitig während der Ladungsmessung bestimmen. Der von uns beschriebene Versuch ist somit leichter als der Millikan-Versuch, stimmt aber sonst mit ihm überein[1]).

Mehrere der in Bild 24.11 dargestellten Kugeln werden zwischen die Platten des Millikan-Gerätes gebracht. Alle Kugeln zeigen die gleiche Sinkgeschwindigkeit, wenn die Platten ungeladen sind und somit keine elektrische Kraft wirkt. Wegen der gleichen Masse wirkt auf jede der Kugeln die gleiche Gravitationskraft. Dagegen sind die Endgeschwindigkeiten nicht

[1]) Zur Zeit *Millikans* gab es noch keine Plastikkugeln gleicher Größe und noch kein Elektronenmikroskop, mit dem man die Gleichheit der Kugeln hätte erkennen können. *Millikan* war daher gezwungen, anders vorzugehen.

mehr für alle Kugeln gleich groß, wenn die Platten aufgeladen werden. Die antreibende Kraft setzt sich nun aus einer elektrischen Komponente und einer Gravitationskomponente zusammen. Daher ist die erreichte Endgeschwindigkeit die vektorielle Summe aus zwei Komponenten. Zieht man die von der Gravitationskraft bewirkte Geschwindigkeit ab, dann erhält man die Endgeschwindigkeit, die jede Kugel allein durch die elektrische Kraft erhielte. Es ist bekannt, daß die Endgeschwindigkeit proportional zur antreibenden Kraft ist. Damit kann man die auf jede Kugel wirkende elektrische Kraft ermitteln.

Mit dem Millikan-Gerät (Bilder 24.16 und 24.17) wurden die Endgeschwindigkeiten mehrerer Kugeln gemessen. Von den gemessenen Werten wurde die vorher bestimmte Geschwindigkeit abgezogen, die alle Kugeln allein durch die Gravitationskraft erhielten. Die Differenzgeschwindigkeiten, die auf den elektrischen Kräften beruhen, sind in Bild 24.20 aufgetragen. Man bemerkt sofort, daß ihre Beträge nicht nach Zufall verteilt sind. Sie liegen alle in der Nähe bestimmter Werte, die Vielfache des kleinsten sind. Bei diesem Versuch häufen sich die Geschwindigkeiten um die Werte 6,8; 13,5; 20,4 und 27,3 (in einer Einheit, die sich für diesen Versuch als zweckmäßig erwies). Das wird besonders deutlich, wenn man die Geschwindigkeiten nach ihren Beträgen ordnet (Bild 24.21). Da die Endgeschwindigkeit proportional zur antreibenden Kraft ist, können wir aus den Meßergebnissen schließen: Die elektrischen Kräfte auf die Kugeln sind auch um bestimmte Werte herum verteilt. Nun ist die elektrische Kraft proportional zur Ladung auf den Platten und zur Ladung auf der Kugel. Die Ladung der Platten bleibt während des ganzen Versuchs ungeändert. Daher müssen die Unterschiede zwischen den elektrischen Kräften auf Unterschiede in der Ladung der einzelnen Kugeln zurückzuführen sein. Diese Unterschiede ergeben sich als Vielfache einer kleinsten Ladung.

Entsprechende Versuche lassen sich mit Kugeln anderer Größe und aus anderem Material ausführen. Und das ist seit *Millikan* in vielen Versuchen geschehen. Beispielsweise ergibt sich für eine Kugel der doppelten Masse eine doppelt so große kompensierende Kraft. Der Umrechnungsfaktor zwischen der Geschwindigkeit und der antreibenden Kraft ist auch unterschiedlich. Doch wenn man alle Änderungen in Rechnung stellt, dann ergibt sich aus allen Versuchen die gleiche natürliche Einheit der elektrischen Ladung. Man kann verschiedene Gase verwenden und sie auf unterschiedliche Weise ionisieren, man kann auch Elektronen oder andere geladene Teilchen hineinschicken. Immer findet man die gleiche Einheit. Man bezeichnet sie als die *elektrische Elementarladung* e.

24.6. Messung großer Ladungen

Mit dem beschriebenen Gerät, das wie eine hochempfindliche Waage arbeitet, kann man die Ladung eines Objektes als ein Vielfaches der Elementarladung e messen. Dieses Verfahren läßt sich anwenden, wenn die Anzahl der Elementarladungen gering und das Objekt mikroskopisch klein ist. Läßt es sich auch bei einer großen Anzahl von Elementarladungen benutzen? Eine sehr große Anzahl von Elementarladungen wird nicht auf einem mikroskopisch kleinen Körper bleiben. Nimmt man einen Körper, der eine große Ladung aufnehmen kann, dann wird er zu groß für das Gerät sein. Dieses Gerät läßt sich also nicht zur Messung großer Ladungen, d.h. großer Anzahlen von Elementarladungen, verwenden.

Auf welche Weise ist es dann möglich, große elektrische Ladungen in der Einheit e zu messen? Es gibt verschiedene Wege, doch bietet sich zunächst an, das Gerät von *Millikan* größer zu bauen. Man braucht ein Gerät, das beispielsweise eine Kugel von Coulombs Versuch (vgl. die Abschnitte 24.1 und 24.2) aufnehmen kann. Ist es möglich, die Ladung eines solchen Körpers zu messen (d.h. die Anzahl der Elementarladungen anzugeben), dann kann man alle Ladungen in der Einheit der Elementarladung messen. Im nächsten Abschnitt wird besprochen: Hat man einmal eine große Ladung gemessen, dann läßt sich mit Hilfe des Coulombschen Versuchs jede andere Ladung in der Einheit e bestimmen.

Das neue Gerät muß so groß sein, daß es Raum für einen recht großen Körper bietet. Zugleich aber muß man auch die Kraft auf eine Elementarladung zwischen seinen Platten kennen. (Wenn wir die Kraft auf eine Elementarladung nicht kennen, dann können wir große Ladungen nur durch willkürliche Ladungseinheiten ausdrücken.) Ließe sich der Millikan-Versuch auch in dem großen Gerät ausführen, dann könnte man eine große Ladung unmittelbar mit der Elementarladung e vergleichen. Unglücklicherweise läßt sich der Millikan-Versuch nicht im großen Gerät ausführen. Doch ist diese Schwierigkeit zu umgehen: Man kann ein großes Gerät bauen, in dem die Kraft auf jede Elementarladung genau so groß ist wie die Kraft auf die Elementarladung im kleinen Millikan-Gerät. Um dieses große Gerät entwerfen zu können, muß man den Zusammenhang zwischen den Abmessungen des Gerätes und der Kraft zwischen den Platten kennen. Dann kann man das Gerät vergrößern, ohne daß sich die Kraft ändert.

Bei der Vergrößerung des Gerätes ändern sich die Flächen der Platten und ihr Abstand. Wie sich jede dieser Änderungen auswirkt, kann man sowohl am

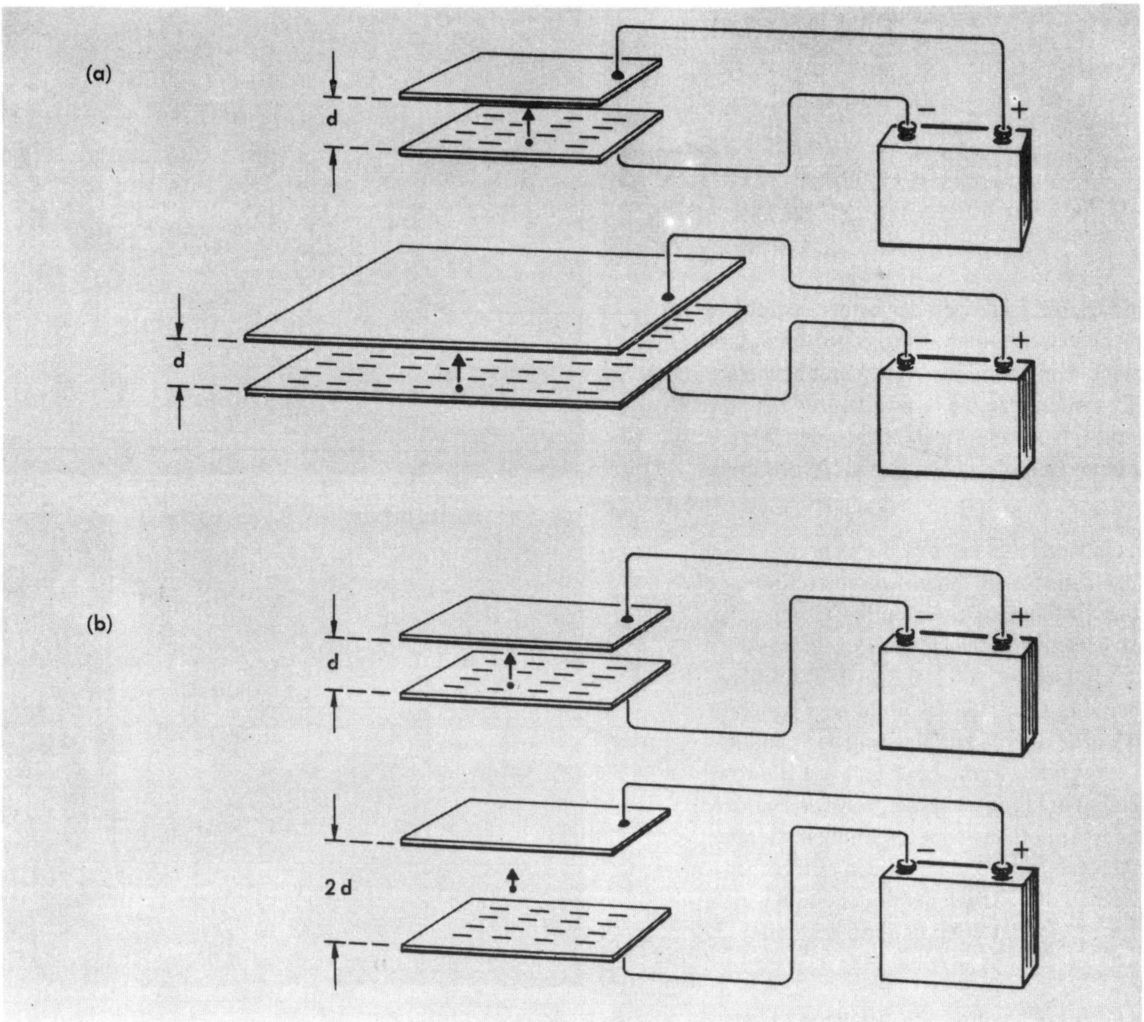

Bild 24.22. a) Vergrößert man die Plattenfläche, ohne den Astand der Platten oder die Batterie zu ändern, dann bleibt die Kraft auf eine Elementarladung überall zwischen den Platten gleich groß. b) Verdoppelt man den Plattenabstand, ohne die Batterie zu ändern, dann wird die Kraft proportional zum Kehrwert von d, wobei d der Plattenabstand ist: $F \sim \frac{1}{d}$.

Millikan-Gerät als auch mit einem Gerät experimentell untersuchen, zwischen dessen weit entfernten Platten Kräfte auf große Ladungen ausgeübt werden.

Verwendet man Platten mit größerer Fläche, ohne deren Abstand und die angeschlossene Batterie zu ändern (Bild 24.22a), dann bleibt die Kraft auf einen geladenen Körper zwischen den Platten gleich groß. Vergrößert man unter Beibehaltung der angeschlossenen Batterie den Abstand zwischen den Platten (Bild 24.22b), dann verkleinert sich die Kraft. Die Kraft ändert sich umgekehrt proportional zum Abstand. Die Verkleinerung der Kraft läßt sich dadurch kompensieren, daß man mehr Batterien einschaltet. Da die Kraft proportional zur Anzahl der Batterien wächst (Abschnitt 24.4), muß man die Anzahl der Batterien verdoppeln, wenn man den Abstand zwischen den Platten verdoppelt. Dies läßt sich experimentell unmittelbar bestätigen. Solange die Ausdehnung der Platten groß gegenüber dem gegenseitigen Abstand ist, erhält man die gleiche elektrische Kraft, wenn man den Plattenabstand und die Anzahl der Batterien im gleichen Verhältnis erhöht. Dabei spielt die genaue Plattenfläche keine Rolle. Um das Millikan-Gerät auf geeignete Abmessungen zu vergrößern, verwenden wir große parallele Metallplatten in einem hinreichend großen Abstand. Die Platten laden wir mit der entsprechend vergrößerten Anzahl in Serie geschalteter Batterien auf. Dann ist gesichert, daß die Kraft auf die Elementarladung zwischen den Platten genau so groß wie im Millikan-Gerät ist.

24.7. Die Konstante im Coulombschen Gesetz

In den Abschnitten 24.1 und 24.2 wurde über das Coulombsche Gesetz und über die elektrische Ladung gesprochen. Für die Kraft F zwischen zwei geladenen Körpern ergab sich die Gleichung

$$F = k\,\frac{Q_1 Q_2}{r^2}\,,$$

worin Q_1 und Q_2 die Ladungen der beiden Körper und r ihren Abstand bedeuten. Der Proportionalitätsfaktor k ist eine Konstante. Ihr Wert hängt davon ab, in welchen Einheiten man die Kraft, den Abstand und die Ladung mißt. Nun sind wir imstande, den Wert der Konstante im Coulombschen Gesetz zu bestimmen.

Wir können die Kraft messen, mit der sich zwei gleich geladene Kugeln abstoßen, indem wir einen Coulombschen Versuch ausführen. Bei einem dieser Versuche ergab sich, daß zwei gleich geladene Kugeln im Abstand $r = 0{,}15$ m eine Kraft $F = 6{,}7 \cdot 10^{-4}$ N aufeinander ausüben. Ein Gerät, wie es im letzten Abschnitt beschrieben wurde, wurde zur Messung der Ladung jeder Kugel verwendet. In diesem Gerät war die Kraft auf jede Elementarladung e ebenso groß wie zwischen den Platten des vorher verwendeten Millikan-Gerätes. Die Kraft blieb gleich groß, da man den 100-fachen Abstand zwischen den Platten genommen und gleichzeitig 100 mal so viel Batterien in Serie geschaltet hatte.

Beim Millikan-Versuch wurde eine geladene Kugel in Ruhe gehalten, als bei einem Plattenabstand $d = 3{,}1 \cdot 10^{-3}$ m drei 90-V-Batterien in Serie angeschaltet wurden. Die Masse der Kugel war bekannt als $m = 2{,}9 \cdot 10^{-15}$ kg, daher betrug die Gravitationskraft $F_g = mg = 2{,}8 \cdot 10^{-14}$ N. Somit mußte die kompensierende elektrische Kraft ebenfalls den Betrag $F = 2{,}8 \cdot 10^{-14}$ N haben. Beim Versuch stellte sich später heraus, daß die Kugel zwei Elementarladungen trug: $Q = 2$ e. Daher wurde im Millikan-Gerät auf jede Elementarladung e die Kraft $F = 1{,}4 \cdot 10^{-14}$ N ausgeübt.

Die Kraft, die zwischen den Platten des großen Gerätes auf eine geladene Kugel ausgeübt wurde, ließ sich messen, indem die Kugel auf das Ende eines isolierenden Waagearmes gesetzt wurde (Bild 24.23a). Während die Platten ungeladen und mit keiner Batterie verbunden waren, wurde die Skala so aufgestellt, daß der Zeiger des Waagearmes auf Null zeigte. Dann wurden die Platten mit 300 90-V-Batterien verbunden. Durch die elektrische Kraft auf die geladene Kugel änderte sich die Zeigerstellung (Bild 24.23b). Der Zeigerausschlag entsprach einer Kraft $F = 3{,}55 \cdot 10^{-3}$ N.

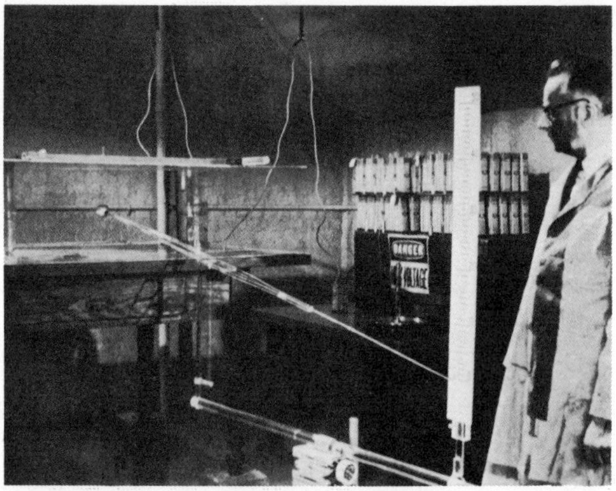

a)

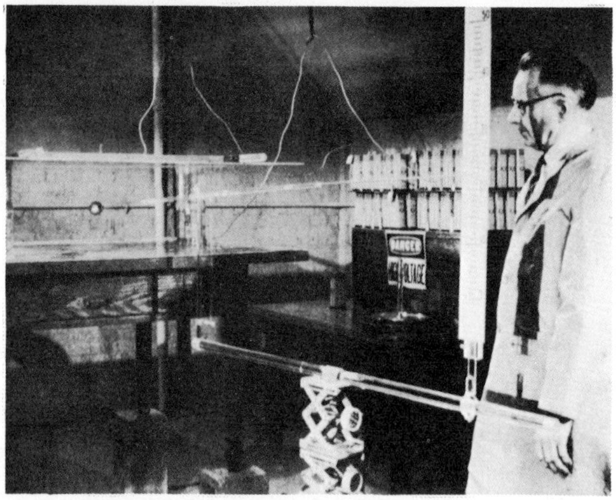

b)

Bild 24.23. Eine große elektrische „Waage".

a) Die Skala wurde so angebracht, daß der Zeiger auf Null steht, wenn keine elektrische Kraft wirkt.

b) Werden die Platten an eine Reihe von Batterien angeschlossen, dann zieht die elektrische Kraft die Kugel nach unten. Dadurch dreht sich der Waagearm aus Plastik um eine Achse in der vertikalen Auflage. Diese Auflage, der Waagearm und die Skala werden etwas gehoben, damit die Kugel in der Mitte zwischen den Platten gehalten wird, wo das Feld nahezu homogen ist. Man kann die Skala eichen, indem man einen kleinen Körper bekannter Masse auf die Kugel legt (wobei die Platten ungeladen sind). Man vermerkt die Zahl der Teilstriche, die zu der bekannten Gravitationskraft gehören.

Da die Platten auf jede Elementarladung e eine Kraft von $1{,}4 \cdot 10^{-14}$ N ausübten, muß die Ladung der Kugeln

$$Q = \frac{3{,}55 \cdot 10^{-3}\ \text{N}}{1{,}4 \cdot 10^{-14}\ \frac{\text{N}}{\text{e}}}$$

$$= 2{,}5 \cdot 10^{11}\ \text{e}\,,$$

also $2{,}5 \cdot 10^{11}$ Elementarladungen betragen haben.

Für das am Anfang dieses Abschnittes beschriebene Coulombsche Experiment haben wir nun Meßdaten für alle Größen. Wir können daher die Konstante k des Coulombschen Gesetzes bestimmen. Lösen wir nach k auf, so erhalten wir

$$k = \frac{F\,r^2}{Q_1 Q_2}$$

$$= \frac{6{,}7 \cdot 10^{-4}\,\mathrm{N} \cdot (0{,}15\,\mathrm{m})^2}{2{,}5 \cdot 10^{11}\,\mathrm{e} \cdot 2{,}5 \cdot 10^{11}\,\mathrm{e}}$$

$$\approx 2{,}4 \cdot 10^{-28}\,\frac{\mathrm{N\,m^2}}{\mathrm{e}^2}\,.$$

Dieser Wert der Konstante k läßt sich überprüfen, indem man weitere Coulombsche Versuche ausführt und dabei die Ladung mit dem großen Plattengerät mißt. Wie zu erwarten ergibt sich stets der gleiche Wert für k. k gehört zu den den universellen Naturkonstanten. Man hat sich viel Mühe gegeben, die Konstante nach verschiedenen Verfahren genau zu bestimmen. Die Ergebnisse all dieser Versuche stimmen gut überein. Der von den besten Versuchen erhaltene Wert beträgt

$$k = 2{,}306 \cdot 10^{-28}\,\frac{\mathrm{N\,m^2}}{\mathrm{e}^2}\,.$$

Somit können wir das Coulombsche Gesetz nun in der Form

$$F = 2{,}306 \cdot 10^{-28}\,\frac{\mathrm{N\,m^2}}{\mathrm{e}^2}\,\frac{Q_1 Q_2}{r^2}$$

schreiben. Darin stehen Q_1 und Q_2 für die Ladungen der geladenen Körper und r für ihren Abstand.

Im letzten Abschnitt wurde schon bemerkt: Man braucht nur einmal eine Ladung gewöhnlicher Größe mit der Elementarladung unmittelbar zu vergleichen. Dann kann man ein Verfahren entwickeln, jede andere Ladung in der Einheit der Elementarladung anzugeben, ohne den geladenen Körper zwischen die Platten des großen Gerätes zu bringen. Die Kenntnis des Proportionalitätsfaktors k im Coulombschen Gesetz ist der Schlüssel zum Meßverfahren für Ladungen. Man kann stets zwei gleiche Ladungen durch Ladungsteilung herstellen. Mißt man die Kraft zwischen ihnen für einen bestimmten Abstand zwischen den geladenen Körpern, dann kennt man F, r und k im Coulombschen Gesetz. Damit läßt sich Q in Elementarladungen berechnen. Verwendet man einen der geladenen Körper als Vergleichskörper, so kann man die Ladung jedes anderen Körpers ermitteln, indem man die Kraft zwischen ihm und dem Vergleichskörper mißt.

Die Konstante k gibt einen praktischen Hinweis für diese Bestimmung der Ladung durch die Messung der Kraft zwischen den geladenen Körpern. Ihr Wert $2{,}306 \cdot 10^{-28}\,\frac{\mathrm{N\,m^2}}{\mathrm{e}^2}$ gibt unmittelbar die Kraft an, mit der sich zwei Elementarladungen im Abstand 1 m abstoßen oder anziehen. Sie üben gerade $2{,}306 \cdot 10^{-28}$ N aufeinander aus. Diese Kraft erscheint vernachlässigbar klein. In Wirklichkeit ist sie jedoch riesig groß. Die Gravitationsanziehung zwischen zwei Wasserstoffatomen beträgt bei dem gleichen Abstand etwa $2 \cdot 10^{-64}$ N. Die elektrische Kraft zwischen zwei Elementarladungen ist somit 10^{36} mal so groß. (Will man dies mit Millionen von Millionen ausdrücken, so muß man das Wort „Millionen" sechsmal sagen!) Nimmt man zweimal $6 \cdot 10^{23}$ Elementarladungen (das ist die Anzahl der Moleküle in einem Mol) und setzt sie auf die beiden Enden eines Erddurchmessers (Abstand $13 \cdot 10^6$ m), dann stoßen sie sich mit einer Kraft von 500 000 N ab. Zwei Mol der schwersten Atome würden bei gleichem Abstand keine merkbare Gravitationswirkung aufeinander ausüben.

24.8. Erhaltung der Ladung

Die Vorstellung von elektrisch geladenen Teilchen und von der Quantelung der Ladung hängt unmittelbar mit dem Gedanken zusammen, daß elektrische Ladung erhalten bleibt. Lädt man Körper durch Reiben auf, dann überführt man geladene Teilchen von einem Körper zum anderen. Was der eine Körper an Ladung gewinnt, verliert der andere. Wenn man die Platten des großen Ladungsmeßgerätes durch eine Batterie auflädt, dann bewegt die Batterie geladene Teilchen von einer Platte zur anderen. Die Ladungen der Platten sind gleich groß und entgegengesetzt.

Unter ganz besonderen Umständen kann man geladene Teilchen „erschaffen". Doch entstehen sie stets paarweise. Und die Ladung des einen Teilchens des Paares ist gleich groß und entgegengesetzt zur Ladung des anderen Teilchens. Oft entstehen auch geladene Teilchen spontan in der Natur: Beispielsweise zerfällt ein Neutron in ein Proton und ein Elektron. Das bei diesem Zerfall entstehende Proton und das Elektron haben gleich große und entgegengesetzte Ladungen. Die Summe der Ladungen ist vor und nach dem Prozeß Null.

All unsere Erfahrung weist darauf hin, daß der Gesamtbetrag der elektrischen Ladung sich nie ändert. Wie die Erhaltung der Energie ist die *Erhaltung der elektrischen Ladung* ein Naturgesetz, das sich für alle bisher bekannten Vorgänge als gültig erwiesen hat.

24.9. Ladung von Elektronen und anderen Teilchen

Uns ist schon bekannt, daß Elektronen negativ geladen sind. Doch muß noch untersucht werden, ob ihre Ladung eine oder mehrere Elementarladungen beträgt. Man kann die Ladung eines Elektrons auf folgende Weise bestimmen: Man zählt die Elektronen, die man einem vorher neutralen Körper zuführt, und mißt dann die Ladung des Körpers in Elementarladungen.

Mit einer Elektronenquelle (Abschnitt 23.13) kann man einen Strahl schneller Elektronen erzeugen. Dieser ruft einen Leuchtfleck auf einem Fluoreszenzschirm hervor. Ist die Anzahl der in einer Sekunde auftreffenden Elektronen klein genug, dann bewirkt jedes einzelne Elektron einen einzelnen punktförmigen Lichtblitz auf dem Schirm. Obwohl jede dieser Szintillationen nur wenig Licht liefert, können sie durch Photozellen registriert werden. So lassen sich die Elektronen einzeln zählen. Man kann sie auch unmittelbar zählen, indem man einen besonderen Vervielfacher verwendet, den man als *Elektronenmultiplier* bezeichnet. Mit einer solchen Zählvorrichtung kann man die Anzahl der in einer Sekunde im Elektronenstrahl auftreffenden Elektronen ermitteln (Bild 24.24a).

Nachdem die Anzahl der in einer Sekunde auftreffenden Elektronen bestimmt wurde, kann man den Strahl in einem Metallgefäß auffangen (Bild 24.24b). Die in die „Flasche" eintretenden Elektronen werden von den metallischen Wänden aufgenommen. Selbst wenn sie bei ihrem Aufprall aus der Wand neue Elektronen (Sekundärelektronen) auslösen, wird kaum ein Teilchen durch den engen Flaschenhals nach außen gelangen. Die Flasche wird somit allein durch die von den Elektronen eingebrachte Ladung aufgeladen. Nach hinreichend langer Zeit wird die Ladung der Flasche so groß sein, daß sie gemessen werden kann. Aus der gesamten Ladung läßt sich die in einer Sekunde aufgebrachte Ladung bestimmen. Dividiert man diese durch die Anzahl der in einer Sekunde auftreffenden Elektronen, dann findet man die Ladung eines Elektrons. Es ergibt sich genau eine negative Elementarladung $-e$.

Das gleiche Verfahren läßt sich anwenden, wenn man die Ladung anderer Teilchen bestimmen will, beispielsweise der Teilchen, die beim radioaktiven Zerfall von Polonium herausgeschossen werden. Tatsächlich wurde der erste Versuch dieser Art 1908 von *Rutherford* und *Geiger* ausgeführt, um die Ladung dieser Atombruchstücke zu bestimmen, die man gewöhnlich als α-Teilchen bezeichnet. Sie fanden, daß ein α-Teilchen genau zwei positive Elementarladungen besitzt. Spätere Versuche ergaben, daß ein α-Teilchen in elementarere Teilchen, in zwei Protonen und zwei Neutronen zerlegt werden kann. Uns ist schon bekannt, daß Neutronen elektrisch neutral sind. Jedes der Protonen hat dagegen eine positive Elementarladung. Man kennt heute eine Anzahl anderer geladener Teilchen, die sich in der Masse vom Elektron und vom Proton unterscheiden. Doch wenn man die Zerlegung der Materie weit genug fortführt, haben alle aufgefundenen elektrischen Teilchen stets eine positive oder eine negative Elementarladung e.

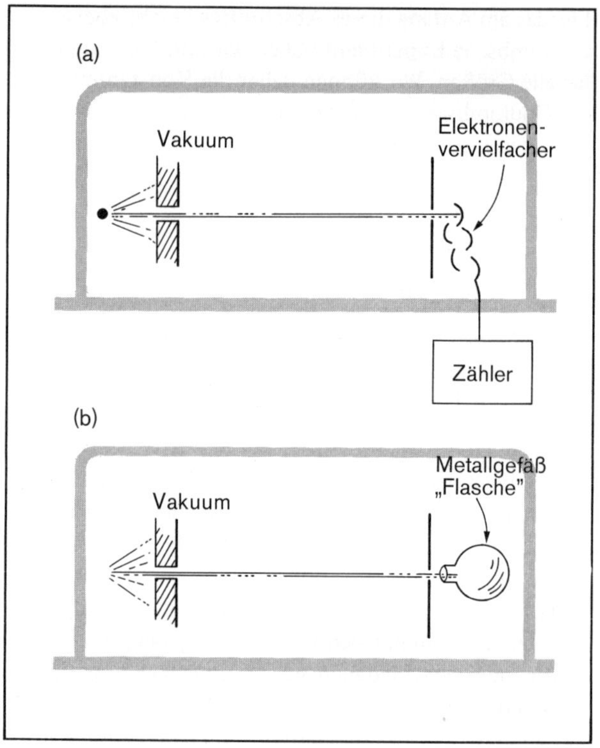

Bild 24.24

a) Man kann die Anzahl der Elektronen messen, die in einer Sekunde in einem Elektronenstrahl auftreffen, indem man den Strahl auf einen Zähler richtet.

b) Weiter kann man die Rate des Ladungstransportes durch den gleichen Strahl bestimmen, indem man ihn auf eine „Flasche" mit kleiner Öffnung lenkt. Man läßt den Strahl so lange in die Öffnung eintreten, bis sich eine meßbare Ladung angesammelt hat.

Aufgaben

1.* Zwei kleine geladene Körper A und B sind 0,03 m voneinander entfernt. Sie stoßen sich mit einer Kraft $F = 4{,}0 \cdot 10^{-5}$ N ab. Wie groß ist die Kraft, wenn man den Körper A um weitere 0,03 m von B entfernt?

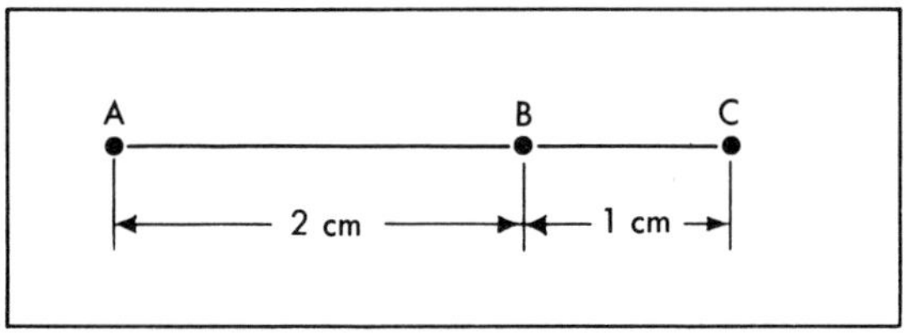

Bild 24.25. Zur Aufgabe 2

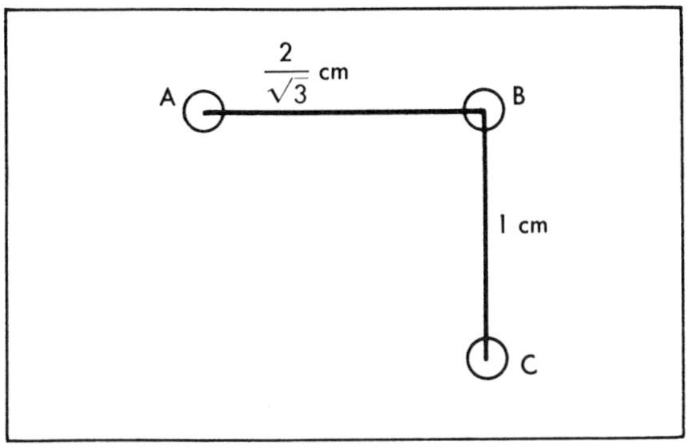

Bild 24.26. Zur Aufgabe 3

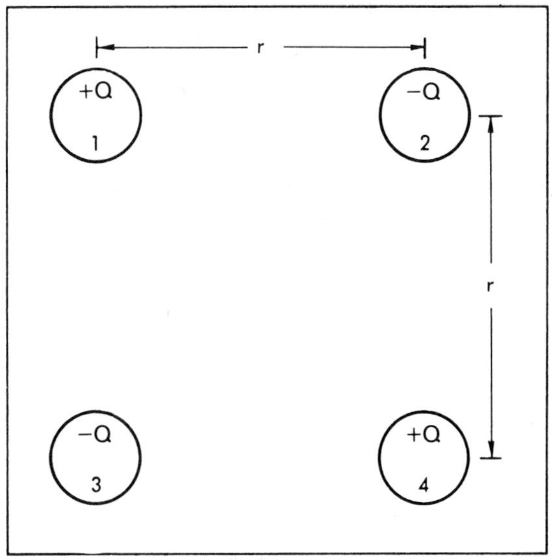

Bild 24.27. Zur Aufgabe 4

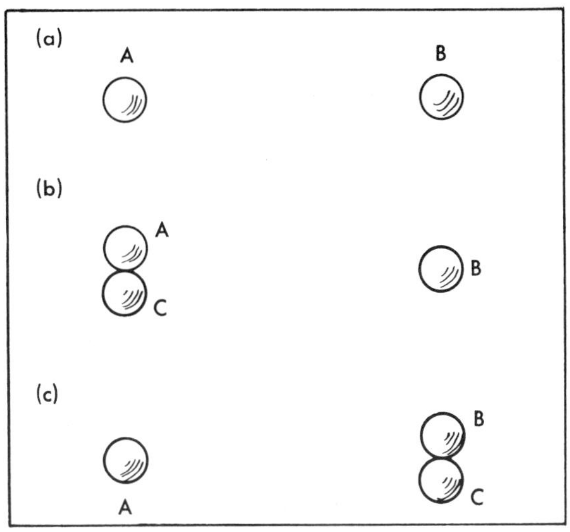

Bild 24.28. Zur Aufgabe 5

2. Drei gleichgeladene Körper sind so aufgestellt, wie es Bild 24.25 zeigt. Die von A auf B ausgeübte elektrische Kraft beträgt $F = 3{,}0 \cdot 10^{-6}$ N.
   a) Welche Kraft übt der Körper C auf B aus?
   b) Welche resultierende Kraft wirkt auf B?
3. Drei kleine geladene Kugeln, deren Ladungen gleich groß sind, werden wie in Bild 24.26 aufgestellt. Die Kugel C übt auf B eine Kraft $F = 4 \cdot 10^{-6}$ N aus.
   a) Welche Kraft übt A auf B aus?
   b) Welche resultierende Kraft erfährt die Kugel B?
4. Vier gleiche leitende Kugeln werden auf Trockeneis-Pucks gesetzt. Man ordnet sie auf einer glatten horizontalen Fläche in den Eckpunkten eines Quadrats an. Zwei Kugeln tragen eine Ladung +Q, die beiden anderen die Ladung −Q, wie Bild 24.27 zeigt.
   a) In einem Vektordiagramm sollen die Kräfte dargestellt werden, die auf die Kugel 1 wirken.
   b) In welche Richtung bewegen sich die Pucks, wenn man sie gleichzeitig freigibt?
5. Zwei gleichgeladene Kugeln A und B stoßen sich mit einer Kraft $F = 2{,}0 \cdot 10^{-5}$ N ab (Bild 24.28a). Eine weitere ungeladene Kugel C wird mit A berührt (Bild 24.28b) und dann neben die Kugel B gestellt (Bild 24.28c).
   a) Wie groß ist dann die auf die Kugel A wirkende Kraft?
   b) Welche resultierende Kraft wirkt auf die Kugel C, wenn sie sich nach der Berührung mit A mitten zwischen A und B befindet?
6. Zwei geladene Kugeln mit gleicher Masse m sind wie in Bild 24.29 aufgestellt. Die Kugel A kann sich bewegen, während B fest bleibt.
   a) Wie hängt die elektrische Kraft F_e zwischen ihnen vom Abstand x ab?
   b) Der Zusammenhang zwischen der elektrischen Kraft F_e und dem Gewicht mg soll durch x und *l* ausgedrückt werden.
   c) Wie muß sich das Gewicht ändern, wenn bei gleicher Ladung der Abstand x auf die Hälfte zurückgehen soll?
7. Bild 24.30 stellt die Abhängigkeit der elektrischen Abstoßungskraft, die auf eine sehr kleine geladene leitende Kugel von einer großen leitenden Kugel ausgeübt wird, vom Abstand der beiden Kugeln dar. Die große Kugel hat einen Radius r = 1 cm und besitzt die 10fache Ladung der kleinen Kugel.
   a) Wie ändert sich die Kraft, wenn der Abstand von 5 cm auf 3 cm verkleinert wird?
   b) Man erkläre das Verhalten der Kraft zwischen den Abständen 2 cm und 1 cm.

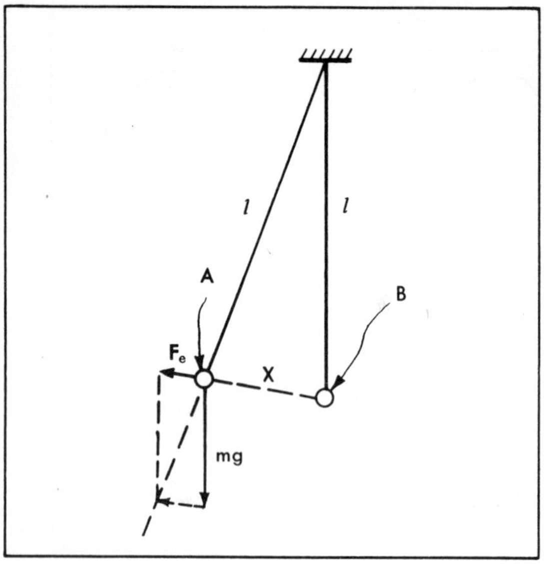

Bild 24.29. Zur Aufgabe 6

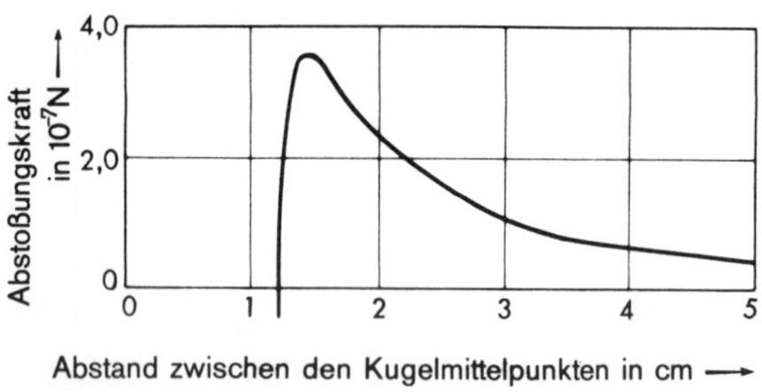

Bild 24.30. Zur Aufgabe 7

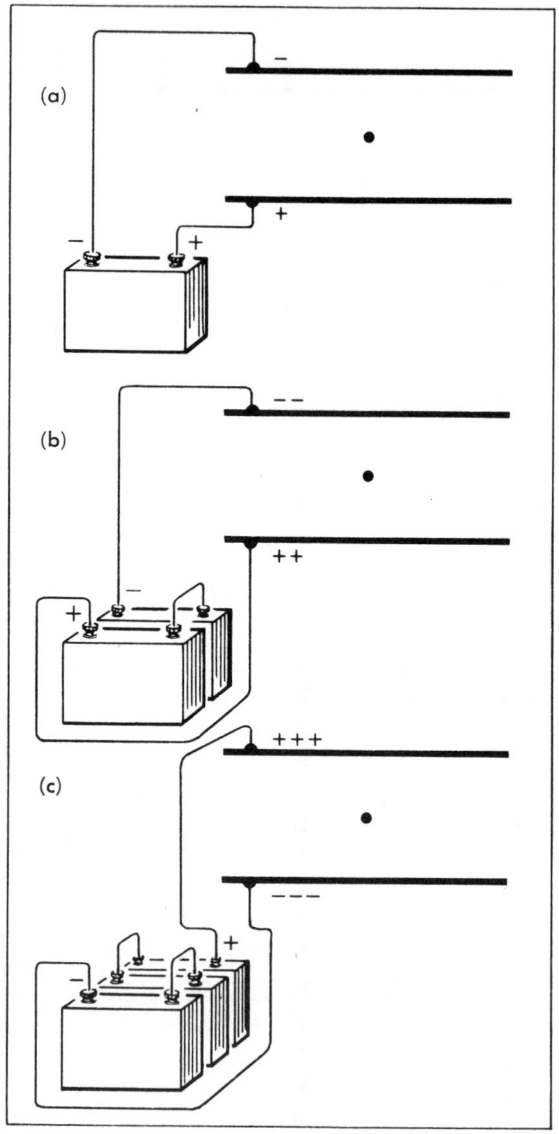

Bild 24.31. Zur Aufgabe 12

8.* Welche Kraft würde auf die bewegliche Ladung wirken, wenn die Ladung 3 in Bild 24.5 ihr Vorzeichen wechselte?

9.* Ordnen Sie die Feldlinienbilder in Bild 24.8 den Grassamen-Mustern von Bild 24.9 zu.

10.* Können elektrische Feldlinien einander schneiden?

11.* Wird ein elektrisch geladenes Teilchen, das sich frei bewegen kann, entlang einer elektrischen Feldlinie wandern?

12. Der in Bild 24.18 dargestellte Versuch soll fortgesetzt werden. Welche Kugelgeschwindigkeiten sind in den Anordnungen zu erwarten, die Bild 24.31 zeigt?

13. Die Geschwindigkeit einer Plastikkugel zwischen den Platten eines Millikan-Gerätes wird bestimmt. Sie beträgt $\frac{3}{2}$ der Geschwindigkeit, die sie allein unter Einwirkung der Gravitation erreichte. Das Gewicht der Kugel beträgt $2{,}8 \cdot 10^{-14}$ N.
   a) Wie groß ist die elektrische Kraft auf die Kugel, wenn sie sich aufwärts bewegt?
   b) Wie groß ist die Kraft F_e bei Abwärtsbewegung?

14. Es besteht ein Zusammenhang zwischen der Ladung auf zwei parallelen Platten und der Kraft, die von ihnen auf einen geladenen Körper im Zwischenraum ausgeübt wird. Ebenso besteht ein Zusammenhang zwischen der Anzahl der angeschlossenen Batterien und der Kraft auf einen geladenen Körper zwischen den Platten. Was läßt sich über einen Zusammenhang zwischen der Anzahl der Batterien und der Ladung, die von ihnen auf die Platten gebracht wird, aussagen?

15. Wie würde sich beim Millikan-Versuch eine Vergrößerung der Plastikkugeln auf ihre Endgeschwindigkeit auswirken?

16. a) Zwei ausgedehnte parallele horizontale Platten mit gleicher und entgegengesetzter Ladung werden einander gegenübergestellt. Wieviel trägt jede Platte zur gesamten Feldstärke bei?
   b) Die Kraft auf eine einzelne Elementarladung beträgt zwischen den Platten $F = 1{,}4 \cdot 10^{-14}$ N. Wie

groß ist die Kraft auf eine Elementarladung, die sich oberhalb der oberen Platte in die Nähe ihres Mittelpunktes befindet?

c) Welche Kraft übt die obere Platte (unter gleichen Bedingungen) auf jede Elementarladung der unteren Platte aus?

17.* Bei einem Millikan-Versuch betrage die Kraft auf jede Elementarladung $F = 1{,}4 \cdot 10^{-14}$ N. Wie groß wäre die Kraft, wenn der Abstand zwischen den Platten um den Faktor 10 vergrößert würde?

18. Diese Aufgabe bezieht sich auf Bild 24.22b.

a) Wie kann man, ohne die Platten zu bewegen, die Kraft auf die Elementarladung zwischen den Platten mit dem Abstand 2d so vergrößern, daß sie gleich der Kraft zwischen den Platten im Abstand d ist?

b) Die isoliert im Abstand d aufgestellten Platten werden von der Batterie gelöst. Die Ladung der Platten bleibt somit konstant. Vergrößert man dann ihren Abstand auf 3d, so zeigt sich, daß die Kraft auf die Elementarladung ungeändert bleibt. Wieviel Batterien müßte man in Serie schalten, um bei dem neuen Abstand eine unveränderte Kraft zu erhalten?

19. Man zeige, daß die elektrische Feldstärke im Mittelpunkt einer gleichmäßig geladenen halbkugelförmigen Schale vom Radius unabhängig ist, wenn die Flächenladungsdichte (Ladung pro Fläche) konstant bleibt. (Hinweis: Der Nachweis läßt sich ähnlich wie für die Ebene im Abschnitt 24.3.1 führen.)

20. Eine Hohlkugel aus nichtleitendem Material werde gleichmäßig aufgeladen, beispielsweise positiv. Durch einen ebenen Schnitt werde sie in zwei Teile A und B geteilt (Bild 24.32).

a) Welche Richtung hat die elektrische Feldstärke im Mittelpunkt der Kugel, wenn Teil A entfernt wird?

b) Welche Feldstärkenrichtung würde im Mittelpunkt vorhanden sein, wenn man stattdessen Teil B entfernte? Man vergleiche ihren Betrag mit dem Betrag der Feldstärke, die von Teil B erzeugt wurde.

c) Die positive Ladung von Teil A werde durch eine negative mit gleichem Betrag ersetzt. Wie ändert sich die Feldstärke in einem beliebigen Punkt P im Innern der Kugel verglichen mit der von B allein erzeugten?

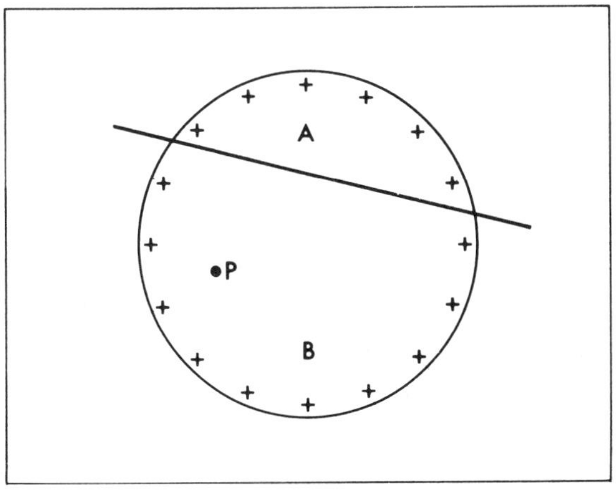

Bild 24.32. Zur Aufgabe 20

21. Nur eine einzige von mehreren gleichartigen Metallkugeln ist aufgeladen. Die geladene Kugel A erfährt die Kraft $F = 1{,}0 \cdot 10^{-4}$ N, wenn man sie mitten zwischen geladene parallele Platten setzt.

a) Man berührt die Kugel A dann mit einer der ungeladenen Kugeln B. Welche Kraft erfährt A nun zwischen den gleichen Platten?

b) Man berührt A mit einer weiteren ungeladenen Kugel C. Welche Kraft erfährt A danach?

c) Welche Kraft erfahren die Kugeln B oder C, wenn sie zwischen die Platten gesetzt werden?

22. Zwei ausgedehnte Metallplatten sind 0,10 m voneinander entfernt. Sie werden mit den Polen einer Batterie verbunden. Eine kleine geladene Kugel erfährt mitten zwischen ihnen eine elektrische Kraft $F = 3 \cdot 10^{-4}$ N. Der Abstand zwischen den Platten wird nun auf 0,15 m vergrößert, während die gleiche Batterie angeschaltet bleibt.

a) Welche Kraft wirkt jetzt auf die Kugel?

b) Welche Kraft wirkt auf die Kugel, wenn zwei weitere gleiche Batterien beim neuen Abstand in Serie hinzugeschaltet werden?

23.* Welche Abstoßungskraft wirkt zwischen zwei kleinen Kugeln, die 1,0 m voneinander entfernt sind und je einen Überschuß von 10^6 Elementarladungen tragen?

24. Eine Plastikkugel der Masse $m = 3{,}1 \cdot 10^{-15}$ kg befindet sich in einem elektrischen Feld, das auf jedes positiv geladene Teilchen mit einer Elementarladung eine aufwärtsgerichtete Kraft $F = 1{,}0 \cdot 10^{-14}$ N ausübt. Die elektrische Kraft auf die Kugel reicht gerade aus, die Gravitationskraft zu kompensieren.

a) Welchen Überschuß elektrisch geladener Teilchen trägt die Kugel?

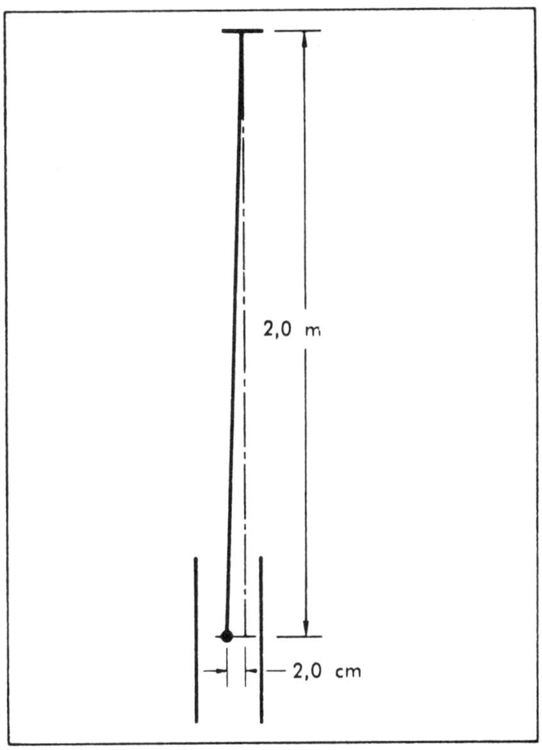

Bild 24.33. Zur Aufgabe 25

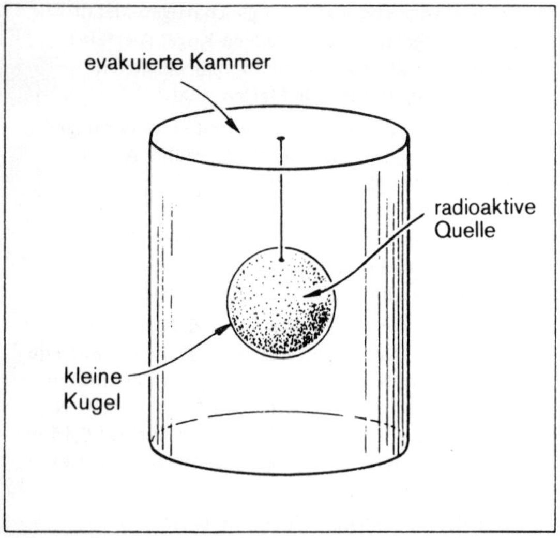

Bild 24.34. Zur Aufgabe 27

b) Jedes Molekül habe die Masse $m = 3{,}0 \cdot 10^{-26}$ kg. Wieviel Moleküle sind in der Kugel enthalten?

c) Welcher Bruchteil der Moleküle hat eine Elementarladung verloren oder gewonnen?

25. Eine Kugel der Masse $m = 4{,}5 \cdot 10^{-3}$ kg hängt an einem Faden ($l = 2{,}0$ m) zwischen zwei entgegengesetzt geladenen Platten (Bild 24.33). Im Gleichgewicht ist die Kugel um 2,0 cm aus ihrer Ruhelage entfernt.

a) Welchen Betrag hat die elektrische Kraft auf die Kugel?

b) Die elektrische Kraft, die zwischen den Platten auf eine Elementarladung wirkt, sei $F = 3{,}0 \cdot 10^{-14}$ N. Welchen Überschuß elektrischer Teilchen besitzt die Kugel?

26. Bei einem Versuch wurden zwei kleine leitende Kugeln (je $m = 0{,}12$ g) an zwei feine isolierende Fäden (Länge $l = 82$ cm) gehängt. Als gleiche Ladungen auf die beiden Kugeln gebracht wurden, trennten sie sich und kamen in einem Abstand von 10 cm (zwischen den Mittelpunkten) zur Ruhe. Welche Anzahl von Elementarladungen befand sich auf jeder der beiden Kugeln?

27. Ein dünner Film aus radioaktivem Stoff, der β-Strahlen aussendet, wird auf einer kleinen leitenden Kugel aufgetragen. Die Kugel wird an einem isolierenden Faden in eine evakuierte Kammer gehängt (Bild 24.34). Nach 50 Tagen mißt man die Ladung der Kugel und findet, daß sie $4{,}32 \cdot 10^{10}$ positive Elementarladungen beträgt. (Die Kugel wurde in der evakuierten Kammer belassen, so daß kaum Ladungen verloren gegangen sind.) In einem weiteren Versuch stellt man mit einem Geigerzähler fest, daß β-Teilchen mit einer mittleren Rate von $1{,}0 \cdot 10^4$ Teilchen pro Sekunde ausgesandt werden.

a) Welche Ladung trägt ein β-Teilchen?

b) Welche Vermutung kann man daraufhin über die β-Teilchen aufstellen?

25. Bewegung geladener Teilchen im elektrischen Feld

Dieses Kapitel handelt von der Bewegung geladener Teilchen im elektrischen Feld. Durch die Untersuchung der Bewegung läßt sich die Masse von geladenen Teilchen, insbesondere von positiven Wasserstoffionen und von Elektronen, bestimmen. Diese Teilchen spielen bei der späteren Untersuchung des Atombaus eine wichtige Rolle. Werden geladene Teilchen beschleunigt, ändert sich ihre kinetische Energie. Ihnen wird Energie zugeführt. Die Energieübertragung aus gespeicherter chemischer Energie in die Energie bewegter geladener Teilchen und in thermische Energie ist der Vorgang, durch den im folgenden Kapitel alle elektrischen Stromkreise unter einem gemeinsamen Aspekt zusammengefaßt werden können.

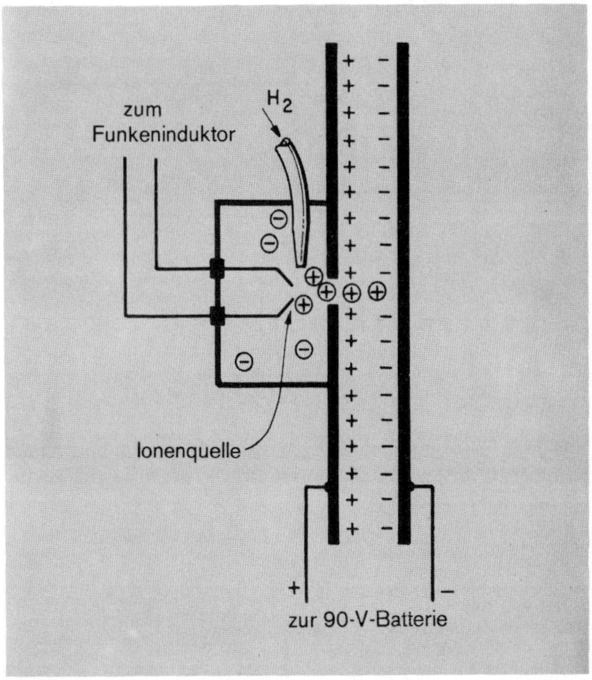

Bild 25.1. Versuchsanordnung zur Beschleunigung von Wasserstoffionen in einem elektrischen Feld. Die Ionen werden im Behälter links gebildet. Einige gelangen durch die Öffnung in den Raum zwischen den Platten. Die gesamte Anordnung ist in einer evakuierten Kammer eingeschlossen.

25.1. Bestimmung der Masse von Elektron und Proton

Die Masse eines Elektrons oder eines Protons kann experimentell bestimmt werden, wenn man das geladene Teilchen in einem homogenen elektrischen Feld bekannter Feldstärke auf einer bestimmten Strecke beschleunigt und dann seine Endgeschwindigkeit mißt. Wir setzen voraus: Bewegt sich ein Körper eine Strecke $\vec{s}$ in Richtung einer Kraft $\vec{F}$, so ist die am Körper verrichtete Arbeit $W = F s$ gleich dem Zuwachs seiner kinetischen Energie. Befindet sich der Körper anfangs in Ruhe, so ist dieser Zuwachs gleich der gesamten am Schluß vorhandenen kinetischen Energie:

$$E_k = F s = \frac{1}{2} m v^2 .$$

Kennt man die Kraft F, die Strecke s und die Endgeschwindigkeit v, so kann man daraus die Masse m berechnen.

Als Versuchsanordnung zur Beschleunigung der geladenen Teilchen wählen wir zwei parallele Metallplatten, zwischen denen bei Aufladung ein homogenes elektrisches Feld entsteht. Aus dem Abstand der Platten und der Anzahl der Normalbatterien, die man zur Aufladung in Reihe schaltet, läßt sich die Kraft berechnen, die auf jede Elementarladung wirkt. Die Versuche werden im Vakuum ausgeführt, um die Luftreibung auszuschalten, die beim Millikan-Versuch ausgenutzt wurde. Die Protonen und Elektronen sind sehr leicht, ihre Masse ist geringer als die 10^{-11} fache Masse der im Millikan-Versuch verwendeten Kugeln. Daher können wir bei diesem Versuch die Gravitationskräfte im Vergleich zu den elektrischen Kräften vernachlässigen.

Vor einem geladenen Plattenpaar wird Wasserstoff ionisiert. Einige Ionen gelangen mit vernachlässigbar kleiner Geschwindigkeit durch ein Loch in den Raum zwischen den Platten (Bild 25.1). Die elektrische Kraft im Feld zwischen den Platten beschleunigt die Ionen auf ihrem Weg von einer Platte zur anderen. Dabei erreichen sie die kinetische Energie $E_k = \frac{1}{2} m v^2$. In der rechten Platte befindet sich eine kleine Öffnung, durch die einige Ionen in eine 50 cm lange Kammer gelangen (Bild 25.2), deren Wände aus leitendem Material bestehen. Da im Innern der Kammer keine Kräfte auf die Ionen wirken, bewegen sie sich, ohne ihre Geschwindigkeit zu ändern, durch die gesamte Länge hindurch. Dazu brauchen sie nur wenige Mikrosekunden (wenige 10^{-6} s). Obwohl dieses Zeitintervall sehr klein ist, kann man es mit einem besonderen Zeitmesser exakt messen. Daraus ergibt sich ein genauer Wert für die Geschwindigkeit v eines Ions.

Das Verfahren der Zeitmessung wird im Abschnitt 25.1.1 an einem Versuch erläutert. Will man die Zeit messen, in der die Ionen von einer Seite der Kammer zur anderen gelangen, so muß man den Zeitpunkt registrieren, in dem ein bestimmtes Ion einen Punkt auf der linken Seite passiert. Danach muß man den Zeitpunkt feststellen, in dem das gleiche Ion auf der rechten Seite ankommt. Um die Eintrittszeit zu markieren, stellt man in die Nähe der Eintrittsöffnung ein Paar kleiner Ablenkplatten (Bild 25.3). Mit ihnen kann man die Richtung des Ionenstrahls beeinflussen. Lädt

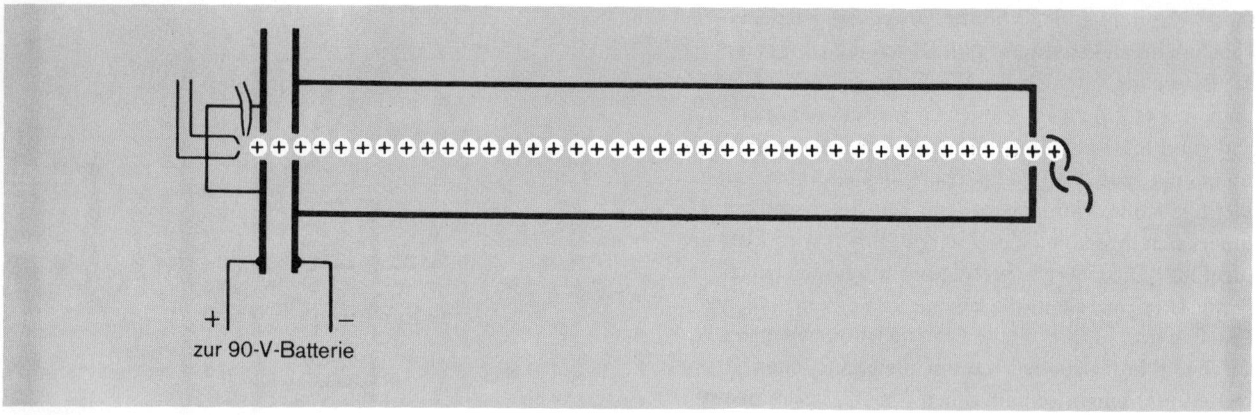

Bild 25.2. Zur Bestimmung der Masse der Wasserstoffionen bohrt man ein Loch in die rechte Platte, durch das einige Ionen in eine lange Kammer (rechts) eintreten können. Dort bewegen sie sich kräftefrei weiter.

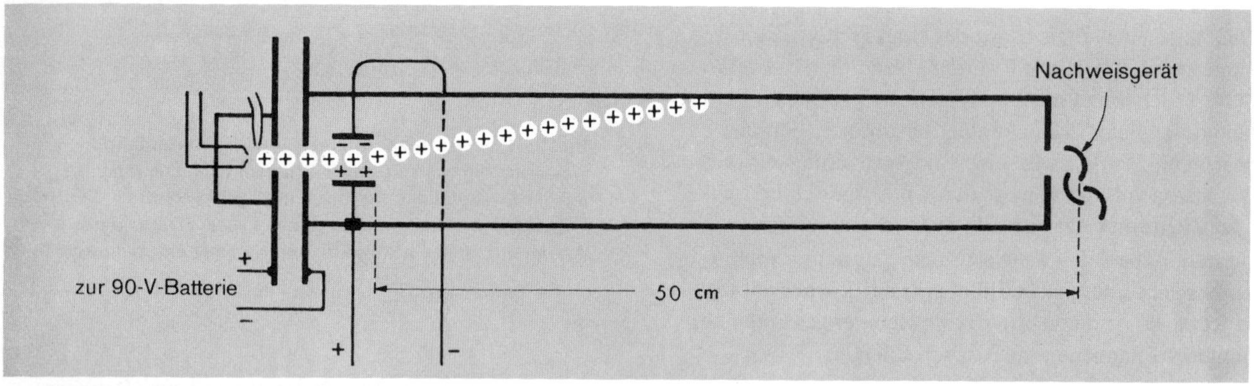

Bild 25.3. Werden die Ablenkplatten aufgeladen, so lenkt die elektrische Kraft den Ionenstrahl nach einer Seite ab. Sind die Platten ungeladen, so gehen die Ionen ohne Ablenkung hindurch und treffen auf das Nachweisgerät (wie in Bild 25.2).

man die Ablenkplatten auf, so wirkt auf die Wasserstoffionen eine elektrische Querkraft, die sie aus ihrer normalen Bahn ablenkt. Entlädt man sie dann kurzzeitig, so bewegen sich die in dieser Zeit eintretenden Ionen entlang der Achse der Kammer. Die am Ende der Kammer durch die Öffnung austretenden Ionen haben den 50 cm langen Weg in der Zeit zurückgelegt, die seit der Entladung der Ablenkplatten verstrichen ist. Das Auftreffen dieser Ionen wird durch einen Detektor nachgewiesen, der unmittelbar außen vor die Öffnung gesetzt wird.

Das Zeitintervall zwischen der Entladung der Ablenkplatten und dem Auftreffen der Ionen im Detektor messen wir mit einem Oszillographen. Man verbindet seine vertikalen Ablenkplatten mit denen in der Kammer (Bild 25.4). Entlädt man die Ablenkplatten in der langen Kammer, so wird die Entladezeit durch eine Spitze in der Kurve auf dem Bildschirm des Oszillographen markiert. Der Detektor am Ausgang der Kammer wird ebenfalls an die Vertikalplatten des Oszillographen angeschlossen. (Man kann die gleichen Verbindungen nehmen.) Trifft der Ionenstrahl auf den Detektor, so erscheint eine zweite Spitze auf dem Oszillographenschirm (Bild 25.5). Die beiden Spitzen treten an verschiedenen Stellen des Schirms auf, da sie zu verschiedenen Zeiten entstehen. In der Zwischenzeit hat die Zeitablenkung des Oszillographen den Elektronenstrahl horizontal über den Schirm geführt. Der Elektronenstrahl legt den Abstand zwischen den beiden Spitzen in der gleichen Zeit zurück, in der die Wasserstoffionen die Strecke von 50 cm in der Kammer durchlaufen. Die gleiche Überlegung gilt für den einfachen Versuch, der in Abschnitt 25.1.1 beschrieben wird.

In einem modernen Oszillographen kann die Zeitablenkung den Elektronenstrahl in einigen Hundertsteln

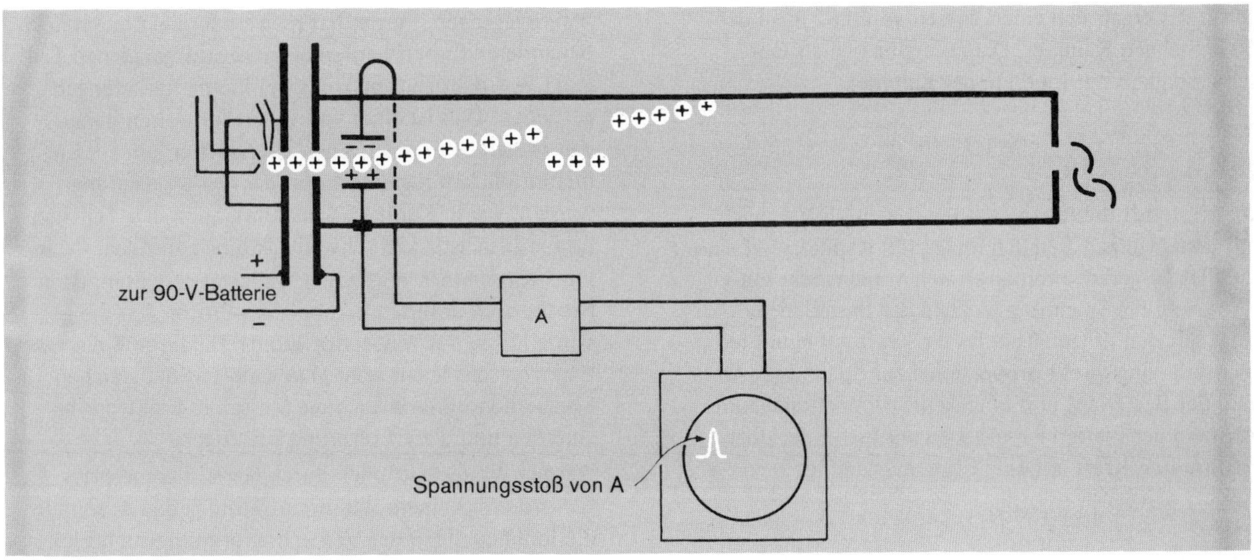

Bild 25.4. Entlädt man die Platten für einen kurzen Moment, so geht ein kurzer Ionenstromstoß durch die Kammer zum Nachweisgerät. Die Entladung wird durch eine Spitze in der Kurve auf dem Oszillographenschirm angezeigt. Diese markiert den Zeitpunkt, in dem der Ionenstromstoß beginnt.

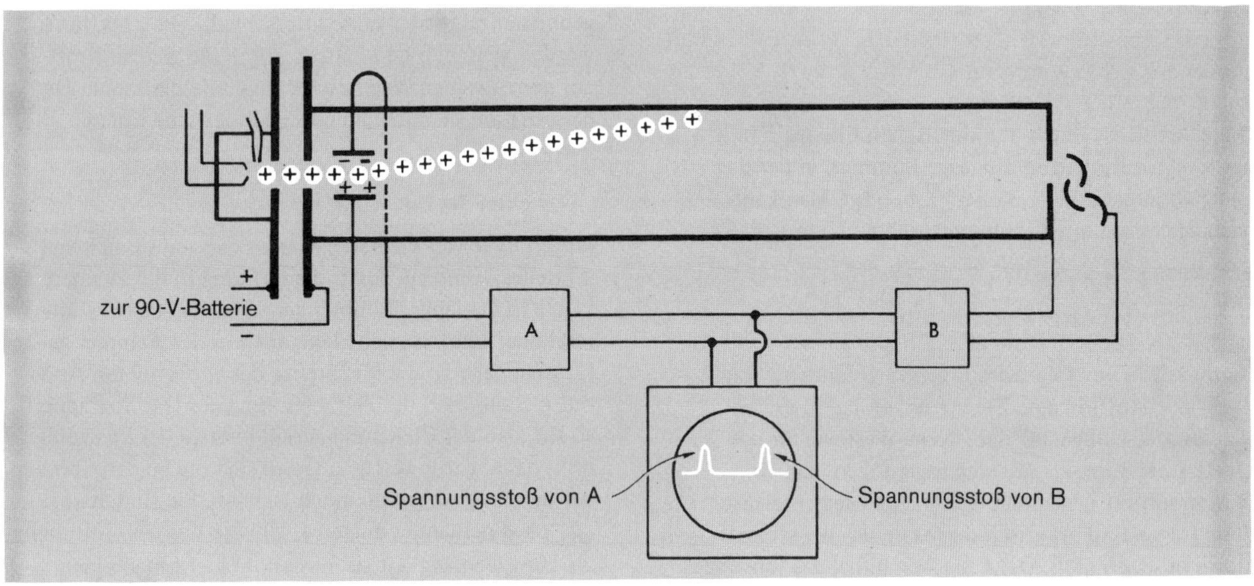

Bild 25.5. Trifft der Ionenstromstoß auf das Nachweisgerät, so erscheint ein zweiter Pik auf dem Oszillographenschirm. Der Abstand zwischen beiden Piks ist ein Maß für die Zeit, die die Ionen zum Durchfliegen der Kammer benötigt haben.

einer Mikrosekunde (in einigen 10^{-8} s) horizontal über den Schirm gehen lassen. Um die Geschwindigkeit der Ionen durch Laufzeitmessung zu bestimmen, stellen wir die Zeitablenkung so ein, daß der Elektronenstrahl einmal in 5 μs von links nach rechts über den Schirm läuft. Dann sind die beiden Spitzen auf dem Schirm gut voneinander getrennt. Mißt man ihren Abstand, so mißt man dadurch die Laufzeit der Ionen durch die lange Kammer. Das ist das Zeitintervall von dem Zeitpunkt, in dem der Ionenstrahl zwischen das Ablenkplattenpaar gelangt, bis zu dem Zeitpunkt des Auftreffens im Detektor. Die Laufzeit läßt sich mit einer Genauigkeit von etwa $\frac{1}{100}$ μs (von etwa 10^{-8} s) bestimmen. Bei einem Versuch mit Wasserstoffionen wurde an die Platten des Beschleunigungsfeldes bei einem Abstand von 9,3 mm eine Spannung von 90 V gelegt. Es ergab sich eine Laufzeit von 3,82 μs in der 50 cm langen Kammer. Daraus ergibt sich als Geschwindigkeit der Ionen in der Kammer

$$v = \frac{50\ \text{cm}}{3{,}82 \cdot 10^{-6}\ \text{s}} = 1{,}3 \cdot 10^5\ \frac{\text{m}}{\text{s}}\ .$$

Die Kraft auf die Ionen erhalten wir durch Vergleich mit dem Millikan-Versuch im letzten Kapitel. Hier sind die Platten gerade dreimal so weit voneinander entfernt, und die Spannung (Anzahl der Batterien) beträgt nur den dritten Teil. Da die Kraft auf eine Elementarladung direkt proportional zur Spannung (Anzahl der Batterien) und umgekehrt proportional zum Abstand der Platten ist, erhalten wir hier $\frac{1}{9}$ der dort bestimmten Kraft auf eine Elementarladung:

$$F = \frac{1}{9} \cdot 1{,}4 \cdot 10^{-14}\ \text{N}.$$

Diese Kraft wirkt auf jedes Ion zwischen den Platten, wenn wir annehmen, daß es gerade eine Elementarladung e trägt. Bewegt sich das Ion von der einen Platte zur anderen, so legt es den Weg $s = 9{,}3 \cdot 10^{-3}$ m in Richtung der Kraft zurück. Daraus ergibt sich als verrichtete Arbeit

$$F\,s = \frac{1}{9} \cdot 1{,}4 \cdot 10^{-14}\ \text{N} \cdot 9{,}3 \cdot 10^{-3}\ \text{m}$$
$$= 1{,}4 \cdot 10^{-17}\ \text{J}.$$

Diese Arbeit ist gleich der kinetischen Energie $\frac{1}{2}\,m\,v^2$ des Ions bei Eintritt in die lange Kammer, in der die Geschwindigkeit $v = 1{,}3 \cdot 10^5\ \frac{\text{m}}{\text{s}}$ beträgt. Man kann nach der Masse m auflösen und erhält

$$m = \frac{2 \cdot 1{,}4 \cdot 10^{-17}\ \text{J}}{(1{,}3 \cdot 10^5\ \frac{\text{m}}{\text{s}})^2} = 1{,}7 \cdot 10^{-27}\ \text{kg}.$$

Damit haben wir folgendes Ergebnis gefunden: Trägt das Wasserstoffion eine Elementarladung, so ergibt sich als Masse ungefähr der gleiche Wert wie für das Wasserstoffatom. Es läßt sich sogar sagen, daß ein Wasserstoffion tatsächlich genau eine Elementarladung tragen und praktisch die Masse des Wasserstoffatoms besitzen muß. Denn die Annahme, das Ion trage mehr als eine Elementarladung, führt zu einem unsinnigen Ergebnis. Würde ein Ion z.B. zwei Elementarladungen tragen, so ergäbe sich die doppelte Kraft und damit der doppelte Wert für die kinetische Energie $\frac{1}{2}\,m\,v^2$. Da die Geschwindigkeit v gemessen wurde, müßte die Masse m den doppelten Wert haben. Ein solches Wasserstoffion hätte damit aber die doppelte Masse des Atoms, von dem es ein Teil ist. Und diese sehr unwahrscheinliche Folgerung widerlegt die Annahme.

Es haben sich schon Hinweise darauf ergeben, daß Elektronen kleine Bausteine sind, die in allen Atomen vorkommen. Vermutlich ist ein Wasserstoffion durch Abgabe eines Elektrons aus einem Wasserstoffatom hervorgegangen. Ferner hat man weder bei diesem noch bei anderen Experimenten einen positiv geladenen Teil eines Wasserstoffatoms mit zwei Elementarladungen gefunden. Dies ist einer von vielen Hinweisen darauf, daß es sich beim positiven Wasserstoffion um ein Elementarteilchen handelt. Es ist das *Proton.* Protonen werden, wie in Kapitel 24 erwähnt, auch in α-Teilchen und in Bruchstücken schwerer Atome gefunden.

Wird Wasserstoff in geladene Teilchen gespalten, dann besitzt nach unserem Ergebnis das Proton fast die gesamte Masse des Wasserstoffatoms. Daher muß das Elektron sehr leicht sein. Man kann mit der gleichen Versuchsanordnung auch die Masse des Elektrons bestimmen und diese Folgerung bestätigen.

Werden Wasserstoffionen durch Herausnahme eines Elektrons aus einem Wasserstoffatom gebildet, so muß die Ionenquelle in der Versuchsanordnung auch Elektronen liefern. Dazu wird die Batterie umgepolt, dann werden die Elektronen beschleunigt, die durch die Öffnung der linken Platte in das elektrische Feld gelangen. Die Wasserstoffionen dagegen werden abgestoßen. (Man könnte aber auch die aus einem Glühdraht emittierten Elektronen verwenden. In den Ergebnissen zeigt sich kein Unterschied.) Die Elektronen werden zwischen den Platten durch die gleiche Kraft auf dem gleichen Weg beschleunigt wie die Ionen. Daher erhalten sie auch die gleiche kinetische Energie $\frac{1}{2}\,m\,v^2$:

$$\frac{1}{2}\,m\,v^2 = 1{,}4 \cdot 10^{-17}\ \text{J}.$$

Wegen ihrer viel kleineren Masse bewegen sie sich viel schneller, wenn sie durch die Öffnung in der zweiten Platte in die lange Kammer gelangen. Bei der Bestimmung der Laufzeit der Elektronen in der Kammer gerät man nahe an die Meßgrenze der verwendeten Apparatur. Stellt man die Zeitablenkung des Oszillographen so ein, daß der Elektronenstrahl in etwa 0,12 μs von links nach rechts läuft, so lassen sich die beiden Spitzen auf dem Schirm gerade noch trennen. Sie sind etwa $\frac{9}{100}$ μs voneinander entfernt. Um die Laufzeit mit mehr als 10 % Genauigkeit zu messen, braucht man einen ungewöhnlich schnellen Oszillographen und sehr scharfe Spitzen. Nimmt man 0,09 μs als ersten Näherungswert, so ergibt sich eine Geschwindigkeit von etwa $5{,}6 \cdot 10^6\ \frac{\text{m}}{\text{s}}$. Daraus erhält man durch die gleiche Rechnung wie beim positiven Ion für das Elektron eine Masse von etwa $0{,}9 \cdot 10^{-30}$ kg. Genaue Messungen liefern für die Masse des Elektrons den Wert $0{,}911 \cdot 10^{-30}$ kg, das ist etwa $\frac{1}{2000}$ der Masse eines Wasserstoffatoms [1]).

---

[1]) Mit modernen schnellen Oszillographen und Verstärkern lassen sich Zeitintervalle bis etwa 10^{-9} s messen. Daher läßt sich mit der beschriebenen Versuchsanordnung eine Genauigkeit von etwa 1 % erreichen. Früher wurden Präzisionsmessungen mit anderen Anordnungen ausgeführt, auf die später noch eingegangen wird.

Bei der Bestimmung der Masse der Ionen lassen sich Einzelheiten des Experiments verändern. Man kann die elektrische Kraft zwischen den Platten und den Abstand zwischen ihnen variieren. Dadurch ergeben sich andere Werte für die kinetische Energie $\frac{1}{2}$ m v^2. Doch erhält man stets die gleiche Masse m. Man kann auch ganz andere Anordnungen zur Massenbestimmung verwenden. (Eine solche wird in Kapitel 28 beschrieben.) Die Ergebnisse sind die gleichen. So wurde die Masse vieler Ionen außerordentlich gut bestimmt, und daraus ergaben sich genaue Werte für die Masse der Atome.

Die eben beschriebenen Experimente sagen etwas über zwei der Grundbausteine des Atoms aus, über das Proton und das Elektron. Bei der Deutung der Versuche verwendeten wir selbstverständlich die bekannten mechanischen Gesetze und Beziehungen. Aus der Tatsache, daß die Ergebnisse vernünftig und widerspruchsfrei sind, läßt sich folgern, daß die Mechanik auch auf diesen Bereich anwendbar ist, also einen sehr weiten Bereich überdeckt. Sie liefert eine korrekte Beschreibung für die Bewegung großer Körper über weite Entfernungen, etwa für die Bewegung der Planeten im Sonnensystem. Sie ist anwendbar auf die Körper in unserer täglichen Umwelt. Schließlich beschreibt sie die Bewegung kleiner Teilchen wie der Elektronen, die sich mit großer Geschwindigkeit über kleine Strecken bewegen. Folglich scheint es vernünftig zu sein, die gleiche Mechanik und die gleichen Kräfte auch auf die Elektronen innerhalb des Atoms anzuwenden. Insbesondere läßt sich ein Modell vom Wasserstoffatom entwerfen, in dem ein einzelnes Elektron um ein relativ massives Proton unter dem Einfluß elektrostatischer Kraft kreist. Die elektrische Anziehungskraft ist wie die Gravitationskraft reziprok-quadratisch abhängig vom Abstand. Man kann es mit der Sonne und einem Planeten vergleichen und spricht daher vom *Planetenmodell des Atoms.* Nach dem Planetenmodell des Wasserstoffatoms bewegt sich das Elektron auf einer elliptischen Bahn um das Proton wie ein Planet um die Sonne. Im nächsten Kapitel wird gezeigt, auf welche Schwierigkeiten das Planetenmodell führt. Aber es beschreibt recht gut in erster Näherung das Verhalten des Atoms. Seit *Rutherford* es 1911 einführte, hat es eine fundamentale Rolle bei dem Bemühen, den inneren Aufbau von Atomen zu verstehen, gespielt.

25.1.1. Bestimmung der Geschwindigkeit durch Laufzeitmessung

Der Grundgedanke des beschriebenen Versuchs wird verdeutlicht durch einen einfachen Versuch, mit dem die Geschwindigkeit einer Metallkugel bestimmt werden kann. Die Kugel rollt gleichförmig eine Rinne entlang (Bild 25.6). An zwei Punkten der Bahn sind Kontakte an den Seiten der Rinne angebracht. Dort schließt die vorbeirollende Kugel einen Stromkreis. Wenn die Kugel den ersten Kontakt durchläuft, dann fließt für eine kurze Zeit ein Strom von einer Batterie im Kasten A durch die Kugel hindurch. Ausgelöst durch diesen Stromstoß gibt der Kasten A einen Spannungsstoß an den Oszillographen, so daß auf dem Schirm eine Spitze gezeichnet wird. Die Lage der Spitze kennzeichnet den Zeitpunkt, in dem die Kugel den ersten Kontakt passiert hat.

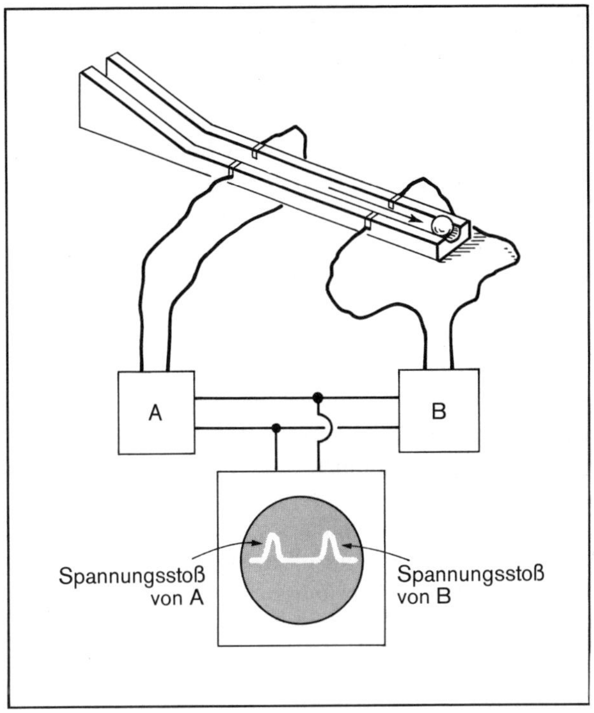

Bild 25.6

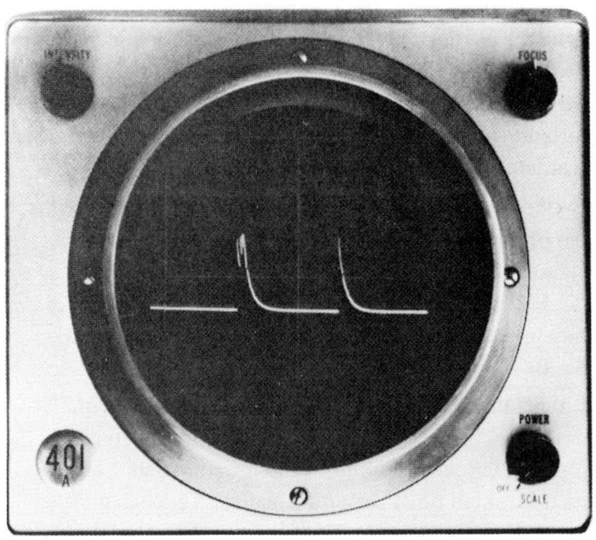

Bild 25.7

Während die Kugel vom ersten Kontakt zum zweiten weiterrollt, schreibt die Zeitablenkung des Oszillographen die Kurve von links nach rechts. Berührt die Kugel den zweiten Kontakt, dann zeichnet eine gleiche Einrichtung in Kasten B eine zweite Spitze auf dem Schirm. Ihre Lage entspricht dem Zeitpunkt, in dem die Kugel den zweiten Kontakt passiert. Der Abstand zwischen den beiden Spitzen ist ein Maß für das Zeitintervall, in dem die Kugel den Weg zwischen dem ersten und dem zweiten Kontakt in der Rinne durchlaufen hat. Bild 25.7 zeigt das Schirmbild eines Oszillographen bei einem Meßversuch. Die Zeitablenkung bewegte den Elektronenstrahl gleichförmig in einer Sekunde von der linken Grenze des Gitternetzes bis zur rechten. Daraus erhält man durch einfache Proportion, daß dem Abstand zwischen den Spitzen eine Zeitdauer von 0,38 s entspricht. In dieser Zeit bewegte sich die Kugel 24 cm vom ersten zum zweiten Kontakt. Demnach betrug ihre Geschwindigkeit 0,63 $\frac{m}{s}$. ●

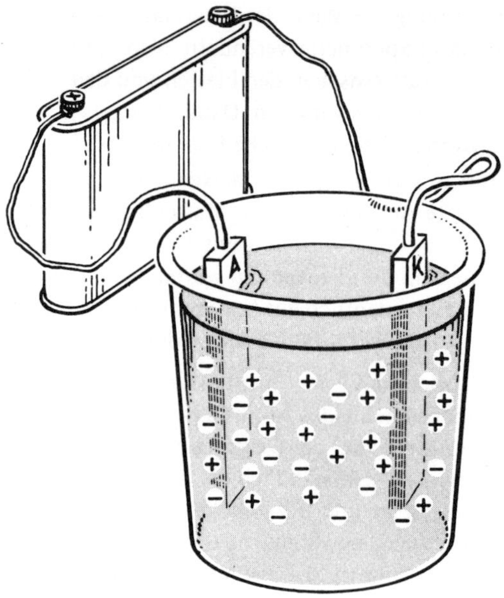

Bild 25.8. Eine elektrolytische Zelle ist in Reihe mit einer Batterie geschaltet. Der Strom in der Zelle wird von positiven Ionen, die sich von A nach K bewegen, und von negativen Ionen mit umgekehrter Bewegungsrichtung gebildet.

25.2. Elektrischer Strom

Bei den Versuchen des letzten Abschnitts wurde mit Strahlen gearbeitet, die von Protonen oder Elektronen gebildet werden. Bei diesen Strahlen handelt es sich um elektrische Ströme. Will man die Stärke dieser Ströme angeben, so bietet sich die Zahl der Elementarladungen an, die in einer Sekunde transportiert werden.

Lenkt man einen Strahl positiv geladener Teilchen in ein Metallgefäß, so lädt es sich mit der Zeit immer stärker positiv auf. Aus diesem Grunde sagt man, daß die Richtung dieses elektrischen Stroms in das Gefäß hinein weist. Der Strom hat die gleiche Richtung wie die Bewegung der positiv geladenen Teilchen.

Ein Strahl negativ geladener Teilchen bildet ebenfalls einen elektrischen Strom. Fangen wir ihn in einem Metallgefäß auf, so nimmt dessen Ladung ab. Läßt man Strahlen positiver und negativer Teilchen gleichzeitig auftreffen, so neutralisieren sie sich. Trifft in einer Sekunde die gleiche Anzahl von positiv und negativ geladenen Teilchen auf das Gefäß, so ändert sich seine Ladung nicht. Es gibt keinen Strom in Richtung auf das Gefäß. Obwohl sich der Strahl negativ geladener Teilchen auf das Gefäß zu bewegt, bildet er einen elektrischen Strom vom Gefäß fort. Er leert das Gefäß genau so schnell von positiver Ladung, wie der Strahl positiver Teilchen es füllt. Mit anderen Worten: Ein Strahl aus negativ geladenen Teilchen bildet einen elektrischen Strom, dessen Richtung entgegengesetzt zur Bewegungsrichtung der Teilchen ist.

Ein elektrischer Strom kann durch die Bewegung positiv wie auch negativ geladener Teilchen gebildet werden. Die Gesamtstromstärke kann durch die Anzahl der in einer Sekunde passierenden Elementarladungen angegeben werden. Zur Anzahl der positiven Elementarladungen, deren Träger sich in Richtung des Stroms bewegen, muß die Anzahl der negativen Elementarladungen, deren Träger sich entgegengesetzt bewegen, addiert werden.

Ein Beispiel für einen elektrischen Strom, der aus entgegengerichtet bewegten Teilchen unterschiedlicher Ladungsvorzeichen gebildet wird, ist schon bekannt. In einer elektrolytischen Zelle, wie sie Bild 25.8 zeigt, bewegen sich Ionen in beiden Richtungen. Die von der Anode A zur Kathode K bewegten positiven Ionen bilden einen elektrischen Strom in Richtung auf K. Zum Strom tragen aber auch die negativen Ionen bei, die sich in der entgegengesetzten Richtung bewegen.

Der elektrische Strom ist aber nicht auf die elektrolytische Zelle beschränkt. Er fließt durch den Zuleitungsdraht vom positiven Pol der Batterie zur Anode A, und er verläßt die Zelle an der Kathode K durch den Draht zum negativen Pol. In jedem dieser Drähte handelt es sich bei den bewegten geladenen Teilchen um Elektronen. Diese negativ geladenen Teilchen bewegen sich in der zum Strom entgegengesetzten Richtung. Zum Beispiel gehen sie von A zum positiven Pol und bewirken dabei effektiv einen Transport positiver Ladung vom Pol nach A. Betrachtet man den ganzen Kreis, so erkennt man: *Der elektrische Strom fließt im äußeren Kreis vom positiven zum negativen Pol der Batterie.* Innerhalb der Batterie fließt der Strom

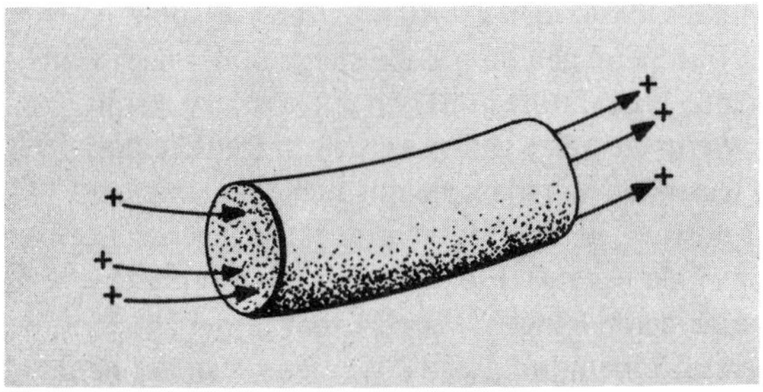

Bild 25.9a. Stimmt die Anzahl der Elementarladungen, die in den Abschnitt des Stromkreises eintritt, mit der Anzahl der an der anderen Seite austretenden Elementarladungen überein, so erhöht sich die Ladung dieses Abschnittes nicht.

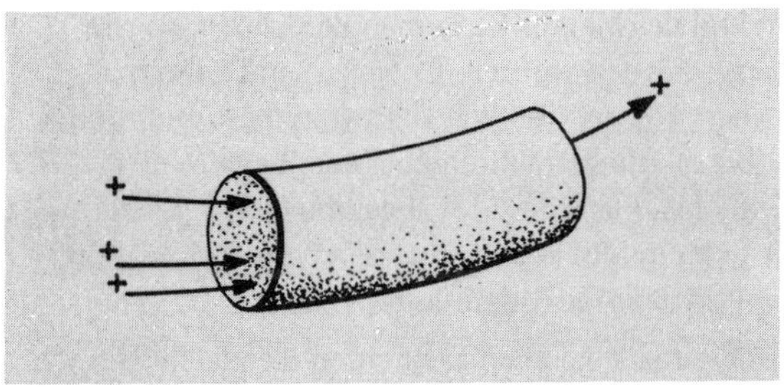

Bild 25.9b. Treten mehr Elementarladungen ein als auf der anderen Seite herauskommen, so erhöht sich die Ladung des Abschnittes. Daher läßt sich aus der Beobachtung, daß keine Aufladung stattfindet, schließen, daß die Stromstärke am Anfang des Abschnittes gleich der Stromstärke am Ende ist.

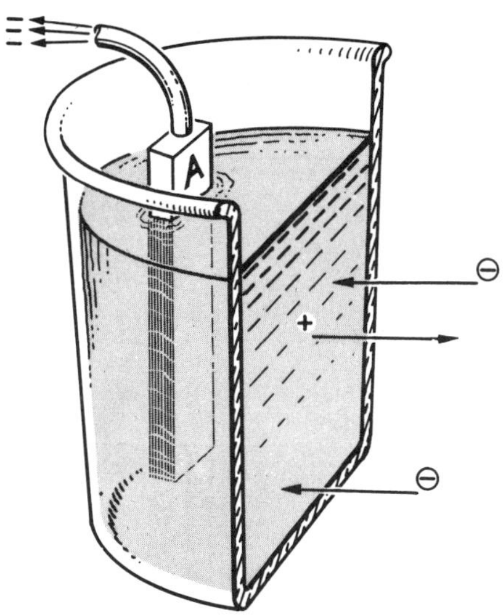

Bild 25.9c. Im gezeichneten Ausschnitt eines Stromkreises fließen Elektronen durch den Draht und Ionen durch die elektrolytische Zelle. Da sich die Ladung nicht erhöht, muß die Summe der positiven und negativen Ionen, die sich durch die Querschnittsfläche der Zelle bewegen, gleich der Anzahl der Elektronen sein, die in der gleichen Zeit durch den Querschnitt des Drahtes hindurchgehen.

dagegen vom negativen zum positiven Pol. Die Batterie bewegt gegen die elektrischen Kräfte weitere positiv geladenen Teilchen zum positiven Pol und negativ geladene zum negativen Pol. Die dazu erforderliche Energie wird von chemischen Prozessen geliefert.

Die Stromstärke oder die Gesamtzahl der in einer Sekunde hindurchtretenden Elementarladungen ist in allen Punkten des Stromkreises gleich groß. Das muß so sein, da bei einem gleichmäßigen Fließen des Stroms sich keine Ladung an irgendeiner Stelle des Kreises anhäuft. Für jeden Teilbereich muß gelten, daß die gleiche Anzahl von Elementarladungen auf der einen Seite hineingeht und auf der anderen herauskommt (Bild 25.9).

Man kann einen elektrischen Gleichstrom nicht durch Beobachtung der Ladungsänderung messen. Aber man könnte sich einen Beobachter vorstellen, der an einer bestimmten Stelle des Stromkreises die sich vorbeibewegenden Elementarladungen zählt. Würde er irgendwo im Draht die Ladungen beobachten, so würde er in der Sekunde n Elektronen, also n negative Elementarladungen zählen. Würde er eine Stelle in der elektrolytischen Zelle wählen, so zählte er in der Sekunde die gleiche Anzahl von Elementarladungen. Aber er müßte die negativen, die sich in der einen Richtung bewegen, und die entgegengerichtet bewegten positiven zählen. Die beiden Zahlen müßte er addieren, um die gesamte Stromstärke zu erhalten (Bilder 25.9 und 25.10). Im nächsten Abschnitt wird gezeigt, wie die Stromstärke eines Gleichstroms wirklich gemessen werden kann.

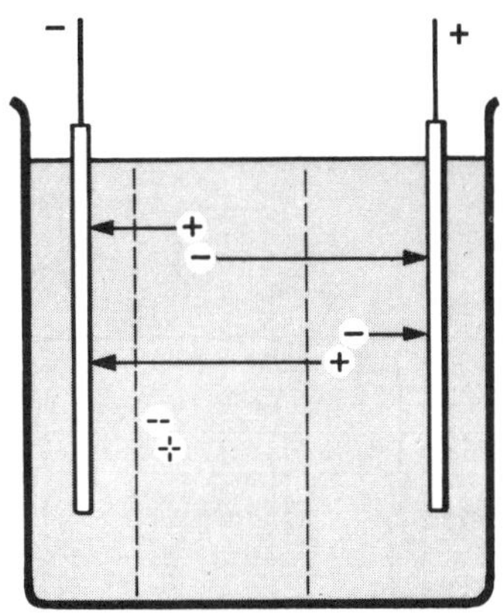

Bild 25.10. Von jedem Ionenpaar, das in der Zelle gebildet wird, bewegt sich das negative Ion zur positiven Elektrode und das positive Ion zur negativen Elektrode. (Die gezeichneten Pfeile deuten diese Bewegung an.) Zählt man die Pfeile, die durch eine beliebige Querschnittsfläche (gestrichelt gezeichnet) hindurchgehen, so findet man: Die Gesamtzahlen der positiven und der negativen Ionen, die durch eine Grenzfläche zwischen den Elektroden hindurchwandern, sind gleich groß.

25.3. Messung der Stromstärke durch Elektrolyse

Den Beobachter, der hindurchgehende Elementarladungen sehen und zählen könnte, gibt es in Wirklichkeit nicht. Aber es lassen sich unter bestimmten Bedingungen gleichwertige Beobachtungen machen. Beispielsweise konnten wir bereits Elektronen eines schwachen Elektronenstrahls zählen. In diesem Abschnitt soll ein Verfahren beschrieben werden, wie man die Anzahl der Elementarladungen aus der Stoffabscheidung durch Ionen aus Lösungen erhält.

Dazu schaltet man mehrere elektrolytische Zellen mit einer Batterie in Reihe (Bild 25.11). In dieser Anordnung fließt die gleiche Ladung durch jede der Zellen. Die Zellen enthalten Lösungen verschiedener Metallsalze, etwa Silbernitrat oder Kupfersulfat. Die Elektroden bestehen aus Platin oder Kohle, so daß an diesen keine chemische Reaktion mit den Lösungen stattfindet. Eine Zelle enthält eine stark verdünnte Säure, z.B. Salzsäure (HCl), bei deren Molekülen Wasserstoff die Stelle eines Metalls einnimmt. Eine weitere Zelle enthält Aluminium in der Verbindung Al_2O_3. Die elektrolytischen Zellen für Kupfer-, Silber- und Wasserstoffionen haben die gewohnte einfache Form. Die Zelle für Aluminiumionen unterscheidet sich von ihnen. Aluminiumoxid (Al_2O_3) ist gelöst in geschmolzenem Kryolith, und das Aluminium, das zur negativen Elektrode wandert, ist ebenfalls flüssig. Diese Form der Zelle wird zur Gewinnung von Aluminium praktisch verwendet.

Bewegen sich Ionen durch die Lösungen, dann überziehen sich die negativen Elektroden mit einer Schicht des Metalls, das in den gelösten Salzen enthalten ist. In der mit Säure gefüllten Zelle steigt an der negativen Elektrode Wasserstoff in Blasen auf. Daran erkennt man: Wenn die Salze gelöst werden, tragen die positiven Ionen die Metallatome mit sich oder sind vielleicht positiv geladene Metallatome. Gelangen diese Ionen an die negative Elektrode, so bleiben die Metallatome daran hängen. Man erkennt ferner: Die Wasserstoffionen sind positiv. Werden sie an der negativen Elektrode neutralisiert, dann steigt Wasserstoffgas auf.

Wiegt man die Eletroden vor und nach dem Hindurchfließen eines elektrischen Stroms, so kann man die Masse des Metalls bestimmen, das in jeder Zelle abgeschieden wurde. Aus diesem Wert und der Masse von einem Mol des Metalls kann man berechnen, wieviel Mol abgeschieden wurden. Entsprechend kann man feststellen, wieviel Mol Wasserstoff aufgestiegen sind. Diese Berechnungen führen zu einem bemerkenswerten Ergebnis. Für jedes Mol abgeschiedenen Silbers ergibt sich ein Mol Wasserstoff, ein halbes Mol Kupfer und ein drittel Mol Aluminium.

Ein Mol enthält bei allen Elementen die gleiche Anzahl von Atomen. Daraus ergibt sich: Die von einem Silberion getragene Ladung ist gleich der von einem Wasserstoffion. Die Ladung eines Kupferions ist doppelt so groß, die von einem Aluminiumion getragene Ladung ist dreimal so groß wie die eines Silberions. Allgemein findet man, daß die Ladungen aller Ionen in den Lösungen kleine ganzzahlige Vielfache einer Einheitsladung sind. Die Einheitsladung trägt

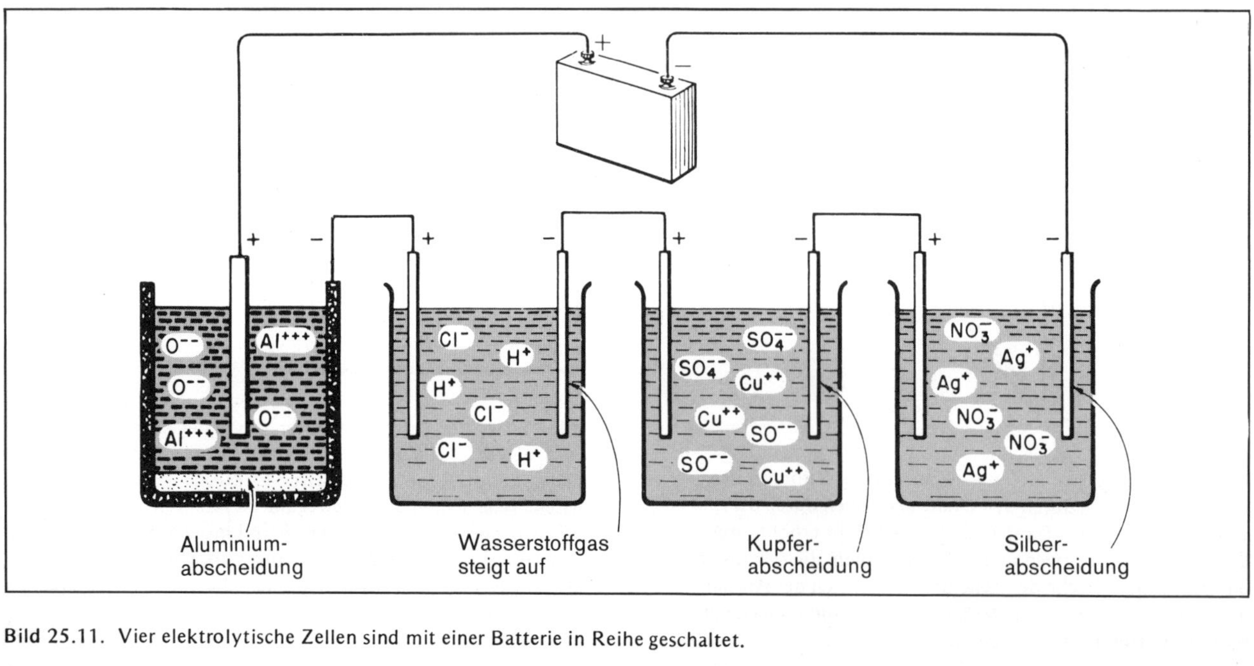

Bild 25.11. Vier elektrolytische Zellen sind mit einer Batterie in Reihe geschaltet.

ein Silber- oder ein Wasserstoffion. Diese große Entdeckung machte *Michael Faraday* 1833. Sie gab den ersten zwingenden Hinweis auf die Existenz einer Elementarladung.

Die kleinste Ladung, die ein Ion in elektrolytischen Lösungen tragen kann, ist die Ladung des Silber- oder des Wasserstoffions. Sie muß gleich der Elementarladung sein, die sich aus dem Millikan-Versuch (Abschnitt 24.5) ergeben hat. Dafür lassen sich viele Gründe angeben. Ein Beispiel: Bewegt sich ein Wasserstoffion in einer Lösung zur negativen Elektrode, so wird es durch ein Elektron vom Platin neutralisiert. Dann bilden sich aus den neutralen Wasserstoffatomen Wasserstoffmoleküle, die an der negativen Elektrode in Gasblasen aufsteigen. Da das Platin ganz normale Elektronen liefert – es gibt keine anderen – und da das abgeschiedene Wasserstoffgas sich in keiner Weise von anderem Wasserstoffgas unterscheidet, muß es sich bei den Wasserstoffionen in der elektrolytischen Lösung um die gleichen Wasserstoffionen handeln, deren Masse in Abschnitt 25.1 bestimmt wurde. Wie die dort untersuchten Ionen müssen die elektrolytischen Ionen genau eine positive Elementarladung tragen. Diese kann durch die negative Elementarladung eines Elektrons neutralisiert werden.

An der anderen Elektrode der Zelle werden negative Ionen neutralisiert und dadurch neutrale Gasmoleküle gebildet. Die negativen Ionen verlieren ihre negative Ladung, indem sie Elektronen an die positive Elektrode abgeben. Diese Elektronen fließen dann durch den Draht zum positiven Pol der Batterie.

Allgemein läßt sich sagen: Gelangen Ionen einer elektrolytischen Zelle an die Elektroden, so werden sie in neutrale Atome oder Moleküle umgewandelt. Die Neutralisierung geschieht durch Verbindung mit Elektronen aus einer Platinelektrode oder durch Abgabe von Elektronen an die Elektrode. Alle Ionenladungen müssen daher Vielfache der Elementarladung sein. Vermutlich ist die kleinste Ionenladung gleich der im Millikan-Versuch entdeckten Elementarladung. Diese Beweisführung wirkt überzeugend. Es gibt keinen Grund anzunehmen, daß zwei verschiedene Einheitsladungen existieren. Die in den elektrolytischen Versuchen entdeckte Einheitsladung stimmt anscheinend vollständig mit der im Millikan-Versuch ermittelten Einheitsladung überein. Im nächsten Abschnitt wird eine weitere experimentelle Bestätigung für die Übereinstimmung beschrieben. Zudem werden in den folgenden Abschnitten dieses Buches viele Hinweise darauf gegeben, daß Atome aus Elektronen und aus positiv geladenen Teilchen bestehen, die sich gerade neutralisieren. Da jedes Elektron genau eine negative Elementarladung trägt, muß infolgedessen alles aus Atomen Aufgebaute entweder neutral sein oder eine ganze Anzahl von Elementarladungen tragen. Und da alles, auch die Ionen in Elektrolyten, in dieser Weise aufgebaut ist, folgt wieder, daß die Ionenladungen Vielfache der Elementarladungen sein müssen.

Damit ist gesichert, daß Wasserstoffionen und Silberionen je eine positive Elementarladung tragen. Jedes Kupferion trägt zwei positive Elementarladungen, jedes Aluminiumion drei. Dies ist durch oben rechts gezeichnete Pluszeichen (+) in Bild 25.11 angedeutet worden. Entsprechend wurden die negativen Ionen gekennzeichnet. Diese Angabe läßt sich ausnutzen, um die gesamte Ladung zu berechnen, die durch die Zelle hindurchgegangen ist. Zum Beispiel ist in einer Zelle, in der nur Wasserstoffionen zur negativen Elektrode gelangen, die Anzahl der transportierten Elementarladungen gleich der Anzahl der ankommenden Wasserstoffionen. Diese Zahl läßt sich dadurch bestimmen, daß man die Masse des aufsteigenden Wasserstoffs mißt und durch die Masse eines Atoms dividiert. Auf diese Weise gewinnt man die Anzahl der Elementarladungen.

Ein ähnliches Verfahren läßt sich zur Messung der Stärke eines Stroms anwenden. Schaltet man z.B. eine elektrolytische Zelle mit Silberionen in einen Stromkreis und mißt die pro Sekunde abgeschiedene Silbermasse, so kann man daraus die Stärke des Stroms in Elementarladungen pro Sekunde angeben. Da mit jedem abgeschiedenen Silberatom eine Elementarladung hindurchgegangen ist, wird die elektrolytische Zelle zu einem Meßgerät für die elektrische Stromstärke, zu einem *Strommesser.* Tatsächlich werden solche elektrolytischen Zellen, in denen Silber abgeschieden wird, häufig zum Eichen anderer Geräte verwendet. Für praktische Messungen benutzt man Strommesser anderer Art, weil sie bequemer zu handhaben sind. Man kann jede Anordnung verwenden, die in unterschiedlicher und reproduzierbarer Weise auf verschieden starke Ströme anspricht. Von diesen Geräten muß mindestens eines geeicht (kalibriert) werden. Das geschieht dadurch, daß wir einen beliebigen Strommesser mit einer elektrolytischen Zelle in Reihe schalten. Der gleiche Strom durchfließt beide Meßgeräte. Daher kann man auf der Skala des zweiten Gerätes die Werte vermerken, die man aus der Silberabscheidung in der elektrolytischen Zelle für die Stromstärke in Elementarladungen pro Sekunde erhält.

25.4. Grundlegende Versuche zur Energieübertragung im elektrischen Feld

In Abschnitt 25.1 wurde eine bekannte elektrische Kraft $\vec{F}$ zur Beschleunigung von Ionen auf der Strecke $\vec{s}$ verwendet. Die Ionen starteten aus der Ruhe und erreichten die Endgeschwindigkeit v. Aus der Beziehung

$$F\,s = \frac{1}{2}\,m\,v^2$$

ließ sich die kinetische Energie nach Durchlaufen der Beschleunigungsstrecke angeben. Nun sind wir in der Lage, die Stärke eines elektrischen Stromes in der Einheit $\frac{e}{s}$ oder eine Ladung in e zu messen. Damit läßt sich ein Versuch ausführen, der bestätigt, daß die von den Ionen erreichte kinetische Energie $\frac{1}{2}mv^2$ genau durch Fs angegeben wird.

Dieser Versuch wird mit Elektronen ausgeführt, die aus einem glühenden Draht austreten. Sie werden in einem elektrischen Feld bekannter Größe zwischen zwei parallelen Metallplatten beschleunigt. Insoweit entspricht der Versuch dem in Abschnitt 25.1 beschriebenen. Nun läßt man die zwischen den Platten beschleunigten Elektronen auf die positive Platte aufprallen. Dabei verlieren sie ihre kinetische Energie. Diese Energie wird in thermische Energie umgewandelt und erwärmt die Platte. Ist die Stromstärke hinreichend groß, so führt die Erwärmung der Platte in einigen Sekunden zu einer merkbaren Temperaturerhöhung. Mißt man diese Temperaturerhöhung, so kann man daraus den übertragenen Energiebetrag berechnen. Zugleich läßt sich durch Messung der Stromstärke die Anzahl der Elementarladungen bestimmen. Dadurch erhält man die kinetische Energie jedes auftreffenden Elektrons. Die Ergebnisse dieser Versuche bestätigen, daß die kinetische Energie jedes Elektrons durch das Produkt F s gegeben wird. Dabei ist F die auf das Elektron wirkende Kraft zwischen den Platten und s der Beschleunigungsweg, also der Abstand zwischen den Platten.

Man mag diese Bestätigung der Gleichheit $Fs = \frac{1}{2}mv^2$ für überflüssig halten. In der Tat enthält das Ergebnis keine Überraschung, und doch lassen sich zwei wertvolle Schlüsse daraus ziehen. Zum ersten: Zur Berechnung der Arbeit F s, die die Übertragung von Energie in kinetische Energie des bewegten Elektrons mißt, brauchen wir die elektrische Kraft F. Wir haben den Wert für F verwendet, den wir mit der in Abschnitt 24.7 beschriebenen Versuchsanordnung erhalten haben. Dort befanden sich die Träger der Elementarladungen in Ruhe oder in sehr langsamer Bewegung. Bisher haben wir ohne experimentellen Nachweis angenommen, daß die gleiche Kraft auf ein schnellbewegtes Elektron wirkt. Das eben beschriebene Experiment sagt aus, daß die elektrische Kraft auf ein geladenes Teilchen tatsächlich unabhängig von seiner Geschwindigkeit ist. Die zwischen den geladenen Platten beschleunigten Elektronen erreichen eine Geschwindigkeit von etwa $10^7 \frac{m}{s}$ (vgl. Abschnitt 25.1). Die elektrische Kraft auf eine Elementarladung ist damit bei allen Geschwindigkeiten zwischen Null und diesem hohen Wert gleich groß.

Zum zweiten: Diese Versuche zeigen, daß die in elektrolytischen Versuchen bestimmte Einheitsladung mit der im Millikan-Versuch gefundenen Elementarladung übereinstimmt. Die Stromstärke wird mit Strommessern gemessen, die durch elektrolytische Zellen geeicht wurden. Die Anzahl der Elektronen, die ihre kinetische Energie in Wärmeenergie abgeben, ist daher an und für sich die Anzahl der elektrolytischen Einheitsladungen. Infolgedessen bestimmt man in diesem Versuch eigentlich die kinetische Energie jeder elektrolytischen Einheitsladung. Andererseits ist die vorausberechnete kinetische Energie die Energie jeder Elementarladung des Millikan-Versuchs. Die Übereinstimmung zwischen vorherberechnetem und experimentellem Ergebnis läßt den Schluß zu, daß die elektrolytische Einheitsladung und die Elementarladung des Millikan-Versuchs gleich groß sind. Es gibt nur eine einzige elementare Einheit der elektrischen Ladung.

Messungen dieser Art wurden 1897 von *J. J. Thomson* ausgeführt. Als er für das Elektron die Masse pro Elementarladung bestimmte, führte er solche thermische Messungen der kinetischen Energie pro Elementarladung in einem Elektronenstrahl aus. Um daraus die Masse des Elektrons zu bestimmen, untersuchte er in einem anderen Versuch die Bewegung unter dem Einfluß einer bekannten Kraft. Obwohl in Einzelheiten unterschiedlich, ähnelt dieser Versuch dem in Abschnitt 25.1 beschriebenen zur Bestimmung der Elektronengeschwindigkeit. Durch seine Versuche bestimmte *Thomson* in Wirklichkeit die Bewegungsgröße mv der Elektronen. Die Masse m und die Geschwindigkeit v der Elektronen ermittelte er dann aus den bekannten Werten der Bewegungsgröße mv und der kinetischen Energie $\frac{1}{2}mv^2$. Dieses Vorgehen wird in Kapitel 28 genauer untersucht.

25.5. Energie aus einer Batterie: Spannung

In den letzten Abschnitten wurden die Richtung des elektrischen Stroms und die Messung der Stromstärke diskutiert. Es wurde weiter gezeigt, daß Energie auf die geladenen Teilchen übertragen und daß diese Energie als thermische Energie wieder abgegeben werden kann. Ohne eine solche Energieübertragung ist überhaupt kein elektrischer Strom möglich.

Die Einzelheiten des Energieflusses in einem Stromkreis sind nicht ganz leicht zu durchschauen. Das elektrische Feld vermittelt den geladenen Teilchen im äußeren Stromkreis ihre kinetische Energie. Innerhalb der Batterie werden geladene Teilchen gegen die Kräfte, die von den geladenen Polen ausgehen, bewegt. In den letzten Abschnitten dieses Kapitels soll das elektrische Feld und die darin übertragene Energie genauer betrachtet werden. Es soll zwar aus praktischen Gründen keine genaue Felddarstellung für die meisten Stromkreise gegeben werden, doch soll Verständnis für den durchgängigen Energiefluß in jedem elektrischen Stromkreis erreicht werden.

Bisher wurde in diesem Kapitel die Batterie als *Energiequelle* verwendet, deren Energie irgendwo im Kreis als Wärmeenergie abgegeben wurde. Wieviel Energie liefert nun eine Batterie und wovon hängt dieser Betrag ab? Es wird sich zeigen, daß eine Batterie, die elektrische Energie aus gespeicherter chemischer Energie liefert, im allgemeinen an jede Elementarladung den gleichen Energiebetrag vermittelt.

Betrachten wir z.B. die Energie, die eine Batterie jeder Elementarladung gibt, wenn ein Ionenstrahl auf dem Weg von einer geladenen Metallplatte zur gegenüberliegenden beschleunigt wird. In Kapitel 24 zeigte sich, daß das elektrische Feld zwischen den beiden Platten homogen ist. Bleiben die Platten mit der Batterie verbunden, so ist die Kraft umgekehrt proportional zum Abstand der Platten. Folglich hängt das Produkt aus der Kraft und dem Weg der Ionen zwischen den Platten nicht vom Plattenabstand ab. Wie gerade in Abschnitt 25.4 bestätigt wurde, gibt dieses Produkt Fs die an eine Elementarladung übertragene Energie an. Aus dieser Überlegung folgt: Wie man auch den Abstand der Platten verändert, die von einer bestimmten Batterie an eine Elementarladung gelieferte Energie ist stets gleich groß.

Man kann nicht nur den Abstand der Platten, sondern auch ihre Fläche ändern. Dabei ändert sich die elektrische Kraft auf eine Elementarladung zwischen den Platten nicht. Wie erwartet bleibt daher auch die auf ein Ion übertragene Energie gleich groß, wenn es durch das Feld hindurchgeht. Die Batterie setzt zwar mehr Ladungen in Bewegung, wenn sie am Anfang die Platten auflädt, doch hat dies keinen Einfluß auf den Energiebetrag, den jede im Ionenstrahl durch das Feld hindurchbewegte Elementarladung erhält.

Die einer Elementarladung übertragene Energie hängt auch nicht von der Stärke des Stromes ab. Verwendet man eine ergiebigere Quelle von Wasserstoffionen oder erhitzt man den Glühdraht, der Elektronen emittiert, stärker, dann läßt sich die Stärke des Stromes erhöhen, der bei den betrachteten Versuchen aus dem Ionen- oder Elektronenstrahl gebildet wurde. Die von der Batterie an die einzelne Elementarladung gelieferte Energie ändert sich dabei nicht. (Später wird noch einmal nachgewiesen, daß die Energie pro Elementarladung nicht von der Stärke des Stroms abhängt.)

Wir haben den Ionenstrom betrachtet, weil er einfach zu verstehen ist. Doch ist für unser Ergebnis nicht entscheidend, daß es sich um einen Strahl geladener Teilchen handelt. Schließt man einen Widerstandsdraht und einen Strommesser in Reihe zwischen die Pole einer Batterie, so kann man die Anzahl der in einer vorgegebenen Zeit durch einen bestimmten Punkt des

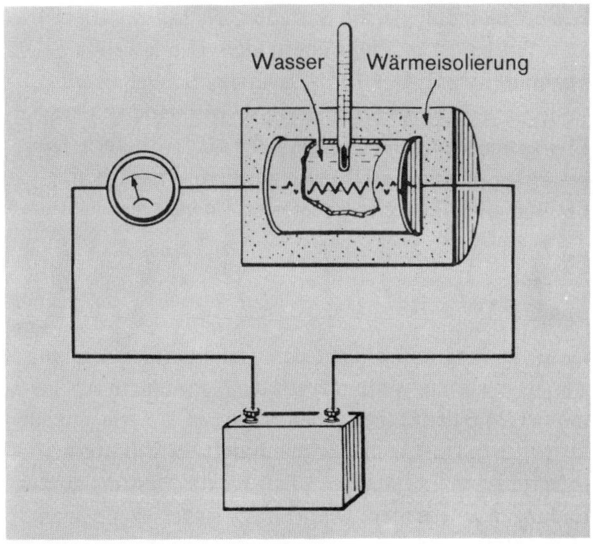

Bild 25.12. Die dem Widerstandsdraht zugeführte Wärmeenergie läßt sich durch die Temperaturerhöhung des Wassers bestimmen, das den Draht ganz einschließt. Da der Strommesser die Anzahl der Elementarladungen angibt, die in der Sekunde durch den Drahtquerschnitt hindurchgehen, läßt sich die Energie berechnen, die jede Elementarladung von der Batterie erhielt.

Leiters hindurchtretenden Elementarladungen messen. In einem solchen Stromkreis wird fast die gesamte Energie, die die bewegten Teilchen vom elektrischen Feld erhalten, unmittelbar in thermische Energie des Drahtes umgewandelt. Mißt man die Erwärmung des Drahtes, so läßt sich daraus der Energiebetrag berechnen, den die Batterie jeder Elementarladung vermittelt hat (Bild 25.12). Man findet: Die an jede Elementarladung übertragene Energie ist in diesem ganz anderen Stromkreis genau so groß wie für den Ionenstrahl zwischen den Metallplatten. Das gilt aber nur, wenn die gleiche Batterie verwendet wird.

All diese Versuche zeigen, daß eine Batterie eine Anordnung darstellt, die auf jede Elementarladung einen bestimmten Energiebetrag überträgt. In Abschnitt 25.1 wurde ein Beispiel berechnet: Eine 90-V-Batterie liefert $1{,}4 \cdot 10^{-17}$ J pro Elementarladung. Der an eine Elementarladung gelieferte Energiebetrag ist ein Maß für die *Spannung* der Batterie[1]). Die Spannung einer Batterie wird (statt wie sonst in der Einheit V) zweckmäßigerweise in $\frac{J}{e}$ (Joule pro Elementarladung) angegeben, wenn man die Energieübertragung auf geladene Teilchen untersucht. Die Spannung einer Batterie soll mit dem Buchstaben U bezeichnet werden.

[1]) Gelegentlich verwendet man die Bezeichnung EMK (Elektromotorische Kraft), um die Eigenschaft der Batterie zu beschreiben, auf geladene Teilchen eine Kraft auszuüben und ihnen eine Energie zu vermitteln.

Wir nehmen drei gleiche Batterien, die je $1,4 \cdot 10^{-17}$ J an eine Elementarladung übertragen, also jeweils eine Spannung $U = 1,4 \cdot 10^{-17} \frac{J}{e}$ besitzen. Schließen wir sie in Serie in einen Stromkreis, so wird jede an eine Elementarladung die Energie $1,4 \cdot 10^{-17}$ J liefern. Die gesamte Spannung ergibt sich aus dem Gesamtbetrag der von allen Batterien gelieferten Energie als

$$U = 3 \cdot 1,4 \cdot 10^{-17} \frac{J}{e}$$
$$= 4,2 \cdot 10^{-17} \frac{J}{e}\,.$$

Die Spannung verdreifacht sich. Genau dieses Ergebnis war zu erwarten, wenn man an die Versuche in Abschnitt 24.6 denkt, bei denen Batterien in Serie geschaltet wurden. Dort wurden dreihundert 90-V-Batterien in Serie geschaltet, um ein Gerät für die Messung großer Ladungen zu erhalten. Die Kraft zwischen den beiden Metallplatten stieg proportional zur Anzahl der Batterien. Demnach lieferten die Batterien an die Elementarladungen Energiebeträge, die proportional zu ihrer Anzahl anwuchsen.

Nun läßt sich die Frage beantworten, wieviel Energie eine Batterie an einen elektrischen Stromkreis abgibt. Diese Energie ist gerade das Produkt aus der Spannung U der Batterie und der gesamten transportierten Ladung Q. Gibt man die Spannung in $\frac{J}{e}$ und die Gesamtladung in e an, so erhält man die Energie Q U in der Einheit J. Wird keine Ladung transportiert, so liefert die Batterie keine Energie.

In der Praxis arbeitet man mit der *Stromstärke* I statt mit der Ladung Q. Sie gibt an, welche Ladung in einer bestimmten Zeit transportiert wird. Man kann sie durch die Anzahl der in einer Sekunde hindurchgehenden Elementarladungen angeben. Dann erhält man die von der Batterie in einer bestimmten Zeit gelieferte Energie als Produkt aus der Stromstärke I und der Spannung U. Wird I in $\frac{e}{s}$ und U in $\frac{J}{e}$ angegeben, dann ergibt sich für I U die Einheit $\frac{J}{s}$ (Joule durch Sekunde). Man nennt dieses Produkt die *elektrische Leistung* der Batterie, sie ist ein Maß für die in der Zeiteinheit gelieferte Energie. Die Einheit $\frac{J}{s}$ der Leistung wird *Watt* genannt und mit W bezeichnet. (*James Watt* war der Erfinder der ersten gebrauchsfähigen Dampfmaschine.) In einem Zeitintervall t liefert die Batterie die Gesamtenergie I U t. Mit anderen Worten: *Die von der Batterie gelieferte Energie ist gleich dem Produkt aus der Leistung und der Zeit.*

25.6. Elektrische Feldstärke: Potential

Man verwendet Batterien im Grunde als Energiespeicher. Diese Energie wird zur Anhäufung von Ladung benutzt, und die Ladungskonzentration bewirkt den Aufbau eines elektrischen Feldes. Im Feld wird Energie auf die Ionen, die sich von einer Platte zur anderen bewegen, oder auf die Elektronen, die durch Metalldrähte hindurchwandern, übertragen. Elektrische Felder entstehen immer, wenn Ladungen verdichtet werden. Es spielt dabei keine Rolle, ob die Verdichtung durch eine Batterie, durch Reiben oder auf andere Weise hervorgerufen wird. Daher soll die Energieaufnahme in einem elektrischen Feld ohne Beschränkung auf eine bestimmte Spannungsquelle untersucht werden. Dazu erinnern wir uns an die Eigenschaften eines elektrischen Feldes.

In Abschnitt 24.3 wurde das elektrische Feld untersucht, das von einer festen Ladungsverteilung erzeugt wird. Das elektrische Feld ist der Raum, in dem durch eine gegebene Ladungsverteilung auf einen anderen geladenen Körper eine elektrische Kraft ausgeübt wird. In Gedanken setzt man diesen Probekörper in jeden Punkt des Raumes und kann dort die Kraft entweder messen oder berechnen. Jedem Punkt läßt sich eine Kraft zuordnen, die dort auf den geladenen Probekörper wirkt.

Die Beträge und die Richtungen dieser Kräfte hängen nicht allein von der Verteilung der felderregenden Ladungen ab. Auch die Ladung und der Ort des Probekörpers, auf den die Kraft wirkt, ist maßgebend. Wir definieren nun die *elektrische Feldstärke* $\vec{E}$ als Quotient aus der elektrischen Kraft $\vec{F}$ und der Ladung Q. Wir geben sie zweckmäßigerweise in $\frac{N}{e}$ (Newton durch Elementarladung) an. Ihre Richtung ist durch die Richtung der Kraft auf einen positiv geladenen Probekörper gegeben. Damit läßt sich die Kraft auf einen Körper mit einer Elementarladung als Produkt aus der Elementarladung und der elektrischen Feldstärke $\vec{E}$ berechnen, die von allen anderen Ladungen erzeugt wird. Die elektrische Kraft $\vec{F}$ auf einen Körper, der eine andere Ladung Q trägt, wird durch das Produkt der Ladung Q und der Feldstärke $\vec{E}$ gegeben:

$$\vec{F} = Q\,\vec{E}.$$

Man erhält die Kraft in der Einheit N, wenn man die Ladung in e und die Feldstärke in $\frac{N}{e}$ angibt.

Man entnimmt der Vektorgleichung $\vec{F} = Q\,\vec{E}$, daß die Feldstärke die gleiche Richtung wie die Kraft auf einen positiv geladenen Körper und die entgegengesetzte Richtung wie die Kraft auf einen negativ geladenen Körper hat. Man kann die elektrische Feldstärke durch die gleichen Linien veranschaulichen, mit denen wir in Kapitel 24 die von einem geladenen Körper ausgeübten Kräfte dargestellt haben. Dort haben wir die Feldlinien zur Angabe der Richtung der Kraft auf einen positiven Probekörper gezeichnet. Z.B. gehen die Feldlinien radial nach außen, wenn das Feld von einer positiven Punktladung erzeugt wird.

Sie gehen zentral nach innen, wenn eine negative Punktladung das Feld erregt.

In einem elektrischen Feld zwischen zwei Platten wirkt eine Kraft von $F = 3{,}0 \cdot 10^{-14}$ N auf jede Elementarladung. Diesen Sachverhalt kann man mit Hilfe der Feldstärke ausdrücken: Die elektrische Feldstärke zwischen den Platten hat den Betrag $E = 3{,}0 \cdot 10^{-14} \frac{N}{e}$ und die Richtung von der positiven zur negativen Platte. Befindet sich eine Plastikkugel mit zwei Elementarladungen zwischen den Platten des Gerätes, so erfährt sie die Kraft $F = 6{,}0 \cdot 10^{-14} \frac{N}{e}$. Die Feldstärke beträgt nach wie vor $E = 3{,}0 \cdot 10^{-14} \frac{N}{e}$. Sie hängt nur von der Versuchsanordnung ab und nicht von der Ladung der Plastikkugel, auf die die Kraft wirkt.

Die elektrische Feldstärke im Feld zwischen den Platten ergibt sich als Gesamtwirkung aller auf den Platten befindlichen Ladungen. Das soll an einem einfacheren Beispiel genauer betrachtet werden, an dem Feld, das sich um einen ruhenden Körper mit der Ladung Q_1 aufbaut. Nach dem Coulombschen Gesetz erfährt ein zweiter Körper mit der Ladung Q_2, der sich in einer Entfernung r befindet, eine Kraft vom Betrage

$$F = k \frac{Q_1 Q_2}{r^2}.$$

Daraus ergibt sich für die Feldstärke des vom ersten Körper erregten Feldes der Betrag

$$E = k \frac{Q_1}{r^2}.$$

Die Feldstärke ist nach außen gerichtet, wenn der Körper positiv, nach innen, wenn er negativ geladen ist. Man beachte, daß sich in diesem Feld der Betrag von $\vec{E}$ von Punkt zu Punkt ändert. Im Feld zwischen den beiden geladenen Platten ist die Feldstärke überall gleich, da die Kraft in allen Punkten zwischen den Platten (entsprechend unserem Versuchsergebnis) gleich groß ist. Allgemein läßt sich sagen: Die elektrische Feldstärke in einem Punkt eines elektrischen Feldes, das von einem geladenen Körper erzeugt wird, hängt von der Lage des Punktes relativ zum Körper ab.

Man erkennt, daß die elektrische Feldstärke eine nützliche Größe zur Beschreibung des Feldes darstellt. Mit ihrer Hilfe kann man die Kraft ermitteln, die auf einen beliebigen Probekörper an einer beliebigen Stelle des Feldes ausgeübt wird. Wird das Feld durch Ladungen erregt, die in einem Punkt vereinigt sind, so ergibt sich der Ausdruck für die elektrische Feldstärke aus dem Coulombschen Gesetz. Sind die felderregenden Ladungen auf mehrere Punkte verteilt, so folgt die Feldstärke ebenfalls aus dem Coulombschen Gesetz. Die von allen Ladungen ausgeübte Gesamtkraft ergibt sich als vektorielle Summe aller Einzelkräfte. Auf den Probekörper mit der Ladung Q wirkt die Kraft $\vec{F} = Q\,\vec{E}$.

Die elektrische Feldstärke enthält keine neue Information über das Feld, sie erleichtert aber die Beschreibung. Man kann sie manchmal angeben, ohne erst alle Teilkräfte berechnen zu müssen, die von dem Betrag und dem Ort der felderzeugenden Ladungen abhängen. Ihre Bedeutung ist erst später voll zu verstehen. Beispielsweise werden in Kapitel 29 elektrische Felder untersucht, die auf eine ganz andere Weise entstehen.

Hier wurde die elektrische Feldstärke hauptsächlich eingeführt, um die Energieübertragung auf eine Elementarladung untersuchen zu können, die sich von einem Punkt des Feldes zu einem anderen bewegt. Für den einfachen Fall, daß sich eine Elementarladung in der Umgebung einer punktförmigen Ladung Q_1 bewegt, läßt sich schon einiges über die Energie aussagen. Das ist deshalb möglich, weil das elektrische Feld in der Umgebung einer Punktladung genau das gleiche Aussehen wie das schon untersuchte Gravitationsfeld hat. Zwei Körper ziehen sich mit der Gravitationskraft

$$F = G \frac{m_1 m_2}{r^2}$$

an. In Abschnitt 18.5 wurde hergeleitet, daß in dem System der beiden Körper eine potentielle Energie

$$E_p = -G \frac{m_1 m_2}{r}$$

enthalten ist. Der Bezugspunkt für die potentielle Energie wurde ins Unendliche gelegt, dort hat sie den Wert Null. Das Minuszeichen gibt an, daß bei dieser Wahl des Bezugspunktes für alle Entfernungen r eine negative potentielle Energie vorhanden ist. Sie ist negativ, weil sich die beiden Körper anziehen.

Zwei geladene Körper wirken mit der elektrischen Kraft

$$F = k \frac{Q_1 Q_2}{r^2}$$

aufeinander ein, abstoßend (bei gleichem Vorzeichen) oder anziehend. Für dieses System läßt sich ganz entsprechend eine *elektrische potentielle Energie*

$$E_p = k \frac{Q_1 Q_2}{r}$$

angeben. In diesem Ausdruck ist kein Minuszeichen enthalten, da sich Ladungen mit gleichem Vorzeichen abstoßen und nicht (wie im Falle der Gravitation) anziehen. Die potentielle Energie des Systems zweier gleichgeladener Körper ist für jeden Wert von r positiv, der Wert Null ist dabei wieder im Unendlichen angenommen. Die potentielle Energie eines Systems aus zwei verschieden geladenen Körpern hat im Unendlichen ebenfalls den Wert Null, ist für endliche Entfernungen r dann aber negativ, da sich die beiden Körper anziehen.

Die potentielle Energie $E_p = k \frac{Q_1 Q_2}{r}$ hängt von der Ladung Q_2 des zweiten Körpers ab. In dem elektrischen Feld, das vom Körper mit der Ladung Q_1 erzeugt wird, läßt sich diese potentielle Energie leicht angeben, wenn man die potentielle Energie pro Elementarladung in einer Entfernung r vom felderzeugenden Körper kennt. Sie beträgt

$$V = k \frac{Q_1}{r}.$$

Man nennt diese potentielle Energie pro Elementarladung das *elektrische Potential* des von Q_1 erzeugten Feldes in der Entfernung r. (Auch vom elektrischen *Potentialunterschied* zwischen der Entfernung r und dem Unendlichen kann man sprechen.) Hält man den felderzeugenden Körper mit der Ladung Q_1 an seinem Platz fest und bewegt den Probekörper mit Q_2 allein unter dem Einfluß der elektrischen Kraft aus der Entfernung r ins Unendliche, so gewinnt er dabei die kinetische Energie $Q_2 V$. Gibt man das Potential V in der Einheit $\frac{J}{e}$ und die Ladung Q_2 in der Einheit e an, so ergibt sich die kinetische Energie in der Einheit J. Wie die elektrische Feldstärke hängt auch das elektrische Potential V eines Punktes nur von den felderzeugenden Ladungen und von der Lage des Punktes ab. Im Gegensatz zur Feldstärke ist das Potential eine skalare Größe und kein Vektor. Es ist positiv, wenn die felderregende Ladung positiv, und negativ, wenn Q_1 negativ ist.

So wie man die elektrische Feldstärke $\vec{E}$ für alle Feldpunkte ermitteln kann, läßt sich für jeden Punkt des Raumes ein Wert des elektrischen Potentials V angeben. Um dieses Potentialfeld in der Umgebung eines positiv mit Q_1 geladenen Körpers zu veranschaulichen, tragen wir zunächst in einem Graphen die Abhängigkeit des Potentials von der Entfernung r auf. Zur Darstellung des räumlichen Potentialfeldes lassen wir dann diesen Graphen um die V-Achse rotieren (Bild 25.13). Mit anderen Worten: Wir drehen die Potentialkurve um den Ort der Ladung Q_1. Dabei erzeugt sie einen „Potentialhügel", dessen Höhe über jedem Punkt der Ebene das dort vorhandene Potential angibt. Den durch eine Punktladung erzeugten Potentialhügel zeigt Bild 25.14. Diese Darstellung des Potentials ist in Kapitel 26 von Nutzen, wenn die Bewegung eines geladenen Teilchens im elektrischen Feld eines anderen untersucht wird.

Man kann den Begriff des elektrischen Potentials auf Felder ausdehnen, die durch mehr als eine Punktladung erzeugt werden. In jedem Punkt des Feldes ist das Potential V eines Systems mehrerer Punktladungen gerade die algebraische Summe der Einzelpotentiale in diesem Punkt. Man könnte auch einen Potentialhügel für ein solches System zeichnen, er hätte aber ein weit weniger einfaches Aussehen als der Hügel in Bild 25.14. Bringt man einen Probekörper mit der Ladung Q aus dem Unendlichen in einen Punkt P, so ändert sich die potentielle Energie des Gesamtsystems um Q V. Dabei ist V das Potential im Punkt P. (Alle anderen Ladungen müßten fest in ihrer Lage bleiben.)

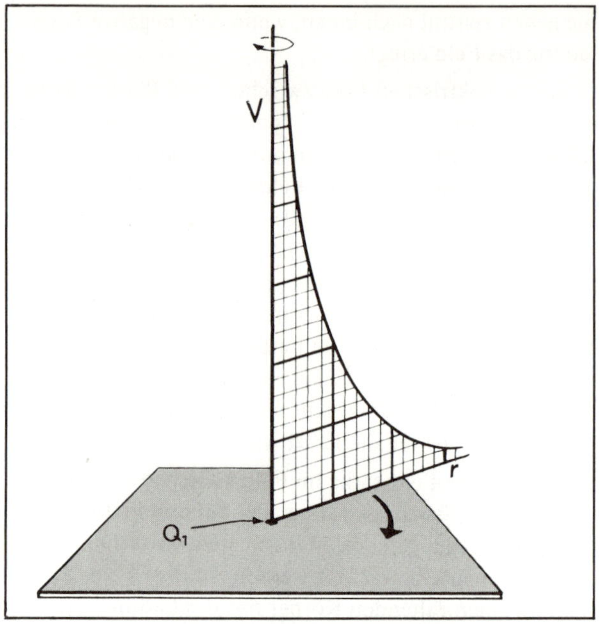

Bild 25.13. Darstellung des elektrischen Potentials V in Abhängigkeit vom Abstand r von der felderzeugenden Ladung Q_1. Der Graph rotiert um eine Achse, die vertikal durch r = 0 hindurchgeht, und erzeugt so den „Potentialhügel" von Bild 25.14.

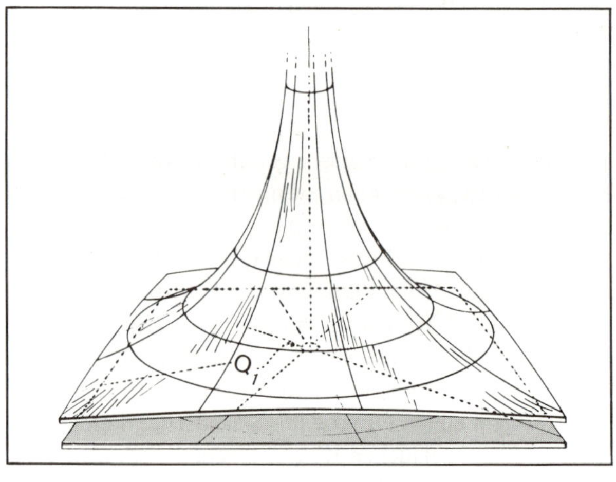

Bild 25.14. Die Höhe des Potentialhügels über einem Punkt der Ebene ist ein Maß für das elektrische Potential dieses Punktes.

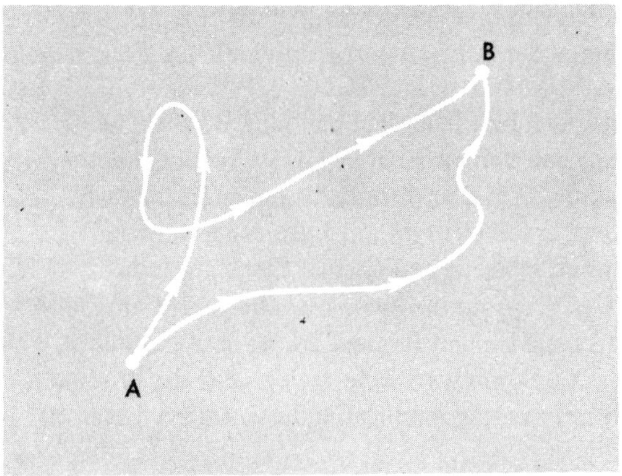

Bild 25.15. Bewegt sich ein geladenes Teilchen von einem Punkt A zu einem Punkt B in einem elektrischen Feld, das von festen geladenen Körpern erzeugt wird, so hängt die Änderung seiner potentiellen Energie nicht davon ab, auf welchem Weg es dorthin gelangt.

Oft möchte man wissen, wie sich die potentielle Energie des Systems ändert, wenn sich eine Ladung von einem Punkt zu einem anderen bewegt. Nun hängen die elektrischen Kräfte zwischen zwei geladenen Körpern nicht von ihrer Lage, sondern nur von der gegenseitigen Entfernung ab. In Kapitel 18 wurde für Kräfte dieser Art gezeigt, wie sich die potentielle Energie ändert, wenn sich einer der Körper auf einem Weg von einem Punkt A zu einem anderen Punkt B bewegt. Die Energieänderung hängt nicht von der Wahl des Weges ab, sondern nur von der Lage der Punkte A und B (Bild 25.15). Es werden alle Ladungen in dem System außer einer von dem Betrag Q festgehalten. Die Ladung Q werde von Punkt A nach Punkt B bewegt. Dann ergibt sich die Änderung der potentiellen Energie des Systems als Differenz aus den potentiellen Energien $Q V_B$ (wenn sich Q in B befindet) und $Q V_A$ (für Q in A). Die Änderung der potentiellen Energie ist gleich dem Produkt aus der Ladung Q und der Differenz der Potentiale V_B und V_A des Feldes, das von allen anderen Ladungen erzeugt wird:

$$\Delta E_p = Q (V_B - V_A).$$

Die Größe $V_B - V_A$ wird *elektrische Potentialdifferenz* zwischen den Punkten B und A genannt.

Im elektrischen Feld zwischen zwei Platten erhalte eine positive Elementarladung eine kinetische Energie $E_k = 5{,}0 \cdot 10^{-17}$ J, wenn sie von der positiven Platte bis zur negativen beschleunigt wird. Daraus ergibt sich, daß die elektrische Potentialdifferenz zwischen den beiden Platten $V = 5{,}0 \cdot 10^{-17} \frac{J}{e}$ beträgt. Da das positiv geladene Teilchen kinetische Energie gewonnen und das System potentielle Energie verloren hat, ist das Potential der negativen Platte niedriger als das Potential der positiven Platte. Das Potential fällt von der positiven Platte zur negativen ab. Sollte das positiv geladene Teilchen von der negativen zur positiven bewegt werden, so würde es in ein Gebiet höheren Potentials gelangen. Unter dem Einfluß der elektrischen Kraft würde es abgebremst werden und kinetische Energie verlieren, wobei die potentielle Energie des Systems zunehmen würde.

25.7. Einheiten für Spannung und Stromstärke

In Abschnitt 25.5 wurden einige Begründungen dafür gegeben, daß Batterien einen bestimmten Energiebetrag an die Elementarladung übertragen. Aber es wurde noch nicht untersucht, warum oder wie die Batterie ihre konstante Spannung aufrechterhält. Es soll im folgenden keine bis ins Einzelne gehende Erklärung versucht werden, es soll aber eine ungefähre Vorstellung davon vermittelt werden, wie die Spannung aufrechterhalten wird.

Batterien entstehen durch Serienschaltung vieler elektrolytischer Zellen. In jeder einzelnen Zelle werden Ladungen gegen die elektrische Abstoßung schon vorhandener Ladungen zu den Polen geführt. Die elektrische potentielle Energie nimmt somit zu. Quelle für diese potentielle Energie ist die chemische Energie, die bei chemischen Reaktionen innerhalb der Zelle freigesetzt wird. Bei jeder einzelnen chemischen Reaktion wird die chemische potentielle Energie um einen bestimmten Betrag vermindert. Da an jeder chemischen Reaktion eine bestimmte Anzahl von Atomen oder Ionen beteiligt ist, die sich durch die Zelle hindurch bewegen, wird der Energiebetrag dazu verwendet, eine bestimmte Anzahl von Elementarladungen „auf die elektrischen Potentialhügel an den Polen zu treiben". Daher liefert die Zelle eine bestimmte Energie pro Elementarladung. Die von einer Batterie als Serienschaltung von Zellen gelieferte Energie pro Elementarladung ist direkt proportional zur Zahl der Zellen.

Solange die chemische Zusammensetzung und die geometrische Anordnung einer Zelle im wesentlichen unverändert bleiben, verlaufen alle chemischen Einzelreaktionen gleichartig. Daher wird eine bestimmte Spannung zwischen den Polen der Zelle aufrechterhalten. Wurden jedoch zu viele Ladungen transportiert, sind zu viele chemische Reaktionen abgelaufen. Damit hat sich auch der Aufbau der Zelle geändert.

Dann finden in der Zelle nicht mehr die gleichen chemischen Reaktionen statt, es bewegen sich nicht mehr die gleichen Ionen über gleiche Entfernungen. Die Spannung wird geringer, und man sagt, die Batterie sei „leer". Bestimmte Batterien lassen sich wieder

„aufladen". Man läßt einen elektrischen Strom in der umgekehrten Richtung hindurchfließen und dabei die chemischen Reaktionen in umgekehrter Richtung ablaufen. Mit „Aufladen" ist gemeint, daß die chemische Energie wiederhergestellt wird. Die elektrische Ladung der Batterie wird nicht geändert.

Die in elektrochemischen Zellen verschiedenen Aufbaus ablaufenden chemischen Prozesse setzen etwa die gleiche Energie pro Einzelreaktion frei. Es ergibt sich daher die gleiche Energie pro Elementarladung meistens um 1 oder $2 \cdot 10^{-19} \frac{J}{e}$. Daher ist es bequem, für die Spannung eine Einheit in dieser Größenordnung einzuführen. Man verwendet allgemein die Einheit *Volt* (V). Sie ist definiert als $1{,}60 \cdot 10^{-19} \frac{J}{e}$. Eine Taschenlampenbatterie besteht aus Zellen mit einer Spannung von $U = 1{,}5$ V oder $2{,}4 \cdot 10^{-19} \frac{J}{e}$. Eine 90-V-Batterie hat, wie wir schon wissen, die Spannung $U = 90 \cdot 1{,}6 \cdot 10^{-19} \frac{J}{e} = 1{,}4 \cdot 10^{-17} \frac{J}{e}$[1]).

Die Spannungseinheit V wurde auf eine bestimmte Energie pro Elementarladung zurückgeführt. Will man in dieser Weise die Spannung einer Batterie bestimmen, so muß in einem Versuch die an eine gemessene Anzahl von Elementarladungen übertragene Energie bestimmt werden. Das braucht man aber nur ein einziges Mal zu machen. Dann kann man die geeichte Batterie als Vergleichsbatterie benutzen, so wie man einen guten Meterstab zum Vergleich anderer Längenmesser bereit hält. (Anleitungen zum Bau von Standardzellen wie etwa der Westonschen Normalzelle kann man Lehrbüchern der Elektrizität entnehmen.)

Die Einheit V für die Spannung zeigt sich nicht nur bei der praktischen Arbeit mit Zellen oder Batterien als bequem. Sie ist auch bei der Untersuchung des Atombaus zweckmäßig. Bei chemischen Reaktionen, bei denen eine Spannung von einigen Volt (oder einigen $1{,}6 \cdot 10^{-19} \frac{J}{e}$) aufrechterhalten wird, handelt es sich um die Neuordnung der Struktur von Atomen und Molekülen. Die Energie, die zum Auslösen eines Elektrons aus dem Atomverband oder zum Überführen eines Elektrons von einem Atom zu einem anderen benötigt wird, liegt in der Größenordnung des Produktes von einem Volt mit der Elementarladung. Aus diesem Grunde geben Physiker häufig Energiebeträge in *Elektronenvolt* (eV) an. 1 eV ist eine Energie von $1{,}6 \cdot 10^{-19}$ J. Diese Energieeinheit ist besonders gut geeignet, die bei einer einzelnen chemischen Reaktion freiwerdende Energie oder die zum Ionisieren einzelner Atome erforderliche Energie anzugeben. Im Abschnitt 25.7.1 wird die Energie abgeschätzt, die zum Ionisieren eines Atoms benötigt wird. Es ergibt sich ein Betrag, der sich vernünftig durch eV ausdrücken läßt.

Die Grundeinheit $\frac{J}{e}$ für die Spannung U wurde so gewählt, daß sich die Energie QU in J ergibt, wenn die Ladung Q in Elementarladungen angegeben wird. Die Energie soll weiterhin in J gemessen werden, auch wenn man zur praktischen Einheit V (oder $1{,}60 \cdot 10^{-19} \frac{J}{e}$) für die Spannung übergeht. Daher führt man als neue Einheit für die Ladung das *Coulomb* (C) ein. Ein Coulomb wird so festgelegt, daß das Produkt von 1 C mit der Spannung 1 V die Energie 1 J ergibt:

$$1\,C \cdot 1\,V = 1\,J.$$

Da die Spannung 1 V gleich $1{,}60 \cdot 10^{-19} \frac{J}{e}$ ist, ergibt sich

$$1\,C \cdot 1{,}60 \cdot 10^{-19} \frac{J}{e} = 1\,J$$

und folglich

$$1\,C = 6{,}25 \cdot 10^{18}\,e.$$

Die Einheit der Stromstärke I, die dieser Einheit C für die Ladung Q entspricht, wird *Ampere* (A) genannt. Die Stromstärke in einem Stromkreis beträgt 1 A, wenn in 1 s die Ladung 1 C fließt oder in 1 s $6{,}25 \cdot 10^{18}$ Elementarladungen oder die Ladung $Q = 6{,}25 \cdot 10^{18}$ e hindurchgehen.

Hat man es mit Glühlampen oder elektrischen Geräten zu tun, so ist die Einheit A für die Stromstärke bequemer als die Grundeinheit $\frac{e}{s}$ (Elementarladungen in der Sekunde). Die Stromstärke in einer gewöhnlichen Glühlampe beträgt etwa 1 A. Es wäre ungeschickt zu sagen, daß die Stromstärke in der Lampe etwa $10^{19} \frac{e}{s}$ beträgt. Die meisten Strommesser sind in A geeicht, also in Einheiten von $6{,}25 \cdot 10^{18} \frac{e}{s}$. Daher ist auch der Name *Amperemeter* für Strommesser gebräuchlich.

Die Einheiten V für die Spannung und A für die Stromstärke passen in der gleichen Weise zusammen wie die Einheiten $\frac{J}{e}$ und $\frac{e}{s}$. Mit anderen Worten: Wenn die Stromstärke in der Einheit $\frac{e}{s}$ und die Spannung in der Einheit $\frac{J}{e}$ gemessen werden, dann ergibt sich die Leistung IU in $\frac{J}{s}$ oder W. Mißt man die Stromstärke in A (oder $\frac{C}{s}$) und die Spannung in V (oder $\frac{J}{C}$), so erhält man die Leistung ebenfalls in W. Die praktischen Einheiten V und A passen so zusammen wie die natürlichen Einheiten, weil wir die Einheit C für die Ladung so festgelegt haben, daß 1 J Energie übertragen wird, wenn eine Ladung von 1 C eine Spannung von 1 V durchläuft.

Elektromotoren, Glühlampen und andere elektrische Geräte sind im allgemeinen so konstruiert, daß sie bestimmte Beträge elektrischer Energie pro Zeiteinheit verbrauchen. Diese Leistung ist gewöhnlich auf den

---

1) Hier wurde die Einheit V als $1{,}60 \cdot 10^{-19} \frac{J}{e}$ definiert. Häufig definiert man zuerst die praktische Einheit der Stromstärke und dann mit ihrer Hilfe die Einheit der Spannung. Später wird gezeigt, daß beide Wege zum gleichen Ziel führen.

Geräten vermerkt. Ebenfalls wird angegeben, an welche Spannung sie angeschlossen werden müssen, damit sie die genannte Leistung aufnehmen. Aus der Leistung P und der Spannung U läßt sich die Stärke des Stromes im Gerät bestimmten: $I = \frac{P}{U}$. Zum Beispiel ergibt sich für eine 60-W-Lampe, die an 110 V angeschlossen wird, die Stromstärke

$$I = \frac{60\ \mathrm{W}}{110\ \mathrm{V}} \approx 0{,}55\ \mathrm{A}.$$

Obwohl die Einheit V für die Spannung wie auch die Einheit A für die Stromstärke bequem zu handhabende Einheiten sind, fällt die Einheit C für die Ladung aus dem Rahmen. 1 C ist eine sehr große Ladung. Würde man zwei geladene Körper mit je 1 C in einem Abstand von 1 m aufstellen, so würde die Kraft zwischen ihnen etwa 10^{10} N betragen. Hat man mit Kräften zwischen geladenen Körpern zu tun, so benutzt man zweckmäßigerweise für die Ladung die Einheit Mikrocoulomb (μC oder 10^{-6} C). Ein Luftballon, den man durch Reiben mit einem Wollärmel auflädt, kann etwa eine Ladung von einigen Zehnteln μC (einigen 10^{-7} C) tragen.

● 25.7.1. Elektronenvolt und atomare Energien

Es soll gezeigt werden, daß die Spannungseinheit V ($1{,}6 \cdot 10^{-19}\ \frac{\mathrm{J}}{e}$) und die Energieeinheit eV ($1{,}6 \cdot 10^{-19}$ J) die zum Beschreiben atomarer Vorgänge richtige Größenordnung besitzen. Dazu soll zunächst die elektrische potentielle Energie eines Elektrons berechnet werden, das sich außen am Atom befindet. Da Atome elektrisch neutral sind, wirkt auf das Elektron die elektrische Kraft von einer Elementarladung in einer Entfernung r, die etwa dem Atomradius entspricht. Beim Wasserstoffatom wird diese Kraft durch das Proton ausgeübt. Wir wissen, daß der Atomradius in der Größenordnung von 10^{-10} m liegt. Da die Ladungen im Betrag gleich der Elementarladung, aber von entgegengesetztem Vorzeichen sind, erhält man für die elektrische potentielle Energie

$$E_p = k\frac{Q_1 Q_2}{r} = 2{,}3 \cdot 10^{-28}\ \frac{\mathrm{Nm}^2}{e^2} \cdot \frac{(-e) \cdot e}{10^{-10}\ \mathrm{m}}$$
$$= -2{,}3 \cdot 10^{-18}\ \mathrm{J}.$$

Diese Energie ist möglicherweise nicht die einzige Energie. Beispielsweise ist in dem Planetenmodell nach Kapitel 18 die kinetische Energie des Elektrons halb so groß und natürlich positiv. Auf jeden Fall gibt uns die errechnete potentielle Energie die Größenordnung der Energie, die man zuführen muß, um das Elektron vom Atom zu trennen. Die Bindungsenergie oder Ionisationsenergie eines Atoms liegt in der Größenordnung von 10^{-18} J. Dies entspricht einer Energie von etwa 6 eV. Der wirkliche Energiebetrag, der zum Ionisieren erforderlich ist, hängt von der Atomart ab. Er bewegt sich zwischen E = 2 eV und 20 eV. Das gibt einen Anhalt dafür, daß die elektrischen Kräfte, die das Atom zusammenhalten, hinreichend die Energiebeträge erklären, die zu einer Neuordnung oder zu einem Entfernen der geladenen Bestandteile erforderlich sind. ●

25.8. Zusammenfassung und Ausblick

In diesem Kapitel wurde untersucht, wie sich Ladungen bewegen und wie unter dem Einfluß elektrischer Kräfte, die von anderen ruhenden Ladungen ausgeübt werden, Energie auf sie übertragen wird. In Abschnitt 25.4 ergab sich, daß die Kraft auf ein bewegtes Teilchen genau so groß ist wie die Kraft auf ein ruhendes. Dabei befanden sich die Ladungen, von denen die Kraft ausgeübt wurde, in Ruhe. Es gibt eine wohlbestimmte elektrische potentielle Energie, da die elektrischen Kräfte nur vom Abstand zwischen den Ladungen abhängen.

Mit Ausnahme der Kräfte, die von Batterien und Generatoren ausgeübt werden, wurden in diesem Kapitel nur die gleichen elektrischen Kräfte benutzt, die schon im letzten Kapitel untersucht worden sind. Bei der Untersuchung dieser Kräfte bleiben zwei Probleme offen. Erstens: Was kann man über die Kräfte sagen, die auf bewegte Ladungen in Batterien und Generatoren ausgeübt werden? Diese Kräfte bewegen die Ladungen offenbar gegen die elektrischen Kräfte, die von der Konzentration ruhender Ladungen ausgehen. Zweitens: Was geschieht, wenn sich die Ladung, die eine Kraft auf eine andere ausübt, selbst in Bewegung befindet?

In Kapitel 28 wird sich zeigen, daß das Coulombsche Gesetz die Kraft zwischen zwei geladenen Teilchen nicht richtig angibt, wenn sich beide bewegen. Dann erscheint zusätzlich zur Coulombschen Kraft eine neue Kraft, die von der Bewegung abhängt. Diese neue Kraft ist von großer praktischer Bedeutung, denn sie liegt den meisten unserer elektrischen Geräte zugrunde. Sie ist ferner, wie in Kapitel 29 gezeigt wird, die Grundlage für die Spannung von Generatoren. Schließlich bleiben noch die Spannungen und Energien, die von Batterien geliefert werden. Es wurde darauf hingewiesen, daß sie nur mit Energieübertragungen erklärt werden können, die bei chemischen Reaktionen stattfinden. Mit anderen Worten: Die von einer Batterie gelieferte Energie kann nur verstanden werden, wenn uns das Innere der Atome zugänglich ist. Mit der Untersuchung der inneren Energie von Atomen werden wir im letzten Kapitel dieses Buches gerade beginnen können.

In Kapitel 27 werden der Energiefluß und der elektrische Strom betrachtet. Dort geht es vor allem auch darum, diese Vorstellungen auf elektrische Stromkreise anzuwenden.

Aufgaben

1.* In der Versuchsanordnung von Bild 25.1 werden zwei 90-V-Batterien und doppelt geladene Ionen verwendet. Welche Energie besitzt jedes Ion beim Auftreffen auf die negative Platte?

2. Zwei große Metallplatten werden in einem Abstand von 6,2 cm innerhalb einer Vakuumröhre an die Pole zweier in Reihe geschalteter 90-V-Batterien angeschlossen. Ein doppelt geladenes Sauerstoffion startet in Ruhe auf der Oberfläche der einen Platte und wird in Richtung auf die andere beschleunigt.
   a) Mit welcher kinetischen Energie $\frac{1}{2}mv^2$ trifft das Sauerstoffion auf die andere Platte auf?
   b) Mit welcher Energie trifft es auf die Platte, wenn es in der Mitte zwischen den Platten startet?

3.* In der Versuchsanordnung nach Bild 25.4 verwendet man einfach geladene Heliumionen. In welcher Zeit durchfliegen diese die Kammer?

4. Bei einem Analogieversuch zur Bestimmung der Flugzeit (Bild 25.6) wurde die Zeitablenkung im Oszillographen so eingestellt, daß der Strahl in 0,5 s über den Schirm streicht. Die gesamte Länge der Spur ist für diese Ablenkzeit 10 cm. Die Kontaktstellen der Rinne, in der die Kugel herunterrollt, sind 1,2 m voneinander entfernt. Welche Geschwindigkeit besitzt die Kugel, wenn die Spitzen auf dem Oszillographenschirm 8,0 cm Abstand haben?

5. In der Versuchsanordnung von Abschnitt 25.1 zur Bestimmung der Masse eines Wasserstoffions (Protons) verwendet man eine Quelle mit schwerem Wasserstoff. Man beobachtet Abstände der Spitzen, die zu einer Flugzeit gehören, die 1,4 mal so groß ist wie die Zeit bei gewöhnlichen Wasserstoffionen.
   a) Welche Masse ergibt sich, wenn sie einfach geladen sind?
   b) Könnte es sich um einfach geladene oder um doppelt geladene Heliumionen handeln?
   (Die Masse eines Heliumatoms ist viermal so groß wie die Masse eines Wasserstoffatoms.)

6.* Es werden in der Sekunde $2 \cdot 10^{16}$ Paare einfach geladener Ionen gebildet. Sie erreichen die Platten (Bild 25.10) ohne Rekombination. Welche Stromstärke fließt in den Zuleitungen von der Batterie?

7.* Bei der Herstellung einer Elektronenröhre sei ziemlich viel Restgas in der Röhre verblieben. Erhitzt man nun den Glühdraht und legt eine Spannung zwischen Glühdraht und Anode an, so entsteht in der Röhre ein Strom, der aus Elektronen und aus positiven Ionen gebildet wird. Man betrachte nun eine Grenzebene in der Nähe des Heizdrahtes. In jeder Sekunde werden $3{,}0 \cdot 10^{16}$ Elektronen emittiert und bewegen sich durch die Ebene in Richtung auf die Anode. Zugleich wandern $0{,}6 \cdot 10^{16}$ einfach geladene positive Ionen in 1 s in entgegengesetzter Richtung durch die Ebene. Welche Stromstärke hat der Strom durch die Ebene?

8. Zwischen zwei parallelen Metallplatten wird Gas ionisiert. Dabei entstehen in jedem Volumenabschnitt gleich viele negative und positive Ionen. An die Platten sind eine Batterie und ein Strommesser in Reihe angeschlossen. Durch den entstehenden Kreis fließt ein Strom konstanter Stärke. (Die positive Platte befinde sich links, die negative rechts.)
   a) Welche Richtung hat der elektrische Strom zwischen den Platten?
   b) Der Strommesser zeigt $10^{16} \frac{e}{s}$ an. Wieviele positive Elementarladungen werden dann von den zur negativen Platte gelangenden Ionen in der Sekunde geliefert?
   c) Wieviele negative Elementarladungen gelangen in 1 s zur negativen Platte?
   d) Wieviele positive Ionen wandern in 1 s nach rechts durch eine Ebene hindurch, die sich in der Mitte zwischen den Platten befindet?

9. Es stehen Batterien, etwas Metalldraht und ein geeichter Strommesser zur Verfügung. Wie läßt sich damit ein zweiter Strommesser eichen?

10. Man erhält mehrere gleiche Strommesser. Auf einem von ihnen ist ein Strich angebracht, der genau die Stromstärke von 1 A (ein Strom von $6{,}25 \cdot 10^{18} \frac{e}{s}$) anzeigt. Weiter stehen einige Batterien und viele gleiche Metalldrähte zur Verfügung. Wie läßt sich mit diesen Hilfsmitteln die Eichung des Strommessers vervollständigen? Man beantworte die folgenden Fragen:
   a) Mehrere Strommesser werden zur Messung der Stromstärke 1 A mit einem Strich versehen. Dann schließt man drei Strommesser wie in Bild 25.16 in den Kreis. Wie kann man auf einem der drei einen Strich für 2 A bekommen?
   b) Wie kann man Strommesser schalten, um auf einer Skala Striche für 3 A und 4 A zu erhalten? (Schaltskizze)
   c) Wie kann man die Strommesser schalten, um Striche für $\frac{1}{2}$ A und $\frac{1}{3}$ A zu bekommen? (Schaltskizze)

11. In der Versuchsanordnung nach Bild 25.11 werden $3{,}0 \cdot 10^{22}$ Aluminiumatome abgeschieden. Wieviel Kupferatome werden in der gleichen Zeit abgeschieden?

12. Die Skala eines selbstgebauten Strommessers soll geeicht werden. Es wird in Reihe mit einer elektrolytischen Zelle (mit einer Lösung von Silbernitrat ($AgNO_3$)) und einer Batterie verbunden. Eine halbe Stunde lang fließt ein konstanter Strom, der den Zeiger bis zum Skalen-

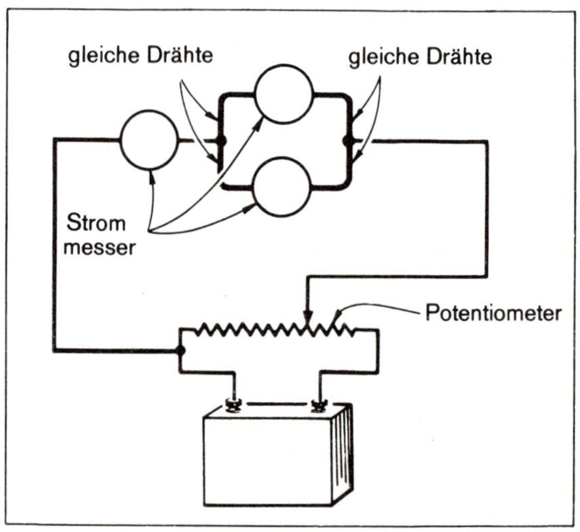

Bild 25.16. Zur Aufgabe 10

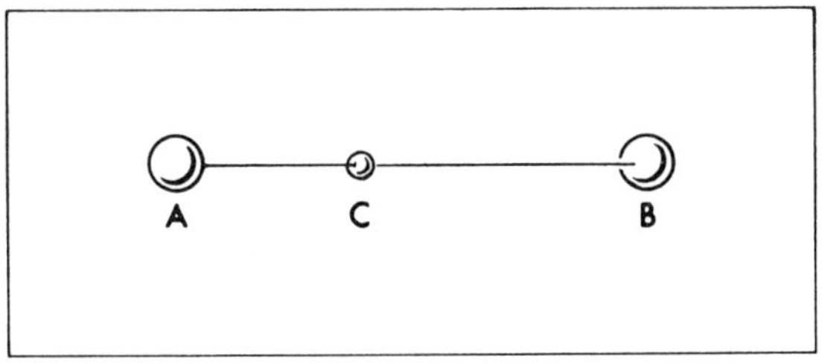

Bild 25.17. Zur Aufgabe 15

ende ausschlagen läßt. Nach dieser Zeit mißt man, daß 1,92 g Silber an der negativen Elektrode abgeschieden wurde.

a) Wie viele Elementarladungen gingen in 1 s durch den Stromkreis? (Ein Mol Silber, das sind $6 \cdot 10^{23}$ Atome, hat die Masse 108 g.)

b) Wie kann man die Eichung des Gerätes vervollständigen?

13.* Ein doppelt geladenes Ion wird über eine Strecke von 9,3 mm durch eine Kraft $F = 3{,}10 \cdot 10^{-15}$ N aus der Ruhe heraus beschleunigt. Welche kinetische Energie erreicht es dabei?

14.* Weitere Messungen ergeben für das Ion der Aufgabe 13, daß es nach der Beschleunigung eine Bewegungsgröße $mv = 1{,}24 \cdot 10^{-21}\ \frac{\text{kg m}}{\text{s}}$ besitzt. Welche Masse läßt sich daraus für das Ion bestimmen?

15. Zwei geladene Kugeln A und B sind an den Enden eines 6 cm langen Nylonfadens befestigt (Bild 25.17). Kugel A trägt $1{,}0 \cdot 10^{10}$ und Kugel B $4{,}0 \cdot 10^{10}$ positive Elementarladungen. Eine kleine Perle C mit $1{,}0 \cdot 10^{10}$ positiven Elementarladungen kann reibungslos am Nylonfaden entlanggleiten.

a) An welchem Punkt des Fadens ist die resultierende Kraft auf C gleich Null?

b) In welcher Richtung wirkt die Kraft auf die kleine Kugel C, wenn sie sich aus der Ruhelage a) näher nach A oder näher nach B bewegt? Liegt ein stabiles oder ein labiles Gleichgewicht vor, wenn sich C in der Ruhelage befindet?

c) Wie würden die Lösungen zu a) und b) heißen, wenn C eine gleich große negative Ladung trüge?

16. In der Versuchsanordnung nach Bild 25.18 werden die vom Glühdraht F emittierten Elektronen in Richtung auf B beschleunigt.

a) Welche Energie besitzen die auf der Platte B auftreffenden Elektronen?

b) Welche elektrische Feldstärke besteht zwischen A und B, welche zwischen B und C?

c) Einige Elektronen gelangen durch das Loch der Platte B. Wohin bewegen sie sich weiter?

17. In der Versuchsanordnung von Aufgabe 2 werden doppelt geladene Sauerstoffionen beschleunigt. Wie viele Ionen müssen sich von der positiven zur negativen Platte bewegen, damit diese mit 1 J zugeführter kinetischer Energie der Ionen erwärmt wird?

18. Die doppelt geladenen Sauerstoffionen (siehe Aufgabe 17) werden in der Mitte zwischen den Platten durch Ionisierung von Sauerstoffatomen gebildet (Abgabe von Elektronen). Dann werden die Ionen in der einen und die Elektronen in der anderen Richtung beschleunigt.

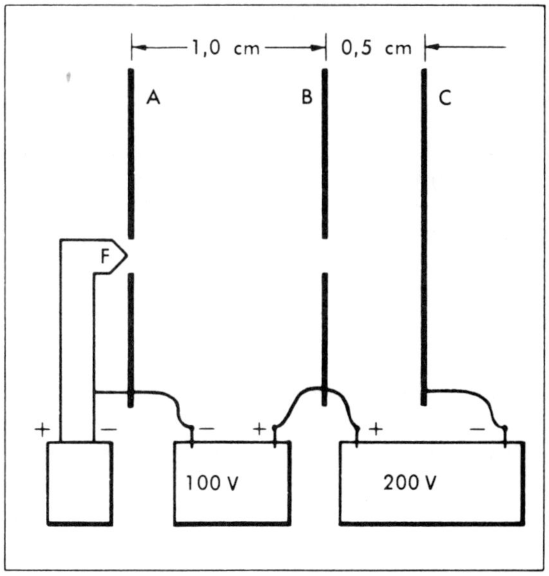

Bild 25.18. Zur Aufgabe 16

Welche Energie liefern die Elektronen zur Erwärmung der positiven Platten in der gleichen Zeit, in der an die positive Platt 1 J geliefert wird?

19. Auf welche Weise läßt sich nachweisen, daß alle Elementarladungen gleich groß sind?

20.* An zwei parallele Platten mit dem Abstand 1 mm werden drei 90-V-Batterien in Reihe angeschlossen. Welche Kraft wirkt zwischen ihnen auf eine Elementarladung?

21.* Eine Batterie mit einer Spannung von $U = 2{,}9 \cdot 10^{-17}\ \frac{\text{J}}{\text{e}}$ bewegt Ladungen mit einer Stromstärke von $6{,}0 \cdot 10^{16}\ \frac{\text{e}}{\text{s}}$. Welche Leistung liefert die Batterie?

22.* Eine einzelne Elementarladung befindet sich in einem Abstand r von einem geladenen Körper mit der Ladung Q. Sie wird freigegeben und bewegt sich unter dem Einfluß der abstoßenden Coulomb-Kraft nach außen. Welche kinetische Energie erreicht sie bei sehr großem Abstand?

23.* Ein Körper besitzt einen Überschuß von $1 \cdot 10^{10}$ negativen Elementarladungen. Welche elektrische Feldstärke und welches Potential besitzt ein 0,5 m entfernter Punkt?

24. Ein Elektron und ein Proton befinden sich zwischen zwei großen parallelen Platten, die einen Abstand von 20 cm haben und an die eine Spannung von 20 000 V gelegt ist. Die Platten stehen parallel zur Erdoberfläche, die obere sei positiv geladen.

a) Man bestimme die elektrische Kraft und die Gravitationskraft auf die beiden Teilchen.

b) Wie groß sind die Kräfte, wenn man die Teilchen 1 cm nach oben bewegt?

c) Wie ändern sich bei dieser Bewegung die potentiellen Energien im elektrischen Feld und im Gravitationsfeld?

25. Bei der Spaltung des Atomkerns von Uran 238 bricht der Kern aufgrund der Coulombschen Abstoßungskraft zwischen seinen Protonen manchmal gerade in zwei

Teile auseinander. Man stelle sich vor, daß die Spaltung soeben erfolgt sei und daß die beiden Teile sich noch berühren (der Abstand ihrer Mittelpunkte beträgt etwa 10^{-14} m). Der erste Teil habe $Z_1 = 42$ Elementarladungen, der andere $Z_2 = 50$. Beide befinden sich unmittelbar nach der Spaltung in Ruhe. Ihre gesamte kinetische Energie soll (in J und in MeV) bestimmt werden, die sie aufgenommen haben, nachdem sie sich sehr weit voneinander entfernt haben.

26. a) Zwei Protonen befinden sich in einem Abstand 10^{-10} m voneinander und werden dort freigegeben. Welche kinetische Energie besitzen sie nach Erreichen eines großen Abstandes?
b) Welchen Wert erhält man für die kinetische Energie bei großem Abstand, wenn ein Proton festgehalten wird?

27. Zwei vertikale Metallplatten stehen parallel zueinander (Bild 25.19). Beide sind isoliert aufgestellt, Platte A ist auf dem Tisch befestigt und Platte B auf einem Trockeneis-Puck. Sie kann sich frei bewegen. Zwischen ihnen ist eine isolierende Feder angebracht, die sich dehnen und zusammendrücken läßt.

a) Die Platte B wird in der Stellung festgehalten, in der von der Feder keine Kraft ausgeübt wird. Dann lädt man die Platten durch eine Batterie auf und gibt (nach Trennung von der Batterie) die Platte B frei. Welche Bewegung führt daraufhin die Platte B aus?
b) Gibt es ein einfaches mechanisches System, das sich gleichartig verhält?

28. Zwei gleichgeladene Teilchen (Q) werden auf der y-Achse eines Achsenkreuzes in gleichen Abständen a über und unter dem Ursprung befestigt.

a) Eine Elementarladung bewegt sich auf der x-Achse aus dem Unendlichen kommend bis zum Abstand x_0 vom Ursprung. Man gebe einen Ausdruck für die potentielle Energie des Systems an, wobei die potentielle Energie für die Lage im Unendlichen Null sei.

(Hinweis: Man berechnet zweckmäßigerweise zuerst die potentielle Energie für das System, das nur eine der festen Ladungen enthält. Der gesuchte Ausdruck für die potentielle Energie soll in Abhängigkeit von der Konstanten k im Coulombschen Gesetz, von den Abständen a und x_0 und der Ladung Q gegeben werden.)

b) Welche potentielle Energie erhielte man, wenn die beiden festen Ladungen gleich groß wären, aber entgegengesetztes Vorzeichen hätten?

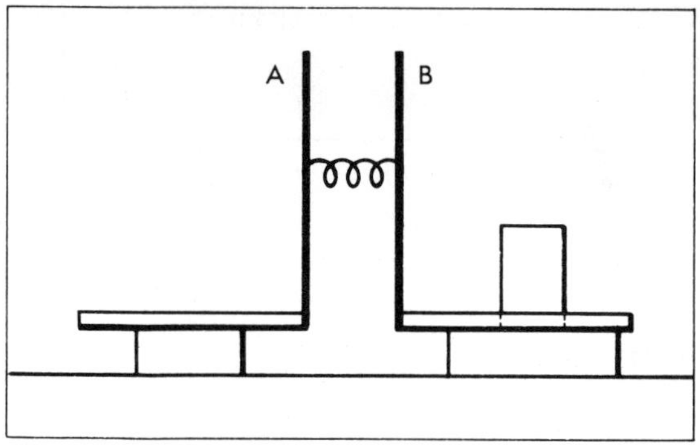

Bild 25.19. Zur Aufgabe 27

29. Beim Millikan-Versuch wird eine Latexkugel (Durchmesser 1,3 μm) zwischen zwei Platten freigegeben, zwischen denen eine Potentialdifferenz von 175 V besteht. Der Abstand der Platten beträgt 7,0 mm, die Dichte von Latex ist $1{,}05 \frac{g}{cm^2}$. Man weiß aus anderen Beobachtungen, daß die Latexkugel drei Elementarladungen trägt. Aus diesen Angaben läßt sich errechnen, wieviel Coulomb in einer Elementarladung enthalten sind und umgekehrt.

30.* An einen Tauchsieder, der dann $60 \frac{J}{s} = 60$ W leistet, wird eine Batterie angeschlossen, die $3{,}12 \cdot 10^{19}$ Elementarladungen in der Sekunde liefert. Welche Spannung besitzt die Batterie (in $\frac{J}{e}$ und in V)?

31.* Welche Stromstärke (in A) liegt im Kreis vor, wenn $3{,}12 \cdot 10^{19}$ Elementarladungen in der Sekunde fließen?

32.* In der Aufgabe 27 von Kapitel 18 ergab sich $2{,}3 \cdot 10^{18}$ J als Bindungsenergie des Elektrons an das Proton. Wieviel eV sind das?

26. Das Rutherfordsche Atommodell

Wir wissen schon, daß in Atomen Elektronen enthalten sind, die sehr viel leichter als das leichteste Atom, das Wasserstoffatom, sind. Löst man ein solches Elektron aus einem Atom, so entsteht ein positiv geladenes Ion, das nahezu die gesamte Atommasse trägt. Es gelingt auch, ein Elektron einem Atom hinzuzufügen; dann entsteht ein negativ geladenes Ion. Wie sieht aber ein Atom aus? Wie ist es aufgebaut? Über diese Fragen wurde bisher noch sehr wenig gesagt. Inzwischen wissen wir einiges über die elektrische Energie und über geladene Teilchen. Damit können wir das Innere der Atome untersuchen und einiges über ihre Struktur erfahren. Um das Innere der Atome zu untersuchen, beschießt man sie mit geladenen Teilchen. Aus den Ergebnissen dieser Experimente läßt sich schließen, daß es über 100 verschieden gebaute Atome gibt. Ihr Aufbau ist in gewisser Weise recht gut durchschaubar. Aus diesem Grund lassen sich aus wenigen Experimenten relativ viele Informationen gewinnen.

Um das Innere der Atome untersuchen zu können, müssen die Probekörper eindringen. Daher sind Atome oder Moleküle, die schon von der Oberfläche abgestoßen werden, hier unbrauchbar. Auch ist die Verwendung von niederenergetischen Teilchen nicht sinnvoll, da sie nicht sehr tief eindringen. Andererseits können Probekörper, die durch alles Mögliche geradlinig hindurchgehen, keine Information über den durchlaufenen Weg erbringen. Daher sind Röntgenstrahlen oder die noch energiereicheren Gammastrahlen kaum zu verwenden. Zu Beginn dieses Jahrhunderts zeigte sich, daß α-Teilchen zur Untersuchung des Inneren der Atome gut geeignet sind. Diese Teilchen werden von radioaktiven Substanzen ausgesendet. Sie haben so hohe Energie, daß sie verhältnismäßig tief in ein Atom einzudringen vermögen. Sehr häufig ändert sich ihre Richtung nur geringfügig, gelegentlich werden sie jedoch auch sehr stark abgelenkt. Es ist zu vermuten, daß sie dann im Innern des Atoms mit etwas recht Massivem zusammengestoßen und daran abgeprallt sind.

26.1. Streuung von α-Teilchen und das Rutherfordsche Atommodell

Bild 26.1 zeigt den experimentellen Aufbau zur Untersuchung von Goldatomen mittels α-Teilchen hoher Geschwindigkeit. Diese entstehen beim radioaktiven Zerfall des Poloniums. Die Geschwindigkeit der α-Teilchen läßt sich unter Benutzung des in Abschnitt 25.1 skizzierten Verfahrens bestimmen, indem man ihre Flugzeit in einem evakuierten Rohr mißt. Für diese α-Teilchen, die doppelt geladene Heliumionen sind, ergibt sich eine Geschwindigkeit von $1{,}6 \cdot 10^7\ \frac{m}{s}$. Ein sehr enges Bündel dieser α-Teilchen wird nun auf eine dünne Goldfolie gerichtet. Hinter der Goldfolie steht ein Detektor für α-Teilchen, der ihre Richtung anzeigt, nachdem sie durch die Folie hindurchgetreten sind.

Für die Versuche eignen sich Goldfolien, die so dünn sind, daß jeder Quadratmeter nur eine Masse von $2 \cdot 10^{-3}$ kg hat. Kennt man die Dichte des Goldes, so läßt sich die Anzahl der Goldatome ermitteln, die auf dem Weg eines α-Teilchens liegen. Gold hat eine Dichte von etwa $2 \cdot 10^4\ \mathrm{kg/m^3}$. Damit ergibt sich die Dicke der Goldfolie zu

$$\frac{2 \cdot 10^{-3}\ \mathrm{kg/m^2}}{2 \cdot 10^4\ \mathrm{kg/m^3}} = 1 \cdot 10^{-7}\ \mathrm{m}.$$

Ein einzelnes Goldatom hat eine Masse von $3{,}3 \cdot 10^{-25}$ kg. Nehmen wir an, daß die Atome „dicht“ gepackt sind, so hat jedes ein Volumen von

$$\frac{3{,}3 \cdot 10^{-25}\ \mathrm{kg}}{2 \cdot 10^4\ \mathrm{kg/m^3}} \approx 16 \cdot 10^{-30}\ \mathrm{m^3}.$$

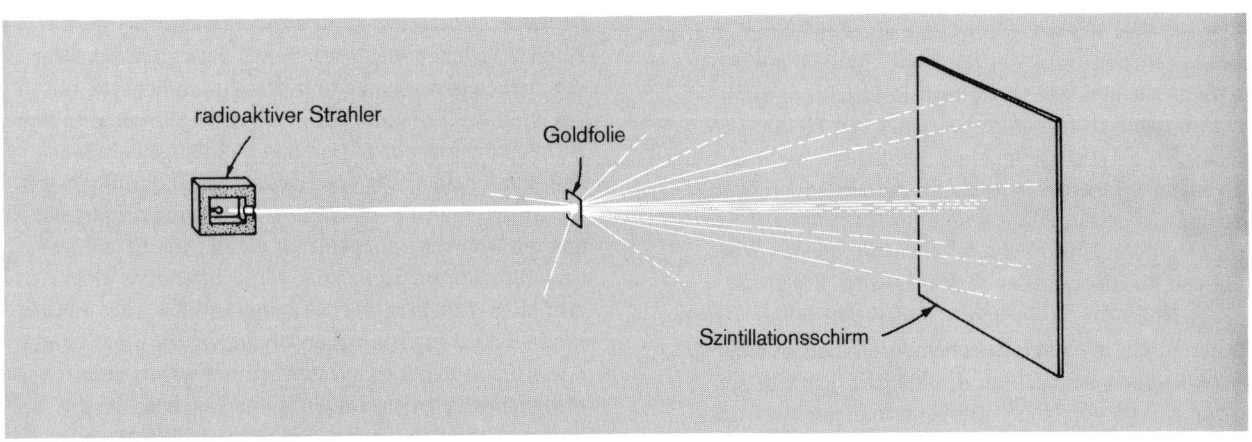

Bild 26.1. Ein Experiment zur Untersuchung des Atominneren, wobei α-Teilchen als „Geschosse“ dienen.

Stellen wir uns die Atome als kleine Würfel vor, so müßte jeder dieser Würfel eine Kantenlänge von etwa $2{,}5 \cdot 10^{-10}$ m haben. Wir können daher die Dicke der Goldfolie auch in Atomdurchmessern angeben und erhalten wegen

$$\frac{1 \cdot 10^{-7}\ \text{m}}{2{,}5 \cdot 10^{-10}\ \text{m}} = 400$$

eine Dicke vom 400fachen des Durchmessers eines Goldatoms.

Als erstes erkennen wir bei dem geschilderten Versuch, daß die meisten α-Teilchen durch die Folie hindurchkommen, ohne ihre Richtung merklich zu ändern. Mit anderen Worten: Ein α-Teilchen durchdringt im allgemeinen ungehindert eine Schicht von etwa 400 Atomen. Daraus ist zu schließen, daß der größte Teil des Inneren eines Atoms nichts so Massives enthält, daß α-Teilchen unter irgendeinem Winkel abgelenkt würden. Trotzdem kann das Innere nicht „leer" sein, denn wir beobachten gleichzeitig, daß die α-Teilchen beim Durchgang durch Gold allmählich ihre Energie verlieren. Goldfolien von üblicher Dicke würde ein α-Teilchen nicht durchdringen können. Aus anderen Experimenten wissen wir, daß die Energie durch Ionisation der Goldatome verbraucht wird. Verliert ein α-Teilchen beim Durchgang durch Goldatome Energie, die zum Abspalten von Elektronen verbraucht wird, so wird es ähnlich abgebremst wie ein Geschoß, das durch mehrere Heuballen hindurchgeht.

Da wir Atome gewogen haben, wissen wir aber, daß in den Atomen Materie zu finden sein muß. Es ist kaum vorstellbar, daß die Masse eines Atoms nur von den Elektronen gebildet werden soll. Viele tausend Elektronen würden dann schon benötigt, um ein leichtes Atom aufzubauen. Wir erhalten jedoch bei Zerstörung eines Atoms nur einige wenige Elektronen. Die Masse eines Goldatoms ist etwa 50 mal so groß wie die Masse eines α-Teilchens. Würde ein α-Teilchen zentral gegen ein Teilchen dieser Masse stoßen, so müßte es reflektiert werden. Wir wollen uns deshalb noch einmal den α-Teilchenstrahl, der durch die Folie hindurchtritt, anschauen. Bei sorgfältiger Beobachtung stellt man tatsächlich fest, daß etwa eines von 10 000 einfallenden α-Teilchen um einen Winkel von mehr als 10° abgelenkt wird. In größeren Zeitabständen beobachtet man sogar, daß jeweils eines aus einer astronomisch großen Anzahl von α-Teilchen um einen Winkel von 90° oder größer abgelenkt wird. Ereignisse der gleichen Art lassen sich – jedoch sehr selten – auch beim Durchgang von α-Teilchen durch das Gas einer Nebelkammer beobachten. Untersucht man eine sehr große Anzahl von Nebelkammeraufnahmen, so findet man möglicherweise einige, auf denen α-Teilchen ganz klar von Atomen fast unter einem Winkel von 180° reflektiert werden. Bild 26.2 zeigt eine solche Aufnahme.

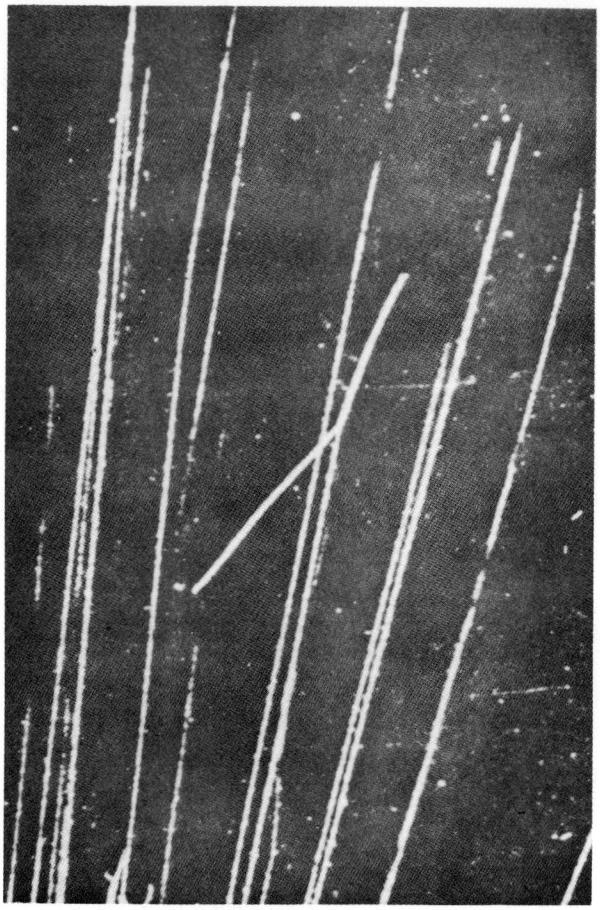

Bild 26.2. Diese Nebelkammeraufnahme zeigt die Bahnen von α-Teilchen in Stickstoff. Die α-Teilchen werden von einer Quelle links unten ausgesandt. Sie bewegen sich also nach oben. In der Mitte des Bildes ist ein Zusammenstoß zwischen einem α-Teilchen und einem Stickstoffatom sichtbar. Dabei wurde das α-Teilchen um einen Winkel von etwa 142° abgelenkt. Der Rückstoß des Stickstoffatoms ist ebenfalls erkennbar. (Aus *P. M. S. Blackett* und *D. S. Lee* in Proceedings of the Royal Society, 134 A, 658, 1931.)

Auch α-Teilchen, die in der Folie stark abgelenkt werden, haben genau einen heftigen Zusammenstoß mit irgendeinem Teil eines Atoms in der Folie gehabt. Weil nämlich die meisten α-Teilchen nicht abgelenkt werden, kann man sicher sein, daß *nur ein* Zusammenstoß die Ursache für die Ablenkung war. Daraus ergibt sich, daß die Wahrscheinlichkeit für einen Stoß bereits gering, für mehrere Stöße aber vernachlässigbar klein ist. Auf ein α-Teilchen, das stark abgelenkt wurde, müssen große Kräfte gewirkt haben. Irgendwo im Innern eines Atoms muß daher mindestens ein schwerer, undurchdringlicher Teil sein. Diejenigen α-Teilchen, die ihn direkt treffen, treten mit ihm in starke Wechselwirkung.

Jedes Atommodell muß, um mit diesen Beobachtungen übereinzustimmen, zwei Eigenschaften haben: Weil fast alle α-Teilchen die Atome ungehindert durchdringen, muß der größte Teil des Atoms leer sein. Da gelegentlich aber auch einmal ein α-Teilchen rückgestreut wird, muß im Innern eines Atoms wenigstens ein massiver Teil sein, mit dem das α-Teilchen stark wechselwirken kann. Die Bremsung der α-Teilchen, die in einer dicken Goldschicht erfolgt, wird dadurch erklärt, daß α-Teilchen aus den durchquerten Atomen Elektronen auslösen. Bei dieser Ionisation wird kinetische Energie des α-Teilchens verbraucht. Daher liegt es nahe, die Hauptmasse eines Atoms einer positiven Ladung zuzuordnen, denn als Ganzes soll das Atom normalerweise neutral sein.

Rutherford erdachte im Jahre 1911 ein Atommodell, das all diese Eigenschaften hatte. Die Wechselwirkung zwischen α-Teilchen und massivem, positiv geladenem Kern erklärte er dabei durch die Coulombkraft. Sein Modell beschreibt das Atom als ein Sonnensystem im Kleinen mit einem *Kern* – Nucleus – im Zentrum, der von einer Anzahl Elektronen umkreist wird. Der Kern ist positiv geladen. In ihm ist fast die gesamte Masse des Atoms vereinigt. Die leichten, negativ geladenen Elektronen bewegen sich um den Kern herum, gehalten durch die Coulombkraft; etwa so wie die Planeten, die um die Sonne kreisen und dabei von der Gravitationskraft auf ihren Bahnen gehalten werden. Außerhalb des Atoms wird durch die negativ geladenen Elektronen die Wirkung der positiven Ladung des Kernes aufgehoben, so daß das Atom als Ganzes elektrisch neutral ist. Das bedeutet, daß die Anzahl der positiven Elementarladungen des Kernes gleich der Anzahl der Elektronen ist.

Schon früher wurde geschlossen, daß das Wasserstoffatom aus einem Proton und einem Elektron besteht (Abschnitt 25.1). Im Rutherfordschen Modell des Wasserstoffatoms (Bild 26.3) ist daher das Proton der Kern, und ein Elektron bewegt sich auf einer Bahn um ihn herum. Entsprechend besteht das Heliumatom aus einem α-Teilchen und zwei Elektronen. Im Heliumatom ist das α-Teilchen der Kern, und zwei Elektronen bewegen sich um ihn herum.

Im Rutherfordschen Modell sind für sämtliche Atome die Durchmesser von Kern und Elektronen als sehr klein im Vergleich zum Durchmesser des gesamten Atoms zu denken. Daher ist der größte Teil des Volumens eines Atom tatsächlich leerer Raum. In der näheren Umgebung des Atomkerns wird das elektrische Feld hauptsächlich durch die Ladung des Kerns erzeugt. Es ist ein Coulombfeld, dessen Stärke mit dem Quadrat der Entfernung vom Kern abnimmt. Die Elektronen kreisen in den äußeren Bezirken des Atoms.

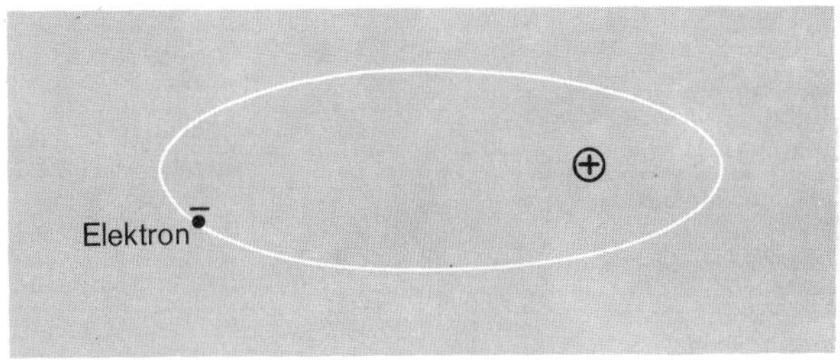

Bild 26.3. Das Rutherfordsche Modell des Wasserstoffatoms. In diesem Maßstab sind Kern und Elektron noch so klein, daß man sie nicht sehen kann. Dabei ist das Atom linear schon um den Faktor 10^9 vergrößert.

Dort trägt ihre negative Ladung auch zum elektrischen Feld bei. Außerhalb des Atoms schirmen diese negative Ladungen die positive Ladung des Kerns vollständig ab, so daß das elektrische Feld verschwindet.

Nach dem Rutherfordschen Modell wird ein α-Teilchen, das in einiger Entfernung vom Zentrum durch ein Atom hindurchgeht, keine nennenswerte Ablenkung erfahren. Es wird lediglich die Elektronen zur Seite drängen. In einem Strom von α-Teilchen, der auf ein Goldblatt gelenkt wird, kommen jedoch immer einige so nahe am Zentrum eines Atoms vorbei, daß sie in das starke elektrische Feld des Kerns eintreten – sie werden um einen großen Winkel „gestreut".

Man erkennt, daß das Rutherfordsche Modell wenigstens qualitativ mit den experimentellen Fakten übereinstimmt. Es erklärt, warum die meisten α-Teilchen Atome fast ungehindert durchdringen können und warum einige sehr stark abgelenkt werden. Bevor wir diesem Modell jedoch weiter trauen, müssen wir es einem quantitativen Test unterwerfen. *Rutherford* und seine Mitarbeiter haben diesen Test mit großer Sorgfalt durchgeführt.

26.2. Bahnen der α-Teilchen im elektrischen Feld eines Atomkerns

Im Rutherfordschen Modell wirkt auf ein α-Teilchen in der Nähe des Kerns eine abstoßende Kraft, deren Betrag umgekehrt proportional zum Quadrat des Abstandes zwischen beiden ist. Um das Modell zu überprüfen, berechnet man zunächst die Bahnen der α-Teilchen in einem solchen Kraftfeld.

Beispiele für die berechneten Bahnen sind in Bild 26.4 dargestellt. Die umfangreichen Rechnungen sollen hier nicht wiedergegeben werden, obwohl sie außer dem Coulombschen Gesetz, dem Newtonschen Grundgesetz der Mechanik und Einzelheiten der wechselseitigen geometrischen Anordnung nichts Geheimnis-

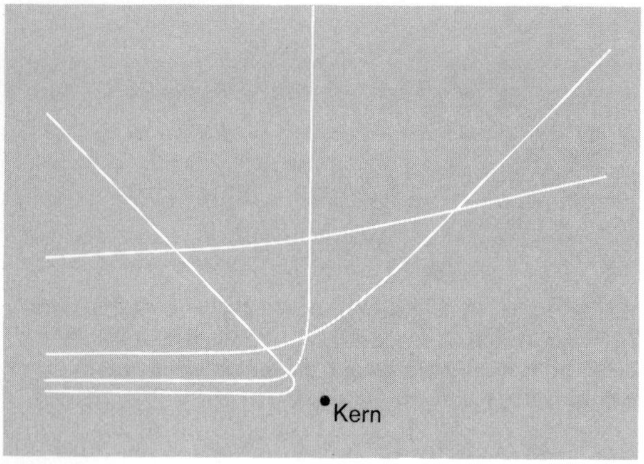

Bild 26.4. Berechnete Bahnen von α-Teilchen in der Nähe eines Atomkerns. Für die Berechnung wurde ein reziprok-quadratisches Gesetz für die abstoßende Kraft zu Grunde gelegt.

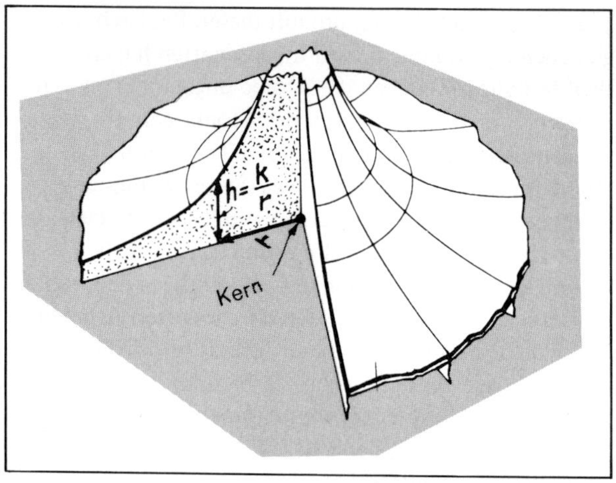

Bild 26.5. Ein mechanisches Modell zur Veranschaulichung der Bahnen von α-Teilchen in der Umgebung eines Atomkerns. Die potentielle Energie der α-Teilchen ist proportional zu 1/r, wobei r der Abstand des Teilchens vom Kern ist. Der Hügel ist so geformt, daß in jedem Punkt der Oberfläche die Höhe proportional zu 1/r ist, wobei r der Abstand des Lotes von der Mitte ist. Daher ist die durch die Gravitation verursachte potentielle Energie einer Kugel auf dem Hügel proportional zu 1/r. Die Bewegung dieser Kugel ähnelt also der Bewegung einer Ladung im elektrischen Feld des Atomkerns, wobei aber diese Bewegung in einer Ebene erfolgt.

volles enthalten. Die Kurven sind Hyperbeln, deren Brennpunkt der Kern ist. (Die hier auftretenden hyperbolischen Bahnen entsprechen den elliptischen Bahnen im Gravitationskraftfeld, in dem die Kraft ebenfalls mit dem Quadrat des Abstandes abnimmt. Einige Bemerkungen dazu bringt der Abschnitt 26.2.1.)

Man kann sich davon überzeugen, daß die berechneten Ergebnisse vernünftig sind, wenn man ein mechanisches Modell betrachtet, das die wesentlichen Tatsachen der Streuung von α-Teilchen in einem Coulombfeld wiedergibt. Wir können uns ein solches Modell herstellen und damit experimentieren. In ihm wird das α-Teilchen durch eine Stahlkugel dargestellt, die mit geringer Reibung auf einem Tisch rollt, auf dem sich ein flacher Hügel erhebt (Bild 26.5). Wir richten es so ein, daß die durch Gravitation erzeugte potentielle Energie der Kugel auf dem Hügel mit der durch das elektrische Feld erzeugten potentiellen Energie des α-Teilchens in der Nähe des Kerns übereinstimmt. Dieses Modell stellt also einen ebenen Schnitt durch das Zentrum eines Atoms dar. Die dritte Dimension, die Höhe des Modells, veranschaulicht nicht den Raum, sondern die potentielle Energie. Die elektrische potentielle Energie des α-Teilchens ändert sich proportional zu $\frac{1}{r}$, wobei r der Abstand des Teilchens vom Kern ist. Wir richten den Hügel daher so her, daß für jeden Punkt der Schnittebene die Höhe umgekehrt proportional zum Abstand r des Punktes vom Zentrum ist.

Bei diesem Modell wird die Bewegung eines α-Teilchens in der getönten Ebene durch die Bewegung einer Stahlkugel auf dem Potentialberg dargestellt. Schaut man von oben auf eine sich auf einem Potentialberg bewegende Kugel, so ähnelt ihre Bahn weitgehend der Bahn eines α-Teilchens in der Nähe des Atomkerns (Bild 26.6).

Ein α-Teilchen, das genau auf einen Kern gezielt wird, wird genau rückwärts gestreut. Im mechanischen Modell wird in gleicher Weise ein Ball, der exakt in Richtung des Zentrums des Hügels rollt, diesen senkrecht hinaufrollen bis zu einer Höhe, in der die potentielle Energie gleich der ursprünglichen kinetischen Energie ist. Dort kehrt er seine Bewegungsrichtung um und erreicht wieder seinen Ausgangspunkt. Zielt dagegen die Bewegungsrichtung des α-Teilchens auf einen Punkt rechts vom Kern, so wird die Coulombabstoßung das Teilchen nach rechts drücken, wobei seine Richtung beim Passieren des Kerns geändert wird (Bild 26.6). Der Winkel θ zwischen der schließlich erreichten und der ursprünglichen Bewegungsrichtung heißt Streuwinkel (Bild 26.7). Je näher das α-Teilchen an den Kern herankommt, um so stärker wird es durch die Coulombkraft beeinflußt und um so stärker wird es in die Richtung, aus der es kommt, zurückgedrängt. Daher nimmt der Streuwinkel θ zu, wenn der „Zielfehler", gegeben durch den Abstand b, abnimmt. Bild 26.9 zeigt die sich daraus ergebenden Bewegungen der Kugel im mechanischen Modell.

26.2.1. Kegelschnitte und reziprok-quadratische Kraftfelder

Immer, wenn sich ein Teilchen unter der Einwirkung einer Kraft bewegt, die sich umgekehrt proportional

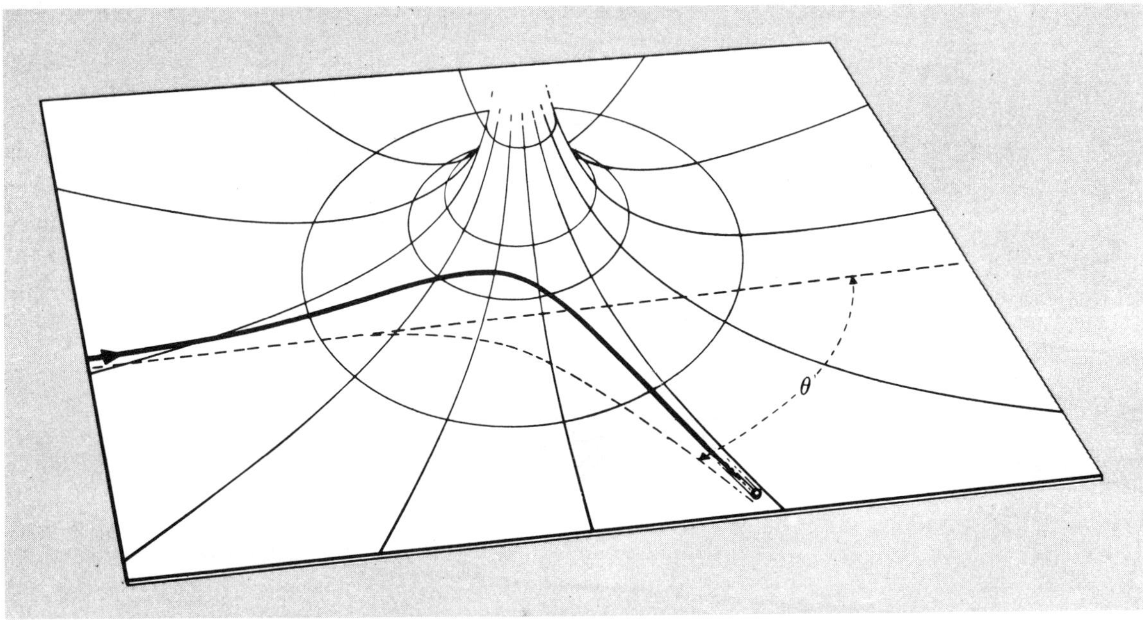

Bild 26.6. Die dicke Linie zeigt die mögliche Bahn einer rollenden Kugel in dem „Hügelmodell" des Coulombfeldes. Die gestrichelte Gerade gibt die ursprüngliche Richtung der Kugel wieder. Schaut man senkrecht auf den Hügel, so erscheint die Bahn der Kugel jetzt wie die Bahn eines α-Teilchens, das sich in der Ebene bewegt. Diese Bahn ist durch die gestrichelte Kurve dargestellt.

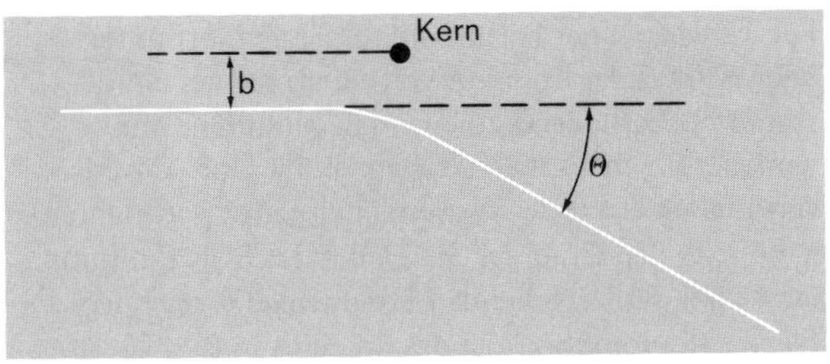

Bild 26.7. Der „Zielfehler" b ist die Entfernung, in der ein Teilchen am Kern vorbeifliegen würde, falls es nicht abgelenkt würde. Der Streuwinkel θ ist der Winkel, um den das Teilchen aus seiner ursprünglichen Bahn abgelenkt wird.

zum Quadrat des Abstandes von einem festen Punkt ändert, ergibt sich als Bahn ein Kegelschnitt. Kegelschnitte sind die Schnittkurven zwischen dem Mantel eines Kegels und einer Ebene. Schneidet die Ebene den Kegel senkrecht zu seiner Achse, so entsteht ein Kreis. Das ist bekanntlich eine mögliche Bahnkurve für Planeten. Wird die Ebene ein wenig gedreht, so entsteht eine Ellipse (Bild 26.8). Auch das ist eine mögliche Planetenbahn. Wird die Drehung der Ebene fortgesetzt, so wächst die Exzentrizität der Ellipse. Solche Bahnen kommen bei Kometen vor.

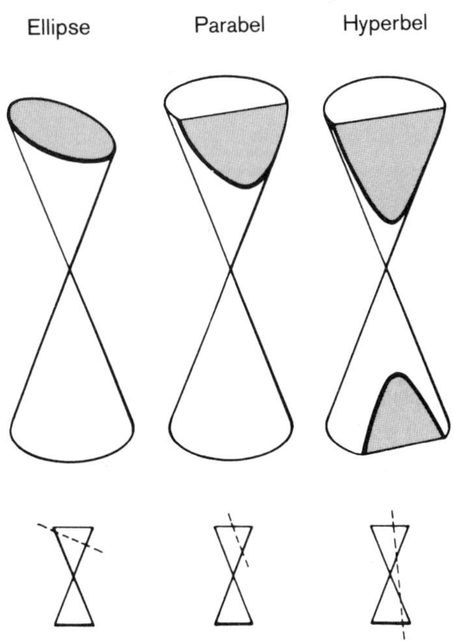

Bild 26.8. Kegelschnitte. Ellipsen, Hyperbeln bzw. Parabeln entstehen, wenn ein Doppelkegel unter verschiedenen Winkeln von einer Ebene geschnitten wird.

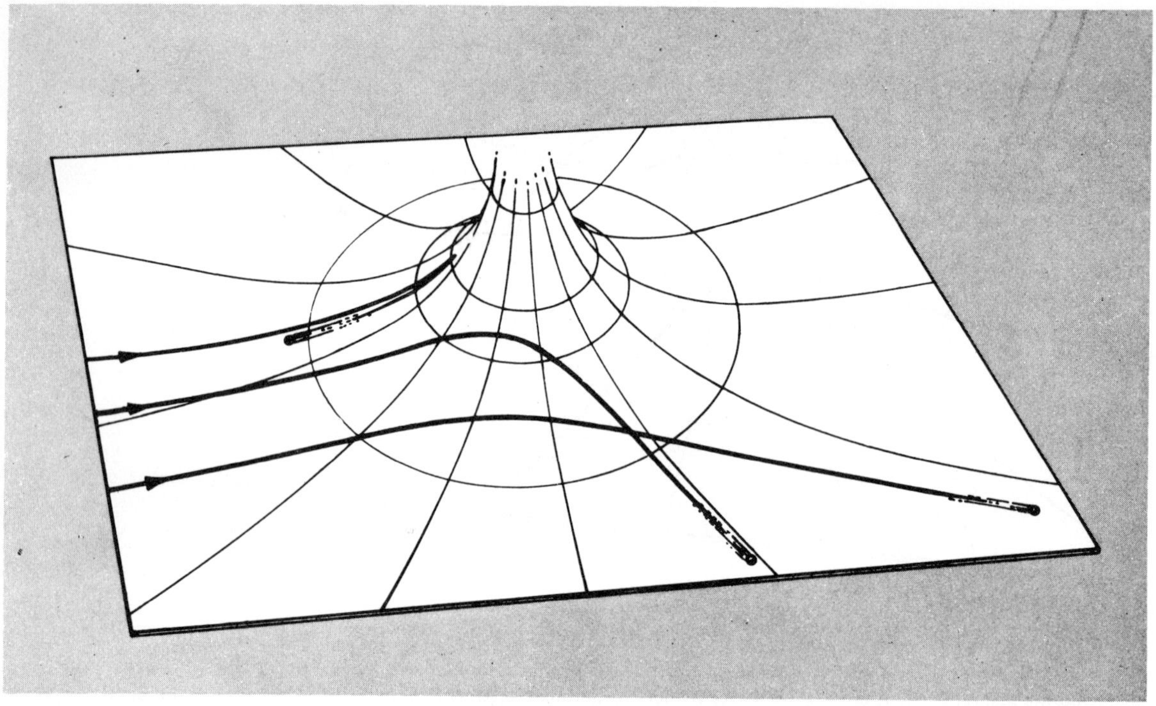

Bild 26.9. Bahnen von Kugeln im „Hügelmodell". Die Kugel hat jedesmal die gleiche Energie. Je kleiner der Zielfehler ist, desto größer ist der Streuwinkel.

Bild 26.8 zeigt, daß eine Hyperbel entsteht, wenn wir die Schnittebene weit genug drehen. Rechnungen ergaben diese Kurven als Bahnen der α-Teilchen im elektrischen Feld eines Atomkerns. Die gleichen Bahnkurven erhält man für Körper, die sich mit so großer Geschwindigkeit an der Sonne vorbei bewegen, daß sie nicht wieder zurückkehren.

Als Übergang zwischen den geschlossenen Ellipsen und den offenen Hyperbeln entstehen für einen ganz bestimmten Schnittwinkel Parabeln. Eine solche Kurve beschreibt ein Teilchen, dessen Energie gerade eben nicht ausreicht, um sich unendlich weit vom Kraftzentrum zu entfernen. Hierdurch werden sozusagen die Bahnen von Körpern geteilt in solche, die periodisch durchlaufen werden, und solche, die nur einmal durchlaufen werden.

Bei anziehender Zentralkraft sind Ellipsen, Parabeln und Hyperbeln als Bahnkurven möglich. Bei abstoßender Kraft sind dagegen nur Hyperbeln als Bahnen möglich, denn die Körper werden abgestoßen und kehren nicht wieder zurück.

Die Kurven sind miteinander verwandt, weil sie alle mögliche Bahnkurven für Körper darstellen, die sich in reziprok-quadratischen Kraftfeldern bewegen. Geometrisch sind sie als Kegelschnitte verwandt. ●

26.3. Die Winkelverteilung bei der Streuung

Für Teilchen einer bestimmten Energie führt unter dem Einfluß der Coulombkraft eines Kernes ein bestimmter Zielfehler b zu einem bestimmten Streuwinkel. Berechnet man die Bahnen für eine Anzahl von Zielfehlern (oder verwendet elegantere Verfahren), kann man den Graphen des Zielfehlers b als Funktion des sich jeweils ergebenden Streuwinkel θ zeichnen. Für die Coulombkraft ist das Ergebnis in Bild 26.10 graphisch dargestellt.

Könnten wir das Zentrum eines Atoms sehen und wären wir in der Lage, mit so großer Präzision ein α-Teilchen auf den Kern zu zielen, daß wir den Zielfehler b ermitteln könnten, wäre es uns möglich, die Relation zwischen b und θ in einem direkten Experiment zu überprüfen. Jedoch selbst im sehr genau justierten Strahl treffen die α-Teilchen verteilt auf eine Fläche, die das Vielfache des Querschnittes eines Atoms beträgt. Wir müssen daher ein etwas weniger direktes Experiment durchführen.

Da kleinere Zielfehler zu größeren Streuwinkeln (Bild 26.11) führen, können wir weiter kommen, indem wir die Anzahl der α-Teilchen ermitteln, die mit einem kleineren als dem vorgegebenen Zielfehler b auftreffen werden. Alle diese (und keine anderen) α-Teilchen

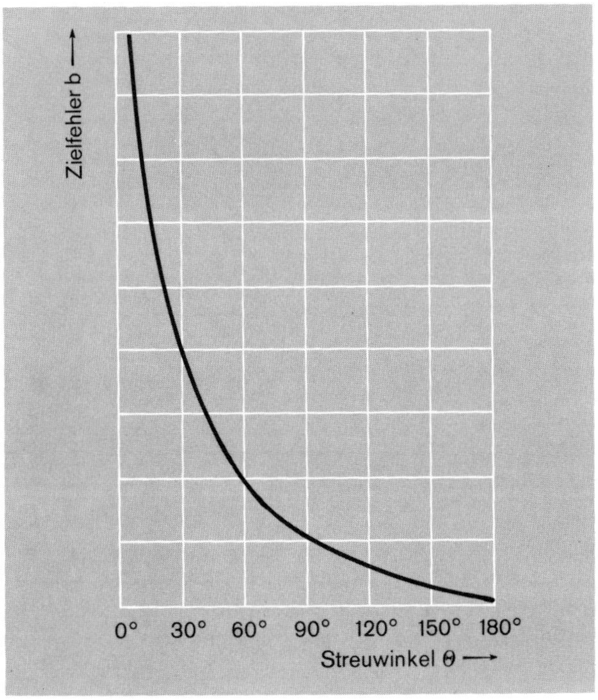

Bild 26.10. Zusammenhang zwischen b und θ unter der Annahme, daß die abstoßende Kraft eine Coulombkraft ist.

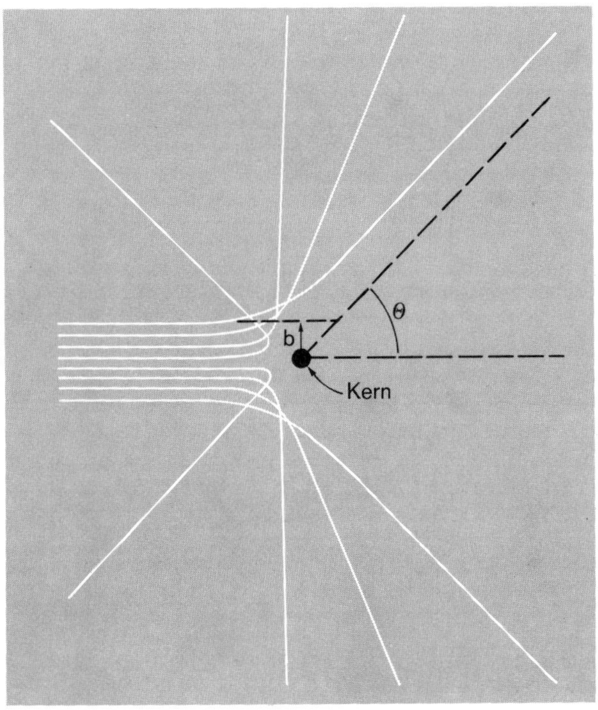

Bild 26.11. Mit abnehmendem Zielfehler b vergrößert sich der Streuwinkel θ. Alle Teilchen, die innerhalb der Entfernung b am Kern vorbeifliegen, werden um Winkel größer als θ gestreut. Der gleiche Zusammenhang ist in den Bildern 26.9 und 26.10 erkennbar.

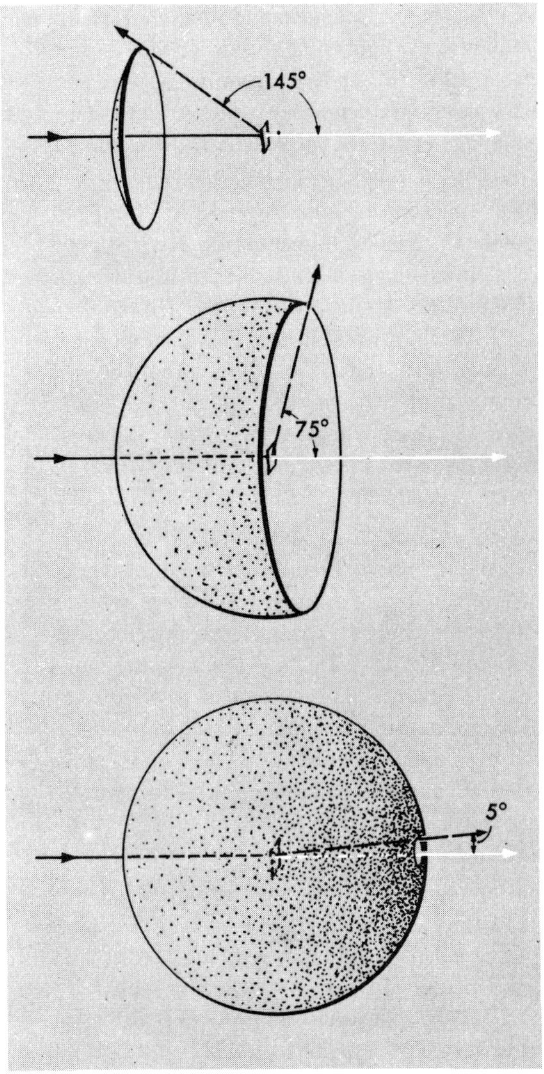

Bild 26.12. Da die Teilchen in alle Richtungen ausgesandt werden, durchstoßen sie alle die Oberfläche einer Kugel. Zur Ermittlung der Anzahl der Teilchen, die unter einem Winkel der größer als ein vorgegebener Winkel θ ist, gestreut werden, muß man alle die Teilchen zählen, die in einer Kugelschale auftreffen. Für $\theta = 145°$, $\theta = 75°$ und $\theta = 5°$ sind diese Schalen in der Abbildung eingezeichnet. N_θ ist die Anzahl der Teilchen, die in die entsprechende Schale hineinkommt.

müßten dann unter einem größeren Winkel als dem zugehörigen Streuwinkel θ gestreut werden. Da sich experimentell die Anzahl N_θ der α-Teilchen messen läßt, für die der Streuwinkel größer als irgend ein bestimmter Winkel θ ist, kann man experimentell überprüfen, ob die Streuung durch eine Coulombkraft hervorgerufen wird.

Würde eine andere Kraft wirken, so könnte sich zwar zufällig einmal die gleiche Zahl N_θ für einen einzelnen Winkel θ ergeben. Man würde aber zwischen N_θ und θ

nicht den gleichen Zusammenhang erhalten. Im Experiment muß also die Zahl N_θ als Funktion von θ gemessen werden (Bild 26.12). Die Ergebnisse werden dann mit den Vorhersagen verglichen, die sich unter der Annahme, daß eine Coulombkraft wirkt, ergeben.

Die Anzahl der α-Teilchen, die innerhalb einer Entfernung b vom Zentrum eines Atoms auftreffen, läßt sich berechnen. Dabei geht man davon aus, daß der Strahl die einfallenden Teilchen gleichmäßig über die Targetfläche eines Atoms verteilt auftreffen läßt. Somit ist die Anzahl der α-Teilchen, die innerhalb eines vorgegebenen Abstandes b vom Kern vorbeifliegen, proportional zur Fläche eines Kreises mit dem Radius b (Bild 26.13). Diese Fläche ist gleich πb^2. Daher ist die Anzahl der α-Teilchen, die um größere Winkel als θ gestreut werden, proportional zu b^2.

Nun wissen wir aber schon, welcher Zusammenhang zwischen b und θ besteht. Unter Verwendung des Graphen, in dem b als Funktion von θ aufgetragen ist, kann man einen Graphen konstruieren, in dem b^2 als Funktion von θ auftritt. Da die Anzahl N_θ der Teilchen, die um einen Winkel größer als θ gestreut werden, proportional zu b^2 ist, müssen die graphischen Darstellungen von b^2 als Funktion von θ und von N_θ als Funktion von θ (bis auf einen Faktor zur Normierung der vertikalen Achse) gleich sein. Bild 26.14 zeigt diesen Graphen.

Damit kann man das Rutherfordsche Modell experimentell überprüfen. Durch Zählung aller α-Teilchen, die in verschiedene Richtungen gestreut werden, läßt sich experimentell überprüfen, ob die Anzahl N_θ derjenigen α-Teilchen, die unter einem Winkel größer als θ gestreut wird, von θ so abhängt, wie es der Graph verlangt. Detaillierte Untersuchungen über diese Winkelverteilung wurden von *Geiger* und *Marsden* (1913) durchgeführt. Die Quadrate in Bild 26.14 zeigen einige ihrer Resultate. Innerhalb der Meßgenauigkeit liegen diese Punkte auf der unter der Annahme einer Coulombkraft berechneten Kurve.

Damit dürfen wir annehmen, daß die Streuung der α-Teilchen durch eine Coulombkraft bewirkt wird. Zur weiteren Stützung dieses Schlusses werden wir untersuchen, wie der Graph aussieht, der sich für N_θ als Funktion von θ ergibt, wenn man eine andere Kraft zugrundelegt. Für den Fall einer Kraft, die in großer Entfernung vom Kern Null ist und dann plötzlich stark zunimmt, wenn ein α-Teilchen einen bestimmten Abstand vom Zentrum unterschreitet, lassen sich leicht die Bahnen berechnen und der Zusammenhang zwischen Zielfehler und Streuwinkel finden. Wir haben deshalb für eine solche Kraft den Graphen von N_θ als Funktion von θ gezeichnet. Bild 26.15 zeigt, daß diese Kurve sehr stark von der unter der Annahme einer Coulombkraft erhaltenen abweicht. Man kann diese Kurve auf

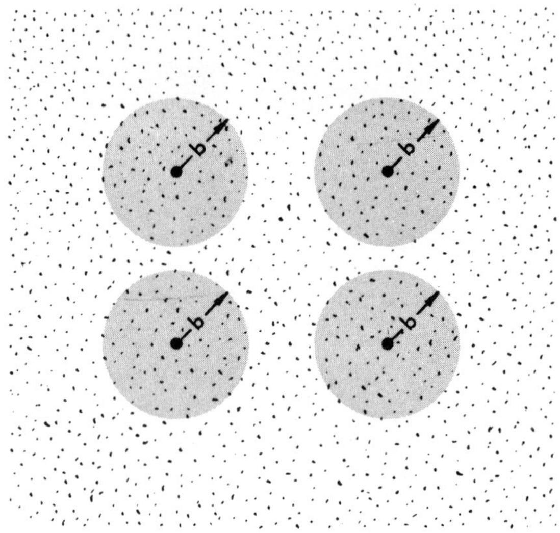

Bild 26.13. Die α-Teilchen treffen gleichmäßig verteilt auf der Targetfläche auf. Die Anzahl der Teilchen, deren Abstand vom Kern kleiner als b ist, ist proportional zu π b², also proportional zur Fläche eines Kreises mit dem Radius b.

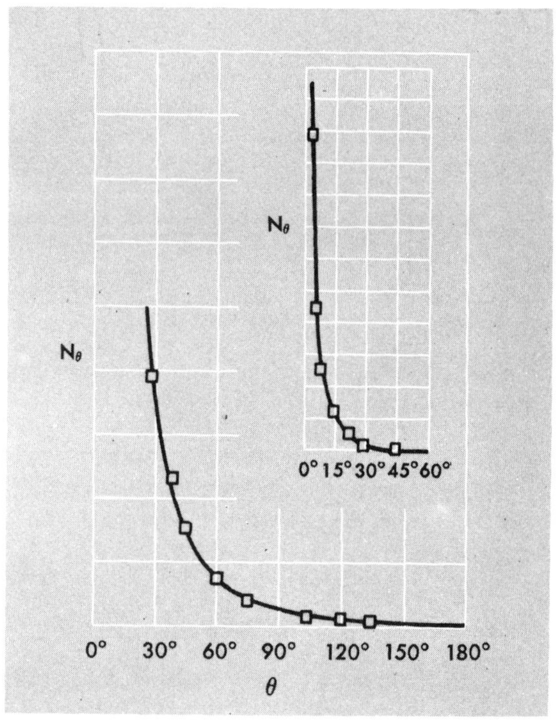

Bild 26.14. Hier ist N_θ (die Anzahl der Teilchen, die um einen Winkel größer als θ gestreut werden) als Funktion des Streuwinkels θ dargestellt. Die Kurve wurde unter der Annahme der Gültigkeit des Coulombschen Kraftgesetzes berechnet. Die Quadrate stellen Meßergebnisse dar, die *Geiger* und *Marsden* bei ihren Streuversuchen erhielten. Der Ausschnitt rechts oben zeigt die Kurve im Bereich kleiner Winkel in einem veränderten Maßstab.

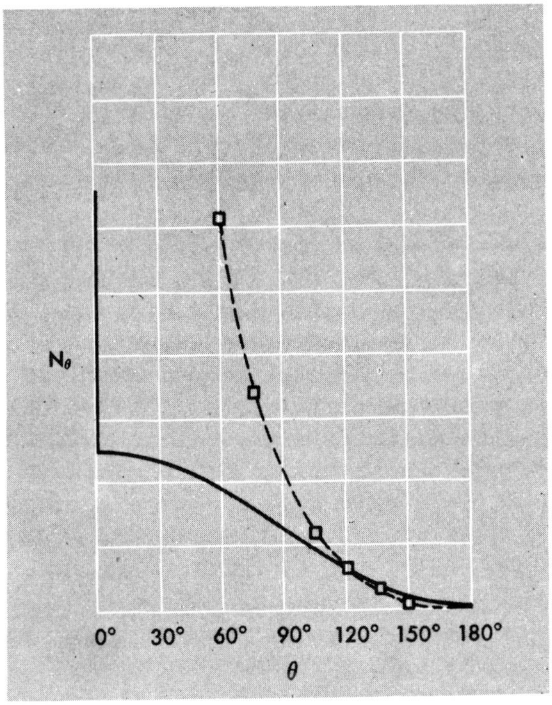

Bild 26.15. Die dick gezeichnete Kurve zeigt den Zusammenhang zwischen N_θ und θ für den Fall, daß die Kraftwirkung plötzlich in einer bestimmten Entfernung vom Kern aufhört. Durch die gestrichelte Linie werden von *Geiger* und *Marsden* experimentell gewonnene Punkte verbunden. Die Normierung wurde so gewählt, daß sich die Kurven bei $\theta = 120°$ schneiden. Sie sind auf keine Weise völlig zur Übereinstimmung zu bringen.

keinen Fall mit den experimentellen Ergebnissen von *Geiger* und *Marsden* in Übereinstimmung bringen.

Zur Verallgemeinerung können wir uns vorstellen, daß irgendeine beliebige Kraft auf die α-Teilchen wirkt. Dann läßt sich unter Zugrundelegung dieser Kraft der Graph für N_θ als Funktion von θ berechnen. Für jede Kraft erhält man so einen ganz bestimmten Graphen, und man kann die Kraft durch den Verlauf des Graphen identifizieren. Der Verlauf des Graphen, der sich aus den experimentellen Ergebnissen ergibt, entspricht dem, der unter der Annahme einer Coulombkraft berechnet wurde. Infolgedessen wirkt auf die α-Teilchen eine Coulombkraft.

Dieses Ergebnis ist sehr bemerkenswert. Es wurden α-Teilchen als Probeladungen verwendet, um das elektrische Feld innerhalb einzelner Atome zu untersuchen. Dabei zeigte sich, daß das Feld mit dem Quadrat der Entfernung abnimmt. Das bedeutet zunächst einmal, daß die positive Ladung eines Atoms tatsächlich in einem in Bezug auf das gesamte Atomvolumen sehr kleinen Raum vereinigt ist. Zum zweiten folgt daraus, daß das Coulombsche Gesetz auch noch gilt, wenn die Abstände der Ladungen kleiner als die Ausmaße eines Atoms geworden sind. Bisher hatten wir das Coulombsche Gesetz nur überprüft, wenn die Ladungen immerhin noch einige Zentimeter auseinander waren. Im nächsten Abschnitt werden wir sehen, daß diejenigen α-Teilchen, die dem Kern am nächsten kamen, für die wir also die größten Ablenkungswinkel erhielten, sehr weit in das Innere eines Atoms eindrangen. Sie werden nur dann reflektiert, wenn sie sich der positiven Ladung des Kerns bis auf etwa 10^{-14} m genähert haben. Das ist etwa 1/10 000 des Durchmessers eines Atoms. Der Gültigkeitsbereich des Coulombschen Kraftgesetzes ist damit um den Faktor 10^4 zu kleineren Dimensionen hin erweitert worden.

26.4. Weitere Ergebnisse der Streuversuche

Die Streuversuche haben noch weitere Ergebnisse gebracht. Die α-Teilchenquelle und der Detektor bleiben unverändert, aber die Goldfolie wird gegen eine Folie aus einem anderen Metall ausgewechselt (Bild 26.16). Dazu werden nacheinander sehr dünne Folien verschiedener Elemente (Gold, Silber, Platin etc.) gewählt. Jede Folie soll so dick sein, daß der Teilchenstrahl jeweils die gleiche Anzahl von Atomen durchsetzt. Obgleich

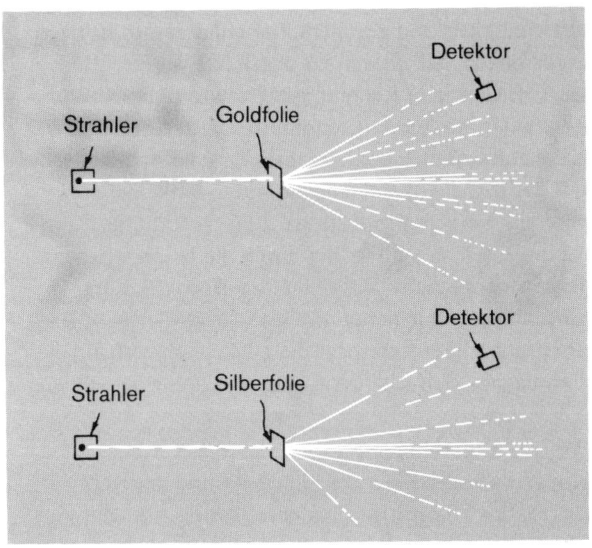

Bild 26.16. Benutzt man Folien aus verschiedenen Metallen, bei denen aber die Anzahl der Atome je cm^2 der Oberfläche gleich ist, so beobachtet man unterschiedliche Streuung. Wurde der gleiche Teilchenstrahl jeweils für gleiche Zeiten verwendet, so war die Anzahl der unter einem bestimmten Winkel gestreuten Teilchen bei einer Goldfolie 2,8 mal so groß wie die Anzahl der Teilchen, die bei Verwendung einer Silberfolie um den gleichen Winkel abgelenkt wurde.

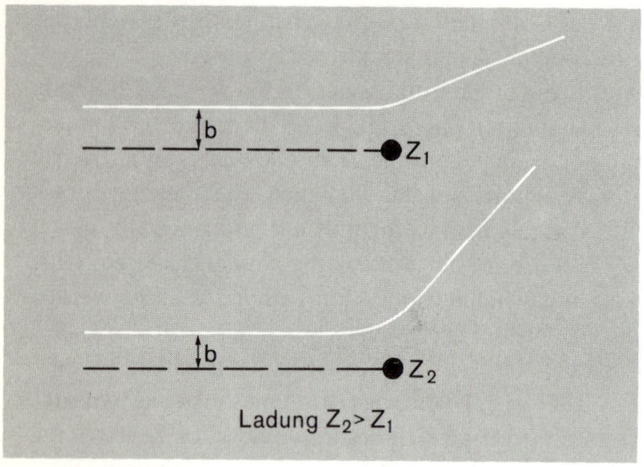

Bild 26.17. α-Teilchen von vorgegebener Energie werden bei gleichem Zielfehler durch einen Kern mit größerer Ladung stärker abgelenkt.

die Anzahl der Streuzentren (die Anzahl der Atomkerne) in allen Fällen gleich ist, unterscheiden sich die Anzahlen der in gleichen Zeitintervallen gestreuten Teilchen sehr stark.

Dieses Ergebnis ist sofort zu verstehen, wenn man annimmt, daß die Kerne verschiedener Elemente unterschiedliche elektrische Ladungen tragen. Bei größerer Kernladung ist die auf das Teilchen wirkende Kraft größer. Schießt man α-Teilchen mit vorgegebener Geschwindigkeit und gleichem Zielfehler ein, so ist dann zu erwarten, daß sie stärker abgelenkt werden (Bild 26.17). Genauere Rechnungen (Newtonsches Grundgesetz der Mechanik, Coulombsches Kraftgesetz, Geometrie der Anordnung) ergeben, daß die Anzahl der α-Teilchen, die in einen bestimmten Winkelbereich gestreut werden, proportional zum Quadrat der Kernladung ist. Man kann daher durch die beschriebenen Experimente die elektrischen Ladungen der Kerne verschiedener Elemente miteinander vergleichen. Darüber hinaus läßt sich sogar die tatsächlich vorhandene Ladung als Vielfache der Elementarladung berechnen.

Weitere Experimente ergaben, daß der Kern des Kupfers 29, der Kern des Silbers 47 und der Kern des Platins 78 positive Elementarladungen tragen. Aus der Untersuchung der Streuung von α-Teilchen ermittelte *Chadwick* fast die gleichen Zahlen. Seine Messungen ergeben 29,3, 46,3 und 77,4 ± $1\frac{1}{2}$ %. Das bedeutet, daß die Kernladungen jeweils zwischen 29 und 30, 46 und 47 und zwischen 76 und 79 Elementarladungen liegen müßten. Dieses ist ein instruktives Beispiel dafür, wie man Informationen über die Atome mit einfachen Experimenten gewinnen kann.

Weitere Experimente ergaben, daß die Kerne des Wasserstoffs und des Heliums ein bzw. zwei Elementarladungen tragen (s. Kapitel 25 und 28). Streuversuche mit gasförmigem Wasserstoff bzw. Helium (z.B. in einer Nebelkammer) bestätigten diese Ergebnisse.

Die Anzahl der Elementarladungen in einem Kern nennt man auch die *Ordnungszahl* des Elements. Im Laufe der Entwicklung der Chemie wurde diese Zahl als Ordnungszahl der Elemente im periodischen System verwendet. Nun ist ersichtlich, daß gerade diese Zahl von großer physikalischer Bedeutung ist. Sie kann sowohl durch die Streuung von α-Teilchen als auch durch andere Methoden ermittelt werden. Alle Verfahren liefern das gleiche Ergebnis, und sie geben dieser Ordnungszahl im periodischen System eine neue Bedeutung (siehe Anhang 2). Da die Atome elektrisch neutral sind, gibt die Ordnungszahl sowohl die Anzahl der positiven Elementarladungen im Kern an als auch die Anzahl der Elektronen, die den Kern umkreisen.

Aus den Streuexperimenten läßt sich aber noch mehr entnehmen. Wir haben schon verschiedentlich darauf hingewiesen, daß der Radius des Kerns sehr viel kleiner sein muß als der Radius des Atoms. Aber wir klein ist er? Experimente haben ergeben, daß die Streuung von α-Teilchen in einer Goldfolie mit den Vorhersagen übereinstimmen, die unter der Annahme der Gültigkeit des Coulombschen Gesetzes gemacht wurden. Damit können aber diese α-Teilchen niemals einen Atomkern direkt treffen. Denn würde einmal ein α-Teilchen einen Kern treffen, so würden andere als die Coulombkräfte wirksam werden. Die sich dann ergebende Streuung würde sicherlich von der berechneten sehr stark abweichen. Der Kern eines Goldatoms muß also kleiner sein als die geringste Entfernung, bis auf die sich ein α-Teilchen dem Zentrum eines Kernes nähern kann.

α-Teilchen einer vorgegebenen Energie kommen dem Kern sicherlich dann am nächsten, wenn sie genau auf das Zentrum eines Kerns gezielt werden. (Sie bewegen sich dann auf einer geraden Linie, bis ihre potentielle Energie gleich der ursprünglichen kinetischen Energie ist; danach kehrt sich ihre Bewegungsrichtung um. Siehe Abschnitt 26.2.) Es sei r_0 die Entfernung, bis auf die ein α-Teilchen an das Zentrum eines Kerns herankommen kann. Da der Kern eines Goldatoms 79 Elementarladungen und das α-Teilchen 2 Elementarladungen trägt, ergibt sich die potentielle Energie in der Entfernung r_0

$$E_p = k \frac{79\,e \cdot 2\,e}{r_0} = 3{,}6 \cdot 10^{-26}\ \mathrm{J\,m} \cdot \frac{1}{r_0}\,,$$

da $$k = 2{,}3 \cdot 10^{-28}\ \frac{\mathrm{N\,m^2}}{e^2}$$

ist.

Andererseits haben die α-Teilchen, die von einer Poloniumquelle emittiert werden, eine Geschwindigkeit von $1{,}6 \cdot 10^7\ \mathrm{m\,s^{-1}}$ und eine Masse von $6{,}62 \cdot 10^{-27}$ kg (siehe Kapitel 28). Ihre kinetische Energie ergibt sich damit zu

$$\frac{1}{2} m v^2 = 8{,}5 \cdot 10^{-13}\ \mathrm{J}.$$

Durch Gleichsetzen von potentieller Energie und ursprünglicher kinetischer Energie erhält man

$$r_0 = 4{,}2 \cdot 10^{-14}\ \mathrm{m}.$$

Man darf also schließen, daß der Radius des Kerns eines Goldatoms sicherlich kleiner als $4{,}2 \cdot 10^{-14}$ m ist. Ähnliche Ergebnisse erhielt man für die Kerne anderer Elemente. Die Experimente mit α-Teilchen unterstützen also auch Rutherfords Hypothese, daß der Kern ein sehr kleines schweres „Pünktchen" ist.

Aufgaben

1. Gegeben sei eine große Anzahl kleiner Stahlkugeln, die man nacheinander auf verschiedene Targets schießen kann. Die Targets sind nicht sichtbar, wohl aber die Bahnen der Kugeln vor und nach dem Aufprall. Alle Kugeln werden in die gleiche Richtung geschossen. Welche Aussagen können sie über das Target machen, wenn sich die Kugeln wie folgt verhalten:
   a) Alle Kugeln werden vom Target reflektiert, wobei jeweils Einfallswinkel und Ausfallswinkel gleich sind.
   b) Alle Kugeln werden reflektiert, aber es ist kein Zusammenhang zwischen Reflexionswinkel und Einfallswinkel erkennbar.
   c) Nahezu alle Kugeln durchdringen das Target, einige gehen jedoch dabei verloren.
   d) Alle Kugeln gehen im Target verloren.
   e) Nach der Reflexion kreuzen sich die Bahnen aller Kugeln in einem Punkt vor dem Target.
2. Zur Veranschaulichung der Dicke der Goldfolie, die in dem in Abschnitt 26.1 beschriebenen Streuexperiment verwendet wurde, berechnen Sie, wieviele Folien man übereinander legen kann, bis die Dicke einer Seite dieses Buches erreicht wird.
3. Ein Quadratmeter Silberfolie habe eine Masse von $5 \cdot 10^{-3}$ kg.
   a) Wie dick ist diese Folie? (Dichte des Silbers $1 \cdot 10^4\ \frac{\mathrm{kg}}{\mathrm{m}^2}$)
   b) Ein Silberatom hat eine Masse von $1{,}8 \cdot 10^{-25}$ kg. Wie groß ist die Kantenlänge eines Würfels, der gerade das Volumen eines Silberatoms hat?
   c) Wie dick ist die Folie, gemessen in Kantenlängen der „Atomwürfel"?
4.* Welche Begründung haben wir für unsere Annahme, daß die Ablenkung um große Winkel, die α-Teilchen beim Durchgang durch eine Goldfolie erfahren, durch eine einzige Kollision verursacht wird?
5.* Welche wesentlichen Eigenschaften muß ein Atommodell haben, wenn es die beim Durchgang durch Goldfolie auftretende Streuung von α-Teilchen verständlich machen soll?
6.* Was verstehen wir unter dem „Streuwinkel"?
7. Eine Kugel rolle mehrfach auf den Hügel in Bild 26.6 zu. Jedesmal möge sie auf dem gleichen Weg, aber mit unterschiedlicher kinetischer Energie anrollen. Wie wird der Streuwinkel θ von der kinetischen Energie abhängen?
8. Bei einem Streuexperiment werden 4 von 10 000 α-Teilchen um einen Winkel größer als 5° gestreut.
   a) Wie groß wird die Anzahl der Teilchen sein, die um einen Winkel größer als 5° gestreut wird, wenn die Dicke der Folie verdoppelt wird?
   b) Wie wird es sein, wenn die Folie tausendmal so dick gemacht wird?
9. α-Teilchen aus einer Poloniumquelle treffen senkrecht auf die in Abschnitt 26.1 besprochene Goldfolie. Man beobachtet, daß einige der Teilchen um einen Winkel von etwa 3° abgelenkt werden. Die α-Teilchen haben eine kinetische Energie von $8{,}5 \cdot 10^{-13}$ J und damit eine Geschwindigkeit von $1{,}6 \cdot 10^7\ \mathrm{m\,s^{-1}}$.
   a) Welche Geschwindigkeit $\Delta\vec{v}$ muß rechtwinklig zur ursprünglichen Geschwindigkeit addiert werden, um diese Richtungsänderung zu erzeugen?
   b) Wie lange braucht ein α-Teilchen, um ein Atom in der Goldfolie zu durchlaufen.
   c) Wie groß ist die mittlere Beschleunigung, die auf ein α-Teilchen wirkt, wenn es von einem einzigen Atom abgelenkt wird?
10.* Warum kann man den Zusammenhang zwischen θ und b nicht direkt aus einem Rutherfordschen Streuversuch mit α-Teilchen ermitteln?
11.* Welcher Zusammenhang besteht zwischen N_θ, der Zahl der um einen Winkel größer als θ gestreuten Teilchen, und dem Zielfehler b?
12.* Welche Schlüsse lassen die Ergebnisse der Streuversuche über die elektrischen Felder im Innern der Goldatome zu?
13.* α-Teilchen, die mit einem bestimmten Zielfehler b auf einen Atomkern geschossen werden, mögen gerade um einen Winkel von 90° gestreut werden. Wie ändert sich der Streuwinkel, wenn b verkleinert wird?
14. Wir stellen uns vor, ein Gerät könne 1000 Stahlkugeln durch ein Loch von 5 cm hindurchfallen lassen, so daß sie gleichmäßig über eine Kreisfläche verteilt werden (Bild 26.18). In der Mitte des Kreises sei ein Stahlkegel mit einem Öffnungswinkel von 45° angebracht. Sein Grundkreis hat einen Radius von 2 cm. Wieviele von den 1000 Kugeln werden gestreut, bevor sie das Loch erreichen?

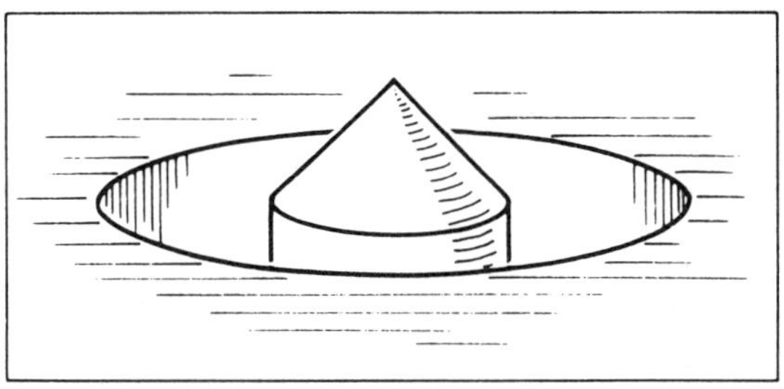

Bild 26.18. Zur Aufgabe 14

15. Die Spitze des Kegels in Aufgabe 14 wird abgesägt. Es bleibt ein Kegelstumpf mit einem Deckkreis von 1 cm Radius (Bild 26.19).

a) Wie groß ist die Anzahl derjenigen Kugeln aus einer Gruppe von 1000 Kugeln, die zurückprallen oder die gestreut werden?

b) Tragen Sie den Streuwinkel θ als Funktion des Zielfehlers b auf. b wird dabei von der Mitte des Loches aus gemessen.

c) Tragen Sie N_θ als Funktion θ des Streuwinkels auf.

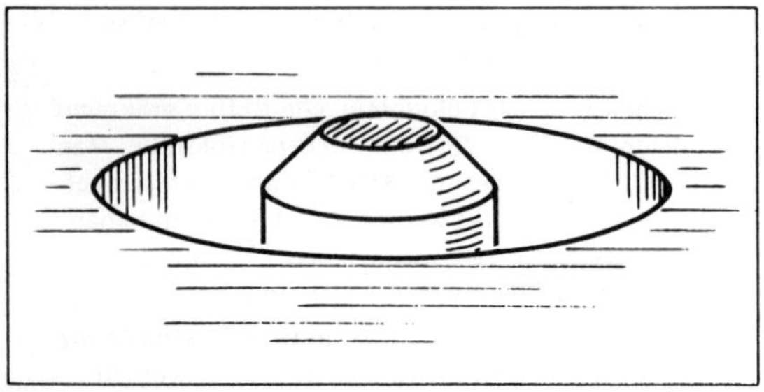

Bild 26.19. Zur Aufgabe 15

16. a) Nun soll b als Funktion von θ für den Fall einer plötzlich aufhörenden Kraft graphisch dargestellt werden. Man zeichnet dazu einen genügend großen Kreis, der einen ebenen Schnitt durch eine massive Kugel darstellen soll. Dann bestimmt man die Streuwinkel für verschiedene Zielfehler. (Dabei darf man annehmen, daß der Einfallswinkel gleich dem Reflexionswinkel ist. Warum?)

b) Unter Verwendung der eben erhaltenen Kurve soll die Abhängigkeit von N_θ von θ graphisch dargestellt und das Ergebnis mit Bild 26.15 verglichen werden.

c) Erklären Sie, warum dieser Zusammenhang unabhängig von der Energie der Teilchen ist, die auf die Kugel geschossen werden.

17. In welchem Verhältnis steht die Anzahl der Teilchen, die um einen Winkel größer als 15° gestreut werden, zur Anzahl der Teilchen, die um einen Winkel größer als 22,5° gestreut werden? Benutzen Sie den Graphen in Bild 26.14.

18. Zur Berechnung der Anzahl der von einer Metallfolie gestreuten α-Teilchen muß man die Targetfläche eines einzelnen Atoms und den Zusammenhang zwischen Streuwinkel und Zielfehler kennen.

a) Zur Berechnung der Targetfläche betrachten wir die Goldfolie, die in Abschnitt 26.1 beschrieben wurde, und nehmen an, sie sei so dünn, daß kein Kern eines Goldatomes hinter einem anderen verborgen ist. Die Anzahl der Streuzentren ist dann gleich der Anzahl der in der Folie vorhandenen Atome. Wie groß ist die Anzahl der Atome in einem Quadratmeter dieser Folie? Wie groß ist die Targetfläche eines einzelnen Atoms?

b) Der Graph in Bild 26.10 gibt den Zusammenhang zwischen Zielfehler b und Streuwinkel θ unter der Voraussetzung, daß das Coulombsche Kraftgesetz zwischen α-Teilchen und Atomkern gilt. Werden α-Teilchen eines Poloniumpräparates an den Kernen von Goldatomen gestreut, so ist als Einheit auf der b-Achse $2 \cdot 10^{-14}$ m zu setzen. Wie groß ist nun der Bruchteil der Teilchen, die um einen Winkel größer als 60° gestreut werden, wenn ein α-Teilchenstrahl aus einem Poloniumpräparat auf die Goldfolie aus Teil a) dieser Aufgabe fällt?

19.* Wievielmal näher kann ein α-Teilchen von gegebener Energie an einen Aluminiumkern herankommen als an einen Goldkern?

20.* Wie weit kann sich ein α-Teilchen aus einer Poloniumquelle einem Aluminiumkern nähern?

21.* Welcher Erhaltungssatz wird bei der Berechnung der kleinsten Annäherung verwendet?

22. Man hat drei Streuexperimente durchgeführt, bei denen der α-Teilchenstrahl, die Anzahl und Anordnung der Zähler und die Zählzeiten jeweils gleich waren. Es wurden nur verschiedene Streufolien verwendet. Die Folien wurden so gewählt, daß bei jeder Folie der Strahl je Quadratzentimeter Fläche die gleiche Anzahl von Atomen zu durchsetzen hatte. Mit fünf Zählern wurden die in verschiedene Bereiche gestreuten Teilchen gezählt. Die Ergebnisse sind in der folgenden Tabelle zusammengefaßt. Dabei zählte der unter 30° aufgestellte Zähler alle Teilchen, die um Winkel zwischen 29° und 31° gestreut wurden, der unter 60° aufgestellte alle zwischen 59° und 61° usw.

Streuwinkel	Anzahl der Teilchen		
	Target 1	Target 2	Target 3
30°	2 790	35 920	102 810
60°	346	4 451	12 760
90°	100	1 288	3 685
120°	39	496	1 423
150°	14	187	523

a) Tragen Sie die Zahl der gestreuten Teilchen als Funktion des Streuwinkels auf. (Alle drei Graphen sollen in das gleiche Achsenkreuz gezeichnet werden.)

b) Target 1 war aus Aluminium. Aus welchen Metallen waren die beiden anderen Targets?

23. a) Erklären Sie, warum die Gravitation bei der Streuung von α-Teilchen an Goldkernen keine Rolle spielt.

b) In welchem Verhältnis stehen elektrische Kraft und Gravitationskraft zueinander, wenn Goldkern und α-Teilchen 10^{-14} m voneinander entfernt sind. Wie ist es bei einem Abstand von 10^{-13} m?

24. Ein α-Teilchen mit einer kinetischen Energie von $1{,}0 \cdot 10^{-12}$ J wird an einem Goldkern gestreut.

a) Welches ist der kleinste mögliche Abstand zwischen Kern und α-Teilchen?

b) Wie groß muß der Zielfehler sein, damit diese Annäherung erreicht wird?

c) Wie nahe könnte ein Proton der gleichen Energie herankommen? Wie wäre es bei einem Neutron?

25. In einem Streuexperiment trifft ein Protonenstrahl ein Goldtarget. In einem zweiten Experiment wird ein Strahl von Deuteronen verwendet. Die kinetische Energie der Partikel ist jeweils gleich. Wie verhalten sich in beiden Strahlen die kleinsten erreichbaren Annäherungen an Goldkerne?

26. a) Welchen Bruchteil seiner Energie verliert ein α-Teilchen bei einem zentralen Stoß mit einem Elektron?
    b) Wieviele Zusammenstöße müssen ungefähr stattfinden, bis die Energie eines α-Teilchens um etwa 1 % abgenommen hat?

27. Ein α-Teilchen mit einer Geschwindigkeit von $1{,}0 \cdot 10^7$ m s^{-1} wird durch einen in Ruhe befindlichen Goldkern um einen Winkel von 60° abgelenkt. Wir wollen annehmen, daß dabei so wenig Energie auf den Goldkern übertragen wurde, daß das α-Teilchen hinterher noch die gleiche Geschwindigkeit wie vor der Streuung hat.
    a) Welcher Impuls ist auf den Goldkern übertragen worden?
    b) Wie groß ist damit die Geschwindigkeit, die der Goldkern erhält?
    c) Wie groß ist die auf den Goldkern übertragene kinetische Energie?
    d) War die ursprüngliche Annahme vernünftig? Erklärung!

28. a) In Frage 27 möge sich das α-Teilchen dem Kern bis auf einen kürzesten Abstand von $1{,}65 \cdot 10^{-13}$ m genähert haben. Wie groß war seine Geschwindigkeit in diesem Punkt?
    b) Mit welcher Geschwindigkeit bewegte es sich in diesem Punkt auf den Kern zu?

29. Im Wasserstoff ist das Elektron im Mittel $5 \cdot 10^{-11}$ m vom positiv geladenen Proton entfernt.
    a) Schätzen Sie die Größe der mittleren Anziehungskraft zwischen Elektron und Proton ab.
    b) Welche Spannung würde man zum Auseinanderreißen des Atoms benötigen, wenn man es zwischen die Platten, die im Millikan-Experiment aus Abschnitt 24.7 verwendet wurden, bringen würde?

27. Elektrische Stromkreise

27.1. Potentialdifferenz im offenen und geschlossenen Stromkreis

In diesem Abschnitt werden einige Anwendungen der Begriffe „elektrisches Feld" und „Potentialdifferenz" besprochen. Insbesondere werden wir die elektrischen Felder und Potentiale elektrischer Leiter betrachten, wenn sie isoliert stehen und wenn sie mit einer Spannungsquelle verbunden sind.

Lädt man einen leitenden Körper elektrisch auf, so bewegen sich elektrisch geladene Teilchen. Nach Abschnitt 24.3 stehen alle elektrischen Feldlinien senkrecht auf der Oberfläche des Leiters, nachdem sich die geladenen Teilchen dort (durch Einwirkung der Kräfte, die von geladenen Körpern in der Nachbarschaft ausgehen) neu angeordnet haben. Wäre dies nicht der Fall, so würden sich geladene Teilchen so lange auf der Oberfläche bewegen, bis die Komponente der elektrischen Feldstärke tangential zur Oberfläche Null wird. Auch innerhalb eines Leiters besteht kein elektrisches Feld. Gäbe es dort eines, so würden sich die geladenen Teilchen so lange bewegen, bis es zum vollständigen Ladungsausgleich käme. Wie groß ist nun die Potentialdifferenz zwischen zwei Punkten, die entweder auf der Oberfläche oder innerhalb eines geladenen Körpers liegen? Da entlang der Oberfläche und im Innern eines Leiters die elektrische Feldstärke Null ist, wirkt auf eine Elementarladung, die man auf einem beliebigen Weg von einem Punkt zu einem anderen durch den Leiter bewegt, keine Kraft. Eine Elementarladung kann daher ohne Aufwand an Energie bewegt werden. Sämtliche Punkte des Leiters befinden sich auf dem gleichen Potential, es gibt keinerlei Potentialdifferenz. Man nennt einen Körper, der sich auf einem bestimmten Potential befindet, einen *Äquipotentialkörper.* Man spricht von einer *Äquipotentialfläche,* wenn alle ihre Punkte das gleiche Potential besitzen. So ist jeder leitende Körper, auf dem sich keine geladenen Teilchen mehr bewegen, ein Äquipotentialkörper.

Es wurde bereits diskutiert, was passiert, wenn sich in einem geschlossenen Stromkreis geladene Teilchen in einer Richtung bewegen. Nun sollen die Vorgänge im offenen Stromkreis betrachtet werden. Als Beispiel stellen wir uns vor, daß die Pole einer Batterie mit je einem leitenden Körper verbunden sind (Bild 27.1). Die Batterie wird dann geladene Teilchen bewegen. Auf dem Leiter, der mit dem negativen Pol verbunden ist, häufen sich negative Ladungen, während der mit dem positiven Pol der Spannungsquelle verbundene Leiter positiv aufgeladen wird. Die Ladungen werden sich so lange bewegen, wie die Energie zum Transport einer positiven Elementarladung vom negativen zum positiven Leiter kleiner ist als die Energie, die jede Elementar-

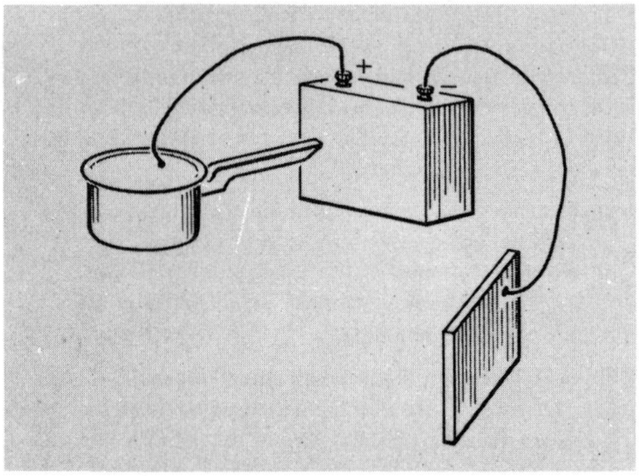

Bild 27.1. Zwei leitende Körper sind mit einer Batterie verbunden.

ladung von der Batterie erhält. Wächst die Ladungskonzentration auf den Leitern an, so wird jedes positiv geladene Teilchen immer stärker vom negativen Leiter angezogen und vom positiv geladenen Leiter abgestoßen. Beim Aufladen der leitenden Körper durch eine Batterie ist also eine beständig zunehmende Energie zur Bewegung einer positiven Elementarladung erforderlich. Ginge dieser Ladungsprozeß unbegrenzt weiter, so würde die zum Bewegen einer Elementarladung zwischen den leitenden Körpern erforderliche Energie den Betrag der Energie, den die Batterie auf jede Elementarladung überträgt, übersteigen. Daher hört die Bewegung der geladenen Teilchen allmählich auf. Die Ladungsverteilung ändert sich nicht mehr, wenn gerade soviele Ladungen transportiert sind, daß die zum Bewegen einer Elementarladung erforderliche Energie gleich dem Produkt aus der Elementarladung und der Spannung der Batterie geworden ist.

Der Quotient aus der Energie, die zum Bewegen einer positiven Elementarladung vom negativen zum positiven leitenden Körper benötigt wird, und der Elementarladung wird als *elektrische Potentialdifferenz* (oder Potentialabfall) zwischen dem positiven und dem negativen leitenden Körper bezeichnet. Sind diese Körper aufgeladen, so ist die Potentialdifferenz zwischen ihnen völlig unabhängig von den Punkten, die wir jeweils auf ihnen betrachten. Alle Punkte des Leiters befinden sich ja auf dem gleichen Potential (Äquipotentialkörper). Sind die leitenden Körper mit einer Batterie verbunden, so werden sie stets bis zur gleichen Potentialdifferenz aufgeladen. Diese ist gleich der *Spannung* der Batterie, völlig unabhängig davon, wie groß die leitenden Körper sind und wo sie sich befinden. Die Potentialdifferenz kann man mit einem *Elektrometer* (Bild 27.2a) messen. Seine Wirkungsweise wird im nächsten Abschnitt erklärt. Man kann beliebig viele leitende

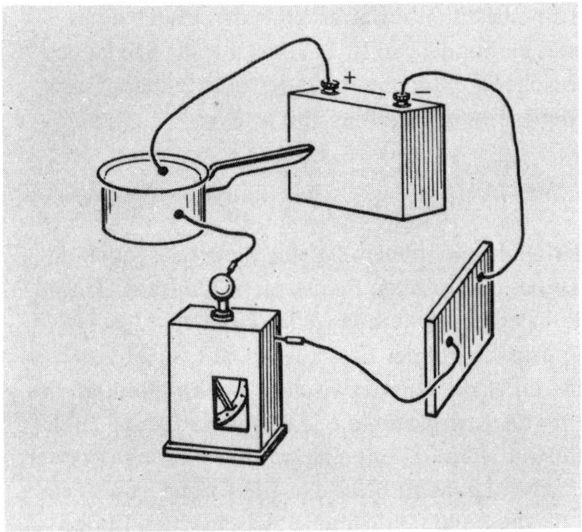

Bild 27.2a. Werden zwei leitende Körper mit einer Batterie verbunden, so hängt die zwischen den beiden mit einem Elektrometer gemessene Potentialdifferenz nur von der Spannung der Batterie ab.

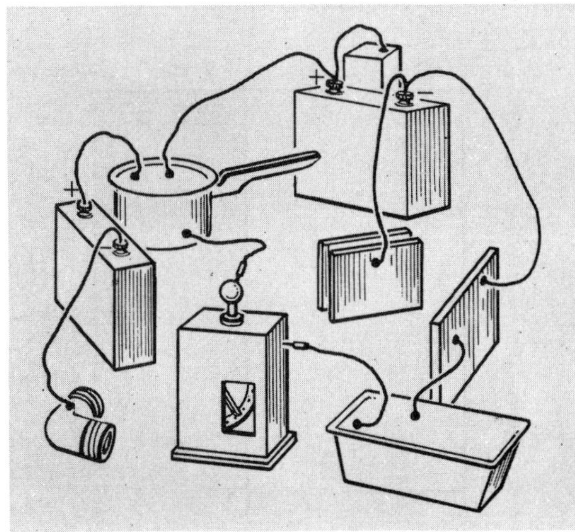

Bild 27.2b. Gegenüber Bild 27.2a sind noch weitere leitende Körper und auch noch eine Batterie angeschlossen worden. Das Elektrometer hat seinen Ausschlag dadurch nicht verändert.

Körper an die Batterie anschließen, ohne dieses Ergebnis zu beeinflussen. Auch das Hinzuschalten einer weiteren Batterie wie in Bild 27.2b ändert die durch die erste Batterie hervorgebrachte Potentialdifferenz nicht. Zusammenfassend läßt sich sagen: Fließt kein Strom durch die Batterie, so können wir diese Batterie als eine Maschine ansehen, die eine bestimmte Potentialdifferenz aufrecht hält. Die Größe dieser Potentialdifferenz ist durch die Spannung der Batterie gegeben.

Ein leitender Körper, in dem sich keine Ladungen mehr bewegen, ist ein Äquipotentialkörper. Wie ist es aber mit einem Leiter, z.B. einem Draht, der mit beiden Polen einer Batterie verbunden ist? Hier bewegen sich unter Einfluß des elektrischen Feldes beständig Ladungen. Vollständige Aussagen über das Bild des elektrischen Feldes zu machen, ist recht kompliziert. Aber trotzdem läßt sich einiges über das elektrische Feld sagen. Zunächst einmal können die Feldlinien innerhalb des Leiters nicht seine Oberfläche durchstoßen. Denn wäre es so, so würden so lange weitere Ladungen auf der Oberfläche fließen, bis ein dem ursprünglichen entgegengesetztes Feld aufgebaut worden ist. Tatsächlich entstehen Ladungskonzentrationen auf der Oberfläche, sobald der Stromkreis geschlossen wird. Von da ab ist das elektrische Feld innerhalb des Drahtes vom positiven Pol zum negativen Pol der Batterie gerichtet. Unabhängig davon, wie der Leiter gebogen ist, werden die Feldlinien im Innern allen Windungen folgen (Bild 27.3). Das Feld innerhalb des Leiters ist deshalb relativ einfach im

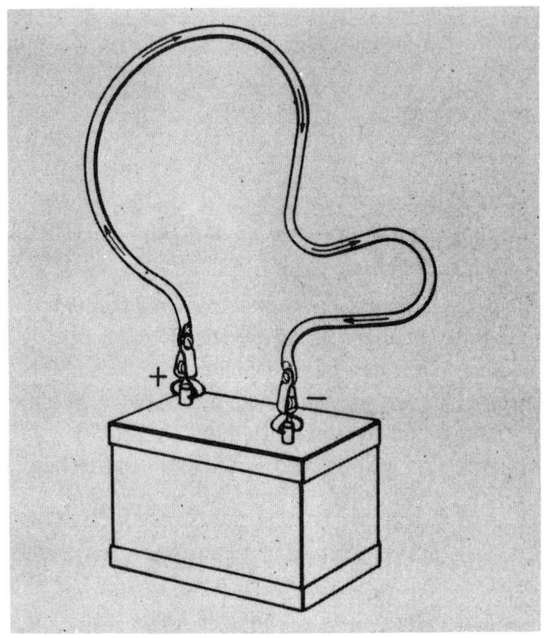

Bild 27.3. Wird ein Draht mit einer Batterie verbunden, so entsteht in ihm ein elektrisches Feld, das vom positiven zum negativen Pol der Batterie gerichtet ist.

Vergleich zum Feld außerhalb des Leiters zu beschreiben. Die äußeren Feldlinien können von den Ladungen an der Oberfläche in irgendwelche Richtungen ausgehen. Anders als das Feld innerhalb des Drahtes hängt das äußere Feld von dem Ort der Batterie, der

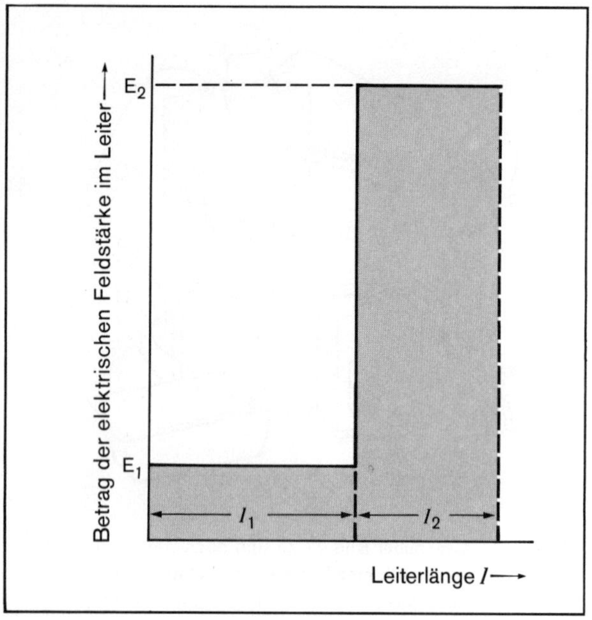

Bild 27.4. Die elektrische Feldstärke E im Draht ist als Funktion der Länge l des Drahtes dargestellt. Ein Teil des Drahtes ist ein guter Leiter, der andere leitet schlecht. Die Fläche El unter der Kurve ist jeweils ein Maß für die Energie, die einer Elementarladung in dem betreffenden Abschnitt des Leiters übertragen wurde. Die gesamte Fläche ist ein Maß für die Potentialdifferenz zwischen den beiden Enden des Leiters.

Form des Leiters und dem Ort, an dem sich weitere geladene Körper befinden, ab.

Innerhalb des leitenden Drahtes ist das Feld parallel zu seinen Begrenzungen gerichtet. Der Betrag E der elektrischen Feldstärke muß in einem Draht von überall gleichen Querschnittsflächen an allen Stellen gleich sein. Es soll ja in allen Abschnitten des Drahtes, wie in Abschnitt 27.4 gezeigt wird, ein Strom der gleichen Stärke fließen. Damit läßt sich die Arbeit angeben, die verrichtet werden muß, um eine Ladung Q von einem Ende eines Drahtes der Länge l zum anderen Ende zu transportieren. Sie ist das Produkt aus der konstanten Kraft QE und der Länge l des Weges: $W = QEl$. Die für die Bewegung der Ladung erforderliche Energie liefert die Batterie. Sie ist gleich dem Produkt aus der Spannung U und der Ladung Q. Aus der Gleichheit der gelieferten Energie QU und der verrichteten Arbeit QEl ergibt sich

$$U = El$$

als Zusammenhang zwischen der Spannung U der Batterie, der elektrischen Feldstärke E im Draht und seiner Länge l.

Wird eine bestimmte Batterie mit den Enden eines Drahtes verbunden, so ist U konstant; die Stärke des elektrischen Feldes innerhalb des Drahtes hängt also von der Länge des Drahtes ab:

$$E = \frac{U}{l}.$$

Ist der Draht nicht überall gleich dick, so ist auch die Stärke des elektrischen Feldes nicht konstant. Tragen wir E als Funktion des Abstandes im Draht, gemessen vom positiven Pol der Batterie aus, auf, so gibt die Fläche unter der Kurve zwischen den Endpunkten des Drahtes die Energie an, die je Elementarladung aufgebracht werden muß, um eine positive Ladung durch den ganzen Draht zu bewegen. Die Fläche ist also ein Maß für die Potentialdifferenz zwischen den Enden des Drahtes. In Bild 27.4 sind beispielsweise die Verhältnisse aufgetragen, wenn ein guter Leiter der Länge l_1 und ein schlechter Leiter der Länge l_2 miteinander verbunden werden. An der Verbindungsstelle zwischen beiden wird so lange Ladung angesammelt, bis die Feldstärke E_2 entlang der Leiterstrecke l_2 hinreichend angewachsen und die Feldstärke E_1 entlang der Strecke l_1 hinreichend klein geworden ist, so daß in beiden Leiterstrecken der gleiche Strom fließen kann. Die Summe $E_1 l_1 + E_2 l_2$ ist dann gerade die Potentialdifferenz zwischen dem positiven und dem negativen Pol der Batterie. Sie ist der Quotient aus der gesamten Energie, die zugeführt werden muß, um eine Ladung Q durch den ganzen Leiter zu bewegen, und dieser Ladung. Die Potentialdifferenz ist durch die Spannung U der Batterie gegeben. Wäre dieses Verhältnis von Energie zur Ladung kleiner als U, so würde die Batterie es sofort vergrößern, indem sie weitere positive Ladungen zum positiven Pol und weitere negative Ladungen zum negativen Pol bewegt. Wäre das Verhältnis von Energie zur Ladung größer als U, so würde die Batterie so lange keine Ladungen trennen können, bis die beiden Pole der Batterie so weit entladen sind, daß die Energie pro Elementarladung, die nötig ist, um Ladungen zu bewegen, gerade wieder gleich U ist.

Wir haben gesehen, daß die Spannung der Batterie gleich der gesamten Potentialdifferenz $E_1 l_1 + E_2 l_2$ zwischen dem positiven und dem negativen Pol der Batterie ist; also gilt

$$U = E_1 l_1 + E_2 l_2 .$$

Diese Potentialdifferenz erscheint auf der rechten Seite der Gleichung in zwei Anteilen: $E_1 l_1$ ist die Potentialdifferenz über einem guten Leiter der Länge l_1, und $E_2 l_2$ ist die Potentialdifferenz über einem schlechten Leiter der Länge l_2. Messen wir die Potentialdifferenz entlang des Leiters, indem wir vom positiven Pol der Batterie in Richtung auf den negativen Pol gehen, so ändert sich diese entlang des Leiters kontinuierlich. Zwischen den beiden Endpunkten eines kurzen Abschnittes des Leiters der Länge Δl ändert sich das Potential um den Betrag $\Delta V = E \Delta l$, wobei E der Betrag der elektrischen Feldstärke in diesem Leiterabschnitt ist. Für jede Elementarladung, die sich durch einen Leiterabschnitt der Länge Δl bewegt, wird die Energie $e\Delta V$ zunächst von potentieller elektrischer Energie in kinetische Energie der bewegten Ladung umgesetzt. Das bewegte Teilchen stößt dann mit den Atomen, aus denen der Draht aufgebaut ist, zusammen; dabei wird die kinetische Energie in thermische Energie umgewandelt, durch die dieser Abschnitt des Drahtes erwärmt wird. Wir können diese Feststellungen experimentell überprüfen, sobald die Messung von Potentialdifferenzen besprochen worden ist (siehe Abschnitt 27.2). Wir werden dann feststellen, daß die hier gezogenen Schlüsse den experimentellen Tatsachen entsprechen.

Die auf eine Elementarladung übertragene Energie ist $e\Delta V$, wenn die Ladung sich zwischen zwei Punkten mit der Potentialdifferenz ΔV bewegt. Man könnte daraus schließen, daß die auf eine beliebige Ladung Q übertragene Energie demnach $Q\Delta V$ ist. Dieser Schluß ist häufig richtig. Er beruht jedoch auf der Annahme, daß die Ladungen, die das elektrische Feld verursachen, am gleichen Ort verbleiben und damit auch die gleichen Kräfte ausüben, unabhängig davon, ob eine Ladung Q oder nur eine Elementarladung e bewegt wird. Im Kapitel 25 wurde gezeigt, daß die Energie tatsächlich $Q\Delta V$ ist, wenn die das Feld erzeugenden Ladungen an ihrem Ort bleiben. Befinden sich diese Ladungen jedoch auf einem Leiter, so ist es unmöglich, sie an ihrem Ort festzuhalten. Sie bewegen sich unter dem Einfluß der Coulombkräfte, die durch die Ladung Q auf sie ausgeübt werden. Selbst eine einzelne Elementarladung verursacht eine Neuverteilung der Ladungen, wenn sie sich in der Nähe eines Leiters bewegt. Bringt man einen geladenen Körper in die Nähe eines ungeladenen Leiters, so verschieben sich auf diesem die Ladungen, und es wirkt auf den geladenen Körpern eine Anziehungskraft (Bild 27.5a). Hat dagegen ein leitender Körper einen hinreichend großen Überschuß an Ladungen, so ist die Änderung des elektrischen Feldes, die durch Influenz bewirkt wird, zu vernachlässigen (Bild 27.5b). Für diesen Fall können wir das Potential dieser Ladungen unter Vernachlässigung der Neuverteilung der Ladungen benutzen, um die Änderung der potentiellen Energie als $Q\Delta V$ anzugeben.

Außerdem haben wir es noch mit einem weiteren Beispiel zu tun gehabt, in dem $Q\Delta V$ richtige Ergebnisse gibt. Wird eine bestimmte Potentialdifferenz ΔV zwischen zwei leitenden Körpern durch eine Batterie oder eine andere elektrische Energiequelle aufrechterhalten,

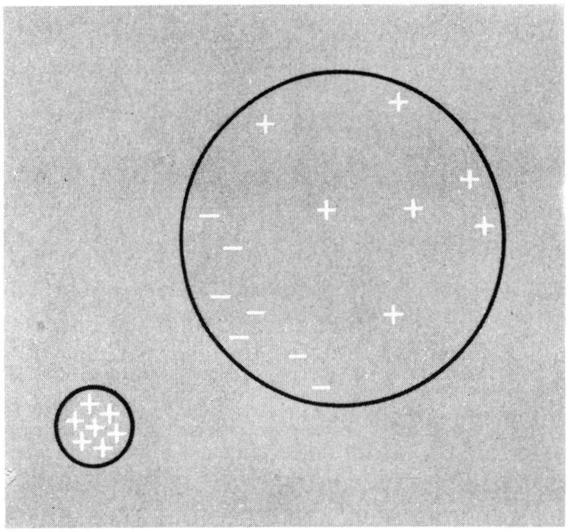

Bild 27.5a. Wird ein geladener Körper in die Nähe eines ungeladenen gebracht, so werden dort Ladungsverschiebungen verursacht (Influenz). Durch diese influenzierten Ladungen wird eine Kraft auf den geladenen Körper ausgeübt. Es wurde damit ein elektrisches Feld erzeugt.

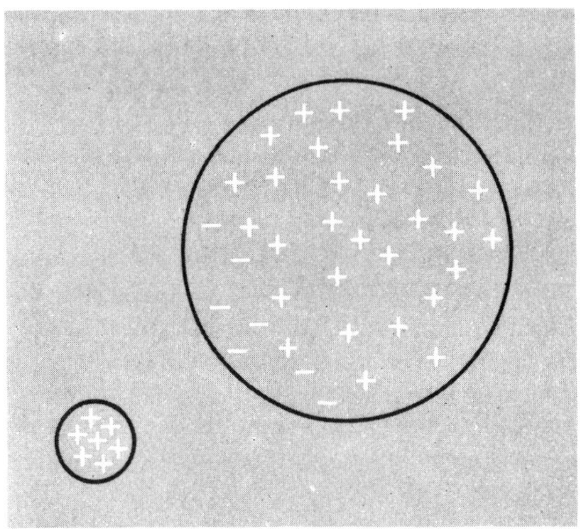

Bild 27.5b. Ein geladener Körper wird in die Nähe eines weiteren gebracht, auf dem Ladungen eines Vorzeichens im Überschuß vorhanden sind. Solange sich die beiden Körper nicht allzu nahe kommen, wird durch die Influenz das ursprüngliche elektrische Feld des Leiters nicht merklich verändert.

so bewirkt die Bewegung einer Ladung Q von einem Ort zu einem anderen eine solche Neuverteilung der anderen Ladungen, daß die Potentialdifferenz aufrechterhalten bleibt. In diesem Fall liefert die Energiequelle die erforderliche Energie oder nimmt überschüssige Energie auf. Die übertragene Energie wird durch $Q\Delta V$ genau angegeben, denn das Potential kann sich nicht ändern.

Zum Schluß dieses Abschnitts sollen die hier diskutierten Vorstellungen auf die Bewegung eines positiven Ions angewandt werden, das sich durch den Raum von einem positiv zu einem negativ geladenen Leiter bewegt. Entfernt sich das Ion vom positiv geladenen Leiter, so wird dort die positive Ladung allmählich ersetzt. Nähert es sich dem negativen Leiter, so baut sich vor ihm allmählich negative Ladung auf. Sind beide Leiter durch eine Batterie verbunden, so wird durch die Batterie positive Ladung vom negativen Pol zum positiven Pol transportiert. Nach Beendigung dieses Vorgangs ist dem negativen Leiter eine negative Ladung zugeführt worden, die die Ladung des Ions aufhebt, und zum Ersatz für die Ladung des Ions ist eine positive Ladung dem positiven Leiter zugeführt worden. Darüberhinaus erhält die Ladung beim Transport durch die Batterie einen Energiebetrag, der sich in kinetische Energie der positiven Ladung umsetzt, die sich zwischen den Leitern bewegt. Ist der ganze Prozeß abgeschlossen, so befinden sich die Leiter im gleichen Zustand wie zu Beginn. Lediglich die chemische Energie der Batterie und die thermische Energie des Leiters haben sich geändert. Jedes weitere Ion, das sich zwischen den Leitern bewegt, erhält exakt die gleiche Energie wie das erste. Bewegen sich Teilchen mit der Gesamtladung Q, so erhalten sie insgesamt die Energie $Q\Delta V$ oder QU.

Ist dagegen keine Batterie vorhanden, so verliert der positiv geladene Leiter die Ladung des Ions, und die entsprechende negative Ladung des negativen Leiters wird ausgeglichen. Die Potentialdifferenz zwischen positivem und negativem Leiter verkleinert sich wegen der geringeren Ladung. Das nächste Ion, das sich zwischen den beiden Leitern bewegt, erhält deshalb etwas weniger Energie, und jedes nachfolgende Ion bekommt immer kleinere Energiebeträge mit. In diesem Fall wird also bei gleicher Gesamtladung die gesamte Energie kleiner als $Q\Delta V$ sein, wobei ΔV die ursprüngliche Potentialdifferenz ist.

Ein gutes Beispiel ist der Plattenkondensator. Bewegen sich geladene Teilchen zwischen den entgegengesetzt geladenen Platten, so entladen sich diese. Die Potentialdifferenz ΔV geht dabei gegen Null, bleibt aber proportional zur jeweiligen Ladung auf den Platten. Das erste Teilchen, das eine Elementarladung e tragen möge, erhält die Energie $e\Delta V$, wobei ΔV die Potentialdifferenz zwischen den geladenen Platten zu Beginn ist. Weitere Teilchen bekommen immer kleinere Energiebeträge mit, bis schließlich das letzte Teilchen praktisch keine Energie mehr erhält. Der mittlere Energiebetrag je Teilchen ist gerade durch die Hälfte der ursprünglichen Potentialdifferenz gegeben: $\frac{1}{2} e\Delta V$. Bewegt sich nun eine Gesamtladung Q von einer Platte zur anderen, so ist die Gesamtenergie gleich $\frac{1}{2} Q\Delta V$. Das ergibt sich aus Bild 27.6, wo die Potentialdifferenz

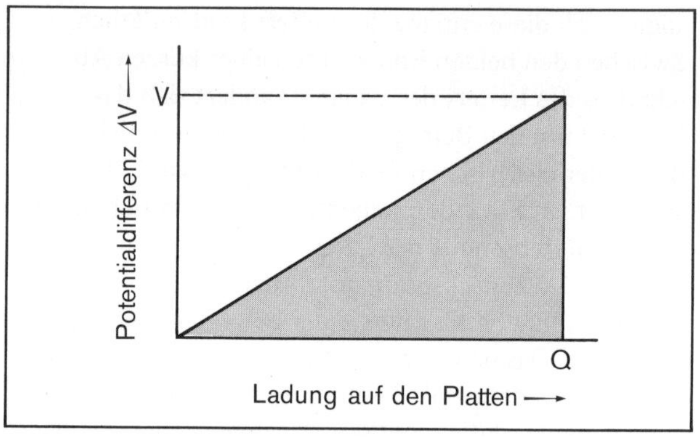

Bild 27.6. Wird Ladung von einer geladenen Platte zu einer anderen, entgegengesetzt geladenen Platte transportiert, so nimmt die Potentialdifferenz zwischen den beiden Platten in dem Maße ab, in dem auch die Ladungen auf den Platten abnehmen. Für jede beliebige Ladung auf den Platten gibt die Potentialdifferenz die Energie an, die eine Elementarladung erhält, wenn sie sich von einer Platte zur anderen bewegt. Sind alle Ladungen überführt worden, so gibt die schattierte Fläche unter der Kurve die gesamte Energie an, die die Ladungen dabei erhalten haben.

V (oder der Quotient aus Energie und Ladung) als Funktion der Ladung Q auf den Platten aufgetragen ist. Sind alle Elementarladungen überführt worden, so ergibt sich die insgesamt übertragene Energie durch die getönte Fläche unter der Kurve. Da es sich um ein Dreieck handelt, ist die Fläche $\frac{1}{2} Q\Delta V$. Das ist also auch die Energie, die ursprünglich beim Aufladen der Platten angesammelt wurde. Selbstverständlich muß diese potentielle elektrische Energie von der elektrischen Potentialdifferenz und von der Energie $Q\Delta V = QU$ unterschieden werden, die der Ladung Q übertragen wird, wenn sie sich zwischen zwei Platten bewegt, deren Potentialdifferenz durch eine Batterie der Spannung U aufrechterhalten wird.

27.2. Die Messung von Potentialdifferenzen

Ein abgeschirmtes Elektrometer läßt sich zur Messung von Potentialdifferenzen benutzen (Bild 27.2). Es zeigt einen bestimmten Ausschlag, wenn die Kräfte auf den Zeiger einen bestimmten Betrag haben. Diese Kräfte sind durch die Ladung auf dem Zeiger und die auf der Innenseite der Abschirmung influenzierte Ladung gegeben. Eine bestimmte Ladung erzeugt ein definiertes elektrisches Feld zwischen Zeiger und Innenseite der Abschirmung. Damit ist auch eine bestimmte elektrische Potentialdifferenz gegeben. Die Anzeige des Elektrometers ist ein Maß für diesen Wert der elektrischen Potentialdifferenz. Umgekehrt müssen natürlich auch immer dann, wenn die elektrische Potential-

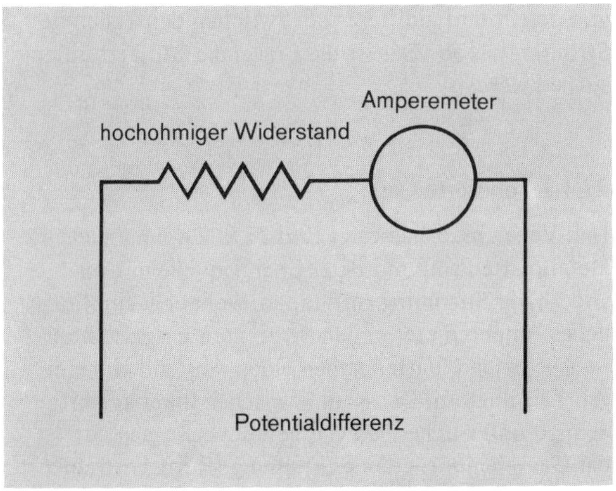

Bild 27.7. Ein Voltmeter zur Messung von Potentialdifferenzen entsteht, wenn man einen hochohmigen Widerstand und ein Amperemeter in Reihe schaltet. Der Widerstand ist häufig im Gehäuse des Voltmeters eingebaut.

differenz zwischen Zeiger und Abschirmung den gleichen Wert hat, Feld und Ladungen innerhalb des Elektrometers gleich sein. Dann schlägt der Zeiger stets gleich weit aus. Potentialdifferenzen lassen sich also mit einem Elektrometer bestimmen.

Häufig ist es jedoch bequemer, eine Potentialdifferenz mit Hilfe eines Amperemeters und eines in Serie geschalteten Hochohmwiderstandes zu messen (Bild 27.7). Liegen unterschiedliche Potentialdifferenzen ΔV an den Enden eines Stromkreises, so sind die elektrischen Feldstärken als Ursache für die Bewegung der Ladungen in diesem Stromkreis proportional zu diesen Potentialdifferenzen. Wird z.B. die Potentialdifferenz durch Ladungskonzentration auf den Leitern an den beiden Enden dieses Stromkreises aufrechterhalten, so sind elektrische Feldstärke und Potentialdifferenz proportional zu diesen Ladungskonzentrationen. Folgerichtig erkennt man, daß eine Vergrößerung des Potentials eine Vergrößerung der Kräfte bedeutet, die auf die durch den Hochohmwiderstand und das Amperemeter fließenden Ladungen wirken. Diese Vergrößerung der Kräfte führt zu einer Vergrößerung der Stromstärke. Der angezeigte Strom ist also ein Maß für die Potentialdifferenz. Bei gewöhnlichem Widerstandsdraht ist die Stromstärke tatsächlich proportional zur Potentialdifferenz, wie in Abschnitt 27.4 gezeigt wird. Auf jeden Fall aber läßt sich das Amperemeter mit vorgeschaltetem Hochohmwiderstand durch bekannte, von Batterien erzeugte Potentialdifferenzen eichen. Ist die Anordnung einmal geeicht, so kann sie als Meßinstrument für Potentialdifferenzen verwendet werden. Gewöhnlich nennt man solche Meßinstrumente Voltmeter.

Derartige Voltmeter sind brauchbar, solange der Widerstand so hoch ist, daß der Strom durch das Voltmeter klein im Vergleich zu allen anderen Strömen ist, die in dem Stromkreis fließen. Anderenfalls können wir es nur benutzen, wenn eine Potentialdifferenz in so kurzer Zeit gemessen werden kann, daß der dabei fließende Strom keine nennenswerte Änderung der zu bestimmenden Ladungskonzentrationen bewirkt. Sind diese Voraussetzungen nicht erfüllt, müssen wir sehr viel kompliziertere Stromkreise verwenden, z.B. Potentiometerschaltungen, die vielfach im Labor verwendet werden.

27.3. Versuch zu Potentialdifferenz und Energie

Eine Batterie erzeugt eine konstante Potentialdifferenz. Fließen keine Ströme, so sind alle Punkte eines guten Leiters auf dem gleichen elektrischen Potential. Erzeugt man mit Hilfe einer Batterie eine konstante Potentialdifferenz zwischen zwei Leitern, so lassen sich in dem elektrischen Feld zwischen ihnen geladene Körper auf vorgegebene kinetische Energien beschleunigen. Die Leiter müssen dabei nicht unbedingt große parallele Platten sein.

Auch wenn kleine Ströme in den Leitern fließen, können wir die Potentialdifferenz zwischen ihnen angeben. Da sich die Ladungen in dem Leiter praktisch frei bewegen, ist so gut wie keine Energie nötig, um eine Ladung von einem Punkt zu einem anderen zu bringen. Der Leiter kann näherungsweise als auf einem bestimmten Potential befindlich angesehen werden, obgleich sich auf ihm Ladungen bewegen. (In Abschnitt 27.5 werden diese Überlegungen noch einmal in quantitativer Form durchgeführt.)

Mit Hilfe dieser Überlegungen kann der Zusammenhang zwischen Potentialdifferenz und Energie überprüft werden. Man kann nämlich die Energie der Elektronen berechnen, die von der in Kapitel 23 beschriebenen Elektronenquelle ausgesandt werden. Diese Quelle besteht aus einem Heizfaden, aus dem Elektronen mit vernachlässigbarer Geschwindigkeit herausdampfen, und einer Anode, die auf einer konstanten Potentialdifferenz gegenüber dem Heizdraht gehalten wird. Zwischen Heizfaden und Anode werden die Elektronen beschleunigt. Durch ein Loch in der Anode treten Elektronen hindurch und besitzen dabei eine kinetische Energie, die proportional zur durchlaufenen Potentialdifferenz ist. Bei einer Potentialdifferenz von 1000 V zwischen Heizfaden und Anode erhält jedes Elektron eine kinetische Energie von $Q\Delta V = 1000 \cdot 1{,}6 \cdot 10^{-19}$ J, denn die Ladung eines Elektrons ist ja gerade eine Elementarladung e.

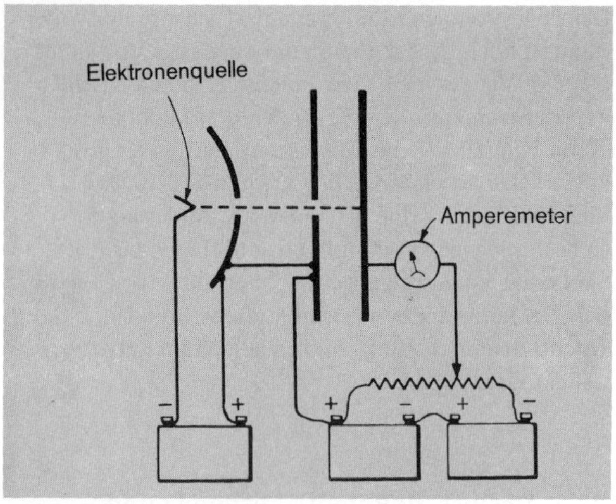

Bild 27.8. In diesem Experiment wird gezeigt, daß die Energie, die geladene Teilchen erhalten, nur von der Potentialdifferenz abhängt, die sie durchlaufen, nicht aber von der Form der geladenen Platte. Der vom Amperemeter angezeigte Strom wird immer dann Null, wenn die Potentialdifferenz zwischen den beiden Platten größer ist als die Potentialdifferenz zwischen Kathode und Anode der „Elektronenkanone".

Genauere Angaben über das elektrische Feld in dem Bereich zwischen Heizfaden und Anode brauchen wir nicht. Sicherlich ist die Feldstärke in der Umgebung des Fadens größer als in der Umgebung der Anode. Die Energie, die die einzelne Elementarladung erhält, hängt aber nur von der Potentialdifferenz ab.

Dieses läßt sich experimentell überprüfen. Wir lassen dazu die Elektronen in ein homogenes Gegenfeld eintreten. Damit ist die Kraft bekannt, die die Elektronen abbremst (Bild 27.8). Die Elektronen werden so lange den Raum zwischen den parallelen Platten überwinden können, wie die verzögernde Potentialdifferenz zwischen den parallelen Platten kleiner als die beschleunigte Potentialdifferenz zwischen Heizfaden und Anode der Elektronenquelle ist. Sie werden dagegen schon vor der zweiten Platte völlig abgebremst sein, wenn die Größe des verzögernden Potentials die Größe des beschleunigenden Potentials erreicht. In diesem Moment wird die Stromstärke Null. Das Experiment zeigt, daß lediglich die Größe der Potentialdifferenz die kinetische Energie bestimmt; die Form des Leiters ist ohne Einfluß.

27.4. Die Abhängigkeit der Stromstärke von der Potentialdifferenz

Wie hängen die Stromstärken in einem ionisierten Gas, die Stromstärke von aus einem Metall herausgedampften Elektronen und die Stromstärke in einem Metall von den Potentialdifferenzen zwischen den Teilen des Stromkreises ab? Das ist die Frage, die wir jetzt untersuchen werden.

27.4.1. Ionisierte Gase

Den Versuchsaufbau zeigt Bild 27.9. Zwei parallele Metallplatten sind mit einer Energiequelle mit veränderbarer Spannung verbunden, wobei ein empfindliches Amperemeter in den Stromkreis eingeschaltet ist. Die beiden Platten haben einen Abstand von einigen Zentimetern. Der Raum zwischen ihnen ist mit dem zu untersuchenden Gas gefüllt. Läßt man auf das Gas eine ionisierende Strahlung (Röntgenstrahlen oder Strahlung eines radioaktiven Elements) wirken, so zeigt das Amperemeter einen Strom an.

Bild 27.10a gibt die Abhängigkeit des Stromes von der Potentialdifferenz zwischen den Metallplatten in einem derartigen Experiment wieder. Es wurde Argon bei normalem Druck untersucht, und als Strahlungsquelle wurde ein Radiumpräparat verwendet. Mit wachsender Potentialdifferenz zwischen den Platten steigt die Stromstärke zunächst sehr stark an, dann langsamer und erreicht schließlich unter Umständen einen konstanten Wert, den man den *Sättigungsstrom* nennt.

Dieser Sättigungsstrom ist dann erreicht, wenn alle durch die Strahlung erzeugten Ionen durch das elektrische Feld aus dem Gas herausgezogen und auf den entsprechenden Elektroden gesammelt werden. Bei

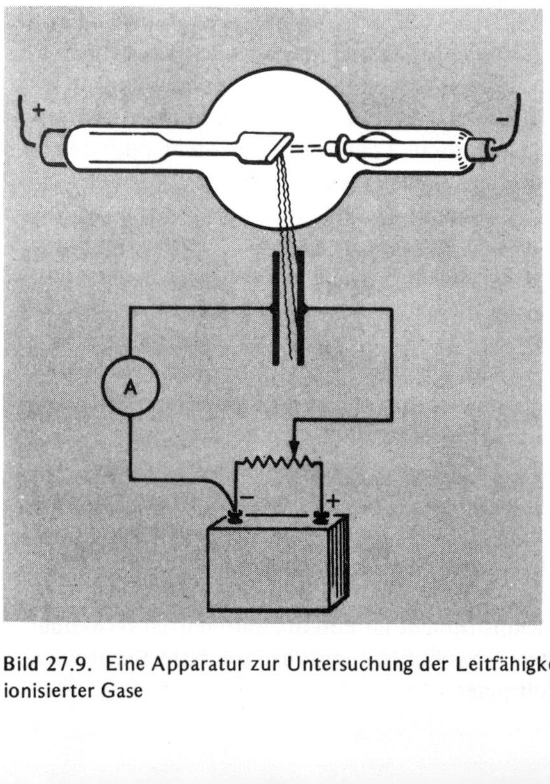

Bild 27.9. Eine Apparatur zur Untersuchung der Leitfähigkeit ionisierter Gase

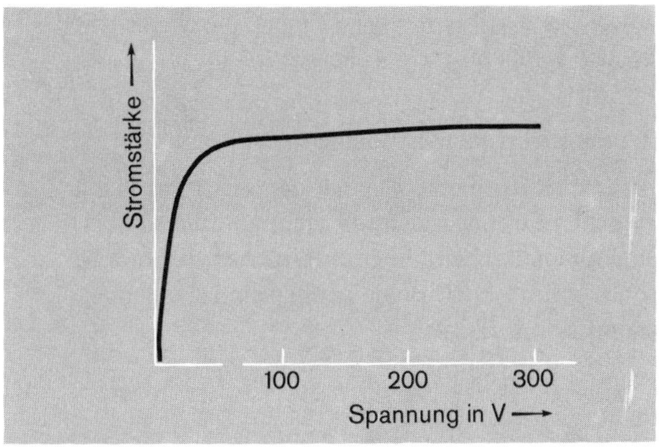

Bild 27.10a. Die Stromstärke als Funktion der Potentialdifferenz bei Argon, untersucht bei kleinen Spannungen

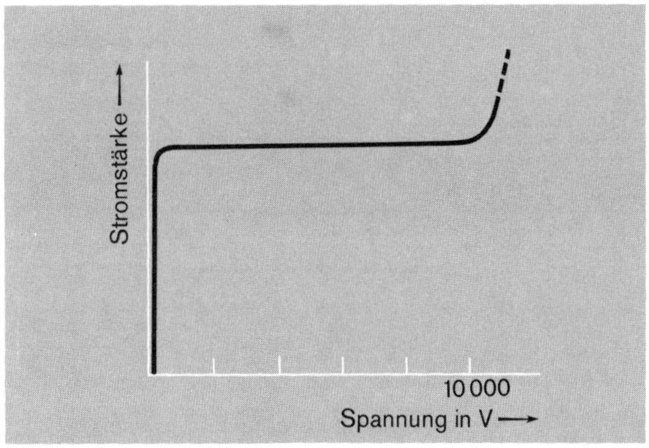

Bild 27.10b. Hier sind die gleichen Untersuchungen auch bei hohen Spannungen durchgeführt.

einfach geladenen Ionen, wie sie im Argon entstehen, ist der Ionisationsstrom (gemessen in e/s) durch die Anzahl der positiven Ionen gegeben, die je Sekunde die negative Elektrode erreichen. Diese Anzahl ist gleich der Anzahl der negativen Ionen – hier Elektronen –, die auf die positive Elektrode gelangen. Infolgedessen ist der Sättigungsstrom ein Maß für die Anzahl der insgesamt je Sekunde in dem Gas zwischen den Platten gebildeten Ionen.

Warum aber ist nun dieser Strom schwächer, wenn die Potentialdifferenz zwischen den beiden Platten nur gering ist? Dann ist das elektrische Feld, das die Ionen in Richtung auf die Elektroden bewegt, schwächer, und die Ionen bewegen sich damit langsamer. Während sie allmählich in Richtung der Platten gezogen werden, bewegen sie sich wegen der statistischen thermischen Bewegung in alle Richtungen. Dabei können ein positives und ein negatives Ion zusammenstoßen. Das wird gelegentlich sogar zu einer Rekombination führen, wobei ein neutrales Atom gebildet wird. Ist nun die Drift der Ionen in Richtung auf die Elektroden sehr langsam, so rekombinieren viele positive und negative Ionen, bevor sie die Elektroden erreichen.

Vergrößert man die Potentialdifferenz zwischen den Platten weit über den für die Sättigung notwendigen Wert hinaus, so beginnt unter Umständen der Strom erneut anzusteigen. Vergrößert man dann die Spannung noch ein klein wenig, so kann die Stromstärke recht große Werte erreichen (Bild 27.10b). Bei diesen Potentialdifferenzen beginnt das Gas zwischen den Elektroden zu leuchten, und es werden häufig knackende Geräusche hörbar. Was wir in diesem Stadium tatsächlich beobachten können, hängt sehr stark von der Art des Gases, vom Druck und von dem Abstand zwischen den Elektroden ab. Bei niedrigem Druck sind Stromstärke und Gasleuchten mehr oder weniger konstant. Bei Atmosphärendruck dagegen entsteht eine Serie von Funken.

Diese *Gasentladungen* sind recht komplexe Vorgänge: Die Grundlagen ihrer Entstehung sind jedoch bereits aufgrund der bisherigen Kenntnisse zu verstehen. Durch das elektrische Feld werden positive und negative Ionen eines ionisierten Gases in entgegengesetzte Richtungen beschleunigt. Jedes Ion nimmt so lange Energie auf, bis es mit einem Gasmolekül zusammenstößt. Im Mittel verlieren die Ionen bei diesen Zusammenstößen die kinetische Energie, die sie seit der vorhergegangenen Kollision erhalten haben. Diese Energie wird in thermische Energie des Gases umgesetzt. Dadurch erwärmt sich das Gas.

Ganz anders ist es jedoch, wenn die elektrische Feldstärke sehr groß ist. Dann nehmen die Ionen in den kurzen Zeiten zwischen zwei Zusammenstößen so viel Energie auf, daß sie beim Zusammenstoß mit einem Gasmolekül dieses ionisieren können. Die so entstandenen Bruchstücke sind wiederum Ionen, die im elektrischen Feld beschleunigt werden. Sie sind damit ebenfalls in der Lage, bei Zusammenstößen weitere Gasmoleküle zu ionisieren. So wird eine Lawine mit immer mehr Ionen produziert. Das Gas erhält plötzlich eine sehr große elektrische Leitfähigkeit, und damit kommt es zur Entladung. Bei Geigerzählern wird eine solche Lawine ausgenutzt, um geladene Teilchen nachzuweisen. Durch Stoßionisation wird die geringe Ionisation entlang des Weges des Teilchens in einen nachweisbaren elektrischen Impuls umgesetzt.

27.4.2. Thermische Emission

Der Zusammenhang zwischen Stromstärke und Potentialdifferenz für Elektronen, die aus einem erhitzten Metallstück herausdampfen, ist in gewisser Weise

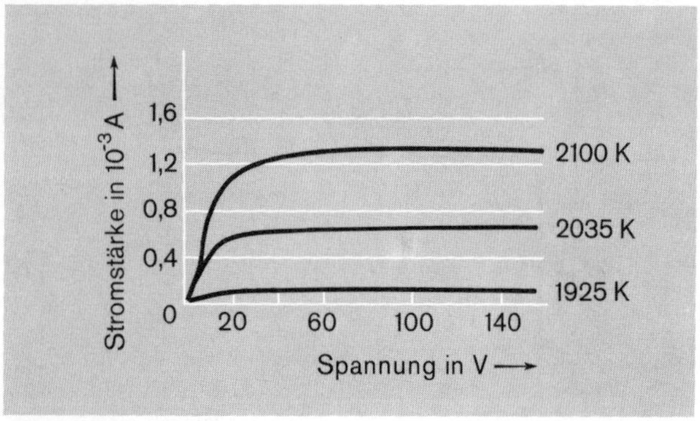

Bild 27.11. Die Stromstärke als Funktion der Spannung bei einer Diode. Die Elektronen werden bei verschieden hohen Temperaturen aus dem Heizfaden „herausgedampft".

ähnlich (Bild 27.11). Ist die Potentialdifferenz zwischen dem Heizfaden (Kathode) und der ihn umgebenden Sammelelektrode (Anode) groß, so ergibt sich ein Sättigungsstrom. Eine weitere Vergrößerung der Potentialdifferenz bringt keine Änderung der Anzahl der Elektronen, die vom Heizdraht zur Anode gelangen. Alle Elektronen, die bei einer bestimmten Temperatur aus dem Heizdraht je Sekunde herausdampfen, werden bereits zur Anode gezogen. Ist die Potentialdifferenz jedoch hinreichend klein, so wird der Strom schwächer als der Sättigungsstrom. Offenbar bewegen sich die Elektronen, die vom Heizdraht ausgesandt werden, nicht schnell genug vom Draht weg. Während sie sich noch in der Umgebung des Heizfadens befinden, stoßen sie weitere Elektronen, die sonst aus dem Faden herausdampfen würden, zurück. Genauere Rechnungen zeigen, daß diese Einwirkung der *Raumladung* tatsächlich die Stromstärke-Spannung-Kurve, wie sie beobachtet wurde, erklärt.

Geht die Potentialdifferenz zwischen Heizfaden und Anode gegen Null, so beobachten wir einen weiteren interessanten Effekt: Es fließt immer noch ein kleiner Strom. Selbst wenn die Anode bezüglich des Heizfadens eine kleine negative Spannung hat, gelangen immer noch einige Elektronen zur Anode. Offenbar werden einige Elektronen mit so großer kinetischer Energie aus dem Heizfaden herausgedampft, daß sie in der Lage sind, eine kleine verzögernde Potentialdifferenz zu überwinden. Sorgfältige Messungen haben ergeben, daß dieses Gegenpotential, bei dem die Stromstärke auf Null zurückgeht, etwa 0,2 V beträgt[1]). Dieser Wert entspricht der thermischen Energie, die ein Teilchen bei der Temperatur des Heizfadens hat.

27.4.3. Elektronen in Metallen

Als letztes Beispiel wollen wir den Zusammenhang zwischen Stromstärke und Potentialdifferenz bei einem metallischen Leiter untersuchen, der hier besonders einfach ist: Beide Größen sind zueinander proportional. Es gilt

$$\Delta V = R\,I$$

oder

$$U = R\,I.$$

Das durch diese Gleichung ausgedrückte Gesetz heißt *Ohmsches Gesetz.* Den Proportionalitätsfaktor R nennt man den *elektrischen Widerstand* des Leiters. Wird U in Volt (V) gemessen und I in Ampere (A), so ergibt sich R in einer Einheit, die man *Ohm* (Ω) nennt.

Das Ohmsche Gesetz sagt aus, daß die Stromstärke in einem metallischen Leiter proportional zur Potentialdifferenz zwischen den beiden Enden ist. Aber auch die elektrische Feldstärke in einem Leiter ist proportional zur Potentialdifferenz an seinen Enden. Daher ist die Stromstärke proportional zur elektrischen Feldstärke. Dieses Gesetz läßt sich modellmäßig verstehen, wenn man davon ausgeht, daß sich im Metall Elektronen frei bewegen wie die Moleküle in einem Gas (Abschnitt 23.12). Da die Elektronen sehr leicht sind, haben sie bei normalen Temperaturen schon sehr hohe Geschwindigkeiten – etwa 10^5 m/s. Sie stoßen bei ihrer Bewegung im Metall sehr häufig mit positiven Metallionen zusammen. Die mittlere Zeit zwischen zwei Zusammenstößen eines Elektrons mit einem Metallion ist extrem kurz, sie beträgt etwa $3 \cdot 10^{-15}$ s. Sie ist bestimmt durch den Abstand der Metallionen und die thermische Geschwindigkeit der Elektronen. Nach jedem Zusammenstoß bewegt sich das Elektron in eine neue Richtung. So treten bei einem einzelnen Elektron bei der thermischen Bewegung statistisch alle Richtungen auf.

Nun lassen wir zusätzlich ein elektrisches Feld wirken. In der kurzen Zeitspanne zwischen den Zusammenstößen werden dadurch die Elektronen längs des Drahtes beschleunigt. Die geringe zusätzliche Geschwindigkeit, die die Elektronen in Richtung des Drahtes erhalten, ist proportional zur Stärke des elektrischen Feldes und zur Zeit zwischen zwei Kollisionen. Wegen der statistischen Verteilung der Änderungen der Bewegungsrichtungen beim Stoß sollte nach jedem Zusammenstoß oder wenigstens nach einigen wenigen Zusammenstößen diese zusätzliche Geschwindigkeit

[1]) Voraussetzung für diese Messungen ist, daß sich die gesamte Metalloberfläche auf gleichem Potential befindet. Sonst könnten die Potentialdifferenzen zwischen zwei Punkten auf der Oberfläche des Metalls in der Größenordnung der zu messenden Potentialdifferenzen liegen. Man benutzt daher eine getrennte Heizung (indirekte Heizung) zur Erwärmung der Oberfläche. Man umgeht dadurch die hohen Stromstärken in dem heißen Metall.

verlorengehen und müßte dann also durch die Wirkung des elektrischen Feldes erneuert werden. Unser vollständiges Bild sieht dann so aus: Die Elektronen bewegen sich mit hoher Geschwindigkeit in alle Richtungen. Dieser Zufallsbewegung ist eine kleine Drift entlang des Drahtes überlagert. Die Geschwindigkeit dieser Drift ist proportional zur Stärke des elektrischen Feldes und zur Zeit zwischen zwei Zusammenstößen. Bei einer Potentialdifferenz von einigen Volt an den Enden eines Drahtes von einem Meter Länge ergibt sich diese Geschwindigkeit in einer Größenordnung von etwa 1 $\frac{\text{cm}}{\text{s}}$. Diese zusätzliche Geschwindigkeit bewirkt den Strom. Je größer die Driftgeschwindigkeit ist, um so stärker wird der Strom. Die Stromstärke ist also proportional zur Stärke des elektrischen Feldes. Das Modell sagt somit die experimentellen Befunde, die im Ohmschen Gesetz zusammengefaßt sind, voraus.

Das Modell gestattet eine weitere Vorhersage über den elektrischen Widerstand: Der Widerstand sollte mit wachsender Temperatur auch größer werden. Nimmt die Temperatur zu, so erhöht sich die thermische Geschwindigkeit der Elektronen. Die Zeit zwischen zwei Kollisionen wird daher kleiner; bei gleicher Feldstärke ergeben sich geringere Stromstärken. Dieser Schluß stimmt mit der experimentellen Beobachtung überein, daß bei Temperaturerhöhung der Widerstand gewöhnlich größer wird. Jedoch ist diese Übereinstimmung nicht vollständig. Genauere Experimente zeigen, daß der Widerstand im allgemeinen direkt proportional mit der Temperatur anwächst. Nach den Aussagen unseres Modells dürfte der Widerstand dagegen nur mit der Quadratwurzel der Temperatur anwachsen. Dieser Unterschied ist durch zwei Tatsachen zu erklären. Zunächst einmal können wir wegen der hohen Dichte des Elektronengases nicht annehmen, daß es sich wie ein ideales Gas verhält. Die Abstände zwischen den Elektronen sind so gering, daß die Kräfte zwischen ihnen ihre Bewegungen beeinflussen. Außerdem treten, wenn ein Gas aus gleichen Teilchen sehr dicht ist, Quanteneffekte auf, die wir später in diesem Buch noch untersuchen werden. Berücksichtigt man auch diese Effekte, so ist das verbesserte Modell in guter Übereinstimmung mit den experimentellen Ergebnissen. Das einfache Modell bleibt aber nützlich als ein wesentlicher Schritt zu einer umfassenderen Beschreibung.

27.5. Zusammenfassende Beschreibung des Stromkreises

Wird durch eine Batterie eine Blitzlampe gezündet, ein Elektromotor in Bewegung gesetzt oder der Strom in einer Elektrolysezelle aufrechterhalten, so liefert jeweils die Batterie Energie in den äußeren Stromkreis (an die Blitzlampe, den Motor oder die Elektrolysezelle). Dort wird diese Energie in Wärme oder in mechanische Energie umgewandelt. Enthält der Stromkreis eine Rundfunkröhre mit geheizter Kathode, so erhalten die Elektronen auf ihrem Weg von der Kathode zur Anode eine hohe kinetische Energie und prallen dort mit großer Geschwindigkeit auf. Ist eine Röhre nun so konstruiert, daß die Elektronen nur auf eine kleine Fläche der Anode auftreffen, so kann es dort zur Weißglut kommen. In einem metallischen Leiter wird die von der Batterie gelieferte Energie ebenfalls zunächst in kinetische Energie der sich bewegenden Elektronen umgesetzt. Stoßen diese Elektronen mit den Atomen des Drahtes zusammen, so wird ihre kinetische Energie in Energie der Wärmebewegung der Atome umgesetzt. Da die Zusammenstöße sehr häufig sind, erhalten die Elektronen niemals sehr viel kinetische Energie. Die zugeführte Energie wird fast sofort in Wärme umgesetzt. Enthält der Stromkreis einen Motor, so kann zwar der größte Teil der Energie z.B. zum Heben eines Körpers verwendet werden; aber immer wird ein Teil der Energie in Wärme umgesetzt.

Betrachten wir einmal den in Bild 27.12 skizzierten Stromkreis. Jedes Elektron, das von der Kathode zur Anode gelangt, erhält eine kinetische Energie proportional zur Potentialdifferenz, die zwischen den Elektroden durch die Batterie aufrechterhalten wird. Jedes Elektron, das zur Anode gelangt, bringt eine negative Ladung von der Kathode mit und gleicht eine positive Ladung auf der Anode aus. Schaltet man die Batterie ab, so hört der Strom auf zu fließen. Ist die Batterie angeschlossen, so bewegt sich für jedes Elektron, das von der Kathode zur Anode gelangt, ein

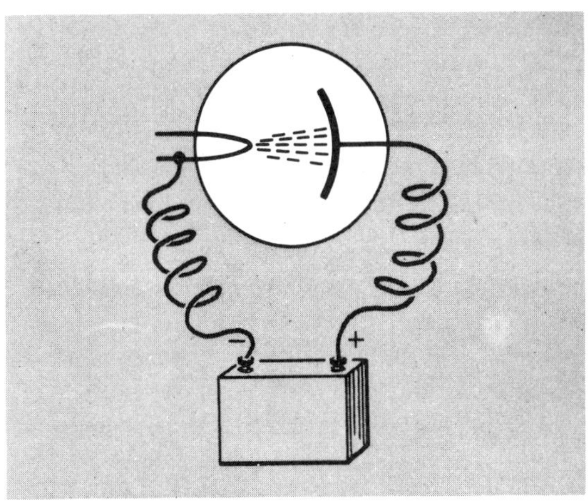

Bild 27.12. Eine große Potentialdifferenz bewegt Elektronen vom Heizfaden zur Anode. Ist die Potentialdifferenz kleiner, so werden nur Elektronen im Draht bewegt.

anderes durch den Leiter vom negativen Pol der Batterie zur Kathode. Es nimmt dort den leeren Platz ein. Damit fließt ein Strom von gleicher Stärke wie der Strom zwischen Heizfaden und Anode durch den Draht. Ein schwaches elektrisches Feld im Innern des Drahtes bewegt dabei die Elektronen. Fließt ein Strom, so sind verschiedene Abschnitte eines Leiters nicht exakt auf dem gleichen Potential. Ist der Draht hinreichend lang und dünn und der Strom hinreichend groß, so ist die Potentialdifferenz zwischen den Enden meßbar.

Die Spannung der Batterie oder die Energie, die die Batterie an jede Elementarladung liefert, wird in Potentialdifferenzen über den verschiedenen Bestandteilen eines Stromkreises aufgeteilt. Eine geringe Potentialdifferenz bewegt die Elektronen vom negativen Pol der Batterie zum Heizfaden hin. Die dadurch dem Elektron mitgegebene Energie wird bei der Bewegung des Elektrons durch den Draht in Wärme umgesetzt. Eine große Potentialdifferenz beschleunigt die Elektronen vom Heizfaden zur Anode. Sie liefert die kinetische Energie, mit der die Elektronen auf die Anode aufprallen. Schließlich treibt eine weitere geringe Potentialdifferenz die Elektronen durch den Draht zurück zum positiven Pol der Batterie. Die Summe all dieser Potentialdifferenzen entspricht der Gesamtenergie, die jede Elementarladung von der Batterie erhält, geteilt durch diese Elementarladung, und damit der Spannung der Batterie. Die gesamte Energie wird verbraucht, etwa zum Erwärmen der Drähte oder zum Erwärmen der Anode. Sie wird von der Batterie geliefert.

Wie die von der Batterie aufrechterhaltene Spannung auf die verschiedenen Bauelemente des Stromkreises aufgeteilt wird und wie stark bei einer vorgegebenen Spannung der Strom ist, hängt von den physikalischen Eigenschaften der Teile des Stromkreises ab. In Abschnitt 27.4 wurde für einige Elemente eines Stromkreises der Zusammenhang zwischen Stromstärke und Spannung untersucht. Die dort hergeleiteten Ergebnisse lassen sich nun auf zusammengesetzte Stromkreise anwenden, die mehr als eins dieser Elemente enthalten.

Es seien zwei Teilstücke eines Stromkreises gegeben, für die die Graphen der Stromstärke als Funktion der Spannung bekannt sind (Bild 27.13). Werden diese beiden Teilstücke wie in Bild 27.14 parallel geschaltet, so ist die Spannung U zwischen A und B stets gleich groß. Der in A ankommende Strom wird in zwei Teilströme aufgespalten, von denen jeder durch einen Zweig des Stromkreises fließt. Die Gesamtstromstärke ergibt sich als Summe der Teilstromstärken durch die beiden Zweige. Man kann sie ermitteln, indem man bei einer bestimmten Spannung die Stromstärke I_1 in Zweig 1 und die Stromstärke I_2 in Zweig 2 addiert. Bildet man diese Summe für jeden Wert der Spannung, so erhält man den Graphen der Gesamtstromstärke $I = I_1 + I_2$ als Funktion der Spannung U (Bild 27.15). Auf diese Weise faßt man die beiden parallel geschalteten Teilstücke zu einem einzigen neuen Schaltelement zusammen, dessen Verhalten durch den neuen Graphen der Stromstärke I als Funktion der Spannung U dargestellt wird. Dieses Verfahren läßt sich natürlich auf die Untersuchung mehrerer

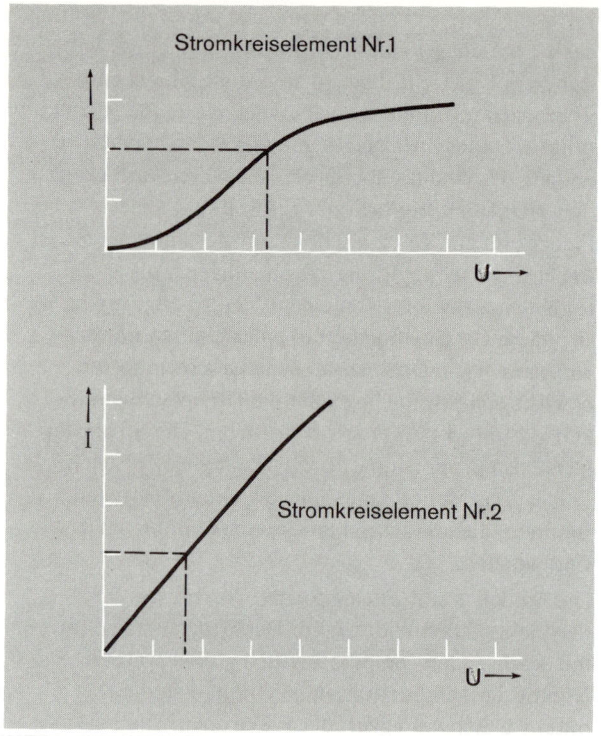

Bild 27.13. I, U-Diagramme für zwei verschiedene Bauelemente eines Stromkreises

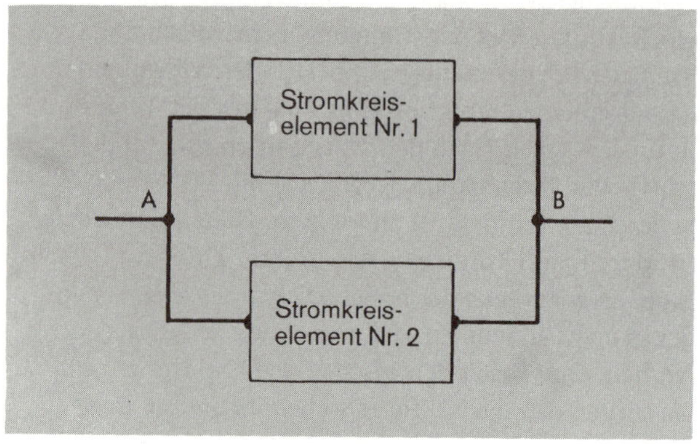

Bild 27.14. Zwei Bauelemente sind parallel geschaltet.

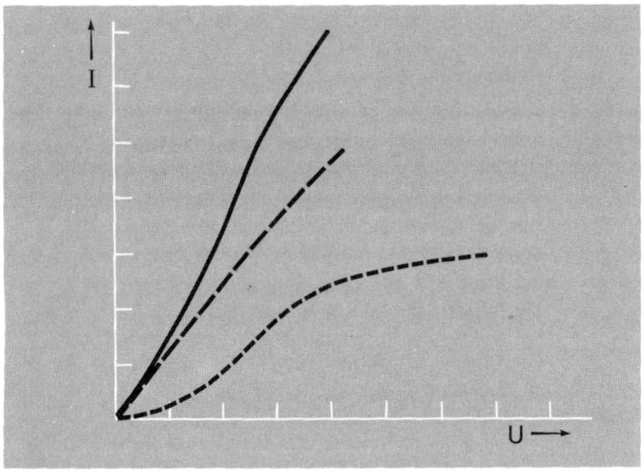

Bild 27.15. I, U-Diagramm für ein Bauelement, das eine Parallelschaltung der beiden Elemente in Bild 27.13 ersetzt. Die Kurve entsteht durch punktweise Addition der entsprechenden Kurven der ersetzten Bauelemente.

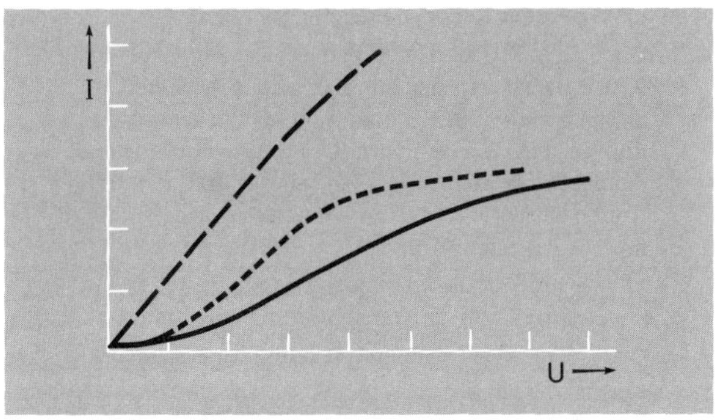

Bild 27.16. I, U-Diagramm für das Ersatzelement, wenn die gleichen Elemente in Serie geschaltet werden. Man addiert die Spannungen, die jeweils zu der gleichen Stromstärke gehören.

parallel geschalteter Stromkreisteile ausdehnen, indem man für jede Spannung sämtliche Teilstromstärken addiert. Auf diese Weise läßt sich eine Gruppe von parallel geschalteten Stromkreisteilen jeweils durch ein äquivalentes Teilstück (Ersatzschaltung) ersetzen, das sich genauso wie die gesamte Parallelschaltung verhält.

Auch hier folgt die Energie, die jede Elementarladung erhält, wiederum aus der Spannung. Infolgedessen ergibt sich die in der Parallelschaltung verbrauchte Leistung zu IU, wobei I die Gesamtstromstärke ist. Die Gesamtleistung ist die Summe der Leistungen in jedem Teilstück. Sind z.B. zwei Leitungszweige vorhanden, so ist

$$IU = I_1 U + I_2 U,$$

wobei I_1 und I_2 die Stromstärken in den einzelnen parallel geschalteten Zweigen sind. In der oben angegebenen Gleichung gibt jeder Summand auf der rechten Seite die Leistung in einem einzelnen Zweig des Stromkreises an, die Summe auf der linken Seite ist die Gesamtleistung, die von der parallelgeschalteten Gruppe verbraucht wird.

Schaltet man einzelne Stromkreisteile in Reihe, so erfolgt die Untersuchung etwas anders. Hier muß in jedem der einzelnen Teilstücke der gleiche Strom fließen. Zu Beginn soll dieser Strom eine bestimmte Stärke haben. Benutzen wir die Graphen, in denen die Stromstärke als Funktion der Spannung für jeden einzelnen Stromkreisabschnitt aufgetragen ist, so können wir daraus für jede Stromstärke die zugehörigen Spannungen entnehmen. Um nun die Spannung zwischen den Enden des Serienstromkreises zu finden, müssen wir die einzelnen Potentialdifferenzen addieren. In Bild 27.13 ist für jeden Graphen die gleiche Stromstärke markiert und mit der gestrichelten Linie die zugehörige Spannung angegeben. Sind diese beiden Teilstücke in Reihe geschaltet, so ergibt sich die Spannung an den Enden dieser Reihenschaltung als Summe der beiden Teilspannungen, die den I, U-Graphen zu entnehmen sind. Dadurch läßt sich für jede beliebige Stromstärke der Zusammenhang zwischen Stromstärke und Spannung zwischen den Enden der Reihenschaltung finden. Wiederum können wir den Graphen der Stromstärke als Funktion der Spannung (Bild 27.16) konstruieren. Dadurch läßt sich die Reihenschaltung durch ein äquivalentes einzelnes Stromkreisteilstück ersetzen, das durch diese neue graphische Darstellung der Stromstärke als Funktion der Spannung charakterisiert ist.

Nachdem wir nun das Verhalten dieses äquivalenten einzelnen Schaltelements kennen, sind wir in der Lage, die Stromstärke in der Reihenschaltung für jede beliebige an den Enden anliegende Spannung zu ermitteln. Auch hier ist die Spannung ein Maß für die Energie, die jede Elementarladung benötigt, um den Stromkreis zu durchlaufen. Wiederum ergibt sich die Leistung als Produkt IU, wobei U die Spannung zwischen den Enden der Reihenschaltung ist. Diese Spannung U ist die Summe der Teilspannungen über den einzelnen Abschnitten dieser Reihenschaltung. Besteht der Stromkreis aus zwei Schaltelementen, so ist diese Summe $U = U_1 + U_2$. Folglich gilt

$$IU = IU_1 + IU_2.$$

In dieser Gleichung ist die Leistungsaufnahme eines jeden Elements durch einen Summanden auf der rechten Seite dargestellt. Die Gesamtleistung IU ist gerade die Summe der Leistungen in jedem einzelnen Stromkreisteilstück.

Damit ist gezeigt, wie sich in einem Stromkreis die Spannungen und Stromstärken zueinander verhalten. In jedem Fall ist die Summe der Teilspannungen in einer Serienschaltung gleich der Spannung der Batterie oder des Dynamos, die die Energie liefern. In jedem Teilstück des Stromkreises ist die je Elementarladung verbrauchte Energie ein Maß für die Spannung zwischen den Enden dieses Abschnitts. Die auf diese Weise in andere Energieformen wie etwa chemische Energie, mechanische Energie oder Wärme umgesetzte Energie wird durch die angelegte Spannung geliefert. Aus dem Satz von der Erhaltung der Energie folgt, daß die Summe der Teilspannungen stets gleich der angelegten Spannung ist.

Aufgaben

1.* Ein Strom fließt stets in Richtung des Drahtes, der ihn leitet. Was läßt sich damit über das elektrische Feld innerhalb des stromdurchflossenen Leiters sagen?

2.* Ein 10 m langer zylindrischer Draht von hohem Widerstand ist mit den Polen einer Batterie mit einer Spannung von 30 V verbunden (Bild 27.3). Wie groß ist die elektrische Feldstärke in dem Draht?

3.* Ein zweiter, gleichartiger Draht wird parallel zu dem Draht der vorigen Aufgabe ausgespannt. Wie wird sich das elektrische Feld ändern?

4.* Ein 20 m langer Draht mit hohem Widerstand ist mit den Polen einer 30-V-Batterie verbunden. Wie groß ist die Potentialdifferenz zwischen zwei Punkten, die 3 m bzw. 15 m von den Enden entfernt sind?

5. a) Wie müssen eine 90-V-Batterie und eine 1,5-V-Batterie miteinander verbunden werden, damit eine möglichst große Spannung entsteht?
   b) Wie groß ist diese Spannung?
   c) Wie groß ist die Spannung, nachdem man die Verbindung zwischen den beiden Batterien gelöst, die eine Batterie umgedreht und wieder eingeschaltet hat?

6. a) Stellen Sie die elektrische Feldstärke als Funktion des Ortes entlang $\overline{AB}$ für die in Bild 27.17 dargestellten Fälle dar.
   Die Stromkreise (2) und (3) sind im Prinzip dem ersten Kreis gleich. Stromkreis (2) unterscheidet sich von (1) nur dadurch, daß AC aus zwei parallelen Stücken des gleichen Drahtes besteht. In (3) sind bei C zwei große Metallplatten eingeschaltet, deren Abstand voneinander 1/5 des Abstandes der Punkte A und B ist. In allen drei Fällen hat die Batterie die gleiche Spannung.
   b) Stellen Sie die Potentialdifferenz zwischen B und jedem Zwischenpunkt zwischen A und B als Funktion seiner Lage für alle drei Fälle dar.

7. Die beiden Platten in Bild 27.18 sind ungeladen. Schließt man die Schalter, so werden dadurch die Platten mit einer 270-V-Batterie verbunden. Es fließen so lange geladene Teilchen, bis jede Platte eine Ladung von $6{,}4 \cdot 10^{-9}$ C erhalten hat.
   a) Wie groß ist die von der Batterie beim Laden der Platten verrichtete Arbeit?
   b) Wie groß ist die in den geladenen Platten gespeicherte Energie?
   c) Wo ist der Rest der Energie geblieben?

8. Die beiden Platten aus Aufgabe 7 werden durch die 270-V-Batterie so geladen, daß jede Platte eine Ladung von $6{,}4 \cdot 10^{-9}$ C oder $4{,}0 \cdot 10^{10}$ Elementarladungen trägt. Danach wird die Batterie entfernt und die negativ geladene Platte so stark erhitzt, daß Elektronen emittiert und dann zur positiv geladenen Platte hin beschleunigt werden.
   a) Wie groß ist die kinetische Energie (in J), die ein Elektron beim Erreichen der positiv geladenen Platte unmittelbar nach Beginn dieses Vorganges hat?
   b) Wie groß ist die kinetische Energie eines dieser Elektronen, wenn bereits $3{,}0 \cdot 10^{10}$ Elementarladungen die negativ geladene Platte verlassen haben?
   c) Wie groß ist die insgesamt von den Elektronen zur positiven Platte transportierte Energie, wenn die Platten dabei vollständig entladen worden sind?

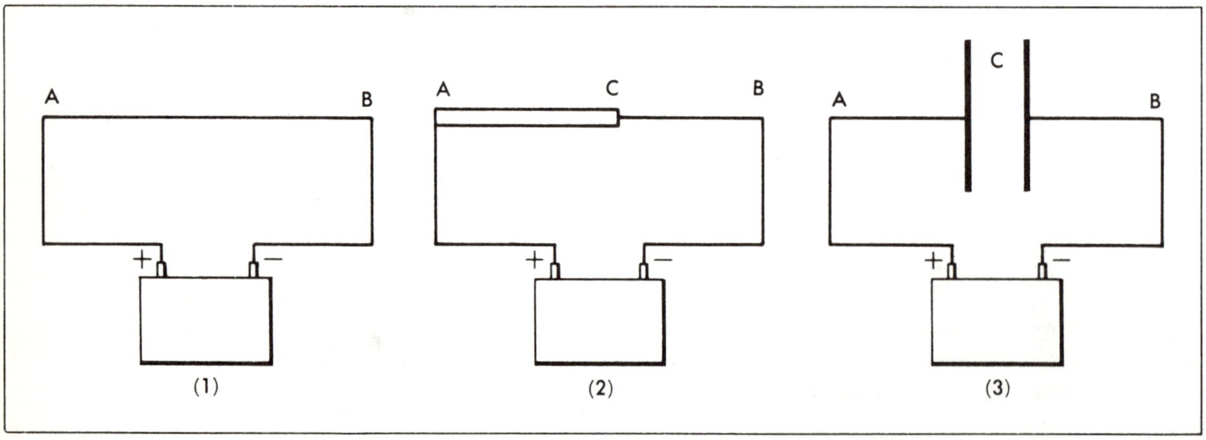

Bild 27.17. Zur Aufgabe 6

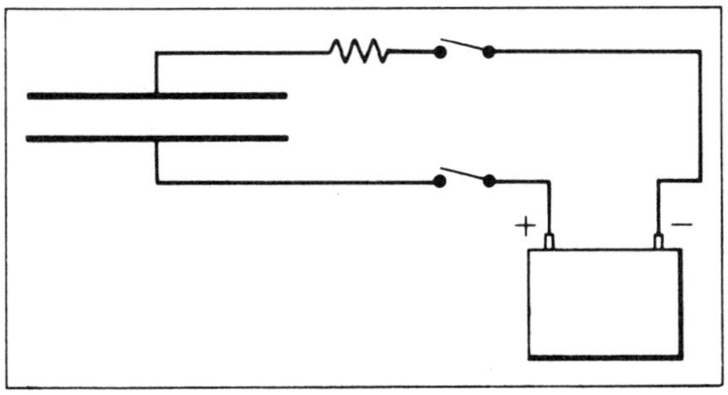

Bild 27.18. Zur Aufgabe 7

9.* Warum sollte ein Elektrometer vom Meßobjekt nur möglichst wenig Ladung zur Messung entnehmen?

10.* Unter welcher Bedingung kann ein Voltmeter, das auf einer Strommessung beruht, dazu benutzt werden, in einem geschlossenen Stromkreis eine Spannung zwischen zwei Punkten zu messen?

11. Es seien zwei Elektrometer gegeben, mit denen Spannungen in der Größenordnung von 10 000 V gemessen werden können. Nur eines von beiden ist geeicht. Vorhanden sind ebenfalls Glasstab und Reibzeug, aber keine Batterien. Ist das zweite Elektrometer zu eichen, indem man es mit dem ersten zusammenschaltet?

12. Aus einer Elektronenquelle gelangt ein Strahl von Elektronen zwischen zwei Ablenkplatten, die eine Länge von $l = 6{,}0$ cm haben (Bild 27.19). Ein Elektron hat eine Masse von $0{,}91 \cdot 10^{-30}$ kg. Die Potentialdifferenz zwischen Heizfaden und Anode der Elektronenquelle beträgt 2 500 V ($2{,}5 \cdot 10^3 \cdot 1{,}6 \cdot 10^{-19}$ J je Elementarladung). Die elektrische Feldstärke zwischen den Ablenkplatten beträgt 1 000 $\frac{N}{C}$ (1 000 N je $6{,}25 \cdot 10^{18}$ Elementarladungen).

a) Wie groß ist die Potentialdifferenz zwischen den Ablenkplatten, wenn beide 0,20 cm von einander entfernt sind?

b) Mit welcher Geschwindigkeit verlassen die Elektronen die Quelle?

c) Welche Zeit benötigen die Elektronen, um die Strecke l zurückzulegen?

d) Zwischen den Ablenkplatten erhalten die Elektronen eine zusätzliche Geschwindigkeit senkrecht zur ursprünglichen Bewegungsrichtung, denn im elektrischen Feld zwischen den Platten wirkt eine Kraft. Wie groß ist diese Geschwindigkeitskomponente in dem Moment, in dem das Elektron das Feld verläßt?

e) Wie groß ist die Strecke, um die das Elektron zwischen den Platten seitlich abgelenkt wird?

13. a) Wie groß ist bei der Apparatur in Aufgabe 12 die seitliche Ablenkung eines beliebigen Ions, wenn es durch die jeweils gleiche Potentialdifferenz in der Quelle beschleunigt und durch die gleiche elektrische Feldstärke E seitlich abgelenkt wird? Der Ausdruck für die Ablenkung soll E, U und l, die Länge der ablenkenden Platten, enthalten.

b) Wie macht sich die Masse des Ions bemerkbar?

c) Welchen Einfluß hat die Ladung des Ions?

14.* In Bild 27.8 habe die mit der Elektronenquelle verbundene Batterie eine Spannung von 45 V. Mit welcher kinetischen Energie treten die Elektronen durch das Loch in der gekrümmten Platte hindurch?

15.* Die Elektronen werden in der Apparatur nach Bild 27.8 durch eine 45-V-Batterie beschleunigt. Der Spannungsteiler und die beiden Batterien zwischen den beiden Platten sind durch einen 30-V-Akkumulator ersetzt. Was ist über die kinetische Energie eines Elektrons zu sagen, das durch das Loch in der linken Platte hindurchtritt und die rechte Platte erreicht?

16.* Die Diode, deren I, U-Diagramm in Bild 27.11 dargestellt wird, ist in Reihe mit einem veränderlichem Widerstand mit einer 90-V-Batterie verbunden. Wie groß muß der Widerstand gewählt werden, damit bei einer Heizfadentemperatur von 2 100 K der Strom auf $1{,}2 \cdot 10^{-3}$ A begrenzt wird?

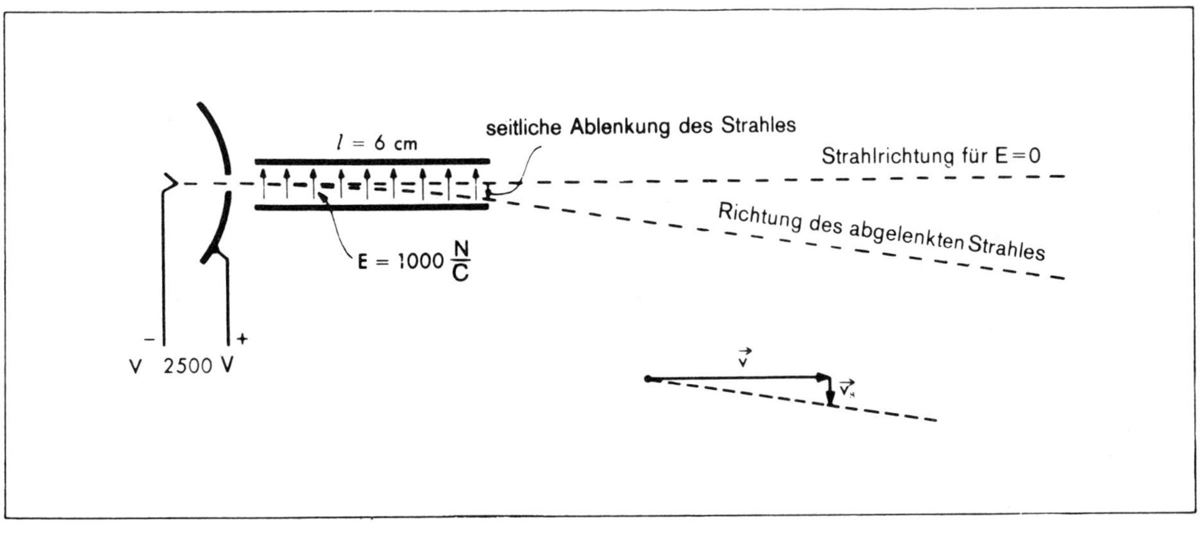

Bild 27.19. Zur Aufgabe 12

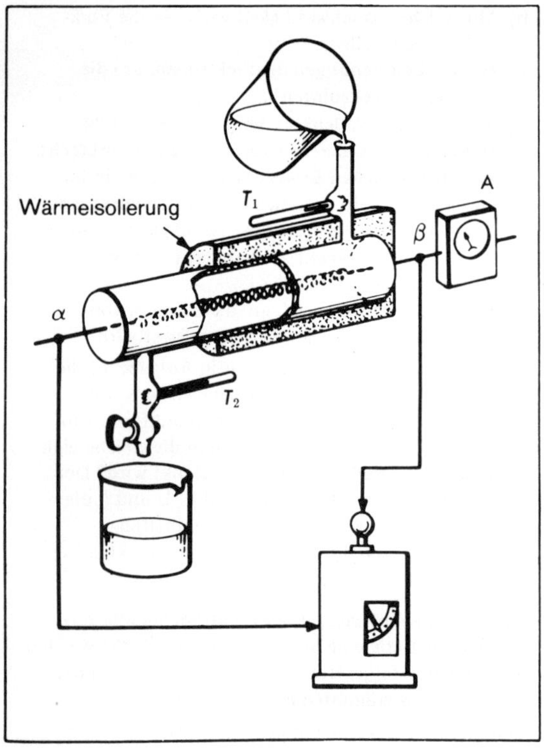

Bild 27.20. Zur Aufgabe 17

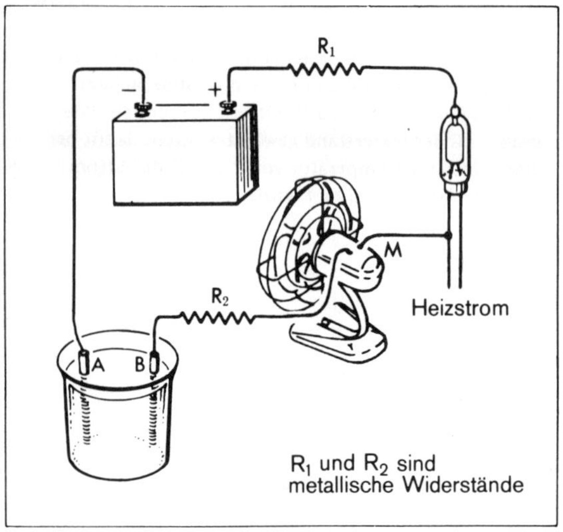

Bild 27.21. Zur Aufgabe 18

17. Bild 27.20 zeigt eine Anordnung zur Eichung des Amperemeters A. In einem isolierten Gefäß ist eine Spule angebracht. Oben kann Wasser eingefüllt werden, dessen Temperatur durch das Thermometer T_1 gemessen wird. Das Wasser fließt an der Spule vorbei und kann das Gefäß unten wieder verlassen. Die Temperatur des Wassers wird dort durch T_2 gemessen. Die Spannung an den Enden der Spule wird durch ein in den Punkten α und β angeschlossenes Elektrometer ermittelt. Bei diesem Experiment ströme 1 g Wasser je Sekunde durch die Apparatur, die Temperatur des Wassers sei bei T_2 um 1 °C höher als bei T_1 und das Elektrometer zeigte eine Spannung von 2,09 V an.
   a) Wie groß ist die Stromstärke?
   b) Wie kann man mit dieser Anordnung ein Amperemeter eichen?

18. In dem in Bild 27.21 gezeigten Stromkreis sind zwei Widerstände, eine Diode, ein Elektromotor M und eine Elektrolysezelle mit einer Batterie in Reihe geschaltet. Die Teilspannungen über allen Schaltelementen des Stromkreises werden gemessen, sie sind gleich groß. Je Sekunde wird eine bestimmte Wärmemenge von dem ersten Widerstand abgegeben. Vergleichen Sie diese Wärmemenge mit der, die pro Sekunde abgegeben wird,
   a) vom zweiten Widerstand,
   b) von der Diode,
   c) vom Motor, der den Ventilator antreibt.
   d) Falls in der elektrolytischen Zelle tatsächlich weniger Wärme abgegeben wird als im Widerstand R_1, so ist zu untersuchen,welcher der beiden Pole A oder B positiv ist, wenn die Zelle als Spannungsquelle dient.

19. a) Wie groß ist der Widerstand (in Ω) der in Aufgabe 17 verwendeten Spule?
   b) Es ist zu zeigen, daß die Energieaufnahme der Spule durch I^2R gegeben ist.

20. Wie groß ist die thermische Geschwindigkeit der Leitungselektronen in einem Metall bei einer Temperatur von 27 °C, wenn man annimmt, daß sich diese Elektronen im Metall wie Moleküle eines Gases frei bewegen?

21. a) In einem Kupferdraht befinden sich n Leitungselektronen je Volumeneinheit. In dem Draht fließt ein Strom der Stärke I. Dieser entsteht durch eine Driftbewegung der Leitungselektronen in Richtung des Drahtes, die mit der mittleren Geschwindigkeit v erfolgt. Die Querschnittsfläche des Drahtes sei A. Wieviele Elektronen passieren einen auf dem Draht markierten Punkt in der Zeit Δt?
   b) Wie stark ist der in dem Draht fließende Strom, wenn jedes Elektron die Ladung e trägt?
   c) Jedes Kupferatom in dem Draht möge ein Leitungselektron liefern. Wie groß ist die Anzahl der Leitungselektronen je 1 cm^3 Kupfer, wenn die Atommasse des Kupfers 63 und die Dichte 8,9 g/cm^3 ist?
   d) Ein üblicher Kupferdraht hat eine Querschnittsfläche von 0,83 mm^2. Er ist für Stromstärken bis zu 5 A geeignet. Wie groß ist die Driftgeschwindigkeit der Elektronen im Draht?

22.* In Bild 27.13 sei die Skaleneinheit jeweils 1 V bzw. 1 A. Die beiden Schaltelemente werden mit einer Batterie in Serie geschaltet. Bei welcher Spannung fließt ein Strom von 2,0 A?

23. Gegeben seien zwei Drahtstücke aus genau gleichem Material mit genau gleichem Querschnitt. Das eine Stück sei doppelt so lang wie das andere.
   a) Wie verhalten sich die Strömstärken, wenn jeweils die gleiche Spannung an die Enden dieser Drähte gelegt wird?
   b) Wie hängt der Widerstand eines Drahtes von seiner Länge ab?

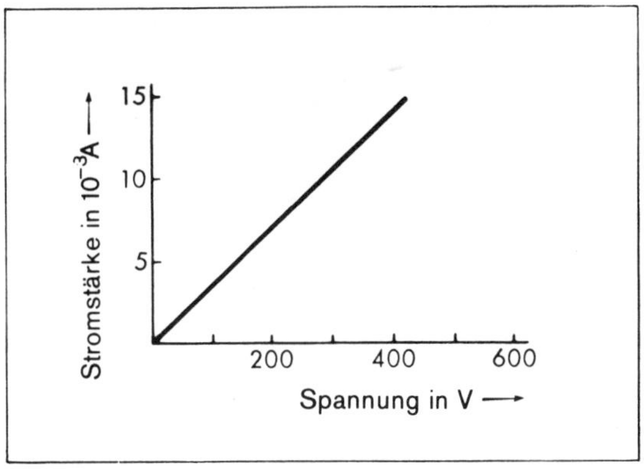

Bild 27.22a. Zur Aufgabe 25

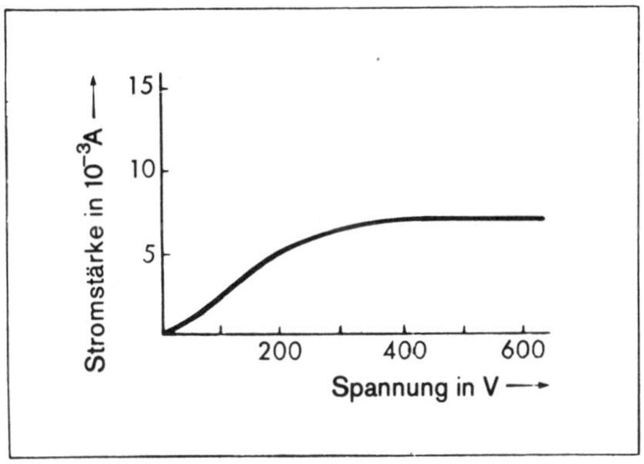

Bild 27.22b. Zur Aufgabe 25

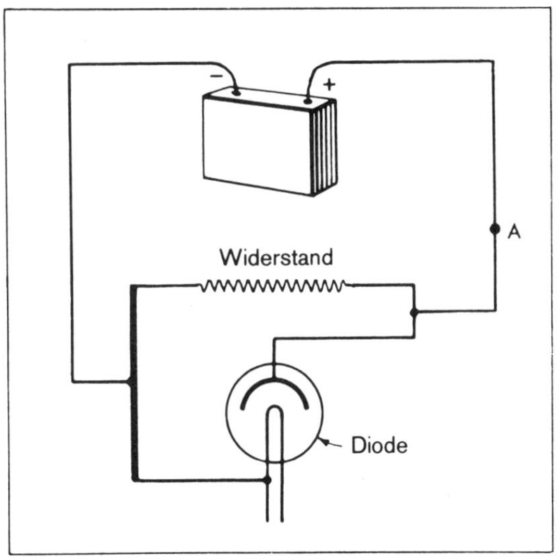

Bild 27.22c. Zur Aufgabe 25

24. Gegeben seien zwei Drähte aus gleichem Material mit gleicher Querschnittsfläche und gleicher Länge.
    a) In welchem Verhältnis stehen die Stromstärken zueinander, wenn jeweils die gleiche Spannung an die Enden dieser Drähte gelegt wird?
    b) Man betrachte die beiden Drähte in einer Parallelschaltung als einen Leiter. Wie verhält sich die Stärke des Stromes, der in dieser Kombination fließt, zur Stromstärke im einzelnen Leiter? Die Spannung soll in beiden Fällen gleich sein.
    c) Wie groß ist die Stromstärke in einem Draht von doppeltem Querschnitt? (Alle übrigen Eigenschaften und auch die Spannungen seien gleich.)
    d) Welcher Zusammenhang besteht zwischen Querschnittsfläche und Widerstand?

25. In Bild 27.22a ist die Stromstärke in einem metallischen Leiter als Funktion der Spannung zwischen den Enden des Leiters dargestellt. In Bild 27.22b ist der gleiche Zusammenhang für eine Diode wiedergegeben.
    a) Wenn durch eine Reihenschaltung von Widerstand und Diode ein Strom der Stärke $5 \cdot 10^{-3}$ A fließt, wie groß ist dann die Potentialdifferenz zwischen den Enden des Widerstands bzw. der Diode?
    b) Diode und Widerstand seien parallel geschaltet (Bild 27.22c). An der Diode liege eine Spannung von 100 V. Wie groß ist der in jedem der beiden Elemente fließende Strom?
    c) Wie stark ist der Gesamtstrom im Punkt A?
    d) Wie groß sind die Widerstände der beiden Elemente (in Ω)?

26. Die Diode und der Widerstand aus Aufgabe 25 sind in Reihe geschaltet. Es liege eine Spannung von 1 000 V zwischen den Enden der Reihenschaltung.
    a) Wie groß ist die Stromstärke?
    b) Wie groß ist die Spannung zwischen den Enden des Widerstandes?

27. Eine 270-V-Batterie sei in Reihe geschaltet mit zwei Widerständen von 1 000 000 Ω (1 MΩ) und 2 000 000 Ω (2 MΩ).
    a) Wie groß ist die Spannung zwischen den Enden des 1-MΩ-Widerstandes?
    b) Wie hoch ist sie zwischen den Enden des 2-MΩ-Widerstandes? Die Spannungen werden jetzt mit einem Voltmeter gemessen.
    c) Das Voltmeter hat einen Innenwiderstand von 10 MΩ. Welche Spannung wird man an den Enden des 2-MΩ-Widerstandes messen?
    d) Welche Spannung wird man an dem 1-MΩ-Widerstand als Meßergebnis erwarten?

28. Das magnetische Feld

Im Alter von 67 Jahren schrieb *Albert Einstein* seine Selbstbiographie. Er erinnert sich hier an den Tag, an dem er als Vierjähriger von seinem Vater einen Kompaß als Spielzeug geschenkt bekam. Bis ins hohe Alter hat *Einstein* die Erinnerung an das eigenartige Verhalten der Kompaßnadel nicht mehr vergessen. Viele Menschen haben mit einem Kompaß gespielt. Nicht wenige erlebten schon als Kinder die Faszination, die von einem Hufeisenmagneten ausgeht, der Eisen anziehen kann. In diesem Kapitel sollen die magnetischen Kräfte untersucht und die Grundbegriffe des magnetischen Feldes erarbeitet werden. Wir werden damit in der Lage sein, die Kraftwirkungen zu verstehen.

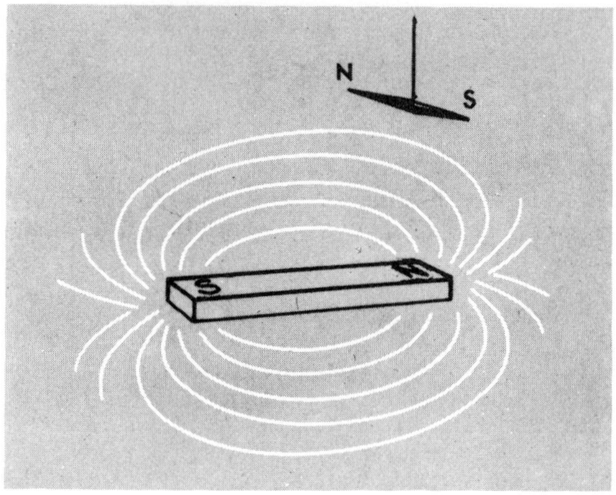

Bild 28.1. Eine Kompaßnadel richtet sich im magnetischen Feld in Feldrichtung aus.

28.1. Die Magnetnadel

Eine Kompaßnadel, die frei im Raum so aufgehängt ist, daß sie sich ungehindert um eine vertikale Achse drehen kann, stellt sich immer in Nord-Südrichtung ein. Der Physiker sagt: Die Nadel richtet sich im magnetischen Feld der Erde aus. (Der Ursprung des magnetischen Feldes ist im Kern unserer Erdkugel zu suchen.) Die dabei nach Norden zeigende Spitze der Nadel nennen wir den Nordpol der Nadel[1]). Überall dort, wo sich die Kompaßnadel unter dem Einfluß von Kräften ausrichtet, ist ein *magnetisches Feld* vorhanden (Bild 28.1). Die Richtung des Feldes an einem Ort ist durch die Richtung gegeben, in die sich die frei bewegliche Nadel einstellt. Außerdem legt man eine Orientierung für die Feldlinien fest. Die Feldlinien sind so orientiert, daß man auf einer Magnetnadel im Feld vom Südpol zum Nordpol geht. Aufgrund dieser Festlegung können wir eine Magnetnadel dazu benutzen, Richtung und Orientierung eines magnetischen Feldes zu ermitteln. Beim elektrischen Feld hatten uns die Grassamen zwar die Richtung, nicht aber die Orientierung des elektrischen Feldes geliefert. Nähert man einander zwei Kompasse, so erkennt man, daß jeder ein magnetisches Feld haben muß. Beide beeinflussen sich wechselseitig, denn von jeder Nadel wirkt eine Kraft auf die andere. Jede Nadel erzeugt ein magnetisches Feld, und jede ist bestrebt, sich jeweils im Feld der anderen Nadel auszurichten.

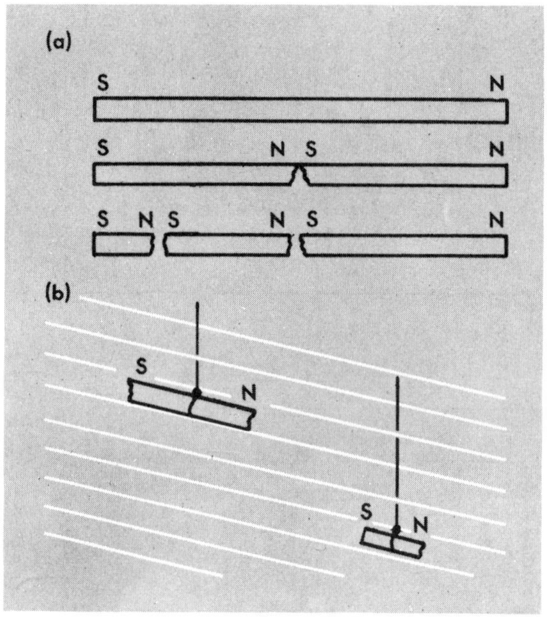

Bild 28.2. a) Wird ein Magnet durchgebrochen, so zeigt jedes Stück an den Enden entgegengesetzte Pole. b) Jedes Stück richtet sich im magnetischen Feld aus.

Bereits im Jahre 600 v. Chr. kannten die Griechen einige magnetische Erscheinungen. *Thales von Milet*, der oft als Vater der griechischen Naturwissenschaften bezeichnet wird, kannte ein Material, den Magnetit, das gewöhnliches Eisen anzieht. Er fand, daß gewöhnliches Eisen magnetisiert wird, also selbst zu einem Magneten wird, wenn man es mit dem magnetischen Mineral berührt. Wahrscheinlich entdeckten Chinesen im 11. Jahrhundert, daß ein Magnet wie ein Kompaß wirkt. Den Schlüssel zum Verständnis dieser Erscheinungen lieferte die Vorstellung, daß die Erde selbst ein Magnet sei. Sie wurde durch Überlegungen von *William Gilbert* vorbereitet. *Gilbert* arbeitete um 1600 am Hofe der Königin Elisabeth von England etwa zur gleichen Zeit, in der Shakespeare den „Hamlet" schrieb.

---

[1]) In Wirklichkeit zeigt die Magnetnadel nur solange *ungefähr* in Richtung des geographischen Nordpols, solange man sich zwischen den Polarkreisen befindet. Auf der nördlichen Halbkugel zeigt der Nordpol einer um eine horizontale Achse drehbaren Magnetnadel immer nach unten. Dadurch wird die „Inklination" des Erdmagnetfeldes angezeigt.

Ein auffallendes Merkmal eines Magneten ist folgende Erscheinung: Teilen wir ihn in zwei Teile, so ist jedes Teil wieder ein Magnet (Bild 28.2). Wie oft läßt sich diese Teilung fortsetzen? Wann ist dann ein „halber Magnet" kein Magnet mehr? Dieser Fall tritt nicht ein! Man kann den Magneten bis in den subatomaren Bereich teilen und findet, daß auch Elektronen, Protonen und Neutronen selbst Magnete sind.

28.2. Magnetische Felder um Permanentmagneten und um elektrische Ströme

Magnetit und magnetisiertes Eisen sind nicht die einzigen Erreger magnetischer Felder. Wir wollen jetzt in einem Experiment ein magnetisches Feld ohne Verwendung dieser Materialien erzeugen.

Wir verbinden über einen Schalter einen langen Draht mit einer Batterie (Bild 28.3). Bei geöffnetem Schalter richten wir den Draht so aus, daß er oberhalb des Kompasses parallel zur Nadel verläuft. Dann schließen wir den Schalter. Wenn der nun im Draht fließende Strom hinreichend stark ist, wird die Kompaßnadel plötzlich abgelenkt. Sie stellt sich fast senkrecht zum Draht ein. Wir schließen aus diesem Experiment, daß elektrische Ströme in dem sie umgebenden Raum magnetische Felder erzeugen.

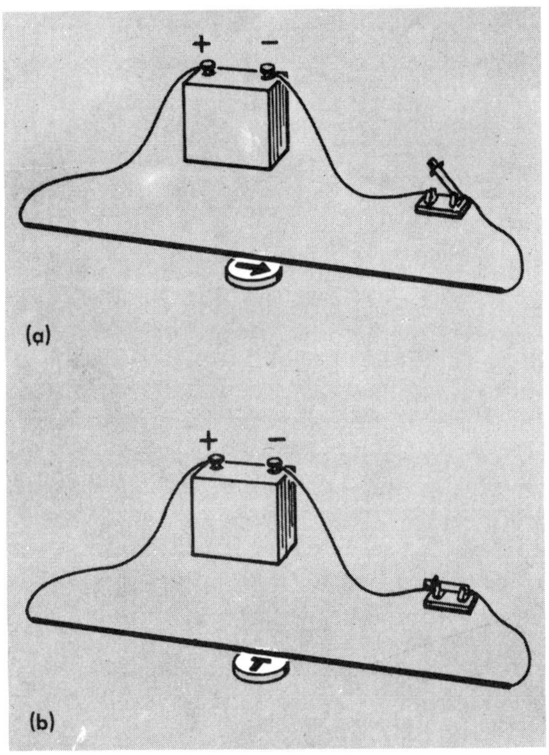

Bild 28.3. a) Ein Draht verläuft über einem Kompaß parallel zur Nadel. Der Schalter ist offen, in dem Draht fließt kein Strom. b) Fließt ein Strom, so wird die Nadel senkrecht zum Draht abgelenkt.

Heute ist diese Tatsache allgemein bekannt. Es ist daher für uns nur schwer abzuschätzen, wie revolutionär diese Entdeckung des Dänen *Hans Christian Oersted* im frühen 19. Jahrhundert gewirkt hat. Bis dahin hatte man elektrische und magnetische Erscheinungen immer als völlig verschiedene Dinge angesehen. *Oersteds* Entdeckung brachte den Zusammenhang: Sie verknüpft die Entstehung von magnetischen Feldern mit der Bewegung elektrischer Ladungen.

Das vorhin beschriebene Experiment läßt sich jederzeit ausführen. Möglicherweise reicht es auch schon aus, jemanden davon zu überzeugen, daß bewegte elektrische Ladungen magnetische Felder erzeugen. Es gibt aber ein Experiment, das diesen Zusammenhang noch direkter erkennen läßt; allerdings ist es weitaus schwieriger auszuführen. Es gelang zuerst *Henry Rowland* im Jahre 1876. Er brachte eine elektrische Ladung, die er so groß machte, wie es ihm möglich war, auf eine Hartgummischeibe von 20 cm Durchmesser und ließ diese Scheibe dann mit etwa 50 Umdrehungen je Sekunde rotieren. Auf diese Weise konnte er die magnetische Wirkung einer bewegten Ladung direkt untersuchen. Er fand, daß die rotierende elektrische Ladung ein schwaches magnetisches Feld erzeugt.

In Kapitel 25 wurde gezeigt, daß positiv geladene Teilchen, die sich in einer Richtung bewegen, die gleichen elektrischen Erscheinungen zur Folge haben wie negativ geladene Teilchen, die sich in der entgegengesetzten Richtung bewegen. Experimente ergeben, daß sie auch gleiche magnetische Wirkungen haben. Man stelle sich vor, daß ein Teil des geraden Leiters in Bild 28.3 durch ein gerades mit einem Elektrolyten gefülltes Glasrohr ersetzt wird (Bild 28.4). Hat der Strom im Elektrolyten die gleiche Stärke und die gleiche Richtung wie vorher im Draht, so wird die

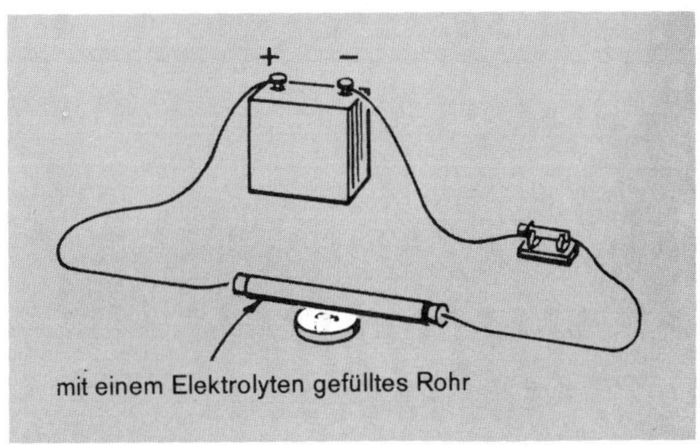

Bild 28.4. Wird ein Teil des Stromkreises in Bild 28.3 durch ein mit einem Elektrolyten gefülltes Glasrohr ersetzt, so wird bei gleicher Stromstärke die Kompaßnadel ebenso stark abgelenkt wie vorher.

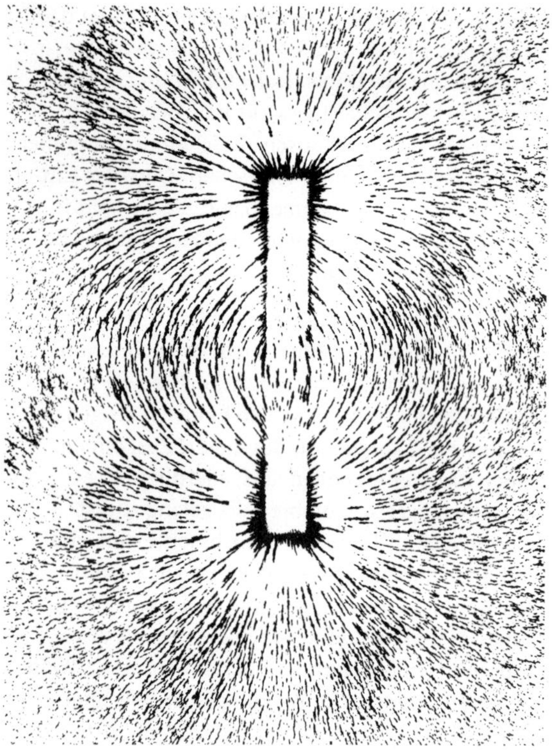

(a)

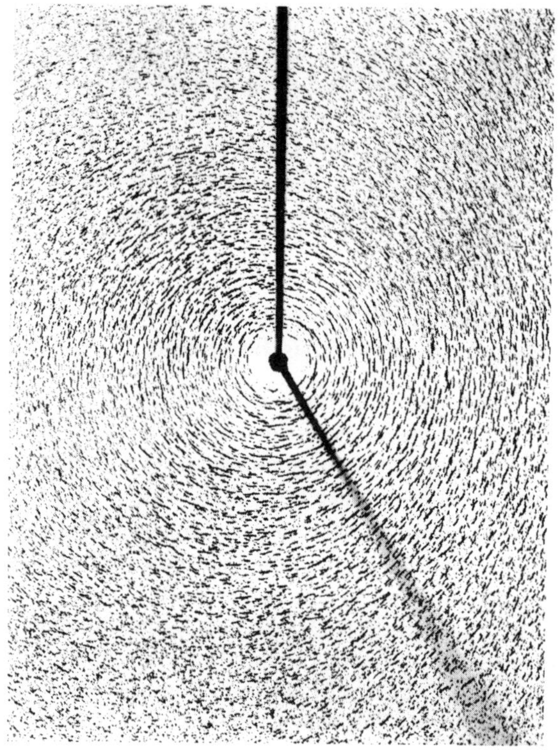

(b)

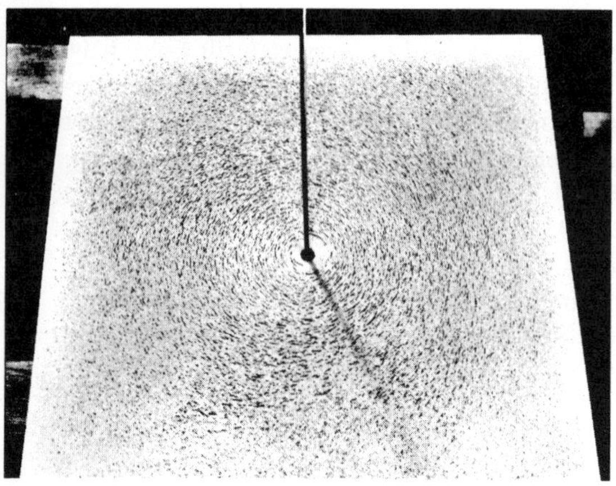

(c)

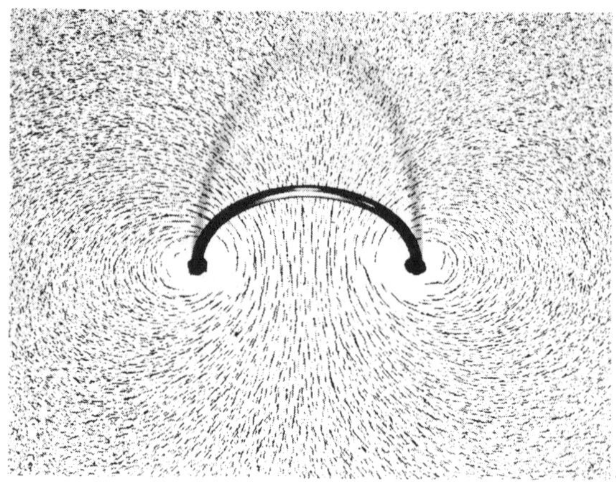

(d)

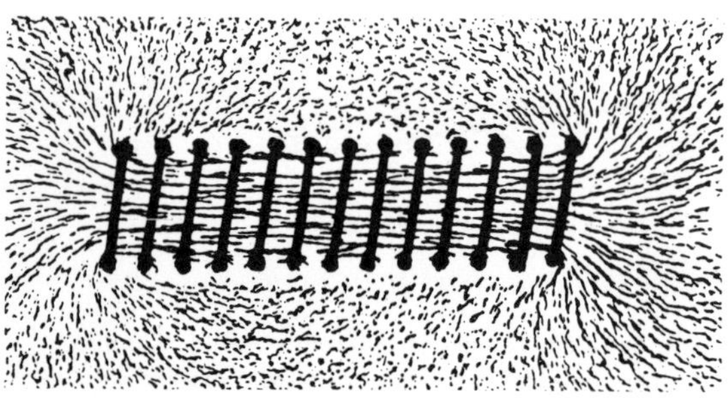

(e)

Bild 28.5. Aufnahmen von Feldlinienbildern magnetischer Felder, die mit Eisenfeilspänen sichtbar gemacht wurden:

a) Stabmagnet,
b) stromdurchflossener gerader Leiter,
c) Gesamtansicht der Versuchsanordnung zu b),
d) stromdurchflossene Leiterschleife,
e) stromdurchflossene Spule.

(e aus „Textbook of Physics", R. Kronig, Pergamon Press, Inc., 1959).

Kompaßnadel um den gleichen Betrag und in der gleichen Richtung wie im vorherigen Versuch ausgelenkt. Im ersten Stromkreis entsteht der Strom allein durch die Bewegung negativer Teilchen, während im zweiten Stromkreis sowohl positive als auch negative Teilchen bewegt werden. Zur Beschreibung magnetischer Wirkungen konstanter Ströme braucht man also das Ladungsvorzeichen der bewegten Teilchen nicht zu berücksichtigen.

Man veranschaulicht magnetische Felder durch *magnetische Feldlinien,* ebenso wie man elektrische Felder durch elektrische Feldlinien beschreibt. Ist ein magnetisches Feld hinreichend stark und legt man keinen allzu großen Wert auf Exaktheit, dann kann man magnetische Felder auch „sichtbar" machen, indem man Eisenfeilspäne auf ein Blatt Papier streut. Die Eisenpartikel ordnen sich entlang der magnetischen Feldlinien an, wie wir es schon von Grassamen im elektrischen Feld kennen (Abschnitt 24.3). Sollten die Eisenfeilspäne auf dem Papier festhaften, so muß man vorsichtig gegen das Papier klopfen. Die Bilder 28.5 sind auf diese Weise entstanden.

Allerdings erhält man so nur das Bild der Feldlinien, nicht aber ihre Orientierung. Die Orientierung läßt sich ermitteln, indem man kleine Kompaßnadeln an verschiedenen Punkten des Feldes aufstellt. Die verschiedenen Feldlinienbilder lassen sich auch zeichnen, wobei die Orientierung der Feldlinien durch Pfeilspitzen gekennzeichnet wird. Die Bilder 28.6 und 28.7 zeigen Darstellungen magnetischer Felder, die durch verschiedenartige Feldmagnete bzw. durch elektrische Ströme in unterschiedlich geformten Leitern entstanden sind. Es empfiehlt sich, diese Zeichnungen einmal mit den Bildern 24.8 und 24.10, in denen verschiedene elektrische Felder gezeigt werden, zu vergleichen.

Elektrische Feldlinien beginnen und enden jeweils in einer der das Feld erzeugenden Ladungen. Magnetische

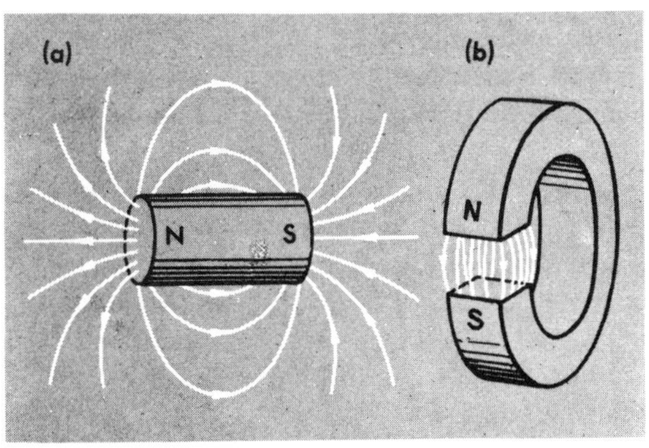

Bild 28.6. Zeichnung der magnetischen Feldlinien von Permanentmagneten. a) Stabmagnet, b) Hufeisenmagnet

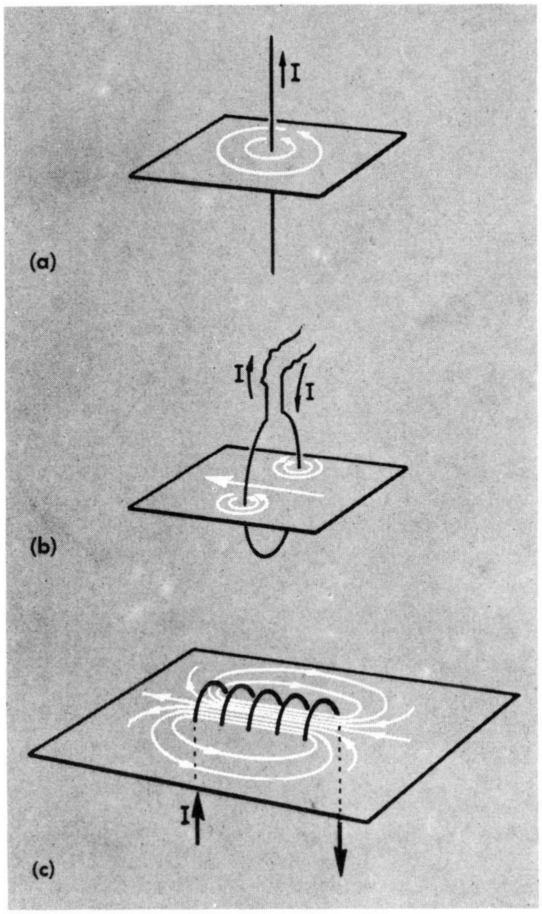

Bild 28.7. Skizzen der magnetischen Feldlinien in der Umgebung stromdurchflossener Leiter:
a) langer gerader Leiter,
b) kreisförmiger Leiter,
c) Spule

Feldlinien, die durch Ströme erzeugt werden, haben dagegen weder Anfang noch Ende. Sie umschließen den stromführenden Leiter ringförmig (Bild 28.7).
Die Feldlinien von magnetischen Feldern, die durch Permanentmagneten erzeugt werden (Bild 28.6), *scheinen* an der Oberfläche der Magneten zu beginnen bzw. zu enden. Dieser Eindruck entsteht aber nur, weil man keine Kompaßnadel in das Innere eines solchen Magneten hineinbringen kann. Benutzt man Neutronen als „Magnetnadeln", so kann man auch das Feld im Innern eines Magneten untersuchen. Man erkennt dann, daß die Feldlinien nicht an der Oberfläche enden.

Den Zusammenhang zwischen Stromrichtung und Richtung des magnetischen Feldes kann man sich durch die *Rechte-Hand-Regel* merken: Umfaßt man mit der rechten Hand den Leiter so, daß der Daumen in Stromrichtung zeigt, so zeigen die gekrümmten

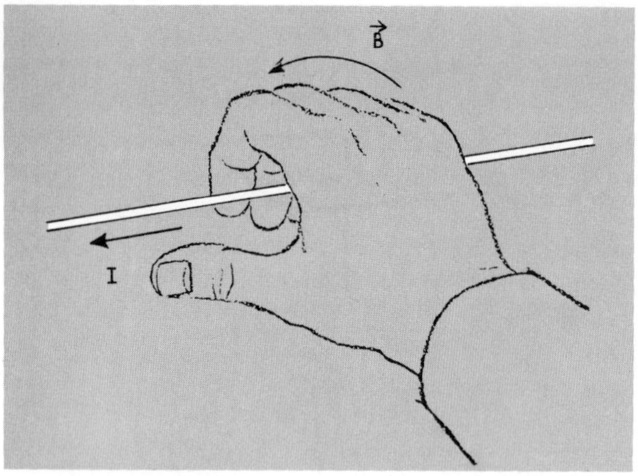

Bild 28.8. Die „Rechte-Hand-Regel". Zeigt der Daumen in die Richtung des Stromes im Draht, so krümmen sich die Finger in Richtung der magnetischen Feldlinien, die diesen Leiter umgeben.

Finger in Richtung der Feldlinien (Bild 28.8). Mit Hilfe dieser Regel läßt sich auch die Richtung des Feldes, das von einer Leiterschleife erzeugt wird, festlegen.

28.3. Vektorielle Eigenschaften der magnetischen Feldstärke

Wir haben gesehen, daß sich eine frei bewegliche Magnetnadel in bestimmte Richtungen einstellt, wenn man sie in einem magnetischen Feld bewegt. Die jeweilige Richtung der Nadel wurde dazu benutzt, die Richtung eines magnetischen Feldes zu definieren. Darüberhinaus gaben diese Versuche auch schon eine recht gute Vorstellung von dem, was man als Stärke eines magnetischen Feldes, als *magnetische Feldstärke*, bezeichnen kann: Befindet sich ein Kompaß in der Nähe eines starken Magneten, so ist eine größere Kraft nötig, um die Nadel aus der Feldrichtung zu drehen, als wenn die Nadel in einem nur schwachen Feld steht, wie es etwa das magnetische Feld der Erde ist. Ist aber das magnetische Feld durch Angabe der Stärke und der Richtung zu charakterisieren, so liegt es nahe, es durch eine vektorielle Größe zu beschreiben. Dazu muß gezeigt werden, daß sich zwei gleichzeitig wirkende magnetische Felder vektoriell überlagern[1]). Dies soll experimentell untersucht werden.

Wir untersuchen zunächst die Überlagerung zweier Felder gleicher Stärke. Um das resultierende Feld zu untersuchen, benutzen wir eine kleine Kompaßnadel, die auf einer senkrechten Achse gelagert ist. Da das magnetische Feld der Erde überall vorhanden ist, verwenden wir es als eines der beiden zu untersuchenden Felder. Das zweite Feld kann durch irgendeinen vernünftig geformten stromdurchflossenen Leiter erzeugt werden, für den sich die Richtung des erzeugten magnetischen Feldes festlegen läßt. Hierzu eignet sich eine ringförmige Leiterschleife, weil das Feld in der Mitte des Ringes einigermaßen gleichförmig und parallel zur Ringachse gerichtet ist (Bild 28.5d). Das Feld im Zentrum des Ringes soll genau so stark wie das Erdfeld werden. Dazu bringt man den Kompaß in die Mitte der Schleife und stellt diese so auf, daß die Achse der Schleife in Richtung der Magnetnadel zeigt. Dabei darf in der Schleife noch kein Strom fließen. Nun wählt man nach der Rechte-Hand-Regel die Stromrichtung so, daß das entstehende Feld dem Erdmagnetfeld entgegengerichtet ist. Schaltet man den Strom ein und läßt die Stromstärke langsam anwachsen, so ergibt sich eine Stromstärke, bei der die Magnetnadel frei schwingt. Sie hat keine bestimmte Orientierung mehr, weil keine Kraft auf die Magnetnadel einwirkt. Sie zeigt damit an, daß das magnetische Feld die Stärke Null hat. Das magnetische Feld der Erde ist durch das gleich starke, aber entgegengesetzt gerichtete Feld der Leiterschleife kompensiert worden.

Wir wollen diese beiden gleich starken Felder nun so überlagern, daß ihre Richtungen einen Winkel von 90° miteinander bilden. Dazu drehen wir die Leiterschleife um einen Winkel von 90° um die Vertikale. Hat sich die Stromstärke in der Leiterschleife nicht geändert, so bildet die Magnetnadel jetzt einen Winkel von 45° mit der Richtung des erdmagnetischen Feldes. Das ist genau das zu erwartende Ergebnis, wenn sich magnetische Feldstärken wie Vektoren addieren (Bild 28.9). Aber eine einzelne experimentelle Überprüfung ist nicht hinreichend. Wir orientieren deshalb die Felder so, daß sie nacheinander Winkel von 30°, 45° und 60° miteinander bilden. Jedesmal zeigt die Kompaßnadel in die Richtung der Winkelhalbierenden.

Es scheint tatsächlich so zu sein, daß sich die Feldstärken wie Vektoren addieren, jedenfalls bei Feldern gleicher Stärke. Was geschieht nun aber, wenn die Felder verschieden stark sind? Hier entsteht für uns ein neues Problem, denn bisher kennen wir noch kein Verfahren, die Stärke eines magnetischen Feldes zu messen. Man kann aber wie folgt argumentieren: Erzeugt eine Leiterschleife bei einer bestimmten Stromstärke ein Feld von der Stärke des erdmagnetischen Feldes, dann werden zwei gleiche Leiterschleifen, eng zusammengebracht, ein Feld von der doppelten Stärke des erdmagnetischen Feldes erzeugen, falls sich magnetische Feldstärken tatsächlich wie vektorielle Größen addieren. Außerdem sollte eine Leiterschleife bei doppelter Stromstärke ein magnetisches Feld doppelter Stärke erzeugen. Wir wollen daher definieren, daß die magnetische Feldstärke B proportional zur Stärke

[1]) Nicht jede Größe mit Betrag und Richtung ist ein Vektor.

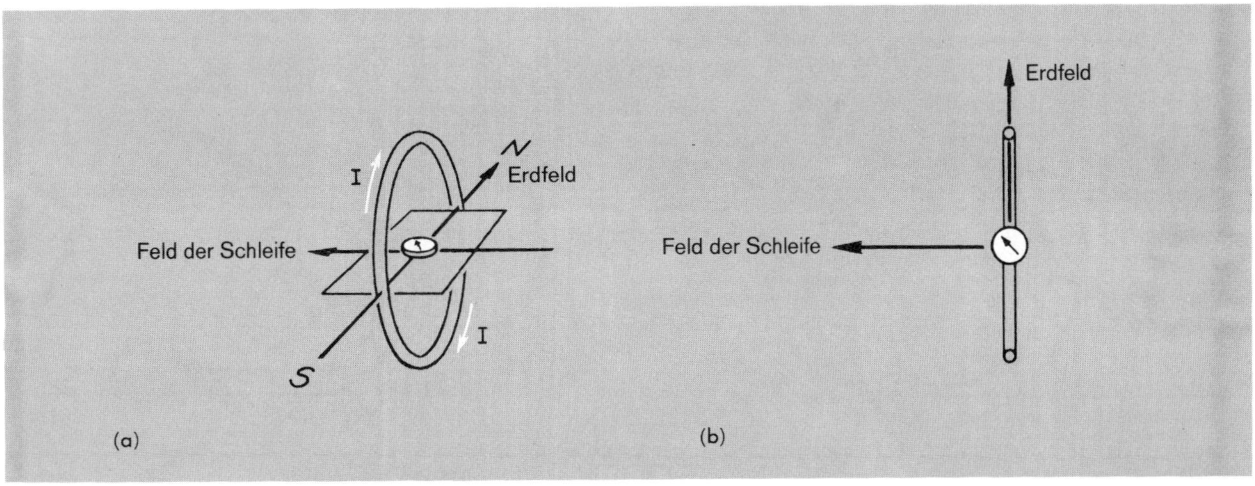

Bild 28.9
a) Ein magnetisches Feld, das gleich stark ist wie das magnetische Feld der Erde (gemessen mit einer horizontal drehbaren Magnetnadel), wird rechtwinklig dem Erdfeld überlagert.
b) Die horizontale Magnetnadel bildet mit der magnetischen Nordrichtung einen Winkel von 45°. Jeder andere Winkel zwischen gleich starken magnetischen Feldern wird durch die Kompaßnadel halbiert. Magnetische Felder überlagern sich offenbar vektoriell.

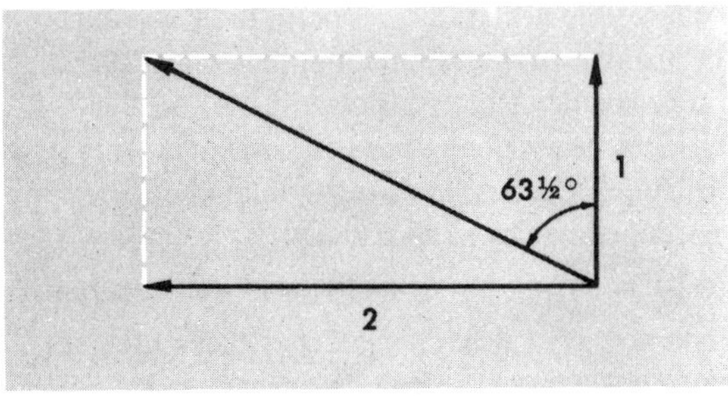

Bild 28.10. Zwei senkrecht aufeinander stehende Vektoren, deren Beträge sich wie 1:2 verhalten, ergeben eine Resultante, die mit dem kürzeren der beiden Vektoren einen Winkel von 63,5° bildet. Definieren wir die magnetische Feldstärke als eine Größe, deren Betrag proportional zur Feld erzeugenden Stromstärke ist, so finden wir, daß sich die magnetischen Felder genauso addieren. Die magnetische Feldstärke ist aber eine vektorielle Größe.

I des erzeugenden Stromes ist. Mit dieser Definition soll nun die vektorielle Addition der Feldstärken erneut überprüft werden. Dazu greifen wir auf die Versuchsanordnung zurück, bei der das Feld der Schleife und das Feld der Erde einen rechten Winkel miteinander bildeten. Mit der ursprünglich gewählten Stromstärke stellte sich die Nadel unter einem Winkel von 45° zum erdmagnetischen Feld ein. Verdoppelt man jetzt die Stromstärke in der Schleife, so wächst der Winkel auf 63,5° an. Genau dieses Ergebnis erwartet man, wenn man zwei senkrecht zueinander stehende Vektoren addiert, von denen der eine doppelt so lang wie der andere ist (Bild 28.10). Für alle Stromstärken und Richtungen der zweiten Leiterschleife findet man: Die Richtung des Überlagerungsfeldes ergibt sich durch vektorielle Addition der einzelnen Feldstärken, falls die magnetische Feldstärke in der Schleife als proportional zur erzeugenden Stromstärke definiert wurde. Damit läßt sich jetzt Stärke und Richtung eines magnetischen Feldes durch die Vektorgröße $\vec{B}$ beschreiben.

28.4. Kraft auf den stromdurchflossenen Leiter; Einheit der magnetischen Feldstärke

Elektrische Ladungen erzeugen elektrische Felder, die Kräfte auf weitere elektrische Ladungen ausüben. Nun hat sich gezeigt, daß elektrische Ströme magnetische Felder erzeugen; man kann daher entsprechend vermuten, daß umgekehrt magnetische Felder Kräfte auf elektrische Ströme ausüben. Tatsächlich gibt es diese Kräfte, und schon bei nicht allzu großen Feldstärken und Strömen sind sie recht groß. Alle Elektromotoren werden durch diese Kräfte bewegt.

Zunächst soll ein biegsamer Draht in ein Magnetfeld gebracht werden (Bild 28.11). Es kann sich dabei sowohl um das Feld eines Permanentmagneten als auch um das Feld eines Stromes regelbarer Stärke handeln. Lassen wir einen Strom durch den flexiblen Leiter fließen, so wird der Draht quer zum Feld ausgelenkt.

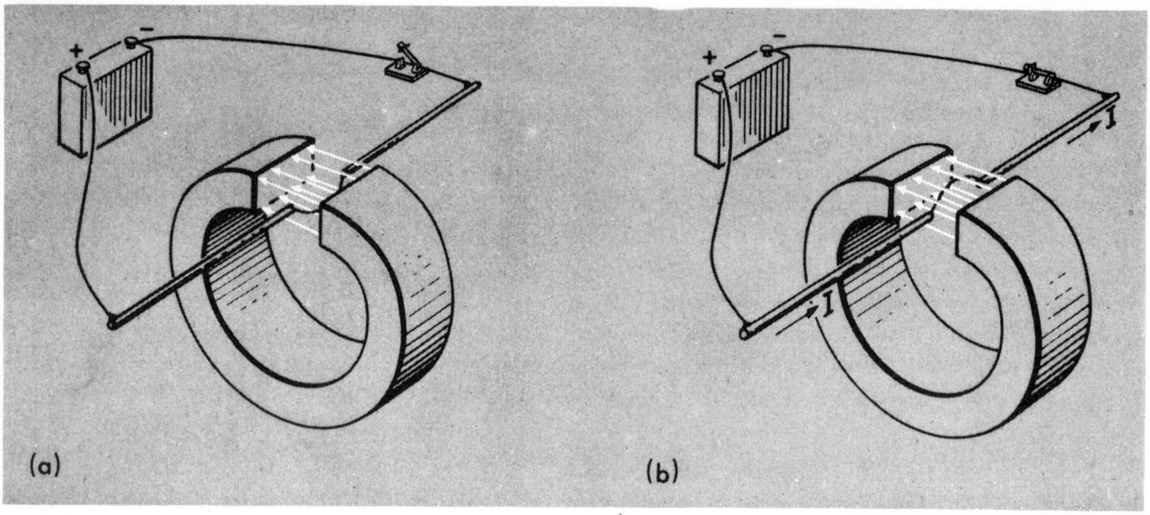

Bild 28.11

a) Ein flexibler Draht befindet sich in einem magnetischen Feld. Der Schalter ist geöffnet, durch den Draht fließt kein Strom, er hängt durch.

b) Fließt ein Strom, so wirkt im magnetischen Feld eine Kraft, die ihn nach oben durchbiegt.

Wir wollen nun versuchen herauszufinden, welche Gesetze für diese Kraft auf einen stromdurchflossenen Leiter im magnetischen Feld gelten. Ein Versuchsaufbau wie in Bild 28.12 liefert folgende Ergebnisse:

1. *Die Kraft steht senkrecht sowohl auf der Richtung des magnetischen Feldes als auch auf der Richtung des Stromes.*

Für die auftretenden Richtungen gibt es eine einfache Merkregel: Der rechte Arm wird mit offener Hand ausgestreckt, wobei der Daumen mit den Fingern einen rechten Winkel bildet. Die Hand wird nun so gedreht, daß der Daumen in Stromrichtung und die Finger in Richtung des äußeren magnetischen Feldes zeigen. Die Richtung der auf den Strom wirkenden Kraft zeigt dann senkrecht aus der Handfläche heraus (Bild 28.13).

Ändert man die Stärke des magnetischen Feldes, ohne seine Richtung zu ändern, so ergibt sich:

2. *Die auf den Strom wirkende Kraft* F *ist proportional zur magnetischen Feldstärke* B.

Wird die Richtung des Feldes geändert, so zeigt sich, daß nur die Vertikalkomponente $\vec{B}_\perp$ der Feldstärke $\vec{B}$ senkrecht zur Stromrichtung einen Beitrag zur Kraft erbringt. Also gilt: Die Kraft ist proportional zu $B_\perp$, wobei $B_\perp$ der Betrag der Komponente des magnetischen Feldes senkrecht zur Stromrichtung ist (Bild 28.14).

Wie die Kraft von der Stromstärke I und der Länge l des im Magnetfeld befindlichen Drahtes abhängt, läßt sich durch folgende Überlegung herausfinden: Auf zwei Drähte, die von Strom der gleichen Stärke durchflossen werden, wirkt, wenn man sie nebeneinander in ein Magnetfeld bringt, die doppelte Kraft wie auf jeden der beiden Drähte. Betrachtet man diese Kombination der beiden Drähte als einen Leiter, so fließt darin ein Strom, der doppelt so stark wie in einem Draht ist. Verdoppelung der Stromstärke I bedeutet also Verdoppelung der Kraft F:

Die Kraft F *ist proportional zur Stromstärke* I.

Setzt man nun zwei gleich lange Leiterstücke so zusammen, daß sie einen doppelt so langen geraden Leiter bilden (der aber ganz im Magnetfeld sein muß), so wirkt die doppelte Kraft wie auf einen Leiter. Eine Verdoppelung der Leiterlänge l bewirkt also eine Verdoppelung der Kraft F, und es gilt:

Die Kraft F *ist proportional zur Leiterlänge l.*

Faßt man die bisherigen Ergebnisse zusammen, so ergibt sich: Die Kraft F ist proportional zu $B_\perp$, zu I und zu l. Als Gleichung geschrieben gilt also

$$F = k I l B_\perp,$$

wobei die Proportionalitätskonstante nur noch von der Wahl der Einheit für die magnetische Feldstärke abhängt.

Man legt die Einheit der magnetischen Feldstärke unter Benutzung der Einheiten fest, die für F, I und l bereits gewählt sind. Man mißt F in N, I in A und l in m. Die Konstante k soll den Wert 1 haben. Dann gilt:

$$F = I l B_\perp.$$

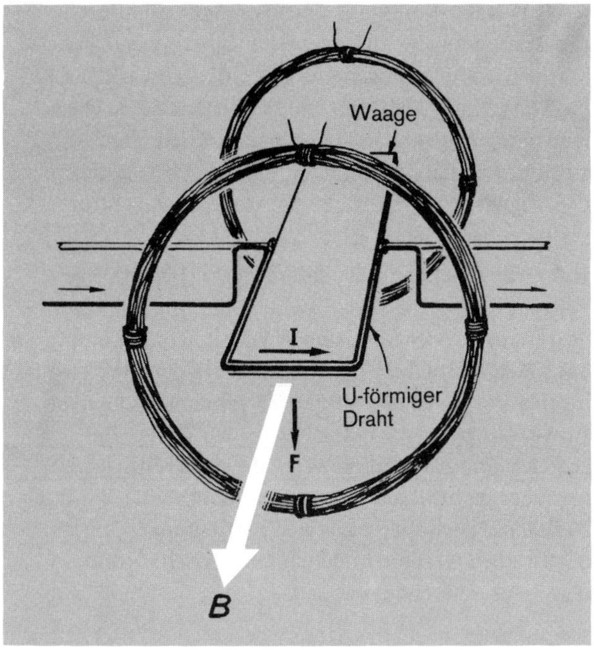

Bild 28.12. Stromwaage. Ein U-förmiger Draht bildet einen Arm einer leichten Waage, die sich im Zentrum des magnetischen Feldes zweier großer Spulen befindet. Haben die beiden Spulen einen Abstand von einander, der etwa ihrem Radius entspricht, so ist das Feld in der Mitte nahezu homogen. (Man nennt ein solches Spulenpaar Helmholtz-Spulen.) Auf den Abschnitt des Drahtes am Ende des Waagebalkens wirkt im magnetischen Feld eine Kraft, so daß der Waagebalken sich auf der Seite senkt. Die hier wirkende Kraft $\vec{F}$ kann durch Gewichtstücke, die auf das andere Ende gelegt werden, kompensiert und gemessen werden. Durch Drehung der Waage kann untersucht werden, wie die Kraft $\vec{F}$ von dem Winkel zwischen Draht und magnetischem Feld abhängt. Da der Strom die beiden Längsseiten des U in entgegengesetzter Richtung durchfließt, werden sich im homogenen Feld die auf die Leiterstücke wirkenden Kräfte ausgleichen. Da das Feld nicht ganz homogen ist, gleichen sich die Kräfte nicht völlig aus. Ihre Wirkung auf die Waage wird aber im Vergleich zur Wirkung der Kraft $\vec{F}$ klein sein.

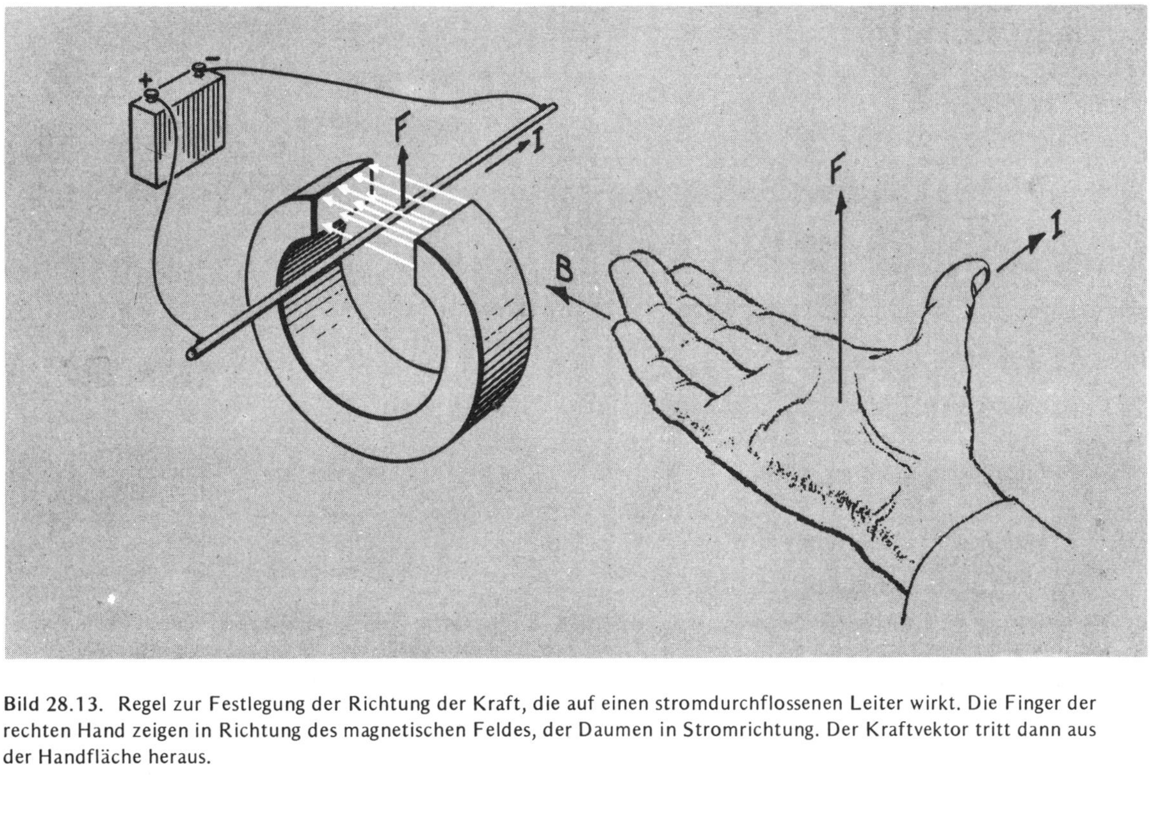

Bild 28.13. Regel zur Festlegung der Richtung der Kraft, die auf einen stromdurchflossenen Leiter wirkt. Die Finger der rechten Hand zeigen in Richtung des magnetischen Feldes, der Daumen in Stromrichtung. Der Kraftvektor tritt dann aus der Handfläche heraus.

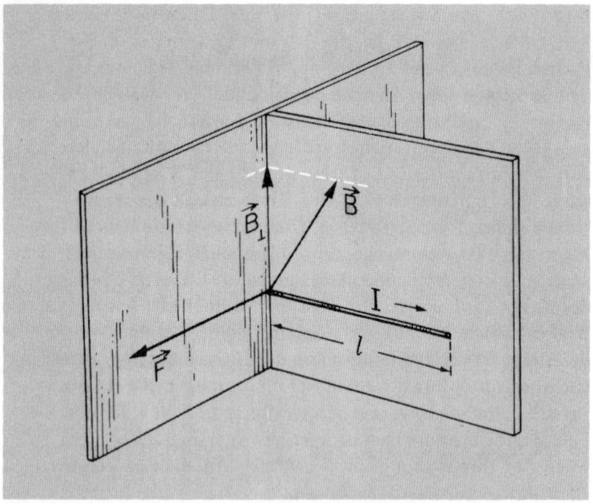

Bild 28.14. Die auf einen stromdurchflossenen Leiter im Magnetfeld wirkende Kraft ist proportional zu $B_\perp$, dem Betrag der Komponente des magnetischen Feldes $\vec{B}$ senkrecht zum Draht. Der die Kraft darstellende Vektor steht senkrecht zum Draht und zu $B_\perp$; seine Orientierung ist durch die „Rechte-Hand-Regel" gegeben.

Die Einheit von B erhalten wir aus

$$B_\perp = \frac{F}{I\,l} \quad \text{als} \quad [B] = \frac{N}{Am}.$$

Ein magnetisches Feld der Stärke 1 $\frac{N}{Am}$ bewirkt eine Kraft von 1 N auf einen Strom von 1 A, der über eine Länge von 1 m senkrecht zur Richtung dieses Feldes verläuft. Eine weitere bisher in der Praxis häufig benutzte Einheit der magnetischen Feldstärke ist das Gauß (G)[1]).

Dabei gilt

$$1\ G = 10^{-4}\ \frac{N}{Am}.$$

28.5. Meßinstrumente und Motoren

Die winzigen Zeiger der Meßinstrumente für schwache Ströme und die mächtigen Wellen, die Walzwerke in Bewegung setzen, werden beide durch die gleiche Kraft bewegt: durch die Kraft auf eine stromdurchflossene Leiterschleife in einem magnetischen Feld. Starke Ströme erzeugen große Kräfte, schwache Ströme können nur kleine Kräfte zur Folge haben. Die meisten derartigen Geräte enthalten Eisen; dem Konstrukteur ist damit nämlich die Möglichkeit gegeben, die magnetische Feldstärke bei vorgegebener Stromstärke zu vergrößern.

Jeder von uns kennt die außerordentlich vielfältigen Anwendungen, die diese Kräfte heute finden, aber es waren sehr viel Geist und Arbeitskraft notwendig, um sie zu erarbeiten. Dies ist das Werk der Elektroingenieure, die in den letzten 75 Jahren ständig neue Anwendungen erschlossen haben. Wir wollen die genialen und vielfältigen Wege, die dazu nötig waren, hier aber nicht beschrieben; allein damit wäre ein Buch zu füllen. Hier sollen nur zwei Vorrichtungen kurz beschrieben werden, in denen magnetische Kräfte dieser Art verwendet werden.

28.5.1. Drehspulamperemeter

Bild 28.15 zeigt, welche Kräfte auf eine Leiterschleife im magnetischen Feld wirken. Es handelt sich dabei um eine rechteckige Leiterschleife mit den Seiten l und b. Die Ebene der Leiterschleife steht senkrecht zum Vektor der magnetischen Feldstärke B. Fließt nun ein Strom der Stärke I durch diese Leiterschleife, so wirken auf die beiden Seiten die Kräfte $I\,l\,B$ und $-I\,l\,B$. Beide Kräfte sind entgegengesetzt parallel gerichtet, heben sich aber nicht auf, da sie nicht im gleichen Punkt angreifen. Sie bilden ein „Kräftepaar",

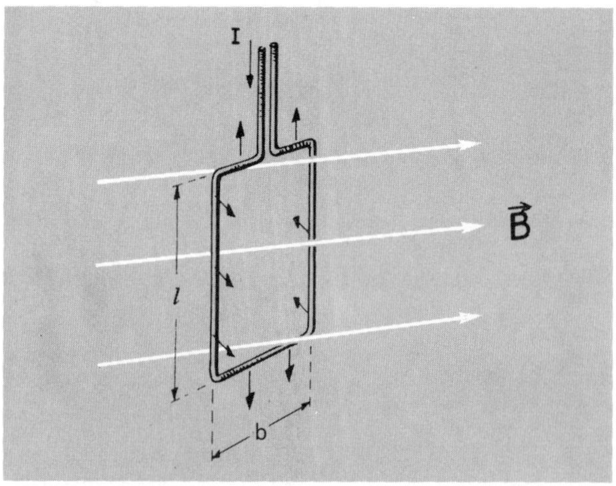

Bild 28.15. Prinzip eines Amperemeters. Fließt ein Strom durch die rechteckige Spule, so wird die Spule durch die Kräfte $I\,l\,B$ und $-I\,l\,B$ soweit verdreht, bis die wirkenden Kräfte gerade durch Federkräfte kompensiert werden. Meistens ist das Meßinstrument so gebaut, daß der Drehwinkel proportional zur Stromstärke ist.

[1]) Diese Einheit trägt ihren Namen nach dem großen Mathematiker Carl Friedrich Gauß. Gauß regte die absolute Messung der Stärke des magnetischen Erdfeldes an. Er entwickelte eine Einheit für die magnetische Feldstärke, unabhängig von „Standardmagneten". 1 Gauß ist die magnetische Feldstärke in der Mitte einer kreisförmigen Leiterschleife, die von einem Strom der Stärke 10 A durchflossen wird. Die Einheit Gauß ist im Internationalen Einheitensystem nicht mehr enthalten.

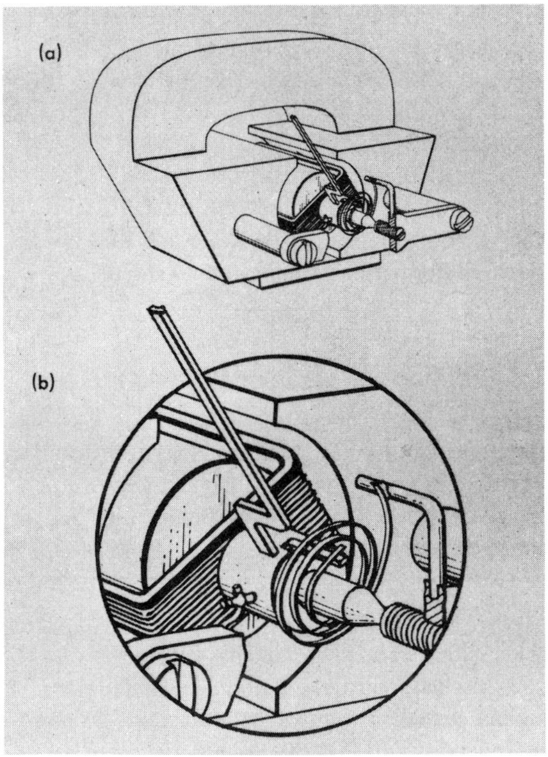

Bild 28.16
a) Ein Amperemeter. Wird der Spule ein Strom durch die Feder zugeführt, so dreht sich die Spule um den fest angebrachten Eisenzylinder. Durch den Zylinder und die spezielle Form der Polschuhe des Permanentmagneten erzielt man ein radiales Feld von nahezu gleicher Stärke.
b) Vergrößertes Bild der Drehspule

das die Spule um eine vertikale Achse dreht. Die Kräfte auf die beiden anderen Seiten sind gegeben durch $IbB_\perp$ und $-IbB_\perp$. Diese Kräfte sind ebenfalls dem Betrag nach gleich und entgegengesetzt gerichtet. Sie versuchen, die Spule zu strecken, aber sie bewegen die Spule nicht als Ganzes.

Bei einem gewöhnlichen Gleichstromamperemeter wird die Spule durch eine in Spitzen gelagerte Achse gehalten. Die magnetischen Kräfte wirken gegen die elastischen Kräfte zweier Spiralfedern (Bild 28.16). Das magnetische Feld wird durch einen Permanentmagneten erzeugt; es ist ein radiales Feld. (Diese Form des Feldes wird durch halbzylindrisch ausgefräste Polschuhe erzeugt, wobei sich innerhalb der Drehspule ein Eisenzylinder befindet.) Selbst wenn die Spule gedreht wird, ist das Feld senkrecht zu den Längsseiten der Spule gerichtet, so daß die magnetische Kraft unabhängig vom Drehwinkel ist. Andererseits wächst die Gegenkraft der Spiralfedern, je weiter die Spule gedreht wird. Je stärker der Strom ist, desto größer wird die magnetische Kraft und damit auch der Drehwinkel, bei dem das Gleichgewicht der Kräfte erreicht ist. Da die Rückstellkraft der Spiralfedern gewöhnlich proportional zum Drehwinkel wächst, ist dieser Drehwinkel auch proportional zur Stärke des in der Spule fließenden Stromes. Das Drehspulamperemeter hat daher eine lineare Skala. Solche Meßinstrumente werden für eine Vielzahl von Meßbereichen hergestellt.

28.5.2. Gleichstrommotoren

In Motoren werden wesentlich kräftigere Spulen verwendet, die sich in einem stärkeren Magnetfeld drehen. Hier kann der Magnet entweder ein Permanentmagnet oder ein Elektromagnet sein. Auch der Elektromagnet erhält seinen Strom aus der Stromquelle, die den Strom für die Drehspule liefert. Diese befindet sich im magnetischen Feld auf einer Achse. Hätte der Strom in der Spule immer die gleiche Richtung, so würde sich die Spule nicht weiter drehen, sie würde eine Gleichgewichtslage einnehmen. Ein Motor braucht daher eine Vorrichtung, die die Richtung des Stromes in der Spule nach jeweils einer halben Umdrehung umkehrt. Eine mögliche Ausführung eines solchen Umkehrschalters oder *Kommutators* zeigt in einfacher Ausführung Bild 28.17. In Wirklichkeit findet sich bei Motoren meistens nicht nur eine Spule, sondern eine ganze Gruppe von Spulen, die so angeordnet sind, daß die drehende Kraft möglichst konstant ist. Darüberhinaus sind die Spulen auf einen Eisenkern gewickelt, um das magnetische Feld zu verstärken.

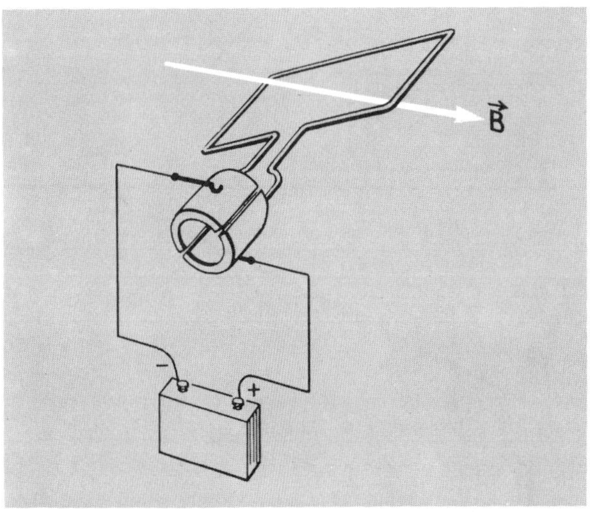

Bild 28.17. Ein Gleitstrommotor ähnelt einem Amperemeter. Die Spule ist aber größer, und ein Umkehrschalter (Kommutator) sorgt dafür, daß die Stromrichtung nach jeweils einer halben Umdrehung umgekehrt wird.

28.6. Magnetische Feldstärke in der Umgebung eines langen Leiters

Als wir das elektrische Feld einer ruhenden Ladung untersuchten, war eine der ersten Fragen, wie die Feldstärke mit wachsendem Abstand von der Ladung abnimmt. Bisher ist noch nicht gefragt worden, wie die Stärke des magnetischen Feldes eines stromdurchflossenen Leiters von der Entfernung vom Leiter abhängt.

Im Jahre 1820 veröffentlichten die französischen Physiker *Biot* und *Savart* die Ergebnisse der ersten quantitativen Untersuchungen eines magnetischen Feldes, das durch einen konstanten Strom erzeugt wurde. Sie hatten das Feld in der Umgebung eines langen geraden Leiters untersucht (Bild 28.18). Im mittleren Teilstück eines solchen Leiters wird das Feld fast ausschließlich durch den Strom erzeugt, der dort durch das Leiterstück fließt. Die anderen Teile des Stromes tragen nicht viel zur Stärke des magnetischen Feldes in der Mitte bei, da die magnetischen Effekte sehr stark mit der Entfernung abnehmen. (Man kann das durch Bewegen der anderen Abschnitte des Stromkreises überprüfen.) Die Feldlinien verlaufen als konzentrische Kreise um den Draht (Bilder 28.5b) und 28.7a)). *Biot* und *Savart* fanden, daß die Feldstärke B im Abstand r vom Draht umgekehrt proportional zu r ist. An anderer Stelle wurde in diesem

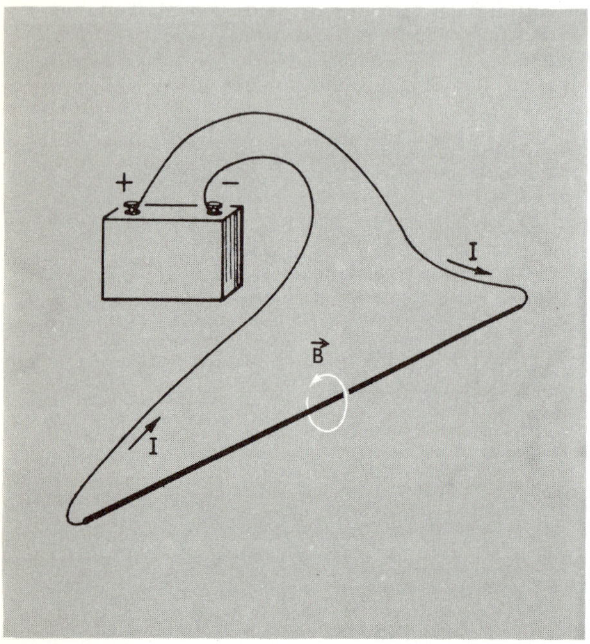

Bild 28.18. Das magnetische Feld in der Umgebung der Mitte des Drahtes (wo es angedeutet ist) wird durch weiter entfernte Teile des Stromkreises nicht beeinflußt. Siehe Bilder 28.5b) und c) und 28.7a)

Kapitel bereits gezeigt, daß B direkt proportional zu I ist. Infolgedessen gilt für die magnetische Feldstärke in der Umgebung eines langen geraden Leiters:

$$B = K\frac{I}{r}$$

Wie üblich hängt die Proportionalitätskonstante von der Wahl der Einheiten ab. Diese Konstante wird in Abschnitt 28.8 experimentell ermittelt werden.

28.7. Zirkulation von $\vec{B}$ (Umlaufintegral)

Aus der Gleichung für die magnetische Feldstärke eines stromdurchflossenen geraden Leiters läßt sich eine wichtige allgemein gültige Aussage gewinnen. Werden beide Seiten des Ausdrucks $B = K\frac{I}{r}$ mit $2\pi r$ multipliziert, so ergibt sich

$$2\pi r\, B = 2\pi K I.$$

Die linke Seite, $2\pi r\, B$, ist einfach das Produkt aus der magnetischen Feldstärke B und dem Umfang $2\pi r$ des Kreises, dessen Tangente der Vektor $\vec{B}$ ist. Da nun B umgekehrt proportional zum Radius r ist, muß das Produkt $2\pi r\, B$ für alle Kreise um einen geraden Leiter, in dem ein Strom der Stärke I fließt, konstant sein. Dieses Produkt $2\pi r\, B$ ist ein Spezialfall dessen, was man *Zirkulation* von $\vec{B}$ nennt. Zur Verallgemeinerung dieses Ergebnisses stellen wir uns irgendeinen geschlossenen Weg vor, sei es ein Kreis oder irgendein unregelmäßiges Gebilde (Bild 28.19). Wird hier die Länge eines jeden fast geradlinigen Wegsegments mit der Komponente von $\vec{B}$ in Richtung dieses Weges multipliziert und werden anschließend diese Produkte für alle Segmente addiert, so ergibt sich wiederum die Zirkulation von $\vec{B}$ für diese Schleife.

Die Bedeutung des Begriffes „Zirkulation" besteht darin, daß für jede Schleife die Zirkulation nur von dem durch die Schleife hindurchtretenden Gesamtstrom abhängt. In Bild 28.20 ist die Zirkulation von Schleife (1) und Schleife (2) gleich, da der gleiche Strom hindurchtritt. Die Zirkulation der benachbarten Schleife (3) ist dagegen Null, obgleich sie sich in einem magnetischen Feld befindet, denn es tritt kein Strom durch die Schleife hindurch.

Um das zu verstehen, betrachten wir zunächst die entgegengesetzt dem Uhrzeigersinn zu durchlaufende dick gezeichnete Linie abcd in Bild 28.21. Beiträge zur Zirkulation von $\vec{B}$ kommen nur von den Teilwegen b und d, da $\vec{B}$ längs der radialen Strecken a und c keine Komponente hat. Die Länge des Bogens b ist proportional zum Radius des Kreises, B ist dagegen umgekehrt proportional zu r. Der Beitrag zur Zirkulation bB hängt daher nur von der Größe des Zentriwinkels ab,

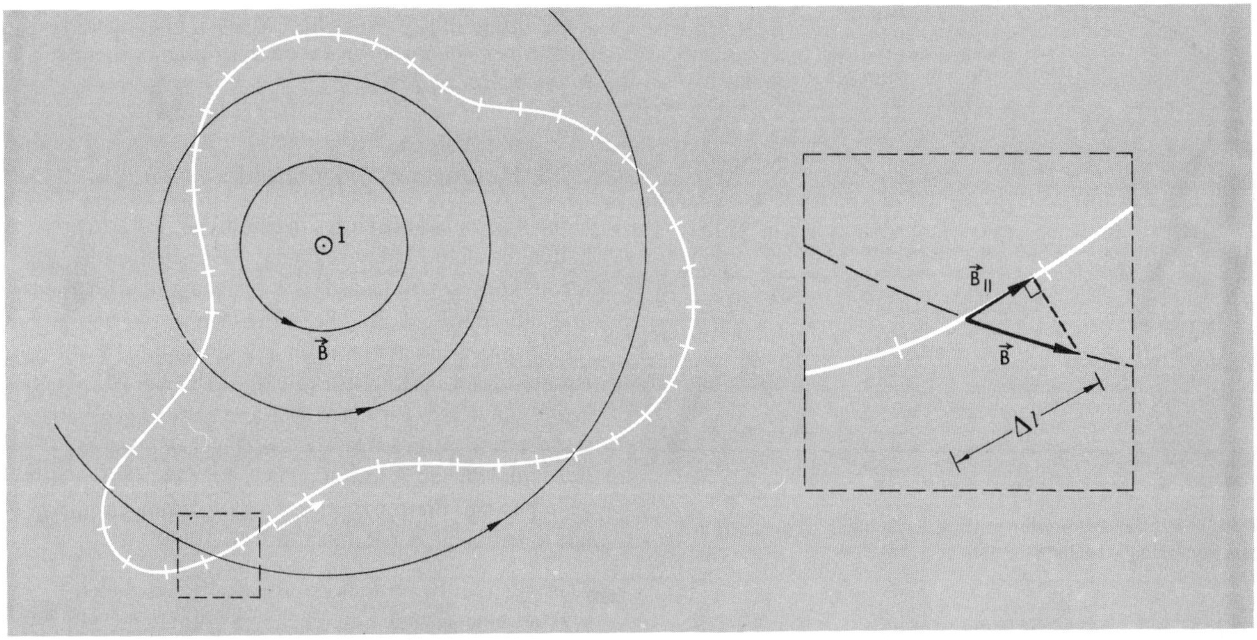

Bild 28.19. Die Zirkulation entlang einer unregelmäßigen Schleife ergibt sich als Summe aller Produkte aus dem Schleifenabschnitt Δl und $B_{\parallel}$, der Komponente von $\vec{B}$ in Richtung jedes Teilweges.

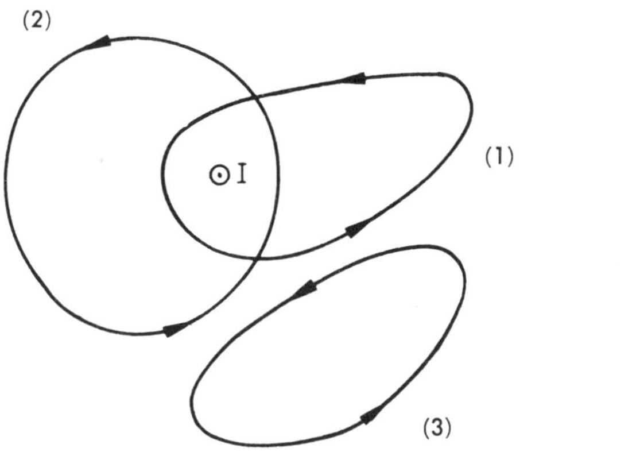

Bild 28.20. Die Zirkulation entlang der Schleife (1) ist gleich der Zirkulation entlang der Schleife (2). Die Zirkulation entlang der Schleife (3) ist Null.

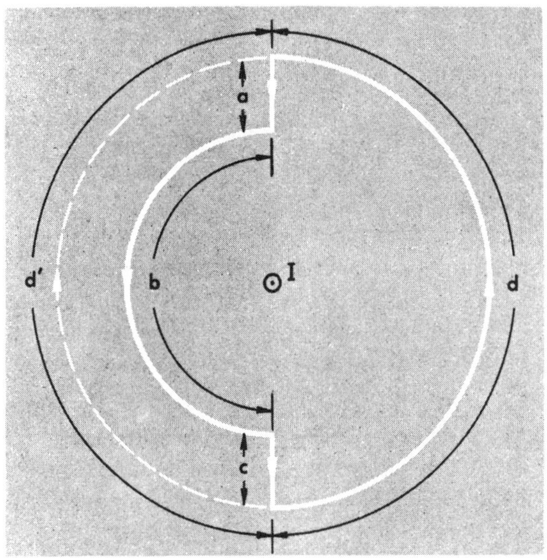

Bild 28.21. Zirkulation entlang verschiedener Wege für einen Strom, der senkrecht aus der Zeichenebene heraustritt. Die magnetischen Feldlinien sind deshalb entgegen dem Uhrzeigersinn orientiert.

der von b aufgespannt wird. Das gilt für alle Bögen und für beliebige Radien. Umläuft man daher einen Strom längs des Weges abcd, so ist die Zirkulation $2\pi KI$. Andererseits wollen wir uns jetzt vorstellen, die Schleife sei gegeben durch abcd'. Die Komponente von $\vec{B}$ ist entlang der gestrichelten Linie d' der Richtung des Weges entgegengerichtet. Der Anteil, der längs d' zur Zirkulation beigetragen wird, ist dem von abc entgegengesetzt. Die Zirkulation längs des Weges abcd' ist also Null. Wir erkennen somit: Befindet sich eine Schleife in einem Magnetfeld, so hat die Zirkulation immer dann den Wert Null, wenn der Strom nicht durch die Schleife hindurchtritt.

Da die Lage der Schleife bezüglich eines Stromes keine Rolle spielt und die Zirkulation durch den Strom ge-

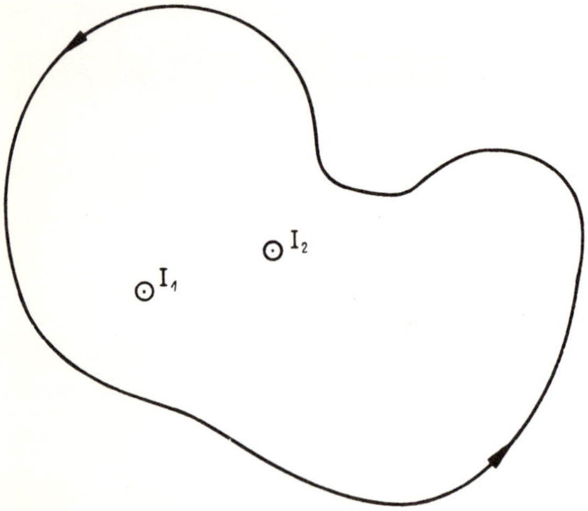

Bild 28.22. Die Zirkulation entlang der Schleife ist proportional zur Summe $I_1 + I_2$ der Stromstärken.

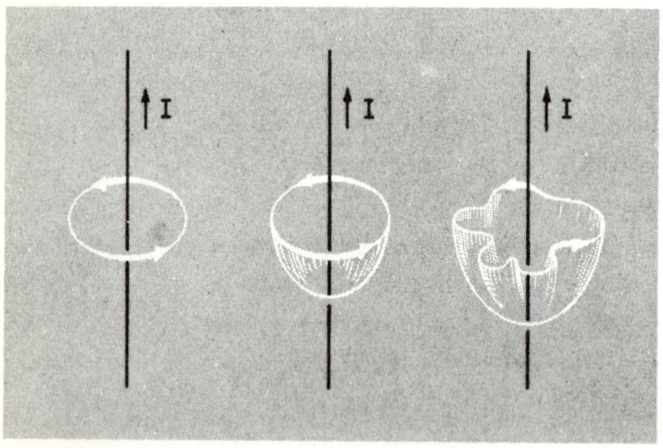

Bild 28.23. Die Zirkulation von B hängt nur von dem Gesamtstrom ab, der durch die von der Schleife begrenzten Oberfläche hindurchtritt. Das gilt auch, wenn die Oberfläche nicht eben ist, sogar dann, wenn die Schleife selbst nicht in einer Ebene liegt.

geben ist, der durch die Schleife hindurchtritt, werden zwei Ströme, die an verschiedenen Stellen durch die Schleife hindurchtreten, eine Zirkulation proportional zur Summe ihrer Stromstärken erzeugen (Bild 28.22). Die Zirkulation von $\vec{B}$ hängt nur von der Stärke des Gesamtstroms ab, der durch die Oberfläche, die von der Schleife begrenzt wird, hindurchtritt. Dabei muß diese Oberfläche nicht einmal eben sein, und die Schleife braucht auch keine ebene Kurve zu sein (Bild 28.23). Ebenso braucht der Strom nicht auf lange, gerade und benachbarte Leiter beschränkt zu sein. Dieses allgemeine Theorem verknüpft eine Eigenschaft des magnetischen Feldes mit elektrischen Strömen. Es war der Höhepunkt der ausführlichen Untersuchungen *Ampères* (1775 bis 1836) über die magnetischen Wirkungen konstanter Ströme. Man nennt es *Ampères Zirkulationsgesetz* oder *Zirkulationsgesetz für magnetische Felder.*

28.8. Homogenes Magnetfeld

Um ein zeitlich konstantes magnetisches Feld zu erhalten, braucht man nur den das Feld erzeugenden Strom konstant zu halten[1]). Wie erzeugt man aber ein magnetisches Feld, das über einen nennenswerten räumlichen Bereich homogen ist? In Kapitel 24 wurde ein homogenes elektrisches Feld durch zwei Platten erzeugt, die sich in geringem Abstand parallel gegenüberstanden und entgegengesetzt gleich geladen waren. Bei einer solchen Anordnung war das elektrische Feld zwischen den Platten homogen. Abweichungen traten nur in der Nähe der Ränder auf.

Kann man hier eine analoge Vorschrift verwenden? Erzeugt eine ausgedehnte ebene „Stromfläche" ein homogenes magnetisches Feld, so wie eine ausgedehnte ebene geladene Fläche im elektrostatischen Fall wirkt? Tatsächlich ist das der Fall. Hier kann die Leiterfläche sogar zu einem Zylinder gebogen werden. Innerhalb des Zylinders ist das Feld dann immer noch homogen. In der Praxis stellt man die „Stromfläche" aus einem langen Draht her, der eng und gleichmäßig zu einer zylindrischen Spule gewickelt wird. In der Spule fällt die Richtung des magnetischen Feldes mit der Spulenachse zusammen; mit Ausnahme an den Spulenenden ist es homogen (Bild 28.5e).

Zur Ermittlung der magnetischen Feldstärke im Innern einer solchen Spule läßt sich das im vorherigen Abschnitt hergeleitete Zirkulationsgesetz benutzen. Als Schleife wählen wir hier ein Rechteck, dessen eine Seite innerhalb der Spule parallel zur Spulenachse verläuft. Dort sei die Feldstärke $\vec{B}$ (Bild 28.24). Die gegenüberliegende Seite der Schleife verlaufe außerhalb der Spule, dort ist das magnetische Feld sehr schwach. (In Bild 28.5e zeigen die Eisenfeilspäne außerhalb der Spule nur an den Enden der Spule eine merkliche Ausrichtung.) Diese Seite liefert aber keinen nennenswerten Beitrag zur Zirkulation. Gleiches gilt für die beiden Schmalseiten des Rechtecks, denn sie verlaufen nahezu senkrecht zu den Feldlinien, und nur die Komponente der Feldstärke in Richtung des Weges liefert einen Beitrag zur Zirkulation. Fast die gesamte Zirkulation kommt daher von der Seite l innerhalb der Spule. Wir schließen daraus, daß die Zirkulation der rechteckigen Schleife durch Bl gegeben ist.

---

[1]) Was die zeitliche Änderung von magnetischen Feldern zur Folge hat, wird im nächsten Kapitel untersucht werden.

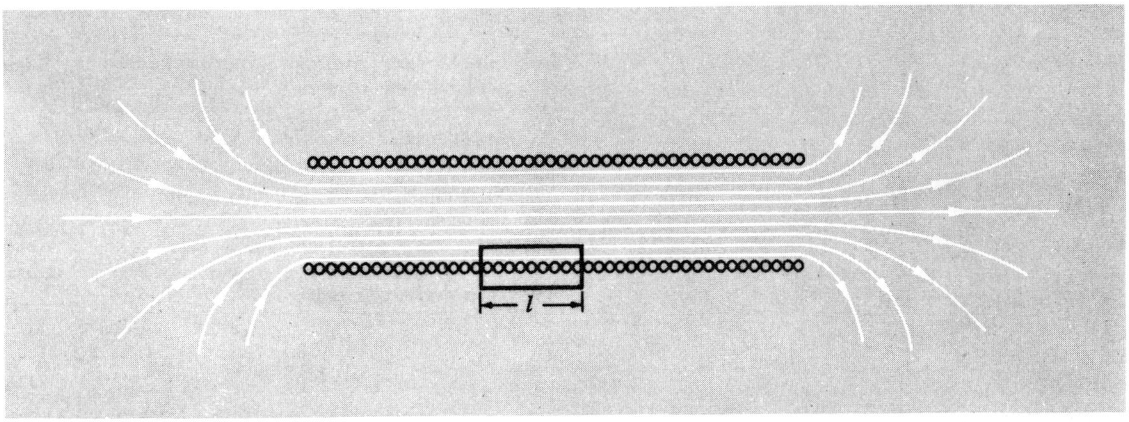

Bild 28.24. Zur Berechnung der magnetischen Feldstärke innerhalb einer langen Spule gehen wir von der Zirkulation entlang eines Rechtecks aus, dessen eine Seite innerhalb der Spule verläuft.

Nehmen wir nun an, daß die Schleife von n Windungen der Spule durchstoßen wird. Nach Ampères Gesetz ist die Zirkulation von B durch $Bl = 2\pi$ Knl gegeben. Für die magnetische Feldstärke innerhalb der Spule gilt dann

$$B = \frac{2\pi Knl}{l}.$$

Sie hängt damit nur von der Windungsdichte $\frac{n}{l}$ der Spule und der Stromstärke I ab. Solange $\frac{n}{l}$ konstant und die Länge der Spule groß im Vergleich zum Durchmesser ist, hängt die Feldstärke nicht vom Durchmesser der Spule ab. Verschieben wir das Rechteck nach links oder rechts (wobei aber die Enden der Spule zu meiden sind), so ändert sich die hindurchtretende Stromstärke nicht, da die Spule gleichmäßig gewickelt ist. Gleiches gilt für Bewegungen des Rechtecks nach oben oder unten, nach vorn oder hinten, solange nur eine Seite des Rechtecks innerhalb der Spule bleibt. In Übereinstimmung mit Ampères Zirkulationsgesetz ändert sich die Zirkulation entlang des Rechtecks nicht. Bild 28.5e zeigt, daß die Feldlinien innerhalb der Spule überall parallel zur Seite l verlaufen. Also ist nicht nur die Zirkulation, sondern auch die Feldstärke B innerhalb der Spule, abgesehen von den Enden, konstant. Setzt man $N = \frac{n}{l}$, so erhält man für die magnetische Feldstärke innerhalb der Spule

$$B = 2\pi KNI.$$

Zur Bestimmung von K in diesem Ausdruck braucht man nur die magnetische Feldstärke einer langen Spule, die N Windungen je Längeneinheit aufweist und von einem Strom I durchflossen wird, auszumessen. Diese Messung kann mit der in Bild 28.25a gezeigten Stromwaage durchgeführt werden. Das am Ende der Waage befindliche gerade Leiterstücke l' wird in das homogene Feld der langen Spule gebracht (Bilder 28.25b und 28.25c). Bei Stromstärken I in der Spule und I′ im Leiterstück werden Wägestücke bekannter Masse m außerhalb der Spule auf die Waage gebracht und die Waage ausbalanciert. Wegen $F = I'l'B_\perp$ gilt für die Feldstärke im Innern der Spule $B = \frac{mg}{I'l'}$. Dieser Wert für B kann mit dem, der sich aus dem Zirkulationsgesetz ergab, gleichgesetzt werden:

$$\frac{mg}{I'l'} = 2\pi KNI.$$

Daraus folgt

$$K = \frac{mg}{2\pi NI'l'I}$$

Wird dieses Experiment sorgfältig ausgeführt, so liefert es für K den Wert $2{,}00 \cdot 10^{-7}\,\frac{N}{A^2}$. Wir können diesen Wert für K nun in die Gleichungen für die Zirkulation, für die Stärke des magnetischen Feldes eines langen geraden Leiters und für die Stärke des magnetischen Feldes einer langen Spule einsetzen und erhalten:

$$\text{Zirkulation} = (4\pi \cdot 10^{-7}\,\frac{N}{A^2})\,I,$$

$$B_{\text{gerader Leiter}} = (2 \cdot 10^{-7}\,\frac{N}{A^2})\,\frac{I}{r},$$

$$B_{\text{Spule}} = (4\pi \cdot 10^{-7}\,\frac{N}{A^2})\,NI.$$

I muß dabei in Ampere und l in m gemessen werden, dann erhält man B in $\frac{N}{A\,m}$. Man mag sich darüber wundern, daß sich für die Proportionalitätskonstante ein

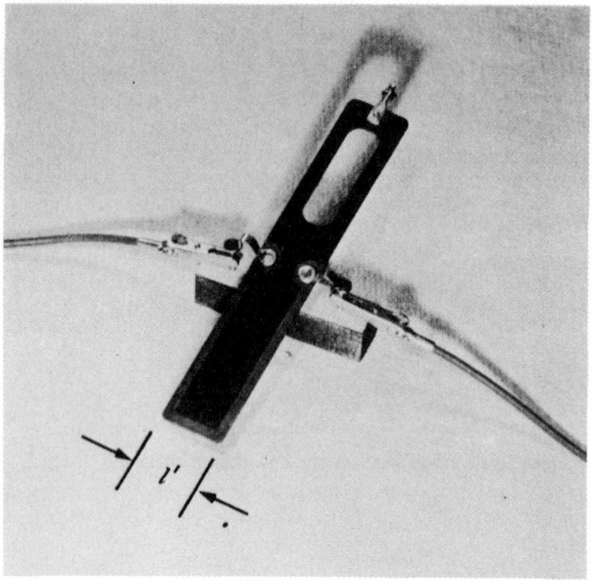

a)

Bild 28.25

a) Eine Ausführung der Stromwaage, die zur Festlegung von B in absoluten Einheiten geeignet ist

b) Das eine Ende der Stromwaage, das als Träger des Stromelements I′ l′ angesehen werden kann, befindet sich in der Mitte einer Spule, deren Feld homogen ist. Kurze Drahtstücke von bekannter Masse werden am anderen Ende zum Messen der Kräfte angebracht.

c) Der experimentelle Aufbau

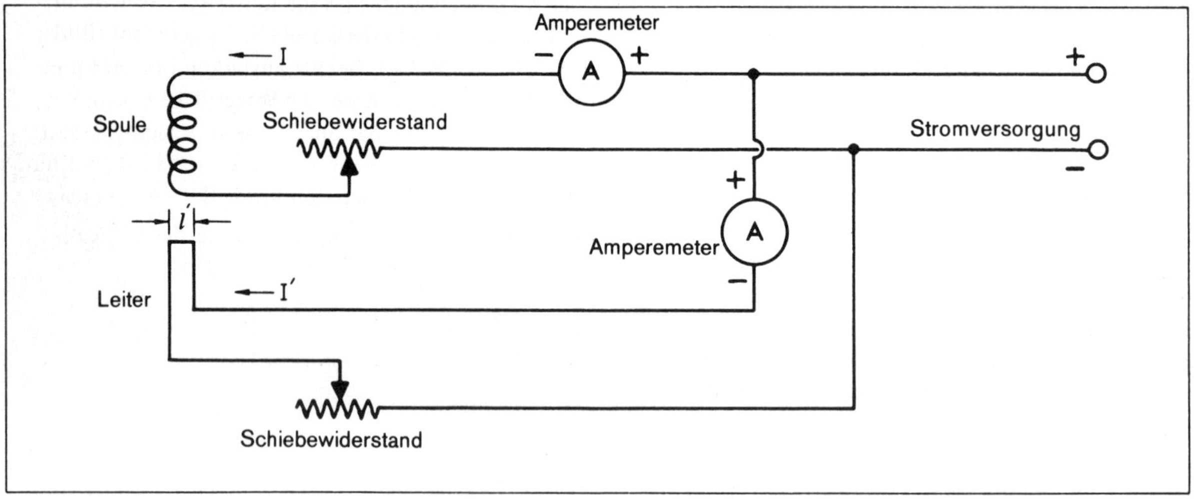

b)

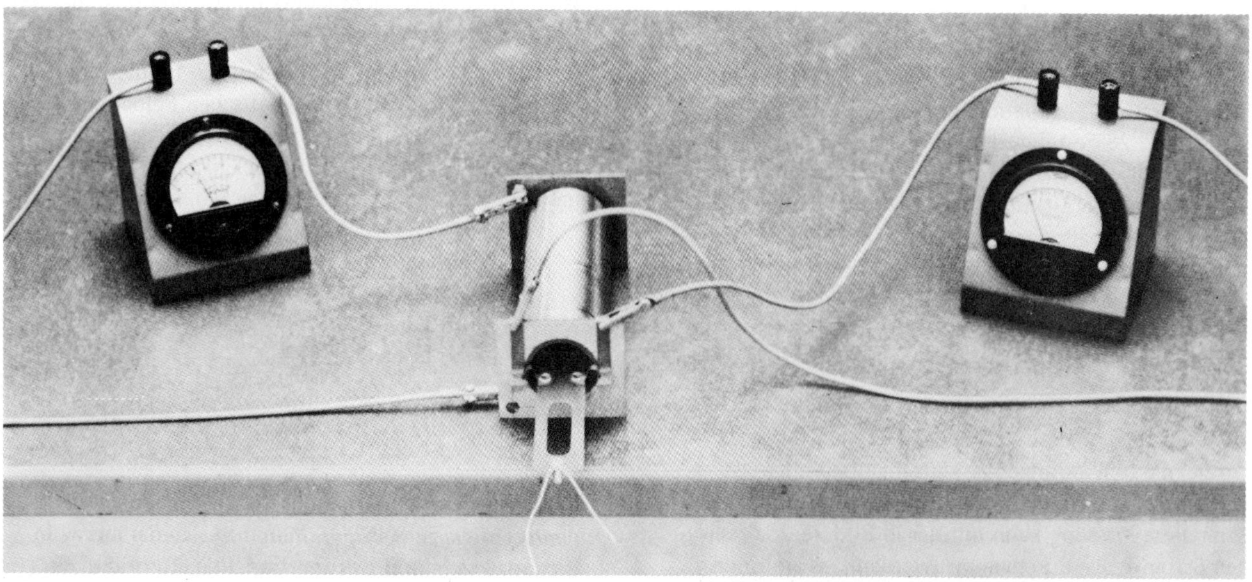

c)

so glatter Wert $K = 2{,}00 \cdot 10^{-7}\ \frac{N}{A^2}$ ergibt. Das liegt aber an der in Kapitel 24 getroffenen Wahl der Einheiten. Dort hatten wir das Ampere definiert als Transport von $6{,}25 \cdot 10^{18}$ Elementarladungen pro Sekunde. Damit stimmt diese Einheit der Stromstärke mit dem „absoluten Ampere" überein, das so definiert ist, daß man den Wert $K = 2 \cdot 10^{-7}\ \frac{N}{A^2}$ festsetzt und ein Experiment durchführt, das dem beschriebenen ähnlich ist.

28.9. Die Lorentz-Kraft

Auf einen stromdurchflossenen Leiter wirkt eine Kraft, wenn er sich in einem magnetischen Feld befindet. Da der elektrische Strom nichts anderes als Bewegung elektrisch geladener Teilchen ist, erwartet man, daß das magnetische Feld direkt auf die einzelnen elektrisch geladenen Teilchen wirkt, auf die Ionen oder Elektronen, durch deren Bewegung der Strom entsteht. Die Kraft auf den Leiter als Ganzes ist dann lediglich die Resultierende aller auf die einzelnen Teilchen wirkenden Kräfte.

Wir können diese Vorstellung überprüfen, indem wir einen Elektronenstrahl aus einer Elektronenquelle bei vermindertem Druck durch Quecksilberdampf oder Wasserstoff schießen. Die Elektronen, die durch das Loch in der Anode austreten, regen das Gas zum Leuchten an. Dadurch wird die Bahn des Strahls im Dunkeln deutlich sichtbar (Bild 28.26). Wir bringen jetzt einen Magneten in die Nähe des Rohres und zwar so, daß das Magnetfeld vom Beobachter aus senkrecht durch das Rohr hindurchtritt. Der Elektronenstrahl wird dann senkrecht zu seiner Ausbreitungsrichtung und zur Richtung des magnetischen Feldes abgelenkt.

Wir wollen dieses Experiment jetzt noch einmal speziell für das Fadenstrahlrohr (Bild 28.26) beschreiben. Hier bewegen sich die Elektronen zunächst senkrecht nach oben. Da Elektronen negativ geladene Teilchen sind, entspricht dieser Elektronenstrahl einem senkrecht nach unten gerichteten Strom. Dann muß die Kraft, die auf die bewegten Teilchen wirkt, diese entsprechend der Rechte-Hand-Regel nach rechts ablenken. Im Experiment beobachtet man das tatsächlich. Wird der Magnet umgedreht, so wird der Elektronenstrahl in die entgegengesetzte Richtung abgelenkt.

Nun soll die Größe der Kraft berechnet werden, die auf ein einzelnes geladenes Teilchen wirkt, dessen Geschwindigkeit v in einem Magnetfeld von bekannter Stärke B vorgegeben ist. Dazu wollen wir uns vorstellen, daß der Strom aus Elementarladungen besteht, die untereinander alle den gleichen Abstand haben

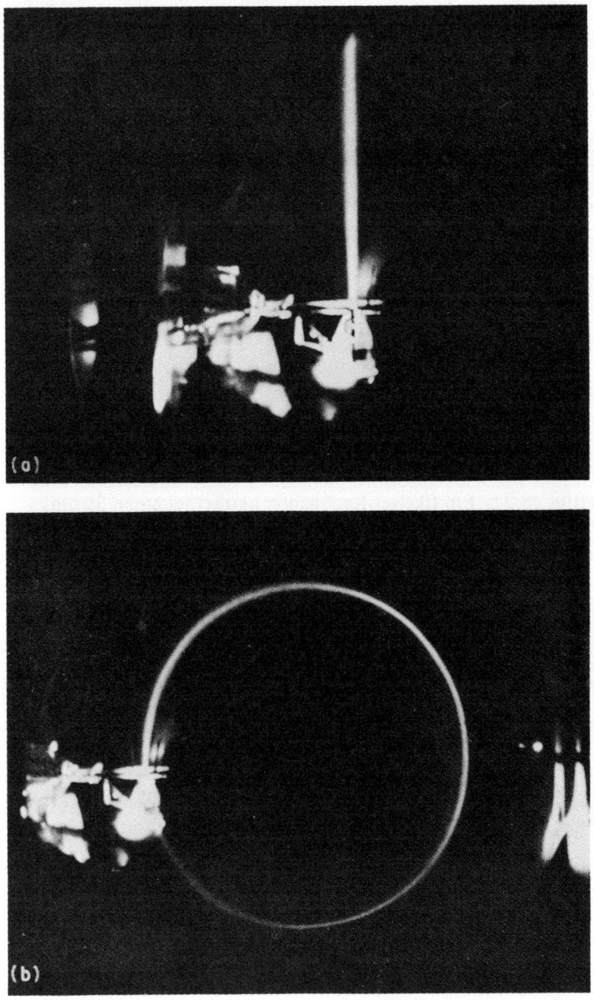

Bild 28.26. Ein Experiment zur Demonstration der Ablenkung von in einem Magnetfeld bewegten elektrisch geladenen Teilchen. In a) bewegen sich die in einer Elektronenquelle beschleunigten Elektronen senkrecht nach oben. Ihr Weg wird durch das Leuchten des Gases sichtbar. Legt man ein magnetisches Feld an, so wird die Bahn zu einem Kreis gebogen. (Hier wurden Helmholtzspulen verwendet, um ein homogenes Feld zu erzeugen, in dessen Bereich man beobachten kann.)

und die sich mit der gleichen Geschwindigkeit v bewegen (Bild 28.27). Unter Benutzung der Gleichung $F = I\,l\,B_\perp$ können wir die Kraft F_1 berechnen, die auf eine dieser Elementarladungen wirkt. Gibt es auf einer Länge l insgesamt n Elementarladungen, so gilt

$$F_1 = \frac{I\,l\,B_\perp}{n}\,.$$

Will man nun die Kraft F_1 als Funktion der Geschwindigkeit v der geladenen Teilchen darstellen, so muß die Stromstärke I durch die Anzahl n der Ladungen in der Strecke l angegeben werden. Wir wollen berechnen, wie die Stromstärke I als Funktion von n,

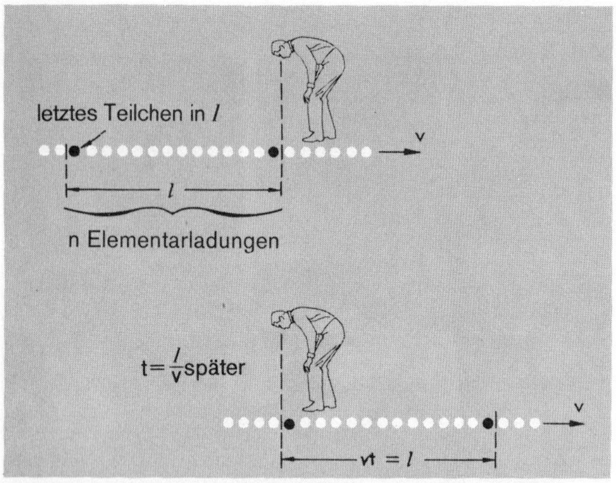

Bild 28.27. Ein fiktiver Beobachter betrachtet einen Strom von an ihm mit der Geschwindigkeit v vorbeiströmenden Elementarladungen. Er zählt n Teilchen, wenn ein Abschnitt l des gleichförmig gedachten Stromes an ihm vorbeigekommen ist. Dazu war die Zeit $t = \frac{l}{v}$ notwendig.

I und v auszudrücken ist. Dazu stellen wir uns vor, ein Beobachter am Beginn der Strecke l zähle alle bei ihm vorbeikommenden Elementarladungen. Da sich jedes geladene Teilchen mit der Geschwindigkeit v bewegt, kommen alle n Teilchen in der Länge l innerhalb der Zeit $t = \frac{l}{v}$ bei ihm vorbei. Die Stromstärke I ist aber gegeben durch den Quotienten aus der Gesamtladung ne und der Zeit t:

$$I = n\frac{e}{t}.$$

Ersetzt man die Zeit t durch $\frac{l}{v}$, so erhält man

$$I = \frac{ne}{t} = \frac{ne}{l/v} = \frac{nev}{l}.$$

Setzen wir diesen Ausdruck für I in die Gleichung für F_1 ein, so ergibt sich

$$F_1 = \frac{I\,l\,B_\perp}{n} = \frac{nve}{l} \cdot \frac{l\,B_\perp}{n} = v\,B_\perp e.$$

Trägt ein sich mit der Geschwindigkeit v bewegendes geladenes Teilchen die Ladung Q = ze, so wirkt im magnetischen Feld die Kraft

$$F = zF_1 = QvB_\perp.$$

Es soll experimentell gezeigt werden, daß dieser Ausdruck für die Kraft, die auf ein bewegtes Teilchen in einem magnetischen Feld wirkt, richtig ist. Dazu schießt man elektrisch geladene Teilchen durch ein Magnetfeld und untersucht ihre Ablenkung. Da die Kraft stets senkrecht zur Geschwindigkeit steht, kann an den durch das Magnetfeld geschossenen Teilchen keine Arbeit verrichtet werden. Sie bewegen sich mit

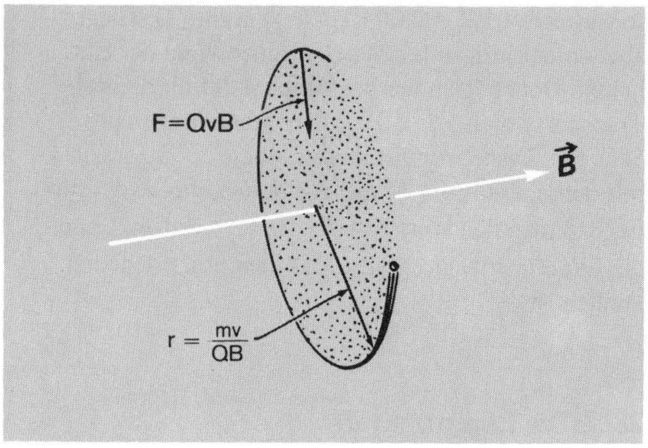

Bild 28.28. Bewegt sich ein geladenes Teilchen senkrecht zu einem magnetischen Feld, so erfährt es eine ebenfalls senkrecht wirkende Kraft F = QvB. Ist das Feld homogen, so bewegt es sich auf einem Kreis mit dem Radius $r = \frac{mv}{QB}$.

konstantem Geschwindigkeitsbetrag. Infolgedessen hat auch das Produkt QvB stets den gleichen Wert. Mit anderen Worten: Solange das magnetische Feld homogen ist, wirkt auf das Teilchen eine ablenkende Kraft mit stets gleichem Betrag. Die Teilchen bewegen sich also auf einer Kreisbahn (Bild 28.26). Der Radius dieses Kreises läßt sich berechnen, indem man die Kraft im Magnetfeld als Zentripetalkraft ansetzt. Diese Zentripetalkraft $\frac{mv^2}{r}$ muß auftreten, damit sich ein Teilchen der Masse m mit der Geschwindigkeit v auf dem Umfang eines Kreises mit dem Radius r bewegt (Bild 28.28). Aus der Gleichung

$$\frac{mv^2}{r} = QvB_\perp$$

erhält man

$$r = \frac{mv}{QB_\perp}.$$

Wir können daher unsere Gleichung überprüfen, indem wir Teilchen mit bekanntem Impuls und bekannter Ladung senkrecht in ein magnetisches Feld schicken und den Radius des Kreises messen, auf dem sich die Teilchen dabei bewegen.

Von den Protonen kennen wir schon so viele Eigenschaften, daß wir mit ihnen diese Tests durchführen können. In Abschnitt 25.1 wurde die Masse des Protons zu $1{,}7 \cdot 10^{-27}$ kg bestimmt. Werden Protonen aus der Ruhe durch eine Spannung von 90 V beschleunigt, so erreichen sie die Geschwindigkeit $v = 1{,}3 \cdot 10^5 \frac{m}{s}$. Die Protonen erhalten dadurch den Impuls

$$mv = 1{,}7 \cdot 10^{-27}\,\text{kg} \cdot 1{,}3 \cdot 10^5\,\frac{m}{s}$$

$$= 2{,}2 \cdot 10^{-22}\,\frac{\text{kg m}}{s}.$$

Diese Testprotonen schießt man senkrecht in ein magnetisches Feld. Ein für diesen Zweck brauchbares

Feld hat z. B. die Stärke $B = 1{,}0 \cdot 10^{-2}\ \frac{N}{Am}$ oder $B = 1{,}6 \cdot 10^{-21}\ \frac{N}{e/s\ m}$ in Einheiten der Elementarladung.

Der Kreis, auf den die Protonen durch die magnetische Ablenkung in diesem Feld gezwungen werden, sollte den Radius

$$r = \frac{mv}{QB_\perp} = \frac{2{,}2 \cdot 10^{-22}\ \frac{kg\ m}{s}}{1e \cdot 1{,}6 \cdot 10^{-21}\ \frac{N}{e/s}\ m} = 0{,}14\ m$$

haben.

Dieser erwartete Radius wird tatsächlich beobachtet, wenn Protonen mit einer Energie von 90 eV in ein solches magnetisches Feld eingeschossen werden. So zeigen die Experimente, daß die Kraft auf ein bewegtes geladenes Teilchen in einem magnetischen Feld tatsächlich in Übereinstimmung mit unserer Herleitung durch $QvB_\perp$ gegeben ist.

28.10. Die Bestimmung der Masse geladener Teilchen durch Ablenkung im magnetischen Feld

Im Abschnitt 25.1 wurde die Masse von Elektronen und Protonen bestimmt. Wir haben dazu die Elektronen und Protonen durch eine definierte Spannung beschleunigt, so daß sie eine kinetische Energie $\frac{1}{2}mv^2$ erhielten. Die Geschwindigkeit der Teilchen wurde dann durch eine Weg-Zeit-Messung bestimmt.

Es gibt eine weitere, ältere Methode, durch die eine recht genaue Massenbestimmung möglich ist. Anstatt die Geschwindigkeit v der Teilchen zu messen, ermittelt man ihre Bewegungsgröße mv durch Messung der Ablenkung in einem bekannten magnetischen Feld. Kennt man kinetische Energie und Bewegungsgröße, so läßt sich die Masse der Teilchen leicht berechnen. Mit dieser Methode sind in der Vergangenheit die genauesten Messungen von Ionenmassen durchgeführt worden. Das Verfahren ist von besonderer Bedeutung bei Messungen an Elektronen, da deren hohe Geschwindigkeit Weg-Zeit-Messungen sehr schwierig macht.

Die Bestimmung der Bewegungsgröße durch Ablenkung eines Teilchenstroms im Magnetfeld ist im Grunde gleich der Messung, die wir am Ende des vorherigen Abschnitts machten. Dort benutzten wir die Ablenkung von Protonen zur Überprüfung der Gleichung $F = QvB_\perp$. Jetzt werden wir die bekannte Gleichung zur Bestimmung unbekannter Massen verwenden.

Um mit diesem Verfahren Ionenmassen zu bestimmen, beschleunigt man die Ionen unbekannter Masse durch eine bekannte Spannung U (Bild 28.29). Dadurch erhalten sie die kinetische Energie

$$\frac{1}{2}mv^2 = QU.$$

Dann läßt man die Ionen senkrecht in ein magnetisches Feld bekannter Stärke eintreten und mißt den Radius des Kreisbogens, auf dem sie sich bewegen. Die dazu

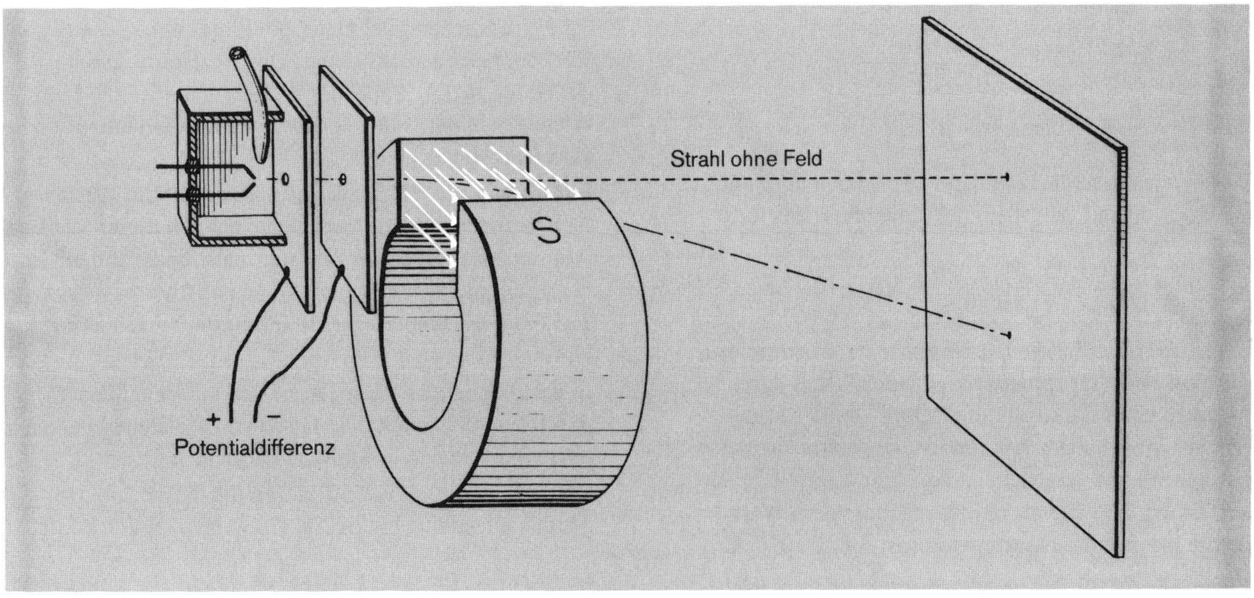

Bild 28.29. Ein einfacher Massenspektrograph. Durch das elektrische Feld zwischen den Platten werden Ionen auf eine bestimmte kinetische Energie beschleunigt. In dem magnetischen Feld wird ihre Bahn zu einem Kreisbogen abgelenkt. Die Ionen treffen auf einen Schirm oder eine photographische Platte. Aus der Ablenkung kann der Radius des Kreisbogens berechnet werden.

nötige Zentripetalkraft ist die magnetische Ablenkkraft

$$QvB_{\perp} = QvB.$$

Es gilt

$$\frac{mv^2}{r} = QvB.$$

Daraus erhält man

$$mv = QBr.$$

Mißt man den Radius des Kreisbogens, so kann man damit den Impuls des Ions ermitteln.

Wir wollen jetzt ein spezielles Beispiel diskutieren. Wir beschleunigen einfach geladene Natriumionen durch eine Spannung von 90 V. Jedes einfach geladene Ion erreicht dadurch eine kinetische Energie von $1{,}44 \cdot 10^{-17}$ J. Mit dieser kinetischen Energie treten die Natriumionen in ein senkrecht zu ihrer Bewegungsrichtung verlaufendes homogenes Magnetfeld der Stärke $0{,}10 \frac{N}{Am}$ ein. Wir messen den Radius des Kreisbogens, auf dem sie sich im magnetischen Feld bewegen, er ergibt sich zu 0,066 m. Da jedes einfach geladene Ion die Ladung $1{,}6 \cdot 10^{-19}$ trägt, ergibt sich:

$$QvB = 1{,}60 \cdot 10^{-14}\ \text{As} \cdot 0{,}100 \frac{N}{Am} \cdot 0{,}066\ \text{m}$$

$$= 1{,}05 \cdot 10^{-21}\ \text{Ns}.$$

Das ist der Impuls eines Teilchens.

Aus der kinetischen Energie und dem Impuls erhalten wir jetzt m und v. Zunächst die Geschwindigkeit v:

$$v = \frac{2\left(\frac{1}{2} mv^2\right)}{mv} = \frac{2 \cdot 1{,}44 \cdot 10^{-17}\ \text{J}}{1{,}05 \cdot 10^{-21}\ \text{Ns}}$$

$$= 2{,}74 \cdot 10^4\ \frac{m}{s}.$$

Dividieren wir schließlich den Impuls noch durch die Geschwindigkeit, so erhalten wir die Masse des Ions:

$$m = \frac{mv}{v} = \frac{1{,}05 \cdot 10^{-21}\ \text{Ns}}{2{,}74 \cdot 10^4\ \text{ms}} = 3{,}84 \cdot 10^{-26}\ \text{kg}.$$

Das ist auf etwa 1 % genau die Masse des Natriumions. Die Masse des Natriumatoms – man erhält es durch Anlagern eines Elektrons an das Ion – muß fast den gleichen Wert haben. Wir können die gefundene Masse mit den Werten vergleichen, die auf anderen Wegen ermittelt wurden. Der als richtig angenommene Wert für die Masse eines Natriumatoms ist $3{,}82 \cdot 10^{-26}$ kg.

Die in Bild 28.29 skizzierte Apparatur ist als Massenspektrograph bekannt. Das Meßverfahren heißt Massenspektroskopie. Der beschriebene Massenspektrograph ist sehr einfach gebaut. Zur Durchführung von Präzisionsmessungen braucht man noch Hilfseinrichtungen, um die Teilchen auf einen Punkt zu fokussieren und um dafür zu sorgen, daß nur Teilchen mit fast gleichen Geschwindigkeiten in das magnetische Feld eintreten können. Mit guten Spektrographen können Ionenmassen auf mehrere Stellen genau bestimmt werden.

Solche Messungen haben gezeigt, daß sich die Massen der einzelnen Elemente nicht als exakt ganzzahlige Vielfache der Masse des Wasserstoffatoms darstellen lassen. Ein genauer Massenspektrograph zeigt, daß viele Elemente aus zwei oder mehr verschiedenen Arten von Atomen bestehen, die sich in der Masse unterscheiden, aber nahezu identische chemische Eigenschaften haben. Zum Beispiel haben 75 % der in der Natur vorkommenden Chloratome eine Masse von etwa dem 35fachen der Masse eines Wasserstoffatoms, 25 % dagegen haben eine Masse von etwa dem 37fachen der Masse des Wasserstoffatoms. Atome des gleichen Elementes, die unterschiedliche Massen haben, nennen wir *Isotope* des Elements. Die beiden Chlorisotope werden als ^{35}Cl und ^{37}Cl bezeichnet. Die oben angeschriebene Zahl, *Massenzahl* genannt, gibt einen Hinweis auf den Aufbau des Atoms dieses Isotops.

Ein Isotop des Kohlenstoffs ^{12}C bildet heute den Standard der *Atommassenskala* [1]). Seine Masse ist auf exakt 12 atomare Masseneinheiten u festgesetzt. Auf dieser Basis hat das Wasserstoffatom die Masse 1,00797 u, Sauerstoff hat die Atommasse 15,9994 u (siehe Anhang 2). In dieser Tabelle ist die Atommasse des Kohlenstoffs mit 12,01 u angegeben. Dieser Wert ist der Mittelwert, der sich ergibt, wenn man alle Isotope entsprechend der Häufigkeit ihres natürlichen Vorkommens berücksichtigt. Das ^{13}C-Isotop, das in der Natur zu 1,1 % vorkommt, hebt die mittlere Atommasse des in der Natur vorkommenden Kohlenstoffs auf etwas über 12 u an.

Ein Vorzug der ^{12}C-Skala gegenüber einer auf Wasserstoff bezogenen Skala liegt darin, daß bei dieser Skala Atommasse und Massenzahl sehr nahe beieinander liegen. So hat zum Beispiel ^{238}U eine Atommasse von 238,03 u, es ist aber nur 236,20 mal so schwer wie ein Wasserstoffatom.

In entsprechender Weise lassen sich mit dem Massenspektrographen auch die Massen von Molekülen ermitteln, nachdem sie ionisiert wurden.

Seit *J. J. Thomson* vor 50 Jahren die Massenspektrographie eingeführt hat, ist sie ein wertvolles Werkzeug

[1]) Leider wird in den meisten vor 1961 gedruckten Tabellen als Basis der Sauerstoff mit der Atommasse 16 u gewählt. Wegen einer Reihe von erheblichen Schwierigkeiten wurde im Jahre 1961 offiziell ^{12}C als Basis eingeführt.

der Atomforschung. Da speziell beim Massenspektrographen verschiedene Ionensorten entsprechend ihrer Masse sortiert werden, sind die Isotope der einzelnen Elemente fast alle durch massenspektrographische Messungen ermittelt worden. Zwar gab es zu Beginn dieses Jahrhunderts schon einige Hinweise auf die Existenz von Isotopen bei schweren radioaktiven Elementen. Aber erst nachdem Thomsons Messungen die Existenz von Isotopen bewiesen hatten, setzte sich die Idee durch und löste eine systematische Sammlung der Daten von Isotopen aus. Bis heute wurden bereits so viele Informationen gesammelt, daß eine sehr große Tabelle notwendig wäre, sie alle darzustellen. Tabelle 1 führt einige der bekannten Ionenmassen an.

Tabelle 1: Einige Isotope bekannter Elemente. Eine atomare Masseneinheit entspricht $\frac{1}{12}$ der Masse des häufigsten Kohlenstoffisotops.

Element	Masse des Isotops in atomaren Masseneinheiten u		Relative Häufigkeit in %
Wasserstoff	1,008		99,98
	2,014		0,02
Lithium	6,015		7,42
	7,016		92,58
Kohlenstoff	12,000	(Standard)	98,89
	13,003		1,11
Stickstoff	14,003		99,63
	15,000		0,37
Sauerstoff	15,995		99,76
	16,999		0,04
	17,999		0,20
Neon	19,992		90,92
	20,994		0,26
	21,991		8,82
Natrium	22,999		100
Magnesium	23,985		78,70
	24,986		10,13
	25,983		11,17
Chlor	34,969		75,53
	36,966		24,47
Eisen	53,940		5,82
	55,935		91,66
	56,935		2,19
	57,933		0,33
Silber	106,905		51,82
	108,905		48,18
Blei	203,973		1,5
	205,975		23,6
	206,976		22,6
	207,977		52,3

28.11. Eigenschaften von α-Teilchen

In Kapitel 26 wurden einige Aussagen über die Struktur von Atomen besprochen, die von *Rutherford* und seinen Mitarbeitern aus den ersten Jahrzehnten dieses Jahrhunderts stammen. *Rutherfords* wichtigste Experimente wurden mit α-Teilchen durchgeführt. Wir wissen schon, auf welche Weise *Rutherford* und *Geiger* herausfanden, daß α-Teilchen zwei Elementarladungen tragen (siehe Abschnitt 24.9). Jetzt sollen zwei Experimente beschrieben werden, die das Verfahren zeigen, mit dem *Rutherford* und *Robinson* die Masse der α-Teilchen ermittelten. In einem dieser Experimente wird die Bewegungsgröße eines Ions durch Messung der Ablenkung im magnetischen Feld bestimmt. Da wir ein solches Experiment gerade im vergangenen Abschnitt beschrieben haben, halten wir hier nur das Ergebnis fest. Wird Polonium als Quelle für die α-Teilchen verwendet, so ergibt sich deren Bewegungsgröße zu $mv = 1{,}06 \cdot 10^{-19}\ \frac{\text{kg m}}{\text{s}}$.

Um daraus die Masse der α-Teilchen ermitteln zu können, muß noch die Geschwindigkeit der Teilchen bestimmt werden. Man könnte dazu die α-Teilchen durch eine Gegenspannung stoppen und so ihre kinetische Energie ermitteln. Dazu wäre jedoch eine Spannung in der Größenordnung von 10^6 V notwendig. Die Geschwindigkeit läßt sich aber auch direkt messen, indem man die α-Teilchen gleichzeitig durch ein magnetisches und ein elektrisches Feld schickt. Dabei wird das elektrische Feld so gerichtet, daß die in ihm auf das Teilchen wirkende Kraft der vom magnetischen Feld ausgeübten Kraft entgegengesetzt gerichtet ist. Sind beide Kräfte auch ihrem Betrag nach gleich, so bewegt sich das Teilchen, als ob beide Felder nicht vorhanden wären (Bild 28.30). Die Kraft im elektrischen Feld ist gegeben durch QE, die Kraft im magnetischen Feld durch QvB. Sind beide Kräfte ihrem Betrag nach gleich, so gilt QE = QvB. Damit ist die Geschwindigkeit der Teilchen durch $v = \frac{E}{B}$ gegeben. Kennt man beide Feldstärken, so läßt sich v berechnen. Für α-Teilchen des Poloniums wurde die Geschwindigkeit $v = 1{,}6 \cdot 10^7\ \frac{\text{m}}{\text{s}}$ gemessen. Daher ergibt sich als Masse

$$m = \frac{mv}{v} = \frac{1{,}06 \cdot 10^{-14}\ \text{Ns}}{1{,}6 \cdot 10^7\ \text{m/s}} = 6{,}6 \cdot 10^{-27}\ \text{kg}.$$

Innerhalb der experimentellen Genauigkeit ist dieses die Masse des Heliumatoms. Daher liegt der Schluß nahe, daß α-Teilchen doppelt geladene Heliumionen sind. Man kann diesen Schluß direkt überprüfen, indem man eine starke α-Strahlenquelle in ein evakuiertes Glasrohr einbringt. Solch ein Experiment wurde von *Rutherford* und *Royds* im Jahre 1908 durchgeführt. Nach einer hinreichend langen Zeit waren Spuren von Helium in dem Rohr nachweisbar.

Überblicken wir den Inhalt dieses und des vorigen Kapitels, so stellen wir fest, daß wir uns bisher nur mit elektrischen Feldern, die durch ruhende elektrische Ladungen, und mit magnetischen Feldern, die

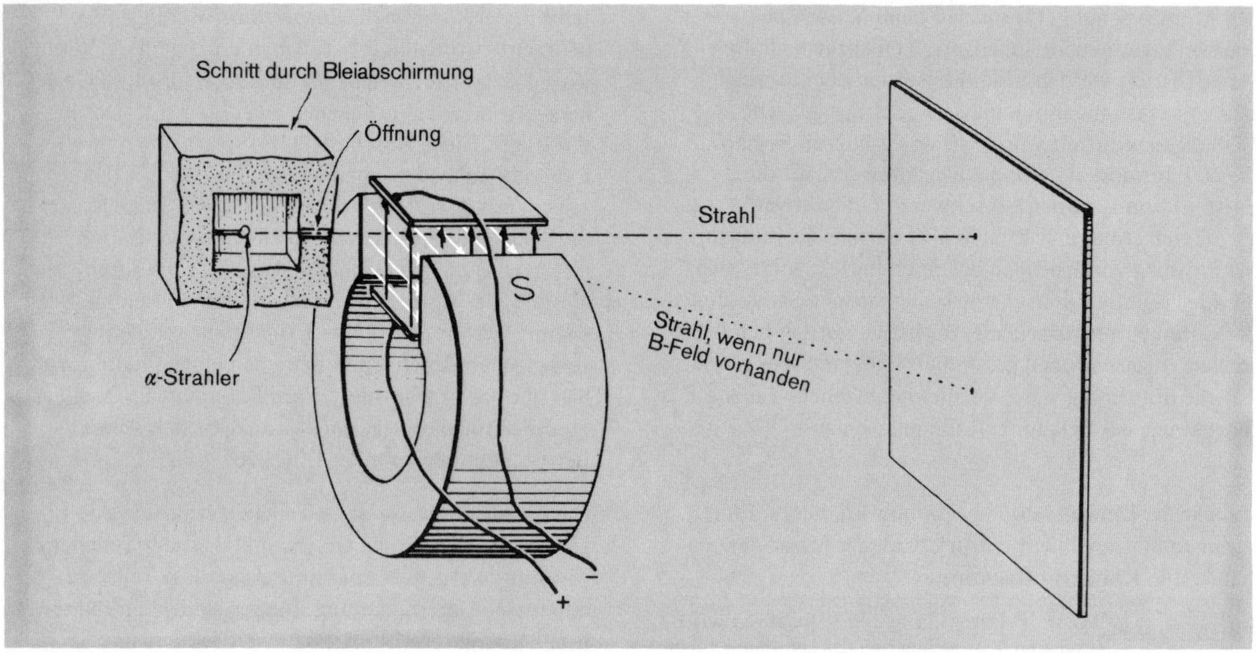

Bild 28.30. Messung der Geschwindigkeit von α-Teilchen. Durch ein Paar horizontal angeordnete Platten kann ein elektrisches Feld erzeugt werden. Die im elektrischen Feld wirkende Kraft ist der im magnetischen Feld wirkenden dem Betrag nach gleich, aber entgegengesetzt gerichtet. Die Teilchen werden dann nicht abgelenkt. Ihre Geschwindigkeit ist $v = \frac{E}{B}$. Dieses ist nur eine schematische Darstellung. In Wirklichkeit müssen die Dimensionen so verändert werden, daß elektrisches und magnetisches Feld homogen werden. Zur Verhinderung von Streuung und Energieverlusten der α-Teilchen beim Stoß auf Luftmoleküle muß der Versuch im Vakuum durchgeführt werden.

durch konstante Ströme erzeugt wurden, befaßt haben. Solche Felder sind zeitlich konstant. Im nächsten Kapitel wollen wir experimentell untersuchen, was geschieht, wenn sich elektrische und magnetische Felder zeitlich ändern.

Aufgaben

1.* Ein langer gerader stromdurchflossener Leiter liegt auf einem Blatt Papier. Auf das Papier werden Eisenfeilspäne gestreut. Wie verhalten sie sich?

2.* Haben magnetische Feldlinien Anfang und Ende?

3.* Wie ist das magnetische Feld gerichtet, welches durch positiv geladene Teilchen erzeugt wird, die sich vom Beobachter fortbewegen? Wie ist es, wenn sich negative Teilchen auf ihn zu bewegen?

4.* Zwei identische Spulen werden von Strömen gleicher Stärke durchflossen, sie haben den gleichen Mittelpunkt, bilden aber einen rechten Winkel miteinander. Wie verhält sich der Betrag der Feldstärke des von beiden erzeugten Feldes zum Betrag der Feldstärke des von einer Spule erzeugten Feldes?

5.* Wie hängt das von einem langen geraden Draht erzeugte magnetische Feld von der Stromstärke im Draht ab?

6. Ein horizontales magnetisches Feld der Stärke $\vec{B}$ ist senkrecht zur Horizontalkomponente $\vec{B}_e$ des magnetischen Feldes der Erde orientiert und zeigt nach Osten.
   a) Es ist $\frac{B}{B_e} = \sqrt{3}$. In welche Richtung zeigt eine Kompaßnadel? (Die Kompaßnadel dreht sich in der Horizontalen.)
   b) Wie groß ist der Betrag von $\vec{B}$, wenn die Nadel nach Nordosten zeigt?

7. Zwei kreisförmige Leiterschleifen von gleichem Radius bilden bei gleichem Mittelpunkt O einen rechten Winkel miteinander (Bild 28.31). Es sei $I_1 = 3{,}0$ A und $I_2 = 4{,}0$ A. Wie ist das magnetische Feld im Zentrum O der beiden Schleifen gerichtet?

8. Zwei Leiterschleifen sind rechtwinklig zueinander angeordnet und können in beliebiger Richtung vom Strom durchflossen werden. Wieviel verschiedene magnetische Feldstärken lassen sich erzeugen, wenn man vom Erdfeld absieht und die Stromstärke in den Schleifen stets 2 A beträgt?

9.* In welcher Richtung kann sich ein elektrisch geladenes Teilchen durch ein magnetisches Feld bewegen, ohne daß eine Kraft darauf wirkt?

10.* Durch einen Draht fließt ein Strom von links nach rechts. Der Leiter befindet sich in einem Magnetfeld, das auf den Beobachter zu gerichtet ist. In welcher Richtung wirkt die Kraft?

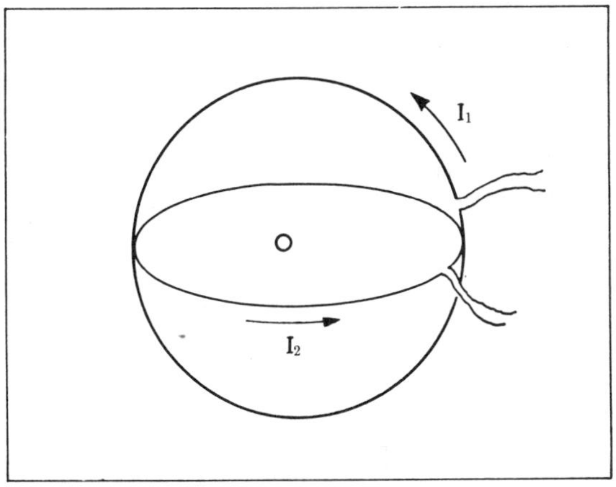

Bild 28.31. Zur Aufgabe 7

11.* Ein Draht mit einer Länge von 0,20 m befindet sich in einem homogenen magnetischen Feld von $5{,}0\ \frac{N}{Am}$. Er bildet mit der Richtung des Feldes einen Winkel von 45°. Wie groß ist die bei einer Stromstärke von 3,0 A wirkende Kraft?

12. Das magnetische Feld im Innern einer langen Spule ist homogen und parallel zur Spulenachse gerichtet.
   a) Wie groß ist die Kraft auf einen stromdurchflossenen Leiter, wenn dieser innerhalb der Spule parallel zur Achse gerichtet ist?
   b) Wie groß ist die auf den in Bild 28.32 gezeigten Draht wirkende Kraft, wenn er von einem Strom I = 1 A durchflossen wird, die Feldstärke $B = 1{,}0 \cdot 10^{-2}\ \frac{N}{Am}$ in der Spule herrscht und die Strecke $\overline{CD}$ eine Länge von 2 cm hat?
   c) Durch welche Masse m wird die Waage ins Gleichgewicht gebracht?
   d) Wie kann diese Anordnung als Amperemeter verwendet werden?

13. a) Es ist zu zeigen, daß sich eine quadratische, stromdurchflossene Leiterschleife im magnetischen Feld stets so ausrichtet, daß die Schleifenebene senkrecht zum magnetischen Feld orientiert ist.
   b) Welche Wirkung haben die Feldkräfte auf die Schleife, wenn sie sich in dieser Lage befindet? (Hinweis: Man zeichne eine Seitenansicht.)

14. Eine Spule von 50 Windungen ist so in ein magnetisches Feld gebracht, wie Bild 28.15 zeigt. Beide Seiten l und b sind jeweils 1 cm lang. Das Feld ist über den gesamten Bereich der Spule homogen. Die Feldstärke ist $B = 0{,}10\ \frac{N}{Am}$.
   a) Welchen Betrag hat die auf jede Spulenseite wirkende Kraft bei einer Stromstärke von $5{,}0 \cdot 10^{-3}$ A in der Spule, wenn die Spulenebene mit der Feldrichtung einen Winkel von 45° bildet? In welcher Richtung wirkt die Kraft, wenn der Strom in der vorderen Spulenseite nach unten gerichtet ist?
   b) Die Spule kann um eine vertikale Achse rotieren. Wie muß die Spule orientiert werden, damit sie nicht mehr verdreht wird, wenn ein Strom fließt?

15. Beim Drehspulamperemeter werden die auftretenden Kräfte durch Federspiralen kompensiert (Bild 28.16). Auch eine dem Bild 28.33 entsprechende Anordnung kann als Amperemeter verwendet werden. Die Aufhängung des Kraftmessers muß dabei jeweils so eingestellt werden, daß sich die Leiter bei verschiedenen Stromstärken immer am gleichen Ort im Magnetfeld befinden. Eine solche Spule war 4,0 cm breit, 25 cm hoch und hatte bei 100 Windungen ein Gewicht von 2,4 N. Der Meßbereich des Kraftmessers reichte von 0 bis 5 N.
   a) Wurde die Spule so wie gezeigt ins Feld gebracht, so änderte sich der Ausschlag des Kraftmessers von 2,4 N auf 2,7 N, wenn die Stromstärke von 0 A auf 0,5 A erhöht wurde. Wie groß ist die maximale, mit dieser Waage meßbare Stromstärke?
   b) Wie groß ist die magnetische Feldstärke im Luftspalt des Magneten?

16.* Wie hängt bei einem Drehspulamperemeter die der auslenkenden magnetischen Kraft entgegengerichtete Kraft vom Drehwinkel des Zeigers ab?

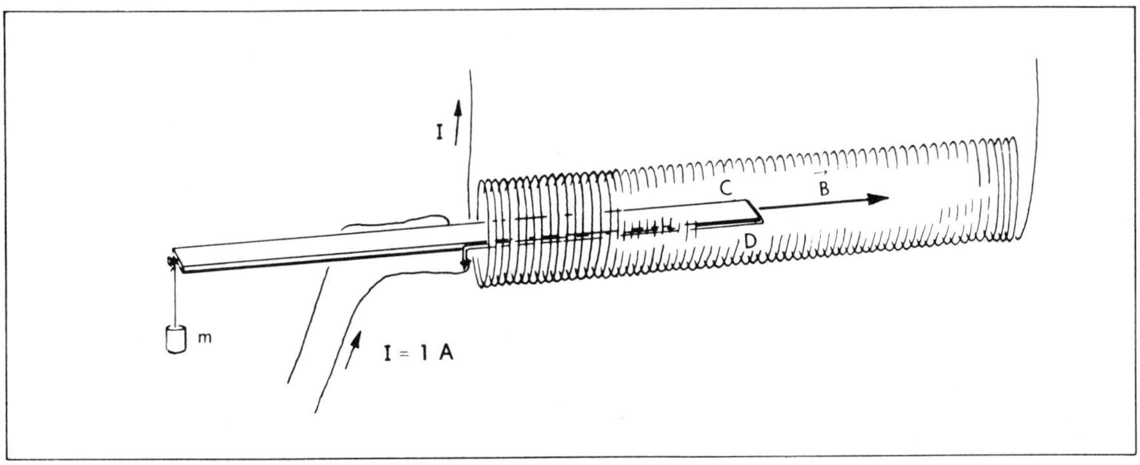

Bild 28.32. Zur Aufgabe 12

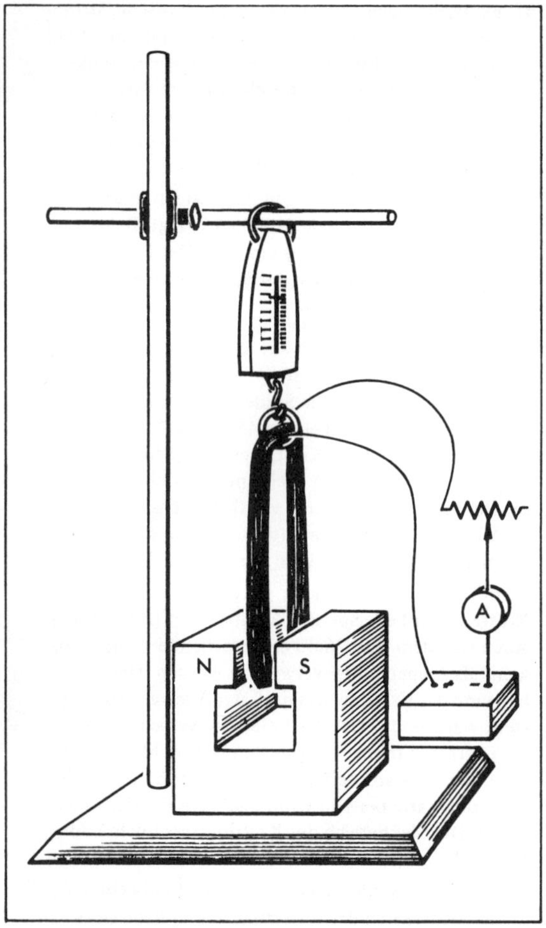

Bild 28.33. Zur Aufgabe 15

17.* Wie könnte man die Drehrichtung der Spule in Bild 28.17 umkehren?

18.* Wie ändert sich der Radius des Kreises in Bild 28.26b, wenn die Beschleunigungsspannung vergrößert wird?

19.* Wovon hängt die auf ein bewegtes elektrisch geladenes Teilchen im Magnetfeld wirkende Kraft ab?

20. Wie verhalten sich die Bewegungsgrößen von Proton und Elektron zueinander, wenn beide sich im gleichen magnetischen Feld auf Kreisen mit gleichem Radius bewegen?

21. Kann ein Massenspektrograph besser die Isotope leichter oder schwerer Elemente trennen?

22. Ein Strahl von Protonen der kinetischen Energie E_k wird in ein senkrecht zur Strahlrichtung orientiertes homogenes Magnetfeld der Stärke $\vec{B}$ geschossen.
   a) Wie groß sind Radius und Periode der dabei entstehenden Kreisbewegung, dargestellt in Abhängigkeit von B?
   b) Wie würden die Antworten zu a) verändert, wenn die Energie der einfallenden Teilchen vervierfacht würde?
   c) Protonen der Energie $4{,}60 \cdot 10^5$ eV werden in ein Protonensynchrotron eingeschossen, dessen Magnetfeld die Stärke $2{,}10 \cdot 10^{-2} \frac{\text{N}}{\text{Am}}$ hat. Periode und Radius sollen berechnet werden.

23.* Wie groß ist die kinetische Energie von α-Teilchen, die durch eine Potentialdifferenz von 180 V beschleunigt wurden?

24. Geladene Teilchen werden durch ein homogenes elektrisches Feld beschleunigt und dann in einem magnetischen Feld abgelenkt. Welche Größen müssen gemessen werden, wenn in einem solchen Experiment die Masse der Teilchen bestimmt werden soll?

25. Die Apparatur von Bild 28.29 sei in eine Kammer eingebaut, die evakuiert werden kann. Wird Helium eingefüllt, so entstehen bei niedrigem Druck He^+- und He^{++}-Ionen. Durch diese Ionen entstehen auf dem Schirm zwei Punkte, die unterhalb des Punktes liegen, wenn keine Felder anliegen. Der Polschuh des Magneten hat eine Fläche von 3,0 cm X 1,5 cm. Die Mitte ist vom Schirm 10 cm entfernt. Die magnetische Feldstärke ist $B = 1{,}5 \cdot 10^{-2} \frac{\text{N}}{\text{Am}}$.
   a) Der Radius der Kreisbögen, die die Ionen jeweils im magnetischen Feld beschreiben, ist zu berechnen.
   b) Aus einer maßstäblichen Zeichnung ist der Ort auf dem Schirm zu ermitteln, in dem die Ionen auftreffen.
   c) Was für eine Bahn beschreibt ein He^{++}-Ion, wenn es noch im elektrischen Feld ein Elektron einfängt?
   d) Was für eine Bahn beschreibt ein He^{++}-Ion, wenn es im Magnetfeld ein Elektron einfängt?

26. Auf einen ebenen, horizontalen Tisch wird eine Glasplatte gelegt. Senkrecht auf die Glasplatte werden zwei parallele Metallplatten gestellt. Dadurch kann ein homogenes elektrisches Feld parallel zur Glasplatte erzeugt werden. Die Platten haben einen Abstand von 0,5 m; zwischen ihnen herrscht eine Potentialdifferenz von 20 kV. Eine Trockeneisscheibe mit einer Masse von 60 g trägt einen verkupferten Tischtennisball, auf dem sich eine Ladung von $2{,}2 \cdot 10^{-8}$ As befindet.
   a) Wie groß ist die zwischen den Platten auf den Ball wirkende elektrische Kraft?
   b) Wie sieht die Bahnkurve aus, wenn der Ball einen Stoß senkrecht zu den Feldlinien erhält?
   c) Die größte magnetische Feldstärke, die in einem begrenzten Bereich einigermaßen bequem erreicht werden kann, liegt bei $0{,}50 \frac{\text{N}}{\text{Am}}$. Wie groß wäre die im magnetischen Feld wirkende Kraft, wenn der Ball senkrecht zum magnetischen Feld mit einer Geschwindigkeit von $1 \frac{\text{m}}{\text{s}}$ bewegt würde?

27. Ein Strom einfach geladener Ionen bewegt sich in einem Raumgebiet, in dem ein elektrisches Feld der Stärke $E = 1{,}0 \cdot 10^3 \frac{\text{N}}{\text{As}}$ und ein magnetisches Feld der Stärke $B = 2{,}0 \cdot 10^{-2} \frac{\text{N}}{\text{Am}}$ herrschen. Beide Felder bilden einen rechten Winkel miteinander und stehen senkrecht zur Richtung des Strahles. Die beiden Kräfte, die auf die Ionen wirken, sind also entgegengesetzt gerichtet. Wie groß ist die Geschwindigkeit der Ionen, die nicht abgelenkt werden?

28. Die nach Frage 27 unabgelenkten Ionen treten durch einen Schlitz in ein magnetisches Feld $B = 0{,}09 \frac{\text{N}}{\text{Am}}$ ein, das senkrecht zur Bewegungsrichtung gerichtet ist. Der Ionenstrahl bestehe aus Neonionen der Atommassen 20 und 22. In welchem Abstand voneinander werden beide Ionenarten auf einer Photoplatte auftreffen, nachdem sie einen Halbkreis beschrieben haben?

29. Ein langer gerader Leiter, der im Laborsystem ruht, wird von einem Strom der Stärke I durchflossen. Dieser Strom besteht aus Elektronen, die sich mit der Geschwindigkeit v von links nach rechts durch den Draht bewegen. Ein im Laborsystem ebenfalls ruhender Beobachter findet ein magnetisches Feld der Stärke $B = K \frac{I}{r}$.

a) Wird der Beobachter zur gleichen Aussage kommen, wenn er sich mit der Geschwindigkeit v von links nach rechts bewegt?

b) Der Beobachter befindet sich in Ruhe, jedoch bewegt sich der gesamte Draht mit der Geschwindigkeit v von links nach rechts (wobei sich an der Bewegung der Elektronen im Draht aber nichts ändern soll). Ergibt sich für den im Laborsystem ruhenden Beobachter nun das gleiche wie im Fall a)?

30.* Ein von dem Strom I durchflossener Leiter tritt 2 cm von einer Seite entfernt durch eine quadratische Schleife hindurch. Wie groß ist die Zirkulation entlang des Quadrates?

31.* Wie groß ist die Zirkulation entlang der Schleife in Bild 28.34?

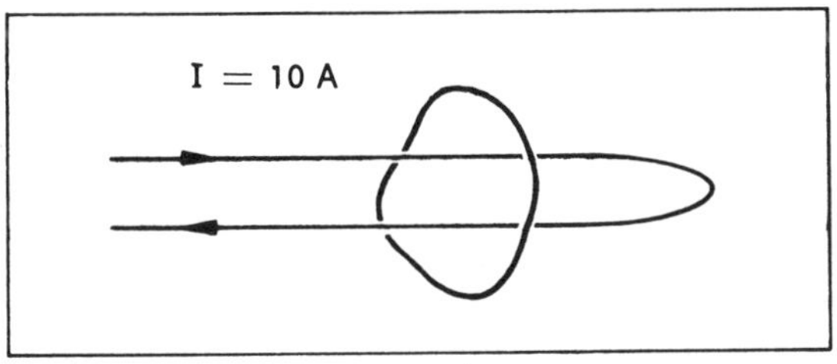

Bild 28.34. Zur Aufgabe 31

32.* Wie groß ist die magnetische Feldstärke in der Mitte einer Spule mit 10 Windungen je cm, die von einem Strom von 5 A durchflossen wird?

33. Zwei sehr lange gerade Leiter haben einen Abstand von 10 cm voneinander. Durch den einen fließt ein Strom von 10 A, durch den anderen fließen 20 A (Bild 28.35). Wie groß sind Betrag und Richtung von B in den Punkten P, Q und R?

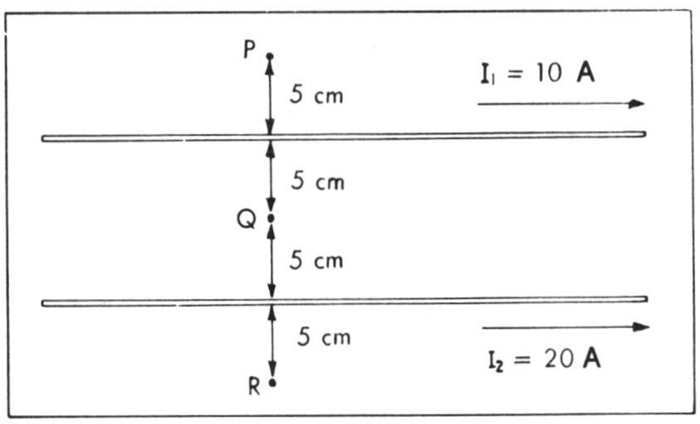

Bild 28.35. Zur Aufgabe 33

34. In Bild 28.36 befindet sich ein stromdurchflossener Leiter in einem magnetischen Feld. Man bestimme Betrag und Richtung des resultierenden Feldes in den Punkten P, Q, R und S.

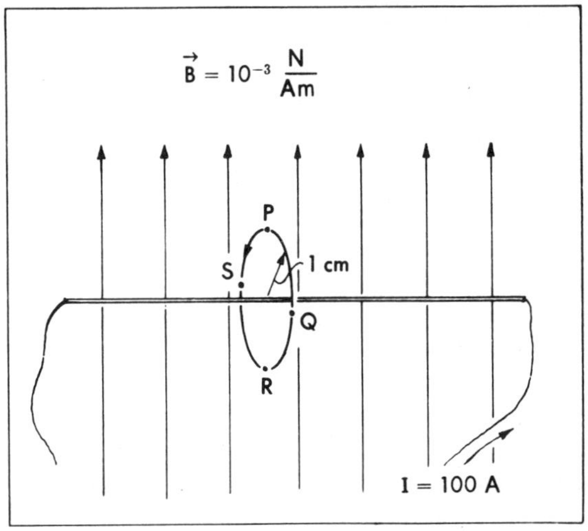

Bild 28.36. Zur Aufgabe 34

35. Gegeben sei ein Strahl von Elektronen, die sich mit der Geschwindigkeit $v = 3{,}00 \cdot 10^6 \frac{m}{s}$ bewegen, so daß der Strahl der Stromstärke $I = 1{,}00\ \mu A$ entspricht.

a) Wie viele Elektronen passieren je Sekunde einen bestimmten Punkt?

b) Wie viele Elektronen befinden sich in einem Strahlabschnitt von 1 m Länge?

c) Wie groß ist die von dem Strahl in einer Entfernung von 1 m erzeugte magnetische Feldstärke?

d) Wie groß ist die auf alle Elektronen in einem Strahlabschnitt von 1 m Länge wirkende Kraft, wenn er durch ein magnetisches Feld von $0{,}1 \frac{N}{Am}$ hindurchtritt?

e) Wie groß ist die Kraft auf ein einzelnes Elektron, wenn man davon ausgeht, daß auf alle Elektronen die gleiche Kraft wirkt?

36. In Bild 28.37 ist der Punkt A von jedem der drei Leiter mit den Strömen I_1, I_2 und I_3 genau 2 cm entfernt. Alle drei Ströme fließen in langen geraden Leitern, die senkrecht durch die Buchseite hindurchtreten.

a) Es sei $I_1 = I_2 = I_3 = 10$ A, und alle drei Ströme mögen auf den Beobachter zufließen. Was ist über Betrag und Richtung des dadurch in A erzeugten magnetischen Feldes zu sagen?

b) Es sei die gleiche Situation wie bei a) gegeben, nur soll I_2 jetzt vom Betrachter fort fließen. Wie groß sind jetzt Betrag und Richtung des magnetischen Feldes in A?

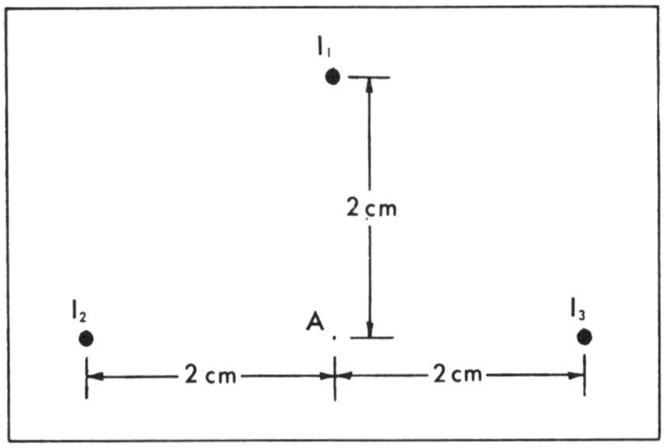

Bild 28.37. Zur Aufgabe 36

29. Elektromagnetische Induktion und elektromagnetische Wellen

29.1. Induzierte Ströme

Nachdem *Oerstedt* entdeckt hatte, daß ein elektrischer Strom stets mit einem magnetischen Feld verknüpft ist, begann man nach dem „inversen" Effekt zu suchen: Kann ein Magnet einen Strom erzeugen?

Wir wollen uns einmal vorstellen, wir stünden vor dem Problem zu untersuchen, ob ein Magnet einen Strom erzeugen könnte. Wie würden wir vorgehen? Wir könnten zum Beispiel um einen Magneten Draht wickeln und seine Enden mit einem Amperemeter verbinden, damit ein geschlossener Stromkreis entsteht. Geschieht nichts, so könnte man einen stärkeren Magneten oder auch ein empfindlicheres Amperemeter verwenden. Schließlich könnte man das magnetische Feld durch eine Spule erzeugen und es auch noch durch einen Weicheisenkern verstärken. Mit all diesen Experimenten bewegt man sich in den Fußtapfen von *Michael Faraday,* der einer der ganz großen Experimentatoren war. Aber bei diesen Experimenten würden wir ebenso wie *Faraday* niemals einen Strom beobachten.

Als nächstes könnte man überprüfen, ob nicht die Bewegung von geladenen Teilchen im magnetischen Feld irgendwelche Hinweise liefert. Im Kapitel 28 haben wir besprochen, daß die Kraft auf ein bewegtes geladenes Teilchen im magnetischen Feld proportional zu seiner Geschwindigkeit ist. Auf ein ruhendes Teilchen wirkt also unabhängig von der Stärke des magnetischen Feldes niemals eine Kraft. Sofort könnte man schließen: Damit ein Strom fließt, muß der Draht im magnetischen Feld *bewegt* werden.

In Bild 29.1 wird ein kurzes gerades Drahtstück senkrecht zu einem magnetischen Feld bewegt. Mit Hilfe der Rechte-Hand-Regel können wir die Richtung der auf die negativen Ladungen im Draht wirkenden Kraft bestimmen. Diese Kraft ist nach Q hin gerichtet. Positive Ladungen werden also nach P verschoben, negative nach Q. Wegen der rücktreibenden elektrostatischen Kräfte darf man natürlich keine vollständige Ladungstrennung erwarten. Eine positive Ladung bei P zieht eine negative Ladung bei Q an und versucht gleichzeitig, weitere positive Ladungen von P zu verdrängen. Genau das geschieht in jedem offenen Stromkreis, wenn er an eine Batterie angeschlossen wird: Es kommt zu einer Aufladung der Enden des Leiters. Bild 27.2 zeigt, wie sich diese Ladungen mit einem Elektrometer nachweisen lassen.

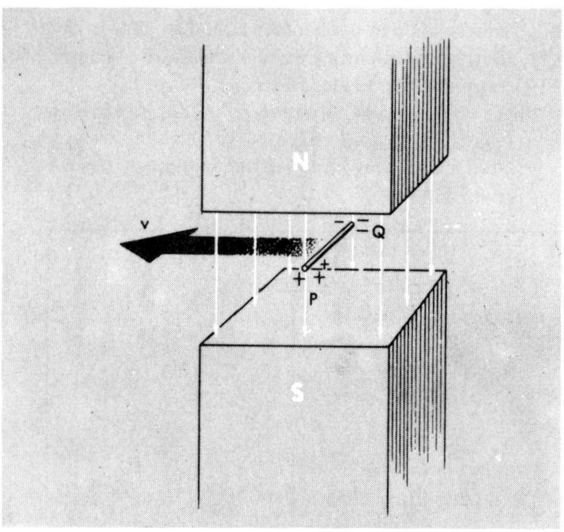

Bild 29.1. Bewegt sich der Leiter nach links durch das magnetische Feld hindurch, so werden geladene Teilchen in dem Leiter zu den Enden des Leiters hin verschoben.

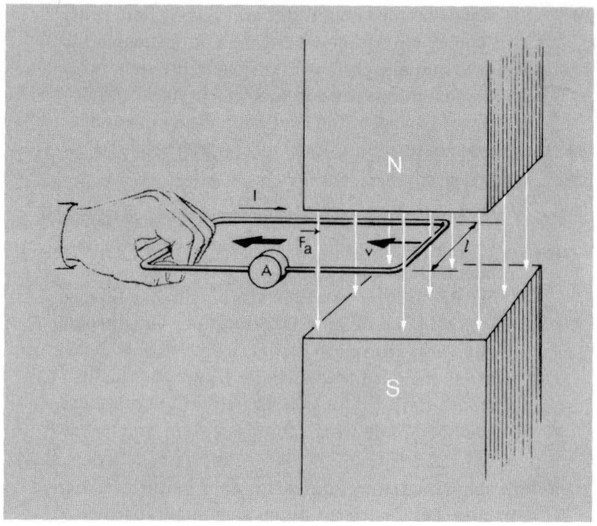

Bild 29.2. Wird die Leiterschleife durch eine äußere Kraft durch das magnetische Feld gezogen, so wird in der Schleife ein Strom induziert. Zu beachten ist, daß sich ein Teil der Schleife in einem Bereich mit geringer magnetischer Feldstärke weit entfernt vom Magneten befindet.

In Bild 29.2 ist der Stromkreis außerhalb des magnetischen Feldes durch Einbau eines Amperemeters vervollständigt worden. Jetzt können sich die geladenen Teilchen durch den ganzen Stromkreis bewegen. Wird das Meßinstrument nun einen Strom anzeigen?

Bei der Durchführung dieses Experimentes schlägt tatsächlich der Zeiger aus. Unsere Hoffnungen beruhen auf früher erworbenen Kenntnissen, nicht auf Vermutungen. Sollte man nichts beobachten, so könnte man es noch einmal mit einem stärkeren Magneten oder einem empfindlicheren Meßinstrument versuchen, oder man könnte den Draht schneller bewegen. Irgendwann kann man einen Strom nachweisen! Man sagt: Die Bewegung der Leiterschleife im magnetischen Feld hat in der Leiterschleife einen Strom *induziert.*

Folgende Beobachtungen können uns nicht mehr überraschen: Eine Verdopplung der Geschwindigkeit der Schleife führt auch zu einer Verdopplung der Stromstärke. Bewegt man die Leiterschleife von rechts nach links, so wird auch die Stromrichtung umgekehrt. Den gleichen Effekt beobachtet man schließlich auch, wenn man den Magneten umdreht.

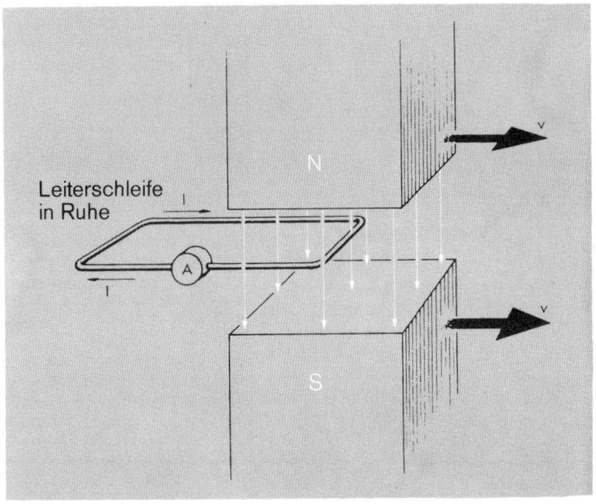

Bild 29.4. Bewegt sich der Magnet bei ruhender Schleife mit der Geschwindigkeit v nach rechts, so ist der induzierte Strom ebenso stark, wie wenn sich die Schleife mit der Geschwindigkeit v nach links bewegt und der Magnet in Ruhe bleibt. Entscheidend ist offenbar die Relativbewegung.

29.2. Relativbewegung

Leiterschleife und Magnet mögen sich mit gleicher Geschwindigkeit in der gleichen Richtung bewegen (Bild 29.3). Wird auch jetzt in der Leiterschleife ein Strom induziert?

Beim Nachdenken über diese Frage fällt auf, daß im Kapitel 28 an keiner Stelle von sich bewegenden Magneten die Rede war. Alle noch so scharfsinnigen Überlegungen wären an dieser Stelle tatsächlich reine Vermutungen, die der experimentellen Überprüfung bedürften. Das Ergebnis wäre dann, daß kein Strom induziert wird.

Was ist daraus zu schließen? Der Magnet muß offenbar in Ruhe sein, wenn ein Strom induziert werden soll. Man könnte aber auch versucht sein, das in Bild 29.4 gezeigte Experiment durchzuführen, die Schleife festhalten und den Magneten bewegen. Dabei wird wirklich der gleiche Strom induziert, wie wenn man den Magneten festhält und die Schleife nach links bewegt (Bild 29.2). Entscheidend ist offenbar nur die Relativbewegung.

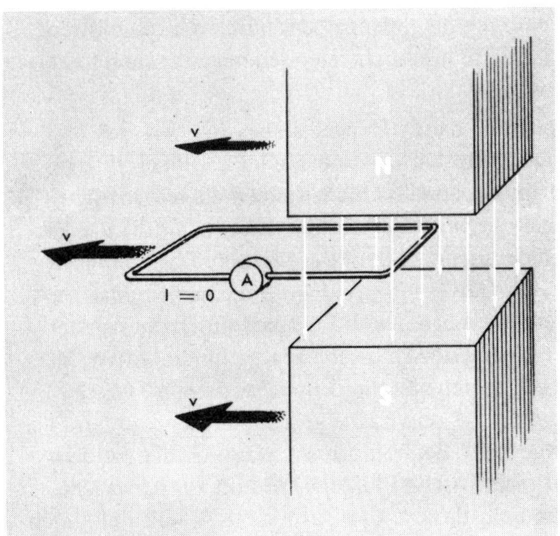

Bild 29.3. Werden Magnet und Leiterschleife in gleicher Weise bewegt, so wird kein Strom induziert.

Diese Vorstellung ist uns schon aus der Mechanik geläufig. Jeder hat wahrscheinlich schon einmal erlebt, wie man bei einem Halt mit dem Wagen an einer Verkehrsampel plötzlich langsam zurückzufahren scheint. In Wirklichkeit wird man dadurch getäuscht, daß in der benachbarten Fahrspur ein Lastwagen langsam anfährt. Man stelle sich einen Wagen vor, der auf allen Seiten geschlossen ist und aus dem man nicht heraussehen kann. Auch Fahrgeräusche sollen nicht zu hören sein. Gibt es dann überhaupt irgendein Experiment, mit dem man entscheiden kann, ob man vorwärts fährt, rückwärts fährt oder sich in Ruhe befindet?

29.3. Die Änderung des magnetischen Flusses

Im vorigen Abschnitt war häufig von der „Bewegung des Magneten“ die Rede. Läßt sich der gleiche Sachverhalt beschreiben, ohne daß man den Magneten als Quelle des Feldes heranzieht? Dazu wollen wir weitere Experimente mit induzierten Strömen ausführen und dabei auf Hinweise achten. Wir wiederholen die Bewegung im Magnetfeld mit einer sehr kleinen Schleife. Sie soll so klein sein, daß sie fast während der ganzen Bewegung im homogenen Feld bleibt (Bild 29.5). Erst wenn die Schleife an die Begrenzung des Magneten kommt, wo auch das Feld schwächer wird, rührt sich der Zeiger des Meßinstruments. Läßt sich dies durch die Annahme deuten, daß sich das magnetische Feld wenigstens in irgendeinem Teil der Leiterschleife ändern muß?

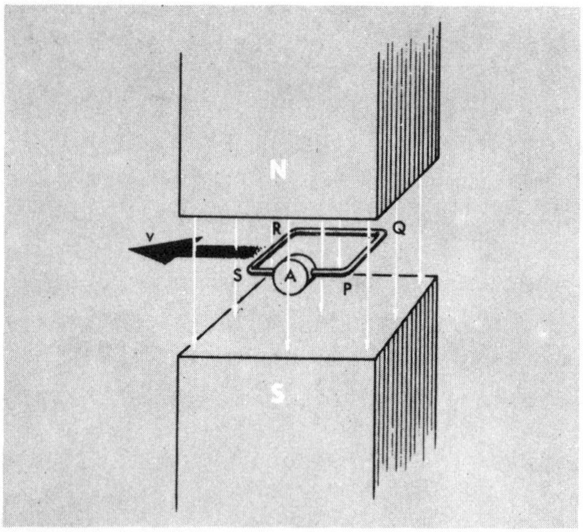

Bild 29.5. Befindet sich die gesamte Schleife in einem homogenen Magnetfeld, so wird durch die Bewegung kein Strom induziert.

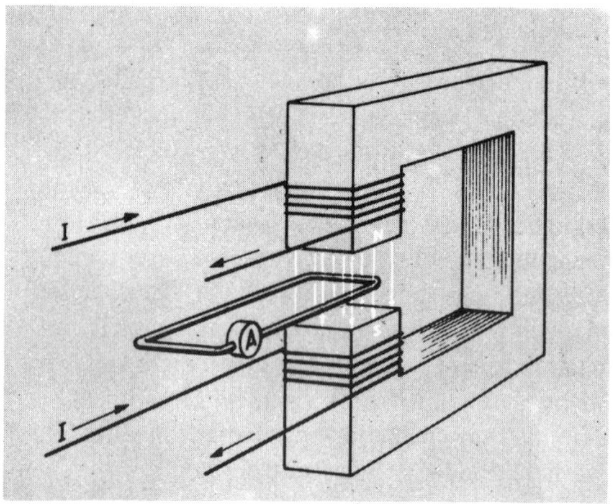

Bild 29.6. Befindet sich die Schleife in Ruhe, so kann ein Strom induziert werden, indem man die magnetische Feldstärke eines Elektromagneten ändert.

Diese Hypothese können wir überprüfen, ohne Leiterschleife oder Magnet zu bewegen. Verwenden wir nämlich einen Elektromagneten (Bild 29.6), so läßt sich die Stärke des magnetischen Feldes durch Änderung der Stromstärke in den Spulen variieren. Schließen wir einen Schalter, so daß in den Feldspulen ein Strom fließt, so wird in der Schleife kurzzeitig ein Strom induziert. Ebenso ist es beim Öffnen des Schalters, nur ist der Strom jetzt entgegengesetzt gerichtet[1]).

[1]) Durch Experimente dieser Art wurden induzierte Ströme im Jahre 1831 von *Michael Faraday* in England und, unabhängig von ihm, von *Joseph Henry* in Amerika entdeckt.

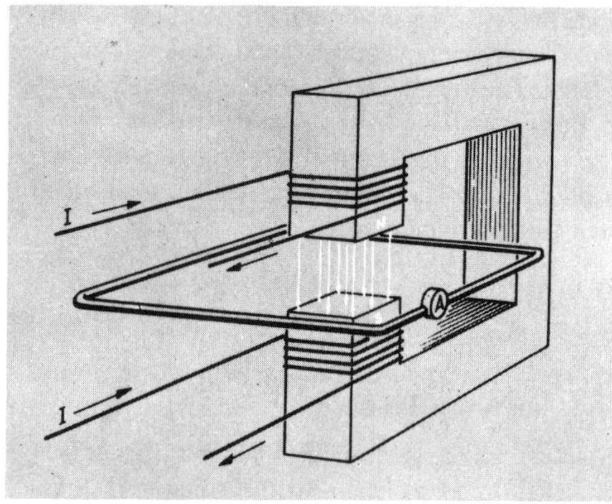

Bild 29.7. In einer ruhenden Schleife kann auch dann durch Änderung der magnetischen Feldstärke ein Strom induziert werden, wenn sich die Schleife selbst in einem Bereich sehr geringer magnetischer Feldstärke befindet.

Anscheinend hat uns der Hinweis, daß ein induzierter Strom mit einer Änderung des magnetischen Feldes verknüpft ist, auf den richtigen Weg gebracht.

Eine leichte Abwandlung des vorigen Experiments zeigt Bild 29.7. Hier ist die verwendete Schleife so groß, daß sich kein Teil des Drahtes direkt zwischen den Polen des Elektromagneten befindet. Dort, wo sich der Draht befindet, ist die magnetische Feldstärke praktisch gleich Null. Schließen wir den Schalter, so schlägt der Zeiger des Amperemeters kurz aus. Der induzierte Strom hängt also tatsächlich mit der Änderung des magnetischen Feldes zusammen; es ist aber nicht notwendig, daß sich der Draht selbst im starken Magnetfeld befindet. Wesentlich scheint also nur zu sein, daß sich die „Menge" des durch die geschlossene Leiterschleife hindurchtretenden magnetischen Feldes ändert.

Wie läßt sich diese „Menge" so beschreiben, daß sie sich auf alle bisher diskutierten Fälle (Bilder 29.2 bis 29.7) anwenden läßt? Sicherlich ist die magnetische Feldstärke B wichtig, aber damit ist ja nur die Stärke des Feldes in einem Punkt angegeben. Das Feld durchsetzt aber eine Fläche, und wir brauchen ein Maß für das gesamte magnetische Feld, das durch die von der Leiterschleife umschlossene Fläche hindurchtritt. Man definiert als neue Größe den *magnetischen Fluß* Φ_B als Maß für das durch eine gegebene Fläche hindurchtretende Feld. Bei homogenen magnetischen Feldern ist der magnetische Fluß das Produkt aus der magnetischen Feldstärke $\vec{B}$ und der Fläche A, falls Feldlinien und Fläche senkrecht aufeinander stehen (Bild 29.8a). Bildet die Fläche mit dem magnetischen Feld einen beliebigen Winkel, so ist nur die Komponente $B_\perp$ der

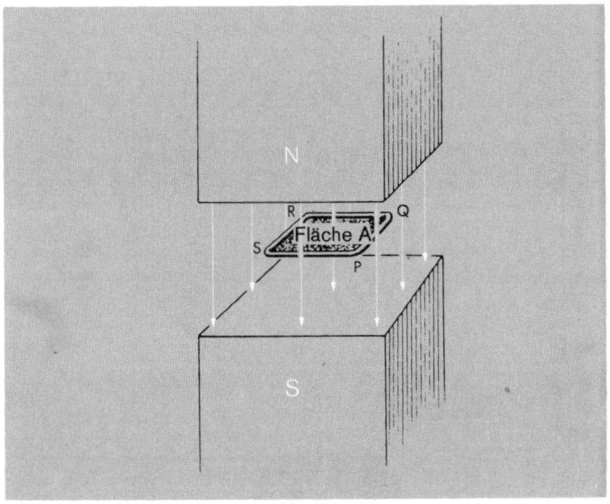

Bild 29.8a. Der magnetische Fluß Φ_B durch die Leiterschleife PQRS ist gegeben durch das Produkt aus der Feldstärke B und der Fläche A der Leiterschleife: $\Phi_B = BA$.

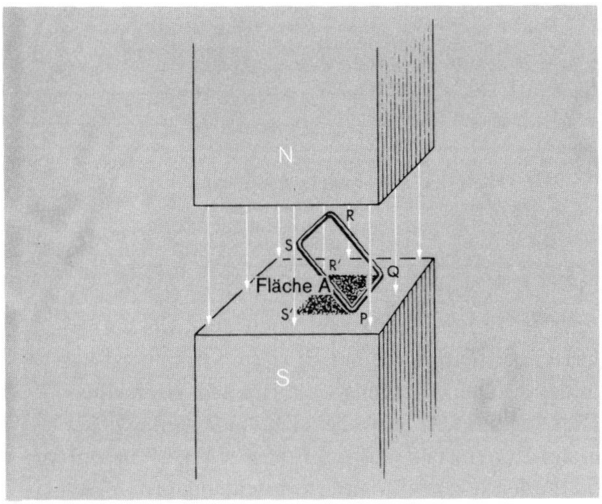

Bild 29.8b. Steht die Leiterschleife PQRS schräg zur Richtung des magnetischen Feldes, so ist der hindurchtretende magnetische Fluß kleiner. Die jetzt wirksame Fläche ist schraffiert.

magnetischen Feldstärke senkrecht zur Fläche zu berücksichtigen. Man definiert daher den magnetischen Fluß Φ durch die Fläche A als

$$\Phi_B = B_\perp A.$$

Die Verallgemeinerung für den Fall, daß die Feldstärke nicht über die Fläche konstant ist, wird in Abschnitt 29.3.1 behandelt.

Gestützt auf diese neue Vorstellung, versuchen wir jetzt eine allgemeine Aussage zu finden: Soll in einer Leiterschleife ein Strom induziert werden, so muß der durch diese Leiterschleife gehende magnetische Fluß geändert werden.

Zur Überprüfung wollen wir diese Aussage auf die bisher betrachteten Fälle anwenden:

In Bild 29.2 ist ein Teil der Leiterschleife außerhalb des Feldes. Wird die Schleife nach links bewegt, so wird der im Feld befindliche Teil der Schleife kleiner und gleichzeitig verringert sich damit der durch die Leiterschleife hindurchtretende magnetische Fluß. Dadurch wird ein Strom induziert.

Diese Überlegungen sind für Bild 29.4 die gleichen. Es spielt keine Rolle, welcher Teil sich bewegt; entscheidend ist die Änderung des magnetischen Flusses. Dadurch wird der Strom induziert.

In Bild 29.3 fehlt die Relativbewegung. Dadurch ändert sich der magnetische Fluß durch die Leiterschleife nicht. Es wird kein Strom induziert.

Auch in Bild 29.6 wird die im Feld befindliche Fläche der Leiterschleife nicht verändert. Durch Änderung der magnetischen Feldstärke kommt es aber doch zu einer Änderung des magnetischen Flusses, so daß auch hier ein Strom induziert wird.

Entsprechendes gilt für Bild 29.7, obgleich hier nur in der Mitte der Leiterschleife der magnetische Fluß eine nennenswerte Größe erreicht (nur hier ist das magnetische Feld stark). Verschiebt man die Leiterschleife so, daß sich ein Teil des Drahtes im starken Magnetfeld befindet, so bewirkt eine Änderung der Stromstärke in den Feldspulen eine geringere Änderung des magnetischen Flußes durch die Leiterschleife; damit wird auch nur ein schwächerer Strom induziert. Um zu verstehen, daß der magnetische Fluß durch die Leiterschleife nach dieser Verschiebung wirklich kleiner geworden ist, erinnere man sich daran, daß der Elektromagnet bei einer vorgegebenen Spulenstromstärke einen bestimmten magnetischen Fluß erzeugt. Wird die Leiterschleife in der angegebenen Weise verschoben, so verläuft ein Teil dieses Flusses außerhalb der Leiterschleife. Verschiebt man die Leiterschleife gerade um die Hälfte ihrer Breite, so daß eine Seite durch die Mitte des magnetischen Feldes geht, so umschließt sie auch nur noch den halben magnetischen Fluß. (Läßt man während der Verschiebung den Strom durch den Elektromagneten eingeschaltet, so zeigt das Amperemeter in der Leiterschleife natürlich einen Ausschlag.) Zum Abschluß wollen wir noch einige weitere Beispiele betrachten:

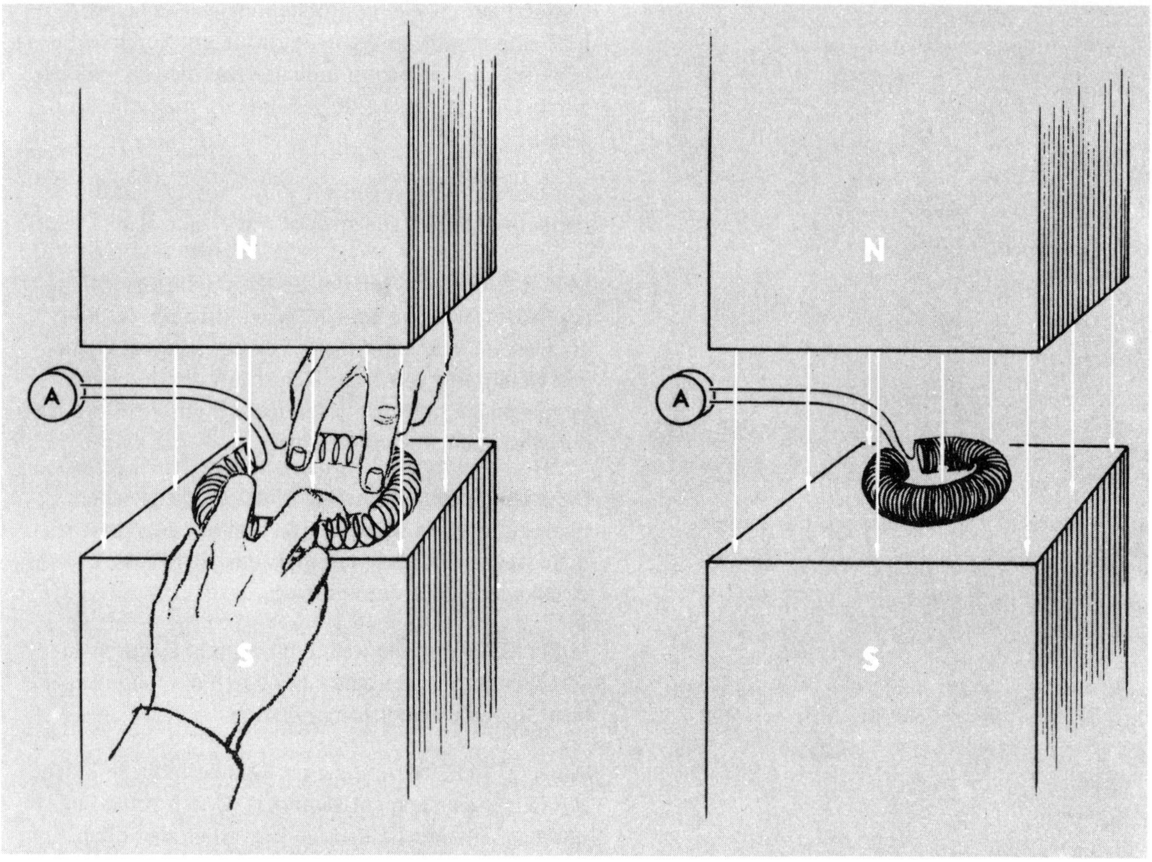

Bild 29.9. Ein Strom wird induziert, wenn die Fläche der Leiterschleife verändert wird. Hier zieht sich eine gespannte Feder auf eine kleinere Fläche zusammen.

In Bild 29.9 befindet sich eine aus einer Schraubenfeder hergerichtete Leiterschleife ganz in einem homogenen Magnetfeld. Gibt man die nach außen gezogene Feder frei, so zieht sich die Leiterschleife zusammen. Damit verringert sich der magnetische Fluß durch die Leiterschleife, und es wird ein Strom induziert.

In Bild 29.10a befindet sich eine Leiterschleife ebenso wie in Bild 29.5 vollständig in einem homogenen Magnetfeld. Zur Änderung des magnetischen Flusses wird hier aber die Leiterschleife um eine horizontale Achse gedreht. Die wirksame Fläche A (siehe Bild 29.8b) erhält man hier durch Projektion der Leiterfläche auf eine horizontale Ebene. Dreht man die Leiterschleife aus der Horizontalen heraus, so nimmt der durch sie hindurchtretende magnetische Fluß ab, und es wird ein Strom in der angegebenen Richtung induziert. Ist die Schleife gerade um 90° gedreht, so hat der hindurchtretende magnetische Fluß den Wert Null (Bild 29.10b). Dreht man weiter, so beginnt der Fluß wiederum anzuwachsen. Bezogen auf den Magneten (und auf den Leser) ist der magnetische Fluß wie vorher durch die Leiterschleife nach unten gerichtet. Für einen Beobachter, der sich auf der Schleife mitbewegt, ist er aber entgegengesetzt gerichtet. So hat die Änderung des Flusses das gleiche Vorzeichen wie vorher. Der in der Leiterschleife induzierte Strom wird also in der gleichen Richtung weiterfließen. Nach einer Drehung um 180° befindet sich die Schleife wieder in der Horizontalen, und der magnetische Fluß durch sie hindurch erreicht wiederum seinen größten Wert. Für einen Moment ist daher die Änderung des Flusses gleich Null. Weitere Drehung verringert den Fluß durch die Schleife, und es wird wiederum ein Strom, jetzt aber in entgegengesetzter Richtung (Bild 29.10c) induziert. Was eben beschrieben wurde, ist ein ganz einfacher Wechselstromgenerator. Die gewaltigen Generatoren, die ganze Städte mit Strom versorgen, arbeiten nach dem gleichen Prinzip.

Der Ruhm, scheinbar verschiedene Experimente durch den Begriff des magnetischen Flusses einheitlich beschrieben zu haben, gebührt *Michael Faraday.* Er war nicht nur ein erfolgreicher Erfinder und Experimentator, sondern er hatte auch die schöpferische Vorstellungskraft, zu erkennen, daß die Ergebnisse vieler verschiedener Experimente durch ein allgemeines Prinzip beschrieben werden konnten.

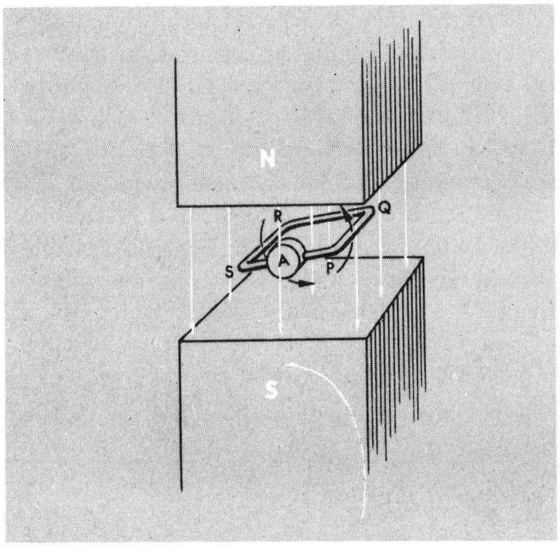

Bild 29.10a. Ändert sich der Winkel, den eine Leiterschleife mit dem magnetischen Feld bildet, so wird ein Strom induziert. Dreht sich die Schleife, so ändert sich die Fläche der Projektion der Leiterschleife.

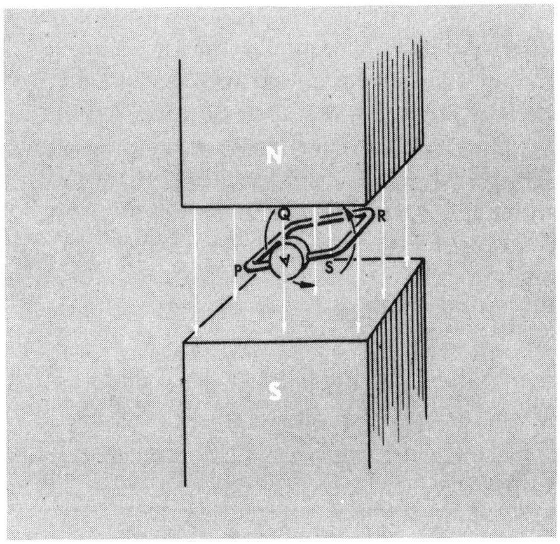

Bild 29.10c. Hier ist die gleiche Lage wie in a), allerdings ist die Leiterschleife um 180° gedreht. Von außen betrachtet fließt der Strom in der gleichen Richtung wie im Fall a), das Amperemeter zeigt jedoch einen Strom in der entgegengesetzten Richtung an.

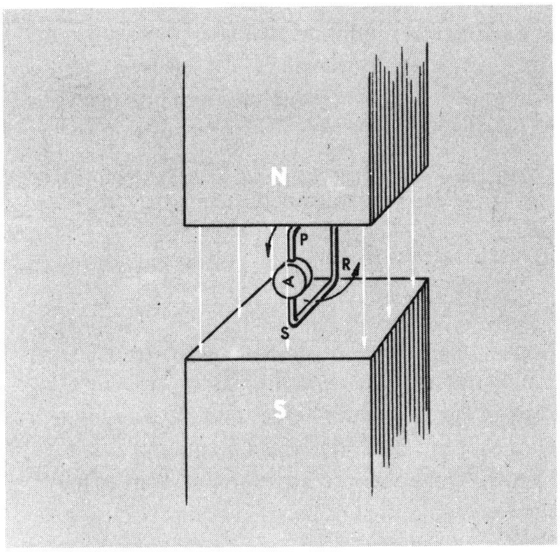

Bild 29.10b. Der magnetische Fluß durch die Leiterschleife hat nun den Wert Null. Dreht sich die Leiterschleife weiter, so wächst die Fläche ihrer Horizontalprojektion an. Allerdings ist die Richtung des magnetischen Feldes für einen Beobachter auf der Schleife bezüglich der Schleife umgekehrt. Der magnetische Fluß wird also weiter abnehmen, der induzierte Strom fließt weiter in der gleichen Richtung.

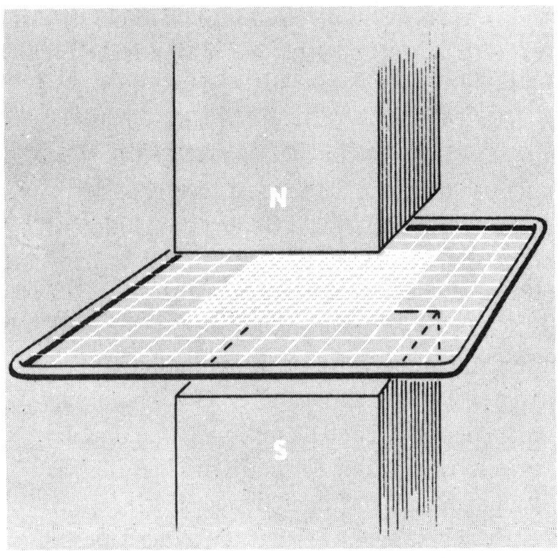

Bild 29.11. Ist das magnetische Feld nicht homogen, so stellen wir uns die Leiterschleife aus einem Netzwerk kleiner Leiterschleifen zusammengesetzt vor. Jede Schleife dieses Netzes ist so klein, daß man in ihrem Bereich das magnetische Feld als homogen annehmen kann. Damit ist die von uns gegebene Definition des magnetischen Flusses anwendbar. Der gesamte magnetische Fluß durch die Leiterschleife ist dann definiert als Summe der magnetischen Flüsse durch jede einzelne Schleife des Netzes. Im Bereich zwischen den Polen ist das magnetische Feld stark, weiter außen wird es schnell schwächer. Der größere Anteil des magnetischen Flusses stammt also von dem Bereich zwischen den Polen (schraffiert gezeichnet).

● 29.3.1. Der magnetische Fluß

Die Definition $\Phi = B_{\perp} A$ des durch eine Leiterschleife hindurchtretenden magnetischen Flusses ist unvollständig, wenn das $\vec{B}$-Feld nicht über die ganze Schleifenfläche homogen ist. Für den Fall des inhomogenen Feldes scheint es sinnvoll, von einem Mittelwert von

$B_\perp$ über die ganze Fläche auszugehen. Um einen solchen Mittelwert zu finden, bedecken wir die ganze umschlossene Fläche mit einem Netzwerk kleiner Leiterschleifen der Fläche ΔA, wobei die Schleifen so klein gewählt sein sollen, daß das magnetische Feld für jede der kleinen Schleifen als homogen angesehen werden kann (Bild 29.11). Der gesamte Fluß ergibt sich dann als Summe der Flüsse durch alle kleinen Schleifen, oder

$$\Phi_B = \text{Summe } (B_\perp \Delta A)$$

über alle von der Leiterschleife umschlossenen Flächen ΔA. Man kann zeigen, daß die Summe der Flüsse unabhängig von der Art ist, wie das Netzwerk gezeichnet wurde, falls die einzelnen Schleifen klein genug gewählt wurden. ●

29.4. Induzierte Spannung

Bei der Suche nach einem quantitativen Zusammenhang zwischen induziertem Strom und Änderung des magnetischen Flusses stellen wir fest, daß es noch weitere Variable geben muß. Verwendet man Drähte unterschiedlicher Dicke und aus unterschiedlichem Material, so erhält man bei sonst gleicher Bedingung unterschiedliche Stromstärken. Unterbricht man den Stromkreis, so fließt kein Strom mehr. Der Strom verhält sich also genauso, als ob eine Batterie in den Kreis geschaltet wäre, anstatt daß sich der magnetische Fluß durch die Leiterschleife änderte. Unterbricht man einen Batteriestromkreis, so zeigt ein eingeschaltetes Amperemeter keinen Strom mehr an. Mit Hilfe eines Elektrometers stellt man jedoch fest, daß über der Unterbrechung eine Potentialdifferenz vorhanden ist, die gleich der Spannung der Batterie ist. Wir wollen daher jetzt einmal überprüfen, ob bei dem Versuch nach Bild 29.2 eine vorgegebene Bewegung zu einer bestimmten Spannung führt, denn der induzierte Strom hängt wie gesagt von weiteren Größen ab. Wir wollen versuchen, zwischen dieser Spannung und der Änderungsgeschwindigkeit des magnetischen Flusses einen Zusammenhang zu finden. Es wird sich zeigen, daß dieser Zusammenhang besteht und einer Überprüfung in weiteren Experimenten standhält, unabhängig davon, auf welche Weise die Änderung des magnetischen Flusses verursacht wird.

Die gleichförmige Bewegung der Leiterschleife in Bild 29.2 mit der Geschwindigkeit $\vec{v}$ nach links, senkrecht zu dem magnetischen Feld der Stärke $\vec{B}$, bewirkt in der Schleife einen induzierten Strom der Stärke I. Aus Abschnitt 28.4 ist bekannt, daß auf einen stromdurchflossenen Leiter der Länge l im Magnetfeld die Kraft

$$F_{magn.} = I l B$$

wirkt. Die Rechte-Hand-Regel gibt an, daß diese Kraft nach rechts gerichtet ist. Sie versucht also, die Bewegung zu hemmen. Um die konstante Geschwindigkeit aufrechtzuerhalten, muß eine gleich große, nach links gerichtete Kraft F an der Leiterschleife angreifen. In der Zeichnung wird sie durch die Hand bewirkt. Solange sie die Schleife nach links zieht, verrichtet sie Arbeit. Im Zeitintervall Δt zieht die Hand die Schleife um eine Strecke $v\Delta t$ nach links und verrichtet dabei die Arbeit $W = Fv\Delta t$. Wegen

$$F = - F_{magn.} = - I l B$$

läßt sich diese Arbeit in elektrischen und magnetischen Größen ausdrücken, und man erhält

$$W = - I l B v \Delta t.$$

Diese Arbeit liefert die notwendige Energie, um den Strom in der Leiterschleife aufrechtzuerhalten. Der Quotient aus der Energie, die notwendig ist, um die geladenen Teilchen durch die Schleife zu bewegen, und der Ladung wurde aber als Spannung U eingeführt. Durch jeden Querschnitt des Leiters tritt in der Zeit Δt die Ladung $I\Delta t$ hindurch. Die dazu insgesamt notwendige Energie ergibt sich als $UI\Delta t$. Gleichsetzen dieser Energie mit der verrichteten mechanischen Arbeit führt zu

$$UI\Delta t = - I l B v \Delta t$$

oder

$$U\Delta t = - l B v \Delta t.$$

Wichtig ist, daß in diesem Ausdruck die Stromstärke I nicht mehr auftritt. Man erkennt daraus, daß die Länge des Leiters, die Stärke des Feldes und die Geschwindigkeit direkt mit der induzierten Spannung zusammenhängen, nicht aber die Stromstärke. Warum haben wir nicht ebenfalls die Größe Δt eliminiert? Bewegt sich der Draht mit der Länge l eine Strecke $v\Delta t$, so überstreicht er eine Fläche $lv\Delta t$. Damit ergibt sich die Änderung des magnetischen Flusses zu

$$\Delta\Phi_B = B l v \Delta t.$$

Wir setzen diesen Ausdruck in die rechte Seite der vorhergehenden Gleichung ein und erhalten für die induzierte Spannung

$$U = - \frac{\Delta\Phi_B}{\Delta t}.$$

Die induzierte Spannung ist also proportional zur Änderungsgeschwindigkeit des magnetischen Flusses. Daß sich hier der Proportionalitätsfaktor 1 ergibt, liegt an der in Abschnitt 28.4 gewählten Einheit der magnetischen Feldstärke.

29.5. Die Lenzsche Regel

Was bedeutet das negative Vorzeichen in der letzten Gleichung? An irgendeiner Stelle in unserer bisherigen Argumentation muß mit einem positiven bzw. negativen Fluß gearbeitet worden sein, allerdings ohne es explizit zu sagen. Mit + $Bl v\Delta t$ als Änderung des Flusses wurde eine Vorzeichenvereinbarung getroffen. Anstatt nun aber jeweils getrennt zu untersuchen, was positives oder negatives B, v oder Δt für sich bedeuten, wollen wir den Energieerhaltungssatz benutzen, um zu verstehen, was hier das negative Vorzeichen bedeutet.

Der in der Leiterschleife induzierte Strom verursacht ein magnetisches Feld und damit einen magnetischen Fluß durch die Schleife. Dieser Fluß muß der Änderung des magnetischen Flusses, die erst die induzierte Spannung zur Folge hatte, entgegen wirken. Wäre das nicht der Fall, so würde sich der entstehende magnetische Fluß ja zu der ursprünglichen Flußänderung addieren, damit würde aber die induzierte Spannung größer werden, was wiederum eine Vergrößerung des Flusses zur Folge hätte und so weiter. Der ganze Vorgang würde ohne Aufwendung von Energie ablaufen. Diese Eigenschaft der induzierten Spannung wurde von dem deutschen Physiker *H. F. Lenz* entdeckt, der zu jener Zeit in Rußland arbeitete. Die *Lenzsche Regel* bewirkt auf Grund des Energieerhaltungssatzes eine Begrenzung des induzierten Stromes. Die ganze Arbeit, die der induzierte Strom ausüben kann, muß zunächst von der Kraft verrichtet werden, die die Änderung des magnetischen Flusses bewirkt: durch die Hand in Bild 29.2 oder durch die Turbine in den Kraftwerken.

29.6. Elektrische Felder durch Änderung des magnetischen Flusses

Ein tieferes Verständnis des Induktionsgesetzes aus Abschnitt 29.4 läßt sich erreichen, wenn man es in der „Sprache des Feldes", und nicht mit der Spannung, formuliert. Wir verdanken diese Beschreibung des Feldes *James Clerk Maxwell. Maxwell* führte noch einen weiteren Zusammenhang zwischen den Feldern (s. Abschnitt 29.7) ein, aufgrund dessen er dann zum ersten Mal elektromagnetische Wellen vorhersagen konnte.

Wir beginnen diesen Gedankengang mit einer Beobachtung: Magnetische Feldlinien, die um Ströme herum verlaufen, sind stets geschlossen. Sie haben weder Anfang noch Ende. Die magnetischen Feldlinien, die von einem Strom in einem langen geraden Leiter erzeugt werden, sind Kreise. Andererseits beginnen die elektrischen Feldlinien, wie in Kapitel 25 beschrieben, in positiven Ladungen und enden in negativen Ladungen. Können nun elektrische Feldlinien auch geschlossene Kreise bilden?

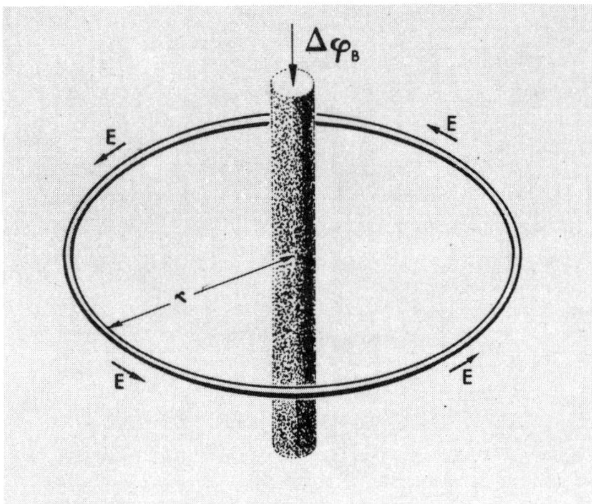

Bild 29.12. Ändert sich der magnetische Fluß in dem schraffierten Bereich, so muß die Feldstärke des kreisförmig ihn umgebenden elektrischen Feldes entlang des Drahtes überall gleich sein. Eine um den Draht herum bewegte Elementarladung nimmt also die Energie $2\pi r E$ auf.

Zur Beantwortung dieser Frage stellen wir uns vor, eine kreisförmige Leiterschleife mit dem Radius r werde von einem sich ändernden magnetischen Fluß axial durchsetzt (Bild 29.12). Aufgrund des Induktionsgesetzes wird in dieser Leiterschleife immer dann eine Spannung induziert, wenn der sie durchsetzende magnetische Fluß sich ändert. Durch den damit entstehenden Strom werden Ladungen durch die Leiterschleife bewegt. Es muß also eine Kraft auf diese Ladungen wirken, die sie antreibt, um die Energie zu liefern, die z.B. zur Erwärmung des Drahtes notwendig ist. Der Quotient aus dieser Kraft F und der Ladung Q ist gerade die elektrische Feldstärke E, die wir ja ermitteln möchten. Bei diesem einfachen, symmetrischen Beispiel sind alle Abschnitte des Drahtes gleichberechtigt. Daher muß die elektrische Feldstärke überall den gleichen Betrag haben und in Richtung des Drahtes zeigen.

Der Betrag von $\vec{E}$ ergibt sich aus dem Induktionsgesetz. In Kapitel 25 wurde die Spannung als Quotient aus der zu verrichtenden Arbeit W und der Ladung Q definiert. Hier bewegen sich die geladenen Teilchen auf einem Kreis und haben bei einem Umlauf die Strecke $2\pi r$ zurückzulegen. Der Zusammenhang zwischen den Quotienten aus Arbeit und Ladung bzw. aus Kraft und Ladung ist dann durch $U = 2\pi r E$ gegeben. Drückt man diesen Zusammenhang mit Hilfe der Änderungsgeschwindigkeit des magnetischen Flusses aus, so erhält man

$$2\pi r E = -\frac{\Delta\Phi_B}{\Delta t}.$$

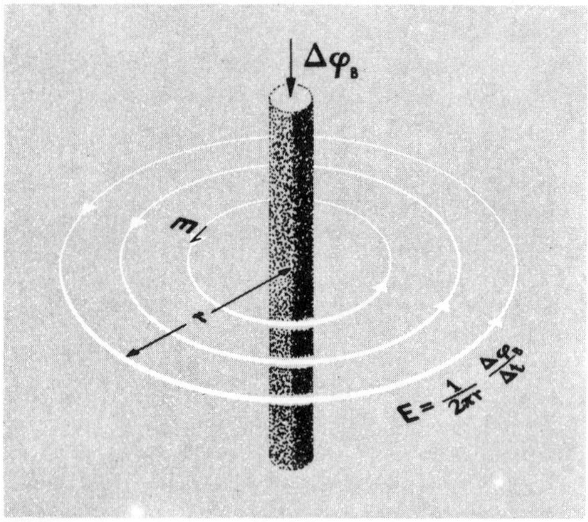

Bild 29.13. Das induzierte elektrische Feld umgibt den sich ändernden magnetischen Fluß kreisförmig. Seine Stärke ist umgekehrt proportional zum Abstand.

Die elektrische Feldstärke ist entlang eines Kreises mit dem Radius r konstant, so wie wir es erwartet haben. Hat die Leiterschleife einen größeren Radius, so wird die elektrische Feldstärke entsprechend kleiner, denn das Produkt aus Feldstärke und Umfang der Schleife muß ja immer gleich der negativen Änderungsgeschwindigkeit des magnetischen Flusses sein.

Die Definition der elektrischen Feldstärke als Quotient aus Kraft und Ladung ist unabhängig davon, ob tatsächlich ein geladenes Teilchen vorhanden ist. *Maxwell* wies darauf hin, daß das Induktionsgesetz unabhängig von dem Vorhandensein irgendwelcher Leiterschleifen gelten sollte. Die Feldlinien eines elektrischen Feldes E um einen zylindrischen, sich ändernden magnetischen Fluß sollen auch im leeren Raum vorhanden sein (Bild 29.13). Die Existenz eines solchen Feldes kann mit geladenen Teilchen nachgewiesen werden, die nicht an einen Leiter gebunden sind. Im Betatron, einem modernen Teilchenbeschleuniger, werden die einzelnen Elektronen durch solche zirkularen elektrischen Felder auf sehr hohe Energien beschleunigt. In einem evakuierten Ring bewegen sich Elektronen immer schneller. Ursache ist ein durch den Ring hindurchtretender, sich ändernden magnetischer Fluß (Bild 29.14). Sie werden in genau der Weise beschleunigt, wie sie aus der Wirkung des bei der Induktion entstehenden elektrischen Feldes folgt.

Wir haben nur ein spezielles und recht einfaches Beispiel für die Beschreibung des Induktionsgesetzes in der „Sprache des Feldes" betrachtet. Im allgemeinen Fall wird die einfache Symmetrie wie in Bild 29.12 nicht vorliegen. Dann muß man die Komponente von $\vec{E}$ entlang des Weges mit dem zugehörigen Wegstück multiplizieren und diese Produkte, gebildet entlang der gesamten Schleife, addieren. Die sich ergebende Spannung ist auch hier gleich der negativen Änderungsgeschwindigkeit des magnetischen Flusses. Die Leiterschleife braucht nicht kreisförmig und noch nicht einmal eben zu sein; das Induktionsgesetz behält seine Gültigkeit (Bild 29.15). Es ist eines der fundamentalen Gesetze der Physik. Häufig nennt man es auch das „Zirkulationsgesetz für elektrische Felder".

29.7. Magnetische Felder durch Änderung des elektrischen Flusses

Das elektrische Feld in der Umgebung eines sich ändernden zylindrischen magnetischen Feldes (Bild 29.13) ähnelt sehr dem magnetischen Feld in der Umgebung eines Leiters (Bild 28.7a). Danach ist es auch nicht überraschend, daß die Zirkulationsgesetze für beide Fälle sehr ähnlich aussehen. Wir haben in Abschnitt 28.10

$$2\pi r B = 2\pi K I$$

als Ampères Zirkulationsgesetz für B bezeichnet. Dies soll jetzt mit

$$2\pi r E = -\frac{\Delta\Phi_B}{\Delta t},$$

dem Zirkulationsgesetz für E, verglichen werden (Bild 29.16).

Im ersten Fall umgibt das magnetische Feld $\vec{B}$ den Strom; die Feldstärke nimmt bei konstantem Strom mit $\frac{1}{r}$ ab. Im zweiten Fall umgibt das elektrische Feld $\vec{E}$ den sich ändernden magnetischen Fluß; auch hier nimmt die elektrische Feldstärke mit $\frac{1}{r}$ ab, falls die Änderungsgeschwindigkeit des magnetischen Flusses konstant bleibt. Lediglich die Pfeilrichtungen entlang der Achsen der Kreise sind entgegengesetzt, wie nach dem negativen Vorzeichen in der zweiten Gleichung zu erwarten war. Beide Gleichungen sind Spezialfälle allgemeinerer Gesetze. Zum Beispiel sagt die allgemeine Form des Ampèreschen Zirkulationsgesetzes, daß die Komponente von $\vec{B}$ entlang eines geschlossenen Weges, multipliziert mit dem Wegelement, das zu dieser Komponente gehört, bei Addition entlang des gesamten Weges gerade gleich dem $2\pi K$-fachen der gesamten Stärke des Stromes ist, der durch die von der gesamten Schleife umschlossenen Fläche hindurchtritt.

Was ändert sich, wenn der Strom nicht stetig ist? Wir wollen das magnetische Feld in der Umgebung eines langen, stromdurchflossenen Leiters betrachten. Er

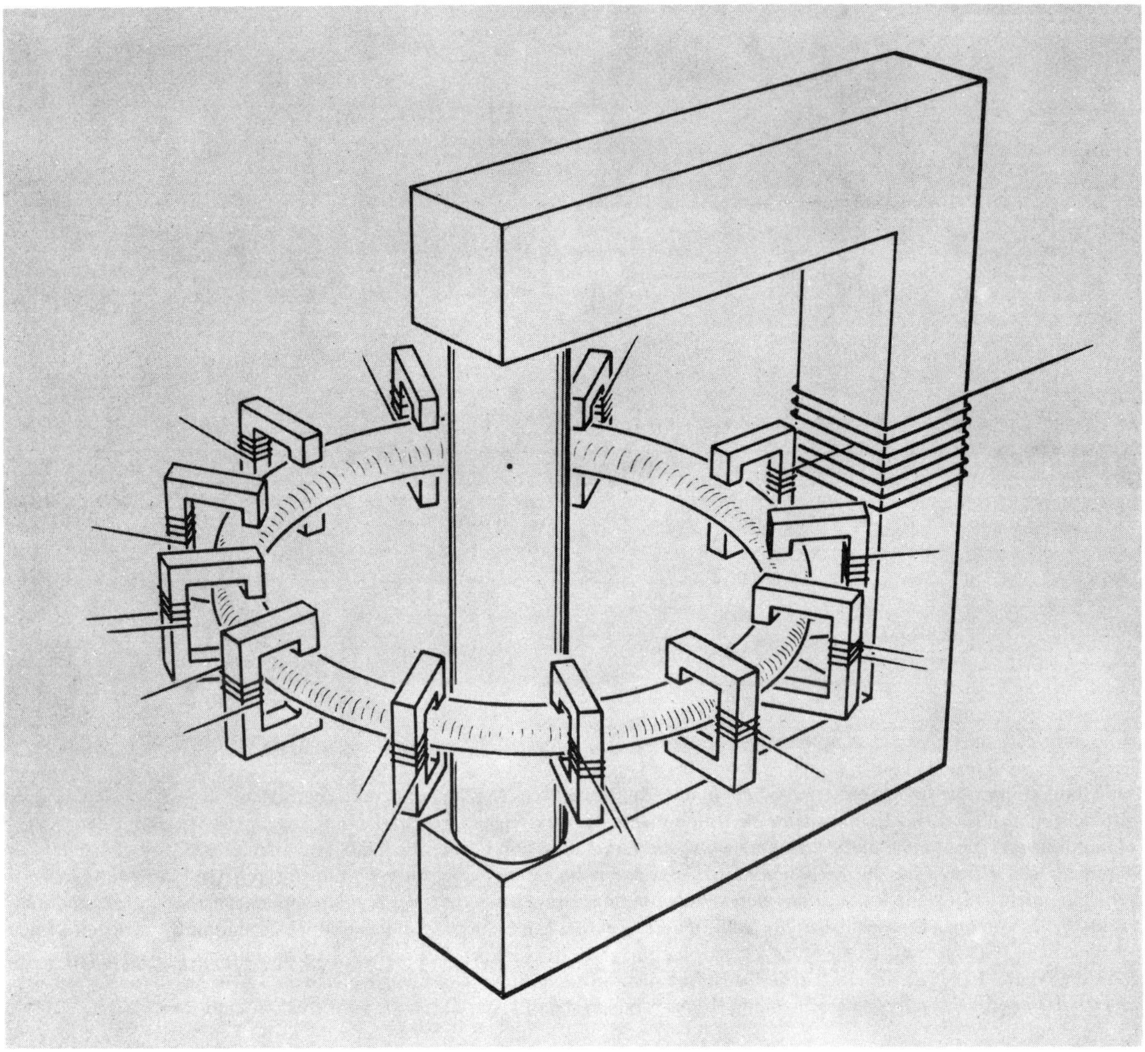

Bild 29.14. Eine Schemazeichnung des Betatrons. Der sich ändernde magnetische Fluß in der Mitte erzeugt ein elektrisches Feld, das die Elektronen beschleunigt. Durch den äußeren Ring von Magneten wird dafür gesorgt, daß sich die Elektronen auf Kreisen bewegen. Die Bahnen lassen sich bei Kenntnis der örtlichen Feldstärke des ablenkenden Magnetfeldes und der Stärke des induzierten elektrischen Feldes, das die Bahnbeschleunigung gibt, exakt berechnen.

ist an einer Stelle unterbrochen, so daß zwei parallele Platten mit geringem Abstand voneinander in den Stromkreis eingeschaltet werden konnten (Bild 29.17a). Die übrigen Teile des Stromkreises sind von dieser Stelle soweit entfernt worden, daß axiale Symmetrie vorliegt; sogar die Platten wurden kreisförmig gewählt. Sämtliche Feldlinien des magnetischen Feldes sind dann Kreise. Durch den Strom werden auf den Platten Ladungen angesammelt. Während dieses Vorganges ist der Draht wie in Bild 29.17b von kreisförmigen magnetischen Feldlinien umgeben. Während der Aufladung muß in jedem Moment Ampères Zirkulationsgesetz gelten:

$$2\pi r B = 2\pi K I,$$

wobei I die Momentanstromstärke durch die von einer Feldlinie B umgrenzte Fläche ist. Hier beginnt ein Paradoxon! An keiner Stelle ist in Ampères Zirkulationsgesetz davon die Rede, daß die von der Schleife umschlossene Fläche eine Ebene sein muß. Bei einem sehr langen geraden Draht könnten wir uns diese Fläche auch schalenförmig vorstellen (oder irgendwie anders), die Aussagen des Zirkulationsgesetzes blieben gültig (Bilder 29.18a und b). Sind die beiden Platten im Stromkreis, so wählen wir diese Schalenfläche so, daß sie durch den Raum zwischen den Platten hindurchgeht. Dort fließen keine geladenen Teilchen, es tritt also kein Strom durch die Fläche hindurch (Bilder 29.18c und d). Trotzdem existiert ein magnetisches Feld, und die Zirkulation $2\pi r B$ ist von Null verschie-

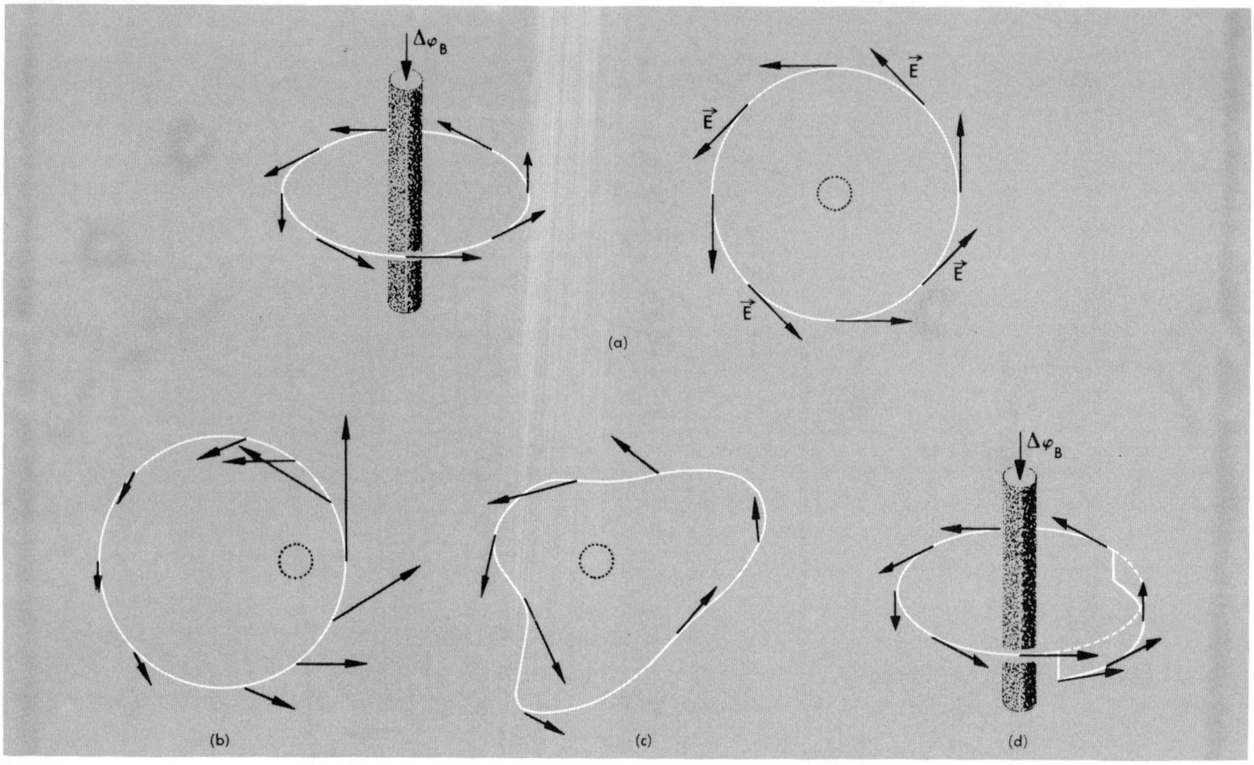

Bild 29.15. Das Zirkulationsgesetz für das elektrische Feld in der Umgebung eines sich ändernden magnetischen Flusses. Der Weg wird in kleine Abschnitte eingeteilt. Für jeden Abschnitt wird die Komponente der elektrischen Feldstärke in Richtung des Weges mit der Länge des Wegstückes multipliziert. Die Summe dieser Produkte ergibt die Zirkulation von $\vec{E}$ oder die induzierte Spannung. Sie ist gleich der negativen Änderungsgeschwindigkeit des magnetischen Flusses, der durch die von der geschlossenen Linie begrenzten Fläche hindurch tritt. Die Form dieser Linie spielt dabei keine Rolle. Durch den Mittelpunkt des Kreises in a) tritt der abnehmende magnetische Fluß hindurch, ebenso wie in Bild 29.12. Von oben gesehen haben die Vektoren der elektrischen Feldstärke in jedem Punkt der Linie die gleichen Längen. In b) tritt der magnetische Fluß nicht durch die Mitte des Kreises hindurch. In c) ist der Weg nicht kreisförmig und in d) liegt der Weg nicht in einer Ebene. In diesen drei Fällen ist die elektrische Feldstärke nicht in allen Punkten des Weges gleich groß. Die Zirkulation von $\vec{E}$ ist jedoch immer gleich der negativen Änderungsgeschwindigkeit des magnetischen Flusses durch die vom Weg umschlossene Fläche.

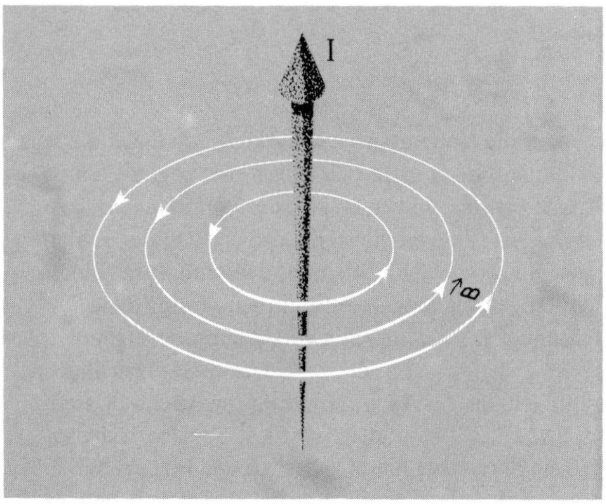

Bild 29.16a. Das magnetische Feld umgibt den Strom kreisförmig. Seine Stärke nimmt mit 1/r ab.

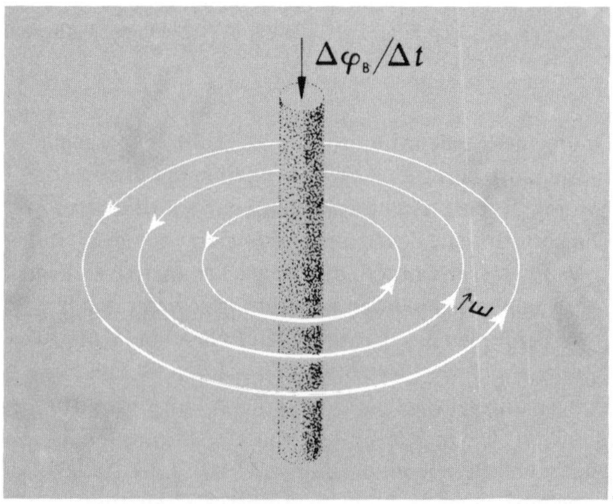

Bild 29.16b. Das elektrische Feld, das einen sich ändernden magnetischen Fluß umgibt, verhält sich entsprechend. Es ist ebenfalls kreisförmig und nimmt mit 1/r ab.

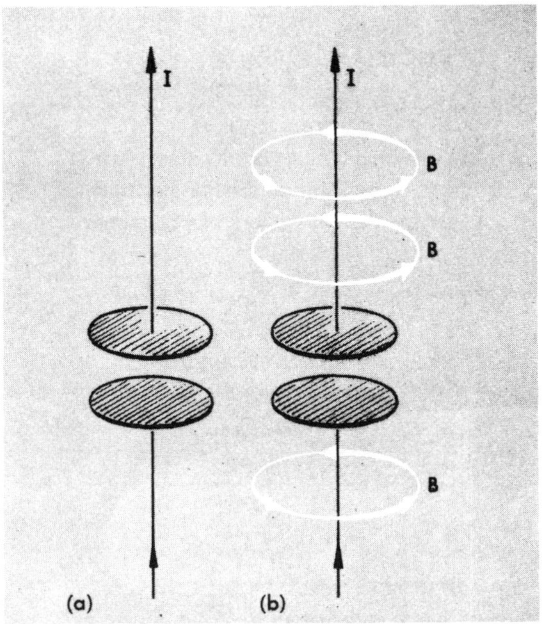

Bild 29.17

a) Ein langer gerader Leiter ist an einer Stelle unterbrochen. Zwei kreisförmige, parallele Platten sind eingeschaltet.
b) Solange der Ladestrom fließt, gibt es ein kreisförmiges magnetisches Feld in der Umgebung des Leiters.

den. Es scheint, als ob das Zirkulationsgesetz hier versagt. Wir haben ein echtes Paradoxon.

Zwei Möglichkeiten gibt es zur Auflösung dieses Paradoxons: Wir müssen entweder sagen, daß das Zirkulationsgesetz für $\vec{B}$ nur für stetige Ströme gilt, oder wir müssen das Zirkulationsgesetz so verbessern, daß es auch gilt, wenn irgendwo im Stromkreis Ladungen aufgebaut werden. Wir wollen dem von *Maxwell* beschrittenen Weg folgen und das letztere tun.

Erstens ist festzustellen, daß sich zwischen den Platten vom Augenblick des Ladungsvorganges an ein elektrisches Feld aufbaut, obgleich zwischen den Platten kein Strom fließt. Die Feldlinien beginnen auf der positiv geladenen Platte und enden auf der negativ geladenen. Zweitens stellen wir fest, daß jede Ladungsbewegung eine Änderung der Ladung auf den Platten zur Folge hat. Damit ändert sich auch die elektrische Feldstärke. Definieren wir nun einen elektrischen Fluß als Produkt aus der elektrischen Feldstärke $\vec{E}$ und der Fläche, zu der $\vec{E}$ senkrecht ist in entsprechender Weise, wie dies beim magnetischen Fluß geschah, so ist die Änderung der elektrischen Feldstärke durch die Änderung des elektrischen Flusses zu beschreiben. Betrachtet man diesen sich ändernden elektrischen Fluß in gewissem Sinn als einem elektrischen Strom äquivalent, so ist dadurch das Zirkula-

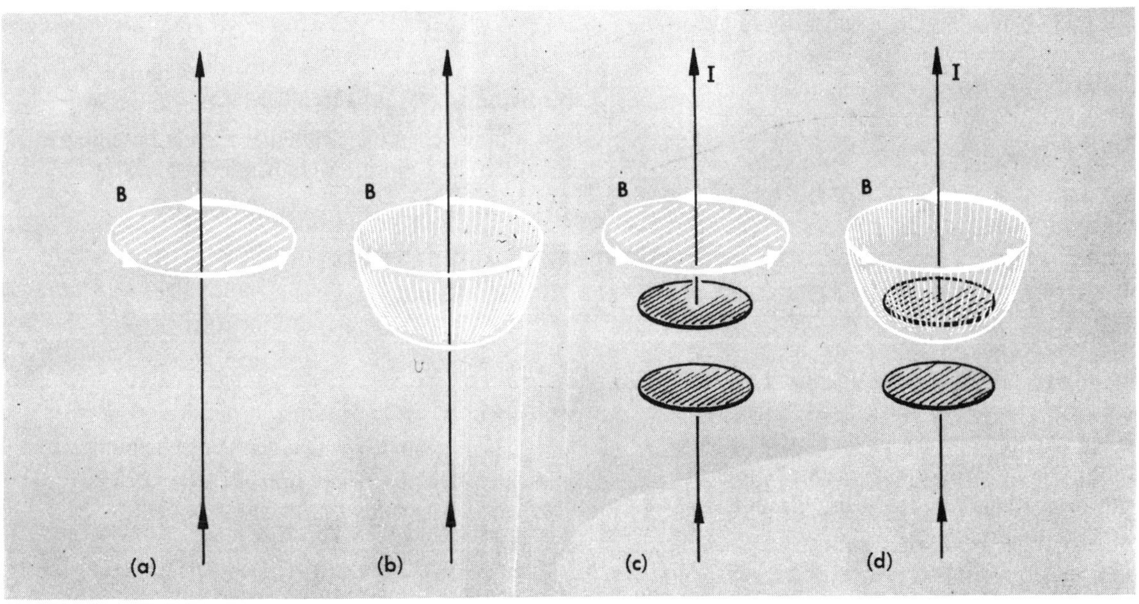

Bild 29.18. a) und b) Ampères Zirkulationsgesetz (hier angewandt auf das Feld eines langen stromdurchflossenen Leiters) fordert nicht, daß die von der Schleife begrenzte Fläche eine Ebene sein muß. c) und d) Wendet man die gleiche Überlegung an, wenn der Leiter durch ein Paar paralleler Platten unterbrochen ist, so führt das jedoch zu einem echten Paradoxon.

tionsgesetz für B zu ,,retten". Durch die von der Schleife begrenzte schalenförmige Fläche (Bild 29.18d) tritt kein wirklicher Strom hindurch, eher wohl ein sich ändernder elektrischer Fluß.

In Abschnitt 29.7.1 wird untersucht, wie die Änderung des elektrischen Flusses mit der Änderung der Ladung auf den Platten zusammenhängt. Es wird dort gezeigt, daß sich der insgesamt dem Ampèreschen Zirkulationsgesetz entsprechende Strom aus zwei Anteilen zusammensetzt. Seine Stärke ergibt sich als Summe aus der Stärke I des wirklichen Stromes und der des *Verschiebungsstromes* $\frac{1}{4\pi k}\,\frac{\Delta\Phi_E}{\Delta t}$, wobei k die im Coulombschen Gesetz auftretende Konstante ist. Bei der schalenförmigen Fläche ist die Stärke des wirklich hindurchtretenden Stromes Null. Wichtig ist hier nur der Verschiebungsstrom, der mit der Änderung des elektrischen Flusses verknüpft ist. Dafür gilt

$$2\pi r\,B = \frac{2\pi K}{4\pi k}\,\frac{\Delta\Phi_E}{\Delta t} = \frac{1}{9\cdot 10^{16}\ \mathrm{m^2/s^2}}\,\frac{\Delta\Phi_E}{\Delta t}\ .$$

Die Bedeutung dieses von *Maxwell* eingefügten Terms liegt nicht so sehr darin, daß dadurch das Paradoxon gelöst wird, sondern daß damit die Existenz elektromagnetischer Wellen vorhergesagt werden konnte. Daraus folgte die Behauptung, daß Licht einfach eine elektromagnetische Strahlung sei, lange bevor experimentelle Beweise vorlagen.

Der experimentelle Nachweis dafür, daß ein sich ändernder elektrischer Fluß stets ein magnetisches Feld erzeugt, ist schwer zu erbringen. Auch heute noch ist die Existenz elektromagnetischer Wellen und die Tatsache, daß diese sich wie von *Maxwell* vorhergesagt verhalten, der überzeugendste Beweis für die Äquivalenz zwischen Strom und Änderung des elektrischen Flusses.

● 29.7.1. Zusammenhang zwischen Ladung und elektrischem Fluß

Es gibt mehrere Wege, um den Zusammenhang zwischen Ladung und elektrischem Fluß herzuleiten. Einer der leichteren Wege geht von einem kleinen Körper aus, der eine Ladung Q trägt. Wir können diesen Körper in Gedanken mit einer Kugel vom Radius r umgeben. Für die elektrische Feldstärke gilt

$$E = k\,\frac{Q}{r^2}\,.$$

Die Oberfläche der Kugel ist $4\pi r^2$. Der gesamte elektrische Fluß (Feldstärke multipliziert mit der Fläche, die in diesem Fall stets senkrecht zum Feld ist) ergibt sich damit zu

$$\Phi_E = 4\pi r^2 E = 4\pi kQ.$$

Der Fluß ist also unabhängig vom Radius; für jede Kugel, die die Ladung Q umgibt, ist er gleich. Die zeitliche Änderung des Flusses ergibt sich damit zu

$$\frac{\Delta\Phi_E}{\Delta t} = 4\pi\,k\,\frac{\Delta Q}{\Delta t}\,.$$

$\frac{\Delta Q}{\Delta t}$ ist aber gerade die Stärke des auf den Körper fließenden Aufladestrom. Wegen

$$\frac{\Delta Q}{\Delta t} = \frac{1}{4\pi k}\,\frac{\Delta\Phi_E}{\Delta t}$$

muß die Größe $\frac{1}{4\pi k}\,\frac{\Delta\Phi_E}{\Delta t}$ in jedem Moment den Wert des Ladestromes haben. Man spricht vom ,,Verschiebungsstrom" in dem Bereich, in dem es zwar keinen wirklichen Strom, aber ein sich änderndes elektrisches Feld gibt.

Diesen Verschiebungsstrom können wir verwenden, um das Zirkulationsgesetz für B so zu verbessern, daß man es auch auf den Kondensator anwenden kann, dessen parallele Platten mit einem langen Leiter verbunden sind. Wir addieren zu dem wirklichen Strom noch den ,,Verschiebungsstrom" und erhalten

$$2\pi r B = 2\pi K\left(I + \frac{\Delta Q}{\Delta t}\right) = 2\pi K\left(I + \frac{1}{4\pi\,k}\,\frac{\Delta\Phi_E}{\Delta t}\right)\,.$$

In Abschnitt 24.7 erhielten wir für $k = 2{,}3\cdot 10^{-28}\frac{\mathrm{N\cdot m^2}}{e^2}$.
Da wir inzwischen die Größe der Elementarladung e zu $1{,}6\cdot 10^{-19}$ C bestimmt haben, erhalten wir

$$k = \frac{2{,}3\cdot 10^{-28}\ \mathrm{N\,m^2}}{(1{,}6\cdot 10^{-19}\ \mathrm{C})^2} = 9\cdot 10^9\ \frac{\mathrm{N\,m^2}}{\mathrm{C^2}}\ .$$

Aus Abschnitt 28.11 wissen wir, daß K den Wert $K = 2\cdot 10^{-7}\ \frac{\mathrm{N}}{\mathrm{A^2}}$ hat. Für den vom Verschiebungsstrom gelieferten Teil der Zirkulation gilt also

$$\frac{2\pi K}{4\pi k}\,\frac{\Delta\Phi_E}{\Delta t} = \frac{4\pi\cdot 10^{-7}\,\mathrm{N/A^2}}{4\pi(9\cdot 10^9\,\mathrm{N\,m^2/C^2})}\,\frac{\Delta\Phi_E}{\Delta t} = \frac{1}{9\cdot 10^{16}\ \frac{\mathrm{m^2}}{\mathrm{s^2}}}\,\frac{\Delta\Phi_E}{\Delta t}\ .$$

●

29.8. Der Mechanismus der elektromagnetischen Strahlung

Aus den beiden Zirkulationsgesetzen (Maxwellschen Gleichungen) lassen sich wesentliche Eigenschaften der elektromagnetischen Wellen im Vakuum herleiten. Zunächst müssen wir die Gesetze so umschreiben, daß wir auch dann Aussagen gewinnen, wenn die Schleifen aus geraden Stücken anstelle von symmetrischen Kreisteilen zusammengesetzt sind. Dazu müssen wir zunächst für jeden Punkt des Weges die Komponente der Feldstärke in Richtung des Weges ermitteln, diese mit dem jeweils entsprechenden Wegabschnitt multiplizieren und über alle Abschnitte des Weges summieren. Wir erhalten dann

$$U = \Sigma E_l \, l = -\frac{\Delta\Phi_B}{\Delta t}$$

$$\Sigma B_l \, l = \frac{1}{9 \cdot 10^{16}\ \mathrm{m^2/s^2}} \quad \frac{\Delta\Phi_E}{\Delta t} \; .$$

Dabei steht das große Sigma (Σ) als Zeichen für „Summe von" entlang der ganzen Schleife. (Wir haben hier den gewöhnlichen Stromterm I weggelassen, da es in dem von uns betrachteten Teil des Raumes keine bewegten geladenen Teilchen gibt.) Es gibt abei auch keine ruhenden geladenen Teilchen, da keine Materie vorhanden ist. Das sind die beiden Gesetze, aus deren Verknüpfung *Maxwell* die elektromagnetischen Wellen vorhersagte. Wir können seiner Argumentation gedanklich folgen, wenn wir annehmen, daß im Raum ein sich änderndes Feld existiert. Aus der Untersuchung der Zirkulationsgesetze ergeben sich dann die Folgerungen.

Wir betrachten ein homogenes magnetisches Feld $\vec{B}$, das aber von einer Fläche scharf begrenzt wird. Das bedeutet B = 0 rechts von der Grenzfläche und B = const. links davon. Die Grenzfläche zwischen Raum mit Feld und feldfreiem Raum bewege sich mit einer Geschwindigkeit $\vec{v}$ durch den Raum. Bild 29.19a zeigt ein solches Feld, dessen Feldlinien in der z-Richtung auf den Betrachter gerichtet sind. Die Grenzfläche bewegt sich in x-Richtung nach rechts. Eine rechteckige Leiterschleife liege in der x, y-Ebene, die also senkrecht von $\vec{B}$ durchsetzt wird. Die Schleife habe in y-Richtung die Breite b, und ihre Länge l sei größer als die Strecke, die die Grenzfläche in dem Zeitintervall Δt zurücklegen kann. Die Abbildung zeigt den Beginn des Zeitabschnittes Δt, wobei die eine Seite der Schleife gerade im Feld ist. Dann wird im Zeitintervall Δt der magnetische Fluß durch die Schleife anwachsen um

$$\Delta\Phi_B = B v \, l \, \Delta t .$$

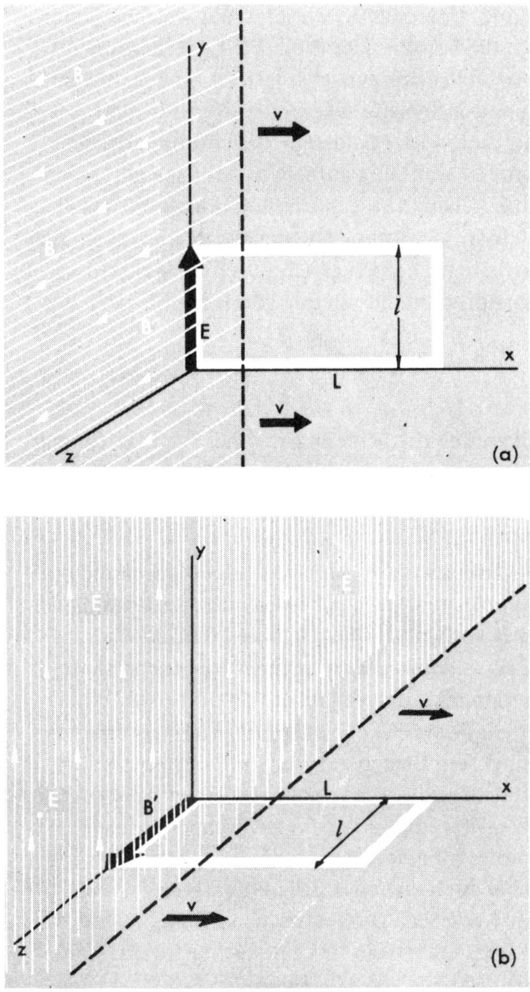

Bild 29.19. a) Links von einer scharfen Grenzfläche existiert ein magnetisches Feld B = const., rechts ist B = 0. Die Grenzfläche verläuft parallel zur y, z-Ebene. Sie bewege sich mit der Geschwindigkeit $\vec{v}$ nach rechts. Die Zunahme des magnetischen Flusses durch eine rechteckige Schleife in der x, y-Ebene ist gegeben durch Blv. Dadurch wird in der linken Seite der Schleife ein elektrisches Feld induziert.
b) Das induzierte elektrische Feld bewirkt einen elektrischen Fluß in einer rechteckigen Schleife in der x, z-Ebene, dessen Änderung durch Elv gegeben ist. Dadurch wird ein magnetisches Feld $\vec{B}'$ induziert, das die gleiche Richtung hat wie das ursprüngliche Feld $\vec{B}$.

Dieser Ausdruck ähnelt der letzten Gleichung in Abschnitt 29.4. Natürlich traten dort wirkliche Stromkreise auf, während wir es hier nur mit einer vorgestellten Schleife zu tun haben. Wir wissen aber bereits, daß die Zirkulationsgesetze für gedachte Schleifen ebenso wie für wirkliche Stromkreise gelten. Es ändert sich also der durch die von der Schleife begrenzte Fläche hindurchtretende Fluß. Dadurch entsteht eine

Spannung. Untersuchen wir jetzt, aus welchen Anteilen sich die Summe aller Produkte $E_b b$ zusammensetzt, so stellen wir zunächst fest, daß die rechte Begrenzung der Schleife sehr weit entfernt ist und daß sich die Anteile der beiden in x-Richtung verlaufenden Seiten gegenseitig aufheben. Aber es muß irgendwo ein $\vec{E}$ geben, damit das Zirkulationsgesetz erfüllt wird. Ein in y-Richtung entlang des rückwärtigen Teils der Schleife nach oben gerichtetes $\vec{E}$ wird der Erwartung entsprechen. Der Betrag von $\vec{E}$ ergibt sich aus

$$\frac{\Delta\Phi_B}{\Delta t} = B v b = E b.$$

Im linken Teil der Schleife gilt daher $E = vB$. Können Sie aufgrund der Lenzschen Regel sagen, warum dieses $\vec{E}$ entlang der y-Achse nach oben und nicht nach unten gerichtet ist?

Dieses senkrecht zu $\vec{B}$ gerichtete elektrische Feld muß überall links von der sich bewegenden Begrenzung des Feldes $\vec{B}$ vorhanden sein. Denn um das Zirkulationsgesetz für $\vec{E}$ anzuwenden, können wir jede Schleife verwenden, die zum Teil innerhalb und zum Teil außerhalb dieses Bezirkes verläuft. Ein magnetisches Feld $\vec{B}$, dessen Begrenzung sich mit einer Geschwindigkeit $\vec{v}$ bewegt, ist also stets von einem elektrischen Feld begleitet, das senkrecht zu $\vec{B}$ und $\vec{v}$ verläuft. Die Stärke dieses Feldes ist gegeben durch $E = vB$. Nun muß aber auch noch das Zirkulationsgesetz, das B mit der Änderung des elektrischen Flusses verknüpft, erfüllt sein. Stellen wir uns eine rechteckige Schleife in der x, z-Ebene vor, so wird in der Zeit Δt der hindurchtretende elektrische Fluß geändert (Bild 29.19b). Irgendwo entlang des Umfangs muß also auch ein magnetisches Feld induziert werden. Mit genau der gleichen Argumentation wie vorher erhalten wir

$$\Delta\Phi_E = E v b t$$

und

$$\frac{\Delta\Phi_E}{\Delta t} = E v b.$$

Bezeichnen wir das entsprechend dem zweiten Zirkulationsgesetz induzierte magnetische Feld mit $\vec{B}'$, so folgt, daß sich hinter der sich bewegenden Front des elektrischen Feldes $\vec{E}$ stets ein magnetisches Feld $\vec{B}'$ befindet, das senkrecht zu $\vec{E}$ verläuft, wobei gilt

$$B' = \frac{v^2 B}{9 \cdot 10^{16}\ m^2/s^2} .$$

Bisher wurde nichts über den Betrag von v gesagt. Jetzt zeigt sich, daß für

$$v = 3 \cdot 10^8\ \frac{m}{s}$$
$$B = B'$$

wird. $\vec{B}$ erhält also sich selbst aufrecht und erzeugt ein dazu senkrechtes elektrisches Feld. Die Ausbreitungsgeschwindigkeit beträgt $3 \cdot 10^8\ \frac{m}{s}$. Wegen ihrer Bedeutung bezeichnet man diese Geschwindigkeit als c.

Zur Vereinfachung hatten wir angenommen, daß die Felder scharfe Begrenzungen haben. Man kann die gleiche Argumentation aber auch in einer Folge von Schritten durchführen, wobei für jeden Schritt eine andere Feldstärke angenommen wird. Die Zeit Δt kann so kurz wie notwendig gemacht werden, so daß die Ausmaße der Schleife auch entsprechend klein gewählt werden können. Jede Zunahme (positiv oder negativ) der Feldstärke des einen Feldes bewirkt eine entsprechende Zunahme bei dem anderen Feld. Dabei wird stets die gleiche Relation erfüllt, die wir im einzelnen für einen plötzlichen Sprung der Feldstärke vom Wert Null auf irgendeinen beliebigen Wert besprochen haben. Die Änderung der Feldstärke kann von einem Punkt zum anderen kontinuierlich erfolgen, das Feld kann auch beliebig begrenzt sein. Zum Beispiel kann sich die Feldstärke im Raum entsprechend einer Sinusfunktion ändern. Für jeden Punkt gilt dann während der Bewegung $E = cB$, und die Felder bewegen sich im Raum mit der Geschwindigkeit c. Das ist aber gerade die Lichtgeschwindigkeit. Diese Folgerung aus den Zirkulationsgesetzen für elektrische und magnetische Felder führte *Maxwell* dann zu dem Schluß, „daß das Licht selbst (unter Einschluß von Wärmestrahlung und anderen Strahlungen, wenn es sie gibt) eine elektromagnetische Störung in Form von Wellen ist . . .“. Zu *Maxwells* Zeit gab es weder für das Licht noch für irgendeine andere Strahlung Beweise für ihre elektrische Natur. Erst mehr als 20 Jahre später gelang es *Heinrich Hertz,* eine Strahlung zu erzeugen, die wir heute als Radiowellen bezeichnen. Er benutzte dazu eine elektrische Apparatur und zeigte, daß sich die Wellen mit Lichtgeschwindigkeit ausbreiten. Damit war Maxwells Theorie ausgezeichnet bestätigt.
Im nächsten Abschnitt werden wir uns kurz Nachweise für die Existenz elektromagnetischer Strahlung und für die elektrische Natur dieser Strahlung ansehen.

29.9. Nachweis für die Existenz elektromagnetischer Wellen; das elektromagnetische Spektrum

Elektrische und magnetische Felder werden stets durch geladene Teilchen und deren Bewegungen erzeugt. Unter welchen Voraussetzungen ist zu erwarten, daß sich diese Felder von den elektrisch geladenen Teilchen, von denen sie erzeugt werden, ablösen? Eine in Ruhe befindliche elektrische Ladung ist mit

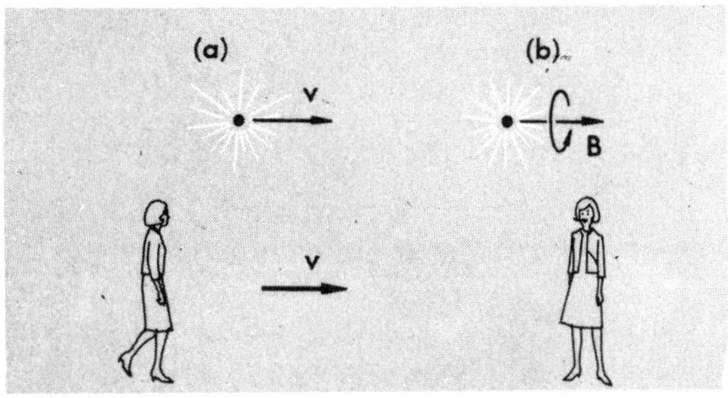

Bild 29.20

a) Bewegt sich der Beobachter in gleicher Weise wie ein bewegtes geladenes Teilchen, so bemerkt er nur dessen Coulombfeld.

b) Bewegt sich das Teilchen an ihm vorbei, so bemerkt er in dessen Umgebung auch ein magnetisches Feld.

einem radialen Coulombfeld umgeben, dessen Feldstärke mit dem Quadrat der Entfernung abnimmt, das sich aber nicht von der Ladung fortbewegt. Ein sich mit konstanter Geschwindigkeit bewegendes geladenes Teilchen unterscheidet sich nicht wirklich von einer ruhenden Ladung (Bild 29.20). Bewegt man sich entsprechend diesem geladenen Teilchen, so erscheint es in Ruhe. Das umgebende Feld erscheint auch jetzt als Coulombfeld. Bewegt sich das geladene Teilchen am Beobachter vorbei, oder bewegt der Beobachter sich am geladenen Teilchen vorbei, so entsteht wegen des sich ändernden elektrischen Flusses in jedem Bereich ein magnetisches Feld. Aber dieses magnetische Feld ist ebenso an das bewegte Teilchen gebunden wie das Coulombfeld. Ein geladenes Teilchen, das sich mit konstanter Geschwindigkeit bewegt, führt elektrische und magnetische Felder mit sich, ohne daß die Felder abgestrahlt werden.

Wird andererseits ein Teilchen beschleunigt, so gibt es kein Bezugssystem, in dem es in Ruhe erscheint und in dem gleichzeitig Newtons Gesetze und die für elektromagnetische Vorgänge gültigen Gesetze gelten. Hier ist die einzige Möglichkeit, einen Impuls aus gekreuzten magnetischen und elektrischen Feldern mit der Ausbreitung beginnen zu lassen. Bei der Suche nach elektromagnetischer Strahlung sollten wir also zunächst nach der Strahlung beschleunigter Teilchen schauen.

Wir wollen experimentell überprüfen, was beim Beschleunigen geladener Teilchen geschieht. Eine Rundfunksendestation pumpt Elektronen durch die Antenne, zunächst in der einen, dann in der anderen Richtung. Die Elektronen bewegen sich nicht mit konstanter Geschwindigkeit, sondern sie werden zunächst in der einen, dann in der anderen Richtung beschleunigt.

Die Radiowellen, die sich von der Antenne ablösen, breiten sich mit einer Geschwindigkeit von $c = 3 \cdot 10^8 \frac{m}{s}$ aus. Ganz offenbar werden sie von den in der Antenne hin und her beschleunigten Elektronen erzeugt. Werden Elektronen hoher Geschwindigkeit auf dem Target einer Röntgenröhre gebremst, so erhalten sie dabei eine sehr starke negative Beschleunigung. An der Stelle, wo die Elektronen gebremst werden, entsteht Röntgenstrahlung. Die Ausbreitungsgeschwindigkeit dieser Röntgenstrahlung beträgt nach Messungen ebenfalls $c = 3 \cdot 10^8 \frac{m}{s}$.

Im Synchrotron, einer Maschine zur Beschleunigung von Elektronen auf sehr hohe Energien, werden außerordentlich energiereiche Elektronen mit Hilfe von magnetischen Ablenkungsfeldern auf Kreisbahnen gezwungen. Betrachten wir eine solche Kreisbahn, so sehen wir, daß Licht entsteht. Tatsächlich ist die Energie, die man den Elektronen übertragen kann, durch die bei dem Beschleunigungsvorgang in Form von Licht abgestrahlte Energie begrenzt. Man führt Energie von einem sehr starken elektrischen Oszillator so schnell wie möglich zu, von einer bestimmten Geschwindigkeit der Elektronen an wird sie aber fast ebenso schnell wieder abgestrahlt. Sichtbares Licht ist daher eine elektromagnetische Strahlung, die durch die Beschleunigung elektrisch geladener Teilchen verursacht wird. Die Übereinstimmung zwischen der Lichtgeschwindigkeit und der von *Maxwell* berechneten Geschwindigkeit elektromagnetischer Strahlung war kein Zufall. Alle hier genannten Strahlungen breiten sich mit einer Geschwindigkeit von $c = 3 \cdot 10^8 \frac{m}{s}$ aus; alle haben ihren Ursprung in elektrischen Vorgängen. Man bezeichnet sie als elektromagnetische Strahlung (Bild 29.21).

Die gemeinsame Geschwindigkeit und der Ursprung in den beschleunigten geladenen Teilchen sind nicht die einzigen Beweise, die wir für ihre elektromagnetische Natur haben. Werden geladene Teilchen mit einer bestimmten Frequenz in Schwingungen versetzt, so sollte das dadurch entstehende abgestrahlte elektrische Feld die gleiche Frequenz haben. In jeder Rundfunksendestation werden Elektronen in der Antenne mit definierter Frequenz hin- und herbewegt. Diese Frequenz müßte den von der Antenne abgestrahlten Radiowellen mitgegeben werden. Das oszillierende elektrische Feld in diesen Wellen sollte nun wiederum die Elektronen in der Empfangsantenne mit der gleichen Frequenz hin- und herbewegen. Existieren diese Wechselströme tatsächlich? Wir empfangen Rundfunksignale, indem wir einen Rundfunkempfänger abstimmen. Wir empfangen eine bestimmte Sendestation, wenn wir den Empfänger genau auf die vom Sender abgestrahlte Frequenz eingestellt haben.

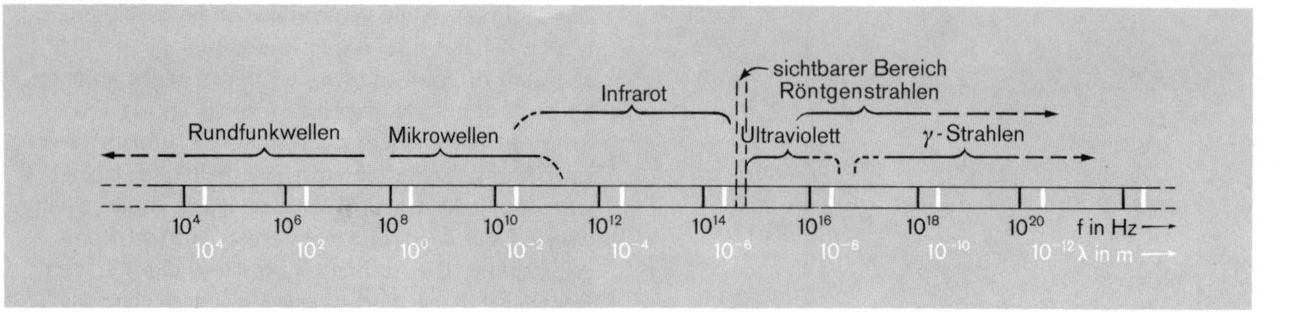

Bild 29.21. Das elektromagnetische Spektrum umfaßt lückenlos den Bereich der Strahlung von den γ-Strahlen bis hin zu den Radiowellen. Die Namen der einzelnen Abschnitte sind historisch bedingt, sie geben lediglich bezüglich der Strahlungsquelle eine brauchbare Klassifikation. Die physikalische Natur der Strahlung ist im gesamten Bereich gleich. In allen Bereichen hat sie die gleiche Geschwindigkeit, stets ist es eine elektromagnetische Strahlung, der Unterschied in den einzelnen Bereichen ist nur durch Frequenz und Wellenlänge gegeben. Die Abschnitte mit den historischen Namen überschneiden sich zwar, die Namen geben aber immer noch Hinweise auf die häufigste Quelle: Radiowellen und Mikrowellen werden durch Elektronen, die sich in Leitern bewegen, erzeugt. Infrarote Strahlung wird von heißen Körpern ausgesandt, sichtbares Licht von sehr heißen Objekten, Ultraviolett von Bogen- und Gasentladungen, Röntgenstrahlung entsteht, wenn Elektronen auf Targets auftreffen, und γ-Strahlung wird von Kernen radioaktiver Atome ausgesandt.

Die Oszillatorfrequenz ist vom Sender zum Empfänger durch die elektromagnetische Strahlung übertragen worden.

Verschiedene Schwingkreise und Antennen gestatten den Bau von Sendern, die Frequenzen von etwa 10^4 Hz bis $3 \cdot 10^{11}$ Hz abstrahlen können. All diese elektromagnetischen Wellen breiten sich mit der Geschwindigkeit des Lichtes aus. Die Wellenlängen, die man durch Interferenz messen kann, überstreichen den Bereich von 30 km bis hinab zum mm-Bereich. Am langwelligen Ende tritt bei jedem normalen Hindernis Beugung auf. Mit wachsender Frequenz verhalten sich die elektromagnetischen Wellen mehr und mehr wie Licht. Sie breiten sich geradlinig aus und werden natürlich auch wie Licht reflektiert und gebrochen.

Die Wellenlängen der höchsten erzeugbaren Radiofrequenzen sind aber noch viele Male größer als die des langwelligen sichtbaren Lichtes. Dazwischen liegt der Bereich der thermischen Strahlung. Diese Strahlung entsteht, wenn Moleküle heißer Gase zusammenstoßen. Durch die thermische Bewegung der Moleküle werden die in ihnen enthaltenen geladenen Teilchen beschleunigt. Das führt zur Emission elektromagnetischer Strahlung mit weit höheren Frequenzen, als sie durch von Menschen hergestellte Schwingkreise erzeugt werden kann.

Bei noch höheren Temperaturen – zum Beispiel in Lichtbögen und Funken – senden die angeregten Atome infrarotes, sichtbares oder sogar ultraviolettes Licht aus. Dem sichtbaren Bereich des Spektrums entsprechen Frequenzen von $4 \cdot 10^{14}$ Hz bis $8 \cdot 10^{14}$ Hz. Den Bereich, in dem eine direkte Frequenzmessung möglich wäre, haben wir hier schon längst verlassen.

Wir können aber die Frequenz von Licht einer bestimmten Spektralfarbe durch Messung der Wellenlänge ermitteln. Auf diese Weise kann man, wenn man Spektroskope im Vakuum verwendet, auch die Frequenz der von den Atomen ausgesandten ultravioletten Strahlung ermitteln. Diese Frequenzen liegen in der Größenordnung von 10^{15} Hz.

Zur Erzeugung von Mikrowellen oder von infrarotem, sichtbarem und ultraviolettem Licht gibt es heute eine besondere Art von sehr intensiven, phasenkonstanten Lichtquellen. Man nennt sie Maser oder Laser. Ihre Eigenschaften wurden in Abschnitt 9.3 kurz beschrieben. Ihre Gesamtleistung ist heute vielfach noch recht klein, sie ist aber in Frequenz und Richtung der Strahlung so konzentriert, daß diese Strahlung bemerkenswerte Wirkungen in der absorbierenden Materie zeigt.

Atome emittieren nicht nur Licht, sie absorbieren es auch. Ein bestimmtes Atom absorbiert nur Licht von einigen bestimmten Frequenzen. Es ist zu vermuten, daß dieses die Frequenzen der Elektronenbewegungen in den Atomen sind. Das Atom ist nur auf diese Frequenzen abgestimmt und spricht nur auf elektrische Felder dieser Frequenzen an. Natürlich können wir Atome nicht abstimmen wie von uns selbst hergestellte Schwingkreise. Wir können aber Atome aussuchen, deren Elektronenbewegung eine Absorption von Licht der von uns gewünschten Frequenz bewirkt.

Bei noch höheren Frequenzen kommen wir in den Bereich der Röntgenstrahlung. Die Frequenz dieser Strahlung können wir grob angeben, indem wir die Zeit abschätzen, innerhalb der die Elektronen in der Röntgenröhre beim Aufprall auf das Target abgebremst werden. Wir erwarten, daß die Frequenz etwa dem Kehrwert dieser Zeit entspricht. Für nicht allzu hohe Frequenzen wird die Wellenlänge der Röntgenstrahlung in der Größenordnung eines Atomdurchmessers liegen. Dann können wir natürliche Kristalle als Beugungsgitter zur Messung der Wellenlänge verwenden. Indirekte Messungen, die in Kapitel 34 besprochen werden, ergeben die gleichen Frequenzen wie die, die sich aufgrund der Wellenlängenmessungen berechnen lassen. Diese indirekten Messungen könner aber auch noch bei sehr viel höheren Frequenzen verwendet werden. Sie zeigen, daß die Frequenzen der Röntgenstrahlen mit denen aufgrund der Abbremszeit der Elektronen berechneten übereinstimmen.

Bei außerordentlich hohen Frequenzen beginnt schließlich der Bereich der γ-Strahlen. Diese werden spontan bei einigen radioaktiven Zerfallsprozessen ausgesandt. Wie Licht bewegen sie sich geradlinig mit einer Geschwindigkeit von $c = 3 \cdot 10^8 \frac{m}{s}$. Weder durch elektrische noch durch magnetische Felder können sie abgelenkt werden. Die gleichen Meßverfahren, wie sie bei der Ermittlung von sehr hohen Röntgenfrequenzen verwendet werden, zeigen, daß es γ-Strahlen mit einer Frequenz von 10^{21} Hz gibt.

Alle diese elektromagnetischen Strahlungen transportieren Energie. Werden sie absorbiert, so erwärmt sich der absorbierende Körper. Das bedeutet aber, daß elektromagnetische Energie nur durch Vorgänge abgestrahlt werden kann, bei denen Energie verbraucht wird. Zu Beginn hatten wir schon vermutet, daß elektrische und magnetische Felder aufgebaut werden, wenn elektrisch geladene Teilchen durch Kräfte beschleunigt werden. Diese Annahme ist nun überzeugend belegt worden. Elektromagnetische Strahlung existiert, sie breitet sich mit Lichtgeschwindigkeit aus und hat ihren Ursprung in der Beschleunigung geladener Teilchen.

Aufgaben

1.* Wie werden sich die Ladungen anordnen, wenn sich der Leiter in Bild 29.1 in die entgegengesetzte Richtung bewegt?

2.* a) Wie ist die Kraft (aufgrund der Bewegung durch das magnetische Feld) auf geladene Teilchen in den Seiten der Schleife in Bild 29.2 gerichtet?
   b) Trägt diese Kraft dazu bei, Ladungen durch die Schleife zu bewegen?

3. a) Beschreiben Sie die Vorgänge in Bild 29.5 genau mit Hilfe der Kraft, die auf die in dem Leiter befindlichen geladenen Teilchen wirkt, wenn der Leiter durch ein magnetisches Feld bewegt wird. Zeigen Sie, daß kein Strom induziert wird.
   b) Setzen Sie diese Überlegungen für den Fall fort, daß ein Strom induziert wird, wenn eine Seite der Schleife in das schwächere Magnetfeld am Rand des Magneten eintritt.

4.* Würden Sie erwarten, daß in Bild 29.5 ein Strom induziert wird, wenn der Magnet bewegt, die Schleife aber festgehalten wird?

5.* Die Schleife in Bild 29.11 möge rotieren.
   a) Bei welchem Winkel wird der stärkste Strom induziert?
   b) Wann kehrt der induzierte Strom seine Richtung um?

6.* Warum wird in einer Leiterschleife kein Strom induziert, wenn sie sich parallel zu sich selbst in einem homogenen Magnetfeld bewegt?

7.* Eine Leiterschleife mit einer Fläche von 0,5 m^2 befindet sich in einem homogenen Magnetfeld von $2 \cdot 10^{-2} \frac{N}{Am}$. Wie groß ist der durch die Schleife hindurchtretende magnetische Fluß, wenn dieSchleife senkrecht zum magnetischen Feld steht?

8. Wie groß wird der magnetische Fluß im Innern einer Spule von 4 cm Durchmesser sein, wenn bei 10 Windungen je cm Länge ein Strom von 1,0 A fließt?

9.* Die Leiterschleife in Bild 29.2 wird mit einer bestimmten Geschwindigkeit gezogen. Wird sie bei vergrößertem elektrischem Widerstand leichter zu ziehen sein?

10.* Eine Spule soll aus einem magnetischen Feld herausgezogen werden. Ist dazu bei größerer oder kleinerer Geschwindigkeit mehr Arbeit aufzuwenden?

11.* Wie groß ist die in einem 5 cm langen Leiter induzierte Spannung, wenn dieser mit einer Geschwindigkeit von $10 \frac{cm}{s}$ senkrecht zu einem magnetischen Feld von $0{,}02 \frac{N}{Am}$ bewegt wird?

12.* Wie groß ist die in einer Leiterschleife induzierte Spannung, wenn die Änderung des magnetischen Flusses $0{,}5 \frac{Nm}{As}$ beträgt?

13. In Bild 29.2 sei die magnetische Feldstärke $0{,}5 \frac{N}{Am}$, $l = 10$ cm, der Widerstand der Schleife 0,5 Ωm und die Schleife werde mit einer konstanten Geschwindigkeit $v = 2 \frac{m}{s}$ bewegt.
   a) Wie groß ist die im Draht erzeugte Spannung?
   b) Welcher Strom fließt in dem Stromkreis?
   c) Wie groß ist die auf den Leiter wirkende magnetische Kraft?

14. Die Rotorblätter eines Hubschraubers sind 5,0 m lang. Sie drehen sich horizontal mit 8 Umdrehungen je Sekunde an einem Ort, in dem die senkrecht nach unten gerichtete Komponente des magnetischen Erdfeldes $5{,}6 \cdot 10^{-5} \frac{N}{Am}$ ist.
   a) Wie groß ist die zwischen Nabe und Flügelspitze induzierte Spannung?
   b) Ist diese für den Piloten von Bedeutung?

15. Bild 28.17 gibt eine Skizze eines Elektromotors.
   a) Kann man die gleiche Anordnung auch als Generator verwenden, der einen in einem äußeren Stromkreis nur in einer Richtung fließenden Strom erzeugt?
   b) Wie muß die Leiterschleife im Magnetfeld orientiert sein, wenn der Kommutator die Verbindungen zwischen Leiterschleife und äußerem Stromkreis gerade vertauscht?

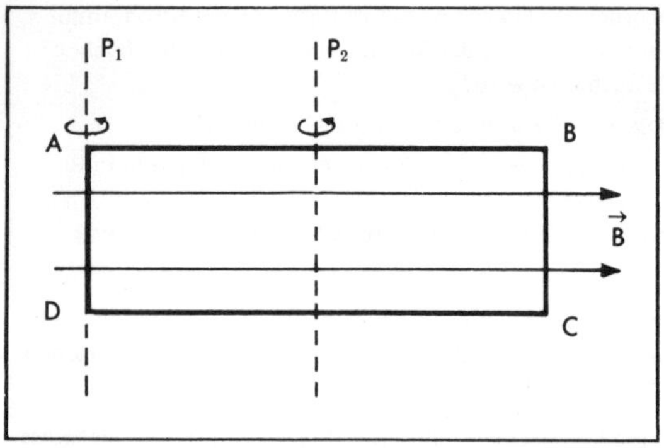

Bild 29.22. Zur Aufgabe 16

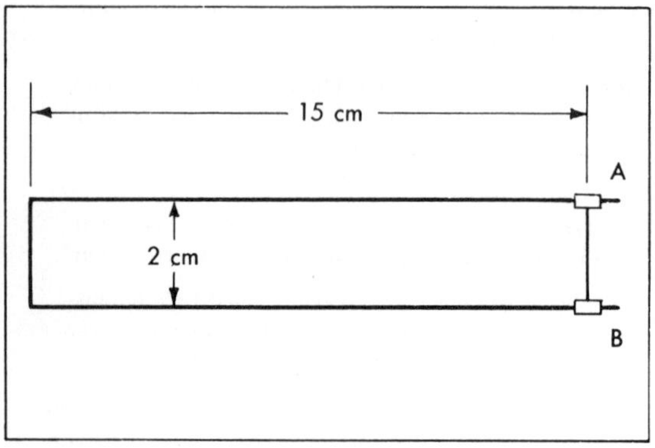

Bild 29.23. Zur Aufgabe 17

16. Die in Bild 29.22 abgebildete rechteckige Leiterschleife befindet sich in einem homogenen magnetischen Feld.
   a) In welche Richtung (mit dem Uhrzeiger oder entgegen) fließt der induzierte Strom, wenn sich die Leiterschleife in der Papierebene befindet und $\overline{BC}$ sich in das Papier hinein um P_1 als Achse dreht? Wie ist es, wenn P_2 als Achse dient?
   b) Wie verhalten sich die induzierten Ströme bei einer bestimmten Winkelgeschwindigkeit, wenn die Schleife einmal um P_1 und einmal um P_2 herum gedreht wird?
   c) Wie hängt bei vorgegebener Winkelgeschwindigkeit die induzierte Spannung von der Fläche der Leiterschleife ab?
   d) Die magnetische Feldstärke sei $1{,}5\,\frac{N}{Am}$, weiter sei $\overline{AB} = 10$ cm, $\overline{BC} = 4$ cm. Wie groß ist die maximale induzierte Spannung, wenn die Schleife mit 19,1 Umdrehungen je Sekunde (genau $\frac{120}{2\pi}\,\frac{U}{s}$) um P_1 rotiert?
17. Mit einem U-förmigen Draht (Bild 29.23) ist ein beweglicher Draht $\overline{AB}$ verbunden. Die Anordnung befindet sich in einem homogenen Magnetfeld, das senkrecht zur Papierebene in diese hinein gerichtet ist.
   a) Die magnetische Feldstärke sei $40\,\frac{N}{Am}$. Wie groß ist die induzierte Spannung, wenn $\overline{AB}$ sich in der im Bild gezeigten Stellung mit $20\,\frac{cm}{s}$ bewegt? Führen Sie die Rechnungen aus, indem Sie zunächst von der Änderung des magnetischen Flusses ausgehen und dann die magnetische Kraft auf die Elementarladungen im Draht betrachten.
   b) Wie groß ist die induzierte Spannung, wenn sich $\overline{AB}$ 5 cm vom linken Ende befindet und sich mit $20\,\frac{cm}{s}$ bewegt? Mit $10\,\frac{cm}{s}$?
   c) Wie groß ist die der Schleife je Sekunde zugeführte Energie, wenn $\overline{AB}$ sich mit einer Geschwindigkeit von $20\,\frac{cm}{s}$ bewegt und ein Strom von 2,0 A induziert wird?
   d) Welche Kraft ist nötig, um $\overline{AB}$ mit einer Geschwindigkeit von $20\,\frac{cm}{s}$ zu bewegen, wenn ein induzierter Strom von 2,0 A fließt?
18. Der sich bewegende Stromkreis in Aufgabe 13 habe eine Masse von 200 g. Die äußere Kraft wird plötzlich zu Null, wenn sich die Schleife mit einer Geschwindigkeit von $2\,\frac{m}{s}$ bewegt. Wie ist der weitere Verlauf der Bewegung zu beschreiben?
19.* Würde die Schleife in Bild 29.2 gleichmäßig beschleunigt werden, wenn eine konstante Kraft so lange angreift, wie sich der Abschnitt der Länge l im magnetischen Feld befindet?
20. Eine Leiterschleife JKL befindet sich zwischen den Polschuhen eines Magneten. Die Schleifenebene liegt parallel zu den Polschuhen, wie Bild 29.24a zeigt. Sie ist mit einem empfindlichen Amperemeter verbunden. Die Ruhelage des Zeigers ist in der Mitte der Skala. Es ist so gebaut, daß der Zeiger in die Richtung desjenigen Anschlusses (P oder Q) ausschlägt, durch den der Strom in das Instrument hineinfließt.
   a) In welche Richtung schlägt der Zeiger aus, wenn die Schleife aus dem Magnetfeld herausgezogen wird? Wie ist es, wenn sie wieder zurückgeschoben wird?
   b) In welche Richtung schlägt der Zeiger aus, wenn die Schleife wie in Bild 29.24b wieder zwischen die Polschuhe geschoben wird?
   c) Wie schlägt der Zeiger aus, wenn die Schleife aus Position a) in Position b) gedreht wird, ohne das magnetische Feld zu verlassen?
21. a) Wird durch das erdmagnetische Feld in einem künstlichen Satelliten mit Metalloberfläche ein Strom erzeugt, wenn er seine Bahn über dem Äquator beschreibt bzw. wenn seine Bahn über die Pole verläuft?
   b) Wenn ja, werden diese Ströme dann die Bahn des Satelliten beeinflussen?
22. In Bild 29.25 fällt ein Stabmagnet durch eine Leiterschleife hindurch.
   a) Beschreiben Sie die Änderung von Richtung und Stärke des induzierten Stromes, wenn der Magnet durch die Schleife hindurchtritt.
   b) Wird der Magnet konstant beschleunigt, wenn man vom Luftwiderstand absieht?
23. Eine rechteckige Kupferschleife fällt zwischen die Pole eines Magneten (Bild 29.26). Beschreiben Sie die Bewegung qualitativ. Vom Luftwiderstand ist dabei abzusehen.
24.* Haben die Feldlinien eines durch einen sich ändernden magnetischen Fluß erzeugten elektrischen Feldes Anfang und Ende?
25. In einem Betatron werden Elektronen durch einen sich ändernden magnetischen Fluß auf sehr hohe Energien beschleunigt. Die Elektronen bewegen sich im Innern eines evakuierten Ringrohres auf Kreisbahnen. Ihre Geschwindigkeit wächst, wenn der magnetische Fluß

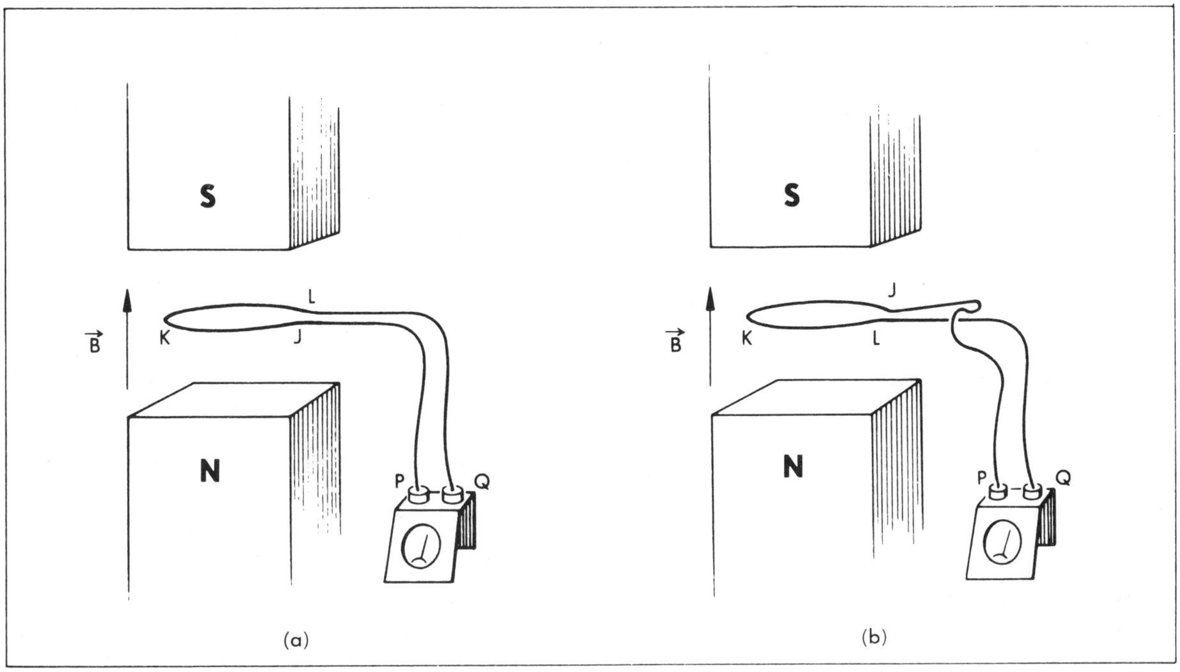

Bild 29.24. Zur Aufgabe 20

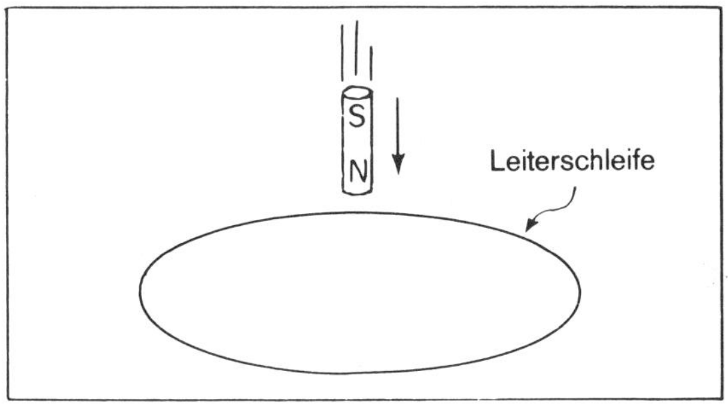

Bild 29.25. Zur Aufgabe 22

durch das Loch im Ringrohr zunimmt. Ein davon getrenntes magnetisches Feld tritt senkrecht zur Ebene durch das Ringrohr hindurch; es sorgt dafür, daß die Elektronen auf der Kreisbahn gehalten werden.
Ein Elektron bewegt sich im Betatronring auf einem Kreis mit einem Radius von 50 cm und hat eine Geschwindigkeit von 98 % der Lichtgeschwindigkeit. Nimmt der magnetische Fluß durch die Mitte des Ringes für $\frac{1}{240}$ s um den Betrag von 24 $\frac{\text{Nm}}{\text{As}}$ zu, so ist zu berechnen, wie groß die einem Elektron dabei zugeführte Energie (in eV) ist. (Bemerkung: Es ist davon auszugehen, daß eine Geschwindigkeit von der Größe der Lichtgeschwindigkeit fast konstant bleibt.)

26.* Wodurch ist der „Verschiebungsstrom" zwischen zwei parallelen Platten in einem Stromkreis bestimmt?

27.* Ist es möglich, dauernd a) eine konstante magnetische Zirkulation, b) eine konstante elektrische Zirkulation aufrechtzuerhalten?

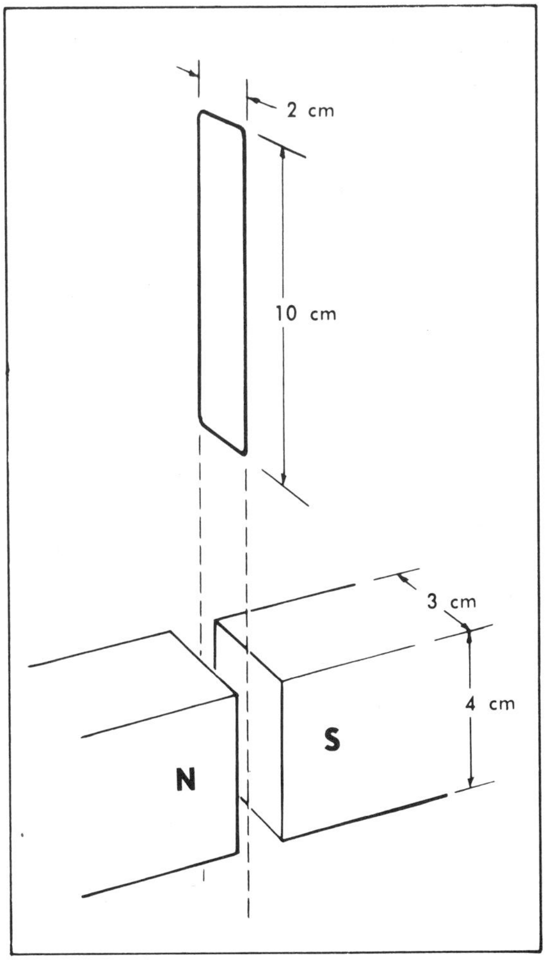

Bild 29.26. Zur Aufgabe 23

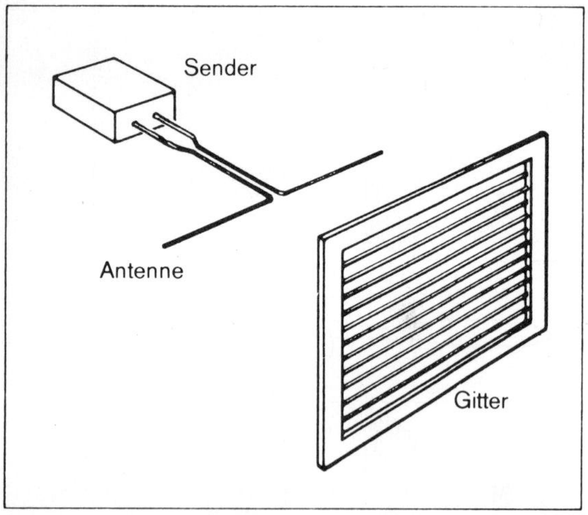

Bild 29.27. Zur Aufgabe 31

28.* Wir wollen annehmen, daß die Platten in Bild 29.18c zunächst ungeladen waren und daß der gezeichnete Strom schon eine Weile geflossen ist.

a) Welches Vorzeichen tragen die Ladungen auf jeder Platte?

b) Wie ist das elektrische Feld gerichtet?

29. An dem Ort, wo Sie sich befinden, sei im Moment kein elektrisches Feld, kurze Zeit später sei jedoch eines vorhanden, das senkrecht nach unten gerichtet ist. Die Grenzfläche bewege sich geradlinig auf Sie zu. Wie wird das magnetische Feld gerichtet sein, wenn die Grenzfläche Sie gerade eben erreicht hat?

30.* Mit welcher Geschwindigkeit bewegen sich im Vakuum

a) Radiowellen,

b) Infrarotwellen,

c) γ-Strahlen?

31. Ein Rundfunksender erzeugt elektrische Schwingungen mit einer Frequenz von $1{,}0 \cdot 10^9$ Hz. Der Sender ist nach Bild 29.27 mit einer kleinen Dipolantenne verbunden. Befindet sich die Antenne in horizontaler Lage, so verlaufen auch die elektrischen Feldlinien horizontal, und man sagt, die Strahlung sei horizontal polarisiert. Ein Gitter aus Kupferstäben in einem Plastikrahmen wird wie im Bild gezeigt gehalten. Kann die Strahlung durch das Gitter hindurchtreten, wenn die Stäbe waagerecht liegen bzw. wenn die Stäbe senkrecht stehen? Erklärung!

32. Treffen Elektronen mit einer Geschwindigkeit von $3 \cdot 10^7 \frac{m}{s}$ auf das Target einer Röntgenröhre auf, so werden sie dort auf einer etwa einem Atomdurchmesser entsprechenden Strecke von 10^{-10} m gebremst.

a) Wie groß ist die zum Abbremsen benötigte Zeit?

b) Nimmt man den Kehrwert dieser Zeit, so kann man damit die Frequenz der bei diesem Prozeß entstehenden elektromagnetischen Strahlung abschätzen. Wie groß ist die Frequenz?

c) Welcher Wellenlänge entspricht diese Frequenz?

33. Welche Hinweise gibt es dafür, daß der Schall keine elektromagnetische Strahlung ist?

30. Relativistische Kinematik

30.1. Brauchen Lichtwellen ein Medium?

Im letzten Abschnitt von Kapitel 9 wurden verschiedene Fragen über Wellen im allgemeinen und das Licht im besonderen aufgeworfen, die zum Teil offen blieben. Wir wollen nun auf eine dieser Fragen zurückkommen und sie genauer untersuchen. Es geht um die Frage nach dem Medium, das Lichtwellen trägt.

Wellen auf einer Schraubenfeder, Wasserwellen und Schallwellen breiten sich alle in einem Medium aus. Es gibt da immer etwas, dessen äußere Form sich bewegt. Daher ist es ganz natürlich zu fragen, in welchem Medium sich die Lichtwellen bewegen. Im Fall der Lichtwellen ändert sich die Form der elektrischen und magnetischen Felder. Können sich Änderungen in diesen Feldern im absoluten Vakuum ausbreiten, oder brauchen sie ebenfalls ein Medium?

Diese Frage bewegte viele Physiker des 19. Jahrhunderts, und sie erfanden viele Experimente, um die Anwesenheit eines lichttragenden Mediums – des „Äthers" – zu beweisen. Sie erkannten, daß sich der Äther von allen anderen wellentragenden Medien sehr unterscheiden müßte, denn er ist ganz offenbar sowohl im höchsten Vakuum als auch in lichtdurchlässigen Stoffen vorhanden. Es ist daher unwahrscheinlich, daß der Äther eine Form der Materie ist mit Eigenschaften wie chemischer Zusammensetzung, Dichte und dergleichen. Die Physiker des 19. Jahrhunderts suchten nicht nach diesen Materialeigenschaften, sondern sie stellten sich die folgende fundamentale Frage:

Der Äther nimmt den gesamten Raum bis hin zu den entferntesten Sternen ein. Die Erde bewegt sich durch diesen Raum, sie dreht sich um ihre Achse und kreist um die Sonne. Wie bewegt sich der Äther bezüglich der Erde? Folgt er der Bewegung der Erde, ist er also bezüglich der Erde in Ruhe, oder ist er bezüglich der Sonne und der anderen Fixsterne in Ruhe? Im letzten Fall müßte sich der Äther bezüglich der Erde bewegen.

Es ist kaum anzunehmen, daß der Äther, der das ganze Universum ausfüllt, gerade der Bewegung eines einzelnen Planeten folgt. Außerdem gibt es experimentelle Erfahrungen, die der Annahme, daß der Äther bezüglich der Erde in Ruhe ist, widersprechen. Wie steht es aber dann mit der Möglichkeit, daß sich der Äther, bezogen auf die Fixsterne, in Ruhe befindet? Läßt sich seine Bewegung relativ zur Erde nachweisen?

30.2. Wellen in bewegten Medien

Angenommen, wir stünden am Ufer eines Flusses, der sehr gleichmäßig strömt. Wie läßt sich herausfinden, ob sich das Wasser tatsächlich vorbeibewegt –

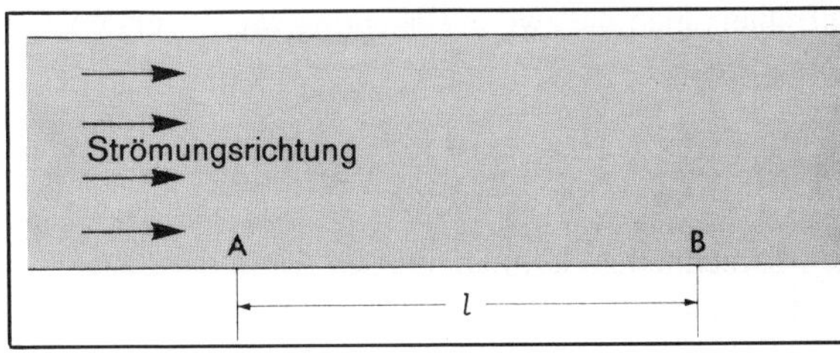

Bild 30.1. Strömt das Wasser nach rechts, so braucht ein Wellenzug weniger Zeit von A nach B zu gelangen, als von B nach A.

und, falls dies der Fall ist, wie kann man seine Geschwindigkeit messen? Wir wollen versuchen, dazu eine Methode zu finden, mit deren Hilfe man auch die Bewegung des Äthers relativ zur Erde nachweisen kann. Man könnte einen Korken ins Wasser werfen, um zu sehen, ob das Wasser ihn forttreibt. Wir könnten einen Finger ins Wasser halten, um eine Kraftwirkung in Richtung der Strömung des Wassers zu spüren. Beides ist nicht sinnvoll, denn mit dem Äther lassen sich gleichartige Experimente nicht durchführen. Er würde keine Objekte mit sich führen und würde auch keinen Druck auf sie ausüben. Wir müssen uns auf Experimente beschränken, die nur mit Wellen zu tun haben.

Angenommen, wir hätten einen Wellengenerator, einen Meßstab, eine Uhr und eine Stroboskopscheibe. Dann könnte uns folgendes Experiment einfallen. Wir erzeugen an einem Punkt A des Ufers eine gerade Welle und messen die Zeit, die sie braucht, bis zum Punkt B zu gelangen, der von A um eine Strecke l entfernt ist (Bild 30.1). Diese Zeit wird mit der Zeit verglichen, die eine gleichartige Welle braucht, um von B nach A zu gelangen. Fließt das Wasser des Flusses nicht, und breitet sich die Welle mit einer Geschwindigkeit u aus, dann erwarten wir, daß beide Zeiten gleich $\frac{l}{u}$ sind.

Fließt das Wasser z.B. von links nach rechts, so wird eine Störung weniger Zeit brauchen, um von A nach B zu gelangen als von B nach A. Relativ zu einem Beobachter, der sich mit dem Wasser bewegt, bewegt sich die Störung mit einer Geschwindigkeit u. Ist aber die Geschwindigkeit des Wassers bezüglich des Ufers v, dann ist die Geschwindigkeit relativ zum Ufer für den Wellenzug, der sich von A nach B bewegt, u + v. Daher ergibt sich für die Zeit, die für diese Strecke benötigt wird,

$$t_{AB} = \frac{l}{u + v} \quad \text{oder} \quad u + v = \frac{l}{t_{AB}} .$$

In gleicher Weise erhält man für die Zeit, die der Wellenzug für die Strecke von B nach A braucht,

$$t_{BA} = \frac{l}{u - v} \quad \text{oder} \quad u - v = \frac{l}{t_{BA}} .$$

Subtrahiert man die zweite Gleichung von der ersten, so erhält man

$$2v = \frac{l}{t_{AB}} - \frac{l}{t_{BA}} = \frac{l}{t_{AB}\, t_{BA}} (t_{BA} - t_{AB}).$$

Um v berechnen zu können, müssen wir in der Lage sein, t_{BA} und t_{AB} mit einer solchen Genauigkeit zu messen, daß der experimentelle Fehler kleiner ist als die Differenz $t_{BA} - t_{AB}$. Beträgt z.B. $t_{BA} - t_{AB}$ etwa 10 % von t_{BA} und seien beide Größen t_{BA} und t_{AB} auf 0,1 % genau gemessen, so erhält man durch Einsetzen der gemessenen Werte in die letzte Gleichung v mit einem Fehler kleiner als 2 %, und das wäre ein sinnvolles Resultat. Es ist nicht schwierig, die Geschwindigkeit von Wasser in einem Fluß durch diese Methode zu bestimmen, denn die Geschwindigkeit v des Wassers ist oft ein relativ großer Bruchteil der Wellengeschwindigkeit u. Daher sind t_{BA} und t_{AB} deutlich unterschieden.

Ganz anders ist es, wenn man das gleiche Experiment mit Licht durchführen will.

30.3. Problematik der Messung der Lichtgeschwindigkeit

Die Erde bewegt sich um die Sonne auf einer nahezu kreisförmigen Bahn mit einem Umfang von $9{,}36 \cdot 10^{11}$ m. Sie braucht ein Jahr oder $3{,}16 \cdot 10^7$ s, diese Bahn einmal zu durchlaufen. Die mittlere Geschwindigkeit der Erde auf ihrer Bahn ist daher $3{,}0 \cdot 10^4 \frac{m}{s}$. Das ist ungefähr $\frac{1}{10\,000}$ der Geschwindigkeit des Lichts $c = 3{,}0 \cdot 10^8 \frac{m}{s}$. Lassen wir nun einen Wellenzug von einem Punkt A zu einem Punkt B in Richtung der Bewegung des Äthers laufen, so erwarten wir, daß seine Geschwindigkeit um etwa $\frac{2}{10\,000}$ größer ist, als wenn er sich in der entgegengesetzten Richtung bewegt. Um diese geringe Differenz erkennen zu können, müssen wir in der Lage sein, die Zeit, die das Licht für den Weg braucht, genauer als auf $\frac{1}{10000}$, also etwa auf $\frac{1}{100000}$ zu messen. Dazu braucht man zwei mit sehr hoher, aber erreichbarer Genauigkeit synchronisierte Uhren. Stehen zwei identische Uhren direkt nebeneinander, so erkennt man allein durch Beobachtung ihrer Zeiger, ob sie synchronisiert sind: Zeigen die beiden Zeigerpaare jeweils das Gleiche an, so kann man sagen, daß die zwei Uhren synchronisiert sind. Danach könnte man eine der beiden Uhren beliebig weit entfernen und dann mit diesen beiden Uhren die Zeit messen, die das Licht in jeder Richtung von der einen zur anderen Uhr braucht. Bei diesem Verfahren nimmt man an, daß die Bewegung einer Uhr von einem Ort zu einem anderen ihr Verhalten nicht beeinflußt.

Man könnte diese Annahme zu überprüfen versuchen, indem man zwei Uhren erst dann synchronisiert, nachdem sie an ihre Orte gebracht wurden. Dazu wird ein Blitzlicht genau in der Mitte zwischen den beiden Uhren gezündet. Jede Uhr beginnt zu laufen, wenn der Lichtblitz sie erreicht. Sicherlich werden durch dieses Verfahren die Uhren nur dann synchronisiert, wenn die Geschwindigkeit des Lichtes in beiden Richtungen den gleichen Betrag hat. Aber gerade das soll mit den beiden Uhren überprüft werden. Dieses Verfahren läßt sich also zur Synchronisation der Uhren nicht verwenden. Auch läßt sich so nicht feststellen, ob sich das Verhalten einer Uhr ändert, wenn man sie an einen anderen Ort bringt.

Glücklicherweise brauchen wir aber diese beiden Uhren gar nicht. Uns interessieren nicht die Zeiten, die das Lichtsignal in jeder der beiden Richtungen benötigt, sondern nur deren Differenz. Daher betrachten wir ein Experiment, mit dem diese Differenz direkt gemessen werden kann.

30.4. Der Michelson-Versuch

Wir wollen für einen Moment zu dem Fluß zurückkehren (Bild 30.1). Die Zeit, um von A nach B und wieder zurück zu gelangen, ist gegeben durch

$$t_{\|} = t_{AB} + t_{BA} = \frac{l}{u+v} + \frac{l}{u-v} = \frac{2lu}{u^2 - v^2}.$$

Dieser Ausdruck läßt sich so umschreiben, daß die Zeit $\frac{2l}{u}$ auftritt, die bei ruhendem Wasser nötig ist:

$$t_{\|} = \frac{2l}{u} \; \frac{1}{1 - \frac{v^2}{u^2}}.$$

Wir wollen nun annehmen, daß eine lineare Welle senkrecht zur Strömungsrichtung des Wassers zu einem Punkt C gegenüber von A am anderen Ufer des Flusses geschickt werden soll (Bild 30.2). Würden wir diese Störung in Richtung von C schicken, so würde sie dort nicht ankommen, da sie durch die Bewegung des Wassers verschoben wird. Wir müssen ein

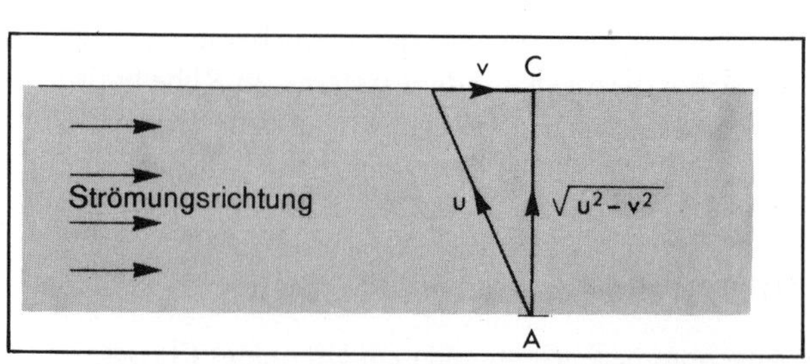

Bild 30.2. Damit ein Wellenzug von A nach C gelangt, muß er etwas stromaufwärts gerichtet werden.

wenig flußaufwärts zielen und zwar so, daß die Störung in der Zeit, die sie braucht, um auf der anderen Seite anzukommen, gerade bis zum Punkt C verschoben wird (Bild 30.2). Da sich die Störung mit einer Geschwindigkeit u durch das Wasser ausbreitet, hat sie bezüglich des Beobachters am Ufer eine Geschwindigkeit $u' = \sqrt{u^2 - v^2}$. In C möge die Wellenfront unter dem gleichen Winkel reflektiert werden, unter dem sie eingefallen ist. Dann breitet sie sich wiederum ein wenig flußaufwärts gerichtet aus, während das Wasser sie flußabwärts treibt. Sie gelangt so zum Punkt A mit der gleichen Geschwindigkeit $u' = \sqrt{u^2 - v^2}$ relativ zum Ufer zurück. Der Gesamtweg wird daher folgende Zeit in Anspruch nehmen:

$$t_\perp = \frac{2l}{\sqrt{u^2 - v^2}}$$

oder

$$t_\perp = \frac{2l}{u} \frac{1}{\sqrt{1 - \frac{v^2}{u^2}}}.$$

Die Differenz zwischen den beiden Zeiten

$$t_\parallel - t_\perp = \frac{2l}{u} \cdot \frac{1}{\sqrt{1 - \frac{v^2}{u^2}}} \left(\frac{1}{\sqrt{1 - \frac{v^2}{u^2}}} - 1 \right)$$

kann direkt gemessen werden.

Im Fall der Bewegung der Erde durch den Äther können wir den Ausdruck für $t_\parallel - t_\perp$ vereinfachen. Die Geschwindigkeit v der Erde auf ihrer Bahn um die Sonne ist sehr viel kleiner als die Geschwindigkeit der Wellen, die hier gleich der Lichtgeschwindigkeit c ist. (Man schreibt das gewöhnlich in der Form $v \ll c$ oder $v/c \ll 1$.) Daher ist $\frac{1}{\sqrt{1 - \frac{v^2}{c^2}}}$ fast gleich 1; der Ausdruck innerhalb der Klammern kann durch $\frac{v^2}{2c^2}$ angenähert werden (Ableitung siehe 30.4.1.). Es gilt daher

$$t_\parallel - t_\perp = \frac{l}{c} \cdot \frac{v^2}{c^2}.$$

Im Jahre 1887 versuchten *Michelson* und *Morley* die Zeitdifferenz $t_\parallel - t_\perp$ für das Licht experimentell zu bestimmen. Sie verglichen die Zeit, die ein Lichtsignal benötigt, um in Richtung der Bewegungsrichtung des Äthers relativ zur Erde zu einem Spiegel und wieder zurückzulaufen mit der Zeit, die das gleiche Signal für den gleichen Weg senkrecht zur Bewegungsrichtung des Äthers braucht. In ihrem Experiment legte das Licht eine Strecke $l = 11$ m in jeder Richtung zurück. Wie wir in Abschnitt 30.3 sahen, ist das Verhältnis der

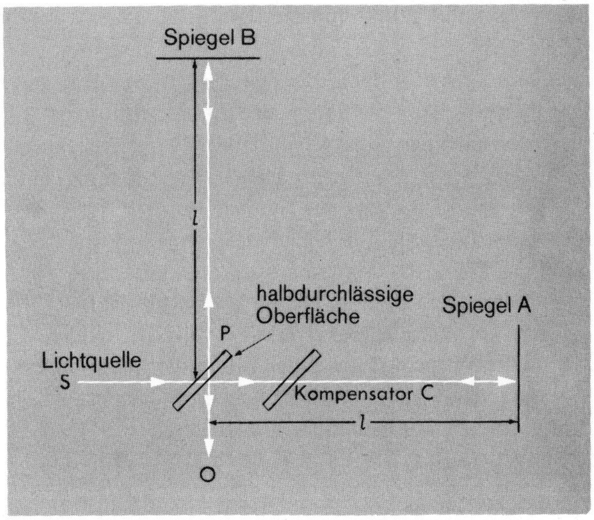

Bild 30.3. Eine schematische Zeichnung des von *Michelson* und *Morley* verwendeten Interferometers

Geschwindigkeiten $\frac{v}{c} = 1{,}0 \cdot 10^{-4}$. Die erwartete Differenz der Zeiten ergab sich also zu

$$t_\parallel - t_\perp = \frac{11\ \text{m}}{3 \cdot 10^8\ \frac{\text{m}}{\text{s}}} (1{,}0 \cdot 10^{-4})^2 = 3{,}7 \cdot 10^{-16}\ \text{s}.$$

Dies ist eine äußerst kurze Zeit. Wie konnten sie diese messen? Die Messung kurzer Zeiten erfordert Uhren mit sehr kurzer Periode. *Michelson* und *Morley* benutzten die Periode monochromatischer Lichtwellen als Periode ihrer Uhr. Bild 30.3 zeigt schematisch ihre Versuchsanordnung.

Licht von einer Lichtquelle S trifft auf eine unter 45° geneigte Glasplatte P. Die Rückseite der Glasplatte ist halb versilbert, so daß etwa die Hälfte des Lichtes reflektiert wird und die Hälfte des Lichtes hindurchtritt. Das hindurchgehende Licht legt die Strecke $l = 11$ m bis zum Spiegel A zurück und wird von dort auf die halbversilberte Oberfläche von P reflektiert. Von dieser wird ein Teil des Lichtes in das Okular O gelenkt. Das Licht, das ursprünglich an der halbversilberten Oberfläche von P reflektiert wurde, legt ebenfalls eine Strecke von 11 m zurück und wird am Spiegel B reflektiert. Ein Teil dieses Lichtes kann dann durch die halbversilberte Oberfläche des Spiegels P in das Okular eintreten. Eine zweite Glasplatte C, die mit der Glasplatte P bis auf die Versilberung übereinstimmt, wird in den Strahlengang des ersten Lichtbündels gebracht, um die Lichtwege gleich lang zu machen. Der Beobachter sieht das Bild des Spiegels A am Ort des Spiegels B. Stehen die beiden Spiegel nicht exakt senkrecht zueinander, so sind Interferenzerscheinungen zu beobachten. Sie ähneln denen, die durch einen Luftkeil entstehen.

Michelson und *Morley* montierten ihre Apparatur auf einer leicht drehbaren Platte und stellten den Arm mit dem Spiegel A in die Bewegungsrichtung der Erde auf ihrem Weg um die Sonne ein. Diese Richtung ist der Bewegung des Äthers,dem Ätherwind, entgegengerichtet. Der Arm mit dem Spiegel B wurde senkrecht zur Bewegungsrichtung des Äthers eingestellt. Ist nun der Äther tatsächlich bezüglich der Sonne in Ruhe, so wird das Licht, das vom Spiegel A reflektiert wird, eine längere Zeit bis zum Okular benötigen als das Licht, das vom Spiegel B reflektiert wird. Die beiden durch die Spiegel entstehenden Bilder der Lichtquelle S wirken dann wie zwei Lichtquellen mit festem Phasenunterschied. Die Phasendifferenz ist durch

$$p = \frac{t_{\parallel} - t_{\perp}}{T}$$

gegeben. Dabei ist T die Schwingungsdauer der Lichtquelle. Für die gelbe Natriumlinie ist $T = 20 \cdot 10^{-16}$ s. Mit dem Wert $t_{\parallel} - t_{\perp} = 3{,}7 \cdot 10^{-16}$ s ergibt sich $p = 0{,}19$.

Wird nun die Apparatur um einen Winkel von 45° gedreht, so ist die Laufzeit für die beiden Lichtbündel gleichlang. Die Bilder von S erscheinen wie zwei in Phase schwingende Lichtquellen. Wird schließlich die Apparatur um 90° gedreht, so ergibt sich wiederum eine Phasendifferenz von 0,19, aber diesmal wird das Licht von B später als das Licht von A ankommen.

Aus der Untersuchung der Interferenz (siehe Abschnitt 8.5) ist bekannt, daß eine Änderung in der Phasenbeziehung der Lichtquellen eine Verschiebung des Interferenzbildes bewirkt. Insbesondere bewirkt eine Änderung der Phase um eine Einheit eine Verschiebung aller Linien in die Position ihrer jeweils benachbarten Linien. *Michelson* und *Morley* erwarteten, daß sich bei der Drehung des Interferometers um 90° die Interferenzstreifen um $2 \cdot 0{,}19 = 0{,}38$ der Differenz zwischen benachbarten Streifen verschieben sollte.

Solch eine Verschiebung kann man kaum übersehen. Sie trat aber nicht auf. Es gab zwar sehr kleine Verschiebungen der Interferenzfigur beim Drehen des Interferometers, doch waren sie nicht schlüssig der Orientierung der Arme zuzuordnen. Sie konnten durch kleine Temperaturschwankungen und durch mechanische Deformationen entstanden sein.

Das Michelson-Morley-Experiment ist häufig wiederholt worden. Der vorhergesagte Effekt wurde jedoch niemals beobachtet.

30.4.1. Potenzreihenentwicklung

In der Physik hat man es häufig mit mathematischen Ausdrücken wie $\frac{1}{1-x}$, $\frac{1}{1-x^2}$, $\frac{1}{\sqrt{1-x^2}}$ usw. zu tun.

Darin ist x eine Zahl, die sehr viel kleiner als 1 ist. In diesem Kapitel ist z.B. $x = \frac{v}{c} \ll 1$. Näherungen für diese Ausdrücke erscheinen sinnvoll.

Der Ausdruck $\frac{1}{1-x}$ kann durch wiederholte Anwendung der Identität $1 = 1 - x + x$ in eine Potenzreihe entwickelt werden:

$$\frac{1}{1-x} = \frac{1-x+x}{1-x} = 1 + x\frac{1}{1-x}$$

$$= 1 + x\frac{1-x+x}{1-x} = 1 + x + x^2\frac{1}{1-x}$$

$$= 1 + x + x^2 + x^3\frac{1}{1-x}\,.$$

Diese Entwicklung kann beliebig weit geführt werden. Das gleiche Ergebnis erhält man erwartungsgemäß durch einfache Division. Für $x \ll 1$ ist jeder folgende Term wesentlich kleiner als der vorhergehende.

In jedem folgenden Term tritt x in einer höheren Potenz auf. Der von x freie Term wird auch „Term nullter Ordnung" genannt. Der Term, der x in der ersten Potenz enthält, heißt „Term erster Ordnung" usw.

Ist x eine physikalische Größe, so hat es keinen Sinn, $\frac{1}{1-x}$ genauer auszurechnen, als es die Genauigkeit von x rechtfertigt. Häufig reicht es aus, wenn man nur den Term erster Ordnung berücksichtigt:

$$\frac{1}{1-x} \approx 1 + x.$$

In gleicher Weise ist $\frac{1}{1-x^2} \approx 1 + x^2$ in der ersten Ordnung von x^2 bzw. der zweiten Ordnung von x. Hier kommt für x kein Term erster Ordnung vor.

Eine weitere nützliche Relation, die in der ersten Ordnung gilt, ist

$$\sqrt{1-x} \approx 1 - \frac{x}{2}.$$

Die Richtigkeit erkennen wir durch Quadrieren der rechten Seite:

$$\left(1 - \frac{x}{2}\right)^2 = 1 - x + \frac{x^2}{4}\,.$$

Dieser Ausdruck unterscheidet sich von $1 - x$ nur in der zweiten Ordnung.

Daraus folgt, daß

$$\frac{1}{\sqrt{1-x^2}} \approx \frac{1}{1-\frac{x^2}{2}} \approx 1 + \frac{x^2}{2}$$

bis zur zweiten Ordnung von x gültig ist. Mit $x = \frac{v}{c}$ folgt

$$\frac{1}{\sqrt{1-\frac{v^2}{c^2}}} - 1 \approx \left(1 + \frac{1}{2}\frac{v^2}{c^2}\right) - 1 = \frac{1}{2}\frac{v^2}{c^2}\,.$$

30.5. Die Lorentz-Kontraktion

Ende des 19. Jahrhunderts war es den Physikern klar, daß nur eine grundlegend neue Idee dieses Ergebnis des Michelson-Morley-Experiments zu deuten vermochte. Der holländische Physiker *H. A. Lorentz* argumentierte folgendermaßen: In Übereinstimmung mit den Rechnungen braucht ein Lichtbündel senkrecht zur Bewegungsrichtung des Äthers die Zeit

$$t_\perp = \frac{2l}{c} \frac{1}{\sqrt{1-\frac{v^2}{c^2}}} .$$

Die Zeit, die ein Lichtbündel parallel zur Ausbreitungsrichtung des Äthers braucht, ist demgegenüber durch

$$t_\| = \frac{2l}{c} \frac{1}{1-\frac{v^2}{c^2}}$$

gegeben. Würde nun der Arm des Interferometers, der parallel zur Ausbreitungsrichtung des Äthers ausgerichtet ist, um den Faktor $\sqrt{1-\frac{v^2}{c^2}}$ verkürzt, während der Arm senkrecht zur Ausbreitungsrichtung des Äthers unverändert bliebe, dann würde $t_\|$ um den Faktor $\sqrt{1-\frac{v^2}{c^2}}$ verkleinert. Man erhielte

$$t_\| = \frac{2l\sqrt{1-\frac{v^2}{c^2}}}{c} \frac{1}{1-\frac{v^2}{c^2}}$$

$$= \frac{2l}{c} \frac{1}{\sqrt{1-\frac{v^2}{c^2}}} = t_\perp .$$

Lorentz nahm an, daß ein Objekt, das sich durch den Äther mit einer Geschwindigkeit v bewegt, tatsächlich um einen Faktor $\sqrt{1-\frac{v^2}{c^2}}$ in der Richtung seiner Bewegung verkürzt wird, während seine Ausdehnung in der Ebene senkrecht zur Bewegung unverändert ist. Diese *Kontraktion* gleicht gerade den Effekt aus, der durch die Abhängigkeit der Lichtgeschwindigkeit von der Bewegungsrichtung auftritt. Damit läßt sich der negative Ausfall beim Michelson-Morley-Experiment verstehen.

So kühn diese Idee seinerzeit auch erscheinen mußte, sie schien trotzdem weniger revolutionär zu sein, als einfach die Vorstellung des Äthers fallen zu lassen. Später in diesem Kapitel wird sich zeigen, daß die Lorentz-Kontraktion aus einer allgemeineren Annahme über die Ausbreitung des Lichtes folgt. Als eine grundlegende Annahme ist sie jedoch nicht brauchbar; sie erklärt zwar das Michelson-Morley-Experiment, versagt aber bei der Erklärung anderer Experimente. Im nächsten Abschnitt wird ein solches Experiment diskutiert. Es behandelt den Einfluß der Erdbewegung auf eine durch einen Doppelspalt erzeugte Interferenzfigur.

30.6. Interferenz zweier Kreiswellen im bewegten Medium

Zur Klärung des Einflusses, den die Bewegung der Erde durch den Äther auf die Interferenzerscheinung hinter einem Doppelspalt haben würde, soll zunächst eine gleichartige Situation in der Wellenwanne untersucht werden. Bild 30.4 zeigt das bekannte Interferenzbild, das durch zwei in Phase schwingende punktförmige Erreger erzeugt wird. Bild 30.5 zeigt das gleiche Bild, das durch die gleichen Erreger entsteht, wenn das Wasser sich relativ zu den Quellen nach

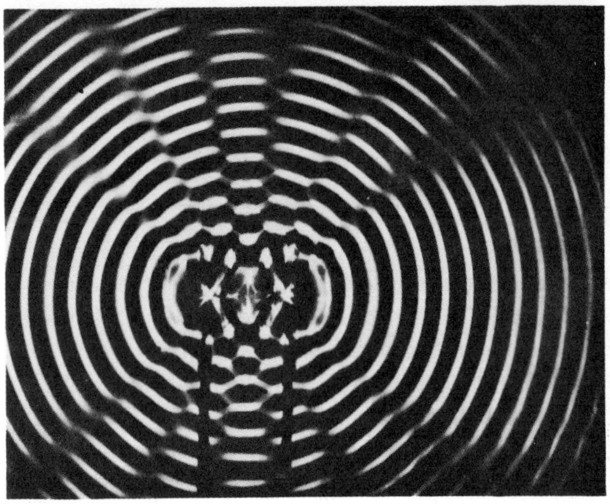

Bild 30.4. Interferenzbild zweier in Phase schwingender Quellen

Bild 30.5. Hier sind die gleichen Quellen wie in Bild 30.4 verwendet worden. Jedoch bewegt sich das Wasser nach rechts mit einer Geschwindigkeit, die nur wenig kleiner als die Geschwindigkeit der Wellen ist.

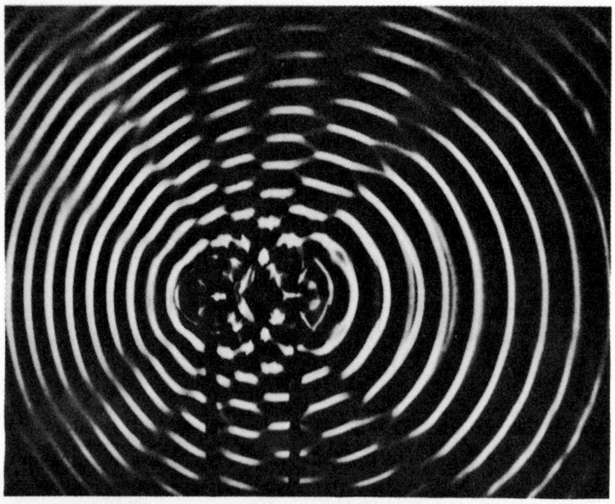

Bild 30.6. Der gleiche Vorgang wie in den beiden vorhergehenden Abbildungen, jedoch ist hier die Geschwindigkeit des Wassers nur ein kleiner Bruchteil der Geschwindigkeit der Wellen.

rechts bewegt. Man sieht, wie das ganze Bild gestört ist und daß die Interferenzstreifen in Richtung der Bewegungsrichtung des Wassers gebogen sind. Hier war die Geschwindigkeit v des Wassers nicht viel kleiner als die Geschwindigkeit u der Wellen, es galt $\frac{v}{u} = 0{,}7$. Das Ergebnis dieser Überlegung soll auf die Frage angewendet werden, ob sich die Erde durch den Äther bewegt. Daher wird der Quotient $\frac{v}{u}$ sehr viel kleinere Werte annehmen.

Bild 30.6 zeigt die Interferenzfigur für $\frac{v}{u} = 0{,}2$. Man erkennt kaum eine Störung; sichtbar ist lediglich eine leichte Verschiebung der Figur insgesamt. Sie ähnelt der Verschiebung, die sich durch einen Phasenunterschied zwischen den beiden Quellen ergibt (siehe Bild 8.17). Um diese Verschiebung quantitativ zu untersuchen, reicht es aus, die Verschiebung des Maximums nullter Ordnung zu bestimmen. Dieses wird durch die Schnittpunkte der sich ausbreitenden Wellenberge (oder Täler) gebildet, die gleichzeitig ausgesandt wurden. Bild 30.7 zeigt den Ort zweier Wellenberge zu einem Zeitpunkt t nach der Emission, so wie er sich in einem Bezugssystem ergibt, in dem beide Quellen in Ruhe sind. In diesem System bewegt sich das Wasser mit einer Geschwindigkeit v nach rechts. In dem gezeigten Moment sind die beiden Wellenberge als Kreise mit dem Radius ut dargestellt. Die Mittelpunkte der Kreise sind flußabwärts um die Strecke vt verschoben.

Bild 30.8 zeigt die gleiche Situation, nur ist die Zeit seit der Aussendung jetzt doppelt so lang wie bei Bild 30.7. Die beiden Abschnitte der einzelnen Wellenberge bewegen sich nun fast in die gleiche Richtung. Der Punkt, in dem sich die beiden Wellenberge zur doppelten Höhe überlagern, bewegt sich auf einer geraden Linie, die mit der Mittelsenkrechten einen Winkel θ bildet. Der Einfluß eines bewegten Mediums bewirkt also eine Verschiebung des Maximums nullter Ordnung der Interferenzfigur um einen Winkel θ in Bewegungsrichtung. Aus der Zeichnung ergibt sich $\tan\theta = \frac{v}{u}$. Für kleine Quotienten $\frac{v}{u}$ ist der Winkel θ

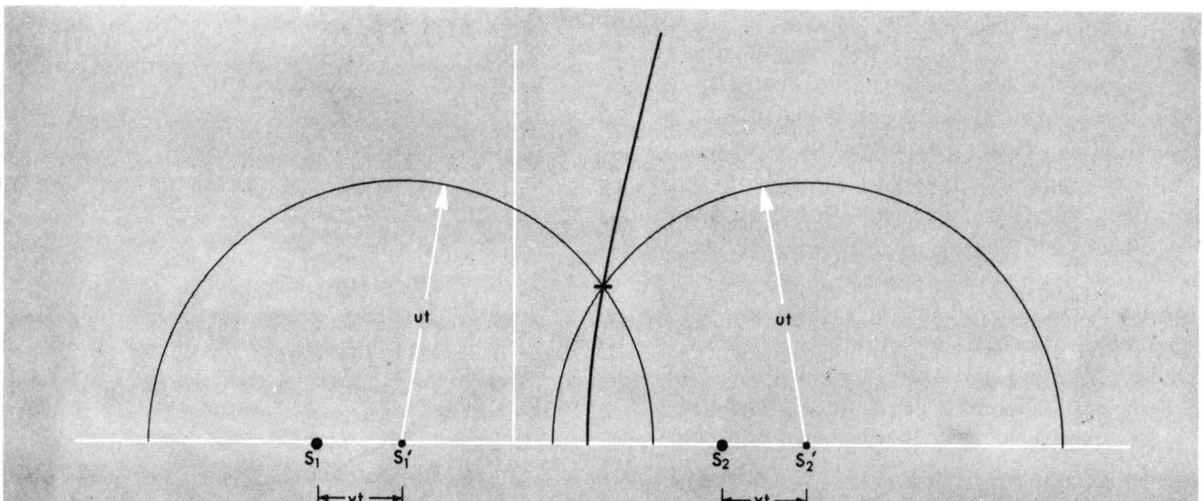

Bild 30.7. Die bei S_1 und S_2 gleichzeitig erzeugten kreisförmigen Wellenzüge werden durch das strömende Wasser nach rechts mitgenommen. Innerhalb einer Zeit t nach der Aussendung haben sich die Mittelpunkte der Wellenberge nach S_1' bzw. S_2' verschoben. Die Wellenberge überlagern sich zur doppelten Höhe in einem Punkt, der sich rechts von der Mittelsenkrechten zu $\overline{S_1 S_2}$ befindet. Die dick gezeichnete gekrümmte Linie stellt den Weg des Überlagerungspunktes dar.

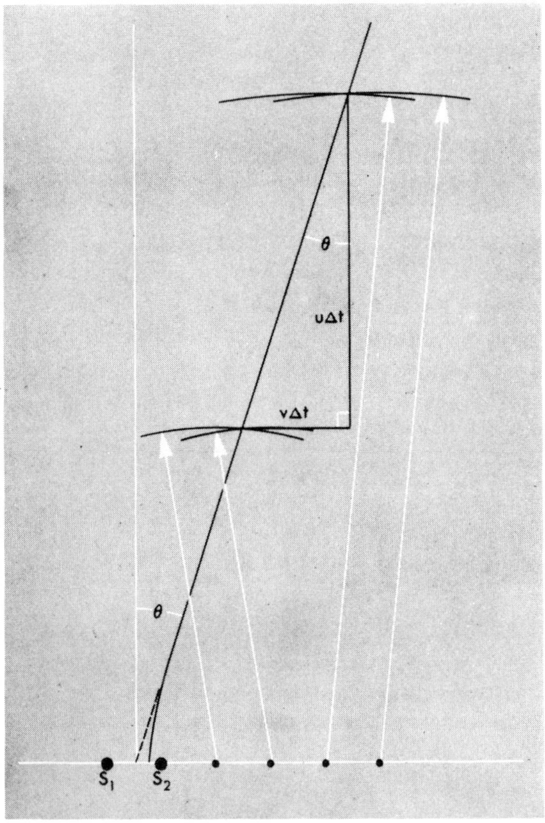

Bild 30.8. Die Überlagerung der gleichen beiden Wellenberge zu zwei um Δt verschiedenen Zeitpunkten. Dabei ist seit dem in Bild 30.7 dargestellten Zustand eine lange Zeit vergangen.

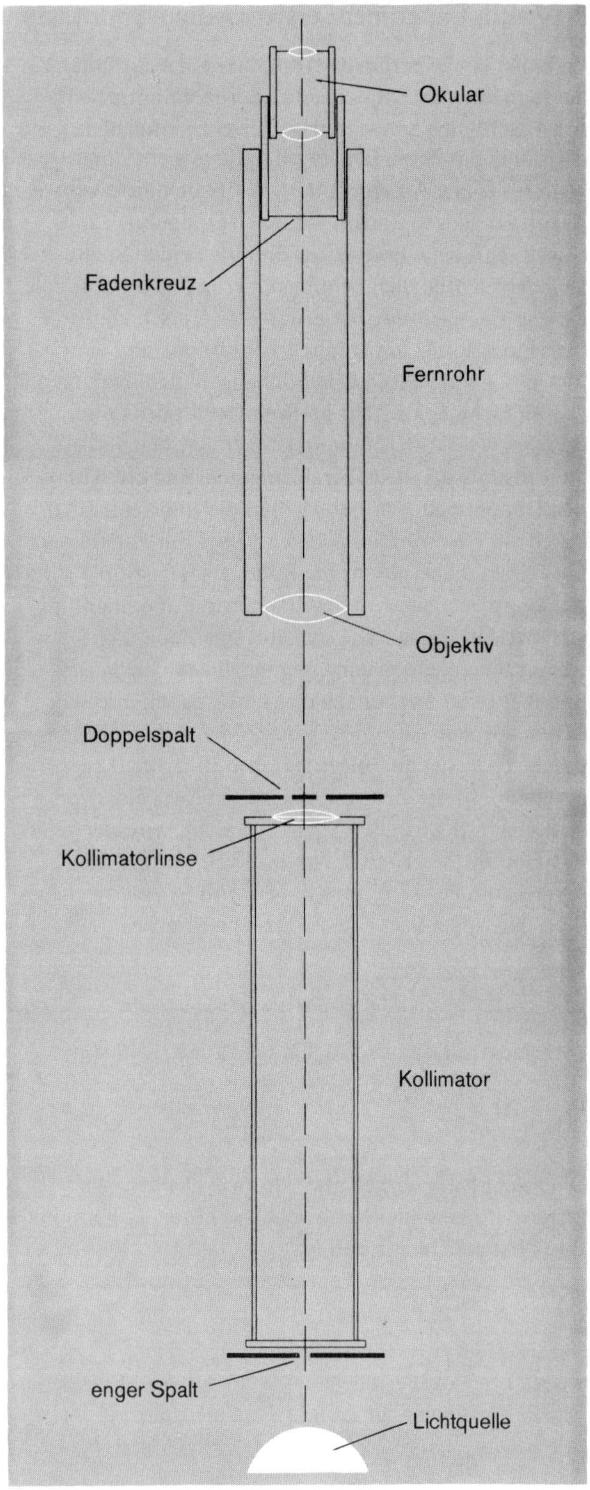

Bild 30.9. Schematische Zeichnung einer Apparatur, mit der die Verschiebung der Interferenzfigur beobachtet werden soll, die durch die Bewegung der Erde relativ zum Äther entsteht

ebenfalls klein. Dann läßt sich einfach schreiben $\theta = \frac{v}{u}$, wobei θ im Bogenmaß gemessen wird.

Wir stellen uns nun vor, die beiden punktförmigen Erreger befänden sich in der Mitte eines Flusses, der sich gleichförmig mit der Geschwindigkeit v parallel zur Verbindungslinie der beiden Erreger bewegt. Wir halten eine Glasplatte über das Wasser, zeichnen darauf eine Bezugslinie und dann die Interferenzfigur, wobei wir besonders das Maximum nullter Ordnung hervorheben. Fließt das Wasser nach rechts, so wird das Maximum nach rechts verschoben. Jetzt drehen wir unsere Glasplatte um 180°, so daß das Wasser nun nach links an uns mit der gleichen Geschwindigkeit vorbeifließt, und wiederum markieren wir das Maximum nullter Ordnung. Dann müssen die Richtungen der beiden Maxima, die wir auf dem Glas markiert haben, einen Winkel $2\theta = 2\frac{v}{u}$ bilden.

In diesem Experiment bewirkt die Bewegung des Mediums also eine Verschiebung der Interferenzfigur, die proportional zu $\frac{v}{u}$ ist. Dieses nennt man einen Effekt erster Ordnung.

30.7. Ein Experiment erster Ordnung mit Licht

Will man ein Experiment mit Lichtwellen ausführen, das dem eben beschriebenen Experiment entspricht, so entsteht eine Schwierigkeit: Zwei Lichtquellen, die ständig in Phase schwingen, gibt es nicht ohne weiteres (siehe Abschnitt 9.3). Wir haben diese Schwierigkeit umgangen, indem wir einen Doppelspalt mit einer Lichtquelle beleuchten und die beiden Spalte als zwei Lichtquellen benutzen, deren Phase gekoppelt ist. Zur Beobachtung der erwarteten Verschiebung des Interferenzbildes am Doppelspalt könnte man ein Instrument wie das in Bild 30.9 abgebildete benutzen. Der einfache Spalt steht im Brennpunkt der Linse. Das durch den Spalt hindurchtretende Licht verläßt die Linse als paralleles Strahlenbündel und erreicht den Doppelspalt. Wir beobachten die Interferenzfigur durch ein Fernrohr am anderen Ende. Ein Fadenkreuz im Teleskop übernimmt die Rolle der Bezugslinie auf der Glasplatte bei dem beschriebenen Experiment im strömenden Wasser. Die sich überlagernden Lichtwellen gehen jedoch von einer einzelnen Quelle aus und nicht von zwei unabhängigen Erregern, und sie laufen auf dem ganzen Weg durch den Äther. Die daraus zu ziehende Folgerung ist in Bild 30.10 zu erkennen. In der Zeit, in der eine Kreiswelle, die von A ausgesandt wird, den Spalt 2 erreicht, wird der Mittelpunkt des Kreises durch die Bewegung des Äthers zum Punkt A′ verschoben. Um S_2 zu erreichen, muß der Wellenberg eine zusätzliche Strecke

$$l = \overline{A'S_1} - \overline{A'S_2} = d \sin\theta \approx d\,\frac{v}{c}$$

zurücklegen. Dazu benötigt er eine zusätzliche Zeit

$$\Delta t = \frac{l}{c} = \frac{dv}{c^2}\,.$$

Die zwei Spalte wirken also wie zwei Quellen, die nicht in Phase schwingen (wobei S_1 hinter S_2 herhinkt). Ihre Phasendifferenz beträgt

$$p = \frac{\Delta t}{T}\,,$$

wobei $T = \frac{\lambda}{c}$ die Periode einer Lichtwelle ist. Ersetzen wir die Ausdrücke für Δt und T, so erhalten wir

$$p = \frac{dv}{c^2 T} = \frac{d}{\lambda}\,\frac{v}{c}\,.$$

Gäbe es keine Bewegung des Äthers hinter dem Doppelspalt, so würde dieser Phasenunterschied eine Verschiebung der ganzen Interferenzfigur nach links um einen Winkel

$$\tilde{\theta} = p\,\frac{\lambda}{d} = \frac{v}{c}$$

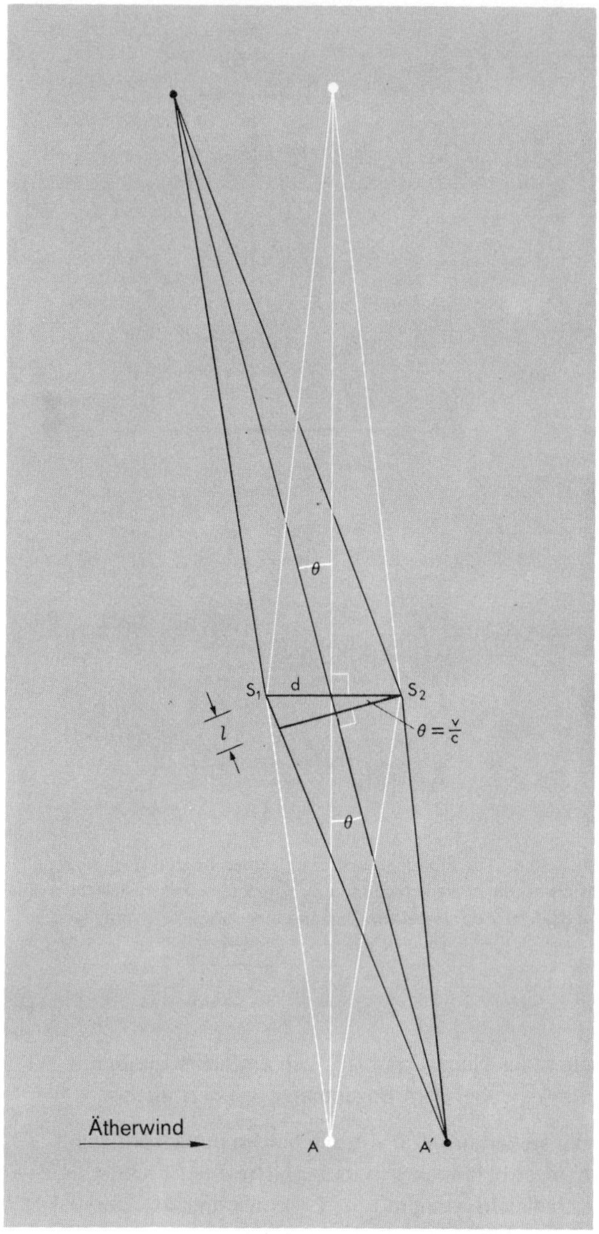

Bild 30.10. Licht, das in Wirklichkeit durch den Spalt A in die Apparatur von Bild 30.9 eintritt, scheint wegen der Bewegung des Äthers von A′ zu kommen. Der Doppelspalt kann also nicht mehr in Phase angeregt werden. Wäre hinter dem Doppelspalt kein Äther, so würde sich das zentrale Maximum nach links verschieben. Da jedoch auch dort Äther vorhanden ist, wird kein Effekt auftreten.

bewirken (siehe Abschnitt 8.5). Da wir gleichartige Bewegung des Äthers vor und hinter dem Doppelspalt annehmen, erwarten wir eine Verschiebung der Interferenzfigur nach rechts um einen Winkel $\theta = \frac{v}{c}$, so wie es im vorhergehenden Abschnitt hergeleitet wurde. Die durch die Phasendifferenz erzeugte Verschiebung der Figur nach links wird also gerade durch die Verschiebung nach rechts kompensiert, welche ihrerseits durch die Bewegung des Äthers hinter dem Doppelspalt hervorgerufen wird. Es wird also kein Effekt zu beobachten sein; die Interferenzfigur würde die gleiche sein, wie wenn sich das Medium überhaupt nicht bewegte.

Jedoch ist ein Effekt zu erwarten, wenn man ein lichtdurchlässiges Material, z.B. Wasser, zwischen den einfachen Spalt und den Doppelspalt bringt. Im Wasser hat die Lichtgeschwindigkeit den Wert $\frac{c}{n}$, wobei n der Brechungsindex des Wassers ist. In Wasser ergibt sich also

$$\Delta t = \frac{dv}{c^2}\, n^2,$$

und S_1 wird gegenüber S_2 eine Phasenverschiebung

$$p = \frac{\Delta t}{T} = \frac{d}{\lambda}\,\frac{v}{c}\, n^2$$

besitzen. Wenn diese Wellen nun in den ruhenden Äther eintreten, so wird die Interferenzfigur nach links um einen Winkel $\frac{vn^2}{c}$ verschoben. Eine Bewegung des Äthers nach rechts wird diese Verschiebung ebenso wie vorher um $\frac{v}{c}$ reduzieren. Die insgesamt zu erwartende Verschiebung ist also gegeben durch

$$\theta = \frac{v}{c}\,(n^2 - 1).$$

Diese Verschiebung wird nach links erfolgen. Dreht man nun den Apparat um 180°, so wird der Effekt verdoppelt:

$$2\theta = 2\frac{v}{c}\,(n^2 - 1)\,.$$

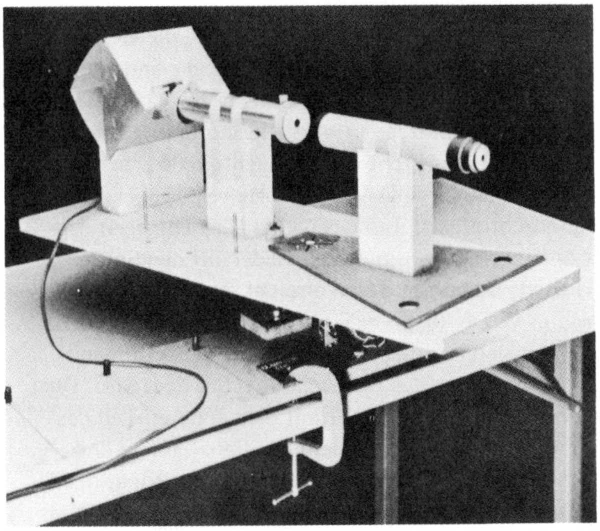

Bild 30.11. Eine Abwandlung der in Bild 30.9 dargestellten Apparatur. Das Kollimatorrohr zwischen Eintrittsspalt und Doppelspalt ist hier mit Wasser gefüllt. Die ganze Apparatur kann um eine vertikale Achse gedreht werden.

Es ist nun kein Problem mehr, die Wellenlänge des Lichtes und den Abstand zwischen den Spalten so zu wählen, daß der Winkel θ einen merkbaren Bruchteil des Winkels zwischen zwei Interferenzmaxima beträgt und damit leicht beobachtbar wird. Man kann dieses Experiment mit einer Apparatur ausführen, wie sie Bild 30.11 zeigt. Das Experiment ist ausgeführt worden, aber man hat niemals eine Verschiebung beobachtet!

30.8. Konstanz der Lichtgeschwindigkeit

Der Inhalt der beiden letzten Abschnitte soll noch einmal zusammengefaßt werden. Zunächst wurde ein Interferenzexperiment in der Wellenwanne diskutiert, das eine Bewegung des Wassers relativ zur Quelle und zum Beobachter aufzeigt. Dann wurde ein gleichartiges optisches Experiment entworfen, um die Bewegung der Erde relativ zum Äther nachweisen zu können. Dabei ergab sich die Schwierigkeit, daß man bei einem solchen Experiment zwei stets in Phase schwingende Lichtquellen benötigt. Der Versuchsaufbau wurde dadurch etwas komplizierter, und wir mußten in einen Teil des Lichtweges ein lichtbrechendes Material bringen. Bei Wasser als lichtbrechendem Material führte der Versuch zu keinem Ergebnis. Es ist kaum anzunehmen, daß sich bei Verwendung eines anderen Stoffes daran etwas ändert. Dies legt die Vermutung nahe, daß der lichtbrechende Stoff überhaupt kein wesentlicher Bestandteil der Apparatur ist und daß man auch dann kein Ergebnis bekäme, wenn man tatsächlich zwei in Phase schwingende Lichtquellen erzeugen könnte (ohne auf einen Einfachspalt zurückzugreifen). Falls es einen Äther gibt, so ist es aus irgendwelchen Gründen wiederum nicht gelungen, unsere Bewegung relativ zu ihm nachzuweisen.

Die negativen Ergebnisse des Michelson-Morley-Experiments und des im vorigen Abschnitt beschriebenen Experiments erster Ordnung zeigen klar, daß das Licht unabhängig von der Ausbreitungsrichtung stets die gleiche Zeit benötigt, um eine bestimmte Strecke zurückzulegen. Daher ist auch die Lichtgeschwindigkeit im Vakuum in allen Richtungen gleich, sie steht in keinem Zusammenhang mit der Bewegung der Erde um die Sonne. (Wir sagen: Die Lichtgeschwindigkeit ist *isotrop*, wenn wir die Erde als Bezugssystem verwenden.) Ursprünglich hatten wir angenommen, daß dies nur im durch die Sonne festgelegten Bezugssystem der Fall sein könne, denn darin sollte der Äther in Ruhe sein. Unser Ergebnis ist, daß der Äther offenbar auch bezüglich der Erde in Ruhe ist. Nun ist aber kaum vorstellbar, daß das Bezugssystem der Erde in irgendeiner Weise ausgezeichnet ist. Es scheint so, daß die

Lichtgeschwindigkeit in jedem Bezugssystem unabhängig von der Ausbreitungsrichtung ist. Wir müssen also schließen, daß der Äther in jedem Bezugssystem in Ruhe sein muß. Diese Vorstellung kann aber kaum weiterhelfen.

Wir wollen deshalb die Suche nach dem Äther aufgeben und uns jetzt näher mit der Lichtgeschwindigkeit befassen. Experimentell wurde gezeigt, daß die Lichtgeschwindigkeit im Bezugssystem der Erde isotrop ist. Außerdem gibt es einige Gründe dafür, daß für andere Bezugssysteme, die sich relativ zur Erde bewegen, das gleiche gilt. Wie ist es aber mit dem Betrag der Vakuumlichtgeschwindigkeit? Ist er in allen Bezugssystemen gleich, oder ergeben sich unterschiedliche Werte, wenn man ihn in verschiedenen Bezugssystemen nach der gleichen Methode bestimmt? Gibt es möglicherweise ein Bezugssystem, in dem die Lichtgeschwindigkeit am größten ist? Natürlich können wir die Lichtgeschwindigkeit nur in unserem Bezugssystem direkt messen. Weil aber die Lichtgeschwindigkeit in unterschiedlichen Bezugssystemen in allen Richtungen stets gleich groß ist, erscheint es vernünftig anzunehmen, daß auch der Betrag der Lichtgeschwindigkeit in verschiedenen Bezugssystemen stets gleich groß ist.

Die Vermutung, daß die Lichtgeschwindigkeit in allen Bezugssystemen den gleichen Betrag habe, wurde zuerst von *Albert Einstein* im Jahre 1905 geäußert. Das erscheint zunächst sehr überraschend. Wir kennen keine andere Geschwindigkeit mit dieser Eigenschaft. Alle anderen Geschwindigkeiten, sei es nun die Geschwindigkeit des Schalles oder die einer Rakete, sind in verschiedenen Bezugssystemen, die sich relativ zueinander bewegen, auch verschieden. Als Beispiel betrachten wir einen Zug, der sich mit der Geschwindigkeit v bezüglich der Schienen fortbewegt. Kommt ihm ein Zug mit einer Geschwindigkeit u entgegen, so hat er bezüglich dieses zweiten Zuges die Geschwindigkeit u + v. Es gibt eine Fülle experimenteller Beweise für diese einfache Addition der Geschwindigkeiten. Sie scheint aber zu falschen Ergebnissen zu führen, wenn die Geschwindigkeiten in die Größenordnung der Lichtgeschwindigkeit kommen.

30.9. Der Fizeau-Versuch zur Addition der Geschwindigkeiten

Es gibt experimentelle Ergebnisse zur Stützung der Regel für die einfache Addition der Geschwindigkeiten. Alle Geschwindigkeiten, die dabei auftreten, sind allerdings recht klein im Vergleich zur Geschwindigkeit des Lichts im Vakuum. Zum Beispiel liegen die Geschwindigkeiten der schnellsten Geschosse in der Größenordnung von $10^3\ \frac{m}{s}$; das ist weniger als das

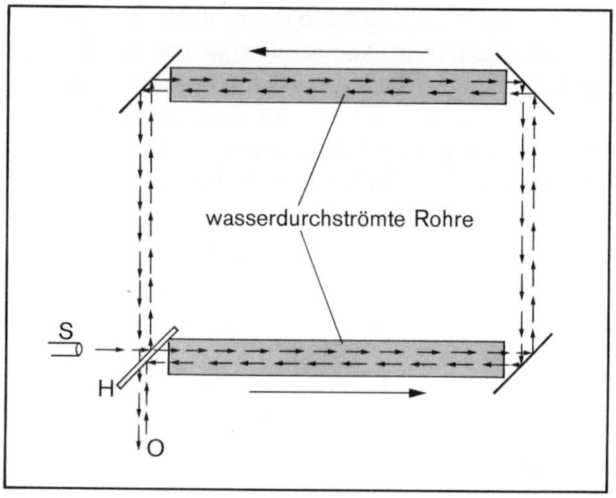

Bild 30.12. Der optische Teil von Fizeaus Versuchsaufbau. Das Rabersystem, das zur Erzeugung einer hohen Strömungsgeschwindigkeit ohne Störung des Interferenzbildes dient, wurde nicht eingezeichnet, obwohl es keineswegs unwichtig ist.

10^{-5}fache der Geschwindigkeit des Lichts im Vakuum. Wie steht es aber mit der Additions-Regel, wenn eine der vorkommenden Geschwindigkeiten in die Größenordnung der Vakuumlichtgeschwindigkeit kommt? Eine Antwort auf diese Frage liefert das Experiment, das vor über hundert Jahren durch den französischen Physiker *Fizeau* ausgeführt wurde; später wurde es unabhängig von *Michelson, Morley* und von *Zeeman* wiederholt.

Als Geschwindigkeit in der Größenordnung der Vakuumgeschwindigkeit des Lichts wurde die Geschwindigkeit des Lichts im Wasser gewählt; die andere Geschwindigkeit war die des Wassers bezüglich des Beobachters. Eine Skizze der Versuchsanordnung zeigt Bild 30.12. Das Licht von der Lichtquelle S trifft auf den halbdurchlässig versilberten Spiegel H. Der hindurchtretende Teil des Lichts läuft entgegen dem Uhrzeigersinn herum, bis er wieder auf den Spiegel H trifft; die Hälfte davon erreicht dann den Beobachter O. Der ursprünglich reflektierte Teil des Lichts bewegt sich im Uhrzeigersinn, bis er wiederum an H in die Richtung des Beobachters reflektiert wird. Dort kommt es zur Interferenz mit dem anderen Teil des Lichts. Die sich ergebende Interferenzfigur ist ähnlich der beim Michelson-Interferometer. Bringt man nun zwei wassergefüllte Rohre, deren Enden mit Glasscheiben verschlossen wurden, in den Lichtweg wie die Abbildung zeigt, so ändert sich an der Interferenzfigur nichts. Beide Lichtbündel werden in gleicher Weise durch das Wasser verzögert. Was geschieht aber, wenn wir die beiden Rohre untereinander verbinden und das Wasser mit Hilfe einer Pumpe zirkulieren lassen?

Bewegt sich das Wasser entgegen dem Uhrzeiger, so wird das im gleichen Sinn verlaufende Lichtbündel vor dem entgegengesetzt laufenden Bündel in H eintreffen. Dadurch wird eine Verschiebung der Interferenzfigur verursacht werden. Diese Verschiebung soll nun unter der Annahme berechnet werden, daß die einfache Addition der Geschwindigkeiten, wie sie für kleine Geschwindigkeiten gilt, auch hier anwendbar ist.

Es sei l die Länge eines Rohres und u die Geschwindigkeit des Lichts im Wasser. Die Zeit, die das Licht für den Weg durch die beiden Rohre bei ruhendem Wasser benötigt, ist dann $\frac{2l}{u}$. Bewegt sich nun das Wasser mit einer Geschwindigkeit v gegen den Uhrzeigersinn, so wird die Geschwindigkeit des gleichsinnig verlaufenden Lichtbündels auf u + v anwachsen; die des entgegengesetzt verlaufenden Lichtbündels wird auf u − v abnehmen. Die Teile einer Welle, die durch den halbdurchlässig versilberten Spiegel aufgespalten wurden, werden dort also mit der zeitlichen Verschiebung

$$\Delta t = \frac{2l}{u - v} - \frac{2l}{u + v} = 4l \frac{v}{u^2 - v^2}$$

ankommen. Wegen $u = \frac{c}{n}$, wobei n der Brechungsindex des Wassers ist, wird $v \ll u$. Daher können wir schreiben:

$$\Delta t = \frac{4lv}{u^2} = \frac{4l}{c} \frac{v}{c} n.$$

In Fizeaus Originalapparatur waren die Rohre 1,49 m lang, und das Wasser erreichte eine Geschwindigkeit von 7,1 $\frac{m}{s}$. Für n = 1,33 ergibt das $\Delta t = 0{,}83 \cdot 10^{-15}$ s. Die intensivste Farbe des Lichts entsprach bei diesem Experiment einer Schwingungsdauer $T = 1{,}75 \cdot 10^{-15}$ s. Damit ergibt sich die Phasendifferenz zwischen den beiden Hälften des Lichtbündels zu $p = \frac{\Delta t}{T} = 0{,}47$.

Die Rechnung sagt voraus: Wird das zunächst ruhende Wasser auf 7,1 $\frac{m}{s}$ beschleunigt, so hat dies eine Verschiebung der Interferenzfigur um 0,47 Streifen zur Folge. *Fizeau* beobachtete nur eine Verschiebung um 0,23, also nur um etwa den halben Wert. Diese Beobachtung wurde durch *Michelson* und *Morley*, sowie durch *Zeeman* bestätigt. Der Versuch zeigt: Licht wird tatsächlich schneller, wenn es sich mit dem Wasser bewegt, und tatsächlich langsamer, wenn es sich entgegengesetzt bewegt. Die Beträge dieser Änderungen sind jedoch wesentlich kleiner, als sie durch diese einfachen Rechnungen vorhergesagt wurden.

30.10. Relativistische Addition von Geschwindigkeiten

Zunächst soll zusammengefaßt werden, was bisher in diesem Kapitel erarbeitet wurde. Bestimmt ein Beobachter die Schallgeschwindigkeit in ruhender Luft zu u = 340 $\frac{m}{s}$, so mißt ein anderer Beobachter, der sich mit einer Geschwindigkeit v = 20 $\frac{m}{s}$ bewegt, eine Schallgeschwindigkeit w = u + v = 360 $\frac{m}{s}$, falls er sich auf die Schallquelle zu bewegt. Er ermittelt w = u − v = 320 $\frac{m}{s}$ wenn er sich von ihr weg bewegt. Das Michelson-Morley-Experiment gibt jedoch deutliche Hinweise darauf, daß ein gleichartiges Experiment mit Licht im Vakuum für beide Beobachter die gleiche Geschwindigkeit c ergibt. Die Beobachtergeschwindigkeit v addiert sich nicht zur Lichtgeschwindigkeit c, wird aber auch nicht subtrahiert.

Das Experiment von *Fizeau* liefert ein wichtiges Bindeglied zwischen der einfachen algebraischen Addition der Geschwindigkeiten und der Konstanz der Vakuumlichtgeschwindigkeit. Die beobachtete zeitliche Verschiebung zwischen den beiden Lichtbündeln ist etwa halb so groß wie diejenige, die unter der Annahme hergeleitet wurde, daß das Licht sich in der einen Richtung mit der Geschwindigkeit $\frac{c}{n} + v$ und in der anderen Richtung mit der Geschwindigkeit $\frac{c}{n} - v$ bewegt. Es scheint also, als ob jeweils $\frac{v}{2}$ zu $\frac{c}{n}$ addiert (bzw. von $\frac{c}{n}$ subtrahiert) würde. Anders gesagt: Das Experiment von *Fizeau* hat gezeigt, daß die Geschwindigkeit bezüglich eines Beobachters $\frac{c}{n} + \frac{v}{2}$ ist, wenn sich Licht in der Strömungsrichtung des Wassers ausbreitet. Bewegt es sich entgegen der Bewegungsrichtung des Wassers, so ergibt sich $\frac{c}{n} - \frac{v}{2}$.

Hier zeigt sich eine Gemeinsamkeit: Die einfache Addition der Geschwindigkeiten wird gestört, wenn eine von ihnen in die Größenordnung der Lichtgeschwindigkeit kommt. Ist eine gerade gleich der Lichtgeschwindigkeit, so gilt die einfache Addition überhaupt nicht mehr.

Es muß nun für die Addition der Geschwindigkeiten ein allgemeines Gesetz gefunden werden, das sowohl für große als auch für kleine Geschwindigkeiten gilt. Das gelingt, wenn man die einfache Relation w = u + v durch einen Korrekturfaktor g ergänzt. Das allgemeine Gesetz für die Addition der Geschwindigkeiten soll also in der Form w = g (u + v) geschrieben werden. Was läßt sich über den Zahlenwert von g sagen? Zunächst einmal muß g von u und v abhängen. Sind u und v beide im Vergleich zur Lichtgeschwindigkeit sehr klein, so unterscheidet sich g nur sehr wenig von 1. Das ist gerade der Bereich, für den die einfache Addition der Geschwindigkeiten gültig ist. Ist aber u = c, so ist auch w = c. Setzt man nun c für u und w in das allgemeine

Gesetz für die Addition der Geschwindigkeiten ein, so ergibt sich für u = c

$$c = g\,(c + v) \quad \text{oder} \quad g = \frac{c}{c+v} = \frac{1}{1+\frac{v}{c}}\,.$$

Ob ein Junge in einem Zug, der sich mit der Geschwindigkeit v bewegt, mit der Geschwindigkeit u läuft, oder ob umgekehrt der Zug mit der Geschwindigkeit u fährt und der Junge darin mit der Geschwindigkeit v läuft, in beiden Fällen bewegt sich der Junge mit der Geschwindigkeit w = u + v bezüglich der Erdoberfläche. Wir erwarten, daß diese Symmetrie auch dann noch gilt, wenn die Geschwindigkeiten so groß sind, daß sie sich nicht mehr einfach addieren. Das bedeutet, daß der Korrekturfaktor g in gleicher Weise von u und v abhängen muß. Diese Forderung und die speziellen Formen, die g annehmen muß, falls entweder u = c oder v = c sind, legen folgenden Ausdruck für g nahe:

$$g = \frac{1}{1+\frac{uv}{c^2}}\,.$$

Dieser Ausdruck hängt in gleicher Weise von u und v ab und liefert in den oben erwähnten Spezialfällen genau die richtigen Ergebnisse. Falls also unsere Annahme richtig ist, addieren sich gleichgerichtete Geschwindigkeiten nach

$$w = \frac{u+v}{1+\frac{uv}{c^2}}\,.$$

Diese Relation beschreibt die *relativistische Addition der Geschwindigkeiten.*

Historisch gesehen wurde die relativistische Addition der Geschwindigkeiten anders hergeleitet. Doch wird das hier vorgeführte Verfahren vielfach benutzt: Kennt man kein allgemeines Gesetz, so untersucht man Spezialfälle und versucht, einen Ausdruck zu finden, der auf diese Fälle paßt und wahrscheinlich allgemein gültig ist. Dieser Ausdruck muß dann aber experimentell überprüft werden. Wir werden in Abschnitt 30.13 noch einmal ähnlich vorgehen.

30.11. Eine experimentelle Überprüfung

Das Experiment von *Fizeau* (Abschnitt 30.9) bietet sich zur Überprüfung der eben entwickelten relativistischen Geschwindigkeitsaddition an. Die Überlegungen zu diesem Experiment bleiben unverändert. Für die Geschwindigkeit des Lichts im bewegten Wasser werden lediglich

$$u + v \text{ durch } \frac{u+v}{1+\frac{uv}{c^2}} \quad \text{und} \quad u - v \text{ durch } \frac{u-v}{1-\frac{uv}{c^2}}$$

ersetzt (Bild 30.12). Die Zeitdifferenz zwischen den beiden Lichtbündeln ergibt sich damit zu

$$\Delta t = \frac{2l\left(1-\frac{uv}{c^2}\right)}{u-v} - \frac{2l\left(1+\frac{uv}{c^2}\right)}{u+v}$$

$$= \frac{2l}{c^2}\,\frac{(c^2-uv)\,(u+v)-(c^2+uv)\,(u-v)}{u^2-v^2}$$

$$= \frac{4lv}{c^2}\,\frac{c^2-u^2}{u^2-v^2}.$$

Wie oben ist v klein im Vergleich zu $u = \frac{c}{n}$, so daß v^2 im Nenner zu vernachlässigen ist. Damit erhält man

$$\Delta t = \frac{4lv}{c^2}\,\frac{c^2-\frac{c^2}{n^2}}{\frac{c^2}{n^2}} = \frac{4l}{c}\,\frac{v}{c}\,(n^2-1).$$

Dieses Ergebnis wollen wir mit dem in Abschnitt 30.9 erhaltenen vergleichen:

$$\Delta t = \frac{4\,l}{c}\,\frac{v}{c}\,n^2\,.$$

Nach der neuen Rechnung wird die Zeitdifferenz um einen Faktor $\frac{n^2-1}{n^2}$ verkleinert. Für Wasser erhält man $\frac{1{,}33^2-1}{1{,}33^2} = 0{,}44$. Die relativistische Addition der Geschwindigkeiten sagt also eine Verschiebung um 0,44 · 0,47 = 0,21 Streifen voraus, während sich nach der ersten Rechnung 0,47 Streifen ergaben. Das stimmt recht gut mit der beobachteten Verschiebung von 0,23 Streifen überein und gibt uns Zutrauen zur hergeleiteten relativistischen Addition der Geschwindigkeiten.

Nun muß allerdings ein tiefer liegendes Problem untersucht werden. Die Geschwindigkeit ist definiert als der Quotient aus zurückgelegtem Weg und dazu benötigter Zeit. Wenn sich große Geschwindigkeiten nicht so verhalten, wie es von kleinen Geschwindigkeiten vertraut ist, so beginnt man zu zweifeln, ob die Vorstellungen von Länge und Zeit noch brauchbar sind. Wir werden sorgfältig zu untersuchen haben, was wir wirklich erhalten, wenn wir Längen- und Zeitintervalle in einem Bezugssystem messen, das sich relativ zu uns bewegt.

30.12. Zeitmessung in verschiedenen Bezugssystemen

Wir betrachten die Bewegung eines Körpers in zwei Bezugssystemen, die sich mit der Geschwindigkeit $\vec{v}$ relativ zueinander bewegen. Genauer gesagt: Wir sehen das System x, y, z als festes Bezugssystem, während

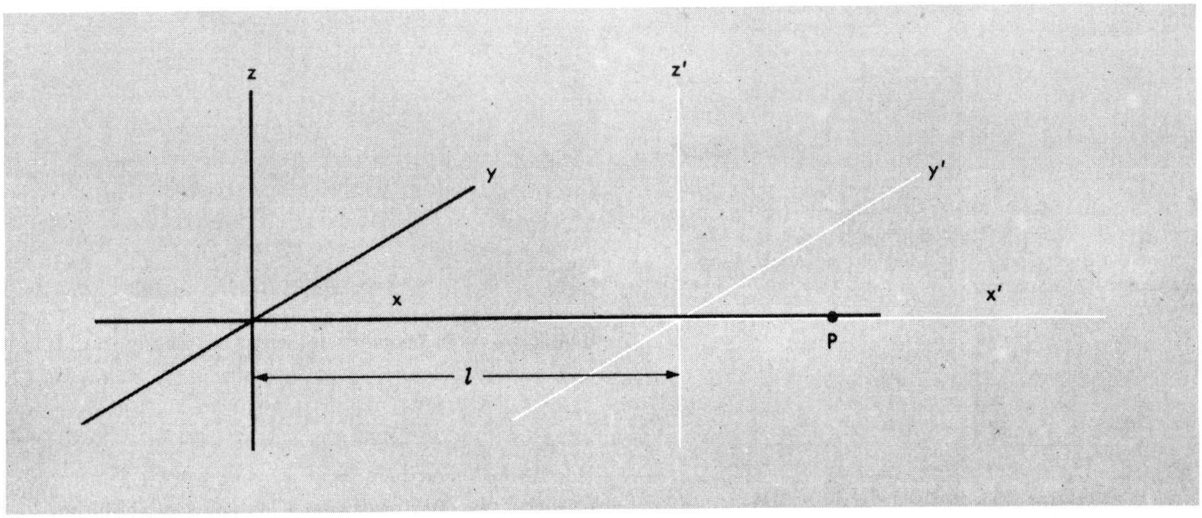

Bild 30.13. Die Bewegung des im Punkt P befindlichen Körpers kann entweder in dem Koordinatensystem S (schwarze Achsen) oder in dem sich nach rechts bewegenden Koordinatensystem S' (weiße Achsen) beschrieben werden. In dem hier dargestellten Zeitpunkt sind die Ursprungspunkte der beiden Systeme um die Strecke l voneinander entfernt.

sich das System x', y', z' bewegt. Außerdem ist es zweckmäßig, die Achsen der beiden Systeme parallel zu legen und die Relativbewegung entlang der x-Achse anzunehmen (Bild 30.13). Aus Bild 30.13 ergibt sich für die Koordinaten eines Punktes P auf der x-Achse der Zusammenhang

$$x = x' + l.$$

Zur weiteren Vereinfachung wählen wir den Zeitpunkt, zu dem die beiden Systeme zusammenfallen, als Beginn der Zeitskala, also ist dann $t = 0$. Damit ist gemeint, daß zwei Beobachter, die sich im Ursprung der beiden Koordinatensysteme befinden, ihre Stoppuhren gerade in dem Moment in Gang setzen, wenn die beiden Bezugssysteme zusammenfallen. Der Abstand der Ursprungspunkte beider Systeme ist dann gegeben durch $l = vt$, und zu jeder beliebigen Zeit t gilt für die Koordinaten von P der Zusammenhang $x = x' + vt$. Für zwei Zeitpunkte t_1 und t_2 erhält man speziell

$$x_1 = x_1' + vt_1$$
$$x_2 = x_2' + vt_2 .$$

Subtraktion der ersten Gleichung von der zweiten und Division durch $t_2 - t_1$ ergibt

$$\frac{x_2 - x_1}{t_2 - t_1} = v + \frac{x_2' - x_1'}{t_2 - t_1} .$$

Diesen Ausdruck können wir in der Form

$$\frac{\Delta x}{\Delta t} = v + \frac{\Delta x'}{\Delta t}$$

schreiben. Für hinreichend kleines Δt wird daraus

$$u = v + u'.$$

Das ist die einfache Addition der Geschwindigkeiten; von ihr wissen wir, daß sie für große Geschwindigkeiten nicht mehr gilt. Wir müssen bei dieser einfachen Überlegung irgend etwas Grundlegendes übersehen haben.

Betrachten wir noch einmal Bild 30.13, so wird es schwer sein, einen Fehler zu finden. Aber sind wir eigentlich sicher, daß die Zeit in beiden Bezugssystemen gleich ist? Wie so oft in der Entwicklung der Naturwissenschaften gehört große Einsicht dazu, die richtige Frage zu stellen. Ist diese erst gestellt, so kann die Antwort durchaus einfach sein. Die Frage der Zeitmessung in verschiedenen Bezugssystemen wurde im Jahre 1905 von *Albert Einstein* aufgeworfen. Sie soll jetzt etwas genauer untersucht werden.

Zeitmessung erfordert eine Uhr. Gleichzeitige Zeitmessung an zwei verschiedenen Orten erfordert zwei synchronisierte Uhren, also Uhren, die irgendwann einmal aufeinander abgestimmt wurden und die gleich schnell gehen.

In Abschnitt 30.3 wurde gezeigt, daß ein Lichtsignal zur Synchronisation zweier an verschiedenen Orten befindlichen Uhren nur unter der Annahme benutzt werden kann, daß die Lichtgeschwindigkeit in allen Richtungen gleich groß ist. Bisher wurden schon recht überzeugende Gründe dafür vorgelegt, daß das im Vakuum tatsächlich der Fall ist. Man kann also zwei im Abstand d befindliche Uhren dadurch synchronisieren,

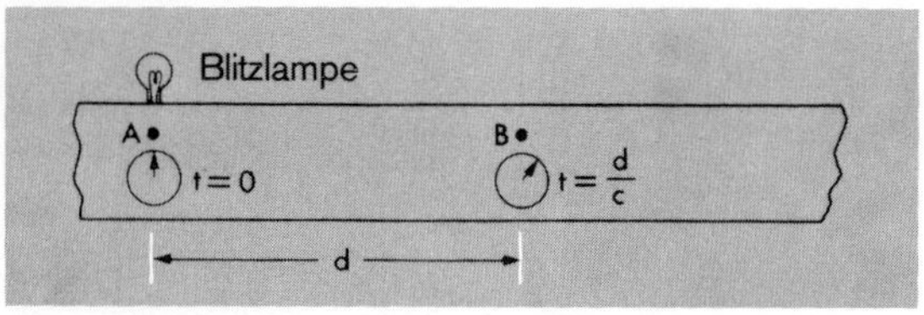

Bild 30.14. Synchronisation zweier Uhren mit Hilfe eines Blitzlichts. Die Uhren sind wie angegeben eingestellt. Uhr A startet, wenn der Blitz zündet, Uhr B beginnt zu laufen, wenn der Lichtblitz bei ihr ankommt.

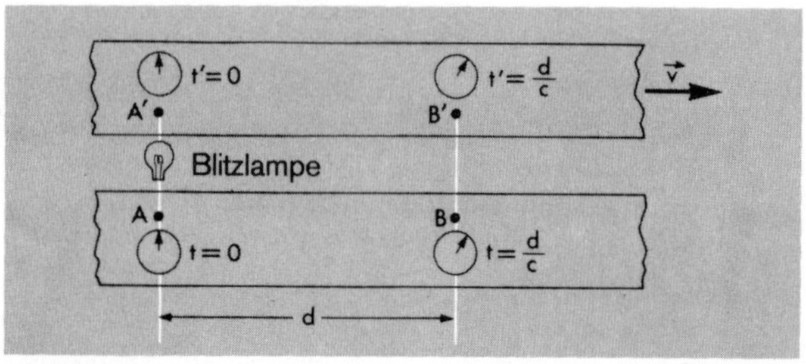

Bild 30.15. Beobachter A und B benutzen wie in Bild 30.14 einen Blitz zur Synchronisierung ihrer Uhren. Beobachter A' und B' benutzen denselben Blitz und dasselbe Verfahren, um ihre Uhren zu synchronisieren.

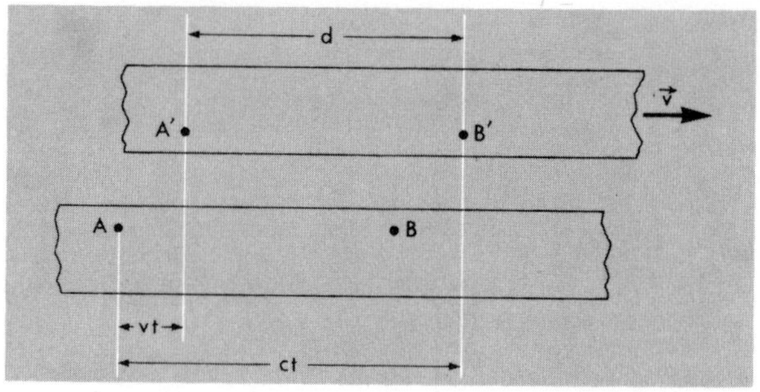

Bild 30.16. Vom Koordinatensystem S aus scheint der Blitz in B' nach einer Zeit $t > \frac{d}{3}$ anzukommen.

daß man in der Mitte zwischen ihnen eine Blitzlampe zündet und die beiden Beobachter ihre Uhren in dem Moment in Gang setzen, in dem sie den Blitz sehen. Noch einfacher ist das folgende Verfahren: Statt die Blitzbirne in die Mitte zwischen A und B zu bringen, bringt man sie nach A (Bild 30.14). Beobachter A stellt seine Uhr zunächst auf $t = 0$, während Beobachter B seine Uhr auf $t = \frac{d}{c}$ einstellt. Diese Zeit benötigt das Licht für den Weg von A nach B. Der Blitz setzt die Uhr des Beobachters A in Gang und setzt später bei der Ankunft in B auch die zweite Uhr in Gang. Da die Lichtgeschwindigkeit eine universelle Konstante ist, können zwei Beobachter in einem anderen Bezugssystem, das sich bezüglich des ersten mit einer konstanten Geschwindigkeit v bewegt, ebenfalls so verfahren. Man kann sich etwa die folgende Situation vorstellen: Die Beobachter A und B (Bild 30.15) sitzen auf einer Plattform, A' und B' auf einer anderen, die sich mit der Geschwindigkeit v relativ zur ersten bewegt. In dem Moment, in dem A' bei A vorbeikommt, wird ein Blitz gezündet, den beide Beobachterpaare zum Synchronisieren ihrer Uhren benutzen können. Jedes Paar für sich wird sicher sein, daß seine Uhren synchronisiert sind. Aber was sagen die Beobachter auf der einen Plattform über die Uhren der anderen Beobachter?

Deshalb soll jetzt berechnet werden, wie die Synchronisation in dem Bezugssystem S' einem Beobachter im Bezugssystem S erscheint. Da sich die Plattform im System S' relativ zum Bezugssystem S nach rechts bewegt, kommt das Licht später in B' als in B an (Bild 30.16). t sei die Zeit, in der das Licht von A nach B' gelangt, dann hat sich das System S' in dieser Zeit um eine Strecke vt bewegt, und das Licht hat die Strecke ct zurückgelegt. Die Differenz ist $d = ct - vt$. Daraus ergibt sich

$$t = d\,\frac{1}{v-c} = \frac{d}{c}\,\frac{1}{1-\frac{v}{c}}.$$

In erster Näherung läßt sich dieser Ausdruck ersetzen durch

$$t = \frac{d}{c}\left(1 + \frac{v}{c}\right).$$

Die Beobachter auf der Plattform S werden also folgern, daß ihre Kollegen in B' im System S' ihre Uhr auf eine Zeit $t'_{scheinbar} = \frac{d}{c}\,(1 + \frac{v}{c})$ einzustellen haben, wenn sie sie genau synchronisieren wollen. Andererseits werden aber die Beobachter im System S' darauf bestehen, daß $t' = \frac{d}{c}$ richtig ist, denn in ihrem Bezugssystem bewegen sie sich ja nicht. Darüber hinaus werden die Beobachter auf der Plattform S' mit Recht sagen, daß sich die andere Plattform S mit der Geschwindigkeit $-$ v nach links bewegt und daß deshalb die Uhr bei B auf $t_{scheinbar} = \frac{d}{c}\,(1 - \frac{v}{c})$ eingestellt werden müßte und nicht, wie geschehen, auf $t = \frac{d}{c}$.

Dieser Unterschied in der Auffassung hat weitreichende Konsequenzen. Wir benutzen synchronisierte Uhren zur Registrierung der Zeitpunkte, in denen irgendein Ereignis stattfindet. Wir benutzen zum Beispiel synchronisierte Uhren, um festzustellen, wann zwei Steine an verschiedenen Stellen entlang eines Eisenbahngleises fallen gelassen wurden. Zeigen die beiden Zeitablesungen das gleiche Ergebnis, so sagen wir, daß

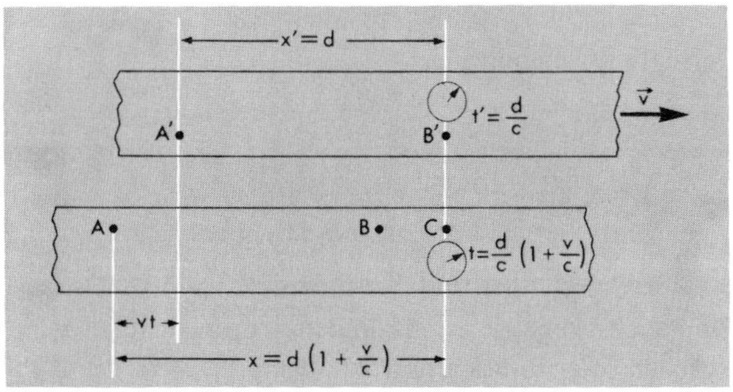

Bild 30.17. Die Uhr des Beobachters C' wurde um die Zeit $t = \frac{d}{c}\left(1 + \frac{v}{c}\right)$ vorgestellt. Der Lichtblitz kommt in B' und C an und startet beide Uhren in dem eingezeichneten Moment.

die beiden Ereignisse gleichzeitig stattfanden. Aus der vorangegangenen Diskussion folgt nun aber: Stellen Beobachter auf dem Bahndamm fest, daß die Steine gleichzeitig fielen, lehnen Beobachter in einem vorbeifahrenden Zug diese Feststellung ab. Denn bezüglich ihrer Uhren sind die Uhren auf dem Bahndamm ja nicht synchronisiert. In zwei Bezugssystemen, die sich relativ zueinander bewegen, sind die Zeitskalen unterschiedlich. Wie lassen sie sich aufeinander beziehen?

Diese Überlegungen sollen am Bild 30.15 angestellt werden. Beobachter A und A' stellen ihre Uhren auf Null ein, während die Uhren bei B bzw. B' auf $\frac{d}{c}$ eingestellt werden. Beobachter B fordert, daß B' seine Uhr (in erster Näherung) auf $\frac{d}{c}\left(1 + \frac{v}{c}\right)$ einzustellen hätte. Dies ist gerade die Zeit, um die ein dritter Beobachter C, der im System S um $x = d\left(1 + \frac{v}{c}\right)$ von A entfernt ist, seine Uhr vorzustellen hat, wenn sie durch den gleichen Lichtblitz synchronisiert werden soll (Bild 30.17). Werden die Uhren in B' und C nun durch den Lichtblitz in Gang gesetzt, so beginnt die Uhr in B' von einer Zeit $t = \frac{d}{c}$ ab und die in C von $t = \frac{d}{c} + \frac{dv}{c^2}$ ab zu laufen. Sind beide Uhren identisch, so erwarten wir, daß die Beziehung $t = t' + \frac{dv}{c^2}$ stets erhalten bleibt.

Beobachter B' kann einen beliebigen Abstand von A', der den Ursprung des Koordinatensystems S' festlegt, wählen. Die Strecke d ist also willkürlich angenommen. Um das noch einmal ganz klar festzustellen, ersetzen wir d durch x'. Da die Uhren in A, B und C synchronisiert sind, gilt die Relation

$$t = t' + \frac{vx'}{c^2}$$

auch für den Zusammenhang zwischen allen im unbewegten System synchronisierten Uhren und einer Uhr, die sich im Abstand x' vom Ursprung in einem Koordinatensystem S' befindet.

Aus Bild 30.17 ergibt sich $x = x' + vt$. Nun soll x mit Hilfe der Koordinate und der Zeit des Bezugssystems S' ausgedrückt werden. Wir ersetzen deshalb t unter Verwendung der vorhergehenden Gleichung:

$$x = x' + vt' + x'\,\frac{v^2}{c^2}\,.$$

Bisher haben wir unsere Rechnungen immer nur bis zur ersten Ordnung für $\frac{v}{c}$ durchgeführt. Deshalb vernachlässigen wir den letzten Term und erhalten

$$x = x' + vt'.$$

Vom Standpunkt eines Beobachters im Bezugssystem S' ist diese Relation einsichtig: Relativ zu ihm hat sich das Koordinatensystem S um die Strecke vt' nach links verschoben. Die Koordinate im unbewegten System ist also um das Stück gerade größer als die Koordinate im bewegten System. Damit sind wir in der Lage, ein Ereignis durch zwei Paare von Koordinaten (x, t) und (x', t') zu beschreiben. Diese Koordinatenpaare sind zwei verschiedenen Bezugssystemen S und S' zugeordnet, die sich mit einer Geschwindigkeit v relativ zueinander bewegen. Die beiden Koordinatenpaare sind durch die *Transformationsgleichungen*

$$x = x' + vt'\,,$$

$$t = t' + \frac{vx'}{c^2}$$

miteinander verknüpft.

Nun kann überprüft werden, ob diese Transformationsgleichungen zur relativistischen Addition der Geschwindigkeiten führen. Bewegt sich ein Objekt entlang der x-Achse, so ergibt sich seine Geschwindigkeit im Koordinatensystem S zu $u = \frac{\Delta x}{\Delta t}$. Im bewegten Koordinatensystem ergibt sie sich zu $u' = \frac{\Delta x'}{\Delta t'}$. Nun gilt aber

$$\Delta x = \Delta x' + v\Delta t'$$

und

$$\Delta t = \Delta t' + \frac{v\Delta x'}{c^2}\,.$$

Dividieren wir die erste der beiden Gleichungen durch die zweite, so erhalten wir

$$u = \frac{\Delta x}{\Delta t} = \frac{\Delta x' + v\Delta t'}{\Delta t' + \frac{v\Delta x'}{c^2}}$$

$$= \frac{\frac{\Delta x'}{\Delta t'} + v}{1 + \frac{v}{c^2}\frac{\Delta x'}{\Delta t'}} = \frac{u' + v}{1 + \frac{vu'}{c^2}}\,.$$

Das ist aber die relativistische Addition der Geschwindigkeiten, die schon experimentell überprüft wurde.

Es sei noch einmal daran erinnert: Bevor wir uns mit der Frage der Gleichzeitigkeit näher befaßten, haben wir intuitiv $t = t'$ gesetzt und daher auch keine Bedenken bei der Einführung von t' gehabt. Das aber führt nur zu der nichtrelativistischen Addition der Geschwindigkeiten.

30.13. Die Lorentz-Transformation

Die Herleitung der Gleichung

$$t = t' + \frac{vx'}{c^2}$$

war bisher auf den Fall beschränkt, daß v sehr viel kleiner als c ist, denn wir haben bei unseren Rechnungen nur die erste Ordnung von $\frac{v}{c}$ berücksichtigt. Wir wollen nun überprüfen, ob unsere Ergebnisse auch dann gültig sind, wenn diese Bedingung nicht mehr erfüllt ist. Dazu wollen wir untersuchen, ob die beiden Gleichungssysteme, durch die x' und t' mit Hilfe von x und t sowie umgekehrt x und t mit Hilfe von x' und t' ausgedrückt werden, miteinander in Einklang stehen. Da sich das bewegte Koordinatensystem mit einer Geschwindigkeit v bezüglich des ruhenden Systems bewegt, bewegt sich dieses mit einer Geschwindigkeit $-v$ bezüglich des ersten. Ersetzen wir daher v durch $-v$, x durch x' und t durch t', so erhalten wir ein System von Gleichungen, durch das x' und t' durch x und t ausgedrückt werden:

$$x' = x - vt$$

$$t' = t - \frac{vx}{c^2} \quad .$$

Falls diese beiden Gleichungssysteme miteinander vereinbar sind, muß das Ersetzen von x' und t' in dem ersten Gleichungssystem mit Hilfe des zweiten Gleichungssystems zu den Identitäten $x = x$ und $t = t$ führen. Man findet aber

$$x = x' + vt' = x - vt + vt - \frac{v^2}{c^2}x = \left(1 - \frac{v^2}{c^2}\right)x$$

$$t = t' + \frac{vx'}{c^2} = t - \frac{vx}{c^2} + \frac{vx}{c^2} - \frac{v^2 t}{c^2} = \left(1 - \frac{v^2}{c^2}\right)t \, .$$

Der Faktor $(1 - \frac{v^2}{c^2})$ enthält zwar den Term $\frac{v}{c}$ in der zweiten, nicht aber in der ersten Ordnung. Das ist ermutigend. Wir erkennen nämlich, daß die Transformationsgleichungen

$$x = x' + vt$$

$$t = t' + \frac{vx'}{c^2}$$

so lange anwendbar sind, wie $1 - \frac{v^2}{c^2} \approx 1$ gilt. Damit sind auch Vorgänge erfaßt, in denen die nichtrelativistischen Transformationsgleichungen

$$x = x' + vt$$

$$t = t'$$

versagten. Es kommt nun darauf an, den Gültigkeitsbereich der Transformationsgleichungen auch auf größere Werte von $\frac{v}{c}$ auszudehnen, wobei aber ihre Gültigkeit für kleine Werte von $\frac{v}{c}$ erhalten bleiben muß. Dazu läßt sich das folgende Verfahren verwenden. Im Ergebnis trat ein Faktor $(1 - \frac{v^2}{c^2})$ auf, nachdem die ersten Transformationsgleichungen zweimal angewendet wurden. Dieser Faktor ist zu eliminieren, wenn man die rechte Seite jeder Gleichung mit einem Faktor $\frac{1}{\sqrt{1 - \frac{v^2}{c^2}}}$ multipliziert. Überprüft man die so gefundenen Gleichungen in der gleichen Weise wie vorher, so tritt ein Faktor $\frac{1}{1 - \frac{v^2}{c^2}}$ auf, durch den der unerwünschte Faktor $1 - \frac{v^2}{c^2}$ gerade ausgeglichen wird. Wir erhalten damit folgende Relationen:

$$x = \frac{1}{\sqrt{1 - \frac{v^2}{c^2}}}(x' + vt')$$

$$x' = \frac{1}{\sqrt{1 - \frac{v^2}{c^2}}}(x - vt)$$

$$t = \frac{1}{\sqrt{1 - \frac{v^2}{c^2}}}\left(t' + \frac{vx'}{c^2}\right)$$

$$t' = \frac{1}{\sqrt{1 - \frac{v^2}{c^2}}}\left(t - \frac{vx}{c^2}\right) \quad .$$

Diese Koordinatentransformation ist als *Lorentz-Transformation* bekannt. Sie bildet einen Stützpfeiler der speziellen Relativitätstheorie. Zunächst müssen wir aber eine experimentelle Bestätigung für den neuen Faktor $\frac{1}{\sqrt{1 - \frac{v^2}{c^2}}}$ suchen.

Welche Zusammenhänge bestehen zwischen y und y' bzw. z und z'? Bild 30.13 läßt erkennen, daß $y = y'$ und $z = z'$ gilt, unabhängig von x', t' und v. Außerdem bleiben alle Überlegungen, die zur Lorentz-Transformation führten, unverändert, wenn die x-Achse und die x'-Achse parallel zueinander verschoben werden. Die Relationen $y = y'$ und $z = z'$ bleiben also auch dann gültig, wenn relativistische Effekte betrachtet werden.

30.14. Zeitdilatation

Der Faktor $\frac{1}{\sqrt{1-\frac{v^2}{c^2}}}$, durch den sich die Lorentz-Transformation von den in Abschnitt 30.12 entwickelten Gleichungen unterscheidet, führt zu einer überraschenden Konsequenz. Wir stellen uns vor, in einem bewegten Bezugssystem S' fänden zu unterschiedlichen Zeiten an der gleichen Stelle x' zwei Ereignisse statt. Das erste Ereignis möge zur Zeit t'_1, das zweite zur Zeit $t'_2 = t'_1 + \Delta t'$ eintreten. Für einen Beobachter in einem festen Bezugssystem ergeben sich entsprechend die Zeiten t_1 und $t_2 = t_1 + \Delta t$. Wie hängt nun die Zeitdifferenz $\Delta t'$ mit der Zeitdifferenz Δt zusammen? Aus der Lorentz-Transformation folgt

$$t_1 = \frac{1}{\sqrt{1-\frac{v^2}{c^2}}} \left(t'_1 + \frac{vx'}{c^2}\right)$$

$$t_2 = \frac{1}{\sqrt{1-\frac{v^2}{c^2}}} \left(t'_1 + \Delta t' + \frac{vx'}{c^2}\right) .$$

Es ist daher

$$\Delta t = t_2 - t_1 = \frac{\Delta t'}{\sqrt{1-\frac{v^2}{c^2}}} .$$

Der Beobachter in dem ruhenden System S wird also feststellen, daß die Zeitdifferenz zwischen zwei Ereignissen um den Faktor $\frac{1}{\sqrt{1-\frac{v^2}{c^2}}}$ größer ist, als es der Beobachtung im bewegten Bezugssystem S' entspricht. Dabei ist es ganz gleichgültig, um was für Ereignisse es geht. Es kann sich um die Emission zweier Strahlungsimpulse, um den Zerfall zweier Atomkerne oder auch um aufeinanderfolgende Durchgänge eines Pendels durch einen Umkehrpunkt seiner Bewegung handeln. Die Zeitdifferenz zwischen jeweils einem Paar solcher Ereignisse, die an der gleichen Stelle in einem bewegten Bezugssystem stattfinden, wird für einen Beobachter im ruhenden Bezugssystem S stets größer erscheinen als für den Beobachter im bewegten Bezugssystem S', selbst wenn beide identische Uhren benutzen. Die bewegte Uhr scheint für den Beobachter im ruhenden Bezugssystem langsamer zu gehen. Dieser Effekt wird als *Zeitdilatation* bezeichnet.

Bei dieser Überlegung ist zu bedenken, daß wir willkürlich und zur bequemeren Sprechweise das eine Bezugssystem als ruhend und das andere als bewegt bezeichnet haben. Beide Systeme bewegen sich relativ zueinander mit der Geschwindigkeit v. Wir können daher die Zuordnung „ruhend" bzw. „bewegt" bei den beiden Bezugssystemen vertauschen. Der Beobachter in dem ursprünglich als bewegt bezeichneten Bezugssystem S' wird für zwei aufeinanderfolgende Ereignisse, die in dem ursprünglich als ruhend bezeichneten Bezugssystem S im gleichen Punkt x geschehen, durch genau die gleiche Argumentation wiederum zu einer Zeitdifferenz $\Delta t'$ kommen, wobei nun

$$\Delta t' = \frac{\Delta t}{\sqrt{1-\frac{v^2}{c^2}}}$$

ist. Können beide Relationen

$$\Delta t = \frac{\Delta t'}{\sqrt{1-\frac{v^2}{c^2}}} \quad \text{und} \quad \Delta t' = \frac{\Delta t}{\sqrt{1-\frac{v^2}{c^2}}}$$

gleichzeitig richtig sein, oder müßte die zweite Relation richtiger

$$\Delta t' = \Delta t \sqrt{1-\frac{v^2}{c^2}}$$

heißen? Zur Beantwortung dieser Frage wollen wir untersuchen, wo die beiden in Frage stehenden Ereignisse eintraten. Im ersten Fall fanden sie beide an der gleichen Stelle x' im Bezugssystem S' und an verschiedenen Stellen im System S mit dem Abstand

$$x_1 - x_1 = v\Delta t$$

statt. Andererseits traten im zweiten Fall die beiden Ereignisse an der gleichen Stelle x im System S, aber an verschiedenen Stellen im System S' ein. Beide Fälle stellen unterschiedliche Situationen dar. In jedem Fall ist die Zeitdifferenz für denjenigen Beobachter am kürzesten, für den die Ereignisse an der gleichen Stelle stattfinden. Anders gesagt: Von allen identischen Uhren geht die Uhr, die man in der Hand hat, schneller als alle Uhren, die sich relativ zu einem selbst bewegen.

Die Zeit, die von einer Uhr gemessen wird, die sich bezüglich des Beobachters in Ruhe befindet, wird „wahre" Zeit genannt. Im ersten betrachteten Fall ist das wahre Zeitintervall $\Delta t'$, im zweiten Fall Δt. Beide Gleichungen sind also richtig, denn sie beziehen sich auf unterschiedliche Situationen.

Läßt sich die Zeitdilatation tatsächlich beobachten? In Bild 30.18 ist $\frac{1}{\sqrt{1-\frac{v^2}{c^2}}}$ als Funktion von $\frac{v}{c}$ dargestellt. Der Graph zeigt, daß selbst bei Geschwindigkeiten, wie sie Raketen haben, der Term $\frac{1}{\sqrt{1-\frac{v^2}{c^2}}}$ noch

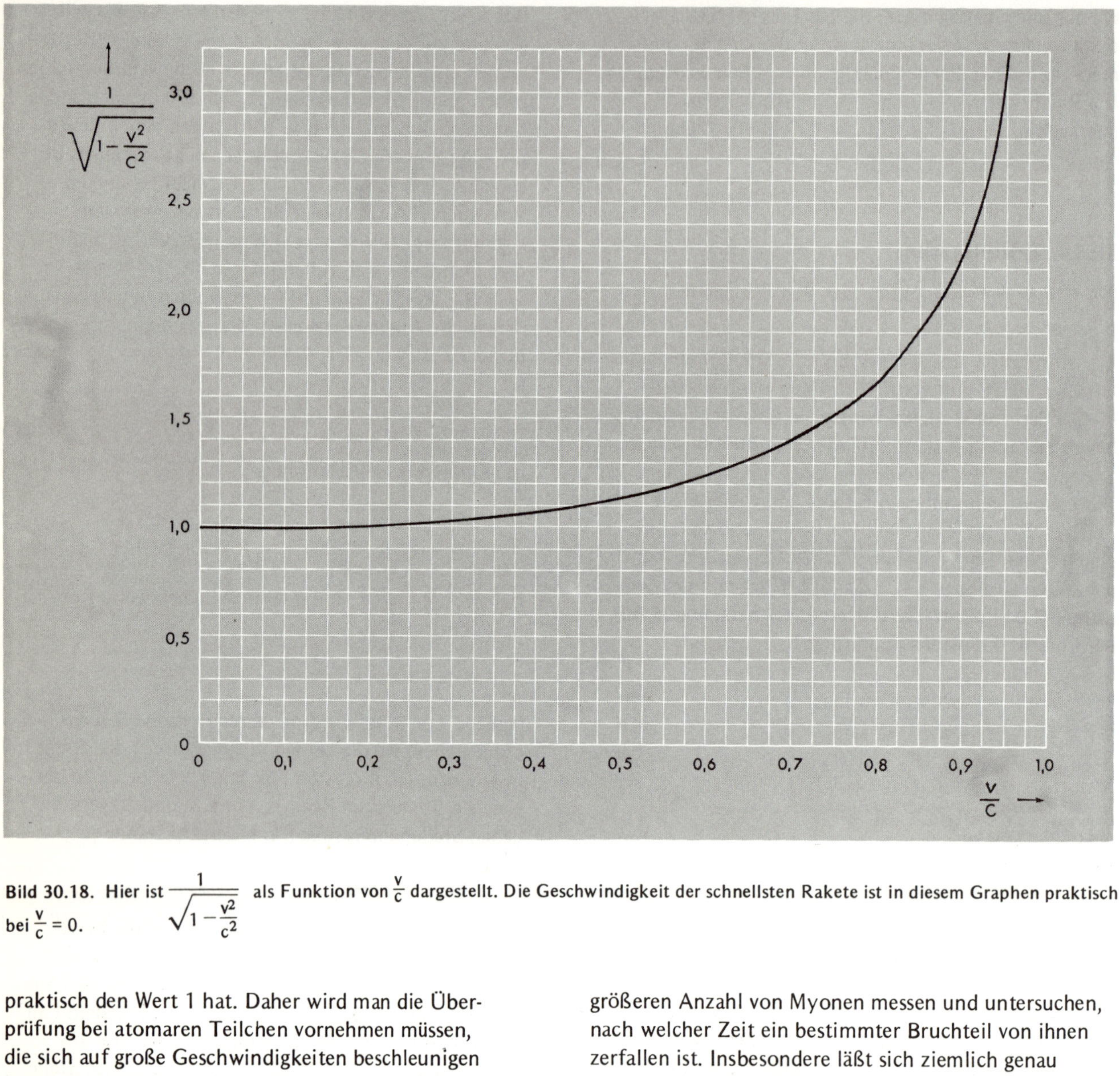

Bild 30.18. Hier ist $\frac{1}{\sqrt{1-\frac{v^2}{c^2}}}$ als Funktion von $\frac{v}{c}$ dargestellt. Die Geschwindigkeit der schnellsten Rakete ist in diesem Graphen praktisch bei $\frac{v}{c} = 0$.

praktisch den Wert 1 hat. Daher wird man die Überprüfung bei atomaren Teilchen vornehmen müssen, die sich auf große Geschwindigkeiten beschleunigen lassen. Aber gibt es atomare Teilchen mit eingebauten Uhren, deren Gang man bei hohen Geschwindigkeiten und in Ruhe vergleichen kann? Solche Teilchen gibt es wirklich, und man braucht sie nicht einmal künstlich zu beschleunigen; sie kommen nämlich als ein Teil der kosmischen Strahlung zu uns.

30.15. Ein Experiment mit Myonen

μ-Mesonen, kurz Myonen genannt, sind Teilchen mit einer Masse, die etwa 200 Elektronenmassen entspricht. Sie werden in der höheren Atmosphäre durch einfallende kosmische Strahlung erzeugt. Myonen sind instabile Teilchen, die nach kurzer Zeit in ein Elektron und zwei neutrale Teilchen zerfallen. Es ist unmöglich vorherzusagen, wie lange ein einzelnes Myon „leben" wird, bevor es zerfällt, aber man kann die Lebenszeit einer größeren Anzahl von Myonen messen und untersuchen, nach welcher Zeit ein bestimmter Bruchteil von ihnen zerfallen ist. Insbesondere läßt sich ziemlich genau die Zeit messen, in der genau die Hälfte einer großen Anzahl von Myonen zerfällt. Diese Zeit, Halbwertszeit genannt, ist $T_H = 1{,}5 \cdot 10^{-6}$ s. Jede große Anzahl von Myonen hat denselben Wert für die Halbwertszeit. Die Existenz einer solchen Halbwertszeit für eine große Anzahl von Myonen verschafft uns sozusagen eine eingebaute Uhr.

Die Halbwertszeit $T_H = 1{,}5 \cdot 10^{-6}$ s wurde an Myonen gemessen, die in Ruhe bzw. fast in Ruhe waren. Entsprechend der Lorentz-Transformation würden wir erwarten, daß Myonen, die sich mit einer Geschwindigkeit in der Größenordnung der Lichtgeschwindigkeit bewegen, eine größere Halbwertszeit haben müßten. *D. H. Frisch* und *J. H. Smith* fanden experimentell, daß dieses tatsächlich der Fall ist. Sie zählten eine Anzahl von Myonen innerhalb eines bestimmten Energiebereiches an zwei Orten: Ort A befand sich

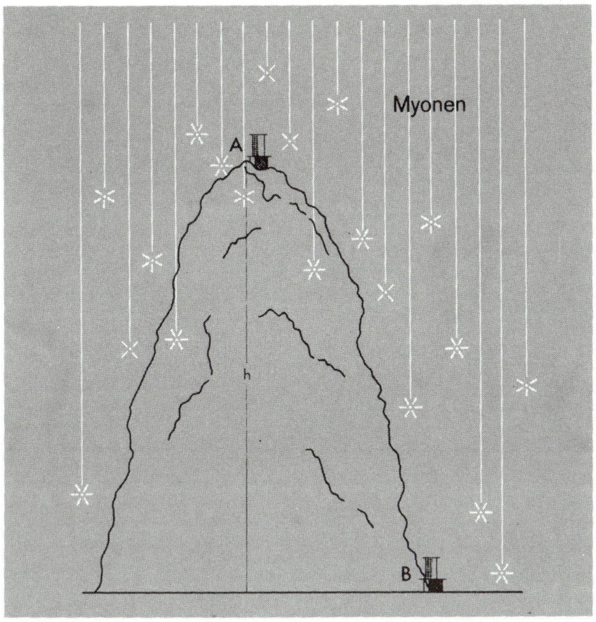

Bild 30.19. Myonen kommen aus der hohen Atmosphäre und zerfallen während des Fluges. Auf Meeresniveau kommen weniger Myonen an als auf der Spitze des Berges.

Bild 30.20. Der Zähler ist mit lichtundurchlässigem Papier bedeckt und mit einer Abschirmung aus Eisen umgeben. Die meisten Myonen, die in das Eisen eindringen, werden entweder darin gestoppt, oder durchdringen Abschirmung und Zähler, um dann in der Erde zu verschwinden. Nur Myonen innerhalb eines ganz engen Energiebereiches werden in dem Zähler selbst gebremst und zerfallen dort. Ein solches gestopptes Myon läßt sich demnach durch zwei sehr schnell aufeinanderfolgende Impulse nachweisen: Der erste wird durch das Myon selbst erzeugt, der zweite durch das beim Zerfall entstehende Elektron. Ein Myon, das den Zähler einfach durchdringt, erzeugt dabei nur einen Impuls.

auf der Spitze eines hohen Berges, Ort B eine Strecke h tiefer auf Normal-Niveau (Bild 30.19). Die Zählapparatur ist in den Bildern 30.20 bis 30.22 abgebildet. Alle Myonen, die in den Zähler gelangen, haben fast die gleichen Geschwindigkeiten. Eine direkte Messung ihrer Geschwindigkeit würde zeigen, daß sie sehr nahe der Lichtgeschwindigkeit liegt (siehe Kapitel 32). Die Myonen brauchen also die Zeit $\frac{h}{c}$, um von der Spitze des Berges (A) auf Meereshöhe (B) zu kommen. Wie groß wird nun der Bruchteil der Myonen sein, die noch in B ankommen, nachdem sie in A gezählt wurden? In Bild 30.23 ist dieser Bruchteil für ruhende Myonen als Funktion der Zeit aufgetragen, wobei die Zeit in Halbwertszeiten ausgedrückt ist. Bei *Frisch* und *Smith* war die Meßstelle A auf der Spitze des Mount Washington und die Meßstelle B in Cambridge, Massachusetts, so daß $h = 1{,}9 \cdot 10^3$ m war. Damit ergibt sich die Flugzeit

$$\frac{h}{c} = \frac{1{,}9 \cdot 10^3\ \frac{m}{s}}{3{,}0 \cdot 10^8\ \frac{m}{s}} = 6{,}3 \cdot 10^{-6}\ s.$$

Wäre nun die Halbwertszeit der Myonen bei hoher Geschwindigkeit ebenso groß wie bei ruhenden Myonen, so würde diese Flugzeit einer Anzahl von

$$n = \frac{h}{c\,T'_H} = \frac{6{,}3 \cdot 10^{-6}\ \frac{m}{s}}{1{,}5 \cdot 10^{-6}\ \frac{m}{s}} = 4{,}2$$

Halbwertszeiten entsprechen. Bild 30.23 zeigt, daß dann lediglich 0,05 der Myonen, die auf dem Mount Washington gezählt wurden, Normalniveau erreichen. Existiert aber tatsächlich eine Zeitdehnung, so würde dadurch die Halbwertszeit der Myonen als

$$T_H = \frac{T'_H}{\sqrt{1 - \frac{v^2}{c^2}}}$$

erscheinen. Die Zeit, die die Myonen benötigen, um vom Mount Washington nach Cambridge zu kommen, betrüge also hier nur

$$n = \frac{h}{c\,T'_H}\sqrt{1 - \frac{v^2}{c^2}}$$

$$= 4{,}2 \cdot \sqrt{1 - \frac{v^2}{c^2}}$$

Bild 30.21. Einzelheiten des Zählers. Er besteht aus zwei Teilen: einem Szintillationskristall (links) und einem Photomultiplier (rechts). Im Betrieb befindet sich der Kristall auf dem Photomultiplier. Ein geladenes Teilchen erzeugt in dem Kristall einen schwachen Lichtblitz. Der Photomultiplier wandelt das Lichtsignal in einen nachweisbaren elektrischen Impuls um.

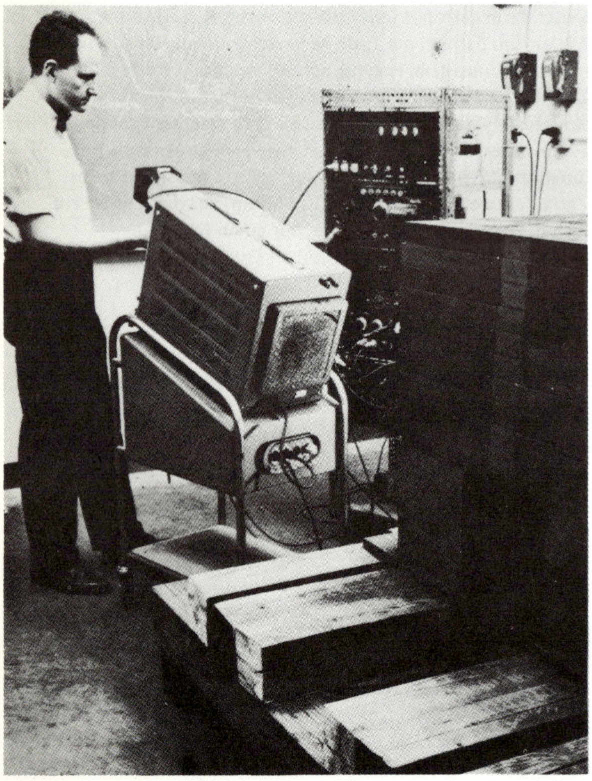

Bild 30.22. Gesamtüberblick über die Apparatur. Die Registrierelektronik in dem Gerüst zählt nur Myonen, die im Kristall gebremst werden. Die elektrischen Impulse werden durch den Oszillographen selektiert und durch einen zweiten Multiplier an den Zähler weitergegeben.

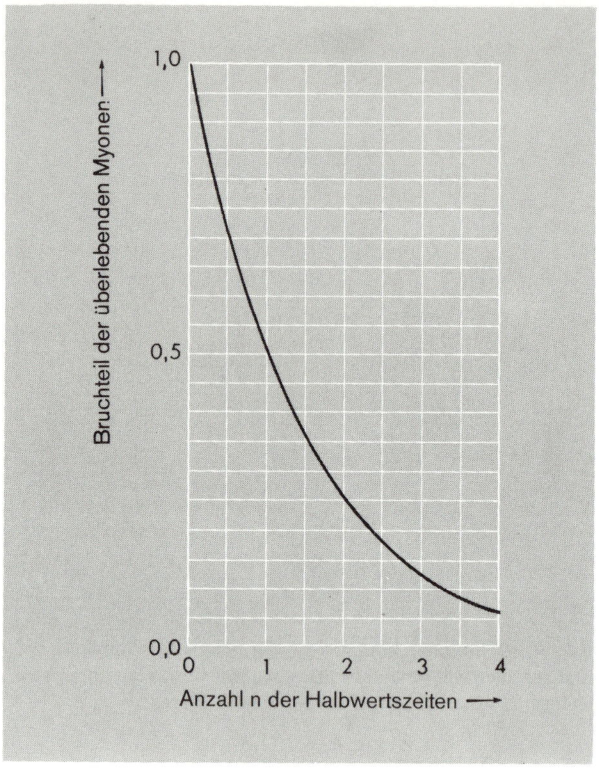

Bild 30.23. Die charakteristische Zerfallskurve ($v = e^{-x}$). Hier ist der Bruchteil der noch nicht zerfallenen Myonen als Funktion der Zeit, die in Halbwertszeiten des Myons aufgetragen ist, dargestellt.

Halbwertszeiten. Mit der in den Bildern 30.20 bis 30.22 gezeigten Apparatur wurde tatsächlich das 0,68-fache der ursprünglich gemessenen Myonenzahl beobachtet. Das entspricht einer Zahl von n = 0,46 Halbwertszeiten entsprechend Bild 30.23. Daher ist

$$0{,}46 = 4{,}2 \cdot \sqrt{1 - \frac{v^2}{c^2}}$$

oder

$$\frac{1}{\sqrt{1 - \frac{v^2}{c^2}}} \approx 9.$$

Zur Interpretation dieses Ergebnisses läßt sich sagen: Das Meßergebnis ist ein Anzeichen dafür, daß die Uhr der Myonen, die sich mit sehr hoher Geschwindigkeit relativ zu uns bewegen, nur mit $\frac{1}{9}$ der Geschwindigkeit läuft, wie wenn die Myonen in unserem Bezugssystem in Ruhe sind.

Zwar demonstriert dieses Experiment sicherlich die Zeitdehnung, jedoch kann es die Relation

$$T_H = \frac{T'_H}{\sqrt{1 - \frac{v^2}{c^2}}}$$

quantitativ nicht überprüfen, wenn nicht unabhängig davon die Geschwindigkeit v bestimmt wurde. Bild 30.18 zeigt lediglich, daß

$$\frac{1}{\sqrt{1-\frac{v^2}{c^2}}}$$

groß ist. Es ist außerordentlich schwierig, die Myonengeschwindigkeit v direkt mit hinreichender Genauigkeit zu messen. Indirekte Messungen jedoch, bei denen der Zusammenhang zwischen der Energie eines Teilchens und dem Faktor

$$\frac{1}{\sqrt{1-\frac{v^2}{c^2}}}$$

gebraucht wurde, zeigen, daß in diesem Experiment

$$\frac{1}{\sqrt{1-\frac{v^2}{c^2}}} = 8{,}8 \pm 0{,}8$$

ist. Daraus ergibt sich

$$\frac{v}{c} = 0{,}994 \pm 0{,}002.$$

Das bestätigt die Vorhersage der Zeitdehnung, die auf der Lorentz-Transformation beruht.

30.16. Länge bewegter Gegenstände

Uns erscheint die Halbwertszeit der durch die Atmosphäre herunterkommenden Myonen vergrößert. Welchen Eindruck wird aber ein Beobachter haben, der sich zusammen mit den Myonen bewegt? Welchen Ansatz kann er machen, um zu verstehen, warum eine so große Zahl von Myonen von der Spitze des Berges das Meeresniveau erreicht?

Der Beobachter, der sich bezüglich der Myonen in Ruhe befindet, und der Beobachter auf dem Erdboden messen beide den gleichen Wert

$$n = \frac{n}{cT'} \sqrt{1-\frac{v^2}{c^2}}\,.$$

Sie werden auch für die Relativgeschwindigkeit v den gleichen Wert erhalten. Der Beobachter auf der Erde wird sagen, die Halbwertszeit der Myonen sei

$$\frac{T'_H}{\sqrt{1-\frac{v^2}{c^2}}}\,,$$

der andere Beobachter wird sagen, sie sei T'_H. Wie können sie dann aber zu übereinstimmenden Messungen für n kommen? Es gibt nur eine Möglichkeit. Der Beobachter, der sich mit den Myonen bewegt, wird sagen, daß der Berg nicht die Höhe h, sondern nur eine Höhe

$$h' = h\sqrt{1-\frac{v^2}{c^2}}$$

hat. Was für den einen Beobachter als gedehnte Zeit erscheint, stellt sich dem anderen als eine verkürzte Strecke dar.

Dieses ist genau die von *Lorentz* zur Deutung des Michelson-Morley-Versuchs vorgeschlagene Längenkontraktion (siehe Abschnitt 30.5). Dort schien sie eine isolierte Annahme zu sein, nur erdacht, um ein Experiment zu verstehen. Wir erkennen jetzt, daß sie Teil einer einheitlichen Kinematik ist, die klar und knapp durch die Lorentz-Transformation beschrieben wird. Tatsächlich können wir die Längenkontraktion direkt aus der Lorentz-Transformation herleiten; vorher müssen wir uns aber noch einmal kurz mit dem Prozeß des Messens einer Länge befassen.

Zur Vereinfachung wollen wir zunächst das Bezugssystem, in dem wir in Ruhe sind, als festes Bezugssystem bezeichnen. Es liege ein Stab der Länge l in unserem Koordinatensystem auf der x-Achse. Das bedeutet also, daß zu einem bestimmten Zeitpunkt t die beiden Enden des Stabes die Koordinaten x_1 und $x_2 = x_1 + l$ haben. Wie wird nun aber ein Beobachter in einem bewegten Bezugssystem die Länge des gleichen Stabes messen? Wenn er ebenso wie wir vorgeht, wird er sagen, daß sich die Länge l' des Stabes als Differenz $x'_2 - x'_1$ der Koordinaten der Enden dieses Stabes zu einem bestimmten Zeitpunkt t' auf der x'-Achse ergibt. Nun wissen wir aber, daß der gleiche Zeitpunkt t' an den zwei Orten x'_1 und $x'_2 = x'_1 + l'$ zwei verschiedenen Zeiten t entspricht. Es ergibt sich also

$$l' = x'_2 - x'_1$$

$$= \frac{1}{\sqrt{1-\frac{v^2}{c^2}}}(x_2 - vt_2) - \frac{1}{\sqrt{1-\frac{v^2}{c^2}}}(x_1 - vt_1)$$

$$= \frac{1}{\sqrt{1-\frac{v^2}{c^2}}}[x_2 - x_1 - v(t_2 - t_1)]\,.$$

Die Zeitdifferenz $(t_2 - t_1)$ erhalten wir aus der Transformationsgleichung für t':

$$t' = \frac{1}{\sqrt{1-\frac{v^2}{c^2}}}\left(t_2 - \frac{vx_2}{c^2}\right)$$

$$= \frac{1}{\sqrt{1-\frac{v^2}{c^2}}}\left(t_1 - \frac{vx_1}{c^2}\right)\,.$$

Es folgt also

$$t_2 - t_1 = \frac{v}{c^2}(x_2 - x_1) \quad .$$

Setzt man diesen Ausdruck in die Gleichung für l' ein und erinnert sich gleichzeitig, daß $x_2 - x_1 = l$ ist, so ergibt sich

$$l' = \frac{l}{\sqrt{1-\frac{v^2}{c^2}}}\left(1-\frac{v^2}{c^2}\right) = l\sqrt{1-\frac{v^2}{c^2}} \quad .$$

Das ist aber die gesuchte Längenkontraktion.

30.17. Zusammenfassung

Zu Beginn dieses Kapitels suchten wir nach dem Medium, das Träger des Lichtes sein sollte – dem „Äther". Unser Ziel schien recht bescheiden zu sein: Wir wollten lediglich wissen, in welchem Bezugssystem der Äther ruht. Alle Experimente, die zur Beantwortung dieser Frage durchgeführt wurden, basierten auf den umfangreichen Erfahrungen, die man mit Wellen aller Art hatte. Sie alle zeigten jedoch nicht die erwarteten Ergebnisse. Dieser Fehlschlag führte wie schon so oft in der Entwicklung der Physik zu einer erneuten Überprüfung aller Grundlagen, auf denen die Theorie aufgebaut war. Speziell wurden sehr sorgfältig die gemachten Extrapolationen überprüft.

Anders, als man es hätte erwarten können, ergaben sich die Schwierigkeiten nicht aus dem Wellenmodell des Lichts. Vielmehr benötigten unsere grundlegenden Vorstellungen von Raum und Zeit eine Verfeinerung. Wir fanden, daß die Konstanz der Vakuumlichtgeschwindigkeit in der Kinematik von zentraler Bedeutung ist. Es sind nämlich Lichtsignale, die uns Kunde von Ereignissen geben und die uns sagen, wie unsere Uhren laufen. Daher tritt die Lichtgeschwindigkeit in den Transformationsgleichungen für die Zeitkoordinaten und in der relativistischen Addition der Geschwindigkeiten auf.

Die Einführung des Faktors $\frac{1}{\sqrt{1-\frac{v^2}{c^2}}}$ in die Transformationsgleichungen ermöglichte uns schließlich, all diese Dinge zur Übereinstimmung zu bringen. Dieser Faktor wird sinnlos, wenn $v > c$ wird. Natürlich kann man sich vorstellen, daß es irgend ein Bezugssystem geben könnte, das sich mit einer Geschwindigkeit $v > c$ relativ zu uns bewegt. Kann sich aber irgendein materieller Körper mit einer Geschwindigkeit $v > c$ bewegen? Nach der Newtonschen Dynamik sollte das durchaus möglich sein. Was tatsächlich passiert, wird Gegenstand des Kapitels 32 sein.

30.18. Das Zwillings-Paradoxon

Bekannt ist das sogenannte *Zwillings-Paradoxon:* Einer der Zwillinge fliegt mit einer Rakete in den Weltenraum und kehrt, nachdem er eine bestimmte Strecke geflogen ist, wieder zur Erde zurück. Für ihn scheint es so zu sein, als ob sein Zwillingsbruder mit der Erde eine Reise in die entgegengesetzte Richtung gemacht hätte. Werden sie beide im gleichen Maß gealtert sein? Wird jeder behaupten, der andere sei wegen der Zeitdilatation weniger gealtert? Oder wird einer weniger altern als der andere?

Wir wollen annehmen, daß Zwilling A auf der Erde bleibt, während Zwilling B die Erde mit einer Geschwindigkeit v verläßt. Er entfernt sich um eine Strecke d, kommt am Ende dieser Strecke plötzlich zum Halten und kehrt anschließend, wiederum mit der Geschwindigkeit v, zur Erde zurück. Während der ganzen Reise übermitteln sich die Zwillinge ständig ihre Herzschläge. Da sie identische Zwillinge sein sollen, schlagen ihre Herzen auf der Erde mit der gleichen Frequenz f.

Für das Folgende wollen wir einmal annehmen, daß die Beschleunigungen beim Start, bei der Umkehr und beim Stoppen den Herzschlag von B nicht beeinflussen. Weiter wollen wir annehmen, daß die Beschleunigungszeiten sehr klein sind, so daß sich B praktisch während der einen Hälfte der Zeit mit der Geschwindigkeit v von der Erde weg bewegt und während der anderen Hälfte der Zeit mit der gleichen Geschwindigkeit auf die Erde zu bewegt.

Im Bezugssystem von A dauern die Hinreise und Rückreise jeweils die Zeit $t = \frac{d}{v}$. Bei B macht sich die Lorentz-Kontraktion bemerkbar, er glaubt nur die Strecke $d\sqrt{1-\frac{v^2}{c^2}}$ zurückzulegen. Deshalb benötigt er für Hin- und Rückweg jeweils nur die Zeit

$$t' = \frac{d}{v}\sqrt{1-\frac{v^2}{c^2}} \quad .$$

Die gesamte Reise dauert für A die Zeit $\frac{2d}{v}$. In der Zeit zählt er $f\,\frac{2d}{v}$ Herzschläge. Für B ergibt sich die gesamte Reisezeit zu $\frac{2d}{v}\sqrt{1-\frac{v^2}{c^2}}$, in der Zeit zählt er $f\,\frac{2d}{v}\sqrt{1-\frac{v^2}{c^2}}$ Herzschläge. Zwilling A zählt also für A während der Reise mehr Herzschläge, als B für B tut.

Wieviele Herzschläge zählt aber jeder vom andern über die Sendeanlage? Wir müssen dabei bedenken, daß die empfangene Frequenz sich von der gesendeten Frequenz unterscheidet. Wegen der Relativbewegung von Quelle und Empfänger tritt hier nämlich eine als *Dopplereffekt* bekannte Erscheinung auf.

Diese Erscheinung kennen wir auch bei Schall- und Wasserwellen. Beim Schall sind Dopplereffekte im täglichen Leben zu beobachten. Bewegen sich Beobachter und Schallquelle von einander weg, so ist die beobachtete Frequenz geringer als die tatsächliche; bewegen sie sich aufeinander zu, so scheint die Frequenz höher als die von der Quelle ausgesandte zu sein (siehe Aufgaben 2 und 3). Bei Licht (oder Radiosignalen) treten entsprechende Effekte auf. Da eine niedrigere Frequenz einer größeren Wellenlänge und eine höhere Frequenz einer geringeren Wellenlänge entsprechen, spricht man gewöhnlich in diesen beiden Fällen von „Rotverschiebung" bzw. „Blauverschiebung."

Die Lichtgeschwindigkeit ist für alle Beobachter gleich groß, auch wenn sie sich relativ zueinander bewegen. Daher werden die Rechenausdrücke für die Dopplerverschiebungen anders aussehen als bei Schall- bzw. Wasserwellen. Die Aufgaben 39 und 40 zeigen, daß sich die nach Rot bzw. Blau verschobenen Frequenzen zu

$$f_{rot} = f\sqrt{\frac{1-\frac{v}{c}}{1+\frac{v}{c}}} \quad \text{bzw.} \quad f_{blau} = f\sqrt{\frac{1+\frac{v}{c}}{1-\frac{v}{c}}}$$

ergeben, wobei v die Relativgeschwindigkeit von Sender und Empfänger ist.

Während der Vergrößerung der Entfernung empfängt B von A ein rotverschobenes Signal innerhalb der Zeit

$$t'_{rot} = \frac{d}{v}\sqrt{1-\frac{v^2}{c^2}}\ .$$

In dem Moment, wo er seine Richtung umkehrt, ändert sich die Rotverschiebung in eine Blauverschiebung. Während der Rückreise empfängt B ein blauverschobenes Signal während der Zeit

$$t'_{blau} = \frac{d}{v}\sqrt{1-\frac{v^2}{c^2}}\ .$$

Zwilling A empfängt ebenfalls ein rotverschobenes Signal von B, solange sich dieser entfernt. Nachdem B seine Bewegungsrichtung umgekehrt hat, empfängt A noch weiterhin ein rotverschobenes Signal. Wenn B nämlich seinen größten Abstand erreicht hat, braucht das Signal noch die Zeit $\frac{d}{c}$, um nach A zu gelangen. A empfängt also ein rotverschobenes Signal während der Gesamtzeit

$$t_{rot} = \frac{d}{v} + \frac{d}{c} = \frac{d}{v}\left(1+\frac{v}{c}\right).$$

In der übrigen Zeit ist das empfangene Signal blauverschoben; diese Zeit ergibt sich zu

$$t_{blau} = \frac{d}{v} - \frac{d}{c} = \frac{d}{v}\left(1-\frac{v}{c}\right).$$

Diese Zeitdifferenz stellt die wesentliche Unsymmetrie des Problems dar.

A zählt die Herzschläge von B und erhält als Ergebnis

$$\begin{aligned} &f_{rot}\, t_{rot} + f_{blau}\, t_{blau} \\ &= f\sqrt{\frac{1-\frac{v}{c}}{1+\frac{v}{c}}}\ \frac{d}{v}\left(1+\frac{v}{c}\right) + f\sqrt{\frac{1+\frac{v}{c}}{1-\frac{v}{c}}}\ \frac{d}{v}\left(1-\frac{v}{c}\right) \\ &= f\,\frac{2d}{v}\sqrt{1-\frac{v^2}{c^2}}\ . \end{aligned}$$

Diese Zahl hat aber B auch bei sich selbst ermittelt. B zählt in gleicher Weise die Herzschläge von A und erhält

$$\begin{aligned} &f_{rot}\, t'_{rot} + f_{blau}\, t'_{blau} \\ &= f\sqrt{\frac{1-\frac{v}{c}}{1+\frac{v}{c}}}\ \frac{d}{v}\sqrt{1-\frac{v^2}{c^2}}\ + \\ &\quad f\sqrt{\frac{1+\frac{v}{c}}{1-\frac{v}{c}}}\ \frac{d}{v}\sqrt{1-\frac{v^2}{c^2}} = f\,\frac{2d}{v}\ . \end{aligned}$$

Das ist aber auch genau die Zahl, die A bei sich selbst gezählt hatte.

Beide Zwillinge befinden sich also in voller Übereinstimmung bezüglich der Herzschläge, die jeder während der Reise von B hatte. Beide schließen, daß B, der weniger Herzschläge hatte, auch jünger ist. Hier ist in Wirklichkeit nichts paradox.

Aufgaben

1.* Welchen Werten nähern sich t_{AB} und t_{BA} in Bild 30.1, wenn sich die Geschwindigkeit des Wassers der Ausbreitungsgeschwindigkeit der Wellen annähert?

2. Ein Generator für lineare Wellen erzeugt in einem Schwimmbecken Wellen der Periode T und der Geschwindigkeit u.
   a) Wie groß ist die Wellenlänge dieser Wellen?
   b) Diese Wellen werden von einem Schwimmer, der sich mit der Geschwindigkeit v auf die Quelle zu bewegt, untersucht. Wie groß ist das Zeitintervall T', in dem zwei Wellenberge an ihm vorbeilaufen?

3. Die Quelle aus Aufgabe 2 bewegt sich mit der Geschwindigkeit v auf den Schwimmer zu, während dieser sich durch „Wassertreten" auf der Stelle hält.
   a) Welche Wellenlänge λ' beobachtet der Schwimmer für die Wellen?
   b) Welche Periode T' beobachtet er?

4. Quelle und Schwimmer der Aufgaben 2 und 3 bewegen sich in der gleichen Richtung mit der gleichen Geschwindigkeit v bezüglich des Wassers. Ein zweiter Schwimmer, der sich in der Nähe des ersten befindet, ist bezüglich des Wassers in Ruhe. Die Quelle möge sich auf beide Schwimmer zu bewegen.
   a) Wie groß wird die Periode T' für den Schwimmer sein, der sich im Wasser in Ruhe befindet?
   b) Wie groß wird die Zeit T'' zwischen zwei aufeinanderfolgenden Wellenbergen für den sich bewegenden Schwimmer sein?

5. *Galilei* versuchte die Lichtgeschwindigkeit zu messen, indem er die Klappe einer Blendlaterne auf der Spitze eines Berges öffnete. Ein Assistent sollte die Klappe einer zweiten Laterne auf dem Gipfel eines ca. 2 km entfernten Berges öffnen, wenn er das Licht von Galileis Laterne sah. Welchen Schluß konnte *Galilei* aus diesem Experiment unter Berücksichtigung der Reaktionszeit seines Assistenten ziehen?

6.* In Bild 30.2 sei $\frac{v}{c} = 0{,}5$. Unter welchem Winkel bezüglich des Ufers muß ein Wellenberg gerichtet werden, damit er von A aus in C ankommt?

7.* Entwickeln Sie $\frac{\sqrt{1+x^2}}{1-x}$ in eine Reihe bis zur zweiten Ordnung von x.

8. Ermitteln Sie unter Verwendung der Potenzreihenentwicklung bis zur 2. Ordnung einen zahlenmäßigen Näherungswert für $\frac{1}{\sqrt{1-\frac{v^2}{c^2}}}$ für folgende Werte von v:

a) 0,2 c; b) 0,4 c; c) 0,6 c;
d) 0,8 c; e) 1,0 c.

Vergleichen Sie Ihre Ergebnisse mit den in Bild 30.18 dargestellten exakten Werten.

9. a) Entwickeln Sie den Ausdruck $\frac{1}{1-x}$ bis zu den Potenzen 5. Ordnung.
b) Wieviele Terme müssen für x = 0,0200 berücksichtigt werden?
c) Wieviele Terme müssen für x = 0,200 berücksichtigt werden?

10. Vergleichen Sie die Reihenentwicklungen der Ausdrücke in den Aufgaben 2 und 3, in denen T' mit Hilfe von T ausgedrückt ist, in der ersten und in der zweiten Ordnung von $\frac{v}{c}$.

11. Der Äther befinde sich bezüglich der Sonne in Ruhe. Mit welcher Geschwindigkeit müßte sich die Erde um die Sonne bewegen, damit bei einem Interferometer nach Bild 30.3 schon bei einem Lichtweg von 50 cm eine Verschiebung des Interferenzbildes zu beobachten ist?

12. Wir stellen uns ein Michelson-Interferometer vor, dessen Arme von unterschiedlicher Länge sind. Es soll unbeweglich montiert sein. Hängt die Interferenzfigur auch dann von der Bewegung der Erde ab, wenn man die Lorentz-Kontraktion berücksichtigt?

13.* Wo ist in Bild 30.5 die Geschwindigkeit der Wellen relativ zur Wellenwanne am größten?

14. Zwei Wellenberge werden gleichzeitig in den Punkten S_1 und S_2, die 10 cm voneinander entfernt sind, erzeugt. Die Wellengeschwindigkeit betrage 1 $\frac{cm}{s}$, und das Medium bewege sich in der Richtung von S_1 nach S_2 mit einer Geschwindigkeit von 0,25 $\frac{cm}{s}$.
a) Wann kommt es zur ersten Berührung der beiden Wellenberge?
b) Geben Sie in einem maßstabgerechten Diagramm die Punkte an, wo sich der doppelte Wellenberg jeweils in Abständen von 1 s während 5 s nach der ersten Überlagerung befindet.
c) Wie groß ist die mittlere Geschwindigkeit des doppelten Wellenberges während jedes dieser Zeitabschnitte von 1 s Dauer?

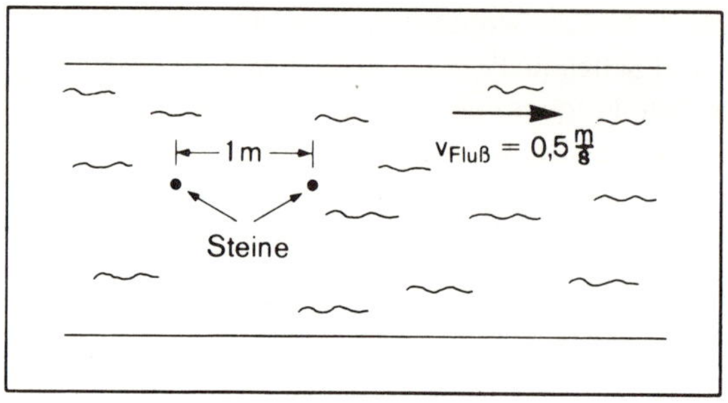

Bild 30.24. Zur Aufgabe 15

15. Zwei Steine werden gleichzeitig im Abstand von 1 m in einen Fluß geworfen. Die Strömungsgeschwindigkeit sei 0,5 $\frac{m}{s}$ (Bild 30.24). Die Wellengeschwindigkeit im Wasser ist 2 $\frac{m}{s}$.
a) Zeichnen Sie maßstabgerecht, wie ein Beobachter am Ufer nach 1, nach 2, nach 3, . . . , nach 5 s die einzelnen Wellenberge sieht. Verbinden Sie die einzelnen Punkte, in denen sich die Wellenberge überlagern.
b) Wie würde die Verbindungslinie dieser Punkte aussehen, wenn das Wasser in Ruhe wäre?

16. Zwei punktförmige Wellenerreger (Abstand 4,0 cm) erzeugen in einer Wellenwanne Wellen mit einer Frequenz von 10 Hertz, die sich mit einer Geschwindigkeit von 30 $\frac{cm}{s}$ ausbreiten. Das Wasser in der Wellenwanne ist dabei in Ruhe.
a) Zeichnen Sie die Knotenlinien, wenn einer der Erreger jeweils $\frac{1}{20}$ s später als der andere ins Wasser eintaucht und das Wasser sich in Ruhe befindet.
b) Fertigen sie die gleiche Zeichnung für den Fall an, daß die beiden Erreger in Phase sind, das Wasser sich aber mit einer Strömungsgeschwindigkeit von 10 $\frac{cm}{s}$ in Richtung der Verbindungslinie der beiden Erreger bewegt.

17.* a) Wo befindet sich in Bild 30.10 der Einfachspalt, an der Stelle A oder an der Stelle A'?
b) Welche Bedeutung hat der andere der beiden Punkte?

18.* Tragen Sie die Punkte S_1, S_2, A und A' von Bild 30.10 in die Apparaturskizze von Bild 30.9 ein.

19.* Gäbe es keinen sich bewegenden Äther, so würde das Maximum nullter Ordnung in Bild 30.10 auf der Mittelsenkrechten der Strecke $\overline{S_1S_2}$ liegen.
a) Wie würde es verschoben, wenn zwar auf beiden Seiten Vakuum wäre, der Äther sich aber nur in dem Bereich zwischen Einfachspalt und Doppelspalt bewegen würde?
b) Wie würde es verschoben, wenn zwar auf beiden Seiten Vakuum, aber nur hinter dem Doppelspalt eine Bewegung des Äthers wäre?
c) Wie würde es sich verschieben, wenn auf beiden Seiten Vakuum und auch eine Bewegung des Äthers wäre?
d) Wie würde es verschoben, wenn hinter dem Doppelspalt Vakuum, zwischen Einfachspalt und Doppelspalt aber Wasser wäre und der Äther sich auf beiden Seiten bewegte?

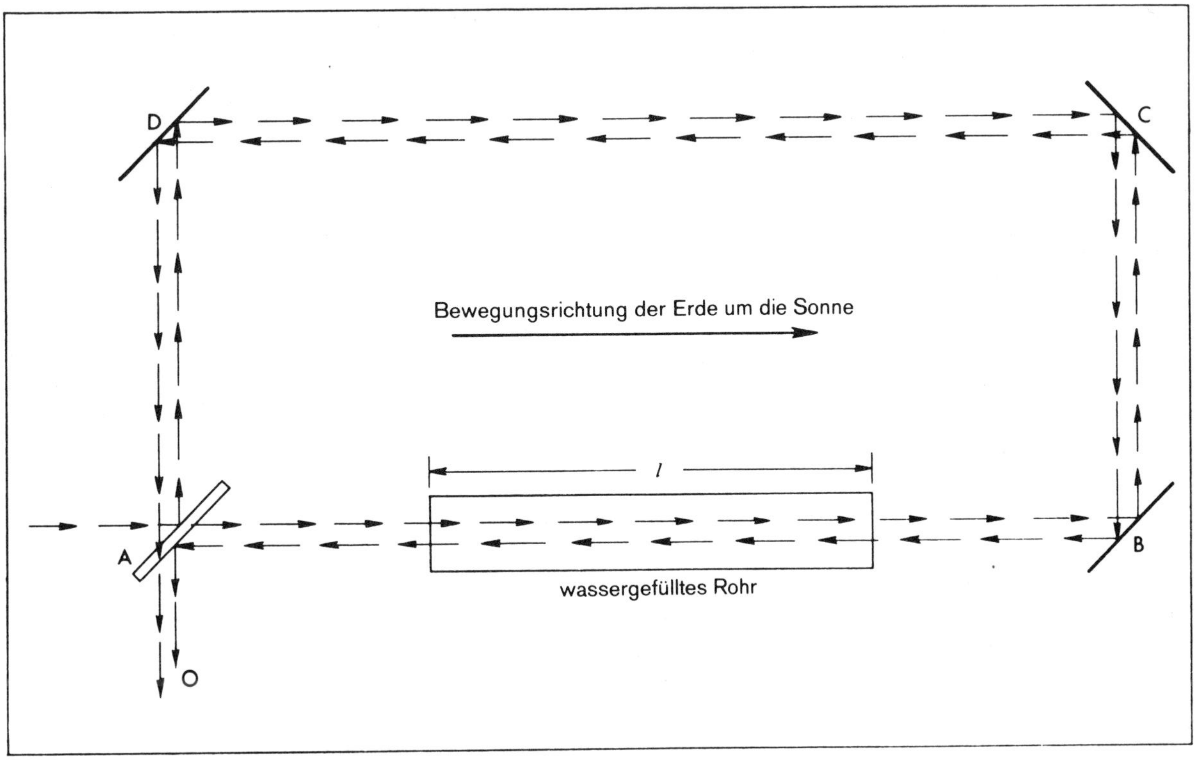

Bild 30.25. Zur Aufgabe 22

20.* Ein paralleles Lichtbündel trifft auf einen Doppelspalt unter einem Winkel α auf und wird gebeugt. Wie groß ist die Phasendifferenz zwischen dem von beiden Spalten ausgehenden Licht, wenn die beiden Spalte einen Abstand d voneinander haben und die Wellenlänge des Lichtes λ ist?

21. Bei seinem Experiment leitete *Fizeau* das Licht auch durch die Apparatur, wenn die Röhren nur mit Luft gefüllt waren. Welche Phasenverschiebung berechnet man unter der Annahme, daß auch die Strömungsgeschwindigkeit der Luft $7{,}1\ \frac{m}{s}$ beträgt?

22. Bild 30.25 zeigt eine im optischen Teil der Fizeauschen entsprechende Apparatur. Zwischen A und B befindet sich ein mit Wasser gefülltes Rohr der Länge *l*. Wie groß ist die Zeitdifferenz Δt, die die beiden Lichtbündel zum Durchlaufen des Lichtweges benötigen? Dabei soll angenommen werden, daß sich der Äther bezüglich der Sonne in Ruhe befindet, daß das Rohr in Richtung der Bewegung der Erde um die Sonne zeigt und die Geschwindigkeiten sich einfach algebraisch addieren.

23.* Wie heißt der Ausdruck für die relativistische Addition zweier Geschwindigkeiten u und v, die entgegengesetzt gerichtet sind?

24. In Fizeaus Apparatur möge sich das Wasser mit einer Geschwindigkeit von $30\ \frac{m}{s}$ bewegen (Abschnitt 30.9). Berechnen Sie die Verschiebung der Interferenzfigur unter Verwendung
  a) der einfachen Geschwindigkeitsaddition,
  b) der relativistischen Geschwindigkeitsaddition.

25. Ein kugelförmiger Lichtimpuls breitet sich von einer punktförmigen Lichtquelle aus.
  a) Wie groß ist die Differenz der Geschwindigkeiten zweier Teile, die sich in entgegengesetzter Richtung bewegen, wenn sich der Beobachter in Ruhe am Ort der Lichtquelle befindet?
  b) Wie groß ist die relative Geschwindigkeit des einen bezüglich des anderen Teils?

26. Kann der Ausdruck $w = (u + v)\left(1 - \frac{uv}{(u + v)\,c}\right)$ zur relativistischen Addition von Geschwindigkeiten benutzt werden? Überprüfen Sie das für u oder v = c und wenn sowohl u als auch v klein gegenüber c sind. Hat eine Änderung des Vorzeichens von u oder v einen Einfluß?

27. Es werden drei Galaxien A, B und C betrachtet. Ein Beobachter in der Galaxie A stellt fest, daß sich B und C mit einer Geschwindigkeit 0,7 c bezüglich A in entgegengesetzten Richtungen bewegen (siehe Bild 30.26). Wie groß ist die Geschwindigkeit von C, wenn sie von einem Beobachter in B gemessen wird?

28.* Welche Beobachtung sollte *Fizeau* in Übereinstimmung mit der relativistischen Addition der Geschwindigkeiten gemacht haben, als er den Wasserstrom in seiner Apparatur durch einen Luftstrom ersetzte (siehe Aufgabe 21)?

29.* Der Beobachter A in Bild 30.14 stellt seine Uhr auf einen Zeitpunkt T ein, anstatt sie auf Null zu stellen. Beobachter A und Beobachter B wollen ihre Uhren durch einen von A ausgehenden Lichtblitz synchronisieren. Um wieviel muß der Beobachter B seine Uhr vorstellen?

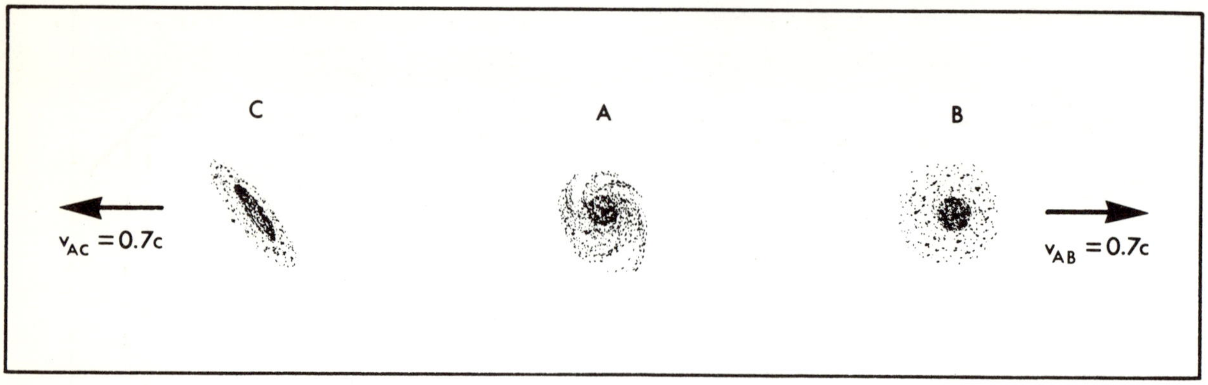

Bild 30.26. Zur Aufgabe 27

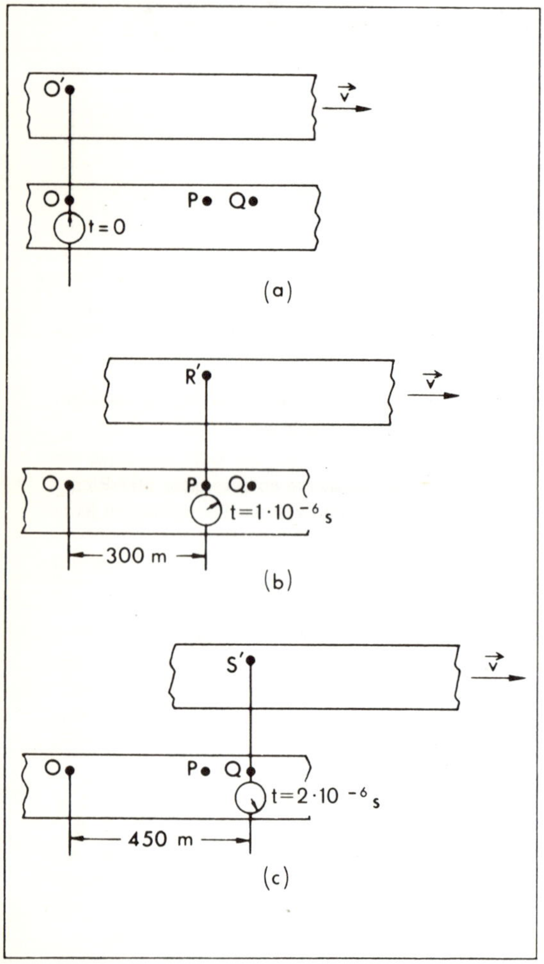

Bild 30.27. Zur Aufgabe 35

30.* Ein Beobachter, der sich um eine Strecke d links von A befindet, möchte seine Uhr mit einer in A befindlichen Uhr mit Hilfe eines in A ausgelösten Lichtblitzes synchronisieren. Die in A befindliche Uhr steht zunächst auf Null. Wie muß der Beobachter seine Uhr einstellen?

31.* Vom System S aus betrachtet ergibt sich die Strecke $\overline{AA'}$ in Bild 30.17 zu vt.

a) Wie groß ist die Strecke im System S'?

b) Berechnen Sie die Differenz der beiden Ergebnisse. In welcher Potenz von $\frac{v}{c}$, ergibt sich die Differenz?

32.* In dem Ausdruck $t = t' + \frac{vx'}{c^2}$ sei $x' = 0$. Dann ist auch $t = t'$. Welche Uhr(en) im System S zeigt (zeigen) die gleiche Zeit an, wie die Uhr(en) im System S'?

33.* Wird durch die Lorentz-Transformation auch der richtige Ausdruck für die relativistische Addition gegeben, wie das bei der Transformation erster Ordnung in Abschnitt 30.12 der Fall war?

34. Die Uhr in B' in Bild 30.17 befindet sich in einer Entfernung d von A'. Sie zeigt bei Ankunft des Lichtblitzes die Zeit $t' = \frac{d}{c}$. Bei den Überlegungen zu den Transformationen erster Ordnung befand sich Beobachter C an der Stelle $x = d(1 + \frac{v}{c})$; seine Uhr war auf die Zeit $t = \frac{d}{c}(1 + \frac{v}{c})$ eingestellt. Wie müßten die entsprechenden Angaben für C in Übereinstimmung mit der Lorentz-Transformation gewählt werden?

35. Zwei relativistische Züge Z und Z' fahren auf parallelen Gleisen. Der Zug Z' bewegt sich mit einer Geschwindigkeit v = 0,6 c bezüglich des Zuges Z nach rechts. Im Punkt O wird auf dem Zug Z ein Lichtblitz genau in dem Moment ausgelöst, in dem der Punkt O' auf der Höhe von O ist. Dieser Lichtblitz soll von allen Beobachtern auf beiden Zügen zur Synchronisation der Uhren verwendet werden. Und zwar sollen alle Beobachter auf dem Zug Z' die Uhren mit O' synchronisieren, alle Beobachter auf dem Zug Z sollen ihre Uhren mit O synchronisieren. Die Punkte O und O' sollen Ursprungspunkte der entsprechenden Bezugssysteme sein (Bild 30.27 a).

P befindet sich in einer Entfernung von 300 m rechts von O, Q ist 450 m nach rechts von O entfernt. Liegt ein Punkt R' des Zuges Z' gegenüber von P, so zeigt die Uhr in P $1 \cdot 10^{6}$ s an (Bild 30.27b). (Dieses sei das Ereignis 1.) Liegt ein anderer Punkt S' des Zuges Z' gegenüber von Q, so zeigt die Uhr in Q $2 \cdot 10^{-6}$ s an (Bild 30.27b). (Dieses sei das Ereignis 2.)

a) Wie groß ist der Abstand der Orte, an denen die beiden Ereignisse stattfinden, in beiden Bezugssystemen?

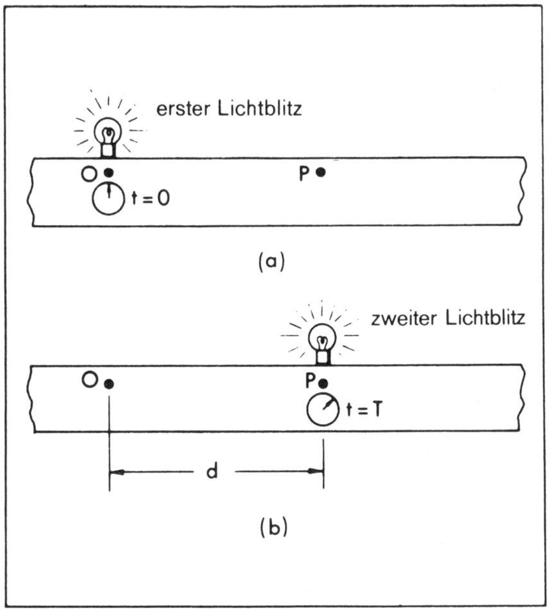

Bild 30.28. Zur Aufgabe 41

b) Wie groß ist in beiden Bezugssystemen die zwischen beiden Ereignissen liegende Zeit?

36. a) Gibt es ein weiteres Bezugssystem Z'', in dem die beiden Ereignisse aus Aufgabe 35 am gleichen Ort stattfinden?
b) Welche Zeit vergeht zwischen beiden Ereignissen im System Z''?

37.* Der an den Orten A und A′ in Bild 30.15 ausgelöste, zur Synchronisation dienende Lichtblitz kommt in B′ und C erst nach einer gewissen Zeit an (Bild 30.17). Kann diese Zeitspanne im System S, in S′ oder in keinem der beiden Systeme als wahre Zeit angesehen werden?

38. In einem bestimmten Bezugssystem S findet an einer bestimmten Stelle x zunächst ein Ereignis A, danach ein Ereignis B statt. Bleibt die Reihenfolge der Ereignisse in jedem beliebigen Bezugssystem erhalten, das sich mit einer konstanten Geschwindigkeit bezüglich des ersten Systems bewegt?

39. Ein Sender auf der Erde strahlt zwei Lichtimpulse mit einem zeitlichen Abstand T aus. Beide werden von Astronauten, die sich mit der Geschwindigkeit v von der Erde weg bewegen, empfangen.
a) Die Astronauten befanden sich bei Aussendung des ersten Signals in einer Entfernung l von der Erde. Zu diesem Moment zeigten alle Uhren auf der Erde die Zeit Null an. Welche Zeit zeigen sie an, wenn das Signal von den Astronauten empfangen wird? (Hinweis: Man stelle sich vor, daß sich eine Uhr im Bezugssystem der Erde in Ruhe befindet. Sie soll aber so stehen, daß die Astronauten sie sehen könnten!
b) Wie weit sind die Astronauten bei Aussendung des zweiten Signals von der Erde entfernt?
c) Welche Zeit zeigen die Uhren auf der Erde in dem Moment an, in dem die Astronauten das zweite Signal empfangen?
d) Wie groß ist die Zeitdifferenz Δt zwischen dem Eintreffen der beiden Lichtblitze, wenn sie von bezüglich der Erde ruhenden Beobachtern gemessen wird? Ist das eine wahre Zeit?
e) Wie groß ist die mit einer relativ zum Raumschiff ruhenden Uhr gemessene Zeitdifferenz $\Delta t'$?
f) Wie groß ist die von den Astronauten gemessene Wellenlänge λ' dieses Signals, wenn es auf der Erde die Wellenlänge λ hatte?
g) Wie schnell muß sich ein Stern von der Erde weg bewegen, damit eine Spektrallinie von $4000 \cdot 10^{-10}$ m auf der Erde als Linie von $6000 \cdot 10^{-10}$ m erscheint?

40. Ein Astronaut, der sich mit der Geschwindigkeit 0,2 c von der Erde weg bewegt, nimmt seine Mahlzeit zu sich und überträgt diesen Vorgang per Fernsehen zur Erde. Auf dem Eßtisch ist eine Uhr. Ein Zuschauer auf der Erde sieht, daß die Uhr im Moment des Beginns der Mahlzeit 12 Uhr zeigt. Er stellt seine Uhr auf die gleiche Zeit ein. Am Ende der Mahlzeit ist es auf der Uhr im Raumschiff 12^{30} Uhr. Welche Zeit zeigt die Uhr des Beobachters auf der Erde, wenn der Beobachter auf der Erde den Vorgang auf seinem Fernsehschirm zu Gesicht bekommt?

41. Durch einen in O, dem Ursprung des Koordinatensystems (Bild 30.28a), ausgelösten Lichtblitz werden alle Uhren synchronisiert. Ein zweiter Lichtblitz wird eine Zeit T später in P ausgelöst. P befindet sich in der Entfernung d rechts von O (Bild 30.28b). Wir wollen annehmen, daß dieser zweite Blitz ausgelöst wird, nachdem der erste in P angekommen ist, daß also $T > \frac{d}{c}$ ist. Im Koordinatensystem S′ werden die beiden Lichtblitze also an verschiedenen Orten, deren Abstand d ist, ausgelöst. Der zeitliche Abstand dieser beiden Ereignisse ist T.
a) Mit welcher Geschwindigkeit muß sich ein Koordinatensystem S′ relativ zu S bewegen, damit die beiden Ereignisse am gleichen Ort in diesem Koordinatensystem S′ stattfinden?
b) Wie groß ist die Zeitdifferenz der beiden Ereignisse in diesem Koordinatensystem S′?

42. a) Mit welcher Geschwindigkeit muß sich das Koordinatensystem S′ in Aufgabe 41 bewegen, damit die beiden Ereignisse in ihm gleichzeitig stattfinden?
b) Wie groß ist dann der Abstand der beiden Ereignisse in diesem Koordinatensystem?

43. Die Entfernung Erde-Sirius beträgt $8{,}8 \cdot 10^{16}$ m, wobei wir annehmen, daß der Sirius relativ zur Erde in Ruhe ist. Ein Astronom beobachtet zur Zeit t = 0, daß sich ein Astronaut an der Erde vorbei mit der Geschwindigkeit v = 0,995 c auf den Sirius zu bewegt.
a) Wieviel älter wird der Astronom geworden sein, wenn der Astronaut den Sirius erreicht?
b) Wieviel älter wird der Astronom geworden sein, wenn er sieht, daß der Astronaut den Sirius erreicht?
c) Wieviel älter wird der Astronaut nach Berechnung des Astronomen geworden sein, wenn dieser den Sirius erreicht hat?

31. Photonen

31.1. Korpuskulare Eigenschaft des Lichts

Die Wellentheorie hatte überzeugende Erfolge bei der Beschreibung aller Arten elektromagnetischer Strahlung. Sie gilt für Radiowellen mit Wellenlängen von Kilometern bis hinunter zu den Lichtwellen, mit deren Hilfe wir in unseren Mikroskopen auch kleinste Zellen sichtbar machen können. Wir geben nun einen Überblick über einige Experimente: in einigen Fällen, so wie sie durchgeführt wurden, in anderen Fällen, wie sie hätten gemacht werden können. In diesen Versuchen wurde das Wellenbild einer völlig neuartigen Prüfung unterworfen.

Bei dieser Überprüfung sollte herausgefunden werden, was Licht bei einzelnen Atomen bewirkt. Wir dürfen nicht einfach annehmen, daß sich Licht im atomaren Bereich genauso verhält wie im makroskopischen. Um ein ganz einfaches Beispiel zu geben, sei an die Experimente zur Lichtbrechung erinnert. Licht, das durch ein brechendes Medium hindurchtritt, wird aus seiner Richtung vom Einfallslot weg oder zum Einfallslot hin abgelenkt. Verwendet man aber immer dünnere Schichten des brechenden Materials, so ergibt sich die Frage, ob das Brechungsgesetz immer noch gilt. Wir wissen bereits: Wird die Dicke der brechenden Schicht mit der Wellenlänge des Lichts vergleichbar, werden Beugungserscheinungen bedeutender als die eigentliche Brechung. Was aber passiert, wenn wir zu noch kleineren Dimensionen übergehen – zur Dimension eines Atoms? Wenn wir fragen, was Licht bei einzelnen Atomen bewirkt, so müssen wir daher weitere Experimente anstellen, um die Antwort zu finden.

Im Abschnitt 24.5 hatten wir mit einem ganz anderen Ziel den Millikan-Versuch besprochen. Dort lösten Röntgenstrahlen – hochfrequentes Licht – einzelne Elektronen aus kleinen Öltröpfchen aus. Sehr häufig wurde auch ein ähnliches Experiment durchgeführt. Wie beim Millikan-Versuch treffen Röntgenstrahlen oder ultraviolettes Licht einer Bogenlampe auf eine große Anzahl von Teilchen, die sich zwischen zwei geladenen Platten bewegen (Bild 31.1). Welche Vorhersagen macht nun das Wellenbild des Lichts über die Auslösung von Elektronen aus diesen kleinen Teilchen? Wir vergleichen diese Vorhersage mit dem, was tatsächlich geschieht.

Fällt Licht – also elektromagnetische Strahlung – auf Materie, so wirkt das elektrische Feld der Lichtwelle auf die Elektronen der Atome. Wird ein Elektron aus einem Atom herausgelöst, so muß die Ursache im elektrischen Feld liegen, dessen Kräfte das Elektron in seiner normalen Bewegung im Atom gestört haben. (Das magnetische Feld bewirkt eine Kraft senkrecht zur Bewegungsrichtung der Elektronen und verrichtet deshalb keine Arbeit.)

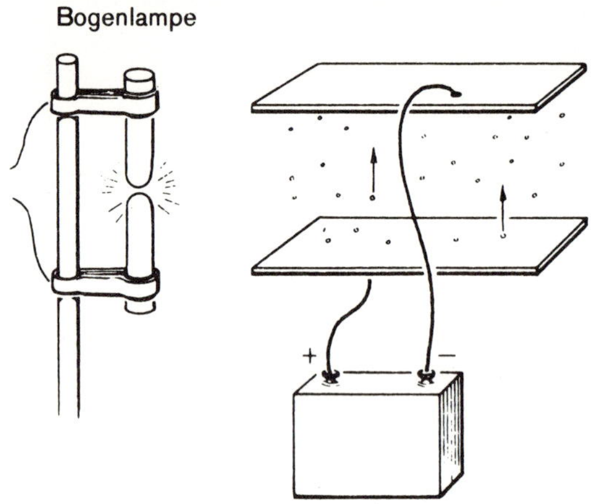

Bild 31.1. Das von einer Bogenlampe ausgehende Licht beleuchtet eine große Anzahl von Metallteilchen. Diese sind geladen und bewegen sich zwischen parallelen geladenen Platten. Man kann sie als ein große Zahl von „Millikantröpfchen" ansehen. Bei Beleuchtung können diese Teilchen Elektronen verlieren. Ist das bei einem Teilchen der Fall, so wird es sich nach oben, auf die negativ geladene Platte zu bewegen, denn es ist ja jetzt stärker positiv geladen. So wird, immer wenn ein Elektron ausgelöst wird, sich ein Teilchen nach oben bewegen. Das ist an den verschiedensten Stellen zwischen den Platten der Fall.

Nun ändert sich die elektrische Feldstärke zwar sehr schnell mit der Zeit, aber zu einem vorgegebenen Zeitpunkt hat sie entlang der Front der elektromagnetischen Welle jeweils den gleichen Wert. Trifft solch eine Welle ein Atom, so beginnt sie die Elektronen hin und her zu schütteln. Da die Welle in einem großen Bereich des Raumes gleich aussieht, schüttelt sie die Elektronen in den Teilchen zur gleichen Zeit in der gleichen Weise im gesamten Bereich zwischen den Platten. Ist die Intensität des Lichts gering, so wird die Lichtwelle wohl einige Zeit benötigen, um irgendein Elektron aus dem Atom zu lösen. Dann sollten aber zur gleichen Zeit eine große Anzahl von Elektronen ausgelöst werden, da sehr viele Elektronen in gleichartigen Atomen in der gleichen Weise durch das elektrische Feld der Lichtwelle beeinflußt werden. Bei geringer Lichtintensität ist also zu erwarten, daß während einer ganzen Zeit nichts geschieht. Dann beginnen plötzlich überall im Lichtbündel einzelne Teilchen Elektronen zu verlieren. Bei stärkerem Licht müßte dieser Vorgang schneller einsetzen, bei schwächerem Licht langsamer.

Erstaunlicherweise ist das experimentelle Ergebnis völlig anders. Man sollte erwarten, daß nach einer gewissen Zeit alle Teilchen Elektronen verlieren. Statt dessen springen plötzlich ein oder zwei Teilchen. Diese Sprünge zeigen, daß die Teilchen bereits Elek-

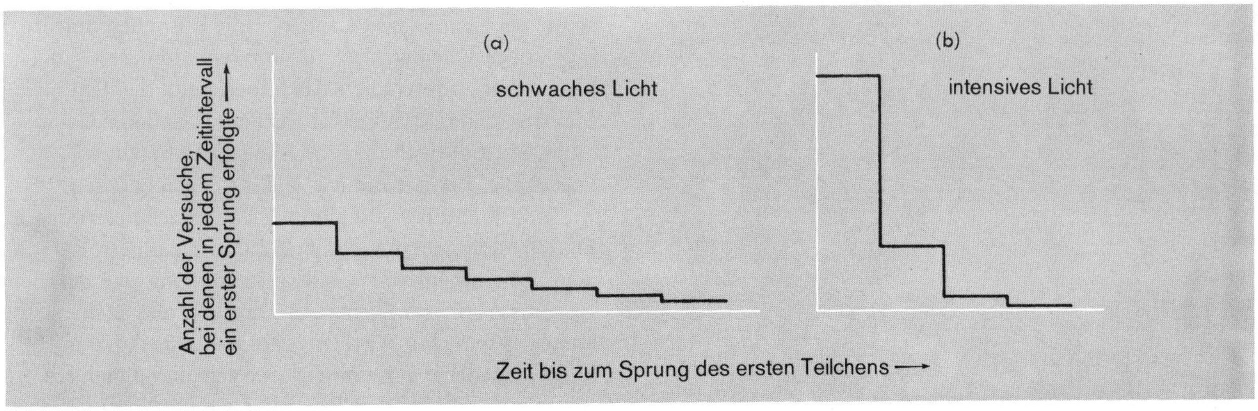

Bild 31.2. Bei der Apparatur von Bild 31.1 wird das Licht eingeschaltet und beobachtet, wann sich das erste Teilchen nach oben bewegt. Die bis dahin vergangene Zeit wird registriert. Die Graphen zeigen die Ergebnisse vieler solcher Zeitverzugs-Messungen. Bei a) wurde schwaches Licht verwendet, bei b) intensiveres Licht. Alle übringen Versuchsbedingungen blieben unverändert. Im Mittel werden durch intensiveres Licht schneller Elektronen ausgelöst, als durch schwächeres Licht, aber selbst bei schwachem Licht können Elektronen ohne wesentliche Verzögerung ausgelöst werden. Genauere Experimente haben gezeigt, daß die zeitliche Verzögerung kleiner als 10^{-8} s ist.

tronen verloren haben und sich nun wie die Kügelchen im Millikan-Versuch unter dem Einfluß des elektrischen Feldes zwischen den Platten bewegen. Man kann nicht festlegen, wo im Lichtstrahl das erste Teilchen zu springen beginnt. Danach springen andere Teilchen, eines hier, eines dort, aber ohne irgendein System. Nach einer gewissen Zeit werden die meisten Teilchen Elektronen verloren haben, das ist ein Zufallsprozeß. Einige von ihnen werden mehrere Elektronen verloren haben, andere überhaupt noch keines.

Bei noch geringerer Lichtintensität verlängert sich die Wartezeit manchmal überhaupt nicht. Bei größerer Lichtintensität ist diese Zeit manchmal nicht kürzer. Man kann sich bemühen, diese Teilchen so gleichförmig wie möglich zu machen, kann völlig identische Kügelchen verwenden, und trotzdem werden sich die einzelnen unterschiedlich verhalten (Bild 31.2). Lediglich im Mittel scheint ihr Verhalten mit dem übereinzustimmen, was wir erwarten. Im Mittel werden die Teilchen in jedem Teil des homogenen Lichtbündels gleichviel Elektronen verlieren. Durch intensiveres Licht werden mehr Elektronen je Sekunde ausgelöst als durch schwächeres Licht. Das gilt aber nur im Mittel für viele Teilchen und viele Versuche. Im Einzelfall scheint die Zeit, bis das erste Tröpfchen ein Elektron verliert, nur durch den Zufall bestimmt zu sein. Es kann vorkommen, daß selbst durch schwächstes Licht sofort ein Elektron ausgelöst wird, es kann bei sehr intensivem Licht aber gelegentlich auch sehr lange bis zur Auslösung des ersten Elektrons dauern. Diese Ergebnisse scheinen der fest gefügten Vorstellung von der stetigen oszillierenden Wellenfront, die überall gleichförmig ist und in Phase schwingt, durch deren sich ändernde elektrische Feldstärke Elektronen allmählich aus jedem Teilchen ausgelöst werden, völlig zu widersprechen.

Die Vorhersagen aus unserem Bild von den elektromagnetischen Wellen stimmen nicht mit den experimentellen Ergebnissen überein. Wir kennen aber noch ein anderes einfaches Modell für das Licht, das wir schon aufgegeben hatten, das wir jetzt aber erneut heranziehen können. Stellen wir uns vor, wir hätten es nicht mit einer stetigen Wellenfront zu tun, sondern der Lichtstrahl bestehe aus einer großen Menge sich sehr schnell bewegender kleiner Partikel, etwa aus einem Hagel von Geschossen oder einem Sandstrahl (Bild 31.3). In einem solchen Strahl wird ein Teilchen nur zufällig frontal von einem Lichtpartikelchen getroffen werden. Diese Zusammenstöße können verteilt über das ganze Lichtbündel mal hier, mal dort auftreten. Den Moment, in dem das erste Teilchen getroffen wird, bestimmt ebenfalls der Zufall. Selbst bei einem sehr schwachen Strahl – bei dem nur wenige Teilchen durch eine Fläche von gegebener Größe hindurchtreten – kann unmittelbar nach Einschalten des Strahls ein Teilchen getroffen werden. Andererseits kann es in einem sehr starken Strahl sehr wohl vorkommen, daß der dichte Regen von Teilchen während einer merklichen Zeit keinen Zusammenstoß bewirkt. Nur im Mittel trifft es natürlich zu, daß bei einem starken Strahl der erste Zusammenstoß schneller kommt als bei einem schwachen, und daß die weiteren Zusammenstöße in schneller Folge stattfinden. Diese Vorstellung liefert eine genaue und überzeugende Beschreibung der Weise, wie Licht tatsächlich aus kleinen Materieteilchen Elektronen auslöst.

In diesem Bild erscheint das Licht in korpuskularer Form. Es kommt in kleinen „Bündeln" an, die *Photonen* genannt werden. Diese Photonen können wir als Geschosse oder Partikel des Lichts ansehen. Treffen sie irgendwo auf Materie auf, so können sie dabei ein Elektron auslösen.

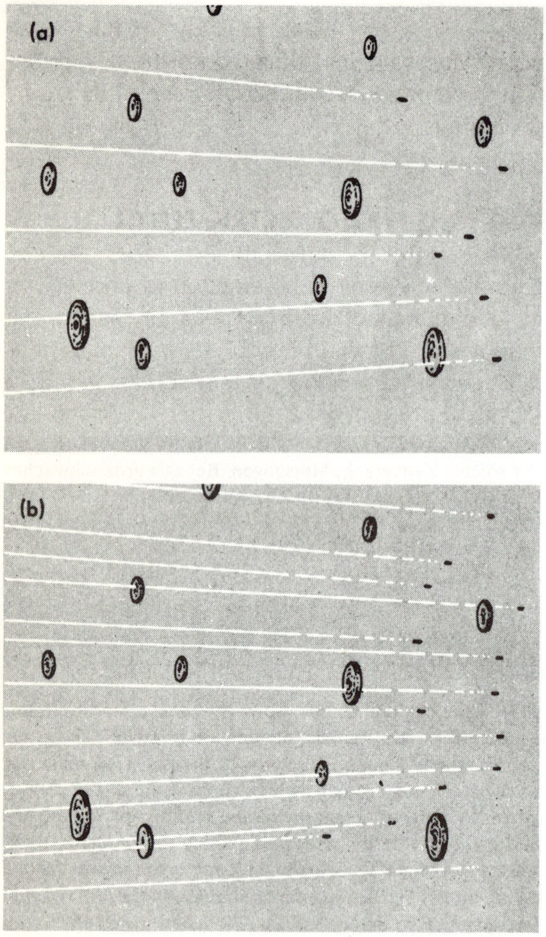

Bild 31.3. Zwischen Geschossen die auf eine große Anzahl von Zielscheiben statistisch verteilt auftreffen, und einem Lichtbündel, das Elektronen auslöst, besteht eine enge Analogie. Werden die Geschosse nur aus wenigen Gewehren abgefeuert a), so ist der „Kugelstrahl" nur schwach und es wird im allgemeinen lange dauern, bis ein Treffer zu beobachten ist. Aber gelegentlich folgt dem Beginn des Schießens sofort ein Treffer. Wird die Anzahl der Gewehre vergrößert b), so wird auch der „Strahl" intensiver. Die Trefferzahl wird größer, und im Mittel wird der erste Treffer auch früher zu beobachten sein. Es kann aber auch sein, daß der erste Treffer erst später als bei dem schwächeren Strahl zu beobachten ist. Welche Zielscheibe als erste getroffen wird, ist rein zufällig.

Dieses Experiment, in dem man vom Licht ausgelöste Elektronen direkt nachweist, ist nicht der einzige Hinweis auf die körnige Struktur eines Lichtstrahls. Eine photographische Platte trägt eine Schicht aus sehr kleinen Kristallen, von denen jeder durch den Aufprall von Licht so umgewandelt wird, daß er durch den Entwickler geschwärzt wird. Das Bild wird nicht kontinuierlich gebildet, sondern durch die statistische Ansammlung von geschwärzten Körnern. Der Vorgang ist zu komplex, als daß wir aus ihm allein etwas über die Natur des Lichts sagen können – die Körnchen des Films unterscheiden sich z.B. in ihrem atomaren Aufbau – aber er unterstützt das Experiment, bei dem Elektronen direkt ausgelöst wurden. In anderen Geräten, die die Auslösung von Elektronen benutzen – Photozelle, Fernsehkamera – läßt sich beobachten, wie ein Bild punktweise durch Licht aufgebaut wird. Bei sehr schwachem Licht sind die aufeinanderfolgenden „Zusammenstöße" zeitlich so getrennt, daß das Auge sie nicht verfolgen kann. Das Bild, was auch immer es sein mag, wird langsam durch die Ansammlung statistischer Zusammenstöße gemalt. Allmählich summieren sie sich, stärker dort, wo mehr Licht hinfällt, schwächer überall dort, wo die Beleuchtung nur schwach ist. Nur wenn sehr viele Lichtkorpuskeln auf eine kleine Fläche aufgetroffen sind – in einem starken Lichtstrahl geht das schneller, in einem schwachen Lichtstrahl dauert es eine längere Zeit – wird die Ansammlung so dicht, daß jede Spur der körnigen Struktur verloren geht.

31.2. Der photoelektrische Effekt

Nun soll untersucht werden, wie ein Elektron nicht aus einer Materieschicht allgemein, sondern aus einem einzelnen Atom ausgelöst wird. Bild 31.4 zeigt ein Photonenbündel, das von links kommend durch das Gas einer Nebelkammer fällt. Beim Durchgang des Lichts werden hier und da durch die Photonen Elektronen aus Gasatomen ausgelöst. Dort, wo die Elektronen herausgelöst wurden, entstehen kleine Trauben von Wassertröpfchen. Je weiter der Photonenstrahl in das Gas eindringt, um so schwächer wird er; das ist klar, denn für jedes gebildete Elektron ist ein Photon aus dem Strahl verschwunden. Diese Überlegung kann überprüft werden. Man kann die Photonen so weit in das Gas eindringen lassen, daß der ursprüngliche Photonenstrahl fast ganz absorbiert wird. Die Energie des Lichtstrahls ist dann an das Gas übergegangen. Der größte Teil dieser Energie erscheint als kinetische Energie der ausgelösten Elektronen.

Jedes Elektron erzeugt eine Spur von fast gleicher Länge, unabhängig davon, wo es ausgelöst wurde. (In Bild 31.4 sind keine langen Spuren zu sehen; sie sind alle fast gleich kurz und dick.) Das heißt aber, daß sämtliche emittierten Elektronen ungefähr die gleiche Energie gehabt haben müssen. Aus energetischer Sicht verlaufen alle Ereignisse gleichartig. Insbesondere sind alle Photonen, die ein Ereignis hervorrufen, gleichartig. Ein schwächerer Lichtstrahl besteht aus weniger Photonen, nicht aus Photonen unterschiedlicher Energie. Eine genauere Untersuchung der Energiebilanz zeigt, daß bei jedem einzelnen Ereignis die Energie erhalten

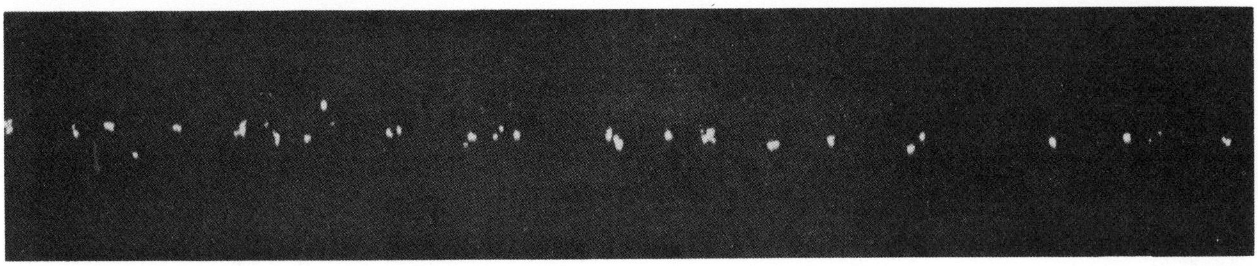

Bild 31.4. Diese Nebelkammeraufnahme zeigt die Absorption einzelner Photonen und die dadurch hervorgerufene Schwächung des einfallenden Strahls. Sie treten im Bild von links her ein und werden durch die Atome des Argongases absorbiert. Dadurch werden Photoelektronen ausgelöst, die wiederum kurze Nebelspuren erzeugen, die im Bild weiß sichtbar werden. Die Schwächung des einfallenden Strahles wird am besten sichtbar, wenn man die Abbildung halbiert; in der linken Hälfte finden sich 17 Spuren, in der rechten nur 9. Bemerkenswert ist die Gleichartigkeit aller Spuren. Als „Licht" dient in Wirklichkeit ein Röntgenstrahl mit einer Wellenlänge von etwa 0,02 nm. (*W. Gentner, H. Maier-Leibnitz* und *W. Bothe*, Atlas typischer Nebelkammerbilder, Berlin 1940.)

bleibt, und wiederum wird deutlich, daß ein schwächerer Lichtstrahl aus weniger Photonen besteht.

Eine solche Nebelkammeruntersuchung kann nicht mit Photonen des sichtbaren Lichts durchgeführt werden. Bei dem in Bild 31.4 gezeigten Experiment wurden Röntgenstrahlen benutzt. Diese bilden ein Bündel elektromagnetischer Strahlung mit einer Wellenlänge von nur einigen 0,01 nm. Bei dieser Wellenlänge wird der einzelne Prozeß sichtbar. Mit Röntgenstrahlung kürzerer Wellenlänge werden die Photoelektronen noch heftiger ausgelöst. Damit ist die Gleichartigkeit der einzelnen Ereignisse sogar besser zu sehen.

Verwendet man einen Strahl aus ultraviolettem Licht, so gestattet das eine mehr ins einzelne gehende, allerdings auch weniger direkte Untersuchung der Auslösung eines Elektrons durch Licht. Diesen Vorgang nennt man den *photoelektrischen Effekt.* Er kann an einer metallischen Oberfläche, in einer Flüssigkeit oder auch an einzelnen Gasatomen auftreten.

Den photoelektrischen Effekt kann man mit einer ganz einfachen Anordnung untersuchen. (Sie läßt sich allerdings nicht so leicht selbst herstellen.) Sie besteht aus einer sehr hoch evakuierten Glasröhre, in die zwei kleine, sehr gut gereinigte Kupferplatten montiert sind (Bild 31.5). Zu den Platten führen Leitungen für den elektrischen Anschluß von außen. Wir legen nun eine Spannung von einigen Volt an die beiden Platten an und beleuchten die innere Oberfläche einer Platte. Beleuchten wir die positive Platte, so entsteht im Vakuum kein meßbarer Strom. Beleuchten wir jedoch die negative Platte, so ist ein Strom nachweisbar. Offenbar bewegen sich Elektronen durch das Vakuum. Wird die Lichtquelle ausgeschaltet, so verschwindet dieser Strom. Schaltet man die Lichtquelle wieder an, so beginnt praktisch sofort der Strom zu fließen. Genauere Messungen haben gezeigt, daß die zeitliche Verzögerung bis zur Aussendung von Photoelektronen sicherlich kürzer als 10^{-8} s ist. Der Strom ist nicht stark, liegt aber innerhalb eines leicht meßbaren Bereiches. Eine Kupferplatte von einigen Quadratzentimetern Fläche ergibt bei Bestrahlung mit direktem Sonnenlicht einen Photostrom in der Größenordnung von einigen Mikroampere. Die Stromstärke nimmt proportional zur Intensität des Lichts zu oder ab. Das gilt in einem weiten Bereich. Solche Röhren – *Photozellen* – werden in der Praxis sehr häufig benutzt. Man verwendet sie beispielsweise bei Türöffnern und bei der Wiedergabe des Tons im Film.

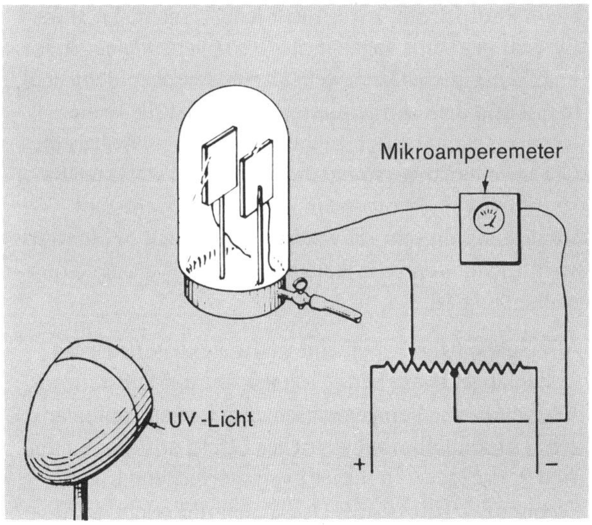

Bild 31.5. Photozelle. Zwei Kupferelektroden sind in einem evakuierten Glasrohr untergebracht und entsprechend der Abbildung an eine Batterie angeschlossen. Die Spannung zwischen den Platten kann verändert werden. Der Schleifkontakt ist mit der nicht beleuchteten Platte verbunden. Damit kann deren Potential bezüglich der beleuchteten Platte positiv oder negativ gewählt werden.

Die beschriebene einfache Photozelle bestätigt: Fällt Licht ein, werden Elektronen aus der Oberfläche von Substanzen ausgelöst. Je stärker das Licht ist, desto größer ist die Anzahl der ausgelösten Elektronen. Die Zahl der ausgelösten Elektronen ist proportional zur Zahl der Photonen. All das erscheint sinnvoll, aber man erlebt eine große Überraschung, wenn man die Wellenlänge des verwendeten Lichts ändert. Selbst im intensivsten roten oder grünen Licht liefert die Kupferphotozelle keinen Strom; nur ultraviolettes Licht oder Licht von noch kürzerer Wellenlänge bewirkt einen Photostrom.

Es könnte sein, daß dieser Effekt nur im Kupfer auftritt; man muß auch andere Stoffe untersuchen. Wir setzen unsere Experimente mit einer Photozelle fort, bei der die Plattenoberflächen mit Kalium überzogen sind. Jetzt erzeugt bereits sichtbares blaues Licht einen Photostrom, rotes Licht jedoch nicht. Im grünen Bereich liegt eine sogenannte *Grenzwellenlänge.* (Für Kupfer lag diese Grenzwellenlänge zwischen dem sichtbaren und dem ultravioletten Licht.) Ist die Wellenlänge des einfallenden Lichts nur wenig größer als die Grenzwellenlänge, so entsteht selbst bei stärkster Bestrahlung kein Photostrom. Andererseits entsteht wenigstens ein sehr schwacher Strom auch bei schwächstem Licht, wenn die Wellenlänge kürzer als die Grenzwellenlänge ist.

Alle Substanzen haben eine photoelektrische Grenzwellenlänge. Diese hängt von der Art der Substanz ab. Aber eines ist allen gemeinsam. Bei langen Wellenlängen tritt kein photoelektrischer Effekt auf. Bei kurzen Wellen dagegen – bei Licht von hinreichend hoher Frequenz – tritt er auf. Das Wellenbild reicht nicht aus, um diese Ergebnisse zu erklären; sie stimmen aber sehr gut mit der Photonenvorstellung überein. Ein einzelnes Elektron wird durch ein einzelnes Photon ausgelöst. Die Stärke des Lichtstrahls bestimmt die Anzahl der Photonen. Infolgedessen ist die Stromstärke des Photostroms proportional zur Lichtintensität. Aber die Art der einzelnen Photonenzusammenstöße, die Fähigkeit, ein Elektron auszulösen, hängt nicht davon ab, ob noch weitere Photonen vorhanden sind. Dieses ist eine Eigenschaft jedes einzelnen Photons und muß auf irgendeine Weise mit der Wellenlänge des Lichts zusammenhängen. Licht von kurzer Wellenlänge scheint wirksamer zu sein als Licht mit langer Wellenlänge. Aus jeder Oberfläche werden Elektronen ausgelöst, wenn sie von Photonen mit hinreichend kurzer Wellenlänge getroffen wird. Aus einigen Oberflächen werden schon Elektronen durch Photonen des roten Lichts – und natürlich durch Licht von kürzerer Wellenlänge – ausgelöst. Einige zweckmäßige Kombinationen, besonders wenn das Alkalimetall Cäsium zusammen mit Sauerstoff in einer Silberoberfläche gelöst ist, haben eine Grenzwellenlänge im Infraroten. Metalle wie etwa Platin zeigen keine Ergebnisse bei Bestrahlung mit Licht, das durch Glas hindurchgegangen ist; nur wenn man Licht aus dem fernen Ultravioletten verwendet, so gelingt es, einen Photostrom zu erzeugen.

31.3. Einsteins Deutung des photoelektrischen Effekts

Bisher erhielten wir nur einen kleinen Einblick in den Mechanismus des Photoeffekts. Wir wissen, daß einige Eigenschaften der photoelektrischen Oberfläche eingehen. Wir wissen auch, daß Licht von höherer Frequenz zweckmäßiger ist als von niedrigerer Frequenz. Das legt die Vermutung nahe, daß sich die Photonen in gewisser Weise in Abhängigkeit von der Frequenz des Lichts unterscheiden. Daß sich Photonen des roten Lichts unterscheiden von solchen des blauen Lichts, erscheint vernünftig. Auf irgendeine Weise müssen Photonen eine Information mit sich tragen, die als Wellenlänge in Erscheinung tritt, wenn Lichtwellen interferieren. Um herauszufinden, auf welche Weise die Frequenz in den Photonen enthalten ist, muß man weitere Überlegungen und Versuche anstellen. Man muß untersuchen, mit welcher Energie die Photoelektronen ausgelöst werden.

In der Anordnung nach Bild 31.5 läßt sich die angelegte Spannung verändern. Die maximale Stromstärke erhält man für jede Oberfläche und jede vorgegebene Beleuchtungsstärke, wenn man die aufnehmende Platte (Anode) gegenüber der aussendenden Platte (Kathode) etwas positiv auflädt. Erhöht man die Spannung, so steigt der Strom nicht weiter an. Offenbar nimmt die Anode bereits bei kleiner Spannung alle ausgesandten Photoelektronen auf (Bild 31.6). Nun ändern wir das Vorzeichen der Spannung, so daß die Kathode positiv wird. Sobald die Elektronen die Platte verlassen, werden sie von ihr wieder angezogen. Der Photostrom verschwindet aber nicht. Offenbar erhalten einige Elektronen bei der Auslösung durch Licht so viel Energie, daß sie gegen die verzögernde Spannung zwischen den Platten anlaufen können. Wird diese verzögernde Spannung vergrößert, so geht schließlich bei einer bestimmten Spannung die Stromstärke auf Null zurück. Auch intensiveres Licht ruft dann keinen Photostrom hervor, falls die Wellenlänge unverändert bleibt. Kein Photoelektron hat mehr genug Energie, um die Spannung zwischen den Platten zu überwinden. Diese Spannung heißt *Bremsspannung* (siehe Bild 31.6).

Diese Bremsspannung U_0 gibt einen Hinweis auf die Energie, die jedem einzelnen Elektron beim Aussenden übertragen wird. Das Produkt aus Bremsspannung

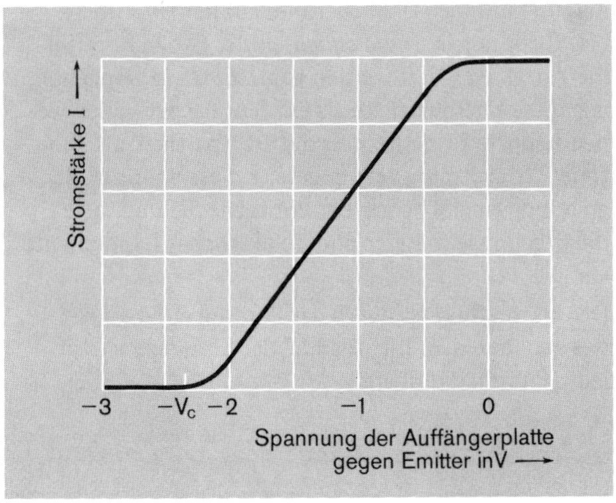

Bild 31.6. Die Stärke des Photostroms ist als Funktion der Spannung zwischen den Platten für Bestrahlung mit einem bestimmten Licht aufgetragen. Der Strom verschwindet erst, wenn an der Anode eine negative Spannung von mehr als 1 V liegt. Wir nennen diesen Wert die Bremsspannung U_0.

und Elementarladung ergibt die Energie, die den schnellsten Elektronen abgenommen werden muß, um sie daran zu hindern, von der einen Platte auf die andere Platte zu gelangen. Die maximale kinetische Energie E_{el}, die diese Photoelektronen mitbekommen, ist also

$$E_{el} = e\,U_0\ .$$

Die Bremsspannung erweist sich somit als Hilfsmittel, die jeweilige maximale kinetische Energie der Photoelektronen zu ermitteln, wenn die Elektronen von Licht verschiedener Farbe ausgelöst werden. Hat man die Bremsspannung für eine bestimmte Wellenlänge eingestellt, so kann man durch Benutzung von Licht kürzerer Wellenlänge wiederum einen Photostrom erzeugen. Die Energie, die die Photonen den ausgelösten Elektronen mitgeben können, ist um so größer, je kürzer die Wellenlänge des verwendeten Lichts ist. Um wieviel sie größer wird, läßt sich ermitteln, wenn man die Bremsspannungen bei immer kürzeren Wellenlängen mißt.

Trägt man die Ergebnisse einer Serie derartiger Experimente, in denen die Farbe des Lichts und die bestrahlten Metalle variiert wurden, graphisch auf, so erhält man einen einfachen und grundlegenden Zusammenhang. In Bild 31.7 ist die maximale kinetische Energie der Photoelektronen als Funktion der Frequenz ν des Lichts bei verschiedenen Metallen dargestellt. Für jedes Metall ergibt sich je eine Gerade mit jeweils gleicher Steigung, die h genannt wird. Lediglich der Schnittpunkt der Geraden mit der Ordinate, auf der die Energie aufgetragen wurde, hängt vom Material ab. Es hat sich gezeigt, daß der entsprechende Graph für alle Materialien durch die Relation

$$E_{el} = e\,U_0 = -\,W_a + h\nu$$

beschrieben werden kann. Dabei ist h für alle Experimente eine Konstante. W_a ist konstant innerhalb eines einzelnen Experiments, und ν ist die von der Farbe abhängige Frequenz des Lichts.

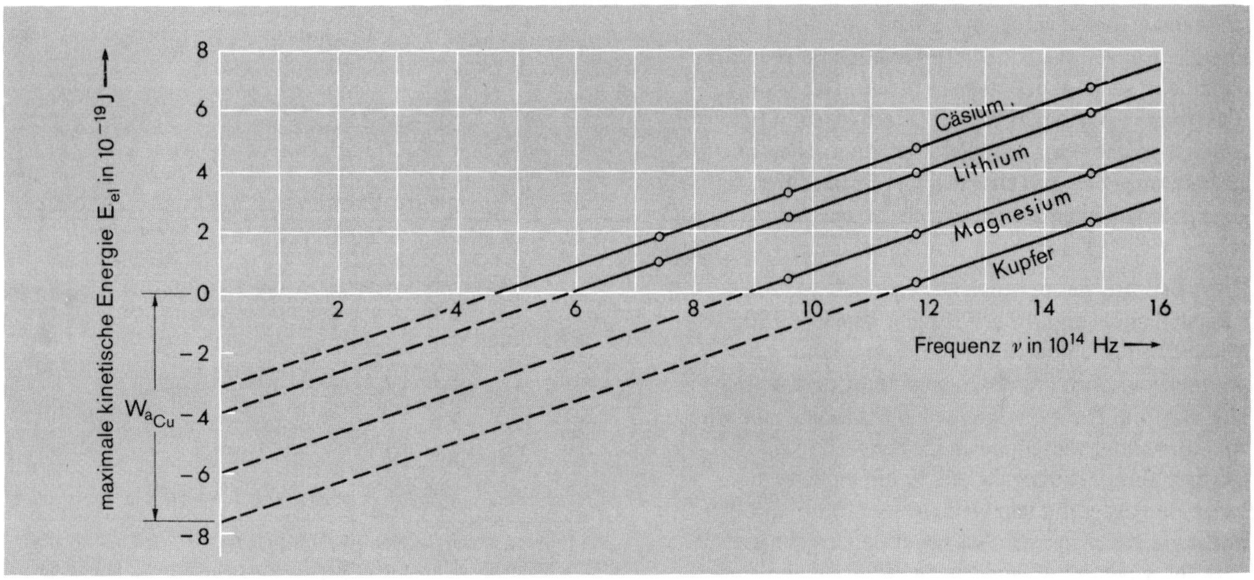

Bild 31.7. Ergebnisse von Experimenten mit einer Anordnung nach Bild 31.5. Dabei wurden unterschiedliche Lichtquellen und Filter verschiedener Farbe verwendet. Die maximale kinetische Energie der Elektronen E_{el} ist als Funktion der Frequenz ν des verwendeten Lichtes dargestellt.

Aus den Experimenten ergibt sich eine ganz klare Unterscheidung zwischen dem Einfluß des Lichts und dem der photoelektrischen Oberfläche. Die Oberfläche wird lediglich durch den Term $-W_a$ repräsentiert, der jeweils durch den Abschnitt der photoelektrischen Kurve auf der senkrechten Achse links in Bild 31.7 dargestellt wird. Dieser Term ist vom Licht völlig unabhängig. Die Frequenz des Lichts kann nämlich beliebig stark verändert werden, ohne daß der Term sich ändert. Andererseits wird das Licht durch den Term $h\nu$ beschrieben; er ist für Licht gleicher Frequenz stets gleich groß (Da die Steigung h unabhängig von der Substanz ist, kann dieser Term nichts mit der Oberfläche zu tun haben.) Dieser Term gibt an, wie das Photon die Information über die Frequenz des Lichts trägt: Photonen können proportional zur Frequenz wachsende Energiebeträge an ein emittiertes Photoelektron abgeben. Der Term $h\nu$ wächst also proportional zur Frequenz ν.

Im Photonenbild läßt sich die vorherige Gleichung vollständig deuten. Jedes Photon trägt (oder auch jedes Photon ist) die Energie $h\nu$. Trifft das Photon die Oberfläche, so verschwindet es und überträgt seine Energie $h\nu$. Ein Teil dieser Energie ist notwendig, um ein Elektron aus der Oberfläche abzulösen. Das ist die Ablösearbeit W_a. Photonen, deren Energie kleiner ist, können keine Elektronen auslösen. Hat aber ein Photon eine größere Energie als dieser Auslösearbeit entspricht, so erscheint die überschüssige Energie als kinetische Energie des Elektrons. Nicht alle Elektronen kommen auf direktem Weg aus der Metalloberfläche heraus. Viele legen einen längeren Weg zurück; durch Zusammenstöße mit Atomen verlieren sie dabei einen Teil ihrer Energie. Einige Elektronen dringen auch tiefer in das Metall ein; sie kommen niemals heraus. Nur wenige Elektronen verlassen direkt die Oberfläche mit der vollen, von dem Photon gelieferten kinetischen Energie. So kommt es bei anwachsender Gegenspannung zu einem allmählichen Abnehmen des Stroms.

Diese Deutung des photoelektrischen Effekts wurde zum ersten Mal von *Albert Einstein* im Jahre 1905 gegeben. Die Gleichung, die die Energieerhaltung bei photoelektrischen Prozessen beschreibt, wurde nach ihm benannt. Die experimentellen Ergebnisse, die wir zur Aufstellung dieser Gleichung benutzten, waren *Einstein* aber nicht zugänglich. Er entwickelte das ganze Bild aufgrund von weit weniger Informationen und sagte einige der von uns benutzten Ergebnisse voraus. Bei seinen Überlegungen ging *Einstein* von einem Ergebnis aus, das *Planck* erhalten hatte. Im Jahre 1900 hatte *Planck* eine Erklärung für das Spektrum im Innern eines isolierten Körpers von konstanter Temperatur gefunden[1]). Sie beruhte auf der Hypothese, daß Licht nur in *Energiequanten* der Größe $h\nu$ absorbiert bzw. emittiert werden kann. *Einstein* zeigte nun, wie diese Energiepakete als existent nachgewiesen werden können. Er deutete sie als Lichtpartikel, als Photonen. Gleichzeitig verwendete er diese dann zur Begründung einer Theorie der Photochemie und sagte die Ergebnisse späterer photoelektrischer Experimente voraus.

Der Photoeffekt ist durch das Photonenbild erklärt worden. In einem Lichtbündel der Frequenz ν trägt jedes Photon die Energie

$$E = h\nu = \frac{hc}{\lambda} \quad .$$

Das ist die berühmte Beziehung von *Einstein* und *Planck*. Ein Lichtbündel ist mehr oder weniger intensiv, wenn es mehr oder weniger Photonen je Zeiteinheit enthält. Die Energie des einzelnen Photons, die Quantenenergie, ist dagegen bei vorgegebener Frequenz stets gleich.

Die Beziehung von *Einstein* und *Planck* ist der Schlüssel zum Verständnis des Photons. Die Proportionalitätskonstante h heißt Plancksche Konstante nach *Max Planck*, dem großen deutschen Physiker, der schon 1900 die obige Relation vorschlug. Erst einige Jahre spater zeigte *Einstein*, daß damit auch der Photoeffekt zu erklären ist. Aus dem letzten Experiment kann die Konstante h direkt gemessen werden, sie ergibt sich als Steigung aller Geraden. Als Ergebnis erhält man

$$h = 6{,}62 \cdot 10^{-24}\ \mathrm{Js}.$$

Mit dem Wert für h läßt sich die Energie eines Photons berechnen:

$$E = \frac{h \cdot c}{\lambda} = \frac{6{,}62 \cdot 10^{-24}\ \mathrm{Js} \cdot 3{,}0 \cdot 10^{8}\ \frac{\mathrm{m}}{\mathrm{s}}}{\lambda}$$

$$= \frac{1{,}99 \cdot 10^{-25}\ \mathrm{Jm}}{\lambda} \quad .$$

Für die Energie der Photonen ist die Einheit eV besser geeignet als die Einheit Joule. Mit

$$1\ \mathrm{J} = 6{,}24 \cdot 10^{18}\ \mathrm{eV}$$

erhält man

$$E = \frac{1{,}99 \cdot 10^{-25} \cdot 6{,}24 \cdot 10^{18}}{\lambda}\ \mathrm{eVm}$$

$$= \frac{1{,}24 \cdot 10^{-6}}{\lambda}\ \mathrm{eVm} \; .$$

[1]) Einen isolierten Hohlraum mit einem kleinen Loch in einer Wand bezeichnet man als „schwarzen Körper". Durch das Loch einfallende Strahlung wird nahezu vollständig absorbiert. Frühere Theorien über die Frequenzverteilung der von einem solchen Körper ausgesandten Strahlungsenergie wichen erheblich von den experimentellen Befunden ab.

Sichtbares Licht hat Wellenlängen in der Größenordnung von 500 nm. Ein Photon des sichtbaren Lichts hat also etwa die folgende Energie:

$$E \approx \frac{1{,}24 \cdot 10^{-6}\ \mathrm{eV \cdot m}}{5 \cdot 10^{-7}\ \mathrm{m}} \approx 2{,}5\ \mathrm{eV}.$$

Der gesamte Energiebereich der Photonen des sichtbaren Lichts reicht von etwa 2 eV im roten bis zu etwas über 3 eV im ultravioletten Bereich.

Diese Energien von einigen eV je Photon liegen im untersten Energiebereich, durch den noch wesentliche chemische Änderungen herbeigeführt werden können. Im nächsten Kapitel werden wir sehen, daß das möglicherweise damit zusammenhängt, daß durch diese Energien die Elektronen innerhalb eines Atoms gestört werden können, ja es gelingt sogar, Elektronen auszulösen. Auf diese Energien, nicht auf kleinere, sprechen photographische Chemikalien, photoelektrische Materialen und die Netzhaut des Auges an.

Die Unterschiede im „Sichtbarkeitsbereich" der verschiedenen Anordnungen sind auffallend, aber sie sind in Wirklichkeit recht gering. Keine photoelektrische Oberfläche wird durch infrarotes Licht beeinflußt, dessen Wellenlänge nur 10 mal größer ist als die Grenzwellenlänge des menschlichen Auges.

Mit Kenntnis der Energie eines Photons läßt sich die Anzahl der Photonen in irgend einer Strahlung berechnen, deren gesamter Energiestrom bekannt ist. Damit kann die Anzahl der auf eine photoelektrische Oberfläche auffallenden Photonen mit der Anzahl der durch sie ausgelösten Elektronen verglichen werden. Selbst aus einer sehr guten Oberfläche können nur wenige Prozent der auftreffenden Photonen Elektronen auslösen. Durch die übrigen werden die Elektronen in tiefere Metallschichten gebracht, oder ihre Energie geht auf andere Art verloren. Natürlich können Photonen, deren Energie kleiner als die Ablösearbeit ist, überhaupt keine Elektronen auslösen.

31.4. Ordnung bei Zufallsereignissen

Die Auslösung einzelner Elektronen aus einer Metalloberfläche erfolgt zufällig. Einige Elektronen werden schon unmittelbar nach Beginn der Beleuchtung ausgelöst. Andere treten erst später aus, wobei die zeitlichen Verzögerungen sehr unterschiedlich und nicht vorausbestimmbar sind. Im großen herrscht bei der Emission aber doch eine Regelmäßigkeit. Im Mittel wird von jedem Bereich des Lichtbündels die gleiche Anzahl Elektronen ausgelöst, und im Mittel werden durch intensivere Beleuchtung mehr Elektronen ausgelöst als durch schwächere Beleuchtung.

Im Kapitel 21 haben wir gesehen, wie eine regelmäßige Figur durch eine Folge gleichwahrscheinlicher Ereignisse aufgebaut wird. Man kann sich leicht davon überzeugen, daß auch eine Folge nicht gleichwahrscheinlicher Ereignisse zu einer regelmäßigen Figur führen kann. Man sollte ein solches Experiment tatsächlich einmal durchführen. Dabei kann man beobachten, wie etwas Sinnvolles aus einer Folge scheinbar sinnloser Ereignisse erwächst. Es ist unpraktisch, die Unzahl der Photonen zu simulieren, durch die eine gute Photographie aufgebaut wird. Daher wird man ein gröberes Bild betrachten, das von einer kleineren Anzahl gebildet wird.

Wir stellen uns vor, die Bestrahlung einer Photoplatte ergäbe die Balkenfigur von Bild 31.8a. An den dunklen Stellen müssen dann schließlich mehr Lichtquanten an-

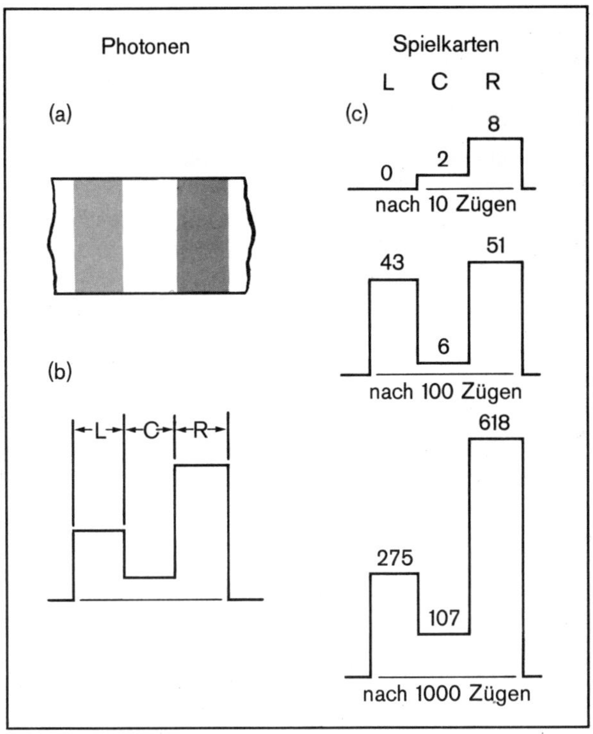

Bild 31.8. Die Entstehung eines Bildes durch einen statistischen Prozeß

a) zeigt ein Balkenbild aus hellen und dunklen Streifen, es möge etwa eine Interferenzfigur darstellen.
b) zeigt für die gleiche Figur die Lichtintensität als Funktion des Ortes.
c) Die Abbildungen zeigen die Ergebnisse eines Modellversuchs. Dabei wird die gleiche Figur dadurch aufgebaut, daß aus einem Kartensatz einzelne Karten gezogen wurden. Die Wahrscheinlichkeit, mit der eine Karte gezogen werden kann, wurde vorher genau vorgegeben. Je mehr Karten gezogen wurden, umso sehr ähnelt die Figur dem erwarteten Bild, wobei am Anfang des Verfahrens das Endergebnis noch keineswegs erkennbar ist. Bilder gewöhnlicher Lichtquellen entstehen durch 10^{12} oder mehr Photonen je Sekunde.

kommen als an den helleren Stellen. Das Balkenbild läßt sich durch den Graphen in Bild 31.8b beschreiben. Dabei ist die Höhe des Graphen proportional zur Anzahl der insgesamt in den entsprechenden Bereichen von Bild 31.8a ankommenden Photonen. Wir markieren nun einige Spielkarten mit den Buchstaben L, C und R, jeweils für einen Bereich (links, mitte, rechts) der Balkenfigur. Dabei achten wir darauf, daß die Anzahl der jeweils vorbereiteten Karten proportional zur Höhe der entsprechenden Bereiche des Graphen ist. Zum Beispiel. kann man 3 Karten mit dem Buchstaben L bezeichnen, eine mit C und 6 mit R. Damit ist die Wahrscheinlichkeit für das Eintreffen eines Photons in jedem der von uns unterschiedenen Bereiche gut dargestellt. Nun werden die Karten sorgfältig gemischt, und eine Karte wird gezogen. Der Buchstabe wird notiert und die Karte in den Stapel zurückgegeben. Dann wird neu gemischt und wieder eine Karte gezogen. Dieser Vorgang wird häufig wiederholt. Die Ergebnisse werden graphisch dargestellt, indem man wie in Bild 31.8b eine Säule mit einer Höhe entsprechend der Anzahl der gezogenen Karten zeichnet. Zunächst wird nur in ganz seltenen Fällen von Anfang an ein klares Bild sichtbar werden. Dann wird aber das Bild immer deutlicher erkennbar werden, und wenn man geduldig genug ist, mehrere Tausend Karten zu ziehen, so wird das statistisch aufgebaute Bild mit ziemlicher Sicherheit so regelmäßig sein wie ein gut gezeichneter Graph. Ergebnisse derartiger Experimente sind in Bild 31.8c dargestellt. Das eigene Experiment gibt aber doch ein besseres Verständnis für die Entstehung solcher Bilder. Natürlich sind Photonen keine Spielkaten; wir experimentieren nicht wirklich mit Licht, sondern mit den Gesetzen des Zufalls und der Wahrscheinlichkeit. Viele Experimente haben aber gezeigt, daß Bilder exakt nach diesen Gesetzen entstehen, denen auch der Zufallszug von Spielkarten folgt.

Mit dem Modellversuch ist es schließlich gelungen, ein regelmäßiges Bild aufzubauen und gleichzeitig die unregelmäßigen Veränderungen im Laufe dieses Prozesses zu beobachten.

So ist auch zu verstehen, warum zum Aufbau eines detailreichen Bildes mit einer Fernsehkamera oder einem Photoapparat immer hinreichend viel Licht vorhanden sein muß. Unabhängig davon, wie empfindlich die Empfänger auch immer sind, ein gutes Bild kann nicht entstehen, wenn die Anzahl der Photonen, aus denen es aufgebaut wird, zu klein ist. Überraschend ist, daß man zeigen konnte, daß damit auch etwa die Empfindlichkeitsgrenze des Auges erreicht ist. Unsere Augen sind ungefähr so weit entwickelt, wie irgendein Empfänger, der mit einer Linse der gleichen Größe arbeitet, die gleiche Ansprechzeit und die gleiche Wellenlängenbreite hat. Sie sind nahe bis an die naturgegebene Grenze entwickelt.

31.5. Interferenz im Korpuskelbild

In schwachem Licht zeigten sich die einzelnen durch Photonen bewirkten Effekte. Die Energiequanten kommen statistisch verteilt an, und treffen mal hier, mal dort auf. Ihre Anzahl ist größer, wo die Intensität des Lichts größer ist, und kleiner, wo das Licht schwächer ist. Das Photonenbild des Lichts unterscheidet sich weitgehend von der gewohnten Wellenvorstellung. Das Photonenbild scheint überhaupt nichts mit Interferenz und Beugung zu tun zu haben. Vielleicht treten die Welleneigenschaften, die in Interferenzexperimenten so überzeugend demonstriert wurden, nur bei starkem Licht auf. Dort können ja möglicherweise die zahlreichen Photonen so in Wechselwirkung miteinander treten, daß dabei Resultate wie bei Wellen erzeugt werden. Oder lassen sich auch durch schwaches Licht Interferenzfiguren erzeugen? Diese Frage wurde vor fünfzig Jahren direkt durch *Geoffrey Taylor* untersucht, der damals noch ein junger Student an der Universität von Cambridge war und später für seine Lebensarbeit in der Physik geadelt wurde.

Taylor beleuchtete in einem lichtdichten Kasten eine Nadel durch eine schwache Lampe, so daß der Schatten der Nadel auf eine photographische Platte fiel (Bild 31.9). Er wählte die Dimensionen so, daß die Beugungsstreifen in der Umgebung des Schattens gut sichtbar waren. Dann verringerte er die Intensität des Lichts. Immer längere Belichtungszeiten wurden notwendig, um gut belichtete Aufnahmen zu erhalten. Schließlich wählte er eine Belichtungszeit von einigen Monaten. (Die Zwischenzeit soll er mit Segeln verbracht haben.) Auch hier war schließlich ein ganz klares Beugungsbild sichtbar. Dabei konnte sich bei der gewählten schwachen Beleuchtung immer nur jeweils ein einzelnes Photon in dem Kasten befunden haben. Interferenz findet also auch bei einzelnen Lichtquanten statt. Sie tritt bei einzelnen Photonen auf[1]).

Neben dem Taylorschen Experiment gibt es noch andere, die zum gleichen Schluß führen. Wird eine Photozelle an den Eingang eines Verstärkers gelegt, so kann der Einfall einzelner Photonen hörbar gemacht werden. Dadurch ist es möglich, bei einem Doppelspaltexperiment gleichzeitig die Photonen eintreffen zu hören und zu beobachten, wie allmählich eine Interferenzfigur entsteht. Bei allen Interferenzexperimenten

---

1) *Taylor* konnte sicher sagen, daß sich immer nur ein einziges (und oft gar kein) Photon im Kasten befand. Denn aus der Energie eines Photons und der Lichtintensität konnte er die Anzahl der Photonen in jedem Abschnitt des Lichtbündels berechnen. Er fand, daß die Photonen im Mittel einen größeren Abstand als die Kastenlänge haben. Daher war gewöhnlich nicht einmal ein einziges Photon im Kasten. Nach dem nächsten Abschnitt ist die Berechnung zu verstehen.

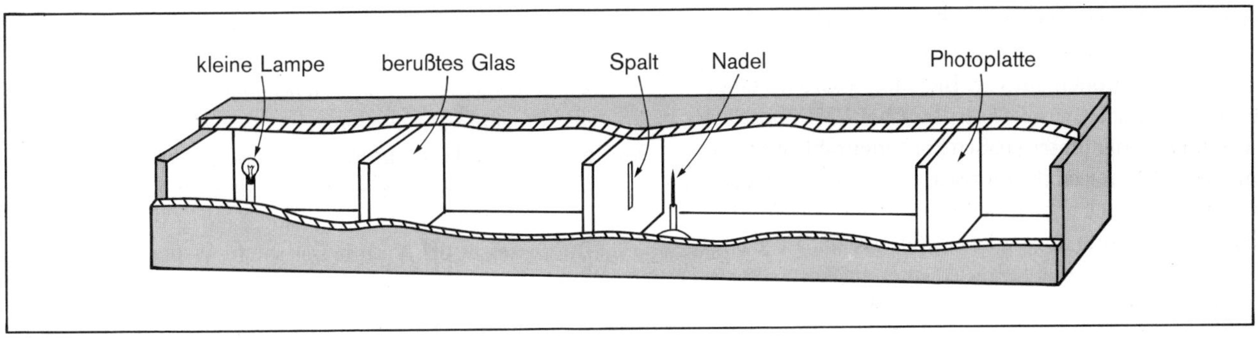

Bild 31.9. Mit dieser Anordnung zeigte *Taylor,* daß auch dann eine volle Interferenzfigur entsteht, wenn jeweils nur ein Photon zur Zeit in der Apparatur ist. Hier entstand die Interferenzfigur bei so geringer Lichtstärke, daß eine Belichtungszeit von drei Monaten nötig war.

ist es so, daß die Photonen einzeln ankommen. Experimentelle Ergebnisse zwingen uns also zu der Vorstellung, daß einzelne Photonen Welleneigenschaften haben.

Wie soll man sich nun aber die Welleneigenschaften eines einzelnen Photons vorstellen? Über diesen sicherlich nicht einfachen Punkt wird noch viel zu sagen sein. Im Moment wollen wir mit der Aussage zufrieden sein, daß durch die elektromagnetische Welle auf irgendeine Weise die Wahrscheinlichkeit für das Auftreten eines Photons festgelegt wird. Wo die Feldstärke in der Welle groß ist, ist auch die Wahrscheinlichkeit für das Auftreten von Photonen groß; bei geringeren Feldstärken nimmt auch die Wahrscheinlichkeit für das Auftreten von Photonen ab. Verschwindet das Feld, so erscheinen keine Photonen. Trifft ein Photon auf eine Photoplatte oder auf eine photoelektrische Zelle, so wird das einzelne Photon niemals über die ganze Interferenzfigur verteilt. Das Photon trifft an einer bestimmten Stelle auf. Die Wahrscheinlichkeit für das Eintreffen eines Photons ist dort am größten, wo die Photoplatte durch die entstehende Interferenzfigur am stärksten geschwärzt wird. Wo die Schwärzung nur halb so stark ist, ist auch die Wahrscheinlichkeit für das Eintreffen eines Photons nur halb so groß usw. Die Wahrscheinlichkeitsverteilung für das Eintreffen der Photonen entspricht der Intensitätsverteilung der Interferenzfigur. Die Interferenzfigur wird also durch die Summierung der Effekte zahlreicher Photonen aufgebaut.

31.6. Photonen und elektromagnetische Wellen

Wie steht es nun aber bei dieser Betrachtung mit dem Wellenbild? Es scheint mit dem, was eben diskutiert wurde, in keinem Zusammenhang zu stehen. Die ganzen Hinweise auf Lichtwellen und auf elektromagnetische Wellen aller Art lassen sich aber keineswegs übergehen.

Irgendwie muß die Vorstellung von Photonen und elektromagnetischen Wellen zusammenpassen. Es wurde bereits bemerkt, daß dies für gemittelte Effekte, an denen eine große Anzahl von Photonen beteiligt ist, auch der Fall ist. In Abschnitt 31.5 haben wir gesehen, daß Interferenzfiguren – ein typischer Welleneffekt – durch Photonen aufgebaut werden, wobei jeweils nur ein Photon an unterschiedlichen Stellen ankommt. Hier soll nun noch einmal nach dem Zusammenhang zwischen Wellen und Photonen gesucht werden.

Zunächst muß nachgewiesen werden, daß Photonen mit all dem zu vereinbaren sind, was wir über elektromagnetische Wellen in dem Wellenlängenbereich von Millimetern bis zu Kilometern wissen. Diese Wellen werden nicht mit einzelnen Elektronen oder Atomen erzeugt oder nachgewiesen, sondern mit Radioröhren und Antennen, in denen sich geladene Teilchen hin und her bewegen. Und es gibt sehr viele Hinweise dafür, daß das Wellenbild mit den Tatsachen der Ausbreitung von Rundfunkwellen übereinstimmt.

In diesem Bereich sind die Frequenzen klein, bezogen auf die bei Atomen auftretenden Werte. Bei einigen Kilohertz liegt die untere Grenze des Frequenzbereiches der Rundfunktechnik. Eine Frequenz von 1 Million Megahertz, etwa an der äußersten Grenze des Infrarot, liegt andererseits bereits außerhalb auch der fortschrittlichsten Radar- und Mikrowellentechniken. Aber auch diese höchsten Rundfunkfrequenzen ergeben durch Multiplikation mit der sehr kleinen atomaren Konstanten h nur eine sehr kleine Photonenenergie. Bei einer Frequenz von einem Megahertz z.B. haben die Photonen einer Rundfunkwelle die Energie

$$
\begin{aligned}
h\nu &= 6{,}62 \cdot 10^{-24}\ \mathrm{Js} \cdot 10^{6}\ \tfrac{1}{\mathrm{s}} \\
&= 6{,}62 \cdot 10^{-28}\ \mathrm{J} \\
&= 4 \cdot 10^{-9}\ \mathrm{eV}.
\end{aligned}
$$

Bei solch kleiner Energie der Photonen kann ein Rundfunksignal nur dann nachgewiesen werden, wenn es sehr viele Photonen enthält. Die unterer Grenze eines guten Nachrichtenempfängers liegt bei 10^{10} Photonen je Sekunde. Bei dieser großen Photonenzahl ist nur ihr mittleres Verhalten nachweisbar. Das Ergebnis ist ein gleichmäßiger Übergang der Energie, wie wir aufgrund der Wellentheorie auch zu erwarten haben. Die große Anzahl der Photonen garantiert, daß die Korpuskeleigenschaft normalerweise nicht bemerkbar wird; es sei denn, wir bemühen uns ernsthaft, sie nachzuweisen.

Man könnte natürlich auch vermuten, daß Licht von sehr großer Wellenlänge keine Photonen enthält. Wir haben aber inzwischen experimentelle Beweise für die Absorption und Emission von „Radiofrequenzphotonen" durch Atome und Moleküle (siehe Kapitel 33). Daher wissen wir, daß stets auch das Photonenbild neben dem Wellenbild zur Beschreibung verwendbar ist.

Beim Übergang zu höheren Frequenzen erreichen wir den Bereich des sichtbaren Lichts. Jedes unserem Auge hell erscheinende Lichtbündel enthält hier eine große Anzahl Photonen. Im Sonnenlicht treffen beispielsweise etwa 10^{17} Photonen in jeder Sekunde auf jeden Quadratzentimeter auf. Bei dieser großen Anzahl läßt sich die Ankunft eines einzelnen Photons nicht ohne weiteres nachweisen. Wir können aber andererseits bei dunkel adaptiertem Auge noch ungefähr 100 Photonen je Sekunde nachweisen, die auf die Pupille fallen. Beim sichtbaren Licht ist daher der Nachweis von Wellen und von Photonen je nach der Beobachtungsart möglich.

Photographische Platte und photoelektrische Zelle sind ebenso wie das Auge nicht nur in der Lage, den gleichmäßigen Strom der Photonen in intensiven Lichtbündeln zu registrieren, sie sprechen ebenso auf das ungleichmäßige und zufällige Eintreffen weniger Photonen je Sekunde an. Hier liegt der Grund dafür, daß bei der Untersuchung des sichtbaren Lichts und nicht im Langwellenbereich des elektromagnetischen Spektrums die Vorstellung vom Photon zuerst entwickelt und als brauchbar erkannt wurde.

Wächst die Frequenz des Lichts und damit auch die Photonenenergie weiter an, so wird das Photonenbild mehr und mehr vorherrschend. Im Bereich der Röntgenstrahlen ist die Photonenenergie so groß, daß einzelne Photonen leicht nachweisbar sind. Die Ankunft eines einzelnen γ-Quants – mit noch höherer Frequenz und daher noch kürzerer Wellenlänge – ist energetisch betrachtet schon ein beachtliches Ereignis. Es kann mit guter Wahrscheinlichkeit durch eine ganze Reihe verschiedener Detektoren nachgewiesen werden. γ-Strahlphotonen mit Energien bis hinauf zu 10^{14} eV wurden in der hohen Atmosphäre gefunden. Sie entstehen dort, wenn Partikel der kosmischen Strahlung mit Atomen der Lufthülle reagieren. Solch ein Photon kann viele Millionen Stoßelektronen erzeugen.

Andererseits treten bei wachsender Frequenz und damit abnehmender Wellenlänge die Welleneffekte immer mehr in den Hintergrund, z.B. lassen sich Interferenz und Beugung schwieriger demonstrieren. Die Wellenlängen der Röntgenstrahlen sind kaum größer als die Durchmesser der Atome. Für solche Wellenlängen kann man kaum Spalte herstellen, die eng genug sind, um nachweisbare Interferenzmaxima zu erzeugen. Obgleich Röntgeninterferenzen vielfach verwendet werden, werden die wesentlichen Teile der Beugungsapparatur nur selten von Hand hergestellt. Man verwendet die regulären Anordnungen von Atomen in Kristallen. Für γ-Strahlung lassen sich nicht einmal Kristalle als Beugungsgitter verwenden. Hier können nur einzelne Atomkerne verwendet werden, und das Ganze ist ein sehr indirektes Verfahren geworden.

Es bleibt keine Wahl: Jede Art elektromagnetischer Strahlung muß von zwei Standpunkten aus verstanden werden. Zur Beschreibung der Erscheinungen im Ganzen in Raum oder Zeit eignet sich die Theorie der elektromagnetischen Wellen, wie sie in Kapitel 29 beschrieben wurde. Wir können Antennen, Linsen und Gitter entwerfen und bauen. Alle arbeiten genau so, wie es die Wellentheorie vorhersagt. Wir müssen uns aber dabei eingestehen, daß wir nicht genau angeben können, wann oder wo die Energie eines Photons auf ein Elektron übertragen wird. Die Wellentheorie gibt nur die Wahrscheinlichkeit an, ein Photon zu finden. Sie liefert nur die Wahrscheinlichkeit dafür, daß ein Photon seine Energie an ein vorgegebenes Objekt innerhalb einer bestimmten Zeit überträgt. Hier herrschen die Gesetze der Wahrscheinlichkeit. Das einzelne Photon kann durch keine Vorhersage der Wellentheorie festgelegt werden. Bei einem Interferenzversuch kann ein bestimmtes Photon in irgendeinem hellen Streifen erscheinen; wir sind nicht in der Lage, seine Bahn durch die Spalte der Apparatur zu beschreiben. Wo auch immer und wann auch immer es in Wechselwirkung tritt – sicher bleibt die Energie dabei exakt erhalten.

Es war die Vorstellung der klassischen Mechanik, daß sich von einem Teilchen gleichzeitig genau Ort und Geschwindigkeit angeben lassen. Man glaubte, man könne genau Zeit und Ort eines Zusammenstoßes vorhersagen. Diese Vorstellung war naiv, und die Untersuchung der Photonen war für die Physiker eine harte Schule, in der sie viel kritischer hinsichtlich der Erkenntnis der Welt wurden. Zumindest bei Photonen können wir nicht mehr tun, als Wahrscheinlichkeiten für den Zeitpunkt und den Ort ihres Eintreffens anzugeben. Diese Wahrscheinlichkeiten ergeben sich aus den mit ihnen verbundenen Welleneigenschaften des Lichts. Man kann daher nur einen Teil der Vorstellungen verwenden, die früher für Teilchen und ihre Bewegungen entwickelt wurden. Gleichzeitig aber müssen neue Ideen aus dem Wellenbild und aus der Wahrscheinlichkeitsinterpretation hinzugenommen werden, um das wirkliche Geschehen zu beschreiben.

Gelegentlich reicht aber auch nur eines der älteren Bilder zur Beschreibung aus. Werden sehr viele Photonen gleichzeitig irgendwo nachgewiesen, so reicht das Wellenbild allein aus. Es gibt auch das andere Extrem. Ist ein einzelnes Photon so energiereich, daß es leicht zu beobachten ist, und hat es eine so kurze Wellenlänge, daß Interferenzuntersuchungen nahezu unmöglich werden, dann reicht das Photonenbild aus. Die tatsächliche Natur des Lichts ist aber weit komplizierter. Licht zeigt gleichzeitig *Wellen- und Photonencharakter.* Wir waren daher gezwungen, ein neues Modell für das Licht zu entwickeln, in dem Aspekte des Wellenverhaltens mit solchen des Photonen- oder auch Teilchenverhaltens vereinigt sind. Wir müssen dieses neue Bild verwenden, denn so hat sich die Welt nun einmal gezeigt. Durch das Photon ist keineswegs das Newtonsche korpuskulare Bild des Lichts neu erstanden. Dies ist nicht wahrer als das reine elektromagnetische Bild mit seinen Wellen von kontinuierlich verteilter Energie. Licht kann vollständig nur durch ein neues Denkschema verstanden werden, so wie es hier skizziert wurde.

Aufgaben

1.* Wie müßten die beiden Graphen in Bild 31.2 aussehen, falls die Elektronen in Übereinstimmung mit dem Wellenmodell des Lichts ausgelöst würden?

2. Mit einer vorgegebenen Kamera soll bei so schlechten Lichtverhältnissen photographiert werden, daß in $\frac{1}{100}$ s im Mittel nur jeweils ein Photon auf 10 mm^2 des Films trifft. Wie kann man ein detailliertes und scharfes Bild erhalten?

3. Wir gehen von Bild 31.3 aus. N Geschosse mögen je Sekunde in den Bereich mit den Targets hineinkommen. Nachdem sie in diesem Bereich eine Strecke von x cm zurückgelegt haben, fliegen nur noch 0,8 N $\frac{\text{Kugeln}}{\text{s}}$ weiter.
   a) Wieviele Kugeln sind noch nach 2 x cm, 3 x cm vorhanden?
   b) Ist dieses Verhalten mit dem des Lichts in Ubereinstimmung? (vgl. Aufgabe 20 in Kapitel 5)

4. Mit Hilfe einer Filmkamera könnte man den Zeitpunkt festlegen, in dem jedes der vielen Körnchen in der Apparatur in Bild 31.1 seine Ladung ändert. Welchen Zusammenhang würden Sie zwischen der Anzahl der Teilchen, die ihre Ladung geändert haben, und der Belichtungszeit vermuten? Stützen die Angaben in Bild 31.2 Ihre Vorhersage?

5.* Eine Oberfläche emittiert Elektronen, wenn sie mit grünem Licht beleuchtet wird, jedoch nicht, wenn sie mit gelbem Licht beleuchtet wird. Erwarten Sie, daß auch Elektronen ausgesandt werden, wenn die Oberfläche a) mit rotem Licht, b) mit blauem Licht bestrahlt wird?

6. Es gibt Photomaterialien, die man ohne weiteres bei rotem Licht behandeln kann. Bei weißem Licht werden sie aber sofort verdorben. Wie läßt sich das begründen?

7. Mit Röntgenstrahlen der Wellenlänge 0,01 nm sei eine Bild 31.4 entsprechende Aufnahme gemacht worden. In welcher Hinsicht wird sie der in Bild 31.4 ähneln, und in welcher Weise wird sie sich unterscheiden?

8. Die ganze negative Platte der in Bild 31.5 dargestellten Zelle werde von einer konstanten Lichtquelle bestrahlt, die einen Photostrom erzeugen kann. Wie wird der Strom verändert, wenn
   a) die Fläche der Platten verdoppelt wird,
   b) der Abstand der beiden Platten halbiert wird?

9.* Welche der in Bild 31.7 dargestellten Meßpunkte ergaben sich bei Verwendung von violettem Licht?

10.* Welches ist die Mindestenergie eines Photons in eV, wenn es in der Lage sein soll, aus der Lithiumoberfläche in Bild 31.7 noch Elektronen auszulösen?

11. Ein guter Spiegel reflektiert etwa 80 % des auffallenden Lichts. Wie könnte man untersuchen, ob 20 % der Photonen nicht reflektiert werden, oder ob alle Photonen, aber jedes mit einer um 20 % geringeren Energie reflektiert werden?

12. Rotes Licht hat eine Wellenlänge von etwa 650 nm.
   a) Berechnen Sie seine Frequenz.
   b) Berechnen Sie die Energie eines Photons in J.
   c) Berechnen Sie die Energie eines Photons in eV.
   d) Ermitteln Sie annähernd die längste und die kürzeste Wellenlänge, die man noch sehen kann. Berechnen Sie die Energie der zugehörigen Photonen.

13. Auf eine Photokathode fällt Licht der Wellenlänge 500 nm. Durch welche Spannung werden sämtliche Photoelektronen gebremst, wenn ihre Bindungsenergie 2,0 eV beträgt?

14. Skizzieren Sie den Graphen von Bild 31.6. Skizzieren Sie dazu dann Graphen, die sich bei folgenden Änderungen ergeben:
   a) Zunahme der Intensität des Lichts.
   b) Abnahme der Wellenlänge des Lichts.
   c) Zunahme der Potentialdifferenz zwischen den Elektroden.

15. In Bild 31.6 erreicht die Stromstärke ihr Maximum, wenn die Anode positiv wird. Wie läßt sich diese maximale Stromstärke beeinflussen?

16. a) In welchem Verhältnis stehen die Energien eines Photons der Wellenlänge 450 nm (blaues Licht) und eines Photons der Wellenlänge 630 nm (rotes Licht) zueinander?
   b) In welchem Verhältnis stehen die Maximalenergien der Elektronen, die durch das gleiche blaue und rote Licht aus einer Oberfläche ausgelöst werden, deren Bindungsenergie 1,8 eV beträgt?

17. Eine Cäsiumphotozelle (Grenzenergie 1,96 eV) hat eine Photokathode in Form eines Halbzylinders mit einem Radius von 1,0 cm (siehe Bild 31.10). Als Anode dient ein in der Achse des Zylinders ausgespannter Draht. Ein

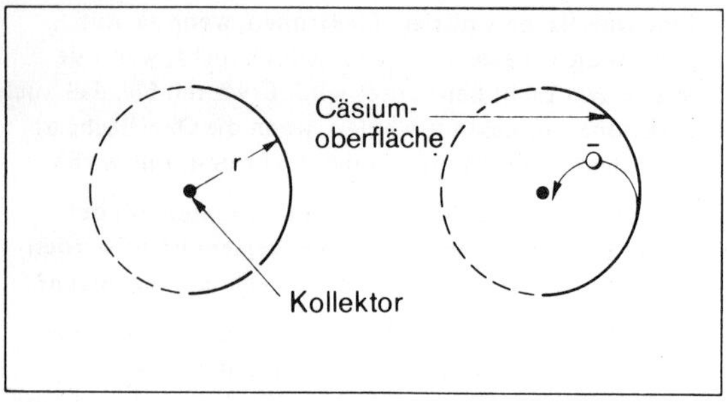

Bild 31.10. Zu Aufgabe 17

Magnetfeld wirke in Richtung des Drahtes. Wie groß muß die Stärke dieses Feldes sein, wenn keine Elektronen mehr die Anode erreichen sollen, die Kathode aber mit grünem Licht der Wellenlänge 500 nm bestrahlt wird?

18. a) Mischen Sie ein Kartenspiel (mit 52 Karten), nachdem die Joker entfernt wurden. Ziehen Sie eine Karte, legen Sie diese zurück, mischen Sie wiederum und ziehen Sie dann erneut eine Karte. Nachdem Sie 10 Karten gezogen haben, notieren Sie bitte, wieviele Karten
    I. Bildkarten waren,
    II. die Zahl 3 zeigten,
    III. eine gerade Zahl zeigten.
    b) Veranschaulichen Sie Ihr Ergebnis in einem Balkendiagramm wie in Bild 31.8.
    c) Tragen Sie in einem entsprechenden Diagramm das ein, was Sie als Ergebnis nach 5200 Zügen erwarten.
    d) In welcher Hinsicht gleichen Ihre Graphen denen in Bild 31.8?

19. Für das in Abschnitt 31.5 beschriebene Experiment, das drei Monate dauerte, schätzte *Taylor* die Energie des auf die Photoplatte auffallenden Lichts ab. Sein Ergebnis war $5 \cdot 10^{-13}\,\frac{J}{s}$. (Zu dem Ergebnis kam er, indem er die mittlere Schwärzung seiner Platte mit der verglich, die durch eine in ca. 2 m Entfernung stehende Kerze in 10 s erzeugt wurde. Dabei waren die Absorptionsfilter entfernt.) Aus dieser Abschätzung errechnete er den mittleren Abstand zweier Photonen wie folgt:
    a) Die Wellenlänge des Lichts sei etwa 500 nm gewesen. Daraus berechnet man die Energie eines Photons.
    b) Aus dem gegebenen Energiestrom (in $\frac{J}{s}$) ergibt sich die mittlere Zeit zwischen dem Einfall zweier Photonen.
    c) Unter Verwendung dieser mittleren Zeit läßt sich der mittlere Abstand zweier Photonen berechnen.
    d) Auf die Frage: „Wieviele Photonen befinden sich zu einem beliebigen Zeitpunkt in dem Kasten?" müßte man für die meiste Zeit „keines" antworten. Manchmal „sieht" man aber doch eins. Wie oft wird man eins „sehen"? Bei dieser Überlegung sei der Kasten 1,2 m lang.

20. Beschreiben Sie in der Sprache des Photonenmodells die Entstehung des Musters in Bild 9.5, wenn das einfallende Licht sehr schwach ist.

21. Eine gewöhnliche Blitzbirne hat eine Stromstärke von 0,25 A bei einer Spannung von 3,0 V. Das emittierte Licht ist in einem Bündel mit einer Querschnittsfläche von 10 cm^2 konzentriert. Wir wollen annehmen, daß 1 % der zugeführten Energie in Licht der Wellenlänge $5{,}8 \cdot 10^{12}$ nm umgewandelt wird.
    a) Wie viele Photonen befinden sich in einem Abschnitt des Lichtbündels von 1 m Länge?
    b) Wie viele Photonen treffen je Sekunde auf einem Quadratzentimeter der beleuchteten Fläche auf?

22. Ein UKW-Sender sendet mit einer Wellenlänge von 3 m. Schätzen Sie ab:
    a) die Energie eines Photons,
    b) die Zahl der je Sekunde abgestrahlten Photonen, bei einer Strahlungsleistung von 10 kW,
    c) ungefähr die Anzahl der Photonen, die von einem Empfänger während einer Schwingung im Ton des Buchstabens „s", wenn der Empfänger 100 km vom Sender entfernt ist, aufgenommen wird. Zur Vereinfachung sollen dabei die folgenden Annahmen gemacht werden:
    I. Die Strahlung breitet sich gleichmäßig und radial von der punktförmig gedachten Quelle aus, so daß für den Energiefluß ein reziprok-quadratisches Gesetz gilt. (Für gewöhnliche Antennen ist diese Annahme nicht richtig.)
    II. Die Antenne des Empfängers nimmt die auf eine Fläche von 1 m^2 senkrecht zur Ausbreitungsrichtung auffallende Energie auf.
    III. Der Ton des Buchstabens „s" enthält akustische Schwingungen mit einer Frequenz von 4000 Hz.
    d) Wird man normalerweise einzelne Photonen beim Empfang des Buchstabens „s" registrieren können?

23. In einer speziellen Röntgenröhre treffen die Elektronen auf dem Target auf, nachdem sie durch eine Spannung von 20000 V beschleunigt wurden. Bei der Bremsung im Target senden einige von ihnen Röntgen-Photonen aus.
    a) Warum haben die beobachteten Photonen bei dieser Röhre eine definierte minimale Wellenlänge? (Diese Grenze ist als Duane-Hunt-Grenze bekannt.)
    b) Berechnen Sie diese minimale Wellenlänge.

32. Geschwindigkeit, Energie und Masse

Das Newtonsche Grundgesetz der Mechanik sagt aus, daß ein Körper durch die Einwirkung einer konstanten Kraft gleichmäßig beschleunigt wird. Die Geschwindigkeit eines Körpers, der sich zunächst in Ruhe befindet, soll also linear mit der Zeit anwachsen: $v = \frac{F}{m}t$. Legt in dieser Zeit der Körper eine Strecke d zurück, so erhält er eine kinetische Energie: $E_k = Fd = \frac{1}{2}mv^2$. Diese Zusammenhänge haben sich im Bereich geringer Geschwindigkeiten stets als richtig erwiesen. Kleine Geschwindigkeiten soll hier heißen: Geschwindigkeiten, die klein sind im Vergleich zur Lichtgeschwindigkeit. Sie gelten sicherlich nicht für Photonen. Diese bewegen sich mit der Geschwindigkeit c, unabhängig von ihrer Energie.

Auf der Basis der in Kapitel 30 entwickelten Vorstellungen läßt sich vermuten, daß die genannten Newtonschen Gesetze abgewandelt werden müssen, sobald die Geschwindigkeiten in die Größenordnung der Lichtgeschwindigkeit kommen. Der Faktor $\frac{1}{\sqrt{1-\frac{v^2}{c^2}}}$ erscheint in allen relativistischen Transformationsgleichungen, und dieser Faktor kann für $v > c$ kaum einen physikalischen Sinn haben. Die gesamte relativistische Kinematik, die in Kapitel 30 entwickelt wurde, wird daher für Geschwindigkeiten größer als c sinnlos. Wir wollen diese Frage im folgenden experimentell untersuchen und sehen, ob die Ergebnisse uns zu einer modifizierten relativistischen Dynamik führen, die nicht unmöglich hohe Geschwindigkeiten vorhersagt und die gleichzeitig das Verhalten der Photonen beschreibt.

32.1. Die Grenzgeschwindigkeit

Diese Untersuchungen kann man nicht an gewöhnlichen makroskopischen Körpern durchführen. Denn es wären überaus hohe Energien nötig, um sie auf Geschwindigkeiten in der Größe der Lichtgeschwindigkeit zu bringen. Das Problem wird wesentlich vereinfacht, wenn man die leichtesten verfügbaren Teilchen verwendet, die Elektronen. Elektronen, die z.B. in einer Kathodenstrahlröhre durch eine Spannung von 2500 V beschleunigt wurden, bewegen sich mit einer Geschwindigkeit von 0,1 c.

Wesentlich höhere Geschwindigkeiten erhält man durch Beschleunigungsspannungen von etwa 10^6 V. Am Massachusetts-Institute of Technology wird als Hochspannungsquelle ein Van de Graaff-Generator für Experimente dieser Art verwendet. Eine Skizze der Versuchsanordnung zeigt Bild 32.1.

Aus einer Glühkathode austretende Elektronen werden durch eine hohe Spannung beschleunigt, die vom Van de Graaff-Generator aufrechterhalten wird. Diese Elektronen treten in ein langes feldfreies Rohr über und bewegen sich durch dieses Rohr, ohne weiter beschleunigt zu werden. Ihre Geschwindigkeit bestimmt man durch Messung der Flugzeit von A nach B. Zur Erzielung genauer Meßergebnisse dürfen die Elektronen jeweils nur während kurzer Zeitintervalle ausgesandt werden, deren Größe klein im Vergleich zur Flugzeit sein soll. Als Verschluß, der für extrem kurze Zeitintervalle zu öffnen ist, wirkt ein Gitter. Dieses ist in der Nähe der Kathode angebracht und ist stets negativ geladen, außer wenn für einen Moment Elektronen ausgesandt werden sollen. Dann wird durch einen steilen Impuls das Gitter positiv geladen. Während dieser kurzen Zeit werden Elektronen freigegeben.

Die Flugzeit wird mit dem Oszillographen gemessen: Passieren die Elektronen die Stellen A und B, so erzeugen sie dort elektrische Impulse, die auf dem Schirm des Oszillographen als Spitzen erscheinen (Bild 32.2).

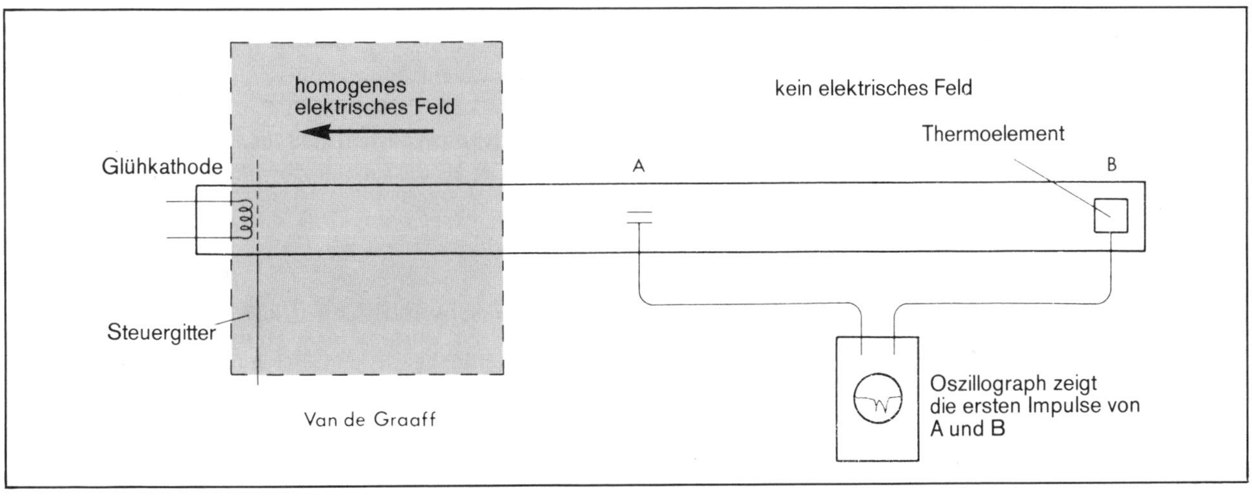

Bild 32.1. Skizze eines am M.I.T von *William Bertozzi* durchgeführten Experiments. Die Elektronen werden in dem links angedeuteten elektrischen Feld beschleunigt. Ihre Flugzeit wird zwischen A und B mit einem Oszillographen gemessen.

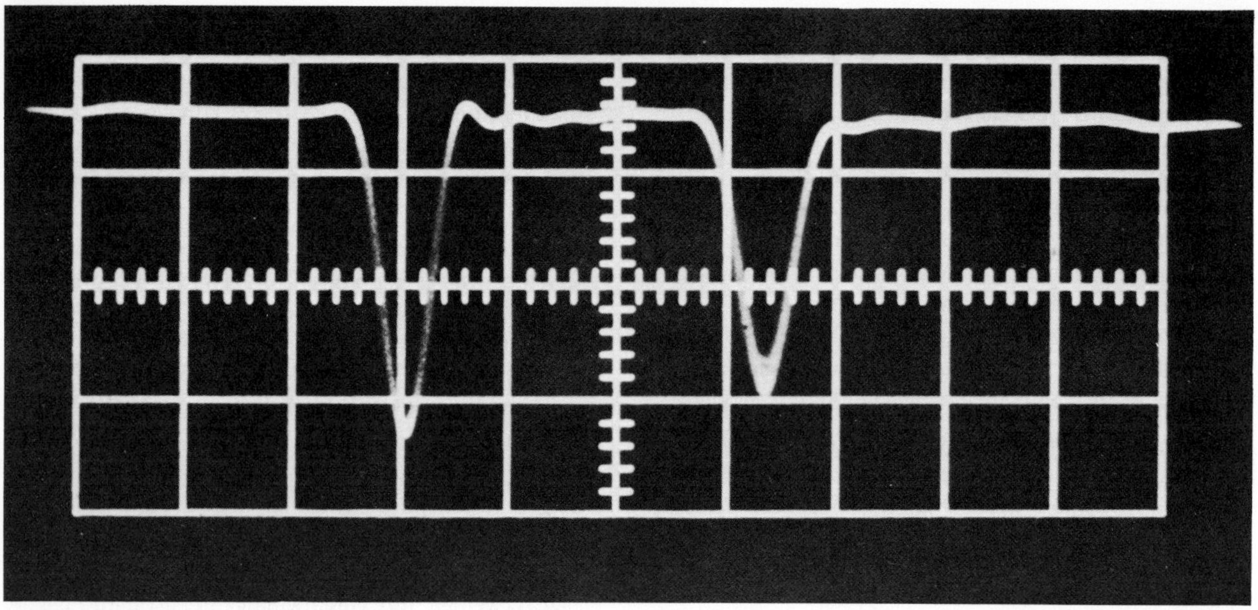

Bild 32.2. Schirmbild des Oszillographen mit den in A und B erzeugten Impulsen. Die Zeitablenkung des Oszillographen war dabei auf $2 \cdot 10^{-9} \frac{s}{cm}$ eingestellt. Die Impulse gehören zu einer Beschleunigungsspannung von 0,5 MeV.

Alle für die Messung der Geschwindigkeit der Elektronen unternommenen Vorsichtsmaßnahmen sichern die Richtigkeit der Messungen. Können wir aber gleichermaßen sicher sein, daß auch die Werte für die kinetische Energie der Elektronen richtig sind? Die kinetische Energie eines Teilchens, das sich zu Beginn in Ruhe befindet, ist gleich der an dem Teilchen verrichteten Arbeit, das heißt also gleich dem Produkt aus Kraft und Weg. Der Weg ist leicht meßbar. Würde die Geschwindigkeit des Elektrons klein bleiben, so könnten wir die Kraft einfach berechnen, indem wir die Spannung U zwischen den beiden Polen des Van de Graaff-Generators durch deren Abstand dividieren: $F = \frac{QU}{d}$ und $E_k = \frac{QU}{d} d = QU$. Gilt diese Relation auch, wenn sich die Elektronen mit Geschwindigkeiten von der Größe der Lichtgeschwindigkeit bewegen?

Zur Überprüfung dieser Frage wurde eine Aluminiumscheibe, auf der ein Thermoelement angebracht war, in der Nähe von B angeordnet (Bild 32.1). Die kinetische Energie der auftreffenden Elektronen wurde in thermische Energie der Scheibe umgewandelt, und die Temperaturzunahme gemessen. Aus der Temperaturzunahme und der Anzahl der auftreffenden Elektronen wurde die kinetische Energie des einzelnen Elektrons berechnet. Sie stimmt mit der potentiellen Energie überein. Da dem einzelnen Elektron die Energie $E_k = Fd$ zugeführt wurde und wir nun sicher sein können, beide Größen E_k und d zu kennen, haben wir durch das Experiment, in dem die Kraft stets in Bewegungsrichtung wirkt, auch zeigen können, daß die auf das Elektron wirkende elektrische Kraft unabhängig von der Geschwindigkeit des Elektrons ist.

Die überraschenden Ergebnisse dieses Experiments sind in Bild 32.3 dargestellt. Nach der klassischen Gleichung für die kinetische Energie $E_k = \frac{1}{2} mv^2$ soll v^2 proportional zu E_k sein. Wir haben daher v^2 (mit $10^{16} \frac{m^2}{s^2}$ als Einheit) als Funktion von E_k (mit 10^6 eV = 1 MeV als Einheit) dargestellt. Die gestrichelte Gerade entspricht der Beziehung $E_k = \frac{1}{2} mv^2$. Man erkennt, daß das experimentelle Ergebnis bereits bei einer Energie von 0,5 MeV davon abweicht. Gehen wir zu höheren Energien über, so nähert sich v^2 ganz klar dem Wert $9 \cdot 10^{16} \frac{m^2}{s^2}$, also c^2. Das experimentelle Ergebnis weicht somit völlig von der Vorhersage der klassischen Physik ab. Es gilt ganz allgemein: Es hat sich noch kein Teilchen gefunden, dessen Geschwindigkeit größer als die Lichtgeschwindigkeit c ist.

32.2. Geschwindigkeit und kinetische Energie

Experimente, bei denen Geschwindigkeiten in der Größenordnung der Lichtgeschwindigkeit auftreten, widerlegen keineswegs die Gesetze der klassischen Physik. Sie zeigen lediglich, daß diese Gesetze nicht beliebig extrapoliert werden dürfen. Sie müssen vielmehr für hohe Geschwindigkeiten wegen der speziellen Rolle, die die Lichtgeschwindigkeit spielt, modifiziert

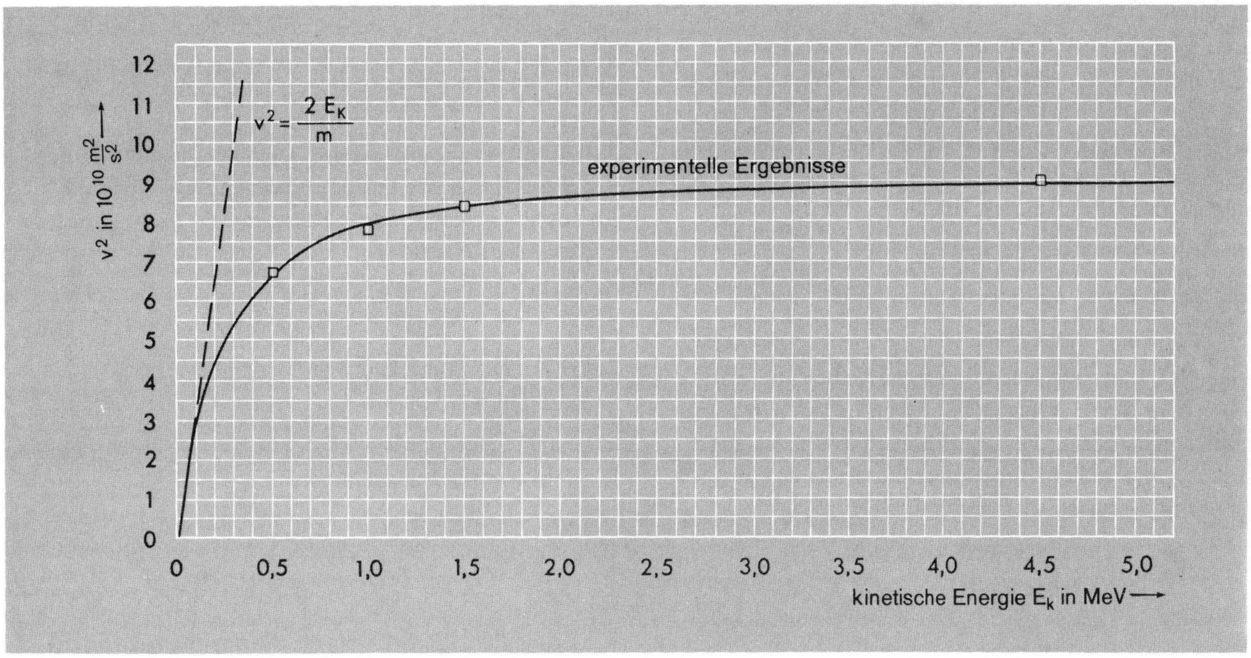

Bild 32.3. Die kinetische Energie E_k der Elektronen in Abhängigkeit von v^2. Die gestrichelte Linie ergibt die klassische Vorhersage, die ausgezogene Kurve die experimentellen Ergebnisse.

werden. Wenn wir nach der Gültigkeit der physikalischen Gesetze im relativistischen Bereich fragen, so dürfen wir keineswegs den Blick auf die klassische Physik verlieren. Alle Modifikationen, die wir einführen, müssen bei kleinen Geschwindigkeiten vernachlässigbar klein werden. Das hier angewandte Prinzip ist bei der Entwicklung jeder Theorie von grundlegender Bedeutung. (Vergleiche Bohrs Korrespondenzprinzip in Abschnitt 33.5 und die relativistische Addition der Geschwindigkeiten in Abschnitt 30.10.) Hier soll es verwendet werden, um eine allgemein gültige Relation zwischen Geschwindigkeit und kinetischer Energie aufzufinden.

Wir beginnen damit, daß wir Bild 32.3 in folgender Weise umzeichnen: Wir tragen die kinetische Energie auf der vertikalen Achse und auf der horizontalen Achse das Verhältnis $\frac{v}{c}$ ab (Bild 32.4). Die Vertauschung der Achsen hat den Vorteil, daß sie uns die Relation zwischen kinetischer Energie und Geschwindigkeit in der Form liefert, in der wir mit ihr am besten vertraut sind: $E_k = \frac{1}{2} mv^2$. Diese Beziehung kann auch geschrieben werden als $E_k = mc^2 \left(\frac{1}{2} \frac{v^2}{c^2}\right)$. Wir haben $\frac{v}{c}$ auf der horizontalen Achse aufgetragen, da es sinnvoll ist, die Abweichungen vom klassischen Verhalten durch die Größe $\frac{v}{c}$ auszudrücken.

Jetzt betrachten wir einmal die drei experimentell gefundenen Punkte bei 0,5, 1,0 und 1,5 MeV. Der in Bild

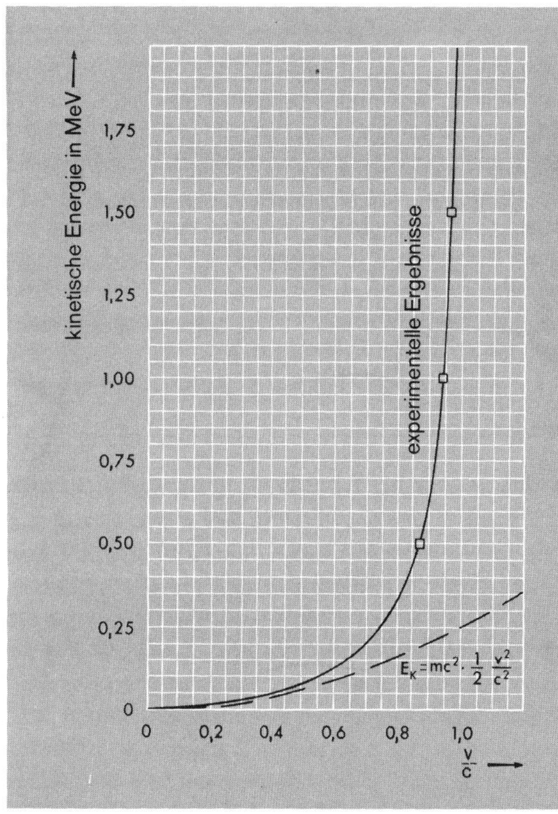

Bild 32.4. Hier ist E_k für Elektronen in Abhängigkeit von $\frac{v}{c}$ dargestellt. Die gestrichelte Linie gibt die klassische Vorhersage wieder.

32.3 noch eingetragene Punkt bei 4,5 MeV ist hier nicht übertragen; jedoch der Trend ist klar: die Kurve verläuft nahezu senkrecht, wenn sich $\frac{v}{c}$ dem Wert 1 nähert. Der Bereich der Kurve, in dem die niedrigen Energien dargestellt sind, kann als der klassische Bereich bezeichnet werden. Wie auch in Bild 32.3 stimmt der experimentell gefundene Teil des Graphen in diesem Bereich mit dem Graphen der Parabel $E_K = mc^2\left(\frac{1}{2}\frac{v^2}{c^2}\right)$ überein.

Nun ist die folgende Frage zu beantworten: Welche Funktion von $\frac{v}{c}$ verhält sich wie $\frac{1}{2}\frac{v^2}{c^2}$, wenn $\frac{v}{c}$ sehr viel kleiner als 1 ist, und wächst über alle Maßen an, falls $\frac{v}{c}$ sich dem Wert 1 nähert? Wir haben bereits eine Funktion kennengelernt, die diese Eigenschaft hat. Bei der Diskussion des Michelson-Morley-Experiments (Abschnitt 30.4) haben wir die Funktion

$$f\left(\frac{v}{c}\right) = \left(\frac{1}{\sqrt{1-\frac{v^2}{c^2}}} - 1\right)$$

eingeführt.

In dem Abschnitt 30.4.1 wurde gezeigt, daß für $\frac{v}{c} \ll 1$ gilt

$$\left(\frac{1}{\sqrt{1-\frac{v^2}{c^2}}} - 1\right) \approx \frac{1}{2}\frac{v^2}{c^2}.$$

Es ist leicht einzusehen: Wenn sich $\frac{v}{c}$ dem Wert 1 nähert, wächst die Funktion außerordentlich stark an. Natürlich gibt es eine ganze Reihe von Funktionen, die diese sehr allgemeine Eigenschaft haben. Ein Vergleich von Bild 32.3 mit Bild 30.18 führt jedoch zu der Vermutung, daß der Zusammenhang zwischen der kinetischen Energie und der Geschwindigkeit durch

$$E_k = mc^2\left(\frac{1}{\sqrt{1-\frac{v^2}{c^2}}} - 1\right)$$

gegeben ist.

Zur Überprüfung der Richtigkeit dieses Ausdrucks soll für einige Werte von $\frac{v}{c}$ die kinetische Energie E_k berechnet und mit den experimentell gefundenen Werten anhand der Kurve verglichen werden. Es ist

$$mc^2 = 0{,}9 \cdot 10^{-30}\ \text{kg} \cdot 9 \cdot 10^{16}\ \frac{m^2}{c^2} = 8 \cdot 10^{-14}\ \text{J}.$$

In Abschnitt 25.7 haben wir gefunden:

$$1{,}6 \cdot 10^{-14}\ \text{J} = 1\ \text{eV}.$$

Damit erhalten wir

$$mc^2 = 0{,}5 \cdot 10^6\ \text{eV} = 0{,}5\ \text{MeV}.$$

Für $\frac{v}{c} = 0{,}87$ ergibt sich so eine kinetische Energie

$$E_k = 0{,}5\left(\frac{1}{\sqrt{1-0{,}87^2}} - 1\right)\text{MeV} \approx 0{,}5\ \text{MeV}.$$

Dieser Wert stimmt gut mit dem experimentell gefundenen überein. Weitere Rechnungen zeigen, daß die experimentell gefundene Kurve in Bild 32.4 genau durch die Relation

$$E_k = mc^2\left(\frac{1}{\sqrt{1-\frac{v^2}{c^2}}} - 1\right)$$

dargestellt wird.

Man bemerkt, daß die kinetische Energie als Differenz zweier Terme dargestellt wird:

$$E_k = \frac{mc^2}{\sqrt{1-\frac{v^2}{c^2}}} - mc^2.$$

Es ist üblich, die Größe mc^2, die unabhängig von der Geschwindigkeit des Körpers ist, als *Ruheenergie* zu bezeichnen. Entsprechend nennt man die Summe aus Ruheenergie und kinetischer Energie

$$\frac{mc^2}{\sqrt{1-\frac{v^2}{c^2}}} = E_k + mc^2$$

Gesamtenergie des Körpers und bezeichnet sie mit E. Also ist

$$E = \frac{mc^2}{\sqrt{1-\frac{v^2}{c^2}}}.$$

Im Moment erscheinen die Begriffe Gesamtenergie und Ruheenergie nur als Namen für mathematische Terme. In Abschnitt 32.7 werden wir sehen, daß ihnen auch eine physikalische Bedeutung zukommt.

32.3. Die Bewegungsgröße

Wir haben gesehen, daß die Relation $E_k = \frac{1}{2}mv^2$ bei hohen Geschwindigkeiten nicht mehr gilt. Auch die Relation $p = mv$, wobei p die Bewegungsgröße ist, wird bei hohen Geschwindigkeiten nicht mehr gelten. Zu dieser Vermutung führt die folgende Überlegung: Wird ein Körper aus der Ruhelage heraus unter dem Einfluß einer konstanten Kraft beschleunigt, so ergibt sich seine Bewegungsgröße zu $p = Ft$. Dabei ist t die Zeit, während der die Kraft F auf den Körper wirkt. Wählt man die Zeit nur hinreichend groß, so wird dem Körper eine beliebig große Bewegungsgröße vermittelt. Da nun aber $p = mv$ ist, könnte der Körper jede Geschwindigkeit, selbst größer als die Lichtgeschwindigkeit, erreichen.

Ein solcher Fall kann aber in der Natur nicht vorkommen, wie wir gerade erfahren haben. Die klassische Relation zwischen Bewegungsgröße und Geschwindigkeit muß also für hohe Geschwindigkeiten ebenfalls modifiziert werden.

Wir betrachten zunächst einmal den Zusammenhang zwischen p und v, wenn sich v der Lichtgeschwindigkeit nähert. Man denke z.B. an die Elektronen, die eine Potentialdifferenz von 4,5 MeV durchlaufen haben (siehe Bild 32.3). Mit Ausnahme des ersten Teiles haben sie den größten Teil ihres Weges mit nahezu konstanter Geschwindigkeit zurückgelegt, der Geschwindigkeit des Lichts. Die elektrische Kraft wirkte auf sie folglich während einer Zeit $t \approx \frac{d}{c}$. Dadurch erhielten sie eine Bewegungsgröße

$$p = F\,t = F\,\frac{d}{c} = \frac{E_k}{c}\,.$$

In diesem Fall ist jedoch die Energie E_k ungefähr so groß wie die Gesamtenergie E, denn es ist die Energie $E_k = 4{,}5$ MeV und die Ruheenergie des Elektrons $mc^2 = 0{,}5$ MeV. Das ist nur ungefähr 10 % von E_k. Hier gilt also

$$p \approx \frac{E}{c} = \frac{mc}{\sqrt{1 - \frac{v^2}{c^2}}}\,.$$

Aus diesem Ausdruck folgt, daß die Bewegungsgrößen beliebig groß werden können; die Geschwindigkeit bleibt trotzdem kleiner als die Lichtgeschwindigkeit. Der Ausdruck gilt aber nur bei sehr großen Geschwindigkeiten. Im Bereich kleiner Geschwindigkeiten gilt der vertraute Ausdruck $p = mv$. Die gesuchte allgemein gültige Relation für die Bewegungsgröße in Abhängigkeit von der Geschwindigkeit muß also folgende Eigenschaften haben: Sie muß sich reduzieren auf $p = mv$, falls v sehr viel kleiner als c ist, und sie muß in

$$p = \frac{mc}{\sqrt{1 - \frac{v^2}{c^2}}}$$

übergehen, wenn sich v der Lichtgeschwindigkeit nähert. Man erkennt, daß

$$p = \frac{mv}{\sqrt{1 - \frac{v^2}{c^2}}}$$

diese allgemeingültige Relation sein kann. In der Tat ist für

$$v \ll c \quad \text{auch} \quad \frac{1}{\sqrt{1 - \frac{v^2}{c^2}}} \approx 1;$$

wir erhalten damit $p = mv$, wie verlangt. Ist dagegen $v \approx c$, so können wir v im Zähler durch c ersetzen; denn lediglich der Nenner verändert sich wesentlich durch kleine Änderungen von v. Bild 32.5 zeigt einen Graphen, in dem für Elektronen p als Funktion von $\frac{v}{c}$ dargestellt ist.

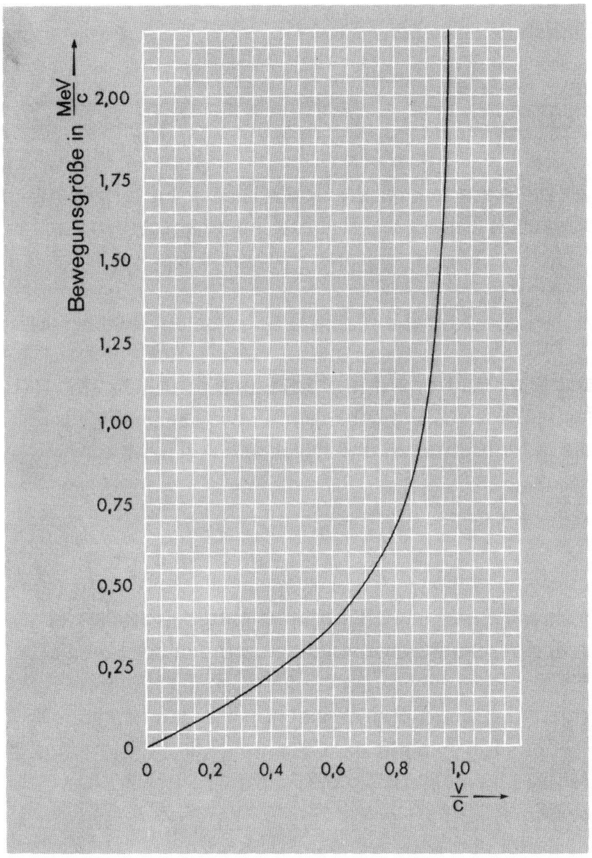

Bild 32.5. Die Bewegungsgröße p der Elektronen in Abhängigkeit von $\frac{v}{c}$.

Bisher wurde nur über den Betrag der Bewegungsgröße gesprochen; die Bewegungsgröße ist jedoch eine vektorielle Größe. Für kleine Geschwindigkeiten gilt $\vec{p} = m\vec{v}$. Der Faktor

$$\frac{1}{\sqrt{1 - \frac{v^2}{c^2}}}$$

ist richtungsunabhängig. Die relativistische Schreibweise für die Bewegungsgröße muß also lauten

$$\vec{p} = \frac{m\vec{v}}{\sqrt{1-\frac{v^2}{c^2}}}\ ^{1)}.$$

Der Ausdruck

$$p = \frac{mv}{\sqrt{1-\frac{v^2}{c^2}}}$$

enthält den gleichen Faktor

$$\frac{1}{\sqrt{1-\frac{v^2}{c^2}}}$$

wie der Ausdruck für die Größe, die wir im vorigen Abschnitt als Gesamtenergie bezeichnet haben:

$$E = \frac{mc^2}{\sqrt{1-\frac{v^2}{c^2}}} .$$

Das führt zur Vermutung, daß E und p auf sehr einfache Weise zusammenhängen. In der Tat finden wir durch Multiplizieren und Dividieren von p mit c^2

$$p = \frac{mc^2 v}{c^2\sqrt{1-\frac{v^2}{c^2}}} = \frac{Ev}{c^2} .$$

Während Energien in der Einheit MeV dargestellt werden, gibt man Bewegungsgrößen gerne in der Einheit $\frac{MeV}{c}$ an. Ein Teilchen der Gesamtenergie E (Summe aus kinetischer und Ruheenergie) hat eine Bewegungsgröße $\frac{E}{c}\frac{v}{c}$. Ein Teilchen mit der Gesamtenergie 1,7 MeV und der Geschwindigkeit v = 0,95 c hat eine Bewegungsgröße

$$p = \frac{1{,}7\ \text{MeV} \cdot 0{,}95\ c}{c^2} = 1{,}6\ \frac{\text{MeV}}{c} .$$

[1]) In einigen Lehrbüchern wird die Masse eines Teilchens mit m_0 bezeichnet und „Ruhemasse" genannt. Eine andere Masse, die „relativistische Masse" wird mit m bezeichnet und durch $m = \frac{m_0}{\sqrt{1-\frac{v^2}{c^2}}}$ definiert. In dieser Schreibweise gleicht die Bewegungsgröße dem klassischen Ausdruck: $\vec{p} = m\vec{v}$, jedoch ist m hier eine Funktion der Geschwindigkeit. Die Gesamtenergie wird in der Form $E = \frac{m_0 c^2}{\sqrt{1-\frac{v^2}{c^2}}} = mc^2$ angegeben. Die kinetische Energie kann aber *nicht* in der Form $\frac{1}{2}mv^2$ angegeben werden. Relativistische Dynamik wird also nicht einfach in klassische Dynamik überführt, indem man m_0 durch $m = \frac{m_0}{\sqrt{1-\frac{v^2}{c^2}}}$ ersetzt.

Wir wollen nun die beiden Ausdrücke

$$p = \frac{mv}{\sqrt{1-\frac{v^2}{c^2}}} \quad \text{und} \quad p = \frac{Ev}{c^2}$$

vergleichen. Der erste ist nur dann anwendbar, wenn die Masse bekannt und die Geschwindigkeit kleiner als die Lichtgeschwindigkeit ist. Die zweite Einschränkung ist gegeben, weil $\frac{1}{\sqrt{1-\frac{v^2}{c^2}}}$ für v = c sinnlos wird. Die Anwendung des zweiten Ausdrucks setzt die Kenntnis der Masse nicht voraus. Er kann sogar auf Teilchen angewendet werden, die keine Masse besitzen, solange sie nur eine Energie und eine Geschwindigkeit haben. Da der zweite Ausdruck den Faktor $\frac{1}{\sqrt{1-\frac{v^2}{c^2}}}$ nicht enthält, sondern lediglich v, kann er auch verwendet werden, wenn v = c ist. Das läßt es als sinnvoll erscheinen, ihn auf Photonen anzuwenden.

32.4. Photonenimpuls und Lichtdruck

Das in Kapitel 5 diskutierte Partikelmodell des Lichts ließ vermuten, daß Licht bei Reflexion oder Absorption einen Druck ausüben müsse. Es traten zwar große Schwierigkeiten mit dem einfachen Partikelmodell auf, so daß wir es verwerfen mußten. Im vorhergehenden Kapitel waren jedoch einige grundlegende Annahmen des Partikelmodells erneut nützlich.

Das neue Lichtteilchen, das Photon, unterscheidet sich von dem alten Lichtpartikel grundlegend. In der Newtonschen Mechanik ist die fundamentalste Eigenschaft eines Teilchens seine Masse. Bewegt es sich, sind Bewegungsgröße und kinetische Energie proportional zur Masse. Gibt es keine Masse, so gibt es keine Bewegungsgröße und keine kinetische Energie. Abschnitt 32.1 hat erkennen lassen, daß Teilchen, denen eine Masse zukommt, sich nicht mit der Geschwindigkeit c bewegen können. Das Photon, das sich tatsächlich mit der Geschwindigkeit c bewegt, muß daher die Masse Null haben. Experimentell haben wir gefunden, daß ein Photon eine Energie $E = h\nu$ hat, wobei h die Plancksche Konstante und ν die Frequenz des Lichts ist (siehe Abschnitt 31.3). Diese Energie ist vollständig in Form kinetischer Energie vorhanden, denn ein Teilchen ohne Masse hat keine Ruheenergie. Die im vorhergehenden Abschnitt hergeleitete Relation $p = \frac{Ev}{c^2}$ ermöglicht es nun, die Bewegungsgröße eines Photons mit der Energie E zu berechnen.

$$p = \frac{Ec}{c^2} = \frac{E}{c} .$$

Diese einfache Proportionalität zwischen Bewegungsgröße und Energie bedeutet: Es ist unerheblich, ob ein

Lichtbündel aus relativ wenigen energiereichen Photonen oder zahlreichen Photonen geringer Energie besteht. Mit anderen Worten: Zwei Lichtbündel der gleichen Energie haben die gleiche Bewegungsgröße unabhängig von den Farben, die in dem Lichtbündel vorhanden sind.

Wird ein Lichtbündel von einer spiegelnden Oberfläche unter einem Winkel von 0° reflektiert, so wird seine Bewegungsgröße umgekehrt. Die Änderung der Bewegungsgröße des Reflektors, die durch Reflektion einer großen Anzahl von Photonen mit der Gesamtbewegungsgröße p erzeugt wird, ergibt sich zu $\Delta p = 2p$. Treffen diese Photonen auf den Reflektor in der Zeit Δt auf, so ergibt sich der Quotient aus der Änderung der Bewegungsgröße Δp und der Zeit Δt als

$$\frac{\Delta p}{\Delta t} = \frac{2p}{\Delta t} = \frac{2E}{c\Delta t} .$$

Das ist aber gerade die Kraft, die durch das Lichtbündel auf den Reflektor ausgeübt wird.

E. F. Nichols und *G. F. Hull* haben diese Beziehung experimentell überprüft. Sie ermittelten die Kraft, die durch ein intensives Lichtbündel auf einen Spiegel ausgeübt wurde, der an einer sehr empfindlichen Drehwaage angebracht war. Danach bestimmten sie die durch das Lichtbündel in der Zeiteinheit übertragene Energie, indem sie das Licht auf eine silberne Scheibe, die mit Ruß geschwärzt war, auffallen ließen. Der Ruß absorbierte nahezu das gesamte auftreffende Licht, und *Nichols* und *Hull* maßen die sich daraus ergebende Temperaturerhöhung der Silberscheibe. Unter Berücksichtigung der Tatsache, daß ein geringer Teil des Lichts auch reflektiert wurde, konnten sie durch Messung des Temperaturanstiegs die Energie des Lichtbündels bestimmen. Schließlich verglichen sie die direkt gemessene Kraft mit der Kraft, die sie aus der Energie des Lichtbündels berechnen konnten. Das Experiment wurde dreimal durchgeführt, einmal unter Verwendung von

Bild 32.6. Gesamtansicht der Apparatur zur Messung des Lichtdrucks. Die Torsionswaage befindet sich in einem evakuierten Glasrohr. Die Kammer zur Energiemessung ist durch einen Pfeil bezeichnet. Unterhalb des Vakuumrohres ist ein Magnet sichtbar, der eine Wirbelstromdämpfung des Aluminiumstreifens bewirkt.

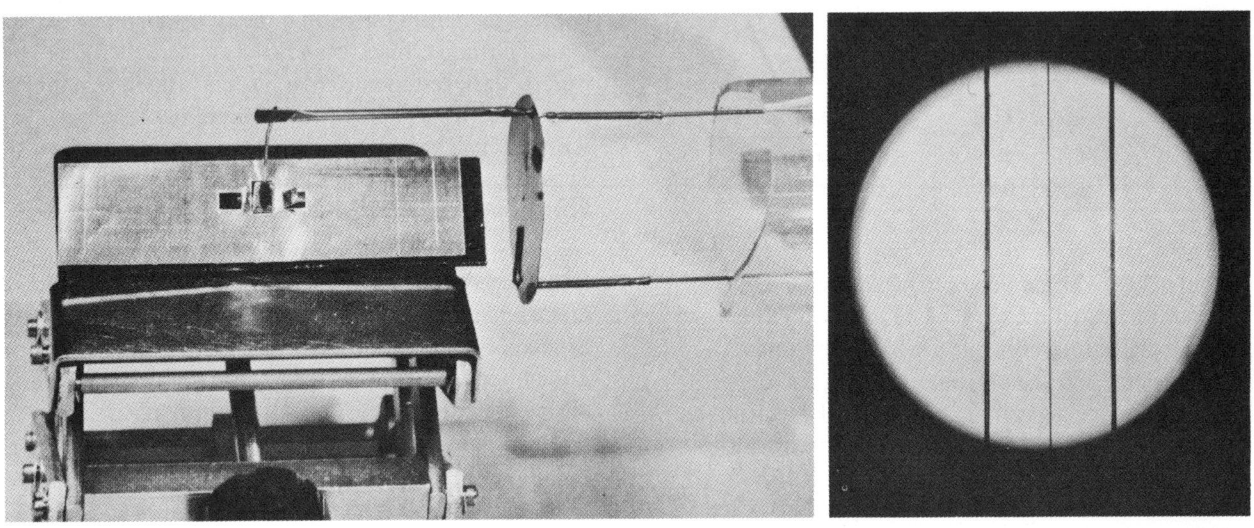

Bild 32.7. Auf dem Labortischchen ist der als horizontaler Balken der Torsionswaage dienende Aluminiumstreifen sichtbar. Während der Messung wird das Licht auf das Kreuz auf der linken Seite gerichtet; das rechte Kreuz wird im Mikroskop beobachtet (Bild 32.6). Der zu dem Aluminiumstreifen führende Draht ist nur eine Hilfe für die Justierung, nicht der Torsionsfaden. Dieser Faden ist in der Photographie rechts zu sehen. Es ist eine Mikrophotographie, bei der die beiden dunklen Linien einen Abstand von 1 mm haben.

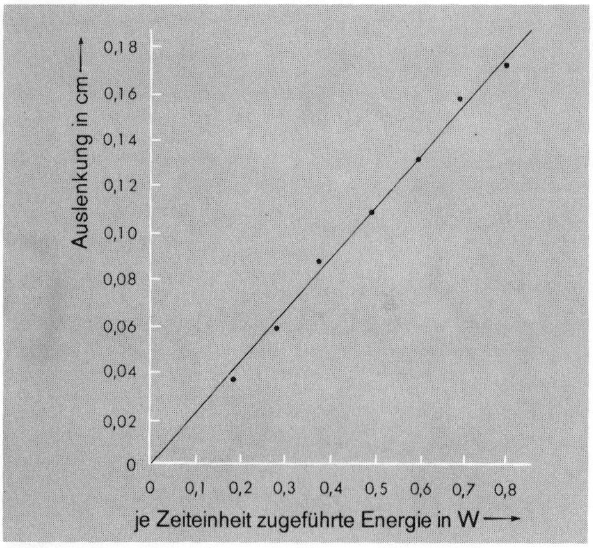

Bild 32.8. Die Auslenkung der Waage ist proportional zur wirkenden Kraft. Die experimentell gefundenen Werte liegen auf einer Geraden in Übereinstimmung mit der theoretischen Vorhersage $p = \frac{E}{c}$.

weißem Licht, dann mit weißem Licht mit einem Rotfilter und unter Verwendung von weißem Licht mit einem Wasserfilter. Das Rotfilter absorbierte den größen Teil der höheren Frequenzen vom Grünen bis hin zum Ultraviolett; das Wasserfilter absorbierte den infraroten Teil des Spektrums. Die Ergebnisse sind in Tabelle 1 dargestellt.

Tabelle 1

Licht gefiltert durch	Kraft pro Fläche in $\frac{N}{cm^2}$ direkt gemessen	Kraft pro Fläche in $\frac{N}{cm^2}$ aus der Energie berechnet
kein Filter	$7{,}01 \cdot 10^{-10}$	$7{,}05 \cdot 10^{-10}$
Rubinglas	$6{,}94 \cdot 10^{-10}$	$6{,}86 \cdot 10^{-10}$
Wasser	$6{,}52 \cdot 10^{-10}$	$6{,}48 \cdot 10^{-10}$

Die gute Übereinstimmung zwischen Messung und Rechnung bestätigt die verwendete Relation zwischen Bewegungsgröße und Energie. Da blaue Photonen energiereicher sind als rote, bedeutet dies, daß diese Relation unabhängig von der Energie der Photonen ist. Eine moderne Version des gleichen Experiments, wie sie von *A. P. French* durchgeführt wurde, ist in den Bildern 32.6 und 32.7 dargestellt. Die Torsionswaage besteht aus einem kleinen leichten Stückchen Aluminiumfolie, das an eine Glasfaser geklebt ist, die sich innerhalb eines evakuierten Glasrohres befindet. Durch eine Linse wird ein sehr intensiver Lichtfleck in der Nähe des einen Endes der Aluminiumfolie erzeugt. Durch den Druck wird das eine Ende der Folie nach rückwärts bewegt, so daß die Glasfaser verdreht wird. Die Ablenkung wird mit einem Mikroskop gemessen, das auf eine Marke am anderen Ende der Folie scharf eingestellt wurde.

Die vom Licht transportierte Energie wird dadurch gemessen, daß man das Licht durch ein kleines Loch in das Innere eines geschwärzten Gefäßes einfallen läßt. In Bild 32.6 ist es durch einen Pfeil markiert. Dort wird die Energie des Lichts in thermische Energie umgewandlet. Das Gefäß enthält zusätzlich eine elektrische Heizeinrichtung, die so einreguliert werden kann, daß sie die gleiche Temperaturerhöhung wie das Licht bewirkt. Die Ergebnisse dieser Experimente sind in Bild 32.8 dargestellt. Ebenso wie die Experimente von *Nichols* und *Hull* bestätigen sie die Gültigkeit der Relation $p = \frac{E}{c}$ für Photonen.

32.5. Der Compton-Effekt

Im vorigen Abschnitt wurde der Lichtdruck verwendet, um die Bewegungsgröße der Photonen zu untersuchen und die relativistischen Ausdrücke für Energie und Bewegungsgröße zu überprüfen. In dem dargestellten Experiment wurde ein Lichtbündel, das aus einer sehr großen Anzahl von Photonen bestand, an einem Spiegel reflektiert, der seinerseits aus einer sehr großen Anzahl von Atomen bestand. Der Spiegel als Ganzes bewegte sich dabei kaum, so daß sein Verhalten auch zutreffend mit Hilfe der klassischen Mechanik beschrieben werden konnte. Zur weiteren Überprüfung der relativistischen Ausdrücke für Energie und Bewegungsgröße wollen wir nun Stöße zwischen einem Photon und einem Elektron untersuchen. Ist die Photonenenergie hinreichend groß, so kann das Elektron so stark gestoßen werden, daß es sich danach mit einer Geschwindigkeit bewegt, die mit der Lichtgeschwindigkeit vergleichbar ist. Dann müssen beide Teilchen, sowohl das Photon als auch das Elektron, in ihrer Bewegung relativistisch beschrieben werden.

Als Lieferanten für energiereiche Photonen kommen Röntgengeräte oder radioaktive Substanzen in Frage. Elektronen sind natürlich in jeglicher Materie vorhanden; sie sind dort mit den Atomen verbunden. Bei Zusammenstößen mit energiereichen Photonen können die äußeren Elektronen aber als frei und in Ruhe befindlich angesehen werden.

Zusammenstöße zwischen Photonen und Elektronen wurden zuerst von *A. H. Compton* im Jahre 1923 untersucht. Er beobachtete, daß die gestreuten Photonen größere Wellenlängen und damit geringere Energien als die einfallenden Photonen hatten. Die beobachtete Relation zwischen Zunahme der Wellenlänge und dem Streu-

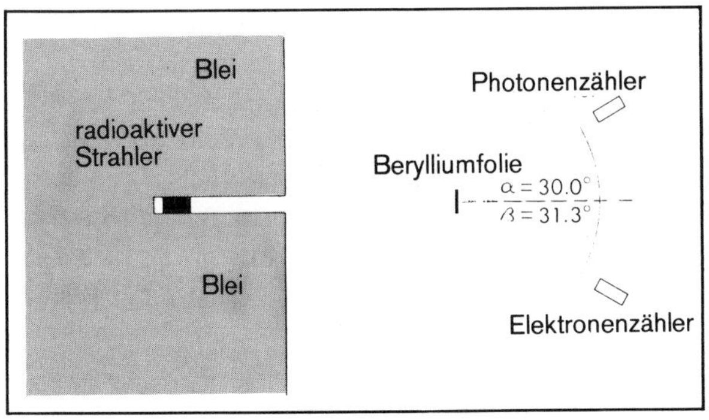

Bild 32.9. Eine Skizze des Versuchsaufbaus zur Beobachtung des Compton-Effekts. Die links sichtbare radioaktive Quelle erzeugt ein enges Bündel von γ-Strahlen. In einer dünnen Berylliumfolie werden die Photonen gestreut. Die unter einem Winkel von 30,0° austretenden Photonen treffen auf einen Szintillationszähler. Ein entsprechender, unter einem Winkel von 31,3° angeordneter Zähler weist die Rückstoßelektronen nach. Die dabei entstehenden elektrischen Impulse werden einem Koinzidenzzähler zugeführt. Dieser registriert die Impulse nur, wenn sie innerhalb von $1{,}5 \cdot 10^{-8}$ s ankommen. Jedes solche Ereignis gibt einen Zusammenstoß zwischen einem Photon und einem Elektron an.

winkel ist genau gleich der berechneten, wenn man von der Annahme ausgeht, daß Bewegungsgröße und Energie beim Stoß erhalten bleiben.

Compton konnte bei seiner Versuchsanordnung das gestoßene Elektron nicht beobachten. Es ergab sich zwar eine gute Übereinstimmung zwischen beobachteten und berechneten Zusammenhängen zwischen Energie und Streuwinkel. Trotzdem hielt man weitere Experimente für notwendig, die Anwendung des Satzes von der Erhaltung der Energie und der Bewegungsgröße zu überprüfen. Die Situation führt zu weit aus dem Bereich heraus, in dem die Gesetze der Newtonschen Mechanik ursprünglich entdeckt worden waren. Insbesondere sollte man in der Lage sein, das gestreute Photon und das rückgestoßene Elektron gleichzeitig zu beobachten. Das gelang *W. G. Cross* und *N. F. Ramsey* mit der in Bild 32.9 skizzierten Versuchsanordnung. Die Geometrie der Anordnung erlaubt eine einfache Diskussion der Zusammenhänge. Hier sind die Winkel, die das gestreute Photon und das rückgestoßene Elektron mit der Richtung des einfallenden Photons bilden, bis auf 4 % gleich. Zur Vereinfachung werden wir sie beide gleich 30° setzen.

Bleibt die Bewegungsgröße bei dem Stoß erhalten, so muß die Vektorsumme der Bewegungsgröße von Photon $\vec{p}'_{ph}$ und Elektron $\vec{p}'_e$ nach dem Zusammenstoß gleich der Bewegungsgröße des einfallenden Photons $\vec{p}_{ph}$ sein:

$$\vec{p}'_{ph} + \vec{p}'_e = \vec{p}_{ph}\,.$$

Für die Komponenten senkrecht bzw. parallel zu $\vec{p}_{ph}$ gilt

$$p'_{ph} \sin 30° - p'_e \sin 30° = 0$$

und

$$p'_{ph} \cos 30° + p'_e \cos 30° = p_{ph}\,.$$

Aus der ersten Gleichung ergibt sich $p'_{ph} = p'_e$. Wir erinnern uns, daß gilt $\cos 30° = \frac{\sqrt{3}}{2}$. Damit ergibt sich aus der zweiten Gleichung

$$p'_{ph} = p'_e = \frac{1}{\sqrt{3}}\, p_{ph}\,.$$

Wir benutzen nun den relativistischen Zusammenhang zwischen Bewegungsgröße und Energie, um die Energien vor und nach dem Stoß miteinander zu vergleichen. Das einfallende Photon hatte die Energie $E_{ph} = 2{,}6$ MeV. Also ist

$$p_{ph} = \frac{E_{ph}}{c} = \frac{2{,}6\ \text{MeV}}{c}$$

und

$$p'_e = p'_{ph} = \frac{1{,}5\ \text{MeV}}{c}\,.$$

Die Energie eines Photons der Bewegungsgröße $1{,}5\ \frac{\text{MeV}}{c}$ ist 1,5 MeV. Um die Energie des Elektrons berechnen zu können, müssen wir seine Geschwindigkeit kennen, denn es gilt $p = \frac{Ev}{c^2}$. Ein Blick auf Bild 32.5 zeigt aber, daß ein Elektron mit dieser Bewegungsgröße sich praktisch mit Lichtgeschwindigkeit bewegt. Wir werden daher die Energie des Elektrons berechnen zu $E = \frac{pc^2}{v} \approx pc$. Damit hat also das rückgestoßene Elektron ebenso wie das gestreute Photon eine Energie von 1,5 MeV. Allerdings gibt es einen wesentlichen Unterschied: Die Photonenenergie von 1,5 MeV ist vollständig kinetische Energie, während die Energie des Elektrons aus kinetischer Energie und Ruheenergie besteht.

Früher wurde schon berechnet, daß die Ruheenergie des Elektrons ungefähr 0,5 MeV ist. Die kinetische Energie des Elektrons und die Energie des gestreuten Photons addieren sich nach dem Zusammenstoß daher zu $(1{,}5 - 0{,}5)$ MeV + 1,5 MeV = 2,5 MeV. Dieser Wert liegt sehr nahe bei der Energie des einfallenden Photons von 2,6 MeV. Innerhalb der Näherung, die wir gemacht haben, stimmt also die kinetische Energie nach dem Zusammenstoß mit der kinetischen Energie vor dem Zusammenstoß überein. (Eine genauere Rechnung, bei der die genauen Winkel und die tatsächlichen Geschwindigkeiten verwendet werden, verkleinert die Differenz bedeutend.) Das beobachtete Phänomen kann vollständig mit den Gesetzen des elastischen Stoßes beschrieben werden, wobei Bewegungsgröße und kinetische Energie durch die in diesem Kapitel hergeleiteten relativistischen Ausdrücke angegeben werden.

An dieser Stelle erscheint es sinnvoll, über die bemerkenswerte Erweiterung nachzudenken, die das Teilchenkonzept erfahren hat. Zu Beginn der Untersuchungen in der Dynamik waren die wesentlichsten Eigenschaften eines Teilchens seine schwere und seine träge Masse. (Das Teilchen selbst war dabei etwas, das man in der Hand halten konnte.) Bei der Untersuchung der Bewegung solcher Teilchen wurden die Begriffe Bewegungsgröße und Energie eingeführt. Jetzt wenden wir die Methoden der Dynamik auf Photonen an, Dinge, die Bewegungsgröße und Energie, aber keine Masse haben und die sich stets mit der Geschwindigkeit c bewegen. Wir behandeln sie wie Teilchen, weil wir sie zählen können und weil sich die Erhaltungssätze für Bewegungsgröße und Energie auf ihre Wechselwirkungen mit anderen, konventionelleren Teilchen anwenden lassen.

Es muß auch festgehalten werden, daß wir bei der Untersuchung der Compton-Streuung nicht von der Wechselwirkungskraft zwischen Elektron und Photon gesprochen haben. In der klassischen Dynamik stand die Untersuchung der Kräfte stets im Vordergrund. Dort wurden z.B. der Zusammenhang zwischen Kraft und zeitlicher Änderung der Bewegungsgröße untersucht und auch die Abhängigkeit der zwischen zwei Körpern wirkenden Kraft von deren Abstand. Wie ändert sich aber die Kraft zwischen Photon und Elektron mit deren gegenseitigem Abstand? Es gibt keine Möglichkeit, den Weg eines Elektrons und eines Photons bei einem Stoßprozeß zu verfolgen; festgelegt werden können lediglich Anfangs- und Endzustand. Deshalb standen Bewegungsgröße und Energie im Zentrum unserer Untersuchung relativistischer Teilchen.

32.6. Elektron-Positron-Zerstrahlung

Wird Licht emittiert, so entstehen dabei Photonen; bei der Absorption von Licht werden Photonen zerstört oder, besser gesagt, vernichtet. Wird das Licht von Atomen ausgesant, so wird die Energie des Photons vom Atom geliefert; nach der Entstehung eines Photons hat das Atom eine geringere innere Energie. Davon abgesehen ist es aber das gleiche Atom geblieben. Wir werden nun einen Fall besprechen, bei dem Photonen durch einen wesentlich anderen Vorgang erzeugt werden, einen Vorgang, bei dem die aussendenden Teilchen selbst verschwinden.

In diesem Experiment werden die Elektronen nicht vom positiv geladenen Atomkern, sondern von positiv geladenen Elektronen, den *Positronen*, angezogen. Positronen wurden zuerst von *C. D. Anderson* im Jahre 1932 beobachtet, als er die Energie der mit der Höhenstrahlung aus der höheren Atmosphäre kommenden Elektronen untersucht. Er hatte eine Nebelkammer in ein magnetisches Feld gebracht, so daß sich die Elektronen auf Kreisbahnen bewegen konnten. Aus den Radien dieser Kreise ermittelte er dann die Bewegungsgröße der Elektronen. Gelegentlich sah er eine Bahn, die entgegengesetzt gekrümmt war, als wenn sie durch ein positiv geladenes Teilchen erzeugt worden wäre. Abgesehen von der Krümmung glichen diese seltsamen Bahnen denen der Elektronen. Ihre Reichweite in der Kammer war gleich, ebenso auch die Anzahl der entlang der Bahn gebildeten Wassertröpfchen. Alles deutete darauf hin, daß diese Bahnen von Teilchen mit der Masse eines Elektrons erzeugt wurden, nur mußten diese Teilchen eine positive Elementarladung tragen. Bald nach Andersons Entdeckung beobachtete man auch, daß Positronen von einigen radioaktiven Elementen ausgesandt wurden.

Wie verhalten sich Positronen nach ihrer Entstehung? Da Positronen bis auf das Vorzeichen der Ladung mit Elektronen identisch sind, erwartet man, daß sie beim Durchgang durch Materie gebremst werden und schließlich zur Ruhe kommen. Durch Nebelkammeraufnahmen und andere Verfahren ist dies oft gezeigt worden. In Materie von hoher Kernladungszahl, wie etwa Gold, sollten Positronen ebenso wie Elektronen nur sehr geringe Reichweiten haben. Bringt man eine Positronenquelle direkt auf einer Goldfolie an, so kann man sicher sein, daß die in die Folie emittierten Positronen sehr nahe bei ihrem Entstehungsort zur Ruhe kommen. Ein Positron wird, wenn es sich in Ruhe oder fast in Ruhe befindet, ein Elektron mit der gleichen Kraft anziehen, mit der das Elektron auch von einem Proton angezogen wird; denn es besitzt die gleiche Ladung. Es erscheint daher denkbar, daß ein Positron-Elektron-Paar so etwas wie ein „Wasserstoffatom" bilden kann. Das kommt tatsächlich gelegentlich vor; jedoch ist das nicht die einzige Möglichkeit.

Ein nicht zu weit von der Quelle und der kleinen Goldfolie entfernter Geigerzähler zeigt die Anwesenheit energiereicher Teilchen, deren Ursprung in der Goldfolie liegt. Sorgfältige Untersuchungen haben gezeigt, daß diese Teilchen Photonen mit einer Energie von etwa 0,5 MeV sind. Dieser Energiebetrag ist gleich der Ruheenergie mc^2 des Elektrons bzw. Positrons. Ist es nun denkbar, daß das Positron allein in ein einziges Photon zerstrahlt ist? Ein ruhendes Positron hat keine Bewegungsgröße; ein Photon von 0,5 MeV hat eine Bewegungsgröße von 0,5 $\frac{\text{MeV}}{c}$, deren Richtung mit der Bewegungsrichtung des Photons übereinstimmt. Bei diesem Prozeß würde also die Bewegungsgröße nicht erhalten bleiben. Außerdem trägt das Positron eine Elementarladung, das Photon aber keine. Die elektrische Ladung, die bisher immer erhalten blieb, würde hier nicht erhalten bleiben. Man kann die Entstehung von

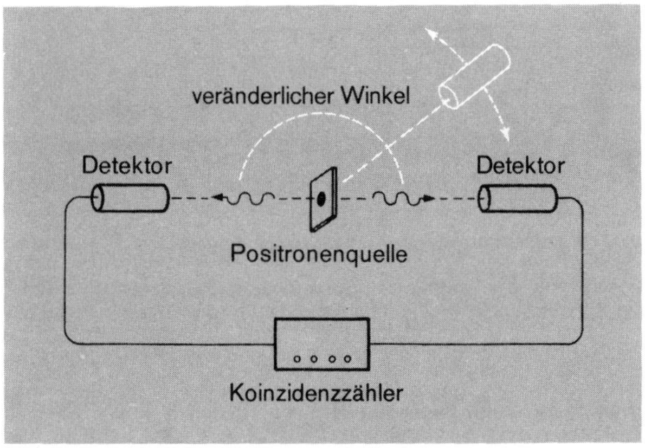

Bild 32.10. Anordnung zur Demonstration der gleichzeitigen Bildung zweier Photonen

Photonen von 0,5 MeV viel leichter deuten, wenn man davon ausgeht, daß beide Teilchen, Positron und Elektron, gleichzeitig verschwinden, wobei dann zwei Photonen entstehen. Bewegen sich die beiden Photonen in entgegengesetzen Richtungen, so ist die Summe ihrer Bewegungsgrößen Null, wie auch bei dem Positron-Elektron-Paar. Die Gesamtladung des Paares ist Null, so daß also auch die elektrische Ladung erhalten bleibt.

Schon 1932, bald nach der ersten Beobachtung von Positronen, vermutete man auf Grund theoretischer Überlegungen: Treffen sich ein Positron und ein Elektron, verschwinden beide, und es entstehen zwei Photonen. Die Bestätigung ergab sich durch das folgende Experiment: Zwei Detektoren wurden in der Nähe der Positronenquelle und der Bremsfolie angebracht (Bild 32.10). Die Detektoren waren an einen *Koinzidenzzähler* angeschlossen. Dieser zählt nur dann, wenn in beiden Detektoren gleichzeitig je ein Teilchen einfällt. Die Zählrate hing nicht von dem Winkel zwischen der Quelle und den beiden Detektoren ab, außer wenn er in die Größenordnung von 180° kam. Dann wuchs die Zählrate merkbar an. Dadurch wurde gezeigt: Wird ein Photon in eine Richtung emittiert, wird gleichzeitig ein zweites in die entgegengesetze Richtung emittiert.

Basierend auf diesen und anderen Experimenten stellt man sich heute vor, daß nahezu in Ruhe befindliche Elektronen und Positronen einander vernichten, wobei zwei Photonen entstehen. Energiereiche Photonen bezeichnet man häufig als γ-Strahlen. Wir können daher schreiben

$$e^+ + e^- \to 2\gamma .$$

Elektrische Ladung und Bewegungsgröße bleiben bei diesem Prozeß erhalten. Wie ist es aber mit Masse und kinetischer Energie? Das Elektron-Positron-Paar hat die Masse 2m und fast keine kinetische Energie, während die beiden Photonen eine Energie von 1 MeV = $2mc^2$, aber keine Masse haben. Hier haben wir ein überzeugendes Beispiel für eine Reaktion, bei der Masse und kinetische Energie nicht getrennt erhalten bleiben. Erhalten bleibt, was in Abschnitt 32.2 als Gesamtenergie bezeichnet wurde, die Summe aus Ruheenergie und kinetischer Energie. Die Ruheenergie des Paares ist $2mc^2$; das ist aber auch fast die Gesamtenergie der Photonen, die in Form von kinetischer Energie vorliegt.

32.7. Kernreaktionen: Erhaltung der Gesamtenergie

Die Vernichtung eines Elektron-Positron-Paares ist nicht das einzige Beispiel einer Reaktion, bei der die Masse und die kinetische Energie nicht jeweils für sich erhalten bleiben. Die meisten Reaktionen zwischen Atomkernen sind von diesem Typ. Wir wollen uns jetzt einige charakteristische Reaktionen ansehen.

Treten Neutronen aus einem Kernreaktor in Materie ein, die sehr viel Wasserstoff enthält – z. B. Paraffin –, so werden sie durch Zusammenstöße mit den Kernen der Wasserstoffatome (Protonen) gebremst. Schließlich bilden sie zusammen mit einem Proton den Kern eines schweren Wasserstoffisotops, des Deuteriums. Während dieses Prozesses beobachtet man die Emission von γ-Quanten mit einer Energie von 2,2 MeV aus dem Paraffin (Bild 32.11). Diese Reaktion läßt sich wie folgt beschreiben:

$$^1_0n + ^1_1H \to ^2_1D + \gamma .$$

Neutron und Proton befinden sich bei der Reaktion praktisch in Ruhe. Woher stammt dann aber die Energie

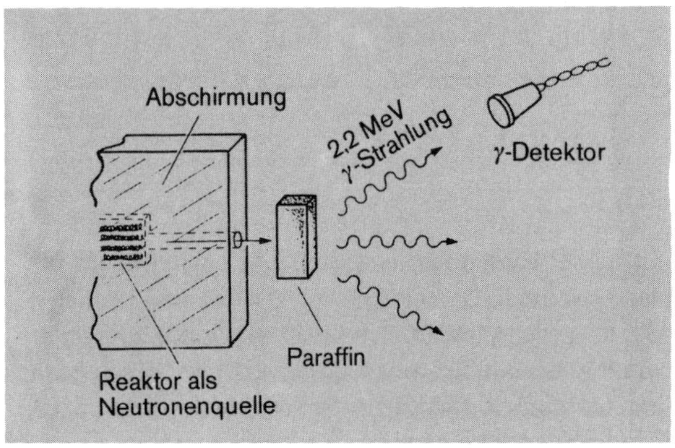

Bild 32.11. Treffen langsame Neutronen auf Paraffin, so entsteht eine γ-Strahlung von 2,2 MeV. Die Energie der γ-Strahlung kann bestimmt werden, indem der Lichtblitz, der bei Wechselwirkung mit den Elektronen des Detektors entsteht, untersucht wird (siehe Bild 30.22).

der γ-Strahlung? Zur Beantwortung dieser Frage betrachten wir die Massen der beteiligten Partikel. (Die für diese Überlegungen wichtigen Massen sind in Tabelle 2 zusammengestellt.) Danach ergibt sich als Summe der Massen eines Neutrons und eines Wasserstoffatoms 2,0165 u. Ein Deuteriumatom hat dagegen nur die Masse 2,0141 u. Bei dieser Reaktion bleibt also die Masse nicht erhalten. Die Massendifferenz von 0,0024 u entspricht der Differenz von 2,2 MeV der Ruheenergien, wie sich aus der vorletzten Spalte der Tabelle ergibt. Das ist aber auch gerade die Energie des emittierten Photons. Wie im Fall der Vernichtung eines Elektron-Positron-Paares bleibt also auch hier die Summe aller Ruheenergien und aller kinetischen Energien erhalten.

Tabelle 2

Teilchen	Masse in u	Masse in 10^{-27} kg	Ruheenergie in MeV	Ruheenergie in 10^{-10} J
n	1,00867	1,67481	934,55	1,50525
H	1,00782	1,67341	938,77	1,50399
D	2,01410	3,34426	1876,09	3,00568
T	3,01605	5,00791	2809,38	4,50090
^3He	3,01603	5,00787	2809,36	4,50086
^4He	4,00260	6,64600	3728,33	5,97315

Alle in der Tabelle angegebenen Massen, mit Ausnahme der Masse des Neutrons, wurden durch Bestimmung der Massen der positiven Ionen der Atome im Massenspektrographen gefunden (siehe Kapitel 28.7). Die Masse der fehlenden Elektronen wurde zu den gemessenen Werten addiert, die Ergebnisse finden sich in der Tabelle. Die Neutronenmasse wurde indirekt aus Kernreaktionen ermittelt.

1 u = 1,66042 · 10^{-27} kg = 931,476 MeV. Das ist genau $\frac{1}{12}$ der Masse des C^{12} Atoms.

Wir wollen jetzt noch eine Reaktion besprechen, an der keine Neutronen beteiligt sind: Gewöhnliche Wasserstoffatome vereinigen sich mit dem schwersten Wasserstoffatom, dem Tritium, zu Helium. Bei diesem Prozeß entsteht eine sehr energiereiche γ-Strahlung:

$${}^1_1H + {}^3_1T \rightarrow {}^4_0He + \gamma.$$

Damit diese Reaktion stattfinden kann, müssen die Kerne der beiden Wasserstoffisotope einander sehr nahe kommen. Da beide positiv geladen sind, stoßen sie sich gegenseitig ab. Um diese Abstoßung zu überwinden, werden Protonen auf etwa 2 MeV beschleunigt und auf ein tritiumhaltiges Target gelenkt (Bild 32.12). Tabelle 2 ergibt einerseits

$$m_H + m_T = 4{,}0239 \text{ u}$$

und andererseits

$$m_{^4He} = 4{,}0026 \text{ u}.$$

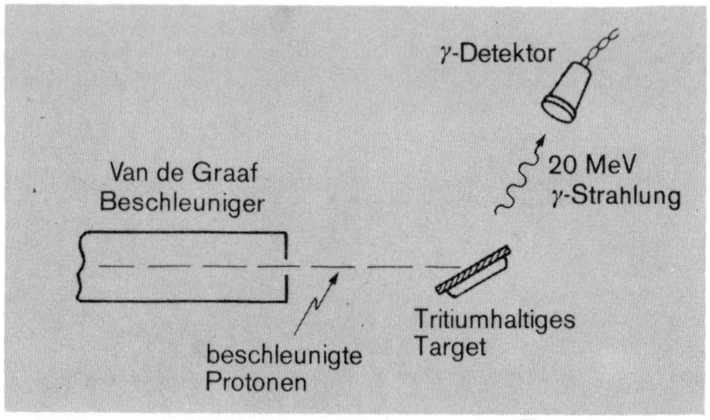

Bild 32.12. Anordnung zum Nachweis der Reaktion ${}^1_1H + {}^3_1T \rightarrow {}^4_2He + \gamma$

Der Differenz der Massen entspricht eine Differenz der Ruheenergien von etwa 19,8 MeV. Die Energie der γ-Strahlung liegt immer bei 20 MeV; sie hängt etwas von der Richtung ab, in die die Strahlung emittiert wird. Das ist nicht überraschend, denn Heliumatom und Photon erhalten ja auch noch die Bewegungsgröße des einfallenden Protons. Wird das mit berücksichtigt, so stimmt die Gesamtenergie genau.

Wir haben bisher folgende Reaktionen betrachtet:

$$e^- + e^+ \rightarrow 2\gamma,$$

$${}^1_0n + {}^1_1H \rightarrow {}^2_1D + \gamma,$$

$${}^1_1H + {}^3_1T \rightarrow {}^4_2He + \gamma.$$

In allen drei Fällen wurde die Differenz der Ruheenergie von einem Photon aufgenommen. Das nächste Beispiel soll zeigen, daß Ruheenergie auch in kinetische Energie anderer Teilchen umgewandelt werden kann.

Wird ein langsames Neutron von einem Atomkern des ${}^{235}_{92}U$ („Uran 235“) aufgenommen, so entsteht dadurch ein Atomkern des ${}^{236}_{92}U$. Die Wahrscheinlichkeit dafür, daß dieser Kern in zwei Teile gespalten wird – zum Beispiel einen Kern ${}^{142}_{56}Ba$ und einen ${}^{94}_{36}Kr$ – ist sehr groß. Diesen Prozeß nennt man *Kernspaltung*. In Wirklichkeit verläuft dieser Prozeß natürlich sehr viel komplizierter, als es nach unserer kurzen Beschreibung erscheinen könnte. Es entstehen bei diesem Prozeß noch einige Neutronen, γ-Quanten und Elektronen. Das Entscheidende ist jedoch die Bildung von zwei Bruchstücken. Eine Tabelle, die analog der Tabelle 2 aufgebaut ist, wird zeigen, daß die Ruhemasse von Neutron und ${}^{235}_{92}U$, also $(m_n + m_{{}^{235}_{92}U})\, c^2$ um 200 MeV größer ist als die Summe der Ruheenergien der Spaltprodukte. Der größte Teil dieser Energie wird in kinetische Energie der Bruchstücke verwandelt, die sich mit großer Geschwindigkeit auseinander bewegen. Diese gewaltigen Beträge an kinetischer Energie, die je Atomkern freiwerden, liefern letztlich die technisch verwendbare Kernenergie.

Wir wollen diesen Abschnitt noch einmal zusammenfassen. Es wurden drei Beispiele für Reaktionen besprochen, bei denen ein Zuwachs an kinetischer Energie von einer Abnahme der Ruheenergie der Teilchen begleitet war. In Abschnitt 2 haben wir die Begriffe Gesamtenergie und Ruheenergie eingeführt als Namen für zwei Terme, durch die die kinetische Energie eines Körpers mit der Masse m beschrieben wird:

$$E_k = \frac{mc^2}{\sqrt{1-\frac{v^2}{c^2}}} - mc^2 .$$

Nun ist zu erkennen, daß es sich um mehr als nur eine Namensgebung handelt. Die Ruheenergie ist keineswegs eine abstrakte Energie, die immer in dem Körper verborgen ist und daher als additive Konstante berücksichtigt oder auch ignoriert werden kann. Ein Teil davon oder auch die gesamte Ruheenergie – wie im Fall der Elektron-Positron-Vernichtung – kann auch in andere Energieformen überführt werden. Deshalb ist die Gesamtenergie von Bedeutung; soweit man heute weiß, bleibt sie stets erhalten.

32.8. Masse und Energie

Wir haben früher die Vorstellung von der Masse als einem Maß für die Materiemenge entwickelt. Zunächst wurden zwei scheinbar voneinander unabhängige Meßverfahren eingeführt, die zur Unterscheidung zwischen träger Masse und schwerer Masse führten. Experimente haben gezeigt, daß diese beiden Massen für alle Körper zueinander proportional waren. Wir konnten sie durch Wahl der gleichen Einheit für beide einander gleichsetzen. Danach haben wir den Begriff Masse immer ohne Adjektiv verwendet und das jeweils einfachere Verfahren benutzt (siehe Abschnitt 13.6).

Bei chemischen Reaktionen bleibt die Masse erhalten, natürlich unter der Voraussetzung, daß die Reaktion in einem abgeschlossenen Raum stattfindet, aus dem keine Moleküle entweichen können. Bei den im vorigen Abschnitt diskutierten Kernreaktionen bleibt die Masse nicht erhalten, obgleich auch hier weder Atome noch Elektronen entweichen konnten. Außerdem gibt es noch einen weiteren Unterschied. Selbst bei sehr heftigen chemischen Reaktionen liegen die Energieänderungen je Molekül in der Größenordnung von einigen eV. Bei Kernreaktionen ist die je Kern freiwerdende Energie etwa um den Faktor 10^6 größer. Gibt es vielleicht einen Zusammenhang zwischen Masse und Energie, der uns entgangen ist, solange wir es nur mit kleinen Energieänderungen zu tun hatten?

Wir wollen noch einmal die Bildung von Deuterium betrachten:

$$^1_0n + {}^1_1H \rightarrow {}^2_1D + \gamma .$$

Zu Beginn der Reaktion befinden sich das Neutron und das Proton sehr nahe beieinander und sind fast in Ruhe. Vernachlässigen wir den kleinen Rückstoß des Deuteriums, so erhalten wir als Ergebnis der Reaktion ein ruhendes Deuteron und ein Photon. Wir haben bereits gesehen, daß die Gesamtenergie des Systems erhalten bleibt:

$$m_H c^2 + m_n c^2 = m_D c^2 + E_{ph} .$$

Diese Gleichung können wir wie folgt umschreiben:

$$m_H + m_n - m_D = \frac{E_{ph}}{c^2} .$$

In dieser Schreibweise besagt der Satz von der Erhaltung der Gesamtenergie: Die Summe der Massen von Proton und Neutron überschreitet die Masse des entstehenden Deuterons um einen Betrag, der sich als Quotient aus der Energie E_{ph} des bei der Reaktion entstehenden Photons und c^2 ergibt.

Bilden Neutron und Proton ein Deuteron, so ist die Gesamtenergie zusammengenommen kleiner als die Summe der Energien, die beide vorher hatten. Wie ist das modellmäßig zu verstehen? Wir besitzen schon ein dafür brauchbares Modell. Wird nämlich aus Proton und Elektron ein Wasserstoffatom gebildet, so werden ein oder mehrere Photonen ausgesandt, wenn das Atom in den Grundzustand übergeht. Im Grundzustand hat das Elektron sowohl potentielle als auch kinetische Energie. Ihre Summe ist negativ, wenn wir für den Fall der völligen Trennung der potentiellen Energie den Betrag Null geben.

Die Bildung des Deuterons läßt sich ähnlich beschreiben. Das ruhende Deuteron kann als eine Art Doppelstern aufgefaßt werden, bei dem Proton und Neutron um ihren gemeinsamen Massenmittelpunkt herum kreisen (Weitere Informationen über das Deuteron gibt Abschnitt 35.11.). Bei der Bildung des Deuterons erhalten Proton und Neutron kinetische Energie. Dieser Zuwachs an kinetischer Energie wird aber mehr als kompensiert durch die Abnahme der potentiellen Energie aufgrund der starken Kernkräfte. Zunächst haben die kinetischen und potentiellen Energien den Wert Null. Ist aber das Deuteron entstanden, so ist ihre Summe negativ. Wir können also die Gesamtenergie von Proton und Neutron im Deuteron als Summe aus Ruhe- und kinetischen Energien der Bestandteile und ihrer wechselseitigen potentiellen Energien auffassen. Diese Gesamtenergie ist aber gerade die Ruheenergie $m_D c^2$ des Deuterons. Man erkennt: Die Ruhemasse des

Deuterons ist ein Maß für die Gesamtenergie seiner Bestandteile. Würde man ein System betrachten, das eine beliebige Anzahl von Bestandteilen enthält, so käme man genau zum gleichen Ergebnis. Insbesondere wäre wiederum die Masse des Systems ein Maß für die Gesamtenergie – Ruheenergie, kinetische Energie und potentielle Energie – seiner Bestandteile. Ändert sich die Energie, so ändert sich entsprechend auch die Masse, und beide Änderungen sind durch

$$\Delta m = \frac{\Delta E}{c^2}$$

miteinander verbunden.

Zu beachten ist dabei der Wert des Proportionalitätsfaktors $\frac{1}{c^2}$, er beträgt etwa $10^{-17}\left(\frac{s}{m}\right)^2$. Selbst eine sehr große Energiezufuhr bewirkt nur eine geringe Massenzunahme. Umgekehrt ergibt sich aus der Gleichung $\Delta E = \Delta m c^2$, daß sehr geringe Änderungen der Masse gewaltige Energieänderungen bewirken. Tritt diese Energie in Form von kinetischer Energie auf, so wird sie deutlich nachweisbar (Bild 32.13).

Man erkennt nun die Grenzen unserer ursprünglichen Definition der Masse als eines Maßes für die Materiemenge. Sie ist nur so lange gültig, wie wir uns auf Prozesse beschränken, die mit geringen Energieänderungen verbunden sind. Bei der Bildung des Deuterons oder auch bei anderen Kernreaktionen bleibt die Anzahl der Protonen und Neutronen unverändert, in gewissem Sinn bleibt also die Materiemenge erhalten. Trotzdem hat sich die Masse der einzelnen daran beteiligten Kernbausteine geändert.

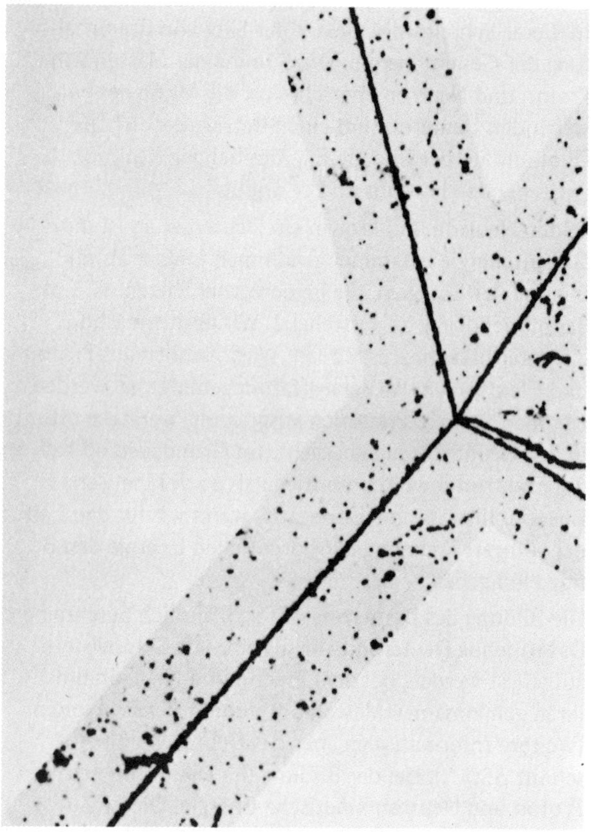

Bild 32.13. Mikrophotographie der Absorption eines negativen Pions durch einen Kern in einer Photoemulsion. Das von rechts einfallende Pion wurde gebremst, wie die gewundene Bahn erkennen läßt. Die Masse des Kerns nahm um die Masse des Pions 0,141 u zu. Die entsprechende Energiezunahme von 141 MeV bewirkte im wesentlichen eine Vergrößerung der kinetischen Energie. Mindestens vier Teilchen, an ihren geraden Bahnen als hochenergetisch erkennbar, traten auf. Es ist möglich, daß weitere neutrale Bruchstücke auftraten, die aber in der Emulsion keine Spuren hinterlassen. (Aus: *Powell*, *Fowler* und *Perkins*, Die Untersuchung von Elementarteilchen mit Kernemulsionen, Pergamon Press.)

32.9. Hat das Photon eine Masse?

Es sei angenommen, daß das bei der Bildung des Deuterons emittierte Photon von einem in der Nähe befindlichen ruhenden Deuteron absorbiert wird. Dieses zerfällt dann in ein Proton und ein Neutron (Bild 32.14). Vernachlässigt man wiederum den Rückstoß, so liegt vor und nach der Emission des Photons jeweils die gleiche Teilchenkonstellation vor. Sie befindet sich in Ruhe, und ihre Gesamtmasse ist unverändert. Die einzige mit der Emission und Absorption des Photons verbundene Veränderung liegt in der Verschiebung der Massenverteilung. In Bild 32.14a befinden sich Proton und Neutron links, das Deuteron rechts. In Bild 32.14c ist es genau umgekehrt. Ein Massenbetrag der Größe $\frac{E_{ph}}{c^2}$ wurde durch das Photon von einem zum anderen Ort gebracht. Das Photon wurde an einer Stelle emittiert

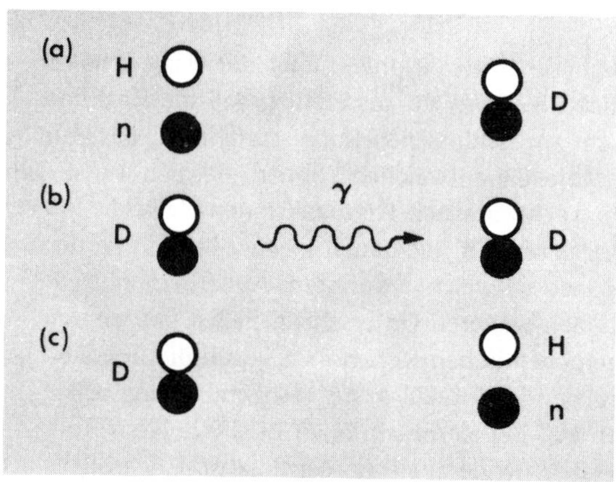

Bild 32.14. Schematische Beschreibung der drei Stufen der Bildung eines Deuterons aus Proton und Neutron, Emission von γ-Strahlung und nachfolgender Dissoziation eines zweiten Deuterons

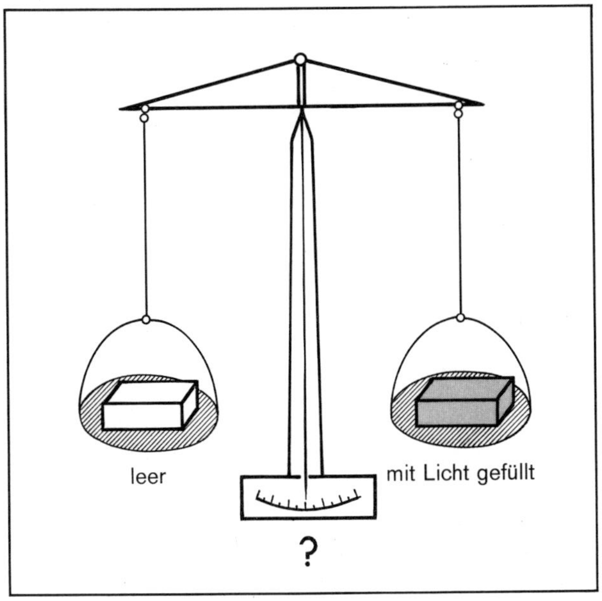

Bild 32.15. Die Waage sei im Gleichgewicht, wenn beide Schachteln leer sind. Was geschieht, wenn in einer Licht eingefangen wird?

und an einer anderen absorbiert. Man ist versucht zu fragen, ob es dabei nur Masse transportiert oder ob es selbst die Masse $\frac{E_{ph}}{c^2}$ besitzt.

Zur Beantwortung dieser Frage muß man ein Verfahren entwickeln, um die Masse eines Photons zu messen. Eines ist ganz sicher: Man kann auf keinen Fall ein Photon zur Ruhe bringen und es dann auf eine Waage legen, denn die Photonen bewegen sich stets mit der Geschwindigkeit c. Man könnte aber an das folgende Experiment denken. Wir stellen uns zwei Kästen mit vollständig reflektierenden Wänden vor (Bild 32.15). Einer sei leer, in dem anderen sei Licht „eingefangen". Wir können beide auf eine Balkenwaage legen und so ihre Massen vergleichen. Wären die Wände wirklich ideal reflektierend und die Waage empfindlich genug, so müßte durch dieses Experiment unsere Frage zu beantworten sein. Man kann sich aber leicht vorstellen, daß dieses Experiment in der Praxis nicht durchführbar ist. Um zu erkennen, ob das Photon wirklich selbst eine Masse hat, müssen wir unsere Vorstellung von der Masse erweitern und auch Informationen benutzen, die nicht von irgendeiner Waage geliefert werden.

Solche Informationen sind zu erhalten, denn die Gravitation wirkt nicht nur auf ruhende Körper (die sich auf einer Balkenwaage befinden). Die kinetische Energie eines sich bewegenden Körpers ändert sich, wenn er sich in einem Gravitationsfeld bewegt, das parallel zu seiner Bewegung gerichtet ist. Ändert sich die Energie eines Photons, wenn es sich in einem parallel zu seiner Ausbreitungsrichtung verlaufenden Gravitationsfeld bewegt, so läßt sich daraus schließen, daß es eine Masse hat. Konkret gesagt: Bewegt sich ein Körper der Masse m in der Nähe der Erdoberfläche um die Strecke h nach oben, so wird seine kinetische Energie um den Betrag $\Delta E = mgh$ abnehmen. Ein Photon der Energie E wird also eine Masse $\frac{E}{c^2}$ haben, wenn bei einer entsprechenden Bewegung seine Energie um den Betrag $\Delta E = \frac{E}{c^2}gh$ abnimmt.

Wir wollen nun sehen, in welcher Größenordnung der zu erwartende Effekt liegt. Relativ zur Energie des Photons beträgt seine Energieänderung

$$\frac{\Delta E}{E} = \frac{E}{c^2}gh\,\frac{1}{E} = \frac{gh}{c^2}.$$

Eine innerhalb eines Gebäudes erreichbare Höhendifferenz ist $h \approx 10$ m; mit $g \approx 10\ \frac{m}{s^2}$ und $c = 3 \cdot 10^8\ \frac{m}{s}$ ergibt sich $\frac{gh}{c^2} \approx 10^{-15}$. Um entscheiden zu können, ob das Photon eine Masse in dem jetzt weiter gefaßten Sinn hat, muß man Energieänderungen von $1 : 10^{-15}$ nachweisen können. Es scheint fast so, als ob auch dieses Experiment ein Gedankenexperiment bleiben müßte, ebenso wie das mit dem Kasten, in dem das Licht eingeschlossen ist.

Es gibt aber einen wesentlichen Unterschied: Die Energie eines Photons ist proportional zu seiner Frequenz, $E = h\nu$. Die Energieänderung ist daher proportional zu einer Frequenzänderung: $\frac{\Delta E}{E} = \frac{\Delta \nu}{\nu}$. Frequenzänderungen können heute aber mit extrem hoher Genauigkeit gemessen werden. Die Änderung der Energie von γ-Quanten mit der Höhe wurde tatsächlich im Jahre 1960 von *R. V. Pound* und *G. A. Rebka* in einem etwa 25 m hohen Turm der Harvard-Universität beobachtet.

Die experimentellen Einzelheiten des Experiments von *Pound* und *Rebka* sind ausserordentlich kompliziert, die Frequenzverschiebungsmessung war erst nach der Entdeckung von *Mößbauer* durchführbar. Der Grundgedanke des Versuches ist jedoch recht einfach. Ein Absorber (A) absorbiert Licht von genau der Frequenz, die von der Lichtquelle (L) abgestrahlt wird. Für Licht von nur ganz wenig anderer Frequenz sei der Absorber völlig durchlässig. Hinter dem Absorber befindet sich ein Detektor (D), der das durch den Absorber hindurchtretende Licht nachweist (Bild 32.16). Befindet sich L bezüglich A in Ruhe, so ist die Absorption am größten. Bewegt sich L auf A zu, so nimmt die Frequenz der Photonen zu (Blauverschiebung, siehe Kapitel 30.18). Von A werden weniger Photonen absorbiert, D wird mehr Photonen registrieren.

Wir stellen uns nun vor, daß der ganze Versuchsaufbau vertikal erfolgt, wobei L sich zunächst bezüglich A in Ruhe befinden soll (Bild 32.17). Nimmt die Frequenz der Photonen jetzt aufgrund der Gravitationsbeschleunigung ab — gibt es also eine Rotverschiebung —, so

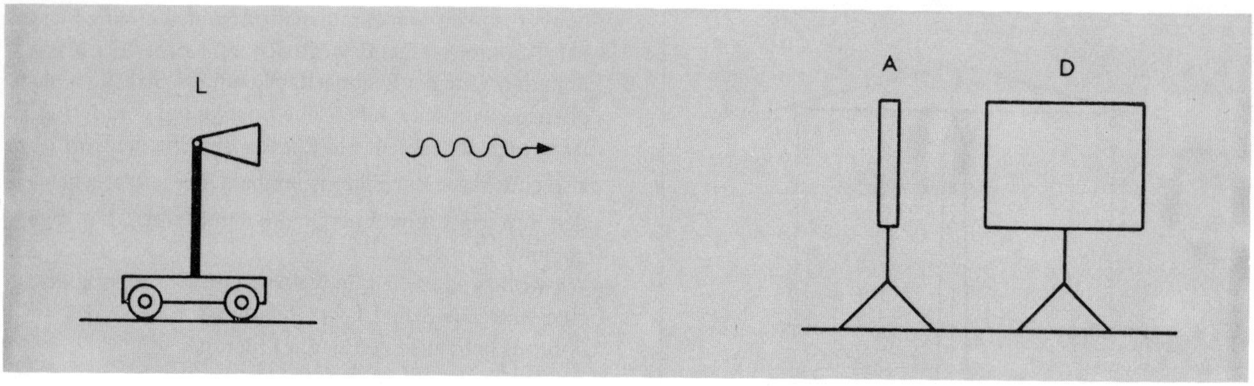

Bild 32.16. Skizze des Experiments von *Pound* und *Rebka*. Hier tritt die maximale Absorption auf, wenn Quelle L und Absorption A relativ zueinander in Ruhe sind.

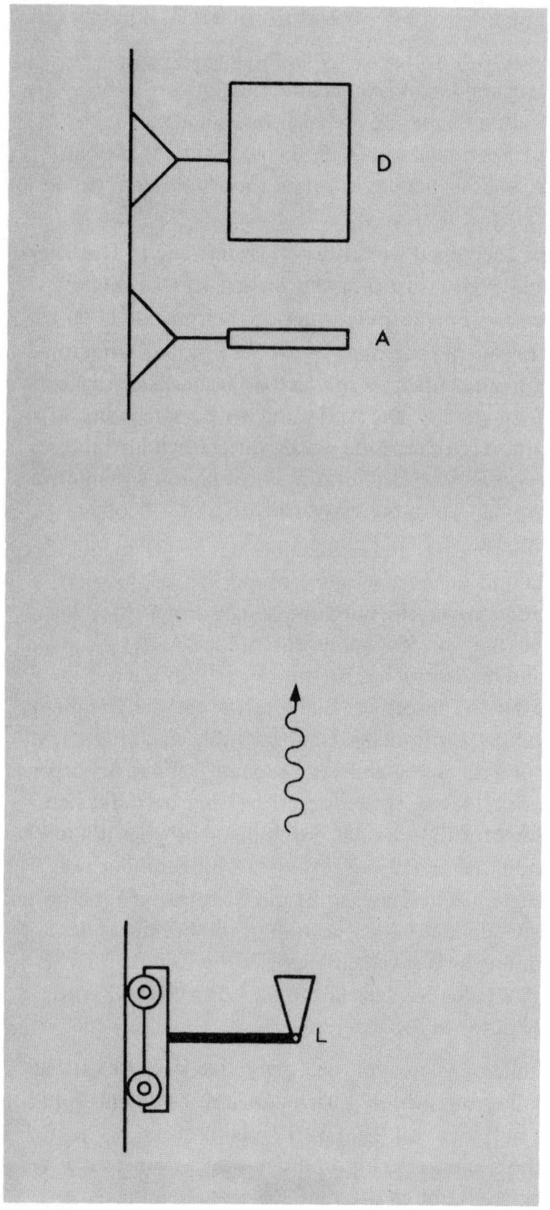

werden von A weniger Photonen absorbiert als bei dem horizontalen Versuchsaufbau (Bild 32.16). Wird andererseits die Quelle aufwärts bewegt, so kann man den Photonen zunächst eine Blauverschiebung geben, die dann durch die von der Gravitation bewirkte Rotverschiebung gerade kompensiert werden kann. Dann kommen die Photonen bei A wieder mit der Frequenz an, die Voraussetzung für maximale Absorption ist. Der gleiche Gedanke läßt sich auch energetisch beschreiben: Werden die Photonen von einer sich aufwärts bewegenden Quelle ausgesandt, so erhalten sie eine zusätzliche Energie. Diese wird dann durch den Energieverlust beim senkrechten Wurf wieder ausgeglichen. Haben also die Photonen eine Masse, so muß die maximale Absorption gerade dann erfolgen, wenn sich die Quelle mit der Geschwindigkeit nach oben bewegt, durch die die von der Gravitation hervorgerufene Rotverschiebung kompensiert wird. Das ist der Grundgedanke des Experiments von *Pound* und *Rebka.* Ihre Ergebnisse und die Ergebnisse späterer Experimente zeigten, daß die Photonen eine Masse haben, die mit einer Genauigkeit von 1 % durch $m = \frac{E}{c^2}$ gegeben ist.

Die durch die Gravitation hervorgerufene Rotverschiebung war von *Albert Einstein* lange vor der Entdeckung der in Abschnitt 32.7 besprochenen Kernreaktionen vorhergesagt worden. Die ersten Beobachtungen dieser Rotverschiebungen gelangen bei dem Licht, das von sehr schweren und dichten Sternen, den „weißen Zwergen" ausgesandt wird. Allerdings ist hier der Nachweis nicht so direkt und überzeugend wie bei dem Experiment von *Pound* und *Rebka.*

Bild 32.17. In der senkrechten Anordnung tritt maximale Absorption dann auf, wenn die Quelle ganz langsam nach oben bewegt wird.

32.10. Zusammenfassung und Ausblick

Abschließend soll kurz zusammengefaßt werden, worüber wir bei unseren Überlegungen zur Relativität gesprochen haben. Am Anfang stand eine Frage aus der Optik: In welchem Medium breiten sich Lichtwellen aus? Durch unsere Untersuchungen wurde diese Frage nicht eigentlich beantwortet; statt dessen kamen wir zu einer Neuformulierung der grundlegenden Vorstellungen der Kinematik. Dabei wurde nicht etwa bewiesen, daß die Kinematik *Galileis* falsch sei, wir haben lediglich ihre Grenzen kennengelernt und gesehen, wie sie zu erweitern ist. Das Kapitel über die relativistische Kinematik endete mit einer weiteren Frage: Wie ist die Lichtgeschwindigkeit als Grenzgeschwindigkeit mit der Newtonschen Dynamik zu vereinbaren, in der einem Körper beliebige Geschwindigkeiten erteilt werden können und eine Grenzgeschwindigkeit nicht auftritt?

Wir sahen in diesem Kapitel, daß auch die Newtonsche Dynamik ihre Grenzen hat. Wiederum gelang es, die Theorie zu modifizieren und ihren Gültigkeitsbereich zu erweitern. Dabei erkannten wir, daß die beiden Erhaltungssätze für Masse und Energie in Wirklichkeit nur ein einziges Gesetz sind.

Während der ganzen Entwicklung der Physik brachten Untersuchungen des Lichts immer neue Überraschungen. Hier wartete eine neue. Zunächst zeigten wir, daß das Photon im klassischen Sinn keine Masse hat, um anschließend zu zeigen, daß es in einem allgemeineren Sinn doch eine Masse besitzt. Rückblickend scheint es so, als ob wir einen langen Weg gegangen wären. Das vor uns liegende Stück ist aber möglicherweise noch länger. Wir wollen das Kapitel mit einer weiteren Frage beschließen. Richten wir Licht senkrecht nach oben, so ändert sich seine Frequenz. Die Frequenz ist aber eine rein kinematische Größe der Dimension $\frac{1}{\text{Zeit}}$. Hängen die Zeit und möglicherweise auch die Länge von der Gravitationsfeldstärke ab? Ändern sie sich in der Nähe sehr schwerer Körper?

Aufgaben

1.* Die beiden Punkte A und B in Bild 32.1 waren genau 8,4 m voneinander entfernt. Wie groß war die Geschwindigkeit der Elektronen, die die in Bild 32.2 gezeigten Impulse erzeugten?

2.* Berechnen Sie die kinetische Energie eines Teilchens der Masse m, das sich mit der Geschwindigkeit v = 0,600 c bewegt, einmal klassisch und einmal relativistisch.

3.* Wie müßte die Energieskala in Bild 32.4 abgeändert werden, wenn der Graph E_k in Abhängigkeit von $\frac{v}{c}$ für ein Proton darstellen soll?

4. In welcher Größenordnung liegt der Energiebetrag, der nötig ist, um einen Körper mit m = 1 kg auf die Geschwindigkeit v = 0,6 c zu beschleunigen? Vergleichen Sie diese Energie mit der bei der Explosion einer 1 Megatonnen-H-Bombe frei werdenden Energie. (Diese Bombe entspricht in ihrer Wirkung 10^6 t TNT; 1 kg TNT setzt etwa 10^7 J frei.)

5. Welche Geschwindigkeiten würden a) von Elektronen und b) von Protonen erreicht, die aus der Ruhelage heraus durch Potentialdifferenzen von 10^5, 10^7 und 10^9 V beschleunigt wurden?

6. Bei den in Abschnitt 30.15 beschriebenen μ-Mesonen wurde beobachtet, daß ihre mittlere Lebenszeit um einen Faktor 9 größer war als ihre Lebenszeit in Ruhe. Welche kinetische Energie würde man bei solchen Myonen messen? Die Ruheenergie eines solchen Myons beträgt 106 MeV.

7. In einem früheren Flugzeitexperiment wurde ein Hochfrequenzgenerator verwendet (Bild 32.18). Die aus der Glühkathode K austretenden Elektronen werden im Vakuum durch eine Potentialdifferenz V beschleunigt. Spalte S_1 und S_2 dienen zur Begrenzung des Strahls, der danach durch die Plattenpaare P_1 und P_2 hindurchtritt, die mit dem Oszillator verbunden sind. Bei P_1 abgelenkte Elektronen können nicht durch S_3 hindurchtreten. Es können also bei jeder Schwingung nur die während der Spannung Null durch P_1 kommenden Elektronen auch nach P_2 gelangen. Nur wenn die Flugzeit für die Strecke $\overline{P_1P_2}$ ein ganzzahliges Vielfaches der halben Schwingungsdauer ist, können Elektronen auch durch P_2 hindurch nach R gelangen und dort nachgewiesen werden. Die Strecke l betrug 75,1 cm, die Frequenz 108 MHz. Bei welcher Beschleunigungsspannung gelangen die Elektronen gerade während einer Periode von P_1 nach P_2? Wie groß ist die Abweichung in Prozent, wenn die Rechnungen klassisch durchgeführt werden?

8. Kann durch die Ausdrücke

$$E_k = \frac{\frac{1}{2} m v^2}{\sqrt{1 - \frac{v^2}{c^2}}}$$

und

$$E_k = \frac{m v^2}{2\left(1 - \frac{v}{c}\right)}$$

die relativistische kinetische Energie dargestellt werden? Überprüfen Sie beide Ausdrücke für die Fälle, daß v gegen c strebt und v klein gegen c ist. Hat eine Änderung des Vorzeichens von v einen Einfluß? Rechnen Sie auch ein Beispiel durch, etwa mit v = 0,600 c.

9.* Vergleichen Sie die relativistisch berechnete Bewegungsgröße eines Teilchens der Masse m, das sich mit der Geschwindigkeit v = 0,600 c bewegt, mit der klassisch berechneten Bewegungsgröße.

10.* Wie groß ist die Bewegungsgröße in $\frac{\text{MeV}}{c}$, wenn sich eine Masse von 1 kg mit der Geschwindigkeit 1 $\frac{\text{m}}{\text{s}}$ bewegt?

11.* *Schätzen* Sie die Bewegungsgröße eines Elektrons, das aus der Ruhelage durch eine Potentialdifferenz von 10^9 V beschleunigt wurde.

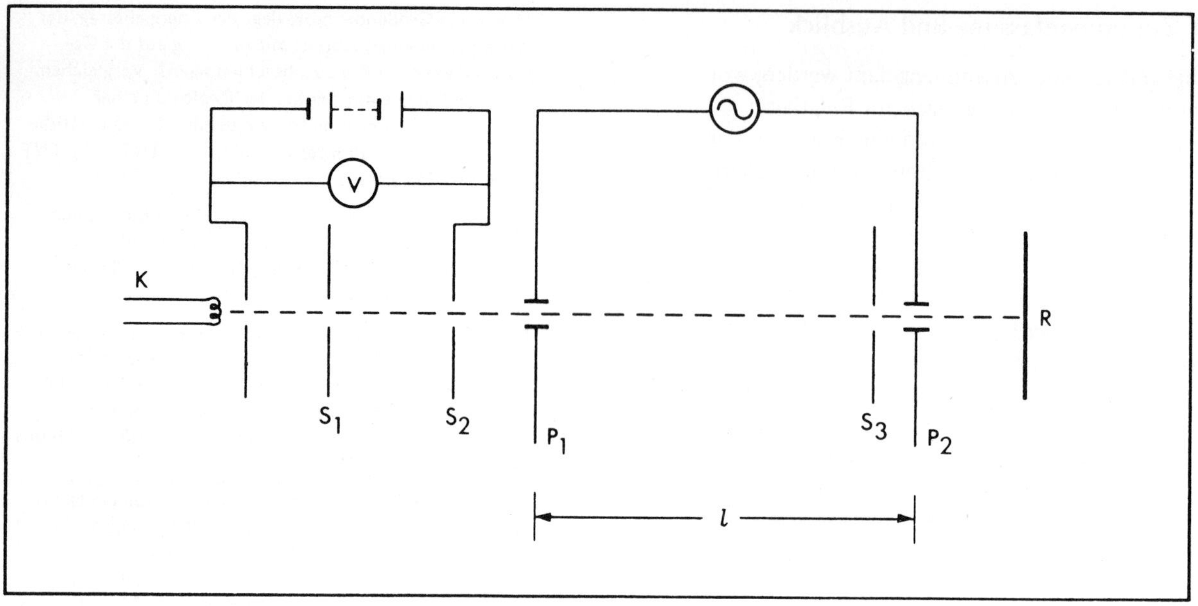

Bild 32.18. Zur Aufgabe 7

12. a) Aus $E = \frac{mc^2}{\sqrt{1-\frac{v^2}{c^2}}}$ und $p = \frac{mv^2}{\sqrt{1-\frac{v^2}{c^2}}}$ soll v eliminiert werden und E als Funktion von p dargestellt werden.

    b) Es sei $p \ll mc$. Entwickeln Sie den erhaltenen Ausdruck bis zur zweiten Ordnung von $\frac{p}{mc}$ in eine Potenzreihe.

13. Stellen Sie auf Grund der Beziehung $p = \frac{\sqrt{E^2-(mc^2)^2}}{c}$ die Bewegungsgröße als Funktion der Energie dar. Dabei soll als Einheit der Energie mc^2 und als Einheit der Bewegungsgröße mc auftreten. Zeichnen Sie den Graphen bis hin zu $E = 500\ mc^2$. Im vergrößerten Maßstab soll dann noch der Bereich von $E = 0$ bis $E = 5\ mc^2$ dargestellt werden.

14. Wie groß ist in Einheiten $\frac{\text{MeV}}{c}$ die Bewegungsgröße

    a) eines Elektrons mit einer kinetischen Energie von 2,0 MeV,

    b) eines Elektrons mit 200 MeV,

    c) eines Protons mit einer kinetischen Energie von 200 MeV? (Siehe Aufgabe 13)

15. Teilchen werden häufig durch ihre kinetische Energie charakterisiert. Zum Beispiel spricht man von „10-MeV-Protonen". Berechnungen von Bewegungsgröße und der Geschwindigkeit werden häufig mit dieser Angabe durchgeführt.

    a) Für welche Werte von $\frac{E_k}{mc^2}$ und $\frac{v}{c}$ liefert die Verwendung von $E_k = \frac{1}{2}mv^2$ und $p = mv$ bis auf 1 % genaue Ergebnisse?

    b) Für welche Werte von $\frac{E_k}{mc^2}$ und $\frac{v}{c}$ liefert die Verwendung von $E = pc$ bis auf 1 % genaue Ergebnisse? (E ist die Gesamtenergie.)

16. a) Bei welcher Geschwindigkeit ist die kinetische Energie eines Teilchens gleich seiner Ruheenergie? Hängt die Antwort von der Masse des Teilchens ab?

    b) Bei welcher Geschwindigkeit ist die Bewegungsgröße eines Teilchens gleich mc?

17. a) Zeigen Sie, daß ein Photon nicht seine ganze Energie auf ein einzelnes Elektron übertragen kann.

    b) Wie ist es zu verstehen, daß Photonen beim Photoeffekt vollständig verschwinden? (Siehe Abschnitt 31.2).

18. Außerhalb der Erdatmosphäre beträgt die Leistung der Sonne $8 \cdot 10^4 \frac{\text{J}}{\text{m}^2\ \text{min}}$.

    a) Wie groß ist der Lichtdruck auf einen reflektierenden Ballonsatelliten vom Typ „Echo"?

    b) Wie groß ist die auf die Erde wirkende Kraft, wenn wir davon ausgehen, daß die Strahlung von der Erde vollständig absorbiert wird? Wie groß ist diese Kraft im Vergleich zur Gravitationskraft zwischen Sonne und Erde?

19. a) Wie groß ist die Energie eines „mittleren" Photons des sichtbaren Lichts, wenn es eine Wellenlänge von 500 nm hat? Wie groß ist seine Bewegungsgröße?

    b) Schätzen Sie die Anzahl der je Sekunde von einer 100-W-Lampe ausgestrahlten Photonen, wenn etwa 1 % der zugeführten Leistung im sichtbaren Bereich abgestrahlt wird.

    c) Wie groß ist der Lichtdruck dieser Photonen, wenn sie auf einen 2 m entfernten schwarzen Körper auftreffen?

20. Sendet ein Atom ein Photon aus, so setzen wir die Energie des Photons gewöhnlich gleich der Änderung der inneren Energie des Atoms: $\Delta E = h\nu$. In Wirklichkeit wird aber ein Teil der inneren Energie als kinetische

Energie des Rückstoßes E_k des emittierenden Atoms verbraucht. $h\nu$ ist also kleiner als ΔE. Warum? Berechnen Sie das Verhältnis $\frac{E_k}{h\nu}$ für die gelbe Linie des Natriums mit einer Wellenlänge von 589 nm. Das Natriumatom hat die Masse $3{,}8 \cdot 10^{-26}$ kg.

21. In einem Film „Lichtdruck" wurde mitgeteilt, daß die bei dem Experiment verwendete Lichtquelle auf die hochreflektierende Metallfolie des Torsionspendels einen Druck von 10^{-9} at ausübte $\left(1 \text{ at} \approx 10^5 \frac{N}{m^2}\right)$.
   a) Wie groß muß bei diesem Licht die Energiedichte (Quotient aus Energie und Volumen) sein?
   b) Wieviele Photonen müssen etwa in 1 cm^3 vorhanden sein, wenn man von einer mittleren Wellenlänge der Photonen von 550 nm ausgeht?

22. Ein Planspiegel wird durch senkrecht auffallendes Licht der Frequenz ν beleuchtet. Die Spiegeloberfläche wird von N Photonen je Zeit- und Flächeneinheit getroffen.
   a) Wie groß ist die Änderung der Bewegungsgröße eines einzelnen Photons, wenn es von der Oberfläche reflektiert wird?
   b) Wie groß ist der auf diesen Spiegel wirkende Lichtdruck?
   c) Geben Sie den Druck mit Hilfe der je Zeit- und Flächeneinheit auf den Spiegel auftreffenden Gesamtenergie an. Würde sich das Ergebnis ändern, wenn kein monochromatisches Licht verwendet würde?
   d) Wie groß ist der Druck, wenn die Beleuchtungsstärke $10^3 \frac{J}{m^2\,s}$ ist? (Das ist ungefähr die Beleuchtung, die an einem Sommernachmittag in der direkten Sonnenstrahlung herrscht.)

23. Wir betrachten noch einmal das in Abschnitt 32.5 beschriebene Experiment zur Compton-Streuung.
   a) Wie groß ist die Wellenlänge des Photons?
   b) Um welchen Bruchteil ändert sich die Wellenlänge?

24. Ein Röntgenphoton von 50 keV stößt direkt mit einem ruhenden Elektron zusammen und wird dabei unter einem Winkel von 180° gestreut.
   a) Wie groß ist der Energieverlust des Photons?
   b) Wie groß ist die Wellenlängenänderung? Welcher Bruchteil der ursprünglichen Wellenlänge ist das?

25. Ein Photon mit einer Wellenlänge von 0,100 nm trifft ein ruhendes Elektron. Das Photon wird unter 90° aus seiner ursprünglichen Richtung abgelenkt.
   a) Es ist ein Vektordiagramm der Bewegungsgrößen des Photons vor dem Stoß und des Photons und des Elektrons nach dem Stoß zu zeichnen. (Hinweis: Bei einem solchen Stoß ist der Bruchteil der abgegebenen Energie klein; ν' ist also fast gleich ν. Bei der Konstruktion des Vektordiagramms kann also davon ausgegangen werden, daß die Bewegungsgrößen des Photons vor und nach dem Stoß praktisch den gleichen Betrag haben. Damit läßt sich der Rückstoß des Elektrons festlegen.)
   b) Berechnen Sie die Bewegungsgröße des Photons nach dem Zusammenstoß.
   c) Berechnen Sie die kinetische Energie des Elektrons nach dem Stoß.
   d) Berechnen Sie die Energie des Photons nach dem Stoß.
   e) Unterscheidet sich ν' sehr stark von ν?

26. Das Elektron in Aufgabe 24 bewege sich mit einer Bewegungsgröße auf das Photon zu, die dem Betrag nach gleich der Bewegungsgröße des Photons ist. Das Photon werde wiederum um 180° gestreut.
   a) Wie groß ist die übertragene Energie?
   b) Wie groß ist die Änderung der Wellenlänge?

27.* Je ein in Ruhe befindliches Elektron und Positron vernichten einander. Wie groß sind Frequenz und Wellenlänge der dabei emittierten Photonen?

28. Ein ruhendes Elektron und ein Positron mit einer kinetischen Energie von 10 eV erzeugen durch Zerstrahlung zwei Photonen. Wie groß ist der Winkel zwischen den beiden Photonen, wenn a) eines sich in der Bewegungsrichtung des Positrons weiterbewegt, b) eines einen rechten Winkel mit der ursprünglichen Bewegungsrichtung des Photons bildet? Wie verhalten sich die Energien der beiden Photonen in jedem Fall zueinander?

29. Es werde qualitativ ein Graph betrachtet, in dem für Elektronen oder Positronen die Bewegungsgröße in Abhängigkeit von der Energie dargestellt ist. Auch der Graph für $p = \frac{E}{c}$ für Photonen ist eingezeichnet (siehe Aufgabe 13). Warum kann ein einzelnes Photon im leeren Raum nicht spontan ein Elektron-Positron-Paar bilden? Sind Umstände vorstellbar, unter denen es zu einer Paarbildung kommt?

30. Welche γ-Energie würde man bei der Reaktion $^1_0n + ^3_2He \rightarrow ^4_2He + \gamma$ erwarten, wenn das einfallende langsame Neutron eine vernachlässigbare kinetische Energie hätte?

31. Ein Neutron und ein Proton, die sich beide in Ruhe befinden, bilden ein Deuteron. Dabei wird ein Photon emittiert. Berechnen Sie die kinetische Rückstoßenergie des Deuterons E_k und das Verhältnis $\frac{E_k}{h\nu}$, wobei $h\nu$ die Energie des Photons ist. Vergleichen Sie das Ergebnis mit dem der Aufgabe 20.

32. Eine Möglichkeit zur Erzeugung hochenergetischer Neutronen ist der Beschuß von Tritium mit Deuteronen von etwa 5 MeV. Dabei läuft die Reaktion $^2_1D + ^3_1T \rightarrow ^4_2He + ^1_0n$ ab.
   a) An Hand eines Diagramms ist zu untersuchen, wovon die Richtungen, in die die Reaktionsprodukte emittiert werden, abhängen.
   b) In welche Richtung würden die energiereichsten Neutronen ausgesandt?

33. Eine der in Aufgabe 32 besprochenen ähnliche Reaktion läuft ab, wenn Tritium mit Protonen von hinreichender Energie beschossen wird: $^1_1H + ^3_1T \rightarrow ^3_2He + ^1_0n$. Bestätigen Sie mit Hilfe von Tabelle 2, daß die Ruheenergie der Reaktionsprodukte die der Reaktionsteilnehmer um 0,8 MeV übersteigt. Warum kann man sicher sein, daß die Reaktion nicht abläuft, wenn die einfallenden Protonen eine Energie von genau 0,8 MeV haben?

34. Die Reaktion $^2_1D + ^2_1D \rightarrow ^1_1H + ^3_1T$ setzt ein, wenn 2,4 MeV Deuteronen auf ein dünnes Deuteriumtarget treffen.
   a) Wie groß ist die Summe der kinetischen Energien der Produkte?
   b) Wodurch wird die Verteilung dieser Energie festgelegt?

35. Wir können uns vorstellen, daß die Spaltung eines $^{236}_{92}$U-Kerns in einen $^{142}_{56}$Ba- und einen $^{94}_{36}$Kr-Kern in zwei Stufen abläuft. Zunächst ordnen sich Protonen und Neutronen in zwei getrennte Gruppen um und fliegen danach auseinander. Wenn dieses Bild richtig ist, dann muß die am Ende erreichte kinetische Energie der beiden Bruchstücke der elektrostatischen potentiellen Energie unmittelbar vor dem Auseinanderfliegen gleich sein. Diese wird von dem Abstand der beiden Bruchstücke, den sie unmittelbar nach ihrer Entstehung haben, abhängen. Berechnen Sie die Größenordnung dieses Abstandes und überprüfen Sie die Antwort an Hand dessen, was in Kapitel 26 über Kernradien gesagt wurde.

36. Wird der Rückstoß berücksichtigt, so sollte der in Bild 32.14 skizzierte Emissions- und Absorptionsprozeß nicht stattfinden können. Diskutieren Sie qualitativ, durch welche Abwandlung er doch ermöglicht werden könnte.

37. Die gesamte Abstrahlung der Sonne in allen Frequenzbereichen beträgt etwa $3 \cdot 10^{26}\ \frac{\mathrm{J}}{\mathrm{s}}$.

a) Wie groß ist die Masse, die die Sonne in jeder Sekunde verliert? Wie groß ist der Massenverlust in $5 \cdot 10^9$ Jahren (dem ungefähren Alter des Sonnensystems)?

b) Wird dadurch die Erdbahn beeinflußt?

38. Berechnen Sie die relative Massenänderung eines Wasserstoffatoms, wenn es aus dem ersten angeregten Zustand in den Grundzustand übergeht.

39. Zum Schmelzen von 1 kg Eis ist eine Energie von $3{,}4 \cdot 10^5$ J nötig. Wie groß ist die relative Massenzunahme, wenn ein Eiswürfel schmilzt?

40. Zwei Stahlwürfel mit einer Masse von je 100 kg seien auf einer Balkenwaage im Gleichgewicht, wenn beide Würfel die gleiche Temperatur haben. Will man untersuchen, ob ein erwärmter Würfel die gleiche Masse hat, so wird man den einen erwärmen, den anderen aber abkühlen und beide wieder auf die Waage legen. Es sollen einige der technischen Probleme diskutiert werden, die gelöst werden müssen, bevor zu erwarten ist, daß das Experiment zutreffende Ergebnisse liefert.

41.* a) In Bild 32.17 soll sich die Quelle oberhalb des Absorbers befinden. In welcher Weise wird dann die Photonenfrequenz durch die Gravitation verschoben?

b) In welcher Richtung müßte die Quelle bewegt werden, wenn diese Verschiebung kompensiert werden soll?

42. Sämtliches in einer Abendstunde in New York verbrauchte Licht sei in einem Kasten eingeschlossen. Um wieviel wird die Masse dieses Kastens zunehmen? Schätzen Sie den Energiebetrag, der für Beleuchtungszwecke verbraucht wird.

43. Man stelle sich vor, daß entsprechend dem Experiment von *Pound* und *Rebka* eines mit Licht der Wellenlänge 600 nm in einem 100 m hohen Turm stattfinden würde. Mit welcher Geschwindigkeit müßte die Quelle verschoben werden, wenn die durch Gravitation hervorgerufene Rotverschiebung kompensiert werden soll?

44. Die durch Gravitation bewirkte Rotverschiebung wurde zuerst an Licht gemessen, das von sehr dichten Sternen, genannt „weiße Zwerge", ausgesandt wurde. Sie haben bei einem Radius, der etwa dem Erdradius entspricht, etwa die Masse der Sonne. Wie groß ist der Bruchteil der Energieverschiebung einer in einem weißen Zwerg erzeugten Linie bezogen auf die Emission im irdischen Labor?

45. In einer Natriumdampflampe, die Licht der Wellenlänge 589 nm aussendet, haben die Natriumatome eine der Temperatur 500 °C entsprechende kinetische Energie. Berechnen Sie die mittlere Geschwindigkeit der Atome, die dieser thermischen Energie entspricht. Berechnen Sie damit die Änderung der Frequenz des Lichts, wenn die Atome sich zum Beobachter hin bzw. von ihm weg bewegen. (Siehe Kapitel 30.18.)

46. Masse und Radius von Sonne(M, R) und Erde(m, r) und deren mittlerer Abstand a sind der Tabelle 2 in Kapitel 15 zu entnehmen. Wir betrachten eine einzelne, von der Sonne emittierte Spektrallinie.

a) Ist diese Linie gegenüber der Entstehung im Labor ins Blaue oder ins Rote verschoben? Der Bruchteil der Verschiebung ist zu berechnen.

b) Wenn die heißen Gase auf der Oberfläche der Sonne nicht in Ruhe sind, sondern radial nach außen strömen, so kommt das von der Mitte der Sonnenscheibe ausgehende Licht in Wirklichkeit von Atomen, die sich auf uns zu bewegen. Wie groß muß die Strömungsgeschwindigkeit v sein, damit die durch Gravitation hervorgerufene Verschiebung gerade ausgeglichen wird?

c) Kann man eine durch Bewegung des emittierenden Atoms erzeugte Rotverschiebung von der durch Gravitation erzeugten unterscheiden?

d) Kann die Dopplerverschiebung beim Licht von der Gravitationsverschiebung unterschieden werden?

47. Werden Lichtstrahlen gekrümmt, wenn sie an schweren Körpern, wie etwa der Sonne, vorbeikommen? Erläutern Sie Ihre Antwort auf der Basis dessen, was in diesem Kapitel besprochen wurde.

33. Atombau und Spektren

Überblickt man den weiten Bereich der Phänomene, die durch die Newtonsche Mechanik zusammenfassend beschrieben werden können, so ist die Bestandsaufnahme recht beeindruckend. Die Erhaltungssätze für Impuls, Energie und Drehimpuls gelten für die Bewegung der Planeten ebenso wie für die Bewegung der Moleküle eines Gases. Das $\frac{1}{r^2}$-Gesetz für die Wechselwirkung zwischen Massen oder elektrischen Ladungen bestimmt die Bahn einer Rakete zum Mond ebenso wie die eines α-Teilchens in der Nähe eines Goldkerns. Die Anwendung der Newtonschen Mechanik auf Teilchen, die sich mit Geschwindigkeiten nahe oder gleich der Lichtgeschwindigkeit bewegten, brachte zwar Schwierigkeiten mit sich, es zeigte sich aber, daß die Erhaltungssätze auch in diesem Bereich gelten; lediglich die Zusammenhänge zwischen kinetischer Energie, Impuls und Geschwindigkeit mußten modifiziert werden.

Wir wollen nun unsere Kenntnisse der Mechanik und der elektromagnetischen Wellen zusammenfassen und versuchen, sie auf einzelne Atome anzuwenden. Das heißt, wir wollen untersuchen, was bei der Anwendung der Gesetze der Mechanik und des Elektromagnetismus auf Objekte der Größenordnung 10^{-10} m geschieht. Als Objekt dient das in Kapitel 26 beschriebene Rutherfordsche Atommodell.

33.1. Die Stabilität der Atome

Nach dem Rutherfordschen Atommodell besteht das Atom aus einem kleinen, massiven, positiv geladenen Kern, der von einer bestimmten Anzahl von Elektronen umgeben ist. Dieses Modell scheint im wesentlichen richtig zu sein. Außerdem haben wir erfahren, wie man die Ladung des Kerns messen und mindestens eine obere Grenze des „Kernradius" abschätzen kann. Aus der Ladung des Kerns ergibt sich dann auch die Anzahl der Elektronen des neutralen Atoms.

Setzen wir unsere Untersuchungen fort, so wird unsere Selbstsicherheit jedoch schnell erschüttert. Eine wesentliche Schwäche des Rutherfordschen Atommodells wird sichtbar, sobald wir uns mit dem Verhalten der Elektronen befassen. Nach *Rutherfords* Vorstellung bewegen sich die Elektronen um den Atomkern wie die Planeten um die Sonne. Tatsächlich wirkt ja dauernd die Coulombkraft auf die Elektronen. Würden sie nicht dauernd um den Kern kreisen, so müßten sie sofort in den Kern hineinstürzen. Die Kreisbewegung der Elektronen ist aber eine beschleunigte Bewegung, sie müßte also mit der Aussendung von elektromagnetischen Wellen verbunden sein. Diese Wellen wiederum würden Energie abführen. So wie ein Erdsatellit, der Energie verliert, würde sich auch das Elektron auf einer spiraligen Bahn in den Kern hineinbewegen. Die Vorstellung, daß die Elektronen sich wie Planeten bewegen, hat lediglich den zeitlichen Verlauf dieses Prozesses geändert. Würde sich ein Elektron aus der Ruhelage außerhalb des Atoms auf den Kern zu bewegen, so würde es ihn nach 10^{-17} s erreichen. Bewegt sich das Elektron dagegen auf einer Spirale, wobei seine Energie abstrahlt, so erreicht es den Kern erst nach $2 \cdot 10^{-11}$ s. Diese Zeit ist immer noch zu kurz, als daß ein Atom in den uns bekannten Dimensionen stabil erscheinen könnte. Also stimmt das Rutherfordsche Atommodell nicht mit unserer Kenntnis von der Entstehung elektromagnetischer Strahlung überein.

Atome senden Licht aus, und dieses Licht muß seinen Ursprung in der beschleunigten Bewegung elektrisch geladener Teilchen innerhalb des Atoms haben. Unser Bild vom Atom läßt also noch eine Reihe wichtiger Fragen offen. Die Emission von Licht steht wohl in Übereinstimmung mit dem Rutherfordschen Modell, jedoch wird dadurch gleichzeitig das Modell zerstört, denn die Atome müßten auf die Dimensionen ihrer Kerne zusammenschrumpfen, noch bevor das von ihnen ausgesandte Licht sichtbar wird. Beim normalen Atom müßten also die Elektronen im Atomkern stecken. Das steht jedoch im direkten Widerspruch zu den Ergebnissen der Streuung von α-Teilchen und zur Größe der Atome, wie sie sich aus Stößen in Gasen und aus ihrer Anordnung in Festkörpern und Flüssigkeiten ergibt.

Je mehr wir uns mit diesen Fragen befassen, umso größer werden die Schwierigkeiten. Betrachten wir zur Vereinfachung das Wasserstoffatom, das nur aus einem einzigen Proton und einem Elektron besteht. Die Frequenz des von diesem Atom ausgesandten Lichts müßte mit der Anzahl der Bahnumläufe zusammenhängen, die das Elektron je Sekunde um den Kern herum ausführt. Jedoch hängt die Umlaufzeit mit dem Bahndurchmesser zusammen, ebenso wie bei den Planeten des Sonnensystems (Kapitel 15). Auf einer kleineren Bahn umlaufende Elektronen haben eine kürzere Periode und sollten daher Licht von höherer Frequenz als Elektronen auf größeren Bahnen aussenden.

Sendet ein Elektron Licht aus, so muß seine Energie abnehmen. Daher muß sein Bahndurchmesser kleiner werden und die Frequenz des ausgesandten Lichts anwachsen. Eine Lichtquelle enthält eine sehr große Anzahl von Atomen, und viele davon senden zur gleichen Zeit Licht aus. Sicherlich wird der Prozeß der Lichtaussendung bei den vielen Atomen unterschiedlich weit fortgeschritten sein. Die Lichtquelle müßte daher Licht von praktisch allen Frequenzen aussenden. Bringt man also Wasserstoffgas – zum Beispiel durch eine elektrische Entladung – zum Leuchten, so müßte ein kontinuierliches Spektrum ausgesandt werden. Im Gegen-

Bild 33.1. Das Licht, das von leuchtendem Wasserstoffgas ausgeht, wurde durch ein Spektroskop zerlegt. Anstelle eines kontinuierlichen Spektrums aller Wellenlängen werden nur bestimmte diskrete Wellenlängen erzeugt.

satz zu dieser Vorhersage ergibt die spektrale Zerlegung des vom Wasserstoff ausgesandten Lichts eine Anzahl von scharfen „Linien" – das heißt also, eine Anzahl diskreter Wellenlängen oder Frequenzen (Bild 33.1).

Abgesehen von dieser grundlegenden Schwierigkeit – dem Energieverlust durch Strahlung – gibt es noch einen weiteren Grund für die Annahme, daß die Newtonschen Gesetze der Mechanik niemals das Rutherfordsche Atom erklären können. Wir können uns irgendeine Ursache (zum Beispiel einen in unsere Nähe kommenden Stern) vorstellen, durch die unser eigenes Sonnensystem mehr oder weniger stark gestört wird. Entfernt sich diese Störungsquelle wieder, so wird die durch sie erzeugte Konstellation wieder stabil sein. Wir können uns beliebige andere Sonnensysteme in der Natur vorstellen, in denen die Massen, die Bahnradien und die Anzahl der Planeten von denen unseres Systems abweichen und die doch stabil sind. Sie werden gewisse, sehr starke Familienähnlichkeiten haben und werden sich doch in Kleinigkeiten unterscheiden, so daß niemals zwei Systeme ganz gleich sein werden.

Atome sind ganz anders. Ihre bemerkenswerteste Eigenschaft ist ihre Gleichartigkeit. Alle Wasserstoffatome verhalten sich gleich, alle Heliumatome sind gleich und so fort. Atome einer Sorte sind „gleicher" als sortierte Erbsen. Dennoch haben sie eine unterschiedliche Vergangenheit; unterschiedliche Zusammenstöße, Ionisationen und chemische Kombinationen liegen hinter ihnen. Sie bleiben sich aber immer gleich, zeigen immer die gleichen Spektrallinien und ergeben mit gleichen Energiebeträgen gleiche chemische Reaktionen. Das Atom mag ein Planetensystem sein, dann kommt dieses System aber in unzähligen identischen Kopien vor.

33.2. Der Franck-Hertz-Versuch; Energieniveaus der Atomhülle

In einem Planetensystem sind in Übereinstimmung mit der Newtonschen Mechanik völlig beliebige Gesamtenergien für die Bewegung möglich. Bei einem Atom kann jedoch nur eine begrenzte Anzahl von Bewegungen auftreten. Man kommt zu dieser Aussage durch das wiederholt gleichartige Verhalten und die Stabilität der Atome. Auch die Gleichartigkeit der Atome eines Elements läßt das vermuten.

Wenn nur bestimmte Bewegungsformen möglich sind, so erwarten wir, daß das atomare System, korrespondierend mit diesen Bewegungsformen, auch nur diskrete Gesamtenergien annehmen kann. Zwischen den möglichen Energien sollten Lücken sein, so daß die innere Energie eines Atoms nur dadurch geändert werden kann, daß von außen bestimmte Energiebeträge zugeführt werden.

Gibt es tatsächlich diese Lücken zwischen den Energiezuständen, die ein Atom haben kann? Es ist wichtig, diese Vorstellung direkt experimentell zu überprüfen. Man kann beispielsweise versuchen, die Energie der Atome zu ändern, indem man sie mit Elektronen beschießt. Kann ein Atom, das von einem Elektron getroffen wurde, Energie aufnehmen und diese als einen Zuwachs der inneren Energie festhalten? Wenn das zutrifft: Kann das Atom beliebige Energiebeträge aufnehmen, große oder kleine, oder müssen immer genau definierte Energiebeträge zugeführt werden? Ein solches Experiment gelang 1914 in Deutschland. *James Franck* und *Gustav Hertz* führten einen Elektronenstoßversuch durch und erhielten später den Nobelpreis dafür. Dieses Experiment und eine Reihe ähnlicher Versuche sind Schlüssel zu den Problemen der Stabilität und der Struktur der Atome. Wir werden hier ein Experiment beschreiben, das sich von dem originalen Franck-Hertz-Versuch etwas unterscheidet, aber die gleichen Informationen auf ganz ähnliche Weise liefert. Wir wählen dieses Experiment, weil es leichter zu deuten, wenn es auch experimentell schwieriger durchzuführen ist.

Wie beim Franck-Hertz-Versuch werden die Atome mit Elektronen bombardiert. Dazu benutzen wir eine Elektronenquelle, wie sie in Kapitel 23 beschrieben wurde. In der Elektronenquelle erhalten die aus einem Heizfaden herausdampfenden Elektronen kinetische Energie. Bezeichnen wir die beschleunigende Spannung mit U_a, so ergibt sich die kinetische Energie der Elektronen als Produkt aus U_a und der Elektronenladung: $E_k = eU_a$.

Nach dem Verlassen der Elektronenquelle treten die Elektronen durch ein kleines Loch in eine gasgefüllte Kammer ein. Das Vakuum der Elektronenquelle bleibt dadurch erhalten, daß während des Versuches dauernd das aus der Kammer in die Elektronenquelle übertretende Gas abgepumpt wird (Bild 33.2). Die Kammer mit dem Gas ist aus einem leitenden Material hergestellt. Sie befindet sich daher auf einem bestimmten Potential, und es existiert in der Kammer kein elektrisches Feld,

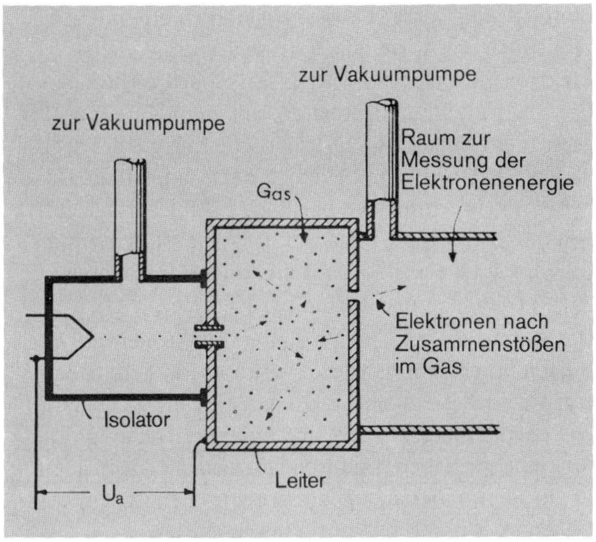

Bild 33.2. Skizze eines Experiments zur Messung der Energieänderung von Elektronen beim Zusammenstoß mit Gasatomen. Die Elektronen treten durch den Quecksilberdampf in der mittleren Kammer hindurch. Ihre Energie erhalten sie in der Elektronenquelle durch die Beschleunigungsspannung U_a. Die nach den Zusammenstößen verbleibende Energie wird in der Kammer auf der rechten Seite gemessen. Die Öffnung zu dieser Kammer ist gegenüber der Richtung des Elektronenstrahls versetzt. Damit werden in der rechten Kammer nur solche Elektronen gemessen, die durch Kollisionen abgelenkt wurden.

das die Energie der Elektronen ändern könnte. Jede Änderung der Energie der Elektronen muß sich also aus der Wechselwirkung mit den Gasatomen ergeben haben.

Um nun untersuchen zu können, was mit den Elektronen beim Zusammenstoß mit den Gasatomen geschieht, läßt man einige Elektronen wieder aus der Kammer austreten. Dazu hat die Kammer auf der gegenüberliegenden Seite ein weiteres, gegenüber dem ersten versetztes, Loch. Dadurch gelangen die Elektronen in einen weiteren, evakuierten Raum. Dort mißt man die Energie der durch das Gas hindurchgegangenen Elektronen. Dazu gibt es eine Reihe von Möglichkeiten. Zum Beispiel läßt sich der magnetische Massenspektrograph verwenden, wie er in Kapitel 30 beschrieben wurde. Da die Masse des Elektrons bekannt ist, kann aus der Krümmung der Bahn des Elektrons seine Geschwindigkeit berechnet werden. Man kann die kinetische Energie der Elektronen auch messen, indem man sie gegen eine Bremsspannung anlaufen läßt. Dabei mißt man die Grenzspannung, bei der die Elektronen den Kollektor gerade eben nicht mehr erreichen. Auch durch Flugzeitmessungen in der Nachweiskammer läßt sich die Geschwindigkeit und damit auch die kinetische Energie der Elektronen ermitteln. Die praktischen Einzelheiten dieser Messungen sind recht komplex und schwierig. Wir können damit aber schließlich die Energie der Elektronen ermitteln, nachdem sie mit Gasatomen zusammengestoßen sind.

Welche Informationen liefert nun diese Apparatur? Das soll ein spezielles Beispiel zeigen. Was geschieht, wenn sich in der Kammer Quecksilberdampf befindet? Werden die Elektronen in der Elektronenquelle nur mit wenigen Volt beschleunigt, stellt man fest, daß die Elektronen nach dem Zusammenstoß mit den Gasatomen noch fast die gleiche Energie besitzen, die sie in der Elektronenquelle erhielten. Bei diesen niedrigen Energien sind die Zusammenstöße mit den Gasatomen „elastisch". (Bei solchen Zusammenstößen wird auf die schweren Atome nur ein sehr geringer Bruchteil der kinetischen Energie der Elektronen übertragen.) Wächst jedoch die beschleunigende Spannung auf über 5 V an, so ändert sich das auffällig. Die in den Detektor eintretenden Elektronen haben nicht mehr die Energie, mit der sie die Elektronenquelle verließen. Sie haben praktisch keine kinetische Energie mehr.

Vergrößert man die Beschleunigungsspannung der Elektronenquelle weiter, so erhalten die Elektronen eine größere kinetische Energie. Man stellt fest, daß auch die kinetische Energie der am Detektor ankommenden Elektronen anwächst. Erhöht man U_a von 5 V auf 6 V, so steigt die am Detektor gemessene kinetische Energie von einem Bruchteil von 1 eV auf über 1 eV an. Sorgfältige Messungen von U_a und der kinetischen Energie der Elektronen in der Nachweiskammer zeigen, daß die Elektronen beim Zusammenstoß mit einem Atom fast exakt einen Energiebetrag von 4,9 eV verlieren. Dieser Energieverlust setzt erst ein, wenn die stoßenden Elektronen eine kinetische Energie von 4,9 eV haben. Er bleibt konstant, auch wenn die Energie der Elektronen um einige Elektronenvolt erhöht wird. Das Quecksilberatom kann keine Energiebeträge kleiner als 4,9 eV aufnehmen. Dieser Betrag bleibt konstant, auch wenn die Energie der Elektronen um einen gewissen Betrag erhöht wird.

Diese Energie von 4,9 eV ist aber nicht der einzige Energiebetrag, den ein Atom aufnehmen kann. Wird die kinetische Energie der Elektronen auf 6,7 eV oder mehr erhöht, so können die Elektronen entweder 6,7 eV oder 4,9 eV verlieren. Wächst die kinetische Energie der Elektronen weiter an, so findet man, daß es auch noch größere Energiebeträge gibt, die den Elektronen entzogen werden können. Stets handelt es sich um ganz bestimmte Energiebeträge, bis oberhalb eines bestimmten Betrages alle möglichen Energien abgegeben werden. Das ist die wesentliche Eigenschaft, nach der *Franck* und *Hertz* gesucht haben: Atome können ihre innere Energie ändern; diese

Änderung kann aber nur in definierten Schritten erfolgen.

Den kleinsten Energiebetrag, der von einem Atom aufgenommen werden kann, nennen wir die erste *Anregungsenergie.* Beim Quecksilber beträgt diese Anregungsenergie 4,9 eV. Helium hat mit 19,8 eV die höchste, Cäsium mit nur 1,4 eV die niedrigste Anregungsenergie. Die Anregungsenergien sind für jedes Element charakteristisch.

Das von uns beschriebene Experiment ist eine Idealisierung. Die besprochenen Ergebnisse entstammen einer großen Anzahl gleichartiger Untersuchungen, deren Ergebnisse alle übereinstimmten. Der Franck-Hertz-Versuch und seine späteren Abwandlungen haben damit gezeigt, daß Atome nur bestimmte Energiebeträge aufnehmen können. Die innere Energie eines Atoms kann nicht kontinuierlich, sondern nur in Stufen geändert werden. Die aufeinanderfolgenden Stufen von möglichen inneren Energien eines Atoms nennt man seine *Energieniveaus.* Sie werden oft wie in Bild 33.3 dargestellt.

In dem Grundzustand befindet sich das Atom normalerweise, bevor ihm Energie zugeführt wurde. Darüber liegen die angeregten Zustände, die jeweils durch Lücken voneinander getrennt sind. Diese angeregten Zustände werden gebildet, wenn durch die stoßenden Elektronen

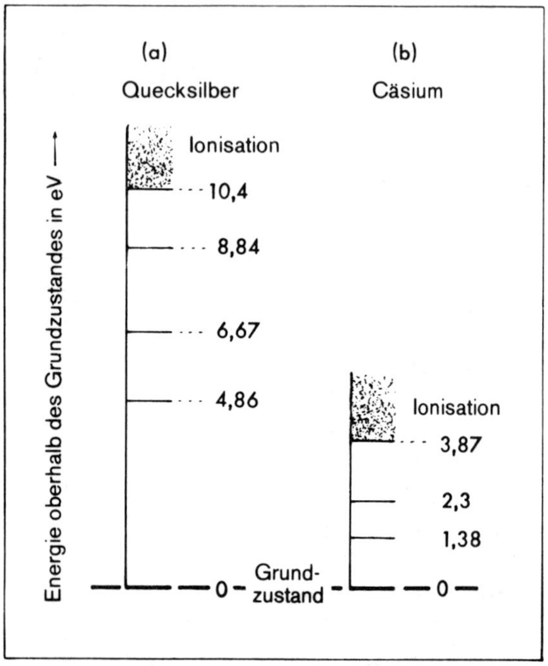

Bild 33.3. a) Einige Energieniveaus des Quecksilberatoms. Hier ist der Grundzustand als Nullpunkt der Energieskala gewählt. Einige Energiebeträge, die das Atom aufnehmen kann, sind eingetragen. b) Ein gleichartiges Diagramm für Cäsium

hinreichende Energiebeträge zugeführt werden. Wird schließlich ein Atom durch ein sehr energiereiches Elektron getroffen, so wird es tatsächlich zerbrochen. Ein Elektron wird abgespalten, und es bleibt ein positiv geladenes Ion zurück. Die kinetische Energie des abgelösten Elektrons kann beliebige Werte annehmen. Daher kann ein Atom auch beliebige Energiebeträge aufnehmen, wenn diese oberhalb der *Ionisierungsenergie* liegen. Für Quecksilber liegt die Ionisierungsenergie, wie in Bild 33.3 angedeutet, bei 10,4 eV.

Die Atome vieler Elemente sind in Elektronenstoßversuchen untersucht worden. Diese Experimente haben ergeben, daß die Atome eines jeden Elements charakteristische Energieniveaus und eine spezifische Ionisierungsenergie haben. Dadurch läßt sich ein Atom ebenso gut identifizieren, wie durch seine chemischen Reaktionen oder durch sein optisches Spektrum.

33.3. Untersuchung der Atomspektren: Anregung und Emission

Völlig andersartige Messungen bestätigen die Existenz der Energieniveaus. Während das Gas mit Elektronen bombardiert wird, beobachten wir eine Lichtaussendung des Gases. Bei geringen Elektronenenergien wird fast kein Licht ausgesandt. Wird die Energie aber größer als die erste Anregungsenergie, so tritt plötzlich ein Leuchten auf. Untersucht man das Licht mit einem Spektroskop, so findet man eine scharfe Linie von definierter Wellenlänge. Die Photonen haben also eine bestimmte Energie.

Quecksilber sendet zum Beispiel ultraviolettes Licht mit einer Wellenlänge von 253,7 nm aus, sobald die Energie der Elektronen 4,9 eV übersteigt. Diese sehr intensive Spektrallinie ist eine von denen, die für das Quecksilberspektrum charakteristisch sind. Ein nur aus einer Linie bestehendes Spektrum des Quecksilbers ist allerdings sehr ungewöhnlich. Im Licht eines mit Quecksilberdampf gefüllten Gasentladungsrohres finden sich nämlich normalerweise eine große Anzahl von Spektrallinien von definierter Wellenlänge, die für das Quecksilber typisch sind. Wir haben also nur einen Teil des normalen Quecksilberspektrums erzeugt.

Die im vorherigen Abschnitt beschriebenen Experimente haben gezeigt, daß es möglich ist, den Quecksilberatomen im Gas Energiepakete von 4,9 eV zuzuführen. Nur wenn diese Energiequanten zugeführt werden, beginnt das Quecksilber zu leuchten. Offenbar wird die durch die kinetische Energie der stoßenden Elektronen zugeführte Anregungsenergie in Form von Photonen von den einzelnen Atomen wieder abgestrahlt, wenn sie in den Grundzustand zurückkehren. (Wir wollen uns daran erinnern, daß der Grundzustand derjenige mit geringster Energie ist. In diesem Zustand befinden sich die Quecksilberatome normalerweise, bevor ihnen Energiequanten von 4,9 eV durch Elektronenstoß übertragen wurden.) Wird die gesamte von einem Atom aufgenommene Energie auch wieder auf einmal abgegeben, so müßte das Photon eine Energie von 4,9 eV haben. Dem entspräche dann mit E = hν eine Wellenlänge

$$\lambda = \frac{1240 \text{ eV nm}}{E} = \frac{1240 \text{ eV nm}}{4{,}9 \text{ eV}} = 253 \text{ nm} .$$

Wäre ein Quecksilberatom in der Lage, seine zugeführte Energie durch mehr als ein Photon abzugeben, so müßte Licht von größerer Wellenlänge sichtbar werden. Die Untersuchungen mit dem Spektroskop zeigen also, daß Atome nicht nur bestimmte Energiebeträge von einem Elektron übernehmen können: Sie können auch nur genau diese Energiebeträge beim Übergang in den Grundzustand abstrahlen. Sowohl bei Energieaufnahme durch Elektronenstoß, als auch bei der Energieabgabe durch Licht wechselt die Energie des Atoms in einem Schritt zwischen zwei Energieniveaus, die einen Abstand von etwas weniger als 4,9 eV haben (Bild 33.4). Das ist eine ausgezeichnete Bestätigung der Vorstellung, daß sich die innere Energie der Atome nur um definierte Beträge ändern kann.

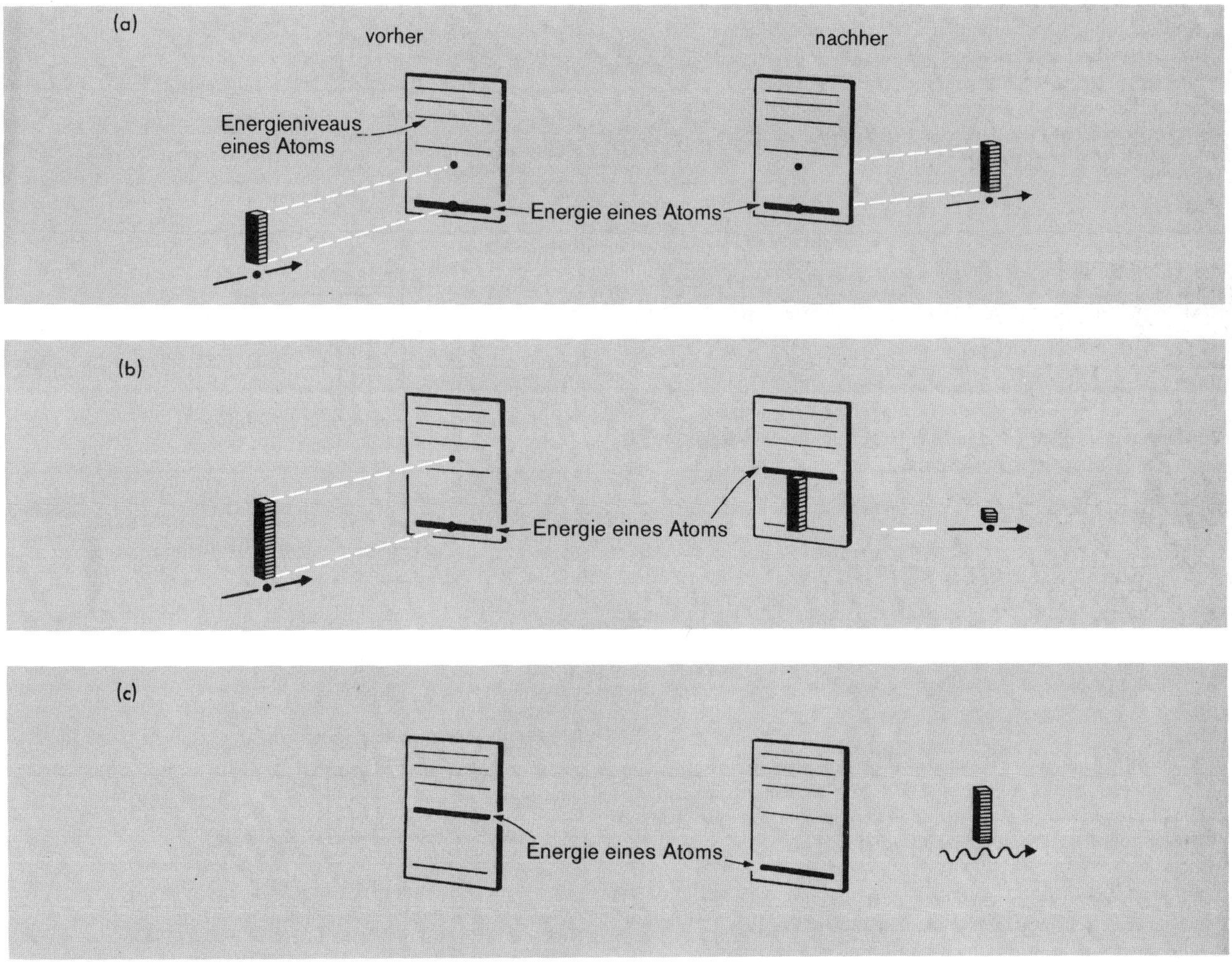

Bild 33.4. Energieänderungen beim Zusammenstoß zwischen Elektron und Atom.

a) Elastischer Zusammenstoß zwischen Elektron und Atom. Der Pfeil gibt die Bewegungsrichtung des einfallenden Elektrons an. Die „Säule" über dem Elektron stellt seine kinetische Energie dar. Atom und Energieniveaus sind durch die rechteckige Tafel dargestellt. In diesem Fall hat das Elektron nicht genug Energie um das Atom in das nächsthöhere Energieniveau zu bringen. Es kommt zu einem elastischen Zusammenstoß, wobei das Elektron seine kinetische Energie behält.

b) Hier ist die kinetische Energie des Elektrons größer. Das Atom nimmt die zum Erreichen des zweiten Energieniveaus notwendige Energie auf, das Elektron behält die übrige Energie. Der Zusammenstoß ist unelastisch.

c) Das Atom befindet sich in seinem zweiten Energieniveau, einem angeregten Zustand. Beim Zurückfallen in den Grundzustand sendet es ein Photon aus, dessen Energie gleich der Differenz der beiden Energieniveaus ist.

Bild 33.5. Analyse des Quecksilberspektrums. Die Aufnahmen zeigen die jeweils bei einer bestimmten Elektronenenergie erscheinenden Spektrallinien, wenn Quecksilberdampf mit Elektronen beschossen wird. Diese Energie ist rechts von den Bildern angegeben. (Photographien aus: *John A. Eldridge*, „Das Spektrum des nicht ionisierten Quecksilbers", Phys. Rev., Vol. 23, Serie 2, 1924.)

7,0 eV

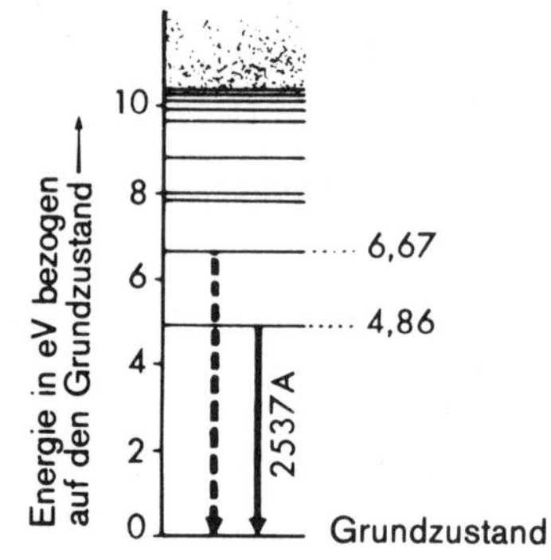

a) Liegt die Energie der stoßenden Elektronen oberhalb 4,9 eV, so wird die starke ultraviolette Linie mit der Wellenlänge 253,7 nm ausgesandt. Das Diagramm auf der rechten Seite zeigt, daß diese der Energieänderung beim Übergang des Atoms aus dem ersten angeregten Zustand in den Grundzustand entspricht. Bei einer Energie von 7 eV findet auch ein Energieübergang von 6,67 eV in den Grundzustand statt. Die dabei entstehende Linie von 184,9 nm hat aber eine so kurze Wellenlänge, daß sie für die Photoplatte unsichtbar bleibt. Im Diagramm ist dieser Übergang durch den gestrichelten Pfeil dargestellt. In den folgenden Diagrammen ist er weggelassen.

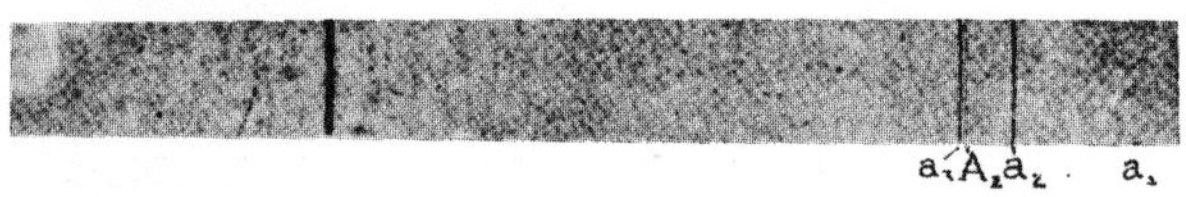

8,4 eV

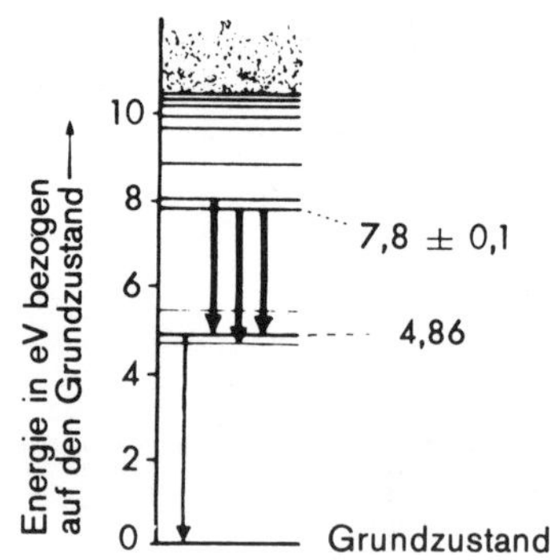

b) Bei 8,4 eV werden in dem photographierten Bereich drei neue Linien von größerer Wellenlänge sichtbar. Die Photonenenergie entspricht den Übergängen aus den Niveaus um 7,8 eV in in das 4,9 eV-Niveau.

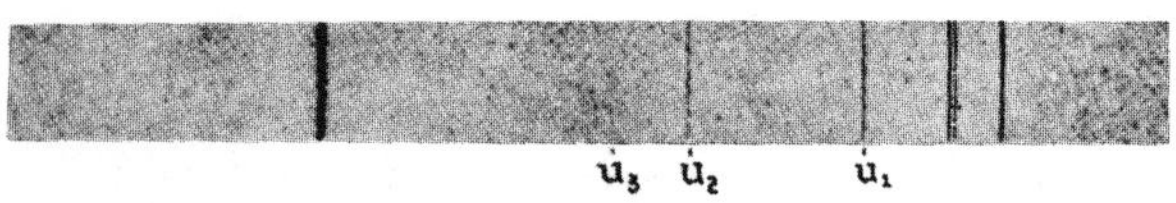

8,9 eV

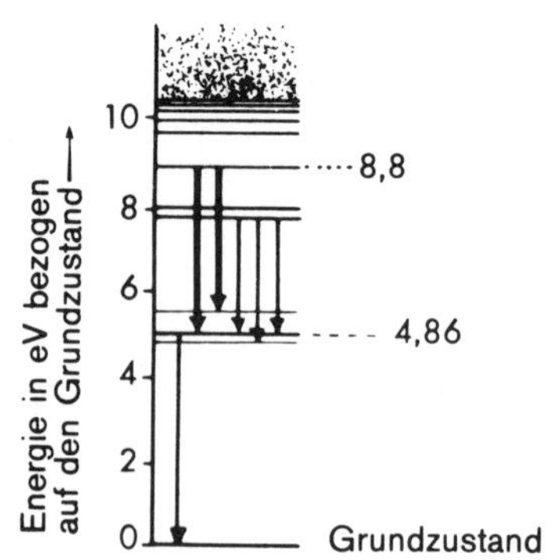

c) Wächst die Energie der stoßenden Elektronen auf 8,9 eV an, so treten zwei weitere Linien mittlerer Wellenlänge auf. Die Photonenenergie entspricht den Übergängen von den Niveaus um 8,8 eV in die Niveaus um 4,9 eV.

d) Wird die Beschleunigungsspannung der Elektronen weiter erhöht, so erscheinen mehr und mehr Linien. Bei 10,4 eV wird das Atom ionisiert und das vollständige Spektrum wird sichtbar. Dann helfen die oben angegebenen Gruppierungen, die Linien den verschiedenen Niveaus zuzuordnen.

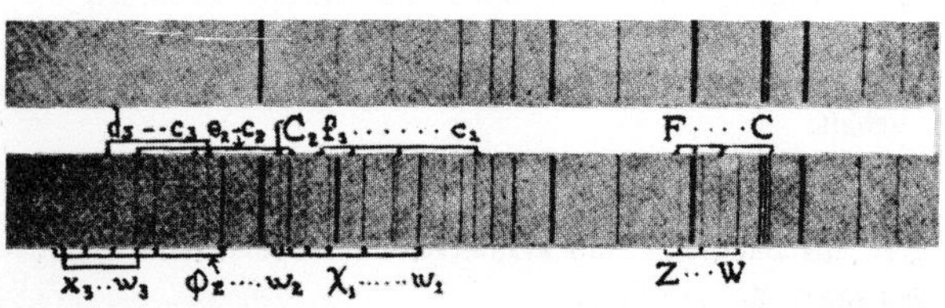

9,9 eV

10,4 eV

Wir setzen nun die Untersuchungen mit dem Spektroskop fort, wobei wir die Energie der stoßenden Elektronen weiter anwachsen lassen und gleichzeitig das vom Quecksilber ausgesandte Licht untersuchen. Dabei erscheinen auch die übrigen schon bekannten Linien des Quecksilberspektrums. Sie erscheinen jeweils in Gruppen, wenn die Energie der stoßenden Elektronen jeweils zur Anregung immer höherer Energieniveaus ausreicht. Wir können damit das Quecksilberspektrum zerlegen und seine Entstehung untersuchen.

Vor dem Zusammenstoß mit einem Elektron befindet sich ein Atom im Zustand niedrigster innerer Energie, dem Grundzustand. Wird es von einem Elektron getroffen, dessen Energie geringer ist als die Differenz der Energien zwischen dem Grundzustand und dem ersten angeregten Zustand, so geschieht nichts. Reicht die Energie dagegen nur aus, um den ersten angeregten Zustand zu erreichen, so wird dem Elektron gerade diese erste Anregungsenergie entnommen. Das Atom kann dann ein Photon abstrahlen, das dazu beitragen wird, daß die 253,7-nm-Linie sichtbar wird. Photonen vieler Atome tragen dazu bei, und jedes Photon hat die gleiche Energie, weil jedes Atom aus dem ersten angeregten Zustand in den Grundzustand zurückfällt. Liefern die Elektronen immer höhere Energien, so sind einzelne Atome in der Lage, höhere Energieniveaus zu erreichen. Fällt ein solches Atom in den Grundzustand zurück, so kann es entweder ein Photon höherer Energie oder auch mehrere Photonen abgeben, deren Energien den Differenzen zwischen den verschiedenen Energieniveaus im Atom entsprechen.

Für die Aussendung der Photonen gilt wie für jeden anderen uns bekannten Prozeß der Energieerhaltungssatz. Die Energie des ausgesandten Photons ist gleich der Differenz der inneren Energien, die das Atom zu Anfang hatte, und dem Energieniveau, in dem sich das Atom nach der Aussendung des Photons befindet:

$$E_{ph} = E_A - E_E \ .$$

Jede Spektrallinie entsteht durch die Strahlung vieler Atome, die alle unabhängig voneinander aus einem bestimmten Zustand der inneren Energie in einen anderen übergehen. Bild 33.5 zeigt die Analyse des Quecksilberspektrums und den Zusammenhang mit den Energieniveaus des Quecksilberatoms. Die vertikalen Linien in den Energieniveauschemata geben die Energie der emittierten Photonen an. Immer, wenn ein Photon entsteht, muß ein Atom von einem höheren Energieniveau in ein niedrigeres Energieniveau übergegangen sein; das Photon nimmt deren Energiedifferenz auf.

Zu beachten ist, daß die Linien größerer Wellenlänge Übergängen zwischen zwei Energieniveaus entsprechen, die beide oberhalb des Grundzustandes liegen. Deren Energiedifferenzen sind kleiner, daher haben die Photonen niedrigere Frequenzen und größere Wellenlängen. Damit es zur Entstehung dieser Linien kommen kann, müssen die Quecksilberatome aber zunächst auf höhere Energieniveaus gebracht werden. Dazu benötigt man mehr als 5 eV. So wird erklärlich, was recht ungewöhnlich erschien: Die Linien größerer Wellenlänge im Spektrum des Quecksilbers werden von Photonen gebildet, deren Energie kleiner als 5 eV ist. Zu ihrer Entstehung werden trotzdem aber höhere Energien benötigt als zur Erzeugung der 253,7-nm-Linie. Der Grund dafür ist klar: Spektrallinien werden durch Übergänge der Atome zwischen zwei Energieniveaus gebildet. Keiner der zur Erzeugung der langwelligen Linien notwendigen Ausgangszustände ist erreichbar, wenn dem Atom nicht vorher wesentlich größere Energien als 5 eV zugeführt werden.

In unserer Diskussion wurde bisher immer vorausgesetzt, daß sich die Quecksilberatome normalerweise in ihrem Grundzustand befinden. Das gilt nur bei Zimmertempeatur. Wird die Temperatur erhöht, so werden die Zusammenstöße zwischen den Quecksilberatomen heftiger. Bei hinreichend hoher Temperatur können diese Zusammenstöße unelastisch werden, wie wir es schon bei den Elektronenstößen gesehen haben. Eines oder beide Atome können dabei in einen angeregten Zustand übergehen. Befinden sich genügend Atome in angeregten Zuständen, so beginnt das Gas zu leuchten. Das Licht wird ausgesendet, wenn die Atome von einem höheren Energieniveau in den Grundzustand zurückfallen. Das kann in mehreren Schritten erfolgen, wobei jeweils bestimmte Energieniveaus als Zwischenstufen dienen und entsprechende Photonen ausgesandt werden, oder das Atom geht direkt in seinen Grundzustand über. Dabei entsteht dann ein Photon von höherer Energie.

Hohe Temperatur, Elektronenstoß und jeder andere Vorgang, durch den die Emission von Licht angeregt wird, bedeuten zunächst, daß Atome in angeregte Zustände gebracht werden. Die Atome senden dann Photonen aus, deren Energien den Differenzen der Energieniveaus entsprechen:

$$E_{ph} = E_A - E_E \ .$$

Diese Photonen bauen das Spektrum des Atoms auf. Atome einer bestimmten Sorte können nur Linien mit charakteristischen Wellenlängen

$$\lambda = \frac{hc}{E_{ph}}$$

aussenden, die durch die Energiedifferenzen der Energieniveaus bestimmt sind.

Bild 33.6. Der kurzwellige Bereich im Absorptionsspektrum des Natriums, da es die Reproduktion eines photographischen Negatives ist, erscheinen die absorbierten Wellenlängen als helle Streifen auf einem schwarzen Untergrund. (Aus: *H. Kuhn*, „Über Spektren von unecht gebundenen Molekülen (Polarisationsmolekülen) K_2, Na_2, Cs_2 und Verbreiterung von Absorptionslinien", Zeitschrift für Physik, Bd. 76, L932.)

Werden Atome auf unterschiedliche Art angeregt, so können auch unterschiedliche Bruchteile der Zahl der vorhandenen Atome in die einzelnen angeregten Zustände gebracht werden. Im nächsten Abschnitt werden wir sehen, daß Photonen einer bestimmten Wellenlänge die Atome auf einen bestimmten Zustand höherer Energie bringen können. Nur wenige andere Energieniveaus können erreicht werden, wenn das Atom durch Strahlung in den Grundzustand zurückfällt. Der sorgfältig justierte Strahl der 5-eV-Elektronen erregt nur den ersten angeregten Zustand des Quecksilbers. Hohe Temperaturen wirken anders. Die Zusammenstöße der Atome in ihrer Zufallsbewegung bringt einige von ihnen auf sehr hohe Energieniveaus, die niedrigeren Niveaus sind stärker besetzt. Die Helligkeit der Linien kann daher variieren, aber eine bestimmte Spektrallinie eines bestimmten Atoms hat, wann immer sie auftritt, stets die gleiche Wellenlänge.

33.4. Absorptionsspektren

Emissionsspektren – die hellen Linien, die in den Spektren angeregter Atome sichtbar sind, – sind nicht die einzigen Spektren, die die Energieniveaus der inneren Energie der Atome sichtbar werden lassen. Gleichartige Informationen erhält man, wenn man weißes Licht durch ein Gas hindurchtreten läßt und es dann spektroskopisch untersucht. Weißes Licht ist eine Mischung aller Frequenzen, es enthält Photonen aller Energien. Die meisten Photonen treten ungehindert durch das Gas hindurch und bilden auf einer photographischen Platte das Spektrum. Sie werden nicht absorbiert, denn die Energie eines Photons wird von einem Atom nur aufgenommen, wenn dadurch die innere Energie des Atoms geändert werden kann. Einige Photonen werden aber doch von den Atomen des Gases aufgenommen. Man erkennt das an schmalen Lücken im Spektrum des durch das Gas hindurchtretenden Lichts. Jedes absorbierte Photon bewirkt den Übergang eines Atoms in ein anderes Energieniveau. Die dunklen Linien im Spektrum lassen also ebenfalls die inneren Energieniveaus der Atome erkennen (Bild 33.6).

Der Vorgang läßt sich in gleicher Weise erklären. Auch hier gilt der Energieerhaltungssatz, nur läuft der ganze Prozeß anders herum ab (Bild 33.7). Das Atom befindet sich zunächst in dem energetisch niedrigeren Zustand; der Endzustand ist energetisch höher, denn zu der ursprünglichen Energie des Atoms ist noch die Energie des Photons hinzugekommen:

$$E_E = E_A + E_{ph} \ .$$

So wird verständlich, warum Quecksilberdampf bei Zimmertemperatur für sichtbares Licht durchlässig ist. Kein Photon im sichtbaren Bereich des Lichts hat eine so große Energie, daß ein Quecksilberatom aus dem Grundzustand in den ersten angeregten Zustand überführt werden kann. Die dazu notwendigen Photonen sind die des ultravioletten Lichts der Wellenlänge 253,7 nm. Wie zu erwarten ist, wird Licht dieser Wellenlänge tatsächlich sehr stark absorbiert. Die gleiche Argumentation läßt sich bei den übrigen farblosen Gasen anwenden – bei Sauerstoff, Stickstoff, Helium und allen übrigen. Sie absorbieren Licht nur im Ultravioletten, und dort findet sich eine ganze Reihe von Absorptionslinien.

Ist die Frequenz des Lichts hinreichend hoch, im tiefen Ultraviolett oder noch darüber hinaus, so kann durch ein Photon ein Elektron aus dem Atomverband ausgelöst werden. Das Atom ist ionisiert; die überschüssige Energie hat das Elektron als kinetische Energie mitbekommen. Das ist der *photoelektrische Effekt*. Der Energiebetrag, der dem Elektron mitgegeben werden kann, ist nicht begrenzt. So gibt es für die Frequenz des Elektronen auslösenden Lichts keine obere Grenze; sie muß nur über einem unteren Grenzwert liegen. Die beim Photoeffekt beobachtete Grenzfrequenz ist gerade die Mindestfrequenz, bei der es noch zur Ablösung eines Elektrons von einem Atom kommen kann. Die bei Untersuchung der Spektren gefundenen Ergebnisse stimmen also in dieser Hinsicht mit den Ergebnissen des Photoeffekts überein.

Jedes Licht, jede elektromagnetische Strahlung kann Atome in einen angeregten Zustand überführen; es kann aber auch von Atomen beim Übergang zwischen zwei Energieniveaus abgestrahlt werden. Wir wollen jetzt ein Beispiel weit außerhalb des Bereichs des sichtbaren Lichts betrachten. Wir sind es gewohnt, bei Radiowellen mehr an ihre Wechselwirkung mit Antennen, weniger an ihre Wechselwirkung mit Atomen zu denken. Heute ist die Untersuchung der Atomspektren bei Radio- und Mikrowellenfrequenzen eine moderne und wirkungsvolle Methode der Physiker und Chemiker. Da Radiowellen große Wellenlängen haben, tragen ihre Photonen nur geringe Energien. Sie

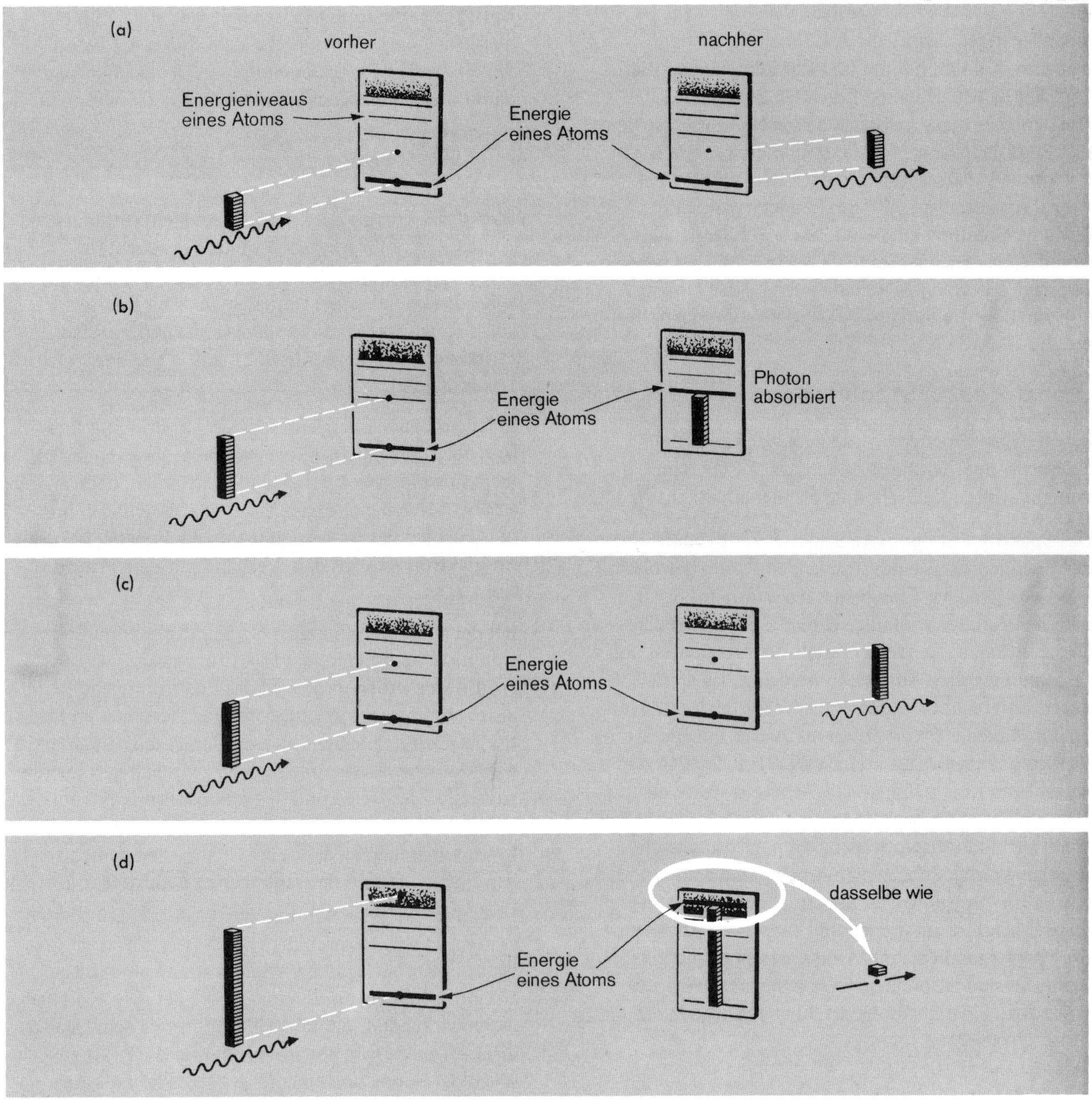

Bild 33.7. Energieänderungen, wenn Photonen mit unterschiedlicher Energie auf Atome treffen. Der „Balken" oberhalb des Photons ist ein Maß für seine Energie.

a) Das Atom ist im Grundzustand. Die Energie des Photons reicht nicht aus, um das Atom in den ersten angeregten Zustand zu bringen. Das Photon tritt einfach durch das Atom hindurch oder wird elastisch gestreut.
b) Das Photon hat genau die Energie, um das Atom in den ersten angeregten Zustand zu bringen. Das Atom absorbiert das Photon und nimmt dabei seine gesamte Energie auf.
c) Die Energie des Photons ist größer als die, die für das Erreichen des ersten angeregten Zustandes gebraucht wird. Sie reicht aber nicht aus, um das Atom in einen der höheren angeregten Zustände zu bringen. Auch dieses Photon muß elastisch gestreut werden. Denn daß das Photon absorbiert wird und das Atom sich gleichzeitig in dem angeregten Zustand befindet, ist nach dem Energieerhaltungssatz unmöglich. Die einzige Alternative ist die Reemission des Photons.
d) Hier reicht die Energie des Photons aus, das Atom zu ionisieren. Es bringt das Atom in einen Bereich, der mit positiven Energieniveaus gefüllt ist. Das ist eine andere Sprechweise dafür, daß das Atom ionisiert wird und das Elektron die oberhalb der Ionisierungsenergie liegende Energie als kinetische Energie mitnimmt. (Zu beachten ist, daß ein sich in einem angeregten Zustand befindliches Atom bereits durch ein niederenergetischeres Photon ionisiert werden kann, das von einem Atom im Grundzustand einfach elastisch gestreut würde.)

entstehen also aus Energieniveaus, die sehr nahe beieinander liegen. Sämtliche Alkalimetalle, Lithium, Natrium, Kalium, Cäsium und Rubidium haben Paare von sehr nahe beieinanderliegenden Energieniveaus. Die beim Übergang zwischen diesen Niveaus entstehenden Photonen haben Frequenzen in dem von den Rundfunkwellen eingenommenen Bereich des Spektrums. Insbesondere wird der Grundzustand des Cäsiums eigentlich durch ein Paar von Energieniveaus gebildet, die einen Abstand von $4{,}14 \cdot 10^{-5}$ eV haben. Die beim Übergang zwischen diesen beiden Niveaus entstehende Strahlung sollte daher eine Frequenz von genau

$$\nu = 9{,}192\,631\,77 \cdot 10^9 \text{ Hz}$$

haben. Diese Frequenz wird heute als Standard für Frequenz- und Zeitmessung benutzt. Direkt damit arbeitende Uhren sind schon im Handel erhältlich.

Das Spektrum ist der beste Schlüssel zur Erschließung der Energieniveaus eines strahlenden Atoms geworden. Die Festlegung der Energieniveaus erfordert aber trotzdem noch großen Einfallsreichtum. Sind die Wellenlängen bekannt, so müssen sie auf die Frequenzen umgerechnet werden. Aus diesen wiederum lassen sich durch Kombination die Energieniveaus festlegen. Jede Spektrallinie liefert die Differenz zweier Energieniveaus. Wenige Energieniveaus können schon zu einer großen Anzahl von Linien führen. Die Arbeit ist daher nicht ganz einfach. Zur Ermittlung der Energieniveaus helfen dabei auch die Absorptionsspektren ebenso wie die Anregung durch Photonenabsorption und andere Verfahren zur Anregung. Der Spektroskopiker faßt alle diese Ergebnisse zusammen und entwickelt daraus ein Energieniveauschema des Atoms, das er gerade untersucht. So sind für praktisch alle Atomarten eine sehr große Anzahl von Niveaus der inneren Energie sehr genau festgelegt worden.

33.5. Energieniveaus des Wasserstoffatoms

Die Energieniveaus des Wasserstoffatoms und einige der sich daraus ergebenden Spektrallinien sind in Bild 33.8 dargestellt. Sie sind das Ergebnis der Arbeit von einer oder zwei Spektroskopikergenerationen; gezeigt wird die Struktur der Niveaus des einfachsten Atoms.

Bemerkenswert ist, daß diese Energieniveaus, die Ursache einer großen Anzahl von Spektrallinien sind, alle durch eine recht einfache Formel dargestellt werden können:

$$E'_n = E_I - \frac{E_I}{n^2}.$$

E_I ist dabei die Ionisationsenergie von etwa 13,6 eV, n ist eine beliebige natürliche Zahl. Für n = 1 liefert diese Formel $E'_1 = 0$, der Nullpunkt der Energie liegt damit im Grundzustand. Für n = 2 erhalten wir

$$E'_2 = 13{,}6 \text{ eV} - \frac{13{,}6 \text{ eV}}{2^2} = 10{,}2 \text{ eV} .$$

Das ist die Energie des ersten angeregten Zustandes. Andere Werte für n ergeben weitere beobachtete Energieniveaus. Viele Energieniveaus sind so an den vorhergesagten Stellen gefunden worden. Die Formel läßt sich wunderbar anwenden, sie stimmt mit den experimentellen Ergebnissen bis auf $\frac{1}{10000}$ oder noch besser überein.

In jedem dieser Energieniveaus sind Proton und Elektron aber noch aneinander gekoppelt. Sie können sich nicht unendlich weit voneinander entfernen. Bei größeren n nähern sich die Energieniveaus allerdings der Ionisationsenergie. Für $n \to \infty$ ergibt sich die Energie, bei der ein Elektron sich aus dem Verband mit dem Proton lösen kann.

Bei noch höheren Energien bleiben Proton und Elektron nicht verbunden, das Elektron bewegt sich vom Proton weg. Auch wenn sich das Elektron unendlich weit vom Proton entfernt, wird ein Überschuß an kinetischer Energie bleiben. Im Energieniveau-Diagramm wird der wesentliche Unterschied zwischen den Energiezuständen des freien und des gebundenen Elektrons sichtbar. Es gibt beliebige freie Zustände oberhalb der Ionisierungsenergie, aber Lücken zwischen den einzelnen Energieniveaus des gebundenen Elektrons.

In Kapitel 26 sahen wir, daß das Atom einem Planetensystem gleicht. Insbesondere das Wasserstoffatom besteht im Rutherfordschen Modell aus einem Proton als Sonne und einem Elektron als Planet. Die zwischen ihnen wirkende Coulombkraft nimmt mit dem Quadrat ihres Abstandes ab, ebenso wie das für die Kraft zwischen der Sonne und einem Planeten oder zwischen der Erde und einem Satellit gilt. In Abschnitt 18.5 haben wir Bindung und Flucht von Satelliten in solchen Systemen diskutiert. Wir fanden es sinnvoll, den Nullpunkt der Energie dort anzusetzen, wo Sonne und Erde, Erde und Satellit oder Proton und Elektron unendlich weit voneinander entfernt in Ruhe waren. Diese Energie bildet die Grenze zwischen gebundenen und freien Zuständen. Beim Atom ist es die Ionisierungsenergie.

Setzen wir den Nullpunkt der Energieskala bei 13,6 eV fest, so wird die Formel für die Energieniveaus des Wasserstoffatoms sogar noch einfacher:

$$E_n = E'_n - E_I = -\frac{E_I}{n^2}.$$

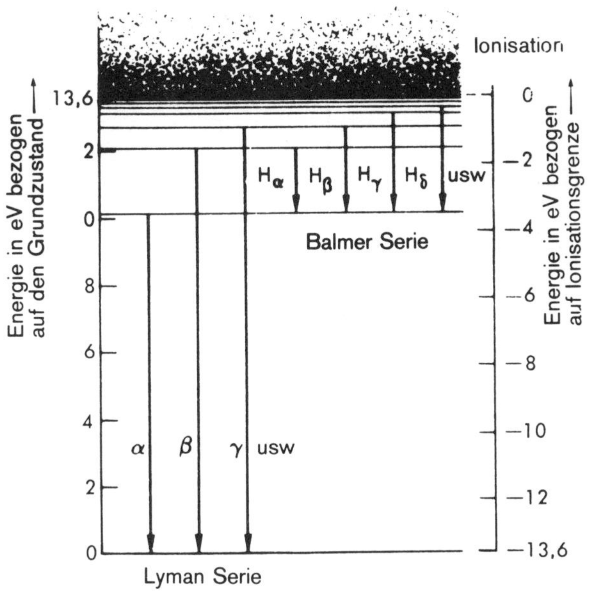

Bild 33.8a. Das Energieniveauschema des Wasserstoffs, des einfachsten Atoms. Die Pfeile zeigen die Energieänderungen für zwei Serien von Spektrallinien. Die mit H_α, H_β, H_γ usw. bezeichneten Pfeile kennzeichnen die Balmerserie. Die Linien der im Ultravioletten liegenden Lymanserie sind ebenfalls eingetragen. Das Diagramm ist stark vereinfacht, es fehlt die „Feinstruktur".

Bild 33.8b. Eine Aufnahme der Balmerserie von n = 6 bis zu n = 20 oder höher. Ihre Lagen stimmen mit den berechneten Werten bis auf $\frac{1}{10\,000}$ oder besser überein. (Aus: *G. Hertzberg*, „Über die Spektren des Wasserstoffs", Annalen der Physik, Bd. 84, 1927.)

Jetzt ergibt sich $E_1 = -13{,}6$ eV; der Grundzustand findet sich also 13,6 eV unter der Ionisationsgrenze. Das Atom wird durch eine Energie von 13,6 eV zusammengehalten. Die Gleichung

$$E_2 = \frac{-13{,}6\ \text{eV}}{2^2} = -3{,}4\ \text{eV}$$

sagt aus, daß der 1. angeregte Zustand 3,4 eV unter der Ionisationsgrenze liegt, und so weiter. Auf der rechten Seite in Bild 33.8a ist diese neue Energieskala mit angegeben. Die Rechungen können mit den auf der Skala angegebenen Werten verglichen werden.

Aufgaben:

1.* Wie ändert sich aufgrund des Rutherfordschen Atommodells die Frequenz des von einem Wasserstoffatom ausgesandten Lichts, wenn der Bahnradius halbiert wird?

2.* Ein Elektron mit einer kinetischen Energie von 4,2 eV kollidiert mit einem Quecksilberatom. Wie groß ist die kinetische Energie des Elektrons nach dem Zusammenstoß?

3. Bild 33.9 zeigt eine schematische Skizze eines Rohres, in dem bei K emittierte Elektronen entweder durch die Spannung U_1 oder auch durch U_2 beschleunigt werden können. Das Rohr enthalte etwas Quecksilberdampf und werde in einem Franck-Hertz-Versuch verwendet.
   a) Es sei $U_1 = 0$ V, $U_2 = 5$ V. Das Feld zwischen G_1 und G_2 sei homogen. In welchem Bereich zwischen G_1 und G_2 können die Elektronen 4,9 eV in einem unelastischen Zusammenstoß abgeben?
   b) Es sei $U_1 = 0$ V, $U_2 = 10{,}0$ V. In welchem Bereich zwischen G_1 und G_2 können die Elektronen 4,9 eV durch unelastischen Stoß abgeben? Wo 6,7 eV?
   c) Es sei $U_1 = 10$ V, $U_2 = 0$ V. Wo können die Elektronen 4,9 eV bzw. 6,7 eV abgeben? Welche Elektronenenergie sollten rechts von G_2 meßbar sein?
   d) Der Übergang von einer Energie von 6,7 eV wird zwar unter c) beobachtet, nicht aber unter b). Erklären Sie das unter Verwendung ihrer Antworten zu b) und c).

4. a) Welche Bedeutung hat die Konstante E_a, die in der Gleichung des photoelektrischen Effektes in Abschnitt 31.3 auftritt?
   b) Wie hängen bei den vier in Bild 31.7 angegebenen Metallen die E_a-Werte mit den Ionisierungsenergien zusammen? (Ionisierungsenergien für Li, Mg und Cu sind 5,36 eV, 7,61 eV und 7,68 eV.)
   c) Wovon scheint die Ionisierungsarbeit abzuhängen?

5. Bei dem schematisch in Bild 33.2 dargestellten Experiment von *Franck* und *Hertz* werden Quecksilberatome mit Elektronen bombardiert. Welche Vorteile hat die Verwendung von Elektronen gegenüber Protonen?

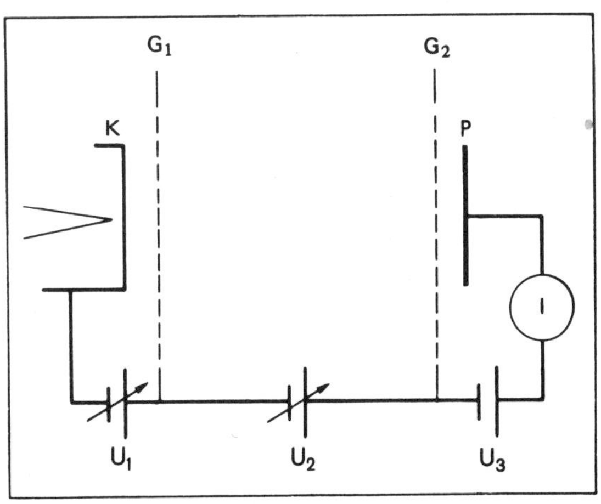

Bild 33.9. Zur Aufgabe 3

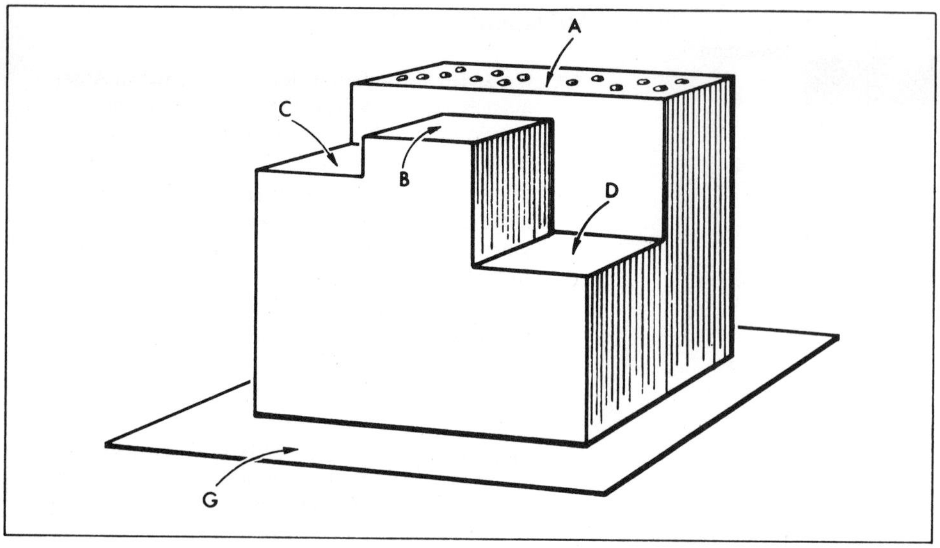

Bild 33.10. Zur Aufgabe 8

6.* Elektronen mit einer kinetischen Energie von 6,67 eV stoßen Quecksilberatome. Welche Energien können die dabei emittierten Photonen haben?

7.* Ein bestimmtes Atom sendet ein Photon mit einer Wellenlänge von 683,8 nm aus. Welchen Energiebetrag verliert das Atom dabei?

8. Bild 33.10 zeigt ein mechanisches Modell für Energieniveaus, die durch Plattformen in vier verschiedenen Höhen über dem Boden dargestellt werden. Mehrere Plastilinkugeln, alle gleichartig, liegen auf der höchsten Plattform A. Werden die Kugeln von dort heruntergeschoben, so nimmt ihre Temperatur direkt proportional zur Abnahme ihrer potentiellen Energie zu. Die auf B, C oder D zunächst gelandeten Kugeln können auch dort heruntergestoßen werden, bis sie schließlich unten ankommen. Wieviele verschiedene Temperaturänderungen sind dabei möglich? Zeichnen Sie die „Energieniveaus" und tragen Sie die möglichen Sprünge ein.

9. Cäsiumatome werden mit Elektronen mit einer kinetischen Energie von 4,0 eV bombardiert. Versuchen Sie, unter Verwendung von Bild 33.3 einiges davon vorherzusagen, was geschehen wird.

10. Wird Kochsalz in eine Gasflamme gehalten oder ein Glasstab darin erwärmt, so wird die Flamme durch das für Natriumatome charakteristische Licht gefärbt. Seine Wellenlänge ist 589 nm. Das Licht wird von Elektronen ausgesandt, die aus dem ersten angeregten Zustand in den Grundzustand übergehen.

a) Wie groß ist die Energie dieses Niveaus (in eV), bezogen auf den Grundzustand?

b) Wie hoch müßte die Temperatur eines Gases sein, wenn die Moleküle eine mittlere kinetische Energie dieser Größe haben sollen?

c) Die Gasmoleküle haben in der Flamme eine mittlere Temperatur von etwa 2100 K. Wie ist es möglich, daß die Natriumatome in der Gasflamme in den ersten angeregten Zustand gebracht werden?

11. Bringen wir Heliumgas auf eine hinreichend hohe Temperatur, so kann dadurch die mittlere kinetische Energie der Atome so groß werden, daß bei einem unelastischen Zusammenstoß zweier Atome eines von ihnen in den ersten angeregten Zustand, der 19,8 eV über dem Grundzustand liegt, gebracht werden kann. Schätzen Sie die dazu erforderliche Temperatur ab. Alle nötigen Daten können dem Kapitel 20 entnommen werden.

12.* Vergleichen Sie die absorbierten Energiebeträge, wenn Quecksilberdampf einmal mit 6-eV-Elektronen und einmal mit 6-eV-Photonen bestrahlt wird.

13. Betrachtet man weißes Licht nach dem Durchgang durch Natriumdampf durch ein Spektroskop, so beobachtet man das für das Natrium typische Absorptionsspektrum.

a) Was kann möglicherweise mit der von den Natriumatomen absorbierten Energie passieren?

b) Warum sind dann aber die Absorptionslinien trotzdem schwarz?

14. Richtet man ein gutes Spektroskop auf eine Bogenlampe, so sieht man ein kontinuierliches Spektrum. Richtet man es an einem sonnigen Tag zum Fenster hinaus, so sieht man ebenfalls ein kontinuierliches Spektrum. Hat man allerdings den Spalt gut justiert, so erkennt man im Spektrum eine große Anzahl von parallel zum Spalt verlaufenden, dunklen Linien. Wodurch entstehen diese Linien? Was kann man aus ihnen für Schlüsse ziehen?

15. Bei dem in Bild 33.11 dargestellten Rohr können Elektronen durch U_1 beschleunigt werden. Die Energie kann durch die Spannung U_2 gemessen werden, wenn man U_2 so wählt, daß das Amperemeter gerade eben keinen Strom mehr anzeigt. Das Rohr enthält Quecksilberdampf.

Wie im Franck-Hertz-Versuch nimmt die Energie der bei P ankommenden Elektronen plötzlich ab, wenn U_1 auf 4,9 eV angewachsen ist. Auch bei 9,8 eV tritt wieder ein starker Abfall auf. Bedeutet das, daß Quecksilberatome auch ein Energieniveau von 9,8 eV haben?

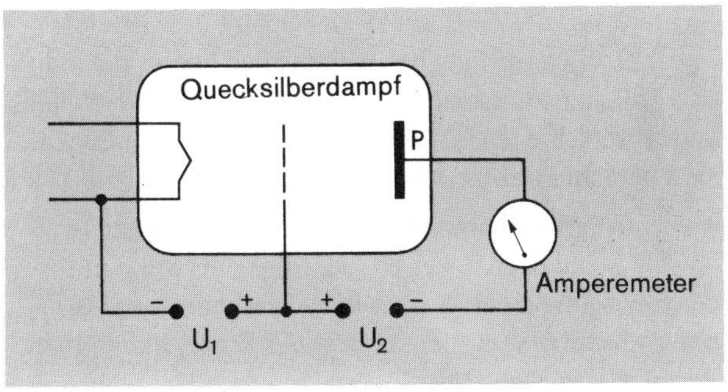

Bild 33.11. Zur Aufgabe 15

16.* Welche Energie hat der Grundzustand des Quecksilberatoms, wenn man dem ionisierten Atom die Energie Null auf der Energieskala gibt?

17.* Welcher der sieben in dem Energieniveaudiagramm (Bild 33.8. a) eingezeichneten Übergänge entspricht der Spektrallinie mit der kürzesten Wellenlänge?

18.* Berechnen Sie für das Wasserstoffatom das Energieniveau E_{10}, wobei
a) der Grundzustand Nullpunkt der Energieskala ist,
b) die Ionisationsgrenze.

19.* a) Mit Elektronen welcher Energie würden Sie Wasserstoffatome beschießen, um diese in den ersten angeregten Zustand zu bringen (Bild 33.8a)? Dieses Niveau befindet sich 10,2 eV über dem Grundzustand.
b) Es werden Elektronen mit einer kinetischen Energie von 12.1 eV verwendet (gerade eben hinreichend zur Erreichung des zweiten angeregten Zustands). Welche Energiebeträge können diese bei unelastischen Zusammenstößen mit Wasserstoffatomen abgeben?

20. In Bild 33.8. b) und c) scheinen sich die Linien auf der rechten Seite einem Grenzwert zu nähern. Wie groß ist diese Grenzwellenlänge?

21. Das sichtbare Spektrum reicht von 400 nm bis 750 nm. Sind alle Linien der Balmerserie des Wasserstoffs sichtbar?

22. Wie groß muß die Energie der Elektronen sein, wenn in einem Franck-Hertz-Versuch
a) die Lyman$_\alpha$-Linie sichtbar werden soll (Bild 33.8),
b) die H_α-Linie sichtbar werden soll?
c) Welche anderen Spektrallinien werden auftreten, wenn die H_α-Linie vorhanden ist?

23. a) Welche Lichtwellenlänge ist nötig, um im Grundzustand befindliche Wasserstoffatome so anzuregen, daß sie die H_α-Linie aussenden können? (Bild 33.8)
b) Welches ist die längste Wellenlänge, die Wasserstoffatome bei einem Übergang aus dem Grundzustand absorbieren können? (Bild 33.8)
c) Vergleichen Sie diese mit der Wellenlänge der H_α-Linie. (Es ist nur eine Genauigkeit von einer Stelle nötig.)

34. Materiewellen

Die Gleichheit der Atome, die Stabilität ihrer inneren Bewegungen und das diskrete Spektrum des von ihnen emittierten bzw. absorbierten Lichts bilden für das modellmäßige Verständnis ernste Schwierigkeiten. Es hat sich gezeigt, daß diese nicht einfach durch eine Modifikation des bisherigen Atommodells zu beseitigen sind. Zum Verständnis des Atoms müssen wir grundlegend neue Wege gehen.

Um zu sehen, in welcher Richtung diese Änderung geschehen muß, folgen wir den Gedanken von *Louis de Broglie.* Seine Überlegungen wurden dadurch angeregt, daß sich ein Photon beim Zusammenstoß mit einem Teilchen selbst wie ein Teilchen verhält. Dagegen wird seine Ausbreitung als Wellenvorgang beschrieben. Die Energie eines Photons ist nach Abschnitt 31.3 gegeben durch

$$E = h\nu .$$

Damit erhält man als Wellenlänge

$$\lambda = \frac{c}{\nu} = \frac{hc}{E} .$$

In Abschnitt 32.4 wurde gezeigt, daß ein Photon der Energie E einen Impuls $p = \frac{E}{c}$ trägt. Setzt man diesen Ausdruck in die Formel für λ ein, so erhält man einen Zusammenhang zwischen Wellenlänge und Impuls eines Photons:

$$\lambda = \frac{h}{p} .$$

De Broglie stellte nun die folgende Frage: Besteht dieser Zusammenhang für alle Teilchen und nicht nur für Photonen? Am besten beantwortet man diese Frage durch Experimente mit Strahlen verschiedener Teilchen. Dabei muß untersucht werden, ob Interferenzfiguren entstehen, denn Interferenz ist ein wesentliches Merkmal von Wellen. Man könnte zum Beispiel versuchen, einen Teilchenstrahl durch einen Doppelspalt hindurchtreten oder ihn von irgendeinem Gitter reflektieren zu lassen. Um einen meßbaren Effekt zu bekommen, müßte dabei der Abstand der beiden Spalte (bzw. der Abstand zweier Spalte des Gitters) in der Größenordnung der Wellenlänge liegen, die man den Teilchen zuordnen muß. Tabelle 1 zeigt die Wellenlängen verschiedener sich bewegender Teilchen. Sie sind berechnet unter Annahme der Gültigkeit von $\lambda = \frac{h}{p}$. Wie man sieht, läßt sich kein Gitter herstellen, um die Welle nachzuweisen, die möglicherweise mit der Bewegung einer kleinen Kugel verknüpft ist. Am besten beantwortet man *de Broglies* Frage, indem man Strahlen von Elektronen oder langsamen Neutronen auf Kristalle richtet. Sie stellen natürliche Gitter dar, die durch Reihen von Atomen mit Abständen von etwa 10^{-10} m gebildet werden.

34.1. Nachweis von Materiewellen

Wird ein Neutronenstrahl auf einen drehbar angeordneten Salzkristall gerichtet, so durchdringt der Strahl den Kristall bei fast allen Einfallswinkeln. Wird der Kristall gedreht, so zeigt sich jedoch, daß bei einem bestimmten Einfallswinkel plötzlich ein reflektierter Strahl auftritt (Bild 34.1). Wird der Kristall weiter gedreht, so verschwindet die Reflexion, und die Neutronen durchdringen wieder den Kristall. Die Reflexion tritt immer dann auf, wenn der Gangunterschied, der durch die regelmäßig angeordneten Kristallschichten entsteht, die Interferenzbedingung für die mit den bewegten Neutronen verbundenen Wellen erfüllt (Bild 34.2). Man erkennt eine Analogie zu der in Kapitel 9 beschriebenen Interferenz an dünnen Schichten. Bild 34.3 zeigt einen Aufbau, wie er bei einem Versuch zur Erzeugung von Interferenzen mit einem Neutronenstrahl verwendet wurde. Ein Strahl von Neutronen mit der Geschwindigkeit $v = 4{,}04 \cdot 10^3 \; \frac{m}{s}$ fällt von links auf den Kristall. Wird der Strahl reflektiert, so gibt der Detektor bei jedem einfallenden Neutron ein Signal an den Zähler. Bild 34.3 zeigt auch die Anzahl der Neutronen in Abhängigkeit vom Winkel θ, der mit dem Zeiger an der Halterung des Kristalls gemessen wurde.

Bild 34.1. Dieses Experiment zeigt die Welleneigenschaften der Neutronen. Neutronen werden von einem Salzkristall reflektiert, in dem die regulären Atomschichten als Beugungsgitter wirken.

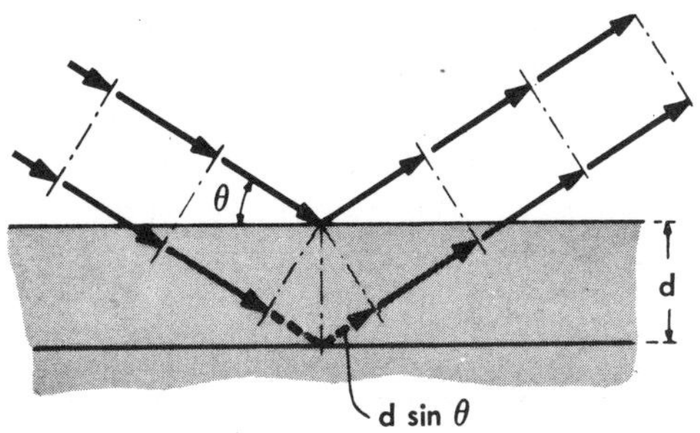

Bild 34.2. Die gestrichelte Linie gibt den zusätzlichen Weg an, den ein an der zweiten Schicht reflektiertes Neutron zurücklegen muß. Sollen sich die Neutronenbündel von jeder Schicht so überlagern, daß die Reflexion ein Maximum zeigt, so muß die gestrichelte Strecke ein ganzzahliges Vielfaches der Wellenlänge sein. Andererseits ergibt sich diese Strecke als $2d \sin\theta$, wobei d der Abstand zwischen zwei Atomschichten ist, an denen Neutronen reflektiert werden. Das erste Maximum sollte sich also für $2d\sin\theta = \lambda$ ergeben.

Aus dem Graphen ergibt sich der Reflexionswinkel $\theta = 10{,}01°$. Bei dem in Bild 34.2 verwendeten Kristall haben die Schichten den Abstand $d = 2{,}815 \cdot 10^{-10}$m. Damit wird also

$$\lambda = 2d\sin\theta = 2 \cdot 2{,}815 \cdot 10^{-10}\,\text{m} \cdot 0{,}1738 = 0{,}9785 \cdot 10^{-10}\,\text{m}.$$

Das stimmt recht gut mit der nach *de Broglie* berechneten Wellenlänge überein:

$$\lambda = \frac{h}{p} = \frac{6{,}63 \cdot 10^{-27}\,\text{J s}}{1{,}67 \cdot 10^{-27}\,\text{kg} \cdot 4{,}04 \cdot 10^{3}\,\frac{\text{m}}{\text{s}}}$$
$$= 0{,}981 \cdot 10^{-10}\,\text{m}.$$

Die Ergebnisse derartiger Experimente mit Neutronen sind so gut, daß Neutroneninterferenzen heute benutzt werden, um genauere Kenntnisse über die Anordnung der Atome in Kristallgitter zu erhalten. Wasserstoffatome in kristallinen Verbindungen sind mit Röntgenstrahlinterferenzen nicht gut zu lokalisieren. Dagegen sind sie Neutronen gegenüber sehr wirksame Bausteine eines Beugungsgitters. Das ist nur eine der Anwendungen, die die Neutronen wegen ihres Wellencharakters und ihrer besonderen Art der Wechselwirkung mit Materie gefunden haben.

Neutronen können in Luft lange Strecken zurücklegen, Experimente mit Atomen und Elektronen dagegen müssen im Vakuum durchgeführt werden. Sie würden sonst an Luftmolekülen gestreut; dadurch würde der Strahl bald so unscharf, daß keine Messungen mehr möglich wären. Werden Kristalle als Beugungsgitter benutzt, so verlieren die Teilchen schon bei sehr geringen Eindringtiefen ihre Energie. Nur die wenigen Teilchen, die ohne nennenswerten Energieverlust wieder aus dem Kristall herauskommen, können zur Bildung eines Interferenzbildes beitragen. Werden Atomstrahlen verwendet, so sind die meisten der reflektierten Atome in ihrer Struktur durch Stöße im Kristall verändert, oder sie haben unterschiedliche Teile ihrer kinetischen Energie auf den Kristall übertragen. Damit zeigen sie keine deutlichen Welleneigenschaften mehr. In der gebeugten Welle dürfen sich nur solche Atome befinden, die sich während des ganzen Prozesses wie einfache, strukturlose Massen verhalten haben, die in keiner Weise ihren inneren Bau verändert haben. Direkte

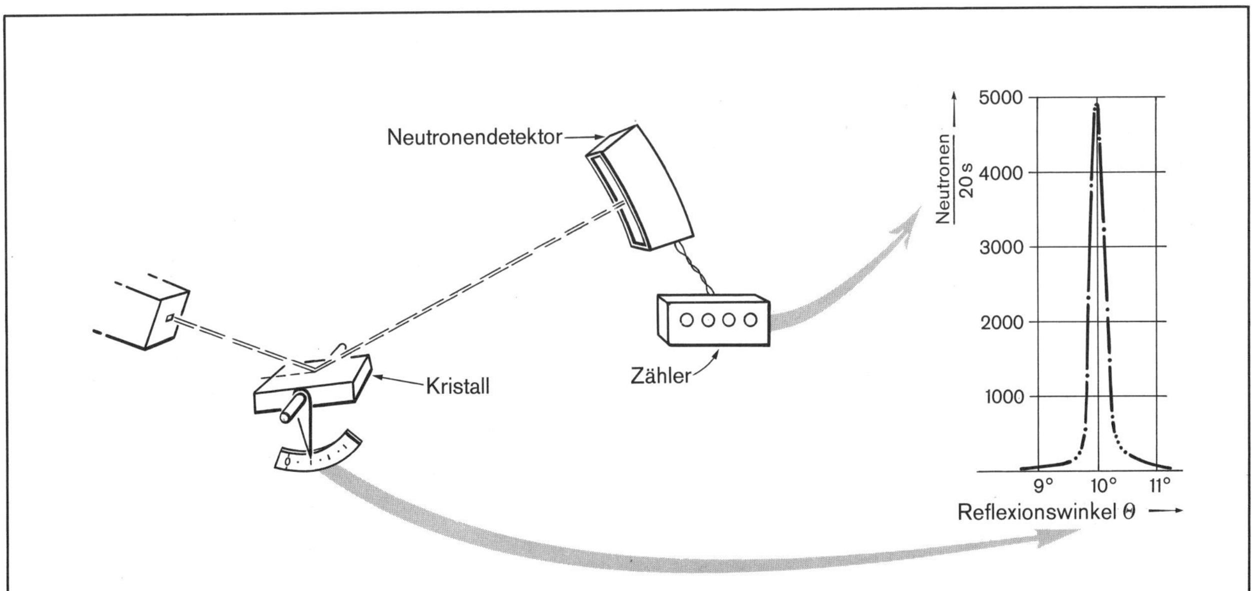

Bild 34.3. Versuchsaufbau zur Untersuchung von Interferenzen, die durch von einem Salzkristall reflektierte Neutronen erzeugt werden. Dieses Experiment wurde von *G. Shull* durchgeführt.

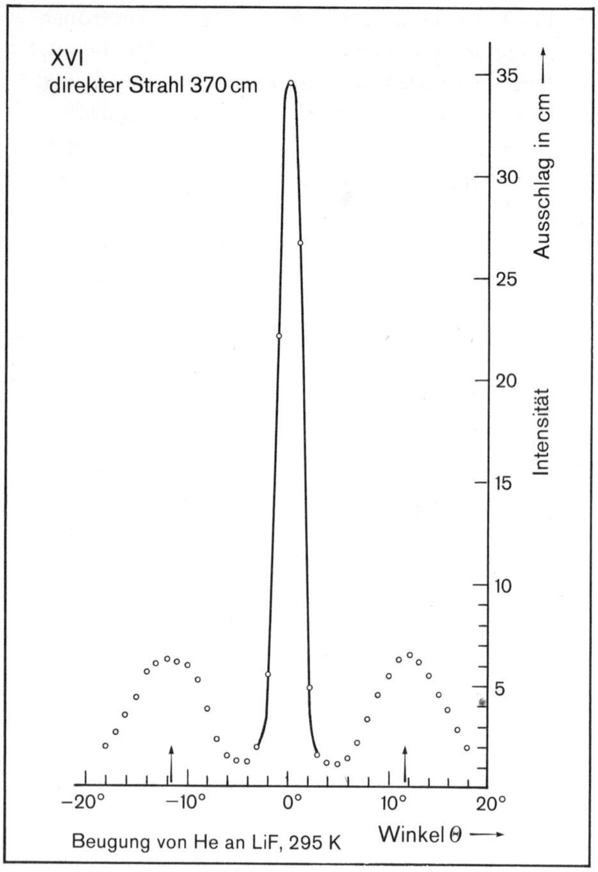

Bild 34.4. Der Graph zeigt das Ergebnis eines Experiments, bei dem ein Heliumstrahl auf die frisch geschnittene Fläche eines Lithiumfluoridkristalls gerichtet wurde. Das Auftreten der Interferenz zeigt die Welleneigenschaft, und der Winkel gestattet die Messung der Wellenlänge [1]. (Aus: *I. Estermann* und *O. Stern*, „Beugung von Molekularstrahlen", Zeitschrift für Physik, Bd. 61, S. 107, Springer Verlag, Berlin 1930.)

Messungen ergaben: Alle in eine bestimmte Richtung gebeugten Teilchen haben die gleiche Geschwindigkeit. Jedes bewegte Teilchen wird, solange es sich ohne innere Veränderungen als ein Ganzes verhält und auch seine kinetische Energie nicht verändert, so gebeugt, als ob es eine bestimmte Wellenlänge besitze. Diese ist durch die de Broglie-Beziehung

$$\lambda = \frac{h}{p}$$

gegeben. Die de Broglie-Wellenlänge bezieht sich auf die Bewegung des Massenschwerpunktes des ganzen „Teilchens".

Viele Interferenzexperimente mit Teilchen sind durchgeführt worden. Bei einer frühen Untersuchung der Interferenz von Materiewellen wurden Heliumatome verwendet. Bild 34.4 zeigt das bei Reflexion von einem Lithiumfluoridkristall entstehende Bild. Die den einfallenden Strahl bildenden Teilchen hatten keine genau bestimmte Bewegungsgröße.

Der Strahl bestand aus Atomen, die aus einem geheizten „Heliumofen" hervortraten. Trotzdem sind die Interferenzmaxima deutlich erkennbar. Sie bauen sich um die Wellenlänge herum auf, die nach der der thermischen Energie des Gases entsprechenden Bewegungsgröße der Atome zu erwarten ist. Aus der Gitterkonstanten des Kristalls von $2{,}85 \cdot 10^{-10}$ m und dem gemessenen Winkel von etwa $11{,}8°$ wurde die de Broglie-Wellenlänge zu $0{,}57 \cdot 10^{-10}$ m bestimmt. Die aus der Beziehung $\lambda = \frac{h}{mv}$ für Helium bei Zimmertemperatur berechnete de Broglie-Wellenlänge ist ebenfalls $0{,}57 \cdot 10^{-10}$ m.

Bild 34.5 beschreibt ein weiteres Experiment mit *Materiewellen.* Hier wird die Interferenz von Elektronen nach Durchgang durch ein „Biprisma" untersucht.

34.2. Bedeutung der Welleneigenschaft der Materie

Zur Beobachtung von Effekten, die die Wellennatur der Materie erkennbar werden lassen, muß die de Broglie-Wellenlänge von der Größenordnung der Objekte sein, an denen die Wellen gebeugt werden sollen. Benutzt man bewegte Teilchen von großer Masse oder Geschwindigkeit, so ergibt der Ausdruck $\lambda = \frac{h}{mv}$ zu kleine Wellenlängen, als daß sie an Atomen gebeugt werden könnten. Wie läßt sich nun die de Broglie-Wellenlänge vergrößern? Man kann versuchen, die Geschwindigkeit zu verkleinern, aber das ist nicht praktikabel. Die Verlangsamung der Bewegung wird durch die thermische Bewegung begrenzt. Aber man kann kleinere Massen benutzen. Die kleinsten Massen haben die Teilchen, aus denen Materie gebaut ist: die Moleküle, die Elektronen und die Teilchen im Atomkern. Wir haben bereits gesehen, daß deren Wellenlängen groß genug sind, um ihre Interferenzbilder sichtbar werden zu lassen. Da das Elektron nur eine Masse von 10^{-30} kg hat, liegt seine Wellenlänge bei vernünftigen

---

[1]) Der Heliumatomstrahl wurde durch einen Heliumvorrat, der etwa Zimmertemperatur hatte, erzeugt. Nicht alle Atome hatten die gleiche Geschwindigkeit, jedoch gab es in etwa ein Geschwindigkeitsmaximum. Viele Atome hatten Geschwindigkeiten dieser Größe. Durch diese wird der Winkel festgelegt, unter dem das erste Maximum im gebeugten Strahl erscheint. Der Gitterebenenabstand in dem Kristall betrug $2{,}85 \cdot 10^{-10}$ m, das Maximum erschien unter etwa $11{,}8°$. Daraus läßt sich die de Broglie-Wellenlänge zu $0{,}57 \cdot 10^{-10}$ m berechnen. Aus $\lambda = \frac{h}{mv}$ ergibt sich für die der Raumtemperatur entsprechende Geschwindigkeit ebenfalls $0{,}57 \cdot 10^{-10}$ m.

Durch Licht erzeugte Interferenzfigur (aus: *Valasek*, Introduction to Theoretical and Experimental Optics, John Wiley & Sons, New York 1949.)

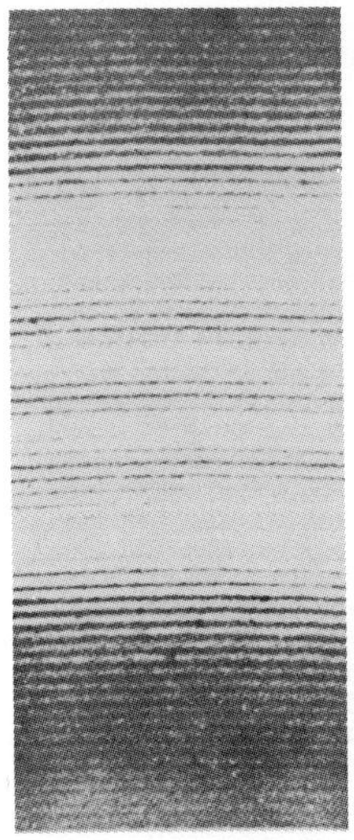

Durch Elektronen erzeugte Interferenzfigur. Sie ist mit Hilfe eines Elektronenmikroskops stark vergrößert worden. (Aus: *H. Düker*, Lichtstarke Interferenzen mit einem Biprisma für Elektronenwellen, Zeitschrift für Naturforschung, Band 10A, 1955.)

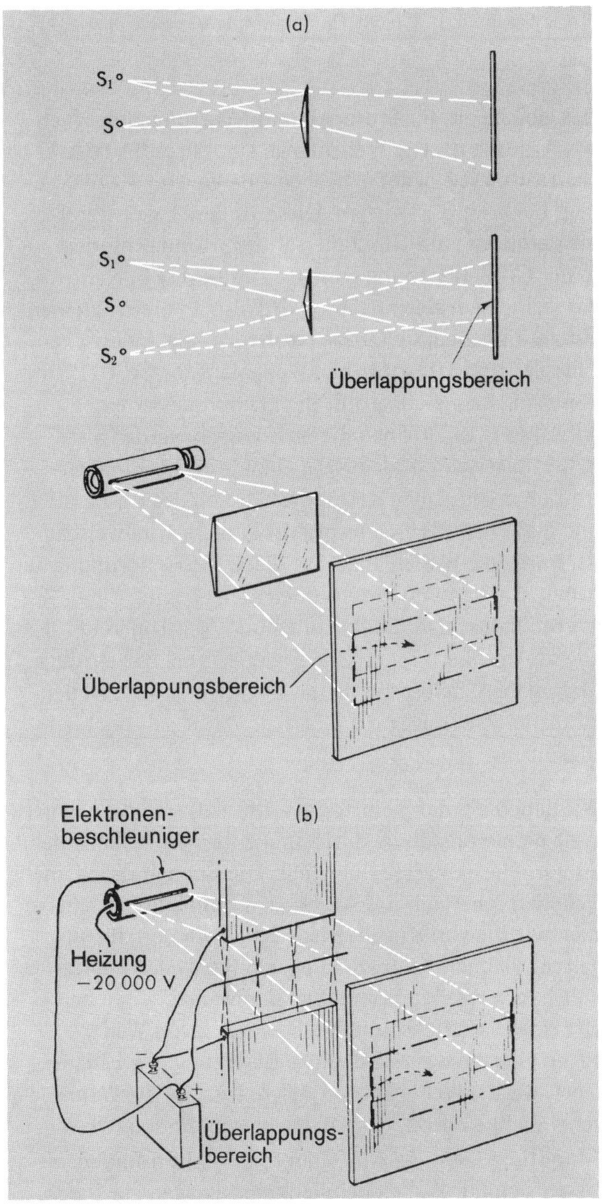

Bild 34.5. Zwei analoge Experimente, die die Interferenz von Wellen zeigen. Beide zeigen Interferenzstreifen mit einem Biprisma. Das Biprisma wird von einer spaltförmigen Quelle beleuchtet. Es erzeugt die gleiche Interferenzfigur, wie sie bei einem Doppelspalt entsteht. Die Gleichartigkeit der mit Licht bzw. mit Elektronen erzeugten Bilder ist beeindruckend. Die Elektronen würden in gleicher Weise abgelenkt, wenn sie sich einfach wie geladene Teilchen verhielten; die Besonderheit wird dort sichtbar, wenn sich die beiden Elektronenstrahlen überlagern. Dort entstehen wie bei Lichtwellen helle und dunkle Streifen, nur sehr stark verkleinert.

a) Durch das Biprisma werden die beiden Hälften eines von einem Spalt ausgehenden Lichtbündels so abgelenkt, daß sie sich auf einem in einiger Entfernung angebrachten photographischen Film überlagern. Das in diesem Bereich ankommende Licht scheint daher von zwei Spalten S_1 und S_2 auszugehen. Es entsteht eine Interferenzfigur, denn es gibt Stellen, wo sich Wellenberge von S_1 mit Wellentälern von S_2 überlagern, dadurch kommt es dort zu dunklen Streifen. Ebenso gibt es Bereiche wo sich Wellenberge und Wellenberge überlagern und einen hellen Streifen erzeugen.

b) Die Elektronenquelle erzeugt bei einer Spannung von 20 kV Elektronen mit einer de Broglie-Wellenlänge von $0{,}086 \cdot 10^{-10}$ m. Das elektrostatische Biprisma besteht aus einem feinen, versilberten Quarzfaden mit einem Durchmesser von einigen 10^{-6} m, der in einem weiten, in einem Metallschirm befindlichen Spalt angebracht ist. Der Draht hat eine positive Spannung von 6 V gegenüber dem Schirm. Die Skizze zeigt das elektrostatische Biprisma und den Verlauf der Feldinien. Das elektrische Feld lenkt die Elektronen auf beiden Seiten des Drahtes vorbei. Auf dem photographischen Film überlagern sie sich, dort sieht es wiederum so aus, als wenn sie von zwei Quellen kämen.

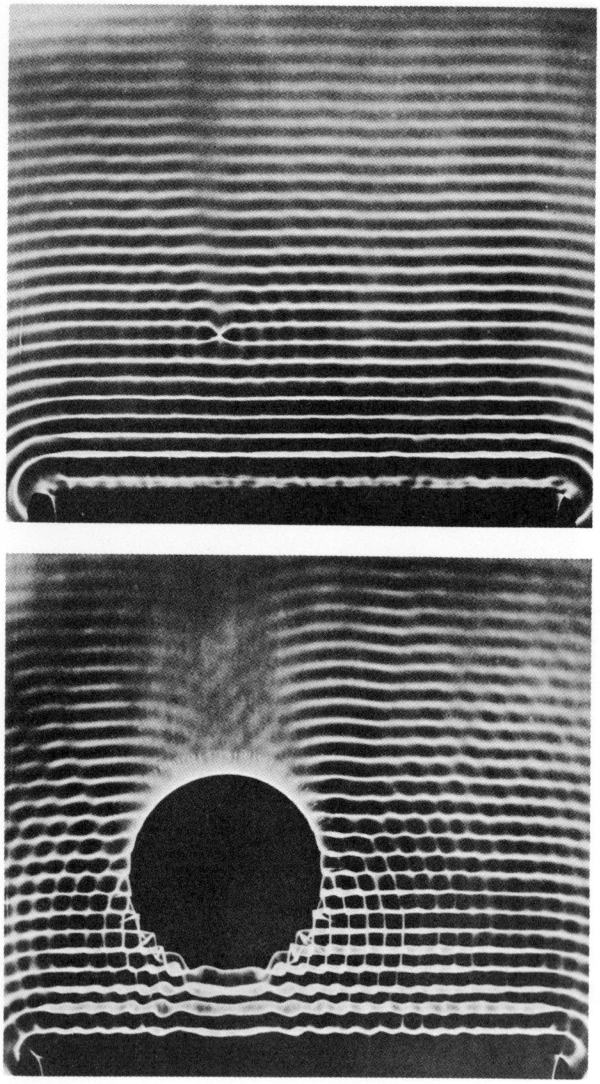

Bild 34.6. Wellenwannenaufnahmen von Wellen, die auf Hindernisse treffen. In dem oberen Bild befindet sich ein kleines Hindernis dort, wo die Wellen zusammenzulaufen scheinen. Man erkennt, daß das kleine Hindernis die Wellen kaum stört. Im unteren Bild befindet sich in der Wellenwanne ein großes Hindernis. Die Wellen werden erheblich reflektiert, und es existiert ein abgegrenzter Schattenbereich.

Geschwindigkeiten in der Größenordnung eines Atomdurchmessers. Ein Elektron hat bei einer kinetischen Energie von 100 eV eine Geschwindigkeit von $5{,}9 \cdot 10^6\ \frac{m}{s}$. Seine de Broglie-Wellenlänge ergibt sich damit zu $\lambda = 1{,}3 \cdot 10^{-10}$ m (Tabelle 1), sie liegt also in der Größenordnung des Atomdurchmessers. Ein Elektron mit einer kinetischen Energie von nur 1 eV bewegt sich nur mit etwa einem Zehntel der Geschwindigkeit, seine Wellenlänge liegt daher in der Größenordnung von 10 Atomdurchmessern. Für derartige Elektronen sind Atome nur kleine Hindernisse. Die mit ihnen verbundenen Wellen werden sehr leicht an ihnen gebeugt (Bild 34.6). Diese Beispiele zeigen, daß die Welleneigenschaft immer dann von Bedeutung ist, wenn sich ein Elektron von geringer kinetischer Energie einem Atom nähert. Zur Beschreibung der Bewegung gibt die Newtonsche Teilchenmechanik dann keine brauchbare Hilfe mehr.

Tabelle 1

Teilchen	Masse in kg	Geschwindigkeit in $\frac{m}{s}$	Wellenlänge in 10^{-10} m
Marmel	$2{,}0 \cdot 10^{-2}$	$1{,}0 \cdot 10^{-2}$	$3{,}3 \cdot 10^{-20}$
Latexkugel	$1{,}0 \cdot 10^{-15}$	$3{,}0 \cdot 10^{-4}$	$2{,}2 \cdot 10^{-5}$
10 MeV Neutron	$1{,}7 \cdot 10^{-27}$	$4{,}4 \cdot 10^{7}$	$0{,}8 \cdot 10^{-4}$
1 MeV Proton	$1{,}7 \cdot 10^{-27}$	$1{,}4 \cdot 10^{7}$	$2{,}8 \cdot 10^{-4}$
100 eV Elektron	$9{,}1 \cdot 10^{-31}$	$5{,}9 \cdot 10^{6}$	1,2
0,1 eV Neutron	$1{,}7 \cdot 10^{-27}$	$4{,}3 \cdot 10^{3}$	0,9

Das gleiche gilt für Protonen und Neutronen bezüglich des Atomkerns. Die Wellenlänge eines Protons oder Neutrons mit einer kinetischen Energie von 100 eV liegt bei etwa $3 \cdot 10^{-12}$ m. Diese Wellenlänge ist groß im Vergleich zum Durchmesser des Atomkerns, der in der Größenordnung von 10^{-14} m liegt. Ein Neutron, das sich einem Kern nähert, wird also an einem kleinen Hindernis gebeugt werden. Neutronen mit kinetischen Energien von 10^7 eV haben Wellenlängen von 10^{-14} m, diese sind vergleichbar mit dem Durchmesser eines Atomkerns. Neutronen dieser Energien werden also in der Lage sein, in den Kern einzudringen. Ein Neutron innerhalb eines Kerns, das ein Teil des Kerns ist und außerhalb des Kerns praktisch nicht nachweisbar ist, muß eine Wellenlänge von dieser Größenordnung haben. Sie kann höchstens noch kleiner sein. Wir erwarten daher, daß die Protonen und Neutronen in einem Atomkern kinetische Energien von 10^7 eV oder mehr haben. Selbst bei diesen Energien ist ihre Wellennatur für ihre Bewegung innerhalb des Kerns noch von Bedeutung.

Wir haben einmal mehr festgestellt, daß sich die atomare Welt nicht vollständig durch die einfachen Modelle der älteren Physik beschreiben läßt. Die Bahnen der kleinen Teilchen innerhalb des Atomkerns können nicht einfach wie die von Kugeln beschrieben werden; für sie gelten vielmehr Gesetze, die auch für Wellen Gültigkeit haben. Wellen bestimmen den wahrscheinlichen Ort eines Teilchens, und die Bewegung von Wellenzügen gibt die wahrscheinliche Bewegung der Teilchen. Dort, wo die Wellenamplitude groß ist, ist die Wahrscheinlichkeit groß, das Teilchen vorzufinden. Wo die Amplitude klein ist, wird man es nur selten finden. Es lassen sich nur Wahrscheinlichkeitsaussagen gewinnen.

Wo sich ein Elektron innerhalb eines Atoms genau aufhält, läßt sich nicht vorhersagen. Innerhalb des Atoms gilt eine neue Mechanik, die Teile der Teilchenmechanik *Newtons* mit sich aus der Wellennatur der Materie ergebenden Effekten kombiniert.

34.3. Licht und Materie

Der Kreis ist geschlossen. Es stellte sich heraus, daß Lichtwellen die Wahrscheinlichkeit für das Auftreten von teilchenartigen Photonen beschreiben, für Materieteilchen gibt es offenbar eine Größe mit Welleneigenschaft. In beiden Fällen tritt in den jeweiligen Größen die Plancksche Konstante auf. Die Bahn eines Teilchens, das durch einen Spalt eines Beugungsgitters hindurchtritt, kann nicht besser verfolgt werden als die eines Photons. Die mit den Teilchen verbundenen Wellen werden gebeugt, die Wellen lassen die Berechnung der wahrscheinlichen Orte der Teilchen und der wahrscheinlichen Anzahl der ankommenden Teilchen zu.

Andererseits erfolgt, ebenso wie im Photonenbild, die Übertragung von Energie und Bewegungsgröße bei jedem Zusammenstoß in der gleichen Weise, wie sie die Newtonsche Mechanik beschreibt. Hier bringt die Welleneigenschaft keine Änderungen. Zusammenfassend läßt sich also sagen: Sind die Wellenlängen klein im Vergleich zu den Dimensionen der Spalte oder der Hindernisse, klein im Vergleich zu den Atomen oder den Meßinstrumenten, so stehen die Ergebnisse in Übereinstimmung mit den Vorhersagen der gewöhnlichen Mechanik. Aus diesem Grunde kann man gewöhnliche Meßinstrumente verwenden. Die üblichen Meßverfahren erlauben dann aber auch nur die Bestimmung solcher Größen, die in der Newtonschen Mechanik behandelt werden.

Für alle Gegenstände in unserer Umgebung oder für Objekte wie etwa die Planeten gilt die Newtonsche Mechanik ohne wesentliche Fehler. Bei sehr sorgfältigen Messungen oder bei Fragestellungen im Bereich atomarer Größenordnung ist aber die klassische Physik (wie die Physik vor 1900 häufig genannt wird) unzulänglich. Diese Schwierigkeiten wirken auf die Grundlagen der Physik zurück, denn die wichtigsten Meßinstrumente und Apparaturen sind in den Begriffen der klassischen Physik gut zu verstehen, sie sind aber ungeeignet, wenn es um das Verständnis der Atome geht. Hier kann nur die *Quantentheorie* helfen, deren Größenordnungen durch die Plancksche Konstante bestimmt werden und die ein wesentlich feineres Bild der Welt des Atoms gibt. Das Photon, dessen Verhalten in Raum und Zeit durch seine elektromagnetische Wahrscheinlichkeitswelle bestimmt ist, das Teilchen mit seiner Materie-Wahrscheinlichkeitswelle – beide Wellenlängen werden durch die de Broglie-Beziehung gegeben – sind die Schlüssel, mit denen man in das Innere des Atoms eindringen kann.

Bei allem, was gesagt wurde, waren die Analogien zwischen dem Verhalten von Licht und von Materie beeindruckend. Licht verhält sich einerseits als Welle, andererseits als Korpuskel, als Photon. Materie zeigt sowohl Partikel-, als auch Welleneigenschaften. Aber diese Gleichartigkeiten sind doch begrenzt. Es gibt einen sehr wesentlichen Unterschied zwischen einem Photon und einem Teilchen von der Art, an die wir im allgemeinen denken, zwischen einem Photon und einem kleinen Stück Materie. Die Anzahl der Photonen bleibt nicht erhalten, sie entstehen leicht und verschwinden leicht. Schaltet man in einem Zimmer Licht ein, so entsteht eine sehr große Anzahl von Photonen. Einige werden von den Wänden reflektiert, aber schließlich vergehen sie alle wieder. Dabei geben sie ihre Energie an die Atome ab, mit denen sie zusammenstoßen. Die Energie bleibt erhalten, denn durch Erwärmung oder chemische Reaktionen wird die Energie der Photonen erkennbar. Die Anzahl der „Teilchen" bleibt jedoch nicht erhalten. Dieses Verhalten unterscheidet sich ganz wesentlich von dem der Atome und Elektronen. Derartige Teilchen können nicht erzeugt und vernichtet werden (wenigstens nicht auf einfache Art). Im Gegensatz zum Photon sind sie beständig. In dieser Beziehung unterscheiden sich Photonen sehr stark von kleinen Materieteilchen.

In der heutigen Physik hält man die *Welle-Teilchen-Dualität* für grundlegend bei allen Objekten von atomaren Dimensionen; der wesentliche Unterschied zwischen Licht und Materie besteht in der Beständigkeit der Teilchen einerseits und der leichten Entstehung bzw. Absorption der Photonen andererseits.

34.4. Stehende Wellen

Wie läßt sich die Existenz definierter innerer Energieniveaus bei den Atomen verstehen, und wie erklären sich die oft recht einfachen zahlenmäßigen Zusammenhänge zwischen ihnen? Eine Antwort darf man von den in diesem Kapitel entwickelten Vorstellungen erhoffen, insbesondere von der Vorstellung der Materiewellen, deren Intensität an einem Ort die Wahrscheinlichkeit gibt, dort ein Teilchen anzutreffen. Wie kann man nun mit dieser Vorstellung die Existenz einzelner, wohldefinierter Energieniveaus erklären?

Der Franck-Hertz-Versuch und die Linienspektren der Elemente zeigen, daß es in den Atomen bestimmte,

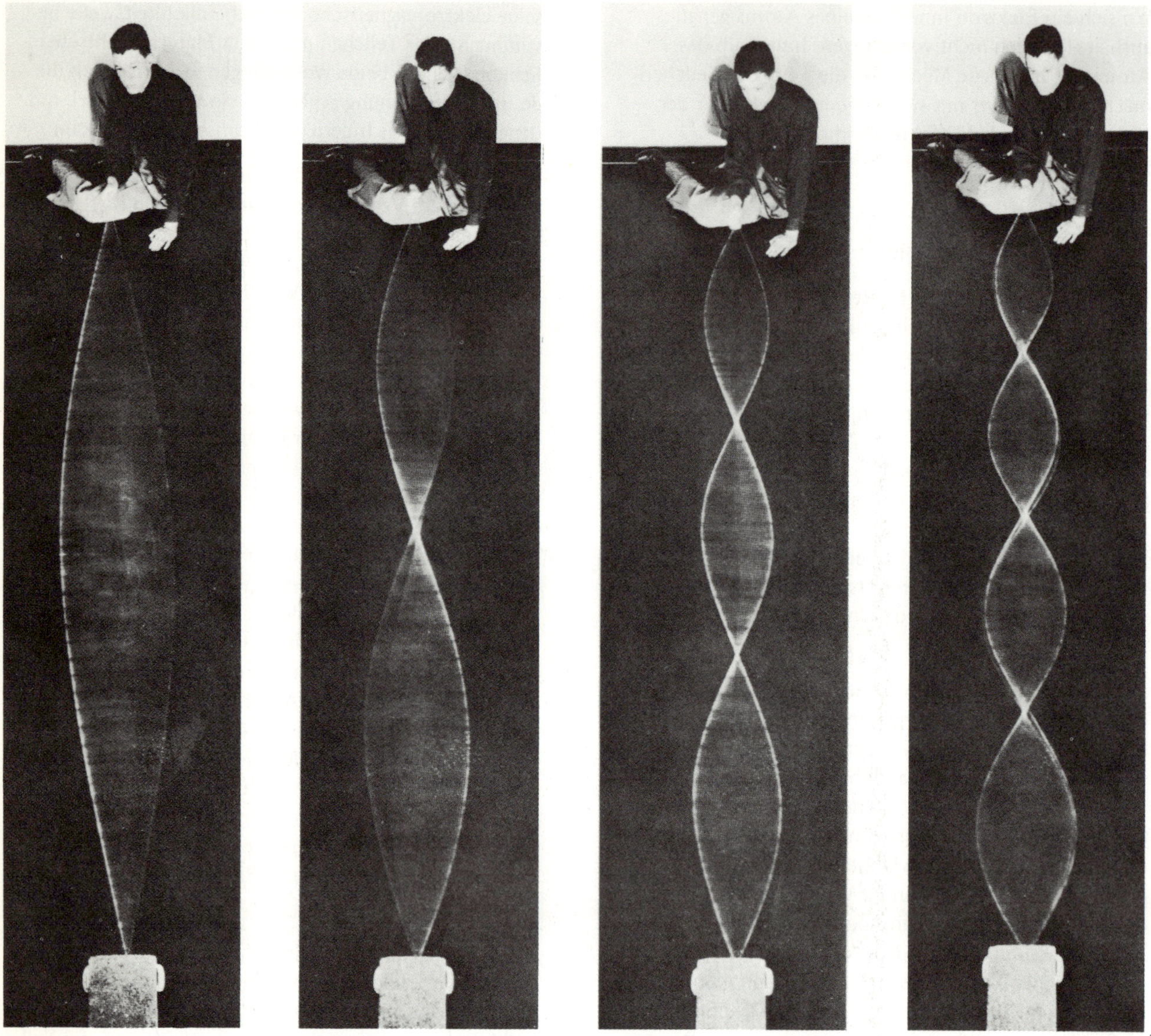

Bild 34.7. Stehende Wellen. Wird ein Ende eines Gummischlauches hin und her bewegt, so entstehen Formen mit immer mehr Bäuchen. Zu beachten ist besonders, daß nur durch bestimmte Frequenzen stehende Wellenbilder erzeugt werden.

diskrete Energieniveaus gibt. Man würde sie nicht finden können, wenn die Materiewelle für ein bestimmtes Energieniveau irgendwie umliefe und nicht für eine gewisse Zeit unverändert bliebe. Außerdem muß jedem diskreten Energieniveau eine eigene Materiewelle zugeordnet sein, denn die Energieniveaus unterscheiden sich. Man muß daher nach Wellenformen suchen, die alle voneinander verschieden sind und sich zeitlich nicht ändern. Die einzigen Wellen, die immer das gleiche Bild zeigen und sich nicht fortbewegen, sind stehende Wellen. Das sind stationäre Wellen, die man bei schwingenden Saiten oder in Wasserwannen findet. Sie bewegen sich nicht weiter. Ihre Form bleibt erhalten, wobei die Elongationen abwechselnd zu- und abnehmen, ohne daß es jedoch zu einer Verschiebung kommt. Betrachten wir zum Beispiel in Bild 34.7 die zweite Aufnahme von links. An den beiden Enden des Schlauches und in der Mitte liegen Knoten-Punkte, die sich nicht bewegen. Zwischen je zwei Knoten liegt jeweils ein Bereich maximaler Elongation, ein Schwingungsbauch. Diese Bereiche behalten ihren Platz auf dem Schlauch, zeitlich ändert sich jedoch die Elongation vom Maximum in einer Richtung über Null bis hin zum Maximum in der anderen Richtung. Überall oszilliert die Elongation in der gleichen Weise vor- und rückwärts, es scheint sich aber nichts am Schlauch entlang zu bewegen.

Man sollte selbst einmal stehende Wellen erzeugen (das ist durch keine Beschreibung zu ersetzen). Dazu spannt man einen Gummischlauch zwischen zwei festen Ständern aus. In der Nähe des einen Endes wird der Gummischlauch hin und her bewegt. Wählt man die richtige Frequenz für die Bewegung der Hand, so gelingt es, eine stehende Welle zu erzeugen, wobei sich zwar der Gummischlauch hin und her bewegt, das Wellenbild auf dem Schlauch aber ortsfest bleibt. Das Bild kann aus einem Schwingungsbauch zwischen den Enden des Schlauches bestehen, aber auch zwei, drei, vier oder noch mehr Bäuche zeigen (Bild 34.7). Diese Art der Wellenbewegung wollen wir verwenden, um uns ein Bild von einem stabilen Zustand eines Atoms zu machen.

Sind beide Enden des Gummischlauches fest, so kann man nur stehende Wellen mit ganzen Zahlen von Bäuchen (mit den dazu gehörigen bestimmenden Frequenzen) erzeugen. Versucht man den Schlauch mit irgendeiner anderen Frequenz zu erregen, so wird die vorhandene Bewegung des Schlauches gestört; auf keinen Fall wird dadurch die Bewegung verstärkt. Verwendet man nicht die richtige Frequenz, so gelingt es nicht, eine stehende Welle zu erzeugen.

Stehende Wellen oszillieren nur hin und her. Wir können sie aber doch als Überlagerung zweier gleichartiger, sich entgegengesetzt bewegender Wellenzüge auffassen.

Zeichnet man zwei Wellenzüge, verschiebt sie übereinander und addiert ihre Elongation, um die resultierende Elongation zu ermitteln, so ergibt sich für die Länge der Bäuche, d.h. für die Abstände der Knoten gerade $\frac{1}{2}\lambda$. Dabei ist λ die Wellenlänge der überlagerten Wellenzüge. Überlegungen dieser Art wurden in Abschnitt 6.3 angestellt.

In dieser Hinsicht entsprechen die stehenden Wellen auf einem (an den Enden befestigten) Gummischlauch denjenigen, die in der Wellenwanne vor einer reflektierenden Wand entstehen. Dort kann man die Wellen mit beliebiger Frequenz erregen; immer überlagern sich die von der Wand zurücklaufenden Wellen mit den hinlaufenden zu einer stehenden Welle. Aber auch hier gibt es für einen vorgegebenen Abstand von Erreger und Reflektor eine „optimale" Frequenz für den Erreger. Diese erzeugt schon bei kleiner Amplitude des Erregers einen großen Effekt. Wählt man dagegen andere Frequenzen, so muß man zu sehr großen Amplituden des Erregers übergehen.

Bild 34.7 zeigt: Spannt man einen Gummischlauch an seinen Enden fest ein und bewegt ihn an einem Ende mit der richtigen Frequenz hin und her, so wird eine stehende Welle erzeugt. Man kann sich aber auch vorstellen, daß in zwei Knotenstellen momentan zwei feste, reflektierende Wände aufgebaut werden. Da sie sich an Orten ohne Wellenbewegung befinden, wird ein Teil einer stehenden Welle von ihnen eingeschlossen. In jedem so gewonnenen Abschnitt sieht man ein Schwingungsbild, eine stehende Welle, keine sich ausbreitende Welle. Um das Bild einer stehenden Welle einfangen zu können, müssen die beiden Begrenzungen einen Abstand von einer halben Wellenlänge haben. Sie können aber auch zwei halbe, drei halbe usw. Wellenlängen voneinander entfernt sein. Solche stehenden Wellen werden wir nun bei der Betrachtung eines neuen Atommodells verwenden.

34.5. Stehende Materiewellen

Man kann sich auch eine stehende Materiewelle vorstellen, die zwischen zwei Punkten der x-Achse eingeschlossen ist, wobei außerhalb dieses Bereichs die Elongation immer Null sein soll. Stellt man sich diese Materiewelle mit einem Elektron verbunden vor, dann läßt sich das Verhalten des Elektrons wie folgt beschreiben:

a) Die x-Koordinate des Elektrons liegt stets zwischen A und B, denn das Elektron wird niemals außerhalb dieses Bereiches zu finden sein.

b) Man kann sich die stehende Welle als Überlagerung zweier gegenläufiger Wellenzüge von gleicher Wellenlänge vorstellen. Zusammen genommen beschreiben die beiden sich fortbewegenden Wellen ein Elektron, dessen x-Komponente der Bewegungsgröße den Betrag $px = \frac{h}{\lambda_x}$ hat. Die Bewegungsgröße eines durch eine stehende Welle beschriebenen Elektrons muß aber zur gleichen Zeit eine Komponente $+ p_x$ und eine Komponente $- p_x$ haben. Innerhalb der Newtonschen Physik ergibt diese Feststellung keinen Sinn. Gerade wenn die Newtonschen Vorstellungen versagen, ist aber die Wellennatur eines Teilchens von Bedeutung. In der Quantenphysik kann ein Teilchen daher zur gleichen Zeit zwei gleiche, aber entgegengerichtete Bewegungsgrößen haben. Da jedoch seine Energie durch $\frac{p^2}{2m}$ gegeben ist, kann diese nicht Null sein.

Die Energie eines durch eine stehende Welle beschriebenen Teilchens ist ebenso groß wie die Energie des gleichen Teilchens, das durch eine fortschreitende Welle der gleichen Wellenlänge beschrieben wird. Aber im Gegensatz zur fortschreitenden Welle kann die stehende Welle, die außerhalb eines gegebenen Bereichs verschwindet, nur diskrete Wellenlängen und damit auch nur diskrete Energien haben.

Wir betrachten nun ein Teilchen der Masse m, das in einem begrenzten Volumen eingeschlossen ist. Um eine erste Vorstellung von den Wirkungen dieser Begrenzung auf die Energie des Teilchens zu erhalten, kann man zunächst von einer exakten Kenntnis des Kraftfeldes, das das Teilchen zwischen den Punkten A und B hält, absehen. Wir wollen annehmen, daß innerhalb des Volumens keine Kraft auf das Teilchen wirkt, an den Grenzen A und B aber extrem starke Kräfte auftreten, die das Teilchen in dem Volumen halten. Außerdem wollen wir uns dieses Volumen als einen Würfel mit der Kantenlänge d vorstellen. Dieses idealisierte Bild bezeichnet man häufig als „Teilchen im Kasten".

Setzt man den Bezugspunkt für die potentielle Energie als Null innerhalb des Kastens fest, so ist die gesamte Energie des Elektrons kinetische Energie:

$$E = \frac{p_x^2 + p_y^2 + p_z^2}{2m}.$$

Da das Elektron den Kasten nicht verlassen kann, muß seine Materiewelle eine dreidimensionale stehende Welle sein. Eine solche Welle kann bezüglich der drei Achsen des Kastens verschiedene Wellenlängen haben. Bei einem kubischen Kasten mit der Kantenlänge d müssen sie die folgenden Bedingungen erfüllen:

$$\frac{n_x \lambda_x}{2} = d, \quad \frac{n_y \lambda_y}{2} = d, \quad \frac{n_z \lambda_z}{2} = d.$$

Durch die drei Wellenlängen λ_x, λ_y und λ_z werden damit die drei Komponenten der Bewegungsgröße festgelegt:

$$p_x = \frac{h}{\lambda_x}, \quad p_y = \frac{h}{\lambda_y}, \quad p_z = \frac{h}{\lambda_z}.$$

Für die kinetische Energie ergibt sich damit:

$$E = \frac{p_x^2 + p_y^2 + p_z^2}{2m} = \frac{(n_x^2 + n_y^2 + n_z^2)\, h^2}{8 m d^2}$$

Die Zahlen n_x, n_y und n_z werden Quantenzahlen genannt. Sie sind voneinander völlig unabhängig, jede von ihnen kann die Werte 1, 2, 3, ... annehmen.

Die sich aus derartigen Überlegungen ergebenden Energieniveaus hängen natürlich von der Masse des Teilchens und den Ausmaßen des Kastens ab. Die Größe $\frac{h^2}{8m\,d^2}$ ist ein Maß für die Größenordnung der Energieskala des Systems und für die ungefähre Energiedifferenz benachbarter Energieniveaus. Bei einem Elektron ($m = 10^{-30}$ kg) in einem Kasten von der Größe eines Atoms ($d = 10^{-10}$ m) liegt der Zahlenwert dieses Faktors bei etwa 30 eV, einem Wert, der bei einem System von atomaren Dimensionen zu erwarten ist.

Im Grundzustand nehmen die Quantenzahlen die kleinsten möglichen Werte an ($n_x = n_y = n_z = 1$). Das System ist im Zustand mit der kleinsten Energie

$$E_0 = \frac{3h^2}{8 m d^2}.$$

Denkt man an das Wasserstoffatom, so wird klar, daß dieser Weg Erfolg verspricht. Aus den Überlegungen folgt, daß das Wasserstoffatom einen Grundzustand haben muß, obgleich nach der Newtonschen Mechanik unbegrenzt niedrigere Energien zugelassen wären. Damit ist schon eine Erklärung für die Stabilität der Atome in Sicht. Weiter gibt es Materiewellen von höherer Energie, die in dem Kasten als stehende Wellen auftreten können. Es sind stehende Wellen mit 2, 3, ..., n Bäuchen möglich. Diese stationären Wellenzustände mit ihren bestimmten Energiewerten liefern ein Modell für die angeregten Zustände eines Atoms. Genauere Anwendungen werden im nächsten Kapitel besprochen.

Aufgaben

1.* Wie groß ist die Wellenlänge eines Elektrons, das sich mit einer Geschwindigkeit von $1{,}0 \cdot 10^7 \frac{m}{s}$ bewegt?

2.* Vergrößert man den Winkel θ in Bild 34.2, so wird der Strahl wiederum sehr stark vom Kristall reflektiert. Wie groß muß $2d \sin\theta$ für diesen Fall sein?

3. Man kann mit der Dichte und der Avogadro-Zahl berechnen, daß die Atomschichten im Kristall einen Abstand von einigen 10^{-10} m, z.B. $3 \cdot 10^{-10}$ m, haben. Man stellt fest, daß Röntgenstrahlung aus einer gewöhnlichen Röntgenröhre um etwa 10^0 gebeugt wird, wenn solch ein Kristall als Beugungsgitter dient. Schätzen Sie grob die Energie der Röntgenphotonen ab.

4. Elektronen, die durch einen Doppelspalt hindurchtreten, (fantastisch, aber möglich, wie wir in der nächsten Frage sehen werden) erzeugen eine Interferenzfigur auf einem Empfangsschirm. Die Spannung, durch die die Elektronen in der Elektronenquelle ihre Energie erhalten, wird nun von 50 V auf 5 000 V erhöht. Wie ändert sich der Abstand der Streifen in der Interferenzfigur?

5. Ein schmales Bündel von 100-eV-Elektronen wird auf zwei sehr eng benachbarte parallele Spalte gerichtet. Der Abstand der beiden Spalte wird auf 10^{-9} m geschätzt. Die hindurchfliegenden Elektronen bilden auf einem drei Meter entfernten Schirm eine Interferenzfigur.

(Die Herstellung eines solchen Doppelspalts erscheint unmöglich, liegt doch der Durchmesser eines Atoms in der Größenordnung von 10^{-10} m. Ebenso erscheint es unmöglich, den Abstand der Spalte zu messen, denn die Wellenlänge des Lichts liegt bei einigen hundert Nanometern. Trotzdem kann man etwas herstellen, was die gleiche Wirkung hat wie das Spaltpaar. Es ist das Biprisma aus Bild 34.5.b).

a) Schätzen Sie den Abstand zweier benachbarter heller Streifen.

b) Die hellen Streifen würden auf einem fluoreszierenden Schirm, der schon durch auftreffende 100-eV-Elektronen zum Leuchten angeregt wird, als helle Markierungen erscheinen. (Auf einem photographischen Film würden sie als dunkle Streifen sichtbar, ein an eine Auffangelektrode angeschlossenes Meßinstument ergäbe dort große Ausschläge.) Welcher wesentliche

Unterschied besteht zwischen den Elektronen, die die hellen Streifen bilden, und denen, die an den dunklen Stellen der Interferenzfigur ankommen? Sind sie größer? Sind sie kompakter? Sind sie von besserer Qualität? Tragen sie größere Ladung? Oder was geschieht hier eigentlich?

6. In einer bestimmten Elektronenröhre gelangen die aus der geheizten Kathode austretenden Elektronen zunächst durch ein Gitter, dessen Potential - 10 V ist. Dieses Gitter hat von der Kathode einen Abstand von 0,5 mm. Die Elektronen treffen dann auf die Anode, deren Potential + 110 V ist und die von der Kathode einen Abstand von 2,0 mm hat.

   Muß der Wellencharakter des Elektrons berücksichtigt werden, wenn sein Weg von der Kathode zur Anode beschrieben werden soll? Erklärung!

7. a) Wie groß ist die Wellenlänge einer Röntgenstrahlung, deren Photonen eine Energie von 40000 eV haben?
   b) Bei welcher Energie in eV etwa haben Elektronen die Wellenlänge der Röntgenstrahlung aus a)?
   c) Wie groß ist die Energie eines Baseballs?
   d) Wie groß ist die Wellenlänge eines Tennisballs (m = 60 g) bei einer Geschwindigkeit von $10\,\frac{m}{s}$?

8. Die Ermittlung von Kerndurchmessern durch Streuung von α-Teilchen ist nicht einfach, da kleine Abweichungen von der Coulombstreuung gefunden werden müssen. Man verwendet daher häufig Neutronen.
   a) Wie groß ist die de Broglie-Wellenlänge von Neutronen mit einer kinetischen Energie von 10^4 eV, 10^6 eV, 10^8 eV?
   b) Vergleichen Sie diese Wellenlänge mit dem Kerndurchmesser eines Goldatoms ($15 \cdot 10^{-15}$ m).
   c) Betrachten Sie noch einmal das Verhalten von Wellen an einem Hindernis in Bild 34.6. Stellen Sie sich vor, es würde ein Neutronenstrahl auf ein kleines Goldtarget gerichtet. Bei welchen der unter a) berechneten Wellenlängen erwartet man das folgende Verhalten:
      I. Die meisten Neutronen passieren die Kerne ungestört. Einige von ihnen werden entweder absorbiert oder reflektiert, verhalten sich dabei aber wie Kugeln in der Newtonschen Mechanik.
      II. Die meisten Neutronen passieren die Kerne offenbar ungestört. Der Rest verläßt das Goldtarget gleichmäßig in alle Richtungen, unbeeinflußt von der Form der Kerne.
   d) Wie groß ist die Energie der Neutronen, mit denen Sie den Durchmesser der Atome zu ermitteln versuchen würden?

9. Der Zusammenhang zwischen der Photonenenergie und der Wellenlänge des Lichts wurde in Abschnitt 31.3 ermittelt.
   a) Leiten Sie einen ähnlichen Zusammenhang zwischen der kinetischen Energie eines Teilchens und seiner de Broglie-Wellenlänge her.
   b) Das Teilchen sei ein Elektron und erhalte seine kinetische Energie, indem es durch eine bestimmte Spannung beschleunigt wird. Untersuchen Sie für diesen Fall den Zusammenhang zwischen der Spannung und der de Broglie-Wellenlänge.
   c) Wie groß müßte die Energie eines Elektrons sein, wenn es die Wellenlänge des gelben Lichts haben soll?

10. Halten Sie eine Zimbel mit dem Griff nach unten und schlagen Sie sie mit einem Finger oder einem kleinen Gummihammer am Rand an. Bei einiger Übung gelingt es, stehende Wellen zu erzeugen. Beschreiben Sie diese Wellen.

11. Auf einer Schraubenfeder, deren Enden an zwei Wänden mit 8 m Abstand befestigt sind, breiten sich Wellen mit einer Geschwindigkeit von $2\,\frac{m}{s}$ aus.
    a) Bei welchen Frequenzen kommt es zur Ausbildung von stehenden Wellen?
    b) Kann man alle diese stehenden Wellen auch dann erzeugen, wenn man die Mitte der Feder bewegt?

12.* Für den in Abschnitt 34.6 diskutierten Kasten sei eine bestimmte Länge d vorgegeben. Kann damit ein im Kasten befindliches Teilchen nur einen bestimmten Energiewert haben?

13.* Welche Größenordnung hat die kinetische Energie eines Elektrons, das sich in einem Kasten der Länge 10^{-10} m hin und her bewegt? (Masse des Elektrons 10^{-30} kg)

14. a) Schätzen Sie die Energie eines Neutrons ab, das sich in einem Kern mit einem Radius von

    $r = 6 \cdot 10^{-15}$ m

    befindet. (Das ist ein großer Kern.) Es reicht aus, wenn Sie annehmen, der Kern sei ein Würfel der Kantenlänge r.
    b) Ist die Energie des Neutrons kleiner, wenn es sich in einem kleineren Kern befindet?

15. Ein Elektron sei in einem kleinen kubischen Kristall mit einer Kantenlänge von $1 \cdot 10^{-6}$ m eingeschlossen. Werden Quanteneffekte nachweisbar sein, falls man Änderungen der Energie des Elektrons beobachten würde? (Hinweis: Berechnen Sie die kleinste mögliche Energie, wobei Sie das Elektron als stehende Welle in dem Kristall betrachten.)

16. Das zwischen den festen Wänden (Abschnitt 34.5) eingeschlossene Teilchen sei geladen und damit in der Lage zu strahlen. Wie groß ist die Frequenz der Strahlung, die beim Übergang aus dem ersten angeregten Zustand in den Grundzustand ausgesandt wird? Drücken Sie Ihre Antwort durch h, m und d aus.

17. Wir wollen annehmen, ein Elektron bewege sich stets in einer Ebene innerhalb eines Quadrates der Seitenlänge d.
    a) Vergleichen Sie seine Minimalenergie mit der eines Elektrons, das in einen Würfel der Kantenlänge d eingeschlossen ist.
    b) Vergleichen Sie die Wellenlänge der Strahlungen, die jeweils beim Übergang aus dem ersten angeregten Zustand in den Grundzustand ausgesandt werden.

18. Das in Abschnitt 34.6 beschriebene Teilchen befinde sich in einem rechteckigen Kasten mit den Kantenlängen d, d und 2d. Vergleichen Sie seine Minimalenergie mit der, die es in einem Würfel der Kantenlänge d hätte.

19. In Aufgabe 24 des Kapitels 26 wurde berechnet, daß sich ein Proton mit einer kinetischen Energie von $1{,}0 \cdot 10^{-12}$ J einem Goldkern höchstens bis auf $1{,}8 \cdot 10^{-14}$ m nähern kann. Erscheint es sinnvoll, dieses Ergebnis nach Abschnitt 34.2 unter Berücksichtigung der Welleneigenschaft des Protons abzuwandeln?

35. Atomhülle und Atom

In diesem Kapitel sollen kurz die grundlegenden Gedanken der Quantenmechanik der Energieniveaus des Wasserstoffatoms diskutiert werden. Anschließend wird versucht, diese Gedanken abzuwandeln, um wenigstens zu einem qualitativen Verständnis des Verhaltens anderer Atome, der Moleküle und der Atomkerne zu kommen.

35.1. Wasserstoffähnliche Atome

Zunächst sei die Bewegung eines einzelnen Elektrons im elektrischen Feld eines Kerns mit Z Elementarladungen betrachtet. Ein solches System nennt man ein *wasserstoffähnliches Atom.* Vom Standpunkt der Newtonschen Mechanik aus betrachtet erscheint das wasserstoffähnliche Atom dem System Erde – Mond ähnlich: In einer Entfernung r vom Kern hat die auf das Elektron wirkende Kraft den Betrag $\frac{kZe^2}{r^2}$. Soll sich das Elektron auf einer Kreisbahn mit diesem Radius mit der Geschwindigkeit v bewegen, so muß die elektrische Kraft gleich der Zentripetalkraft sein:

$$\frac{k Z e^2}{r^2} = \frac{m v^2}{r}.$$

Multipliziert man beide Seiten mit $\frac{1}{2}$ r, so erhält man

$$\frac{1}{2}\frac{k Z e^2}{r} = \frac{1}{2} m v^2 = E_k .$$

Die potentielle Energie eines Elektrons im Feld des positiv geladenen Kerns ist

$$E_p = -\frac{k Z e^2}{r} .$$

Für ein Elektron auf einer Kreisbahn gilt also

$$-\frac{1}{2} E_p = E_k .$$

Unter Verwendung dieser Gleichung können wir die Gesamtenergie eines Elektrons auf zweierlei Arten ausdrücken:

$$E = E_p + E_k = -\frac{k Z e^2}{r} + \frac{k Z \cdot e^2}{2r} = -\frac{k Z e^2}{2r}$$

und

$$E = E_p + E_k = -2 E_k + E_k = -E_k.$$

So weit führt die Newtonsche Mechanik. Keiner der Ausdrücke enthält einen Hinweis darauf, daß für die Gesamtenergie nur bestimmte Werte zulässig sind; keiner der beiden Ausdrücke kann daher das diskrete Linienspektrum des Wasserstoffs erklären. Darüber hinaus verhalten sich das Wasserstoffatom und manche andere Atome im Grundzustand eher so, als ob der positiv geladene Kern von einer kugelförmigen Wolke negativer Ladung umgeben wäre; nicht so, als ob sich ein negativ geladenes Elektron auf einer Kreisbahn um den positiv geladenen Kern bewegt. Wäre das letztere Bild richtig, so müßte zum Beispiel die Bahnebene des Elektrons experimentell zu ermitteln sein. Experimentelle Hinweise auf eine bevorzugte Ebene gibt es aber nicht. Daraus ist zu schließen, daß das Elektron im Grundzustand des Wasserstoffatoms besser durch eine kugelförmig symmetrische Welle beschrieben werden kann als durch eine Kreisbahn. Wie läßt sich aber die Kluft zwischen diesem Bild und der Bahnvorstellung, die für einen weiteren Bereich brauchbar ist, überbrücken?

In Abschnitt 34.2 wurde gezeigt, daß die Wellennatur der Teilchen so lange nicht in Erscheinung tritt, wie die in dem Experiment auftretenden Abmessungen groß sind im Vergleich zur de Broglie-Wellenlänge. In diesem Fall kann man daher erwarten, daß die Newtonsche Mechanik so lange anwendbar bleibt, wie der Bahnumfang $2\pi r$ sehr viel größer als die de Broglie-Wellenlänge λ ist.

Aus dem ersten Ausdruck für die Gesamtenergie eines Elektrons ergibt sich

$$2\pi r = -\frac{\pi k Z e^2}{E} .$$

Aus dem Ausdruck für die de Broglie-Wellenlänge folgt

$$\lambda = \frac{h}{p} = \frac{h}{\sqrt{2 m E_k}} = \frac{h}{\sqrt{-2 m E}} .$$

Die Newtonsche Mechanik wird also so lange anwendbar sein, wie

$$\frac{2\pi r}{\lambda} = -\frac{\pi k Z e^2}{E}\frac{\sqrt{-2 m E}}{h} = \frac{\pi k Z e^2}{h}\sqrt{\frac{2m}{-E}} \gg 1$$

gilt.

Wir wollen nun versuchen den Gültigkeitsbereich dieser auf der Newtonschen Mechanik basierenden Beziehungen zu erweitern. Selbst wenn $\frac{2\pi r}{\lambda} \ll 1$ ist, wird die stehende Welle in einem etwas verschmierten Kreisring sich besser zur Beschreibung eignen als die klassische Kreisbahn. Diese Auffassung entspricht genau der Verbesserung der geometrischen Optik, wenn man die sehr schwache Beugung beim Durchgang eines Lichtbündels durch einen breiten Spalt berücksichtigt.

Damit sich eine stehende Welle in einem kreisförmigen Bereich ausbilden kann, muß ihr Umfang ein ganzzahliges Vielfaches der Wellenlänge sein:

$$\frac{2\pi r}{\lambda} = n .$$

Dabei ist n eine große ganze Zahl (Bild 35.1). Da n nur ganzzahlig sein kann, nimmt E auch nur diskrete Werte an; die Energie des n-ten Niveaus bezeichnet man mit E_n und erhält

$$\frac{\pi k Z \cdot e^2}{h}\sqrt{\frac{2m}{-E_n}} = n.$$

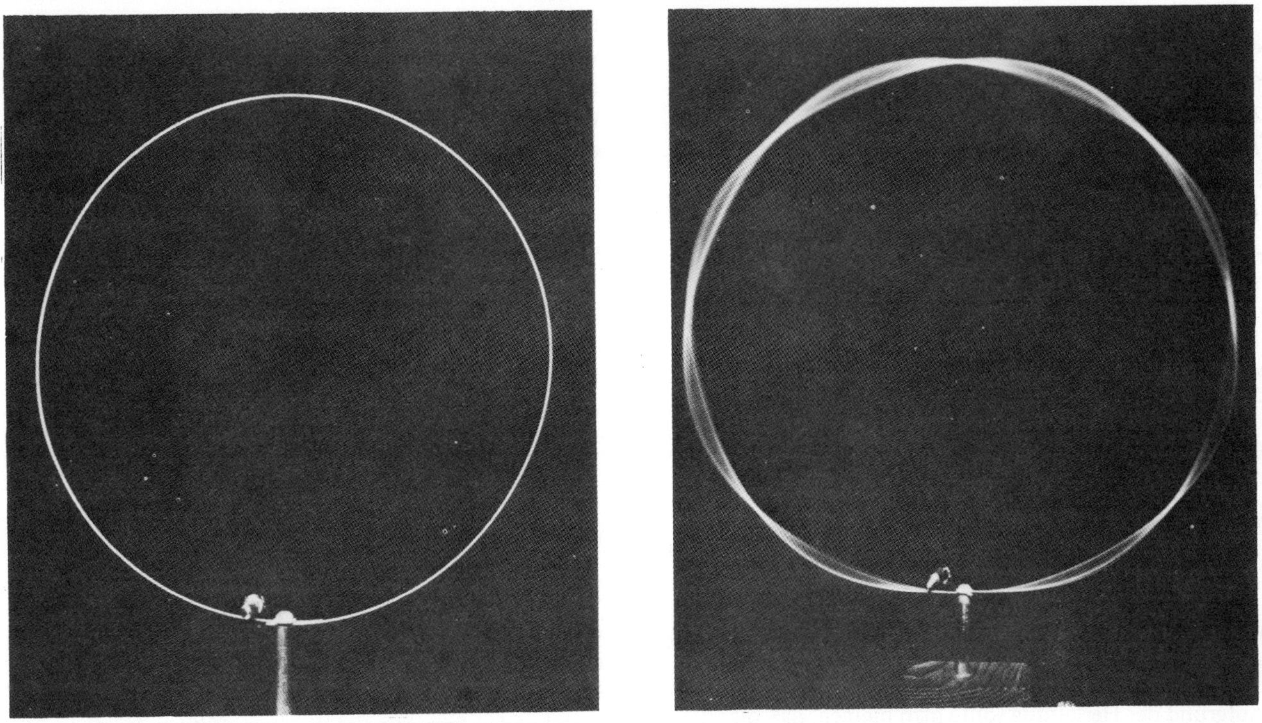

Bild 35.1. Eine stehende Kreiswelle. Aufnahme

a) zeigt einen Drahtring. Links von der Halterung ist die Welle eines kleinen Elektromotors sichtbar. Die Welle ist etwas exzentrisch. Dadurch kann der Draht angeregt werden.

b) zeigt eine stehende Welle mit $2\pi r = 4\lambda$.

Quadrieren und Auflösen nach E_n ergibt

$$E_n = -\frac{2\pi^2 k^2 m}{h^2} \frac{Z^2 e^4}{n^2} = -R_y \frac{Z^2}{n^2}.$$

Die Konstante

$$R_y = \frac{2\pi^2 k^2 m e^4}{h^2} = 13{,}6 \text{ eV}$$

heißt *Rydberg-Konstante* [1][2].

---

[1] Im deutschsprachigen Schrifttum bezeichnet man als Rydberg-Konstante die Größe

$$R_y' = \frac{1}{hc} R_y = \frac{2\pi^2 k^2 m e^4}{h^3 \cdot c} = \frac{e^4 m}{8\epsilon_0^2 h^3 c} = 1{,}097 \cdot 10^7 \text{m}^{-1}.$$

[2] Ursprünglich wurde die einfache Formel für die Energieniveaus aus den gemessenen Wellenlängen der Spektrallinien hergeleitet. Die Spektroskopiker *Balmer* und *Rydberg* nannten damals „Termwerte", was wir heute als Energieniveaus bezeichnen. 1913 zeigte *Niels Bohr* die Übereinstimmung des Planetenmodells mit der Formel $E_n = \frac{-13{,}6 \text{ eV}}{n^2}$. Er war in der Lage, den Wert 13,6 eV aus den Zahlenwerten einiger Naturkonstanten herzuleiten: aus der Konstanten $k = \frac{1}{4\pi\epsilon_0}$ im Coulombschen Gesetz, der Planckschen Konstanten h und der Elektronenmasse m. Den Bohrschen Erfolg kann man als Beginn unserer gegenwärtigen Theorie von der Struktur der Materie ansehen.

Bohr rechtfertigte seine Herleitung dadurch, daß er sich auf ein allgemeingültiges Prinzip bezog, das wir heute als Korrespondenzprinzip bezeichnen. Es möge eine erfolgreiche Theorie vorhanden sein, eine Theorie also, die in Übereinstimmung mit Fakten in einem bestimmten Bereich des Wissens steht. Eine solche Theorie kann zu Schwierigkeiten führen, wenn weitere Erkenntnisse gewonnen werden. Dann muß eine neue Theorie entwickelt werden. Diese neue Theorie kann aber nur dann brauchbar sein, wenn sie in dem Bereich, den bisher die alte Theorie umfaßte, zu den gleichen Vorhersagen wie die alte Theorie kommt. So können Struktur und Inhalt einer älteren Theorie wichtige Prüfungen der neuen Theorie ermöglichen und gleichzeitig Hinweise geben, in welche Richtung eine noch unbekannte Theorie zu entwickeln ist.

Bohrs erste Anwendung des Korrespondenzprinzips bestand darin, daß er die Herleitung der Konstante für die Energieniveaus des Wasserstoffs überprüfte. Dazu stellte er sich vor, daß das Wasserstoffatom nahezu ionisiert sei. Dann hat die Elektronenbahn einen Durchmesser von etwa 1 m ($n \approx 10000$). Eine Bahn von diesem Durchmesser entspricht in ihren Ausmaßen etwa einer Antenne oder einem Synchrotron. Wir wissen, daß in solchen Fällen die abgestrahlte Frequenz der Bahnfrequenz entspricht. Finden nun zwischen derartigen Bahnen Übergänge statt, so muß die abgestrahlte Frequenz auch ungefähr der Bahnfrequenz entsprechen. Ausgehend von diesem Ansatz hat *Bohr* die Energieniveaus im Wasserstoffatom berechnet. Gleichzeitig gelang es damit zu zeigen, daß die neue und die alte Theorie in gewissen Bereichen übereinstimmten. Wir werden hier allerdings anders vorgehen.

Nun soll der Radius r_n des kreisringförmigen Wellenbildes, das dem n-ten Energieniveau entspricht, bestimmt werden. Löst man

$$E_n = -\frac{k Z e^2}{2 r_n}$$

nach r_n auf, so ergibt sich

$$r_n = -\frac{k Z e^2}{2 E_n} = \frac{h^2}{4\pi^2 k m e^2} \frac{n^2}{Z} = a \frac{n^2}{Z}.$$

Die Konstante

$$a = \frac{h^2}{4\pi^2 k m e^2} = 0{,}53 \cdot 10^{-10}\,\mathrm{m}$$

heißt *Bohrscher Radius.*

Aufgrund der Herleitung sollte man meinen, daß die Beziehungen

$$E_n = -R_y \frac{Z^2}{n^2} \quad \text{und} \quad r_n = a \frac{n^2}{Z}$$

nur für große Werte von n mit den Vorhersagen der Newtonschen Mechanik übereinstimmen. Jedoch passen die berechneten Werte der Energieniveaus sehr gut zu den beobachteten Energien der Spektrallinien. Sie gelten, wie wir in Abschnitt 33.5 sahen, auch bei kleinen Werten von n. Tatsächlich fand *Rydberg* den Wert der Konstanten R_y experimentell, bevor es gelang, ihn aufgrund einer ähnlichen Argumentation zu berechnen. Sicherlich ist es nicht sehr befriedigend, daß der Ausdruck für r_n auch für kleine Werte von n anwendbar ist. Das zugrunde liegende Bild stimmt nicht mehr, wenn wir uns dem Grundzustand des Atoms nähern. Trotzdem liefern aber n = 1 und Z = 1 den Wert $r_1 = 0{,}53 \cdot 10^{-10}$ m, und das ist ungefähr der Radius des Wasserstoffatoms. Im folgenden Abschnitt soll versucht werden, die Ausdrücke für E_n und r_n auch auf kompliziertere Atome anzuwenden. Sie werden uns dort helfen, die Struktur der Atome zu verstehen.

35.2. Heliumion und Heliumatom

Das Heliumatom besteht aus zwei Elektronen und einem Kern, der zweifach positiv geladen ist. Damit haben wir es hier mit einem System von drei untereinander in Wechselwirkung stehenden Teilchen zu tun. Es wirkt nicht mehr nur die einfache Zentralkraft wie beim Wasserstoffatom. Im allgemeinen ergibt sich daraus eine kompliziertere Struktur der Energieniveaus. Wird aber eines der beiden Elektronen aus dem Atomverband gelöst, wie es bei einem Stoß mit einem anderen Atom vorkommen kann, so bleibt ein positiv geladenes Ion übrig: Ein einzelnes Elektron ist im Feld eines Kerns mit der Ladungszahl Z = 2 gebunden. Auf das Ion läßt sich die Wellentheorie der wasserstoffähnlichen Atome anwenden.

Da jetzt Z = 2 ist, erwarten wir die folgenden Energieniveaus:

$$E_n = -13{,}6 \, \frac{2^2}{n^2}\,\mathrm{eV} = -\frac{54{,}4}{n^2}\,\mathrm{eV}.$$

Damit sind die Niveaus wie im Wasserstoff angeordnet, nur um den Faktor $Z^2 = 4$ verschoben. Die Energie eines bei einem Sprung des Elektrons emittierten Photons wird auch viermal so groß sein wie für den entsprechenden Sprung beim Wasserstoffatom. Da die Wellenlänge eines Photons umgekehrt proportional zu seiner Energie ist, werden die Linien gegenüber den entsprechenden Linien des Wasserstoffs weit ins Ultraviolette verschoben sein. Das hat sich experimentell voll bestätigt (Bild 35.2).

Nun soll das Heliumion ein zweites Elektron einfangen. Dann wird sich das zweite Elektron wahrscheinlich zunächst auf einer „Bahn" mit großem n bewegen. Eine schematische Darstellung zeigt Bild 35.3. Das in Kernnähe befindliche Elektron schirmt eine der beiden

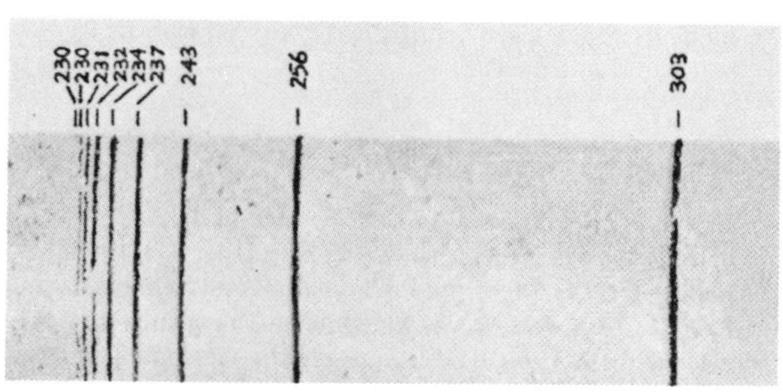

Bild 35.2. Spektrum des einfach ionisierten Heliums. Die Wellenlängen sind in 10^{-10} m angegeben. Sie entsprechen der Lymanserie des Wasserstoffs, wenn dessen Kern zwei Elementarladungen trägt. Man beachte, daß sie im äußerst kurzwelligen UV liegen. (Aus: *P. G. Kruger,* „Bogen- und Funkenspektrum des Heliums", Physical Review, Band 36, Serie 2, Juli-Dezember 1930.)

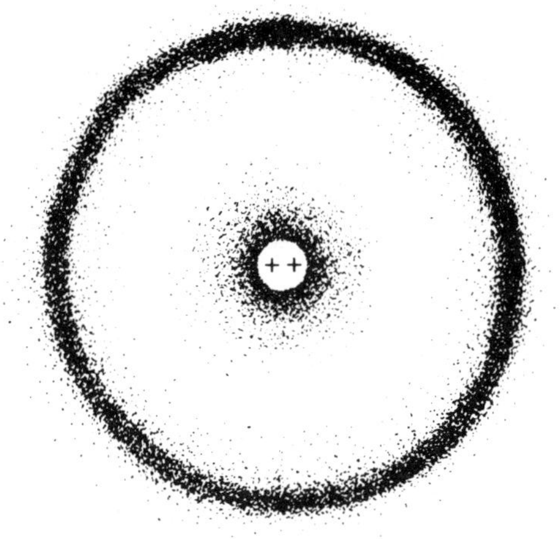

Bild 35.3. Querschnittsskizze eines Heliumatoms kurz vor der Ionisation. n ist groß (nicht maßstabsgerecht).

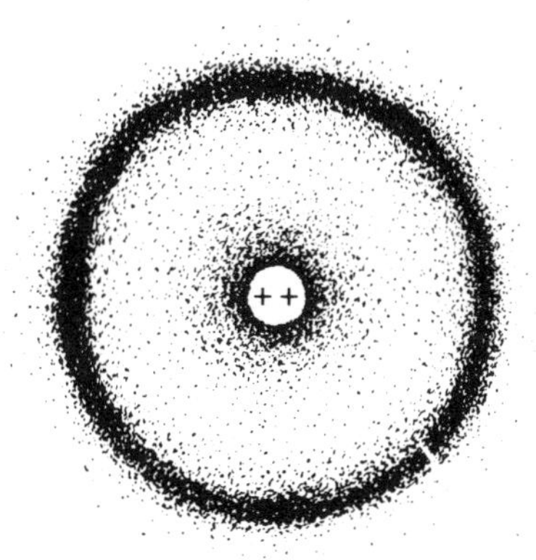

Bild 35.4. Querschnittsskizze eines Heliumatoms in einem der unteren angeregten Zustände (nicht maßstabgerecht)

positiven Ladungen des Kerns ab, das Elektron auf der äußeren Bahn wird nur von der Wirkung einer einzelnen positiven Ladung beeinflußt. Voraussichtlich werden die den äußeren Bahnen entsprechenden Energieniveaus sehr stark denen des Wasserstoffs gleichen. Springt das Elektron schrittweise auf immer tiefere Energieniveaus über, so werden die dabei ausgesandten Photonen fast die gleiche Energie haben wie die vom Wasserstoffatom ausgesandten. Kommt das Elektron dabei aber nahe genug an den Kern heran, so tritt ein neuer Effekt auf. Seine stehende Welle überlagert sich mit der des inneren Elektrons (Bild 35.4). Man darf dann nicht mehr davon ausgehen, daß das elektrische Feld von einer Punktladung erzeugt wird.

Das elektrische Feld ist sehr kompliziert, denn es wird durch die Überlagerung der Felder des Kerns und des anderen Elektrons gebildet. Die Feldstärken sind vergleichbar groß, da der Kern nur zwei Elementarladungen trägt. Es ist daher kaum zu hoffen, die Wellenbilder des Zweielektronenatoms mit Hilfe des Modells vom Wasserstoffatom beschreiben zu können. Nur wenn sich das Feld des Kerns und des einen Elektrons zu einem solchen Feld addieren, daß das reziprok-quadratische Gesetz gilt, bleibt das Atommodell des Wasserstoffs brauchbar. Das ist dann der Fall, wenn sich die Welle des einen Elektrons weit außerhalb der des anderen Elektrons befindet. Unsere Approximation wird also darin bestehen, daß wir die Abnahme der Abschirmung des Kernfeldes berücksichtigen, wenn sich die stehenden Wellen der beiden Elektronen überlappen. Die Störung des reziprok-quadratischen Kraftfeldes bleibt aber unberücksichtigt. Wir werden dann wasserstoffähnliche Energieniveaus mit einem Z zwischen 1 und 2 erwarten. Solche Werte für Z bezeichnet man als Z_{eff}. In großer Entfernung vom Kern bewegt sich das zweite Elektron in einem Feld mit $Z_{eff} = 1$. Ist das Elektron so nahe wie möglich am Kern, so sollte Z_{eff} der vollen Ladung des Kerns entsprechen, also den Wert $Z_{eff} = 2$ annehmen. Wahrscheinlich ist es aber noch etwas kleiner. Der Wert der effektiven Quantenzahl Z_{eff} läßt sich für den Grundzustand aus der Ionisierungsenergie des Heliums berechnen. Die Ionisierungsenergie des Heliums ergibt sich zu 24,6 eV.

Mit n = 1 erhält man:

$$-24{,}6 \text{ eV} = -13{,}6 \text{ eV} \frac{Z_{eff}^2}{1^2}$$

oder

$$Z_{eff} = \sqrt{1{,}81} = 1{,}35\,.$$

Den angeregten Energieniveaus entsprechen unterschiedliche wirksame Kernladungen, meistens aber ist $Z_{eff} = 1$. Das bedeutet, daß das innere Elektron genau

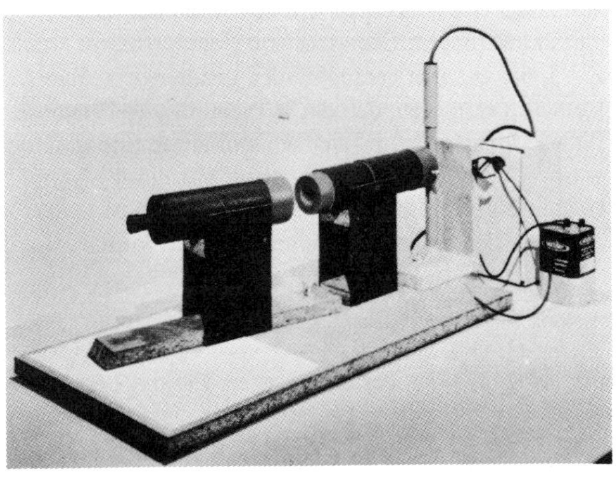

Bild 35.5. Einfaches Spektrometer

eine Kernladung abschirmt. Von der Gültigkeit dieser Näherung kann man sich durch Untersuchung des sichtbaren Heliumspektrums überzeugen, die schon mit dem einfachen in Bild 35.5 gezeigten Spektrometer durchführbar ist.

35.3. Lithiumatom

Im periodischen System folgt als nächstes das Lithiumatom. Der Kern enthält drei positive Elementarladungen. Im neutralen Atom umgeben den Kern drei Elektronen. Wird das Lithiumatom in einem Lichtbogen angeregt, so erhält man ein Linienspektrum, das einen großen Bereich von Wellenlängen, vom fernen Ultraviolett (10^{-8} m) bis weit hinein ins Infrarot ($7 \cdot 10^{-6}$ m) umfaßt. Der mittlere Bereich ($10^{-7} \ldots 10^{-6}$ m) enthält sehr viele Linien, und es ist sehr schwierig, hier irgendwelche Regelmäßigkeiten zu entdecken, wenn man nur das Wasserstoffatom einigermaßen versteht. An den beiden äußeren Enden der Wellenlängenbereiche ist die Struktur des Spektrums aber einfacher. Wir wollen mit dem hochenergetischen Ende des Spektrums anfangen.

Tabelle 1 zeigt Wellenlängen und Energien der energiereichsten Linien.

Tabelle 1: Der ferne ultraviolette Bereich des Lithiumspektrums

λ in 10^{-10} m	E in eV	E in R_y
199,3	62,3	4,57
135,0	91,8	6,75
113,9	108,9	8,02
108,0	114,7	8,40
105,5	117,5	8,65
104,2	118,8	8,73

Was läßt sich über die Energieniveaus aussagen, die für das Zustandekommen dieser Linien vorhanden sein müssen? Die energiereichste Linie hat eine Energie von fast 9 R_y. Dies entspricht der Bindungsenergie eines Elektrons im Grundzustand eines Kerns mit Z = 3, das gilt aber gerade für den Lithiumkern. Man kann also vermuten, daß die in Tabelle 1 angeführten Linien Übergängen im zweifach ionisierten Lithiumatom entsprechen. Zur Bestätigung dieser Vermutung ist nur zu überprüfen, ob die Zahlen in der dritten Spalte der Tabelle sich als Energiedifferenzen in der Form

$$E_n - E_1 = 9\left(\frac{1}{1^2} - \frac{1}{n^2}\right) R_y$$

mit n = 2, 3, 4, . . . darstellen lassen. Für n = 2 ergibt sich

$$\frac{1}{1^2} - \frac{1}{2^2} = \frac{3}{4} \quad \text{und} \quad 9 \ \frac{3}{4} R_y = 6{,}75 \ R_y = 91{,}8 \ \text{eV}.$$

Das ist genau die Energie der zweiten in der Tabelle aufgeführten Linie. Man kann sich leicht davon überzeugen, daß die folgenden Linien den Übergängen von n = 3, 4 und 5 in den Grundzustand des zweifach ionisierten Lithiums entsprechen. Die erste Linie mit $199{,}3 \cdot 10^{-10}$ m paßt nicht in dieses Schema; wir werden weiter unten darauf zurück kommen.

Das infrarote Ende des Spektrums ist in Tabelle 2 dargestellt. Hier ergeben die einfachen Wasserstoffniveaus $\frac{R_y}{n^2}$ recht gute Werte für die Photonenenergien der einzelnen Linien. Zum Beispiel ist in der Tabelle 2 die Photonenenergie der ersten Linie 0,0715 R_y. Das stimmt recht gut mit dem Ergebnis der Rechnung überein:

$$\left(\frac{1}{3^2} - \frac{1}{5^2}\right) R_y = \left(\frac{1}{9} - \frac{1}{25}\right) R_y = 0{,}0710 \ R_y .$$

Weitere Rechnungen für die anderen Linien zeigen sogar noch bessere Übereinstimmung.

Tabelle 2: Der infrarote Bereich des Lithiumspektrums

λ in 10^{-10} m	E in eV	E in R_y
12782,2	0,970	0,0715
18697,0	0,663	0,0488
40475	0,306	0,0225
74360	0,167	0,0123

Man kann sich also vorstellen, daß diese Linien entstehen, wenn sich ein Elektron scheinbar in dem reziprok-quadratischen Feld einer Punktladung mit Z = 1 bewegt. Ebenso wie beim Helium kann man hier annehmen, daß das Feld durch die Ladung des Kerns, die die beiden anderen Elektronen abschirmen, erzeugt wird. Bei einem Feld dieser Art liegt das Maximum der stehenden Welle des äußeren Elektrons in der Entfernung $n^2 a$ von der zentralen Ladung, wobei a der Bohrsche Radius ist. Bei den äußersten Linien im Infraroten liegen diese Abstände zwischen 9a und 36a. In dieser Entfernung tritt sicher keine Überlappung mit den stehenden Wellen der abschirmenden Elektronen ein.

Wie ist es aber nun mit dem Grundzustand des Lithiumatoms? Wenn die Abschirmung des Kerns erhalten bleibt, so wird das dritte Elektron gerade die Bindungsenergie des Wasserstoffs E = 13,6 eV haben. Kommt es zu einer Durchdringung der Wellenbilder, so wird Z_{eff} größer als 1 werden. Die Bindungsenergie wird dann größer als 1 R_y = 13,6 eV, wie das auch beim Helium der Fall ist.

Tatsächlich ist die Bindungsenergie dieses dritten Elektrons geringer, sie beträgt nur 5,39 eV oder 0,396 R_y. Wie läßt sich diese überraschend kleine Bindungsenergie verstehen?

Wir gehen von der Gleichung für die Bindungsenergie aus:

$$E_B = -E_n = R_y \frac{Z_{eff}^2}{n^2}.$$

Die effektive Kernladungszahl Z_{eff} kann nicht kleiner als 1 sein. Wenn unsere Approximation richtig ist, so bleibt als einzige Erklärungsmöglichkeit, daß die stehende Welle des dritten Elektrons zu einem Wert von n gehört, der größer als 1 ist. Der experimentell gefundene Wert der Bindungsenergie läßt vermuten, daß das dritte Elektron in einen Zustand mit n = 2 gegangen ist. Setzt man n = 2 in die Gleichung ein, so ergibt sich

$$Z_{eff} = \sqrt{\frac{4 \cdot 5{,}39 \text{ eV}}{13{,}6 \text{ eV}}} = 1{,}26 \ .$$

Dieser Wert scheint recht brauchbar zu sein. Obgleich das dritte Elektron in dem Energieniveau mit n = 2 eine größere Energie hat, geht es aus irgendeinem Grunde nicht unter Aussendung eines Photons in den Grundzustand mit n = 1 über, in dem sich bereits die beiden anderen Elektronen befinden. Bildet dieses dritte Elektron des Lithiums eine Ausnahme? Werden sich alle weiteren Elektronen in dem Niveau mit n = 2 sammeln? Werden sie auch höhere Niveaus mit größeren Werten für n besetzen, oder werden sie doch in das Niveau mit n = 1 zurückfallen? Die Antwort auf diese Fragen werden wir bald finden; zunächst sollen aber die Überlegungen zum Lithiumatom abgerundet werden.

Das hochenergetische Ende des Spektrums (Tabelle 1) ließ erkennen, daß das Lithiumatom die Kernladungszahl Z = 3 hat und daß mindestens ein Elektron in das Energieniveau mit n = 1 kommen kann. Aus der Diskussion des niederenergetischen Teiles des Spektrums und aus der Betrachtung der Bindungsenergie war zu entnehmen, daß ein Elektron Energieniveaus mit n = 2, 3, 4, 5, 6 besetzen kann und daß es mehr oder weniger vollständig durch zwei innere Elektronen vom Kern abgeschirmt wird. Wird ein Lithiumatom ionisiert, so ergibt sich die Bindungsenergie des zweiten Elektrons zu 75,6 eV. Setzt man

$$-75{,}6 \text{ eV} = -13{,}6 \text{ eV} \frac{Z_{eff}^2}{1^2} \ ,$$

so erhält man $Z_{eff} = 2{,}36$. Damit zeigt sich, daß der Abschirmungseffekt durch das verbleibende Elektron ungefähr so groß ist wie beim Grundzustand des Heliums. Außerdem findet sich im ultravioletten Bereich des Lithiumspektrums eine Linienserie, die der des Heliums entspricht, die aber in einem anderen Maßstab auftritt. Diese Serie kann dem Lithiumatom zugeordnet werden, das noch zwei Elektronen enthält. Die Linie $199{,}3 \cdot 10^{-10}$ m gehört zu dieser Serie. Alles zusammen liefert einen guten Nachweis dafür, daß sich zwei Elektronen in dem Energieniveau mit n = 1 befinden.

Die Maxima der stehenden Wellen der verschiedenen Elektronen liegen in recht unterschiedlichen Abständen vom Kern. Die aus der Bindungsenergie berechneten Werte für Z_{eff} liefern für das innere Elektron den Radius

$$r_1 = \frac{1^2}{2{,}36} a = 0{,}42\, a$$

und für das äußere Elektron

$$r_2 = \frac{2^2}{1{,}26} a = 3{,}2\, a.$$

Natürlich sagen diese Abstände nur etwas darüber aus, wo sich die Elektronen wahrscheinlich aufhalten. Sicherlich gibt es eine Überlappung zwischen den äußeren Bereichen der inneren stehenden Welle und den inneren Bereichen der äußeren. Trotzdem hat es einen Sinn sich vorzustellen, daß die Elektronen mehr oder weniger getrennte Schalen um den Kern herum bilden, wobei sich zwei stark gebundene Elektronen auf der inneren Schale befinden und das Elektron auf der äußeren Schale weniger stark gebunden ist.

Nun soll untersucht werden, ob sich Hinweise auf eine solche Schalenstruktur auch bei anderen Atomen finden.

35.4. Absorptionsspektren

In Abschnitt 33.4 wurde gezeigt: Sendet man weißes Licht durch ein Gas, so durchdringen die meisten Photonen das Gas ungehindert, nur wenige werden absorbiert. Im Spektrum erkennt man eine Serie von dunklen Streifen. Ein Photon wird absorbiert, wenn es seine Energie auf ein Gasatom übertragen kann. Das ist gerade dann der Fall, wenn durch die Energie des Photons ein Elektron aus dem Grundzustand in einen höheren Zustand gebracht werden kann, wenn also $h\nu = E_E - E_A$ gilt. Ein Absorptionsspektrum dieser Art zeigt Bild 35.6. Jede der Linien ist ein Maß für die Energiedifferenz zwischen dem Grundzustand und einem der angeregten Zustände. Die Linien drängen sich zum höherenergetischen Ende hin enger zusammen, denn für wachsendes n liegen die angeregten Zustände immer näher beieinander.

Die Grenze des Absorptionsspektrums wird erreicht, wenn die Photonenenergie ausreicht, um ein Elektron vollständig aus dem Atomverband zu lösen, d.h. wenn die Energie ausreicht, um ein Atom zu ionisieren.

Bild 35.6. Der kurzwellige Bereich im Absorptionsspektrum des Natriums. Da hier ein Negativ reproduziert wurde, erscheinen die absorbierten Wellenlängen als helle Linien auf dunklem Untergrund. (Aus: *H. Kuhn,* „Über Spektren von unecht gebundenen Molekülen (Polarisationsmolekülen) K_2, Na_2, Cs_2 und die Verbreiterung von Absorptionslinien, Z. f. Physik, 76, 1932.)

Ionisation durch Licht haben wir schon früher kennengelernt. Man spricht vom photoelektrischen Effekt. Dabei kann ein Elektron das Atom mit beliebig großer kinetischer Energie verlassen. Das bedeutet aber, daß jedes Photon, dessen Energie größer ist als die Ionisationsenergie des Atoms, absorbiert werden kann. Werden all diese Photonen aus dem Spektrum herausgenommen, so entsteht ein breites unscharf begrenztes Band, das unmittelbar jenseits der Grenze des Linienspektrums beginnt. Dieses Band ist am rechten Ende von Bild 35.6 erkennbar. Dabei muß man allerdings bedenken, daß das Bild ein Negativ zeigt, in dem Helligkeit und Dunkelheit vertauscht sind.

Zur Absorption von Röntgenstrahlen sind dichtere Materialien erforderlich. Sendet man Röntgenstrahlung mit allen möglichen Wellenlängen durch eine dünne Schicht irgendeines Materials und untersucht das durchgelassene Spektrum, so stellt man fest, daß die meisten Photonen hindurchkommen. Die Absorption ist auf einige breite Bänder beschränkt. Am höher energetischen Ende nimmt die Absorption bei jedem Band allmählich ab, während es am niederenergetischen Ende eine scharfe Kante gibt (Bild 35.7).

Die allmähliche Abschwächung des Absorptionsbandes läßt vermuten, daß hier ein andersartiger Ionisationsprozeß stattfindet. Es muß ein Prozeß sein, bei dem keine scharfen Absorptionslinien auftreten. Für die an der Absorption von Röntgenstrahlen beteiligten Elektronen scheint es keine nahe benachbarten angeregten Zustände zu geben, in die sie übergehen können. Das wäre damit zu erklären, daß hier innere Elektronen direkt ionisiert werden. Damit wäre auch die scharfe *Kante* am niederenergetischen Ende des Bandes zu verstehen. Kein Photon könnte absorbiert werden, wenn seine Energie kleiner als die Ionisationenergie ist, und jedes Photon würde absorbiert, wenn seine Energie größer als diese Ionisationenergie ist.

Diese Vorstellung läßt sich überprüfen, indem man die Photonenenergie der Absorptionskanten verschiedener Elemente untersucht. Das müßte dann gerade die Bindungsenergie eines inneren Elektrons sein. Wenn die

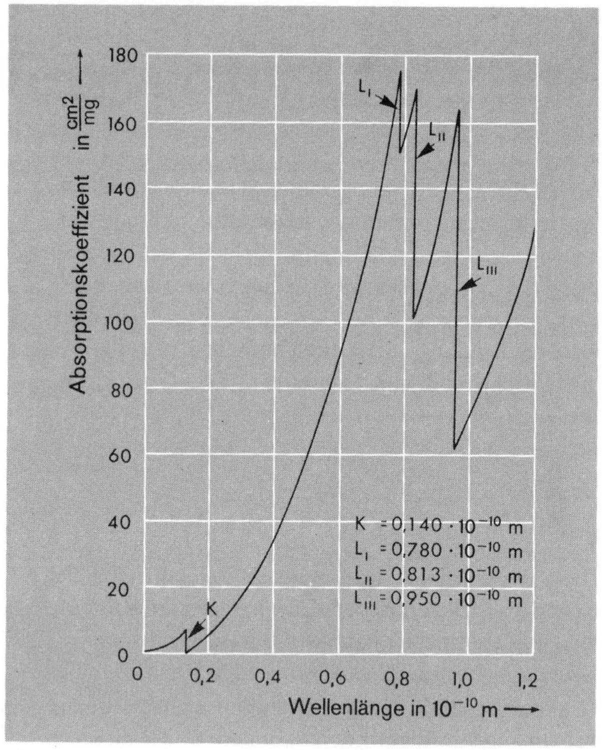

Bild 35.7. Die meisten Elemente zeigen Röntgenabsorptionskanten wie hier das Blei. Bei einigen Elementen tritt nur eine Kante, die K-Kante auf, die einen Hinweis auf die Energie der innersten Elektronen gibt. (Aus: *Richtmayer, Kennard* und *Lauritsen,* Introduction to Modern Physics, 1955, McGraw-Hill.)

beim Wasserstoffatom entwickelten Vorstellungen bei komplexeren Atomen immer noch richtig und nützlich wären, dann könnte man diese Energie als $E_B = \frac{R_y Z_{eff}^2}{n^2}$ darstellen. Bei den meisten Elementen gibt es im Röntgenspektrum mehr als eine Absorptionskante. Die Kante, die der höchsten Photonenenergie entspricht, müßte den innersten Elektronen zuzuordnen sein, für die möglicherweise n = 1 ist und für die Z_{eff} ziemlich gut der vollen Kernladungszahl entspricht.

Zur bequemen Überprüfung könnte ein Graph dienen, bei dem $\sqrt{E_b}$ als Funktion von Z aufgetragen ist. Man würde als Graph eine Gerade erwarten, deren Gleichung $\sqrt{E_B} = \sqrt{R_y}\,(Z - s)$ ist. Dabei ist s eine Abschirmkonstante, wie sie bereits beim Helium und Lithium eingeführt wurde.

Bild 35.8 zeigt den Graphen. In Abschnitt 26.4 hatten wir bereits angenommen, daß bei jedem Element die Kernladungszahl Z gleich der Ordnungszahl ist – also gleich der Zahl, die den Platz im periodischen System angibt. Dort sind die Elemente in der Reihenfolge

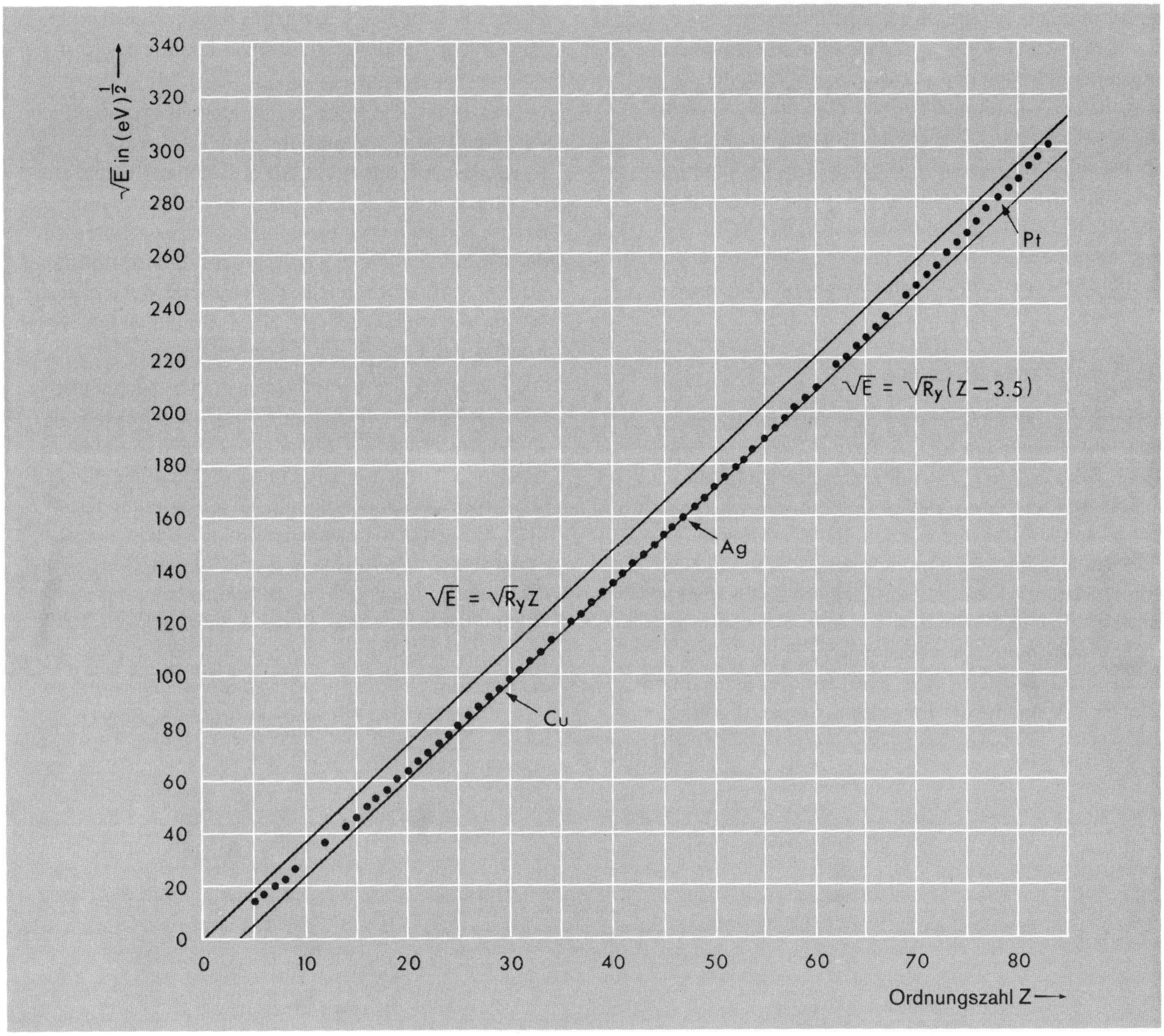

Bild 35.8. E ist die Energie derjenigen Röntgenstrahlung, die die energiereichste Absorptionskante bei einem bestimmten Element erkennen läßt. $\sqrt{E}$ ist in Abhängigkeit von der Kernladungszahl Z des Elements dargestellt. Alle Meßwerte liegen zwischen der Geraden mit $\sqrt{E} \sim Z$ und $\sqrt{E} \sim Z - 3{,}5$.

ihrer relativen Atommassen angeordnet. Diese Werte für Z haben wir hier benutzt. Für drei Elemente ergaben sich unabhängig hiervon andere Bestätigungen. *Chadwick* hat die Streuung vom α-Teilchen dazu benutzt, um die Kernladungszahlen von Kupfer (29), Silber (47) und Platin (78) zu bestimmen. Seine Ergebnisse 29,3, 46,3 und 77,4 unterscheiden sich von den Ordnungszahlen um weniger als 2 %.

In der oberen Geraden von Bild 35.8 ist $\sqrt{R_y}Z$ dargestellt, in der unteren $\sqrt{R_y}\,(Z - 3{,}5)$. Alle Meßpunkte liegen zwischen diesen beiden Geraden. Es ist klar, daß unsere einfache Energieberechnung unter Verwendung der beim Wasserstoff angestellten Überlegungen nicht ganz richtig ist. Aber der Graph zeigt, daß selbst für recht komplexe Atome dadurch noch eine recht gute Annäherung gegeben ist. Die Gründe, warum diese Rechnungen nicht ganz richtig sein können, sind leicht zu finden. Bei Atomen mit 30 oder 40 Elektronen müssen sich die stehenden Wellen der einzelnen Elektronen weitgehend überlagern. Es wird daher in der Nähe des Kerns nicht mehr das einfache reziproke quadratische Abstandsgesetz für die elektrische Feldstärke gelten.

Trotzdem lassen sich aus Bild 35.8 mit recht guter Sicherheit zwei Schlüsse ziehen: Zum ersten müssen die an dieser Absorption von hochenergetischer Röntgenstrahlung beteiligten Elektronen die innersten Elektronen des Atoms sein, die sich in Energieniveaus mit n = 1 befinden und die sich in dem Feld der nahezu ganzen Kernladung bewegen. Zum anderen wächst die Kernladung in gleichen Schritten an, wenn man im periodischen System von Element zu Element fortschreitet. Obgleich sich nicht mit Sicherheit sagen läßt, daß die Kernladungszahl exakt gleich der Ordnungszahl ist, gibt es doch keinen anderen Zahlenwert, durch den die gesamte Gruppe brauchbar dargestellt wird.

35.5. Ionisationsenergien

In Bild 35.8 ist die Quadratwurzel der Ionisationsenergie der innersten Elektronen der Elemente dargestellt. Bild 35.9 zeigt die Ionisationsenergie für die äußersten Elektronen. Der Unterschied zwischen beiden Graphen ist beeindruckend. Bei den äußeren Elektronen gibt es kein monotones Anwachsen. Die Ionisationsenergie nimmt von Element zu Element manchmal zu und manchmal ab. Statt eines beständigen Anwachsens beim Übergang zu höheren Ordnungszahlen zeigt sich, abgesehen von den Schwankungen, eine Abnahme der Ionisationsenergie. Die Bindungsenergie des äußersten Elektrons hängt offensichtlich von anderen Faktoren als von der Ladung des Kerns ab.

In Bild 35.9 fallen insbesondere die scharfen Maxima (He, Ne, Ar, Kr, Xe) und die scharfen Minima (Li, Na, K, Rb, Cs) auf, die direkt auf die Maxima folgen. Die Maxima gehören zu den Edelgasen Helium, Neon, Argon, Krypton und Xenon. Die Minima gehören zu den Alkalimetallen, die außerordentlich reaktionsfähig sind, an Luft sehr schnell oxidieren und Wasser zersetzen. Zwischen jedem Alkalimetall und dem nächsten Edelgas steigt der Graph unregelmäßig an.

Die hier sichtbaren periodischen Änderungen ähneln sehr stark denen, die in dem von den Chemikern entwickelten System der Elemente (Tabelle 3) sichtbar werden. Sie treten genau an den gleichen Stellen auf. Die Alkalimetalle nehmen die erste Spalte im periodischen System der Elemente ein, die Edelgase stehen in der letzten Spalte. Man erkennt ohne weiteres, daß die Ionisationsenergien im Zusammenhang mit den chemischen Eigenschaften der Atome stehen.

Wir haben gesehen, daß die Abnahme der Ionisationsenergie vom Helium zum Lithium einer Zunahme von n um 1 entspricht. Wir wollen nun sehen, ob sich auf

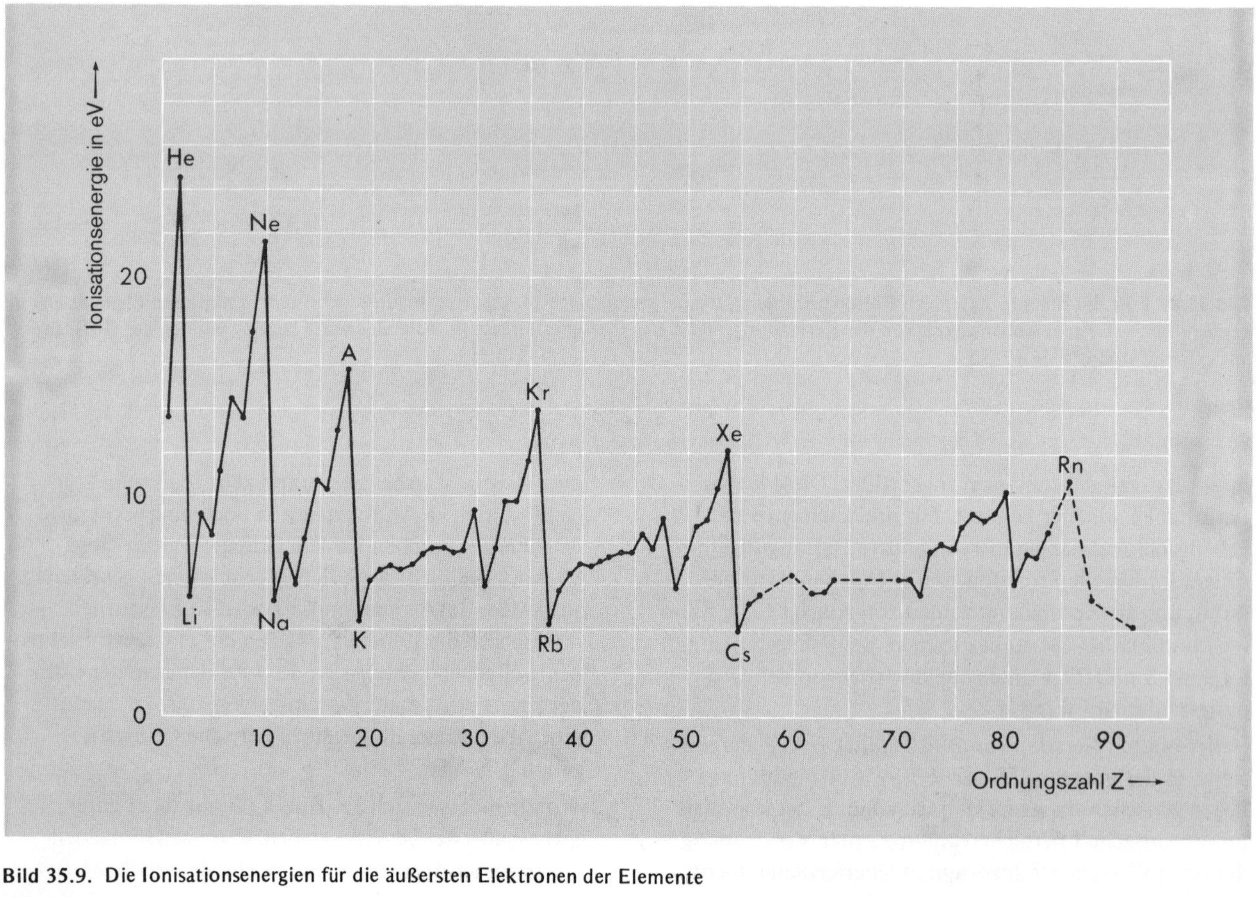

Bild 35.9. Die Ionisationsenergien für die äußersten Elektronen der Elemente

Tabelle 3: Periodisches System der Elemente

I	II											III	IV	V	VI	VII	O
H 1																	He 2
Li 3	Be 4											B 5	C 6	N 7	O 8	F 9	Ne 10
Na 11	Mg 12											Al 13	Si 14	P 15	S 16	Cl 17	Ar 18
K 19	Ca 20	Sc 21	Ti 22	V 23	Cr 24	Mn 25	Fe 26	Co 27	Ni 28	Cu 29	Zn 30	Ga 31	Ge 32	As 33	Se 34	Br 35	Kr 36
Rb 37	Sr 38	Y 39	Zr 40	Nb 41	Mo 42	Tc 43	Ru 44	Rh 45	Pd 46	Ag 47	Cd 48	In 49	Sn 50	Sb 51	Te 52	I 53	Xe 54
Cs 55	Ba 56	siehe unten 57–71	Hf 72	Ta 73	W 74	Re 75	Os 76	Ir 77	Pt 78	Au 79	Hg 80	Tl 81	Pb 82	Bi 83	Po 84	At 85	Rn 86
Fr 87	Ra 88	siehe unten 89–															

La 57	Ce 58	Pr 59	Nd 60	Pm 61	Sm 62	Eu 63	Gd 64	Tb 65	Dy 66	Ho 67	Er 68	Tm 69	Yb 70	Lu 71
Ac 89	Th 90	Pa 91	U 92	Np 93	Pu 94	Am 95	Cm 96	Bk 97	Cf 98	Es 99	Fm 100	Md 101	No 102	Lw 103

gleiche Weise auch der Abfall zwischen Neon und Natrium erklären läßt. Die Bindungsenergie ist gegeben durch $R_y \frac{Z_{eff}^2}{n^2}$. Für Neon erhalten wir also $21{,}6\text{ eV} = 13{,}6\text{ eV}\,\frac{Z_{eff}^2}{2^2}$, so daß sich also ergibt $Z_{eff} = \sqrt{6{,}35} = 2{,}52$. Für Natrium erhält man $5{,}14\text{ eV} = 13{,}6\text{ eV}\,\frac{Z_{eff}^2}{3^2}$, also $Z_{eff} = \sqrt{3{,}41} = 1{,}85$.

Diese effektiven Kernladungszahlen sind größer als die, die wir für Helium (1,35) und Lithium (1,26) gefunden hatten. Allerdings stehen jetzt auch Kernladungszahlen 10 und 11 an Stelle von 2 und 3. Es ist ein ermutigendes Ergebnis, daß die effektive Kernladungszahl in jedem Fall fast den gleichen Wert hat. Bei gleicher Anzahl von Elektronen darf man in den beiden Atomen etwa den gleichen Abschirmungseffekt erwarten.

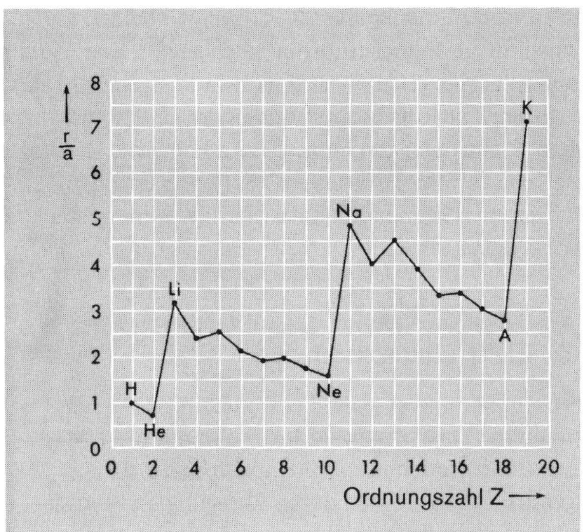

Bild 35.10. Graph für den Quotienten in Abhängigkeit von Z für die ersten 19 Elemente des periodischen Systems. Die Werte wurden aus den über die Ionisationsenergien ermittelten Werte Z_{eff} berechnet.

35.6. Atomdurchmesser

Nun soll die Größe der Neon- und Natriumatome abgeschätzt werden. Denkt man an das Wellenbild der Elektronen, so ist klar, daß einem Atom keine bestimmten Abmessungen zuzuschreiben sind. Trotzdem läßt sich eine Vorstellung von der Größe gewinnen, wenn man den Ausdruck $r_n \frac{an^2}{Z_{eff}}$ für den Radius der Maxima der stehenden Welle heranzieht.

Für Neon erhält man $r_{Ne} = \frac{a2^2}{2{,}52} = 1{,}59a$ und für Natrium $r_{Na} = \frac{a3^2}{1{,}85} = 4{,}85a$. Die so berechneten Radien sind für die Atome vom Wasserstoff bis hin zum Kalium in Bild 35.10 dargestellt.

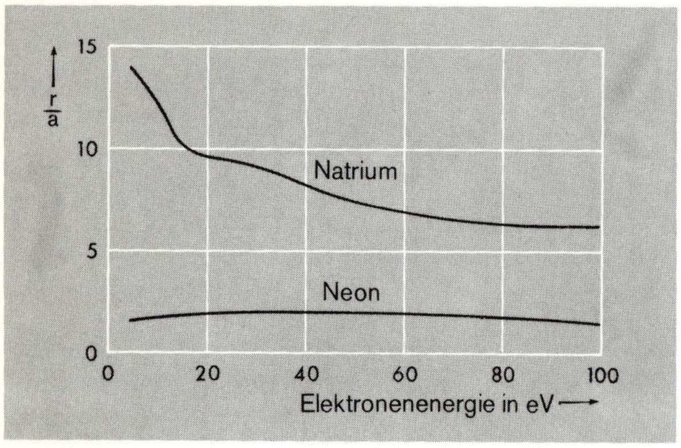

Bild 35.11. Für Natrium und Neon ist das Verhältnis $\frac{r}{a}$ in Abhängigkeit von der Geschwindigkeit der zur Messung verwendeten Elektronen dargestellt.

Will man die Ergebnisse dieser Rechnung experimentell überprüfen, so muß man die Meßapparatur besonders sorgfältig auswählen. Man benötigt nämlich ein Instrument, das empfindlich genug ist, die äußeren Elektronen der Atome „zu fühlen", ohne sie aber zu stören. Wahrscheinlich werden sich dazu am besten andere Elektronen eignen. Man hat experimentell die Streuung von Elektronen beim Durchgang durch Neon und durch Natriumdampf untersucht. Die aus diesen beiden Experimenten gewonnenen Atomradien sind in Bild 35.11 dargestellt. Man erkennt, daß der „Radius" eines Atoms bei diesem Experiment mit wachsender Energie der „Meß"-Elektronen abnimmt. Das Ergebnis der Messung hängt also vom Meßinstrument ab. Davon unabhängig ist aber klar erkennbar, daß das Natriumatom größer als das Neonatom ist.

35.7. Elektronenschalen

Das Heliumatom hat zwei Elektronen mit n = 1; das Lithium hat ebenfalls zwei Elektronen mit n = 1, für das dritte ist jedoch n = 2. Die Spektren der darauf folgenden Elemente sind durch Anregung und Ionisierung in energiereichen elektrischen Funken untersucht worden. Diese Untersuchungen haben gezeigt, daß im periodischen System bis hin zum Natrium und Magnesium kein Atom mehr als zwei Elektronen mit n = 1 hat.

Die zehn Elektronen des Neonatoms wären dann in zwei Gruppen einzuteilen, zwei mit n = 1 und acht mit n = 2. Für das elfte Elektron des Natriums scheint n = 3 zu sein. Die Untersuchung der Spektren bestätigt dies und zeigt außerdem, daß vom Natrium bis mindestens hinauf zum Calcium kein Element mehr als acht Elektronen mit n = 2 hat.

Man kann nicht genau angeben, wo sich irgendein Elektron im Atom befindert. Das Wellenbild sagt aber, in welchem Abstand vom Kern sich die Elektronen am wahrscheinlichsten aufhalten. Der Graph der Energie der Absorptionskanten bei Röntgenstrahlung zeigt, daß selbst bei einem Atom mit 30 oder 40 Elektronen die Abschirmung der inneren Elektronen vom Kern nicht sehr stark ist. Die Bilder der stehenden Wellen von Elektronen mit unterschiedlichen Werten n werden sich also nicht besonders stark überlappen. Man kann daher von einem Bereich sprechen, in dem sich die Elektronen mit n = 1 bzw. n = 2 am wahrscheinlichsten aufhalten; einen solchen Bereich bezeichnet man als Elektronenschale.

Die in Bild 35.8 dargestellten Absorptionskanten gestatten Aussagen über Elektronen, die aus der innersten Schale des jeweiligen Atoms ausgelöst wurden. Interessant ist bei diesen Röntgenabsorptionsbanden, daß es keine Serie von Linien gibt, die zu ihnen hinführt. Es besteht nur die scharfe Kante, durch die die Energie gegeben ist, bei der die Absorption von Photonen beginnt. Es gibt keinerlei Energieniveaus, die den Elektronen einer inneren Schale offenstehen, sie können nur das Atom vollständig verlassen.

Die Untersuchung der Röntgenspektren, der Ultraviolettspektren und der Bindungsenergien liefert die Begründung dafür, warum die Anzahl der Elektronen auf jeder Schale begrenzt ist. Es können nur zwei Elektronen auf der innersten Schale, je acht auf der zweiten und auf der dritten Schale, je 18 auf der vierten und auf der fünften Schale untergebracht werden. Sind alle Elektronen auf einer Schale vorhanden, so spricht man von einer „abgeschlossenen" Schale.

35.8. Das Pauli-Prinzip

Die Existenz von Elektronenschalen ist ein Phänomen, das aus der Untersuchung des Wasserstoffatoms oder der Beugung von Elektronen in Kristallen nicht vorherzusagen war. Sie ergibt sich aus der Untersuchung der Spektren und Energieniveaus von Atomen mit vielen Elektronen.

Um das noch einmal klarzustellen: Auch bei der Untersuchung des Wasserstoffes hatte man es niemals nur mit einem einzelnen Elektron zu tun. Stets sind eine ganze Anzahl von Elektronen vorhanden, z.B. in dem Gasentladungsrohr, das als Lichtquelle dient. Alle diese Elektronen sind aber an verschiedene Protonen gebunden, die viele Atomdurchmesser voneinander entfernt sind. Die Bilder der stehenden Welle der verschiedenen Elektronen können sich also nicht überlagern. Man untersucht viele voneinander getrennte Systeme, von denen jedes ein einzelnes Elektron enthält.

Das gleiche gilt auch für die Beugung von Elektronen, wo der verwendete Elektronenstrahl viele Elektronen enthält. Das Experiment läßt sich mit so schwachen Strahlen ausführen, daß jeweils nur einige wenige Elektronen zu einem bestimmten Zeitpunkt in der Apparatur sind. Diese sind so weit voneinander entfernt, daß sich ihre Wellen mit Sicherheit nicht überlagern.

Ganz anders ist es bei Atomen mit vielen Elektronen. Hier sind alle Elektronen im elektrischen Feld desselben Kerns gebunden. Ihre stehenden Wellen müssen sich also überlappen. Darüber hinaus erscheint es plausibel, daß im Grundzustand alle Elektronen das gleiche Bild einer stehenden Welle zeigen. Diese Vorstellung steht in Übereinstimmung mit experimentellen Ergebnissen für Helium, aber nicht für Lithium (Abschnitt 35.3). Nur zwei Elektronen, die im Coulombfeld an einen Kern gebunden sind, können eine stehende Welle haben, die durch die Quantenzahl $n = 1$ charakterisiert ist. Das ist eine fundamentale Eigenschaft der Elektronen, ebenso fundamental wie ihre Ladung oder ihre Masse.

Wenn aber nicht mehr als zwei Elektronen das gleiche Bild einer stehenden Welle um den gleichen Kern zeigen können, warum gibt es mehr als zwei Elektronen in der Schale mit $n = 2$? Die Antwort ist: Zur Beschreibung einer stehenden Welle im dreidimensionalen Raum sind drei Zahlen notwendig und nicht nur eine, wie im nächsten Abschnitt gezeigt wird. Die Tatsache, daß nicht mehr als zwei Elektronen das gleiche Bild einer stehenden Welle zeigen können, ist als *Pauli-Prinzip* bekannt. Es ist nicht auf das Coulombfeld beschränkt, sondern gilt unabhängig von der Art des Feldes, in dem sich die Elektronen bewegen[1]).

Interessant ist die Feststellung, daß wenn die Elektronen alle völlig gleichartige stehende Wellen zeigen könnten, kaum irgendeine Chemie existieren könnte. Alle Atome, unabhängig von ihrer Kernladung, würden einander ähneln. Eine so komplizierte Welt wie die unsere wäre dann nicht zu beobachten.

Elektronen sind nicht die einzigen Teilchen, deren Verhalten durch das Pauli-Prinzip beschrieben wird. Es gilt auch für Protonen und Neutronen, nicht aber für Photonen.

Um die Konsequenzen des Pauli-Prinzips abschätzen zu können, wollen wir zu den Energieniveaus eines Teilchens, das in einem „Kasten" eingeschlossen ist, zurückgehen (Abschnitt 34.5).

Bei einem einzigen Elektron im Kasten ergab sich, daß für den Grundzustand die Quantenzahlen ihre kleinsten Werte haben ($n_x = n_y = n_z = 1$). Das System hat dann seine minimale Energie

$$E_0 = \frac{3\,h^2}{8\,m\,d^2} \quad .$$

Nun geben wir in Gedanken weitere Elektronen in den Kasten hinein, wobei von der elektrostatischen Abstoßung zwischen ihnen abgesehen wird.

Aufgrund des Pauli-Prinzips können nicht mehr als zwei Elektronen im gleichen Kasten die gleiche stehende Welle zeigen. Nur für ein zweites Elektron könnte also $n_x = n_y = n_z = 1$ sein. Ein drittes Elektron müßte dagegen eine andere stehende Welle besitzen, bei der wenigstens eine der Quantenzahlen von 1 verschieden ist. Daraus folgt, daß das dritte Elektron nicht die gleiche Energie haben kann wie die ersten beiden. Es muß eine größere Energie haben als jedes der beiden ersten Elektronen, entsprechend den Werten von n(1, 1, 2) oder (1, 2, 1) oder (2, 1, 1). Das stimmt qualitativ mit dem, was über das Verhalten des dritten Elektrons beim Lithium bekannt ist, überein.

Denkbar sind zwei Elektronen mit $n_x = 1$, $n_y = 1$, $n_z = 2$, zwei mit $n_x = 1$, $n_y = 2$, $n_z = 1$ und zwei mit $n_x = 2$, $n_y = 1$, $n_z = 1$. Sehen wir wieder von einer Wechselwirkung zwischen ihnen ab, so wird jedes der sechs Elektronen die Energie

$$E_1 = \frac{(1^2 + 1^2 + 2^2)\,h^2}{8\,m\,d^2} = \frac{6\,h^2}{8\,m\,d^2}$$

haben. Bringt man ein neuntes Elektron in den Kasten, so wird dafür ein anderer Satz von Quantenzahlen zur Beschreibung notwendig sein. Dementsprechend wird es eine noch höhere Energie haben.

Man beachte: Die endliche Größe der Atome und das Pauli-Prinzip erklären die Tatsache, daß nicht alle Elektronen in einem Atom gleich stark gebunden sind. Die Elektronen, die sich in höheren Energieniveaus befinden, brauchen eine geringere Energie zur Auslösung aus dem Atomverband als diejenigen in niedrigeren Energieniveaus. Natürlich können diese Überlegungen kaum die tatsächlichen Strukturverhältnisse der atomaren Energieniveaus genau wiedergeben. Denn das vereinfachte Modell ignoriert die Wechselwirkung zwischen den Elektronen, fordert für alle Elektronen unabhängig von ihrer Energie die gleiche Größe des Kastens, und schließlich wird ein eher kugelförmiges Atom durch einen würfelförmigen Kasten ersetzt.

---

[1]) Es gibt noch eine weitere Eigenschaft des Elektrons, die nichts mit seiner räumlichen Wahrscheinlichkeitswelle zu tun hat. Das ist sein Eigendrehmoment oder *Spin.* Haben zwei Elektronen das gleiche Wellenverhalten, so haben sie stets entgegengerichtete Spins. Die übliche Formulierung des Pauli-Prinzips meint also, daß stets nur ein einziges Elektron die gleiche Welle und den gleichen Spin haben kann.

35.9. Chemische Bindung

In Abschnitt 35.5 wurde festgestellt, daß die Ionisationsenergien und die chemischen Eigenschaften der Atome gleichartige periodische Abhängigkeiten von der Ordnungszahl zeigen. Man betrachte z.B. die Spalte mit den Edelgasen He, Ne, Ar, Kr und Xe in Tabelle 3. Bei diesen Elementen liegen auch die Maxima der Kurve in Bild 35.9. Ihre Ionisationsenergien sind bemerkenswert höher als diejenigen ihrer Nachbarn. Selbst die äußersten Elektronen sind bei diesen Atomen relativ fest gebunden. Im Zusammenhang damit steht ihre chemische Trägheit. Dabei sind aber die Ionisationsenergien von Xenon und Krypton kleiner als diejenigen anderer Elemente, die Verbindungen bilden. Erst in jüngster Zeit sind Verbindungen von Xenon und Krypton mit Fluor und Sauerstoff hergestellt worden.

Es ist stark zu vermuten, daß die chemischen Eigenschaften der Atome primär durch ihre äußeren Elektronen bestimmt werden, also durch die Elektronen in den Schalen mit den größten Werten von n. Genauere Vorhersagen zur Bildung von Molekülen erfordern eine genauere Analyse. Ein so anspruchsvolles Programm soll hier aber nicht verfolgt werden. Wir werden uns auf eine qualitative Diskussion der einfachsten Kombination von Atomen beschränken, nämlich auf die Bildung des Ions des molekularen Wasserstoffs. Es entsteht, wenn ein Wasserstoffmolekül ein Elektron abgibt, oder wenn ein Wasserstoffatom ein Proton einfängt. Es besteht daher aus zwei Protonen und einem Elektron.

Die wichtigste Frage ist hier, warum zwei Protonen und ein Elektron eine Bindung eingehen. Der Schlüssel zur Antwort auf diese Frage liegt in der Feststellung, daß ein gebundenes Elektron auf einen endlichen Raumbereich begrenzt ist. Die Wahrscheinlichkeit, es dort zu finden, wird mit Hilfe der stehenden Welle beschrieben. Vergrößert sich der Bereich, an den das Elektron gebunden ist, so wächst auch die Wellenlänge an, und deshalb nimmt die kinetische Energie des Elektrons ab.

Man stelle sich ein Wasserstoffatom und ein Proton in großem Abstand voneinander vor (Bild 35.12). Da das Atom neutral ist, gibt es keine Kraft zwischen Proton und Atom. Nun möge das Proton näher an das Atom herangebracht werden (Bild 35.13). Da die Ladung des Elektrons kugelförmig um das Proton herum „verschmiert" ist, befindet sich ein Teil davon näher am rechten als am linken Proton. Die Verteilung wird dadurch ein wenig gestört werden. Daraus resultiert eine anziehende Kraft. Diese Anziehung wird so lange wirken, bis die zwei Protonen so nahe beieinander sind, daß bei einer weiteren Verringerung des Abstandes zwischen ihnen die wechselseitige Abstoßung größer

Bild 35.12. Das Proton ist soweit von dem neutralen Wasserstoffatom entfernt, daß keine anziehende Kraft zwischen beiden wirkt. Die Punkte in der Umgebung des Atomkerns deuten den Bereich an, in dem eine nennenswerte Aufenthaltswahrscheinlichkeit für das Elektron besteht.

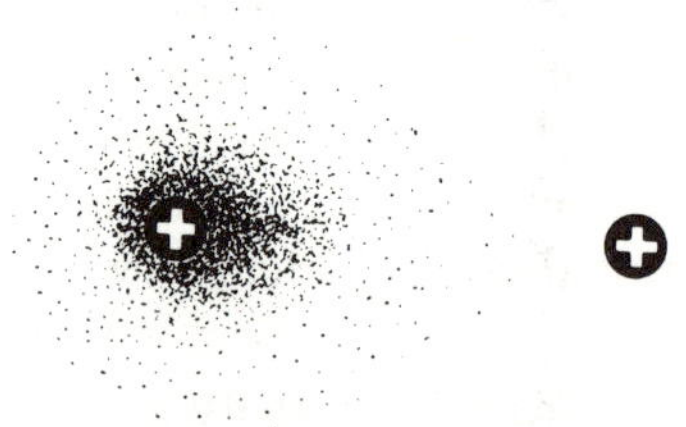

Bild 35.13. Befindet sich das Proton näher am Atom, so wird die stehende Welle des Elektrons merklich gestört.

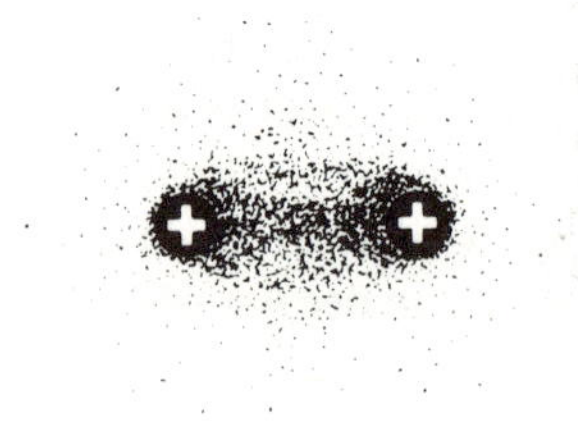

Bild 35.14. Das ungefähre Aussehen der Elektronenwelle des Ions des molekularen Wasserstoffs.

wird als die Anziehung. Ist bei größeren Abständen die Anziehung größer, bei kleineren Abständen aber die Abstoßung größer, dann gibt es dazwischen einen Gleichgewichtszustand, in dem die potentielle Energie des Systems ein Minimum hat (Bild 35.14). Was ist aber über die kinetische Energie des im Atom kreisenden Elektrons zu sagen? Wäre der „Durchmesser" des ionisierten Moleküls ungefähr genauso groß wie der „Durchmesser" des Wasserstoffatoms, dann müßte die kinetische Energie des Elektrons in beiden Fällen ungefähr gleich groß sein. In Wirklichkeit ist aber das ionisierte Molekül größer als das Atom. Dadurch wird die kinetische Energie des Elektrons und auch die Gesamtenergie des Systems im Vergleich zu der Situation, die in Bild 35.12 dargestellt ist, verkleinert.

Mit jeder chemischen Bindung sind zwei Dinge verknüpft: eine Verkleinerung der potentiellen Energie aufgrund der elektrostatischen Anziehung und eine Verkleinerung der kinetischen Energie durch Vergrößerung des Bereichs, über den das äußere Elektron oder die äußeren Elektronen „verschmiert" sind. Sind viele Elektronen an der Bindung beteiligt, so muß das Pauli-Prinzip berücksichtigt werden. Die Existenz von Molekülen und von chemischer Bindung kann ebensowenig wie die Existenz des Wasserstoffatoms allein durch die Newtonsche Physik erklärt werden. Der Wellenaspekt der Teilchen spielt hier eine ganz wesentliche Rolle.

35.10. Das Deuteron

Das Verhalten der Moleküle und Atome läßt sich im ganzen mit Hilfe der Quantentheorie und der Vorstellung verstehen, daß Moleküle und Atome aus Elektronen und Kernen, zwischen denen Coulombkräfte wirken, aufgebaut sind. Was ist aber nun über die Kerne selbst zu sagen? Es ist bekannt, daß sie sehr klein sind (von der Größenordnung 10^{-14} m; siehe Abschnitt 26.4) und daß sie den größten Teil der Masse eines Atoms tragen. Sie bestehen aus Neutronen und Protonen, die miteinander verbunden sind. Wodurch werden nun aber Protonen und Neutronen zusammengehalten? Läßt sich unter Verwendung der Quantenvorstellungen der Kern wenigstens qualitativ verstehen?

Wir wollen mit dem einfachsten Kern beginnen, der sowohl ein Neutron als auch ein Proton enthält. Dieser Kern heißt Deuteron. In bestimmter Hinsicht stellt er im Bereich der Kerne das Analogen zum Wasserstoffatom dar, das aus einem Proton und einem Elektron besteht. Die Bindung kann hier jedoch nicht durch eine elektrische Kraft bewirkt werden, denn das Neutron trägt keine elektrische Ladung. Wir wollen nun das Deuteron und das Wasserstoffatom etwas genauer vergleichen, um die Bedeutung dieses Unterschiedes zu erkennen.

Ein Deuteron wird gebildet, wenn ein Proton ein langsames Neutron einfängt. Dieser Einfangprozeß ist in mancher Beziehung ähnlich dem Prozeß, bei dem aus einen Proton durch Einfangen eines Elektrons ein Wasserstoffatom gebildet wird; allerdings ist der Energiebereich völlig anders (siehe Abschnitt 32.7). Werden langsame Neutronen durch Protonen eingefangen, so haben alle dabei emittierten Photonen eine Energie von etwa $2{,}2 \cdot 10^6$ eV. Werden dagegen Elektronen von Protonen eingefangen, wobei ein Wasserstoffatom entsteht, so haben die dabei entstehenden Photonen eine maximale Energie von 13,6 eV. Man konnte diese Energie bis auf vier Stellen genau messen, indem man kristalline Beugungsgitter ähnlich denen, die zur Messung der Wellenlängen von Röntgenstrahlen dienten, verwendete (Bild 35.15). Dieser Einfangprozeß führt deshalb zu nahezu monoenergetischen Photonen, weil die hier verwendeten langsamen Neutronen eine im Vergleich zur Energie der Photonen vernachlässigbar kleine kinetische Energie haben.

Eine sehr bemerkenswerte Eigenschaft dieses Einfangprozesses ist, daß das Kernspektrum nur eine Linie enthält. Wird ein langsames Neutron eingefangen, so finden wir bei diesem Prozeß nur eine einzige Photonenenergie: 2,2 MeV. Das ist ein wesentlicher Unterschied zur Bildung des Wasserstoffatoms, wo das Spektrum eine große Anzahl von Linien enthält. Es scheint so, daß das Deuteron nur einen Bindungszustand hat, den Grundzustand.

Zur genaueren Untersuchung dieses Punktes soll das zur Ionisation des Wasserstoffs analoge Experiment betrachtet werden. Im Fall des Deuterons braucht man Photonen im Energiebereich von einigen MeV.

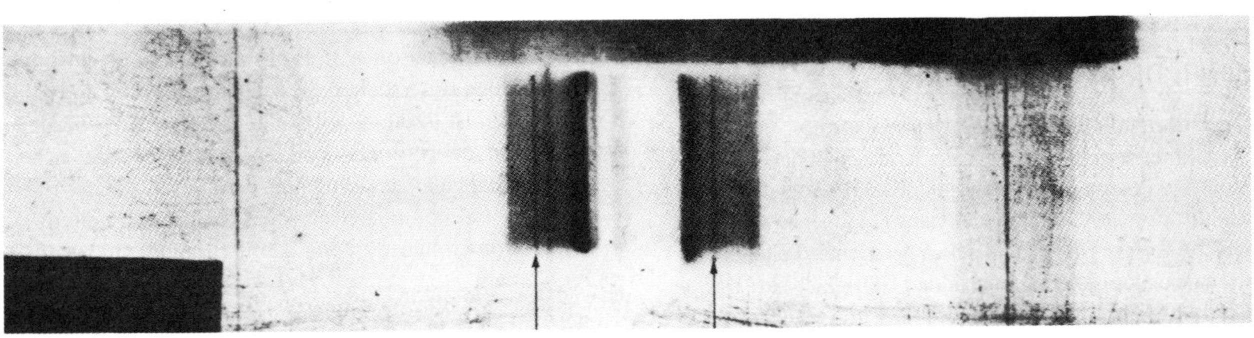

Bild 35.15. Photo der γ-Linie, die beim Einfangen eines Neutrons durch ein Proton entsteht. Der im Kristallgitter gebeugte γ-Strahl erzeugt Maxima erster Ordnung rechts und links vom hier ausgeblendeten Maximum nullter Ordnung. Die beiden Maxima sind durch Pfeile gekennzeichnet. Die beiden äußeren Linien dienten zur Eichung. Sie sind Maxima erster Ordnung der bei der Elektron-Positron-Vernichtung entstehenden 0,541-MeV-γ-Strahlung. Wie bei anderen Beugungserscheinungen ist auch hier die Wellenlänge proportional zum Abstand der Linien auf der Platte. (Aus: *Kazi, Rasmussen* und *Mark*, Physical Review, 123, 1310, 1961.)

Zu deren Gewinnung wird in einem großen elektrostatischen Beschleuniger zunächst ein Strahl monoenergetischer Elektronen erzeugt. Die Elektronen werden in einem Target abgebremst, wobei Photonen entstehen, deren Maximalenergie gleich der Energie der Elektronen ist. Man könnte diese Anlage als eine Art gigantischer Röntgenröhre bezeichnen. Die Photonen treffen dann auf ein Deuteriumtarget, und die Anzahl der entstehenden Neutronen wird als Funktion der Energie des Elektronenstrahles gemessen. Neutronen in nennenswerter Anzahl werden hier nur erzeugt, wenn die Energie der Photonen größer als 2,2 MeV ist. Zum Aufspalten eines Deuterons benötigt man also die gleiche Energie wie die, die man bei der Erzeugung eines Deuterons aus Proton und Neutron erhält. Das bestätigt die Vorstellung, daß das Deuteron nur einen Bindungszustand mit der Bindungsenergie 2,2 MeV hat.

Hier liegt ein echter Quanteneffekt vor; er unterscheidet sich aber sehr stark vom analogen Fall des Wasserstoffatoms. In Tabelle 4 sind die Unterschiede zwischen Wasserstoffatom und Deuteron noch einmal zusammengefaßt. Die Form des Energieniveaudiagramms des Wasserstoffatoms ist eine direkte Konsequenz aus der Tatsache, daß zwischen Elektron und Proton eine Kraft wirkt, die umgekehrt quadratisch mit dem Abstand abnimmt (siehe Abschnitt 35.1). Aus der unterschiedlichen Struktur der Energieniveaus kann man folgern, daß sich die Kernkraft von der Coulombkraft stark unterscheiden muß.

Tabelle 4: Vergleich zwischen Wasserstoffatom und Deuteron

	Wasserstoffatom	Deuteron
Bindungsenergie	13,6 eV	$2{,}2 \cdot 10^6$ eV
Spektrum	viele Linien, die auf zahlreiche Energieniveaus schließen lassen	nur eine Linie, die der Spaltungsenergie entspricht
Energieniveaus	viele Energieniveaus $-13{,}6/n^2$ eV	nur Grundzustand $-2{,}2 \cdot 10^6$ eV
Durchmesser	$\approx 10^{-10}$ m	$\approx 10^{-14}$ m

35.11. Die Kernkraft

Die Diskussion des Wasserstoffatoms konnte von der Annahme ausgehen, daß für die Kraft zwischen Elektron und Proton auch dann noch, wenn diese einander bis auf atomare Dimensionen nahe sind, genau das gleiche Gesetz gilt, das zwischen geladenen Teilchen in makroskopischen Dimensionen Gültigkeit hat. Das Coulombsche Gesetz, das durch Messung makroskopischer Kräfte in makroskopischen Distanzen gefunden wurde, sollte auch im atomaren Bereich gelten. *Rutherfords* Streuversuche zeigten, daß das für Alphateilchen und Kerne richtig ist. Der große Erfolg der Beschreibung der Atome durch die Quantentheorie macht sichtbar, daß die Annahme auch für Elektronen und Kerne gilt. Was kann man aber nun über die Kernkraft sagen, die das Deuteron auf einem viel kleineren Bereich zusammenhält? Ihre Eigenschaften lassen sich nicht dadurch messen, daß man Experimente in makroskopischen Bereichen ausführt, wie das bei der Coulombkraft möglich war. Die Kernkraft spielt erst dann eine Rolle, wenn das Neutron sich sehr nahe beim Proton befindet (ungefähr 10^{-14} m). Hinzu kommt, daß die Kernkraft sehr viel stärker als die Kraft zwischen Proton und Elektron sein muß. Das ergibt sich aus einer Betrachtung des Durchmessers des Deuterons, der in der Größenordnung von etwa 10^{-14} m liegt. Ein Teilchen muß, wenn es in einem Volumen dieser Größenordnung gehalten werden soll, eine stehende Welle mit einer Wellenlänge von etwa der gleichen Größe haben. Mit $p = \frac{h}{\lambda}$ bedeutet dies: Neutron und Proton müssen eine kinetische Energie der Größenordnung $E_k \approx \frac{p^2}{m_p} \approx \frac{h^2}{m_p \lambda^2} \approx 10^7$ eV oder etwa 10 MeV besitzen. Da die Bindungsenergie des Deuterons nur etwa 2 MeV beträgt, muß die mittlere potentielle Energie von der gleichen Größenordnung wie die kinetische Energie und negativ sein. Demgegenüber beträgt die potentielle Energie eines Protons im Coulomb-Feld eines anderen Protons in einer Entfernung von 10^{-14} m nur 0,14 MeV, und sie nimmt mit dem Quadrat der Entfernung ab. Um zu einem einfachen Modell zu kommen (das nur ganz grob qualitativ richtig ist), nehmen wir an, daß die potentielle Energie eines Neutrons und eines Protons außerhalb eines gewissen sehr kleinen Bereiches Null und innerhalb dieses Bereiches konstant ist. Das ist das sogenannte *Kastenpotential*. Genauere Rechnungen mit einem solchen Potential zeigen: Ist das Kastenpotential nicht allzu groß, so ist nur eine stehende Welle möglich, die dem Grundzustand des Deuterons entspricht.

Ebenso wie beim Coulombpotential kann man über das Kernpotential weitere Informationen durch Experimente erhalten, die den Rutherfordschen Streuexperimenten analog sind. Das heißt, man kann die Streuung von Protonen an Protonen und von Neutronen an Protonen untersuchen. Seit der Entdeckung der Neutronen ist in dieser Richtung viel gearbeitet worden. Man hat dabei gefunden, daß das Potential tatsächlich etwa den oben angenommenen Verlauf hat. Sicher ist das Potential komplizierter, und tatsächlich arbeiten Physiker noch heute an den damit zusammenhängenden Problemen.

35.12. Bau der Atomkerne

Ebenso wie es viele verschiedene Atome mit verschiedenen Elektronenzahlen gibt, gibt es auch viele verschiedene Kerne mit verschiedenen Zahlen von Neutronen und Protonen. Die Anzahl der Protonen legt die Anzahl der Ladungen des Kerns fest. Dadurch wiederum sind die Eigenschaften des Atoms bestimmt, in dessen Mitte sich der Kern befindet. Die Anzahl der Neutronen ist wichtig zur Bestimmung der Masse des Kerns und zur Festlegung seiner inneren Eigenschaften. Kerne mit der gleichen Protonenzahl und unterschiedlichen Neutronenzahlen nennt man *Isotope.* Man kann sie mit dem Massenspektrographen unterscheiden (Abschnitt 28.10).

Ebenso wie Atome oder Moleküle können auch Kerne, die aus mehreren Protonen und Neutronen bestehen, dazu angeregt werden, Photonen mit charakteristischen Spektren auszusenden. Anders als beim Deuteron bestehen die Spektren komplexerer Kerne aus vielen Linien, deren Energiebereich sich etwa von 0,1 ... 10 MeV erstreckt.

Ein direktes Verfahren zur Erzeugung des Spektrums eines Kerns ist die Methode des Neutroneneinfangs. Nahezu alle in der Natur vorkommenden Atomkerne sind in der Lage, langsame Neutronen einzufangen und damit jeweils das benachbarte Isotop zu bilden. Bei diesem Vorgang wird das für den Neutroneneinfang charakteristische Spektrum der Gammastrahlung emittiert. Je schwerer die Kerne sind, um so komplizierter werden diese Spektren. Eines der wesentlichsten Probleme in diesem Bereich ist die Entwicklung von Gammastrahlspektrographen, die hinreichend empfindlich sind und ein hinreichend gutes Auflösungsvermögen haben, um alle Linien erkennen zu lassen.

Bild 35.16 zeigt das Photonenspektrum eines Quecksilberkerns. Die Tatsache, daß es in diesem Spektrum diskrete Linien gibt, zeigt, daß auch in der Kernphysik Vorstellungen der Quantentheorie verwendet werden müssen, insbesondere die Vorstellung von den diskreten

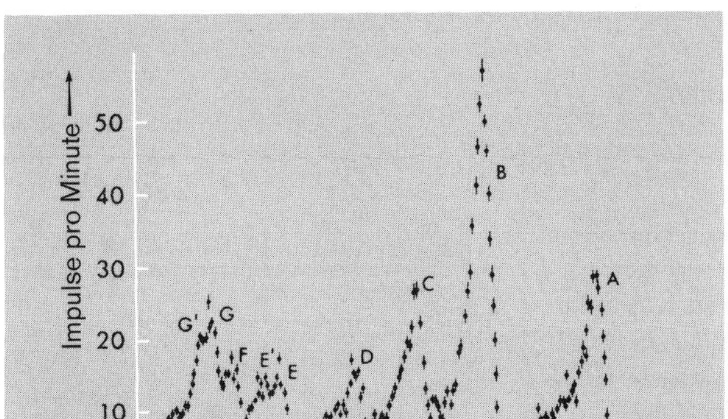

Bild 35.16. Teil des beim Einfang von Neutronen durch Quecksilber entstehenden γ-Spektrums. Die Spitzen entsprechen den verschiedenen Photonenlinien. (Aus: *Kinsey* und *Bartholomew*, Canadian Journal of Physics, 31, 1025, 1953.)

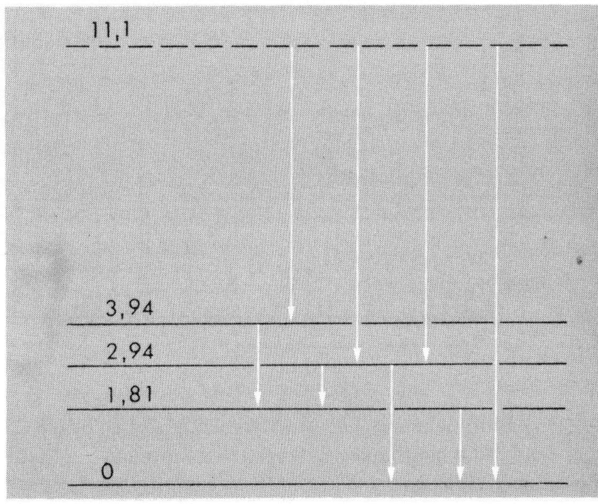

Bild 35.17. Teil aus dem Energieniveauschema des $^{26}_{12}Mg$. Einige der beim Einfang von langsamen Neutronen entstehenden Linien sind eingezeichnet. Die gestrichelte Linie entspricht der Bindungsenergie des Neutrons. Energieangaben in MeV.

Energieniveaus. Bild 35.17 gibt das Energieniveau-Diagramm eines der Magnesiumisotope wieder. Man erkennt dabei, daß fünf Energieniveaus bereits acht beobachtete Linien entsprechen.

Nicht allein durch die Emissionspektren kann man Informationen über die Energieniveaus der Atomkerne erhalten. Es lassen sich ebenso Streuexperimente nach Art des Franck-Hertz-Versuchs durchführen. Zur Untersuchung von Kernen werden energiereiche Protonen an verschiedenen Kernen gestreut und die unelastischen Zusammenstöße untersucht. Reicht die kinetische Energie der Protonen nicht aus, um im Target den ersten angeregten Zustand zu erzeugen, so werden sie elastisch gestreut. Liegt aber die kinetische Energie oberhalb dieser Schwelle, so tritt eine unelastische Streuung auf, und einige Protonen verlassen das Target mit einem bestimmten Verlust an kinetischer Energie. Im Fall der Elektronen beim Franck-Herz-Versuch wurde dieser Energieverlust durch die Änderung der Stromstärke gemessen. Im Fall der Protonen ist dieses Experiment wesentlich empfindlicher, denn es ist gut möglich, die Energie der unter einem bestimmten Winkel gestreuten Protonen direkt zu messen. In Bild 35.18 ist das Energiespektrum von 7-MeV-Protonen, die am Mangan gestreut wurden, dargestellt. Man erkennt diskrete Linien im Energiespektrum der gestreuten Protonen. Das heißt also, daß die Protonen beim Zusammenstoß mit dem Kern nicht beliebige Energiebeträge abgeben können, sondern nur solche, die den tatsächlichen Energieniveaus im Targetkern zuzuordnen sind. Man kann die möglichen Anregungsenergien

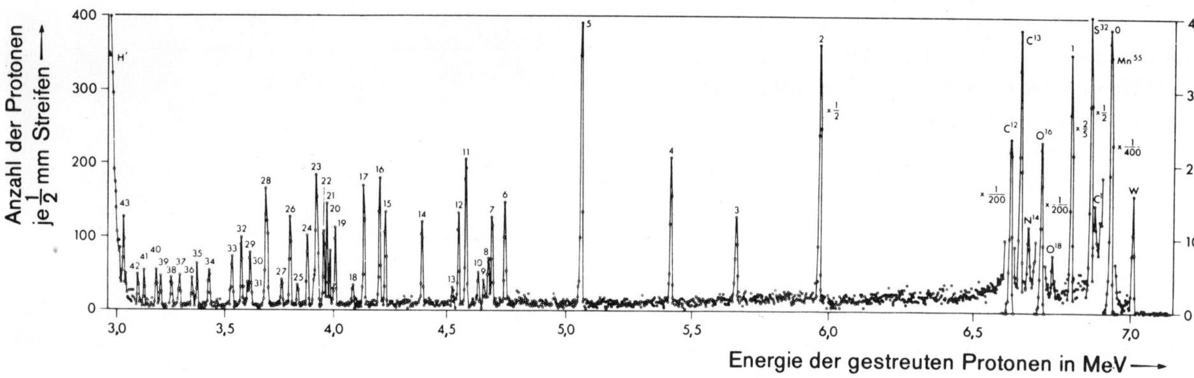

Bild 35.18. Ein Strahl von 7,03-MeV-Protonen wird an einem dünnen Mangantarget gestreut. Die Protonen wurden unter einem Winkel von 50° gestreut und dann magnetisch abgelenkt. Protonen unterschiedlicher Energie treffen an unterschiedlichen Stellen auf den Film. Dadurch wird ein Energiespektrum der Protonen erzeugt. Die Punkte des Graphen geben die Zahl der an einzelnen Stellen aufgefallenen Protonen an. Dazu wurden die Spuren auf dem Film unter einem Mikroskop ausgezählt. Die meisten Maxima entsprechen den verschiedenen angeregten Zuständen des Mangans. Insgesamt 43 Energieniveaus lassen sich für das Mangan aus diesem Experiment ermitteln. Einige Maxima entsprechen elastischen Streuungen an Verunreinigungen des Mangans oder auch an der Halterung des Targets. Aus den Erhaltungssätzen für Energie und Bewegungsgröße bei der elastischen Streuung an verschiedenen Kernen läßt sich berechnen, zu welchen Kernen diese Maxima gehören. Sie sind in der Figur eingezeichnet. (Aus: *Mazari, Sperduto* und *Buechner,* Physical Review, 108, 103, 1957.)

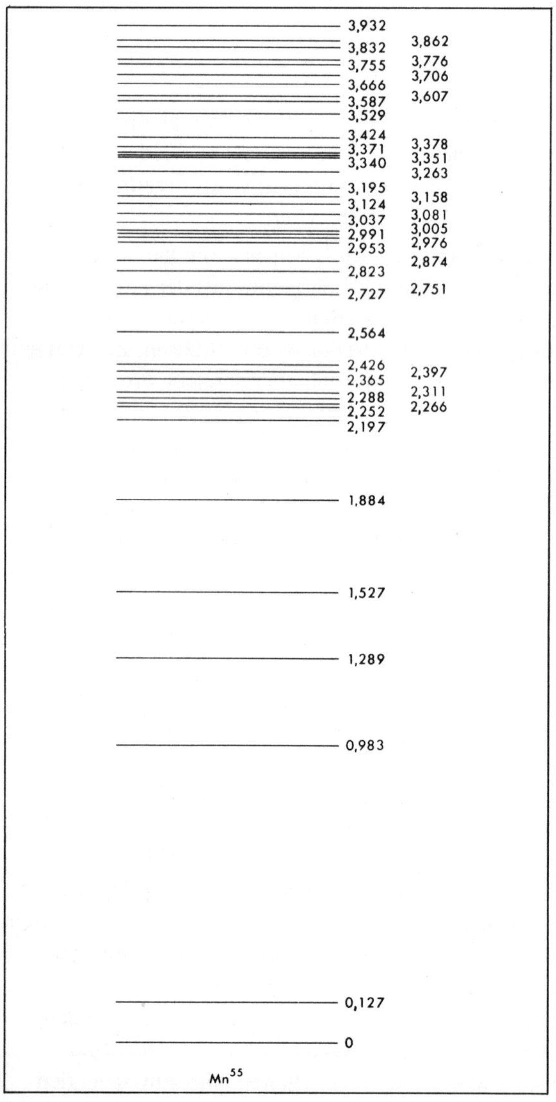

des Targetkerns aus einem solchen Protonenspektrum tatsächlich ermitteln. Die Energieniveaus sind in Bild 35.19 dargestellt.

Vergleicht man dieses Bild mit Bild 35.5, das die Energieniveaus des Quecksilberatoms zeigt, so erkennt man wieder den Faktor 10^6 in der Energieskala. Eines scheint danach klar zu sein: Kerne sind Quantensysteme aus Neutronen und Protonen. Der Grund für die außerordentlich hohe Energieskala ist in der Kleinheit der Kerne zu suchen. Der Zusammenhang zwischen der Größe eines Systems und den Abständen seiner Energieniveaus ist in Tabelle 5 dargestellt.

Selbst für Systeme, die unter dem Mikroskop kaum erkennbar sind, liegen die Energieniveaus so nahe beieinander, daß sie nicht aufgelöst werden können. Deshalb hat man sie erst im Bereich der Atome entdeckt.

Tabelle 5

Gegenstand	m in kg	d in m	$E = \frac{h^2}{md^2}$ in eV
Kugel im Kugellager	10^{-2}	10^{-2}	10^{-46}
Latexkugeln für Millikanversuch	10^{-15}	10^{-6}	10^{-38}
Wasserstoffatom im Molekül	10^{-27}	10^{-10}	10^{-1}
Elektron im Atom	10^{-30}	10^{-10}	10^{2}
Neutron im Kern	10^{-27}	10^{-14}	10^{7}

Bild 35.19. Energieniveauschema des $^{55}_{23}$Mn, das sich aus der unelastischen Protonenstreuung ergibt. Die Energien sind in MeV angegeben.

Aufgaben

1.* Bei der Berechnung der Energieniveaus des Wasserstoffs wurde von der nichtrelativistischen Form der kinetischen Energie ausgegangen. Zeigen Sie, daß dieser Ansatz brauchbar ist. Dabei sind die Ruheenergie und die Rydbergkonstante zu verwenden.

2. a) Wie groß ist die Geschwindigkeit v_n eines Elektrons im n-ten Energieniveau eines Wasserstoffatoms? Die Antwort soll nur fundamentale Konstanten enthalten (siehe Abschnitt 34.11).

   b) Die klassische Theorie fordert, daß ein auf einem Kreis umlaufendes Elektron Energie mit einer der Kreisfrequenz entsprechenden Frequenz abstrahlen sollte. Leiten Sie einen Ausdruck für diese Frequenz bei einem Wasserstoffatom her, das sich im n-ten Energieniveau befindet.

   c) Quantenmechanisch ist ein Ausdruck für die Frequenz anzugeben, mit der die Energie abgestrahlt wird, wenn ein Elektron im Wasserstoffatom aus dem Energieniveau E_{n+1} in das Energieniveau E_n übergeht.

   d) Wie verhalten sich die Ergebnisse aus b) und c) zueinander? Stimmen sie im Sinne des Korrespondenzprinzips überein?

3. Ein negativ geladenes Myon, das die gleiche Ladung wie ein Elektron trägt, bilde zusammen mit einem Proton ein wasserstoffartiges System. Seine Masse entspreche 212 Elektronenmassen. Was ist vorherzusagen über

   a) die Bindungsenergie des Systems,

   b) die Wellenlänge des Photons, das beim Übergang aus dem Zustand mit n = 2 in den Grundzustand emittiert wird?

4. Das sehr kurzlebige „Atom" Positronium besteht aus einem Elektron und einem Positron. Welche Vorhersagen sind zu machen über

   a) die Bindungsenergie des Systems,

   b) die Wellenlänge des Photons, das beim Übergang aus dem Zustand n = 2 in den Grundzustand ausgesandt wird?

5. Die Änderung des Drehmoments bzgl. des Kerns beim Übergang eines Elektrons eines wasserstoffähnlichen Systems aus dem Zustand n + 1 in den Zustand n ist zu berechnen. Hängt das Ergebnis von n ab? Hängt es von Z ab?

6.* Die ersten drei Spektrallinien der Lymanserie des Wasserstoffs haben die Wellenlängen $1216 \cdot 10^{-10}$ m, $1026 \cdot 10^{-10}$ m, und $973 \cdot 10^{-10}$ m. Welchen der in Bild 35.2 dargestellten Linien des Heliumions entsprechen sie?

7.* Wie groß ist ungefähr der Radius des Heliumatoms im Grundzustand?

8.* In welchem Bereich des Spektrums — infrarot, sichtbar oder ultraviolett — sind Linien des neutralen Heliums zu finden, bei dem die Wellenlängen denen des Wasserstoffs ähneln?

9. Welches ist der kleinste Wert n, für den der Übergang mit der Energiedifferenz $E_n - E_{n-1}$ im Heliumion ein sichtbares Photon zur Folge hat?

10. Es sei ein einfach ionisiertes Heliumion im Grundzustand vorhanden.

    a) Wie groß ist die Energie in eV, die zur Ablösung des zweiten Elektrons aufgewendet werden muß?

    b) Wie groß muß die Wellenlänge eines Photons sein, wenn es diesen Prozeß durchführen soll?

11. Im Jahre 1897 entdeckte *Pickering* in Sternspektren eine Serie, die stark an die Balmerserie des Wasserstoffs erinnert. *Rydberg* zeigte, daß sich diese Serie mit einer der Balmerformel entsprechenden Formel darstellen ließ:

$$E_p = R_y\left(\frac{1}{2^2} - \frac{1}{m^2}\right).$$

Nur durfte hier für m nicht nur 2, 3, 4, 5 usw. eingesetzt werden, sondern auch $\frac{5}{2}, \frac{7}{2}, \frac{9}{2}$ usw. *Bohr* zeigte schließlich im Jahre 1913, daß es sich hier nicht um Linien des Wasserstoffs, sondern des Heliumions handelt. Vollziehen Sie seine Überlegungen nach. (Hinweis: Was ist für den Übergang vom Niveau E_n in das Niveau E_4 zu sagen?)

12. Das Spektrum des atomaren Heliums enthält eine Linie mit der Wellenlänge $\lambda = 584 \cdot 10^{-10}$ m. Es möge bei dem zugehörigen Übergang das niedrigere Niveau der Grundzustand sein. Welches ist das höhere Niveau und wie groß ist dafür Z_{eff}?

    Mathematisch betrachtet gibt es mehrere Antworten auf diese Fragen. Eine davon ist aber nur physikalisch sinnvoll. Welche ist es und warum?

13.* Könnte irgendeine der in Tabelle 1 angegebenen Linien dem Übergang eines doppelt ionisierten Lithiums aus einem höheren Niveau in das Niveau n = 2 entsprechen?

14. Entspricht die in der letzten Zeile der Tabelle 1 angegebene Energie einem Übergang des doppelt ionisierten Lithiums in den Grundzustand? Welches ist der Ausgangszustand für diesen Übergang?

15. Geben Sie die Energieniveaus an, zwischen denen die Elektronen übergehen, wenn die in Tabelle 2 aufgeführten Linien des Lithiumspektrums erzeugt werden.

16. Das Spektrum des normalen Lithiums enthält im Ultravioletten bei $2741 \cdot 10^{-10}$ m eine sehr intensive Linie. Welches ist das zugehörige Ausgangsniveau, wenn der Grundzustand Endzustand ist?

17. Für einfach ionisiertes Helium ist $Z_{eff} = 1{,}35$, für zweifach ionisiertes Lithium ist $Z_{eff} = 2{,}36$. Extrapolieren Sie diese Angaben und machen Sie damit eine Angabe über die zur Ablösung des dritten Elektrons beim Beryllium notwendige Energie. Der Berylliumkern trägt vier Elementarladungen. Erläutern Sie Ihre Überlegungen.

18. Durch was für ein Experiment läßt sich die Ladung des Kernes eines Lithiumatoms messen?

19.* Warum ist nicht zu erwarten, daß sich oberhalb der Geraden $\sqrt{E} = \sqrt{R_y}Z$ in Bild 35.8 noch Meßpunkte finden?

20.* Wie groß ist die Bindungsenergie eines Elektrons in der K-Schale des Bleis (siehe Bild 35.7)?

21. Ein Photon mit einer Wellenlänge kleiner als $0{,}141 \cdot 10^{-10}$ m löst im Blei ein Elektron aus der K-Schale aus (Bild 35.7). Es möge ein Elektron aus der L_{II}-Schale in dieses „Loch"

fallen. Die Energie dieses Elektrons wird dann kleiner als in der L_{II}-Schale sein.

a) Was geschieht mit der Energie?

b) Wie groß ist der Differenzbetrag?

22. Ein Atom der Kernladungszahl 12 (Magnesium) zeigt eine Röntgenabsorptionskante bei $\lambda = 197 \cdot 10^{-10}$ m, die einem Elektron mit n = 2 zuzuordnen ist.

a) Wie groß ist Z_{eff}?

b) Warum unterscheidet sich dieser Wert von dem in Bild 35.8 angegebenen?

23. Der Absorptionskoeffizient μ, dessen Werte in Bild 35.7 dargestellt sind, wird folgendermaßen definiert: Ein Röntgenstrahl trifft senkrecht auf ein Material der Dichte ρ und Dicke x. Die Anzahl der auftreffenden Photonen ist N_0, die der direkt hindurchkommenden ist N (Bild 35.20). Experimente mit unterschiedlichen Materialdicken x haben ergeben, daß bei monochromatischer Röntgenstrahlung für die Absorption gilt $\frac{N}{N_0} = e^{-\mu \rho x}$. Ein $1{,}0 \cdot 10^{-2}$ cm dickes Bleiblech wird nacheinander mit Röntgenstrahlung mit Wellenlängen von $0{,}4 \cdot 10^{-10}$ m bzw. $0{,}6 \cdot 10^{-10}$ m bestrahlt. In welchem Verhältnis stehen die Bruchteile der jeweils absorbierten Photonen zueinander?

24. Die Kernladungszahl eines Elements läßt sich aus der Ordnungszahl dieses Elements im periodischen System festlegen. Im periodischen System sind die Elemente nach wachsenden relativen Atommassen geordnet. Werden diese Massen durch chemische Meßverfahren für die Elemente, wie sie in der Natur vorkommen, bestimmt, so müßte Nickel die Kernladungszahl 27, Kobalt 28 haben. Bestimmt man dagegen die Kernladungszahl aus den Röntgenabsorptionskanten, so erhält Nickel 28, Kobalt 27. Wie läßt sich dieser scheinbare Widerspruch erklären? (Hinweis: Vom Nickel kommen in der Natur Isotope mit den Massen, 58, 60, 61, 62 und 64 u vor, vom Kobalt dagegen nur eines mit 59 u.)

25. Treffen hochenergetische Photonen von 100 ... 200 MeV auf Wasserstoff, so tritt ein der Röntgenabsorptionskante ähnliches Phänomen auf. Unterhalb 150 MeV werden die Photonen gestreut. Bei 150 MeV beginnt die Absorption. Man konnte zeigen, daß gleichzeitig ein neues Teilchen, Pion genannt, entsteht. Daß Pionen nicht von energieärmeren Photonen gebildet werden, liegt daran, daß die Pionen eine Ruheenergie haben. Wie groß ist die Ruheenergie eines Pions? (Ist das Pion neutral, so bleibt das Proton ungeändert; ist das Pion positiv geladen, so wurde aus dem Proton ein Neutron mit unveränderter Masse.)

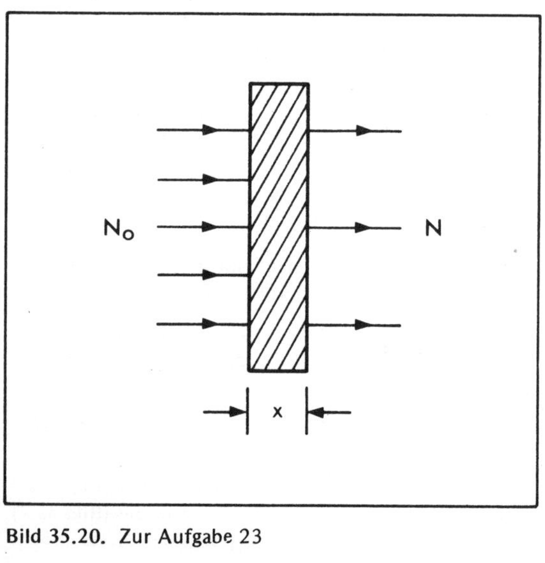

Bild 35.20. Zur Aufgabe 23

26.* Welchen Wert von n wird man zur Berechnung von Z_{eff} der zwischen Na und Ar liegenden Elemente verwenden? (Bild 35.9).

27.* Wie groß ist n bei den äußersten Elektronen des Kryptons? (Bild 35.9).

28. Unter Benutzung der Daten aus Bild 35.9 soll die auf die äußersten Elektronen bei Argon und Natrium wirkende effektive Kernladung berechnet werden.

29. Die Radien des Krypton- und des Rubidiumatoms sind zu berechnen.

30.* Bild 35.7 werde für den Bereich größerer Wellenlängen ergänzt. Sind dort weitere Absorptionskanten zu erwarten?

31. In einer bestimmten Menge Helium seien viele Heliumatome enthalten. Alle Elektronen werden in ihrem Wellenverhalten durch n = 1 beschrieben. Ist das ein Verstoß gegen das Pauli-Prinzip? Erklärung.

32.* Für ein Elektron in einem Kasten wird die stehende Welle durch die Quantenzahlen (3, 1, 1) beschrieben, für ein weiteres Elektron durch (2, 2, 2). Wie verhalten sich die Energien dieser beiden im gleichen Kasten befindlichen Elektronen zueinander?

33.* Wie viele Elektronen können sich bei gleicher Energie, welche dem (3, 1, 1)-Elektron entsprechen soll, in dem gleichen Kasten aufhalten? Wie viele, wenn ihre Energie dem (2, 2, 2)-Elektron entspricht?

34.* Das Verhältnis der Abstände der beiden Linienpaare in Bild 35.15 ist zu ermitteln. Daraus soll die Energie des beim Neutroneneinfang emittierten Photons berechnet werden. Die Energie des bei der Elektron-Positron-Vernichtung freiwerdenden Photons (0,511 MeV) soll als bekannt angenommen werden.

35. Heliumkerne (α-Teilchen) enthalten zwei Protonen und zwei Neutronen. Die Teilchen haben im Mittel einen Abstand von 10^{-14} m voneinander.

a) Wie groß ist im Mittel die zwischen den Protonen wirkende elektrische Kraft?

b) Diese Kraft wirkt abstoßend. Es muß also noch eine anziehende Kraft geben, die im Kern die Protonen zusammenhält. Kann das die Gravitationskraft sein? Kann sie in gleicher Weise wie die elektrische Kraft vom Abstand abhängen?

36. Kernradien liegen in der Größenordnung von 10^{-14} m. Ein Elektron sei Bestandteil eines Kerns. Seine Bewegungsgröße wird dann gleich der eines Neutrons im selben Kern sein.

a) Die kinetische Energie eines solchen Elektrons ist abzuschätzen. (Vorsicht: Welcher Zusammenhang zwischen Bewegungsgröße und kinetischer Energie muß hier verwendet werden, der klassische oder der relativistische?)

b) Wie groß müßte das Potential sein, welches dieses Elektron im Kern hält?

c) Ist es denkbar, daß ein Elektron Bestandteil eines Kerns sein könnte?

37.* Die Maxima in Bild 35.16 entsprechen Differenzen der Kernenergieniveaus beim Quecksilber. In Bild 38.18 entsprechen die Maxima direkt den Energieniveaus des Mangans. Warum?

38.* Das Maximum bei 6,94 MeV in Bild 35.18 wird Protonen zugeordnet, die an Mangan $^{55}_{25}$Mn im Grundzustand elastisch gestreut wurden. Die einfallenden Protonen hatten eine Energie von 7,03 MeV. Wo sind die übrigen 0,09 Mev geblieben?

39. Skizzieren Sie einen Graphen der Anzahl der gestreuten Protonen in Abhängigkeit von der Energie wie in Bild 35.18, wenn einfallende Protonen von 2,00 MeV an Mangan $^{55}_{25}$Mn gestreut werden.

40. Bild 35.18 stellt die Anzahl der gestreuten Protonen als Funktion ihrer Energie dar, wenn 7-MeV-Protonen auf ein Mangantarget treffen. Einige Maxima entsprechen elastischen Streuungen an Unreinheiten des Targets. Warum befinden sich die Maxima, die durch leichtere Unreinheiten erzeugt werden, immer links von denen, die durch schwerere Verunreinigungen entstehen?

41. Bild 35.19 gibt die Energieniveaus des Mangankerns wieder. Was für Photonenenergien können entstehen, wenn der Kern in seinem vierten angeregten Zustand ist?

42. Freie Neutronen haben bei Anwesenheit von Materie keine lange Lebensdauer. Sie werden von Kernen eingefangen, wobei Photonen emittiert werden. Werden z.B. Neutronen von Calcium $^{40}_{20}$Ca und $^{41}_{20}$Ca eingefangen, so beobachtet man Photonen mit Energien von 6,4 MeV, 5,9 MeV, 1,9 MeV und 0,5 MeV. Man weiß auch, daß das letzte Neutron im $^{41}_{20}$Ca eine Bindungsenergie von 8,3 MeV hat. Konstruieren Sie so gut wie möglich ein Energieniveauschema des $^{41}_{20}$Ca.

36. Umwandlung von Atomen und Kernen

Wir haben unser Augenmerk bisher nur auf die Stabilität der Atome, die Gleichartigkeit der Energieniveaus aller Atome des gleichen Elements und die bestimmten, festen Energien der Energieniveaus von Atomen, Molekülen und Kernen gerichtet. Wir wissen aber sehr gut, daß die Welt nicht still steht, insbesondere nicht die Welt des Atoms und des Kerns. Alles, was wir über ihre Energieniveaus wissen, haben wir durch die Beobachtung von Atomen erfahren, die von einem Energieniveau in ein anderes übergingen. Wir sollten uns nun etwas genauer damit befassen, wie sich Veränderungen in Quantensystemen vollziehen können.

Warum zerfallen einige Kerne von selbst? Warum ist bei diesem radioaktiven Zerfall die Zerfallsrate völlig unabhängig von den äußeren Bedingungen, und warum hängt sie stets exponentiell von der Zeit ab? Warum vereinigen sich einige Moleküle, und warum zerfallen andere? Warum, wann und wie kommt es dazu, daß ein Atom einen angeregten Zustand unter Aussendung eines Photons verläßt? Alle diese Fragen sind wichtig, wenn man die Welt verstehen will; denn Veränderung ist nicht weniger real als Stabilität.

Wir werden diese außerordentlich schwierigen Fragen durch einfache und näherungsweise Methoden angehen. Quantenmechanische Fragestellungen werden wir durch unsere zwar unvollkommenen, aber hilfreichen Wellenanalogien – die Wellen auf einer Feder und im Wasser – zu diskutieren versuchen. Insbesondere wird uns hier der Begriff der *Wahrscheinlichkeitswelle* interessieren. Außerdem werden wir sehen, wie schwierig und wie einfach die Folgerungen aus den Erhaltungsgesetzen sind. Aus ihnen läßt sich nicht direkt schließen, welche Reaktionen schnell und welche langsam verlaufen. Aber man erhält damit Grundlagen zur Vorhersage, welche Reaktionen stattfinden können und welche nicht.

36.1. Erhaltung der Energie

Hat ein System die Möglichkeit, sich in zwei Teile aufzuspalten, die sich dann mit einer solchen kinetischen Energie auseinander bewegen, daß die Gesamtenergie unverändert bleibt, wird es sich irgendwann, früher oder später, tatsächlich aufspalten. Wir werden dieses an zwei Beispielen in sehr unterschiedlichen Energiebereichen illustrieren. Zunächst betrachten wir ein Sauerstoffmolekül O_2. Da zur Trennung der beiden Sauerstoffatome Energie zugeführt werden muß, ist die Energie des Moleküls im Grundzustand geringer als die Energie der beiden Atome, wenn sie weit auseinander und in Ruhe sind. Ein Sauerstoffmolekül im Grundzustand wird niemals von selbst dissoziieren. Wird das Molekül aber auf ein hinreichend hohes Energieniveau gebracht, z.B. durch Absorption eines Photons oder durch unelastischen Zusammenstoß mit einem Elektron, so kann das Molekül in zwei Atome aufbrechen. Dieser Prozeß ist in Bild 36.1a schematisch dargestellt. Auf der Ordinatenachse ist die Energie des Moleküls aufgetragen. Links sind der Grundzustand und ein angeregter Zustand des Moleküls wiedergegeben. Die gestrichelte Linie gibt die Gesamtenergie der zwei Atome für den Fall an, daß sie nicht miteinander in Wechselwirkung stehen und sich in Ruhe befinden. Sind diese Atome nicht gebunden, so können sie beliebige Beträge kinetischer Energie tragen. Das wird durch das rechts aufgetragene kontinuierliche Spektrum dargestellt. Der Grundzustand des Moleküls liegt unter dem Grundzustand der beiden Atome; zur Aufspaltung des Moleküls in zwei Atome muß Energie zugefügt werden. Befindet sich das Molekül dagegen im angeregten Zustand, so ist hinreichend viel Energie vorhanden, um die beiden Atome zu trennen und um ihnen kinetische Energie mitzugeben.

Gleichartige Vorgänge geschehen im Bereich der Kerne. Sie lassen sich durch ein Diagramm ähnlich dem in Bild 36.1a verdeutlichen. Anstelle des Sauerstoffmoleküls betrachten wir den Kern $^6_3$Li. Anstelle der beiden Sauerstoffatome treten dann ein $^4_2$He (α-Teilchen) – und ein $^2_1$H (Deuteron) – Kern auf. Die Kernmassen sind 6,0151 u, 4,0026 u und 2,0141 u[1]).

Die Summe der Massen von $^2_1$H und $^4_2$He übersteigt die Masse des $^6_3$Li um 0,0016 u. Das entspricht einer Energie von 1,5 MeV. $^6_3$Li kann daher im Grundzustand nicht in $^4_2$He und $^2_1$H zerfallen. Der $^6_3$Li-Kern hat aber ein angeregtes Energieniveau in der Größenordnung von 2,2 MeV über dem Grundzustand. Er kann durch Absorption eines 2,2-MeV-Photons angeregt werden und dann in $^2_1$H + $^4_2$He aufspalten. Die beiden Kerne fliegen mit einer kinetischen Energie von insgesamt 0,7 MeV auseinander. Dieser Prozeß ist beobachtet worden. Der ganze Vorgang ist in Bild 36.1b dargestellt. Man erkennt, daß die Bilder 36.1a und 36.1b grundsätzlich gleich sind. Sie unterscheiden sich nur durch einen Faktor 10^6 im Energiebereich (siehe Abschnitt 35.10).

36.2. Erhaltung von Bewegungsgröße und Drehimpuls

Bisher wurde nur die Energieerhaltung betrachtet. Wie ist es nun mit der Erhaltung der Bewegungsgröße? In Ruhe hat ein angeregtes Sauerstoffmolekül keine Bewegungsgröße. Daher muß die Gesamtbewegungsgröße

---

1) Tatsächlich sind dieses die Massen der neutralen Atome. Da aber die Anzahl der Elektronen in Li gleich der Summe der Elektronen in H und He ist, brauchen wir sie hier nicht zu berücksichtigen (Kapitel 32, Tabelle 2).

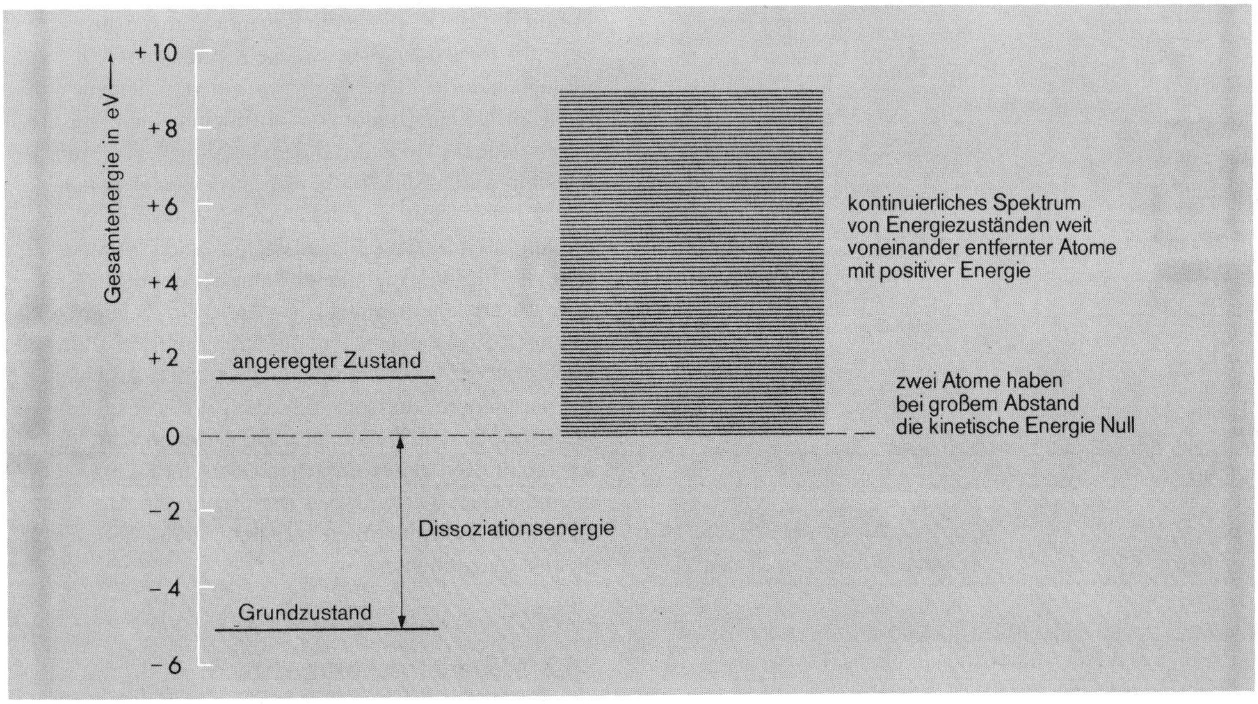

Bild 36.1a. Schematisches Energieniveaudiagramm für die Spaltung eines Sauerstoffmoleküls in zwei Atome

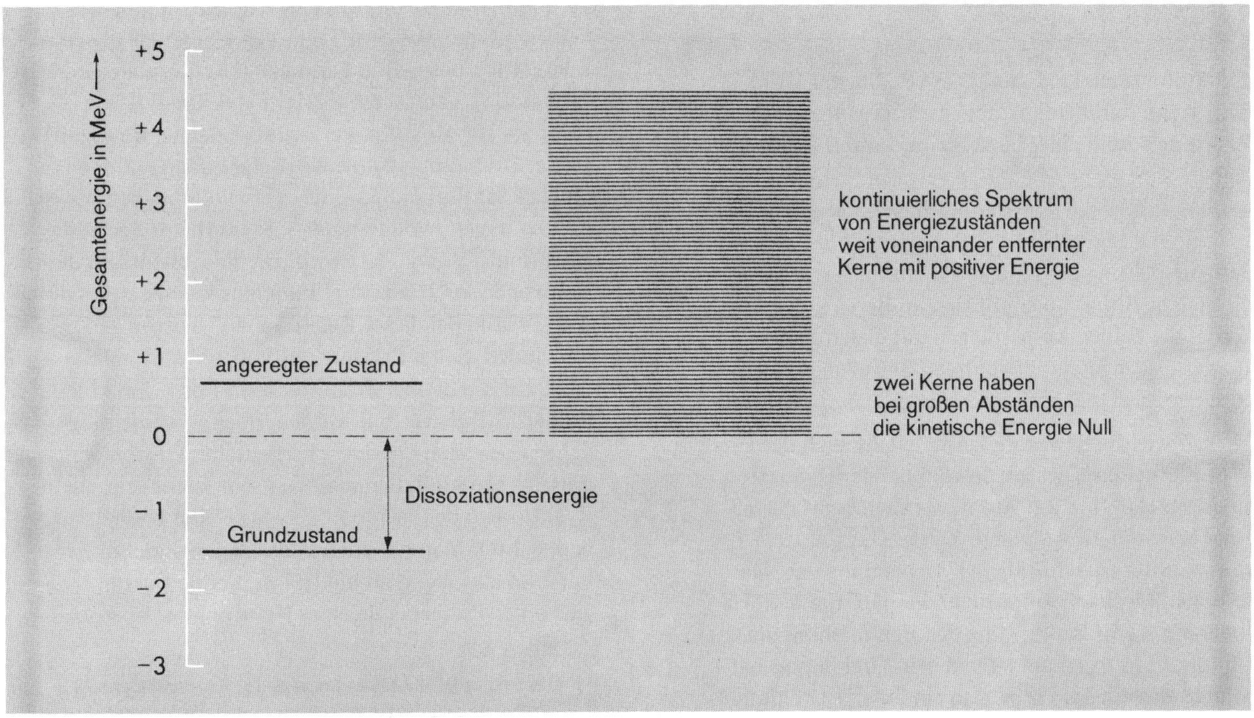

Bild 36.1b. Schematisches Energieniveaudiagramm für die Aufspaltung eines $^6_3$Li-Kerns in ein α-Teilchen und ein Deuteron

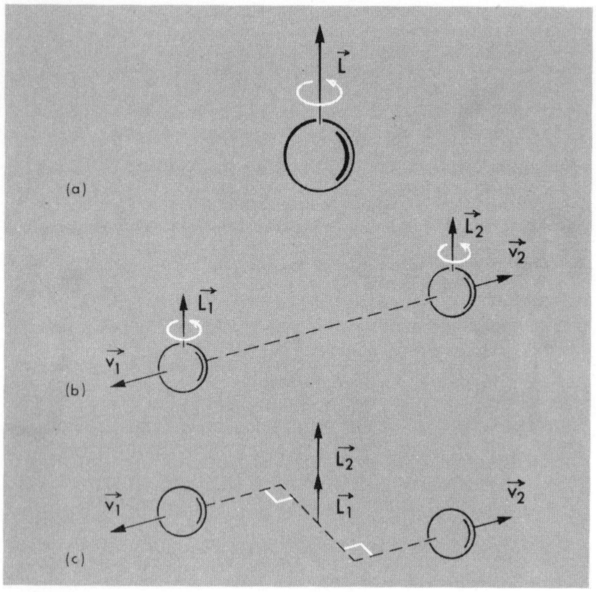

Bild 36.2. Die Erhaltung des Drehimpulses, wenn ein System mit Spin in zwei Teile zerfällt. Das ursprüngliche System in a) hat zwar einen Spin, aber keinen Bahndrehimpuls. In b) fliegen die Bruchstücke in einer Linie auseinander, so daß kein Bahndrehimpuls auftritt. Jedes Bruchstück hat einen Spin, die Summe der Spins gibt den ursprünglichen Spin. In c) fliegen die beiden Bruchstücke entlang zweier paralleler Geraden voneinander weg, so daß ein Bahndrehimpuls entsteht. Da keines von ihnen einen Spin hat, ist der Bahndrehimpuls gleich dem ursprünglichen Spin. Im allgemeinen Fall haben die Bruchstücke jeweils beide einen Spin und einen Bahndrehimpuls.

der Atome auch Null sein. Diese Bedingung ist nur erfüllt, wenn sich beide Atome in entgegengesetzter Richtung auseinander bewegen und wenn sie die verfügbare kinetische Energie so verteilen, daß ihre Bewegungsgrößen gleiche Beträge haben. Genau das tritt aber ein. Die Erhaltung der Bewegungsgröße steht also der Aufspaltung des Moleküls nicht im Weg. Genau die gleiche Situation ergibt sich im Bereich der Atomkerne; die beiden Kerne fliegen mit gleich großen, aber entgegengesetzt gerichteten Bewegungsgrößen auseinander. Das kann experimentell überprüft werden.

Ebenso wie die Bewegungsgröße bleibt auch der Drehimpuls erhalten. Dies gilt sowohl bei der Dissoziation eines Moleküls in zwei Atome als auch beim Zerfall eines Kerns in zwei kleinere Kerne. Das soll zunächst einmal unter ausschließlicher Anwendung der Newtonschen Mechanik untersucht werden. Ein Molekül (oder ein Kern) hat in Ruhe den Bahndrehimpuls Null. Falls es trotzdem irgendeinen Drehimpuls hat, so muß das ein Spin sein, also ein innerer Drehimpuls (siehe Abschnitt 19.10). Der zerfallende Kern habe nun einen senkrecht nach oben weisenden Spin wie in Bild 36.2a. Die beiden in Gegenrichtungen auseinander fliegenden Bruchstücke können diesen ursprünglich vorhandenen Spin nun auf verschiedene Weise aufnehmen. Jeder von ihnen kann einen Spin haben, wobei sich beide zu dem ursprünglichen Spin addieren wie in Bild 36.2b. Haben die beiden Bruchstücke keinen Spin, so können sie mit einem Bahndrehimpuls bezüglich ihres Massenmittelpunktes auseinander fliegen. Auch dieser Bahndrehimpuls müßte dann gleich dem ursprünglichen Spin sein (Bild 36.2c). Ein noch allgemeinerer Fall der Drehimpulserhaltung wäre gegeben, wenn der ursprüngliche Spin auf einen Bahndrehimpuls und auf Spins der Bruchstücke aufgeteilt würde. Die Wellennatur der Teilchen führt zu Abwandlungen dieses einfachen Bildes und schränkt die möglichen Werte für den Drehimpuls ein. Die eben diskutierten Mechanismen zur Drehimpulserhaltung bleiben aber möglich.

36.3. Weitere Erhaltungssätze

Alle bis heute durchgeführten Beobachtungen haben ergeben, daß auch die elektrische Ladung stets erhalten bleibt. Aber es wird nicht allein durch die Erhaltungssätze für die elektrische Ladung, für die Energie, die Bewegungsgröße und den Drehimpuls festgelegt, ob eine Reaktion stattfindet oder nicht. Als Beispiel wollen wir den Kern $^{78}_{36}$Kr[1]) mit dem Kernpaar $^{45}_{20}$Ca und $^{32}_{16}$S vergleichen. Die Massen dieser Kerne sind 77,945 u, 44,967 u und 31,981 u. Die Summe der beiden letzten Massen ist sehr viel kleiner als die erste. Energetisch betrachtet kann der $^{78}_{36}$Kr-Kern also in $^{45}_{20}$Ca und $^{32}_{16}$S zerfallen. Es steht eine Energie von mehr als 10^3 MeV zur Verfügung. Energie, Bewegungsgröße, Drehimpuls und elektrische Ladung können bei dieser Reaktion ohne weiteres erhalten bleiben. Es ist nun zu fragen, wodurch der $^{78}_{36}$Kr-Kern am Zerfall in $^{45}_{20}$Ca und $^{32}_{16}$S gehindert wird. Da die Gesamtzahl der Neutronen in $^{45}_{20}$Ca und $^{32}_{16}$S um eins kleiner ist als in $^{78}_{36}$Kr, würde bei dieser Reaktion ein Neutron verschwinden. Seine Ruheenergie von 10^3 MeV müßte dann auf die beiden Bruchstücke in Form von kinetischer Energie verteilt werden, oder es würde möglicherweise auch ein hochenergetisches Photon emittiert. In beiden Fällen müßte es sehr leicht sein, diese Reaktion zu beobachten. Sie wurde aber niemals beobachtet. Man hat auch noch keinen anderen Zerfall entdeckt, bei dem die frei werdende Energie gleich der Ruheenergie eines Neutrons ist. Ebenso

[1]) Das Symbol $^{78}_{36}$Kr bedeutet, daß der Krypton-Kern 78 Protonen und Neutronen enthält, also die Massenzahl A = 78 hat. Die Kernladungszahl für alle Kryptonisotope ist Z = 36.

wurde auch noch keine Reaktion beobachtet, bei der die Anzahl der Protonen verkleinert und die Ruheenergie eines Protons frei wird. Bisher zeigt die gesamte experimentelle Erfahrung, daß die Gesamtanzahl von Neutronen und Protonen, kurz gesagt die Anzahl Nukleonen, erhalten bleiben muß. Das ist ein weiterer fundamentaler Erhaltungssatz, der zu den Erhaltungssätzen für Energie, Bewegungsgröße, Drehimpuls und elektrische Ladung hinzugefügt werden muß.

36.4. Kernspaltung

Wegen des Energieerhaltungssatzes kann ein leichter Atomkern wie etwa $^{6}_{3}Li$ im Grundzustand nicht zerfallen. Ist der Kern dagegen hinreichend angeregt, so zerfällt er sehr leicht, wie in Abschnitt 36.1 gezeigt wurde. Bei schweren Kernen liegen wesentlich andere Verhältnisse vor.

Beispielsweise kann der Urankern mit der Massenzahl A = 236 zerbrechen. Dabei entstehen zwei neue Kerne, einer mit A = 90 (etwa ein Isotop des Metalles Zirkon) und einer mit A = 146 (etwa die seltene Erde Neodym). Da 90 + 146 = 236 ist, liegt in beiden Fällen genau die gleiche Anzahl von Nukleonen vor. Wie verhält sich nun die gesamte Bindungsenergie dieser Produkte (unter der Bindungsenergie versteht man die Energie, die nötig war, um den Kern in seine Bestandteile zu zerlegen) zur Bindungsenergie des Urans 236 im Grundzustand? Die mittlere Bindungsenergie je Nukleon kann man grob der Kurve in Bild 36.3 entnehmen, in der folgenden Tabelle ist sie auf zwei Stellen genau angegeben.

		gesamte Bindungsenergie in MeV
$^{236}_{92}U$	236 Nukleonen zu 7,5 MeV je Nukleon	1 800
$^{90}_{40}Zr$	90 Nukleonen zu 8,7 MeV je Nukleon	780
$^{146}_{60}Nd$	146 Nukleonen zu 8,2 MeV je Nukleon	1 200

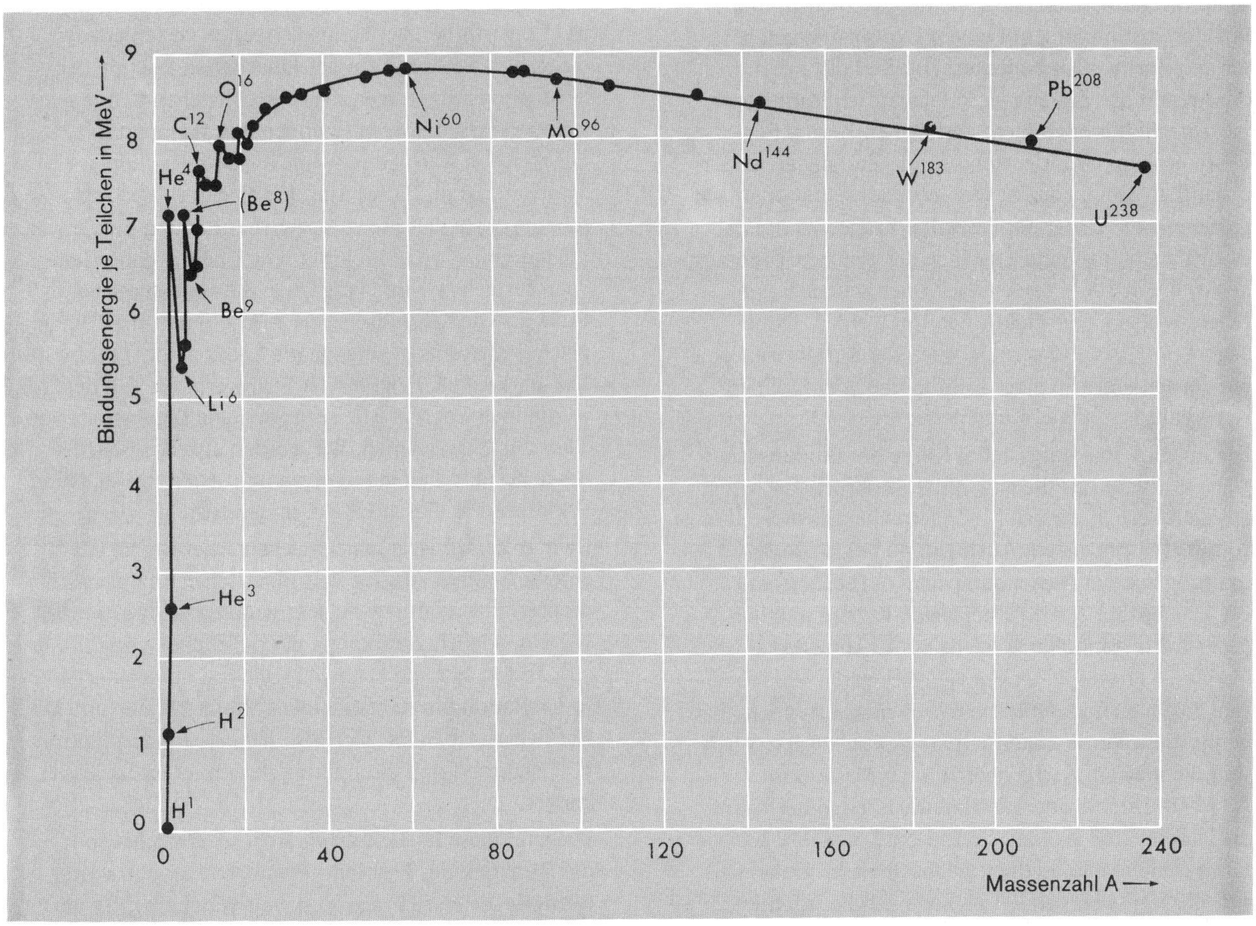

Bild 36.3. Hier ist die mittlere Bindungsenergie je Teilchen für natürlich vorkommende Kerne als Funktion der Massenzahl A aufgetragen. $^{8}_{4}Be$ ist hinzugenommen worden, obgleich es nicht in der Natur vorkommt, weil es in diesem Kapitel von Interesse ist.

Addiert man die Bindungsenergien aller Nukleonen in den beiden kleineren Atomkernen, so ergeben sich 1980 MeV. Bei der neuen Anordnung der Nukleonen in zwei Kerne erhält man einen Überschuß an Bindungsenergie von etwa 200 MeV. Da die Bindungsenergie jetzt größer ist, haben die Kerne einen Energiebetrag von 200 MeV abgegeben. Diese 200 MeV müssen in eine andere Energieform überführt worden sein. Wenn es also für einen $^{236}_{92}$ U-Kern irgendeine Möglichkeit gibt, sich selbst in zwei nicht mehr zusammenhängende Teile umzuordnen, in einen Zirkonkern und einen Neodymkern, so werden diese beiden Teile mit einer kinetischen Energie von etwa 200 MeV auseinanderfliegen. In Wirklichkeit wird allerdings immer ein Teil der Energie zur Anregung der Bruchstücke oder zur Auslösung einiger überzähliger Neutronen oder auch eines α-Teilchens verwendet. Der größte Teil erscheint jedoch als kinetische Energie der beiden großen Bruchstücke.

Dieser mit Energieumwandlung verknüpfte Zerfall wird Kernspaltung genannt und findet bei schweren Kernen statt. Grob gesprochen wird der Kern in zwei große Bruchstücke aufgespalten, etwa wie bei der Teilung einer Amöbe. Die Spaltung erfolgt spontan in Übereinstimmung mit einem Exponentialgesetz für den Zerfall. Das bedeutet: Die Zerfallsrate, d.h. die Anzahl der Zerfälle je Zeiteinheit ist proportional zur Anzahl der noch nicht zerfallenen Kerne. Für Urankerne im Grundzustand ist die Zerfallsrate außerordentlich klein. Hier ist die Zerfallszeit millionenfach größer als die Dauer der gesamten Erdgeschichte. Aber es gibt auch angeregte Zustände des gleichen Urankerns, die in 10^{-16} s oder sogar noch schneller zerfallen, wobei einige Neutronen frei werden. Diese angeregten Zustände ermöglichen die Kettenreaktion, bei der entweder in einer Kernbombe oder in einem Kernreaktor sehr viel Kernenergie frei wird.

Die im Bild 36.3 dargestellte Kurve der Bindungsenergien läßt nicht nur die eine bisher besprochene Art des Kernzerfalls erwarten, sondern eine ganze Vielfalt von Zerfallsprozessen. Auch eine so ungleiche Aufspaltung wie die Aussendung eines α-Teilchens mit der Massenzahl A = 4 ist bei vielen Kernen möglich. Jeder Kern von hoher Massenzahl A kann von selbst in einen Kern mit einer um vier geringeren Nukleonenzahl zerfallen und dabei ein α-Teilchen aussenden. Man nennt diese Kerne „natürlich radioaktiv". Tatsächlich sind die meisten Kerne oberhalb der Massenzahl $A \approx 140$ instabil, aber die Halbwertszeiten der Kerne, die leichter sind als Blei, sind so groß, daß ihre Aktivität normalerweise nicht zu beobachten ist. Dabei läßt sich die Emission von α-Teilchen noch beobachten, wenn die Kerne eine Halbwertszeit von ca. 10^{14} Jahren haben. Es gibt nur wenige Kerne leichter als Blei, bei denen sich der α-Zerfall bisher beobachten ließ.

Offenbar läßt sich mit den Erhaltungssätzen der Zerfall nicht vollständig deuten. Um zu sehen, welche weiteren Faktoren eine Rolle spielen und wie sie sich bemerkbar machen, wollen wir uns auf einen Prozeß konzentrieren, auf den α-Zerfall.

36.5. Genauere Untersuchung des α-Zerfalls

Es wurde bereits erwähnt, daß die Halbwertszeiten bei der Kernspaltung bzw. beim α-Zerfall einen außerordentlich großen Bereich überstreichen, wobei die Erhaltungssätze immer gelten. Einige dieser Halbwertszeiten sind möglicherweise so groß, daß sie bisher noch nicht entdeckt werden konnten. Andere sind so kurz, daß sie nur indirekt bestimmt werden können, wie in diesem Kapitel später gezeigt wird.

Welche Faktoren müssen nun zusätzlich zu den Erhaltungssätzen herangezogen werden, wenn man diese Tatsachen verstehen will? Einer dieser zusätzlichen Faktoren, der einen starken Einfluß auf die Halbwertszeiten zerfallender Systeme ausübt, läßt sich beim α-Zerfall gut darstellen. Hier gibt es nämlich eine große Anzahl von Meßergebnissen. In Bild 36.4 sind die Logarithmen der Halbwertszeiten verschiedener α-Strahler als Funktion der kinetischen Energie der α-Teilchen aufgetragen. Die verschiedenen Kurvenstücke erfassen jeweils Gruppen von Isotopen mit der gleichen Kernladungszahl (Radon, Radium, Thorium, Uran, Plutonium und Curium). Danach scheint es so, daß bei vorgegebener Ladung die Zerfallsrate nur durch die kinetische Energie der α-Teilchen festgelegt wird. Trägt man die Halbwertszeit als Funktion der Zerfallsenergie auf, so erhält man einen glatten Kurvenzug, solange die Ladung konstant bleibt. Die starke Abhängigkeit der Halbwertszeit von der freiwerdenden Energie ist eine allgemeine Eigenschaft von allen Zerfallssystemen. Wir werden also das Beispiel des α-Zerfalls weiter verfolgen und sehen, ob sich eine Erklärung für diesen Effekt finden läßt.

Beim α-Zerfall ist noch etwas bemerkenswert: Für eine bestimmte Abgabe von kinetischer Energie wird die Zerfallsrate durch die Kernladungszahl bestimmt. Für eine kinetische Energie der α-Teilchen von 6,3 MeV z.B. ändert sich die Halbwertszeit von etwa einer Minute für Radon bis zu etwa einem Monat für Curium. Die Halbwertszeit ändert sich also nahezu um den Faktor 10^5, während sich die Ladung nur um etwa 10 % verändert.

Wie sind diese Effekte zu verstehen? Zunächst soll die Dynamik des Problems etwas genauer betrachtet werden. Die erste Frage ist dabei: Welche Kräfte wirken auf das α-Teilchen? Es ist bekannt, daß ein vom Kern weit entferntes α-Teilchen nur von der elektrostatischen Kraft beeinflußt wird, die von der Kernla-

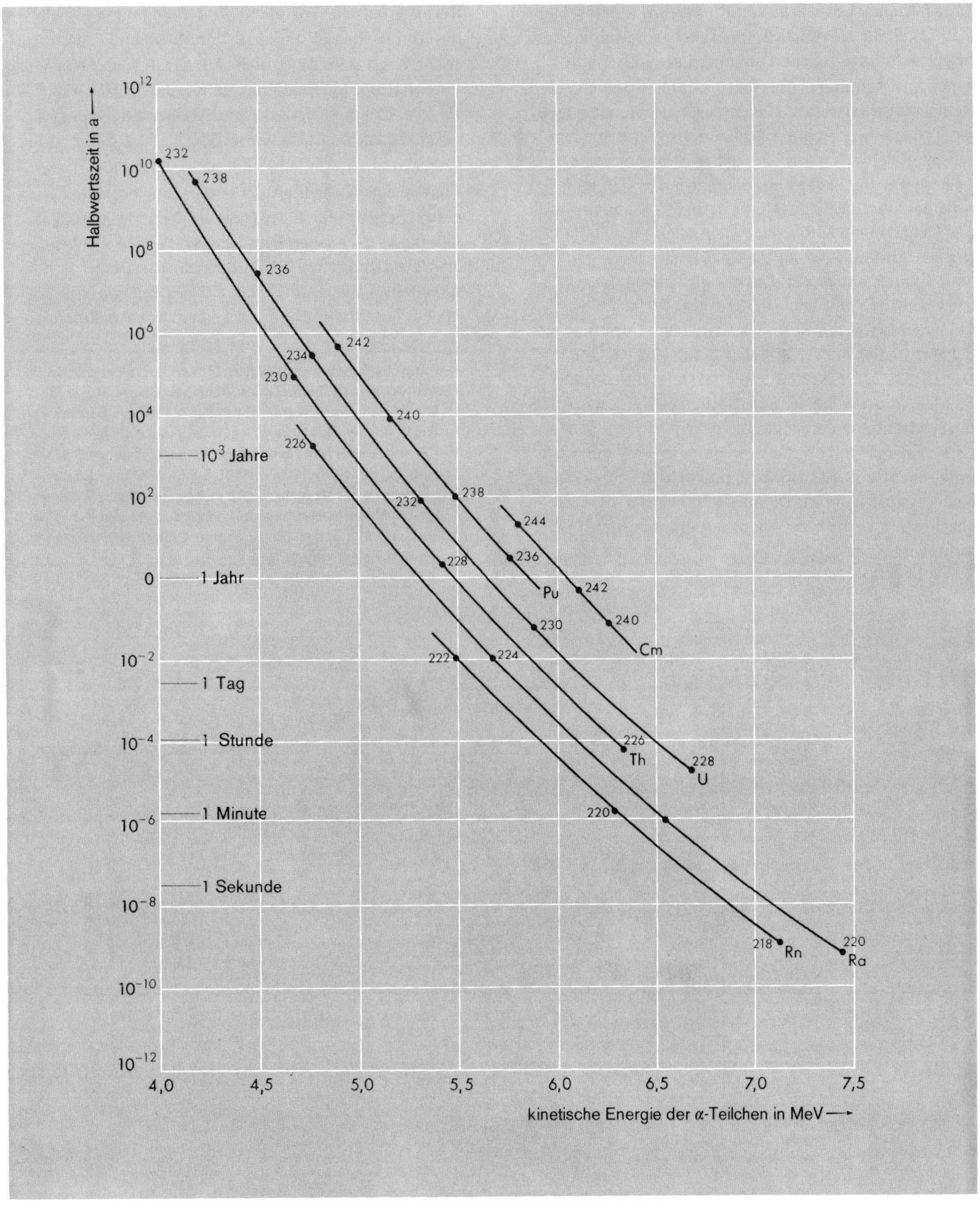

Bild 36.4. Die Halbwertszeit einiger α-Strahler in Abhängigkeit von der kinetischen Energie der α-Teilchen. Die unterschiedlichen Kurvenzüge entsprechen unterschiedlichen „Familien" von Isotopen.

dung herrührt. Das wurde von *Rutherford* durch seine berühmten Streuversuche mit α-Teilchen bewiesen. Befindet sich das α-Teilchen im Innern des Kerns, so wirkt eine Kernkraft (Abschnitt 35.11) zusätzlich zur elektrostatischen Kraft. Aus Streuversuchen mit schweren Teilchen weiß man, daß diese Kernkräfte nur sehr geringe Reichweiten haben. Sie beeinflussen die Bewegung des α-Teilchens nur dann, wenn es sich sehr nahe der Oberfläche des Kerns befindet. Daraus ergibt sich, daß die Kurve der potentiellen Energie für größere Abstände der für die elektrostatische potentielle Energie entspricht. Das gilt nicht mehr, wenn das α-Teilchen sehr nahe an der Kernoberfläche ist. Bei einem schweren Kern, wie etwa beim Curium, liegt der Kernradius in der Größenordnung von 10^{-14} m. Das abstoßende Coulombpotential steigt bis auf etwa 15 MeV in der Nähe der Oberfläche des Kerns an. Andererseits besitzt ein ausgesandtes α-Teilchen eine kinetische Energie von 6,3 MeV, wenn es so weit vom Curiumkern entfernt ist, daß seine potentielle Energie vernachlässigbar klein ist. Damit sich nun das α-Teilchen überhaupt innerhalb des Kerns mit einer positiven Gesamtenergie von 6,3 MeV aufhalten kann, muß die Kernkraft als anziehende Kraft wirken und innerhalb des Kerns sehr viel stärker als die abstoßende elektrostatische Kraft sein. Eine solche Kernkraft bildet einen Potentialtopf innerhalb des Kerns. Daraus läßt sich folgern, daß die Kurve der potentiellen Energie eines α-Teilchens eine Form wie in Bild 36.5 hat[1]).

Die gestrichelte Linie in Bild 36.5 gibt die kinetische Energie eines in sehr großer Entfernung befindlichen α-Teilchens an. Nach der Newtonschen Mechanik kann sich dieses α-Teilchen dem Kern von außen nur bis etwa zum doppelten Kernradius nähern. Dementsprechend kann ein α-Teilchen dieser Energie, das sich in dem Potentialtopf befindet, niemals nach außen

[1]) Damit beginnen wir mit einem Modell des α-Zerfalls. In Wirklichkeit ist die Situation sicherlich komplizierter, als hier angenommen wurde. Denn das α-Teilchen besteht selbst aus vier Nukleonen. Kommt es in das Innere eines Kernes, so läßt sich nicht ausschließen, daß es unter Einwirkung der Kernkräfte zerfällt. Dadurch würde die Beschreibung des Vorganges sehr viel komplizierter werden. Unsere Modellvorstellungen lassen jedoch brauchbare Vorhersagen über den α-Zerfall zu und ermöglichen auch gewisse Verallgemeinerungen.

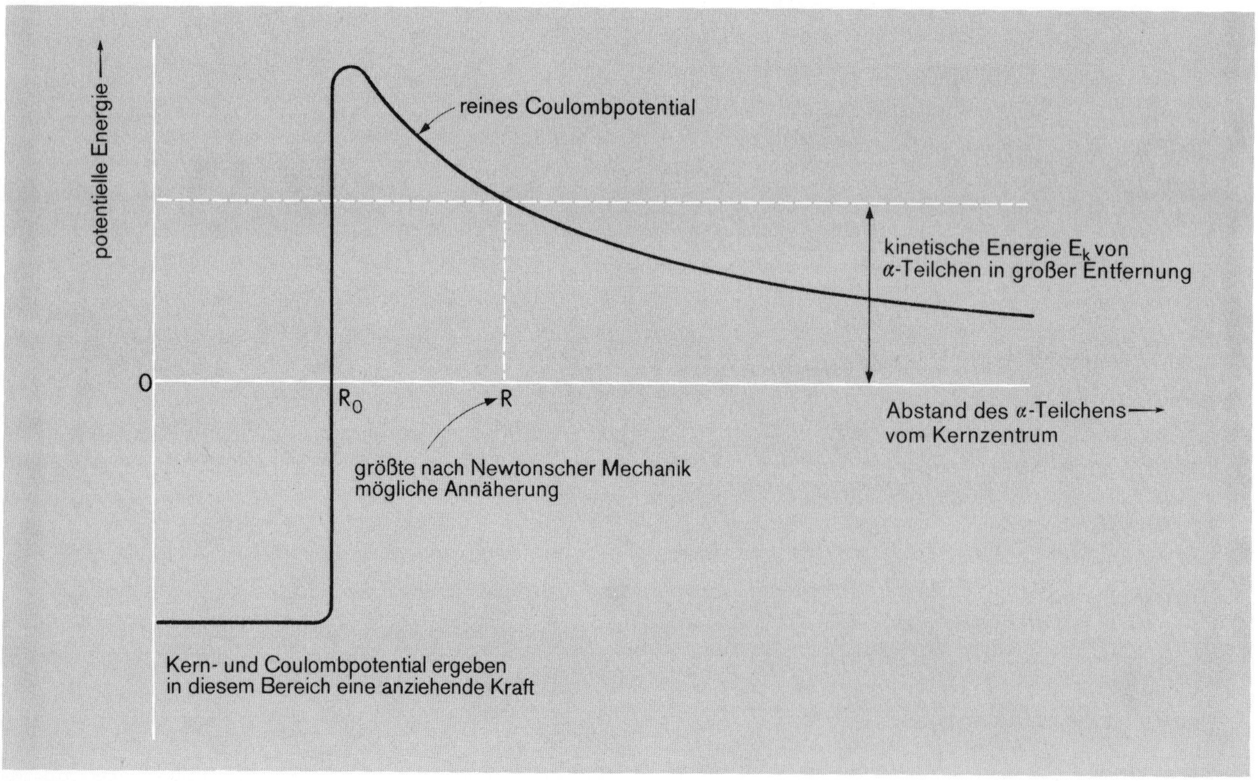

Bild 36.5. Schematische Darstellung der potentiellen Energie eines α-Teilchens und eines schweren Kerns. Außerhalb des Kernradius R_0 entspricht das Potential dem einer abstoßenden Coulombkraft. Innerhalb R_0 treten anziehende Kernkräfte auf, so daß die gesamte potentielle Energie negativ wird. Bei gewöhnlichen α-Strahlern ist die kinetische Energie E_k im Unendlichen kleiner als an der Stelle R_0. In der Figur wird das durch die gestrichelte Linie angedeutet. In Übereinstimmung mit der Newtonschen Mechanik gehört zu jeder kinetischen Energie E_k ein kleinstmöglicher Abstand R. Dieser ist in der Zeichnung angegeben.

gelangen. Es gibt einen Potentialwall, der das Teilchen entweder innerhalb oder außerhalb hält. Vom klassischen Standpunkt aus ist also kein α-Zerfall zu erwarten. Bei dieser Vorhersage wird man bleiben müssen, falls nicht die kinetische Energie so groß wird, daß sie die potentielle Energie, die durch den Potentialwall gegeben ist, erreicht oder übersteigt. Bild 36.4 zeigt aber, daß das nicht sein kann. Durch die Newtonsche Mechanik ist also der α-Zerfall nicht zu erklären. Sie verbietet sogar diesen Zerfall für alle in Bild 36.4 dargestellten Fälle!

Man muß deshalb zum quantenmechanischen Wellenmodell übergehen. Das Wellenmodell für die Wahrscheinlichkeit, ein Teilchen irgendwo im Raum festzulegen, ist sehr geeignet, den α-Zerfall zu erklären. Das ist auch der Grund, weshalb wir uns zunächst mit dem α-Zerfall befassen. Vor Beginn der Untersuchung müssen wir uns noch einmal mit vertrauteren Wellensystemen befassen, um dort auftretende analoge Effekte zu untersuchen.

36.6. Klassisches Wellenmodell; Lebensdauer und Tunneleffekt

Als erstes soll eine stehende Welle auf einem Seil betrachtet werden, dessen eines Ende an einer Wand befestigt ist. Es läuft durch ein enges Loch in einer zweiten Wand und dann ins Unendliche (Bild 36.6). Im Idealfall ohne innere Reibung und Luftwiderstand wird die Welle stets zwischen den beiden Wänden bestehen bleiben. Das endlose Seil jenseits des Loches bleibt in Ruhe. Das enge Loch verhindert eine Auf- und Abbewegung in Punkt A. Nun sollen diese Bedingungen ein wenig gelockert werden. Statt durch das Loch zu gehen, soll das Seil jetzt am gleichen Punkt durch eine andere Aufhängung gehalten werden. Diese soll zwar noch sehr fest und nahezu unbeweglich sein, jedoch dem Zug des schwingenden Teils des Seils ein ganz klein wenig nachgeben können. Schwingt jetzt die stehende Welle auf dem kurzen Abschnitt des Seils, so geht die bewegliche Aufhängung ein wenig mit (Bild 36.7). Dadurch wird die Bewegung

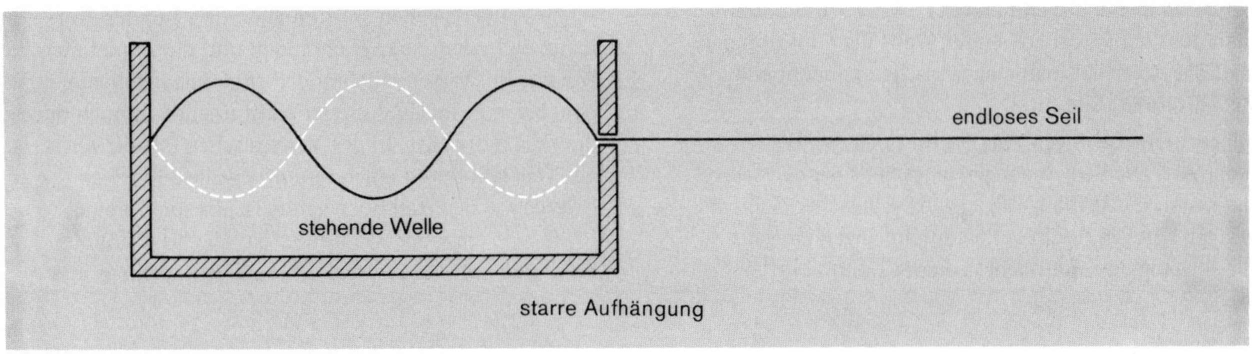

Bild 36.6. Eine stehende Welle auf einem Seil, das zwischen zwei festen Aufhängungen aufgespannt ist. Obgleich das Seil an einem Ende durch ein Loch in der Aufhängung hindurch geht, wird auf dem rechten unbegrenzten Teil des Seils keine Wellenbewegung erscheinen, weil sich das Seil in Punkt A nicht hin und her bewegen kann. Es wird starr gehalten.

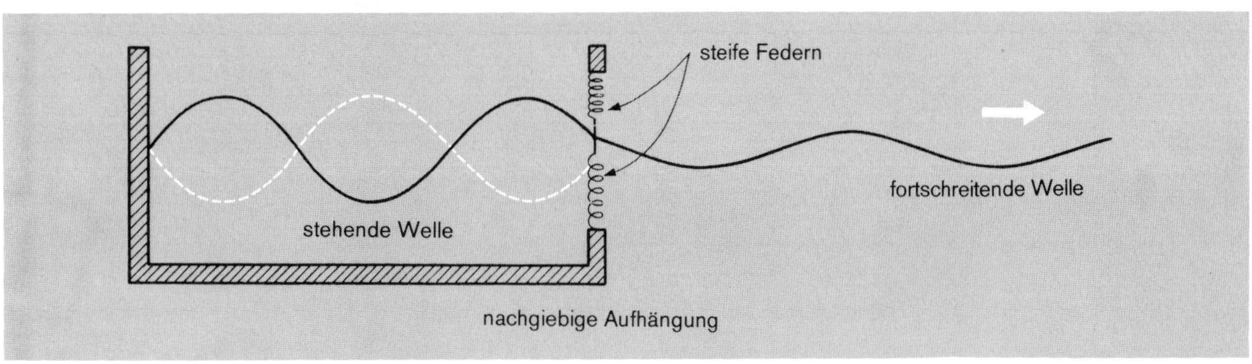

Bild 36.7. Eine stehende Welle für den Fall, daß eine der Aufhängungen nicht starr ist. Hier wurde das Loch in Bild 36.6 durch ein Paar von Federn ersetzt, die es ermöglichen, daß sich das Seil ein wenig auf und ab bewegt. Dadurch entsteht auf dem rechten Teil des Seils eine fortschreitende Welle. Sind die Federn sehr kräftig, so wird ihre Bewegung nur gering sein. Entsprechend klein ist auch die Amplitude der fortschreitenden Welle.

teilweise auf den längeren Abschnitt des Seils übertragen. Allmählich wandert etwas Energie der stehenden Welle zwischen den beiden Aufhängungen auf das lange Seil jenseits der Aufhängung hinaus. Man wird beobachten, daß eine schwache Welle auf dem äußeren Teil des Seils fortläuft, bis schließlich die stehende Welle auf dem eingeschlossenen Teil des Seils verschwunden ist. Die Welle ist durch die Wand hindurchgetreten, und die zwischen den Wänden gebundene Energie ist nach außen durchgesickert.

Es gibt verschiedene Möglichkeiten, eine durchlässige Aufhängung herzustellen. Eine Aufhängung, die als Analogon für Kernvorgänge dienen kann, muß folgendermaßen beschaffen sein: Ein geringer, aber fester Bruchteil f der Energie der stehende Welle kann je Zeiteinheit durch die Wand hindurchtreten. Wird die Periode T der Schwingung als Zeiteinheit gewählt, so kann man den „Durchsickerprozeß" so beschreiben: Die ursprüngliche Energie sei E_0 . Nach einer Schwingung ist die Energie fE_0 nach außen verschwunden, $(1 - f)\ E_0$ befindet sich noch in der stehenden Welle. Nach der zweiten Schwingung enthält die stehende Welle noch die Energie $(1 - f)^2\ E_0$ usw. Stellt man die Energie der stehenden Welle als Funktion der Zeit dar, so erhält man eine typische exponentielle Zerfallskurve (Bild 36.8).

Dieses „Durchdringen" beobachtet man bei Wellen jeder Art. Die Schwingungen eines Seils werden selbst die massivste Aufhängung zu ganz schwachen Schwingungen anregen. Lichtwellen durchdringen ein ganz klein wenig die Oberfläche, von der sie total reflektiert werden. Daß so etwas wirklich geschieht, kann man auch bei Wasserwellen beobachten. Bei hinreichender Vorsicht läßt sich in der Wellenwanne die Totalreflektion von Wellen zeigen, die aus einem Gebiet mit seichtem Wasser an eine Grenze kommen, wo das Wasser plötzlich tief wird. Erzeugt man im tiefen Wasser einen zweiten flachen Bereich durch Einlegen einer Glasscheibe, die man immer näher an die Grenze zum ursprünglichen flachen Gebiet heranführt, so beginnen die Wellen bei hinreichender Annäherung in den zweiten flachen Bereich überzutreten (Bild 36.9). Macht man den Grenzbereich des tiefen Wassers, an dem die Wellen reflektiert werden, immer schmaler, so treten die Wellen immer stärker in den zweiten flachen Bereich des Wassers über. Berühren sich schließlich die beiden flachen Bereiche des Wassers, so tritt keine Reflektion mehr auf.

Materiewellen, die eine Aufenthaltswahrscheinlichkeit von Teilchen angeben, verhalten sich ähnlich. Der Durchgang durch einen Bereich, in dem die potentielle Energie für ein Hindurchtreten vom Standpunkt der Newtonschen Mechanik zu groß ist, ist für Wahrscheinlichkeitswellen stets möglich. Die flexible Aufhängung in dem Seilwellenmodell und die Zone tiefen Wassers im Wasserwellenmodell sind Analogien zu einem beliebigen Potentialwall, der nicht unendlich hoch oder unendlich breit ist. In der Newtonschen Physik wird ein Teilchen durch einen Potentialwall so lange gehalten, wie der Wall hoch genug ist. Es spielt keine Rolle, wie eng oder wie weit er ist. Die Newtonsche Mechanik sagt voraus, daß ein Teilchen, wenn es erst

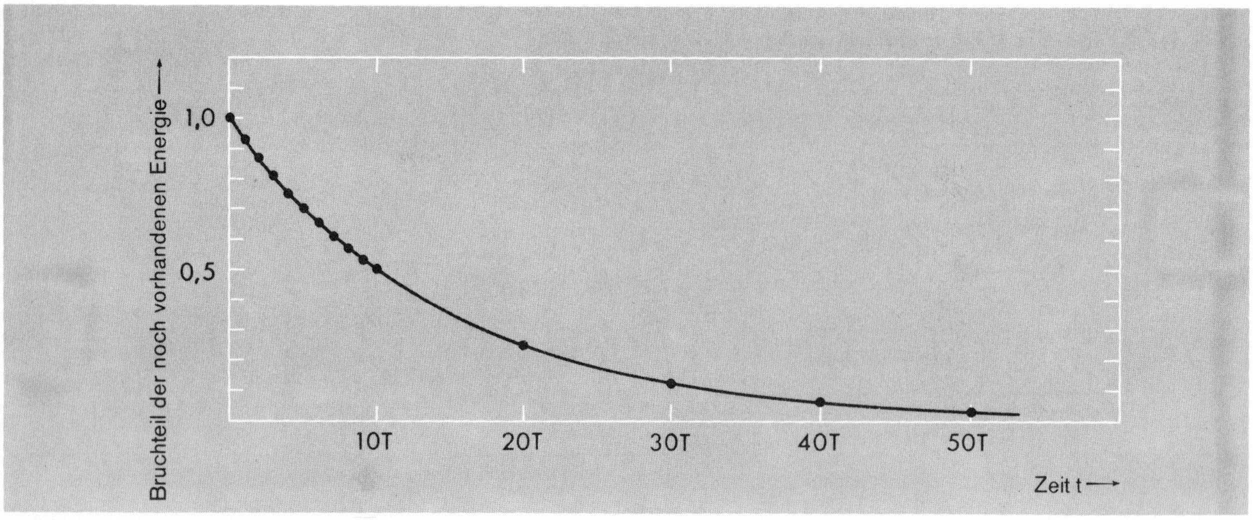

Bild 36.8. Der exponentielle Abfall einer stehenden Welle. Die Zeit ist als Vielfache der Schwingungszeit T aufgetragen. Die Punkte geben den Bruchteil der ursprünglichen Energie nach jeder Schwingung für den Fall an, daß $(1 - f) = 0{,}933$. Das ergibt $(1 - f^{10}) = 0{,}5$. Der Kurvenzug zeigt den Grenzfall, wenn die Energie kontinuierlich abgegeben wird.

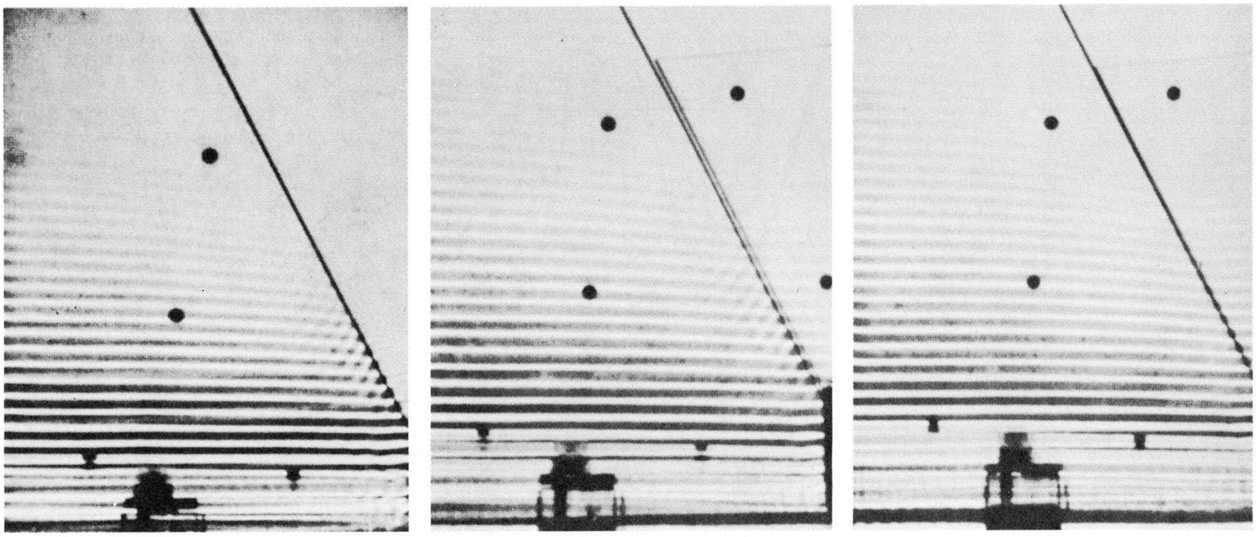

a) b) c)

Bild 36.9. Tunneleffekt bei Wellen in einer Wellenwanne. Die schwarze diagonale Linie in a) ist Kante einer Glasplatte. Dadurch ist links von der Kante das Wasser flach und rechts tief. Die geradlinigen Wellen, die von dem Generator am unteren Bildrand von a) ausgehen, werden an der Grenze zwischen flachem und tiefem Wasser total reflektiert. Dabei ist erkennbar, daß die Wellen zwar eine kurze Strecke in das tiefere Wasser eindringen, sich in dem Medium aber nicht fortsetzen. In b) wurde eine weitere Glasplatte der ersten genähert bis auf etwa $\frac{1}{4}$ Wellenlänge. Immer noch tritt Reflexion auf, aber etwas von der Energie der Wellen tritt durch die „Barriere" hindurch und breitet sich in dem flachen Wasser über der rechten Glasplatte aus. In c) berühren sich beide Platten. Daher tritt keine Reflexion mehr auf. Die schwarzen Punkte in allen drei Bildern sind lediglich Stützen für die Glasplatten. (Aus dem ESI-Film: „Tunneleffekt".)

einmal durch einen Potentialwall in einem bestimmten Raumbereich eingeschlossen ist, dort für immer verbleibt, falls es nicht von irgendwoher so viele Energie erhält, um auszubrechen. Das Wellenmodell jedoch kennt keinen wirklich festen Potentialwall, durch den Teilchen auf Dauer eingeschlossen werden. Wahrscheinlichkeitswellen können (Bild 36.10) jeden endlichen Potentialwall, wenn auch langsam, durchdringen.

Damit haben wir ein neuartiges Ereignis beschrieben. Die gebundene stehende Welle repräsentiert ein Teilchen in einem Kasten. Sie bleibt aber nicht mehr unendlich lange darin. Die Welle sickert aus dem Kasten heraus – sie durchdringt den Potentialwall. Mit wachsender Zeit wird es immer wahrscheinlicher, daß das Teilchen außerhalb des Kastens aufgefunden werden kann und sich von dem Kasten wegbewegt. Die Energie des Teilchens bleibt unverändert, jedoch kann das Teilchen einen Weg durch die „Wand" des Kastens finden. Es kann sich mit einer solchen kinetischen Energie wegbewegen, daß die Gesamtenergie des Systems erhalten bleibt. Man kann nicht exakt vorhersagen, wann man das Teilchen außerhalb des Kastens beobachten kann. Die Intensität der Welle innerhalb des Kastens nimmt ständig ab und damit auch die Wahrscheinlichkeit, das Teilchen innerhalb des Kastens zu finden. Da aber das Teilchen irgendwo sein muß, nimmt die Wahrscheinlichkeit, es außerhalb anzutreffen, zu. Diese Zunahme ist analog zum Anwachsen der Gesamtenergie eines Wellenzuges rechts von der Aufhängung in Bild 36.7.

Nach einer hinreichend langen Zeit kann man nahezu sicher sein, daß das Teilchen den Kasten verlassen hat. Fast die gesamte Wahrscheinlichkeitswelle befindet sich außerhalb. Natürlich geben Vorhersagen aufgrund der Wahrscheinlichkeit nur dann direkte Aussagen über beobachtbare Resultate, wenn große Zahlen betrachtet werden. Handelt es sich nicht um ein einzelnes Teilchen in einem Kasten, sondern um eine große Anzahl von in jeweils gleichen Kästen eingeschlossenen Teilchen, so wird das beobachtete Verhalten in guter Übereinstimmung mit den Wahrscheinlichkeitsaussagen sein. Betrachtet man aber jeweils nur ein Teilchen, so muß man darauf gefaßt sein, daß sein Verhalten sehr zufällig ist. Die Welle verschwindet kontinuierlich aus dem Kasten, doch wird man oft feststellen, daß das Teilchen den Kasten fast sofort verläßt; manchmal jedoch wird es für eine sehr lange Zeit darin bleiben. Eine kleine Stoffmenge zerfällt regellos; ein einzelner Kern widersteht jeder Vorhersage; im Mittel ist jedoch das Verhalten sehr vieler kleiner Mengen oder auch das Verhalten einer einzigen großen Menge stets durch die exponentielle Zerfallskurve zu beschreiben, wie sie in Bild 36.8 gezeichnet ist. In dem Seilwellenmodell hängt die Halbwertszeit für den Zerfall von

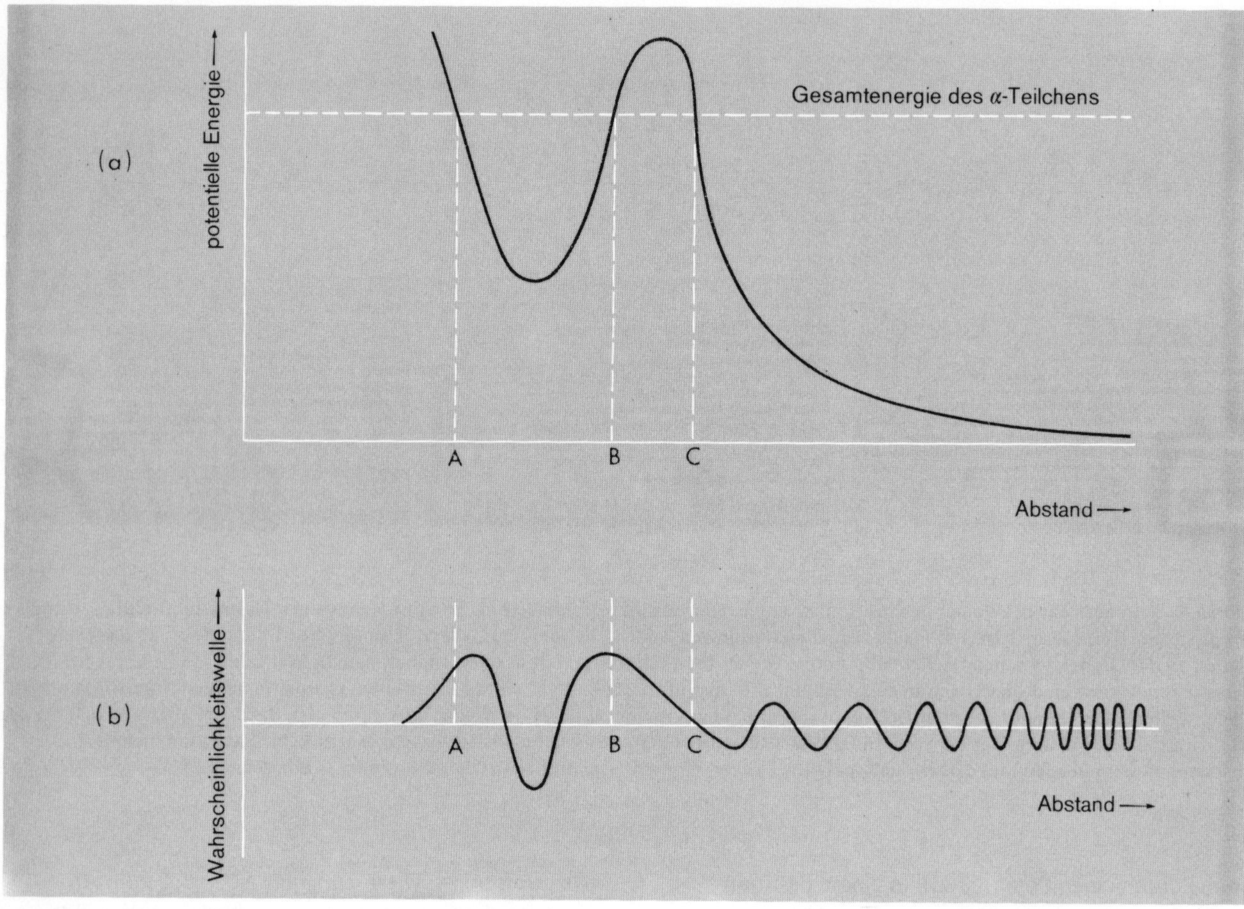

Bild 36.10. Eine Wahrscheinlichkeitswelle durchdringt einen Potentialwall, an dem sie entsprechend der Newtonschen Dynamik eigentlich als Teilchen reflektiert werden sollte. In dem Bereich zwischen B und C tritt die Wahrscheinlichkeitswelle durch den Wall hindurch. In dem Bereich links von A tritt die Welle zwar auch hindurch, das Potential steigt aber links von A weiter an, so daß die Wahrscheinlichkeit, ein Teilchen dort aufzufinden, sehr schnell auf Null zurückgeht.

den Eigenschaften der durchlässigen Aufhängung ab. Für eine Wahrscheinlichkeitswelle wird die Lebensdauer von der Höhe und der Breite des Potentialwalls abhängen.

36.7. α-Zerfall und Tunneleffekt

Wir wollen nun wieder den α-Zerfall betrachten, z.B. den Zerfall von Uran 238 in ein α-Teilchen und in einen Kern der Massenzahl 234. Zu Beginn läßt sich das α-Teilchen als stehende Welle im Innern des Kerns beschreiben. Diese Welle kann allmählich aus dem Kern heraustreten. Infolgedessen kommt das α-Teilchen schließlich heraus und wird durch die elektrostatischen Kräfte abgestoßen. Es erreicht eine Stelle weit entfernt vom Kern mit einer kinetischen Energie, die in Bild 36.5 angedeutet wurde. Auf dem Weg nach draußen ist es durch den Wall gedrungen, das heißt durch einen Bereich, in dem die potentielle Energie größer als die Gesamtenergie ist.

Der spontane Zerfall von Uran in zwei große Bruchstücke läßt sich entsprechend beschreiben. Die kinetische Energie der Bruchteile ist groß, wenn diese weit voneinander entfernt sind. Während die Bruchstücke sich voneinander trennen, müssen sie aber durch einen Bereich hindurch, in dem die potentielle Energie größer als die Gesamtenergie ist. Diesen Bereich können die Wellen wiederum nur langsam durchdringen. Kernspaltung findet also statt, die Zerfallsrate wird jedoch durch die Durchlässigkeit des Potentialwalls bestimmt.

Es ist nun sofort einzusehen, daß die Zuführung einer Anregungsenergie große Veränderungen bewirkt. Man stelle sich vor, der Kern sei in einem angeregten Zustand mit der Energie E_k' (Bild 36.11). Die Wellen durchdringen den Potentialwall dann in der Nähe des Gipfels, wo der Wall schmaler ist. Hier können sie leichter hindurchtreten. Das kann durch den folgenden Vergleich einsichtig gemacht werden. Hat ein Teilchen eine hinreichend hohe kinetische Energie,

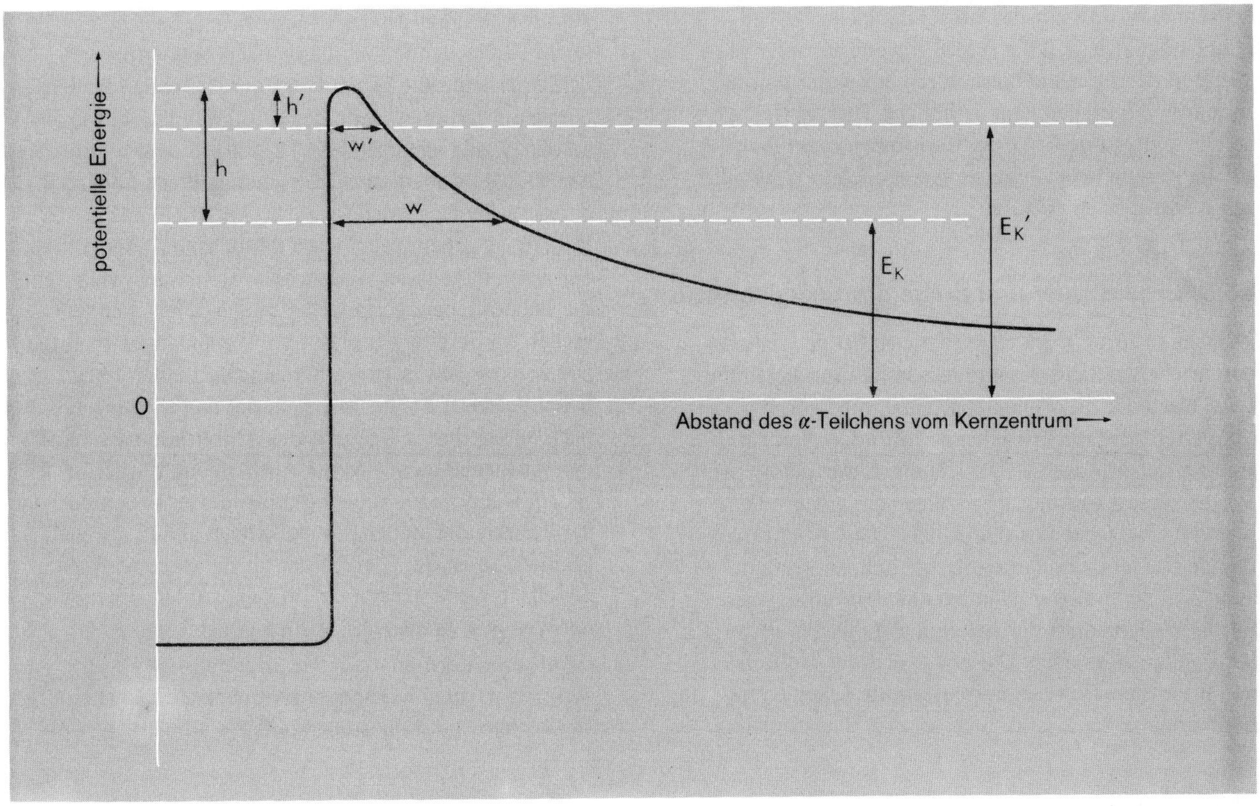

Bild 36.11. Dieses Bild zeigt die gleichen Verhältnisse wie Bild 36.5, lediglich das angeregte Energieniveau E_K' ist zum Vergleich eingezeichnet worden. Es ist festzustellen, daß w', die Dicke des Walls, kleiner als w ist. w war die Dicke des Walls für den nichtangeregten Kern. Zusätzlich ist die Energiedifferenz h' bis zum Gipfel des Potentialwalls kleiner als h für den nichtangeregten Kern. Durch beide Faktoren wird die Rate des Tunneleffekts bestimmt.

um einen Potentialwall zu überwinden, so wird es ihn entsprechend der Newtonschen Mechanik stets übersteigen. Hat das Teilchen keine hinreichend große Energie, so wird es stets zurückfallen. Die Wellennatur des Teilchens bewirkt nun, daß dieser abrupte Übergang abgemildert wird. Teilchen mit fast hinreichender Energie (also mit einer Energie, die fast der Spitze des Potentialwalls entspricht) haben auch eine hohe Wahrscheinlichkeit, ihn zu durchdringen. Diese Wahrscheinlichkeit nimmt ab, wenn die Energie des Teilchens kleiner wird. Ein Teilchen mit sehr geringer Energie, das von einem hohen und breiten Potentialwall eingeschlossen wird, verhält sich fast entsprechend der Newtonschen Mechanik – es wird diesen Potentialwall kaum durchdringen können.

Damit ist ein qualitatives Verständnis für die α-Zerfallsysteme in Bild 36.4 möglich. Bei vorgegebener Ladung müssen energiereichere α-Zerfälle näher an der Spitze des Walls stattfinden, dort ist die Durchdringungsrate größer. Je kleiner die Ladung ist, desto niedriger ist der Potentialwall, denn die Coulombsche Abstoßungskraft ist proportional zur Ladung.

Bei vorgegebener Zerfallsenergie ist daher die Zerfallsrate umso größer, je geringer die Ladung ist. Diese Durchdringung des Potentialwalls bezeichnet man als Tunneleffekt. Die Theorie dieses Effekts kann mit Hilfe der Wahrscheinlichkeitswellen auch quantitativ durchgeführt werden. Die sich daraus ergebenden Kurven stimmen mit denen in Bild 36.4 überein.

Die Durchdringung eines Potentialwalls spielt nicht nur dort eine Rolle, wo ein Teilchen wie beim spontanen α-Zerfall den Potentialwall von innen nach außen durchdringt. Er kann von gleicher Wichtigkeit sein, wenn ein Teilchen von außen her einen Potentialwall durchdringen muß. Wird z.B. $^{15}_{7}$N mit Protonen beschossen, so ist die Absorption von Protonen mit nachfolgender Emission eines α-Teilchens bereits zu beobachten, wenn die Protonen eine kinetische Energie von etwa 0,35 MeV haben. Das Coulomb-Potential für das Eindringen eines Protons in einen $^{15}_{7}$N-Kern hat aber eine Höhe von etwa 1,5 MeV. In Übereinstimmung mit der Newtonschen Mechanik sollte ein Proton von 0,35 MeV dem Kern nicht näher kommen als bis auf das Vierfache des Kernradius. Die beobachtete Reaktion mit der Aussendung eines α-Teilchens zeigt also, daß die Protonenwelle auf irgendeine Weise in den Stickstoffkern durch den Potentialwall hindurch eindringen kann. Ähnliche Tunneleffekte spielen eine große Rolle bei Kernfusionsreaktionen, die in Sternen oder möglicherweise auch in kontrollierten Kernfusionen ablaufen.

36.8. Lebensdauer und Breite des Energieniveaus

Zwischen starren Wänden wird die stehende Welle des beschriebenen Seilwellenmodells immer nur bestimmte feste Werte für die Wellenlänge annehmen können: den doppelten Abstand zwischen den Wänden, den Abstand L der Wände, zwei Drittel dieses Abstands, zwei Viertel dieses Abstands usw. Allgemein gilt $\lambda = \frac{2L}{n}$, wobei n eine ganze positive Zahl ist. Untersucht man das gleiche Modell quantenmechanisch, so werden auch hier bei massiven Wänden nur bestimmte Werte für die Wellenlängen der stehenden Wahrscheinlichkeitswellen zugelassen. Das heißt, daß die dadurch beschriebenen Teilchen nur bestimmte Energien haben können.

Nun soll das realistischere Modell eines Seils mit leicht nachgebenden Aufhängungen betrachtet werden. Hier kann die Wellenlänge der stehenden Wellen ein wenig variieren, denn der Knoten muß nicht exakt an der Wand liegen. Bild 36.12 stellt diese Situation dar. Die Seilwelle kann eine stehende Welle bilden, deren Wellenlänge sich irgendwo innerhalb des in Bild 36.12 gekennzeichneten Bereichs befindet. Das Seil kann daher auch Träger einer stehenden Welle sein, die sich als Überlagerung aller möglichen stehenden Wellen im Bereich der erlaubten Wellenlängen ergibt. Die von uns gewählte Aufhängung läßt einen festen Bruchteil der Energie innerhalb der Aufhängungen nach außen durch. Bei größerer Amplitude zwischen den Aufhängungen wird die Aufhängung stärker nachgeben. Dabei wird immer ein bestimmter Bruchteil der Energie der stehenden Welle nach außen dringen können. So ist der Bereich der für die stehende Welle erlaubten Wellenlängen unabhängig von der Energie der Wellen zwischen den Aufhängungen.

Damit erkennt man, daß eine „durchlässige" Aufhängung zu zwei Konsequenzen führt. Zunächst einmal verschwindet die stehende Welle allmählich, wo-

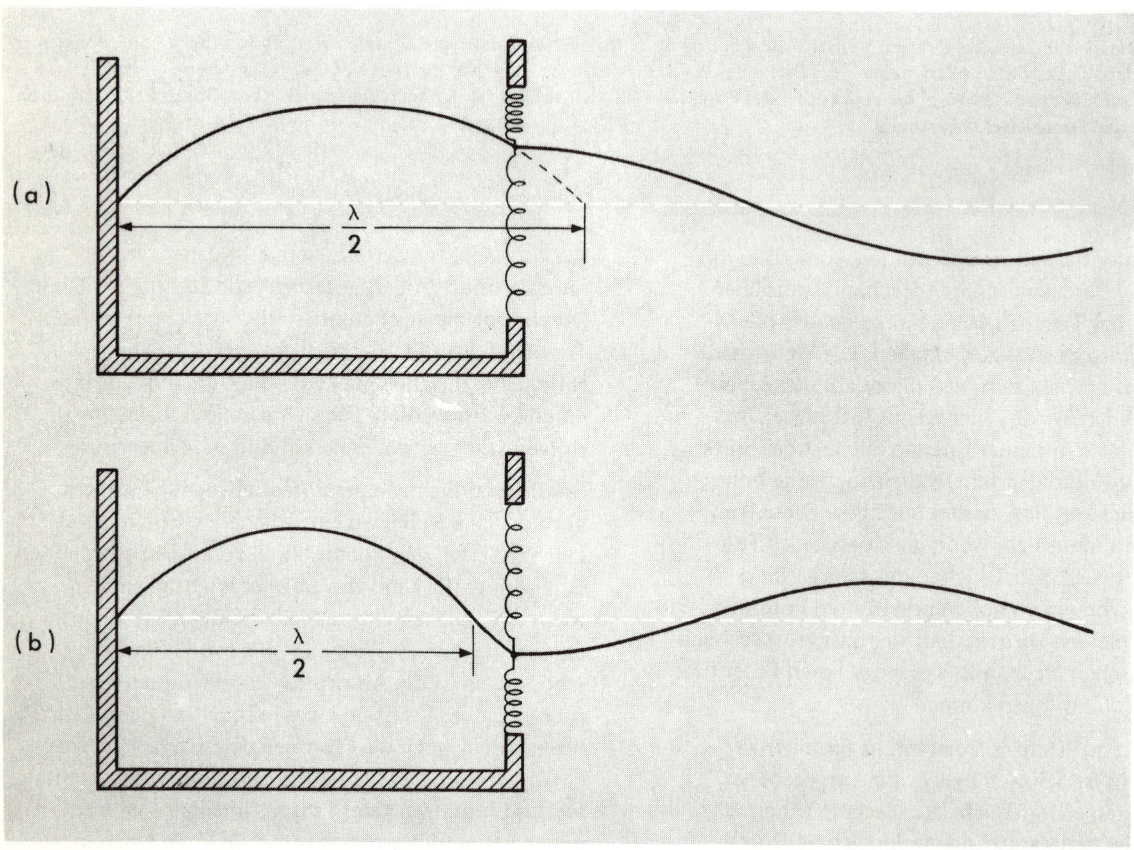

Bild 36.12. Diese zwei Skizzen zeigen, wie eine flexible Aufhängung einen gewissen Bereich für Wellenlängen stehender Wellen auf einem zwischen den Aufhängungen ausgespannten Seil zuläßt. Die Wellenlänge in a) ist größer, die in b) ist kleiner als die, die sich bei starrer Aufhängung ergeben würde. Jede Wellenlänge zwischen diesen Werten wird möglich sein.

bei sie ihre Energie auf eine fortschreitende Welle überträgt. Zum zweiten kann die stehende Welle durch Überlagerung vieler Wellen gebildet werden, deren Wellenlängen in der Umgebung der Wellenlänge bei ideal starren Wänden liegen. Gleiches gilt dann aber auch für die fortschreitende Welle. Das Seilwellenmodell zeigt: In der fortschreitenden Welle können umso mehr Wellenlängen enthalten sein, je weniger massiv die Aufhängung ist. Außerdem dringt die Welle um so schneller nach außen, je weniger starr die Aufhängung ist. Anders gesagt, je schneller die Welle nach außen dringt, um so größer ist die Anzahl der möglichen Wellenlängen. Ein mechanisches System, das dieses Verhalten zeigt, wird in Abschnitt 36.10 genauer beschrieben.

Die gleichen Überlegungen gelten im quantenmechanischen Fall. Immer dann, wenn Zustände nur näherungsweise stationär sind – das heißt, immer dann, wenn sie unter Verlust eines Teilchens zerfallen können –, läßt sich dem austretenden Teilchen nicht eine einzige Wellenlänge zuordnen. Die Teilchen haben in diesen Fällen auch keine scharf definierte Bewegungsgröße. Ebenso haben die von einem solchen Zustand ausgehenden Teilchen Energien, die über einen gewissen Bereich verteilt sind. Tritt eine Wahrscheinlichkeitswelle sehr schnell heraus, so hat der Zustand eine kurze Lebensdauer. Je kürzer die Lebensdauer des Bindungszustands, um so weiter verteilt sich die Energie der ausgesandten Teilchen.

Als Beispiel für diesen Effekt kann man den Zerfall des radioaktiven Berylliumkerns $^8_4$Be ansehen. Dieser Kern zerfällt in zwei α-Teilchen, wenn er in seinen untersten Anregungszuständen gebildet wird. Die Einflüsse von Breite und Höhe des Potentialwalls werden sehr überzeugend durch die Zerfallsraten aus diesen Zuständen und die Energieverteilung der dabei emittierten α-Teilchen dargestellt.

Die Lebensdauer des Grundzustandes von $^8_4$Be ist sehr kurz, wurde aber gemessen. $^8_4$Be zerfällt in zwei α-Teilchen, deren gesamte kinetische Energie 0,096 MeV beträgt. Er zerfällt in wenig mehr als 10^{-16} s. Berechnet man die Höhe des Potentialwalls, so ergibt sich wiederum eine Darstellung wie in Bild 36.5. Die maximale Höhe beträgt 1,4 MeV, so daß die beiden α-Teilchen einander mit einer Energie von 0,096 MeV binden können. Zerfällt dieser instabile Zustand, so kann man die Gesamtenergie der beiden Alphateilchen bis auf 4 keV genau festlegen. Das bedeutet also, daß einzelne Messungen zwar unterschiedliche Ergebnisse haben, diese Ergebnisse aber um den Wert 0,096 MeV mit einer Streuung von $\pm$ 4 keV verteilt liegen. Die Größe 4 keV ermittelte man bei Untersuchung der Entstehung dieses Zustandes durch Streuung von α-Teilchen an α-Teilchen. Für den ersten angeregten Zustand des $^8_4$Be, der etwa 2 MeV höher liegt, erreicht die Breite der Energieverteilung bereits 2 MeV. Er hat eine wesentlich kürzere Lebensdauer; sie ist zu kurz, als daß sie direkt hätte gemessen werden können. In Übereinstimmung mit den Erwartungen ist die Energie der emittierten Teilchen um so weniger scharf definiert, je kürzer die Lebensdauer des Zustandes ist.

Diese beiden Zerfallsprozesse sind Beispiele für einen allgemeinen Zusammenhang zwischen Lebensdauer eines Zustands und Breite der Energieverteilung, die aus dem Wellenbild folgt. Mathematisch ist der Zusammenhang gegeben durch

$$\tau \Delta E \approx h,$$

wobei τ die Lebenszeit ist, ΔE die Breite der Energieverteilung der emittierten Teilchen und h die Plancksche Konstante. Setzt man diesen Zusammenhang voraus, so hat man eine Möglichkeit, auch Lebensdauern zu bestimmen, die so kurz sind, daß sie durch keine bekannte Zählapparatur gemessen werden können. Durch diese indirekte Methode wird die Zeitskala bis hin zu den kürzesten bekannten Zeiten erweitert. Allerdings mißt man hier nicht direkt die Zeit, sondern die Breite einer Energieverteilung.

36.9. Photonen-Emission

Dies führt noch einmal zu den Photonen zurück. Die meisten Systeme – atomare, molekulare oder nukleare Systeme – können Photonen emittieren.

Immer dann, wenn Zustände nur nahezu stationär sind – das heißt, wenn sie unter Austritt eines Teilchens zerfallen können –, können sie keiner definierten Energie entsprechen. Gleiches gilt für einen Zustand, der Photonen emittiert. Die Energie der emittierten Photonen verteilt sich ebenfalls auf einen schmalen Bereich. Entsprechend verteilen sich auch die Frequenzen. Es gibt eine gewisse Wahrscheinlichkeit dafür, daß ein angeregtes Atom „zerfällt" und dabei ein Photon aussendet, dessen Energie innerhalb eines gewissen engen Bereiches um den Erwartungswert für den idealen, perfekt stationären Fall herum verteilt ist. Es läßt sich sogar zeigen, daß die Relation

$$\tau \Delta E \approx h$$

ebenso für die Photonenemission wie für alle anderen Zerfallsarten gilt. Das bedeutet, daß jede Spektrallinie eine gewisse Energiebreite haben muß, wenn sie überhaupt beobachtbar sein soll. Anderenfalls hätten nämlich die zugehörigen Energieniveaus unendlich große Lebensdauern. Nur wenn das atomare System vollständig stabil ist, ohne daß irgendwelche Wahrscheinlichkeiten für Umwandlungen vorhanden sind, könnte es in einem scharf definierten Energiezustand sein. Nur ein Zustand eines Atoms kann tatsächlich einem scharf definierten Energiewert entsprechen: der Grundzustand. Dieser Zustand kann nämlich nicht weiter zerfallen.

Die Linienbreite, das heißt die Frequenzverteilung einer einzelnen Spektrallinie, kann mit Methoden der optischen Spektroskopie untersucht werden. Andere Effekte, z.B. die durch die thermische Bewegung der emittierenden Atome verursachte Dopplerverschiebung der beobachteten Frequenzen, verdecken jedoch normalerweise die durch die endliche Lebensdauer des emittierenden Zustandes hervorgerufene Breite. Unter sehr sorgfältig gewählten Voraussetzungen läßt sich die atomare Lebensdauer aber doch optisch beobachten. Diese sogenannte „natürliche" Linienbreite umfaßt normalerweise einen Bereich von etwa eins zu 10^7 der Maximalenergie der Linie, die in der Größenordnung von eV liegt. Andererseits kann man einem typischen angeregten Atom eine mittlere Lebenszeit von 10^{-8} s zuordnen, bevor es ein Photon im optischen Bereich emittiert. Hier tritt wiederum die Beziehung $\tau \Delta E \approx h$ auf.

In dieser Zeit oszilliert die Lichtwelle etwa 10^7 mal. Der von einem einzelnen Atom emittierte „Wellenzug" hat damit eine Länge von etwa 1 m. Irgendwo innerhalb dieses Wellenzuges (allerdings nicht ganz beliebig)

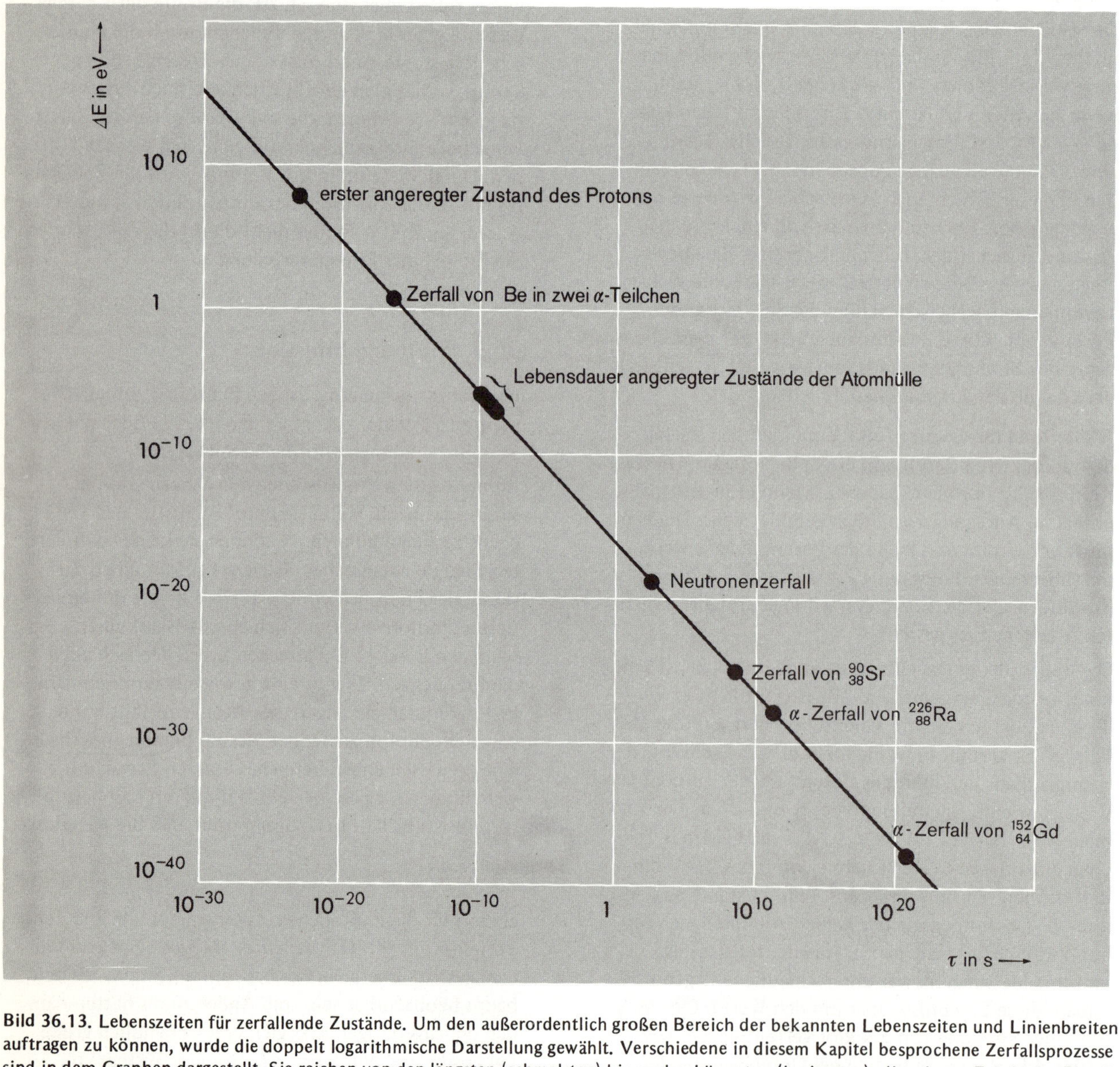

Bild 36.13. Lebenszeiten für zerfallende Zustände. Um den außerordentlich großen Bereich der bekannten Lebenszeiten und Linienbreiten auftragen zu können, wurde die doppelt logarithmische Darstellung gewählt. Verschiedene in diesem Kapitel besprochene Zerfallsprozesse sind in dem Graphen dargestellt. Sie reichen von den längsten (schmalsten) bis zu den kürzesten (breitesten), die wir zur Zeit in der Physik kennen. Die meisten Spektrallinien der Atome fallen in das besonders gekennzeichnete Band. Es gibt aber auch Linien, die sich außerhalb davon befinden. Gleichzeitig ist erkennbar, das der α-Zerfall die gesamte Graphik von Gd bis Be überspannt.

kann das Photon durch irgendwelche Effekte in Atomen eines Detektors, nämlich Auge, Film oder Photozelle, nachgewiesen werden.

Werden Photonen von anderen Systemen, z.B. von Molekülen oder von Kernen, ausgesandt, so können sich die Lebensdauern um Größenordnungen unterscheiden. Bei einigen Kernen gibt es angeregte Zustände, die erst nach Jahren Photonen emittieren. Das bedeutet natürlich, daß die Energieverteilung entsprechend schmal ist! Im Bild 36.13 ist die Energieverteilung ΔE als Funktion der Lebensdauer τ in einer doppelt logarithmischen Darstellung gegeben. Die Bereiche, in denen die verschiedenen Zerfallstypen zu finden sind, sind deutlich markiert. Man erkennt, wie groß die Bereiche sind, und daß sich die Lebensdauern einiger Systeme wirklich nur durch Messung von ΔE ermitteln lassen. Andererseits ist aber auch zu erkennen, daß die Energieverteilung eines Systems nur durch Messung der Lebensdauer τ untersucht werden kann.

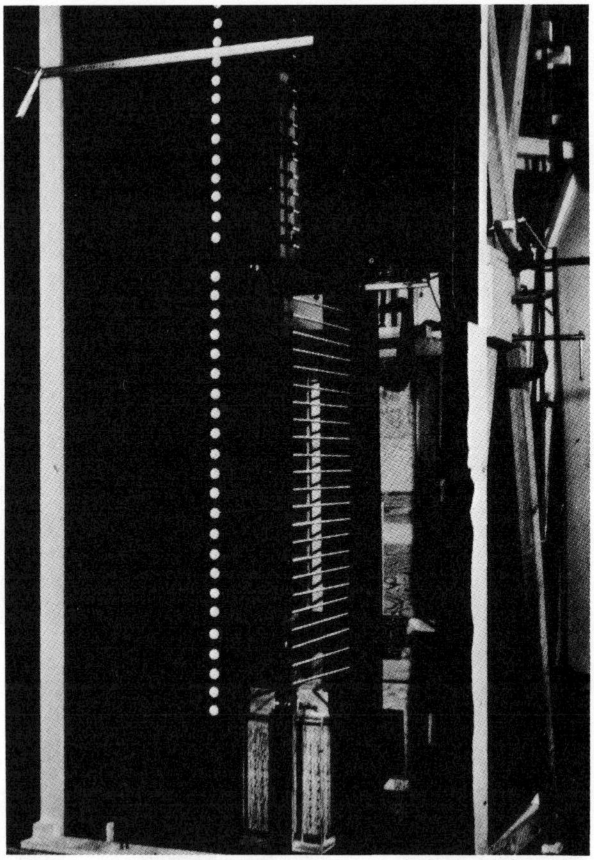

Bild 36.14

36.10. Ein Analogieversuch zur Verbreiterung der Energieniveaus

In diesem Abschnitt wollen wir ein mechanisches Modell diskutieren, das den Zusammenhang zwischen Lebensdauer und Frequenzverteilung bei stehenden Wellen zeigt. Durch Hin- und Herbewegung eines in der Mitte von Bild 36.14 angebrachten vertikalen Stahldrahtes werden Torsionswellen erzeugt. Die rückwirkende Kraft wird durch die Torsion des Drahtes erzeugt. Lange waagerechte Stäbe sind in Abständen von wenigen Zentimetern an dem Torsionsdraht befestigt. Die Enden dieser Stäbe tragen weiße Scheibchen.

Die Stäbe werden durch periodisches Hin- und Herbewegen des oberen Endes des Drahtes zu Schwingungen angeregt. Diese Verdrillung wird durch einen Motor erzeugt, der im Bild nicht sichtbar ist. Hinter der Apparatur befindet sich ein schwarzer Vorhang, so daß in der Aufnahme nur die weißen Scheiben zu sehen sind. Das untere Ende des Stahldrahtes ist mit einem Paar von durchlöcherten Paddeln verbunden, die sich bei der Bewegung des Drahtes im Wasser bewegen. Diese Begrenzung ist sehr sorgfältig erprobt worden. Sie verhindert die Reflektion von Wellen am unteren Ende des Drahtes. Der Draht verhält sich damit so, als ob er unendlich lang wäre.

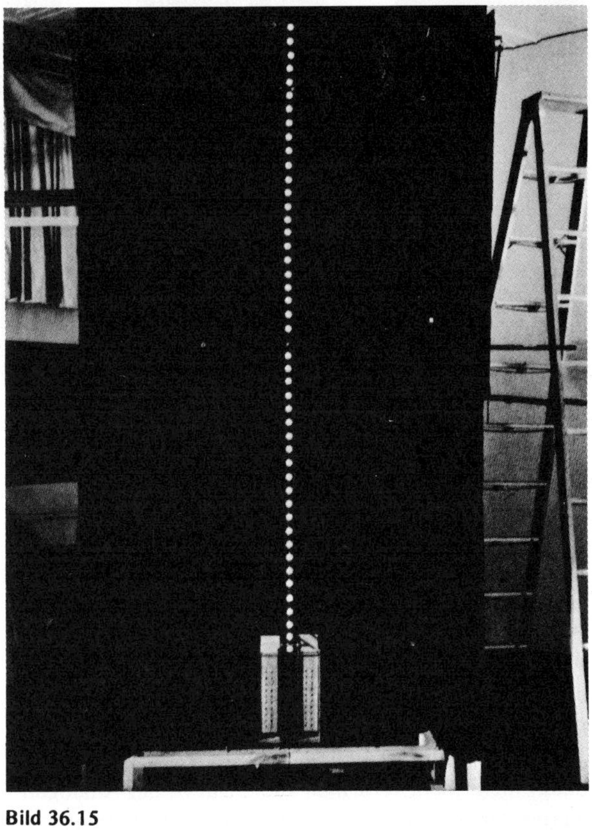

Bild 36.15

Das erste Experiment mit diesem Gerät zeigt den Zusammenhang zwischen Energieverlust einer stehenden Welle und Frequenzverteilung. Die Aufnahmen in Bild 36.16 sind Zeitaufnahmen, auf denen die weißen Scheibchen weiße Balken erzeugen. Die Länge eines

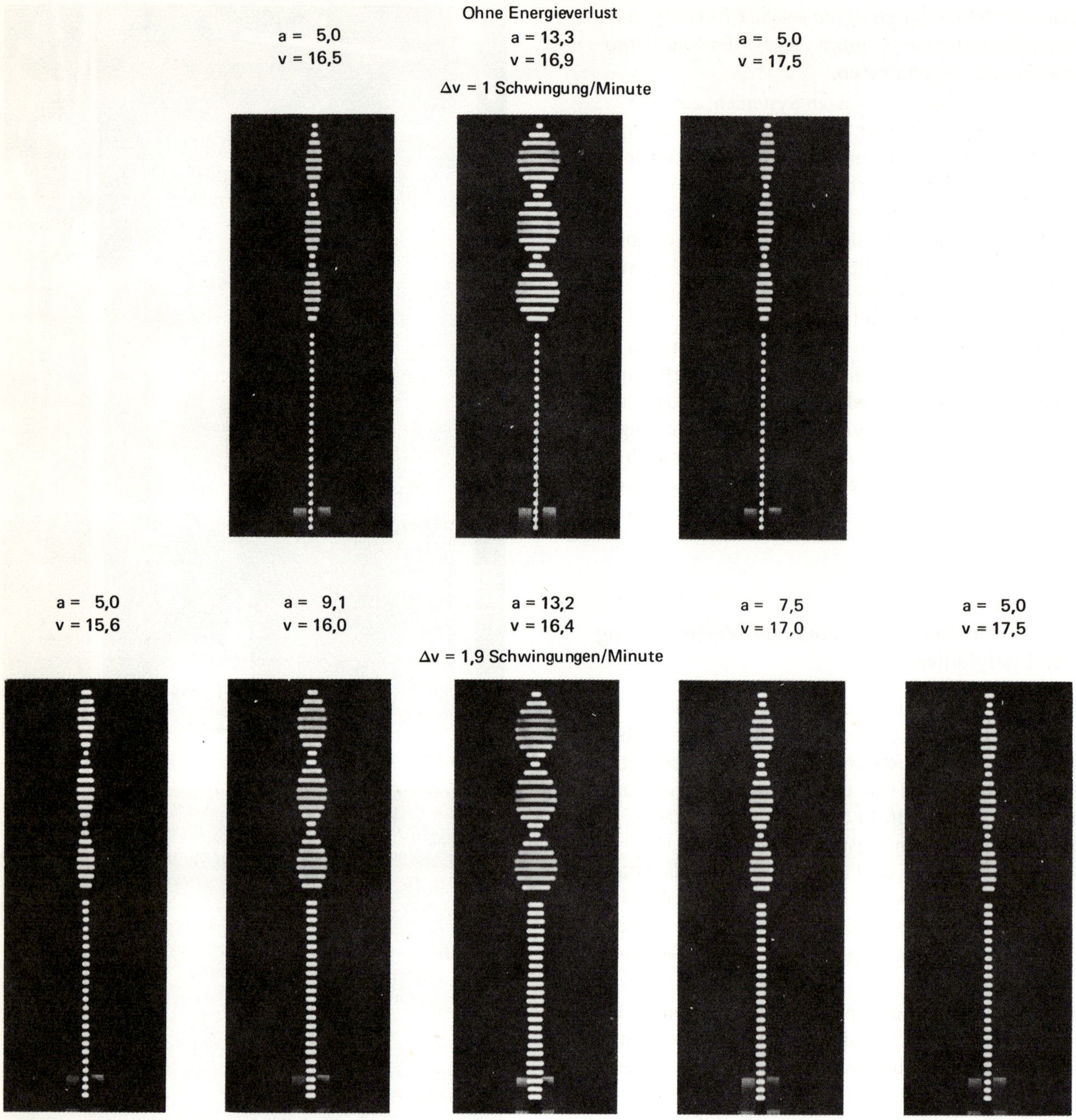

Bild 36.16

jeden Balkens zeigt die Amplitude der Schwingung am entsprechenden Punkt des Drahtes. Durch einen wie in Bild 36.14 angebrachten Meßstab konnte die Amplitude A gemessen werden.

Als Vergleichsstandard wurde der Zustand verwendet, bei dem keine Energie verlorengeht. Er ist in den oberen Aufnahmen von Bild 36.16 dargestellt. Dabei wurde einer der Stäbe (der 24. von oben) so festgehalten, daß sich von diesem Punkt an der Draht überhaupt nicht mehr verdrillen kann. Das ist das Analogon zu der starren Wand in Bild 36.6. Der festgehaltene Stab hat am Ende kein weißes Scheibchen. Dadurch zeigen die Aufnahmen in Bild 36.16 eine Lücke in der Reihe der weißen Striche. Wird der Draht periodisch verdrillt, so wird zwischen Erreger und befestigtem Stab eine stehende Welle erzeugt. Wird die Frequenz ν der Erregung kontinuierlich variiert, so ändert sich die Amplitude A der stehenden Welle. Eine nennenswerte Amplitude (angegeben in Zentimetern) erscheint im Frequenzbereich zwischen 16,5 und 17,5 Schwingungen durch Minute. Das Maximum liegt etwa in der Mitte dieses Bereichs und entspricht einer stehenden

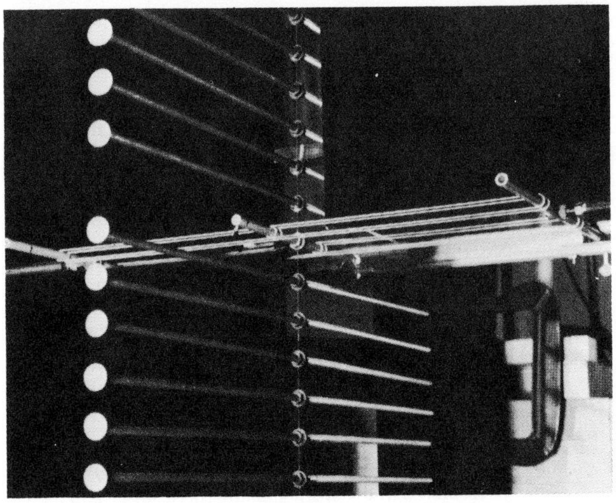

Bild 36.17

Welle mit zwei Knoten zwischen Antrieb und festgehaltenem Stab. Die Breite des Frequenzbandes, bei dem eine nennenswerte Amplitude beobachtbar wird, ist daher etwa $v = 1{,}0$ Schwingung durch Minute. Wäre es ein ideales System, so würde eine nennenswerte Amplitude nur bei praktisch einer einzigen Frequenz entstehen: Es gäbe keine Bandbreite. Hier wird die Bandbreite durch Reibungsverluste im System hervorgerufen.

Die Aufnahmen im unteren Teil von Bild 36.16 zeigen den Fall, daß allmählich zunehmend Energie der stehenden Welle den oberen Teil des Drahtes verlassen kann. Das wird erreicht, indem der festgehaltene Stab allmählich gelockert wird. Anstatt starr festgebunden zu sein, wird er, wie in Bild 36.17 zu sehen, durch elastische Bänder gehalten. Wird jetzt wiederum die Erregerfrequenz verändert, so ergibt sich aus den Photographien, daß der Frequenzbereich, in dem nennenswerte Amplituden beobachtet werden, größer geworden ist als für den Fall, daß keine Energie aus dem System herauskommen konnte. Der Frequenzbereich ist jetzt gegeben durch $v = 1{,}9$ Schwingungen durch Minute. Die fortschreitende Welle, die jetzt aufgrund der Durchlässigkeit entsteht, zeigt die gleiche Frequenzverteilung wie die stehende Welle.

Nachdem wir nun gesehen haben, wie die Frequenzverteilung mit der Durchlässigkeit, also dem Energieverlust, zusammenhängt, wollen wir uns wieder der Frage der Lebensdauer einer stehenden Welle zuwenden. Diese Untersuchungen lassen sich durchführen, indem man das System mit der Frequenz anregt, die die maximale Amplitude zur Folge hat, und dann den Erreger abschaltet. Wird der 24. Stab starr festgehalten – das heißt also, daß keine Energieverluste auftreten – so bleibt die stehende Welle nicht auf Dauer bestehen, denn es treten ja Reibungsverluste auf. Ein Vergleich zeigt aber, daß die Amplitude der stehenden Welle sehr viel schneller abnimmt, wenn das System Energieverluste aufweist – wenn es also durchlässig ist. Als Beispiel sei noch das Ergebnis einer Überprüfung mit der hier bestehenden Apparatur angegeben. Eine stehende Welle nahm in dem 0,65fachen der Zeit auf die Hälfte der ursprünglichen Amplitude ab, wenn die Welle das System verlassen konnte, als wenn keine Durchlässigkeit vorhanden gewesen wäre. Im Idealfall sollte die stehende Welle bei fehlender Durchlässigkeit natürlich ständig bestehen bleiben.

Aufgaben

1. Ein Sauerstoffmolekül befindet sich in dem angeregten Zustand, der in Bild 36.1a dargestellt ist. Wie groß ist die kinetische Energie der beiden Atome nach der Dissoziation?
2. $^{6}_{3}$Li hat ein angeregtes Energieniveau, das 3,6 MeV über dem Grundzustand liegt. Wie müßte dieses Niveau in Bild 36.1b eingezeichnet werden?
3. a) In welcher Größenordnung liegt die Temperatur, bei der die mittlere kinetische Energie von Sauerstoffmolekülen vergleichbar ist mit deren Dissoziationsenergie?
   b) Warum läßt sich Dissoziation bereits bei nennenswert tieferen Temperaturen beobachten?
4. Ein Positron und ein Elektron können sich im freien Raum vernichten, wobei ihre gesamte Ruheenergie von zwei Photonen aufgenommen wird. Warum ist es unmöglich, daß die gesamte Energie von nur einem Photon aufgenommen wird?
5. Berechnen Sie den Drehimpuls des Elektrons mit Hilfe der Wellentheorie für die Energieniveaus des Wasserstoffs. Beim Übergang von einem Niveau zum Nachbarniveau müßte das Photon einen Bahndrehimpuls mitbekommen, falls der Bahndrehimpuls erhalten bleibt. Wie groß ist dieser Bahndrehimpuls? (Hinweis: Es ist zu bedenken, daß $\lambda = \frac{h}{mv}$ und $n\,\lambda = 2\pi r$ ist.)
6. Ein Deuteron zerfällt niemals in ein Paar freier Protonen. Welcher Erhaltungssatz verbietet das?
7. Ist es in Übereinstimmung mit den Erhaltungssätzen, wie sie in diesem Kapitel besprochen wurden, möglich, daß ein Tritiumkern in einen ^{3}He-Kern und ein Elektron zerfällt?
8. Ist die Reaktion $^{40}_{18}\mathrm{Ar} \rightarrow {}^{40}_{20}\mathrm{Ca} + 2\,e^-$ möglich? (Die mittleren Bindungsenergien je Nukleon betragen bei Argon 40 8,5960 MeV und bei Calcium 40 8,5526 MeV.)
9. Sind die folgenden Kerne entsprechend dem Anwachsen der gesamten Bindungsenergie angeordnet: $^{4}_{2}$He, $^{16}_{8}$O, $^{96}_{42}$Mo, $^{60}_{28}$Ni?
10. Die Masse m eines Kerns mit der Massenzahl A, der Kernladungszahl Z und der mittleren Bindungsenergie B je Teilchen soll mit Hilfe der Protonenmasse m_p und der Neutronenmasse m_n ausgedrückt werden.
11. Mit Hilfe von Bild 36.3 soll gezeigt werden, daß $^{6}_{3}$Li im Grundzustand nicht in ein Deuteron $^{2}_{1}$H und ein Alphateilchen $^{4}_{2}$He zerfallen kann.

12. Die Angaben der Tabelle 2 in Kapitel 32 sollen dazu verwendet werden, die mittlere Bindungsenergie je Teilchen beim $^4_2$He zu berechnen.

13. Wie groß ist der Betrag an kinetischer Energie (in J), der auf die $^{90}_{40}$Zr- und $^{146}_{60}$Nd-Kerne verteilt wird, wenn 1 g $^{236}_{92}$U-Kerne im Grundzustand zerfallen?

14. *Bethe* und *v. Weizsäcker* schlugen im Jahre 1938 die folgende Kette von Kernreaktionen als mögliche Quelle für die Energie der Sonne vor:

$$^{12}_6C + ^1_1H \rightarrow ^{13}_7N + \gamma$$
$$^{13}_7N \rightarrow ^{13}_6C + e^+ + \nu$$
$$e^- + e^+ \rightarrow \gamma + \gamma$$
$$^{13}_6C + ^1_1H \rightarrow ^{14}_7N + \gamma$$
$$^{14}_7N + ^1_1H \rightarrow ^{15}_8O + \gamma$$
$$^{15}_8O \rightarrow ^{15}_7N + e^+ + \nu$$
$$e^- + e^+ \rightarrow \gamma + \gamma$$
$$^{15}_7N + ^1_1H \rightarrow ^{12}_6C + ^4_2He\ .$$

Dieser Ablauf hat zur Folge, daß vier Wasserstoffatome in ein Heliumatom umgewandelt werden. Dabei entstehen zahlreiche Gammaquanten, Neutrinos (ν) und schwere Kerne mit Rückstoßenergie. Wie groß ist die kinetische Energie aller dieser Teilchen, wenn ein Mol Wasserstoffatome miteinander reagiert?

15. Für welchen der beiden Kerne $^{222}_{86}$Rn oder $^{218}_{86}$Rn ist die Wahrscheinlichkeit für die Aussendung eines α-Teilchens innerhalb eines bestimmten Zeitintervalls in Übereinstimmung mit Bild 36.4 größer?

16. Wie groß ist die kinetische Energie eines α-Teilchens im Kern (Bild 36.5) im Vergleich zur kinetischen Energie in großer Entfernung vom Kern?

17. Wie groß ist in Übereinstimmung mit der Newtonschen Mechanik der kleinste Abstand, den ein 6,3-MeV-α-Teilchen bei einem $^{240}_{96}$Cm-Kern erreichen kann?

18. Welche der Kerne $^{212}_{84}$Po, $^{210}_{83}$Bi und $^{208}_{82}$Pb sind stabil bzw. instabil bezüglich des α-Zerfalls? Die folgende Tabelle gibt für einige Kerne die gesamte Bindungsenergie B an.

Kern	B
$^{212}_{84}$Po	1657 MeV
$^{210}_{83}$Bi	1646 MeV
$^{208}_{82}$Pb	1637 MeV
$^{206}_{81}$Tl	1622 MeV
$^{204}_{80}$Hg	1609 MeV
$^4_2$He	28 MeV

19. Ein Seil ist zwischen zwei nachgebenden Halterungen entsprechend Bild 36.7 gespannt. Zwischen den Aufhängungen werde eine stehende Welle erzeugt. Wie groß ist deren Lebensdauer im Vergleich zu dem in Bild 36.7 dargestellten Fall? Vergleichen Sie ebenfalls die Verteilung der Wellenlängen.

20. Ein langes Seil läuft durch eine „durchlässige" Aufhängung entsprechend Bild 36.7. Was geschieht, wenn eine kurze Störung von rechts auf die Aufhängung trifft?

21. Ein Lichtbündel fällt auf eine ebene Grenzfläche zwischen Glas und Luft unter einem solchen Winkel, daß es total reflektiert wird. Nun werde ein zweites Glas dieser Grenzfläche genähert. Was ist zu erwarten, wenn das Glas immer näher an die Grenzfläche herankommt? Würde das Ergebnis von der Wellenlänge des Lichts abhängen?

22. a) Eine schwingende Saite sei an einer „durchlässigen" Aufhängung so angebracht, daß von der ursprünglichen Energie E_0 nach jeder Schwingung 10 % dieser Energie hindurchgeht. Nach wie vielen Schwingungen wird die in der stehenden Welle noch vorhandene Energie 0,75 E_0 betragen? Wann wird sie 0,50 E_0, bzw. 0,33 E_0 betragen?

b) Wir stellen uns vor, eine stehende Welle, durch die die Wahrscheinlichkeit für das Auffinden eines Teilchens in einem Kasten gegeben ist, verschwinde so schnell, daß die Wahrscheinlichkeit innerhalb 1 min um das 0,1-fache des ursprünglichen Wertes abnimmt. Wie groß ist die Wahrscheinlichkeit dafür, das Teilchen nach 2 min, bzw. nach 5 min noch in dem Kasten zu finden?

c) 1000 Teilchen mögen sich in gleichen Kästen befinden, die alle für die Wahrscheinlichkeitswellen die gleiche Durchlässigkeit haben wie in b). Wieviel Teilchen erwartet man nach 5 min noch in den Kästen zu finden?

d) Wie viele der 1000 Teilchen werden ihre Kästen innerhalb der ersten Minute verlassen? Wie viele innerhalb der zweiten Minute?

23. Berechnen Sie die Größenordnung des Produktes $\tau\,\Delta E$ für den Grundzustand des $^8_4$Be und vergleichen Sie mit dem Wert von h.

24. Schätzen Sie die relative Breite $\frac{\Delta E}{E}$ der Energieverteilung der Gammaquanten ab, die von dem Kern $^{41}_{19}$K beim Übergang aus dem ersten angeregten Zustand in den Grundzustand emittiert werden ($E = 1{,}47$ MeV, $\tau = 9{,}5 \cdot 10^{-9}$ s).

25. Angeregte Natriumatome bewegen sich in einem Strahl mit einer Geschwindigkeit von $10^{-7}\ \frac{cm}{s}$. Sie können Licht mit einer Wellenlänge von etwa 600 nm aussenden. Betrachtet man unterschiedliche Punkte entlang des Strahls, so stellt man fest, daß die von dem Strahl ausgesandte Lichtintensität mit der Entfernung abnimmt. Sie verkleinert sich um einen Faktor 2 nach jeweils etwa 1 mm. Aus diesen Angaben soll die Lebensdauer des angeregten Atoms und die natürliche Linienbreite abgeschätzt werden.

26. Der erste angeregte Zustand des $^{57}_{26}$Fe hat eine Lebensdauer von 10^{-6} s. Der Übergang in den Grundzustand erfolgt unter Aussendung von γ-Strahlung von $1{,}5 \cdot 10^4$ eV. Da der Kern bei der Aussendung eines Photons einen Rückstoß erleidet, ist die Photonenenergie nicht gleich der Differenz der Energien der beiden Kernzustände.

a) Um wieviel unterscheidet sich die Photonenenergie von der Energie der beiden Kernzustände?

b) Vergleichen Sie das Ergebnis mit der Energiebreite des angeregten Zustandes.

c) Kann ein solches Photon durch einen anderen $^{57}_{26}$Fe-Kern absorbiert werden, wenn dieser sich in Ruhe befindet und im Grundzustand ist?

Anhang

1. Physikalische Konstanten und Umrechnungsfaktoren

1.1. Physikalische Konstanten

Avogadro-Zahl $N_0 = 6{,}02 \cdot 10^{23}$

Lichtgeschwindigkeit $c = 2{,}99793 \cdot 10^8 \frac{m}{s}$

Gravitationskonstante $g = 6{,}670 \cdot 10^{-11} \frac{m^3}{kg\,s^2}$

Boltzmann-Konstante $k = 1{,}3805 \cdot 10^{-23} \frac{J}{K}$

Konstante im Coulombschen Gesetz

$$k = 2{,}306 \cdot 10^{-28} \frac{Nm^2}{e^2} = 8{,}988 \cdot 10^9 \frac{Nm^2}{C^2}$$

Masse des Elektron $m_e = 9{,}9109 \cdot 10^{-31}$ kg

Masse des Proton $m_p = 1{,}672 \cdot 10^{-27}$ kg

Konstante im Zirkulationsgesetz (nach Definition)

$$k = 2 \cdot 10^{-7} \frac{N}{A}$$

Plancksche Konstante

$$h = 6{,}626 \cdot 10^{-34}\ J\,s = 4{,}136 \cdot 10^{-15}\ eV\,s$$

1.2 Umrechnungsfaktoren

1 atomare Masseneinheit 1 u $= 1{,}66 \cdot 10^{-27}$ kg

1 Elektronenvolt 1 eV $= 1{,}602 \cdot 10^{-19}$ J

1 Coulomb 1 C $= 6{,}242 \cdot 10^{18}$ e

2. Chemische Elemente

Element	Symbol	Atom-nummer	Atommasse [1]) in u
Actinium	Ac	89	(227,0278)
Aluminium	Al	13	26,9815
Americium	Am	95	(243,0614)
Antimon	Sb	51	121,75
Argon	Ar	18	39,948
Arsen	As	33	74,9216
Astatin	At	85	(210)
Barium	Ba	56	137,34
Berkelium	Bk	97	(247,0702)
Beryllium	Be	4	9,0122
Blei	Pb	82	207,19
Bor	B	5	10,811
Brom	Br	35	79,909
Cadmium	Cd	48	112,40
Caesium	Cs	55	132,905
Calcium	Ca	20	40,08
Californium	Cf	98	(251)
Cer	Ce	58	140,12
Chlor	Cl	17	35,453
Chrom	Cr	24	51,996
Curium	Cm	96	(247)
Dysprosium	Dy	66	162,50
Einsteinium	Es	99	(254,0881)
Eisen	Fe	26	55,847
Erbium	Er	68	167,26
Europium	Eu	63	151,96
Fermium	Fm	100	(253)
Fluor	F	9	18,9984
Francium	Fr	87	(223)
Gadolinium	Gd	64	157,25
Gallium	Ga	31	69,72
Germanium	Ge	32	72,59
Gold	Au	79	196,967
Hafnium	Hf	72	178,49
Helium	He	2	4,0026
Holmium	Ho	67	164,930
Indium	In	49	114,82
Iridium	Ir	77	192,2
Jod	J	53	126,9044

Element	Symbol	Atom-nummer	Atommasse [1]) in u
Kalium	K	19	39,102
Kobalt	Co	27	58,9332
Kohlenstoff	C	6	12,01115
Krypton	Kr	36	83,80
Kupfer	Cu	29	63,54
Lanthan	La	57	138,91
Lawrencium	Lw	103	(257)
Lithium	Li	3	6,939
Lutetium	Lu	71	174,97
Magnesium	Mg	12	24,312
Mangan	Mn	25	54,9380
Mendelevium	Md	101	(256)
Molybdän	Mo	42	95,94
Natrium	Na	11	22,9898
Neodym	Nd	60	144,24
Neon	Ne	10	20,183
Neptunium	Np	93	(237,0480)
Nickel	Ni	28	58,71
Niob	Nb	41	92,906
Nobelium	No	102	(255)
Osmium	Os	76	190,2
Palladium	Pd	46	106,4
Phosphor	P	15	30,9738
Platin	Pt	78	195,09
Plutonium	Pu	94	(244)
Polonium	Po	84	(209)
Praseodym	Pr	59	140,907
Promethium	Pm	61	(145)
Protactinium	Pa	91	(231,0359)
Quecksilber	Hg	80	200,59
Radium	Ra	88	(226,0254)
Radon	Rn	86	(222,0175)
Rhenium	Re	75	186,2
Rhodium	Rh	45	102,905
Rubidium	Rb	37	85,47
Ruthenium	Ru	44	101,07
Samarium	Sm	62	150,35
Sauerstoff	O	8	15,9994
Scandium	Sc	21	44,956

Element	Symbol	Atom-nummer	Atommasse[1] in u
Schwefel	S	16	32,064
Selen	Se	34	78,96
Silber	Ag	47	107,870
Silizium	Si	14	28,086
Stickstoff	N	7	14,0067
Strontium	Sr	38	87,62
Tantal	Ta	73	180,948
Technetium	Tc	43	(98)
Tellur	Te	52	127,60
Terbium	Tb	65	158,924
Thallium	Tl	81	204,37
Thorium	Th	90	232,038
Thulium	Tm	69	168,934
Titan	Ti	22	47,90
Uran	U	92	238,03
Vanadium	V	23	50,942
Wasserstoff	H	1	1,00797
Wismuth	Bi	83	208,980
Wolfram	W	74	183,85
Xenon	Xe	54	131,30
Ytterbium	Yb	70	173,04
Yttrium	Y	39	88,905
Zink	Zn	30	65,37
Zinn	Sn	50	118,69
Zirkonium	Zr	40	91,22

[1]) Die Zahlen in Klammern sind die Atommassen der stabilsten Isotope der radioaktiven Elemente. Die anderen Zahlen geben den Durchschnitt aller Isotope an, wie sie natürlicherweise im Isotopengemisch vorkommen.

3. Ergebnisse ausgewählter Aufgaben

Kapitel 1

4. Das Stroboskop scheint still zu stehen, ganz gleich wie schnell es sich dreht.
9. 10^5
13. 300 m
15. $9 \cdot 10^{-2}$ mm
16. Rundet man beide Verhältnisse jeweils auf die nächste Größenordnung, so sind beide Quotienten gleich.

Kapitel 2

5. W verdreifacht sich ebenfalls.
6. Unabhängig von dem speziellen Wert, den die Konstante k annimmt, ist der Graph eine Gerade durch den Ursprung des Koordinatensystems.
8. Die gesamte Oberfläche ist viermal so groß.
9. 10^{12} Karten
12. 11 m^2
27. a) 27, b) 27, c) 9 und d) 9

Kapitel 3

1. Leuchtkäfer, Blitzlicht und elektrische Heizgeräte
2. Den Gegenstand im Dunkeln beobachten
4. Gegenstand A erscheint rötlich, B dagegen dunkel.
11. Es ist heißer und sendet daher eine stärkere ultrarote Strahlung aus.
12. Nein; das ultraviolette Licht geht nicht durch gewöhnliches Glas.
13. Bei Reflexion oder bei Brechung beim Übergang von einem in ein anderes optisches Medium.
18. Bild

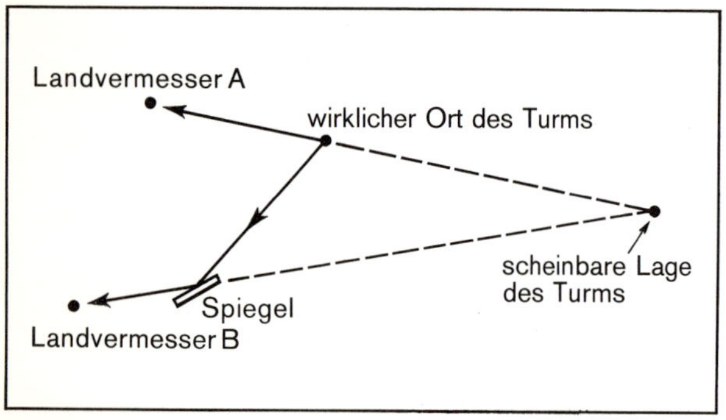

Kapitel 4

1. β ist der Einfallswinkel, γ der Reflexionswinkel.
2. Unendlich viele Strahlen. Sie bilden miteinander den Mantel eines Kegels, dessen Achse senkrecht auf der Spiegeloberfläche steht.
3. Es gibt nur einen Strahl.
8. β ist der Einfallswinkel, δ der Brechungswinkel.
10. In Bild 4.11
12. Auf der linken Seite
13. $\alpha = \frac{3}{4}\beta$
14. $n = \frac{\sqrt{3}}{\sqrt{2}} = 1,2$
15. Ja, denn mißt man die Figur aus, ergibt sich für n ein Wert zwischen 1,3 und 1,4. Das Medium könnte allerdings auch aus einem anderen Stoff als Wasser bestehen.
16. Diamant
19. Bild

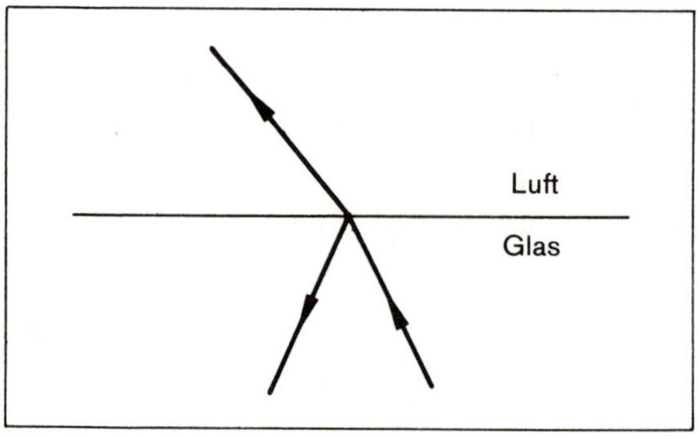

23. $n = \frac{\sin \vartheta_A}{\sin \vartheta_B} < 1$
28. 63°
31. Ja, ein Prisma zerlegt das Licht in seine Spektralfarben, so daß man die Zusammensetzung des Lichts erkennen kann.

Kapitel 5

1. Der kleinere Tischtennisball wird durch kleine Unebenheiten abgelenkt, die auf den größeren Tennisball keinen Einfluß haben.
3. Die Geschwindigkeit auf der unteren Ebene ist für alle Einfallswinkel gleich.
4. Die Geschwindigkeit des Lichts sollte in jedem anderen brechenden Stoff größer sein als im Vakuum.
8. Man bringt jede Lichtquelle in einen dunklen Raum ohne Reflexion und mißt ihre Lichtstärken mit einem Photometer, das immer in gleicher Entfernung vor der Lichtquelle aufgestellt wird.
9. im Abstand $a = \frac{r}{\sqrt{2}} = 0,71\ r$
14. 2 m
21. Bei niedrigen Umdrehungen erreicht das an dem entfernten Spiegel reflektierte Licht die Scheibe praktisch noch in der gleichen Stellung und kann deshalb wieder durch das Loch hindurchtreten, das es vor der Reflexion verlassen hatte.

29. Nach dem Partikelmodell soll die Lichtgeschwindigkeit in Wasser größer als in Luft sein, während sie nach den Messungen in Wasser kleiner als in Luft ist.

Kapitel 6

1. Die Wellen bewegen sich immer in einem Medium, aber dieses Medium bewegt sich nie mit den Wellen.
3. An der Stelle größter Auslenkung
4. Es würde sich nach wie vor zuerst nach oben bewegen.
7. Nein
8. Bild

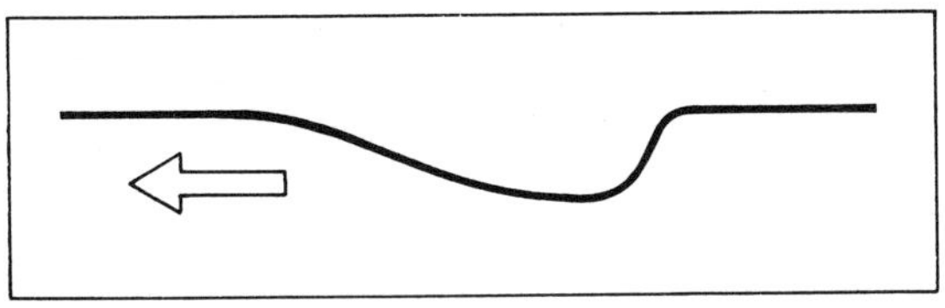

16. Der einfallende Wellenberg
17. 3. (Die Geschwindigkeiten sind proportional zu den Strecken, die die Wellenbewegung von einer zur nächstfolgenden Aufnahme zurückgelegt hat.)
22. In den oberen Bildern ist der Wellenberg höher als in den unteren.

Kapitel 7

1. Etwa 20 cm lang
2. $\beta' = 25°$
3. a) Einfallender Wellenberg ist (2); reflektiert wird (1).
   b) $\alpha = 70°$
10. a) 85 m, b) Der Abstand wird geringer.
11. a) $T = \frac{1}{4}$ s, b) $\nu = 4\,s^{-1}$
12. Die Frequenz muß abnehmen.
17. In der Nähe des 5. hellen Streifens, vom unteren Bildrand aus gezählt
18. $n \approx 1{,}8$
20. Nein; es sei denn, die eine Frequenz ist ein ganzzahlig Vielfaches der anderen.

Kapitel 8

1. Bild

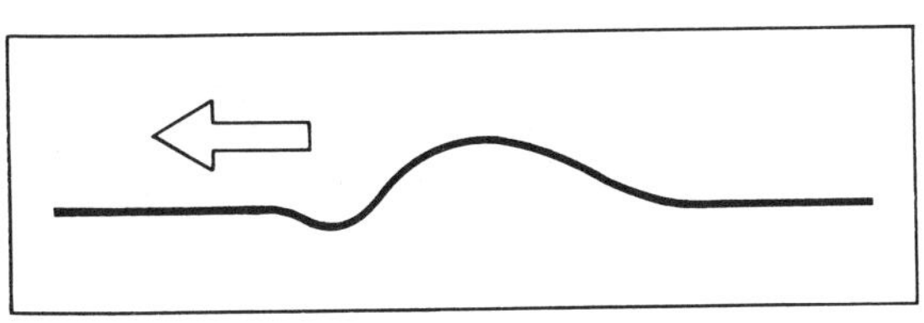

2. im Abstand λ von der Wand
4. Ein „doppelter Wellenberg" ist in A, ein „doppeltes Wellental" in C, und ein Knotenpunkt liegt in B vor.
7. Nein; auf dieser Linie lösen sich nacheinander doppelte Wellenberge und doppelte Wellentäler ab.
10. Die zweite Knotenlinie links neben der Symmetrieachse
14. Ja; für alle Wellenlängen λ gilt $\lambda > 2d$.
21. $p = 0{,}36$
22. Ja; in beiden Fällen tauchen die Erreger gleichzeitig ins Wasser ein.

Kapitel 9

1. Man muß dorthin rudern, wo sich das Wasser nicht auf und ab bewegt. Auf den Knotenlinien bleibt das Wasser in Ruhe, während es auf beiden Seiten auf und ab schaukelt.
7. 0,9 m
9. $x = 0{,}68$ mm
10. Die Knotenlinien für rotes Licht haben einen Abstand, der 1,4 mal so groß ist wie der von blauem Licht.
13. Alle Wellenzentren schwingen für das Maximum 0. Ordnung in Phase. In der in Bild 9.11 angegebenen Richtung löschen sich zwei Drittel der Wellen gegenseitig aus. Die Erreger des dritten Drittels schwingen für diese Richtung außerdem nicht in Phase. Der Phasenunterschied ist allerdings nie größer als $\frac{1}{2}$.
19. Die Abstände werden größer.
20. $\lambda = 420$ nm
21. Nein; die Wellenlänge in einem Medium hängt von seinem Brechungsindex ab.
22. Die Streifen würden dünner werden, und ihr Abstand wäre nur halb so groß.

Kapitel 10

1. a) f = 24 nm, b) Ein ebener Spiegel hat keine Brennweite.
2. Die Strahlen würden auf den Parabolspiegel reflektiert werden und von dort parallel zur Achse ausfallen.
3. Zwei Strahlen genügen, weil alle anderen auch durch den gleichen Punkt gehen.
6. a) $n_{Flüssigkeit} < n_{Linse}$,
   b) $n_{Flüssigkeit} = n_{Linse}$,
   c) $n_{Flüssigkeit} > n_{Linse}$.
13. Ja; solange $x < f$
33. Beide Vergrößerungen sind gleich. Man mißt dazu die Abstände der Zentren aus.

Kapitel 11

1. a) 120 km, b) 20 km
5. Graph a)
10. Nein; das Auto müßte sich zwischen dem Zeitpunkt 2h und 3h gleichzeitig an zwei verschiedenen Orten befinden.
15. $v_{Intervall} = 0{,}48 \frac{m}{s}$
18. Zur Zeit t = 67 s ist die Geschwindigkeit Null, die Beschleunigung aber nicht
23. Auf dem rechten geraden Teil der Kurve

Kapitel 12

1. Zum Schluß befindet man sich 2 m weiter nördlich, ganz gleich in welcher Reihenfolge man die Strecken zurücklegt.
5. Das erste ist eine Geschwindigkeit, nämlich 30 $\frac{km}{h}$, das zweite ein Weg, 30 km.
7. Das Flaggentuch hängt schlaff herab.
14. a) $-86{,}6\ \frac{km}{h}$ in nördlicher Richtung und $-50{,}0\ \frac{km}{h}$ nach Osten,
    b) $-86{,}6$; $-50{,}0$
15. Null
18. Alle Vektoren müßten in genau entgegengesetzter Richtung weisen, ihre Anfangspunkte würden an der gleichen Stelle bleiben. Der Betrag der Vektoren ändert sich nicht.
20. Nein; eine Bewegung mit konstantem Geschwindigkeitsbetrag ist längs jeder Bahn möglich.
21. Erfolgt die Bewegung längs einer gekrümmten Bahn, so ändert sich stets die Richtung der Geschwindigkeit. Das aber entspricht einer Beschleunigung.
25. Die Schaukel scheint sich in Ruhe zu befinden.
26. Die Kugel scheint sich mit konstanter Geschwindigkeit zu entfernen.

Kapitel 13

1. Die Kinematik ist die Untersuchung der Bewegung von Körpern, sie berücksichtig nicht die Ursachen der Bewegung. In der Dynamik untersucht man, wie Kräfte Bewegungen bewirken.
2. Nein; die Zeit ging in seine Beweisführung nicht ein.
4. Die Kugel würde unaufhörlich kreisen.
6. $v = 20\ \frac{cm}{s}$
7. $v = 20{,}9\ \frac{cm}{\text{Blitzintervall}}$
8. Die Kraft ist konstant.
12. Nach rechts
13. $a = 1{,}5\ \frac{m}{s^2}$
16. a) 3,0; b) 3,0
17. $a = 4\ \frac{m}{s^2}$
18. $F = 2N$
19. $F = 15N$
25. In Richtung der resultierenden Kraft
26. $a = 8\ \frac{m}{s^2}$ (nach rechts)
27. $F = 3{,}7N$, nach rechts entlang der gestrichelten Linie
32. $F = 200N$, entgegengerichtet zum Schieben

Kapitel 14

1. $m_g = 5{,}0$ kg
2. a) Gewicht auf dem Mond $1{,}1 \cdot 10^2$N, Gewicht auf der Erde $6{,}9 \cdot 10^2$N;
   b) Masse auf der Erde 70 kg, Masse auf dem Mond 70 kg
4. $g = 9{,}81\ \frac{N}{kg}$
6. 4,9 m lang
13. Die horizontale Komponente des von der Kugel zurückgelegten Weges ist in gleichen Zeitintervallen gleich groß. Die vertikale Komponente ist nicht konstant.
17. $F = 24N$
18. Der Betrag der Geschwindigkeit ändert sich nicht, aber die Richtung der Bewegung ändert sich in der Richtung der Kraft.
19. $\vec{v} = 0{,}52\ \frac{m}{s}$ nach links (wenn sich der Puck wie in Bild 14.11 im Uhrzeigersinn dreht)
20. $\vec{a} = 0{,}64\ \frac{m}{s^2}$ in Richtung auf den Kreismittelpunkt
26. $\vec{F} = -k\vec{x}$ mit einer positiven Konstante k
27. An den Punkten, in denen der Kreis die y-Achse schneidet
28. $m = 0{,}2$ kg
29. $l = 0{,}25$ m
39. Etwas nach Westen abweichend

Kapitel 15

2. a) 1,2; b) etwa 6
6. $4{,}75 \cdot 10^{23}\ m^2$
8. a) Wenn Pluto der Sonne am nächsten ist, b) wenn er am weitesten von der Sonne entfernt ist
9. $3{,}35 \cdot 10^{18}\ \frac{m^3}{s^2}$
10. $(8^3)^{\frac{1}{2}} = 23$ mal so lange
13. $3{,}6 \cdot 10^3$ mal so groß
14. a) $K_E = 9{,}9 \cdot 10^{12}\ \frac{m^3}{s^2}$, b) $\frac{m_E}{m_S} = 3{,}0 \cdot 10^{-6}$
15. In einer Höhe $h = (\sqrt{2} - 1)\ r_E = 0{,}41\ r_E$

Kapitel 16

1. 1,5 Ns
2. $32{,}0\ \frac{kg\ m}{s} = 32{,}0$ Ns
3. a) Vier: beim Werfen, beim Abprallen, beim Fangen und der ständige Impuls durch die Gravitation,
   b) Der Impuls beim Zurückprallen von der Wand. Dabei erfährt der Ball etwa die doppelte Geschwindigkeitsänderung wie beim Werfen oder beim Fangen. Der Gravitationsimpuls ist der kleinste von allen.
8. $F = 500$ N. Die Kraft ist entgegengesetzt gerichtet zur Bewegungsgröße des Hammers.
12. Null. Die Änderung der Bewegungsgröße hat die gleiche Richtung wie der Impuls.
13. Jeder Geschwindigkeitsvektor aus a) wird mit der Masse m des zugehörigen Körpers multipliziert. Für die neuen Vektoren wird ein neuer Maßstab gewählt.
14. Die Masse des schnelleren verhält sich zur Masse des langsameren wie 2 : 5.

21. Die Bewegungsrichtung des Massenschwerpunktes ist nach dem Stoß gleich der vor dem Stoß. Sie zeigt nach oben und weicht um etwa 1° gegen den Uhrzeigersinn von der Bewegungsrichtung der Kugel ab, die von unteren Bildrand kommt.

30. Der größte Teil seiner Bewegungsgröße wird (über die Straße) auf die Erde übertragen. Einen kleinen Betrag erhalten die Luftmoleküle in der Umgebung des Wagens.

32. Nein; die vektorielle Summe der Impulse, die von den Wechselwirkungskräften ausgeübt werden, kann nicht Null sein, da der Gesamtimpuls Null sein muß. Und dieser schließt die Bewegungsgröße des Lichts ein.

Kapitel 17

4. Ja; wenn eine Kraft auf einen bewegten Körper senkrecht zu seiner Bewegungsrichtung wirkt, so wird keine Energie übertragen.
6. 200 J
7. Die kinetische Energie vervierfacht sich.
8. Die Bremswege sind gleich. Sie hängen nur von der Kraft und der kinetischen Energie ab.
14. Sie stoßen sich während der Wechselwirkung ab.
16. Wenn die Kraft zwischen den stoßenden Körpern nur von ihrem Abstand abhängt.
17. Beim Auftreffen auf die Wand erfährt die Plastilinkugel eine abstoßende Kraft, die sie abbremst. Wenn die Kugel die Wand ganz erreicht, entsteht eine anziehende Kraft. Die Kraft ist beim Entfernen also nicht die gleiche wie beim Annähern. Daraus läßt sich erkennen, daß die Kraft nicht allein vom Abstand abhängt.
18. Wahrscheinlich. Da die kinetische Energie erhalten bleibt, ist zu vermuten, daß beim Stoß die Wechselwirkungskraft nur vom Abstand abhängt.
19. m_1 ist kleiner als m_2.

Kapitel 18

1. Im mittleren Bild, in dem die Kraft am größten ist.
2. Die Federkonstante D wird durch die Steigung der Kurve dargestellt.
9. Beide würden sich geradlinig in der Richtung der jeweils wirkenden Kraft bewegen.
17. $3{,}4 \cdot 10^3$ J
24. Noch einmal seine kinetische Energie E_k
25. $F = \gamma \dfrac{m\, m_E}{10\, r_E}$
26. Die Fluchtgeschwindigkeiten sind gleich.
31. F = 0,20 N

Kapitel 19

1. a) Überall, wo die Änderung $\Delta\vec{v}$ der Geschwindigkeit nach innen zeigt. Das ist in dem ganzen Bild 19.1. a) und im Bild 19.1.b) in den Blitzintervallen 2 bis 12, 14 bis 27 und 30 bis 41 der Fall. (Es wurde gegen den Uhrzeigersinn gezählt.)

b) Überall, wo v nach außen zeigt, in Bild 19.1.b) zwischen 12 und 14 und zwischen 27 und 30.

c) Sie setzt sich aus der magnetischen Kraft und der Komponente der Gravitationskraft, die senkrecht zur Aufhängung gerichtet ist, zusammen.

2. Ja
5. Den gleichen Drehimpuls wie in B, da $\vec{OB} = \vec{OA} = \vec{r}$ ist.
6. Nein; der Drehimpuls ist nur dann gleich, wenn $\vec{r}$ für beide gleich ist. Die Körper brauchen dazu aber nicht am gleichen Ort zu sein.
11. Ja; wenn sie die gleiche Anfangsgeschwindigkeit haben.
12. Im Punkt der dichtesten Annäherung
13. a) v_r ist Null in den Endpunkten der Hauptachsen der Ellipse.

    b) Im erdnächsten Punkt ist v größer als im erdfernsten Punkt.
14. Hinweis: Setzen Sie $\Delta = \sqrt{b^2 - 4ac}$ und $\Delta^2 = b^2 - 4ac$.
19. a) Die Projektion der Fläche auf die x, y-Ebene ist $10\ \text{cm}^2 \cdot \cos 30^\circ = 8{,}7\ \text{cm}^2$.

    b) Die Projektion auf die y, z-Ebene ist $10\ \text{cm}^2 \cdot \sin 30^\circ = 5{,}0\ \text{cm}^2$.
20. a) Senkrecht zur Zeichenebene, nach hinten

    b) Senkrecht zur Zeichenebene, nach vorn
24. $\omega = 3\pi\ \text{s}^{-1}$
27. $v = 63\ \dfrac{\text{cm}}{\text{s}}$
28. a) $\omega = 0{,}20\ \text{s}^{-1}$

    b) $\omega = 0{,}20\ \text{s}^{-1}$, wenn er sich in A befindet,

$$\omega = \frac{3{,}0\ \frac{\text{m}}{\text{s}} \cos 30^\circ}{\dfrac{15\ \text{m}}{\cos 30^\circ}} = 0{,}15\ \text{s}^{-1} \text{ in B}$$

29. $J = \dfrac{1}{2} m\, l^2$
30. Den Radius $r = \dfrac{R}{\sqrt{2}}$
31. Bild

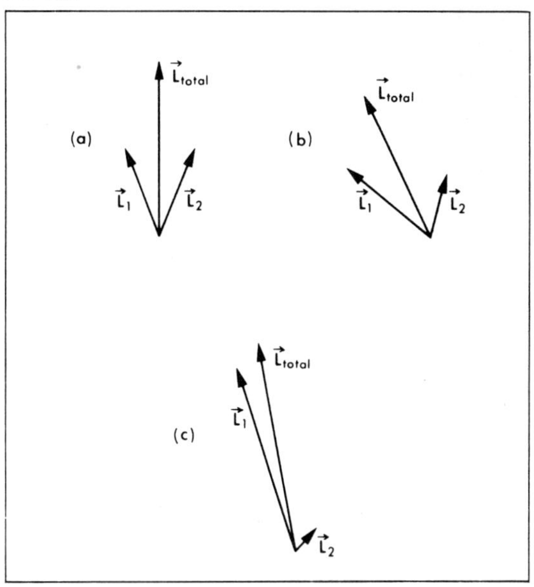

41. Ja

42. Die Einheit ist $\frac{m_M\,cm^2}{\Delta t}$, wobei m_M die Masse des Magneten und Δt das Blitzintervall bedeuten.

Kapitel 20

1. Der auf die Wand übertragene Impuls ist 2 mv. Das ergibt sich aus der Erhaltung der Bewegungsgröße.

3. $p = \frac{F}{A}$

5. Die gesamte kinetische Energie der Schwerpunktsbewegung ist proportional zu $\frac{pV}{N}$.

7. p vergrößert sich um den Faktor $\frac{373}{298} = 1{,}25$.

8. Die kinetische Energie E_k vergrößert sich um den Faktor $\frac{373}{298} = 1{,}25$.

9. 45 °C

10. Nein

14. Die gesamte Bewegungsgröße ist Null, wenn sich der Behälter nicht bewegt.

16. Die kinetische Energie der Körper muß klein gegenüber der Änderung der potentiellen Energie und gegenüber der vom Wasser aufgenommenen Wärmeenergie sein.

18. Die innere Energie nimmt zu. Die vom Hammer gelieferte mechanische Energie wird in innere Energie umgewandelt. Wärmeenergie fließt nicht von außen zu.

19. Nein; Energie wird durch Wärmefluß übertragen, nicht durch die Verrichtung mechanischer Arbeit.

20. Die gesamte innere Energie bleibt in diesem abgeschlossenen System konstant.

21. $1{,}0 \cdot 10^3$ J

26. Potentielle Energie wird nur in Wärmeenergie umgewandelt, da der Wagen nicht schneller wird.

Kapitel 21

2. Etwa 50 %

3. a) etwa 50, b) etwa 25

4. KK, KA, AK, AA. In 50 % der Fälle erscheint die gleiche Seite bei beiden Würfeln.

5. Die Wahrscheinlichkeit ist $\frac{1}{2}$.

6. a) $\frac{1}{6}$, b) $\frac{2}{36} = \frac{1}{18}$

9. a) nein, b) nein, c) ja

10. a) Man würde angeben, welche Quadrate weiß und welche schwarz sind.
    b) Man würde angeben, wie viele Quadrate weiß und wie viele schwarz sind.

12. Kippt man 10000 gleiche Geräte gleichzeitig, so erhält man das gleiche Ergebnis, als ob man 10000 Kippvorgänge an einem Gerät ausführt. Aus Bild 21.7 ist zu erkennen, daß die Wahrscheinlichkeit für Gleichverteilung 0,25 ist. Daher müßten etwa 2500 Geräte Gleichverteilung zeigen.

13. a) Der Ausdruck gibt die Wahrscheinlichkeit dafür an, daß Schlitz 1 0 oder 1 oder 2 oder . . . oder N Kugeln enthält.
    b) Da Schlitz 1 eine dieser Zahlen enthalten muß, hat der Ausdruck den Wert 1.

22. $\frac{3}{4} = 75\ \%$

Kapitel 22

1. Man gibt die Anzahl der Kugeln für jeden Schlitz an.

2. „Makroskopische" Größen sind a) und d), „mikroskopische" Größen sind b) und c).

3. Sie würde im Vakuum größer sein.

5. Die Übertragung von innerer Energie zwischen Gas und Behälter erfordert Zeit.

6. Die Oberfläche müßte Null sein.

7. Der Dämpfungskoeffizient würde nahezu Null betragen. Die einzige Dämpfung würde durch mechanische Reibung bewirkt.

12. a) $\left(\frac{V_o - V}{V_o}\right)^N$, b) $V < \frac{V_o}{2}$

13. $e^{-\Delta S}$

15. In Dampfform

16. $\Delta S = \pm 1{,}8 \cdot 10^{24}$

18. $\Delta S = \frac{l\,(1 - \cos\theta)\,mg}{kT} \approx \frac{mg\,l\,\theta^2}{2kT}$, wobei θ in Bogenmaß einzusetzen ist. Der Wert ist sehr klein.

Kapitel 23

1. Negativ

2. Nein; die Entfernung einer beliebigen Anzahl negativer Ladungen von einem neutralen Körper ergibt eine positive Aufladung.

3. a) Geladene Teilchen fließen durch den Metallstab und durch den menschlichen Körper. Daher kann sich keine Ladung auf dem Stab ansammeln.
   b) Man muß ihn völlig isoliert aufstellen und nur mit dem Reibzeug berühren.

6. a) Nichts, b) nichts, c) beide Elektroskope werden völlig entladen.

7. Positive Ladung

8. Negative Ladung

13. Sie fallen zusammen.

14. In einem guten Vakuum gibt es kaum geladene Teilchen (Ionen), die das Elektroskop entladen könnten.

16. Die Blättchen des Elektroskops fallen zusammen.

Kapitel 24

1. $F = 1{,}0 \cdot 10^{-5}$ N

8. Die Gesamtkraft würde sich sowohl im Betrag als auch in der Richtung ändern.

9. 24.8.a) und 24.9.a)
   24.8.b) und 24.9.b)
   24.8.c) und 24.9.c)
   24.8.d) hat kein entsprechendes Bild in 24.9.

10. Nein; würden sie sich schneiden, so müßte in ihrem Schnittpunkt die Gesamtkraft auf einer Probeladung zwei Richtungen haben. Das ist unmöglich.
11. Nur wenn die Feldlinie gerade ist und sich das Teilchen in Richtung der Feldlinie bewegt. Ist die Feldlinie gekrümmt, so wird die Bahn des Teilchens im allgemeinen eine andere Richtung als die einwirkende Kraft haben.
17. $F = 1{,}4 \cdot 10^{-15}$ N
23. $F = 2{,}3 \cdot 10^{-16}$ N

Kapitel 25

1. $5{,}6 \cdot 10^{-17}$ J
3. Die Zeit beträgt $7{,}64 \cdot 10^{-6}$ s.
6. $I = 2 \cdot 10^{16} \frac{e}{s}$ (Elementarladungen in der Sekunde)
7. $I = 3{,}6 \cdot 10^{16} \frac{e}{s}$
11. $4{,}5 \cdot 10^{22}$ Kupferatome
13. $E_k = 2{,}9 \cdot 10^{-17}$ J
14. $m = 2{,}7 \cdot 10^{-26}$ kg
20. $F = 4{,}2 \cdot 10^{-14}$ N
21. $P = 1{,}7 \frac{J}{s} = 1{,}4$ W
22. Die potentielle Energie im Abstand r beträgt $E_p = \frac{Q}{r}$. Sie wird insgesamt in kinetische Energie des bewegten Teilchens umgewandelt, wenn der Abstand sehr groß wird.
23. Die Feldstärke hat den Betrag $E = 9 \cdot 10^{-18} \frac{N}{e}$ und ist zum Körper hin gerichtet. Das Potential beträgt $V = 5 \cdot 10^{-18} \frac{J}{e}$.
30. $U = 1{,}9 \cdot 10^{-18} \frac{J}{e} = 12$ V
31. $I = 5{,}0$ A
32. Die Bindungsenergie beträgt 14 eV.

Kapitel 26

4. Vergleicht man die große Anzahl der Teilchen, die in der Folie nicht abgelenkt werden, mit der kleinen Anzahl der abgelenkten, so erkennt man, daß die Wahrscheinlichkeit für einen Zusammenstoß sehr klein ist. Die Wahrscheinlichkeit dafür, daß ein α-Teilchen in der Folie zweimal zusammenstößt, wird also außerordentlich gering sein.
5. Ein Atom muß zur Hauptsache aus leerem Raum bestehen, der etwas enthält, was auf α-Teilchen eine sehr große Kraft ausübt.
6. Es ist der Winkel zwischen der ursprünglichen und der endgültigen Richtung des gestreuten Teilchens.
10. b kann nicht direkt gemessen werden. Wir wissen weder genau, wo sich jeder Kern befindet, noch kennen wir genau die Flugbahnen der einzelnen α-Teilchen.
11. N_θ ist proportional zum Quadrat des Zielfehlers.
12. Es ist ein Coulombfeld; d.h. es ändert sich mit $\frac{l}{r^2}$.
13. Im Bereich von 90° bis 180°
19. Ungefähr sechsmal so nahe
20. $r_0 = 7{,}0 \cdot 10^{-15}$ m
21. Der Energieerhaltungssatz

Kapitel 27

1. Das elektrische Feld zeigt in die Richtung des Drahtes.
2. $E = 3{,}0 \frac{V}{m} = 3{,}0 \frac{N}{C}$.
3. Das elektrische Feld im ersten Draht ändert sich nicht, denn die Potentialdifferenz zwischen den Enden bleibt durch die Spannung der Batterie gegeben, unabhängig davon, ob etwas parallel geschaltet wurde.
4. $U = 18$ V
9. Wird viel Ladung weggenommen, so wird die zu messende Potentialdifferenz geändert.
10. Die Stromstärke im Voltmeter muß klein sein im Vergleich zu der im Stromkreis.
14. $45 \text{ eV} = 7{,}2 \cdot 10^{-18}$ J
15. Wird der negative Pol mit der rechten Platte verbunden, so verbraucht ein Elektron 30 V seiner kinetischen Energie, um die abstoßende Kraft zu überwinden. Die restlichen 15 V werden an der Platte in Form von Wärme abgegeben.
16. $R = 4{,}4 \cdot 10^4\ \Omega$
22. $U = 4{,}9$ V

Kapitel 28

1. Die Eisenfeilspäne würden versuchen, sich senkrecht zur Ebene des Papiers zu orientieren.
2. Nein; alles sind geschlossene Schleifen, nur von unterschiedlicher Form.
3. In beiden Fällen im Uhrzeigersinn
4. Die resultierende Feldstärke ist das 2-fache einer Feldstärke.
5. Die Feldstärke ist proportional zur Stromstärke.
9. Parallel zum Feld gerichtet; entweder gleich oder entgegengesetzt orientiert
10. Abwärts
11. $F = 2{,}1$ N
16. Die Kraft ist proportional zum Drehwinkel.
17. Entweder die Anschlüsse zur Batterie vertauschen, oder die Richtung im magnetischen Feld umkehren, aber nicht beides.
18. Der Radius wächst mit der Quadratwurzel der Beschleunigungsspannung.
19. Von Geschwindigkeit, Ladungsvorzeichen und Größe der Ladung des bewegten Teilchens sowie von der Komponente der magnetischen Feldstärke senkrecht zur Bewegungsrichtung
23. $360 \text{ eV} = 5{,}76 \cdot 10^{-17}$ J
30. $2\pi k I$
31. 0
32. $B = 2\pi \cdot 10^{-3} \frac{N}{Am} = 6 \cdot 10^{-3} \frac{N}{Am}$

Kapitel 29

1. Die positiv geladenen Teilchen sammeln sich bei Q, die negativen bei P.

2. a) Die Kraft auf ein positiv geladenes Teilchen ist auf den Betrachter zu gerichtet; die auf negativ geladenen Teilchen ist vom Beobachter weg gerichtet.
   b) Nein; geladene Teilchen können sich nicht in diese Richtung bewegen.
4. Solange die Schleife sich im homogenen Feld befindet, entsteht kein Strom.
5. a) Wenn die Ebene der Schleife parallel zu den Feldlinien orientiert ist.
   b) Wenn sie senkrecht zu den Feldlinien orientiert ist.
6. Der Fluß durch die Schleife hindurch wird sich nicht ändern.
7. $\phi_B = 1 \cdot 10^{-2}\ \frac{Nm}{A}$
9. Ja. Die auf die Schleife auszuübende Kraft ist proportional zur Stromstärke. Die nimmt aber ab, wenn der Widerstand der Schleife vergrößert wird.
10. Bei hoher Geschwindigkeit, da dann die auszuübende Kraft größer ist.
11. $U = 1 \cdot 10^{-4}$ V
12. $U = 0{,}5$ V
19. Nein; die magnetische Kraft, die auf die geladenen Teilchen wirkt, wird anwachsen, bis sie gerade eben entgegengesetzt gleich der von außen wirkenden Kraft ist. Dann bewegt sich die Schleife mit konstanter Geschwindigkeit.
24. Nein; die Feldlinien sind geschlossene Kreise, denn es sind keine freien Ladungen vorhanden, auf denen sie beginnen oder enden können.
26. Er ist durch die Änderungsgeschwindigkeit der Ladungen auf den Platten gegeben.
27. a) Ja; mit konstanter Stromstärke
   b) Nein; es ist nicht möglich innerhalb eines Bereiches einen magnetischen Fluß beliebig mit konstanter Rate zu ändern.
28. a) Negative Ladungen befinden sich auf der oberen Platte, positive auf der unteren.
   b) Das elektrische Feld ist nach oben gerichtet.
30. a) $3 \cdot 10^8\ \frac{m}{s}$
   b) $3 \cdot 10^8\ \frac{m}{s}$
   c) $3 \cdot 10^8\ \frac{m}{s}$

Kapitel 30

1. t_{AB} nähert sich $\frac{d}{2n}$,
   t_{BA} geht gegen Unendlich.
6. Sie sollte sich unter einem Winkel von 60° zum Ufer ausbreiten.
7. $\sqrt{1+x}\left(\frac{1}{1-x}\right) \approx \left(1+\frac{x^2}{2}\right)(1+x+x^2) \approx 1 + x\frac{3}{2}x^2$
13. Nach rechts
17. a) Bei A
   b) Punkt A′ ist derjenige, von dem das Licht zu kommen scheint.
18. Punkte S_1 und S_2 entsprechen den Spalten des Doppelspalts. Punkt A entspricht dem Einfachspalt. A′ befindet sich rechts vom Einfachspalt.
19. a) Nach links um den Winkel $\theta = \frac{v}{c}$
   b) Nach rechts um den Winkel $\theta = \frac{v}{c}$
   c) Keine Verschiebung
   d) Nach links um den Winkel $\theta = \frac{v}{c}(n^2 - 1)$
20. $\frac{d}{\lambda} \sin \alpha$
21 0,27; entsprechend der einfachen Addition der Geschwindigkeiten.
23. $w = \dfrac{u - v}{1 - \frac{uv}{c^2}}$
28. Keine nennenswerte Phasenverschiebung. In Wirklichkeit wäre auch keine zu bedenken.
29. $T + \frac{d}{c}$
30. $+\frac{d}{c}$
31. a) $vt' = \frac{vd}{c}$
   b) $\frac{dv^2}{c^2}$, denn zu diesem Zeitpunkt gilt $t = \frac{d}{c}\left(1+\frac{v}{c}\right)$ für alle Beobachter im ungestrichenen System. Die Abweichung tritt in der zweiten Ordnung von $\frac{v}{c}$ auf.
32. Die Uhr in A′ im gestrichenen System zeigt das gleiche an, wie die Uhr im ungestrichenen System.
33. Ja; der Bruch kann mit $\dfrac{1}{\sqrt{1-\frac{v^2}{c^2}}}$ gekürzt werden.
37. In keinem davon

Kapitel 31

1. Bei schwacher Beleuchtung würde die Zeit bis zum ersten Sprung stets länger sein als bei starker Beleuchtung.
5. a) Ja
   b) Nein
9. Die den Frequenzen $6{,}8 \cdot 10^{14}$ Hz und $7{,}4 \cdot 10^{14}$ Hz entsprechenden Punkte.
10. 2,4 eV

Kapitel 32

1. $v = 2{,}5 \cdot 10^8\ \frac{m}{s}$
2. Relativistisch $E_k = 0{,}250\ mc^2$ klassisch $E_k = 0{,}180\ mc^2$; die relativistische Energie ist etwa 40 % größer als die klassische.
3. Die Zahlen auf der Energieskala sind mit dem Verhältnis von Protonenmasse zur Elektronenmasse zu multiplizieren.
9. Relativistisch $p = 0{,}75\ mc$, klassisch $p = 0{,}600\ mc$; die relativistische Bewegungsgröße ist 25 % größer als der klassische Wert.
10. $1{,}88 \cdot 10^{21}\ \frac{MeV}{c}$
11. Die Ruheenergie ist im Vergleich zur kinetischen Energie zu vernachlässigen; die Geschwindigkeit entspricht fast der Lichtgeschwindigkeit.
27. $\nu = 1{,}3 \cdot 10^{20}$ Hz; $\lambda = 0{,}024 \cdot 10^{-10}$ m
41. a) Nach den blauen Frequenzen hin
   b) Aufwärts

Kapitel 33

1. Nach dem dritten Keplerschen Gesetz ist $\frac{r^3}{T^2}$ konstant. Daher ergibt sich das Verhältnis der Frequenzen zu $\sqrt{8} = 2{,}8$.
2. 4,2 eV
6. 6,67 eV; 4,86 eV; 1,81 eV
7. 1,81 eV
12. Das Atom nimmt 4,86 eV vom Elektron auf. Vom Photon nimmt es keine Energie auf.
16. - 10,4 eV
17. Die γ-Linie der Lyman-Serie
18. a) 13,5 eV; b) - 0,136 eV
19. a) Jeden Energiebetrag zwischen 10,2 eV und 12,1 eV
    b) 12,1 eV; 10,2 eV

Kapitel 34

1. $\lambda = 0{,}73 \cdot 10^{-10}$ m
2. $2d \sin\theta = \lambda$
12. Nein; die einzige Einschränkung ist, daß 2 d gleich einer ganzzahligen Anzahl von Wellenlängen ist. Es gibt daher unendlich viele Energiewerte, die das Teilchen haben kann. Durch d wird die niedrigste Energie und auch die möglichen höheren Energien festgelegt.
13. 10^{-17} J

Kapitel 35

1. Obgleich bei positiver kinetischer Energie die Gesamtenergie negativ ist, sind ihre Beträge vergleichbar groß. Für Wasserstoff ist

$$\frac{E_k}{mc^2} \approx \frac{R_y}{mc^2} \approx \frac{10\,\text{eV}}{10^6\,\text{eV}} \approx 10^{-5}\,.$$

Daher ist $E_k = \frac{1}{2} m v^2$ anwendbar.

6. λ = 30,3 nm; 25,6 nm; 24,3 nm
7. Die Hälfte des Bohrschen Radius
8. Im infraroten oder möglicherweise auch im sichtbaren, sicherlich aber nicht im ultravioletten Bereich, denn $Z_{eff} \approx 1$ gilt nur für große Werte von n.
13. Nein; das energiereichste Photon wird bei einem solchen Übergang höchstens die Energie $\Delta E = E_\infty - E_2 = 2{,}25\ R_y$ haben.
19. Derartige Punkte würden zu Werten von Z_{eff} gehören, die größer als die Kernladungszahlen Z sind.
20. $8{,}8 \cdot 10^4$ eV. Zu beachten ist, daß das nicht $R_y Z^2$ für Z = 82 entspricht.
26. n = 3
27. n = 4
30. Ja; Blei muß bei 82 Elektronen in jedem Atom noch weitere Schalen haben. Aus diesen könnten die Elektronen dann durch Photonen größerer Wellenlängen ausgelöst werden.
32. Für (3, 1, 1) ist $E = 11 \frac{h^2}{8 m d^2}$.

    Für (2, 2, 3) ist $E = 12 \frac{h^2}{8 m d^2}$.
33. Sechs Elektronen gibt es mit der Energie des (3, 1, 1)-Elektrons. Nur zwei gibt es bei (2, 2, 2).
34. Verhältnis der Abstände = 4,32, E = 2,22 MeV
37. Bei der unelastischen Protonenstreuung entspricht die vom Proton abgegebene Energie der vom Kern beim Übergang aus dem Grundzustand in einen angeregten Zustand aufgenommenen Energie. Dabei gibt es verschiedene Möglichkeiten. Beim Einfang langsamer Neutronen wird der Kern dagegen in einem angeregten Zustand gebildet. Er geht danach durch eine Reihe von Zwischenzuständen in den Grundzustand über. Dabei werden zahlreiche γ-Quanten abgestrahlt, deren Energien den Energiedifferenzen zwischen den einzelnen Zuständen entsprechen.
38. Diese 0,09 MeV entsprechen der Rückstoßenergie des ^{55}Mn-Kerns.

Kapitel 36

1. Etwa 1,5 eV
2. Bei einer Gesamtenergie von etwa 2,1 MeV
4. Bezieht man sich auf das Massenzentrum von Positron und Elektron, so ist die gesamte Bewegungsgröße vor der Vernichtung Null. Da ein Photon die Bewegungsgröße 2 cm haben würde, wäre der Erhaltungssatz für die Bewegungsgröße verletzt.
6. Erhaltung von Ladung und Energie
9. Nein; sie sind entsprechend der Bindungsenergie je Nukleon angeordnet. Sie sollten so angeordnet sein: $^4_2$He, $^{16}_8$O, $^{60}_{28}$Ni, $^{96}_{42}$Mo
10. $m = Zm_p + (A - Z)\, m_n - \frac{AB}{c^2}$, wobei c die Lichtgeschwindigkeit ist. Die Rechnung wird bequemer, wenn man mit c^2 multipliziert und die Ruheenergie mc^2 in den gleichen Einheiten wie B wählt.
11. Die gesamte Bindungsenergie von $^6_3$Li übersteigt die Bindungsenergien von $^4_2$He und $^2_1$H.
15. Bei $^{218}_{86}$Rn ist die Zerfallswahrscheinlichkeit größer entsprechend der kleineren Halbwertszeit.
16. Die kinetische Energie im Innern des Kerns ist sehr viel größer, denn bei gleicher Gesamtenergie ist die potentielle Energie kleiner.
23. $\tau \Delta E \approx 10^{-15}$ eVs; $h = 4 \cdot 10^{-15}$ eVs.

Sachwortverzeichnis

Berkeley Physik Kurs
Band 1: Mechanik

von Charles Kittel, Walter D. Knight, Malvin A. Ruderman
(Aus d. Engl. übers. von Robin Pestel.) Mit 530 Abb. –
Braunschweig: Vieweg 1973. XV, 315 S. 21 × 28 cm.
gbd. 46,– DM
ISBN 3 528 08351 4

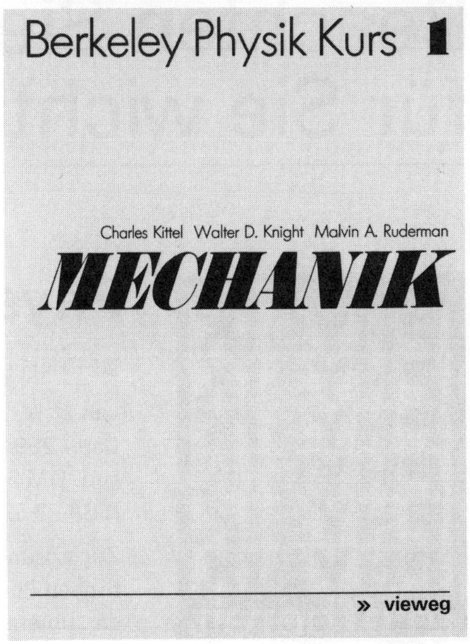

Fast alle ein- und mehrbändigen Bücher der Physik sind aufgrund der Vorlesungspraxis an den Hochschulen entstanden. Aber sicher ist keines vor seiner ersten Auflage so intensiv bearbeitet, getestet und wieder bearbeitet worden wie der „Berkeley Physik Kurs". Dieses – auch schon in der englischen Fassung an vielen deutschen Universitäten bestens bewährte Werk ist in erster Linie für Studenten mit naturwissenschaftlichen und technischen Hauptfächern bestimmt. Den Autoren ist es ausgezeichnet gelungen, die Physik aus der Sicht des Physikers darzustellen, der auf dem jeweiligen Gebiet forschend arbeitet. Die Grundsätze der Physik werden klar und deutlich herausgestellt. Der Student wird frühzeitig mit den Ideen der speziellen Relativitätstheorie, der Quantenmechanik und der statistischen Physik vertraut gemacht; und zwar so, daß auf seinen in der Sekundarstufe II erworbenen Physikkenntnissen aufgebaut wird.

Der vorliegende 1. Band MECHANIK behandelt die elementare Mechanik. Die von den Autoren gewählte Darstellung zeichnet sich durch folgende Merkmale besonders aus:

1. Die elementare Mechanik wird so dargestellt, daß bereits von hier aus der Einstieg in andere Gebiete der Physik, Geophysik und in die Astronomie, möglich wird.
2. An die gestellten Probleme wird so herangegangen, wie es die meisten Physiker tun würden. Dadurch wird der Student schon sehr frühzeitig mit wesentlichen Verfahrensweisen der wissenschaftlichen Forschung und der wissenschaftlichen Denkweise vertraut gemacht.
3. Die Bewegung geladener Teilchen in elektrischen und magnetischen Feldern wird besonders herausgestellt, da sich hieraus wichtige Anwendungsmöglichkeiten ergeben.
4. Die Folgerungen aus der speziellen Relativitätstheorie werden detailliert abgeleitet. Die wichtigsten hier gewonnenen Ergebnisse haben für die Entwicklung der Elektrizität und des Magnetismus in Band II eine tragende Bedeutung.

In den Band MECHANIK, wie in alle anderen Bände dieses großen Physikwerkes ist eine Fülle von Erfahrungen von Dozenten und Studenten eingeflossen. Daher ist dieses Buch, obwohl es eine enorme Stoffmenge enthält, sowohl als Begleitlektüre neben der Vorlesung als auch zum Selbststudium hervorragend geeignet. Der „Berkeley Physik Kurs" verschweigt nicht die Schwierigkeiten, welche sich beim Studium der Physik ergeben, aber er zeigt auch erprobte Wege, diese Schwierigkeiten zu überwinden. Daher gehört dieses Buch in die Hand jedes Physikstudenten.

» vieweg

Friedr. Vieweg + Sohn GmbH
3300 Braunschweig, Burgplatz 1

Beachten Sie bitte diese für Sie wichtigen Handbücher!

Physik griffbereit

DEFINITIONEN – GESETZE – THEORIEN

von B. M. Jaworski und A. A. Detlaf. (In deutscher Sprache herausgegeben von Ferdinand Cap.) 259 Abbildungen, 26 Tabellen – Braunschweig: Vieweg 1972. 864 Seiten. 12 x 19 cm. gbd. DM 24,80
ISBN 3 528 **08269** 0

Zur Lösung physikalischer Probleme sind Grundkenntnisse der allgemeinen und theoretischen Physik eine Voraussetzung. Das wesentliche Grundwissen der Physik „griffbereit" darzubieten, ist das Ziel dieses Buches. Alle Begriffe, Gesetze, Theorien und wichtigen Ableitungen der Physik sind thematisch geordnet und übersichtlich dargestellt. Ein 32-seitiges Register macht diese Neuerscheinung gleichzeitig zu einem wertvollen Nachschlagewerk. Besonderer Wert wurde auf allgemeine Strukturen, die den Teilgebieten der Physik gemeinsam sind, gelegt. Das Buch informiert den Leser auch über alle wichtigen modernen Gebiete der Physik, wie Festkörperphysik, Plasmaphysik und Elementarteilchenphysik. Schüler der Oberstufen an Gymnasien, Physikstudenten, Physiker in Lehre und Forschung, aber auch alle Naturwissenschaftler, die mit physikalischen Problemen in Berührung kommen, und nicht zuletzt die Ingenieure in der Industrie werden „Physik griffbereit" als modernes Nachschlagewerk mit Erfolg bei ihrer täglichen Arbeit einsetzen.

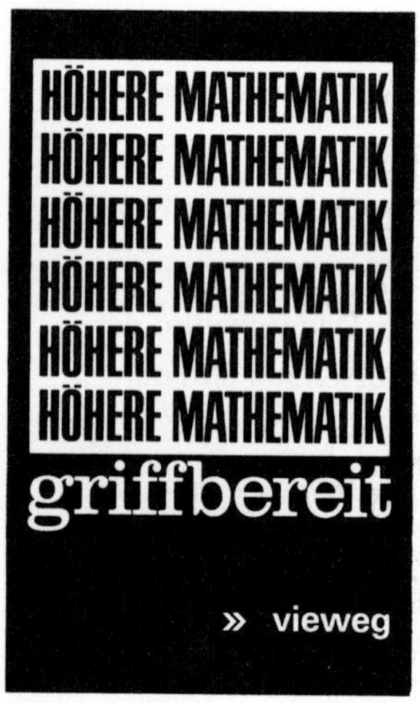

Höhere Mathematik griffbereit

DEFINITIONEN – THEOREME – BEISPIELE

von M. Ja. Wygodski. (In deutscher Sprache herausgegeben von Ferdinand Cap.) Mit 483 Abbildungen, 15 Tabellen. – Braunschweig: Vieweg 1973. 775 Seiten. 12 x 19 cm. gbd. DM 24,80
ISBN 3 528 **08309** 3

Die Mathematisierung aller Wissenschaften schreitet voran. In den Naturwissenschaften und in der Technik ist die Mathematik längst zu einem unentbehrlichen Hilfsmittel geworden. Dies berücksichtigt die heutige Mathematikausbildung an den Hochschulen in vielen Fällen noch nicht hinreichend.

Dieses mathematische Arbeitsbuch bietet nun das Grundwissen der höheren Mathematik „griffbereit" gespeichert an. Alle Begriffe, Definitionen, Sätze und Regeln sind thematisch geordnet und übersichtlich dargestellt. Durchgerechnete Beispiele begleiten alle Regeln. Sie erklären deren Anwendung, zeigen ihren Gültigkeitsbereich und weisen auf Fehlerquellen hin. Ein gut gegliedertes Inhaltsverzeichnis und ein umfangreiches Register machen diese Neuerscheinung zu einem wertvollen Nachschlagewerk.

Die Akzente sind so gesetzt, daß sich dieses Buch bewußt an den Naturwissenschaftler und Ingenieur – an alle Anwender mathematischer Verfahren – wendet und nicht so sehr an den Mathematiker selbst. Aber auch Schüler der Kollegstufe und Studenten aller Disziplinen werden die „Höhere Mathematik griffbereit" mit Erfolg bei der täglichen Arbeit einsetzen.

» vieweg

Friedr. Vieweg + Sohn GmbH
3300 Braunschweig, Burgplatz 1